U0267648

液压工程师技术手册

第二版

高殿荣　王益群　主编

化学工业出版社

·北京·

《液压工程师技术手册》（第二版）归纳了燕山大学流体传动及控制学科老师们近年来在教学、科研及工程实践方面的经验，具有内容丰富、与时俱进、易于查找、实用性强的特点。

本版内容主要是增加了新兴技术如微流体技术的介绍、现行的国家和行业液压标准的介绍，增加介绍了国际著名的液压产品供应商，如德国的 REXROTH 公司、美国的 MOOG 公司、EATON VICKERS 公司、HAVE 公司以及国内的著名液压件生产厂商，如北京华德液压、609 所、山东泰丰、黎明液压、无锡沃尔德等公司的产品。删除了手册第一版中部分老标准及老产品介绍；同时，对读者就手册第一版中提出的问题进行了修改。

本手册适合从事液压产品开发、生产检验，液压系统的监测和检测，液压系统维修、维护管理人员及高等院校相关人员使用。

图书在版编目（CIP）数据

液压工程师技术手册/高殿荣，王益群主编．—2 版．北京：化学工业出版社，2015.6（2024.4 重印）
ISBN 978-7-122-23845-0

Ⅰ.①液…　Ⅱ.①高…　②王…　Ⅲ.①液压传动-技术手册　Ⅳ.①TH137-62

中国版本图书馆 CIP 数据核字（2015）第 090877 号

责任编辑：黄　滢　　　　装帧设计：尹琳琳
责任校对：边　涛

出版发行：化学工业出版社（北京市东城区青年湖南街 13 号　邮政编码 100011）
印　　装：北京建宏印刷有限公司
787mm×1092mm　1/16　印张 75　字数 1925 千字　　2024 年 4 月北京第 2 版第 8 次印刷

购书咨询：010-64518888　　售后服务：010-64518899
网　　址：http://www.cip.com.cn
凡购买本书，如有缺损质量问题，本社销售中心负责调换。

定　　价：298.00 元

《液压工程师技术手册》（第二版）编委会

前言

《液压工程师技术手册》第一版自2010年3月出版至今已过去了五年多，随着国民经济的快速发展和科学技术的不断进步，液压技术和产品已逐步融入全球一体化进程。国外高水平的液压产品不断涌入中国市场，国内的液压技术也在不断提高，新产品也是层出不穷。为了适应液压技术和产品不断发展的新形势，有必要对第一版《液压工程师技术手册》进行修订。本次修订主要是增加了新兴技术如微流体技术的介绍、现行的国家和行业液压标准的介绍，此外还增加介绍了国际著名的液压产品供应商，如德国的REXROTH公司、美国的MOOG公司、EATON VICKERS公司、HAVE公司以及国内著名的液压件生产厂商，如北京华德液压、609所、山东泰丰、黎明液压、无锡沃尔德等公司的产品。删除了部分旧标准及老产品介绍内容；同时，对读者就手册中提出的问题进行了修改。

本版归纳了燕山大学流体传动及控制学科老师们近年来在教学、科研及工程实践方面的经验，保持了内容丰富、与时俱进、易于查找、实用性强的特点。由高殿荣负责修订第一篇第一章常用现行液压国家及行业标准、第一篇第三章微流体技术，并负责对第一版中读者提出的问题进行修改；张伟负责修订第三篇第一章液压泵6.3.10节A4VSO型斜盘式变量柱塞泵、6.3.11节A4VG型轴向柱塞变量泵；吴晓明负责修订第三篇第三章液压缸6.9节伺服液压缸产品介绍，第三篇第四章液压控制阀12.4.2节REXROTH电液伺服阀、12.4.4节CSDY电液伺服阀；刘涛负责修订第三篇第四章液压控制阀2.1.5节电磁溢流阀和卸荷溢流阀、4.4节流量同步器、5.3节流量同步元件、8.4.4节REXROTH高压负荷传感多路阀、8.4.5节HAWE负载敏感式比例多路阀、10.3节二通插装阀典型产品、第三篇第五章液压辅件2.5.2节REXROTH产品、3.3.2节风冷式油冷却器产品介绍、3.3.3节油冷机组产品介绍、6.2节REXROTH TLF型空气过滤器等。

本版的修订大纲和统稿由高殿荣负责，王益群审阅。

本手册适合于液压产品开发，生产检验，液压系统的监测和检测，液压系统维修、维护管理人员及高等院校相关人员使用。

在此向关爱本手册并提出宝贵意见的读者朋友们致以诚挚的谢意！

由于笔者水平有限，加之时间仓促，难免有疏漏之处，敬请指正！

王益群

第一版前言

随着制造业的快速发展，液压传动与控制技术应用领域不断扩大，应用范围越来越广，新型高性能的液压传动及控制元件及系统不断出现。从事设计、制造、使用、维护、管理和经销液压产品的人员越来越多，他们迫切需要一本能反映当前最新的国家液压标准，体现液压行业国内外最新技术成果，易于查找和使用，内容丰富，既有液压技术的基础理论知识，实用性又强的手册，本手册正是基于这样的出发点编写的。

考虑到本手册的读者对象范围广泛，所以手册尽力保持了内容的基础性、先进性、系统性、实用性，在篇章的框架结构上有些方面不同于以往出版的液压手册。在第1篇“常用设计资料”中，介绍了最新的常用液压国家标准、常用术语、常用的液压流体力学公式和资料、常用的液压基本回路等。第2篇“液压介质”对液压介质的分类、代号、性质、质量指标和选用作了介绍。第3篇“液压产品”中，对国内外各类液压泵的工作原理、特点作了介绍，列出了相应的产品，特别增加了各类泵的加工工艺、拆装方法及注意事项；介绍了各类液压马达的工作原理、加工工艺以及计算和选用原则，列出了相应的液压马达产品；详细介绍了各类液压缸的结构形式、安装方式、加工工艺、设计计算等内容，列出了众多的液压缸产品，使读者具有宽阔的选择范围；较为详细地介绍了各类压力控制阀、方向控制阀和流量控制阀的工作原理、结构特点和相应的产品以及加工工艺。对工程机械上应用的多路阀，广泛应用的叠加阀、插装阀以及能够反映当前液压控制技术发展水平的比例阀和伺服阀也作了详细介绍，特别列出了代表伺服阀技术目前先进水平的美国MOOG公司产品和国内的相关产品，便于读者比较选用。液压辅件是液压系统中不可或缺的元件，对系统正常工作起着重要作用。液压辅件的产品种类很多，生产厂家众多，限于篇幅，本手册只列出部分厂家的有代表性的产品供读者选用和参考。第4篇“液压系统设计计算”介绍了液压系统的设计计算步骤，各类元件的选用原则，以及液压泵站、液压集成块的设计和技术文件的编写等，给出了应用于不同行业的多个液压系统的设计计算实例。第5篇“液压系统安装、调试与故障处理”实用性很强，适合于从事液压系统安装、调试、维护和管理的人员阅读。第6篇“检测与测试”详细介绍了液压系统中常用的各类传感器及其测量装置的工作原理和特点，各类液压元件的测试回路、方法和数据处理等，适合于从事液压产品的开发、生产检测，液压系统的监测和检测，以及液压系统维护和管理人员阅读。

本手册由燕山大学流体传动与控制工程学科的老师们根据长期从事液压传动与控制领域的教学、科研以及工程实践经验编写而成。

参加编写与审稿的人员分工如下：

高殿荣编写第1篇、第2篇和第3篇的第5章（刘劲军审稿）；

张伟编写第3篇的第1章、第2章（赵静一审稿）；

吴晓明编写第3篇第3章和第3篇第4章中比例阀、伺服阀及加工部分（孔祥东审稿）；

刘涛编写第3篇第4章中压力阀、流量阀、方向阀、多路阀、叠加阀、插装阀部分（高英杰审稿），以及第3篇第6章（赵静一审稿）；

张齐生编写第4篇和第5篇（高英杰审稿）；

姜万录编写第6篇（孔祥东审稿）；

王益群、高殿荣对全书内容统稿，何殷进行了统一整理。

研究生王海军、吴胜强参与了手册部分章节的资料收集和整理工作。

手册在编写过程中还得到了很多同行的大力支持并提出了宝贵意见和建议，一并在此致谢！

由于编者水平有限，加之定稿时间匆促，疏漏之处在所难免，敬请读者提出批评建议。

主编

目录

第一篇 常用设计资料

液压介质

第三篇 液压产品

第四篇 液压系统

第五篇 液压系统安装、调试及故障处理

第六篇 检测与测试

第一篇

常用设计资料

第一章 常用现行液压国家及行业标准

1 常用现行液压国家标准

1.1 液压传动系统及元件图形符号和回路图（摘自 GB/T 786.1—2009）

液压传动系统及元件图形符号和回路图，其规定见表 1.1-1。

表 1.1-1 液压传动系统及元件图形符号和回路图

(1)阀

①控制机构

图形	描述	图形	描述	图形	描述
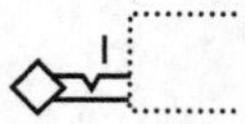	带有分离把手和定位销的控制机构	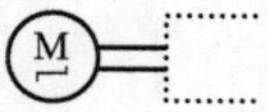	使用步进电机的控制机构	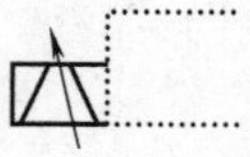	双作用电气控制机构，动作指向或背离阀芯，连续控制
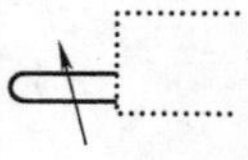	具有可调行程限制装置的顶杆	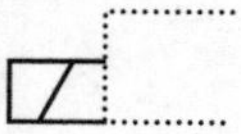	单作用电磁铁，动作指向阀芯	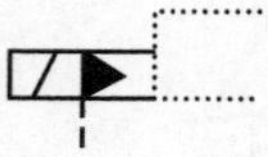	电气操纵的带有外部供油的液压先导控制机构
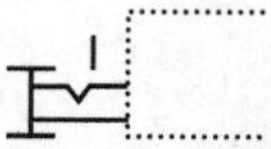	带有定位装置的推或拉控制机构	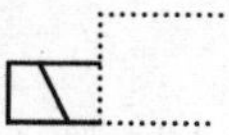	单作用电磁铁，动作背离阀芯	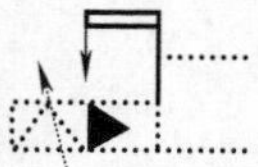	机械反馈
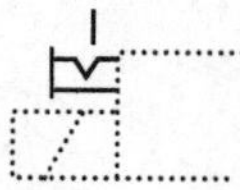	手动锁定控制机构	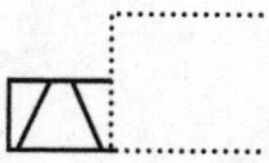	双作用电气控制机构，动作指向或背离阀芯	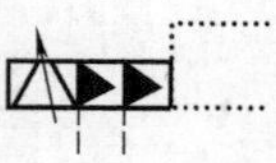	具有外部先导供油，双比例电磁铁，双向操作，集成在同一组件，连续工作的双先导装置的液压控制机构
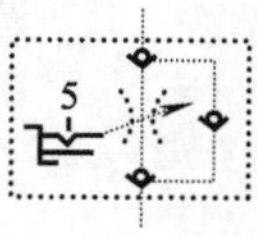	具有 5 个锁定位置的调节控制机构	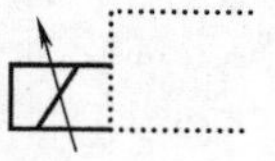	单作用电磁铁，动作指向阀芯，连续控制		

(1)阀

①控制机构

图形	描述	图形	描述	图形	描述
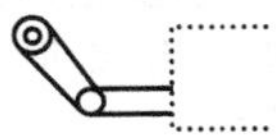	用作单方向行程操纵的滚轮杠杆	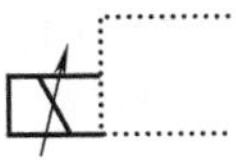	单作用电磁铁，动作背离阀芯，连续控制		

②方向控制阀

图形	描述	图形	描述	图形	描述
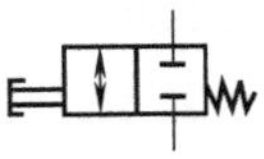	二位二通方向控制阀，两通，两位，推压控制机构，弹簧复位，常闭	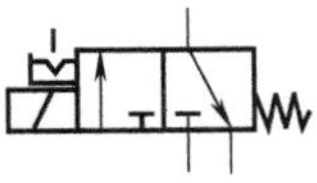	二位三通方向控制阀，单电磁铁操纵，弹簧复位，定位销式手动定位	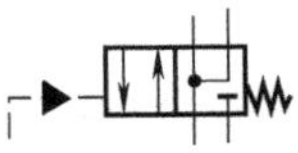	二位四通方向控制阀，液压控制，弹簧复位
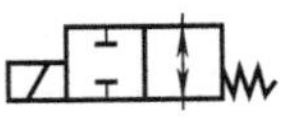	二位二通方向控制阀，两通，两位，电磁铁操纵，弹簧复位，常开	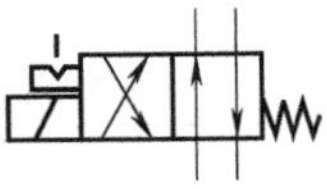	二位四通方向控制阀，单电磁铁操纵，弹簧复位，定位销式手动定位	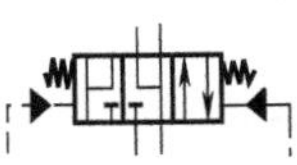	三位四通方向控制阀，液压控制，弹簧对中
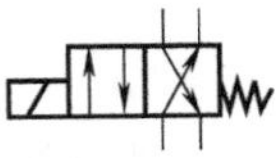	二位四通方向控制阀，电磁铁操纵，弹簧复位	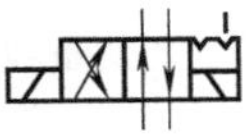	三位四通方向控制阀，双电磁铁操纵，定位销式（脉冲阀）	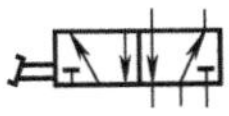	二位五通方向控制阀，踏板控制
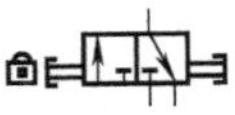	二位三通锁定阀	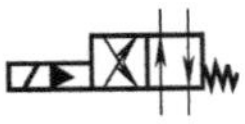	二位四通方向控制阀，电磁铁操纵液压先导控制，弹簧复位		三位五通方向控制阀，定位销式各位置杠杆控制
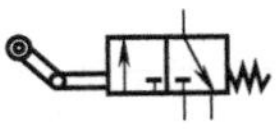	二位三通方向控制阀，滚轮杠杆控制，弹簧复位		三位四通方向控制阀，电磁铁操纵先导级和液压操作主阀，主阀及先导级弹簧对中，外部先导供油和先导回油	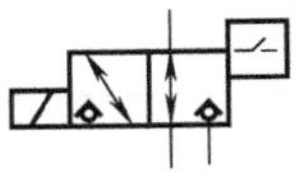	二位三通液压电磁换向座阀，带行程开关
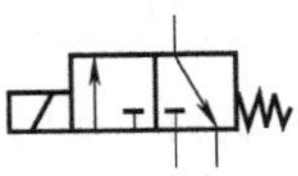	二位三通方向控制阀，电磁铁操控，弹簧复位，常闭	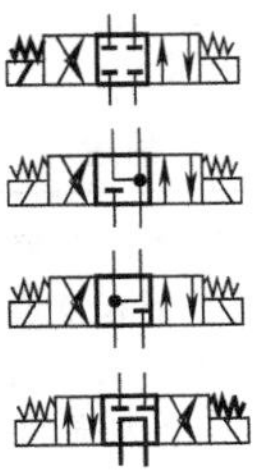	三位四通方向控制阀，弹簧对中，双电磁铁直接操纵，不同中位机能的类别	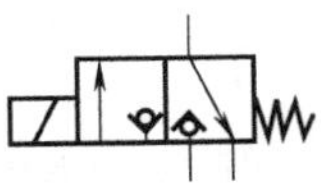	二位三通液压电磁换向座阀

续表

③压力控制阀

图形	描述	图形	描述	图形	描述
	溢流阀，直动式，开启压力由弹簧调节		二通减压阀，直动式，外泄型		蓄能器充液阀，带有固定开关压差
	顺序阀，手动调节设定值		二通减压阀，先导式，外泄型		电磁溢流阀，先导式，电气操纵预设定压力
	顺序阀，带有旁通阀		防气蚀溢流阀，用来保护两条供给管道		三通减压阀（液压）

④流量控制阀

图形	描述	图形	描述	图形	描述
	可调节流量控制阀		二通流量控制阀，可调节，带旁通阀，固定设置，单向流动，基本与黏度和压力差无关		集流阀，保持两路输入流量相互恒定
	可调节流量控制阀，单向自由流动		三通流量控制阀，可调节，将输入流量分成固定流量和剩余流量		
	流量控制阀，滚动杠杆操纵，弹簧复位		分流器，将输入流量分成两路输出		

⑤单向阀和梭阀

图形	描述	图形	描述	图形	描述
	单向阀，只能在一个方向自由流动		先导式液控单向阀，带有复位弹簧，先导压力允许在两个方向自由流动		梭阀（“或”逻辑），压力高的入口自动与出口接通

续表

图形	描述	图形	描述	图形	描述
	单向阀，带有复位弹簧，只能在一个方向流动，常闭		双单向阀，先导式		

⑥比例方向控制阀

图形	描述	图形	描述	图形	描述
	直动式比例方向控制阀		先导式伺服阀，带主级和先导级的闭环位置控制，集成电子器件，外部先导供油和回油		伺服阀，内置电反馈和集成电子器件，带预设动力故障位置
	比例方向控制阀，直接控制		先导式伺服阀，先导级带双线圈电气控制机构，双向连续控制，阀芯位置机械反馈到先导装置，集成电子器件		
	先导式比例方向控制阀，带主级和先导级的闭环位置控制，集成电子器件		电液线性执行器，带有步进电机驱动的伺服阀和油缸位置机械反馈		

⑦比例压力控制阀

图形	描述	图形	描述	图形	描述
	比例溢流阀，直控式，通过电磁铁控制弹簧工作长度来控制液压电磁换向座阀		比例溢流阀，直控式，带电磁铁位置闭环控制，集成电子器件		三通比例减压阀，带电磁铁闭环控制和集成式电子放大器
	比例溢流阀，直控式，电磁力直接作用在阀芯上，集成电子器件		比例溢流阀，先导控制，带电磁铁位置反馈		比例溢流阀，先导式，带电子放大器和附加先导级，以实现手动压力调节或最高压力溢流功能

⑧比例流量控制阀

图形	描述	图形	描述	图形	描述
	比例流量控制阀，直控式		比例流量控制阀，先导式，带主级和先导级的位置控制和电子放大器		

续表

图形	描述	图形	描述	图形	描述
	比例流量控制阀，直控式，带电磁铁闭环位置控制和集成式电子放大器		流量控制阀，用双线圈比例电磁铁控制，节流孔可变，特性不受黏度变化影响		

⑨二通盖板式插装阀

图形	描述	图形	描述	图形	描述
	压力控制和方向控制插装阀插件，座阀结构，面积1∶1		减压插装阀插件，滑阀结构，常闭，带集成的单向阀		带溢流功能和液压卸载的控制盖
	压力控制和方向控制插装阀插件座阀结构，常开，面积比1∶1		减压插装阀插件，滑阀结构，常开，带集成的单向阀		带溢流功能的控制盖，用流量控制阀来限制先导级流量
	方向控制插装阀插件，带节流端的座阀结构，面积比例≤0.7		无端口控制盖		带行程限制器的二通插装阀
	方向控制插装阀插件带节流端的座阀结构，面积比例>0.7		带先导端口的控制盖		带方向控制阀的二通插装阀
	方向控制插装阀插件，座阀结构，面积比例≤0.7		带先导端口的控制盖，带可调行程限位器和遥控端口		主动控制，带方向控制阀的二通插装阀
	方向控制插装阀插件，座阀结构，面积比例>0.7		可安装附加元件的控制盖		带溢流功能的二通插装阀
	主动控制的方向控制插装阀插件，座阀结构，由先导压力打开		带液压控制梭阀的控制盖		带溢流功能和可选第二级压力的二通插装阀

续表

图形	描述	图形	描述	图形	描述
	主动控制插件，B端无面积差		带梭阀的控制盖		带比例压力调节和手动最高压力溢流功能的二通插装阀
	方向控制阀插件，单向流动，座阀结构，内部先导供油，带可替换的节流孔（节流器）		可安装附加元件，带梭阀的控制盖		高压控制、带先导流量控制阀的减压功能的二通插装阀
	带溢流和限制保护功能的阀芯插件，滑阀结构，常闭		带溢流功能的控制盖		低压控制、减压功能的二通插装阀

（2）泵和马达

图形	描述	图形	描述	图形	描述
	变量泵		单作用的半摆动执行器或旋转驱动		带两级压力或流量控制的变量泵，内部先导操纵
	双向流动，带外泄油路单向旋转的变量泵		变量泵，先导控制，带压力补偿，单向旋转，带外泄油路		带两级压力控制元件的变量泵，电气转换
	双向变量泵或马达单元，双向流动，带外泄油路，双向旋转		带复合压力或流量控制（负载敏感型）变量泵，单向驱动，带外泄油路		静液传动（简化表达）驱动单元，由一个能反转、带单输入旋转方向的变量泵和一个带双输出旋转方向的定量马达组成
	单向旋转的定量泵或马达		机械或液压伺服控制的变量泵		表现出控制和调节元件的变量泵，箭头表示调节能力可扩展，控制机构和元件可以在箭头任意一边连接 *** —没有指定复杂控制器

续表

图形	描述	图形	描述	图形	描述
	操纵杆控制，限制转盘角度的泵		电液伺服控制的变量液压泵	p_1 p_2	连续增压器，将气体压力 p_1 转换为较高的液体压力 p_2
	限制摆动角度，双向流动的摆动执行器或旋转驱动		恒功率控制的变量泵		
(3)缸					
图形	描述	图形	描述	图形	描述
	单作用单杆缸，靠弹簧力返回行程，弹簧腔带连油口		单作用缸，柱塞缸	G	双作用磁性无杆缸，仅右边终端位置切换
	双作用单杆缸		单作用伸缩缸	1	行程两端定位的双作用缸
	双作用双杆缸，活塞杆直径不同，双侧缓冲，右侧带调节		双作用伸缩缸		双杆双作用缸，左终点带内部限位开关，内部机械控制，右终点有外部限位开关，有活塞杆触发
	带行程限制器的双作用膜片缸		双作用带状无杆缸，活塞两端带终点位置缓冲		单作用压力介质转换器，将气体压力转换为等值的液体压力，反之亦然
	活塞杆终端带缓冲的单作用膜片缸，排气口不连接		双作用缆绳式无杆缸，活塞两端带可调节终点位置缓冲	p_1 p_2	单作用增压器，将气体压力 p_1 转换为更高的液体压力 p_2

(4)附件

①连接和管接头

图形	描述	图形	描述	图形	描述
	软管总成		带单向阀的快换接头，断开状态		带一个单向阀的快插管接头，连接状态
1 2 3 　 1 2 3	三通旋转接头		带两个单向阀的快换接头，断开状态		带两个个单向阀的快插管接头，连接状态
	不带单向阀的快换接头，断开状态		不带单向阀的快换接头，连接状态		

续表

②电气装置					
图形	描述	图形	描述	图形	描述
	可调节的机械电子压力继电器	P	输出开关信号、可电子调节的压力转换器	P	模拟信号输出压力传感器

③测量仪和指示器					
图形	描述	图形	描述	图形	描述
	光学指示器		可调电气常闭触点温度计(电接点温度计)		转速仪
	数字指示器		液位指示器		转矩仪
	声音指示器	4	四常闭触点液位开关		开关定时器
	压力测量单元(压力表)	L	模拟量输出数字式电气液位监控器		计数器
	压差计		流量指示器		直通式颗粒计数器
1 2 3 4 5	带选择功能的压力表		流量计		
	温度计		数字式流量计		

④过滤器与分离器					
图形	描述	图形	描述	图形	描述
	过滤器		带旁通节流阀的过滤器		带压差指示器和电器触点的过滤器

续表

图形	描述	图形	描述	图形	描述
	油箱通气过滤器		带旁通单向阀的过滤器		离心式分离器
	带附属磁性滤芯的过滤器		带旁通单向阀和数字显示器的过滤器		带手动切换功能的双过滤器
	带光学阻塞指示器的过滤器		带旁通单向阀、光学阻塞指示器与电器触点的过滤器		带压差指示器与电气触点的过滤器
	带压力表的过滤器		带光学压差指示器的过滤器		

⑤热交换器

图形	描述	图形	描述	图形	描述
	不带冷却液流道指示的冷却器		电动风扇冷却的冷却器		温度调节器
	液体冷却的冷却器		加热器		

⑥蓄能器(压力容器,气瓶)

图形	描述	图形	描述	图形	描述
	隔膜式充气蓄能器(隔膜式蓄能器)		活塞式充气蓄能器(活塞式蓄能器)		带下游气瓶的活塞式蓄能器
	囊隔式充气蓄能器(囊式蓄能器)		气瓶		

(5)图形符号的基本要素

①线

图形	描述	图形	描述	图形	描述
0.1M	供油管路,回油管路,元件外壳和外壳符号(见 GB/T 4457.4、GB/T 17450、GB/T 18686)	0.1M	内部和外部先导(控制)管路,泄油管路,冲洗管路,放气管路(见 GB/T 4457.4、GB/T 17450、GB/T 18686)	0.1M	组合元件框线(见 GB/T 4457.4、GB/T 17450、GB/T 18686)

续表

②连接和管接头					
图形	描述	图形	描述	图形	描述
0.75M	两个流体管路的连接	2M 1M 3M 45°	位于溢流阀内的控制管路	1M 1M	封闭管路或接口
0.5M	两个流体管路的连接(在一个符号内表示)	45° 4M 1M 2M	位于减压阀内的控制管路	1M 1M	液压管路内堵头
2M	接口	45° 4M 1M 2M	位于三通减压阀内的控制管路	1M 30° 0.5M 3M	旋转管接头
2M	控制管路或泄油管路接口	2.5M 4M	软管管路	3M	三向旋塞阀

③流路和方向指示					
图形	描述	图形	描述	图形	描述
4M	流体流过阀的路径和方向	4M 2M 2M	阀内部的流动路径	60° 9M	顺时针方向旋转指示箭头
4M 2M	流体流过阀的路径和方向	4M 2M 2M	阀内部的流动路径	60° 9M	逆时针方向旋转指示箭头
4M	流体流过阀的路径和方向	30° 1M	流体流动方向	60° 9M	双方向旋转指示箭头
4M 2M	流体流过阀的路径和方向	1M 1M 1M	液压力作用方向	45° 2.5M	元件指示箭头，指示压力
4M 2M 2M	阀内部的流动路径	2M 2M 2M	液压力作用方向	45° 2.5M	扭矩指示

续表

图形	描述	图形	描述	图形	描述
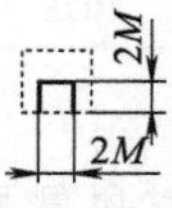 2M, 2M	阀内部的流动路径	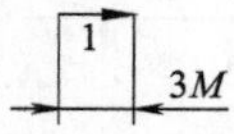 1, 3M	线性运动的方向指示	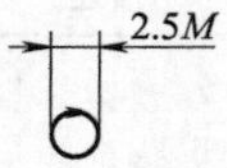 2.5M	速度指示
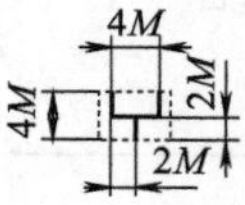 4M, 4M, 2M, 2M	阀内部的流动路径	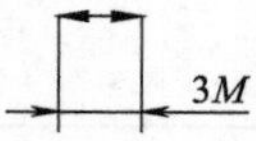 3M	线性运动的双方向指示		

④机械基本要素

图形	描述	图形	描述	图形	描述
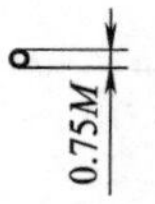 0.75M	单向阀运动部分，小规格	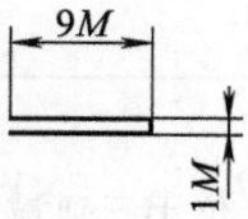 9M, 1M	活塞杆	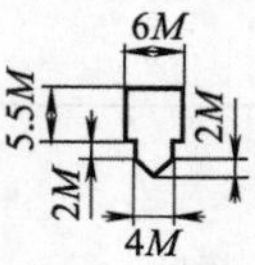 6M, 5.5M, 2M, 2M, 4M	盖板式插装阀的嵌入式安装，内置主动座阀结构
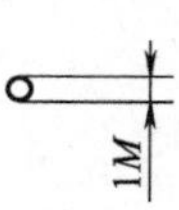 1M	单向阀运动部分，大规格	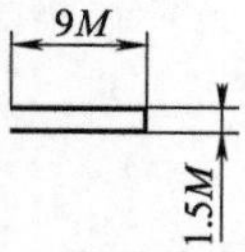 9M, 1.5M	大直径活塞杆	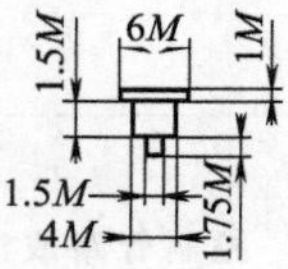 1.5M, 6M, 1M, 1.5M, 4M, 1.75M	盖板式插装阀的圆柱阀芯，内置主动座阀结构
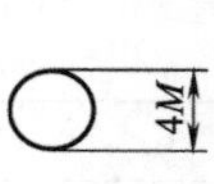 4M	测量仪表框线（控制元件，步进电机）	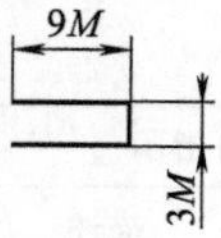 9M, 3M	伸缩缸活塞杆	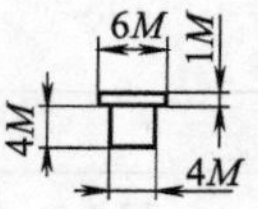 6M, 1M, 4M, 4M	盖板式插装阀的活塞，内置主动座阀结构
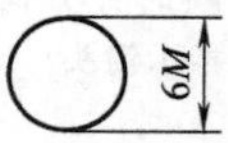 6M	能量转换元件框线（泵，压缩机，马达）	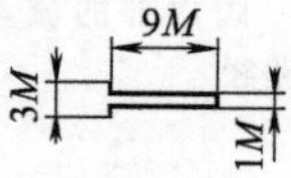 9M, 3M, 1M	双作用伸缩缸活塞杆	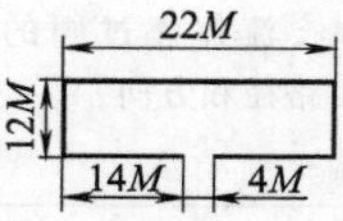 22M, 12M, 14M, 4M	无口控制盖，盖的最小高度尺寸为4M，为实现功能扩展，盖子的高度应该调整为2M的倍数
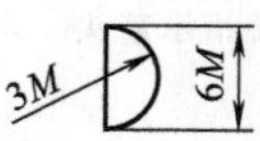 3M, 6M	摆动泵或马达框线（旋转驱动）	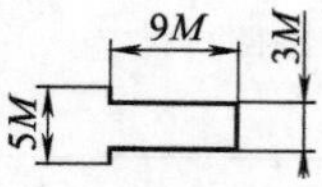 9M, 3M, 5M	双作用伸缩缸活塞杆	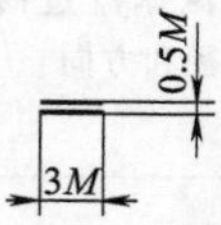 0.5M, 3M	机械连接，轴，杆，机械反馈
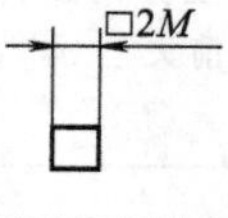 □2M	控制方法框线（简略表示），蓄能器重锤	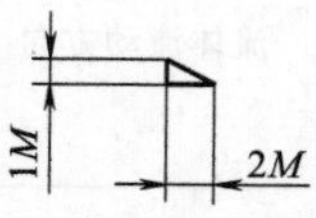 1M, 2M	要求独立控制元件解锁的锁定装置	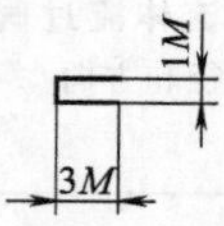 1M, 3M	机械连接（轴，杆）
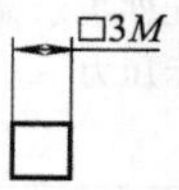 □3M	开关，变换器和其他器件框线	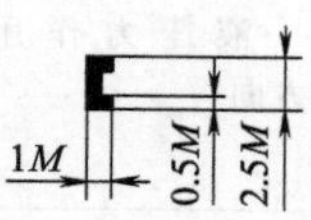 1M, 0.5M, 2.5M	永久磁铁	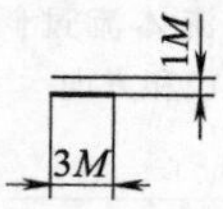 1M, 3M	机械连接，轴，杆，机械反馈
 □4M	最多四个主油口阀的功能单元	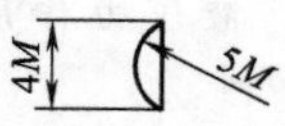 4M, 5M	膜片活塞	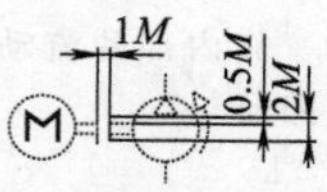 M, 1M, 0.5M, 2M	轴连接

续表

图形	描述	图形	描述	图形	描述
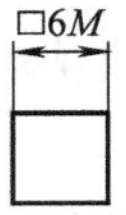 □6M	马达驱动部分框线(内燃机)	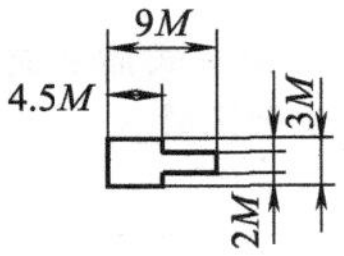 9M 4.5M 3M 2M	增压器壳体	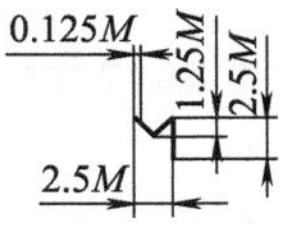 0.125M 1.25M 2.5M 2.5M	M 表示马达，与符号为 2065V1 的元件连接
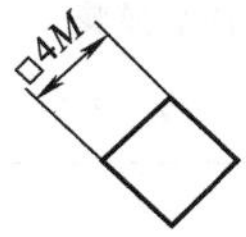 □4M	流体处理装置框线(过滤器，分离器，油雾器和热交换器)	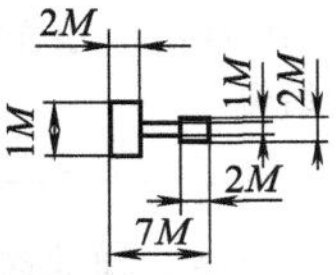 2M 1M 2M 1M 2M 7M	增压器活塞	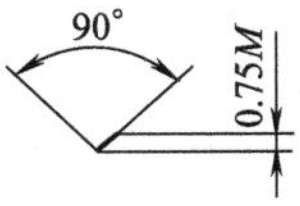 90° 0.75M	单向阀阀座，小规格
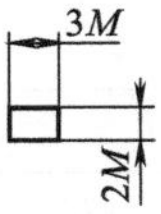 3M 2M	控制方法框线(标准图)	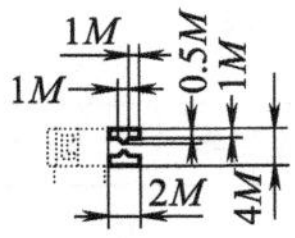 1M 1M 0.5M 1M 2M 4M	外部夹具元件	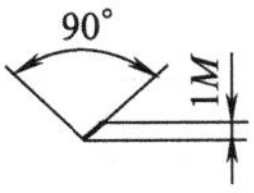 90° 1M	单向阀阀座，大规格
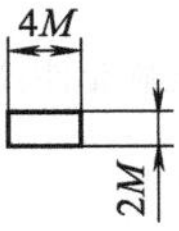 4M 2M	控制方法框线(拉长图)	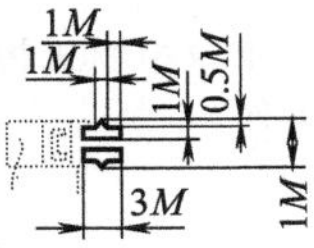 1M 1M 1M 0.5M 3M 1M	内部夹具元件	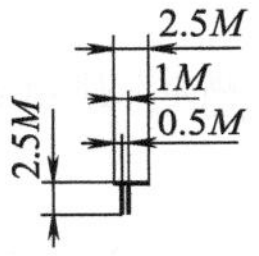 2.5M 1M 0.5M 2.5M	机械行程限制
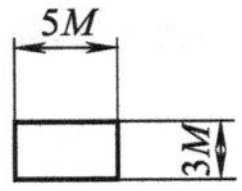 5M 3M	显示装置框线	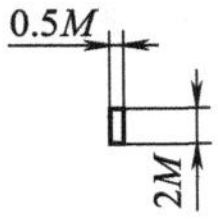 0.5M 2M	缸内缓冲	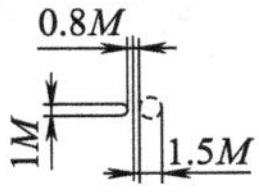 0.8M 1M 1.5M	节流器(小规格)
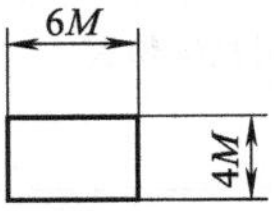 6M 4M	五个主油口阀的功能单元	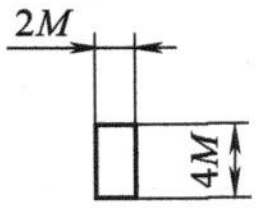 2M 4M	缸的活塞	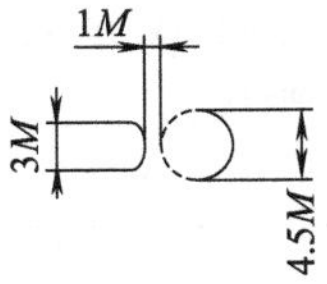 1M 3M 4.5M	流量控制阀，节流通道节流，取决于黏度
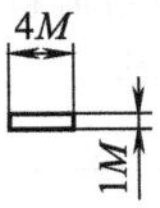 4M 1M	无杆缸支架	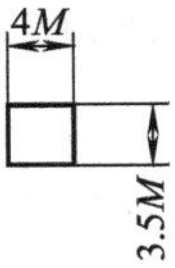 4M 3.5M	盖板式插装阀圆柱阀芯	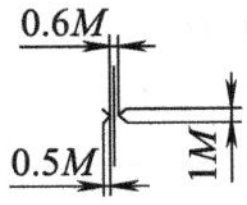 0.6M 0.5M 1M	节流孔(小规格)
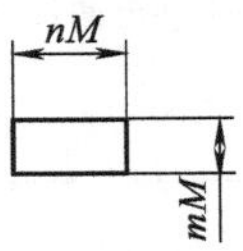 nM mM	功能单元	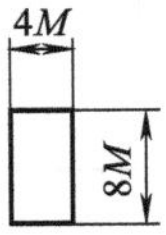 4M 8M	盖板式插装阀的嵌入式安装，滑阀结构	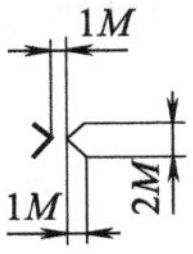 1M 1M 2M	节流孔，锐边节流孔节流，很大程度取决于黏度
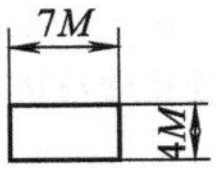 7M 4M	夹具框线	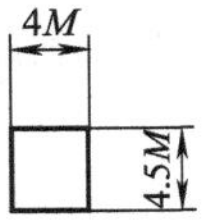 4M 4.5M	盖板式插装阀的圆柱阀芯，滑阀结构	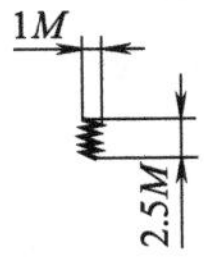 1M 2.5M	嵌入弹簧

续表

图形	描述	图形	描述	图形	描述
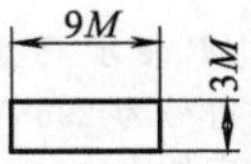 9M 3M	柱塞缸活塞杆	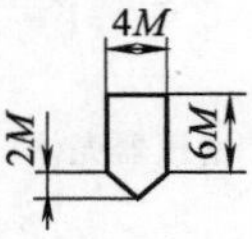 4M 2M 6M	盖板式插装阀安装区域	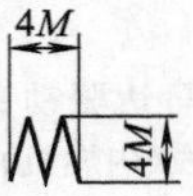 4M 4M	夹具弹簧
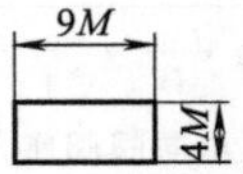 9M 4M	缸	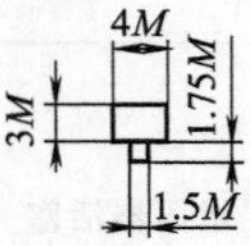 4M 3M 1.75M 1.5M	盖板式插装阀的圆柱阀芯，座阀结构	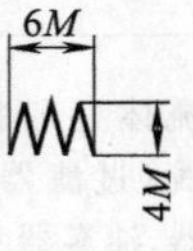 6M 4M	油缸弹簧
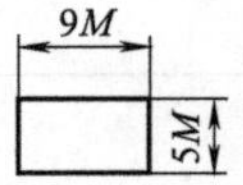 9M 5M	伸缩缸框线	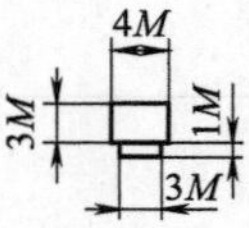 4M 3M 1M 3M	盖板式插装阀的圆柱阀芯，座阀结构		

⑤控制机构要素

图形	描述	图形	描述	图形	描述
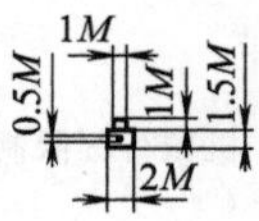 1M 0.5M 1M 1.5M 2M	锁定元件(锁)	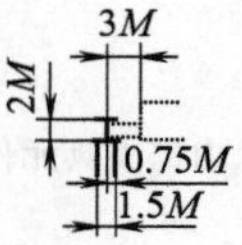 3M 2M 0.75M 1.5M	推拉控制机构元件	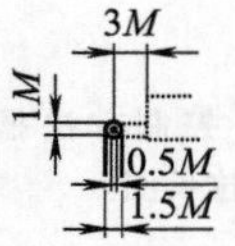 3M 1M 0.5M 1.5M	控制元件：滚轮
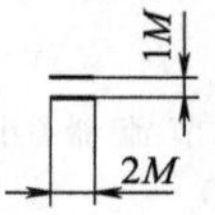 1M 2M	机械连接，轴，杆	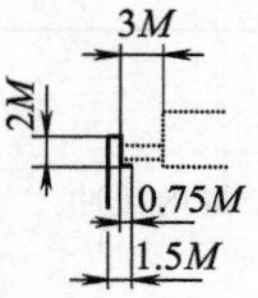 3M 2M 0.75M 1.5M	回转控制机构元件	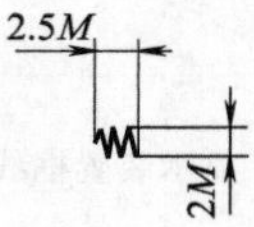 2.5M 2M	控制元件：弹簧
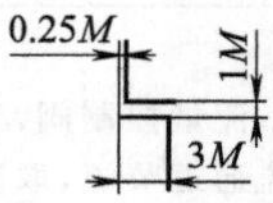 0.25M 1M 3M	机械连接，轴，杆	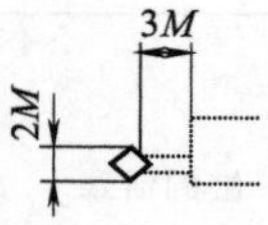 3M 2M	控制元件：可动把手	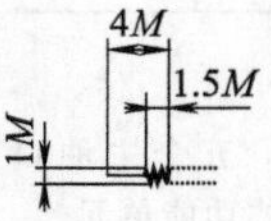 4M 1.5M 1M	控制元件：带控制机构弹簧
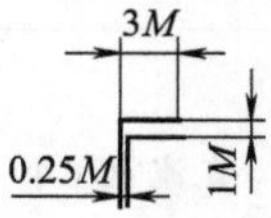 3M 0.25M 1M	机械连接，轴，杆	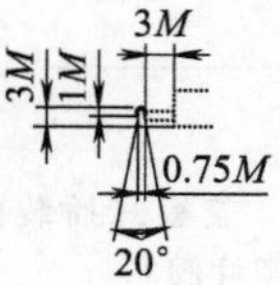 3M 3M 1M 0.75M 20°	控制元件：匙	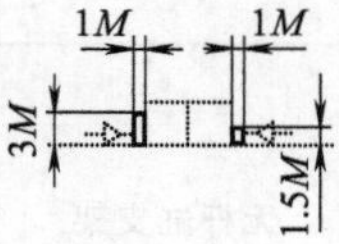 1M 1M 3M 1.5M	不同尺寸的反向控制面积的直动机构
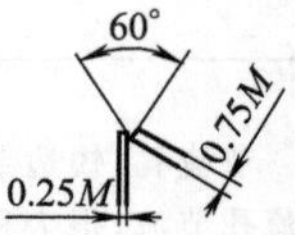 60° 0.75M 0.25M	定位机构	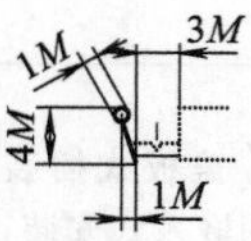 1M 3M 4M 1M	控制元件：手柄	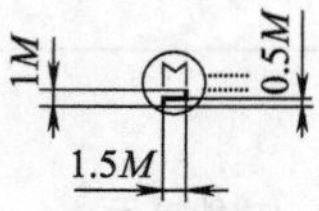 1M 0.5M 1.5M	步进可调符号
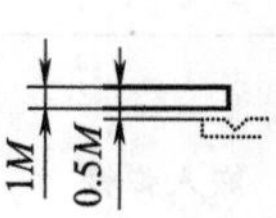 1M 0.5M	定位锁	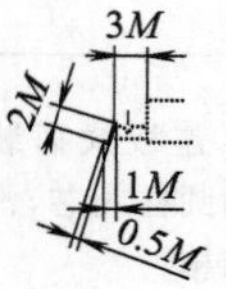 3M 2M 1M 0.5M	控制元件：踏板	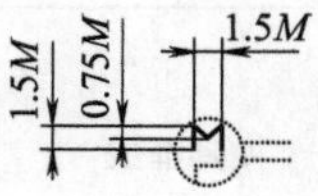 1.5M 0.75M 1.5M	M 表示与符号为 F002V1 的元件连接的马达

续表

图形	描述	图形	描述	图形	描述
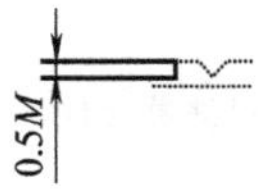 0.5M	非定位位置指示	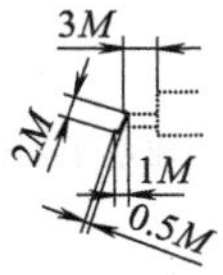 3M 2M 1M 0.5M	控制元件：双向踏板	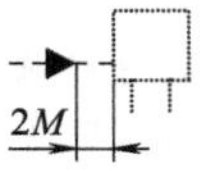 2M	液压增压直动机构（用于方向控制阀）
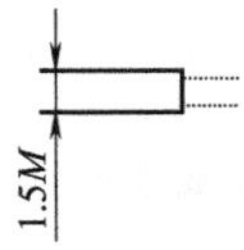 1.5M	手动控制元件	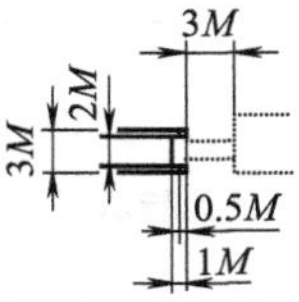 3M 2M 3M 0.5M 1M	控制机构限制装置	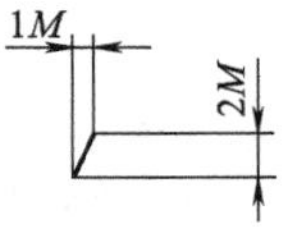 1M 2M	控制元件：绕组，作用方向指向阀芯（电磁铁，力矩马达，力马达）
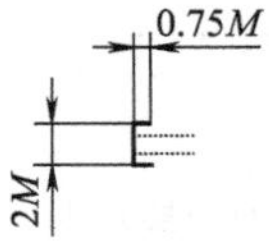 0.75M 2M	推力控制机构元件	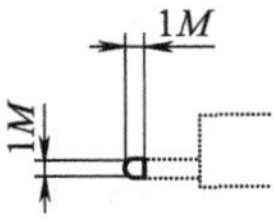 1M 1M	控制元件：活塞	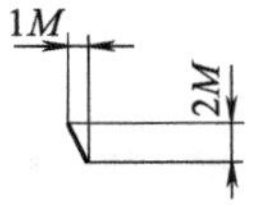 1M 2M	控制元件：绕组，作用方向背离阀芯（电磁铁，力矩马达，力马达）
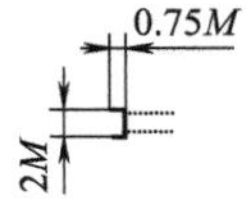 0.75M 2M	拉力控制机构元件	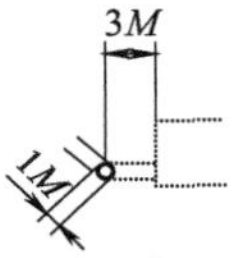 3M 1M	旋转节点连接	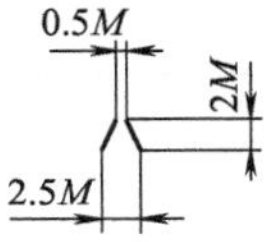 0.5M 2M 2.5M	控制元件：双绕组，反方向作用

⑥调节要素

图形	描述	图形	描述	图形	描述
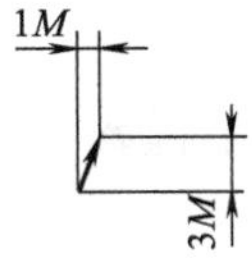 1M 3M	可调整，如行程限制	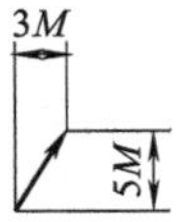 3M 5M	节流孔的可调整	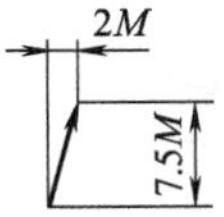 2M 7.5M	末端缓冲的可调整
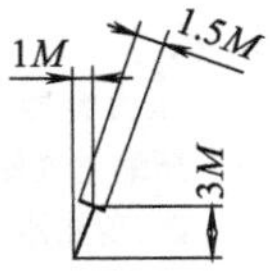 1M 1.5M 3M	预设置，如行程限制	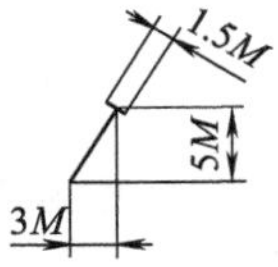 1.5M 5M 3M	预设置，节流孔	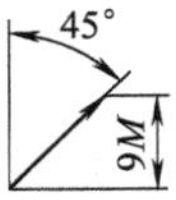 45° 9M	泵或马达的可调整
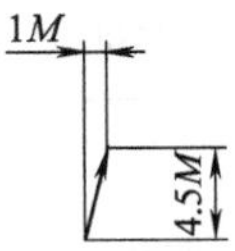 1M 4.5M	弹簧或比例电磁铁的可调整	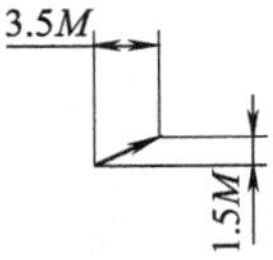 3.5M 1.5M	节流器的可调整		

⑦附件

图形	描述	图形	描述	图形	描述
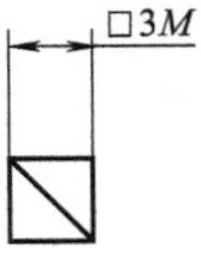 □3M	信号转换，常规，测量传感器	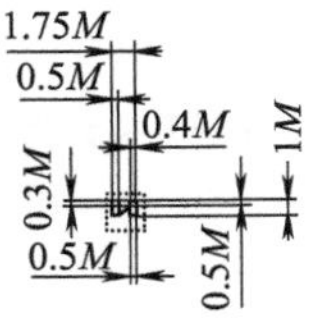 1.75M 0.5M 0.4M 1M 0.3M 0.5M 0.5M	电气接触，开关触点	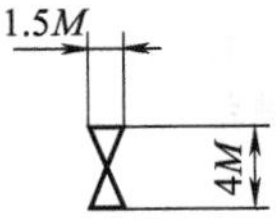 1.5M 4M	截止阀

续表

图形	描述	图形	描述	图形	描述
□4M	信号转换，常规，测量传感器	0.4M, 1.5M, 1.5M	集成电子器件	5.65M	过滤器元件
	＊—输入信号，＊＊—输出信号	4M	液位指示	1M	过滤器聚结功能
1M, 90°, 2M	压电控制机构元件	1.5M, 0.75M, 2M	加法器符号	2.825M	热交换元件
1M, 60°, 2M, 1M, 1M	导线符号	3M, 1M, 1M	流量指示	n2M, 1M, 6M+nM	有盖油箱
1.75M, 0.35M, 0.35M, 0.85M	输出信号，电控开关	3M	温度指示	1M, 2M	回到油箱
1M, 1M	输出信号，电气模拟信号	1.5M	光学指示器元件	8M, 4M	元件： ——压力容器， ——压缩空气储气罐，蓄能器， ——气瓶，纹波管执行器，软管气缸
	输出信号，电气数字信号	1M, 2M, 0.5M, 1M	声音指示器元件	2M, 2M, 2M, 4M	液压源
1.75M, 0.5M, 0.4M, 0.75M, 0.5M, 0.5M	电气接触，常开触点	1.8M, 0.35M, 0.6M	浮子开关元件	1M, 0.5M, 2M	风扇

续表

图形	描述	图形	描述	图形	描述
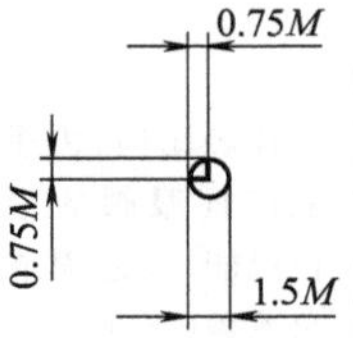 0.75M 0.75M 1.5M	时控单元元件	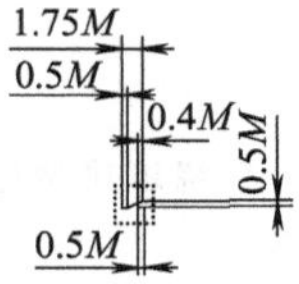 1.75M 0.5M 0.4M 0.5M 0.5M	电气接触，常闭触点	 3M	计数器元件

(6)应用规则

①常规符号

图形	描述	图形	描述	图形	描述
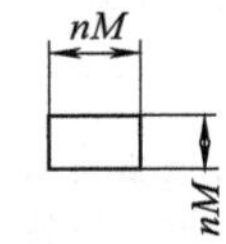 nM nM	功能单元大小可能会随需要而改变	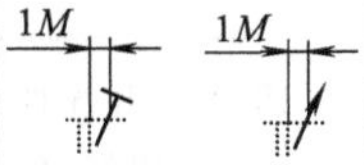 1M 1M	元件中心位置放置且与相应符号有 1M 间隔		

②阀

图形	描述	图形	描述	图形	描述
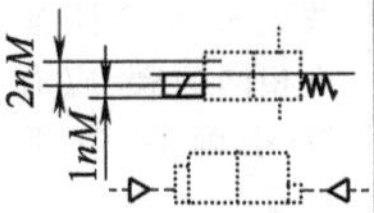 2nM 1nM	控制机构中心线位于长方形或正方形底边之上 1M 平行作动的附加控制机构中心线为 2M 间距，在功能部件底边之下不能有突出	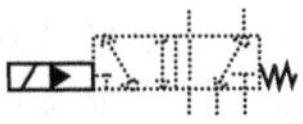	控制机构串联工作时应依照同样的控制次序按顺序表示		功能：内部流路限流(零遮盖至负遮盖)
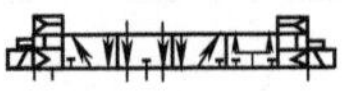	根据控制机构的工作状况，操作端的控制机构可使阀体元件从空闲的位置进入与其临近的一个位置 同时操作四位阀两端的控制机构可以控制阀体从空闲位置移越两个位置	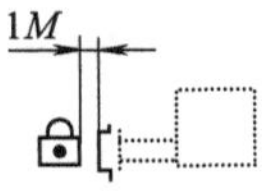 1M	锁定符号应在距离可锁装置 1M 距离外标出，该锁定符号表示可锁定的调整	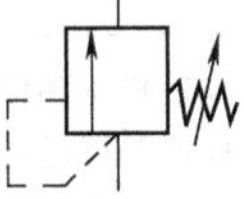	压力控制阀符号的基本位置由流动方向决定。供油口通常画在底部
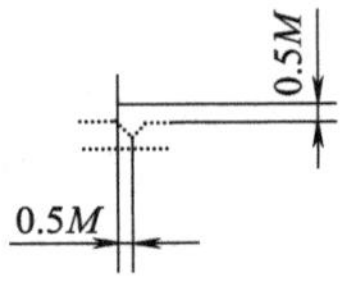 0.5M 0.5M	定位锁机构应放置在中间，或者在距凹口右或左 0.5M 的位置，且在轴上方 0.5M 处	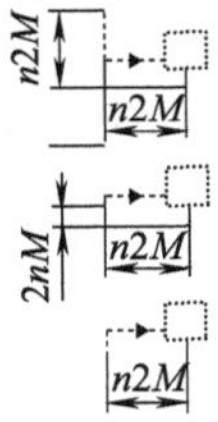 n2M n2M n2M n2M n2M	符号设计时应使接口末端在 2M 的倍数的网格上	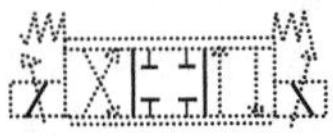	代表比例、快速响应伺服阀的中位机能，零遮盖或正遮盖

续表

图形	描述	图形	描述	图形	描述
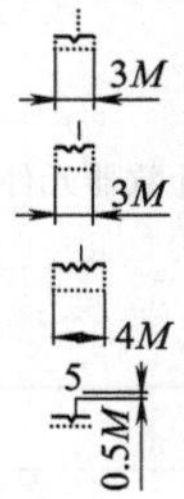 3M 3M 4M 5 0.5M	定位槽应对称置于轴上。对于三个以上的定位，数量应标注在定位槽上方0.5M处	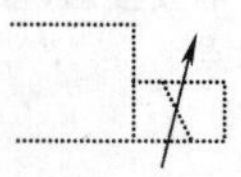	单绕组比例电磁铁		代表比例、快速响应伺服阀的中位机能，零遮盖或负遮盖(至3%)
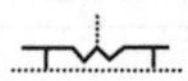	如有必要，无定位的切换位置应当标明	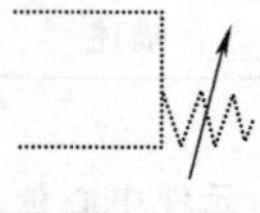	弹簧的可调整		控制系统外部应显示设置自动防故障装置
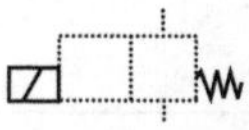	控制机构应在图中相应的矩形/长方形中直接标明	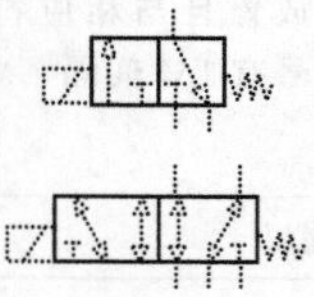	阀符号由各种功能单元组成，每一种功能单元代表一种阀芯位置和不同作用方式	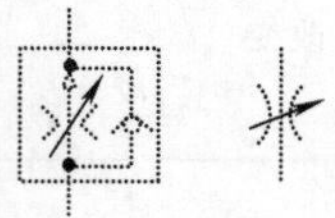	可调整要素符号应位于节流器或节流孔的中心位置
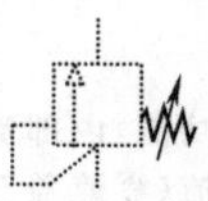	控制机构画在矩形或长方形图的右侧，除非两侧均有	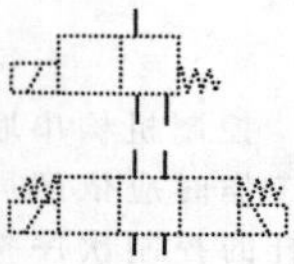	应标识出功能单元上的工作油口，并表示功能单元未受激励的状态(非工作状态)	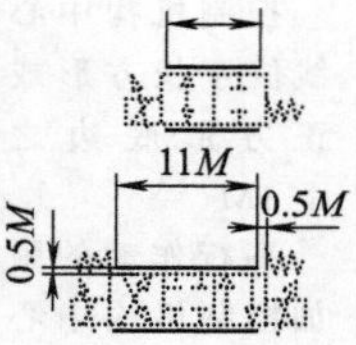 11M 0.5M 0.5M	对于两个或更多工作位置，或有多个中间位置且彼此节流特性各不相同的阀，应沿符号画两条平行线
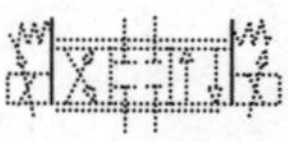	如果符号的尺寸不合适控制机构，需要画出延长线，在功能元件的两侧均可	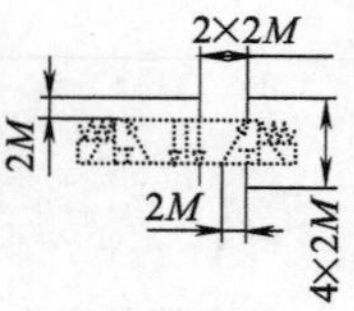 2×2M 2M 2M 4×2M	符号连接用2M的倍数表示。相邻连接线的距离应为2M，以保证接口标识码的标注空间	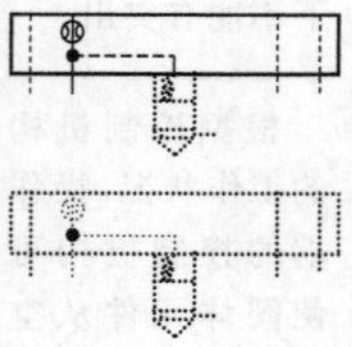	二通插装阀符号包括两个部分：控制盖板和插装阀芯。插装阀芯与控制盖板涵盖了更基础的元件或符号
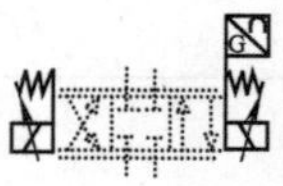	控制机构和信号转换器并行运行时从底部到顶部应遵循以下顺序：—液动或气动；—电磁铁；—弹簧；—手动控制元件；—转换器 如果同样的控制机构装载于功能元件的两侧，其顺序必须对称放置。不允许符号重叠	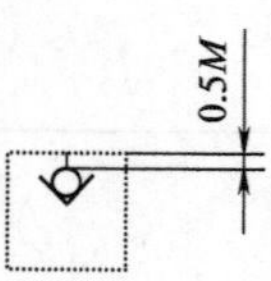 0.5M	功能：防漏隔离，液压电磁换向座阀		

续表

③二通盖板式插装阀阀					
图形	描述	图形	描述	图形	描述
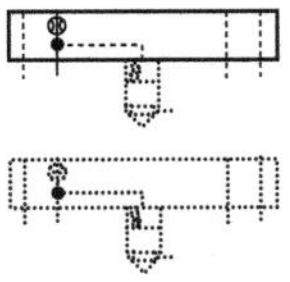	二通插装阀符号包括控制盖板和插装阀芯。插装阀芯与控制盖板涵盖了更基础的元件或符号	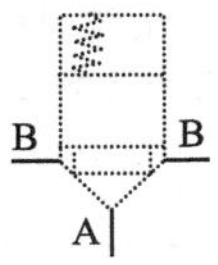 B B A	工作油口位于底部和符号侧边。A口位于底部，B口在右边或在左边或两边都有	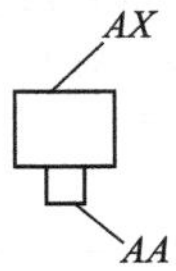 AX AA	盖板式插装阀，座阀结构，阀芯面积比$\frac{AA}{AX}\leqslant 0.7$
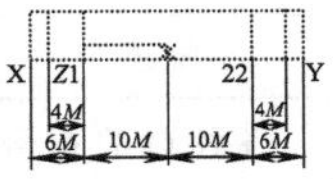 X Z1 22 Y 4M 6M 10M 10M 4M 6M	控制盖板的连接应位于框图中网格节点上，其位置固定	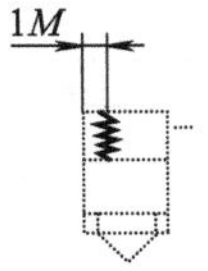 1M	阀的开启压力应在符号旁边标明（＊＊）	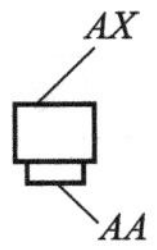 AX AA	盖板式插装阀，座阀结构，圆柱阀芯面积比$1>\frac{AA}{AX}>0.7$
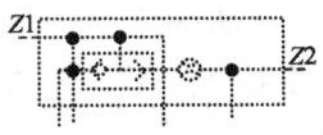 Z1 Z2	应画出外部连接	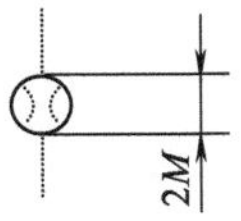 2M	如果节流孔是可代替的，其符号应圈上一个圆圈		对于有节流功能的二通插装阀，阀芯部位应涂满

④泵和马达					
图形	描述	图形	描述	图形	描述
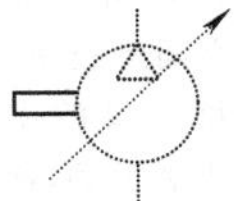	泵的驱动轴位于左边（首选位置）或右边，且可延伸2M的倍数	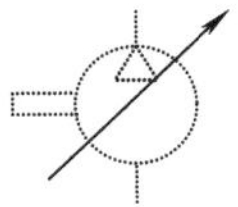	表示可调整的箭头应置于能量转换装置符号的中心。如果需要，可画得更长些	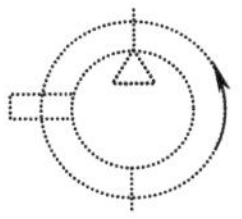	逆时针方向箭头表示泵的轴逆时针方向旋转，并画在泵的轴的对侧。旋转方向由在部件面对轴末端的视角给出 注意：当这个部件符号镜像时，指示旋转方向的箭头应当反向
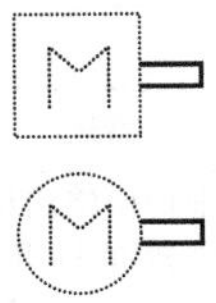	马达的轴位于右边（首选位置），也可置于左边	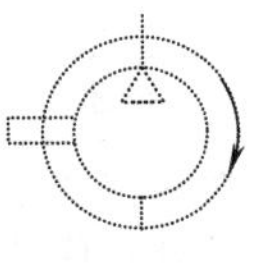	顺时针方向箭头表示泵的轴顺时针方向旋转，并画在泵的轴的对侧。旋转方向由在部件面对轴末端的视角给出 注意：当这个部件符号镜像时，指示旋转方向的箭头应当反向	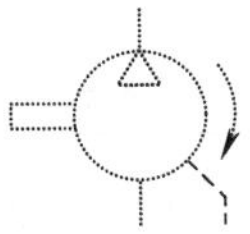	泵或马达的泄油管路表示在其右下底部斜度小于45°，位于位移轴和驱动轴之间

⑤缸					
图形	描述	图形	描述	图形	描述
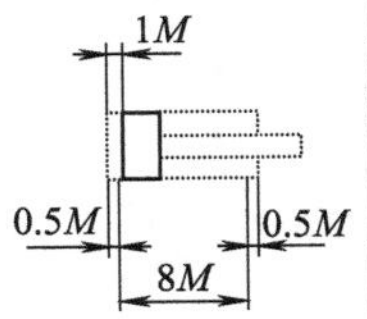 1M 0.5M 0.5M 8M	活塞应距离缸端盖1M以上。连接油口的管道距离缸的符号末端应当在0.5M以上	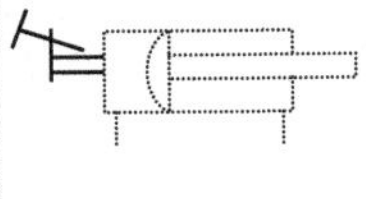	行程限制应在端盖末端标出	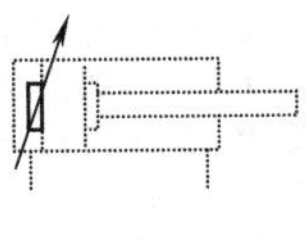	可调整机能应由标识在调节元件中的箭头指示。两个元件的可调整机能应表示在可调元件之间的中间位置

续表

图形	描述	图形	描述	图形	描述
	缸的框图应与活塞杆符号元件相匹配	2M 4M 8M 4M 2M 8M	机械行程应以对称方式标出		
(7)附件					
①管接头					
图形	描述	图形	描述	图形	描述
10M 2M 2M 1 2 3 4 5 1 2 3 4 5	多路旋转管接头图中两边接口都有 2M 间隔。图中数字可自定义并扩展。接口牌号表示在接口符号上方		两条管路交叉没有节点表明它们之间没有连接	AB X PT Y 4 2 7 5 1 3	各种口的符号示例：A—油口；B—油口；P—泵；T—油箱；X—先导控制；Y—先导式泄油；3、5—回油或排气口；2、4—工作口；1—供油或供气口；7—控制口。在每个口的上方或左边，对于每个口的牌号必须留出充足的空间进行标识。对每个口的字母或数字示例，液压符合 ISO 9461、气动符合 ISO 11727
0.75M	两条管路的连接标出连接点	2M	应标出所有接口的符号		
②电气装置					
图形	描述	图形	描述	图形	描述
	位置开关，机电式，如阀芯位置	G	带模拟信号输出的位置信号转换器	G	带切换输出信号的电控接近开关，如监视方向控制阀中的阀芯位置
4	同一个图中至少可以有一个触点。每一个触点可以有不同功能（常闭触点，常开触点，开关触点） 如果存在三个以上触点，触点的数量可标识在图中位于触点上方 0.5M 位置				

续表

③测量设备和指示器					
图形	描述	图形	描述	图形	描述
1.25M 3.75M 1.5M	所示单元中箭头和星号的位置，*详细描述的位置				
④能量源					
图形	描述	图形	描述	图形	描述
4M	液压源				

注：为了缩小符号尺寸，表中图形符号按模数尺寸 $M \leqslant 2.5$mm 线宽为 0.25mm 来绘制。

1.2 液压传动系统及元件公称压力系列（摘自 GB/T 2346—2003）

本标准规定了流体传动系统及元件的公称压力系列。适用于流体传动系统及元件的公称压力，也适用于其他相关的流体传动标准中压力值的选择。本标准的公称压力是应用于流体传动系统和元件的实际表压，即高于大气压的压力。

公称压力指为了便于表示和标识元件、管路或系统归属的压力系列，而对其指定的压力值。公称压力值应由表 1.1-2 中选择。

1.3 液压泵及马达公称排量系列（摘自 GB/T 2347—1980）

本标准适用于液压泵及马达公称排量。公称排量系指液压泵及马达的几何排量的公称值。液压泵及马达的公称排量应符合表 1.1-3 的规定。

表 1.1-2 液压传动系统及元件公称压力系列

kPa	1	1.6	2.5	4	6.3	10	16	25	40	63	100	[125]	160	[200]	250	
MPa																
kPa	[315]	400	[500]	630	[800]	1000										
MPa							[1.25]	1.6	[2]	2.5	[3.15]	4	[5]	6.3	[8]	10
kPa																
MPa	12.5	16	20	25	31.5	[35]	40	[45]	50	63	80	100	125	160	200	250

注：方括号中的值是非优先选用的。

表 1.1-3 液压泵及马达的公称排量 单位：mL/r

0.1	1.0	10	100	1000		3.15	31.5	315	3150
			(112)	(1120)			(35.5)	(355)	(3550)
	1.25	12.5	125	125	0.4	4.0	40	400	4000
		(14)	(140)	(1400)			(45)	(450)	(4500)
0.16	1.6	16	160	1600		5.0	50	500	5000
		(18)	(180)	(1800)			(56)	(560)	(5600)
	2.0	20	200	2000	0.63	6.3	63	630	6300
		(22.4)	(224)	(2240)			(71)	(710)	(7100)
0.25	2.5	25	250	2500		8.0	80	800	8000
		(28)	(280)	(2800)			(90)	(900)	(9000)

注：括号内公称排量值为非优先选用者。

1.4 液压缸内径及活塞杆外径（摘自 GB/T 2348—1993）

本标准规定了液压系统及元件用液压缸的内径和活塞杆外径。适用于液压系统及元件用液压缸。液压缸内径应符合表 1.1-4 的规定；液压缸的活塞杆外径应符合表 1.1-5 的规定。

1.5 液压缸活塞行程系列（摘自 GB/T 2349—1980）

本标准适用于以液压油为工作介质的液压缸活塞行程。液压缸活塞行程参数依优先次序按表 1.1-6、表 1.1-7、表 1.1-8 选用。

1.6 液压缸活塞杆螺纹形式和尺寸系列（摘自 GB/T 2350—1980）

本标准适用于以液压油为工作介质的液压缸活塞杆螺纹。活塞杆螺纹系指液压缸活塞杆的外部连接螺纹。

活塞杆螺纹有三种形式，如图 1.1-1、1.1-2、1.1-3 所示。活塞杆螺纹尺寸应符合表 1.1-9 规定。

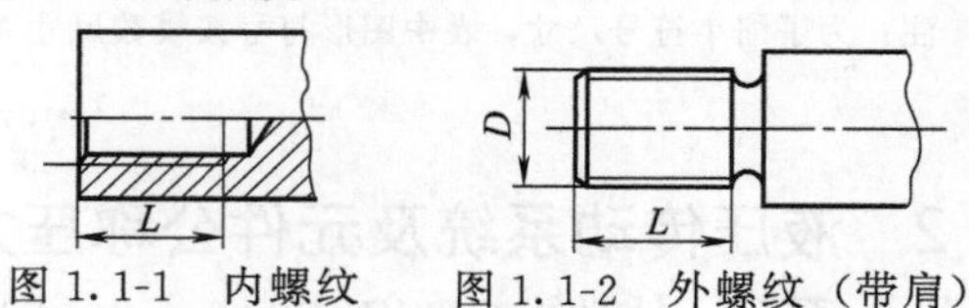

图 1.1-1 内螺纹　图 1.1-2 外螺纹（带肩）

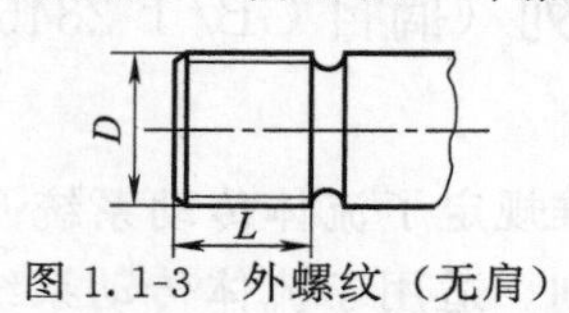

图 1.1-3 外螺纹（无肩）

表 1.1-4 液压缸的内径　单位：mm

8	10	12	16	20	25	32	40	50	63	80	(90)	100	(110)
125	(140)	160	(180)	200	(220)	250	(280)	320	(360)	400	(450)	500	

注：括号内尺寸为非优先选用者。

表 1.1-5 液压缸的活塞杆外径　单位：mm

4	5	6	8	10	12	14	16	18	20	22	25	28	32
36	40	45	50	56	63	70	80	90	100	110	125	140	160
180	200	220	250	280	320	360							

表 1.1-6 液压缸活塞行程参数依优先次序（1）　单位：mm

25	50	80	100	125	160	200	250	320	400
500	630	800	1000	1250	1600	2000	2500	3200	4000

表 1.1-7 液压缸活塞行程参数依优先次序（2）　单位：mm

	40			63		90	110	140	180
220	280	360	450	550	700	900	1100	1400	1800
2200	2800	3600							

表 1.1-8 液压缸活塞行程参数依优先次序（3）　单位：mm

240	260	300	340	380	420	480	530	600	650
750	850	950	1050	1200	1300	1500	1700	1900	2100
2400	2600	3000	3400	3800					

表 1.1-9　活塞杆螺纹尺寸　　单位：mm

螺纹直径与螺距 /(D×t)	螺纹长度/L		螺纹直径与螺距 /(D×t)	螺纹长度/L		螺纹直径与螺距 /(D×t)	螺纹长度/L	
	短型	长型		短型	长型		短型	长型
M3×0.35	6	9	M22×1.5	28	40	M90×3	106	140
M4×0.5	8	12	M22×1.5	30	44	M100×3	112	—
M4×0.7*	8	12	M24×2	32	48	M110×3	112	—
M5×0.5	10	15	M27×2	36	54	M125×3	125	—
M6×0.75	12	16	M30×2	40	60	M140×4	140	—
M6×1*	12	16	M33×2	45	66	M160×4	160	—
M8×1	12	20	M36×2	50	72	M180×4	180	—
M8×1.25*	12	20	M42×2	56	84	M200×4	200	—
M10×1.25	14	22	M48×2	63	96	M220×4	220	—
M12×1.25	16	24	M56×2	75	112	M250×6	250	—
M14×1.5	18	28	M64×3	85	128	M280×6	280	—
M16×1.5	22	32	M72×3	85	128			
M18×1.5	25	36	M80×3	95	140			

注：1. 螺纹长度（L）对内螺纹是指最小尺寸；对外螺纹是指最大尺寸；
2. 当需要用螺母锁紧时，采用长型螺纹长度；
3. 带 * 的螺纹尺寸为气缸专用。

1.7　液压系统用硬管外径和软管内径（摘自 GB/T 2351—2005）

硬管用于连接固定液压装置的金属管或塑料；软管通常用于金属丝增强的橡胶或塑料柔性管。硬管公称外径和软管公称内径从表 1.1-10 中选择。

1.8　隔离式充气蓄能器压力和容积范围（摘自 GB/T 2352—2003）

本标准规定了液压传动系统中使用的隔离式充气蓄能器所需的特征量及压力和容积范围。

隔离式充气蓄能器：利用不活泼气体（例如氮气）的可压缩性对液体隔离加压的蓄能器（隔离装置可以是胶囊、隔膜或活塞）。

隔离式充气蓄能器公称压力范围，如表 1.1-11 所示。

隔离式充气蓄能器公称容积范围，如表 1.1-12 所示。

1.9　液压泵及马达的安装法兰和轴伸的尺寸（摘自 GB/T 2353—2005）

本标准规定了容积式旋转液压泵、马达的安装法兰和轴伸的尺寸系列，二螺栓、四螺栓及多边形（包括圆形）安装法兰的标准代号，圆柱形键连接轴伸、带外螺纹的圆锥形键连接轴伸及渐开线花键轴伸的标注代号。

（1）轴伸

二螺栓和四螺栓安装法兰的轴伸系列见表 1.1-13；多边形安装法兰轴伸系列见表 1.1-14。

二螺栓、四螺栓和多边形安装法兰示意图分别见图 1.1-4～图 1.1-6。

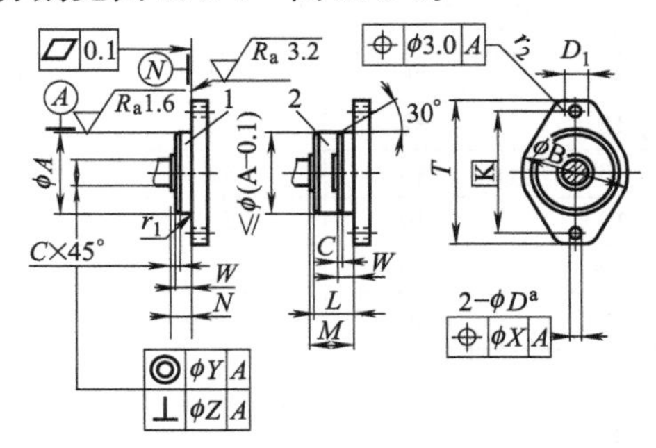

图 1.1-4　二螺栓安装法兰示意图

1—短止孔；2—长止孔；

a—可以用开口槽或螺旋孔代替通孔

表 1.1-10 硬管公称外径和软管公称内径系列 单位：mm

硬管外径	软管内径	硬管外径	软管内径	硬管外径	软管内径	硬管外径	软管内径
4	3.2	12	12.5	20	31.5	32	42
5	5	14①	16	22	38	34①	50
6	6.3	15	19	25	40	35	
8	8	16	20	28	50	38	
10	10	18	25	30	51②	40①	

① 不适用于新设计；

② 仅用于液压系统。

表 1.1-11 隔离式充气蓄能器公称压力范围 单位：MPa（bar）

6.3(63)	10(100)	16(160)	20(200)	25(250)	31.5(315)	40(400)	50(500)	63(630)

表 1.1-12 隔离式充气蓄能器公称容积范围 单位：L

0.25	4	0.63	1.0	1.6	2.5	4.0	6.3	10	16	20	25	32	40	50	63	100	160	200

表 1.1-13 二螺栓和四螺栓安装法兰的轴伸系列 单位：mm

法兰止口 A	轴伸 D			法兰止口 A	轴伸 D		
	第 1 选择	第 2 选择	非优先选择		第 1 选择	第 2 选择	非优先选择
32	10	—	—	140①	32	40	25
40	12	—	—	160	40	50	32
50	12	16	10	180①	40	50	32
63	16	20	12	200	50	63/60②	40
80	20	25	16	224①	50	63/60②	40
100	25	32	20	250	63/60①	80	50
125	32	40	25				

① 非优先选择的法兰止口尺寸；

② 花键轴参考直径。

注：对于大扭矩或大侧向荷载的应用场合，可以选用其他轴伸尺寸。

表 1.1-14 多边形安装法兰轴伸系列 单位：mm

法兰止口 A	轴伸 D			法兰止口 A	轴伸 D		
	第 1 选择	第 2 选择	非优先选择		第 1 选择	第 2 选择	非优先选择
80	20	25	16	355	70	80	—
100	25	32	20	400	80	90	—
125	32	40	25	450	90	110	—
160	40	50	32	500	90	110	—
180	40	50	32	560	110	125/140①	—
200	50	63	40	630	125/120①	140	—
224	50	63	40	710	140	160	—
250	63	70	50	800	160	180	—
280	63	80	—	900	160	180	—
315	70	80	—	1000	180	200	—

① 花键轴参考尺寸。

注：对于大扭矩或大侧向载荷的应用场合，可以选用其他轴伸尺寸。

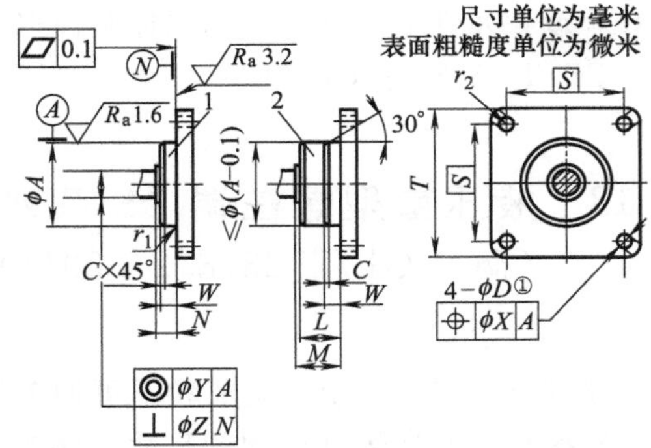

图 1.1-5　四螺栓安装法兰示意图

1—短止孔；2—长止孔；a—可以用开口槽或螺旋孔来替代通孔

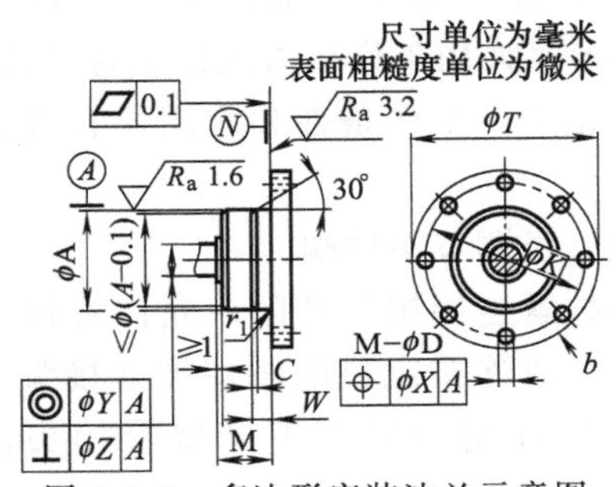

图 1.1-6　多边形安装法兰示意图

a—可以用开口槽或螺纹孔来替代通孔；b—图形连接轮廓线

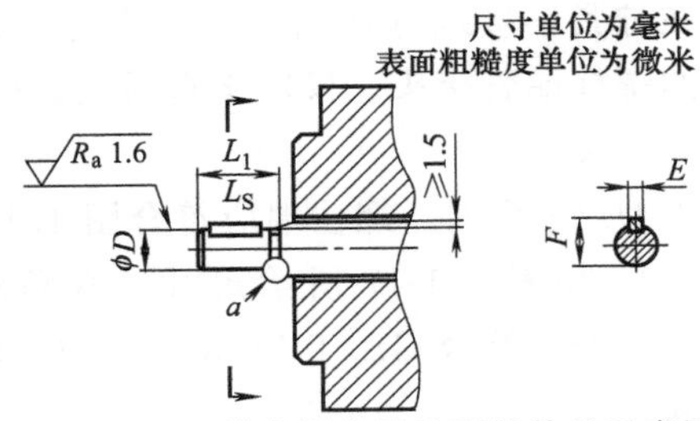

图 1.1-7　不带内螺纹圆柱形轴伸的示意图

a—由制造商选择

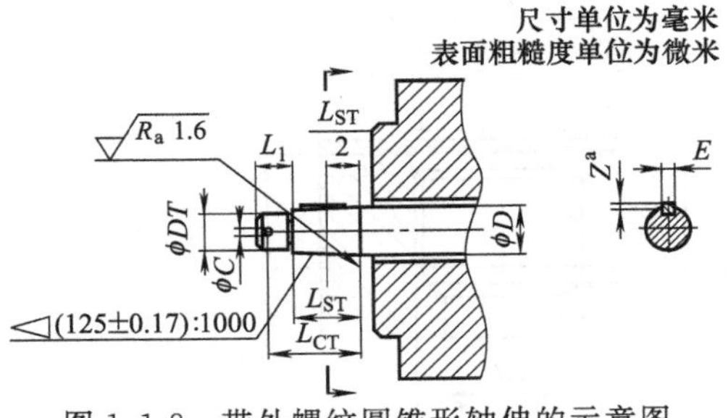

图 1.1-8　带外螺纹圆锥形轴伸的示意图

a—尺寸 Z 垂直于键并在锥面的大端

圆柱形轴伸、带外螺纹的圆锥形轴伸和渐

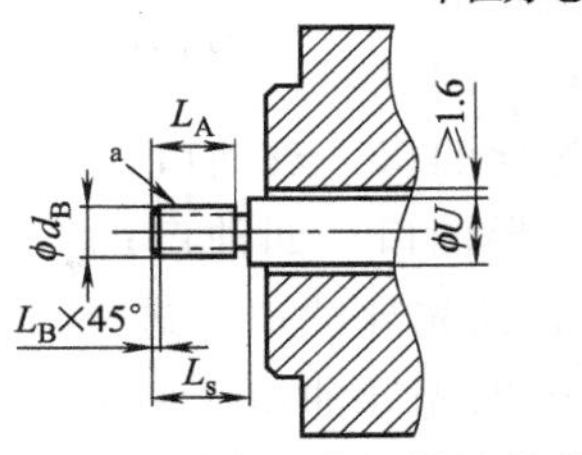

图 1.1-9　米制渐开线花键轴伸的示意图

a—花键

开线花键轴伸分别见图 1.1-7～图 1.1-9。

1.10　液压四油口方向控制阀安装面（摘自 GB/T 2514—2008）

本标准规定了液压四油口方向控制阀安装面尺寸及相关数据。本标准适用于液压四油口方向控制阀及其连接板或集成块。

本标准采用下列字母符号：① A、B、L、P、T、T_1、X 和 Y 表示油口；② F_1、F_2、F_3、F_4、F_5 和 F_6 表示螺纹孔；③ G、G_1 和 G_2 表示定位销孔。

安装面应采用下列公差：①表面粗糙度，$Ra \leqslant 0.8\mu m$；②表面平面度，在 100mm 距离内为 0.0 1mm；③定位销孔直径公差，H12。

1.11　液压二通盖板式插装阀安装连接尺寸（摘自 GB/T 2877—2007）

本标准规定了液压二通盖板式插装阀（以下简称插装阀）安装连接尺寸和其相关的其他数据，以保证产品的互换性。本标准适用于一般工业用的插装阀。

本标准采用下列符号。

① A、B、X、Y、Z_x 和 Z_y 用于标示油口，在某些情况下可以与下列示例不同。

示例：

A——在液压回路中的进油口、工作油口、出油口；

B——在液压回路中的进油口、工作油口、出油口；

X——先导油口、进油口；

Y——先导油口、回油口；

Z_x——辅助先导油口、进油口；

Z_y——辅助先导油口、回油口。

② F_1、F_2、F_3、F_4、F_5、F_6、F_7、F_8、F_9、F_{10}、F_{11}和F_{12}表示连接螺钉的螺纹孔。

③ G、G_1、G_2 表示定位销孔。

下列数值适用于插装阀的安装面：

表面粗糙度，$Ra \leqslant 1.6 \sim 3.2 \mu m$；

表面平面度，每100mm距离上为0.01mm；

定位销孔直径公差，H13。

1.12 液压油口（摘自GB/T 2878.1—2011）

本部分规定了液压传动连接用米制螺纹油口的尺寸和要求。本部分所规定的油口适用的最高工作压力为63MPa（630bar）。许用工作压力应根据油口尺寸、材料、结构、工况、应用等因素来确定。应确保油口周边的材料足以承受最高工作压力。

油口尺寸应符合图1.1-10和表1.1-15的规定。

符合本部分的油口结构尺寸允许的情况下宜采用符合图1.1-11和表1.1-16的凸环标识，或在元件上用永久的标识标明油口规格“GB/T 2878.1-M18×1.5”。

1.13 液压重型螺柱端（S系列）（摘自GB/T 2878.2—2011）

本部分规定了米制可调节和不可调节重型（S系列）柱端及O形圈的尺寸、性能要求和试验程序。符合本部分的不可调节螺柱端适用于最高工作压力63MPa（630bar），可调节螺柱端适用于最高工作压力40MPa（400bar）。许用工作压力应根据螺柱端尺寸、材料、结构、工作条件和应用场合等条件来规定。

（1）可调节螺柱端

在拧紧连接螺母期间，允许管接头调整方向以完成连接定位的螺柱端管接头（这种类型的螺柱端主要用于异型管接头：如T形、十字形和弯头）。

（2）不可调节螺柱端

在拧紧连接螺母期间，不需要专门调整方向的螺柱端管接头。仅用于直通式管接头。

（3）尺寸

重型（S系列）螺柱端应符合图1.1-12、图1.1-13和表1.1-17所给尺寸。六角对边宽度的公差应符合GB/T 3103.1—2002规定的C级。

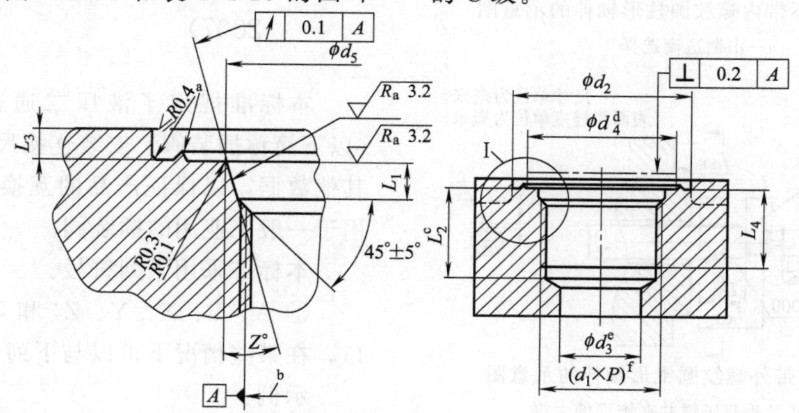

图1.1-10　油口

a—可选择的油口标识（参见图1.1-11）；b—螺纹中径；c—该尺寸仅适用于丝锥不能贯通时；d—测量尺寸范围；e—仅供参考；f—螺纹

表 1. 1-15 油口尺寸

螺纹① ($d_1 \times p$)	d_2 宽的④ min	 窄的⑤ min	$d_3$② 参考	D_4	d_5 $^{+0.1}_{0}$	L_1 $^{+0.4}_{0}$	$L_2$③ min	L_3 max	L_4 min	Z(°) ±1°
M8×1	17	14	3	12.5	9.1	1.6	11.5	1	10	12
M10×1	20	16	4.5	14.5	11.1	1.6	11.5	1	10	12
M12×1.5	23	19	6	17.5	13.8	2.4	14	1.5	11.5	15
M14×1.5⑥	25	21	7.5	19.5	15.8	2.4	14	1.5	11.5	15
M16×1.5	28	24	9	22.5	17.8	2.4	15.5	1.5	13	15
M18×1.5	30	26	11	24.5	19.8	2.4	17	2	14.5	15
M20×1.5⑦	33	29	—	27.5	21.8	2.4	17	2	14.5	15
M22×1.5	33	29	14	27.5	23.8	2.4	18	2	15.5	15
M27×2	40	34	18	32.5	29.4	3.1	22	2	19	15
M30×2	44	38	21	36.5	32.4	3.1	22	2	19	15
M33×2	49	43	23	41.5	35.4	3.1	22	2.5	19	15
M42×2	58	52	30	50.5	44.4	3.1	22.5	2.5	19.5	15
M48×2	63	57	36	55.5	50.4	3.1	25	2.5	22	15
M60×2	74	67	44	65.5	62.4	3.1	27.5	2.5	24.5	15

① 符合 ISO 261，公差等级按照 ISO 965-1 的 6H。钻头按照 ISO 2306 的 6H 等级。

② 仅供参考，连接孔可以要求不同的尺寸。

③ 此攻螺纹底孔深度需使用平底丝锥才能加工出规定的全螺纹长度。在使用标准丝锥时，应相应增加攻螺纹底孔深度，采用其他方式加工螺纹时，应保证表中螺纹和沉孔深度。

④ 带凸环标识的孔口平面直径。

⑤ 没有凸环标识的孔口平面直径。

⑥ 测试用油口首选。

⑦ 仅适用于插装阀阀孔（参见 ISO 7789）。

表 1. 1-16 可选择的油口标识

螺纹($d_1 \times P$)	d_6 $^{+0.5}_{0}$	螺纹($d_1 \times P$)	d_6 $^{+0.5}_{0}$	螺纹($d_1 \times P$)	d_6 $^{+0.5}_{0}$
M8×1	14	M18×1.5	26	M33×2	43
M10×1	16	M20×1.5①	29	M42×2	52
M12×1.5	19	M22×1.5	29	M48×2	57
M14×1.5	21	M27×2	34	M60×2	67
M16×1.5	24	M30×2	38		

① 仅适用于插装阀阀孔（参见 ISO 7789）

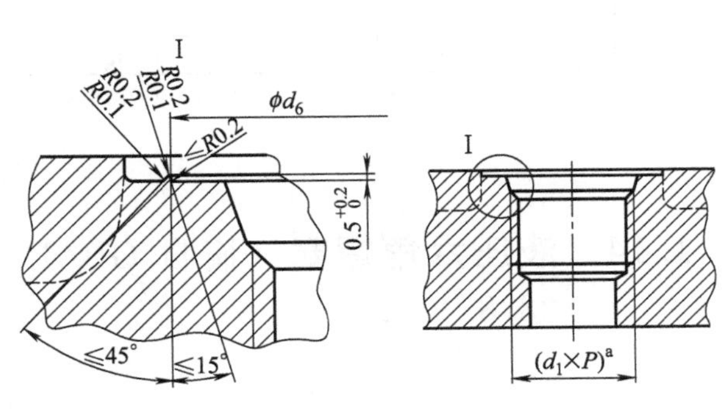

图 1. 1-11 可选择的油口标识

a—螺纹

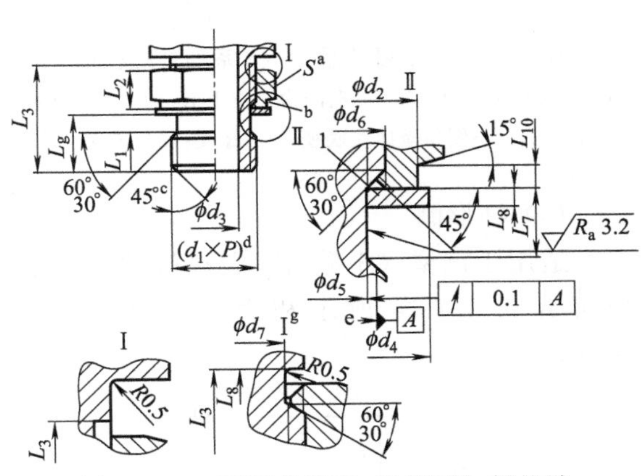

图 1. 1-12 可调节重型（S 系列）螺柱端

1—垫片；a—六角对边宽度；b—螺柱端标识；c—倒角至螺纹底径；d—螺纹；e—螺纹中径；f—可调节；g—任选结构

表 1.1-17 重型（S 系列）螺柱端的尺寸

螺纹① ($d_1 \times P$)	d_2 ±0.2	d_3 尺寸	d_3 公差	d_4 ±0.4	d_5 0 −0.1	d_6 +0.4 0	d_7 0 −0.3	L_1 ±0.2	L_2 ±0.2	L_3 最小	L_4 ±0.2	L_5 ±0.1	L_6 +0.3 0	L_7 ±0.1	L_8 ±0.08	L_9 参考	L_{10} ±0.1	S
M8×1	11.8	2	±0.1	12.5	6.4	8.1	6.4	6.5	7	18	9.5	1.6	2	4	0.9	9.6	1.5	12
M10×1	13.8	3	±0.1	14.5	8.4	10.1	8.4	6.5	7	18	9.5	1.6	2	4	0.9	9.6	1.5	14
M12×1.5	16.8	4	±0.1	17.5	9.7	12.1	9.7	7.5	8.5	21	11	2.5	3	4.5	0.9	11.1	2	17
M14×1.5②	18.8	6	±0.1	19.5	11.7	14.1	11.7	7.5	8.5	21	11	2.5	3	4.5	0.9	11.1	2	19
M16×1.5	21.8	7	±0.2	22.5	13.7	16.1	13.7	9	9	23	12.5	2.5	3	4.5	0.9	12.6	2	22
M18×1.5	23.8	9	±0.2	24.5	15.7	18.1	15.7	10.5	10.5	26	14	2.5	3	4.5	0.9	14.1	2.5	24
M20×1.5③	26.8	—	±0.2	—	17.7	—	17.7	—	—	—	14	2.5	3	—	—	—	2.5	—
M22×1.5	26.8	12	±0.2	27.5	19.7	22.1	19.7	11	11	27.5	15	2.5	3	5	1.25	14.8	2.5	27
M27×2	31.8	15	±0.2	32.5	24	27.1	24	13.5	13.5	33.5	18.5	2.5	4	6	1.25	18.3	2.5	32
M30×2	35.8	17	±0.2	36.5	27	30.1	27	13.5	13.5	33.5	18.5	2.5	4	6	1.25	18.3	2.5	36
M33×2	40.8	20	±0.2	41.5	30	33.1	30	13.5	13.5	33.5	18.5	3	4	6	1.25	18.3	3	41
M42×2	49.8	26	±0.2	50.5	39	42.1	39	14	14	34.5	19	3	4	6	1.25	18.3	3	50
M48×2	54.8	32	±0.3	55.5	45	48.1	45	16.5	15	38	21.5	3	4	6	1.25	21.3	3	55
M60×2	64.8	40	±0.3	65.5	57	60.1	57	19	17	42.5	24	3	4	6	1.25	23.8	3	65

① 符合 GB/T 193，公差等级符合 GB/T 197 的 6g。
② 测试用油口首选。
③ 仅适用于插装阀阀口的螺塞。

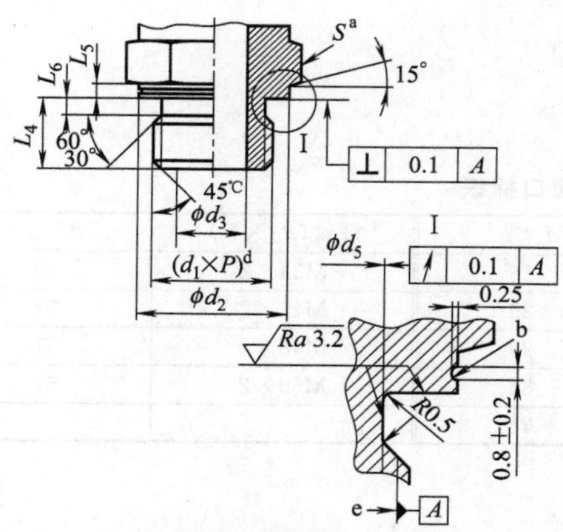

图 1.1-13 不可调重型（S 系列）螺柱端

a—六角对边宽度；b—可选凹槽，位于 L_5 的中间；螺柱端标识；c—倒角至螺纹底径；d—螺纹；e—螺纹中径

(4) O 形圈

适用于重型（S 系列）螺柱端的 O 形圈应符合图 1.1-14 所示和表 1.1-18 所给的尺寸。

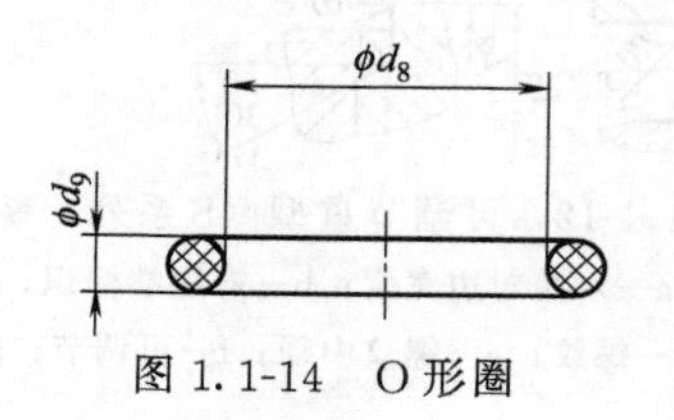

图 1.1-14 O 形圈

表 1.1-18 重型（S 系列）螺柱端配用的 O 形圈尺寸

螺纹	内径 d_8 尺寸	内径 d_8 公差	截面直径 d_9 尺寸	截面直径 d_9 公差
M8×1	6.1	±0.2	1.6	±0.08
M10×1	8.1	±0.2	1.6	±0.08
M12×1.5	9.3	±0.2	2.2	±0.08
M14×1.5	11.3	±0.2	2.2	±0.08
M16×1.5	13.3	±0.2	2.2	±0.08
M18×1.5	15.3	±0.2	2.2	±0.08
M20×1.5①	17.3	±0.22	2.2	±0.08
M22×1.5	19.3	±0.22	2.2	±0.08
M27×2	23.6	±0.24	2.9	±0.09
M30×2	26.6	±0.26	2.9	±0.09
M33×2	29.6	±0.29	2.9	±0.09
M42×2	38.6	±0.37	2.9	±0.09
M48×2	44.6	±0.43	2.9	±0.09
M60×2	56.6	±0.51	2.9	±0.09

① 仅适用于插装阀阀孔的螺塞（参见 GB/T 2878.4 和 JB/T 5963）。

1.14 液压六角螺塞（摘自 GB/T 2878.4—2011）

本部分规定了适用于 GB/T 2878.1 中规定的油口的外六角和内六角螺塞的尺寸和性能要求。符合本部分的螺塞适用于最高工作压力为 63MPa（630bar）。许用工作压力应根据螺塞的末端尺寸、材料、结构、工况、应用等条件来确定。应确保油口周边的材料足以承受最高工作压力。

（1）螺塞

不带流体通道的螺柱端，用于封堵油液。

（2）尺寸

外六角和内六角螺塞应分别符合图 1.1-15 和图 1.1-16 所示及表 1.1-19 和表 1.1-20 所给尺寸。

（3）六角形公差

外六角对边宽度 S 的公差应符合 GB/T 3103.1—2002 规定的 C 级。

（4）性能

符合本部分的外六角螺塞应满足表 1.1-21 给出的爆破和脉冲压力。

（5）O 形圈

O 形圈的尺寸公差应按照 GB/T 2878.2 的规定。

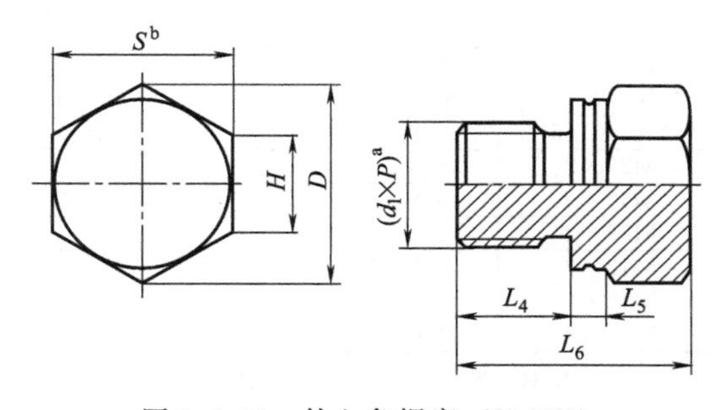

图 1.1-15　外六角螺塞（PLEH）

a—螺纹；b—外六角对边宽度。

注：螺柱端应符合 GB/T 2878.2 不可调节重型（S 系列螺柱端规定）。

表 1.1-19　外六角螺塞尺寸

螺纹($d_1 \times P$)	L_4 参考	L_5 参考	$L_6 \pm 0.5$	S①	螺纹($d_1 \times P$)	L_4 参考	L_5 参考	$L_6 \pm 0.5$	S①
M8×1	9.5	1.6	16.5	12	M22×1.5	15	2.5	26	27
M10×1	9.5	1.6	17	14	M27×2	18.5	2.5	31.5	32
M12×1.5	11	2.5	18.5	17	M30×2	18.5	2.5	33	36
M14×1.5	11	2.5	19.5	19	M33×2	18.5	3	34	41
M16×1.5	12.5	2.5	22	22	M42×2	19	3	36.5	50
M18×1.5	14	2.5	24	24	M48×2	21.5	3	40	55
M20×1.5②	14	2.5	25	27	M60×2	24	3	44.5	65

① 外六角对边宽度 S 的公差应符合 GB/T 3103.1—2002 规定的 C 级。

② 仅适用于插装阀的插装孔（参见 JB/T 5963）。

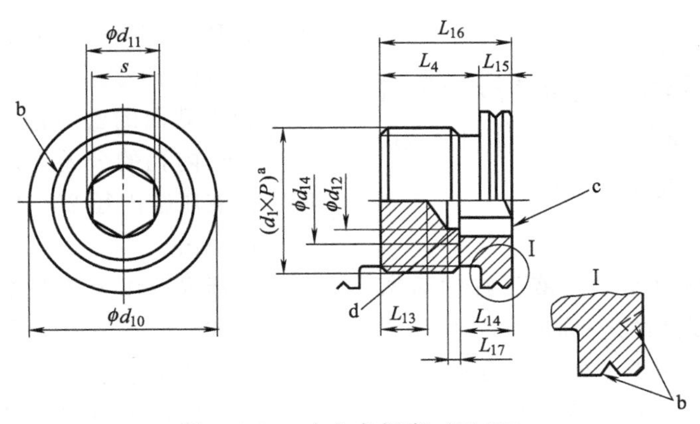

图 1.1-16　内六角螺塞（PLIH）

a—螺纹；b—标识凹槽：1mm（宽）×0.25mm（深），形状可选择，标识位置可于 d_{10} 的肩部接近宽度 L_{15} 的中点，亦可位于螺塞的顶面；c—孔口倒角：90°×d_{11}（直径）；d—可选择的沉孔的底孔：$d_{14} \times L_{17}$

表 1.1-20　内六角螺塞尺寸

螺纹($d_1 \times P$)	$d_{10} \pm 0.2$	$d_{11}{}^{+0.25}_{0}$	$d_{12}{}^{+0.13}_{0}$	$d_{14}{}^{+0.25}_{0}$	L_4	L_{13}	L_{14}	L_{15}	L_{16}	L_{17}	S①
M8×1	11.8	4.6	4	4.7	9.5	3	5	3.5	13	2.1	4
M10×1	13.8	5.8	5	5.9	9.5	3	5.5	4	13.5	2.1	5
M12×1.5	16.8	6.9	66	7	11	3	7.5	4.5	15.5	2.5	6
M14×1.5	18.8	6.9	6	7	11	3	7.5	5	16	2.5	6
M16×1.5	21.8	9.2	8	9.3	12.5	3	8.5	5	17.5	2.5	8
M18×1.5	23.8	9.2	8	9.3	14	3	8.5	5	19	2.5	8
M20×1.5②	26.8	11.5	10	11.6	14	3	8.5	5	19	2.9	10
M22×1.5	26.8	11.5	10	11.6	15	3	8.5	5	20	2.9	10
M27×2	31.8	13.9	12	14	18.5	3	10.5	5	23.5	3.7	12
M30×2	35.8	16.2	14	16.3	18.5	3	11	6	24.5	3.7	14
M33×2	40.8	16.2	14	16.3	18.5	3	11	6	24.5	3.7	14
M42×2	49.8	19.6	17	19.7	19	3	11	6	25	3.7	17
M48×2	54.8	19.6	17	19.7	21.5	3	11	6	27.5	3.7	17
M60×2	64.8	21.9	19	22	24	3	12	6	30	3.7	19

① 外六角对边宽度 S 的公差应符合 GB/T 3103.1—2002 规定的 C 级。

② 仅适用于插装阀的插装孔（参见 JB/T 5963）。

表 1.1-21　外六角和内六角螺塞的压力

螺纹	外六角螺塞			内六角螺塞		
	最高工作压力①/MPa(bar)	试验压力		最高工作压力①MPa(bar)	试验压力	
		爆破/MPa(bar)	脉冲②/MPa(bar)		爆破/MPa(bar)	脉冲②/MPa(bar)
M8×1	63(630)	252(2520)	84(840)	42(420)	168(1680)	56(560)
M10×1	63(630)	252(2520)	84(840)	42(420)	168(1680)	56(560)
M12×1.5	63(630)	252(2520)	84(840)	42(420)	168(1680)	56(560)
M14×1.5	63(630)	252(2520)	84(840)	63(630)	252(2520)	84(840)
M16×1.5	63(630)	252(2520)	84(840)	63(630)	252(2520)	84(840)
M18×1.5	63(630)	252(2520)	84(840)	63(630)	252(2520)	84(840)
M20×1.5③	40(400)	160(1600)	52(520)	40(400)	160(1600)	52(520)
M22×1.5	63(630)	252(2520)	84(840)	63(630)	252(2520)	84(840)
M27×2	40(400)	160(1600)	52(520)	40(400)	160(1600)	52(520)
M30×2	40(400)	160(1600)	52(520)	40(400)	160(1600)	52(520)
M33×2	40(400)	160(1600)	52(520)	40(400)	160(1600)	52(520)
M42×2	25(250)	100(1000)	33(330)	25(250)	100(1000)	33(330)
M48×2	25(250)	100(1000)	33(330)	25(250)	100(1000)	33(330)
M60×2	25(250)	100(1000)	33(330)	25(250)	100(1000)	33(330)

① 适用于碳钢制造的螺塞。

② 循环耐久性试验压力。

③ 仅适用于插装阀阀孔（参见 JB/T 5963）。

1.15　液压缸活塞和活塞杆动密封沟槽尺寸和公差（摘自 GB/T 2879—2005）

本标准规定了往复运动用液压缸的活塞和活塞杆密封沟槽系列的公称尺寸及其公差的优先选择范围，适用于下列尺寸的液压缸：液压缸内径 16～500mm；活塞杆直径 6～360mm。

为满足 ISO 6020-2 规定的降低缸筒要求的 16MPa（160bar）小型系列液压缸的密封需要，本标准规定了另外一个密封沟槽系列。这些较小截面的密封件要求更严格的活塞杆和液压缸内孔的公差。适用于下列尺寸的液压缸：液压缸内径 25～200mm；活塞杆直径 12～140mm。

本标准仅作为按照本标准生产的产品的尺寸标准，而不适用于产品的性能特征。

本标准规定的典型的液压缸活塞杆和活塞密封沟槽的示例，见图 1.1-17～图 1.1-20。

倒角的长度应不小于表 1.1-22 的规定。其他相关尺寸详见表 1.1-23～表 1.1-27。

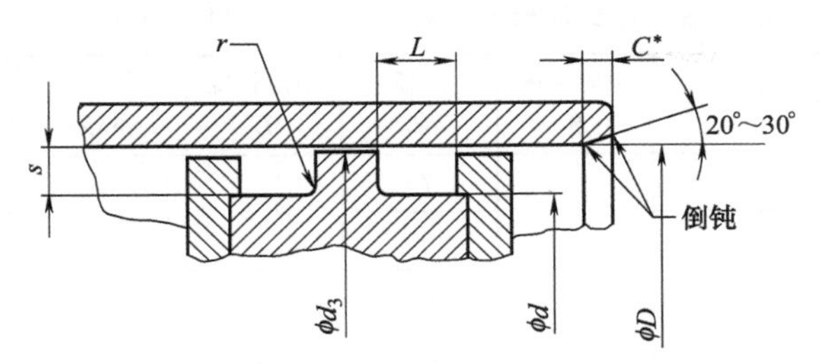

图 1.1-17 活塞密封沟槽示意图（符合 ISO 6020-2 规定的液压缸见图 1.1-18）

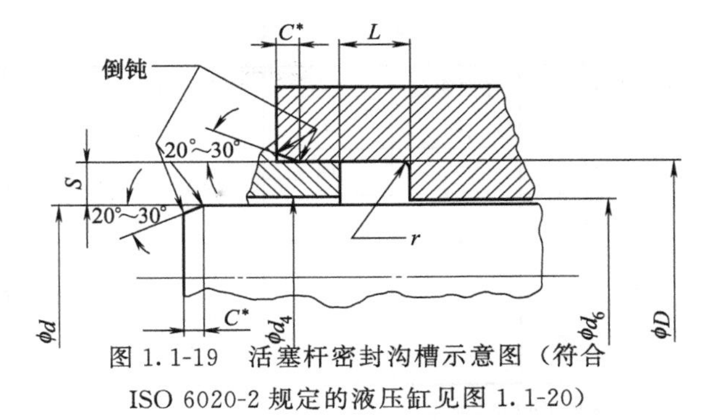

图 1.1-19 活塞杆密封沟槽示意图（符合 ISO 6020-2 规定的液压缸见图 1.1-20）

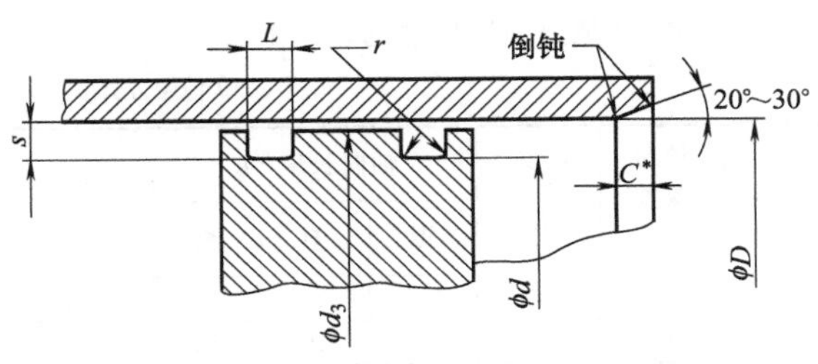

图 1.1-18 符合 ISO 6020-2 规定的液压缸的活塞密封沟槽示意图

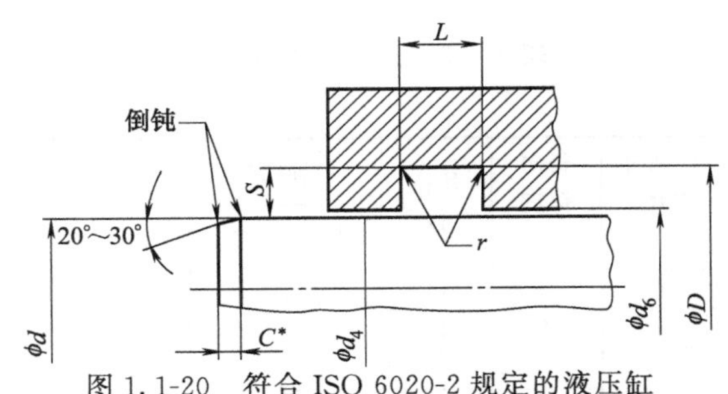

图 1.1-20 符合 ISO 6020-2 规定的液压缸的活塞杆密封沟槽示意图

表 1.1-22 安装倒角 单位：mm

密封沟槽径向深度 S	3.5	4	5	7.5	10	12.5	15	20
安装倒角最小轴向长度 C	2	2	2.5	4	5	6.5	7.5	10

表 1.1-23 活塞密封沟槽的公称尺寸（符合 ISO 6020-2 规定的液压缸见表 1.1-24）

单位：mm

缸径[①] D	径向深度 S	内径 d	轴向长度[②] L 短	中	长	r_{max}
16	4	8	5	6.3	—	0.3
20		12				
25		17				
	5	15	6.3	8	16	
32	4	24	5	6.3	—	
	5	22	6.3	8	16	
40	4	32	5	6.3	—	
	5	30	6.3	8	16	
50		40				
	7.5	35	9.5	12.5	25	0.4
63	5	53	6.3	8	16	0.3
	7.5	48	9.5	12.5	25	0.4
80		65				
	10	60	12.5	16	32	0.6

缸径[①] D	径向深度 S	内径 d	轴向长度[②] L 短	中	长	r_{max}
100	7.5	85	9.5	12.5	25	0.4
	10	80	12.5	16	32	0.6
125		105				
	12.5	100	16	20	40	0.8
160	10	140	12.5	16	32	0.6
	12.5	135	16	20	40	0.8
200		175				
	15	170	20	25	50	
250	12.5	225	16	20	40	
	15	220	20	25	50	
320		290				
400	20	360	25	32	63	1
500		460				

① 见 GB/T 2348。

② 在表 1.1-23、表 1.1-24 中规定的轴向长度（短、中、长）的应用决定于相应的工作条件。

表 1.1-24　符合 ISO 6020-2 规定的液压缸活塞密封沟槽的公称尺寸　单位：mm

缸径① D	径向深度 S	内径 d	轴向长度 L	r max	缸径① D	径向深度 S	内径 d	轴向长度 L	r max
25	3.5	18	5.6	0.5	80	5	70	7.5	0.5
32		25			100		90		
40	4	32	6.3		125	7.5	110	10.6	
50		42			160		145		
63		55			200		185		

① 见 ISO 6020-2。

表 1.1-25　活塞杆密封沟槽的公称尺寸（符合 ISO 6020-2 规定的液压缸见表 1.1-26）

单位：mm

活塞杆直径① d	径向深度 S	外径 D	轴向长度②L			r max
			短	中	长	
6	4	14	5	6.3	14.5	0.3
8		16				
10		18				
	5	20	—	8	16	
12	4		5	6.3	14.5	
	5	22	—	8	16	
14	4		5	6.3	14.5	
	5	24	—	8	16	
16	4		5	6.3	14.5	
	5	26	—	8	16	
18	4		5	6.3	14.5	
	5	28	—	8	16	
20	4		5	6.3	14.5	
	5	30	—	8	16	
22	4		5	6.3	14.5	
	5	32	—	8	16	
25	4	33	5	6.3	14.5	
	5	35	—	8	16	
28		38	6.3			
	7.5	43	—	12.5	25	0.4
32	5	42	6.3	8	16	0.3
	7.5	47	—	12.5	25	0.4
36	5	46	6.3	8	16	0.3
	7.5	51	—	12.5	25	0.4
40	5	50	6.3	8	16	0.3
	7.5	55	—	12.5	25	0.4
45	5	55	6.3	8	16	0.3
	7.5	60	—	12.5	25	0.4
50	5	60	6.3	8	16	0.3
	7.5	65	—	12.5	25	0.4
56		71	9.5			
	10	76	—	16	32	0.6
63	7.5	78	9.5	12.5	25	0.4
	10	83	—	16	32	0.6
70	7.5	85	9.5	12.5	25	0.4
	10	90	—	16	32	0.6
80	7.5	95	9.5	12.5	25	0.4
	10	100	—	16	32	0.6
90	7.5	105	9.5	12.5	25	0.4
	10	110	—	16	32	0.6
100		120	12.5			
	12.5	125	—	20	40	0.8
110	10	130	12.5	16	32	0.6
	12.5	135	—	20	40	0.8
125	10	145	12.5	16	32	0.6
	12.5	150	—	20	40	0.8
140	10	160	12.5	16	32	0.6
	12.5	165	—	20	40	0.8
160		185	16			
	15	190	—	25	50	
180	12.5	205	16	20	180	
	15	210	—	25	50	
200	12.5	225	16	20	40	
	15	230	20	25	50	
220		250				
250		280				
280	20	310	25	32	63	1
320		360				
360		400				

① 见 GB/T 2348。

② 表 1.1-23、表 1.1-24 中规定的轴向长度（短、中、长）的应用取决于相应的工作条件。

表 1.1-26　符合 ISO 6020-2 规定的液压缸活塞杆密封沟槽的公称尺寸　　单位：mm

活塞杆直径① d	径向深度 S	外径 D	轴向长度 L	r max	活塞杆直径① d	径向深度 S	外径 D	轴向长度 L	r max
12	3.5	19	5.6	0.5	56	5	66	7.5	0.5
14		21			70		80		
18		25			90		100		
22		29			110	7.5	125	10.6	
28	4	36	6.3		140		155		
36		44							
45		53							

① 见 ISO 6020-2。

表 1.1-27　密封沟槽径向深度（截面）公差　　单位：mm

径向深度 S							
公称尺寸	公差	公称尺寸	公差	公称尺寸	公差	公称尺寸	公差
3.5	+0.15 −0.05	5	+0.15 −0.05	10	+0.25 −0.10	15	+0.35 −0.20
4	+0.15 −0.05	7.5	+0.20 −0.10	12.5	+0.30 −0.15	20	+0.40 −0.20

对于活塞，根据下列公式计算密封沟槽内径 d（见图 1.1-17 和图 1.1-18）的公差：

$$d_{min}=2D_{max}-d_{3min}-2S_{max}$$

$$d_{max}=d_{3min}-2S_{min}$$

对于活塞杆，根据下列公式计算密封沟槽外径 D（见图 1.1-19 和图 1.1-20）的公差：

$$D_{min}=d_{5max}+2S_{min}$$

$$D_{max}=2d_{min}-d_{5max}+2S_{max}$$

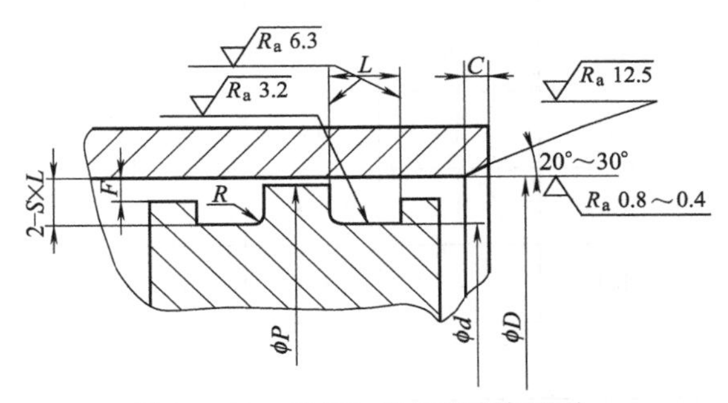

图 1.1-21　液压缸活塞用窄断面动密封的沟槽形式

1.16　液压缸活塞和活塞杆窄断面动密封沟槽尺寸和公差（摘自 GB/T 2880—1981）

本标准规定的动密封沟槽尺寸和公差适用于安装工作压力小于或等于 20MPa 液压缸活塞和活塞杆窄断面 Y 形或其他形式密封圈。

(1) 液压缸活塞用窄断面动密封的沟槽形式应符合图 1.1-21 规定。

(2) 液压缸活塞用窄断面动密封的沟槽尺寸系列和公差应符合表 1.1-28 规定。

(3) 液压缸活塞杆用窄断面动密封的沟槽形式应符合图 1.1-22 规定。

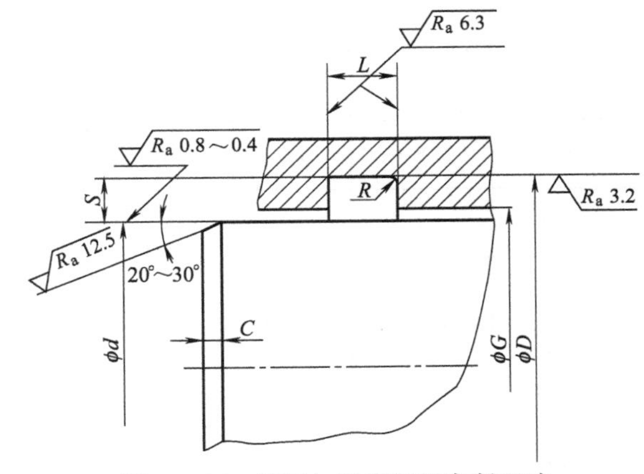

图 1.1-22　液压缸活塞杆用窄断面动密封的沟槽形式

(4) 液压缸活塞杆用窄断面动密封的沟槽尺寸系列和公差应符合表 1.1-29 规定。

表 1.1-28　液压缸活塞用窄断面动密封的沟槽尺寸系列和公差　　　单位：mm

<table>
<tr><th rowspan="2">公称直径 D</th><th rowspan="2">沟槽深度 S</th><th colspan="3">沟槽长度 L</th><th colspan="2">沟槽底径</th><th rowspan="2">C
≥</th><th rowspan="2">R
≤</th><th rowspan="2">F</th></tr>
<tr><th>L_1</th><th>L_2</th><th>公差</th><th>d</th><th>公差</th></tr>
<tr><td>(12)</td><td>3.5</td><td>5.6</td><td>9</td><td rowspan="24">+0.25
0</td><td>5</td><td>+0.05
−0.17</td><td rowspan="15">2</td><td rowspan="15">0.3</td><td rowspan="15">0.5</td></tr>
<tr><td>(14)</td><td>3.5</td><td>5.6</td><td>9</td><td>7</td><td>+0.05
−0.17</td></tr>
<tr><td>16</td><td>3.5</td><td>5.6</td><td>9</td><td>9</td><td>+0.15
−0.17</td></tr>
<tr><td>(18)</td><td>3.5</td><td>5.6</td><td>9</td><td>11</td><td>+0.05
−0.17</td></tr>
<tr><td>20</td><td>3.5</td><td>5.6</td><td>9</td><td>13</td><td>+0.04
−0.14</td></tr>
<tr><td>(22)</td><td>3.5</td><td>5.6</td><td>9</td><td>15</td><td>+0.04
−0.14</td></tr>
<tr><td>25</td><td>3.5</td><td>5.6</td><td>9</td><td>18</td><td>+0.04
−0.14</td></tr>
<tr><td>(28)</td><td>3.5</td><td>5.6</td><td>9</td><td>21</td><td>+0.04
−0.14</td></tr>
<tr><td>32</td><td>3.5</td><td>5.6</td><td>9</td><td>25</td><td>+0.04
−0.14</td></tr>
<tr><td>(36)</td><td>4</td><td>6.3</td><td>11</td><td>28</td><td>+0.03
−0.11</td></tr>
<tr><td>40</td><td>4</td><td>6.3</td><td>11</td><td>32</td><td>+0.03
−0.11</td></tr>
<tr><td>(45)</td><td>4</td><td>6.3</td><td>11</td><td>37</td><td>+0.03
−0.11</td></tr>
<tr><td>50</td><td>4</td><td>6.3</td><td>11</td><td>42</td><td>+0.03
−0.11</td></tr>
<tr><td>(56)</td><td>4</td><td>6.3</td><td>11</td><td>48</td><td>+0.02
−0.07</td></tr>
<tr><td>63</td><td>4</td><td>6.3</td><td>11</td><td>55</td><td>+0.02
−0.07</td></tr>
<tr><td>(70)</td><td>5</td><td>7.5</td><td>13</td><td>60</td><td>+0.12
−0.07</td><td rowspan="4">3</td><td rowspan="4">0.4</td><td rowspan="9">1</td></tr>
<tr><td>80</td><td>5</td><td>7.5</td><td>13</td><td>70</td><td>+0.12
−0.07</td></tr>
<tr><td>(90)</td><td>5</td><td>7.5</td><td>13</td><td>80</td><td>+0.11
−0.03</td></tr>
<tr><td rowspan="2">100</td><td>5</td><td>7.5</td><td>13</td><td>90</td><td>+0.11
−0.03</td></tr>
<tr><td>7.5</td><td>10.6</td><td>19</td><td>85</td><td>+0.11
−0.13</td><td>4</td><td>0.6</td></tr>
<tr><td rowspan="2">(110)</td><td>5</td><td>7.5</td><td>13</td><td>100</td><td>+0.11
−0.03</td><td>3</td><td>0.4</td></tr>
<tr><td>7.5</td><td>10.6</td><td>19</td><td>95</td><td>+0.11
−0.13</td><td>4</td><td>0.6</td></tr>
<tr><td rowspan="2">125</td><td>5</td><td>7.5</td><td>13</td><td>115</td><td>+0.09
+0.006</td><td>3</td><td>0.4</td></tr>
<tr><td>7.5</td><td>10.6</td><td>19</td><td>110</td><td>±0.09</td><td>4</td><td>0.6</td></tr>
</table>

续表

公称直径 D	沟槽深度 S	沟槽长度 L			沟槽底径		C ≥	R ≤	F
		L_1	L_2	公差	d	公差			
(140)	5	7.5	13		130	+0.09 +0.006	3	0.4	
	7.5	10.6	19		125	±0.09	4	0.6	
160	5	7.5	13		150	+0.09 +0.006	3	0.4	
	7.5	10.6	19		145	+0.09	4	0.6	
(180)	7.5	10.6	19		165	+0.09 +0.006	4	0.6	
	10	13.2	23		160	+0.09 −0.019	5	0.8	
200	7.5	10.6	19		185	+0.07 −0.04	4	0.6	
	10	13.2	23		180	+0.07 −0.14	5	0.8	1
(220)	7.5	10.6	19		205	+0.07 −0.04	4	0.6	
	10	13.2	23		200	+0.07 −0.14	5	0.8	
250	7.5	10.6	19		235	+0.07 −0.04	4	0.6	
	10	13.2	23		230	+0.07 −0.14	5	0.8	
(280)	7.5	10.6	19	+0.25 0	265	+0.06 −0.003	4	0.5	
	10	13.2	23		260	+0.06 −0.01	5	0.8	
320	10	13.2	23		300	+0.04 −0.06	5		1
	12.5	16.5	30		295	+0.14 −0.16	6.5	0.8	1.5
(360)	10	13.2	23		340	+0.04 −0.06	5		1
	12.5	16.5	30		335	+0.14 −0.16	6.5		1.5
400	12.5	16.5	30		375	+0.14 −0.16	6.5	0.8	1.5
	15	19	34		370	+0.24 −0.25	7.5	1	2
(450)	12.5	16.5	30		425	+0.13 −0.12	6.5	0.8	1.5
	15	19	34		420	+0.23 −0.22	7.5	1	2
500	12.5	16.5	30		475	+0.13 −0.12	6.5	0.8	1.5
	15	19	34		470	+0.23 −0.22	7.5	1	2

注：1. 公称内径 D 大于 500mm 时，按 GB 321—80《优先数和优先系数》中 $R10$ 数系选用。

2. 滑动面公差配合推荐 H9/f8。

3. 沟槽形式需要时也可采用装配式结构。

4. L_1 系列优先选用。L_2 系列适用于老产品或维修配件使用。

5. 括号内缸内径为非优先选用者。

表 1.1-29　液压缸活塞杆用窄断面动密封的沟槽尺寸系列和公差　　单位：mm

活塞杆公称外径 d	沟槽深度 S	沟槽长度 L			沟槽底径		C	R
		L_1	L_2	公差	D	公差	⩾	⩽
6	3.5	5.6	9	+0.25 0	13	+0.21 −0.07	2	0.3
8	3.5	5.6	9		15	+0.19 −0.06		
10	3.5	5.6	9		17	+0.19 −0.06		
12	3.5	5.6	9		19	+0.17 −0.05		
14	3.5	5.6	9		21	+0.17 −0.05		
16	3.5	5.6	9		23	+0.17 −0.05		
18	3.5	5.6	9		25	+0.17 −0.05		
20	3.5	5.6	9		27	+0.14 −0.04		
22	3.5	5.6	9		29	+0.14 −0.04		
25	4	6.3	11		33	+0.14 −0.04		
28	4	6.3	11		36	+0.14 −0.04		
32	4	6.3	11		40	+0.11 −0.03		
36	4	6.3	11		44	+0.11 −0.03		
40	4	6.3	11		48	+0.11 −0.03		
45	4	6.3	11		53	+0.11 −0.03		
50	4	6.3	11		58	+0.11 −0.03		
56	5	7.5	13		66	+0.07 −0.12	3	0.4
60*	5	7.5	13		70	+0.07 −0.12		
63	5	7.5	13		73	+0.07 −0.12		
70	5	7.5	13		80	+0.07 −0.12		
80	5	7.5	13		90	+0.07 −0.12		
90	5	7.5	13		100	+0.03 −0.11		
	7.5	10.6	19		105	+0.13 −0.11	4	0.6
100	5	7.5	13		110	+0.03 −0.11	3	0.4
	7.5	10.6	19		115	+0.13 −0.11	4	0.6

续表

活塞杆公称外径 d	沟槽深度 S	沟槽长度 L			沟槽底径		C	R
		L_1	L_2	公差	D	公差	≥	≤
110	5	7.5	13	+0.25 0	120	+0.13 −0.11	3	0.4
	7.5	10.6	19		125	+0.13 −0.11	4	0.6
125	5	7.5	13		135	−0.01 −0.10	3	0.4
	7.5	10.6	19		140	−0.08 −0.10	4	0.6
140	5	7.5	13		150	−0.01 −0.10	3	0.4
	7.5	10.6	19		155	−0.08 −0.10	4	0.6
160	7.5	10.6	19		175	+0.08 −0.10	4	0.6
	10	13.2	23		180	+0.08 −0.10	3	0.8
180	7.5	10.6	19		195	+0.08 −0.10	4	0.6
	10	13.2	23		200	+0.08 −0.10	5	0.8
200	7.5	10.6	19		215	+0.04 −0.04	4	0.6
	10	13.2	23		220	+0.14 −0.08	5	0.8
220	7.5	10.6	19		235	+0.04 −0.04	4	0.6
	10	13.2	23		240	+0.14 −0.08	5	0.8
250	7.5	10.6	19		265	+0.04 −0.08	4	0.6
	10	13.2	23		270	+0.14 −0.08	5	0.8
280	10	13.2	23		300	+0.09 −0.07	5	0.8
	12.5	16	30		305	+0.19 −0.17	6.5	1
320	10	13.2	23		340	+0.05 −0.06	5	0.8
	12.5	16	30		345	+0.15 −0.16	6.5	1
360	12.5	16	30		385	+0.15 −0.16	6.5	1
	15	19	34		390	+0.25 −0.26	7.5	1

注：1. 活塞杆公称外径 d 大于 360mm 时，可按 GB 321—80 中 $R20$ 数系选用。

2. 滑动面公差配合推荐 H9/f8。

1.17 液压气动用O形橡胶密封圈尺寸系列（摘自 GB/T 3452.1—2005）

本部分规定了用于液压气动的O形橡胶密封圈（下称O形圈）的内径、截面直径、公差和尺寸标识代号，适用于一般用途（G系列）和航空及类似的应用（A系列）。

如有适当的加工方法，本部分规定的尺寸和公差适合于任何一种合成橡胶。

（1）符号

本部分采用下列符号：

d_1——O形圈的内径；

d_2——O形圈的截面直径。

（2）结构

O形圈的形状应为圆环形，如图1.1-23所示。

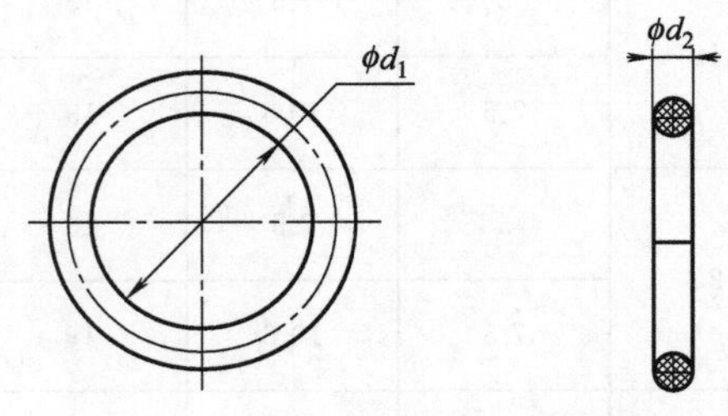

图 1.1-23 典型的O形圈结构

（3）尺寸标识代号

示例见表1.1-30。根据GB/T 3452.2和本部分，符合表1.1-31或表1.1-32的O形圈，尺寸标识代号应以内径 d_1、截面直径 d_2 系列代号（G或A）和等级代号（N和S）标明。

表 1.1-30 O形圈尺寸标识代号示例

内径 d_1/mm	截面直径 d_2/mm	系列代号（G或A）	等级代号（N和S）	O形圈尺寸标识代号
7.5	1.8	G	S	O形圈 7.5×1.8—G—S—GB/T 3452.1—2005
32.5	2.65	A	N	O形圈 32.5×2.65—A—N—GB/T 3452.1—2005
167.5	3.55	A	S	O形圈 167.5×3.55—A—S—GB/T 3452.1—2005
268	5.3	G	N	O形圈 268×5.3—G—N—GB/T 3452.1—2005
515	7	G	N	O形圈 515×7—G—N—GB/T 3452.1—2005

注：N、S的定义见GB/T 3452.2。

表 1.1-31 一般应用的O形圈内径、截面直径尺寸和公差（G系列） 单位：mm

d_1		d_2					d_1		d_2				
尺寸	公差±	1.8±0.08	2.65±0.09	3.55±0.10	5.3±0.13	7±0.15	尺寸	公差±	1.8±0.08	2.65±0.09	3.55±0.10	5.3±0.13	7±0.15
1.8	0.13	×					6	0.16	×				
2	0.13	×					6.3	0.16	×				
2.24	0.13	×					6.7	0.16	×				
2.5	0.13	×					6.9	0.16	×				
2.8	0.13	×					7.1	0.16	×				
3.15	0.14	×					7.5	0.17	×				
3.55	0.14	×					8	0.17	×				
3.75	0.14	×					8.5	0.17	×				
4	0.14	×					8.75	0.18	×				
4.5	0.15	×					9	0.18	×				
4.75	0.15	×					9.5	0.18	×				
4.87	0.15	×					9.75	0.18	×				
5	0.15	×					10	0.19	×				
5.15	0.15	×					10.6	0.19	×	×			
5.3	0.15	×					11.2	0.20	×	×			
5.6	0.16	×					11.6	0.19	×	×			

续表

d_1		d_2					d_1		d_2				
尺寸	公差±	1.8±0.08	2.65±0.09	3.55±0.10	5.3±0.13	7±0.15	尺寸	公差±	1.8±0.08	2.65±0.09	3.55±0.10	5.3±0.13	7±0.15
11.8	0.21	×	×				58	0.54		×	×	×	
12.1	0.21	×	×				60	0.55		×	×	×	
12.5	0.21	×	×				61.5	0.56		×	×	×	
12.8	0.21	×	×				63	0.57		×	×	×	
13.2	0.21	×	×				65	0.58		×	×	×	
14	0.22	×	×				67	0.60		×	×	×	
14.5	0.22	×	×				69	0.61		×	×	×	
15	0.22	×	×				71	0.63		×	×	×	
15.5	0.23	×	×				73	0.64		×	×	×	
16	0.23	×	×				75	0.65		×	×	×	
17	0.24	×	×				77.5	0.67		×	×	×	
18	0.25	×	×	×			80	0.69		×	×	×	
19	0.26	×	×	×			82.5	0.71		×	×	×	
20	0.26	×	×	×			85	0.72		×	×	×	
20.6	0.26	×	×	×			87.5	0.74		×	×	×	
21.2	0.27	×	×	×			90	0.76		×	×	×	
22.4	0.28	×	×	×			92.5	0.77		×	×	×	
23	0.29	×	×	×			95	0.79		×	×	×	
23.6	0.29	×	×	×			97.5	0.81		×	×	×	
24.3	0.30	×	×	×			100	0.82		×	×	×	
25	0.30	×	×	×			103	0.85		×	×	×	
25.8	0.31	×	×	×			106	0.87		×	×	×	
26.5	0.31	×	×	×			109	0.89		×	×	×	×
27.3	0.32	×	×	×			112	0.91		×	×	×	×
28	0.32	×	×	×			115	0.93		×	×	×	×
29	0.33	×	×	×			118	0.95		×	×	×	×
30	0.34	×	×	×			122	0.97		×	×	×	×
31.5	0.35	×	×	×			125	0.99		×	×	×	×
32.5	0.36	×	×	×			128	1.01		×	×	×	×
33.5	0.36	×	×	×			132	1.04		×	×	×	×
34.5	0.37	×	×	×			136	1.07		×	×	×	×
35.5	0.38	×	×	×			140	1.09		×	×	×	×
36.5	0.38	×	×	×			142.5	1.11		×	×	×	×
37.5	0.39	×	×	×			145	1.13		×	×	×	×
38.7	0.40	×	×	×			147.5	1.14		×	×	×	×
40	0.41	×	×	×	×		150	1.16		×	×	×	×
41.2	0.42	×	×	×	×		152.5	1.18			×	×	×
42.5	0.43	×	×	×	×		155	1.19			×	×	×
43.7	0.44	×	×	×	×		157.5	1.21			×	×	×
45	0.44	×	×	×	×		160	1.23			×	×	
46.2	0.45	×	×	×	×		162.5	1.24			×	×	×
47.5	0.46	×	×	×	×		165	1.26			×	×	×
48.7	0.47	×	×	×	×		167.5	1.28			×	×	×
50	0.48	×	×	×	×		170	1.29			×	×	×
51.5	0.49		×	×	×		172.5	1.31			×	×	×
53	0.50		×	×	×		175	1.33			×	×	×
54.5	0.51		×	×	×		177.5	1.34			×	×	×
56	0.52		×	×	×		180	1.36			×	×	×

续表

d_1		d_2					d_1		d_2				
尺寸	公差±	1.8±0.08	2.65±0.09	3.55±0.10	5.3±0.13	7±0.15	尺寸	公差±	1.8±0.08	2.65±0.09	3.55±0.10	5.3±0.13	7±0.15
182.5	1.38			×	×	×	379	2.64				×	×
185	1.39			×	×	×	383	2.67				×	×
187.5	1.41			×	×	×	387	2.70				×	×
190	1.43			×	×	×	391	2.72				×	×
195	1.46			×	×	×	395	2.75				×	×
200	1.49			×	×	×	400	2.78				×	×
203	1.51				×	×	406	2.82					×
206	1.53				×	×	412	2.85					×
212	1.57				×	×	418	2.89					×
218	1.61				×	×	425	2.93					×
224	1.65				×	×	429	2.96					×
227	1.67				×	×	433	2.99					×
230	1.69				×	×	437	3.01					×
236	1.73				×	×	443	3.05					×
239	1.75				×	×	450	3.09					×
243	1.77				×	×	456	3.13					×
250	1.82				×	×	462	3.17					×
254	1.84				×	×	466	3.19					×
258	1.87				×	×	470	3.22					×
261	1.89				×	×	475	3.25					×
265	1.91				×	×	479	3.28					×
268	1.92				×	×	483	3.30					×
272	1.96				×	×	487	3.33					×
276	1.98				×	×	493	3.36					×
280	2.01				×	×	500	3.41					×
283	2.03				×	×	508	3.46					×
286	2.05				×	×	515	3.50					×
290	2.08				×	×	523	3.55					×
295	2.11				×	×	530	3.60					×
300	2.14				×	×	538	3.65					×
303	2.16				×	×	545	3.69					×
307	2.19				×	×	553	3.74					×
311	2.21				×	×	560	3.78					×
315	2.24				×	×	570	3.85					×
320	2.27				×	×	580	3.91					×
325	2.30				×	×	590	3.97					×
330	2.33				×	×	600	4.03					×
335	2.36				×	×	608	4.08					×
340	2.40				×	×	615	4.12					×
345	2.43				×	×	623	4.17					×
350	2.46				×	×	630	1.22					×
355	2.49				×	×	640	4.28					×
360	2.52				×	×	650	4.34					×
365	2.56				×	×	660	4.40					×
370	2.59				×	×	670	4.47					×
375	2.62				×	×							

注：表中“×”表示包括的规格。

表 1.1-32 航空及类似应用的O形圈内径、截面直径尺寸和公差（A系列） 单位：mm

d_1		d_2					d_1		d_2				
尺寸	公差±	1.8±0.08	2.65±0.09	3.55±0.10	5.3±0.13	7±0.15	尺寸	公差±	1.8±0.08	2.65±0.09	3.55±0.10	5.3±0.13	7±0.15
1.8	0.10	×					32.5	0.29	×	×	×		
2	0.10	×					33.5	0.29	×	×	×		
2.24	0.11	×					34.5	0.30	×	×	×		
2.5	0.11	×					35.5	0.31	×	×	×		
2.8	0.11	×					36.5	0.31	×	×	×		
3.15	0.11	×					37.5	0.32	×	×	×		
3.55	0.11	×					38.7	0.32	×	×	×	×	
3.75	0.11	×					40	0.33	×	×	×	×	
4	0.12	×					41.2	0.34	×	×	×	×	
4.5	0.12	×	×				42.5	0.35	×	×	×	×	
4.87	0.12	×					43.7	0.35	×	×	×	×	
5	0.12	×					45	0.36	×	×	×	×	
5.15	0.12	×					46.2	0.37		×	×	×	
5.3	0.12	×	×				47.5	0.37	×	×	×	×	
5.6	0.13	×					48.7	0.38		×	×	×	
6	0.13	×	×				50	0.39	×	×	×	×	
6.3	0.13	×					51.5	0.40		×	×	×	
6.7	0.13	×					53	0.41	×	×	×	×	
6.9	0.13	×	×				54.5	0.42		×	×	×	
7.1	0.14	×					56	0.42	×	×	×	×	
7.5	0.14	×					58	0.44		×	×	×	
8	0.14	×	×				60	0.45	×	×	×	×	
8.5	0.14	×					61.5	0.46		×	×	×	
8.75	0.15	×					63	0.46	×	×	×	×	
9	0.15	×	×				65	0.48		×	×	×	
9.5	0.15	×	×				67	0.49	×	×	×	×	
10	0.15	×	×				69	0.50		×	×	×	
10.6	0.15	×	×				71	0.51	×	×	×	×	
11.2	0.16	×	×				73	0.52		×	×	×	
11.8	0.16	×	×				75	0.53	×	×	×	×	
12.5	0.17	×	×				77.5	0.55			×	×	
13.2	0.17	×	×				80	0.56	×	×	×	×	
14	0.18	×	×	×			82.5	0.57			×	×	
15	0.18	×	×	×			85	0.59	×	×	×	×	
16	0.19	×	×	×			87.5	0.60			×	×	
17	0.20	×	×	×			90	0.62	×	×	×	×	
18	0.20	×	×	×			92.5	0.63			×	×	
19	0.21	×	×	×			95	0.64	×	×	×	×	
20	0.21	×	×	×			97.5	0.66			×	×	
21.2	0.22	×	×	×			100	0.67	×	×	×	×	
22.4	0.23	×	×	×			103	0.69			×	×	
23.6	0.24	×	×	×			106	0.71	×	×	×	×	
25	0.24	×	×	×			109	0.72			×	×	×
25.8	0.25		×	×			112	0.74	×	×	×	×	×
26.5	0.25	×	×	×			115	0.76			×	×	×
28	0.26	×	×	×			118	0.77	×	×	×	×	×
30	0.27	×	×	×			122	0.80			×	×	×
31.5	0.28	×	×	×			125	0.81	×	×	×	×	×

d_1		d_2					d_1		d_2				
尺寸	公差±	1.8±0.08	2.65±0.09	3.55±0.10	5.3±0.13	7±0.15	尺寸	公差±	1.8±0.08	2.65±0.09	3.55±0.10	5.3±0.13	7±0.15
128	0.83			×	×	×	230	1.39		×		×	×
132	0.85		×	×	×	×	236	1.42		×		×	×
136	0.87			×	×	×	243	1.46				×	×
140	0.89		×	×	×	×	250	1.49		×		×	×
145	0.92		×	×	×	×	258	1.54		×		×	×
150	0.95		×	×	×	×	265	1.57		×		×	×
155	0.98		×	×	×	×	272	1.61		×		×	×
160	1.00		×	×	×	×	280	1.65		×		×	×
165	1.03		×	×	×	×	290	1.71		×		×	×
170	1.06		×	×	×	×	300	1.76		×		×	×
175	1.09		×	×	×	×	307	1.80		×		×	×
180	1.11		×	×	×	×	315	1.84		×		×	×
185	1.14		×	×	×	×	325	1.90				×	×
190	1.17		×	×	×	×	335	1.95		×		×	×
195	1.20		×	×	×	×	345	2.00				×	×
200	1.22		×	×	×	×	355	2.05		×		×	×
206	1.26				×	×	365	2.11				×	×
212	1.29		×		×	×	375	2.16				×	×
218	1.32		×		×	×	387	2.22				×	×
224	1.35		×		×	×	400	2.29				×	×

注：表中“×”表示包括的规格。

1.18 液压气动用O形橡胶密封圈外观质量（摘自GB/T 3452.2—2007）

本部分规定了液压气动用O形橡胶密封圈（以下简称O形圈）外观质量检验的判定依据。本部分对O形圈的表面缺陷进行了定义和分类，并对这些缺陷规定了最大允许极限值。本部分也适用于航空航天工程中使用的O形圈。

本部分涉及的术语、定义和符号如下。

(1) 开模缩裂

靠近飞边处的橡胶线性收缩后低于模压表面的一种纵向缺陷。这种缺陷的断面称“U”或“W”形，同时飞边常被撕碎、撕裂。

(2) 组合飞边

偏移、飞边和分模线凸起的组合。

(3) 内径

O形圈内径，以d_1表示。

(4) 截面直径

O形圈截面直径，以d_2表示。

(5) 过度修边

修边过程中，在O形圈的内径和/或外径处产生的扁平表面和粗糙表面，常见的是粗糙表面。

(6) 飞边

从分模面凸起或在内径和/或外径处伸展出来的薄膜状材料，是由于模具间缝隙或修模不当造成的。

(7) 流痕

线状凹陷，一般呈卷曲状，在不弯曲状态下深度非常浅，表面有纹理，边缘圆滑，是由于材料流动和融合不好造成的。

(8) 杂质

嵌入O形圈表面中的任何外来物质，例如，污染物、尘土等。

(9) 凹痕

表面凹痕，通常呈不规则形状，是由于表面杂质被清除或是模腔表面产生了硬的沉积物造成的。

（10）错配

O 形圈的上半部分截面半径与下半部分截面半径不同，是由于上模和下模的尺寸不同造成的。

（11）缺胶

形状不规则、间隔随意的表面凹陷，其纹理比正常 O 形圈的表面粗糙，是由于模腔中胶料填充不满和/或带入空气造成的。

（12）错位

O 形圈截面的两个半圆未对准，是由于上、下模发生横向位移造成的。

（13）偏移

O 形圈截面的两个半圆的错位和/或错配。

（14）分模线凹陷

位于内径和/或外径分模线上的较浅的碟状凹口，有时也呈三角形的凹口，是由于模具分模线边缘变形造成的。

（15）分模线凸起

位于内径和/或外径的分模线上，橡胶材料形成的连续隆起，是由于模腔边缘磨损或过于圆滑造成的。

液压气动用 O 形橡胶密封圈表面状况：

当自然状态下的 O 形圈在适当的灯光下用 2 倍的放大镜观察时，O 形圈表面不应有大于表 1.1-33～表 1.1-35 中极限值的裂纹、破裂、气泡或其他缺陷。其他方法宜由制造商和用户协商确定。

表 1.1-33　N 级 O 形圈表面缺陷尺寸的极限值　　单位：mm

表面缺陷类型	图示	缺陷尺寸符号	缺陷的最大极限值 N 级 O 形圈截面直径 d_2				
			>0.8[②] ≤2.25	>2.25 ≤3.15	>3.15 ≤4.50	>4.50 ≤6.30	>6.30 ≤8.40[②]
错位、错配（偏移）		e	0.08	0.10	0.13	0.15	0.15
组合飞边（偏移、飞边和分模线凸起的组合）		x	0.10	0.12	0.14	0.16	0.18
		y	0.10	0.12	0.14	0.16	0.18
		a	可见的飞边不应超过 0.07mm				
开模缩裂		g	0.18	0.27	0.36	0.53	0.70
		u	0.08	0.08	0.10	0.10	0.13
过度修边（不允许有径向修边痕迹）		n	允许修边后的尺寸 n 不小于 O 形圈截面直径 d_2 的下限值				
流痕（不允许在径向上有固定的定向流痕）		v	1.50[①]	1.50[①]	6.50[①]	6.50[①]	6.50[①]
		k	0.08	0.08	0.08	0.08	0.08
缺胶和凹痕（包括分模线凹痕）		w	0.60	0.80	1.00	1.30	1.70
		t	0.08	0.08	0.10	0.10	0.13

① 或者是 O 形圈内径（d_1）乘以 0.05，取二者中的较大者。

② 对于截面直径≤0.8mm，或截面直径>8.40mm 的 O 形圈，其缺陷的允许极限值应由制造商和用户协商确定。

注：C—圆角。

表 1.1-34 S级O形圈表面缺陷尺寸的极限值

表面缺陷类型	图示	缺陷尺寸符号	缺陷的最大极限值S级O形圈截面直径 d_2				
			>0.8② ≤2.25	>2.25 ≤3.15	>3.15 ≤4.50	>4.50 ≤6.30	>6.30 ≤8.40②
错位、错配(偏移)		e	0.08	0.08	0.10	0.12	0.13
组合飞边(偏移、飞边和分模线凸起的组合)		x	0.10	0.10	0.13	0.15	0.15
		y	0.10	0.10	0.13	0.15	0.15
		a	可见的飞边不应超过0.05mm				
开模缩裂		g	0.10	0.15	0.20	0.20	0.30
		u	0.05	0.08	0.10	0.10	0.13
过度修边(不允许有径向修边痕迹)		n	允许修边后的尺寸 n 不小于O形圈截面直径 d_2 的下限值				
流痕(不允许在径向上有固定的定向流痕)		v k	1.50① 0.05	1.50① 0.05	5.00① 0.05	5.00① 0.05	5.00① 0.05
缺胶和凹痕(包括分模线凹痕)		w	0.15	0.25	0.40	0.63	1.00
		t	0.08	0.08	0.10	0.10	0.13

① 或者是O形圈内径(d_1)乘以0.03，取二者中的较大者，最大不超过30mm。

② 对于截面直径≤0.8mm，或截面直径>8.40mm的O形圈，其缺陷的允许极限值应由制造商和用户协商确定。

注：C—圆角。

表 1.1-35 CS级O形圈表面缺陷尺寸的极限值

表面缺陷类型	图示	缺陷尺寸符号	缺陷的最大极限值CS级O形圈截面直径 d_2				
			>0.8② ≤2.25	>2.25 ≤3.15	>3.15 ≤4.50	>4.50 ≤6.30	>6.30 ≤8.40②
错位、错配(偏移)		e	0.04	0.04	0.06	0.06	0.08
组合飞边(偏移、飞边和分模线凸起的组合)		x	0.07	0.07	0.1	0.13	0.13
		y	0.10	0.10	0.13	0.13	0.13
		a	不允许				
开模缩裂		g	不允许				
		u	不允许				
过度修边(不允许有径向修边痕迹)		n	允许修边后的尺寸 n 不小于O形圈截面直径 d_2 的下限值				

续表

表面缺陷类型	图示	缺陷尺寸符号	缺陷的最大极限值 CS 级 O 形圈截面直径 d_2				
			>0.8② ≤2.25	>2.25 ≤3.15	>3.15 ≤4.50	>4.50 ≤6.30	>6.30 ≤8.40②
流痕(不允许在径向上有固定的定向流痕)		v	1.50①	1.50①	1.50①	4.56①	4.56①
		k	0.05	0.05	0.05	0.05	0.05
缺胶和凹痕(包括分模线凹痕)		w	0.08 0.13③	0.13 0.25③	0.18 0.38③	0.25 0.51③	0.38 0.76③
		t	0.08	0.08	0.10	0.10	0.13

① 或者是 O 形圈内径（d_1）乘以 0.03，取二者中的较大者，最大不超过 30mm。

② 对于截面直径≤0.8mm，或截面直径>8.40mm 的 O 形圈，其缺陷的允许极限值应由制造商和用户协商确定。

③ 仅限于模具沉积物产生的凹痕。

注：c—圆角。

1.19 液压气动用 O 形橡胶密封圈沟槽尺寸（摘自 GB/T 3452.3—2005）

本部分规定了液压气动一般应用的 O 形橡胶密封圈（以下简称 O 形圈）的沟槽尺寸和公差。

(1) 本部分采用下列字母符号

d_1——O 形圈内径；

d_2——O 形圈截面直径；

d_3——活塞密封的沟槽槽底直径；

d_4——缸内径；

d_5——活塞杆直径；

d_6——活塞杆密封的沟槽槽底直径；

d_7——轴向密封的沟槽外径（受内压）；

d_8——轴向密封的沟槽内径（受外压）；

d_9——活塞直径（活塞密封）；

d_{10}——活塞杆配合孔直径（活塞杆密封）；

b——O 形圈沟槽宽度（无挡圈）；

b_1——加一个挡圈时的 O 形圈沟槽宽度；

b_2——加两个挡圈时的 O 形圈沟槽宽度；

b_3——轴向密封的 O 形圈沟槽深度；

t——径向密封的 O 形圈沟槽深度；

z——导角长度；

r_1——槽底圆角半径；

r_2——槽棱圆角半径；

g——单边径向间隙。

(2) O 形圈沟槽形式

根据 O 形圈压缩方向，O 形圈沟槽形式分为径向密封和轴向密封两种。

① 径向密封。活塞径向密封沟槽形式应符合图 1.1-24 的规定。活塞杆密封沟槽形式应符合图 1.1-25 规定。

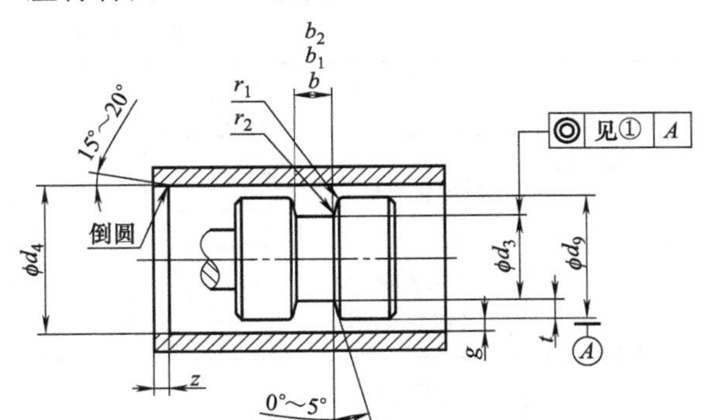

图 1.1-24 径向密封的活塞密封沟槽形式

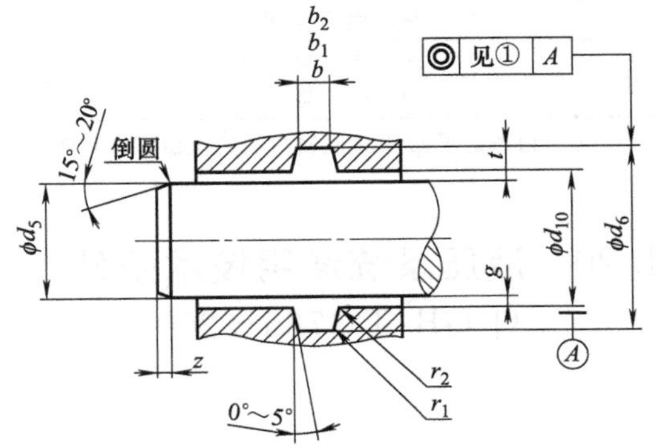

图 1.1-25 径向密封的活塞杆密封沟槽形式

①直径 d_{10} 和 d_6，d_9 和 d_3 之间的同轴度公差应满足下列要求：
直径小于或等于 50mm 时，不得大于 ϕ0.025mm；
直径大于 50mm 时，不得大于 ϕ0.050mm。

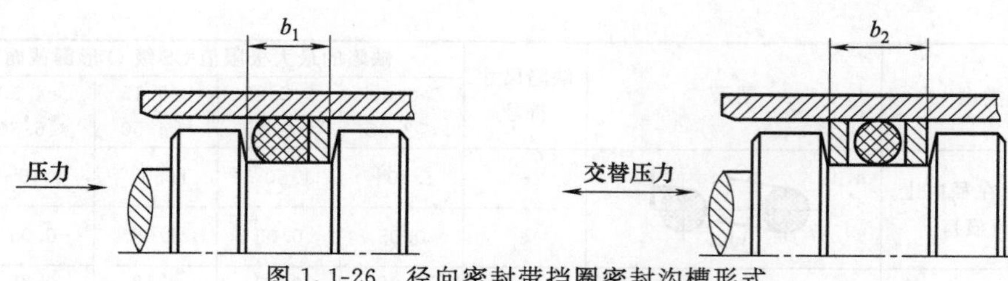

图 1.1-26　径向密封带挡圈密封沟槽形式

带挡圈的沟槽形式应符合图 1.1-26 规定。

② 轴向密封。受内部压力的沟槽形式应符合图 1.1-27 规定。受外部压力的沟槽形式应符合图 1.1-28 规定。

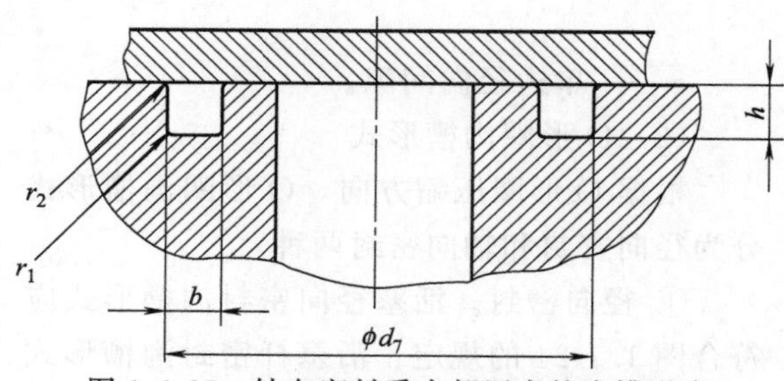

图 1.1-27　轴向密封受内部压力的沟槽形式

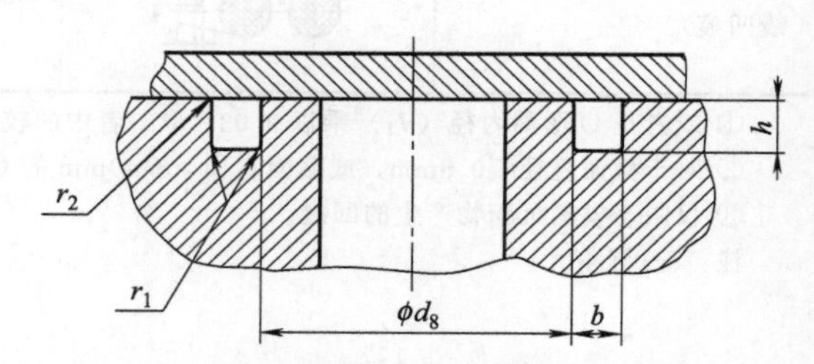

图 1.1-28　轴向密封受外部压力的沟槽形式

(3) O 形圈沟槽尺寸与公差

径向密封的沟槽形式见图 1.1-24～图 1.1-26。径向密封的沟槽尺寸应符合表 1.1-36 的规定。

表 1.1-36　径向密封的沟槽尺寸　　单位：mm

O 形圈截面直径 d_2			1.80	2.65	3.55	5.30	7.00
沟槽宽度	气动动密封		2.2	3.4	4.6	6.9	9.3
	液压动密封或静密封	b	2.4	3.6	4.8	7.1	9.5
		b_1	3.8	5.0	6.2	9.0	12.3
		b_2	5.2	6.4	7.6	10.9	15.1
沟槽深度 t	活塞密封（计算 d_3 用）	液压动密封	1.35	2.10	2.85	4.35	5.85
		气动动密封	1.4	2.15	2.95	4.5	6.1
		静密封	1.32	2.0	2.9	4.31	5.85
	活塞杆密封（计算 d_6 用）	液压动密封	1.35	2.10	2.85	4.35	5.85
		气动动密封	1.4	2.15	2.95	4.5	6.1
		静密封	1.32	2.0	2.9	4.31	5.85
最小倒角长度 z_{min}			1.1	1.5	1.8	2.7	3.6
沟槽底圆角半径 r_1			0.2～0.4		0.4～0.8		0.8～1.2
沟槽棱圆角半径 r_2			0.1～0.3				

注：t 值考虑了 O 形橡胶密封圈的压缩率，允许活塞或活塞杆密封沟槽深度值按实际需要选定。

1.20　液压系统通用技术条件（摘自 GB/T 3766—2001）

1.20.1　范围

本标准提供了用于工业制造过程的机械设备上液压系统的一般规则，以此作为对供方和需方的一种指导，来保证安全性、系统的连续运行、维修容易和经济、系统的使用寿命长。

1.20.2　定义

① 执行器：把液压能转换成机械能的元件（例如，液压缸、液压马达）。

② 试运行：需方正式验收系统的程序。

③ 元件：液压传动系统的一个功能部分，由一个或多个零件组成的独立单元（例如，液压缸、液压马达、液压阀、液压过滤器，但管路除外）。

④ 控制机构：给元件提供输入信号的装置（例如，手柄、电磁铁）。

⑤ 应急控制：把系统带入安全状态的控制功能。

⑥ 功能标牌：包含描述手动操作装置的性能（例如，开/关、进/退、左/右、升/降）或系统执行的功能状态（例如，夹紧、提升和前进）的信息的标识牌。

⑦ 操作装置：给控制机构提供输入信号的装置（例如，凸轮、电开关）。

⑧ 管路：管接头、软管接头和连接件与硬管或软管的任何组合，这种组合使得液压油液能在元件之间流动。

⑨ 需方：规定对机器、装置、系统或元件的要求，并评定产品是否满足这些要求的一方。

⑩ 供方：承包提供满足需方要求的产品的一方。

⑪ 系统：由相互连接的元件组成的传递和控制液压能量的装置。

1.20.3 要求

（1）概述

① 说明书。液压系统应按照系统供方的说明书和建议来安装和使用。

② 语言。需方和供方应商定用于机器标志和适用文件的语言，供方应负责保证译文与原文具有同样的含义。

（2）危险

当需方和供方商定时，应对附录B中所列危险进行评价。该评价可以包括液压传动系统对机器的其他部分、系统或环境的影响。列入附录B中的标准可用于该评价。

只要可行，就应通过设计消除所确认的那些危险。若做不到这一点，则设计应包含针对这些危险的防范措施。

（3）安全性要求

① 设计方面的考虑。设计液压系统时，应考虑所有可能发生的失效（包括控制电源的失效）。在所有情况下元件应该这样选择、应用、安装和调整，即在发生失效时，应首先考虑人员的安全性。应考虑防止对系统和环境的危害。

② 元件的选择。为保证使用的安全性，应对系统中的所有元件进行选择或指定。选择或指定元件应确保，当系统投入预定的使用时，这些元件应在其额定的极限内可靠地运行。尤其应注意它们的失效或误动作可能引起危险的那些元件可靠性。

③ 意外压力。应从设计上，防止系统所有部分的压力超过系统或系统任一部分的最高工作压力和任何具体元件的额定压力，否则应采取其他防护措施。

防止过高压力的可取的保护方法，是设置一个或多个溢流阀来限制系统所有部分的压力。也可以采用其他满足使用要求的方法，如：采用压力补偿式变量泵。系统的设计、制造和调试，应使冲击压力和增压压力减至最低。冲击压力和增压压力不应引起危险。压力丧失或临界压降时，不应使人员面临危险。

④ 机械运动。无论是预期的或意外的机械运动（包括如：加速、减速或提升和夹持物体产生的运动），都不应造成对人员有危险的状态。

⑤ 噪声。有关低噪声机器和系统的设计见ISO/TR 11688-1。

⑥ 泄漏。泄漏（内泄漏或外泄漏）不应引起危险。

⑦ 温度。

a. 工作温度。系统或任何元件的整个工作温度范围，不应超出规定的安全使用范围。

b. 表面温度。液压系统设计应通过布置

或安装防护装置来保护人员免受超过触摸极限的表面温度的伤害。

(4) 系统要求

需方和供方应确定有关系统运行和功能的技术规格，其中包括：

① 工作压力范围；

② 工作温度范围；

③ 所用液压油液的类型；

④ 循环速率；

⑤ 负载循环特性；

⑥ 元件的使用寿命；

⑦ 动作顺序；

⑧ 润滑；

⑨ 起吊要求；

⑩ 应急和安全性的要求；

⑪ 涂漆或保护涂层的细节。

(5) 现场条件

① 技术条件。需方应在询价书中，指定对于适当选择和应用系统所需要的所有资料。所需的资料例如：

a. 设备的环境温度范围；

b. 设备的环境湿度范围；

c. 可用的公共设施，例如：电、水、废物处理；

d. 电网的细节，例如电压及其容限、频率、可用的功率（如果受限制）；

e. 对大气装置的保护；

f. 大气压力；

g. 污染；

h. 振动源；

i. 可能发生起火或爆炸危险的严重性；

j. 可得到的维修标准；

k. 安全裕度，例如流量、压力和体积；

l. 维修、使用和通道所需的空间，以及为保证元件和系统在使用中的稳定性和牢固性的布置及安装；

m. 可得到的冷却和加热介质及容量；

n. 防护要求；

o. 法律和环境的限制因素；

p. 其他安全性要求。

② 图样。供方应提供由需方与供方商定的图样，这些图样指明：

a. 平面布置，其中包括位置和安装尺寸；

b. 基础要求，其中包括地面载荷；

c. 供水要求；

d. 供电要求；

e. 管路布置（经商定，可以使用照片表示）。

1.20.4 系统设置

(1) 回路图

供方应提供符合 ISO 1219-2 的回路图。该回路图反映系统设计，标识元件并满足条款 3 的要求。

下列资料应包括在回路图中或随回路图提供：

① 所有装置的名称、目录编号、系列号或设计编号及制造商或供应商名称的标识；

② 硬管的口径、壁厚和技术条件及软管总成的通径和技术条件；

③ 各个液压缸的内径、活塞杆直径、行程长度，以及估算的预期工作所需的最大推力和速度；

④ 各个液压马达预期工作所需排量、最大输出转矩、转速和旋转方向；

⑤ 各个泵的流量和从驱动轴端观看的选装方向；

⑥ 各个泵的原动机的功率、转速和型号；

⑦ 压力设定值；

⑧ 滤网、过滤器和替换滤芯的型号；

⑨ 将系统灌注至最高液位所需的液压油液体积；

⑩ 推荐的液压油液类型的黏度；

⑪ 当规定时，表示进行的操作（包括与电控、机械控制及执行器有关的功能）的时间顺序图，诸如循环的时间范围和数据或文字。

⑫包含在油路块内的任何子回路的清晰指示；为此可以采用边界线或边框线，边界线内应仅包括安装在油路块上或油路块内的元件符号；

⑬ 各执行器沿各个方向的功能清晰指示；

⑭ 蓄能器的充气压力和标称容积；

⑮ 在回路中，压力测试点、液压油液取样点和放气点的口径、形式和位置；

⑯ 所有元件或油路块的油口的标识（与在元件或油路块上表明的一致）；

⑰ 冷却介质的预期流量及最高和最低压力，以及冷却介质源的最高温度；

⑱ 所有电信号变换器的标识，与在电路图上标明一致。

(2) 标识

① 元件。供方应提供下列详细资料（如可能，应在所有元件上以永久的和明显的形式表示出来）：

a. 制造商或供应商的名称和简要地址；

b. 制造商或供应商的产品标识；

c. 额定压力；

d. 符合 GB/T 786.1 的图形符号，包括全部油口的正确标记。

在可用空间不足可能导致文字太小而看不清楚的场合，可将资料提供在补充材料上，如：说明/维修活页、目录活页或辅助标签上。

② 系统内的元件。应给每个元件一个唯一的元件号和（或）字母，此元件号应用在所有的原理图、清单和图样中标识该元件，并应被清晰地和永久地标注在设备上紧邻该元件的地方，而不是在该元件上。

叠加组件的顺序应清晰地标明在紧邻叠加块的地方，而不在该叠加块上。

③ 油口。应对所有油口、动力输出点、测试点和放气点及泄油口（例如：邮箱放油），做出清晰的和明显的标识，该标识应与回路图上的资料一致。

当元件带有由供应商提供的标准油口标识时，这些标识应以与回路图一致的标识进行增补［见（2）中的①和②］。

④ 阀的控制机构。a. 电的控制机构。电的控制机构（电磁铁和它们配带的插头或电缆）应采用同样的标识标明在电路图和液压回路图中。b. 非电的控制机构。非电的控制机构及其功能应采用与回路图相同的标识清晰地和永久地标明。

⑤ 内部装置。布置在油路块、安装板、底座或管接头中的插装阀和其他功能的元件（阻尼器、通道、梭阀、单向阀等），应在邻近它们的插入孔处加上标识。当插入孔位于一个或几个元件下面时，如可能应在该元件附近设置标识，并标明“内装”。

⑥ 功能标牌。每个控制台都应设置一块功能标牌，并且要位于易读到的位置。功能牌上的信息应恰当和易懂，并应提供所控制的系统功能的明确标识。

(3) 安装、使用和维修

应按照供方的说明书和建议，选择、使用、安装和使用元件和管路。

宜选择按照认可的国际标准或国家标准制造的元件。

① 元件更换。为了便于维修，应提供相应措施或采取适当的方式安装元件。当为维修而把元件从系统拆下时：

a. 不应导致过多的液压油液损失；

b. 不宜要求邮箱放油；

c. 不宜过多地拆卸相邻的零件。

② 维修要求。设计和构成系统时，应将元件布置在易于接近并能安全地调整和检修的位置。液压元件，包括管路，应易于接近并安装成便于调整或维修。应特别注意需要定期维修的系统和元件的布置。

③ 起吊设施。质量大于 15kg 的所有元件或部件应有起吊设施。

④ 元件安装。元件的安装宜便于从安全的工作位置（例如：地面或工作平台）接近而没有危险。通常，元件下边缘的安装高度宜在工作平台之上至少 0.6m，而其上边缘

不宜高于工作平台之上1.8m。

(4) 标准件的使用

系统供方宜使用市场上能买到的零件(键、轴承、填料、密封件、管接头、垫圈、插头、紧固件等)和符合现行国家标准规定并带有统一编号的元件连接安装尺寸(轴和花键规格、油口口径、底座、安装面或腔孔等)。

(5) 密封件和密封装置

① 材料。密封件和密封装置的材料应与所用的液压油液、邻近的材料及其工作条件和环境条件相容。

② 更换。零、部件设计应便于密封件和密封装置的检修和更换。

(6) 维修和操作材料

系统供方应提供必要的维修和操作资料,该资料清楚地:

① 说明启动和停机的程序;

② 给出所有需要的减压规程,并且标出系统中靠通常的排放装置不能减压的那些部分;

③ 说明调整程序;

④ 指出外部润滑点、所需的润滑剂类型和观察、加注的时间间隔;

⑤ 标明需要安排维护的液位指示器、注油点、放油点、过滤器、测试点、滤网、磁性体等位置;

⑥ 规定容许的液压油液最差污染等级;

⑦ 给出液压油液保养的规程;

⑧ 提供对液压油液和润滑剂安全使用和处理的建议;

⑨ 规定充分冷却需要的冷却介质的流量、最高温度和容许压力范围;

⑩ 说明特殊组件的维修程序;

⑪ 进一步给出市场上能买到的或是按国家标准统一编号制造的液压元件内零件的标识,该标识应是元件制造商的零件号或是由采用的国家标准所规定的编号;

(7) 操作和维修手册

系统供方应提供描述系统操作和维修的手册,其中包括在(6)中描述的要求以及关于元件和管路的说明和(或)维修资料。

(8) 油口

所有油口连接宜符合:

ISO 6149-1(适用于螺纹油口和螺纹端头),或ISO 6162或ISO 6164(适用于四螺钉法兰油口连接)。

(9) 系统温度

① 发热。液压系统设计应使不必要的发热减至最低。

② 工作温度。应规定系统的工作温度范围。液压油液的温度不应超过它能可靠地使用的范围,并且应在系统中所有元件所规定的工作温度范围内。

1.20.5 能量转换元件

(1) 液压泵和马达

① 保护措施。液压泵和马达应安装在对可预见的损害有防护的地方,或适当地安装防护装置。应对所有驱动轴和联轴器采取适当的保护。

② 机械安装。

a. 维修时易于接近;

b. 不因负载循环变化、温度变化或所施加的压力载荷的结果,而产生轴线错位;

c. 引起的轴向和径向的载荷在泵或马达的供应商规定的范围内;

d. 传动联轴器和机座具有反复经受住所有工况下产生的最大转矩的能力;

e. 利用具有充分阻尼作用的联轴器,限制扭转振动的传递和扩大。

③ 转速的考虑。转速不应超过供方的文件中规定的最高转速。

④ 泄油口、放气口和辅助油口。液压泵和马达泄油口的口径和封堵应符合元件供应商的规定。

泄油口、放气口和辅助油口的设置应不允许空气进入系统,并且它们的尺寸和设置应保证不会产生过高的背压。应使用高压放气口的设置对人员的危害性最小。

⑤ 壳体的预先注油。当液压泵和马达的壳体需要在启动之前预先注油时，应设置好注油点的位置和提供一种容易采用的预先注油的手段，以保证空气不会被封存在壳体内。

⑥ 工作压力范围。如果对泵和马达正常使用时的工作压力范围有限制，则应在供方提供的技术资料中做出规定。

⑦ 液压安装。

a. 管路接口的连接应防止外泄漏，不应使用锥管螺纹或需要密封填料的连接结构；

b. 在不工作时，应防止丧失吸油口的油液或壳体的润滑；

c. 泵进口压力不应低于该泵供应商针对工况和系统用液压油液规定的最低值。

（2）液压缸

① 适用性。液压缸应按下列特性设计和（或）选择。

a. 抗纵弯性。为避免液压缸的活塞杆在任一位置产生弯曲或纵弯，应注意行程长度、载荷和液压缸的安装。

b. 负载和超载。在会遇到超载或其他外部负载的应用场合，液压缸的设计和安装应考虑最大的预期负载或压力峰值。

c. 安装额定值。所有负载额定值应考虑安装形式。

注：液压缸的压力额定值仅能反映缸体的承压能力，而不能反映安装结构的力传递能力，有关安装结构的额定值应询问供应商或制造商。

d. 结构负载。当液压缸被用作为实际的限位器时。如果由其限制的机件引起的负载大于液压缸正常工作循环期间承受的负载，则液压缸应根据其承受的最大负载确定尺寸并选择机座。

e. 抗冲击力和振动。任何安装在液压缸上或与液压缸连接的元件都应牢固，以防由冲击和振动引起松动。

f. 增压。在液压系统中采取一种措施，防止由于活塞面积差引起的增压超过额定压力极限。

② 安装和找正。液压缸宜采取的最佳安装方式，是使负载反作用沿液压缸的中心线发生。安装应尽量减少（小）下列情况：由于推或拉载荷引起的液压缸结构的过多变形；引起侧向或弯曲载荷；轴销安装形式的旋转速度，该速度可能使这种安装形式需要连续的外部润滑。

a. 安装布置。安装面不应使液压缸变形，并应留出热膨胀的余量。液压缸应安装的易于接近，以便维修、调整缓冲装置和更换全套装置。

b. 安装紧固件。用于液压缸及其附件的安装紧固件的设计和安装，应能承受所有可预见的力。紧固件宜尽量避免承受剪切力。脚架安装的液压缸应具有承受剪切载荷的机构，而不能依靠安装紧固件承受。安装紧固件应足以承受倾覆力矩。

c. 找正。安装面的设计应能防止安装时液压缸变形。应以可避免工作期间的意外横向载荷的方式安装液压缸。

③ 缓冲装置和减速装置。当使用内置缓冲器时，液压缸末端挡块的设计应考虑负载减速的影响。

④ 行程末端挡块。如果行程长度由外部行程末端挡块确定，应提供锁定该可调末端挡块的手段。

⑤ 活塞行程。活塞的行程应始终大于或等于它的标称行程。

⑥ 活塞杆。应选择活塞杆的材料和表面处理，使磨损、腐蚀和可预见的冲击损坏减至最低程度。应保护活塞杆免受压凹，刮伤和腐蚀等可预见的损坏。可以设置防护罩。为了装配，带有外螺纹或内螺纹端头的活塞杆上，应设置适合标准扳手的平面。当活塞杆大小以致无法设置规定平面的情况下，可以省下。

⑦ 维修。活塞杆密封件、密封组件和其他减磨件应易于更换。

⑧ 单作用液压缸。单作用活塞式液压缸应设计放气口，并设置在适当的位置，以避

免排除的油液喷射对人员造成危险。

⑨ 更换。整体式液压缸是不合需要的，但当其被采用时，可能磨损的部件宜是可更换的。

⑩ 排气。

a. 油口装置。只要可能，安装液压缸时应使油口位于最高位置。

b. 放气阀。安装液压缸应使它们能自动放气，或设置易于接近的外部放气阀。

(3) 充气式蓄能器

① 标识。除1.20.5 (2) 中①的要求之外，下列标识应永久地标记在蓄能器上：

a. 制造年份；

b. 壳体总容积，以升 (L) 为单位；

c. 制造商的系列号或批号；

d. 允许的温度范围，以摄氏度(℃)为单位。

在蓄能器上或在蓄能器的标牌上应给出下列标识：

“警告-压力容器，拆卸前排油液”；

额定充气压力；

“仅用……作为充气介质”(例如氧气)。

② 对带有充气式蓄能器的液压系统的要求。带有充气式蓄能器的液压系统在关机时，应自动卸掉蓄能器的油液压力或可靠地隔蓄能器。

在机器关机后仍需要压力的特殊情况下，上述要求不必满足。

充气式蓄能器和任何配套的受压部件，应在压力、温度和环境条件的额定范围内使用。在特殊情况下，可能需要防止在气体侧超压的保护装置。

带有充气式蓄能器的液压系统应有警告标签，标明“警告—系统包含蓄能器。维修前要使系统减压”。同样的内容应标注在回路图上。

如果设计要求充气式蓄能器在系统关机时隔离油压，那么应在蓄能器上或其附近的明显之处，注明安全保养的完整资料。

③ 安装

a. 安装装置。如果在充气式蓄能器系统中的元件或管接头损坏会引起危险，那么应对其采取适当的防护措施。

充气式蓄能器应依据蓄能器供应商的说明安装，并应便于接近和维修。

b. 支撑。充气式蓄能器和任何配套的受压元件，应依据该蓄能器供应商的说明书加以支撑。

c. 未经认可的改动。禁止利用加工、焊接或任何其他手段改动充气式蓄能器。

④ 维修。

a. 充气。充气式蓄能器很可能需要的主要日常保养，是检查或调整充气压力。蓄能器充气应仅使用供应商推荐的装置和程序。充气气体应是氮气或其他适用的气体。

压力检查应采用该蓄能器供应商推荐的方法进行，并应注意不能超过该蓄能器的额定压力。在任何检查或调整之后，不应有气体泄漏。

b. 从系统中拆除。为了维修而拆下蓄能器之前，该蓄能器中的油压应被减低至零(减压状态)。

c. 充气式蓄能器的维修资料。维修、大修和(或)更换零部件，仅应由适当的专业人员按照书面的维修程序并使用被证明是按现行的设计规范执照零件和材料来进行。在开始拆开充气式蓄能器之前，液体侧和气体侧应完全释压。

⑤ 输出流量。充气式蓄能器的输出流量应与其预期的工作要求有关，但不应超过制造商规定的额定值。

1.20.6 液压阀

(1) 选择

液压阀的类型选择，应考虑正确的功能、密封性和抗御可预见的机械和环境影响的能力。推荐尽量采用板式安装阀和(或)插装阀。

(2) 安装

① 一般要求。安装阀时应考虑以下几点：

a. 独立于配套的液压管路或接头；

b. 拆卸、修理或调整用的通道；

c. 重力、冲击和振动对阀的影响；

d. 操作扳手和（或）接近螺栓及连接电气所需的足够空间；

e. 确保阀不致错误安装的措施；

f. 位置尽量接近其控制的执行器；

g. 安装时不会被操作装置损坏。

② 管式安装阀。管式安装阀的连接应采用，符合 ISO 6149-1 的油口或符合 ISO 6162 或 ISO 6164 的四螺栓法兰接头。

③ 板式安装阀。对板式安装阀宜采取措施，以保证：

a. 对渗透的阀或阀操作装置的检测；

b. 消除背压有害影响；

c. 为了使用防护导管，在相邻的阀之间留适当的间隔；

d. 油路块或底板的安装面符合 GB/T 2514、GB/T 8098、GB/T 8100、GB/T 8101、GB/T 17487 和 ISO 7790。

④ 插装阀。插装阀宜使用具有符合 GB/T 2877 和 JB/T 5963 规定的插装孔的油路块。

（3）油路块

① 表面平面度和表面粗糙度。油路块安装面的平面度和粗糙度，应符合阀制造商的推荐值。

② 变形。油路块在工作压力和工作温度下，不应产生会引起元件故障的变形。

③ 安装。油路块应牢固地安装。

④ 内部通道。内部通道的通流截面积，宜至少等于相关元件的通流面积。

内部通道（包括铸造孔和钻孔）应无有害杂质（如氧化皮、毛刺、切屑等），这些杂质会限制流动或被冲刷出来引起任何元件（其中包括密封件和填料）失灵和（或）损坏。

（4）电控阀

① 电气连接。与电源的电气连接应符合适当的标准，例如：GB/T 5226.1。对于危险的工作条件，应采用适当的电保护等级（例如防爆，防水）。与阀的电气连接宜采用符合 ISO 4400 或 ISO 6952 的可拆的、不漏油的插入式接头。

② 接线盒。指定接线盒在阀上时，它们应按下列要求制作：

a. 符合 GB 4208 的适当保护等级；

b. 为永久设置的端子和端子电缆，其中包括附加的电缆长度，留有足够的空间；

c. 防止电气检修盖丢失的栓系紧固件，例如带锁紧垫片的螺钉；

d. 对于电气检修盖的适当的固定位置，例如链条；

e. 带有张力解除功能的电缆接头。

③ 电磁铁。应选择符合 JB/T 5244 规定的，能够可靠地操作阀的电磁铁。电磁铁应按照 GB 4208 的规定，防止外部流体和污垢进入。

④ 手动越权控制。当电控不能用时，如果为了安全或其他原因需要操作电控阀，那么它应配备手动越权装置。该装置的设计和选择，应使其不会无意中被操作，并且当手动控制解除时应自动复位，除非另有规定。

（5）符号标牌

在阀上应附有符号标牌，其表示的位置和控制方式与操作装置的运动方向一致。

（6）调整

允许调整一个或多个受控参数的阀宜具有下列特性：

① 保证阀调整安全的措施；

② 当需方与供方商定时，锁定调整以防止未经认可的改变措施；

③ 监控正在调整的参数的措施。

（7）拆卸

无论阀采用何种连接方式，阀的拆卸不应要求拆卸任何关联的管路或管接头，但可松开关联的管路或管接头，以便让出拆卸间隙。

1.20.7 液压油液和调节元件

(1) 液压油液

① 技术条件。被推荐用于液压系统的液压油液应按其类型和特性来规定，而不能仅靠商品名称来规定。

液压油液宜按现行的国家标准来描述。存在起火危险之处，应考虑使用难燃液压液。

② 相容性。

a. 所有液压油液。使用的液压油液应与用于系统的所有元件、辅件、合成橡胶和滤芯相容，并符合系统或元件供应商的推荐。

b. 难燃液压液。应采取附加的预防措施，防止由于难燃液压液与下列物质不相容而产生的问题：

·与系统配套的防护涂料和其他油液，例如油漆、加工和（或）保养液；

·能与溢出或泄漏的难燃液压接触的结构或安装材料，例如电缆、其他维修供应品和产品；

·其他液压油液；

·密封件或填料。

c. 处理措施。液压油液或液压系统的供应商，应提供有关打算使用的液压油液的材料安全数据资料。如果需要保证以下几点，应提供补充资料：

·对于人工处理液压油液的保健要求；

·毒性；

·万一起火，可能出现的中毒或窒息的危险；

·关于液压油液处理和废弃的建议资料；

·具有生物降解能力。

③ 液压系统和润滑系统。除非在供方与需方之间另有规定，液压系统和润滑系统宜分开。所有液压油液和润滑剂的注入孔应做出清晰和永久的标记。

④ 保养。为了保持系统液压油液的性质，供方应提供对于系统油液取样和监测的手段和规程。

宜特别注意难燃液压液。

⑤ 注油和保持液位。用于注油和保持液位所使用的液压油液应经过过滤。在灌注时，可通过系统内设的过滤器或用需方自己的移动式过滤器来过滤，移动式过滤器的过滤精度应等于或优于系统所用过滤器的过滤精度。

(2) 油箱

① 设计。

a. 当系统中没有安装热交换器时，油箱应能充分散发正常工况下液压油液的热量；

b. 在正常工作或维修条件下，油箱宜容纳所有来自于系统的油液；

c. 油箱应保持液位在安全的工作高度，并且在所有工作循环和工况期间有足够的油液通向供油管路，以及留有足够的空间用于热膨胀和空气分离；

d. 油箱宜提供缓慢的再循环速度，便于夹带的气体释放和重的污染物沉淀；

e. 油箱宜利用隔板或其他手段，将回流油液与泵吸入口分隔开；如果使用隔板，则它们不应妨碍油箱的彻底清理。

如果油箱是加压密闭式的，那么应考虑这种形式的特殊要求。

② 结构。

a. 一般要求。油箱宜与机器结构是分离的和可拆装的。

b. 溢出。应采取预防措施，阻止溢出的油液直接返回油箱。

c. 支撑结构。

·支撑结构宜将油箱的底部提高到距地基平面150mm以上，以便于搬运、排放和改善散热条件；

·支撑结构宜有足够面积的支座，便于在装配和安装期间用垫片、斜楔等调整。

d. 振动和噪声。应注意防止过度的结构振动和空气噪声，尤其当元件被安装在邮箱内或直接装在邮箱上时。

e. 油箱顶。

• 油箱顶应牢固地固定在油箱体上；

• 如果油箱顶是可拆卸的，应设计成能防止污染物侵入；

• 油箱顶宜设计和制造成避免形成聚集和存留外部固体、油液污染物及废弃物的区域。

f. 油箱配置要求。

• 确定吸油管尺寸时，应使泵的吸油性能符合制造商的推荐；

• 吸油管的布置应做到，在处于最低工作液位时能保持足够的供油，并且能避免空气吸入和油液中漩涡的形成；

• 进入油箱的回油管，宜在最低工作液位一下排油；

• 进入油箱的回油管，应以最低的可行速度排油，并可促进油箱内形成所希望的油液循环方式；油箱内的油液循环不应引起空气的混入；

• 进入油箱内的任何管路都应有效地密封；

• 设计上宜考虑尽量减少系统液压油液中沉淀污染物的重新悬浮；

• 宜采用“盲孔”（不通的孔）紧固方法，把油箱顶以及检修孔盖和任何商定的元件固定在箱体上。

g. 维修措施。

• 应设置检修孔，可供维修人员接近油箱内部各处进行清洗和检查；检修孔盖应可有一人拆下或装回；

• 吸油粗滤器、回油扩散器和其他可更换的邮箱内部元件应便于拆卸或清理；

• 邮箱应设置允许放油的装置；

• 邮箱的形状宜能使油液完全排空。

h. 完整性。

邮箱设计应能在下列条件下提供足够的结果完整性：

• 用系统的液压油液灌注至最大容量；

• 承受以系统在任何可预见的条件下所需的速度吸油或回油所引起的正、负压力。

i. 表面处理。

• 所有内部表面应彻底清理，并且清除所有潮气、污垢、切屑、焊剂、氧化皮、熔渣、纤维状材料和任何其他的污染物；

• 任何内部的涂层要与用于系统的液压油液和大气环境相容，并且应按涂层供应商的推荐来涂敷。当为采用这样的涂层时，特质内部表面宜涂上与液压油液相容的防锈剂；

• 外部涂层也应与液压油液相容。

j. 搬运。邮箱的结构宜适于叉车或吊具和起重机搬运，且不致引起永久的变形，起吊点宜做出标记。

③ 附件。

a. 液位指示器。

• 液位指示器对系统允许的“最高”和“最低”液位应做出永久地标记；

• 液位指示器对待定系统宜做适当的附加标记；

• 液位指示器应配备在每个注油点，以便注油时可以清楚地看见液位。

b. 注油点。注油点应配备带密封的和被拴住的盖子，以防止关闭后污染物侵入。

c. 空气过滤器。考虑到系统设置地点的环境条件，开式油箱宜设置空气过滤器，以过滤进入油箱的空气达到与该系统要求相适应的清洁度等级。

（3）过滤和液压油液调节

① 过滤。应提供过滤，以便将使用中的颗粒污染度限定在适合于所选择的元件和预期应用锁要求的等级内。污染等级应按照GB/T 14039表示。

宜适当考虑应用独立的过滤系统。

② 过滤器的布置和规格确定。

a. 布置。过滤器应根据需要布置在压力管路、回油管路和（或）辅助循环管路中，以达到系统要求的清洁度等级。

b. 维修。所有过滤组件都应配备指示器，当过滤器需要保养时，该指示器会发出指示。指示器应易于让操作人员或维修人员看见。

c. 压差。对于其滤芯不能经受住系统全压差而不损坏的过滤器组件，应装设旁通阀。

d. 压降。通过滤芯的最大压降应限制在制造商规定的范围内。

e. 脉动。当过滤器被布置在受到压力和流量脉动的管路中时，可能会影响其过滤效率，应引起对滤芯流动疲劳特性的重视。在严重的情况下，宜安装阻尼装置。

f. 可接近性。过滤器应安装在易于接近的地方，并应留出足够的空间更换滤芯。

g. 标识。滤芯的编号和所需数量应永久地标注在过滤器的壳体上。

h. 更换。当可行时，应提供在系统不关机的情况下更换滤芯的手段。

③ 吸油粗滤器或过滤器。除非需方和供方商定，在泵吸油管路上不应使用过滤器。但容许用吸油口滤网或粗滤器。

如果使用，稀有过滤装置应装设内部旁通阀来限定在额定系统流量下的最大压降，以满足 1.20.5，(1)，⑦c 的要求。推荐使用电气装置来指示不能接受的泵进口压力或实现系统自动关机。

a. 可接近性。在使用吸油粗滤器或过滤器的地方，它们应易于接近，并可在不排空油箱的情况下进行维修。

b. 选择。选择和安装吸油粗滤器或过滤器时，应使泵的进口条件在制造商规定的范围内，在冷启动的条件下，宜特别注意这一点。

④ 磁铁。

如果使用磁铁收集铁磁性物质，宜做到在不排空油箱的条件下进行保养。

(4) 热交换器

当自然冷却不能控制系统液压油液的温度时，或要求精确控制液压油液的温度时，应使用热交换器。

① 液体对液体的热交换器。使用液体对液体的热交换器时，应使液体的循环路线和速度在制造商推荐的范围内。

a. 温度控制。为保持所要求的液压油液温度和使所需的冷却介质流量减到最少，在热交换器的冷却介质一侧应采用自动温度控制。

冷却介质控制阀宜设置在输入管路上，为了维修，在冷却介质管路中应设置截止阀。

b. 冷却介质。如果使用特殊的冷却介质或供给的冷却介质很可能是脏的、腐蚀性的或是有限定的，需方应告诉供方。

应防止热交换器被冷却介质腐蚀。

c. 测量点。对于液压油液和冷却介质，宜设置温度测量点，测量点宜保证可永久地安装传感器和在不损失液压油液额的情况下检修。

② 液体对空气的热交换器。使用液体对空气的热交换器时，应使两者的流速在制造商推荐的范围内。

a. 空气供给。应提供充足的清洁空气。

b. 空气排放。空气排放不应引起危险

③ 加热器。当使用加热器时，其耗散功率密度不应超过液压油液制造商推荐的范围。

应才用自动温度控制，以保持希望的液压油液温度。

1.20.8 管路系统

(1) 一般要求

① 液压油液流动。通过管路、管接头和油路块的液压油液流速不宜超过：

a. 吸油管路：1.2m/s；

b. 压力管路：5m/s；

c. 回油管路：4m/s。

② 管接头的应用。在管路系统中，可分离的管接头数量应保持最少（例如：利用弯管代替弯头）。

③ 布局设计。管路设计宜避免它被当作踏板或梯子使用。外部载荷不宜加在管路上。

管路不应用来支撑元件，造成过度的载

荷加强在管路上。这种过度载荷可能由元件质量、冲击、振动和冲击压力引起。

管路的任何连接，宜便于接近来拧紧而不致扰乱邻近管路或装置，尤其是在管路端接于一组管接头之处。

④ 管路布置。管路的标记或布置方式，宜使它不会出现引起危险或故障的错误连接。

管路（硬管或软管）安装时，应使安装应力减到最小；其布置应能防止可预见的危险，并且不妨碍对元件调整、整理和更换或正在进行的工作。

⑤ 硬管和软管的接头。推荐使用弹性密封件的硬管和软管接头。当适用时，所有金属管接头均应符合 ISO 8434 的第 1、2、3 或 4 部分和 ISO 6162 或 ISO 6164。所有软管接头应符合 ISO 12151 的第 1、2、3、4 或 5 部分。

⑥ 管接头的额定压力。管接头的额定压力应不低于其所在系统部位的最高工作压力。

(2) 硬管的要求

硬管应符合 8.2.1 和 8.2.2 中给出的要求。

① 钢管。钢管应符合 ISO 10763 中规定的技术规格。

② 其他管子。使用除钢材以外的其他管材，应由需方与供方书面商定。

(3) 管路的支承

① 间隔。如果需要，管路应利用正确设计的支承件，在其端部和沿其长度相隔一定距离牢固地支撑。

表 1.1-37 给出了管路支承件之间最大距离的推荐值。

表 1.1-37 管路支承件之间的最大距离

管子外径/mm	支承件之间最大距离/m	管子外径/mm	支承件之间最大距离/m
≤10	1	>25 和≤50	2
>10 和≤25	1.5	>50	3

② 安装。支承件应不损害管件。

(4) 杂质

管路包括成形孔和钻削孔，应排除如氧化皮、毛刺、切屑等有害的杂质。这些杂质可能妨碍流动，或被冲刷出来引起包含密封件和填料的任何元件发生故障和（或）损坏。

(5) 软管总成

① 要求。

a. 软管总成应用未经装配使用过的，并且满足在适当标准中给出的所有性能和标明要求的新软管构成；

b. 应标明软管和软管总成的生产日期（例如季度和年份）；

c. 应提供由软管制造商推荐的最长储存时间；

d. 应提供由系统供方推荐的使用寿命；

e. 软管总成不能再超过制造商推荐的额定压力下使用；

f. 软管总成不能受到超过制造商推荐的冲击或冲击压力。

② 安装。软管总成的安装应：

a. 具有必要的最小长度，以避免在元件工作期间软管急剧地折曲和拉紧；软管的弯曲半径不宜小于推荐的最小值；

b. 在安装和使用期间，尽量减小软管的扭曲度，例如，旋转管接头卡住的情况；

c. 被布置或保护，使软管外皮的摩擦损伤减到最少；

d. 加以支承，假如软管总成的质量可能引起过度变形时。

③ 失效的保护措施。如果软管总成的失效构成击打的危险，该软管总成应被固定或遮挡。如果软管总成的失效构成油液喷射或燃烧的危险，则应被遮护。

(6) 快换接头

选择快换（快速拆解）接头应做到，当其被拆开时可自动地密封上游端和下游端的油液压力，以防止危险。

1.20.9 控制系统

（1）无指令的动作

控制系统的设计应防止执行器无指令的动作和不正确的顺序。

（2）系统保护

① 意外的启动。系统的设计应能使其容易与能源可靠脱离，并且容易释放该系统中的压油液，以防止意外的启动。对此，液压系统可以通过以下方式来实现：

a. 隔离阀机械锁定在关闭位置及卸除液压系统的压力；

b. 隔离电源（见 GB/T 5226.1）。

② 控制或动力源失效。选择和应用电控、气控和（或）液控的液压元件应做到，当控制动力源失效时不会引起危险。

无论所用的控制能源或动力的类型如何（例如电的、液压的等），下列偶发事件（意外的或故意的）应不致产生危险：

a. 打开或关闭能源；

b. 能源下降；

c. 切断或重新建立能源。

当恢复控制动力源时（意外或故意地），不应发生危险情况。

③ 外部载荷。应提供一种措施，以防止在外部高载荷作用于执行器之外产生不能接受的压力。

④ 油液损失。当系统关机时，如果泄油会引起危险，应提供防止系统液压油液流回油箱的措施。当液压油液溢出会构成起火危险时，系统宜设计成假如管路或其他元件破裂时能自动关机。

（3）元件

① 可调整的控制机构。可调整的控制机构应保持其设定值在指定的范围内，直到重新设定。

② 稳定性。选择压力和流量控制阀时，应保证工作压力、工作温度和负载的变化不会引起失灵或危险。

③ 防止违章调节。在未经授权改变压力或流量可能引起危险或失灵之处，压力和流量控制装置或其外壳安装安全防护装置，以防止未经授权的变动。

如果改变或调整可能引起危险或失灵，应提供锁定可调节元件的设定值或锁住其外壳的措施。

④ 操纵手柄。手柄的运动方向不应混淆。例如：上推手柄不应降下被控装置。

⑤ 越权手动控制。为便于设定，应为每个执行器设置安全手动控制。

⑥ 双手控制。控制不应使操作者暴露于机器运动引起的危险之中，并应遵守相应的国家标准。

⑦ 弹簧偏置或带定位的阀。在控制系统失效时，要求保持其位置或采取规定的安全位置的任何执行器，应靠一个具有弹簧偏置或带定位到安全位置的阀来控制。

（4）带伺服阀和比例阀的控制系统

① 越权控制系统。在执行器被伺服阀或比例阀控制，并且控制系统的失灵可以导致执行器引起危险的场合，应提供保持或恢复这些执行器的控制手段。

② 过滤器。如果由污染引起的阀失灵会产生危险，那么宜在供油路内接近伺服阀或比例阀之处，安装无旁通的并带有明显易见的滤芯状态指示器的全流量过滤器。该滤芯的压溃强度应超过该系统最高工作压力。通过无旁通过滤器的液流阻塞不应产生危险。

③ 系统清洁度。在安装伺服阀和（或）比例阀之前，该系统和液压油液宜被净化，达到制造商规定范围内的稳定的污染等级。

④ 附加装置。如果无指令的动作可能引起危险，那么靠伺服阀或比例阀控制速度（转速）的执行器应具有保持或移动到安全位置的手段。

（5）其他设计的考虑

① 系统参量的监控。在系统工作参量的变化可能构成危险处，应提供该系统工作参量的清晰指示。

② 测试点。推荐在整个系统上采用适当数量的测试点，不拘尺寸和复杂性。

为检测压力，设置在液压系统中的测试点应：

a. 易于接近；

b. 永久地固定；

c. 具有永久连接的安全盖，使污染物的侵入减到最少；

d. 设计成能保证该测试点在最高工作压力下安全和快速地接合。

③ 系统的相互作用。在一个系统内或系统一部分的工况，不应对别的系统或部分产生有害的影响，尤其当需要精确控制时。

④ 复合装置控制。在系统有一个以上相互联系的自动和（或）手动控制装置，并且其中任何一个失效会造成危险的场合，应提供保护连锁装置或其他安全手段。在适用的场合，这些连锁装置宜中断所有工作，只要这种中断本身不会引起危险或损害。

⑤ 顺序控制。

a. 按位置定序。在任何适用之处，应使用按位置检测定序，并且当压力控制或时间控制定序本身失灵会引起危险时，应始终使用位置检测定序。

b. 位置检测装置的布置。如果在运动顺序或循环时间已被规定之后，位置检测装置的布置发生变化，该装置应返回到它们最初的位置或应重新调整成其他的运动顺序或循环定时。

(6) 控制的布置

① 保护。控制应以提供适当保护的方式来设计或装置，以防：

a. 失灵和可预测的损坏；

b. 高温；

c. 腐蚀性环境。

② 可接近性。控制装置应易于接近以便调整和维修，它们应位于工作地板以上最低0.6m或最高1.8m处，除非尺寸、功能或配管方式要求另选位置。

③ 手动控制。手动控制的布置和安装应：

a. 将控制装置在操作人员正常工作位置能及的范围内；

b. 不要求操作者越过正在旋转或运动的机构操作控制装置；

c. 不妨碍操作者所需的工作运动。

(7) 应急控制

液压系统设计应使紧急停止或紧急返回控制的操作不会导致危险。

当危险（例如起火危险）存在时，应设置液压系统紧急停止控制，至少一个紧急停止按钮应被布置成遥控的。

① 应急控制的特征。当紧急停止和紧急返回控制被应用于液压系统时，它们应：

a. 易被识别；

b. 设置在每个工作人员的操作位置和在所有工作状态下都易于接近；为满足这些要求，可能需要附加的控制；

c. 直接操作；

d. 是独立的，并且不受其他控制或节流的调节影响；

e. 对于所有应急功能不需要一个以上手动控制的操纵。

② 系统重新启动。在紧急停止或紧急返回之后重新启动系统不应引起危险或损坏。

1.20.10 诊断和监控

为了使预计的维修和检修故障容易，宜采取诊断测试和状态监控的措施。设置在系统中的诊断产品及其规格应由需方与供方商定。

(1) 压力测量

永久安装的压力表，应利用压力限制器或表隔离开关来保护。

压力表量程的上限宜超过最高工作压力至少25%。

压力阻尼装置不宜与压力传感器组成一体。

(2) 油液取样

考虑到检查液压油液清洁度等级状态，应提供符合 GB/T 17489 的提取具有代表性油样的手段。如果在高压管路中设置取样阀，应安放提示高压喷射危险的警告标签，并应遮护取样阀。

（3）温度检测

温度检测装置应安装在油箱内。

1.20.11 清理和涂漆

在装置的尾部清理和涂漆时，敏感材料应被保护以避免不相容的液体。

在涂漆时，所有铭牌、数据标记和不宜涂漆的区域（例如活塞杆、指示灯等）应覆盖住，涂漆后应除去覆盖物。

1.20.12 运输准备

（1）管路的标识

每当为了运输，系统必须拆卸时，管路和管接头应做出清晰的标识。该标识应与任何相应图样上的资料一致。

（2）包装

在运输期间，所有装置都应能防止其损坏、变形、污染和腐蚀及保护其标识的方式安装。

（3）孔口的密封

仅应使用那种直到它们被除去才能重新装配的密封盖。在运输期间，在液压系统或元件上暴露的孔口应予密封，并且外螺纹应予保护。应在重新装配时，再除去该保护。

（4）搬运设施

运输尺寸和质量应与需方厂房可用的搬运设施（铁轨连接、起吊滑轮、通道、地面承载）一致。如果需要，液压系统应按需方与供方的商定拆成部件搬运。

1.20.13 试运行

（1）检验试验

为确定与可适用的要求的一致性，应进行下列试验：

① 检验该系统和所有安全装置的正确操作的试验；

② 压力试验，即在所有预定应用的条件下，在可能持续的最高压力下，试验系统的各部分。

（2）噪声

安装的液压系统应符合供方与需方在签订合同时商定的噪声等级。

（3）液压油液泄漏

除不足以形成油滴的微量的渗湿之外，不应允许有能测到的意外泄漏。

（4）应提供的最终资料

在不迟于系统交付的时间或需方与供方商定的其他时间，系统供方应向需方提供下列最终资料：

① 符合 ISO 1219-2 的最终回路图；

② 零件清单；

③ 总布置图样；

④ 管路和管接头的布置图；

⑤ 时间和（或）顺序及功能；

⑥ 适用的夹具或调整工具的图样；

⑦ 平面布置图；

⑧ 安装图和说明；

⑨ 必要的其他图样；

⑩ 维修和操作的数据和手册；

⑪ 性能试验结果；

⑫ 液压油液调节要求。

应提供打算使用的液压油液的材料安全数据资料及对液压油液的处置和废弃的建议资料。其中包括对全体人员在处理液压油液时，万一发生火灾有中毒或窒息危险时的保健要求。

当最后验收时，所有项目应与该系统相符。

（5）更改

每当供方做出给需方带来影响的更改时，都应记录这些更改并通知需方。

（6）检验

应通过对照系统的技术规格检验它们的同一性来验证系统及其元件。另外，应检验该系统上元件的连接，以验证其与回路图的一致性。

1.20.14 标注说明

当决定遵守本标准时，在需方与供方之间的合同中和最终资料袋内，以及适当时在目录、销售文件和报价单中应采用下列说明：

“该液压系统符合 GB/T 3766—2001《液压系统通用技术条件》，其中包括需方与供方之间的补充协议。”

1.21 液压缸活塞用带支承环密封沟槽形式（摘自 GB/T 6577—1986）

（1）本标准采用下列字母符号

D——密封沟槽外径（缸内径）；

S——密封沟槽径向深度，$S=(D-d_1)/2$；

d_1——密封沟槽底径；

L_1——密封沟槽轴向长度；

L_2——支承环座轴向长度；

L_3——带支承环密封沟槽总长度（参考值）；

d_2——支承环座直径；

d_3——活塞配合直径；

C——导入角宽度；

r_1——圆角半径。

（2）密封沟槽形式

液压缸活塞（活塞可制成分离式）用带支承环密封沟槽的形式，如图 1.1-29 所示。

（3）尺寸和公差

液压缸活塞用带支承环密封沟槽的有关尺寸和公差，应符合下表 1.1-38 的规定。

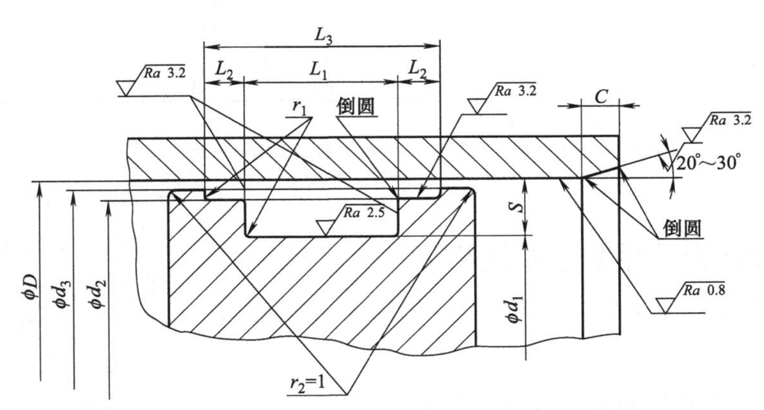

图 1.1-29 液压缸活塞用带支承环密封沟槽形式典型结构

表 1.1-38 液压缸活塞用带支承环密封沟槽有关尺寸和公差 单位：mm

D H9	S	d_1 h9	$L_1{}^{+0.35}_{-0.10}$	$L_2{}^{+0.10}_{0}$	L_3	d_2 h9	d_3 h11	r_1	C ≥
25	4	17	10	4	18	22	24	0.4	2
	5	15	12.5		20.5				2.5
32	4	24	10	4	18	29	31	0.4	2
	5	22	12.5		20.5				2.5
40	4	32	10	4	18	37	39	0.4	2
	5	30	12.5		20.5				2.5
50	5	40	12.5	4	20.5	47	49	0.4	2.5
	7.5	35	20	5	30	46	48.5		4
(56)	5	46	12.5	4	20.5	53	55	0.4	2.5
	7.5	41	20	5	30	52	54.5		4
63	5	53	12.5	4	20.5	60	62	0.4	2.5
	7.5	48	20	5	30	59	61.5		4
(70)	7.5	55	20	5	30	66	68.5	0.4	4
	10	50	25	6.3	37.6	65	68	0.8	5

续表

D H9	S	d_1 h9	$L_1{}^{+0.35}_{-0.10}$	$L_2{}^{+0.10}_{0}$	L_3	d_2 h9	d_3 h11	r_1	C ≥
80	7.5	65	20	5	30	76	78.5	0.4	4
	10	60	25	6.3	37.6	75	78	0.8	5
(90)	7.5	75	20	5	30	86	88.5	0.4	4
	10	70	25	6.3	37.6	85	88	0.8	5
100	7.5	85	20	5	30	96	98.5	0.4	4
	10	80	25	6.3	37.6	95	98	0.8	5
(110)	7.5	95	20	5	30	106	108.5	0.4	4
	10	90	25	6.3	37.6	105	108	0.8	5
125	1	105	25	6.3	37.6	120	123	0.8	5
	12.5	100	32	10	52	119			6.5
(140)	10	120	25	6.3	37.6	135	138	0.8	5
	12.5	115	32	10	52	134			6.5
160	10	140	25	6.3	37.6	155	158	0.8	5
	12.5	135	32	10	52	154			6.5
(180)	10	160	25	6.3	37.6	175	178	0.8	5
	12.5	155	32	10	52	174			6.5
200	15	170	36	12.5	61	192	197	0.8	7.5
(220)	15	190	36	12.5	61	212	217	0.8	7.5
250	15	220	36	12.5	61	242	247	0.8	7.5
(280)	15	250	36	12.5	61	272	277	0.8	7.5
320	15	290	36	12.5	61	312	317	0.8	7.5
(360)	15	330	36	12.5	61	352	357	0.8	7.5
400	20	360	50	16	82	392	397	1.2	10
(450)	20	410	50	16	82	442	447	1.2	10
500	20	460	50	16	82	492	497	1.2	10

注：1. 括号内的缸孔内径为非优先选用尺寸。

2. 除缸内径 D＝25～160，在使用小截面密封圈外，缸内径 D 的加工精度可选 H11。

1.22 液压缸活塞杆用防尘圈沟槽形式（摘自 GB/T 6578—2008）

本标准规定了往复运动液压缸活塞杆防尘圈的安装沟槽形式、尺寸和公差，活塞杆直径范围为4～360mm。

本标准规定的防尘圈安装沟槽分为以下四种形式。

A 型——整体式或带有可分离式压盖沟槽，用于安装不带刚性骨架的单唇弹性防尘圈（对于无整体刚性骨架的单唇防尘圈，这类沟槽是首选）。

B 型——开式沟槽，用于安装带有刚性骨架的防尘圈（防尘圈与沟槽压入配合）。

C 型——整体式或带有可分离式压盖沟槽，用于安装弹性材料的防尘圈（对于无整体刚性骨架的单唇防尘圈，这类沟槽是首选）。

D 型——整体式或带有可分离式压盖沟槽，用于安装弹性体和密封组合的防尘圈。

本标准规定的防尘圈安装沟槽形式适用于普通型和16MPa 紧凑型往复运动液压缸。

(1) 字母符号

本标准采用下列字母符号：

d——活塞杆直径；

D_1——防尘圈沟槽直径；

D_2——防尘圈沟槽端部孔径；

C——导角轴向长度；

L_1——防尘圈沟槽宽度；

L_2——防尘圈最大长度；

L_3——防尘圈沟槽端部宽度；

S——防尘圈径向深度（截面），$S=(D_1-d)/2$；

r——圆角半径。

(2) 尺寸和公差

① A 型沟槽。

a. A 型沟槽如图 1.1-30 所示。

b. A 型沟槽的尺寸和公差应符合表 1.1-39的规定。

c. A 型防尘圈沟槽推荐用于 16MPa 中型系列和 25MPa 系列结构形式的单杆液压缸。

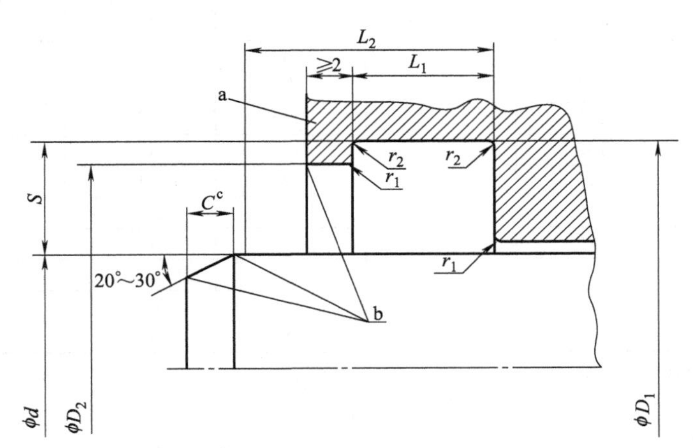

图 1.1-30 A 型防尘圈沟槽

a—可以是整体式的或可分离压盖式的；b—平滑过渡无毛刺；c—尺寸见表 1.1-43

表 1.1-39 A 型防尘圈的沟槽尺寸 单位：mm

活塞杆直径①,② d	沟槽径向深度 S	沟槽底径 D_1 H11	沟槽宽度 L_1	防尘圈长度 L_2 max	沟槽端部孔径 D_2 H11	r_1 max	r_2 max
4	4	12	$5^{+0.2}_{0}$	8	9.5	0.3	0.5
5	4	13		8	10.5	0.3	0.5
6	4	14		8	11.5	0.3	0.5
8	4	16		8	13.5	0.3	0.5
10	4	18		8	15.5	0.3	0.5
12	4	20		8	17.5	0.3	0.5
14	4	22		8	19.5	0.3	0.5
16	4	24		8	21.5	0.3	0.5
18	4	26		8	23.5	0.3	0.5
20	4	28		8	25.5	0.3	0.5
22	4	30		8	27.5	0.3	0.5
25	4	33		8	30.5	0.3	0.5
28	4	36		8	33.5	0.3	0.5
32	4	40		8	37.5	0.3	0.5
36	4	44		8	41.5	0.3	0.5
40	4	48		8	45.5	0.3	0.5
45	4	53		8	50.5	0.3	0.5
50	4	58		8	55.5	0.3	0.5
56	5	66	$6.3^{+0.2}_{0}$	10	63	0.4	0.5
63	5	73		10	70	0.4	0.5
70	5	80		10	77	0.4	0.5
80	5	90		10	87	0.4	0.5
90	5	100		10	97	0.4	0.5

续表

活塞杆直径①,② d	沟槽径向深度 S	沟槽底径 D_1 H11	沟槽宽度 L_1	防尘圈长度 L_2 max	沟槽端部孔径 D_2 H11	r_1 max	r_2 max
100	7.5	115	$9.5^{+0.3}_{0}$	14	110	0.6	0.5
110	7.5	125		14	120	0.6	0.5
125	7.5	140		14	135	0.6	0.5
140	7.5	155		14	150	0.6	0.5
160	7.5	175		14	170	0.6	0.5
180	7.5	195		14	190	0.6	0.5
200	7.5	215		14	210	0.6	0.5
220	10	240	$12.5^{0.3}_{0}$	18	233.5	0.8	0.9
250	10	270		18	263.5	0.8	0.9
280	10	300		18	293.5	0.8	0.9
320	10	340		18	333.5	0.8	0.9
360	10	380		18	373.5	0.8	0.9

① 见 GB/T 2348 及 GB/T2879；

② 整体式沟槽用于活塞杆直径大于 14mm 的液压缸。

② B 型沟槽。

a. B 型沟槽如图 1.1-31 所示。

b. B 型沟槽的尺寸和公差应符合表 1.1-40的规定。

c. B 型防尘圈沟槽推荐用于 16MPa 中型系列和 25MPa 系列结构形式的单杆液压缸。

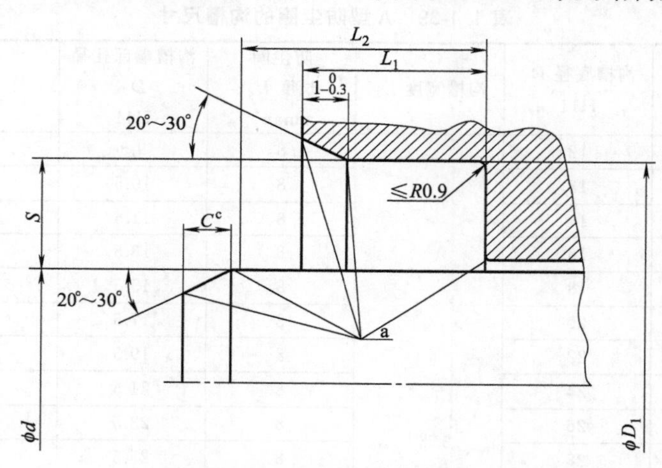

图 1.1-31　B 型防尘圈沟槽

a—平滑过渡无毛刺；c—尺寸见表 1.1-43

表 1.1-40　B 型防尘圈沟槽的尺寸　　单位：mm

活塞杆直径① d	沟槽径向深度 S	沟槽底径 D_1 H_8	沟槽宽度 $L_1{}^{+0.5}_{0}$	防尘圈长度 L_2 max	活塞杆直径① d	沟槽径向深度 S	沟槽底径 D_1 H_8	沟槽宽度 $L_1{}^{+0.5}_{0}$	防尘圈长度 L_2 max
4	4	12	5	8	16	5	26	7	11
5	4	13	5	8	18	5	28	7	11
6	4	14	5	8	20	5	30	7	11
8	4	16	5	8	22	5	32	7	11
10	4	16	5	8	25	5	35	7	11
12	5	22	7	11	28	5	38	7	11
14	5	24	7	11	32	5	42	7	11

续表

活塞杆直径① d	沟槽径向深度 S	沟槽底径 D_1 H_8	沟槽宽度 $L_1{}^{+0.5}_{0}$	防尘圈长度 L_2 max	活塞杆直径① d	沟槽径向深度 S	沟槽底径 D_1 H_8	沟槽宽度 $L_1{}^{+0.5}_{0}$	防尘圈长度 L_2 max
36	5	46	7	11	125	7.5	140	9	13
40	5	50	7	11	140	7.5	155	9	13
45	5	55	7	11	160	7.5	175	9	13
50	5	60	7	11	180	7.5	195	9	13
56	5	66	7	11	200	7.5	215	9	13
63	5	73	7	11	220	10	240	12	16
70	5	80	7	11	250	10	270	12	16
80	5	90	7	11	280	10	300	12	16
90	5	100	7	11	320	10	340	12	16
100	7.5	115	9	13	360	10	380	12	16
110	7.5	125	9	13					

① 见 GB/T 2348 及 GB/T 2879。

③ C 型沟槽。

a. C 型沟槽如图 1.1-32 所示。

b. C 型沟槽的尺寸和公差应符合表 1.1-41规定。

c. C 型防尘圈沟槽适用于 16MPa 紧凑型系列和 10MPa 系列结构形式的单杆液压缸。

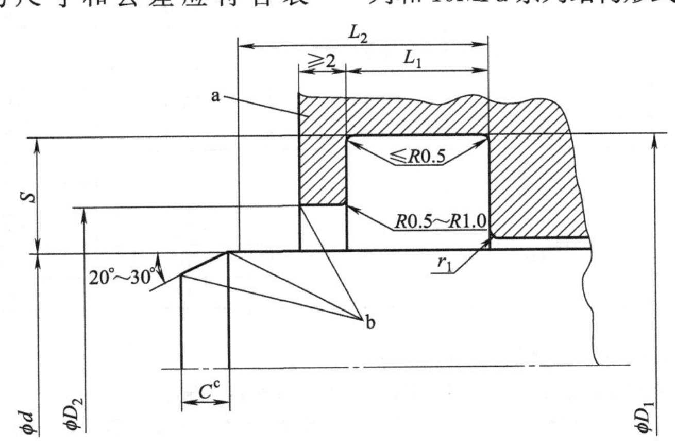

图 1.1-32 C 型防尘圈沟槽

a—可以是整体式的或可分离压盖式的；b—平滑过渡无毛刺；

c—尺寸见表 1.1-43

表 1.1-41 C 型防尘圈沟槽尺寸 /mm

活塞杆直径①,② d	沟槽径向深度 S	沟槽底径 D_1 H11	沟槽宽度 L_1	防尘圈长度 L_2 max	沟槽端部孔径 D_2 H11	r_1 max
4	3	10	$4^{+0.2}_{0}$	7	6.5	0.3
5	3	11		7	7.5	0.3
6	3	12		7	8.5	0.3
8	3	14		7	10.5	0.3
10	3	16		7	12.5	0.3
12③	3	18		7	14.5	0.3
14③	3	20		7	16.5	0.3
16	3	22		7	18.5	0.3
18③	3	24		7	20.5	0.3

续表

活塞杆直径①,② d	沟槽径向深度 S	沟槽底径 D_1 H11	沟槽宽度 L_1	防尘圈长度 L_2 max	沟槽端部孔径 D_2 H11	r_1 max
20	3	26	$4^{+0.2}_{0}$	7	22.5	0.3
22③	3	28		7	24.5	0.3
25	3	31		7	27.5	0.3
28③	4	36		8	31	0.3
32	4	40	$5^{+0.2}_{0}$	8	35	0.3
36③	4	41		8	39	0.3
40	4	48		8	43	0.3
45③	4	53		8	48	0.3
50	4	58		8	53	0.3
56③	5	66	$6^{+0.2}_{0}$	9.7	59	0.3
63	5	73		9.7	66	0.3
70③	5	80		9.7	73	0.3
80	5	90		9.7	83	0.3
90③	5	100		9.7	93	0.3
100	5	110		9.7	103	0.3
110③	7.5	125	$8.5^{+0.3}_{0}$	13.0	114	0.4
125	7.5	140		13.0	129	0.4
140③,④	7.5	155		13.0	144	0.4
160	7.5	175		13.0	164	0.4
180④	7.5	195		13.0	184	0.4
200	7.5	215		13.0	204	0.4
220④	10	240	$12^{+0.3}_{0}$	18	226	0.6
250④	10	270		18	256	0.6
280④	10	300		18	286	0.6
320④	10	340		18	326	0.6
360④	10	380		18	366	0.6

① 见 GB/T 2348 和 GB/T 2879。

② 可分离压盖式沟槽用于活塞杆直径小于等于 18mm 的液压缸；

③ 这些规格推荐用于 16MPa 紧凑型系列单杆液压缸和 10MPa 系列的液压缸；

④ 这些规格推荐用于缸筒内径为 250～500mm 的 16MPa 紧凑型系列的单杆液压缸。

④ D 型沟槽。

a. D 型沟槽如图 1.1-33 所示。

b. D 型沟槽的尺寸和公差应符合表 1.1-42的规定。

c. D 型防尘圈沟槽推荐用于所有适用规格的液压缸。

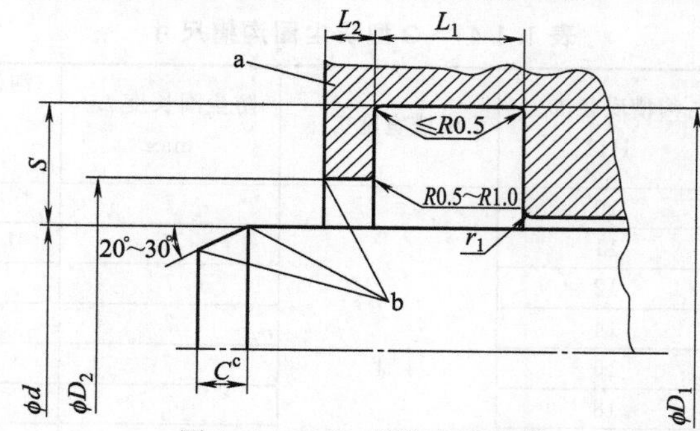

图 1.1-33　D 型防尘圈沟槽

a—可以是整体式的或可分离压盖式的；b—平滑过渡无毛刺；

c—尺寸见表 1.1-43

表 1.1-42 D型防尘圈沟槽的尺寸　　单位：mm

活塞杆直径 d[①,②]	沟槽径向深度 S	沟槽底径 D_1 H9	沟槽宽度 $L_1{}^{+0.2}_{0}$	沟槽端部孔径 D_2 H11	防尘圈长度 L_3 max	半径 r_1 max
4	2.4	8.8	3.7	5.5	2	0.4
5	2.4	9.8	3.7	6.5	2	0.4
6	2.4	10.8	3.7	7.5	2	0.4
8	2.4	12.8	3.7	9.5	2	0.4
10	2.4	14.8	3.7	11.5	2	0.4
12	3.4	18.8	5	13.5	2	0.8
14	3.4	20.8	5	15.5	2	0.8
16	3.4	22.8	5	17.5	2	0.8
18	3.4	24.8	5	19.5	2	0.8
20	3.4	26.8	5	21.5	2	0.8
22	3.4	28.8	5	23.5	2	0.8
25	3.4	31.8	5	26.5	2	0.8
28	3.4	34.8	5	29.5	2	0.8
32	3.4	38.8	5	33.5	2	0.8
36	3.4	42.8	5	37.5	2	0.8
40[③]	3.4	46.8	5	41.5	2	0.8
	4.4	48.8	6.3	41.5	3	0.8
45	3.4	51.8	5	46.5	2	0.8
	4.4	53.8	6.3	46.5	3	0.8
50	3.4	56.8	5	51.5	2	0.8
	4.4	58.8	6.3	51.5	3	0.8
56	3.4	62.8	5	57.5	2	0.8
	4.4	64.8	6.3	57.5	3	0.8
63	3.4	69.8	5	64.5	2	0.8
	4.4	71.8	6.3	64.5	3	0.8
70	4.4	78.8	6.3	71.5	3	1
	6.1	82.8	8.1	72	4	1
80	4.4	88.8	6.3	81.5	3	1
	6.1	92.2	8.1	82	4	1
90	4.4	98.8	6.3	91.5	3	1
	6.1	102.2	8.1	92	4	1
100	4.4	108.8	6.3	101.5	3	1
	6.1	112.2	8.1	102	4	1
110	4.4	118.8	6.3	111.5	3	1
	6.1	122.2	8.1	112	4	1
125	4.4	133.8	6.3	126.5	3	1
	6.1	137.2	8.1	127	4	1
140	6.1	152.2	8.1	142	4	1
	8	156	9.5	142.5	5	1.5
160	6.1	172.2	8.1	162	4	1
	8	176	9.5	162.5	5	1.5
180	6.1	192.2	8.1	182	4	1
	8	196	9.5	182.5	5	1.5
200	6.1	212.2	8.1	202	4	1
	8	216	9.5	202.5	5	1.5
220	6.1	232.2	8.1	222	4	1
	8	236	9.5	222.5	5	1.5

续表

活塞杆直径 d①,②	沟槽径向深度 S	沟槽底径 D_1 H9	沟槽宽度 $L_1{}^{+0.2}_{0}$	沟槽端部孔径 D_2 H11	防尘圈长度 L_3 max	半径 r_1 max
250	6.1	262.2	8.1	252	4	1
	8	266	9.5	252.5	5	1.5
280	6.1	292.2	8.1	282	4	1
	8	296	9.5	282.5	5	1.5
320	6.1	332.2	8.1	322	4	1
	8	336	9.5	322.5	5	1.5
360	6.1	372.2	8.1	362	4	1
	8	376	9.5	362.5	5	1.5

① 见 GB/T 2348 和 GB/T 2879。

② 可分录压盖式沟槽用于活塞杆直径小于等于 18mm 的液压缸。

③ 活塞杆直径大于 40mm 的规格，轻型系列（径向深度较小）推荐用于固定液压设备，重型系列（径向深度较大）推荐用于行走液压设备。

（3）表面粗糙度

与防尘圈接触的元件的表面粗糙度取决于应用场合和对防尘圈寿命的要求，宜由制造商与用户商定。

（4）倒角

① 对于活塞杆端部倒角 C 的位置，应符合图 1.1-30～图 1.1-33 的规定。

② 活塞杆端部倒角应与轴线称 20°～30°夹角。

③ 活塞杆端部倒角的长度应不小于表 1.1-43 的规定。

表 1.1-43 倒角

沟槽径向深度 S	≤4	4.4	5	6.1	7.5	8	10
倒角的最小轴向长度 C	2	2.5		4		5	

④ B 型沟槽的倒角尺寸应符合图 1.1-31 的规定。

1.23 二通插装式液压阀技术条件（摘自 GB/T 7934—1987）

本标准仅适用于符合 GB 2877 的二通插装式液压阀。本标准所用的专用术语定义如下。

二通插装式液压阀：指采用插装连接方式的，由插入元件、先导元件、控制盖板、插装阀体组成的用来控制液流的方向、压力和流量的二通液压阀。

插入元件：插装在插装阀体或集成块中，通过它的动作来控制主液流的通断、流量或压力的元件。它包括阀芯、阀套、弹簧、密封件等。

先导元件：插入元件的先导控制元件。

控制盖板：按需要加工有控制流道或装有先导元件的、用来盖住和固定插入元件的盖板。

插装阀体：加工有插入元件、控制盖板等的安装连接口及流道的块体。

集成块：在一个插装阀体上装有若干个二通插装式液压阀，构成相应回路的块体。

（1）一般技术条件

① 产品样本中，除标明技术参数外，还需绘制出压差—流量特性曲线、内泄漏量曲线等主要性能曲线，以利选用。

② 由铸件铸造流道内表面的铸瘤等凸起物堵塞的过流截面，不得大于该截面的 1/10。铸造流道位置尺寸公差不得大于±1.5mm。

③ 二通插装式液压阀的零件和部件，应有防锈措施，一年内不得生锈。

④ 出厂后的产品，在防锈有效期内，用户在使用前一般不应拆卸。

⑤ 工作介质的固体污染等级不得高于 19/16。

⑥ 外接管道的布置，应便于系统的安装维修。

⑦ 对露天工作的系统，应有防晒、防雨、防尘措施。

(2) 插入元件的技术条件

① 阀芯、阀套应有便于装拆的措施。

② 阀芯上装有阻尼塞时，阻尼塞应能更换；并有防松措施。

③ 在明显的部位应有识别的型号标记。

(3) 先导元件的技术条件

① 先导控制用的电磁阀必须符合该产品的有关标准的规定，且有合格证。

② 调压阀、单向阀、液控单向阀、梭阀等先导元件的技术性能，应符合有关标准或图纸的规定。

③ 可调式阻尼器应调节方便。

④ 调节机构的刻度要清晰，相对位置要准确，且有锁紧装置。

⑤ 叠加安装的先导元件，其接触面的外形尺寸错位不得大于 1mm。

⑥ 标牌应装在明显部位，标牌上应标明产品名称、型号、制造厂名称及出厂日期。

⑦ 外接油口应标明代号。

⑧ 电磁阀应有动作监测装置。

⑨ 电源接线排不允许外露，连接应可靠，电磁铁电源插头应符合有关标准的规定。

(4) 控制盖板的技术条件

① 外形尺寸偏差不得大于 GB 1804 标准中 JS15 级的规定。

② 连接尺寸应符合 GB 2877 及有关标准的规定。

③ 内装阻尼塞时，在相应部位应有标记，阻尼塞应便于更换。

④ 调节部位应转动灵活，且有锁紧装置。

(5) 插装阀体的技术条件

① 应在相应部位设置压力检测口。

② 插装孔及外接油口尺寸应符合 GB 2877 及有关标准的规定。

(6) 集成块的技术条件

① 叠装集成块的外形尺寸偏差不得大于。GB 1804 中 JS 级的规定。

② 应在合适部位装有标牌，标牌上应标明集成块名称、型号、网路图、制造厂名称及出厂日期。

③ 应设置固定和起吊装置。

④ 连接管道应牢固可靠，防止振动。因安装引起的外力不得影响集成块正常工作。

(7) 工作介质

在说明书和产品样本中，应注明推荐的工作介质种类、工作温度和黏度范围。使用其他液压液时，用户必须与制造厂协商。

(8) 包装

① 插入元件、控制盖板、先导元件、集成块可单独包装，也可组装成系统后整体包装。包装箱内应有合格证、装箱单和说明书。

② 配件、钥匙、专用工具、易损件应与产品装入同一包装箱内。

③ 产品包装时，应注意安装配合面的保护，防止碰撞、生锈和腐蚀。

④ 特殊包装可由供需双方商定。

1.24 液压元件通用技术条件（摘自 GB/T 7935—2005）

本标准适用于以液压油液或性能相当的其他液压液为工作介质的一般工业用途的液压元件。液压辅件可参照本标准。GB/T 17446 确立的术语和定义适用于本标准。

(1) 技术要求

① 液压元件的基本参数、安装连接尺寸，应符合 GB/T 2346，GB/T 2347，GB/T 2348，GB/T 2349，GB/T 2350，GB/T 2353，GB/T 2514，GB/T 2877，GB/T 2878，GB/T 8098，GB/T 8100，GB/T 8101，GB/T 14036 的规定。

② 对液压元件的承压通道应进行耐压试验，试验方法应按各元件相关标准的规定。

③ 壳体。

第一篇

a. 元件的壳体应经过相应处理，消除内应力。壳体应无影响元件使用的工艺缺陷，并达到元件要求的强度。对于复杂铸件宜进行探伤检查。

b. 壳体表面应平整、光滑，不应有影响元件外观质量的工艺缺陷。

c. 铸件应进行清砂处理，内部通道和容腔内不应有任何残留物。

d. 元件应使用经检验合格的零件和外购件按相关产品标准或技术文件的规定和要求进行装配。任何变形、损伤和锈蚀的零件及外购件不应用于装配。

e. 零件在装配前应清洗干净，不应带有任何污染物（如铁屑、毛刺、纤维状杂质等）。

f. 元件装配时，不应使用棉纱、纸张等纤维易脱落物擦拭壳体内腔及零件配合表面和进、出流道。

g. 元件装配时，不应使用有缺陷及超过有效使用期限的密封件。

h. 应在元件的所有连接油口附近清晰标注表示该油口功能的符号。除特殊规定外，油口的符号如下：P为压力油口；T为回油口；A，B为工作油口；L为泄油口；X，Y为控制油口。

i. 元件的外露非加工表面的涂层应均匀，色泽一致。喷涂前处理不应涂腻子。

j. 元件出厂检验合格后，各油口应采取密封、防尘和防漏措施。

(2) 试验要求

① 测量准确度等级。元件性能试验的测量准确度分为A、B、C三个等级：A级适用于科学鉴定性试验；B级适用于液压元件的型式试验，或产品质量保证试验和用户的选择评定试验；C级适用于液压元件的出厂试验，或用户的验收试验。

② 测量系统误差。测量系统的允许误差应符合表1.1-44的规定。

③ 测量。试验测量应在稳态工况下进行。各被测参量平均显示值的变化范围符合表1.1-45规定时为稳态工况。在稳态工况下应同时测量每个设定点的各个参量（压力、流量、转矩、转速等）。

④ 试验油液。

a. 油液温度：除特殊规定外，试验时油液温度应为50℃，其稳态工况容许变化范围应符合表1.1-45的规定。

b. 油液黏度：油液在40℃时的运动黏度应为42～74mm^2/s（特殊要求另做规定）。

c. 油液污染度：应不高于液压元件使用要求规定的油液污染度等级。

d. 对特殊要求的液压元件，其试验条件与要求由供、需双方商定。

(3) 标志和包装

① 应在液压元件的明显部位设置产品铭牌，铭牌内容应包括：a. 名称、型号、出厂编号；b. 主要技术参数；c. 制造商名称；d. 出厂日期。

② 对有方向要求的液压元件（如液压泵的旋向等），应在元件的明显部位用箭头或相应记号标明。

③ 液压元件出厂装箱时应附带下列文件：a. 合格证；b. 使用说明书（包括元件名称、型号、外形图、安装连接尺寸、结构简图、主要技术参数，使用条件和维修方法以及备件明细表等）；c. 装箱单。

表1.1-44 测量系统的允许系统误差

测量参数	各测量准确度等级对应的测量系统的允许误差		
	A	B	C
压力(表压力 $p\geqslant0.2$MPa)/%	±0.5	±1.5	±2.5
流量/%	±0.5	±1.5	±2.5
温度/%	±0.5	±1.0	±2.0
转矩/%	±0.5	±1.0	±2.0
转速/%	±0.5	±1.0	±2.0

注：测量参量的表压力 $p<0.2$MPa时，其允许误差参照被试元件的相应试验方法标准的规定。

表 1.1-45 被测量平均显示值的允许变化范围

测量参数	各测量准确度等级对应的测量平均显示值的允许变化范围		
	A	B	C
压力(表压力 $p\geqslant 0.2$MPa)/%	±0.5	±1.5	±2.5
流量/%	±0.5	±1.5	±2.5
温度/%	±1.0	±2.0	±4.0
转矩/%	±0.5	±1.0	±2.0
转速/%	±0.5	±1.0	±2.0
黏度/%	±5	±10	±15

注：测量参量的表压力 $p<0.2$MPa 时，其允许误差参照被试元件的相应试验方法标准的规定。

④ 液压元件包装时，应将规定的附件随液压元件一起包装，并固定于箱内。

⑤ 对有调节机构的液压元件，包装时应使调节弹簧处于放松状态，外露的螺纹、键槽等部位应采取保护措施。

⑥ 包装应结实可靠，并有防震、防潮等措施。

⑦ 在包装箱外壁的醒目位置，宜用文字清晰地标明下列内容：a. 名称、型号；b. 件数和毛重；c. 包装箱外形尺寸（长、宽、高）；d. 制造商名称；e. 装箱日期；f. 用户名称、地址及到站站名；g. 运输注意事项或作业标志。

1.25 液压泵和马达空载排量测定方法（摘自 GB/T 7936—2012）

本标准规定了以液压油为工作介质的容积式液压泵和液压马达在稳态工况下空载排量的测定方法。

（1）定义

① 空载排量：液压泵、马达在空载稳态工况和多种转速下测定的排量。

② 液压泵的空载，系指液压泵的输出压力不超过 5%的额定压力或 0.5Pa 的工况。

③ 液压马达的空载，系指液压马达输出轴无负载，其输入压力不超过 10%的额定压力或 1MPa 的工况。

（2）符号和单位

符号和单位应符合表 1.1-46 规定。

表 1.1-46 符号和单位

符号	名称	单位	量纲
n	转速	r/min	T^{-1}
P	压力	Pa	$ML^{-1}T^{-2}$
q_v	体积流量	L/min	L^3T^{-1}
q_{ve}	有效流量	L/min	L^3T^{-1}
v_i	空载排量	mL/r	L^3
θ	温度	C	Θ

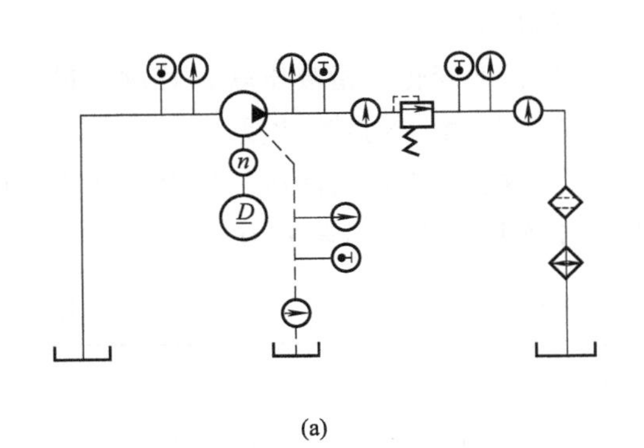

(a)

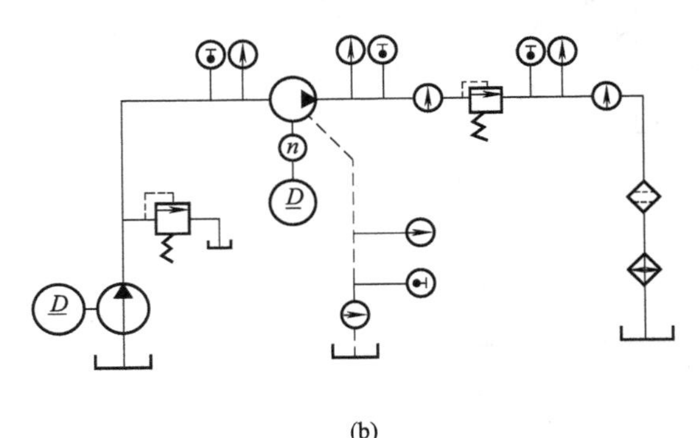

(b)

图 1.1-34 液压泵试验的开式系统

（3）试验装置和试验条件

① 液压泵的试验系统。液压泵试验的开式系统见图 1.1-34（a）和图 1.1-34（b）。若采用图 1.1-34（b）所示的压力供油系统，则供油压力应保持在规定的范围内。

液压泵试验的闭式系统见图 1.1-35，其补油泵的流量应稍大于系统的总泄漏量。如选用溢流阀前的，则溢流阀后的压力表、温度计可不安装。

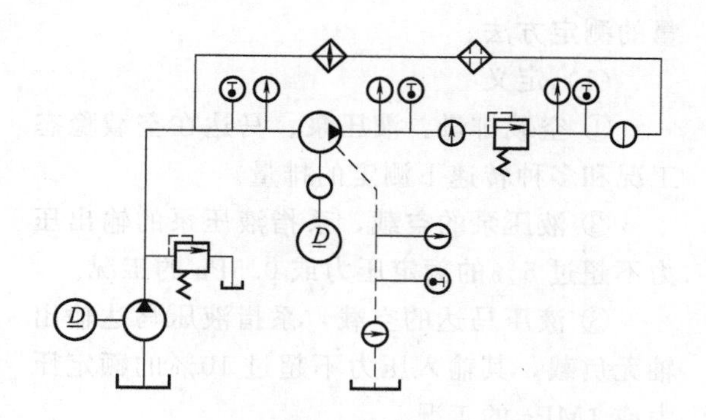

图 1.1-35　液压泵试验的闭式系统

② 液压马达的试验系统。液压马达的试验系统见图 1.1-36。

图 1.1-36 中输入口和输出口处的流量计的安装位置可任选其中之一。

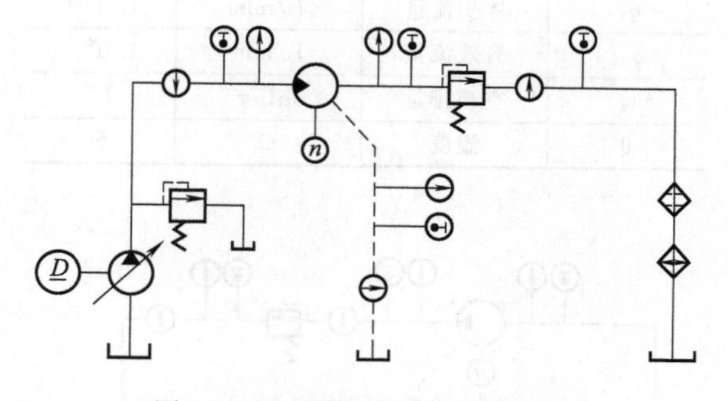

图 1.1-36　液压马达的试验系统

1.26　液压气动用管接头公称压力系列（摘自 GB/T 7937—2008）

本标准规定了液压气动管接头及其相关元件的公称压力。公称压力是指为便于表示和标识管接头及其相关元件归属的压力系列，而对其指定的压力值。公称压力应按压力等级，分别以千帕（kPa）或兆帕（MPa）表示；当没有具体规定时，公称压力应被视为表压，即相对于大气压的压力；除本标准规定之外的公称压力应从 GB/T 2346—2003 中选择。

管接头及其相关元件的公称压力应由表 1.1-47 选取。

1.27　液压软管总成试验方法（摘自 GB/T 9739—2008）

本标准规定了用于评价液压传动系统中的软管总成性能的试验方法。评价液压软管总成的特殊试验和性能标准，应符合各产品的技术要求。

（1）定义

① 最高工作压力：指液压软管总成在规定的使用条件下，能够保证系统正常运转使用的最高压力。

② 长度变化：指液压软管总成在最高工作压力下的轴向长度变化量。

③ 耐压压力：指液压软管总成在 2 倍的最高工作压力下的承载能力。

表 1.1-47　公称压力系列　　单位：MPa

0.25	0.63	1	1.6	2.5	4	6.3	10	16
20	[21]	25	31.5	[35]	40	50	63	80
100	125	160						

注：方括号中为非推荐值。

④ 最小爆破压力：指液压软管总成应能承受的最低破坏压力，其值为4倍的最高工作压力。

⑤ 脉冲：指在液压软管总成规定的使用条件下，工作压力的瞬间改变或周期变化。

（2）试验类型

① 耐压试验：软管总成以2倍的最高工作压力进行静压试验，至少保压60s；经过耐压试验后，软管总成未呈现泄漏或其他失效迹象，则认为通过了该试验。

② 长度变化试验：伸长率或收缩率的测定，应在未经使用的且未老化的软管总成上进行，软管接头之间的软管自由长度至少为600mm；将软管总成连接到压力源，呈不受限制状态，如果因自然弯曲软管不呈直的状态，可以横向固定使呈直的状态，加压到工作压力保压30s，然后释放压力；在软管总成卸压重新稳定30s后，在两端软管接头中间位置取一点，向两边各距125mm（l_0）处做精确的参考标记；对软管总成重新加压至规定的最高工作压力，保压30s；软管保压期间，测量软管上参考点之间的距离，记录为l_1。按下列公式确定长度变化。

$$\Delta l=\frac{l_1-l_0}{l_0}\times 100\% \qquad (1.1\text{-}1)$$

式中，l_0为软管总成在初次加压、卸压并重新稳定后，参考标记间的距离，mm；

l_1为软管总成在压力状态下，参考标记间的距离，mm；

Δl为长度变化百分比，在长度伸长的情况下为正值（+），缩短的情况下为负值（—）。

③ 爆破试验：这是一种破坏性试验，试验后的软管总成应报废。其步骤是对已组装上软管接头30d之内的软管总成，匀速增加到4倍的最高工作压力进行爆破试验；软管总成在规定的最小爆破压力以下，呈现泄漏、软管爆破或失效，应拒绝验收。

④ 低温弯曲试验：这是一种破坏性试验，试验后的软管总成应报废。其试验步骤是使软管总成处在产品规定的最低使用温度下，保持直线状态，持续24h；仍在最低使用温度下，用8～12s的时间在芯轴上弯曲试验一次，芯轴直径为规定的最小弯曲半径的两倍。当软管总成的公称内径在22mm（含22mm）以下，应在芯轴上弯曲180°，当软管总成的公称内径大于22mm，应在芯轴上弯曲90°；弯曲后，让试样恢复到室温，目测检查外覆层有无裂纹，并做耐压试验；软管总成在低温弯曲试验后未呈现可见裂纹、泄漏或其他失效现象，应认为通过了该项试验。

⑤ 耐久性（脉冲）试验：这是一种破坏性试验，试验后的软管总成应报废。其试验步骤是应在组装接头后的30天内，且未经使用的软管总成进行此项试验；计算在试验下的软管的自由（暴露）长度。

1.28 带补偿的液压流量控制阀安装面（摘自GB/T 8098—2003）

本标准规定了带补偿的液压流量控制阀安装面的尺寸和相关数据，以保证其互换性。本标准适用于通常应用在工业设备上的带补偿的液压流量控制阀的安装面。

本标准采用下列符号：

① A、B、L、P、T和V表示油口；

② F_1、F_2、F_3和F_4表示固定螺钉的螺孔；

③ G、G_1和G_2表示定位销孔；

④ D表示固定螺钉直径；

⑤ r_{max}表示安装面圆角半径。

1.29 减压阀、顺序阀、卸荷阀、节流阀和单向阀安装面（摘自GBT 8100—2006）

本标准规定了主油口最大直径为4～32mm的液压减压阀、顺序阀、卸荷阀、节流阀和单向阀安装面的尺寸及其相关特性，以保证其使用的互换性。

本标准适用于通用的板式连接液压减压阀、顺序阀、卸荷阀、节流阀和单向阀的安装面，这类阀通常用于工业设备。

(1) 本标准采用下列符号

① A、B、P、T、X和Y表示油口号；

② F_1、F_2、F_3、F_4、F_5 和 F_6 表示固定螺钉的螺纹孔；

③ G表示定位销孔；

④ D 表示固定螺钉直径；

⑤ r_{max} 表示安装面最大圆角半径。

(2) 安装面（即粗点划线以内的面积）应采用下列公差

① 表面粗糙度：$Ra \leqslant 0.8\mu m$；

② 表面平面度：每100mm距离内为0.01mm；

③ 定位销孔直径公差：H12。

(3) 从坐标原点起，沿 x 轴和 y 轴的线性尺寸应采用下列公差

① 定位销孔：±0.1mm；

② 螺纹孔：±0.1mm；

③ 油口孔：±0.2mm。

1.30 液压溢流阀安装面（摘自GB/T 8101—2002）

本标准规定了板式连接液压溢流阀（包括溢流阀、远程调压阀和卸荷溢流阀）安装面的尺寸和相关数据，以保证其互换性。本标准适用于目前普遍应用的板式连接液压溢流阀的安装。

(1) 本标准采用下列符号

① A、B、L、P、T和X表示油口；

② F_1、F_2、F_3、F_4、F_5 和 F_6 表示固定螺钉的螺孔；

③ G表示定位销孔；

④ D 表示固定螺钉直径；

⑤ r_{max} 表示安装面圆角半径。

(2) 安装面（在粗点划线以内的面积）应采用下列公差

① 表面粗糙度：$Ra \leqslant 0.8\mu m$；

② 表面平面度：在100mm距离内为0.01mm；

③ 定位销孔直径公差：H12，

(3) 从坐标原点起，沿 x 轴和 y 轴的线性尺寸应采用下列公差

① 销孔：±0.1mm；

② 螺钉孔：±0.1mm；

③ 油口孔：±0.2mm。

1.31 流量控制阀试验方法（摘自GB 8104—1987）

本标准适用于以液压油（液）为工作介质的流量控制阀稳态性能和瞬态性能试验。比例控制阀和电液伺服阀的试验方法另行规定。

(1) 定义

① 旁通节流：将一部分流量分流至主油箱或压力较低的回路，以控制执行元件输入流量的一种回路状态。

② 进口节流：控制执行元件的输入流量的一种回路状态。

③ 出口节流：控制执行元件的输出流量的一种回路状态。

④ 三通旁通节流：流量控制阀自身需有旁通排油口的进口节流回路状态。

(2) 对试验回路要求

① 油源的流量应能调节，油源流量应大于被试阀的试验流量。油源的压力脉动量不得大于±0.5MPa。

② 油源和管道之间应安装压力控制阀，以防止回路压力过载。

③ 允许在给定的基本回路中，增设调节压力、流量或保证试验系统安全工作的元件。

④ 与被试阀连接的管道和管接头的内径应和阀的公称通径相一致。

（3）测压点的位置

① 进口测压点的位置进口测压点应设置在扰动源（如阀、弯头）的下游和被试阀上游之间。距扰动源的距离应大于 $10d$，距被试阀的距离为 $5d$。

② 出口测压点应设置在被试阀下游 $10d$ 处。

③ 按 C 级精度测试时，若测压点的位置与上述要求不符，应给出相应修正值。

（4）测压孔

① 测压孔的直径不得小于 1mm，不得大于 6mm。

② 测压孔的长度不得小于测压孔直径的 2 倍。

③ 测压孔中心线和管道中心线垂直，管道内表面与测压孔交角处应保持尖锐，但不得有毛刺。

④ 测压点与测量仪表之间连接管道的内径不得小于 3mm。

⑤ 测压点与测量仪表连接时，应排除连接管道中的空气。

（5）温度测量点的位置

温度测量点应设置在被试阀进口测压点上游 $15d$ 处。

（6）油液固体污染等级

① 在试验系统中，所用的液压油（液）的固体污染等级不得高于 19/16。有特殊要求时可另作规定。

② 试验时，因淤塞现象而使在一定时间间隔内对同一参数进行数次测量所得的测量值不一致时，在试验报告中要注明此时间间隔值。

③ 在试验报告中注明过滤器的安装位置、类型和数量。

④ 在试验报告中注明油液的固体污染等级，并注明测定污染等级的方法。

（7）试验的一般要求

试验用油液：在试验报告中注明下列各点。

① 试验用油液种类、牌号。

② 在试验控制温度下的油液黏度和密度。

③ 等温体积弹性模量。

在同一温度下，测定不同的油液黏度影响时，要用同一类型但黏度不同的油液。

（8）试验温度

① 以液压油（液）为工作介质试验元件时，被试阀进口处的油液温度为 50℃。采用其他工作介质或有特殊要求时，可另作规定。在试验报告中应注明实际的试验温度。

② 冷态启动试验时油液温度应低于 25℃。在试验开始前，使试验设备和油液的温度保持在某一温度。试验开始后，允许油液温度上升。在试验报告中要记录温度、压力和流量对时间的关系。

③ 选择试验温度时，要考虑该阀是否需试验温度补偿性能。

1.32 压力控制阀试验方法（摘自 GB/T 8105—1987）

本标准适用于以液压油（液）为工作介质的溢流阀、减压阀的稳态性能和瞬态性能试验。与溢流阀、减压阀性能类似的其他压力控制阀，可参照本标准执行。比例控制阀和电液伺服阀的试验方法另行规定。

（1）试验回路

① 油源的流量应能调节。油源流量应大于被试阀的试验流量。油源的压力脉动量不得大于±0.5MPa，并能允许短时间压力超载 20%～30%。被试阀和试验回路相关部分所组成的表观容积刚度，应保证压力梯度在下列的给定值范围之内：

a. 3000～4000MPa/s；

b. 600～800MPa/s；

c. 120～160MPa/s。

② 允许在给定的基本试验回路中增设调节压力、流量或保证试验系统安全工作的元件。

③ 与被试阀连接的管道和管接头的内径应和被试阀的通径相一致。

（2）测压点的位置

① 进口测压点的位置：进口测压点应设置在扰动源（如阀、弯头）的下游和被试阀上游之间，距扰动源的距离应大于 $10d$；距被试阀的距离为 $5d$。

② 出口测压点应设置在被试阀下游 $10d$ 处。

③ 按C级精度测试时，若测压点的位置与上述要求不符，应给出相应修正值。

（3）测压孔

① 测压孔直径不得小于1mm，不得大于6mm。

② 测压孔的长度不得小于测压孔直径的2倍。

③ 测压孔中心线和管道中心线垂直，管道内表面与测压孔交角处应保持尖锐，但不得有毛刺。

④ 测压点与测量仪表之间连接管道的内径不得小于3mm。

⑤ 测压点与测量仪表连接时应排除连接管道中的空气。

（4）温度测量点的位置

温度测量点应设置在被试阀进口测压点上游 $15d$ 处。

（5）油液固体污染等级

① 在试验系统中所用的液压油（液）的固体污染等级不得高于19/16，有特殊要求时可以另作规定。

② 试验时，因淤塞现象而使在一定的时间间隔内对同一参数进行数次测量所得的测量值不一致时，在试验报告中要注明时间间隔值。

③ 在试验报告中应注明过滤器的安装位置、类型和数量。

④ 在试验报告中应注明油液的固体污染等级及测定污染等级的方法。

（6）试验的一般要求

① 试验用油液：在试验报告中应注明试验用油液类型、牌号；在试验控制温度下的油液黏度和密度等熵体积弹性模量。

② 在同一温度下测定不同油液黏度的影响时，要用同一类型但黏度不同的油液。

（7）试验温度

① 以液压油为工作介质试验元件时，被试阀进口处的油液温度为50℃。采用其他油液为工作介质或有特殊要求时，可另作规定。在试验报告中应注明实际的试验温度。

② 冷态启动试验时油液温度应低于25℃，在试验开始前把试验设备和油液的温度保持在某一温度，试验开始以后允许油液温度上升，在试验报告中记录温度、压力和流量对时间的关系。

③ 当被试阀有试验温度补偿性能的要求时，可根据试验要求选择试验温度。

1.33 方向控制阀试验方法（摘自GB/T 8106—1987）

本标准适用于以液压油（液）为工作介质的方向控制阀的稳态性能和瞬态性能试验。

（1）试验回路

① 油源的流量应能调节。油源流量应大于被试阀的公称流量。油源的压力脉动量不得大于±0.5MPa。

② 允许在给定的基本试验回路中增设调节压力和流量的元件，以保证试验系统安全工作。

③ 与被试阀连接的管道和管接头的内径应和被试阀的公称通径相一致。

（2）测压点的位置

① 进口测压点的位置：进口测压点应设置在扰动源（如阀、弯头）的下游和被试阀上游之间，距扰动源的距离应大于 $10d$，距被试阀的距离为 $5d$。

② 出口测压点的位置：出口测压点应设置在被试阀下游 $10d$ 处。

③ 按C级精度测试时，若测压点的位置与上述要求不符，应给出相应修正值。

（3）测压孔

① 测压孔直径不得小于1mm，不得大

于 6mm。

② 测压孔长度不得小于测压孔直径的 2 倍。

③ 测压孔中心线和管道中心线垂直。管道内表面与测压孔的交角处应保持尖锐，但不得有毛刺。

④ 测压点与测量仪表之间连接管道的内径不得小于 3mm。

⑤ 测压点与测量仪表连接时，应排除连接管道中的空气。

（4）温度测量点的位置

温度测量点应设置在被试阀进口测压点上游 15d 处。

（5）油液固体污染等级

① 在试验系统中，所用的液压油（液）的固体污染等级不得高于 19/16。有特殊试验要求时可另作规定。

② 试验时，因淤塞现象而使在一定的时间间隔内对同一参数进行数次测量所测得的量值不一致时，要提高过滤器的过滤精度，并在试验报告中注明此时间间隔值。

③ 在试验报告中注明过滤器的安装位置、类型和数量。

④ 在试验报告中注明油液的固体污染等级，并注明测定污染等级的方法。

（6）试验用油液

① 在试验报告中注明试验中使用的油液类型、牌号以及在试验控制温度下的油液的黏度、密度和等熵体积弹性模量。

② 在同一温度下测定不同的油液黏度对试验的影响时，要用同一类型但黏度不同的油液。

（7）试验温度

① 以液压油为工作介质试验元件时，被试阀进口处的油液温度为 50℃，采用其他油液为工作介质或有特殊要求时可另作规定，在试验报告中注明实际的试验温度。

② 冷态启动试验时，油液温度应低于 25℃。在试验开始前把试验设备和油液的温度保持在某一温度。试验开始以后允许油液温度上升。在试验报告中记录温度、压力和流量对时间的关系。

1.34 液压阀压差-流量特性试验方法（摘自 GB/T 8107—1987）

本标准适用于以液压油（液）为工作介质的液压阀的压差—流量特性试验。本标准亦可用于测量工况类似的其他液压元件的压差—流量特性。

图 1.1-37 为基本试验回路。回路中应设置溢流阀，防止系统过载。

为保证液流在被试阀上游测压点处呈稳定的流动状态，被试阀上游测压点与前端扰动源的距离应符合表 1.1-48 规定。

为保证液流在被试阀下游管道处受扰动后压力能恢复正常，被试阀与下游测压点之间的距离应为 10d，管道平直。

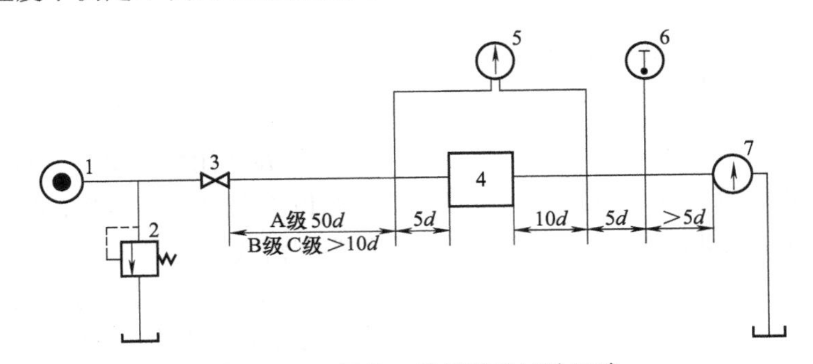

图 1.1-37 压差—流量特性试验回路

1—液压源；2—溢流阀；3—截止阀；4—被试阀；5—差压计；6—温度计；7—流量计

表 1.1-48 被试阀上游测压点距前端扰动源的距离

测试等级	A	B	C
距前端扰动源的距离	50d	10d	10d

注：1. 被试阀上游测压点与被试阀之间的距离应为 5d。
2. 扰动源至被试阀上游测压点之间和上游测压点至被试阀之间配置的各段管道平直。

按 C 级精度测量时，若测压点的位置与上述要求不符，应给出相应修正值。

温度测量点应设置在被试阀下游测压点的下游，两者之间距离应为 5d，管道平直。

流量测量点应设置在温度测量点的下游，两者之间的距离应为 5d，管道平直。

1.35 24° 锥密封端液压软管接头（摘自 GB/T 9065.2—2010）

GB/T 9065 的本部分规定了 24°锥形连接端（符合 ISO 8434-1 和 ISO 8434-4）的软管接头其设计和性能的基本要求和尺寸要求，这类软管接头以碳钢制成，与公称内径为5～38mm 的软管配合使用。

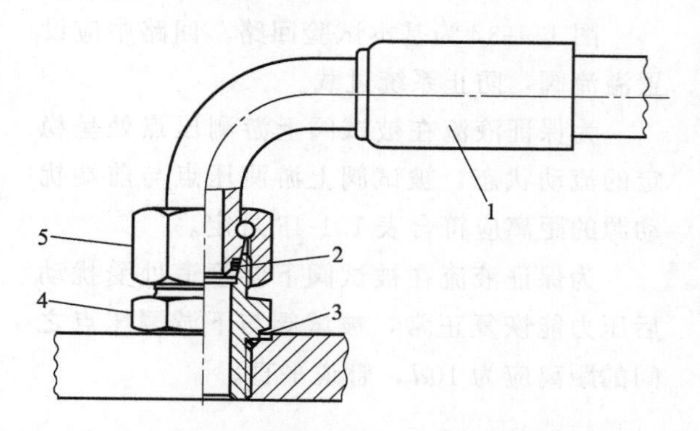

图 1.1-38 24°锥密封端液压软管接头的典型连接示例
1—软管接头；2—O 形圈；3—油口；
4—管接头；5—螺母

本部分规定的软管接头（见图 1.1-38）与符合不同软管标准要求的软管一起应用于液压系统。

（1）性能要求

① 按 GB/T 7939 测试时，软管总成应满足相应的软管规格所规定的性能要求，并无泄漏、无失效。

② 软管总成的工作压力应取 ISO 8434-1 中给定的相同规格的管接头压力和软管压力的最低值。

③ 软管接头的工作压力应按 ISO 19879 进行试验检测，软管总成应按 GB/T 7939 进行测试。在循环耐久性试验过程中，软管总成应能承受相关的软管技术规范规定的循环次数。

（2）软管接头的标识

① 为便于分类，应以文字与数字组成的代号作为软管接头的标识。其标识应为文字“软管接头”，后接 GB/T 9065.2，后接间隔短横线，然后为连接端类型和形状的字母符号，后接另一个间隔短横线，后接 24°锥形端规格（标称连接规格）和软管规格（标称软管内径），两规格之间用乘号（×）隔开。

示例：与外径 22mm 硬管和内径 19mm 软管配用的回转、直通、轻型系列软管接头，标识如下

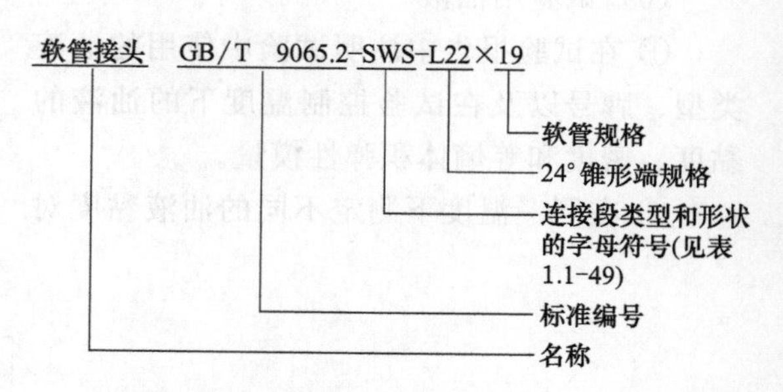

② 在适用的情况下，软管接头的字母特号标识应由连接端类型，软管接头形状和螺母类型组成。

③ 如果硬管端头为阳端，则其不必包括在代号中，但是如果是其他硬管端头，应予命名。

④ 应使用表 1.1-49 中的字母符号。

表 1.1-49 字母符号

连接端类型/符号	形状/符号
回转/SW	直通/S
	90°弯头/E
	45°弯头/E45
系列	符号
轻型	L
重型	S

1.36 焊接式或快换式液压软管接头连接尺寸（摘自 GB/T 9065.3—1988）

本标准规定了以液压油（液）为工作介质的液压系统用焊接式或快换式软管接头连接尺寸。

（1）形式与尺寸

接头形式分 A 型、B 型两种，A 型结构的接头可接焊接式管接头或快换式管接头，见图 1.1-39、图 1.1-40；B 型结构的接头接快换式管接头，见图 1.1-41。

（2）A 型连接尺寸

按表 1.1-50 规定。

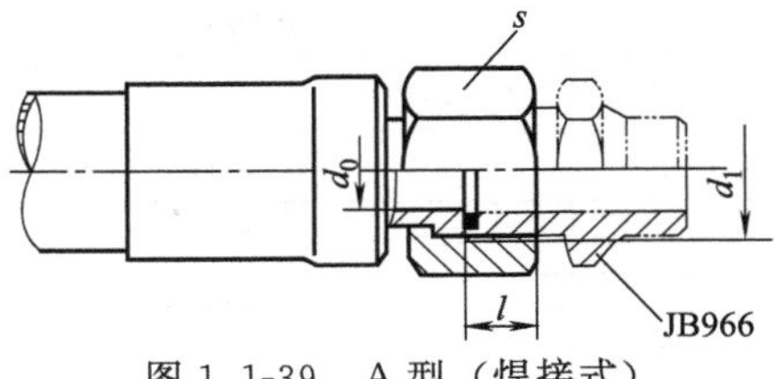

图 1.1-39 A 型（焊接式）

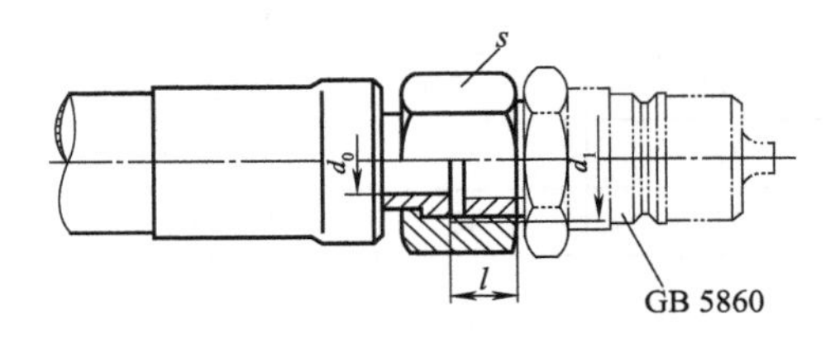

图 1.1-40 A 型（快换式）

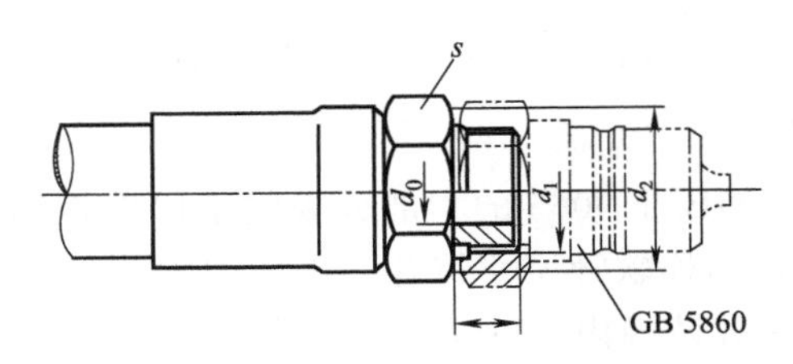

图 1.1-41 B 型（快换式）

（3）B 型连接尺寸

按表 1.1-51 规定。

表 1.1-50 A 型连接尺寸　　单位：mm

软管内径	d_0(参考)	1	1	S	焊接式管接头 d_0	快换接头公称通径
5	3.5	M12×12.5	8	16	3	
6.3	4	M14×1.5	8.5	18	4	6.3
8	6	M16×1.5	8.5	21	6	
10	7.5	M18×1.5	8.5	24		10
12.5	10	M22×1.5	10	27	10	
		M27×1.5	10	34		12.5
16	13	M27×1.5	10	34	12	
19	15	M30×1.5	11	36	15	20
22	18.5	M36×2	13	41	20	
25	21	M39×2	13	46		25
31.5	27	M42×2	15	50	25	
		M52×2	15	60		31.5
38	33	M52×2	17	60	32	
		M60×2	17	70		40
51	45	M64×2	23	75		

注：1. 为与液压快换接头连接使用的螺纹尺寸。

2. 为焊接式管接头标准中所缺少的螺纹，有使用者自行配置或协商订货。

表 1.1-51　B型连接尺寸　　单位：mm

软管内径	d_0(参考)	d_1	d_2	l	S	快换接头公称通径
6.3	4	M12×1.5	18	10	18	6.3
10	7.5	M18×1.5	24	12	24	10
12.5	10	M22×1.5	30	14	30	12.5
19	15	M27×2	34	17	34	20
25	21	M33×2	41	17	41	25
31.5	27	M42×2	50	17.5	50	31.5
38	33	M50×2	60	19.5	60	40
51	45	M60×2	70	23	70	50

1.37　37°扩口端液压软管接头（摘自 GB/T 9065.5—2010）

GB/T 9065 的本部分规定了以碳钢制成的，标称软管尺寸符合 GB/T 2351 在 6.3～51mm 范围内，ISO 8434-2 带 37°扩口端的软管接头设计和性能的基本要求和尺寸要求。

本部分规定的软管接头与符合不同软管标准要求的软管一起应用于液压系统。

（1）性能要求

① 按 GB/T 7939 测试时，软管总成应满足相应的软管规格所规定的性能要求，并无泄漏、无失效。

② 软管总成的工作压力应取 ISO 8434-2 中给定的相同规格的管接头压力和软管压力的最低值。

③ 软管接头的工作压力应按 ISO 19879 进行试验检测，软管总成应按 GB/T 7939 进行测试。在循环耐久性试验过程中，软管总成应能承受相关的软管技术规范规定的循环次数。

（2）软管接头的标识

① 为便于分类，应以文字与数字组成的代号作为软管接头的标识。其标识应为文字“软管接头”，后接 GB/T 9065.5，后接间隔短横线，然后为连接端类型和形状的字母符号，后接另一个间隔短横线，后接 37°扩口端规格（符合 ISO 8434-2 的标称硬管外径）和软管规格（符合 GB/T 2351 标称软管内径），扩口端规格与软管规格之间用乘号（×）隔开。

示例：与外径 12mm 硬管和内径 12.5mm 软管的 45°内螺纹回转弯头，标识如下

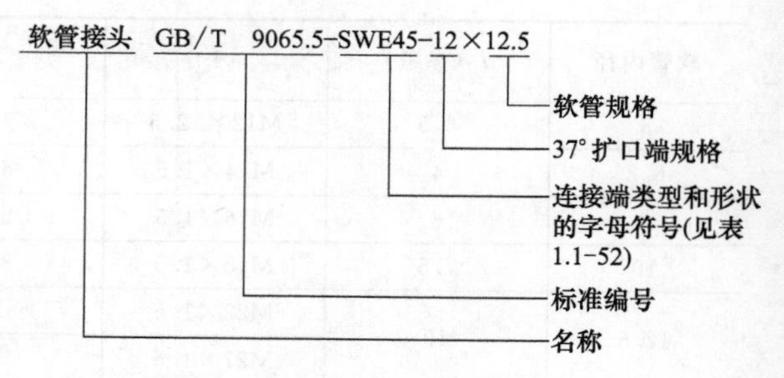

② 应使用表 1.1-52 中字母符号。

（3）软管接头的注明

若管接头为外螺纹形式，应在代号中用文字注明。

表 1.1-52　字母符号

连接端类型	符号	连接端类型	符号	连接端类型	符号	连接端类型	符号
回转	SW	直通	S	90°弯曲—短	ES	90°弯曲—长	EL
形状	符号	45°弯曲	E45	90°弯曲—中	EM		

1.38 液压缸气缸安装尺寸和安装形式代号（摘自 GB/T 9094—2006）

本标准规定了液压缸和气缸（以下简称缸）的安装尺寸和安装形式的标识代号，包括缸的安装尺寸、外形尺寸、附件尺寸和连接口尺寸，以及安装形式和附件形式的标识代号。

本标准未包括所有液压缸和气缸的安装形式和附件形式。

1.39 液压传动旋转轴唇形密封圈设计规范（摘自 GB/T 9877—2008）

本标准规定了旋转轴唇形密封圈结构设计的基本要求，包括基本尺寸符合 GB/T 13871.1 的旋转轴唇形密封圈的装配支撑部、主唇、副唇、骨架、弹簧等的设计要求及尺寸系列。此外，本标准还给出了常规设计的主要参数和特殊设计参数（如唇口回流形式设计等）。

本标准适用于安装在设备中的旋转轴端，对液体或润滑脂起密封作用的旋转轴唇形密封圈，其密封腔压力不大于 0.05MPa。

（1）基本结构

① 基本结构由装配支撑部、骨架、弹簧、主唇、副唇（无防尘要求可无副唇）组成，如图 1.1-42 所示。

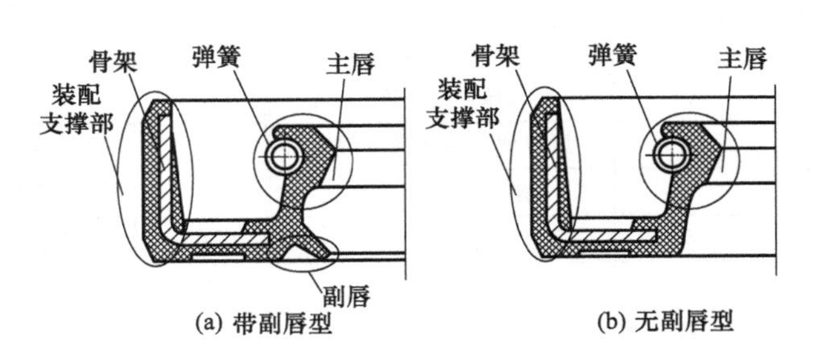

图 1.1-42 基本结构

② 基本结构分类有六种基本类型，如图 1.1-43 所示。

（2）代号

密封圈采用表 1.1-53 和图 1.1-44～图 1.1-51 给出的字母代号表示各部位尺寸参数及名称。

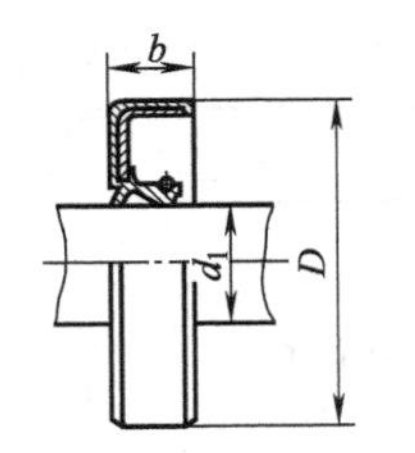
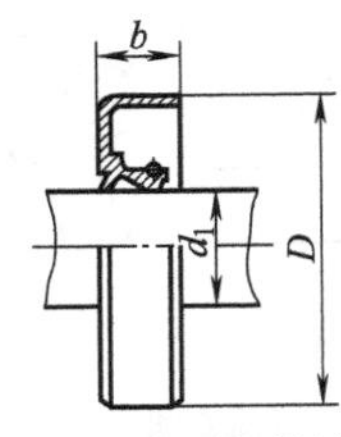
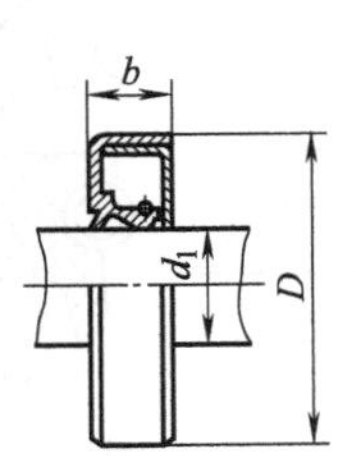
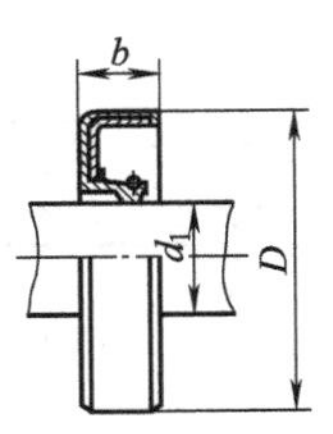
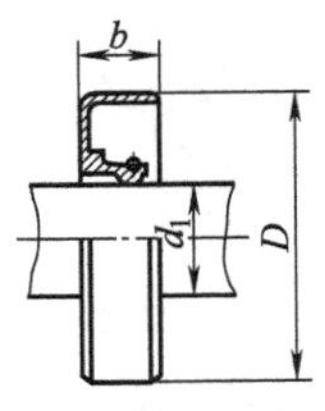
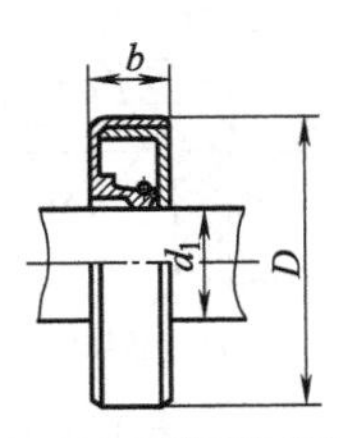

(a) 带副唇内包骨架型 (b) 带副唇外露骨架型 (c) 带副唇装配型 (d) 无副唇内包骨架型 (e) 无副唇外露骨架型 (f) 无副唇装配型

图 1.1-43 密封圈的基本类型

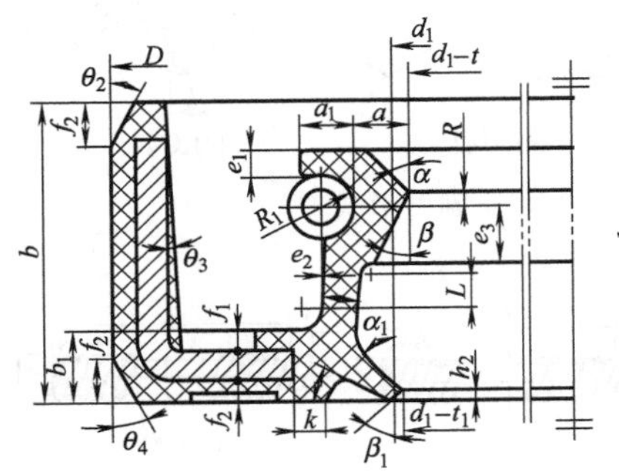

图 1.1-44 各部位参数代号

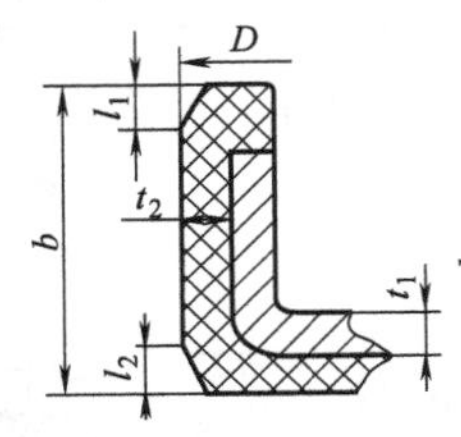
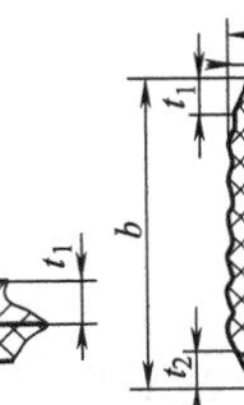
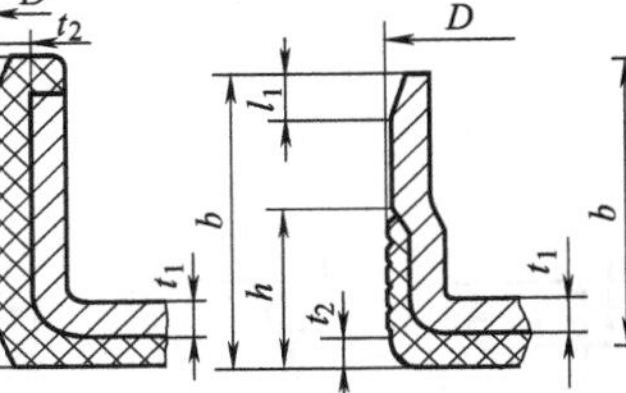
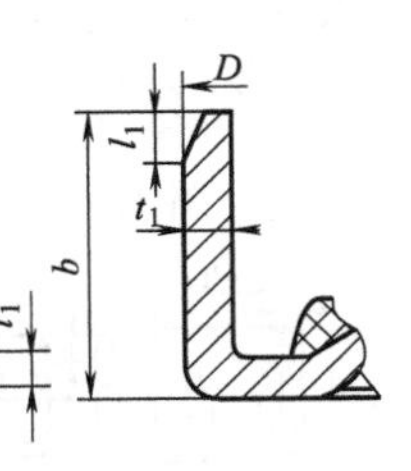

(a) 内包骨架基本型 (b) 内包骨架波浪型 (c) 半外露骨架型 (d) 外露骨架型

图 1.1-45 装配支撑部典型结构

表 1.1-53 字母代号及说明

字母代号	说明	字母代号	说明	字母代号	说明
d_1	轴的基本直径	e_4	主唇口下倾角与腰部距离	r_2	副唇根部与底部圆角半径
D	密封圈的支承基本直径（腔体内孔基本直径）	e_p	模压前唇宽度	r_3	弹簧壁圆角半径
b	密封圈基本宽度	f_1	底部上胶层厚	R_3	骨架弯角半径
δ	圆度公差	f_2	底部下胶层厚	R_s	弹簧槽半径
i	主唇口过盈量	h	半外露骨架型包胶宽	S	腰部厚度
i_1	副唇口过盈量	h_1	唇口宽	t_1	骨架材料厚度
e_1	弹簧壁厚度	h_2	副唇宽	t_2	包胶层厚度
a	唇口到弹簧槽底部距离	h_a	回流纹在唇口部的高度	w	回流纹间距
a_1	弹簧包箍壁宽度	k	副唇根部与骨架距离	α	前唇角
b_1	底部宽度	L	R_1 与 R_2 的中心距	α_1	副唇前角
b_2	骨架宽度	l_1	上倒角宽度	β	后唇角
D_1	骨架内壁直径	l_2	下倒角宽度	β_1	副唇后角
D_2	骨架内径	l_s	弹簧接头长度	β_2	回流纹角度
D_3	骨架外径	L_s	弹簧有效长度	ε	腰部角度
D_s	弹簧外径	R	弹簧中心	θ_1	副唇外角
d_s	弹簧丝直径	R_1	唇冠部与腰部过渡圆角半径	θ_2	上倒角
e_2	弹簧槽中心到腰部距离	r_1	副唇根部与腰部圆角半径	θ_3	外径内壁倾角（可选择设计）
e_3	弹簧槽中心到主唇口距离	R_2	腰部与底部过度圆角半径	θ_4	下倒角

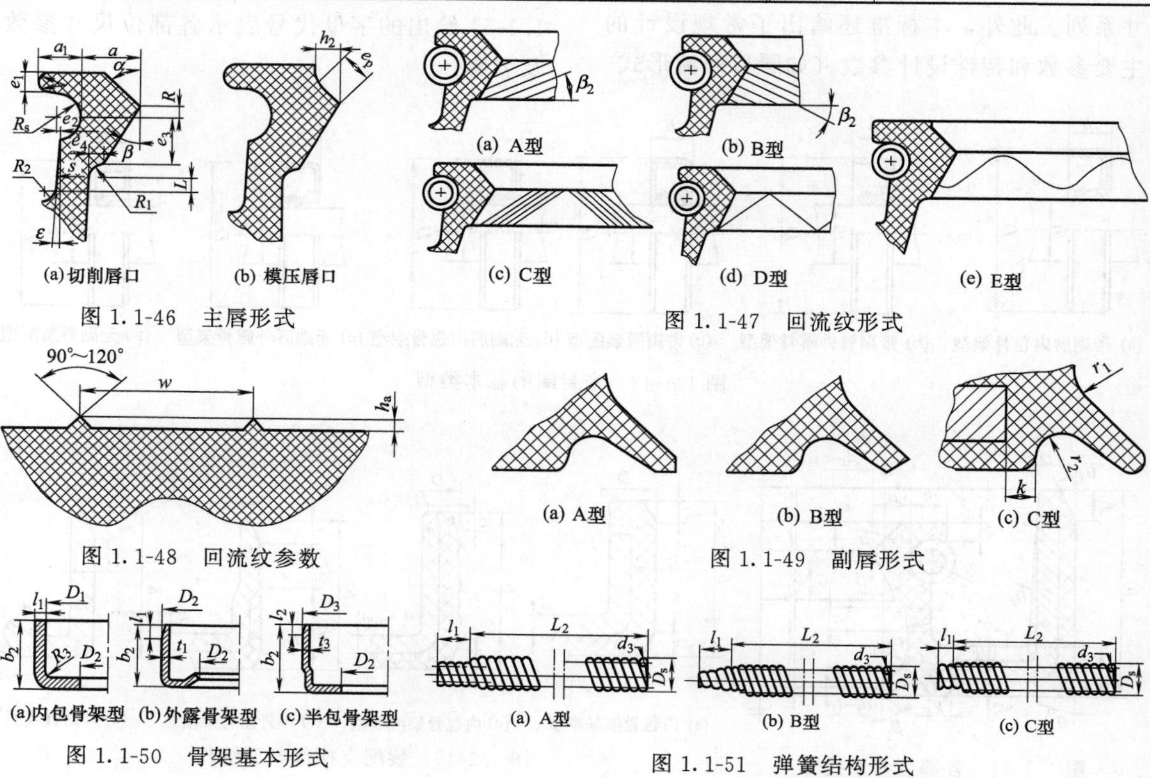

(a) 切削唇口 (b) 模压唇口

图 1.1-46 主唇形式

(a) A型 (b) B型 (c) C型 (d) D型 (e) E型

图 1.1-47 回流纹形式

图 1.1-48 回流纹参数

(a) A型 (b) B型 (c) C型

图 1.1-49 副唇形式

(a)内包骨架型 (b)外露骨架型 (c)半包骨架型

图 1.1-50 骨架基本形式

(a) A型 (b) B型 (c) C型

图 1.1-51 弹簧结构形式

1.40 流体传动 24° 锥形金属管连接管接头（摘自 GB/T 14034.1—2010）

GB/T 14034 的本部分规定了利用卡套或 O 形圈密封的 24°锥形管接头的一般要求和尺寸要求，以及性能和合格判定试验。此类管接头适合与外径为 4～42mm 的黑色金属及有色金属硬管配用，适用于本部分规定的压力范围和温度内的流体传动系统。

此类管接头用于将平端硬管或软管与符合 ISO 6149-1、ISO 11791 和 ISO 9974-1 的油口连接（相关软管技术要求见 GB/T 9065.2）。

图 1.1-52 和图 1.1-53 所示是典型的 24°锥形管接头的剖面和组成零件。

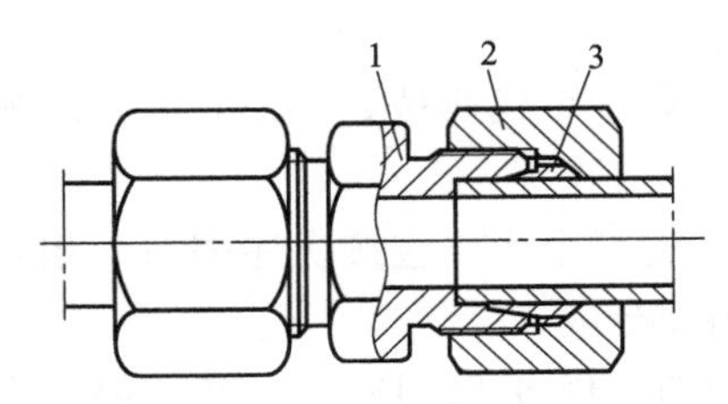

图 1.1-52 带卡套的典型 24°锥形管接头的剖面
1—接头；2—螺母；3—卡套

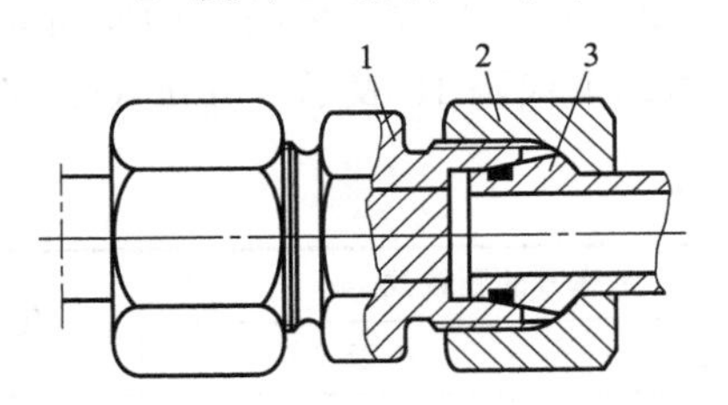

图 1.1-53 带 O 形圈的典型 24°锥形管接头的剖面
1—接头；2—螺母；3—带 O 形圈的典型 24°锥形管端

1.41 液压缸活塞杆端带关节轴承耳环安装尺寸（摘自 GB/T 14036—1993）

本标准规定了液压缸活塞杆端带关节轴承耳环安装尺寸。本标准适用于额定压力为 16.25MPa，公称力为 8000～5000000N 的单活塞杆液压缸。

液压缸活塞杆端带关节轴承耳环形式与尺寸按图 1.1-54 和表 1.1-54 的规定。

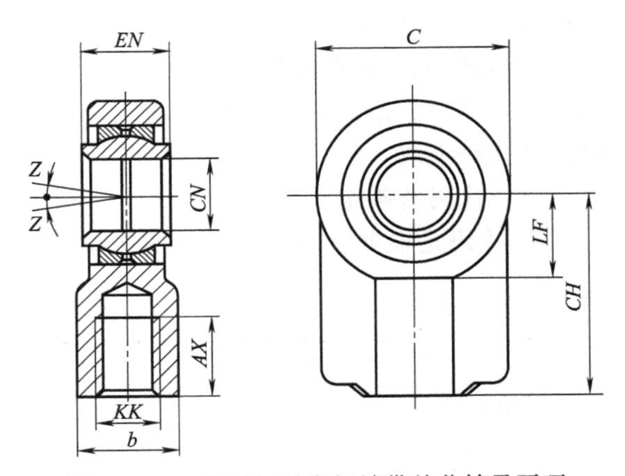

图 1.1-54 液压缸活塞杆端带关节轴承耳环

表 1.1-54 液压缸活塞杆端带关节轴承耳环尺寸

型号	公称力	CN H7	EN h12	KK 螺纹精度 6H	AX min	CH	LF	C max	b	倾斜角 Z
	N	mm								
12	8000	12	12	M12×1.25	17	38	14	32	16	4°
16	12500	16	16	M14×1.5	19	44	18	40	21	
20	20000	20	20	M16×1.5	23	52	22	50	25	
25	32000	25	25	M20×1.5	29	65	27	62	30	
32	50000	32	32	M27×2	37	80	32	76	38	4°
40	80000	40	40	M33×2	46	97	41	97	47	
50	125000	50	50	M42×2	57	120	50	118	58	
63	200000	63	63	M48×2	64	140	62	142	70	
80	320000	80	80	M64×3	86	180	78	180	90	
100	500000	100	100	M80×3	96	210	98	224	110	
125	800000	125	125	M100×3	113	260	120	290	135	
160	1250000	160	160	M125×4	126	310	150	346	165	
200	2000000	200	200	M160×4	161	390	195	460	215	
250	3200000	250	250	M200×4	205	530	265	640	300	
320	5000000	320	320	M250×6	260	640	325	750	360	

1.42 液压油液固体颗粒污染等级代号（摘自 GB/T 14039—2002）

本标准规定了确定液压系统的油液中固体颗粒污染等级所采用的代号。

使用自动颗粒计数器计数所报告的污染等级代号由三个代码组成，该代码分别代表如下的颗粒尺寸及其分布。

第一个代码代表每毫升油液中颗粒尺寸≥4μm（c）的颗粒数；

第二个代码代表每毫升油液中颗粒尺寸≥6μm（c）的颗粒数；

第三个代码代表每毫升油液中颗粒尺寸≥14μm（c）的颗粒数；

用显微镜计数所报告的污染等级代号，由≥5μm 和≥15μm 两个颗粒尺寸范围的颗粒浓度代码组成。

（1）代码的确定

① 代码是根据每毫升液样中的颗粒数确定的（见表 1.1-55）。

② 正如表 1.1-55 中所给出的，每毫升液样中颗粒数的上、下限之间，采用了通常为 2 的等比级差，使代码保持在一个合理的范围内，并且保证每一等级都有意义。

（2）用自动颗粒计数器计数的代号确定

① 应使用按照 GB/T 18854—2002 规定的方法校准过的自动颗粒计数器，按照 ISO 11500 或其他公认的方法来进行颗粒计数。

② 第一个代码按≥4μm（c）的颗粒数来确定。

③ 第二个代码按≥6μm（c）的颗粒数来确定。

④ 第三个代码按≥14μm（c）的颗粒数来确定。

⑤ 这三个代码应按次序书写，相互间用一条斜线分隔。

例如：代号 22/18/13，其中第一个代码 22 表示每毫升油液中≥4μm（c）的颗粒数在大于 20000～40000 之间（包括 40000 在内）；第二个代码 18 表示≥6μm（c）的颗粒

表 1.1-55 代码的确定

每毫升的颗粒数		代码	每毫升的颗粒数		代码
大于	小于或等于		大于	小于或等于	
2500000		>28	80	160	14
1300000	2500000	28	40	80	13
640000	1300000	27	20	40	12
320000	640000	26	10	20	11
160000	320000	25	5	10	10
80000	160000	24	2.5	5	9
40000	80000	23	1.3	2.5	8
20000	40000	22	0.64	1.3	7
10000	20000	21	0.32	0.64	6
5000	10000	20	0.16	0.32	5
2500	5000	19	0.08	0.16	4
1300	2500	28	0.04	0.08	3
640	1300	17	0.02	0.04	2
320	640	16	0.01	0.02	1
160	320	15	0.00	0.01	0

注：代码小于 8 时，重复性受液样中所测得实际颗粒数的影响。原始计数值应大于 20 个颗粒，如果不可能，则该尺寸范围的代码前应标注“≥”符号。

数在大于1300～2500（包括2500在内）；第三个代码13表示≥14μm（c）的颗粒数大于40～80（包括80在内）。

在应用时，可用“*”（表示颗粒数太多而无法计数）或“—”（表示不需要计数）两个符号来表示代码。

例1：*/19/14表示油液中≥4μm（c）的颗粒数太多而无法计数；

例2：—/19/14表示油液中≥14μm（c）的颗粒不需要计数。

⑥ 当其中一个尺寸范围的原始颗粒计数值小于20时，该尺寸范围的代码前应标注“≥”符号。

例如：代号14/12/≥7表示在每毫升油液中，≥4μm（c）的颗粒数大于80～160（包括160在内）；≥6μm（c）的颗粒数大于20～40（包括40在内）；第三个代码7表示每毫升油液中≥14μm（c）的颗粒数在大于0.64～1.3（包括1.3在内），但计数值小于20。这时，统计的可信度降低。由于可信度较低，14μm（c）部分的代码实际上可能高于7，即表示每毫升油液中的颗粒数可能大于1.3个。

（3）用显微镜计数的代号确定

① 按照ISO 4407进行计数。

② 第一个代码按≥5μm的颗粒数来确定。

③ 第二个代码按≥15μm的颗粒数来确定。

④ 为了与用自动颗粒计数器所得的数据报告相一致，代号由三部分组成，第一部分用符号“—”表示。

例如：—/18/13。

1.43 液压滤芯结构完整性验证（摘自GB/T 14041.1—2007）

GB/T 14041的本部分规定了一种采用冒泡点检验滤芯结构完整性和确定滤芯过滤材料最大孔径位置的试验方法。

GB/T 14041的本部分适用于液压传动系统中所使用的滤芯。

结构完整性验证用于确定该滤芯对于以后使用或试验的可接受性。通过持续的结构完整性试验可以测定初始冒泡点，但该试验结果不能用于推断滤芯的过滤比、过滤效率或纳污容量等性能。

1.44 液压滤芯材料与液体相容性检验方法（GB/T 14041.2—2007）

GB/T 14041的本部分规定了检验液压滤芯与指定液体相容性的方法，用于验证滤芯经高温或低温条件下的指定系统工作液体浸润后，维持破裂额定值的能力。

滤芯的材料不包括滤芯中（上）安装的密封件。

本部分适用于液压传动系统用滤芯。

1.45 液压滤芯抗压溃特性检验方法（摘自GB/T 14041.3—2010）

本部分规定了一种液压抗压溃（破裂）检验方法，以确定滤芯在正常流动（指定流向）下承受指定压降的能力，通过向系统中不断注入试验粉来使得滤芯的压降不断升高，直至滤芯出现压溃（破裂）而达到预定最大压降为止。典型的滤芯抗压溃（破裂）特性试验回路，如图1.1-55所示。

1.46 液压滤芯额定轴向载荷检验方法（摘自GB/T 14041.4—1993）

本标准规定了液压滤芯额定轴向载荷的

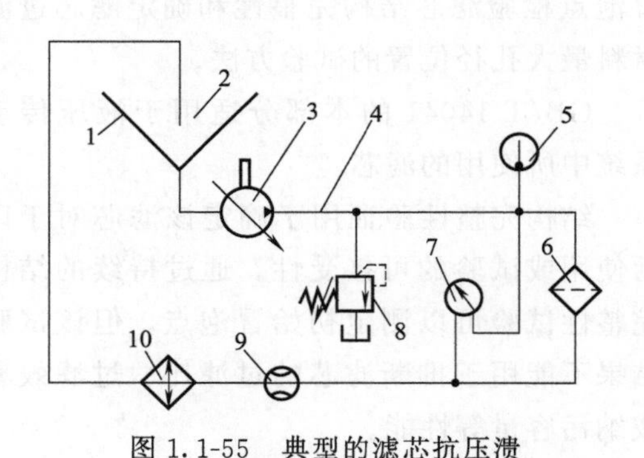

图 1.1-55 典型的滤芯抗压溃（破裂）特性试验回路

1—实验油箱；2—污染物注入位置；3—泵；4—备用的污染物注入位置；5—温度计；6—被试过滤器；7—压差计；8—安全阀；9—流量计；10—冷却器

检验方法，适用于以液压油液为工作介质的过滤器滤芯。额定轴向载荷是指能作用于滤芯端部而不引起滤芯永久性变形或密封损坏的最大轴向力。

1.47 液压缸活塞杆端柱销式耳环安装尺寸（摘自 GB/T 14042—1993）

本标准规定了液压缸活塞杆端柱销式耳环安装尺寸。适用于额定压力为 16.25MPa，公称力为 8000～5000000N 的单活塞杆液压缸。

液压缸活塞杆端柱销式耳环形式与尺寸按图 1.1-56 和表 1.1-56 的规定。

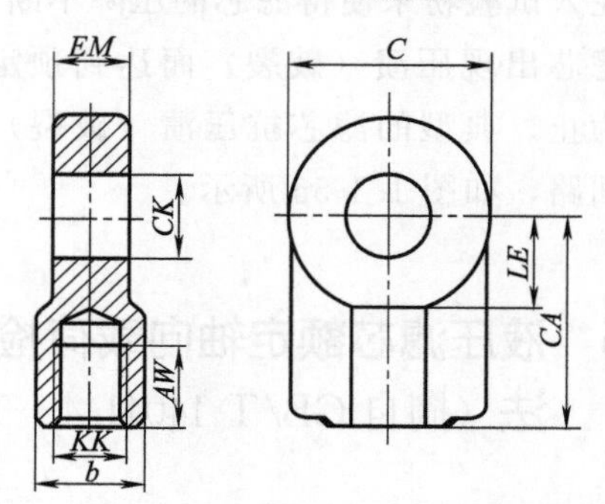

图 1.1-56 液压缸活塞杆端柱销式耳环

1.48 液压阀安装面和插装阀阀孔的标识代号（摘自 GB/T 14043—2005）

本标准规定了符合国家标准和国际标准的液压阀安装面和插装阀阀孔的标识代号。不符合国家标准和国际标准的阀安装面和插装阀阀孔不宜按本标准代号标识。本标准不要求元件用此代号标识。

（1）标识代号

用下面指定的 5 组数字表示阀安装面和插装阀阀孔，并按给出的顺序写出，用连字符隔开。

① 描述阀安装面和插装阀阀孔的标准编号。

② 两位数字代表阀安装面的规格，或盖板式插装阀规格，或螺纹插装阀的插装孔螺纹直径。

③ 两位数字表示标准中描述的阀安装面和插装阀阀孔的图号。

④ 一位数字表示是否存在可选项：数字 0 表示基本型号；数字 1～9 表示所有不同型号的选项编号。

⑤ 四位数字表示确定特定安装面和插装阀阀孔的标准最新版本的年代号。

（2）规格代码

当阀安装面和插装阀阀孔第一次标准化，或当本标准确定的代码第一次应用到现行标准时，应按照表 1.1-57 来确定规格代码。任何以后对主油口尺寸的修改不应影响规格代码。

1.49 液压缸活塞和活塞杆动密封装置（摘自 GB/T 15242.1—1994）

本标准规定了液压缸活塞和活塞杆动密封装置用方形和阶梯形两种同轴密封件的形式、尺寸系列和公差。

表 1.1-56 液压缸活塞杆端柱销式耳环尺寸

型号	公称力	CK H9	EM h12	KK 螺纹精度 6H	AW min	CA	LE	C min	b
	N	mm							
12	8000	12	12	M12×1.25	17	38	14	32	16
16	12500	16	16	M14×1.5	19	44	18	40	21
20	20000	20	20	M16×1.5	23	52	22	50	25
25	32000	25	25	M20×1.5	29	65	27	62	30
32	50000	32	32	M27×2	37	80	32	76	38
40	80000	40	40	M33×2	46	97	41	97	47
50	125000	50	50	M42×2	57	120	50	118	58
63	200000	63	63	M48×2	64	140	62	142	70
80	320000	80	80	M64×3	86	180	78	180	90
100	500000	100	100	M80×3	96	210	98	224	110
125	800000	125	125	M100×3	113	260	120	290	135
160	1250000	160	160	M125×4	126	310	150	346	165
200	2000000	200	200	M160×4	161	390	195	460	215
250	3200000	250	250	M200×4	205	530	265	640	300
320	5000000	320	320	M250×6	260	640	325	750	360

表 1.1-57 规格代码

规格	主油口直径/mm	规格	主油口直径/mm	规格	主油口直径/mm
00	$0<\phi\leqslant2.5$	05	$10<\phi\leqslant12.5$	10	$32<\phi\leqslant40$
01	$2.5<\phi\leqslant4$	06	$12.5<\phi\leqslant16$	11	$40<\phi\leqslant50$
02	$4<\phi\leqslant6.3$	07	$16<\phi\leqslant20$	12	$50<\phi\leqslant63$
03	$6.3<\phi\leqslant8$	08	$20<\phi\leqslant25$	13	$63<\phi\leqslant80$
04	$8<\phi\leqslant10$	09	$25<\phi\leqslant32$	14	$80<\phi\leqslant100$

本标准适用于以液压油为工作介质、压力≤40MPa、速度≤5m/s，温度范围为-40～+200℃的往复运动液压缸活塞和活塞杆（柱塞）的密封。

本标准适用于以O形橡胶密封圈为弹性体的同轴密封件，亦适用于其他截面形式的橡胶或橡塑密封圈为弹性体的同轴密封件。

1.50 液压缸活塞和活塞杆动密封装置用支承环（摘自 GB/T 15242.2—1994）

本标准规定了液压缸活塞和活塞杆动密封装置用支承环的尺寸系列和公差。适用于温度范围为-40～+200℃的往复运动液压缸活塞和活塞杆起支承及导向作用的支承环。

1.51 液压缸活塞和活塞杆动密封装置用同轴密封件安装沟槽（摘自 GB/T 15242.3—1994）

本标准规定了液压缸活塞和活塞杆用同轴密封件的安装沟槽形式、尺寸系列和公差。适用于安装在往复运动液压缸活塞和活塞杆中起密封作用的方形同轴密封件、阶梯形同轴密封件。

1.52 液压缸试验方法（摘自 GB/T 15622—2005）

本标准规定了液压缸试验方法。适用于以液压油（液）为工作介质的液压缸（包括双作用液压缸和单作用液压缸）的形式试验和出厂试验。不适用于组合式液压缸。

液压缸试验装置见图 1.1-57 和图 1.1-58。试验装置的液压系统原理图见图1.1-59～图 1.1-61。

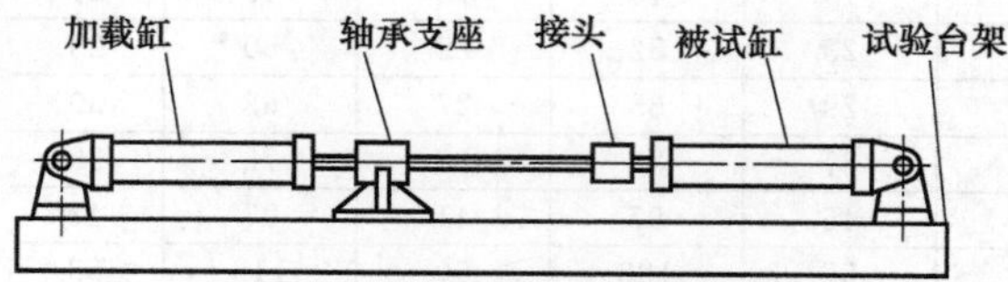

图 1.1-57　加载缸水平加载试验装置

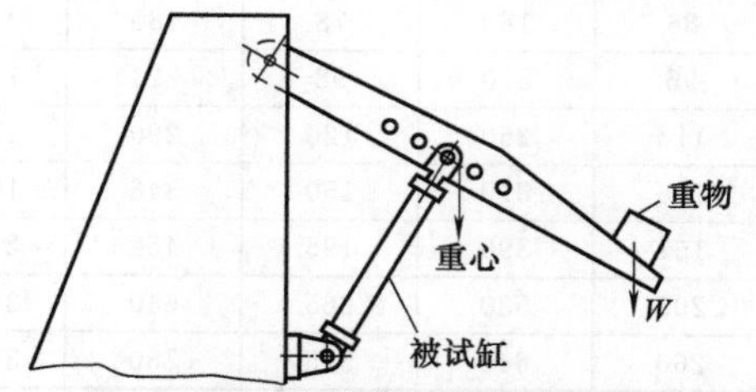

图 1.1-58　重物模拟加载试验装置

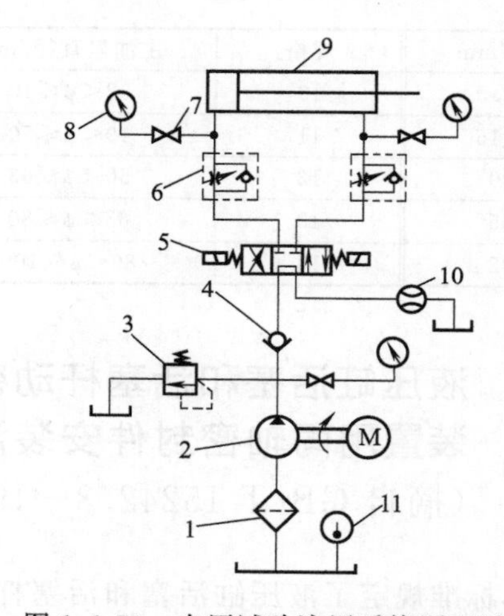

图 1.1-59　出厂试验液压系统原理图

1—过滤器；2—液压泵；3—溢流阀；4—单向阀；5—电磁换向阀；6—单向节流阀；7—压力表开关；8—压力表；9—被试缸；10—流量计；11—温度计

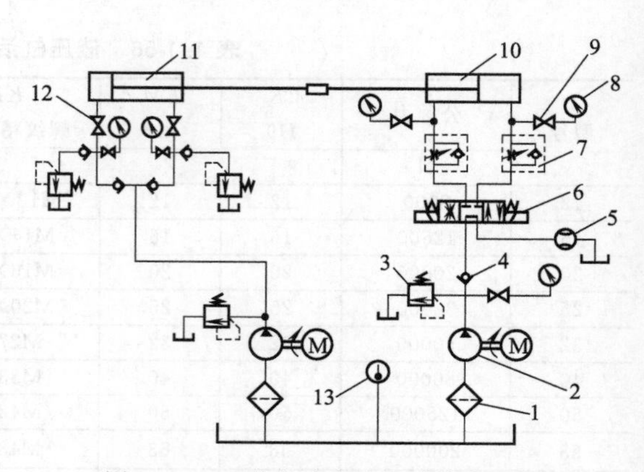

图 1.1-60　形式试验液压系统原理图

1—过滤器；2—液压泵；3—溢流阀；4—单向阀；5—流量计；6—电磁换向阀；7—单向节流阀；8—压力表；9—压力表开关；10—被试缸；11—加载缸；12—截止阀；13—温度计

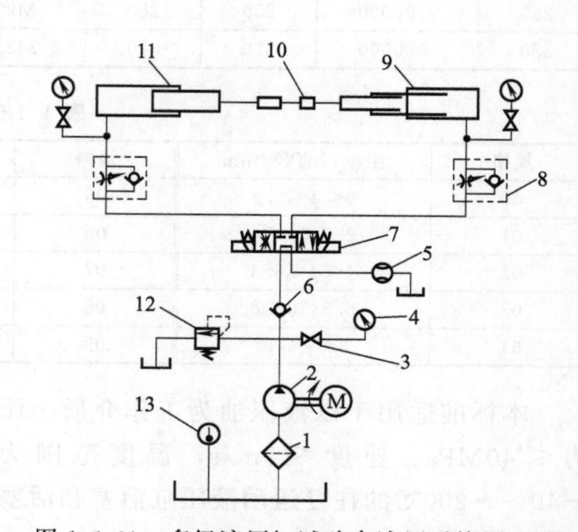

图 1.1-61　多级液压缸试验台液压系统原理图

1—过滤器；2—液压泵；3—压力表开关；4—压力表；5—单向阀；6—流量计；7—电磁换向阀；8—单向节流阀；9—被试缸；10—测力计；11—加载缸；12—溢流阀；13—温度计

1.53　四通方向流量控制阀试验方法

（摘自 GB/T 15623.1—2003）

本部分规定了电调制液压四通方向流量控制阀产品验收和形式（或鉴定）试验的方法。电调制液压流量控制阀是指随连续不断变化的电输入信号而提供成比例的流量控制的阀。

图 1.1-62 所示为典型的稳态试验回路。采用该回路的试验装置，允许用逐点或连续绘制法记录下列特性曲线：①流量—输入信号特性曲线；②压力—输入信号特性曲线；③流量—阀压降特性曲线；④流量—负载压力特性曲线；⑤流量—温度特性曲线。

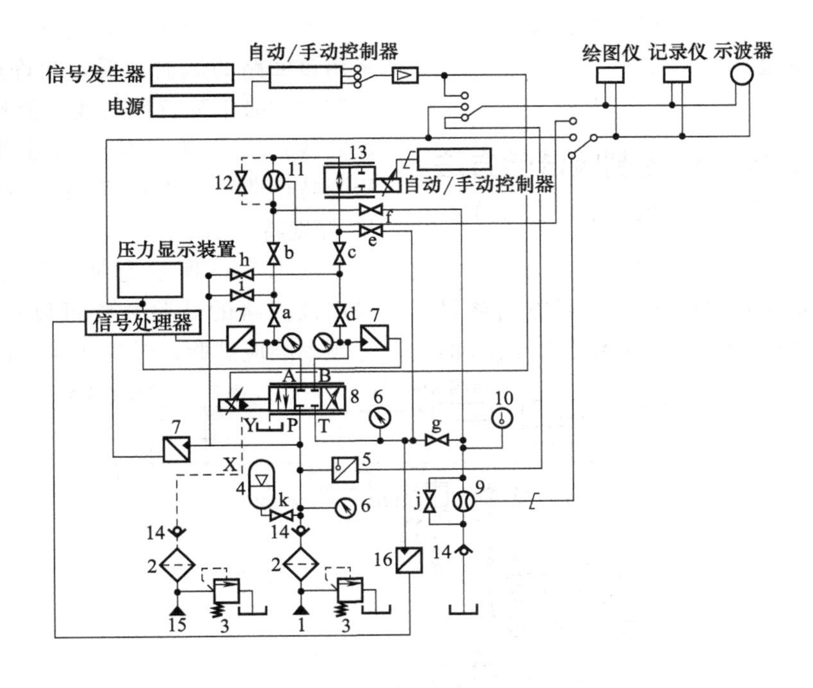

图 1.1-62 典型的稳态试验回路

1—液压源；2—过滤器；3—溢流阀；4—蓄能器；5—温度传感器；6—压力表；7—压力传感器或压差传感器；8—被试阀；9—泄漏流量传感器；10—温度指示器；11—流量传感器；12—备用旁通阀；13—加载阀；14—单向阀；15—液压先导油源；16—电压力传感器；a～k—正向截止阀；P—供油口；T—回油口；A和B—工作油口；X和Y—先导油口

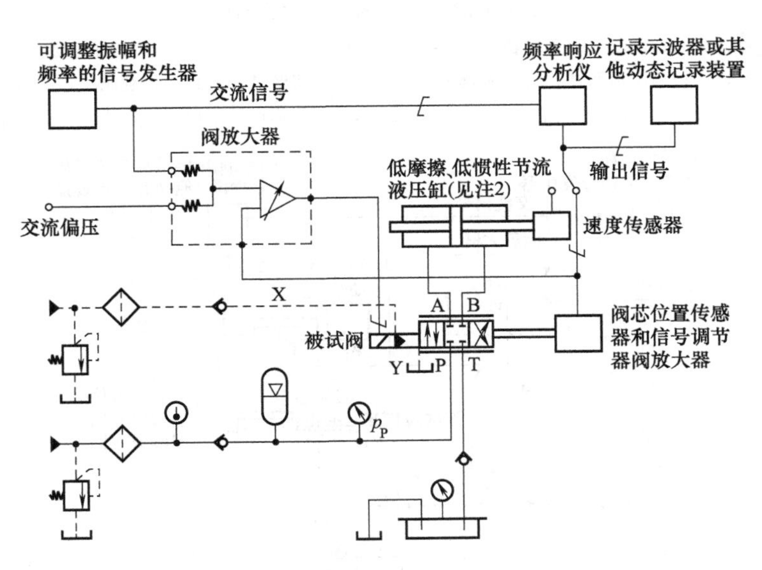

图 1.1-63 典型的动态试验回路

注：1. 本试验回路图中未表示截止阀。

2. 可采用增加低增益位置反馈回路来校正节流液压缸的漂移。

图 1.1-63 所示为典型的动态试验回路。采用该回路的试验装置可以进行频率响应试验和阶跃响应试验。

1.54　三通方向流量控制阀试验方法（摘自 GB/T 15623.2—2003）

本部分规定了电调制液压三通方向流量控制阀产品验收和形式（或鉴定）试验的方法。

图 1.1-64 所示为典型的稳态试验间路。采用该回路的试验装置，允许用逐点或连续绘制法记录下列特性曲线：流量-输入信号特性曲线；压力-输入信号特性曲线；流量-阀压降特性曲线；流量-负载压力特性曲线；流量-温度特性曲线。

图 1.1-65 所示为典型的动态试验回路。采用该回路的试验装置可以进行下列试验：①频率响应试验；②阶跃响应试验。

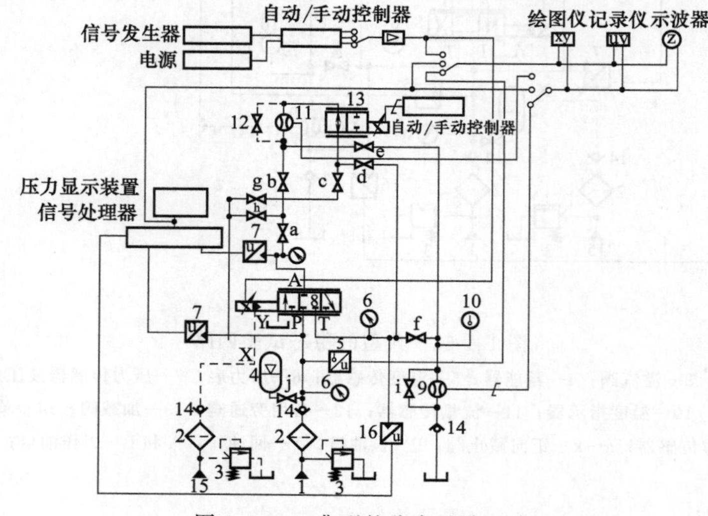

图 1.1-64　典型的稳态试验回路

1—液压源；2—过滤器；3—溢流阀；4—蓄能器；5—温度传感器；6—压力表；7—压力传感器或压差传感器；8—被试阀；9—泄漏流量传感器；10—温度指示器；11—流量传感器；12—备用旁通阀；13—加载阀；14—单向阀；15—液压先导油源；16—电压力传感器；P—供油口；T—回油口；A—工作油口；X 和 Y—先导油口；a～j—正向截止阀

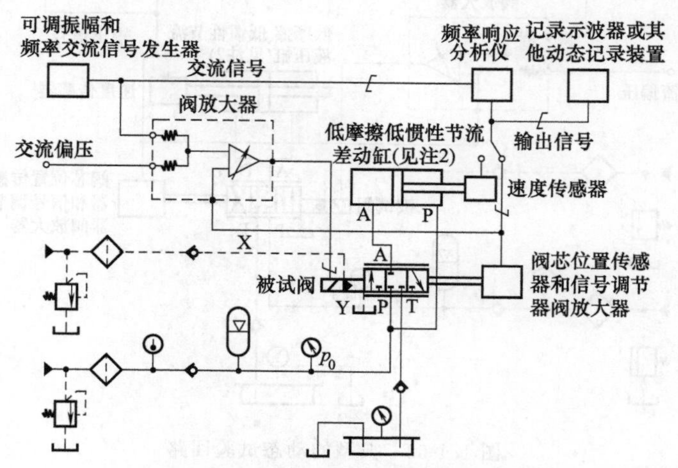

图 1.1-65　典型的动态试验回路

注：1. 本试验回路图中未表示截止阀；

2. 可采用增加低增益位置反馈回路来校正节流液压缸的漂移。

1.55 难燃液压液使用导则（摘自GB/T 16898—1997）

本标准对难燃液工作特性、优缺点以及选用难燃液应考虑的因素等提供了详尽的指南。规定了减少在难燃液使用中所引起困难应采取的措施，以及用不同的难燃液置换时必须采取的措施。本标准还说明了使用难燃液的液压回路设置。

1.56 流体传动系统及元件词汇（摘自GB/T 17446—2012）

本标准界定了除用于航空航天和压缩空气气源设备外的所有流体传动系统及元件的词汇。

（1）绝对压力

用绝对真空作为基准的压力。

（2）工作位置

在操纵力作用下，阀芯的最终位置。

（3）操作时间

控制信号口在开和关之间转换的时间。

（4）执行元件

将流体能量转换成机械功的元件，如马达、缸。

（5）可调节流阀

在进口与出口之间有可变的、可限定流道的流量控制阀。

（6）可调行程缸

其行程停止位置可以改变，以允许行程长度变化的缸口。

（7）空气滤清器

可以使元件（例如油箱）与大气之间进行空气交换的器件。

（8）空气滤清器容量

通过空气滤清器的空气流量的量值。

（9）常压油箱

在大气压下存放液压油液的油箱。

（10）箱置回油过滤器

附加在油箱口上，其壳体穿过油箱壁，使用可更换滤芯过滤来自回油管路的液压油液的液压过滤器。

（11）箱置吸油过滤器

附加在油箱上，其壳体穿过油箱壁，使用可更换滤芯，过滤进入吸油管路的液压油液的液压过滤器。

（12）轴向柱塞马达

具有几个相互平行的柱塞的液压马达。

（13）斜轴式轴向柱塞马达

驱动轴与公共轴成一定角度的轴向柱塞马达口。

（14）斜盘式轴向柱塞马达

驱动轴平行于公共轴且斜盘与驱动轴不连接的轴向柱塞马达。

（15）轴向柱塞泵

柱塞轴线与缸体轴线平行或略有倾斜的柱塞泵。

（16）斜轴式轴向柱塞

驱动轴与公共轴成一定角度的轴向柱塞泵。

（17）斜盘式轴向柱塞泵

驱动轴平行于公共轴且斜盘与驱动轴不连接的轴向柱塞泵口。

（18）摆盘式轴向柱塞泵

驱动轴平行于公共轴且柱塞被连接于驱动轴的斜盘所驱动的轴向柱塞泵口。

（19）背压

因下游阻力产生的压力。

（20）双向过滤器

在两个方向上均能过滤流体口的过滤器口。

（21）双向溢流阀

有两个阀口，无需改动或调整，其中任何一个可以作为进口，而另一个作为出口的溢流阀口。

（22）囊式蓄能器

一种充气式蓄能器口，在其内部液体和

气体之间用柔性囊隔离。

(23) 气穴

在液流中局部压力降低到临界压力(通常是液体的蒸气压力)处,出现的气体或蒸气的空穴(在气穴状态下,液体会高速穿过空穴产生输出力效应,这不仅会产生噪声,而且可能损坏元件口)。

(24) 供油泵

一种液压泵,其功能是提高另一个泵的进口压力。

(25) 循环泵

一种液压泵其主要功能是循环液压油液以便实现冷却、过滤和/或润滑。

(26) 清洁度

与污染度口对应的,衡量元件或系统清洁程度的量化指标。

(27) 冷却器

降低流体温度的元件。

(28) 平衡阀

用以维持执行元件的压力,使其能保持住负载,防止负载因自重下落或下行超速的阀。

(29) 开启压力

在一定条件下,阀开始打开并进入工作状态的压力。

(30) 缸

提供线性运动的执行元件。

(31) 容积式马达

轴转速与吸入流量相关的马达。

(32) 容积式泵

输出流量与轴转速相关的液压泵。

(33) 充气式蓄能器

利用惰性气体(例如氮气)的可压缩性对液体加压的液压蓄能器。在液体与气体之间可以隔离或不隔离。(注:有隔离时,隔离靠气囊、隔膜、活塞等来实现。)

(34) 热交换器

通过与另一种液体或气体的热交换保持或改变流体温度的装置。

(35) 软管总成

在软管的一端或两端带有管接头(软管接头)的装配件。

(36) 马达的液压机械效率

液压马达的实际转矩与导出转矩之比。

(37) 泵的液压机械效率

液压泵的导出转矩与吸收转矩之比。

(38) 静液传动

一个或多个液压泵与液压马达的任何组合。

(39) 零偏

使阀处于液压零位所需要的输入信号。

(40) 零位压力

连续控制的方向控制阀处于液压零位时,其两个工作口存在的相等压力。

(41) 零漂

因运行工况的变化、环境因素或输入信号的长期影响,而导致的零偏的变化。

(42) 开式回路

回油在重复循环前被引入油箱的回路。

(43) 液压泵站

原动机、带或不带油箱的泵以及辅助装置(例如控制、溢流阀)的总成。

(44) 减压阀

随着进口压力或输出流量的变化,出口压力基本上保持恒定的阀。(注:无论如何,进口压力应保持高于选定的出口压力。)

(45) 溢流阀

当达到设定压力时,其通过排出或向油箱返回流体来限制压力的阀。

(46) 压力油箱

储存高于大气压的液压油液的密闭油箱。

1.57 液压泵空气传声噪声级测定规范(摘自 GB/T 17483—1998)

本标准规定了在稳态条件下工作的液压泵(以下简称泵)空气传声噪声级测定的测定规范。适用于测量泵的A计权声功率级,泵的倍频程带(中心频率从125~8000Hz)声功率级。

(1) 定义

① 反射面上方的自由场：位于反射平面上的声源所产生的一个声场。

② 测量面：测量面是一种包络声源的假想表面，它包围声源，并在它上面布置测量点。

(2) 测量不确定度

按本标准规定的测定规范，其测量的标准偏差不大于表 1.1-58 规定的数值。

表 1.1-58 各频带声功率级测定的标准偏差

单位：dB

倍频程带中心频率/Hz	125	250	500	1000～4000	8000
标准偏差	5.00	3.00	2.00	2.00	3.00

注：1. 标准偏差包括测点位置允许的变动的影响，但不包括反复试验时声源功率输出变化的影响。

2. A 计权声功率的标准偏差不大于 2.00dB (A)。

(3) 试验环境

试验可在以下两种环境之一进行：

① 反射面上方的自由场，其环境要求按 GB/T 3767；

② 半消声室试验室，其环境要求按 GB 6882。

(4) 测量仪器

测量仪表在测量前后要进行校准，并按有关规定进行定期检定。

(5) 泵的安装条件

① 泵的安装位置：在泵的噪声测试场所，泵应安装在反射平面上，测量面与吸声面的距离不小于 $A/4$ (A 为测试频率范围内最低频率的相应波长)。

② 泵座：a. 泵的安装座采用高阻尼减振材料或声阻尼和吸声材料制造，并有足够的刚度；b. 即使泵已经可靠安装，仍应采取隔振措施。

③ 泵的驱动：驱动电机应布置在试验空间之外，如必须安装在试验空间内，则必须用隔声罩隔离电机，直至满足测试环境的要求。传动轴必须采用高弹性联轴器连接。

④ 液压回路

a. 回路中所用的过滤器、冷却器、油箱、控制阀均应符合泵运行条件的要求。

b. 根据制造厂的推荐，选用试验油液和过滤精度。

c. 泵出口至负载阀间的管路长度不应小于 15m。进出口油管应采用软管连接，软管长度不应小于 1.5m。管路的通径应符合泵的安装要求。在装配进口油管时，要特别注意管路的密封性，以免工作时空气进入回路。

d. 各测试仪表（或传感器）的安装位置应与其性能试验所规定的要求相一致，进口压力表的安装如有高度差则要予以修正。

e. 液压系统所必需的液压元件、附件和测试仪表安装在试验空间外，如必须安装在试验空间内，而又不能保证测试环境要求时，则其表面要进行声学处理。

注：进行表面声学处理时，所用的隔声材料在 125～8000Hz 内至少应能衰减 10dB。

f. 使用稳定的加载阀。加载阀应远离被试泵，最好是安装在试验室外，只有当加载阀的声学性能满足试验间的测试环境要求时，才能安装在泵的附近。

注：在泵出口管路上，不稳定的加载阀会通过流体和管道产生并传递噪声，这些噪声能形成泵的空气传声噪声。

(6) 运行条件

① 可在任何要求的运行条件下，测定泵的声功率级。

② 试验中应使试验条件保持在表 1.1-59 所规定的范围内。

表 1.1-59 试验条件的允许变化

试验参数	允许变化	试验参数	允许变化
流量	±2%	转速	±2%
压力	±2%	温度	±2℃

③ 当被试泵带有辅助泵和阀等附件作为整体时，在试验中应一起测试，以使泵的空气传声噪声级包括这些附件所辐射的噪声。

(7) 测定程序

① 背景噪声测定。

② 泵噪声的测定：在进行试验之前，先使泵充分运行，以便从系统中排出空气。然后调至需测试的工况，并使运行参数稳定在

表 2 规定的范围之内。

③ 泵的声压级和声功率级的计算。

(8) 试验报告

1.58 液压油液取样容器净化方法的鉴定和控制（摘自 GB/T 17484—1998）

本标准规定与液压油液的污染分析技术结合使用的取样容器净化方法的鉴定和控制方法。本标准规定的这种方法用以保证液压传动系统颗粒污染分析的准确度不因取样容器清洁度不够而降低。适用于液压油液污染分析用取样容器。

1.59 液压泵、马达和整体传动装置参数定义（摘自 B/T 17485—1998）

本标准描述并系统地定义液压泵、马达和整体传动装置的主要技术特征。本标准规定这些技术特性的字母符号，并且指明如何使用与具体场合相对应的下标来更清楚地界定它们。本标准还列出参数的量纲分析。

本标准适用于各类液压泵、马达和整体传动装置。

1.60 液压过滤器压降流量特性的评定（摘自 GB/T 17486—2006）

本标准规定了液压过滤器压降流量特性的评定程序，可作为过滤器制造商和用户之间协议的基础。本标准还规定了过滤器相关部件（包括壳体、滤芯和设置在壳体内的旁通阀）在不同的流量和黏度下产生压降的测量方法。

本标准适用于以液压油液为工作介质的各类液压过滤器，采用其他液体为工作介质的液压过滤器可参考本标准。

1.61 四油口和五油口液压伺服阀安装面（摘自 GB/T 17487—1998）

本标准规定了伺服阀安装面尺寸以保证其互换性。主要适用于当前工业用四油口和五油口（先导级单独提供油液）电液流量控制伺服阀。也适用于压力控制伺服阀。用于三油口伺服阀时，可省略任何一个工作油口（A 或 B)。

鉴于在伺服阀与某些比例控制阀之间在性能和/或应用方面没有严格的区别，本伺服阀安装面的存在并不排斥如 GB/T 2574 中所规定的安装面的使用。

1.62 利用颗粒污染物测定液压滤芯抗流动疲劳特性（摘自 GB/T 17488—2008）

本标准规定了测定液压传动滤芯抗流动疲劳特性的试验方法。通过向试验系统添加特定的颗粒污染物，使滤芯达到预定的最大压差，并使滤芯在始终一致的交变流量下进行抗疲劳试验。

本标准建立了一种统一的方法，用以确定滤芯抵御由流量波动引起其压差交替变化而造成损坏的能力。

1.63 液压颗粒污染分析（GB/T 17489—1998）

本标准规定从正在工作的液压传动系统中提取液样的程序。最佳方法是从正在工作的液压系统的一个主管路中提取液样，即在该液样中的颗粒性污染物是在该取样点处流动的油液的代表。备用的方法是从正在工作的液压系统的油箱中提取液样。此方法只能在没有配装合适的取样器时使用。

本标准适用于颗粒污染分析所取的液样。

1.64 液压阀油口、底板、控制装置和电磁铁的标识（摘自GB/T 17490—1998）

本标准规定了用于液压传动系统中的控制阀的油口底板控制装置和电磁铁的标识规则。它特别适用于将要开发的带有两油口或三油口的阀。与当前标记阀油口的方法不同，表1规定的标识规则不适用于已在GB 8100，GB 8089和GB 8101中标准化的元件。

本标准所规定的标识规则适用于两个阀之间连接的油口或一个阀与一根管子之间连接的油口。因而本规则对于管式安装的阀和板式安装的阀均是成立的。

1.65 液压泵、马达稳态性能的试验及表达方法（摘自GB/T 17491—2011）

本标准规定了液压传动用容积式泵、马达和整体传动装置稳态性能和效率的测定方法，以及在稳态条件下对试验装置、试验程序的要求和试验结果的表达。本标准适用于容积式液压泵、马达和整体传动装置。

1.66 评定过滤器滤芯过滤性能的多次通过方法（摘自GB/T 18853—2002）

本标准规定了液压传动滤芯在连续污染物注入条件下的多次通过过滤性能试验；测定纳污容量、颗粒滤除特性和压降特性的规程；目前适用于液压传动滤芯的试验。这种滤芯对尺寸小于或等于25μm（c）颗粒的平均过滤比应大于或等于75，并且试验结束时油箱的质量污染度小于200mg/L；

1.67 液体自动颗粒计数器的校准（摘自GB/T 18854—2002）

本标准提供了用于液体自动颗粒计数器校准的方法和程序，以此作为校准者的一种指导，包括：

① 一次颗粒尺寸校准、传感器分辨力和计数性能的确定；

② 使用NIST标准物质制成的悬浮液进行二次颗粒尺寸校准；

③ 确定合格的工作范围和性能极限；

④ 使用ISOUFTD（国际标准超细试验粉末），校验颗粒传感器的性能；

⑤ 测定重合误差极限和流速极限。

1.68 隔离式充气蓄能器优先选择的液压油口（摘自GB/T 19925—2005）

本标准规定了液压传动系统中使用的隔离式充气蓄能器优先选择的液压油口的形式和尺寸。

① 形式和尺寸。对于螺纹油口，应优先选择ISO 6149-1中规定的形式；对于法兰油口，应优先选择ISO 6162-1，ISO 6162-2和ISO 6164中规定的形式。在ISO 1179-1中规定的螺纹油口，可选择用于现有设备。

② 螺纹管接头。螺纹管接头的形式见图1.1-66，d_1为油口尺寸。

③ 用于隔膜式蓄能器的油口要求。用于隔膜式蓄能器的油口应从表1.1-60中选择。

④ 用于囊式或活塞式蓄能器的油口要求。用于囊式或活塞式蓄能器的油口应从表1.1-61中选择。

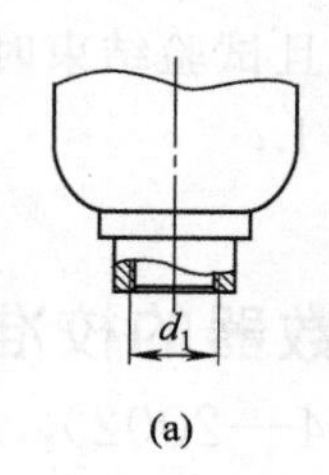

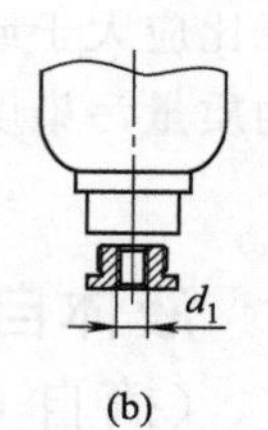

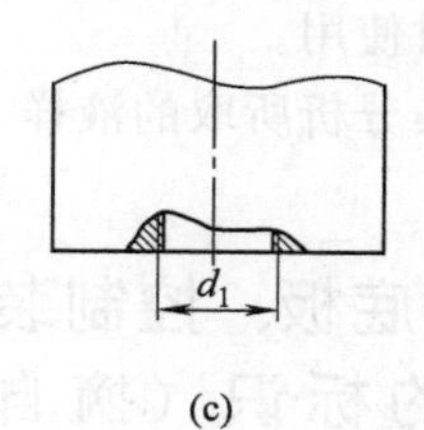

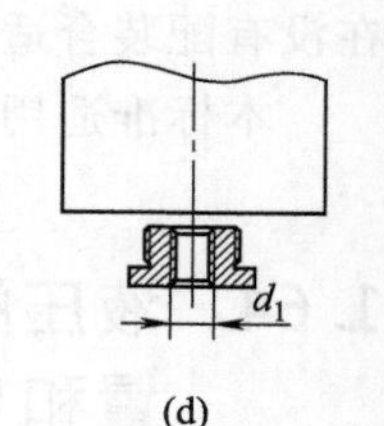

图 1.1-66　可选择的螺纹管接头

表 1.1-60　隔膜式蓄能器的油口尺寸 d_1

按照 ISO 6149-1 优先选择的油口		M 14×1.5	M18×1.5	M22×1.5	M27× 2
现有应用按 ISO 1179-1 选择的油口		G1/4	G3/8	G1/2	G3/4
容积/L	≤0.4				
	>0.4,≤1.6				
	>1.6,≤6.3				

注：阴影部分表示优先选择的油口尺寸。

表 1.1-61　囊式或活塞式蓄能器的油口尺寸 d_1

按照 ISO 6149-1 优先选择的螺纹油口		M14 ×1.5	M18 ×1.5	M22 ×1.5	M27 ×2	M33 ×2	M42 ×2	M48 ×2	M60 ×2
现有应用按 ISO 1179-1 选择螺纹油口		G1/4	G3/8	G1/2	G3/4	G1	G1 1/4	G1 1/2	G2②
按 ISO 6162 或 ISO 6164 选择法兰油口① *DN*		—	—	—	15	20	25	32	40
容积/L	≤0.4								
	>0.4,≤1								
	>1,≤10								
	≥10								

① 法兰油口系列应按照蓄能器的许用压力（p4）选择，即蓄能器设计和验证的最高许用压力（见 GB/T 2352）。
② ISO 1179-1 未指定该油口用于液压系统。
注：阴影部分表示优先选择的油口尺寸；

1.69　隔离式充气蓄能器气口尺寸（摘自 GB/T 19926—2005）

本标准规定了液压传动系统中使用的充气式蓄能器的气口尺寸和形式。它包括充气式蓄能器的充气端口的两种外螺纹气口。这两种气口按下列方式标明：

对于 M16×2 的外螺纹气口，其尺寸应符合图 1.1-67 所示，对于 8V1 的外螺纹气口，其尺寸应符合图 1.1-68 所示。

1.70　金属承压壳体的疲劳压力试验方法（摘自 GB/T 19934.1—2005）

GB/T 19934 的本部分规定了在持续稳定的周期性内压力荷载下，进行液压传动元件的金属承压壳体疲劳试验的方法。

本部分仅适用于以下条件的液压元件承压壳体：

用金属制造的；

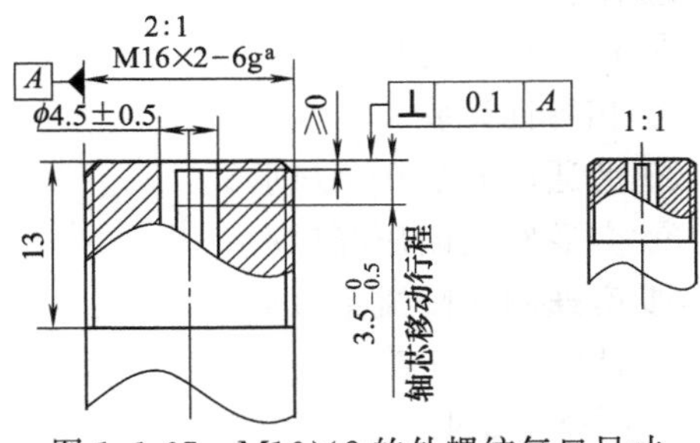

图 1.1-67 M16×2 的外螺纹气口尺寸

a—符合 GB/T 193 和 GB/T 196

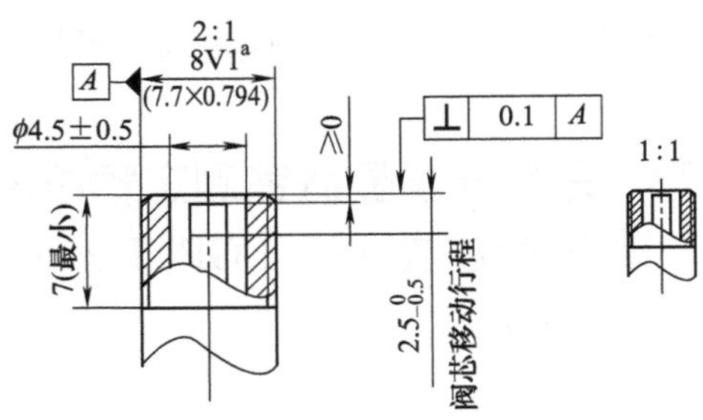

图 1.1-68 8V1 外螺纹气口尺寸

a—符合 GB 7965

在不产生蠕变和低温脆化的温度下工作；

仅承受压力引起的应力；

不存在由于腐蚀或其他化学作用引起的强度降低；

可以包括垫片、密封件和其他非金属元件，但是，这些不视为被试承压壳体的部分。

本部分不适用于在 GB/T 3766 中定义的管路（例如：管接头、软管、硬管）。对于管路元件的疲劳试验方法见 ISO 8434-5，1306803 和 GB/T 7939。

本部分规定了对多数液压元件均适用的通用试验方法，而对于特定元件的附加要求和更具体的方法则包括在本部分的附录或其他标准中。

1.71 液压过滤器技术条件（摘自 GB/T 20079—2006）

本标准规定了液压过滤器（以下简称过滤器）的通用技术要求，以及试验、检验、标志、包装和储存的要求。本标准适用于以液压油液为工作介质的过滤器。

过滤器的过滤精度应符合产品技术文件的规定。过滤精度［μm（c）］宜在 3、5、10、15、20、25、40 中选取。当过滤精度大于 40μm（c）时，由制造商自行确定。

过滤器的额定流量（L/min）宜在下列等级中选择：16、25、40、63、100、160、250、400、630、800、1000。当额定流量大于 1000L/min 时，由制造商自行确定。

压力管路过滤器的公称压力应按 GB/T 2346 中的规定选择。

在产品技术文件中应规定过滤器在额定流量下的纳垢容量。

装配有发讯器的过滤器，在产品技术文件中应标明发讯压降。

① 旁通阀开启压降：装配有旁通阀的过滤器，在产品技术文件中应标明开启压降。

② 旁通阀密封性能：当旁通阀压降分别达到规定开启压降的 80％和规定开启压降时，泄漏量应符合表 1.1-62 的规定。

表 1.1-62 旁通阀的泄漏量

额定流量 q /（L/min）	旁通阀的泄漏量/（mL/min）	
	开启压降的 80％时	开启压降时
$q \leqslant 160$	≤3	≥10
$160 < q \leqslant 630$	≤5	≥20
$q > 630$	≤8	≥40

③ 旁通阀关闭压降：旁通阀关闭压降应不小于规定开启压降的 65％。

④ 旁通阀压降流量：通过旁通阀的流量达到过滤器的额定流量时，其压降应不大于开启压降的 1.7 倍。

当过滤器同时安装发讯器和旁通阀时，应符合下式要求：旁通阀开启压降的 65％≤发讯压降≤旁通阀开启压降的 80％。

在产品技术文件中应规定过滤器在额定流量下的初始压降。

在产品技术文件中应提供在试验条件下过滤器的流量压降特性曲线。

1.72 液压滤芯技术条件（摘自 GB/T 20080—2006）

本标准规定了液压滤芯的通用技术要求，以及试验、检验、标志、包装和储存的要求。本标准适用于以液压油液为工作介质的滤芯。

（1）分类

① 按安装位置，滤芯可分为以下三种。

a. 吸油滤芯：安装在油箱内吸油口或吸油过滤器中的滤芯。

b. 回油滤芯：安装在油箱内回油口或回油过滤器中的滤芯。

c. 压力管路滤芯：安装在压力管路过滤器中的滤芯

② 按选用滤材，滤芯可分为以下三种。

a. 无机纤维复合滤芯：过滤材料为无机纤维复合滤材。

b. 纸质滤芯：过滤材料为植物纤维滤纸。

c. 金属网滤芯：过滤材料为金属丝编织网。

（2）技术要求

① 基本技术参数：

a. 过滤精度；

b. 纳垢容量；

c. 滤芯额定流量；

d. 清洁滤芯压降；

e. 极限滤芯压降；

f. 旁通阀；

g. 结构完整性。

② 材料。

③ 性能。

④ 设计和制造。

（3）试验要求

① 过滤精度试验；

② 纳垢容量试验；

③ 压降流量特性试验；

④ 结构完整性试验；

⑤ 结构强度试验；

⑥ 流动疲劳特性试验；

⑦ 相容性试验；

⑧ 旁通阀开启压降试验；

⑨ 旁通阀关闭压降试验；

⑩ 旁通阀压降流量试验；

⑪ 清洁滤芯压降试验。

（4）检验要求

① 过滤器的检验分为出厂检验和型式检验；

② 过滤器检验项目应按相关规定执行。

1.73 采用光学显微镜测定颗粒污染度的方法（摘自 GB/T 20082—2006）

本标准规定了采用光学显微镜通过对收集在滤膜表面的污染物颗粒计数，测定液压系统液体的颗粒污染度的方法，包括应用透射或入射光学系统，人工进行颗粒计数和图像分析两种方式。尺寸≥2μm 的颗粒可采用本方法计数，但结果的分辨率和准确度与使用的光学系统及操作者的能力有关。

所有液压系统液体的污染度等级都可根据本标准进行分析。在有细的沉淀物或高颗粒浓度的液样中，如果为了使更小尺寸的颗粒能够被计数而减少过滤体积，将会增加大尺寸颗粒计数的不确定度。

1.74 零件和元件的清洁度相关检验文件（摘自 GB/T 20110—2006）

本标准规定了检验文件的内容，该检验文件既包括指定零件或元件的清洁度要求，又包括用于评价其清洁度等级的检验方法。清洁度要求和检验方法应由相关各方共同确定和认可。

（1）术语和定义

① 元件清洁度：采用适当的分析方法测得的元件湿表面或受控表面上收集到的污染物数量或特征。

② 污染物：呈现在零件或元件内，或在它们的湿表面或受控表面上，游离的或可分离的固体物质。

③ 受控表面：具有清洁度要求的零件或元件的湿表面。

④ 受控容积：具有清洁度要求的零件或元件的湿容积。

⑤ 终点样本：一系列重复样本中的最后样本，其对先前样本结果总和的影响不大于10%。

⑥ 检验文件：对零件或元件的清洁度要求及认可的检验方法的书面描述。

⑦ 检验方法：污染物收集、分析和数据报告的实施步骤，用于评价检验文件所规定的零件或元件的清洁度。

⑧ 零件清洁度：采用适当的分析方法测得的零件湿表面或受控表面上收集到的污染物数量或特征。

⑨ 买方：规定机器、设备、系统、零件或元件的要求，并判断产品是否满足这些要求的一方。

⑩ 代表性样本：收集到的能代表零件或元件内部或外部所含有的污染物数量和特征的物质。

⑪ 供货商：根据合同为满足买方的要求而提供产品的一方。

⑫ 试验液：用来从零件或元件中去除、悬浮和收集污染物的合适液体。该液体初始污染度已知，且应与被测零件或元件及使用的仪器相容。

⑬ 验证：用试验方法评价污染物去除过程效率或确定实验室分析仪器工作正常的证实过程。

⑭ 湿表面：零件或元件接触到系统液体的表面。

（2）检验文件

① 内容；

② 零件或元件的清洁度要求；

③ 检验方法；

④ 有效性；

⑤ 一致性；

⑥ 一致性的验证；

⑦ 附加资料。

1.75 在恒低速和恒压力下液压马达特性的测定（摘自 GB/T 20421.1—2006）

GB/T 20421 的本部分规定了定量或变量容积式旋转液压马达的低速特性的测定方法。本方法包括了在低速条件下的试验，在这种速度下，可能产生对马达稳定持续的转矩输出有重要影响的液压脉冲频率，并且会影响到马达所连接的系统。

1.76 液压马达启动性特性的测定（摘自 GB/T 20421.2—2006）

GB/T 20421 的本部分描述了测定旋转液压马达启动性的两种方法。这是两种相似的测量方法，转矩法和恒压力法。由于获得的结果是相同的，所以两种方法没有优劣之分。

（1）启动

液压马达在规定载荷下的启动能力。

（2）恒转矩启动

是指当测定马达轴和负载之间的角位移时，在角位移与压力特性的关系曲线上的斜率的突变点。

（3）恒压力启动

是指当测定马达轴和负载之间的角位移时，在角位移与转矩特性的关系曲线上的斜率的突变点。

1.77 在恒流量和恒转矩下液压马达特性的测定（摘自 GB/T 20421.3—2006）

GB/T 20421 的本部分描述了测定旋转液压马达启动性的两种方法。这是两种相似的测量方法，在转矩法和恒压力法。由于获得的结果是相同的，所以两种方法没有优劣之分。

1.78 液压系统总成清洁度检验（摘自 GB/Z 20423—2006）

本指导性技术文件规定了对于总成后的液压系统在出厂前要求达到的清洁度水平进行测定和检验的程序。常用的术语和定义如下。

（1）净化过滤器

可以提供所要求的清洁度的高效过滤器。

（2）离线循环过滤器

外置安装的过滤器或过滤设备。需要过滤油液时连接到液压系统总成中，检验完清洁度后即可从系统中拆除。

（3）颗粒计数分析

使用自动颗粒计数器或者其他被认可的方法，在指定时间对给定体积的液样进行固体污染物颗粒尺寸分布的测量。

（4）在线分析

对由液压系统通过连续管路直接提供到检测仪器的油液进行分析。

（5）离线分析

用不直接连接到液压系统的仪器对液样进行分析。

（6）买方

规定机器、设备、系统或部件的要求，并且判断产品是否满足其要求的产品购买方。

（7）供方

签订合同并提供满足买方要求的产品的一方。

1.79 液压滤芯检验性能特性的试验程序（摘自 GB/T 21486—2008）

本标准规定了检验滤芯性能特性的常规试验程序，用于检验滤芯的液压、机械和过滤特性。

本标准不适用于对特殊要求或特定工作条件下的滤芯进行合格性验证。如果要进行这些验证，需制定专用的试验程序，包括实际使用条件（例如工作液体）。

本标准规定的试验程序适用于液压油液或化学性质相似的液体。

1.80 液体在线自动颗粒计数系统校准方法（摘自 GB/T 21540—2008）

本标准为液体中悬浮颗粒的在线自动计数系统制定了校准和验证规程。主要用于按 GB/T 18853 进行的过滤器多次通过试验。

（1）测量单位

本标准采用符合 GB 3100 的国际单位制。

本标准采用微米（μm）作为颗粒尺寸的单位，表示颗粒尺寸的测量是使用按 GB/T 18854 校准的自动颗粒计数器进行的。

（2）要求

操作者应具有操作颗粒计数器和过滤器试验设备的特定技能，并在校准和验证过程中采用正确的样液处理方法。

（3）试验设备

① 具有两个独立传感器的液体自动颗粒计数器或液体颗粒计数器。

② 校准用品应符合 GB/T 18854 的规定。

③ ISO 中级试验粉末（ISO MTD）应符合 ISO12103-1：1997 规定的类型 A3。

④ 试验液体应符合 GB/T 18853 的规定。

⑤ 在线样液配制设备。

⑥ 液压回路，适于在线颗粒计数器与多次通过试验台的连接，如果需要，应包括稀释设备。

1.81 电控液压泵性能试验方法（摘自 GB/T 23253—2009）

本标准规定了电控液压泵（以下简称泵）的稳态和动态性能特性的试验方法（注：本标准仅涉及与电控装置相关的泵特性试验方法）。

本标准所涉及的泵都具有与输入电信号成比例地改变输出流量或压力的功能。这些泵可以是负载敏感控制泵、伺服控制泵，也可以是电控变量泵。常用术语和定义如下。

（1）电控液压泵

能根据输入电信号控制，泵的输出压力或流量的变量泵。

（2）最小流量指令

为维持最高工作压力所需的最小流量的输入指令信号。

（3）最低可控压力

当输入压力指令信号的绝对值为零，而流量指令信号是最大时泵的最低输出压力。

（4）死区

泵的一个工作区间。在此工作区间内，输入信号的绝对值从零开始增加或将减小到零时，由输入信号控制的输出压力和输出流量不发生变化。

（5）负载腔容积

从被试泵的出口到加载阀进口的主管路内，工作油液的总体积。

（6）压力补偿

泵的工作状况。这种工况是指当输出压力达到某设定值时，依靠变排量控制机构使输出流量变小。

（7）截流压力

没有流量时的输出压力。

1.82 液压过滤器压差装置试验方法（摘自 GB/T 25132—2010）

本标准规定了作为液压过滤器辅助元件的压差装置或旁通阀状态指示器工作特性的试验方法。常用术语和定义如下。

（1）动作压差

压差装置变换信号时的压差值，包括开启压差和复位压差。

（2）低温锁定

防止压差装置在设定温度以下变换信号，而允许其在另一个更高的设定温度以上正常变换信号的功能。

（3）旁通阀状态指示器

通过提供目视的或电气的外部信号来表示旁通阀工作状态的压差装置。

1.83 液压系统总成管路冲洗方法（摘自 GB/T 25133—2010）

本标准规定了冲洗液压系统管路中固体颗粒污染物的方法。这些污染物可能是在新液压系统的制造过程中或是在对现有系统的维修与改造的过程中被带入。

本标准补充但不代替系统供应商和用户的要求，尤其当其要求比本标准的规定更为严格时。

本标准不适用于以下情形。

① 液压管件的化学清洗和酸洗。

② 系统主要元件的清洗（见 GB/Z 19848—2005）。系统总成的清洁度等级检验按照 GB/Z 20423 进行。

1.84 液压管接头试验方法（摘自 GB/T 26143—2010）

本标准规定了液压传动中使用的各类金属

管接头、与油口相配的螺柱端，法兰管接头的试验和性能评价的统一方法。本标准不适用于GB/T 5861所涵盖的液压快换式管接头的试验。

本标准所述的试验是彼此独立的，是各项试验遵循的文件。具体需进行的试验项目和性能标准见相应元件的标准。

对于管接头的合格判定，应以本标准规定的最少试件数量进行试验，但在相关管接头标准中另有规定的或制造商与用户另行商定的情况除外。

1.85 采用称重法测定液体污染颗粒污染度（摘自GB/T 27613—2011）

本标准规定了测定液压系统工作介质颗粒污染度的两种称重法（双滤膜法和单滤膜法）。双滤膜法可得到更精确的检测结果。本标准适用于检测颗粒污染度大于0.2mg/L的液压系统工作介质。

1.86 密闭液压传动回路中平均稳态压力的测量（摘自GB/T 28782.2—2012）

GB/T 28782的本部分规定了液压传动回路中平均稳态压力的测量程序，并给出了计算给定压力测量中总不确定度的公式。

本部分适用于测量内径大于3mm，传递液压功率时，平均流速小于25m/s，平均稳态静压力小于70MPa的密闭回路中平均稳态压力。

本部分不适用于嵌入式安装或者与密闭流体管壁连成一体的传感器。

2 常用液压行业标准

2.1 液压元件型号编制方法（摘自JB/T 2184—2007）

（1）范围

本标准规定了液压元件和液压辅件型号的编制方法。

本标准适用于以液压油或性能相当的其他工作介质的一般工业用途的液压元件和液压辅件（本标准适用于我国自主设计、制造的液压产品）。

（2）编制规则

① 编制液压元件型号一律采用汉语拼音字母及阿拉伯数字。

② 通常液压元件型号由两部分组成，前部分表示元件名称和结构特征，后部分表示元件的压力参数、主参数及连接和安装方式。两部分之间用横线隔开，如图1.1-69所示。

a. 前项数字：用阿拉伯数字表示，包括多级液压泵的级数、螺杆泵的螺杆数、分级（速）液压马达的级（速）数、液压缸的活塞杆数、伸缩式套筒液压缸的级数、换向阀的位置数与通路数、多联行程节流阀的联数、压力继电器和压力开关的接头点数等。对单级泵、双螺杆泵、单级（速）液压马达、单活塞杆缸等的前项数字省略。

b. 元件名称：用大写汉语拼音第一音节的第一个字母表示，如遇重复则用其他音节的第一个字母表示，或借用一些常用代号的字母表示元件的名称。其代号见表1.1-63。为了简化编号，除非在可能引起异议的情况下，否则液压阀（F）可以不标注。由两种以上元件组成复合元件时，各元件名称代号中间用斜线隔开。

c. 结构代号：用阿拉伯数字表示，名称、主参数相同而结构不同的元件，其代号编排顺序根据元件定型的先后给号，其中零号不必标注。

d. 控制方式或滑阀机能：用大写汉语拼音字母表示。控制方式的代号见表 1.1-64。滑阀机能代号应符合 GB/T 786.1 的规定。

e. 一个元件如有几种控制方式或滑阀机能时，可按它们在元件中排列的位置，顺序写出其代号，中间用“、”分开。如遇 N 个相邻的相同代号，可简写成“N·滑阀机能代号”。

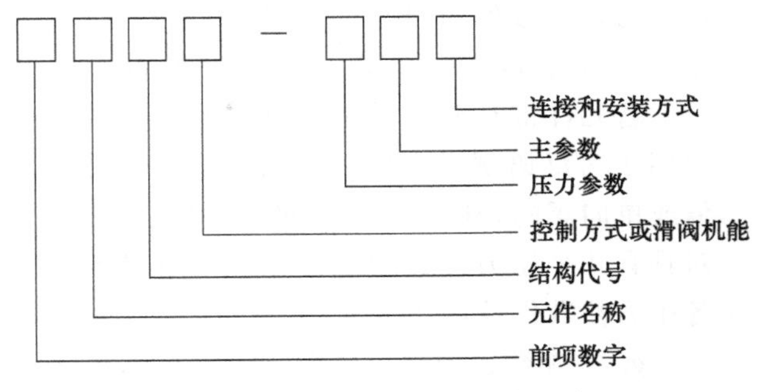

图 1.1-69 液压元件的基本组成

表 1.1-63 元件名称代号

元件名称	代号	元件名称	代号	元件名称	代号
液压泵	B	电磁溢流阀	Y_{E}^{D}[2]	直角单向阀	AJ
齿轮泵	CB	比例溢流阀	BY	液控单向阀	AY
内啮合齿轮泵	NB	卸荷溢流阀	HY	※位※通电磁换向阀	※※$^{D}_{E}$
摆线泵	BB	减压阀	J	※位※通液动换向阀	※※Y
叶片泵	YB	单向减压阀	JA	※位※通电液动换向阀	※※$^{D}_{E}$Y
螺杆泵	LB	比例减压阀	BJ	※位※通手动换向阀	※※S
斜盘式轴向柱塞泵	XB	顺序阀	X	※位※通行程换向阀	※※C
斜轴式轴向柱塞泵	ZB	单项顺序阀	XA	※位※通转阀	※※Z
径向柱塞泵	JB	外控顺序阀	XY	※位※通比例换向阀	※※B
曲轴式柱塞泵	QB	单向外控顺序阀	XYA	多路阀	DL
液压马达	M	平衡阀	PH	电液伺服阀	DC
齿轮马达	CM	外控平衡阀	PHY	梭阀	S
内啮合齿轮马达	NM	卸荷阀	H	液压锁	SO
摆线马达	BM	压力继电器	PD	截止阀	JZ
叶片马达	YM	延时压力继电器	PS	压力表开关	K
谐波马达	XBM	节流阀	L	蓄能器	X
斜盘式轴向柱塞马达	XM	单向节流阀	LA	气囊式蓄能器	NX
斜轴式轴向柱塞马达	ZM	行程节流阀	LC	隔膜式蓄能器	MX
径向柱塞马达	JM	单向行程节流阀	LCA	活塞式蓄能器	HX
内曲线轴转马达	NJM	延时节流阀	LS	活塞隔膜式蓄能器	HMX
内曲线壳转马达	NKM	溢流节流阀	LY	弹簧式蓄能器	TX
摆动马达	DM	调速阀	Q	重力式蓄能器	ZX
电液步进马达	MM	单向调速阀	QA	过滤器	U
液压缸	G	温度补偿调速阀	QT	网式过滤器	WU
单作用柱塞式液压缸	ZG	温度补偿单向调速阀	QAT	烧结式过滤器	SU
单作用活塞式液压缸	HG	行程调速阀	QC	线隙式过滤器	XU
单作用伸缩式套筒液压缸	※TG[1]	单向行程调速阀	QCA	纸芯式过滤器	ZU
双作用单活塞杆液压缸	SG	比例调速阀	BQ	化纤式过滤器	QU
双作用双活塞杆液压缸	2HG	分流阀	FL	塑料片式过滤器	PU
双作用伸缩式套筒液压缸	※SG	集流阀	JF	冷却器	LQ
电液步进液压缸	MG	单向分流阀	FLA	增压器	ZQ
液压控制阀	—	分流集流阀	FJL	液位计	YW
溢流阀	Y	直通单向阀	A	空气滤清器	KU

① ※表示前基数字。

② D 表示交流，E 表示直流。

f. 压力参数：是指元件的公称压力或额定压力，其数值应符合 GB/T 2346 的规定。用大写汉语拼音字母表示，代号见表 1.1-65。若元件带有分级弹簧，则压力参数右下角用小写汉语拼音字母表示调压范围的最大值或单向阀的开启压力。分级代号另行规定。对具有几个压力参数的复合元件，用斜线将各压力参数代号隔开。

g. 主参数；用阿拉伯数字表示，其数字为元件主参数的公称值，各类元件的主参数及单位见表 1.1-66。

液压泵及马达的主参数：用液压泵及马达的排量表示，其数值应符合 GB/T 2347 的规定。

液压缸的主参数：用液压缸的缸内径和行程表示，其数值应符合 GB/T 2348 和 GB/T 2349 的规定。

液压阀的主参数：用液压阀的通径表示。

蓄能器的主参数：用蓄能器的容积表示，其数值应符合 GB/T 2352 的规定。

过滤器的主参数：用过滤器的额定流量和过滤精度表示。其数值应符合 GB/T 20079 的规定。

冷却器的主参数：用冷却器的公称传热面积表示，其数值应符合 JB/T 5921 的规定。

h. 连接和安装方式：用大写汉语拼音字母表示，其代号见表 1.1-67。其中板式连接、法兰安装不必标注。

③ 对品种复杂的元件，在型号中允许增加第三部分表示元件的其他特征和其他细节说明，第三部分与第二部分间用横线隔开，如图 1.1-70 所示。

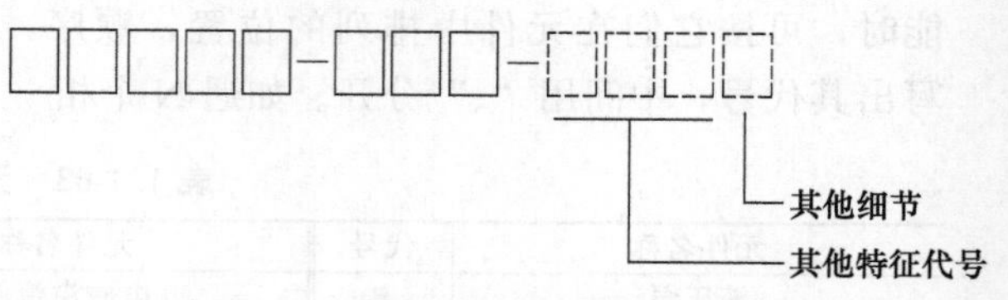

图 1.1-70 复杂液压元件型号的基本组成

a. 其他特征代号：见表 1.1-68，其中弹簧对中、圆柱形轴伸、右旋、带壳体（液压泵）等不必标注。

b. 其他细节说明可包括：设计序号、制造商代号、工作介质、温度要求等，其标注方式由制造商确定。

c. 在产品标准中已经对型号的编排给出明确规定的元件，应按产品标准的规定执行。

d. 本标准未涉及到的元件，型号的编排可根据本标准规定的原则和方法进行派生。

表 1.1-64 控制方式代号

控制方式	代号	控制方式	代号	控制方式	代号	控制方式	代号
直流电磁铁	E	手动控制	S	恒功率控制	N	手动伺服控制	SC
交流电磁铁	D	恒压力控制	P	限压控制	X	电液伺服控制	DC
比例控制	B	恒流量控制	Q	温度补偿控制	T		
液压控制	Y	稳流量控制	V	伺服控制	C		

表 1.1-65 压力参数代号

压力/MPa	代号	压力/MPa	代号	压力/MPa	代号	压力/MPa	代号
1.6	A	16	E	40	J	100	N
2.5	B	20	F	50	K	125	P
6.3	C①	25	G	63	L	160	Q
10	D	31.5	H	80	M	200	R

① C 可以省略。

表 1.1-66 元件的主参数及单位

元件类别	主参数	单位	元件类别	主参数	单位
液压泵	排量	mL/r	液压阀	通径	mm
液压马达	排量	mL/r	蓄能器	容量	L
径向液压马达	排量	L/r	过滤器	额定流量×过滤精度	L/min×μm
液压缸	缸内径×行程	mm×mm	冷却器	公称传热面积	m^2

表 1.1-67 连接和安装方式代号

连接和安装方式	代号	连接和安装方式	代号	连接和安装方式	代号
螺纹连接	L	叠加连接	D	脚架安装	J
板式连接	省略	铰轴安装	Z	法兰安装	—
法兰连接	F	耳环安装	E		
插入连接	R	球铰安装	Q		

表 1.1-68 其他特征代号

项目	代号	项目	代号	项目	代号
定位	W	可调阻尼	ZT	左旋	X
液压对中	Y	矩形外花键轴伸	H	右旋	省略
弹簧对中	省略	矩形内花键轴伸	G	不带壳体	B
阻尼器	Z	渐开线外花键轴伸	K	带壳体	省略
双阻尼器	ZZ	渐开线内花键轴伸	N	带补油泵	U
行程调节机构(阀门用)	ZC	圆柱形轴伸	省略	带供油泵	F
行程端头阻尼	ZC	圆锥形轴伸	S	带制动器	D1

2.2 摆线转阀式开心无反应型全液压转向器（摘自 JB/T 5120—2010）

本标准规定了摆线转阀式开心无反应型全液压转向器（以下简称转向器）的术语和定义、形式、基本参数和连接尺寸、技术要求、试验装置和试验条件、试验项目和试验方法、数据处理、检验规则、标志、包装、运输和储存。

本标准仅适用于以液压油或性能相当的其他矿物油为工作介质的摆线转阀式开心无反应型全液压转向器。

2.3 液压内曲线低速大转矩马达安装法兰（摘自 JB/T 5920—2011）

本标准规定了液压内曲线低速大转矩马达的多边形（包括圆形）安装法兰和渐开线花键轴伸尺寸。

本标准适用于额定压力为 16～25MPa，排量为 0.25～25L/r 的内曲线液压马达（注：本标准推荐用于新设计的产品，现有产品仍可按原依据的标准生产）。

① 公差。未标注公差的尺寸为名义尺寸。

形状和位置公差按 GB/T 1182 的规定标注。

② 安装法兰。多边形（包括圆形）安装法兰的形式和尺寸按图 1.1-71 和表 1.1-69 的规定。

③ 轴伸。轴伸公称直径、渐开线花键尺寸及标记如图 1.1-71 和表 1.1-70 所示。公差与配合按 GB/T 3478.1、GB 3478.2 的规定。

2.4 液压系统用冷却器基本参数（JB/T 5921—2006）

本标准规定了液压系统用冷却器的基本参数。

本标准适用于以液压油液为工作介质的各类液压系统用冷却器。

（1）术语和定义

① 公称传热面积。冷却器热交换材质与冷却介质接触面的表面积。

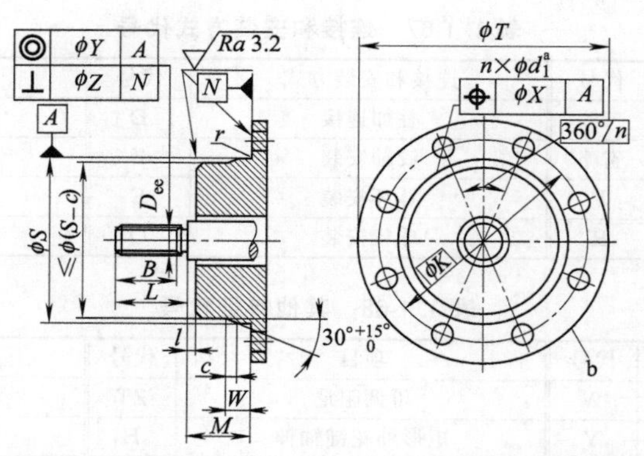

图 1.1-71 多边形（包括圆形）安装法兰和渐开线花键轴伸的形式和尺寸

a—可以用开口槽或螺纹孔替代通孔。

b—为圆形法兰轮廓线。

表 1.1-69 多边形（包括圆形）安装法兰的尺寸

<table>
<tr><th rowspan="2">排量
/(L/r)</th><th rowspan="2">S①
h8
/mm</th><th rowspan="2">K
/mm</th><th colspan="2">螺栓</th><th colspan="2">孔(槽)</th><th rowspan="2">Tmax/
mm</th><th rowspan="2">W/
mm</th><th rowspan="2">c max/
mm</th><th rowspan="2">r max/
mm</th><th rowspan="2">M/
mm</th></tr>
<tr><th>n②
数量</th><th>螺纹</th><th>d1①
H13/
mm</th><th>X/
mm</th></tr>
<tr><td>0.250
0.315</td><td>250</td><td>300</td><td rowspan="4">6.8</td><td rowspan="4">M20</td><td rowspan="4">22</td><td rowspan="7">1.0</td><td>355</td><td>$9^{+0.5}_{0}$</td><td>2</td><td rowspan="11">1.5</td><td rowspan="4">50±1</td></tr>
<tr><td>0.400
0.500
0.630</td><td>280</td><td>320</td><td>375</td><td rowspan="3">$16^{+0.5}_{0}$</td><td rowspan="3">3</td></tr>
<tr><td>0.800
1.000</td><td>315</td><td>360</td><td>425</td></tr>
<tr><td>1.205
1.600</td><td>400</td><td>450</td><td>515</td></tr>
<tr><td>2.000
2.500</td><td>450</td><td>510</td><td rowspan="7">8,10</td><td rowspan="3">M24</td><td rowspan="3">26</td><td>585</td><td rowspan="7">20^{+1}_{0}</td><td rowspan="7">5</td><td rowspan="7">60±1.5</td></tr>
<tr><td>3.150
4.000</td><td>500</td><td>560</td><td>635</td></tr>
<tr><td>5.000
6.300</td><td>560</td><td>630</td><td>710</td></tr>
<tr><td>8.000</td><td>630</td><td>710</td><td rowspan="4">M30</td><td rowspan="4">33</td><td rowspan="4">1.5</td><td>800</td></tr>
<tr><td>10.000
12.500</td><td>710</td><td>800</td><td>900</td></tr>
<tr><td>16.000</td><td>800</td><td>900</td><td>1000</td></tr>
<tr><td>25.000</td><td>900</td><td>1000</td><td>1100</td></tr>
</table>

① 公差值按 GB/T 1800.2。

② 可包括定位销的数量，以便增加承受转矩。

表 1.1-70 渐开线花键轴伸尺寸

<table>
<tr><th>排量/
(L/r)</th><th>公称直径 d/
mm</th><th>花键标记</th><th>L/
mm</th><th>B/
mm</th><th>花键轴大径 D_{ee}/
mm</th><th>Y①/
mm</th><th>Z①/
mm</th></tr>
<tr><td>0.250
0.315</td><td>63</td><td>EXT24Z×2.5m×30p×6h</td><td>75</td><td>55</td><td>62.5</td><td rowspan="2">0.05</td><td rowspan="2">0.1</td></tr>
<tr><td>0.400
0.500
0.630</td><td>63</td><td>EXT24Z×2.5m×30p×6h</td><td>75</td><td>55</td><td>62.5</td></tr>
</table>

续表

排量/(L/r)	公称直径 d/mm	花键标记	L/mm	B/mm	花键轴大径 D_{∞}/mm	Y[①]/mm	Z[①]/mm
0.800 1.000	70	EXT27Z×2.5m×30p×6h	85	65	70	0.05	0.1
1.250 1.600	80	EXT31Z×2.5m×30p×6h	100	70	80		
2.000 2.500	90	EXT35Z×2.5m×30p×6h	110	80	90		
3.150 4.000	(100)	(EXT39Z×2.5m×30p×6h)	(120)	(90)	(100)		
	110	EXT21Z×5m×30p×6h	130	100	110		
5.000 6.300	125	EXT24Z×5m×30p×6h	150	120	125		
8.000	140	EXT27Z×5m×30p×6h	170	140	140		
10.000 12.500	160	EXT31Z×5m×30p×6h	200	160	160		
16.000	180	EXT35Z×5m×30p×6h	210	180	180		
25.000	200	EXT39Z×5m×30p×6h	230	200	200		

① 为可拆卸联轴器的公差值，若采用刚性联轴器时公差值应小于表中数值。

注：括号内尺寸为非推荐尺寸。

② 公称压力。冷却器所能承受的最高工作压力。

（2）基本参数

冷却器的基本参数包括公称传热面积和公称压力，应从表 1.1-71 中选取。

公称传热面积超出表 1.1-71 的规定时，按 BG/T 321—2005 中 R20 选择，并且按 BG/T 19764—2005 选用第二化整值。

表 1.1-71 冷却器基本参数

公称传热面积/m^2			公称压力/MPa	公称传热面积/m^2			公称压力/MPa
0.1	1.0	10.0	0.63 1.0 1.6 2.5		(3.4)		1.0 1.6 2.5
	(1.05)				3.5	35.0	
	1.1	11.0			(3.8)		
0.12	1.2	12.0		0.4	4.0	40.0	
	(1.3)				(4.2)		
	1.4	14.0			4.5	45.0	
	(1.5)				(4.8)		
0.15	1.6	16.0		0.5	5.0	50.0	
	(1.7)				(5.3)		
	1.8	18.0			5.5	55.0	
	(1.9)			0.6	6.0	60.0	
0.2	2.0	20.0			(6.7)		
	(2.1)				7.0	70.0	
	2.2	22.0			(7.5)		
	(2.4)			0.8	8.0	80.0	
0.25	2.5	25.0			(8.5)		
	(2.6)		1.0 1.6 2.5		9.0	90.0	
	2.8	28			(9.5)		
0.3	3.0	30.0					

注：表中加括号值不推荐采用。

2.5 液压二通插装阀图形符号（摘自 JB/T 5922—2005）

本标准规定了二通插装阀图形符号。

本标准适用于以液压油为工作介质的二通插装阀，采用非油介质液压液的二通插装阀可以参考本标准。本标准规定的图形符号主要用于表达和绘制采用二通插装阀控制的液压系统原理图。

2.6 液压元件压力容腔体的额定疲劳压力（摘自 JB/T 5924—1991）

本标准规定了液压元件压力容腔体的额定疲劳压力和额定静态压力的验证方法。

本标准适用于由金属材料制成的液压元件压力容腔体。

本标准不适用于液压软管和由非金属材料制成的液压元件。

本标准不适用于因化学反应或金属腐蚀而导致材料强度下降后的验证。

2.7 液压二通、三通、四通螺纹式插装阀插装孔（摘自 JB/T 5963—2004）

本标准规定了液压二通、三通、四通螺纹式插装阀（以下简称插装阀）的插装孔及其相关参数。

本标准适用于工业、农业、矿山及行走设备上使用的液压二通、三通、四通螺纹式插装阀的插装孔。

2.8 液压传动测量技术通则（摘自 JB/T 7033—2007）

本标准规定了在静态或稳定工况下测量液压元件性能参数的通用准则。

本标准是分析在液压元件的测量和测量系统的校准过程中，可能存在的误差原因和误差大小的指导性文件。

本标准适用于液压元件性能参数测量系统的建立，使测量系统符合规定的准确度等级。

2.9 液压隔膜式蓄能器形式和尺寸（摘自 JB/T 7034—2006）

本标准规定了液压隔膜式蓄能器（以下简称蓄能器）的形式和尺寸。

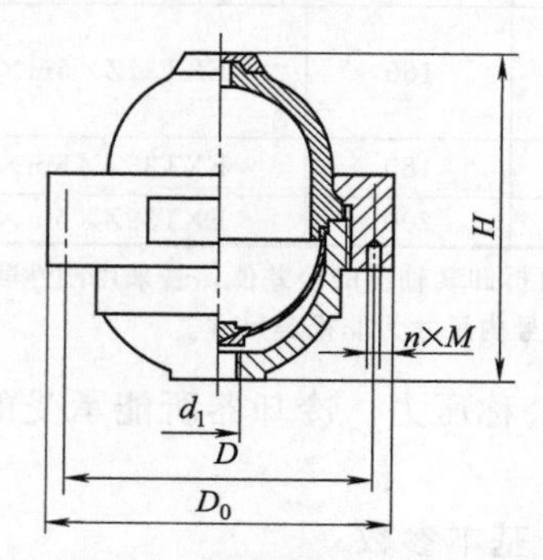

图 1.1-72　A 型蓄能器的形式和尺寸

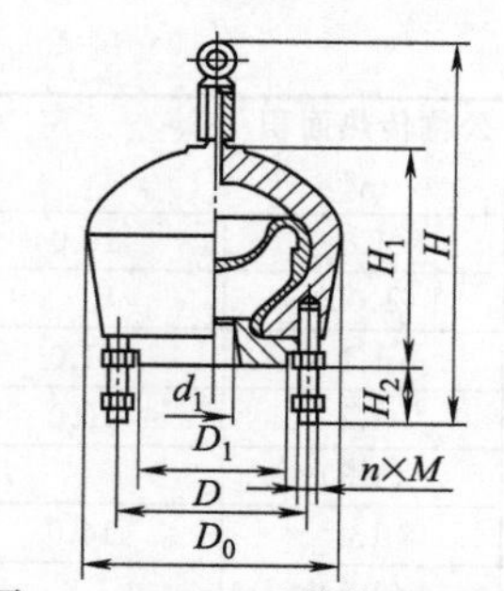

图 1.1-73　B 型蓄能器的形式

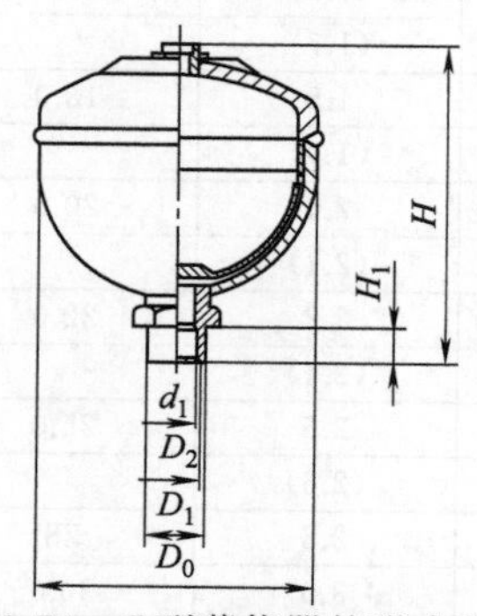

图 1.1-74　C 型蓄能器的形式和尺寸

本标准适用于公称压力为6.3～40MPa，公称容积为0.25～16L，以氮气/石油基液压油、乳化液或水为工作介质，工作温度为−10～70℃的蓄能器。

（1）术语和定义

公称容积：

蓄能器内存储气体的最大名义体积。

（2）形式和尺寸

本蓄能器按结构形式分为A型、B型、C型三种。A型蓄能器的形式和尺寸见图1.1-72和表1.1-72规定：B型蓄能器的形式和尺寸见图1.1-73和表1.1-73规定；C型蓄能器的形式和尺寸见图1.1-74表和表1.1-74规定。

蓄能器的公称压力和公称容积应符合GB/T 2352的规定。

（3）标记方法

① 蓄能器的型号规定如下。

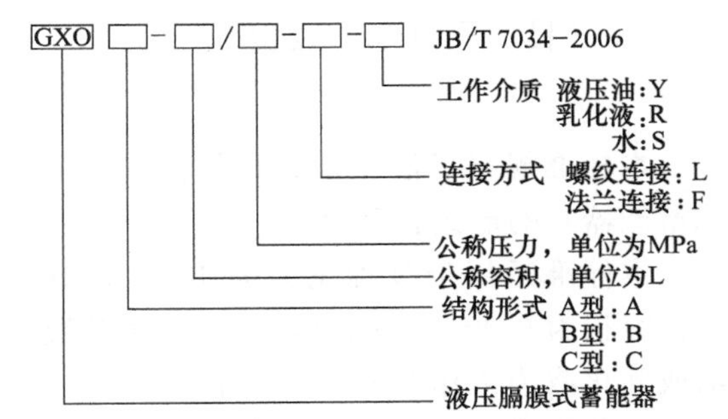

② 标记示例。

公称压力为6.3MPa，公称容积为10L，法兰连接，工作介质为水的B型蓄能器标记为：GXQB-10/6.3-F-S JB/T 7034—2006。

表1.1-72 公称压力为6.3MPa、10MPa、20MPa、31.5MPa的A型蓄能器尺寸

公称容积/L	尺寸/mm				
	d_1	D_0	D	H	$n\times M$
0.25	M18×1.5	110	100	140	2×M6
0.4		130	120	160	
0.63	M22×1.5	150	135	160	
1.0		170	155	170	
1.6	M27×2	190	170	196	
2.5		210	188	208	2×M8

表1.1-73 公称压力为6.3MPa、20MPa、40MPa的B型蓄能器尺寸

公称容积/L	公称压力/MPa	尺寸/mm							
		d_1	D_0	D	D_1	H	H_1	H_2	$n\times M$
4.0	6.3	40	270	200	174	406	230	60	8×M20
10		50	340	240	214	413	254	70	8×M24
16		63	420	280	250	490	340	80	8×M27
4.0	20	40	280	235	204	426	268	90	8×M20
10		50	360	275	245	470	320	120	12×M27
16		63	450	320	285	560	400	130	12×M30
4.0	40	40	320	240	206	446	280	130	8×M30
10		50	400	295	256	520	262	140	8×M36
16		63	500	390	348	605	446	160	12×M39

表1.1-74 公称压力为6.3MPa、10MPa、20MPa、31.5MPa的C型蓄能器尺寸

公称容积/L	尺寸/mm					
	d_1	D_0	D_1	H	D_2	H_1
0.25	M18×1.5	76	M27×1.5	129	22	18
0.4		90		140		
0.63	M22×1.5	105	M30×1.5	156	26	20
1.0		120		165		
1.6	M27×2	142	M39×2	188	32	22
2.5		172		208		

2.10 液压囊式蓄能器形式和尺寸
(JB/T 7035—2006)

本标准规定了液压囊式蓄能器（以下简称蓄能器）的形式和尺寸。

本标准适用于公称压力为10～63MPa，公称容积为0.4～250L，以氮气/石油基液压油或乳化液为工作介质，工作温度为－10～70℃的蓄能器。

（1）术语和定义

公称容积：蓄能器内存储气体的最大名义体积。

（2）形式和尺寸

本蓄能器按结构形式分为A型、B型、C型三种，每一种结构形式按连接方式又分为螺纹连接和法兰连接。

蓄能器的公称压力和公称容积符合GB/T 2352的规定。

① 螺纹连接A型蓄能器的形式和尺寸见图1.1-75和表1.1-75、表1.1-76。法兰连接A型蓄能器的形式和尺寸见图1.1-76和表1.1-77。

表1.1-75　公称压力为10～31.5MPa的螺纹连接A型蓄能器尺寸

公称容积/L	尺寸/mm				
	d_1	D_0	H①	$H_1$①	H_2
0.4	M27×2	89	250	135	50
0.63			305	190	
1.0			415	300	
1.6	M42×2	152	350	210	65
2.5			420	280	
4.0			530	390	
6.3			700	560	
10	M60×2	219	670	490	85
16			880	700	
25			1180	1000	
40			1700	1520	
40	M72×2	299	1060	860	103
63			1500	1300	
100			2200	2000	
100	M100×3	426	1315	1100	115
160			1915	1700	
200			2315	2100	
250			2915	2700	

①该尺寸值为设计计算值，实际产品该数值允许误差±5mm。

表1.1-76　公称压力为40～63MPa的螺纹连接A型蓄能器尺寸

公称容积/L	尺寸/mm				
	d_1	D_0	H①	$H_1$①	H_2
0.4	M27×2	95	253	140	50
0.63			323	195	
1.0			433	305	
1.6	M42×2	159	358	220	65
2.5			428	290	
4.0			538	400	
6.3			708	570	
10	M60×2	228	678	500	85
16			888	710	
25			1188	1010	
40			1708	1530	

①该尺寸值为设计计算值，实际产品该数值允许误差±5mm。

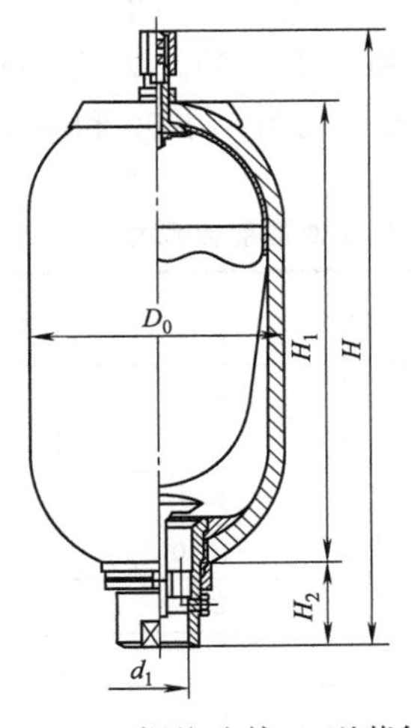

图 1.1-75 螺纹连接 A 型蓄能器

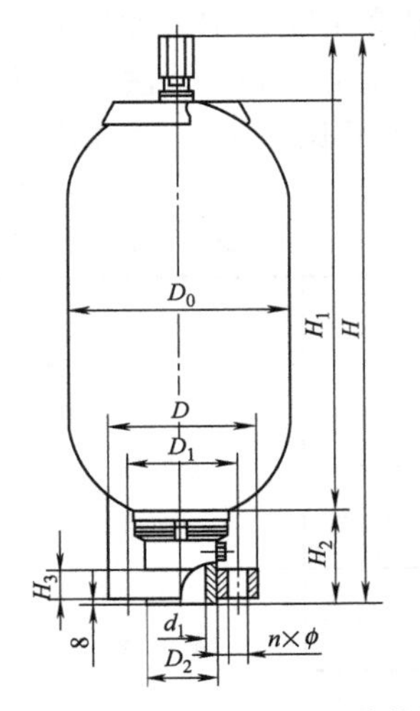

图 1.1-76 法兰连接 A 型蓄能器

表 1.1-77 公称压力为 10～31.5MPa 的法兰连接 A 型蓄能器尺寸

公称容积/L	尺寸/mm									
	d_1	D_0	H①	$H_1$①	H_2	D	D_1	D_2	H_3	$n\times\phi$
10	50	219	690	490	110	160	125	75h8	32	6×ϕ22
16			900	700						
25			1200	1000						
40			1720	1520						
40	63	299	1085	860	127	200	150	90h8	40	6×ϕ26
63			1525	1300						
100			2225	2000						
100	80	426	1360	1100	160	255	220	130h8	50	8×ϕ26
160			1960	1700						
200			2260	2100						
250			2960	2700						

①该尺寸值为设计计算值，实际产品该数值允许误差±5mm。

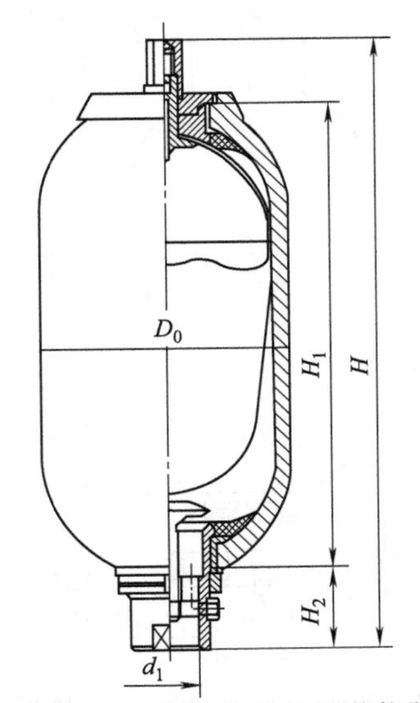

图 1.1-77 螺纹连接 B 型蓄能器

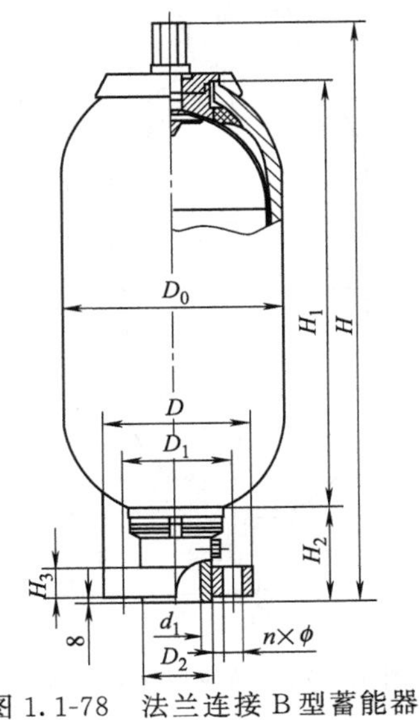

图 1.1-78 法兰连接 B 型蓄能器

② 螺纹连接B型蓄能器的形式和尺寸见图1.1-77和表1.1-78。法兰连接B型蓄能器的形式和尺寸见图1.1-78和表1.1-79。

③ 螺纹连接C型蓄能器的形式和尺寸见图1.1-79和表1.1-80。法兰连接C型蓄能器的形式和尺寸见图1.1-80和表1.1-81。

表1.1-78 公称压力为10～31.5MPa的螺纹连接B型蓄能器尺寸

公称容积/L	尺寸/mm				
	d_1	D_0	H①	$H_1$①	H_2
10	M60×2	219	660	480	85
16			870	690	
25			1170	990	
40			1690	1510	
40	M72×2	299	1040	850	103
63			1480	1290	
100			2180	1990	

①该尺寸值为设计计算值，实际产品该数值允许误差±5mm。

表1.1-79 公称压力为10～31.5MPa的法兰连接B型蓄能器尺寸

公称容积/L	尺寸/mm									
	d_1	D_0	H①	$H_1$①	H_2	D	D_1	D_2	H_3	$n\times\phi$
10	50	219	690	480	110	160	125	75h8	32	6×ϕ22
16			890	690						
25			1190	990						
40			1710	1510						
40	63	299	1065	850	127	200	150	90h8	40	6×ϕ26
63			1505	1290						
100			2205	1990						

①该尺寸值为设计计算值，实际产品该数值允许误差±5mm。

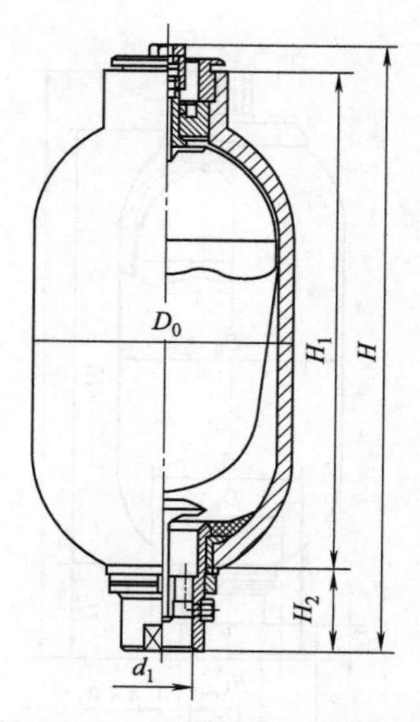

图1.1-79 螺纹连接C型蓄能器

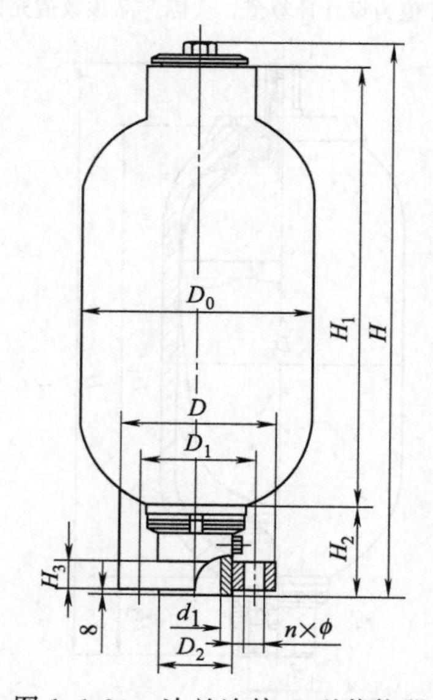

图1.1-80 法兰连接C型蓄能器

表 1.1-80　公称压力为 10～31.5MPa 的螺纹连接 C 型蓄能器尺寸

公称容积/L	尺寸/mm				
	d_1	D_0	H①	$H_1$①	H_2
10	M60×2	219	670	540	85
16			880	750	
25			1180	1050	
40			1700	1570	
40	M72×2	299	1066	940	103
63			1506	1380	
100			2206	2080	

①该尺寸值为设计计算值，实际产品该数值允许误差±5mm。

表 1.1-81　公称压力为 10～31.5MPa 的法兰连接 C 型蓄能器尺寸

公称容积/L	尺寸/mm									
	d_1	D_0	H①	$H_1$①	H_2	D	D_1	D_2	H_3	$n\times\phi$
10	50	219	690	540	110	160	125	75h8	32	6×ϕ22
16			900	750						
25			1200	1050						
40			1720	1570						
40	63	299	1090	940	127	200	150	90h8	40	6×ϕ26
63			1530	1380						
100			2230	2080						

①该尺寸值为设计计算值，实际产品该数值允许误差±5mm。

（3）标记方法

① 蓄能器的型号规定如下：

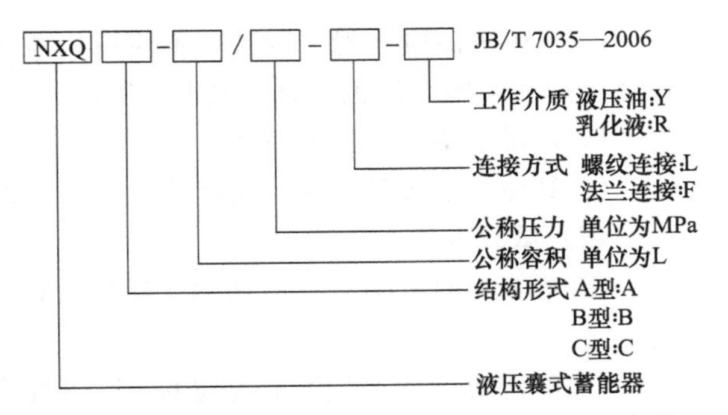

② 标记示例：公称压力为 10MPa，公称容积为 16L，螺纹连接，工作介质为普通液压油的 A 型蓄能器标记为

NXQA-16/10-L-Y JB/T 7035—2006。

2.11 液压隔离式蓄能器技术条件（摘自 JB/T 7036—2006）

本标准规定了液压隔离式蓄能器（以下简称蓄能器）的技术要求、试验方法、检验规则及标志、包装、运输和储存。

本标准适用于公称压力不大于 36MPa、公称容积不大于 250L。工作温度为－10～70℃，以氮气/石油基液压油或乳化液为工作介质的蓄能器。

（1）技术要求

① 一般技术要求。

a. 蓄能器的公称压力、公称容积系列应符合 GB/T 2352 的规定。

b. 蓄能器的形式尺寸应符合 JB/T 7035 或 JB/T 7034 的规定。

c. 蓄能器胶囊形式和尺寸应符合 HG 2331 的规定。

d. 试验完成后，蓄能器胶囊中应保持 0.15～0.30MPa 的剩余压力。

e. 蓄能器应符合 GB/T 7935 的相关规定。

② 技术要求及指标。

a. 气密性试验后，不应漏气。

b. 蓄能器密封性试验和耐压试验过程中，各密封处不应漏气、渗油。

c. 蓄能器反复动作试验后，充气压力下降值不应大于预充压力值的 10%，各密封处不应渗油。

d. 蓄能器经反复动作试验后，作漏气检查试验，不应漏气。

e. 渗油检查：蓄能器经反复动作试验和漏气检查后，充气阀阀座部位渗油不应大于规定值。

f. 蓄能器解体检查：胶囊或隔膜不应有剥落、浸胀、龟裂老化现象，所有零件不应损坏，配合精度不应降低。

③ 蓄能器壳体技术要求应按照 JB/T 7038 的规定。

④ 蓄能器胶囊的技术要求应按照 HG 2331 的规定。

⑤ 安全要求：

a. 在使用蓄能器的液压系统中应装有安全阀，其排放能力必须大于或等于蓄能器排放量，开启压力不应超过蓄能器设计压力。

b. 蓄能器内的隔离气体只能是氮气，且充气压力不应大于 0.8 倍的公称压力值。

c. 蓄能器在设计、制造、检验等方面应执行《压力容器安全技术监察规程》的有关规定。

d. 蓄能器应进行定期检验。检验周期按《压力容器安全技术监察规程》的规定，检验方法按《在用压力容器检验规程》的规定，检验结果应符合《压力容器安全技术监察规程》的有关规定。

e. 蓄能器在储存、运输和长期不用时，其内部的剩余压力应低于 0.3MPa。

⑥ 装配工艺要求。

a. 装配场地应清洁干净。

b. 装配前各零部件应进行严格清洗并逐件进行复检，各零件上不应留有任何杂质和污物，胶囊或隔膜外表面不应有任何划痕、划伤。复检合格的零件表面涂上过滤精度不低于 20μm 的液压油，胶囊或隔膜吊挂在专用场地，不应乱放或折叠。

c. 进油阀组装：装配合格的进油阀在阀体内运动应灵活、可靠，不应有卡死现象。菌型阀的斜面与阀体斜面配合应良好，不应有偏斜现象。

d. 胶囊或隔膜组装：将检验合格的 O 形密封圈装在胶囊或隔膜相应的密封槽内。

e. 整体组装：将壳体置于装配台上，壳体内壁均匀涂上一层过滤精度不低于 20μm 的液压油膜。胶囊或隔膜经从大口端缓慢进入壳体，不应划伤胶囊或隔膜表面，不应切坏充气阀座上的 O 形密封圈，并应使胶囊或隔膜底部内凹，避免底部打叠。再将进油阀组从大口端送入壳体内，然后将其余零件分别送入壳体内并将阀体导正复位，阀体不应碰伤壳体内壁。

f. 装配好的蓄能器按规格分放在成品台架上，以备出厂检验。

g. 经出厂检验合格的蓄能器，应附有检验部门出具的合格证明及标记。

⑦ 装配质量要求。

a. 零件不应有毛刺、碰伤、划伤和锈蚀等缺陷。

b. 密封圈不应有切边等缺陷。

c. 装配精度按图样要求。

⑧ 外观质量要求。

a. 壳体表面应光滑、圆整，不应有影响壳体强度的缺陷。漆色平整、光滑和美观。

b. 外露零件需经防锈处理。

⑨ 其他要求按订货合同规定。

(2) 试验方法

① 蓄能器的试验方法应按照 JB/T 7037 的规定。

② 蓄能器壳体试验方法应按照 JB/T 7038 的规定。

③ 蓄能器胶囊试验方法应按照 HG 2331 的规定。

④ 蓄能器内部清洁度检测方法应按照 JB/T 7858 的规定。

2.12 液压隔离式蓄能器试验方法（摘自 JB/T 7037—2006）

本标准规定了液压隔离式蓄能器（以下

简称蓄能器）的试验装置及条件、试验项目及方法。

本标准适用于公称压力不大于 63MPa、公称容积不大于 250L，工作温度为－10～70℃，以氮气/石油基液压油或乳化液为工作介质的蓄能器。

2.13 液压隔离式蓄能器壳体技术条件（摘自 JB/T 7038—2006）

本标准规定了液压隔离式蓄能器（以下简称蓄能器）壳体的技术要求。

本标准适用于公称压力不大于 63MPa、公称容积不大于 250L，工作温度为－10～70℃，以氮气/石油基液压油或乳化液为工作介质的蓄能器。

2.14 液压叶片泵（摘自 JB/T 7039—2006）

本标准规定了液压叶片泵（以下简称叶片泵）的基本参数、技术要求、试验方法、检验规则及标志和包装等要求。

本标准适用于以液压油液或性能相当的其他液体为工作介质的叶片泵。

（1）基本参数和标记

① 分类。叶片泵按其工作机能分为两类：

a. 定量泵（额定压力：$p_a \leqslant 6.3$MPa；6.3MPa $< p_a \leqslant$ 16MPa；16MPa $< p_a \leqslant$ 25MPa）；

b. 变量泵（额定压力：$p_n \leqslant 6.3$MPa；16MPa$<p_n\leqslant$25MPa）。

② 基本参数。叶片泵的基本参数应包括：

额定压力；

额定转速；

公称排量。

③ 标记。应在产品上适当且明显的位置做出清晰和永久的标记或铭牌。标记或铭牌的内容应符合 GB/T 7935 的规定，采用的图形符号应符合 GB/T 786.1 的规定。

（2）技术要求

① 一般要求。一般要求应符合以下规定，有特殊要求的产品，由供、需双方商定。

a. 压力等级应符合 GB/T 2346 的规定。

b. 公称排量应符合 GB/T 2347 的规定。

c. 安装连接尺寸应符合 GB/T 2353 的规定。

d. 螺纹连接油口的形式和尺寸应符合 GB/T 2878 的规定。

e. 其他技术要求应符合 GB/T 7935—2005 中 4.3 的规定。

f. 制造商应在产品样本及相关资料中说明产品适用的条件和环境要求。

② 性能要求。叶片泵的性能要求应包括：

a. 排量；

b. 容积效率和总效率；

c. 自吸性能；

d. 噪声；

e. 低温性能；

f. 高温性能；

g. 超速性能；

h. 超载性能；

i. 密封性能；

j. 压力振摆；

k. 滞环；

l. 耐久性。

2.15 液压齿轮泵（摘自 JB/T 7041—2006）

本标准规定了液压齿轮泵（以下简称齿轮泵）的基本参数、技术要求、试验方法、检验规则及标志和包装等要求。

本标准适用于以液压油液或性能相当的

第一篇

其他液体为工作介质的齿轮泵（注：本标准所涉及的齿轮泵为外啮合齿轮泵）。

（1）基本参数和标记

① 基本参数。齿轮泵的基本参数应包括：

额定压力；

额定转速；

公称排量。

② 标记。应在产品上适当且明显的位置做出清晰和永久的标记或铭牌。标记或铭牌的内容应符合 GB/T 7935 的规定，采用的图形符号应符合 GB/T 786.1 的规定。

（2）技术要求

① 一般要求。一般要求应符合以下规定，有特殊要求的产品，由供、需双方商定。

a. 压力等级应符合 GB/T 2346 的规定。

b. 公称排量应符合 GB/T 2347 的规定。

c. 安装连接尺寸应符合 GB/T 2353 的规定。

d. 螺纹连接油口的形式和尺寸应符合 GB/T 2878 的规定。

e. 其他技术要求应符合 GB/T 7935—2005 中 4.3 的规定。

f. 制造商应在产品样本及相关资料中说明产品适用的条件和环境要求。

② 性能要求。齿轮泵的性能要求应包括：

a. 排量；

b. 自吸性能；

c. 容积效率和总效率；

d. 压力振摆；

e. 密封性能；

f. 噪声；

g. 高温性能；

h. 低温性能；

i. 超速性能；

j. 低速性能；

k. 超载性能；

l. 耐久性。

2.16 液压轴向柱塞泵（摘自 JB/T 7043—2006）

本标准规定了液压轴向柱塞泵（以下简称轴向柱塞泵）的基本参数、技术要求、试验方法、检验规则及标志和包装等要求。

本标准适用于以液压油液或性能相当的其他液体为工作介质，额定压力≤45MPa 的轴向柱塞泵。

（1）分类、基本参数和标记

① 分类。轴向柱塞泵按结构分为斜盘式轴向柱塞泵和斜轴式轴向柱塞泵；

按流量输出特征分为定量轴向柱塞泵和变量轴向柱塞泵。

② 基本参数。轴向柱塞泵的基本参数应包括：

额定压力；

额定转速；

公称排量。

③ 标记。应在产品上适当且明显的位置做出清晰和永久的标记或铭牌。标记或铭牌的内容应符合 GB/T 7935 的规定，采用的图形符号应符合 GB/T 786.1 的规定。

（2）技术要求

① 一般要求。一般要求应符合以下规定，有特殊要求的产品，由供、需双方商定。

a. 压力等级应符合 GB/T 2346 的规定。

b. 公称排量应符合 GB/T 2347 的规定。

c. 安装连接尺寸应符合 GB/T 2353 的规定。

d. 螺纹连接油口的形式和尺寸应符合 GB/T 2878 的规定。

e. 其他技术要求应符合 GB/T 7935—2005 中 4.3 的规定。

f. 制造商应在产品样本及相关资料中说明产品适用的条件和环境要求。

② 性能要求。轴向柱塞泵的性能要求应包括：

a. 排量；

b. 容积效率和总效率；

c. 自吸性能；

d. 变量特性

e. 噪声；

f. 低温性能；

g. 高温性能；

h. 超速性能；

i. 超载性能；

j. 抗冲击性能；

k. 满载性能；

l. 密封性能；

m. 耐久性。

2.17 液压蓄能器压力容腔体的额定疲劳压力验证（摘自 JB/T 7046—2006）

本标准规定了液压蓄能器压力容腔体的额定疲劳压力和额定静态压力的验证方法。

本标准适用于金属材料制成的气液式蓄能器的压力容腔体。

本标准也适用于由金属材料制成的用来分隔两种液体的液压传递器，及与蓄能器的储气腔相连的气瓶。

本标准不适用于由非金属材料制成的蓄能器、液压传递器和气瓶，也不适用于非气液式（例如重锤式或弹簧式）蓄能器。

本标准不适用于因化学反应或金属腐蚀而导致材料强度下降后的验证。

2.18 液压阀污染敏感度评定方法（摘自 JB/T 7857—2006）

本标准规定了液压阀污染敏感度评定方法。该方法从污染卡紧、污染磨损/冲蚀两方面来评定液压阀由固体颗粒污染物所引起的性能变化。

本方法的主要目的是在相同试验条件下比较不同类型液压阀对颗粒污染物的敏感性。由于不可能对现场可能发生的所有工况都进行试验，因而试验结果不作为定量评定液压阀在现场实际污染条件下使用性能的依据。

通过本评定方法可获得不同颗粒尺寸和污染浓度对液压阀污染卡紧和污染磨损/冲蚀的影响，从而确定为保护液压阀所需的过滤要求。

2.19 液压元件清洁度评定方法及指标（摘自 JB/T 7858—2006）

本标准规定了以液压元件内部残留污染物质量评定液压元件清洁度的方法，以及按液压元件内部污染物允许残留量（质量）确定的清洁度指标。

本标准适用于以矿物油为工作介质的各类液压元件和辅件。

2.20 液压泵站油箱公称容积系列（摘自 JB/T 7938—2010）

本标准规定了液压泵站油箱公称容积系列。

本标准适用于以液压油或性能相当的其他液体为工作介质的液压泵站油箱。

液压泵站油箱公称容积应符合表 1.1-82 规定。

表 1.1-82 液压泵站油箱公称容积系列

单位：L

			1250
	16	160	1600
			2000
2.5	25	250	2500
		315	3150
4.0	40	400	4000
		500	5000
6.3	63	630	6300
		800	8000
10	100	1000	10000

注：油箱公称容积大于本系列 10000L 时，应按 GB/T 321 中 R10 数系选择。

2.21 单活塞杆液压缸两腔面积比（摘自 JB/T 7939—2010）

本标准规定了单活塞杆液压缸两腔面积比。

本标准适用于单活塞杆液压缸，对应于液压缸无杆腔和有杆腔的两腔有效截面积的标准比值。

2.22 液压软管总成（摘自 JB/T 8727—2004）

本标准规定了公称内径分别为 5～31.5mm 的扩口式、5～38mm 的卡套式、5～51mm 的焊接式（或快换式）以及法兰式和 24°锥密封式钢丝增强液压橡胶软管总成（以下简称钢丝编织液压软管总成）和钢丝缠绕增强外覆橡胶的液压橡胶软管总成（以下简称钢丝缠绕液压软管总成）的产品分类、基本参数、连接尺寸、使用性能、技术条件、试验方法、检验规则、标志、包装、储存和运输等。

本标准适用于以液压油（液）为工作介质，工作温度范围分别为－40～＋100℃的钢丝编织液压软管总成和 1～5 型钢丝缠绕液压软管总成及－10～121℃的 6 型钢丝缠绕液压软管总成。

2.23 低速大转矩液压马达（摘自 JB/T 8728—2010）

本标准规定了曲轴连杆径向柱塞马达、曲轴无连杆径向柱塞马达、曲轴摆缸径向柱塞马达、内曲线径向柱塞马达、径向钢球马达（内曲线径向球塞式马达）、双斜盘轴向柱塞马达等六种低速大转矩液压马达的结构类型、基本参数、技术要求、试验方法、检验规则和标志、包装。

本标准适用于以液压油或性能相当的其他矿物油为工作介质的上述低速大转矩液压马达。其他结构类型的低速大转矩液压马达可参照使用。

2.24 液压多路换向阀技术条件（摘自 JB/T 8729.1—1998）

本标准规定了液压多路换向阀的技术条件。适用于以液压油或性能相当的其他矿物油为工作介质的液压多路换向阀（以下简称多路阀）。

① 一般要求

a. 公称压力系列应符合 GB 2346 的规定。

b. 公称流量系列应符合 JB/T 53359—1998 中相应的规定。

c. 油口连接螺纹尺寸应符合 GB/T 2878 的规定。

d. 产品样本中除标明技术参数外，还需绘制出压力损失特性曲线、内泄漏量特性曲线、安全阀等压力特性曲线等主要性能曲线，便利用户选用。

e. 其他技术要求应符合 GB 7935—1987 中的规定。

② 使用性能

a. 内泄漏量。中立位置内泄漏量不得大于表 1.1-83 的规定；换向位置内泄漏量不得大于表 1.1-84 的规定。

b. 压力损失。在公称流量下的压力损失不得大于表 1.1-85 的规定。

c. 安全阀性能。在额定工况下，安全阀各项性能参数不得超过表 1.1-86 的规定。

d. 补油阀开启压力。补油阀开启压力不得大于 0.2MPa。

表 1.1-83 多路阀中立位置内泄漏量指标 单位：mL/min

公称压力/MPa	通径/mm				
	10	15	20	25	32
16	70	80	100	140(290)	170(360)
20	90	100	125	175(300)	200(380)
25	110	125	155	215	250
31.5	140	160	200	280	320

注：1. 括号内指标为装载机用 DF 型整体多路阀动臂杆下降口内泄漏量指标。

2. 有更高要求的用户，内泄漏量指标由用户与生产厂家协商解决。

表 1.1-84 多路阀换向位置内泄漏量指标 单位：mL/min

公称压力/MPa	通径/mm				
	10	15	20	25	32
16	200	310	500	800	1250
20	250	390	625	1000	1560
25	300	470	760	1250	1935
31.5	400	620	100	1600	2500

表 1.1-85 多路阀压力损失指标 单位：MPa

油路形式		公称压力			
		16	20	25	31.5
并联与串—并联型	中立	0.8	0.8	0.9	0.9
	换向	1.0	1.2	1.3	1.3
串联型	中立	0.8	0.8	0.9	0.9
	换向	1.3	1.4	1.4	1.4

表 1.1-86 安全阀性能指标

安全阀性能	公称压力/MPa			
	16	20	25	31.5
开启压力/MPa	14.4	18.0	22.5	28.8
闭合压力/MPa	13.6	17.0	21.2	27.2
压力振摆/MPa	±0.5	±0.6	±0.7	±0.8
压力超调率/%	25			
瞬态恢复时间/s	0.2	0.22	0.24	0.25
溢流量/(L/min)	2.5%q_v			

表 1.1-87 过载阀、补油阀泄漏量指标 单位：mL/min

通径/mm	公称压力/MPa			
	16	20	25	31.5
10	14	18	22	28
15	16	20	25	32
20	20	25	31	40
25	28	35	43	56
32	34	40	50	64

表 1.1-88 多路阀操纵力指标 单位：N

公称压力/MPa	通径/mm				
	10	15	20	25	32
16	200	250	320	390	420
20	200	250	320	390	420
25	280	320	380	430	460
31.5	280	320	380	430	460

表 1.1-89 多路阀清洁度指标

通径/mm	污物质量/mg	通径/mm	污物质量/mg
10	25+14N	25	50+31N
15	30+16N	32	67+47N
20	33+22N		

注：N 为多路阀联数。

e. 过载阀、补油阀泄漏量。过载阀、补油阀泄漏量不得大于表 1.1-87 的规定。

f. 操纵力。在额定工况下，操纵力不得大于表 1.1-88 的规定。

g. 密封性。静密封处不得渗油，动密封处不得滴油。

h. 耐久性。公称压力为 16MPa、20MPa 的多路阀，换向次数不得少于 25 万次；公称压力为 25MPa、31.5MPa 的多路阀，换向次数不得少于 10 万次。试验后，内泄漏量增加值不得大于规定值的 10%，安全阀开启率不得低于 80%，零件不得有异常磨损和其他形式的损坏。

③ 加工质量。按 JB/T 5058 规定划分加工的质量特性重要度等级。

④ 装配质量

a. 多路阀装配技术要求应符合 GB 7935—1987 中相应的规定。

b. 内部清洁度：内部清洁度检测方法按 JB/T 7858 规定，其内腔污物质量不得大于表 1.1-89 规定值。

2.25 液压多路换向阀试验方法

（摘自 JB/T 8729.2—1998）

本标准规定了液压多路换向阀（简称多路阀）的定义、符号、单位和试验方法。适用于以液压油或性能相当的其他矿物油为工作介质的液压多路换向阀的型式试验和出厂试验。

(1) 定义

① 公称压力。多路阀名义上规定的压力。

② 过载压力。指工作油口（A，B 口）过载阀调定的压力。

③ 公称流量。多路阀名义上规定的流量。

④ 试验流量。测试多路阀性能时规定的流量。内泄漏、背压、补油阀、过载阀试验的试验流量定为大于或等于 20%q_v，其余项目均按公称流量试验。

(2) 试验回路原理图

试验回路原理图见图 1.1-81

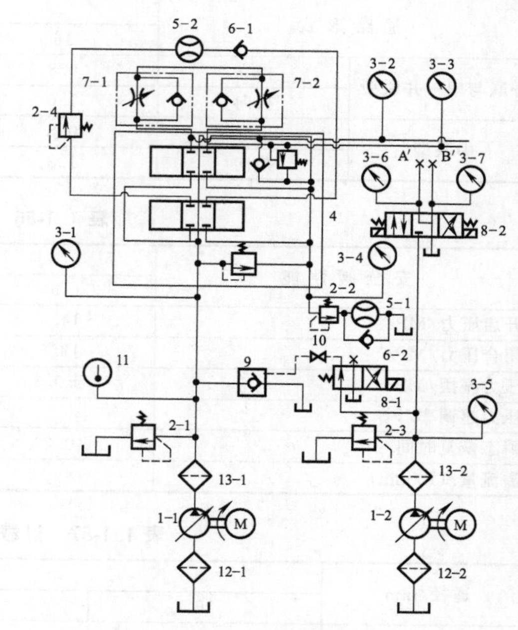

图 1.1-81 试验回路原理图

1-1，1-2—液压泵；2-1，2-2，2-3，2-4—溢流阀；3-1，3-2，3-3，3-4，3-5，3-6，3-7—压力表（对瞬态试验，压力表 3-1 处应接入压力传感器）；4—被试多路阀；5-1，5-2—流量计；6-1，6-2—单向阀；7-1，7-2—单向节流阀；8-1，8-2—电磁换向阀；9—阶跃加载阀；10—截止阀；11—温度计；12-1，12-2，13-1，13-2—过滤器

试验装置油源的流量应能调节，油源流量应大于被试阀的公称流量。油源压力应能

短时间超载 20%～30%。

2.26 液压气动用球涨式堵头尺寸及公差（摘自 JB/T 9157—2011）

本标准规定了液压气动用球涨式堵头的外形尺寸和公差以及安装孔尺寸和公差。适用于最高工作压力为 40MPa 的液压气动系统和元件中使用的球涨式堵头。

（1）尺寸和公差

球涨式堵头的外形，如图 1.1-82 所示。球涨式堵头的外形尺寸及公差按表 1.1-90 的规定。

（2）安装孔尺寸和公差

安装孔的结构，如图 1.1-83 所示。安装孔尺寸及公差按表 1.1-91 的规定。

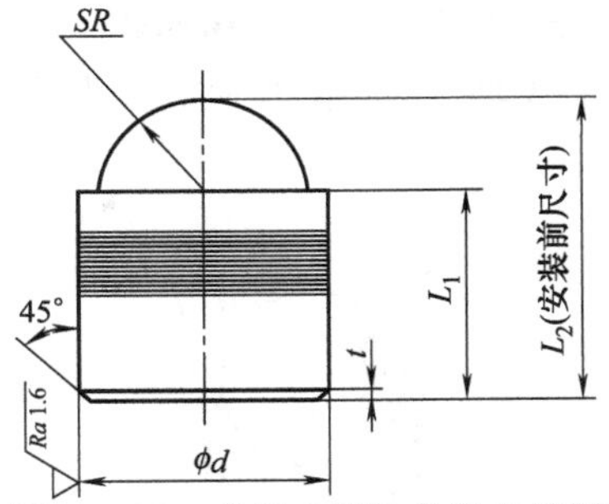

图 1.1-82　球涨式堵头外形示意图

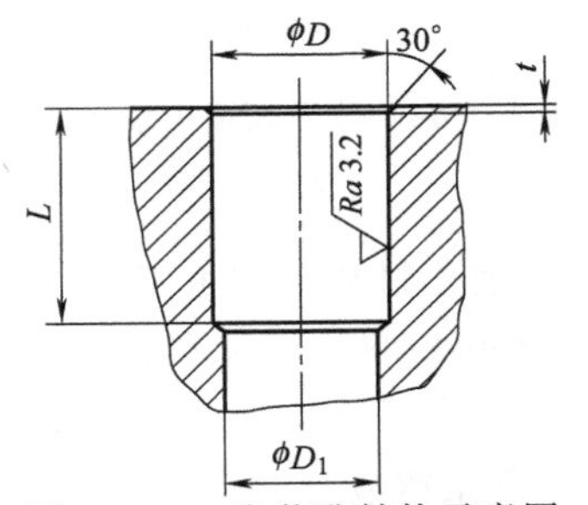

图 1.1-83　安装孔结构示意图

表 1.1-90　球涨式堵头的外形尺寸及公差　单位：mm

d		L_1		L_2		t	SR
基本尺寸	公差带	基本尺寸	公差带	基本尺寸	公差带		
3.2	f8①	3.4	±0.15	4.7	±0.15	±0.3	1.185
4		4.2		5.7			1.500
5		5.7		7.5			2.000
6		6.7		9			2.500
7		7.7		10.3			3.000
8		8.7		12.2			3.500
9		10.2	±0.12	13	±0.2	±0.5	4.000
10		11.2		15.8			4.500
12		13.2		18.6			5.500
14		15.2		21.5			6.350
16		17.2		23.8			7.150

①公差值按 GB/T 1800.2。

表 1.1-91　安装孔尺寸及公差　单位：mm

d		L_1		L_2		t
基本尺寸	公差带	基本尺寸	公差带	基本尺寸	公差带	
3.2	$^{+0.04}_{0}$	2.5	$^{0}_{-0.5}$	4.2	$^{+0.3}_{0}$	0.5
4		3		5		
5		4		6.5		
6		5		7.5		
7		6		8.5		
8		7		9.5		
9		8		11	$^{+0.5}_{0}$	0.7
10		9		12		
12		10.5		14		
14		12.5		16		
16		14.5		18		

（3）球涨式堵头的结构形式

球涨式堵头的结构形式，如图 1.1-84 所示。

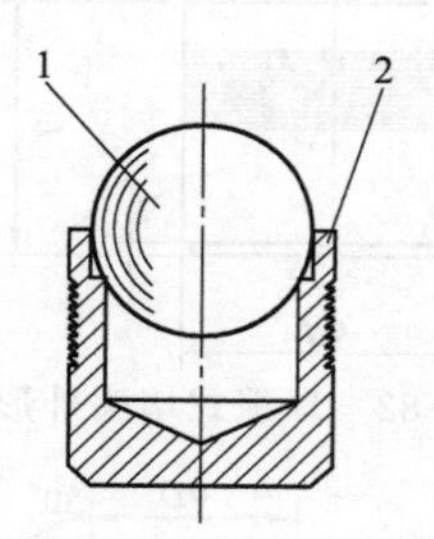

图 1.1-84　球涨式堵头结构形式
1—钢球；2—壳体

（4）安装孔材料与加工工艺

① 安装孔材料。安装孔材料应无材质疏松、缩孔、裂纹等缺陷，材料可以是灰铸铁、球墨铸铁、碳素钢或合金钢、铜或铜合金及高强度铝合金。材料的力学性能应符合以下要求：

a. 抗拉强度在 250～1000MPa 范围内；

b. 硬度在 150～250HBW 范围内。

② 安装孔加工工艺。安装孔加工应采用钻孔后铰孔的工艺程序。

（5）安装、拆除方法

① 安装方法。球涨式堵头应按照以下方法进行安装。

a. 用户在首次使用某企业生产的球涨式堵头时，应进行初装试验，在耐压及密封性能均符合系统或元件的要求后，才可正式使用。

b. 合理确定安装孔的尺寸和位置：孔的壁厚应不小于孔径 D；若有平行精密孔，壁厚应大于孔径 D。

c. 检查球涨式堵头，外观应无缺陷，尖齿应无缺口，如有外观缺陷或尖齿缺口，不能使用。

d. 检查安装孔是否有材质疏松、缩孔、裂纹等缺陷，如有缺陷，不可装球涨式堵头。

e. 用丙酮清洗安装孔及球涨式堵头。

f. 安装球涨式堵头时，把其置于安装孔中，再将钢球敲入至壳体底部（见图 1.1-85）。

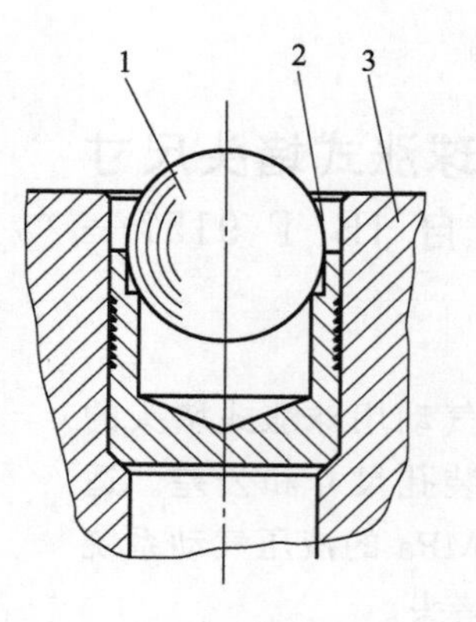

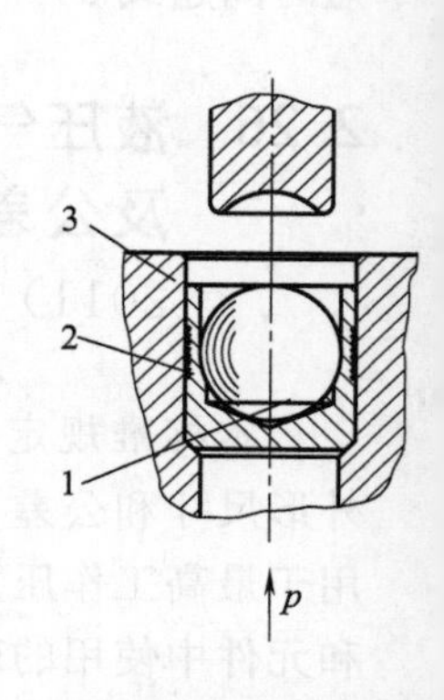

(a) 球涨式堵头置于安装孔中　(b) 钢球敲入到壳体底部

图 1.1-85　球涨式堵头安装方法示意图
1—钢球；2—壳体；3—工件

② 拆除方法。球涨式堵头的钢球硬度小于等于 40HRC。若需拆除堵头，可用硬质合金钻头钻去。当直径大于 6mm 时，可分次钻去。

（6）适用温度范围

球涨式堵头的适用温度范围为 －40～100℃。

2.27　液压缸（摘自 JB/T 10205—2010）

本标准规定了单、双作用液压缸的分类和基本参数、技术要求、试验方法、检验规则、包装、运输等要求。适用于公称压力在 31.5MPa 以下，以液压油或性能相当的其他矿物油为工作介质的单、双作用液压缸。对公称压力高于 31.5MPa 的液压缸可参照本标准执行。除本标准规定外的特殊要求，应由液压缸制造商和用户协商。

2.28　摆线液压马达（摘自 JB/T 10206—2010）

本标准规定了摆线液压马达（以下简称

马达）的结构形式、基本参数、技术要求、试验方法、检验规则和标志、包装。本标准适用于以液压油或性能相当的其他矿物油为工作介质的马达。

2.29 液压单向阀（摘自 JB/T 10364—2002）

本标准规定了液压单向阀、液控单向阀（以下简称单向阀）的基本参数、技术要求、试验方法、检验规则和标志、包装、运输和储存等要求。

本标准适用于以液压油或性能相当的其他液体为工作介质的螺纹连接、板式连接和叠加式连接的单向阀。

2.30 液压电磁换向阀（摘自 JB/T 10365—2002）

本标准规定了液压电磁换向阀（以下简称电磁换向阀）的基本参数、技术要求、试验方法、检验规则和标志、包装、运输和储存等要求。本标准适用于以液压油或性能相当的其他液体为工作介质的电磁换向阀。

2.31 液压调速阀（摘自 JB/T 10366—2002）

本标准规定了液压调速阀、单向调速阀和溢流节流阀（以下统称调速阀）的基本参数、技术要求、试验方法、检验规则和标志、包装、运输和储存等要求。

本标准适用于以液压油或性能相当的其他液体为工作介质的螺纹连接、板式连接和叠加式 连接的调速阀。

2.32 液压减压阀（摘自 JB/T 10367—2002）

本标准规定了液压减压阀、单向减压阀（以下简称减压阀）的基本参数、技术要求、试验方法、检验规则和标志、包装、运输和储存等要求。本标准适用于以液压油或性能相当的其他液体为工作介质的螺纹连接、板式连接和叠加式连接的减压阀。

2.33 液压节流阀（摘自 JB/T 10368—2002）

本标准规定了液压节流阀、单向节流阀、行程节流阀和单向行程节流阀（以下简称节流阀）的基本参数、技术要求、试验方法、检验规则和标志、包装运输和储存等要求。

本标准适用于以液压油或性能相当的其他液体为工作介质的螺纹连接、板式连接和叠加式连接的节流阀。

2.34 液压手动及滚轮换向阀（摘自 JB/T 10369—2002）

本标准规定了液压手动及滚轮换向阀的基本参数、技术要求、试验方法、检验规则和标志、包装、运输和储存等要求。

本标准适用于以液压油或性能相当的其他液体为工作介质的液压手动及滚轮换向阀。

2.35 液压顺序阀（摘自 JB/T 10370—2002）

本标准规定了液压内控顺序阀、外控顺序阀、内控单向顺序阀、外控单向顺序阀及其变种——内控平衡阀、外控平衡阀、卸荷阀、单向卸荷阀、顺序背压阀（以下统称顺序阀）的基本参数、技术要求、试验方法、检验规则和标志、包装、运输和储存等要求。

本标准适用于以液压油或性能相当的其他液体为工作介质的螺纹连接、板式连接和叠加式连接的顺序阀。

2.36 液压卸荷溢流阀（摘自 JB/T 10371—2002）

本标准规定了液压卸荷溢流阀（以下简称卸荷溢流阀）的基本参数、技术要求、试验方法、检验规则和标志、包装、运输和储存等要求。

本标准适用于以液压油或性能相当的其他液体为工作介质的螺纹连接、板式连接和叠加式连接的卸荷溢流阀。

2.37 液压压力继电器（摘自 JB/T 10372—2002）

（1）范围

本标准规定了液压压力继电器（以下简称压力继电器）的基本参数、技术要求、试验方法、检验规则和标志、包装、运输和储存等要求。适用于以液压油或性能相当的其他液体为工作介质的螺纹连接和板式连接的压力继电器。

（2）基本参数

压力继电器的分类及基本参数应包括公称压力、公称通径、调压范围等。

（3）技术要求。

① 一般要求

a. 公称压力系列应符合 GB/T 2346 的规定。

b. 螺纹连接油口的形式和尺寸应符合 GB/T 2878 的规定。

c. 板式连接安装面应符合 GB/T 8101 的规定。

d. 其他技术要求应符合 GB/T 7935 的规定。

② 性能要求。压力继电器的性能要求应包括：

a. 压力稳定性；

b. 灵敏度；

c. 重复精度；

d. 外泄漏量；

e. 动作可靠性；

f. 瞬态特性；

g. 密封性，在额定工况下，压力继电器静密封处不得渗漏，动密封处不得滴油；

h. 耐压性，压力继电器各承压油口应能承受该油口最高工作压力的 1.5 倍，不得有外渗漏及零件损坏等现象；

i. 耐久性，在额定工况下，压力继电器应能承受规定的动作次数，其零件不应有异常磨损和其他形式的损坏，各项性能指标下降不应超过规定值的 10%。

③ 装配要求。

a. 压力继电器装配应按 GB/T 7935 的规定。

b. 压力继电器内部清洁度应符合表 1.1-92的规定。

表 1.1-92 内部清洁度指标

公称通径/mm	清洁度指标值/mg
6	12
8	18

2.38 液压电液动换向阀和液动换向阀（摘自 JB/T 10373—2002）

本标准规定了液压电液动换向阀和液动换向阀的基本参数、技术要求、试验方法、检验规则和标志、包装等要求。适用于以液压油或性能相当的其他液体为工作介质的液压电液动换向阀和液动换向阀。

2.39 液压溢流阀（摘自 JB/T 10374—2002）

本标准规定了液压溢流阀、电磁溢流阀、远程调压阀（以下统称溢流阀）的基本参数、技术要求、试验方法、检验规则和标志、包装、运输和储存等要求。适用于以液压油或性能相当的其他液体为工作介质的螺纹连接、板式连接和叠加式连接的溢流阀。

2.40 液压二通插装阀试验方法（摘自 JB/T 10414—2004）

本标准规定了液压二通插装阀的试验方法。适用于以液压油或性能相当的其他流体为工作介质的液 压二通插装阀。

2.41 液压系统工作介质使用规范（摘自 JB/T 10607—2006）

本标准规定了液压系统工作介质的选择、使用、储存和废弃处理的基本原则，以及相关的技术指导。适用于一般工业设备用液压系统和行走机械液压系统。

本标准中工作介质指液压油液，包括矿物油型液压油和合成烃型液压油以及合成液压液和环境可接受液压液。对于以难燃液压液为工作介质的使用规范，应按照 GB/T 16898 的规定。

2.42 液压马达（JB/T 摘自 10829—2008）

本标准规定了液压轴向柱塞马达（以下简称柱塞马达）、外啮合渐开线齿轮马达（以下简称齿轮马达）和叶片马达的术语和定义、基本参数、技术要求、试验方法、检验规则、标志和包装等要求。

本标准适用于以液压油液或性能相当的其他液体为工作介质，额定压力≤42MPa 的上述三类液压马达。

2.43 液压电磁换向座阀（摘自 JB/T 10830—2008）

本标准规定了液压电磁换向座阀（以下简称电磁座阀）的基本参数、技术要求、试验方法、检验规则、标志和包装等要求。

本标准适用于以液压油或性能相当的其他液体为工作介质的电磁座阀。

2.44 静液压传动装置（摘自 JB/T 10831—2008）

本标准规定了静液压传动装置的基本参数、技术要求、试验方法、检验规则、标志和包装等要求。本标准适用于以液压油液或性能相当的其他液体为工作介质的静液压传动装置。

本标准仅适用于由变量柱塞泵、定量柱塞马达组成的整体闭式系统的静液压传动装置。

2.45 液压滤芯滤材验收规范（摘自 JB/T 11038—2010）

本标准规定了液压滤芯用滤材检测方法、验收规则及报告形式。

本标准适用于液压滤芯用玻璃纤维滤材、合成纤维滤材、植物纤维滤材、金属丝编织网、烧结金属纤维滤材和烧结金属粉末滤材的验收，其他液压滤芯用滤材的验收也可参照执行。

3 常用液压公式

① (泵和马达)几何流量/(L/min)$=\dfrac{\text{几何排量}/(\text{cm}^3/\text{r})\times\text{轴转速}/(\text{r/min})}{1000}$

② (泵和马达)理论轴转矩/N·m$=\dfrac{\text{几何排量}/(\text{cm}^3/\text{r})\times\text{压力}/(10^5\,\text{Pa})}{20\pi}$

③ 轴功率/kW$=\dfrac{\text{轴转矩}/(\text{N}\cdot\text{m})\times\text{轴转速}/(\text{r/min})}{9550}$

④ 液压功率/kW$=\dfrac{\text{流量}/(\text{L/min})\times\text{压力}/(10^5\,\text{Pa})}{600}$

⑤ 液压功率的热当量/(kJ/min)$=\dfrac{\text{流量}/(\text{L/min})\times\text{压力}/(10^5\,\text{Pa})}{10}$

⑥ (缸)几何流量/(L/min)$=\dfrac{\text{有效面积}/\text{cm}^2\times\text{活塞速度}/(\text{m/min})}{10}$

⑦ (缸)几何力/N=有效面积/$\text{cm}^2\times$压力/$10^5\,\text{Pa}\times10$

⑧ 管内油液流速/(m/s)$=\dfrac{\text{流量}/(\text{L/min})\times21.22}{D^2}$式中,$D$为管子内径,mm。

第二章 液压流体力学常用计算公式及资料

流体分液体和气体两种。液体分子间距较小，一般视为不可压缩流体。气体分子间距较大，当压力或温度发生变化时会引起体积明显的变化，因此称为可压缩流体。所有流体都可视为由质点组成的连续介质，质点之间无间隙。

1 流体静力学

流体静力学就是研究平衡流体的力学规律及其应用的科学。所谓平衡（或者说静止），是指流体宏观质点之间没有相对运动，达到了相对的平衡。因此流体处于静止状态包括了两种形式：一种是流体对地球无相对运动，叫绝对静止，也称为重力场中的流体平衡，如盛装在固定不动容器中的液体；另一种是流体整体对地球有相对运动，但流体对运动容器无相对运动，流体质点之间也无相对运动，这种静止叫相对静止或叫流体的相对平衡，例如盛装在做等加速直线运动和做等角速度旋转运动的容器内的液体。

1.1 作用于静止流体上的力

1.1.1 质量力

作用于流体的每一个质点上，大小与流体所具有的质量成正比的力称为质量力。在均质流体中，质量力与流体的体积成正比，因此又叫体积力。

常见的质量力有重力 $G=mg$，直线运动惯性力 $F_1=ma$，离心惯性力 $F_R=mr\omega^2$。

质量力的大小用单位质量力来度量。所谓单位质量力就是作用于单位质量流体上的质量力。设均质流体的质量为 m，体积为 V，所受质量力为 F，则 $F=ma_m=m(f_xi+f_yj+f_zk)$。其中运动加速度 $a_m=F/m=f_xi+f_yj+f_zk$ 为单位质量力，在数值上就等于加速度 a_m；而 f_x、f_y、f_z 分别表示单位质量力在坐标轴 x，y，z 上的分量，在数值上也分别等于加速度在三个坐标轴上的分量 a_x、a_y、a_z。

重力场中的流体只受到地球引力的作用，取 z 轴铅垂向上，xoy 为水平面，则单位质量力在 x、y、z 轴上的分量分别为 $f_x=0$，$f_y=0$，$f_z=-mg/m=-g$。式中负号表示重力加速度 g 与坐标轴 z 方向相反。

1.1.2 表面力

表面力是作用于被研究流体的外表面上，大小与表面积成正比的力。表面力有法向力和切向力。法向力是表面内法线方向的压力，单位面积上的法向力称为流体的正应力。切向力是沿表面切向的摩擦力，单位面积上的切向力就是流体黏性引起的切应力。

表面力的作用机理实际上是周围流体分子或固体分子对所研究流体表面的分子作用力的宏观表现。

1.2 流体静压力及其特性

1.2.1 压力

在静止或相对静止的流体中，单位面积上的内法向表面力称为压强，在液压传动中习惯上称为“压力”。

1.2.2 流体静压力的特性

流体静压力的两个特性：①流体静压力垂直于其作用面，其方向指向该作用面的内法线方向；②静止流体中任意一点处流体静压力的大小与作用面的方位无关，即同一点各方向的流体静压力均相等。

1.3 流体静力学基本方程

流体静力学基本方程有以下三种表示形式（图 1.2-1）

$$p=p_0+\rho gh \qquad (1.2\text{-}1)$$

$$p_2-p_1=\rho g\Delta h \qquad (1.2\text{-}2)$$

$$\frac{p_1}{\rho g}+z_1=\frac{p_2}{\rho g}+z_2 \qquad (1.2\text{-}3)$$

式中 g——重力加速度（9.81m/s^2）；

ρ——流体的密度，kg/m^3；

p_0——自由液面上的压力，Pa；

p——液体中任一点处的压力，Pa；

h——液体中任一点距自由液面的高度，m；

p_1、p_2——液体中任意两点 1 及 2 处的压力，Pa；

Δh——1、2 两点间的垂直高度差，$\Delta h=h_2-h_1=z_2-z_1$，m；

z_1、z_2——1、2 两点离基准面的垂直坐标，m。

注意：在应用式（1.2-2）及式（1.2-3）时，1 及 2 这两点必须在连续的同一介质中。如不是在同一介质中或中间夹有其他介质，则该方程不适用。

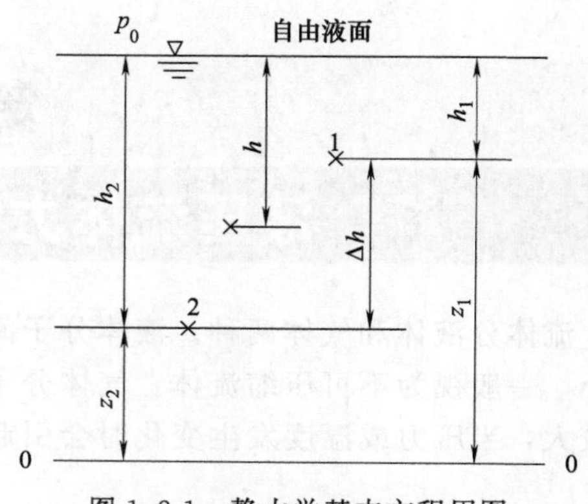

图 1.2-1 静力学基本方程用图

1.4 压力的度量标准及测量

压力是流体内部各点单位面积上的法向力，也称为“压强”。压力的单位为“Pa”，按压力零点不同，其表示方法有以下三种。

① 绝对压力 以绝对真空为零点。

② 相对压力（表压力） 以大气压力为零点。

③ 真空度 当绝对压力小于大气压力时，其小于大气压力的数值称为真空度，也称为负压。

$$p_r=p_m-p_a \qquad (1.2\text{-}4)$$

$$p_v=p_a-p_m \qquad (1.2\text{-}5)$$

式中 p_m——绝对压力，Pa；

p_r——相对压力（表压力），Pa；

p_a——大气压力，Pa；

p_v——真空度，Pa。

故

$$p_v=-p_r \qquad (1.2\text{-}6)$$

测量压力的仪器主要有三种：金属弹性式压力计、电测式压力计和液柱式压力计。金属弹性式压力计是利用待测液体的压力使金属弹性元件变形来工作，其量程较大，多用于液压传动中；电测式压力计是将弹性元件的变形转换为电量，便于远程测量和动态测量；液柱式压力计测量精度高，但量程小，一般用于低压实验场所。

当被测流体的压力与大气压力相差很小时，为了提高测量精度常采用倾斜式微压计。微压计测试原理如图 1.2-2 所示。连通容器中装满密度为ρ_2的液体，右边的测管可以绕枢轴转动从而形成较小的锐角，容器原始液面为$O—O$，当待测流体压力p大于大气压力p_a并引入微压计后，微压计中液面下降Δh，而测管中液面上升h，形成平衡。根据等压面方程，有

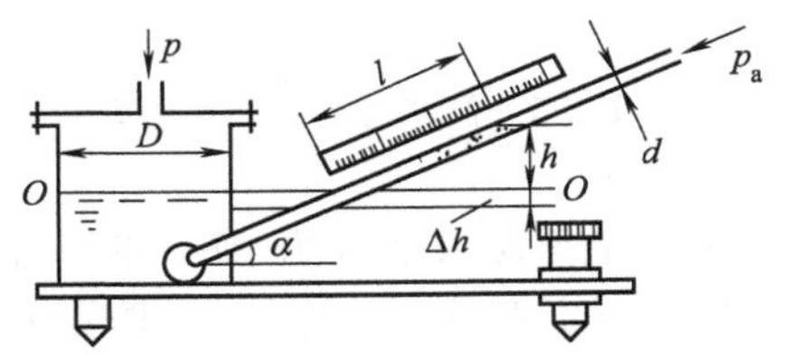

图 1.2-2　微压计测压原理图

$$p_m=p_a+\rho_2(h+\Delta h)$$

表压力　$p_r=p_m-p_a=\rho_2(h+\Delta h)$

而　$h=l\cdot\sin\alpha$

根据体积相等原则

$$\Delta h\cdot\frac{\pi D^2}{4}=l\cdot\frac{\pi d^2}{4}$$

所以

$$p_r=\rho_2 l\left[\sin\alpha+\left(\frac{d}{D}\right)^2\right]$$

当$D\gg d$时，被测流体的相对压力

$$p_r=\rho_2 l\sin\alpha$$

【例】 如图 1.2-3 所示，一密闭容器中，上部装有密度为$\rho_1=800\text{kg/m}^3$的油，下部是水（其密度$\rho_2=1000\text{kg/m}^3$）。已知$h_1=0.3\text{m}$，$h_2=0.5\text{m}$，测压管中水银（其密度$\rho=13600\text{kg/m}^3$）液面读数$h=0.4\text{m}$。求密闭容器中油面上的压力p_0的值。

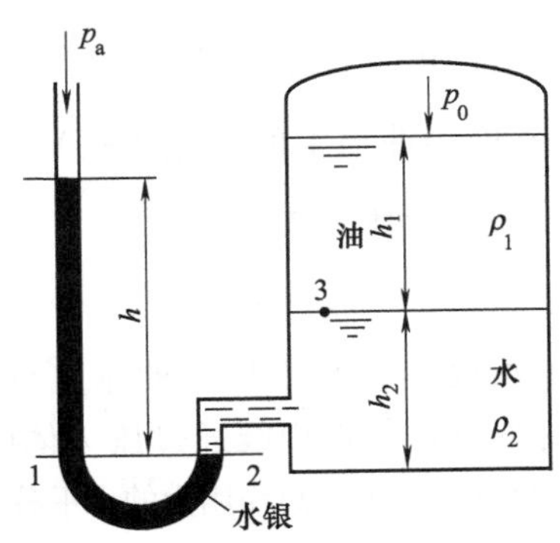

图 1.2-3　求测压管中压力示意图

解　压力分布公式（1.2-1）只能在同种类连续介质中应用，对于多种流体系统可通过流体分界面分别应用式（1.2-1）。

按相对压力计算，$p_a=0$

1、2 两点在同一等压面上，$p_1=p_2$

而　$p_1=p_a+\rho gh=\rho gh$

$$p_2=p_3+\rho_2 gh_2$$

$$p_3=p_0+\rho_1 gh_1=\rho_1 gh_1$$

所以　$\rho gh=p_0+\rho_1 gh_1+\rho_2 gh_2$

于是　$p_0=\rho gh-\rho_1 gh_1-\rho_2 gh_2$

$=13600\times9.81\times0.4\text{Pa}-800\times9.81\times0.3\text{Pa}-1000\times9.81\times0.5\text{Pa}$

$=4.61\times10^4\text{Pa}=46.1\text{kPa}$

1.5　静止流体对固体壁面的作用力

1.5.1　静止流体对平面壁的总压力

设有一任意形状的平板，其面积为A，置于静止液体（密度ρ）之中，如图 1.2-4 所示。液体中任意点的压力p与淹深h成正比，且垂直指向平板。液体对平板的总作用力，相当于对平行力系求合力。

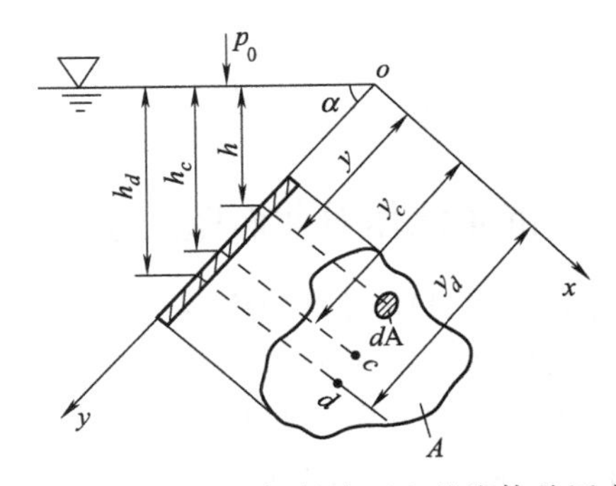

图 1.2-4　作用于倾斜液面上的液体总压力

在平板受压面上，任取一微小面积dA，其上的压力可看成均布，则

$$p=p_0+\rho gh=p_0+\rho gy\sin\alpha$$

因此微元面积dA上受到液体的微小作用力为

$$\mathrm{d}F=p\cdot \mathrm{d}A=(p_0+\rho g y\sin\alpha)\mathrm{d}A$$

积分上式得流体作用于平板 A 上的总压力

$$F=\int_A \mathrm{d}F=\int_A p\mathrm{d}A$$
$$=\int_A(p_0+\rho g y\sin\alpha)\mathrm{d}A$$
$$=p_0A+\rho g\sin\alpha\int_A y\mathrm{d}A$$

因为 $\int_A y\mathrm{d}A$ 是平面 A 绕通过 o 点的 ox 轴的面积矩，即 $\int_A y\mathrm{d}A=y_cA$。y_c 是平板形心 c 到 ox 的距离。且 $y_c\sin\alpha=h_c$，所以总压力

$$F=p_0A+\rho gAy_c\sin\alpha$$
$$=p_0A+\rho gh_cA \qquad (1.2\text{-}7)$$

总压力的作用点称为压力中心，设为 d 点。总压力 F 对 ox 轴的力矩应该等于微小压力 $\mathrm{d}F$ 对 ox 轴的力矩之合，即

$$y_d\cdot F=\int_A py\mathrm{d}A$$
$$=\int_A(p_0+\rho g y\sin\alpha)y\mathrm{d}A$$
$$=p_0Ay_c+\rho g\sin\alpha\int_A y^2\mathrm{d}A$$

式中 $\int_A y^2\mathrm{d}A$ 为面积 A 对 ox 轴的惯性矩 J_x，且 $J_x=J_c+y_c^2$，J_c 是平面 A 对通过 c 点且平行于 ox 轴的惯性矩。

当液面为大气压力时，压力中心的计算公式为

$$y_d=y_c+\frac{J_c}{y_cA} \qquad (1.2\text{-}8)$$

1.5.2 静止流体对曲面壁的总压力

计算流体对曲面壁的作用力是空间力系求合力的问题。由于曲面不同点上的作用力的方向不同，因此常将各微元面积上的压力 $\mathrm{d}F$ 进行分解，然后再总加起来。

（1）水平分力

设曲面 ab 的面积为 A，置于液体之中，如图 1.2-5 所示。假设液面为大气压力，在曲面 ab 上任取一微小面积 $\mathrm{d}A$（对应的淹没深度为 h），其所受的作用力

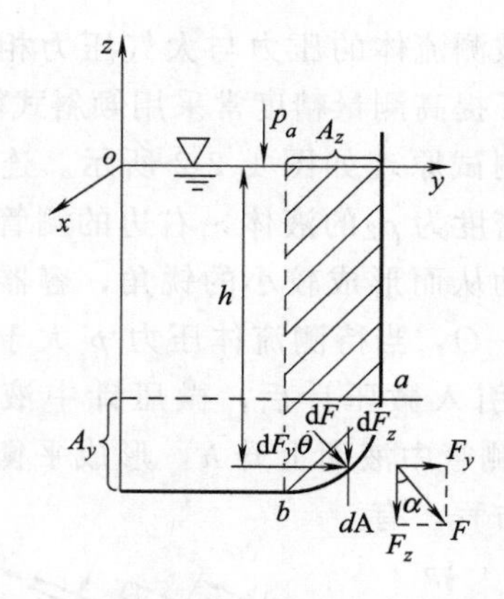

图 1.2-5 流体对曲面的作用力

将 $\mathrm{d}F$ 分解为水平分力 $\mathrm{d}F_y$ 和垂直分力 $\mathrm{d}F_z$，然后分别在整个曲面 A 上求积分，得

$$F_y=\int \mathrm{d}F_y=\int_A \mathrm{d}F\cos\theta$$
$$=\int_A \rho gh\mathrm{d}A\cos\theta=\int_A \rho gh\mathrm{d}A_y$$
$$=\rho g\int_A h\mathrm{d}A_y$$

式中 $\int_A h\mathrm{d}A_y=h_cA_y$ 为面积 A 在 zox 坐标面上的投影面积 A_y 对 ox 轴的面积矩（x 轴垂直于纸面），于是水平分力

$$F_y=\rho gh_cA_y \qquad (1.2\text{-}9)$$

其作用线通过 A_y 的压力中心。

（2）垂直分力

$$F_z=\int \mathrm{d}F_z=\int_A \mathrm{d}F\sin\theta$$
$$=\int_A \rho gh\mathrm{d}A\sin\theta=\int_A \rho gh\mathrm{d}A_z$$
$$=\rho g\int_A h\mathrm{d}A_z$$

式中 A_z 为面积 A 在 yox 坐标面上的投影面积，$\int_A h\mathrm{d}A_z$ 为曲面上的液体体积 V，通常称这个体积为压力体，于是

$$F_z=\rho gV \qquad (1.2\text{-}10)$$

即曲面上所受到的总作用力的垂直分力等于压力体的液重，其作用线通过压力体的重心。

对柱体曲面，所受总作用力的水平分力 F_y 和垂直分力 F_z，因为一定共面，合成的总作用力

$$F=\sqrt{F_y^2+F_z^2} \qquad (1.2\text{-}11)$$

它与垂直方向的夹角

$$\alpha=\arctan\frac{F_y}{F_z} \qquad (1.2\text{-}12)$$

且压力作用线必然通过垂直分力与水平分力的交点。

应该注意的是：压力体是所研究的曲面与通过曲面周界的垂直面和液体自由表面或其延伸面所围成的封闭空间。不管这个体积内是否充满液体，垂直分力的计算式 $F_z=\rho gV$ 是不变的。不过垂直分力的方向随压力体在受压面的同侧或异侧不同。如图 1.2-6 所示，左图压力体与受压曲面异侧，垂直分力向上；右图压力体与受压曲面同侧，垂直分力向下。

$$dF=\rho gh\,\mathrm{d}A$$

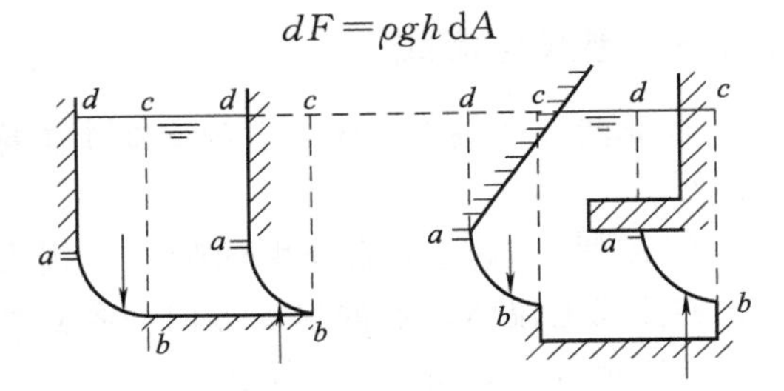

图 1.2-6　压力体

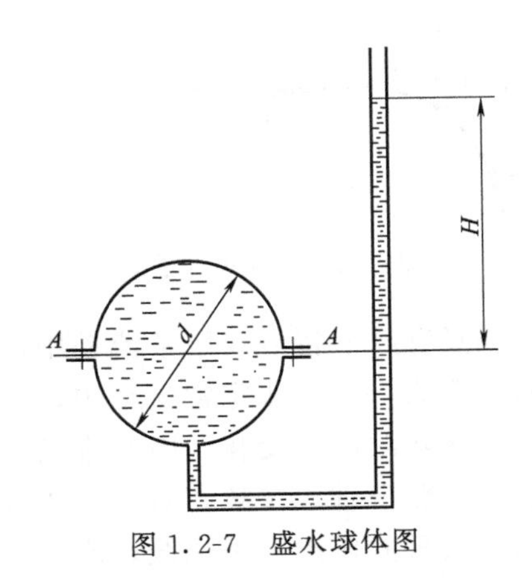

图 1.2-7　盛水球体图

【例】 如图 1.2-7 所示，由上下两个半球合成的圆球，直径 $d=2$m，球中充满水。当测压管读数 $H=3$m 时，不计球的自重，求下列两种情况下螺栓群 A—A 所承受的拉力。①上半球固定在支座上；②下半球固定在支座上。

解 ①当上半球固定在支座上时，螺栓群 A—A 所承受的拉力 F_1 为下半球所受水的铅垂向下作用力，即下半球压力体中液体的重力。下半球压力体的体积 $V_{下}$ 等于下半球的体积 V_1 加上下半球的周界线与自由液面的延伸面所围成的直径为 d、高为 H 的圆柱体体积 V_2。即

$$V_{下}=V_1+V_2=\frac{1}{12}\pi d^3+\frac{\pi d^2}{4}H$$

于是螺栓群 A—A 所承受的拉力

$$F_1=\rho gV_{下}=\rho g\left(\frac{1}{12}\pi d^3+\frac{\pi d^2}{4}H\right)$$

$$=1000\times9.81\times\left(\frac{\pi}{12}\times2^3+\frac{\pi}{4}\times2^2\times3\right)\text{N}$$

$$=113\text{kN}$$

② 当下半球固定在支座上时，螺栓群 A—A 所承受的拉力 F_2 为上半球所受水的铅直向上作用力，即上半球压力体中液体的重力。上半球压力体的体积 $V_{上}$ 等于上半球的周界线与自由液面的延伸面所围成的直径为 d、高为 H 的圆柱体体积 V_2 减去上半球的体积 V_1。即

$$V_{上}=V_2-V_1=\frac{\pi d^2}{4}H-\frac{1}{12}\pi d^3$$

于是螺栓群 A—A 所承受的拉力 F_2

$$F_2=\rho gV_{上}=\rho g\left(\frac{\pi d^2}{4}H-\frac{1}{12}\pi d^3\right)$$

$$=1000\times9.81\times\left(\frac{\pi}{4}\times2^2\times3-\frac{\pi}{12}\times2^3\right)\text{N}$$

$$=72\text{kN}$$

2　流体运动学基础

流体运动学研究流体的运动规律，即速度、加速度等各种运动参数的分布规律和变

化规律。流体运动所应遵循的物理定律，是建立流体运动基本方程组的依据。这里涉及的基本物理定律主要包括质量守恒定律等。

2.1 研究流体运动的两种方法

2.1.1 拉格朗日法（Lagrange）

① 拉格朗日坐标　在某一初始时刻 $t0$，以不同的一组数（a，b，c）来标记不同的流体质点，这组数（a，b，c）就叫拉格朗日变数，或称为拉格朗日坐标。

② 拉格朗日描述　拉格朗日法着眼于流场中每一个运动着的流体质点，跟踪观察每一个流体质点的运动轨迹（称为迹线）以及运动参数（速度、压强、加速度等）随时间的变化，然后综合所有流体质点的运动，得到整个流场的运动规律。

2.1.2 欧拉法（Euler）

① 欧拉法　以数学场论为基础，着眼于任何时刻物理量在场上的分布规律的流体运动描述方法。

② 欧拉坐标（欧拉变数）　欧拉法中用来表达流场中流体运动规律的质点空间坐标（x，y，z）与时间 t 变量称为欧拉坐标或欧拉变数。

流场中用来观察流体运动的固定空间区域称为控制体，控制体的表面称为控制面。

2.2 流体运动中的基本概念

2.2.1 定常流动与非定常流动

① 定常流动　若流体的运动参数（速度、加速度、压强、密度、温度、动能、动量等）不随时间而变化，而仅是位置坐标的函数，则称这种流动为定常流动或恒定流动。

② 非定常流动　若流体的运动参数不仅是位置坐标的函数，而且随时间变化，则称这种流动为非定常流动或非恒定流动。

③ 均匀流动　若流场中流体的运动参数既不随时间变化，也不随空间位置而变化，则称这种流动为均匀流动。

2.2.2 一维流动、二维流动、三维流动

① 一维流动　流场中流体的运动参数仅是一个坐标的函数。

② 二维流动　流场中流体的运动参数是两个坐标的函数。

③ 三维流动　流场中流体的运动参数依赖于三个坐标时的流动。

2.2.3 迹线与流线

① 迹线　流场中流体质点的运动轨迹称为迹线。

② 流线　流线是流场中的瞬时光滑曲线，在曲线上流体质点的速度方向与各点的切线方向重合，如图 1.2-8 所示。

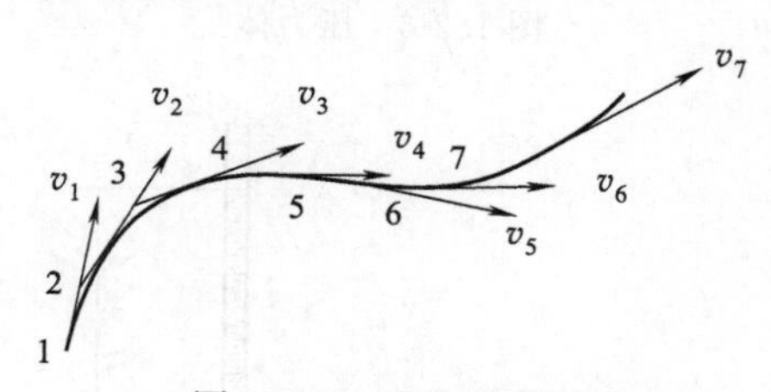

图 1.2-8　流线示意图

流线具有以下特点：定常流动中，流线与迹线重合为一条；非定常流动中，流线的位置和形状随时间而变化，因此流线与迹线不重合。一般来讲，在某一时刻，通过流场中的某一点只能作出一条流线；流线既不能转折，也不能相交，但速度为零的驻点和速度为无穷大的奇点（源和汇）除外，如图 1.2-9 所示。

2.2.4 流管与流束

① 流管　在流场中任取一不是流线的封闭曲线 L，过曲线上的每一点作流线，这些

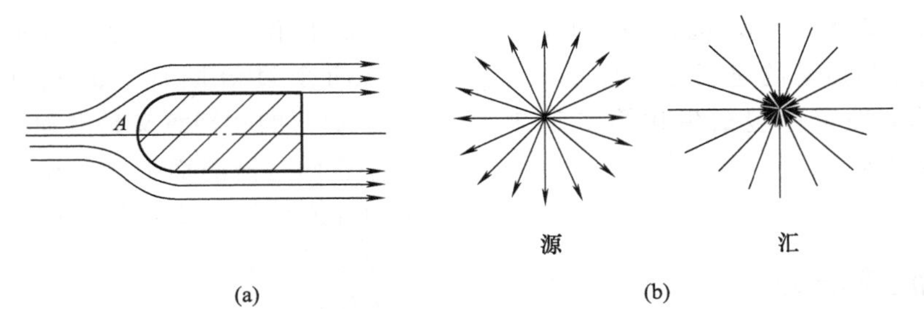

图 1.2-9 驻点和奇点示意图

流线所组成的管状表面称为流管。

② 流束 流管内部的全部流线的集合称为流束。

③ 总流 如果封闭曲线取在管道内部周线上，则流束就是充满管道内部的全部流体，这种情况通常称为总流。

④ 微小流束 封闭曲线极限近于一条流线的流束。注意：流管与流线只是流场中的一个几何面和几何线，而流束不论大小，都是由流体组成的。

2.2.5 过流断面、流量和平均流速

① 过流断面 流束中处处与速度方向相垂直的横截面称为该流束的过流断面。

② 流量 单位时间内通过某一过流断面的流体量称为流量。流量可以用体积流量或质量流量来表示。

单位时间内通过某一过流断面的流体体积称为体积流量，以 q_V 表示；单位时间内通过某一过流断面的流体质量称为质量流量，以 q_m 表示。

设过流断面积为 A，在其上任取一微小面积 dA，对应的流速为 u。则单位时间内通过 dA 上的微小流量为

$$dq_V = u\,dA$$

通过整个过流断面流量

$$q_V = \int dq_V = \int_A u\,dA \tag{1.2-13}$$

相应的质量流量

$$q_m = \int_A \rho u\,dA \tag{1.2-14}$$

③ 平均流速 常把通过某一过流断面的流量 q_V 与该过流断面面积 A 相除，得到一个均匀分布的速度，称为该过流断面的平均速度 v。

$$v = \frac{q_V}{A} = \frac{\int_A u\,dA}{A} \tag{1.2-15}$$

2.3 连续性方程

根据质量守恒的原则，单位时间内通过管路或流管的任一有效断面的流体质量为常数。即

$$\rho A v = C \tag{1.2-16}$$

其中 ρ、A、v 分别为流体的密度、过流断面面积及过流断面上的平均速度。如为不可压缩流体，则 ρ 为常数，此时有

$$Av = C$$

或

$$A_1 v_1 = A_2 v_2 \tag{1.2-17}$$

即流过过流断面 A_1 的流量与流过过流断面 A_2 的流量相等，即 $q_{V1} = q_{V2}$。

3 流体动力学

流体动力学是研究流体在外力作用下的运动规律即研究流体动力学物理量和运动学

物理量之间的关系的科学，也就是研究流体所受到的作用力与运动的速度之间的关系式。所应用的主要物理定律包括牛顿第二定律、机械能守恒定律等。

3.1 理想流体伯努利方程

在重力场中的理想流体做恒定流动，如流体为不可压缩流体，则沿流束或总流上任一过流断面有

$$zg+\frac{p}{\rho}+\frac{v^2}{2}=常数 \qquad (1.2\text{-}18)$$

$$z+\frac{p}{\rho g}+\frac{v^2}{2g}=常数 \qquad (1.2\text{-}19)$$

式中 p——压力，Pa；

z——过流断面中心离水平基准面的距离，m；

v——过流断面上的平均速度，m/s；

ρ——流体的密度，kg/m^3；

g——重力加速度（$9.81m/s^2$）；

$\frac{p}{\rho}$——单位质量流体的压力势能，而$\frac{p}{\rho g}$称为压力头；

zg——单位质量流体的位置势能，而z称为位置头，m；

$\frac{v^2}{2}$——单位质量流体的动能；而$\frac{v^2}{2g}$称为速度头。

式（1.2-18）和式（1.2-19）的物理意义是理想流体中沿流束或总流各过流断面上单位质量流体的总能量守恒，或三者能量头之和为常数。式（1.2-18）和式（1.2-19）也可以写成下面的形式

$$z_1g+\frac{p_1}{\rho}+\frac{v_1^2}{2}=z_2g+\frac{p_2}{\rho}+\frac{v_2^2}{2} \qquad (1.2\text{-}20)$$

$$z_1+\frac{p_1}{\rho g}+\frac{v_1^2}{2g}=z_2+\frac{p_2}{\rho g}+\frac{v_2^2}{2g} \qquad (1.2\text{-}21)$$

其中，下角标1和2分别表示流束或总流的任意两个过流断面。故式（1.2-20）和式（1.2-21）的物理意义是沿理想流体流束或总流任意两过流断面上的单位质量流体的总能量相等或总能量头相等。故理想流体伯努利方程实质上是能量守恒定律在流体力学中的具体体现。

3.2 实际流体总流的伯努利方程

在实际流体中，由于有黏性存在，因此流体流动时要克服摩擦力，从而引起能量损失。故流体总能量或总能量头将沿流动方向逐渐减小。因此对实际流体来说，伯努利方程变为

$$z_1g+\frac{p_1}{\rho}+\frac{\alpha_1v_1^2}{2}=z_2g+\frac{p_2}{\rho}+\frac{\alpha_2v_2^2}{2}+h_\omega g \qquad (1.2\text{-}22)$$

$$z_1+\frac{p_1}{\rho g}+\frac{\alpha_1v_1^2}{2g}=z_2+\frac{p_2}{\rho g}+\frac{\alpha_2v_2^2}{2g}+h_\omega \qquad (1.2\text{-}23)$$

式中 $h_\omega g$——单位质量流体从过流断面1流至过流断面2时损失的能量，h_ω称为能量损失；

α_1，α_2——1、2过流断面由于速度分布不均匀而引入的修正系数。对层流来说，$\alpha=2$；对紊流来说，$\alpha=1.05\sim1.10$。

【例】 已知叶片泵的排量为50L/min，进口管径为$d_1=25mm$，吸油口离油箱液面的高度为$h=0.3m$，如图1.2-10所示。吸油管道上总的压力损失为3×10^3 Pa，油的密度$\rho=1000kg/m^3$，试确定泵吸油口处的负压。

解 取油箱液面为基准面，列油箱液面与泵吸油口断面这两个断面处的伯努利方程。对油箱自由液面来说，$z_1=0$，$p_1=0$，$v_1=0$。对泵吸油口断面来说，$z_2=0.3m$，$v_2=q_V/\frac{\pi d^2}{4}=\frac{50\times10^{-3}}{60}/\left(\frac{\pi}{4}\times0.025^2\right)$ m/s $=$

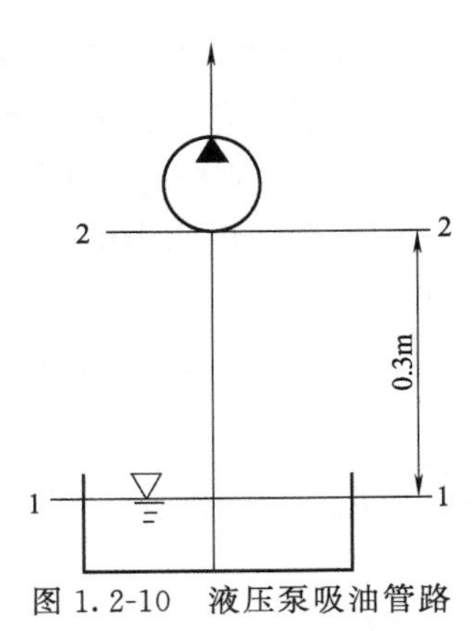

图 1.2-10 液压泵吸油管路

1.7m/s，而损失水头 $h_\omega = 3 \times 10^3/(900 \times 9.81)\text{m} = 0.34\text{m}$，按式（1.2-23）有

$$0.3 + \frac{p_2}{\rho g} + \frac{1.7^2}{2 \times 9.81} + 0.34 = 0$$

所以

$$p_2 = (-0.79 \times 900 \times 9.81)\text{Pa} = -6975\text{Pa}$$

故泵入口处负压为 6975Pa。

3.3 系统中有流体机械的伯努利方程

式（1.2-22）和式（1.2-23）只适用于两个过流断面之间没有其他流体机械消耗能量或向流体供给能量的情况。当 1、2 两过流断面之间有流体机械时，单位质量理想流体伯努利方程将变成如下的形式

$$z_1 g + \frac{p_1}{\rho} + \frac{v_1^2}{2} + H \cdot g = z_2 g + \frac{p_2}{\rho} + \frac{v_2^2}{2} \tag{1.2-24}$$

$$z_1 + \frac{p_1}{\rho g} + \frac{v_1^2}{2g} + H = z_2 + \frac{p_2}{\rho g} + \frac{v_2^2}{2g} \tag{1.2-25}$$

单位质量实际流体的伯努利方程则为

$$z_1 g + \frac{p_1}{\rho} + \frac{\alpha_1 v_1^2}{2} + H \cdot g = z_2 g + \frac{p_2}{\rho} + \frac{\alpha_2 v_2^2}{2} + h_\omega \cdot g \tag{1.2-26}$$

$$z_1 + \frac{p_1}{\rho g} + \frac{\alpha_1 v_1^2}{2g} + H = z_2 + \frac{p_2}{\rho g} + \frac{\alpha_2 v_2^2}{2g} + h_\omega \tag{1.2-27}$$

式中，$H \cdot g$ 为流体机械向单位质量流体所供给的机械能，如流体机械由流体吸收能量（例如水轮机、液压马达等），则 $H \cdot g$ 为负值。

流体机械的流量为 q_V，密度为 ρ，则单位时间向流体输送的能量（即功率）为 $\rho g q_V H$，或功率 $N = \rho g q_V H$。

3.4 恒定流动动量方程

流体力学中的动量方程为

$$\left.\begin{aligned} \sum F_x &= \rho q_V (v_{2x} - v_{1x}) \\ \sum F_y &= \rho q_V (v_{2y} - v_{1y}) \\ \sum F_z &= \rho q_V (v_{2z} - v_{1z}) \end{aligned}\right\}$$

式中 $\sum F_x$，$\sum F_y$，$\sum F_z$——所研究的控制体中的流体所受到的合外力在 x、y、z 三个坐标轴上的分量，N；

v_{1x}，v_{1y}，v_{1z}——流入控制体的速度 v_1 在 x、y、z 三个坐标轴上的分量，m/s；

v_{2x}，v_{2y}，v_{2z}——流入控制体的速度 v_2 在 x、y、z 三个坐标轴上的分量，m/s；

ρ——流体密度，kg/m^3；

q_V——通过控制体的流量，m^3/s。

【例】 如图 1.2-11 所示，水流经弯管流入大气当中，已知 $d_1 = 100\text{mm}$，$d_2 =$

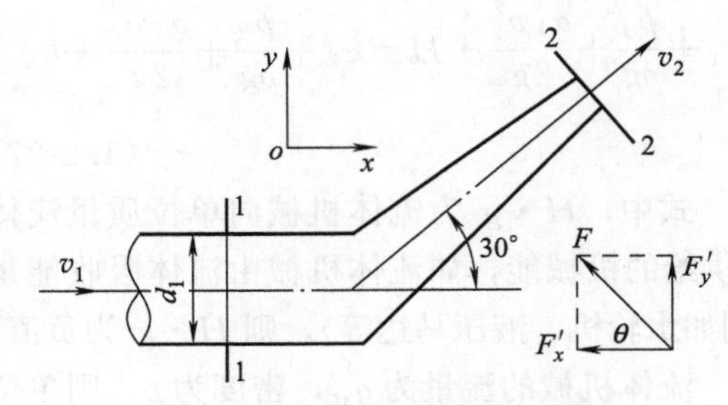

图 1.2-11 水流经弯管示意图

75mm，$v_2=23\text{m/s}$，水的密度 $\rho=1000\text{kg/m}^3$，求弯管上所受的力。（不计水头损失，不计重力）

解 取1—1，2—2两缓变流断面，并以1—1断面中心线所在的平面为基准面，列写伯努利方程

$$z_1+\frac{p_1}{\rho g}+\frac{\alpha_1 v_1^2}{2g}=z_2+\frac{p_2}{\rho g}+\frac{\alpha_2 v_2^2}{2g}+h_\omega$$

式中 $z_1=z_2=0$（不计重力），取 $\alpha_1=\alpha_2=1$，$h_\omega=0$（不计水头损失），$p_2=0$（流入大气，相对压力为零），代入上式得

$$p_1=\frac{\rho}{2}(v_2^2-v_1^2)$$

根据连续性方程有

$$v_1\frac{\pi d_1^2}{4}=v_2\frac{\pi d_2^2}{4}$$

所以

$$v_1=v_2\left(\frac{d_2}{d_1}\right)^2=23\times\left(\frac{75}{100}\right)^2\text{ m/s}$$
$$=12.94\text{m/s}$$

于是

$$p_1=\frac{1000}{2}\times(23^2-12.94^2)\text{Pa}$$
$$=180810.55\text{Pa}$$

以1—1、2—2断面及管壁所包围的流体为控制体，并设弯管对流体的作用力分别为 F'_x、F'_y，方向如图1.2-11所示。则控制体中流体对弯管的作用力 F_x、F_y 与 F'_x、F'_y 大小相等，方向相反。

列写 x 方向动量定理，得

$$\sum F_x=\rho q_V(v_{2x}-v_{1x})$$

即

$$p_1\frac{\pi d_1^2}{4}-F'_x=\rho q_V(v_2\cos 30°-v_1)$$

所以

$$F'_x=p_1\frac{\pi d_1^2}{4}-\rho q_V\ (v_2\cos 30°-v_1)$$
$$=180810.55\times\frac{\pi\times 0.1^2}{4}\text{N}-1000\times 12.94\times\frac{\pi\times 0.1^2}{4}\times(23\times\cos 30°-12.94)\text{N}$$
$$=710.5\text{N}$$

列写 y 方向动量定理，得

$$\sum F_y=\rho q_V(v_{2y}-v_{1y})$$

即

$$p_1\frac{\pi d_1^2}{4}\cos 90°+F'_y=\rho q_V(v_2\sin 30°-v_1\cos 90°)$$

$$F'_y=1000\times 12.94\times\frac{\pi\times 0.1^2}{4}\times(23\times\sin 30°-0)\text{N}$$
$$=1168.75\text{N}$$

所得结果 F'_x、F'_y 均为正值，说明假设的弯管对流体的作用力的方向是正确的，则流体给弯管的作用力 F_x、F_y 与图中所给的 F'_x、F'_y 大小相等，方向相反。

作用力的合力

$$F=\sqrt{F_x^2+F_y^2}=\sqrt{710.5^2+1168.75^2}\text{ N}$$
$$=1367.77\text{N}$$

与水平方向夹角

$$\theta=\arctan\frac{F_y}{F_x}=\arctan\frac{1168.75}{710.5}=58.7°$$

4 流体在管路中的流动

流体在管路中的流动是工程实际当中最常见的一种流动情况。由于实际流体都是有黏性的，所以流体在管路中流动必然要产生能量损失。

4.1 管路中流体流动的两种状态

4.1.1 雷诺试验

英国物理学家雷诺（Reynolds）通过大量的实验研究发现，实际流体在管路中流动存在着两种不同的状态，并且测定了管路中的能量损失与不同的流动状态之间的关系，此即著名的雷诺实验。雷诺实验装置如图 1.2-12 所示。

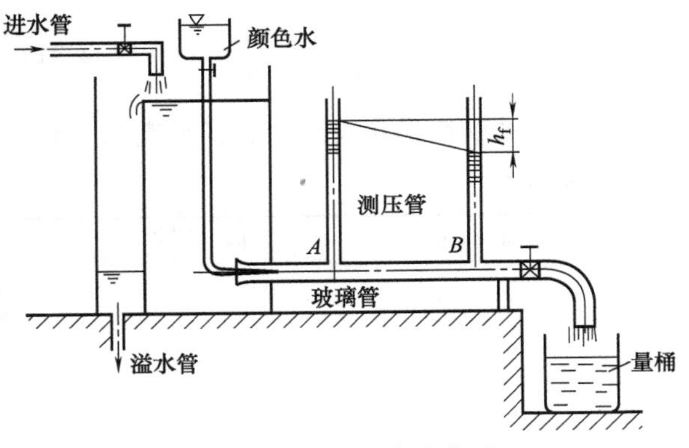

图 1.2-12 雷诺实验装置

实验过程中使水箱中的水位保持恒定。实验开始前水箱中颜色水的阀门以及玻璃管上的阀门都是关闭的。开始实验时，逐渐打开玻璃管出口端上的阀门，并开启颜色水的阀门，使颜色水能流入玻璃管中。当阀口开度较小，玻璃管中的颜色水流动速度较小时，颜色水保持一条平直的细线，不与周围的水相混合，见图 1.2-13（a）。如果继续缓慢开大阀门，玻璃管中颜色水流动速度加快，可以发现，在一定的流动速度范围内，水流仍保持层流状态。当流速增大到某一值后，颜色水出现摆动现象，而不能维持直线的状态，如图 1.2-13（b）所示。这说明流体质点出现了与主流动方向垂直的横向运动。若继续开大阀门，流速增大到某一值时，摆动的颜色水线突然扩散，并和周围的水流相混合，颜色水充满整个玻璃管，如图 1.2-13（c）所示。如果把阀门从大缓慢关小，即使玻璃管中的水流速度由大逐渐减少，则流动会从紊流逐渐过渡到层流状态，使颜色水又恢复到一条平直的细线。（层流与紊流的概念见下文所述）

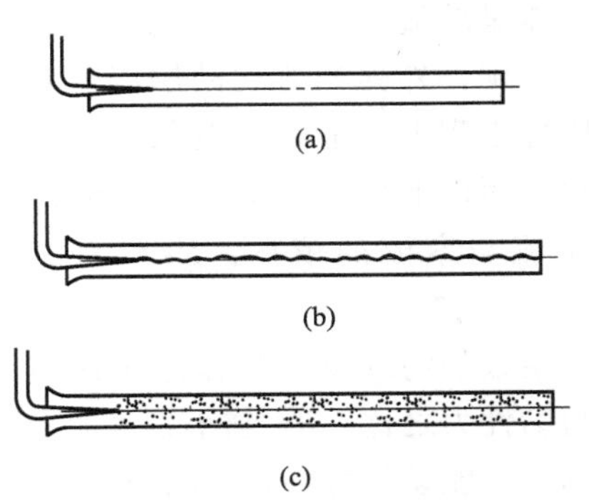

图 1.2-13 不同流动状态示意图

4.1.2 基本概念

① 层流　流体质点平稳地沿管轴线方向运动，而无横向运动，流体就像分层流动一样，这种流动状态称为层流。

② 紊流　流体质点不仅有纵向运动，而且有横向运动，处于杂乱无章的不规则运动状态，这种流动状态称为紊流。

③ 上临界流速　由层流转变为紊流状态时的流速称为上临界流速 v_c'。

④ 下临界流速　由紊流转变为层流时的流速称为下临界流速 v_c。

雷诺通过大量的实验研究发现，对不同管径 d，不同性质（密度 ρ、运动黏度 μ 不同）的流体，它们在临界流速时所组成的无量纲数

$$Re_c=\frac{v_c d}{\nu}=\frac{\rho v_c d}{\mu}$$

基本上是相同的（ν 为运动黏度系数）。Re_c 称为临界雷诺数，对应于下临界流速 v_c 的称为下临界雷诺数 Re_c，对应于上临界流速 v_c' 的称为上临界雷诺数 Re_c'。实验测得 $Re_c=2320$，$Re_c'=13800$。对应于过流断面上平均速度 v 的雷诺数表达式为

$$Re=\frac{vd}{\nu}=\frac{\rho vd}{\mu} \qquad (1.2\text{-}28)$$

当 $Re \leqslant Re_c=2320$ 时，管路中的流动状态为层流；当 $Re > Re'_c=13800$ 时，管路中的流动状态为紊流。当雷诺数介于两者之间时，可能是层流也可能是紊流，由于过渡状态极不稳定，外界稍有扰动层流就转变为紊流，因此工程上一般将过渡状态归入到紊流来处理。而以下临界雷诺数 $Re_c=2320$ 作为判别层流与紊流的依据：$Re \leqslant 2320$，为层流；$Re > 2320$，为紊流。

雷诺数的物理意义是作用于流体上的惯性力与黏性力之比。Re 越小，说明黏性力的作用越大，流动就越稳定；Re 越大，说明惯性力的作用越大，流动就越紊乱。

⑤ 当量直径　雷诺数表达式中的 d 代表的是管路的特征长度，对于圆形断面管，d 就是圆管直径。对于非圆断面管，可以用水力半径 R 或当量直径 d_H 表示。设某一非圆断面管道的过流断面积为 A，与液体相接触的过流断面润湿周界的长度为 l，则其当量半径为

$$R=\frac{A}{l} \qquad (1.2\text{-}29)$$

当量直径为

$$d_H=4R=4\frac{A}{l} \qquad (1.2\text{-}30)$$

则适用于非圆断面管的雷诺数表达式为

$$Re=\frac{vd_H}{\nu}=\frac{\rho vd_H}{\mu} \qquad (1.2\text{-}31)$$

常见的断面形状及水力直径见表 1.2-1。

表 1.2-1　常见断面形状及水力直径

断面形状	图示	水力直径 d_H	$Re=\frac{vd_H}{\nu}$
圆管		d	2300
正方形		a	2100
同心环形缝隙		2δ	1100
偏心缝隙		$D-d$	1000
平行平板		2δ	1000
滑阀开口		$2x$	260

4.2 管道中的压力损失

4.2.1 沿程压力损失

流体在管道中流动时，由于流体与管壁之间有黏附作用，以及流体质点间存在着内摩擦力等，沿流程阻碍着流体的运动，这种阻力称为沿程阻力。克服沿程阻力要消耗能量，一般以压力降的形式表现出来，称为沿程压力损失 Δp_{λ}，可按达西（Darcy）公式计算

$$\Delta p_{\lambda}=\lambda\frac{l}{d}\times\frac{\rho v^{2}}{2} \qquad (1.2\text{-}32)$$

或以沿程压头（水头）损失 h_{λ} 表示

$$h_{\lambda}=\lambda\frac{l}{d}\times\frac{v^{2}}{2g} \qquad (1.2\text{-}33)$$

式中 λ——沿程阻力系数，它是雷诺数 Re 和相对粗糙度 Δ/d（管材内壁绝对粗糙度 Δ 见表 1.2-2）的函数，其计算公式见表 1.2-3；

l——圆管的沿程长度，m；

d——圆管内径，m；

v——管内平均速度，m/s；

ρ——流体密度，kg/m^3。

4.2.2 局部压力损失

流体在管道中流动时，当经过弯管、流道突然扩大或缩小、阀门、三通等局部区域时，流速大小和方向被迫急剧地改变，因而发生流体质点的撞击，出现涡旋、二次流以及流动的分离及再附壁现象。此时由于黏性的作用，质点间发生剧烈的摩擦和动量交换，从而阻碍着流体的运动。这种在局部障碍处产生的阻力称为局部阻力。克服局部阻力要消耗能量，一般以压力降的形式表现出来，称为局部压力损失 Δp_{ξ}。

表 1.2-2 管材内壁绝对粗糙度 Δ

材料	管内壁状态	绝对粗糙度 Δ/mm
铜	冷拔铜管、黄铜管	0.0015～0.01
铝	冷拔铝管、铝合金管	0.0015～0.06
钢	冷拔无缝钢管 热拉无缝钢管 轧制无缝钢管 镀锌钢管 涂沥青的钢管 波纹管	0.01～0.03 0.05～0.1 0.05～0.1 0.12～0.15 0.03～0.05 0.75～7.5
铸铁	铸铁管	0.05
塑料	光滑塑料管 d=100mm 的波纹管 $d\geqslant$200mm 的波纹管	0.0015～0.01 5～8 15～30
橡胶	光滑橡胶管 含有加强钢丝的胶管	0.006～0.07 0.3～4

$$\Delta p_{\xi}=\xi\frac{\rho v^{2}}{2} \qquad (1.2\text{-}34)$$

或以局部压头（水头）损失 h_{ξ} 表示

$$h_{\xi}=\xi\frac{v^{2}}{2g} \qquad (1.2\text{-}35)$$

式中 ξ——局部阻力系数，它与管件的形状、雷诺数有关；

v——平均流速，m/s，除特殊注明外，一般均指局部管件后的过流断面上的平均速度。

4.2.3 局部阻力系数

除了突然扩大管件的局部阻力系数外，

表 1.2-3 圆管的沿程阻力系数 λ 的计算公式

流动区域		雷诺数范围		λ 计算公式
层流		$Re\leqslant2320$		$\lambda=\frac{64}{Re}$
紊流	水力光滑管	$Re<22\left(\frac{d}{\Delta}\right)^{\frac{8}{7}}$	$3000<Re<10^5$	$\lambda=0.3164/Re^{0.25}$
			$10^5<Re<10^8$	$\lambda=0.308/(0.842-\lg Re)^2$
	水力粗糙管	$22\left(\frac{d}{\Delta}\right)^{\frac{8}{7}}<Re<597\left(\frac{d}{\Delta}\right)^{\frac{9}{8}}$		$\lambda=\left[1.14-2\lg\left(\frac{\Delta}{d}+\frac{21.25}{Re^{0.9}}\right)\right]^{-2}$
	阻力平方区	$Re>597\left(\frac{d}{\Delta}\right)^{\frac{9}{8}}$		$\lambda=0.11\left(\frac{\Delta}{d}\right)^{0.25}$

一般局部阻力系数 ξ 都是由实验测得，或用一些经验公式计算。而且大部分的局部阻力系数都是指紊流的。层流时的局部阻力系数资料较少。

(1) 突然扩大局部阻力系数

管道突然扩大的结构简图如图 1.2-14 所示。

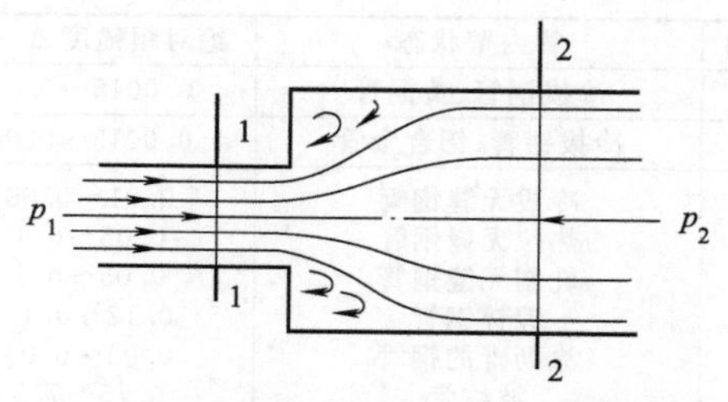

图 1.2-14　管道突然扩大的结构简图

① 层流　当 $Re<2320$ 时，对大管的平均流速而言的突然扩大的局部阻力系数，可用下面的公式

$$\xi_L=\frac{2}{3}\left(3\frac{A_2}{A_1}-1\right)\left(\frac{A_2}{A_1}-1\right)$$

② 紊流　对大管平均流速而言的突然扩大局部阻力系数为

$$\xi_T=\left(\frac{A_2}{A_1}-1\right)^2$$

其中的 A_1 和 A_2 分别为管道扩大前和扩大后所对应的过流断面面积。

突然扩大局部阻力系数亦可查表 1.2-4。

表 1.2-4　突然扩大局部阻力系数

A_2/A_1	1.5	2	3	4	5	6	7	8	9	10
ξ_L	1.16	3.33	10.6	22	37.33	56.66	80	107.33	138.6	174
ξ_T	0.25	1	4	9	16	25	36	49	64	81

(2) 管道入口与出口处的局部阻力系数（表 1.2-5 和表 1.2-6）

表 1.2-5　管道入口处的局部阻力系数

入口形式	局部阻力系数 ξ						
入口处为尖角凸边 $Re>10^4$	当 $\delta/d_0<0.05$ 及 $b/d_0\leqslant0.5$ 时，$\xi=1$；当 $\delta/d_0>0.05$ 及 $b/d_0<0.5$ 时，$\xi=0.5$						
入口处为尖角 $Re>10^4$	$\alpha/(°)$	20	30	45	60	70	80	90
	ξ	0.96	0.91	0.81	0.70	0.63	0.56	0.5
	一般垂直入口，$\alpha=90°$						
入口处为圆角	r/d_0	0.12	0.16				
	ξ	0.1	0.06				
入口处为倒角 $Re>10^4$ ($\alpha=60°$时最佳)	$\alpha/(°)$	ξ					
		e/d_0					
		0.025	0.050	0.075	0.10	0.15	0.60
	30	0.43	0.36	0.30	0.25	0.20	0.13
	60	0.40	0.30	0.23	0.18	0.15	0.12
	90	0.41	0.33	0.28	0.25	0.23	0.21
	120	0.43	0.38	0.35	0.33	0.31	0.29

表 1.2-6　管道出口处的局部阻力系数

出口形式	局部阻力系数 ξ												
紊流→ 层流→ 从直管流出	紊流时，$\xi=1$；层流时，$\xi=2$												
从锥形喷嘴流出 $Re>2\times10^3$	$\xi=1.05(d_0/d_1)^4$												
	d_0/d_1	1.05	1.1	1.2	1.4	1.6	1.8	2.0	2.2	2.4	2.6	2.8	3.0
	ξ	1.28	1.54	2.18	4.03	6.88	11.0	16.8	24.8	34.8	48.0	64.6	85.0

续表

出口形式	局部阻力系数 ξ										
	l/d_0	ξ α/(°)									
		2	4	6	8	10	12	16	20	24	30
从锥形扩口管流出 $Re>2\times10^3$	1	1.30	1.15	1.03	0.90	0.80	0.73	0.59	0.55	0.55	0.58
	2	1.14	0.91	0.73	0.60	0.52	0.46	0.39	0.42	0.49	0.62
	4	0.86	0.57	0.42	0.34	0.29	0.27	0.29	0.47	0.59	0.66
	6	0.49	0.34	0.25	0.22	0.20	0.22	0.29	0.38	0.50	0.67
	10	0.40	0.20	0.15	0.14	0.16	0.18	0.26	0.35	0.45	0.60

(3) 管道缩小处的局部阻力系数(表 1.2-7)

表 1.2-7 管道缩小处的局部阻力系数

管道缩小形式	局部阻力系数 ξ									
$Re>10^4$	$\xi=0.5(1-A_0/A_1)$									
	A_0/A_1	0.1	0.2	0.3	0.4	0.5	0.6	0.7	0.8	0.9	1.0
	ξ	0.45	0.40	0.40	0.35	0.30	0.25	0.20	0.15	0.05	0
$Re>10^4$	$\xi=\xi'(1-A_0/A_1)$ ξ′——按"管道入口处的局部阻力系数"第 4 项"入口处为倒角"的 ξ 值 注:A_0、A_1 为管道相应于内径 d_0、d_1 的通过面积									

(4) 弯管局部阻力系数(表 1.2-8)

表 1.2-8 弯管局部阻力系数

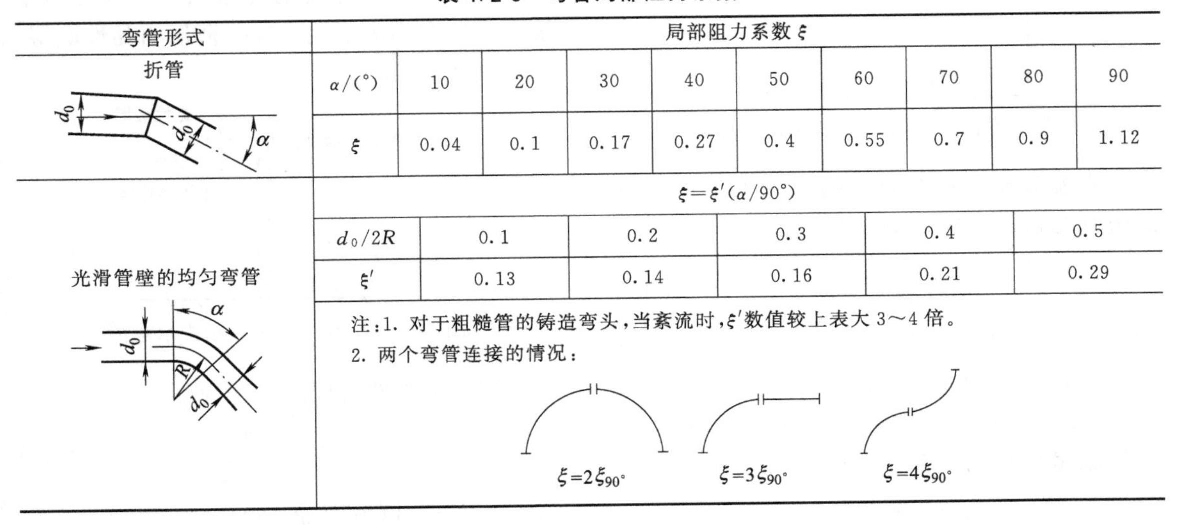

弯管形式	局部阻力系数 ξ								
折管	α/(°)	10	20	30	40	50	60	70	80	90
	ξ	0.04	0.1	0.17	0.27	0.4	0.55	0.7	0.9	1.12
光滑管壁的均匀弯管	$\xi=\xi'(\alpha/90°)$								
	$d_0/2R$	0.1	0.2	0.3	0.4	0.5			
	ξ′	0.13	0.14	0.16	0.21	0.29			
	注:1. 对于粗糙管的铸造弯头,当紊流时,ξ′数值较上表大 3～4 倍。 2. 两个弯管连接的情况: $\xi=2\xi_{90°}$　$\xi=3\xi_{90°}$　$\xi=4\xi_{90°}$								

(5) 分支管局部阻力系数(表 1.2-9)

表 1.2-9 分支管局部阻力系数

形式及流向						
ξ	1.3	0.1	0.5	3	0.05	0.15

4.3 总能量损失

液压系统总是多种液压件和各种管件组合而成，因此一个系统的总压力损失则是将管道上的所有的沿程压力损失和局部压力损失按算术加法求其总和。即

$$\Delta p_f=\sum\Delta p_\lambda+\sum\Delta p_\xi=\sum\lambda_i\frac{l_i}{d_i}\times\frac{\rho v_i^{\ 2}}{2}+\sum\xi_j\frac{\rho v_j^{\ 2}}{2} \qquad (1.2\text{-}36)$$

5 圆管紊流

图 1.2-15 所示为流体作准定常紊流运动时，任一点处所测得的真实速度 u 随时间变化的情况。这种流动参数（如 u）随时间的不规则变化，称为脉动现象。虽然 u 不断地随时间变化，但这种变化始终围绕某一平均值 $\overline{u}$ 上下跳动。因此，工程上在计算紊流的流动参数时，就计算真实流动参数对时间的平均值。

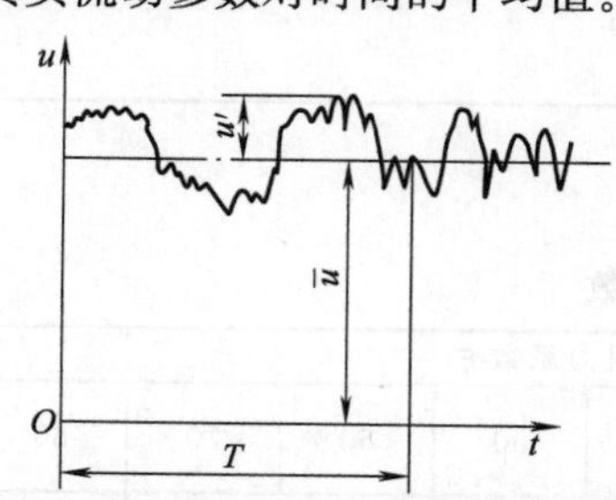

图 1.2-15 紊流运动时真实速度 u 随时间变化

真实流动参数对时间的平均值，称为时均流动参数，如时均流速为

$$\overline{u}=\frac{1}{T}\int_0^T u\,\mathrm{d}t \qquad (1.2.37)$$

式中 $\overline{u}$——时均点速，m/s，$\overline{u}=f(x,y,z)$；

u——真实点速，m/s，$u=f(x,y,z)$；

T——确定时均值所取的时间，s；

真实流速与时均流速的关系

$$u=\overline{u}+u'$$

式中 u'——脉动速度，m/s，$u'=f(x,y,z)$，其值可正可负。

工程上处理紊流问题，都基于流动参数时均化，以下所论述的紊流都是时均化的紊流。

5.1 紊流的速度结构、水力光滑管和水力粗糙管

5.1.1 紊流的速度结构

管中紊流的速度结构可以划分为以下三个区域。

① 黏性底层区　在靠近管壁的薄层区域内，流体的黏性力起主要作用，速度分布呈线性，速度梯度很大，这一薄层叫黏性底层。如图 1.2-16 所示。

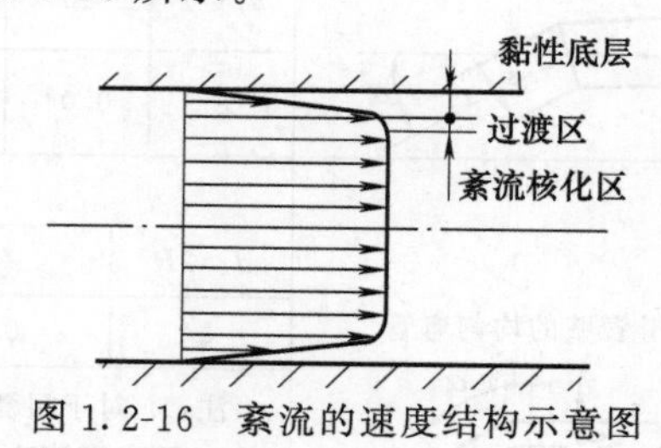

图 1.2-16 紊流的速度结构示意图

圆管中黏性底层的厚度为

$$\delta_e\approx 30\frac{d}{Re\sqrt{\lambda}} \qquad (1.2\text{-}38)$$

式中 d——圆管直径，m；

Re——雷诺数；

λ——圆管的沿程阻力系数。

② 紊流核心区　在管轴中心区域，黏性的影响逐渐减弱，流体的脉动比较剧烈，速度分布比较均匀，流体处于完全的湍流状态，

这一区域称为紊流核心区。

③ 过渡区　处于黏性底层与紊流核心区之间的区域，这一区域范围很小，速度分布与紊流核心区的速度分布规律相接近。

5.1.2　水力光滑管和水力粗糙管

当黏性底层的厚度 δ 大于管壁的绝对粗糙度 Δ 时，管壁的凹凸不平部分完全被黏性底层所覆盖，紊流核心区与凸起部分不接触，流动不受管壁粗糙度的影响，因而流动的能量损失也不受管壁粗糙度的影响，这时的管道称为水力光滑管，这种流动称为水力光滑流动。当黏性底层的厚度 δ 小于管壁的绝对粗糙度 Δ 时，管壁的凹凸不平部分完全暴露在黏性底层之外，紊流核心区与凸起部分相接触，流体冲击在凸起部分，不断产生新的旋涡，加剧紊乱程度，增大能量损失，流动受管壁粗糙度的影响，这时的管道称为水力粗糙管，这种流动称为水力粗糙流动。

5.1.3　流速分布

由于紊流的流动规律极其复杂，至今仍无一个完整的理论公式来表达紊流的速度分布。现介绍一个适用于光滑管紊流区速度分布的指数公式

$$\bar{u}=\bar{u}_{\max}\left(\frac{y}{R}\right)^{n} \qquad (1.2\text{-}39)$$

式中　$\bar{u}$——时均点速；

$\bar{u}_{\max}$——管中心轴的最大时均点速；

y——管中任一点距管壁的垂直距离，m；

n——与雷诺数有关的指数，见表1.2-10。

表 1.2-10　光滑管紊流指数公式的指数 n

雷诺数 Re	4×10^{3}	2.3×10^{4}	1.1×10^{5}	1.1×10^{6}	$(2\sim3.2)\times10^{6}$
指数 n	1/6	1/6.6	1/7	1/8.8	1/10
平均流速与最大点速之比 $=\frac{v}{u_{\max}}$	0.79	0.81	0.82	0.85	0.86

5.1.4　切应力

紊流时的切应力，除了黏性切应力外，更主要的是由流体质点间掺混而产生动量交换所引起的紊动切应力（雷诺切应力），致使其能量损失比层流的要大。

5.2　管路计算

5.2.1　水力短管与水力长管

当管路计算中的局部压力损失与速度水头之和，与沿程压力损失相比，小到可以忽略不计时，称为水力长管，如输水管或输油管等。反之，当压力损失中，沿程压力损失和局部压力损失各占一定比例时，这类管路称为水力短管，如液压管路。因此水力短管和水力长管并非完全是几何长短的概念。

管路计算中所涉及的参数为管道长度 l、管道直径 d、压力损失 Δp 和输送流量 q。一般情况下，长度 l 为已知值，因此管路计算可归结为以下三类问题：

① 已知 l、q 及 Δp，确定管径 d；

② 已知 l、d 及 q，确定压力损失 Δp；

③ 已知 l、Δp 及 d，确定流量 q。

管道直径可根据推荐的管中平均流速 v 来计算

$$d=4.63\sqrt{\frac{q}{v}} \qquad (1.2\text{-}40)$$

式中　d——管道内径，mm；

q——管中流量，L/min；

v——管中推荐的平均流速，m/s，v 值可按表 1.2-11 取值。

表 1.2-11 管中推荐流速

应用情况	管道种类	推荐流速 v/(m/s)
工业用水	给水总管	1.5～3
	排水管	0.5～1
	冷却水管	1.5～2.5
	热水管	1～1.5
液压管道	吸油管道	1～2
	压油管道	2.5～6
	短管道及局部收缩处	≤10
	总回油管	1.5～2.5

5.2.2 串联管路

不同直径的管道无分支地依次连接的管路称为串联管路，如图 1.2-17 所示。串联管路的特点是通过各段管路的流量是相等的；整个管长上的压力损失是各不同直径的管段上压力损失的和。

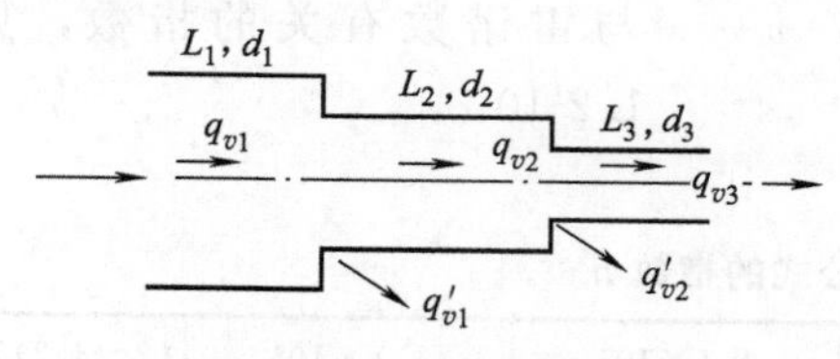

图 1.2-17 串联管路示意

5.2.3 并联管路

两条或两条以上管路由一点分支，然后又汇合在另一点构成封闭的环路，称为并联管路，如图 1.2-18 所示。并联管路的特点是各分管的压力损失相等；各分管的流量不相等，它们的总和等于总流量。

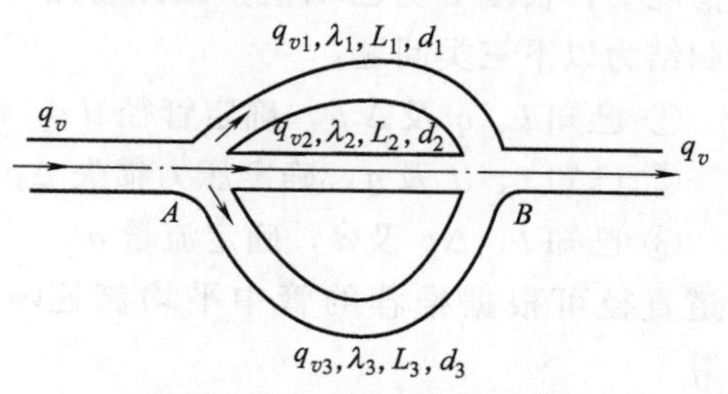

图 1.2-18 并联管路示意

【例】 如图 1.2-19 所示的水泵抽水系统，流量 $q_V=0.0628\text{m}^3/\text{s}$，水的运动黏度 $\nu=0.519\text{cm}^2/\text{s}$，管径 $d=200\text{mm}$，$h_1=3\text{m}$，$h_2=17\text{m}$，$h_3=15\text{m}$，$L_2=12\text{m}$，沿程阻力系数 $\lambda=0.0242$，各处局部阻力系数 $\zeta_1=3$，ζ_2（直角弯管 $d/R=0.8$），ζ_3（光滑管 $\theta=30°$），$\zeta_4=1$。求：(1) 水泵的扬程；(2) 水泵的有效功率。

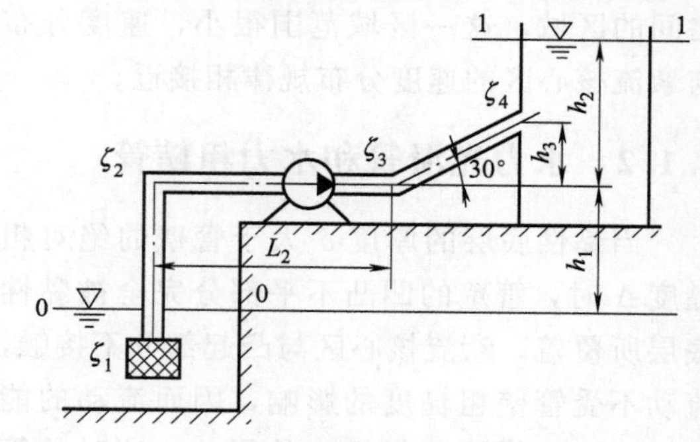

图 1.2-19 水泵抽水示意图

解 (1) 求水泵的扬程

取 0—0，1—1 两缓变过流断面，并以 0—0 为基准面，列写伯努利方程。考虑到 0—0，1—1 两断面间有泵，流体获得能量，设扬程为 H，则

$$z_0+\frac{p_0}{\rho g}+\frac{\alpha_0 v_0^2}{2g}+H=z_1+\frac{p_1}{\rho g}+\frac{\alpha_1 v_1^2}{2g}+h_\omega$$

其中 $z_0=0$，$z_1=h_1+h_2$，$p_0=p_1=0$（相对压力），取 $\alpha_0=\alpha_1=1$，$v_0=v_1=0$。带入上式得

$$H=h_1+h_2+h_\omega$$

$$h_\omega=\sum h_\lambda+\sum h_\zeta$$

$$\sum h_\lambda=\lambda\frac{h_1}{d}\times\frac{v^2}{2g}+\lambda\frac{L_2}{d}\times\frac{v^2}{2g}+\lambda\frac{2h_3}{d}\times\frac{v^2}{2g}$$

$$=\frac{\lambda}{d}(h_1+L_2+2h_3)\frac{v^2}{2g}$$

$$\sum h_\zeta=\sum_{i=1}^{4}\zeta_i\frac{v^2}{2g}=(\zeta_1+\zeta_2+\zeta_3+\zeta_4)\frac{v^2}{2g}$$

查表可得 $\zeta_2=0.024$，$\zeta_3=0.073$。

所以

$$H=h_1+h_2+\frac{\lambda}{d}(h_1+L_2+2h_3)\frac{v^2}{2g}+(\zeta_1+\zeta_2+\zeta_3+\zeta_4)\frac{v^2}{2g}$$

$$=3\text{m}+17\text{m}+\frac{0.0242}{0.2}(3+12+2\times15)\times\frac{2^2}{2\times9.81}\text{m}+$$

$$(3+0.204+0.073+1)\times\frac{2^2}{2\times9.81}\text{m}$$

$$=21.98\text{m}$$

此即为泵的有效扬程。

(2) 水泵的有效功率 P

$$P=\rho gHq_V=1000\times9.81\times21.98\times0.0628\text{W}$$

$$=13.54\text{kW}$$

6 孔口及管嘴出流

6.1 薄壁孔口和厚壁孔口

① 薄壁孔口 如果液体具有一定的流速，能形成射流，且孔口具有尖锐的边缘，此时边缘厚度的变化对于液体出流不产生影响，出流水股表面与孔壁可视为环线接触，这种孔口称为薄壁孔口。薄壁孔口长径比 $L/d\leqslant 2$。

② 厚壁孔口 如果液体具有一定的速度，能形成射流，此时虽然孔口也具有尖锐的边缘，射流亦可以形成收缩断面，但由于孔壁较厚，壁厚对射流影响显著，射流收缩后又扩散而附壁，这种孔口称为厚壁孔口或长孔口，有时也称为管嘴。厚壁孔口长径比 $2<L/d\leqslant 4$。

③ 收缩断面 薄壁孔口边缘尖锐，而流线又不能突然转折，经过孔口后射流要发生收缩，在孔口下游附近的 $c-c$ 断面处，射流断面积达到最小处的过流断面，以 C_c 表示，称为收缩系数。收缩系数是收缩断面面积与孔口的几何断面面积之比，即 $C_c=A_c/A$。

6.2 大孔口和小孔口

① 小孔口 以孔口断面上流速分布的均匀性为衡量标准，如果孔口断面上各点的流速是均匀分布的，则称为小孔口。

② 大孔口 如果孔口断面上各点的流速相差较大，不能按均匀分布计算，则称为大孔口。

6.3 自由出流和淹没出流

① 自由出流 以出流的下游条件为衡量标准，如果流体经过孔口后出流于大气中时，称为自由出流。

② 淹没出流 如果出流于充满液体的空间，则称为淹没出流。

$$q_V=C_dA\sqrt{\frac{2\Delta p}{\rho}} \qquad (1.2\text{-}41)$$

式中 Δp——孔口前后压力差，Pa；

A——孔口面积，m^2；

ρ——流体的密度，kg/m^3；

C_d——流量系数；

q_V——流量，m^3/s。

当管径与孔径之比 $d/D\leqslant 1/7$ 时，$C_d=0.60\sim0.61$。当 d/D 较大时，C_d 值增大，见表 1.2-12。

表 1.2-12 C_d 与 d/D 的关系

$(d/D)^2$	0.0	0.25	0.5	0.75	1.0
C_d	0.612	0.644	0.691	0.757	1.0

$C_d=0.60\sim0.61$ 是在孔口离边壁较远时，即 $\frac{s}{d}>3$ 时（见图 1.2-20）；当 $\frac{s}{d}<3$ 时，则孔口出流收缩不完全，C_d值也会增大。

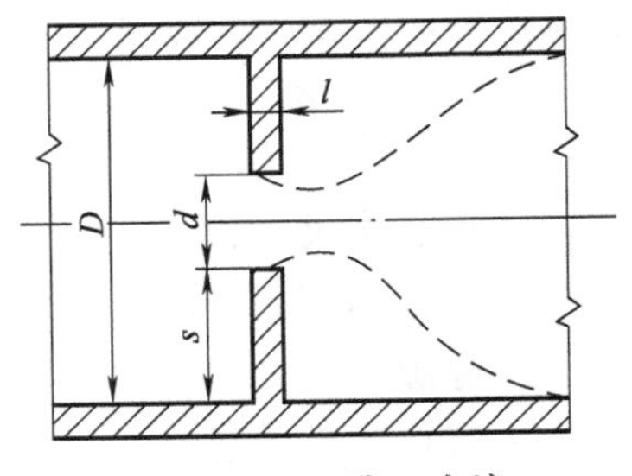

图 1.2-20 孔口出流

$C_d=0.60\sim0.61$ 是在紊流情况下导出的，一般认为 $Re=\frac{vd}{\nu}>250$ 时，$C_d=0.60\sim0.61$ 不变；当 $Re<250$ 时，C_d是变化的，如

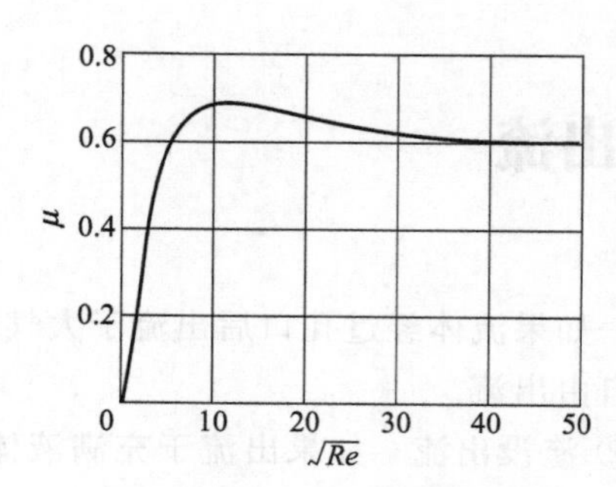

图 1.2-21　μ-Re 关系曲线

图 1.2-21 所示。在液压问题中，大多数孔口符合 $D/d>7$ 和 $\frac{s}{d}>3$，而且多数情况下 $Re>250$，因此用 $C_d=0.60\sim0.61$ 是合理的。

当孔口面积不是圆形时，仍可用式 (1.2-41) 计算，而 C_d 一般仍采用 0.60～0.61。例如圆柱滑阀的流量计算完全可按式 (1.2-41) 进行。对喷嘴挡板阀，如图 1.2-22 所示，当 $l<2xf_0$时，$\alpha<60°$。喷嘴出口无倒角，也可以按锐缘薄壁孔口计算，C_d 取 0.60～0.61，孔口面积按环形缝隙 πdxf_0 计。

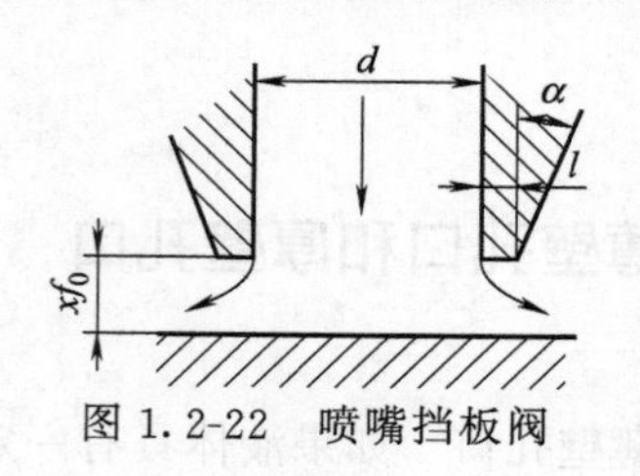

图 1.2-22　喷嘴挡板阀

当孔口的壁较厚时，则不能按薄壁孔口计。如 $l=(3\sim4)d$，则按管嘴计算。此时流量公式仍可用式 (1.2-41) 计算，但流量系数 $C_d=0.80\sim0.82$。当壁厚进一步加大时，则应按管路计算。

7　缝隙流动

液压技术中经常碰到缝隙中的流体流动问题。由于缝隙很小，缝隙中流动一般总是层流。

7.1　壁面固定的平行缝隙中的流动

设缝隙宽度为无限宽，则可以根据牛顿内摩擦定律导出单位宽度的流量为

$$q_w=\frac{\delta^3\Delta p}{12\mu l}\qquad(1.2\text{-}42)$$

式中　q_w——单位宽度的流量，m^3/s；

δ——缝隙高度，m；

l——缝隙长度，m；

μ——流体的动力黏度系数，Pa・s；

Δp——l 两端的压差，Pa。

当宽度 b 为有限值，长度 l 又不太长时，则需引入修正系数 c，c 与 $l/\delta Re$ 有关，其关系如图 1.2-23 所示。

此时的流量公式为

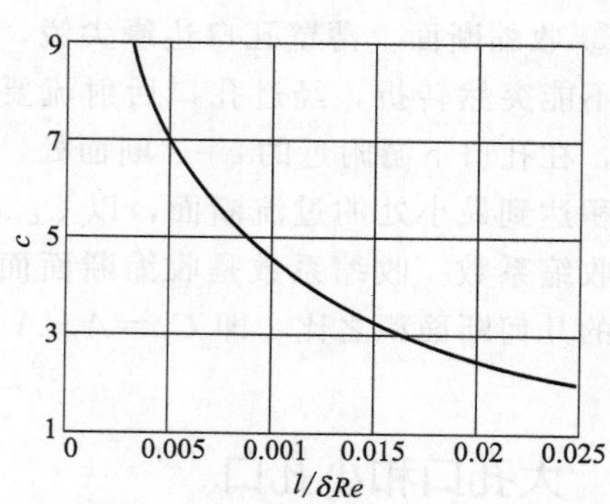

图 1.2-23　c 与 $l/\delta Re$ 关系曲线

$$q_V=\frac{b\delta^3\Delta p}{12\mu lc}\qquad(1.2\text{-}43)$$

而

$$Re=\frac{2q_V}{b\nu}$$

当 $l/\delta Re$ 足够大时，c 趋近于 1。

7.2　壁面移动的平行平板缝隙流动

当两个平行平板之一以速度 U 运动时，

如图 1.2-24 所示，则通过缝隙的流量由式(1.2-43) 算出的流量再加上由于平板移动引起的流量$\frac{1}{2}b\delta U$之和，即

$$q_V=\frac{b\delta^3\Delta p}{12\mu l}\pm\frac{b\delta}{2}U \quad (1.2\text{-}44)$$

式中第二项的正负号取决于 U 的方向与 Δp 的方向是否一致，一致时取“+”号，相反时取“−”号。q_V的单位为 m^3/s。

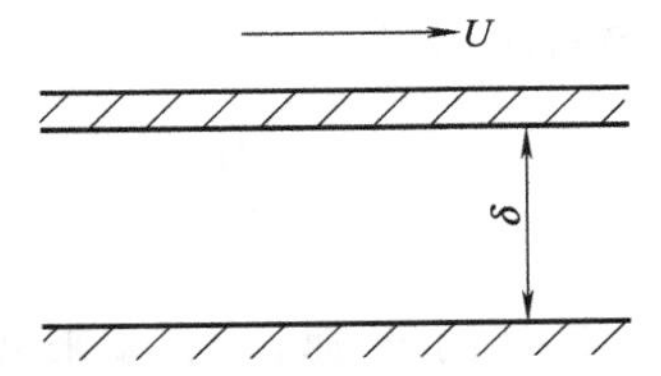

图 1.2-24 壁面移动平板缝隙流动

7.3 环形缝隙中的流体流动

图 1.2-25 (a) 所示的同心环形缝隙中的流体流动本质上与平行平板中的流动是一致的，只要将式 (1.2-43) 或式 (1.2-44) 中的 b 用 πD 来代替就完全可适用于环形缝隙的情况。

① 当环形间隙的壁面为固定壁面时($U=0$)，流量公式为

$$q_V=\frac{\pi D\delta^3\Delta p}{12\mu l} \quad (1.2\text{-}45)$$

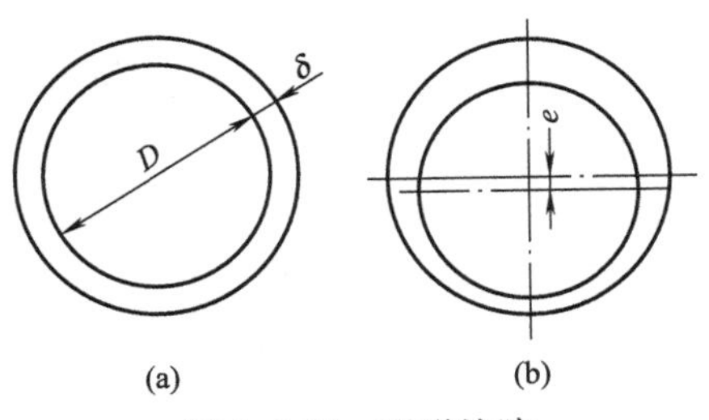

图 1.2-25 环形缝隙

② 当环形间隙的壁面有一侧以速度 U 运动时，流量公式为

$$q_V=\frac{\pi D\delta^3\Delta p}{12\mu l}\pm\frac{\pi D\delta}{2}U \quad (1.2\text{-}46)$$

③ 当环形缝隙为偏心环形缝隙时，如图 1.2-25 (b) 所示，则其流量应按下式计算

$$q_V=\frac{\pi D\delta^3\Delta p}{12\mu l}(1+1.5\varepsilon^2) \quad (1.2\text{-}47)$$

式中 $\varepsilon=e/\delta$。当偏心距达最大时，$e=\delta$，即 $\varepsilon=1$。此时

$$q_V=\frac{2.5\pi D\delta^3\Delta p}{12\mu l} \quad (1.2\text{-}48)$$

7.4 平行平板间的径向流动

当流体沿平行平板径向流动时，其流量可按下式计算

$$q_V=\frac{2\pi\delta^3}{12\mu Ce}\times\frac{\Delta p}{\ln\frac{r_2}{r_1}}$$

式中 r_1，r_2——径向缝隙的内径和外径，如图 1.2-26 所示；

Ce——考虑起始段引入的修正系数，Ce 值与$\frac{r_1}{\delta Re}$有关，如图 1.2-27 所示。

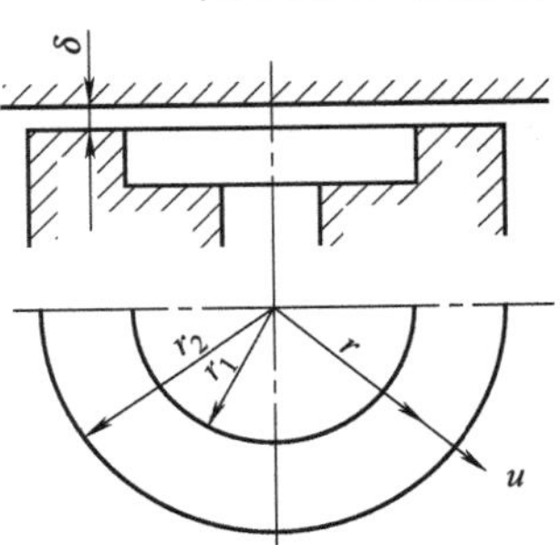

图 1.2-26 平行平板径向流动

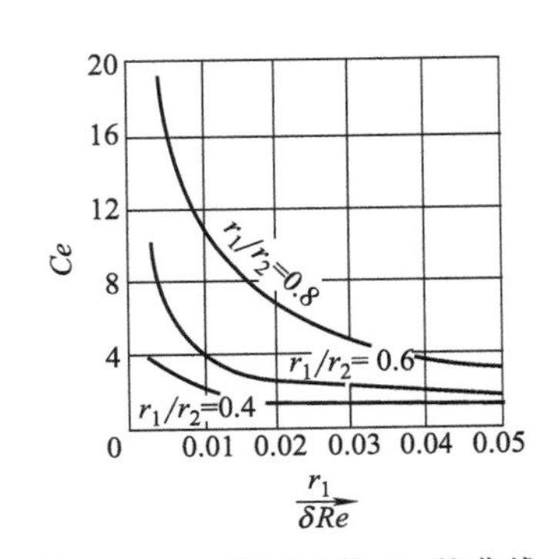

图 1.2-27 修正系数 Ce 的曲线

8 液压冲击

当管路中的阀门突然关闭时，管路中流体由于突然停止运动而引起压力升高，这种现象称为压力冲击。压力升高的最大值可按下式计算

$$\Delta p=\rho cv \quad (1.2\text{-}49)$$

式中 ρ——流体密度，kg/m^3；

v——管中原来的流速，m/s；

c——冲击波的传播速度，m/s，c 与管材弹性、管径、壁厚等有关。可按下式计算

$$c=\frac{\sqrt{\frac{K}{\rho}}}{\sqrt{1+\frac{DK}{\delta E}}} \quad (1.2.50)$$

式中 K——流体的体积弹性系数，Pa；

D，δ——管径及管壁厚，m；

E——管材的弹性模量，Pa；

ρ——流体密度，kg/m^3。

当管路为绝对刚体时

$$c=c_0=\sqrt{\frac{K}{\rho}} \quad (1.2\text{-}51)$$

这就是流体中的声速，对水来说，$c_0=1425m/s$；对液压油来说，$c_0=890\sim1270m/s$。

第三章 微流体技术

1 微流体力学

微尺度传感器和制动器依托于20世纪80年代后期发展起来的微机械工艺技术迅速发展，这些微型转化器与信号调节和处理电路集成后，组成了可执行分布式实时控制的微电子机械技术（MEMS)。这种性能为流体控制的研究开辟了崭新的领域。微小型化的尺度效应，微细加工工艺，微型机械材料和微型构件，微型传感器，微型执行器，微型机械测量技术，微量流体控制系统，微系统的集成与控制等八个方面成为MEMS的主要研究方向，微流体力学是其中一项重要的基础理论。

微流体与宏观流体的主要差别表现在微尺度效应，由于从宏观到微观尺度变化很大，因此流体在微观条件下的运动状态需要区别对待，使用在宏观条件下成立的假设和相应的方程来解释微观流体需要进行条件限制和修正，其过渡阶段仍可从经典流体力学中得到解释，但当特征尺度接近微米量级时，流体的流动特性，与宏观相比，发生了很大的变化，基于连续介质的一些宏观概念和规律就不再适用，黏性系数等概念也需重新讨论。由于尺度的微小，使原来的各种影响因素的相对重要性发生了变化，从而导致流动规律的变化。因此，确定微流体尺度等级的划分是一项紧迫的任务。

1.1 微流体尺度等级划分

研究小尺寸通道与宏观尺寸通道中流动现象的不同。首先要阐明关于通道尺寸的划分问题，但是研究者对于这一问题尚未形成统一的定论。Shah在定义小尺寸热交换器中指出通道尺寸小于6 mm称为小尺寸；Kandlikar提出小尺寸界限为3 mm，小于200μm的尺度称为微尺度。

另外，根据不同的描述流体特征的无量纲参数，对微尺度的界定也不同。Triple等人定义水力直径D_h小于拉氏常数时成为微尺度。拉氏常数定义为

$$L=\sqrt{\frac{\sigma}{g(\rho_l-\rho_u)}} \qquad (1.3\text{-}1)$$

式中，σ为表面电荷密度；g为重力加速度；ρ_l和ρ_u分别为液体密度和气体密度。

Kew和Cornwell基于拉氏常数提出C_o常数（confinement number）作为小尺寸沟道直径的界限，则

$$C_o=\frac{1}{D_h}\sqrt{\frac{4\sigma}{g(\rho_l-\rho_u)}} \qquad (1.3\text{-}2)$$

可见，对微尺度等级的划分还未确定。现在一般将大于1mm的尺度称为宏观尺度，1μm～1mm的尺度称为微尺度。

1.2 微尺度流动的尺寸效应

在微尺度流动中，特征尺寸的减小对流动规律的影响体现在两种情况中：①流体运动的特征尺度减小到微米数量级时，支配流

体运动的各种作用力发生了变化，在宏观流动中居于次要地位而被忽略的表面作用力超过了体力，而成为微流体的支配力，这意味着传统的宏观流体驱动技术以及研究方程在微流体中可能不再适用；②微米尺度范围内微管道具有极大的面积/体积比，例如对于1m尺度的常规流体，该比值为1/m，然而对于微米尺度来说，该比值变成10^6/m，这种现象被称为表面现象。该表面现象使得微流体呈现出与常规流体不同的性质，如牛顿流体在微管道中表现出的非牛顿流体性质，极大的表面积/体积比值还导致了电黏性效应、电双层效应、表面张力效应等。随着构件的特征尺度减小到微米数量级时，基于连续介质假设的纳维—斯托克斯方程不能处理微流体中壁面与流体间的速度滑移，固液界面的边界条件本身成为需要求解的变量。而且，微流体运动中出现了微流动表观黏度与体积黏度不一致等一些经典连续介质模型无法解释的现象。这说明在微米数量级流体条件下，由于固体表面分子力对液体分子的作用，使得微流体内部分子之间的作用力成为不可忽略的因素。

1.2.1 描述方程的适用性问题

用于描述宏观尺度流动的经典Navier-Stokes方程基于连续性假设，微尺度下，特征尺度与分子平均自由程相近或者小于分子平均自由程，流体质点的统计特性就可能受到质点内部个别分子行为的影响，因此依照现有的连续介质方程无法描述微尺度下的流动状态。在微尺度下，即使流体的连续性假设仍然存在，黏性耗散、热扩散、可压缩性、流动滑移等在宏观流动中往往忽略的因素在微尺度流动中的作用应该给予充分考虑。

在宏观条件下，流体黏度不变，而只与流体本身性质有关，在微观条件下，流体黏度受多方面因素的影响。Pfahler等人的实验结果显示，流体在不同截面形状管道中流动时，黏度各不相同，而且黏度与温度、压强有关，目前尚不能用量化方式准确表达黏度与各种因素的关系，但由于黏度成为管道尺寸、截面形状、温度、压强等的函数，在Navier - Stokes方程中，不能把黏度μ认为是常量，用N-S方程来解释微流体特性需要严格制其应用条件。对于μm尺度范围内的现象，分子动力学方程是比较合适的工具，它用于揭示那些量子力学效应不明显的物理现象的分子特征。分子统计理论如Boltzmann方程及直接Monte-Carlo模拟法可以提供分子碰撞动力学方面的知识。对于由量子效应明显的物理过程，则应采用量子分子动力学方法，并通过同时求解分子动力学方程及Schrodinger方程来加以分析。使用传统方程并加以适当修正，也是解决微尺度下流动问题行之有效的方法之一，但是每一次修正都需要有大量的实验对其进行验证。另一种可行的方法是使用基于“第一原理性方程”的分子模拟，如适用于微尺度下液体和密集气体流动的分子动力学模拟（MD）。

1.2.2 极大的表面积/体积比值

随着流动的特征尺度由cm～m量级减小到μm～mm量级，表面积和体积也随之减小，但衰减的速率不同，因而表面积与体积之比由$10^2\,m^{-1}$量级变成$10^6\,m^{-1}$量级，这使得与表面有关的传热、传质过程及表面效应的作用大大加强。Sharp K. V. 等人研制的一种袖珍式换热器，通过微加工方法增加换热面积，面积与体积之比达到$257\times10^3\,m^{-1}$，大大提高了制冷器的效率。作用在流体上的力主要表现为体积力和表面力。体积力依赖于特征尺度的三次幂，表面力则依赖于特征尺度的一次或二次幂，随着尺度的减小，表面力的作用不断加强，在微尺度中表面力将起主要作用。表面积与体积比值达到百万倍，更加强化突出了表面力的作用。这些表面力都来源于分子间的相互作用力，包括范德华力、静电力、位形力等，从本质上说它们都是短程力（小于 1nm），但其积累效果可达 1μm 的长程。范德华力是各种作用力中最弱的，它与距离的六次方成反比（$1/r^6$），属于短程力，在表面积与体积比很大的结构中影响很显著；静电力是带电分子或粒子间的作用力，与距离的平方成反比（$1/r^2$），作用范围比范德华力大，其作用力在距离 10μm 时仍有显著影响，距离小于 0.1μm 时其作用最强；空间位形力主要产生在含有长链分子的液体中，其作用力可达到 0.1μm 范围，而且在含有大量长链分子的液体中作用更加显著。因此，在微米尺度条件下，极大的表面积/体积比值还导致的表面张力效应等是影响微流体特性的一个主要因素。

1.2.3 表面粗糙度的影响

自 19 世纪 Darcy 提出表面粗糙度是流体流动的重要因素以来，很多研究者致力于这方面的研究。Moody 总结前人的工作绘制了著名的 Moody 图，描绘了相对粗糙度（ε/D_t）为 0～0.05 流体的 f_{darcy}（Darcy 摩擦因数）与雷诺数的关系，为后来研究者的工作提供了极大的方便。随着沟道尺寸的减小，相对粗糙度已超出 5%的范围，Moody 图表的适用性问题进一步引起质疑。目前，Kandlikar 等人已经研究了相对粗糙度值达 14%的微系统的单向流动特性，为了更精确地描述微尺度下的粗糙度，定义了 6 个粗糙度参数，并根据实验对 Moody 图表进行了修正，使其适用于相对粗糙度值高达 14%的单相流动系统。随着管道直径的减小，粗糙度相对于管道直径的比例增大，导致表面粗糙度的影响显著增加。有实验证明，表面粗糙结构可用于增强热量和质量传递。在热管启动方面的研究表明，如果毛细管的管壁很光滑，粗糙尺度小于 0.5μm，则热管的加热段需要很大的热流密度来激活核化点使之产生气泡。脉动热管加热段的热流密度随着壁面毛细成核半径的变化，如图 1.3-1 所示。当核化尺寸小于 2μm 时，随着核化半径的减小，内壁面变得光滑，热管启动的热流密度急剧上升。

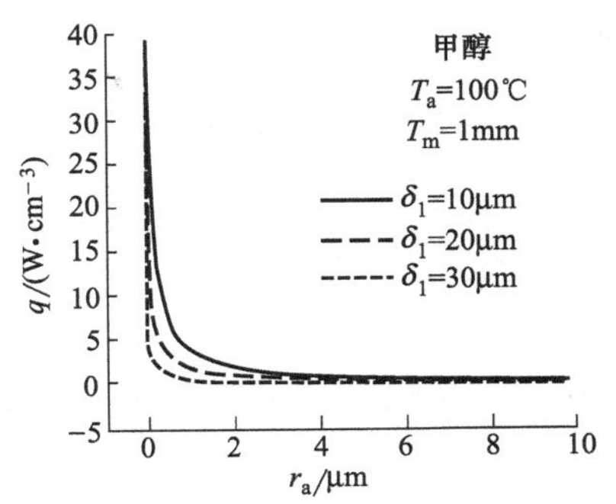

图 1.3-1 脉动热管加热段热流密度 q 与壁管毛细成核半径 r_a 的关系

1.2.4 梯度参数效应

尺度缩小使得流场中某些梯度量变大，与梯度量有关的参数的作用将增强，例如，对于平行剪切流动，黏性剪切应力 τ 与速度的一阶空间导数成正比。尺度缩小使沿壁面法向的速度梯度变大，因此剪切作用增强，而剪切应力 τ 正比于剪切应变率 γ。强的剪切应力对应高剪切应变率 γ，流变学研究表明，当 γ 大于流体分子频率两倍时，流动的流体将呈现非牛顿流的特性。

在传热学中，层流的对流换热系数 $\alpha \propto \frac{1}{l^{1/2}}$，$l$ 是特征尺度。当 l 从 cm 变成 μm，即 l 减小 4 个数量级，α 将比常规条件时高 1～2 个量级。从物理上解释，微尺度下流体流经长度很短，所以附面层很薄。同样温差下平均温度梯度大，使换热强度提高。

1.2.5 边界层流动对总流动贡献

在宏观流动中，边界层引起的流动对整个通道的总流动贡献很小。然而，随着通道直径的减小，边界层流动的作用变得显著起来。当通道尺寸减小到几个微米，边界层的厚度（几百纳米）相对于通道直径已不可忽视。考虑到边界层诱导效应和黏滞效应，微通道中的流速可以表示为：

第一篇

$$U=U_a+U_s \quad (1.3\text{-}3)$$

式中，U_a 为黏滞流动速度，U_s 为边界层流动速度

$$U_a=\frac{\alpha\rho_0 A^2 h^2}{2\mu}\left(\frac{z}{h}\right)\left(1-\frac{z}{h}\right) \quad (1.3\text{-}4)$$

$$U_s=\frac{A^2}{4c_0}\left[1+2(S-C)+e^{-2\beta z}\right] \quad (1.3\text{-}5)$$

其中，$c=\bar{e}^{\beta z}\cos(\beta z)$，$S=e^{-\beta z}\sin(\beta z)$，$\beta=\frac{\omega\rho_0}{2\mu}$

式中，h 代表径向尺寸，A 代表激励声源波速，α 代表声吸收系数，ρ_0 代表密度，μ 表示动态黏性，z 表示径向坐标。

由此可见，黏滞流动速度 U_a 与通道尺寸有关，而边界层诱导效应引起的流动速度 U_s 与通道尺寸无关。因此，随着通道直径的减小，边界层流动对通道内总流动的贡献越来越显著。图 1.3-2 说明了边界层诱导流动在总平均流速中所占比例 R 与管道直径的关系。图中不同的曲线代表不同的激励频率，实验所用液体是水。可以看出，当管道直径 d 小于 100μm 时，边界层诱导效应非常显著。

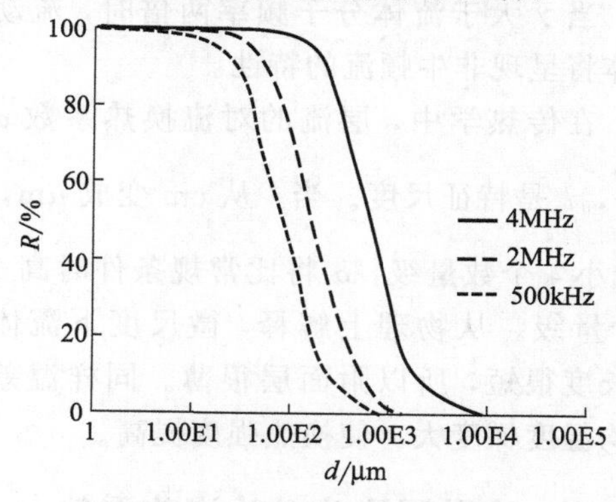

图 1.3-2 边界层流动对总流动的贡献与通道尺寸的关系

式（1.3-5）表明，边界层流动的影响主体体现在贴近管壁附近很小的范围内。随着沟道直径减小，边界层厚度保持不变，诱导流动的影响范围（面积与直径的平方成正比）相对于管壁截面积增加。随沟道尺寸的减小，边界层流速保持不变，而黏滞力引起的流速减小，所以边界层流速在总流动中的比例增加，如图 1.3-3 所示。

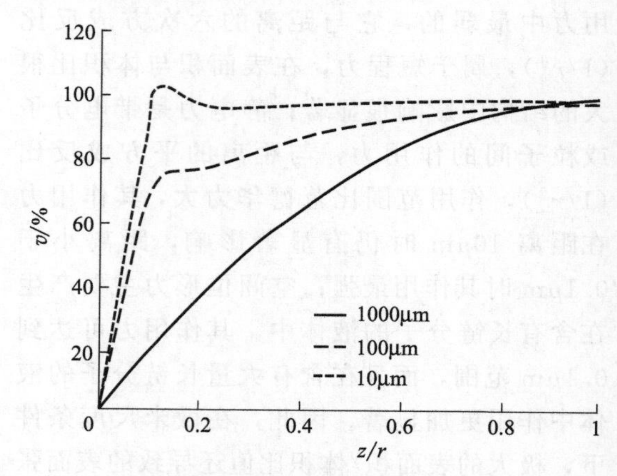

图 1.3-3 不同直径沟道中归一化流速 v 与流动层位置 z/r（边界层位置与管道半径之比）的关系

1.2.6 黏滞力的影响

雷诺数 Re 是用来描述流体流动状态的一个无量纲数，定义为惯性力和黏滞力的比值

$$Re=\frac{\rho v d}{\eta} \quad (1.3\text{-}6)$$

式中，ρ 为密度；v 为特征速度；d 为特征长度或直径；η 为黏度。

在直管道中一般认为 $Re\approx10^3$ 是层流与湍流的分界，Re 与特征长度 d 成正比，因而在微尺度下 Re 均很小，即流动几乎全是层流，不存在湍流或紊流，而且，流体内部黏性力和流体与外部接触界面上的作用力起着主要作用。S. W. Chau 等人研究微流动系统流动特性对微制造中沉积过程的影响，论述了当表面张力和黏滞力足以抵消惯性力时，流动会被衰减或拖曳，如果黏滞力相当小就不能形成稳定的流动层。

1.3 极性流体与非极性流体

流体虽然总体上不会呈现极性，但含有

极性离子的流体与非极性流体的流动特性存在显著差异，极性流体的流阻要大于非极性流体，这可以从离子吸附得到解释。此外，不同非极性流体的流阻也各不相同，据Stemme的观察，蒸馏水流过0.2μm的管道时，所受的流阻只有酒精的1/31对于这一点，尚未有令人满意的解释，但流体的极性对微流体的影响是显然的。

2 微　　泵

微机电系统（MEMS）具有微型化，能耗低和集成度高等优势，其应用已扩展至汽车工业、生物医学、航天、军事等各个领域。微流体器件作为微机电系统的重要分支在药物输送 、燃料喷射、细胞分离、电子元件冷却、微量化学分析及微小型卫星推进等方面具有广泛的应用。微泵作为构成微流体系统的重要部件是微流体器件的代表产物，可实现流体输送、流体测量、流体混合、流体的浓缩和分离，受到人们的普遍关注。

2.1 微泵材料

微泵材料的选择对微泵的设计制作、性能、成本以及应用都有显著的影响。良好的微泵材料应该具有与操作环境良好兼容、制作工艺简单、可大批量生产、疲劳寿命高等特点。根据当今发表的微泵文献，多数以硅半导体、玻璃为材料。随着微泵技术的发展，聚合物材料如聚二甲基硅氧烷（PDMS)、光刻胶、电致动聚合物材料（EAP)、离子导电聚合胶片（ICPF)、聚对二甲苯(Parylene)、聚甲基丙烯酸甲酯（PMMA）等也广泛用来制作微泵，其中PDMS最为常见，电致动聚合物如离子聚合物金属复合材料（IPMC)、介电弹性体（DE)、聚偏二氟乙烯（PVDF）等作为新型智能材料以其独特的优点成为国内外研究的热点。以硅为材料的微泵工艺成熟，但加工制作复杂，成本较高，生物相容性差，在生物医学领域的应用受到限制。而基于聚合物材料的微泵有种类多、可供选择余地大、制作工艺简单、易于集成、生物兼容性好、性能优良、成本低等优点，非常适合大批量生产，使一次性使用的医学微泵成为可能。

2.2 微泵分类

2.2.1 有阀微泵和无阀微泵

微泵根据其有无可动阀片分为有阀微泵和无阀微泵。典型的无阀微泵有收缩—扩张型微泵，以及基于流体性质的非机械式微泵。有阀微泵的优点是原理简单，制造工艺成熟，易于控制，反向截止性能较好。但缺点也很明显：由于阀片的存在，微泵加工工艺要求高，结构复杂，不利于集成以及微型化；阀片易疲劳，并且回流现象不可避免，微泵效率低；在药物输送、血液运输等领域应用中，阀门的存在会造成堵塞，且容易损伤细胞。相比于有阀微泵，无阀微泵有以下优点：结构简单，易于加工和制备，可以制成平面结构，或者直接和微流控芯片一体化加工，便于微泵的微型化、集成化；无阀微泵利用微流体的特性，可以连续输送流体，能精确检测和控制流量，因此无阀微泵成为21世纪微流体系统微型化 、集成化、控制精准化程度进一步提高的突破口，具有广阔的应用前景。

无阀微泵的工作原理是基于Torsten Gerlach提出的微扩散理论。无阀微泵是利用流路差异引起的压力损失的不对称性来实现流体泵送的。无阀微泵的主要组成部件包括带有驱动膜的腔体和两个锥形管结构，其工作原理如图 1.3-4 所示。当泵膜向上运动时腔体扩大，微泵进入“吸取模式”[图 1.3-4 (a)] 时，入口处的锥形管充当扩散口，而出口处的锥形管充当喷口，其结果是入口（扩散口）的流进量大于出口（喷口）的流进量；当泵膜向下移动时，腔体收缩，微泵进入“压缩模式” [图 1.3-4 (b)]，出口处的锥形管充当扩散口，而入口处的锥形管充当喷口，结果是出口（扩散口）的流出量大于入口（喷口）的流出量。经过一个工作周期，就会有一定的净流量从出口流出。

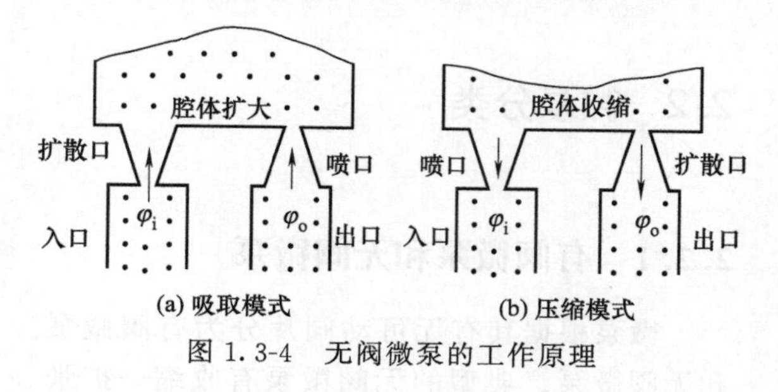

图 1.3-4　无阀微泵的工作原理

2.2.2　机械式微泵和非机械式微泵

按泵类有无运动部件分，可以分为机械式微泵和非机械式微泵。机械式微泵驱动力较大、响应速度快，是目前应用的主流，但因为有可动部件，结构复杂，存在机械磨损和泄漏现象，不利于微型化、集成化发展。非机械式微泵将非机械能转变为微流体的动能，没有运动部件，结构简单、流量连续稳定，是目前研究的热点。

(1) 机械式微泵

① 压电驱动微泵　压电驱动微泵是基于压电晶体的压电特性驱动薄膜振动从而实现泵送流体的。常见的压电材料有压电片、PZT 压电堆、压电薄膜。压电驱动的优点是结构简单、驱动力大、响应时间短、能耗低、效率高；其缺点是驱动电压高、振幅小，自吸困难，限制了其应用范围。

② 静电式　静电驱动是指基于库仑力的原理，在平行的 2 个极板中，给其中一个固定极板加上单一极性的电压：在另一个与泵膜连接的极板上加上交变电压，交替产生该极板的双向形变，从而实现泵的功能。极板间的引力，如式 (1.3-7) 所示。

$$F=\frac{dW}{dx}=\frac{1}{2}\times\frac{\varepsilon AV^2}{x^2} \tag{1.3-7}$$

式中，F 为静电驱动力，V 为所加的电压，A 为极板的面积，x 为极板间的距离；ε 为介电常数。这种微泵具有低功耗（典型值 1mW）和较快的响应速度等优点，主要不足在于其加上较高的电压也只能产生较小的形变，导致最大泵出量很小。国内对于静电式微泵的研究主要集中于理论分析和数值模拟上。

③ 热气动式　热气动微泵具有空气腔和泵腔 2 个由泵膜分隔开的腔体，通过对空气加热器和冷却器使空气腔中的气体周期性地膨胀和收缩，从而使薄膜同时发生周期性的振动，实现泵的功能。加热、冷却导致的气温变化 (ΔT) 使空气腔容积产生变化 (ΔV)，从而引起泵腔中压力的变化 (Δp)，三者之间的关系可以表示为：

$$\Delta p=E\left(\beta\Delta T-\frac{\Delta V}{V}\right) \tag{1.3-8}$$

式中，E 为表示薄膜弹性的体积模量，β 为热膨胀系数，ΔT 为气体温度的变化，$\Delta V/V$ 为容积的变化比。构成热气动泵体和泵膜的材料一般为玻璃和 PDMS（聚二甲基硅氧烷）。

④ 电磁式　基于洛伦兹力的典型电磁驱动微泵由带有进、出口微阀门的腔体、柔性可变的泵膜、1 个永磁体和 1 套驱动线圈组成。一般永磁体附着于泵膜上，也可以是线圈附着其上。当交变电流通过线圈产生交变磁场时，就会与永磁体之间相互排斥和吸引，从而产生微泵的动力。平面线圈是微电磁驱动的研究重点。电磁驱动的优点是输入电压低、泵膜变形大、频率调节方便、响应快，

并且可以远程控制。其缺点是能耗大、电磁材料微加工困难、由于线圈存在难以微型化。

⑤ 形状记忆合金式　形状记忆合金（shape memory alloy，SMA）是一种能够记忆原有形状的智能合金材料。形状记忆效应是指SMA的2种固态相——高温下的奥氏体和低温下的马氏体之间的相变而发生的延展性形变。SMA微泵正是利用了这种周而复始的两种固体相的相变作为泵的动力来源。常见的记忆合金有钛镍合金、金镉合金、铜锌合金等。SMA需要的输入功率较大，其响应速也较慢，效率低，泵膜变形较难控制，但其具有较大功（率）重（量）比，集驱动、传动和传感于一身，变形大、输出应力高、驱动电压低和生物相容性等优点，使得它在微小型应用领域具有独特的前景。

⑥ 离子导电聚合片式　与硅、金属等膜片相比，聚合物泵膜可以产生较大的形变，输入功率也更小。一种最常见的聚合物泵膜材料是离子导电聚合胶片（ionic conductive polymer film，ICPF），它是由聚合电解质胶片和胶片两面化学结合的白金导体构成的。白金导体构成了胶片的两极，胶片在外在电场的作用下会发生阳离子向阴极迁移，同时吸附聚合物中的水分子运动，从而发生阴极膨胀、阳极收缩的现象。当施加周期性交变电场时，聚合物泵膜也会发生周期性形变为微泵提供动力。

⑦ 相变式　相变式微泵的执行部件包括加热器、由泵膜分隔开的工作腔和泵腔。加热器工作时使工作腔内的液体汽化，腔内体积增大，从而推动泵膜膨胀，压缩泵腔内的流体；加热器不工作时，热气体冷凝。工作腔内体积减小，使得泵膜回缩，从而利用工作腔内的这种气态和液态的往复转变为微泵提供动力。

⑧ 双金属式　铆合在一起的2种不同金属一般具有不同的热膨胀系数，当通过微泵内的加热器对双金属泵膜进行加热时，由于2种金属的热膨胀程度不同，泵膜就会产生形变。双金属膜可以产生较大的推动力，然而由于常见金属的热膨胀系数都较小。因而双金属膜片的形变较小，响应的速度也不高，并不适用于需要高频振动的应用。

（2）非机械式微泵

① 磁流体式　磁流体式（magneto-hydrodynamic，MHD）微泵通过导电流体与磁场之间的相互作用来获得动力。MHD是指导电流体在垂直相交的磁场和电场相互作用而产生的洛伦兹力的驱动下流动。典型MHD微泵的结构相对比较简单，除了矩形微通道之外，微通道的上下两面是用于产生磁场的极性相反的永磁体，微通道的左右两面是用于产生电场的电极。除了外部提供的电磁场外，还要求所采用的流体应具有1s/m或更高的电导率。总的来说，MHD微泵可以用于具有较高电导率的流体，很多种流体都满足这一条件，这使得MHD微泵可以广泛应用于生物医学领域。

② 电液动力微泵　电液动力（EHD）微泵基本原理是利用流体中带电离子在电场作用下的迁移，从而带动整个流体迁移流动的目的。这种微泵的优点是无阀无活动部件、结构简单、对微加工工艺要求不高、成本低；但这种微泵对流体的介电性质有特殊要求，只能用于绝缘液体或导电率极低的液体，如乙醇、丙酮、异丙醇等，限制了其应用。按驱动电压类型可分为两种，一种是平行电极间施加直流电压的EHD泵，另一种是在电极阵列上施加不同相位行波电压的EHD泵。

③ 电渗流式　电渗流（electroosmotic）也被称为动电现象。是指在外加电场下电解质溶液由正极向负极移动的过程。这是一种在微细尺度条件下发生的与电泳类似的现象，但通常情况下电渗流淌度大于组分的电泳淌度。电渗流微泵无需任何运动部件，如止回阀等，其运作效率较高，流向完全由外加电场的方向控制，普通廉价的MEMS技术即可胜任这种微泵的制造。其主要的限制在于需要较高的操作电压，且不能用于非离子溶液。

④ 电浸润式　电浸润式微泵利用表面张力来驱动流体运动。微尺度下，表面张力是一种主要作用力，而金属液体的表面张力会因电压改变而变化，在充满电解液的管道中施加电压金属液滴就可以沿着管道运动，推动流体运动。这类微泵具有功耗低、响应快、表面电化学不活泼等优点。

⑤ 曲面波式　曲面波（flexural planar wave，FPW）微泵是采用超声驱动的。在这种微泵中存在一种称为声冲流（acoustic streaming）的现象。即具有一定幅度的声场可以被用来驱动流体。在这类微泵中。由压电晶体驱动器阵列产生声场，即沿一薄板传递的曲面波。这个薄板形成了流通道的一壁，在该壁与流体之间存在着动力传递。曲面波微泵的工作电压较低，也无需阀门和加热机构，与EHD微泵相比，对流体的导电率也没有限制。

⑥ 电化学式　电化学微泵通过电解水产生的气泡向液体提供驱动，电化学微泵主要由电极、微通道、电解水的腔室以及进出口的阀门等组成，其设计和制造比较简单，并较易于其他微流控系统集成。电化学微泵的主要不足在于其产生的气泡在排出泵的时候可能会引起塌陷效应，气泡也有可能溶解于水，导致不稳定和不可靠的药物释放。

⑦ 蒸发式　蒸发式微泵的原理类似于树木的水分运输系统，这种微泵具有一套控制液体蒸发和对气体吸收的装置。关艳霞等通过改变蒸发孔的面积或使用风扇调节微泵的流速，在较长时间内提供稳定的 μL/min 级液体流速。

2.3　微泵结构的优化

首先是微泵腔体结构的优化。微泵腔体结构会影响微泵的压力、流量、流动损失系数以及流动稳定性。多数微泵均为单腔体结构，为了提高微泵的性能，研制多腔体结构微泵已成为一种趋势，目前主要集中在两腔体的研究上。多腔体微泵可减轻流体脉动性，提高输送能力，并且压力和流量稳定，提高微泵效率。有实验研究发现，两腔串联结构，其输出压力和流量分别是单腔的2倍和1.4倍，而且综合性能较高；并联结构输出压力不变，但流量增加一倍，而且脉动小。微流道是无阀微泵的关键结构，其结构制约着微泵性能，有必要对微流道结构进行优化。有关学者提出了利用锯齿形微流道代替传统扩张/收缩微流道，有效提高了微泵性能。锯齿型微流道由于侧面齿形角的存在，流动过程更易产生漩涡，使流道压力损失降低，其最大流量和最大压头都得到提高。Li 等模仿鱼的鳍片，在微流道侧壁增加微翅片结构，微泵流动效率提高了10%，在100V，3kHz 的驱动电压下测试，微泵性能提高了35%。浙江大学傅新等利用 Micro-DPIV 技术对无阀微泵进行流场检测，探究了微泵的流动机理，为微泵性能检测、流道结构优化设计提供了实验验证和技术指导。

3　微　阀

微阀作为微流体系统的主要元件之一，其作用包括径流调节、开/关转换以及密封生物分子、微/纳粒子、化学试剂等，其性质包括无泄漏、死体积小、功耗低、压阻大、对微粒玷污不敏感、反应快、可线性操作的能力等。目前，微阀主要被分为有源微阀和无源微阀。有源微阀需要在某种驱动能的作用下实现对微流体的控制，无源微阀则不需要从外部输入能量，通常在顺压与逆压作用下实现对微流体的控制。此外，按照最初的状态，微阀可分为常开型和常闭型两种。

3.1 有源微阀

根据驱动源的不同，有源微阀又可分为压电、磁、电、热、相变、双稳态有源微阀以及由外部辅助系统如气体驱动的有源微阀，其中热驱动微阀包括热空气、双金属和形状记忆合金微阀，相变微阀包括水凝胶、溶胶—凝胶和石蜡微阀。在这些微阀中，压电阀具有灵敏度高、响应快、死区体积小等特点，应用广泛；静电与磁微阀可以控制流动方向且功耗低；热驱动微阀易于集成化并具有优良的动态特性，适于与硅热流量传感器一体化的应用，但这种微阀消耗的功率多，反应时间长；相变微阀由于成本相对较低，因而在一次性使用的生物芯片中广泛使用；气动微阀因薄膜为弹性材料，能产生较大的变形，所以密封性能很好，泄漏低。

3.1.1 压电微阀

压电驱动能够产生很大的驱动力、反应时间快，但即使有很高的电压，隔膜也只能产生很小的偏移量。J. Kruckow 等人利用体微加工的方法，通过硅熔融键合，将两层硅结构键合在一起，研制了一种由压电驱动的自封锁常闭型微阀，其结构和工作原理，如图 1.3-5 所示。在没有施加电压时，该微阀具有良好的密封性能，当电压为 100V 时，气体流速为 0.38 mL/min。

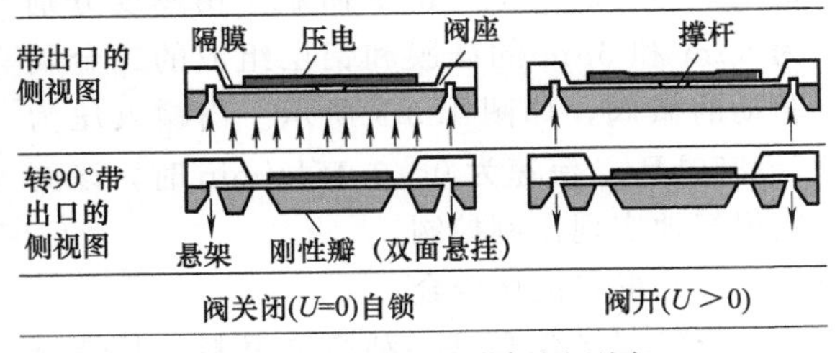

图 1.3-5　压电硅微阀原理图

J. M. Park 等人研制了一种用于低温下流速调制的常开型压电微阀，它包括由绝缘体上硅（SOI）制成的芯片、玻璃片、压电堆栈驱动器和玻璃陶瓷封壳。该阀的反应时间低于 1ms，带宽可达 820kHz。在室温下，入口压力为 55kPa 时，若微阀全开（0V），流速可达 980mL/min，当施加 60V 驱动电压时，流速为 0mL/min，当温度为 80K，入口压力为 104kPa 时，该阀能成功地将气体流速从 350mL/min 调至 20mL/min。E. H. Yang 等人研发了一种应用于微飞船的常闭型压电微阀，其结构如图 1.3-6 所示。

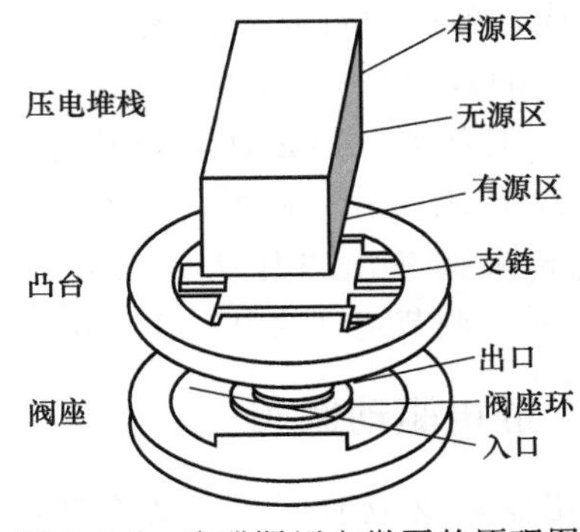

图 1.3-6　防泄漏压电微泵的原理图

当输入电压为 10V，入口压力为 2068.5kPa 时，层流速率为 52mL/min。为使该阀完全打开，输入电压须为 30V，微阀消耗的功率为 3mW。由于阀座上含有窄边座套环和受张应力的硅支链，因而具有很好的防泄漏能力，当压力为 5516kPa 时，泄漏速率为 10^4 mL/min。

3.1.2 磁微阀

C. H. Cheng 等人在 PDMS 中掺入铁粉，将该混合物填充在硅 KOH 各向异性刻蚀后的 V 形腔中，作为阀塞及阀塞支撑。这是一种常闭形微阀，当外加磁场时，阀塞和支撑被抬起，阀被打开。M. Duch 等人提出了一种低功耗、使用方便的磁微阀。这种微阀由上部 V 形悬臂梁和下部硅隔膜组成，V 形悬臂梁上电镀一层 Co2Ni 合金。当分别在微阀的上部和下部施加磁场时，阀相应地被打开和关闭，如图1.3-7所示。

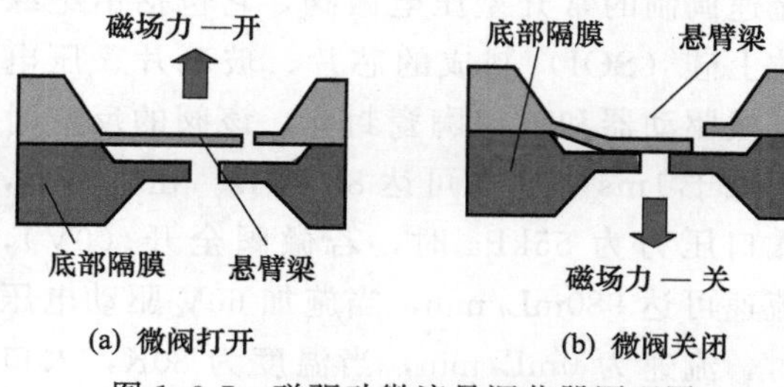

图1.3-7 磁驱动微流量调节器原理图

C. Fu等人利用直径3mm铁球作为可由外部磁场驱动的部件研制了一种常开型微球阀。该微球阀由三个热压聚合物层和三个金属层组成，各层通过黏附薄膜连接，开关频率可达30Hz，开关时间为10ms。当电流为200mA，压力为50kPa时，微阀被关闭，泄流速度为0.5L/min。此外，这种微阀还可用作比例阀来调节出口压力，当入口压力为200kPa时，调节范围为0～112.5kPa。

3.1.3 静电驱动微阀

静电驱动反应时间快、功率低，但是驱动力较小。此外，由于静电驱动微阀通常是以二进制的模式工作，所以需要使用阀阵列来控制流动。T. Hasegawa等人提出了一种由空气驱动无死体积的微分配系统，其中主要元件就是由微螺线管驱动器实现方向转换的10出口多方向微开关阀。这种开关阀包含带有硅树脂橡胶环的旋转装置和带钢球的自定位闭锁装置。定位装置能精确地自动定位出口并检测当前选中的出口，因而不需要其他传感器和控制器。为使芯片能在500kPa以上的高压下快速转换，硅胶环的高度应为300μm，转子压缩力为3N，转子旋转力为0.8N。当在螺线管上施加电压6V DC时，吸引力为1N，开关时间为0.1s。

3.1.4 热驱动微阀

使用热驱动的微阀包括热空气驱动微阀、双金属驱动微阀、形状记忆合金驱动微阀三种。虽然它们消耗功率多、反应时间长，但由于它们结构简单，且能提供较大的驱动力，因而也十分受关注。

(1) 热气

J. H. Kim等人利用PDMS研制了一种常开型热气驱动的微阀，该微阀由玻璃片、铟锡氧化物（ITO）加热器、PDMS热气腔、PDMS振动膜和PDMS通道组成。在ITO加热器上施加电压，使加热器加热PDMS热气腔中的气体，由于气体膨胀，PDMS振动膜发生变形将阀关闭。将阀关闭所需的功率取决于膜的厚度和输入压力，与微阀通道的宽度无关。当膜厚为70μm时，使薄膜形变达到40μm所需的功率为25mW；膜厚为170μm时，所需功率为200mW，关闭和开启时间分别为20s和25s。C. A. Rich等人研制了一种皱褶隔膜式热空气微阀，其结构如图1.3-8所示。隔膜下的密封腔内装有挥发性液体，它的蒸发压可以通过电阻加热来提高，因而使隔膜发生偏移并将阀关闭。当入口压力为133.3kPa，功率为350mW时，阀关闭，维持关闭状态所需的功率为30mW。该阀泄漏速率可低达10^{-3}mL/min。

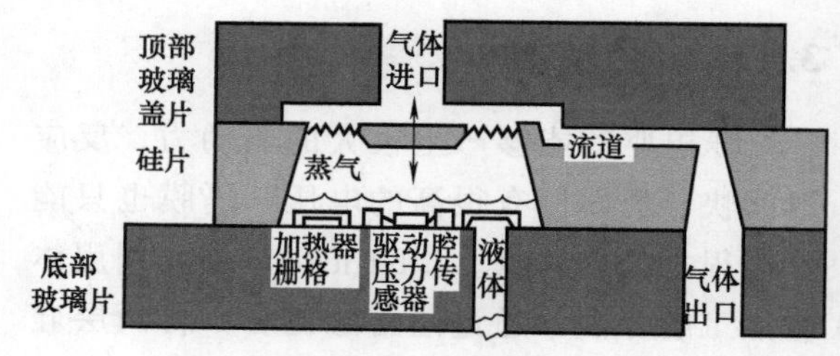

图1.3-8 热空气驱动微阀结构图

(2) 双金属

双金属驱动器的结构简单，能够产生很大的力，但是功耗大，对环境温度敏感。20世纪90年代，H. Jerman研制了由厚度分别为8μm和5μm的硅膜和铝层组成的二金属驱动的微阀，如图1.3-9所示。当输入压为7～350kPa，流速为0～0.15L/min时，该阀能很好地实现比例控制。

(3) 形状记忆合金

形状记忆合金是一种智能材料，其特点

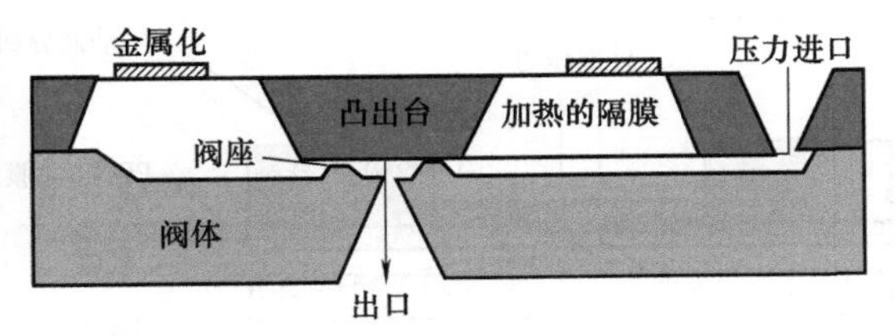

图 1.3-9　双金属驱动微阀截面图

是具有形状记忆效应。将形状记忆合金在高温下定型后，冷却到低温（或室温），并施加外力，使其存在残余变形，经过加热到临界温度之上，就可使存在的残余变形消失，并恢复到高温下的形状。M. E. Piccini 等人利用直径为 75μm 的镍钛金属线研制了一种硅树脂管状常闭型微阀，通过施加脉冲电压实现对微阀的开关控制。当脉冲功率为 213mW 时，它的反应时间为 2.5s，平均流速为 28.4μL/min。该阀的爆破压力为 68.9kPa，当压力为 20.7kPa 时，流速约为 33μL/min。米智楠等人利用形状记忆合金作为驱动元件，开发了一种微型气动开关阀。低温时，由于受气体压力作用，形状记忆合金弹簧被压缩，阀门关闭。通过对 NiTi 合金弹簧通电加热，使其屈服应力变大，从而产生较大的恢复力并克服气体压力，推动阀门开启。NiTi 合金弹簧断电后，通过气流进行冷却，从而降低温度，其屈服应力变小，在气体压力的作用下关闭阀门。微型阀在气压为 0.4MPa 通电电流为 5A 时，阀门的开启时间为 0.8s，关闭时间为 2.6s。

3.1.5　相变驱动微阀

相变驱动微阀使用水凝胶、溶胶-凝胶、石蜡等材料，通常要消耗能量，如温度、电或光等，但由于它们的成本相对较低，因而在一次性使用的生物芯片中广泛使用。

（1）石蜡微阀

R. H. LIU 等人用石蜡为材料研制了一种由热驱动的微开关阀，含有该微阀的 DNA 聚合酶链式反应微装置能够将样品溶液密封在反应腔内，其原理如图 1.3-10 所示。当压

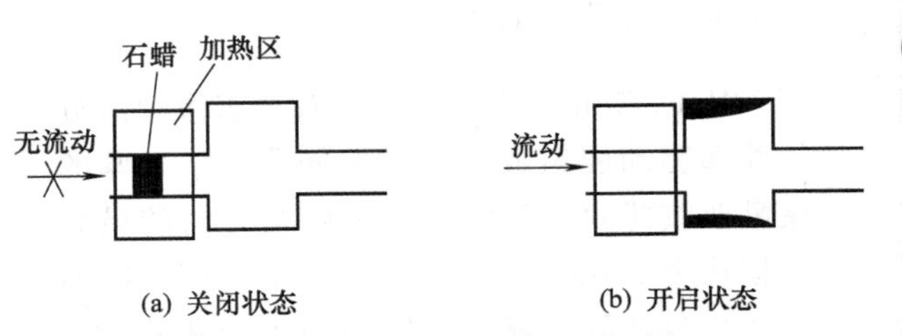

(a) 关闭状态　　(b) 开启状态

图 1.3-10　石蜡微开关阀原理图

力小于 137.9kPa，微阀处于关闭状态时，没有泄漏发生；当压力达到 275.8kPa 时，在流道壁和石蜡界面上就出现了泄漏。这种微阀的反应时间大约为 20s，但增加凝固通道的宽度或缩短凝固区与加热区的距离能有效减少反应时间。

（2）水凝胶微阀

早期的水凝胶微阀主要是通过改变溶液的盐浓度来控制，并使用原位光刻技术制造。目前，许多研究人员开发了基于温度效应和热效应的水凝胶微阀，如 A. Richter 等人研制了基于温度敏感的常闭型水凝胶微阀，通过光聚合作用，将水凝胶驱动物直接定位在微通道内。该水凝胶的状态转变温度为 34℃，微阀开启和关闭所需时间分别为 0.3s 和 2s。J. Wang 等人研制了一种基于热效应的水凝胶微阀，能够承受 200kPa 以上的压力而没有泄漏，它的关闭时间大约为 4.5s，开启时间与凝胶体的长度成正比。当凝胶的长度为 300μm 和 1500μm 时，开启时间分别为 5s 和 12s。

（3）溶胶-凝胶微阀

S. Y. Dae 等人利用纤维素甲醚的可逆溶胶-凝胶转变特性制造了一种凝胶微阀，他们在每个微通道中都植入了一个微加热器和微温度传感器。为使该阀能正常工作，须保持加热通道温度在 60℃左右，流动通道在 35℃左右，且两通道间的温度差为 23K。此外，要使该阀能稳定工作，流速应该大于 5μL/min。当使用风扇冷却时，最初的加热和冷却速度分别为 5.7K/s 和 5.8K/s。当压力为 2.07×10^{4} Pa 时，没有泄漏产生。

3.1.6　双稳态微阀

Y. C. Goll 等人所研制的双稳态微阀由流体腔和驱动腔组成，两腔之间是 25μm 厚的聚酰亚胺薄膜，薄膜在上下两个方向的最大偏移均为 120μm。由于是双稳态微阀，因而需要快速升压和降压以实现阀的开和关。通过快速加热驱动腔中的空气，可以将阀关闭；要使阀打开，需先将驱动腔里的空气加热使之从驱动腔下的孔溢出，然后将电流切断使气体冷却。当输入压力为 30kPa 时，流速为 250μL/s，阀关闭时，泄流速率低于 0.001μL/s。M. Capanu 等人研制了一种基于电磁驱动的常闭型双稳态微阀，它主要由两部分构成：上部电镀的金线圈和下部 Ni/Fe 合金梁。双稳态性是通过平衡梁的弹力和 46μm 厚磁性金属箔的磁力实现的。用去离子水测试阀的动态反应时间，当施加 1.16V 脉冲电压 30ms 阀打开；施加 1.18V 脉冲电压 80ms，阀关闭。

3.1.7　外部气动微阀

外部气动微阀在开/关转换或密封中有很好的性能。到目前为止，带有外部驱动力的压力型微阀由于能够提供零泄流和较大的可抗压力，因而十分受欢迎。然而，为适应手持式生物化学应用，它的外部系统（如空气/真空泵）应进一步小型化。

C. K. Malek 等人利用硅和 PDMS 研制了一种多层气动常闭微阀，其工作原理简单，即若要使流体流动，需在外部施加一个负压使阀开启；当流体压力过高时，需要施加正压使阀紧闭。这种阀的结构简单，制造成本低，易于操作。由于 PDMS 是一种弹性材料，其变形大，故只需施加很低的压力就能使薄膜变形，具有很好的密封性，其结构如图 1.3-11 所示。

S. R. Quake 团队已经报道了多种应用多层软光刻工艺制造的微流体系统，其中主要结构是一个由空气驱动的串联微阀，它是由

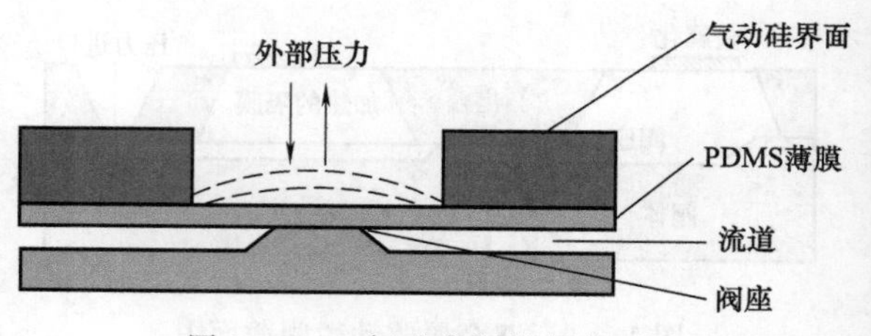

图 1.3-11　气动常闭微阀截面图

空气控制层和流道层叠加而成气体通道和流体通道的宽度，通常为 100μm，它们正交形成面积为 100μm×100μm 振动薄膜。当气道中的气体压力为 60kPa 时，在几毫秒内薄膜就能偏离平衡位置阻止流体流动。在弹性回复力作用下，微阀回到打开状态。值得注意的是流道的深宽比不能小于 1∶10，否则结构容易塌陷。

3.2　无源微阀

无源微阀在微流体系统中主要被用作止回阀元件，根据是否含有可动部件，它们可被分为含有机械可动部件微阀（如悬臂梁式和薄膜式）和不含机械可动部件微阀（如毛细管微阀）。含可动部件的无源微阀通常只能沿顺压的方向打，呈现二极管特性，结构简单，容易制造，可以由体硅刻蚀、金属沉积、多晶硅或聚合物材料表面微加工工艺制得，但是它的性能受输入压力的影响。毛细管微阀是通过表面张力来调节流体流动，由于没有可动部件，因而通常不易堵塞通道，而扭矩驱动微阀是通过旋紧螺钉将阀关闭，使用十分方便。

3.2.1　悬臂梁式微阀

B. Li 等人利用原位 UV2LIGA 工艺，以硅和镍为主要材料研制了一种由 80 个微阀组成的微阀阵列，该微阀阵列具有大流速（大于 10mL/s）高压力（承载能力大于 10MPa）和高工作频率（大于 10kHz）的特点。单个微阀为常闭型微阀，它的入口通道和阀塞由

硅制造而成，阀瓣由镍制成，与悬臂微梁连接被键合在硅衬底上。在正压力差的作用下，阀瓣被抬起，阀打开；在负压差与悬臂梁弹性回复力的共同作用下，阀被关闭。将阀瓣设计成交叉形状，能有效提高微阀在关闭状态时的承压能力，以及克服阀瓣接触塞子时的黏附问题。

3.2.2 薄膜式微阀

M. Hu 等人利用 SOI 硅片研制了硅薄膜厚度为 90μm 的微阀，它包括一个六边形孔、一个六边形薄膜和三个柔性支链。在顺压为 65.5kPa 时，最大流速为 35.6mL/min，当反向压力为 600kPa 时，泄漏速率为 0.01 μL/min。在空气中该阀的共振频率为 17.7kHz。

3.2.3 毛细管微阀

由于微通道的表面或几何形状特性，毛细管微阀能够实现自治，因而可用于微流体中。此外，由于毛细管微阀成本低且易于集成到片上实验室（LOC）装置中，所以在生命科学中也常有所应用。

最初的毛细管阀是通过在亲水微管道上沉积一层疏水物质，外加驱动压力使流体通过疏水区。C. Delattre 等人研制的毛细管微阀不需要沉积疏水层，而是利用深度反应离子刻蚀使通道的长度和宽度突然变大，因而增加了流体的可湿性。J. Melin 等人提出了一种“Y”形的毛细管微阀，它可利用液体触发作用来避免当两种液体在交点相遇时的被困气泡。当液体从一个入口进入到达交汇点时，会等待从另一个入口进来的液体，当第二种液体到达交汇口后，第一种液体的流动就会被触发。

3.2.4 扭矩驱动微阀

D. B. Weibel 等人研制了一种扭矩驱动的微阀（TWIST），其中包含直径大于 500μm 的螺钉，通过螺丝刀顺时针转动螺钉，微阀被关闭，逆时针旋转就能将阀打开，这种阀的优点是不需要额外输入便可保持关闭状态，能够容易地集成为便携式和任意使用的微流体器件。此外，它还能将高度大于 50μm 的流道完全关闭，其实物图如图 1.3-12 所示。

图 1.3-12 扭矩驱动微阀实物图

4 微流体驱动与控制技术

微米乃至纳米尺度构件中流体的驱动和控制是微电子机械系统（MEMS）中经常要遇到的问题，也是 MEMS 发展需要解决的关键技术之一，它在微型传感器、微型致动器等微流体器件、微生物化学分析以及各种涉及微流体输运的场合中均有着广泛的应用，而近几年生物芯片技术的进步和“lab-on-a-chip”概念的提出更是迫切要求实现微量流体的自动精确的驱动和控制。微流体驱动与控制技术的发展也严重影响着微流体器件的进一步小型化和性能的改进，后者反过来也促进了微流体驱动与控制技术的发展，微流体驱动和控制技术的研究已逐渐成为 MEMS 研究的一个热点。

微流体的驱动与控制和宏观流体的驱动与控制有很大的不同，这主要是由于当尺度减小时，流体的流动特性发生了变化，这种流动特性的变化使得宏观流体驱动与控制技术在微流体中的简单移植往往不成功或者效果不好，微流体的驱动与控制技术更为复杂和多样化。

目前，微流体的驱功和控制技术种类很多，采用的原理和形式不尽相同，如按原理来分，可分为压力驱动、电水力驱动、电渗驱动、热驱动、表面张力驱动、离心力驱动等如按有无可动部件分，又可分为有阀和无阀的驱动和控制，其中每一种驱动和控制方式又有各种不同的操作形式，微流体的流动特性复杂、影响因素众多，而且有时几种方式是组合在一起的，上述条框式的分类只是近似的，不全面的，但为叙述方便，下面将大致按照原理分类对各种驱动和控制微流体的技术进行介绍。

4.1 压力驱动和控制

微流体的压力驱动和控制与宏观流体的原理相似，都是依靠入口、出口和腔体内部的相对压差驱动流体，利用机械阀实现流动控制在这点上，微流体的压力驱动和控制可以看作宏观流动控制技术的一种移植。目前，利用压力驱动和控制微流体有两种方法，一种是利用外部的宏观泵或注射器与微流体管道结合，通过前者的推动力驱动流体在微管道中流动，流体冲开管道中的阀门被释放出，这种方法简单、容易实现、成本低，而且已经商业化，但不易小型化是它的一个主要缺点。另一种微流体的压力驱动和控制方法是采用微机械技术制作的微泵来提供压力。

4.1.1 机械压差驱动

机械压差驱动方式是运用机械零件的摆动运动将机械能转化为流体运动，依靠进出口和腔体内部的相对压差驱动流体。机械压差驱动原理简单，制造工艺成熟，易于控制。目前，微流体系统中主要以微泵为主，运用机械压差技术驱动。微泵的早期发展遵循的就是隔膜或活塞原理。这类传统典型的例子就是所谓“活塞式”微泵，如微隔膜泵和蠕动式微泵。驱动原理如图 1.3-13 所示，泵室腔被一层或多层可移动隔膜盖住。驱使隔膜的上下运动就可以导致室腔体积的改变，从而产生了上下压力瞬时改变 Δp。其工作原理可以描述为一个循环过程，分为供给过程（泵室腔体积增大）和压出过程（泵室腔体积减小）。

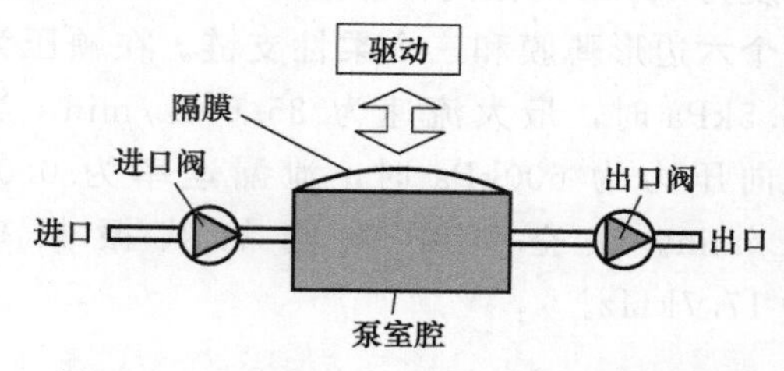

图 1.3-13 “活塞式”微泵工作原理示意图

在供给过程中泵室腔产生低压，使得进口端的液体被吸入（压力差大于进口端的极限压力）；在压出过程中泵室腔产生高压，将腔室内的液体挤向出口端（压力差大于出口端的极限压力）。此时，进口端关闭以防止不必要的回流，同样在供给过程中出口端关闭。

微泵腔体的扩张或缩小就是驱动隔膜的上下运动，所以其微型化取决于致动器的大小。致动器可分为外部致动器和微致动器。

外部致动器必须粘接或装配到微结构的泵体上，主要有电磁致动器，即通过电磁线圈与铁芯配合致动。这种运动方式可获得大的位移，而力的大小则取决于线圈的匝数和通过的电流，由于受电磁线圈尺寸的限制，微型化较困难；压电致动器（见图 1.3-14）由压电陶瓷片（PZT）和电极组成，商品压电陶瓷可用环氧树脂粘接在膜片上，膜片越薄变形量与驱动电压和频率成比例，通常将多片压电片堆叠以增加压力，但所需的驱动电压较高；双金属致动器，致动原理是利用两金属在相同温差下膨胀或收缩量的不同产生内应力，从而使双金属片发生形变而工作。

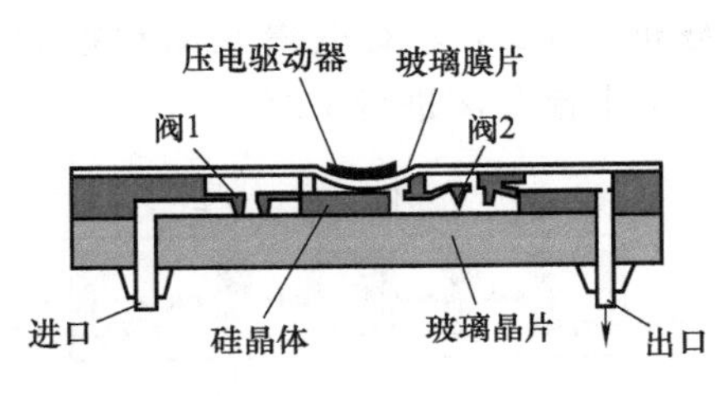

图 1.3-14　压电致动器驱动微泵示意图

微致动器则是利用微加工技术直接在泵体上加工出来的，省去了装配工艺，但是受到加工工艺和加工精度的限制，不易加工。主要致动器有静电力驱动，如图 1.3-15 当给激励电极加电压后，可挠性膜片将根据电压的方向和大小不同产生凸形变，从而使谐振腔内产生相应的方向和大小的脉冲压力，打开或关闭阀的出入口；热气动致动器，它由密封的压力室和属于压力室一部分的可移动膜片构成，室腔里的气体通过电加热膨胀产生压力，从而推动膜片工作，但其工作效率则取决于与外界的热交换能力；由 Ti-Ni 合金构成形状记忆合金做成膜片，利用材料母相在超过某一温度的情况下冷却产生马氏体相变，经加热至一定温度后又转变为母相（称为逆相变）的特性，使其具有形状记忆效应，从而使膜片上下运动。

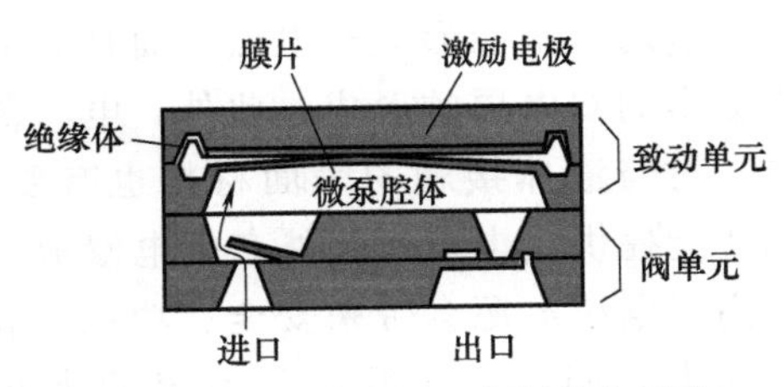

图 1.3-15　静电力驱动微泵示意图

4.1.2　外部压力驱动

外部宏观泵或注射器与微流体管道耦合连接，利用前者产生的外部压力推动微管道内流体的流动。已经商品化的微注射系统就是利用外部气压或液压驱动微注射针中液体流动。2000 年，Unger 等人报道了一种采用多层软光刻技术制作的气动致动 PDMS 微阀。2005 年，K/hler J. M. 等人报道的微混合系统也是用外部压力驱动流体运动，该驱动方式要采用外置设备，不利于整个系统的微型化。这种驱动方式多数适用于对整体微型化要求不高、对核心微流体管道的反应有要求的微流体系统。

4.2　电渗驱动与控制

利用电渗流产生泵和阀的动作驱动流体在微管道中流动，是一类较成熟的方法在微流体系统，尤其是在生物和电泳芯片中，得到了广泛的应用，是目前最成功的微流体驱动和控制方法之一，电渗现象是一种宏观现象，它是指在电场作用下，管道中或固相多孔物质内，液体沿固体表面移动的现象。图 1.3-16 为电渗流形成的原理图，电渗流产生的前提是在与电解液接触的管壁上有不动的表面电荷，这种表面电荷来自于离子化基或是液体中被强力吸附在表面的电荷，例如，石英毛细管壁上的表面负电荷来自于硅经基在水溶液中发生电离所产生的 SiO_2^- 负离子在表面电荷的静电吸附和分子扩散的作用下，溶液中的抗衡离子就会在固液界面上形成双电层，而管道中央液体中的净电荷则几乎为零，双电层由紧密层和扩散层组成，其中紧密层的厚度约为 1～2 个离子的厚度，当在管道两端施加适当的电压时，在场的作用下，固液两相就会在紧密层和扩散层之间的滑动面上发生相对运动。由于离子的溶剂化作用或黏滞力的作用，当形成扩散层的离子发生迁移时，这些离子就会携带着液体一同移动，因此形成了电渗流。液体随扩散层的离子移动，从开始到形成稳定的速度轮廓，所需要的时间很短。数值计算的结果表明这一时间是 100μs～1ms。在这段时间之后，电渗流的速度轮廓是一个平面，就像一个瓶塞。电渗流在管道中匀速流动，不存在径向的流速梯度。这一点与压差引起的抛物线形的流体速度轮廓不同，两者对比见图 1.3-17。

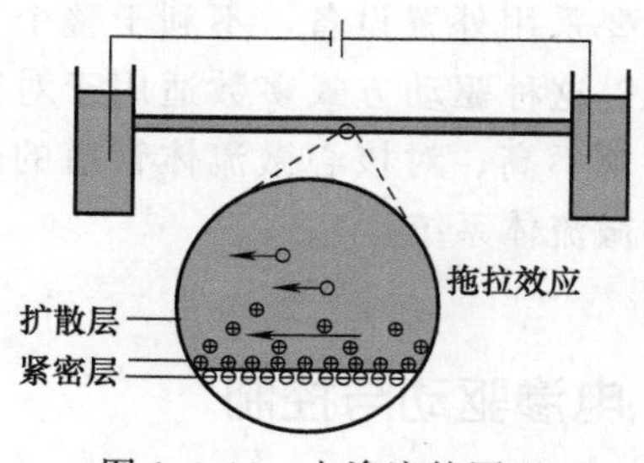

图 1.3-16 电渗流的原理

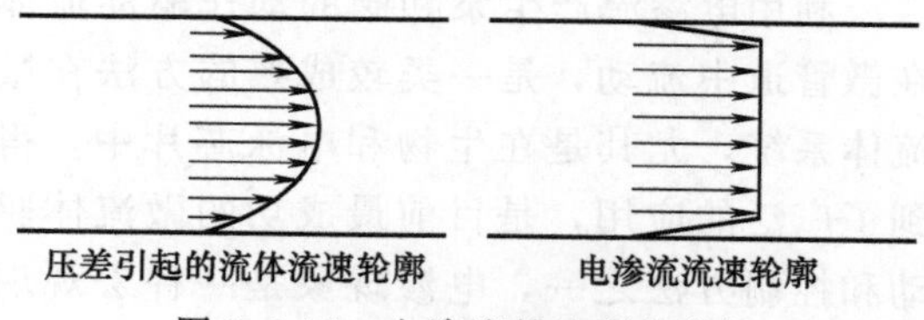

图 1.3-17 电渗流的速度轮廓与压差引起的速度轮廓对比

Hasrrison 等用电渗流来驱动微流体，成功实现了微芯片上的电泳分离实验。后来这种技术经过不断完善，被广泛应用于生物芯片等微型化学分析系统中样品的传输和控制。利用电压切换，可以在微管道的交叉口控制电渗流流动的方向，实现阀的功能。优化管道的几何尺寸，可以在管道的不同部分产生不同的流速，这在生化分析中，例如，溶液的混合和多个样品的并行处理中很有用处。Harrison 等在微机械技术制作的宽度为 20μm 的玻璃微管道中获得的电渗流流速达 1cm/s。目前典型的电渗驱动驱动技术流速在 10nL/s～0.1μL/s。值得一提的是 Schasfoort 等制作的称为“流动场效应晶体管”的流动控制元件。这种元件具有微电子中的场效应晶体管功能，可以实现在电渗流驱动的微流体管道中流动的控制和切换。Schasfoort 等利用 50V 的电压在垂直微管道的方向上产生 1.5MVCM 的电势差，利用该电势差可实现对电渗流的大小和方向控制。利用两个 FlowFET，甚至可以逆转单管道中电渗流的方向。图 1.3-18 为 FlowFET 的结构图。Rice 等和其他研究员对电渗流进行了理论分析。Manz 等对电渗驱动和控制与微芯片上的电泳分离进行了综述。

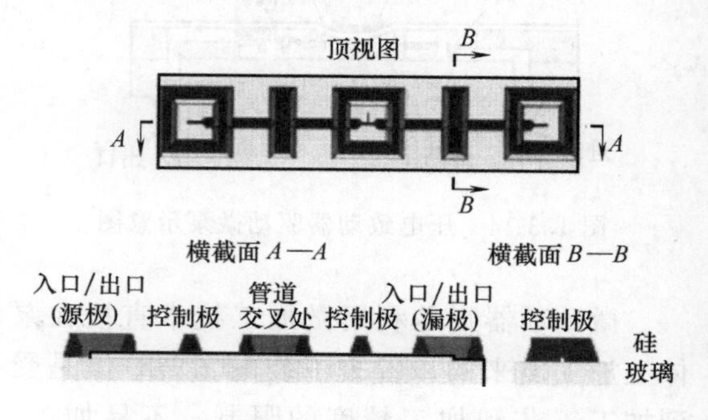

图 1.3-18 流动场效应晶体管结构图

电渗驱动与控制方法简单、无可动部件、容易在微管道中运用。该方法虽然没有机械阀，却可以通过电压的切换实现阀的动作，所以被广泛应用在微生化分析领域，是目前较成熟和效率较高的微流体驱动技术。但电渗驱动与控制也存在一些缺点。首先，电渗流对管壁材料和被驱动流体的物理化学性质敏感，因此它只适用于一定范围的流体和管壁材料。例如：由于焦耳热过大，高离子强度的液体不能用电渗流来驱动，因此很难用电渗的方法来驱动血液和尿液这样的生物流体。为形成电渗流所需要的双电层，溶液的 pH 和离子浓度都有一定要求。一些有机化合物和溶剂就不能形成双电层。而且表面杂质也会影响双电层的形成。此外，电渗流的形成，对与液体接触的表面材料也有要求，表面要能提供负电荷；此外产生电渗流所需要的高压电压电源会带来安全、功耗、和所占空间大的问题，这不利于系统的微小型化；电渗流的实现要求流体在管道中保持连续性，这使得当管道中存在气泡时该方法不再有效，这就需要在用电渗法驱动流体时，要加倍小心地防止管道中产生气泡；最后电渗流尽管适于驱动和控制狭窄管道（<100μm）中的微量液体，但由于焦耳热问题，它却不能高速（>1μL/s）驱动更宽管道中的流体。而这一能力在许多微流体应用中是必要的。

4.3 电水力（EHD）驱动

EHD 驱动需要在流体—流体或流体—固体界面诱导产生自由电荷，通过电场与自由电荷的相互作用来驱动流体，适用于导电率极低的液体。图 1.3-19 为原理结构示意图。

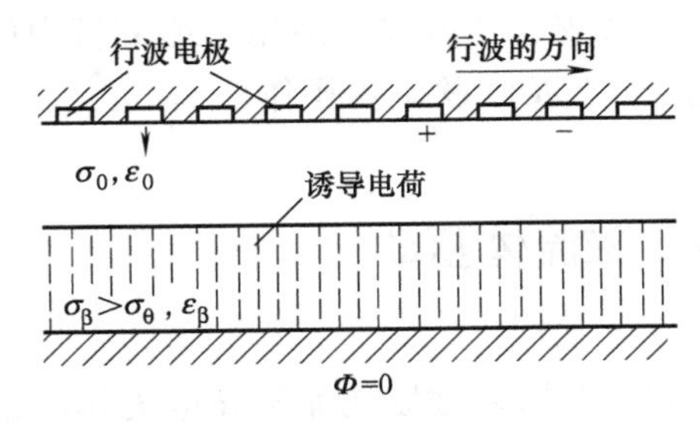

图 1.3-19 EHD 驱动原理示意图

如图 1.3-19 所示，两种材料的介电常数或导电率不同，在电极阵列上施加电压就可以在材料界面诱导自由电荷。在电极阵列上施加一个电势行波，下面的材料界面就会产生与之同步的诱导电荷。由于材料的电荷松弛会使自由电荷的运动滞后于行波，这样两者之间的位移就会产生一个作用在界面上的电表面应力，从而驱动流体流动。EHD 驱动技术在大器件中被广泛应用于绝缘流体的驱动和地下输油管道中油的冷却等领域。移植到微流体驱动中，其驱动电压从原来的几万伏降低到几百伏甚至几十伏，但 EHD 驱动技术的适用范围仍太小。

4.4 表面张力驱动

通过化学或物理的方法，在管道中形成特定的表面张力梯度 γ 的表面（见图 1.3-20），

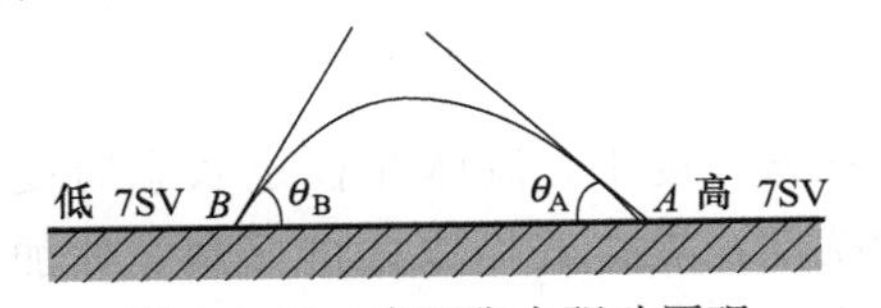

图 1.3-20 表面张力驱动原理

就可以使微流体无需任何外部作用而自发运动。

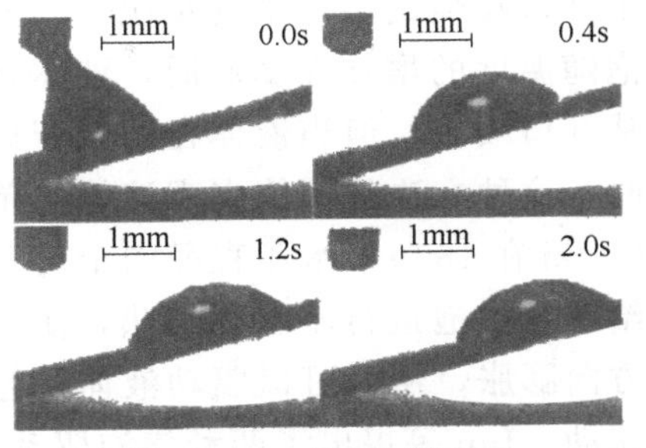

图 1.3-21 液滴“爬山”

改变表面张力梯度的方法是通过改变固体支持面的润湿性，使基底形成亲水区和疏水区。当把液滴点在疏水区时，由于液滴边沿相反两面的接触角不同，造成两边表面张力不平衡，两边压力差可以驱动液滴向亲水区运动。利用该方法（见图 1.3-21），Chaudhury 和 Whitesides 使 2μL 的水滴在 15°的斜坡上以 1～2mm/s 的速度“爬山”。

产生表面张力梯度的方法是改变流体表面活化分子分布浓度，常用改变液体成分或温度实现。有人利用电化学方法控制表面活化分子的浓度，进而改变表面张力的梯度，在 4 mm 宽的管道上用 400mV 电压产生 2.5 mm/s 的速度。该驱动方法可应用于微化学反应器或微化学分析。

4.5 热（气泡）驱动和控制

加热液体使其产生表面张力梯度的变化来驱动微流体也应该属于热驱动和控制的一种，但由于前面对表面张力驱动和控制的介绍中已提到过，这里我们不再重复，下面我们集中在一种特殊的热驱动和控制技术上进行讨论，这种技术的操作过程一般是通过给液体加热，使液体中产生气泡，气泡随温度的增加而膨胀，从而驱动和控制液体，Hewle-Packard 公司的热喷墨打印机中墨的喷射就采用这种驱动方法。Evns 等采用这种

方法来混合微液体，Tseng 等将该方法用于燃料注射器，但上述这些例子都是液体在只有一个开口喷嘴的腔体中的情况，当液体中的气泡随温度的增加而膨胀时，液体自然会直接从开口喷出，但当液体在两端开口的管道中时，这种方法就不能实现液体的单向驱动，Ozaki 在 180μm 水压直径的金属管道中通过给单个气泡进行不对称加热，使气泡向一个方向膨胀，从而可以驱动液体在管道中定向流动，Jun 等提出了两种气泡驱动方法，其中一种与 Ozaki 的方法类似，也是采用单个气泡的不对称加热，另一种方法采用多气泡模式，其中气泡可以起到阀的作用，图 1.3-22为上述两种方法的原理图。利用该方法，Jun 等人在 2μm 深，30μm 宽、726μm 长（水压直径 3.4μm）的微管道中得到流速为 160μm/s，压力头将近 800Pa 的流动，而加热所需的电压不过 20V 左右。

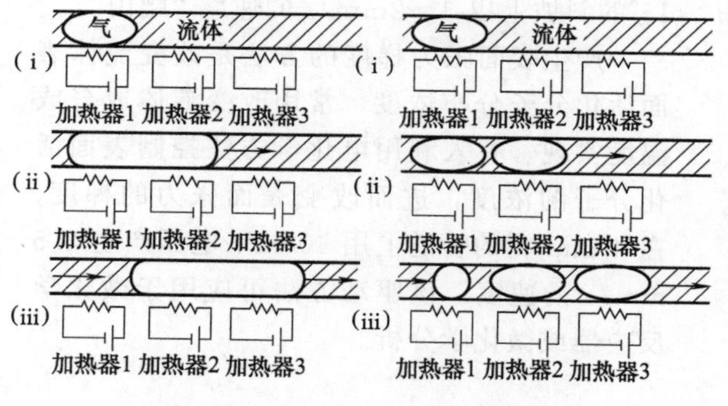

图 1.3-22 两种气泡驱动模式

这种利用对气泡不对称加热控制和驱动微流体的方法，所需加热电压小，没有可动部件，实现简单，而且易于将控制电路和流体管道集成为一体，是一种较理想的控制方式，但目前达到的驱动速度较小，还需要进一步的改进。

4.6 离心力驱动

利用离心力驱动流体运动，在宏观流体中很早就有应用。Mandou 和 Kellogg 利用离心力来驱动微流体运动。采用光刻方法在塑料圆盘上制作微管道网络，流体被装载在靠近圆盘中的储液池内，当圆盘旋转时，流体在离心力作用下，沿着微管道网络向远离圆心的方向流动，流速大小可以通过圆盘转速调节。通过控制转速、微管道分布和几何构型可以实现流体的混合和被动阀的功能。该驱动方式现已比较成功地用于酶分析中的试剂混合、反应、检测等操作。

4.7 磁流体驱动

利用电场和磁场施加于导电流体的洛仑兹力驱动。微管道在磁场中，微管道内电解液随着微管道上方的电场改变电流方向，受磁场作用产生洛仑兹力，带动电解液的流动。图 1.3-23 为磁流体驱动原理示意图。

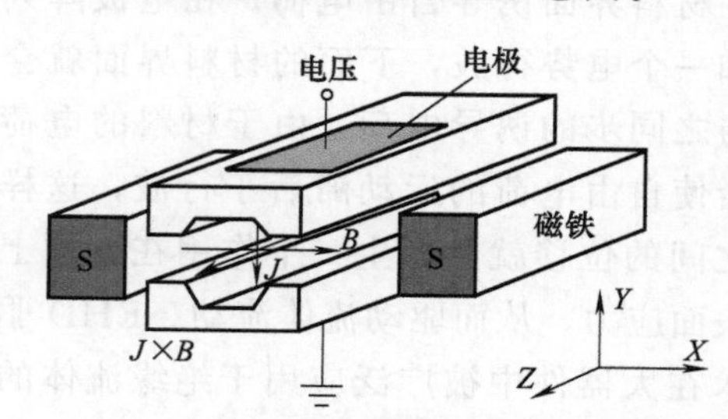

图 1.3-23 磁流体驱动原理示意图

Jang 等人研制出磁流体动力微泵(MHD)。微流体系统利用磁流体驱动方式，其器件结构较为简单，比较容易加工，液体无脉动，流动方向可以双向调节。但是该驱动方式只能局限于中等导电液体和水溶液。

4.8 数字化微流体系统的驱动方式

在微尺度下，流体在稳定状态时受到微小的扰动，就会破坏原先的平衡，外加周期性的引起不稳定性的扰动可以产生惯性力，同时受到黏性力的作用，可以驱动微流体运动。这就是“数字化微流体技术”所说的“黏性力，惯性力交替作用驱动微流体运动”的含义。南京理工大学微系统研究室利用该驱动方式，研制了数字化无阀微泵（见图1.3-24）

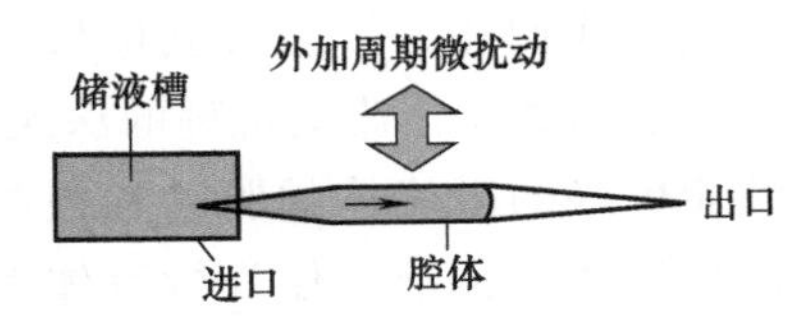

图 1.3-24　数字化无阀微泵结构原理示意图

该微泵利用毛细作用力作为进口动力源，再利用“数字化微流体技术”驱动，将出口处的液体喷出。由于进出口有压力差，进口形成自锁，微泵也就形成了单向流。该微泵喷出的液体量微小、可控，可达纳升级并可实现连续流、离散流。该微泵制作简便、成本低，有很好的应用价值，可与其他微器件集成为微化学分析系统、微流体系统、微推进系统等。

4.9　电流变（ER）流体驱动

近年来，出现了运用 ER 流体特性驱动微流体运动。这主要运用电流变流体的黏性力随着外加电场强度变化而变化的特性。Zhang Lei，Kuriyagawa 等人报道了运用 ER 流体为传导材料进行辅助打磨。电流变流体就是将一些细小的电流变微粒分散在不传导的液体中，其黏性力和压力等流变特性随着外加电场作变化。外加电场使流体内电流变微粒间的吸引力增加，从表象上看就是流体的黏性力增加。这种黏性力的变化是瞬间的，也是可逆的。磨料颗粒加载 ER 流体内，外加电场工作时，磨料颗粒悬浮在 ER 流体中，形成相应稳定的链状排列群（见图 1.3-25），可随着外加电场运动。但是这种方式流体适用性不广。

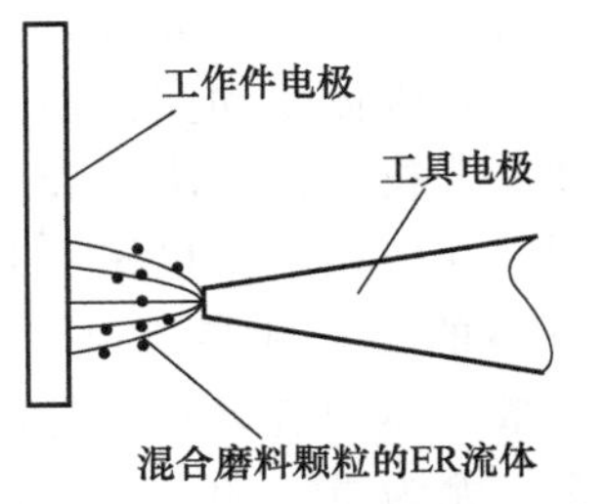

图 1.3-25　ER 流体辅助打磨工作件

4.10　各种驱动方式比较

对最有代表性的各种微流体的驱动和控制方式进行比较，如表 1.3-1 所示。

表 1.3-1　微流体驱动方式比较

驱动和控制机制	有无微机械可动器件	能否实现阀的功能	流量	功率图	适用流体范围	发展阶段
压力（薄膜微机械泵）	有	能	0～1mL/min		通用	成熟
电渗	无	能	10nL/s～0.1μL/s	上千伏电压	电解质并依赖于溶液的 pH 值与离子强度	接近成熟
EHD（注射泵）	无	能	0～14mL/min	几十到几百伏电压	导电率极低的流体	研发阶段
表面张力（电化学）	无	能	2.5mL/s	几百毫伏电压	否	原理实验
热（气泡）	无	能	0.5nL/min	几千伏电压	通用	研发阶段
离心力	无	能	5nL/s～0.1mL/s	马达	通用	研发阶段

4.11　发展趋势与前景

随着微电子机械系统的不断发展，微流

体的驱动和控制技术的重要性越来越引起人们的注意，在微流体驱动和控制技术的研究中，微机械工艺技术往往决定着驱动和控制的性能，所以开展相应微机械工艺技术的研究对于微流体的驱动和控制是十分重要的。另一方面，微流体的流动特性复杂，而且影响因素众多，尤为重要的一点是，由于流动尺度的减小，在宏观流动中许多被忽略的效应，例如表面效应，在微流体的流动中往往成为流体流动的主要影响因素，这些特点使得微流体的驱动和控制方式与宏观流动控制方式十分不同，而且形式更为多样，在微流体的驱动和控制的研究中，注意到微流体的上述特点，开展相应的微流体流动特性的研究，深入理解驱动的机理，不仅对于发现新的驱动机制，而且对于已有驱动和控制方式性能的提高，都是十分必要的。为了更好地促进微流体驱动技术的发展，微机械技术的专家需要与力学工作者通力合作，共同致力于这一研究。我们相信，随着微机械工艺技术的不断进步和微流体流动机理的深入研究，新的、性能更好的微流体的驱动和控制方式会不断出现在我们面前，作为微流体系统的关键技术，微流体驱动与控制技术的进步将会大大促进微流体系统如微全分析系统，（如微全分析系统 uTAS）的发展。

第四章 液压基本回路

1 概　　述

任何液压系统都是由一些基本回路组成的。基本回路是由各类元件或辅件组成的。参照典型基本回路设计液压系统，可以收到事半功倍的效果。同一基本功能，可以有多种实现方法，只有充分了解主机对液压系统的要求，对基本回路进行分析比较，然后选择合适工况要求的基本回路，才能设计出既简单又合理的液压系统。

2 液压源回路

液压源回路也可称为动力源回路，是液压系统中最基本且不可缺少的部分，液压源回路的功能是向液压系统提供满足执行机构需要的压力和流量。液压源回路是由油箱、油箱附件、液压泵、电动机（发动机）、安全阀、过滤器、单向阀等组成的。在设计液压源时要考虑系统所需的流量和压力、使用的工况、作业的环境以及液压介质的污染控制和温度控制等。表 1.4-1 列出了一些常用的液压源回路，可依据液压系统对液压源的要求，参考相应的回路进行液压源的回路设计。

2.1 定量泵—溢流阀液压源回路

表 1.4-1　液压源回路

分类	回路图形	说　明
简化回路	P T M	回路结构简单，使用广泛，是开式液压回路中最常见的液压源回路。缺点是有溢流损失。液压泵的出口压力近似为常数。为防止异物进入液压泵，在泵的吸入侧设置过滤器进行保护，单向阀是为了防止负载变化引起的倒流而设置的，液位计及空气滤清器是液压源必备的附件

续表

分类	回路图形	说明
一般回路	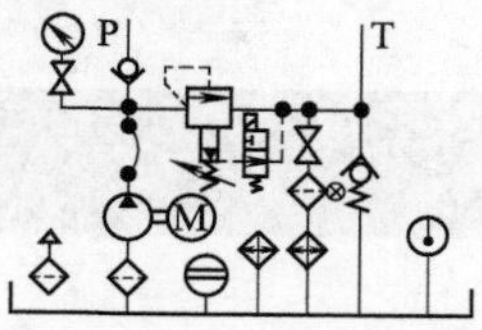	在简化回路的基础上，增设了加热器和冷却器进行油温调节。冷却器一般设在回油管中，为防止因回油压力升高而损坏冷却器，此回路中设置了旁通阀。为了保持油箱内油液的清洁度，设置了回油过滤器。当过滤器污染指示器发出信号后可在不停车的情况下关闭截止阀进行更换。回油将通过旁通阀注入油箱，电磁溢流阀可实现无负荷启动及卸载等功能，泵出口设置的胶管可降低系统振动

2.2 变量泵—安全阀液压源回路（见表 1.4-2）

表 1.4-2　变量泵－安全阀液压源回路

分类	回路图形	说明
一般回路	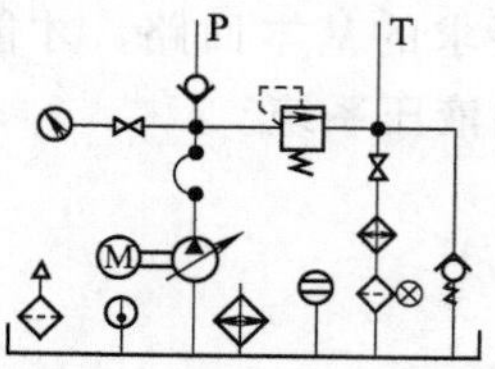	在简化回路的基础上可根据实际需要增设不同附件，满足主机对液压系统各种要求。如增设加热器、冷却器及温度仪表可对液压源中工作介质温度进行控制。旁通阀、截止阀及高压胶管等是为安全、维护、减震等功能所设置的
简化回路	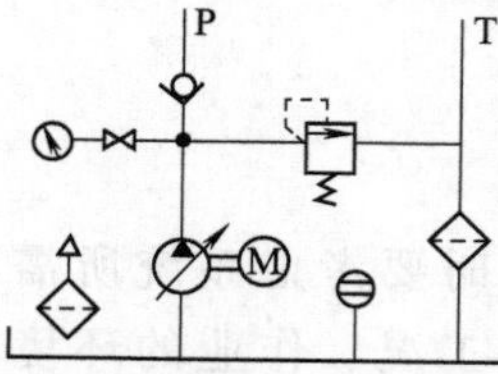	变量泵在运转过程中可以实现排量调节，使用变量泵作为液压源可在没有溢流损失的情况下使系统正常工作。但为安全起见，一般都在泵出口接一个溢流阀作为安全阀，以限定安全压力。这种液压源回路具有性能好、效率高的特点。缺点是结构复杂、价格较贵。本回路所用变量泵指限压式、恒功率、恒压、恒流量、伺服变量泵等，但不包括手动变量泵

2.3 高低压双泵液压源回路（见表 1.4-3）

表 1.4-3　高低压双泵液压源回路

分类	回路图形	说明
双泵回路	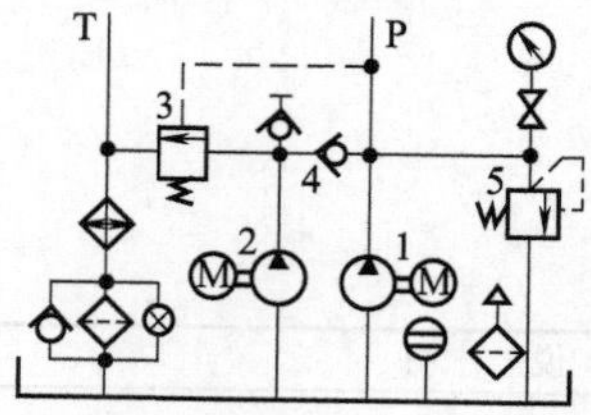	1 为高压小流量泵，2 为低压大流量泵。溢流阀 5 控制泵 1 的供油压力，它是根据系统所需的最大工作压力调定的。卸荷阀 3 的调定压力比溢流阀 5 的调定压力低，但要比液压系统所需的最低工作压力高。当系统中的执行机构所克服的负载较小而要求运动速度较快时，泵 2 和泵 1 同时向系统供油，当外负载增加而要求执行机构运动速度较慢时，系统工作压力升高，卸荷阀 3 打开，泵 2 卸荷，系统由泵 1 单独供油
双联泵回路	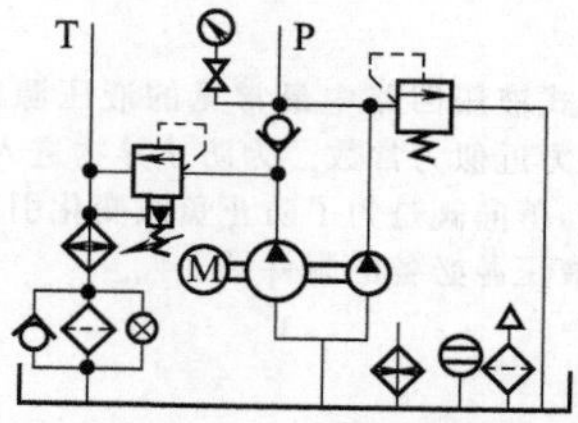	此回路工作原理与双泵回路相同，回路中采用双联复合泵及先导式卸荷阀，动作过程同上

2.4 多泵并联供油液压源回路（见表 1.4-4）

表 1.4-4 多泵并联供油液压源回路

分类	回路图形	说明
简化回路	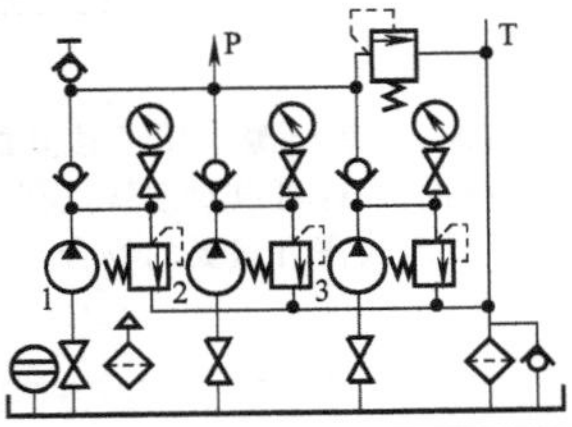	多泵并联供油回路中泵的数量依据系统流量需要而确定。或根据长期连续运转工况，要求液压系统设置备用泵，一旦发现故障及时启动备用泵或采用多泵轮换工作制延长液压源使用和维护周期。各泵出口的溢流阀也可采用电磁溢流阀，使泵具有卸荷功能，各泵调定压力应该相同，单向阀可以起到使不工作的泵不受压力油的作用，系统压力由主油路溢流阀设定，各泵口的溢流阀调定压力要高于系统压力

2.5 闭式系统液压源回路（见表 1.4-5）

表 1.4-5 闭式系统液压源回路

分类	回路图形	说明
闭式回路	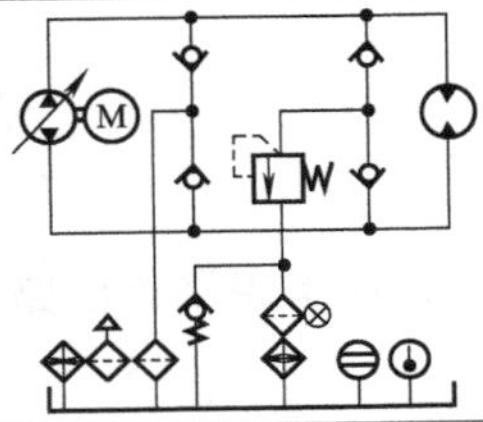	在双流向变量泵闭式油源回路中，泵的输出流量供给执行机构，来自执行机构的回油接到泵的吸油侧。高压侧压力由溢流阀进行控制，经单向阀向吸油侧补充油液
补油泵回路	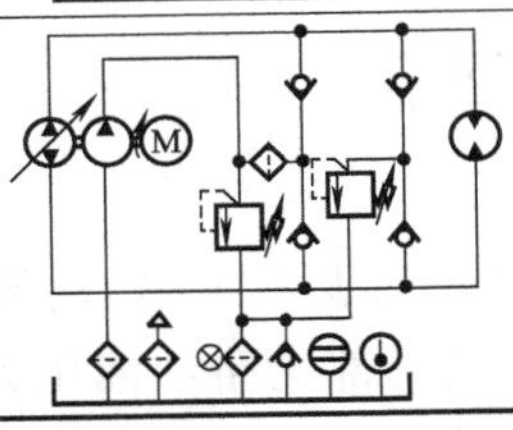	在闭式回路中，一般设置补油泵向吸油侧进行升压补油。有的补油泵复合在柱塞内部。在补油泵的出口设置了管路过滤器，对油液进行净化

2.6 辅助泵供油液压源回路（见表 1.4-6）

表 1.4-6 辅助泵供油液压源回路

分类	回路图形	说明
简化回路	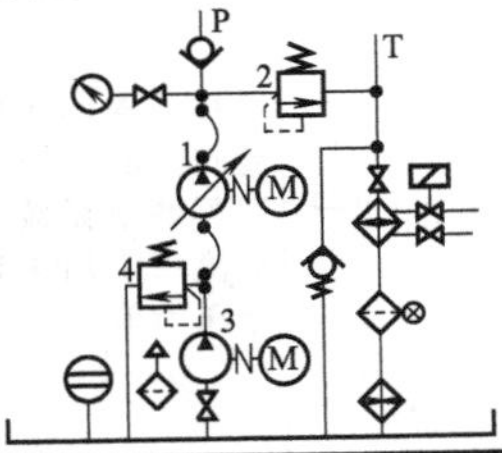	有时为达到液压系统所要求的较高性能，选取了自吸能力很低的高压泵，故采用辅助泵供油来保证主泵可靠吸油。图中 1 为主泵，3 为辅助泵。溢流阀 4 调定辅助泵供油压力，压力大小以保证主泵可靠吸油为原则，一般为 0.5MPa 左右。要求辅助泵自吸性好，流量脉动小

2.7 辅助循环泵液压源回路（见表 1.4-7）

表 1.4-7 辅助循环泵液压源回路

分类	回路	说明
一般回路		为了提高对系统污染度及温度的控制，该液压源采用了独立的过滤、冷却循环回路。使系统不工作，采用这种结构，同样可以对系统进行过滤和冷却，主要用于对液压介质的污染度和温度要求较高且重要的场合
带压力油箱回路		该回路用于水下作业或环境恶劣的场合。油箱采用全封闭式设计，由充气装置向油箱提供过滤的压缩空气，使箱内压力大于环境压力，防止传动介质被污染并可改善液压泵吸油状况。空气压力可根据环境条件来确定

3 压力控制回路

压力控制回路是控制系统及各支路压力，使之完成特定功能的回路。压力控制回路种类很多，在设计液压系统、选择液压基本回路时，一定要根据设计、主机工艺要求、方案特点、适用场合等认真考虑。在一个工作循环的某一时间内各支路均不需要新提供的液压能时，则考虑采用卸荷回路；当某支路需要稳定的低于动力油源的压力时，应考虑减压回路；当载荷变化较大时，应考虑多级压力控制回路；当有惯性较大的运动部件、容易产生冲击时，应考虑缓冲或制动回路；在有升降运动部件的液压系统中，应考虑平衡回路等。

3.1 调压回路

调压回路（见表 1.4-8）是指控制整个液压系统或系统局部支路油液压力，使之保持恒定或限制其最高值。液压系统中的压力调定必须与载荷相适应，才能既满足主机要求又减少动力损耗。这就要通过调压回路实现。

表 1.4-8 调压回路

分类	回路图形	说明	分类	回路图形	说明
压力调定回路		压力调定回路是最基本的调压回路。溢流阀的调定压力应该大于液压缸的最大工作压力，其中包含液压管路上各种压力损失	远程调压回路	1 2	将远程调压阀 2 接在主溢流阀 1 的遥控口上，调压阀 2 即可调节系统工作压力。主溢流阀 1 用来调定系统的安全压力值

续表

分类	回路图形	说　明	分类	回路图形	说　明
无级调压回路	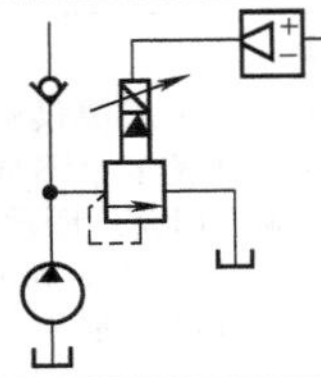	根据电液比例溢流阀的调定压力与输入电流成正比例，连续改变比例溢流阀的输入电流可实现系统的无级调压	用插装阀组调压回路	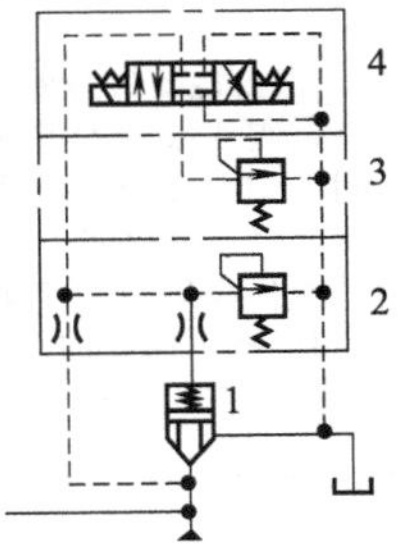	本回路由插装阀 1、带有先导调压阀的控制盖板 2、可叠加的调压阀 3 和三位四通阀 4 组成，具有高低压选择和泄压控制功能。插装阀组成的调压回路适用于大流量的液压系统
多级调压回路	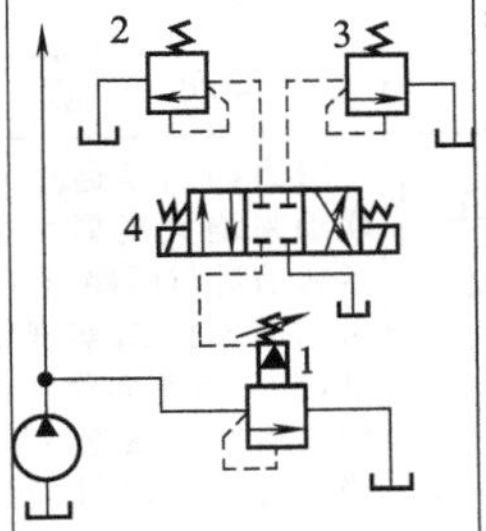	当液压系统需要多级压力控制时，可采用此回路。图中主溢流阀 1 的遥控口通过三位四通电磁阀 4 分别与远程调压阀 2 和 3 相接。换向阀中位时，系统压力由溢流阀 1 调定。换向阀左位得电时，系统压力由阀 2 调定，右位得电时由阀 3 调定。因而系统可设置三种压力值。注意，远程调压阀 2、3 的调定压力必须低于主溢流阀 1 的调定压力	用变量泵调压回路	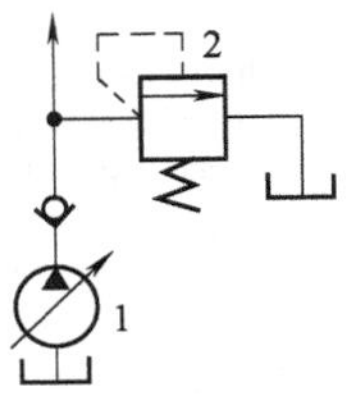	采用非限压式变量泵 1 时，系统的最高压力由安全阀 2 限定，安全阀一般采用直动型溢流阀为好；当采用限压式变量泵时，系统的最高压力由泵调节，其值为泵处于无流量输出时的压力值

3.2 减压回路

减压回路（见表 1.4-9）的作用在于使系统中部分支路得到比油源供油压力低的稳定压力。

3.3 增压回路

增压回路（见表 1.4-10）用来提高系统中某支路的压力，使支路中的压力远高于油源的工作压力。采用增压回路比选用高压大流量液压油源要经济得多。

表 1.4-9　减压回路

分类	回路图形	说　明	分类	回路图形	说　明
一级减压回路	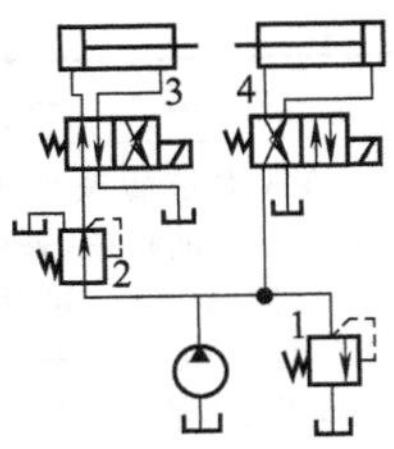	在液压系统中，当某个支路所需要的工作压力低于油源设定的压力值时，可采用一级减压回路。液压泵的最大工作压力由溢流阀 1 调定，液压缸 3 的工作压力则由减压阀 2 调定。一般情况下，减压阀 2 的调定压力要在 0.5MPa 以上，但又要低于溢流阀 1 的调定压力 0.5MPa 以上，这样可以使减压阀出口压力保持在一个恒定的范围内	无级减压回路	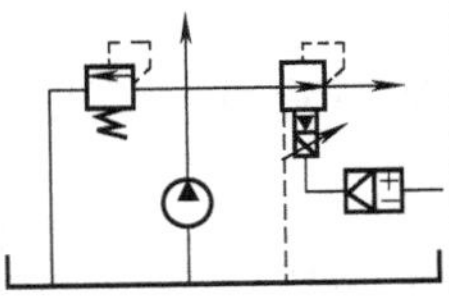	连续改变电液比例先导减压阀的输入电流，该支路即可得到低于系统工作压力的连续无级稳定低压
				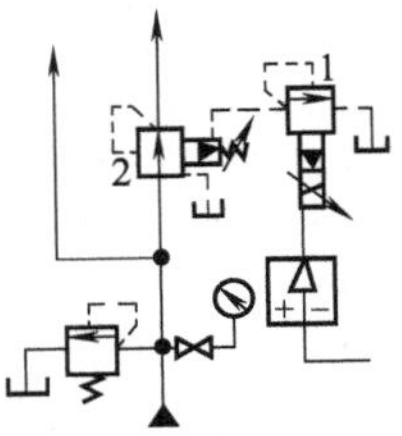	用比例先导压力阀 1 接在减压阀 2 的遥控口上，使分支油路实现连续无级减压 该回路只需采用小规格的比例先导压力阀即可实现遥控无级减压

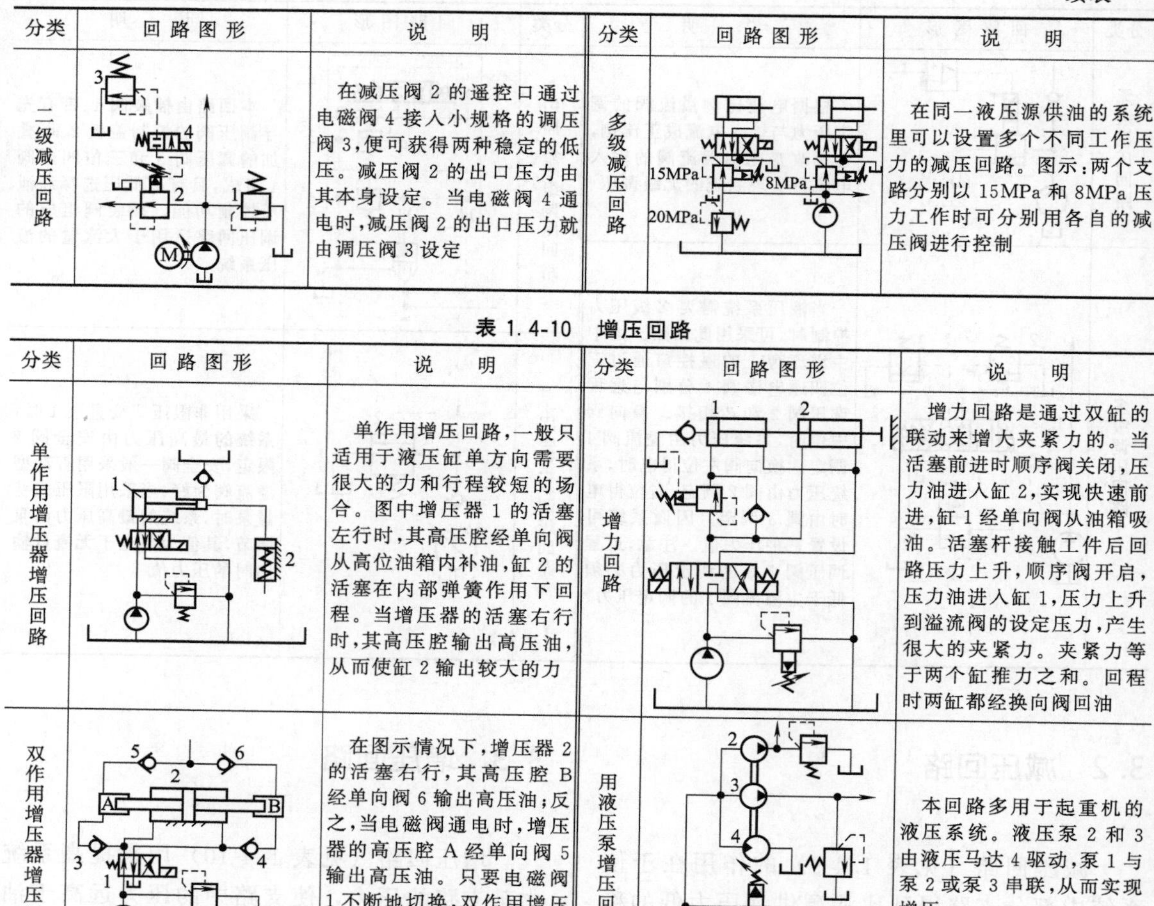

续表

分类	回路图形	说明	分类	回路图形	说明
二级减压回路		在减压阀2的遥控口通过电磁阀4接入小规格的调压阀3，便可获得两种稳定的低压。减压阀2的出口压力由其本身设定。当电磁阀4通电时，减压阀2的出口压力就由调压阀3设定	多级减压回路		在同一液压源供油的系统里可以设置多个不同工作压力的减压回路。图示：两个支路分别以15MPa和8MPa压力工作时可分别用各自的减压阀进行控制

表 1.4-10　增压回路

分类	回路图形	说明	分类	回路图形	说明
单作用增压器增压回路		单作用增压回路，一般只适用于液压缸单方向需要很大的力和行程较短的场合。图中增压器1的活塞左行时，其高压腔经单向阀从高位油箱内补油，缸2的活塞在内部弹簧作用下回程。当增压器的活塞右行时，其高压腔输出高压油，从而使缸2输出较大的力	增力回路		增力回路是通过双缸的联动来增大夹紧力的。当活塞前进时顺序阀关闭，压力油进入缸2，实现快速前进，缸1经单向阀从油箱吸油。活塞杆接触工件后回路压力上升，顺序阀开启，压力油进入缸1，压力上升到溢流阀的设定压力，产生很大的夹紧力。夹紧力等于两个缸推力之和。回程时两缸都经换向阀回油
双作用增压器增压回路		在图示情况下，增压器2的活塞右行，其高压腔B经单向阀6输出高压油；反之，当电磁阀通电时，增压器的高压腔A经单向阀5输出高压油。只要电磁阀1不断地切换，双作用增压器2就能不断地输出高压油	用液压泵增压回路		本回路多用于起重机的液压系统。液压泵2和3由液压马达4驱动，泵1与泵2或泵3串联，从而实现增压

3.4　保压回路

机器工作循环中的某一阶段、要求执行机构保持工况规定的压力时需采用保压回路（见表1.4-11）

表 1.4-11　保压回路

分类	回路图形	说明	分类	回路图形	说明
辅助泵保压回路		在夹紧装置回路中，夹紧缸移动时，小泵Ⅰ和大泵Ⅱ同时供油。夹紧后，小泵Ⅰ压力升高，打开顺序阀1，使夹紧缸夹紧并保压。此后进给缸快进，泵Ⅰ和Ⅱ同时供油。慢进时，油压升至阀3所调压力，阀3打开，泵Ⅱ卸荷，泵Ⅰ单独供油，供油压力由阀2调节	压力补偿变量泵保压回路		在夹紧装置或液压机等需要保压的油路中，采用压力补偿变量泵保压，可使压力稳定，而且效率较高。这是因为，压力补偿变量泵具有流量随工作压力的升高而自动减小的特性。保压时液压泵的输出流量能满足系统的泄漏流量，并能长时间保持液压缸中的压力

续表

分类	回路图形	说明
蓄能器保压回路	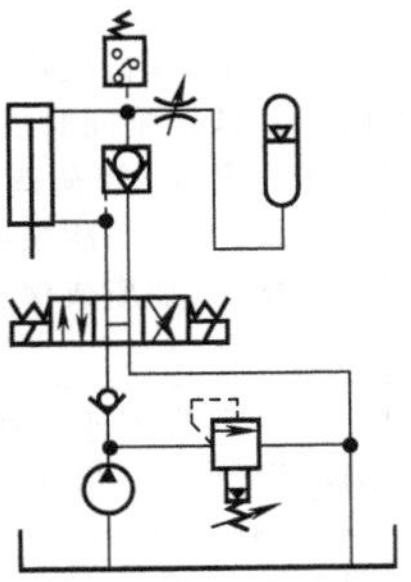	当回路压力上升到设定压力时，电磁阀复位，使泵卸荷运行。此时靠蓄能器来补充液压缸无杆腔中的内泄并保持压力、蓄能器容量要根据内泄漏量的大小及保压时间的长短而定 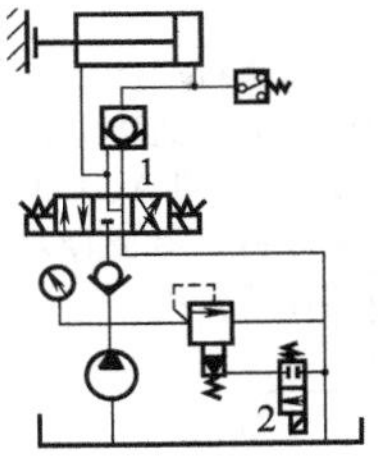
辅助泵保压回路		泵Ⅰ为大流量泵，泵 2 为辅助泵，其流量较小。当电磁阀 3 左侧投入工作，而二位四通电磁阀 4 通电时，泵 1 和泵 2 同时向液压缸供油，使活塞快速移动。随着液压缸载荷的增加，系统工作压力也将增加。当达到压力继电器设定压力值时，电磁阀 3 复中位，液压泵 1 经电磁阀卸荷。此时，液压泵 2 继续向系统供油，保持系统压力。因泵 2 的流量较小，保压过程中所需功率较小，不会导致系统严重发热
液控单向阀保压回路		在液控单向阀保压回路中，当液压缸行程终了时，系统压力升高。同时压力继电器控制电磁阀 1 回中位，电磁阀 2 使液压泵卸荷。依靠液控单向阀的密封性能对液压缸无杆腔实现保压
综合保压回路		大流量液压系统用蓄能器保压时，往往由于大规格的换向阀泄漏量比较大，使蓄能器保压时间大为减少。为解决这一问题，如图示采用液控单向阀 A 和一个小规格的换向阀 B，其泄漏流量低得多 保压时，换向阀通电，液压缸上腔保压。当蓄能器压力降到压力继电器断开压力时，泵运转供油给蓄能器，直至压力升高使压力继电器接通压力，泵停止运转，单向阀 F 关闭，使油不从溢流阀泄漏

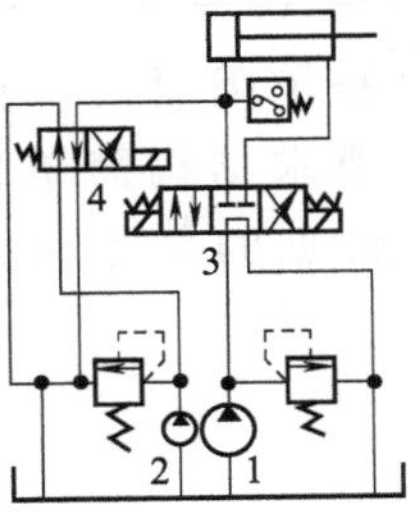

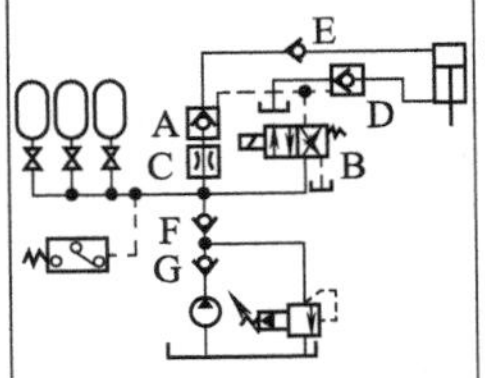

3.5 卸荷回路

卸荷回路（见表 1.4-12）的作用是使液压泵处于无载荷运转状态，在执行元件工作间歇（或停止工作）时，将不需要液压能，或自动将液压泵排出油液卸回油箱，以便达到减少动力消耗和降低系统发热的目的。

表 1.4-12　卸荷回路

分类	回路图形	说明
换向阀卸荷回路		该回路简单，一般适用于流量较小的系统中。对于压力较高、流量较大（大于 3.5MPa，40L/min）的系统，回路将会产生冲击 图中所示为用三位四通 M 型换向阀进行卸荷的回路。换向阀也可用 H 型、K 型，均能达到卸荷的目的。本回路不适用于一泵驱动多个液压缸的多支路场合 本回路一般采用手动或电液换向阀以减少液压冲击
换向阀卸荷回路		本回路为采用电液换向阀组成的卸荷回路。通过调节控制油路中的节流阀。控制主阀芯移动的速度，使阀口缓慢打开，避免液压缸突然卸压，因而实现比较稳定的卸压

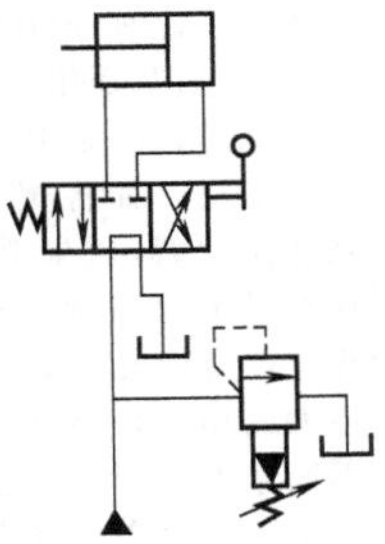

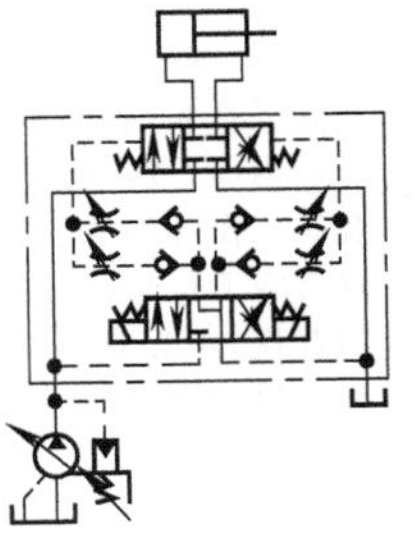

续表

分类	回路图形	说明	分类	回路图形	说明
卸荷阀卸荷回路	A B	当执行元件接触工件后，系统压力达到调定值时，卸荷阀动作，使阀A、B口接通，液压泵卸荷。蓄能器对执行元件起保压作用	卸荷阀卸荷回路	卸荷阀 高压泵 低压泵	回路中，执行机构快速运动时，高、低压泵同时供油；当系统压力升高，卸荷阀动作时，低压泵卸荷，高压泵继续工作实现慢速、加压或保压功能
电磁溢流阀卸荷回路		回路中，当液压执行机构停止运动时，可控制电磁溢流阀使液压泵卸荷	二位二通阀卸荷回路	W W	液压泵的出油口经二位二通电磁阀与油箱相通。图示位置，液压泵卸荷。当二位二通电磁阀通电时，液压泵升压。在该回路中，应注意二位二通电磁阀要能通过泵的全部流量

3.6 平衡回路

平衡回路的功用在于，执行机构不工作时，不致因负载重力的作用而使执行机构自行下落。平衡回路要求结构简单、闭锁性能好、工作可靠。常见的平衡回路见表1.4-13。

表 1.4-13 平衡回路

分类	回路图形	说明	分类	回路图形	说明
液控单向阀的平衡回路	2 W 1	液压缸停止运动时，依靠液控单向阀的反向密封性，能锁紧运动部件，防止自行下滑。回路通常都串入单向节流阀2，起到控制活塞下行速度的作用。以防止液压缸下行时产生的冲击	远控平衡阀的平衡回路	1 2 W	该回路适用于平衡重量变化较大的液压机械，如液压起重机、升降机等。但也存在平衡性较差甚至产生振荡的可能，调整节流阀2可在一定程度上避免产生振荡
直控平衡阀的平衡回路	1 W P	调整直控平衡阀1的开启压力，使其稍大于液压缸活塞及其工作部件的自重在下腔所产生的背压，即可防止活塞及其工作部件的下滑，当液压缸活塞下行时，回油腔有一定的背压，所以运动平稳，但功率损耗较大	单向节流阀的平衡回路	W 4 3	回路是用单向节流阀4和换向阀3组成的平衡回路。液压缸活塞杆上的外载荷W，换向阀处于左位时，回油路上的节流阀处于调速状态。适当调节单向节流阀4节流口，就可防止超速下降。换向阀处于中位时，液压缸进出口被封死，活塞停住。但这种回路受载荷大小影响，使下降速度不稳定。如将阀4用单向调速阀代替，效果明显提高。这种平衡回路常用于对速度稳定性及锁紧要求不高、功率不大或功率虽然较大但工作不频繁的定量泵油路中。例如用于货轮仓口盖的启闭、铲车的升降、电梯及升降平台的升降等液压系统中

表 1.4-14 缓冲回路

分类	回路图形	说明
溢流阀缓冲回路		在液压缸的两侧管路上设置直动式溢流阀(作为完全阀使用),以减缓或消除液压缸活塞换向时产生的液压冲击。图中的单向阀起补油作用
电液换向阀缓冲回路		调节主阀与先导换向阀之间的双单向节流阀开口量,限制流入主阀控制腔的流量,延长主阀芯换向时间,达到缓冲目的
节流阀缓冲回路		节流阀缓冲回路是将节流阀1安装在进出油口的支路上,因活塞杆上有凸块4或5,当其运动时碰到行程开关2或3时,电磁阀3DT或4DT断电,单向节流阀开始节流,实现液压缸的缓冲,根据要求调整行程开关的安放位置,可实现液压缸在往复行程时的缓冲
蓄能器缓冲回路		蓄能器用于吸收因外负载突然变化使液压缸发生位移而产生的液压冲击。当冲击太大蓄能器吸收容量有限时,可由安全阀消除
调速阀缓冲回路		当液压缸停止运动前,活塞杆碰行程开关,使3DT断电,调速阀D投入工作,活塞减速,达到缓冲目的。二位二通换向阀G是为了使活塞快速运动而设置,调速阀由于减压阀作用预先处于工作状态,从而起到了避免液压缸活塞向前冲的作用
液压缸缓冲回路		用缓冲液压缸组成的缓冲回路,对液压回路没有特殊的要求,缓冲动作可靠,但对缓冲液压缸的行程设计要求严格,不容易变换,适合于缓冲行程位置固定的场合,故限制了适用范围。其缓冲效果由缓冲液压缸的缓冲装置调整

表 1.4-15 卸压回路

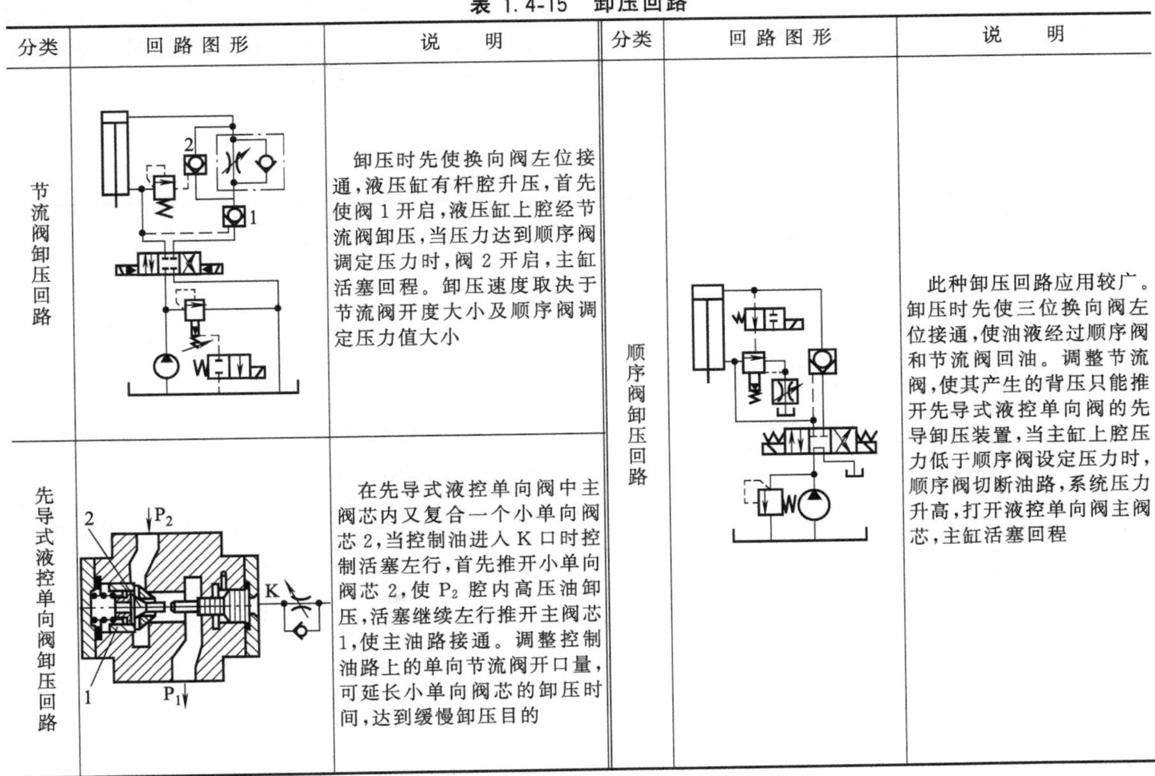

分类	回路图形	说明
节流阀卸压回路		卸压时先使换向阀左位接通,液压缸有杆腔升压,首先使阀1开启,液压缸上腔经节流阀卸压,当压力达到顺序阀调定压力时,阀2开启,主缸活塞回程。卸压速度取决于节流阀开度大小及顺序阀调定压力值大小
先导式液控单向阀卸压回路		在先导式液控单向阀中主阀芯内又复合一个小单向阀芯2,当控制油进入K口时控制活塞左行,首先推开小单向阀芯2,使P_2腔内高压油卸压,活塞继续左行推开主阀芯1,使主油路接通。调整控制油路上的单向节流阀开口量,可延长小单向阀芯的卸压时间,达到缓慢卸压目的
顺序阀卸压回路		此种卸压回路应用较广。卸压时先使三位换向阀左位接通,使油液经过顺序阀和节流阀回油。调整节流阀,使其产生的背压只能推开先导式液控单向阀的先导卸压装置,当主缸上腔压力低于顺序阀设定压力时,顺序阀切断油路,系统压力升高,打开液控单向阀主阀芯,主缸活塞回程

3.7 缓冲回路

当执行机构质量较大、运动速度较高时，若突然换向或停止时，会产生很大的冲击或振动，为了减小或消除冲击，除了对执行机构本身采取一些措施外，就是在液压系统上采取一些办法实现缓冲，这种回路称为缓冲回路（见表 1.4-14）。

3.8 卸压回路

卸压回路（见表 1.4-15）的作用在于使执行元件高压腔中的压力缓慢地释放、避免突然释放所引起的冲击。

4 速度控制回路

在液压系统中，一般液压源是共用的，要解决各执行元件的不同速度要求，只能用速度控制回路来调节。

4.1 节流调速回路

节流调速装置简单（见表 1.4-16），都是通过改变节流口的大小来控制流量，故调速范围大，但由节流引起的能量损失大、效率低、容易引起油液发热，如外负载发生变化、工作稳定性较差。

以节流元件安放在油路上位置不同，分为进口节流调速、出口节流调速、旁路节流调速及双向节流调速。由于出口节流调速在回油路上产生节流背压，工作平稳，在负的载荷下仍可工作。而进口和旁路节流调速背压为零，工作稳定性差。

表 1.4-16　节流调速回路

分类	回路图形	说　明	分类	回路图形	说　明
进口节流调速回路		进口节流调速回路使用普遍，但由于执行元件的回油不受限制，所以不宜用在超越负载（负载力方向与运动方向相同）的场合。阀应安装在液压执行元件的进油路上，多用于轻载、低速场合。对速度稳定性要求不高时，可采用节流阀；对速度稳定性要求较高时，应采用调速阀。该回路效率低、功率损失大	进口节流调速回路		采用双单向节流阀，双方向均可实现进口节流调速

续表

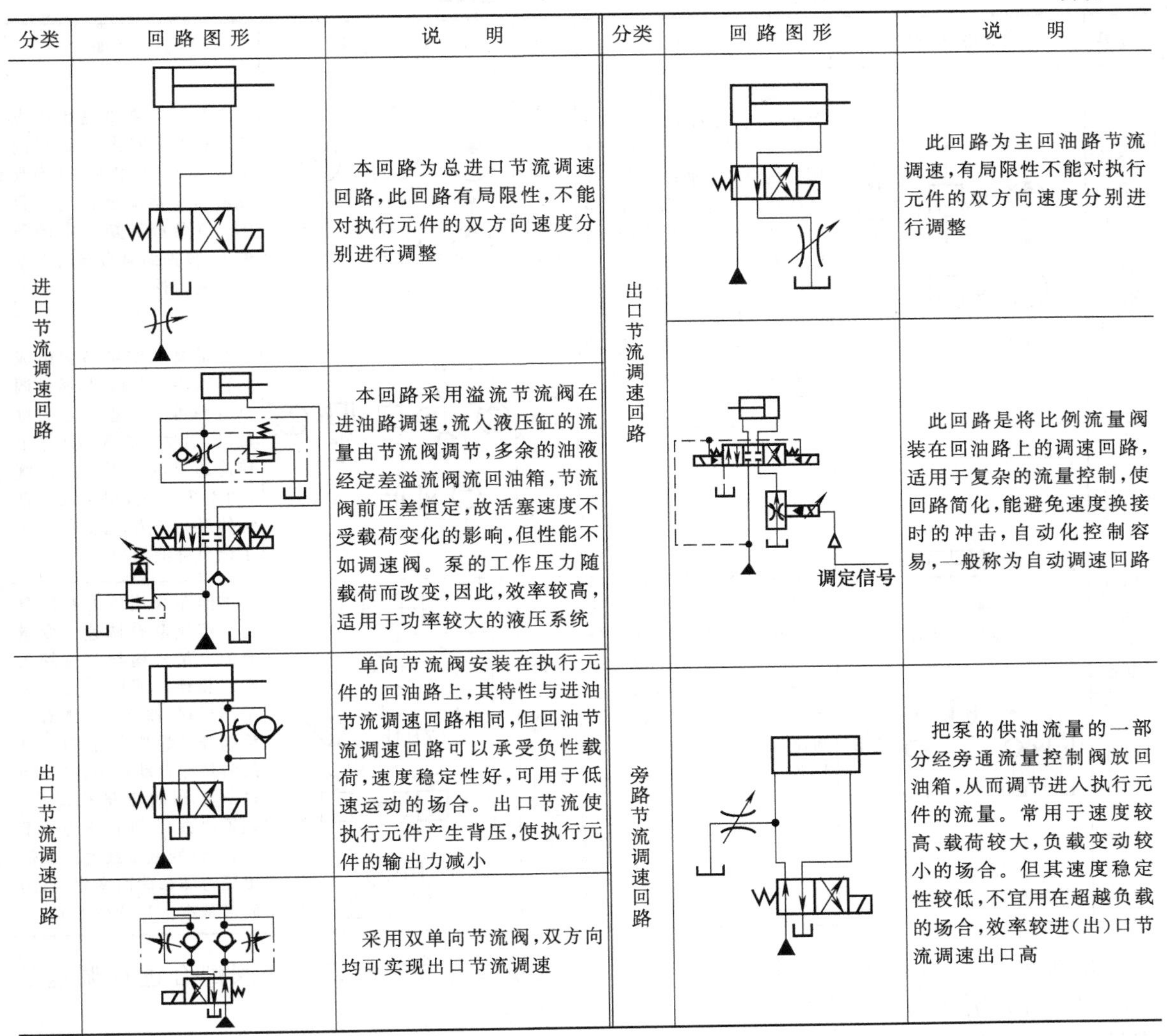

分类	回路图形	说明
进口节流调速回路		本回路为总进口节流调速回路，此回路有局限性，不能对执行元件的双方向速度分别进行调整
		本回路采用溢流节流阀在进油路调速，流入液压缸的流量由节流阀调节，多余的油液经定差溢流阀流回油箱，节流阀前压差恒定，故活塞速度不受载荷变化的影响，但性能不如调速阀。泵的工作压力随载荷而改变，因此，效率较高，适用于功率较大的液压系统
出口节流调速回路		单向节流阀安装在执行元件的回油路上，其特性与进油节流调速回路相同，但回油节流调速回路可以承受负性载荷，速度稳定性好，可用于低速运动的场合。出口节流使执行元件产生背压，使执行元件的输出力减小
		采用双单向节流阀，双方向均可实现出口节流调速
出口节流调速回路		此回路为主回油路节流调速，有局限性不能对执行元件的双方向速度分别进行调整
		此回路是将比例流量阀装在回油路上的调速回路，适用于复杂的流量控制，使回路简化，能避免速度换接时的冲击，自动化控制容易，一般称为自动调速回路
旁路节流调速回路		把泵的供油流量的一部分经旁通流量控制阀放回油箱，从而调节进入执行元件的流量。常用于速度较高、载荷较大，负载变动较小的场合。但其速度稳定性较低，不宜用在超越负载的场合，效率较进（出）口节流调速出口高

4.2 容积式调速回路

在液压传动系统中，为了达到液压泵输出流量与负载所需流量相一致而无溢流损失的目的，往往采取改变液压泵或改变液压马达或同时改变其有效工作容积进行调速。这种调速回路称为容积式调速回路（见表 1.4-17）。

这类回路无节流和溢流能量损失，所以系统不易发热、效率较高，在功率较大的液压传动系统中得到广泛应用。

容积调速回路有定量泵-变量马达、变量泵-定量马达（或液压缸）、变量泵-变量马达回路。如果按油路的形式可分为开式调速回路和闭式调速回路。

在定量泵-变量马达的液压回路中，用变量马达调速。由于液压马达在排量很小时不能正常运转，变量机构不能通过零点。为此，只能采用开式回路。

在变量泵-定量马达的液压回路中，用变量泵调速，变量机构可通过零点实现换向，因此，多应用在闭式回路中。在变量泵-变量马达回路中，可用变量泵换向和调速，以变量马达作为辅助调速，多数采用在闭式回路中。

表 1.4-17 容积式调速回路

分类	回路图形	说明
变量泵-定量马达容积调速回路		变量泵和定量马达构成的容积调速回路，是通过调节变量泵的排量，达到调节液压马达输出转速的目的。在负载转矩一定的条件下，该回路具有输出转矩恒定的特性。图中阀 1 为安全阀，用于限定系统最高压力；阀 2 用于调节补油压力。由于没有溢流损失和节流损失，故系统效率高，发热少，多用于大功率系统中
变量泵-液压缸容积调速回路		该容积调速回路，通过改变泵的排量，改变液压缸的运动速度。两个溢流阀分别用作安全阀，两个单向阀则分别用于自吸补油，而手动换向阀 5 则可使液压泵卸荷，或使液压缸处于浮动状态
定量泵-变量马达容积调速回路		定量泵和变量马达构成的容积调速回路，是通过调节液压马达的排量，达到改变液压马达输出转速的目的。在负载转矩一定的条件下，该回路具有输出功率恒定的特性
变量泵-变量马达容积调速回路		变量泵和变量马达组成的容积调速回路，是通过调节变量泵、变量马达的排量，达到改变液压马达输出转速的目的。图中溢流阀 1、2 为安全阀，用于限定系统的最高压力；溢流阀 3 用于调节补油压力
变量泵-流量阀容积调速回路		本回路采用压力补偿泵与节流阀联合调速。变量泵的变量机构与节流阀的油口相连。液压缸向右为工作行程，油口压力随着节流阀开口量减小而增加，泵的流量亦自动减小，并与通过节流阀的流量相适应。如果快进时，油口压力趋于零，则泵的流量最大。泵输出压力随载荷而变化，泵的流量基本上与载荷无关

在变量泵-定量马达、定量泵-变量马达回路中，可分别采用恒功率变量泵和恒功率变量马达实现恒功率调节。对大功率的变量泵和变量马达或调节性能要求较高时，则采用手动伺服或电动伺服调节。

变量泵-定量马达、液压缸容积式调速回路，随着载荷的增加，使工作部件产生进给速度不平稳状况。因此，只适用于载荷变化不大的液压系统中。当载荷变化较大、速度稳定性要求又高时，可采用容积节流调速回路。

4.3 容积节流调速回路

容积节流调速回路（见表 1.4-18）是由变量泵与节流阀或调速阀配合进行调速的回路。

采用变量泵与节流阀或调速阀相配合就可以提高其速度的稳定性，即实现执行元件（液压缸或液压马达）的速度不随载荷的变化而变化。因此，适用于对速度稳定性要求较高的场合。

4.4 增速回路

增速回路（见表 1.4-19）是指不加大液压泵的流量，而使执行元件速度增加的回路。一般采用增速缸、差动缸、蓄能器、液压缸充液等方法来实现。

表 1.4-18 容积节流调速回路

分类	回路图形	说明	分类	回路图形	说明
限压式变量泵-调速阀容积节流调速回路	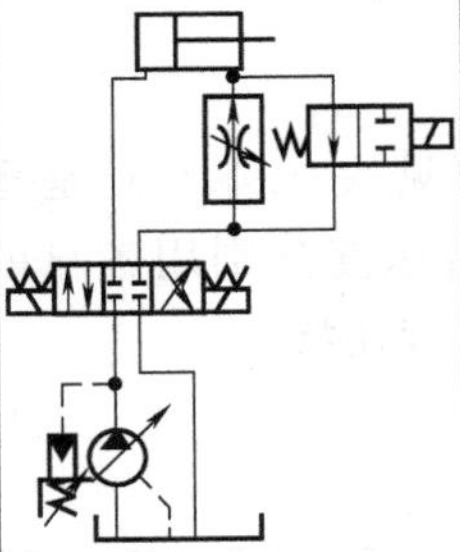	限压式变量泵和调速阀构成的容积节流调速回路，当液压缸快进时，变量泵处于最大输出流量；当液压缸工进时，其工进速度由调速阀确定，且泵的供油压力和流量在工作进给和快速行程时能自动变换，以减少功率消耗和系统的发热。要保证该回路正常工作，必须使液压泵的工作压力满足调速阀工作时所需的压力降	压差变量泵-节流阀容积节流调速回路	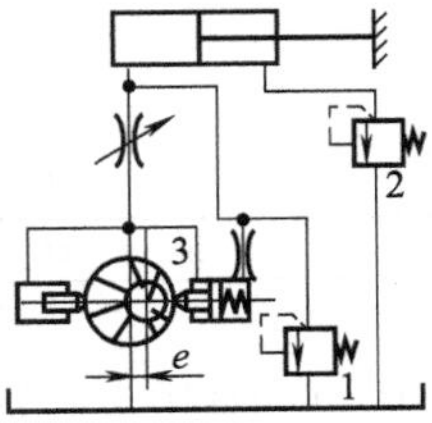	压差式变量叶片泵和节流阀组成的容积节流调速回路，当液压缸工进时，工进速度由节流阀调定，压差式变量泵的输出流量与液压缸速度相适应。系统压力随载荷而变化，该系统效率高。图中阀 2 为背压阀，用于提高输出速度的稳定性
压力反馈式变量泵-节流阀容积节流调速回路	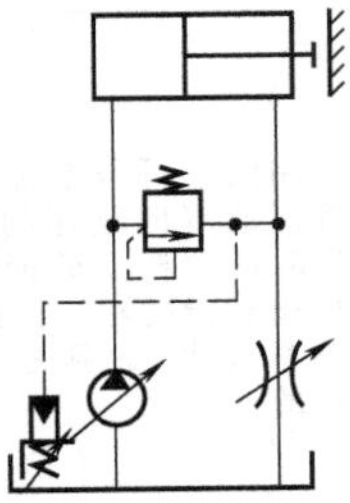	压力反馈式变量柱塞泵和节流阀构成的容积节流调速回路。当液压缸工进时，工进速度由节流阀调定，压力反馈式变量柱塞泵的输出流量与液压缸速度相适应。系统压力随载荷而变化，系统效率较高（溢流阀作为安全阀使用，液压缸回程需另加换向阀，此图仅表示工进状态）			

表 1.4-19 增速回路

分类	回路图形	说明	分类	回路图形	说明
差动连接增速回路	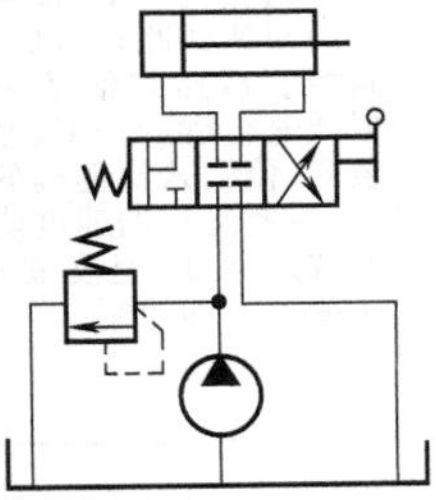	当手动换向阀处在左位时，液压缸为差动连接，活塞快速向右运行。设液压泵供给液压缸的流量为 q_V，液压缸无杆腔和有杆腔的有效作用面积分别为 A_1 和 A_2，则液压缸活塞的运动速度为 $v=q_V/(A_1-A_2)$	自重补油增速回路	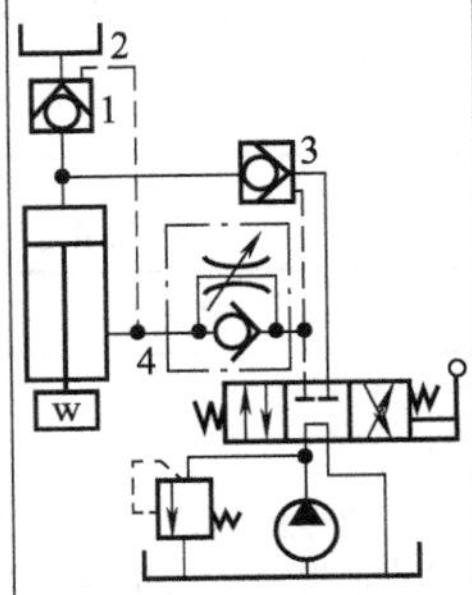	垂直安装的液压缸，与活塞相连接的工作部件的质量较大时，可采用自重补油快速回路。当换向阀处于右位时，若活塞下降所需流量大于液压泵的供油量，液压缸上腔呈现负压，液控单向阀 1 打开，辅助油箱 2 里的油液补入液压缸上腔，活塞快速下行。当接触工件后，液压缸上腔压力升高，液控单向阀 1 关闭，开始工作行程。用单向节流阀 4 来调节活塞快速下行时的速度
辅助缸增速回路	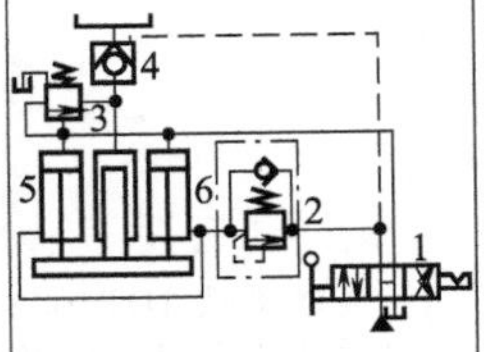	此回路在大中型液压机液压系统中普遍使用。当三位四通手动阀 1 处于右位时，压力油直接进入有效面积较小的辅助缸 5 和 6 的上腔，（因快速运动时，负载压力较小，因而顺序阀 3 关闭），使主缸和辅助缸的活塞同时快速下降。主缸上腔经液控单向阀 4 自高位油箱自吸补油。当接触工件后，工作压力升高到顺序阀 3 的设定压力时，顺序阀打开，压力油同时进入主缸和辅助缸，实现慢速压制工况			
增速缸的增速回路	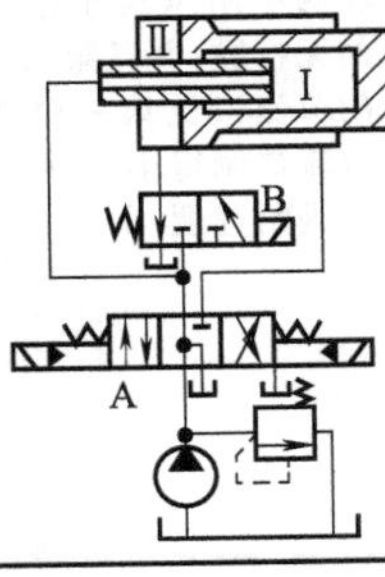	当换向阀 A 处于左位时，液压泵只向增速缸的Ⅰ腔供油，因其有效面积较小，因而活塞快速向右运动。此时，液压缸的Ⅱ腔经二位三通电磁阀 B 从油箱自吸补油。当活塞快速运动到设定位置时，行程开关发信号，使二位三通电磁阀 B 通电，使液压泵输出的液压油同时进入Ⅰ、Ⅱ腔，此时，Ⅱ腔活塞的有效作用面积大，实现慢速进给工况	蓄能器增速回路	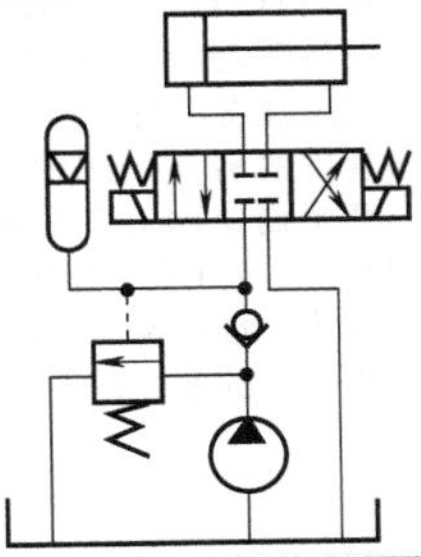	电磁换向阀处于中位时，蓄能器充油；当换向阀处于左位时，液压泵和蓄能器同时向液压缸供油，实现快速进给

4.5 减速回路

减速回路（见表 1.4-20）是使执行元件由额定速度平缓地降低速度，以达到减速的目的。

4.6 二次进给回路

二次进给回路（见表 1.4-21）是指第一进给速度和第二进给速度分别用各自的调速阀由电磁阀来进行速度切换。

表 1.4-20 减速回路

分类	回路图形	说明	分类	回路图形	说明
行程阀和调速阀减速回路		当二位四通电磁阀通电时，在活塞杆右端的撞块压下行程阀之前，液压缸活塞快速向右移动。当行程阀 2 的阀芯被压下后，液压缸右腔的油只能经调速阀 3 流出，实现减速。当二位四通电磁阀断电时，活塞快速退回	行程节流阀减速回路		用两个行程节流阀可实现液压缸双向减速的目的。前进时活塞杆上的撞块碰到行程阀时，行程阀内的通流阀口逐渐减小，达到逐渐减速的目的
电磁阀和调速阀减速回路		当三位四通电磁阀左位时，若二位二通电磁阀通电，此时液压缸为差动连接，则液压缸活塞快速向右移动。需要说明的是，液压缸右腔的油会有一部分经调速阀流回油箱，影响快进速度。因此，调速阀的节流口需开得小些。当液压缸活塞向右快进到设定位置时，可使二位二通电磁阀断电，则活塞减速，变为工进	比例调速阀调速回路		本回路为用比例调速阀组成的减速回路，通过比例调速阀控制液压缸活塞减速。根据减速行程的要求，通过发信装置，使输入比例阀的电流减小，活塞运行的速度降低。这种减速回路，速度变换平稳，并适合远程控制

表 1.4-21 二次进给回路（一）

分类	回路图形	说明	分类	回路图形	说明
调速阀并联的二次进给回路		调速阀并联的二次进给回路是指第一进给速度和第二进给速度分别用各自的调速阀。若二位四通电磁换向阀 1 和二位二通电磁阀 2 均处于左位、二位三通阀处于右位时，液压缸活塞以一种工进速度右行；若二位三通阀 3 处于左位时，液压缸活塞以另一种工进速度右行，完成两种工进速度的转换。这种回路中的两个调速阀互不影响。其缺点是，当由第一进给速度转换为第二进给速度时，会出现工作部件的前冲现象	调速阀串联的二次进给回路		当电磁铁 1DT 和 3DT 得电时，液压缸活塞以第一进给速度运动。运行过程中，若使 4DT 通电，则油流需先后流经两个调速阀才进入液压缸的无杆腔，并且第二个调速阀的节流口比第一个调速阀的节流口调得小，从而实现了第二进给速度

表 1.4-22　二次进给回路（二）

分类	回路图形	说　明
比例阀连续调速回路	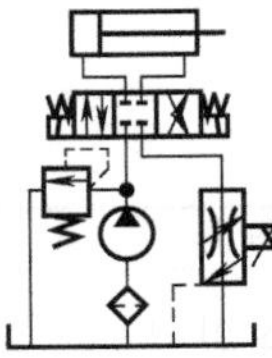	采用比例调速阀组成的速度控制回路，可实现对执行机构的连续或程序化速度控制

4.7　比例阀连续调速回路

由比例调速阀组成的连续调速回路（见表 1.4-22），往往在对速度变化频繁的液压系统中被采用。

5　同步控制回路

在液压系统中要求两个或多个液压执行元件以相同的位移或相同的速度（或固定的速比）同步运行时，就需用同步回路。

在同步回路的设计中，还必须考虑到执行元件所受到的载荷不均匀，摩擦阻力也不相同，泄漏量也有差别，制造上的差异等都会影响同步精度。为了弥补上述影响，应采取必要的措施。

5.1　机械同步回路（见表 1.4-23）

表 1.4-23　机械同步回路

分类	回路图形	说　明
机械连接式同步回路	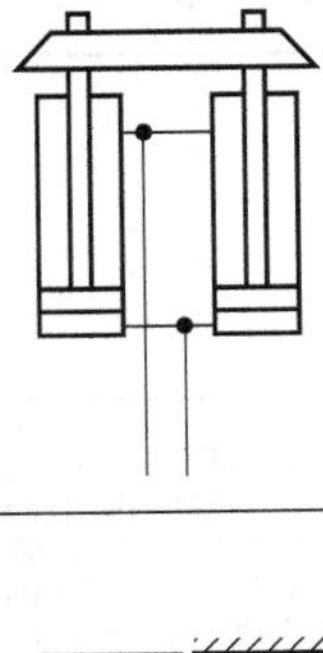	液压缸机械连接方式同步回路，采用刚性梁、齿条、齿轮等将液压缸连接起来。该回路简单，工作可靠，但只适用于两缸载荷相差不大的场合，连接件应具有良好的导向结构和刚性，否则，会出现卡死现象
滑道式同步回路	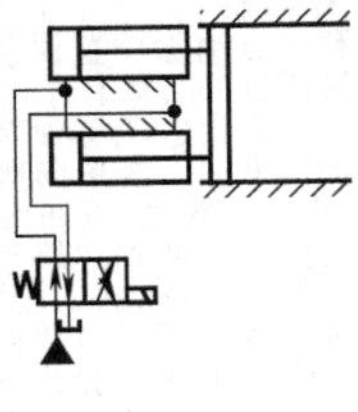	用刚性梁将两个液压缸活塞杆刚性连接，使梁具有较合理的刚性及导向长度，在光滑具有较小间隙的刚性滑道中运动，实现液压缸的位移同步。多用于负载较大的金属打包机系统中
齿轮齿条式同步回路	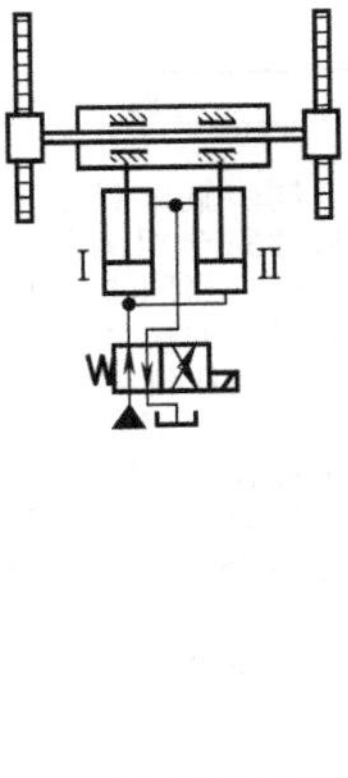 Ⅰ　Ⅱ	用刚性梁、齿条、齿轮将两个液压缸活塞杆刚性连接的同步回路，可实现液压缸的位移同步。这种回路简单、方便、可靠，但同步精度较低，不能用于负载较大的系统中

5.2 流量控制同步回路（见表 1.4-24）

表 1.4-24 流量控制同步回路

分类	回路图形	说明
调速阀同步回路	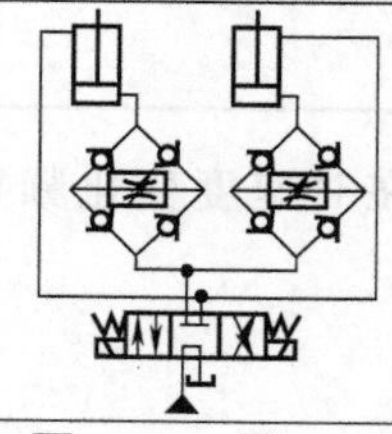	图中采用了四个单向阀组成的流量调整板，不管液压缸的活塞伸出还是缩回，液流始终单方向流经调速阀，下降时为回油节流调速。调节调速阀的开度，可使两液压缸保持同步，同步精度一般可达5%～10%
分流阀同步回路	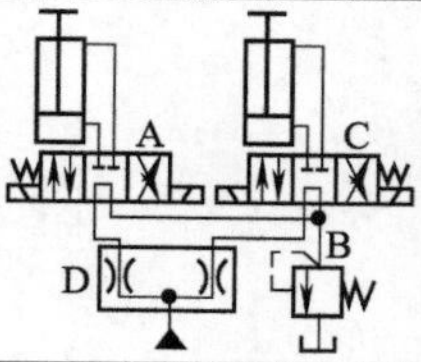	当换向阀A和C均为左位时，液压泵输出的液压油流经分流阀后被分成两股相等的流量，又因两液压缸活塞面积相同，所以两缸的活塞保持同步上升。换向阀A和C均为右位时，则两缸活塞同步下降。同步精度一般可达2%～5%
分流集流阀同步回路	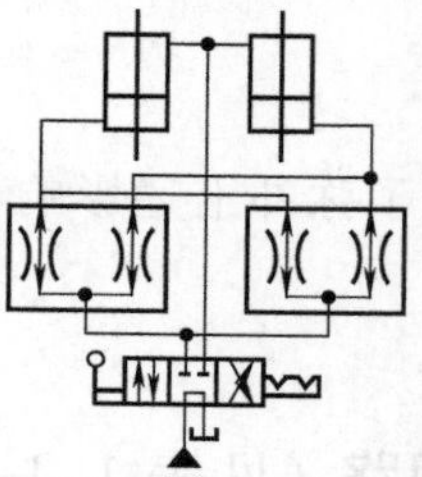	使用分流集流阀，既可以使两液压缸的进油流量相等，又可使两液压缸的回油流量相等，从而实现两液压缸往返同步。使用分流集流阀，只能保证速度同步，同步精度一般为2%～5%。图中采用两个并联的分流集流阀，是为了满足两个液压缸流量的需要。使用分流集流阀（包括分流阀或集流阀）的同步回路。因阀内压降较大，一般不宜使用在低压系统中
电液比例调速阀同步回路	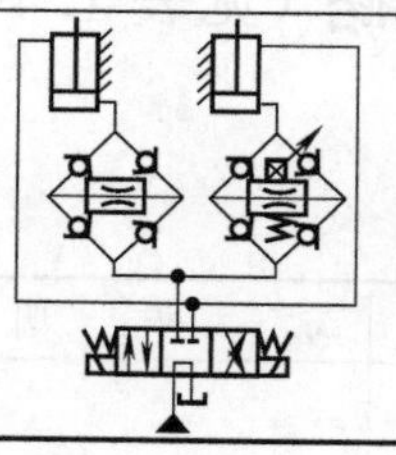	用一液压缸与流量调整板相连，由电液比例调速阀控制速度跟踪另一液压缸的速度使双缸位移同步。其位置同步精度通常可达0.5mm
三缸同步回路	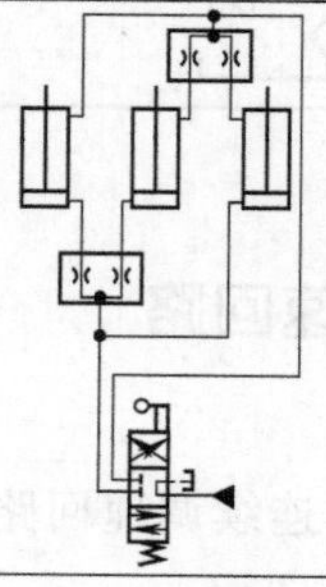	使用两个规格适宜的分流集流阀，按图示连接，可以保持三只液压缸的速度同步，它利用该阀分流和集流流量一致的特性。该回路同步精度仅为5%～10%，功率损失较大
四缸同步回路	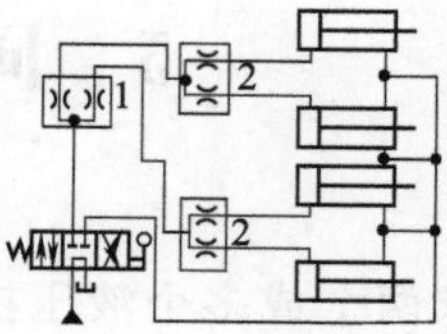	三个分流集流阀按图示连接，阀1通过的流量是阀2流量的两倍，在阀1分流基础上再经过阀2分流并分别控制四只液压缸的同步。该回路压力损失大，只适用于中高压系统，同步精度仅为6%～12%
伺服阀同步回路	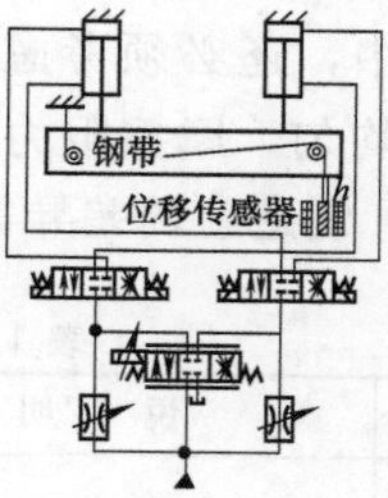 钢带 位移传感器	用位移传感器来检测两个缸的位置误差，用伺服阀控制纠正误差调整所需的流量，这是一种带反馈的闭环同步控制回路，液压缸的位置误差会产生活动部件倾斜，用位移传感器检测钢带活动端位置，h值的变化，经过放大器比较后再反馈到伺服阀，实现缸的位置同步。这种带反馈的闭环同步控制回路可以得到很好的同步精度

5.3 容积控制同步回路（见表 1.4-25）

表 1.4-25 容积控制同步回路

分类	回路图形	说明
同步缸同步回路	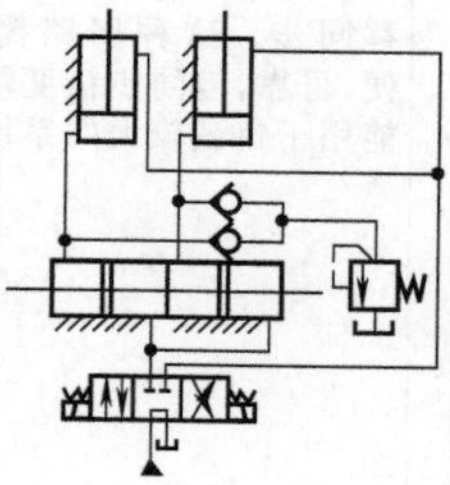	同步缸缸径及两个活塞的尺寸完全相同并共用一个活塞杆。当同步缸工作时，出入同步缸的流量相等，可同时向两个液压缸供油，实现位移同步。图中同步缸容积大于液压缸容积，两个单向阀和背压阀是为了提高同步精度的放油装置，其同步精度可达2%～5%。同步精度主要取决于缸的加工精度及密封性能
并联马达同步回路	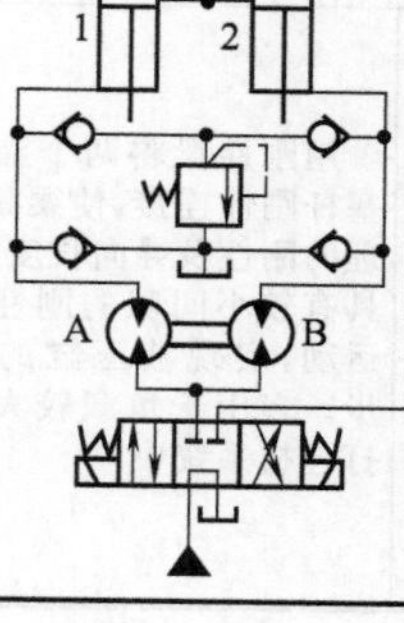	将两个同轴等排量马达分别与两个有效作用面积相同的液压缸相连，以实现液压缸1和2双向位移同步，用单向阀和溢流阀组成的安全补油回路可在行程终点消除位置误差。如两个液压缸的活塞上升时，若缸1的活塞先到达终点，则流经马达A的压力油可经单向阀和溢流阀（作安全阀用）流回油箱，使缸2的活塞也能到达终点。若液压缸下降时，如缸1先到达终点，则马达A可通过单向阀从油箱自吸补油，缸2排出的油则流经马达B，使缸2也能到达终点，其同步精度可达到2%～5%

续表

分类	回路图形	说明	分类	回路图形	说明
并联马达同步回路	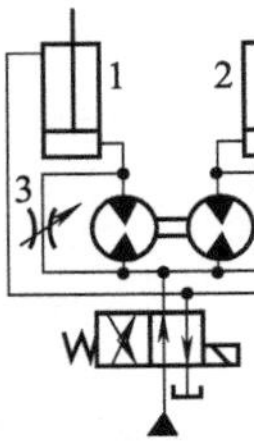 1 2 3 4	将两个节流阀分别与两个排量相等的马达并联在一起。用以消除两个液压缸在行程终点的位置误差。可实现液压缸1和2的双向同步。如两缸活塞上升时，若缸1的活塞先到达终点，则两个马达都将停止运动，液压泵输出的压力油可经节流阀4继续供给液压缸2，使其也达到终点。下降时，消除位置误差的原理同上	液压缸串联同步回路	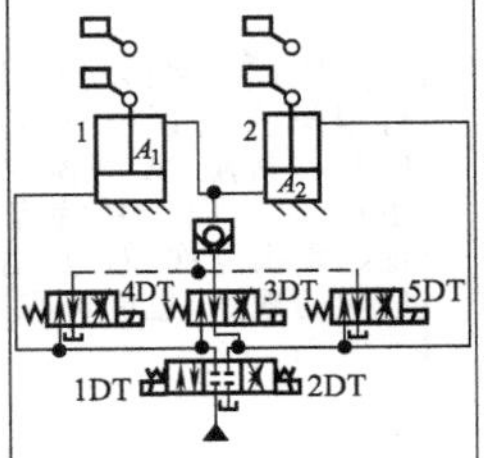 1 A_1 2 A_2 4DT 3DT 5DT 1DT 2DT	两只行程相同的液压缸，缸1的有杆腔有效面积 A_1 等于缸2无杆腔有效面积 A_2 时，将其按图示串联相接，可组成容积控制同步回路。当1DT得电，缸1上腔排出的油液进入缸2的下腔，两液压缸同步上行
液压缸串联同步回路	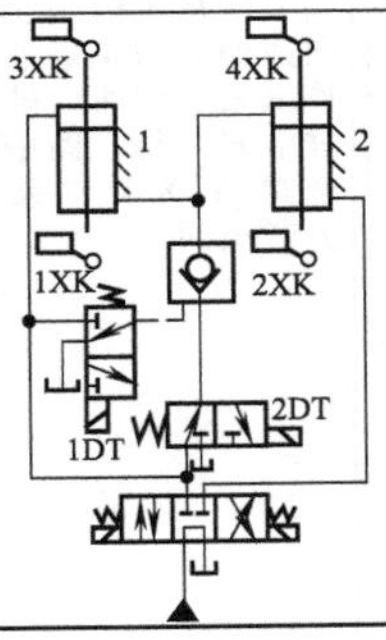 3XK 4XK 1 2 1XK 2XK 2DT 1DT	两只规格相同的双活塞杆液压缸，串联相接，因液压缸作用面积、工作容腔均相等。当三位四通阀左侧得电时，缸1下腔排出的油液，进入缸2的上腔，两液压缸同步下行，当三位四通阀右侧得电时，液压缸1、液压缸2同步上行，当两缸同步产生误差时，依靠四只行程开关及1DT、2DT电磁阀可消除累积误差。因液压缸串联，其推力减小	泵同步回路	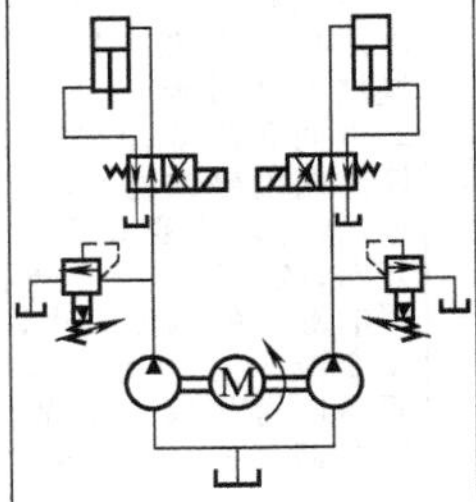 M	采用两个等排量的泵，同轴连接，分别向两个液压缸供油，实现两缸同步运行。在要求同步运行时，两个换向阀应同时动作；当需要消除液压缸终点位置误差时，两个换向阀可单独动作 本回路的精度取决于两个泵的容积效率、排量差异及两缸载荷不同等因素。一般采用容积效率稳定的柱塞泵

6 方向控制回路

控制执行元件的启动、停止或改变运动方向及控制液流通断或改变方向均需采用方向控制回路。实现方向控制的基本方法有：阀控，主要是采用方向控制阀分配液流；泵控，是采用双向定量泵或双向变量泵改变液流的方向和流量；执行元件控制，是采用双向液压马达来改变液流的方向。

6.1 换向回路（见表1.4-26）

表1.4-26 换向回路

分类	回路图形	说明	分类	回路图形	说明
换向阀换向回路	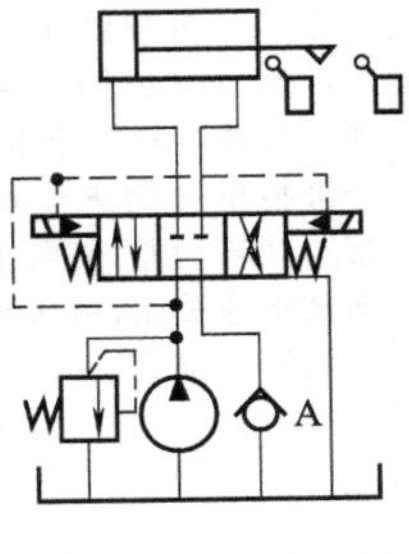 A	换向回路一般都采用换向阀来换向。换向阀的控制方式和中位机能依据主机需要及系统组成的合理性等因素来选择。该回路采用三位四通电液换向阀，换向阀在右位或左位时，液压缸活塞向左或向右运动；电液阀处于中位时，液压缸活塞停止运动，液压泵可依靠阀中位机能实现卸荷功能。背压阀A的作用是建立电液阀换向所需的最低控制压力	多路换向回路	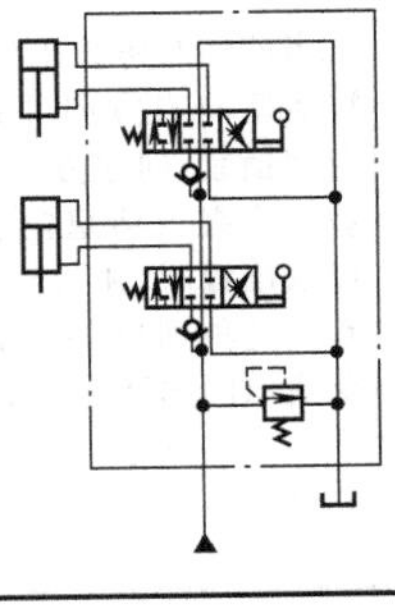	本回路为采用多路换向阀组成的串联换向回路，各换向阀进油路串联。上游阀不在中位时，下游阀的进油口被切断，这种组合阀总是只有一个阀在工作，实现换向阀之间的互锁。若上游阀在进行微动调节时，下游阀还能够进行执行元件的动作操作

续表

分类	回路图形	说明	分类	回路图形	说明
液控换向回路		液压缸活塞移动时，当先导行程阀A的顶杆与活塞杆上的凸轮接触，A阀换向，控制主阀B换向。其特点：可实现远距离操作，对电气控制有危险的地点，也能可靠工作	双向泵换向回路		当双向液压泵左侧油口排油时，液压缸活塞右行；通过调节变量机构（使斜盘倾斜方向或偏心方向改变），使双向液压泵右侧油口排油时，液压缸活塞左行。图中阀K为安全阀，Y为补油泵溢流阀，P为背压阀
比例方向阀换向回路		本回路是用比例电液阀换向的控制回路。用比例电液换向阀1控制液压缸2的运动方向和速度，改变比例电液换向阀电磁铁的通电、断电状态，就可以改变液压缸的运动方向；改变输入比例电液换向阀电磁铁的电流大小，就可以改变液压缸的运动速度。本回路比常规阀组成的同功能换向回路平稳，无冲击，工作可靠			

6.2 锁紧回路（见表1.4-27）

表1.4-27 锁紧回路

分类	回路图形	说明	分类	回路图形	说明
换向阀锁紧回路		因受换向阀内泄漏的影响，采用换向阀锁紧，锁紧精度较低	液控单向阀锁紧回路		当换向阀处于中位时，使液控单向阀进油及控制油口与油箱相通，液控单向阀迅速封闭，液压缸活塞向左方向的运动被液控单向阀锁紧，向右方向则可以运动，故仅能实现单向锁紧
单向阀锁紧回路		当液压泵停止工作时，液压缸活塞向右方向的运动被单向阀锁紧，向左方向则可以运动。只有当活塞向左移动到极限位置时，才能实现双向锁紧。这种回路的锁紧精度也受换向阀内泄漏量的影响	双液控单向阀锁紧回路		在工程机械液压系统中常用此类锁紧回路。当三位四通电磁换向阀处于中位时，两个液控单向阀进油及控油口都与油箱相通，使两个液控单向阀迅速关闭，可实现对液压缸的双向锁紧

6.3 顺序动作回路（见表 1.4-28）

表 1.4-28 顺序动作回路

分类	回路图形	说明
顺序阀控制的顺序动作回路	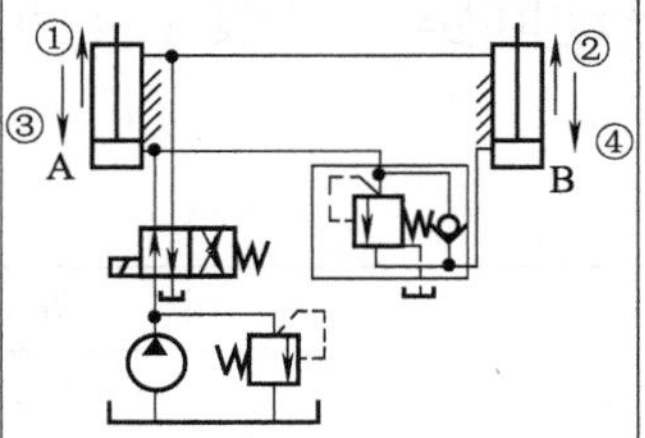	靠顺序阀压力来控制液压缸按①→②→③的顺序动作。当电磁换向阀通电时，缸 A 活塞上升至终点；系统压力上升至顺序阀开启压力时，缸 B 活塞上升。当电磁换向阀断电时，缸 A、缸 B 活塞下行。为了保证动作顺序的可靠性，顺序阀的调定压力应比缸 A 上升时所需最大压力高出 1MPa 左右。该回路增加了功率损失 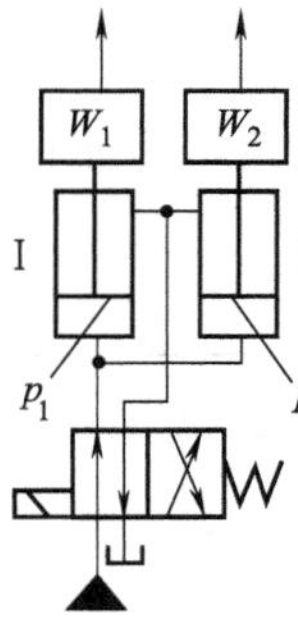
行程阀控制的顺序动作回路	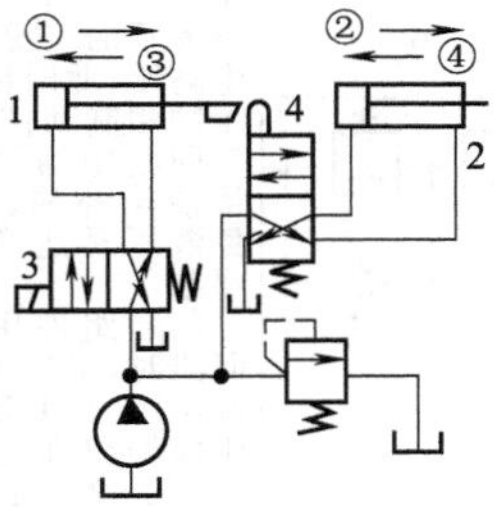	在图示状态时首先使电磁阀 3 通电，则液压缸 1 的活塞向右运动。当活塞杆上的挡块压下行程阀 4 时，行程阀 4 换向，使缸 2 的活塞向右运动；电磁阀 3 断电后，液压缸 1 的活塞向左运动；当行程阀 4 复位后，液压缸 2 的活塞也退回到左端。完成所要求的顺序动作 采用行程阀的顺序动作回路，顺序动作可靠，但想改变动作顺序较困难 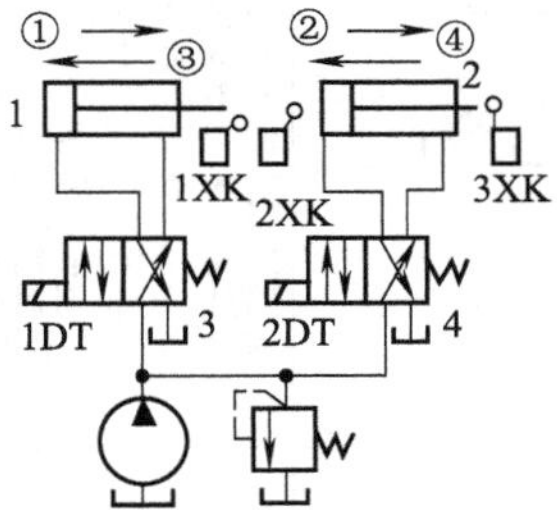
压力继电器控制的顺序动作回路	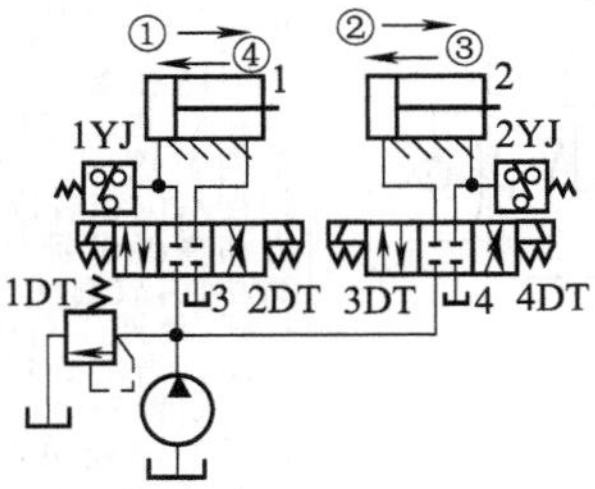	工作循环开始时，1DT 通电，缸 1 活塞右行至终点；当压力升高到压力继电器 1YJ 的调定压力时，3DT 通电，缸 2 活塞右行至终点；3DT 断电、4DT 通电，缸 2 活塞左行至终点；当压力升高到压力继电器 2YJ 的调定压力时，1DT 断电、2DT 通电，缸 1 活塞退回原位。为了保证动作顺序的可靠性，压力继电器的调定压力应比前一动作液压缸所需最大工作压力高出 0.5MPa 以上
负载压力决定的顺序动作回路		W_1 和 W_2 分别为液压缸Ⅰ和Ⅱ的负载，p_1 和 p_2 分别为它们的负载压力。若 $W_1 < W_2$，则在图示情况下，必然是缸Ⅰ的活塞首先上升，其行程结束时，系统压力升高，上升到克服 W_2 时，液压缸Ⅱ的活塞才开始上升。这种顺序动作回路突出的优点是简单，但受负载变化的影响大。当两缸负载差较小时，不能实现可靠的顺序动作
电气行程开关控制的顺序动作回路		工作循环开始时，1DT 通电，缸 1 活塞右行；当机械挡块压下行程开关 2XK 时，使 2DT 通电，缸 2 活塞右行；当行程开关 3XK 被挡块压下时，1DT 断电，缸 1 活塞左行；当挡块压下行程开关 1XK 时，2DT 断电，缸 2 活塞左行，完成预定的工作循环。这种顺序动作回路可通过变更电气线路改变动作顺序。该回路顺序动作可靠，所以在液压系统中应用很广

7 液压马达回路

7.1 马达制动回路

由于运动部件具有惯性，为使执行元件平稳地由运动状态转换成静止状态，为防止冲击需采用制动回路（见表 1.4-29）。

7.2 马达浮动回路（见表 1.4-30）

表 1.4-29 马达制动回路

分类	回路图形	说明
远程调压阀制动回路		当电磁换向阀通电时，液压马达工作；电磁换向阀断电时，液压马达制动
溢流桥制动回路		采用溢流桥可实现马达的制动。当换向阀回中位时，液压马达在惯性的作用下有继续转动的趋势，它此时所排出的高压油经单向阀由溢流阀限压，另一侧靠单向阀从油箱吸油。该回路中的溢流阀既限制了换向阀回中位时引起的液压冲击，又可以使马达平稳制动。还需指出，图中溢流桥出入口的四个单向阀，除构成制动油路外，还起到对马达的自吸补油作用
顺序阀制动回路		本回路应用于液压马达产生负的载荷时的工况。四通阀切换到 1 的位置，当液压马达为正载荷时，顺序阀由于压力油作用而被打开；但当液压马达为负的载荷时，液压马达入口侧的油压降低，顺序阀起制动作用。如四通阀处于 2 位置，液压马达停止
制动组件制动回路		采用制动组件 A、B 或 C 组成的制动回路，在执行元件正反转时都能实现制动作用 当主油路压力超过溢流阀调定压力时，溢流阀被打开，在液压系统中起安全阀作用。减速时变量泵的排油量减至最小，但由于载荷的惯性作用使马达转为泵的工况，出口产生高压，此时溢流阀起缓冲和制动作用 回路中通过单向阀从油箱补油。从而避免液压马达产生吸空现象 制动组件用于开式回路时，组件内溢流阀调定压力，要比限制液压泵输出压力的溢流阀的调定值高 0.5～1MPa
制动器制动回路		制动器一般都采用常闭式，即向制动器供压力油时，制动器打开，反之，则在弹簧力作用下使马达制动。本回路在液压泵的出口和制动缸之间接有单向节流阀。当换向阀在左位和右位时，压力油需经节流阀进入制动缸，故制动器缓慢打开，使液压马达平稳启动。当需要刹车时，换向阀置于中位，制动缸里的油经单向阀排回油箱，故可实现快速制动

续表

分类	回路图形	说明	分类	回路图形	说明
电磁溢流阀制动回路	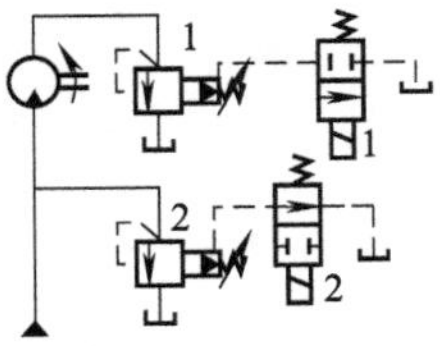	本回路为用电磁溢流阀制动的回路。以两个电磁阀分别操作两个溢流阀的遥控口，电磁阀1用于减速或制动，电磁阀2用于加速或液压泵卸荷	溢流阀双向制动回路	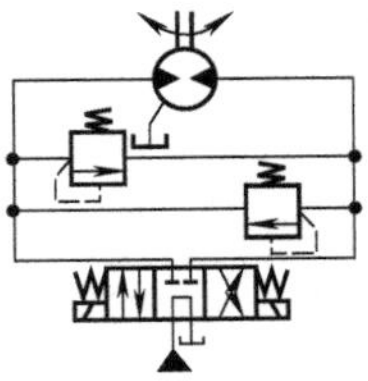	双向马达可采用双溢流阀来实现双向制动，当换向阀回中位时，马达在惯性的作用下，使一侧压力升高，此时靠每侧的溢流阀限压，减缓液压冲击。马达制动过程中另一侧呈负压状态，由溢流阀限压时溢流出的油液进行补充，从而实现马达制动
溢流阀制动回路	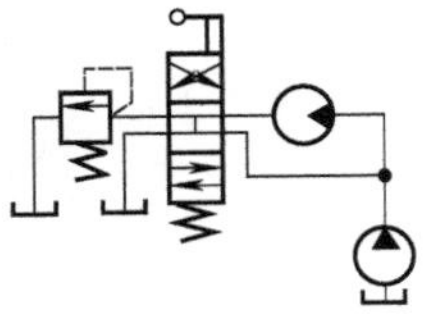	在图示系统中，手动换向阀在中位时液压泵卸压，液压马达滑行停止，处于浮动状态，手动换向阀在上位时，液压马达工作；手动换向阀在下位时，液压马达制动			

表 1.4-30　马达浮动回路

分类	回路图形	说明
中位机能浮动回路	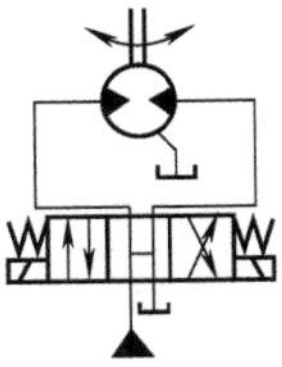	所谓浮动，就是把液压马达两腔短接起来，两腔没有压差，在外负载的作用下，只需克服马达内部零件之间的摩擦阻力即可使马达转动。液压马达浮动是利用换向阀H型、J型等中位机能来实现的

第二篇

液压介质

第一章 液压介质的分类与性质

1 液压介质的分组、命名与代号

1.1 液压介质的分组

液压传动与控制系统中所使用的工作介质，根据其使用性能和化学成分的不同，划分为若干组，其组别名称与代号见表 2.1-1。

表 2.1-1 液压介质的组别名称与代号

类别	组别	应用场合	具体应用	产品代号 L-
L	H	液压系统(流体静压系统)		HH
				HL
				HM
				HR
				HV
				HS
			液压导轨系统	HG
			需要难燃液的场合	HFAE
				HFAS
				HFB
				HFC
				HFDER
				HFDS
				HFDT
				HFDU
		液压系统(流体动力系统)	自动传动	HA
			联轴器	HN

液压介质的分类方法如下。

(1) 矿物油型液压油

包括：①普通液压油；②抗磨液压油；③低凝液压油；④高黏度指数液压油；⑤专用液压油；⑥机械油；⑦汽轮机油。

(2) 抗燃液

包括：① 含水型：a. 水包油型乳化液；b. 油包水型乳化液；c. 水-乙二醇液压液；d. 高水基液压液。

② 合成型：a. 磷酸酯液压液；b. 脂肪酸酯液压液；c. 卤化物液压液。

1.2 液压介质的命名

液压介质的命名方法如下。

类别——品种　数字

液压介质的代号举例。液压介质的代号可按下列顺序表示。

类别 (L)-组别 (H)-品种详细分类　数字

【例】 46 号抗磨液压油

代号：L-HM46（简号 HM-46）。

含义：L——类别（润滑剂和有关产品）；

H——液压油（液）组；

M——防锈、抗氧型和抗磨型；

46——40℃运动黏度平均值为 $46mm^2/s$。

命名：46 号抗磨、防锈和抗氧型液压油。

简名：46 号 HL 油或 46 号抗磨液压油。

2 液压介质的性质

2.1 密度

单位容积液压介质的质量称为密度。常温下各种液压介质的密度值见表2.1-2。

表2.1-2 液压介质的密度 /(kg/m^3)

介质种类	矿油型液压油	水包油乳化液	油包水乳化液	水-乙二醇液压液	磷酸酯液压液	高水基液压液
密度 ρ	850～960	990～1000	910～960	1030～1080	1120～1200	1000

液压介质的密度随温度升高而减小，其关系为

$$\rho=\rho_0-\beta(t-t_0)$$

式中 ρ，ρ_0——温度为 t，t_0 时的液体密度。

当 $t_0=20$℃时，β 和 ρ_0 的关系见表2.1-3。

表2.1-3 β 和 ρ_0 的关系

ρ_0 /$kg\cdot m^{-3}$	700	750	800	850	900	950	999
β/kg·(m^3·℃)$^{-3}$	890	837	765	699	633	567	515

2.2 黏度及黏度与温度之间的关系

2.2.1 黏度

液压介质的黏度常用的有动力黏度 μ，运动黏度 ν 与恩氏黏度°E。

恩氏黏度°E 与运动黏度 ν（单位：mm^2/s）之间的换算关系如下。

① 当°$E>3.2$ 时，$\nu=\left(7.6°E-\frac{4}{°E}\right)$；

② 当 $1.35\leqslant°E\leqslant3.2$ 时，$\nu=\left(8°E-\frac{8.64}{°E}\right)$。

2.2.2 黏度与温度之间的关系

液压系统中常用的矿物型液压油，当40℃时的运动黏度小于135mm^2/s时，且温度在30～150℃范围内，可用下列经验公式来计算不同温度时液压油的运动黏度。

$$\nu_t=\nu_{40}\left(\frac{40}{t}\right)^n \qquad (2.1\text{-}1)$$

式中 ν_{40}——温度为40℃时液压油的运动黏度，mm^2/s；

n——指数。n 随液压油40℃时的运动黏度不同而异，其值见表2.1-4。

表2.1-4 指数 n 随液压油40℃的运动黏度不同值

°E_{40}	1.27	1.77	2.23	2.65	4.46	6.38	8.33	10	11.75
ν_{40}/$mm^2\cdot s^{-1}$	3.4	9.3	14	18	33	48	63	76	89
n	1.39	1.59	1.72	1.79	1.99	2.13	2.24	2.32	2.42

对于黏度较大的油类（$\nu_{40}>135mm^2\cdot s^{-1}$），式（2.1-1）仍然适用，但温度的适用范围应为40～110℃。

2.3 可压缩性与膨胀性

2.3.1 体积压缩系数

液压介质的体积压缩系数用来表示可压缩性的大小，其定义式为

$$K=-\frac{\Delta V/V_0}{\Delta p} \qquad (2.1\text{-}2)$$

对于未混有空气的矿物性液压油，其体积压缩系数 $K=(5\sim7)\times10^{-10}\mathrm{m^2/N}$。

显然，液压介质的体积压缩系数很小，因而，工程上可认为液压介质是不可压缩的。然而，在高压液压系统中，或研究系统动特性及计算远距离操纵的液压机构时，必须考虑工作介质压缩性的影响。

2.3.2 液压介质的体积模量

液压介质体积压缩系数的倒数称为体积模量，用 E 表

$$E=1/K \tag{2.1-3}$$

式中 E——液压介质的体积弹性模量，Pa。

对于未混入空气的矿物型液压油，其值为 $E=(1.4\sim2)$GPa；油包水乳化液为 $E=2.3$GPa；水乙二醇液为 $E=3.45$GPa。

2.3.3 含气液压介质的体积模量

液压系统中所用的液压介质，均混有一定的空气。液压介质混入空气后，会显著地降低介质的体积弹性模量，当空气是等温变化时，其值可由下式给出

$$E'=\left[\frac{\dfrac{V_{f0}}{V_{a0}}+\dfrac{p_0}{p}}{\dfrac{V_{f0}}{V_{a0}}+\dfrac{Ep_0}{p^2}}\right]E$$

或

$$E'=\left[\frac{\dfrac{1-x_0}{x_0}+\dfrac{p_0}{p}}{\dfrac{1-x_0}{x_0}+\dfrac{Ep_0}{p^2}}\right]E \tag{2.1-4}$$

式中 E'——液压介质中混入空气时的体积模量，Pa；

E——液压介质的体积模量，Pa；

V_{f0}——1个大气压下液压介质的体积，m³；

V_{a0}——1个大气压下混入液压介质中的空气体积，m³；

p_0——绝对大气压力，Pa；

p——系统绝对压力，Pa；

x_0——1个大气压下，空气体积的混入比，$x_0=V_{a0}/(V_{a0}+V_{f0})$。

2.3.4 液压介质的热膨胀性

液压介质的体积随温度变化而变化的性质称为热膨胀性，用热膨胀率 α 来表示。

$$\alpha=\frac{\Delta V/V_0}{\Delta t} \tag{2.1-5}$$

式中 ΔV——液压介质的体积变化量，m³；

V_0——常温下的液压介质初始体积，m³；

Δt——相对于常温的温度变化，℃；

液压介质的热膨胀率的定义为：当单位体积的液压介质受到单位温度变化时，其体积的变化值。矿物油型液压油的热膨胀率 α 仅取决于液压油本身，与压力、温度无关，其值可按表2.1-5选取。

表2.1-5 矿物油型液压油的 α 值

ρ_{15}	0.8～0.82	0.82～0.84	0.84～0.86
α	9.37×10^{-4}	8.82×10^{-4}	8.31×10^{-4}

ρ_{15}	0.86～0.88	0.88～0.90	0.90～0.92	0.92～0.94
α	7.82×10^{-4}	7.34×10^{-4}	6.88×10^{-4}	6.45×10^{-4}

水包油乳化液的热膨胀率与压力和温度有关，在1个大气压下，α 值与温度的关系见表2.1-6。

表2.1-6 水包油乳化液的 α 值

t/℃	10	20	30	40
α	0.7×10^{-4}	1.82×10^{-4}	3.21×10^{-4}	3.87×10^{-4}

t/℃	50	60	70	80	90
α	4.49×10^{-4}	5.11×10^{-4}	5.7×10^{-4}	6.32×10^{-4}	6.95×10^{-4}

油包水乳化液的 α 值为 5.4×10^{-4}；水-乙二醇液压液的 α 值为 6×10^{-4}；磷酸酯液压液的 α 值为 7.5×10^{-4}。

2.4 比热容

单位质量液体温度升高（或降低）1℃时所需交换的热量，用 C 表示。单位：kJ/

(kg·℃)

$$C=Q/[m(t_2-t_1)] \qquad (2.1\text{-}6)$$

式中 Q——液体所交换的热量，J；

m——液体质量，kg；

t_2——热交换后的液体温度，℃；

t_1——热交换前的液体温度，℃。

矿物油型液压油的比热容 C 与液压油的密度和温度有关，可用下列经验公式进行计算

$$C=(1.69+0.0038t)/\sqrt{s}$$

式中 t——液压油的温度，℃；

s——液体油的相对密度。

常用液压介质的比热容见表 2.1-7。

表 2.1-7 常用液压介质的比热容

介质	矿油型液压油	水包油乳化液	油包水乳化液	水-乙二醇液压液	磷酸酯液压液
C/kJ(kg·℃)$^{-1}$	1.88	4.19	2.81	3.35	1.34

2.5 含气量、空气分离压、饱和蒸气压

2.5.1 含气量

液压介质中所含空气的体积百分比称为含气量。液压介质中的空气分混入空气和溶入空气两种。溶入空气均匀地溶解于液压介质中，对体积弹性模量及黏度没有影响；而混入空气则以直径为 0.25～0.5mm 的气泡状态悬浮于液压介质中，对体积弹性模量及黏性有明显影响。混入空气对液压介质黏性的影响可用下式计算

$$\mu_B=\mu_0(1+0.15B) \qquad (2.1\text{-}7)$$

式中 B——混入空气的体积百分数；

μ_B——含有混入空气 B%时液压介质的动力黏度，Pa·s；

μ_0——无混入空气时介质的动力黏度，Pa·s。

2.5.2 空气分离压

液压介质中的压力降低到一定数值时，溶解于介质中的空气将从介质中分离出来，形成气泡，此时的压力称为该温度下该介质的空气分离压 p_g。空气分离压 p_g 与液压介质的种类有关，亦与温度和空气溶解量有关。温度越高，空气溶解量越大，则空气分离压 p_g 越高。一般液压介质的空气分离压 p_g 为 1300～6700Pa。

2.5.3 饱和蒸气压

当液压介质的压力低于一定值时，液压介质将沸腾产生大量蒸气，此压力称为该介质于此温度下的饱和蒸气压。

矿物油型液压油，在 20℃时的饱和蒸气压为 6～2000Pa。乳化液的饱和蒸气压与水相近，20℃时为 2400Pa。

2.5.4 热导率

热导率表示液体内热传导的难易程度，其表达式为

$$Q_n=\lambda A(t_2-t_1)/L \qquad (2.1\text{-}8)$$

式中 Q_n——所传导的热量，W；

A——传热面积，m^2；

t_2-t_1——温度差，K；

L——与热流成直角方向的物质厚度，m；

λ——热导率。一般矿物型油，在普通温度下可取 $\lambda=0.116\sim0.151$W/(m·K)。

2.5.5 闪点

闪点是在规定的开形杯或闭形杯内，用规定容量的油样加热到它蒸发的油气与空气混合后，在与规定火焰接触能发生闪光时，油样的最低温度。闪点测量法有开杯法和闭

杯法两种，同一种油液，用开杯测定的结果要比用闭杯高出10～30℃。

根据闪点可以知道油液中含有低沸点的馏分的程度。闪点高，表明低沸点馏分少，油液在高温下的安全性好；闪点低就不宜在高温下使用。

2.5.6 倾点

倾点是油液在试验条件下，冷却到能够流动的最低温度。一般讲，倾点较凝点高2～3℃。

液压油的低温流动性与倾点有关，一般认为，在倾点以上5℃使用时，液压油的流动性是好的。

2.5.7 中和值

中和值是中和1g液压油中的全部酸性物质所需氢氧化钾的毫克数，以mgKOH/g表示。

中和值是控制液压油使用性能的重要指标之一。中和值大的油液容易造成机件的腐蚀，而且还会促进油液的变质、增加机械磨损。但目前有的液压油有二烷基二硫代磷酸锌型抗磨抗氧剂（ZDDP），这类添加剂本身酸值很高，所以新油酸值高，并非不能使用，只是使用中应加以区分。

2.5.8 腐蚀

腐蚀是液压油在规定条件下，对规定金属片的腐蚀作用。液压油要求腐蚀试验合格。腐蚀试验按GB/T 5096—85（91）进行。用T3铜片在100℃的样油中浸泡3h，然后目测试片表面是否有变色或斑痕并判定级别。对一些特殊的系统，也可用铝、铸铁、钢等金属在规定条件下进行试验。

3 液压介质的性能要求及选择

3.1 液压介质的性能指标

3.1.1 黏性

黏性是流体流动时内部表现出来的抵抗流体分子间相对运动的内摩擦力的性质。黏性的大小用黏度来衡量。黏度是选择工作介质的首要因素。在相同工作压力下，黏度过高，各部件运动阻力增加温升快，泵的自吸能力下降，同时管道压力降和功率损失增大。反之，黏度过低会增加泵的容积损失，并使油膜支承能力下降，而导致摩擦副间产生干摩擦。所以在给定的运动条件下，工作介质对不同的液压元件和装置要具有合适的黏度范围。同时在温度、压力变化下和剪切力作用下，油的黏度变化均要小。

3.1.2 润滑性

为了提高比功率和容积效率，液压系统和元件的发展趋向是高压、高转速。在这样的条件下，液压元件内部摩擦副在高负荷或其他工作状况（如启动或停车）下，多数处于边界润滑状态。因此，为防止发生黏着磨损、磨粒磨损等，以免造成泵和马达性能降低，缩短寿命，系统产生故障，要求工作介质对元件的摩擦副具有良好的润滑性和极压抗磨性。

3.1.3 氧化安定性

工作介质与空气接触，特别是在高温、高压下容易氧化、变质。氧化后酸值增加会增加腐蚀性，氧化生成的黏稠状油泥甚至漆膜会堵塞滤油器，妨碍部件的动作以及降低系统效率，因此要求它具有良好的氧化安定性和热安定性。

3.1.4 剪切安定性

工作介质通过液压元件的狭窄通道（节流间隙或阻尼孔）时，要经受剧烈的剪切作用，会使一些聚合型增稠剂高分子断裂，造成黏度永久性下降，在高压、高速时，这种情况尤为严重。为延长使用寿命，要求剪切安定性好。

3.1.5 防锈性和耐腐蚀性

液压元件的各种金属零件，在工作介质中混入的水分和空气的作用下，精加工表面会发生锈蚀。锈蚀颗粒在系统内循环，会产生磨损和引起故障，并因其催化作用促使油品进一步氧化，引起元件腐蚀，因此要求工作介质具有阻止与其接触的金属元件产生锈蚀的能力和防腐蚀性。

3.1.6 抗乳化性

工作介质在工作过程中，可能混入水或出现凝结水。混有水分的工作介质在泵和其他元件的长期剧烈搅拌下，易形成乳化液，使工作介质水解变质或生成沉淀物，引起元器件锈蚀或腐蚀，妨碍冷却器的导热，阻滞介质在管道和阀门内的流动，降低润滑性。所以要求介质具有良好的抗乳化性、水解安定性和分水性。

3.1.7 抗泡沫性

空气混入工作介质后会产生气泡，混有气泡的介质在液压系统内循环，不仅会使系统的压力和能量传递不稳定，产生滞后现象，失去可靠性和准确性，并使润滑条件恶化，产生异常的噪声、振动和工作不正常。此外气泡还增加了与空气的接触面积，加速了工作介质氧化。所以要求工作介质具有抗泡沫性和空气释放能力。

3.1.8 对密封材料的相容性

工作介质对密封材料的影响，主要表现在两个方面：一是使密封材料溶胀软化；二是使其硬化。其结果都会使密封材料的几何尺寸、机械性能和弹性适应能力受到影响，以致密封失效，引起泄漏，系统压力下降，不能正常工作。所以要求工作介质与系统内密封材料的相容性要好。

3.1.9 其他要求

对工作介质的其他要求还有：低温性；难燃性；在工作压力下，具有充分的不可压缩性；比热容和热导率要大；热胀系数要小；具有足够的清洁度；无毒性、无臭味；储存安定性等。

3.2 常用液压油品种简介

3.2.1 L-HL 液压油（HL 液压油，HL 油，通用机床液压油）

HL 液压油的基础油是精制矿物油加有改善防锈性和抗氧化安定性的添加剂，并辅以抗泡剂等，故又称为防锈抗氧化液压油。具有良好的防锈性和抗氧化性，其空气释放能力、抗泡性、分水性和对橡胶密封材料的适应性也较好。HL 又是液压系统工作介质中使用面最广、供应量最大的液压油主品种，常用于低压液压系统、柱塞泵，但不适用于叶片泵。

3.2.2 L-HM 液压油（HM 液压油，HM 油，HM 抗磨液压油、抗磨液压油）

抗磨液压油是以精制矿物油为基础油，除加以抗氧剂、防锈剂外，主剂是极压抗磨剂，还辅以抗泡剂等多种添加剂。具有良好的抗磨性、润滑性、防锈、抗氧化性等。HM 油是在 HL 油基础上进一步改善了极压抗磨性，因而，抗磨性好是其突出特点，故适用于低、中、高压液压系统。

3.2.3 L-HR 液压油（HR 液压油，HR 油）

HR 油用于环境温度变化大的低压液压系统，如野外操作、远洋船舶等的低压液压系统。此品种是以 HL 油为基础，加有改善黏-温性能的黏度指数改进剂制成。因此。L-HR 液压油除具有良好的防锈、抗氧化性外，油品黏度随温度变化不大。

3.2.4 L-HG 液压油（HG 液压油，HG 油；又名：液压-导轨油、精密机床液压导轨油）

L-HG 液压油是在 HM 油基础上加入抗黏—滑添加剂（油性剂或减磨剂）制成。此品种不仅有良好的防锈、抗氧化、抗磨性能，而且具有优良的抗黏—滑性。在低速下防爬效果好，适用于液压及导轨润滑合用一个系统的精密机床上。

3.2.5 L-HV 液压油［HV 液压油，HV 油；又名：低温（或低凝）液压油、工程液压油、高黏度指数液压油、稠化液压油］

HV 液压油是深度脱蜡的精制矿物油或与合成烃油为基础油，加入黏度指数改进剂、极压抗磨剂、抗氧剂、防锈剂等多种添加剂调制而成。HV 液压油除具有 HM 液压油相同的优良性能外，还具有低温流动性好、低温输送性好以及低温启动性好的优点。HV 液压油适用于野外操作的中高压液压系统，特别适用于冬季北方寒区。

3.3 液压介质的常用添加剂

液压介质的添加剂用来改善基础油的有关性质或性能，从而满足应用中对介质性能的各项要求。常用添加剂有以下几种。

3.3.1 增黏剂

可以提高基础油的黏度及黏度指数，亦称为稠化剂。较为常见的有聚异丁烯（代号 T-608）、聚甲基丙烯（代号 T-602）与聚乙烯基正丁醚（代号 T-601）等。

3.3.2 降凝剂

用以降低液压介质凝点的添加剂。常用的降凝剂有烷基萘及其聚合物（代号 T-801）、醋酸乙烯酯（代号 T-605）与聚α-烯烃（代号 T-803）等。

3.3.3 抗磨剂

按工作负荷的不同，可分为减磨添加剂（油性剂）、抗磨添加剂和极压添加剂（极压抗磨剂）。减磨添加剂用于轻载和较低温度条件下，减小摩擦面的摩擦因数。常用减摩剂有油酸、硬脂酸等。抗磨添加剂用于中等负荷及较高温度下防止摩擦面的剧烈磨损。常用抗磨添加剂为二烷基二硫代磷酸锌（代号 T-202）。

极压添加剂可用于重载高温时防止金属摩擦面胶合、擦伤。常用极压添加剂有氯化石蜡（代号 T-301）、硫化二聚异丁烯（代号 T-303）、亚磷酸二正丁酯（代号-304）、环烷酸铝（代号 T-307）等。

3.3.4 抗泡剂

可用来防止泡沫产生并能促使泡沫破裂的添加剂。常用抗泡剂为二甲基硅油（代号 T-901）。

3.3.5 乳化剂

使介质形成相对稳定的乳化液的添加剂。常用作乳化剂的有油酸钾皂、油酸钠皂、油酸三乙醇胺、壬基酚聚乙二醇醚、聚乙二醇单油醚酯等。

3.3.6 抗氧剂

防止液压介质遭受氧化的添加剂。常用抗氧剂有：二烷基二硫代磷酸锌（代号T-202）。

3.3.7 防锈剂

可用来防止金属锈蚀。常用锈蚀剂有十二烯基丁二酸（代号T-746）、石油磺酸钡（代号T-701）、碳酸环乙胺等。

第二章

液压介质的选用与污染控制

1 液压介质的选用和更换

1.1 选用原则

正确选用工作介质对液压系统适应各种环境条件和工作状况的能力、延长系统和元件的寿命、提高设备运转的可靠性、防止事故发生等方面都有重要影响。

对各种类型的液压系统选用液压油（液）时需要考虑的因素很多，通常有如下几个方面。

（1）液压系统的环境条件

① 室内、露天、天上、地下；

② 热带、寒区、严寒区、固定式、移动式；

③ 高温热源、火源、旺火等。

（2）液压系统的工作条件

① 使用压力范围（润滑性、极压抗磨性）；

② 使用温度范围（黏度、黏—温特性、热氧化安定性、低温流动性）；

③ 液压泵类型（抗磨性、防腐蚀性）；

④ 水、空气进入状况（水解安定性、抗乳化性、抗泡性、空气释放性）；

⑤ 转速（汽蚀、对轴承面浸润力）。

（3）工作介质的质量

① 物理化学指标；

② 对金属和密封件的适应性；

③ 防锈、防腐蚀能力；

④ 抗氧化性；

⑤ 剪切安定性。

（4）技术经济性

① 价格及使用寿命；

② 维护保养的难易程度。

一般可按下述三个基本步骤进行。

① 列出液压系统对液压油（液）性能变化范围的要求：黏度、密度、温度范围、压力上限、蒸气压、难燃性、润滑性、空气溶解率、可压缩性和毒性等。

② 尽可能选出符合或接近上述要求的液压油（液）品种。从液压件的生产厂及产品样本中获得对工作介质的推荐资料。

③ 最终综合、权衡、调整各方面的要求和参数，决定所采用的合适工作介质。

1.2 品种选用

液压油（液）品种的选用依据是液压系统所处的工作环境和系统的工况条件。按照液压油（液）各品种具备的各自性能统筹判断确定。液压系统的工况条件主要是温度、压力和液压泵类型等。

1.2.1 工作油温

系指液压系统液压油在工作时的温度，主要对液压油的黏温性和热安定性提出要求。在寒区或严寒区野外作业时，当环境温度在－5～－25℃时，可用 HV 低温液压油；当环境温度在－5～－40℃时，可用 HS 低温液压油。

液压油（液）的使用温度对液压系统是相当重要的。液压设备使用中油温过高，会加速油液氧化变质。长时间在高温下工作，油液的寿命会大大缩短。另外，氧化生成的酸性物质对金属起腐蚀作用，增加磨损，对液压系统不利。一般液压系统正常工作温度范围应该控制在30～50℃。

1.2.2 工作压力

主要对液压油（液）的润滑性即抗磨性提出要求。对于高压系统的液压元件特别是液压泵中处于边界润滑状态的摩擦副，由于正压力加大、速度高，而摩擦副条件趋于苛刻，因而必须选择润滑性即抗磨性、极压性优良的HM油。

1.2.3 工作环境

一方面考虑液压设备作业的环境是室内、室外、地下、水上、内陆沙漠，还是处于冬夏温差大的寒区等工作环境。另一方面，若液压系统靠近300°C以上高温的表面热源或有明火场所，就要选用难燃液压液。

1.2.4 液压泵类型

液压泵种类较多，如叶片泵、柱塞泵、齿轮泵等，同类泵又因功率、转速、压力、流量、金属材质等因素影响，使液压油（液）的选用比较复杂。一般说来，低压泵可以采用HL油，对于中、高压泵应选用HM油。

液压油的润滑性（抗磨性）对三大泵类减摩效果顺序是叶片泵＞柱塞泵＞齿轮泵。

① 叶片泵为主泵的液压系统不管其压力大小，选用HM油为好，因为叶片泵的叶片与定子间的接触和运动形式极易磨损，其钢对钢的摩擦副材料，最适于使用高锌HM抗磨液压油。

② 对于低压柱塞泵，可用HM油和HL油，高压柱塞泵用含锌HM油，但柱塞泵中有青铜和镀银部件时，高锌抗磨剂会产生腐蚀磨损，这种柱塞泵要选用无灰或低锌抗磨液压油。

③ 对于齿轮泵，采用HH、HL、HM油均可，但高性能齿轮泵应选用HM油。对于组合泵系统如由叶片泵和其他泵组合，应以叶片泵为主选用，当其他泵为柱塞泵时，所选的油还应被柱塞泵所接受。

综合起来，通常HL油可优先用于轴向柱塞泵，但不适用于叶片泵，高锌HM油适用于各类叶片泵。无灰HM油适用于含有铜和银部件的轴向柱塞泵，也适用于中低压叶片泵。低锌HM油则适用范围较宽，即适用于中高压叶片泵，也适用于有铜和银部件的轴向柱塞泵。

1.2.5 与材料的适应性

选用液压油（液）时，还要考虑油（液）与液压系统中的密封材料、金属材料、塑料、橡胶、过滤材料和涂料、油漆的适应性。适应性是指接触这些材料时无侵蚀作用；反之，这些材料也不会使油（液）污染变质，相互能适应。如不适应会产生金属腐蚀、橡胶和塑料材料的溶胀变形、涂料溶解等，造成系统运行故障，缩短系统使用寿命，同时也加快了油（液）变质，缩短换油期。

1.3 液压油(液)的更换

合理选择液压油（液）仅是液压设备正常工作的起点，在系统运行过程中，应及时监测液压油（液）的性能变化，确保及时换油，以延长液压系统的使用寿命，避免因工作介质引起系统故障，甚至发生事故。

液压油（液）的使用寿命（即换油期）因液压油（液）品种、工作环境和系统运行工况不同，而有较大差异，当选用合理，油品质量优良，对液压系统和液压油（液）具备良好的维护和管理，则换油期可以大大延长。

在长期工作过程中，由于水、空气、杂质和金属磨损物的进入，在温度、压力和剪切作用下，液压油（液）会出现颜色变深、混浊，有沉淀、酸值增加，抗乳化性和抗泡沫性变差，黏度增加（加有增黏剂的油品还会黏度下降），热安定性和氧化安定性恶化，出现胶状聚合物和油泥等。

2 液压介质的污染控制

2.1 污染物种类及来源

液压系统介质中存在各种各样污染物，其中最主要的是固体颗粒物，此外，还有水、空气以及有害化学物质等。污染物的来源主要有以下几个方面：

① 系统内原来残留的，如元件加工和系统组装过程中残留的金属切屑、沙粒及清洗溶剂等；

② 从外界侵入的，如通过油箱通气孔和液压缸活塞杆密封从外界环境侵入系统的各种污染物，以及注油和维修过程中带入的污染物等；

③ 系统内部生成的，如系统工作过程中元件磨损、腐蚀产生的颗粒物，以及油液氧化分解产生的有害化合物等；

④ 对于水基工作介质，如水包油乳化液，微生物及其代谢产物也是一种常见的污染物，因为水是微生物繁殖和生存的必要条件。

2.2 油液污染的危害

油液污染直接影响液压系统的可靠性和元件的使用寿命。研究资料表明，液压系统的故障大约有70%是由于油液污染引起的。

油液污染对液压系统的危害主要有以下3个方面：

① 元件的污染磨损；

② 元件堵塞与卡紧现象；

③ 加速油液性能劣化。

2.3 油液的污染控制

2.3.1 油液污染度测定

油液污染度是指单位体积油液中固体颗粒污染物的含量，即油液中固体颗粒污染物的浓度。对于其他污染物，如水和空气，则用水含量和空气含量表述。油液污染度是评定油液污染程度的重要指标。目前油液污染度主要采用以下两种表示方法。

① 质量污染度　单位体积油液中所含固体颗粒污染物的质量，一般用mg/L表示。

② 颗粒污染度　单位体积油液中所含各种尺寸的颗粒数。颗粒尺寸范围可用区间表示，如5～15μm、15～25μm等；也可用大于某一尺寸来表示，如＞5μm、＞15μm等。

质量污染度表示方法虽然比较简单，但不能反映颗粒污染物的尺寸和分布，而颗粒污染物对元件和系统的危害作用与其颗粒尺寸分布及数量密切相关，因而随着颗粒计数技术的发展，目前已经普遍采用颗粒污染度的表示方法。

下面简单介绍美国 NAS 1638 油液污染度等级和 ISO 4406 油液污染度等级国际标准。

① NAS 1638 固体颗粒污染度等级 NAS 1638 是美国航天工业部门在 1964 年提出的，目前在美国和世界各国广泛采用。它以颗粒浓度为基础，按照 100mL 油液中在 5～15μm、15～25μm、25～50μm、50～100μm 和>100μm 五个尺寸区间内的最大允许颗粒数划分为 14 个污染度等级，如表 2.2-1 所示。

表 2.2-1 NAS 1638 油液污染度等级
(100mL 中的颗粒数)

污染度等级	颗粒尺寸范围/μm				
	5～15	15～25	25～50	50～100	>100
00	125	22	4	1	0
0	250	44	8	2	0
1	500	89	16	3	1
2	1000	178	32	6	1
3	2000	356	63	11	2
4	4000	712	126	22	4
5	8000	1425	253	45	8
6	16000	2850	506	90	16
7	32000	5700	1012	180	32
8	64000	11400	2025	360	64
9	128000	22800	4050	720	128
10	256000	45600	8100	1440	256
11	512000	91200	16200	2880	512
12	1024000	182400	32400	5760	1024

② ISO 4406 固体颗粒污染度国际标准 ISO 4406 油液污染度国际标准采用两个数码表示油液的污染度等级，前面的数码代表 1mL 油液中尺寸大于 5μm 的颗粒数的等级，后面的数码代表 1mL 油液中尺寸大于 15μm 的颗粒数的等级，两个数码之间用一斜线分隔。例如污染度等级 18/13 表示油液中大于 5μm 的颗粒数等级为 18，每毫升颗粒数为 1300～2500；大于 15μm 的颗粒数等级为 13，每毫升颗粒数为 40～80。

ISO 4406 污染度等级和相应的颗粒浓度。根据颗粒浓度的大小共分 26 个等级，如表 2.2-2 所示。

表 2.2-2 ISO 4406 污染度等级

每毫升颗粒数		ISO 4406	每毫升颗粒数		ISO 4406
大于	上限值		大于	上限值	
80000	160000	24	10	20	11
40000	80000	23	5	10	10
20000	40000	22	2.5	5	9
10000	20000	21	1.3	2.5	8
5000	10000	20	0.64	1.3	7
2500	5000	19	0.32	0.64	6
1300	2500	18	0.16	0.32	5
640	1300	17	0.08	0.16	4
320	640	16	0.04	0.08	3
160	320	15	0.02	0.04	2
80	160	14	0.01	0.02	1
40	80	13	0.005	0.01	0
20	40	12	0.0025	0.005	0.9

ISO 4406 与 NAS 1638 污染度等级对照如表 2.2-3 所示。典型液压系统清洁度等级见表 2.2-4。

表 2.2-3 ISO 4406 与 NAS 1638 污染度等级对照表

ISO 4406	NAS 1638
21/18	12
20/17	11
19/16	10
18/15	9
17/14	8
16/13	7
15/12	6
14/11	5
13/10	4
12/9	3
11/8	2
10/7	1
9/6	0
8/5	00

表 2.2-4 典型液压系统清洁度等级

清洁度等级	12/9 (3)	13/10 (4)	14/11 (5)	15/12 (6)	16/13 (7)	17/14 (8)	18/15 (9)	19/16 (10)	20/17 (11)	21/18 (12)
污染极敏感系统	■	■	■	■	■					
伺服系统		■	■	■	■	■				

续表

清洁度等级	12/9 (3)	13/10 (4)	14/11 (5)	15/12 (6)	16/13 (7)	17/14 (8)	18/15 (9)	19/16 (10)	20/17 (11)	21/18 (12)
高压系统										
中压系统										
低压系统										
低敏感度系统										
数控机床系统										
机床液压系统										
一般机器液压系统										
行走机械液压系统										
重型设备液压系统										
重型和行走设备传动系统										
冶金轧钢设备液压系统										

2.3.2 油液的污染控制

油液的污染源与控制措施如表 2.2-5 所示。

表 2.2-5 油液的污染源与控制措施

污染源		控制措施
固有污染物	液压元件加工装配残留污染物	元件出厂前清洗，使达到规定的清洁度要求。对受污染的元件在装入系统前进行清洗
	管件、油箱残留污染物及锈蚀物	系统组装前对管件和油箱进行清洗（包括酸洗和表面处理），使达到规定的清洁度要求
	系统组装过程中残留污染物	系统组装后进行循环冲洗，使达到规定的清洁度要求
外界侵入污染物	更换和补充油液	对新油进行过滤净化
	油箱呼吸器	采用密闭油箱，安装空气滤清器和干燥器
	液压缸活塞杆	采用可靠的活塞杆防尘密封，加强对密封的维护
	维护和检修	保持工作环境和工具的清洁 彻底清除与工作油液不相容的清洗液或脱脂剂 维修后循环过滤，清洁整个系统
	侵入水	油液除水处理
	侵入空气	排放空气，防止油箱内油液中气泡吸入泵内
内部生成污染物	元件磨损产物（磨粒）	过滤净化，滤除尺寸与元件关键运动副油膜厚度相当的颗粒污染物，制止磨损的链式反应
	油液氧化产物	去除油液中水和金属微粒（对油液氧化起强烈的催化作用），控制油温，抑制油液氧化

2.4 液压介质的使用与维护

合理使用液压油的要点如下。

(1) 换油前液压系统要清洗

液压系统首次使用液压油前，必须彻底清洗干净，在更换同一品种液压油时，也要用新的液压油清洗1～2次。

(2) 液压油不能随意混用

如已确定选用某一型号液压油则必须单独使用。未经液压设备生产制造厂家同意和没有科学根据时，不得随意与不同黏度牌号的液压油，或是同一黏度牌号但不是同一厂家的液压油混用，更不得与其他类别的油混用。

(3) 注意液压系统的良好密封

使用液压油的液压系统必须保持严格的密封，防止泄漏和外界各种尘埃杂质及水等液体介质混入。

(4) 根据换油指标及时更换液压油

对液压设备中的液压油应定期取样化验，一旦油中的理化指标达到换油指标后（单项达到或几项达到），应及时更换。

第三篇

液压产品

- 第一章　液压泵
- 第二章　液压马达
- 第三章　液压缸
- 第四章　液压控制阀
- 第五章　液压辅件
- 第六章　液压站、油箱、管路及管件

液 压 泵

液压泵是动力元件，它的作用是把机械能转变成液压能，向系统提供一定压力和流量的油液，因此液压泵是一种能量转换装置。

1 液压泵的分类

液压泵的分类见表 3.1-1。

表 3.1-1 液压泵的分类

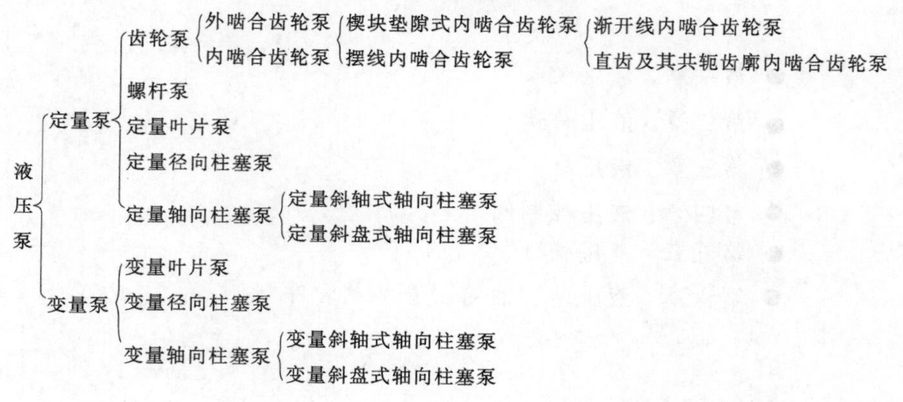
液压泵
- 定量泵
  - 齿轮泵
    - 外啮合齿轮泵
    - 内啮合齿轮泵
      - 楔块垫隙式内啮合齿轮泵
        - 渐开线内啮合齿轮泵
        - 直齿及其共轭齿廓内啮合齿轮泵
      - 摆线内啮合齿轮泵
  - 螺杆泵
  - 定量叶片泵
  - 定量径向柱塞泵
  - 定量轴向柱塞泵
    - 定量斜轴式轴向柱塞泵
    - 定量斜盘式轴向柱塞泵
- 变量泵
  - 变量叶片泵
  - 变量径向柱塞泵
  - 变量轴向柱塞泵
    - 变量斜轴式轴向柱塞泵
    - 变量斜盘式轴向柱塞泵

2 液压泵的主要技术参数及计算公式

2.1 液压泵的主要技术参数

（1）排量 V（cm^3/r 或 mL/r）

① 理论排量　液压泵每转一周排出的液体体积。其值由密封容器几何尺寸的变化计算而得，也叫几何排量。

② 空载排量　在规定最低工作压力下，泵每转一周排出的液体体积。其值用以下办法求得：先测出对应两种转速的流量，再分别计算出排量，取平均值。理论排量无法测出，在实用场合往往以空载排量代替理论排量。

③ 有效排量　在规定工况下泵每转一周实际排出的液体体积。

（2）流量 q（m^3/r 或 L/min）

① 理论流量　液压泵在单位时间内排出的液体体积。其值等于理论排量和泵的转速的乘积。

② 有效流量　在某种压力和温度下，泵在单位时间内排出的液体体积，也称实际流量。

③ 瞬间流量　液压泵在运转中，在某一时间点排出的液体体积。

④ 平均流量　根据在某一时间段内泵排出的液体体积计算出的，单位时间内泵排出的液体体积。其值为在该时间段内各瞬间流量的平均值。

⑤ 额定流量　泵在额定工况下的流量。

(3) 压力 p(MPa)

① 额定压力　液压泵在正常工作条件下，按试验标准规定能连续运转的最高压力。

② 最高压力　液压泵能按试验标准规定，允许短暂运转的最高压力（峰值压力）

例如某泵额定压力为 21MPa；最高压力为 28MPa，短暂运转时间为 6s。

③ 工作压力　液压泵实际工作时的压力。

(4) 转速 n(r/min)

① 额定转速　在额定工况下，液压泵能长时间持续正常运转的最高转速。

② 最大转速　在额定工况下，液压泵能超过额定转速允许短暂运转的最高转速。

③ 最低转速　液压泵在正常工作条件下，能运转的最小转速。

(5) 功率 P(kW)

① 输入功率　驱动液压泵运转的机械功率。

② 输出功率　液压泵输出液压功率，其值为工作压力与有效流量的乘积。

(6) 效率（%）

① 容积效率 η_V　液压泵输出的有效流量与理论流量的比值。

② 机械效率 η_m　液压泵的液压转矩与实际输入转矩的比值。

③ 总效率 η　液压泵输出的液压功率与输入的机械功率的比值。

(7) 吸入能力（Pa）

液压泵能正常运转（不发生汽蚀）条件下吸入口处的最低绝对压力，一般用真空度表示。

2.2　液压泵的常用计算公式

液压泵的常用计算公式见表 3.1-2。

表 3.1-2　常用计算公式

参数名称	单位	计算公式	说明
流量	L/min	$q_0=Vn$ $q=Vn\eta_V$	V——排量，mL/min； n——转速，r/min； q_0——理论流量，L/min； q——实际流量，L/min
输出功率	kW	$P_o=pq/60$	p——输出压力，MPa
输入功率	kW	$P_i=2\pi Mn/60$	M——扭矩，N·m
容积效率	%	$\eta_V=\frac{q}{q_0}\times100$	η_V——容积效率，%
机械效率	%	$\eta_m=\frac{1000pq_0}{2\pi Mn}\times100$	η_m——机械效率，%
总效率	%	$\eta=\frac{P_o}{P_i}\times100$	η——总效率，%

3 液压泵的技术性能和参数选择

3.1 液压泵的技术性能和应用范围（见表 3.1-3）

表 3.1-3 液压泵的技术性能和应用范围

类型	齿轮泵			叶片泵		柱塞泵				
	内啮合		外啮合	单作用	双作用	轴向			径向轴配流	卧式轴配流
性能参数	楔块式	摆线式				直轴端面配流	斜轴端面配流	阀配流		
压力范围/MPa	≤30.0	1.6～16.0	≤25.0	≤6.3	6.3～32.0	≤40.0	≤40.0	≤70.0	10.0～20.0	≤40.0
排量范围/(mL/r)	0.8～300	2.5～150	0.3～650	1～320	0.5～480	0.2～560	0.2～3600	≤420.0	20～720	1～250
转速范围/(r/min)	300～4000	1000～4500	300～7000	500～2000	500～4000	600～6000	600～6000	≤1800	700～1800	200～2200
最大功率/kW	350	120	120	30	320	730	2660	750	250	260
容积效率/%	≤96	80～90	70～95	58～92	80～94	88～93	88～93	90～95	80～90	90～95
总效率/%	≤90	65～80	63～87	54～31	65～82	81～88	81～88	83～88	81～83	83～88
功率质量比/(kW/kg)	大	中	中	小	中	大	中～大	大	小	中
最高自吸真空度/kPa	—	—	425	250	250	125	125	125	125	—
变量能力	不能			能	不能	能				
历时变化	齿轮磨损后效率下降			叶片磨损效率下降小		配油盘、滑靴或分流阀磨损时效率下降较大				
流量脉动/%	1～3	≤3	11～27			1～5	1～5	<14	<2	≤14
噪声	小	小	中	中	中	大	大	大	中	中
污染敏感度	中	中	大	中	中	大	中～大	小	中	小
价格	较低	低	最低	中	中低	高	高	高	高	高
应用范围	机床、工程机械、农业机械、航空、船舶、一般机械			机床、注塑机、液压机、起重运输机械、工程机械、飞机		工程机械、锻压机械、运输机械、矿山机械、冶金机械、船舶、飞机等				

3.2 液压泵参数的选择

液压泵是液压系统的动力源，选用的泵要满足液压系统对压力和流量的需求，同时要充分考虑可靠性、寿命、维修性等以便所选的泵能在系统中长期运行。液压泵的种类非常多，其特性也有很大差别（见表 3.1-3）。

选择液压泵时要考虑的因素有工作压力、

流量、转速、定量或变量、变量方式、容积效率、总效率、原动机的种类、噪声、压力脉动率、自吸能力等，还要考虑与液压油的相容性、尺寸、重量、经济性和维修性。这些因素，有些已写入产品样本或技术资料里，要仔细研究，不明确的地方要询问制造厂。

液压泵的输出压力应是执行元件所需压力、配管的压力损失、控制阀的压力损失之和。它不得超过样本上的额定压力，强调安全性、可靠性时，还应留有较大的余地。样本上的最高工作压力是短期冲击时的允许压力，如果每个循环中都发生这样的冲击压力，泵的寿命就会显著缩短，甚至会损坏。

液压泵的输出流量应包括执行元件所需流量（有多个执行元件时由时间图求出总流量）、溢流阀的最小溢流量、各元件的泄漏量的总和、电动机掉转（通常 1r/s 左右）引起的流量减少量、液压泵长期使用后效率降低引起的流量减少量（通常 5%～7%），样本上往往给出理论排量、转速范围及典型转速、不同压力下的输出流量。

压力越高、转速越低则泵的容积效率越低，变量泵排量调小时容积效率降低。转速恒定时泵的总效率在某个压力下最高；变量泵的总效率在某个排量、某个压力下最高。泵的总效率对液压系统的效率有很大影响，应该选择效率高的泵，并尽量使泵工作在高效工况区。

转速关联着泵的寿命、耐久性、气穴、噪声等。虽然样本上写着允许的转速范围，但最好是在与用途相适应的最佳转速下使用。特别是用发动机驱动泵的情况下，油温低时，若低速则吸油困难、有因润滑不良引起的卡咬失效的危险，而高转速下则要考虑产生汽蚀、振动、异常磨损、流量不稳定等现象的可能性。转速剧烈变动还对泵内部零件的强度有很大影响。

开式回路中使用时需要泵具有一定的自吸能力。发生汽蚀不仅可能使泵损坏，而且还引起振动和噪声，使控制阀、执行元件动作不良，对整个液压系统产生恶劣影响。在确认所用泵的自吸能力的同时，还必须考虑液压装置的使用温度条件、液压油的黏度。在计算吸油管路的阻力的基础上，确定泵相对于油箱液位的安装位置并设计吸油管路。另外，泵的自吸能力就计算值来说要留有充分裕量。

液压泵是主要噪声源，在对噪声有限制的场合，要选用低噪声泵或降低转速使用，注意，泵的噪声数据有两种，即在特定声场测得的和在一般声场测得的数据，两者之间有显著不同。

用定量泵还是用变量泵，需要仔细论证。定量泵简单、便宜，变量泵结构复杂、价格昂贵，但节省能源。变量泵（尤其是变量轴向柱塞泵）的变量机构有各种形式。就控制方法来说，有手动控制、内部压力控制、外部压力控制、电磁阀控制、顺序阀控制、电磁比例阀控制、伺服阀控制等。就控制结果来说，有比例变量、恒压变量、恒流变量、恒扭矩变量、恒功率变量、负载传感变量等。变量方式的选择要适应系统的要求，实际使用中要弄清这些变量方式的静态特性、动态特性和使用方法。不同种类的泵、不同生产厂，其变量机构的特性不同。

4 齿轮泵

齿轮泵是一种常用的液压泵，它的主要优点是结构简单，制造方便，价格低廉，体积小，重量轻，自吸性好，对油液污染不敏感，工作可靠；其主要缺点是流量和压力脉动大，噪声大，排量不可调。齿轮泵被广泛地应用于采矿设备、冶金设备、建筑机械、工程机械和农林机械等各个行业。齿轮泵按照其啮合形式的不同，有外啮合和内啮合两种，外啮合齿轮泵应用较广，内啮合齿轮泵则多为辅助泵。

4.1 齿轮泵的工作原理及主要结构特点

（1）外啮合齿轮泵的工作原理及主要结构特点

外啮合齿轮泵的结构如图 3.1-1 所示，泵主要由主、从动齿轮，驱动轴，泵体及侧板等主要零件构成。泵体内相互啮合的主、从动齿轮与两端盖及泵体一起构成密封工作容积（图中所示阴影部分），齿轮的啮合线将左、右两腔隔开，形成吸、压油腔。当齿轮按图示方向旋转时，吸油腔内的轮齿不断脱开啮合，使吸油侧密封容积不断增大而形成真空，在大气压力作用下从油箱吸入油液；这部分油液从右侧吸油腔被旋转的轮齿带入左侧压油腔。压油腔内的轮齿不断进入啮合，压油侧密封容积不断减小，油液受压，不断被压出进入系统，这样就完成了齿轮泵的吸油和压油过程。

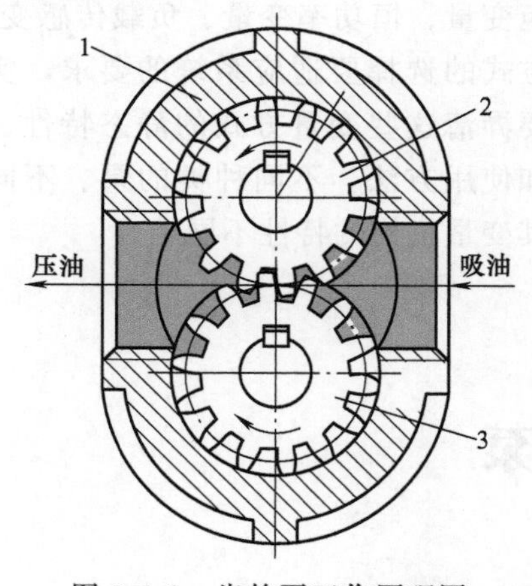

图 3.1-1 齿轮泵工作原理图

1—泵体；2—主动齿轮；3—从动齿轮

（2）内啮合齿轮泵的工作原理及主要结构特点

内啮合齿轮泵有渐开线齿轮泵和摆线齿轮泵（又名转子泵）两种。如图 3.1-2 所示为渐开线齿形内啮合齿轮泵，小齿轮和内齿轮之间要装一块月牙隔板，以便把吸油腔和压油腔隔开。内啮合齿轮泵中的小齿轮是主动轮，大齿轮为从动轮，在工作时大齿轮随小齿轮同向旋转。

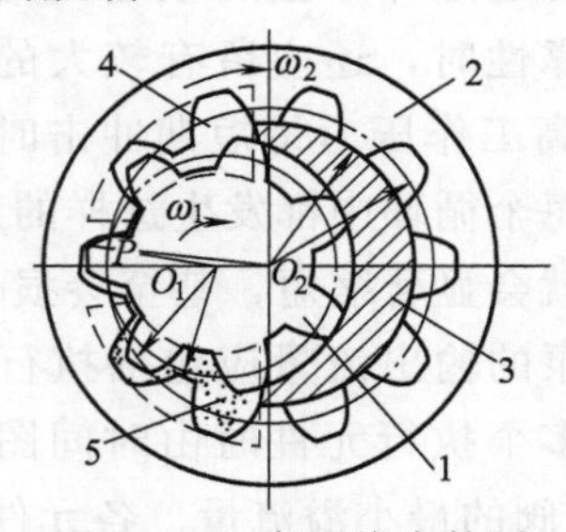

图 3.1-2 渐开线齿轮泵

1—小齿轮；2—泵体；3—月牙隔板；4—大齿轮

如图 3.1-3 所示为摆线齿形内啮合齿轮泵。借助于一对具有摆线—摆线共轭齿形的偏心啮合的共轭的内外转子（偏心距为 e，外转子的齿数比内转子齿数多一个）组成。在啮合过程中，形成几个封闭的独立空间，随着内外转子的啮合旋转，各封闭空间的容积将发生变化，容积逐渐增大的区域形成真空成为吸油腔，容积逐渐变小的区域形成压油腔。摆线泵在工作过程中，内转子的一个齿每转动一周出现一个工作循环，完成吸压油各一次，通过端面配油盘适当把不同齿不断变化工作循环的吸油道和压油道的变化空间连通起来，就形成了连续不断地吸油和压油。

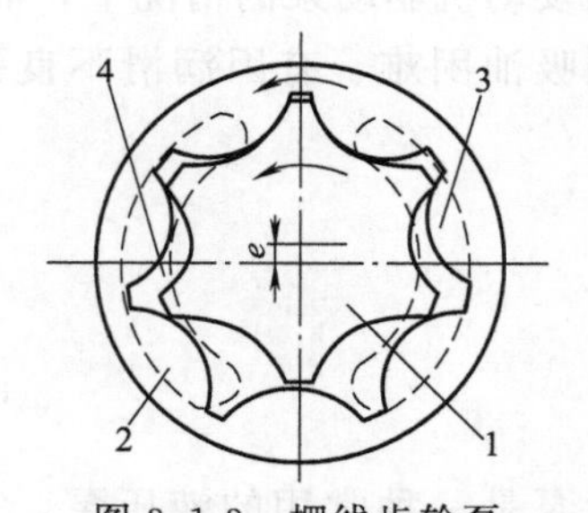

图 3.1-3 摆线齿轮泵

1—内转子；2,3—配油盘；4—外转子

内啮合齿轮泵结构紧凑，尺寸小，重量轻；由于齿轮同向旋转，相对滑动速度小，磨损小，使用寿命长；流量脉动小，因而压力脉动和噪声都较小；油液在离心力作用下易充满齿间槽，故允许高速旋转，容积效率高。摆线内啮合齿轮泵结构更简单，啮合重叠系数大，传动平稳，吸油条件更为良好。它们的缺点是齿形复杂，加工精度要求高，因此造价较贵。

(3) 齿轮泵的结构要点

① 泄漏　外啮合齿轮泵高压腔的压力油可通过齿轮啮合的齿侧间隙和两端盖间的轴向间隙、泵体内孔和齿顶圆间的径向间隙及齿轮啮合线处的间隙泄漏到低压腔中去。其中对泄漏影响最大的是轴向间隙，可占总泄漏量的75%～80%。它是影响齿轮泵压力提高的首要因素。

② 径向不平衡力　齿轮泵中，从压油腔经过泵体内孔和齿顶圆间的径向间隙向吸油腔泄漏的油液，其压力随径向位置而不同。可以认为从压油腔到吸油腔的压力是逐级下降的。其合力相当于给齿轮轴一个径向作用力，此力称为径向不平衡力。工作压力越高，径向不平衡力也越大，直接影响轴承的寿命。径向不平衡力很大时能使轴弯曲，齿顶和壳体内表面产生摩擦。为了减小径向不平衡力的影响，低压齿轮泵中常采取缩小压油口的办法，使压力油仅作用在一个齿到两个齿的范围内，以减少作用在轴承上的径向力。同时适当增大径向间隙，在压力油作用下，齿顶不会和壳体内表面产生摩擦。

③ 困油现象　为了使齿轮泵吸、压油腔不连通，必须使齿轮啮合系数大于1。这样，齿轮在啮合过程中，前一对轮齿尚未脱离啮合，后一对轮齿已进入啮合。由于两对轮齿同时啮合，就有一部分油液被围困在两对啮合轮齿所形成的独立的封闭腔内，这一封闭腔和泵的吸、压油腔相互间不连通。当齿轮旋转时，此封闭腔容积发生变化，使油液受压缩或膨胀，这种现象称为困油现象。如图3.1-4所示，由图(a)到图(b)的过程中，封闭腔的容积逐渐减小，由图(b)到图(c)的过程中，容积逐渐增大。当封闭腔容积减小时，被困油液受挤压，产生很高压力而从缝隙中挤出，油液发热，并使轴承等零件受到额外的负载；而封闭腔容积增大时，形成局部真空，使溶于油液中的气体析出，形成气泡、产生气穴，使泵产生强烈的噪声。为了消除困油现象造成的危害，通常在两侧端盖上开卸荷槽。

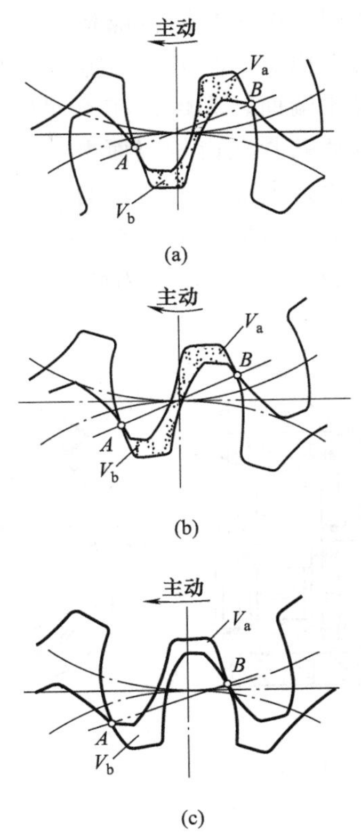

图3.1-4　齿轮泵的困油现象

(4) 提高齿轮泵工作压力的措施

要提高齿轮泵的工作压力，首要的问题是解决轴向泄漏。而造成轴向泄漏的原因是齿轮端面和端盖侧面的轴向间隙。解决这个问题的关键是要在齿轮泵长期工作时，如何控制齿轮端面和端盖侧面之间具有一个合适的间隙。在高、中压齿轮泵中，一般采用浮动轴套来实现轴向间隙自动补偿的办法。如图3.1-5所示为轴向间隙的补偿原理。利用特制的通道把泵内压油腔的压力油引到轴套外侧，作用在用密封圈分隔构成的一定形状和大小的面积上，产生液压作用力 F_1，使轴套压向齿轮端面。为保证在不同压力下，轴套始终自动贴紧在齿轮端面上，减小泵内轴向泄漏，达到提高压力的目的，这两个力必须保持一个适当的比例关系，一般要取压紧力为齿轮端面作用在轴套内侧的作用力 F_f 的 1～1.2 倍。

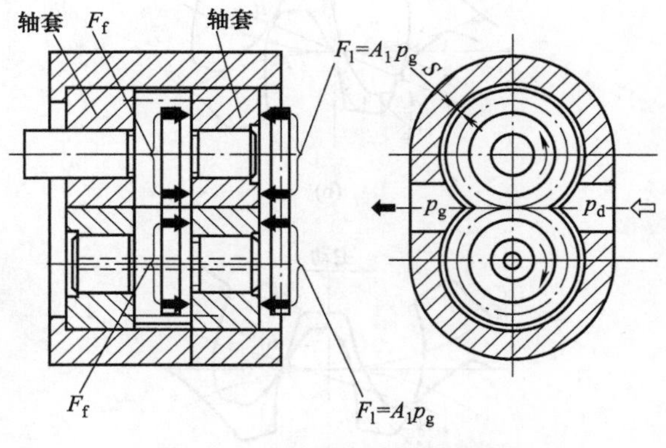

图 3.1-5　轴向间隙补偿原理

4.2　齿轮泵的加工工艺及拆装方法、注意事项

4.2.1　齿轮的加工

(1) 齿轮的材料和工艺要求

齿轮泵中齿轮的结构形式，最常见的是盘形齿轮和轴齿轮两种，其中轴齿轮也可以是平键结构。轴齿轮一般要求韧性好，需经调质处理（38～43HRC）。齿轮常用的材料有 45 钢（圆周速度 $v<1$m/s，高频淬火 50～58HRC）、20Cr（$v>1$m/s，渗碳淬火 56～62HRC）、18CrMnTi（渗碳淬火 58～63HRC）等。

齿轮加工的技术要求主要包括：齿形的加工精度、齿圈表面的尺寸精度和相互位置精度以及表面粗糙度和热处理等。对于高压齿轮泵，其齿轮可按 6 级或 7 级精度制造，而中、低压齿轮泵的齿轮按 8 级精度制造。齿坯的主要技术要求是：齿轮内孔精度等级为 IT7（若为轴齿轮，则其精度等级为 IT6），内孔与齿顶圆的同轴度误差＜0.02mm，齿顶圆圆度误差＜0.01mm，端面与内孔（或轴）中心线的垂直度误差＜0.01mm，两端面的平行度误差＜0.005mm，内孔（或轴颈）、齿顶圆、两端面的表面粗糙度值＜R_a0.8μm。

(2) 齿轮的加工工艺

① 带孔齿轮的加工　其工艺过程是车端面钻孔、拉削孔及键槽，粗车外圆及端面，精车外圆及端面。齿坯加工完毕，切齿、热处理、磨内孔及一端面，磨外圆及另一端面，需要磨齿形的最后进行磨齿。不磨齿的切齿，须经滚（插）齿和剃齿加工。

② 轴齿轮的加工　其锻件毛坯在正火后加工，主要工艺过程是粗车、半精车外圆及端面，钻、扩、拉孔，拉花键，打两端顶尖孔，精车，切齿，热处理，研磨顶尖孔，粗、精磨轴颈外圆及端面，精磨齿顶圆，如需磨削齿形表面的，则进行磨齿；如不进行磨齿，切齿时需经滚（插）齿和剃齿加工。

4.2.2　泵体和泵盖的加工

(1) 材料和技术要求

泵体和泵盖一般用孕育铸铁（HT25～47，HT30～45）制造，有的为了减轻重量而采用铝合金。

泵体（铸件毛坯）的主要技术要求是：两孔中心距的误差不大于 0.03～0.04mm；两孔中心线平行度误差不大于 0.01mm；孔中心线与端面垂直度误差不大于 0.01～0.015mm；两孔的圆度和圆柱度误差不大于 0.01mm；两端面的平行度误差不大于 0.01mm。

(2) 加工工艺

泵体在退火后，其主要工艺过程是铣两平面、粗磨两平面，钻孔，倒角，钻、铰定位销孔，精磨两平面，粗镗两齿轮孔，精镗两齿轮孔，精镗两定位销孔。

4.2.3 齿轮泵的拆装方法与注意事项

以CBN高压齿轮泵为例，说明齿轮泵的拆装方法及注意事项。

（1）拆卸

拆卸齿轮泵大致步骤如下。

① 松开泵盖上全部连接螺母，并卸下全部垫圈与螺栓。

② 拆下前盖和后盖。

③ 从壳体中取出轴套、主动齿轮、被动齿轮。

④ 从前、后盖的密封沟槽内，取出矩形密封圈。

⑤ 检查装在前盖上的骨架油封，如果骨架油封阻油边缘良好能继续使用，则不必取出；如骨架油封阻油边缘已磨损或被油液冲坏，则必须把骨架油封从前盖中取出。

⑥ 把拆下来的零件用煤油或柴油进行清洗。

（2）装配

齿轮泵装配步骤如下。

① 用煤油或轻柴油清洗全部零件。

② 在压床上用芯轴把骨架油封压入前盖油封座内，把骨架油封压入前盖时须涂以润滑油，骨架油封的唇口应朝向里面，勿装反。

③ 将矩形密封圈、聚四氟乙烯挡片装入前盖、后盖的密封槽中。

④ 将两个定位销装入壳体的两个定位销孔中。

⑤ 将主、被动齿轮与轴套的工作面涂以润滑油。

⑥ 将后盖装到壳体上，必须注意将低压腔位于进油口一边。

⑦ 将主动、被动两个齿轮装入两个轴套孔内，装成齿轮轴套副时，轴套的卸荷槽必须贴住齿轮端面；轴套的喇叭口必须位于同一侧。

⑧ 将轴套齿轮副装入壳体时，轴套有喇叭口的一侧必须位于壳体进油口一侧。

⑨ 前盖装配时，应该先用专用套筒插入骨架油封内，然后套入主动齿轮轴，以防骨架油封唇口翻边。

⑩ 装上四个方头螺栓、垫片，拧紧螺母。

⑪ 将总装后的齿轮泵夹在有铜钳口的虎钳上，用扭力扳手均匀扳紧四个紧固螺母。

⑫ 从虎钳上卸下齿轮泵，在齿轮泵吸油口处滴入机油少许，均匀旋转主动齿轮，应无卡滞和过紧现象。

（3）拆卸和装配齿轮泵的注意事项

① 为了保证齿轮泵具有较长的使用期限，在拆装时必须保证清洁。应防止灰尘落入齿轮泵中，不能在灰尘大的地方随意拆装。

② 为防止棉纱头阻塞吸油滤网，造成故障，拆装清洗过程中严禁用棉纱头擦洗零件，应当使用毛刷或绸布。

③ 不允许用汽油清洗橡胶密封件。

④ 齿轮泵为精密部件，其零件精度和光洁度较高，且铝制零件多，因此在拆装时须特别注意。切勿敲打、撞击，更不能从高处掉在地面上。

4.3 齿轮泵产品

4.3.1 齿轮泵产品技术参数总览（见表3.1-4）

表3.1-4 齿轮泵产品技术参数总览

类别	型号	排量/(mL/r)	压力/MPa		转速/(r/min)		容积效率/%
			额定	最高	额定	最高	
外啮合(单级齿轮泵)	CB	32,50,100	10	12.5	1450	1650	≥90
	CBB	6,10,14	14	17.5	2000	3000	≥90
	CB-B	2.5～125	2.5	—	1450	—	≥70～95
	CB-C	10～32	10	14	1800	2400	≥90
	CB-D	32～70					

续表

类别	型号	排量/(mL/r)	压力/MPa		转速/(r/min)		容积效率/%
			额定	最高	额定	最高	
外啮合(单级齿轮泵)	CB-E	70～210	10	12.5	1800	2400	≥90
	CB-F	10～40	14	17.5	1800	2400	≥90
	CB-F_A	10～40	16	20			
	CB-G	16～200	12.5	16	2000	2200	≥91
	CB-L	40～200	16	20	2000	2500	≥90
	CB-Q	20～63	20	25	2000	3000	≥91～92
	CB-S	10～140	16	20	2000	2500	≥91～93
	CB-X	10～40	20	25	2000	3000	≥90
	G5	5～25	16～25	—	—	2800～4000	≥90
	GPC4	20～63	20～25	—	—	2500～3000	≥90
	G20	23～87	14～23	—	—	2300～3600	≥87～90
	GPC4	20～63	20～25	—	—	2500～3000	≥90
	G30	58～161	14～23	—	—	2200～3000	≥90
	BBXQ	12,16	3,5	6	1500	2000	≥90
	GP_A	1.76～63.6	10	—	2000～3000		≥90
	CB-Y	10.18～100.7	20	25	2500	3000	≥90
	CB-HB	51.76～91.57	16	20	1800	2400	≥91～92
	CBF-E	10～100	16	20	2500	3000	≥90～95
	CBF-F	10～100	20	25	2000	2500	≥90～95
	CBQ-F5	20～63	20	25	2500	3000	≥92～96
	CBZ2	32～100.6	16～25	20～31.5	2000	2500	≥94
	GB300	6～14	14～16	17.5～20	2000	3000	≥90
	GBN-E	16～63	16	20	2000	2500	≥91～93
外啮合双联齿轮泵	CBG2	40.6～140.3	16	20	2000	3000	≥91
	CBG3	126.4～200.9	12.5～16	16～20	2000	2200	≥91
	CBL	40.6～200.9	16	20	2000	2500	≥90
	CBY	10.18～100.7	20	25	2000	3000	≥90
	CBQL	20～63	16～20	20～25	—	3000	≥90
	CBZ	32.1～80	25	31.5	2000	2500	≥94
	CBF-F	10～100	20	25	2000	2500	≥90～93
内啮合齿轮泵	NB	10～125	25	32	1500～2000	3000	≥83
	BB-B	4～125	2.5	—	1500	—	≥80～90

4.3.2 CB型齿轮泵

(1) 型号说明

CB-＊

① ②

①——齿轮泵；

②——排量，mL/r。

(2) 技术规格（见表3.1-5）

表3.1-5 CB型齿轮泵技术规格

产品型号	公称排量/(mL/r)	压力/MPa		转速/(r/min)		容积效率/%	驱动功率/kW	质量/kg
		额定	最高	额定	最高			
CB-32	31.8	10	12.5	1450	1650	≥90	8.7	6.4
CB-46(50)	48.1						13	7
CB-98(100)	98.1						27.1	18.3

（3）外形尺寸（见图 3.1-6 及表 3.1-6）

图 3.1-7 是 CB-98 型齿轮泵的外形尺寸图。

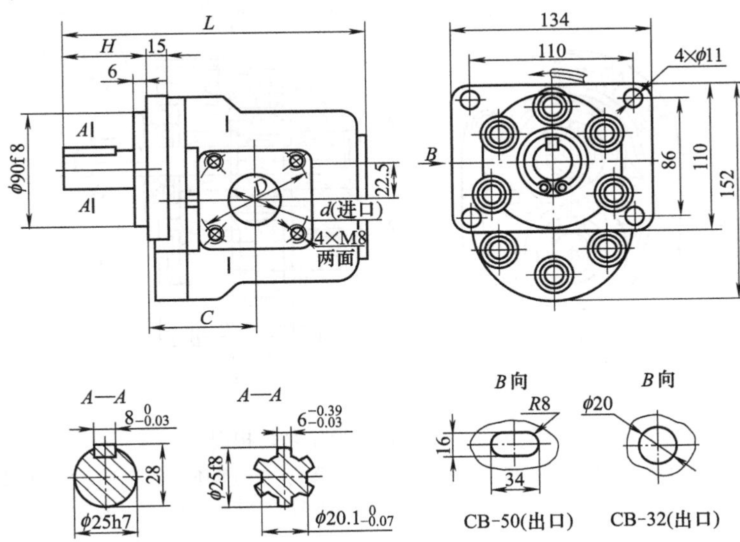

图 3.1-6　CB-32 型和 CB-46 型齿轮泵外形尺寸图

表 3.1-6　CB-32 型和 CB-46 型齿轮泵外形尺寸

型号	L	h	C	D	d
CB-32	186	48	68.5	$\phi 65$	$\phi 28$
CB-46	200	51	74	$\phi 76$	$\phi 34$

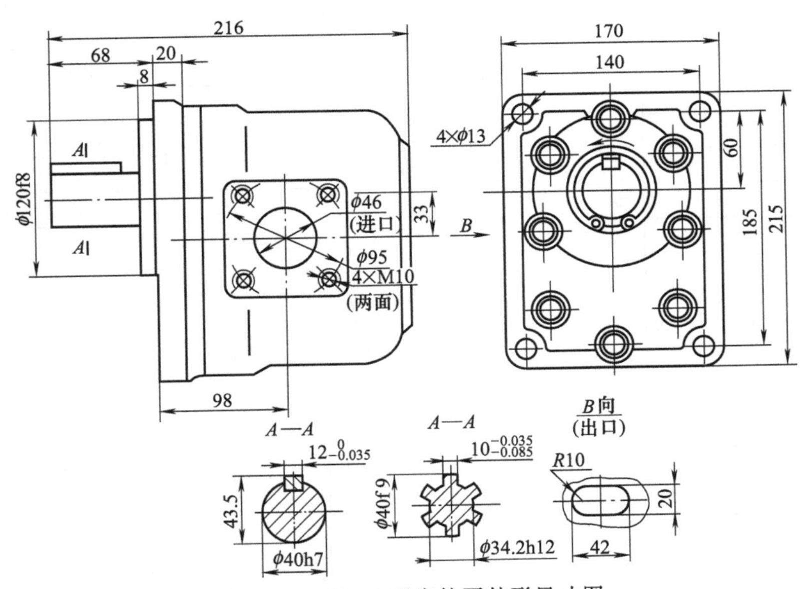

图 3.1-7　CB-98 型齿轮泵外形尺寸图

4.3.3　CB-B 型齿轮泵

（1）型号说明

CB-B　*

①②　③；

①——齿轮泵；

②——系列；

③——排量，mL/r。

图 3.1-8 是 CB-B 型齿轮泵的结构图。

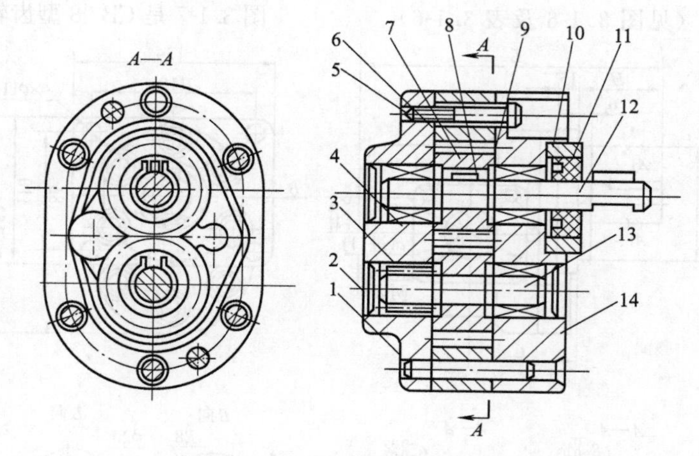

图 3.1-8 CB-B 型齿轮泵结构图

1—圆柱销；2—压盖；3—轴承；4—后盖；5—螺钉；6—泵体；7—齿轮；8—平键；9—卡环；10—法兰；11—油封；12—长轴；13—短轴；14—前盖

（2）技术规格（见表 3.1-7）

表 3.1-7 CB-B 型齿轮泵技术规格

产品型号	排量/(mL/r)	额定压力/MPa	转速/(r/min)	容积效率/%	驱动功率/kW	质量/kg
CB-B2.5	2.5	2.5	1450	≥70	0.13	2.5
CB-B4	4			≥80	0.21	2.8
CB-B6	6				0.31	3.2
CB-B10	10				0.51	3.5
CB-B16	16			≥90	0.82	5.2
CB-B20	20				1.02	5.4
CB-B25	25				1.3	5.5
CB-B32	32			≥94	1.65	6.0
CB-B40	40				2.1	10.5
CB-B50	50				2.6	11.0
CB-B63	63			≥95	3.3	11.8
CB-B80	80				4.1	17.6
CB-B100	100				5.1	18.7
CB-B125	125				6.5	19.5
CB-B200	200			≥90	10.1	—
CB-B250	250				13	
CB-B300	300				15	
CB-B350	350				17	
CB-B375	375				18	
CB-B400	400				20	
CB-B500	500				24	
CB-B600	600				29	
CB-B700	700				34	
CB-B800	800				37	
CB-B900	900				42	
CB-B1000	1000				49	

(3) 外形尺寸(见图 3.1-9 及表 3.1-8)

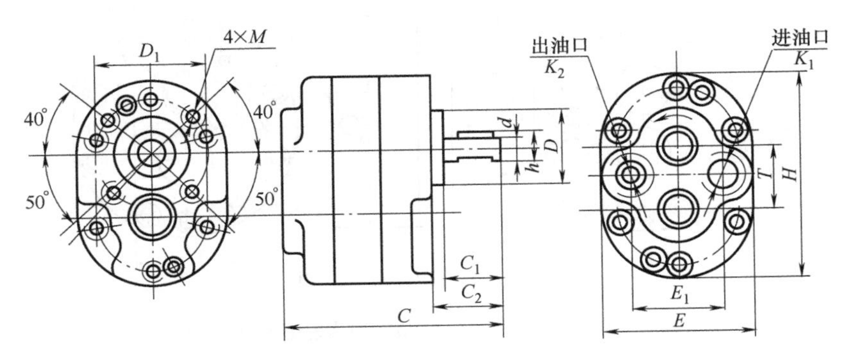

图 3.1-9 CB-B(2.5~125)型齿轮泵外形尺寸图

表 3.1-8 CB-B(2.5~125)型齿轮泵外形尺寸

型号	C	E	H	C_1	C_2	D	D_1	d(f7)	E_1	T	b	h	M	K_1	K_2
CB-B2.5	77	65	95	25	30	ϕ35	ϕ50	ϕ12	35	30	4	13.5	M6	Rc3/8	Rc3/8
CB-B4	84														
CB-B6	86														
CB-B10	94														
CB-B16	107	86	128	30	35	ϕ50	ϕ65	ϕ16	50	42	5	17.8	M8	Rc3/4	Rc3/4
CB-B20	111														
CB-B25	119														
CB-B32	121														
CB-B40	132	100	152	35	40	ϕ55	ϕ80	ϕ22	55	52	6	27.2	M8	Rc3/4	Rc3/4
CB-B50	138														
CB-B63	144														
CB-B80	158	120	185	43	50	ϕ70	ϕ95	ϕ30	65	65	8	32.8	M8	Rc11/4	Rc1
CB-B100	165														
CB-B125	174														

CB-B(200~500)型以及 CB-B(600~1000)型齿轮泵外形尺寸见图 3.1-10、图 3.1-11 及表 3.1-9。

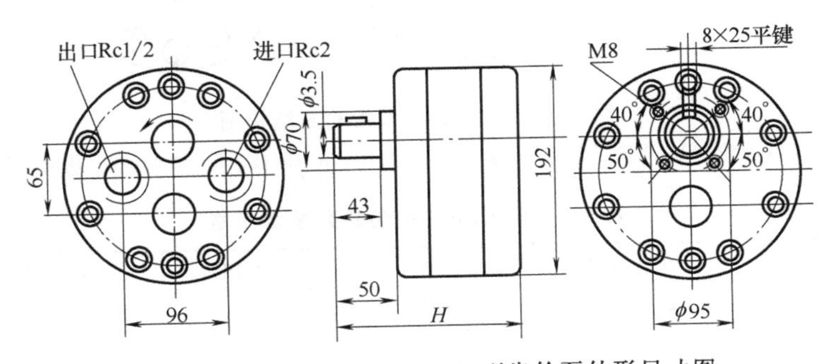

图 3.1-10 CB-B(200~500)型齿轮泵外形尺寸图

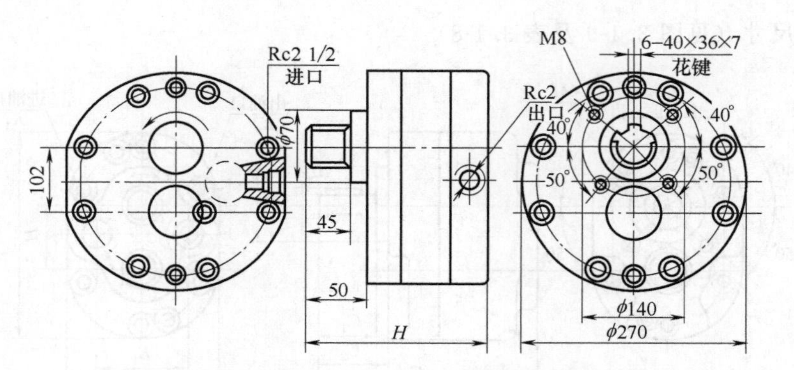

图 3.1-11　CB-B（600～1000）型齿轮泵外形尺寸图

表 3.1-9　CB-B（200～300）型、CB-B（600～1000）型齿轮泵外形尺寸

型号	CB-B200	CB-B250	CB-B300	CB-B350	CB-B375	CB-B400	CB-B500	CB-B600	CB-B700	CB-B800	CB-B900	CB-B1000
H	210	228	245	263	272	280	316	335	345	365	385	405

4.3.4　CBF-E 型齿轮泵

（1）型号说明

CB　F-E　*　*　*　*

①　②③　④　⑤　⑥　⑦；

①——齿轮泵；

②——系列；

③——公称压力：16MPa；

④——模数（仅合肥液压件厂的产品有此参数）；

⑤——排量，mL/r；

⑥——轴伸形式；

⑦——旋转方向：从轴头方向看，顺时针不标注，逆时针标注“X”。

图 3.1-12 是 CBF-E 型齿轮泵的结构图。

（2）技术规格（见表 3.1-10）

（3）外形尺寸（见图 3.1-13～图 3.1-15，表 3.1-11～表 3.1-13）

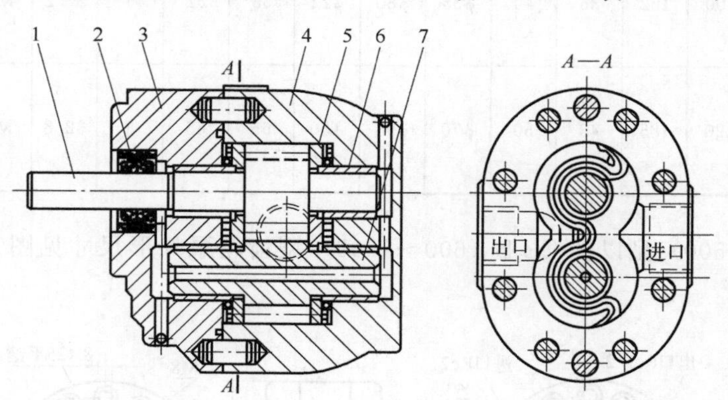

图 3.1-12　CBF-E 型齿轮泵结构图

1—主动齿轮；2—骨架油封；3—泵盖；4—泵体；5—侧板；6—轴承；7—从动齿轮

表 3.1-10　CBF-E 型齿轮泵技术规格

产品型号	公称排量/(mL/r)	压力/MPa		转速/(r/min)		容积效率/%	总效率/%	额定驱动功率/kW	质量/kg
		额定	最高	额定	最高				
CBF-E10	10	16	20	2500	3000	≥91	≥82	8.5	3.6
CBF-E16	16							13.0	3.8

续表

<table>
<tr><th rowspan="2">产品
型号</th><th rowspan="2">公称排量
/(mL/r)</th><th colspan="2">压力/MPa</th><th colspan="2">转速/(r/min)</th><th rowspan="2">容积效率
/%</th><th rowspan="2">总效率
/%</th><th rowspan="2">额定驱动
功率/kW</th><th rowspan="2">质量
/kg</th></tr>
<tr><th>额定</th><th>最高</th><th>额定</th><th>最高</th></tr>
<tr><td>CBF-E18</td><td>18</td><td rowspan="22">16</td><td rowspan="22">20</td><td rowspan="3">2500</td><td rowspan="4">3000</td><td>≥91</td><td>≥82</td><td>14.5</td><td>3.8</td></tr>
<tr><td>CBF-E25</td><td>25</td><td>≥92</td><td>≥84</td><td>19.5</td><td>4.0</td></tr>
<tr><td>CBF-E32</td><td>32</td><td rowspan="2">≥93</td><td rowspan="2">≥85</td><td>25.0</td><td>4.3</td></tr>
<tr><td>CBF-E40</td><td>40</td><td rowspan="19">2000</td><td>25.0</td><td>4.7</td></tr>
<tr><td>CBF-E50</td><td>50</td><td rowspan="18">2500</td><td rowspan="2">≥92</td><td rowspan="2">≥82</td><td>32.0</td><td>8.5</td></tr>
<tr><td>CBF-E63</td><td>63</td><td>40.0</td><td>8.8</td></tr>
<tr><td>CBF-E71</td><td>71</td><td rowspan="3">≥92</td><td rowspan="3">≥84</td><td>44.5</td><td>9.0</td></tr>
<tr><td>CBF-E80</td><td>80</td><td>50.0</td><td>9.3</td></tr>
<tr><td>CBF-E90</td><td>90</td><td>56.0</td><td>9.6</td></tr>
<tr><td>CBF-E100</td><td>100</td><td rowspan="13">≥93</td><td rowspan="13">≥85</td><td>61.0</td><td>9.8</td></tr>
<tr><td>CBF-E112</td><td>112</td><td>68.0</td><td>10.1</td></tr>
<tr><td>CBF-E125</td><td>125</td><td>76.0</td><td>10.5</td></tr>
<tr><td>CBF-E140</td><td>140</td><td>85.5</td><td>11.0</td></tr>
<tr><td>CBF-E650</td><td>50</td><td>32</td><td>—</td></tr>
<tr><td>CBF-E663</td><td>63</td><td>40</td><td>—</td></tr>
<tr><td>CBF-E671</td><td>71</td><td>44.5</td><td>—</td></tr>
<tr><td>CBF-E680</td><td>80</td><td>50</td><td>—</td></tr>
<tr><td>CBF-E690</td><td>90</td><td>56</td><td>—</td></tr>
<tr><td>CBF-E6100</td><td>100</td><td>61</td><td>—</td></tr>
<tr><td>CBF-E6112</td><td>112</td><td>68</td><td>—</td></tr>
<tr><td>CBF-E6125</td><td>125</td><td>76</td><td>—</td></tr>
<tr><td>CBF-E6140</td><td>140</td><td>85.5</td><td>—</td></tr>
</table>

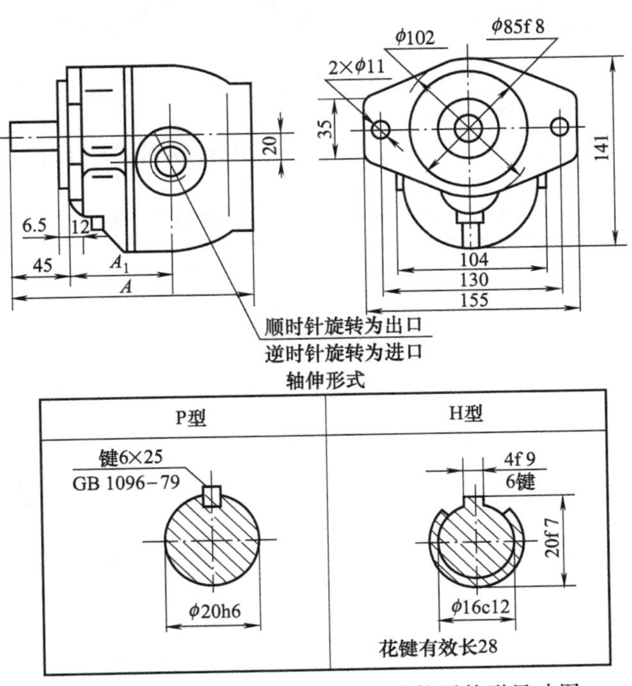

图 3.1-13 CBF-E（10～40）型齿轮泵外形尺寸图

表 3.1-11　CBF-E（10～40）型齿轮泵外形尺寸

型　号	A	A_1	吸出口径	
			吸口	出口
CBF-E10	160.5	68.5	M22×1.5-6H	M18×1.5-6H
CBF-E16	166.5	72	M27×2-6H	M22×1.5-6H
CBF-E18	168	71	M27×2-6H	M222×1.5-6H
CBF-E25	175	74	M33×2-6H	M27×2-6H
CBF-E32	181.5	80.5	M33×2-6H	M27×2-6H
CBF-E40	187.5	88.5	M33×2-6H	M27×2-6H

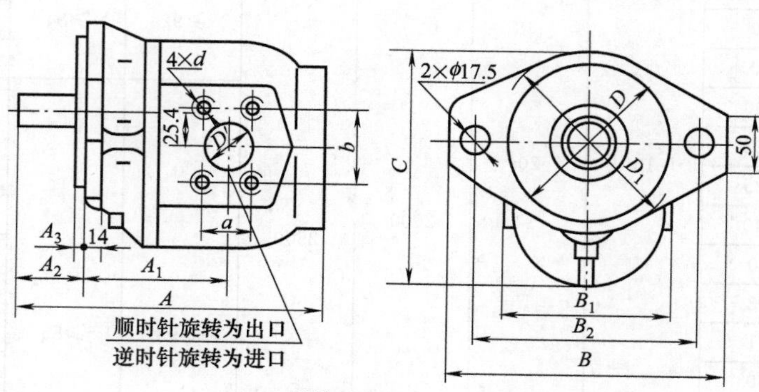

图 3.1-14　CBF-E（50～140）型齿轮泵外形尺寸图

表 3.1-12　CBF-E（50～140）型齿轮泵外形尺寸

<table>
<tr><th rowspan="2">型号</th><th rowspan="2">A</th><th rowspan="2">A_1</th><th rowspan="2">A_2</th><th rowspan="2">A_3</th><th rowspan="2">B</th><th rowspan="2">B_1</th><th rowspan="2">B_2</th><th rowspan="2">C</th><th rowspan="2">D (f8)</th><th rowspan="2">D_1</th><th colspan="4">吸口</th><th colspan="4">出口</th></tr>
<tr><th>a</th><th>b</th><th>D'</th><th>d</th><th>a</th><th>b</th><th>D'</th><th>d</th></tr>
<tr><td>CBF-E50</td><td>212</td><td>91</td><td rowspan="5">57</td><td rowspan="5">8</td><td rowspan="5">200</td><td rowspan="5">160</td><td rowspan="7">146</td><td rowspan="5">185</td><td rowspan="5">ϕ80</td><td rowspan="5">ϕ142</td><td rowspan="2">30</td><td rowspan="2">60</td><td rowspan="2">ϕ32</td><td rowspan="2">M10</td><td rowspan="2">26</td><td rowspan="2">52</td><td rowspan="2">ϕ25</td><td rowspan="2">M8</td></tr>
<tr><td>CBF-E63</td><td>217</td><td>96</td></tr>
<tr><td>CBF-E71</td><td>221</td><td>94</td><td rowspan="2">36</td><td rowspan="2">60</td><td rowspan="2">ϕ36</td><td rowspan="2">M10</td><td rowspan="2">36</td><td rowspan="2">60</td><td rowspan="2">ϕ28</td><td rowspan="2">M10</td></tr>
<tr><td>CBF-E80</td><td>225</td><td>98</td></tr>
<tr><td>CBF-E90</td><td>229</td><td>102</td><td rowspan="3">36</td><td rowspan="3">60</td><td rowspan="3">ϕ40</td><td rowspan="3">M10</td><td rowspan="3">36</td><td rowspan="3">60</td><td rowspan="3">ϕ32</td><td rowspan="3">M10</td></tr>
<tr><td>CBF-E100</td><td>234</td><td>107</td><td>57</td><td rowspan="4">6.5</td><td rowspan="4">215</td><td rowspan="4">180</td><td rowspan="4">189</td><td rowspan="4">ϕ127</td><td rowspan="4">ϕ150</td></tr>
<tr><td>CBF-E112</td><td>239</td><td>112</td><td>57</td></tr>
<tr><td>CBF-E125</td><td>243</td><td>110</td><td>55</td><td rowspan="2">133</td><td rowspan="2">43</td><td rowspan="2">78</td><td rowspan="2">ϕ50</td><td rowspan="2">M12</td><td rowspan="2">30</td><td rowspan="2">59</td><td rowspan="2">ϕ35</td><td rowspan="2">M10</td></tr>
<tr><td>CBF-E140</td><td>252</td><td>119</td><td>55</td></tr>
</table>

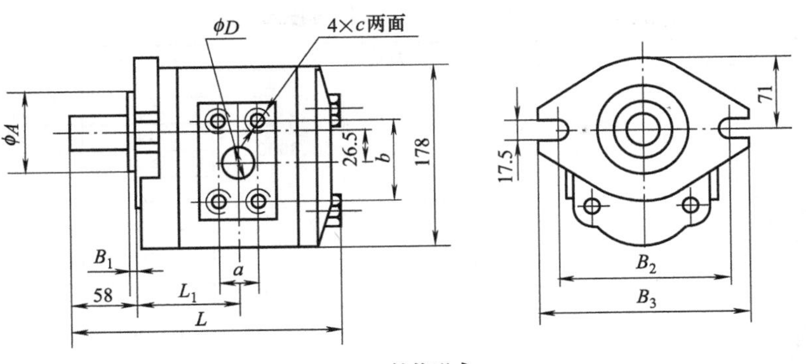

轴伸形式

平键P	矩形花键H	渐开线花键K
8 33 $\phi 30_{-0.013}^{0}$	$6_{-0.044}^{-0.011}$ $\phi 23$ 40 $\phi 28_{-0.041}^{-0.020}$	$\phi 25.2$ $\phi 30_{-0.13}^{-0.06}$ 40 模数 2 齿数 14 压力角 30°

图 3.1-15　CBF-E6 型齿轮泵外形尺寸图

表 3.1-13　CBF-E6 型齿轮泵外形尺寸

型号	L_1	L	A	B_1	B_2	B_3	进油口				出油口			
							D	a	b	c	D	a	b	c
CBF-E650-AF※※	80.5	218	$80_{-0.076}^{-0.030}$	8	160	200	32	30	60	M10	25	26	52	M8
CBF-E663-AF※※	83.8	224.5												
CBF-E671-AF※※	85.8	228.5					36	36	60	M10	28	36	60	M10
CBF-E680-AF※※	88	233												
CBF-E690-AF※※	90	238					40	36	60	M10	32	36	60	M10
CBF-E6100-AF※※	93	243	$127_{-0.106}^{-0.043}$	6.3	180	215								
CBF-E6112-AF※※	96	249					50	43	78	M12	35	30	59	M10
CBF-E6125-AF※※	99.2	255.5												
CBF-E6140-AF※※	103	263												

4.3.5　CBF-F 型齿轮泵

（1）型号说明

CB　F-F　*　(*　*)　*　*　*

①　②③　④　⑤　⑥　⑦　⑧

①——齿轮泵；

②——阜液系列；

③——压力等级：20MPa；

④——单泵排量；

⑤——双泵排量；

⑥——安装形式：A—菱形法兰；B—方形法兰；

⑦——轴伸形式：代号见外形图；

⑧——旋向：顺时针不注，逆时针注 X。

（2）技术规格（见表 3.1-14）

表 3.1-14　CBF-F 型齿轮泵技术规格

产品型号	公称排量/(mL/r)	压力/MPa		转速/(r/min)		容积效率/%	总效率/%	额定功率/kW
		额定	最高	额定	最高			
CBF-F10	10	20	25	2500	3000	≥89	≥80	10.8
CBF-F16	16					≥90	≥81	17.2
CBF-F25	25					≥91	≥82	26.8
CBF-F31.5	31.5					≥92	≥83	31.6
CBF-F40	40			2000	2500			32.1
CBF-F50	50					≥90	≥81	42.9
CBF-F63	63							54.0
(CBF-F71)	71					≥92	≥83	61.0
CBF-F80	80							68.8
CBF-F90	90					≥93	≥84	77.2
CBF-F100	100							85.8

(3) 外形尺寸（见图 3.1-16、图 3.1-17 及表 3.1-15、表 3.1-16）

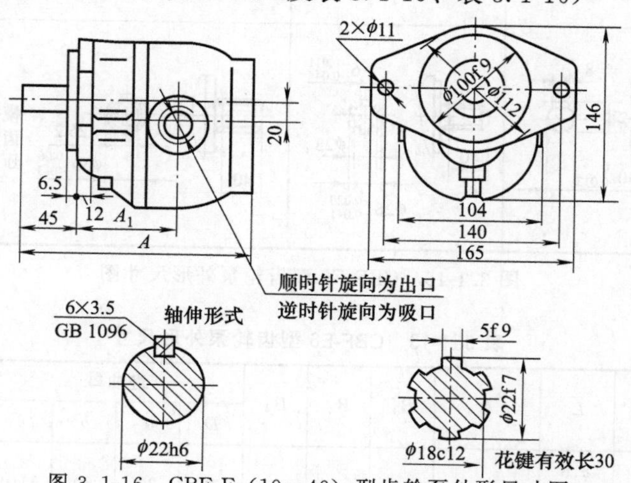

图 3.1-16　CBF-F (10～40) 型齿轮泵外形尺寸图

表 3.1-15　CBF-F (10～40) 型齿轮泵外形尺寸

型号	A	A_1	油口		型号	A	A_1	油口	
			吸口	出口				吸口	出口
CBF-F10	160.5	68.5	M22×1.5	M18×1.5	CBF-F32	181.5	80.5	M33×2	M27×2
CBF-F16	166	74	M27×2	M22×1.5	CBF-F40	189.5	88.5		
CBF-F25	175		M33×2	M27×2					

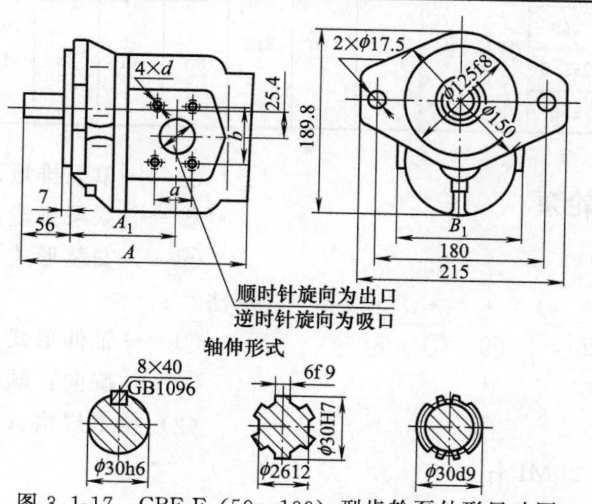

图 3.1-17　CBF-F (50～100) 型齿轮泵外形尺寸图

表 3.1-16　CBF-F（50～100）型齿轮泵外形尺寸及相应吸出口径的有关连接尺寸

型号	*A*	A_1	B_1	油口		型号	*A*	A_1	B_1	油口		口径	*a*	*b*	*d*
				吸口	出口					吸口	出口				
CBF-F50	211.5	91	146	φ32	φ25	CBF-F80	224	98	150	φ35	φ28	φ25	26.2	52.4	M10
												φ28	30.2	58.8	
CBF-F63	216.5	94				CBF-F90	228	102		φ40	φ32	φ32			
CBF-F71	220	96	150	φ35	φ28	CBF-F100	233	107				φ35	35.7	69.9	M12
												φ40			

4.3.6 CBG 型齿轮泵

（1）型号说明

CB　G　*　*-*　*

①　②　③　④⑤　⑥

①——齿轮泵；

②——系列代号；

③——组别；

④——排量（双泵排量：前泵/后泵），mL/r；

⑤——轴伸形式，H—矩形外花键，K—渐开线花键，P—平键；

⑥——旋转方向，从轴头方向看，顺时针不标注，逆时针标注“X”。

（2）技术规格（见表 3.1-17 和表 3.1-18）

表 3.1-17　CBG 型齿轮泵单泵技术规格

产品型号	公称排量/(mL/r)	压力/MPa		转速/(r/min)		容积效率/%	总效率/%	额定驱动功率/kW	质量/kg
		额定	最高	额定	最高				
CBG1016	16.4	16	20	2000	3000	91	82	10.5	—
CBG1025	25.4							16.2	—
CBG1032	32.2							20.5	—
CBG1040	40.1	12.5	16		2500			19.9	—
CBG1050	50.3	10	12.5					19.9	—
CBG2040	40.6	16	20				81	23.6	21
CBG2050	50.3							29.2	21.5
CBG2063	63.6							37	22.5
CBG2080	80.4					92	83	46.7	23.5
CBG2100	100.7	12.5	16					45.7	24.5
CBG3100	100.6	—	—					58.1	42
CBG3125	126.4	16	20		2400	92	83	72.6	43.5
CBG3140	140.3							81.3	44.5
CBG3160	161.1							90.0	45.5
CBG3180	180.1	12.5	16					81.7	47
CBG3200	200.9							90.8	48.5

表 3.1-18　CBG 型齿轮泵双联泵技术规格

产品型号	公称排量/(mL/r)	压力/MPa		转速/(r/min)		容积效率/%	总效率/%	额定驱动功率/kW
		额定	最高	额定	最高			
CBG2040/2040	40.6	16	20	2000	3000	≥92	≥83	47.2
CBG2050/2040	50.3/40.6							52.8
CBG2050/2050	50.3							58.4
CBG2063/2040	63.6/40.6				2500			60.6

续表

产品型号	公称排量/(mL/r)	压力/MPa		转速/(r/min)		容积效率/%	总效率/%	额定驱动功率/kW
		额定	最高	额定	最高			
CBG2063/2050	63.6/50.3	16	20	2000	2500	≥92	≥83	66.2
CBG2063/2063	63.6							74
CBG2080/2040	80.4/40.6							70.3
CBG2080/2050	80.4/50.3							75.9
CBG2080/2063	80.4/63.6							87.7
CBG2080/2080	80.4							93.4
CBG2100/2040	100.7/40.6	12.5	16					82.1
CBG2100/2050	100.7/50.3							87.7
CBG2100/2063	100.7/63.6							94.5
CBG2100/2080	100.7/80.4							105.2
CBG2100/2100	100.7							117
CBG3125/3125	126.4	160	200	2000	2200	≥92	≥83	146.8
CBG3140/3125	140.3/126.4							154.9
CBG3140/3140	140.3							163
CBG3160/3125	161.1/126.4							167
CBG3160/3140	161.1/140.3							175.1
CBG3160/3160	161.1							187.2
CBG3180/3125	180.1/126.4	125	160					155.1
CBG3180/3140	180.1/140.3							163.2
CBG3180/3160	180.1/161.1							175.3
CBG3180/3180	180.1							163.4
CBG3200/3125	200.9/126.4							164.6
CBG3200/3140	200.9/140.3							172.7
CBG3200/3160	200.9/161.1							184.8
CBG3200/3180	200.9/180.1							172.9
CBG3200/3200	200.9							182.4

(3) 外形尺寸（见图 3.1-18、图 3.1-19 及表 3.1-19、表 3.1-20）

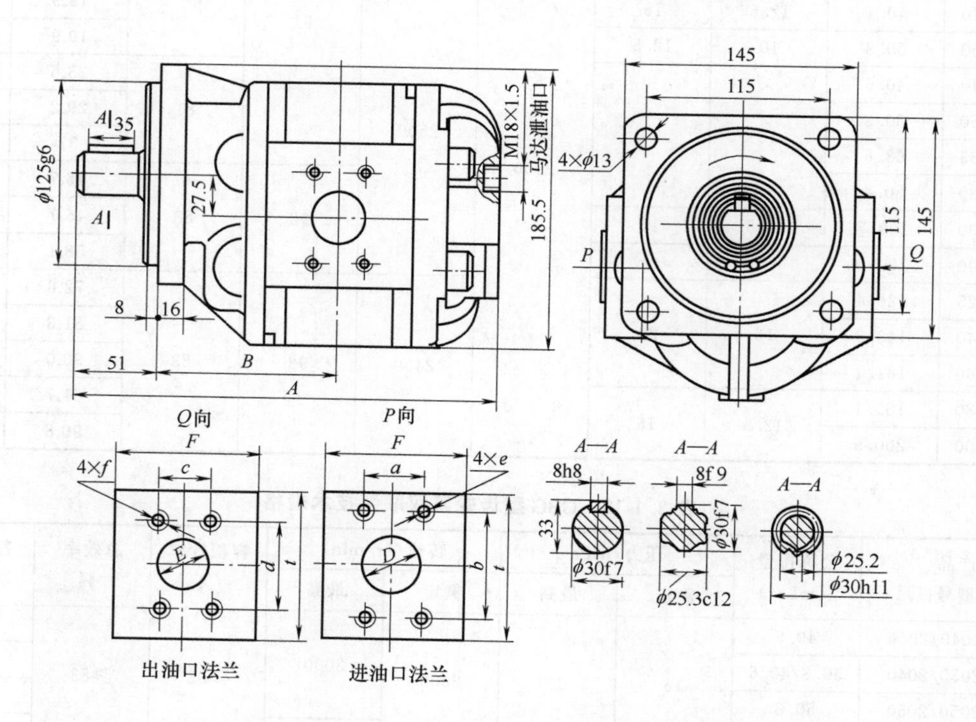

图 3.1-18 CBG（2040～2100）型齿轮泵外形尺寸图

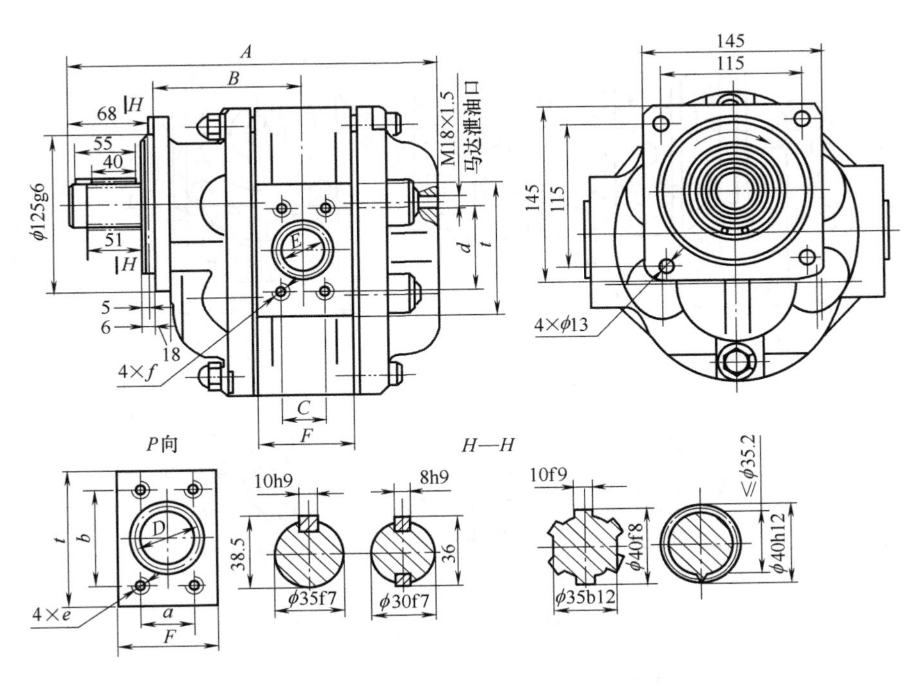

图 3.1-19 CBG（3125～3200）型齿轮泵外形尺寸图

表 3.1-19 CBG（2040～2100）、CBG（3125～3200）型齿轮泵外形尺寸（1）

<table>
<tr><th>型号</th><th>A</th><th>B</th><th>C</th><th>D</th><th>E</th><th>F</th><th>a</th><th>b</th><th>c</th><th>d</th><th>e</th><th>f</th><th>t</th></tr>
<tr><td>CBG2040</td><td>230</td><td>96.5</td><td>23</td><td>φ20</td><td rowspan="2">φ20</td><td>55</td><td>22</td><td>48</td><td>22</td><td>48</td><td>M8 深 12</td><td rowspan="2">M8 深 12</td><td rowspan="5">95</td></tr>
<tr><td>CBG2050</td><td>235.5</td><td>99</td><td>28.5</td><td>φ25</td><td>60.5</td><td>26</td><td>52</td><td>22</td><td>48</td><td rowspan="2">M8 深 12</td></tr>
<tr><td>CBG2063</td><td>243</td><td>103</td><td>36</td><td>φ32</td><td>φ25</td><td>68</td><td>30</td><td>60</td><td>26</td><td>52</td><td>M10 深 12</td></tr>
<tr><td>CBG2080</td><td>252.5</td><td>108</td><td>45.5</td><td>φ35</td><td rowspan="3">φ32</td><td>77.5</td><td>36</td><td>70</td><td>30</td><td>60</td><td>M12 深 15</td><td rowspan="2">M10 深 20</td></tr>
<tr><td>CBG2100</td><td>264</td><td>113.5</td><td>57</td><td rowspan="4">φ40</td><td>89</td><td>36</td><td>70</td><td>30</td><td>60</td><td>M12 深 20</td></tr>
<tr><td>CBG3125</td><td>277.5</td><td>114</td><td>36.5</td><td>60.5</td><td>36</td><td>70</td><td>30</td><td>60</td><td rowspan="5">M12 深 15</td><td rowspan="3">M10 深 15</td><td rowspan="3">95</td></tr>
<tr><td>CBG3140</td><td>281.5</td><td>116</td><td>40.5</td><td rowspan="2">φ35</td><td>64.5</td><td>36</td><td>70</td><td>30</td><td>60</td></tr>
<tr><td>CBG3160</td><td>287.5</td><td>119</td><td>46.5</td><td>70.5</td><td>36</td><td>70</td><td>30</td><td>60</td></tr>
<tr><td>CBG3180</td><td>293</td><td>122</td><td>55</td><td rowspan="2">φ50</td><td rowspan="2">φ40</td><td>76</td><td>43</td><td>78</td><td>36</td><td>70</td><td rowspan="2">M10 深 15</td><td rowspan="2">110</td></tr>
<tr><td>CBG3200</td><td>299</td><td>125</td><td>58</td><td>82</td><td>43</td><td>78</td><td>36</td><td>70</td></tr>
</table>

表 3.1-20 CBG（2040～2100）、CBG（3125～3200）型齿轮泵外形尺寸（2）

渐开线花键要素	CBG2	CBG3
模数	2	2
齿数	14	19
分度圆压力角/(°)	30	30
分度圆直径/mm	28	38
精度等级	2	2

CBG 型双联齿轮泵外形尺寸（见图 3.1-20 及表 3.1-21）

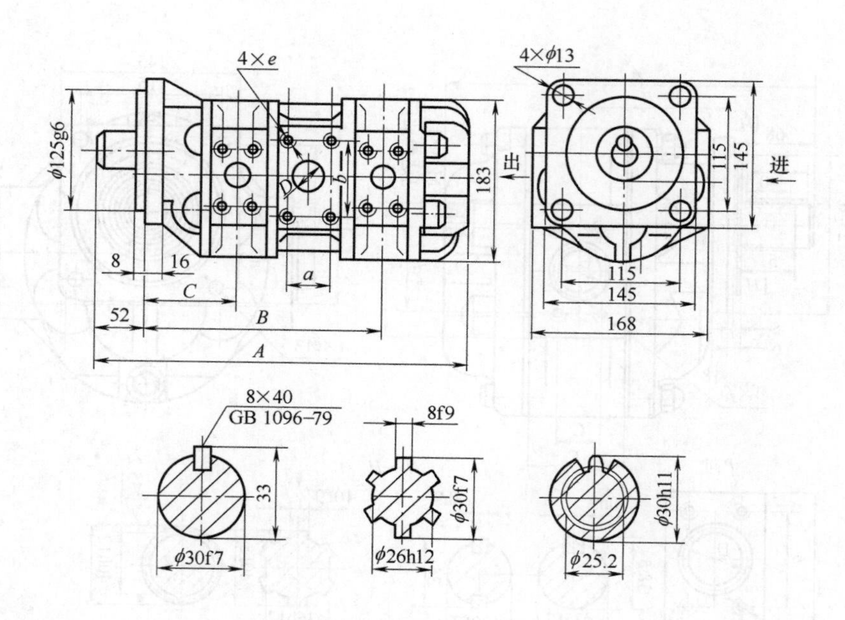

图 3.1-20　CBG 型双联齿轮泵外形尺寸图

表 3.1-21　CBG 型双联齿轮泵外形尺寸

型号	A	B	C	D	a	b	e
CBG2040/2040	369	243	104.5	$\phi 32$	30	60	M10 深 17
CBG2050/2040	374	248	107	$\phi 32$	30	60	M10 深 17
CBG2063/2040	382	256	111	$\phi 35$	36	70	M12 深 20
CBG2080/2040	392	266	115.5	$\phi 40$	36	70	M12 深 20
CBG2100/2040	403	277	121.5	$\phi 40$	36	70	M12 深 20
CBG2050/2050	379	251	107	$\phi 35$	36	70	M12 深 20
CBG2063/2050	387	259	110	$\phi 40$	36	70	M12 深 20
CBG2080/2050	396	268	115.5	$\phi 40$	36	70	M12 深 20
CBG2100/2050	409	280	121.5	$\phi 40$	36	70	M12 深 20
CBG2063/2063	395	263	110	$\phi 40$	36	70	M12 深 20
CBG2080/2063	405	272	115.5	$\phi 40$	36	70	M12 深 20
CBG2100/2063	416	284	121.5	$\phi 50$	45	80	M12 深 20
CBG2080/2080	413	276.5	115.5	$\phi 50$	45	80	M12 深 20
CBG2100/2080	426	288	121.5	$\phi 50$	45	80	M12 深 20
CBG2100/2100	437	294.5	121.5	$\phi 50$	45	80	M12 深 20

注：两个出口和单泵出口尺寸相同，只有一个进口。

CBG2/2 型、CBG3/3 型齿轮泵外形尺寸（见图 3.1-21、图 3.1-22 及表 3.1-22～表 3.1-25）

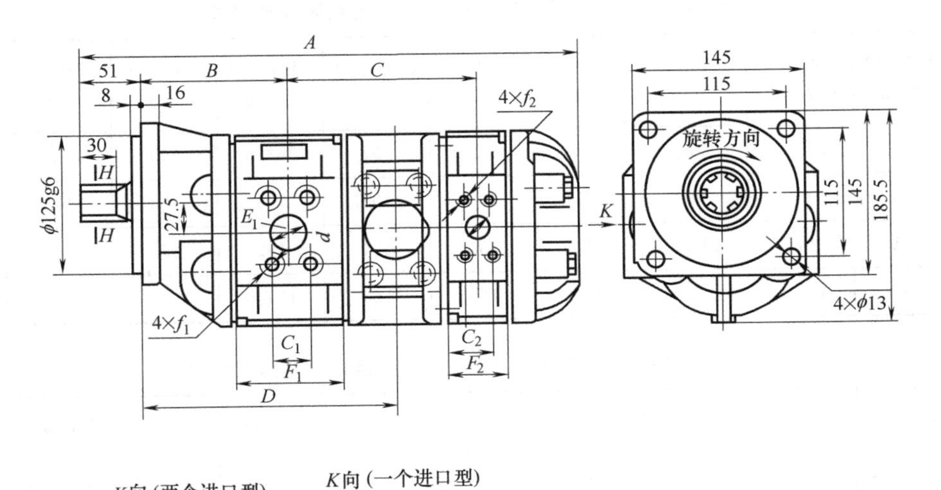

图 3.1-21 CBG2/2 型齿轮泵外形尺寸图

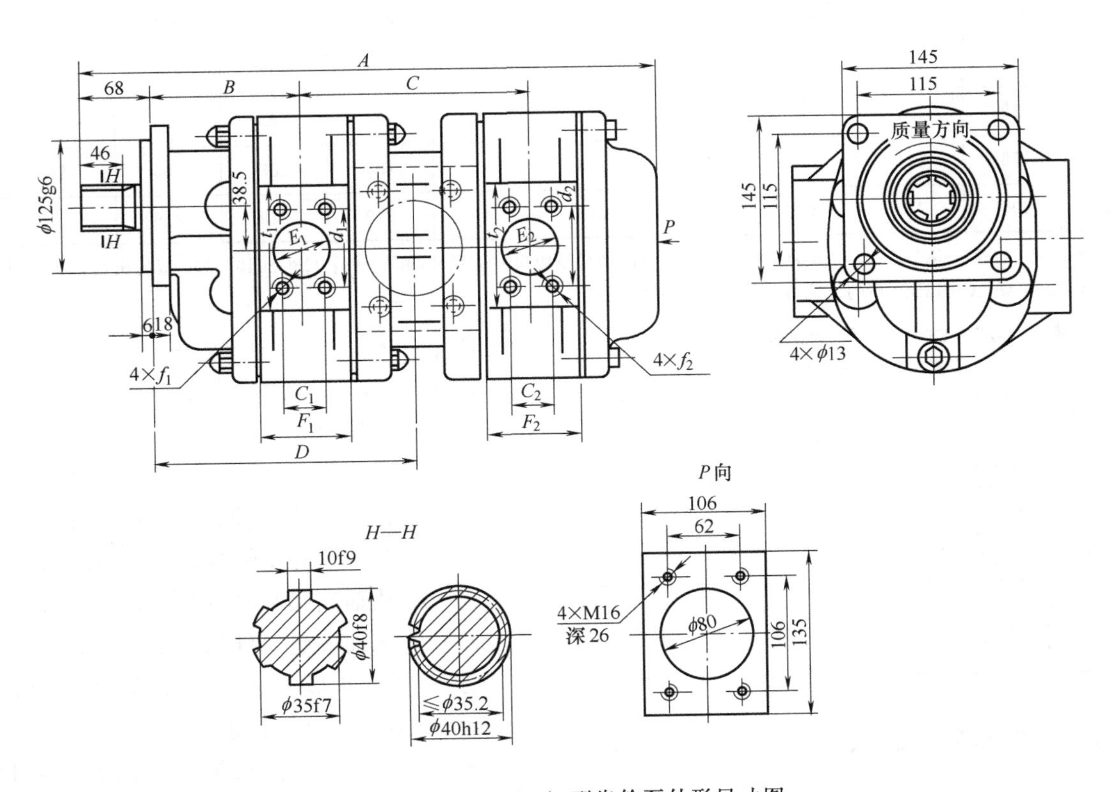

图 3.1-22 CBG3/3 型齿轮泵外形尺寸图

表 3.1-22　CBG2/2 型、CBG3/3 型齿轮泵外形尺寸（1）

型号	CBG2040/2040	CBG2050/2040	CBG2050/2050	CBG2063/2040	CBG2063/2050	CBG2063/2063	CBG2080/2040	CBG2080/2050	CBG2080/2063	CBG2080/2080
A	271	376.5	382	384	389.5	397	393.5	399	406.5	416
B	96.5	99	99	103	103	103	108	108	108	108
C	141	144	146.5	147.5	150	154	152	155	159	163.5
D	167	172.5	172.5	180	180	180	189.5	189.5	189.5	189.5

表 3.1-23　CBG2/2 型、CBG3/3 型齿轮泵外形尺寸（2）

型号	CBG2100/2040	CBG2100/2050	CBG2100/2063	CBG2100/2080	CBG2100/2100	CBG3125/3125	CBG3140/3125	CBG3140/3140	CBG3160/3125	CBG3160/3140
A	405	410.5	418	427.5	439	445	449	453	455	459
B	113.5	113.5	113.5	113.5	113.5	114	116	116	119	119
C	158	161	164.5	169	175	168	170	172	173	175
D	201	201	201	201	201	198	202	202	208	208

表 3.1-24　CBG2/2 型、CBG3/3 型齿轮泵外形尺寸（3）

型号	CBG3160/3160	CBG3180/3125	CBG3180/3140	CBG3180/3160	CBG3180/3180	CBG3200/3125	CBG3200/3140	CBG3200/3160	CBG3200/3180	CBG3200/3200
A	465	461	465	471	476	467	471	477	482	488
B	119	122	122	122	122	125	125	125	125	125
C	178	175	177	180	183	178	180	183	186	189
D	208	213	213	213	213	219	219	219	219	219

注：表 3.1-22～表 3.1-24 中未给出的其他尺寸与同型号单级泵对应尺寸相同。例：CBG2040/2050 型的出油口 E_1、E_2 与 CBG2050 型、CBG2040 型的出油口（*E*）对应相同。

表 3.1-25　CBG2/2 型、CBG3/3 型齿轮泵外形尺寸（4）

渐开线花键要素	CBG2/2	CBG3/3
模数	2	2
齿数	14	19
分度圆压力角/(°)	30	30
分度圆直径/mm	28	38
精度等级	2	

4.3.7　P 系列齿轮泵

（1）型号说明

P　*-*　*　/**/…-　*　*

①　②　③　④　⑤　⑥　⑦　⑧

①——齿轮泵；

②——系列代号：7600、5100、257；

③——压力/MPa：F：21；G：32；

④——从轴端起 1 号泵排量，mL/r；

⑤——从轴端起 2 号泵排量，mL/r；

⑥——从轴端起 3 号泵排量，mL/r；

⑦——轴伸形式：H—矩形外花键，K—渐开线花键，P—平键；

⑧——旋转方向：从轴头方向看，顺时针不标注，逆时针标注“X”。

（2）技术规格（见表 3.1-26）

表 3.1-26　P 系列齿轮泵技术规格

产品型号	公称排量/(mL/r)	齿宽/in	压力/MPa		转速/(r/min)		额定驱动功率/kW	质量/kg
			额定	最高	额定	最高		
P257-G18	18	1/2	32	35	2000	2500	17.7	19.5
P257-G32	32	3/4					26.6	20.1
P257-G40	40	1					35.4	20.9
P257-G50	50	1 1/4					44.3	21.7
P257-G63	63	1 1/2	28	32			53.1	21.3
P257-G80	80	1 3/4					62.0	22.9
P257-G90	90	2	25	28			70.0	23.5
P257-G100	100	2 1/4					75.0	24.1
P257-G112	112	2 1/2					82.5	24.7
P5100-F18	18	1/2	21	25	2000	2500	20.8	17.6
P5100-F32	32	3/4					27.7	18.2
P5100-F40	40	1					35.8	18.9
P5100-F50	50	1 1/4					43.9	19.6
P5100-F63	63	1 1/2					50.8	20.2
P5100-F80	80	1 3/4					58.9	20.9
P5100-F90	90	2					67.4	21.6
P5100-F100	100	2 1/4					76.0	22.4
P5100-F112	112	2 1/2					85.6	23.3
P7600-F50	50	3/4	21	25	2000	2500	42.2	30.6
P7600-F63	63	1					55.6	31.6
P7600-F80	80	1 1/4					69.0	32.6
P7600-F100	100	1 1/2					82.4	33.4
P7600-F112	112	1 3/4					96.3	34.8
P7600-F134	134	2					110.2	36.1
P7600-F140	140	2 1/8					116.0	36.8
P7600-F150	150	2 1/4					112.6	37.4
P7600-F160	160	2 1/2					135.4	38.7
P7600-F180	180	2 3/4					151.9	39.6
P7600-F200	200	3					168.0	40.5

（3）外形尺寸（见图 3.1-23～图 3.1-26）

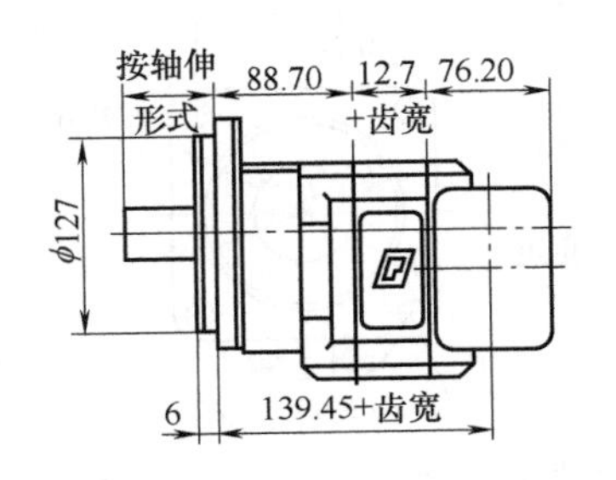

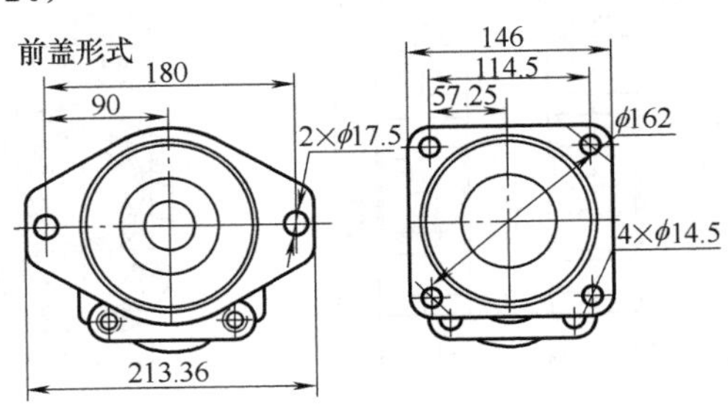

图 3.1-23

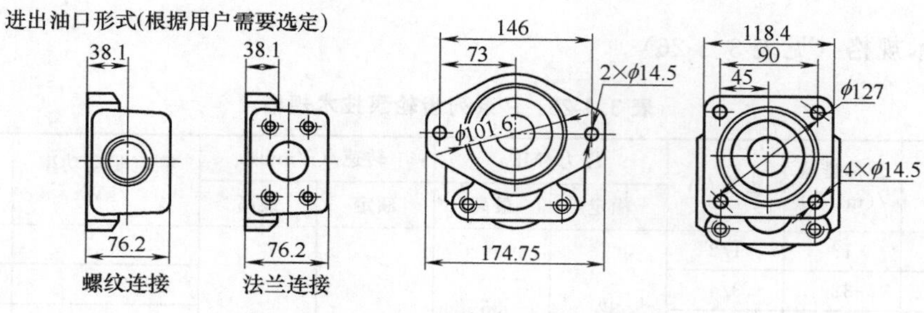

图 3.1-23　P257 型齿轮泵外形尺寸图

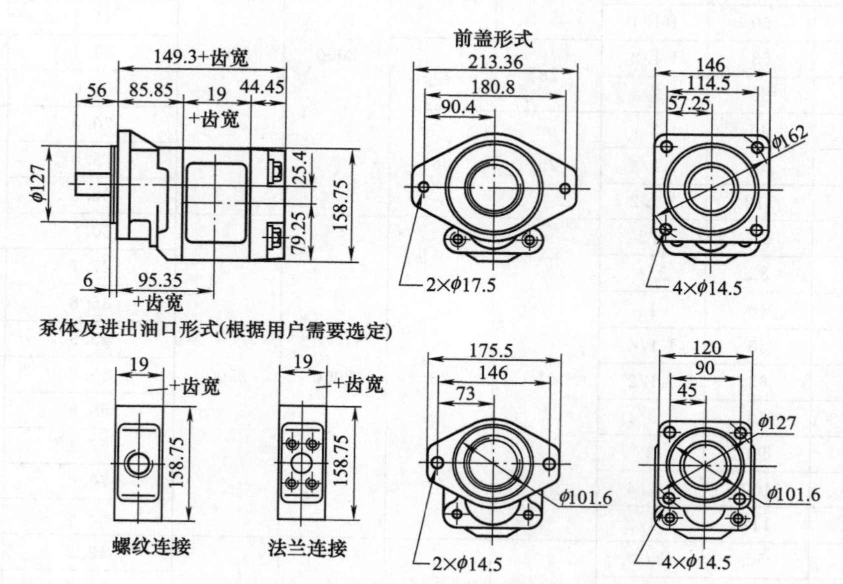

图 3.1-24　P5100 型齿轮泵外形尺寸图

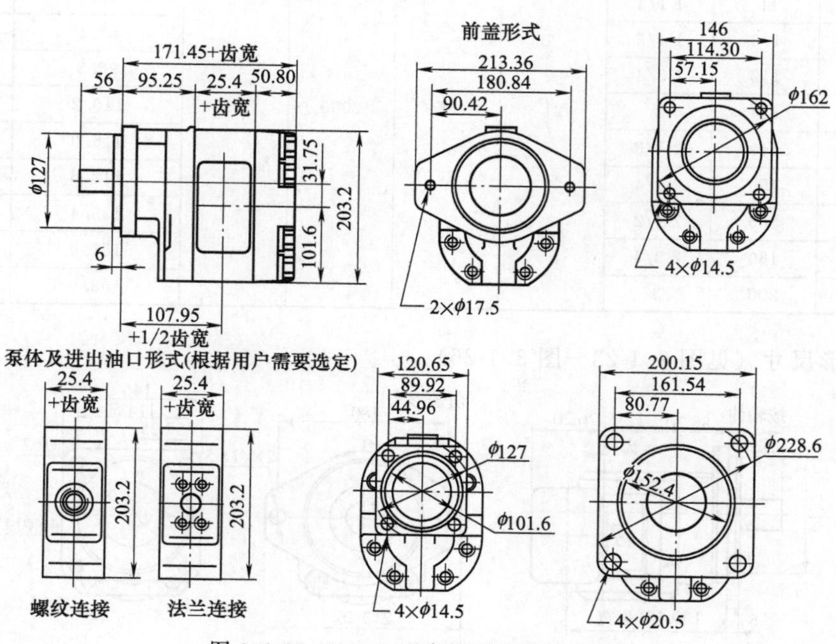

图 3.1-25　P7600 型齿轮泵外形尺寸图

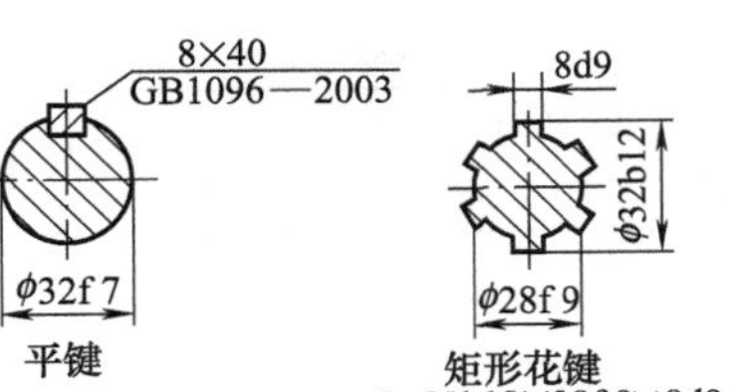

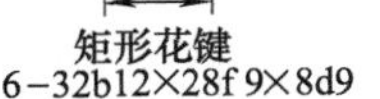

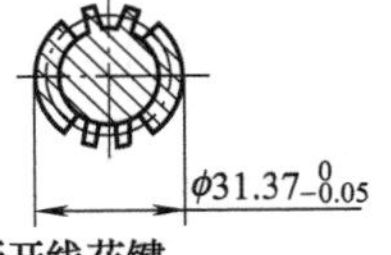

图 3.1-26　P7600 型齿轮泵轴伸尺寸图

4.3.8　NB 型内啮合齿轮泵

(1) 型号说明

NB　*　*-*　*　F-*

①　②　③④　⑤　⑥⑦

①——直齿共轭内啮合齿轮泵；

②——组别：2、3、4、5；

③——设计代号；

④——压 力/MPa：G—25，D—12.5，C—6.3；

⑤——公称排量，mL/r；

⑥——F：法兰连接（GB 2353.1—80）；

⑦——旋转方向：从轴头方向看，顺时针不标注，逆时针标注“X”。

(2) 技术规格（见表 3.1-27）

(3) 外形尺寸（见图 3.1-27～图 3.1-29 及表 3.1-28～表 3.1-30）

表 3.1-27　NB 型内啮合齿轮泵技术规格

产品型号	公称排量/(mL/r)	压力/MPa		额定转速/(r/min)	驱动功率/kW
		额　定	最　高		
NB2-C32F	32	6.3	8.0	1500	6
NB2-C25F	25				5
NB2-C20F	20				4
NB3-C63F	63				12
NB3-C50F	50				9
NB3-C40F	40				8
NB4-C125F	125				23
NB4-C100F	100				18
NB4-C80F	80				14
NB5-C250F	250				43
NB5-C200F	200				35
NB5-C160F	160				28
NB2-D16F	16	12.5	16	1500	5
NB2-D12F	12				4
NB2-D10F	10				3.5
NB3-D32F	32				11
NB3-D25F	25				8.5
NB3-D20F	20				7
NB4-D63F	63				21
NB4-D50F	50				17
NB4-D40F	40				13
NB5-D125F	125				41
NB5-D100F	100				32
NB5-D80F	80				26
NB2-G16F	16	25	32	1500	11
NB2-G12F	12				9
NB2-G10F	10				7

续表

产品型号	公称排量/(mL/r)	压力/MPa		额定转速/(r/min)	驱动功率/kW
		额　　定	最　　高		
NB3-G32F	32	25	32	1500	22
NB3-G25F	25				17
NB3-G20F	20				14
NB4-G63F	63				42
NB4-G50F	50				34
NB4-G40F	40				27
NB5-G125F	125				82
NB5-G100F	100				66
NB5-G80F	80				53

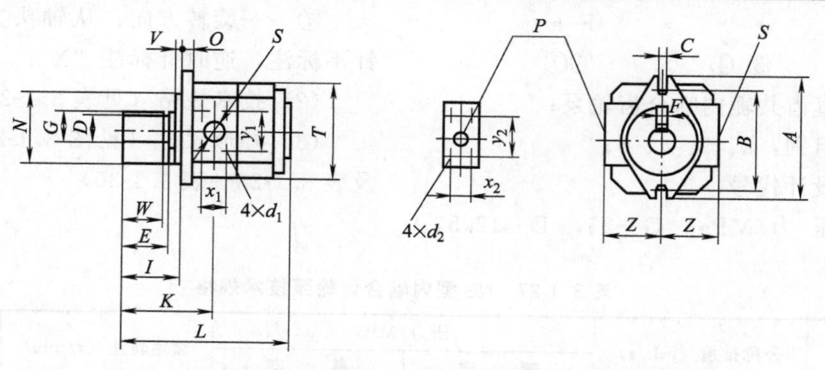

图 3.1-27　NB＊-C 型内啮合齿轮泵（低压泵）外形尺寸图

表 3.1-28　NB＊-C 型内啮合齿轮泵（低压泵）外形尺寸

尺寸/mm	型　　号											
	NB2-C32	NB2-C25	NB2-C20	NB3-C63	NB3-C50	NB3-C40	NB4-C125	NB4-C100	NB4-C80	NB5-C250	NB5-C200	NB5-C160
S		φ30			φ38			φ50			φ64	
P		φ20			φ25			φ30			φ38	
A		140			177			224			280	
B		109			140			180			224	
C		11			14			18			22	
I		50			68			92			92	
K		88			112			144			153	
L		197			241			298			340	
N		φ80h8			φ100h8			φ125h8			φ160h8	
O		12			16			20			24	
T		115			145			180			224	
V		7			9			9			9	
Z		60			75			93			115	
D		φ25j6			φ32j6			φ40j6			φ50j6	
E		42			58			82			82	
F		8			10			12			14	
G		28			35			43			53.5	
W		38			54			70			80	
x_1		30			36			43			51	
y_1		59			70			78			80	
d_1		M10×25			M12×30			M12×30			M12×30	
x_2		22			26			30			36	
y_2		48			52			59			70	
d_2		M10×25			M10×25			M10×25			M12×30	
质量/kg		11.5			21.5			41			75	

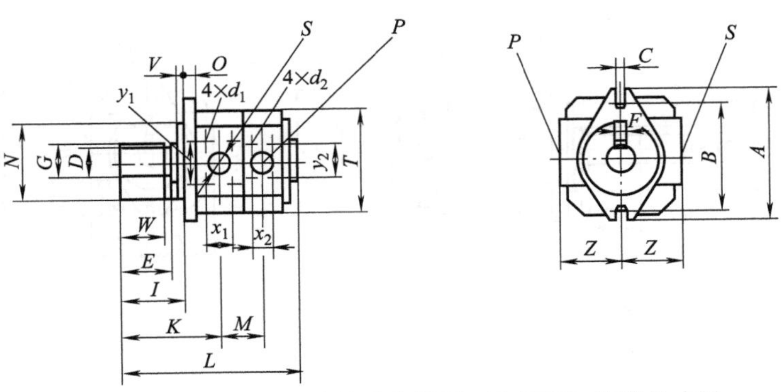

图 3.1-28 NB＊-D 型内啮合齿轮泵（中压泵）外形尺寸图

表 3.1-29 NB＊-D 型内啮合齿轮泵（中压泵）外形尺寸

尺寸/mm	型号											
	NB2-D16	NB2-D12.5	NB2-D10	NB3-D32	NB3-D25	NB3-D20	NB4-D63	NB4-D50	NB4-D40	NB5-D125	NB5-D100	NB5-D80
S	ϕ30			ϕ38			ϕ50			ϕ64		
P	ϕ20			ϕ25			ϕ30			ϕ38		
A	140			177			224			280		
B	109			140			180			224		
C	11			14			18			22		
I	50			68			92			92		
K	88			112			144			153		
L	197			241			298			340		
M	63			76			92			110		
N	ϕ80h8			ϕ100h8			ϕ125h8			ϕ160h8		
O	12			16			20			24		
T	115			145			180			224		
V	7			9			9			9		
Z	60			75			93			115		
D	ϕ25j6			ϕ32j6			ϕ40j6			ϕ50j6		
E	42			58			82			82		
F	8			10			12			14		
G	28			35			43			53.5		
W	38			54			70			80		
x_1	30			36			43			51		
y_1	59			70			78			80		
d_1	M10×25			M12×30			M12×30			M12×30		
x_2	22			26			30			36		
y_2	48			52			59			70		
d_2	M10×25			M10×25			M10×25			M12×30		
质量/kg	11.5			21.5			41			75		

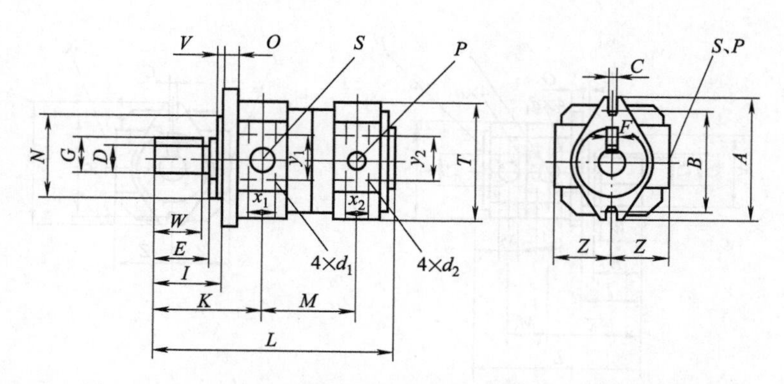

图 3.1-29　NB＊-G 型内啮合齿轮泵（高压泵）外形尺寸图

表 3.1-30　NB＊-G 型内啮合齿轮泵（高压泵）外形尺寸

尺寸/mm	型号											
	NB2-G16	NB2-G12	NB2-G10	NB3-G32	NB3-G25	NB3-G20	NB4-G63	NB4-G50	NB4-G40	NB5-G125	NB5-G100	NB5-G80
S	ϕ30			ϕ38			ϕ50			ϕ64		
P	ϕ20			ϕ25			ϕ30			ϕ38		
A	140			177			224			280		
B	109			140			180			224		
C	11			14			18			22		
I	50			68			92			92		
K	88			112			144			153		
L	242			297			368			430		
M	108			132			162			200		
N	ϕ80h8			ϕ100h8			ϕ125h8			ϕ160h8		
O	12			16			20			24		
T	115			145			180			224		
V	7			9			9			9		
Z	60			75			93			115		
D	ϕ25j6			ϕ32j6			ϕ40j6			ϕ50j6		
E	42			58			82			82		
F	8			10			12			14		
G	28			35			43			53.5		
W	38			54			70			80		
x_1	30			36			43			51		
y_1	59			70			78			80		
d_1	M10×25			M12×30			M12×30			M12×30		
x_2	22			26			30			36		
y_2	48			52			59			70		
d_2	M10×25			M10×25			M10×25			M12×30		
质量/kg	15			28			53			103		

5 叶 片 泵

5.1 叶片泵的工作原理及主要结构特点

叶片液压泵有单作用式（变量泵）和双作用式（定量泵）两大类，在机床、工程机械、船舶、压铸及冶金设备中得到广泛应用。它具有输出流量均匀、运转平稳、噪声小的优点。中低压叶片泵工作压力一般为6.3MPa，高压叶片泵的工作压力可达25～32MPa。叶片泵对油液的清洁度要求较高。

5.1.1 单作用叶片泵的工作原理及主要结构特点

（1）工作原理

如图3.1-30所示，定子的内表面是圆柱面，转子和定子中心之间存在着偏心，叶片在转子的槽内可灵活滑动，在转子转动时的离心力以及叶片根部油压力的作用下，叶片顶部贴紧在定子内表面上，于是两相邻叶片、配油盘、定子和转子便形成了一个密封的工作腔。当转子转动时，叶片由离心力或液压力作用使其顶部和定子内表面产生可靠接触。当转子按逆时针方向转动时，右半周的叶片向外伸出，密封工作腔容积逐渐增大，形成局部真空，于是通过吸油口和配油盘上的吸油窗口将油吸入。在左半周的叶片向转子里缩进，密封工作腔容积逐渐缩小，工作腔内的油液经配油盘压油窗口和泵的压油口输到系统中去。泵的转子每旋转一周，叶片在槽中往复滑动一次，密封工作腔容积增大和缩小各一次，完成一次吸油和压油，故称单作用泵。

（2）结构要点

单作用叶片泵和齿轮泵一样都具有液压泵共同的结构要点。单作用叶片泵的变量原理实质上是一种限压式变量叶片泵，其输出流量随工作压力变化而变化。当泵排油腔压力的压轴分力与压力调节弹簧的预紧力平衡时，泵的输出压力不会再升高，所以这种泵被称为限压式变量叶片泵。变量叶片泵有内反馈式和外反馈式两种。

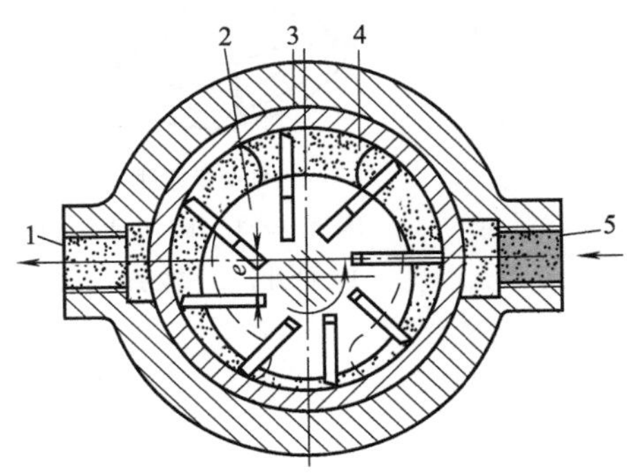

图3.1-30 单作用叶片泵工作原理图
1—压油口；2—转子；3—定子；
4—叶片；5—吸油口

① 限压式内反馈变量叶片泵 内反馈式变量泵操纵力来自泵本身的排油压力，内反馈式变量叶片泵配油盘的吸、排油窗口的布置如图3.1-31（a）所示。由于存在偏角，排油压力对定子环的作用力可以分解为垂直于轴线的分力 F_1 及与之平行的调节分力 F_2，调节分力 F_2 与调节弹簧的压缩恢复力、定子运动的摩擦力及定子运动的惯性力相平衡。定子相对于转子的偏心距、泵的排量大小可由力的相对平衡来决定。流量特性曲线如图3.1-31（b）所示，当泵的工作压力所形成的调节分力 F_2 小于弹簧预紧力时，泵的定子环对转子的偏心距保持在最大值，不随工作压力的变化而变化，由于泄漏，泵的实际输出流量随其压力增加而稍有下降，如图中 AB 段所示。当泵的工作压力 p 超过 p_B 后，

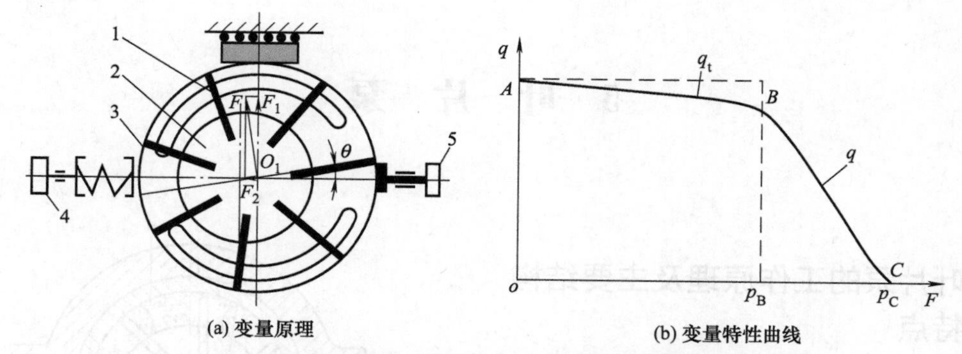

图 3.1-31　限压式内反馈变量叶片泵变量原理及变量特性曲线图

1—叶片；2—转子；3—定子；4—压力调节螺钉；5—最大流量限定螺钉

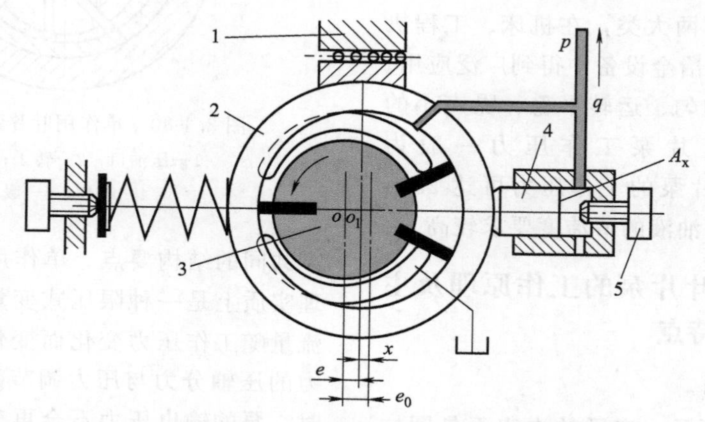

图 3.1-32　限压式外反馈变量叶片泵变量原理

1—滑块滚针轴承；2—定子；3—转子；4—柱塞；5—流量调节螺钉

调节分力 F_2 大于弹簧预紧力，使定子环向减小偏心距的方向移动，泵的排量开始下降（变量）。改变弹簧预紧力可以改变曲线的 B 点；调节最大流量调节螺钉，可以调节曲线的 A 点。

② 限压式外反馈变量叶片泵　如图3.1-32所示的外反馈变量叶片泵与内反馈式的变量原理相似，只不过调节力由内反馈式时作用于定子的内表面，改为经反馈柱塞作用于定子的外表面。流量特性曲线和内反馈式完全相同。

5.1.2　双作用叶片泵的工作原理及结构特点

这种叶片泵的转子每转一转，完成两次吸油和压油，所以称双作用叶片泵。

(1) 工作原理

双作用叶片泵的原理和单作用叶片泵相似，不同之处只在于定子内表面是由两段长半径圆弧、两段短半径圆弧和四段过渡曲线组成，且定子和转子是同心的。如图 3.1-33 所示，当转子顺时针方向旋转时，密封工作腔的容积在左上角和右下角处逐渐增大，为吸油区，在左下角和右上角处逐渐减小，为压油区；吸油区和压油区之间有一段封油区将吸、压油区隔开。当转子按照图示方向旋转时，叶片在离心力和根部液压油的作用下紧贴在定子内表面上，并与转子两侧的配油盘和定子在相邻两叶片间形成密封腔。当两相邻叶片从小半径向大半径处滑移时，这个密封腔容积逐渐增大，形成局部真空而完成吸油过程；当两相邻叶片从大半径向小半径处滑移时，这个密封腔容积又逐渐减小，压迫油液向出口排出完成压油过程。在转子旋转的一周内，每一个叶片在转子滑槽内往复运动两次，从而完成吸油和压油过程两次，因此称为双作用式叶片泵。

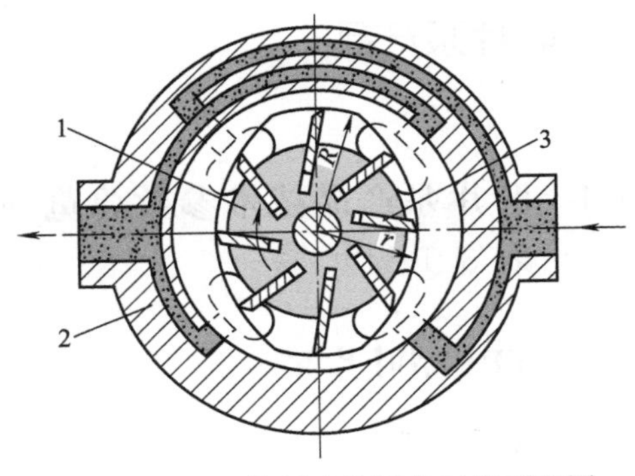

图 3.1-33 双作用叶片泵的工作原理图
1—转子；2—定子；3—叶片

(2) 结构要点

① 定子过渡曲面 定子内表面的曲面由四段圆弧面和四段过渡曲面组成，应使叶片转到过渡曲面和圆弧面交接线处的加速度突变不大，以减小冲击和噪声，同时，还应使泵的瞬时流量的脉动最小。等加速—等减速曲线、高次曲线和余弦曲线等是目前得到较广泛应用的几种曲线。

② 叶片泵的高压化趋势 双作用叶片的最高工作压力已达到 20～30MPa，因为双作用叶片泵转子上的径向力基本上是平衡的，不像齿轮泵和单作用叶片泵那样，工作压力的提高会受到轴承上所承受的不平衡液压力的限制。

5.2 叶片泵的加工制造工艺及拆装方法、注意事项

5.2.1 叶片

(1) 叶片的材料和工艺要求

材料：W18Cr4V。

热处理：淬火 58～62HRC。

加工精度：两端面平行度 0.003mm；两侧面平行度 0.0025mm；侧面和顶面垂直度 0.003mm；各配合表面粗糙度 0.2μm。

(2) 加工工艺

其工艺过程为锻造，刨削，切断（铣）、热处理和磨削，有时还需进一步研磨平面。

5.2.2 转子

(1) 转子的材料和工艺要求

材料：40Cr，20Cr，CrNi3。

热处理：淬火 58～62HRC。

加工精度：端面平行度 0.003mm；转子槽平行度 0.005mm；端面粗糙度 0.4μm；转子槽粗糙度 0.2μm。

(2) 加工工艺

转子加工的一般工艺过程是锻造，正火，车（外圆、端面、孔），钻转子槽底孔，铣转子槽，拉花键槽，热处理，磨两端平面和磨转子槽。

5.2.3 定子

(1) 定子的材料和工艺要求

材料：GCr15，Cr12MoV，38CrMoAl。

热处理：淬火 60HRC；38CrMoAl 氮化 60～70HRC。

加工精度：端面平行度 0.002mm；内曲线与端面垂直度 0.008mm；内曲线表面粗糙度 0.4μm。

(2) 加工工艺

定子的一般工艺过程是车、钻、铰定位销孔，铣（或车）内曲线表面，热处理，磨两端平面，磨外圆、磨内曲线表面，最后研磨两端平面。

5.2.4 配油盘

(1) 配油盘的材料和工艺要求

材料：锡青铜，QT50-5 或 HT300。

热处理：表面氮化。

加工精度：平面度0.003mm；配合表面粗糙度0.2μm。

(2) 加工工艺

配油盘的主要工艺过程如下：粗车外圆和端面，钻孔、切断；精车两端面、内孔、止口并倒角；钻各孔，铣周边槽，铣腰形槽；粗磨两端面；热处理、冷处理及时效处理；精磨两端面，磨内孔，磨外圆，精研两端面。

5.2.5 叶片泵的拆装方法与注意事项

① 装配前所有零件应清洗干净，不得有切屑、磨粒或其他污物；

② 叶片在叶片槽内应运动灵活；

③ 一组叶片的高度差应控制在0.008mm以内；

④ 叶片高度略低于转子的高度，其值为0.005mm；

⑤ 转子和叶片在定子中应保持原装配方向，不得装反；

⑥ 轴向间隙控制在0.04～0.07mm范围内；

⑦ 紧固螺钉时用力必须均匀；

⑧ 装配完工后，用手旋转主动轴，应保持平稳，无阻滞现象。

5.3 叶片泵产品

5.3.1 叶片泵产品技术参数总览（见表3.1-31）

5.3.2 YB1型叶片泵

(1) 型号说明

YB 1-* * *

① ②③ ④ ⑤

①——叶片泵；

②——改型号（系列）；

③——设计代号；

④——公称排量（双联泵：前泵/后泵），mL/r；

⑤——安装形式：省略—法兰，J—脚架。

(2) 技术规格（见表3.1-32）

表3.1-31 叶片泵产品技术参数总览

类别	型号	排量/(mL/r)	压力/MPa	转速/(r/min)
定量叶片泵	YB1	2.5～100;2.5/2.5～100/100	6.3	960～1450
	YB	6.4～194	7	1000～1500
	YB	10～114	10.5	1500
	YB-D	6.3～100	10	600～2000
	YB-E	6～80;10/32～50/100	16	600～1500
	YB1-E	10～100	16	600～1800
	YB2-E	10～200	16	600～2000
	PV2R	6～23;76/26～116/237	14～16	750～1800
	T6	10～214	24.5～28	600～1800
	YZB	6～194	14	600～1200
	YYB	6/6～194/113	7	600～2000
变量叶片泵	YBN	20;40	7	600～1800
	YBX	16;25;40	6.3	600～1500
	YBP	10～63	6.3～10	600～1500
	YBP-E	20～125	16	1000～1500
	V4	20～50	16	1450

表 3.1-32 YB1 型叶片泵技术规格

型号	排量/(mL/r)	压力/MPa	转速/(r/min)	容积效率/%	总效率/%	驱动功率/kW	质量/kg
YB1-2.5	2.5	6.3	1450	70	42	0.6	5
YB1-4	4			75	52	0.8	
YB1-6	6.3			80	60	1.5	
YB1-10	10			84	65	—	
YB1-16	16		960	86	71	2.2	9
YB1-20	20			87	74	—	
YB1-25	25			88	75	4	
YB1-32	31.5			90	73	5	16
YB1-40	40				75	6	
YB1-50	50				78	7.5	
YB1-63	63			91	74	10	22
YB1-80	80				80	12	
YB1-100	100				80	13	
YB-125J	125				82	16	—
YB-160J	160					21	
YB-200J	200					26	

(3) 外形尺寸（见图 3.1-34、图 3.1-35 及表 3.1-33、表 3.1-34）

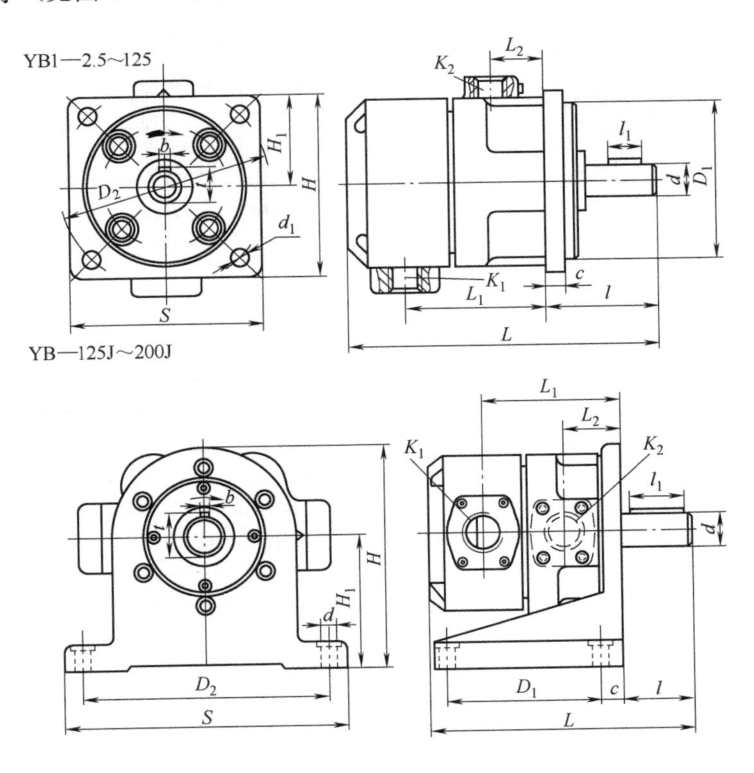

图 3.1-34 YB1 型叶片泵外形尺寸图

表 3.1-33　YB1 型叶片泵外形尺寸

型号	尺寸/mm																
	L	L_1	L_2	l	l_1	S	H	H_1	D_1	D_2	d	d_1	c	t	b	K_1	K_2
YB1-2.5 YB1-4 YB1-6 YB1-10	151	80.3	36	42	19	90	105	51.5	75h6	100	15d	9	6	17	5	Rc3/8	Rc 1/4
YB1-12 YB1-16 YB1-20 YB1-25	184	97.8	38	49	19	110	142	71	90h6	128	20d	11	4	22	5	Rc1	Rc 3/4
YB1-32 YB1-40 YB1-50	210	110	45	55	25	130	170	85	90h6	150	25d	13	5	28	8	Rc1	Rc1
YB1-63 YB1-80 YB1-100	225	118	49.5	55	30	150	200	100	90h6	175	30d	13	5	33	8	Rc 1 1/4	Rc1
YB-125J YB-160J YB-200J	353	182	79.5	95	80	380	305	180	200	330	50d	22	25	52.8	12	Rc2	Rc 1 1/4

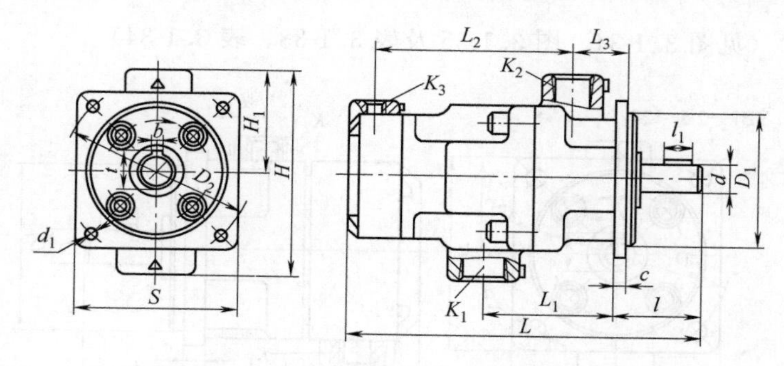

图 3.1-35　YB1 型双联叶片泵外形尺寸图

表 3.1-34　YB1 型双联叶片泵外形尺寸

型号	L	L_1	L_2	L_3	l	l_1	S	H	H_1	D_1	D_2	d	d_1	c	t	b	K_1	K_2	K_3
YB-2.5-10/2.5-10	219.6	98.8	128.6	36	42	19	90	108	51.5	75h6	100	15h6	9	6	17	5	Rc 3/4	Rc 1/4	Rc1/4
YB-12-25/2.5-10	247.6	98.3	147.6	38	49	19	110	142	71	90h6	128	20h6	11	4	22	5	Rc1	Rc 3/4	Rc1/4
YB-12-25/12-25	273	122.3	166.6	38	48.5	19	110	142	71	90h6	128	20h6	11	4	22	5	Rc1	Rc 3/4	Rc3/4
YB-32-50/2.5-10	276	113.5	166.3	44	55	30	130	175	85	90h6	150	25h6	13	5	28	8	Rc 1 1/4	Rc1	Rc1/4
YB-32-50/12-25	305	119.5	183.3	44	55	30	130	175	85	90h6	150	25h6	13	5	28	8	Rc 1 1/4	Rc1	Rc3/4
YB-32-50/32-50	316	139.5	191	44	55	30	130	175	85	90h6	150	25h6	13	5	28	8	Rc 1 1/4	Rc1	Rc1

续表

型号	L	L_1	L_2	L_3	l	l_1	S	H	H_1	D_1	D_2	d	d_1	c	t	b	K_1	K_2	K_3
YB-63-100/2.5-10	296.1	132.8	178.6	49.5	55	30	150	212	100	90h6	175	30h6	13	5	33	8	Rc 1 1/2	Rc1	Rc 1/4
YB-63-100/12-25	320.3	132.3	198.6	49	55	30	150	212	100	90h6	175	30h6	13	5	33	8	Rc 1 1/2	Rc1	Rc 3/4
YB-63-100/32/50	337	128.3	207.3	49	55	30	150	215	100	90h6	175	30h6	13	5	33	8	Rc2	Rc1	Rc1
YB-63-100/63-100	348	158.3	218.6	49	55	30	150	215	100	90h6	175	30h6	13	5	33	8	Rc2	Rc1	Rc1
YB-125-200/12-25	458.6	182.3	79.5	341.6	95	80	380	305	180	200	330	50h6	22	25	52.8	12	Rc2	Rc 1 1/2	Rc 1 3/4
YB-125-200/32-50	479.8	182.3	79.5	358.8	95	80	380	305	180	200	330	50h6	22	25	52.8	12	Rc2	Rc 1 1/2	Rc 1 3/4

5.3.3 YB-* 型车辆用叶片泵

（1）型号说明

YB　*-*　*-*　*

①　②③　④⑤　⑥

①——叶片泵；

②——系列号：A、B、C；

③——公称排量，mL/r；

④——压力/MPa：B—2.5～8，C—8～16；

⑤——安装形式：F—法兰，J—脚架；

⑥——连接形式：L—螺纹连接，F—法兰连接。

（2）技术规格（见表 3.1-35）

5.3.4 PV2R 型低噪声叶片泵

（1）型号说明

单泵：PV2R　*-*-*-*-*-*

①　②③④⑤⑥⑦

①——叶片泵；

②——系列序号（1、2、3、4）；

③——公称排量，mL/r；

④——安装形式：F—法兰；

⑤——旋转方向（从轴端看）：P—顺时针（标准），L—逆时针；

表 3.1-35　YB-* 型车辆用叶片泵技术规格

产品型号	公称排量/(mL/r)	压力/MPa		转速/(r/min)		容积效率/%	驱动功率/kW	质量/kg
		额定	最高	额定	最高			
YB-A10C-*F	10	10.5	—	600～2000	—	—	3.57	—
YB-A16C-*F	16						5.03	
YB-A20C-*F	20						6.35	
YB-A25C-*F	25						7.03	
YB-A30C-*F	30						8.60	
YB-A32C-*F	32						9.19	
YB-B48C-*F	48						15.14	
YB-B58C-*F	58						18.27	
YB-B75C-*F	75						23.49	
YB-B92C-*F	92						28.08	
YB-B114C-*F	114						32.70	

⑥——排出口方向（从轴端看）：A—(标准)；

⑦——吸入口方向（从轴端看）：A—上(标准)，B—下，R—右，L—左。

双联泵：PV2R　*-*-*-*-*-*-*-*-*
　　　　　①　　②③④⑤⑥⑦⑧⑨

①——叶片泵；

②——系列序号；

③——前泵公称排量，mL/r；

④——后泵公称排量，mL/r；

⑤——安装形式：F—法兰；

⑥——旋转方向（从轴端看）：P—顺时针（标准），L—逆时针；

⑦——后泵排出口方向（从轴端看）：A—(标准)，B—下，R—右，L—左，E—左45°上，F—右45°上，G—右45°下，H—左45°下；

⑧——前泵排出口方向（从轴端看）：A—(标准)；

⑨——吸入口方向（从轴端看）：A—上(标准)，B—下，R—右，L—左。

(2) 技术规格（见表3.1-36）

(3) 外形尺寸（见图3.1-36～图3.1-42及表3.1-37、表3.1-38）

表3.1-36　PV2R型低噪声叶片泵单泵技术规格

产品型号	理论排量/(mL/r)	最高使用压力/MPa							允许转速/(r/min)		质量/kg
		石油系工作油			高水基液压液			合成工作液			
		高压用特定工作油	抗磨性工作油	普通液压油	耐磨性水-乙二醇液压液	非耐磨性水-乙二醇液压液	W/O乳化液	磷酸酯液压液、脂肪酸酯液压液	最高	最低	
PV2R1-6	6.0	—	—								
PV2R1-8	8.2	21.0	17.5	16.0	7.0	7.0	7.0	16.0	—	—	—
PV2R1-10	9.7										
PV2R1-12	12.6										
PV2R1-14	14.0	21.0	17.5								
PV2R1-17	17.1			16.0	7.0	7.0	7.0	16.0	1800 (1200)	750	7.8
PV2R1-19	19.1										
PV2R1-23	23.4	16.0	16.0								
PV2R1-26	26.6										
PV2R1-33	33.3										
PV2R1-41	41.3	21.0	17.5	14.0	7.0	7.0	7.0	14.0	1800 (1200)	600	17.7
PV2R1-47	47.2										
PV2R1-52	52.2										
PV2R1-60	59.6										
PV2R1-66	66.3	21.0	17.5								
PV2R1-76	76.4			14.0	7.0	7.0	7.0	14.0	1800 (1200)	600	36.7
PV2R1-94	93.6										
PV2R1-116	115.6	16.0	16.0								
PV2R1-136	136										
PV2R1-153	153										
PV2R1-184	184	17.5	17.5	14.0	7.0	7.0	7.0	14.0	1800 (1200)	600	70.0
PV2R1-200	201										
PV2R1-237	237										

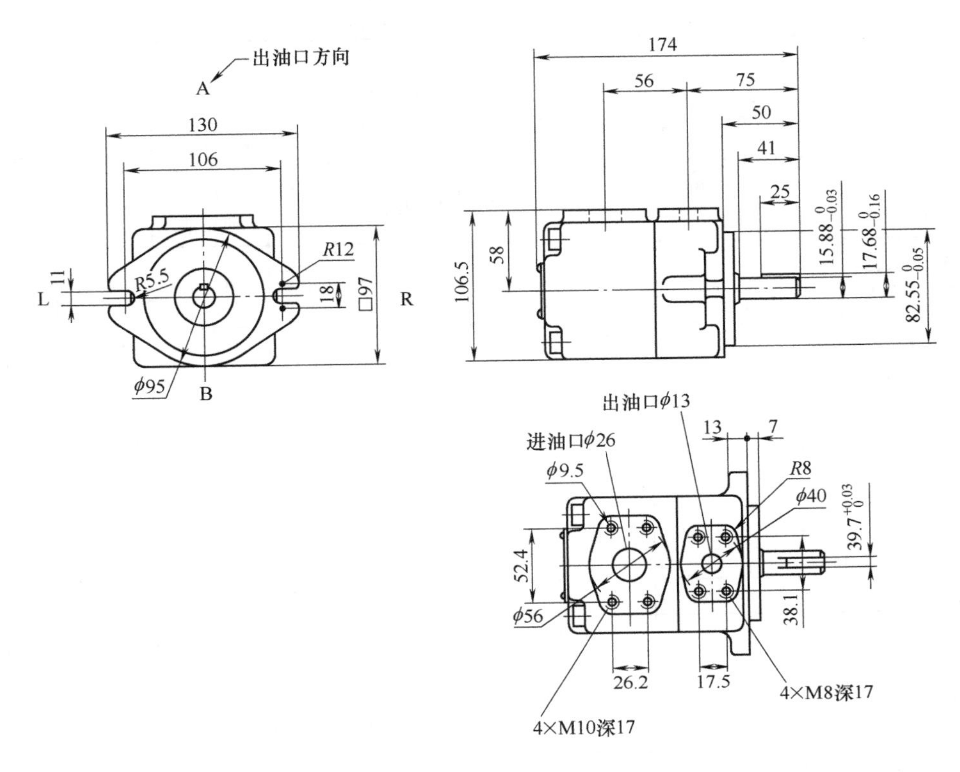

图 3.1-36　PV2R 型叶片泵外形尺寸图

表 3.1-37　PV2R 型双联叶片泵外形尺寸

产品型号		理论排量/(mL/r)	最高使用压力/MPa							允许转速/(r/min)		质量/kg
			石油系工作油			高水基液压液			合成工作液			
			高压用特定工作油	抗磨性工作油	普通液压油	耐磨性水-乙二醇液压液	非耐磨性水-乙二醇液压液	W/O乳化液	磷酸酯液压液、脂肪酸酯液压液	最高	最低	
PV2R12	后泵	6、8	21.0	17.5	16.0	16.0	7.0	7.0	16.0	1800(1200)	750	22
		10、12、14、17、19	21.0	17.5								
		23	16.0	16.0								
	前泵	26、33、41、47	21.0	17.5	14.0	16.0	7.0	7.0	14.0			
PV2R13	后泵	6、8	21.0	17.5	16.0	16.0	7.0	7.0	16.0	1800(1200)	750	43.6
		10、12、14、17、19	21.0	17.5								
		23	16.0	16.0								
	前泵	52、60、66、76、94	21.0	17.5	14.0	16.0	7.0	7.0	14.0			
		116	16.0	16.0								

续表

产品型号		理论排量/(mL/r)	最高使用压力/MPa							允许转速/(r/min)		质量/kg
			石油系工作油			高水基液压液			合成工作液			
			高压用特定工作油	抗磨性工作油	普通液压油	耐磨性水-乙二醇液压液	非耐磨性水-乙二醇液压液	W/O乳化液	磷酸酯液压液、脂肪酸酯液压液	最高	最低	
PV2R23	后泵	26、33、41、47	21.0	17.5	14.0	16.0	7.0	7.0	14.0	1800(1200)	600	49
	前泵	52、60、66、76、94	21.0	17.5	14.0	16.0	7.0	7.0	14.0			
		116	16.0	16.0								
PV2R33	后泵	52、60、66、76、94	21.0	17.5	14.0	16.0	7.0	7.0	14.0	1800(1500)(1200)	600	84
		116	16.0	16.0								
	前泵	52、60、66、76、94	21.0	17.5	14.0	16.0	7.0	7.0	14.0			
		116	16.0	16.0								
PV2R14	后泵	6、8	21.0	17.5	16.0	16.0	7.0	7.0	16.0	1800(1200)	750	75
		10、12、14、17、19	21.0	17.5								
		23	16.0	16.0								
	前泵	136、153、184、200、237	17.5	17.5	14.0	16.0	7.0	7.0	14.0			
PV2R24	后泵	26、33、41、47	21.0	17.5	14.0	16.0	7.0	7.0	14.0	1800(1200)	600	78
	前泵	136、153、184、200、237	21.0	17.5	14.0	16.0	7.0	7.0	14.0			
PV2R34	后泵	52、60、66、76、94	21.0	17.5	14.0	16.0	7.0	7.0	14.0	1800(1200)	600	98
		116	16.0	16.0								
	前泵	136、153、184、200、237	17.5	17.5	14.0	16.0	7.0	7.0	14.0			

注：1. 使用PV2R3-116，转速超过1700r/min时，限制吸入口压力。
2. 使用PV2R4-237，转速超过1700r/min时，限制吸入口压力。
3. 使用磷酸酯液压液及水成型液压液时，最大转速限制在1200r/min。
4. 低转速启动时，限制最高黏度。
5. 超过16MPa使用时，转速应超过1450r/min。

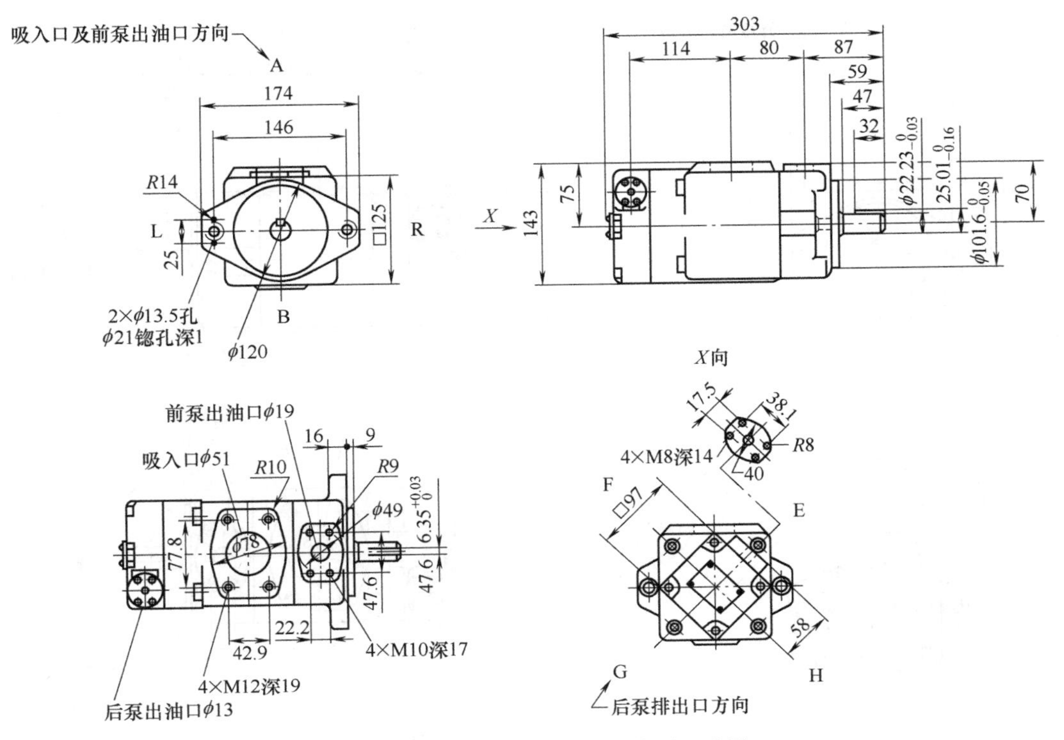

图 3.1-37 PV2R12 型叶片泵外形尺寸图

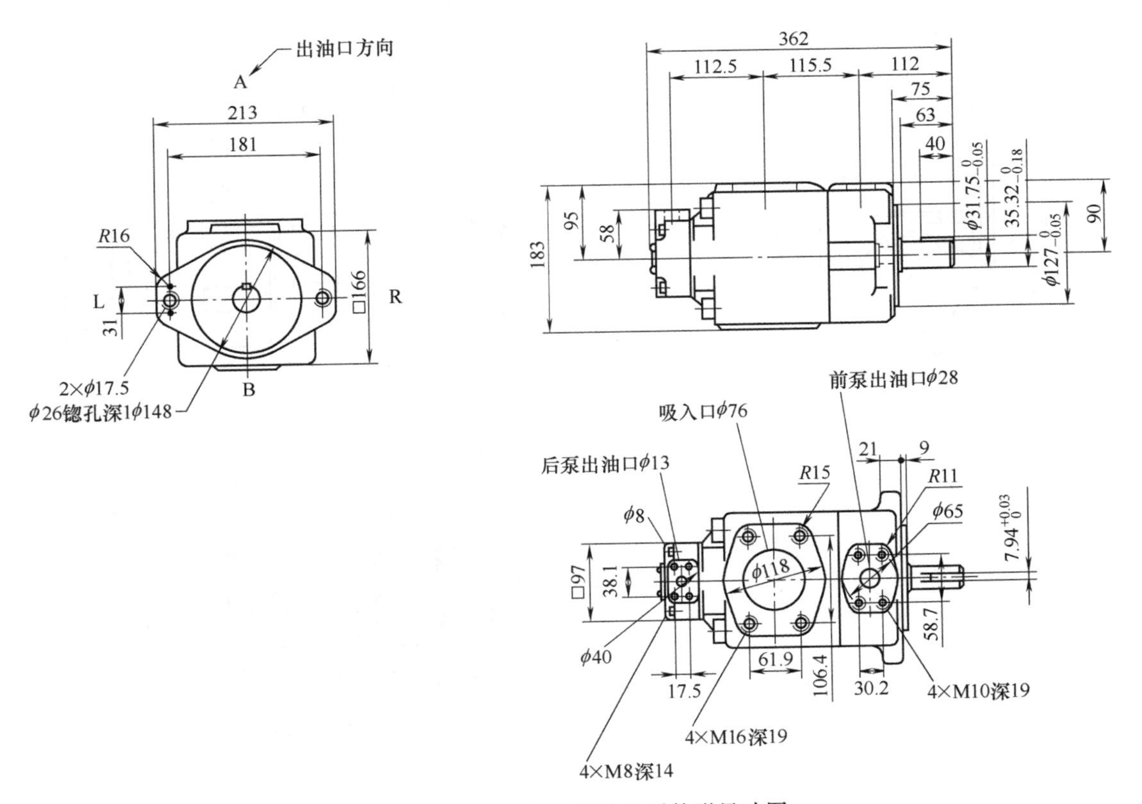

图 3.1-38 PV2R13 型叶片泵外形尺寸图

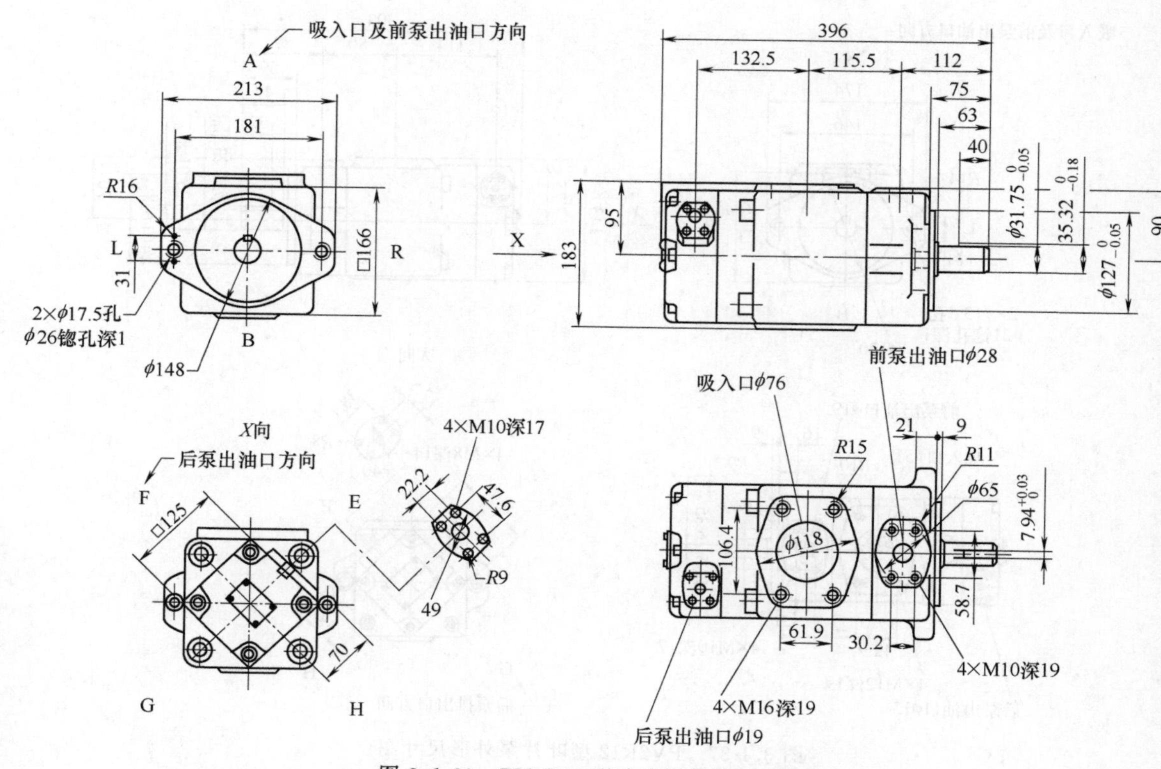

图 3.1-39 PV2R23 型叶片泵外形尺寸图

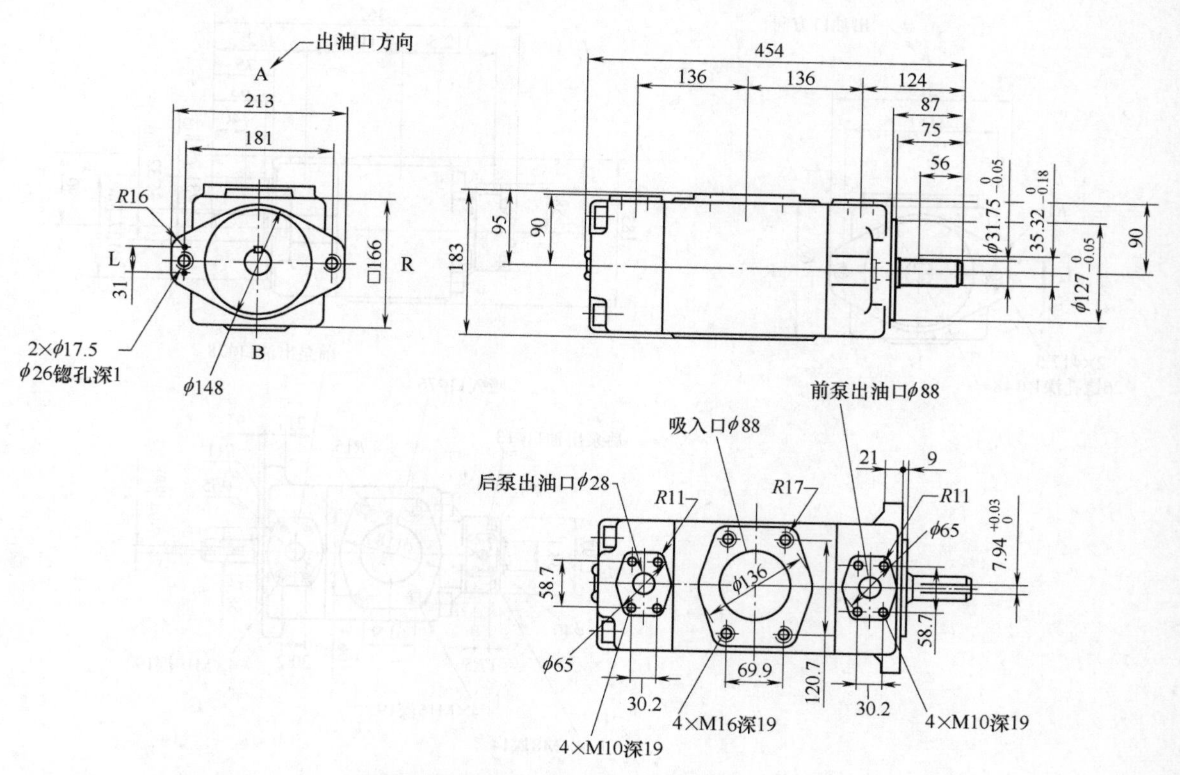

图 3.1-40 PV2R33 型叶片泵外形尺寸图

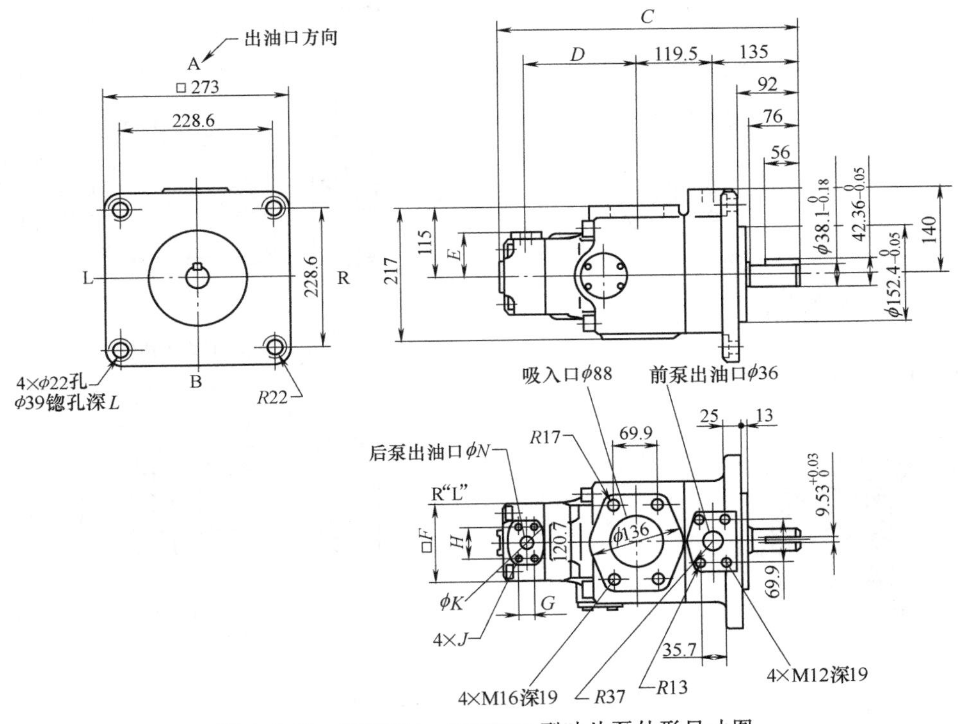

图 3.1-41 PV2R14、PV2R24 型叶片泵外形尺寸图

表 3.1-38 PV2R14、PV2R24 型叶片泵外形尺寸

型号	尺寸/mm									
	C	D	E	F	G	H	J	ϕK	L	N
PV2R14	423	146.5	58	97	17.5	38.1	M8 深 14	40	8	13
PV2R24	462	171.5	70	125	22.2	47.6	M10 深 17	49	9	19

5.3.5 PFE 型柱销式叶片泵

(1) 型号说明

单泵：PFE-＊ ＊ / ＊ ＊ ＊ / ＊ ＊

① ② ③ ④ ⑤ ⑥ ⑦ ⑧

①——PFE：单泵系列，PFED：双泵系列；

②——机壳尺寸（组号）；

③——公称排量（双泵：前泵/后泵），mL/r；

④——轴伸形式：1—带键圆柱形轴伸（标准型）；2—带键圆柱形轴伸（符合 ISO/DIS 3019 标准，仅 PFE-41、PFE-51 及双泵）；3—带键圆柱形轴伸（高转矩型，PFE-＊2 型）；5—花键轴伸；6—花键轴伸（仅 PFED-43）；

⑤——旋转方向（从轴端看）：D—顺时针（标准），S—逆时针；

⑥——油口位置（从后盖看），单泵：I—出油口与进油口同侧（标准型）、V—出油口自进油口逆时针转 90°、U—出油口在进油口对侧、W—出油口自进油口顺时针转 90°，双泵—具体位置见图；

⑦——设计号；

⑧——密封：PF—氟橡胶；（略）—标准密封。

(2) 技术规格（见表 3.1-39～表 3.1-42）

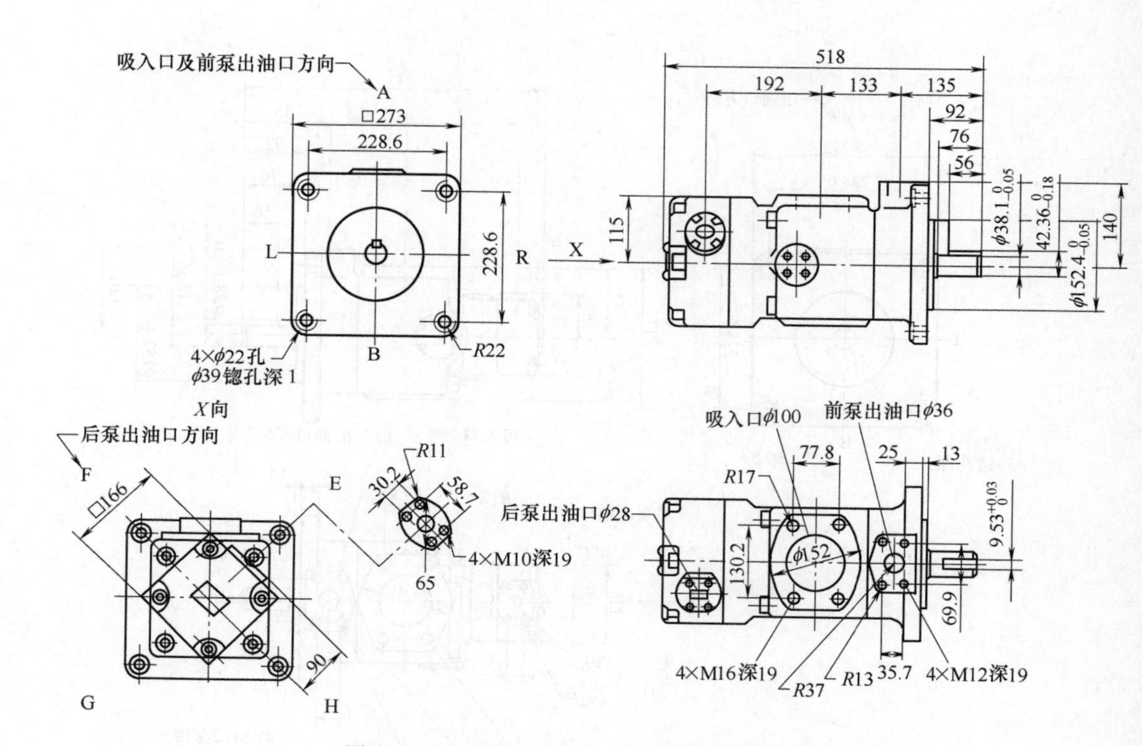

图 3.1-42 PV2R34 型叶片泵外形尺寸图

表 3.1-39 单泵 PFE-＊1 系列技术规格

型号	排量/(mL/r)	额定压力/MPa	输出流量/(L/min)	驱动功率/kW	转速范围/(r/min)	质量/kg	油口通径/in[①] 进口	油口通径/in[①] 出口
PFE-21005	5.0	21	4.8	3.5	900～3000	—	3/4	1/2
PFE-21006	6.3		5.8	4.0				
PFE-21008	8.0		7.8	5.5				
PFE-21010	10.0		9.7	6.5				
PFE-21012	12.5		12.2	8				
PFE-21016	16.0		15.6	10				
PFE-31016	16.5	21	16	10	800～2800	9	1 1/4	3/4
PFE-31022	21.6		23	13				
PFE-31028	28.1		33	17				
PFE-31036	35.6		43	21				
PFE-31044	43.7		55	26				
PFE-41029	29.3	21	34	17	700～2500	14	1 1/2	1
PFE-41037	36.6		45	22				
PFE-41045	45.0		57	26				
PFE-41056	55.8		72	33				
PFE-41070	69.9		91	41				
PFE-41085	85.3		114	50	700～2000			
PFE-51090	90.0	21	114	53	600～220	25.5	2	1 1/4
PFE-51110	109.6		141	64				
PFE-51129	129.2		168	76				

续表

型号	排量/(mL/r)	额定压力/MPa	输出流量/(L/min)	驱动功率/kW	转速范围/(r/min)	质量/kg	油口通径/in①	
							进口	出口
PFE-51150	150.2	21	197	88	600～18000	25.5	2	1 1/4
PFE-61160	160	21	211	94	600～1800	—	2 1/2	1 1/2
PFE-61180	180		237	106				
PFE-61200	200		264	117				
PFE-61224	224		295	131				

① 1in=0.0254m。下同。

表 3.1-40 单泵 PFE-*2 系列技术规格

型号	排量/(mL/r)	额定压力/MPa	输出流量/(L/min)	驱动功率/kW	转速范围/(r/min)	质量/kg	油口通径/in	
							进口	出口
PFE-22008	8.0	30	7	8	1500～2800	—	3/4	1/2
PFE-22010	10.0		9	10				
PFE-22012	12.5		11.5	12				
PFE-32022	21.6	30	20	18	1200～2500	9	1 1/4	3/4
PFE-32028	28.1		30	24				
PFE-32036	35.6		40	30				
PFE-42045	45.0	28	56	36	1000～2200	14	1 1/2	1
PFE-42056	55.8		70	44				
PFE-42070	69.9	25	90	49				
PFE-52090	90.0	25	111	63	1000～2000	25.5	2	1 1/4
PFE-52110	109.6		138	77				
PFE-52129	129.2		163	90				

表 3.1-41 单泵 PFE-*0 系列技术规格

型号	排量/(mL/r)	额定压力/MPa	输出流量/(L/min)	驱动功率/kW	转速范围/(r/min)	质量/kg	油口通径/in	
							进口	出口
PFE-20004	4.3	10	4.5	1.5	900～3000		3/4	1/2
PFE-20005	5.4		6.0	2.0				
PFE-20007	6.9		7.5	2.5				
PFE-20008	8.6		9.5	3.0				
PFE-20010	10.8		12.0	3.5				
PFE-20014	13.9		15.5	4.5				
PFE-30015	14.7	10	17	4.5	800～2800	9	1 1/4	3/4
PFE-30019	19.1		24	5.5				
PFE-30026	25.9		33	7.5				
PFE-30032	32.5		42	9.0				
PFE-30040	40.0		53	11.5				
PFE-40024	24.7	10	31	7	700～2500	14	1 1/2	1
PFE-40033	33.4		43	10				
PFE-40040	40.4		53	12				
PFE-40050	50.9		67	15				

续表

型号	排量/(mL/r)	额定压力/MPa	输出流量/(L/min)	驱动功率/kW	转速范围/(r/min)	质量/kg	油口通径/in	
							进口	出口
PFE-40062	62.6	10	83	18	700～2500	14	1 1/2	1
PFE-40078	78.1		104	22	700～2000			
PFE-50081	81.3	10	110	23	600～2200	25.5	2	1 1/4
PFE-50100	100.1		136	28				
PFE-50117	117.4		159	33				
PFE-50136	136.8		185	38	600～1800			
PFE-60147	146.9	10	200	41	600～1800		2 1/2	1 1/2
PFE-60165	165.6		224	46				
PFE-60183	183.7		248	52				
PFE-60206	206.2		279	58				

表 3.1-42　双联泵 PFED 系列技术规格

型号	排量/(mL/r)	额定压力/MPa	输出流量/(L/min)	驱动功率/kW	转速范围/(r/min)	质量/kg	油口通径/in		
							进口	前泵出口	后泵出口
PFED-4030	PFE-40＋PFE-30 组合				800～2500 (800～2000) 括号内值为前泵是最大排量时的转速范围	24.5	2 1/2	1	3/4
PFED-4031	PFE-40＋PFE-31 组合								
PFED-4130	PFE-41＋PFE-30 组合								
PFED-4131	PFE-41＋PFE-31 组合								
PFED-5040	PFE-50＋PFE-40 组合				700～1000 (700～1800) 括号内值为前泵是最大排量时的转速范围	36	3	1 1/4	1
PFED-5041	PFE-50＋PFE-41 组合								
PFED-5140	PFE-51＋PFE-40 组合								
PFED-5141	PFE-51＋PFE-41 组合								

注：1. 各主要性能参数中的输出流量和驱动功率是在 $n=1500\text{r/min}$，$p=$额定压力工况下的保证值；
2. 前泵指轴端（大排量侧）泵，后泵指盖端（小排量侧）泵。

(3) 外形尺寸（见图 3.1-43～图 3.1-45 及表 3.1-43～表 3.1-48）

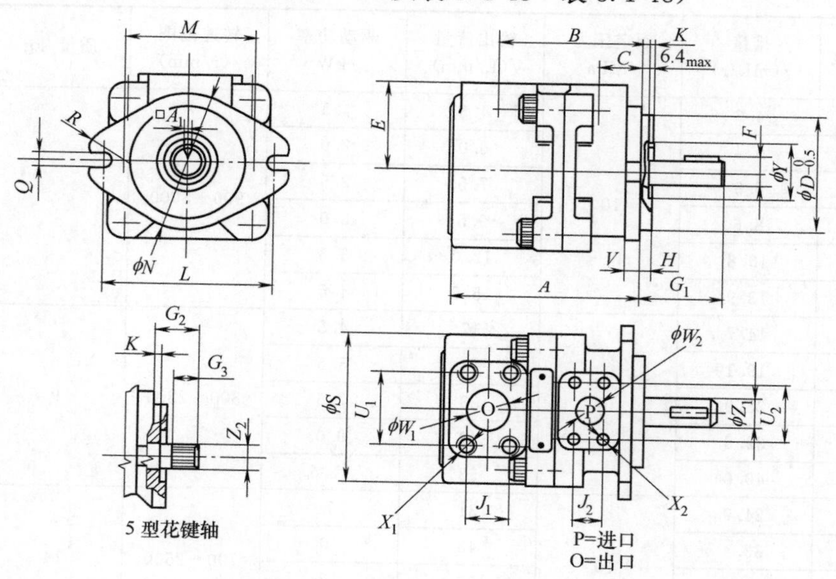

图 3.1-43　PFE 型叶片泵外形尺寸图

表 3.1-43　PFE 型叶片泵外形尺寸（1）

型　号	尺寸/mm									
	A	B	C	ϕD	E	H	L	M	ϕN	Q	R
PFE-20/21/22	105	69	20	63	57	7	100	—	84	9	—
PFE-30/31/32	135	98.5	27.5	82.5	70	6.4	106	73	95	11	28.5
PFE-40/41/42	159.5	121	38	101.6	76.2	9.7	146	107	120	14.3	34
PFE-50/51/52	181	125	38	127	82.6	12.7	181	143.5	148	17.5	35
PFE-60/61	200	144	40	152.4	98	12.7	229	—	188	22	—

表 3.1-44　PFE 型叶片泵外形尺寸（2）

型　号	尺寸/mm										
	ϕS	U_1	U_2	V	ϕW_1	ϕW_2	J_1	J_2	X_1	X_2	ϕY
PFE-20/21/22	92	47.6	38.1	10	19	11	22.2	17.5	M10×17	M8×15	40
PFE-30/31/32	114	58.7	47.6	10	32	19	30.2	22.2	M10×20	M10×17	47
PFE-40/41/42	134	70	52.4	13	38	25	35.7	26.2	M12×20	M10×17	76
PFE-50/51/52	158	77.8	58.7	15	51	32	42.9	30.2	M12×20	M10×20	76
PFE-60/61	185	89	70	18	63.5	38	50.8	35.7	M12×22	M12×22	100

注：PFE-＊2 系列仅提供 3 型轴。

表 3.1-45　PFE 型叶片泵外形尺寸（3）

型　号	1 型轴(标准)					2 型轴				
	ϕZ_1	G_1	A_1	F	K	ϕZ_1	G_1	A_1	F	K
PFE-20/21/22	15.88	48	4.00	17.37	8	—	—	—	—	—
	15.85		3.98	17.27		—	—	—	—	—
PFE-30/31/32	19.05	55.6	4.76	21.11	8	—	—	—	—	—
	19.00		4.75	20.94		—	—	—	—	—
PFE-40/41/42	22.22	59	4.76	25.54	11.4	22.22	71	6.36	25.07	8
	22.20		4.75	24.51		22.20		6.35	25.03	
PFE-50/51/52	31.75	73	7.95	35.33	13.9	31.75	84	7.95	35.33	8
	31.70		7.94	35.07		31.70		7.94	35.07	
PFE-60/61	38.10	91	9.56	42.40	8	—	—	—	—	—
	38.05		9.53	42.14		—	—	—	—	—

表 3.1-46　PFE 型叶片泵外形尺寸（4）

型　号	3 型轴					5 型轴			
	ϕZ_1	G_1	A_1	F	K	Z_2	G_2	G_3	K
PFE-20/21/22	—	—	—	—	—	—	—	—	—
	—	—	—	—	—	—	—	—	—
PFE-30/31/32	22.22	55.6	4.76	24.54	8	9T	32	19.5	8
	22.20		4.76	24.41		16/32DP			
PFE-40/41/42	25.38	78	6.36	28.30	11.4	13T	41	28	8
	25.36		6.35	28.10		16/32DP			
PFE-50/51/52	34.90	84	7.95	38.58	13.9	14T	56	42	8
	34.88		7.94	38.46		12/24DP			
PFE-60/61	—	—	—	—	—	—	—	—	—
	—	—	—	—	—	—	—	—	—

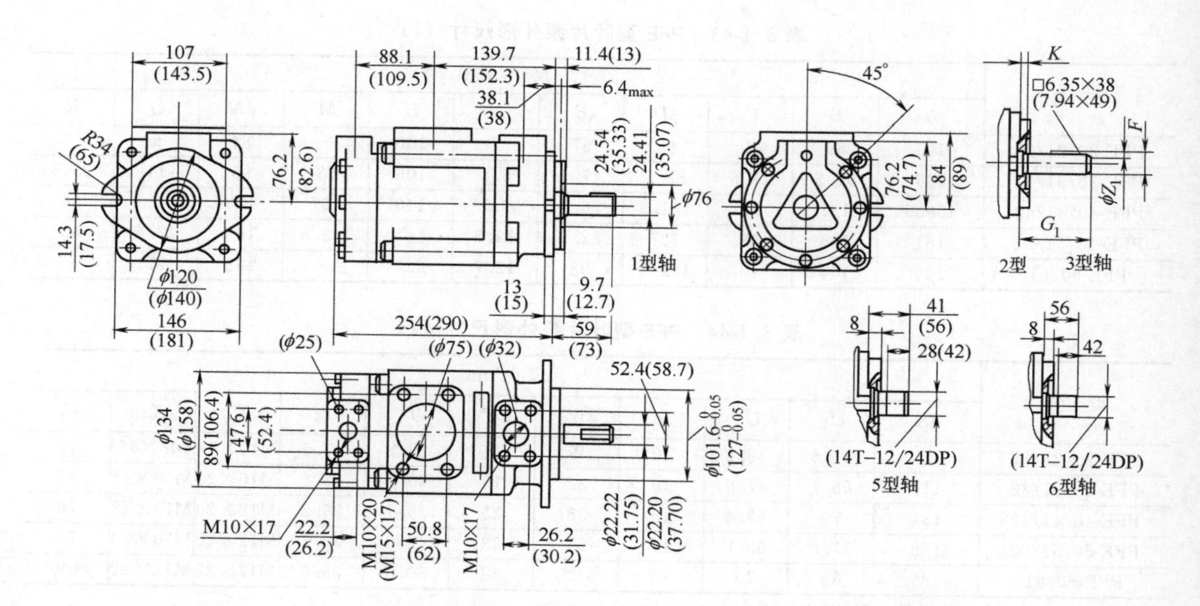

图 3.1-44　PFED 型双联叶片泵外形尺寸图

（注：图中括号内尺寸为 PFED-5040/5041/5140/5141 型的尺寸）

表 3.1-47　PFED 型双联叶片泵外形尺寸

型　号	ϕZ_1/mm		G_1/mm		F/mm		K/mm	
	2 型轴	3 型轴	2 型轴	3 型轴	2 型轴	3 型轴	2 型轴	3 型轴
PFED-4030/4031/4130/4131	22.22 (22.20)	25.38 (25.35)	T1	T8	25.07 (25.03)	28.30 (28.10)	8	11.4
PFED-5040/5041/5140/5141	31.75 (31.70)	34.90 (34.88)	84	84	35.07 (35.03)	38.58 (38.46)	8	13.9

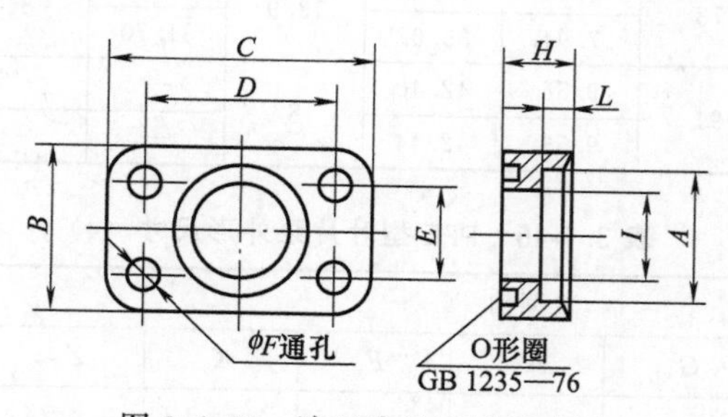

图 3.1-45　油口法兰连接尺寸图

表 3.1-48　油口法兰连接尺寸

型号	尺寸/mm											法兰对应的泵油口
	A	B	C	D	E	F	H	I	L	O 形圈	螺钉	
WF-12	18	34	54	38.1	17.5	9	18	11	10	25×2.4	M8×30	PFE-20/21/22 出口
WF-20	28.5	42	65	47.6	22.2	11	18	19	10	35×3.1	M10×30	PFE-20/21/22 进口，PFE-30/31/32 出口
WF-25	35	50	70	52.4	26.2	11	18	25	10	40×3.1	M10×30	PFE-40/41/42 出口

续表

型号	尺寸/mm											法兰对应的泵油口
	A	*B*	*C*	*D*	*E*	*F*	*H*	*I*	*L*	O 形圈	螺钉	
WF-32	43	53	79	58.7	30.2	11	21	32	12	45×3.1	M10×35	PFE-30/31/32 进口，PFE-50/51/52 出口
WF-40	52	65	87	70	35.7	13.5	25	38	15	55×3.1	M12×40	PFE-40/41/42 进口，PFE-60/61 出口
WF-50	65.5	73	102	77.8	42.9	13.5	25	51	15	65×3.1	M12×40	PFE-50/51/52 进口
WF-65	78	87	110	89	50.8	13.5	25	63	15	75×3.1	M12×40	PFE-60/61 进口，PFED-40(41)30(31)进口
WF-75	93	107	132	106.4	62	17.5	30	75	18	95×3.1	M16×45	PFED-50(51)40(41)进口

注：WF-※，其中 WF 表示法兰盘，※表示通径。

5.3.6 YBX 型限压式变量叶片泵

(1) 型号说明

单泵：YBX- *　*　*　(V3)

①　②　③　④　⑤

①——限压式变量叶片泵；

②——压力等级：省略—6.3MPa，D—10MPa；

③——排量，mL/r；

④——安装方式：省略—法兰安装，B—板式安装，J—底脚安装；

⑤——可与“V3”泵互换。

(2) 技术规格（见表 3.1-49）

(3) 外形尺寸（见图 3.1-46～图 3.1-53 及表 3.1-50～表 3.1-59）

表 3.1-49　YBX 型限压式变量叶片泵技术规格

型　号	排量/(mL/r)	压力/MPa		转速/(r/min)		效率/%		驱动功率/kW	质量/kg
		额定	最高	额定	最高	容积	总效率		
YBX-16	16	6.3	7	1450	1800	88	72	3	10
YBX-16B									9
YBX-16J									—
YBX-25	25							4	19.5
YBX-25B									19
YBX-25J									—
YBX-40	40							7.5	22
YBX-40B									23
YBX-40J	63							9.8	55
YBX-D10(V3)	10	10	10					3	6.25
YBX-D20(V3)	20							5	11
YBX-D20(V3)									
YBX-D32(V3)	32							7	26
YBX-D32(V3)									
YBX-D50(V3)	50							10	30
YBX-D50(V3)									

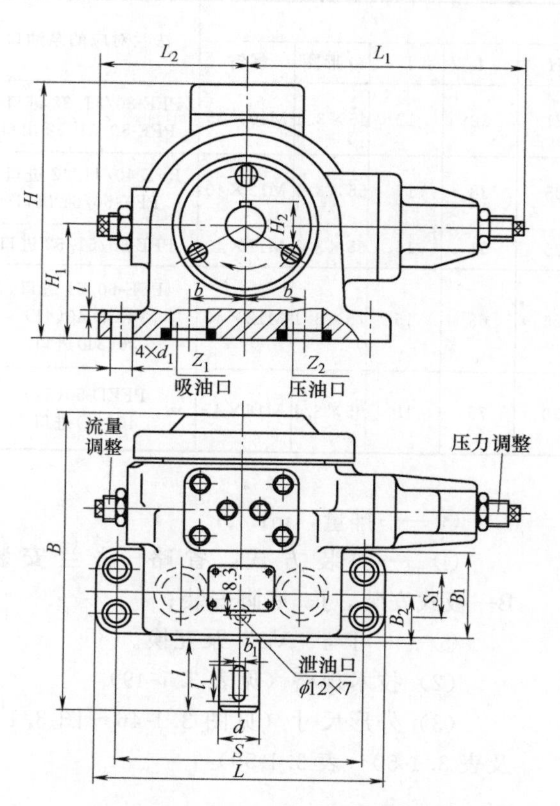

图 3.1-46　YBX-16J 型、YBX-25J 型限压式变量泵（底脚安装）外形图

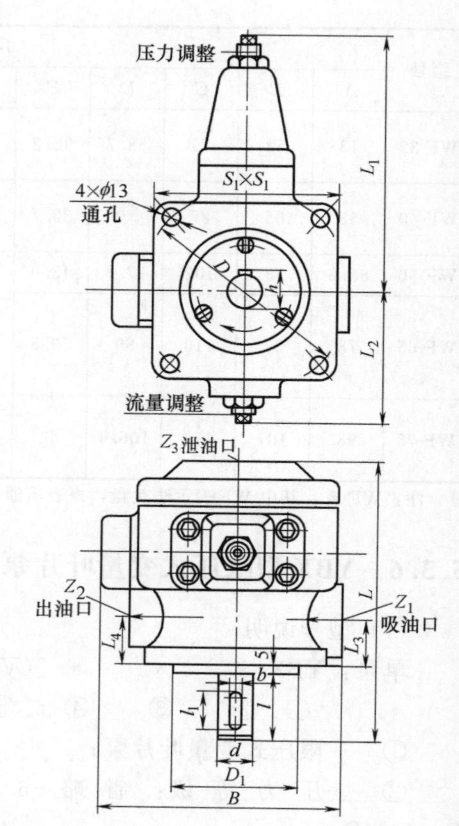

图 3.1-47　YBX-16J 型、YBX-25J 型限压式变量泵（法兰安装）外形图

表 3.1-50　YBX-16J 型、YBX-25J 型限压式变量泵（底脚安装）外形尺寸

型号	尺寸/mm																			
	L	L_1	L_2	l	l_1	B	B_1	B_2	B_3	H	H_1	H_2	d	d_1	b	b_1	S	S_1	Z_1	Z_2
YBX-16J	167	132	96	35	20	140	45	25	—	129	54	21.5D6	ϕ20d	ϕ11	25	4d4	120	25	$\phi30\times\phi20$	$\phi30\times\phi18$
YBX-25J	206	164	108	50	25	188	58	32	15	170	75	28D6	ϕ25d	ϕ13	38	8d4	160	30	$\phi35\times\phi25$	$\phi30\times\phi20$

表 3.1-51　YBX-16J 型、YBX-25J 型限压式变量泵（法兰安装）外形尺寸

型号	尺寸/mm															
	L	L_1	L_2	L_3	L_4	l	l_1	B	h	D	D_1	d	b	S_1	Z_1	Z_2	Z_3
YBX-16	165	132	105	29.5	25	35	20	135	21.5	ϕ127.3	ϕ100f7	ϕ20h6	4	118	M33×2	M27×2	M10×1
YBX-25	206	164	108	35	35	50	25	170	28	ϕ150	ϕ90f7	ϕ25h6	8	130	Rc1	Rc3/4	Rc1/8

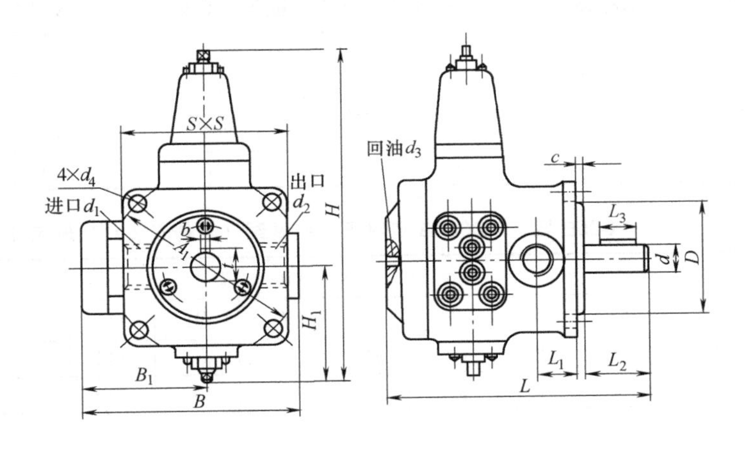

图 3.1-48 YBX-25 型、YBX-40 型限压式变量泵（法兰安装）外形图

表 3.1-52 YBX-25 型、YBX-40 型限压式变量泵（法兰安装）外形尺寸（1）

型号	尺寸/mm									
	L	L_1	L_2	L_3	H	H_1	S	B	B_1	A_1
YBX-25	206	35	50	25	302	118	130	170	95	ϕ150
YBX-40	225	36	50	25	323	143	145	188	106.5	115×115

表 3.1-53 YBX-25 型、YBX-40 型限压式变量泵（法兰安装）外形尺寸（2）

型 号	尺寸/mm								
	D	t	d	d_1	d_2	d_3	d_4	b	c
YBX-25	ϕ90d	28	ϕ25d	M33×2	M27×2	G1/8	ϕ13	8	5
YBX-40	ϕ125d	33	ϕ30D	M42×2	M33×2	G1/4	ϕ13	8	5

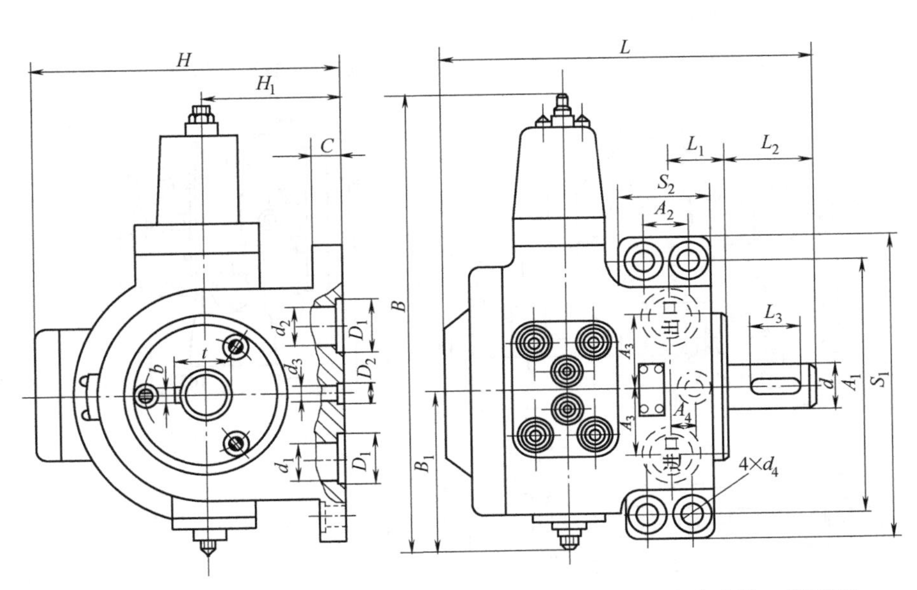

图 3.1-49 YBX-25B 型、YBX-40B 型限压式变量泵（底脚安装）外形图

表 3.1-54 YBX-25B 型、YBX-40B 型限压式变量泵（底脚安装）外形尺寸（1）

型号	尺寸/mm												
	L	L_1	L_2	L_3	H	H_1	C	B	B_1	A_1	A_2	A_3	d_4
YBX-25B	204	32	50	25	170	75	17	275	108	160	30	38	ϕ13
YBX-40B	220	36	50	25	198	94	20	316	176	178	32	44.5	ϕ13

表 3.1-55 YBX-25B 型、YBX-40B 型限压式变量泵（底脚安装）外形尺寸（2）

型号	尺寸/mm											
	A_4	S_1	S_2	d	d_1	d_2	d_3	D_1	D_2	t	b	d_4
YBX-25B	15	188	58	ϕ25d	ϕ25	ϕ20	ϕ7	ϕ35	ϕ12	28	8	ϕ13
YBX-40B	8	208	62	ϕ30d	ϕ32	ϕ25	ϕ10	ϕ40	ϕ16	33	8	ϕ13

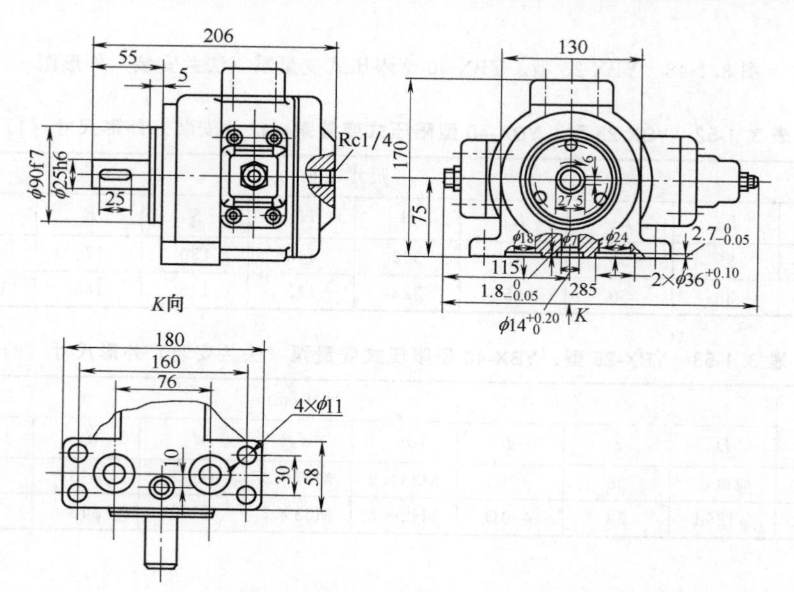

图 3.1-50 YBX-25B 型限压式变量泵（法兰安装）外形图

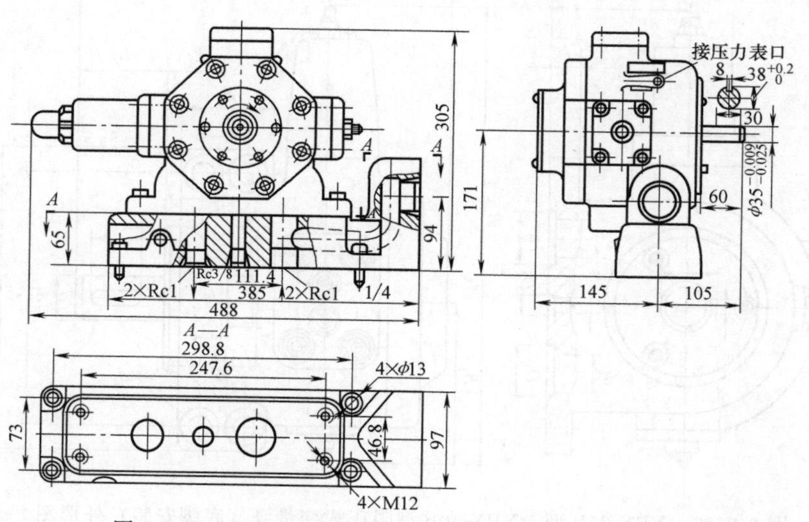

图 3.1-51 YBX-40B 型限压式变量泵（法兰安装）外形图

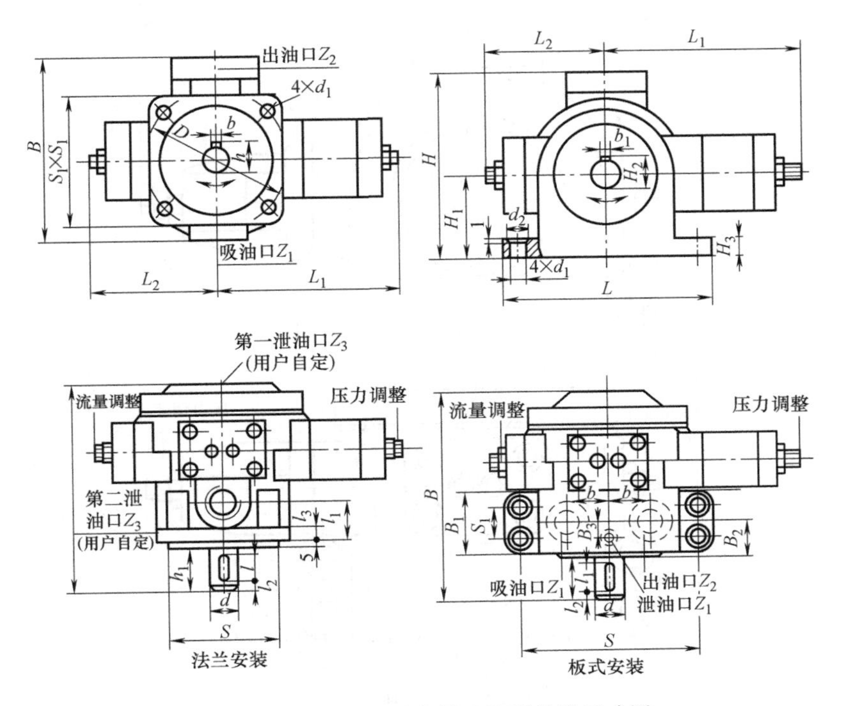

图 3.1-52 YBX 型变量叶片泵外形尺寸图

表 3.1-56 YBX 型变量叶片泵外形尺寸（1）

型号	尺寸/mm													
	L	L_1	L_2	l	l_1	l_2	l_3	B	b	h	h_1	S	S_1	D	d
YBX-16	165	132	105	20	29	5	12	139	4H9	21.5	35	ϕ100f8	118	ϕ127.3	ϕ20h6
YBX-25	206	164	108	25	40	8	12	170	8H9	28	50	ϕ90f8	130	ϕ150	ϕ25h6
YBX-40	208	185	130	25	41	8	17	190	8H9	33	50	ϕ125f8	145	ϕ162.6	ϕ30h6

表 3.1-57 YBX 型变量叶片泵外形尺寸（2）

型号	尺寸/mm													
	d_1	Z_1	Z_2	Z_3	L	L_1	L_2	l	l_1	l_2	B	B_1	B_2	B_3	b
YBX-16(B)	ϕ13	M33×2	M27×2	M10×1	140	138	102	35	20	5	140	45	25	0	25
YBX-25(B)	ϕ13	M33×2	M27×2	M10×1	188	161	114	50	25	8	188	58	32	15	38
YBX-40(B)	ϕ13	M42×2	M33×2	M14×1.5	208	185	130	50	25	8	208	62	36	15	44.5

表 3.1-58 YBX 型变量叶片泵外形尺寸（3）

型号	尺寸/mm												
	b_1	H	H_1	H_2	H_3	d	d_1	d_2	S	S_1	Z_1	Z_2	Z_3
YBX-16B	4H9	133	54	21.5	15	ϕ20h6	ϕ11	ϕ18	120	25	ϕ30×ϕ20	ϕ30×ϕ18	ϕ13×ϕ7
YBX-25B	8H9	170	75	28	20	ϕ25h6	ϕ13	ϕ20	160	30	ϕ35×ϕ25	ϕ35×ϕ20	ϕ13×ϕ7
YBX-40B	8H9	199	94	33	20	ϕ30h6	ϕ13	ϕ20	178	32	ϕ40×ϕ32	ϕ40×ϕ25	ϕ16×ϕ10

表 3.1-59 YBX-25J 型、YBX-40J 型变量叶片泵（底脚安装）外形

型号	尺寸/mm																	
	A_1	A_2	A_3	d_1	D_1	D_2	D_3	D_4	D_5	B_1	B_2	B_3	B_4	H_1	H_2	H_3	L_1	L_2
YBX-25J	188	160	38	ϕ25d	ϕ35	ϕ25	ϕ35	ϕ20	ϕ7	204	58	30	15	167	75	17	≈95	≈180
YBX-40J	208	178	44.5	ϕ30d	ϕ40	ϕ32	ϕ40	ϕ25	ϕ10	220	62	32	8	198	94	20	≈140	≈176

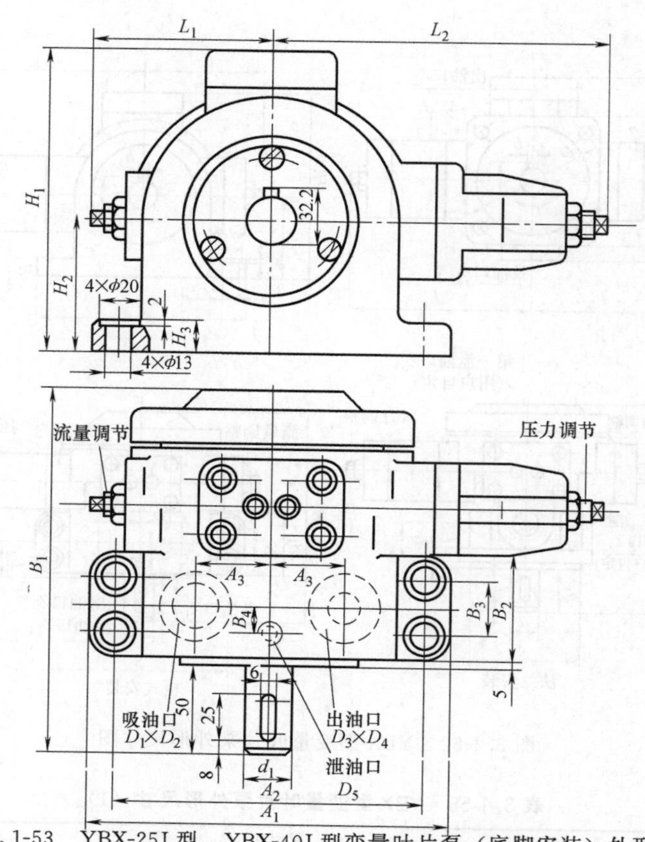

图 3.1-53　YBX-25J 型、YBX-40J 型变量叶片泵（底脚安装）外形图

5.3.7　V4 型变量叶片泵

（1）型号说明

单泵：V4-10 / * R * 01 * * * * 1

①　②　③　④　⑤⑥⑦⑧

①——V4 型变量叶片泵；

②——设计序号（10～19 系列安装尺寸、连接尺寸相同）；

③——排量，mL/r；

④——A：单出轴，D：双出轴；

⑤——工作介质：M—矿物油，V—磷酸酯液；

⑥——控制形式：CO—标准压力调节器，SO—锁定式标准压力调节器，D—液压远程压力调节，W—电器、液压远程二级压力调节，E—电液比例压力调节，N—机械式流量调节，J—电液比例流量调节，T—机械式流量调节和液压远程压力调节，R—电液比例流量调节和液压远程压力调节，F—电液比例压力式和电液比例流量式远程调节，L—功率调节；

⑦——零位位移压力：06—6.3MPa，10—10MPa，16—16MPa；

⑧——N：最大流量不可调式（无调节螺钉），A：最大流量可调式（有调节螺钉）。

（2）技术规格（见表 3.1-60）

表 3.1-60　V4 型变量叶片泵技术规格

型号		V4-10/20	V4-10/32	V4-10/50	V4-10/80	V4-10/125
排量/(mL/r)		20	32	50	80	125
转速范围/(r/min)		750～2000	1000～1800			
工作压力/MPa	排油口	16				
	吸油口	−0.02～+0.15				
	漏油口	0.2				

续表

型号		V4-10/20	V4-10/32	V4-10/50	V4-10/80	V4-10/125
压力/MPa	公称值	6.3				6.3
	最佳调节值	1.5～6.3				2.5～6.3
	公称值	10				
	最佳调节值	4～10				
	公称值	16				
	最佳调节值	6.3～16				
油温范围/℃		−10～+70				
过滤精度/μm		25				
质量/kg		23.5	31	42.8	56	98

（3）外形尺寸（见图 3.1-54、图 3.1-55 及表 3.1-61～表 3.1-63）

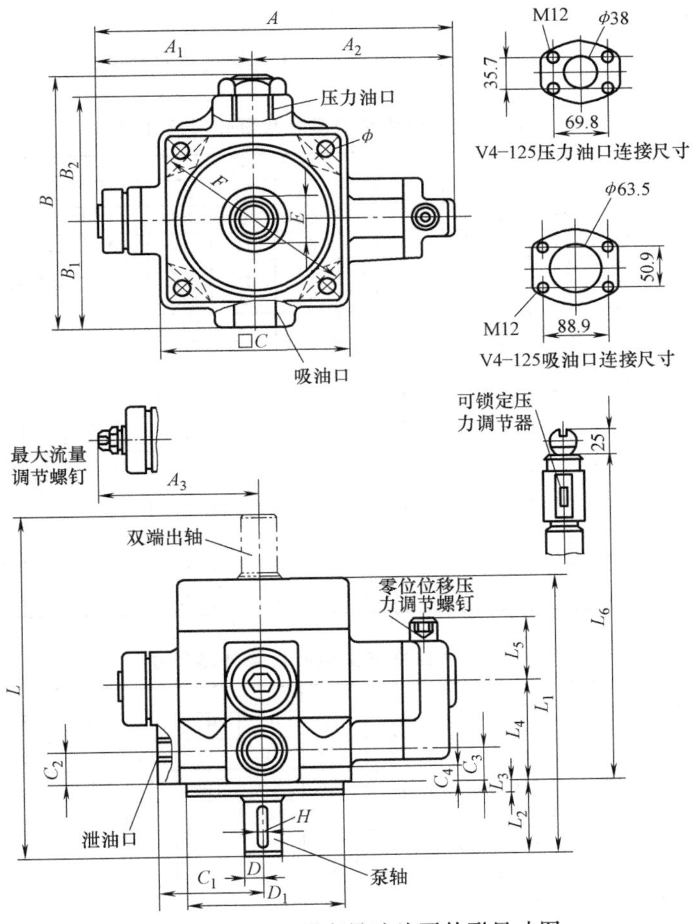

图 3.1-54 V4 型变量叶片泵外形尺寸图

表 3.1-61 V4 型变量叶片泵外形尺寸

规格	尺寸/mm																							
	A	A_1	A_2	A_3	B	B_1	B_2	C	C_1	C_2	C_3	C_4	D	D_1	E	F	H	L	L_1	L_2	L_3	L_4	L_5	L_6	ϕ
20	280	129	151	149	178	79	99	120	100	17	28	11	28	100	30.9	125	8	259	215	52	9	82	73	250	12
32	292	130	162	147	211	93	108	152	83	21	32	12	32	125	35.3	160	10	309	238	69	10	86	73	254	14
50	335	141	172	163	221	92	115	150	77	17.5	36.5	12.5	38	125	41	160	10	342	283	68	9	108	82	269	14
80	351	—	184	167	237	104	123	180	108	33	42.5	16	38	160	41.3	200	10	368	289	68	9	114	82	285	18
125	465	—	252	213	293	118	130	224	156	39	57	25	50	200	53.5	250	14	456	375.5	92.5	9	144	65	298	22

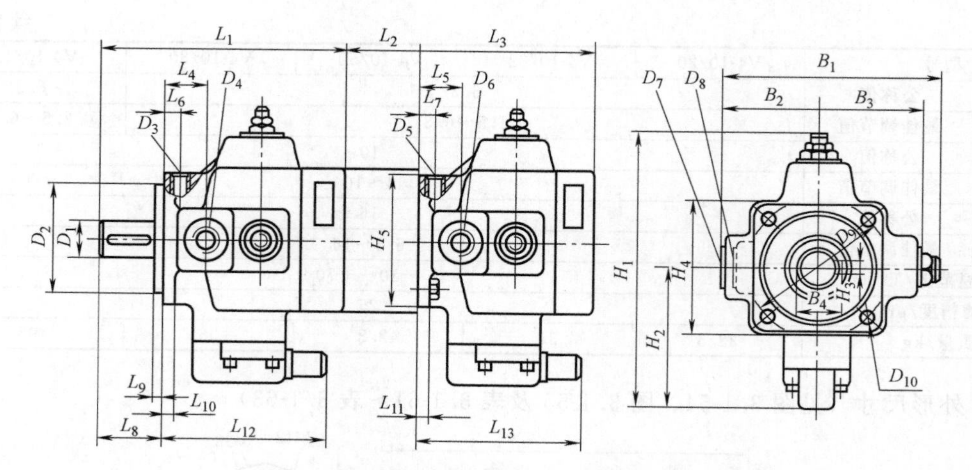

图 3.1-55　V4 型双联变量叶片泵外形尺寸图

表 3.1-62　V4 型双联变量叶片泵外形尺寸（1）

规格	尺寸/mm															
	L_1	L_2	L_3	L_4	L_5	L_6	L_7	L_8	L_9	L_{10}	L_{11}	L_{12}	L_{13}	D_1	D_2	D_3
V4-20/20	209.5	82	173	28	28	17	17	52	9	11	11	155	155	28	100	G3/8
V4-32/20	242	82	173	32	28	21	17	69	10	12	11	159	155	32	125	G3/8
V4-32/32	242	82	179	32	32	21	21	69	10	12	12	159	159	32	125	G3/8
V4-50/20	277	82	173	36.5	28	17.5	17	68	9	12.5	11	190	155	38	125	G3/8
V4-50/32	277	82	179	36.5	32	17.5	21	68	9	12.5	12	190	159	38	125	G3/8
V4-50/50	277	82	244	36.5	36.5	17.5	17.5	68	9	12.5	12.5	190	190	38	125	G3/8
V4-80/20	302	82	173	42.5	28	33	17	68	9	16	11	196	155	42	160	G1/2
V4-80/32	302	82	179	42.5	32	33	21	68	9	16	12	196	159	42	160	G1/2
V4-80/50	302	82	224	42.5	36.5	33	17.5	68	9	16	12.5	196	190	42	160	G1/2
V4-80/80	302	82	231	42.5	42.5	33	33	68	9	16	16	196	196	42	160	G1/2
V4-125/20	365	82	173	57	28	39	17	92.5	9	25	11	209	155	50	200	G1
V4-125/32	365	82	179	57	32	39	21	92.5	9	25	12	209	159	50	200	G1
V4-125/50	365	82	224	57	36.5	39	17.5	92.5	9	25	12.5	209	190	50	200	G1
V4-125/80	365	82	231	57	42.5	39	33	92.5	9	25	16	209	196	50	200	G1
V4-125/125	365	82	293	57	57	39	39	92.5	9	25	25	209	209	50	200	G1

表 3.1-63　V4 型双联变量叶片泵外形尺寸（2）

规格	尺寸/mm															
	D_4	D_5	D_6	D_7	D_8	D_9	D_{10}	B_1	B_2	B_3	B_4	H_1	H_2	H_3	H_4	H_5
V4-20/20	G1/2	G3/8	G1/2	G1	G1	125	12	178	79	99	30.9	300	151	8	120	120
V4-32/20	G3/4	G3/8	G1/2	G1 1/4	G1	160	14	211	93	108	35.3	309	162	10	152	120
V4-32/32	G3/4	G3/8	G3/4	G1 1/4	G1 1/4	160	14	211	93	108	35.3	309	162	10	152	152
V4-50/20	G1	G3/8	G1/2	G1 1/2	G1	160	14	221	92	115	41	335	172	10	150	120
V4-50/32	G1	G3/8	G3/4	G1 1/2	G1 1/4	160	14	221	92	115	41	335	172	10	150	152
V4-50/50	G1	G3/8	G1	G1 1/2	G1 1/2	160	14	221	92	115	41	335	172	10	150	150
V4-80/20	G1 1/4	G3/8	G1/2	G1 1/2	G1	200	18	237	104	123	45.1	351	184	12	180	120
V4-80/32	G1 1/4	G3/8	G3/4	G1 1/2	G1 1/4	200	18	237	104	123	45.1	351	184	12	180	152
V4-80/50	G1 1/4	G3/8	G1	G1 1/2	G1 1/2	200	18	237	104	123	45.1	351	184	12	180	150
V4-80/80	G1 1/4	G1/2	G1 1/4	G1 1/2	G1 1/2	200	18	237	104	123	45.1	351	184	12	180	180
V4-125/20	法兰式	G3/8	G1/2	法兰式	G1	250	22	293	118	130	53.5	465	252	14	224	120
V4-125/32	法兰式	G3/8	G3/4	法兰式	G1 1/4	250	22	293	118	130	53.5	465	252	14	224	152
V4-125/50	法兰式	G3/8	G1	法兰式	G1 1/2	250	22	293	118	130	53.5	465	252	14	224	150
V4-125/80	法兰式	G1/2	G1 1/4	法兰式	G1 1/2	250	22	293	118	130	53.5	465	252	14	224	180
V4-125/125	法兰式	G1	法兰式	法兰式	法兰式	250	22	293	118	130	53.5	465	252	14	224	224

6 柱 塞 泵

6.1 柱塞泵工作原理及主要结构特点

柱塞泵是通过柱塞在柱塞孔内往复运动时密封工作容积的变化来实现吸油和排油的。柱塞泵的特点是泄漏小、容积效率高，可以在高压下工作。按照柱塞的运动形式可分为轴向柱塞泵和径向柱塞泵。轴向柱塞泵可分为斜盘式和斜轴式两大类。

6.1.1 斜盘式轴向柱塞泵工作原理及主要结构特点

（1）工作原理

如图 3.1-56 所示斜盘 3 和配油盘 6 不动，传动轴 1 带动缸体 5、柱塞 4 一起转动。传动轴旋转时，柱塞 4 在其沿斜盘自下而上回转的半周内逐渐向缸体外伸出，使缸体孔内密封工作腔容积不断增加，油液经配油盘 6 上的配油窗口 a 吸入。柱塞在其自上而下回转的半周内又逐渐向里推入，使密封工作腔容积不断减小，将油液从配油盘窗口 b 向外排出。缸体每转一转，每个柱塞往复运动一次，完成一次吸油动作。改变斜盘的倾角，就可以改变密封工作容积的有效变化量，实现泵的变量。

（2）变量机构

柱塞泵的排量是斜盘倾角的函数，改变斜盘倾角 γ，就可改变轴向柱塞泵的排量，从而达到改变泵的输出流量。用来改变斜盘倾角的机械装置称为变量机构。这种变量机构按控制方式分有手动控制、液压伺服控制和手动伺服控制等；按控制目的分有恒压控制、恒流量控制和恒功率控制等多种，下面以手动变量机构为例来说明其工作原理。

如图 3.1-57 所示手动伺服变量机构，斜盘 3 通过拨叉机构与活塞 4 下端铰接，利用活塞 4 的上下移动来改变斜盘倾角 γ。变量机构由壳体 5、活塞 4 和伺服阀 1 组成。当用手柄使伺服阀芯 1 向下移动时，上面的进油阀口打开，活塞 4 也向下移动，活塞移动时又使伺服阀上的阀口关闭，最终使活塞 4 自身停止运动。同理，当手柄使伺服阀芯 1 向上移动时，变量活塞便向上移动。

6.1.2 斜轴式轴向柱塞泵的工作原理及主要结构特点

这种轴向柱塞泵的传动轴中心线与缸体中心线倾斜一个角度，故称斜轴式轴向柱塞泵。目前应用比较广泛的是无铰斜轴式柱塞泵。

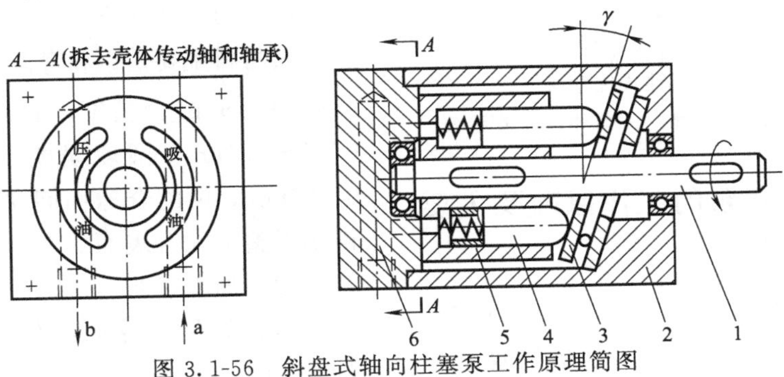

图 3.1-56 斜盘式轴向柱塞泵工作原理简图

1—传动轴；2—壳体；3—斜盘；4—柱塞；5—缸体；6—配油盘

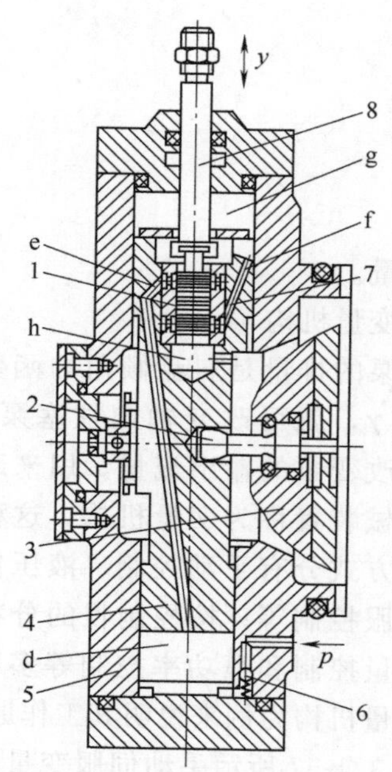

图 3.1-57　手动伺服变量机构结构图

1—变量阀芯；2—球铰；3—斜盘；4—变量活塞；5—壳体；6—单向阀；7—阀套；8—拉杆；$d \sim h$—油腔

该泵的工作原理如图 3.1-58 所示。当传动轴 1 转动时，通过连杆 2 的侧面和柱塞 3 的内壁接触带动缸体 4 转动。同时柱塞在缸体的柱塞孔中做往复运动，实现吸油和压油。其排量公式与直轴式轴向柱塞泵相同。

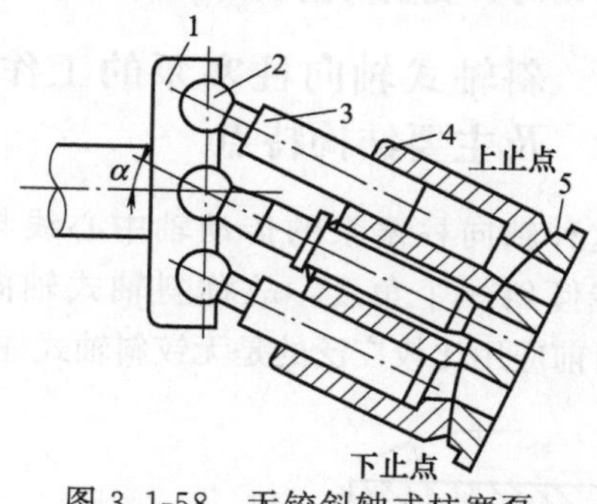

图 3.1-58　无铰斜轴式柱塞泵

1—传动轴；2—连杆；3—柱塞；4—缸体；5—配油盘

6.1.3　径向柱塞泵的工作原理及主要结构特点

径向柱塞泵径向尺寸大，结构较复杂，自吸能力差。但它的容积效率和机械效率都比较高。

如图 3.1-59 所示，转子 2 的中心与定子 1 的中心之间有一个偏心量 e。在固定不动的配油轴 4 上，相对于柱塞孔的部位有相互隔开的上下两个配油窗口，该配油窗口又分别通过所在部位的两个轴向孔与泵的吸、排油口连通。当转子 2 按图示箭头方向旋转时，上半周的柱塞皆往外滑动，通过轴向孔吸油；下半周的柱塞皆往里滑动，通过配油盘向外排油。当移动定子，改变偏心量 e 的大小时，泵的排量就发生改变。因此，径向柱塞泵可以是双向变量泵（泵的吸油口和排油口可互换）。

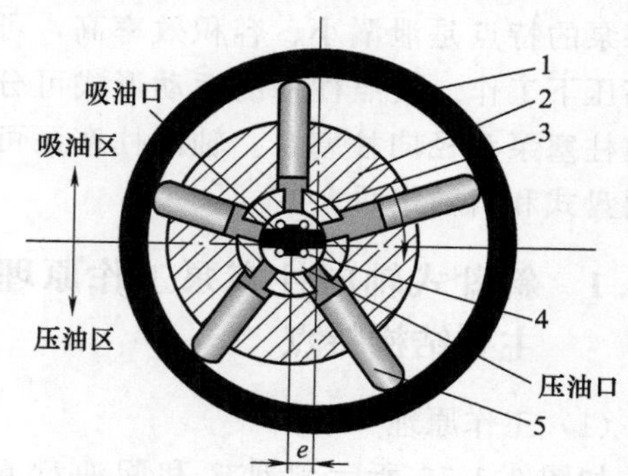

图 3.1-59　径向柱塞泵工作原理图

1—定子；2—转子（缸体）；3—轴套；4—配油轴；5—柱塞

6.2　柱塞泵的加工制造工艺及拆装方法、注意事项

6.2.1　内、外球面的加工

（1）材料和工艺要求

其材料主要是钢和青铜，内、外球面必须具有很高的配合精度，表面粗糙度 R_a 的值 0.05～0.1μm，圆度误差不得大于 0.002～0.003mm，两配合球面间接触斑点的面积不得小于整个配合表面的 75%。

（2）加工工艺

不需氮化的球面：车或铣成形、淬火、磨削、配研、抛光。

需要氮化的球面：车或铣成形、磨削、

研磨、配研、氮化、配研、抛光。

配合球面加工完毕，需包球配合，可滚压包球。

6.2.2 主轴的加工

(1) 材料和工艺要求

常用材料是45钢或40Cr，均需调质处理和高频表面淬火；压力负荷较大时，采用12CrNi渗碳淬火；对于耐磨性较高的主轴采用38CrMoAl氮化钢。主轴轴颈的加工精度要求为IT6～IT5，表面粗糙度R_a值为0.1～0.4μm；两支撑轴颈间同轴度、支撑轴颈和支撑端面的垂直度误差为0.005～0.007mm，主轴与油封配合面的加工精度IT7以上，表面粗糙度R_a值为0.8μm。

(2) 加工工艺

主轴加工工艺过程为：切端面打顶尖孔、粗车各段外圆及台阶端面、调质、探伤、车削各段外圆及台阶端面、磨削外圆及台阶端面、铣键槽、钻铰球窝、研磨各球窝表面、氮化、研磨顶尖孔、精磨外圆及端面、各球窝与配对件互研并抛光、检验。

6.2.3 配油盘和缸体的加工

(1) 材料和工艺要求

配油盘要求有较高的硬度和耐磨性，常用材料有Cr15，Cr12Mo（62～65HRC），38CrMoAl（氮化硬度为900～1000HV）。配油盘二端面表面粗糙度R_a值为0.1μm，平面度误差0.005mm，平行度误差0.006mm，外圆、内孔与密封面内圆的同轴度误差0.05mm，外圆与腰形槽分度圆的同轴度误差为0.02mm。

缸体的常用材料为铝铁青铜（QAlFe9-4）和锡磷青铜（QSnP10-1），套的材料一般是轴承钢GCr15。二者的主要技术要求为：花键孔外径对后端面的垂直度误差0.01mm，后端面的平面度误差为0.005mm，表面粗糙度R_a值为0.2μm；柱塞孔的加工精度IT6，其圆度和直线度误差为0.005mm，表面粗糙度R_a值为0.4μm。

(2) 加工工艺

配油盘的主要工艺过程如下：粗车外圆和端面，钻孔、切断；精车两端面、内孔、止口并倒角；钻各孔，铣周边槽，铣腰形槽；粗磨两端面；热处理、冷处理及时效处理；精磨两端面，磨内孔，磨外圆，精研两端面。

缸体和套热装后，加工柱塞孔、用花键轴定位、磨削外圆和端面、抛光。

6.2.4 壳体的加工

(1) 材料和工艺要求

壳体常用的材料有孕育铸铁、球磨铸铁和铸钢。轴承安装孔和止口按IT7精度加工，表面粗糙度R_a值为1.6～0.8μm，同轴度误差为0.01mm，与配油盘相邻表面平面度0.005mm/m，表面粗糙度R_a值为0.1μm。

(2) 加工工艺

壳体主要加工工艺为：粗车外圆和端面、粗镗缸孔和端面、人工时效、精车外圆和端面、精镗缸孔和端面、钻孔、孔口倒角、珩磨。

6.2.5 柱塞泵的拆装方法与注意事项

(1) 装配顺序

以CY14-1B型轴向柱塞泵为例，说明装配顺序如下。

① 装配传动轴部件。将两只小轴承、内外隔固装于传动轴轴颈部位，并用弹性挡圈锁牢。

② 传动轴与外壳体（泵体）的装配。在检查好外壳体端面，特别是与配油盘接合盘面的平面度、表面粗糙度后，将传动轴部件装入外壳孔中、要求轴转动时对壳体内端面跳动量不大于0.02mm，然后，壳体外端面再装上油封小压盖，并用垫片调整轴向间隙在0.07mm左右。

③ 对接外壳体与中壳体，使传动轴伸出端向下，竖直安放外壳体，并用圆环物或高垫块垫置稳固。用螺钉对接两壳体时，要注意大、小密封圈的完好，尤其不能遗失掉压力控制油道接口处的小密封圈，滚柱轴承外圈压入中壳体孔中。

④ 安放配油盘。要注意配油盘盘面缺口槽对应的定位销位置。

⑤ 安放缸体。缸体上镶有的钢套就是滚柱轴承的内圈，与滚柱及保持架已组装为一整体。安放缸体时，应先用两只吊装螺钉旋入缸体的有关螺孔中，手抓吊装螺钉，转动缸体，使其进入中壳体（泵壳）内的轴承外圈孔中，安放到位，即缸体端面与配油盘接触后，转动缸体，使缸体另一端面跳动在0.02mm以内。

⑥ 依次装入中心外套、中心弹簧、内套及钢球。

⑦ 将柱塞、滑靴组按顺序置于回程盘上，然后垂直地把柱塞对号放入缸体孔内。

⑧ 压力补偿变量机构的装配。

（2）拆装时的注意事项

首先应将所有待装配零件、部件全面检查一次，看各部毛刺、飞边是否均已清除，是否划伤、碰磕损坏，各配合表面是否达到精度，特别是配油盘与泵壳端面及缸体端面的接触处。此外，柱塞与滑靴的配合轴向间隙为0.05mm左右，检查时要感到运转灵活而不松动。各零部件在装配前均要仔细清洗，严防杂质、污物及织物、线头混入。

6.3 柱塞泵产品

6.3.1 柱塞泵产品技术参数总览（见表3.1-64）

表3.1-64 柱塞泵产品技术参数总览

类别	型　号	排量/(mL/r)	压力/MPa		转速/(r/min)		变量形式
			额定	最高	额定	最高	
斜盘式轴向柱塞泵	2.5 * CY14-1B	3.49	31.5	40	3000	—	手动变量 恒功率变量 手动伺服变量 恒压变量 液控变量 电动变量 阀控恒功率变量 电液比例变量
	10 * CY14-1B	10.5	31.5	46	1500	3000	
	25 * CY14-1B	26.6	31.5	40	1500	3000	
	40 * CY14-1B	40.0	25	31.5	1500	3000	
	63 * CY14-1B	66.0	31.5	40	1500	2000	
	80 * CY14-1B	84.9	25	31.5	1500	2000	
	160 * CY14-1B	164.7	31.5	40	1000	1500	
	250 * CY14-1B	254	31.5	40	1000	1500	
	ZB * 9.5	9.5	21	28	1500	3000	ZB(定量泵) ZBSV(手动伺服) ZBY(液控变量) ZBP(恒压变量) ZBN(恒功率变量)
	ZB * 40	40				2500	
	ZB * 75	75				2000	
	ZB * 160	160				2000	
	ZB * 227	227				2000	
斜轴式轴向柱塞泵	A2F	9.4～500	35	40	—	5000	定量泵
	A6V	28.1～500	35	40	—	4750	手动变量 液控变量 高压自动变量
	A7V	20～500	25	40	—	4750	恒功率变量 恒压变量 液压控制变量 手动变量
	A2V	28.1～225	32	40		4750	变量泵
径向柱塞泵	JB-G	57～121	25	31.5	1000	1500	—
	JB-H	17.6～35.5	31.5	40	1000	1500	
	BFW01	26.6	20		1500		

6.3.2 CY14-1B 型斜盘式轴向柱塞泵

(1) 型号说明

25 * C Y 14-1 B

① ② ③ ④ ⑤ ⑥ ⑦

①——规格：10—10mL/r，25—25mL/r，63—63mL/r，160—160mL/r，250—250mL/r，2.5—2.5mL/r；

②——控制方式：C—手动伺服，D—电动，M—定量，Y—恒功率，S—手动，B—电液比例，P—恒压，Z—液控，Y1—阀控恒功率，L—液控零位对中，MY—高低压组合；

③——压力级：C—32MPa；

④——类别：Y—泵，M—马达；

⑤——结构形式：14—缸体转动的轴向柱塞泵（马达）；

⑥——设计号：1—第一种结构代号；

⑦——改进号：B—改进序号。

(2) 技术规格（见表 3.1-65）

(3) 外形尺寸（见图 3.1-60～图 3.1-63 及表 3.1-66）

表 3.1-65 CY14-1B 型斜盘式轴向柱塞泵技术规格

型 号	公称压力/MPa	公称排量/(mL/r)	额定转速/(r/min)	公称流量(1000r/min 时)/(L/min)	功率(1000r/min 时)/kW	最大理论转矩/(N·m)	质量/kg
2.5※CY14-1B	32	2.5	3000	2.5	1.43		4.5～7.2
10※CY14-1B		10	1500	10	5.5		16.1～24.9
25※CY14-1B		25	1500	25	13.7		28.2～41
63※CY14-1B		63	1500	63	34.5		56～74
63※CY14-1B		63	1500	63	59		67
160※CY14-1B		160	1000	160	89.1		138～168
250※CY14-1B		250	1000	250	136.6		～227
400※CY14-1B	21	400	1000	400	138		230

注："※"表示型号意义中除 B、Y 以外的所有变量形式。

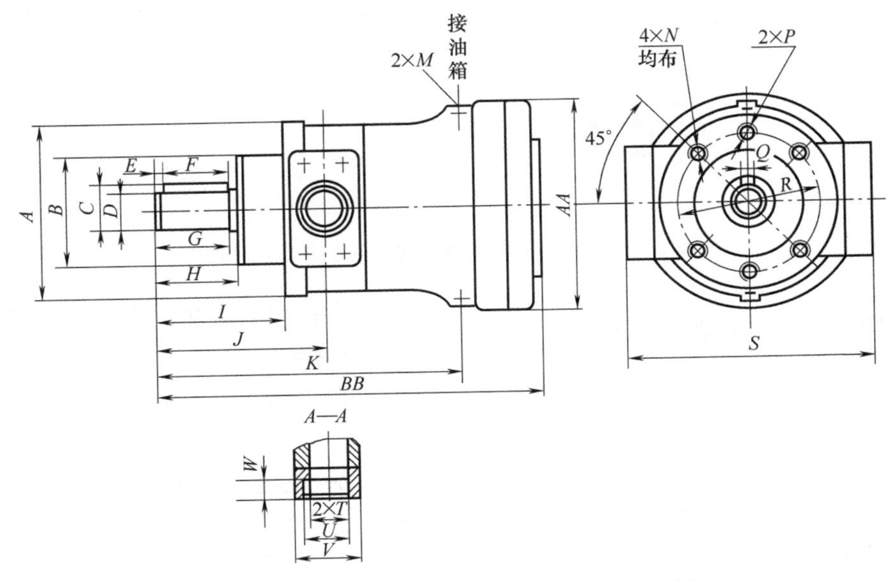

图 3.1-60 MCY14-1B 型轴向柱塞泵外形尺寸图

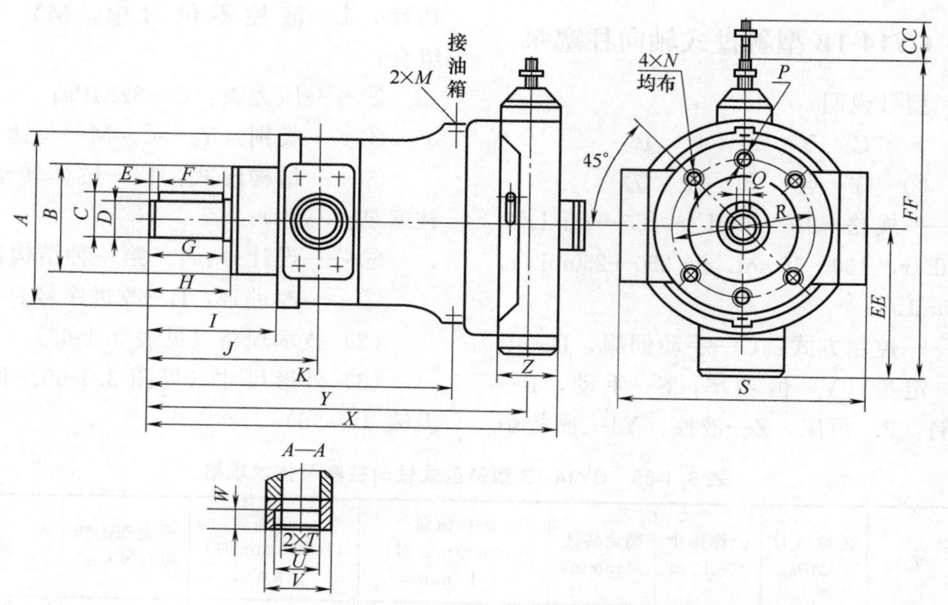

图 3.1-61　CCY14-1B 型轴向柱塞泵外形尺寸图

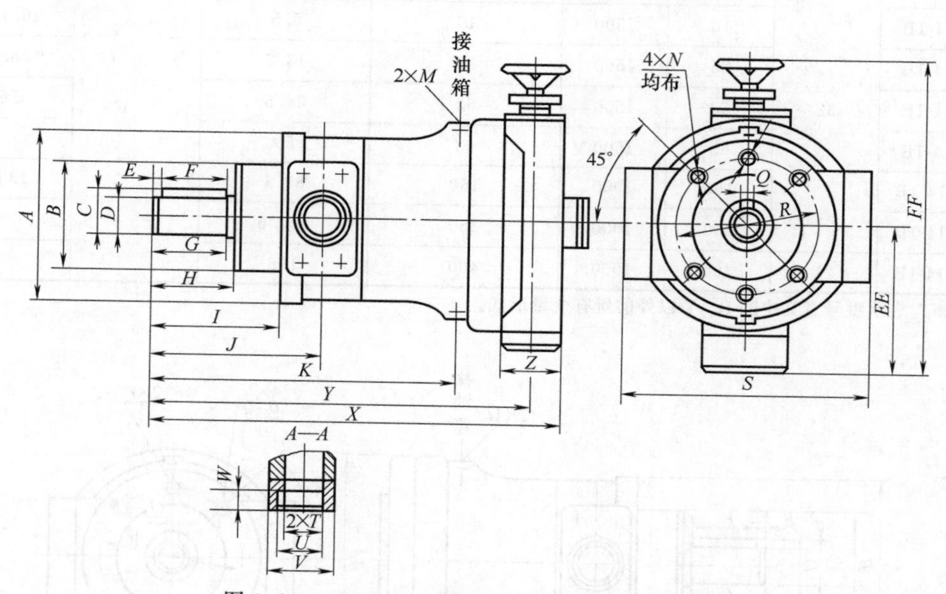

图 3.1-62　SCY14-1B 型轴向柱塞泵外形尺寸图

6.3.3　A2F 型斜轴式轴向柱塞泵

（1）型号说明

A2F　*　*　*　*　*

①　②　③　④　⑤　⑥

①——斜轴式轴向柱塞泵；

②——排量；

③——旋转方向（从轴端看）：R—顺时针，L—逆时针，W—双向（不适用于开式回路中的泵）；

④——结构形式：1、2、3、4、5、6.1；

⑤——轴伸形式：P—平键（GB 1096—79），Z—花键（DIN 5480），S—花键（GB 3478.1—83）；

⑥——后盖形式：1、2、3、4、5、6。

（2）技术规格（见表 3.1-67）

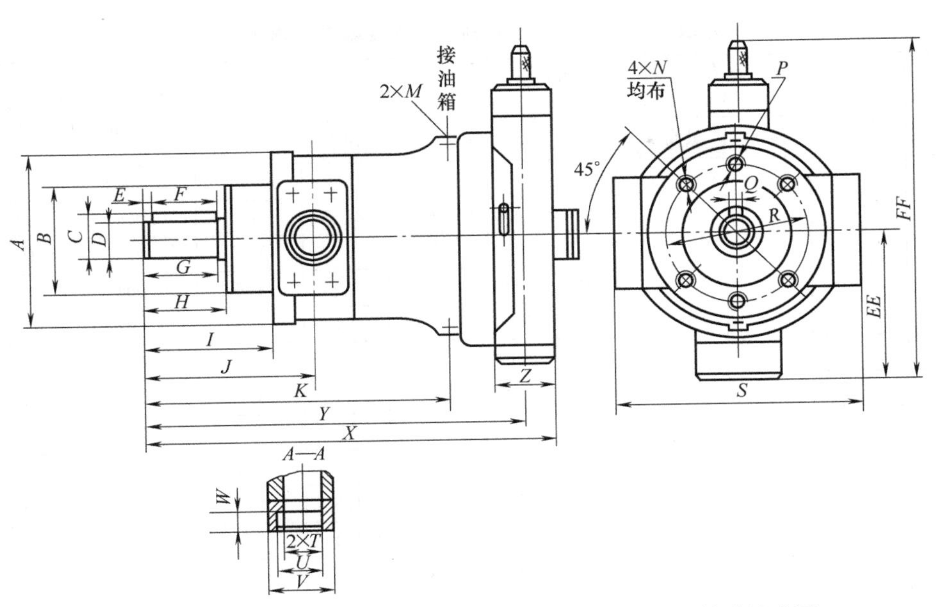

图 3.1-63 MY/CY14-1B 型、YCY14-1B 型轴向柱塞泵外形尺寸图

表 3.1-66 CY14-1B 型轴向柱塞泵外形尺寸

<table>
<tr><td rowspan="2">尺寸
/mm</td><td colspan="18">规格</td></tr>
<tr><td>2.5</td><td colspan="3">10</td><td colspan="3">25</td><td colspan="3">63</td><td colspan="2">160</td><td colspan="3">250</td><td colspan="3">400</td></tr>
<tr><td>A</td><td>79</td><td colspan="3">125</td><td colspan="3">150</td><td colspan="3">190</td><td colspan="2">240</td><td colspan="3">280</td><td colspan="3">280</td></tr>
<tr><td>B</td><td>52f9</td><td colspan="3">75f9</td><td colspan="3">100f9</td><td colspan="3">120f9</td><td colspan="2">150f9</td><td colspan="3">180f9</td><td colspan="3">180f9</td></tr>
<tr><td>C</td><td>15.8</td><td colspan="3">27.5</td><td colspan="3">32.5</td><td colspan="3">42.8</td><td colspan="2">58.5</td><td colspan="3">63.9</td><td colspan="3">63.9</td></tr>
<tr><td>D</td><td>14h6</td><td colspan="3">25h6</td><td colspan="3">30h6</td><td colspan="3">40h6</td><td colspan="2">55h6</td><td colspan="3">60h6</td><td colspan="3">60h6</td></tr>
<tr><td>E</td><td>3</td><td colspan="3">4</td><td colspan="3">4</td><td colspan="3">4</td><td colspan="2">4</td><td colspan="3">5</td><td colspan="3">5</td></tr>
<tr><td>F</td><td>20</td><td colspan="3">30</td><td colspan="3">45</td><td colspan="3">50</td><td colspan="2">100</td><td colspan="3">100</td><td colspan="3">100</td></tr>
<tr><td>G</td><td>25</td><td colspan="3">40</td><td colspan="3">52</td><td colspan="3">60</td><td colspan="2">108</td><td colspan="3">110</td><td colspan="3">110</td></tr>
<tr><td>H</td><td>26</td><td colspan="3">41</td><td colspan="3">54</td><td colspan="3">62</td><td colspan="2">110</td><td colspan="3">110</td><td colspan="3">110</td></tr>
<tr><td>I</td><td>62</td><td colspan="3">86</td><td colspan="3">104</td><td colspan="3">122</td><td colspan="2">178</td><td colspan="3">212</td><td colspan="3">212</td></tr>
<tr><td>J</td><td>77</td><td colspan="3">109</td><td colspan="3">134</td><td colspan="3">157</td><td colspan="2">228</td><td colspan="3">272</td><td colspan="3">277</td></tr>
<tr><td>K</td><td>119</td><td colspan="3">194</td><td colspan="3">246</td><td colspan="3">300</td><td colspan="2">420</td><td colspan="3">502</td><td colspan="3">502</td></tr>
<tr><td>M</td><td>M10×1-7H</td><td colspan="3">M14×1.5-7×H</td><td colspan="3">M14×1.5-7H</td><td colspan="3">M18×1.5-7H</td><td colspan="2">M22×1.5-7H</td><td colspan="3">M22×1.5-7H</td><td colspan="3">M22×1.5-7H</td></tr>
<tr><td>N</td><td>M8-7H</td><td colspan="3">M10-7H</td><td colspan="3">M10-7H</td><td colspan="3">M12-7H</td><td colspan="2">M16-7H</td><td colspan="3">M20-7H</td><td colspan="3">M20-7H</td></tr>
<tr><td>P</td><td>—</td><td colspan="3">—</td><td colspan="3">—</td><td colspan="3">—</td><td colspan="2">M16-7H</td><td colspan="3">M20-7H</td><td colspan="3">M20-7H</td></tr>
<tr><td>Q</td><td>5h9</td><td colspan="3">8h9</td><td colspan="3">8h9</td><td colspan="3">12h9</td><td colspan="2">16h9</td><td colspan="3">18h9</td><td colspan="3">18h9</td></tr>
<tr><td>R</td><td>80</td><td colspan="3">100</td><td colspan="3">125</td><td colspan="3">155</td><td colspan="2">198</td><td colspan="3">230</td><td colspan="3">230</td></tr>
<tr><td>S</td><td>84</td><td colspan="3">142</td><td colspan="3">172</td><td colspan="3">200</td><td colspan="2">340</td><td colspan="3">420</td><td colspan="3">420</td></tr>
<tr><td>T</td><td>M18×1.5-7H</td><td colspan="3">M22×1.5-7H</td><td colspan="3">M33×1.5-7H</td><td colspan="3">M42×1.5-7H</td><td colspan="2">50</td><td colspan="3">55</td><td colspan="3">65</td></tr>
<tr><td>U</td><td>—</td><td colspan="3">—</td><td colspan="3">—</td><td colspan="3">—</td><td colspan="2">64</td><td colspan="3">76</td><td colspan="3">76</td></tr>
<tr><td>V</td><td>—</td><td colspan="3">—</td><td colspan="3">—</td><td colspan="3">—</td><td colspan="2">90</td><td colspan="3">110</td><td colspan="3">110</td></tr>
<tr><td>W</td><td>—</td><td colspan="3">—</td><td colspan="3">—</td><td colspan="3">—</td><td colspan="2">25</td><td colspan="3">25</td><td colspan="3">25</td></tr>
<tr><td>X</td><td>—</td><td colspan="3">294</td><td colspan="3">362</td><td colspan="3">439</td><td colspan="2">589</td><td colspan="3">690</td><td colspan="3">700</td></tr>
<tr><td>Y</td><td>—</td><td colspan="3">258</td><td colspan="3">317</td><td colspan="3">390</td><td colspan="2">529</td><td colspan="3">626</td><td colspan="3">636</td></tr>
<tr><td>Z</td><td>—</td><td colspan="3">50</td><td colspan="3">66</td><td colspan="3">74</td><td colspan="2">100</td><td colspan="3">100</td><td colspan="3">100</td></tr>
<tr><td>AA</td><td>92</td><td colspan="3">150</td><td colspan="3">170</td><td colspan="3">225</td><td colspan="2">300</td><td colspan="3">360</td><td colspan="3">360</td></tr>
<tr><td>BB</td><td>171</td><td colspan="3">253</td><td colspan="3">308</td><td colspan="3">385</td><td colspan="2">525</td><td colspan="3">622</td><td colspan="3">622</td></tr>
<tr><td>CC</td><td>—</td><td colspan="3">23.4</td><td colspan="3">34</td><td colspan="3">43.4</td><td colspan="2">42.8</td><td colspan="3">60</td><td colspan="3">60</td></tr>
<tr><td>EE</td><td>—</td><td>98</td><td>97</td><td>130</td><td>102</td><td>127</td><td>159</td><td>130</td><td>146</td><td>180</td><td>167</td><td>178</td><td>210</td><td>203</td><td>215</td><td>210</td><td>203</td><td>215</td></tr>
<tr><td>FF</td><td>—</td><td>231</td><td>289</td><td>287</td><td>263</td><td>352</td><td>339</td><td>306</td><td>406</td><td>377</td><td>405</td><td>453</td><td>458</td><td>465</td><td>525</td><td>458</td><td>465</td><td>525</td></tr>
<tr><td colspan="2">变量形式</td><td>C</td><td>S</td><td>Y</td><td>C</td><td>S</td><td>Y</td><td>C</td><td>S</td><td>Y</td><td>C</td><td>S</td><td>MY</td><td>S</td><td>Y</td><td>C</td><td>S</td><td>Y</td></tr>
</table>

注：其他变量形式的柱塞泵安装、连接尺寸与同一排量定量泵相同。

表 3.1-67 A2F 型斜轴式轴向柱塞泵技术规格

型号	排量 /(mL/r)	压力 /MPa		最高转速 /(r/min)		最大功率 /kW		额定转矩 /N·m	转动惯量 /kg·m²	驱动功率 /kW	质量 /kg
		额定	最高	闭式	开式	闭式	开式				
A2F10	9.4	35	40	7500	5000	41	26.6	52.5	0.0004	7.9	5.5
A2F12	11.6			6000	4000	41	26.3	64.5	0.0004	9.8	5.5
A2F23	22.7			5600	4000	74	53	126	0.0017	19	12.5
A2F28	28.1			4750	3000	78	49	156	0.0017	24	12.5
A2F40	40			3750	2500	87	55	225	—	—	23
A2F45	44.3			4500	3000	98	75	246	0.0052	38	23
A2F55	54.8			3750	2500	120	78	305	0.0052	46	23
A2F63	63			4000	2700	147	96	350	0.0109	53	33
A2F80	80			3350	2240	156	102	446	0.0109	68	33
A2F87	86.5	35	40	3000	2500	151	123	480	0.0167	73	44
A2F107	107			3000	2000	187	121	594	0.0167	90	44
A2F125	125			3150	2240	230	159	693	0.0322	106	63
A2F160	160			2650	1750	247	159	889	0.0322	135	63
A2F200	200	35	40	2500	1800	292	210	1114	0.0880	169	88
A2F250	250			2500	1500	365	218	1393	0.0880	211	88
A2F355	355			2440	1320	464	273	1987	0.1600	300	138
A2F500	500			2000	1200	583	340	2785	0.2250	283	185
A2F12	12	35	40	6000	3150	42	22	67	0.0004	10	6
A2F23	22.9			4750	2500	63	33	127	0.0012	19	9.5
A2F28	28.1			4750	2500	78	41	156	0.0012	24	9.5
A2F56	56.1			3750	2000	123	65	312	0.0042	47	18
A2F80	80.4			3350	1800	157	84	447	0.0072	68	23
A2F107	106.7			3000	1600	187	100	594	0.0116	90	32
A2F160	160.4			2650	1450	248	136	894	0.0220	136	45
A2F16	16			6000	3150	56	30	89	0.0004	13	6
A2F32	32			4750	2500	88	46	178	0.0012	26	9.5
A2F45	45.6			4250	2240	113	59	254	0.0024	38	13.5
A2F63	63			3750	2000	137	74	350	0.0042	53	18
A2F90	90			3350	1800	176	95	500	0.0072	76	23
A2F125	125			3000	1600	219	116	696	0.0116	106	32
A2F180	180			2650	1450	178	152	1001	0.0220	152	45

(3) 外形尺寸（见图 3.1-64～图 3.1-66 及表 3.1-68～表 3.1-79）

表 3.1-68 A2F（10～160）型斜轴式柱塞泵/马达（1～4 结构）外形尺寸（1） /mm

规格		结构形式	后盖形式	A_1		A_2		A_3	A_4	A_5	A_6	A_7	A_8	A_9	A_{10}
α=20°	α=25°			α=20°	α=25°	α=20°	α=25°								
10	12	4	1,4	235	232	—	—	40	34	40	80	22.5	20	6	16
23	28	3	1,4	296	293	—	—	50	43	50	100	27.9	25	8	19
45	55	1	1,2,3	384	381	378	376	60	35	63	125	32.9	30	12	28
63	80	2	1,2,3	452	450	450	447	70	40	—	140	38	35	12	28
87	107	2	1,2,3	480	476	476	473	80	45	—	160	43.5	40	12	28
125	160	2	1,2,3	552	547	547	547	90	50	—	180	48.5	45	16	36

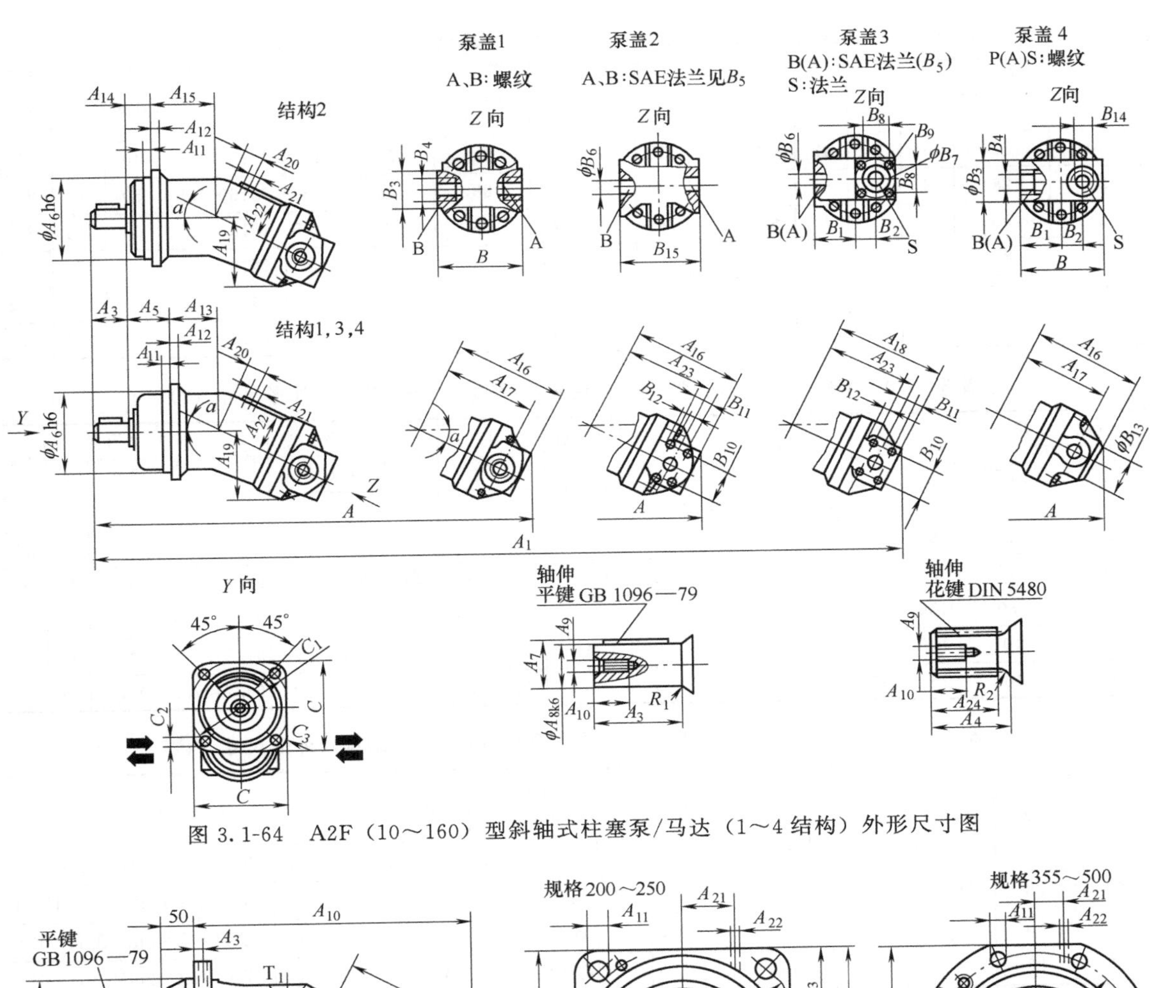

图 3.1-64　A2F（10～160）型斜轴式柱塞泵/马达（1～4 结构）外形尺寸图

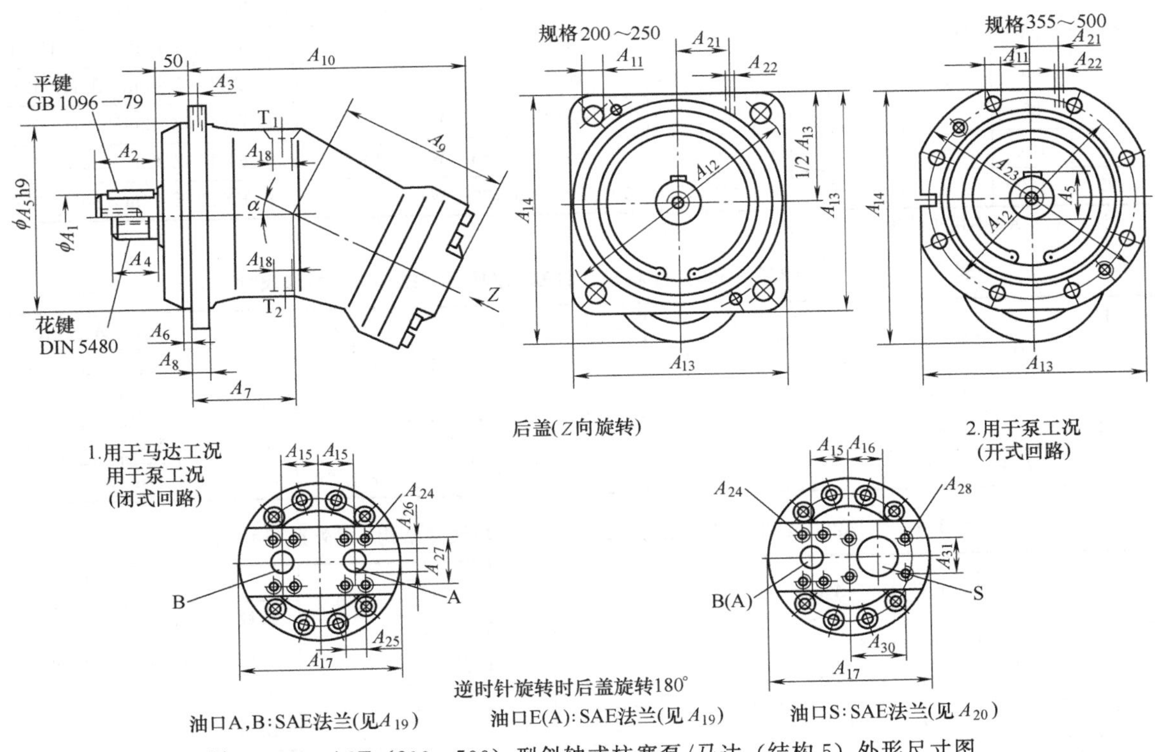

图 3.1-65　A2F（200～500）型斜轴式柱塞泵/马达（结构 5）外形尺寸图

表 3.1-69　A2F（10～160）型斜轴式柱塞泵/马达（1～4 结构）外形尺寸（2）　/mm

规格		A_{11}	A_{12}	A_{13}	A_{14}	A_{15}	A_{16}	A_{17}	A_{18}	A_{19}		A_{20}	A_{21}	A_{22}	A_{23}	A_{24}
$\alpha=20°$	$\alpha=25°$									$\alpha=20°$	$\alpha=25°$					
10	12	8	12.5	42	—	—	112	90	—	69	75	10	M12×1.5	40	—	22
23	28	8	16	50	—	—	145	118	—	88	95	25	M16×1.5	50	—	28
45	55	10	20	77	32	108	183	150	178	110	118	31.5	M18×1.5	63	151	28
63	80	10	23	—	32	137	213	173	208	126	140	36	M18×1.5	77	173	33
87	107	12	25	—	40	130	230	190	225	138	149	40	M18×1.5	80	190	37.5
125	160	10	28	—	40	156	262	212	257	159	173.5	45	M22×1.5	93	212	42.5

表 3.1-70　A2F（10～160）型斜轴式柱塞泵/马达（1～4 结构）外形尺寸（3）　/mm

规格		B	B_1	B_2	B_3	B_4		B_5 SAE 法兰	B_6	B_7	B_8	B_9		B_{10}	B_{11}	B_{12}		B_{13}
$\alpha=20°$	$\alpha=25°$					螺纹	深					螺纹	深			螺纹	深	
10	12	89	42.5	18	40	M22×1.5		—	—	—	—	—	—	—	—	—	—	42
23	28	100	53	25	47	M27×2		—	—	—	—	—	—	—	—	—	—	53
45	55	132	63	29	53	M33×2		0.75	19	50	48	M10	16	50.8	23.8	M10	16	—
63	80	156	75	35.5	63	M42×2		1	25	56	60	M12	18	57.1	27.8	M12	16	—
87	107	165	80	35.5	66	M42×2		1	25	63	60	M12	18	57.1	27.8	M12	18	—
125	160	195	95	42.2	70	M48×2		1.25	32	70	75	M16	24	66.7	27.8	M14	21	—

表 3.1-71　A2F（10～160）型斜轴式柱塞泵/马达（1～4 结构）外形尺寸（4）　/mm

规格		B_{14}		B_{15}	C	C_1	C_2	C_3	平键 GB 1096—79	花键 DIN 5480	花键 GB 3478.1—83
$\alpha=20°$	$\alpha=25°$	螺纹	深								
10	12	M33×2	18	—	95	100	9	10	键 6×6×32	W20×1.25×14×9g	EXT14Z×1.25m×30R×5f
23	28	M42×2	20	—	118	125	11	12	键 8×7×40	W25×1.25×18×9g	EXT18Z×1.25m×30R×5f
45	55	—	—	126	135	160	13.5	16	键 8×7×50	W30×2×14×9g	EXT14Z×2m×30R×5f
63	80	—	—	156	145	180	13.5	16	键 10×8×56	W35×2×16×9g	EXT16Z×2m×30R×5f
87	107	—	—	160	190	200	17.5	20	键 12×8×63	W40×2×18×9g	EXT18Z×2m×30R×5f
125	160	—	—	190	210	224	17.5	20	键 14×9×70	W45×2×21×9g	EXT21Z×2m×30R×5f

注：A_5，A_{13}不用于结构 2，A_{14}，A_{15}不用于结构 1。

表 3.1-72　A2F（200～500）型斜轴式柱塞泵/马达（结构 5）外形尺寸（1）　/mm

规格	α	A_1	A_2	A_3	A_4	A_5	A_6	A_7	A_8	A_9	A_{10}	A_{11}	A_{12}	A_{13}	A_{14}	A_{15}	A_{16}
200	21°	50k6	82	53.5	58	224	50	134	25	232	368	22	280	252	300	55	45
250	26.5°	50k6	82	53.5	58	224	50	134	25	232	370	22	280	252	314	55	45
355	26.5°	60m6	105	64	82	280	50	160	28	260	422	18	320	335	380	60	50
500	26.5°	70m6	105	74.5	82	315	50	175	30	283	462	22	360	375	420	65	55

表 3.1-73　A2F（200～500）型斜轴式柱塞泵/马达（结构 5）外形尺寸（2）　/mm

规格	α	A_{17}	A_{18}	A_{19}/in	A_{20}/in	A_{21}	A_{22}	A_{23}	A_{24}		A_{25}	A_{26}
									螺纹	深		
200	21°	216	M22×1.5	1.25	2.5	70	M14×1.5	—	M14	22	31.8	32
250	26.5°	216	M22×1.5	1.25	2.5	70	M14×1.5	—	M14	22	31.8	32
355	26.5°	245	M33×2	1.5	2.5	35	M14×1.5	360	M16	24	31.6	40
500	26.5°	270	M33×2	1.5	3	35	M18×1.5	400	M16	24	36.6	40

表 3.1-74 A2F（200～500）型斜轴式柱塞泵/马达（结构 5）外形尺寸（3） /mm

规格	A_{27}	A_{28}		A_{29}	A_{30}	A_{31}	平键 GB 1096—79	花键 DIN 5480	质量/kg
		螺纹	深						
200	66.7	M12	18	63	88.9	50.8	14×80	W50×2×24×9g	88
250	66.7	M12	18	63	88.9	50.8	14×80	W50×2×24×9g	88
355	79.4	M12	18	63	88.9	50.8	18×100	W60×2×28×9g	138
500	79.4	M16	24	75	106.4	62	20×100	W70×3×22×9g	185

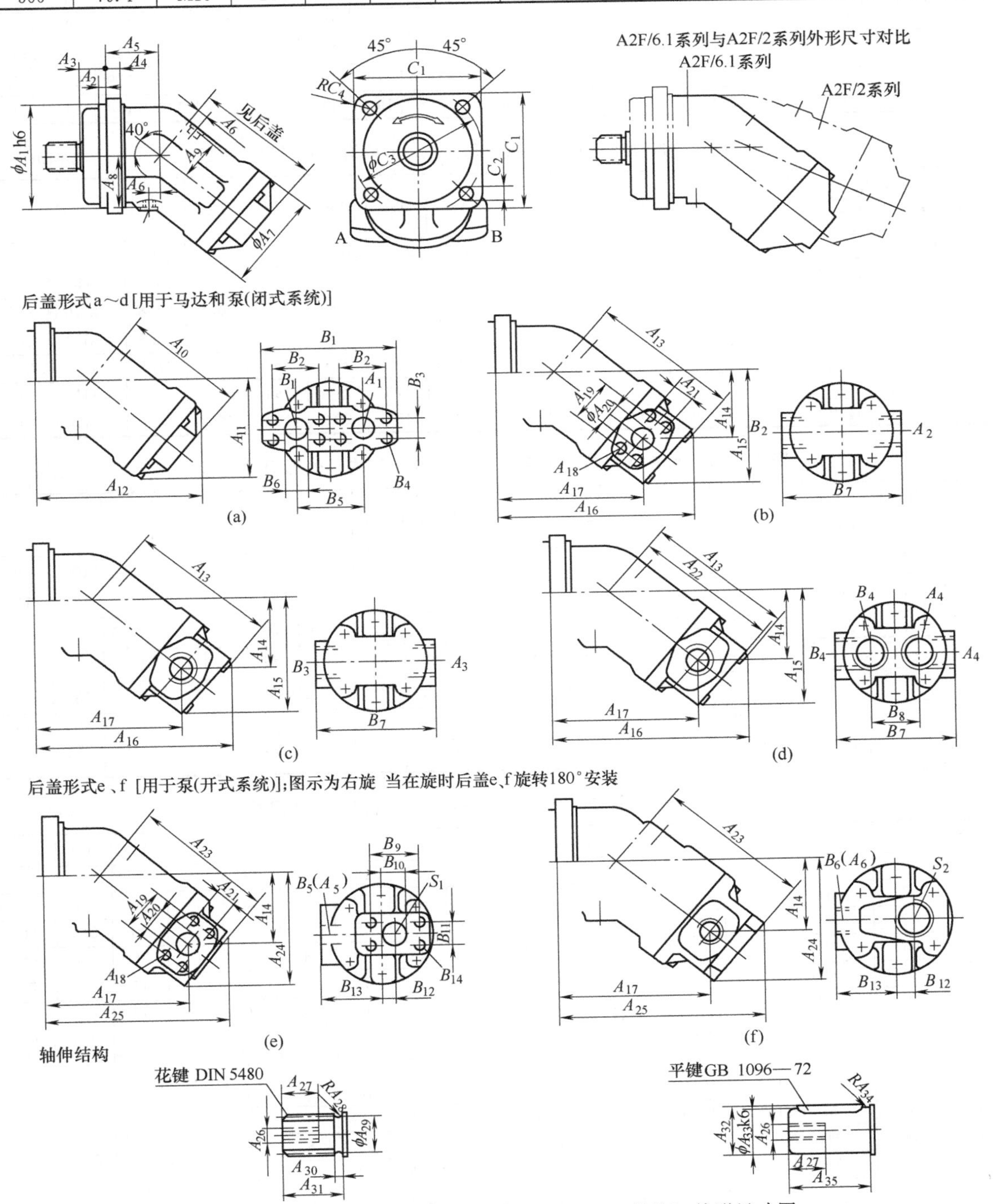

图 3.1-66 A2F 型斜轴式柱塞泵/马达（6.1 结构）外形尺寸图

表 3.1-75　A2F 型斜轴式柱塞泵/马达（6.1 结构）外形尺寸（1）　/mm

公称规格		后盖形式	A_1	A_2	A_3	A_4	A_5	A_6	A_7	A_8	A_9	A_{10}	A_{11}	A_{12}	A_{13}
Ⅰ系列	Ⅱ系列														
16	12	34-6	80	6	20	12	64.5	5	85	56.5	41.5	—	—	—	108
32	23;28	123456	100	8	25	18	60.7	19	106	55.5	48.5	121	106	173	137
45	—	12345-	125	12	32	20	60.3	18	118	63	52	138	119	187	155
63	56	12345-	125	10	32	20	67.5	18	128	70	56	149.5	130	206	166.5
90	80	12345-	140	10	32	20	78.5	15	138	83	61	162.5	145	233	189.5
125	107	12345-	160	10	40	23	82.8	18	150	85	67	186.5	159	252	222
180	160	12345-	180	10	40	25	93	19.5	180	95.5	77.5	208	188	294	233

表 3.1-76　A2F 型斜轴式柱塞泵/马达（6.1 结构）外形尺寸（2）　/mm

公称规格		A_{14}	A_{15}	A_{16}	A_{17}	A_{22}	A_{23}	A_{24}	A_{25}	B_1	B_2	B_3	B_4
Ⅰ系列	Ⅱ系列												
16	12	55.5	85	159.5	130.5	—	108	93.5	167.5	—	—	—	—
32	23;28	70	117	190	144	—	141	120	193	115	40.5	18.2	M8 深 15
45	—	80	133	207	155	—	158	133	207	147	50.8	23.8	M10 深 17
63	56	87	142	225	171	—	169.5	142	225	147	50.8	23.8	M10 深 17
90	80	99	162	257	196	—	189.5	160	225	166	57.2	27.8	M12 深 17
125	107	110	181	285	213	218.5	212	173	275	194	66.7	31.8	M14 深 19
180	160	121	188	294	237	—	233	188	294	194	66.7	31.8	M14 深 19

表 3.1-77　A2F 型斜轴式柱塞泵/马达（6.1 结构）外形尺寸（3）　/mm

公称规格		B_5	B_6	B_7	B_8	B_9	B_{10}	B_{11}	B_{12}	B_{13}	B_{14}	C_1	C_2	C_3	C_4
Ⅰ系列	Ⅱ系列														
16	12	—	—	85	36	—	—	—	16	42.5	—	95	9	100	10
32	23;28	59	13	120	58	47.6	19	22.2	14	60	M10 深 17	118	11	125	12
45	—	75	19	128	58	52.4	25	26.2	20	63.5	M10 深 17	150	13.5	160	16
63	56	75	19	136	58	52.4	25	26.2	23	68	M10 深 17	150	13.5	160	16
90	80	84	25	160	64	58.7	32	30.2	25	73	M10 深 17	165	13.5	180	16
125	107	99	32	178	71	69.9	38	35.7	20	89	M12 深 20	190	17.5	200	20
180	160	99	32	202	71	69.9	38	35.7	15	101	M12 深 20	210	17.5	224	20

表 3.1-78　A2F 型斜轴式柱塞泵/马达（6.1 结构）外形尺寸（4）　/mm

公称规格		A_{18}	A_{19}	A_{20}	A_{21}	A_{26}	A_{27}	A_{28}	A_{29}	A_{30}	A_{31}	A_{32}	A_{33}	A_{34}	A_{35}
Ⅰ系列	16	—	—	—	—	M10	22	1.6	21.8	6	28	28	25	1	40
	32	M8 深 15	40.5	13	18.2	M10	22	1.6	25	8	35	33	30	0.8	50
	45	M10 深 17	50.8	19	23.8	M12	28	1.6	25	8	35	33	30	0.8	60
	63	M10 深 17	50.8	19	23.8	M12	28	1.6	30	8	40	38	35	1	60
	90	M10 深 17	57.2	25	27.8	M16	36	2.5	35	811	45	43	45	1	70
	125	M14 深 19	66.7	32	31.8	M16	36	2.5	40	12	50	48.5	40	1.6	80
	180	M14 深 19	66.7	32	31.8	M16	36	4	45	15	55	53.5	45	2.5	90
Ⅱ系列	12	—	—	—	—	M6	16	1.2	16.8	15	34	22.5	50	1	40
	23	M8 深 15	40.5	13	18.2	M8	19	1.6	21.8	8	43	28	20	0.8	50
	28	M8 深 15	40.5	13	18.2	M8	19	1.6	21.8	8	43	28	25	0.8	50
	56	M10 深 15	50.8	19	23.5	M12	28	1.6	25	8	35	33	25	1.6	60
	80	M12 深 17	57.8	25	27.8	M12	28	1.6	30	8	40	38	30	1.6	70
	107	M12 深 17	57.2	25	27.8	M12	28	2.5	35	8	45	43	35	1.6	80
	160	M14 深 19	66.7	32	31.8	M16	36	2.5	40	8	50	48.5	40	2.5	90

表 3.1-79 A2F 型斜轴式柱塞泵/马达（6.1 结构）外形尺寸（5） /mm

公称规格	连接油口									花键 DIN 5480	平键 GB 1096—72
	T	A_1、B_1/in	A_2、B_2/in	A_3、B_3	A_4、B_4	A_5、B_5	A_6、B_6	S_1/in	S_2		
16	M12×1.5	—	—	M22×1.5	M22×1.5	—	M22×1.5	—	M33×2	W25×1.25×18×9g	—

6.3.4 A7V 型斜轴式变量柱塞泵

（1）型号说明

A7V ＊ ＊ ＊ ＊ ＊ ＊ ＊

① ② ③ ④ ⑤ ⑥ ⑦ ⑧

①——A7V 型斜轴式变量柱塞泵；

②——规格；

③——变量形式：LV—恒功率变量，DR—恒压变量，EP—电控比例变量，HD—液控变量，MA—手动变量；

④—结构形式：1、2.0、5.1；

⑤—旋转方向（从轴端看）：R—顺时针，L—逆时针；

⑥—轴伸形式：P—平键（GB 1096—79），Z—花键（DIN 5480），S—花键（GB 3478.1—83）；

⑦—油口连接：F—法兰（在侧面），G—吸油口法兰（在侧面），压油口螺纹（在侧面），H—法兰（在后面）；

⑧—行程限位：O—没有，M—机械（用于 LV 和 DR），H—液压（用于 LV）。

（2）技术规格（见表 3.1-80）

（3）外形尺寸（见图 3.1-67～图 3.1-74 及表 3.1-81～表 3.1-94）

表 3.1-80 A7V 型斜轴式变量柱塞泵技术规格

型号	排量 /(mL/r)	摆角变化范围 /(°)		排量变化范围 /(mL/r)		压力/MPa		最大转速 /(r/min)		最大功率 /kW		转动惯量 /kg·m²	质量 /kg
		α_{max}	α_{min}	最大	最小	额定	最高	n_1	n_2	n_1 时	n_2 时		
A7V20	20	18	0	20.5	0	35	40	4100	4750	49	57	0.0017	19
A7V28	38	35	7	28.1	8.1			3000	3600	49	59	0.0017	19
A7V40	40	18	0	40.1	0			3400	3750	80	88	0.0052	28
A7V55	55	25	7	54.8	15.8			2500	3000	80	96	0.0052	28
A7V58	58	18	0	58.8	0			3000	3350	102	114	0.0109	44
A7V80	80	25	7	80	23.1			2240	2750	105	128	0.0109	44
A7V78	78	18	0	78	0			2700	3000	123	136	0.0167	53
A7V107	107	25	7	107	30.8			2000	2450	125	153	0.0167	53
A7V117	117	18	0	117	0			2300	2650	161	181	0.0322	76
A7V160	160	25	7	160	46.2			1750	2100	163	196	0.0322	76
A7V250	250	26.5	0	250	0	35	40	1500	1850	218	270	0.088	105
A7V355	335			355	0			1320	1650	273	342	0.16	165
A7V500	500			500	0			1200	1500	350	437	0.27	245

注：1. A7V28、A7V55、A7V80、A7V107、A7V160 等型号无恒压变量；

2. 表中 n_1、n_2 分别为泵吸油口绝对压力 0.1MPa 和 0.15MPa 时的最高转速；

3. 最大功率系指压力为 35MPa、最高转速时的功率。

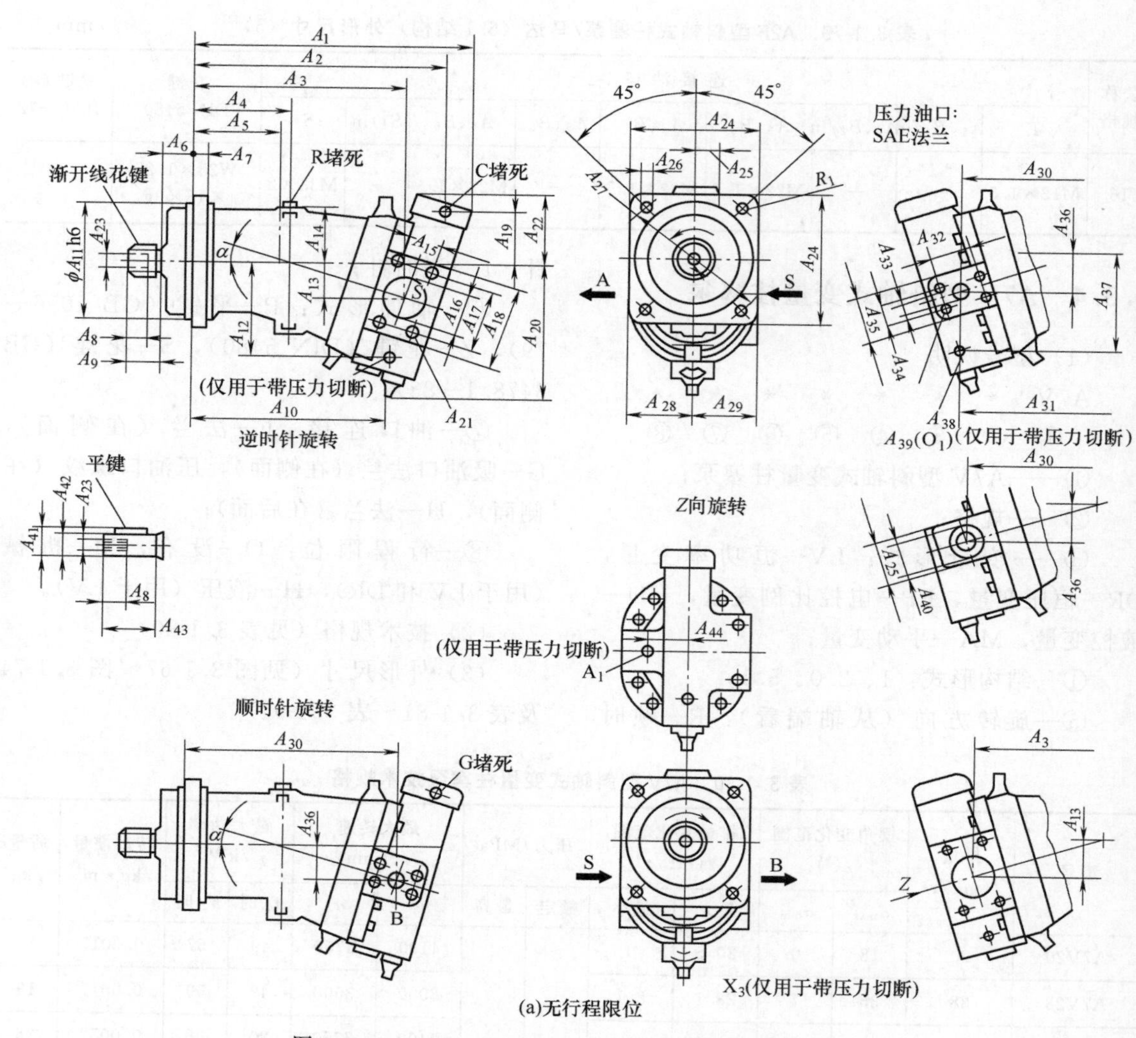

(a)无行程限位

图 3.1-67 A7V（20～160）LV 型变量泵外形尺寸图

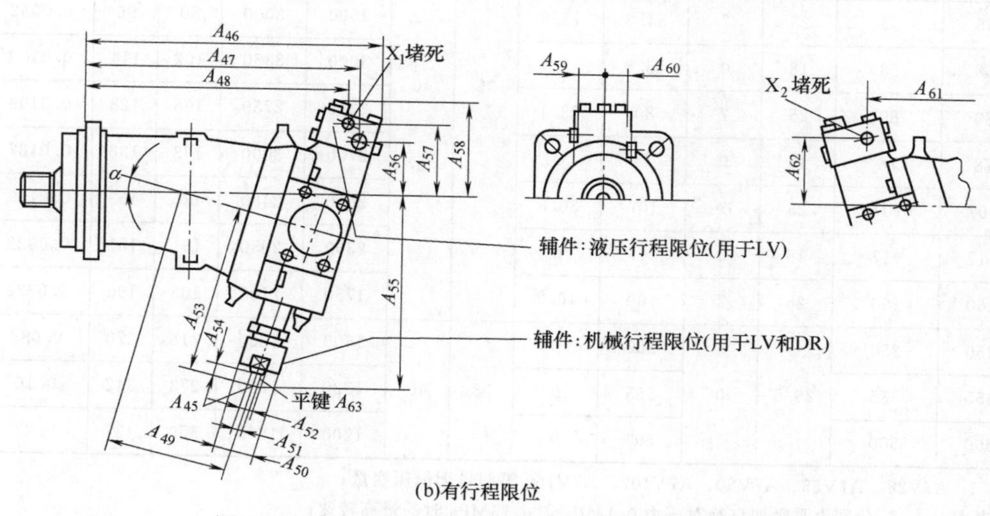

(b)有行程限位

图 3.1-68 A7V（20～160）LV 型变量泵外形尺寸图

表 3.1-81　A7V（20～160）LV 型变量泵外形尺寸（1）　/mm

规格	α/(°)	A_1	A_2	A_3	A_4	A_5	A_6	A_7	A_8	A_9	A_{10}	A_{11}	A_{12}	A_{13}	A_{14}	A_{15}	A_{16}	A_{17}	A_{18}	A_{19}
20	9	251	224	199	107	75	25	16	19	43	160	100	85	20	52	35.7	38	69.9	94	78
28	16	260	232	195	107	75	25	16	19	43	149	100	95	34	50	35.7	38	69.9	94	59
40	9	317	287	255	123	108	32	20	28	35	244	125	95	23	63	12.9	50	77.8	102	87
55	16	327	296	251	123	108	32	20	28	35	—	125	—	41	63	42.9	50	77.8	102	64
58	9	374	337	304	152	137	32	23	28	40	295	140	106	26.5	77	50.8	63	88.9	115	93
78	9	381	347	310	145	130	40	25	28	45	298	160	113	29	80	50.8	63	88.9	115	101
80	16	385	347	300	152	137	32	23	28	40	—	140	—	48	77	50.8	63	88.9	115	68
107	16	393	358	305	145	130	40	25	28	45	—	160	—	50	80	50.8	63	88.9	115	73
117	9	443	402	364	214	156	40	28	36	50	350	180	130	33	93	61.9	75	106.4	135	114
160	16	454	444	359	213	156	40	28	36	50	—	180	—	58	88	61.9	75	106.4	135	83

表 3.1-82　A7V（20～160）LV 型变量泵外形尺寸（2）　/mm

规格	A_{20}	A_{21}螺纹	A_{22}	A_{23}	A_{24}	A_{25}	A_{26}	A_{27}	A_{28}	A_{29}	A_{30}	A_{31}	A_{32}	A_{33}	A_{34}	A_{35}	A_{36}	A_{37}	A_{38}	
																			螺纹	深
20	132	M12	95	M18	118	23.5	11	125	56	58	193	—	50.8	19	23.8	46	19	—	M10	17
28	145	M12	80	M18	118	23.5	11	125	58	58	189	—	50.8	19	23.8	46	33	—	M10	17
40	166	M12	109	M12	150	29	13.5	160	71	81	253	261	50.8	19	23.8	53	23	98	M10	17
55	182	M12	91	M12	150	29	13.5	160	71	81	249	—	50.8	19	23.8	53	40	—	M10	17
58	168	M12	118	M12	165	33	13.5	180	86	92	301	313	57.2	25	27.8	64	26	109	M12	18
78	180	M12	120	M12	190	33	17.5	200	89	93	306	318	57.2	25	27.8	64	28	119	M12	18
80	194	M12	—	M12	165	33	13.5	160	86	92	297	—	57.2	25	27.8	64	47	—	M12	18
107	200	M12	98	M12	190	33	17.5	200	89	93	301	—	57.2	25	27.8	64	49	—	M12	18
117	195	M16	137	M16	210	34	17.5	224	104	113	359	369	66.7	32	31.8	70	32	136	M14	19
160	222	M16	112	M16	210	34	17.5	224	104	113	354	—	66.7	32	31.8	70	57	—	M14	19

表 3.1-83　A7V（20～160）LV 型变量泵外形尺寸（3）　/mm

规格	$(O_1)A_{39}$	A_{40}	A_{41}	A_{42}	A_{43}	A_{44}	A_{45}		A_{46}	A_{47}	A_{48}	A_{49}	A_{50}	A_{51}	A_{52}	A_{53}	A_{54}	A_{55}
							螺纹	深										
20	—	M27×2	27.9	25	50	38	M3	9	257	226	230	108	42	8.8	8	161	14	176
28	—	M27×2	27.9	25	50	38	M3	9	269	234	242	108	42	8.8	8	161	14	186
40	M18×1.5	M33×2	32.9	30	60	40	M4	10	323	290	279	134	—	11.2	10	184	16	204
55	—	M33×2	32.9	30	60	40	M4	10	337	299	292	134	—	11.2	10	184	16	215
58	M18×1.5	M42×2	38	35	70	62	M5	12	378	344	330	155.5	52	18	16	228	24	251
78	M18×1.5	M42×2	43.1	40	80	55	M5	12	385	352	338	169	52	18	16	236	24	261
80	—	M42×2	38	35	70	62	M5	12	391	354	343	155.5	52	18	16	228	24	265
107	—	M42×2	43.1	40	80	55	M5	12	400	363	351	169	52	18	16	236	24	276
117	M18×1.5	M48×2	48.5	45	90	65	M5	12.5	445	408	384	192	65	18	16	256	24	294
160	—	M48×2	48.5	45	90	65	M5	12.5	461	420	399	192	65	18	16	256	24	310

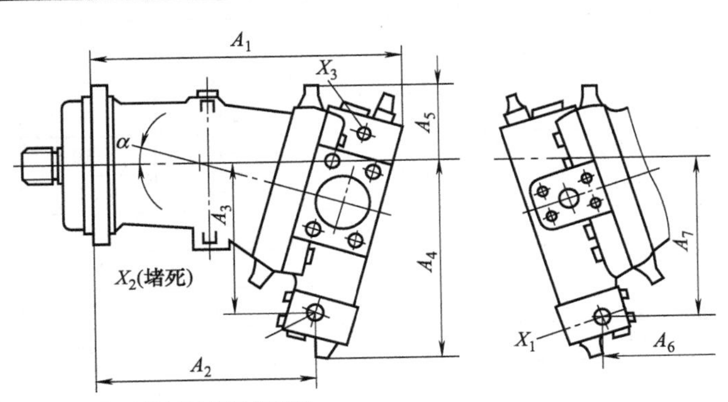

图 3.1-69　A7V（20～160）hD 型变量泵外形尺寸图

表 3.1-84 A7V（20～160）LV 型变量泵外形尺寸（4） /mm

规格	A_{56}	A_{57}	A_{58}	A_{59}	A_{60}	A_{61}	A_{62}	平键 A_{63}GB 1096—79	平键 GB 1096—79	花键 DIN 5480	花键 GB 3478.1—83	R_1	油口 R	油口 A_1,X_3	质量 /kg
20	77	104	129	35	30	228	92	键 2×10	键 8×40	W25×12.5 ×18×9g	EXT18Z×1.25m ×30R×5f	12	M16×1.5	M12×1.5	19
28	58	84	114	35	30	228	73	键 2×10	键 8×40	W25×12.5 ×18×9g	EXT18Z×1.25m ×30R×5f	12	M16×1.5	M12×1.5	19
40	85	117	147	30	30	276	104	键 3×10	键 8×50	W30×2 ×14×9g	EXT14Z×2m ×30R×5f	16	M16×1.5	M12×1.5	28
55	62	98	128	30	30	288	83	键 3×10	键 8×50	W30×2 ×14×9g	EXT14Z×2m ×30R×5f	12	M16×1.5	M12×1.5	28
58	91	116	142	33	33	328	104	键 5×16	键 10×56	W35×2 ×16×9g	EXT16Z×25m ×30R×5f	16	M18×1.5	M18×1.5	44
78	99	124	150	33	33	336	112	键 5×16	键 12×63	W40×2 ×18×9g	EXT18Z×2m ×30R×5f	20	M18×1.5	M18×1.5	53
80	65	91	120	33	33	339	80	键 5×16	键 10×56	W35×2 ×16×9g	EXT16Z×2m ×30R×5f	16	M18×1.5	M18×1.5	44
107	71	97	126	33	33	348	86	键 5×16	键 12×63	W40×2 ×18×9g	EXT18Z×2m ×30R×5f	20	M18×1.5	M18×1.5	53
117	111	137	164	34	34	382	125	键 5×16	键 14×70	W45×2 ×21×9g	EXT21Z×2m ×30R×5f	20	M22×1.5	M20×1.5	76
160	79	108	137	34	34	396	96	键 5×16	键 14×70	W45×2 ×21×9g	EXT21Z×2m ×30R×5f	20	M22×1.5	M20×1.5	76

注：油口 G、X_1、X_2 为 M14×1.5，油口 O_1 为 M12×1.5。

表 3.1-85 A7V（20～160）LV 型变量泵外形尺寸（5） /mm

规格	α/(°)	A_1	A_2	A_3	A_4	A_5	A_6	A_7
20	9	251	134	95	106	38	—	—
40	9	315	166	107	127	40	14	53
58	9	372	160	107	138	62	15	69
78	9	380	180	114	147	60	14	70
117	9	441	199	132	165	65	14	83

表 3.1-86 A7V（20～160）hD 型变量泵外形尺寸 /mm

规格	α/(°)	A_1	A_2	A_3	A_4	A_5	A_6	A_7
20	9	248	175	132	182	75	190	147
28	16	253	158	143	195	75	172	160
40	9	312	236	151	206	110	233	166
55	16	318	217	166	220	84	212	180
58	9	367	287	158	213	110	285	170
78	9	375	292	107	225	122	290	182
80	16	373	266	187.5	232	105	263	186
107	16	382	270	188	242	106	266	200
117	9	434	333	188	250	132	331	200
160	16	442	308	209	272	114	305	220

注：其余尺寸见 LV 型。

表 3.1-87 A7V（20～160）EP 型变量泵外形尺寸 /mm

规格	α/(°)	A_1	A_2	A_3	A_4	A_5	A_6	A_7
20	9	248	182	144	113	54	216	75
28	16	252	188	130	121	41	229	75
40	9	312	267	201	130	49	234	110
55	16	318	217	184	140	29	249	84
58	9	367	320	249	241	52	245	111
78	9	374	325	254	153	55	257	122
80	16	373	325	231	152	29	264	105
107	16	381	330	234	167	31	227	106
117	9	434	381	294	172	64	279	132
160	16	442	387	272	187	36	298	114

注：其余尺寸见 LV 型。

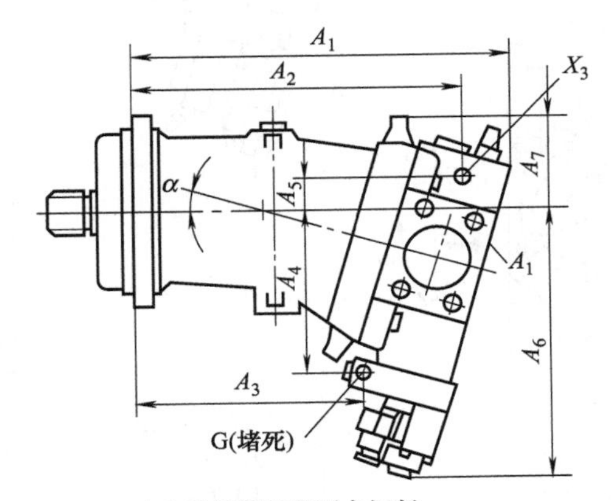

图 3.1-70 A7V（20～160）EP 型变量泵外形尺寸图

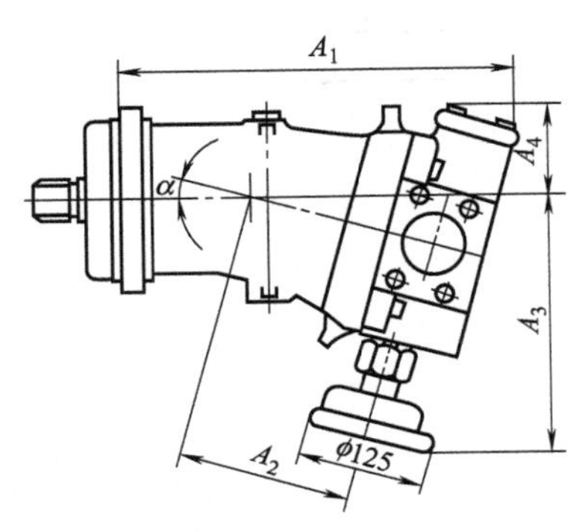

图 3.1-71 A7V（20～160）MA 型变量泵外形尺寸图

表 3.1-88 A7V（20～160）MA 型变量泵外形尺寸 /mm

规　格	α/(°)	A_1	A_2	A_3	A_4
20	9	251	108	175	95
28	16	260	108	190	80
40	9	315	134	197	107
55	16	323	134	215	89
58	9	372	155.5	215	107
78	9	380	169	246	114
80	16	380	155.5	235	86
107	16	390	169	270	92
117	9	441	192	261	132
160	16	450	192	285	107

注：其余尺寸见 LV 型。

表 3.1-89 A7V（250～500）LV 型变量泵外形尺寸（1） /mm

规格	A_1	A_2	A_3	A_4	A_5	A_6	A_7	A_8	A_9	A_{10}	A_{11}	A_{12}	A_{13}	A_{14}	A_{15}	A_{16}	A_{17}	A_{18}	A_{19}	A_{20}
250	491	450	364	134	120	13	36	50	25	58	371	224	M16	223	54	77.8	100	130.2	180	296
355	552	511	412	160	142	13	42	50	28	82	427	280	M20	240	59	77.8	100	130.2	162	328
500	615	563	465	194	175	15	42	50	30	82	464	315	M20	252	68	92.1	125	152.4	185	343

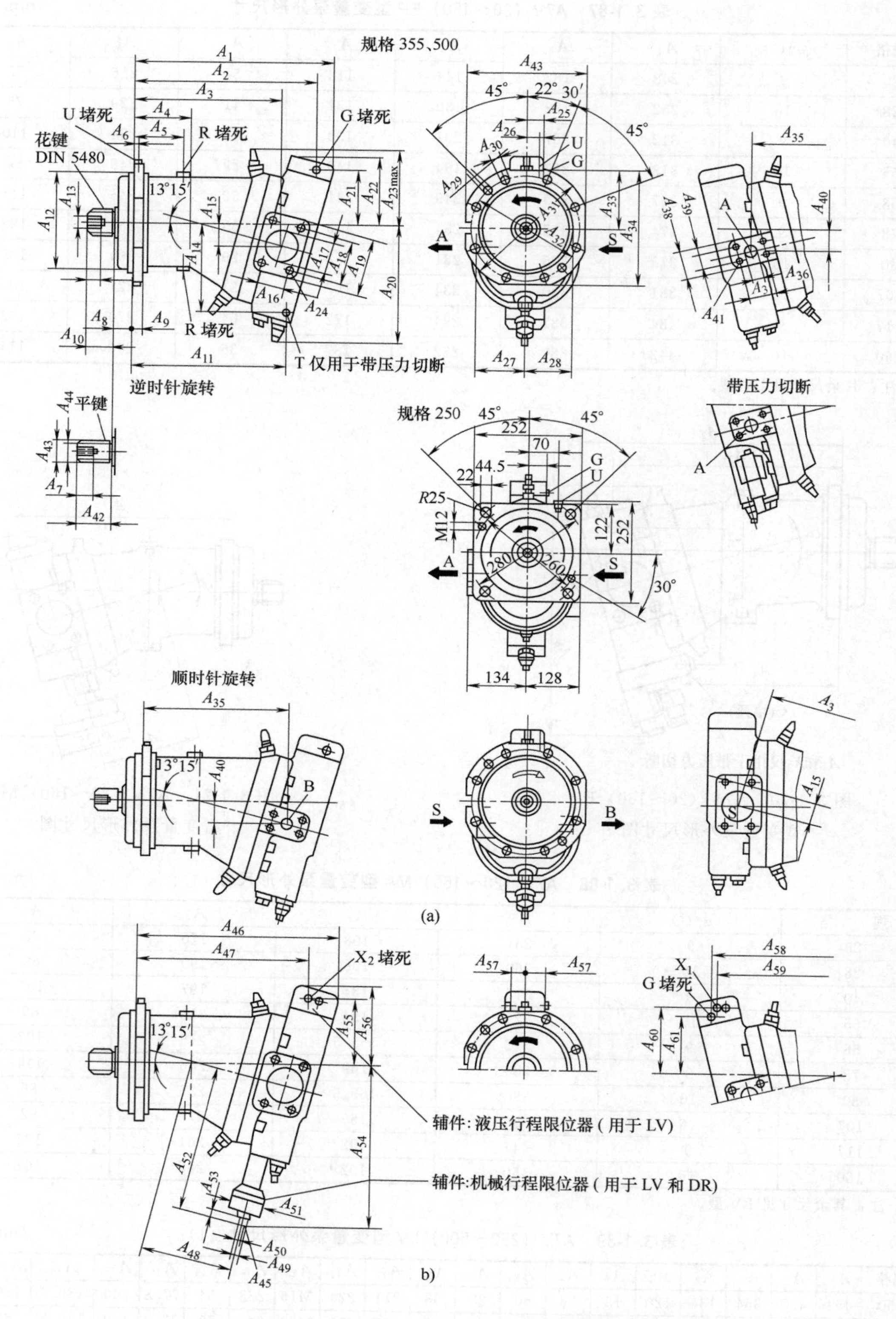

图 3.1-72　A7V（250～500）LV 型变量泵外形尺寸图

表 3.1-90 A7V（250～500）LV型变量泵外形尺寸（2） /mm

规格	A_{21}	A_{22}	A_{23}	A_{25}	A_{26}	A_{27}	A_{28}	A_{29}	A_{30}	A_{31}	A_{32}	A_{33}	A_{34}	A_{35}	A_{36}	A_{37}	A_{38}	A_{39}	A_{40}	A_{41}×深
250	145	179	198	44.5	70	134	128	M12	22	—	280	122	252	354	32	66.7	95	31.8	51	M14×19
355	157	194	206	48.5	35	130	140	M16	18	360	320	166	335	407	40	79.4	80	36.5	58	M16×21
500	194	230	—	53	35	144	150	M20	22	400	360	186	375	446	40	79.4	80	36.5	64	M16×24

表 3.1-91 A7V（250～500）LV型变量泵外形尺寸（3） /mm

规格	A_{42}	A_{43}	A_{44}	A_{45}×深	GB 1096—79	A_{46}	A_{47}	A_{48}	A_{49}	A_{50}	A_{51}	A_{52}	A_{53}	A_{54}	A_{55}	A_{56}	A_{57}	A_{58}
250	82	53.5	50	M5×12.5	键 5×16	498	411	223	18	16	90	366	24	407	175	210	44.5	450
355	105	64	60	M5×12.5	键 5×16	562	470	252	18	16	90	397	24	444	187	225	48.5	511
500	105	74.5	70	M6×16	键 5×16	617	559	513	20.5	18	100	418	22	471	215	240	53	—

表 3.1-92 A7V（250～500）LV型变量泵外形尺寸（4） /mm

规格	A_{59}	A_{60}	A_{61}	平键 GB 1096—79	花键 DIN 5480	油口						质量 /kg
						G	X_1	X_2	A_1,X_3	R	U	
250	433	169	145	键 14×80	W50×2×24×9g	M14×1.5	M14×1.5	M14×1.5	M16×1.5	M22×1.5	M14×1.5	105
355	492	182	157	键 18×100	W60×2×28×9g	M16×1.5	M16×1.5	M16×1.5	M22×1.5	M33×1.5	M14×1.5	165
500	535	210	—	键 20×100	W70×3×22×9g	M16×1.5	M16×1.5	M16×1.5	M22×1.5	M33×1.5	M18×1.5	245

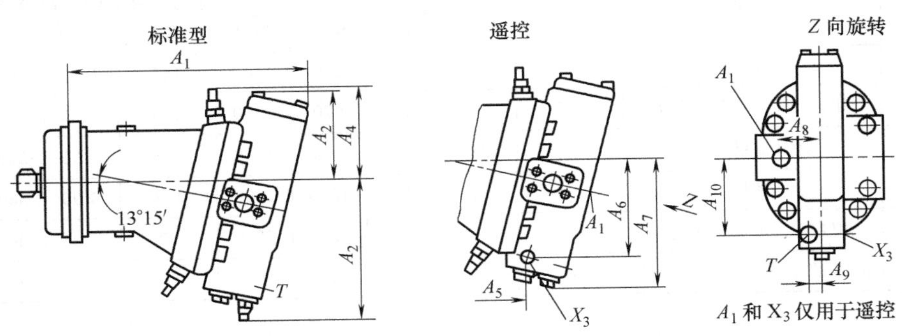

图 3.1-73 A7V（250～500）DR型变量泵外形尺寸图

表 3.1-93 A7V（250～500）DR型变量泵外形尺寸 /mm

规格	A_1	A_2	A_3	A_4	A_5	A_6	A_7	A_8	A_9	A_{10}
250	489	296	173	198	314	211	272	84	28	165
355	552	328	194	206	366	228	306	85	32	175
500	610	343	221	—	417	241	—	84	38	180

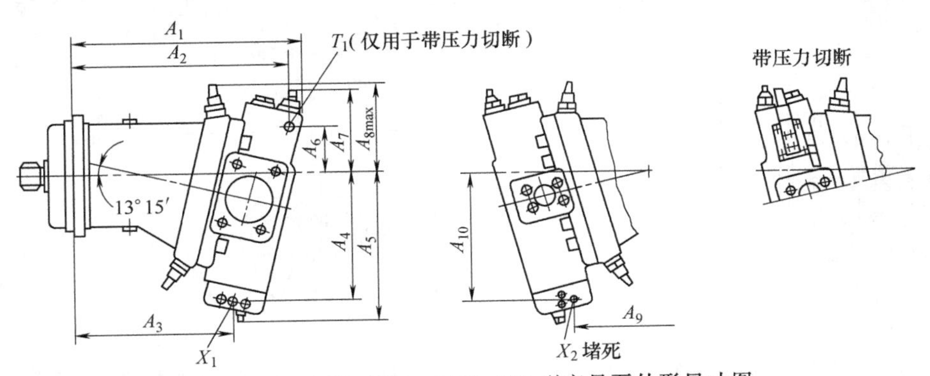

图 3.1-74 A7V（250～500）HD型变量泵外形尺寸图

表 3.1-94　A7V（250～500）HD 型变量泵外形尺寸

/mm

规格	A_1	A_2	A_3	A_4	A_5	A_6	A_7	A_8	A_9	A_{10}
250	476	445	328	281	323	95	166	198	306	275
355	537	506	377	311	358	97	187	206	355	305
500	586	546	409	342	382	98	—	216	379	355

6.3.5　ZB 型斜轴式轴向柱塞泵

（1）型号说明

ZB　*-F　*　*　*

①　②　③　④　⑤　⑥

①——斜轴式轴向柱塞泵；

②——变量形式：N—恒功率变量，P—恒压变量，SC—手动伺服控制；

③——压力等级：20MPa；

④——排量，mL/r；

⑤——安装方式：无—法兰安装，J—脚架安装；

⑥——壳体：无—带壳体，B—不带壳体。

（2）技术规格（见表 3.1-95）

（3）外形尺寸（见图 3.1-75～图 3.1-80）

表 3.1-95　ZB 型斜轴式轴向柱塞泵技术规格

型号	变量形式	排量/(mL/r)	压力/MPa		转速/(r/min)		驱动功率/kW	容积效率/%	质量/kg	旧型号
			额定	最高	额定	最高				
ZBP-F481	恒压变量	481	21	35	970	1500	163	≥96	500	ZB1-740
ZB-F481-B	用户自定(双向变量)	481	21	35	970	1500	163	≥96	200	ZB2-740
ZBSC-F481	手动伺服双向变量	481	21	35	970	1500	163	≥96	500	ZB3-740
ZBSC-F234	手动伺服双向变量	234	21	35	1500	1500	123	≥96	350	ZB3-732
ZB-F125-B	用户自定(双向变量)	125	20	25	2200	2200	90	≥96	84	YAK-125
ZB-F80	恒流量控制手动伺服变量	87	21	25	1500	1670	50	≥96	80	—

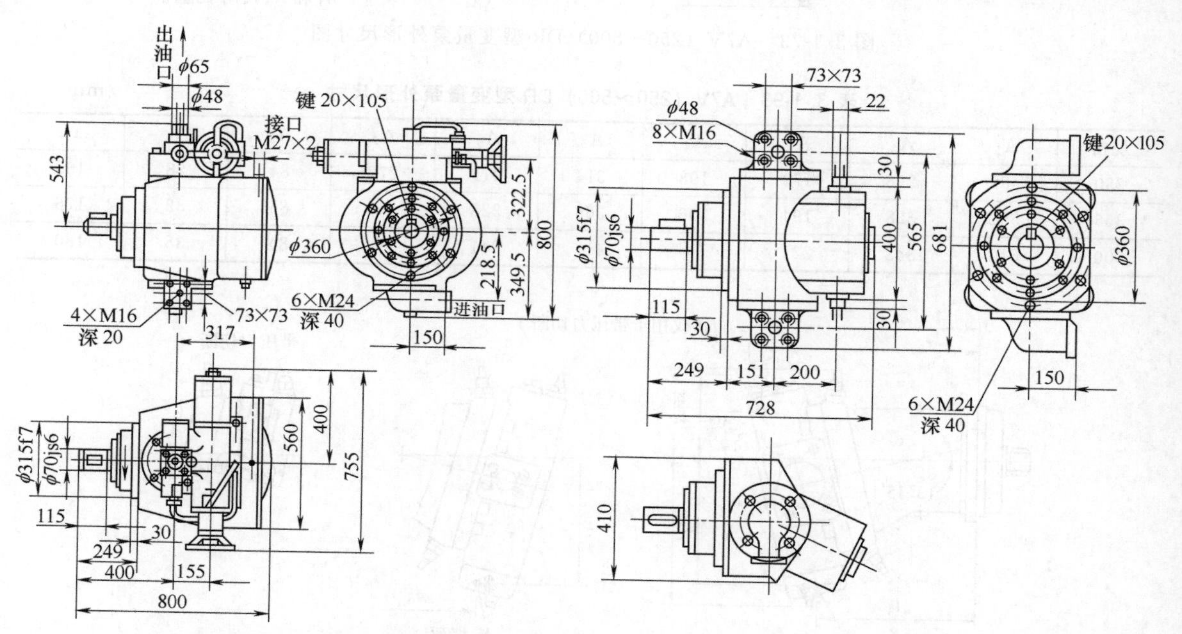

图 3.1-75　ZBP-F481 型柱塞泵外形尺寸图

图 3.1-76　ZB-F481 型柱塞泵外形尺寸图

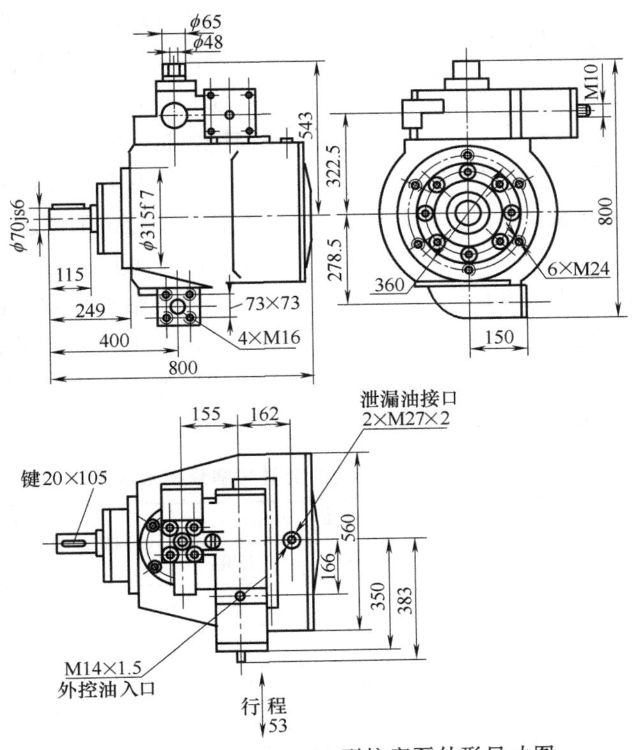

图 3.1-77 ZBSC-F481 型柱塞泵外形尺寸图

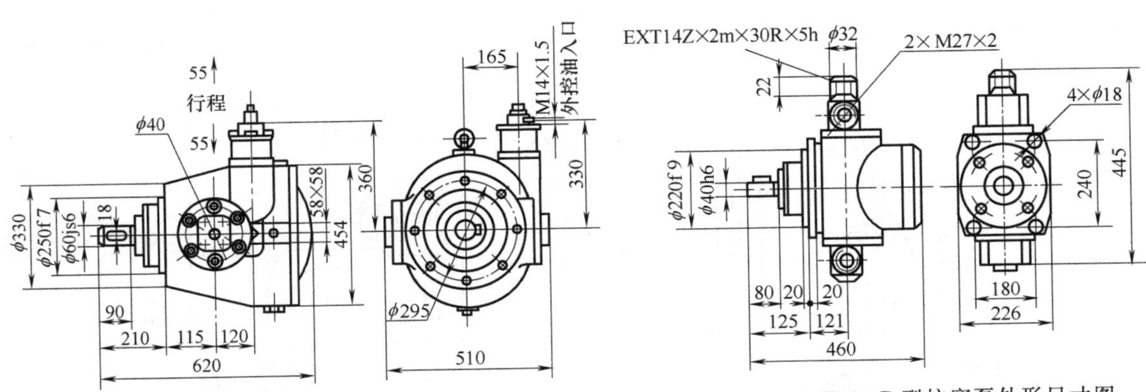

图 3.1-78 ZBSC-F234 型柱塞泵外形尺寸图

图 3.1-79 ZB-F125-B 型柱塞泵外形尺寸图

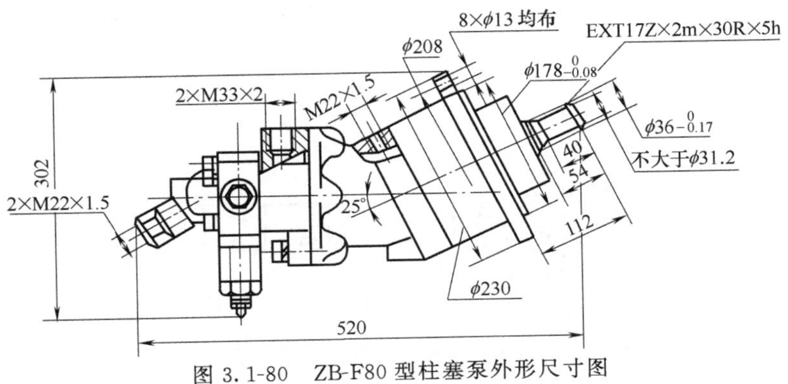

图 3.1-80 ZB-F80 型柱塞泵外形尺寸图

6.3.6 JB※型径向变量柱塞泵

（1）型号说明

*　JB　*-*　*　*　*

①　②　③　④　⑤　⑥　⑦

①——联数：无—单联，2—双联，3—三联；

②——JB※型径向变量柱塞泵；

③——变量形式：SP—手动恒压变量，UYP—液压远程恒压变量，DBF—电液比例负载敏感变量，JX—机械行程变量，DBP—电液比例恒压变量，SF—手动负载敏感变量，SC—手动伺服变量，N—恒功率变量；

④——压力等级：F—20MPa，G—25MPa，H—31.5MPa；

⑤——排量，mL/r；

⑥——进出油口连接：ZF—重型法兰（耐压 42MPa），QF—轻型法兰（耐压 21MPa）；

⑦——轴伸形式：K—花键，无—平键。

（2）技术规格（见表 3.1-96）

（3）外形尺寸（见图 3.1-81 及表3.1-97～表 3.1-99）

表 3.1-96　JB*型径向变量柱塞泵技术规格

规格	排量/(mL/r)	压力/MPa	转速/(r/min)		调压范围/MPa	过滤精度/μm
			最佳	最高		
16	16	F:20 G:25 H:31.5 最大:35	1800	3000	3～31.5	吸油:100 回油:30
19	19		1800	2500		
32	32		1800	2500		
45	45		1800	1800		
63	63		1800	2100		
80	80		1800	1800		

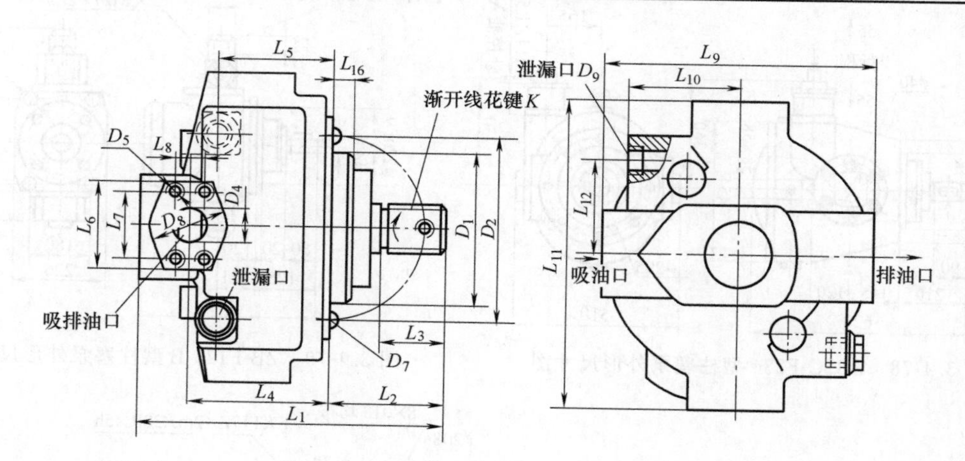

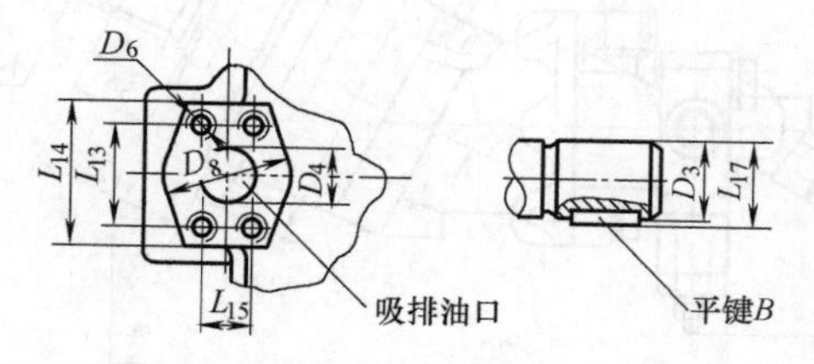

图 3.1-81　JB*型径向变量柱塞泵外形尺寸图

表 3.1-97　JB＊型径向变量柱塞泵外形尺寸（1）

排量/(mL/r)	尺寸/mm										
	L_1	L_2	L_3	L_4	L_5	L_6	L_7	L_8	L_9	L_{10}	L_{11}
16 和 19	200	71	42	84	72	71	47.6±0.20	22.2±0.20	181	85	217
32 和 45	242	83	58	106	84	80	—	—	225	90	257
63 和 80	301	116	64	140	108	80	58.74±0.25	30.16±0.20	272	110	330

表 3.1-98　JB＊型径向变量柱塞泵外形尺寸（2）

排量/(mL/r)	尺寸/mm									
	L_{12}	L_{13}	L_{14}	L_{15}	L_{16}	L_{17}	D_1	D_2	D_3	D_4
16 和 19	56	50.8±0.25	71	23.9±0.25	7	28	100h8	125±0.15	25js7	20
32 和 45	78	52.4±0.25	71	26.2±0.25	8	35	100h8	125±0.15	32K7	26
63 和 80	90	57.2±0.25	80	27.8±0.25	13	48.5	160	200±0.15	45K7	26

表 3.1-99　JB＊型径向变量柱塞泵外形尺寸（3）

排量/(mL/r)	尺寸/mm										
	D_5		D_6		D_7		D_8	D_9		平键 B	渐开线花键 K
	螺纹	深	螺纹	深	螺纹	深		螺纹	深		
16 和 19	M10	16	M10	16	M10	15	60	M18×1.5	13	8×30	—
32 和 45	—	—	M10	21	M10	20	60	M22×1.5	14	10×45	—
63 和 80	M12	21	M12	21	M10	20	72	M18×1.5	16	14×56	EXT21Z×2m×30P×65

6.3.7　A10V 型通轴式轴向柱塞泵

（1）型号说明

A10V　＊　＊/＊　＊-＊　＊　＊　＊　＊

①　②　③　④　⑤　⑥　⑦　⑧　⑨　⑩

①——A10V 型通轴式轴向柱塞泵；

②——规格（排量）：28，45，71；

③——控制形式：DR—恒压控制，DRG—恒压控制（遥控），DFR—压力/流量控制，DFR1—压力/流量控制（X 阻尼孔阻塞），DFLR—压力/流量/功率控制，FHD—与先导压力有关的流量控制，FE—电流量控制，FED—电流量控制（带压力控制），DFE—电压/流量控制，OV—无控制装置；

④——系列：30—额定压力 25MPa，31—额定压力 28MPa；

⑤——转向（从轴端看）：R—顺时针；L—逆时针；

⑥——密封：P—丁腈橡胶，V—氟橡胶；

⑦——轴伸形式：S—花键 SAE，P—平键（DIN6885）；

⑧——安装法兰：A—ISO2 孔，C—SAE2 孔；

⑨——油口：SAE 两侧配置 12 公制螺纹连接；

⑩——驱动：无—通轴驱动，N00—无通轴驱动；K25—过度法兰 ISO 100，2 孔，K01—过度法兰 SEA-A，2 孔

（2）技术规格（见表 3.1-100）

表 3.1-100　A10V 型通轴式轴向柱塞泵技术规格

规格	排量/(mL/r)	压力/MPa				最高转速/(r/min)	转矩/N·m			转动惯量/kg·m²	功率				质量/kg
		额定		最大			$\Delta p=$10MPa	$\Delta p=$25MPa	$\Delta p=$28MPa		30 系列		31 系列		
		30 系列	31 系列	30 系列	31 系列						$n=$1450r/min	n_{max}	$n=$1500r/min	n_{max}	
28	28	25	28	31.5	35	3000	45	111	125	0.0017	17	35	20	39	15
45	45					2600	72	179	200	0.0033	27	49	32	55	21
71	71					2200	113	282	316	0.0083	43	65	50	73	33

(3) 外形尺寸（见图 3.1-82～图 3.1-88 及表 3.1-101～表 3.1-104）

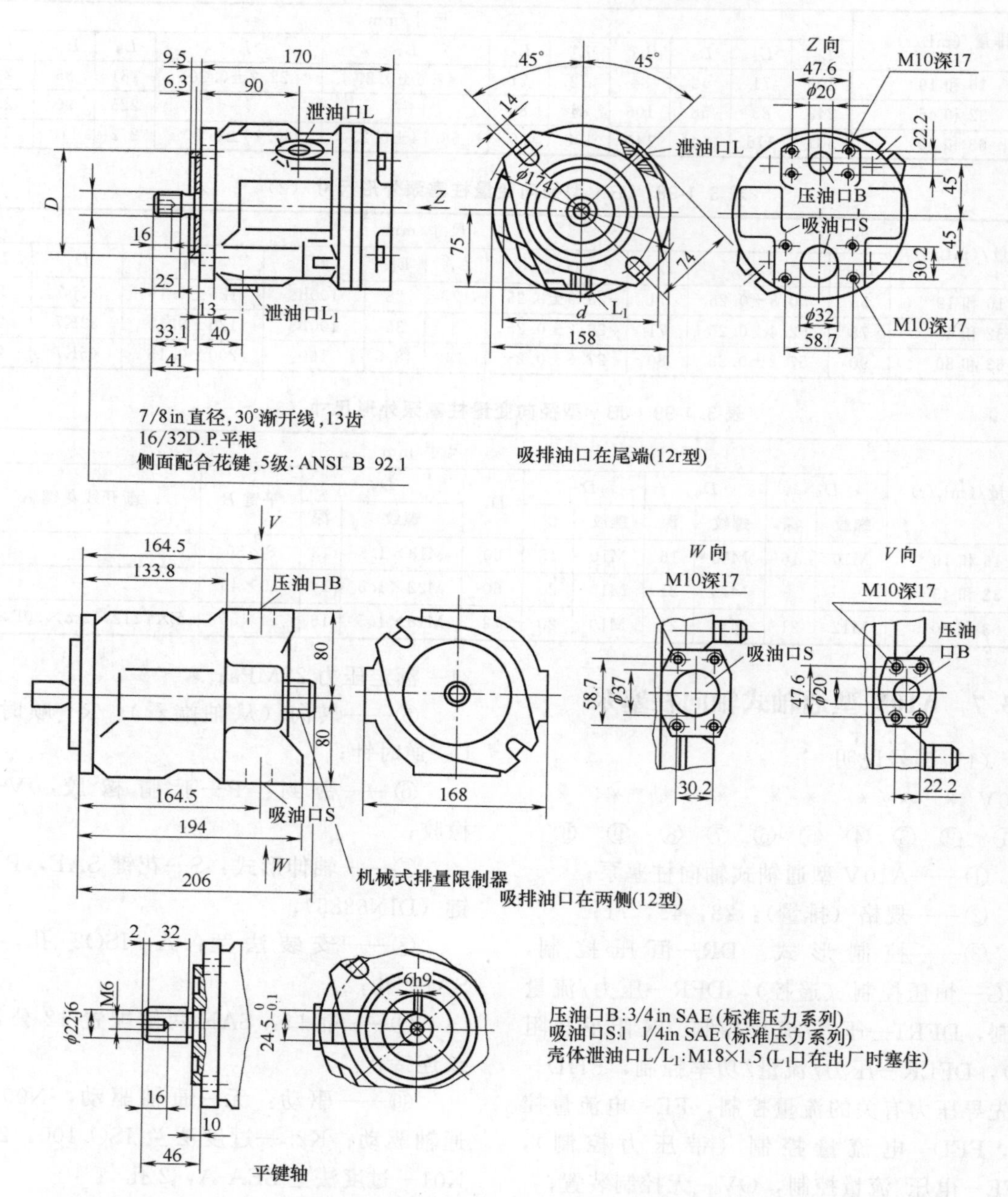

图 3.1-82 A10V28N00 型轴向柱塞泵外形尺寸图（不带通轴驱动、不包括控制装置）

表 3.1-101 安装尺寸

/mm

规格	12r 型			12 型			X 口
	A_1	A_2	A_3	A_1	A_2	A_3	
28	107.5	225	94	104.5	136	119	M14×1.5;深 12
45	104.5	244	102.5	104.5	146	129	M14×1.5;深 12
71	104.5	278	112.5	104.5	160	143	M14×1.5;深 12

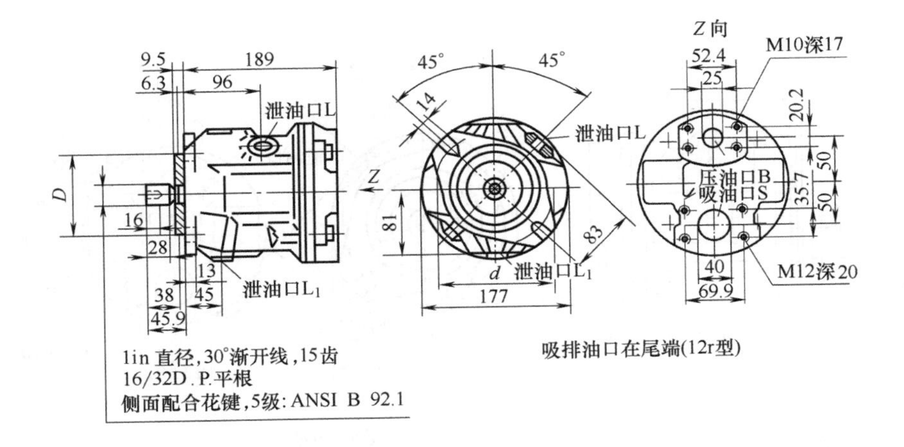

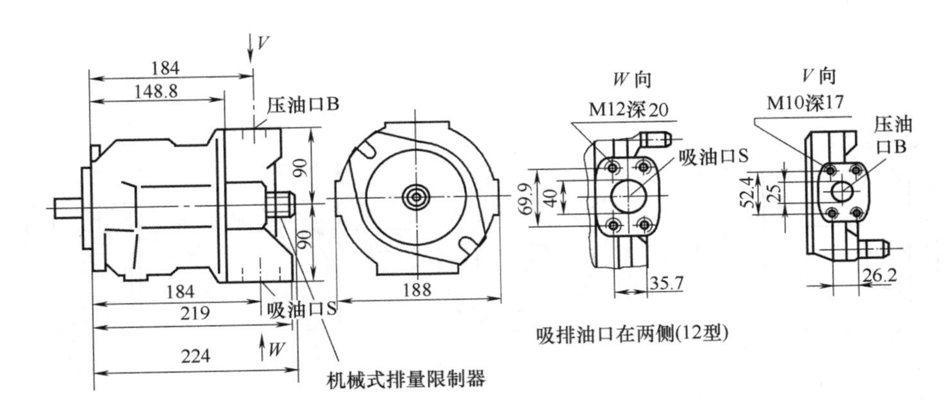

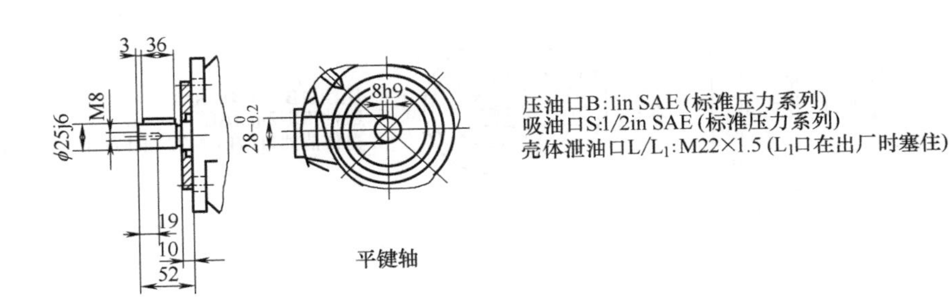

图 3.1-83 A10V45N00 型轴向柱塞泵外形尺寸图（不带通轴驱动、不包括控制装置）

表 3.1-102 恒压遥控（DRG 型）泵的外形尺寸 /mm

规格	12r 型			12 型			X 口
	A_4	A_5	A_6	A_4	A_5	A_6	
28	209	43	94	120	40	119	M14×1.5;深 12
45	228	40	102.5	135	40	129	M14×1.5;深 12
71	267	40	112.5	163	40	143	M14×1.5;深 12

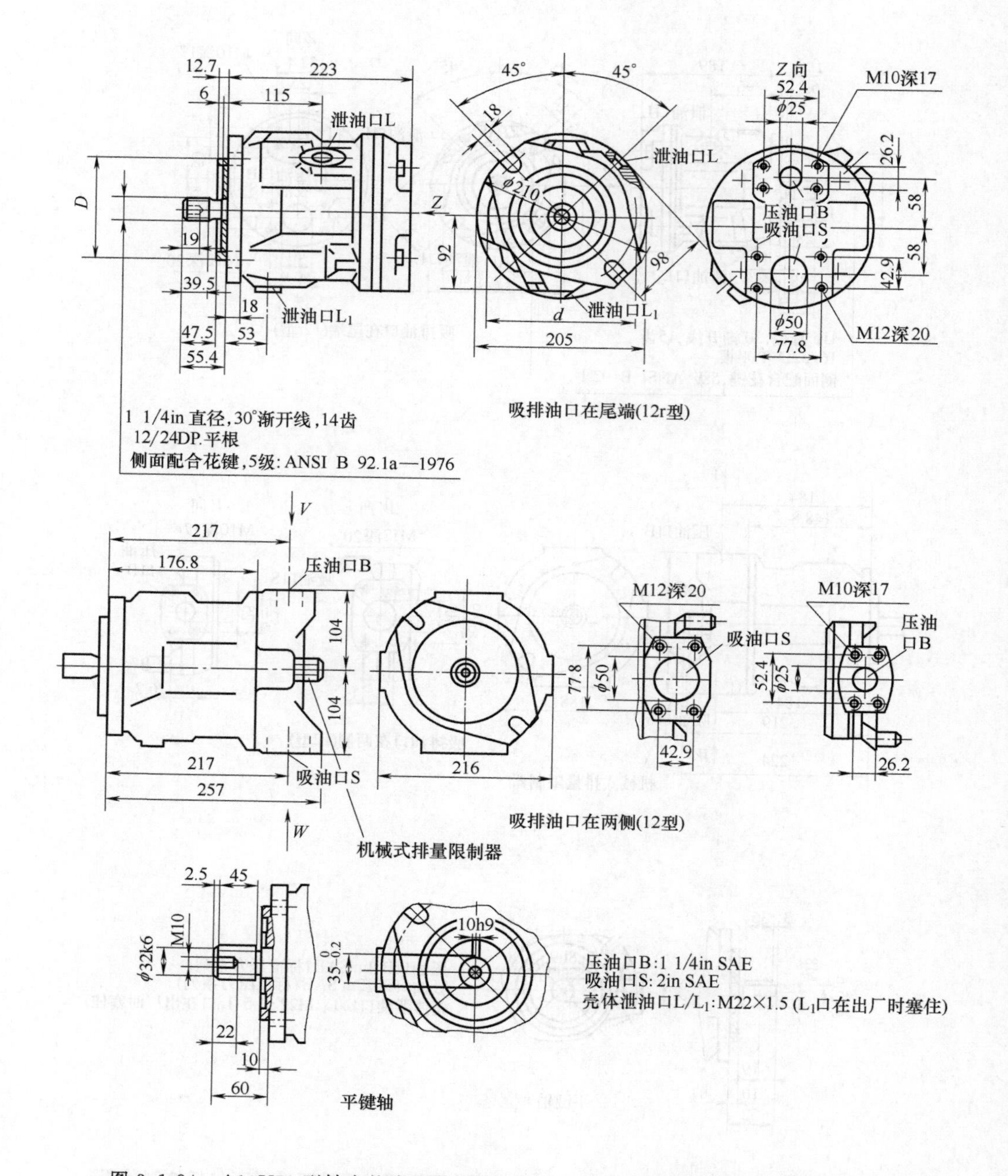

图 3.1-84 A10V71 型轴向柱塞泵外形尺寸图（不带通轴驱动、不包括控制装置）

表 3.1-103 恒压/流量/功率控制（DFLR 型）泵的外形尺寸

/mm

规格	12r 型			12 型			X 口
	A_4	A_5	A_6	A_5	A_6	A_7	
28	48	84	48	40	119	106.5	M14×1.5；深 12
45	54	91.5	48	40	129	112	M14×1.5；深 12
71	69	103.5	48	40	143	126	M14×1.5；深 12

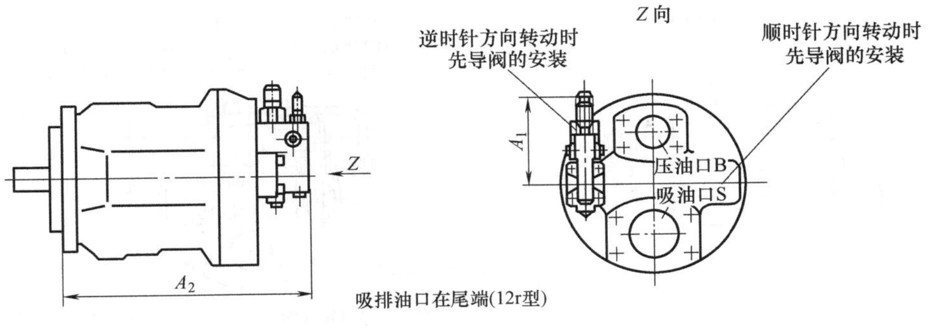

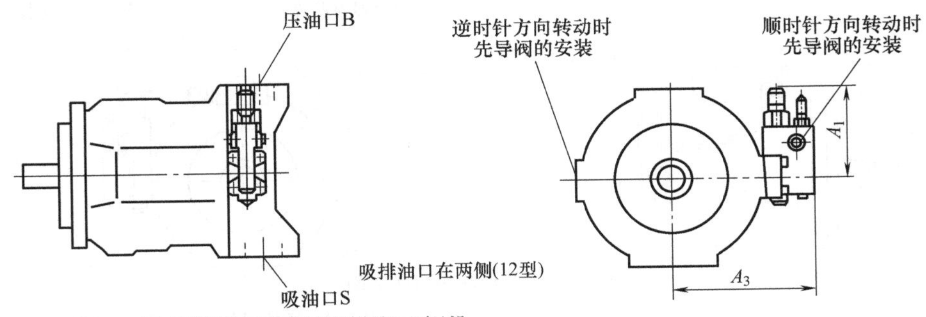

采用DFR阀，其流量控制在出厂时被封闭，而且没有进行过试验

图 3.1-85 恒压控制（DR 型）泵的外形安装图

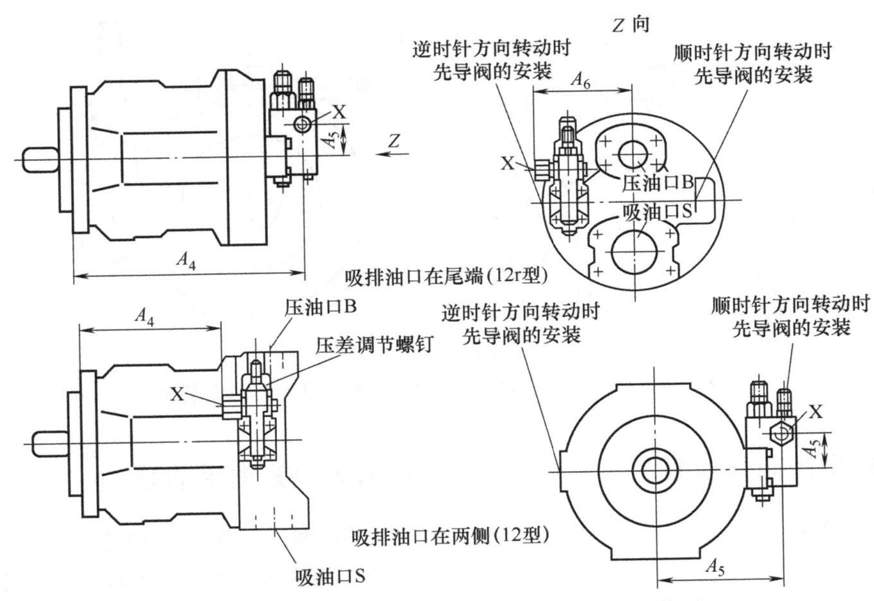

图 3.1-86 恒压遥控（DRG 型）泵的外形安装图

表 3.1-104 电压/流量控制（DFE 型）泵的外形尺寸

规格	尺寸/mm			
	A_1	A_2	A_3	A_4
28	104	107	170	126
45	109	107	170	136
71	121	107	170	150

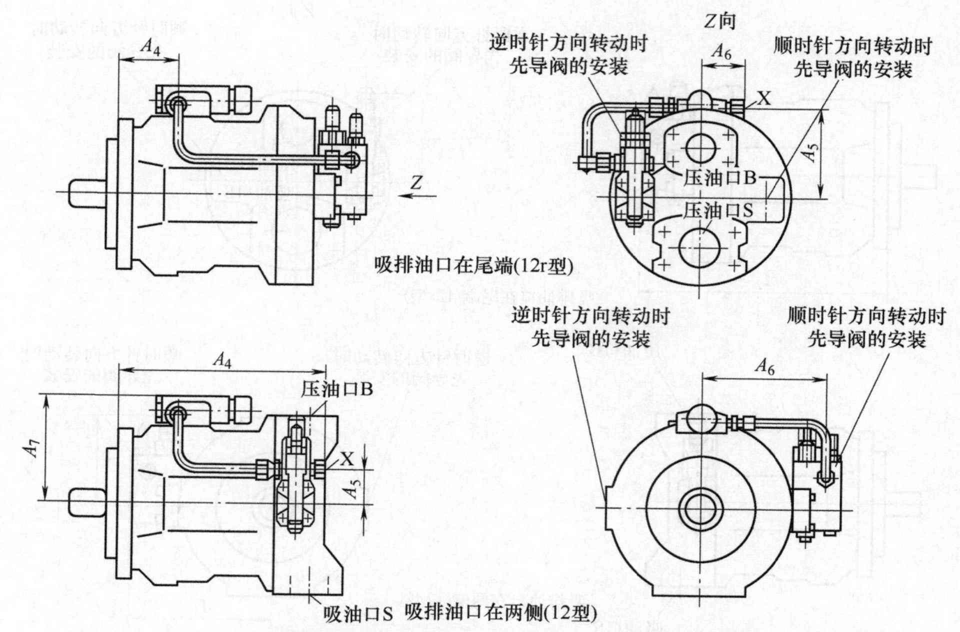

图 3.1-87　恒压/流量/功率控制（DFLR 型）泵的外形安装图

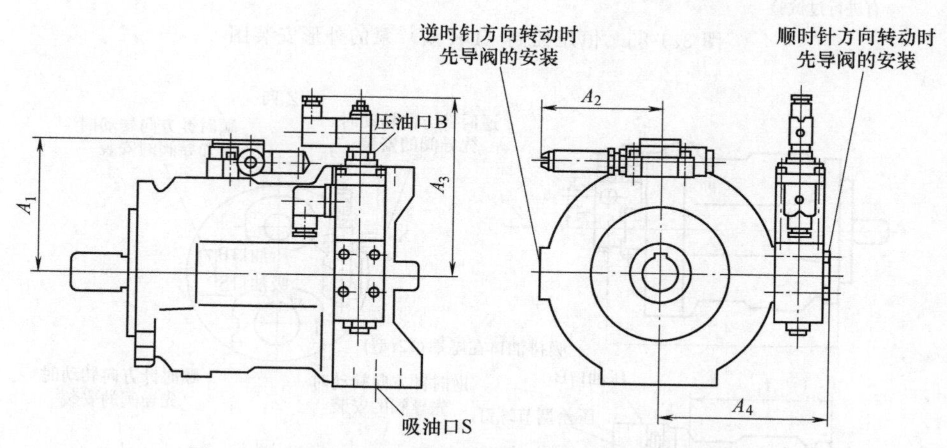

图 3.1-88　电压/流量控制（DFE 型）泵的外形安装图

6.3.8　RK 型径向柱塞泵

（1）型号说明

RK　*　-*　*

①　②　③　④

①——RK 型径向柱塞泵；

②——无—单排，2—双排；

③——柱塞直径，mm；

④——工作压力，MPa。

（2）技术规格（见表 3.1-105）

（3）外形尺寸（见图 3.1-89 及表 3.1-106）

6.3.9　SB 型手动泵

SB 型手动泵是在引进国外样机的基础上创新研制的新型液压元件。它广泛运用在各种武器装备、工程机械、起重运输车辆、铁道作业机具、冶金采矿设备以及各类液压机具的液压系统，用作手动液压源或应急液压源，还可作液压泵、润滑泵、试压泵、供油泵；特别适用于缺少机电动力和需要节能的场合。SB 型手动泵的技术规格见表 3.1-107。

表 3.1-105 RK 型径向柱塞泵技术规格

额定工作压力/MPa		100(80)	63	50	32	22.5
柱塞直径/mm		6.5	8.5	10	13	15
额定转速/(r/min)		1500				
形　　式	柱塞数	理论流量/(L/min)				
单排	1	0.37	0.64	0.89	1.51	2
	2	0.75	1.29	1.79	3.02	4
	3	1.13	1.93	2.68	4.54	6
	4	1.51	2.58	3.58	6.05	8
	5	1.89	3.22	4.47	7.56	10
	6	2.26	3.87	5.37	9.07	12
	7	2.64	4.51	6.26	10.59	14.1
双排	8	3.02	5.16	7.16	12.1	16.1
	10	3.78	6.64	8.59	15.13	20.1
	12	4.53	7.75	10.74	18.15	24.1
	14	5.29	9.04	12.53	21.18	28.2

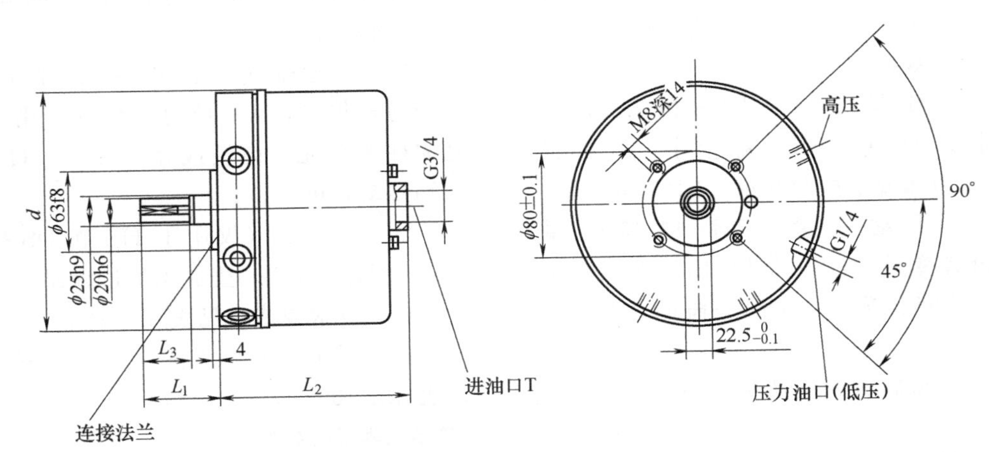

图 3.1-89 RK 型径向柱塞泵外形尺寸图

表 3.1-106 RK 型径向柱塞泵外形尺寸

形　　式	尺寸/mm				
	d	L_1	L_2	L_3	平键 GB 1096—2003
单排	184	32	112	23	6×6×18
双排	185	54	139	34	6×6×28

表 3.1-107 SB 型手动泵技术规格

类型	型号	排量/(mL/次)	压力/MPa	最高压力/MPa	操作力/N	容积效率/%	质量/kg	贮油筒容积/L
通用型	SB-12.5	12.5	25	50	250	>95	6.5	1
组合型	SB-12.5-1						7.8	
通用型	SB-16	16	16	25	250	>95	7	1
组合型	SB-16-1						7.8	

续表

类型	型号	排量/(mL/次)	压力/MPa	最高压力/MPa	操作力/N	容积效率/%	质量/kg	贮油筒容积/L
通用型	SB-20	20	12	16	250	>93	7.8	2
组合型	SB-20-2						9.2	
通用型	SB-30	30	8	14	280	>90	10.5	2
组合型	SB-30-2						12	
通用型	SB-40	40	6	10	280	>90	10.5	2
组合型	SB-40-2						12	
通用型	SB-60	60	4	8	300	>88	12	2
组合型	SB-60-3						3.5	

6.3.10 A4VSO型斜盘式变量柱塞泵

（1）型号说明

A4VSO * * * * * * *

① ② ③ ④ ⑤ ⑥ ⑦ ⑧

①——A4VSO型斜盘式变量柱塞泵；

②——规格；

③——变量形式：DR—恒压变量，DP—同步变量，FR—流量控制变量，DFR—压力和流量控制变量，LR—恒功率变量，MA—手动变量，EM—电控变量，HM—液控变量，HS—伺服/比例液控变量，HD—先导液控变量，DS1—辅助速度控制变量；

④——旋转方向（从轴端看）：R—顺时针，L—逆时针；

⑤——轴伸形式：P—平键（DIN 6885），Z—花键（DIN5480）；

⑥——油口连接：F—法兰（在侧面），G—吸油口-法兰（在侧面）、压油口-螺纹（在侧面），H—法兰（在后面）；

⑦——通轴传动：N00—不带辅助泵、不带通轴传动，K—带通轴传动，用于安装轴向柱塞单元、齿轮或径向柱塞，U—通用通轴传动，可调整；

⑧——过滤（仅用于HS和DS控制）：N—无过滤器，Z—叠加阀板过滤器。

（2）技术规格（见表3.1-108）

（3）外形尺寸（见图3.1-90～图3.1-98及表3.1-109～表3.1-117）

表3.1-108 A4VSO型斜盘式变量柱塞泵技术规格

型号	排量(mL/r)	摆角变化范围/(°)		排量变化范围/(mL/r)		压力/MPa		最大转速/(r/min)		最大功率/kW		转动惯量/kg·m²	质量/kg
		α_{max}	α_{min}	最大	最小	额定	最高	n_1	n_2	n_1时	n_2时		
A4VSO40	40					35	40	2600	3200	50	61	0.0049	39
A4VSO71	71							2200	2700	74	91	0.0121	53
A4VSO125	125							1800	2200	107	131	0.03	88
A4VSO180	180							1800	2100	162	189	0.055	102
A4VSO250	250							1500	1800	183	219	0.0959	184
A4VSO355	355							1500	1700	274	311	0.19	207
A4VSO500	500							1320	1600	318	385	0.3325	320
A4VSO750	750							1200	1500	420	525	0.66	460
A4VSO1000	1000							1000	1200	486	583	1.2	605

注：1. 质量含压力控制设备。

2. 表中n_1、n_2是指泵吸油口绝对压力分别为0.1MPa和0.15MPa时的最高转速。

3. 最大功率系指压力为35MPa、最高转速时的功率。

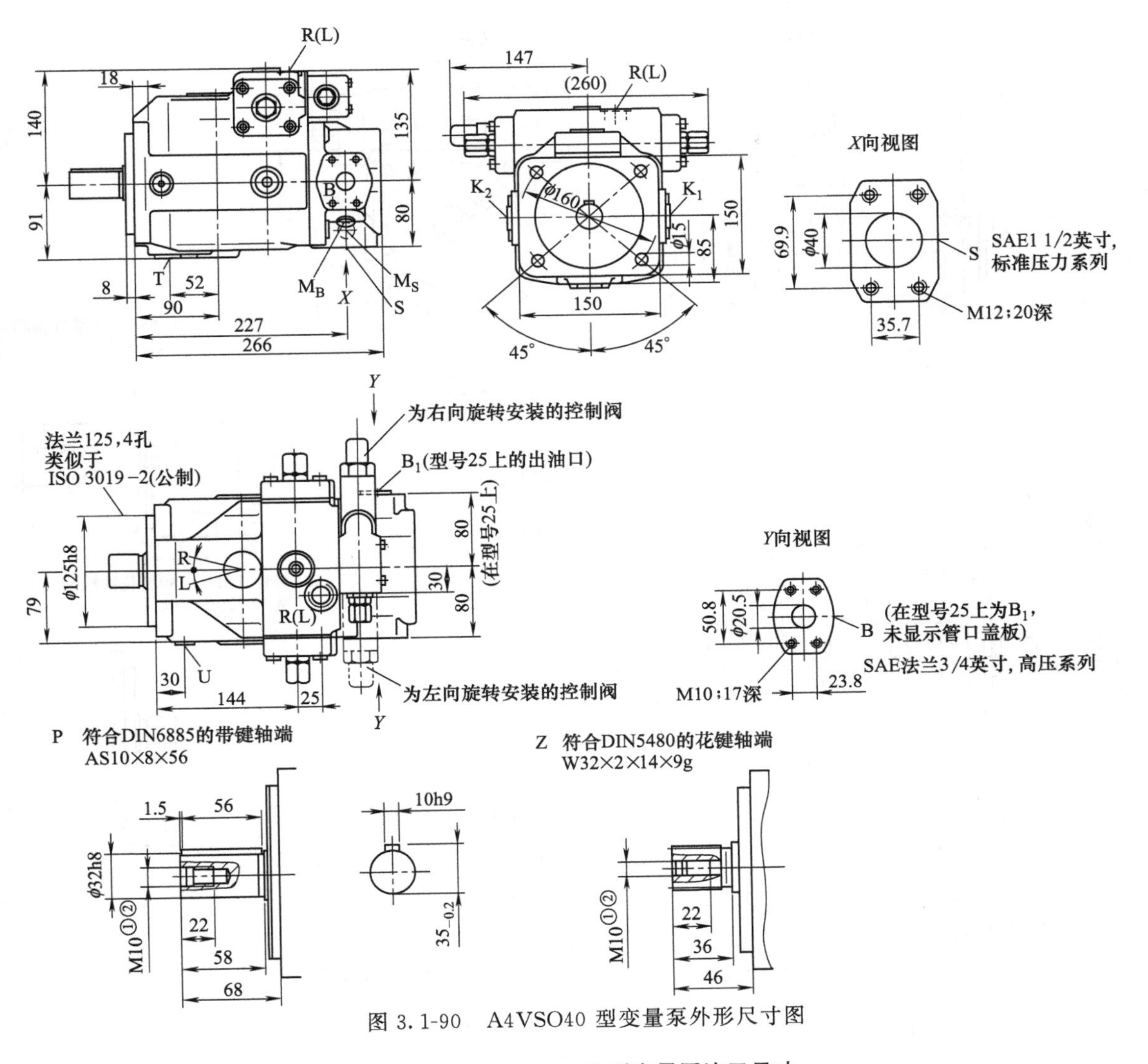

图 3.1-90 A4VSO40 型变量泵外形尺寸图

表 3.1-109 A4VSO40 型变量泵油口尺寸

油口				最大紧固扭矩②/N·m
S	吸油口(标准压力系列) 紧固螺纹	SAE J518③ DIN 13	1 1/2in M12×1.75;20 深①	
K1,K2	冲洗口	DIN 3852	M22×1.5;14 深(已封堵)	210
T	泄油	DIN 3852	M22×1.5;14 深(已封堵)	210
M_B	测量出油口压力	DIN 3852	M14×1.5;12 深(已封堵)	80
M_S	测量吸油口压力	DIN 3852	M14×1.5;12 深(已封堵)	80
R(L)	注油和排放(壳体泄口)	DIN 3852	M22×1.5;14 深	210
U	冲洗口	DIN 3852	M14×1.5;12 深(已封堵)	80
在型号 13 上				
B	压力油口(高压 系列)紧固螺纹	SAE J518③ DIN 13	3/4in M10×1.5;17 深①	
B_1	附加油口	DIN 3852	M22×1.5;14 深(已封堵)	210
在型号 25 上				
B	压力油口(高压 系列)紧固螺纹	SAE J518③ DIN 13	3/4in M10×1.5;17 深①	
B_1	压力油口(高压 系列)紧固螺纹	SAE J518③ DIN 13	3/4in(用管口盖板封闭) M10×1.5;17 深①	

① 符合 DIN 332 的中心孔（符合 DIN 13 的螺纹）；② 对于最大紧固扭矩，请遵守制造商提供的所用配件相关信息和一般信息；③ 小心公制螺纹偏离标准。

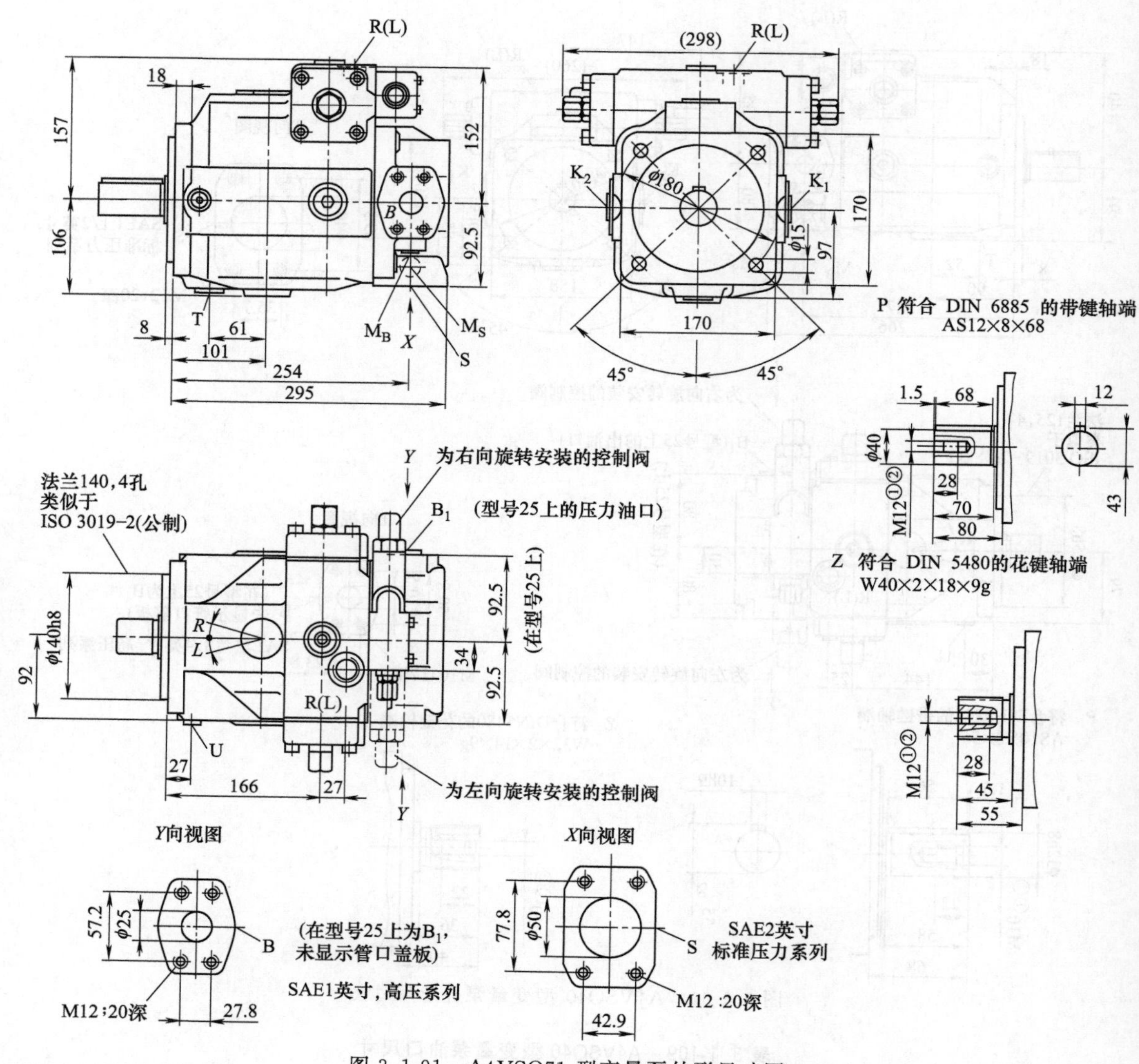

图 3.1-91　A4VSO71 型变量泵外形尺寸图

表 3.1-110　A4VSO71 型变量泵油口尺寸

油口				最大紧固扭矩②/N·m
S	吸油口(标准压力系列) 紧固螺纹	SAE J518③ DIN 13	2in M12×1.75;20 深①	
K_1,K_2	冲洗口	DIN 3852	M27×2;16 深(已封堵)	330
T	泄油	DIN 3852	M27×2;16 深(已封堵)	330
M_B	测量出油口压力	DIN 3852	M14×1.5;12 深(已封堵)	80
M_S	测量吸油口压力	DIN 3852	M14×1.5;12 深(已封堵)	80
R(L)	注油和排放(壳体泄口)	DIN 3852	M27×2;16 深	330
U	冲洗口	DIN 3852	M14×1.5;12 深(已封堵)	80
在型号 13 上				
B	压力油口(高压 系列)紧固螺纹	SAE J518③ DIN 13	1in M12×1.75;20 深①	
B_1	附加油口	DIN 3852	M27×2;16 深(已封堵)	330

续表

油口				最大紧固扭矩②/N·m
在型号 25 上				
B	压力油口(高压系列)紧固螺纹	SAE J518③ DIN 13	1in M12×1.75;20 深①	
B_1	压力油口(高压系列)紧固螺纹	SAE J518③ DIN 13	1in(用管口盖板封闭) M12×1.75;20 深①	

① 符合 DIN 332 的中心孔（符合 DIN 13 的螺纹）；② 对于最大紧固扭矩，请遵守制造商提供的所用配件相关信息和一般信息；③ 小心公制螺纹偏离标准。

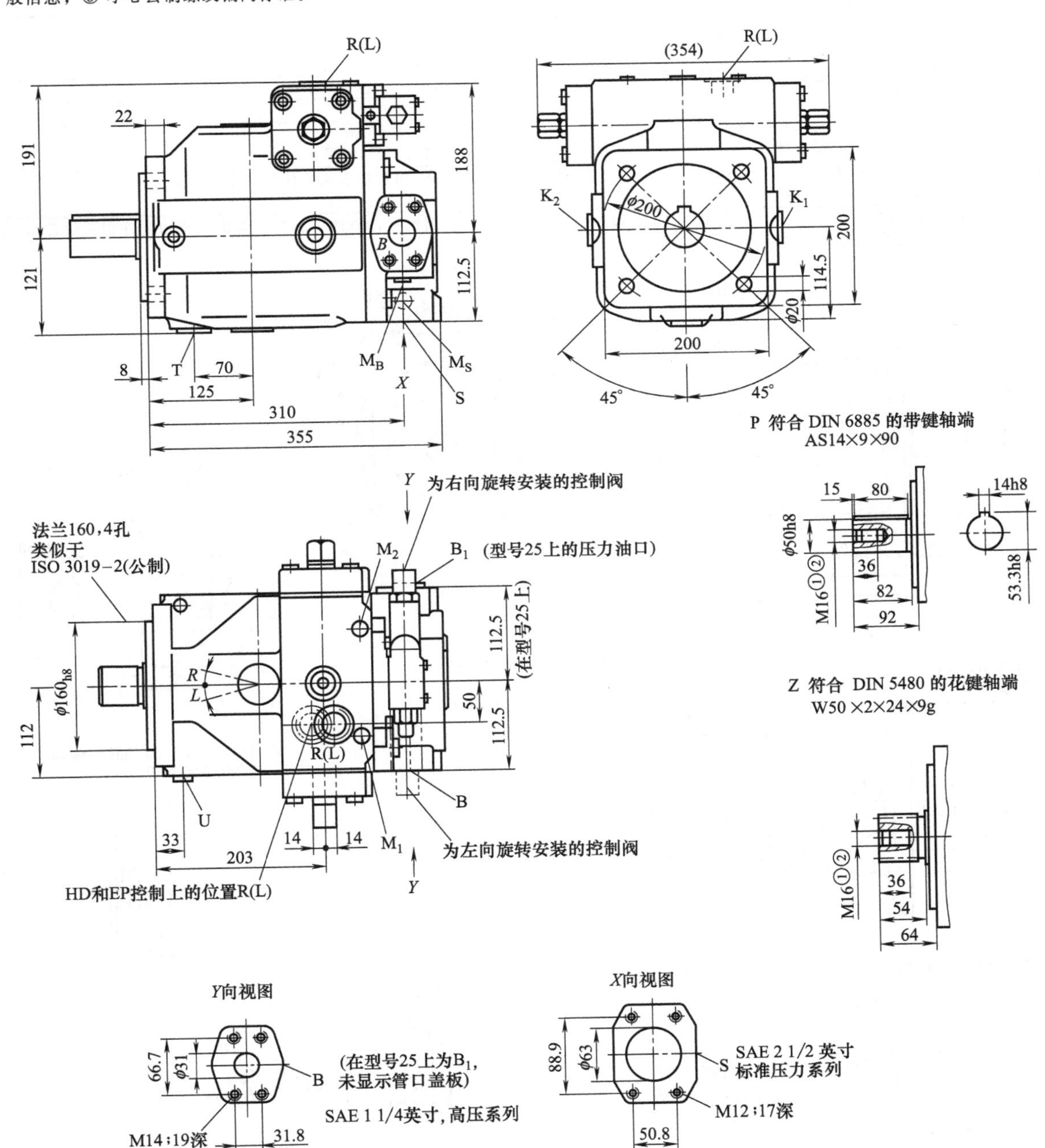

图 3.1-92　A4VSO125 型变量泵外形尺寸图

表 3.1-111 A4VSO125 型变量泵油口尺寸

油口				最大紧固扭矩②/N·m
S	吸油口(标准压力系列) 紧固螺纹	SAE J518③ DIN 13	2 1/2in M12×1.75;17 深①	
K_1,K_2	冲洗口	DIN 3852	M33×2;18 深(已封堵)	540
T	泄油	DIN 3852	M33×2;18 深(已封堵)	540
M_B	测量出油口压力	DIN 3852	M14×1.5;12 深(已封堵)	80
M_S	测量吸油口压力	DIN 3852	M14×1.5;12 深(已封堵)	80
R(L)	注油和排放(壳体泄口)	DIN 3852	M33×2;18 深	540
U	冲洗口	DIN 3852	M14×1.5;12 深(已封堵)	80
M_1,M_2	测量油口控制腔压力	DIN 3852	M14×1.5;12 深(已封堵)	80
在型号 13 上				
B	压力油口(高压系列) 紧固螺纹	SAE J518③ DIN 13	1 1/4in M14×2;19 深①	
B_1	附加油口	DIN 3852	M33×2;18 深(已封堵)	540
在型号 25 上				
B	压力油口(高压系列) 紧固螺纹	SAE J518③ DIN 13	1 1/4in M14×2;19 深①	
B_1	2. 压力油口(高压系列) 紧固螺纹	SAE J518③ DIN 13	1 1/4in(用管口盖板封闭) M14×2;19 深①	

① 符合 DIN 332 的中心孔（符合 DIN 13 的螺纹）；② 对于最大紧固扭矩，请遵守制造商提供的所用配件相关信息和一般信息；③ 小心公制螺纹偏离标准。

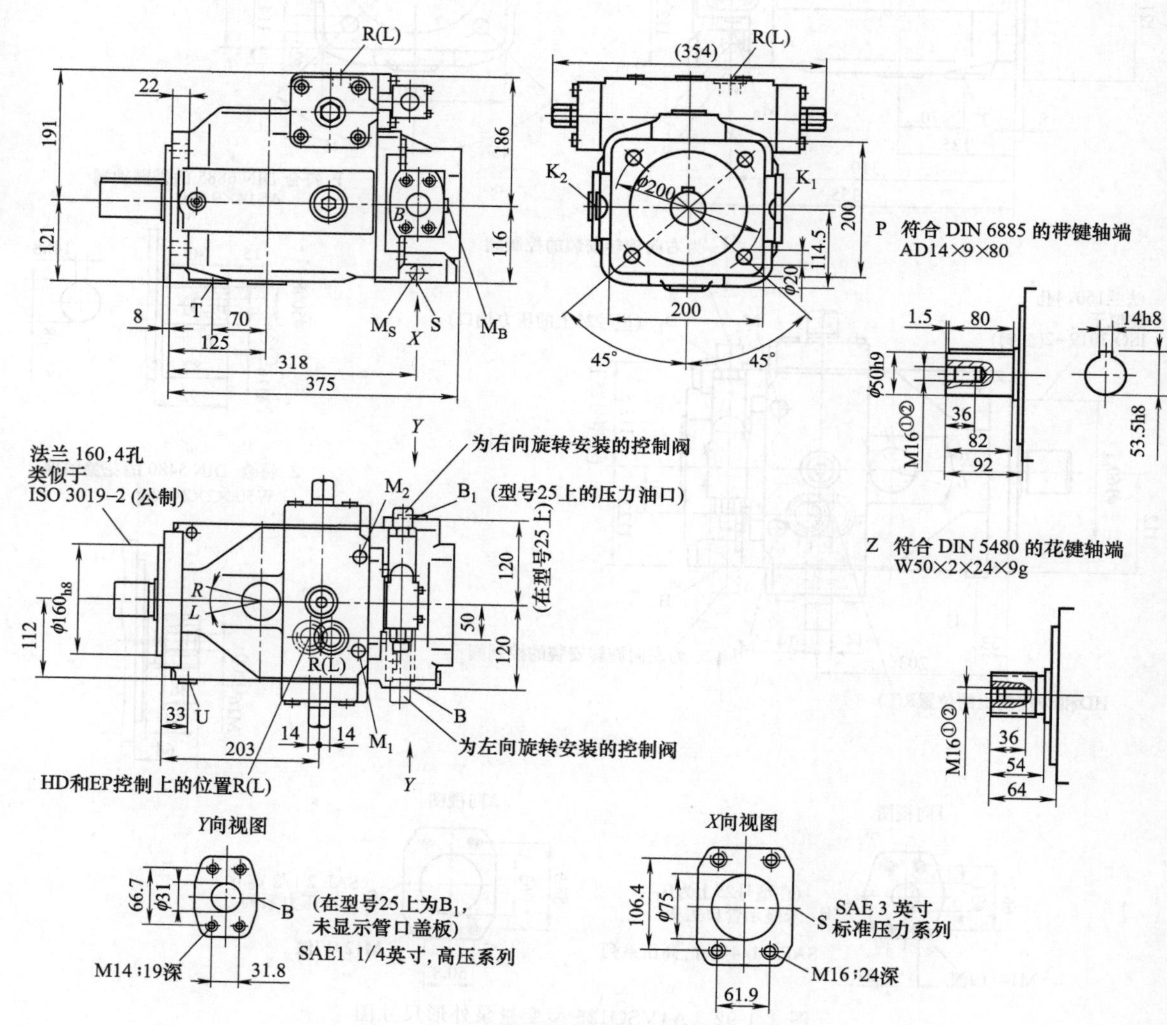

图 3.1-93 A4VSO180 型变量泵外形尺寸图

表 3.1-112　A4VSO180 型变量泵油口尺寸

油口				最大紧固扭矩[②]/N·m
S	吸油口(标准压力系列)紧固螺纹	SAE J518[③] DIN 13	3in M16×2;24 深[①]	
K_1,K_2	冲洗口	DIN 3852	M33×2;18 深(已封堵)	540
T	泄油	DIN 3852	M33×2;18 深(已封堵)	540
M_B	测量出油口压力	DIN 3852	M14×1.5;12 深(已封堵)	80
M_S	测量吸油口压力	DIN 3852	M14×1.5;12 深(已封堵)	80
R(L)	注油和排放(壳体泄口)	DIN 3852	M33×2;18 深	540
U	冲洗口	DIN 3852	M14×1.5;12 深(已封堵)	80
M_1,M_2	测量油口控制腔压力	DIN 3852	M14×1.5;12 深(已封堵)	80
在型号 13 上				
B	压力油口(高压系列)紧固螺纹	SAE J518[③] DIN 13	1 1/4in M14×2;19 深[①]	
B_1	附加油口	DIN 3852	M33×2;18 深(已封堵)	540
在型号 25 上				
B	压力油口(高压系列)紧固螺纹	SAE J518[③] DIN 13	1 1/4in M14×2;19 深[①]	
B_1	压力油口(高压系列)紧固螺纹	SAE J518[③] DIN 13	1 1/4 英寸(用管口盖板封闭) M14×2;19 深[①]	

① 符合 DIN 332 的中心孔（符合 DIN 13 的螺纹）；② 对于最大紧固扭矩，请遵守制造商提供的所用配件相关信息和一般信息；③ 小心公制螺纹偏离标准。

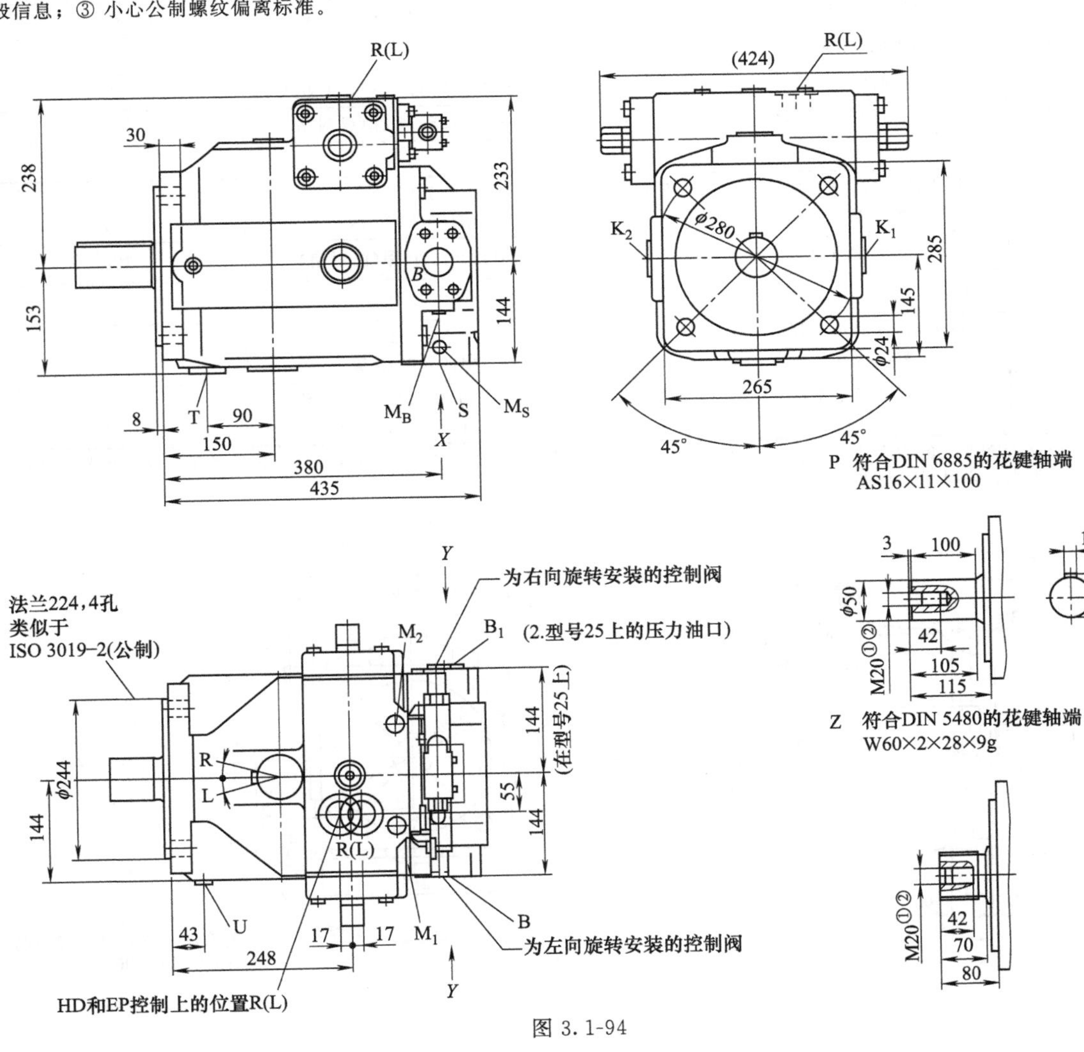

图 3.1-94

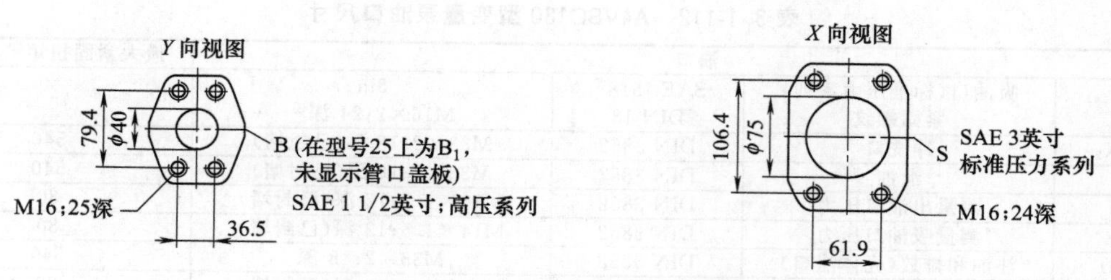

图 3.1-94　A4VSO250 型变量泵外形尺寸图

表 3.1-113　A4VSO250 型变量泵油口尺寸

油口				最大紧固扭矩[②]/N·m
S	吸油口(标准压力系列) 紧固螺纹	SAE J518[③] DIN 13	3in M16×2；24 深[①]	
K_1，K_2	冲洗口	DIN 3852	M42×2；20 深(已封堵)	720
T	泄油	DIN 3852	M42×2；20 深(已封堵)	720
M_B	测量出油口压力	DIN 3852	M14×1.5；12 深(已封堵)	80
M_S	测量吸油口压力	DIN 3852	M14×1.5；12 深(已封堵)	80
R(L)	注油和排放(壳体泄口)	DIN 3852	M42×2；20 深	720
U	冲洗口	DIN 3852	M14×1.5；12 深(已封堵)	80
M_1，M_2	测量油口控制腔压力	DIN 3852	M18×1.5；12 深(已封堵)	80
在型号 13 上				
B	压力油口(高压系列) 紧固螺纹	SAE J518[③] DIN 13	1 1/2in M16×2；25 深[①]	
B_1	附加油口	DIN 3852	M42×2；20 深(已封堵)	720
在型号 5 上				
B	压力油口(高压系列) 紧固螺纹	SAE J518[③] DIN 13	1 1/2in M16×2；25 深[①]	
B_1	压力油口(高压系列) 紧固螺纹	SAE J518[③] DIN 13	1 1/2in(用管口盖板封闭) M16×2；25 深[①]	

① 符合 DIN 332 的中心孔（符合 DIN 13 的螺纹）；② 对于最大紧固扭矩，请遵守制造商提供的所用配件相关信息和一般信息；③ 小心公制螺纹偏离标准。

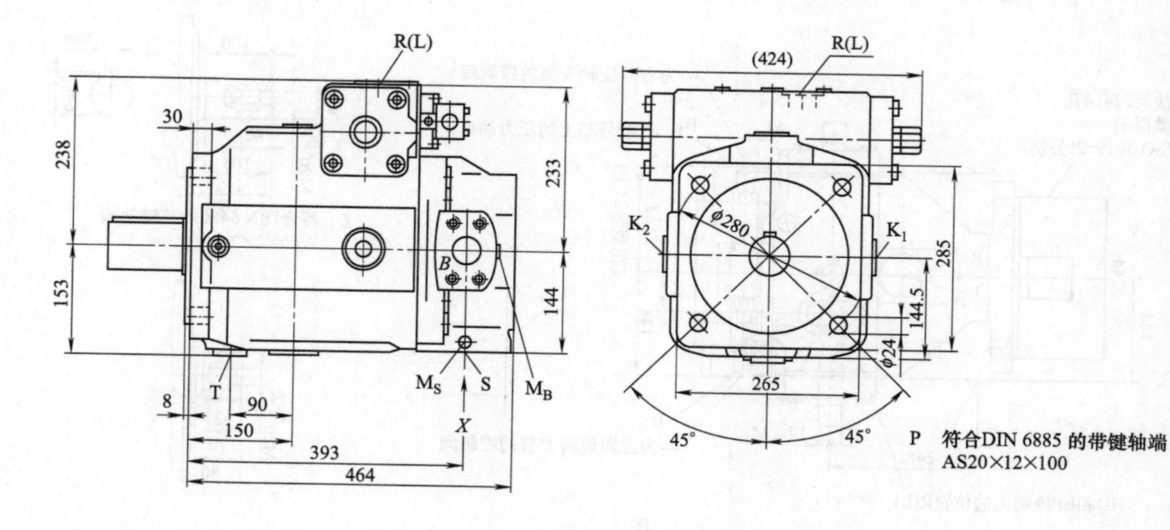

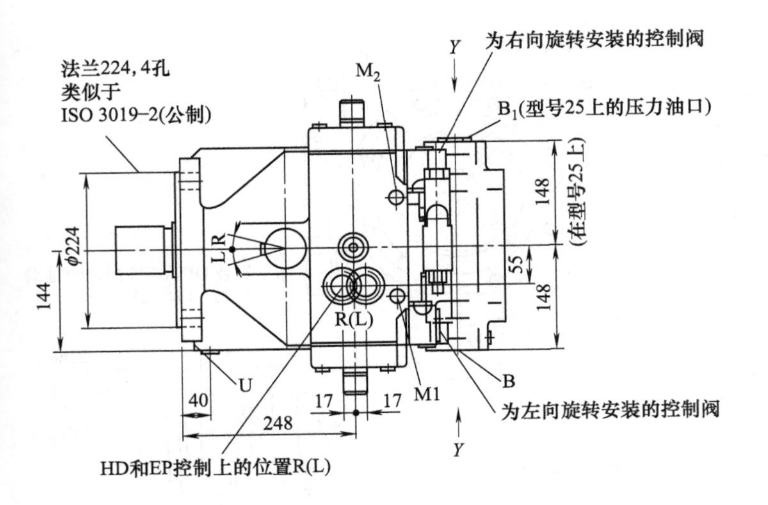

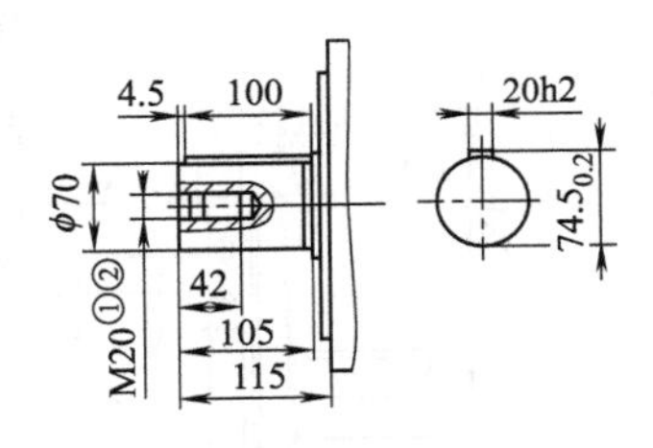

Z 符合DIN 5480的花键轴端
W70×3×22×9g

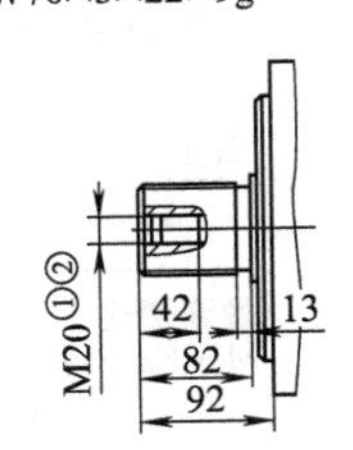

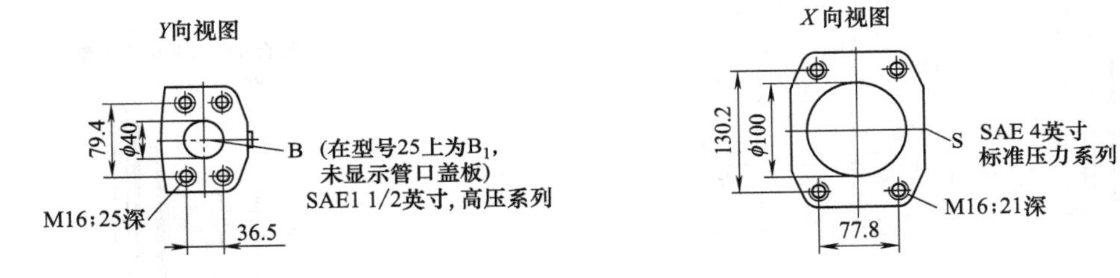

图 3.1-95 A4VSO355 型变量泵外形尺寸图

表 3.1-114 A4VSO355 型变量泵油口尺寸

油口				最大紧固扭矩②/N·m
S	吸油口(标准压力系列) 紧固螺纹	SAE J518③ DIN 13	4in M16×2;21 深①	
K_1,K_2	冲洗口	DIN 3852	M42×2;20 深(已封堵)	720
T	泄油	DIN 3852	M42×2;20 深(已封堵)	720
M_B	测量出油口压力	DIN 3852	M14×1.5;12 深(已封堵)	80
M_S	测量吸油口压力	DIN 3852	M14×1.5;12 深(已封堵)	80
R(L)	注油和排放(壳体泄口)	DIN 3852	M42×2;20 深	720
U	冲洗口	DIN 3852	M18×1.5;12 深(已封堵)	140
M_1,M_2	测量油口控制腔压力	DIN 3852	M18×1.5;12 深(已封堵)	140
在型号 13 上				
B	压力油口(高压系列) 紧固螺纹	SAE J518③ DIN 13	1 1/2in M16×2;25 深①	
B_1	附加油口	DIN 3852	M42×2;20 深(已封堵)	720
在型号 25 上				
B	压力油口(高压系列) 紧固螺纹	SAE J518③ DIN 13	1 1/2in M16×2;25 深①	
B_1	压力油口(高压系列) 紧固螺纹	SAE J518③ DIN 13	1 1/2in(用管口盖板封闭) M16×2;25 深①	

① 符合 DIN 332 的中心孔（符合 DIN 13 的螺纹）；② 对于最大紧固扭矩，请遵守制造商提供的所用配件相关信息和一般信息；③ 小心公制螺纹偏离标准。

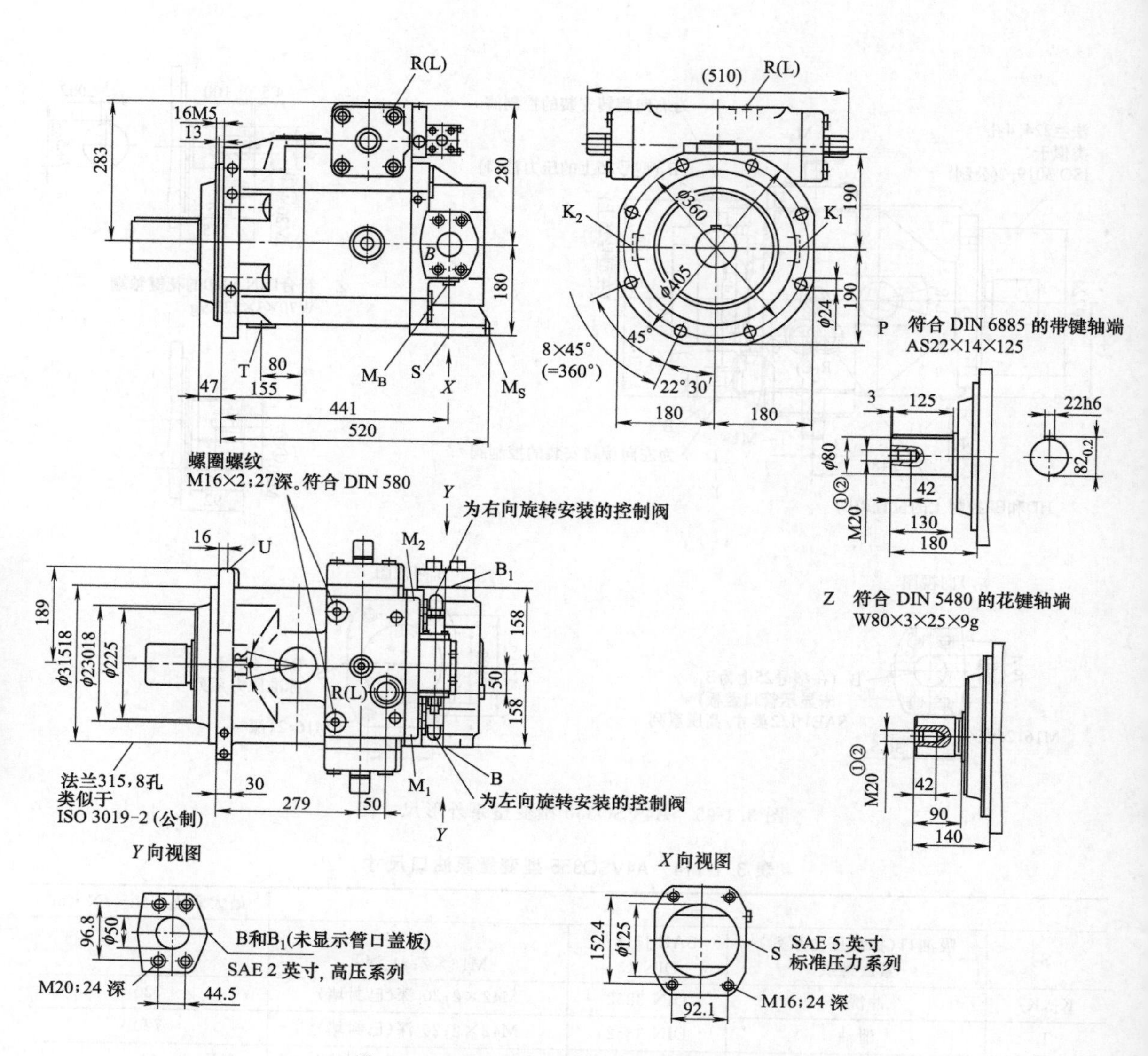

图 3.1-96　A4VSO500 型变量泵外形尺寸图

表 3.1-115　A4VSO500 型变量泵油口尺寸

油口				最大紧固扭矩②/N·m
S	吸油口(标准压力系列) 紧固螺纹	SAE J518③ DIN 13	5in M16×2;24 深①	
K_1,K_2	冲洗口	DIN 3852	M48×2;22 深(已封堵)	960
T	泄油	DIN 3852	M48×2;22 深(已封堵)	960
M_B	测量出油口压力	DIN 3852	M18×1.5;12 深(已封堵)	140
M_S	测量吸油口压力	DIN 3852	M18×1.5;12 深(已封堵)	140
R(L)	注油和排放(壳体泄口)	DIN 3852	M48×2;22 深	960
U	冲洗口	DIN 3852	M18×1.5;12 深(已封堵)	140
M_1,M_2	测量油口控制腔压力	DIN 3852	M18×1.5;12 深(已封堵) M14×1.5;12 深(已封堵)	140 80
B	压力油口(高压系列)紧固螺纹	SAE J518③ DIN 13	2in M20×2.5;24 深①	
B_1	压力油口(高压系列)紧固螺纹	SAE J518③ DIN 13	2in(用管口盖板封闭) M20×2.5;24 深①	

① 符合 DIN 332 的中心孔(符合 DIN 13 的螺纹);② 对于最大紧固扭矩,请遵守制造商提供的所用配件相关信息和一般信息;③ 小心公制螺纹偏离标准。

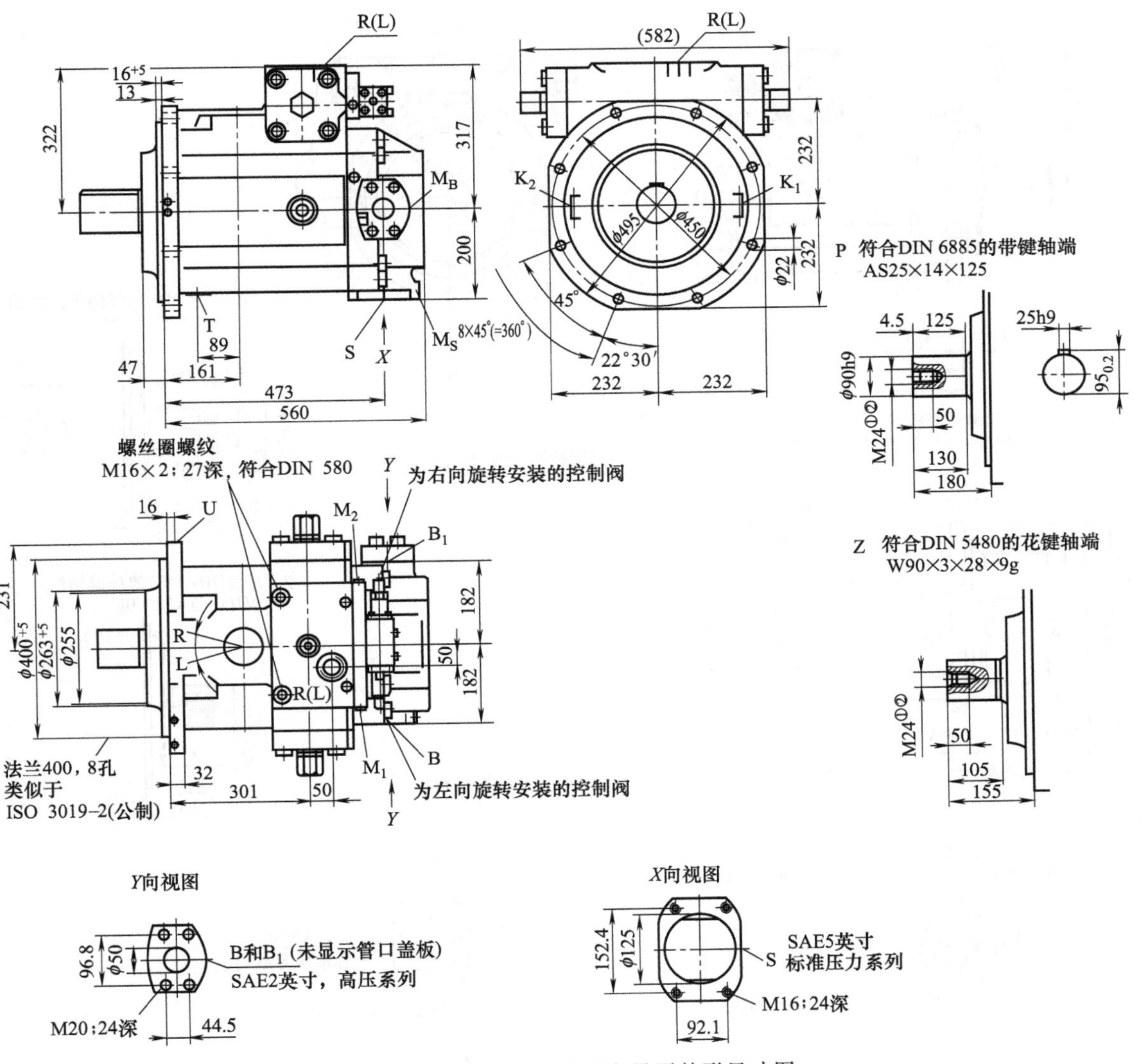

图 3.1-97 A4VSO750 型变量泵外形尺寸图

表 3.1-116 A4VSO750 型变量泵油口尺寸

油口				最大紧固扭矩②/N·m
S	吸油口(标准压力系列) 紧固螺纹	SAE J518③ DIN 13	5in M16×2;24 深①	
K_1,K_2	冲洗口	DIN 3852	M48×2;20 深(已封堵)	960
T	泄油	DIN 3852	M48×2;20 深(已封堵)	960
M_B	测量出油口压力	DIN 3852	M18×1.5;12 深(已封堵)	140
M_S	测量吸油口压力	DIN 3852	M18×1.5;12 深(已封堵)	140
R(L)	注油和排放(壳体泄口)	DIN 3852	M48×2;20 深	960
U	冲洗口	DIN 3852	M18×1.5;12 深(已封堵)	140
M_1,M_2	测量油口控制腔压力	DIN 3852	M18×1.5;12 深(已封堵) M14×1.5;12 深(已封堵)	140 80
B	压力油口(高压系列) 紧固螺纹	SAE J518③ DIN 13	2in M20×2.5;24 深①	
B_1	压力油口(高压系列) 紧固螺纹	SAE J518③ DIN 13	2in(用管口盖板封闭) M20×2.5;24 深①	

① 符合 DIN 332 的中心孔（符合 DIN 13 的螺纹）；② 对于最大紧固扭矩，请遵守制造商提供的所用配件相关信息和一般信息；③ 小心公制螺纹偏离标准。

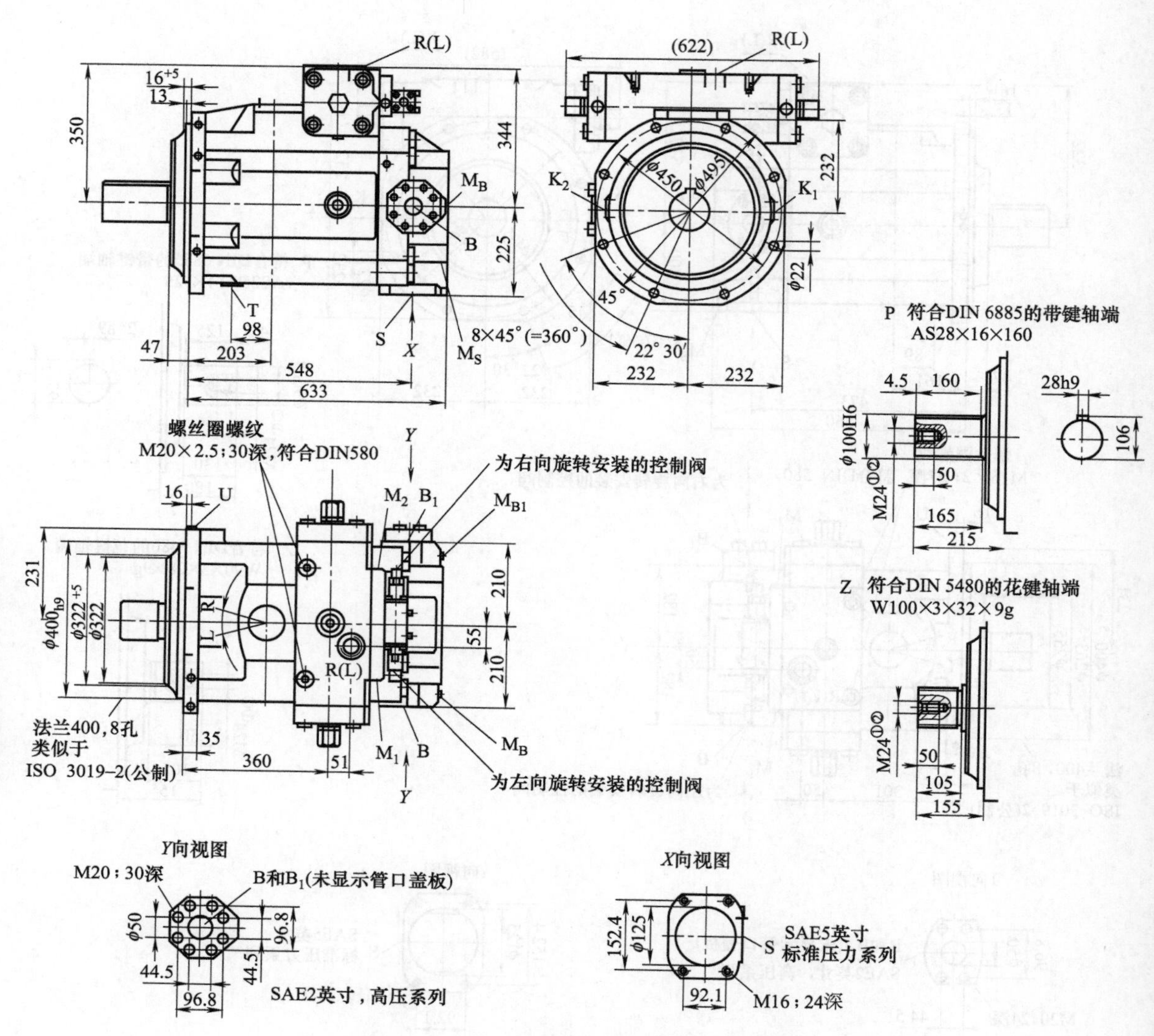

图 3.1-98　A4VSO1000 型变量泵外形尺寸图

表 3.1-117　A4VSO1000 型变量泵油口尺寸

油口				最大紧固扭矩②/N·m
S	吸油口(标准压力系列)	SAE J518③	5in	
	紧固螺纹	DIN 13	M16×2;24 深①	
K_1,K_2	冲洗口	DIN 3852	M48×2;20 深(已封堵)	960
T	泄油	DIN 3852	M48×2;20 深(已封堵)	960
M_B	测量出油口压力	DIN 3852	M18×1.5;12 深(已封堵)	140
M_S	测量吸油口压力	DIN 3852	M18×1.5;12 深(已封堵)	140
R(L)	注油和排放(壳体泄口)	DIN 3852	M48×2;20　深	960
U	冲洗口	DIN 3852	M18×1.5;12 深(已封堵)	140
M_1,M_2	测量油口控制腔压力	DIN 3852	M18×1.5;12 深(已封堵)	140
			M14×1.5;12 深(已封堵)	80
B	压力油口(高压系列)	SAE J518③	2in	
	紧固螺纹	DIN 13	M20×2.5;30 深①	
B_1	压力油口(高压系列)	SAE J518③	2in(用管口盖板封闭)	
	紧固螺纹	DIN 13	M20×2.5;30 深①	

① 符合 DIN 332 的中心孔(符合 DIN 13 的螺纹);② 对于最大紧固扭矩,请遵守制造商提供的所用配件相关信息和一般信息;③ 小心公制螺纹偏离标准。

6.3.11 A4VG 型轴向柱塞变量泵

(1) 型号说明

A4V G * * D * * * *

① ② ③ ④ ⑤ ⑥ ⑦ ⑧ ⑨

①——A4VG 型轴向柱塞变量泵；

②——工作模式：闭式回路；

③——规格；

④——控制设备：NV—不带控制模块，DG—直接控制的液压控制，HD—与先导压力相关的液压比例控制，HW—机械伺服的液压比例控制，EZ—电子两点式控制，DA—与转速相关的自动控制，EP—电控比例变量压力切断阀；

⑤——中位开关；

⑥——机械行程限位器；

⑦——行程腔体压力大油口 X_3、X_4；

⑧——DA 控制阀。

注：由于篇幅关系，仅给出 NV 和 DG 两种形式泵的外形尺寸，其他见厂家样本。

(2) 技术规格（见表 3.1-118）

(3) 外形尺寸（见图 3.1-99～图 3.1-114 以及表 3.1-119～表 3.1-126）

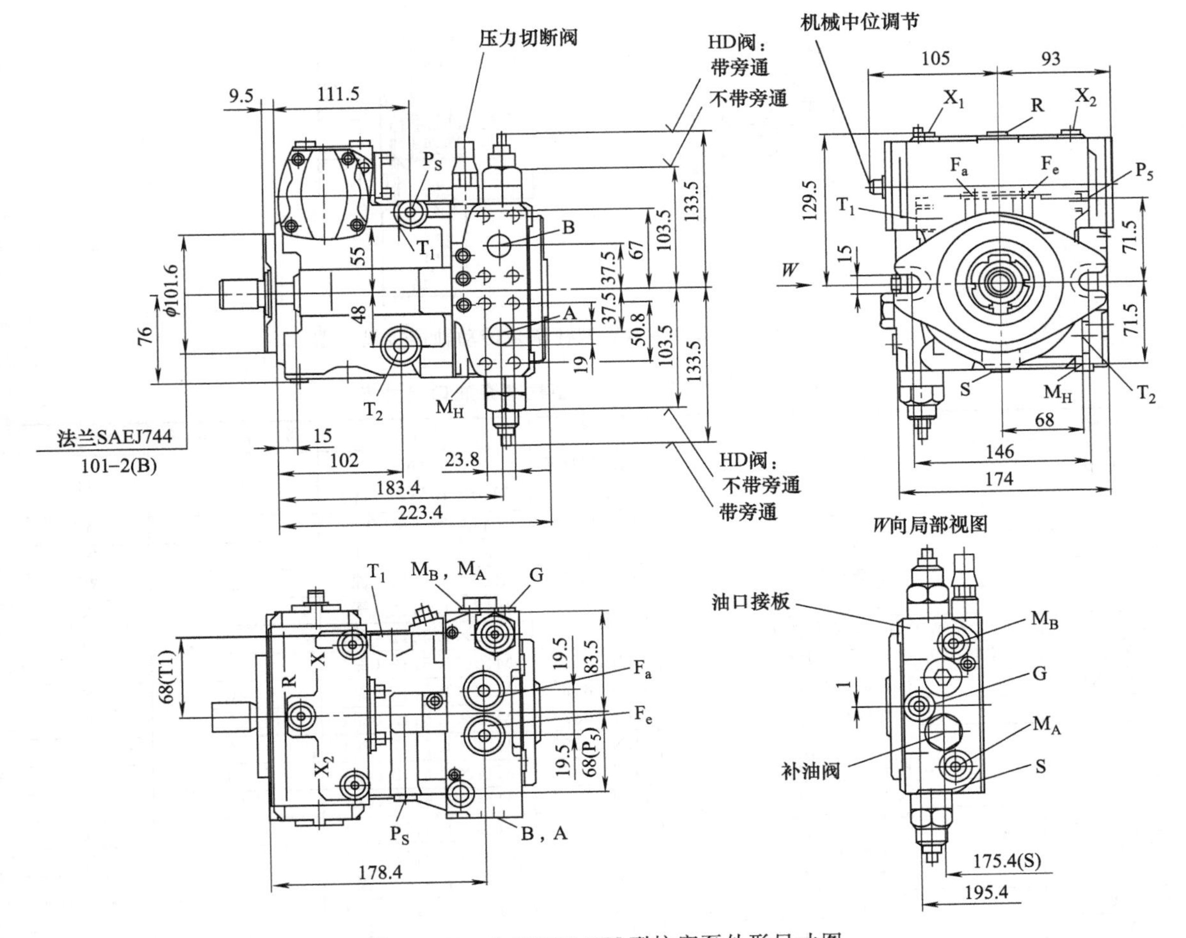

图 3.1-99 A4VG28 NV 型柱塞泵外形尺寸图

表 3.1-118 A4VG 型斜轴式变量柱塞泵技术规格

排量/(mL/r)	转速/(r/min)				流量/(L/min)	转动惯量/kg·m²	质量/kg	扭矩/N·m	功率/kW
	n_1	n_2	n_3	n_4					
28	4250	4500	5000	500	119	0.0022	29	178	79
40	4000	4200	5000	500	160	0.0038	31	255	107

续表

排量/(mL/r)	转速/(r/min)				流量/(L/min)	转动惯量/kg·m²	质量/kg	扭矩/N·m	功率/kW
	n_1	n_2	n_3	n_4					
56	3600	3900	4500	500	202	0.0066	38	357	134
71	3300	3600	4100	500	234	0.0097	50	452	156
90	3050	3300	3800	500	275	0.0149	60	573	183
125	2850	3250	3450	500	356	0.0232	80	796	238
180	2500	2900	3000	500	450	0.0444	101	1146	300
250	2400	2600	2700	500	600	0.0983	156	1592	400

注：表中 n_1、n_2、n_3 分别为最大排量、最大极限、最大间隙时的转速，n_4 为最小转速。

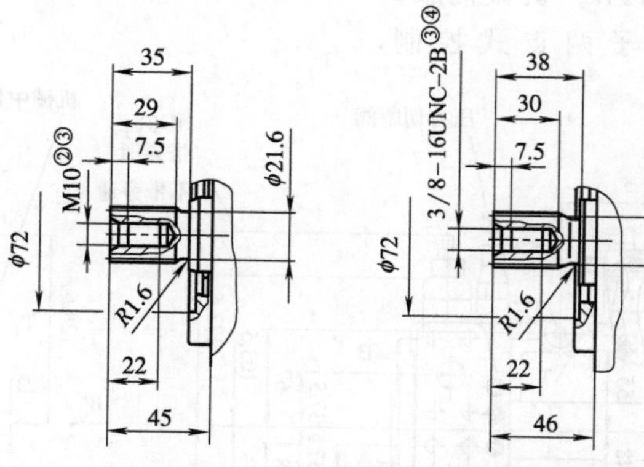

图 3.1-100　A4VG28 NV 型柱塞泵传动轴连接尺寸图

表 3.1-119　A4VG28 NV 型柱塞泵油口尺寸表

名称	油口用途	标准	规格③	最大压力/bar⑤	状态⑪
A、B	工作管路 紧固螺纹 A/B	SAE J518⑥ DIN 13	3/4in M10×1.5;17(深)	450	O
S	吸油管路	DIN 3852⑨	M33×2;18(深)	5	O⑦
T_1	泄油管路	DIN 3852⑨	M22×1.5;14(深)	3	O⑧
T_2	泄油管路	DIN 3852⑨	M22×1.5;14(深)	3	X⑧
R	排气口	DIN 3852⑨	M12×1.5;12(深)	3	X
X_1、X_2	控制压力(节流孔的上行)	DIN 3852⑨	M12×1.5;12(深)	40	X
X_1、X_2	控制压力(节流孔的上行,仅 DG)	DIN 3852⑨	M12×1.5;12(深)	40	O
X_3、X_4⑩	行程腔体压力	DIN 3852⑨	M12×1.5;12(深)	40	X
G	补油压力	DIN 3852⑨	M12×1.5;12(深)	40	X
P_S	先导压力	DIN 3852⑨	M14×1.5;12(深)	40	X
P_S	先导压力(仅 DA7)	DIN 3852⑨	M14×1.5;12(深)	40	O
Y	先导压力(仅 DA7)	DIN 3852⑨	M14×1.5;12(深)	40	O
M_A、M_B	测量压力 A、B	DIN 3852⑨	M12×1.5;12(深)	450	X
M_H	测量高压	DIN 3852⑨	M12×1.5;12(深)	450	X
F_a	补油压力入口	DIN 3852⑨	M18×1.5;12(深)	40	X
F_e	补油压力出口	DIN 3852⑨	M18×1.5;12(深)	40	X
Y_1、Y_2	先导信号(仅 HD)	DIN 3852⑨	M14×1.5;12(深)	40	O
Z	点动信号(仅 DA4 和 DA8)	DIN 3852⑨	M10×1;8(深)	40	X

① ANSI B92.1a，30°压力角，平齿根，侧面配合，公差等级 5；② 符合 DIN 332 标准的中心孔（符合 DIN 13 标准的螺纹）；③ 最大紧固扭矩；④ 符合 ASME B1.1 标准的螺纹；⑤ 根据不同的应用情况，可能会出现瞬时压力峰值，选择测量设备和配件时应考虑这一点；⑥ 唯一的尺寸依据 SAE J518，公制紧固螺纹与标准螺纹存在偏差；⑦ 接有外部电源；⑧ 视安装位置而定，必须连接 T1 或 T2；⑨ 锪孔可比相应标准规定更深；⑩ 选件；⑪ O＝必须连接（交付时堵上），X＝堵上（正常运行条件下）。

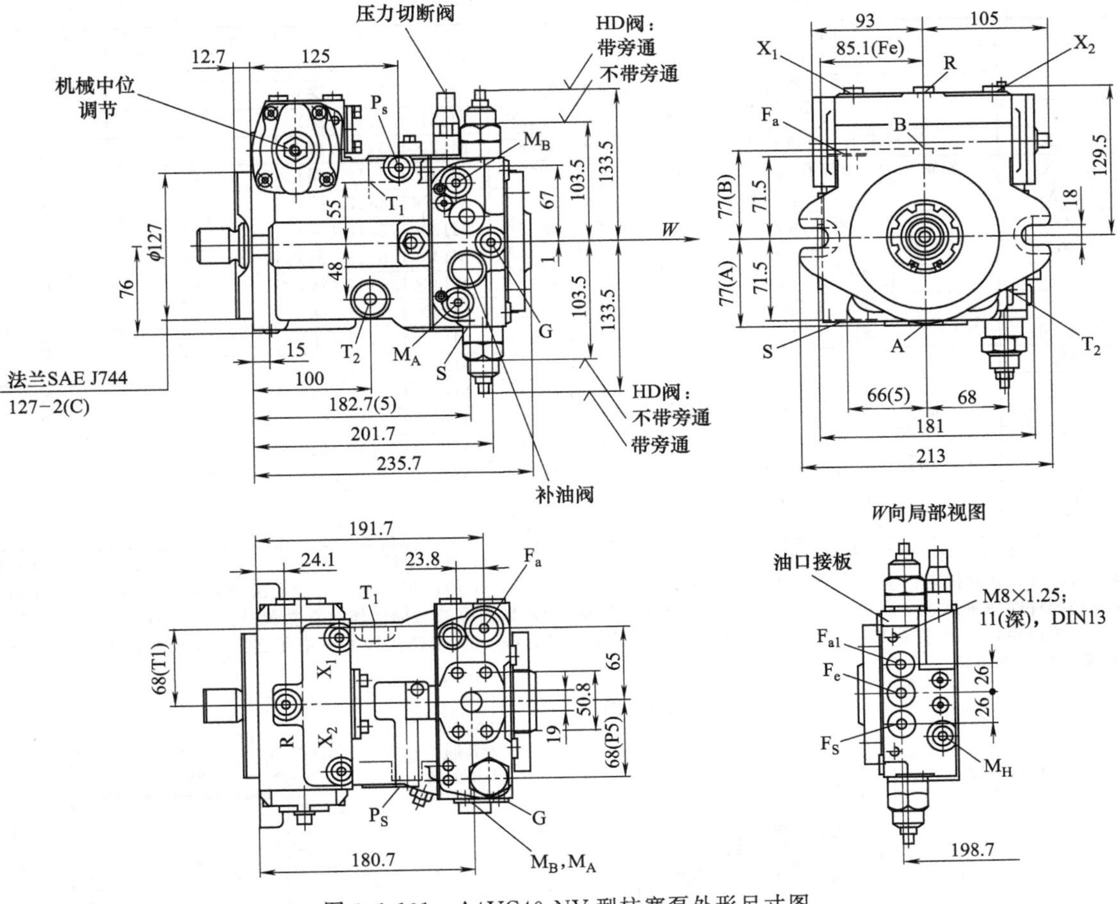

图 3.1-101　A4VG40 NV 型柱塞泵外形尺寸图

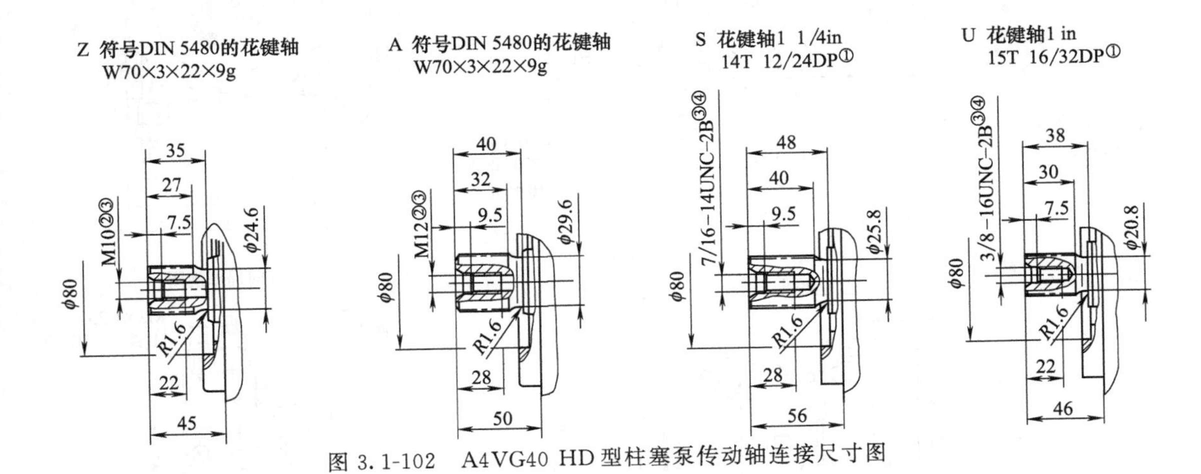

图 3.1-102　A4VG40 HD 型柱塞泵传动轴连接尺寸图

表 3.1-120　A4VG40 NV 型柱塞泵油口尺寸表

名称	油口用途	标准	规格③	最大压力/bar⑤	状态①
A、B	工作管路 紧固螺纹 A/B	SAE J518⑥ DIN 13	3/4 in M10×1.5；17（深）	450	O
S	吸油管路	DIN 3852⑨	M33×2；18（深）	5	O⑦

续表

名称	油口用途	标准	规格③	最大压力/bar⑤	状态⑪
T_1	泄油管路	DIN 3852⑨	M22×1.5;14（深）	3	O⑧
T_2	泄油管路	DIN 3852⑨	M22×1.5;14（深）	3	X⑧
R	排气口	DIN 3852⑨	M12×1.5;12（深）	3	X
X_1、X_2	控制压力（节流孔的上行）	DIN 3852⑨	M12×1.5;12（深）	40	X
X_1、X_2	控制压力（节流孔的上行，仅 DG）	DIN 3852⑨	M12×1.5;12（深）	40	O
X_3、X_4⑩	行程腔体压力	DIN 3852⑨	M12×1.5;12（深）	40	X
G	补油压力	DIN 3852⑨	M12×1.5;12（深）	40	X
P_S	先导压力	DIN 3852⑨	M14×1.5;12（深）	40	X
P_S	先导压力（仅 DA7）	DIN 3852⑨	M14×1.5;12（深）	40	O
Y	先导压力（仅 DA7）	DIN 3852⑨	M14×1.5;12（深）	40	O
M_A、M_B	测量压力 A、B	DIN 3852⑨	M12×1.5;12（深）	450	X
M_H	测量高压	DIN 3852⑨	M12×1.5;12（深）	450	X
F_a	补油压力入口	DIN 3852⑨	M18×1.5;12（深）	40	X
F_{a1}	补油压力，入口（可安装的过滤器）	DIN 3852⑨	M18×1.5;12（深）	40	X
F_e	补油压力出口	DIN 3852⑨	M18×1.5;12（深）	40	X
F_S	从过滤器至吸油管路的线路（冷启动）	DIN 3852⑨	M18×1.5;12（深）	40	X
Y_1、Y_2	先导信号（仅 HD）	DIN 3852⑨	M14×1.5;12（深）	40	O
Z	点动信号（仅 DA4 和 DA8）	DIN 3852⑨	M10×1;8（深）	40	X

① ANSI B92.1a，30°压力角，平齿根，侧面配合，公差等级 5；② 符合 DIN 332 标准的中心孔（符合 DIN 13 标准的螺纹）；③ 最大紧固扭矩；④ 符合 ASME B1.1 标准的螺纹；⑤ 根据不同的应用情况，可能会出现瞬时压力峰值，选择测量设备和配件时应考虑这一点；⑥ 唯一的尺寸依据 SAE J518，公制紧固螺纹与标准螺纹存在偏差；⑦ 接有外部电源；⑧ 视安装位置而定，必须连接 T1 或 T2；⑨ 锪孔可比相应标准规定更深；⑩ 选件；⑪ O＝必须连接（交付时堵上），X＝堵上（正常运行条件下）。

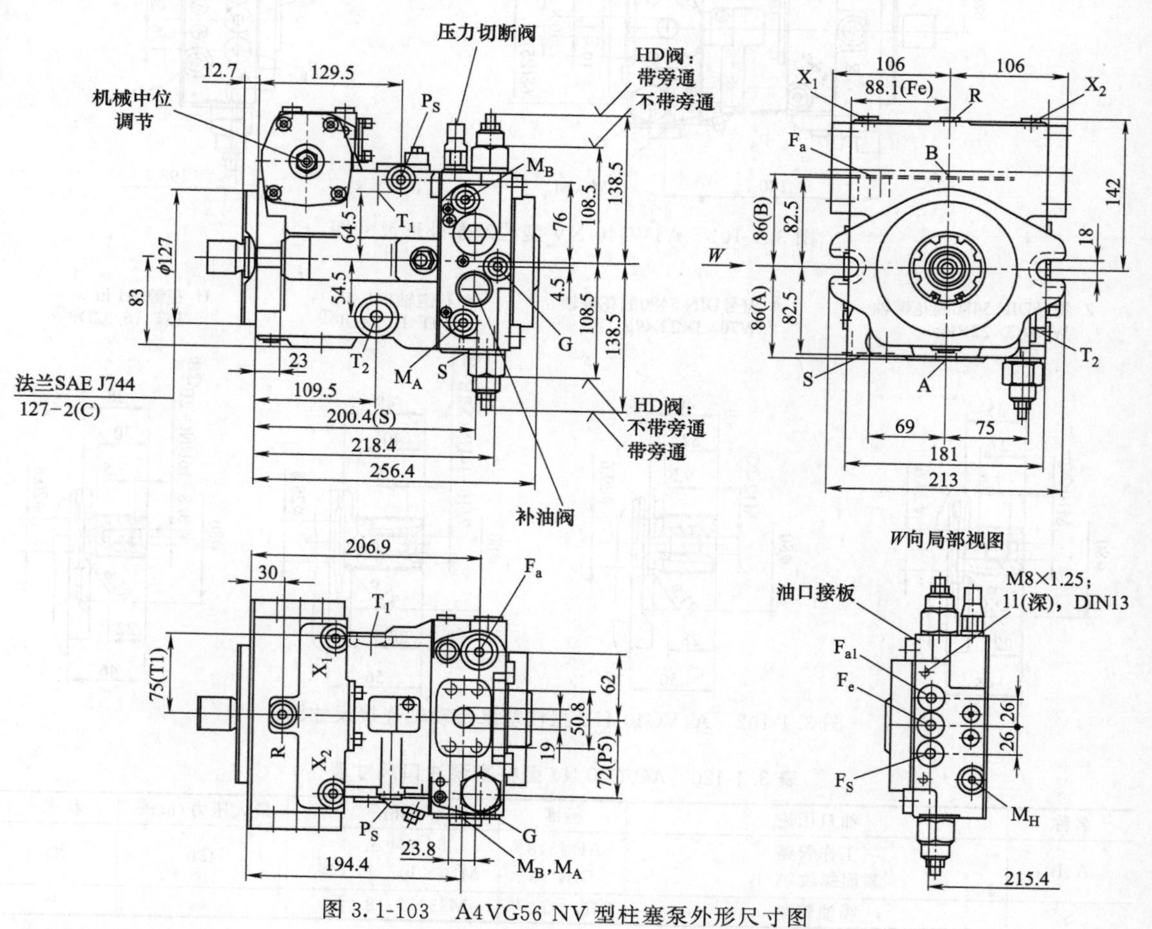

图 3.1-103　A4VG56 NV 型柱塞泵外形尺寸图

表 3.1-121 A4VG56 NV 型柱塞泵油口尺寸表

名称	油口用途	标准	规格③	最大压力/bar⑤	状态⑪
A、B	工作管路 紧固螺纹 A/B	SAE J518⑥ DIN 13	3/4in M10×1.5;17（深）	450	O
S	吸油管路	DIN 3852⑨	M33×2;18（深）	5	O⑦
T_1	泄油管路	DIN 3852⑨	M22×1.5;14（深）	3	O⑧
T_2	泄油管路	DIN 3852⑨	M22×1.5;14（深）	3	X⑧
R	排气口	DIN 3852⑨	M12×1.5;12（深）	3	X
X_1、X_2	控制压力（节流孔的上行）	DIN 3852⑨	M12×1.5;12（深）	40	X
X_1、X_2	控制压力（节流孔的上行，仅 DG）	DIN 3852⑨	M12×1.5;12（深）	40	O
X_3、X_4⑩	行程腔体压力	DIN 3852⑨	M12×1.5;12（深）	40	X
G	补油压力	DIN 3852⑨	M14×1.5;12（深）	40	X
P_S	先导压力	DIN 3852⑨	M14×1.5;12（深）	40	X
P_S	先导压力（仅 DA7）	DIN 3852⑨	M14×1.5;12（深）	40	O
Y	先导压力（仅 DA7）	DIN 3852⑨	M14×1.5;12（深）	40	O
M_A、M_B	测量压力 A、B	DIN 3852⑨	M12×1.5;12（深）	450	X
M_H	测量高压	DIN 3852⑨	M12×1.5;12（深）	450	X
F_a	补油压力入口	DIN 3852⑨	M18×1.5;12（深）	40	X
F_{a1}	补油压力，入口（可安装的过滤器）	DIN 3852⑨	M18×1.5;12（深）	40	X
F_e	补油压力出口	DIN 3852⑨	M18×1.5;12（深）	40	X
F_S	从过滤器至吸油管路的线路（冷启动）	DIN 3852⑨	M18×1.5;12（深）	40	X
Y_1、Y_2	先导信号（仅 HD）	DIN 3852⑨	M14×1.5;12（深）	40	O
Z	点动信号（仅 DA4 和 DA8）	DIN 3852⑨	M10×1;8（深）	40	X

① ANSI B92.1a，30°压力角，平齿根，侧面配合，公差等级 5；② 符合 DIN 332 标准的中心孔（符合 DIN 13 标准的螺纹）；③ 最大紧固扭矩；④ 符合 ASME B1.1 标准的螺纹；⑤ 根据不同的应用情况，可能会出现瞬时压力峰值，选择测量设备和配件时应考虑这一点；⑥ 唯一的尺寸依据 SAE J518，公制紧固螺纹与标准螺纹存在偏差；⑦ 接有外部电源；⑧ 视安装位置而定，必须连接 T1 或 T2；⑨ 锪孔可比相应标准规定更深；⑩ 选件；⑪ O=必须连接（交付时堵上），X=堵上（正常运行条件下）。

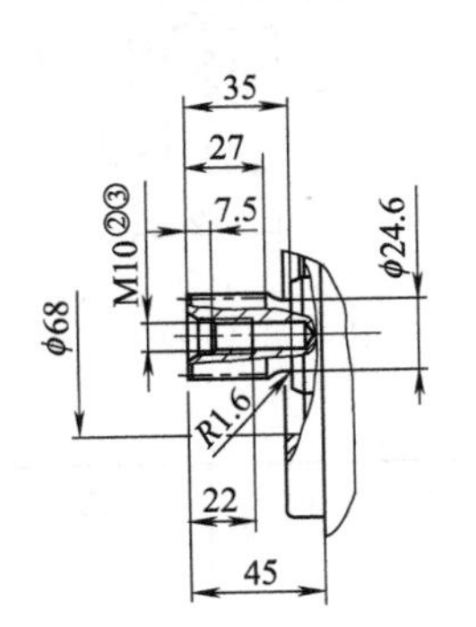

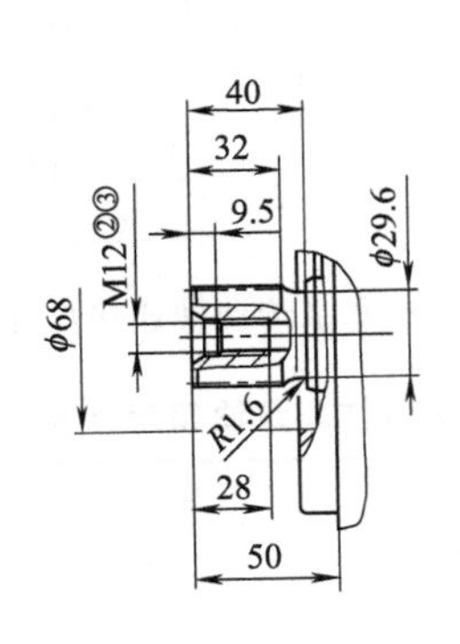

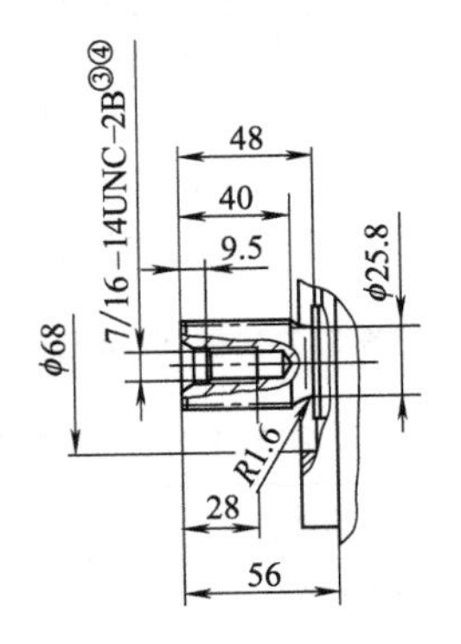

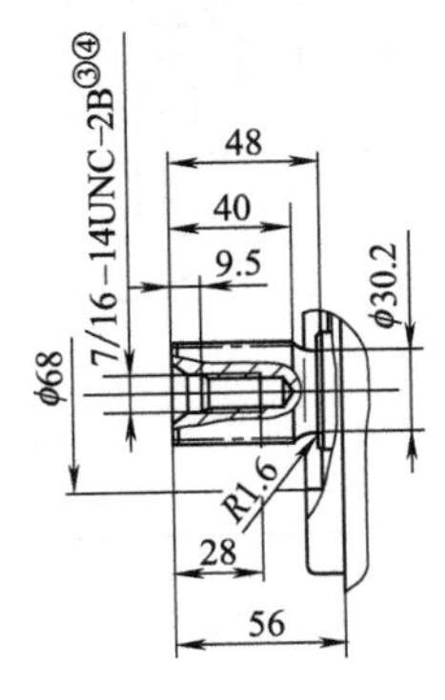

图 3.1-104 A4VG56 HD 型柱塞泵传动轴连接尺寸图

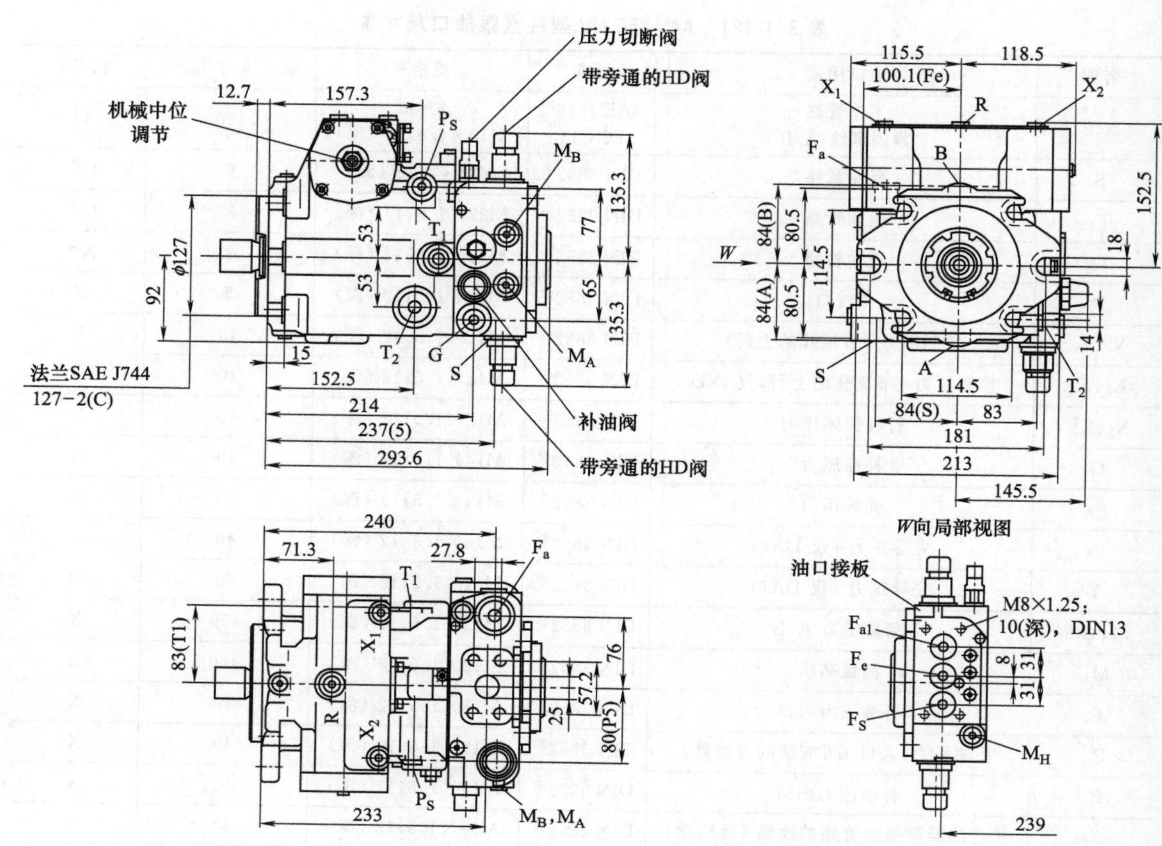

图 3.1-105　A4VG71　NV 型柱塞泵外形尺寸图

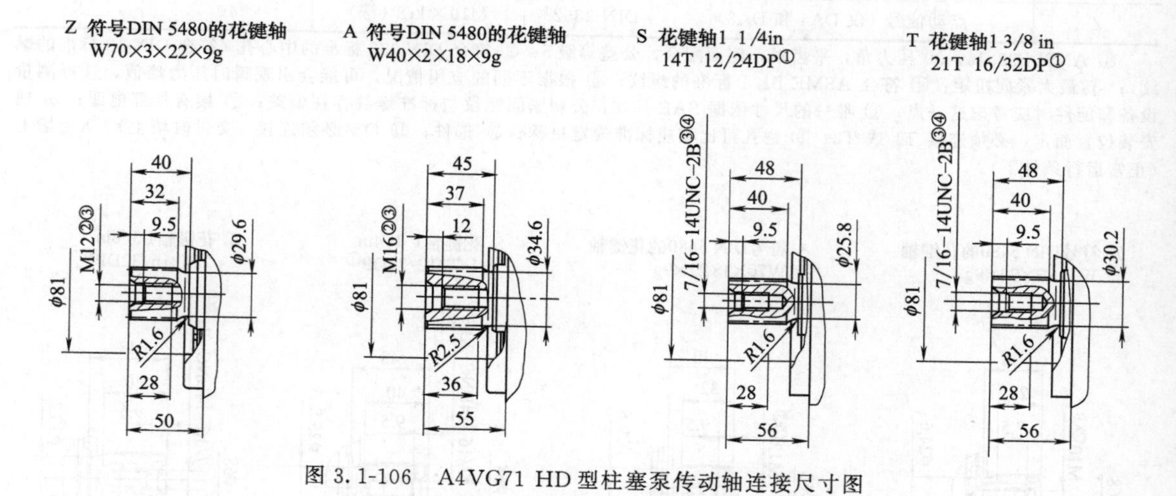

图 3.1-106　A4VG71 HD 型柱塞泵传动轴连接尺寸图

表 3.1-122　A4VG71 NV 型柱塞泵油口尺寸表

名称	油口用途	标准	规格③	最大压力/bar⑤	状态①
A、B	工作管路	SAE J518⑥	1in	450	O
	紧固螺纹 A/B	DIN 13	M12×1.75；17（深）		
S	吸油管路	DIN 3852⑨	M42×2；20（深）	5	O⑦
T_1	泄油管路	DIN 3852⑨	M26×1.5；16（深）	3	O⑧

续表

名称	油口用途	标准	规格③	最大压力/bar⑤	状态⑪
T_2	泄油管路	DIN 3852⑨	M26×1.5;16（深）	3	X⑧
R	排气口	DIN 3852⑨	M12×1.5;12（深）	3	X
X_1、X_2	控制压力（节流孔的上行）	DIN 3852⑨	M12×1.5;12（深）	40	X
X_1、X_2	控制压力（节流孔的上行，仅 DG）	DIN 3852⑨	M12×1.5;12（深）	40	O
X_3、X_4⑩	行程腔体压力	DIN 3852⑨	M12×1.5;12（深）	40	X
G	补油压力	DIN 3852⑨	M18×1.5;12（深）	40	X
P_S	先导压力	DIN 3852⑨	M14×1.5;12（深）	40	X
P_S	先导压力（仅 DA7）	DIN 3852⑨	M14×1.5;12（深）	40	O
Y	先导压力（仅 DA7）	DIN 3852⑨	M14×1.5;12（深）	40	O
M_A、M_B	测量压力 A、B	DIN 3852⑨	M12×1.5;12（深）	450	X
M_H	测量高压	DIN 3852⑨	M12×1.5;12（深）	450	X
F_a	补油压力入口	DIN 3852⑨	M26×1.5;16（深）	40	X
F_{a1}	补油压力，入口（可安装的过滤器）	DIN 3852⑨	M22×1.5;14（深）	40	X
F_e	补油压力出口	DIN 3852⑨	M22×1.5;14（深）	40	X
F_S	过滤器至吸油管路的线路（冷启动）	DIN 3852⑨	M22×1.5;14（深）	40	X
Y_1、Y_2	先导信号（仅 HD）	DIN 3852⑨	M14×1.5;8（深）	40	O
Z	点动信号（仅 DA4 和 DA8）	DIN 3852⑨	M10×1;12（深）	40	X

① ANSI B92.1a，30°压力角，平齿根，侧面配合，公差等级 5；② 符合 DIN 332 标准的中心孔（符合 DIN 13 标准的螺纹）；③ 最大紧固扭矩；④ 符合 ASME B1.1 标准的螺纹；⑤ 根据不同的应用情况，可能会出现瞬时压力峰值，选择测量设备和配件时应考虑这一点；⑥ 唯一的尺寸依据 SAE J518，公制紧固螺纹与标准螺纹存在偏差；⑦ 接有外部电源；⑧ 视安装位置而定，必须连接 T1 或 T2；⑨ 锪孔可比相应标准规定更深；⑩ 选件；⑪ O＝必须连接（交付时堵上），X＝堵上（正常运行条件下）。

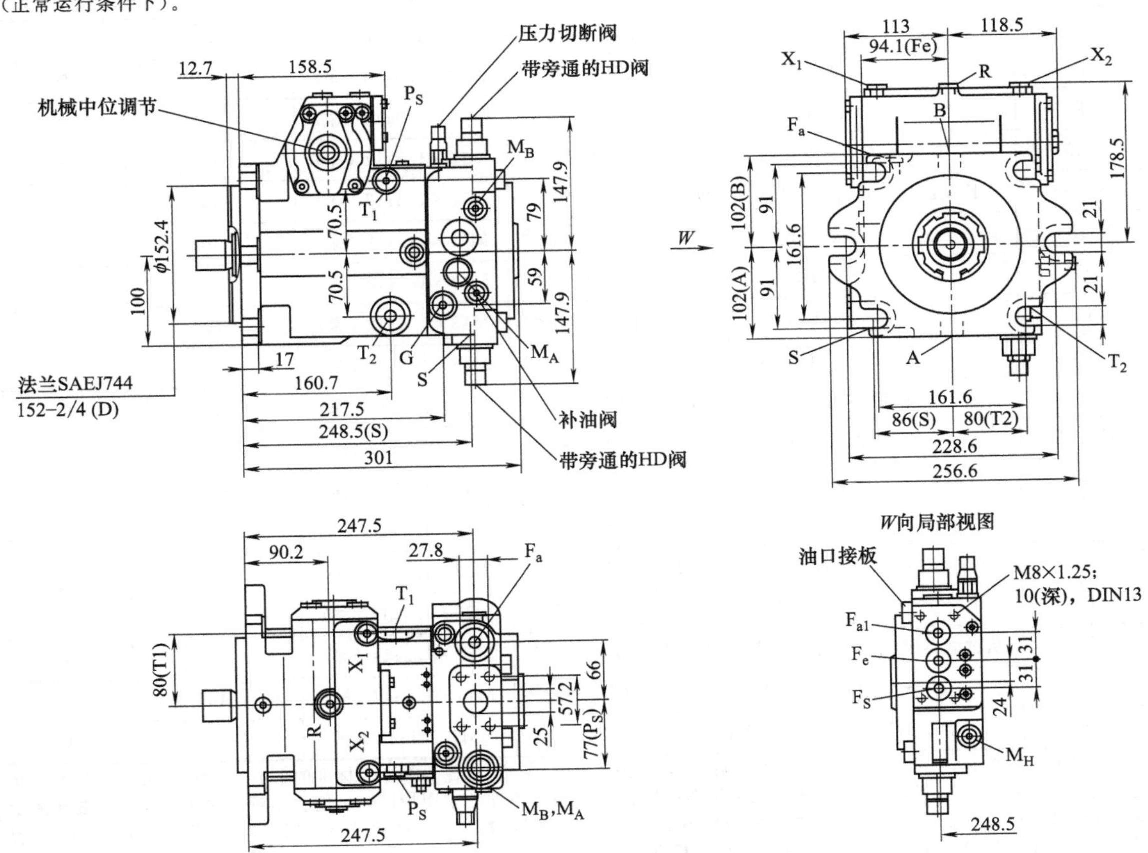

图 3.1-107　A4VG90 NV 型柱塞泵外形尺寸图

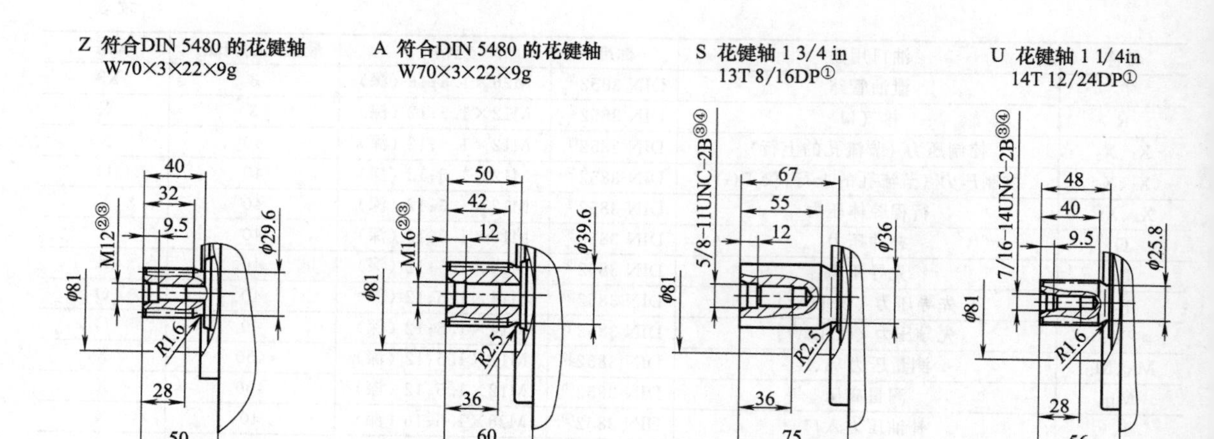

图 3.1-108　A4VG90 HD 型柱塞泵传动轴连接尺寸图

表 3.1-123　A4VG90 NV 型柱塞泵油口尺寸表

名称	油口用途	标准	规格③	最大压力/bar⑤	状态⑪
A、B	工作管路 紧固螺纹 A/B	SAE J518⑥ DIN 13	1 in M12×1.75;17（深）	450	O
S	吸油管路	DIN 3852⑨	M42×2;20（深）	5	O⑦
T_1	泄油管路	DIN 3852⑨	M26×1.5;16（深）	3	O⑧
T_2	泄油管路	DIN 3852⑨	M26×1.5;16（深）	3	X⑧
R	排气口	DIN 3852⑨	M16×1.5;12（深）	3	X
X_1、X_2	控制压力（节流孔的上行）	DIN 3852⑨	M16×1.5;12（深）	40	X
X_1、X_2	控制压力（节流孔的上行，仅 DG）	DIN 3852⑨	M16×1.5;12（深）	40	O
X_3、X_4⑩	行程腔体压力	DIN 3852⑨	M12×1.5;12（深）	40	X
G	补油压力	DIN 3852⑨	M18×1.5;12（深）	40	X
P_S	先导压力	DIN 3852⑨	M18×1.5;12（深）	40	X
P_S	先导压力（仅 DA7）	DIN 3852⑨	M18×1.5;12（深）	40	O
Y	先导压力（仅 DA7）	DIN 3852⑨	M18×1.5;12（深）	40	O
M_A、M_B	测量压力 A、B	DIN 3852⑨	M12×1.5;12（深）	450	X
M_H	测量高压	DIN 3852⑨	M12×1.5;12（深）	450	X
F_a	补油压力入口	DIN 3852⑨	M26×1.5;16（深）	40	X
F_{a1}	补油压力，入口（可安装的过滤器）	DIN 3852⑨	M22×1.5;14（深）	40	X
F_e	补油压力出口	DIN 3852⑨	M22×1.5;14（深）	40	X
F_S	从过滤器至吸油管路的线路（冷启动）	DIN 3852⑨	M22×1.5;14（深）	40	X
Y_1、Y_2	先导信号（仅 HD）	DIN 3852⑨	M14×1.5;12（深）	40	O
Z	点动信号（仅 DA4 和 DA8）	DIN 3852⑨	M10×1;8（深）	40	X

① ANSI B92.1a，30°压力角，平齿根，侧面配合，公差等级 5；② 符合 DIN 332 标准的中心孔（符合 DIN 13 标准的螺纹）；③ 最大紧固扭矩；④ 符合 ASME B1.1 标准的螺纹；⑤ 根据不同的应用情况，可能会出现瞬时压力峰值。选择测量设备和配件时应考虑这一点；⑥ 唯一的尺寸依据 SAE J518，公制紧固螺纹与标准螺纹存在偏差；⑦ 接有外部电源；⑧ 视安装位置而定，必须连接 T1 或 T2；⑨ 锪孔可比相应标准规定更深；⑩ 选件；⑪ O＝必须连接（交付时堵上），X＝堵上（正常运行条件下）。

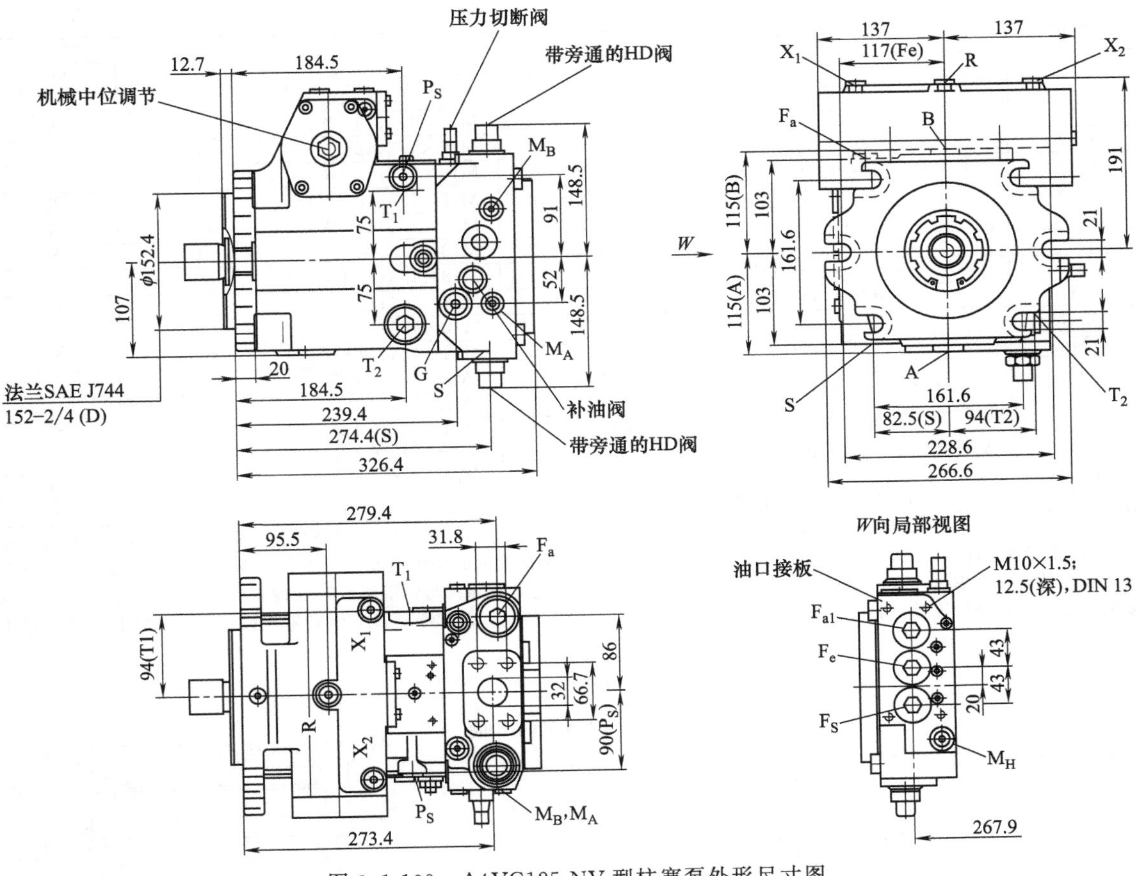

图 3.1-109 A4VG125 NV 型柱塞泵外形尺寸图

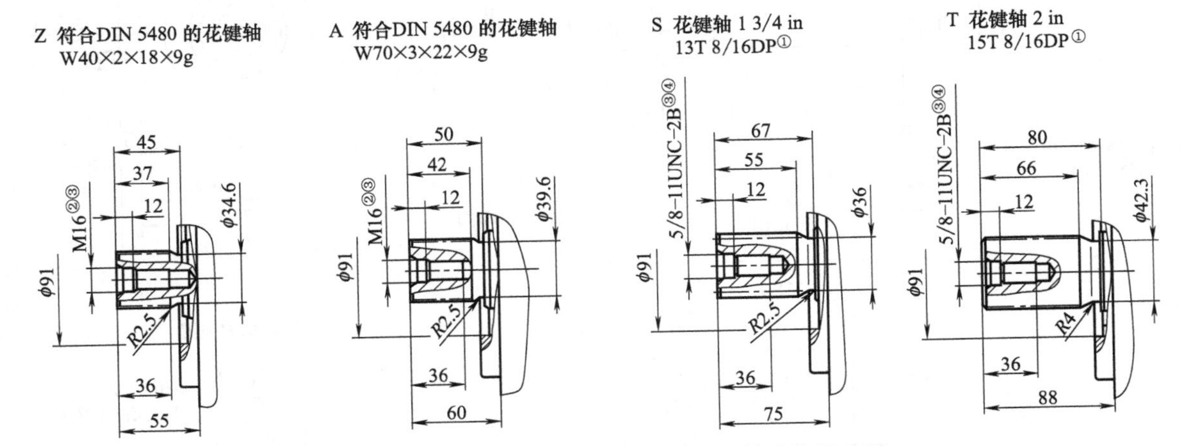

图 3.1-110 A4VG125 HD 型柱塞泵传动轴连接尺寸图

表 3.1-124 A4VG125 NV 型柱塞泵油口尺寸表

名称	油口用途	标准	规格③	最大压力/bar⑤	状态⑪
A、B	工作管路 紧固螺纹 A/B	SAE J518⑥ DIN 13	1 1/4in M14×2;19(深)	450	O
S	吸油管路	DIN 3852⑨	M48×2;22（深）	5	O⑦

续表

名称	油口用途	标准	规格[3]	最大压力/bar[5]	状态[11]
T_1	泄油管路	DIN 3852[9]	M33×2;18（深）	3	O[8]
T_2	泄油管路	DIN 3852[9]	M33×2;18（深）	3	X[8]
R	排气口	DIN 3852[9]	M16×1.5;12（深）	3	X
X_1、X_2	控制压力（节流孔的上行）	DIN 3852[9]	M16×1.5;12（深）	40	X
X_1、X_2	控制压力（节流孔的上行，仅 DG）	DIN 3852[9]	M16×1.5;12（深）	40	O
X_3、X_4[10]	行程腔体压力	DIN 3852[9]	M12×1.5;12（深）	40	X
G	补油压力	DIN 3852[9]	M22×1.5;14（深）	40	X
P_S	先导压力	DIN 3852[9]	M18×1.5;12（深）	40	X
P_S	先导压力（仅 DA7）	DIN 3852[9]	M18×1.5;12（深）	40	O
Y	先导压力（仅 DA7）	DIN 3852[9]	M18×1.5;12（深）	40	O
M_A、M_B	测量压力 A、B	DIN 3852[9]	M12×1.5;12（深）	450	X
M_H	测量高压	DIN 3852[9]	M12×1.5;12（深）	450	X
F_a	补油压力入口	DIN 3852[9]	M33×2;18（深）	40	X
F_{a1}	补油压力，入口（可安装的过滤器）	DIN 3852[9]	M33×2;18（深）	40	X
F_e	补油压力出口	DIN 3852[9]	M33×2;18（深）	40	X
F_S	从过滤器至吸油管路的线路（冷启动）	DIN 3852[9]	M33×2;18（深）	40	X
Y_1、Y_2	先导信号（仅 HD）	DIN 3852[9]	M14×1.5;12（深）	40	O
Z	点动信号（仅 DA4 和 DA8）	DIN 3852[9]	M10×1;8（深）	40	X

① ANSI B92.1a，30°压力角，平齿根，侧面配合，公差等级 5；② 符合 DIN 332 标准的中心孔（符合 DIN 13 标准的螺纹）；③ 最大紧固扭矩；④ 符合 ASME B1.1 标准的螺纹；⑤ 根据不同的应用情况，可能会出现瞬时压力峰值。选择测量设备和配件时应考虑这一点；⑥ 唯一的尺寸依据 SAE J518，公制紧固螺纹与标准螺纹存在偏差；⑦ 接有外部电源；⑧ 视安装位置而定，必须连接 T1 或 T2；⑨ 锪孔可比相应标准规定更深；⑩ 选件；⑪ O＝必须连接（交付时堵上），X＝堵上（正常运行条件下）。

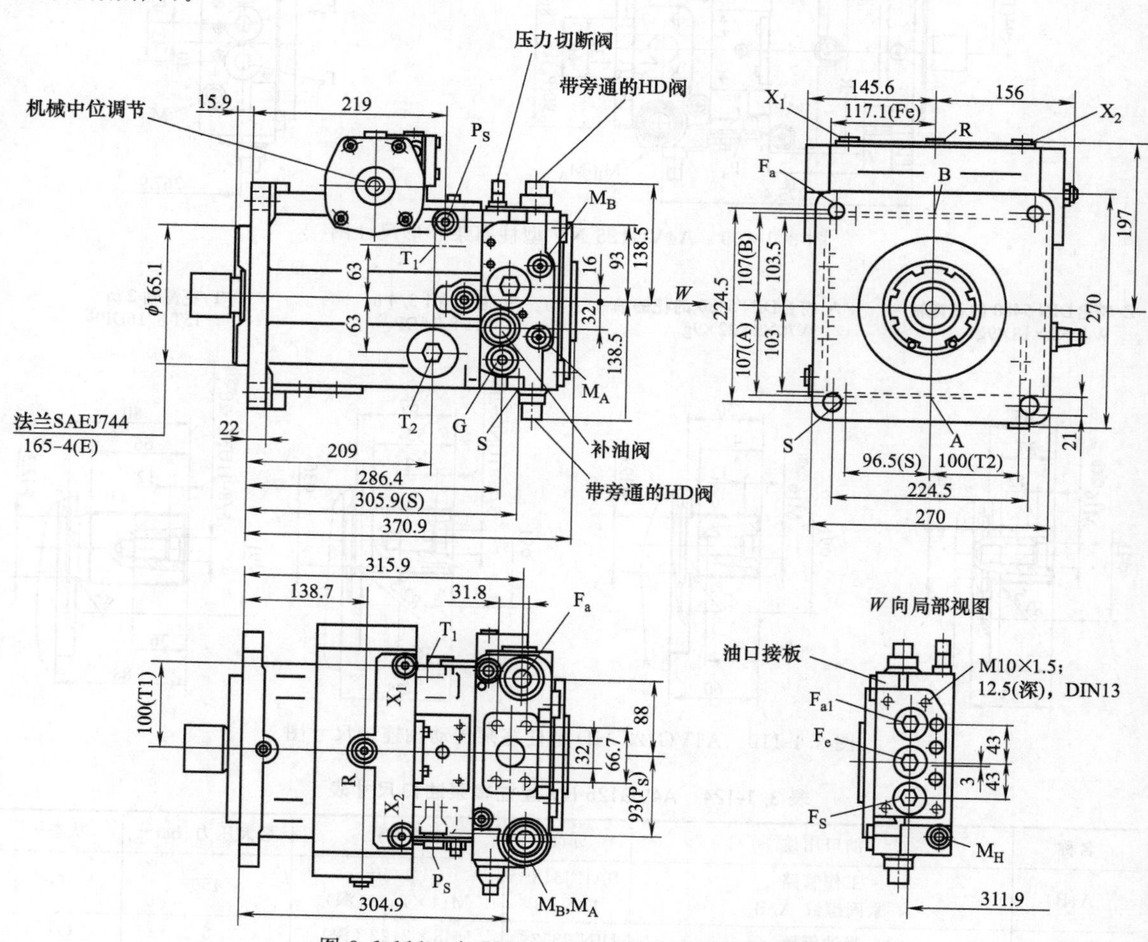

图 3.1-111　A4VG180 NV 型柱塞泵外形尺寸图

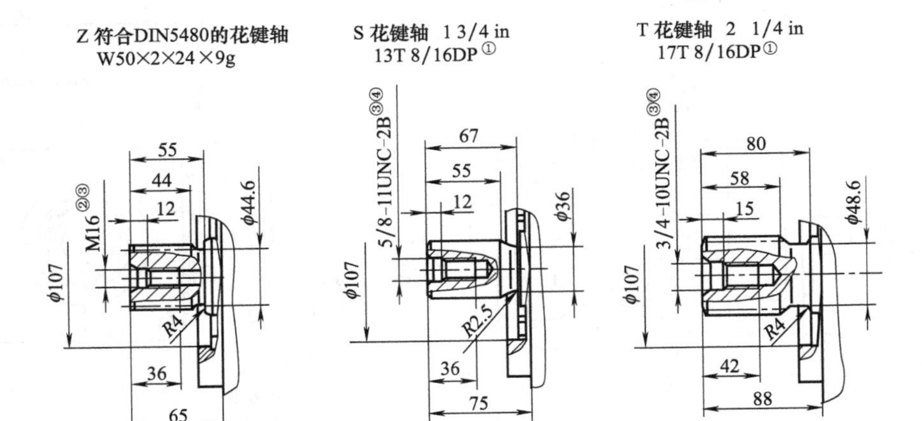

图 3.1-112　A4VG180 HD 型柱塞泵传动轴连接尺寸图

表 3.1-125　A4VG180 NV 型柱塞泵油口尺寸表

名称	油口用途	标准	规格③	最大压力/bar⑤	状态⑪
A、B	工作管路 紧固螺纹 A/B	SAE J518⑥ DIN 13	1 1/4 in M14×2;19（深）	450	O
S	吸油管路	DIN 3852⑨	M48×2;22（深）	5	O⑦
T_1	泄油管路	DIN 3852⑨	M42×2;20（深）	3	O⑧
T_2	泄油管路	DIN 3852⑨	M42×2;20（深）	3	X⑧
R	排气口	DIN 3852⑨	M16×1.5;12（深）	3	X
X_1、X_2	控制压力（节流孔的上行）	DIN 3852⑨	M16×1.5;12（深）	40	X
X_1、X_2	控制压力（节流孔的上行，仅 DG）	DIN 3852⑨	M16×1.5;12（深）	40	O
X_3、X_4⑩	行程腔体压力	DIN 3852⑨	M12×1.5;12（深）	40	X
G	补油压力	DIN 3852⑨	M22×1.5;14（深）	40	X
P_S	先导压力	DIN 3852⑨	M18×1.5;12（深）	40	X
P_S	先导压力（仅 DA7）	DIN 3852⑨	M18×1.5;12（深）	40	O
Y	先导压力（仅 DA7）	DIN 3852⑨	M18×1.5;12（深）	40	O
M_A、M_B	测量压力 A、B	DIN 3852⑨	M12×1.5;12（深）	450	X
M_H	测量高压	DIN 3852⑨	M12×1.5;12（深）	450	X
F_a	补油压力入口	DIN 3852⑨	M33×2;18（深）	40	X
F_{a1}	补油压力入口（可安装的过滤器）	DIN 3852⑨	M33×2;18（深）	40	X
F_e	补油压力出口	DIN 3852⑨	M33×2;18（深）	40	X
F_S	从过滤器至吸油管路的线路（冷启动）	DIN 3852⑨	M33×2;18（深）	40	X
Y_1、Y_2	先导信号（仅 HD）	DIN 3852⑨	M14×1.5;12（深）	40	O
Z	点动信号（仅 DA4 和 DA8）	DIN 3852⑨	M10×1;8（深）	40	X

① ANSI B92.1a，30°压力角，平齿根，侧面配合，公差等级 5；② 符合 DIN 332 标准的中心孔（符合 DIN 13 标准的螺纹）；③ 最大紧固扭矩；④ 符合 ASME B1.1 标准的螺纹；⑤ 根据不同的应用情况，可能会出现瞬时压力峰值，选择测量设备和配件时应考虑这一点；⑥ 唯一的尺寸依据 SAE J518，公制紧固螺纹与标准螺纹存在偏差；⑦ 接有外部电源；⑧ 视安装位置而定，必须连接 T1 或 T2；⑨ 锪孔可比相应标准规定更深；⑩ 选件；⑪ O=必须连接（交付时堵上），X=堵上（正常运行条件下）。

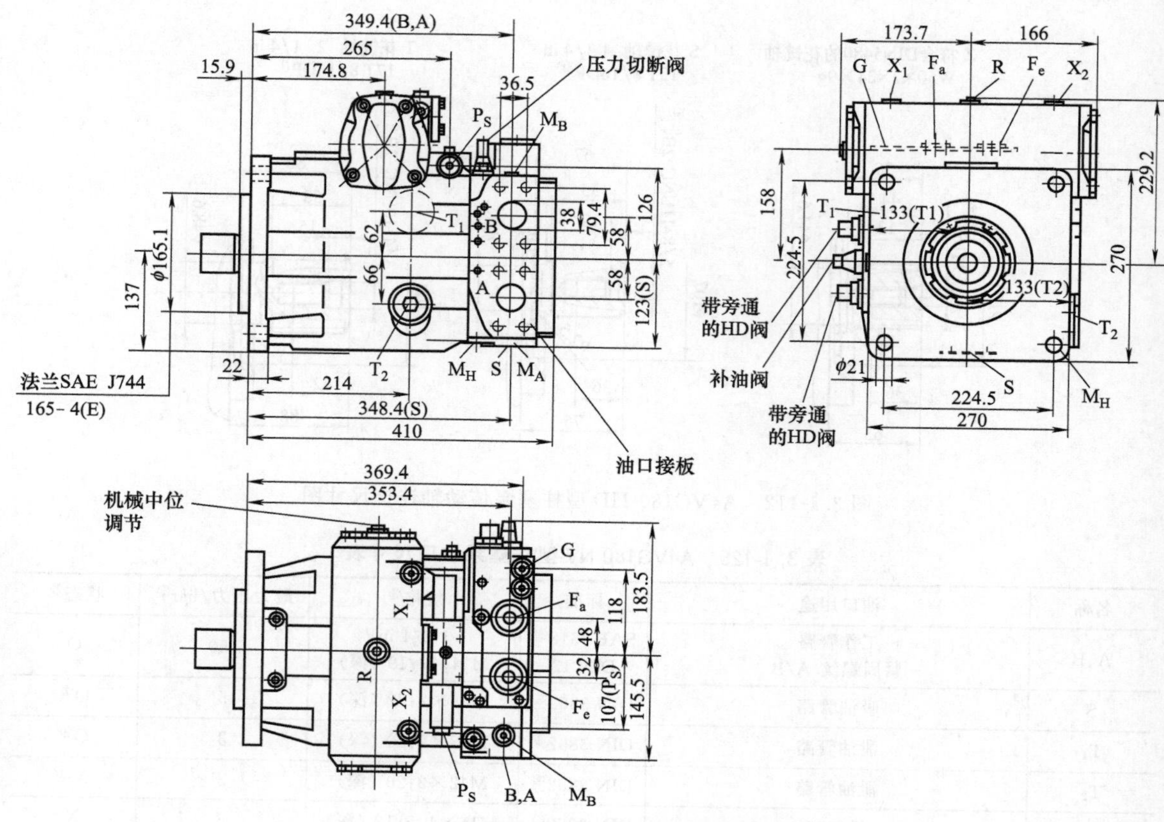

图 3.1-113 A4VG250 NV 型柱塞泵外形尺寸图

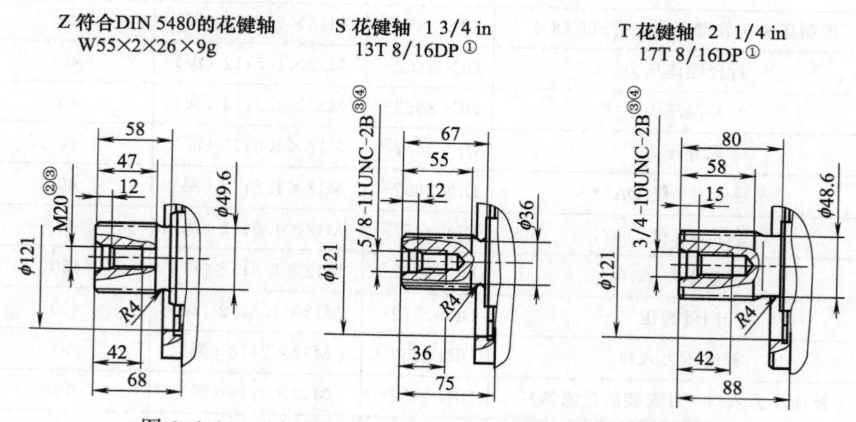

图 3.1-114 A4VG250 HD 型柱塞泵传动轴连接尺寸图

表 3.1-126 A4VG250 NV 型柱塞泵油口尺寸表

名称	油口用途	标准	规格[3]	最大压力/bar[5]	状态[1]
A、B	工作管路	SAE J518[6]	1 1/2 in	450	O
	紧固螺纹 A/B	DIN 13	M16×2;21（深）		
S	吸油管路	DIN 3852[9]	M48×2;22（深）	5	O[7]
T_1	泄油管路	DIN 3852[9]	M42×2;20（深）	3	O[8]
T_2	泄油管路	DIN 3852[9]	M42×2;20（深）	3	X[8]
R	排气口	DIN 3852[9]	M16×1.5;12（深）	3	X

续表

名称	油口用途	标准	规格③	最大压力/bar⑤	状态⑪
X_1、X_2	控制压力（节流孔的上行）	DIN 3852⑨	M16×1.5;12（深）	40	X
X_1、X_2	控制压力（节流孔的上行，仅 DG）	DIN 3852⑨	M16×1.5;12（深）	40	O
X_3、X_4⑩	行程腔体压力	DIN 3852⑨	M16×1.5;12（深）	40	X
G	补油压力	DIN 3852⑨	M14×1.5;12（深）	40	X
P_S	先导压力	DIN 3852⑨	M18×1.5;12（深）	40	X
P_S	先导压力（仅 DA7）	DIN 3852⑨	M18×1.5;12（深）	40	O
Y	先导压力（仅 DA7）	DIN 3852⑨	M18×1.5;12（深）	40	O
M_A、M_B	测量压力 A、B	DIN 3852⑨	M14×1.5;12（深）	450	X
M_H	测量高压	DIN 3852⑨	M14×1.5;12（深）	450	X
F_a	补油压力入口	DIN 3852⑨	M33×2;18（深）	40	X
F_e	补油压力出口	DIN 3852⑨	M33×2;18（深）	40	X
Y_1、Y_2	先导信号（仅 HD）	DIN 3852⑨	M14×1.5;12（深）	40	O
Z	点动信号（仅 DA4 和 DA8）	DIN 3852⑨	M10×1;8（深）	40	X

① ANSI B92.1a，30°压力角，平齿根，侧面配合，公差等级 5；② 符合 DIN 332 标准的中心孔（符合 DIN 13 标准的螺纹）；③ 最大紧固扭矩；④ 符合 ASME B1.1 标准的螺纹；⑤ 根据不同的应用情况，可能会出现瞬时压力峰值，选择测量设备和配件时应考虑这一点；⑥ 唯一的尺寸依据 SAE J518，公制紧固螺纹与标准螺纹存在偏差；⑦ 接有外部电源；⑧ 视安装位置而定，必须连接 T_1 或 T_2；⑨ 锪孔可比相应标准规定更深；⑩ 选件；⑪ O＝必须连接（交付时堵上），X＝堵上（正常运行条件下）。

液压马达

液压马达是将液压能转换为机械能的能量转换装置，在液压系统中作为执行元件来使用。

1 液压马达的分类

液压马达的分类见表 3.2-1。

表 3.2-1 液压马达的分类

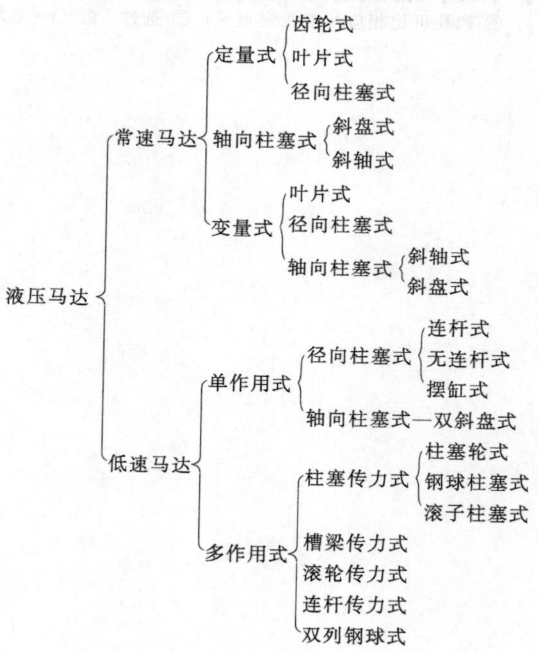

2 液压马达的主要参数及计算公式

2.1 液压马达的主要参数

（1）排量 V（cm^3/r 或 mL/r）

① 理论（或几何）排量　液压马达转动一周，由其密封容积几何尺寸变化计算而得的、需输进液体的体积。

② 空载排量　在规定的最低工作压力下，用两种不同转速测出流量，计算出排量

再取平均值。

(2) 流量 q (m^3/r 或 L/min)

① 理论流量　液压马达在单位时间内，需输进液体的体积。其值由理论排量和转速计算而得。

② 有效流量　液压马达进口处，在指定温度和压力下测得的实际流量。

(3) 压力和压差 (MPa)

① 额定压力　液压马达在正常工作条件下，按试验标准规定能连续运转的最高压力。

② 最高压力　液压马达按试验标准规定，允许短暂运转的最高压力。

③ 工作压力　液压马达实际工作时的压力。

④ 压差 Δp　液压马达输入压力与输出压力的差值。

(4) 转矩 T (N·m)

① 理论转矩　由输入压力产生的、作用于液压马达转子上的转矩。

② 实际转矩　在液压马达输出轴上测得的转矩。

(5) 功率 P (kW)

① 输入功率　液压马达入口处输入的液压功率。

② 输出功率　液压马达输出轴上输出的机械功率。

(6) 效率

① 容积效率 η_V　液压马达的理论流量与有效流量的比值。

② 机械效率 η_m　液压马达的实际转矩与理论转矩的比值。

③ 总效率 η_t　液压马达输出的机械功率与输入的液压功率的比值。

(7) 转速 n (r/min)

额定转速　液压马达在额定条件下，能长时间持续正常运转的最高转速。

最高转速　液压马达在额定条件下，能超过额定转速允许短暂运转的最高转速。

最低转速　液压马达在正常工作条件下，能稳定运转的最小转速。

2.2 液压马达的计算公式（见表3.2-2）

表 3.2-2　液压马达主要参数计算公式

参数名称	单位	计算公式	说　明
流量	L/min	$q_0=Vn$ $q=\frac{Vn}{\eta_V^m}$	V——排量，mL/min； n——转速，r/min； q_0——理论流量，L/min； q——实际流量，L/min
输出功率	kW	$P_o=\frac{2\pi Mn}{6000}$	M——输出扭矩，N·m； P_o——输出功率，kW
输入功率	kW	$P_i=\frac{\Delta Pq}{60}$	ΔP——入口压力和出口压力之差，MPa； P_i——输入功率，kW
容积效率	%	$\eta_V^m=\frac{q_0}{q}\times100$	η_V^m——容积效率，%
机械效率	%	$\eta_m^m=\frac{\eta_t^m}{\eta_V^m}\times100$	η_m^m——机械效率，%
总效率	%	$\eta_t^m=\frac{P_o}{P_i}\times100$	η_t^m——总效率，%

3　液压马达产品技术参数概览（见表3.2-3）

表 3.2-3　液压马达产品技术参数概览

类型	型　号	额定压力/MPa	转速/(r/min)	排量/(mL/r)	输出转矩/N·m
齿轮马达	CMG	16	500～2500	40.6～161.1	101.0～402.1
	CM4	20	150～2000	40～63	115～180
	CMG4	16	150～2000	40～100	94～228

续表

类型	型　　号	额定压力/MPa	转速/(r/min)	排量/(mL/r)	输出转矩/N·m
齿轮马达	BM-E	11.5～14	125～320	312～797	630～1260
	CMZ	12.5～20	150～2000	32.1～100	102～256
	BM※	10	125～400	80～600	100～750
	BYM	12	180～300	80～320	105～420
叶片马达	YM	6	100～2000	16.3～93.5	11～72
	YMF-E	16	200～1200	100～200	215～490
	M 系列	15.5	100～4000	31.5～317.1	77.5～883.7
	M2 系列	5.5	50～2200	23.9;35.9	16.2～24.5
柱塞马达	JM 系列	10～16	5～1250	63～6300	42～18713
	1JMD	16	10～400	201～6140	47～1430
	1JM-F	20	100～500	200～4000	68.6～16010
	NJM	16～25	12～100	850～4500	3892～114480
	QJM	10～20	1～800	100～16000	215～42183
	QKM	10～20	1～600	400～4500	840～10490
摆动马达	YMD	14	0°～270°	30～2000	71～4686
	YMS	14	0°～90°	60～4000	142～9096

液压马达和液压泵在结构上基本相同，也是靠密封容积的变化进行工作的。常见的液马达也有齿轮式、叶片式和柱塞式等几种主要形式；从转速、转矩范围分，可有高速马达和低速大扭矩马达之分。一般来说，额定转速高于 500r/min 的马达属于高速马达，额定转速低于 500r/min 的马达属于低速马达。高速液压马达基本形式：齿轮式、叶片式和轴向柱塞式等。它们的主要特点是转速高，转动惯量小，便于启动、制动、调速和换向。通常高速马达的输出转矩不大，最低稳定转速较高，只能满足高速小扭矩工况。低速大扭矩液压马达是相对于高速马达而言的，通常这类马达在结构形式上多为径向柱塞式，其特点是：最低转速低，大约在 5～10r/min；输出扭矩大，可达几万牛顿·米；径向尺寸大，转动惯量大。它可以与工作机构直接连接，不需要减速装置，使传动结构大为简化。低速大扭矩液压马达广泛用于起重、运输、建筑、矿山和船舶等机械上。低速大扭矩液压马达的基本形式有三种，它们分别是：曲柄连杆马达、静力平衡马达和多作用内曲线马达。马达和泵在工作原理上是互逆的，当向泵输入压力油时，使其轴输出转速和转矩就成为马达。由于二者的任务和要求有所不同，故实际上只有少数结构上完全对称的泵才能做马达使用。

4 齿轮马达

齿轮液压马达的结构和工作原理如图 3.2-1 所示，设齿轮的齿高为 h，啮合点 P 到两齿根的距离分别为 a 和 b，由于 a 和 b 都小于 h，所以当压力油作用在齿面上时

(如图中箭头所示，凡齿面两边受力平衡的部分都未用箭头表示)，在两个齿轮上都有一个使它们产生转矩的作用力 $pB(h-a)$ 和 $pB(h-b)$，其中 p 为输入油液的压力，B 为齿宽。在上述作用力下，两齿轮按图示方向旋转，并将油液带回低压腔排出。

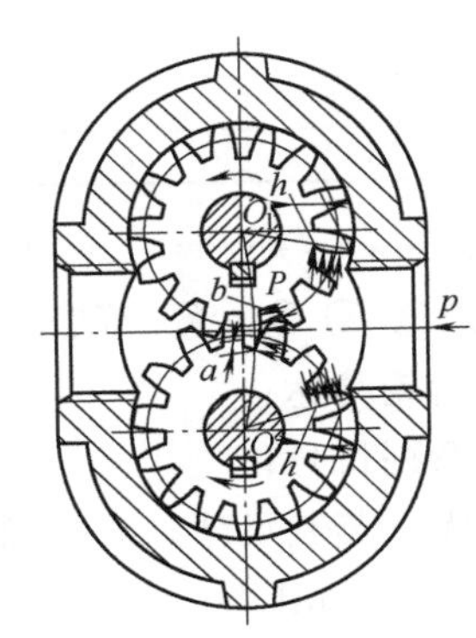

图 3.2-1 齿轮马达工作原理

和一般齿轮泵一样，齿轮液压马达由于密封性较差，容积效率较低，所以输入的油压不能过高，因而不能产生较大转矩，并且它的转速和转矩都是随着齿轮的啮合情况而脉动的。因此，齿轮液压马达一般多用于高转速、低转矩的情况。

为了适应正反转要求，齿轮马达在结构上进出油口相等、具有对称性、有单独外泄油口将轴承部分的泄漏油引出壳体外；为了减少启动摩擦力矩，采用滚动轴承；为了减少转矩脉动，齿轮液压马达的齿数比泵的齿数要多。

由于密封性差，齿轮液压马达容积效率较低，输入油压力不能过高，不能产生较大转矩，并且瞬间转速和转矩随着啮合点的位置变化而变化，因此齿轮液压马达仅适合于高速、小转矩的场合。一般用于工程机械、农业机械以及对转矩均匀性要求不高的机械设备上。

4.1 CMG4型齿轮马达（见图 3.2-2）

(1) 型号说明

GM　G-4 - *

①　　②③④

①——齿轮马达；

②——系列代号；

③——模数；

④——排量，mL/r。

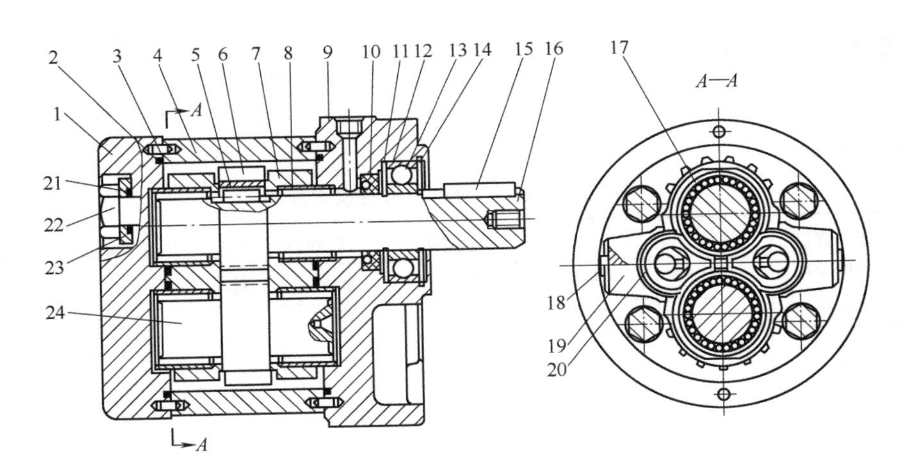

图 3.2-2 CMG4 型齿轮马达结构图

1—后盖；2—密封圈；3—圆柱销；4—壳体；5—平键；6—主动齿轮；7—侧板；8—轴承；9—前盖；10—回转密封；11,12,14—挡圈；13—轴承；15—键；16—传动轴；17—胶圈；18—弹簧片；19—密封块；20,21—O 形密封圈；22—螺栓；23—垫圈；24—从动齿轮

（2）技术规格（见表 3.2-4）

表 3.2-4　CMG4 型齿轮马达技术规格

型号	排量/(mL/r)	压力/MPa		转速范围/(r/min)	输出转矩/N·m		功率/kW	质量/kg
		额定	最高		p=16MPa	p=20MPa		
CMG4-32	32	16	20	150～2000	80	100	8	—
CMG4-40	40.6				103	129	10.6	24
CMG4-50	50.6				128.7	161	13	25
CMG4-63	63				160	200	16	26
CMG4-80	81				206.5	258	21	27
CMG4-100	100				253	316.5	26	28

4.2 CMK 型齿轮马达

（1）型号说明

CM　K-＊-＊

①　②③ ④

①——齿轮马达；

②——系列代号；

③——排量，mL/r；

④——转向（从轴端方向看）：无—顺时针，L—逆时针。

（2）技术规格（见表 3.2-5）

4.3 GM5 型齿轮马达（见图 3.2-3）

（1）型号说明

GM　5-＊-＊-＊　＊　＊-20　＊

①　②③④⑤　⑥　⑦⑧　⑨

①——齿轮马达；

②——系列代号；

③——无—英制尺寸，a—公制尺寸；

④——排量，mL/r；

⑤——安装法兰：A—A 型法兰（英制），B—B 型法兰（公制）；

⑥——轴伸形式：英制（13—平键，ISO 径节 16/32—花键），公制（1—平键，3—渐开线花键）；

⑦——油口连接：F—法兰连接；R—螺纹连接；

⑧——设计号；

⑨——转向（从轴端方向看）：R—顺时针，L—逆时针。

（2）技术规格（见表 3.2-6）

表 3.2-5　CMK 型齿轮马达技术规格

型号	理论排量/(mL/r)	压力/MPa		溢流阀调压范围/MPa	转速/(r/min)		转矩/N·m	容积效率/%
		额定	最大		额定	最小		
CMK04	4.25	16	20	10～21	3000	600	10.82	≥85
CMK05	5.2						13.24	
CMK06	6.4						16.3	
CMK08	8.1						20.63	
CMK10	10						25.46	
CMK11	11.1						28.27	
CMK12	12.6						32.09	
CMK16	15.9						40.49	
CMK18	18						45.84	
CMK20	19.9						50.67	
CMK22	21.9						55.77	
CMK25	25						63.66	

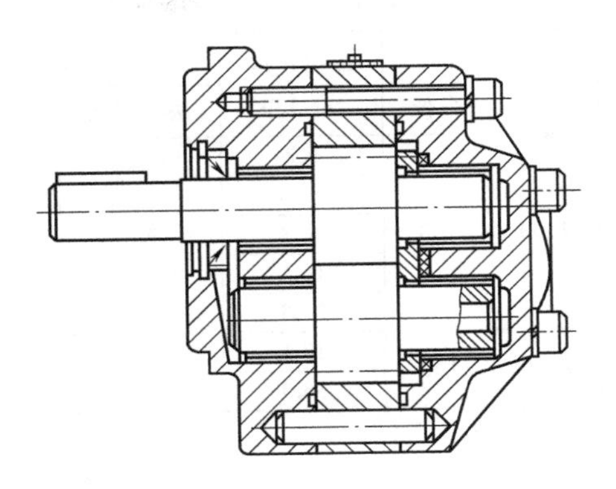

图 3.2-3 GM5 型齿轮马达结构图

表 3.2-6 GM5 型齿轮马达技术规格

型号	排量/(mL/r)	压力/MPa	转速/(r/min)		输出转矩/N·m	油液过滤精度/μm	容积效率/%	质量/kg
			最高	最低				
GM5-5	5.2	20	4000	800	16.56	25	≥85	1.9
GM5-6	6.4	21	4000	700	21.40			2.0
GM5-8	8.1	21	4000	650	27.09			2.1
GM5-10	10.0	21	4000	600	33.44			2.2
GM5-12	12.6	21	3600	550	42.13			2.3
GM5-16	15.9	21	3300	500	53.17			2.4
GM5-20	19.9	20	3100	500	63.38			2.5
GM5-25	25.0	16	3000	500	63.69			2.7

5 叶片马达

由于压力油作用，受力不平衡使转子产生转矩。叶片式液压马达的输出转矩与液压马达的排量、液压马达进出油口之间的压力差有关，其转速由输入液压马达的流量大小来决定。由于液压马达一般都要求能正反转，所以叶片式液压马达的叶片要径向放置。为了使叶片根部始终通有压力油，在回、压油腔通入叶片根部的通路上应设置单向阀，为了确保叶片式液压马达在压力油通入后能正常启动，必须使叶片顶部和定子内表面紧密接触，以保证良好的密封，因此在叶片根部应设置预紧弹簧。叶片式液压马达体积小，转动惯量小，动作灵敏，可适用于换向频率较高的场合，但泄漏量较大，低速工作时不稳定。因此叶片式液压马达一般用于转速高、转矩小和动作要求灵敏的场合。

5.1 YM 型中压叶片马达（见图 3.2-4）

（1）型号说明

表 3.2-7　YM 型中压叶片马达技术规格

型号	理论排量/(mL/r)	额定压力/MPa	转速/(r/min)		输出转矩/N·m	质量/kg		油口尺寸	
			最高	最低		法兰安装	脚架安装	进口	出口
YM-A19B	16.3	6.3	2000	100	9.7	9.8	107	Rc3/4	Rc3/4
YM-A22B	19.0				12.3				
YM-A25B	21.7				14.3				
YM-A28B	24.5				16.1				
YM-A32B	29.9				21.6				
YM-B67B	61.1	6.3	2000	100	43.1	25.2	31.5	Rc1	Rc1
YM-B102B	93.6				66.9				

注：输出转矩指在 6.3MPa 压力下的保证值。

YM　＊-＊　＊　＊　＊　Y1

①　②③　④　⑤　⑥　⑦

①——叶片型液压马达；

②——A、B 系列；

③——排量，mL/r；

④——压力分级（B—2～8MPa）；

⑤——安装方式：F—法兰安装，J—脚架安装；

⑥——连接形式：L—螺纹连接，F—法兰连接；

⑦——设计编号。

(2) 技术规格（见表 3.2-7）

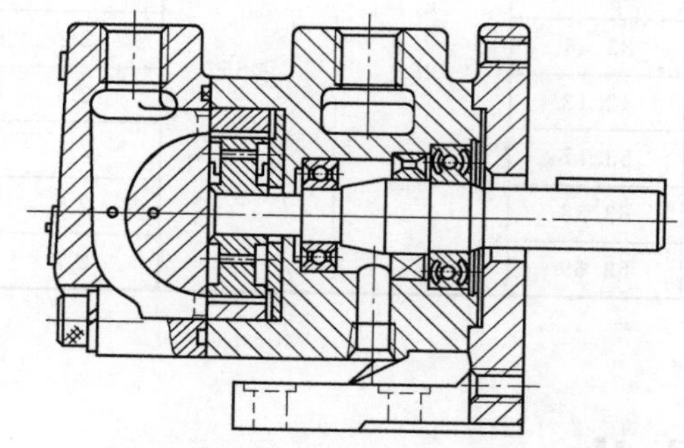

图 3.2-4　YM 型中压叶片马达结构图

5.2 YM 型中高压叶片马达（见图 3.2-5）

(1) 型号说明

YM　＊-＊

①　②③

①——叶片型液压马达；

②——排量，mL/r；

③——油口方向（从端盖看）：A—前口与后口相对，B—后口相对前口逆时针转 90°，C—前口与后口同向，D—后口相对前口顺时针转 90°。

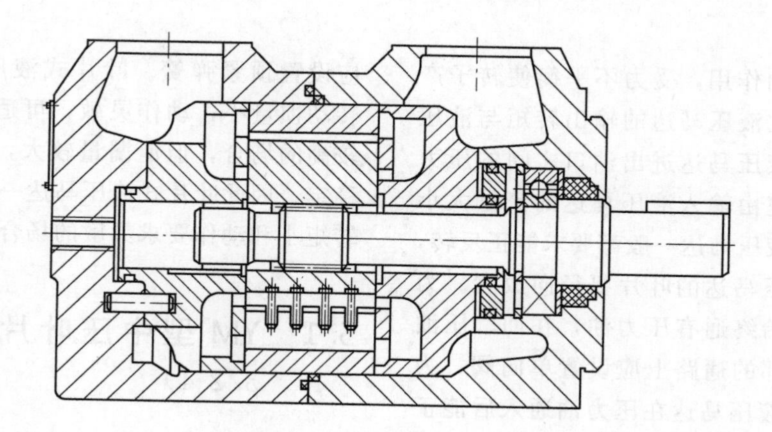

图 3.2-5　YM 型中高压叶片马达结构图

（2）技术规格（见表 3.2-8）

表 3.2-8 YM 型中高压叶片马达技术规格

型号	排量/(mL/r)	压力/MPa		转速/(r/min)		转矩/N·m	质量/kg	效率/%	
		额定	最高	额定	最高			容积效率	总效率
YM-40	43	16	7.5	1500	2200	110	20	89	80
YM-50	57					145		89	80
YM-63	68					171.5		90	81
YM-80	83	16	7.5	1500	2200	209.5	31	90	81
YM-100	100					252		90	81
YM-125	122					305.5		90	81
YM-140	138	16	7.5	1500	2200	346.5	40	92	82
YM-160	163					409.5		92	82
YM-200	193					483		92	82
YM-224	231	16	7.5	1500	2000	579.5	74	92	82
YM-250	268					672		92	82
YM-315	371					795		92	82

5.3 YM※型低速大扭矩叶片马达

（见图 3.2-6）

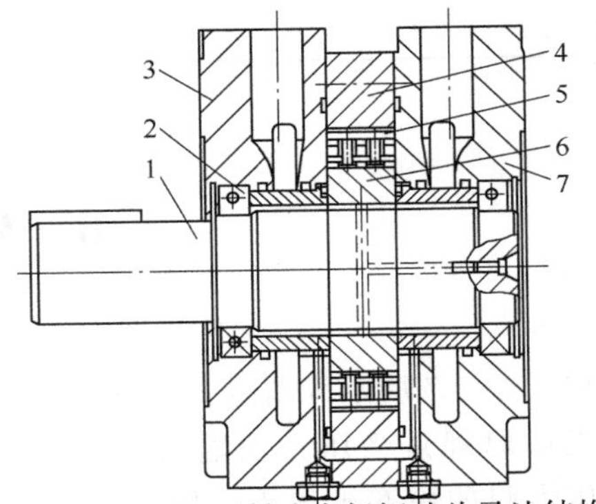

图 3.2-6 YM※型低速大扭矩叶片马达结构图

1—轴；2—轴承；3—前盖；4—定子；5—叶片；6—转子；7—后盖

（1）型号说明

YM　＊-＊-＊　/　＊

①　②　③　④　⑤

①——叶片马达；

②——无—单速，2—双速；

③——总排量，mL/r；

④——双速马达分排量，mL/r；

⑤——特别说明。

（2）技术规格（见表 3.2-9 和表 3.2-10）

表 3.2-9 单速 YM＊型低速大扭矩叶片马达技术规格

型号	排量/(mL/r)	压力/MPa		转速/(r/min)		效率/%		转矩/N·m	质量/kg
		额定	最高	额定	最高	容积效率	总效率		
YM-400	393	16	20	200	400	90	81	1127	91
YM-630	623	16	20	175	350	90	78	1715	102
YM-800	865	16	20	150	300	90	79	2401	109
YM-1250	1318					90	79	3700	
YM-1600	1606	16	20	125	250	90	79	4508	163
YM-1800	1852					90	79	5194	
YM-2240	2360	12.5	14	100	200	91	80	4606	236
YM-2800	2720					91	80	5341	
YM-3150	3089					91	82	6027	
YM-4500	4703	12.5	14	80	150	91	80	9212	327
YM-5000	5440					91	80	10633	
YM-6300	6178					91	80	12054	
YM-9000	9276	12.5	14	50	100	92	81	18130	431
YM-12000	12370	12.5	14	50	100	92	81	24108	531

表 3.2-10　双速 YM＊型低速大扭矩叶片马达技术规格

型号	排量/(mL/r)	分排量/(mL/r)	压力/MPa		转速/(r/min)		效率/%		转矩/N·m	质量/kg
			额定	最高	额定	最高	容积效率	总效率		
$YM_2$0.8-0.4/0.4	865	433/433	16	20	150	300	90	79	2401	91
$YM_2$1.25-0.63/0.63	1318	659/659					90	79	3700	
$YM_2$1.6-0.9/0.71	1606	925/690	16	20	125	250	90	79	4508	162
$YM_2$1.8-0.9/0.9	1852	925/925					90	79	5194	
$YM_2$2.24-1.12/1.12	2360	1180/1180	12.5	14	100	200	91	80	4606	240
$YM_2$2.8-1.6/1.12	2720	1545/1180					91	80	5341	
$YM_2$3.15-1.6/1.6	3089	1545/1545					91	82	6027	
$YM_2$4.5-2.24/2.24	4703	2360/2360	12.5	14	80	150	91	80	9212	331
$YM_2$5.4-3.15/2.24	5440	3089/2360					91	80	10633	
$YM_2$6.3-3.15/3.15	6178	3089/3089					91	80	12054	
$YM_2$9.0-4.5/4.5	9267	4630/4630	12.5	14	50	100	92	81	18130	431
$YM_2$12.0-6.3/6.3	12370	6178/6178	12.5	14	50	100	92	81	24108	531

6　轴向柱塞马达

如图 3.2-7 所示为斜盘式轴向柱塞马达，它的工作原理是当压力油输入液压马达时，处于压力腔的柱塞被顶出，压在斜盘上，斜盘对柱塞产生反力，该力可分解为轴向分力和垂直于轴向的分力。其中，垂直于轴向的分力使缸体产生转矩。这样在这些柱塞输出转矩的作用下马达就可以克服负载旋转，如果将马达的进、出油口互换，马达就能够反向转动，同时改变斜盘的倾角时又可以实现马达排量的改变，进而可以调节输出转速或转矩。也就是说这种形式的马达是一种可以实现双向变量的马达。

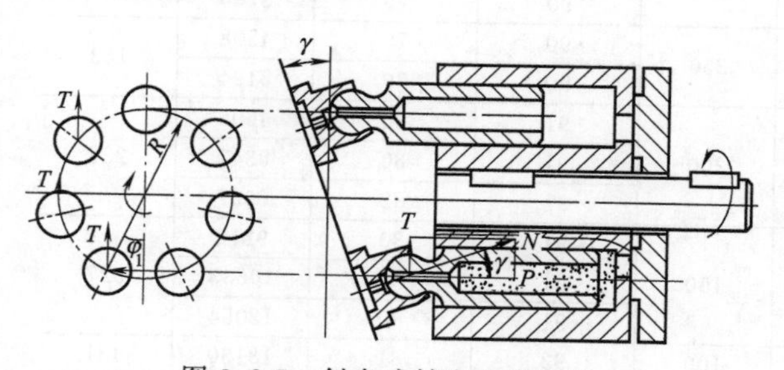

图 3.2-7　斜盘式轴向柱塞马达

6.1　ZM 型轴向柱塞马达（见图 3.2-8）

（1）型号说明

ZM　1 - ＊

①　　②　③

①——轴向柱塞马达；

②——设计号；

③——排量，mL/r。

（2）技术规格（见表 3.2-11）

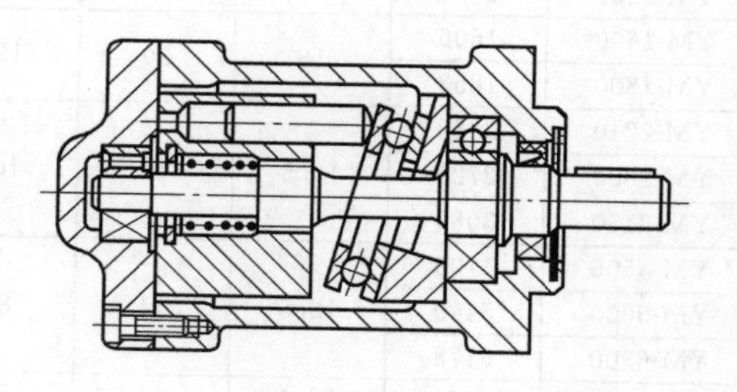

图 3.2-8　ZM 型轴向柱塞马达结构图

表 3.2-11 ZM 型轴向柱塞马达技术规格

型号	排量/(mL/r)	压力/MPa		转速/(r/min)		转矩/N·m	效率/%		功率/kW	质量/kg
		额定	最大	额定	最大		容积效率	总效率		
ZM1-8	8	5	6.3	20	2000	6.1	95	80	1.04	5.3
ZM1-10	10	5	6.3	20	2000	7.7	95	80	1.3	5.3
ZM1-16	16	5	6.3	20	2000	12.4	95	80	2.09	5.3
ZM1-25	25	5	6.3	20	2000	19.4	95	80	3.26	8
ZM1-40	40	5	6.3	20	1500	31.1	95	80	3.9	12.5
ZM1-80	80	5	6.3	20	1500	62.32	95	80	7.8	26
ZM1-160	160	5	6.3	20	1000	124.6	95	80	10.37	38

6.2 ZM 型斜轴式轴向柱塞马达（见图 3.2-9）

（1）型号说明

ZM　*-*

①　②③

①——斜轴式柱塞马达；

②——设计编号；

③——排量，mL/r。

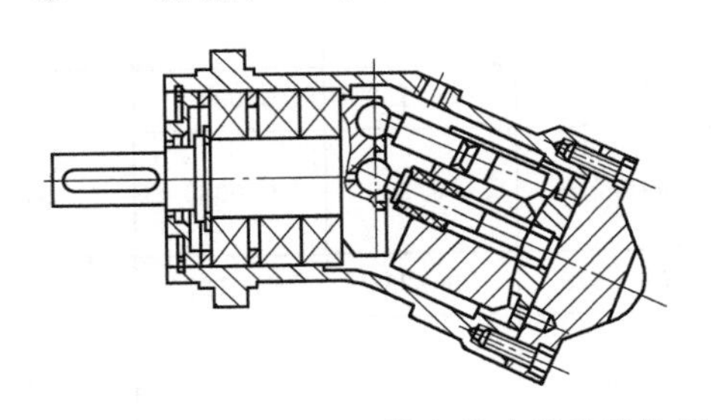

图 3.2-9 ZM 型斜轴式轴向柱塞马达结构图

（2）技术规格（见表 3.2-12）

6.3 A6V 型斜轴式变量柱塞马达（见图 3.2-10）

（1）型号说明

A6V　*　*　*　*　*　*　*

①　②　③　④　⑤　⑥　⑦　⑧

①——变量液压马达；

②——系列代号；

③——变量形式；

④——结构形式：2—规格 28～160 用，1—规格 250～500 用；

⑤——油口连接：F—SAE 法兰，G—螺纹连接、侧面；

⑥——轴伸形式：P—平键 GB 1096—2003，Z—花键 DIN5480，S—花键 GB 3478.1—2008；

⑦——装配形式：1、2；

⑧——最大排量设定值。

（2）技术规格（见表 3.2-13）

表 3.2-12 ZM 型斜轴式轴向柱塞马达技术规格

型号	排量/(mL/r)	压力/MPa		转速/(r/min)		转角/(°)		转矩/N·m	效率/%		质量/kg
		额定	最高	额定	最高	最大	最小		容积效率	总效率	
ZM$_1$107	107	21	32	2000	2500	25	—	220	92	85	70
ZM$_2$125	125	25		2200		25	—	426	89	83	46

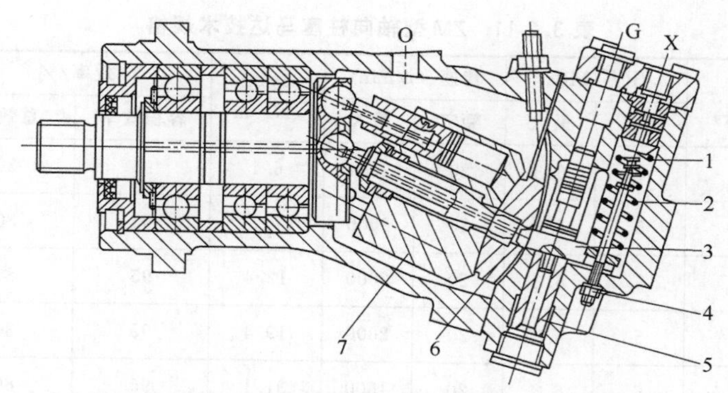

图 3.2-10　A6V 型斜轴式变量柱塞马达结构图

1—后盖；2—弹簧；3—拨销；4—调整螺钉；5—变量活塞；6—配油盘；7—缸体；
G—同步、外控油口；O—泄油、排气油口；X—外控油口

表 3.2-13　A6V 型斜轴式变量柱塞马达技术规格

型　号	排量/(mL/r) 最大 α=25°	排量/(mL/r) 最小 α=7°	压力/MPa 额定	压力/MPa 最高	最高转速/(r/min) α=25°	最高转速/(r/min) α=7°	最大转矩/N·m	最大功率/kW	转动惯量/kg·m²	质量/kg
A6V28	28.1	8.1	35	40	4700	6250	143	71	0.0017	18
A6V55	54.8	15.8			3750	5000	278	110	0.0052	27
A6V80	80	23			3350	4500	408	143	0.0109	39
A6V107	107	30.8			3000	4000	543	171	0.0167	52
A6V160	160	46			2650	3500	813	226	0.0322	74
A6V250	250	72.1			2500	3300	1272	335	0.0532	103
A6V500	500(α=26.5°)	137			1900	2500	2543	507	—	223
A6VM55	54.8	11.3	35(轴伸A型)	40(轴伸A型)	4200	6300	305/348	134/153	0.0042	26
A6VM80	80	16.5			3750	5600	446/510	175/200	0.0080	34
A6VM107	107	22.1	40(轴伸B型)	45(轴伸B型)	3300	5000	594/679	206/235	0.0127	45
A6VM160	160	33			3000	4500	889/1016	280/320	0.0253	64

注：A6VM 的最大转矩和最大功率值的分子数表示 $\Delta p=35$MPa 时的数值，分母数表示 $\Delta p=40$MPa 时的数值。

7　曲柄连杆低速大扭矩液压马达

曲柄连杆式低速大扭矩液压马达应用较早，同类型号为 JMZ 型，其额定压力 16MPa，最高压力 21MPa，理论排量最大可达 6.140r/min。

如图 3.2-11 所示马达由壳体、曲柄—连杆—活塞组件、偏心轴及配油轴组成。壳体

1内沿圆周呈放射状均匀布置了五只缸体，形成星形壳体；缸体内装有活塞2，活塞2与连杆3通过球铰连接，连杆大端做成鞍形圆柱瓦面紧贴在曲轴4的偏心圆上，液压马达的配油轴5与曲轴通过十字键连接在一起，随曲轴一起转动，马达的压力油经过配油轴通道，由配油轴分配到对应的活塞液压缸。配油轴过渡密封间隔的方位和曲轴的偏心方向保持一致，①～③腔通压力油，活塞受到压力油的作用，④、⑤腔与排油窗口接通。受油压作用的柱塞通过连杆对偏心圆中心作用一个力 N，推动曲轴绕旋转中心转动，对外输出转速和扭矩；随着驱动轴、配油轴的转动，配油状态交替变化。在曲轴旋转过程中，位于高压侧的液压缸容积逐渐增大，而位于低压侧的液压缸的容积逐渐缩小，因此，高压油不断进入液压马达，从低压腔不断排出。

1JMD型连杆式径向柱塞马达如图3.2-12所示。

(1) 型号说明

1　JMD - *

①　②　　③

①——五柱塞；

②——径向柱塞马达；

③——柱塞直径，mm。

(2) 技术规格（见表3.2-14）

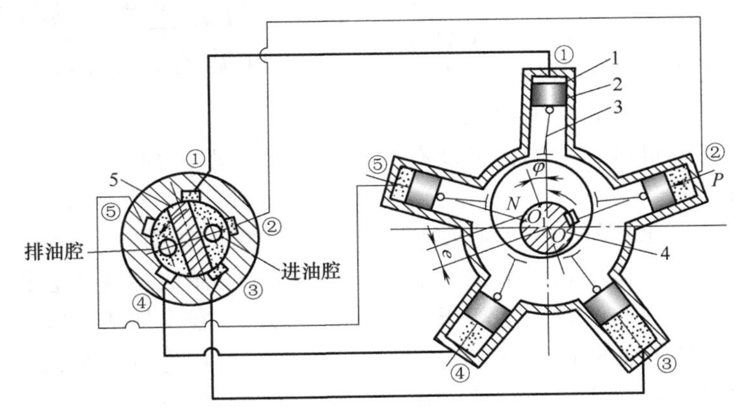

图3.2-11　曲柄连杆低速大扭矩液压马达

1—壳体；2—活塞；3—连杆；4—曲轴；5—配油轴

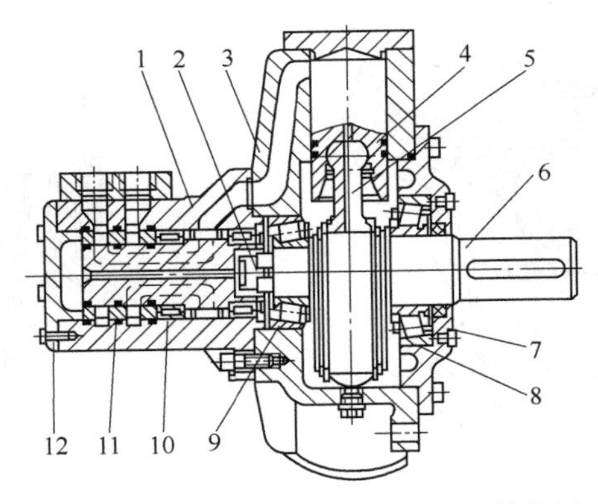

图3.2-12　1JMD型径向柱塞马达结构图

1—阀壳；2—十字接头；3—壳体；4—柱塞；5—连杆；6—曲轴；7,12—盖；8,9—圆锥滚子轴承；10—滚针轴承；11—转阀

表 3.2-14　1JMD 型径向柱塞马达技术规格

型号	排量 /(L/r)	转速 /(r/min)	压力/MPa		转矩/N·m		功率/kW		机械效率/%	偏心矩 /mm	质量 /kg
			额定	最大	额定	最大	额定	最大			
1JMD-40	0.201	10～400	16	22	470	645	19.2	26.4	≥91.5	16	44.5
1JMD-63	0.780	10～200	16	22	1815	2500	37.2	51.2	≥91.5	25	107
1JMD-80	1.608	10～150	16	22	3750	5160	57.8	79.2	≥91.5	32	160.4
1JMD-100	3.140	10～100	16	22	7350	10070	75.3	103	≥91.5	40	257
1JMD-125	6.140	10～75	16	22	14300	19700	110	151	≥91.5	50	521

8　静力平衡式低速大扭矩液压马达

静力平衡式低速大扭矩液压马达也叫无连杆液压马达，是从曲柄连杆式液压马达改进、发展而来的，它的主要特点是取消了连杆，并且在主要摩擦副之间实现了油压静力平衡，所以改善了工作性能。国外把这类马达称为罗斯通（Roston）马达，国内也有不少产品，并已经在船舶机械、挖掘机以及石油钻探机械上使用。

如图 3.2-13 所示，液压马达的偏心轴与曲轴的形式相类似，既是输出轴，又是配油轴。五星轮 3 套在偏心轴的凸轮上，高压油经配油轴中心孔道通到曲轴的偏心配油部分，然后经五星轮中的径向孔进入液压缸的工作腔内。

8.1　1JM 型静平衡径向柱塞马达（见图 3.2-14）

（1）型号说明

1　JM-F　*

①　②　③　④

①——单级控制（定量）；

②——径向柱塞马达；

③——压力级 20MPa；

④——排量，mL/r。

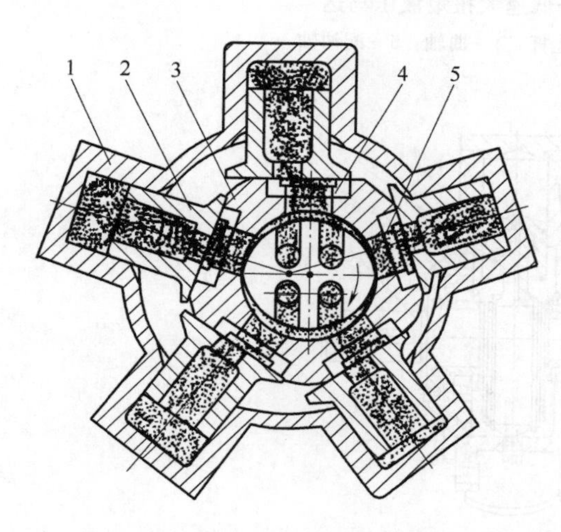

图 3.2-13　静力平衡式低速大扭矩液压马达

1—壳体；2—柱塞；3—五星轮；4—压力环；5—配油轴

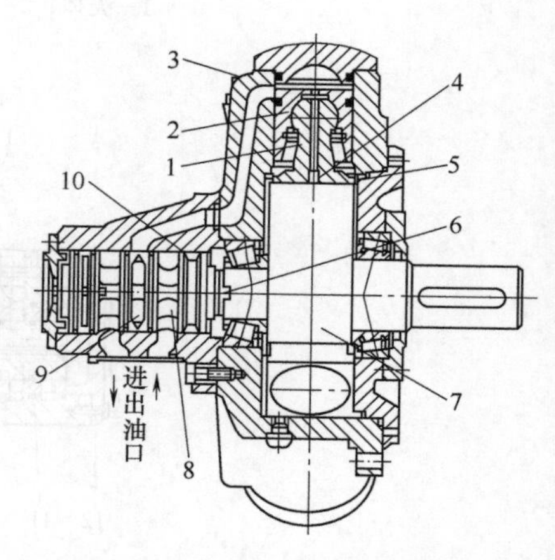

图 3.2-14　1JM 型液压马达结构图

1—连杆；2—柱塞；3—壳体；4—阻尼器；5—油室；6—十字接头；7—曲轴；8—转阀；9—腰形油槽；10—平衡油槽

(2) 技术规格（见表 3.2-15）

表 3.2-15　1JM 型液压马达技术规格

名称	单位	参数					
		1JM-F 0.200	1JM-F 0.400	1JM-F 0.800	1JM-F 1.600	1JM-F 3.150	1JM-F 4.000
公称排量	L/r	0.2	0.4	0.8	1.6	3.15	4.0
理论排量	L/r	0.198	0.393	0.779	1.608	3.14	4.346
额定压力	MPa	20.0	20.0	20.0	20.0	20.0	20.0
最高压力	MPa	25.0	25.0	25.0	25.0	25.0	25.0
额定转速	r/min	500	450	300	200	125	100
额定转矩	N·m	549	1170	2260	4680	9150	12810
最大转矩	N·m	686	1460	2830	5850	11440	16010
额定功率	kW	28	54	70	96	117.5	131.5
质量	kg	50	59	112	152	280	415

8.2　2JM 型变量静平衡径向柱塞马达（见图 3.2-15）

(1) 型号说明

2　JM-F　*

①　②　③　④

①——双级控制、双速（变量）；

②——径向柱塞马达；

③——压力级 20MPa；

④——排量，mL/r。

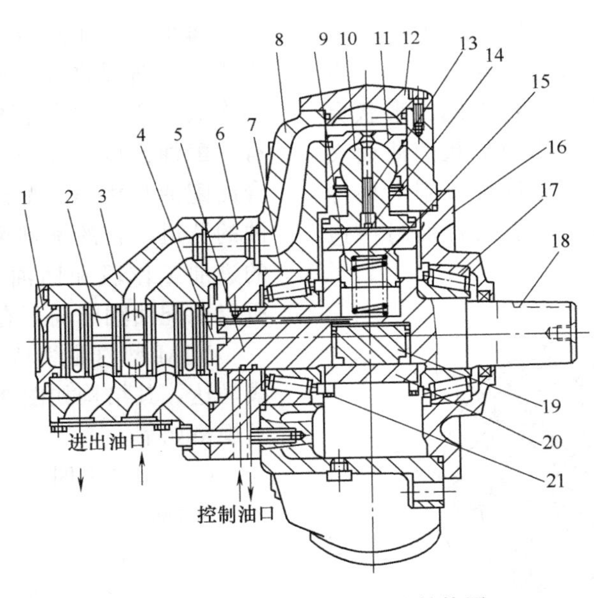

图 3.2-15　2JM 型液压马达结构图

1—后端盖；2—转阀；3—阀壳；4—十字接头；5—曲轴；6—中间盘；7,17—单列圆锥滚子轴承；8—壳体；9—小柱塞；10—连杆；11—柱塞；12—缸盖；13—精过滤器；14—阻尼堵；15—弹簧；16—轴承盖；18—键；19—小柱塞；20—偏心环；21—连杆挡圈

（2）技术规格（见表 3.2-16）

表 3.2-16 2JM 型液压马达技术规格

项　目	2JM-F1.6	2JM-F3.2	2JM-F4.0
公称排量(大排量/小排量)/(L/r)	1.61/0.5	3.2/1.0	4.0/1.25
理论排量(大排量/小排量)/(L/r)	1.608/0.536	3.41/0.980	4.396/1.373
额定压力/MPa	20.0	20.0	20.0
最高压力/MPa	25.0	25.0	25.0
额定转速/(r/min)	200/600	125/400	100/320
额定转矩/N·m	4680/1560	9150/2860	12810/4000
最大转矩/N·m	5850/1950	11440/3575	16010/5000
额定功率/kW	96	117.5	131.5
速比	1∶3	1∶3.2	1∶3.2
质量/kg	166	295	425

9　多作用内曲线马达

如图 3.2-16 所示，液压马达由定子 1、转子 2、配油轴 4 与柱塞组 3 等主要部件组成，定子 1 的内壁由若干段均布的、形状完全相同的曲面组成。每一相同形状的曲面又可分为对称的两边，其中允许柱塞副向外伸的一边称为进油工作段，与它对称的另一边称为排油工作段。

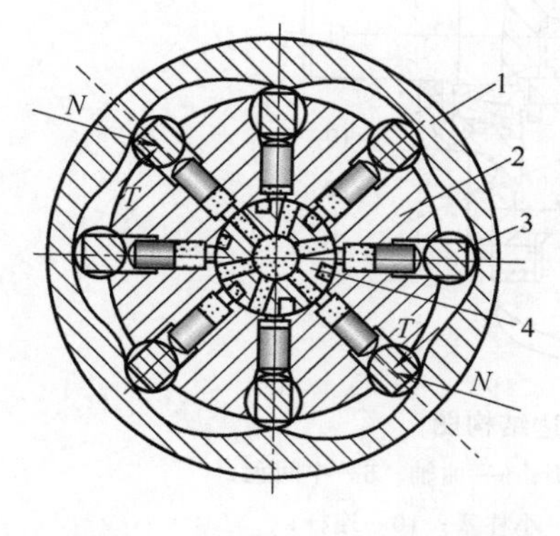

图 3.2-16　多作用内曲线马达

1—定子；2—转子；3—柱塞组；4—配油轴

每个柱塞在液压马达每转中往复的次数等于定子曲面数 X，称 X 为该液压马达的作用次数。Z 个柱塞缸孔，每个缸孔的底部都有一配油窗口，并与它的中心配油轴 4 相配合的配油孔相通。配油轴 4 中间有进油和回油的孔道，它的配油窗口的位置与导轨曲面的进油工作段和回油工作段的位置相对应，所以在配油轴圆周上有若干个均布配油窗口。

NJM 型内曲线马达是典型的多作用内曲线马达，其结构如图 3.2-17 所示，型号和技术规格如下。

（1）型号说明

N JM- *　 *

①②　③　④

①——无—单速，2—双速；

②——内曲线马达；

③——压力级：E—16MPa；F—20MPa，G—25MPa；

④——排量，mL/r。

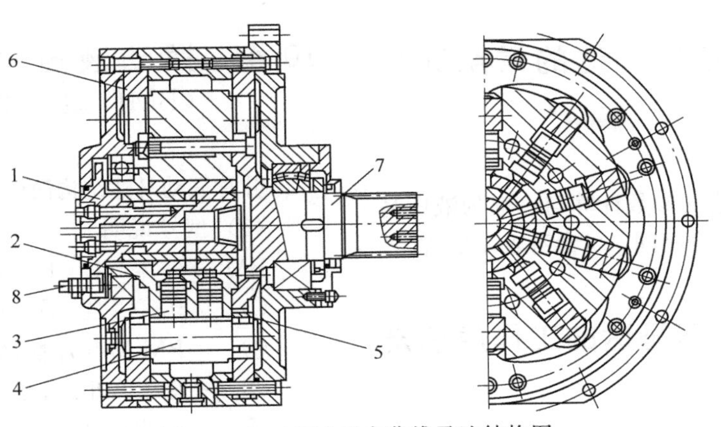

图 3.2-17　NJM 型内曲线马达结构图

1—配油器；2—缸体；3—柱塞；4—横梁；5—滚轮；6—导轨曲线；7—主轴；8—微调螺钉

（2）技术规格（见表 3.2-17）

表 3.2-17　NJM 型内曲线马达技术规格

型号	排量/(L/r)	压力/MPa		最高转速/(r/min)	转矩/N・m		质量/kg
		额定	最大		额定	最大	
NJM-G1	1	25	32	100	3310	4579	160
NJM-G1.25	1.25	25	32	100	4471	5724	230
NJM-G2	2	25	32	63/(80)	7155	9158	230
NJM-G2.5	2.5	25	32	80	8720	11448	290
NJM-G2.84	2.84	25	32	50	10160	13005	219
2NJM-G4	2/4	25	32	63/40	7155/14310	9158/18316	425
NJM-G4	4	25	32	40	14310	18316	425
NJM-G6.3	6.3	25	32	40	—	28849	524
NJM-F10	9.97	20	25	25	—	35775	638
NJM-G3.15	3.15	25	32	63	—	15706	291
2NJM-G3.15	1.58/3.15	25	32	120/63	—	7853/15706	297
NJM-E10W	9.98	16	20	20	—	28620	—
NJM-F12.5	12.5	20	25	20	—	44719	—
NJM-E12.5W	12.5	16	25	20	—	35775	—
NJM-E40	40	16	25	12	—	114480	—

10　摆动液压马达

10.1　摆动液压马达的分类

摆动液压马达的分类见表 3.2-18。

表 3.2-18　摆动液压马达的分类

- 摆动液压马达
  - 叶片式
    - 单叶片摆动液压马达
    - 双叶片摆动液压马达
  - 活塞式
    - 齿条齿轮式
    - 旋转活塞式
    - 链式
    - 曲柄连杆式
    - 来复式

10.2 摆动液压马达的常用计算公式

摆动液压马达的参数计算与一般的液压马达相关参数计算完全相同，可参看表 3.2-2。

10.3 摆动液压马达的工作原理及特点

摆动液压马达又称为摆动液压缸，它能实现角度小于 360°的往复摆动运动，有单叶片式和双叶片式两种形式。

（1）单叶片摆动液压马达

如图 3.2-18（a）所示，单叶片摆动液压马达主要由定子块 1、壳体 2、摆动轴 3、叶片 4、左右支承盘和左右盖板等主要零件组成。定子块固定在壳体上，叶片和摆动轴固连在一起，当两油口相继通以压力油时，叶片即带动摆动轴做往复摆动。单叶片摆动液压马达的摆角一般不超过 280°。

（2）双叶片摆动液压马达

如图 3.2-18（b）所示，当输入压力和流量不变时，双叶片摆动液压马达摆动轴输出转矩是相同参数单叶片摆动液压马达的两倍，而摆动角速度则是单叶片的一半。双叶片摆动液压马达的摆角一般不超过 150°。摆动马达结构紧凑，输出转矩大，但密封困难，一般只用于中、低压系统中往复摆动、转位或间歇运动的地方。

10.4 摆动液压马达产品介绍（BMD 型、BMS 型）

叶片摆动马达结构简图如图 3.2-19 所示。

（1）型号说明

BM　＊-＊　L　F　＊

①　②③　④　⑤　⑥

①——BM 型叶片摆动马达；

②——D—单叶片，S—双叶片；

③——输出转矩（10^{-1}N·m）；

④——螺纹连接；

⑤——法兰安装；

⑥——轴伸形式：A—单轴伸，B—双轴伸。

（2）技术规格（见表 3.2-19）

10.5 摆动液压马达的选用原则

摆动液压马达突出的优点是能使负载直接获得往复摆动运动，无需任何变速机构，已被广泛应用于各个领域，如舰用雷达天线稳定平台的驱动、声呐基体的摆动、鱼雷发射架的开启、液压机械手、装载机上铲斗的回转等。

在选用摆动液压马达时，要知道被驱动负载所需的转角、扭矩和转速等参数，如所需转角在 310°以上时，目前只能选用活塞式摆动马达，摆动马达的输出扭矩要略大于驱动负载所需的扭矩及让负载获得最大角速度所需扭矩之和。如果所需扭矩较大，可考虑

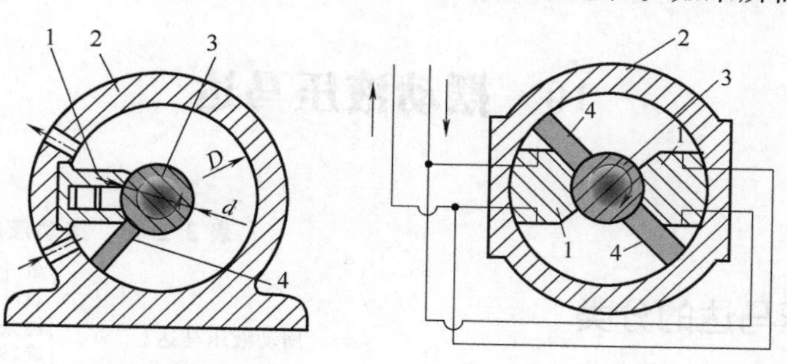

(a) 单叶片式　　(b) 双叶片式

图 3.2-18　摆动马达

1—定子块；2—壳体；3—摆动轴；4—叶片

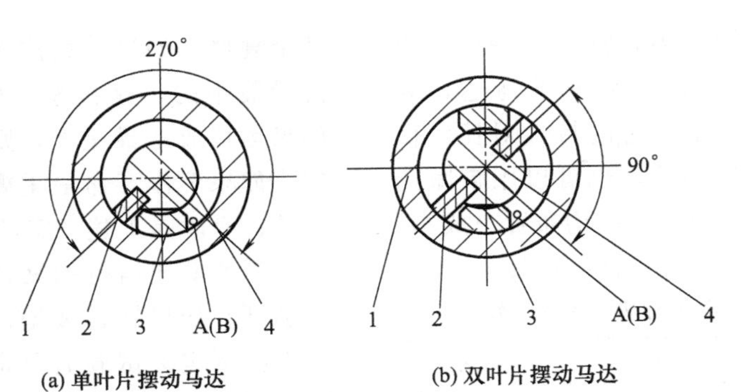

(a) 单叶片摆动马达　(b) 双叶片摆动马达

图 3.2-19　叶片摆动马达结构简图

1—壳体；2—转块；3—挡块；4—马达轴

表 3.2-19　BMD 型和 BMS 型叶片摆动马达技术规格

类别	型号	转角范围/(°)	转矩/N·m						排量/(mL/r)	内泄量/(mL/min)	质量/kg
			1MPa	2MPa	3MPa	4MPa	5MPa	6.3MPa			
单叶片	BMD-3	0～270	5	11	16	22	27	34	30	45	10.87
	BMD-6		9	19	29	39	49	61	58	100	11.57
	BMD-12		20	40	60	81	101	127	120	200	12.74
	BMD-25		40	81	121	162	202	255	260	300	17.73
	BMD-32		52	103	155	206	258	325	307	350	18.94
	BMD-55		88	177	265	353	442	557	530	480	33.31
	BMD-80		128	256	384	512	640	807	754	500	46
	BMD-100		161	322	483	644	805	1015	966	550	57.56
双叶片	BMS-6	0～90	1	22	32	44	54	68	20	40	10.94
	BMS-12		18	38	58	78	98	122	39	80	11.65
	BMS-24		40	80	120	162	202	254	80	160	13
	BMS-50		80	162	242	324	404	510	173	260	17.8
	BMS-64		104	206	310	412	516	650	204	300	19.57
	BMS-110		176	354	530	706	884	1114	354	450	34.4
	BMS-160		256	512	768	1024	1280	1614	502	460	47.5
	BMS-200		322	644	966	1288	1610	2030	644	500	59.5

提高系统工作压力。对动态品质要求较高的液压伺服系统中，可考虑选择叶片式摆动马达。若需同时驱动相隔一定间距的两个负载做摆动，则链式结构的摆动马达能满足要求。

11　液压马达的选择

选定液压马达时要考虑的因素有工作压力、转速范围、运行扭矩、总效率、容积效率、滑差特性、寿命等机械性能以及在机械设备上的安装条件、外观等。

液压马达的种类很多，特性不一样，应针对具体用途选择合适的液压马达，表3.2-20列出了典型液压马达的特性对比。低速场合可以应用低速马达，也可以用带减速器装置的高速马达。两者在结构布置、成本、效率等方面各有优点，必须仔细论证。

表 3.2-20 典型液压马达的特性比较

种类 特性	高速马达			低速马达
	齿轮式	叶片式	柱塞式	径向柱塞式
额定压力/MPa	21	17.5	35	21
排量/(mL/r)	4～300	25～300	10～1000	125～38000
转速/(r/min)	300～5000	400～3000	10～5000	1～500
总效率/%	75～90	75～90	85～95	80～92
堵转效率	50～85	70～85	80～90	75～85
堵转泄漏	大	大	小	小
污染敏感度	大	小	小	小
变量能力	不能	困难	可	可

明确了所用液压马达的种类之后，可根据所需要的转速和转矩从产品系列中选取出能满足需要的若干种规格，然后利用各种规格的特性曲线（或算出）相应的压降、流量和总效率。接下去进行综合技术评价来确定某个规格。如果原始成本最重要，则应选择流量最小的，这样泵、阀、管路等都最小；如果运行成本最重要，则应选择总效率最高的；如果工作寿命最重要，则应选择压降最小的；有时是上述方案的折中。

需要低速运行的马达，要核对其最低稳定速度。如果缺乏数据，应在有关系统的所需工况下实际试验后再定取舍。为了在极低转速下平稳运行，马达的泄漏必须恒定，负载要恒定，要有一定的回油背压（0.3～0.5MPa）和至少35mm²/s的油液黏度。

轴承寿命和转速、载荷有关，如果载荷减半则轴承寿命为原来的两倍。需要马达带动启动时要核对堵转扭矩；要用液压马达制动时，其制动扭矩不得大于马达的最大工作扭矩。

为了防止作为泵工作的制动马达发生汽蚀或丧失制动能力，应保障这时马达的“吸油口”有足够的补油压力。可以靠闭式回路中的补油泵或开式回路中的背压阀来实现。当液压马达驱动大惯量负载时，为了防止停车过程中惯性运动的马达缺油，应设置与马达并联的旁通单向阀补油。需要长时间防止负载运动时，应使用在马达轴上的液压释放机械制动器。

第三章 液压缸

1 液压缸的类型

液压缸按结构特点的不同可分为活塞缸、柱塞缸、伸缩套筒缸、摆动液压缸，用以实现直线运动和有限角度的摆动，输出推力和速度。

液压缸按其作用方式不同，可分为单作用式和双作用式两种。单作用式液压缸中液压力只能使活塞（或柱塞）单方向运动，反方向运动必须靠外力（如弹簧力或自重等）实现；双作用式液压缸可由液压力实现两个方向的运动。

按活塞杆形式分：单活塞杆缸、双活塞杆缸。参见表 3.3-1。

表 3.3-1 液压缸的分类、特点及图形符号

分类	名称		图形符号	特点
单作用液压缸	活塞缸		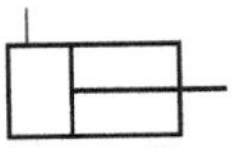	活塞只单向受力而运动，反向运动依靠活塞自重或其他外力
	柱塞缸		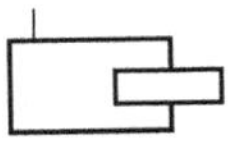	柱塞只单向受力而运动，反向运动依靠柱塞自重或其他外力
	伸缩式套筒缸		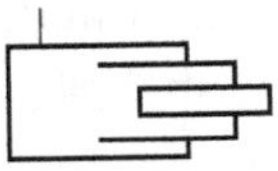	有多个互相联动的活塞，可依次伸缩，行程较大，由外力使活塞返回
双作用液压缸	单活塞杆	普通缸	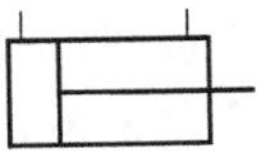	活塞双向受液压力而运动，在行程终了时不减速，双向受力且速度不同
		不可调缓冲缸	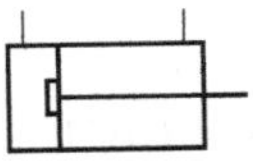	活塞在行程终了时减速制动，减速值不变
		可调缓冲缸	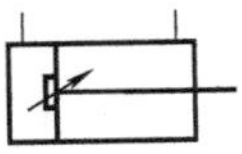	活塞在行程终了时减速制动，并且减速值可调
		差动缸	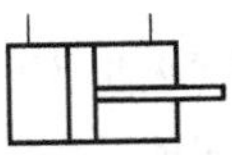	活塞两端面积差较大，使活塞往复运动的推力和速度相差较大
	双活塞杆	等行程等速缸	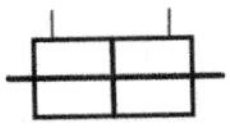	活塞左右移动速度、行程及推力均相等

续表

分类	名称		图形符号	特点
双作用液压缸	双活塞杆	双向缸		利用对油口进、排油次序的控制，可使两个活塞做多种配合动作的运动
	伸缩式套筒缸			有多个互相联动的活塞，可依次伸出获得较大行程
特殊缸	弹簧复位缸			单向液压驱动，由弹簧力复位
	增压缸		A B	由 A 腔进油驱动，使 B 输出高压油源
	串联缸			用于缸的直径受限制、长度不受限制处，能获得较大推力
	齿条传动缸			活塞的往复运动转换成齿轮的往复回转运动
	气-液转换器			气压力转换成大体相等的液压力
	增速缸			利用不同的油口供油可以得到快速或低速伸出

2 液压缸的基本参数

液压缸的输入量是液体的流量和压力，输出量是速度和力。液压缸的基本参数主要是指内径尺寸、活塞杆直径、行程长度，活塞杆螺纹形式和尺寸，连接油口尺寸等。

液压缸公称压力系列见表 3.3-2，各类液压设备常用的工作压力见表 3.3-3。

液压缸内径尺寸系列、液压缸活塞杆外径尺寸系列、液压缸行程系列、液压缸活塞杆螺纹形式和尺寸系列、液压缸活塞杆螺纹尺寸系列以及液压缸活塞杆螺纹尺寸系列分别见表 3.3-4～表 3.3-10。

表 3.3-2　液压缸公称压力系列（摘自 GB/T 2346—1988）　/MPa

0.010	0.016	0.025	0.040	0.063	0.10	0.16	(0.20)	0.25	
0.40	0.63	(0.80)	1.0	1.6	2.5	4.0	6.3	(8.0)	10.0
12.5	16.0	20.0	25.0	31.5	40.0	50.0	63.0	80.0	100

注：1. 括号内公称排量值为非优先用值。

2. 超出本系列 100MPa 时，应按 GB 321—1980《优先数和优先数系》中 R10 数系选用。

表 3.3-3　各类液压设备常用的工作压力

设备类型	一般机床	一般冶金设备	农业机械、小型工程机械	液压机、重型机械、轧机液压压下、起重运输机械
工作压力/MPa	1～6.3	6.3～16	10～16	20～32

表 3.3-4　液压缸内径尺寸系列

（摘自 GB/T 2348—2001）　/mm

8	40	125	(280)
10	50	(140)	320
12	63	160	(360)
16	80	(180)	400
20	(90)	200	(450)
25	100	(220)	500
32	(110)	250	

注：圆括号内的尺寸为非优先选用尺寸。

表 3.3-5　液压缸活塞杆外径尺寸系列

（摘自 GB/T 2348—2001）　/mm

4	20	56	160
5	22	63	180
6	25	70	200
8	28	80	220
10	32	90	250
12	36	100	280
14	40	110	320
16	45	125	360
18	50	140	

表 3.3-6　液压缸活塞行程第一系列

/mm

25	50	80	100	125	160	200	250	320	400
500	630	800	1000	1250	1600	2000	2500	3200	4000

表 3.3-7　液压缸活塞行程第二系列　/mm

	40			63		90	110	140	180
220	280	360	450	550	700	900	1100	1400	1800
2200	2800	3600							

表 3.3-8　液压缸活塞行程第三系列

/mm

240	260	300	340	380	420	480	530	600	650
750	850	950	1050	1200	1300	1500	1700	1900	2100
2400	2600	3000	3400	3800					

注：当活塞行程＞4000mm 时，按 GB/T 321—2005《优先数和优先数列》中 R10 数系选用，如不能满足要求时，允许按 R40 数系选用。

表 3.3-9　液压缸活塞杆螺纹形式和尺寸系列（GB/T 2350—1997）

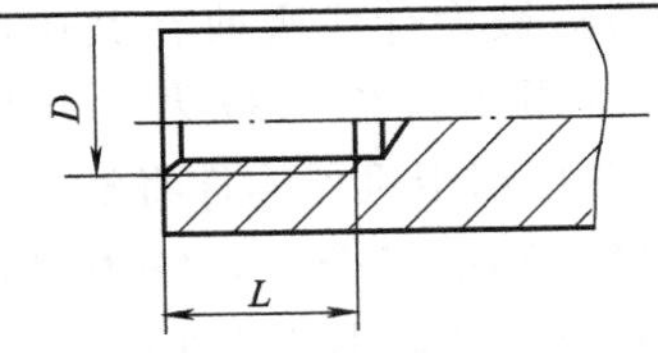

(a) 活塞杆螺纹形式(内螺纹)

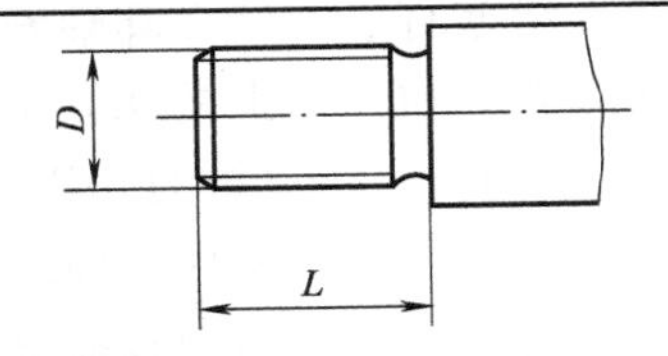

(b) 活塞杆螺纹形式(外螺纹　带肩)

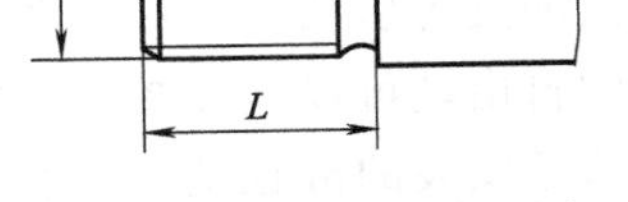

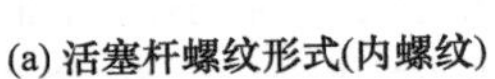

(c) 活塞杆螺纹形式(外螺纹　无肩)

表 3.3-10　液压缸活塞杆螺纹尺寸系列

/mm

直径与螺距 $D\times T$	螺纹长 L		直径与螺距 $D\times T$	螺纹长 L	
	短型	长型		短型	长型
M3×0.35	6	9	M36×2	50	72
M4×0.5	8	12	M42×2	56	84
M4×0.7①	8	12	M48×2	63	96
M5×0.5	10	15	M56×2	75	112
M6×0.75	12	16	M64×3	85	128
M6×1①	12	16	M72×3	85	128
M8×1	12	20	M80×3	95	140
M8×1.25①	12	20	M90×3	106	140
M10×1.25	14	22	M100×3	112	—
M12×1.25	16	24	M110×3	112	—
M14×1.5	18	28	M125×4	125	—
M16×1.5	22	32	M140×4	140	—
M18×1.5	25	36	M160×4	160	—
M20×1.5	28	40	M180×4	180	—
M22×1.5	30	44	M200×4	200	—
M24×2	32	48	M220×4	220	—
M27×2	36	54	M250×6	250	—
M30×2	40	60	M280×6	280	—
M33×2	45	66	—	—	—

① 为气缸专用。

注：1. 螺纹长度 L——内螺纹时，是指最小尺寸；外螺纹时，是指最大尺寸。

2. 当需要用锁紧螺母时，采用长型螺纹长度。

3 液压缸的安装方式

液压缸的安装方式主要分为端盖类、法兰类、耳环类、底座类、耳轴类、螺栓螺孔类等。需要注意的是：

① 液压缸只能一端固定，另一端自由，使热胀冷缩不受限制；

② 底脚形和法兰形液压缸的安装螺栓不能直接承受推力载荷；

③ 耳环形液压缸活塞杆顶端连接头的轴线方向必须与耳轴的轴线方向一致。

拉杆伸出安装的缸适用于传递直线力的应用场合，并在空间有限时特别有用。对于压缩用途，缸盖端拉杆安装最合适；活塞杆受拉伸的场合，应指定缸头端安装方式。拉杆伸出的缸可以从任何一端固定于机器构件，而缸的自由端可以连接在一个托架上。

法兰安装的缸也适用于传递直线力的应用场合。对于压缩型用途，缸盖安装方式最合适；主要负载使活塞杆受拉伸的场合，应指定缸头安装。

脚架安装的缸在其中心线上有作用力。结果，缸所施加的力会产生一个倾翻力矩，试图使缸绕着它的安装螺栓翻转。因而，应把缸牢固地固定于安装面并应有效地引导负载，以免过大的侧向载荷施加于活塞杆密封装置和活塞导向环。

带铰支安装的缸吸收在其中心线上的力的应该用于机器构件沿曲线运动的场合。如果活塞杆进行的曲线路径在单一平面之内，则可使用带固定双耳环的缸；对于其中活塞杆将沿实际运动平面的每侧的路径行进的用途，推荐球面轴承安装。

耳轴安装的缸被设计成吸收在其中心线上的力。它们适用于拉伸（拉力）或压缩（推力）用途，并可用于机器构件将沿单一平面内的曲线路径运动的场合。耳轴销仅针对剪切载荷设计并应承受最小的弯曲应力。

各种安装方式和安装说明参见表 3.3-11。

液压缸的安装连接元件标准符号见表 3.3-12。

表 3.3-11 液压缸的安装方式

安装方式		安装简图	说明
法兰型	头部法兰	外法兰 内法兰	头部法兰型安装时，安装螺钉受拉力较大；尾部法兰型安装螺钉受力较小
	尾部法兰		

续表

安装方式		安装简图	说明
销轴型	头部销轴	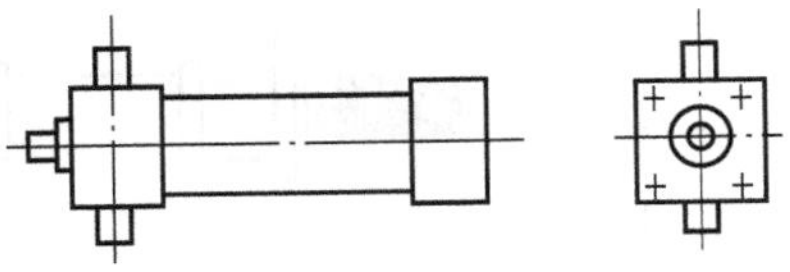	液压缸在垂直面内可摆动。头部销轴型安装时，活塞杆受弯曲作用较小；中间销轴型次之；尾部销轴型最大
	中间销轴	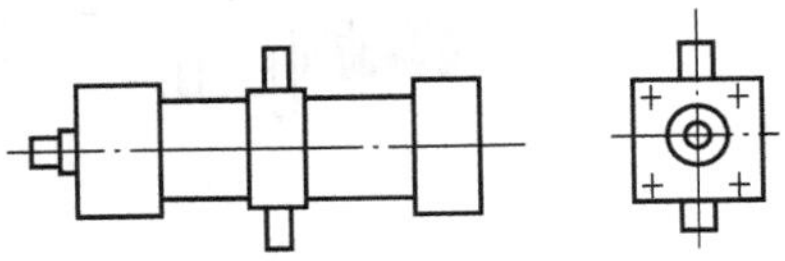	
	尾部销轴	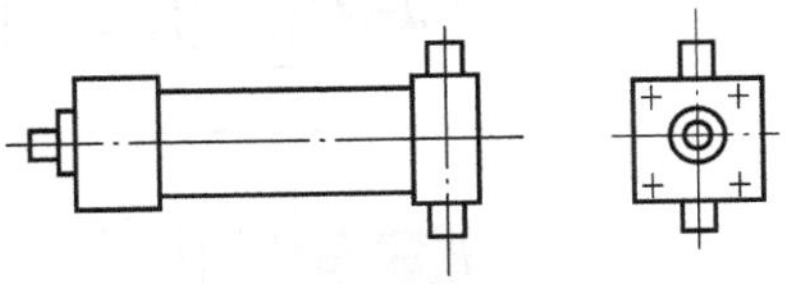	
耳环型	头部耳环	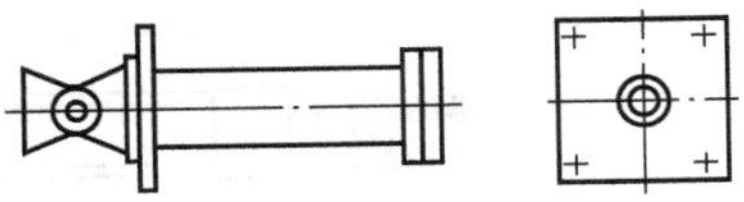	液压缸在垂直面内可摆动，头部耳环型安装时，活塞杆受弯曲作用较小；尾部耳环型较大
	尾部耳环	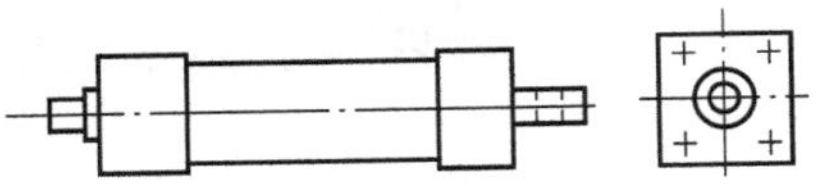 单耳环 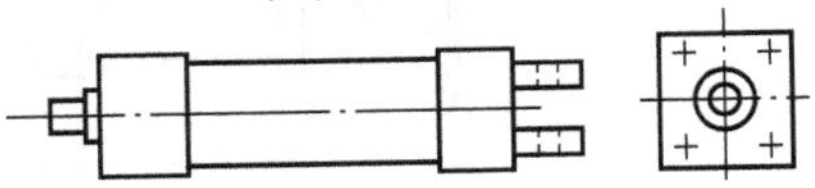 双耳环	
底座型	径向底座	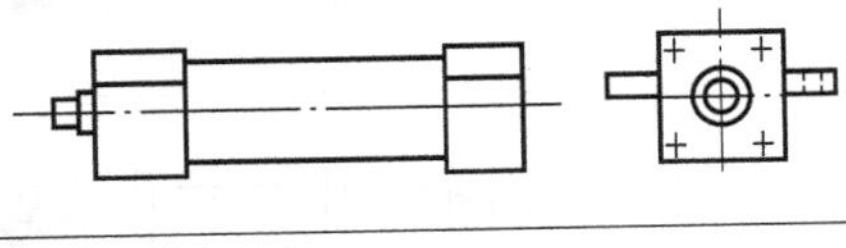	径向底座型安装时，液压缸受倾翻力矩较小；切向底座型和轴向底座型较大
	切向底座	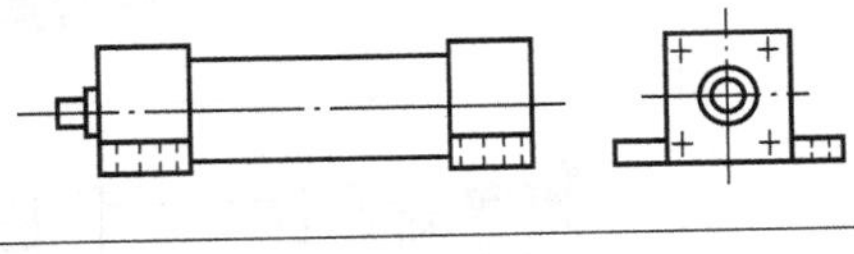	
	轴向底座	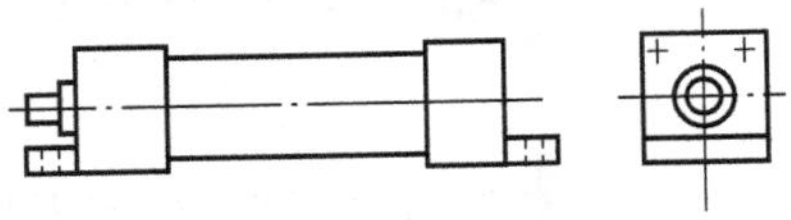	
球头型	尾部球头	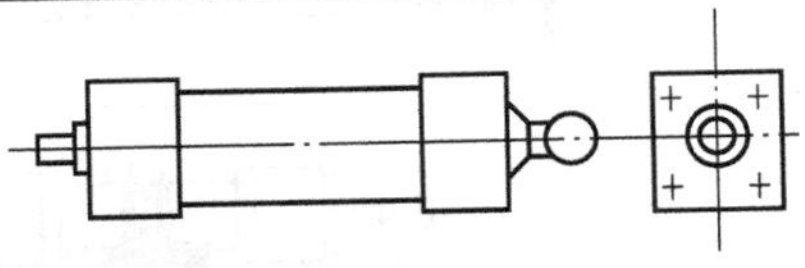	液压缸可在一定空间范围内摆动

注：表中所列液压缸皆为缸体固定，活塞杆运动。根据工作需要，也可采用活塞杆固定、缸体活动。

表 3.3-12 液压缸的安装连接元件标准符号

名　　称	工作压力/MPa	简　　图	标准号
杆用单耳环(不带轴套)	≤16	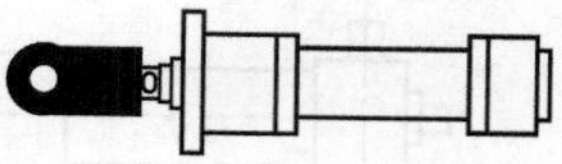	ISO/DIS 8133
杆用单耳环(不带轴套)	≤25	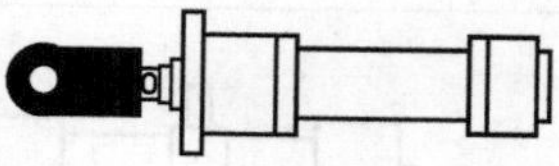	ISO 6981—1992 GB/T 14042—2001
杆用单耳环(带球铰轴套)	≤16	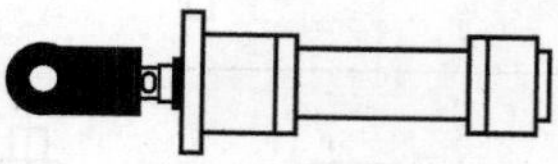	ISO/DIS 8134
杆用单耳环(带关节轴承)	≤25	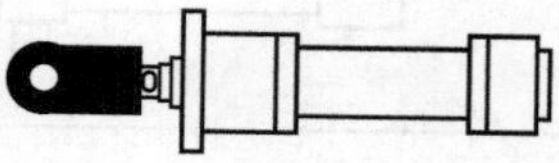	ISO 6982—1992 DIN 24338 GB/T 14036—1993
杆用双耳环	≤16	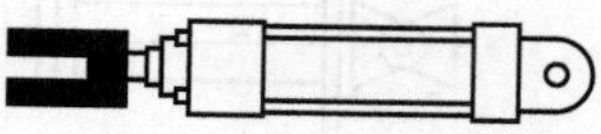	ISO/DIS 8133
杆用双耳环	≤25	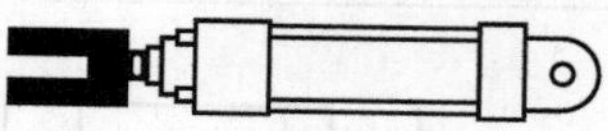	ISO 8132
杆端用圆形法兰	≤25	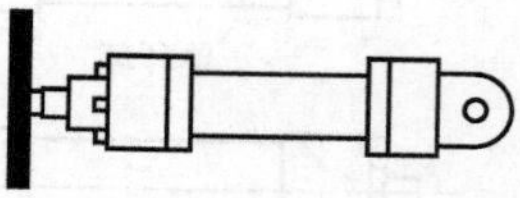	ISO 8132
A 型单耳环支座	≤25	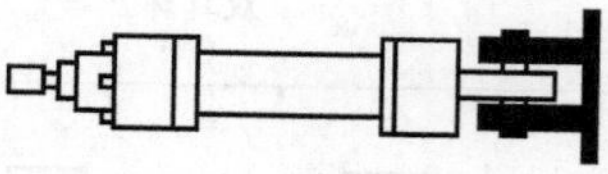	ISO 8132
B 型单耳环支座	≤25	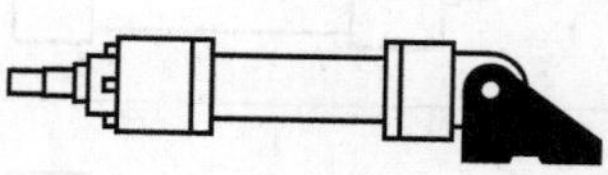	ISO 8132
单耳环(带球铰轴套)支座	≤25	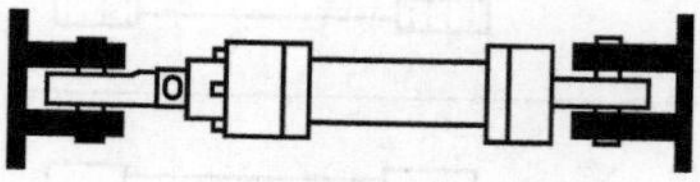	ISO/DIS 8133
双耳环支座	≤25	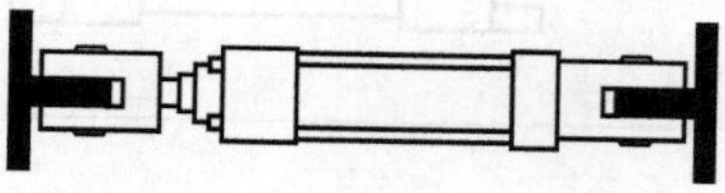	ISO/DIS 8133
耳轴支座	≤25	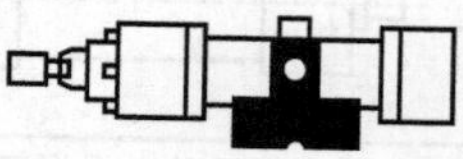	ISO 813

4 液压缸的主要结构、材料及技术要求

4.1 缸体

4.1.1 缸体材料

① 一般要求有足够的强度和冲击韧性，对焊接的缸筒还要求有良好的焊接性能。根据液压缸的参数、用途和毛坯来源可选用以下各种材料：25钢，35钢，45钢等；25CrMo，35CrMo，38CrMoAl等；ZG200～ZG400，ZG230～ZG450，1CR18NI9，ZL105，5A03，5A06等；ZCuAl10Fe3，ZCuAl10Fe3Mn2等。

② 缸筒毛坯普遍采用退火的冷拔或热轧无缝钢管。国内市场上已有内孔经珩磨或内孔精加工，只需按要求的长度切割的无缝钢管，材料有20钢，35钢，45钢，27SiMn。一般常用调质的45钢。需要焊接时，常用焊接性能较好的23钢～35钢，机械粗加工后再调质。

③ 对于工作温度低于－50℃的液压缸缸筒，必须用35钢、45钢，且要调质处理。

④ 与缸盖焊接的缸筒，使用35钢，机械加工后再调质；不与其他零件焊接的缸筒，使用调质的45钢。

⑤ 对于形状复杂的缸筒毛坯、较厚壁的毛坯仍用铸铁或锻件，或用厚钢板卷成筒形，焊接后退火，焊缝需用X光射线或磁力探伤检查。灰铸铁铸件常用HT200～HT350的几个牌号，要求较高者，可采用球墨铸铁QT450-10、QT500-T、QT600-3等。此外还可以采用铸钢ZG230～ZG450、ZG270～ZG500、ZG310～ZG570等。

⑥ 对于特殊要求的缸筒，应采用锻缸。

4.1.2 对缸筒的要求

① 有足够的强度，能长期承受最高工作压力及短期动态试验压力而不致产生永久变形。

② 有足够的刚度，能承受活塞侧向力和安装的反作用力而不致产生弯曲。

③ 内表面与活塞杆密封件及导向环在摩擦力的作用下，能长期工作而磨损少，尺寸公差等级和形位公差等级足以保证活塞密封件的密封性。

④ 需要焊接的缸筒还要求有良好的可焊性以便在焊上法兰或管接头后不至于产生裂纹或过大的变形。

总之，缸筒是液压缸的主要零件，它与缸盖、缸底、油口等零件构成密封的容腔，用以容纳压力油液，同时它还是活塞运动“轨道”。设计液压缸缸筒时，应该正确确定各部分的尺寸，保证液压缸有足够的输出力、运动速度和有效行程，同时还必须有一定的刚度，能足以承受液压力、负载力和外冲击力；缸筒的内表面应具有合适的配合公差等级、表面粗糙度和形位公差等级，以保证液压缸的密封性、运动平稳性和耐用性。

适合加工制造缸筒的冷拔无缝钢管的产品规格见表3.3-13。

4.1.3 技术要求

(1) 缸筒内径公差等级和表面粗糙度

缸筒与活塞一般采用基孔制的间隙配合。活塞采用橡胶、塑料、皮革材质密封件时，缸筒内孔可采用公差等级H8、H9，与活塞组成H8/f7、H8/f8、H8/g7、H9/g8等不同的间隙配合。缸筒内孔表面粗糙度取R_a0.40～0.10μm。

采用活塞环密封时，缸筒内孔的公差等级一般取H7，它可与活塞组成H7/g6、H7/g7等不同的间隙配合，内孔表面粗糙度取R_a0.40～0.20μm。

表 3.3-13　高精度冷拔无缝钢管产品规格　/mm

内径/mm	壁厚/mm	内径精度	壁厚差/mm	表面粗糙度/μm	材　料
ϕ30～50	<7.5	H7～H9	±10%	0.4～0.2	20 钢、45 钢、27SiMn
ϕ50～80	<10	H7～H9	±10%	0.4～0.2	20 钢、45 钢、27SiMn
ϕ80～120	<15	H7～H9	±10%	0.4～0.2	20 钢、45 钢、27SiMn
ϕ120～180	<20	H7～H9	±10%	0.4～0.2	20 钢、45 钢、27SiMn
ϕ180～250	<25	H7～H9	±10%	0.4～0.2	20 钢、45 钢、27SiMn
ϕ40～50①	<7.5	H8	±5%	0.4～0.2	20 钢、35 钢、45 钢、27SiMn
ϕ50～100①	<13	H8	±8%	0.4～0.2	20 钢、35 钢、45 钢、27SiMn
ϕ100～140①	<15	H8	±8%	0.4～0.2	20 钢、35 钢、45 钢、27SiMn
ϕ140～200①	<20	H8	±8%	0.4～0.2	20 钢、35 钢、45 钢、27SiMn
ϕ200～250①	<25	H8	±8%	0.4～0.2	20 钢、35 钢、45 钢、27SiMn
ϕ250～360①	<40	H8	±8%	0.4～0.2	20 钢、35 钢、45 钢、27SiMn
ϕ360～500①	<60	H8	±8%	0.4～0.2	20 钢、35 钢、45 钢、27SiMn

① 为另外一个厂家的产品。

采用间隙密封，缸筒内孔的公差等级一般取 H6，与活塞组成 H6/h5 的间隙配合，表面粗糙度取 R_a0.10～0.05μm。

(2) 缸筒的形位公差

缸筒内径的圆度、圆柱度误差不大于直径尺寸公差的一半，缸筒轴线的直线度误差在 500mm 长度上不大于 0.03mm；缸筒端面对轴线的圆跳动在 100mm 的直径上不大于 0.04mm。

(3) 安装部位的技术要求

缸筒端面和缸盖接合面对液压缸轴线的垂直度误差，按直径每 100mm 不得超过 0.04mm，缸筒安装缸盖的螺纹应采用 2a 级精度的公制螺纹，采用耳环安装方式时，耳环孔的轴线对缸筒轴线的位置度误差不大于 0.03mm，垂直度误差在 100mm 长度上不大于 0.1mm。采用轴销式安装方法时，轴销的轴线与缸筒轴线的位置度误差不大于 0.1mm，垂直度误差在 100mm 长度上不大于 0.1mm。

(4) 其他技术要求

缸筒内径端部倒角 15°～30°，或倒 $R3$ 以上的圆角；表面粗糙度不大于 R_a0.8μm，以免装配时损伤密封件。

缸筒端部需焊接时，缸筒内部的工作表面距离焊缝不得小于 20mm。

热处理调质硬度一般为 241～285HB。

为了防止缸筒腐蚀、提高寿命，缸筒内径可以镀铬，镀层厚度一般为 0.03～0.05mm，然后进行珩磨或抛光。缸筒外露表面可涂耐油油漆。

4.2 缸盖

端盖装在缸筒两端，与缸筒形成封闭油腔，同样承受很大的液压力，因此，端盖及其连接件都应有足够的强度。设计时既要考虑强度，又要选择工艺性较好的结构形式。

工作压力 $p<10$MPa 时，也使用HT20～HT40、HT25～HT47、HT30～HT54 等铸铁。$p<20$MPa 时使用无缝钢管，$p>20$MPa 时使用铸钢或锻钢。缸盖常用 35 钢、45 钢的锻件或铸造毛坯。

缸盖技术要求如下：

① 缸盖内孔尺寸公差一般取 H8，粗糙度不低于 0.8μm；

② 缸盖内孔与止口外径 D 的圆柱度误差不大于直径公差的一半，轴线的圆跳动，在直径 100mm 上不大于 0.04mm。

4.3 缸体端部连接形式

常见的缸体与缸盖的连接结构如表 3.3-14所示。其中：

① 法兰式连接（The Type of Flange

Connection） 结构简单，加工方便，连接可靠，但是要求缸筒端部有足够的壁厚，用以安装螺栓或旋入螺钉。缸筒端部一般用铸造、镦粗或焊接方式制成粗大的外径，它是常用的一种连接形式。

② 半环式连接（The Whitney Key Type Connection） 分为外半环连接和内半环连接两种连接形式，半环连接工艺性好，连接可靠，结构紧凑，但削弱了缸筒强度。半环连接应用十分普遍，常用于无缝钢管缸筒与端盖的连接中。

③ 螺纹式连接（The Thread Type Connection） 有外螺纹连接和内螺纹连接两种，其特点是体积小，重量轻，结构紧凑，但缸筒端部结构较复杂，这种连接形式一般用于要求外形尺寸小，重量轻的场合。

④ 拉杆式连接（The Draw-bar Type Connection） 结构简单，工艺性好，通用性强，但端盖的体积和重量较大，拉杆受力后会拉伸变长，影响密封效果。只适用于长度不大的中、低压液压缸。

⑤ 焊接式连接（The Welding Type Connection） 强度高，制造简单，但焊接时易引起缸筒变形。

导向套对活塞杆或柱塞起导向和支承作用，有些液压缸不设导向套，直接用端盖孔导向，这种液压缸结构简单，但磨损后必须更换端盖。

表 3.3-14 各种连接形式的液压缸端部结构

连接形式	结构简图	特点
拉杆	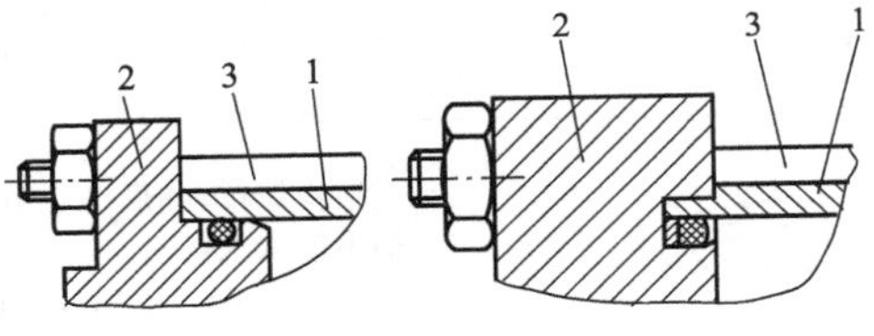 2 3 1 (a)　2 3 1 (b)	零件通用性大； 缸筒加工简便； 装拆方便； 应用较广； 质量以及外形尺寸较大
法兰	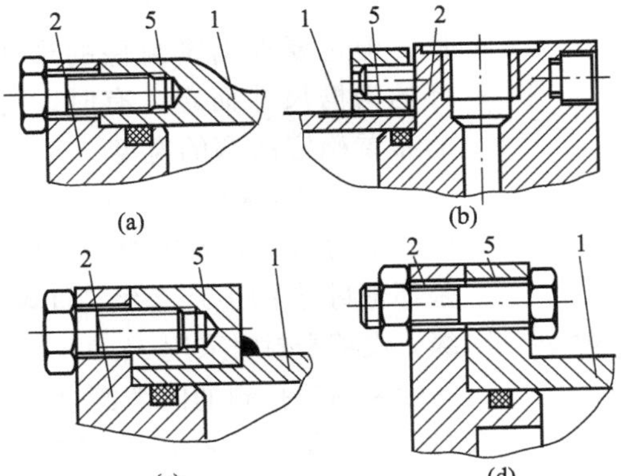 2 5 1 (a)　1 5 2 (b)　2 5 1 (c)　2 5 1 (d)	法兰盘与缸筒有焊接[图(c)]和螺纹[图(b)]连接或整体的铸、锻件[图(a)]、[图(d)]。结构较简单，易加工、易装拆。整体的铸、锻件其质量及外形尺寸较大，且加工复杂
焊接	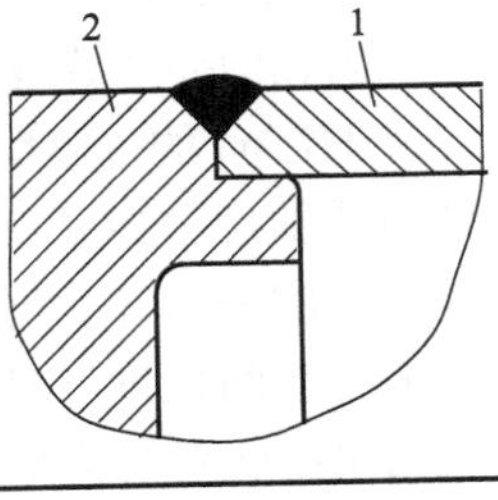 2 1	结构简单，外形尺寸小。焊后易变形；清洗、装拆有一些困难

续表

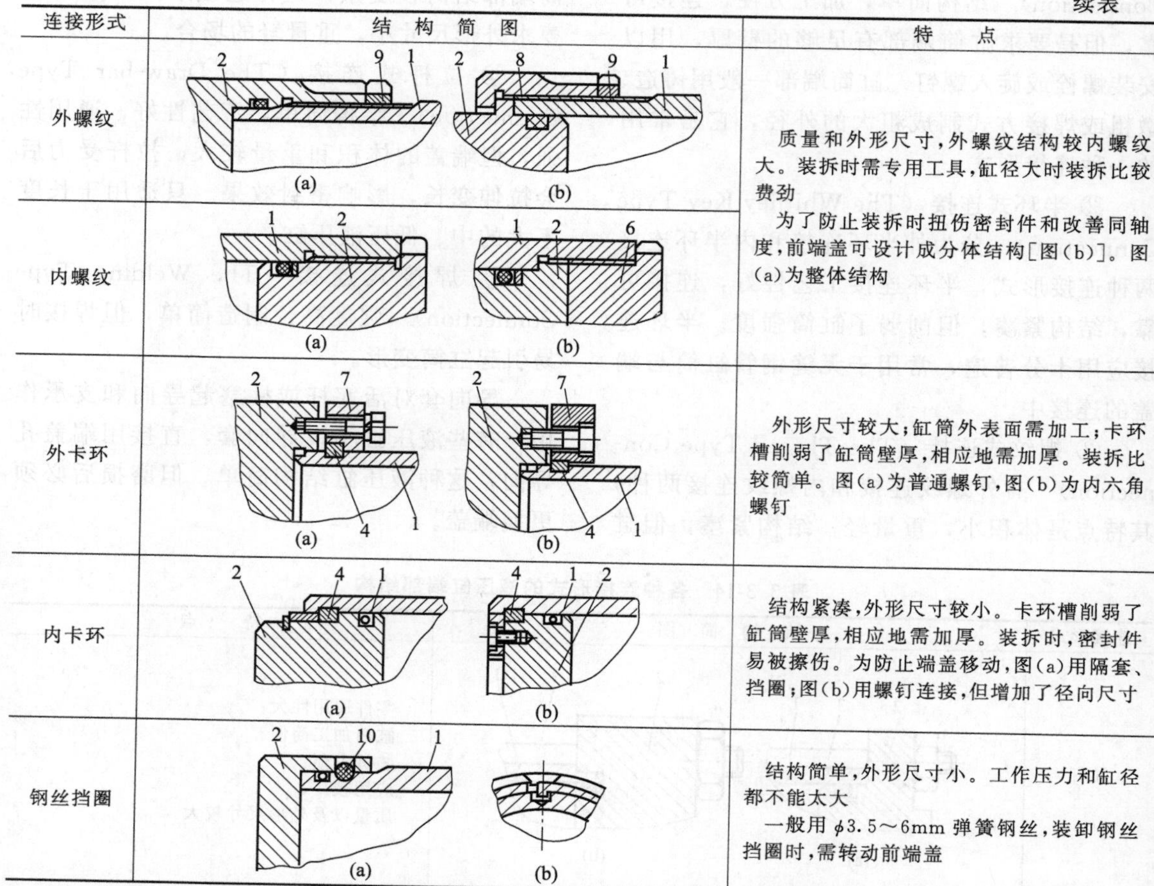

连接形式	结构简图	特点
外螺纹	(a) (b)	质量和外形尺寸，外螺纹结构较内螺纹大。装拆时需专用工具，缸径大时装拆比较费劲 为了防止装拆时扭伤密封件和改善同轴度，前端盖可设计成分体结构[图(b)]。图(a)为整体结构
内螺纹	(a) (b)	
外卡环	(a) (b)	外形尺寸较大；缸筒外表面需加工；卡环槽削弱了缸筒壁厚，相应地需加厚。装拆比较简单。图(a)为普通螺钉，图(b)为内六角螺钉
内卡环	(a) (b)	结构紧凑，外形尺寸较小。卡环槽削弱了缸筒壁厚，相应地需加厚。装拆时，密封件易被擦伤。为防止端盖移动，图(a)用隔套、挡圈；图(b)用螺钉连接，但增加了径向尺寸
钢丝挡圈	(a) (b)	结构简单，外形尺寸小。工作压力和缸径都不能太大 一般用 $\phi3.5\sim6$mm 弹簧钢丝，装卸钢丝挡圈时，需转动前端盖

注：简图中 1—缸筒；2—端盖；3—拉杆；4—卡环；5—法兰；6—盖；7—套环；8—螺套；9—锁紧螺母；10—钢丝挡圈。

4.4 活塞

4.4.1 活塞材料

① 无导向环的活塞　用高强度铸铁 HT200～HT300 或球墨铸铁。

② 有导向环活塞　用优质碳素钢 20 钢、35 钢及 45 钢，也有用 40Cr 的，有的外径套尼龙（PA）或聚四氟乙烯 PTFE＋玻璃纤维或聚三氟氯乙烯材料制成的支撑环。装配式活塞外环可用锡青铜。还有用铝合金作为活塞材料的。无特殊情况一般不要热处理。

4.4.2 活塞的尺寸和公差

活塞宽度一般为活塞外径的 0.6～1.0 倍，但也要根据密封件的形式、数量和导向环的沟槽尺寸而定。有时，可以结合中隔圈的布置确定活塞的宽度。

活塞的外径基本偏差一般采用 f、g、h 等；橡胶密封活塞公差等级可选用 7、8、9 级，活塞环密封时采用 6、7 级，间隙密封时可采用 6 级，皮革密封时采用 8、9、10 级；缸筒与活塞一般采用基孔制的间隙配合。活塞采用橡胶密封件时，缸筒内孔可采用 H8、H9 公差等级，与活塞组成 H8/f7、H8/f8、H8/g8、H8/h7、H8/h8、H9/g8 、H9/h8、H9/h9 的间隙配合。活塞内孔的公差等级一般取 H7，与活塞杆轴径组成 H7/g6 的过渡配合。外径对内孔及密封沟槽的同轴度公差不大于 0.02mm，端面与轴线的垂直度公差不大于 0.04mm/10mm，外表面的圆度和圆柱度一般不大于外径公差的一半，表面粗糙度视结构形式不同而各异。一般活塞外圆的表面粗糙度要不大于 $R_a0.32\mu m$，内孔的表面粗糙度要不大于 $R_a0.8\mu m$。

常用的活塞结构形式见表 3.3-15。

4.4.3 活塞的密封

活塞装置主要用来防止液压油的泄漏。对密封装置的基本要求是具有良好的密封性能，并随压力的增加能自动提高密封性，除此以外，摩擦阻力要小，耐油，抗腐蚀，耐磨，寿命长，制造简单，拆装方便。液压缸主要采用密封圈密封，常用的密封圈有 O 形、V 形、Y 形及组合式等数种，其材料为耐油橡胶、尼龙、聚氨酯等。

（1）O 形密封圈（O-ring）

O 形密封圈的截面为圆形，主要用于静密封。O 形密封圈安装方便，价格便宜，可在－40～120℃的温度范围内工作，但与唇形密封圈相比，运动阻力较大，作运动密封时容易产生扭转，故一般不单独用于液压缸运动密封（可与其他密封件组合使用）。

O 形圈密封的原理如图 3.3-1（a）所示，O 形圈装入密封槽后，其截面受到压缩后变形。在无液压力时，靠 O 形圈的弹性对接触面产生预接触压力，实现初始密封，当密封腔充入压力油后，在液压力的作用下，O 形圈挤向槽一侧，密封面上的接触压力上升，提高了密封效果。任何形状的密封圈在安装时，必须保证适当的预压缩量，过小不能密封，过大则摩擦力增大，且易于损坏，因此，安装密封圈的沟槽尺寸和表面精度必须按有关手册给出的数据严格保证。在动密封中，当压力大于 10MPa 时，O 形圈就会被挤入间隙中而损坏，为此需在 O 形圈低压侧设置聚四氟乙烯或尼龙制成的挡圈，其厚度

表 3.3-15 常用的活塞结构形式

结构形式	结构简图	特点
整体活塞	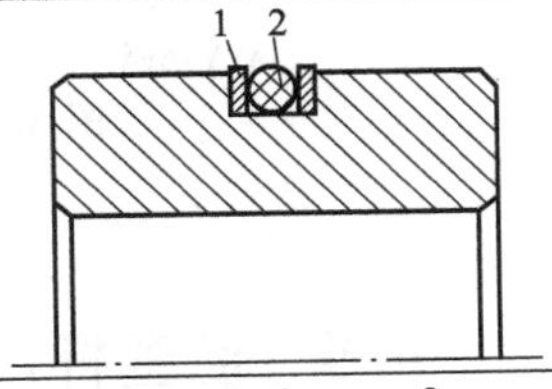 1 2	无导向环(支承环)
	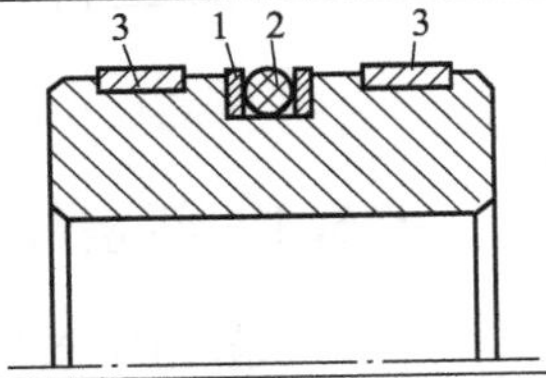 3 1 2 3	密封件、有导向环(支承环)分槽安装
	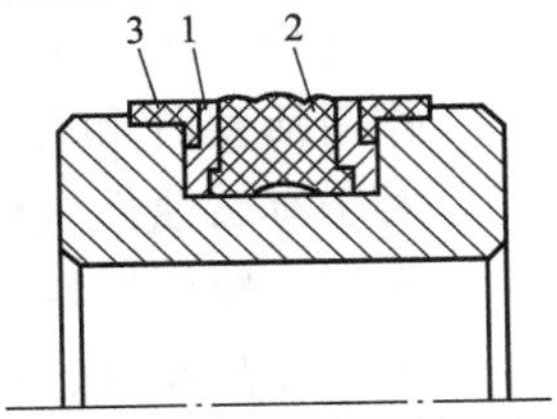 3 1 2	密封件、有导向环(支承环)同槽安装
分体活塞	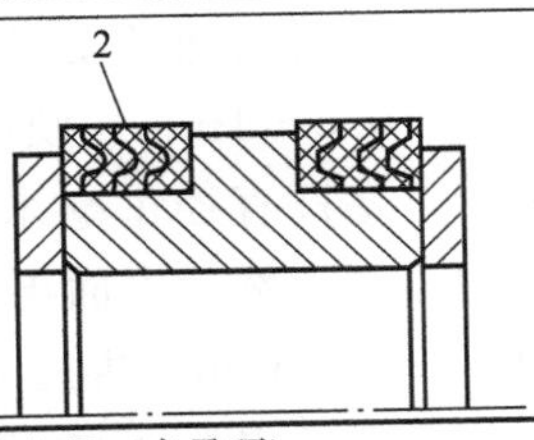 2	密封件安装的要求较高

注：1—挡圈；2—密封件；3—导向环（支承环）。

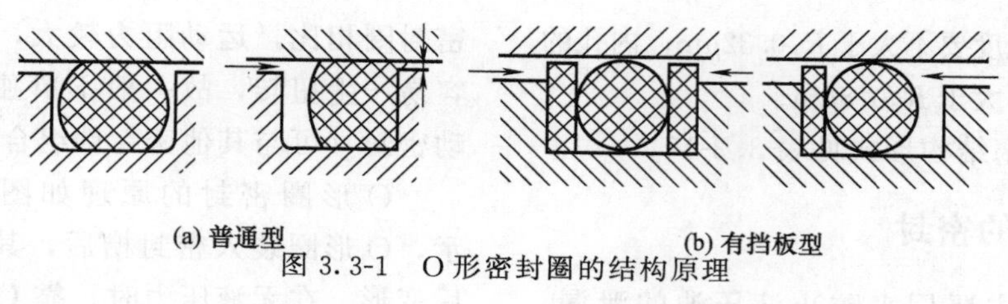

图 3.3-1 O形密封圈的结构原理

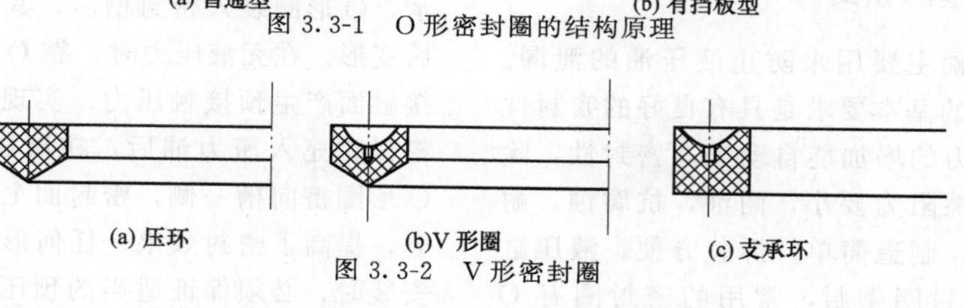

图 3.3-2 V形密封圈

为1.25～2.5mm，双向受高压时，两侧都要加挡圈，其结构如图 3.3-1（b）所示。

（2）V形密封圈（V-ring）

V形圈的截面为V形，如图 3.3-2 所示，V形密封装置由压环，V形圈和支承环组成。当工作压力高于10MPa时，可增加V形圈的数量，提高密封效果。安装时，V形圈的开口应面向压力高的一侧。

V形圈密封性能良好，耐高压，寿命长，通过调节压紧力，可获得最佳的密封效果，但V形密封装置的摩擦阻力及结构尺寸较大，主要用于活塞杆的往复运动密封，它适宜在工作压力为 $p>50$MPa，温度－40～80℃的条件下工作。

（3）Y（Y_x）形密封圈（Y-ring）

Y形密封圈的截面为Y形，属唇形密封圈。它是一种密封性、稳定性和耐压性较好、摩擦阻力小、寿命较长的密封圈，故应用也很普遍。Y形圈主要用于往复运动的密封，根据截面长宽比例的不同，Y形圈可分为宽断面和窄断面两种形式，图 3.3-3（a）所示为宽断面Y形密封圈。

Y形圈的密封作用依赖于它的唇边对耦合面的紧密接触，并在压力油作用下产生较大的接触压力，达到密封目的。当液压力升高时，唇边与耦合面贴得更紧，接触压力更高，密封性能更好。

Y形圈安装时，唇口端面应对着液压力高的一侧，当压力变化较大，滑动速度较高时，要使用支承环，以固定密封圈，如图 3.3-3（b）所示。

宽断面Y形圈一般适用于工作压力 $p<20$MPa 的场合；窄断面Y形圈一般适用于工作压力 $p<32$MPa 下工作。常见的活塞和活塞杆的密封件见表 3.3-16。

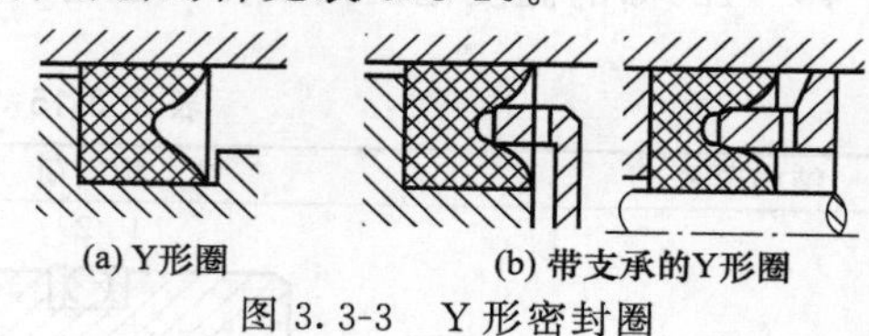

图 3.3-3 Y形密封圈

4.5 活塞杆

4.5.1 活塞杆材料

一般用中碳钢（如 45 钢、40Cr 等），调质处理 241～286HB；但对只承受推力的单作用活塞杆和柱塞，则不必进行调质处理。对于有腐蚀性气体场合采用不锈钢制造。活塞杆一般用棒料，现在大部分采用冷拉棒材。为了提高硬度、耐磨性和耐腐蚀性，活塞杆的材料通常要求表面淬火处理，淬火深度为0.5～1mm，硬度通常为 50～60HRC，或活塞杆直径每毫米淬深 0.03mm。再校直，再磨，然后表面再镀硬铬，镀层厚度为 0.03～0.05mm，再抛光。活塞杆常用材料性能参数见表 3.3-17。

表 3.3-16 活塞和活塞杆的密封件

名称	密封部位		密封作用	截面形状	直径范围/mm	工作范围			特点
	活塞杆	活塞				压力/MPa	温度/℃	速度/(m/s)	
O形密封圈加挡圈	密封	密封	单	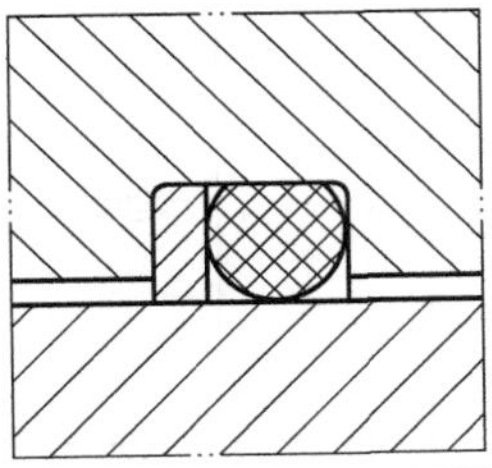	—	≤40	−30～+110	≤0.5	O形圈加挡圈，以防O形圈被挤入间隙中
			双	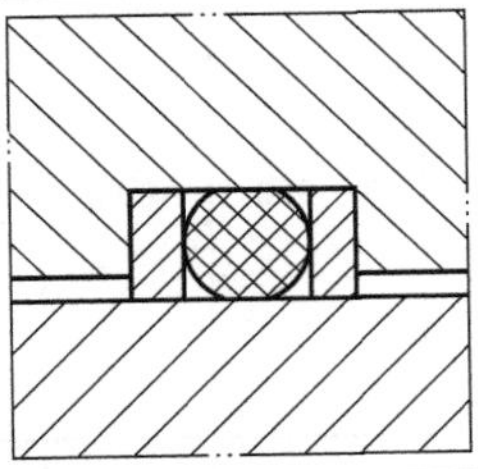					
O形密封圈加弧形挡圈	密封	密封	单	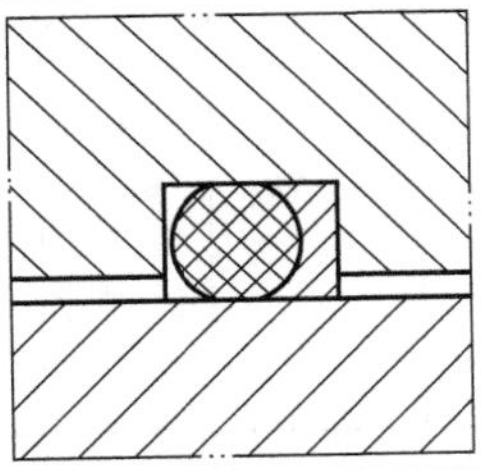	—	≤250	−60～+200	≤0.5	挡圈的一侧加工成弧形，以更好地和O形圈相适应，且在很高的脉动压力作用下保持其形状不变
			双	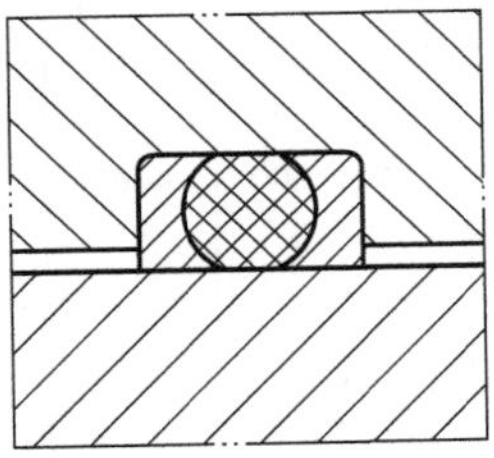					
特康双三角密封圈	密封	密封	双	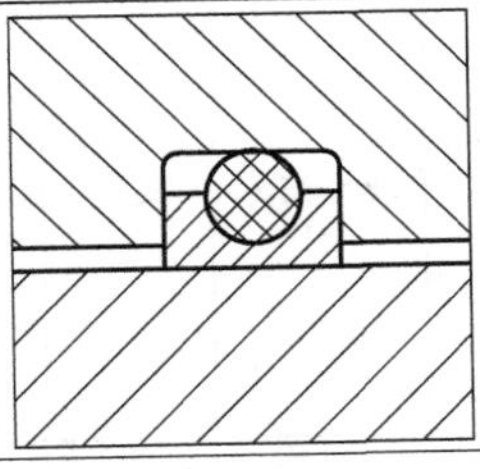	4～250	≤35	−54～+200	≤15	安装沟槽与O形圈相同，有良好的摩擦特性，无爬行启动和优异的干运行性能
星形密封圈加挡圈	密封	密封	单	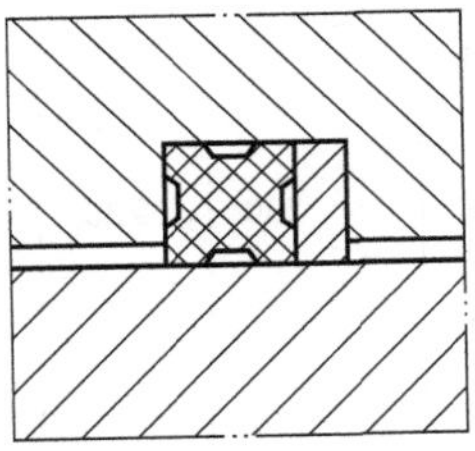	—	≤80	−60～+200	≤0.5	星形密封圈有四个唇口，在往复运动时，不会扭曲，比O形密封圈具有更有效的密封性以及更低的摩擦

续表

名称	密封部位		密封作用	截面形状	直径范围/mm	工作范围			特点
	活塞杆	活塞				压力/MPa	温度/℃	速度/(m/s)	
星形密封圈加挡圈	密封	密封	双	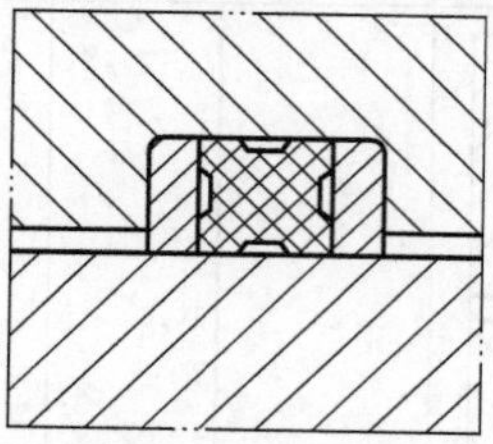	—	≤80	−60～+200	≤0.5	星形密封圈有四个唇口,在往复运动时,不会扭曲,比O形密封圈具有更有效的密封性以及更低的摩擦
T形特康格来圈	密封	密封	双	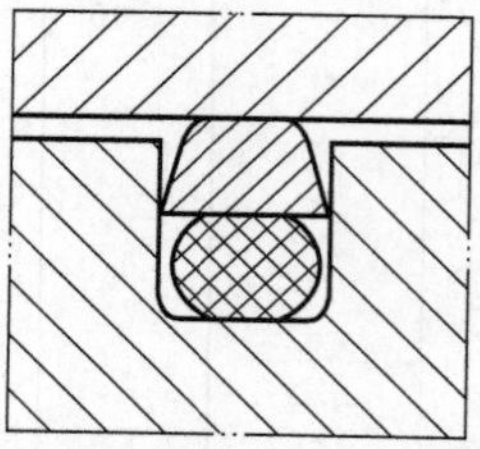	8～250	≤80	−54～+200	≤15	格来圈截面形状改善了泄漏控制且具有更好的抗挤出性。摩擦力小,无爬行,启动力小以及耐磨性好
特康AQ圈	不密封	密封	双	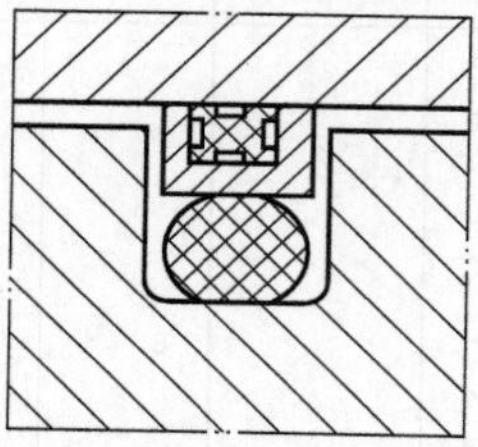	16～700	≤40	−54～+200	≤2	由O形圈和星形圈,另加一个特康滑块组成。以O形圈为弹性元件,用以两种介质间,例如液/气分割的双作用密封
5型特康AQ封	不密封	密封	双	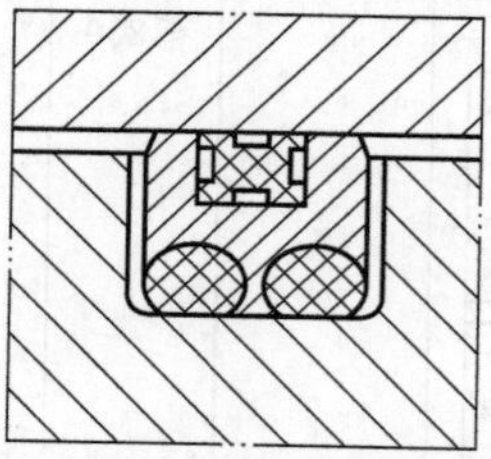	40～700	≤60	−54～+200	≤3	与特康AQ封不同之处是:它用两个O形圈作弹性元件,改善了密封性能
K型特康斯特封	密封	密封	单	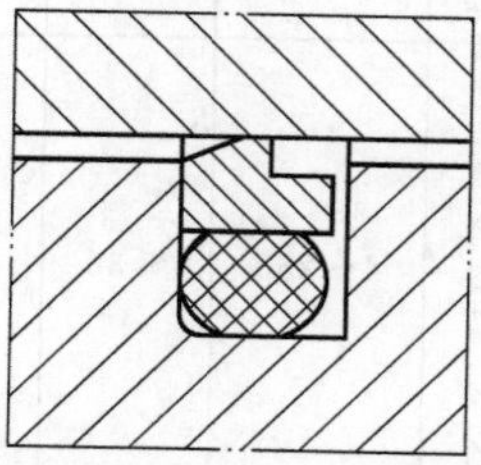	8～250	≤80	−54～+200	≤15	以O形密封圈为弹性元件,另加特康斯特封组成单作用密封,摩擦力小,无爬行,启动力小且耐磨性好
佐康威士密封圈	不密封	密封	双	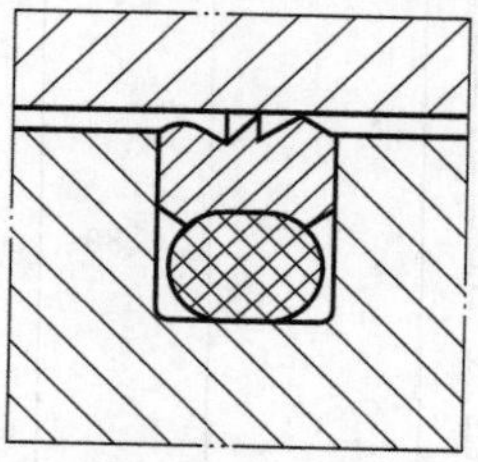	16～250	≤25	−35～+80	≤0.8	以O形密封圈为弹性元件,另加佐康威士圈组成双作用密封。密封效果好。抗扯裂及耐磨性好

续表

名称	密封部位		密封作用	截面形状	直径范围/mm	工作范围			特 点
	活塞杆	活塞				压力/MPa	温度/℃	速度/(m/s)	
佐康雷姆封	密封	不密封	单		8～150	≤25	−30～+100	≤5	它的截面形状使它具有和K形特康斯特封有极为相似的压力特性,因而有良好的密封效果。它主要与K形特康斯特封串联使用
D-A-S组合密封圈	不密封	密封	双	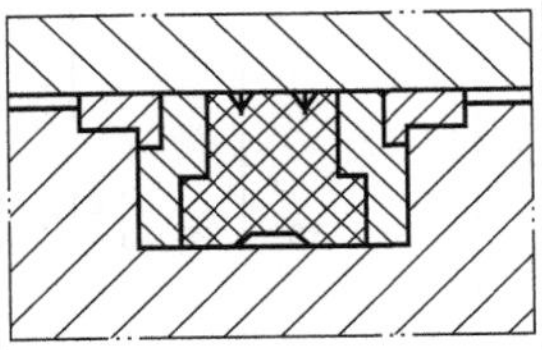	20～250	≤35	−30～+110	≤0.5	由一个弹性齿状密封圈,两个挡圈和两个导向环组成。安装在一个沟槽内
CST特康密封圈	不密封	密封	双	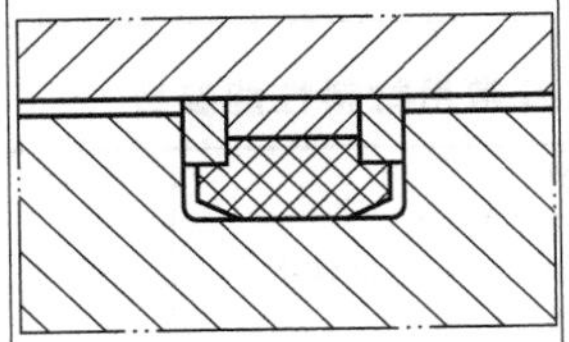	50～320	≤50	−54～+120	≤1.5	由T形弹性元件、特康密封圈和两个挡圈组成。安装在一个沟槽内,它的几何形状使其具有全面的稳定性、高密封性能低摩擦力,且使用寿命长
U形密封圈	密封	不密封	单	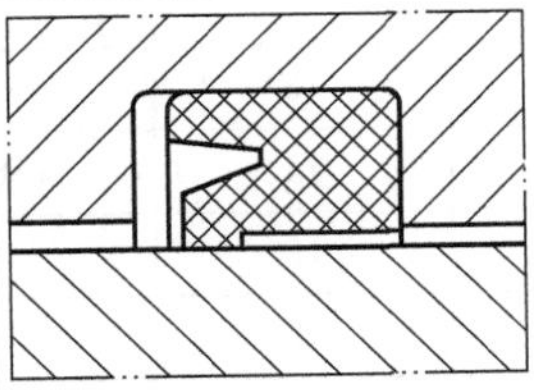	6～185	≤40	−30～+110	≤0.5	有单唇和双唇两种截面形状,材料为聚氨酯。双唇间形成的油膜,降低摩擦力及提高耐磨性
			双	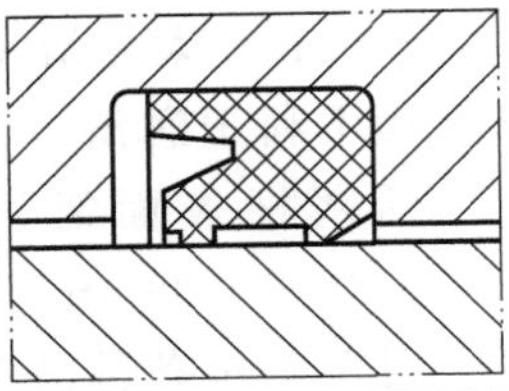					
M2形特康泛塞密封	密封	密封	单	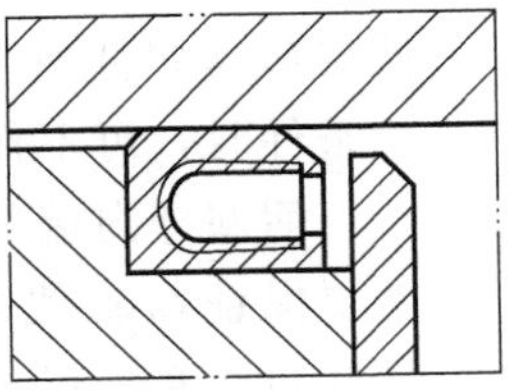	6～250	≤45	−70～+260	≤15	U形特康密封圈内装不锈钢簧片,为单作用密封元件。在低压和零压时,由金属弹簧提供初始密封力,当系统压力升高时,主要密封力由系统压力形成,从而保证由零压到高压时都是可靠密封

续表

名称	密封部位		密封作用	截面形状	直径范围/mm	工作范围			特点
	活塞杆	活塞				压力/MPa	温度/℃	速度/(m/s)	
W形特康泛塞密封	密封	密封	单		6～250	≤20	−70～+230	≤15	U形特康密封圈内装螺旋形簧片，为单作用密封元件。用在摩擦力必须保持在很窄的公差范围内，例如压力开关的场合
洁净型特康泛塞密封	不密封	密封	单		6～250	≤45	−70～+260	≤15	U形特康密封圈内装不锈钢簧片，在U形簧片的空腔内用硅填充，以消除细菌的生长，且便于清洗。主要用在食品、医药工业

表 3.3-17　活塞杆常用材料性能参数

材料		力学性能			热处理	表面处理
类别	牌号	抗拉强度 σ_b/MPa	屈服强度 σ_s/MPa	延伸率 δ/%		
碳素钢	35	520	320	15	调质	镀铬
碳素钢	45	600	340	13	调质或加高频淬火	镀铬
碳素钢	55	640	380	14	调质或加高频淬火	镀铬
铬钼钢	35CrMo	1000	850	12	调质	镀铬
不锈钢	Cr18Ni9	500	200	45	淬火	

4.5.2　活塞杆的技术要求

活塞杆要在导向套中滑动，一般采用H8/h7或H8/h7配合。太紧了，摩擦力大；太松了，容易引起卡滞现象和单边磨损。其圆柱度和圆度公差大于直径公差的一半。安装活塞的轴径与外圆的同轴度公差不大于0.01mm，是为了保证活塞杆外圆与活塞外圆的同轴度，以避免活塞与缸筒、活塞杆与导向套的卡滞现象。安装活塞的轴肩端面与活塞杆轴线的垂直度公差不大于0.04mm/100mm，以保证活塞安装不产生歪斜。

活塞杆的外圆粗糙度 R_a 值一般为0.1～0.3μm。太光滑了，表面形成不了油膜，反而不利于润滑。为了提高耐磨性和防锈性，活塞杆表面需进行镀铬处理，镀层厚为0.03～0.05mm，并进行抛光和磨削加工。对于工作条件恶劣、碰撞机会较多的情况，工作表面需先经高频淬火后再镀铬。如果需要耐腐蚀和环境比较恶劣也可加陶瓷。用于低载荷（如低速度、低工作压力）和良好润滑条件时，可不作表面处理。

活塞杆内端的卡环槽、螺纹和缓冲柱塞也要保证与轴线的同心，特别是缓冲柱塞，最好与活塞杆做成一体。卡环槽取动配合公差，螺纹则取较紧的配合。

4.6 活塞杆的导向、密封和防尘

活塞杆导向套装在液压缸的有杆侧端盖内，用以对活塞杆进行导向，内装有密封装置以保证缸筒有杆腔的密封。外侧装有防尘圈，以防止活塞杆在后退时把杂质、灰尘和水分带到密封装置处，损坏密封装置。当导向套采用耐磨材料时，其内圈还可装设导向环，用作活塞杆的导向。导向套的典型结构有轴套式和端盖式两种。

4.6.1 导向套的材料

金属导向套一般采用摩擦因数小，耐磨性好的青铜材料制作。非金属导向套可以用塑料(PA)、聚四氟乙烯（PTFE＋玻璃纤维）或聚三氟氯乙烯制作。端盖式直接导向型的导向套材料用灰铸铁、球墨铸铁、氧化铸铁等。

4.6.2 技术要求

导向套外圆与端盖内孔的配合多为 H8/f7，内孔与活塞杆外圆的配合多为 H9/f9，外圆与内孔的同轴度公差不大于 0.03mm，圆度和圆柱度公差不大于直径公差的一半，内孔中的环形油槽和直油槽要浅而宽，以保证良好的润滑。导向套的典型结构形式见表 3.3-18。

4.6.3 活塞杆的密封

活塞和活塞杆的密封件见表 3.3-16，车氏活塞杆（轴）用密封件和车氏活塞（孔）用密封件见表 3.3-19 和表 3.3-20。

4.6.4 活塞杆的防尘

活塞杆的防尘圈见表 3.3-21。

表 3.3-18 导向套的典型结构形式

类别	结构	特点	类别	结构	特点
端盖式	1—非金属材料导向套；2—组合密封；3—防尘圈	前端盖采用球墨铸铁或青铜制成。其内孔对活塞杆导向 成本高 适用于低压、低速、小行程液压缸	轴套式	1—非金属材料导向套；2—车氏组合密封；3—防尘圈	该种导向套摩擦阻力大，一般采用青铜材料制作 应用于重载低速的液压缸中
端盖式加导向环	1—非金属材料导向套；2—组合式密封；3—防尘圈	非金属材料制成的导向环，价格便宜，更换方便，摩擦力小，低速启动不爬行 多应用于工程机械且行程较长的液压缸	轴套式	1—导向套；2—非金属材料导向套；3—车氏组合密封；4—防尘圈	导向环的使用降低了导向套加工的成本 这种结构增加了活塞杆的稳定性，但也增加了长度 应用于有侧向负载且行程较长的液压缸中

表 3.3-19 车氏活塞杆（轴）用密封件

型号说明	结构示意图	轴颈直径/mm	压力/MPa	温度/℃	速度/(m/s)	介质	配套O形圈标准
TB2-Ⅰ 例：TB2-Ⅰ 63×8 ① ② ③ ④ ①—脚形滑环式组合密封 ②—轴用密封 ③—轴颈直径 d ④—O形圈截面直径 d_0	轴套 O形圈 滑环 压环	10～420	0～100	−55～250	6	空气、氢、氧、氮、水、矿物油、水—乙二醇、酸、碱	非标
TB3-Ⅰ A 例：TB3-Ⅰ A 60×5.3 ① ② ③ ④ ⑤ ①—齿形滑环式组合密封 ②—轴用密封 ③—O形圈类型 ④—轴颈直径 d ⑤—O形圈截面直径 d_0	O形圈 滑环 (a) O形圈 滑环 隔环 防尘圈 (b)	8～670	0～60	−55～250	6	空气、水、矿物油、水—乙二醇、酸、碱	GB 3452.1—92
TB4-Ⅰ A 例：TB4-Ⅰ A 70×5.3 ① ② ③ ④ ⑤ ①—C形滑环式组合密封 ②—轴用密封 ③—O形圈类型 ④—轴颈直径 d ⑤—O形圈截面直径 d_0	滑环 O形圈 (a) 滑环 O形圈 隔环 (b)	8～670	0～60	−55～250	6	空气、水、矿物油、水—乙二醇、酸、碱、氟里昂	GB 3452.1—92

表 3.3-20 车氏活塞（孔）用密封件

型号说明	结构示意图	孔径/mm	压力/MPa	温度/℃	速度/(m/s)	介质	配套O形圈标准
TB2-Ⅱ 例:TB2-Ⅱ 100×8 ① ②③ ④ ①—角形滑环式组合密封 ②—孔用密封 ③—孔径 D ④—O形圈截面直径 d_0	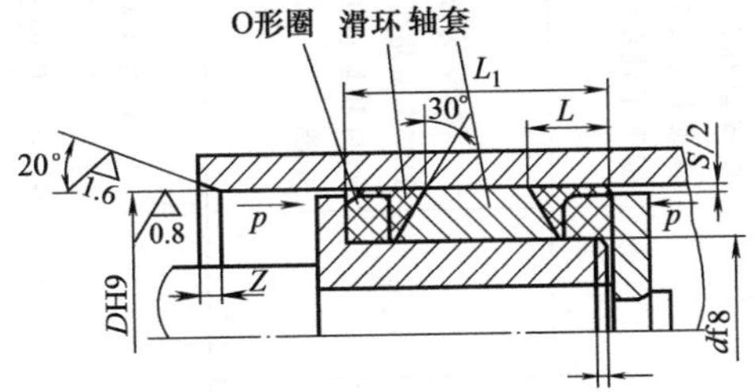 O形圈 滑环 轴套 L_1 30° L 20° 1.6 0.8 p $S/2$ Z DH9 df8	20～500	0～100	−55～250	6	空气、氢、氧、氮、水、矿物油、水—乙二醇、酸、碱	非标
TB3-ⅡA 例:TB3-Ⅱ A 80×5.3 ① ②③④ ⑤ ①—齿形滑环式组合密封 ②—孔用密封 ③—O形圈类型 ④—孔径 D ⑤—O形圈截面直径 d_2	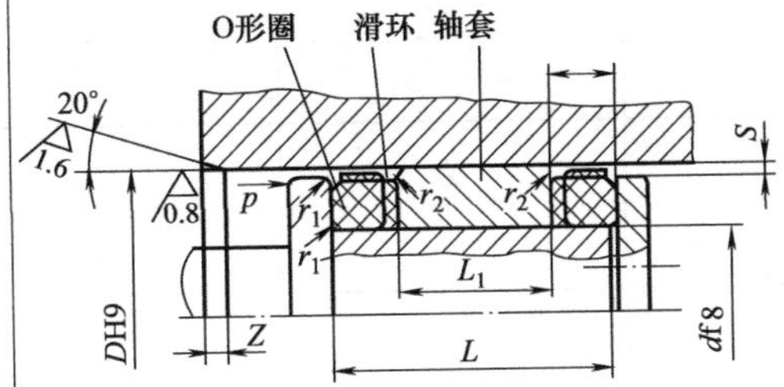 O形圈 滑环 轴套 20° 1.6 0.8 S p r_1 r_2 L_1 L Z DH9 df8	32～500	0～36	−55～250	6	空气、水、矿物油、水—乙二醇、酸、碱	GB 3452.1—92
TB4-Ⅱ A 例:TB4-Ⅱ A 80×5.3 ① ②③④ ⑤ ①—C形滑环式组合密封 ②—孔用密封 ③—O形圈类型 ④—孔径 D ⑤—O形圈截面直径 d_3	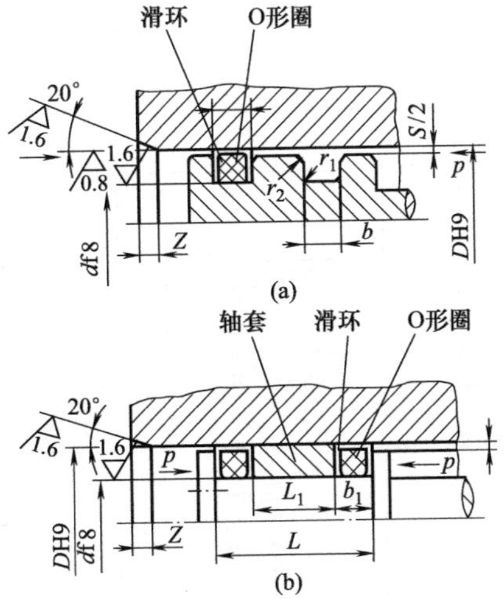 滑环 O形圈 20° 1.6 0.8 $S/2$ p r_1 r_2 b Z df8 DH9 (a) 轴套 滑环 O形圈 20° 1.6 p L_1 b_1 L Z DH9 df8 (b)	25～690	0～60	−55～250	6	空气、水、矿物油、水—乙二醇、酸、碱、氟里昂	GB 3452.1—92

表 3.3-21 活塞杆的防尘圈

名称	截面形状	作用		直径范围/mm	工作范围		特点
		密封	防尘		温度/℃	速度/(m/s)	
2 型特康防尘圈(埃落特)	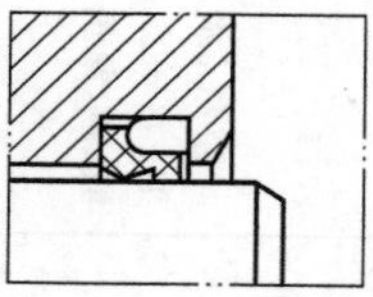	√	√	6～1000	−54～+200	≤15	以 O 形圈为弹性元件和特康的双唇防尘圈组成。O 形圈使防尘唇紧贴在滑动表面起到极好的刮尘作用。如与 K 形特康斯特封和佐康雷姆封串联使用,双唇防尘圈的密封唇起到了辅助密封效果
5 型特康防尘圈(埃落特)	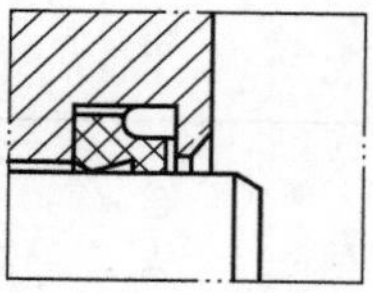	√	√	20～2500	−54～+200	≤15	界面形状与 2 型特康防尘圈,稍有所不同。其密封和防尘作用与 2 型相同。2 型用于机床或轻型液压缸,而 5 型主要用于行走机械或中型液压缸
DA17 型防尘圈	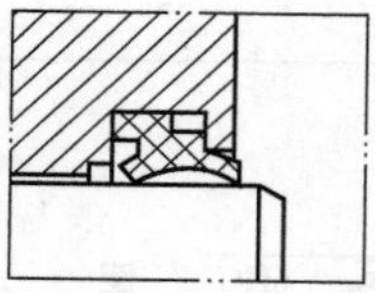	√	√	10～440	−30～+110	≤1	材料为丁腈橡胶。有密封唇和防尘唇的双作用防尘圈,如与 K 形特康斯特封和佐康雷姆封串联使用,除防尘作用,又起到了辅助密封效果
DA22 型防尘圈	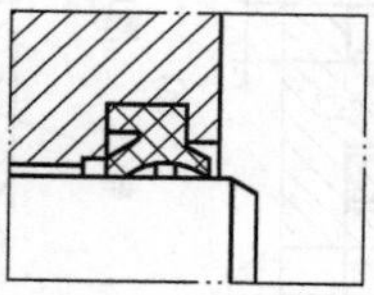	√	√	5～180	−35～+100	≤1	材料为聚氨酯,与 DA17 型防尘圈一样具有密封和防尘的双作用防尘圈
ASW 型防尘圈	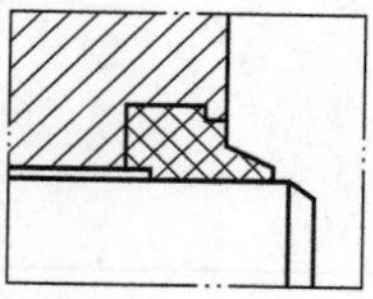	×	√	8～125	−35～+100	≤1	材料为聚氨酯,有一个防尘唇和一个改善在沟槽中定位的支承边。有良好的耐磨性和抗扯裂性
SA 型防尘圈	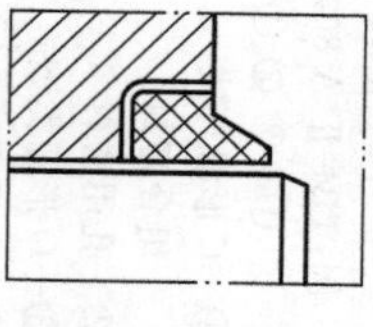	×	√	6～270	−30～+100	≤1	材料为丁腈橡胶,带金属骨架的防尘圈

续表

名称	截面形状	作用		直径范围/mm	工作范围		特点
		密封	防尘		温度/℃	速度/(m/s)	
A型防尘圈		×	√	6～390	−30～+110	≤1	材料为丁腈橡胶，在外表面上具有梳子形截面的密封表面，保证了它在沟槽中可靠的定位
金属防尘圈		×	√	12～220	−40～+120	≤1	包在钢壳里的单作用防尘圈。由一片极薄的黄铜防尘唇和丁腈橡胶的擦净唇组成。可从杆上除去干燥的或结冰的泥浆、沥青、冰和其他污染物

4.7 液压缸的缓冲装置

液压缸拖动沉重的部件做高速运动至行程终端时，往往会发生剧烈的机械碰撞。另外，由于活塞突然停止运动也常常会引起压力管路的水击现象，从而产生很大的冲击和噪声。这种机械冲击的产生，不仅会影响机械设备的工作性能，而且会损坏液压缸及液压系统的其他元件，具有很大的危险性。缓冲器就是为防止或减轻这种冲击振动而在液压缸内部设置的装置，在一定程度上能起到缓冲的作用。液压缸一般都设置缓冲装置，特别是对大型、高速或要求高的液压缸，为了防止活塞在行程终点时和缸盖相互撞击，引起噪声、冲击，则必须设置缓冲装置。

缓冲装置的工作原理是利用活塞或缸筒在其走向行程终端时封住活塞和缸盖之间的部分油液，强迫它从小孔或细缝中挤出，以产生很大的阻力，使工作部件受到制动，逐渐减慢运动速度，达到避免活塞和缸盖相互撞击的目的。

如图 3.3-4（a）所示，当缓冲柱塞进入与其相配的缸盖上的内孔时，孔中的液压油只能通过间隙 δ 排出，使活塞速度降低。由于配合间隙不变，故随着活塞运动速度的降低，起缓冲作用。当缓冲柱塞进入配合孔之后，油腔中的油只能经节流阀排出，如图 3.3-4（b）所示。由于节流阀是可调的，因此缓冲作用也可调节，但仍不能解决速度减低后缓冲作用减弱的缺点。如图 3.3-4（c）所示，在缓冲柱塞上开有三角槽，随着柱塞逐

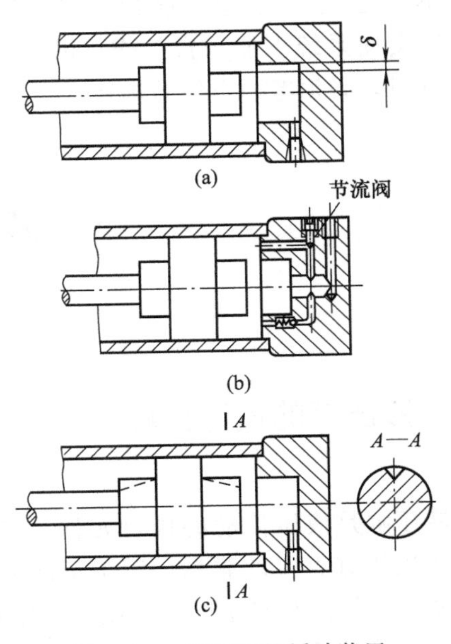

图 3.3-4 液压缸的缓冲装置

渐进入配合孔中，其节流面积越来越小，解决了在行程最后阶段缓冲作用过弱的问题。常见的缓冲柱塞的几种结构形式见图 3.3-5。

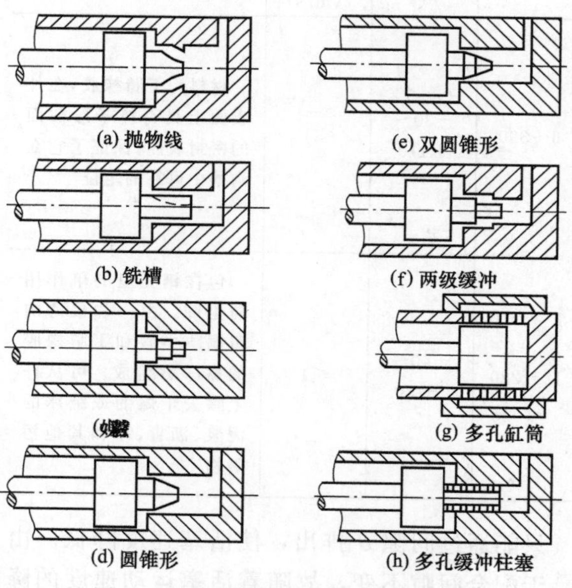

图 3.3-5　缓冲柱塞的几种结构形式

4.8　液压缸的排气装置

液压传动系统往往会混入空气，使系统工作不稳定，产生振动、爬行或前冲等现象，严重时会使系统不能正常工作。因此，设计液压缸时，必须考虑空气的排除。

对于要求不高的液压缸，往往不设计专门的排气装置，而是将油口布置在缸筒两端的最高处，这样也能使空气随油液排往油箱，再从油箱溢出；对于速度稳定性要求较高的液压缸和大型液压缸，常在液压缸的最高处设置。如图 3.3-6（a）所示的放气孔或专门的放气阀［见图 3.3-6（b）、（c）］。当松开排气塞或阀的锁紧螺钉后，低压往复运动几次，带有气泡的油液就会排出，空气排完后拧紧螺钉，液压缸便可正常工作。

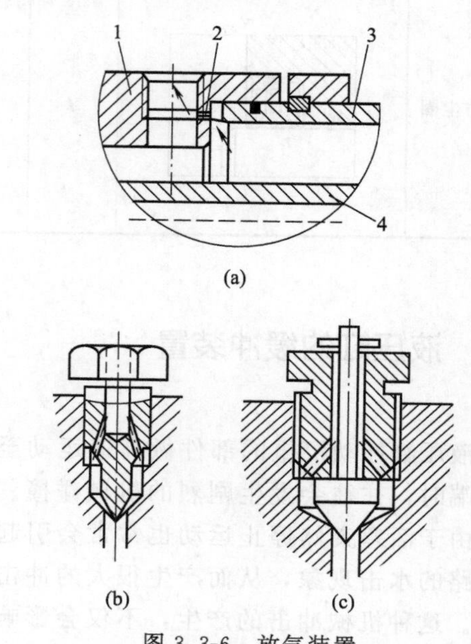

图 3.3-6　放气装置

1—缸盖；2—放气小孔；3—缸体；4—活塞杆

5　液压缸的设计计算

5.1　液压缸的设计计算

液压缸是液压传动的执行元件，它和主机工作机构有直接的联系，对于不同的机种和机构，液压缸具有不同的用途和工作要求。因此，在设计液压缸之前，必须对整个液压系统进行工况分析，编制负载图，选定系统的工作压力，然后根据使用要求选择结构类型，按负载情况、运动要求、最大行程等确定其主要工作尺寸，进行强度、稳定性和缓冲验算，最后再进行结构设计。设计步骤如下。

① 掌握原始资料和设计依据，主要包括：主机的用途和工作条件；工作机构的结

构特点、负载状况、行程大小和动作要求；液压系统所选定的工作压力和流量；材料、配件和加工工艺的现实状况；有关的国家标准和技术规范等。

② 根据主机的动作要求选择液压缸的类型和结构形式。

③ 根据液压缸所承受的外部载荷作用力，如重力、外部机构运动摩擦力、惯性力和工作载荷，确定液压缸在行程各阶段上负载的变化规律以及必须提供的动力数值。

④ 根据液压缸的工作负载和选定的油液工作压力，确定活塞和活塞杆的直径。

⑤ 根据液压缸的运动速度、活塞和活塞杆的直径，确定液压泵的流量。

⑥ 选择缸筒材料，计算外径。

⑦ 选择缸盖的结构形式，计算缸盖与缸筒的连接强度。

⑧ 根据工作行程要求，确定液压缸的最大工作长度 L，通常 $L \geqslant D$，D 为活塞杆直径。由于活塞杆细长，应进行纵向弯曲强度校核和液压缸的稳定性计算。

⑨ 必要时设计缓冲、排气和防尘等装置。

⑩ 绘制液压缸装配图和零件图。

⑪ 整理设计计算书，审定图样及其他技术文件。

在设计液压缸时，还必须注意以下几点。

① 尽量使液压缸的活塞杆在受拉状态下承受最大负载，或在受压状态下具有良好的稳定性。

② 考虑液压缸行程终了处的制动问题和液压缸的排气问题。缸内如无缓冲装置和排气装置，系统中需有相应的措施，但是并非所有的液压缸都要考虑这些问题。

③ 正确确定液压缸的安装、固定方式。如承受弯曲的活塞杆不能用螺纹连接，要用止口连接；液压缸不能在两端用键或销定位，只能在一端定位，为的是不致阻碍它在受热时的膨胀；如冲击载荷使活塞杆压缩，定位件须设置在活塞杆端，如为拉伸则设置在缸盖端。

④ 液压缸各部分的结构需根据推荐的结构形式和设计标准进行设计，尽可能做到结构简单、紧凑，加工、装配和维修方便。

⑤ 在保证能满足运动行程和负载力的条件下，应尽可能地缩小液压缸的轮廓尺寸。

⑥ 要保证密封可靠，防尘良好。液压缸可靠的密封是其正常工作的重要因素。如泄漏严重，不仅降低液压缸的工作效率，甚至会使其不能正常工作（如满足不了负载力和运动速度要求等）。良好的防尘措施，有助于提高液压缸的工作寿命。

总之，液压缸的设计内容不是一成不变的，根据具体的情况有些设计内容可不做或少做，也可增大一些新的内容。设计步骤可能要经过多次反复修改，才能得到正确、合理的设计结果。在设计液压缸时，正确选择液压缸的类型是所有设计计算的前提。

在选择液压缸的类型时，要从机器设备的动作特点、行程长短、运动性能等要求出发，同时还要考虑到主机的结构特征给液压缸提供的安装空间和具体位置。如：机器的往复直线运动直接采用液压缸来实现是最简单又方便的；对于要求往返运动速度一致的场合，可采用双活塞杆式液压缸，若有快速返回的要求，则宜用单活塞杆式液压缸，并可考虑用差动连接；行程较长时，可采用柱塞缸，以减少加工的困难；行程较长但负载不大时，也可考虑采用一些传动装置来扩大行程；往复摆动运动既可用摆动式液压缸，也可用直线式液压缸加连杆机构或齿轮—齿条机构来实现。

5.2 液压缸性能参数的计算

设计液压缸，都希望它的技术性能达到最佳状态。要做到这一点就应该搞清楚液压缸主要技术性能参数的内容、概念、意义以及它们之间的相互关系和计算方法。

5.2.1 压力

所谓压力，是指作用在单位面积上的液压力。从液压原理可知，压力等于负载力与活塞的有效面积之比

$$p=\frac{F}{A} \tag{3.3-1}$$

式中 F——作用在活塞上的负载力，N；

A——活塞的有效工作面积，m^2。

从上式可知，压力值的建立是由负载力的存在而产生的。在同一个活塞的有效工作面积上，负载力越大克服负载力所需要的压力就越大。换句话说，如果活塞的有效工作面积一定，压力越大活塞产生的作用力就越大。因此可知：

① 根据负载力的大小，选择活塞面积合适的液压缸和压力适当的液压泵；

② 根据液压泵的压力和负载力，设计或选用合适的液压缸；

③ 根据液压泵的压力和液压缸的活塞面积，确定负载力的大小。

在液压系统中，为便于液压元件和管路的设计选用，往往将压力分级，参见表 3.3-2。

5.2.2 流量

流量是指单位时间内液体流过管道某一截面的体积。对液压缸来说等于液压缸容积与液体充满液压缸所需时间之比。即

$$Q=\frac{V}{t}\ (m^3/s) \tag{3.3-2}$$

式中 V——液压缸实际需要的液体体积，L；

t——液体充满液压缸所需要的时间，s。

由于

$$V=vAt \tag{3.3-3}$$

则

$$Q=vA=\frac{\pi}{4}D^2v \tag{3.3-4}$$

对于单活塞杆液压缸来说，当活塞杆前进时

$$Q=\frac{\pi}{4}D^2v\ (m^3/s) \tag{3.3-5}$$

当活塞杆后退时

$$Q=\frac{\pi}{4}(D^2-d^2)v\ (m^3/s) \tag{3.3-6}$$

当活塞杆差动前进时

$$Q=\frac{\pi}{4}d^2v\ (m^3/s) \tag{3.3-7}$$

式中 D——液压缸内径，m；

d——活塞杆直径，m；

v——活塞杆运动速度，m/s。

如果液压缸活塞和活塞杆直径一定，那么流量越大，活塞杆的运动速度越快，所需要的时间就越短。

① 根据需要运动的时间，选择尺寸合适的活塞和活塞杆（或柱塞）直径。对于有时间要求的液压缸（如多位缸）来说，这点很重要。

② 根据需要运动的时间，可以选择流量合适的液压泵。

5.2.3 运动速度

运动速度是指单位时间内液体流入液压缸推动活塞（或柱塞）移动的距离。运动速度可表示为

$$v=\frac{Q}{A}\ (m/s) \tag{3.3-8}$$

当活塞杆前进时

$$v=\frac{4Q\eta_V}{\pi D^2}\ (m/s) \tag{3.3-9}$$

当活塞杆后退时

$$v=\frac{4Q\eta_V}{\pi(D^2-d^2)}\ (m/s) \tag{3.3-10}$$

式中 Q——流量，m^3/s；

D——活塞直径，m；

d——活塞杆直径，m；

η_V——容积效率，一般取为 0.9～0.95。

从式（3.3-10）可见，运动速度只与流量和活塞的有效面积有关，而与压力无关。认为“加大压力就能加快活塞运动速度”的观点是错误的。

计算运动速度的意义在于：

① 对于运动速度为主要参数的液压缸，控制流量是十分重要的；

② 根据液压缸的速度，可以确定液压缸进、出油口的尺寸，活塞和活塞杆的直径；

③ 利用活塞杆前进和后退的不同速度，可实现液压缸的慢速工进和快速退回。

5.2.4 速比

速比是指液压缸活塞杆往复运动时的速度之比。因为速度与活塞的有效工作面积有关，速比也是活塞两侧有效工作面积之比。

$$\phi=\frac{v_2}{v_1}=\frac{A_1}{A_2}=\frac{\frac{\pi}{4}D^2}{\frac{\pi}{4}(D^2-d^2)}=\frac{D^2}{D^2-d^2} \tag{3.3-11}$$

式中 v_1——活塞杆的伸出速度，m/s；

v_2——活塞杆的退回速度，m/s；

D——液压缸的活塞直径，m；

d——活塞杆的直径，m。

计算速比主要是为了确定活塞杆的直径和决定是否设置缓冲装置。速比不宜过大或过小，以免产生过大的背压或造成活塞杆太细，稳定性不好。

5.2.5 行程时间

行程时间是指活塞在缸体内完成全部行程所需要的时间。

$$t=\frac{V}{Q}\ (\mathrm{s}) \tag{3.3-12}$$

当活塞杆伸出时

$$t=\frac{\pi D^2 S}{4Q}\ (\mathrm{s}) \tag{3.3-13}$$

当活塞杆缩回时

$$t=\frac{\pi(D^2-d^2)S}{4Q}\ (\mathrm{s}) \tag{3.3-14}$$

式中 V——液压缸容积，$V=AS$；

S——活塞行程，m；

Q——流量，m^3/s；

D——缸筒内径，m；

d——活塞杆直径，m。

计算行程时间主要是为了在流量和缸径确定后，计算出达到动作要求的行程或工作时间。对于有工作时间要求的液压缸来说，是必须计算的重要数据。

5.2.6 推力和拉力

液压油作用在活塞上的液压力，对于双作用液压缸来说，活塞杆伸出时的推力为：

$$P_1=\left[\frac{\pi}{4}D^2p-\frac{\pi}{4}(D^2-d^2)p_0\right]\eta_g=\frac{\pi}{4}[D^2(p-p_0)+d^2p_0]\eta_g \tag{3.3-15}$$

活塞杆缩回时的拉力为：

$$P_2=\left[\frac{\pi}{4}(D^2-d^2)p-\frac{\pi}{4}D^2p_0\right]\eta_g=\frac{\pi}{4}[D^2(p-p_0)-d^2p]\eta_g \tag{3.3-16}$$

式中 p——工作压力，N/m^2；

p_0——回油背压力，N/m^2；

D——缸筒内径，m；

d——活塞杆直径，m；

η_g——机械效率。根据产品决定，一般情况下取 $\eta_g=0.85\sim0.95$，摩擦力大的取小值，摩擦力小的取大值。

如不需计算背压力和机械效率，根据压力和活塞面积可直接查出推力 P_1 和拉力 P_2。

5.2.7 功和功率

从力学上可知，液压缸所做的功为

$$W=PS\ (\mathrm{J}) \tag{3.3-17}$$

液压缸的功率为

$$N=\frac{W}{t}=\frac{PS}{t}=P\frac{S}{t}=Pv \tag{3.3-18}$$

式中 P——液压缸的出力（推力或拉力），N；

S——行程，m；

t——运动时间，s；

v——运动速度，m/s。

由于 $P=pA$，$A=\frac{Q}{v}$，上式变为

$$N=pv=pA\frac{Q}{A}=pQ \text{ (W)} \quad (3.3\text{-}19)$$

式中 p——工作压力，N/m^2；

Q——输入流量，m^3/s。

即液压缸的功率等于压力与流量的乘积。

5.3 液压缸主要几何参数的计算

液压缸的几何尺寸主要有五个：缸筒内径 D、活塞杆外径 d，行程 L、缸筒长度 L_1 和导向套长度 H。

5.3.1 液压缸内径 D 的计算

液压缸的缸筒内径 D 是根据负载的大小来选定工作压力或往返运动速度比，求得液压缸的有效工作面积，从而得到缸筒内径 D，再从 GB 2348—80 标准中选取最近的标准值作为所设计的缸筒内径。可根据负载和工作压力的大小确定 D：

① 以无杆腔作工作腔时

$$D=\sqrt{\frac{4F_{max}}{\pi p_1}} \quad (3.3\text{-}20)$$

② 以有杆腔作工作腔时

$$D=\sqrt{\frac{4F_{max}}{\pi p_1}+d^2} \quad (3.3\text{-}21)$$

式中，p_1 为缸工作腔的工作压力，可根据机床类型或负载的大小来确定；F_{max} 为最大作用负载。

5.3.2 活塞杆直径 d 的计算

活塞杆外径 d 通常先从满足速度或速度比的要求来选择，然后再校核其结构强度和稳定性。若速度比为 φ，则该处应有一个带根号的式子：

$$d=\sqrt{\frac{\varphi-1}{\varphi}} \quad (3.3\text{-}22)$$

也可根据活塞杆受力状况来确定，一般为受拉力作用时，$d=0.3\sim0.5D$。若受压力作用：$p_1<5\text{MPa}$ 时，$d=(0.5\sim0.55)D$；$5\text{MPa}<p_1<7\text{MPa}$ 时，$d=(0.6\sim0.7)D$；$p_1>7\text{MPa}$ 时，$d=0.7D$。液压缸工作压力与活塞杆直径推荐值见表 3.3-22。

表 3.3-22 液压缸工作压力与活塞杆直径

液压缸工作压力 p/MPa	$\leqslant 5$	5～7	>7
推荐活塞杆直径	$(0.5\sim0.55)D$	$(0.6\sim0.7)D$	$0.7D$

5.3.3 液压缸活塞行程 S 的计算

液压缸的活塞行程 S，在初步设计时，主要是按实际工作需要的长度来考虑。由于活塞杆细长，应进行纵向弯曲强度校核和液压缸的稳定性计算。因此实际需要的工作行程并不一定是液压缸的稳定性所允许的行程。为了计算行程，应首先计算出活塞杆的最大允许计算长度

$$L=1.01d^2\sqrt{\frac{n}{9.8Pn_k}} \text{ (m)} \quad (3.3\text{-}23)$$

式中 d——活塞杆直径，m；

P——活塞杆纵向压缩负载，N；

n——末端条件系数；

n_k——安全系数，$n_k>6$。

液压缸安装及末端条件系数见表 3.3-23，液压缸往复速度比推荐值见表 3.3-24。

5.3.4 液压缸缸筒长度 L_1 的确定

缸筒长度根据所需最大工作行程而定。

缸筒长度 L_1 由最大工作行程长度加上各种结构需要来确定，即：

$$L_1=S+B+H+M+C \quad (3.3\text{-}24)$$

式中，S 为活塞的最大工作行程；B 为活塞宽度，一般为 $(0.6\sim1)D$；H 为活塞杆导向长度，取 $(0.6\sim1.5)D$；M 为活塞杆密封长度，由密封方式定；C 为其他长度。一般缸筒的长度最好不超过内径的 20 倍。

表 3.3-23 液压缸安装及末端条件系数 n

项目	情况 1	情况 2	情况 3	情况 4
欧拉负载	一端自由，一端刚性固定	两端铰接，刚性导向	一端铰接，刚性导向；一端刚性固定	两端刚性固定和导向
末端条件系数 n	$n=2$	$n=1$	$n\approx0.7$	$n=0.5$
安装情况				

表 3.3-24 液压缸往复速度比推荐值

液压缸工作压力 p/MPa	≤10	1.25～20	>20
往复速度比 ψ	1.33	1.46～2	2

5.3.5 最小导向长度 H 的确定

当活塞杆全部外伸时，从活塞支承面中点到导向套滑动面中点的距离称为最小导向长度 H，如图 3.3-7 所示。如果导向长度过小，将使液压缸的初始挠度（间隙引起的挠度）增大，影响液压缸的稳定性，因此设计时必须保证有一最小导向长度。

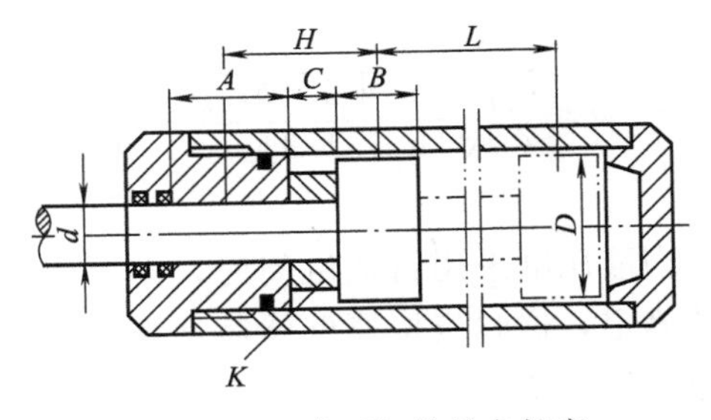

图 3.3-7 液压缸的导向长度

K—隔套

对于一般的液压缸，其最小导向长度应满足下式：

$$H\geqslant L/20+D/2 \quad (3.3\text{-}25)$$

式中，L 为液压缸最大工作行程，M；D 为缸筒内径，M。

一般导向套滑动面的长度 A，在 $D<80\text{mm}$ 时取 $A=(0.6\sim1.0)D$，在 $D>80\text{mm}$ 时取 $A=(0.6\sim1.0)D$；活塞的宽度 B 则取 $B=(0.6\sim1.0)D$。为保证最小导向长度，过分增大 A 和 B 都是不适宜的，最好在导向套与活塞之间装一隔套 K，隔套宽度 C 由所需的最小导向长度决定，即：

$$C=H-\frac{A+B}{2} \tag{3.3-26}$$

采用隔套不仅能保证最小导向长度，还可以改善导向套及活塞的通用性。

5.4 液压缸结构参数的计算

5.4.1 液压缸缸筒壁厚 δ 的计算

中、高压液压缸一般用无缝钢管做缸筒，大多属薄壁筒，即 $\delta/D\leqslant0.08$，此时，可根据材料力学中薄壁圆筒的计算公式验算缸筒的壁厚，即

$$\delta\geqslant\frac{p_{\max}D}{2[\sigma]} \tag{3.3-27}$$

当 $\delta/D\geqslant0.3$ 时，可用下式校核缸筒壁厚

$$\delta\geqslant\frac{D}{2}\left(\sqrt{\frac{[\sigma]+0.4p_{\max}}{[\sigma]-1.3p_{\max}}}-1\right) \tag{3.3-28}$$

当液压缸采用铸造缸筒时，壁厚由铸造工艺确定，这时应按厚壁圆筒计算公式验算壁厚。当 $\delta/D=0.08\sim0.3$ 时，可用下式校核缸筒的壁厚

$$\delta\geqslant\frac{p_{\max}D}{2.3[\sigma]-3p_{\max}} \tag{3.3-29}$$

式中，$p_{\max}$ 为缸筒内的最高工作压力；$[\sigma]$ 为缸筒材料的许用应力。

缸筒壁厚 δ 见表 3.5-25。

5.4.2 端盖厚度 h 的计算

在单活塞杆液压缸中，有活塞杆通过的缸盖叫端盖，无活塞杆通过的缸盖叫缸头或缸底。端盖、缸底与缸桶构成封闭的压力容腔，它不仅要有足够的强度以承受液压力，而且必须具备一定的连接强度。端盖上有活塞杆导向孔（或装导向套的孔）及防尘圈、密封槽圈，还有连接螺钉孔，受力情况比较复杂，设计不好容易损坏。

端盖上有导向孔和螺钉孔，所以与缸底的计算方法不同，常用的法兰或缸盖计算公式如下。

（1）螺钉连接端盖

螺钉连接端盖（图 3.3-8）厚度按下式计算

$$\sigma=\frac{3P(D_0-d_2)}{\pi d_2h^2}\leqslant[\sigma] \tag{3.3-30}$$

$$h=\sqrt{\frac{3P(D_0-d_2)}{\pi d_1[\sigma]}} \tag{3.3-31}$$

式中　σ——在 d_1 截面上的弯曲应力，Pa；
$[\sigma]$——许用应力，Pa；
h——端盖厚度，m；
P——端盖受力的总和，N；

$$P=P_1+P_2=0.785d^2p+0.785(d_1{}^2-d^2)q \tag{3.3-32}$$

p——液压力，Pa；
q——附加密封压力，Pa，一般取密封材料的屈服点；其他符号意义见图 3.3-8。

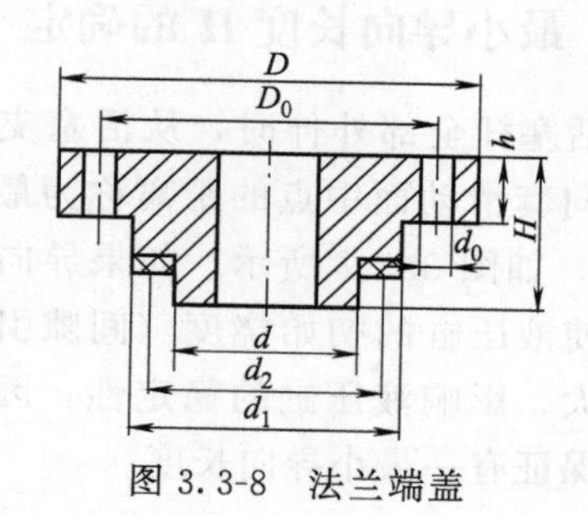

图 3.3-8　法兰端盖

表 3.3-25 缸筒壁厚 δ

产品系列代号	p_n /(MPa)	缸筒内径 $D=40$ mm时的 δ 值	缸筒内径 $D=50$ mm时的 δ 值	缸筒内径 $D=63$ mm时的 δ 值	缸筒内径 $D=70$ mm时的 δ 值	缸筒内径 $D=80$ mm时的 δ 值	缸筒内径 $D=90$ mm时的 δ 值	缸筒内径 $D=100$ mm时的 δ 值	缸筒内径 $D=110$ mm时的 δ 值	缸筒内径 $D=125$ mm时的 δ 值	缸筒内径 $D=140$ mm时的 δ 值	缸筒内径 $D=150$ mm时的 δ 值	缸筒内径 $D=160$ mm时的 δ 值	缸筒内径 $D=180$ mm时的 δ 值	缸筒内径 $D=200$ mm时的 δ 值	缸筒内径 $D=220$ mm时的 δ 值	缸筒内径 $D=250$ mm时的 δ 值	缸筒内径 $D=280$ mm时的 δ 值	缸筒内径 $D=320$ mm时的 δ 值	缸筒内径 $D=360$ mm时的 δ 值
A	16	10	10	10	10	11	12	13.5	15	13.5	14	15	17	19.5	22.5	30	31	32	30	—
B	16	8.5	9	10	—	11	12	13.5	15	13.5	14	15	17	19.5	22.5	26.5	24.5	—	28.5	—
C	16	7	6.75	6.5	—	7.5	9	10.5	11.5	13.5	14	15	17	19.5	22.5	26.5	24.5	22.5	28.5	—
D	16	5	6.5	6.5	—	7.5	—	10.5	—	13.5	—	—	17	—	22.5	26.5	24.5	35.5	28.5	37.5
E	25	5	5	7.5	—	10	—	12.5	—	12.5	15	—	17.5	20	22.5	25	25	22	30.5	—
E	35	7.5	7.5	10	—	10	—	12.5	—	17.5	20	—	22.5	25	27.5	25	37	44	43	—
F	16	—	5.5	7	—	8	—	8	8.5	9.5	11	—	12	—	14	—	18	—	—	—
F	25	—	6	7	—	9	—	11	12	13	15	—	17	—	21	—	26	—	—	—
F	32	—	8	9.5	—	12	—	15	16	17.5	21	—	25	—	30	—	35	—	—	—
G	4	—	—	—	—	—	—	—	—	—	—	—	—	—	7.5	—	—	—	—	—
G	5	—	—	—	—	—	—	—	—	—	—	5	—	—	—	—	—	—	—	—
G	7	—	—	3	—	3	—	3	—	5	—	—	—	—	—	—	—	—	—	—
G	10.5	3	3	—	—	—	—	—	—	—	—	—	—	—	—	—	—	—	—	—

注：1. 缸筒壁厚 δ 单位：mm。

2. 带括号 D 尺寸为 GB/2348—93 规定非优先选用。

3. p_n 为液压缸的额定压力。

4. 产品系列代号如下。

A—DG 型车辆用液压缸；

B—HSG 型工程用液压缸；

C—Y-HG1 型冶金设备标准液压缸；

D—CDE 型双作用船用液压缸；

E—力士乐公司 CD250、CD350 系列重载型液压缸；

F—洪格尔公司 THH 型液压缸；

G—力士乐公司 CD70 系列拉杆型液压缸。

(2) 整体端盖

整体端盖（图 3.3-9）厚度按下式计算

$$\sigma=\frac{3P(D_0-D_1)}{\pi D_1 h^2}\leqslant[\sigma] \quad (3.3\text{-}33)$$

$$h=\sqrt{\frac{3P(D_0-D_1)}{\pi D_1[\sigma]}} \quad (3.3\text{-}34)$$

式中 σ——在 D_1 截面上 $A—A$ 截面处的应力，Pa；

$[\sigma]$——许用应力，Pa；

P——端盖受力总和，N。

其他符号意义见图 3.3-9。

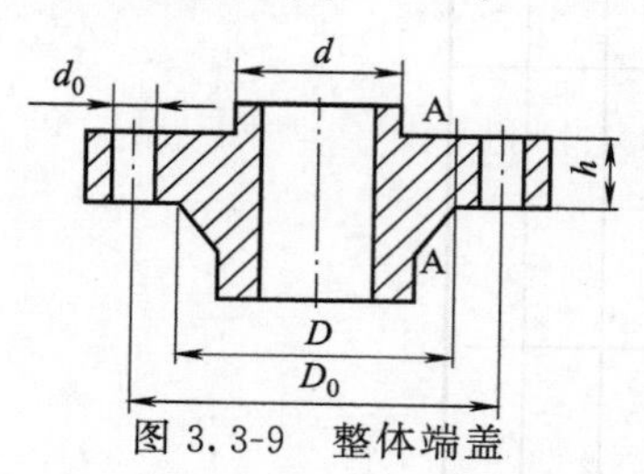

图 3.3-9 整体端盖

(3) 整体螺纹连接端盖

整体螺纹连接端盖（图 3.3-10）厚度按下式计算

$$\sigma=\frac{3P(D_0-d_2)}{\pi(D-d_2-2d_0)h^2}\leqslant[\sigma] \quad (3.3\text{-}35)$$

$$h=\sqrt{\frac{3P(D_0-d_2)}{\pi(D-d_2-2d_0)[\sigma]}} \quad (3.3\text{-}36)$$

式中 σ——直径截面上的弯曲应力，Pa；

P——端盖受力总和，N。

其他符号见图 3.3-10。

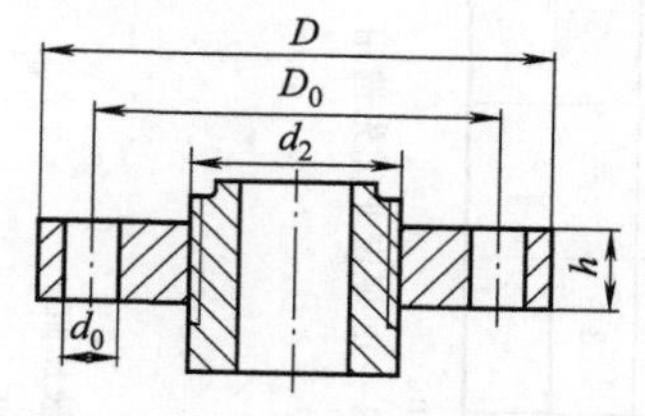

图 3.3-10 整体螺纹连接端盖

5.4.3 缸底厚度的计算

(1) 平缸底（图 3.3-11）

平缸底厚度按下式计算

$$\delta=0.433d_1\sqrt{\frac{p}{[\sigma]}} \quad (3.3\text{-}37)$$

式中 δ——缸底厚度；

d_1——缸底止口内径；

p——液压力；

$[\sigma]$——缸底材料许用压力。

(2) 有孔平缸底（图 3.3-12）

有孔平缸底按下式计算

$$\delta=0.433D\sqrt{\frac{pD}{(D-d_0)[\sigma]}} \quad (3.3\text{-}38)$$

式中 d_0——油孔直径，m；

D——缸筒内径，m。

其他符号意义同前。

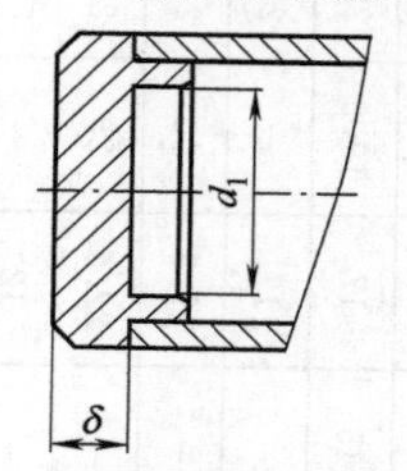

图 3.3-11 平缸底

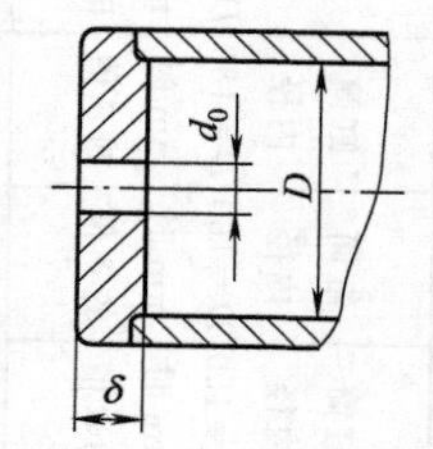

图 3.3-12 有孔平缸底

5.4.4 液压缸油口尺寸的确定

选择油口尺寸的主要参数是油管直径。油管的有效通油直径，应保证油液流速在2～4.5m/s以下，这样可以减少压力损失，提高效率，减轻振动和噪声。油管壁厚要有足够的强度。油管的内径可以从表 3.3-9 和表 3.3-10 查出。油口可设在缸筒上、缸盖上、活塞杆上，也可设在销轴或铰轴上。

液压缸管接头的选择，决定了接口的形式和尺寸。选择时，应充分考虑液压缸的压力、流量、安装形式、安装位置和工作情况，对各种管接头的工作性能、应用范围应有充分了解。

按结构形式划分，管接头有扩口薄管式、高压卡套式、球形钢管焊接式、钢管焊接式、法兰式以及软管接头等。

按通路数目，可分为直通式、直角式、三通、四通和铰接式等。

油口采用螺纹连接，制造简单，安装方便。但是它的安装方向性差，特别是直角接头，拧紧后方向不一定正合适。螺纹连接的耐冲击性稍差，拧得过紧会发生斜楔效应，以致挤裂油口。

螺纹连接通常采用四种形式：55°圆柱管螺纹（G）、55°圆锥管螺纹（ZC）、60°圆锥管螺纹（Z）和普通细牙螺纹（M）。前三种是英制螺纹，第四种是公制螺纹。圆锥管螺纹的螺纹面具有一定的密封能力。60°圆锥管螺纹比55°圆锥管螺纹的密封性能更好些，前者多用于高压系统，后者多用于低压系统。为了提高圆锥管螺纹的密封性能，常常与聚四氟乙烯薄膜或密封胶配合使用。圆柱管螺纹一般与密封圈或密封垫配合使用。目前普遍采用普通细牙螺纹，已有逐渐代替英制螺纹的趋势。

5.5 液压缸的连接计算

5.5.1 活塞杆连接螺纹的计算

① 螺纹外径的计算　假设可忽略螺顶与螺底的尺寸差别，则可用下式概略计算

$$d_0=1.38\sqrt{\frac{P}{[\sigma]}} \qquad (3.3\text{-}39)$$

② 螺纹圈数的计算　活塞杆螺纹有效圈数按下式计算

$$N=\frac{P}{q}\times\frac{\pi}{4}(d_0^2-d_1^2) \qquad (3.3\text{-}40)$$

式中　d_0——螺纹外径，m；

d_1——螺纹底径，m；

N——螺纹有效工作圈数；

P——活塞拉力，N；

q——螺纹许用接触面压力，Pa。

③ 螺纹强度的计算　活塞杆与活塞连接螺纹的强度可按下式校核。

根据第四强度理论

$$\sigma_{拉}=\frac{1.25P}{\frac{\pi}{4}d_1^2} \qquad (3.3\text{-}41)$$

$$\tau=\frac{20Pd_0K}{\pi d_1^3} \qquad (3.3\text{-}42)$$

$$\sigma_{合}=\sqrt{\sigma_{拉}^2+3\tau^2} \qquad (3.3\text{-}43)$$

式中　$\sigma_{合}$——合成应力，Pa；

$\sigma_{拉}$——拉应力，Pa；

τ——剪切应力，Pa；

d_1——螺纹底径，m；

d_0——螺纹外径，m；

P——活塞拉力，N；

K——螺纹连接摩擦因数，一般取0.07。

活塞拉力几乎有40%作用在第一圈螺纹上，所以第一圈螺纹应力按下式计算

$$\sigma_b=\frac{0.248P}{d_1 s} \qquad (3.3\text{-}44)$$

$$\tau=\frac{0.127P}{d_1 s} \qquad (3.3\text{-}45)$$

式中　s——螺距。

5.5.2 活塞杆卡键连接强度的计算

活塞杆卡键连接强度按下式计算（参见图3.3-13）

$$\tau=\frac{p(D^2-d_1^2)}{4d_1 l} \qquad (3.3\text{-}46)$$

$$\sigma=\frac{p(D^2-d_1^2)}{h(2d_1+h)} \qquad (3.3\text{-}47)$$

式中　τ——剪切应力，Pa；

σ——挤压应力，Pa；

p——工作油压力，Pa；

D——缸筒内径，m；

d_1——活塞杆轴直径，m；

h——卡键高度，m；

l——卡键宽度，m。

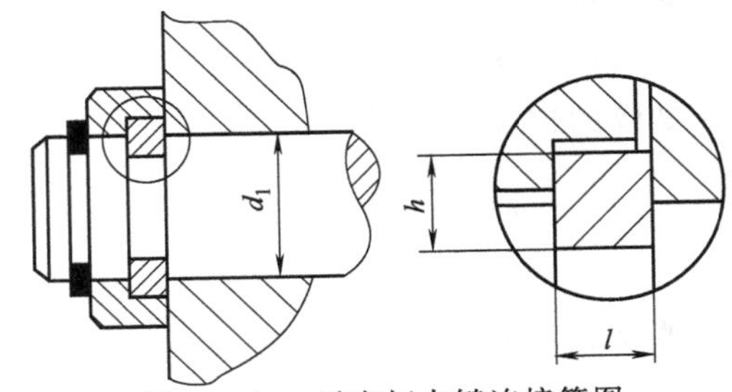

图3.3-13　活塞杆卡键连接简图

5.5.3 缸盖内部连接强度的计算

缸盖和缸筒的连接称为内部连接，通常有焊接、螺栓连接、螺纹连接和卡键连接，其强度计算方法如下。

（1）缸盖焊接强度的计算

① 缸底焊接强度的计算　当采用V形坡口对接焊缝时（图 3.3-14）：

$$\sigma=\frac{4P}{\pi(D_1^2-D_2^2)\varphi} \qquad (3.3\text{-}48)$$

式中　P——液压缸推力；

D_1——缸筒外径；

D_2——焊缝底径；

φ——焊缝强度系数，一般手工焊取 $\varphi=0.7\sim0.8$，自动焊 $\varphi=0.8\sim0.9$。

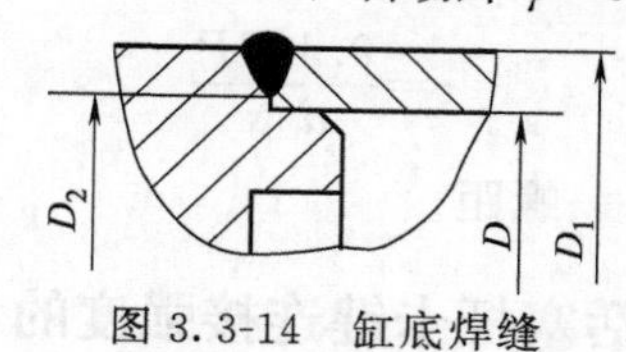

图 3.3-14　缸底焊缝

② 缸盖法兰焊接强度计算　当采用填角焊接时（图 3.3-15）：

$$\sigma=\frac{1.414P}{\pi D_1 h\varphi} \qquad (3.3\text{-}49)$$

式中　h——有效焊缝宽度；

φ——焊缝强度系数，一般手工焊取 $\varphi=0.6$，自动焊 $\varphi=0.65$。

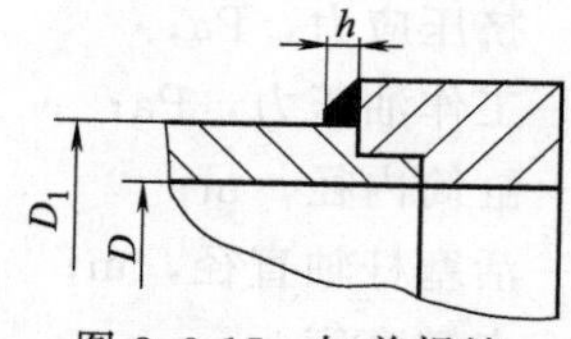

图 3.3-15　缸盖焊缝

其他符号意义同前。

（2）法兰连接螺栓强度计算

螺纹的拉应力

$$\sigma=\frac{KP}{\frac{\pi}{4}d_1^2 Z}\ \text{(Pa)} \qquad (3.3\text{-}50)$$

螺纹的剪应力

$$\tau=\frac{K_1 KPd_0}{0.2d_1^3 Z}\ \text{(Pa)} \qquad (3.3\text{-}51)$$

合成应力

$$\sigma_n=\sqrt{\sigma^2+3\tau^2}\approx1.3\sigma\leqslant[\sigma]\ \text{(Pa)} \qquad (3.3\text{-}52)$$

式中　P——液压缸最大推力，N；

d_0——螺纹直径，m；

d_1——螺纹底径，m；

普通螺纹 $d_1=d_0-1.224s$

s——螺距；

K——拧紧螺纹系数：

静载荷　$K=1.25\sim1.5$，

动载荷　$K=2.5\sim4$；

K_1——螺纹内摩擦因数，一般取 $K_1=0.12$；

$[\sigma]$——缸筒材料屈服点，Pa，$[\sigma]=\sigma s/n$；

n——安全系数，一般取 $n=1.2\sim1.255$；

Z——螺栓数目。

（3）螺纹连接强度的计算（图 3.3-16）

螺纹拉应力

$$\sigma=\frac{KP}{\frac{\pi}{4}(d_1^2-D^2)}\ \text{(Pa)} \qquad (3.3\text{-}53)$$

螺纹剪切应力

$$\tau=\frac{K_1 KPd_1}{0.2(d_1^3-D^3)}\ \text{(Pa)} \qquad (3.3\text{-}54)$$

合成应力

$$\sigma_n=\sqrt{\sigma^2+3\tau^2}\leqslant[\sigma]\ \text{(Pa)} \qquad (3.3\text{-}55)$$

式中　D——缸筒内径，m。

其他符号意义同前。

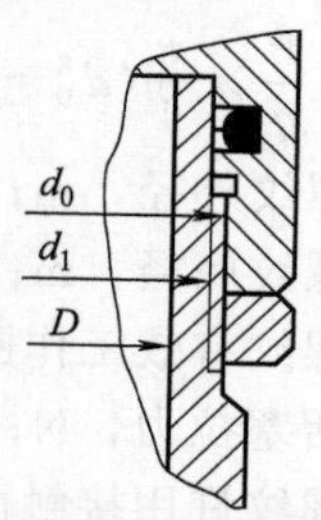

图 3.3-16　螺纹连接强度计算简图

（4）卡键连接强度的计算

① 外卡键连接强度的计算［图 3.3-17(a)］

卡键的剪切应力（a—a 截面）

$$\tau=\frac{pD_1}{4l} \qquad (3.3\text{-}56)$$

卡键的挤压应力（a—b 截面）

$$\sigma_t=\frac{pD_1^2}{h(2D_1-h)} \qquad (3.3\text{-}57)$$

缸筒危险截面的拉应力（A—A 截面）

$$\sigma=\frac{pD^2}{D_1^2-(D+h^2)} \tag{3.3-58}$$

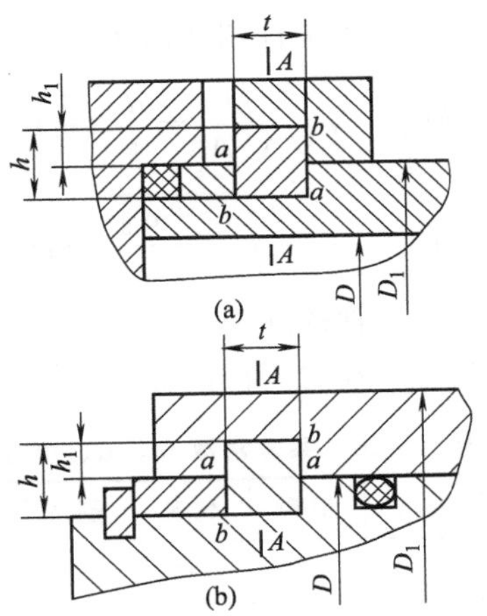

图 3.3-17　卡键连接计算简图

② 内卡键连接强度的计算［图 3.3-17（b）］

卡键的剪切应力（a—a 截面）

$$\tau=\frac{pD}{4l} \tag{3.3-59}$$

卡键的挤压应力（a—b 截面）

$$\sigma_t=\frac{pD^2}{h(2D-h)} \tag{3.3-60}$$

缸筒危险截面的拉应力（A—A 截面）

$$\sigma=\frac{pD^2}{D_1^2-(D+h)^2} \tag{3.3-61}$$

卡键尺寸一般取 $h=l=\delta$，$h_1=h/2$。

5.5.4　缸盖外部连接强度的计算

（1）铰轴强度的计算

剪切应力

$$\tau=\frac{pD^2}{2d_0{}^2}\leqslant[\tau] \tag{3.3-62}$$

式中　D——液压缸内径；

p——液压力；

d_0——铰轴直径。

（2）耳环强度的计算

耳环拉应力

$$\sigma=\frac{R_1^2+R_2^2}{R_2^2-R_1^2}\times\frac{\frac{\pi}{4}D^2p}{d_1b}\leqslant[\sigma] \tag{3.3-63}$$

挤压应力

$$\sigma_t=\frac{\frac{\pi}{4}pD^2}{d_1b} \tag{3.3-64}$$

双耳环耳环座的应力为单耳环的二分之一。

耳环轴销剪切应力

$$\tau=\frac{pD^2}{2d_1^2}\leqslant[\tau] \tag{3.3-65}$$

式中　R_1——耳环座内半径；

R_2——耳环座外半径；

b——耳环座宽度；

d_1——耳环孔直径；

D——液压缸直径；

p——液压力。

5.6　活塞杆稳定性验算

行程长的液压缸，特别是在两端采用铰接结构的液压缸，当其活塞杆直径 D 与液压缸计算长度 l（其值与缸的固定方式有关，参见表 3.3-23）之比 $D/l<1:10$ 时，必须校对液压缸的稳定性。液压缸承受的压缩载荷 P 大于液压缸的稳定极限力 P_h 时，容易发生屈服破坏。如果液压缸推力 P 小于稳定极限 P_h，液压缸就处于稳定工作状态。

当液压缸处于不稳定工作状态时，应改进设计，或采取其他结构措施。如加大活塞杆直径、缸筒直径，限制行程长度，改进安装方式，改变安装位置，或增加支承位置等。

液压缸稳定性极限力 P_h 的计算方法很多，目前普遍使用欧拉公式、拉金公式等截面计算方法，其次是非等截面的查表法。

等截面计算方法使用欧拉公式和拉金公式，将液压缸视为截面完全相等的整体杆进行纵向稳定极限力计算，因而称为等截面计算法。由于计算是按活塞杆截面进行的，所以得到的稳定极限力趋于保守。

（1）欧拉公式

当细长比 $l/k\geqslant m\sqrt{n}$ 时（m 为柔性系数，

见表 3.3-26），n 为末端系数（表 3.3-23），用欧拉公式计算

$$P_k=\frac{n\pi^2 EJ_1}{l^2}\text{(N)} \quad (3.3\text{-}66)$$

采用钢材做活塞杆时，上式又可直接写为：

$$P_k=\frac{1.02nd^4}{l^2}\times 10^6\text{(N)} \quad (3.3\text{-}67)$$

（2）拉金公式

当细长比 $l/k<m\sqrt{n}$ 时，用拉金公式计算

$$P_k=\frac{10f_0A}{1+\frac{a}{n}\left(\frac{l}{k}\right)^2}\text{(N)} \quad (3.3\text{-}68)$$

式中 P_k——液压缸稳定极限力，N；

l——活塞杆安装长度，m；

J_1——活塞杆截面转动的惯量，m^4；

E——材料弹性系数，Pa；

A——活塞杆的截面积，m^2；

f_0——材料强度实验值（表 3.3-26）；

a——实验常数（表 3.3-26）；

d——活塞杆直径，cm；

k——活塞杆截面回转半径，

实心轴：$k=\sqrt{\frac{J_2}{A}}=\frac{d}{4}$ (m)

空心轴：$k=\sqrt{\frac{d_1^2+d_2^2}{4}}$ (m)

式中 d_1——轴的外径，m；

d_2——轴的内径，m。

表 3.3-26 实验常数 f_0、a、m 值

材料	铸铁	锻铁	软钢	硬钢	干燥材料
f_0/MPa	560	250	340	490	50
a	1/1600	1/9000	1/7500	1/5000	1/750
m	80	110	90	85	60

6 液压缸标准系列

液压缸主要有以下产品：工程机械以及机床设备用液压缸（多为单杆双作用液压缸），车辆用液压缸（多为双作用单活塞杆液压缸），冶金用液压缸（多为双作用单活塞杆型），船用液压缸（双作用和单作用柱塞液压缸两种），多级液压缸等产品。目前生产液压缸的厂家很多，许多国外厂家在国内也开办了工厂。

6.1 工程液压缸系列

（1）HSG 型工程液压缸结构图（见图 3.3-18）

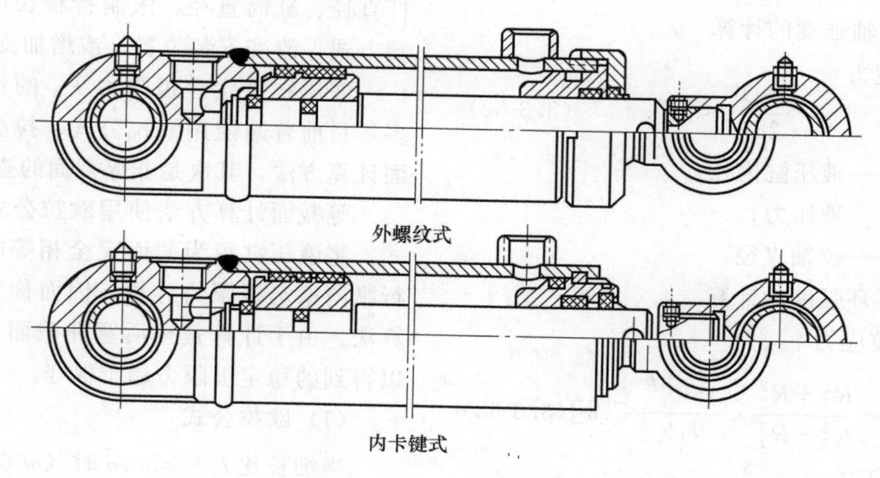

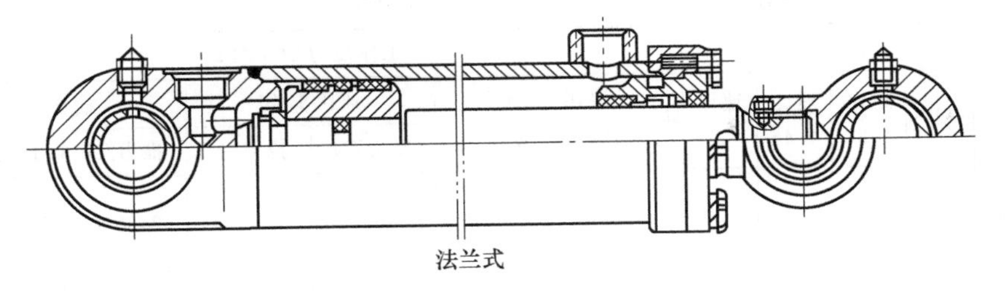

图 3.3-18　HSG 型工程液压缸结构图

（2）HSG 型工程液压缸型号意义

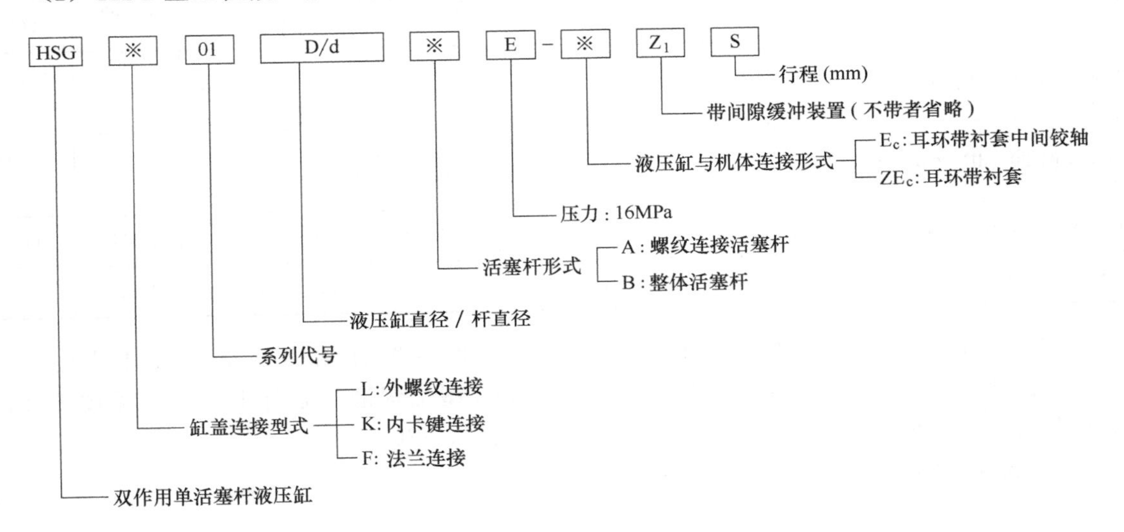

（3）HSG 型工程液压缸技术规格（见表 3.3-27）

表 3.3-27　HSG 型工程液压缸技术规格

型　　号	缸径/mm	活塞杆直径/mm			工作压力 160MPa						最大行程/mm
		速比 1.33	速比 1.46	速比 2	速比 1.33		速比 1.46		速比 2		
					推力/N	拉力/N	推力/N	拉力/N	推力/N	拉力/N	
HSG※01-40/dE	40	20	22	25	20100	15070	20100	14010	20100	12270	500
HSG※01-50/dE	50	25	28	32	31400	23550	31400	18560	31400	15010	600
HSG※01-63/dE	63	32	35	45	49870	37010	49870	34480	49870	24430	800
HSG※01-80/dE	80	40	45	55	80420	60320	80420	54980	80420	42410	(1000) 2000
HSG※01-90/dE	90	45	50	63	101790	76340	101790	40360	101790	51900	(1100) 2000
HSG※01-100/dE	100	50	55	70	125660	94240	125660	87650	125660	64060	(1350) 4000
HSG※01-110/dE	110	55	63	80	152050	114040	152050	102180	152050	71600	(1600) 4000
HSG※01-125/dE	125	63	70	90	196350	146480	196350	134770	196350	94500	(2000) 4000

续表

型号	缸径/mm	活塞杆直径/mm			工作压力 160MPa						最大行程/mm
		速比1.33	速比1.46	速比2	速比 1.33		速比 1.46		速比 2		
					推力/N	拉力/N	推力/N	拉力/N	推力/N	拉力/N	
HSG※01-140/dE	140	70	80	100	246300	184730	246300	165880	246300	120600	(2000) 4000
HSG※01-150/dE	150	75	85	105	282740	212060	282740	193210	282740	144280	(2000) 4000
HSG※01-160/dE	160	80	90	110	321700	241270	321700	219910	321700	169600	(2000) 4000
HSG※01-180/dE	180	90	100	125	407150	305370	407150	281500	407150	210800	(2000) 4000
HSG※01-200/dE	200	100	110	140	502660	376990	502660	350600	502660	256300	(2000) 4000
HSG※01-220/dE	220	—	125	160	608200	—	608200	411860	608200	286500	4000
HSG※01-250/dE	250	—	140	180	785600	—	785600	539100	785600	378200	4000

(4) HSG型工程液压缸外形尺寸

① 活塞杆端为外螺纹连接的HSG型工程液压缸外形尺寸（见图 3.3-19 和表 3.3-28、表 3.3-29）。

② 活塞杆端为外螺杆头耳环连接的HSG型工程液压缸外形尺寸（见图 3.3-20 和表 3.3-30）

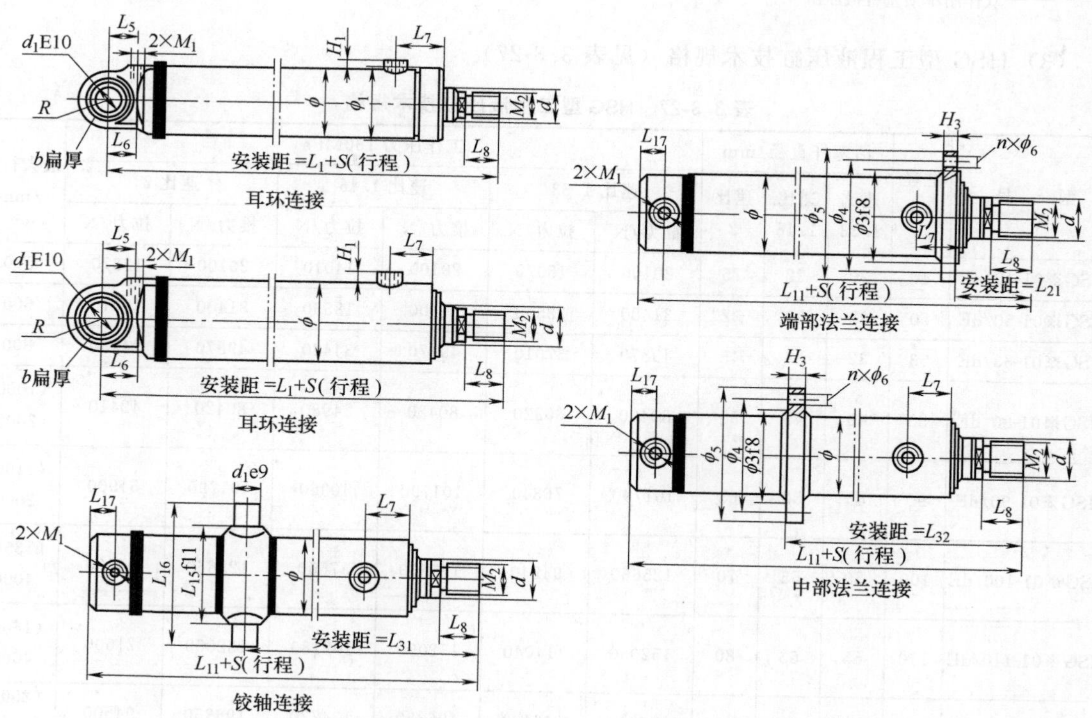

图 3.3-19 HSG型工程液压缸外形尺寸（活塞杆端为外螺纹连接）

表 3.3-28　HSG 型工程液压缸外形尺寸（1）（活塞杆端为外螺纹连接）　/mm

缸径 D	ϕ	d 速比 ψ 1.33	d 速比 ψ 1.46	d 速比 ψ 2	d_1	R	b	L_6	M_2	L_8	L_5	L_7	L_1	M_1	H_1	ϕ_1
40	57	20	22	※25	20 或 GE20ES	25		30	M16×1.5	30	30	65	225	M14×1.5	15	65
50	68	25	28	※32	30 或 GE30ES	35		40	M22×1.5	35	40		243	M18×1.5		75
63	83	32	35	45					M27×1.5	40			258			90
80	102	40	45	55	40 或 GE40ES	45		50	M33×1.5	45	50	75 △65	300	M22×1.5	18	110
90	114	45	50	63					M36×2			66 ▲76	305 ▲325			
100	127	50	55	70	50 或 GE50ES	60		65	M42×2	50	60	72 ▲82	304 ▲360	M27×2	20	—
110	140	55	63	80					M48×2	55		77 ▲87	360 ▲380			
125	152	63	70	90					M52×2	60		78	370			
140	168	70	80	100	60 或 GE60ES	70		75	M60×2	65	70	85 ▲95	405 ▲425			
150	180	75	85	105					M64×2	70	75	95 ▲102	420 ▲440	M33×2	22	
160	194	80	90	110					M68×2	75	70	100	435			
180	219	90	100	125	70 或 GE70ES	80		85	M76×3	85	89	107	480	M42×2	24	
200	245	100	110	140	80 或 GE80ES	95	90	95	M85×3	95	100	110	510			
220	273	110	125	160	90 或 GE90ES	105	100	105	M95×3	105	110	120	560		25	
250	299	125	140	180	100 或 GE100ES	120	110	120	M105×3	115	112	135	614			

注：1. 带※者速比为 1.7。

2. 带▲者为速比 $\psi=2$ 时的连接尺寸。

3. 带△者仅为 $\phi80$ 缸卡键式尺寸。

表 3.3-29　HSG 型工程液压缸外形尺寸（2）（活塞杆端为外螺纹连接）　/mm

缸径 D	L_{15}	L_{16}	L_{11}	L_{17}	ϕ_3	ϕ_4	ϕ_5	H_3	L_{21}	$n\times\phi_6$	L_{31}	L_{32}	S
80	125	185	275	25	115	145	175	20	81	8×ϕ13.5	＞215 ＜160+S	＞200 ＜190+S	55
90	140	200	280 ▲300		130	160	190		82 ▲92	8×ϕ15.5	＞225 ＜165+S	＞210 ＜195+S	60
100	155	230	310 ▲330	30	145	180	210		88 ▲98	8×ϕ18	＞250 ＜170+S	＞230 ＜210+S	80
110	170	245	330 ▲350		160	195	225	22	95 ▲105	8×ϕ18	＞260 ＜190+S	＞225 ＜225+S	70
125	185	260	340		175	210	240		98	10×ϕ18	＞255 ＜200+S	＞235 ＜240+S	55
140	200	290	370 ▲390	35	190	225	260	24	108 ▲118	10×ϕ20	＞290 ＜210+S	＞265 ＜250+S	80
150	215	305	385 ▲405		205	245	285	26	114 ▲124	10×ϕ22	＞305 ＜225+S	＞285 ＜265+S	80
160	230	320	400		220	260	300	28	119	10×ϕ22	＞310 ＜240+S	＞290 ＜280+S	70

续表

缸径 D	L_{15}	L_{16}	L_{11}	L_{17}	ϕ_3	ϕ_4	ϕ_5	H_3	L_{21}	$n\times\phi_6$	L_{31}	L_{32}	S
180	255	360	440	42	245	285	325	30	130	$10\times\phi24$	>345 <255+S	>320 <300+S	90
200	285	405	460	40	275	320	365	32	143	$10\times\phi26$	>365 <265+S	>340 <315+S	100
220	320	455	503	53	305	355	405	34	156	$10\times\phi29$	>395 <285+S	>365 <340+S	100
250	350	500	547	55	330	390	450	36	171	$12\times\phi32$	>430 <315+S	>395 <375+S	105

注：1. 带▲者仅为速比 $\psi=2$ 时的连接尺寸。

2. 铰轴和中部法兰连接的行程不得小于表中 S 值。

表 3.3-30 HSG 型工程液压缸外形尺寸（活塞杆端为外螺杆头耳环连接） /mm

缸径 D	ϕ	d 速比 ψ 1.33	1.46	2	d_1	R	b	L_6	M_2	L_{10}	L_5	L_7	L_2+S	$2\times M_1$	H_1	ϕ_1
40	57	20	22	★25	20 或 GE20ES	25		30	M16×1.5	50	30	65	255+S	M14×1.5	15	65
50	68	25	28	★32	30 或 GE30ES	35		40	M22×1.5	60	40		280+S	M18×1.5		75
63	83	32	35	45					M27×1.5	65			295+S			90
80	102	40	45	55	40 或 GE40ES	45		50	M33×1.5	45	50	75 △65	347+S	M22×1.5	18	110
90	114	45	50	63					M36×2			66 ▲76	357+S ▲377+S			
100	127	50	55	70	50 或 GE50ES	60		65	M42×2	50	60	72 ▲82	402+S ▲422+S	M27×2	20	
110	140	55	63	80					M48×2	55		77 ▲87	422+S ▲442+S			
125	152	63	70	90					M52×2	60		78	452+S			
140	168	70	80	100	60 或 GE60ES	70		75	M60×2	65	70	85 ▲95	498+S ▲518+S			
150	180	75	55	105					M64×2	70	75	92 ▲102	513+S ▲533+S	M33×2	22	
160	194	80	90	110					M68×2	75	70	100	533+S			
180	219	90	100	125	70 或 GE70ES	80		85	M76×3	85	89	107	588+S	M42×2	24	
200	245	100	110	140	80 或 GE80ES	95	90	95	M85×3	95	100	110	628+S			
220	273	110	125	160	90 或 GE90ES	105	100	105	M95×3	105	110	120	690+S			
250	299	125	140	180	100 或 GE100ES	120	110	120	M105×3	115	122	135	754+S		25	

续表

缸径 D	L_{15}	L_{16}	$L_{12}+S$	L_{17}	$\phi 3$	$\phi 4$	$\phi 5$	H_3	L_{22}	$n\times\phi_6$	L_{33}	L_{34}	S_1
80	125	185	322＋S	25	115	145	175	20	128	8×ϕ13.5	＞260 ＜205＋S	＞245 ＜235＋S	55
90	140	200	332＋S ▲352＋S		130	160	190		134 ▲144	8×ϕ15.5	＞275 ＜215＋S	＞260 ＜245＋S	60
100	155	230	372＋S ▲392＋S	30	145	180	210		150 ▲160	8×ϕ18	＞310 ＜230＋S	＞290 ＜270＋S	80
110	170	245	392＋S ▲412＋S		160	195	225	22	157 ▲167	8×ϕ18	＞320 ＜250＋S	＞300 ＜285＋S	70
125	185	260	422＋S		175	210	240		180	10×ϕ18	＞335 ＜280＋S	＞315 ＜320＋S	55
140	200	290	463＋S ▲483＋S	35	190	225	260	24	201 ▲211	10×ϕ20	＞385 ＜305＋S	＞360 ＜345＋S	80
150	215	305	478＋S ▲498＋S		205	245	285	26	207 ▲217	10×ϕ22	＞400 ＜320＋S	＞380 ＜365＋S	80
160	230	320	498＋S		220	260	300	28	217	10×ϕ22	＞400 ＜340＋S	＞390 ＜380＋S	70
180	255	360	548＋S	42	245	285	325	30	238	10×ϕ24	＞455 ＜360＋S	＞430 ＜410＋S	90
200	285	405	578＋S	40	275	320	365	32	261	10×ϕ26	＞485 ＜385＋S	＞460 ＜435＋S	100
220	320	455	633＋S	53	305	355	405	34	285	10×ϕ29	＞525 ＜415＋S	＞495 ＜470＋S	100
250	350	500	687＋S	55	330	390	450	36	311	12×ϕ32	＞570 ＜455＋S	＞535 ＜515＋S	105

注：1. 带▲者为速比 $\psi=2$ 时的连接尺寸。

2. 带★者速比为 1.7。

3. 带△者仅为 ϕ80 缸卡键式尺寸。

4. 耳轴和中间法兰连接的行程不得小于表中最小行程 S_1 值。

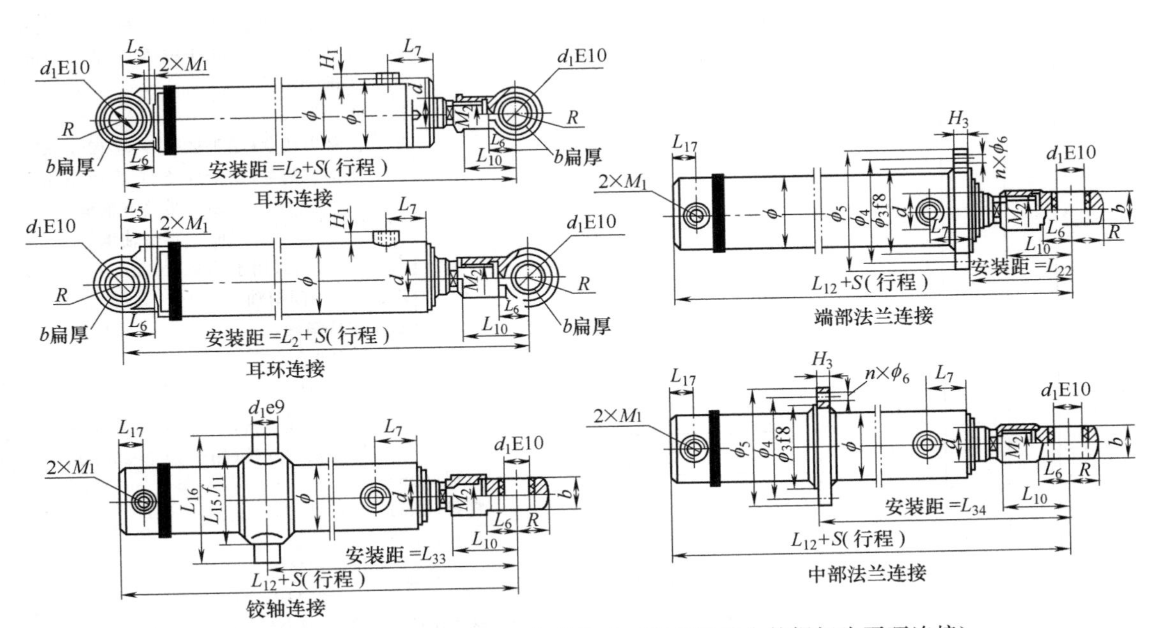

图 3.3-20 HSG 型工程液压缸外形尺寸（活塞杆端为外螺杆头耳环连接）

6.2 冶金设备用标准液压缸系列

6.2.1 YHG₁ 型冶金设备标准液压缸

（1）YHG₁ 型冶金设备标准液压缸结构图（见图 3.3-21）

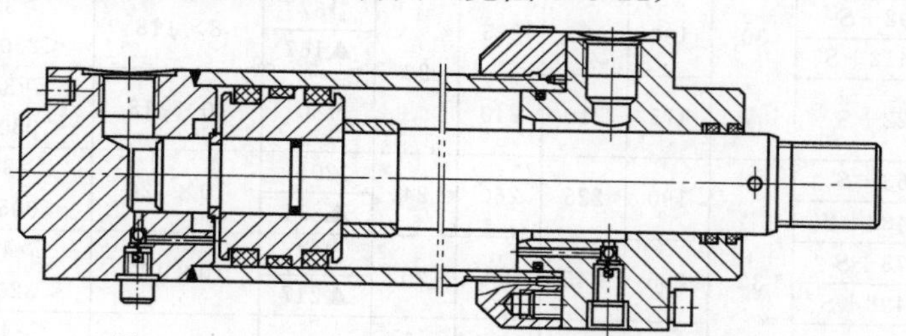

图 3.3-21 YHG₁ 型冶金设备标准液压缸结构图

（2）YHG₁ 型冶金设备标准液压缸型号意义

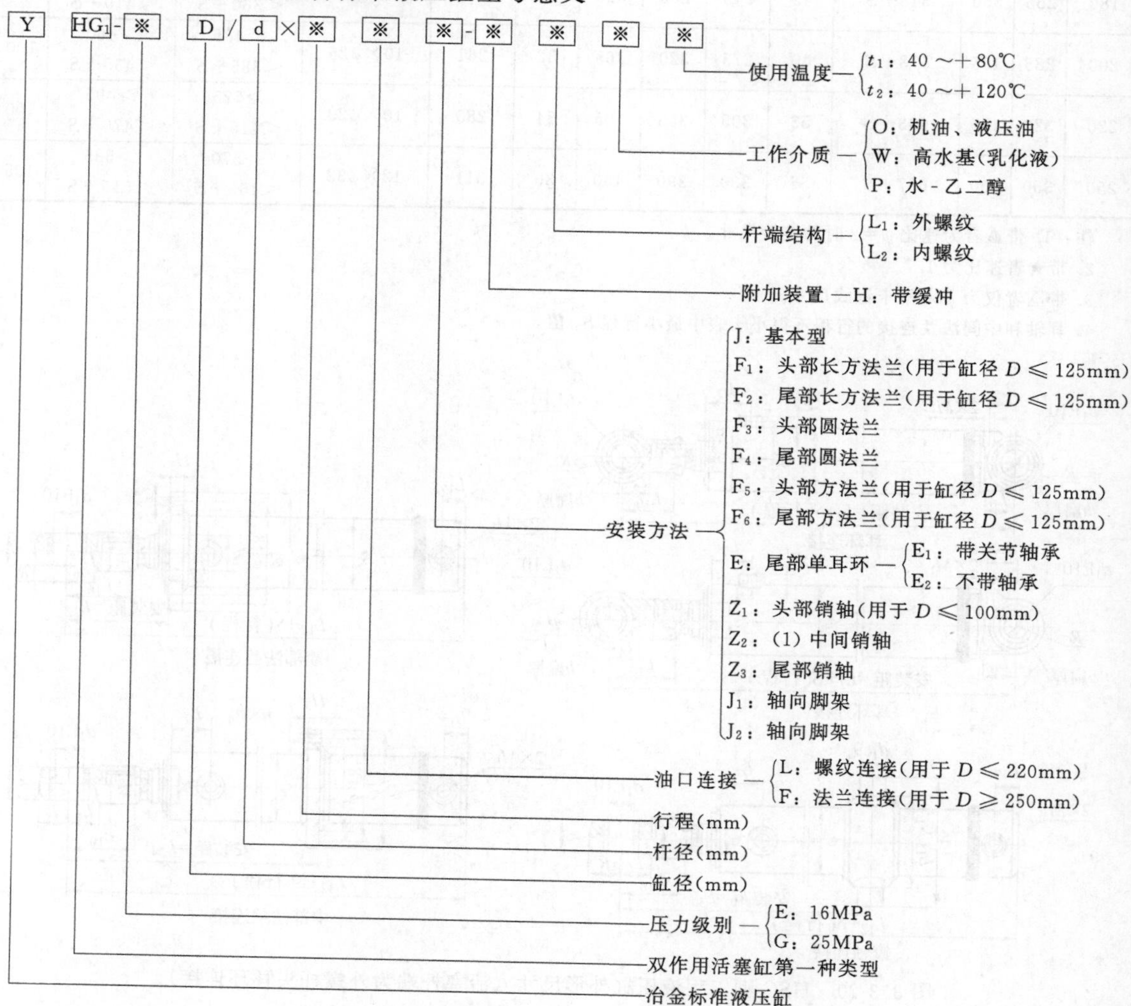

(3) YHG₁ 型冶金设备标准液压缸技术规格（见表 3.3-31）

表 3.3-31　YHG_1 型冶金设备标准液压缸技术规格

缸径 D/mm	速比 ψ	杆径 ϕMM /mm	YHG_1E(16MPa) 推力/N	YHG_1E(16MPa) 拉力/N	YHG_1G(25MPa) 推力/N	YHG_1G(25MPa) 拉力/N
40	1.46	22	20100	14000	31400	21840
	2	28		10200		15910
50	1.46	28	31400	21500	48980	34540
	2	36		15100		23550
63	1.46	36	49800	33500	77680	52260
	2	45		24400		38600
80	1.46	45	80400	54900	125400	85640
	2	56		41000		63960
90	1.46	50	101700	70300	152600	109600
	2	63		51900		80960
100	1.46	56	125600	86200	195900	134400
	2	70		64000		99840
110	1.46	63	152000	102000	237100	159100
	2	80		71600		111600
125	1.46	70	196000	134700	305700	210100
	2	90		94500		147400
140	1.46	80	246300	165800	384200	258600
	2	100		120600		188100
150	1.46	85	282700	191900	441000	299300
	2	105		144200		224900
160	1.46	90	321700	219900	501800	343000
	2	110		169600		264500
180	1.46	100	107100	281400	635070	438900
	2	125		210800		328800
200	1.46	110	502600	350600	784050	546900
	2	140		256300		399900
220	1.46	125	608200	411800	948700	642400
	2	160		306300		477800
250	1.46	140	785400	539000	1365600	840800
	2	180		378200		589900
280	1.46	160	985200	683300	1536900	1065900
	2	200		482500		751900
320	1.46	180	1286800	879600	2007700	1371200
	2	220		678500		1057600
生产厂	河南省汝阳县液压机械厂					

(4) YHG_1 型冶金设备标准液压缸外形尺寸

① Y-HG_1ED/d× ** J- * L_1 *（基本型）液压缸外形尺寸（见图 3.3-22 和表 3.3-32）

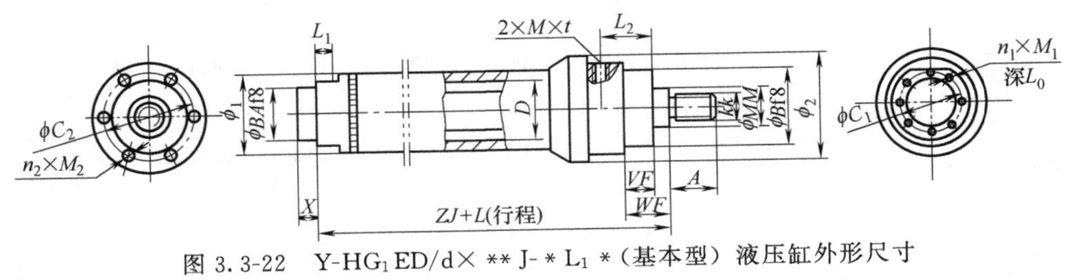

图 3.3-22　Y-HG_1ED/d× ** J- * L_1 *（基本型）液压缸外形尺寸

表 3.3-32 Y-HG$_1$ED/d× ** J- * L$_1$ * （基本型）液压缸外形尺寸 /mm

缸径 D	速比 ψ	杆径 ϕMM	kk	A	$M\times T$	ϕB	ϕBA	ϕC_1	ϕC_2	ϕ_1	ϕ_2	VF	WF	XF	ZJ	X	L_1	L_2	L_0	$n_1\times M_1$	$n_2\times M_2$	质量/kg	L 每增加10mm的质量增加/kg
40	1.46	22	M16×1.5	22	M18×1.5	48	20	42	66	54	80	19	32	69	190	8	26	44	12	8×M6	6×M8	3.9	0.111
	2	28	M20×1.5	28																		3.85	0.129
50	1.46	28	M20×1.5	28	M18×1.5	55	30	50	75	63.5	90	24	38	86	205	8	28	61	12	8×M6	6×M8	6.74	0.142
	2	36	M27×2	36																		6.76	0.174
63	1.46	36	M27×2	36	M27×2	70	38	60	90	76	108	29	45	79	224	10	25	52	12	8×M8	6×M10	8.5	0.234
	2	45	M33×2	45																		9.78	0.234
80	1.46	45	M33×2	45	M27×2	86	55	75	112	95	134	36	54	78	250	10	36	58	13	8×M10	6×M12	16.82	0.295
	2	56	M42×2	56																		18.3	0.36
90	1.46	50	M42×2	56	M27×2	100	55	80	132	108	158	36	55	89	270	10	43	63	17	8×M12	6×M16	19.3	0.41
	2	63	M48×3	63																		23.43	0.37
100	1.46	56	M42×2	56	M33×2	118	68	95	150	121	175	37	57	95	300	10	47	69	18	8×M12	8×M16	33.1	0.51
	2	70	M48×3	63																		31.6	0.48
110	1.46	63	M48×3	63	M33×2	132	68	95	165	133	195	37	57	101	310	10	50	73	22	8×M16	8×M16	41.48	0.52
	2	80	M48×3	63																		40	0.6
125	1.46	70	M48×3	63	M33×2	150	80	115	184	152	212	37	60	113	325	10	50	85	22	8×M16	8×M16	51	0.46
	2	90	M64×3	85																		52.48	0.6
140	1.46	80	M48×3	63	M42×2	165	95	132	200	168	230	37	62	109	335	10	53	74	22	8×M16	8×M16	64.8	0.79
	2	100	M80×3	95																		67	0.83
150	1.46	85	M64×3	85	M42×2	175	105	140	215	180	245	41	64	117	350	10	54	85	22	8×M16	8×M16	81.3	0.89
	2	105	M80×3	95																		83.43	0.95
160	1.46	90	M64×3	85	M42×2	190	110	150	230	194	265	41	66	133	370	10	59	91	26	8×M20	8×M20	133.29	1.04
	2	110	M80×3	95																		131.69	1.05
180	1.46	100	M80×3	95	M48×2	200	110	160	250	219	280	41	70	147	410	15	65	98	27	8×M20	8×M20	102.66	1.32
	2	125	M80×3	95																		130.94	1.36
200	1.46	110	M80×3	95	M48×2	215	120	170	280	245	310	45	75	169	450	15	65	115	27	8×M20	8×M20	181.75	1.53
	2	140	M100×3	112																		183.23	1.7
220	1.46	125	M100×3	112	M48×2	240	140	200	310	273	340	45	80	178	490	20	75	123	36	8×M24	12×M20	240	2.25
	2	160	M100×3	112																		259	2.33
250	1.46	140	M100×3	112	ϕ40	280	160	220	340	299	380	64	96	208	550	25	80	145	36	8×M24	12×M24	321	2.5
	2	180	M125×3	125																		406.58	2.5
280	1.46	160	M125×4	125	ϕ40	300	180	240	370	325	410	64	100	236	600	30	80	162	36	8×M24	12×M24	484.5	2.67
	2	200	M125×4	125																		534.3	2.87
320	1.46	180	M125×4	125	ϕ40	360	200	310	430	377	470	71	108	270	660	35	80	190	36	12×M24	16×M24	745.5	2.8
	2	220	M160×4	160																		797.2	3.1

② Y-HG₁-ED/d× ** F₁-*L₁*（头部长方法兰）液压缸外形尺寸（见图 3.3-23 和表 3.3-33）

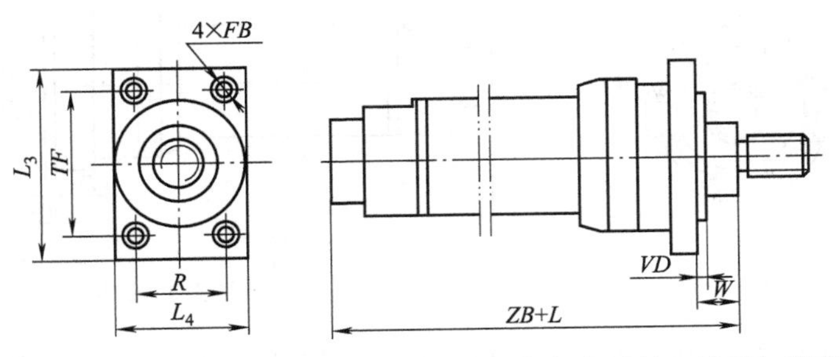

图 3.3-23 Y-HG₁-ED/d× ** F₁-*L₁*（头部长方法兰）液压缸外形尺寸

表 3.3-33 Y-HG₁-ED/d× ** F₁-*L₁*（头部长方法兰）液压缸外形尺寸 /mm

D	40	50	63	80	90	100	110	125
W	16	18	20	22	23	25	25	28
ZB	198	213	234	260	280	310	320	335
R	40.6	48.2	55.5	63.1	120	120	140	150
TF	98	116.4	134	152.5	168	184.8	200	217.1
VD	3	4	4	4	4	5	5	5
L_4	86	95	115	140	170	185	205	225
L_3	120	11	165	190	210	230	245	260
FB	9	11	13.5	17.5	22	22	22	22

③ Y-HG₁-ED/d× ** F₂-*L₁*（尾部长方法兰）液压缸外形尺寸（见图 3.3-24 和表 3.3-34）

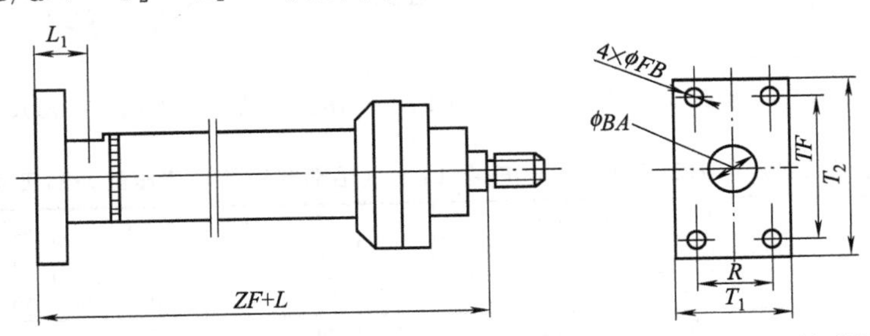

图 3.3-24 Y-HG₁-ED/d× ** F₂-*L₁*（尾部长方法兰）液压缸外形尺寸

表 3.3-34 Y-HG₁-ED/d× ** F₂-*L₁*（尾部长方法兰）液压缸外形尺寸 /mm

D	40	50	63	80	90	100	110	125
ZF	206	225	249	282	302	332	342	357
FB	9	11	13.5	17.5	22	22	22	22
R	40.6	48.2	55.5	63.1	70	76.5	83	90.2
T_1	65	75	85	100	115	120	130	155
TF	98	116.4	134	152.5	168	184.8	200	217.1
T_2	120	140	164	200	210	230	245	260
ϕBA	20	30	38	55	55	68	60	80
L_1	42	38	50	68	75	79	82	82

④ Y-HG$_1$-ED/d× ** F$_3$-＊L$_1$＊（头部圆法兰）液压缸外形尺寸（见图 3.3-25 和表 3.3-35）

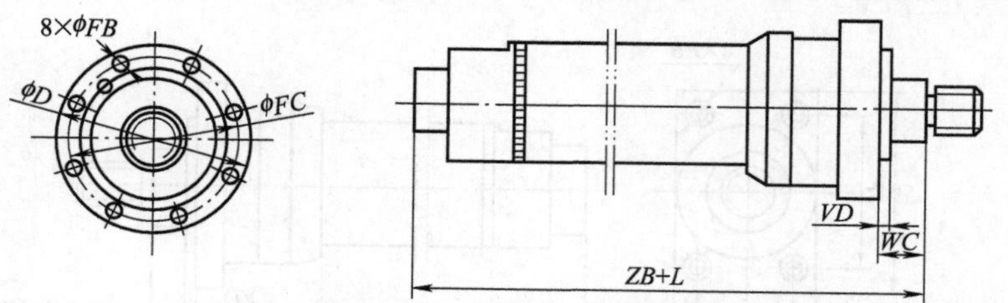

图 3.3-25　Y-HG$_1$-ED/d× ** F$_3$-＊L$_1$＊（头部圆法兰）液压缸外形尺寸

表 3.3-35　Y-HG$_1$-ED/d× ** F$_3$-＊L$_1$＊（头部圆法兰）液压缸外形尺寸　/mm

D	40	50	63	80	90	100	110	125	140	150	160	180	200	220	250	280	320
VD	3	4	4	4	4	5	5	5	5	5	5	5	5	5	8	8	8
ZB	198	213	234	260	280	310	320	335	345	360	380	425	465	510	575	630	695
FC	106	126	145	165	195	210	230	250	265	280	300	325	355	390	430	470	530
FB	9	11	13.5	17.5	22	22	22	22	22	22	22	26	26	33	33	39	39
ϕD	126	150	175	200	240	255	275	295	310	325	345	375	405	445	485	525	595
WC	16	18	20	22	23	25	25	28	30	28	30	34	35	40	40	44	45

⑤ Y-HG$_1$-ED/d× ** F$_3$-＊L$_1$＊（尾部圆法兰）液压缸外形尺寸（见图 3.3-26 和表 3.3-36）

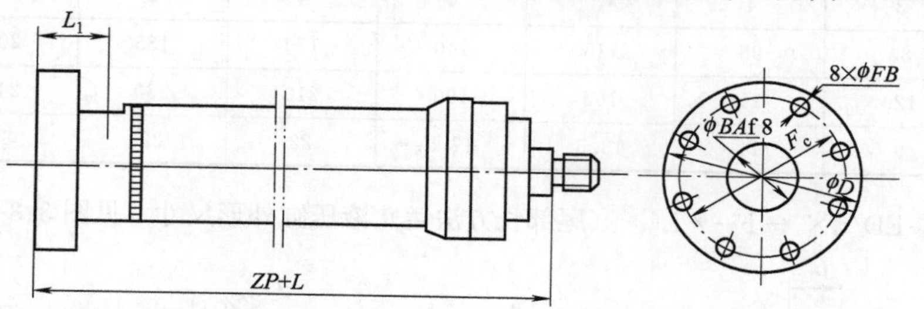

图 3.3-26　Y-HG$_1$-ED/d× ** F$_3$-＊L$_1$＊（尾部圆法兰）液压缸外形尺寸

表 3.3-36　Y-HG$_1$-ED/d× ** F$_3$-＊L$_1$＊（尾部圆法兰）液压缸外形尺寸　/mm

D	40	50	63	80	90	100	110	125	140	150	160	180	200	220	250	280	320
FC	106	126	145	165	185	200	215	235	255	265	280	310	340	380	420	470	520
ϕD	126	150	175	200	228	245	260	280	300	310	325	360	390	435	475	525	585
L_1	42	38	50	68	75	79	82	82	88	90	95	105	105	120	136	140	143
ϕBA	20	30	38	55	55	68	60	80	95	105	110	110	120	140	160	180	200
ZP	206	225	249	282	302	332	342	357	370	386	406	450	490	535	606	660	723
FB	6	11	13.5	17.5	22	22	22	22	22	22	22	26	26	33	33	39	39

⑥ Y-HG$_1$-ED/d× ** F$_5$-＊L$_1$＊（头部方法兰）液压缸外形尺寸（见图 3.3-27 和表 3.3-37）

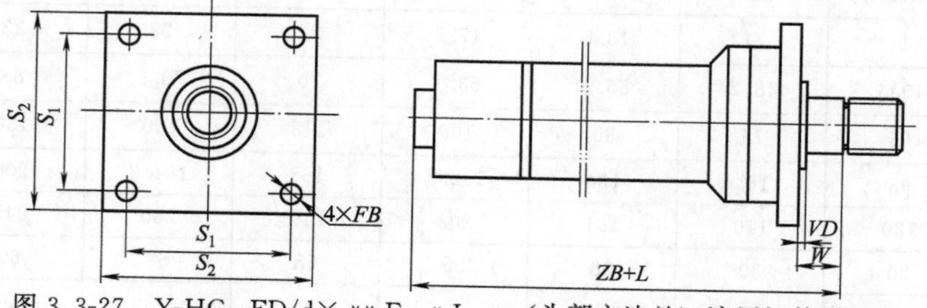

图 3.3-27　Y-HG$_1$-ED/d× ** F$_5$-＊L$_1$＊（头部方法兰）液压缸外形尺寸

表 3.3-37 Y-HG$_1$-ED/d× ** F$_5$-*L$_1$*（头部方法兰）液压缸外形尺寸 /mm

D	40	50	63	80	90	100	110	125
ZB	198	213	234	260	280	310	320	335
VD	3	4	4	4	4	5	5	5
W	16	18	20	22	23	25	25	28
FB	9	11	13.5	17.5	22	22	22	22
S_1	95	115	132	155	170	190	215	224
S_2	115	140	160	190	210	230	255	265

⑦ Y-HG$_1$-ED/d× ** F$_6$-*L$_1$*（尾部方法兰）液压缸外形尺寸（见图 3.3-28 和表 3.3-38）

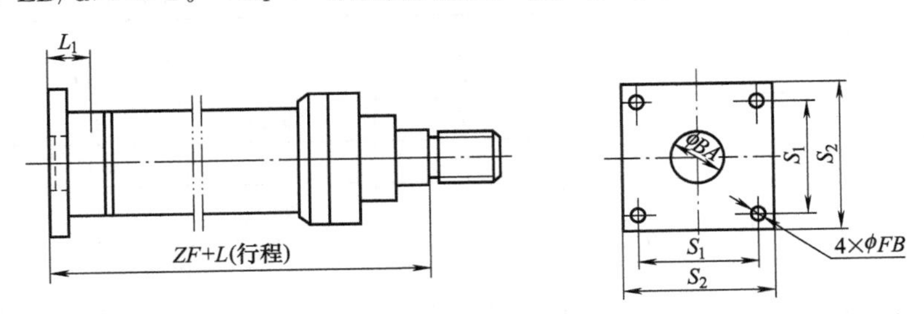

图 3.3-28 Y-HG$_1$-ED/d× ** F$_6$-*L$_1$*（尾部方法兰）液压缸外形尺寸

表 3.3-38 Y-HG$_1$-ED/d× ** F$_6$-*L$_1$*（尾部方法兰）液压缸外形尺寸 /mm

D	40	50	63	80	90	100	110	125
ZB	206	225	249	282	302	332	342	357
φBA	20	30	38	55	55	68	60	80
L_1	42	38	50	68	75	79	82	82
FB	9	11	13.5	17.5	—	—	22	22
S_1	65	80	95	110	120	135	145	160
S_2	90	110	130	150	165	180	190	205

⑧ Y-HG$_1$-ED/d× ** E$_1$/2-*L$_1$*（尾部单耳环）液压缸外形尺寸（见图 3.3-29 和表 3.3-39）

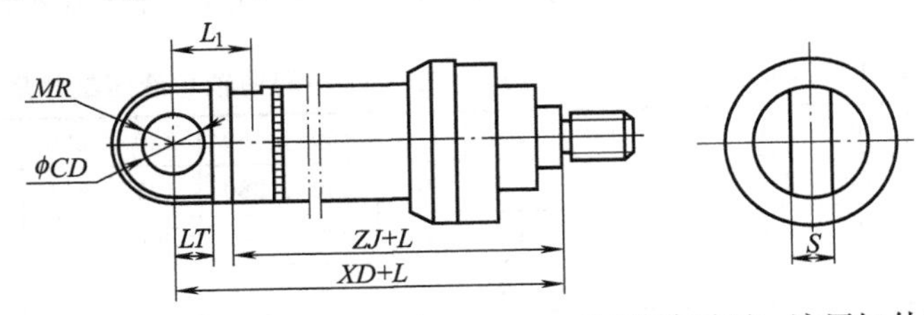

图 3.3-29 Y-HG$_1$-ED/d× ** E$_1$/2-*L$_1$*（尾部单耳环）液压缸外形尺寸

表 3.3-39 Y-HG$_1$-ED/d× ** E$_1$/2-*L$_1$*（尾部单耳环）液压缸外形尺寸 /mm

D	40	50	63	80	90	100	110	125	140	150	160	180	200	220	250	280	320
φCD	20	25	30	40	45	50	50	60	70	70	80	90	100	110	120	140	160
MR	27	32	38	47.5	54	60.5	66.5	76	84	90	97	109.5	122.5	136.5	149.5	162.5	188.5
LT	25	32	40	50	58	63	67	71	78	84	90	100	112	140	160	175	200
ZJ	190	205	224	250	270	300	310	325	335	350	370	410	450	490	550	600	660
S	18	22	26	30	35	38	38	50	58	58	62	68	72	72	88	90	92
L_1	67	70	90	118	133	142	145	153	163	179	194	205	230	255	303	325	350
XD	231	257	289	332	360	395	405	428	445	475	505	550	615	670	773	845	930

⑨ Y-HG$_1$-ED/d× ** Z$_1$- * L$_1$ *（头部销轴）液压缸外形尺寸（见图 3.3-30 和表 3.3-40）

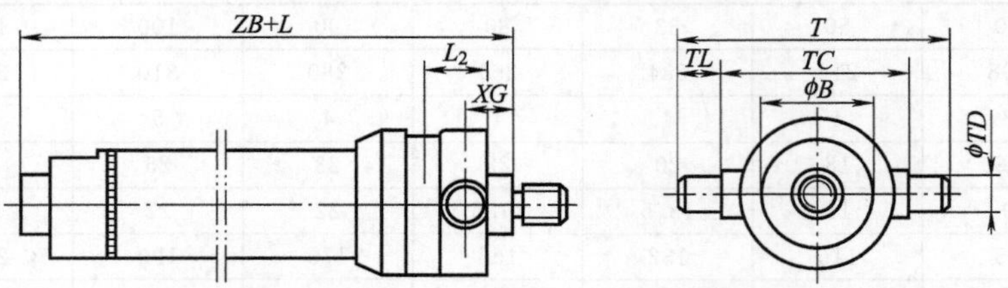

图 3.3-30　Y-HG$_1$-ED/d× ** Z$_1$- * L$_1$ *（头部销轴）液压缸外形尺寸

表 3.3-40　Y-HG$_1$-ED/d× ** Z$_1$- * L$_1$ *（头部销轴）液压缸外形尺寸　/mm

D	40	50	63	80	90	100
ϕB	48	55	70	86	100	118
XG	19.5	23	27	29.5	30	31.5
ZB	198	213	234	260	280	310
ϕTD	20	25	32	40	45	50
TL	16	20	25	32	36	40
TC	90	105	120	135	145	160
T	122	145	170	199	217	240
L_2	50	67	59	67	77	87

⑩ Y-HG$_1$-ED/d× ** Z$_2$（1)- * L$_1$ *（中间销轴）液压缸外形尺寸（见图 3.3-31 和表 3.3-41）

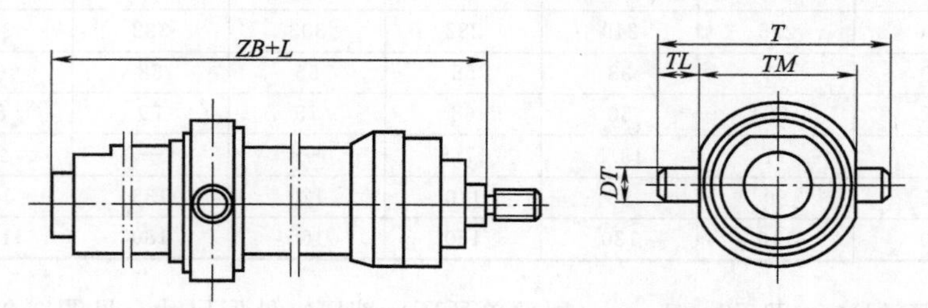

图 3.3-31　Y-HG$_1$-ED/d× ** Z$_2$(1)- * L$_1$ *（中间销轴）液压缸外形尺寸

表 3.3-41　Y-HG$_1$-ED/d× ** Z$_2$(1)- * L$_1$ *（中间销轴）液压缸外形尺寸　/mm

D	40	50	63	80	90	100	110	125	140	150	160	180	200	220	250	280	320
ZB	198	213	234	260	280	310	320	335	345	360	380	425	465	510	575	630	695
ϕDT	20	25	32	40	45	50	55	63	70	75	80	90	100	110	125	140	160
TL	16	20	25	32	36	40	45	50	55	60	63	70	80	90	100	110	125
TM	90	105	120	135	145	160	175	195	210	225	240	265	295	330	370	420	470
T	122	145	170	199	217	240	265	295	320	345	366	405	455	510	570	640	720

⑪ Y-HG$_1$-ED/d× ** Z$_3$- * L$_1$ *（尾部销轴）液压缸外形尺寸（见图 3.3-32 和表 3.3-42）

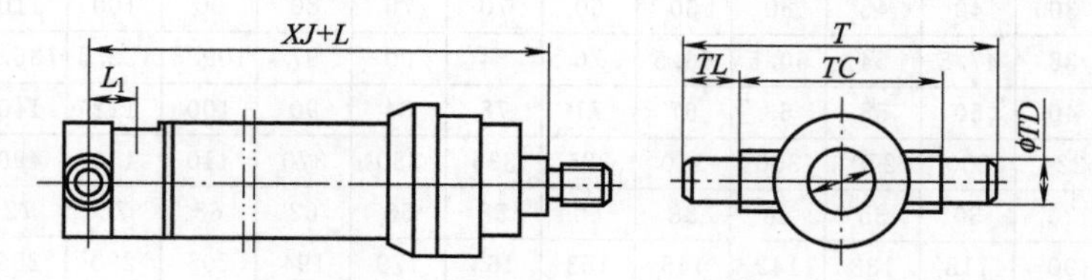

图 3.3-32　Y-HG$_1$-ED/d× ** Z$_3$- * L$_1$ *（尾部销轴）液压缸外形尺寸

表 3.3-42　Y-HG$_1$-ED/d× ** Z$_3$- * L$_1$ *（尾部销轴）液压缸外形尺寸　/mm

D	40	50	63	80	90	100	110	125	140
XJ	202.5	220	242	272.5	295	327.5	340	350	372.5
φTD	20	25	32	40	45	50	55	63	70
TL	16	20	25	32	36	40	45	50	55
TC	90	105	120	135	145	160	175	195	210
T	122	145	170	199	217	240	265	295	320
φBA	20	30	38	55	55	60	68	80	95
L_1	38.5	33	43	58.5	68	74.5	80	84	90.5
D	150	160	180	200	220	250	280	320	—
XJ	390	412.5	457.5	502.5	547.5	615	672.5	742.5	—
φTD	75	80	90	100	110	125	140	160	—
TL	60	63	70	80	90	100	110	125	—
TC	225	240	265	295	330	370	420	470	—
T	345	366	405	455	510	570	640	720	—
φBA	105	110	110	120	140	160	180	200	—
L_1	94	101.5	112.5	117.5	132.5	145	152.5	162.5	—

⑫ Y-HG$_1$-ED/d× ** J$_1$- * L$_1$ *（轴向脚架）液压缸外形尺寸（见图 3.3-33 和表 3.3-43）

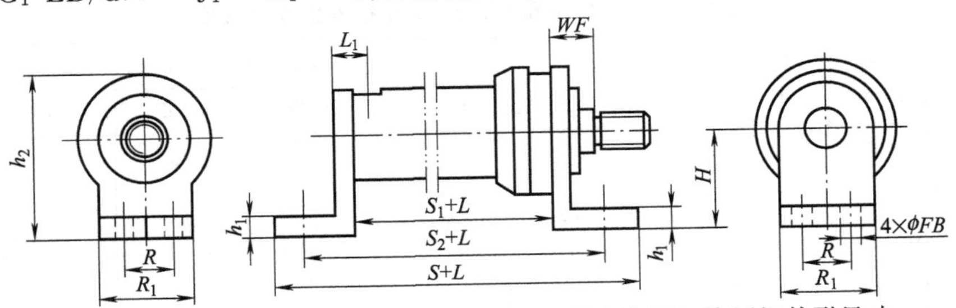

图 3.3-33　Y-HG$_1$-ED/d× ** J$_1$- * L$_1$ *（轴向脚架）液压缸外形尺寸

表 3.3-43　Y-HG$_1$-ED/d× ** J$_1$- * L$_1$ *（轴向脚架）液压缸外形尺寸　/mm

D	40	50	63	80	90	100	110	125	140	150	160	180	200	220	250	280	320
S	268	287	329	366	405	433	443	485	503	516	564	610	645	710	774	850	952
S_1	158	167	179	196	215	243	253	265	273	286	304	340	375	410	454	500	552
S_2	228	247	279	316	345	373	383	415	433	446	487	530	565	620	684	750	832
WF	32	38	45	54	55	57	57	60	62	64	66	70	75	80	96	100	108
H	60	70	85	105	116	125	135	150	155	165	175	190	205	225	255	275	310
h_1	18	22	28	35	35	35	35	35	40	40	40	45	45	50	60	65	70
h_2	100	115	140	172	195	213	233	256	270	290	305	330	360	395	445	480	545
R	45	55	70	90	100	125	145	155	170	185	190	200	220	250	300	320	370
R_1	80	90	110	134	158	175	195	212	230	245	260	280	310	340	380	410	470
φFB	13.5	13.5	17.5	17.5	22	22	22	26	26	26	33	33	33	39	39	45	52
L_1	42	38	50	68	75	79	82	82	88	90	95	105	105	120	136	140	143

6.2.2 ZQ型重型冶金设备液压缸

(1) 型号意义

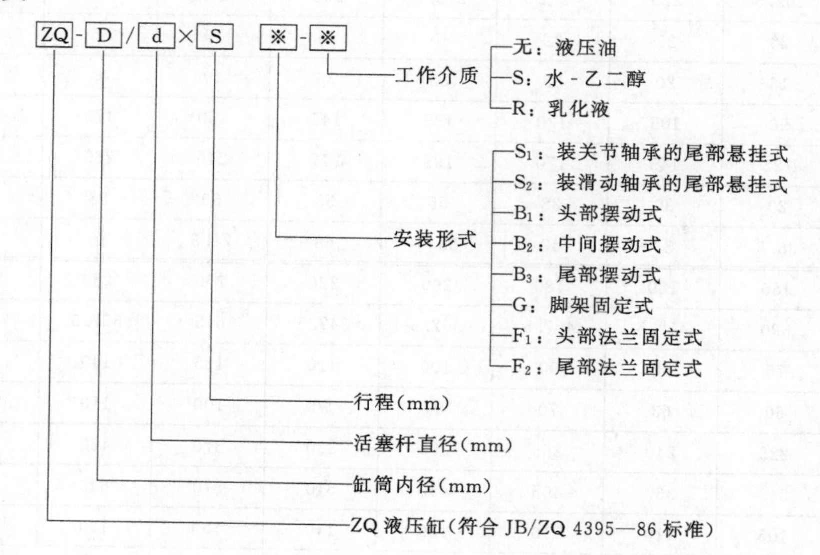

(2) 技术规格(见表3.3-44)

表3.3-44 ZQ型重型冶金设备液压缸技术规格

缸径 D/mm	速比 ψ	杆径 d/mm	推力 /kN	拉力 /kN	许用最大行程/mm					
					S_1型、S_2型	B_1型	B_2型	B_3型	GF_1型	F_1型
40	1.4	22	31.42	21.91	40	200	135	80	450	120
	2	28		16.02	225	500	380	280	965	380
50	1.4	28	49.09	33.69	140	400	265	180	740	265
	2	36		23.64	335	600	530	350	1295	545
63	1.4	36	77.93	52.48	210	550	375	250	900	375
	2	45		38.17	435	800	670	400	1615	690
80	1.4	45	125.66	85.90	280	700	480	320	1235	505
	2	56		64.09	545	1000	835	500	1990	885
100	1.4	56	196.35	134.77	360	900	600	400	1520	610
	2	70		100.14	695	1300	1050	650	2480	1095
125	1.4	70	396.80	210.59	465	1100	760	550	1915	785
	2	90		147.75	960	2200	1415	1000	3310	1480
140	1.4	80	384.85	259.18	550	1400	900	630	2200	900
	1.6	90		225.80	800	1800	1210	800	2905	1260
	2	100		188.50	1055	2200	1560	1100	3640	1630

续表

缸径 D/mm	速比 ψ	杆径 d/mm	推力 /kN	拉力 /kN	许用最大行程/mm					
					S_1 型、S_2 型	B_1 型	B_2 型	B_3 型	GF_1 型	F_1 型
160	1.4 1.6 2	90 100 110	592.66	343.61 306.31 265.07	630 840 1095	1400 2000 2500	100 1295 1630	700 900 1100	2200 2905 3640	900 1260 1705
200	1.4 1.6 2	110 125 140	785.40	547.82 478.60 400.55	700 1365 1445	1800 2200 3200	1100 1625 2135	800 1100 1400	2890 3890 4975	1250 1700 2240
220	1.4 1.6 2	125 140 160	950.30	643.54 565.49 447.68	800 1205 1730	2200 2800 3600	1400 1850 2550	1000 1250 1800	3600 4440 5920	1400 1930 2675
250	1.4 1.6 2	140 160 180	1227.19	842.34 724.52 581.01	900 1445 1965	2200 3200 4000	1400 1850 2550	1000 1250 1800	3600 4440 5920	1600 2280 3020
280	1.4 1.6 2	160 180 200	1539.38	1036.73 903.21 753.98	1100 1600 2100	2500 3400 4000	1800 2460 3155	1250 1790 2100	4000 5925 7305	1950 2575 3310
320	1.4 1.6 2	180 200 220	2010.62	1374.45 1225.22 1060.29	1250 1710 2215	2800 3600 4000	2000 2600 3270	1400 1800 3270	5000 6205 7635	2000 2730 3445

注：1. 速比 ψ 为活塞受推力与受拉力面积之比。

2. 生产厂为河南省汝阳县液压机械厂。

(3) 外形尺寸

① 基本外形尺寸（见图 3.3-34 和表 3.3-45）

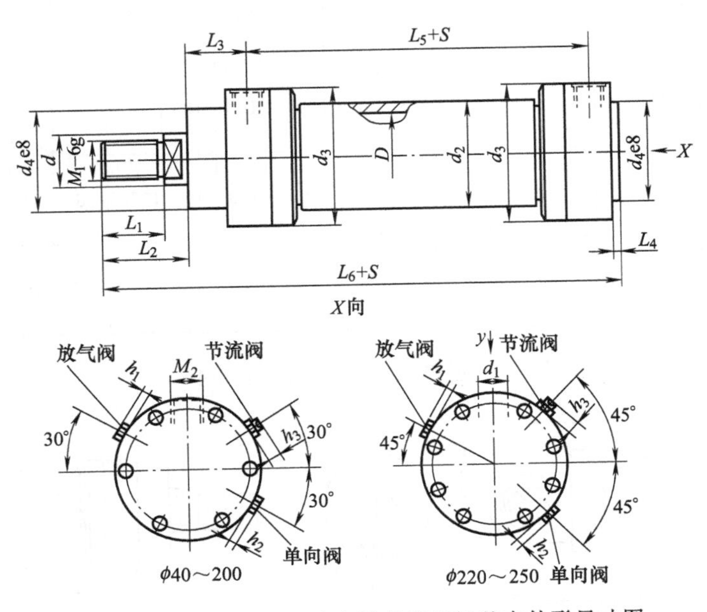

图 3.3-34　ZQ 型重型冶金设备液压缸基本外形尺寸图

表 3.3-45　ZQ 型重型冶金设备液压缸基本外形尺寸

/mm

D	速比 ψ	d	缓冲长度	M_1	M_2	d_1	d_2	d_3	d_4	L_1	L_2	L_3	L_4	L_5	L_6	h_1	h_2	h_3
40	1.4 2	22 28	18	M16×1.5	M22×1.5	—	57	85	55	25	38	60	5	125	248	5	7	6
50	1.4 2	28 36	24	M22×1.5	M22×1.5	—	63.5	105	68	34	50	60	5	130	265	5	7	6
63	1.4 2	36 45	28	M27×2	M27×2	—	76	120	75	40	60	67.5	5	145	300	6	8	7
80	1.4 2	45 56	35	M36×2	M27×2	—	102	135	95	54	75	70	5	160	335	6	8	8
100	1.4 2	56 70	40	M48×2	M33×2	—	121	165	115	68	95	82.5	5	180	390	6	8	8
125	1.4 2	70 90	45	M56×2	M42×2	—	152	200	135	81	110	97.5	8	215	463	7	10	10
140	1.4 1.6 2	80 90 100	50	M64×3	M42×2	—	168	220	155	90	120	105	8	240	508	7	10	10
160	1.4 1.6 2	90 100 110	50	M80×3	M48×2	—	194	265	180	101	135	117.5	8	270	568	7	10	10
200	1.4 1.6 2	110 125 140	60	M110×3	M48×2	—	245	310	215	119	152	135	8	315	650	7	13	13
220	1.4 1.6 2	125 140 160	70	M125×4	—	40	273	355	245	132	170	162.5	8	365	758	7	14	14
250	1.4 1.6 2	140 160 180	80	M140×4	—	40	299	395	280	148	185	172.5	8	379	797	7	14	14
280	1.4 1.6 2	160 180 200	90	M140×4	—	50	325	430	305	148	195	192.5	8	419	907	7	22	22
320	1.4 1.6 2	180 200 220	100	M160×4	—	50	377	490	340	172	215	212.5	10	465	975	7	22	22

② 尾部悬挂式液压缸外形尺寸（见图 3.3-35 和表 3.3-46）

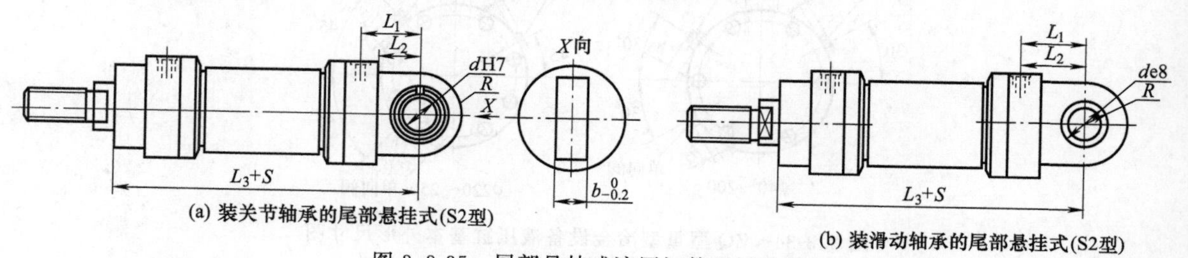

图 3.3-35　尾部悬挂式液压缸外形尺寸图

表 3.3-46 尾部悬挂式液压缸外形尺寸 /mm

D	40	50	63	80	100	125	140	160	200	220	250	280	320
b	23	28	30	35	40	50	55	60	70	80	90	100	110
d	25	30	35	40	50	60	70	80	100	110	120	140	160
R	30	34	42	50	63	70	77	88	115	132.5	150	170	190
L_1	50	55	67.5	75	87.5	102.5	110	122.5	155	177.5	192.5	222.5	347.5
L_2	30	35	45	50	60	70	75	85	115	125	140	150	175
L_3	235	245	280	305	350	415	455	510	605	705	744	834	925

③ 摆动式液压缸外形尺寸（见图 3.3-36 和表 3.3-47）

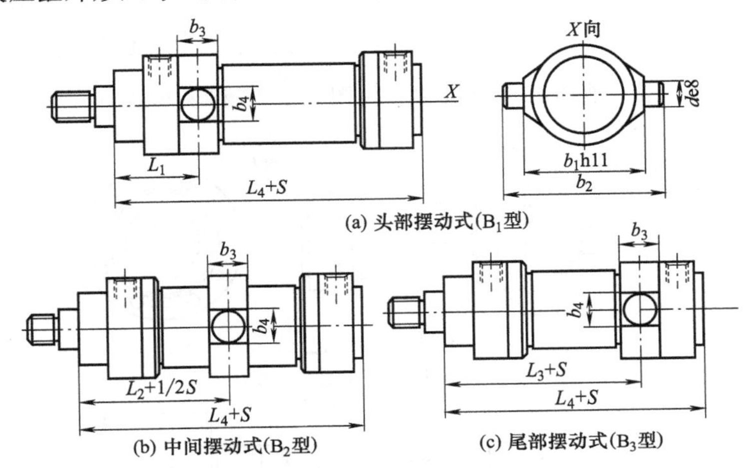

图 3.3-36 摆动式液压缸外形尺寸图

表 3.3-47 摆动式液压缸外形尺寸 /mm

D	40	50	63	80	100	125	140	160	200	220	250	280	320
L_1	99	99	111	119	139	164	176	196	224	269	288	348	373
L_2	122	125	135	151	172	205	225	230	262	337	362	427.5	445
L_3	146	151	169	181	206	246	174	309	361	421	436	466	517
L_4	210	215	240	260	295	353	388	433	498	588	612	692	760
b_1	95	115	130	145	175	210	230	275	320	370	410	450	510
b_2	135	155	170	195	235	290	315	380	430	490	540	590	690
b_3	38	38	42	48	58	68	72	82	98	108	126	146	176
b_4	40	40	50	55	68	74	80	90	120	130	147	158	184
d	30	30	35	40	50	60	65	75	90	100	110	130	160

④ 脚架固定式（G 型）液压缸外形尺寸（见图 3.3-37 和表 3.3-48）

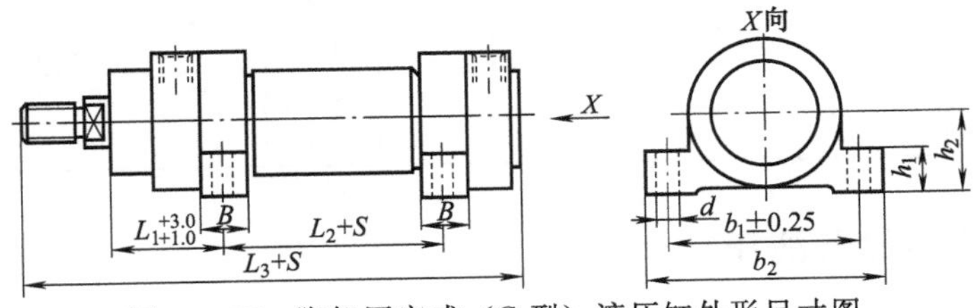

图 3.3-37 脚架固定式（G 型）液压缸外形尺寸图

表 3.3-48　脚架固定式（G 型）液压缸外形尺寸　/mm

D	40	50	63	80	100	125	140	160	200	220	250	280	320
L_1	92.5	92.5	105	115	135	160	172.5	192.5	220	262	275	320	345
L_2	60	65	70	70	75	90	105	120	145	166	174	184	200
L_3	248	265	300	335	390	463	508	568	650	758	797	887	975
B	25	25	30	40	50	60	65	75	90	94	100	110	120
b_1	110	130	150	170	205	255	280	330	385	445	500	530	610
b_2	135	155	180	210	250	305	340	400	465	530	600	630	730
d	11	11	14	18	22	26	26	33	39	45	52	52	62
h_1	25	30	35	40	50	60	65	70	85	95	110	125	140
h_2	45	55	65	70	85	105	115	135	160	185	205	225	255

⑤ 法兰固定式（F 型）液压缸外形尺寸（见图 3.3-38 和表 3.3-49）

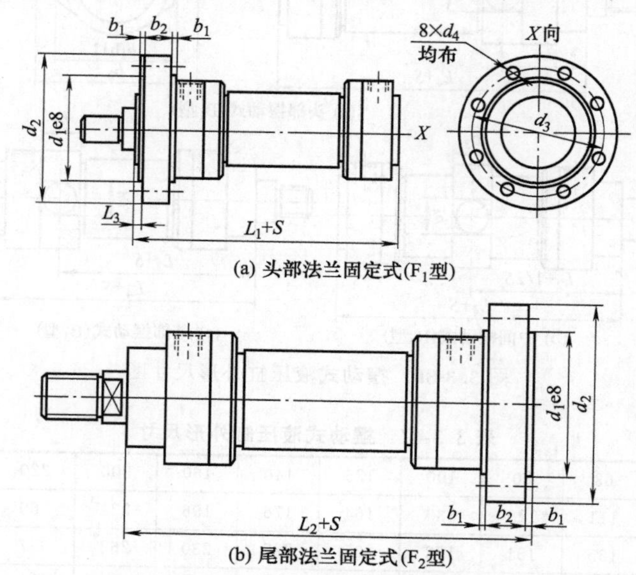

图 3.3-38　法兰固定式液压缸外形尺寸图

表 3.3-49　法兰固定式液压缸外形尺寸　/mm

D	40	50	63	80	100	125	140	160	200	220	250	280	320
b_1	5	5	5	5	5	10	10	10	10	10	10	10	10
b_2	30	30	35	35	45	45	50	60	75	85	85	95	95
d_1	90	110	130	145	175	210	230	275	320	370	415	450	510
d_2	130	160	185	200	245	295	315	385	445	490	555	590	680
d_3	108	130	155	170	205	245	265	325	375	430	485	520	600
d_4	9	11	14	14	18	22	22	26	33	33	39	39	45
L_1	210	215	240	260	295	353	388	433	498	588	612	692	760
L_2	245	250	280	300	345	410	450	505	585	685	709	799	865
L_3	5	5	5	5	5	10	10	10	10	15	25	15	35

6.2.3　JB 系列冶金设备液压缸

（1）型号意义

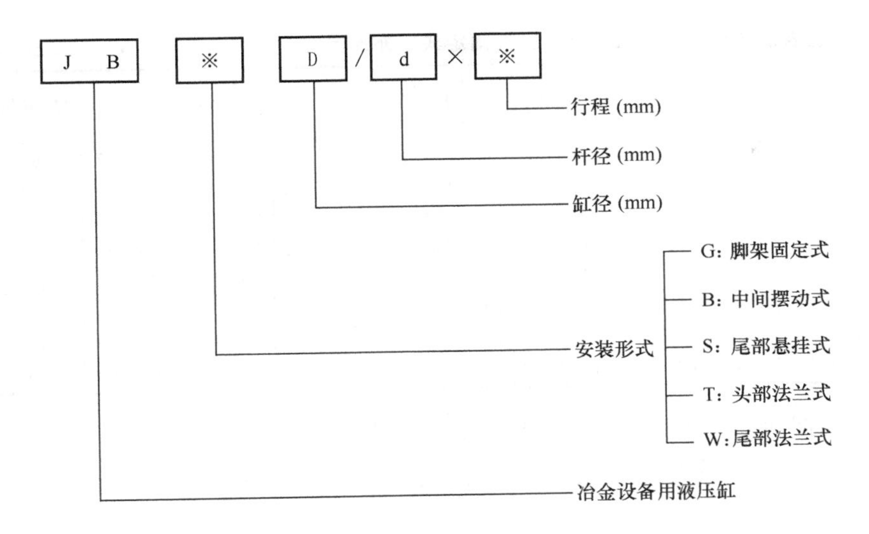

（2）技术规格（见表 3.3-50）

表 3.3-50 JB 系列冶金设备液压缸技术规格

缸径/mm	杆径/mm	工作压力/MPa						最大行程/mm				
		6.3		10		16		安装形式				
		推力/kN	拉力/kN	推力/kN	拉力/kN	推力/kN	拉力/kN	G	B	S	T	W
50	28	12.40	8.50	19.60	13.50	31.40	21.60	1000	630	400	1000	450
63	36	19.64	13.22	31.17	20.99	49.90	33.58	1250	800	550	1250	630
80	45	31.67	21.70	50.30	34.00	80.00	55.00	1600	1000	800	1600	800
100	56	49.50	34.00	78.50	54.00	125.70	86.30	2000	1250	1000	2000	1000
125	70	77.30	53.20	122.70	84.20	196.35	135.00	2500	1600	1250	2500	1250
160	90	126.70	86.60	201.00	137.40	321.70	220.00	3200	2000	1600	3200	1800
200	110	197.90	138.00	314.00	219.20	502.70	350.00	3600	2500	2000	3600	2000
250	140	309.25	212.27	490.90	330.93	785.40	539.00	4750	3200	2500	4750	2800

（3）外形尺寸

① G 型液压缸（脚架固定式）外形尺寸（见图 3.3-39 和表 3.3-51）

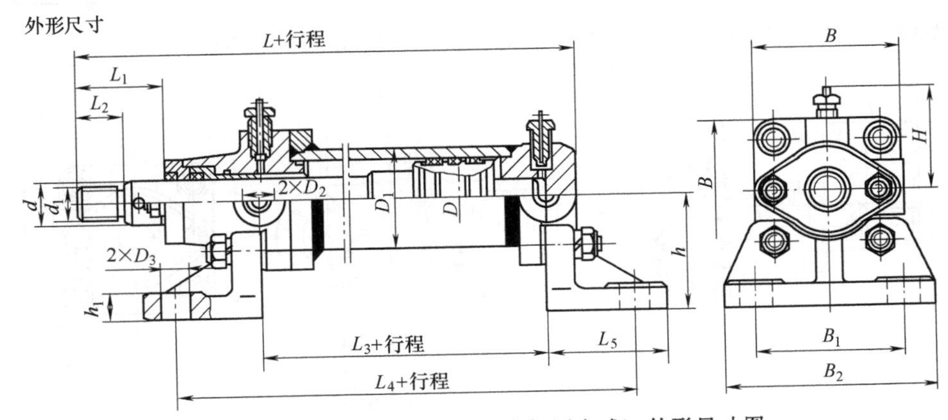

图 3.3-39 G 型液压缸（脚架固定式）外形尺寸图

表 3.3-51　G 型液压缸（脚架固定式）外形尺寸

/mm

液压缸内径 D	d	D_1	D_2	D_3	d_1	L	L_1	L_2	L_3	L_4	L_5	B	B_1	B_2	h	h_1	H(近似)
50	28	63.5	M18×1.5	18	M22×1.5	245	55	30	110	220	75	90	90	130	75	17	66
63	35	76	M22×1.5	22	M27×2	290	65	40	131	261	85	115	105	145	90	20	79
80	45	102	M27×2	25	M33×2	340	80	50	160	310	100	140	120	170	105	22	92
100	55	121	M27×2	32	M42×2	390	95	60	180	360	120	165	200	260	125	28	105
125	70	152	M33×2	40	M52×2	460	105	70	203	413	140	210	210	280	150	30	127
160	90	194	M33×2	45	M68×2	560	140	100	254	490	168	260	320	420	200	40	152
200	110	245	M42×2	50	M85×3	675	165	110	285	545	190	310	400	520	235	50	177
250	140	299	M48×2	60	M100×3	790	200	130	345	705	240	360	400	520	260	52	202

② B 型液压缸（中间摆动式）外形尺寸（见图 3.3-40 和表 3.3-52）

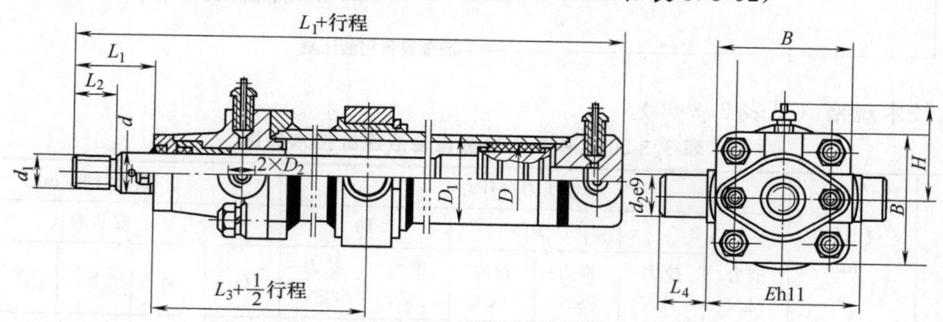

图 3.3-40　B 型液压缸（中间摆动式）外形尺寸图

表 3.3-52　B 型液压缸（中间摆动式）外形尺寸

/mm

液压缸内径 D	d	D_1	D_2	d_1	d_2	L	L_1	L_2	L_3	L_4	B	E	H(近似)
50	28	63.5	M18×1.5	M22×1.5	30	245	55	30	125.5	30	90	105	66
63	35	76	M22×1.5	M27×2	35	290	65	40	147.5	35	115	120	79
80	45	102	M27×2	M33×2	40	340	80	50	162	40	140	155	92
100	55	121	M27×2	M42×2	50	390	95	60	197.5	50	165	185	105
125	70	152	M33×2	M52×2	50	460	105	70	233	50	210	220	127
160	90	194	M33×2	M68×2	60	560	140	100	265	60	260	285	152
200	110	245	M42×2	M85×3	80	675	165	110	330	80	310	340	177
250	140	299	M48×2	M100×3	100	790	200	130	375	100	360	415	202

③ S 型液压缸（尾部悬挂式）外形尺寸（见图 3.3-41 和表 3.3-53）

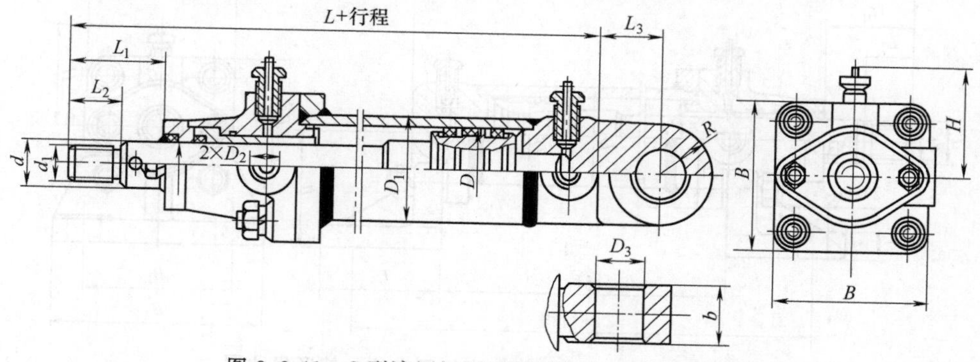

图 3.3-41　S 型液压缸（尾部悬挂式）外形尺寸图

表 3.3-53 S 型液压缸（尾部悬挂式）外形尺寸 /mm

液压缸内径 D	d	D_1	D_2	d_1	D_3	L	L_1	L_2	L_3	R	B	b	H（近似）
50	28	63.5	M18×1.5	M22×1.5	30	245	55	30	35	30	90	35	66
63	35	76	M22×1.5	M27×2	35	290	65	40	40	35	115	45	79
80	45	102	M27×2	M33×2	40	340	80	50	45	40	140	45	92
100	55	121	M27×2	M42×2	50	390	95	60	60	50	165	65	105
125	70	152	M33×2	M52×2	50	460	105	70	60	50	210	70	127
160	90	194	M33×2	M68×2	60	560	140	100	70	60	260	70	152
200	110	245	M42×2	M85×3	80	675	165	110	90	80	310	90	177
250	140	299	M48×2	M100×3	100	790	200	130	110	100	360	120	202

④ T 型液压缸（头部法兰式）外形尺寸（见图 3.3-42 和表 3.3-54）

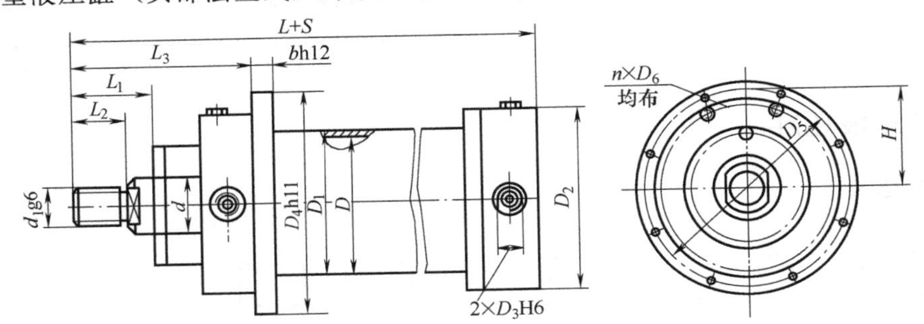

图 3.3-42 T 型液压缸（头部法兰式）外形尺寸图

表 3.3-54 T 型液压缸（头部法兰式）外形尺寸 /mm

D	d	d_1	D_1	D_2	D_3	D_4	D_5	D_6	L	L_1	L_2	L_3	b	n	H
50	28	M22×1.5	63.5	106	M18×1.5	170	140	11	245	55	34.5	141	30	5	65
63	36	M27×2	76	120	M22×1.5	198	160	13.5	290	65	42	168	35	5	72
80	45	M33×2	102	136	M27×2	214	176	13.5	340	70	51	190	35	8	80
100	56	M42×2	121	160	M27×2	258	210	17.5	390	85	62	215	45	8	92
125	70	M56×2 (M52×2)	152	188	M33×2	310	250	22	460	105	81	268	45	8	106
160	90	M72×3 (M68×2)	194	266	M33×2	365	295	26	560	135	94	325	60	10	145
200	100	M90×3 (M85×3)	245	322	M42×2	504	414	33	675	145	115	365	75	10	173
250	140	M100×3	299	370	M48×2	585	478	39	790	185	121	450	85	10	187

注：括号内的尺寸为原标准（JB 2162—77）规定的尺寸，新设计时尽量不采用。

⑤ W 型液压缸（尾部法兰式）外形尺寸（见图 3.3-43 和表 3.3-55）

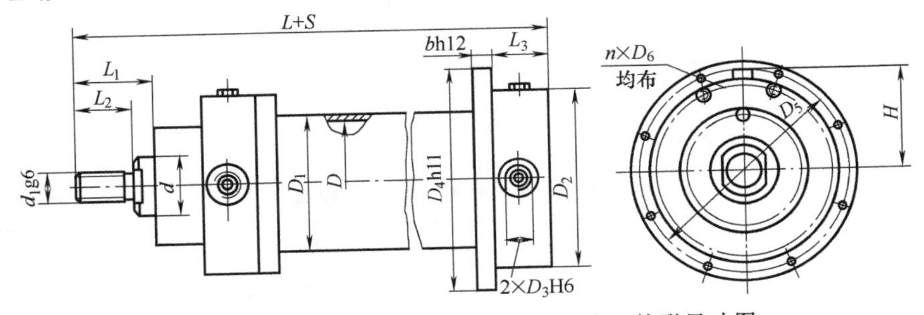

图 3.3-43 W 型液压缸（尾部法兰式）外形尺寸图

表 3.3-55 W 型液压缸（尾部法兰式）外形尺寸

/mm

D	d	d_1	D_1	D_2	D_3	D_4	D_5	D_6	L	L_1	L_2	L_3	b	n	H
50	28	M22×1.5	63.5	106	M18×1.5	170	140	11	245	55	34.5	141	30	5	65
63	36	M27×2	76	120	M22×1.5	198	160	13.5	290	65	42	168	35	5	72
80	45	M33×2	102	136	M27×2	214	176	13.5	340	70	51	190	35	8	80
100	56	M42×2	121	160	M27×2	258	210	17.5	390	85	62	215	45	8	92
125	70	M56×2 (M52×2)	152	188	M33×2	310	250	22	460	105	81	268	45	8	106
160	90	M72×3 (M68×2)	194	266	M33×2	365	295	26	560	135	94	325	60	10	145
200	100	M90×3 (M85×3)	245	322	M42×2	504	414	33	675	145	115	365	75	10	173
250	140	M100×3	299	370	M48×2	585	478	39	790	185	121	450	85	10	187

注：括号内的尺寸为原标准（JB 2162—77）规定的尺寸，新设计时尽量不采用。

6.2.4 YG 型液压缸

（1）型号意义

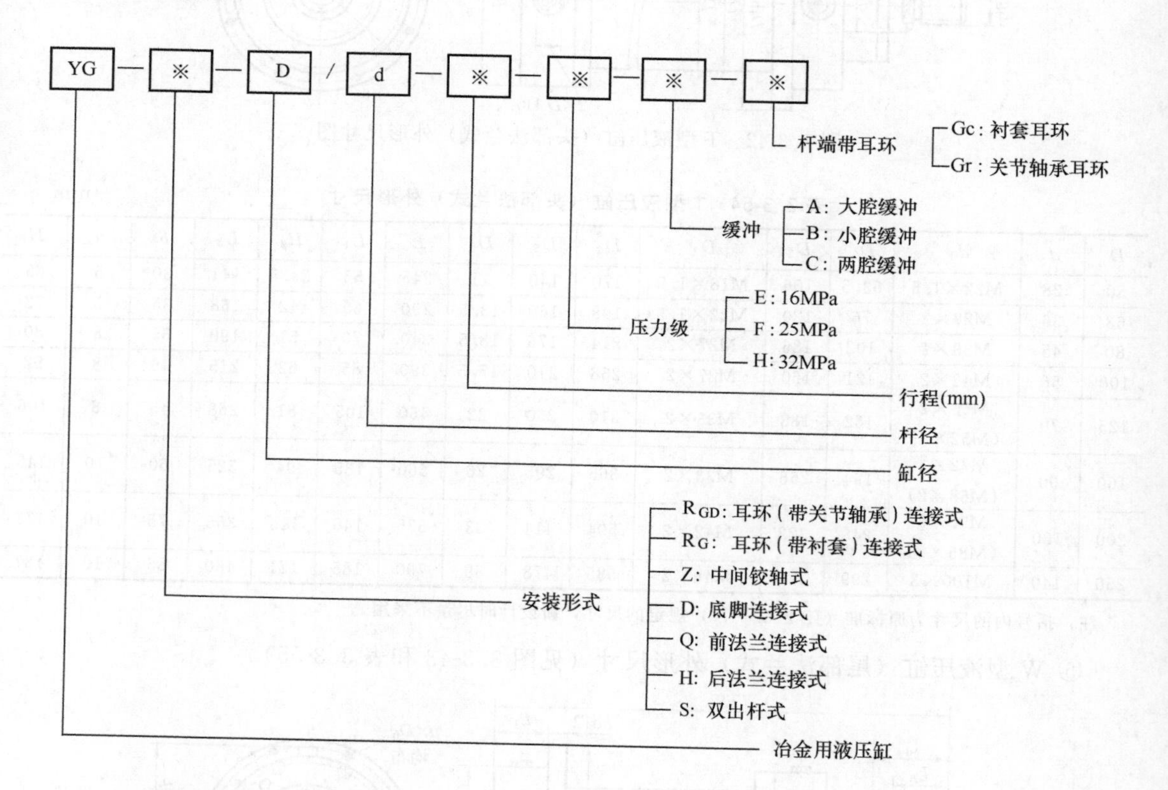

（2）技术规格（见表 3.3-56）

表 3.3-56 YG 型液压缸技术规格

/mm

工作压力/MPa	E:16,F:25,H:32
工作介质	矿物液压油，水-乙二醇，磷酸酯
工作油度	−20～+100

（3）外形尺寸

① YG-R 型液压缸外形尺寸（见图 3.3-44 和表 3.3-57）

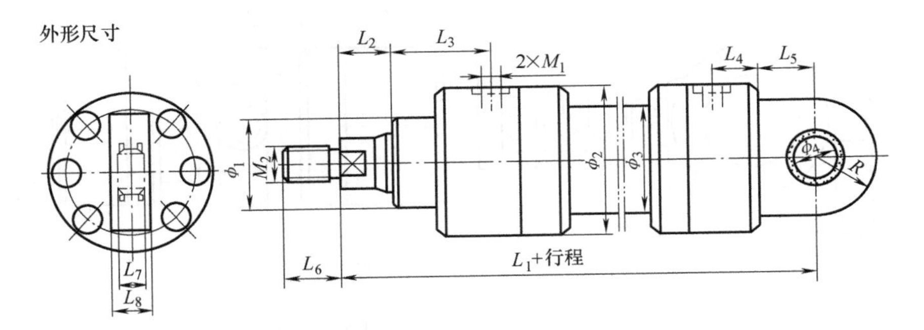

图 3.3-44 YG-R 型液压缸外形尺寸图

表 3.3-57 YG-R 型液压缸外形尺寸 /mm

缸径	杆径	ϕ_1	ϕ_2	ϕ_3	ϕ_4	R	M_1	M_2	L_1	L_2	L_3	L_4	L_5	L_6	L_7	L_8	GR
40	22	55	86	52	25	30	M22×1.5	M18×2	305	28	97	27	30	30	20	27	25
	25																
	28																
50	28	65	104	65	30	40	M22×1.5	M24×2	337	32	100	32	35	40	22	30	30
	32																
	36																
63	36	75	122	80	35	46	M27×2	M30×2	370	33	105	40	40	50	25	35	35
	40																
	45																
80	45	90	144	95	40	55	M27×2	M39×3	410	37	110	50	50	60	28	37	40
	50																
	56																
100	56	110	170	120	50	65	M33×2	M50×3	475	40	130	58	60	70	35	44	50
	63																
	70																
125	70	135	210	145	60	82	M42×2	M64×3	540	48	135	62	70	80	44	55	60
	80																
140	90	155	235	165	70	92	M42×2	M80×3	590	48	140	67	85	90	49	62	70
	100																
160	100	180	268	190	80	105	M48×2	M90×3	640	51	145	70	100	100	55	66	80
	110																
180	110	200	296	210	90	120	M48×2	M100×3	690	50	155	80	110	120	60	72	90
	125																
200	125	225	325	235	100	130	M48×2	M110×3	740	56	155	85	120	140	70	80	100
	140																
220	140	250	360	260	110	145	M48×2	M120×4	800	57	160	95	130	160	70	80	110
	160																
250	160	285	405	295	120	165	M48×2	M140×4	915	65	190	100	150	180	85	95	120
	180																
280	180	315	452	330	140	185	M48×2	M160×4	975	65	190	115	170	200	90	100	140
	200																
320	200	365	520	375	160	220	M48×2	M180×4	1050	65	190	120	200	220	105	125	160
	220																

注：表中 GR 是指配关节轴承耳环 GR 时对应型号规格。

② YG-Z 型液压缸外形尺寸（见图 3.3-45 和表 3.3-58）

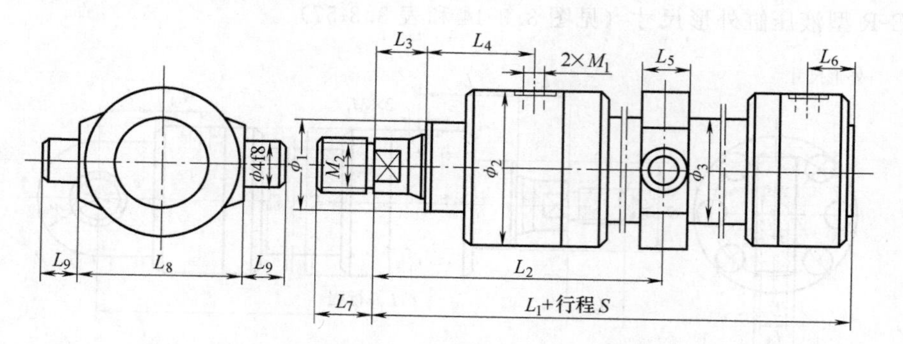

图 3.3-45　YG-Z 型液压缸外形尺寸图

表 3.3-58　YG-Z 型液压缸外形尺寸

/mm

缸径	杆径	ϕ_1	ϕ_2	ϕ_3	ϕ_4	M_1	M_2	L_1	L_{2min}	L_{2max}	L_3	L_4	L_5	L_6	L_7	L_8	L_9	GR
40	22	55	86	52	25	M22×1.5	M18×2	280	200	173+S	28	97	30	32	30	95	20	25
	25																	
	28																	
50	28	65	104	65	30	M22×1.5	M24×2	307	215	184+S	32	100	35	37	40	115	25	30
	32																	
	36																	
63	36	75	122	80	35	M27×2	M30×2	335	231	192+S	33	105	40	45	50	135	30	35
	40																	
	45																	
80	45	90	144	95	40	M27×2	M39×3	365	252	195+S	37	110	45	55	60	155	35	40
	50																	
	56																	
100	56	110	170	120	50	M33×2	M50×3	420	297	218+S	40	130	55	63	70	180	40	50
	63																	
	70																	
125	70	135	210	145	60	M42×2	M64×3	480	327	246+S	48	135	65	72	80	210	50	60
	80																	
	90																	
140	90	155	235	165	70	M42×2	M80×3	515	347	251+S	48	140	75	77	90	240	60	70
	100																	
160	100	180	268	190	80	M48×2	M90×3	550	373	253+S	51	145	90	80	100	270	70	80
	110																	
180	110	200	296	210	90	M48×2	M100×3	590	402	258+S	50	155	120	90	120	310	80	90
	125																	
200	125	225	325	235	100	M48×2	M110×4	630	428	263+S	56	155	110	95	140	350	90	100
	140																	
220	140	250	360	260	120	M48×2	M120×4	680	453	274+S	57	160	130	105	160	390	100	110
	160																	
250	160	285	405	295	140	M48×2	M140×4	775	524	289+S	65	190	150	110	180	440	110	120
	180																	
280	180	315	452	330	170	M48×2	M160×4	815	559	301+S	65	190	180	125	200	500	130	140
	200																	
320	200	365	520	375	200	M48×2	M180×4	860	586	316+S	65	190	210	130	220	570	150	160
	220																	

③ YG-D 型液压缸外形尺寸（见图 3.3-46 和表 3.3-59）

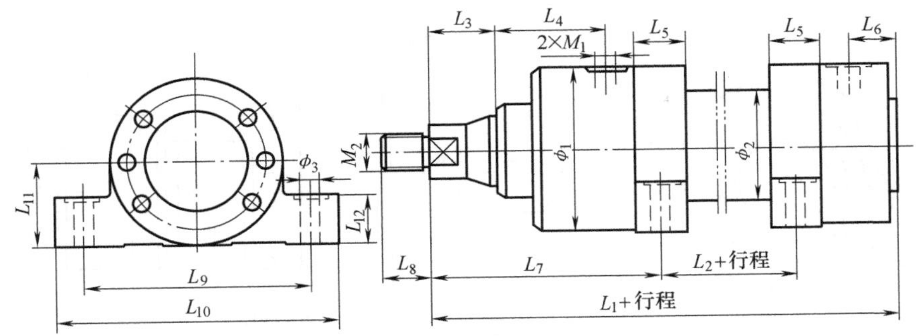

图 3.3-46　YG-D 型液压缸外形尺寸图

表 3.3-59　YG-D 型液压缸外形尺寸　/mm

缸径	杆径	ϕ_1	ϕ_2	ϕ_3	M_1	M_2	L_1	L_2	L_3	L_4	L_5	L_6	L_7	L_8	L_9	L_{10}	L_{11}	L_{12}	GR
40	22	86	52	11	M22×1.5	M18×2	280	52	30	97	25	32	161.5	30	115	145	50	25	25
	25																		
	28																		
50	28	104	65	13.5	M22×1.5	M24×2	307	58	35	100	30	36	172	40	140	175	60	30	30
	32																		
	36																		
63	36	122	80	15.5	M27×2	M30×2	335	55	40	105	35	40	187.5	50	160	200	70	35	35
	40																		
	45																		
80	45	144	95	17.5	M27×2	M39×3	365	50	50	110	40	46	205	60	185	230	80	40	40
	50																		
	56																		
100	56	170	120	20	M33×2	M50×3	420	40	60	130	45	55	247.5	70	215	265	95	50	50
	63																		
	70																		
125	70	210	145	24	M42×2	M64×3	480	56	70	135	55	72	269.5	80	260	315	115	60	60
	80																		
	90																		
140	90	235	165	26	M42×2	M80×3	515	41	85	140	60	78	297	90	295	355	130	65	70
	100																		
160	100	268	190	30	M48×2	M90×3	550	26	100	145	65	84	324.5	100	335	400	145	70	80
	110																		
180	110	296	210	33	M48×2	M100×3	590	16	110	155	70	91	352	120	370	445	160	80	90
	125																		
200	125	325	235	39	M48×2	M110×4	630	11	120	155	80	98	372	140	410	500	175	90	100
	140																		
220	140	360	260	45	M48×2	M120×4	680	18	130	160	90	105	391	160	460	560	195	100	110
	160																		
250	160	405	295	52	M48×2	M140×4	775	13	150	190	100	112	456	180	520	630	220	110	120
	180																		
280	180	452	330	52	M48×2	M160×4	815	−17	170	190	110	125	491	200	570	680	245	120	140
	200																		
320	200	520	375	62	M48×2	M180×4	860	−46	200	190	120	138	528	220	660	800	280	140	160
	220																		

④ YG-Q 型液压缸外形尺寸（见图 3.3-47 和表 3.3-60）

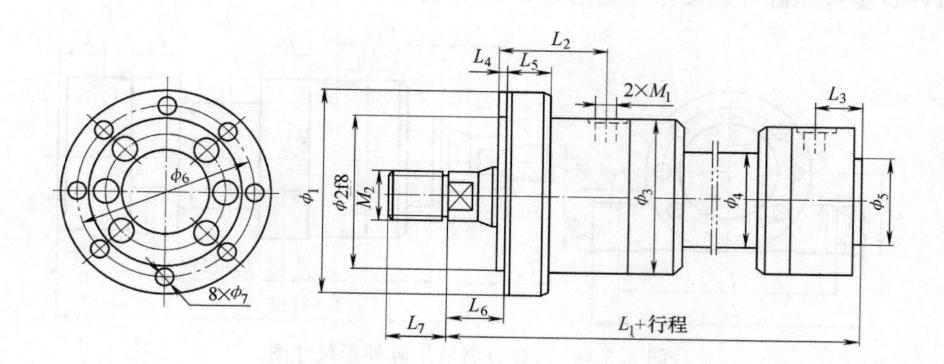

图 3. 3-47 YG-Q 型液压缸外形尺寸图

表 3. 3-60 YG-Q 型液压缸外形尺寸

/mm

缸径	杆径	ϕ_1	ϕ_2	ϕ_3	ϕ_4	ϕ_5	ϕ_6	ϕ_7	M_1	M_2	L_1	L_2	L_3	L_4	L_5	L_6	L_7	GR
40	22	130	90	86	52	55	110	8.4	M22×1.5	M18×2	280	97	32	5	30	33	30	25
	25																	
	28																	
50	28	160	110	104	65	65	135	10.5	M22×1.5	M24×2	307	100	37	5	35	37	40	30
	32																	
	36																	
63	36	180	130	122	80	75	155	13	M27×2	M30×2	335	105	45	5	40	38	50	35
	40																	
	45																	
80	45	210	150	144	95	90	180	15	M27×2	M39×3	365	110	55	5	45	42	60	40
	50																	
	56																	
100	56	250	180	170	120	110	215	17	M33×2	M50×3	420	130	63	5	50	45	70	50
	63																	
	70																	
125	70	300	220	210	145	135	260	21	M42×2	M64×3	480	135	72	10	55	58	80	60
	80																	
	90																	
140	90	335	245	235	165	155	290	23	M42×2	M80×3	515	140	77	10	60	58	90	70
	100																	
160	100	380	280	268	190	180	330	25	M48×2	M90×3	550	145	80	10	70	61	100	80
	110																	
180	110	420	310	296	210	200	365	28	M48×2	M100×3	590	155	90	10	80	60	120	90
	125																	
200	125	460	340	325	235	225	400	31	M48×2	M110×4	630	155	95	10	90	66	140	100
	140																	
220	140	520	380	360	260	250	450	37	M48×2	M120×4	680	160	105	10	100	67	160	110
	160																	
250	160	570	430	405	295	285	500	37	M48×2	M140×4	775	190	110	10	110	75	180	120
	180																	
280	180	660	480	452	330	315	570	43	M48×2	M160×4	815	190	125	10	120	75	200	140
	200																	
320	200	750	550	520	375	365	650	50	M48×2	M180×4	860	190	130	10	130	75	220	160
	220																	

⑤ YG-H 型液压缸外形尺寸（见图 3.3-48 和表 3.3-61）

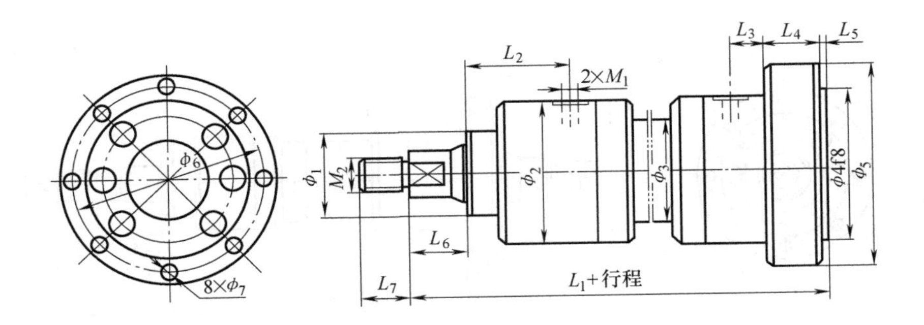

图 3.3-48　YG-H 型液压缸外形尺寸图

表 3.3-61　YG-H 型液压缸外形尺寸　/mm

缸径	杆径	ϕ_1	ϕ_2	ϕ_3	ϕ_4	ϕ_5	ϕ_6	ϕ_7	M_1	M_2	L_1	L_2	L_3	L_4	L_5	L_6	L_7	GR
40	22	55	86	52	90	130	110	8.4	M22×1.5	M18×2	310	97	27	30	5	28	30	25
	25																	
	28																	
50	28	65	104	65	110	160	135	10.5	M22×1.5	M24×2	342	100	32	35	5	32	40	30
	32																	
	36																	
63	36	75	122	80	130	180	155	13	M27×2	M30×2	375	105	40	40	5	33	50	35
	40																	
	45																	
80	45	90	144	95	150	210	180	15	M27×2	M39×2	410	110	50	45	5	37	60	40
	50																	
	56																	
100	56	110	170	120	180	250	215	17	M33×2	M50×3	470	130	58	50	10	40	70	50
	63																	
	70																	
125	70	135	210	145	220	300	260	21	M42×2	M64×3	535	135	62	55	10	48	80	60
	80																	
	90																	
140	90	155	235	165	245	335	290	23	M42×2	M80×3	575	140	67	60	10	48	90	70
	100																	
160	100	180	268	190	280	380	330	25	M48×2	M90×3	620	145	70	70	10	51	100	80
	110																	
180	110	200	296	210	310	420	365	28	M48×2	M100×3	670	155	80	80	10	50	120	90
	125																	
200	125	225	325	235	340	460	400	31	M48×2	M110×4	720	155	85	90	10	56	140	100
	140																	
220	140	250	360	260	380	520	450	37	M48×2	M120×4	780	160	95	100	10	57	160	110
	160																	
250	160	285	405	295	430	570	500	37	M48×2	M140×4	885	190	100	110	10	65	180	120
	180																	
280	180	315	452	330	480	660	570	43	M48×2	M160×2	935	190	115	120	10	65	200	140
	200																	
320	200	365	520	375	550	750	650	50	M48×2	M180×4	1050	190	120	130	10	65	220	160
	220																	

⑥ YG-S 型液压缸外形尺寸（见图 3.3-49 和表 3.3-62）

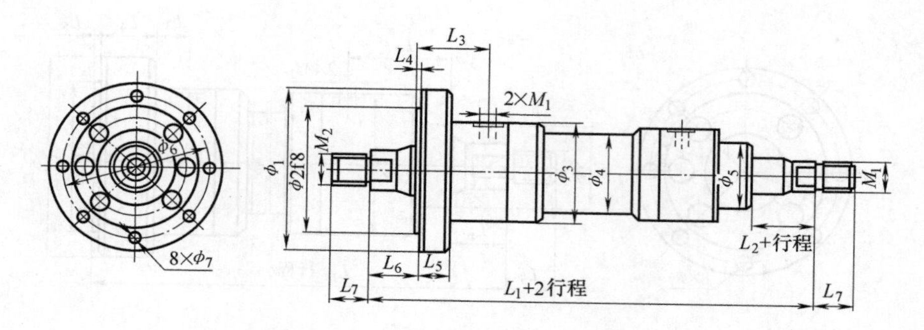

图 3.3-49 YG-S 型液压缸外形尺寸图

表 3.3-62 YG-S 型液压缸外形尺寸

/mm

缸径	杆径	ϕ_1	ϕ_2	ϕ_3	ϕ_4	ϕ_5	ϕ_6	ϕ_7	M_1	M_2	L_1	L_2	L_3	L_4	L_5	L_6	L_7	GR
40	22	130	90	86	52	55	110	8.4	M22×1.5	M18×2	373	28	97	5	30	33	30	25
	25																	
	28																	
50	28	160	110	104	65	65	135	10.5	M22×1.5	M24×2	399	32	100	5	35	37	40	30
	32																	
	36																	
63	36	180	130	122	80	75	155	13	M27×2	M30×2	423	33	105	5	40	38	50	35
	40																	
	45																	
80	45	210	150	144	95	90	180	15	M27×2	M39×3	447	37	110	5	45	42	60	40
	50																	
	56																	
100	56	250	180	170	120	110	215	17	M33×2	M50×3	515	40	130	5	50	45	70	50
	63																	
	70																	
125	70	300	220	210	145	135	260	21	M42×2	M64×3	573	48	135	10	55	58	80	60
	80																	
	90																	
140	90	335	245	235	165	155	290	23	M42×2	M80×3	598	48	140	10	60	58	90	70
	100																	
160	100	380	280	268	190	180	330	25	M48×2	M90×3	626	51	145	10	70	61	100	80
	110																	
180	110	420	310	296	210	200	365	28	M48×2	M100×3	660	50	155	10	80	60	120	90
	125																	
200	125	460	340	325	235	225	400	31	M48×2	M110×3	691	56	155	10	90	66	140	100
	140																	
220	140	520	380	360	260	250	450	37	M48×2	M120×4	727	57	160	10	100	67	160	110
	160																	
250	160	570	430	405	295	285	500	37	M48×2	M140×4	840	65	190	10	110	75	180	120
	180																	
280	180	660	480	452	330	315	570	43	M48×2	M160×4	860	65	190	10	120	75	200	140
	200																	
320	200	750	550	520	375	365	650	50	M48×2	M180×4	875	65	190	10	130	75	220	160
	220																	

6.2.5 UY型液压缸

（1）型号意义

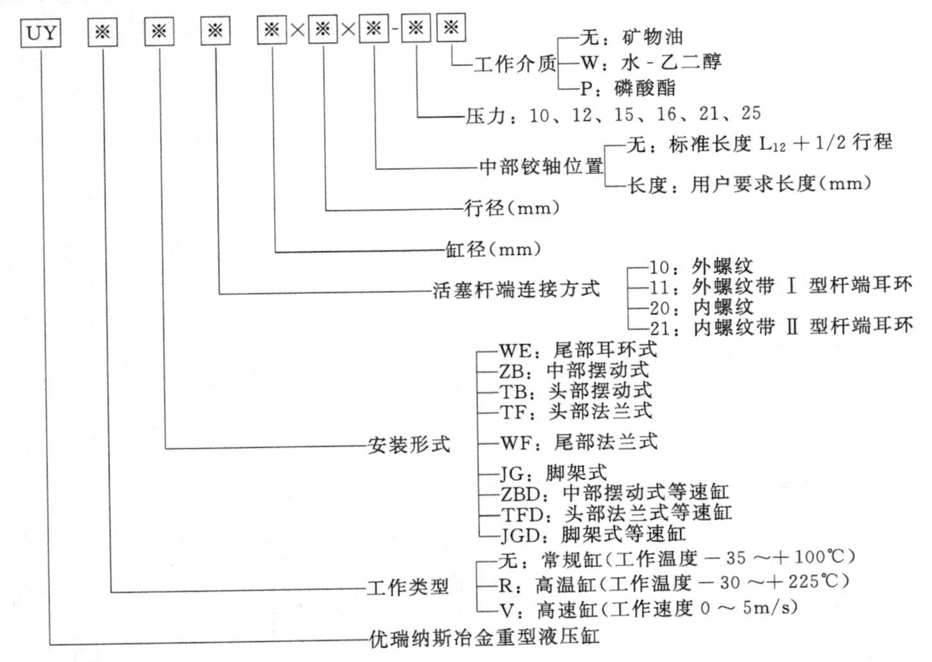

（2）技术规格（见表3.3-63）

表3.3-63 UY型液压缸技术规格

(缸内径/活塞杆径)/(mm/mm)	活塞面积/cm²	活塞杆端环形面积/cm²	工作压力/MPa									
			10.0		12.5		16.0		21.0		25.0	
			推力/kN	拉力/kN	推力/kN	拉力/kN	推力/kN	拉力/kN	推力/kN	拉力/kN	推力/kN	拉力/kN
40/28	12.57	6.41	12.57	6.41	15.71	8.01	20.11	10.25	26.39	13.46	31.42	16.12
50/36	19.63	9.46	19.63	9.46	24.54	11.82	31.42	15.13	41.23	19.86	49.09	23.64
63/45	31.17	15.27	31.17	15.27	38.97	19.09	49.88	24.43	65.46	32.06	77.93	38.17
80/56	50.27	25.64	50.27	25.64	62.83	32.05	80.42	41.02	105.56	53.84	125.66	64.09
100/70	78.54	40.06	78.54	40.06	98.17	50.07	125.66	64.09	164.93	84.12	196.35	100.14
125/90	122.72	59.1	122.72	59.1	153.4	73.88	196.35	94.57	257.71	124.12	306.8	147.76
140/100	153.94	75.4	153.94	75.4	192.42	94.25	246.3	120.64	323.27	158.34	384.85	188.5
160/110	201.06	106.03	201.06	106.03	251.33	132.54	321.7	169.65	422.23	222.67	502.65	265.08
180/125	254.47	131.75	254.47	131.75	318.09	164.69	407.15	210.81	534.38	276.68	636.17	329.39
200/140	314.16	160.23	314.16	160.23	392.7	200.28	502.65	256.36	659.73	336.47	785.4	400.57
220/160	380.13	179.08	380.13	179.08	475.17	223.85	608.21	286.52	798.28	376.06	950.33	447.69
250/180	490.87	236.41	490.87	236.41	613.59	295.52	785.4	378.26	1030.84	496.47	1227.18	591.03
280/200	615.75	301.6	615.75	301.6	769.69	377	985.2	482.56	1293.08	633.37	1539.38	754.01
320/220	804.25	424.13	804.25	424.13	1005.31	530.16	1286.8	678.6	1688.92	890.67	2010.62	1060.32
360/250	1017.88	527.02	1017.88	527.02	1272.35	658.77	1628.6	843.23	2137.54	1106.74	2544.69	1317.54
400/280	1256.64	640.9	1256.64	640.9	1570.8	801.13	2010.62	1025.45	2638.94	1345.9	3141.59	1602.26

注：生产厂为天津优瑞纳斯液压缸有限公司。

(3) 外形尺寸

① 中部摆动式（ZB）液压缸外形尺寸（见图 3.3-50 和表 3.3-64）

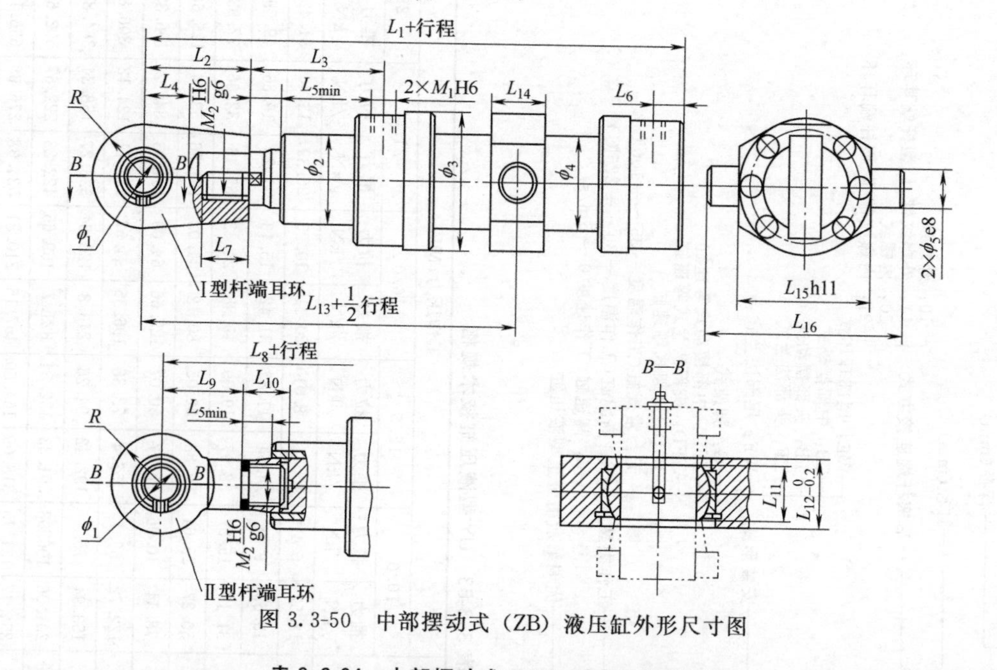

图 3.3-50　中部摆动式（ZB）液压缸外形尺寸图

表 3.3-64　中部摆动式（ZB）液压缸外形尺寸

/mm

缸径	杆径	ϕ_1	ϕ_2	ϕ_3	ϕ_4	ϕ_5	R	GR	M_1	M_2	L_1	L_2	L_3	L_4	L_5	L_6	L_7	L_8	L_9	L_{10}	L_{11}	L_{12}	L_{13}	L_{14}	L_{15}	L_{16}
40	28	25	58	90	58	25	30	25	M22×1.5	M18×2	345	65	127	30	28	32	30	310	30	32	20	27	251.5	30	95	135
50	36	30	70	108	70	30	40	30	M22×1.5	M24×2	387	80	137	35	32	39	40	347	40	42	22	30	281	35	115	165
63	45	35	80	126	83	35	46	35	M27×1.5	M30×2	430	95	145	40	33	45	50	382	47	52	25	35	309	40	135	195
80	56	40	100	148	108	40	55	40	M27×2	M39×3	466	115	164	50	37	45	58	420	55	62	28	37	343.5	45	155	225
100	70	50	120	176	127	50	65	50	M33×2	M50×3	560	140	170	60	40	63	70	490	70	73	35	44	403.5	55	180	260
125	90	60	150	220	159	60	82	60	M42×2	M64×3	628	160	215.5	70	48	55	80	556	76	83	44	55	455.5	65	225	325
140	100	70	167	246	178	70	92	70	M42×2	M80×3	700	185	235	85	48	75	86	600	85	93	49	62	498	75	250	370
160	110	80	190	272	194	80	105	80	M48×2	M90×3	760	210	251.5	100	51	58	100	644	94	103	55	66	543	90	275	415
180	125	90	210	300	219	90	120	90	M48×2	M100×3	840	250	263	110	51	80	120	710	120	125	60	72	603	100	350	530
200	140	100	230	330	245	100	130	100	M48×2	M110×4	910	280	281	120	56	75	140	770	140	145	70	80	653	110	350	530
220	160	110	255	365	270	120	145	110	M48×2	M120×4	990	310	306	130	57	105	160	832	152	165	70	80	706	130	390	590
250	180	120	295	410	299	140	165	120	M48×2	M140×4	1135	360	377	150	65	85	180	965	190	185	85	95	820	150	440	660
280	200	140	318	462	325	170	185	140	M48×2	M160×4	1215	400	385	170	65	138	200	1010	195	205	90	100	872.5	180	500	760
320	220	160	390	525	375	200	220	160	M48×2	M180×4	1320	460	408	200	65	120	220	1088	228	225	105	120	952.5	210	570	870
360	250	180	404	560	420	200	250	180	M48×2	M200×4	1377	480	390	220	65	135	240	1085	220	245	105	120	980.5	220	580	920
400	280	200	469	625	470	200	280	200	M48×2	M220×4	1447	520	415	240	65	140	260	1192	234	265	110	130	986	220	640	1040

② 尾部耳环式（WE）液压缸外形尺寸（见图 3.3-51 和表 3.3-65）

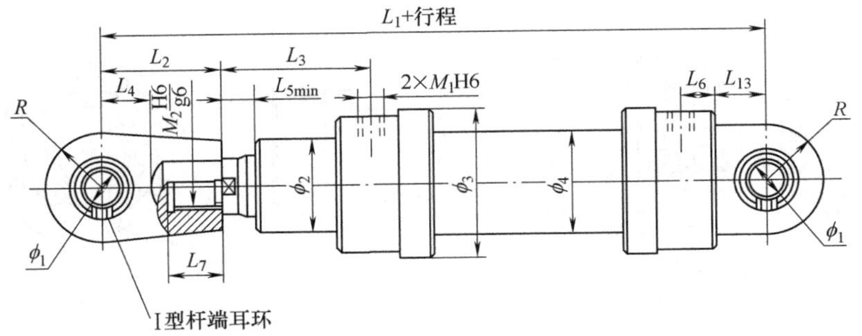

图 3.3-51 尾部耳环式（WE）液压缸外形尺寸图

表 3.3-65 尾部耳环式（WE）液压缸外形尺寸 /mm

缸径	40	50	63	80	100	125	140	160	180	200	220	250	280	320	360	400
杆径	28	36	45	56	70	90	100	110	125	140	160	180	200	220	250	280
L_1	370	417	465	525	615	700	775	850	940	1020	1110	1275	1375	1510	1560	1655
L_6	27	34	40	54	58	57.5	65	48	70	65	95	75	128	120	88	88
L_8	335	377	417	465	545	616	675	734	810	880	952	1105	1170	1278	1270	1339
L_{13}	30	35	40	50	60	70	85	100	110	120	130	150	170	200	230	260

注：其他尺寸代号与中部摆动式（ZB）相同。

③ 头部摆动式（TB）液压缸外形尺寸（见图 3.3-52 和表 3.3-66）

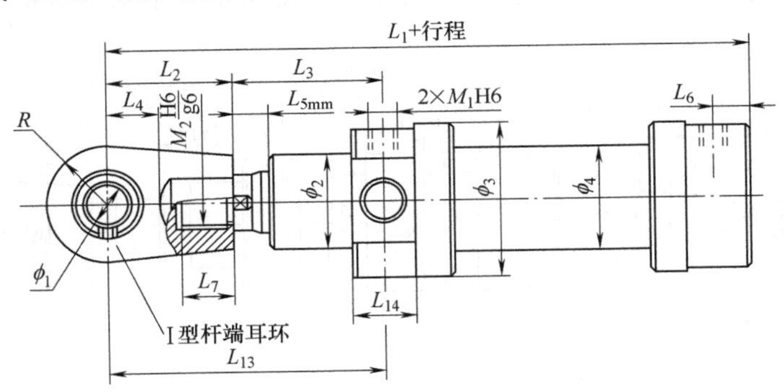

图 3.3-52 头部摆动式（TB）液压缸外形尺寸图

表 3.3-66 头部摆动式（TB）液压缸外形尺寸 /mm

缸径	40	50	63	80	100	125	140	160	180	200	220	250	280	320	360	400
杆径	28	36	45	56	70	90	100	110	125	140	160	180	200	220	250	280
L_{13}	190	212	233	262	310	343	373	406	456	491	527	615	655	715	767	827

注：其他尺寸代号与中部摆动式（ZB）相同。

④ 头部法兰式（TF）液压缸外形尺寸（见图 3.3-53 和表 3.3-67）

表 3.3-67 头部法兰式（TF）液压缸外形尺寸 /mm

缸径	40	50	63	80	100	125	140	160	180	200	220	250	280	320	360	400
杆径	28	36	45	56	70	90	100	110	125	140	160	180	200	220	250	280
ϕ_5	8.4	10.5	13	15	17	21	23	25	28	31	37	37	43	50	50	52
ϕ_6	110	135	155	180	215	160	290	330	365	400	450	500	570	650	650	730
ϕ_7	90	110	130	150	180	220	245	280	310	340	380	430	480	550	560	640
ϕ_8	130	160	180	210	250	300	335	380	420	460	520	570	660	750	780	820
L_{13}	98	117	133	157	185	218	243	271	311	346	377	435	475	535	555	595
L_{14}	30	35	40	45	50	55	60	70	80	90	100	110	120	130	130	150
L_{15}	5	5	5	5	5	10	10	10	10	10	10	10	10	10	10	10

注：其他尺寸代号与中部摆动式（ZB）相同。

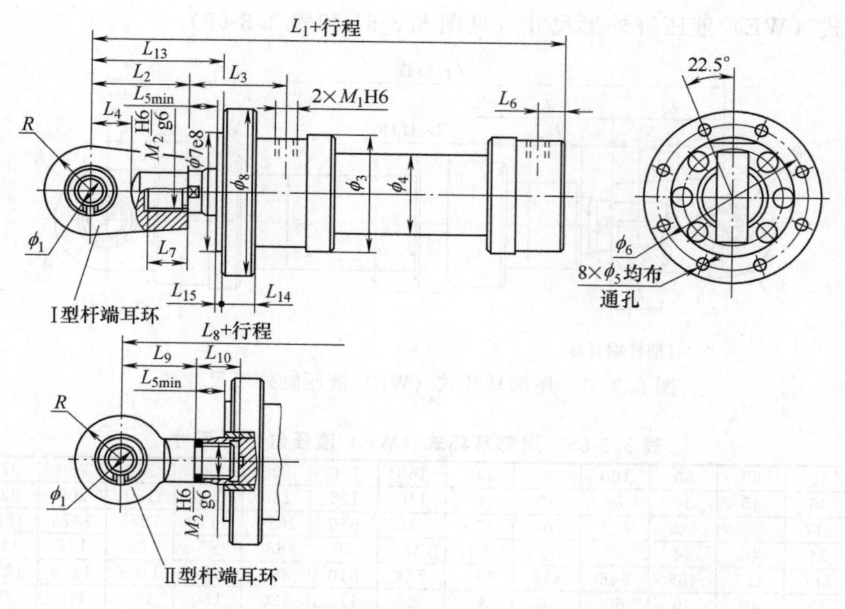

图 3.3-53　头部法兰式（TF）液压缸外形尺寸图

⑤ 中部摆动式等速（ZBD）液压缸外形尺寸（见图 3.3-54 和表 3.3-68）

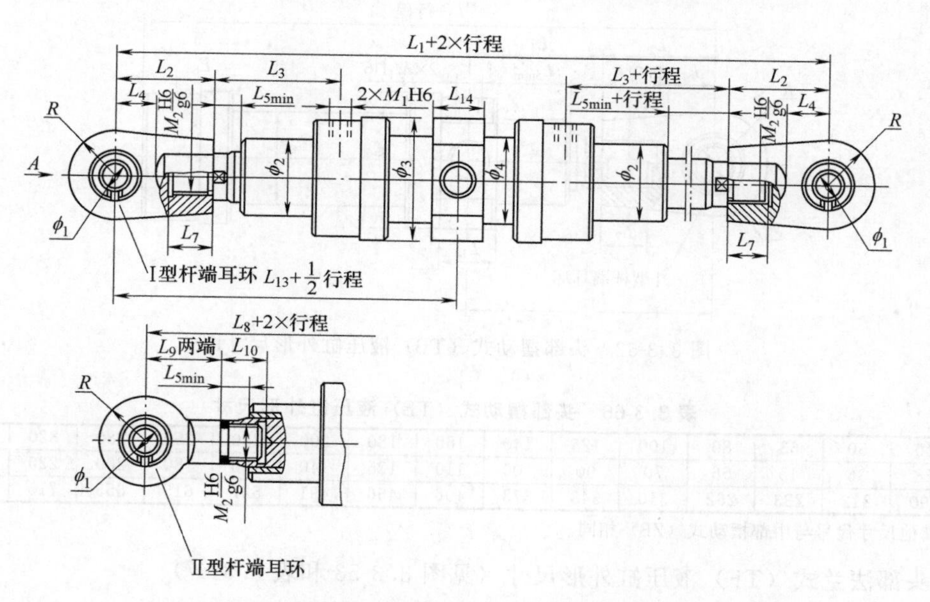

图 3.3-54　中部摆动式等速（ZBD）液压缸外形尺寸图

表 3.3-68　中部摆动式等速（ZBD）液压缸外形尺寸　/mm

缸径	40	50	63	80	100	125	140	160	180	200	220	250	280	320	360	400
杆径	28	36	45	56	70	90	100	110	125	140	160	180	200	220	250	280
L_1	503	562	618	687	807	911	996	1086	1206	1306	1412	1640	1745	1905	1977	2092
L_8	433	482	522	567	667	743	796	854	946	1026	1096	1300	1335	1441	1457	1520

注：其他尺寸代号与中部摆动式（ZB）相同。

⑥ 脚架固定式（JG）液压缸外形尺寸（见图 3.3-55 和表 3.3-69）

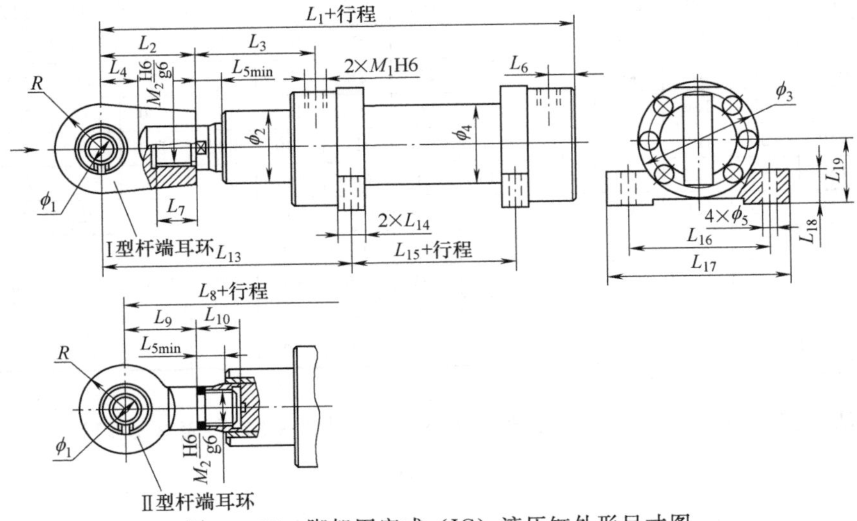

图 3.3-55 脚架固定式（JG）液压缸外形尺寸图

表 3.3-69 脚架固定式（JG）液压缸外形尺寸 /mm

缸径	40	50	63	80	100	125	140	160	180	200	220	250	280	320	360	400
杆径	28	36	45	56	70	90	100	110	125	140	160	180	200	220	250	280
ϕ_5	11	13.5	15.5	17.5	20	24	26	30	33	39	45	52	52	62	62	70
L_{13}	226.5	252	282.5	320	367.5	343	373	406	456	491	527	615	655	715	767	827
L_{14}	25	30	35	40	45	55	60	65	70	80	90	100	110	120	120	130
L_{15}	52	61	60	60	72	225	250	274	294	324	348	410	435	475	475	485
L_{16}	115	140	160	185	215	260	295	335	370	410	460	520	570	660	695	750
L_{17}	145	175	200	230	265	315	355	400	445	500	560	630	680	800	835	870
L_{18}	25	30	35	40	50	60	65	70	80	90	100	110	120	140	150	160
L_{19}	50	60	70	80	95	115	130	145	160	175	195	220	245	280	310	340

注：其他尺寸代号与中部摆动式（ZB）相同。

⑦ 尾部法兰式（WF）液压缸外形尺寸（见图 3.3-56 和表 3.3-70）

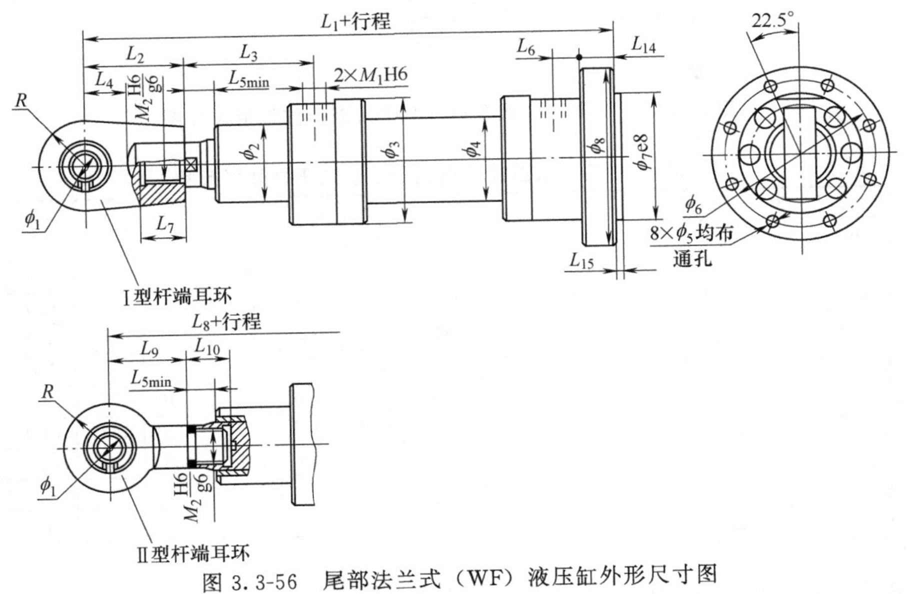

图 3.3-56 尾部法兰式（WF）液压缸外形尺寸图

表 3.3-70 尾部法兰式（WF）液压缸外形尺寸

/mm

缸径	40	50	63	80	100	125	140	160	180	200	220	250	280	320	360	400
杆径	28	36	45	56	70	90	100	110	125	140	160	180	200	220	250	280
ϕ_5	8.4	10.5	13	15	17	21	23	25	28	31	37	37	43	50	50	52
ϕ_6	110	135	155	180	215	260	290	330	365	400	450	500	570	650	650	730
ϕ_7	90	110	130	150	180	220	245	280	310	340	380	430	480	550	560	640
ϕ_8	130	160	180	210	250	300	335	380	420	460	520	570	660	750	780	820
L_1	370	417	465	520	605	685	750	820	910	990	1080	1235	1325	1400	1497	1587
L_6	27	34	40	54	58	47.5	65	48	70	65	95	75	128	170	125	130
L_8	335	377	417	460	535	601	650	704	780	850	922	1065	1120	1268	1302	1366
L_{14}	30	35	40	45	50	55	60	70	80	90	100	110	120	130	130	150
L_{15}	5	5	5	5	5	10	10	10	10	10	10	10	10	10	10	10

注：其他尺寸代号与中部摆动式（ZB）相同。

⑧ 头部法兰式等速（TFD）液压缸外形尺寸（见图 3.3-57 和表 3.3-71）

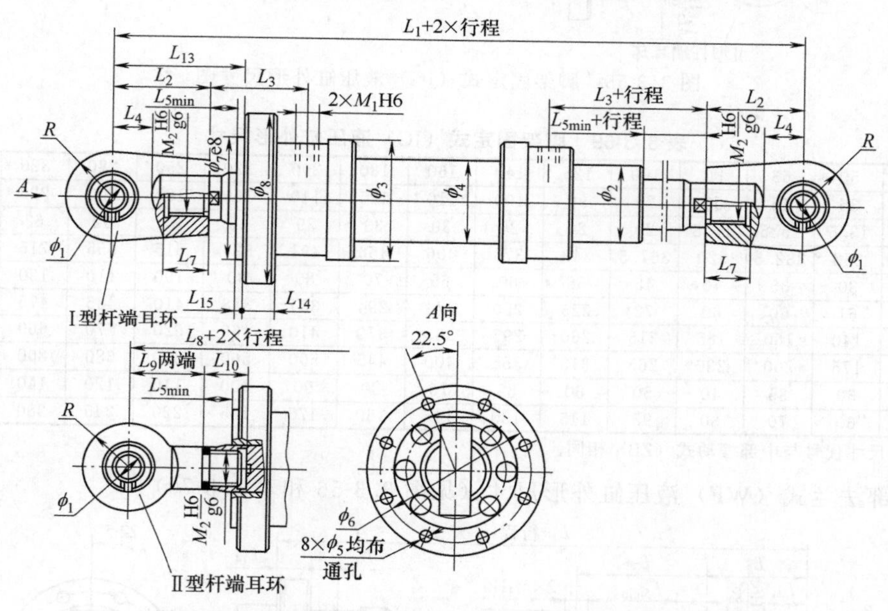

图 3.3-57 头部法兰式等速（TFD）液压缸外形尺寸图

表 3.3-71 头部法兰式等速（TFD）液压缸外形尺寸

/mm

缸径	40	50	63	80	100	125	140	160	180	200	220	250	280	320	360	400
杆径	28	36	45	56	70	90	100	110	125	140	160	180	200	220	250	280
ϕ_5	8.4	10.5	13	15	17	21	23	25	28	31	37	37	43	50	50	52
ϕ_6	110	135	155	180	215	260	290	330	365	400	450	500	570	650	650	730
ϕ_7	90	110	130	150	180	220	245	280	310	340	380	430	480	550	560	640
ϕ_8	130	160	180	210	250	300	335	380	420	460	520	570	660	750	780	820
L_1	503	562	618	687	807	911	996	1086	1206	1306	1412	1640	1745	1905	1977	2092
L_8	433	482	522	567	667	743	796	854	946	1026	1096	1300	1335	1441	1457	1520
L_{13}	98	117	133	157	185	218	243	271	311	346	377	435	475	535	555	595
L_{14}	30	35	40	45	50	55	60	70	80	90	100	110	120	130	130	150
L_{15}	5	5	5	5	5	10	10	10	10	10	10	10	10	10	10	10

注：其他尺寸代号与中部摆动式（ZB）相同。

⑨ 脚架固定式等速（JGD）液压缸外形尺寸（见图 3.3-58 和表 3.3-72）

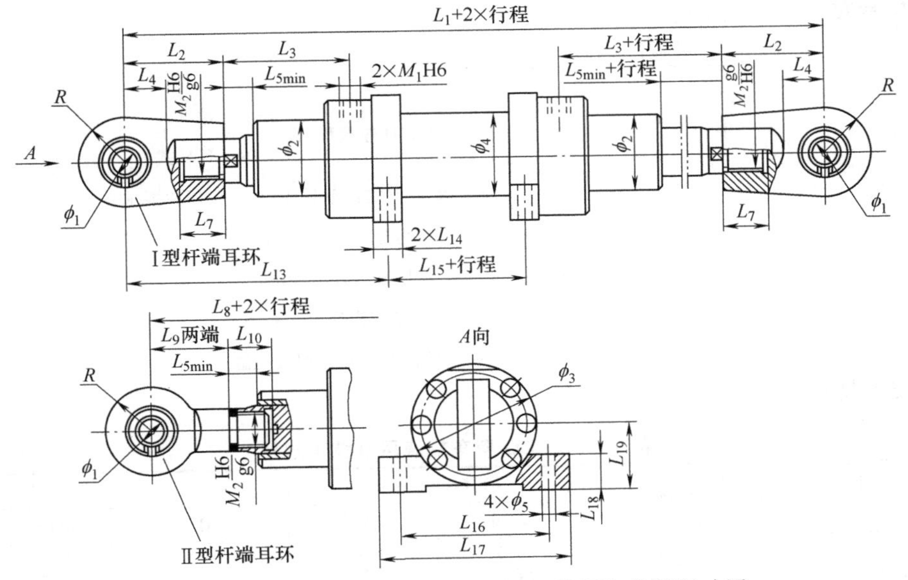

图 3.3-58 脚架固定式等速（JGD）液压缸外形尺寸图

表 3.3-72 脚架固定式等速（JGD）液压缸外形尺寸 /mm

缸径	40	50	63	80	100	125	140	160	180	200	220	250	280	320	360	400
杆径	28	36	45	56	70	90	100	110	125	140	160	180	200	220	250	280
ϕ_5	11	13.5	15.5	17.5	20	24	26	30	33	39	45	52	52	62	62	70
L_1	505	565	625	700	807	911	996	1086	1206	1306	1402	1640	1745	1905	2009	2139
L_8	433	482	522	567	667	743	796	854	946	1026	1096	1300	1335	1441	1457	1520
L_{13}	226.5	252	282.5	320	343	367.5	373	406	456	491	527	615	655	715	767	827
L_{14}	25	30	35	40	45	55	60	65	70	80	90	100	110	120	120	130
L_{15}	52	61	60	60	72	225	250	274	294	324	348	410	435	475	475	485
L_{16}	115	140	160	185	215	260	295	335	370	410	460	520	570	660	695	750
L_{17}	145	175	200	230	265	315	355	400	445	500	560	630	680	800	835	870
L_{18}	25	30	35	40	50	60	65	70	80	90	100	110	120	140	150	160
L_{19}	50	60	70	80	95	115	130	145	160	175	195	220	245	280	310	340

注：其他尺寸代号与中部摆动式（ZB）相同。

6.3 车辆用液压缸系列

6.3.1 DG 型车辆用液压缸

（1）DG 型车辆用液压缸结构图（见图 3.3-59）

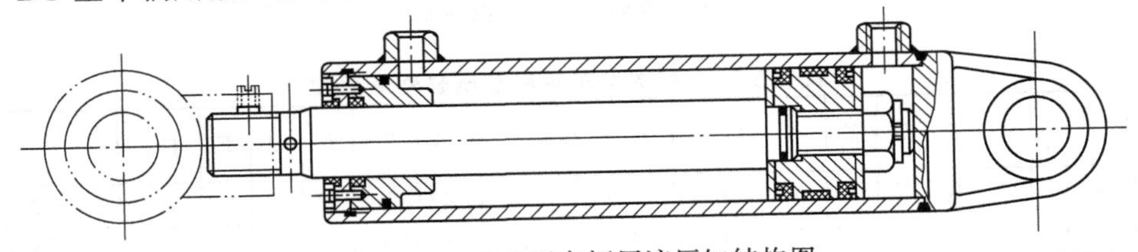

图 3.3-59 DG 型车辆用液压缸结构图

（2）型号意义

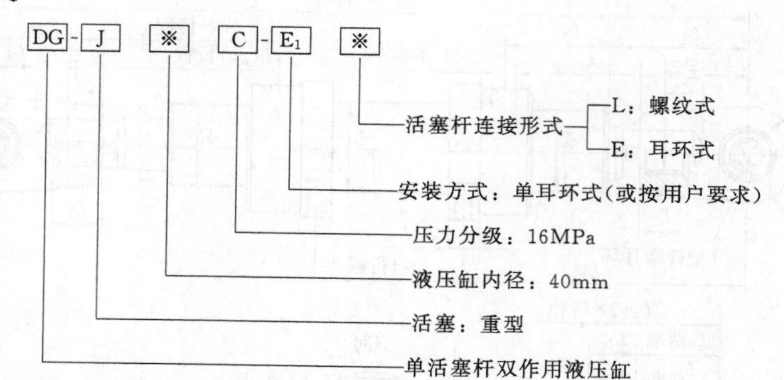

（3）技术规格（见表 3.3-73）

表 3.3-73　DG 型车辆液压缸技术规格

型　号	缸径/mm	杆径/mm	活塞面积/cm²		推力/N	拉力/N	最大行程/mm
			大端	小端	16MPa	16MPa	
DG-JB40E-※-※	40	22	12.57	8.63	20160	13800	1500
DG-JB50E-※-※	50	28	19.64	13.48	31410	21560	1500
DG-JB63E-※-※	63	35	31.17	21.27	49870	34480	2000
DG-JB80E-※-※	80	45	50.27	34.37	80430	54980	2500
DG-JB100E-※-※	100	55	78.54	53.91	125660	87650	6000
DG-JB110E-※-※	110	63	94.99	63.38	152050	102180	6000
DG-JB125E-※-※	125	70	122.72	83.13	196350	134770	8000
DG-JB140E-※-※	140	80	163.86	103.62	246300	165870	8000
DG-JB150E-※-※	150	85	176.72	119.97	287240	191940	8000
DG-JB160E-※-※	160	90	200.96	136.38	321700	219920	8000
DG-JB180E-※-※	180	100	254.34	175.84	407150	281490	8000
DG-JB200E-※-※	200	110	314.16	219.23	502660	350770	8000
DG-JB220E-※-※	220	125	380.13	257.41	608210	411860	8000
DG-JB250E-※-※	250	140	490.88	336.96	785410	539100	8000
DG-JB280E-※-※	280	150	615.24	438.50	984000	780800	8000
DG-JB320E-※-※	320	180	804.25	549.78	1286800	879650	8000

（4）外形尺寸

① 基本型车辆用 DG 液压缸外形尺寸（见图 3.3-60 和表 3.3-74）

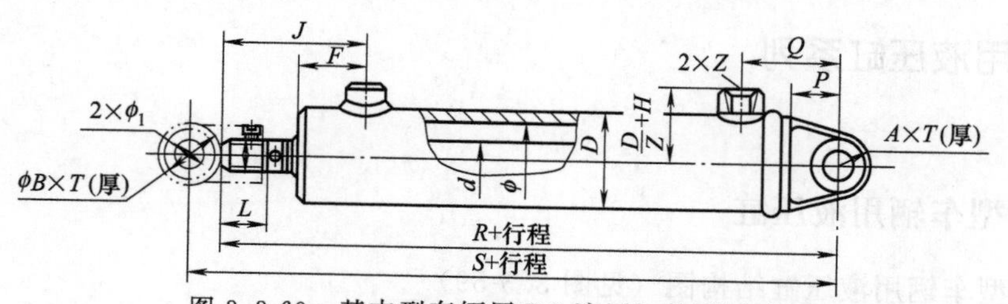

图 3.3-60　基本型车辆用 DG 液压缸外形尺寸图

表 3.3-74　基本型车辆用液压缸外形尺寸

/mm

型号	d	Φ	D	Z	M	L	$\phi B\times T$	$A\times T$	P	Q	F	J	H	R	S	$2\times\phi_1$ 或关节轴承
DG-J40C-E_1※-Y_3	22	40	60	3/8	M20×1.5	29	45×37.5	20×22	27	59	43	88	15	200	266	16D5
DG-J50C-E_1※-Y_3	28	50	70	3/8	M24×1.5	34	56×45	25×28	32	66	52	104	15	242	276	20D5

续表

型号	d	Φ	D	Z	M	L	$\phi B\times T$	$A\times T$	P	Q	F	J	H	R	S	$2\times\phi_1$ 或关节轴承
DG-J63C-E_1※-Y_3	35	63	86	1/2	M30×1.5	36	71×60	35.5×40	40	79	59	114	20	274	317	31.5D5 或 GE30ES
DG-J80C-E_1※-Y_3	45	80	102	1/2	M39×1.5	42	90×75	42.5×50	50	94	57	121	20	306	359	40D5 或 GE40ES
DG-J90C-E_1※-Y_3	50	90	114	1/2	M39×1.5	42	90×75	45×45	50	101	70	142	20	345	396	40D5 或 GE40ES
DG-J100C-E_1※-Y_3	56	100	127	3/4	M48×1.5	62	112×95	53×63	60	111	66	154	24	369	427	50D5 或 GE50ES
DG-J110C-E_1※-Y_3	63	110	140	3/4	M48×1.5	62	112×95	55×75	65	128	83	166	24	407	462	50D5 或 GE50ES
DG-J125C-E_1※-Y_3	71	125	152	3/4	M64×2	70	140×118	67×80	75	136	70	173	24	421	496	63D5 或 GE60ES
DG-J140C-E_1※-Y_3	80	140	168	1	M64×2	70	140×118	65×80	75	147	93	185	25	449	522	63D5 或 GE60ES
DG-J150C-E_1※-Y_3	85	150	194	1	M80×2	80	170×135	75×80	95	169	78	193	25	481	566	71D5 或 GE70ES
DG-J160C-E_1※-Y_3	90	160	194	1	M80×2	80	170×135	75×80	95	169	113	223	25	520	603	71D5 或 GE70ES
DG-J180C-E_1※-Y_3	100	180	219	11/4	M90×2	95	176×160	80×90	95	173	149	269	30	597	687	90D5 或 GE90ES
DG-J200C-E_1※-Y_3	110	200	245	11/4	M90×2	95	210×160	122×100	95	237	165	295	30	687	777	100D5 或 GE100ES

② DG 型车辆用液压缸安装形式及有关尺寸（见图 3.3-61 和表 3.3-75）

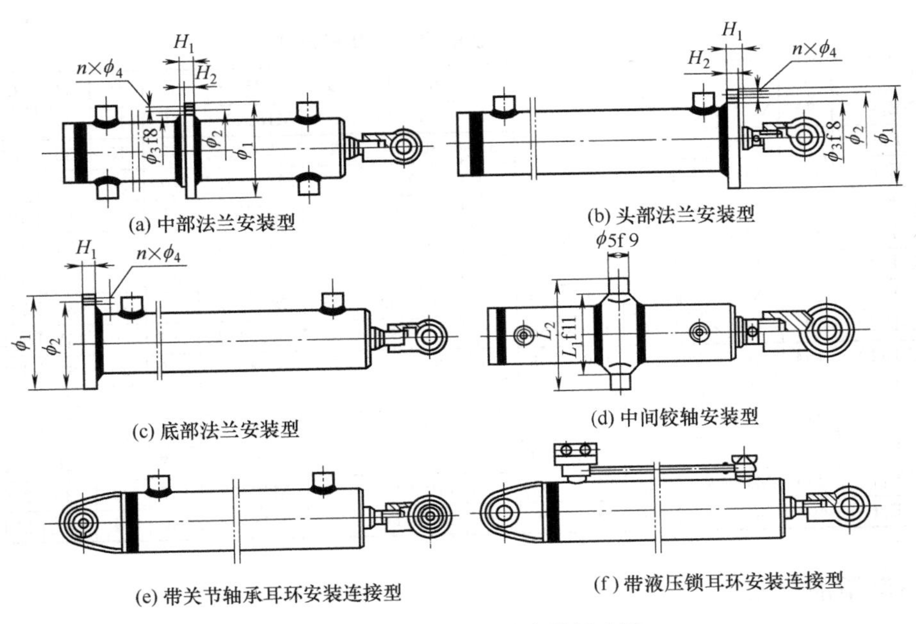

图 3.3-61　安装形式及有关尺寸图

表 3.3-75　DG 型车辆用液压缸安装尺寸

缸径 D /mm	法兰盘推荐尺寸/mm						铰轴推荐尺寸/mm		
	H_1	H_2	ϕ_1	ϕ_2	ϕ_3	$n\times\phi_4$	ϕ_5f9	L_1	L_2
40	23	15	130	115	90	4×ϕ11	25	95	145
50	23	15	140	125	100	4×ϕ11	25	105	155
63	23	15	160	135	110	6×ϕ13.5	60	115	171
80			175	145	115	8×ϕ13.5	40	135	199
90	28	20	190	160	130	8×ϕ15.5	45	150	222
100			210	180	145	8×ϕ18		160	240
110	30	22	225	195	160	8×ϕ18	50	180	270
125			240	210	175	10×ϕ18	60	195	295
140	32	24	260	225	190	10×ϕ20	70	215	325
150	34	26	285	245	205	10×ϕ22		215	325
160	36	28	300	260	220	10×ϕ22	80	240	366
180	38	30	325	285	245	10×ϕ24	90	270	410
200	40	32	365	320	275	10×ϕ26	100	295	455

③ DG 型车辆用液压缸的外形尺寸（见图 3.3-62 和表 3.3-76）

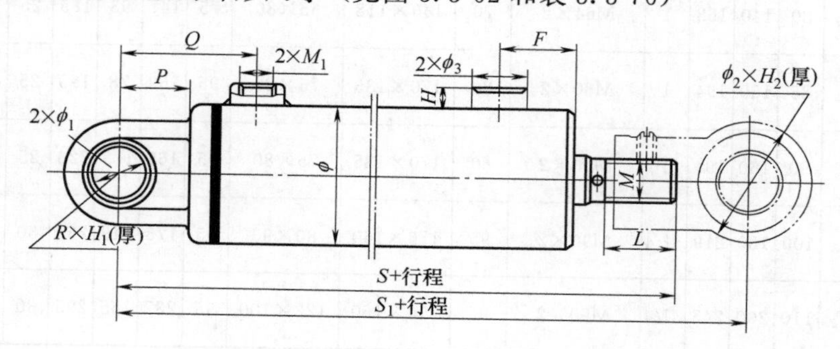

图 3.3-62　DG 型车辆用液压缸外形尺寸图

表 3.3-76　DG 型液压缸外形尺寸

/mm

型号	ϕ	M	L	$\phi_2\times H_2$	ϕ_1	$R\times H_1$	ϕ_3	M_1	F	H	P	Q	S	S_1
DG-J50C-E_1L	70	M24×1.5	33	56×45	20	25×28	30	M18×1.5	52	15	32	65	242	272
DG-J63C-E_1L	83	M30×2	36	60×60	32	30×40	35	22×1.5	67	15	35	70	272	310
DG-J80C-E_1L	102	M42×2	42	80×75	40	40×50	35	M22×1.5	70	15	50	85	308	359
DG-J100C-E_1L	127	M48×2	62	100×95	50	50×63	45	M27×2	81	20	60	102	369	427
DG-J110C-E_1L	140	M56×2	70	115×105	55	55×75	45	M27×2	85	20	65	118	404	472
DG-J125C-E_1L	159	M64×3	73	124×118	63	62×80	45	M27×2	90	20	70	129	421	486
DG-J140C-E_1L	168	M72×3	75	130×125	65	65×80	55	M33×2	95	20	80	144	560	540
DG-J150C-E_1L	185	M80×3	80	140×135	71	71×80	55	M33×2	101	20	81	145	481	565
DG-J160C-E_1L	194	M80×3	85	160×145	80	80×85	55	M33×2	115	20	90	168	528	613
DG-J180C-E_1L	219	M90×3	95	176×160	90	90×95	65	M42×2	126	20	105	185	606	716
DG-J200C-E_1L	245	M100×3	105	184×170	100	100×105	65	M42×2	157	20	110	200	680	800
DG-J220C-E_1L	273	M110×3	112	200×120	100	100×120	65	M42×2	157	20	120	200	693	811
DG-J250C-E_1L	299	M125×4	125	220×130	110	110×136	65	M42×2	157	20	130	210	716	831
DG-J320C-E_1L	402	M160×4	166	280×170	140	140×176	70	M48×2	200	24	160	264	847	1017

6.3.2　G※型液压缸

（1）型号意义

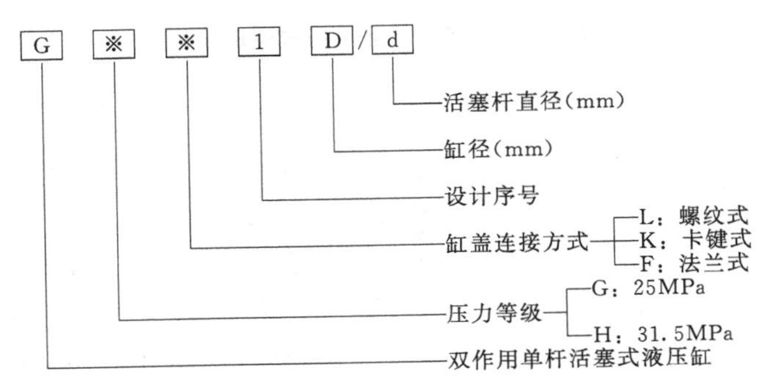

(2) 技术规格（见表 3.3-77）

表 3.3-77 G※型液压缸技术规格

型号	压力/MPa	工作介质	工作油温/℃
GC※1D/d	25	矿油物	−40～+90
GHF1D/d	31.5	—	—

(3) 外形尺寸

① CG※1 型液压缸外形尺寸（见图 3.3-63 和表 3.3-78）

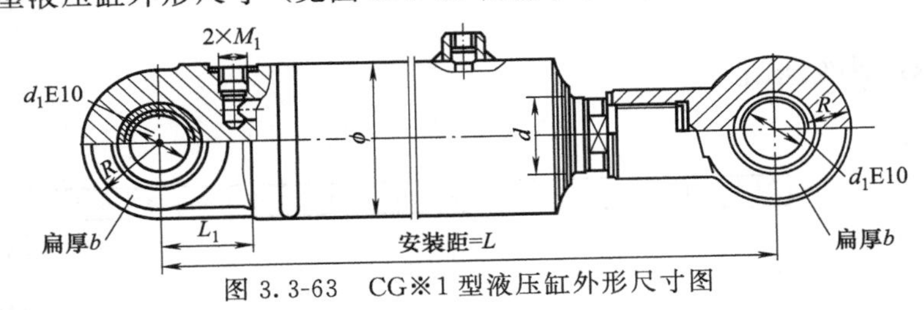

图 3.3-63 CG※1 型液压缸外形尺寸图

表 3.3-78 CG※1 型液压缸外形尺寸 /mm

缸径 D	ϕ	速比 ψ 1.46	1.66	2	d_1	b、L_1	R	$L+S$	M_1
		d			衬套或关节轴承				
80	102	45	50	56	40,GEG40ES	50	52	370+S	M18×1.5
90	114	50	56	63	45,GEG45ES	55	58	400+S	M22×1.5
100	127	56	63	70	50,GEG50ES	60	70	430+S	
110	140	63	70	80	60,GEG60ES	60	70	460+S	
125	152	70	80	90	60,GEG60ES	70	80	500+S	M27×2
140	172	80	90	100	70,GEG70ES	80	90	550+S	
160	194	90	100	110	80,GEG80ES	90	110	600+S	M33×2
180	224	100	110	125	90,GEG90ES	100	115	650+S	
200	245	100	125	140	100,GEG100ES	110	125	700+S	M42×1.5

② CHF1 型液压缸外形尺寸（见图 3.3-64 和表 3.3-79）

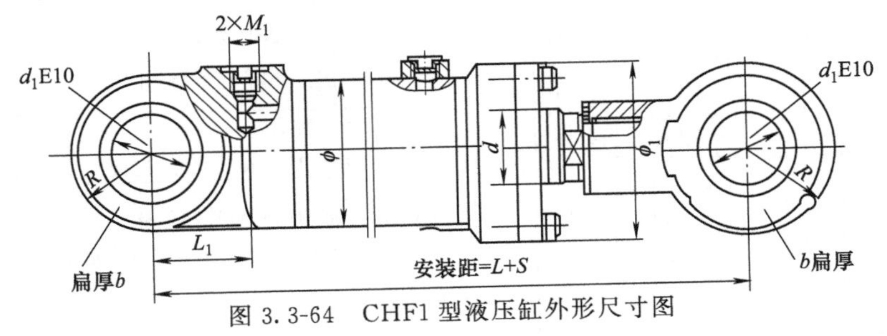

图 3.3-64 CHF1 型液压缸外形尺寸图

表 3.3-79　CHF1 型液压缸外形尺寸

/mm

缸径 D	ϕ	ϕ_1	速比 ψ 1.46	速比 ψ 1.66	速比 ψ 2	d_1	b	R	L_1	$L+S$	M
			d			衬套或关节轴承					
80	102	132	—	50	56▲	45,GEG45ES	45	58	55	400+S	M18×1.5
90	114	142	—	56	63▲	50,GEG50ES	50	68	60	430+S	M22×1.5
100	127	160	56	63	70▲	55,GEG55ES	55	73	65	470+S	
110	140	176	63	70	80▲	60,GEG60ES	60	80	70	500+S	
125	159	190	70	80	90	70,GEG70ES	70	92	80	540+S	M27×2
140	174	215	80	90	100	80,GEG80ES	80	100	90	580+S	
150	184	230	85	95	105	90,GEG90ES	85	105	95	610+S	M33×2
160	200	240	90	100	110	90,GEG90ES	90	115	100	640+S	
180	224	270	100	110	125	100,GEG100ES	100	125	110	700+S	
200	250	300	110	125	140	110,GEG110ES	110	140	120	760+S	M42×2
220	273	330	125	140	160	120,GEG120ES	120	160	130	820+S	
250	308	375	140	160	180	140,GEG140ES	140	180	150	900+S	

注：带▲的安装距为 $L+S+30$。

6.4　重载液压缸

6.4.1　CD/CG 型液压缸

（1）型号意义

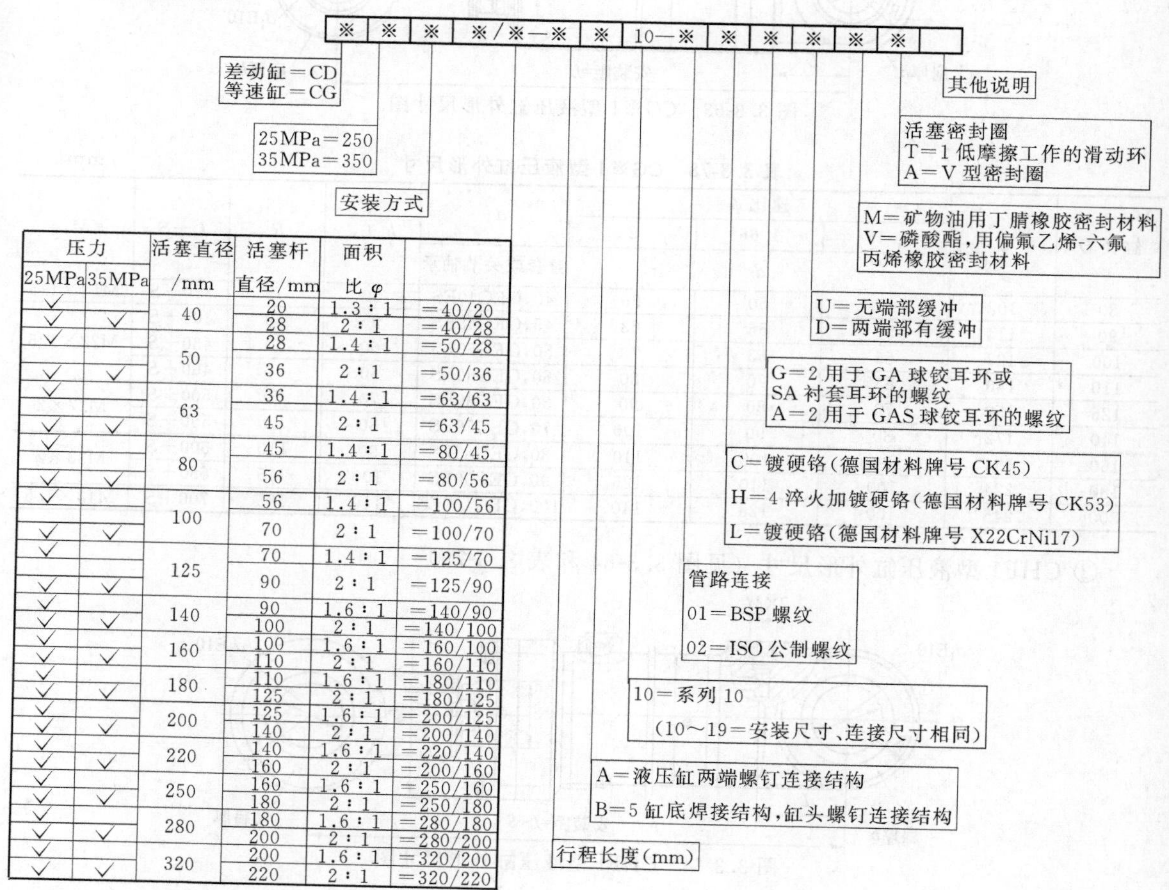

压力 25MPa	压力 35MPa	活塞直径/mm	活塞杆直径/mm	面积比 φ	
✓		40	20	1.3∶1	＝40/20
✓	✓		28	2∶1	＝40/28
✓		50	28	1.4∶1	＝50/28
✓	✓		36	2∶1	＝50/36
✓		63	36	1.4∶1	＝63/63
✓	✓		45	2∶1	＝63/45
✓		80	45	1.4∶1	＝80/45
✓	✓		56	2∶1	＝80/56
✓		100	56	1.4∶1	＝100/56
✓	✓		70	2∶1	＝100/70
✓		125	70	1.4∶1	＝125/70
✓	✓		90	2∶1	＝125/90
✓		140	90	1.6∶1	＝140/90
✓	✓		100	2∶1	＝140/100
✓		160	100	1.6∶1	＝160/100
✓	✓		110	2∶1	＝160/110
✓		180	110	1.6∶1	＝180/110
✓	✓		125	2∶1	＝180/125
✓		200	125	1.6∶1	＝200/125
✓	✓		140	2∶1	＝200/140
✓		220	140	1.6∶1	＝220/140
✓	✓		160	2∶1	＝200/160
✓		250	160	1.6∶1	＝250/160
✓	✓		180	2∶1	＝250/180
✓		280	180	1.6∶1	＝280/180
✓	✓		200	2∶1	＝280/200
✓		320	200	1.6∶1	＝320/200
✓	✓		220	2∶1	＝320/220

(2) 安装方式(见表 3.3-80)

表 3.3-80 CD/CG 型液压缸安装方式

安装方式	液压缸类型	
	CD 型单活塞杆双作用缸	CG 型双活塞杆双作用缸
A:缸底滑动轴承	√	—
B:缸底球铰轴承		
C:缸头法兰	√	√
D:缸底法兰	√	—
E:中间耳轴安装	√	√
F:底座安装	√	√

(3) 技术规格(见表 3.3-81)

表 3.3-81 CD/CG 型液压缸技术规格

工作压力/MPa	25、35	运行速度/(m/s)	0.5(采用特殊密封可达 15m/s)
工作介质	矿物油、水-乙二醇、磷酸酯	生产厂	河南省汝阳县液压机械厂
工作温度/℃	−30～+100		

(4) CD250/CG250 液压缸推(拉)力(见表 3.3-82 和表 3.3-83)

表 3.3-82 CD250/CG250 液压缸推(拉)力(1)

压力/MPa	活塞直径	mm	40		50		63		80		100		125		140	
	活塞杆直径	mm	20	28	28	36	36	45	45	56	56	70	70	90	90	100
—	活塞面积	cm^2	12.56		19.63		31.17		50.26		78.54		122.72		153.94	
	环形面积	cm^2	9.42	6.40	13.47	9.45	20.99	15.27	34.36	25.63	53.91	40.06	84.24	59.10	90.32	75.40
5	推力	kN	6.28		9.82		15.58		25.13		39.27		61.35		76.95	
	拉力	kN	4.71	3.20	6.74	4.73	10.50	7.63	17.18	12.82	26.95	20.03	42.10	29.55	45.15	37.70
10	推力	kN	12.56		19.63		31.17		50.26		78.54		122.72		153.94	
	拉力	kN	9.42	6.40	13.47	9.45	20.99	15.27	34.36	25.63	53.91	40.06	84.24	59.10	90.32	75.40
15	推力	kN	18.84		29.28		46.75		75.40		117.81		184.05		230.85	
	拉力	kN	14.13	9.60	20.22	17.19	31.50	22.89	51.28	38.46	80.85	60.09	126.30	88.65	135.45	113.10
20	推力	kN	25.12		39.28		62.34		100.54		157.08		245.40		307.80	
	拉力	kN	18.84	12.80	26.96	18.65	42.00	30.52	68.72	51.28	107.80	80.12	168.40	117.20	180.60	150.80
25	推力	kN	31.40		49.10		77.90		125.65		196.35		306.75		384.75	
	拉力	kN	23.55	16.00	33.70	23.65	52.50	38.15	85.90	64.10	134.75	100.15	210.50	147.75	225.75	188.40

表 3.3-83 CD250/CG250 液压缸推(拉)力(2)

压力/MPa	活塞直径	mm	160		180		200		220		250		280		320	
	活塞杆直径	mm	100	110	110	125	125	140	140	160	160	180	180	200	200	220
—	活塞面积	cm^2	201.06		254.47		314.16		380.13		490.87		615.75		804.25	
	环形面积	cm^2	122.5	106.0	159.43	131.75	191.4	160.2	226.19	179.07	289.8	236.4	361.28	301.59	490.08	424.11
5	推力	kN	100.5		127.23		157.05		190		245.4		307.8		402.1	
	拉力	kN	61025	53.00	79.7	65.87	95.7	80.10	113	89.53	144.9	118.2	180.6	150.8	245	212
10	推力	kN	201.00		254.47		314.10		380.1		490.87		615.75		804.2	
	拉力	kN	122.50	106.00	159.4	131.75	191.40	160.20	226.2	179	289.8	236.4	361.6	490	424	
15	推力	kN	301.50		381.70		471.15		570.2		736.3		923.63		1206.4	
	拉力	kN	183.75	159.00	239.1	197.6	287.10	240.30	339	268.6	434.7	354.6	541.9	425.4	735.1	636.2
20	推力	kN	402.00		508.94		628.20		760.26		981.7		1231.5		1608.5	
	拉力	kN	245.00	212.00	318.86	263.5	382.80	320.40	452.38	358.14	579.6	472.8	722.56	603.2	980.2	849.2
25	推力	kN	502.50		636.17		785.25		950.33		1227.2		1539.4		2010.0	
	拉力	kN	306.25	265.00	398.57	329.37	478.50	400.50	565.47	447.6	724.5	591	903.2	754	1225.2	1060.3

(5) CD350/CG350 液压缸推（拉）力（见表 3. 3-84 和表 3. 3-85）

表 3. 3-84　CD350/CG350 液压缸推（拉）力（1）

压力/MPa	项目	单位							
	活塞直径	mm	40	50	63	80	100	125	140
	活塞杆直径	mm	28	36	45	56	70	90	100
	活塞面积	cm^2	12.56	19.63	31.17	50.26	78.54	122.72	153.94
	环形面积	cm^2	6.40	9.45	15.27	25.63	40.06	59.10	75.40
5	推力	kN	6.28	9.82	15.58	25.13	39.27	61.35	76.95
	拉力	kN	3.2	4.73	7.63	12.82	20.03	29.55	37.70
10	推力	kN	12.56	19.64	31.17	50.27	78.54	122.72	153.90
	拉力	kN	6.4	9.46	15.26	25.64	40.06	59.10	75.40
15	推力	kN	18.84	29.46	46.75	75.40	117.81	184.05	230.85
	拉力	kN	9.6	14.19	22.89	38.46	60.09	88.65	113.10
20	推力	kN	25.12	39.28	62.34	100.54	157.08	245.40	307.80
	拉力	kN	12.80	18.92	30.52	51.28	80.12	115.20	150.80
25	推力	kN	31.40	49.10	77.90	125.65	196.35	306.75	384.75
	拉力	kN	16.00	23.65	38.15	64.10	100.15	147.75	188.40
30	推力	kN	37.69	58.90	93.5	150.8	235.6	368.1	461.7
	拉力	kN	19.2	28.35	45.8	76.9	120.2	177.3	226.2
35	推力	kN	43.96	68.72	109.1	175.9	274.9	429.5	538.7
	拉力	kN	22.4	33.07	53.4	89.7	140.2	206.9	263.9

表 3. 3-85　CD350/CG350 液压缸推（拉）力（2）

压力/MPa	项目	单位							
	活塞直径	mm	160	180	200	220	250	280	320
	活塞杆直径	mm	110	125	140	160	180	200	220
	活塞面积	cm^2	201.06	254.47	314.16	380.13	490.87	615.75	804.25
	环形面积	cm^2	106.0	131.75	160.2	179.07	236.4	301.59	424.11
5	推力	kN	100.50	127.23	157.05	190	245.4	307.8	402.1
	拉力	kN	53.00	65.87	80.10	89.53	118.2	150.8	212
10	推力	kN	201.00	254.47	314.10	380.1	490.87	615.75	804.2
	拉力	kN	106.00	131.75	160.20	179	236.4	301.6	424
15	推力	kN	301.50	381.70	471.15	570.2	736.3	923.63	1206.4
	拉力	kN	159.00	197.6	240.30	268.6	354.6	452.4	636.2
20	推力	kN	402.00	508.94	628.20	760.26	981.7	1231.5	1608.5
	拉力	kN	212.00	263.5	320.40	358.14	472.8	603.2	848.2
25	推力	kN	502.50	636.17	785.25	950.33	1227.2	1539.4	2010.6
	拉力	kN	265.00	329.37	400.50	447.6	591	754	1060.3
30	推力	kN	603	763.4	942	1140	1470	1847.3	2412.7
	拉力	kN	318	395.1	480.6	537	708	904.77	1270
35	推力	kN	703.5	890.6	1099	1330	1715	2155	2814.8
	拉力	kN	371	460.9	560.7	626.5	826	1056	1484

(6) 外形尺寸

① CD250A、CD250B 液压缸外形尺寸（见图 3. 3-65 和表 3. 3-86）

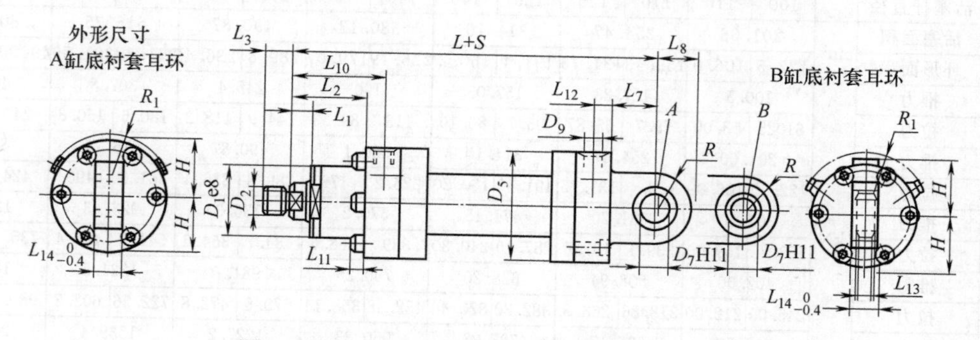

图 3. 3-65　CD250A、CD250B 液压缸外形尺寸图

表 3.3-86　CD250A、CD250B 液压缸外形尺寸

/mm

活塞直径		40	50	63	80	100	125	140	160	180	200	220	250	280	320
活塞杆直径		20/28	28/36	36/45	45/56	56/70	70/90	90/100	100/110	110/125	125/140	140/160	160/180	180/200	200/220
D_1		55	68	75	95	115	135	155	180	200	215	245	280	305	340
D_2	A	M18×2	M24×2	M30×2	M39×3	M50×3	M64×3	M80×3	M90×3	M100×3	M110×4	M120×4	M120×4	M150×4	M160×4
	G	M16×1.5	M22×1.5	M28×1.5	M35×1.5	M45×1.5	M58×1.5	M65×1.5	M80×2	M100×2	M110×2	M120×3	M120×3	M130×3	—
D_5		85	105	120	135	165	200	220	265	290	310	355	395	430	490
D_7		25	30	35	40	50	60	70	80	90	100	110	110	120	140
D_9	01	1/2in BSP	1/2in BSP	3/4in BSP	3/4in BSP	1in BSP	5/4in BSP	5/4in BSP	3/2in BSP	3/2in BSP	3/2in BSP	3/2in BSP	3/2in BSP	3/2in BSP	3/2in BSP
	02	M22×1.5	M22×1.5	M27×2	M27×2	M33×2	M42×2	M42×2	M48×2	M48×2	M48×2	M48×2	M48×2	M48×2	M48×2
活塞直径		40	50	63	80	100	125	140	160	180	200	220	250	280	320
活塞杆直径		20/28	28/36	36/45	45/56	56/70	70/90	90/100	100/110	110/125	125/140	140/160	160/180	180/200	200/220
L		252	265	302	330	385	447	490	550	610	645	750	789	884	980
L_1		17	21	25	15.5	33	32	37/33	40	40/37	40	25	25	35	40
L_2		54	58	67	65	85	97	105	120	130	135	155	165	170	195
L_3	A	30	35	45	55	75	95	110	120	140	150	160	160	190	200
	G	16	22	28	35	45	58	65	80	100	110	120	120	130	—
L_7(A10/B10)		32.5	37.5	45	52.5/50	60	70	75	85	90	115	125	140	150	175
L_8		27.5	32.5	40	50	62.5	70	82	95	113	125	142.5	160	180	200
L_{10}		76	80	89.5	86	112.5	132	145	160	175	180	225	235	270	295
L_{11}		8	10	12	12	16	—	—	—	—	—	—	—	—	—
L_{12}		20.5	20.5	22.5	32.5	32.5	35	40	40	55	40	70	70	99	100
L_{14}		23	28	30	35	40	50	55	60	65	70	80	80	90	110
H		45	55	63	70	82.5	103	112.5	132.5	147.5	157.5	200	180	220	250
R		27.5	32.5	40	50	62.5	65	77	88	103	115	150	132.5	170	190
R_1(A10/B10)		7/16	2/14	2/9	1.5/5	—/11.5	4/—	—	27.5/—	18/—	20/—	—	—	—	—
CD250B	L_{13}	$20_{-0.12}^{0}$	$22_{-0.12}^{0}$	$25_{-0.12}^{0}$	$28_{-0.12}^{0}$	$35_{-0.12}^{0}$	$44_{-0.15}^{0}$	$49_{-0.15}^{0}$	$55_{-0.15}^{0}$	$60_{-0.2}^{0}$	$70_{-0.2}^{0}$	$70_{-0.2}^{0}$	$70_{-0.2}^{0}$	$85_{-0.2}^{0}$	$90_{-0.25}^{0}$
CD250A	系数 X	5	7.5	13	18	34	76	99	163	229	275	417	571	712	1096
	系数 Y	0.011/0.015	0.015/0.019	0.020/0.024	0.030/0.039	0.050/0.060	0.078/0.092	0.105/0.122	0.136/0.156	0.170/0.192	0.220/0.246	0.262/0.299	0.346/0.387	0.387/0.434	0.510/0.562
CD250B	质量/kg	$m=X+Y\times$行程													

注：1. A10 型用螺纹连接缸底，适用于所有尺寸的缸径。

2. B10 型用焊接缸底，只用在≤100mm 的缸径。

3. 缸头外侧采用密封盖，仅用于≥125mm 的缸径。

4. 缸头外侧采用活塞杆导向套，仅用于≤100mm 的缸径。

5. 缸头、缸底与缸筒螺纹连接时，当缸径≤100mm 时，螺钉头均露在法兰外；当缸径>100mm 时，螺钉头凹入缸底法兰内。

6. 单向节流阀和排气阀与水平线夹角 θ

CD350 系列：缸径≤200mm，$\theta=30°$；缸径≥220mm，$\theta=45°$。CD250 系列：除缸径=300mm，$\theta=45°$外，其余均为 30°。

7. G 为采用 GA 球铰耳环或 SA 衬套耳环的螺纹；A 为采用 GAS 球铰耳环的螺纹。

8. 01 为惠式管螺纹；02 为 ISO 公制螺纹。

(以下表注与此表注相同)

② CD250C、CD250D 液压缸外形尺寸（见图 3.3-66 和表 3.3-87）

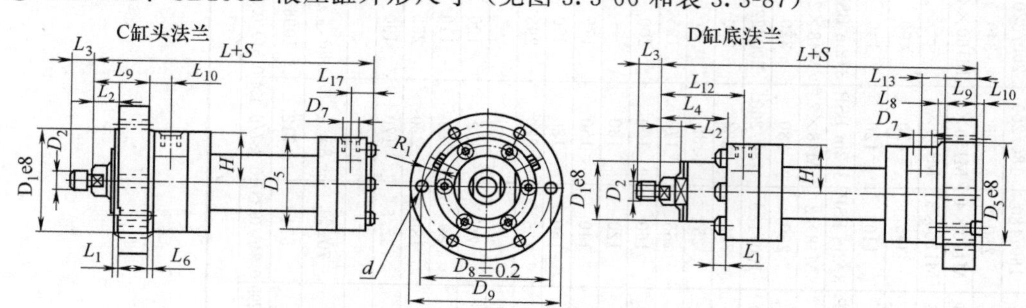

图 3.3-66　CD250C、CD250D 液压缸外形尺寸图

表 3.3-87　CD250C、CD250D 液压缸外形尺寸　/mm

活塞直径		40	50	63	80	100	125	140	160	180	200	220	250	280	320
活塞杆直径		20/28	28/36	36/45	45/56	56/70	70/90	90/100	100/110	110/125	125/140	140/160	160/180	180/200	200/220
D_2	A	M18×2	M24×2	M30×2	M39×3	M50×3	M64×3	M80×3	M90×3	M100×3	M110×4	M120×4	M120×4	M150×4	M160×4
	G	M16×1.5	M22×1.5	M28×1.5	M35×1.5	M45×1.5	M58×1.5	M65×1.5	M80×2	M100×2	M110×2	M120×3	M120×3	M130×3	—
D_7	01	1/2in BSP	1/2in BSP	3/4in BSP	3/4in BSP	1in BSP	5/4in BSP	5/4in BSP	3/2in BSP	3/2in BSP	3/2in BSP	3/2in BSP	3/2in BSP	3/2in BSP	3/2in BSP
	02	M22×1.5	M22×1.5	M27×2	M27×2	M33×2	M42×2	M42×2	M48×2	M48×2	M48×2	M48×2	M48×2	M48×2	M48×2
D_8		108	130	155	170	205	245	265	325	360	375	430	485	520	600
D_9		130	160	185	200	245	295	315	385	420	445	490	555	590	680
L_3	A	30	35	45	55	75	95	110	120	140	150	160	160	190	200
	G	16	22	28	35	45	58	65	80	100	110	120	120	130	—
d		9.5	11.5	14	14	18	22	22	28	30	33	33	39	39	45
R_1(A10/B10)		7/16	2/14	2/9	1.5/5	—/11.5	4/—	—	27.5/—	18/—	20/—	—	—	—	—
H		45	55	63	70	82.5	103	112.5	132.5	147.5	157.5	180	200	220	250
D_1		90	110	130	145	175	210	230	275	300	320	370	415	450	510
D_5		85	105	120	135	165	200	220	265	290	310	355	395	430	490
L		268	278	324	325	405	474	520	585	635	665	780	814	905	1000
L_1(L_6)		5	5	5	5	5	5(10)	10	10	10	10	10	10	10	10
L_2		19	23	27	25	35	37	45	50	50	50	60	70	65	65
L_9		49	53	62	60	80	87	95	110	120	125	145	155	160	185
L_{10}		27	27	27.5	26	32.5	45	50	50	55	55	80	80	110	110
L_{11}		27	27	27.5	30	32.5	35	45	50	55	45	80	80	109	11
D_1		55	68	75	95	115	135	155	180	200	215	245	280	305	340
D_5		90	110	130	145	175	210	230	275	300	320	370	415	450	510
L		256	264	297	315	375	432	475	535	585	615	720	744	839	935
L_1		8	10	12	12	16	—	—	—	—	—	—	—	—	—
L_2		17	21	25	25.5	33	32	37/33	40	40/37	40	25	25	35	40
L_4		54	58	67	65	85	97	105	120	130	135	155	165	170	195
L_8(L_{10})		5	5	5	10	10	10	10	10	10	10	10	10	10	10
L_9		30	30	35	35	45	50	50	60	70	75	85	85	95	120
L_{12}		76	80	89.5	86	112.5	132	145	160	175	180	225	235	270	295
L_{13}		27	27	27.5	35	37.5	40	50	50	55	50	80	80	109	110
CD250C	系数 X	8	12	20	23	41	95	120	212	273	334	485	643	784	1096
CD250D	系数 X	9	13	22	26	48	95	120	212	273	334	485	643	784	1263
CD250C/CD250D	系数 Y	0.011/0.015	0.015/0.019	0.020/0.024	0.030/0.039	0.050/0.060	0.078/0.092	0.105/0.122	0.136/0.156	0.17/0.192	0.22/0.246	0.262/0.299	0.346/0.387	0.387/0.434	0.510/0.562
质量/kg		$m=X+Y\times$行程													

③ CD250E 液压缸外形尺寸（见图 3.3-67和表 3.3-88）

④ CD250F 液压缸外形尺寸（见图 3.3-68和表 3.3-89）

⑤ CD350A、CD350B 液压缸外形尺寸（见图 3.3-69 和表 3.3-90）

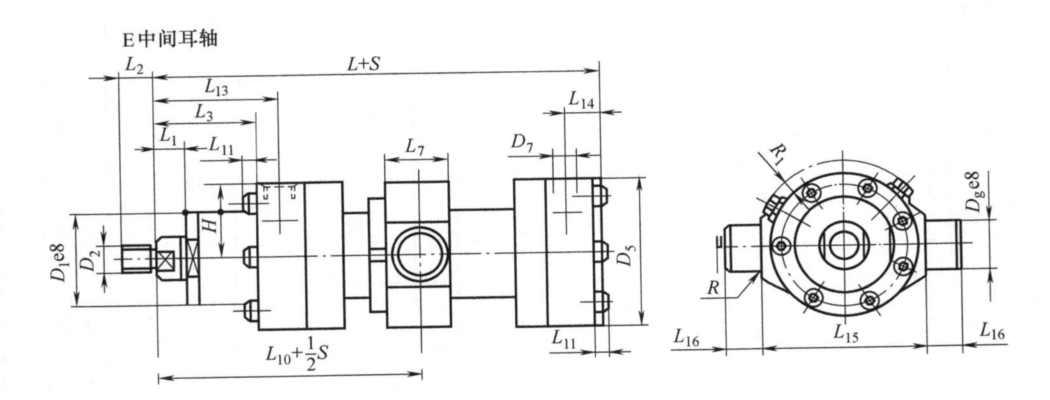

图 3.3-67 CD250E 液压缸外形尺寸图

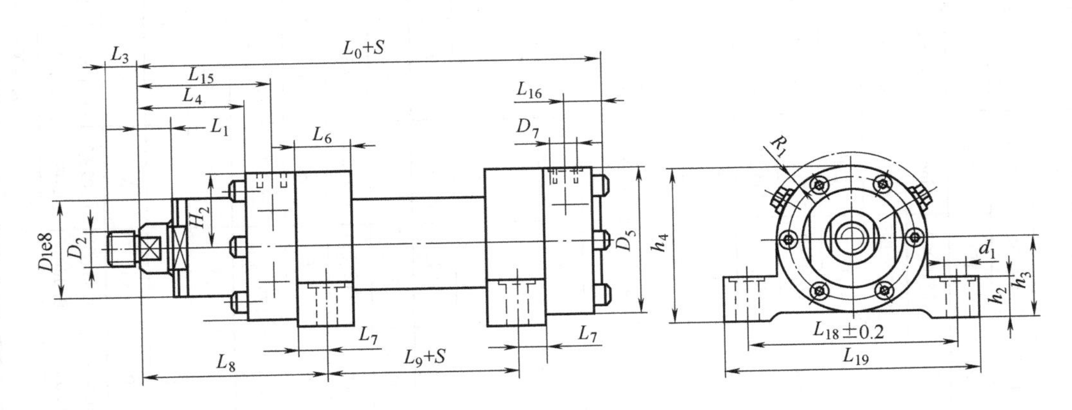

图 3.3-68 CD250F 液压缸外形尺寸图

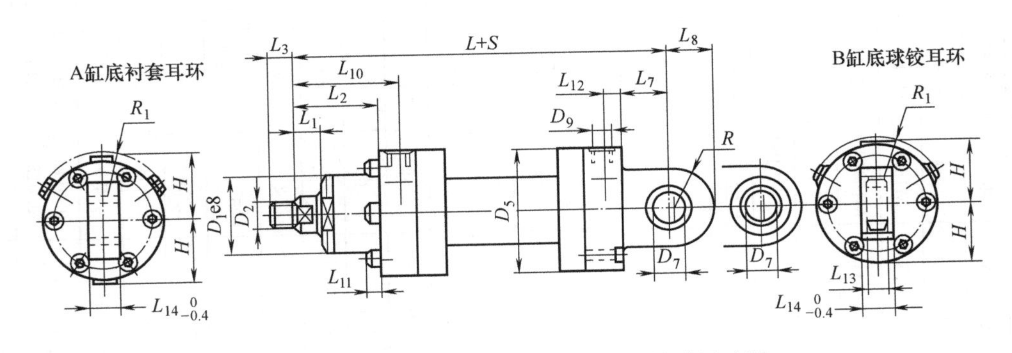

图 3.3-69 CD350A、CD350B 液压缸外形尺寸图

表 3.3-88　CD250E 液压缸外形尺寸

/mm

活塞直径		40	50	63	80	100	125	140	160	180	200	220	250	280	320
活塞杆直径		20/28	28/36	36/45	45/56	56/70	70/90	90/100	100/110	110/125	125/140	140/160	160/180	180/200	200/220
D_1		55	68	75	95	115	135	155	180	200	215	245	280	305	340
D_2	A	M18×2	M24×2	M30×2	M39×3	M50×3	M64×3	M80×3	M90×3	M100×3	M110×4	M120×4	M120×4	M150×4	M160×4
	G	M16×1.5	M22×1.5	M28×1.5	M35×1.5	M45×1.5	M58×1.5	M65×1.5	M80×2	M100×2	M110×2	M120×3	M120×3	M130×3	—
D_5		85	105	120	135	165	200	220	265	290	310	355	395	430	490
D_7	01	1/2in BSP	1/2in BSP	3/4in BSP	3/4in BSP	1in BSP	5/4in BSP	5/4in BSP	3/2in BSP	3/2in BSP	3/2in BSP	3/2in BSP	3/2in BSP	3/2in BSP	3/2in BSP
	02	M22×1.5	M22×1.5	M27×2	M27×2	M33×2	M42×2	M42×2	M48×2	M48×2	M48×2	M48×2	M48×2	M48×2	M48×2
D_8		30	30	35	40	50	60	65	75	85	90	100	110	130	160
L		268	278	324	325	405	474	520	585	635	665	780	814	905	1000
L_1		17	21	25	15.5	33	32	37/33	40	40/37	40	25	25	35	40
L_2	A	30	35	45	55	75	95	110	120	140	150	160	160	190	200
	G	16	22	28	35	45	58	65	80	100	110	120	120	130	—
L_3		54	58	67	65	85	97	105	120	130	135	155	165	170	195
L_7		35	35	40	45	55	65	70	80	95	95	110	125	145	175
L_{10}(中间)		136	143.5	162	170	201	237	260	292.5	317.5	332.5	390	407	452	500
L_{11}		8	10	12	12	16	—	—	—	—	—	—	—	—	—
L_{13}		76	80	89.5	96	112.5	132	145	160	175	180	225	235	270	295
L_{14}		27	27	27.5	30	32.5	35	45	50	55	45	80	80	109	110
L_{15}		$95_{-0.20}^{0}$	$115_{-0.20}^{0}$	$130_{-0.20}^{0}$	$145_{-0.20}^{0}$	$175_{-0.20}^{0}$	$210_{-0.5}^{0}$	$110_{-0.4}^{0}$	$110_{-0.4}^{0}$	$110_{-0.4}^{0}$	$110_{-0.4}^{0}$	$110_{-0.4}^{0}$	$110_{-0.4}^{0}$	$110_{-0.4}^{0}$	$110_{-0.4}^{0}$
L_{16}		20	20	20	25	30	40	42.5	52.5	55	55	60	65	70	90
R		1.6	1.6	2	2	2	2.5	2.5	2.5	2.5	2.5	2.5	2.5	2.5	2.5
系数 X		7	10	17.5	20	35	81	104	165	248	282	444	591	745	1138
系数 Y		0.011/0.015	0.015/0.019	0.02/0.024	0.03/0.039	0.050/0.060	0.078/0.092	0.105/0.122	0.136/0.156	0.170/0.192	0.220/0.246	0.262/0.299	0.346/0.387	0.387/0.434	0.510/0.562
质量/kg		$m=X+Y\times$行程													

表 3.3-89　CD250F 液压缸外形尺寸

/mm

活塞直径		40	50	63	80	100	125	140	160	180	200	220	250	280	320
活塞杆直径		20/28	28/36	36/45	45/56	56/70	70/90	90/100	100/110	110/125	125/140	140/160	160/180	180/200	200/220
D_1		55	68	75	95	115	135	155	180	200	215	245	280	305	340
D_2	A	M18×2	M24×2	M30×2	M39×3	M50×3	M64×3	M80×3	M90×3	M100×3	M110×4	M120×4	M120×4	M150×4	M160×4
	G	M16×1.5	M22×1.5	M28×1.5	M35×1.5	M45×1.5	M58×1.5	M65×1.5	M80×2	M100×2	M110×2	M120×3	M120×3	M130×3	—
D_5		85	105	120	135	165	200	220	265	290	310	355	395	430	490
D_7	01	1/2in BSP	1/2in BSP	3/4in BSP	3/4in BSP	1in BSP	5/4in BSP	5/4in BSP	3/2in BSP	3/2in BSP	3/2in BSP	3/2in BSP	3/2in BSP	3/2in BSP	3/2in BSP
	02	M22×1.5	M22×1.5	M27×2	M27×2	M33×2	M42×2	M42×2	M48×2	M48×2	M48×2	M48×2	M48×2	M48×2	M48×2
L_0		226	234	262	275	325	377	420	475	515	535	635	659	744	815
L_1		17	21	25	15.5	33	32	37/33	40	40/37	40	25	25	35	40
L_3	A	30	35	45	55	75	95	110	120	140	150	160	160	190	200
	G	16	22	28	35	45	58	65	80	100	110	120	120	130	—
L_4		54	58	67	65	85	97	105	120	130	135	155	165	170	195
L_6		30	35	40	55	65	60	65	75	80	90	94	100	110	120
L_7		12.5	12.5	15	27.5	25	30	32.5	37.5	40	45	47	50	55	60
L_8		106.5	110.5	127	135	165	192	207.5	232.5	250	260	307	320	370	400
L_9		55	57	70	55	75	90	105	120	135	145	166	174	165	200
L_{15}		76	80	89.5	86	112.5	132	145	160	175	180	225	235	270	295
L_{16}		27	27	27.5	30	32.5	35	45	50	55	45	80	80	109	110
L_{18}		110	130	150	170	205	255	280	330	360	385	445	500	530	610
L_{19}		135	155	180	210	250	305	340	400	440	465	530	600	630	730
d_1		11	11	14	18	22	25	28	31	37	37	45	52	52	62
h_2		26	31	27	42	52	60	65	70	80	85	95	110	125	140
h_3		45	55	65	70	85	105	115	135	150	160	185	205	225	255
h_4		90	110	128	140	167.5	208	227.5	267.5	297.5	317.5	365	405	445	505
系数 X		7	10	17.5	20	35	85	111	184	285	302	510	589	816	1171
系数 Y		0.011/0.015	0.015/0.019	0.020/0.024	0.030/0.039	0.050/0.060	0.078/0.092	0.103/0.122	0.136/0.156	0.170/0.192	0.220/0.246	0.262/0.299	0.346/0.387	0.387/0.434	0.510/0.562
质量/kg		$m=X+Y\times$行程													

表 3.3-90　CD350A、CD350B 液压缸外形尺寸

/mm

活塞直径		40	50	63	80	100	125	140	160	180	200	220	250	280	320
活塞杆直径		28	36	45	56	70	90	100	110	125	140	160	180	200	220
D_1		58	70	88	100	120	150	170	190	220	230	260	290	330	340
D_2	A	M24×2	M30×2	M39×2	M50×3	M64×3	M80×3	M90×3	M100×3	M110×4	M120×4	M120×4	M150×4	M160×4	M180×4
	G	M22×1.5	M28×1.5	M35×1.5	M45×1.5	M58×1.5	M65×1.5	M80×2	M100×2	M110×2	M120×3	M120×3	M130×3	—	—
D_5		90	110	145	156	190	235	270	290	325	350	390	440	460	490
D_7		$30_{-0.010}^{0}$	$35_{-0.012}^{0}$	$40_{-0.012}^{0}$	$50_{-0.012}^{0}$	$60_{-0.015}^{0}$	$70_{-0.015}^{0}$	$80_{-0.015}^{0}$	$90_{-0.020}^{0}$	$100_{-0.020}^{0}$	$110_{-0.020}^{0}$	$110_{-0.020}^{0}$	$120_{-0.020}^{0}$	$140_{-0.025}^{0}$	$160_{-0.025}^{0}$
D_9	01	1/2in BSP	1/2in BSP	3/4in BSP	3/4in BSP	1in BSP	5/4in BSP	5/4in BSP	3/2in BSP	3/2in BSP	3/2in BSP	3/2in BSP	3/2in BSP	3/2in BSP	3/2in BSP
	02	M22×1.5	M22×1.5	M27×2	M27×2	M33×2	M42×2	M42×2	M48×2	M48×2	M48×2	M48×2	M48×2	M48×2	M48×2
L		268	280	330	355	390	495	530	600	665	710	760	825	895	965
L_1		18	18	18	18	18	20	20	30	30	26	18	16	30	45
L_2		63	65	65	75	80	100	110	130	145	155	165	175	190	205
L_3	A	35	45	55	75	95	110	120	140	150	160	160	190	200	220
	G	22	28	35	45	58	65	80	100	110	120	120	130	—	—
L_7		35	43	50/57.5	55	65	75	80	90	105	115	115	140	170	200
L_8		34	41	50	63	70	82	95	113	125	142.5	142.5	180	200	250
L_{10}		88	90	100	111	112.5	145	160	187.5	205	215	225	245	265	275
L_{11}		8	10	12	16	20	—	—	—	—	—	—	—	—	—
L_{12}		20	25	35/27.5	30	32.5	45	50	57.5	60	55	55	60	85	70
L_{14}		28	30	35	40	50	55	60	65	70	80	80	90	100	110
H		—	—	74	78	97.5	118	137.5	147.5	162.5	177.5	197.5	222.5	232	250
R		32	39	47	58	65	77	88	103	115	132.5	132.5	170	190	240
R_1		5/6	—/4	—/12.5	—/7	—/10	—	—	15/—	10/—	2/—	—	—	—	—
系数 X		12	18	46	0.051	83	164	246	338	369	554	700	901	1077	1458
系数 Y		0.010	0.016	0.029	54	0.076	0.116	0.163	0.213	0.264	0.317	0.418	0.541	0.584	0.685
质量/kg		$m=X+Y\times$行程													
CD350B	L_{13}	$22_{-0.12}^{0}$	$25_{-0.12}^{0}$	$28_{-0.12}^{0}$	$35_{-0.12}^{0}$	$44_{-0.15}^{0}$	$49_{-0.15}^{0}$	$55_{-0.15}^{0}$	$60_{-0.2}^{0}$	$70_{-0.2}^{0}$	$70_{-0.2}^{0}$	$70_{-0.2}^{0}$	$85_{-0.2}^{0}$	$+90_{-0.25}^{0}$	$105_{-0.25}^{0}$

⑥ CD350C、CD350D 液压缸外形尺寸（见图 3.3-70 和表 3.3-91）

⑦ CD350E 液压缸外形尺寸（见图 3.3-71和表 3.3-92）

⑧ CD350F 差动液压缸外形尺寸（见图 3.3-72 和表 3.3-93）

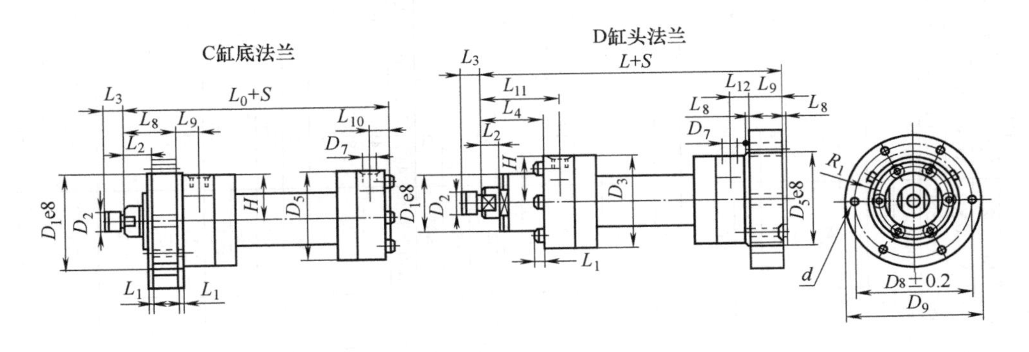

图 3.3-70　CD350C、CD350D 液压缸外形尺寸图

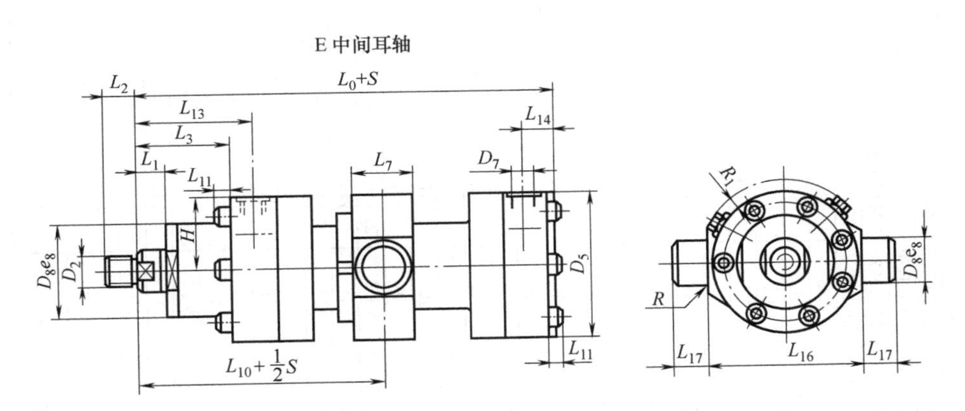

图 3.3-71　CD350E 液压缸外形尺寸图

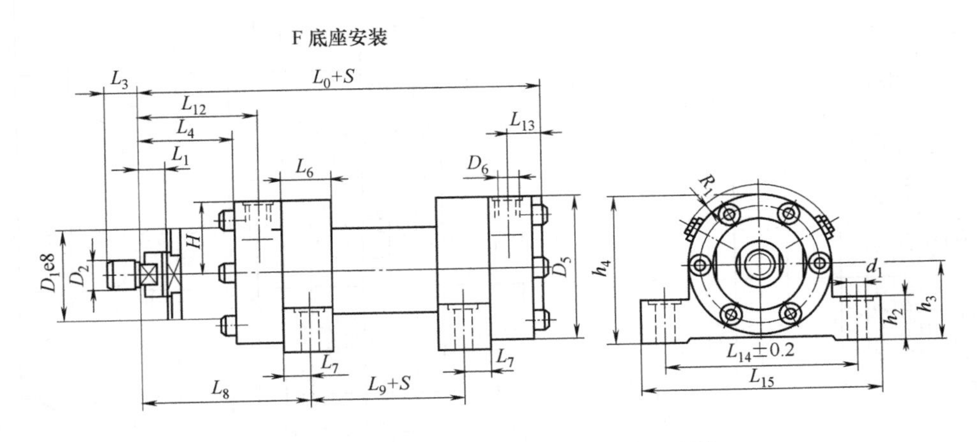

图 3.3-72　CD350F 差动液压缸外形尺寸图

表 3.3-91 CD350C、CD350D 液压缸外形尺寸

/mm

活塞直径		40	50	63	80	100	125	140	160	180	200	220	250	280	320
活塞杆直径		28	36	45	56	70	90	100	110	125	140	160	180	200	220
D_2	A	M24×2	M30×2	M39×3	M50×3	M64×3	M80×3	M90×3	M100×3	M110×4	M120×4	M120×4	M150×4	M160×4	M180×4
	G	M22×1.5	M28×1.5	M35×1.5	M45×1.5	M58×1.5	M65×1.5	M80×2	M100×2	M110×2	M120×3	M120×3	M130×3	—	—
D_7	01	1/2in BSP	1/2in BSP	3/4in BSP	3/4in BSP	1 in BSP	5/4in BSP	5/4in BSP	3/2in BSP	3/2in BSP	3/2in BSP	3/2in BSP	3/2in BSP	3/2in BSP	3/2in BSP
	02	M22×1.5	M22×1.5	M27×2	M27×2	M33×2	M42×2	M42×2	M48×2	M48×2	M48×2	M48×2	M48×2	M48×2	M48×2
D_8		120±0.2	140±0.2	180±0.2	195±0.2	230±0.2	290±0.2	330±0.2	360±0.2	400±0.2	430±0.2	475±0.2	530±0.2	550±0.2	590±0.2
D_9		145	165	210	230	270	335	380	420	470	500	550	610	630	670
L_3	A	35	45	55	75	95	110	120	140	150	160	160	190	200	220
	G	22	28	35	45	58	65	80	100	110	120	120	130	—	—
d		13	13	18	18	22	26	28	28	34	34	37	45	45	45
R_1		5/6	—/4	—/12.5	—/7	—/10	—	—	15/—	10/—	2/—	—	—	—	—
H		45	55	74	78	97.5	118	137.5	147.5	162.5	177.5	197.5	222.5	232	250
活塞直径		40	50	63	80	100	125	140	160	180	200	220	250	280	320
活塞杆直径		28	36	45	56	70	90	100	110	125	140	160	180	200	220
CD350C	D_1	95	115	150	160	200	245	280	300	335	360	400	450	470	510
	D_5	90	110	145	156	190	235	270	290	325	350	390	440	460	490
	L_0	238	237	285	305	330	425	457	515	565	600	655	695	735	775
	L_1	5	5	5	5	5	5	10	10	10	10	10	10	10	10
	L_2	23	20	20	20	20	25	30	40	40	40	40	40	50	55
	L_8	58	60	60	70	75	95	100	120	135	145	155	165	180	195
	L_9	30	30	40	41	47.5	50	60	67.5	70	70	70	80	85	80
	L_{10}	25	25	32.5	35	37.5	50	57	62.5	65	60	65	70	85	80
CD350D	D_1	58	70	88	100	120	150	170	190	220	230	260	290	330	340
	D_3	90±2.3	110±2.3	145±2.5	156±2.5	190±2.7	235±2.7	270±2.9	290±2.9	325±3.1	350±3.1	390±3.1	440±3.3	460±3.3	490±3.3
	D_5	95	115	150	160	200	245	280	300	335	360	400	450	470	510
	L	273	277	325	355	385	405	532	600	665	710	770	820	865	915
	L_1	8	10	12	16	20	—	—	—	—	—	—	—	—	—
	L_2	18	18	18	18	18	20	20	30	30	26	18	16	30	45
	L_4	63	65	65	75	80	100	110	130	145	155	165	175	190	205
	L_8	5	5	5	5	5	5	10	10	10	10	10	10	10	10
	L_9	35	40	40	50	55	70	70	80	95	105	115	125	130	140
	L_{11}	88	90	100	111	112.5	145	160	187.5	205	215	225	245	265	275
	L_{12}	25	25	32.5/45	35	37.5	50	62	67.5	65	65	65	70	85	80
CD350C	系数 X	9	14	32	41	63	122	190	252	286	420	552	699	959	1309
CD350D	系数 X	12	18	46	54	83	164	246	338	369	554	700	901	1077	1458
CD350C	系数 Y	0.010	0.016	0.029	0.051	0.076	0.116	0.163	0.213	0.264	0.317	0.418	0.541	0.584	0.685
CD350D	质量/kg	$m=X+Y\times$行程													

表 3.3-92　CD350E 液压缸外形尺寸

/mm

活塞直径		40	50	63	80	100	125	140	160	180	200	220	250	280	320
活塞杆直径		28	36	45	56	70	90	100	110	125	140	160	180	200	220
D_1		58	70	88	100	120	150	170	190	220	230	260	290	330	340
D_2	A	M24×2	M30×2	M39×3	M50×3	M64×3	M80×3	M90×3	M100×3	M110×4	M120×4	M120×4	M150×4	M160×4	M180×4
	G	M22×1.5	M28×1.5	M35×1.5	M45×1.5	M58×1.5	M65×1.5	M80×2	M100×2	M110×2	M120×3	M120×3	M130×3	—	—
D_5		90	110	145	156	190	235	270	290	325	350	390	440	460	490
D_7	01	1/2in BSP	1/2in BSP	3/4in BSP	3/4in BSP	1 in BSP	5/4in BSP	5/4in BSP	3/2in BSP	3/2in BSP	3/2in BSP	3/2in BSP	3/2in BSP	3/2in BSP	3/2in BSP
	02	M22×1.5	M22×1.5	M27×2	M27×2	M33×2	M42×2	M42×2	M48×2	M48×2	M48×2	M48×2	M48×2	M48×2	M48×2
D_8		40	40	45	55	60	75	85	95	110	120	130	140	170	200
L_0		238	237	285	305	330	425	475	515	565	600	655	695	735	775
L_1		18	18	18	18	18	20	20	30	30	26	18	16	30	45
L_2	A	35	45	55	75	95	110	120	140	150	160	160	180	200	220
	G	22	28	35	45	58	65	80	100	110	120	120	130	—	—
L_3		63	65	65	75	80	100	110	130	145	155	165	175	190	205
L_7		50	50	50	60	65	80	90	100	115	125	135	145	180	210
L_{11}		8	10	12	16	20	—	—	—	—	—	—	—	—	—
L_{13}		88	90	100	111	112.5	145	160	187.5	205	215	225	245	265	275
L_{14}		25	25	32.5	35	37.5	50	57	62.5	65	60	65	70	85	80
L_{16}		95−0.2	120−0.2	150−0.2	160−0.2	200−0.2	245−0.5	280−0.5	300−0.5	335−0.5	360−0.5	400−0.5	450−0.5	480−0.5	500−0.5
L_{17}		30	30	35	50	55	60	70	80	90	100	100	100	125	150
H		45	55	74	78	97.5	118	137.5	147.5	163	177.5	197.5	222.5	232	250
R_1		5/6	—/4	—/12.5	—/7	—/10	—	—	15/—	10/—	2/—	—	—	—	—
系数 X		11	16	34	43	67	133	213	278	312	468	598	775	1015	1362
系数 Y		0.010	0.016	0.029	0.051	0.076	0.116	0.163	0.213	0.264	0.317	0.418	0.541	0.584	0.685
质量/kg		$m=X+Y\times$行程													

表 3.3-93　CD350F 差动液压缸外形尺寸

/mm

活塞直径		40	50	63	80	100	125	140	160	180	200	220	250	280	320
活塞杆直径		28	36	45	56	70	90	100	110	125	140	160	180	200	220
D_1		58	70	88	100	120	150	170	190	220	230	260	290	330	340
D_2	A	M24×2	M30×2	M39×3	M50×3	M64×3	M80×3	M90×3	M100×3	M110×4	M120×4	M120×4	M150×4	M160×4	M180×4
	G	M22×1.5	M28×1.5	M35×1.5	M45×1.5	M58×1.5	M65×1.5	M80×2	M100×2	M110×2	M120×3	M120×3	M130×3	—	—
D_5		90	110	145	156	190	235	270	290	325	350	390	440	460	490
D_6	01	1/2in BSP	1/2in BSP	3/4in BSP	3/4in BSP	1in BSP	5/4in BSP	5/4in BSP	3/2in BSP	3/2in BSP	3/2in BSP	3/2in BSP	3/2in BSP	3/2in BSP	3/2in BSP
	02	M22×1.5	M22×1.5	M27×2	M27×2	M33×2	M42×2	M42×2	M48×2	M48×2	M48×2	M48×2	M48×2	M48×2	M48×2
L_0		238	237	285	305	330	425	457	515	565	600	655	695	735	775
L_1		18	18	18	18	18	20	20	30	30	26	26	16	30	45
L_3	A	35	45	55	75	95	110	120	140	150	160	160	190	200	220
	G	22	28	35	45	58	65	90	100	110	120	120	130	—	—
L_4		63	65	65	75	80	100	110	130	145	155	165	175	190	205
L_6		30	40	50	60	65	80	90	95	115	125	135	145	160	170
L_7		15	20	25	30	32.5	40	45	47.5	57.5	62.5	67.5	72.5	80	85
L_8		123	130	147.5	162.5	172.5	220	235	270	297.5	312.5	337.5	362.5	385	410
L_9		55	42	50	50	60	80	90	100	110	125	135	135	145	150
L_{12}		88	90	100	111	112.5	145	160	187.5	205	215	225	245	265	275
L_{13}		25	25	32.5	35	37.5	50	57	62.5	65	60	65	70	85	80
L_{14}		120±0.2	150±0.2	185±0.2	210±0.2	250±0.2	310±0.2	340±0.2	370±0.2	415±0.2	460±0.2	500±0.2	550±0.2	600±0.2	650±0.2
L_{15}		145	185	235	270	320	390	420	450	515	570	610	660	720	780
d_1		17	21	24	26	33	39	39	42	45	48	48	52	62	74
h_2		30	35	45	50	60	70	75	87	95	110	110	120	140	160
h_3		50	65	75	80	100	120	140	150	165	180	200	225	235	255
h_4		—	—	149	158	197.5	238	227.5	297.5	327.5	357.5	397.5	447.5	467	505
系数 X		11	17	37	47	73	132	203	304	357	499	665	814	1069	1304
系数 Y		0.010	0.016	0.029	0.051	0.076	0.116	0.163	0.213	0.264	0.317	0.418	0.541	0.584	0.685
质量/kg		$m=X+Y\times$行程													

6.4.2 CG250、CG350 等速重载液压缸

（1）安装形式及安装尺寸（见表 3.3-94 和表 3.3-95）

表 3.3-94 CG250、CG350 等速重载液压缸安装形式

安装形式	CG250F、CG350	CG250	CG350
F 底座	L+2×S L_1+S CG250F.CG350F		
E 中间耳轴	L+2×S L_1+S CG250E.CG350E		
C 缸头法兰	L+2×S L_1+S CG250C.CG350C		

表 3.3-95 CG250、CG350 等速重载液压缸安装尺寸 /mm

油口连接螺纹尺寸（B、D_1、C）	参数		CG250					CG350				
	D_1	02	M22×1.5	M27×2	M33×2	M42×2	M48×2	M22×1.5	M27×2	M33×2	M42×2	M48×2
		01	G1/2	G3/4	G1	G5/4	G3/2	G1/2	G3/4	G1	G5/4	G3/2
	B		34	42	47	58	65	40	42	47	58	65
	C		1	1	1	1	1	5	4	1	1	1

活塞直径		40	50	63	80	100	125	140	160	180	200	220	250	280	320
CG250	L	268	278	324	325	405	474	520	585	635	665	780	814	905	1000
	L_1	17	21	25	15.5	33	32	37/33	40	40/37	40	25	25	35	40
CG350	L	301	302	345	375	405	520	560	640	705	750	810	860	915	970
	L_1	18	18	18	18	18	20	20	30	30	26	18	16	30	45

（2）CA 型球铰耳环、SA 型衬套耳环液压缸耳环尺寸（见图 3.3-73 和表 3.3-96）

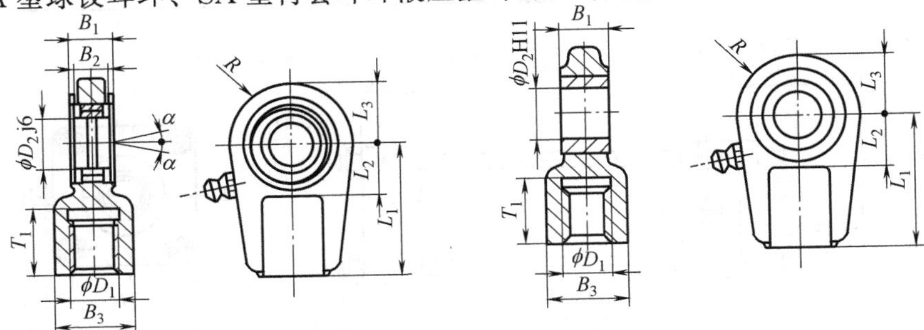

(a) CA 型球铰耳环 (b) SA 型衬套耳环

图 3.3-73 CA 型球铰耳环、SA 型衬套耳环液压缸耳环尺寸图

表 3.3-96　CA 型球铰耳环、SA 型衬套耳环液压缸耳环尺寸　/mm

CD250 CG250 活塞直径	CD350 CG350 活塞直径	型号 GA	件号 303	型号 SA	件号 303	B_1-0.4	B_3	D_1	D_2	L_1	L_2	L_3	R	T_1	质量 /kg	α	B_2-0.2
						GA、SA										GA	
40	—	16	125	16	150	23	28	M16×1.5	25	50	25	30	28	17	0.43	8°	20
50	40	22	126	22	151	28	34	M22×1.5	30	60	30	34	32	23	0.7	7°	22
63	50	28	127	28	152	30	44	M28×1.5	35	70	40	42	39	29	1.1	7°	25
80	63	35	128	35	153	35	55	M35×1.5	40	85	45	50	47	36	2.0	7°	28
100	80	45	129	45	154	40	70	M45×1.5	50	105	55	63	58	46	3.3	7°	35
125	100	58	130	58	155	60	87	M58×1.5	60	103	65	70	65	59	5.5	7°	44
140	125	65	131	65	156	55	93	M65×1.5	70	150	75	82	77	66	8.6	6°	49
160	140	80	132	80	157	60	125	M80×2	80	170	80	95	88	81	12.2	6°	55
180	160	100	133	100	158	65	143	M100×2	90	210	90	113	103	101	21.5	6°	60
200	180	110	134	110	159	70	153	M110×2	100	235	105	125	115	111	27.5	7°	70
220	200	120	135	120	160	80	176	M120×2	110	265	115	142.5	132.5	125	40.7	7°	70
250	220	120	135	120	160	80	176	M120×2	110	265	115	142.5	132.5	125	40.7	7°	70
280	250	130	136	130	161	90	188	M130×2	120	310	140	180	170	135	76.4	6°	85
320	280	—	—	—	—	—	—	—	—	—	—	—	—	—	—	—	—
—	320	—	—	—	—	—	—	—	—	—	—	—	—	—	—	—	—

6.5 轻载拉杆式液压缸

（1）安装方式（见表 3.3-97）

表 3.3-97　轻载拉杆式液压缸安装方式

安装形式		略图	安装形式		略图
LA	切向底座		FD	后端方法兰	
LB	轴向底座		CA	后端单耳环	
FA FY	前端矩法兰		CB	后端双耳环	
FB FZ	后端矩法兰		TA	前端耳轴	
FC	前端方法兰		TC	中部耳轴	
			SD	基本型	

（2）外形尺寸（见图 3.3-74～图 3.3-81 和表 3.3-98～表 3.3-106）

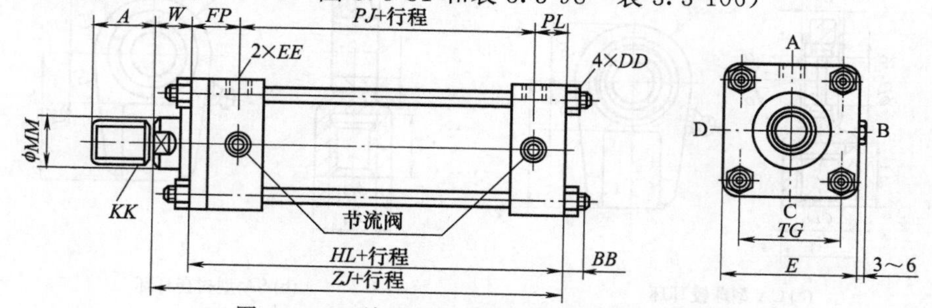

图 3.3-74　单活塞杆 SD 基本型外形尺寸图

表 3.3-98 单活塞杆 SD 基本型轻载拉杆式液压缸外形尺寸

/mm

缸径	B 型杆			C 型杆			B	DD	E	EE	FP	HL	PJ	PL	TG	W	ZJ
	A	KK	ϕMM	A	KK	ϕMM											
33	25	M16×1.5	18	—	—	—	11	M10×1.25	□58	ZG3/8	38	141	90	13	□38	30	171
40	30	M20×1.5	22.4	25	M16×1.5	18	11	M10×1.25	□65	ZG3/8	38	141	90	13	□45	30	171
60	35	M24×1.5	28	30	M20×1.5	22.4	11	M10×1.25	□76	ZG1/2	42	155	98	15	□52	30	185
63	45	M30×1.5	35.5	35	M24×1.5	28	13	M12×1.5	□90	ZG1/2	46	163	102	15	□63	35	198
80	60	M39×1.5	45	45	M30×1.5	35.5	16	M16×1.5	□110	ZG3/4	56	184	110	18	□80	35	219
100	75	M48×1.5	56	60	M39×1.5	45	18	M18×1.5	□135	ZG3/4	58	192	116	18	□102	40	232
125	95	M64×2	71	75	M48×1.5	56	21	M22×1.5	□165	ZG1	67	220	130	23	□122	45	265
140	110	M72×2	80	80	M56×2	63	22	M24×1.5	□185	ZG1	69	230	138	23	□138	50	280
150	115	M76×2	85	85	M60×2	67	25	M27×1.5	□196	ZG1	71	240	146	23	□148	50	290
160	120	M80×2	90	95	M64×2	71	25	M27×1.5	□210	ZG1	74	253	156	23	□160	55	308
180	140	M95×2	100	110	M72×2	80	27	M30×1.5	□235	ZG1 1/4	75	275	172	28	□182	55	330
200	150	M100×2	112	120	M80×2	90	29	M33×1.5	□262	ZG1 1/2	85	301	184	32	□200	55	356
224	180	M120×2	125	140	M95×2	100	34	M39×1.5	□292	ZG1 1/2	89	305	184	32	□225	60	365
250	195	M130×2	140	150	M100×2	112	37	M42×1.5	□325	ZG2	106	346	200	40	□250	65	411

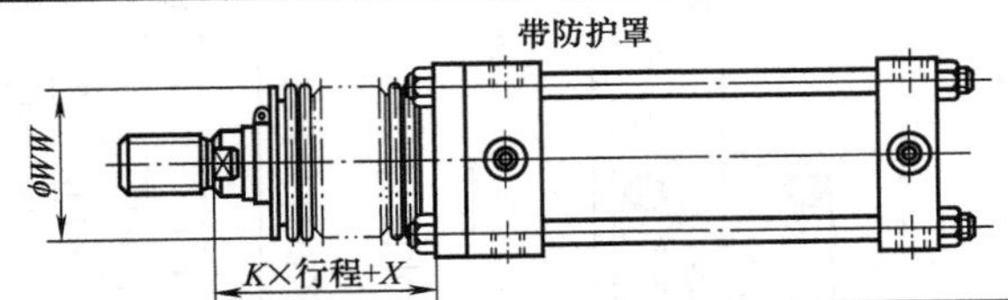

缸径/mm	金属罩 K	缸径/mm	革制品或帆布罩 K
ϕ32	1/3	ϕ32	1/2
ϕ40、ϕ50	1/3.5	ϕ40、ϕ50	1/2.5
ϕ63～100	1/4	ϕ63～100	1/3
ϕ125～200	1/5	ϕ125、ϕ140	1/3.5
ϕ224、ϕ250	1/6	ϕ150～200	1/4
		ϕ224、ϕ250	1/4.5

表 3.3-99 单活塞杆 SD 基本型轻载拉杆式液压缸（带防护罩）外形尺寸

/mm

缸径		32	40	50	63	80	100	125	140	150	160	180	200	224	250
WW	B、C	45	45	45	55	55	55	65	65	65	65	65	65	80	80
X	B	40	50	63	71	80	100	125	125	140	140	160	180	180	200
X	C	—	50	50	63	71	80	100	125	125	125	125	140	160	180

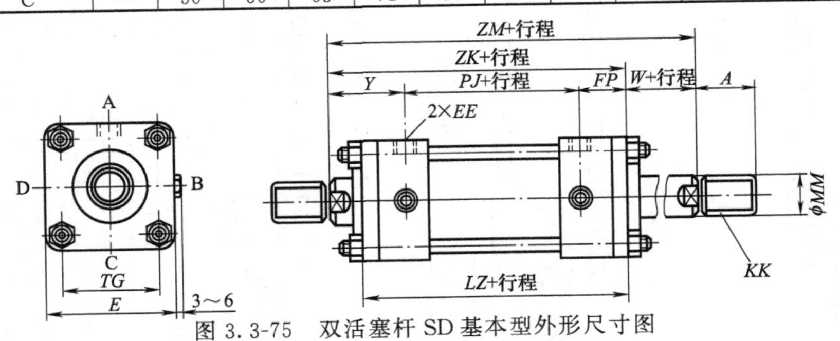

图 3.3-75 双活塞杆 SD 基本型外形尺寸图

表 3.3-100 双活塞杆 SD 基本型轻载拉杆式液压缸外形尺寸

/mm

缸径	B 型杆			C 型杆			E	EE	FP	LZ	PJ	TG	Y	W	ZK	ZM
	A	KK	ϕMM	A	KK	ϕMM										
32	25	M16×1.5	18	—	—	—	□58	ZG3/8	38	166	90	□38	68	30	196	226
40	30	M20×1.5	22.4	25	M16×1.5	18	□65	ZG3/8	38	166	90	□45	68	30	196	226
50	35	M24×1.5	28	30	M20×1.5	22.4	□76	ZG1/2	42	182	98	□52	72	30	212	242
63	45	M30×1.5	35.5	35	M24×1.5	28	□90	ZG1/2	46	194	102	□63	81	35	229	264
80	60	M39×1.5	45	45	M30×1.5	35.5	□110	ZG3/4	56	222	110	□80	91	35	257	292
100	75	M48×1.5	56	60	M39×1.5	45	□135	ZG3/4	58	232	116	□102	98	40	272	312
125	95	M64×2	71	75	M48×1.5	56	□165	ZG1	67	264	130	□122	112	45	309	354
140	110	M72×2	80	80	M56×2	63	□185	ZG1	69	276	138	□138	119	50	326	376
150	115	M76×2	85	85	M60×2	67	□196	ZG1	71	288	146	□148	121	50	338	388
160	120	M80×2	90	95	M64×2	71	□210	ZG1	74	304	156	□160	129	55	359	414

注：1. 其他安装形式的尺寸可按基本型计算。

2. 缸径超过 ϕ160mm，请与厂方技术开发部联系。

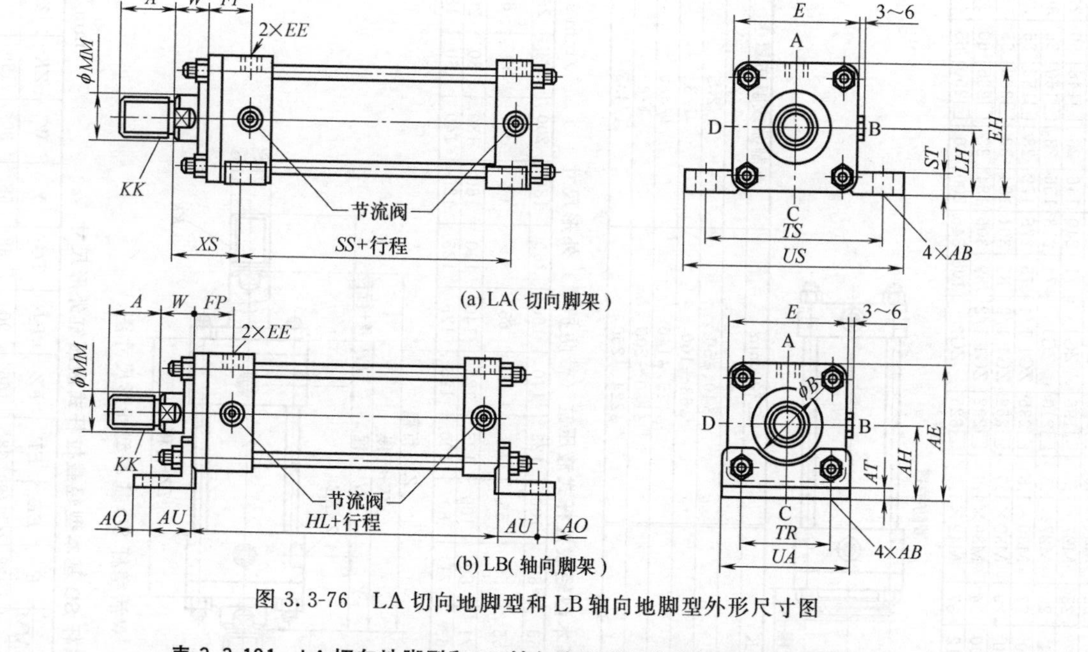

图 3.3-76 LA 切向地脚型和 LB 轴向地脚型外形尺寸图

表 3.3-101 LA 切向地脚型和 LB 轴向地脚型轻载拉杆式液压缸外形尺寸

/mm

缸径	B 型杆			C 型杆			E	EE	FP	W	AB	LA						LB								
	A	KK	ϕMM	A	KK	ϕMM						SS	TS	ST	US	EH	LH	XS	AE	AH	AU	AT	AO	TR	HL	UA
32	25	M16×1.5	18	—	—	—	58	ZG3/8	38	30	11	98	88	12	109	63	35±0.15	57	68	40±0.15	32	8	13	40	141	62
40	30	M20×1.5	22.4	25	M16×1.5	18	65	ZG3/8	38	30	11	98	95	14	118	70	37.5±0.15	57	75.5	43±0.15	32	8	13	46	141	69
50	35	M24×1.5	28	30	M20×1.5	22.4	76	ZG1/2	42	30	14	108	115	17	145	82.5	45±0.15	60	87.5	50±0.15	35	8	15	58	155	85
63	45	M30×1.5	35.5	35	M24×1.5	28	90	ZG1/2	46	35	18	106	132	19	165	95	50±0.15	71	105	60±0.15	42	10	18	65	163	98
80	60	M39×1.5	45	45	M30×1.5	35.5	110	ZG3/4	56	35	18	124	155	25	190	115	60±0.25	74	127	72±0.25	50	12	20	87	184	118
100	75	M48×1.5	56	60	M39×1.5	45	135	ZG3/4	58	40	22	122	190	27	230	138.5	71±0.25	85	152.5	85±0.25	55	12	23	109	192	150
125	95	M64×2	71	75	M48×1.5	56	165	ZG1	67	45	26	136	224	32	272	167.5	85±0.25	99	187.5	105±0.25	66	15	29	130	220	171
140	110	M72×2	80	80	M56×2	63	185	ZG1	69	50	26	144	250	35	300	187.5	95±0.25	106	207.5	115±0.25	70	18	30	145	230	195
150	115	M76×2	85	85	M60×2	67	196	ZG1	71	50	30	146	270	37	320	204	106±0.25	111	221	123±0.25	75	18	30	155	240	210
160	120	M80×2	90	95	M64×2	71	210	ZG1	74	55	33	150	285	42	345	217	112±0.25	122	237	132±0.25	75	18	35	170	253	225
180	140	M95×2	100	110	M72×2	80	235	ZG1 1/4	75	55	33	172	315	47	375	242.5	125±0.25	123	265.5	148±0.25	85	20	40	185	275	243
200	150	M100×2	112	120	M90×2	90	262	ZG1 1/2	85	55	36	186	355	52	425	271	140±0.25	131	296	165±0.25	98	25	40	206	301	272
224	180	M120×2	125	140	M95×2	100	292	ZG1 1/2	89	60	42	186	395	52	475	296	150±0.25	140	331	185±0.25	115	30	45	230	305	310
250	195	M130×2	140	150	M100×2	112	325	ZG2	106	65	45	206	425	57	515	332.5	170±0.25	158	370.5	208±0.25	130	35	50	350	346	335

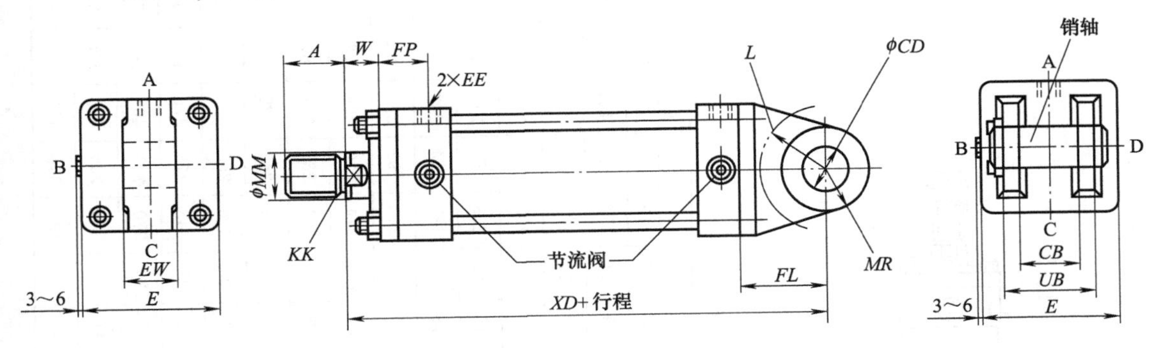

图 3.3-77　CA（单耳环）型和 CB（双耳环）型外形尺寸图

表 3.3-102　CA 单耳环型和 CB 双耳环型轻载拉杆式液压缸外形尺寸　/mm

缸径	B 型杆			C 型杆			ϕCD (H9)	E	EE	EW	FP	FL	L	MR	XD	CB	W	UB
	A	KK	ϕMM	A	KK	ϕMM												
32	25	M16×1.5	18	—	—	—	16	□58	ZG3/8	$25_{-0.4}^{-0.1}$	38	38	20	16	209	$25_{+0.1}^{+0.4}$	30	50
40	30	M20×1.5	22.4	25	M16×1.5	18	16	□65	ZG3/8	$25_{-0.4}^{-0.1}$	38	38	20	16	209	$25_{+0.1}^{+0.4}$	30	50
50	35	M24×1.5	28	30	M20×1.5	22.4	20	□76	ZG1/2	$31.5_{-0.4}^{-0.1}$	42	45	25	20	230	$31.5_{+0.1}^{+0.4}$	30	63.5
63	45	M30×1.5	35.5	35	M24×1.5	28	31.5	□90	ZG1/2	$40_{-0.4}^{-0.1}$	46	63	46	31.5	261	$40_{+0.1}^{+0.4}$	35	80
80	60	M39×1.5	45	45	M30×1.5	35.5	31.5	□110	ZG3/4	$40_{-0.4}^{-0.1}$	56	72	52	31.5	291	$40_{+0.1}^{+0.4}$	35	80
100	75	M48×1.5	56	60	M39×1.5	45	40	□135	ZG3/4	$50_{-0.4}^{-0.1}$	58	84	62	40	316	$50_{+0.1}^{+0.4}$	40	100
125	95	M64×2	71	75	M48×1.5	56	50	□165	ZG1	$63_{-0.6}^{-0.1}$	67	100	73	50	365	$63_{+0.1}^{+0.4}$	45	126
140	110	M72×2	80	80	M56×2	63	63	□185	ZG1	$80_{-0.6}^{-0.1}$	69	120	91	63	400	$80_{+0.1}^{+0.6}$	50	160
150	115	M76×2	85	85	M60×2	67	63	□196	ZG1	$80_{-0.6}^{-0.1}$	71	122	91	63	412	$80_{+0.1}^{+0.6}$	50	160
160	120	M80×2	90	95	M64×2	71	71	□210	ZG1	$80_{-0.6}^{-0.1}$	74	137	103	71	445	$80_{+0.1}^{+0.6}$	55	160
180	140	M95×2	100	110	M72×2	80	80	□235	ZG 1 1/4	$100_{-0.6}^{-0.1}$	75	150	100	80	480	$100_{+0.1}^{+0.6}$	55	200
200	150	M100×2	112	120	M80×2	90	90	□262	ZG 1 1/2	$125_{-0.6}^{-0.1}$	85	170	115	90	526	$125_{+0.1}^{+0.6}$	55	251
224	180	M120×2	125	140	M95×2	100	100	□292	ZG 1 1/2	$125_{-0.6}^{-0.1}$	89	185	125	100	550	$125_{+0.1}^{+0.6}$	60	251
250	195	M130×2	140	150	M100×2	112	100	□325	ZG2	$125_{-0.6}^{-0.1}$	106	185	125	100	596	$125_{+0.1}^{+0.6}$	65	251

FA、FY（杆侧长方法兰）　FB、FZ（底侧长方法兰）

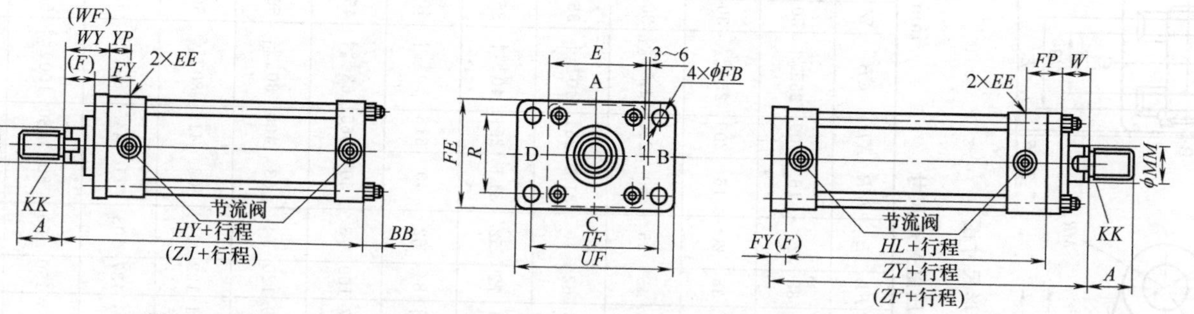

图 3.3-78　FA、FY（杆侧长方法兰）型和 FB、FZ（底侧长方法兰）型外形尺寸图

表 3.3-103　FA、FY 杆侧长方法兰型和 FB、FZ 底侧长方法兰型轻载拉杆式液压缸外形尺寸

/mm

缸径	B型杆				C型杆				E	EE	FP	W	YP	TF	UF	φFB	FE	R	FA、FB					FY、FZ				
	A	B	KK	φMM	A	B	KK	φMM											ZJ	ZF	WF	F	BB	HY	HL	ZY	WY	FY
32	25	34	M16×1.5	18	—	—	—	—	58	ZG3/8	38	30	27	88	109	11	62	40	171	182	41	11	11	173	141	184	43	13
40	30	40	M20×1.5	22.4	25	36	M16×1.5	18	65	ZG3/8	38	30	27	95	118	11	69	46	171	182	41	11	11	173	141	184	43	13
50	35	46	M24×1.5	28	30	40	M20×1.5	22.4	76	ZG1/2	42	30	29	115	145	14	85	58	185	198	43	13	11	190	155	203	48	18
63	45	55	M30×1.5	35.5	35	46	M24×1.5	28	90	ZG1/2	46	35	31	132	165	18	98	65	198	213	50	15	13	203	163	218	55	20
80	60	65	M39×1.5	45	45	55	M30×1.5	35.5	110	ZG3/4	56	35	58	155	190	18	118	87	219	237	53	18	16	225	184	243	59	24
100	75	80	M48×1.5	56	60	65	M39×1.5	45	135	ZG3/4	58	40	38	190	230	22	150	109	232	252	60	20	18	240	192	260	68	28
125	95	95	M64×2	71	75	80	M48×1.5	56	165	ZG1	67	45	43	224	272	26	175	130	265	289	69	24	21	274	220	298	78	33
140	110	105	M72×2	80	80	85	M56×2	63	185	ZG1	69	50	43	250	300	26	195	145	280	306	76	26	22	291	230	317	87	37
150	115	110	M76×2	85	85	90	M60×2	67	196	ZG1	71	50	43	270	320	30	210	155	290	318	78	28	25	301	240	329	89	39
160	120	115	M80×2	90	95	95	M64×2	71	210	ZG1	74	55	43	285	345	33	225	170	308	339	86	31	25	318	253	349	96	41
180	140	125	M95×2	100	110	105	M72×2	80	235	ZG1 1/4	75	55	42	315	375	33	243	185	330	363	88	33	27	343	275	376	101	46
200	150	140	M100×2	112	120	115	M90×2	90	262	ZG1 1/2	85	55	48	355	425	36	272	206	356	393	92	37	29	370	301	407	106	51
224	180	150	M120×2	125	140	125	M95×2	100	292	ZG1 1/2	89	60	48	395	475	42	310	230	365	406	101	41	34	382	305	423	118	58
250	195	170	M130×2	140	150	140	M100×2	112	325	ZG2	106	65	60	425	515	45	335	250	411	457	111	46	37	430	346	476	130	65

注：FA、FB 仅限 7MPa 用；FY、FZ 仅限 14MPa 用。

FC（杆侧方法兰） FD（底侧方法兰）

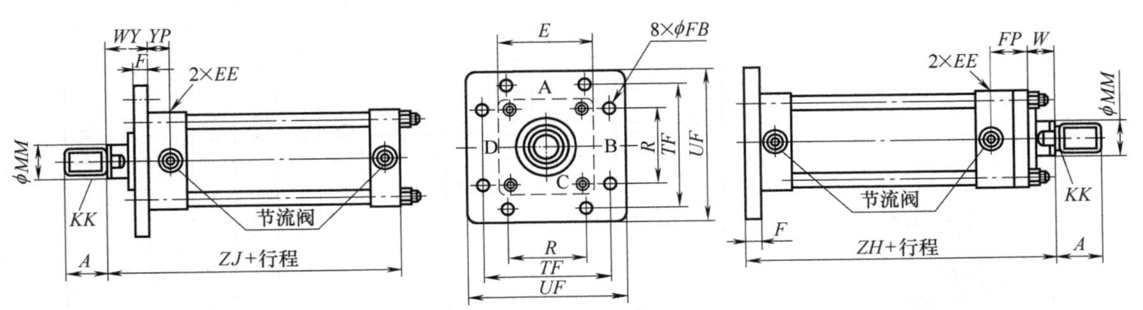

图 3.3-79 FC（杆侧方法兰）型和 FD（底侧方法兰）型外形尺寸图

表 3.3-104 FC（杆侧方法兰）型和 FD（底侧方法兰）型轻载拉杆式液压缸外形尺寸 /mm

缸径	B 型杆			C 型杆			*E*	*EE*	*FP*	*ZJ*	*TF*	*φFB*	*UF*	*YP*	*R*	*WF*	*W*	*F*	*ZH*
	A	*KK*	*φMM*	*A*	*KK*	*φMM*													
32	25	M16×1.5	18	—	—	—	□58	ZG3/8	38	171	88	11	109	27	40	41	30	11	182
40	30	M20×1.5	22.4	25	M16×1.5	18	□65	ZG3/8	38	171	95	11	118	27	46	41	30	11	182
50	35	M24×1.5	28	30	M20×1.5	22.4	□70	ZG1/2	42	185	115	14	145	29	58	43	30	13	198
63	45	M30×1.5	35.5	35	M24×1.5	28	□90	ZG1/2	46	198	132	18	165	31	65	50	35	15	213
80	60	M39×1.5	45	45	M30×1.5	35.5	□110	ZG3/4	56	219	155	18	190	38	87	53	35	18	237
100	75	M48×1.5	56	60	M39×1.5	45	□135	ZG3/4	58	232	190	22	230	38	109	60	40	20	252
125	95	M64×2	71	75	M48×1.5	56	□165	ZG1	67	265	224	26	272	43	130	69	45	24	289
140	110	M72×2	80	80	M56×2	63	□185	ZG1	69	280	250	26	300	43	145	76	50	26	306
150	115	M76×2	85	85	M60×2	67	□196	ZG1	71	290	270	30	320	43	155	78	50	28	318
160	120	M80×2	90	95	M64×2	71	□210	ZG1	74	308	285	33	345	43	170	86	55	31	339
180	140	M95×2	100	110	M72×2	80	□235	ZG 1 1/4	75	330	315	33	375	42	185	88	55	33	363
200	150	M100×2	112	120	M80×2	90	□262	ZG 1 1/2	85	356	355	36	425	48	206	92	55	37	393
224	185	M110×2	125	140	M95×2	100	□292	ZG 1 1/2	89	365	395	42	475	48	230	101	60	41	406
250	195	M130×2	140	150	M100×2	112	□325	ZG2	106	411	425	45	515	60	250	111	65	46	457

TA（杆侧铰轴） TC（中间铰轴）

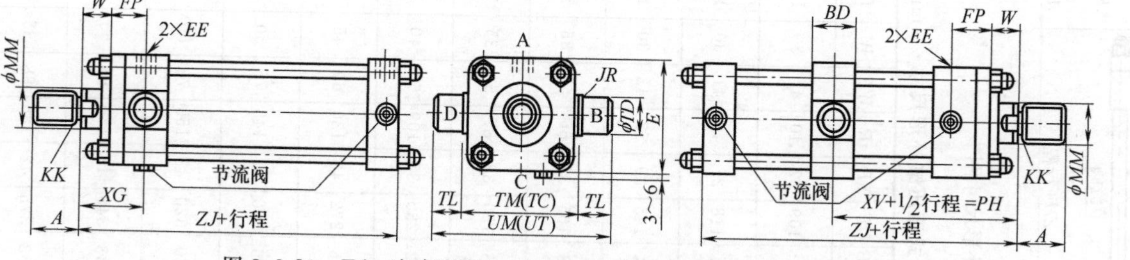

图 3.3-80 TA（杆侧铰轴）型和 TC（中间铰轴）型外形尺寸图

表 3.3-105 TA（杆侧铰轴）型和 TC（中间铰轴）型轻载拉杆式液压缸外形尺寸

/mm

缸径	B型杆			C型杆			ϕTD (e9)	E	EE	PH min	BD	TL	UM	JR	UT	TM	TC	XV	ZJ	XG
	A	KK	ϕMM	A	KK	ϕMM														
32	25	M16×1.5	18	—	—	—	20	□58	ZG3/8	105	28	20	98	$R2$	98	$58_{-0.3}^{0}$	$58_{-0.3}^{0}$	113	171	62
40	30	M20×1.5	22.4	25	M16×1.5	18	20	□65	ZG3/8	105	28	20	109	$R2$	109	$69_{-0.3}^{0}$	$69_{-0.3}^{0}$	113	171	62
50	35	M24×1.5	28	30	M20×1.5	22.4	25	□76	ZG1/2	113.5	33	25	135	$R2.5$	135	$85_{-0.35}^{0}$	$85_{-0.35}^{0}$	121	185	66
63	45	M30×1.5	35.5	35	M24×1.5	28	31.5	□90	ZG1/2	127.5	43	31.5	161	$R2.5$	161	$98_{-0.35}^{0}$	$98_{-0.35}^{0}$	132	198	74
80	60	M39×1.5	45	45	M30×1.5	35.5	31.5	□110	ZG3/4	140.5	43	31.5	181	$R2.5$	181	$118_{-0.35}^{0}$	$118_{-0.35}^{0}$	146	219	82
100	75	M48×1.5	56	60	M39×1.5	45	40	□135	ZG3/4	152.5	53	40	225	$R3$	225	$145_{-0.4}^{0}$	$145_{-0.4}^{0}$	156	232	89
125	95	M64×2	71	75	M48×1.5	56	50	□165	ZG1	174	58	50	275	$R3$	275	$175_{-0.4}^{0}$	$175_{-0.4}^{0}$	177	265	103
140	110	M72×2	80	80	M56×2	63	63	□185	ZG1	191	78	63	321	$R4$	321	$195_{-0.46}^{0}$	$195_{-0.4}^{0}$	188	280	112
150	115	M76×2	85	85	M60×2	67	63	□196	ZG1	193	78	63	332	$R4$	332	$206_{-0.46}^{0}$	$206_{-0.5}^{0}$	194	290	112
160	120	M80×2	90	95	M64×2	71	71	□210	ZG1	211	88	71	360	$R4$	360	$218_{-0.46}^{0}$	$218_{-0.5}^{0}$	207	308	126
180	140	M95×2	100	110	M72×2	80	80	□235	ZG1 1/4	225	98	80	403	$R4$		$243_{-0.46}^{0}$		216	330	—
200	150	M100×2	112	120	M80×2	90	90	□262	ZG1 1/2	244	108	90	452	$R5$		$272_{-0.52}^{0}$		232	356	—
224	180	M120×2	125	140	M95×2	100	100	□292	ZG1 1/2	257.5	117	100	500	$R5$		$300_{-0.52}^{0}$		241	365	—
250	195	M130×2	140	150	M100×2	112	100	□325	ZG2	287.5	117	100	535	$R5$		$335_{-0.57}^{0}$		271	411	—

注：1. UT、UC 为杆侧铰轴尺寸。

2. 其他尺寸见基本型。

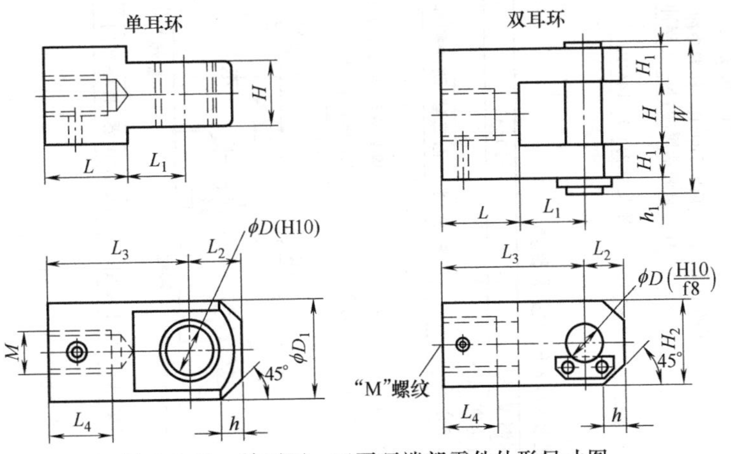

图 3.3-81　单耳环、双耳环端部零件外形尺寸图

表 3.3-106　单耳环、双耳环端部零件外形尺寸

/mm

单、双耳环			单耳环									双耳环												端部零件重量/kg	
缸径	杆标记	M	L_4	L_3	L_1	D	D_1	L_2	H	h	L	L_4	L_3	L_1	D	H_2	L_2	H_1	H	h_1	W	h	L	单耳环	双耳环
32	B	M16×1.5	34	60	23	16	39	20	$25_{-0.4}^{-0.1}$	8	37	33	60	27	16	32	16	12.5	$25_{+0.1}^{+0.4}$	12	68	4	33	0.5	0.6
	C	M12×1.25	27									33												0.5	0.6
40	B	M20×1.5	39	60	23	16	39	20	$25_{-0.4}^{-0.1}$	8	37	33	60	27	16	32	16	12.5	$25_{+0.1}^{+0.4}$	12	68	4	33	0	0
	C	M16×1.5	34									33												0.5	0.6
50	B	M24×1.5	44	70	28	20	49	25	$31.5_{-0.4}^{-0.1}$	10	42	38	70	32	20	40	20	16	$31.5_{+0.1}^{+0.4}$	12	80	10	38	0.9	1.0
	C	M20×1.5	39									38												0.9	1.1
63	B	M30×1.5	50	115	43	31.5	62	35	$40_{-0.4}^{-0.1}$	15	72	50	115	50	31.5	60	30	20	$40_{+0.1}^{+0.4}$	12	98	12	65	2.4	2.4
	C	M24×1.5	44									40												2.5	3.5
80	B	M39×1.5	65	115	43	31.5	62	35	$40_{-0.4}^{-0.1}$	15	72	65	115	50	31.5	60	30	20	$40_{+0.1}^{+0.4}$	12	98	12	65	2.1	3.1
	C	M30×1.5	50									50												2.4	3.4
100	B	M48×1.5	80	145	55	40	79	40	$50_{-0.4}^{-0.1}$	20	90	85	145	60	40	80	40	25	$50_{+0.1}^{+0.4}$	18	125	15	85	4.2	7.0
	C	M39×1.5	65									65												4.8	7.5
125	B	M64×2.0	100	180	65	50	100	50	$63_{-0.4}^{-0.1}$	25	115	100	180	70	50	100	50	31.5	$63_{+0.1}^{+0.4}$	18	150	20	110	8.4	13.4
	C	M48×1.5	80									80												9.8	14.8
140	B	M72×2.0	115	225	85	63	130	65	$80_{-0.6}^{-0.1}$	30	140	115	225	90	63	120	65	40	$80_{+0.1}^{+0.6}$	18	185	25	135	19.0	26.4
	C	M56×2.0	88									85												21.1	28.5
150	B	M76×2.0	120	225	85	63	130	65	$80_{-0.6}^{-0.1}$	30	140	120	225	90	63	120	65	40	$80_{+0.1}^{+0.6}$	18	185	25	135	16.8	24.2
	C	M60×2.0	90									90												19.7	27.1
160	B	M80×2.0	125	240	90	71	140	70	$80_{-0.6}^{-0.1}$	35	150	125	240	100	71	140	70	40	$80_{+0.1}^{+0.6}$	18	185	30	140	22.4	32.1
	C	M64×2.0	100									100												24.8	34.5

安全可靠，感应开关位置可以任意调节。

6.6 带接近开关的拉杆式液压缸

拉杆式液压缸带接近感应开关。用来控制行程两端位置的换向。感应开关是非接触敏感元件，无接触，无磨损，输出信号准确，

榆次油研液压有限公司生产的产品有CJT35L、CJT70L、CJT140L，工作压力为3.5MPa、7MPa、14MPa，带接近开关。武汉液压缸厂生产的产品有WY10，工作压力为7MPa、14MPa。详情可查有关生产厂的样本。

（1）型号意义

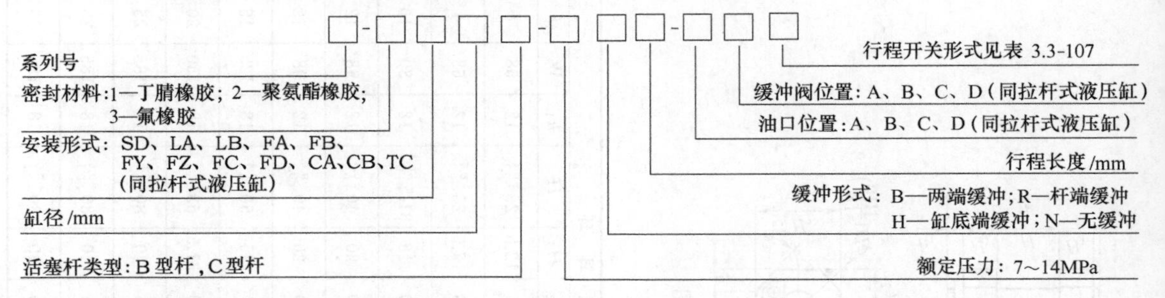

（2）技术参数（见表3.3-107）

表3.3-107　带接近开关的拉杆式液压缸性能及行程开关技术参数

<table>
<tr><td colspan="2">额定压力/MPa</td><td colspan="2">7~14</td><td colspan="2">使用温度/℃</td><td colspan="3">−10~60</td></tr>
<tr><td colspan="2">最高允许压力/MPa</td><td colspan="2">10.5~21</td><td colspan="2">最高运行速度/m·s^−1</td><td colspan="3">1</td></tr>
<tr><td colspan="2">最低启动压力/MPa</td><td colspan="2"><0.3</td><td colspan="2">工作介质</td><td colspan="3">矿物油、水—乙二醇、磷酸酯等</td></tr>
<tr><td colspan="2" rowspan="2">形式</td><td colspan="4">有接点开关型</td><td colspan="3">无接点开关型</td></tr>
<tr><td colspan="2">S1、S3、S5（导线型）
SB（接线柱型）</td><td colspan="2">T1、T3、T5（导线型）
TB（接线柱型）</td><td colspan="2">U1、U3、U5（导线型）
UB（接线柱型）</td><td>W1、W3、W5（导线型）
WB（接线柱型）</td></tr>
<tr><td rowspan="12">接近开关的参数</td><td>电气回路</td><td colspan="2">白线★1 + 黑线★1 −</td><td colspan="2">白线 (~) 黑线 (~)</td><td colspan="2">主回路 白线 (~) (~) 黑线</td><td>主回路 白线★1 + − 黑线★</td></tr>
<tr><td>用途</td><td colspan="2">AC/DC继电器、程序器用</td><td colspan="2">大容量继电器用</td><td colspan="2">AC继电器、程序器用</td><td>DC继电器、程序器用</td></tr>
<tr><td>最大负载电压，电流</td><td colspan="2">DC 24V,5~50mA
AC 100V,7~20mA
AC 200V,7~10mA</td><td colspan="2">AC 100V,20~200mA
AC 200V,10~200mA</td><td colspan="2">AC 85~265V,5~100mA</td><td></td></tr>
<tr><td>内部压降</td><td colspan="2">低于2.4V</td><td colspan="2">低于2V</td><td colspan="2">低于7V</td><td>低于4V</td></tr>
<tr><td>灯</td><td colspan="2">发光二极管
（开关接通时亮）</td><td colspan="2">霓虹灯
（开关断开时亮）</td><td colspan="3">发光二极管（开关接通时亮）</td></tr>
<tr><td>泄漏电流</td><td colspan="2">0</td><td colspan="2">小于1mA</td><td colspan="2">AC 100V,小于1mA
AC 200V,小于2mA</td><td>小于1mA</td></tr>
<tr><td>额定感距/mm</td><td colspan="7">1.5</td></tr>
<tr><td>开关频率/Hz</td><td colspan="7">≤1000</td></tr>
<tr><td>缸径/mm</td><td>—</td><td>32</td><td>40</td><td>50</td><td>63</td><td>80</td><td>100</td></tr>
<tr><td rowspan="2">动作范围/mm</td><td>有接点型 S-※、T-※</td><td>9~12</td><td>12~14</td><td>15~17</td><td>16~18</td><td>17.5~19.5</td><td>15.5~20.5</td></tr>
<tr><td>无接点型</td><td colspan="6">见本表注</td></tr>
<tr><td>不稳定区/mm</td><td></td><td colspan="4">1.5~3.5</td><td colspan="2">2~4</td></tr>
</table>

表 3.3-108 接近开关尺寸和行程末端位置检测的最适当设置 /mm

工作压力/MPa	缸径	A_1	A	h_2	h_1	H	工作压力/MPa	缸径	A_1	A	h_2	h_1	H
7、14	32	35	70	40	61	8	7、14	63	51	102	57	76	20
	40	37	74	45	65	8		80	63	126	76	86	24
	50	47	94	53	71	8		100	73	146	85	99	22

注：1. H 尺寸是行程端部检测最合适设置位置。而开关最灵敏位置是在 H+15mm 处（安装处有记号）。
2. 其他尺寸同轻型拉杆式液压缸。

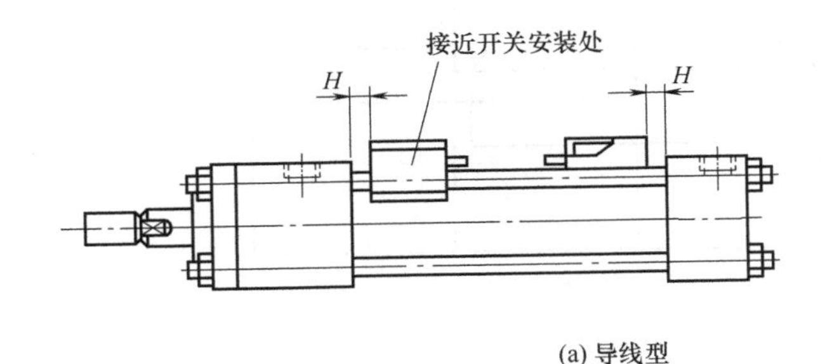

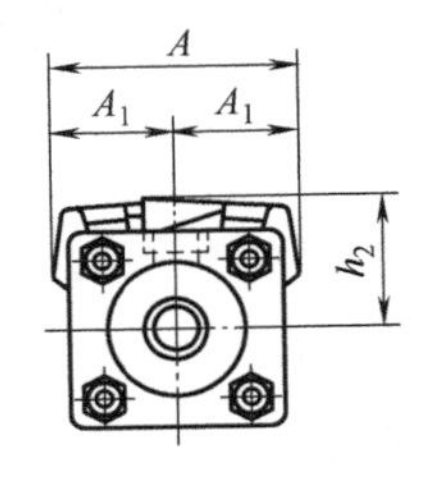

(a) 导线型

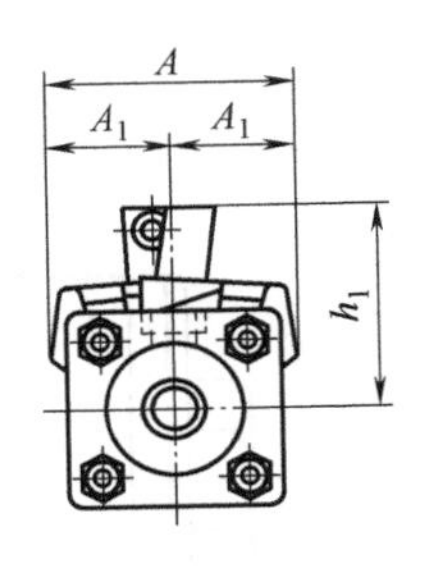

(b) 接线柱型

图 3.3-82 导线型和接线柱型接近开关安装处

带接近开关液压缸的安装尺寸与拉杆式标准液压缸相同，接近开关的尺寸和行程末端位置检测的最适当设置如表 3.3-108 所示。导线型和接线柱型接近开关安装处如图 3.3-82所示。

6.7 伸缩式套筒液压缸（TG 系列伸缩式套筒液压缸）

（1）型号意义

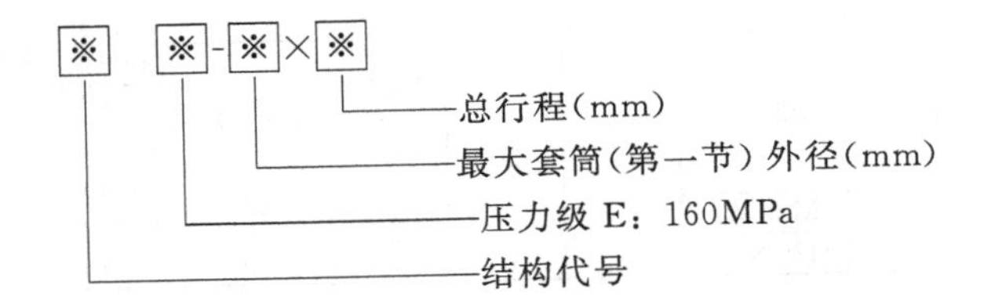

（2）技术规格及安装尺寸

① QTG 型液压缸外形尺寸［见图 3.3-83（a）和表 3.3-109］

② TGI 型液压缸外形尺寸［见图 3.3-83（b）和表 3.3-110］

③ 3TG-E 型液压缸技术参数（见表 3.3-111）

6.8 传感器内置式液压缸

由武汉液压缸厂在重载液压缸基础上设计、研制的带位移传感器液压缸，可以在所选用的行程范围内，在任意位置输出精确的控制信号，是可以应用于各种生产线上进行程序控制的液压缸。

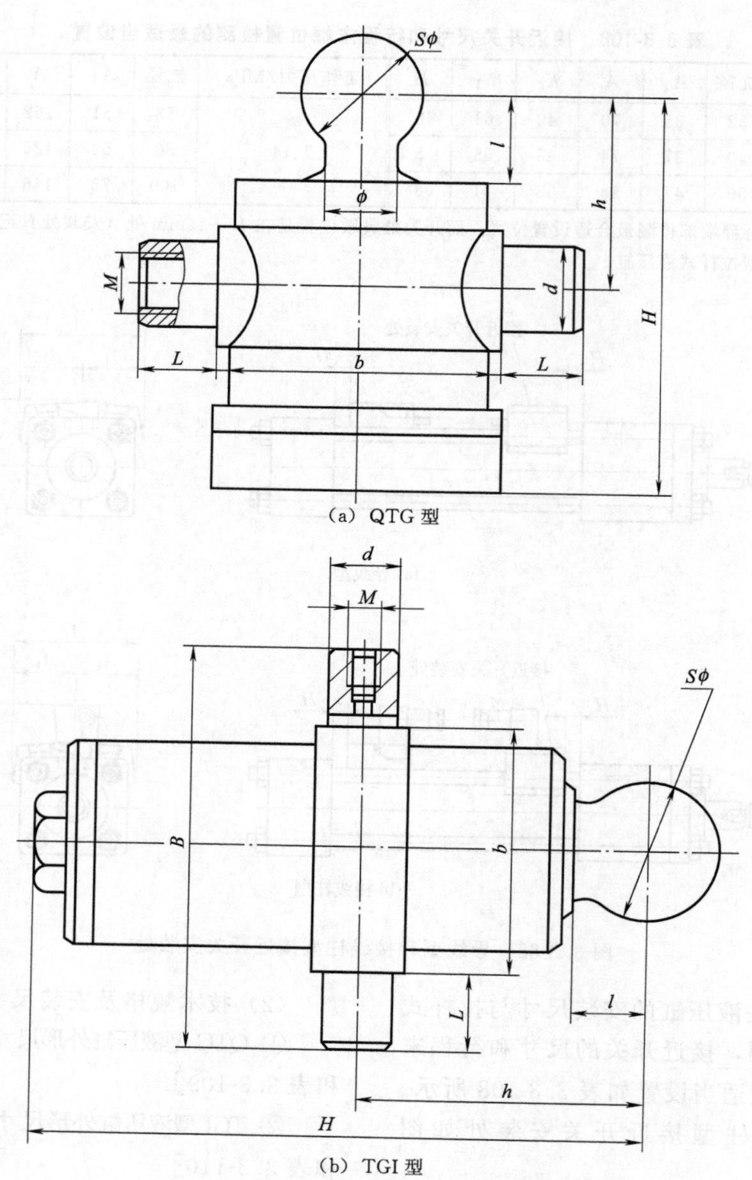

图 3.3-83　QTG 型与 TGI 型液压缸外形尺寸图

表 3.3-109　QTG型伸缩式套筒液压缸外形尺寸

/mm

型号	H	h	b	L	l	$S\phi$	ϕ	d	M	额定压力/MPa	最高压力/MPa	总行程	额定理论推力/kN 首级	额定理论推力/kN 末级
5QTG-140×160	300	115	190	50	30	50	30	50	M27×2	16	20	800	246.17	44.50
4QTG-140×160												640		80.43
5QTG-140×200	350	125										1000		44.50
4QTG-140×200												800		80.43
5QTG-140×250	405	130	190	50	30	50	30	50	M27×2	16	20	1250	246.17	44.50
4QTG-140×250												1000		80.43
5QTG-140×320	480	135										1600		44.50
4QTG-140×320												1280		80.43
5QTG-220×250	434	145	304	80	45	70	40	30	M32×2			1250	607.90	180.86
4QTG-110×200	350	125	152	50	30	50	30	50	M20×1.5			800	151.97	31.40

表 3.3-110　TGI 型伸缩式套筒液压缸外形尺寸 /mm

型号	额定压力/MPa	最高压力/MPa	总行程	外形尺寸(长×宽×高)	额定理论推力/kN		h	B	b	L	d	Sϕ	M	l	H≤ 单级行程		
					首级	末级									250	300	340
2TGI-60×250	16	20	500	455×157×93	44.5	20.11	140	157	97	30	30	50	M20×1.5	30	430	490	540
2TGI-70×250				455×169×105	61.60	31.41		169	109								
2TGI-80×250				455×200×116	80.43	44.50		200	120	40	40						
2TGI-80×300			600	505×200×116													
2TGI-90×300				505×212×128	101.79	61.60		212	132								
2TGI-90×340			680	565×212×128													
3TGI-90×250			750	455×212×128		31.41											
3TGI-90×300			900	505×212×128													
3TGI-100×300				505×240×136	125.66	44.50		240	140	50	50						
3TGI-100×340			1020	565×240×136													
3TGI-110×250			750	455×252×148	152.05	61.60		252	152								
3TGI-110×340			1020	565×252×148													

表 3.3-111　3TG-E 型伸缩式套筒液压缸技术参数

型号	伸出套筒外径	总行程	安装中心距	额定压力/MPa	理论最大推力/kN		D_1	D_2	Sϕ	L	M
					首级	末级					
3TG-E100×※	100/80/60	660～1500	440～754	16	123.6	44.13	150	125	60	40	M22×1.5
3TG-E125×※	125/100/80	660～1500	440～745		193.2	78.45	175	150	60	40	
4TG-E125×※	125/100/80/60	880～2000	440～745		193.2	44.13	175	150	60	40	
3TG-E150×※	150/125/100	660～1500	450～755		277.5	123.6	200	175	70	45	M27×2
4TG-E150×※	150/125/100/80	880～2000	450～755		277.5	78.45	200	175	70	45	
5TG-E150×※	150/125/100/80/60	1100～2500	450～755		277.5	44.13	200	175	70	45	
4TG-E180×※	180/150/125	880～2000	470～775		400	123.6	245	215	80	55	
5TG-E180×※	180/150/125/100	1100～2500	470～775		400	78.45	245	215	80	55	

（1）型号标记

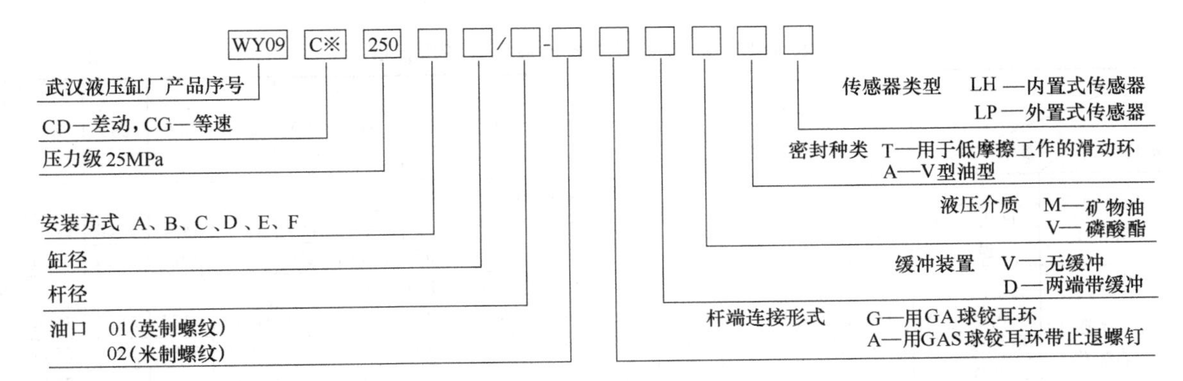

（2）技术参数（见表 3.3-112）

表 3.3-112　传感器内置式液压缸技术参数

额定压力	/MPa	25	使用温度/℃	−20～80	非线性/mm	0.05	重复性/mm	0.002
最高工作压力		37.5	最大速度/m·s^{-1}	1	滞后/mm	<0.004	电源/VDC	24
最低启动压力		<0.2	工作介质	矿物油,水—乙二醇等	输出	测量电路的脉冲时间		
传感器性能					安装位置	任意		
测量范围/mm	25～3650		分辨率/mm	0.002	接头选型	RG 金属接头(7针)		

(3) 外形尺寸（外形尺寸见前述 CD250）及行程（见图 3.3-84 和表 3.3-113、表 3.3-114）

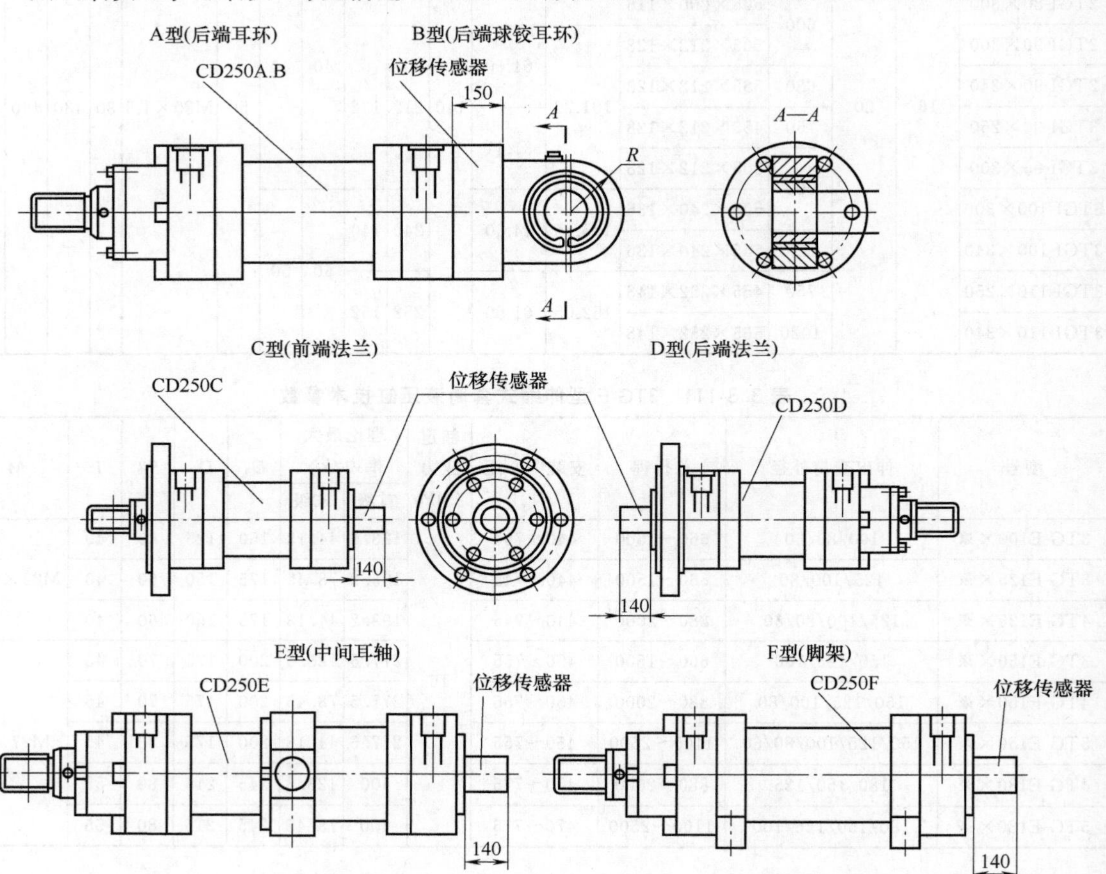

图 3.3-84　带位移传感器 CD、CG 液压缸许用行程

表 3.3-113　传感器内置式液压缸许用行程　　/mm

安装形式	参数	通径	40	50	63	80	100	125	140	160	180	200	220	250	280	320
			150(装传感器尺寸)													
A、B 型后端耳环	许用行程	A	40	140	210	280	360	465	795	840	885	1065	1205	1445	1630	1710
		B	225	335	435	545	695	960	1055	1095	1260	1445	1730	1965	2150	2215
			140(传感器尺寸,包括、C、D、E、F 型)													
C、D 型前、后端法兰	C 型许用行程	A	445	740	990	1235	1520	1915	2905	3120	3330	3890	4440	5155	5825	6205
		B	965	1295	1615	1990	2480	3310	3640	3835	4390	4975	5920	6630	7305	7635
	D 型许用行程	A	120	265	375	505	610	785	1260	1350	1430	1700	1930	2280	2575	2730
		B	380	545	690	885	1095	1480	1630	1705	1965	2240	2675	3020	3310	3445

续表

安装形式＼参数＼通径			40	50	63	80	100	125	140	160	180	200	220	250	280	320
E型中间耳轴	许用行程	A	445	740	990	1235	1520	1915	2905	3120	3330	3890	4440	5155	5825	6205
		B	965	1295	1615	1990	2480	3310	3640	3835	4390	4975	5920	6630	7305	7635
F型脚架	许用行程	A	135	265	375	480	600	760	1210	1295	1370	1625	1850	2180	2460	2600
		B	380	530	670	835	1050	1415	1560	1630	1875	2135	2550	2875	3155	3270

注：许用行程栏中A、B表示活塞杆的两种不同的直径。

表 3.3-114 传感器内置式液压缸产品质量计算参数 /kg

	缸径		40	50	63	80	100	125	140	160	180	200	220	250	280	320
A、B型	X		5	7.5	13	18	34	76	99	163	229	275	417	571	712	1096
	Y	A	0.011	0.015	0.020	0.030	0.050	0.078	0.105	0.136	0.170	0.220	0.262	0.346	0.387	0.510
		B	0.015	0.019	0.024	0.039	0.060	0.092	0.122	0.156	0.192	0.246	0.299	0.387	0.434	0.562
C、D型	X		9	13	22	26	48	95	120	212	273	334	485	643	784	1263
	Y	A	0.011	0.015	0.020	0.030	0.050	0.078	0.105	0.136	0.170	0.220	0.262	0.346	0.387	0.510
		B	0.015	0.019	0.024	0.039	0.060	0.092	0.122	0.156	0.192	0.246	0.299	0.387	0.434	0.562
E型	X		8	11	20	23	40	90	122	187	275	322	501	658	845	1274
	Y	A	0.013	0.019	0.028	0.042	0.069	0.108	0.155	0.197	0.244	0.316	0.383	0.507	0.587	0.757
		B	0.010	0.027	0.036	0.058	0.090	0.142	0.183	0.230	0.288	0.366	0.457	0.587	0.680	0.860
F型	X		7	10	17.5	20	35	85	111	184	285	302	510	589	816	1171
	Y	A	0.011	0.015	0.020	0.030	0.050	0.078	0.105	0.136	0.170	0.220	0.262	0.346	0.387	0.510
		B	0.015	0.019	0.024	0.039	0.060	0.092	0.122	0.156	0.192	0.246	0.299	0.387	0.434	0.562

注：产品质量 $m=X+Y\times$行程（mm）。

6.9 伺服液压缸产品介绍

伺服液压缸与普通液压缸在设计及指标要求上有许多相同之处，但伺服液压缸要满足伺服系统的静态精度和动态品质的要求，例如低摩擦、无爬行、无滞迟、高响应、无外漏、长寿命的要求。

为提高响应速度，伺服阀还应尽量装在缸体上。在结构设计上，伺服液压缸的密封和导向设计极为重要，不能简单地沿用普通液压缸的密封、支承与导向。这是因为伺服液压缸和普通液压缸的性能指标要求不同。伺服液压缸要求启动压力低即低摩擦，通常双向活塞杆的最低启动压力不大于0.2MPa，单向活塞杆的最低启动压力不大于0.1MPa。只有密封支承与导向的低摩擦才能保证无爬行、无滞迟、高响应，而无外漏、长寿命等要求也都和密封支承与导向密切相关。其实，密封与支承和导向的不同就是伺服液压缸和普通液压缸最本质的不同。现在，已有很多专门用于伺服液压缸的成熟的密封产品，既可保证密封效果又可保证低摩擦，可供选用。因此，设计伺服液压缸的关键是选择和设计密封、支撑与导向部分。此外，设计伺服液压缸也要考虑如何保证液压缸的刚性，有的还要考虑如何安装传感器等。

伺服液压缸总体来说在各方面要求比普通液压缸高，但在内泄漏方面是个例外。伺服缸的内泄漏量一般要求不大于0.5mL/min，或由专门技术条件规定。伺服液压缸的内泄漏量指标并不比普通液压缸要求高，甚至可以低于普通液压缸的要求。内泄漏量将涉及到系统阻尼比，能够影响系统的稳定性和响应速度等动态指标，有时还会希望泄漏量稍大一些，以增大系统稳定性。由此可见，设计加工伺服液压缸也不是非常困难的。当然要设计好伺服液压缸也不是随便就能做到的。

6.9.1 US系列伺服液压缸（见表 3.3-115～表 3.3-117）

表 3.3-115 US 系列伺服液压缸

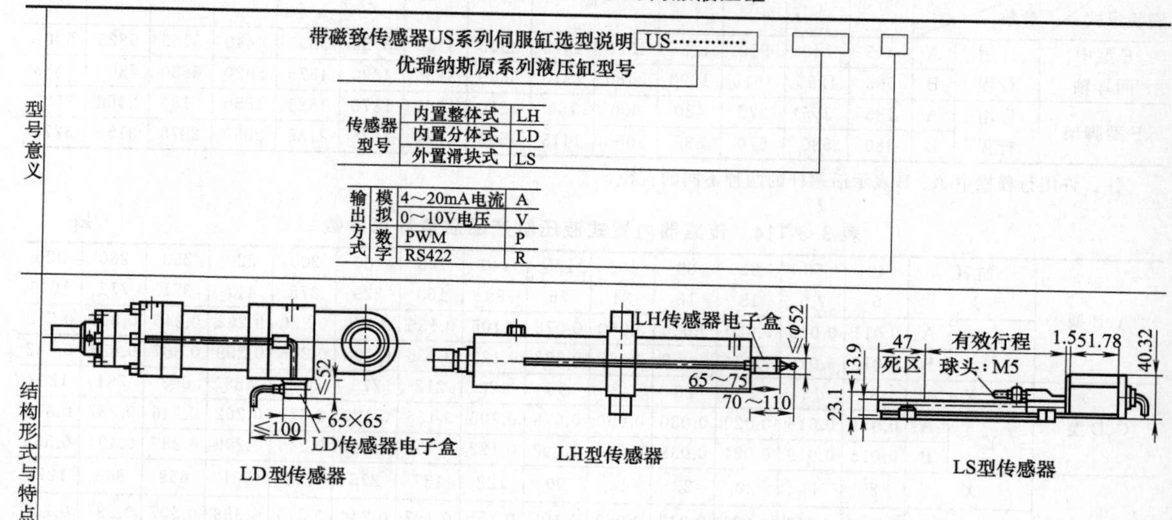

	LD型传感器	LH型传感器	LS型传感器
结构形式与特点	适用于尾部耳环式液压缸，缸体外增加一个 65mm×65mm×52mm 的电子盒。传感器维修、更换不方便	适用于缸底耳环以外任何形式的液压缸。将在缸尾部增加一个直径约为 52mm，长约 72mm 的电子盒。传感器维修、安装、更换方便	适用于所有安装结构的液压缸。传感器的安装、维修、更换方便。传感器的拉杆需带防转装置

表 3.3-116 传感器技术参数

类型	LH	LD	LS
输出形式	模拟输出或数字输出均可		
测量数据	位置		
输出形式	模拟输出		数字输出
测量范围	最小 25mm，最长十几米；LS 型模拟：25～2540mm；LS 型数字：25～3650mm		
分辨率	无限（取决于控制器 D/A 与电源波动）		一般为 0.1mm（最高达 0.005mm，需加配 MK292 界面卡）
非线性度	满量程的±0.02%或±0.05%（以较高者为准）		
滞后	＜0.02mm		
位置输出	0～10V 4～20mA		开始/停止脉冲（RS422 标准） PWM 脉宽调制
供应电源	+24(1±10%)V DC		
耗电量	120mA		100mA；LS 型模拟/数字均为 100mA
工作温度	电子头：−40～−70℃(LH)；−40～80℃(LD) 敏感元件：−40～105℃		
温度系数	＜15×10⁻⁶/℃		
可调范围	5%可调零点及满量程		
更新时间	一般≤3ms		最快每秒 10000 次（按量程而变化） 最慢＝[量程(in)+3]×9.1μs
工作压力	静态：34.5MPa(5000psi)；峰值：69MPa(10000psi)；LS 型无此项		
外壳	耐压不锈钢；LS 型为铝合金外壳，防尘、防污、防洒水、符合美国 IP67 标准		
输送电缆	带屏蔽七芯 2m 长电缆		

表 3.3-117　磁致传感器接线

输出形式	LH、LD、LS 型传感器模拟输出	LH、LD、LS 型传感器数字输出
红色或棕色	24V DC 电源输入	
白色	0V DC 电源输入	
灰色或橙色	4～20mA 或 0～10V 信号输出	PWM 输出(－),RS422 停止(－)
粉色或蓝色	4～20mA 或 0～10V 信号回路	PWM 输出(＋),RS422 停止(＋)
黄色		PWM 询问脉冲(＋),RS422 开始(＋)
绿色		PWM 询问脉冲(－),RS422 开始(－)
信号	金属屏蔽网接地防止信号受干扰	

6.9.2　海特公司伺服液压缸（见表 3.3-118）

表 3.3-118　海特公司伺服液压缸

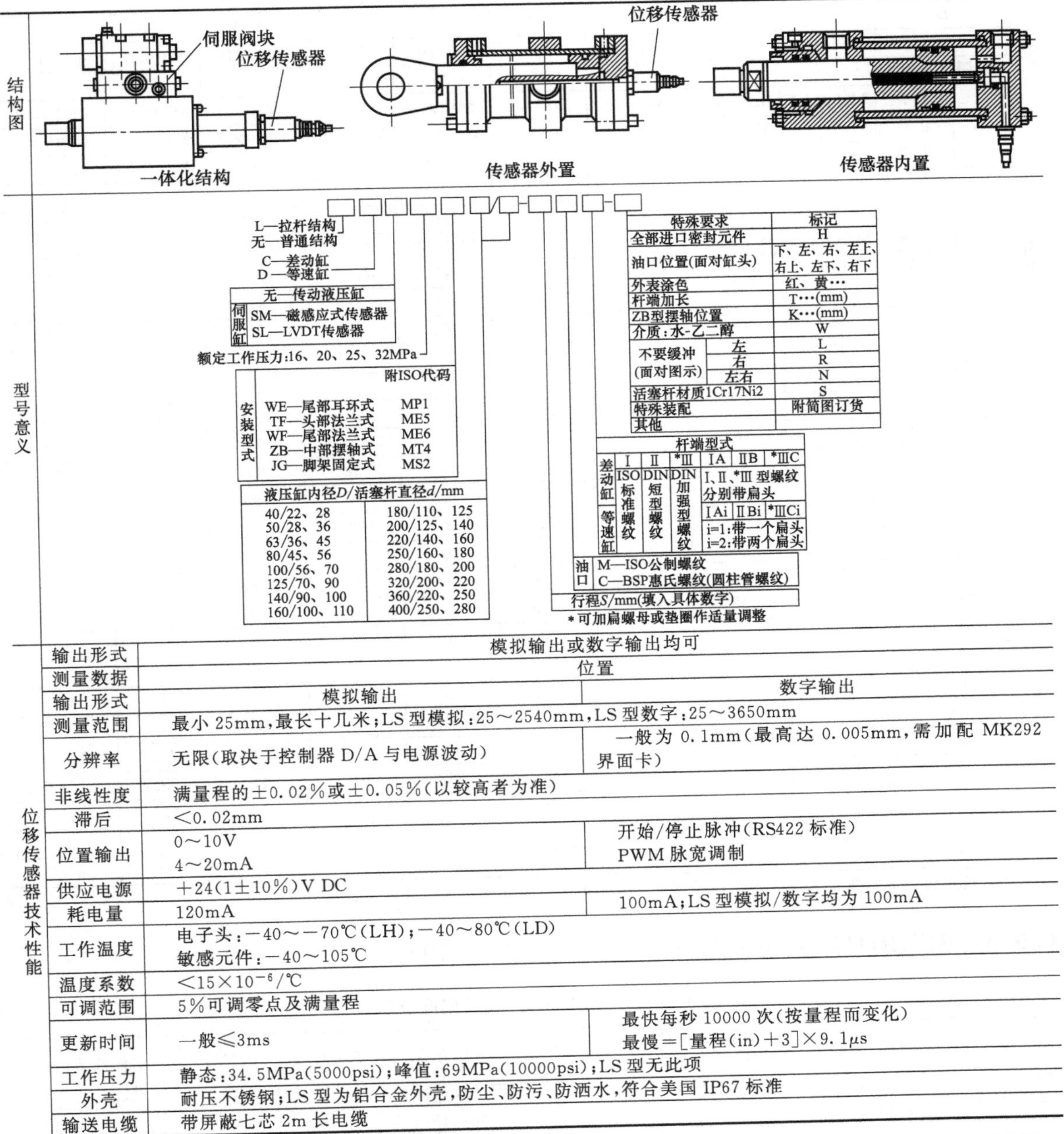

位移传感器技术性能

项目	模拟输出	数字输出
输出形式	模拟输出或数字输出均可	
测量数据	位置	
输出形式	模拟输出	数字输出
测量范围	最小 25mm,最长十几米;LS 型模拟:25～2540mm,LS 型数字:25～3650mm	
分辨率	无限(取决于控制器 D/A 与电源波动)	一般为 0.1mm(最高达 0.005mm,需加配 MK292 界面卡)
非线性度	满量程的±0.02%或±0.05%(以较高者为准)	
滞后	＜0.02mm	
位置输出	0～10V 4～20mA	开始/停止脉冲(RS422 标准) PWM 脉宽调制
供应电源	＋24(1±10%)V DC	
耗电量	120mA	100mA;LS 型模拟/数字均为 100mA
工作温度	电子头:－40～－70℃(LH);－40～80℃(LD) 敏感元件:－40～105℃	
温度系数	＜15×10^{-6}/℃	
可调范围	5%可调零点及满量程	
更新时间	一般≤3ms	最快每秒 10000 次(按量程而变化) 最慢＝[量程(in)＋3]×9.1μs
工作压力	静态:34.5MPa(5000psi);峰值:69MPa(10000psi);LS 型无此项	
外壳	耐压不锈钢;LS 型为铝合金外壳,防尘、防污、防洒水,符合美国 IP67 标准	
输送电缆	带屏蔽七芯 2m 长电缆	

续表

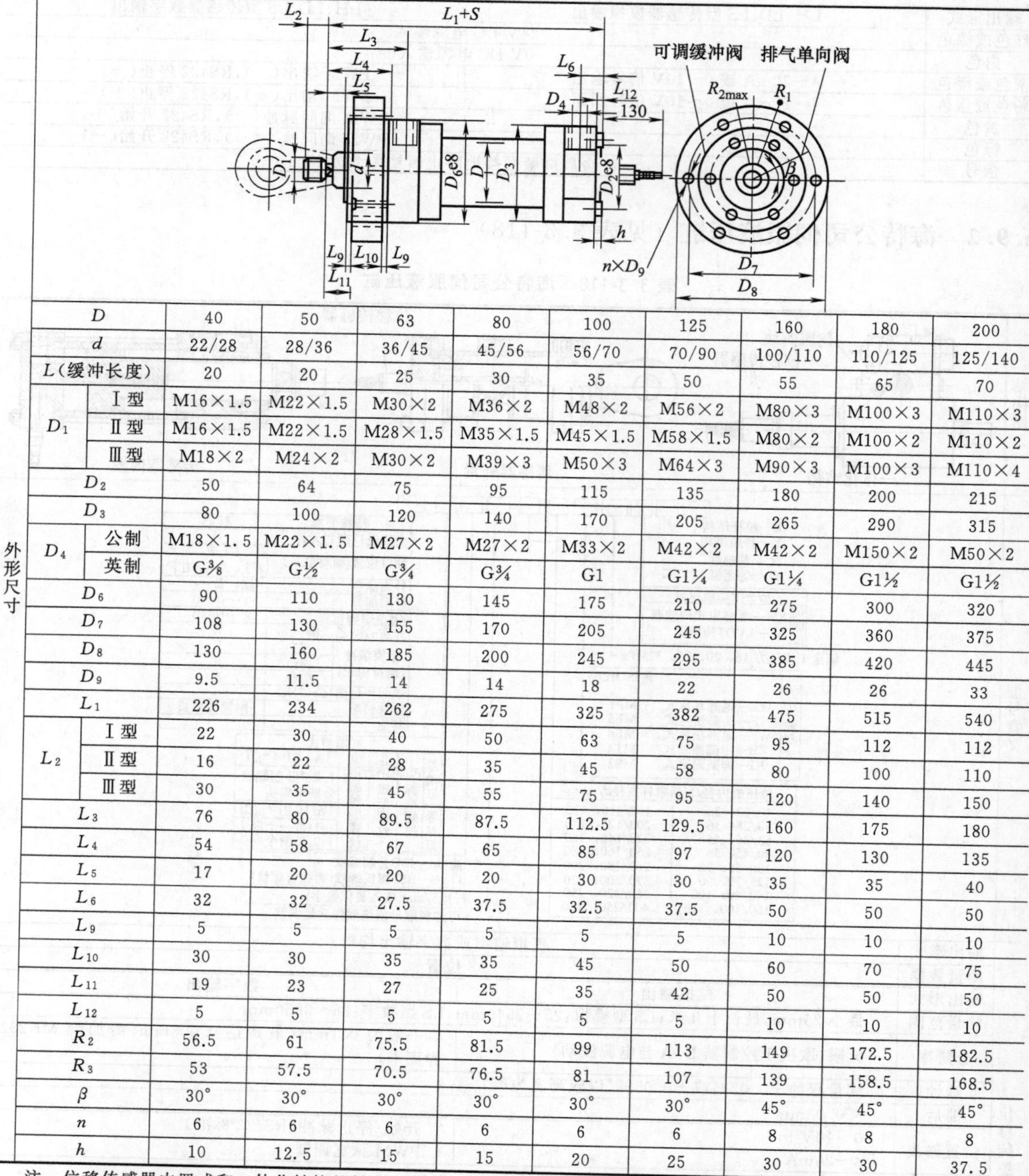

		D	40	50	63	80	100	125	160	180	200
		d	22/28	28/36	36/45	45/56	56/70	70/90	100/110	110/125	125/140
		L（缓冲长度）	20	20	25	30	35	50	55	65	70
外形尺寸	D_1	Ⅰ型	M16×1.5	M22×1.5	M30×2	M36×2	M48×2	M56×2	M80×3	M100×3	M110×3
		Ⅱ型	M16×1.5	M22×1.5	M28×1.5	M35×1.5	M45×1.5	M58×1.5	M80×2	M100×2	M110×2
		Ⅲ型	M18×2	M24×2	M30×2	M39×3	M50×3	M64×3	M90×3	M100×3	M110×4
	D_2		50	64	75	95	115	135	180	200	215
	D_3		80	100	120	140	170	205	265	290	315
	D_4	公制	M18×1.5	M22×1.5	M27×2	M27×2	M33×2	M42×2	M42×2	M150×2	M50×2
		英制	G⅜	G½	G¾	G¾	G1	G1¼	G1¼	G1½	G1½
	D_6		90	110	130	145	175	210	275	300	320
	D_7		108	130	155	170	205	245	325	360	375
	D_8		130	160	185	200	245	295	385	420	445
	D_9		9.5	11.5	14	14	18	22	26	26	33
	L_1		226	234	262	275	325	382	475	515	540
	L_2	Ⅰ型	22	30	40	50	63	75	95	112	112
		Ⅱ型	16	22	28	35	45	58	80	100	110
		Ⅲ型	30	35	45	55	75	95	120	140	150
	L_3		76	80	89.5	87.5	112.5	129.5	160	175	180
	L_4		54	58	67	65	85	97	120	130	135
	L_5		17	20	20	20	30	30	35	35	40
	L_6		32	32	27.5	37.5	32.5	37.5	50	50	50
	L_9		5	5	5	5	5	5	10	10	10
	L_{10}		30	30	35	35	45	50	60	70	75
	L_{11}		19	23	27	25	35	42	50	50	50
	L_{12}		5	5	5	5	5	5	10	10	10
	R_2		56.5	61	75.5	81.5	99	113	149	172.5	182.5
	R_3		53	57.5	70.5	76.5	81	107	139	158.5	168.5
	β		30°	30°	30°	30°	30°	30°	45°	45°	45°
	n		6	6	6	6	6	6	8	8	8
	h		10	12.5	15	15	20	25	30	30	37.5

注：位移传感器内置式和一体化结构的部分尺寸未列出，不在表中的尺寸可另咨询。

6.9.3 REXROTH公司伺服液压缸（见表3.3-119）

表3.3-119 REXROTH公司伺服液压缸

技术性能	推力/kN	行程/mm	额定压力/MPa	回油槽压力/MPa	安装位置	工作介质	介质温度/℃	黏度/$mm^2 \cdot s^{-1}$	工作液清洁度
	10～1000	50～500 每50增减	28	≥0.2	任意	矿物油 DIN51524	35～50	35～55	NAS1638 -7级

续表

	项目	位移传感器	超声波位移传感器
位移传感器技术性能	测量长度/mm	100～550，每 50mm 增减	
	速度	任选（响应时间与测量长度有关）	
	电源电压/V	+1～+5	±12～±15（150mA）
	输出	模拟	RS422（脉冲周期）
	电缆长度/m	≤25	≤25
	分辨率/mm	无限的	0.1（与测量长度有关）
	线性度/%	±0.25（与测量长度有关）	±0.05（与测量长度有关）
	重复性/%		±0.001（与测量长度有关）
	滞环/mm		0.02
	温漂/(mm/10K)		0.05
	工作温度/℃	−40～80	传感器：−40～66；传感器杆：−40～85

结构形式

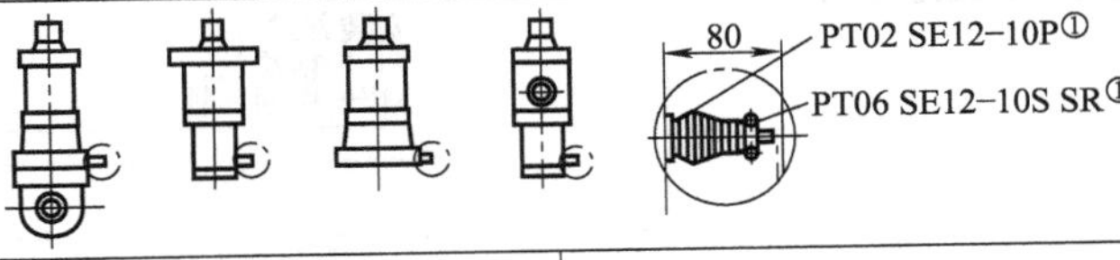

80
PT02 SE12-10P①
PT06 SE12-10S SR①

偏载曲线

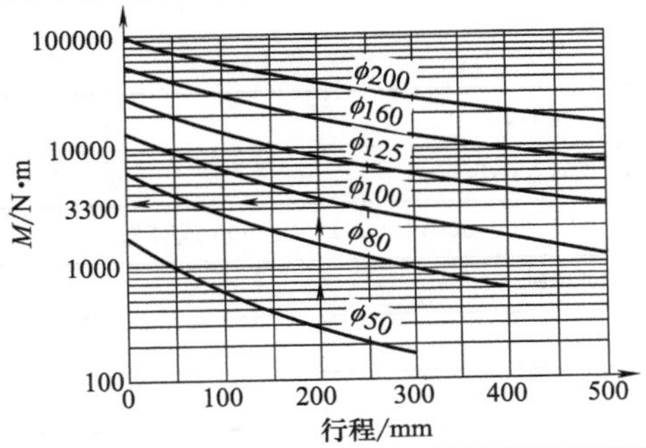

M/N·m
100000
10000
3300
1000
100
φ200
φ160
φ125
φ100
φ80
φ50
0 100 200 300 400 500
行程/mm

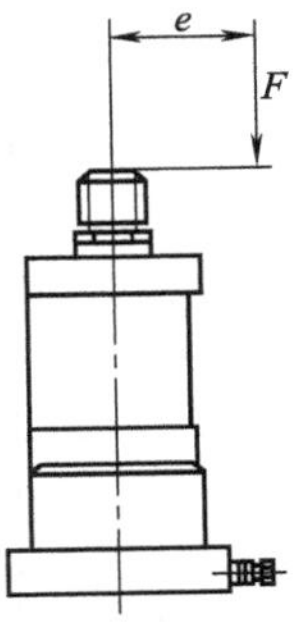

能承受的最大偏心扭矩 M

$M=Fe$

M—扭矩，N·m；

F—作用力，kN；

e—偏心距，mm

例如，

行程为 200mm

杆径为 100mm

作用力 $F=63$kN

$$e=\frac{M}{F}=\frac{3300}{63}$$

$e=52.38$mm

型号意义

CGS 280 □□/□—□ T 1X/□□□□□

CGS 伺服缸，双伸杆

额定压力：28MPa

安装形式：
B—底部耳环；
C—前端法兰；
D—底部法兰；
E—中间耳轴；

公称推力/kN	杆径/mm	缸径/mm
10	50	55
16	50	57
25	50	61
40	50 80	66 91
63	50 80 100	74 97 114
100	80 100 125	106 133 143
160	80 100 125	118 133 152
250	100 125 160	148 166 194
400	125 160	186 211
600	160 200	235 264
1000	200	295

位置传感器：
L—LVDT，电源式
T—超声波

密封型式：
D—标准
A—无密封

油液：
M—密封，适用于矿物油 DIN51 524(HL,HLP)；
A—氟橡胶密封，适用于磷酸酯(HFD-R)

杆端：
A—外螺纹；
B—内螺纹

连接形式：
A—辅板
Z—带伺服阀块

规格(辅板或带伺服阀块安装)：
06-6,10-10,16-16,25-25,32-32

系列：
1X—10～19外部结构不变

杆端轴承
T—球轴承

行程：
500—行程为500mm

① 包括在供货范围内。

6.9.4 MOOG公司M85系列伺服液压缸（见表3.3-120）

表3.3-120 MOOG公司M85系列伺服液压缸

项目		内容
结构图及型号意义		M85 –□◇□□◇□ 缸径/in 2.0,2.5,3.25,4.0,5.0 杆径/in 1.0,1.375,1.75,2.0,2.5 行程/mm 216,320,400,500,600,800,1000,1200,1500或订做 安装方式: FF—前法兰; MF—中间耳轴
技术性能	压力/MPa	最大21
	工作温度/℃	−5～+65
	工作介质	矿物油
	缸径/in	2.0,2.5,3.25,4.0,5.0
	杆径/in	1.0,1.375,1.75,2.0,2.5
	行程/mm	216,320,400,500,600,800,1000,1200,1500或订做
	安装方式	前端法兰/中间耳轴
	线性度/%	<0.05F.S.
	分辨率/%	<0.01F.S.
	重复性/%	<0.01F.S.
	温漂/(mm/10K)	Probe:0.005F.S./℃ 控制器:0.005F.S./℃
	频率响应/Hz	约1000
	输出信号	0～10V,0～20mA(或其他要求输出值)
	电源电压/V	+15V(105/185mA)(冲击),−15V(23mA)
	零调整/%	±5F.S.

6.9.5 MOOG公司M085系列伺服液压缸（见表3.3-121）

表3.3-121 MOOG公司M085系列伺服液压缸

型号意义

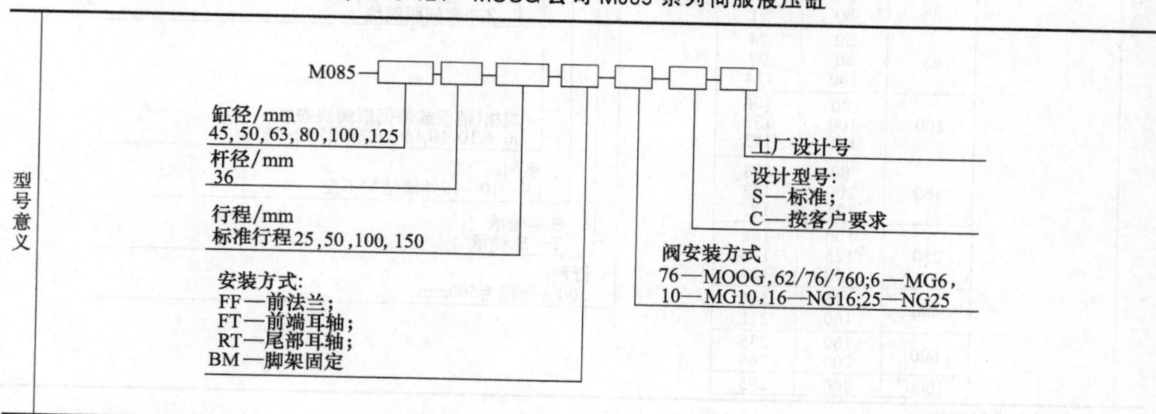

外形尺寸

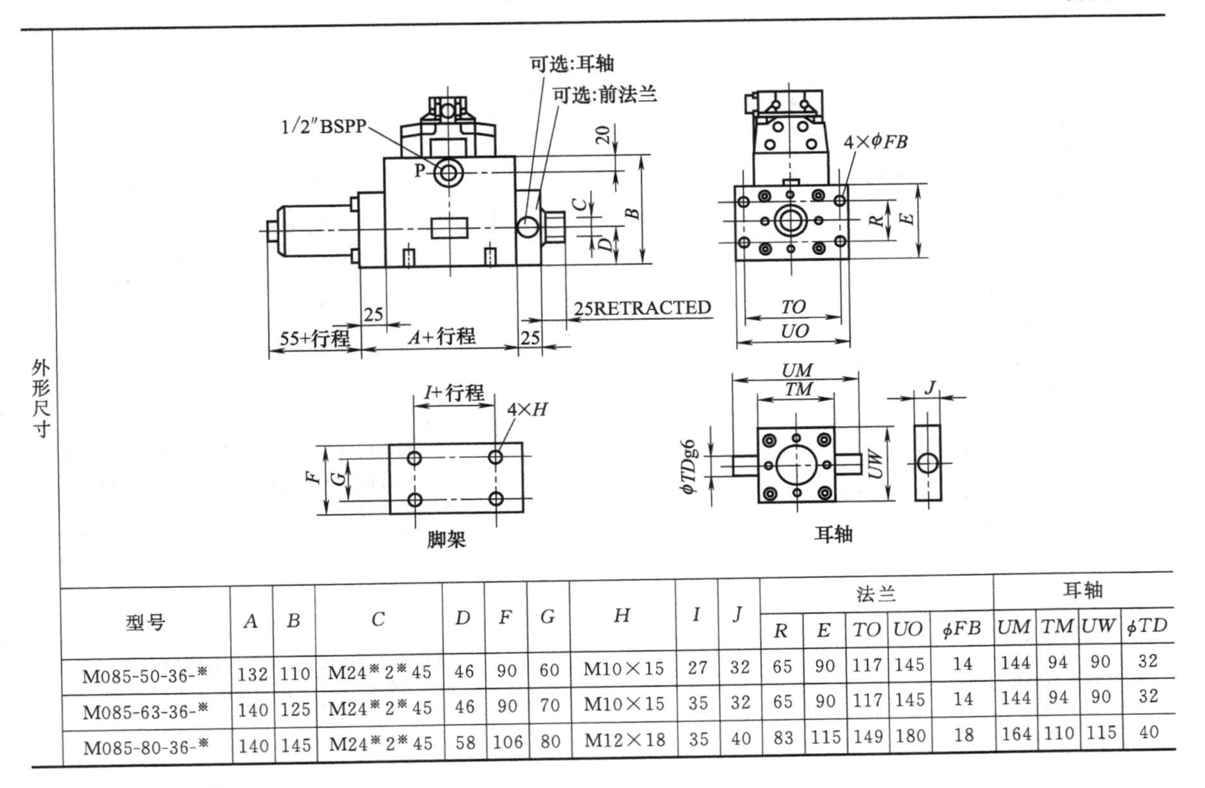

型号	A	B	C	D	F	G	H	I	J	法兰					耳轴			
										R	E	TO	UO	ϕFB	UM	TM	UW	ϕTD
M085-50-36-※	132	110	M24※2※45	46	90	60	M10×15	27	32	65	90	117	145	14	144	94	90	32
M085-63-36-※	140	125	M24※2※45	46	90	70	M10×15	35	32	65	90	117	145	14	144	94	90	32
M085-80-36-※	140	145	M24※2※45	58	106	80	M12×18	35	40	83	115	149	180	18	164	110	115	40

6.9.6 ATOS公司伺服液压缸（见表3.3-122）

表3.3-122 ATOS公司伺服液压缸

结构图

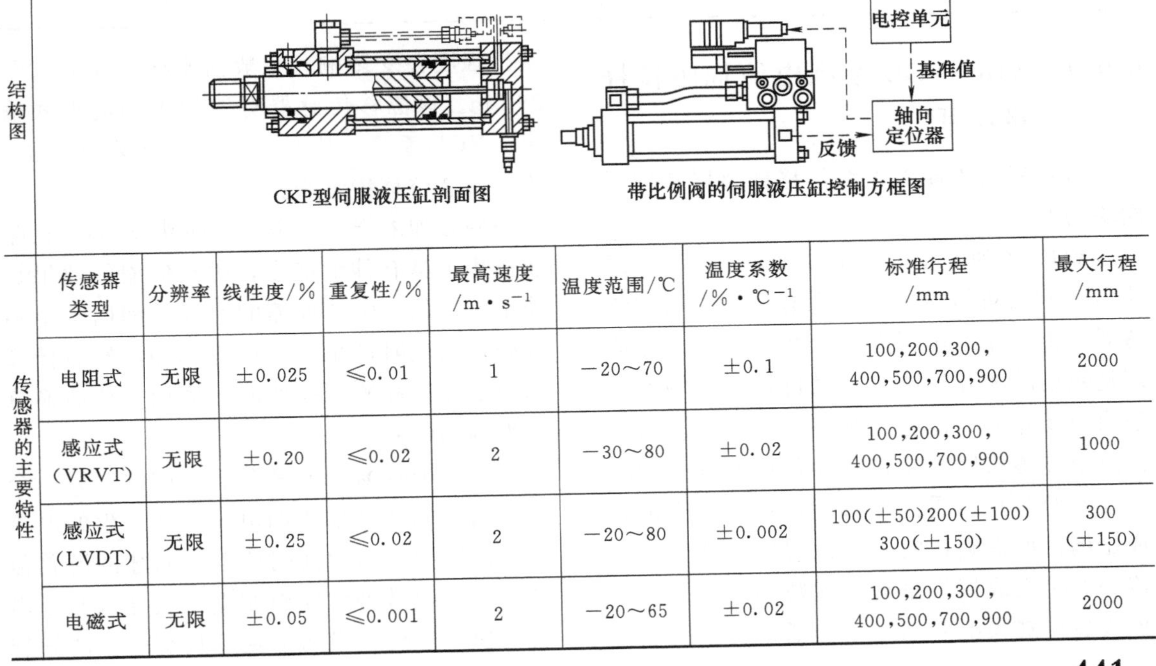

CKP型伺服液压缸剖面图　　带比例阀的伺服液压缸控制方框图

传感器的主要特性

传感器类型	分辨率	线性度/%	重复性/%	最高速度/m·s⁻¹	温度范围/℃	温度系数/%·℃⁻¹	标准行程/mm	最大行程/mm
电阻式	无限	±0.025	≤0.01	1	−20～70	±0.1	100,200,300,400,500,700,900	2000
感应式(VRVT)	无限	±0.20	≤0.02	2	−30～80	±0.02	100,200,300,400,500,700,900	1000
感应式(LVDT)	无限	±0.25	≤0.02	2	−20～80	±0.002	100(±50)200(±100)300(±150)	300(±150)
电磁式	无限	±0.05	≤0.001	2	−20～65	±0.02	100,200,300,400,500,700,900	2000

续表

型号意义

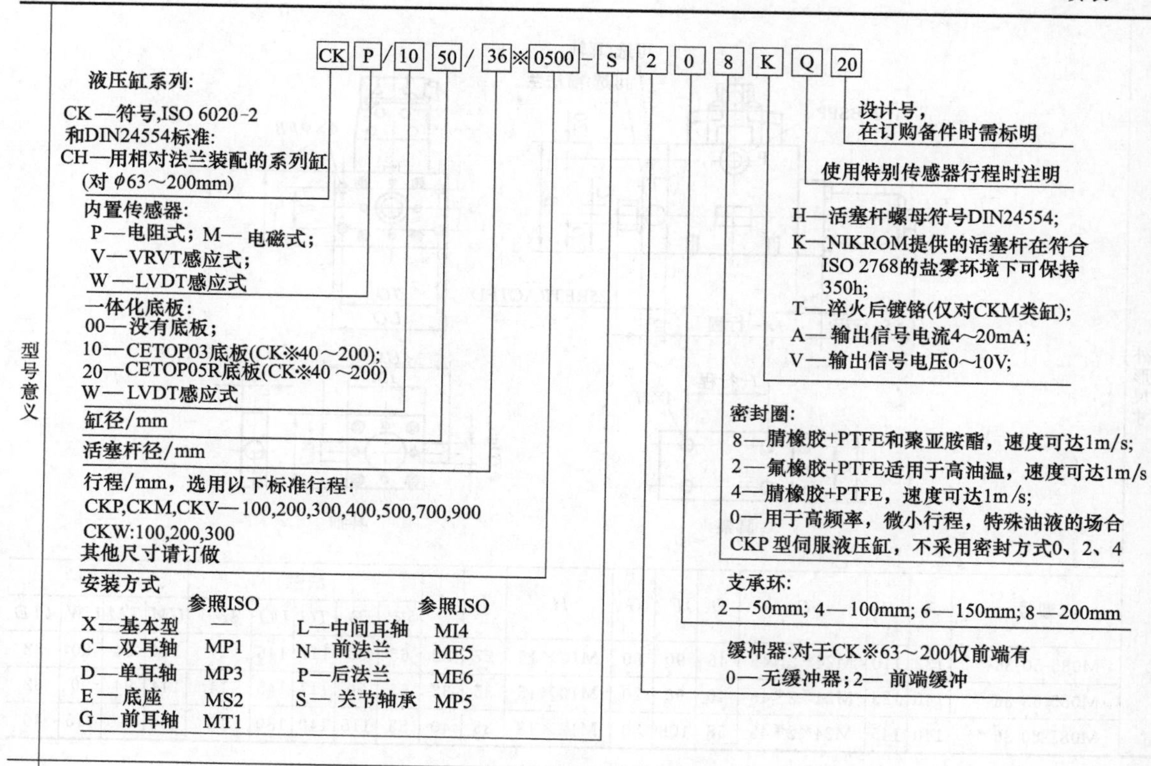

结构类型

CKM型　　　CKP(电位计式)型，CKV和CKW型(感应式)

6.9.7 YGC/YGD系列电液伺服拉杆液压缸

（1）带磁致伸缩直线位移传感器和伺服阀块的液压缸

YGC系列液压缸所用磁致伸缩位移传感器是一种无机械接触并且没有位置限制的传感器，传感器工作压力可达35MPa。工作原理是磁场的相互影响，即通过接通磁场产生磁力应变脉冲，该应变脉冲通过波导管从测试点至传感头输入至传感器，该输送时间将持续不变并且不受温度影响，只与线圈位置成比例，那是确切实际的位置测量值，并随传感器转变成模拟量输出或数字输出，由于探头装在缸头上并插入空心活塞杆，所以活塞杆强度会受影响，一般活塞杆直径需大于36mm。该位移传感器有四种不同的形式输出。YGD系列液压缸（双伸出活塞杆油缸）不能安装位移传感器。

磁致伸缩指一些金属（如铁或镍），在磁场作用下具有伸缩能力，磁致伸缩的效果是非常细微的。磁致伸缩的原理是利用两个不同磁场相交时产生一个应变脉冲，然后计算这个信号被探测所需的时间周期，从而换算出准确的位置。

这两个磁场一个来自活动磁铁，另一个则来自自由传感器头的电子部件产生的电流脉冲。这个称为“询问信号”的脉冲沿着传感器内以磁致伸缩材料制造的波导管并以声音的速度运行。当两个磁场相交时，波导管发生磁致伸缩现象，产生一个应变脉冲。这个称为“返回信号”的脉冲很快便被电子头的感测电路探测到。从产生询问信号的一刻到返回信号被探测到所需的时间周期乘以固定的声音速度，便能准确地计算出磁铁的位置变动。这个过程是连续不断的，所以每当活动磁铁被带动时，新的位置很快就会被感测出来。

（2）订货代码

YG C — D/d E × 200 — TB 4 1 1 1 - Y ※ NJR

C——种类：C＝差动缸；D＝等速缸

D/d——缸径/杆径

E——压力等级：C＝7MPa；E＝16MPa；D＝21MPa

200——行程/mm

TB——安装方式：TB＝拉杆伸出缸头端；TC＝拉杆伸出缸盖端；TD＝拉杆伸出两端；JJ＝缸头矩形法兰；HH＝缸盖矩形法兰；C＝侧面凸耳；B＝缸盖固定耳环；BB＝缸盖固定双耳环；SBd＝缸盖固定耳环带球面轴承；D＝缸头耳轴；DB＝缸盖耳轴；DD＝中间固定耳轴

4——活塞杆端方式：3＝非标准活塞杆端；4＝活塞杆端外螺纹；9＝活塞杆端内螺纹

1——油口连接方式：1＝英制内螺纹；2＝公制内螺纹

1——油口位置（参见图 3.3-85）

1——缓冲位置：1＝两端缓冲；2＝无杆腔缓冲；3＝有杆腔缓冲；4＝两端无缓冲

Y——活塞杆延长长度，以 mm 为单位，用文字书写，不填为无此选项

※——进一步说明

NJR——接近开关或传感器：NJR＝在缸头端加接近开关；NJL＝在缸盖端加接近开关；NJ＝在两端加接近开关；NTM＝NT 型数字量位移传感器；NTF＝NT 型模拟量位移传感器；NDM＝ND 型数字量位移传感器；NDF＝ND 型模拟量位移传感器

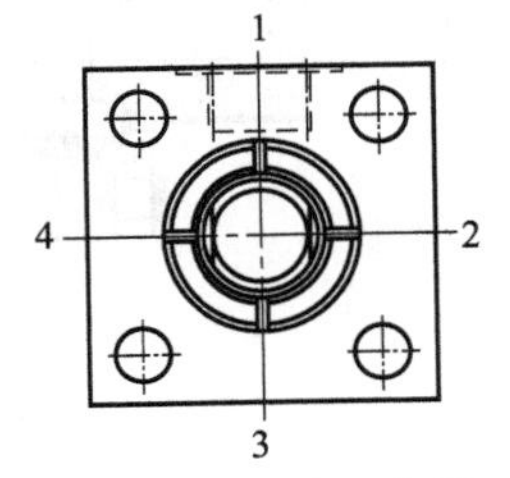

图 3.3-85 油口位置（从活塞杆端看）

注：NT 型位移传感器适合于除缸头耳环安装方式以外所有安装方式（TB，TC，TD，JJ，HH，C，D，DB，DD），ND 适合于缸头耳环安装方式（B，BB，SBd）。

（3）安装方式（见图 3.3-86）

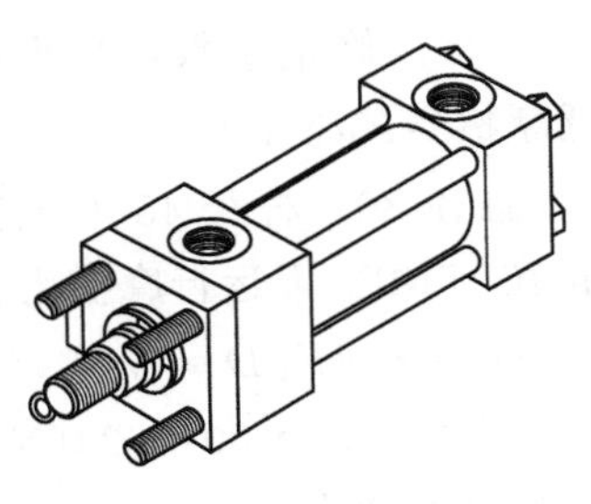
(a) TB,TC,TD

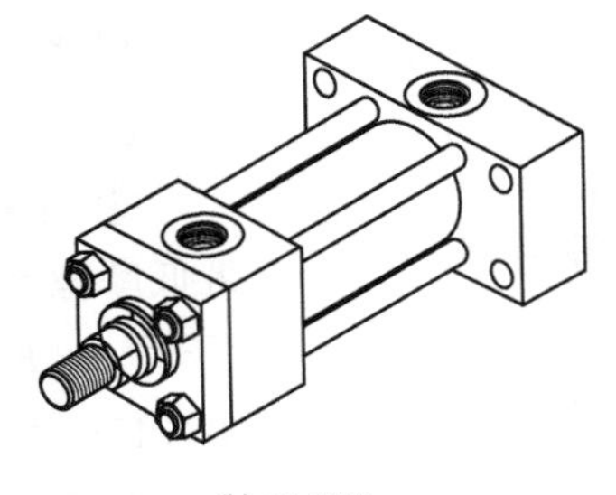
(b) JJ,HH

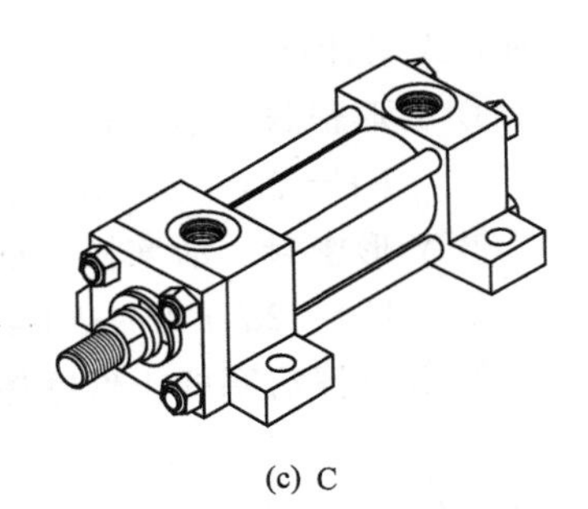
(c) C

图 3.3-86

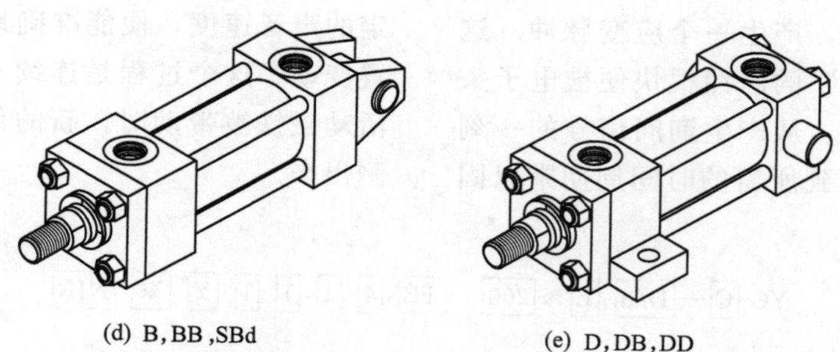

图 3.3-86　YGC/YGD 系列电液伺服拉杆液压缸安装形式

（4）内部结构图（见图 3.3-87）

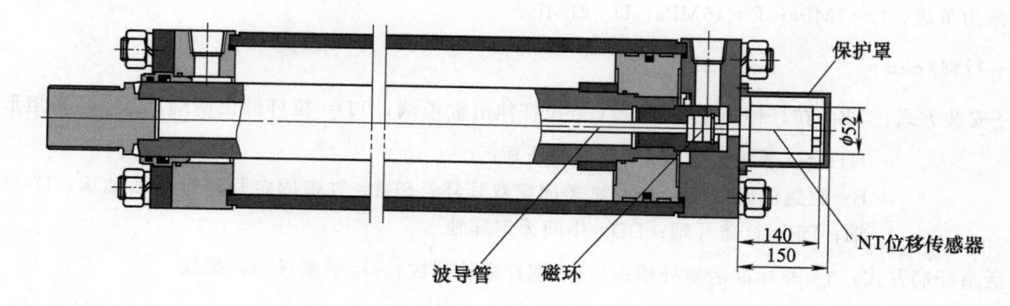

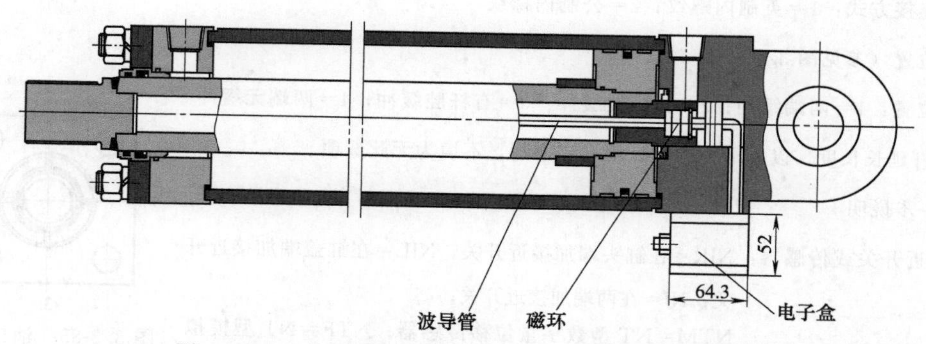

图 3.3-87　YGC/YGD 系列电液伺服拉杆液压缸内部结构图

（5）计算运行摩擦力

油缸的密封件摩擦力是由各个密封件引起的摩擦力之和（＝防尘密封件摩擦力＋活塞杆密封件摩擦力＋活塞密封件摩擦力），用下列公式来计算：

① Y 形密封　活塞杆＋活塞

$$F_f = 2d + 2F_Y d + 4F_Y D$$

② Y 形密封　活塞杆＋低摩擦活塞

$$F_f = 2d + 2F_Y d + 4F_P D$$

③ 低摩擦活塞杆＋低摩擦活塞

$$F_f = 2d + 2F_P d + 4F_P D$$

式中　d——活塞杆直径，mm；

D——缸径，mm；

F_Y——Y 形密封的摩擦系数；

F_P——聚四氟乙烯的摩擦系数。

④ 启动摩擦力　启动摩擦力可以通过运用下列修正系数来计算。修正系数：Y 形密封＝$F_Y \times 1.5$；低摩擦＝$F_P \times 1.0$。

⑤ 计算示例　缸径 80、杆径 45 的油缸带低摩擦密封装置在 15MPa 下运行摩擦力：

$$F_f = 2d + 2F_P d + 4F_P D =$$

$$2 \times 45 + 2 \times 1.3 \times 45 + 4 \times 1.3 \times 80 = 623(\mathrm{N})$$

基于零压力，启动摩擦力

$$F_q = 2d + 2F_P d + 4F_P D =$$

$2\times45+2\times0.3\times45+4\times0.3\times80=213(N)$

(6) 传感器尺寸和技术参数（见图 3.3-88 和表 3.3-123）

(7) 带磁致伸缩直线位移传感器和伺服阀块的油缸

在油缸有杆端和无杆端未被安装占有的任何位置均可安装伺服阀块，这样可使油缸和阀连接最靠近，减小液压管路长度，客户自备的伺服阀可集成安装在油缸上。其内部结构如图 3.3-89 所示。

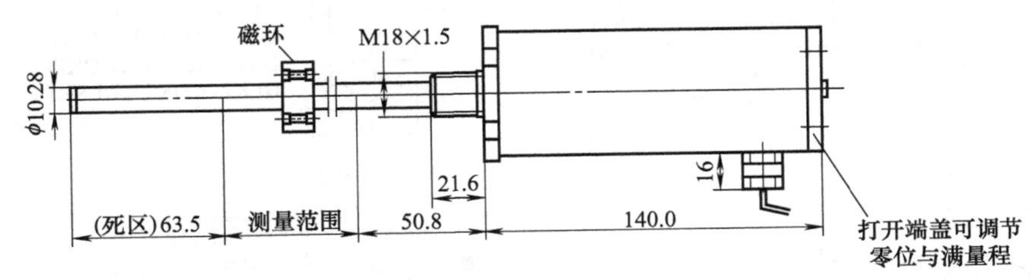

图 3.3-88 传感器尺寸

表 3.3-123 传感器技术参数

输出方式	模拟、数字	速度输出	0.1～10m/s
测量数据	位置	电源	+13.5～26.4V(适用于行程 S≤1525mm) +24V±10%(适用于行程 S>1525mm)
测量范围	模拟:25～2540mm,数字:25～7620mm	用电量	100mA
分辨率	模拟:无限(取决于控制器 D/A 与电源波动) 数字:1÷[梯度×内置频率(MHz)×阅读次数]	工作温度	−40～+85℃(电子头) −40～+105℃(敏感元件)
非线性度	满量程的±0.02%或±0.05mm(以较高者为准)	可调范围	模拟:5%可调零点和满量程
重复精度	与分辨率一样	更新时间	模拟:一般≤1ms 数字:最少=[量程(英寸)+ 3]×9.1μs
滞后	<0.02mm(不包括滑块磁铁的机械间隙)	工作压力	静态:5000psi(345bar),峰值:10000psi(610par)
位置输出信号	数字:0～10V,10～0V;4～20mA,20～4mA; 0～20mA,20～0mA 数字:RS422 脉冲,PWW 脉宽调制	接头选型	D6(6 针 DIN)插座,RB(10 针)插座 RG(7 针)细头插座,MS(10 针)插座

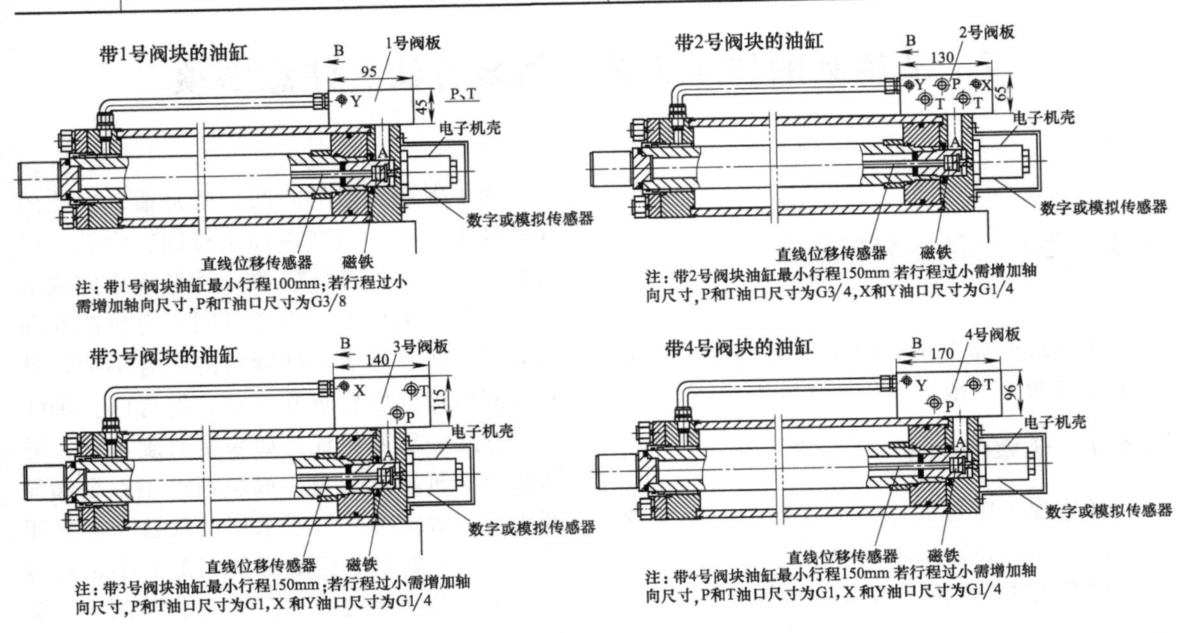

(a) 油缸

图 3.3-89

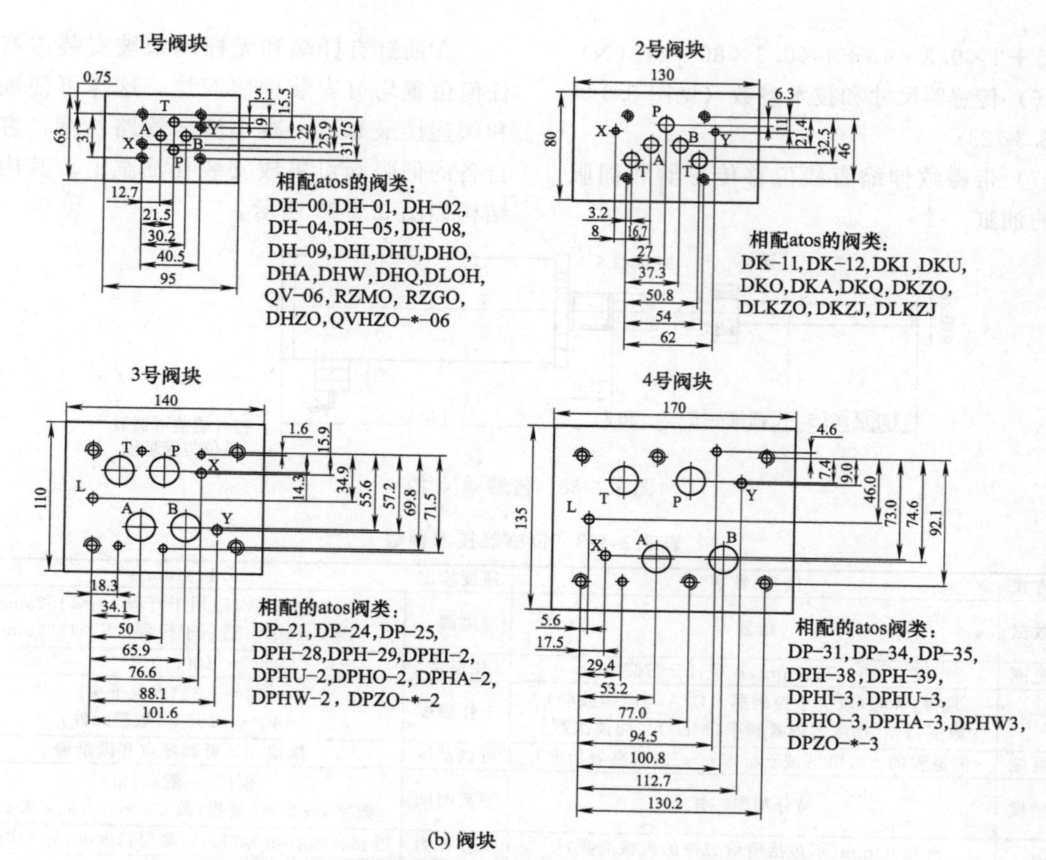

(b) 阀块

图 3.3-89 带磁致伸缩直线位移传感器的油缸和伺服阀块

7 液压缸的加工工艺与拆装方法、注意事项

7.1 活塞与活塞杆的加工

液压缸的加工精度取决于装备水平、生产工艺及检测手段。

7.1.1 活塞的加工

活塞加工质量的好坏不仅影响内泄漏量的大小，而且是影响液压缸会不会产生“憋劲”现象的主要原因。活塞看起来比较简单，容易加工，其实液压缸的很多故障都是因为活塞的加工质量不高而引起的。

为了保证活塞的外圆、密封槽、内孔的同轴度不超差，活塞在加工外圆、内孔、密封槽时应该“一刀落”，在一次装夹中完成上述部位的切削任务，或者以同一定位基准加工完成。活塞与活塞杆轴肩的配合端面，虽然表面粗糙程度要求并不高，但与内孔轴线的垂直度一定要保证。如果垂直度超差，外圆相对于缸壁就会发生倾斜而产生憋劲和局部磨损。活塞内孔与活塞杆的配合一般采用轻动配合，如果它们之间的间隙太小也同样会产生憋劲和单边或局部磨损。因此，不管活塞端面的粗糙度要求如何都应该以内孔为定位基准，将该端面在平磨上加工一次。

活塞的典型加工工艺如下：粗车毛坯—半精车外圆—精割密封槽—精车外圆—精磨外圆。

7.1.2 活塞杆加工

活塞杆加工前必须调质校直，活塞杆的镀层厚度一般不小于0.03mm。活塞杆磨削余量，要看活塞杆的材料，直径大小，长度，再来定余量。活塞杆也是液压缸的主要零件，虽然它多数不属于细长轴，但长径比仍然很大，因此加工中仍需特别注意。活塞杆要在导向套中往复运动而不允许造成外泄漏，对表面粗糙度、圆柱度、圆度和直线度要求都比较严格。为了满足表面粗糙度和精度的要求，在加工中应采取相适应的工艺手段。

典型的活塞杆加工工艺如下。

① 下料（根据长度外径留加工余量不同）。

② 粗加工（单边留加工余量2～3mm）。

③ 调质热处理。为了提高活塞杆的机械强度和改善切削性能，原材料加工前一般都要进行调质处理。对于弯曲严重的原材料，调质后不主张进行机械校直，还是用切削加工的方法去改变为好。

④ 两端钻中心孔，并研磨中心孔。

⑤ 外圆留磨量，其余车成。

⑥ 热处理：外圆表面淬火。

⑦ 磨外圆。活塞杆外圆镀铬前要进行光整加工，使表面粗糙度值达到R_a0.4～0.8μm，否则铬层就不易镀好。光整加工可以采用磨削，磨削时尾顶尖的顶紧力不要过大，托架支承爪也不能顶得过紧，以能不费力就可转动工件为限。砂轮一定要进行静平衡，磨削中应随时测量活塞杆的圆柱度和圆度误差。

若外圆镀铬则：

① 外圆按工艺要求车成（减镀铬层厚）；

② 为了增加耐磨性和防止锈蚀，活塞杆外圆表面一般都要镀铬，铬层不能太厚，0.02～0.05mm就足够了，铬层太厚反而引起脱落。

7.2 缸体的加工

目前，国内液压缸缸体内孔的加工，主要采用热轧无缝管材的镗削工艺和冷拔无缝管的珩磨工艺。现将两种加工工艺作一比较。

7.2.1 热轧管材的镗削加工工艺

当前国内缸体内孔普遍采用这种工艺方法。其工艺过程为：粗镗—精镗—浮镗—滚压（简称为：三镗一滚），共四道工序。每道工序均要更换一种切具，更换过程复杂，人工劳动强度大。整个过程金属去除率高，加工效率低，加工质量受刀具及工人技术熟练程度的影响，因此，加工质量不稳定。

7.2.2 冷拔管材珩磨工艺

随着我国冷拔管制造技术的不断发展，国内某些厂家已经开始选用冷拔管材制造液压缸缸体，同时采用内孔强力珩磨工艺。这种工艺方法金属去除率低、加工效率高（如ϕ125内孔缸体，加工余量0.4～0.5mm，加工1m需20～30min，约为镗削加工的2～3倍。但由于采用砂条强力珩磨，内孔表面残留螺旋网纹状刀痕，表面粗糙度只能达到R_a0.4μm左右；而且砂条上的磨粒嵌入缸体内壁，给清洗造成很大困难，并直接影响液压缸的清洁度。另外，由于我国冷拔管材热处理手段尚不够完善，常常会造成珩磨后缸体内孔的变形。因此，这种加工工艺目前尚未推广。

7.2.3 国外现状

目前，国外一些液压缸生产厂家的缸体，大多采用冷拔管的珩磨工艺及一种新型的加工工艺——刮削辊光加工工艺。现就这种新工艺的加工方法作一简述。

德国某公司生产的一种深孔加工设备，采用镗削一次进刀、返程滚压的工艺方法，虽然加工余量较小（2mm），但加工效率也不算太高。而美国 SIRRA 公司生产的一种新型刮削辊光设备，为液压缸缸体加工开辟了一条新的途径。目前这种设备已被美国、日本、德国、巴西的一些液压缸生产厂家广泛采用（如美国的 CATER-PLLLAR 公司、J-I CASE 公司，日本的 TCM 公司等）。

刮削辊光工艺加工内孔，其突出特点是内孔一次走刀成形，最大一次加工余量可达 8～15mm，最小加工余量 0.3mm，粗镗、浮镗、滚压集成一体。

粗镗刀（与刀体刚性连接）担负大部分金属的切削，留浮镗余量 0.5～1.0mm；浮镗刀在高压油的作用下胀开进行浮镗，然后高压油胀开锥套利用滚柱进行滚压，整个加工过程一次装夹完成。当内孔加工完毕后，高压油卸荷，浮镗刀、滚柱缩回，以 7.35m/min 的速度高速退刀。所以，它的加工效率特别高，一般表面粗糙度可达 R_a 0.1～0.2μm。与珩磨相比，这种工艺方法有如下特点。

① 刮削比珩磨工效提高了 18～80 倍。如加工 ϕ125 缸体内孔，当加工余量为 8mm 时，每米只需 3min；若余量为 0.3～0.5mm，只需 0.5min。

② 对于大切削用量的重型加工。刮削所需增加的时间最少，一次进刀所去掉的加工余量 15mm，珩磨则无法解决。

③ 刮削可以加工径向有孔的零件，而珩磨极易引起砂条破碎。

④ 刮削刀具的成本比珩磨低。

⑤ 刮削一次走刀，缸筒重复加工精度可达 H8 左右。

⑥ 内孔表面质量可由压力油进行调节。

⑦ 成本低，一台 SIERRA 设备可替代 18 台珩磨机、17 台抛光设备和 3 台清洗过滤设备。

⑧ 加工表面粗糙度低，可延长密封件的使用寿命。刮削后的内孔表面波峰平整，波谷形成润滑槽，可大大延长密封件的使用寿命。而珩磨后的内孔表面残存有珩磨砂粒，难以清洗，降低密封件的使用寿命。

⑨ 加工后的表面易于清洗。

由于具备上述优点，因此，这种工艺被国外一些液压缸生产厂家广泛采用。

7.3 液压缸的拆卸

① 拆卸液压缸之前，应使液压回路卸压。否则，当把与液压缸相连接的油管接头拧松时，回路中的高压油就会迅速喷出。液压回路卸压时应先拧松溢流阀等处的手轮或调压螺钉，使压力油卸荷，然后切断电源或切断动力源，使液压装置停止运转，松开油口配管后将油口堵住。

当液压缸出现泄漏等故障需拆卸维修时，应使活塞移至缸底位置，拆卸中严禁硬性敲打以免出现突然掉落。

② 拆卸时应防止损伤活塞杆顶端螺纹、油口螺纹和活塞杆表面、缸套内壁等。更应注意，不能硬性将活塞从缸筒中打出。为了防止活塞杆等细长件弯曲或变形，放置时应用垫木支承均衡。

③ 拆卸时要按顺序进行。由于各种液压缸结构和大小不尽相同，拆卸顺序也稍有不同。一般应放掉液压缸两腔的油液，然后拆卸缸盖，最后拆卸活塞与活塞杆。在拆卸液压缸的缸盖时，对于内卡键式连接的卡键或卡环要使用专用工具，禁止使用扁铲；对于法兰式端盖必须用螺钉顶出，不允许锤击或硬撬。在活塞和活塞杆难以抽出时，不可强行打出，应先查明原因再进行拆卸。拆装液压缸时，严禁用锤敲打缸筒和活塞表面，如缸孔和活塞表面有损伤，不允许用砂纸打磨，要用细油石精心研磨。导向套与活塞杆间隙要符合要求。

④ 拆卸前后要设法创造条件防止液压缸的零件被周围的灰尘和杂质污染。例如，拆卸时应尽量在干净的环境下进行；拆卸后所有零件要用塑料布盖好，不要用棉布或其他

工作用布覆盖。

⑤ 液压缸拆卸后要认真检查，以确定哪些零件可以继续使用，哪些零件可以修理后再用，哪些零件必须更换。

7.4 液压缸的检查

液压缸拆卸以后，首先应对液压缸各零件进行外观检查，根据经验和检测数据判断哪些零件可以继续使用，哪些零件必须更换和修理。

（1）检查缸筒内表面

缸筒内表面有很浅的线状摩擦伤或点状伤痕，是允许的，不影响使用。如果有纵状拉伤深痕时，即使更换新的活塞密封圈，也不可能防止漏油，必须对内孔进行珩磨，也可用极细的砂纸或油石修正。当纵状拉伤为深痕而没法修正时，就必须采用刷镀等办法修复或重新更换新缸筒。

（2）检查活塞杆的滑动面

在与活塞杆密封圈做相对滑动的活塞杆滑动面上产生纵向拉伤或打痕时，其判断和处理方法与缸筒内表面相同。但是，活塞杆的滑动表面一般是镀硬铬的，如果镀层的一部分因磨损产生剥离，形成纵向伤痕时，对活塞杆密封处的外部漏油影响很大。必须除去旧有的镀层，重新镀铬、抛光。镀铬厚度为0.05mm左右。

（3）检查密封

活塞密封件和活塞杆密封件是防止液压缸内部漏油和外部漏油的关键零件。检查密封件应当首先观察密封件的唇边有无受伤和密封摩擦面的摩擦情况。当发现密封件唇口有伤痕、摩擦面有磨损时，更换新的密封件。对使用日久，材质产生硬化脆变的密封件必须更换。更换密封件时，需注意密封件与液压介质的相容性，见表3.3-124。

（4）检查活塞杆导向套的内表面

有些伤痕，对使用没有影响。但是，如果不均匀磨损的深度在0.2～0.3mm以上时，就应更换新的导向套。

（5）检查活塞的表面

活塞表面有轻微的伤痕时，一般不影响使用。但若伤痕深度在0.2～0.3mm时，则应更换新的活塞。另外，还要检查是否有端盖的碰撞、内压引起活塞的裂缝，如有，则必须更换活塞。另外还需要检查密封槽是否受伤。

（6）检查其他

其他部分的检查、随液压缸构造及用途而异。但检查应留意端盖、耳环、铰轴是否有裂纹，活塞杆顶端螺纹、油口螺纹有无异常，焊接部位是否有脱焊、裂缝现象。必要时，可采用无损探伤检查，如PT、UT、MT等，采用磁性方法探伤时，必须增加退磁工序。

表3.3-124 密封材料与工作介质的相容性

密封材料	石油型液压油	水-乙二醇	磷酸酯液	矿物油-磷酸酯混合液	油包水乳化液	高水基液
皮革(石蜡填充)	良好	不可	良好	中等	不可	不可
皮革(硫化物填充)	优秀	良好	不可	不可	优秀	优秀
天然橡胶(NR)	不可	良好	中等	中等	不可	不可
氯丁橡胶(CR)	中等	优秀	不可	不可	中等	中等
丁腈橡胶(NBR)	优秀	优秀	不可	不可	优秀	优秀
丁苯橡胶(SBR)	不可	优秀	不可	不可	不可	不可
丁基橡胶(IIR)	不可	优秀	优秀	中等	不可	不可
聚硫橡胶(TR)	优秀	优秀	中等	中等	中等	中等
硅橡胶(SI)	中等	不可	不可	中等	中等	中等
氟橡胶(FPM)	优秀	优秀	良好	优秀	优秀	优秀
聚氨酯橡胶(AUEU)	优秀	不可	不可	不可	不可	不可
乙丙橡胶(EPM)	不可	优秀	优秀	良好	不可	不可
聚丙烯酸酯橡胶(ACM)	中等	不可	不可	不可	不可	不可
氟磺化聚乙烯橡胶(CSM)	中等	良好	不可	不可	中等	中等

7.5 液压缸的安装

液压缸安装的一般原则如下。

① 装配前必须对各零件仔细清洗。

② 安装时要保证活塞杆顶端连接头的方向应与缸头、耳环（或中间铰轴）的方向一致，并保证整个活塞杆在进退过程中的直线度，防止出现刚性干涉现象，造成不必要的损坏。

③ 要正确安装各处的密封装置。a. 安装O形圈时，不要将其拉到永久变形的程度，也不要边滚动边套装，否则可能因形成扭曲状而漏油。b. 安装Y形和V形密封圈时，要注意其安装方向，避免因装反而漏油。对Y形密封圈而言，其唇边应对着有压力的油腔；此外，Yx形密封圈还要注意区分是轴用还是孔用，不要装错。V形密封圈由形状不同的支承环、密封环和压环组成，当压环压紧密封环时，支承环可使密封环产生变形而起密封作用，安装时应将密封环的开口面向压力油腔；调整压环时，应以不漏油为限，不可压得过紧，以防密封阻力过大。c. 密封装置如与滑动表面配合，装配时应涂以适量的液压油。d. 拆卸后的O形密封圈和防尘圈应全部换新。

④ 拧紧缸盖连接螺钉时，要依次对角地施力，且用力要均匀，要使活塞杆在全长运动范围内，可灵活无轻重地运动。全部拧紧后，用扭力扳手再重复拧紧一遍，以达到合适的紧固扭力和扭力数值的一致性，见表3.3-125和表3.3-126。

表3.3-125 螺栓和螺母最大紧固力矩（仅供参考）

强度等级		4.8		6.8		8.8		10.9		12.9	
最小断裂强度/MPa		392		588		784		941		1176	
材质		一般构造用钢 SS41		机械构造用碳钢 S35C		铬钼合金钢 SCM3		镍铬钼合金钢 SNCM		镍铬合金钢 SNC	
螺栓	螺母	kgf·m	N·m	kgf·m	N·m	kgf·m	N·m	kgf·m	N·m	kgf·m	N·m
14	22	7	69	10	98	14	137	17	165	23	225
16	24	10	98	14	137	21	206	25	247	36	353
18	27	14	137	21	206	29	284	35	341	49	480
20	30	18	176	28	296	41	402	58	569	69	676
22	32	23	225	34	333	55	539	78	765	93	911
24	36	32	314	48	470	70	686	100	981	120	1176
27	41	45	441	65	637	105	1029	150	1472	180	1764
30	46	60	588	90	882	125	1225	200	1962	240	2352
33	50	75	735	115	1127	150	1470	210	2060	250	2450
36	55	100	980	150	1470	180	1764	250	2453	300	2940
39	60	120	1176	180	1764	220	2156	300	2943	370	3626
42	65	155	1519	240	2352	280	2744	390	3826	470	4606
45	70	180	1764	280	2744	320	3136	450	4415	550	5359
48	75	230	2254	350	3430	400	3920	570	5592	680	6664
52	80	280	2744	420	4116	480	4704	670	6573	850	8330
56	85	360	3528	530	5149	610	5978	860	8437	1050	10290
60	90	410	4018	610	5978	790	7742	1100	10791	1350	13230
64	95	510	4998	760	7448	900	8820				
68	100	580	5684	870	8526	1100	10780				
72	105	660	6468	1000	9800	1290	12642				
76	110	750	7350	1100	10780	1500	14700				
80	115	830	8143	1250	12250	1850	18130				
85	120	900	8820	1400	13720	2250	22050				
90	130	1080	10584	1650	16170	2500	24500				
100	146	1400	13270	2050	20090						
110	165	1670	16366	2550	24990						
120	175	2030	19894	3050	29890						

注：1. 以上是德国工业标准，表中扭矩值为螺栓达到屈服极限的70%时所测定。

2. 建议锁紧力矩值为：表中数值×(70～80)%。例如：M48，8.8级螺栓，则锁紧力矩为：400×80%=320kgf·m。

3. 拆松力矩为锁紧力矩的1.5～2.5倍。例如：上例锁紧力矩为320kgf·m，则其拆松力矩约为320×(1.5～2.5)=480～800kgf·m。

表 3.3-126 螺纹的传动力和拧紧力矩

外径	预紧力/N				轴向传动力/N				拧紧力矩/kgf·m				拧紧力矩/N·m			
	4.6	5.6	8.8	10.9	4.6	5.6	8.8	10.9	4.6	5.6	8.8	10.9	4.6	5.6	8.8	10.9
M6		3865	8830	12410		1550	3530	4960		0.5	1.05	1.5		4.5	10.3	14.7
M8		7090	16240	22760		2840	6490	9100		1	2.6	3.6		11	25.5	35.3
M10		11280	25800	36300		4510	10320	14520		2	5.1	7.2		22	50	20.6
M12		16480	37670	52970		6590	15070	21190		4	8.9	12.5		38	87.3	122
M14		22660	51700	72690		9060	20680	29080		6	14.1	19.8		60	138.3	194
M16		31100	71220	100060		12440	28490	40030		10	21.5	30.5		95	210.9	299.2
M18		37870	86520	121640		15150	34810	48660		13	29.5	42		130	289.4	412
M20		48660	111340	156470		19460	44540	62590		18	42	59		180	412	379
M24		70040	160390	225630		28020	64160	90250		32	72.5	102		310	711	1000
M27		92310	210820	296260		36930	84370	118510		47	107	151		460	1050	1480
M30		112625	256040	360030		44930	102420	144010		64	145	205		620	1422	2011
M33		139790	319210	449300		55920	127920	179720		87	197	277		850	1933	2717
M36		164620	374740	527780		65730	149900	211110		110	253	356		1090	2482	3492
M39		197180	451260	633730		78870	180500	253490		145	329	462		1410	3228	4332
M42		225630	516010	725940		90250	206400	250380		180	407	572		1750	3993	5611
M45	198160	264870	604300	850530	79260	105850	241720	340210	167	222	509	715	1638	2176	4993	7015
M48	222690	297240	679830	956480	89080	118900	271930	322590	202	269	614	865	1982	2639	6023	8485
M52	267810	357080	816190	1147770	107120	142830	326480	459110	259	346	790	1110	2541	3384	7750	10800
M56	309020	412020	940780	1324350	123610	164810	376310	529740	323	431	984	1390	3169	4228	9653	13335
M60	381010	481670	1098720	1545080	144400	192670	439490	618030	401	535	1220	1720	3934	5248	11968	16370
M64	408100	544460	1245870	1751090	163240	217780	498350	700430	483	643	1470	2070	4738	6308	14421	20300
M68	467940	623920	1427360	2001240	187180	249570	570940	800500	584	778	1780	2500	5729	7632	17462	24500

⑤ 活塞与活塞杆装配后，必须设法用百分表测量其同轴度和全长上的直线度，使误差值在允许范围之内。

⑥ 组装之前，将活塞组件在液压缸内移动，应运动灵活，无阻滞和轻重不均匀现象后，方可正式总装。

⑦ 装配导向套、缸盖等零件有阻碍时，不能硬性压合或敲打，一定要查明原因，消除故障后再进行装配。

⑧ 液压缸向主机上安装时，进出油口接头之间必须加上密封圈并紧固好，以防漏油。

⑨ 按要求装配好后，应在低压情况下进行几次往复运动，以排除缸内气体。

⑩ 液压缸安装完毕，在试运行前，应对耳环、中间铰轴等相对运动部位加注润滑油脂。

⑪ 液压缸安装后若与导轨不平行，应进行调整或重新安装。

⑫ 液压缸的安装位置偏移，应检查液压缸与导轨的平行度，并校正。

⑬ 双出杆活塞缸的活塞杆两端螺母拧得太紧，使同轴不良，应略松螺母，使活塞处于自然状态。

⑭ 液压缸在工作之前必须用低压（大于启动压力）进行多次往复运行，排出液压缸中空气后，才能进行正常工作。进出油口与接头之间必须用组合垫紧固好，以防漏油。

⑮ 装配后的液压缸还应在平板上测量内孔轴心线对两端支承安装面的等高度，等高度允许值视不同机械而异，一般不得大于0.05～0.10mm。

下面对中低压液压缸和高压液压缸的装配进行详细的说明。

(1) 中低压液压缸

压力在16MPa以下的液压缸被称为中低压液压缸，它广泛用于推土机、装载机、平地机及起重机等工程机械中。这类液压缸的密封件常采用耐油橡胶作为材质，如丁腈橡胶、夹布橡胶和三元尼龙橡胶等。液压缸的密封分内、外两部分：外密封部分包括缸筒与缸盖间的静密封件和缸盖导向套与活塞杆间的动密封件，二者的作用是保证液压缸不产生外泄漏；内密封部分包括活塞与缸筒内径之间的动密封件和活塞与活塞杆连接处的静密封件。这些密封的性能状态是决定液压缸能否达到设计能力的关键。

16MPa级工程液压缸常见的缸盖结构形式有焊接法兰连接、内卡键连接、螺纹连接和卡簧连接等几种。下面就密封件装配时的有关要求介绍如下。

① 缸盖与活塞杆装配　装配前应用汽油或清洗油（严禁用柴油或煤油）清洗所有装配件，并将缸盖内外环槽的残留物用绸布或无毛的棉布擦干净后，方可装入密封件，并应在密封件和导向套的接触表面上涂液压油（严禁干装配）。缸盖装入活塞杆时最好采用工装从水平方向或垂直方向进行装配，在保证二者同心后，才用硬木棒轻轻打入。有条件时也可加工一导向锥套，然后用螺母旋入或用硬木打入，这样既保护了油封表面，又保证缸盖能顺利装入缸筒内。

② 活塞密封件装配　装配前必须检查导向环的背衬是否磨损，若磨损应更换，这样导向环可保证活塞与缸筒内孔间有正常间隙。导向环也称耐磨环，常由锡青铜、聚四氟乙烯、尼龙1010、MC尼龙及聚甲醛等具有耐油、耐磨、耐热且摩擦因数小的材料制成。非金属材料导向环的切口宽度随导向部分直径的增大而增加，一定要留有膨胀量，以防止在高压高温下工作时出现严重拉缸现象，导致缸筒报废。

活塞内孔与活塞杆头部的配合间隙一般较小，若间隙过大时，应更换或选配活塞进行装配。活塞头部的卡键连接处应能转动灵活，无轴向间隙。采用螺纹连接的要有足够的预紧力矩，并用开口销、锁簧或径向紧固螺钉锁住，但开口销及紧固螺钉外伸部分不应过长，以免与缸底作缓冲作用的内孔部分产生碰撞而导致使用过程中出现拉缸或活塞头脱落等严重故障。

③ 缸筒与活塞杆总成装配　装配好的活塞、活塞杆、缸盖及密封件组成一个整体总成后，如何使活塞头部能正确、安全无损地装入清洗干净的缸筒内是保证液压缸工作不内泄的重要环节。不同的活塞结构和缸盖连接方式，其装配工艺不同。

a. 法兰连接的缸筒。当缸筒内孔端部倒角处无啃碰伤，活塞表面已涂上液压油，并且缸筒内孔与活塞同心时，即可装入活塞组件。缸盖静密封处切口的背衬应涂润滑脂或工业凡士林，并保证背衬不弹出脱位，要按规定力矩并均匀对称地紧固缸盖连接螺栓。

b. 内卡键连接的缸盖。装配时必须将缸筒内表面卡键填平，为保证缸筒内圆表面不卡阻，活塞密封件不损坏，常用两种方法：

工厂内作业或在有条件的情况下，应加工3块卡环，用其填平卡键槽，待活塞及缸盖导向套装入缸筒内后，再将3块卡环取出，然后装入卡键。需待缸盖导向套复位后再装上定位挡圈、卡簧等件。

在施工现场或无加工条件的情况下，可剪切一条石棉板板条（与卡键槽等宽），用其填平卡键槽，其余同上叙方法。此法快、方便，且能保证装配质量。

c. 内螺纹连接的缸盖。由于缸筒端面内孔的内螺纹易对密封件造成损坏，故装配时必须加工一薄壁开口导向套，用其固定于活塞头部，使活塞能顺利装入缸筒内，既保护了密封件，也提高了装配质量。

(2) 高压液压缸

随着社会生产力的发展，提高压力等级已显得非常重要，高压小型化日益受到人们的重视。高压系统和智能化控制系统要求液压缸具有无内外泄漏、启动阻力较低、灵敏度高及工作时液压缸无爬行和滞后现象等特性。目前国内已引进了以美国霞板、德国宝色（现为宝色霞板）和洪格尔等密封件为代表的滑环密封技术，并广泛用于挖掘机、装载机及起重机等工程机械的高压液压缸中。正确装配是保证密封系统性能和使用寿命的前提，现就其装配工艺介绍如下。

① 活塞上的密封件　活塞密封装置由矩形滑环（也称格莱圈）和弹性圈加4～5道导向环（也称摩擦环、支撑环或斯莱圈）共同组成。它适用于重载用活塞上的密封，具有良好的密封性、抗挤出和抗磨性能，

抗腐蚀性也强。其中的格莱圈等密封件必须按照下列装配工艺进行安装，才能保证密封效果。

a. 将弹性圈用专用锥套推入清洁干净的活塞沟槽中。

b. 把格莱圈浸入液压油（或机油）内，并用文火均匀加温到80℃左右，至手感格莱圈有较大的弹性和可延伸性时为止。

c. 用导向锥套将加热的格莱圈装入活塞槽弹性圈上。

d. 用内锥形弹性套筒将格莱圈冷却收缩定形。若格莱圈变形过大且不宜收缩时，则应将活塞及格莱圈一起放入80℃左右的热油液中浸泡约5～10min，取出后须定形收缩至安装尺寸后方可进行装配。

斯莱圈应能在活塞导向槽内转动灵活，其开口间隙应留有足够的膨胀量，一般视活塞直径大小而定（2～5mm为宜），装入缸筒前应将各开口位置均匀错开。

② 缸盖的密封件　缸盖的密封件是由双斯特封加2～3道斯莱圈及防尘圈等组成。斯特封也称为阶梯滑环，它的装配正确与否直接影响外密封效果。

装配过程中应注意工具、零件和密封件的清洁，须采用润滑装配，避免锋利的边缘（应覆盖一切螺纹），工具要平滑、无毛口，以免损坏密封件。装配次序如下。

a. 先将O形弹性圈装入缸盖内槽内。

b. 再将已经在油中加热的斯特封弯曲成凹形，装在O形弹性圈的内槽内，并将弯曲部分在热状态下展开入槽（用一字旋具木柄压入定形），注意：斯特封的台阶应向高压侧。

c. 用一根锥芯轴插入缸盖内孔，使斯特封定形，以便于装入活塞杆上。

d. 采用定位导向锥套将装有防尘圈、斯特封及斯莱圈的缸盖装在活塞杆上，此方法是保证斯特封唇口不啃伤的关键。

活塞及活塞杆组件与缸筒的装配，可参考中低压液压缸的装配。

8　液压缸的选择指南

液压缸选用不当，不仅会造成经济上的损失，而且有可能出现意外事故。选用时应认真分析液压缸的工作条件，选择适当的结构和安装形式，确定合理的参数。

选用液压缸主要考虑以下几点要求：①结构形式；②液压缸作用力；③工作压力p；④液压缸和活塞杆的直径；⑤行程；⑥运动速度；⑦安装方式；⑧工作温度和周围环境；⑨密封装置；⑩其他附属装置（缓冲器、排气装置等）。

选用液压缸时，应该优先考虑使用有关系列的标准液压缸，这样做有很多好处。首先是可以大大缩短设计制造周期，其次是便于备件，且有较大的互换性和通用性。另外标准液压缸在设计时曾进行过周密的分析和计算，进行过台架试验和工作现场试验，加之专业厂生产中又有专用设备、工夹量具和比较完善的检验条件，能保证质量，所以使用比较可靠。

我国各种系列的液压缸已经标准化了，目前重型机械、工程机械、农用机械、汽车、冶金设备、组合机床、船用液压缸等都已形成了标准或系列。

8.1　液压缸主要参数的选定

选用液压缸时，根据运动机构的要求，不仅要保证液压缸有足够的作用力、速度和行程，而且还要有足够的强度和刚度。

但在某些特殊情况下，为了使用标准液压缸或利用现有的液压缸，液压缸的额定工作压力，可以略微超出这些液压缸的额定工作范围。例如液压缸的额定工作压力为6.3MPa，为了提高其作用力，使它能推动超过额定负荷的机构运动，允许将它的工作压力提高到6.5MPa或再略微高一些。因为在设计液压缸零件时，都有一定的安全余度。但应该注意以下几个问题。

① 液压缸的额定值不能超出太大，否则过多地降低其安全系数，容易发生事故。

② 液压缸的工作条件应比较稳定，液压系统没有意外的冲击压力。

③ 对液压缸某些零件要重新进行强度校核。特别要验算缸筒的强度、缸盖的连接强度、活塞杆纵向弯曲强度。

8.2 液压缸安装方式的选择

(1) 选择合理的安装方式

液压缸的安装方式很多，它们各具不同的特点。选择液压缸的安装方式，既要保证机械和液压缸自如地运动，又要使液压缸工作趋于稳定，并使安装部位处于有利的受力状态。工程机械、农用机械液压缸，为了取得较大的自由度，绝大多数都用轴线摆动式，即用耳环铰轴或球头等安装方式，如伸缩缸、变幅缸、翻斗缸、动臂缸、提升缸等。而金属切削机床的工作台液压缸却都用轴线固定式液压缸，即底脚、法兰等安装方式。

(2) 保证足够的安装强度

安装部件必须具有足够的强度。例如支座式液压缸的支座很单薄，刚性不足，即使安装得十分正确，但加压后缸筒向上挠曲，活塞就不能正常运动，甚至会发生活塞杆弯曲折断等事故。

(3) 尽量提高稳定性

选择液压缸的安装方式时，应尽量使用稳定性较好的一种。如铰轴式液压缸头部铰轴的稳定性最好，尾部铰轴的最差。

(4) 确定有利的安装方向

同一种安装方式，其安装方向不同，所受的力也不相同。比如法兰式液压缸，有头部外法兰、头部内法兰、尾部外法兰、尾部内法兰四种形式。又由于液压缸推拉作用力方向不同，因而构成了法兰的八种不同工作状态。这八种工作状态中，只有两种状态是最好的。以活塞杆拉入为工作方向的液压缸，采用头部外法兰最有利。以活塞杆推出为工作方向时，采用尾部外法兰最有利。因为只有这两种情况下法兰不会产生弯矩，其他六种工作状态都要产生弯曲作用。在支座式液压缸中，径向支座受的倾覆力矩最小，切向支座的较大，轴向支座最大，这都是应该考虑的。

8.3 速度对选择液压缸的影响

运动速度不同，对液压缸内部结构的技术要求也不同。特别是高速运动和微速运动时，某些特定的要求就更为突出。

(1) 微速运动

液压缸在微速运动时应该特别注意爬行问题。引起液压缸爬行的原因很多，但不外乎有以下三个方面。

第一，液压缸所推动机构的相对运动件摩擦力太大，摩擦阻力发生变化，相互摩擦面有污物等。例如机床工作台导轨之间调整过紧、润滑条件不佳等。

第二，液压系统内部的原因。如调速阀的流量稳定性不佳、油液的可压缩性、系统的水击作用、空气的混入、油液不清洁、液压力的脉动、回路设计不合理、回油没有背压等。

第三，液压缸内部的原因。加密封摩擦力过大、滑动面间隙不合理、加工精度及光洁度较低、液压缸内混入空气、活塞杆刚性太差等。

因此，在解决液压缸微速运动的爬行问题时，除了要解决液压缸外部的问题外，还应解决液压缸内部的问题，即在结构上采取相应的技术措施。其中主要应注意以下几点。

① 选择滑动阻力小的密封件。如滑动密封、间隙密封、活塞环密封、塑料密封件等。

② 活塞杆应进行稳定性校核。

③ 在允差范围内，尽量使滑动面之间间隙大一些，这样，即使装配后有一些累积误差也不至使滑动面之间产生较大的单面摩擦而影响液压缸的滑动。

④ 滑动面的光洁度应控制在 0.2～0.05μm 之间。

⑤ 导向套采用能浸含油液的材料，如灰铸铁、铝青铜、锡青铜等。

⑥ 采用合理的排气装置，排除液压缸内残留的空气。

（2）高速运动

高速运动液压缸的主要问题是密封件的耐磨性和缓冲问题。

① 一般橡胶密封件的最大工作速度为 60m/min。但从使用寿命考虑，工作速度最好不要超过 20m/min。因为密封件在高速摩擦时要产生摩擦热，容易烧损、黏结，破坏密封性能，缩短使用寿命。另外，高速液压缸应采用不易发生拧扭的密封件，或采用适当的防拧扭措施。

② 必要时，高速运动液压缸要采用缓冲装置。确定是否采用缓冲装置，不仅要看液压缸运动速度的高低以及运动部件的总质量与惯性力，还要看液压缸的工作要求。一般液压缸的速度在 10～25m/min 范围内时，就要考虑采用缓冲装置，小于 10m/min，则可以不必采用缓冲结构。但是速度大于 25m/min 时，只在液压缸上采取缓冲措施往往不够，还需要在回路上考虑缓冲措施。

8.4 行程对选择液压缸的影响

使用长行程液压缸时，应注意以下两个问题。

① 缸筒的浮动措施。长行程液压缸的缸筒很长，液压系统在工作时油温容易升高，以致引起缸体的膨胀伸长，如果缸筒两端都予固定，缸体无法伸长，势必会产生内应力或变形，影响液压缸的正常工作。采用一端固定，另一端浮动，就可避免缸筒产生热应力。

② 活塞杆的支承措施。长行程液压缸的活塞杆（或柱塞）很长，在完全伸出时容易下垂，造成导向套、密封件及活塞杆的单面磨损，因此应尽量考虑使用托架支承活塞杆或柱塞。

8.5 温度对选择液压缸的影响

一般的液压缸适于在－10～＋80℃范围内工作，最大不超过－20～＋105℃的界限。因为液压缸大都采用丁腈橡胶作密封件，其工作温度当然不能超出丁腈橡胶的工作温度范围，所以液压缸的工作温度受密封件工作性能的限制。

另外，液压缸在不同温度下工作对其零件材料的选用和尺寸的确定也应有不同的考虑。

① 在高温下工作时，密封件应采用氟化橡胶，它能在 200～250℃高温中长期工作，且耐用度也显著地优于丁腈橡胶。

除了解决密封件的耐热性外还可以在液压缸上采取隔热和冷却措施。比如，用石棉等绝热材料把缸筒和活塞杆覆盖起来，降低热源对液压缸的影响。

把活塞杆制成空心的，可以导入循环冷却空气或冷却水。导向套的冷却则是从缸筒导入冷却空气或冷却水，用来带走导向套密封件和活塞杆的热量。

在高温下工作的液压缸，因为各种材料的线胀系数不同，所以滑动面尺寸要适当修整。比如，钢材的线胀系数是 $10.6\times10^{-6}/℃$，而耐油橡胶的线胀系数却是钢材的 10～20 倍。

毫无疑问，密封件的膨胀会增加滑动面之间的摩擦力，因此需适当修整密封件的尺寸。

为了减轻高温对防尘圈的热影响，除了采用石棉隔热装置外，还可以在防尘圈外部加上铝青铜板。

如果液压缸在高于它所使用材料的再结晶温度下工作时，还要考虑液压缸零件的变化，特别是紧固件的蠕变和强度的变化。

② 在低温下工作时，如在－20℃以下工作的液压缸，最好也使用氟化橡胶或用配有0259混合酯增塑剂的丁腈橡胶，制作密封件和防尘圈。由于在0℃以下工作时活塞杆上容易结冰，为保护防尘圈不受破坏，因此常在防尘圈外侧增设一个铝青铜合金刮板。

液压缸在－40℃以下工作时要特别注意其金属材料的低温脆性破坏。钢的抗拉强度和疲劳极限随温度的降低而提高（含碳量0.6%的碳素钢例外，在－40℃时，它的疲劳极限急剧下降）。但冲击值从－40℃开始却显著下降，致使材料的韧性变坏。当受到强大的外力冲击时，容易断裂破坏。因此，在－40℃以下工作的液压缸，应尽量避免用冲击值低的高碳钢、普通结构钢等材料，最好用镍系不锈钢、铬钼钢及其他冲击值较高的合金钢。

液压缸中如有焊接部位，也要认真检查焊缝在低温条件下的强度和可靠性。

8.6 工作环境对选择液压缸的影响

很多液压缸常在恶劣的条件下工作。如挖掘机常在风雨中工作且不断与灰土砂石碰撞；在海上或海岸工作的液压缸，很容易受到海水或潮湿空气的侵袭；化工机械中的液压缸，常与酸碱溶液接触等。因此，根据液压缸的工作环境，还要采取相应措施。

(1) 防尘措施

在灰土较多的场合，如铸造车间、矿石粉碎场等，应特别注意液压缸的防尘。粉尘混入液压缸内不仅会引起故障，而且会增加液压缸滑动面的磨损，同时又会析出粉状金属，而这些粉状金属又进一步加剧液压缸的磨损，形成恶性循环。

另外，混入液压缸的粉尘，也很容易被循环的液压油带入其他液压装置而引起故障或加剧磨损，因此防尘是非常重要的。

液压缸的外部防尘措施主要是增设防尘圈或防尘罩。当选用防尘伸缩套时，要注意在高频率动作时的耐久性，同时注意在高速运动时伸缩套透气孔是否能及时导入足够的空气。但是，安装伸缩套给液压缸的装配调整会带来一些困难。

(2) 防锈措施

在空气潮湿的地方，特别是在海上、海水下或海岸作业的液压缸，非常容易受腐蚀而生锈，因此防锈措施非常重要。

有效的防锈措施之一是镀铬。金属镀铬以后，化学稳定性能抵抗潮湿空气和其他气体的侵蚀，抵抗碱、硝酸、有机酸等的腐蚀。同时，镀铬以后硬度提高，摩擦因数降低，所以大大增强了耐磨性。但它不能抵抗盐酸、热硫酸等的腐蚀。

作为一般性防锈或仅仅是为了耐磨，镀铬层只需0.02～0.03mm即可。在风雨、潮湿空气中工作的液压缸，镀铬层需0.05mm以上，也可镀镍。在海水中工作的液压缸，最好使用不锈钢等材料。另外，液压缸的螺栓、螺母等也应考虑使用不锈钢或铬钼钢。

(3) 活塞杆的表面硬化

有些液压缸的外部工作条件很恶劣，如铲土机液压缸的活塞杆常与砂石碰撞，压力机液压缸的活塞杆或柱塞要直接压制工件等，因此必须提高活塞杆的表面硬度。主要方法为高频淬火，深度1～3mm，硬度40～50HRC。

8.7 受力情况对选择液压缸的影响

液压缸的受力情况比较复杂，在交变载

荷、频繁换向时，液压缸振动较大，在重载高速运动时。承受较大的惯性力；在某些条件下，液压缸又不得不承受横向载荷。因此，设计选用液压缸时，要根据受力情况采取相应措施。

(1) 振动

液压缸产生振动的原因很多。除了泵阀和系统的原因外，自身的某些原因也能引起振动，如零件加工装配不当、密封阻力过大，换向冲击等。

振动容易引起液压缸连接螺钉松动，进而引起缸盖离缝，使O形圈挤出损坏，造成漏油。

防止螺钉、螺母松动的方法很多，如采用细牙螺纹，设置弹簧垫圈、止退垫圈、锁母、销钉、顶丝等。

另外，拧紧螺纹的应力比屈服点大50%～60%，也可防止松动。

振动较大的液压缸，不仅要注意缸盖的连接螺纹、螺钉是否容易松动，而且要注意活塞与活塞杆连接螺纹的松动问题。

(2) 惯性力

液压缸负载很大、速度很高时，会受到很大的惯性力作用，使油压力急剧升高，缸筒膨胀，安装紧固零件受力突然增大，甚至开裂，因此需要采用缓冲结构。

(3) 横向载荷

液压缸承受较大的横向载荷时，容易挤掉液压缸滑动面某一侧的油膜，从而造成过度磨损、烧伤甚至咬死。在选用液压缸滑动零件材料时，应考虑以下措施：

① 活塞外部熔敷青铜材料或加装耐磨圈；

② 活塞杆高频淬火，导向套采用青铜、铸铁或渗氮钢。

8.8 选用液压缸时应注意密封件和工作油的影响

密封件摩擦力大时，容易产生爬行和振动。为了减小滑动阻力，常采用摩擦力小的密封件，如滑动密封等。

此外，密封件的耐高温性、耐低温性、硬度、弹性等对液压缸的工作亦有很大影响。耐高温性差的密封件在高温下工作时，容易黏化胶着；密封件硬度降低后，挤入间隙的现象更加严重，进而加速其损坏，破坏了密封效果；耐低温性差的密封件在－10℃以下工作时，容易发生压缩永久变形，也影响密封效果；硬度低、弹性差的密封件容易挤入密封间隙而遭到破坏。聚氨酯密封件在水溶液中很容易分解，应该特别予以注意。

工作油的选择，应从泵、阀、液压缸及整个液压系统考虑，还要分析液压装置的工作条件和工作温度，以选择适当的工作油。

在温度高、压力大、速度低的情况下工作时，一般应选用黏度较高的工作油。在温度低、压力小、速度高的情况下工作时，应选用黏度较低的工作油。在酷热和高温条件下应使用不燃油。但应注意，使用水系不燃油时，不能用聚氨酯橡胶密封件；用磷酸酯系不燃性油时，不能使用丁腈橡胶密封件，否则会引起水解和侵蚀。精密机械中应采用黏度指数较高的油液。

除了机油、透平油、锭子油外，还可以根据情况选用适当液压油。如精密机床液压油、航空液压油、舵机液压油、稠化液压油等。

第四章 液压控制阀

液压控制阀（简称液压阀）是液压系统中用来控制液流的压力、流量和流动方向的控制元件，借助于不同的液压控制阀，经过适当的组合，可以对执行元件的启动、停止、运动方向、速度和输出力或力矩进行调节和控制。

在液压系统中，控制液流的压力、流量和流动方向的基本模式有两种，容积控制（俗称泵控、具有效率高但动作较慢的特点）和节流式控制（俗称阀控、具有动作快但效率较低的特点）。液压阀的控制属于节流式控制。压力阀和流量阀利用通流截面的节流作用控制系统的压力和流量，方向阀利用通流通道的变换控制油液的流动方向。

液压控制阀性能参数包括以下几种。

① 规格大小。目前国内液压控制阀的规格大小的表示方法尚不统一，中低压阀一般用公称流量表示（如 25L/min、63L/min、100L/min 等）；高压阀大多用公称通径（NG）表示，公称通径是指液压阀的进出油口的名义尺寸，它并不是进出油口的实际尺寸。并且同一公称通径不同种类的液压阀的进出油口的实际尺寸也不完全相同。

② 公称压力。表示液压阀在额定工作状态时的压力，以符号 p_n 表示，单位为 MPa。

③ 公称流量。表示液压阀在额定工作状态下通过的流量，以符号 q_n 表示，单位为L/min。

国外对通过液压阀的流量指标一般只规定在能够保证正常工作的条件下所允许通过的最大流量值，同时给出通过不同流量时，有关参数改变的特性曲线，如通过流量与压力损失关系曲线、通过流量与启闭灵敏度关系曲线等。

1 液压控制阀的分类

液压阀的种类很多，可按不同的特征进行分类。

1.1 按照液压阀的功能和用途进行分类

按照功能和用途进行分类，液压阀可以分为压力控制阀、流量控制阀、方向控制阀等主要类型，各主要类型又包括若干阀种，如表 3.4-1 所示。

表 3.4-1 按照阀的功能和用途进行分类

阀类	阀种	说明
压力控制阀	溢流阀、减压阀、顺序阀、平衡阀、电液比例溢流阀、电液比例减压阀	电液伺服阀根据反馈形式不同，可形成电液伺服流量控制阀、压力控制阀、压力—流量控制阀
流量控制阀	节流阀、调速阀、分流阀、集流阀、电液比例节流阀、电液比例流量阀	
方向控制阀	单向阀、液控单向阀、换向阀、电液比例方向阀	
复合控制阀	电液比例压力流量复合阀	
工程机械专用阀	多路阀、稳流阀	

1.2 按照液压阀的控制方式进行分类

按照液压阀的控制方式进行分类，液压阀可以分为手动控制阀、机械控制阀、液压控制阀、电动控制阀、电液控制阀等主要类型，如表 3.4-2 所示。

表 3.4-2 按照阀的控制方式进行分类

阀 类	说 明
手动控制阀	手柄及手轮、踏板、杠杆
机械控制阀	挡块及碰块、弹簧
液压控制阀	利用液体压力进行控制
电动控制阀	利用普通电磁铁、比例电磁铁、力马达、力矩马达、步进电机等进行控制
电液控制阀	采用电动控制和液压控制进行复合控制

1.3 按照液压阀的控制信号形式进行分类

按照液压阀的控制信号的形式进行分类，液压阀可以分为开关定值控制阀、模拟量控制阀、数字量控制阀等主要类型，各主要类型又包括若干亚类，如表 3.4-3 所示。

表 3.4-3 按照阀的控制信号形式进行分类

阀 类			说 明
开关定值控制阀（普通液压阀）			它们可以是手动控制、机械控制、液压控制、电动控制等输入方式，开闭液压通路或定值控制液流的压力、流量和方向
模拟量	伺服阀		根据输入信号，成比例地连续控制液压系统中液流流量和流动方向或压力高低的阀类，工作时着眼于阀的零点附近的性能以及性能的连续性。采用伺服阀的液压系统称为液压伺服控制系统
	比例阀	普通比例阀	根据输入信号的大小成比例、连续、远距离控制液压系统的压力、流量和流动方向。它要求保持调定值的稳定性，一般具有对应于 10%～30%最大控制信号的零位死区，多用于开环控制系统
		比例伺服阀	比例伺服阀是一种以比例电磁铁为电—机转换器的高性能比例方向节流阀，与伺服阀一样，没有零位死区，频响介于普通比例阀和伺服阀之间，可用于闭环控制系统
数字量	数字阀		输入信号是脉冲信号，根据输入的脉冲数或脉冲频率来控制液压系统的压力和流量。数字阀工作可靠，重复精度高，但一般控制信号频宽较模拟信号低，额定流量很小，只能作小流量控制阀或先导级控制阀

1.4 按照液压阀的结构形式进行分类

按照液压阀的结构形式进行分类，液压阀可以分为滑阀、锥阀、球阀、喷嘴挡板阀等主要类型，如表 3.4-4 所示。

表 3.4-4 按照阀的结构形式进行分类

结构形式	说 明
滑阀类	通过圆柱形阀芯在阀体孔内的滑动来改变液流通路开口的大小，以实现对液流的压力、流量和方向的控制
锥阀、球阀类	利用锥形或球形阀芯的位移实现对液流的压力、流量和方向的控制
喷嘴挡板阀类	用喷嘴与挡板之间的相对位移实现对液流的压力、流量和方向的控制。常用作伺服阀、比例伺服阀的先导级

1.5 按照液压阀的连接方式进行分类

按照液压阀的连接方式进行分类，液压阀可以分为管式连接、板式连接、集成连接等主要类型，集成连接又可以分为集成块连接、叠加阀、嵌入阀、插装阀，如表 3.4-5 所示。

表 3.4-5 按照阀的连接方式进行分类

连接形式		说明
管式连接		通过螺纹直接与油管连接组成系统，结构简单、重量轻，适用于移动式设备或流量较小的液压元件的连接。缺点是元件分散布置，可能的漏油环节多，拆装不够方便
板式连接		通过连接板连接成系统，便于安装维修，应用广泛。由于元件集中布置，操纵和调节都比较方便。连接板包括单层连接板、双层连接板和整体连接板等多种形式
集成连接	集成块	集成块为六面体，块内钻成连通阀间的油路，标准的板式连接元件安装在侧面，集成块的上下两面为密封面，中间用O形密封圈密封。将集成块进行有机组合即可构成完整的液压系统。集成块连接有利于液压装置的标准化、通用化、系列化，有利于生产与设计，因此是一种良好的连接方式
	叠加阀	由各种类别与规格不同的阀类及底板组成。阀的性能、结构要素与一般阀并无区别，只是为了便于叠加，要求同一规格的不同阀的连接尺寸相同。这种集成形式在工程机械中应用较多，如多路换向阀
	嵌入阀	将几个阀的阀芯合并在一个阀体内，阀间通过阀体内部油路沟通的一种集成形式。结构紧凑但复杂，专用性强，如磨床液压系统中的操纵箱
	二通插装阀	将阀按标准参数做成阀芯、阀套等组件，插入专用的阀块孔内，并配置各种功能盖板以组成不同要求的液压回路。它不仅结构紧凑，而且具有一定的互换性。逻辑阀属于这种集成形式。特别适于高压、大流量系统
	螺纹插装阀	与盖板式插装阀类似，但插入件与集成块的连接是符合标准的螺纹，主要适用于小流量系统

2 压力控制阀

压力控制阀是用来控制液压系统中液体压力的阀类，简称压力阀，它是基于阀芯上液压力和弹簧力相平衡的原理来进行工作的。压力阀包括：溢流阀、减压阀、顺序阀和压力继电器。

2.1 溢流阀

溢流阀是通过阀口的开启溢流，使被控制系统的压力维持恒定，实现稳压、调压或限压作用。

溢流阀的主要用途有以下两点：一是用来保持系统或回路的压力恒定；二是在系统中作安全阀用，只是在系统压力等于或大于其调定压力时才开启溢流，对系统起过载保护作用。此外，溢流阀还可作背压阀、卸荷阀、制动阀、平衡阀和限速阀用。对溢流阀的主要要求是：调压范围大，调压偏差小，压力振摆小，动作灵敏，过流能力大，噪声小。

2.1.1 溢流阀的工作原理及结构

根据结构不同，溢流阀可以分为直动型溢流阀和先导型溢流阀两种。

(1) 直动型溢流阀

直动型溢流阀又分为锥阀式、球阀式和滑阀式三种。

图 3.4-1 所示为直动型溢流阀的工作原理图。压力油自 P 口进入，经阻尼孔 1 作用在阀芯的底部。当作用在阀芯 3 上的压力大于弹簧力时，阀口打开，使油液溢流。通过溢流阀的流量变化时，阀芯的位置也会随之而改变，但改变量极小，作用在阀芯的弹簧力变化甚微。因此，可以认为当阀口打开溢流时，溢流阀入口处的压力是基本恒定的。通过转动手轮可以改变调压弹簧 7 的预压紧力，便可调整溢流阀的开启压力。改变弹簧

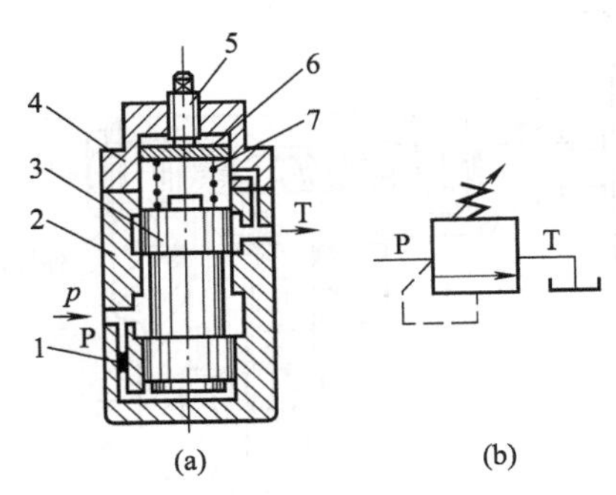

图 3.4-1 直动型溢流阀结构图与图形符号
1—阻尼孔；2—阀体；3—阀芯；4—阀盖；
5—螺杆；6—弹簧座；7—弹簧

的刚度，便可改变调压范围。

直动型溢流阀结构简单、灵敏度高，但控制压力受溢流流量的影响较大，不适于在高压、大流量下工作。

远程调压阀如图 3.4-2 所示，属于直动型溢流阀，一般用作远程调压或各种压力阀的导阀。

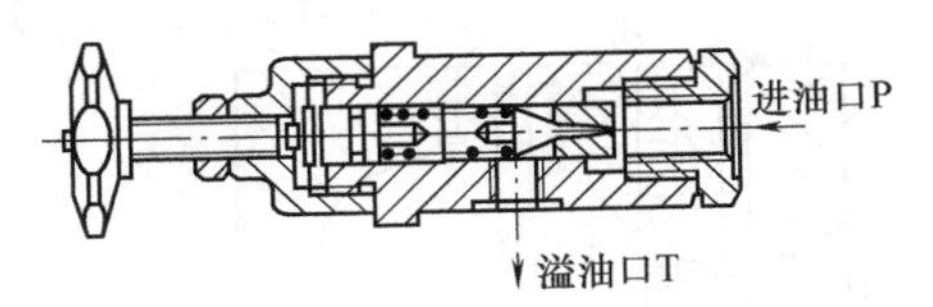

图 3.4-2 远程调压阀

图 3.4-3 为德国力士乐公司生产的直动型溢流阀的结构。锥阀和球阀式阀芯结构简单，密封性好，但阀芯和阀座的接触应力大。锥阀式带有减振活塞。

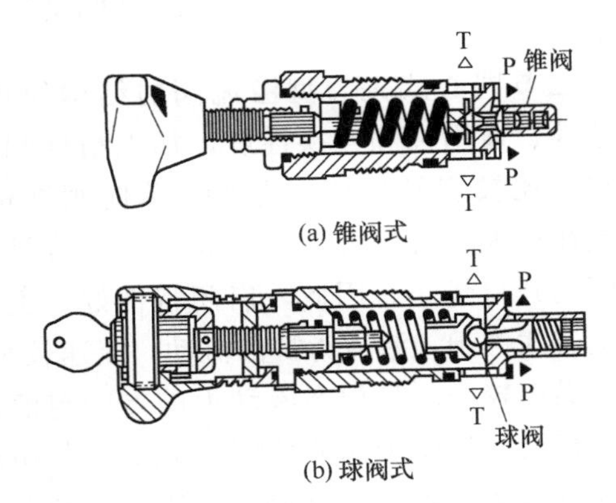

图 3.4-3 力士乐公司生产的直动型溢流阀

(2) 先导型溢流阀

在中高压、大流量的情况下，一般采用先导型溢流阀。先导型溢流阀是由先导阀和主阀两部分组成。图 3.4-4（a）为先导型溢流阀的工作原理。系统的压力作用于主阀 1 及先导阀 3。当先导阀 3 未打开时，阻尼孔中液体没有流动，作用在主阀 1 左右两方的液压力平衡，主阀 1 被弹簧 2 压在右端位置，阀口关闭。当系统压力增大到使先导阀 3 打开时，液流通过阻尼孔 5、先导阀 3 流回油箱。由于阻尼孔的阻尼作用，使主阀 1 右端的压力大于左端的压力，主阀 1 在压差的作用下向左移动，打开阀口，实现溢流作用。调节先导阀 3 的调压弹簧 4，便可实现溢流压力的调节。

阀体上有一个远程控制口 K，当将此口通过二位二通阀接通油箱时，主阀 1 左端的压力接近于零，主阀 1 在很小的压力下便可移到左端，阀口开得最大。这时系统的油液在很低的压力下通过阀口流回油箱，实现卸荷作用。如果将 K 口接到另一个远程调压阀上（其结构和溢流阀的先导阀一样），并使打开远程调压阀的压力小于先导阀 3 的压力，则主阀 1 左端的压力就由远程调压阀来决定，从而用远程调压阀便可对系统的溢流压力进行远程调节。

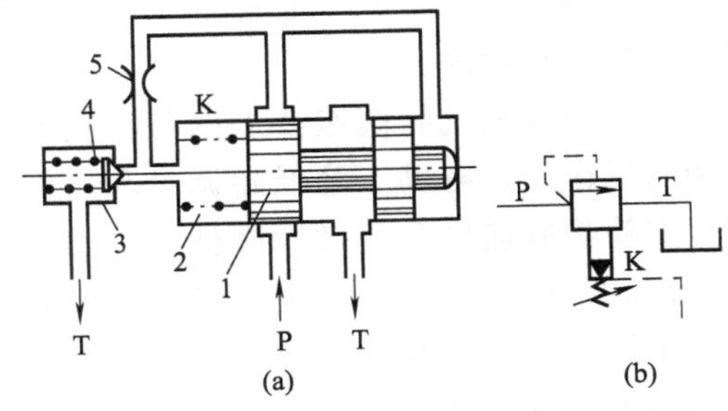

图 3.4-4 先导型溢流阀结构图与图形符号
1—主阀；2—主阀弹簧；3—先导阀；
4—调压弹簧；5—阻尼孔

由于先导型溢流阀中主阀的开闭依靠差动液压力，主阀弹簧只用于克服主阀芯的摩擦力，因此主阀的弹簧刚度很小。主阀开口量的变化对系统压力的影响远小于导阀开口量变化对压力的影响。

先导型溢流阀的导阀一般为锥阀结构，主阀则有滑阀和锥阀两种。图 3.4-5 为滑阀式先导型溢流阀。主阀为滑阀结构，其加工精度和装配精度很容易保证，但密封性较差。为减少泄漏，阀口处有叠盖量 h，从而出现死区，使灵敏度降低，响应速度变慢，对稳定性带来不利的影响。滑阀式先导型溢流阀一般只用于中低压。

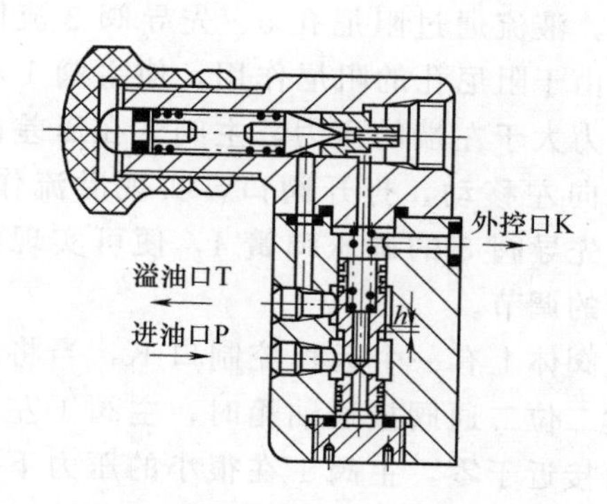

图 3.4-5　滑阀式先导型溢流阀

图 3.4-6 为典型的锥阀式先导型溢流阀的结构图，美国威格士（VICKERS）公司的 EC 型先导型溢流阀、日本油研（YUKEN）公司的先导型溢流阀都是这种结构，通常称为威格士型。它要求主阀芯上部与阀盖、中部活塞与阀体、下部锥面与阀座三个部位同心，故称为三节同心式。它的加工精度和装配精度要求都较高。

主阀芯 6 和先导阀座 2 上的节流孔起降压和阻尼作用，有助于降低超调量和压力振摆，但使响应速度和灵敏度降低。主阀为下流式锥阀，稳态液动力起负弹簧作用，对阀的稳定性不利。为此，主阀芯下端做成尾蝶状，使出流方向与轴线垂直，甚至形成回流，以补偿液动力的影响。

图 3.4-7 为德国力士乐公司生产的 DB 型先导型溢流阀。这类结构中，只要求主阀芯 3 与阀套 4、锥面与阀座两处同心，故称为二节同心式。因主阀为单向阀式结构，又称为单向阀式溢流阀。

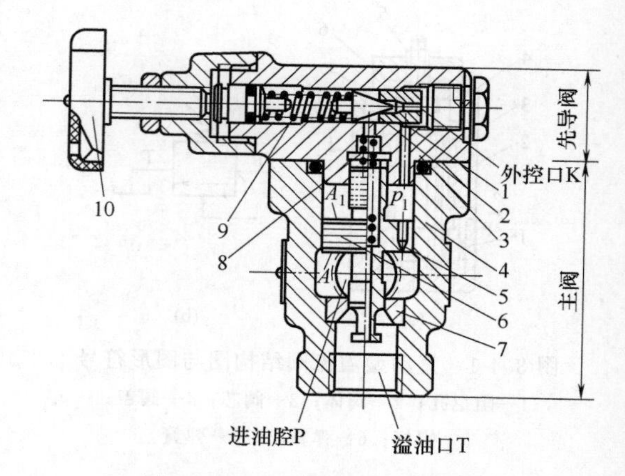

图 3.4-6　锥阀式先导型溢流阀

1—锥阀；2—先导阀座；3—阀盖；4—阀件；5—阻尼孔；6—主阀芯；7—主阀座；8—主阀弹簧；9—调压弹簧；10—调压螺栓

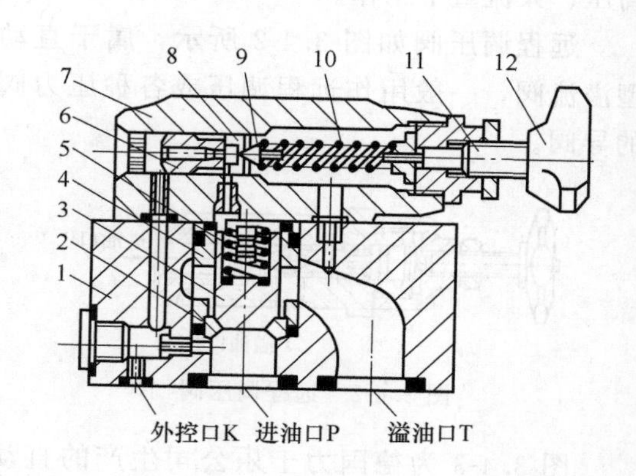

图 3.4-7　DB 型先导型溢流阀

1—阀体；2—主阀座；3—主阀芯；4—阀套；5—主阀弹簧；6—防震套；7—阀盖；8—锥阀座；9—锥阀；10—调压弹簧；11—调节螺钉；12—调压手轮

二节同心式先导型溢流阀的结构简单，工艺性、通用性和互换性好，加工精度和装配精度比较容易保证。主阀为单向阀结构，过流面积大。流量大，在相同的额定流量下主阀的开口量小。因此，启闭特性好。主阀为上流式锥阀，液流为扩散流动，流速较小，因而噪声较小，且稳态液动力的方向与液流方向相反，有助于阀的稳定。力士乐公司的先导型溢流阀增加了导阀和主阀上腔的两个阻尼孔，从而提高了阀的稳定性。

2.1.2 溢流阀的特性

(1) 静态特性

溢流阀是液压系统中极为重要的控制元件。其工作性能的优劣对液压系统的工作性能影响很大。所谓溢流阀的静态特性，是指溢流阀在稳定工作状态下（即系统压力没有突变时）的压力流量特性、启闭特性，卸荷压力及压力稳定性等。

① 压力-流量特性（p-q 特性） 压力流量特性又称溢流特性，表示溢流阀在某一调定压力下工作时，溢流量的变化与阀的实际进口压力的关系。

图 3.4-8（a）为直动式和先导式溢流阀的压力流量特性曲线。横坐标为溢流量 q，纵坐标为阀进油口压力 p，图中 p_n 称为溢流阀的额定压力，是指当溢流量为额定值 q_n 时所对应的压力。p_c 称为开启压力，是指溢流阀刚开启时（溢流量为 $0.01q_n$ 时），阀进口的压力。额定压力 p_n 与开启压力 p_c 的差值称为调压偏差，也即溢流量变化时溢流阀工作压力的变化范围。

调压偏差越小，其性能越好。由图可见，先导型溢流阀的特性曲线比较平缓。调压偏差也小，故其稳压性能比直动型溢流阀好。因此，先导型溢流阀宜用于系统溢流稳压。直动型溢流阀因其灵敏性高宜用作安全阀。

② 启闭特性 溢流阀的启闭特性是指溢流阀从刚开启到通过额定流量（也叫全流量），再由额定流量到闭合（溢流量减小为 $0.01q_n$ 以下）整个过程中的压力流量特性。

溢流阀闭合时的压力 p_k 为闭合压力。闭合压力 p_k 与额定压力 p_n 之比称为闭合比。开启压力 p_c 与额定压力 p_n 之比称为开启比。由于阀开启时阀芯所受的摩擦力与进油压力方向相反，而闭合时阀芯所受的摩擦力与进油压力方向相同，因此在相同的溢流量下，开启压力大于闭合压力。图 3.4-8（b）所示为溢流阀的启闭特性。图中实线为开启曲线，虚线为闭合曲线。由图可见这两条曲线不重合。在某溢流量下，两曲线压力坐标的差值称为不灵敏区。因压力在此范围内变化时，阀的开度无变化，它的存在相当于加大了调压偏差，且加剧了压力波动。因此该差值越小，阀的启闭特性越好。由图中的两组曲线可知，先导型溢流阀的不灵敏区比直动型溢流阀的不灵敏区小一些。为保证溢流阀有良好的静态特性，一般规定其开启比不应小于 90%，闭合比不应小于 85%。

③ 压力稳定性 溢流阀工作压力的稳定性由两个指标来衡量：一是在额定流量 q_n 和额定压力 p_n 下，进口压力在一定时间（一般为 3min）内的偏移值；二是在整个调压范围内，通过额定流量 q_n 时进口压力的振摆值。对中压溢流阀，这两项指标均不应大于 ±0.2MPa。如果溢流阀的压力稳定性不好，就会出现剧烈的振动和噪声。

④ 卸荷压力 在额定压力下，通过额定流量时，将溢流阀的外控口及与油箱连通，

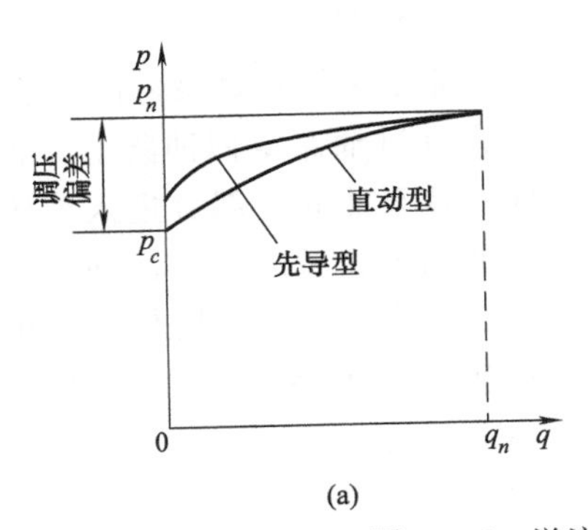

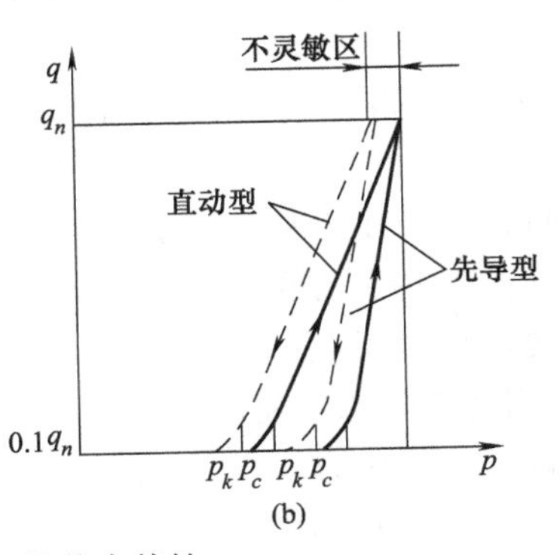

图 3.4-8 溢流阀的静态特性

使主阀阀口开度最大，液压泵卸荷时溢流阀进出油口的压力差，称为卸荷压力。卸荷压力越小，油液通过阀口时的能量损失就越小，发热也越少，表明阀的性能越好。

⑤ 内泄漏量　指调压螺栓处于全闭位置，进口压力调至调压范围的最高值时，从溢流口所测的泄漏量。

(2) 动态特性

当溢流阀的溢流量由零突然变化为额定流量时，其进口压力将迅速升高并超过额定压力调定值，然后逐步衰减到最终稳定压力，这一过程就是溢流阀的动态响应过程，在这一过程中表现出的特性称为溢流阀的动态特性。有两种方法可测得溢流阀的动态特性，一种是将与溢流阀并联的电液（或电磁）换向阀突然通电或断电，另一种是将连接溢流阀遥控口的电磁换向阀突然通电或断电，如图 3.4-9 中曲线 1 所示。溢流阀的动态响应过程曲线如图 3.4-9 中曲线 2 所示。

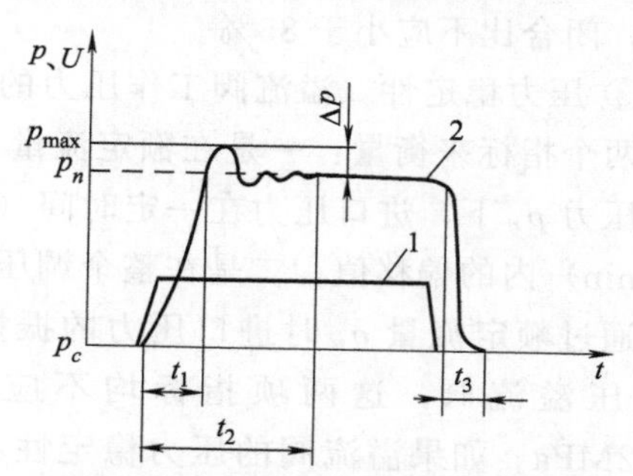

图 3.4-9　溢流阀动态响应曲线

由动态特性曲线可得到动态性能参数：

① 压力超调量 Δp　指峰值压力 p_{max} 与调定压力 p_n 之差值。

② 压力超调 δ_p　指压力超调量与调定压力之比。

③ 升压时间 t_1　指压力从 $0.1(p_n-p_c)$ 上升到 $0.9(p_n-p_c)$ 时所需的时间。

④ 升压过渡过程时间 t_2　指压力从 0.1 (p_n-p_c) 上升到稳定状态所需的时间。

⑤ 卸荷时间 t_3　指压力从 $0.9(p_n-p_c)$ 下降到 $0.1(p_n-p_c)$ 时所需的时间。

压力超调对系统的影响是不利的。如采用调速阀的调速系统，因压力超调是一突变量，调速阀来不及调整，使得机构主体运动或进给运动速度产生突跳，压力超调还会造成压力继电器误发信号，压力超调量大时使系统产生过载从而破坏系统。选用溢流阀时应考虑到这些因素。升压时间等时域指标代表着溢流阀的反应快慢，对系统的动作、效率都有影响。

2.1.3　溢流阀的典型应用

溢流阀用在液压系统中，能分别起到调压溢流、安全保护、使泵卸荷、远程调压及使液压缸回油腔形成背压等多种作用，具体用法如图 3.4-10 所示。

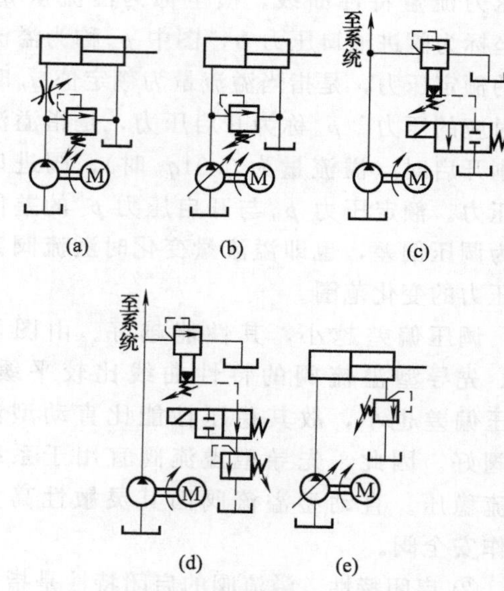

图 3.4-10　溢流阀的典型应用

(1) 调压溢流

系统采用定量泵供油的节流调速回路时，常在其进油路或回油路上设置节流阀或调速阀，使泵油的一部分进入液压缸工作，而多余的油须经溢流阀流回油箱。溢流阀处于其调定压力下的常开状态，调节弹簧的预紧力，也就调节了系统的工作压力。如图 3.4-10 (a) 所示。

(2) 安全保护

系统采用变量泵供油时，系统内没有多

余的油需溢流，其工作压力由负载决定。这时与泵并联的溢流阀只有在过载时才需打开，以保障系统的安全。这种系统中的溢流阀又称为安全阀，处于常闭状态，如图 3.4-10（b）所示。

（3）使泵卸荷

采用先导型溢流阀调压的定量泵系统，当阀的外控口 K 与油箱连通时，其主阀芯在进口压力很低时即可迅速抬起，使泵卸荷，以减少能量损耗。图 3.4-10（c）中，当电磁铁通电时，溢流阀外控口通油箱，因而能使泵卸荷。

（4）远程调压

当先导型溢流阀的外控口 K 与调压较低的远程调压阀连通时，其主阀芯上腔的油压只要达到远程阀调压的调整压力，主阀芯即可抬起溢流（其先导阀不再起调压作用），实现远程调压。图 3.4-10（d）中，当电磁阀失电右位工作时，将先导型溢流阀的外控口与远程调压阀连通，如果入口压力超过远程阀调定压力，溢流阀开启溢流。

（5）形成背压

将溢流阀设置在液压缸的回油路上，可使缸的回油腔形成背压，提高运动部件运动的平稳性。因此这种用途的阀也称背压阀。

2.1.4 溢流阀的常见故障与排除

（1）调压失灵

溢流阀在使用中有时会出现调压失灵现象。先导型溢流阀调压失灵现象有两种情况：一种是调节调压手轮建立不起压力或压力达不到额定数值；另一种是调节调压手轮压力不下降，甚至不断升压。出现调压失灵，除阀芯因种种原因造成径向卡紧外，还有下列一些原因。

① 主阀芯上的阻尼孔堵塞，油压不能传递到主阀上腔和导阀前腔，导阀失去对主阀压力的调节作用。因主阀上腔无油压力，弹簧力又很小，所以主阀成为一个弹簧力很小的直动型溢流阀，在进油腔压力很低的情况下，主阀就打开溢流，使系统不能建立起压力。压力达不到额定值的原因，是调压弹簧变形或选用错误，调压弹簧压缩行程不够，阀的内泄漏过大，或导阀部分锥阀过度磨损等。

② 锥阀座上的阻尼小孔堵塞，油压不能传递到锥阀上，则在任何压力下锥阀都不会打开溢油，阀内始终无油液流动，主阀上下腔压力相等。由于主阀芯上端环形承压面积大于下端环形承压面积，所以主阀也始终关闭，不会溢流，主阀压力随负载增加而上升。当执行机构停止工作时，系统压力就会无限升高。除这些原因以外，尚需检查外控口是否堵住，锥阀安装是否良好等。

（2）噪声和振动

在液压阀中，溢流阀的噪声最为突出。溢流阀的噪声分为机械噪声和流体噪声两类。

①自激振荡与机械噪声　自激振荡是溢流阀中的常见现象，直动型溢流阀尤易产生自激振荡，先导型溢流阀中又以先导阀容易自振。接近开启压力时最易自振。机械噪声主要是由于溢流阀自振时，阀芯碰击阀座而产生的噪声。如果与泵的流量脉动、管道的自振等其他振源发生共振，会使振动加剧。溢流阀的自振比较复杂，因为锥阀阀芯所受的约束比滑阀少，除轴向振动外还有横向振动。

② 流体噪声　流体噪声主要是流动声、气穴声和液压冲击等所产生的噪声，严重时会产生啸叫。主阀和导阀的开口量都较小，阀口前后的压差大，因而流速高可能产生气穴声。高速液流冲击阀件壁并产生涡流，液流在高速下被剪切，也会产生液流声。突然卸荷时压力变化急剧，会产生液压冲击，同时引起噪声。

此外，装配不当，配合不良，油液污染引起的卡紧现象，使用的流量过大或过小，空气的混入等都可能使噪声增大。应从多方面采取措施防止或减弱噪声。

（3）其他故障

溢流阀在装配或使用中，由于O形密封圈、组合密封圈的损坏，或者安装螺钉、管接头的松动，都可能造成不应有的外泄漏。如果锥阀或主阀芯磨损过大，或者密封面接触不良，还将造成内泄漏过大，甚至影响正常工作。

2.1.5 电磁溢流阀和卸荷溢流阀

（1）电磁溢流阀

电磁溢流阀是一种组合阀，如图3.4-11所示。由先导型溢流阀和电磁阀组成，用于系统的卸荷和多级压力控制。电磁溢流阀具有升压时间短，通断电均可卸荷、内控和外控多级加载、卸荷无明显冲击等性能。用不同位数和机能的电磁阀，可实现多种功能，见表3.4-6。

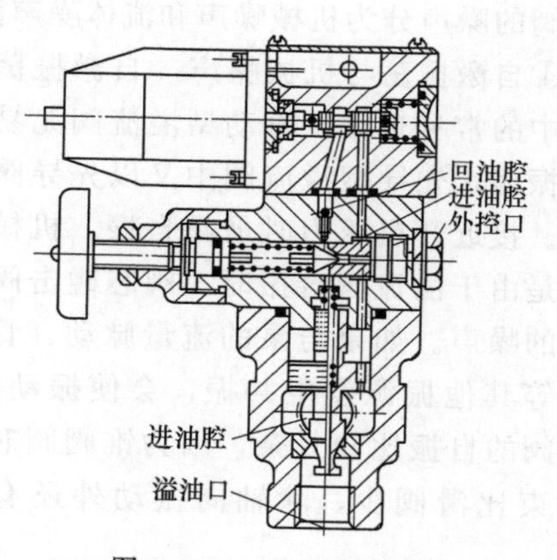

图3.4-11 电磁溢流阀

（2）卸荷溢流阀

卸荷溢流阀亦称单向溢流阀，如图3.4-12所示。卸荷溢流阀由溢流阀和单向阀组成，工作时使其P口接泵，A口接系统，T口接油箱。控制活塞的压力油来自A口。当系统压力达到调定压力时，控制活塞2将导阀打开，从而使主阀打开，泵卸荷，同时单向阀关闭，防止系统压力油液倒流。当系统压力降到一定值时，导阀关闭，致使主阀关闭，泵向系统加载，从而实现自动控制液压泵的卸荷或加载。卸荷溢流阀常用于蓄能器系统中泵的卸荷［图3.4-13（a）］和高低压泵组中大流量低压泵的卸荷［图3.4-13（b）］，卸荷动作由油压直接控制，因此卸荷性能好，工作稳定可靠。

表3.4-6 电磁溢流阀功能表

电磁阀		图形符号	工作状态和应用
二位二通电磁阀	常闭		电磁铁断电，系统工作； 电磁铁通电，系统卸荷 用于工作时间长，卸荷时间短的工况
	常开		电磁铁断电，系统卸荷； 电磁铁通电，系统工作 用于工作时间短，卸荷时间长的工况
二位四通电磁阀	普通机能		电磁铁断电，A口外控加载； 电磁铁通电，B口外控加载 用于需要二级加压控制的场合
	H机能		电磁铁断电，系统卸荷； 电磁铁通电，A口若堵上，内控加载；A口接遥控阀，外控加载； 用于工作时间短，卸荷时间长的工况
三位四通电磁阀	O机能		电磁铁断电，内控加载； 电磁铁1通电，A口外控加载或卸荷； 电磁铁2通电，B口外控加载或卸荷； 用于需要多级压力控制的场合
	H机能		电磁铁断电，系统卸荷； 电磁铁1通电，A口外控加载； 电磁铁2通电，B口外控加载 用于工作时间短，卸荷时间长，且需要多级压力控制的场合

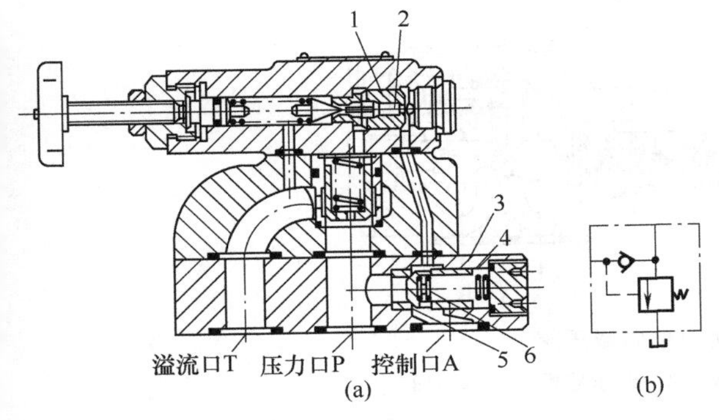

图 3.4-12 卸荷溢流阀的结构

1—控制活塞套；2—控制活塞；3—单向阀体；4—单向阀芯；5—单向阀座；6—单向阀弹簧

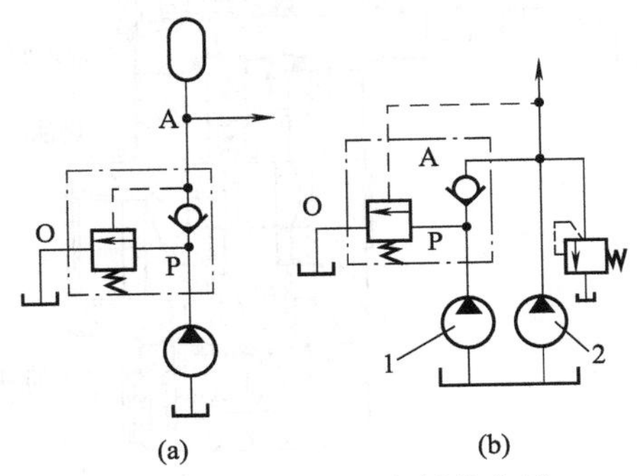

图 3.4-13 卸荷溢流阀的应用

卸荷溢流阀的静态特性与普通溢流阀基本相同，其中P口压力变化特性是卸荷溢流阀的一项重要性能指标。它是指使主阀升压和卸荷时P口所允许的压力变化范围。一般常用百分比表示，数值为调定压力的10%～20%。

2.2 减压阀

减压阀是使阀的出口压力（低于进口压力）保持恒定的压力控制阀，当液压系统的某一部分的压力要求稳定在比供油压力低的压力上时，一般常用减压阀来实现。它在系统的夹紧回路、控制回路、润滑回路中应用较多。减压阀分定值、定差、定比减压阀三种。三类减压阀中最常用的是定值减压阀。如不指明，通常所称的减压阀即为定值减压阀。

2.2.1 减压阀的工作原理和结构

按照结构和工作原理定值减压阀可以分成直动型和先导型两种。图 3.4-14 为直动型减压阀原理图，它与直动型溢流阀的结构相似，差别在于减压阀的控制压力来自出口压力侧，且阀口为常开式。当出口压力未达到阀的设定压力时，弹簧力大于阀芯端部的液压作用力，阀芯处于最下方，阀口全开。当出口压力达到阀的设定压力时，阀芯上移，开口量减小乃至完全关闭，实现减压，以维持出口压力恒定，不随入口压力的变化而变化。减压阀的泄油口需单独接回油箱。

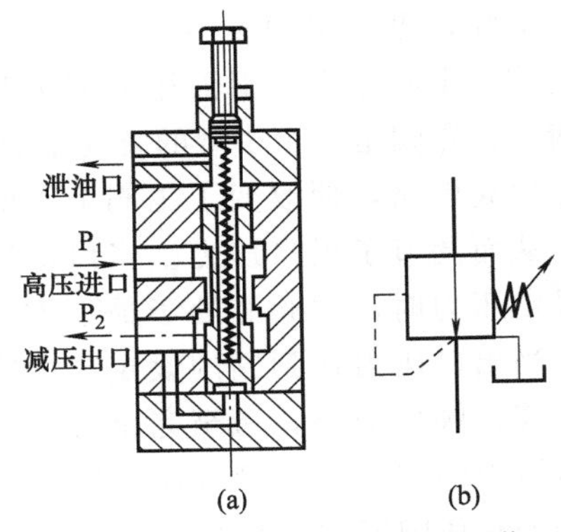

图 3.4-14 直动型减压阀的工作原理和图形符号

在图 3.4-14 中，阀芯在稳态时的力平衡方程为：

$$p_2A=\kappa(x_0+x) \tag{3.4-1}$$

式中 p_2——出口压力，Pa；

A——阀芯的有效面积，m^2；

κ——弹簧刚度，N/m；

x_0——弹簧预压缩量，m；

x——阀的开口量，m。

因此，阀的出口压力为：$p_2=\kappa(x_0+x)/A$，在使用κ很小的弹簧，且考虑到$x\ll x_0$时，$p_2\approx\kappa x_0/A\approx$常数。这就是减压阀出口压力可基本上保持定值的原因。直动型减压阀的弹簧刚度较大，因而阀的出口压力随阀芯的位移，以及流经减压阀的流量变化而

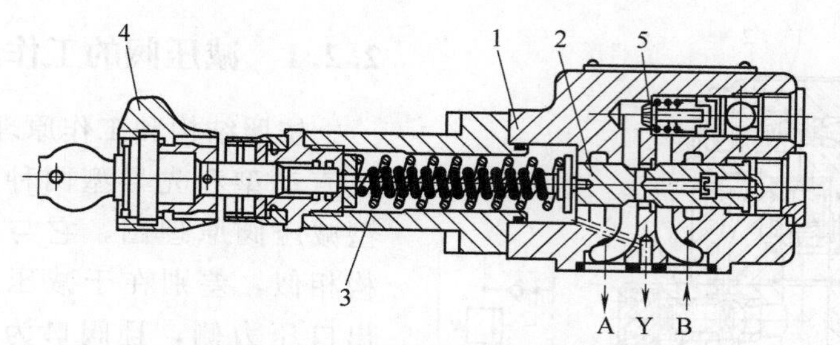

图 3.4-15　直动型单向减压阀

1—阀体；2—阀芯；3—调压弹簧；4—调压装置；5—单向阀芯

略有变化。图 3.4-15 为力士乐公司生产的直动型单向减压阀，Y 为泄漏口。

图 3.4-16 为先导型减压阀的原理图，它与先导型溢流阀的差别是控制压力为出口压力，且主阀为常开式。出口压力经端盖引入主阀芯下腔，再经主阀芯中的阻尼孔，进入主阀上腔。主阀芯上、下液压力差为弹簧力所平衡，先导阀是一个小型的直动型溢流阀，调节先导阀弹簧，便改变了主阀上腔的溢流压力，从而调节了出口压力。当出口压力未达到设定压力时，主阀芯处于最下方，阀口全开；当出口压力达到阀的设定压力时，主阀芯上移，阀口减小，乃至完全关闭，以维持出口压力恒定。先导型减压阀的出口压力较直动型减压阀恒定。图 3.4-17 为先导型减压阀的结构图。

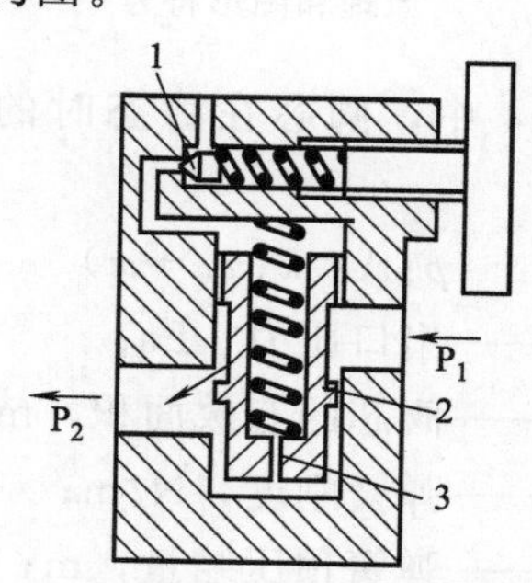

图 3.4-16　先导型减压阀的工作原理

1—导阀；2—主阀；3—阻尼孔

2.2.2　定比减压阀

定比减压阀能使进、出口压力的比值维持恒定。图 3.4-18 为其工作原理图，阀芯在稳态时的力平衡方程为

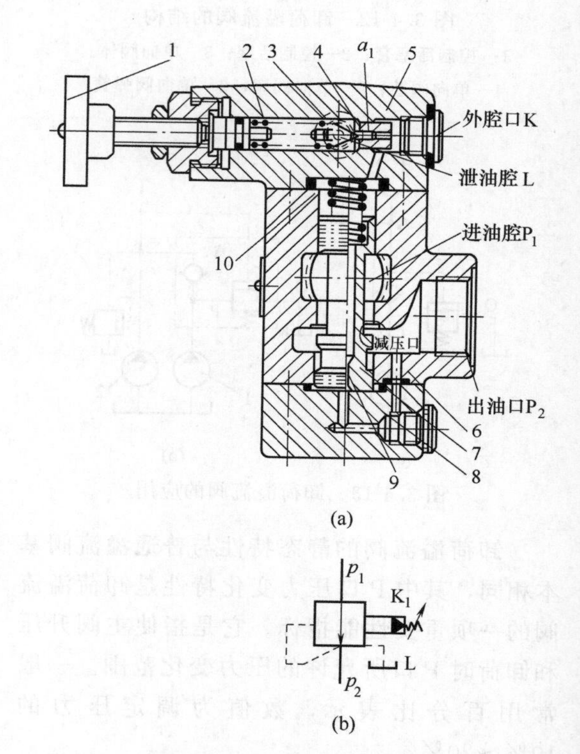

图 3.4-17　先导型减压阀

1—调压手柄；2—调压弹簧；3—先导阀芯；4—先导阀座；5—阀盖；6—阀体；7—主阀；8—端盖；9—阻尼孔；10—主阀弹簧

$$p_1 a=\kappa(x_0+x)+p_2 A \qquad (3.4\text{-}2)$$

式中　p_1、p_2——进、出口压力，Pa；

A、a——分别为阀芯大、小端的作用面积，m^2。

如果忽略弹簧力，则有：

$$p_1/p_2=A/a \qquad (3.4\text{-}3)$$

可见，选择阀芯的作用面积 A 和 a，便可达到所要求的压力比，且比值近似恒定。

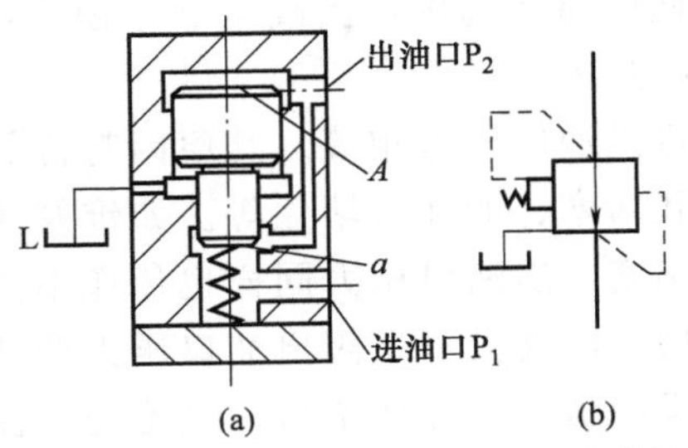

图 3.4-18 定比减压阀工作原理和图形符号

2.2.3 定差减压阀

定差减压阀能使出口压力 p_2 和某一负载压力 p_3 的差值保持恒定。图 3.4-19 为其图形符号。阀芯在稳态下的力平衡方程为：

$$A(p_2-p_3)=\kappa(x_0+x) \quad (3.4\text{-}4)$$

于是

$$\Delta p=p_2-p_3=\kappa(x_0+x)/A \quad (3.4\text{-}5)$$

式中 p_2——出口压力，Pa；

p_3——负载压力，Pa。

因为 κ 不大，且 $x \ll x_0$，所以压差近似保持定值。

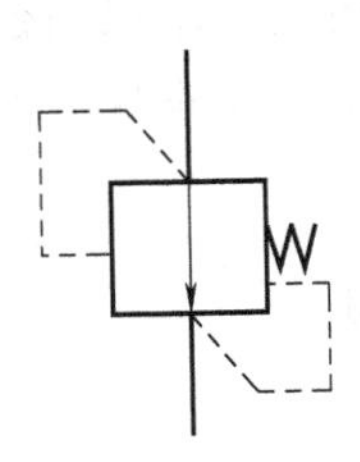
图 3.4-19 减压阀的图形符号

将定差减压阀与节流阀串联，即用定差减压阀作为节流阀的串联压力补偿阀，便构成了图 3.4-20 所示的减压型调速阀。

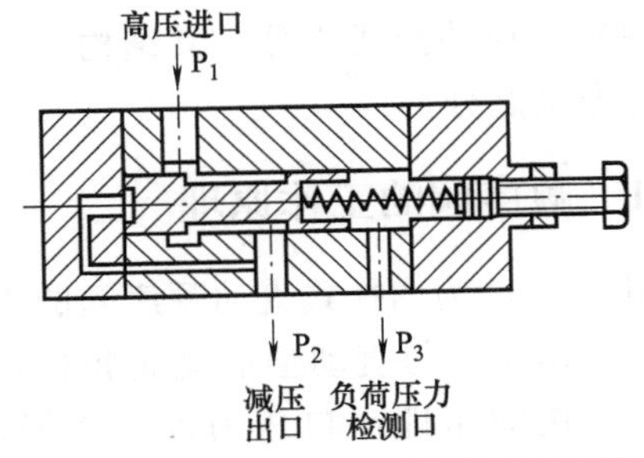

图 3.4-20 定差减压阀用作串联压力补偿

2.2.4 减压阀的性能

减压阀的工作参数有进油口压力 p_1、出油口压力 p_2 和流量 q 三项，主要的特性如下。

(1) p_2-q 特性曲线

减压阀进油口压力 p_1 基本恒定时，若其通过的流量 q 增加，则阀的减压口加大，出油口压力 p_2 略微下降。q 与 p_2 关系曲线的形状如图 3.4-21 所示，在输出流量接近零的区内，p_2-q 曲线会出现向右弯转的现象。当减压阀的出油口处不输出油液时，它的出口压力基本上仍能保持恒定，此时有少量油液通过减压口经先导阀排出，保持该阀处于工作状态。当阀内泄漏较大时，则通过先导阀的流量加大，p_2 有所增加。

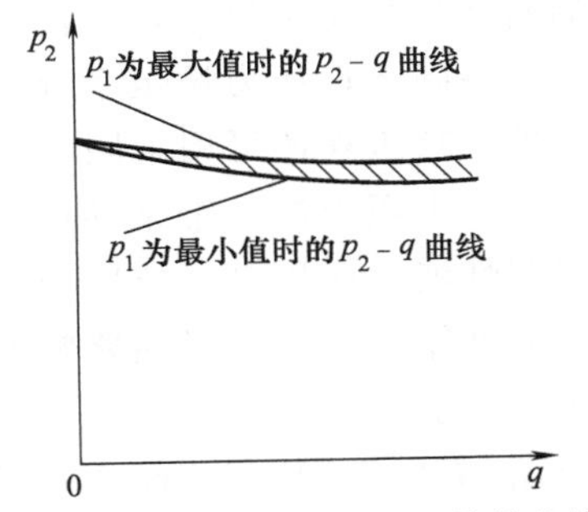

图 3.4-21 减压阀的 p_2-q 特性曲线

(2) p_2-p_1 特性曲线

减压阀的进口压力 p_1 发生变化时，由于减压口开度亦发生变化，因而会对出口压力 p_2 产生影响，但影响的量值不大。图 3.4-22 给出了两者的关系曲线。由此可知：当进油口处压力值 p_1 波动时，减压阀的工作点应分布在一个区域内，见图 3.4-21 中阴影线部分，而不是在一条曲线上。

对减压阀的要求是入口压力变化引起的出口压力变化要小。通常入口与进口的压力差愈大，则入口压力变化时，出口压力愈稳定。同时还要求通过阀的流量变化对引起的出口压力的变化要小。

(3) 动态特性

指减压阀进口压力或流量突然变化时出

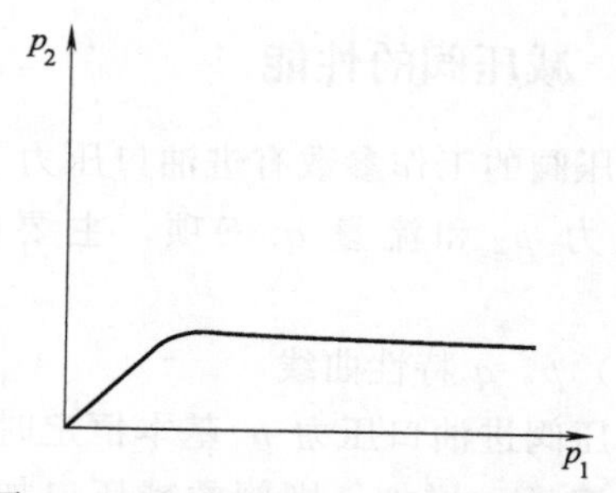

图 3.4-22　减压阀的 p_2-p_1 特性曲线

口压力的响应特性。与溢流阀一样亦有升压时间、过渡过程时间等指标。

2.2.5　减压阀的应用

① 定值减压阀在系统中用于减压和稳压。例如在液压机构定位夹紧系统中，为确保夹紧机构的可靠性，使夹紧油路不受系统压力影响而保持稳定夹紧力，在油路中设置减压阀，并将阀出口压力调至系统最低压力以下。此外，减压阀还可用来限制工作机构的作用力，减少压力波动带来的影响，改善系统的控制性能。应用时，减压阀的泄油口必须直接回油箱，并保证泄油路畅通，以免影响减压阀的正常工作。

② 定差减压阀用作节流阀的串联压力补偿阀，例如构成定差减压调速阀。

③ 定比减压阀用于需要两级定比调压的场合。

2.2.6　减压阀的常见故障与排除

(1) 调压失灵

调节调压手轮，出油口压力不上升。原因之一是主阀芯阻尼孔堵塞。出油口油液不能流入主阀上腔和导阀部分前腔，出油口压力传递不到锥阀上，使导阀失去对主阀出油口压力调节的作用。又因阻尼孔堵塞后。主阀上腔失去了油压的作用，使主阀变成一个弹簧力很弱的直动型滑阀，故在出油口压力很低时就将主阀减压口关闭，使出油口建立不起压力。

出油口压力上升后达不到额定数值。原因有调压弹簧选用不当或压缩行程不够、锥阀磨损过大等。

进出油口压力相等。其原因有锥阀座阻尼小孔堵塞、泄油口堵住等。如锥阀座阻尼小孔堵塞，出油口压力同样也传递不到锥阀上，使导阀失去对主阀出油口压力调节的作用。又因阻尼小孔堵塞后，便无先导流量流经主阀芯阻尼孔，使主阀上、下腔油液压力相等，主阀芯在主阀弹簧力的作用下处于最下部位置。减压口通流面积为最大，所以出油口压力就跟随进油口压力的变化而变化。如泄油口堵住，从原理上来说，等于锥阀座阻尼小孔堵塞。这时，出油口压力虽能作用在锥阀上，但同样也无先导流量流经主阀芯阻尼孔，减压口通流面积也为最大，故出油口压力也跟随进油口压力的变化而变化。

出油口压力不下降。原因是主阀芯卡住。出口压力达不到最低调定压力，主要是由于先导阀中O形密封圈与阀盖配合过紧等。

(2) 噪声、压力波动及振荡

对于先导型减压阀，其导阀部分和溢流阀的导阀部分相同，所以引起噪声和压力波动的原因也和溢流阀基本相同。

2.3　顺序阀

顺序阀的功用是以系统压力为信号使多个执行元件自动地按先后顺序动作。通过改变控制方式、泄油方式和二次油路的接法，顺序阀还可构成其他功能，如作背压阀、卸荷阀和平衡阀用。根据控制压力来源的不同，它有内控式和外控式之分。其结构也有直动型和先导型之分。

2.3.1　顺序阀的工作原理

图 3.4-23 为内控式直动顺序阀的工作原理图，工作原理与直动型溢流阀相似，区别在于：二次油路即出口压力油不接回油箱。因而泄漏口必须单独接回油箱，为减少调压

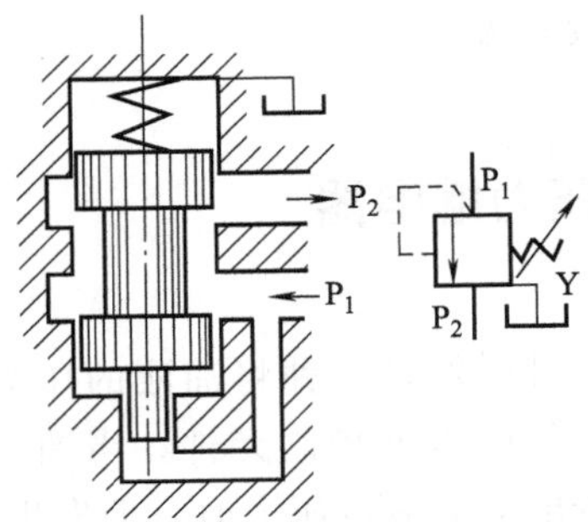

图 3.4-23 内控式直动顺序阀的工作原理

弹簧刚度，设置了控制柱塞。内控式顺序阀在其进油路压力达到阀的设定压力之前，阀口一直是关闭的，达到设定压力后，阀口才开启，使压力油进入二次油路，去驱动另一执行元件。

图 3.4-24 为外控式直动型顺序阀的工作原理图。其阀口的开启与否和一次油路处来的进口压力无关，仅取决于外控制压力的大小。

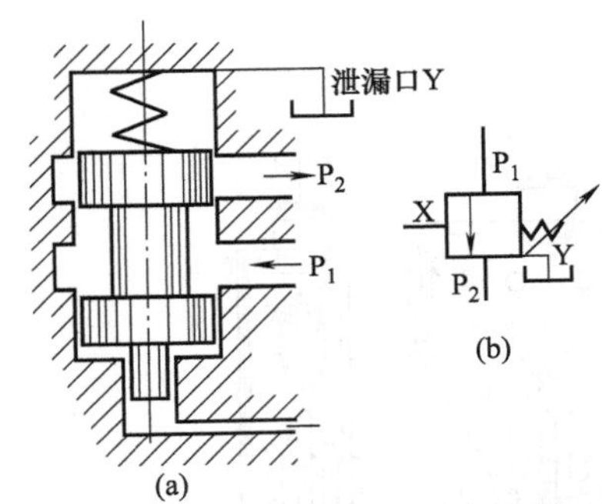

图 3.4-24 外控式直动型顺序阀的工作原理与图形符号

图 3.4-25 为 XF 型直动型顺序阀。控制柱塞进油路中的阻尼孔和阀芯内的阻尼孔有助于阀的稳定。图示为内控式。将下端盖转过 90°或 180°安装，并除去外控口螺塞，便成外控式顺序阀。当二次油路接回油箱时，将阀盖转过 90°或 180°安装，并将外泄口堵住，则外泄变成内泄。直动型顺序阀的顺序动作压力不能太高，否则调压弹簧刚度太大，启闭特性较差。

图 3.4-26 为滑阀结构的先导型顺序阀，如图所示，下端盖位置为外控接法。若下盖转过 90°，则为内控接法。此时油路经主阀

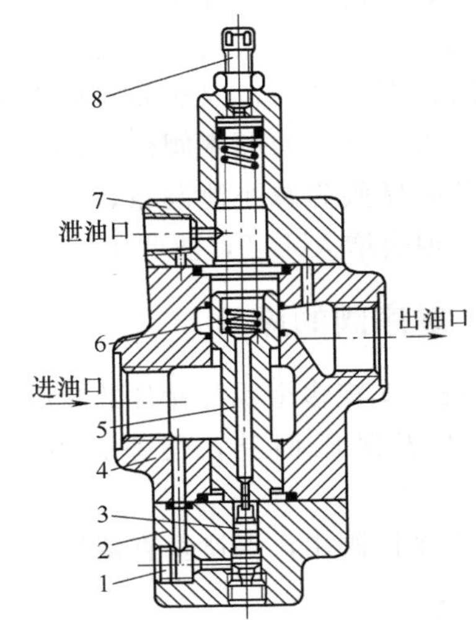

图 3.4-25 XF 型直动型顺序阀

1—螺塞；2—阀盖；3—控制柱塞；4—阀体；
5—阀芯；6—调压弹簧；7—端盖；
8—调节螺栓

中节流孔，由下腔进入上腔。当一次油路压力未达到设定压力时，导阀关闭；当一次油路压力达到设定压力时，导阀开启，主阀芯节流孔中有油液流动形成压差，主阀芯上移，主阀开启，油液进入二次油路。主阀弹簧刚度可以很小，故可省去直动型顺序阀下盖中的控制柱塞。采用先导控制后，不仅启闭特性好，而且顺序动作压力可以大大提高。

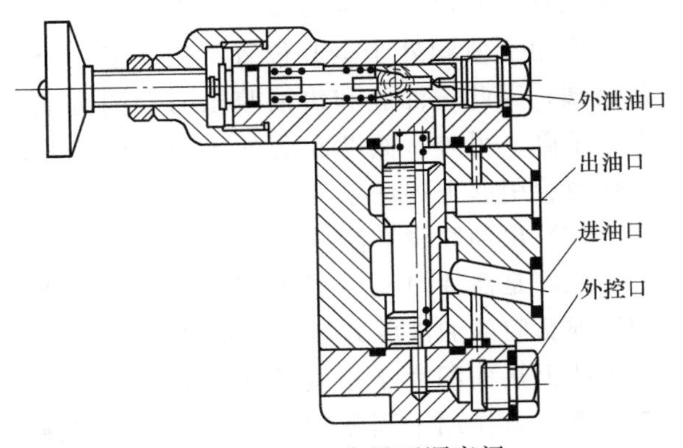

图 3.4-26 先导型顺序阀

2.3.2 顺序阀的主要性能

顺序阀的主要性能与溢流阀相仿。为使执行元件准确实现顺序动作，要求调压偏差

小。为此，应减小调压弹簧的刚度。顺序阀实际上属于开关元件。仅当系统压力达到设定压力时，阀才开启，因此要求阀关闭时泄漏量小。锥阀结构的顺序阀的泄漏量小。滑阀结构的顺序阀为减小泄漏量，应有一定的遮盖量，但会增大死区，使调压偏差增大。

2.3.3 顺序阀的应用

① 用以实现多个执行元件的顺序动作；

② 用于保压回路，使系统保持某一压力；

③ 作平衡阀用，保持垂直液压缸不因自重而下落；

④ 用外控顺序阀作卸荷阀，使系统某部分卸荷；

⑤ 用内控顺序阀作背压阀，改善系统性能。

2.3.4 顺序阀的常见故障与排除

顺序阀的主要故障是不起顺序控制作用。

(1) 进出油腔压力相同

原因之一是阀芯内的阻尼孔堵塞，使控制活塞的泄漏油无法进入调压弹簧腔流回油箱。时间一长，进油腔压力通过泄漏油传入阀的下腔，作用在阀芯下端面上，因阀芯下端面积比控制活塞要大得多，所以阀芯在液压力作用下使阀处于全开位置。变成了一个常通阀，因此进油腔和出油腔压力会同时上升或下降。另外，阀芯在阀处于全开位置时卡住也会引起上述现象。

(2) 出油腔没有流量

原因是泄油口安装成内部回油形式，使调压弹簧腔的油液压力等于出油腔油液压力。因阀芯上端面积大于控制活塞端面面积，阀芯在液压力作用下而使阀口关闭。顺序阀便变成一个常闭阀。出油腔没有流量。另外，阀芯在阀口关闭位置时卡住，也会产生出油腔没有流量的现象。当端盖上的阻尼小孔堵塞时，控制油液不能进入控制活塞腔，则阀芯在调压弹簧力作用下使阀口关闭。出油腔同样也没有流量。

2.4 压力继电器

压力继电器是一种将油液的压力信号转换成电信号的电液控制元件。当油液压力达到压力继电器的调定压力时，即发出电信号，以控制电磁铁、电磁离合器、继电器等电气元件动作。使油路卸压、换向，执行机构实现顺序动作，或关闭电动机，使系统停止工作，起到安全保护作用等。

压力继电器由压力—位移转换部件和微动开关两部分组成。按压力—位移转换部件结构，压力继电器有柱塞式、弹簧管式、膜片式和波纹管式等类型。其中柱塞式压力继电器最常用，如图 3.4-27 所示。按发出电信号功能，压力继电器有单触点式、双触点式等类型。

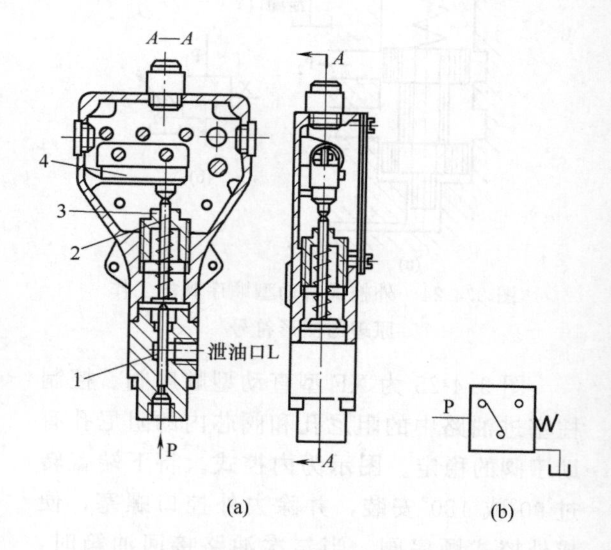

图 3.4-27 柱塞式压力继电器

1—柱塞；2—顶杆；3—调节螺栓；4—微动开关

2.4.1 压力继电器的结构和工作原理

(1) 柱塞式压力继电器

图 3.4-27 为柱塞式压力继电器结构图。当系统压力达到调定压力时，作用于柱塞上

的液压力克服弹簧力，顶杆上推，使微动开关的触点闭合，发出电信号。

（2）弹簧管式压力继电器

图 3.4-28 为弹簧管式压力继电器结构图。弹簧管既是压力感受元件，也是弹性元件。压力增大时，弹簧管伸长。与其相连的杠杆产生位移，从而推动微动开关，发出电信号。弹簧管式压力继电器的工作压力调节范围大，通断压力差小，重复精度高。

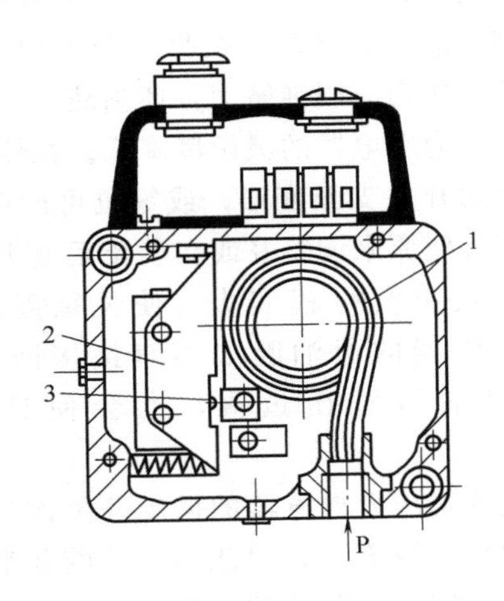

图 3.4-28 弹簧管式压力继电器
1—弹簧管；2—微动开关；3—微动开关触头

（3）膜片式压力继电器

图 3.4-29 为膜片式压力继电器。当系统压力达到继电器的调定压力时，作用在膜片 10 上的液压力克服弹簧 2 的弹簧力，使柱塞 9 向上移动。柱塞的锥面使钢球 5 和 6 水平移动，钢球 5 推动杠杆 12 绕销轴 11 做逆时针偏转，压下微动开关 13，发出电信号。当系统压力下降到一定值时，弹簧 2 使柱塞下移，钢球 5、6 落入柱塞的锥面槽内，微动开关复位并将杠杆推回，电路断开。调整弹簧 7 可调节启闭压力。膜片式压力继电器的位移小，因而反应快，重复精度高，但不宜用于高压系统，且易受压力波动的影响。

（4）波纹管式压力继电器

图 3.4-30 为波纹管式压力继电器。作用在波纹管下方的油压使其变形，通过芯杆推动绕铰轴 2 转动的杠杆 9。弹簧 7 的作用力与液压力相平衡。通过杠杆上的微调螺钉 3 控制微动开关 8 的触点，发出电信号。由于杠杆有位移放大作用，芯杆的位移较小，因而重复精度较高，但波纹管式不宜用于高压场合。

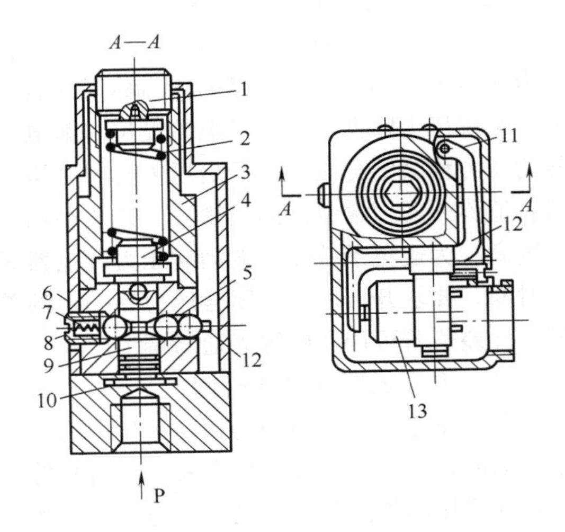

图 3.4-29 膜片式压力继电器
1—调节螺钉；2,7—弹簧；3—套；4—弹簧座；5,6—钢球；8—螺钉；9—柱塞；10—膜片；11—销轴；12—杠杆；13—微动开关

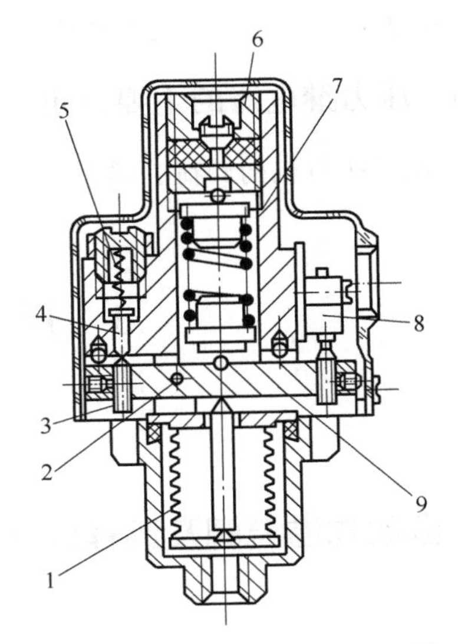

图 3.4-30 波纹管式压力继电器
1—波纹管组件；2—铰轴；3—微调螺钉；4—滑柱；5—副弹簧；6—调压螺钉；7—调压弹簧；8—微动开关；9—杠杆

2.4.2 压力继电器的主要性能

压力继电器的主要性能有以下几个方面。

（1）调压范围

压力继电器能够发出电信号的最低工作压力和最高工作压力的范围称为调压范围。

（2）灵敏度与通断调节区间

系统压力升高到压力继电器的调定值时，压力继电器动作接通电信号的压力称为开启压力；系统压力降低，压力继电器复位切断电信号的压力称为闭合压力。开启压力与闭合压力的差值称为压力继电器的灵敏度。差值小则灵敏度高。为避免系统压力波动时压力继电器时通时断，要求开启压力与闭合压力有一定的差值，此差值若可调，则称为通断调节区间。

（3）升压或降压动作时间

压力继电器入口侧压力由卸荷压力升至调定压力时，微动开关触点接通发出电信号的时间称为升压动作时间，反之，压力下降，触点断开发出断电信号的时间称为降压动作时间。

（4）重复精度

在一定的调定压力下，多次升压（或降压）过程中，开启压力或闭合压力本身的差值称为重复精度，差值小则重复精度高。

2.4.3 压力继电器的主要应用

① 用于执行机构卸荷、顺序动作控制。

② 用于系统指示、报警、联锁或安全保护。

2.4.4 压力继电器的常见故障及排除

压力继电器的常见故障是灵敏度降低和微动开关损坏等。这些故障通常由于阀芯、推杆的径向卡紧，或微动开关空行程过大等原因而引起。当阀芯或推杆发生径向卡紧时，摩擦力增加，这个阻力与阀芯和推杆的运动方向相反。它在一个方向可以帮助调压弹簧力，使油液压力升高，在另一个方向又可以帮助油液压力克服弹簧力，使油液压力降低，因而使压力继电器的灵敏度降低。在使用中，由于微动开关支架变形，或零位可调部分松动，都会使原来调整好或在装配后保证的微动开关最小空行程变大，使灵敏度降低。压力继电器的泄油腔如不直接接回油箱。由于泄油口背压过高，也会使灵敏度降低。

差动式压力继电器的微动开关部分和泄油腔用橡胶膜隔开，因此当进油腔和泄油腔接反时，压力油即冲破橡胶隔膜进入微动开关部分，从而损坏微动开关。另外，由于调压弹簧腔和泄油腔相通，调节螺钉处又无密封装置，因此当泄油压力过高时，在调节螺钉处会出现外泄漏现象，所以泄油腔必须直接接回油箱。

3 压力控制阀典型产品

3.1 直动式溢流阀及远程调压阀

3.1.1 DBD 型直动式溢流阀（力士乐系列）（见图 3.4-31）

（1）型号意义

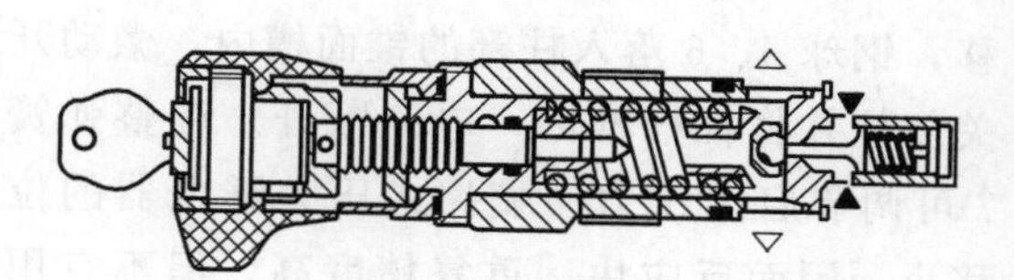

图 3.4-31 DBD 型直动式溢流阀结构

DBD ※ ※ ※ 10 ※ ※

① ② ③ ④ ⑤ ⑥

①——调节方式：S—带保护罩的调节螺

栓，H—调节手柄，A—带锁的调节手柄（只用于通径 6、8、10）；

②——通径：6、8、10、15、20、25、30；

③——连接方式：K—插入式阀，G—管式阀，F—板式阀；

④——系列号：10—10 系列；

⑤——压力级：100—调节压力 10MPa，315—调节压力 31.5MPa；

⑥——附加说明。

（2）技术规格（见表 3.4-7）

（3）外形尺寸

表 3.4-7 DBD 型直动式溢流阀技术规格

通径/mm		6	8、10	15、20	25、30
工作压力/MPa	P 口	40	63	40	31.5
	O 口	31.5			
流量/(L/min)		50	120	250	350
介质		矿物油或磷酸酯液			
介质温度/℃		−20～+70			
介质黏度/(m^2/s)		(2.8～380)×10^{-6}			

DBD 型直动式溢流阀插入式连接外形尺寸以及连接底板尺寸见表 3.4-8。另有板式、管式连接外形尺寸见产品样本。

表 3.4-8 DBD 型直动式溢流阀插入式外形尺寸

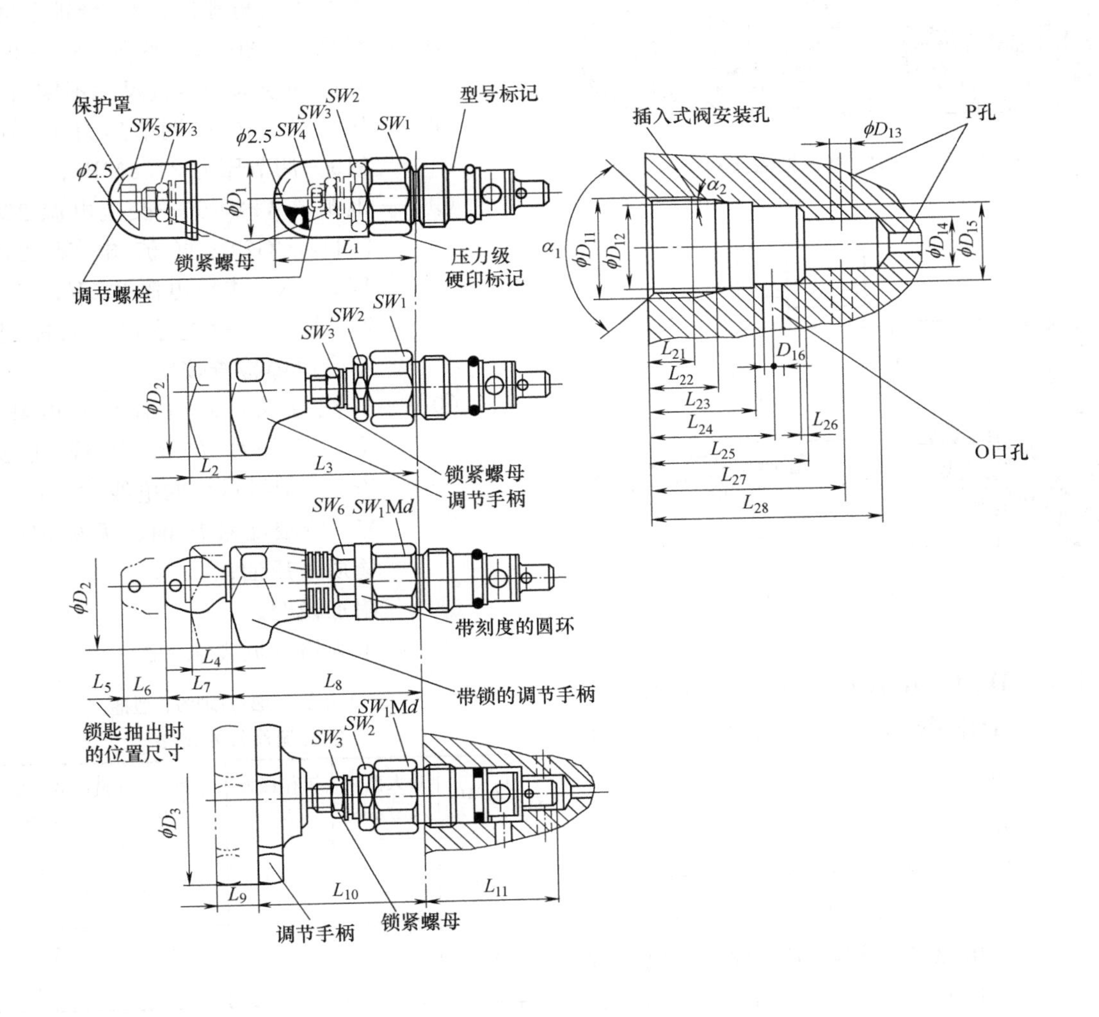

续表

<table>
<tr><th rowspan="2">通径</th><th colspan="20">尺寸/mm</th></tr>
<tr><th>D_1</th><th>D_2</th><th>D_3</th><th>L_1</th><th>L_2</th><th>L_3</th><th>L_4</th><th>L_5</th><th>L_6</th><th>L_7</th><th>L_8</th><th>L_9</th><th>L_{10}</th><th>L_{11}</th><th>SW_1</th><th>SW_2</th><th>SW_3</th><th>SW_4</th><th>SW_5</th><th>SW_6</th></tr>
<tr><td>6</td><td>34</td><td rowspan="3">60</td><td rowspan="3">—</td><td>72</td><td rowspan="3">11</td><td>83</td><td rowspan="2">11</td><td rowspan="2">20</td><td rowspan="2">11</td><td rowspan="2">30</td><td>83</td><td rowspan="3">—</td><td rowspan="3">—</td><td>64</td><td>32</td><td rowspan="2">30</td><td rowspan="4">19</td><td rowspan="3">6</td><td rowspan="3">—</td><td rowspan="2">30</td></tr>
<tr><td>10</td><td>38</td><td>68</td><td>79</td><td>79</td><td>75</td><td>36</td></tr>
<tr><td>20</td><td>48</td><td>65</td><td>77</td><td rowspan="2">—</td><td rowspan="2">—</td><td rowspan="2">—</td><td rowspan="2">—</td><td rowspan="2">—</td><td>106</td><td>46</td><td>36</td><td rowspan="2">—</td></tr>
<tr><td>30</td><td>63</td><td>—</td><td></td><td>83</td><td>—</td><td>—</td><td>11</td><td>56</td><td>131</td><td>60</td><td>46</td><td>—</td><td>13</td></tr>
</table>

<table>
<tr><td>6</td><td>M28×1.5</td><td>25</td><td>6</td><td>15</td><td>24.9</td><td>6</td><td>15</td><td>19</td><td>30</td><td>35</td><td>45</td><td rowspan="4">0.5×45°</td><td>56.5±5.5</td><td>65</td><td rowspan="4">90°</td><td rowspan="2">15°</td></tr>
<tr><td>10</td><td>M35×1.5</td><td>32</td><td>10</td><td>18.5</td><td>31.9</td><td>10</td><td>18</td><td>23</td><td>35</td><td>41</td><td>52</td><td>67.5±7.5</td><td>80</td></tr>
<tr><td>20</td><td>M45×1.5</td><td>40</td><td>20</td><td>24</td><td>39.9</td><td>20</td><td>21</td><td>27</td><td rowspan="2">45</td><td>54</td><td>70</td><td>91.5±8.5</td><td>110</td><td rowspan="2">20°</td></tr>
<tr><td>30</td><td>M60×2</td><td>55</td><td>30</td><td>38.75</td><td>54.9</td><td>30</td><td>23</td><td>29</td><td>60</td><td>84</td><td>113.5±11.5</td><td>140</td></tr>
</table>

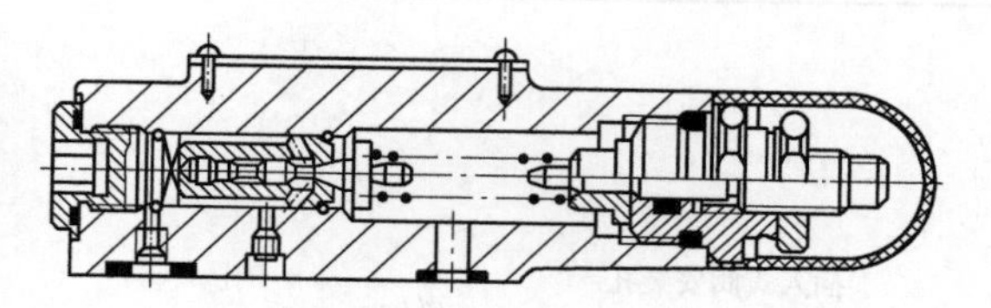

图 3.4-32　DBT 型遥控溢流阀结构

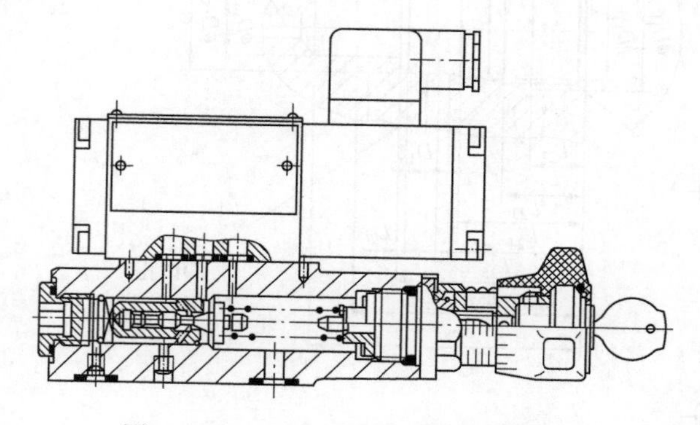

图 3.4-33　DBWT 型遥控溢流阀结构

3.1.2　DBT/DBWT 型遥控溢流阀（力士乐系列）（见图 3.4-32 和图 3.4-33）

（1）型号意义

DB ※ T ※ ※-30/※ ※ ※ ※ ※ ※

①　　②③④⑤⑥⑦⑧⑨⑩

①——电磁换向阀标记：W—带电磁换向阀，无标记—不带电磁换向阀；

②——A—常闭，B—常开；

③——调压方式：1—手柄，2—带保护罩的内六角螺栓，3—带锁手柄；

④——系列号：30—30 系列（30～39 系列内部结构和连接尺寸不变）；

⑤——压力级：100—调节压力 10MPa，315—调节压力 31.5MPa；

⑥——电源：W220-50—交流电源 220V 50Hz，G24—直流电源 24V，W220-R—本整电源 220V；

⑦——N—带故障检查按钮，无标记—不带故障检查按钮；

⑧——电线插头：Z4—小方形电线插头，Z5—大方形电线插头，Z5L—带指示灯的电线插头；

⑨——V—磷酸酯液压油，无标记—矿物质液压油；

⑩——附加说明。

（2）技术规格（见表 3.4-9）

表 3.4-9　DBT/DBWT 型遥控溢流阀技术规格

型号	最大流量 /(L/min)	工作压力 /MPa	背压 /MPa	最高调节压力 /MPa
DBT	3	31.5	至 31.5	10 31.5
DBWT	3	31.5	交流至 10 直流至 16	10 31.5

（3）外形尺寸（见图 3.4-34）。

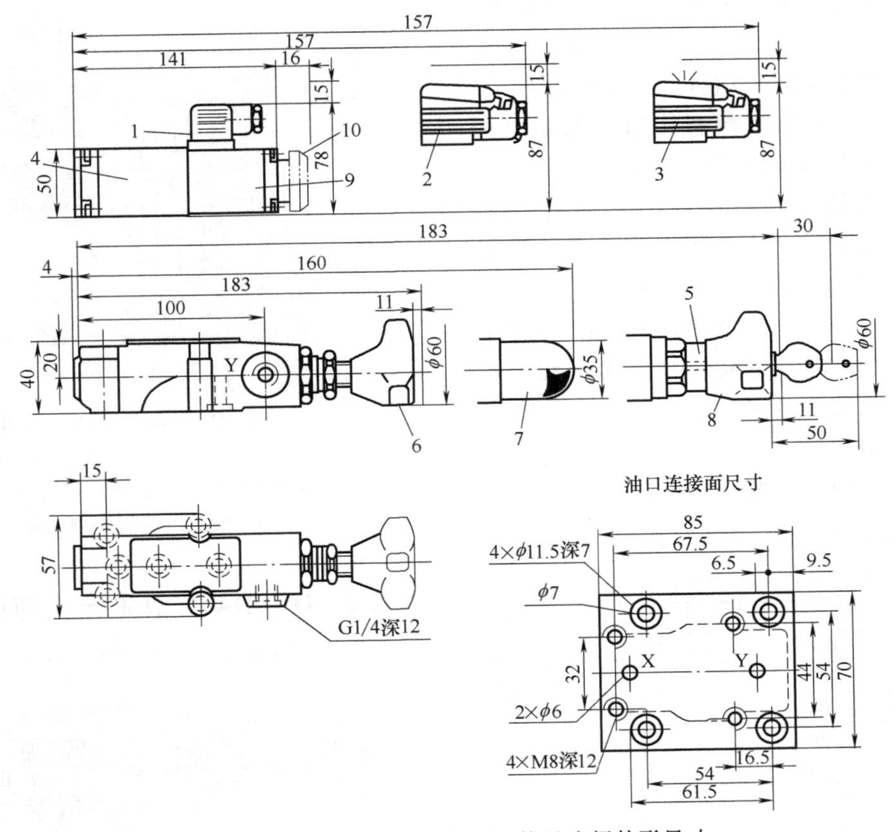

图 3.4-34 DBT/DBWT 型遥控溢流阀外形尺寸

1—Z4 型电线插头；2—Z5 型电线插头；3—Z5L 型电线插头；4—WE5 型电磁换向阀；5—重复调节刻度；6—“1”型压力调节装置；7—“2”型压力调节装置；8—“3”型压力调节装置；9—电磁铁 a；10—故障检查按钮

3.2 先导式溢流阀、电磁溢流阀

3.2.1 DB/DBW 型先导式溢流阀（3X 系列，力士乐系列）（见图 3.4-35 和图 3.4-36）

（1）型号意义

DB※※※※※※-※-※/※※※※※※※※

①②③④⑤⑥⑦⑧⑨⑩⑪⑫⑬⑭⑮⑯

①——电磁阀标记：W—带电磁阀，无标记—不带电磁阀；

②——无标记—先导型溢流阀，C（不标通径）—不带插入式主阀芯的溢流阀，C（标明通径 10 或 32）—带插入式主阀芯的溢流阀，T（不标通径）—先导阀作遥控阀；

③——通径：8、10、16、20、25、32；

④——A—常闭，B—常开；

⑤——连接方式：G—管式，无标记—板式；

⑥——调压方式：1—手柄，2—带保护罩的内六角螺栓，3—带锁手柄；

⑦——系列号：30—30 系列（30～39 系列内部结构和连接尺寸不变）；

⑧——压力级：100—调节压力 10MPa，315—调节压力 31.5MPa；

⑨——控制形式图形符号；

⑩——U—主阀芯装置软弹簧，无标记—主阀芯装置硬弹簧；

⑪——电源：W220-50—交流电源 220V 50Hz，G24—直流电源 24V，W220-R—本整电源 220V；

⑫——N—带故障检查按钮，无标记—不带故障检查按钮；

⑬——电线插头：Z4：小方形电线插头；Z5：大方形电线插头；Z5L：带指示灯的电线插头；

⑭——2—米制螺纹连接，无标记—英制；

⑮——V—磷酸酯液压油，无标记—矿物质液压油；

⑯——附加说明。

（2）技术规格（见表 3.4-10）

表 3.4-10 DB/DBW 型先导式溢流阀 3X 系列技术规格

通径/mm		8	10	15	20	25	30
最大流量/(L/min)	管式	100	200	0	400	400	600
	板式	—	200	—	—	400	600
工作压力(A,B,X 口)/MPa		至 31.5					
背压/MPa	DB	至 31.5					
	DBW	至 6					
最小调节压力/MPa		与流量有关					
最大调节压力/MPa		至 10 或 31.5					
介质		矿物油，磷酸酯液					
介质黏度/(m²/s)		$(2.8\sim380)\times10^{-6}$					
介质温度/℃		－20～＋70					

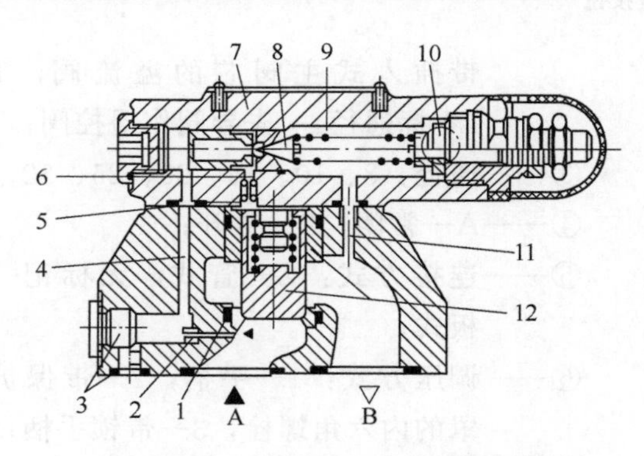

图 3.4-35 DB 型先导式溢流阀结构

1,4,6,10,11—控制油道；2,5—阻尼器；3—外供油口；7—先导阀；8—锥阀；9—弹簧；12—主阀芯

（3）外形尺寸

DB/DBW 型先导式溢流阀 3X 系列管式连接外形尺寸见表 3.4-11。另有插入式、板式连接外形尺寸见产品样本。

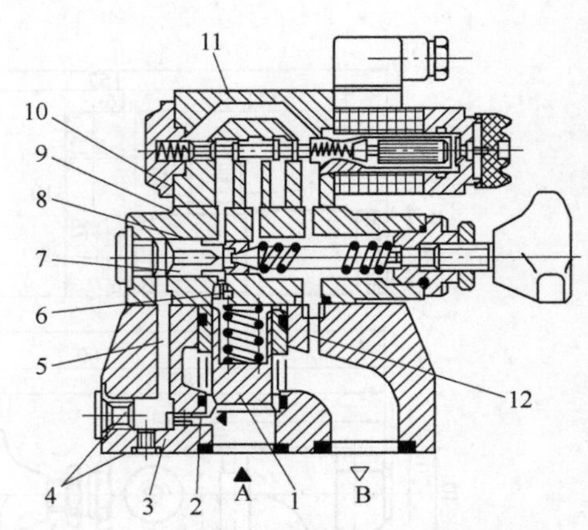

图 3.4-36 DBW 型先导式溢流阀结构

1—主阀芯；2,5,7,12—控制油道；3,6—阻尼器；4—外供油口；8—锥阀；9—先导阀；10—弹簧；11—电磁换向阀

3.2.2 DA/DAW 型先导式卸荷阀（力士乐系列）（见图 3.4-37）

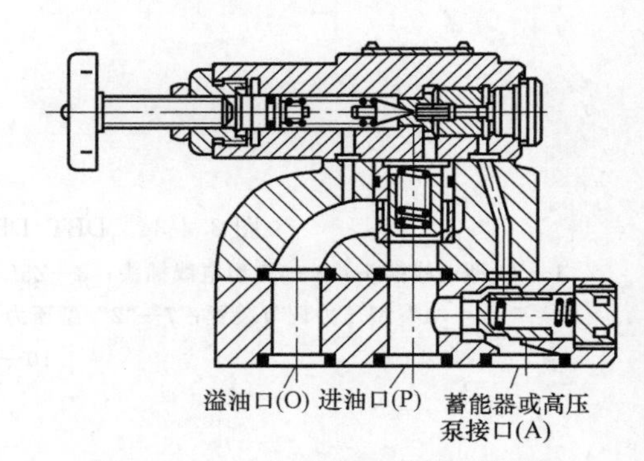

图 3.4-37 DA 型先导式卸荷阀结构

（1）型号意义

DA ※ ※ ※-※-30/※ ※ ※ ※ ※ ※ ※

① ② ③ ④ ⑤ ⑥ ⑦ ⑧ ⑨ ⑩ ⑪ ⑫

①——电磁阀标记：W—带电磁阀，无标记—不带电磁阀；

②——通径：8、10、16、20、25、32；

③——A—常闭，B—常开；

④——调压方式：1—手柄，2—带保护罩的内六角螺栓，3—带锁手柄；

⑤——系列号：30—30 系列（30～39 系列内部结构和连接尺寸不变）；

⑥——压力级：8—2～8MPa，16—8～16MPa，31.5—16～31.5MPa；

表 3.4-11　DB/DBW 型先导式溢流阀 3X 系列外形尺寸　　　　单位：mm

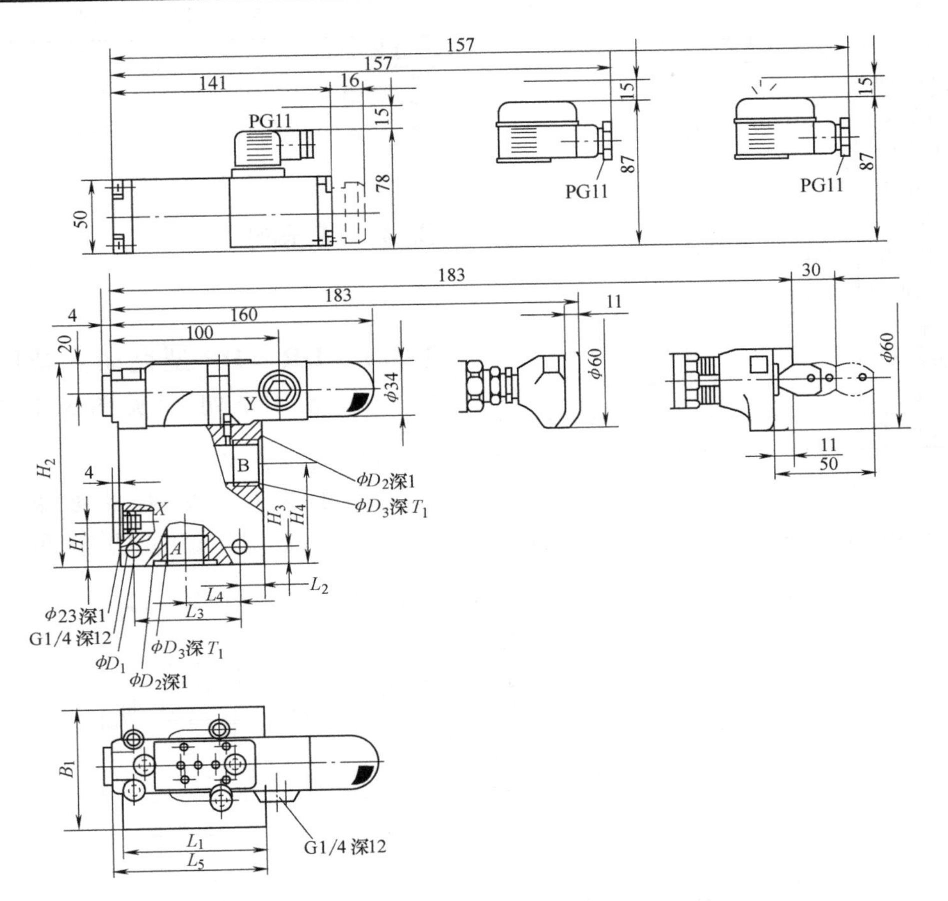

通径	B_1	D_1	D_2	D_3 米制	D_3 英制	H_1	H_2	H_3	H_4	L_1	L_2	L_3	L_4	L_5	T_1	质量/kg DB	质量/kg DBW
8	63	9	28		G3/8	27	125	10	62	85	14	62	31	90	12	4.8	5.9
10			34	M22×1.5	G1/2										14		
15			42	M27×2	G3/4										16		
20			47	M33×2	G1				57						18	4.6	5.7
25	70	11	56	M42×2	G1 1/4	42	138	13	66	100	18	72	36	99	20	5.6	6.7
32			61	M48×2	G1 1/2										22	5.3	6.4

⑦——控制油的输入形式：Y—外控，无标记—内控；

⑧——电源：W220-50—交流电源 220V50Hz，G24—直流电源 24V，W220-R—本整电源 220V，使用 Z5 插头；

⑨——N—带故障检查按钮，无标记—不带故障检查按钮；

⑩——电线插头：Z4—小方形电线插头，Z5—大方形电线插头，Z5L—带指示灯的电线插头；

⑪——V—磷酸酯液压液，无标记—矿物质液压油；

⑫——附加说明。

(2) 技术规格（见表 3.4-12）

表 3.4-12　DA/DAW 型先导式卸荷阀技术规格

通径/m		10	25	32
介质		矿物质液压油；磷酸酯液压液		
最大流量/(L/min)		40	100	250
切换压力范围（从 O 到 A）		17%以内		
输入压力 A 口（P 到 O 卸荷）		至 31.5MPa		
质量/kg	DA 型	3.8	7.7	13.4
	DAW 型	4.9	8.8	14.5
电磁阀		WE5 电磁阀		
介质黏度范围/(mm^2/s)		2.8～380		
介质温度范围/℃		－20～＋70		

（3）外形尺寸

DA/DAW 型先导式卸荷阀外形尺寸见图 3.4-38、图 3.4-39。连接底板见表 3.4-13。

表 3.4-13　连接底板

通径/mm	10	25	32
底板型号	G467/1 G468/1	G469/1 G470/1	G471/1 G472/1

3.3　减压阀

3.3.1　DR※DP 型直动式减压阀（力士乐系列）（见图 3.4-40）

（1）型号意义

※ DR ※ D P ※-※/※ ※ ※ ※ ※

①　②③④⑤⑥⑦⑧⑨⑩⑪

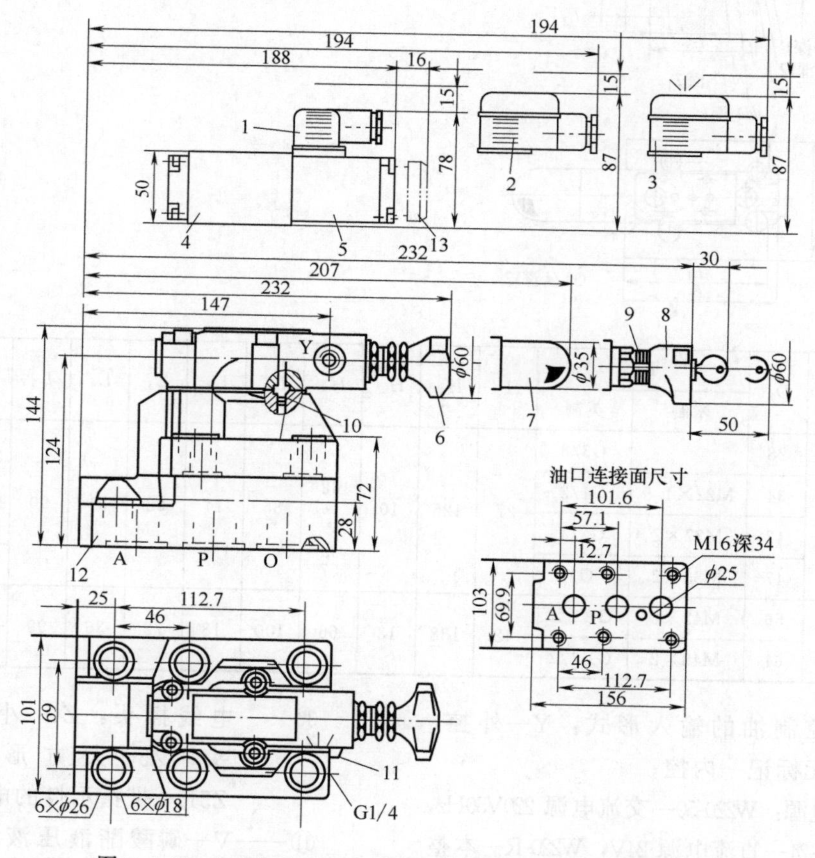

图 3.4-38　DA/DAW20 型先导式卸荷阀（板式）外形尺寸

1—Z4 插头；2—Z5 插头；3—Z5L 插头；4—电磁阀；5—电磁铁 a；6—调节方式“1”；7—调节方式“2”；8—调节方式“3”；9—调节刻度套；10—螺塞（控制油内泄时没有此件）；11—外泄口；12—单向阀；13—故障检查按钮

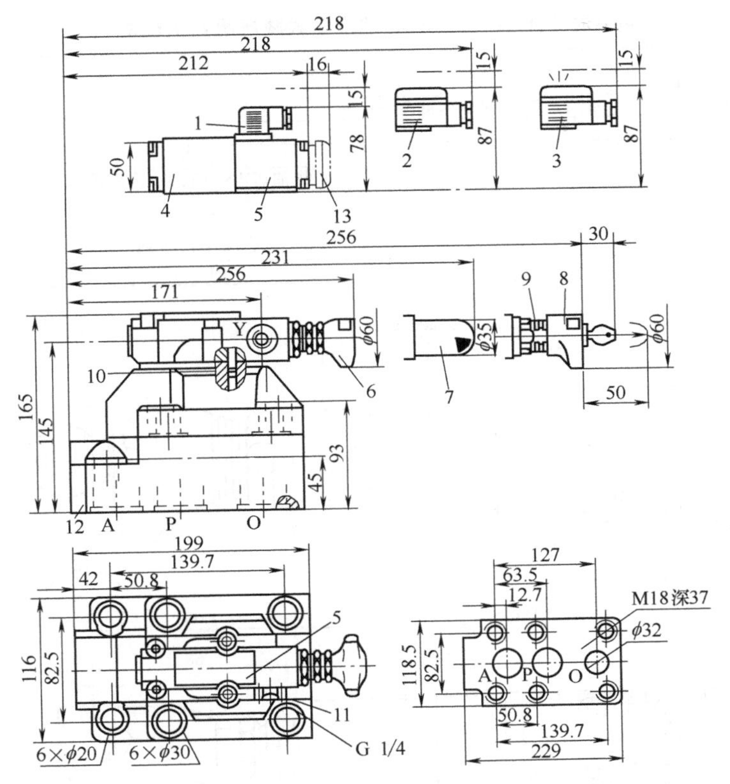

图 3.4-39 DA/DAW30 型先导式卸荷阀（板式）外形尺寸

1—Z4 插头；2—Z5 插头；3—Z5L 插头；4—电磁阀；5—电磁铁 a；
6—调节方式“1”；7—调节方式“2”；8—调节方式“3”；
9—调节刻度套；10—螺塞（控制油内泄时没有此件）；
11—外泄口；12—单向阀；13—故障检查按钮

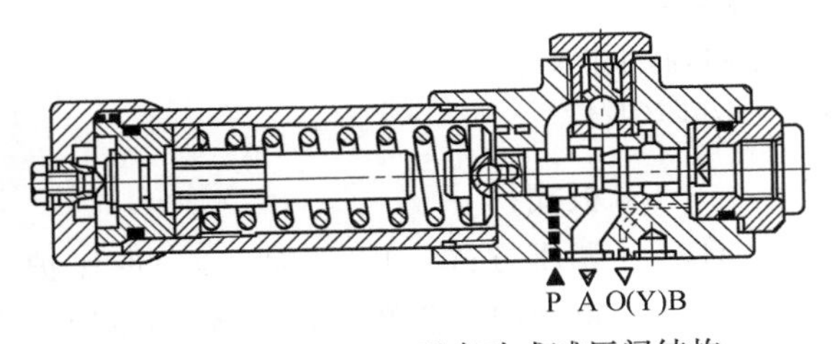

图 3.4-40 DR6DP 型直动式减压阀结构

①——F—面板安装，无标记—底板安装；

②——规格—5、6、10；

③——直动式；

④——底板连接；

⑤——调压方式：1—手柄，2—带保护罩的内六角螺栓，3—带锁手柄；

⑥——系列号：10—10 系列（规格 5），50—50 系列（规格 6），40—40 系列（规格 10）；

⑦——最高设定压力：25—2.5MPa，75—7.5MPa，150—15MPa，210—21MPa，315—31.5MPa（只用于不带单向阀，规格 5）；

⑧——供、泄油方式：Y—内部先导供油，外部先导泄油，XY—外部先导供油，外部先导泄油（只用于规格 5）；

⑨——M—不带单向阀，无标记—带单向阀；

⑩——V—磷酸酯液压液，无标记—矿物质液压油；

⑪——附加说明。

（2）技术规格（见表 3.4-14）

（3）外形尺寸（见图 3.4-41～图 3.4-43）

表 3.4-14　DR※DP 型直动式减压阀技术规格

规　　格	5	6	10
输入压力(油口 P)/MPa	至 31.5		
输出压力(油口 A)/MPa	至 21.0/不同单向阀至 31.5	至 2.5,7.5,15,21	至 2.5,7.5,15,21
背压(油口 Y)/MPa	至 6.0	至 16	至 16
最大流量/(L/min)	至 15	至 60	至 80
液压油	矿物油(DIN51524),磷酸酯液		
油温范围/℃	−20～70	−20～80	
黏度范围/(mm^2/s)	2.8～380	10～800	
过滤精度	NAS1638 九级		
质量/kg	—	约 1.2	约 1.2

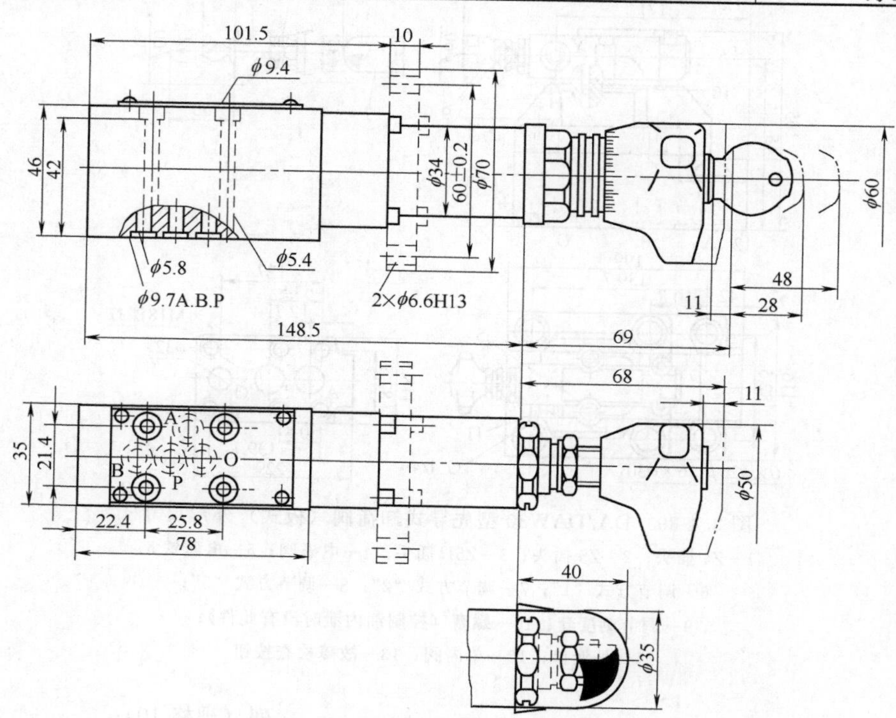

图 3.4-41　DR5DP 型直动式减压阀外形尺寸

底板：G115/01 (G1/4)、G96/01 (G1/4)

3.3.2　DR 型先导式减压阀（力士乐系列）（见图 3.4-44）

（1）型号意义

※ ※-※ ※ ※/※ Y ※ ※ ※

① ② ③ ④ ⑤ ⑥ ⑦ ⑧ ⑨

①——基本型号：DR—先导式减压阀，DRC（不注明通径）—先导阀不带主阀芯插装件，DRC（注明通径）—先导阀带主阀芯插装件；

②——通径：管式阀有 10、15、20、25、32，板式阀有 10、20、32；

③——连接方式：G—管式，无标记—板式；

④——调压方式：1—手柄，2—带保护罩的内六角螺栓，3—带锁手柄；

⑤——系列号：30—30 系列（30～39 系列内部结构和连接尺寸不变），50—50 系列；

⑥——压力等级：100—调节压力 10MPa，315—调节压力 31.5MPa；

⑦——M—不带单向阀，无标记—带单向阀（只用于板式连接）；

⑧——V—磷酸酯液压油，无标记—矿物质液压油；

⑨——附加说明。

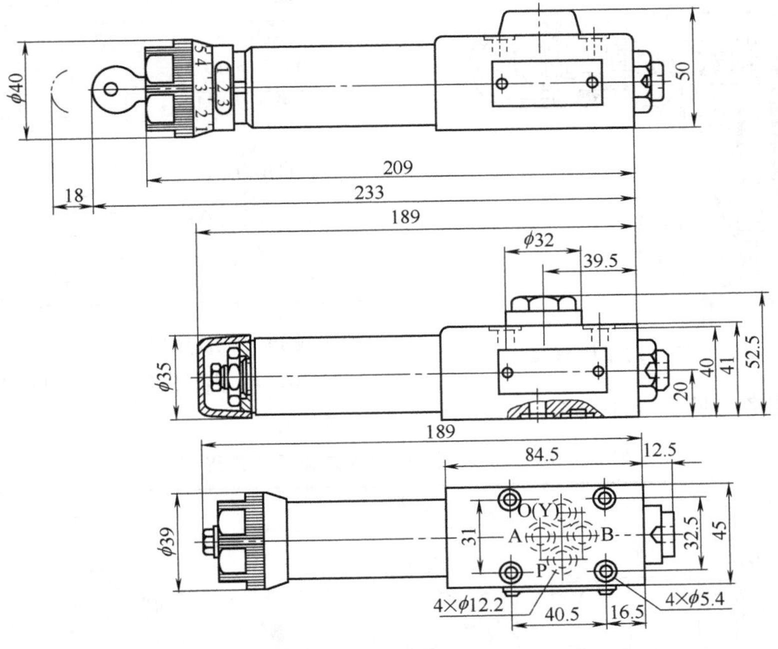

图 3.4-42 DR6DP 型直动式减压阀外形尺寸

底板：G341/01 (G1/4)、G342/01 (G3/8)

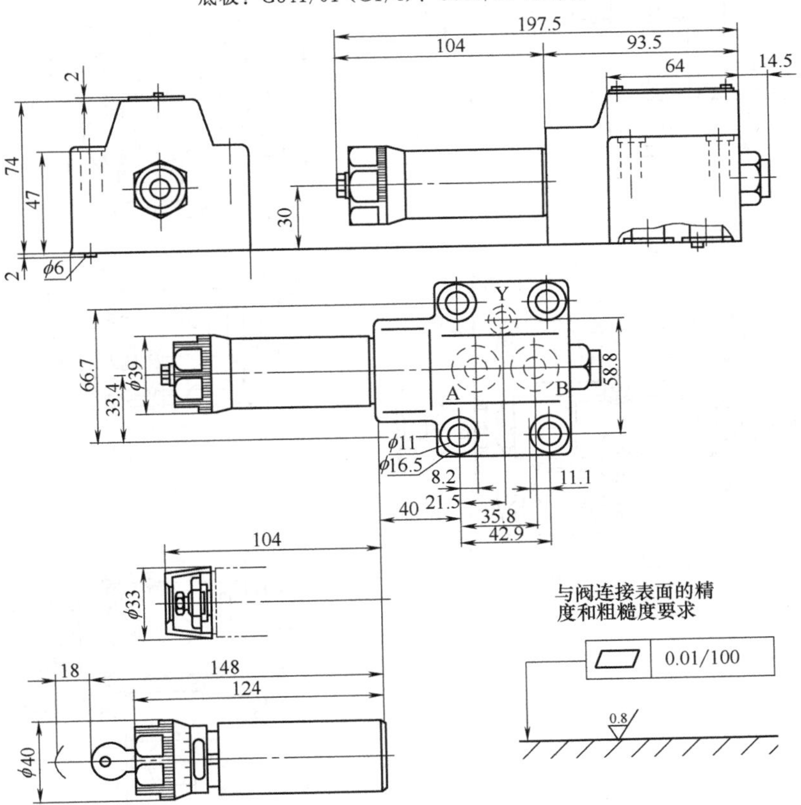

图 3.4-43 DR10DP 型直动式减压阀外形尺寸

底板：G341/01 (G1/4)、G342/01 (G3/8)

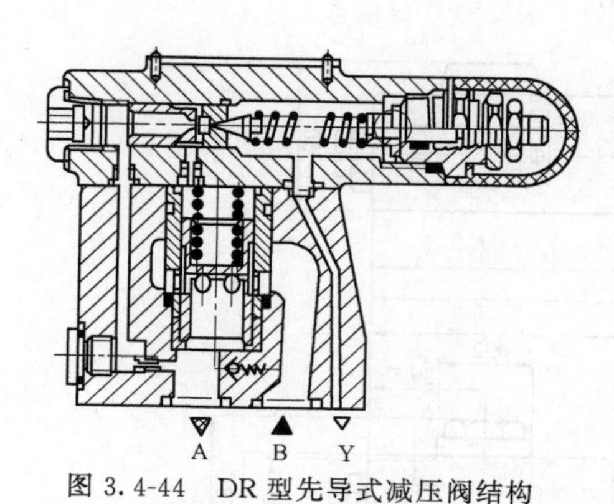

图 3.4-44 DR 型先导式减压阀结构

（2）技术规格（见表 3.4-15）

表 3.4-15 DR 型先导式减压阀技术规格

通径/mm		8	10	15	20	25	32
流量/(L/min)	板式	—	80	—	—	200	300
	管式	80	80	200	200	200	300
工作压力/MPa		至 10 或 31.5					
进口压力(B 口)/MPa		至 31.5					
出口压力(A 口)/MPa		0.3～31.5	1～31.5				
背压(Y 口)/MPa		至 31.5					
介质		矿物油；磷酸酯液					
介质黏度/(m^2/s)		$(2.8～380)\times10^{-6}$					
介质温度/℃		−20～+70					

（3）外形尺寸

30 系列外形尺寸见表 3.4-16～表 3.4-19。

表 3.4-16 30 系列 DR 型板式减压阀外形尺寸

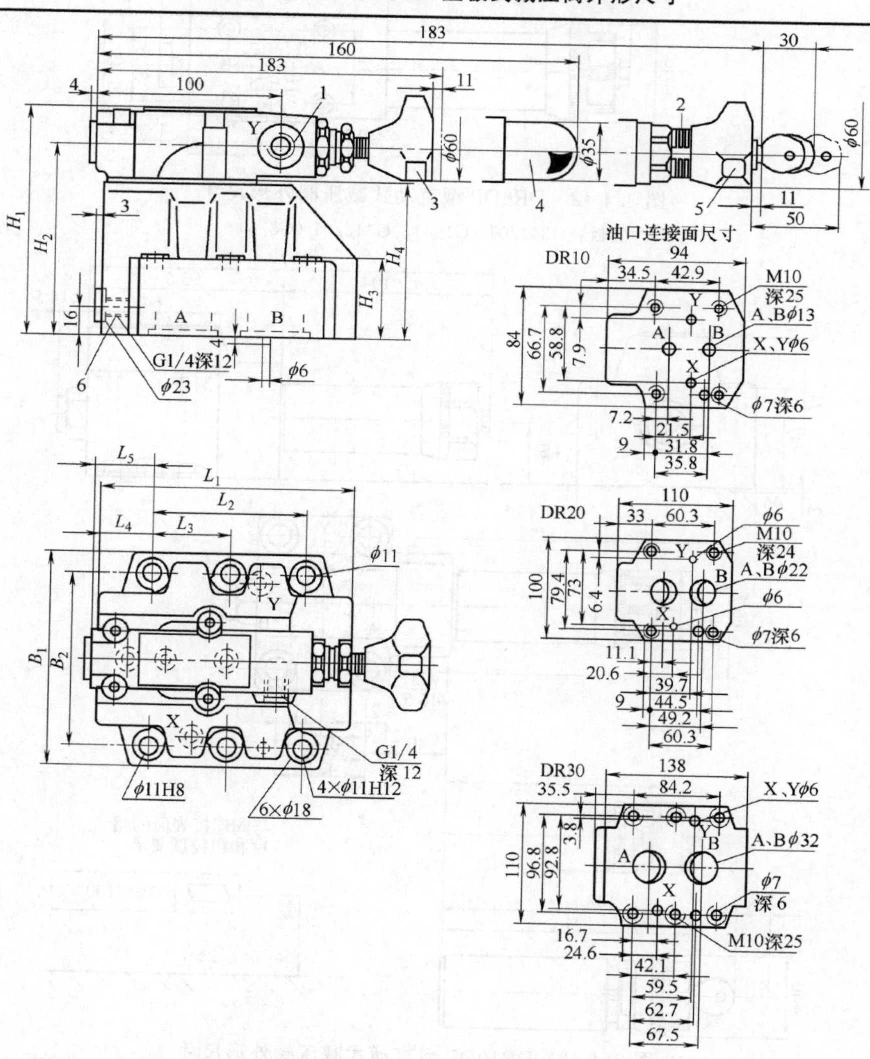

1—油口 Y(可选作外泄或遥控)；2—调节刻度；3—压力调节装置“1”；4—压力调节装置“2”；5—压力调节装置“3”；6—压力表接口

续表

通径/mm	尺寸/mm											O形圈		质量/kg
	B_1	B_2	H_1	H_2	H_3	H_4	L_1	L_2	L_3	L_4	L_5	用于X,Y口	用于A,B口	
10	85	66.7	112	92	28	72	90	42.9	—	35.5	34.5	9.25×1.78	17.12×2.62	3.6
25	102	79.4	122	102	38	82	112	60.3	—	33.5	37	9.25×1.78	28.17×3.53	5.5
32	120	96.8	130	110	46	90	140	84.2	42.1	28	31.3	9.25×1.78	34.52×3.53	8.2

表 3.4-17　安装底板

通径/mm	10	20	32
底板型号	G460/01 G461/01	G412/01 G413/01	G414/01 G415/01

表 3.4-18　30 系列 DR 型管式减压阀外形尺寸　/mm

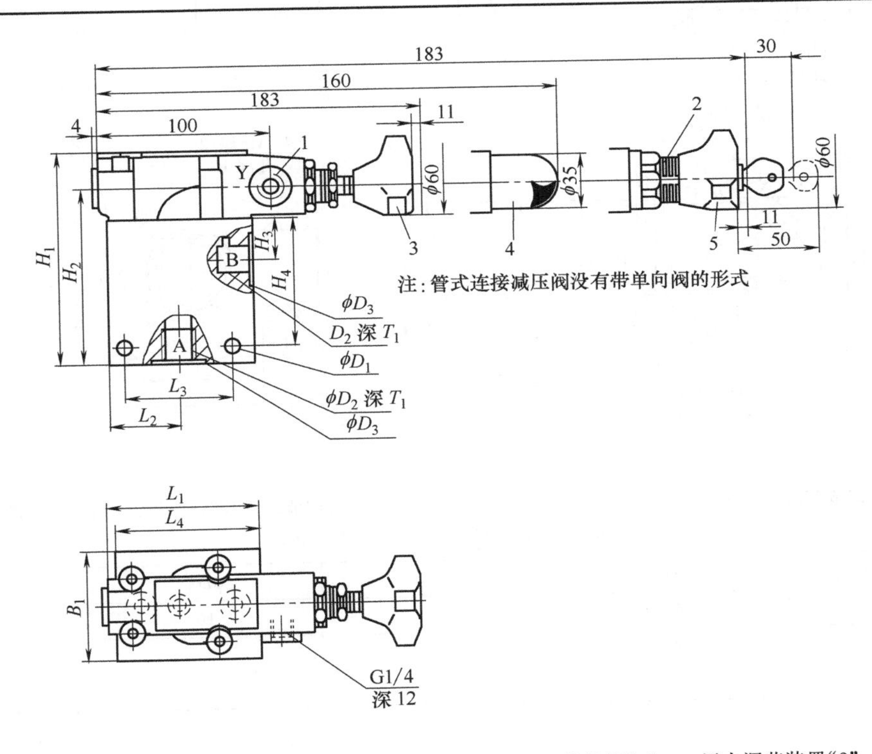

1—油口 Y(可选作外泄或遥控)；2—调节刻度；3—压力调节装置“1”；4—压力调节装置“2”；5—压力调节装置“3”

通径/mm	B_1	ϕD_1	ϕD_2		ϕD_3	H_1	H_2	H_3	H_4	L_1	L_2	L_3	L_4	T_1	质量/kg
			公制	英制											
10	63	9	M22×1.5	G1/2	34	125	105	28	75	90	40	62	85	14	4.3
15			M27×2	G3/4	42									16	6.8
20			M33×2	1	47			28						18	
25	70	11	M42×2	G1 1/1	58	138	118	34	85	100	46	72	99	20	10.2
30			M48×2	G1 1/2	65									22	

表 3.4-19　30 系列 DRC 型减压阀外形尺寸

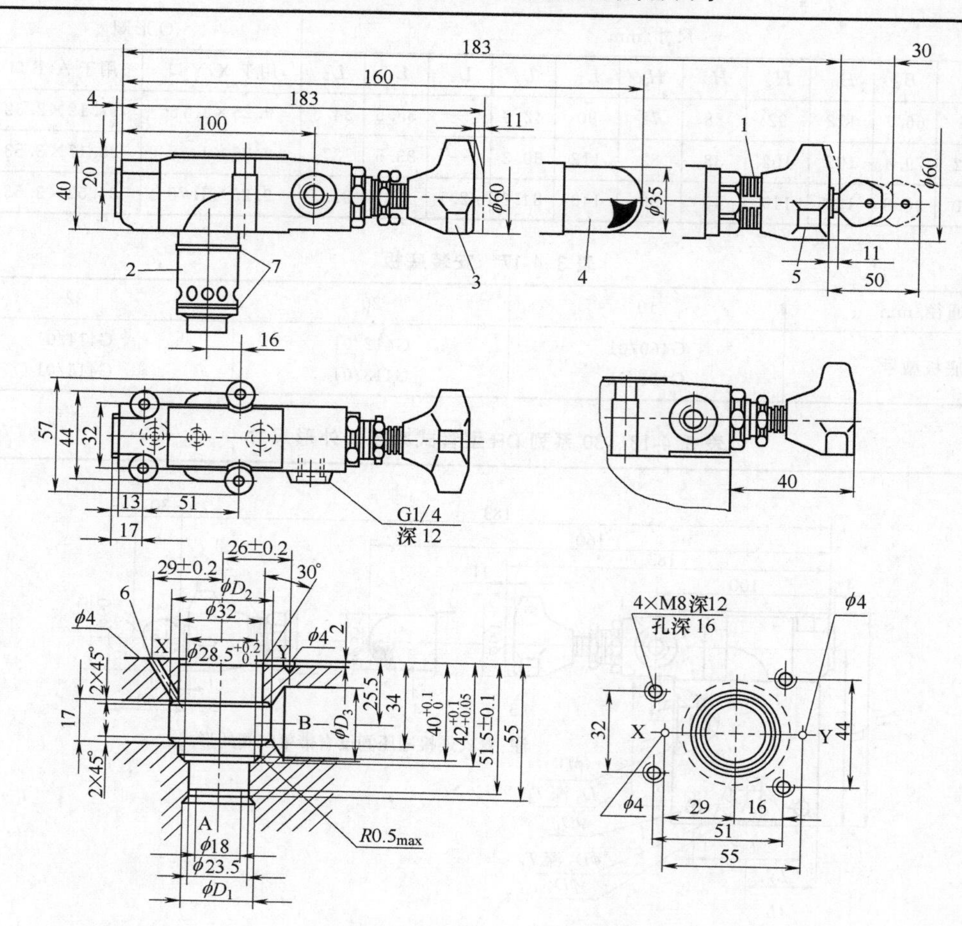

1—调节刻度；2—主阀芯插装件；3—压力调节装置“1”；4—压力调节装置“2”；5—压力调节装置“3”；6—先导控制供油口；7—O 形圈 27.3×2.4

通径/mm	ϕD_1	ϕD_2	ϕD_3	质量/kg
10	10	40	10	1.4
25	25	40	25	
32	32	45	32	

3.4 顺序阀

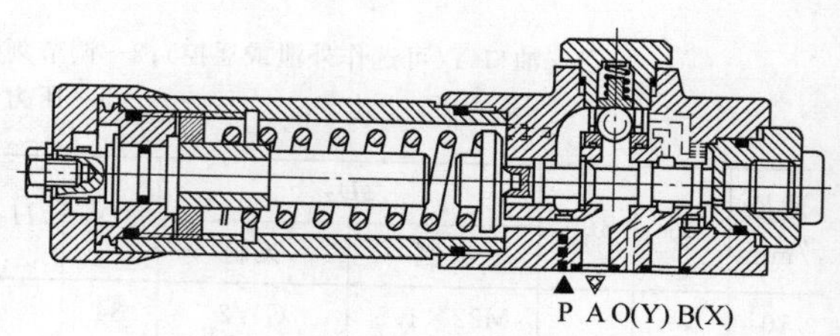

图 3.4-45　DZ6DPI-5X 型直动式顺序阀结构

3.4.1 DZ※DP 型直动式顺序阀（力士乐系列）（见图 3.4-45）

（1）型号意义

DZ ※ D　P ※- ※/※ ※ ※ ※ ※

①②③④⑤　⑥⑦⑧⑨⑩

①——规格：5、6、10；

②——直动式；

③——底板连接；

④——调压方式：1—手柄，2—带保护罩的内六角螺栓，3—带锁手柄；

⑤——系列号：10—10 系列（规格 5），50—50 系列（规格 6），40—40 系列（规格 10）；

⑥——最高设定压力：25—2.5MPa，75—7.5MPa， 150—15MPa， 210—21MPa，315—设定压力 31.5MPa（只用于不带单向阀，规格 5）；

⑦——供、泄油方式：无标记—内部先导供油，内部先导泄油，X—外部先导供油，内部先导泄油，Y—内部先导供油，外部先导泄油，XY—外部先导供油，外部先导泄油（只用于规格 5）；

⑧——M—不带单向阀，无标记—带单向阀；

⑨——V—磷酸酯液压液，无标记—矿物质液压油；

⑩——附加说明。

（2）技术规格（见表 3.4-20）

表 3.4-20 DZ※DP 型直动式顺序阀技术规格

通径/mm	5	6	10
输入压力(油口 P,B,X)/MPa	至 21.0/不同单向阀至 31.5	至 31.5	至 31.5
输出压力(油口 A)/MPa	至 31.5	至 21.0	至 21.0
背压(油口 Y)/MPa	至 6.0	至 16	至 16
液压油	矿物油(DIN51524)；磷酸酯液		
油温范围/℃	−20～70	−20～80	−20～80
黏度范围/(mm²/s)	2.8～380	10～800	10～380
过滤精度	NAS1638 九级		
最大流量/(L/min)	15	60	80

（3）外形尺寸

DZ 型直动式顺序阀规格 5 的连接外形尺寸以及连接底板如图 3.4-46、表 3.4-21 所示。另有规格 6、规格 10 连接外形尺寸见产品样本。

表 3.4-21 连接底板

规　格	NG5	NG6	NG10
底板型号	G115/01 G96/01	G341/01 G342/01	G341/01 G342/01

3.4.2 DZ 型先导式顺序阀（力士乐系列）（见图 3.4-47）

（1）型号意义

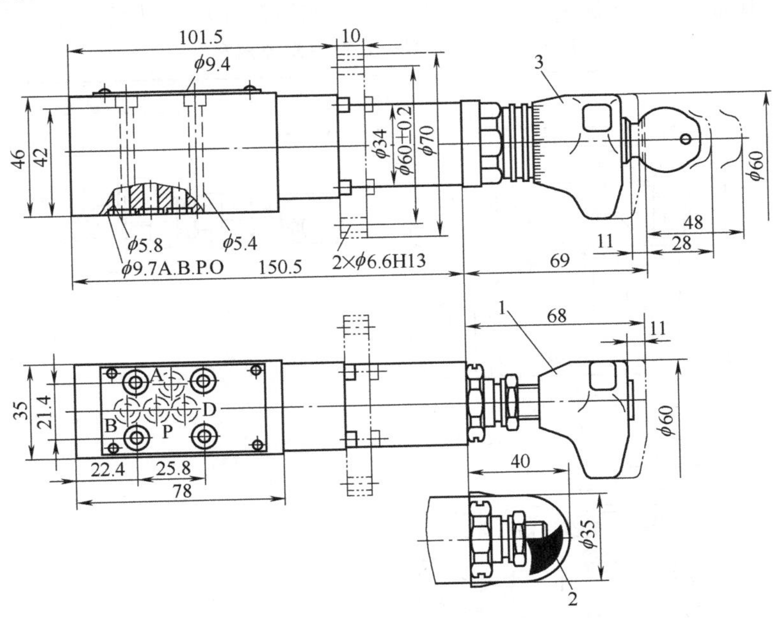

图 3.4-46 DZ5DP 型直动式顺序阀外形尺寸

1—“1”型调节件；2—“2”型调节件；3—“3”型调节件（重复设定刻度环）

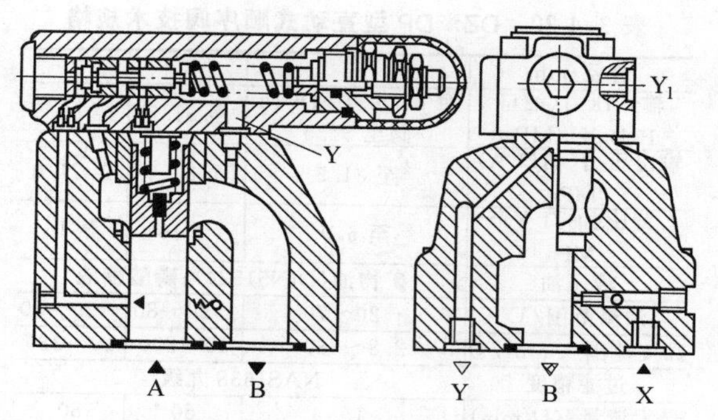

图 3.4-47　DZ 型先导式顺序阀结构

DZ ※ ※-※-30/210 ※ ※ ※ ※
① ② ③ ④ ⑤ ⑥ ⑦ ⑧ ⑨

①——无标记—先导式顺序阀，C（不注明通径）—不带主阀芯的先导阀，C（注明通径）—带主阀芯的先导阀；

②——通径；

③——调压方式：1—手柄，2—带保护罩的内六角螺栓，3—带锁手柄；

④——系列号：10—10 系列（规格 5），50—50 系列（规格 6），40—40 系列（规格 10）；

⑤——最高设定压力：21MPa；

⑥——供、泄油方式：无标记—内部先导供油，内部先导泄油，X—外部先导供油，内部先导泄油，Y—内部先导供油，外部先导泄油，XY—外部先导供油，外部先导泄油；

⑦——M—不带单向阀，无标记—带单向阀；

⑧——V—磷酸酯液压液，无标记—矿物质液压油；

⑨——附加说明。

（2）技术规格（见表 3.4-22）

表 3.4-22　DZ 型先导式顺序阀技术规格

通径/mm	10	20	30
流量/(L/min)	150	300	450
工作压力/MPa	A,B,X 口至 31.5		
Y 口背压/MPa	至 31.5		
顺序阀动作压力(调节压力)/MPa	0.3～21		
介质	矿物油;磷酸酯液		
介质黏度/(m^2/s)	(2.8～380)×10^{-6}		
介质温度/℃	−20～+70		

（3）外形尺寸

DZ 型先导顺序阀板式连接外形尺寸以及连接底板见表 3.4-23、表 3.4-24。另有插入式连接外形尺寸见产品样本。

表 3.4-23　DZ 型板式顺序阀外形尺寸

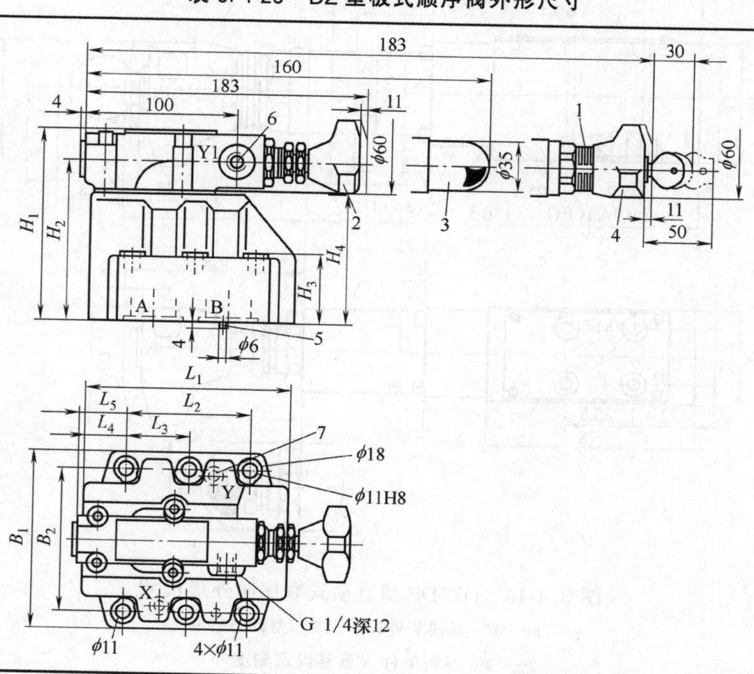

续表

通径/mm	尺寸/mm												质量/kg
	B_1	B_2	H_1	H_2	H_3	H_4	L_1	L_2	L_3	L_4	L_5	O形圈(X,Y腔)	O形圈(A,B腔)	
10	85	66.7	112	92	28	72	90	42.9	—	35.5	34.5	9.25×1.78	17.12×2.62	3.6
25	102	79.4	122	102	38	82	112	60.3	—	33.5	37	9.25×1.78	28.17×3.53	5.5
32	120	96.8	130	110	46	90	140	84.2	42.1	28	31.3	9.25×1.78	34.52×3.53	8.2

表 3.4-24　连接底板

通径/mm	10	25	32
底板型号	G460/1	G412/1	G414/1
	G461/1	G413/1	G415/1

3.5　压力继电器（力士乐系列）

（1）型号意义

HED ※ ※ ※ ※/※ ※ ※ ※ ※ ※

①　②③④⑤　⑥⑦⑧⑨⑩⑪

①——压力继电器；

②——1—柱塞式，2—单点弹簧管式，3—双点弹簧管式，4—板连接柱塞式；

③——K—有泄漏油口，只限于 HED1，无标记—无泄漏油口；

④——A—管式连接，P—水平板连接，H—立式板连接，P、H 只适用于 HED4；

⑤——系列号；

⑥——最大设定压力；

⑦——电线插头：无标记—套管连接，Z—带地线的四脚肘状插头连接，Z6—带地线的六脚肘状插头连接，Z14—小插头连接，Z15—大插头连接，Z14、Z15 只适用于 HED4；

⑧——指示灯标记：无标记—不带指示灯，L24—带 24V 指示灯，L110—带 110V 指示灯，L220—带 220V 指示灯；

⑨——保护装置标记：无标记—不带保护装置，H、O、S—带保护装置，A—带锁的保护装置；

⑩——V—磷酸酯液压液；无标记—矿物质液压油；

⑪——附加说明。

（2）技术规格（见表 3.4-25）

表 3.4-25　HED 型压力继电器技术规格

型　号	额定压力/MPa	最高工作压力(短时间)/MPa	复原压力/MPa		动作压力/MPa		切换频率/(次/分)	切换精度
			最高	最低	最高	最低		
HED1K	10.0	60	0.3	9.2	0.6	10	300	小于调压的±2%
	35.0	60	0.6	32.5	1	35		
	50.0	60	1	46.5	2	50		
HED1O	5	5	0.2	4.5	0.35	5	50	小于调压的±1%
	10	35	0.3	8.2	0.8	10		
	35	35	0.6	29.5	2	35		
HED2O	2.5	3	0.15	2.5	0.25	2.55	30	小于调压的±1%
	6.3	7	0.4	6.3	0.5	6.4		
	10	11	0.6	10	0.75	10.15		
	20	21	1	20	1.4	20.4		
	40	42	2	40	2.6	40.6		
HED3O	2.5	3	0.15	2.5	0.25	2.6	30	小于调压的±1%
	6.3	7	0.4	6.3	0.6	6.5		
	10	11	0.6	10	0.9	10.3		
	20	21	1	20	1.8	20.8		
	40	42	2	40	3.2	41.2		
HED4O	5	10	0.2	4.6	0.4	5	20	小于调压的±1%
	10	35	0.3	8.9	0.8	10		
	35	35	0.6	32.2	2	35		

（3）外形尺寸（见图 3.4-48～图 3.4-51）

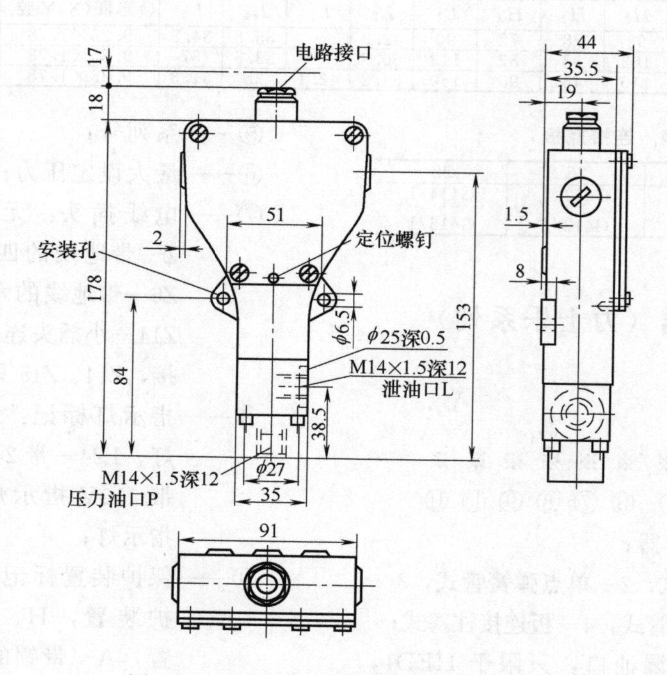

图 3.4-48　HED1 型压力继电器外形尺寸

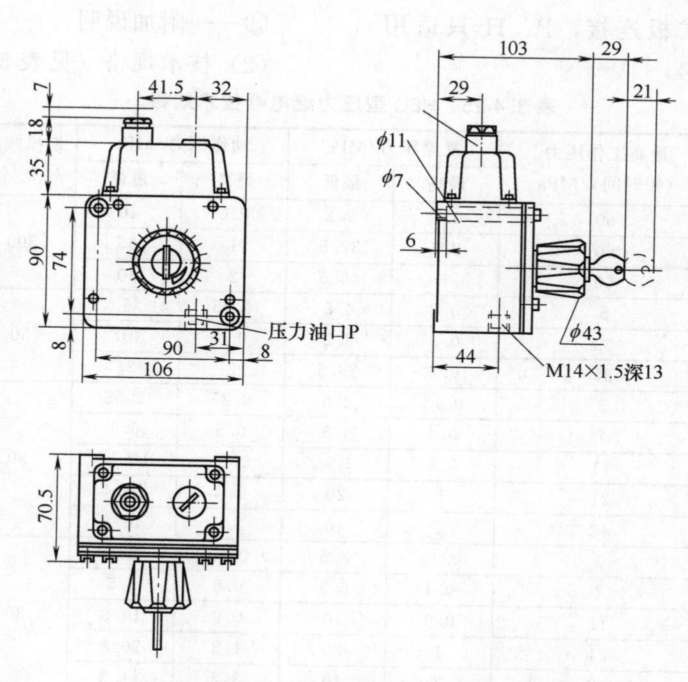

图 3.4-49　HED2 型压力继电器外形尺寸

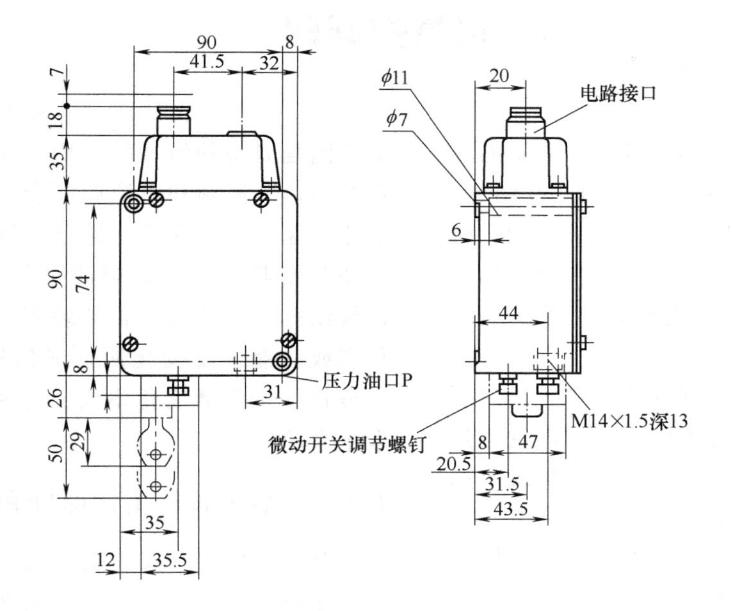

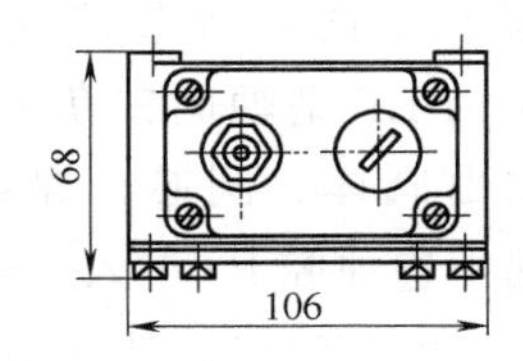

图 3.4-50　HED3 型压力继电器外形尺寸

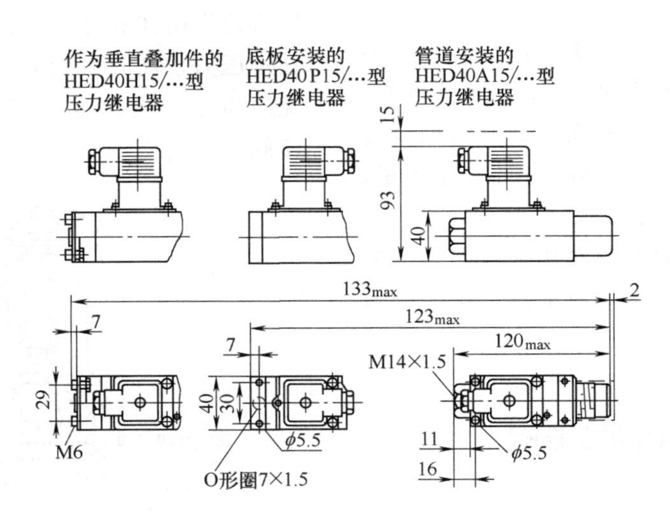

图 3.4-51　HED4 型压力继电器外形尺寸

4　流量控制阀

在液压系统中，用来控制流体流量的阀统称为流量控制阀，简称流量阀。按结构、原理和功用分类，流量阀可分为节流阀、行程节流阀、调速阀、溢流节流阀和分流集流阀。对流量阀的基本性能要求包括以下几方面。

① 流量调节范围　在规定的进、出口压差下，调节阀口开度能达到的最小稳定流量和最大流量之间的范围。最大流量与最小稳定流量之比一般在 50 以上。

② 速度刚性　即流量阀的输出流量能保持稳定，不受外界负载变动的影响的性质，用速度刚性 $T=\partial P/\partial q$ 来表示。速度刚性 T 越大越好。

③ 压力损失　流量控制阀是节流型阻力元件，工作时必然有一定的压力损失。为避免过大的功率损失，规定了通过额定流量时的压力损失一般为 0.4MPa 以下，高压时可至 0.8MPa。

④ 调节的线性　在采用手轮调节时，要求动作轻便，调节力小。手轮的旋转角度与流量的变化率应尽可能均匀，调节的线性好。

⑤ 内泄漏量　流量阀关闭时从进油腔流到出油腔的泄漏量会影响阀的最小稳定流量，所以内泄漏量要尽可能小。

此外，工作时油温的变化会影响黏度而使流量变动，因此常采用对油温不敏感的薄壁节流口。

4.1　节流阀及单向节流阀

节流阀是通过改变节流截面或节流长度以控制流体流量的阀。将节流阀和单向阀并联，则可组合成单向节流阀。节流阀和单向节流阀是简易的流量控制阀，在定量泵液压系统中，节流阀和溢流阀配合，可组成三种节流调速系统，即进油路节流调速系统、回油路节流调速系统和旁油路节流调速系统。该阀没有压力和温度补偿装置，不能补偿由负载或油液黏度变化所造成的速度不稳定，一般仅用于负载变化不大或对速度稳定性要求不高的场合。

4.1.1　节流阀的工作原理和基本结构

节流阀是流量阀中最基本的形式，有普通节流阀、可调节流阀、单向节流阀、行程节流阀和单向行程节流阀等多种类型。图 3.4-52 为 LF 型轴向三角槽式结构简式节流阀。它由阀体、阀芯、螺盖、手轮等组成。压力油由进油腔 P_1 进入，通过由阀芯 3 和阀体 4 组成的节流口，从出油口 P_2 流出。旋转手轮 1，可改变节流口的过流面积，从而实现对流经该阀的流量的控制。因进油腔的油压直接作用在阀芯下部的承压面积上，所以在油压力较高时手轮的调节就较困难，甚至无法调节，因此这种阀也叫带载不可调节流阀。

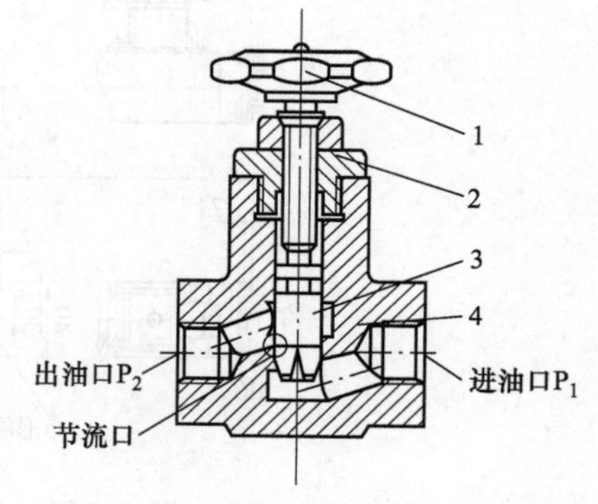

图 3.4-52　LF 型轴向三角槽式结构简式节流阀

1—调节手轮；2—螺盖；3—阀芯；4—阀体

图 3.4-53 是公称压力为 32MPa 系列的 LFS 型可调节流阀的结构。压力油由进油口 P_1 进入，通过节流口后自出油口 P_2 流出，进油腔压力油通过阀芯中间通道同时作用在阀芯的上下端承压面积上。因阀芯上下端面积相等，所以受到的液压力也相等，阀芯只受复位弹簧的作用力紧贴推杆，以保持原来调节好的节流口开度。进油腔压力油也同时作用在推杆上，因推杆面积小，所以即使在高压下，推杆上受到的液压力也较小，因此调节手轮上所需的力，比 LF 型要小得多，便于在高压下调节。

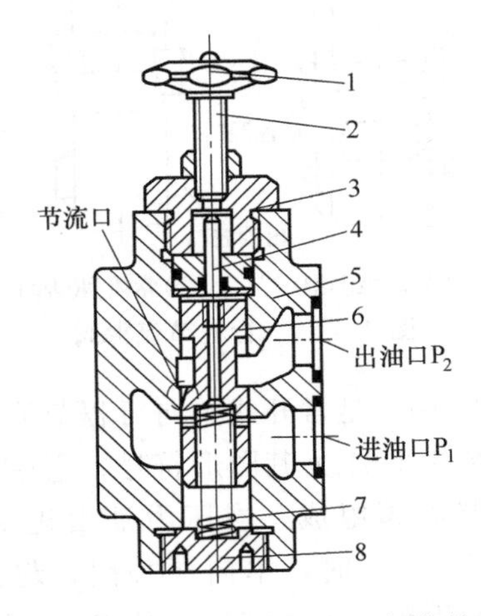

图 3.4-53 LFS 型可调节流阀的结构

1—调节手轮；2—调节螺钉；3—螺盖；4—推杆；5—阀体；6—阀芯；7—复位弹簧；8—端盖

图 3.4-54 为力士乐公司的 MG 型节流阀，可以双向节流。油通过旁孔 4 流向阀体 2 和可调节套筒 1 之间形成的节流口 3。转动套筒 1，能够通过改变节流面积，调节流经的流量，该阀只能在无压下调节。

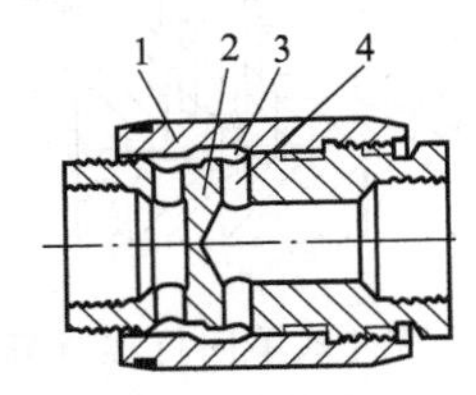

图 3.4-54 MG 型节流阀的结构

1—套筒；2—阀体；3—节流口；4—旁孔

图 3.4-55 为简式单向节流阀。压力油从进油口 P_1 进入，经阀芯上的三角槽节流口节流，从出油口 P_2 流出。旋转手轮 3 即可改变通过该阀的流量。该阀也是带载不可调节流。当压力油从 P_2 进入时，在压力油作用下阀芯 4 克服软弹簧的作用力向下移，油液不用通过节流口而直接从 P_1 流出，从而起单向阀作用。

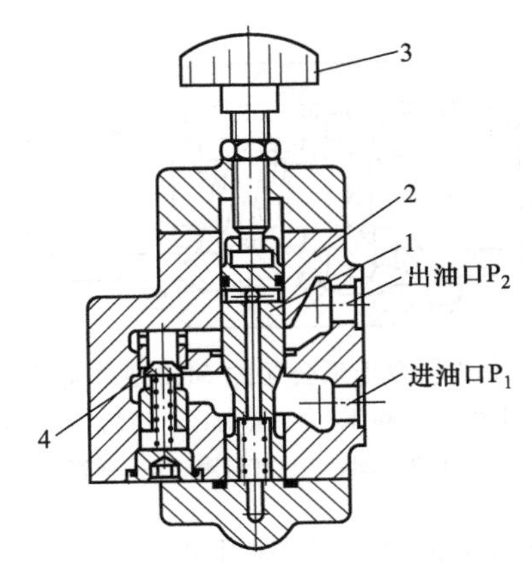

图 3.4-55 简式单向节流阀的结构

1—阀芯；2—阀体；3—手轮；4—单向阀芯

图 3.4-56 为 LA 型带载可调单向节流阀。油液从进油口 P_1 正向进入的工作原理与带载不可调节流阀相同，只是进油腔的压力油靠阀体上的通油孔通到上、下阀芯两端，以实现液压平衡，所以也叫带载可调式节流阀。当油液从出油口 P_2 流进时就起单向阀作用。

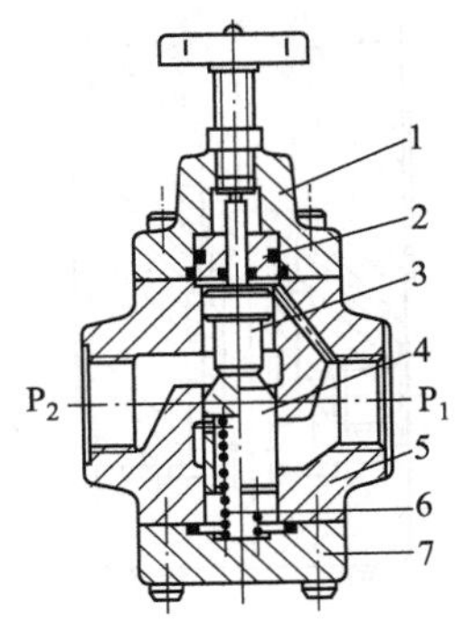

图 3.4-56 LA 型带载可调单向节流阀

1—上阀盖；2—顶杆套；3—上阀芯；4—下阀芯；5—阀体；6—弹簧；7—下阀盖

图 3.4-57 为力士乐公司的 MK 型单向节流阀，当压力油从锥阀背面 B 口流入时，作为节流阀使用。若从相反方向流入时，它作为单向阀使用。这时由于有部分油液可在环形缝隙中流动，可以清除节流口上的沉积物。这种阀体积小，结构简单，但不能带载调节。

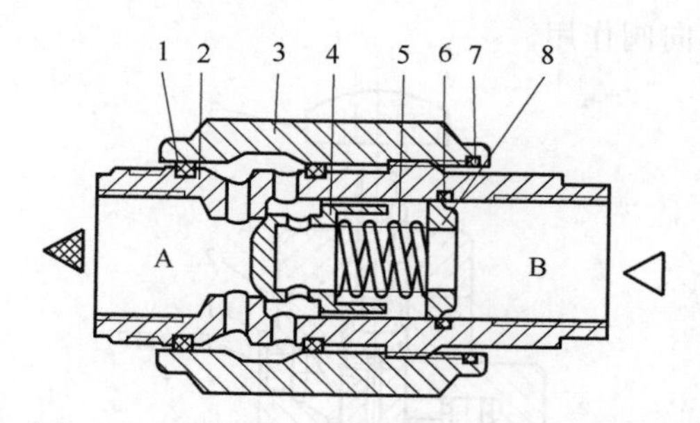

图 3.4-57 力士乐公司的 MK 型单向节流阀

1—密封圈；2—阀体；3—套筒；4—阀芯；5—弹簧；6—弹簧卡圈；7—密封圈；8—弹簧座

图 3.4-58 所示为常开式 CF 型行程节流阀。压力油由进油腔 P_1 进入，通过节流后由出油腔 P_2 流出。在行程挡块未接触滚轮前，节流口面积最大。流经阀的流量最大。当行程挡块接触滚轮时，将阀芯逐渐往下推，使节流口面积逐渐减小，流经阀的流量逐渐减少，执行机构的速度亦越来越慢，直到挡

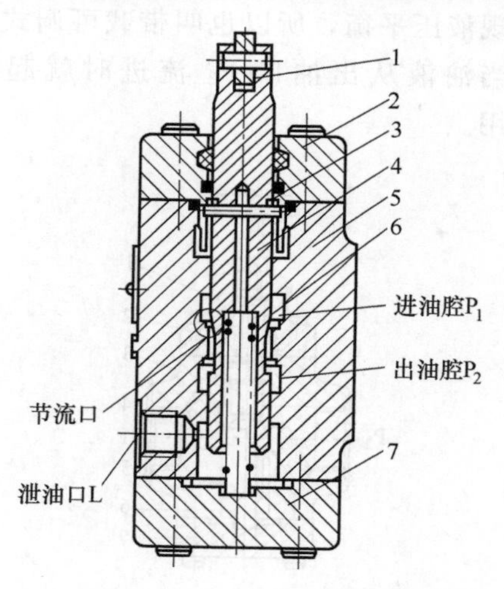

图 3.4-58 CF 型行程节流阀

1—滚轮；2—上阀盖；3—径向孔；4—阀芯；5—阀体；6—弹簧；7—下阀盖

块将节流口关闭，执行机构停止运动。这种阀能使执行机构实现快速前进，慢速进给的目的。也可用来使执行元件在行程末端减速，起缓冲作用。

行程节流阀的另一种形式是常闭式（O 型）行程节流阀［见图 3.4-59（b）］，在行程挡块未接触滚轮前，节流口处于关闭状态，没有流量通过。当行程挡块接触滚轮时，将阀芯逐渐往下推，使节流口面积逐渐开大，流经阀的流量逐渐增加，执行机构的速度亦越来越快。

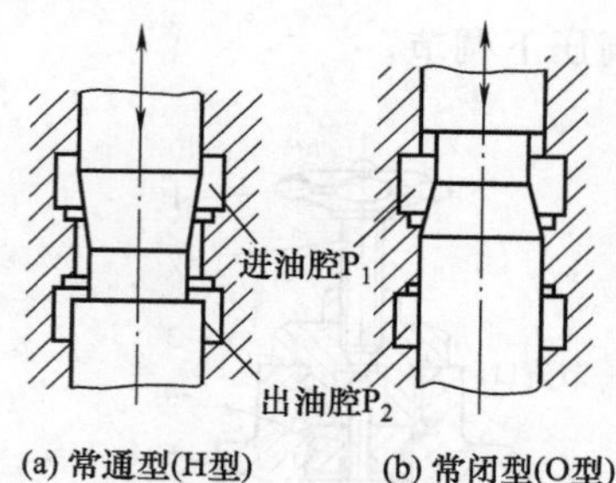

图 3.4-59 行程节流滑阀

图 3.4-60 是常开式单向行程节流阀的结构图，图 3.4-61 为其图形符号。它由单向阀和行程节流阀组成。当压力油由进油腔 P_1 流向出油腔 P_2 时，单向阀关闭，起到行程节流阀的作用。当油液反向从 P_2 进入 P_1 流出时，单向阀开启，使执行机构快速退回。

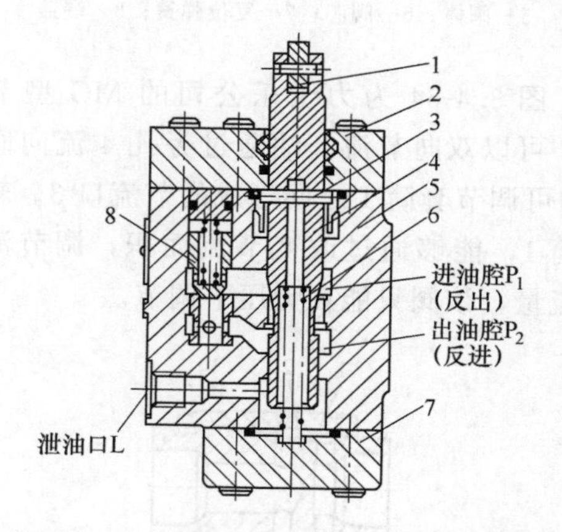

图 3.4-60 常开式单向行程节流阀的结构

1—滚轮；2—上阀盖；3—径向孔；4—阀芯；5—阀体；6—弹簧；7—下阀盖；8—单向阀芯

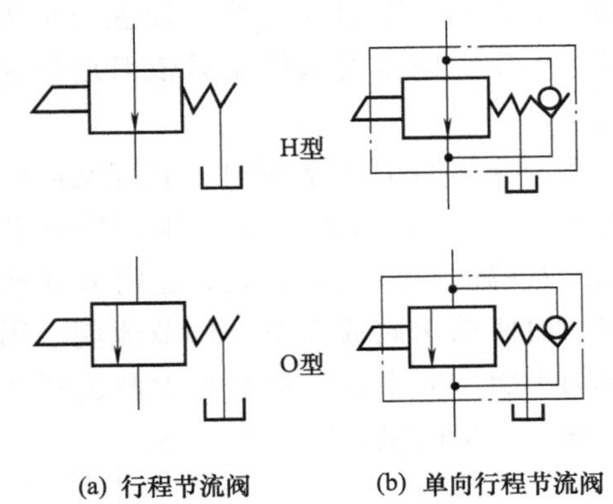

图 3.4-61　行程节流阀图形符号

这种阀常用于需要实现快进—工进—快退的工作循环，也可使执行元件在行程终点减速、缓冲。

4.1.2　节流阀的典型应用

节流阀在定量泵液压系统中与溢流阀配合，组成进油路节流调速、回油路节流调速、旁油路节流调速系统。由于没有压力补偿装置，通过阀的流量随着负载的变化而变化，速度稳定性较差。节流阀也可作为阻力元件在回路中调节压力，如作为背压阀等。单向节流阀则用在执行机构在一个方向需要节流调速，另一方向可自由流动的场合。行程节流阀主要用于执行机构末端需要减速、缓冲的系统。也可用单向行程节流阀来实现快进—工进—快退的要求。

4.1.3　节流阀的常见故障与排除

节流阀的主要故障是流量调节失灵、流量不稳定和内泄漏量增大。

(1) 流量调节失灵

主要原因是阀芯径向卡住，这时应进行清洗，排除脏物。

(2) 流量不稳定

节流阀和单向节流阀当节流口调节好并锁紧后，有时会出现流量不稳定现象，尤其在小流量时更易发生。这主要是由锁紧装置松动，节流口部分堵塞，油温升高，负载变化等引起的。这时应采取拧紧锁紧装置，油液过滤，加强油温控制，尽可能使负载变化小或不变化等措施。

(3) 泄漏量增加

主要是密封面磨损过大造成的，应更换阀芯。

行程节流阀和单向行程节流阀除了节流阀的故障外，常见的还有行程节流阀的阀芯反力过大，这主要是阀芯径向卡住和泄油口堵住，所以行程节流阀和单向行程节流阀的泄油口一定要单独接回油箱。

4.2　调速阀及单向调速阀

节流阀的节流口开度一定时，当负载变化时，节流阀的进出口油压差 Δp 也变化，通过节流口的流量也发生变化，因此在执行机构的运动速度稳定性要求较高的场合，就要用到调速阀。调速阀利用负载压力补偿原理，补偿由于负载变化而引起的进出口压差的 Δp 变化，使 Δp 基本趋于一常数。压力补偿元件通常是定差减压阀或定差溢流阀，因此调速阀分别称为定差减压型调速阀或定差溢流型调速阀。

4.2.1　调速阀的工作原理

图 3.4-62 (a) 所示为减压节流型调速阀的工作原理，图 3.4-62 (b) 为减压节流型调速阀的详细符号，图 3.4-62 (c) 为减压节流型调速阀的简化符号。调速阀由普通节流阀与定差减压阀串联而成。压力油 p_1 由进油腔进入，经减压阀减压，压力变为 p_2 后流入节流阀的进油腔，经节流口节流，压力变为 p_3，由出油腔流出到执行机构。出口油液压力 p_3 通过阀体的通油孔，反馈到减压阀芯大端的承压面积上。当负载增加时，p_3 也增加，减压阀芯向右移，使减压口增大，流经减压口的压力损失也减小，即 p_2 也增加，直到 $\Delta p=p_2-p_3$ 基本保持不变，达到新的

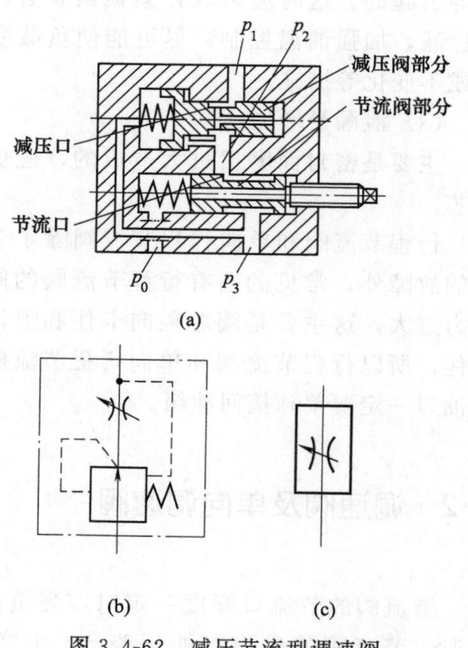

图 3.4-62　减压节流型调速阀

平衡；当负载下降时，p_3 也下降，减压阀芯左移，减压口开度减小，流经减压口的压力降增加，使得 p_2 下降，直到 $\Delta p = p_2 - p_3$ 基本保持不变。而当进口油压 p_1 变化时，经类似的调节作用，节流阀前后的压差 Δp 仍保持基本不变，即流经阀的流量依旧近似保持不变。

由调速阀的工作原理知，液流反向流动时由于 $p_3 > p_2$，所以定差减压阀的阀芯始终在最右端的阀口全开位置，这时减压阀失去作用而使调速阀成为单一的节流阀，因此调速阀不能反向工作。只有加上整流桥才能做成双向流量控制，见图 3.4-63。

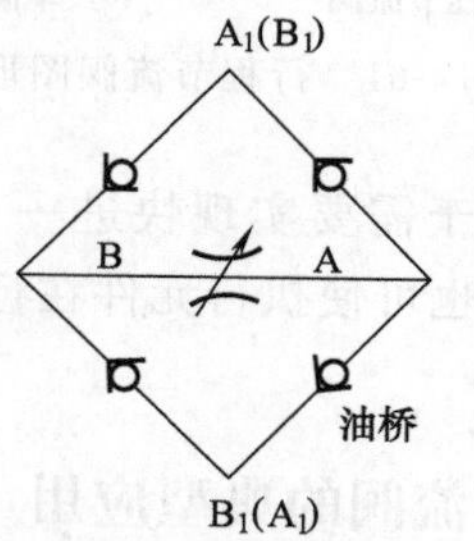

图 3.4-63　整流桥的图形符号

单向调速阀由单向阀和调速阀并联而成，油路在一个方向能够调速，另一方向油液通过单向阀流过，减少了回油的节流损失，如图 3.4-64 所示。

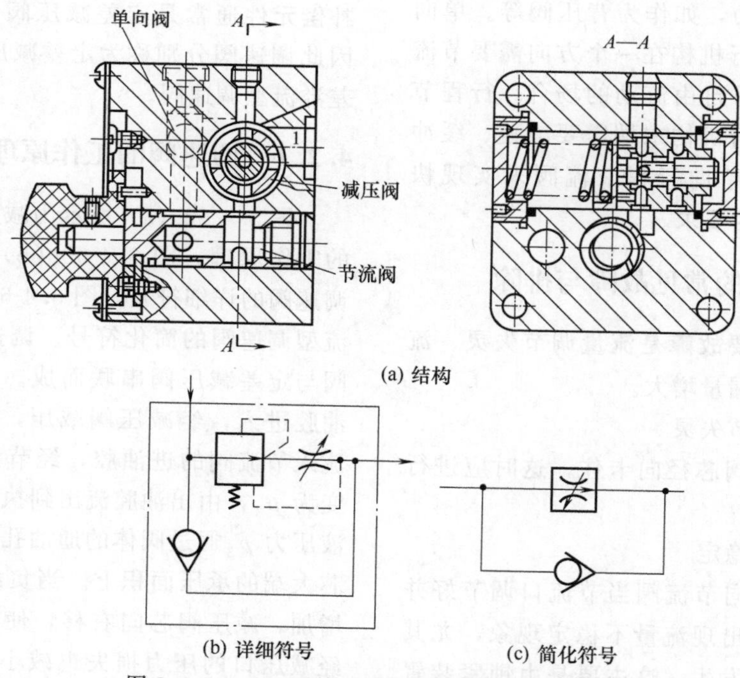

图 3.4-64　QA 型单向调速阀的结构和图形符号

4.2.2 调速阀的流量特性和性能改善

当调速阀稳定工作时，忽略减压阀阀芯自重以及阀芯上的摩擦力，对图 3.4-65 减压阀芯作受力分析，则作用在减压阀芯上的力平衡方程为

$$p_2(A_c+A_d)=p_3A_b+k(x_0+\Delta x) \tag{3.4-6}$$

式中 A_c——减压阀阀芯肩部环形面积，m^2；

A_d——减压阀阀芯小端面积，m^2；

A_b——减压阀阀芯大端面积，m^2；

k——减压阀阀腔弹簧刚度，N/m；

x_0——减压阀阀腔弹簧预压缩量，m；

Δx——减压阀阀芯移动量，m。

$$p_2-p_3=\frac{k(x_0+\Delta x)}{A} \tag{3.4-7}$$

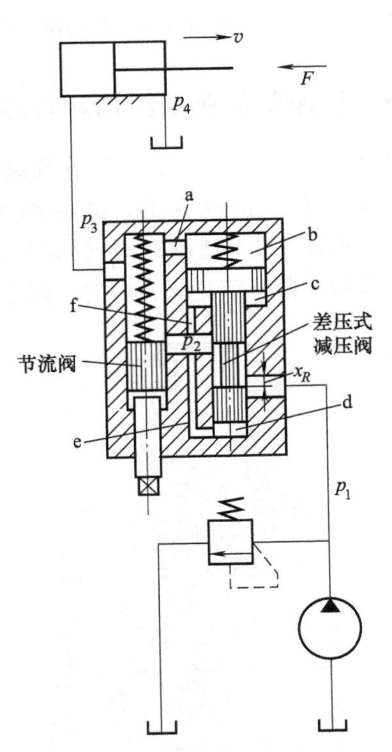

图 3.4-65 调速阀的工作原理及流量特性分析

由于弹簧较软，阀芯的偏移量 Δx 远小于弹簧的预压缩量 x_0，所以 $k(x_0+\Delta x)\approx kx_0$，

$$\Delta p=p_2-p_3\approx\frac{kx_0}{A}=常数 \tag{3.4-8}$$

式中 Δp——节流阀口前后压差，Pa。

由式（3.4-8）看出，节流口前后压差 Δp 基本为一常数，通过该节流口的流量基本不变，即不随外界负载、进油压力的变化而变化。调速阀与节流阀的流量特性曲线如图 3.4-66 所示。由图中可以看出，调速阀的速度稳定性比节流阀的速度稳定性好，但它有个最小工作压差。这是由于调速阀正常工作时，至少应有 0.4～0.5MPa 的压力差。否则，减压阀的阀芯在弹簧力的作用下，减压阀的开度最大，不能起到稳定节流阀前后压差的作用。此时调速阀的性能就如同节流阀。只有在调速阀上的压力差大于一定数值之后，流量才基本处于稳定。

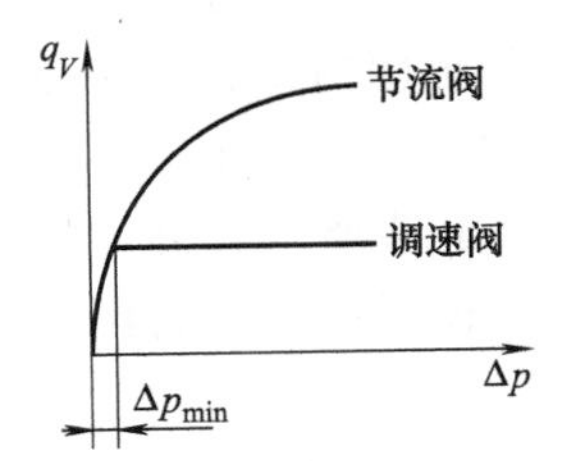

图 3.4-66 调速阀与节流阀的流量特性比较

注：图中 Δp 为阀的进出口压力差，并非节流口的进出口压力差。

4.2.3 调速阀的主要性能要求

① 进出油腔最小压差　指节流口全开，通过公称流量时，阀进出油腔的压差，一般在 1MPa 左右。压差过低，减压阀部分不能正常工作，就不能对节流阀进行有效的压力补偿，因而影响流量的稳定。

② 流量调节范围　流量调节范围越大越好，并且调节时，流量变化均匀，调节性能好。

③ 最小稳定流量　指调速阀能正常工作的最小流量，即流量的变化率不大于 10%，不出现断流的现象。QF 型调速阀和 QDF 型

单向节流阀的最小稳定流量，一般为公称流量的10%左右。

④ 内泄漏　即节流阀全关闭时，进油腔压力调节至公称压力时，从阀芯和阀体配合间隙处由进油腔泄漏到出油腔的流量，要求内泄漏量要小。

另外，要求调速阀不易堵塞，特别是小流量时要不易堵塞。通过阀的流量受温度的影响要小。

4.2.4　改善调速阀流量特性的措施

温度的变化会使介质的黏度发生改变，液动力也会使定差减压阀阀芯的力平衡受到影响。这些因素也会影响流量的稳定性。可以采用温度补偿装置或液动力补偿阀芯结构来加以改善。

在流量控制阀中，当为了减小油温对流量稳定性的影响而采用薄壁孔结构时，只能在20～70℃的范围内得到一个不使流量变化率超过15%的结果。对于工作温度变化范围较大，流量稳定性要求较高，特别是微量进给的场合，就必须在节流阀内采取温度补偿措施。

图3.4-67为某调速阀中节流阀部分的温度补偿装置。节流阀开口的调节是由顶杆1通过补偿杆2和阀芯3来完成的。阀芯在弹簧的作用下使补偿杆靠紧在顶杆上，当油温升高时，补偿杆受热变形伸长，使阀口开度减小。补偿了由于油液黏度减小所引起的流量增量。

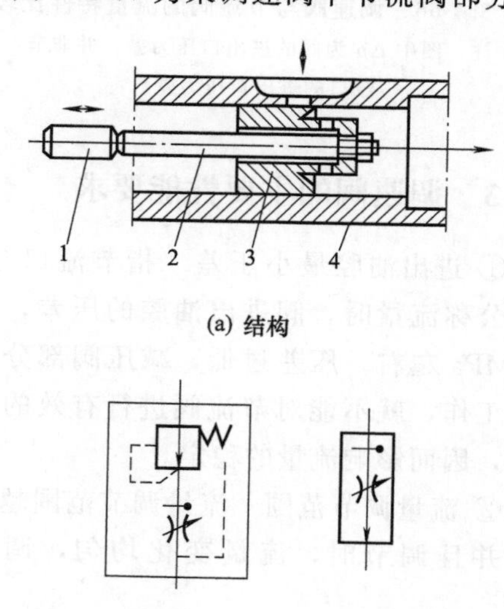

图3.4-67　带温度补偿装置的调速阀

1—顶杆；2—补偿杆；3—阀芯；4—阀体

目前的温度补偿阀中的补偿杆用强度大、耐高温、线胀系数大的聚乙烯塑料NASC制成，效果甚好，能在20～60℃的温度范围内使流量变化率不超过10%。

有些调速阀还采用液动力补偿的阀芯结构来改善流量特性，见图3.4-68。

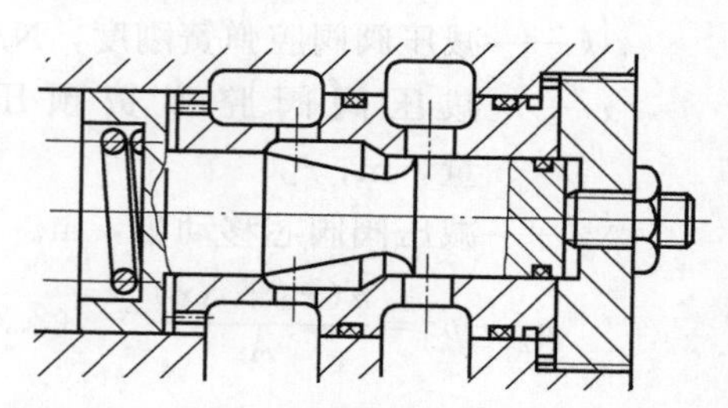
图3.4-68　带液动力补偿机构的减压阀芯

4.2.5　调速阀的典型结构和特点

调速阀是由定差减压阀和节流阀串联而成。结构上有节流阀在前，减压阀在后的，如美国威格仕FG-3型调速阀（见图3.4-69）；也有减压阀在前、节流阀在后的，如德国的力

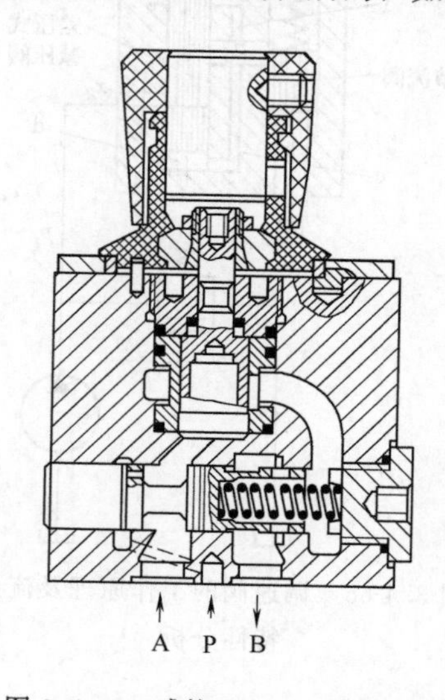

图3.4-69　威格士FG-3型调速阀

士乐 2FRM 型单向调速阀（见图 3.4-70）。

图 3.4-69 中，油液从 A 腔正向进入，一方面进到节流阀的进油腔，另一方面作用在减压阀的阀芯左端面。经节流后的油液进入减压阀的弹簧腔，经减压阀减压后从 B 腔流出，不管进油腔 A 或出油腔 B 的压力是否发生变化，减压阀都会调节减压口的开度，使 A、B 腔的压力差基本保持不变，达到稳定流量的作用。这种阀的结构和油路较为简单。

图 3.4-70 为德国力士乐公司生产的 2FRM 型单向调速阀。油液先经减压阀减压，再由节流阀节流。由于节流阀口设计成薄刃状，流量受温度的变化影响较小，因而流量稳定性较好。

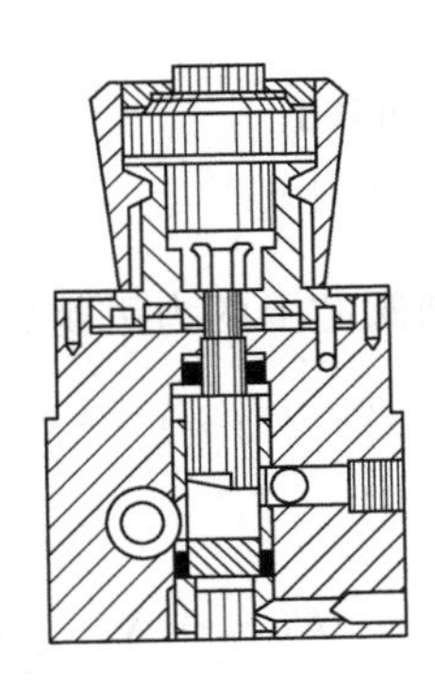

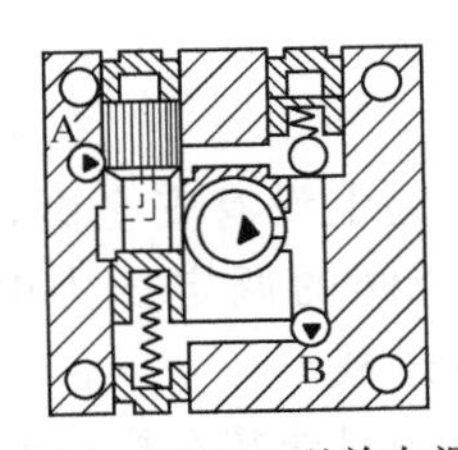

图 3.4-70 2FRM 型单向调速阀

图 3.4-71 为单向行程调速阀的结构图和图形符号。它由行程阀与单向调速阀并联组成。当工作台的挡块未碰到滚轮时，由于此行程阀是常开的，油液可以经行程阀流过，而不经调速阀，所以液流不受节流作用，这时执行机构以快速运动。当工作台的挡块碰到滚轮，将行程阀压下后，行程阀封闭，油液只能流经调速阀，执行机构的运动速度便由调速阀来调节。当油液反向流动时，油液直接经单向阀流过，执行机构快速退回。利用单向行程调速阀，可以实现执行机构的快进—工进—快退的功能。

4.2.6 调速阀的应用和故障排除

(1) 调速阀的应用

调速阀在定量泵液压系统中的主要作用是与溢流阀配合，组成节流调速系统。因调速阀调速刚性大，更适用于执行元件负载变化大、运动速度稳定性要求较高的液压调速系统。采用调速阀调速与节流阀调速一样，可将调速阀装在进油路、回油路和旁油路上，也可用于执行机构往复节流调速回路。

调速阀可与变量泵组合成容积节流调速回路，主要用于大功率、速度稳定性要求较高的系统。它的调速范围较大。

(2) 调速阀的常见故障与排除方法

① 流量调节失灵　调节节流部分时出油腔流量不发生变化，其主要原因是阀芯径向卡住和节流部分发生故障等。减压阀芯或节流阀芯在全关闭位置时，径向卡住会使出油腔没有流量；在全开位置（或节流口调整好）时，径向卡住会使出油腔的流量不发生变化。

当节流调节部分发生故障时，会使调节螺杆不能轴向移动，使出油腔流量也不发生变化。发生阀芯卡住或节流调节部分故障时，应进行清洗和修复。

② 流量不稳定　节流调节型调速阀当节流口调整好锁紧后，有时会出现流量不稳定现象，特别在最小稳定流量时更易发生。其主要原因是锁紧装置松动，节流口部分堵塞，油温升高，进、出油腔最小压差过低和进、出油腔接反等。

③ 内泄漏量增大　减压节流型调速阀节流口关闭时，是靠间隙密封的，因此不可避免有一定的泄漏量。当密封面磨损过大时，会引起内泄漏量增加，使流量不稳定，特别是影响到最小稳定流量。

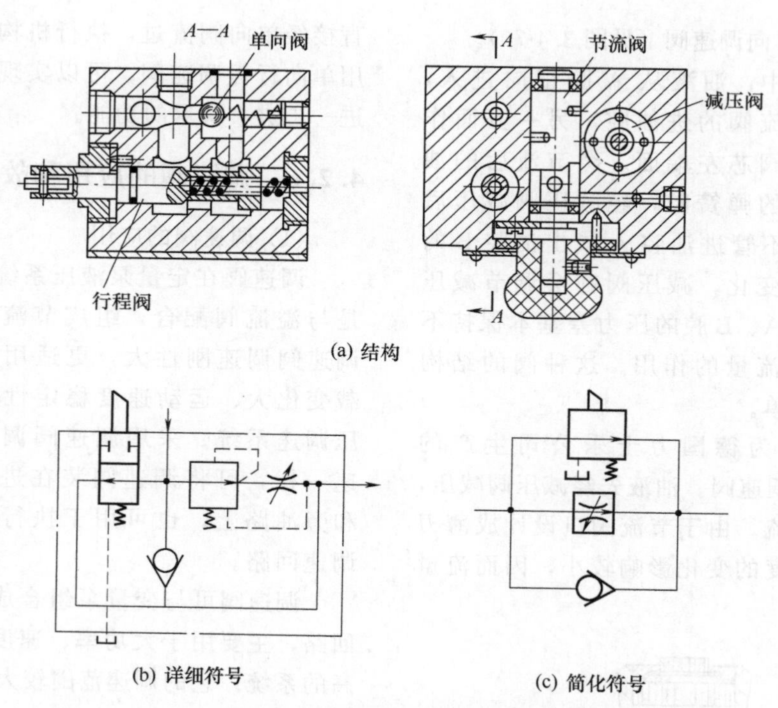

(a) 结构

(b) 详细符号

(c) 简化符号

图 3.4-71　单向行程调速阀的结构图和图形符号

4.3 溢流节流阀

溢流节流阀又称旁通型调速阀，图 3.4-72 是旁通型调速阀的工作原理图。该阀是另一种带压力补偿装置形式的节流阀，由起稳压作用的溢流阀和起节流作用的节流阀并联组成，亦能使通过节流阀的流量基本不受负载变化的影响。由图可见，进油口处流入的高压油一部分通过节流阀的阀口，自出油口处流出，将压力降为 p_2，另一部分通过溢流阀的阀口溢流回油箱。溢流阀上端的油腔与节流阀后的压力油相通，下端的油腔与节流阀前压力油相通。当出口油压力增大时，阀芯下移，关小阀口，从而使进口处压力 p_2 增加，节流阀前后的压力差 p_1-p_2 基本保持不变。当出口压力 p_2 减少时，阀芯上移，开大阀口，使进油压力 p_1 下降，结果仍能保持压差 p_1-p_2 基本不变。

假设溢流阀芯上受到的液动力和摩擦力忽略不计，则阀芯上的力平衡方程为

$$p_1(A_b+A_c)=p_2A+k(x_0+\Delta x) \tag{3.4-9}$$

$$\Delta p=p_1-p_2=\frac{k(x_0+\Delta x)}{A}\approx\frac{kx_0}{A}=\text{常数} \tag{3.4-10}$$

溢流节流阀上设有安全阀，当出口压力 p_2 增大到安全阀的调定压力时，安全阀打开，防止系统过载。

溢流节流阀只能装在执行元件的进油口，当执行元件的负载发生变化时，工作压力 p_2 也相应变化，使溢流阀进口处的压力 p_1 也发生变化，即液压泵的出口压力随负载的变化而变化，因此旁通型调速阀有功率损失低、发热小的优点。但是旁通型调速阀中流过的流量比减压型调速阀的大，基本为系统的全部流量，阀芯运动时阻力较大，故弹簧做得比较硬，因此它的速度稳定性稍差些，一般用于速度稳定性要求不太高，而功率较大的系统。

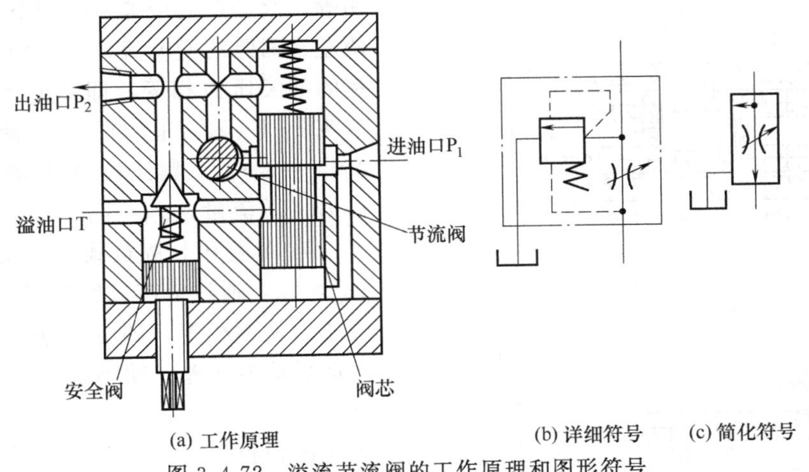

图 3.4-72 溢流节流阀的工作原理和图形符号

此外，由于系统的工作压力处于追随负载压力变化中，因此泄漏量的变化有时也会引起一些动态特性的问题。

4.4 流量同步器

流量同步器用于多个液压执行器需要同步运动的场合。它可以使多个液压执行器在负载不均的情况下，仍能获得大致相等或成比例的流量，从而实现执行器的同步运动。这种同步控制方法一般属于开环控制，同步精度较低，压力损失也较大，但结构简单，维护方便，适用于同步精度要求不高的场合。流量同步器包括分流集流阀、同步马达以及同步缸等。

4.4.1 分流集流阀

分流集流阀也称为同步阀，分流集流阀按照流量分配、液流方向、结构原理分成不同的形式，见图 3.4-73。

分流集流阀是利用负载压力反馈的原理，来补偿因负载变化而引起流量变化的一种流量阀。但它不控制流量的大小，只控制流量的分配。图 3.4-74 为 FJL 型活塞式分流集流阀的结构原理图。

当处于分流工况时，压力油 p 使换向活

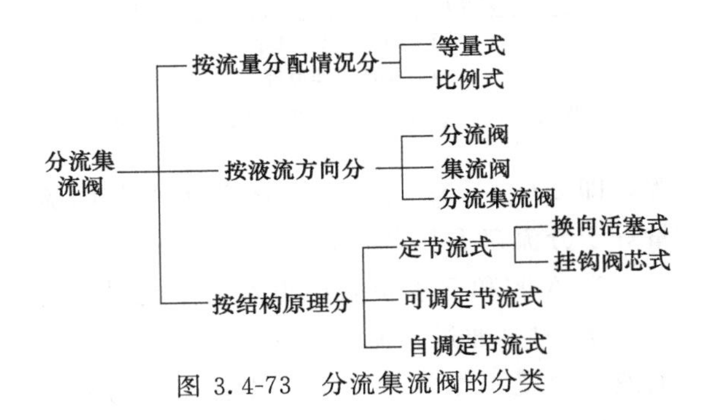

图 3.4-73 分流集流阀的分类

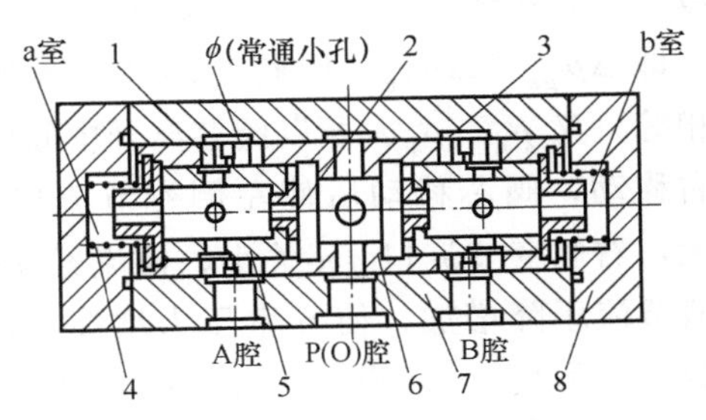

图 3.4-74 FJL 型活塞式分流集流阀的结构

1—可变分流节流口；2—定节流口；3—可变集流节流口；4—对中弹簧；5—换向活塞；6—阀芯；7—阀体；8—阀盖

塞分开［图 3.4-75 (a)］。图中 P(O) 为进油腔，A 和 B 是分流出口。当 A 腔与 B 腔负载压力相等时，通过变节流口反映到 a 室和 b 室的油液压力也相等，阀芯在对中弹簧作用下便处于中间位置，使左右两侧的变节流口开度相等。因 a、b 两室的油液压力相等，所以定节流孔 F_A 和 F_B 的前后压力差也相

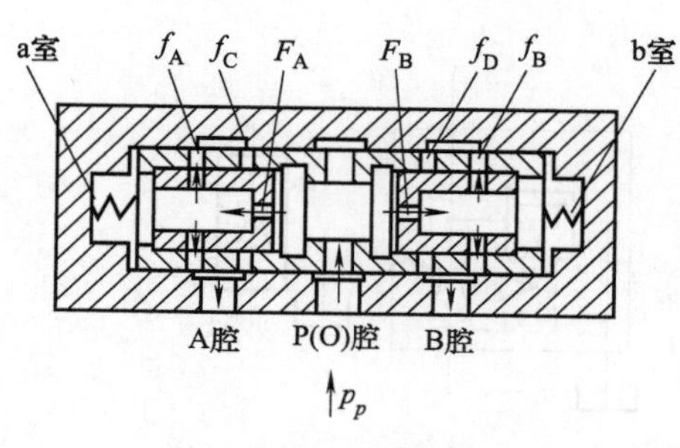

(a) 分流工作原理

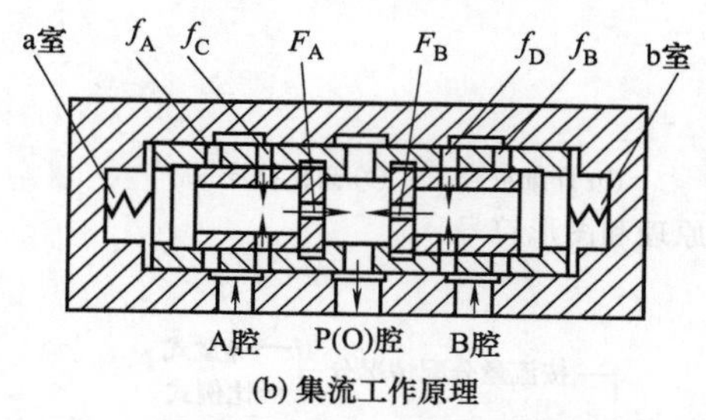

(b) 集流工作原理

图 3.4-75 活塞式分流集流阀工作原理

等，即 $\Delta p_{pa}=\Delta p_{pb}$，于是分流口 A 腔的流量等于分流口 B 腔的流量，即 $q_A=q_B$。

当 A 腔和 B 腔负载压力发生变化时，若 $p_A>p_B$时，通过节流口反映到 a 室和 b 室的油液压力就不相等，则定节流孔 F_A 的前后油液压差就小于定节流口 F_B 的前后油液压差，即 $\Delta p_{pa}<\Delta p_{pb}$。因阀芯两端的承压面积相等，又 $p_a>p_b$，所以阀芯离开中间位置向右移动，阀芯移动后使左侧变节流口 f_A 开大，右侧变节流口 f_B 关小，使流经 f_B 的油液节流压降增加，使 b 室压力增高（B 腔负载压力不变）。直到 a、b 两室的油液压力相等，即 $p_a=p_b$时，阀芯才停止运动，阀芯在新的位置得到新的平衡。这时定节流口 F_A和 F_B的前后油液压差又相等，即 $\Delta p_{pa}=\Delta p_{pb}$，分流口 A 腔的流量又重新等于分流口 B 腔的流量，即 $q_A=q_B$。

图 3.4-75（b）为换向活塞式分流集流阀集流工作状况的工作原理图。由两个执行元件排出的压力油 p_A与 p_B分别进入阀的集流口 A 和 B，然后集中于 P(O) 腔流出，回到油箱。当 A 腔和 B 腔负载压力相等时，通过变节流口反映到 a 室和 b 室的油液压力也相等。阀芯在对中弹簧作用下处于中间位置，使左右两侧的变节流口开度相等，因 a、b 两室的油液压力相等，即 $\Delta p_a=\Delta p_b$，所以定节流孔 F_A 和 F_B 的前后油液压差又相等，$\Delta p_{pa}=\Delta p_{pb}$，集流口 A 腔的流量等于集流口 B 腔的流量，$q_A=q_B$。

当 A 腔和 B 腔负载压力发生变化时，若 $p_A>p_B$，通过节流口反映到 a 室和 b 室的油液压力就不相等，即 $p_a>p_b$。定节流孔 F_A 的前后油液压差，就小于定节流口 F_B的前后油液压差，即 $\Delta p_{pa}<\Delta p_{pb}$，因阀芯两端的承压面积相等，又 $p_a>p_b$，所以阀芯离开中间位置向右移动，阀芯移动后使左侧变节流口 f_C关小，右侧变节流口 f_D开大。f_C关小的结果，使流经 f_C的油液节流压降增加，使 a 室压力降低，直到 a、b 两室的油液压力相等。即 $p_a=p_b$时，阀芯才停止运动，阀芯在新的位置得到新的平衡。这时定节流口 F_A 和 F_B 的前后油液压差又相等，即 $\Delta p_{pa}=\Delta p_{pb}$，集流口 A 腔的流量又重新等于集流口 B 腔的流量，即 $q_A=q_B$。

分流集流阀用于多个液压执行元件驱动同一负载，而要求各执行元件同步的场合。由于两个或两个以上的执行元件的负载不均衡，摩擦阻力不相等，以及制造误差，内外泄漏量和压力损失不一致，经常不能使执行元件同步，因此，在这些系统中需要采取同步措施，来消除或克服这些影响。保证执行元件的同步运动时，可以考虑采用分流集流阀，但选用时应注意同步精度应满足要求。

分流集流阀在动态时（阀芯移动过程中），两侧定节流孔的前后压差不相等，即 A 腔流量不等于 B 腔流量，所以它只能保证执行元件在静态时的速度同步，而在动态时，既不能保证速度同步，更难实现位置同步。因此它的控制精度不高，不宜用在负载变动频繁的系统。

分流集流阀的压力损失较大，通常在1～12MPa，因此系统发热量较大。自调节流式或可调节流式同步阀的同步精度及同步精度的稳定性都较固定节流式的为高，但压力损失也较后者为大。

4.4.2 同步马达

同步马达是将若干个结构和排量相同的液压马达机械串联在一起形成的同步分流器。在理论上，如果每一联马达的内泄漏量为零，则进出每一联的油液体积流量相同。实际上，由于制造水平的限制，不可能完全消除内泄漏，因此，在实际上必然存在一定的同步误差，并且负载不均衡程度越大，同步误差越大。按照马达结构不同，同步马达主要包括齿轮同步马达和柱塞同步马达两类，其中齿轮同步马达结构简单，体积小，误差可达到行程的1%以内。而柱塞同步马达结构复杂，同步精度较高，最高可达行程的0.5%以内。

图3.4-76是两联齿轮同步马达的结构示意图，图中长短齿轮轴组成一对相互啮合的齿轮副，且齿数相同。相邻两联的长齿轮轴通过内置联轴器连接在一起，可以双向同步转动。其中一侧油口连在一起，另一侧油口每联独立，可实现分流、集流的功能，推动与独立油口相连的执行器实现同步运动。

为了在负载相差较大的情况下，避免出现局部超高压力，或超高负压，并消除累积的同步误差，可以在独立油口侧（负载侧）集成单向溢流阀，如图3.4-77所示。

图3.4-78是四联柱塞同步马达的结构示意图，每一联是结构尺寸相同的径向柱塞马达。相邻两联的转动轴通过内置联轴器连接在一起，可以双向同步转动。其中一侧油口连在一起，另一侧油口每联独立，可实现分流、集流的功能，推动与独立油口相连的执行器实现同步运动。

图中E为输入口，A1～A4为输出口，L为泄油口，最大背压<0.2MPa，NS/T为回油及低压背压口（0.3～0.5MPa），M1～M4为每联测压口。

图3.4-79是齿轮同步马达的典型应用回路。其中溢流阀1的目的是防止在液压缸出口由于压力放大现象而产生过高压力，从而保证即使回路中有一只液压缸已经提前完成了整个行程，其他的液压缸仍然可以正常完

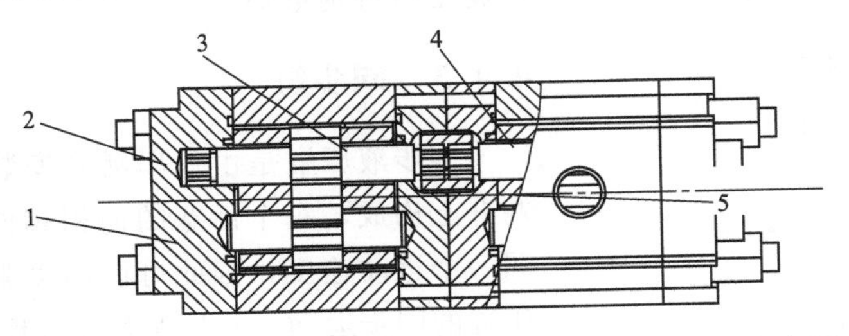

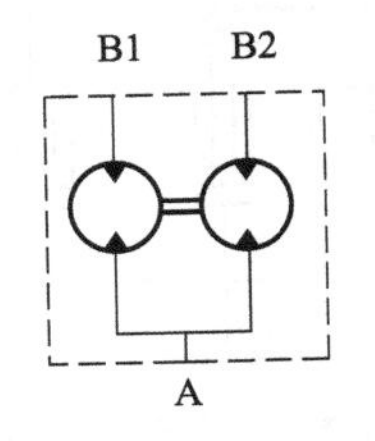

图3.4-76 齿轮同步马达的结构示意图

1—短齿轮轴；2—长齿轮轴；3—联轴器；4—壳体；5—出油口

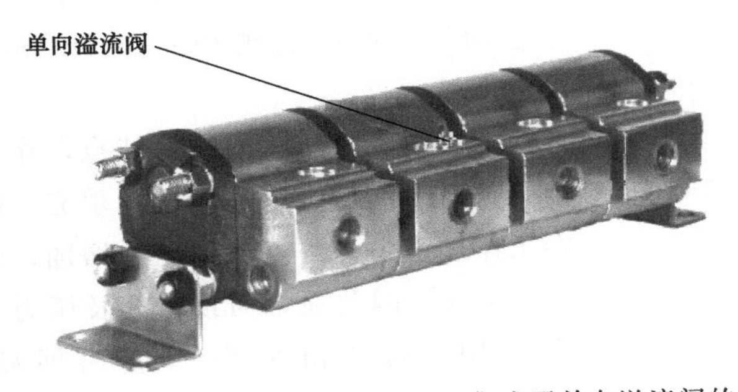

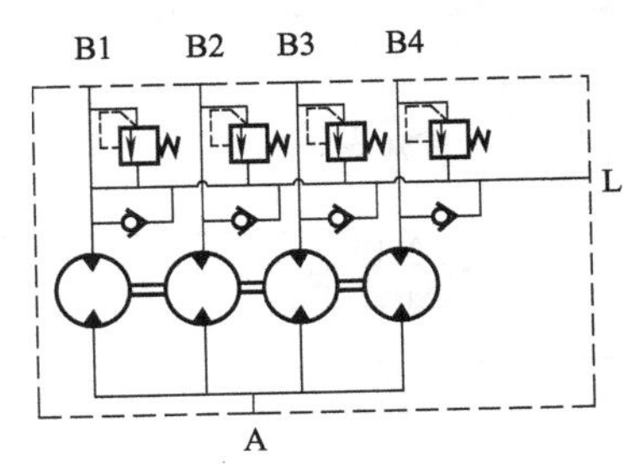

图3.4-77 集成了单向溢流阀的齿轮同步马达

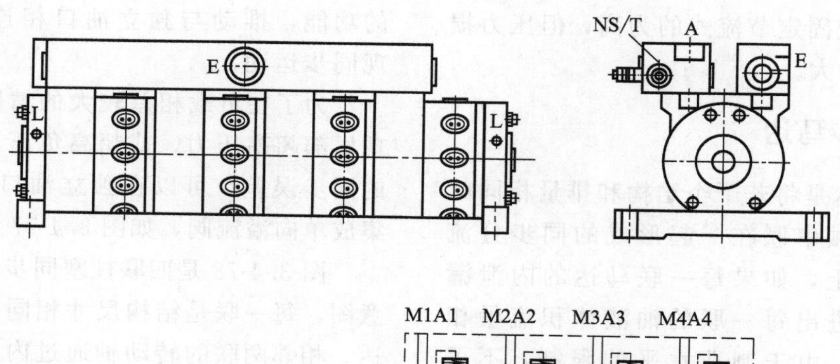

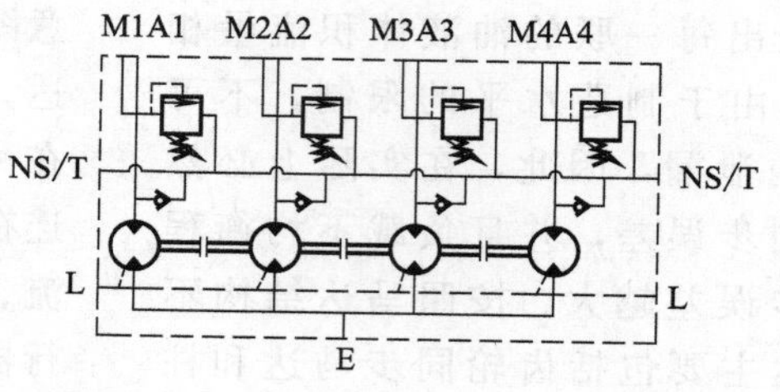

图 3.4-78　四联柱塞同步马达的结构示意图

成其工作行程。单向阀 2 和阀 3 的作用是保证齿轮同步马达的每个出口腔室都能维持一个最小压力；如果阀 3 的开启压力为 5bar，阀 2 的开启压力为 1bar，则在液压缸回程时，当其中一只液压缸已经完成行程时，其他速度较慢的液压缸继续运行，马达的每个出口腔室都能维持一个大约 4bar 的最小压力，不会发生吸空现象。在液压缸回程时，单向节流阀 4 的作用就是防止齿轮同步马达按照最快的液压缸的速度来运行而导致其他液压缸不能及时跟上。阀 4 也可用溢流阀或平衡阀来代替，当液压缸回程存在负载时，譬如自重回落状态，回路中这样一个阀的作用就变得特别重要。

图 3.4-79　齿轮同步马达的典型应用回路

4.4.3　同步缸

同步液压缸是由一串活塞安装在单根活塞杆上构成，每个活塞的面积相同，又具有同一个运动速度，因此可以用以驱动多联液压缸的同步运动，并且误差在行程终端消除。当两缸之间存在 1MPa 的压差时，同步精度为 0.07%；通过采用低摩擦密封技术，能够平稳运行，可以实现小于 0.1L/min 的小流量。

由于同步液压缸的结构特点，在工作之前必须对出油腔进行油液的预填充。同步缸在工作过程中，可能导致压力增加，需要通过安全阀，因此通常与预填充及压力阀块配合应用。同步缸的典型应用回路见图 3.4-80。

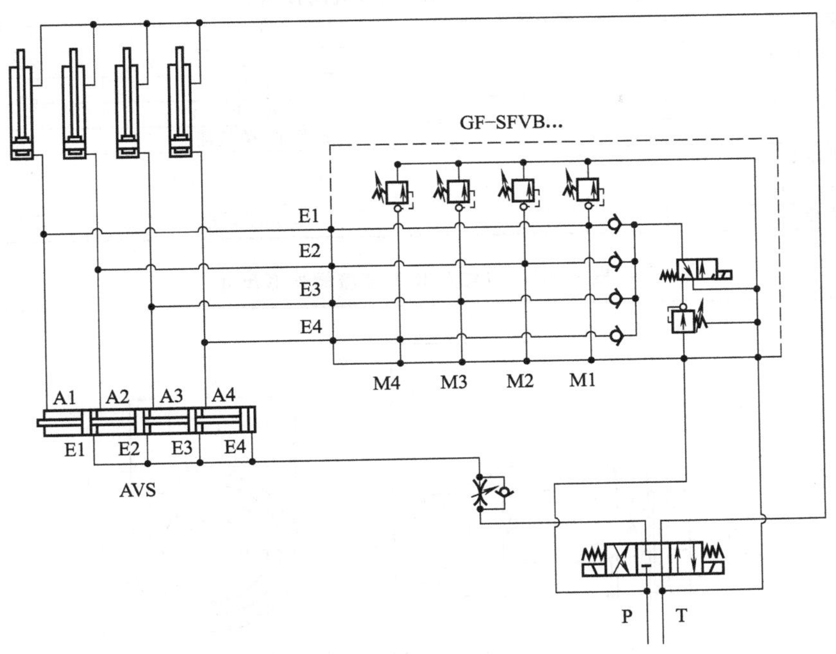

图 3.4-80 同步液压缸典型应用回路

5 流量控制阀产品

5.1 节流阀

5.1.1 MG/MK 型节流阀及单向节流阀（力士乐系列）（见图 3.4-81）

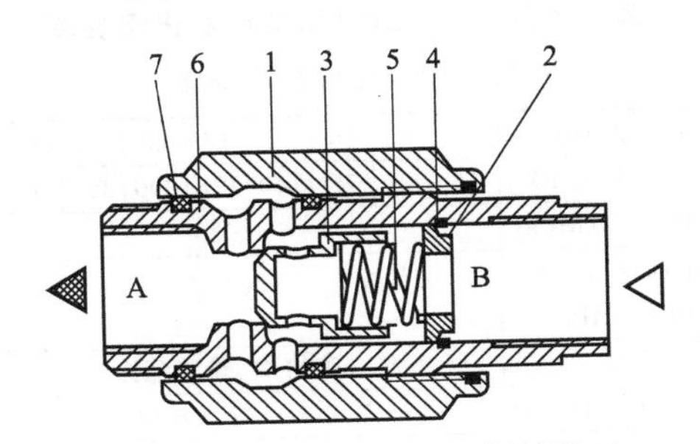

图 3.4-81 MK 型节流阀结构

1—螺母；2—弹簧座；3—单向阀；4—卡环；5—弹簧；6—阀体；7—O 形圈

（1）型号意义

※ ※ G 12 / ※ ※ ※

① ② ③ ④ ⑤ ⑥ ⑦

①——MK—单向节流阀，MG—节流阀；

②——通径：6、8、10、15、20、25、30；

③——连接方式：G—管式阀；

④——系列号；

⑤——2—米制，无标记—英制；

⑥——V—磷酸酯液压液，无标记—矿物质液压油；

⑦——附加说明。

（2）技术参数（见表 3.4-26）

（3）外形尺寸（见表 3.4-27）

表 3.4-26　MG/MK 型节流阀技术参数

通径/mm	6	8	10	15	20	25	30
流量/(L/min)	15	30	50	140	200	300	400
压力/MPa	~31.5						
开启压力/MPa	0.05(MK 型)						
介质	矿物油;磷酸酯液						
介质黏度/(mm^2/s)	$(2.8\sim380)\times10^{-6}$						
介质温度/℃	−20~+70						

表 3.4-27　MG/MK 型节流阀外形尺寸

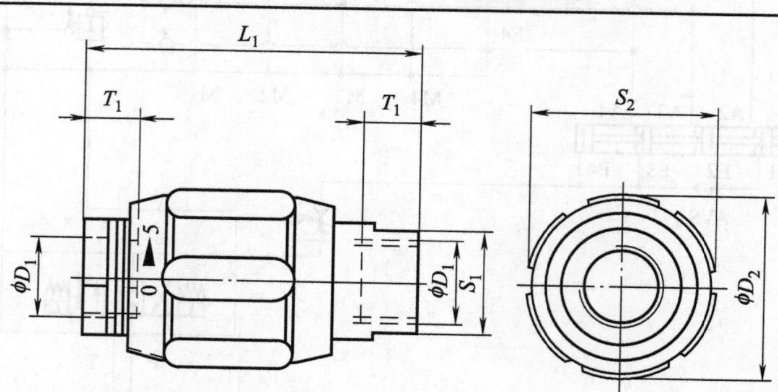

通径/mm	尺寸/mm						质量/kg
	D_1	D_2	L_1	S_1	S_2	T_1	
6	G1/4(M14×1.5)	34	65	19	32	12	0.3
8	G3/8(M18×1.5)	38	65	22	36	12	0.4
10	G1/2(M22×1.5)	48	80	27	46	14	0.7
15	G3/4(M27×2)	58	100	32	55	16	1.1
20	G1(M33×2)	72	110	41	70	18	1.9
25	G1 1/4(M42×2)	87	130	50	85	20	3.2
30	G1 1/2(M48×2)	93	150	60	90	22	4.1

5.1.2　DV/DRV 型节流截止阀及单向节流截止阀（力士乐系列）

(1) 型号意义

※ ※ ※ ※ ※ -12/※ ※ ※
① ② ③ ④ ⑤　⑥ ⑦ ⑧ ⑨

①——DRV—单向节流截止阀，DV—节流截止阀；

②——P—板式连接，无标记—螺纹连接；

③——通径：6、8、10、15、20、25、30、40；

④——S—面板安装，无标记—管道直接安装；

⑤——材料：1—钢，2—黄铜，3—不锈钢；

⑥——系列号；

⑦——V—磷酸酯液压液，无标记—矿物质液压油；

⑧——管式连接：2—米制，无标记—英制；

⑨——附加说明。

(2) 技术规格（见表 3.4-28）

表 3.4-28　DV/DRV 型节流截止阀及单向节流截止阀技术参数

通径/mm	6	8	10	12	16	20	25	30	40
流量/(L/min)	14	60	75	140	175	200	300	400	600
工作压力/MPa	~35								
单向阀开启压力/MPa	0.05								
介质	矿物油、磷酸酯液								
介质黏度/(m^2/s)	$(2.8\sim380)\times10^{-6}$								
介质温度/℃	−20~+100								
安装位置	任意								

(3) 外形尺寸（见表 3.4-29 和表 3.4-30）

表 3.4-29 DV/DRV 型节流阀（管式）外形尺寸 /mm

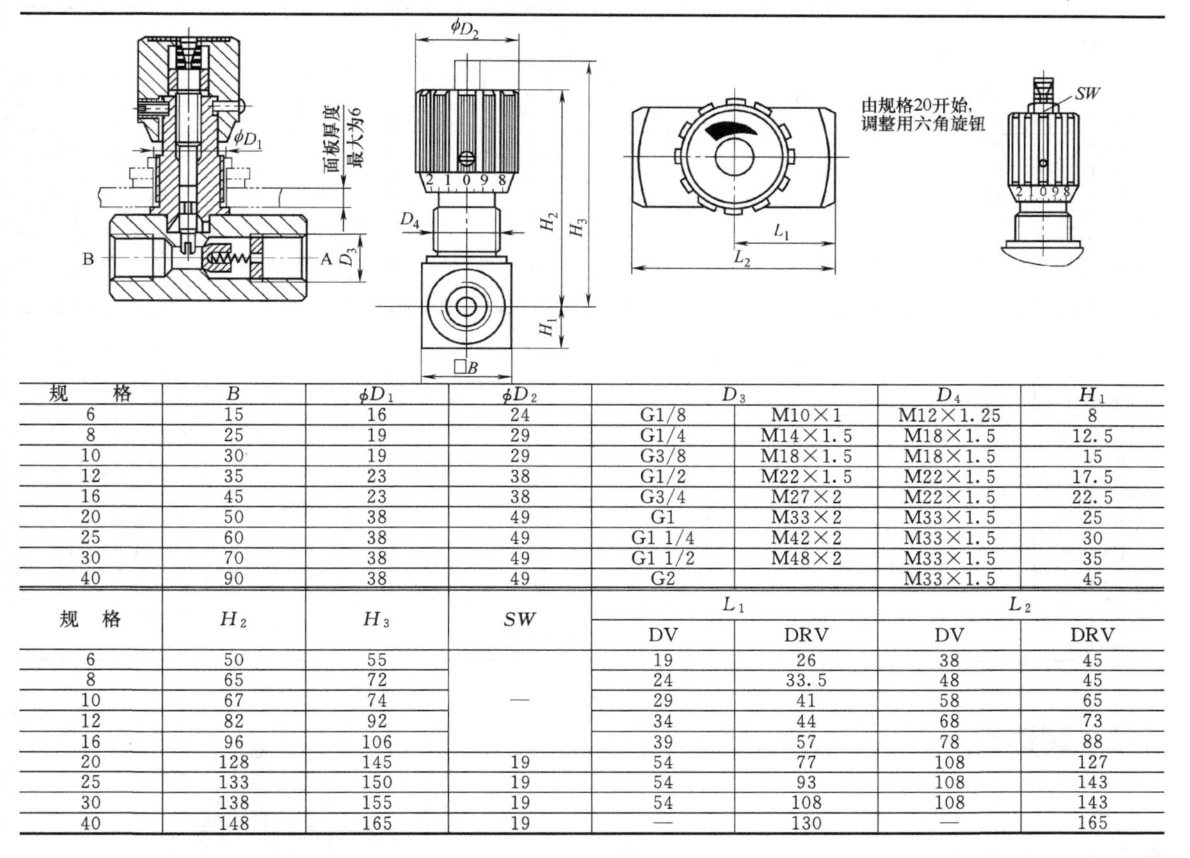

规　格	B	ϕD_1	ϕD_2	D_3		D_4	H_1
6	15	16	24	G1/8	M10×1	M12×1.25	8
8	25	19	29	G1/4	M14×1.5	M18×1.5	12.5
10	30	19	29	G3/8	M18×1.5	M18×1.5	15
12	35	23	38	G1/2	M22×1.5	M22×1.5	17.5
16	45	23	38	G3/4	M27×2	M22×1.5	22.5
20	50	38	49	G1	M33×2	M33×1.5	25
25	60	38	49	G1 1/4	M42×2	M33×1.5	30
30	70	38	49	G1 1/2	M48×2	M33×1.5	35
40	90	38	49	G2		M33×1.5	45

规　格	H_2	H_3	SW	L_1		L_2	
				DV	DRV	DV	DRV
6	50	55	—	19	26	38	45
8	65	72		24	33.5	48	45
10	67	74		29	41	58	65
12	82	92		34	44	68	73
16	96	106		39	57	78	88
20	128	145	19	54	77	108	127
25	133	150	19	54	93	108	143
30	138	155	19	54	108	108	143
40	148	165	19	—	130	—	165

表 3.4-30 DRV 型节流阀（板式）外形尺寸

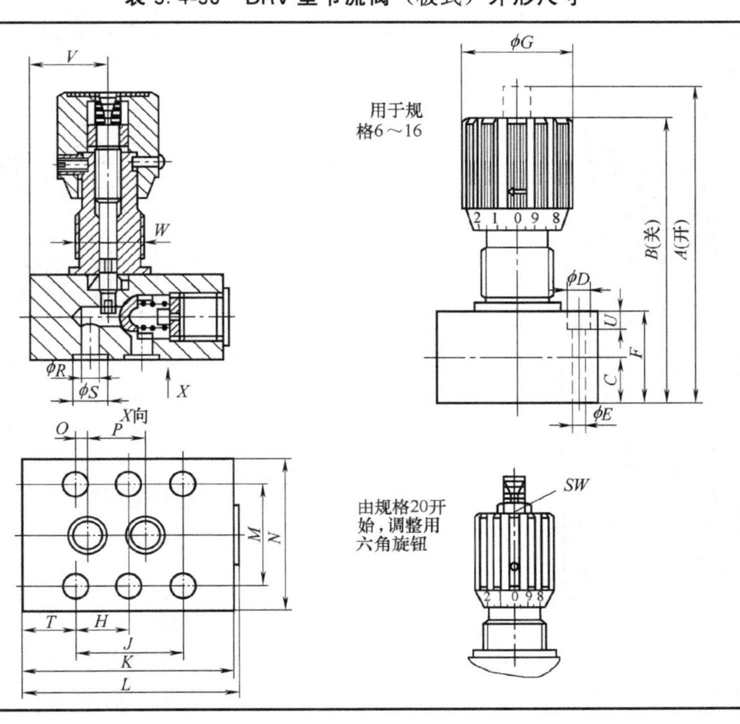

续表

规格	尺寸/mm										
	A	*B*	*C*	*D*	*E*	*F*	*G*	*H*	*J*	*K*	*L*
DRVP-6	63	58	8	11	6.6	16	24	—	19	41.5	43
DRVP-8	79	72	10	11	6.6	20	29	—	35	63.5	65
DRVP-10	84	77	12.5	11	6.6	25	29	—	33.5	70	72
DRVP-12	103	96	16	11	6.6	32	38	—	38	80	84
DRVP-16	128	118	22.5	14	9	45	38	38	76	104	107
DRVP-20	170	153	25	14	9	50	49	47.5	95	127	131
DRVP-25	175	150	27.5	18	11	55	49	60	120	165	169
DRVP-30	195	170	37.5	20	14	75	49	71.5	143	186	190
DRVP-40	220	203	50	20	14	100	49	67	133.5	192	196

规格	尺寸/mm										
	M	*N*	*O*	*P*	*R*	*S*	*T*	*U*	*V*	*W*	*SW*
DRVP-6	28.5	41.5	1.6	16	5	9.8	6.4	7	13.5	*PN*7	—
DRVP-8	33.5	46	4.5	25.5	7	12.7	14.2	7	31	*PN*11	—
DRVP-10	38	51	4	25.5	10	15.7	18	7	29.5	*PN*11	—
DRVP-12	44.5	57.5	4	30	13	18.7	21	7	36.5	*PN*16	—
DRVP-16	54	70	11.4	54	17	24.5	14	9	49	*PN*16	—
DRVP-20	60	76.5	19	57	22	30.5	16	9	49	*PN*29	19
DRVP-25	76	100	20.6	79.5	28.5	37.5	15	11	77	*PN*29	19
DRVP-30	92	115	23.8	95	35	43.5	15	13	85	*PN*29	19
DRVP-40	111	140	25.5	89	47.5	57.5	16	13	64	*PN*29	19

5.2 调速阀

5.2.1 2FRM 型调速阀（5、10、16 通径）（力士乐系列）（见图3.4-82 和图 3.4-83）

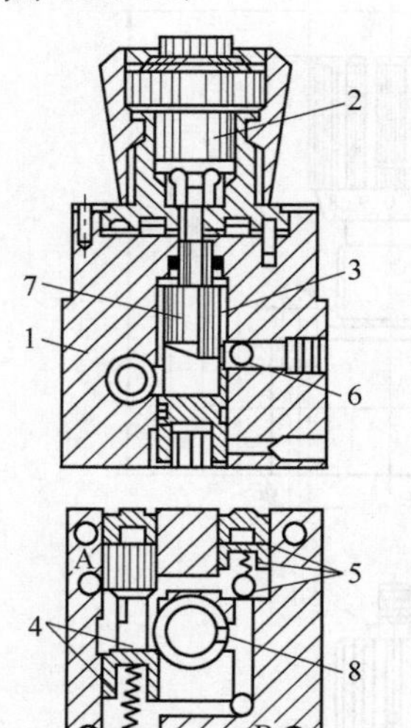

图 3.4-82　2FRM5-30 型调速阀结构

1—阀体；2—调节元件；3—薄刃孔；4—减压阀；5—单向阀；6—节流窗口；7—节流杆；8—节流孔

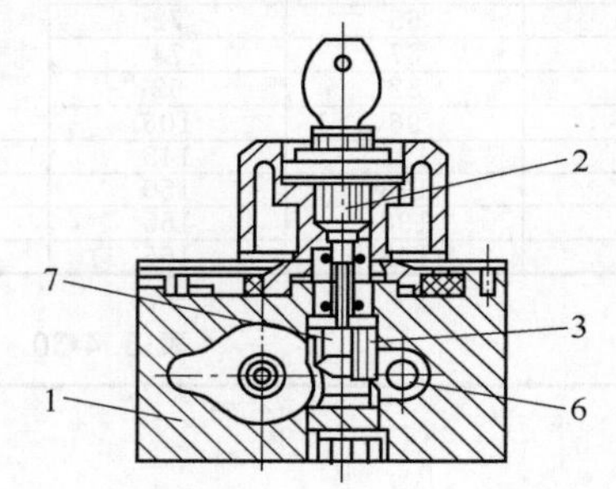

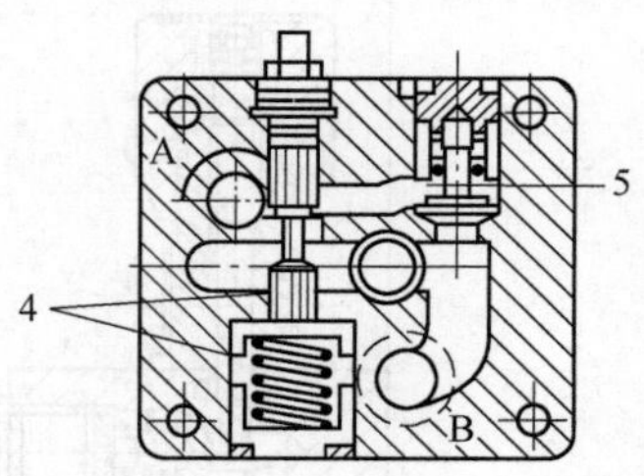

图 3.4-83　2FRM16-20 型调速阀结构

1—阀体；2—调节元件；3—薄刃孔；4—减压阀；5—单向阀；6—节流窗口；7—节流杆

（1）调速阀型号意义

2FRM ※ ※/※ ※ ※ ※

① ② ③ ④ ⑤ ⑥

①——通径：5、10、16；

②——系列号：20—对应通径 10、16，30—对应通径 5；

③——流量调节范围，L/min；

④——B—减压阀带行程调节杆，无标记—减压阀无行程调节杆；

⑤——V—磷酸酯液压液，无标记—矿物质液压油；

⑥——附加说明。

（2）整流板型号意义

Z4S ※-10 ※ ※

① ② ③ ④

①——通径：5、10、16；

②——系列号 10；

③——V—磷酸酯液压液，无标记—矿物质液压油；

④——附加说明。

（3）调速阀的技术规格（见表 3.4-31 和表 3.4-32）

（4）外形尺寸

2FRM5 型调速阀外形尺寸见图 3.4-84，2FRM10、2FRM16 型调速阀外形尺寸见表 3.4-33；Z4S5 整流板外形尺寸见图 3.4-85，Z4S10、Z4S16 整流板外形尺寸见表 3.4-34。连接底板型号见表 3.4-35。

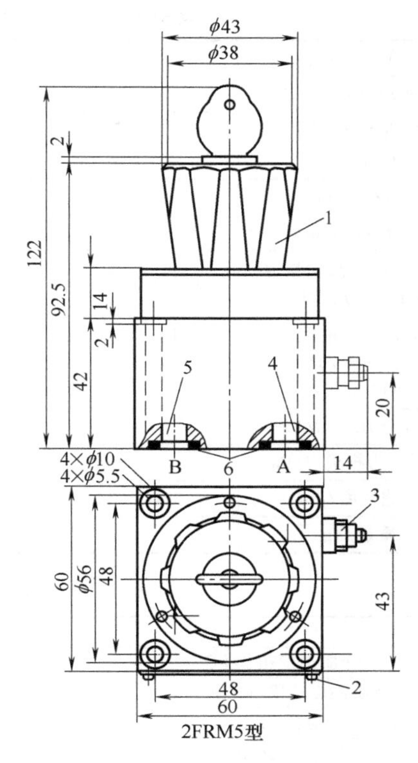

图 3.4-84 2FRM5 型调速阀外形尺寸

1—带锁调节手柄；2—标牌；3—减压阀行程调节器；4—进油口 A；5—回油口 B；6—O 形圈

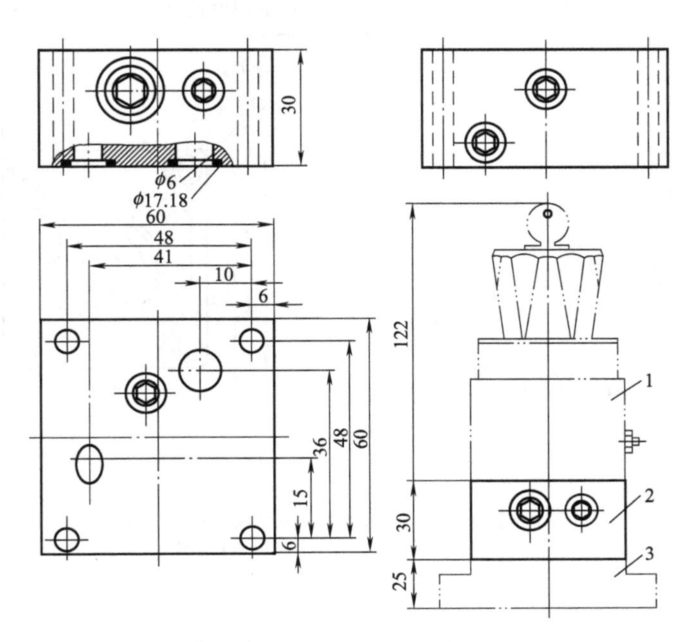

图 3.4-85 Z4S5 型整流板外形尺寸

1—调速阀；2—整流板；3—底板

表 3.4-31　2FRM 型调速阀技术规格

介　质	矿物油;磷酸酯液													
介质温度范围/℃	−20～+70													
介质黏度范围/(mm^2/s)	2.8～380													
通径/mm	5							10				16		
流量/(L/min)	0.2	0.6	1.2	3	6	10	15	10	16	25	50	60	100	160
油自 B 到 A 反向流通时压差 Δp/MPa	0.05	0.05	0.06	0.09	0.18	0.36	0.67	0.2	0.25	0.35	0.6	0.28	0.43	0.73
流量稳定范围(−20～+70℃)/(Q_{max}%)	5	3	2					2						
	2(Δp=21MPa)							2(Δp=31.5MPa)						
A 工作压力/MPa	21							31.5						
最低压力损失/MPa	0.3～0.5			0.6～0.8				0.3～0.7				0.5～12		
过滤精度/μm	25(Q<5L/min);10(Q<0.5L/min)							—						
质量/kg	1.6							5.6				11.3		

表 3.4-32　整流板的技术规格

介　质	矿物油;磷酸酯液		
介质温度范围/℃	−20～+70		
介质黏度范围/(mm^2/s)	2.8～380		
通径/mm	5	10	16
流量/(L/min)	15	50	160
工作压力/MPa	21	31.5	31.5
开启压力/MPa	0.1	0.15	0.15
质量/kg	0.6	3.2	9.3

表 3.4-33　2FRM10 和 2FRM16 型调速阀外形尺寸

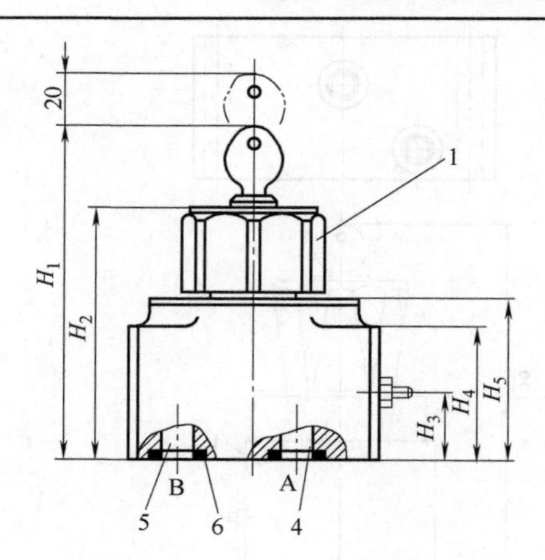

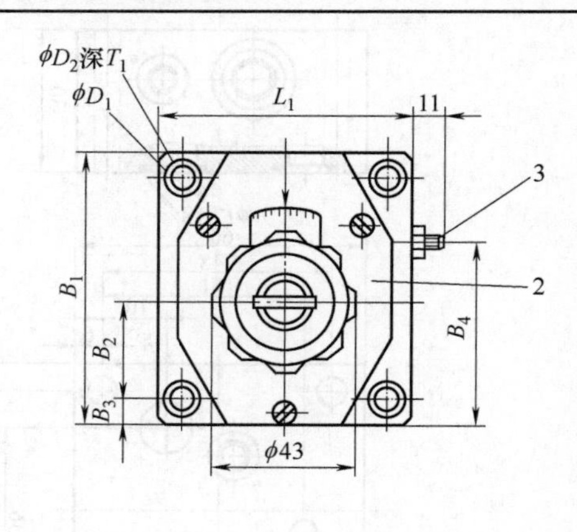

1—带锁调节手柄;2—标牌;3—减压阀行程调节器;
4—进油口 A;5—回油口 B;6—O 形圈

通径/mm	尺寸/mm												
	B_1	B_2	B_3	B_4	D_1	D_2	H_1	H_2	H_3	H_4	H_5	L_1	T_1
10	101.5	35.5	9.5	68	9	15	125	95	26	51	60	95	13
16	123.5	41.5	11	81.5	11	18	147	117	34	72	82	123.5	12

表 3.4-34　Z4S10 和 Z4S10 型整流板外形尺寸

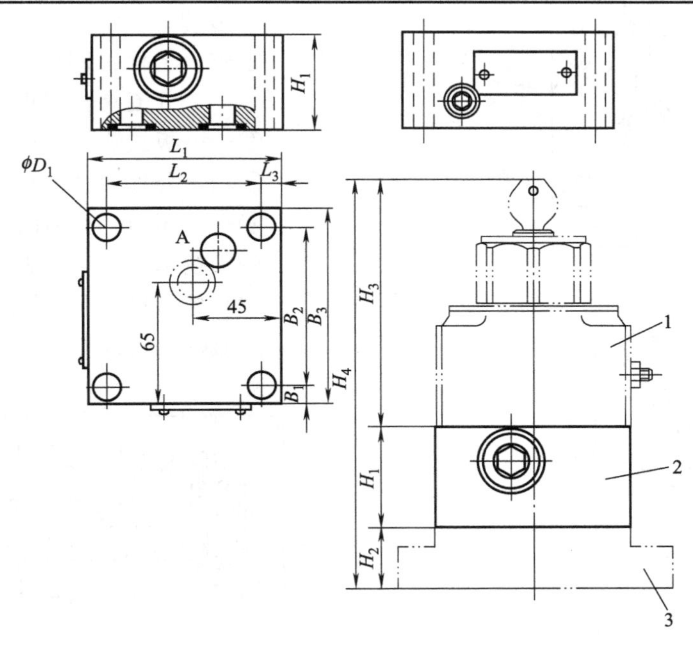

1—调速阀；2—整流板；3—底板

通径/mm	尺寸/mm										
	B_1	B_2	B_3	D_1	H_1	H_2	H_3	H_4	L_1	L_2	L_3
10	9.5	82.5	101.5	9	50	30	125	205	95	76	9.5
16	11	101.5	123.5	11	85	40	147	272	123.5	101.5	11

表 3.4-35　连接底板型号

通径/mm	5	10	16
底板型号	G44/1 G45/1	G279/1 G280/1	G281/1 G282/1

5.2.2　MSA 型调速阀（力士乐系列）（见图 3.4-86）

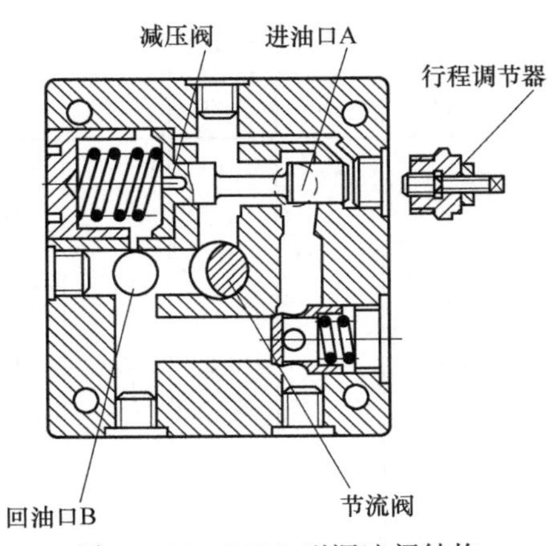

图 3.4-86　MSA 型调速阀结构

（1）型号意义

MSA 30 E P ※ ※ /※

①　②③　④

①——通径：30。

②——流量：（A→B）L/min；

③——B—减压阀带行程调节杆，无标记—减压阀无行程调节杆；

④——附加说明。

（2）技术规格（见表 3.4-36）

表 3.4-36　MSA 型调速阀的技术规格

介　质	矿物质液压油
介质温度范围/℃	20～70
介质黏度范围/(mm^2/s)	2.8～380
工作压力/MPa	21
最小压差(与 Q_{max} 有关)/MPa	0.5～1
流量调节	与压力无关

（3）外形尺寸

MSA 型调速阀外形尺寸见图 3.4-87，连接底板为 G138/1，G139/1。

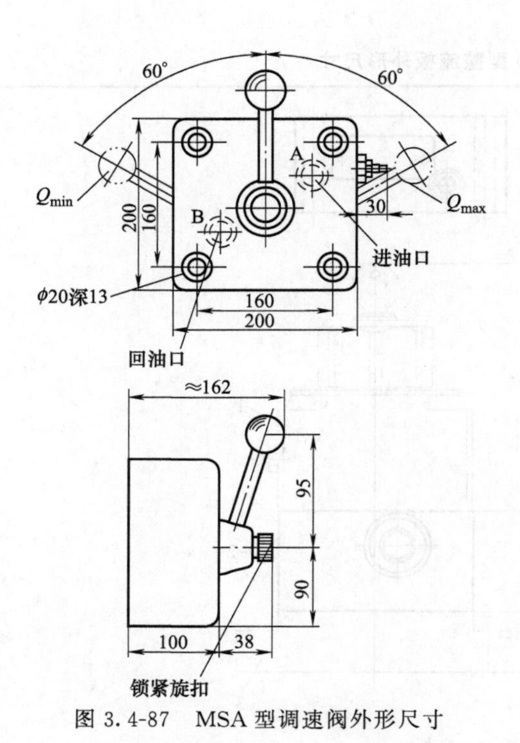

图 3.4-87　MSA 型调速阀外形尺寸

5.3　流量同步元件

5.3.1　FJL、FL、FDL 型同步阀（见图 3.4-88）

（1）型号意义

※ B ※ H

① ②③ ④

①——名称：FJL—分流集流阀，FL—分流阀，FDL—集流阀；

②——板式连接；

③——公称通径：10、15、20；

④——压力：32MPa。

（2）技术规格（见表 3.4-37）

（3）外形尺寸（见图 3.4-89）

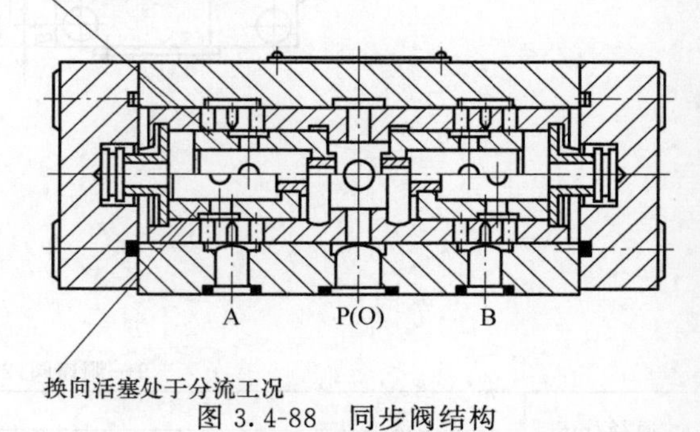

图 3.4-88　同步阀结构

5.3.2　FDR 型齿轮同步马达（罗茨系列）

（1）图形符号（见图 3.4-90）

（2）型号意义

FDR ※※※※※※※※

① ②③④⑤⑥⑦⑧⑨

表 3.4-37　FJL、FL、FDL 型同步阀技术规格

名称	型号	通径/mm	流量/(L/mm) P(O)	流量/(L/mm) A、B	压力/MPa 最高	压力/MPa 最低	速度同步误差/% A、B口负载压差/MPa ≤1.0	≤6.3	≤20	≤30	质量/kg
分流集流式同步阀	FJL-B10H FJL-B15H FJL-B20H	10 15 20	40 63 100	20 31.5 50	32	2	≤0.7	≤1	≤2	≤3	13.8
分流式同步阀	FL-B10H FL-B15H FL-B20H	10 15 20	40 63 100	20 31.5 50							13.5
单向分流式同步阀	FDL-B10H FDL-B15H FDL-B20H	10 15 20	40 63 100	20 31.5 50							14

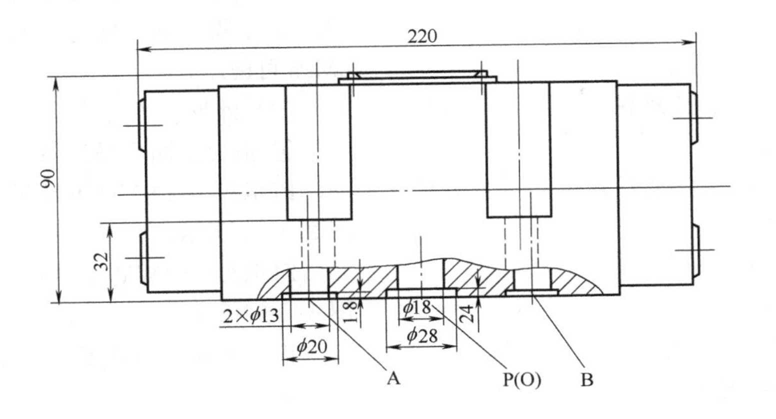

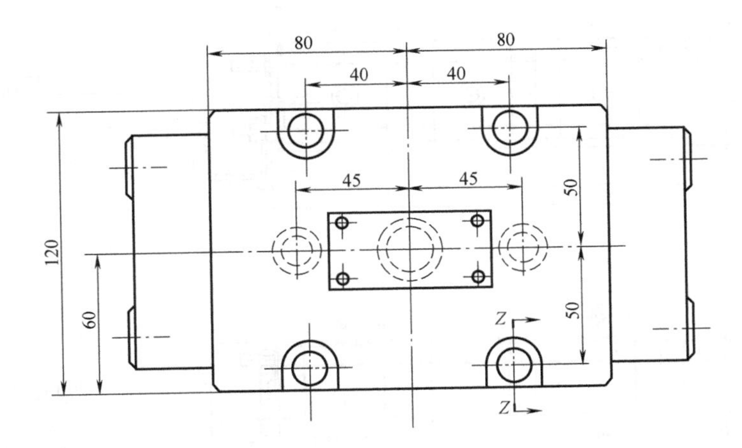

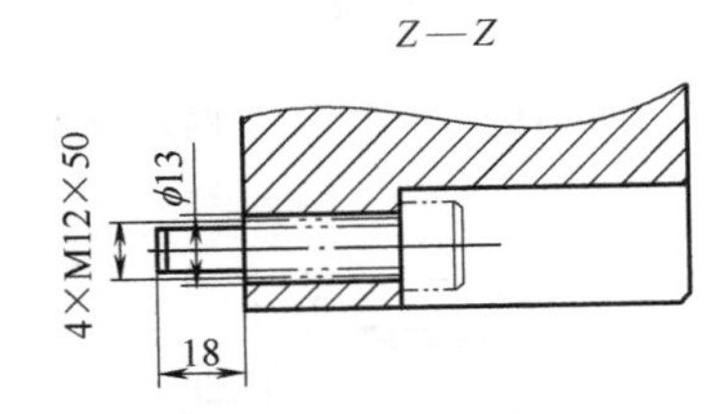

图 3.4-89 FJL、FL、FDL 型同步阀外形尺寸图

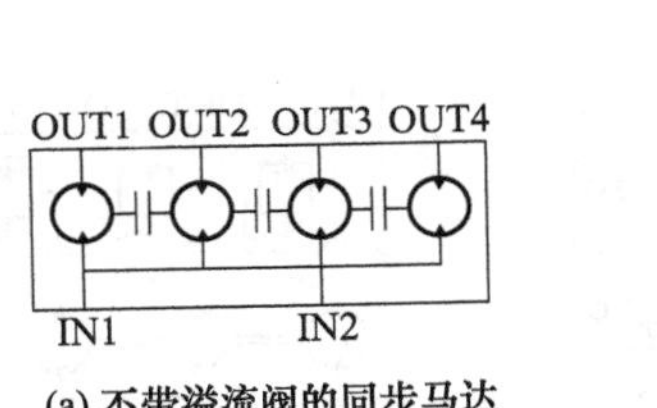

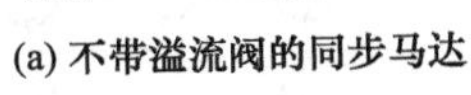

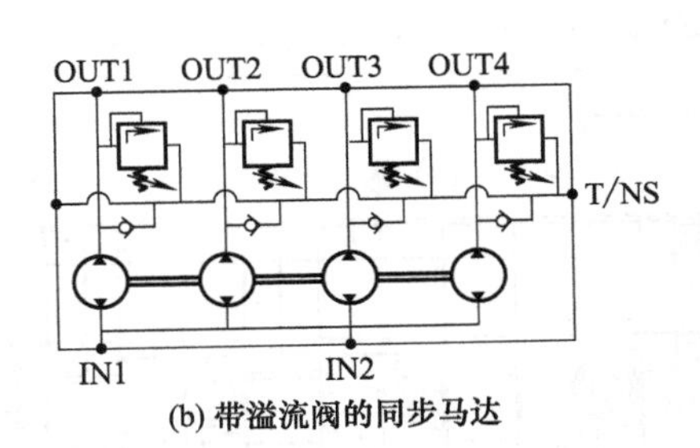

图 3.4-90 FDR 型齿轮同步马达图形符号

①——齿轮同步马达；

②——罗茨；

③——A：铝合金，C：铸铁；

④——V：氟橡胶密封，O：丁腈橡胶密封；

⑤——1、2：铝合金系列，3、4：铸铁系列；

⑥——排量；

⑦——片数；

⑧——NV：不带阀，WV：带阀；

⑨——R：红色弹簧（溢流压力13～30MPa可调），B：蓝色弹簧（溢流压力6～12MPa可调），S：黑色弹簧（溢流压力3～8MPa可调）。

（3）外形尺寸

① 铝合金同步马达系列1

FDRA1…4NV（不带阀）的外形尺寸如图3.4-91所示。

FDRA1…4WV（带阀）的外形尺寸如图3.4-92所示。

铝合金同步马达系列1的主要尺寸见表3.4-38。

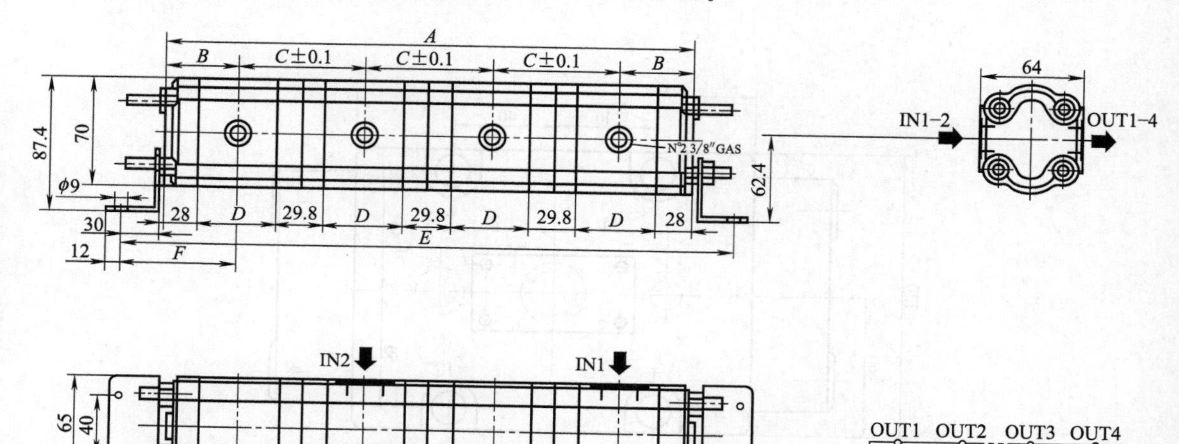

图3.4-91　FDRA1…4NV（不带阀）的外形尺寸

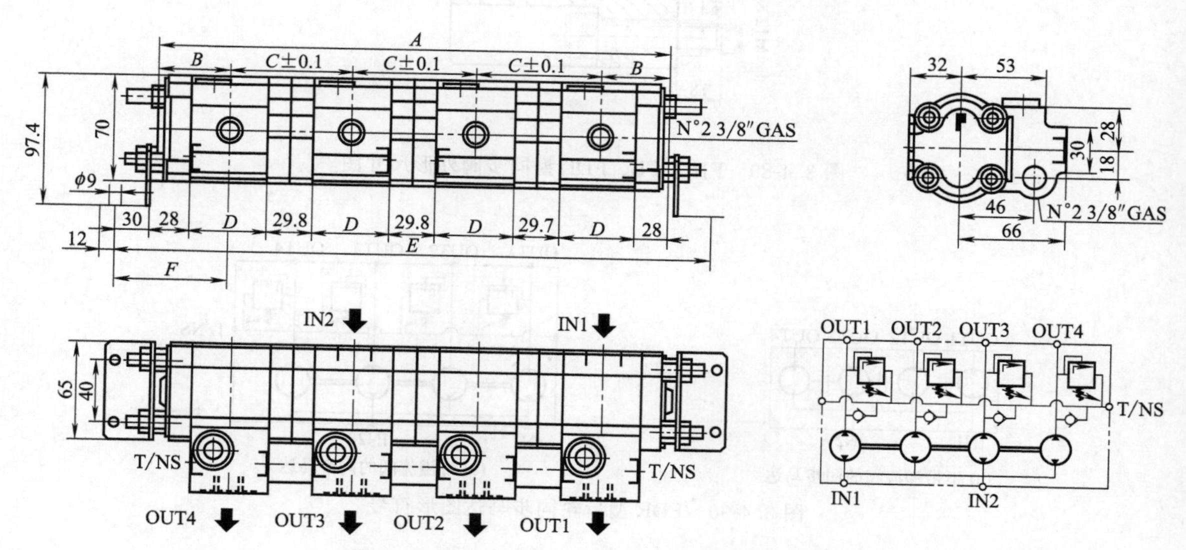

图3.4-92　FDRA1…4WV（带阀）的外形尺寸

表 3.4-38 铝合金同步马达系列 1 的主要尺寸

型号	排量/(mL/r)	IN1-2	OUT1-4	T/NS	A	B	C	D	E	F
FDRA.1037	3.7	G1/2″	G3/8″	G3/8″	335.8	50.3	78.4	48.6	403.4	84.1
FDRA.1042	4.2	G1/2″	G3/8″	G3/8″	342.2	50.5	80.4	50.7	410.2	84.5
FDRA.1048	4.8	G1/2″	G3/8″	G3/8″	353.4	52.5	82.8	53	421	86.3
FDRA.1055	5.5	G1/2″	G3/8″	G3/8″	362.5	53	85.5	55.8	430.5	87
FDRA.1062	6.2	G1/2″	G3/8″	G3/8″	375.4	55.3	88.4	58.6	443.4	89.1

② 铝合金同步马达系列 2

FDRA2…4NV（不带阀）的外形尺寸如图 3.4-93 所示。

FDRA2…4WV（带阀）的外形尺寸如图 3.4-94 所示。

铝合金同步马达系列 2 的主要尺寸见表 3.4-39。

③ 铸铁同步马达系列 3

FDRC3…4NV（不带阀）的外形尺寸如图 3.4-95 所示。

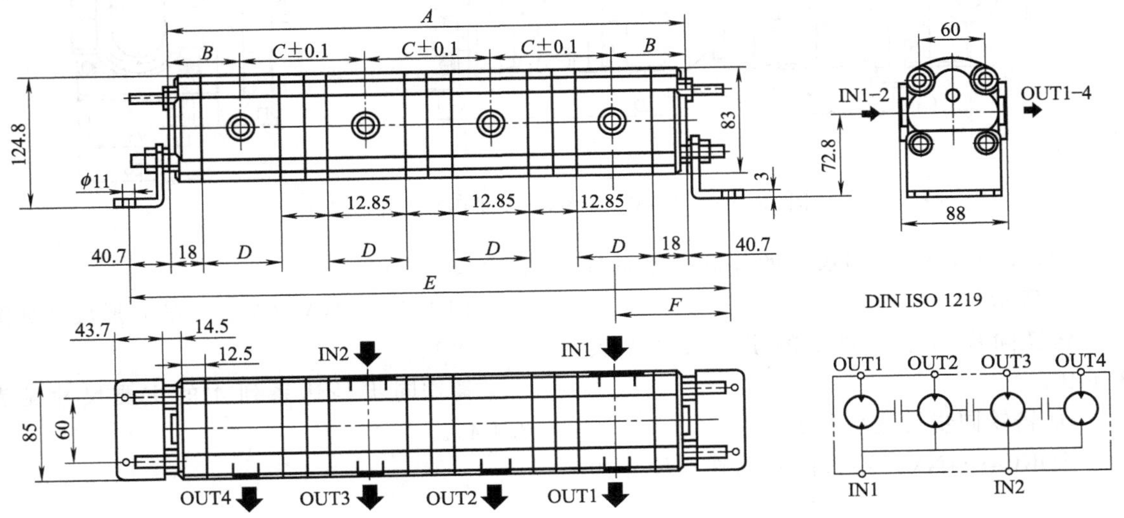

图 3.4-93 FDRA2…4NV（不带阀）的外形尺寸

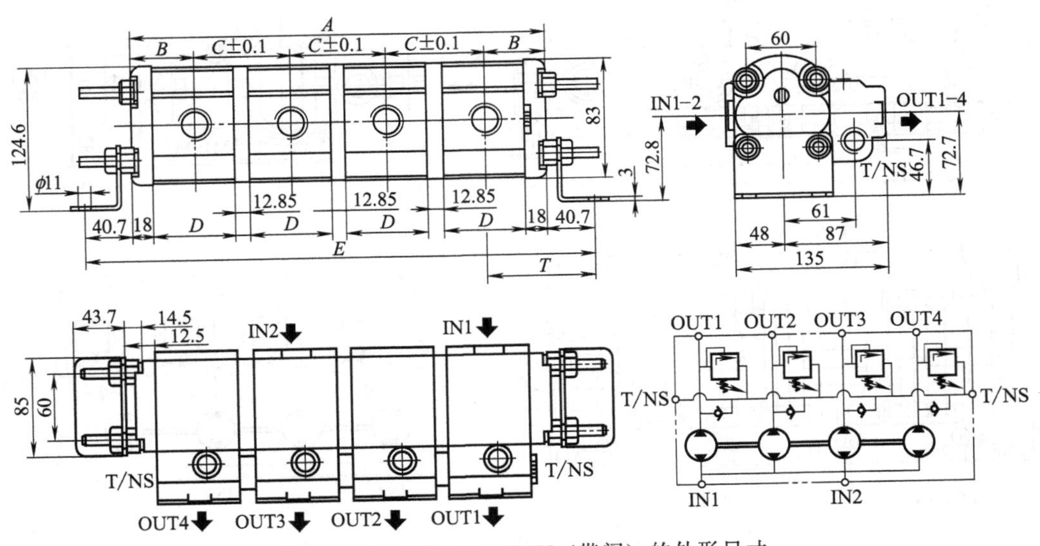

图 3.4-94 FDRA2…4WV（带阀）的外形尺寸

表 3.4-39　铝合金同步马达系列 2 的主要尺寸

型号	排量/(mL/r)	IN1-2	OUT1-4	T/NS	*A*	*B*	*C*	*D*	*E*	*F*
FDRA. 2006	6. 28	G3/4″	G1/2″	G1/2″	291	45	66. 95	54. 1	368	85. 5
FDRA. 2008	8. 16	G3/4″	G1/2″	G1/2″	303	47	69. 95	57. 1	379	87
FDRA. 2011	11. 3	G3/4″	G1/2″	G1/2″	355	53	82. 95	70. 1	432	93. 8
FDRA. 2014	14. 45	G3/4″	G1/2″	G1/2″	375	56	87. 95	75. 1	451	96
FDRA. 2017	16. 95	G3/4″	G1/2″	G1/2″	391	57. 5	91. 95	79. 1	468	98. 3
FDRA. 2025	25. 75	G3/4″	G1/2″	G1/2″	447	64. 5	105. 95	93. 1	524	105. 3
FDRA. 2031	31. 4	G1″	G3/4″	G1/2″	483	69	114. 95	102. 1	560	109. 8

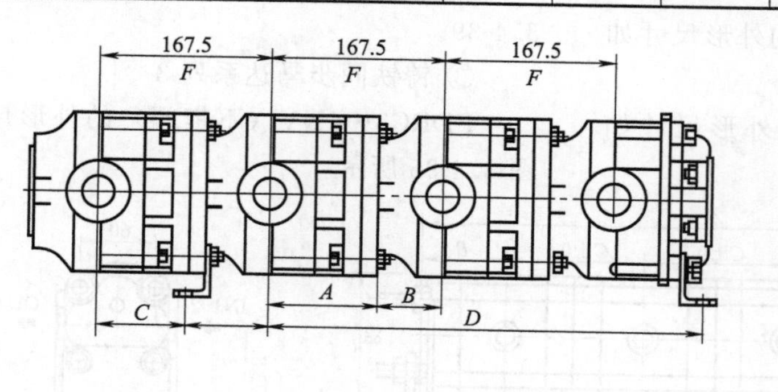

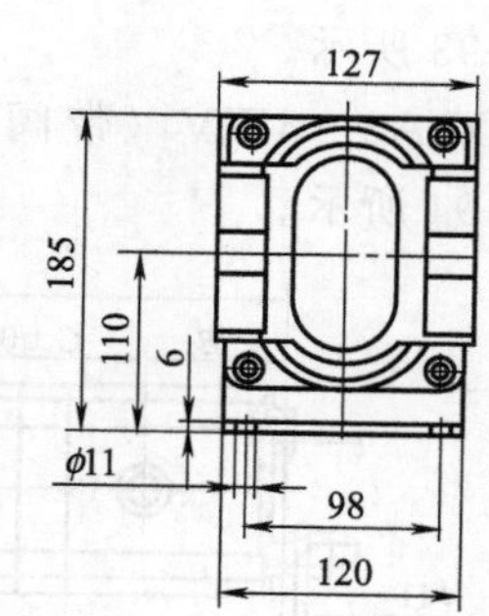

图 3.4-95　FDRC3…4NV（不带阀）的外形尺寸

FDRC3…4WV（带阀）的外形尺寸如图 3.4-96 所示。

铸铁同步马达系列 3 的主要尺寸见表 3.4-40。

④ 铸铁同步马达系列 4

FDRC4…4NV（不带阀）的外形尺寸如图 3.4-97 所示。

FDRC4…4WV（带阀）的外形尺寸如图 3.4-98 所示。

铸铁同步马达系列 4 的主要尺寸见表 3.4-41。

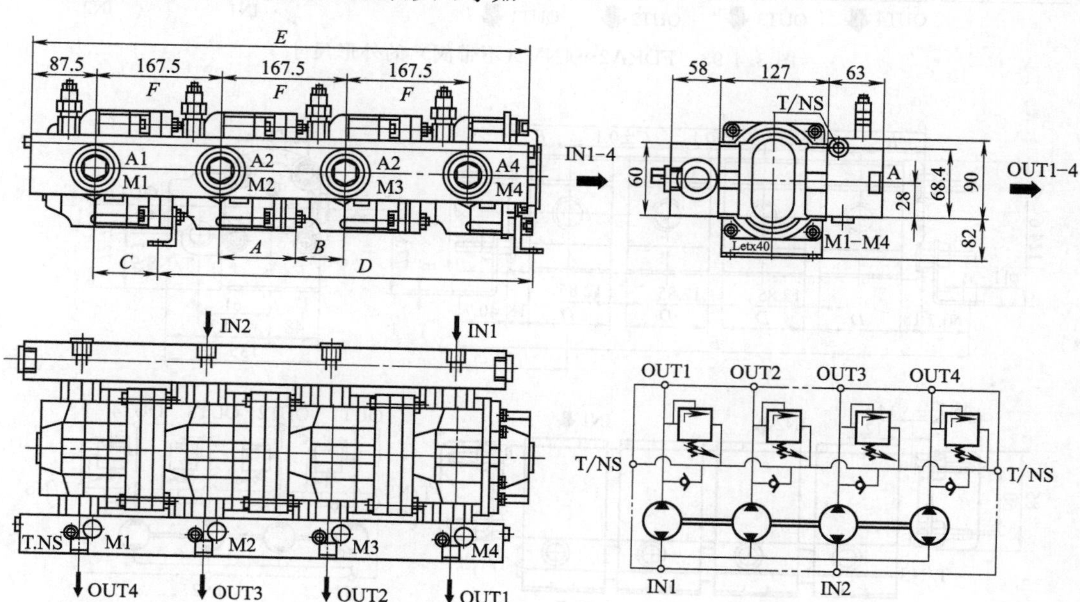

图 3.4-96　FDRC3…4WV（带阀）的外形尺寸

表 3.4-40 铸铁同步马达系列 3 的主要尺寸

型号	排量 /(mL/r)	IN1-2	OUT1-4 带阀	T/NS	M1-M4	*A*	*B*	*C*	*D*	*E*
FDRC. 3025. J	24. 9	G11/4″	G11/4″	G1/2″	G1/4″	132	35. 5	106	490	670
FDRC. 3035. J	34. 3	G11/4″	G11/4″	G1/2″	G1/4″	130	37. 5	110	495	670
FDRC. 3055. J	54. 5	G11/4″	G11/4″	G1/2″	G1/4″	124. 5	43	104. 5	508	670
FDRC. 3080. J	78. 7	G11/4″	G11/4″	G1/2″	G1/4″	109	58. 5	89	524. 5	670

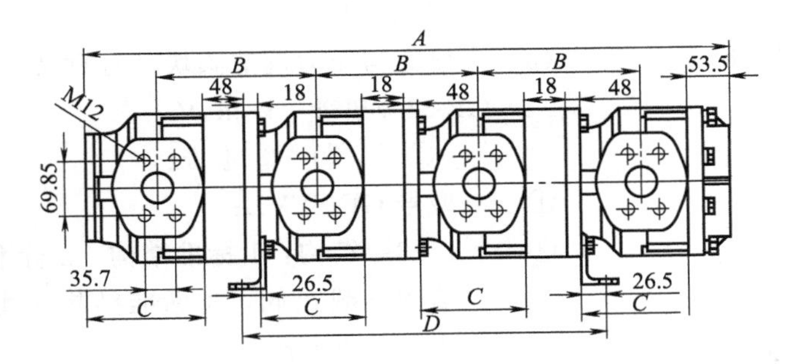

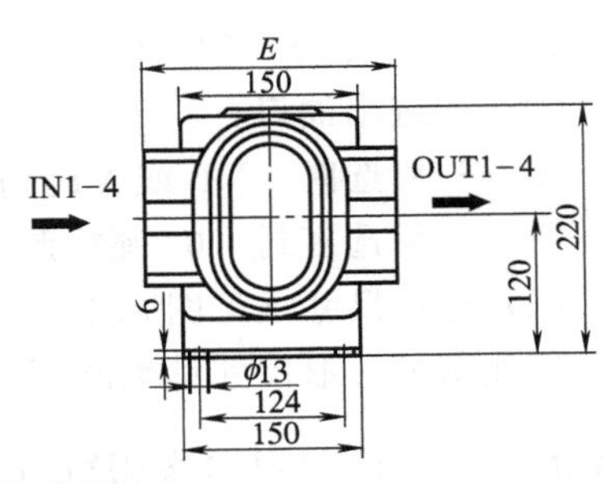

图 3.4-97 FDRC4…4NV（不带阀）的外形尺寸

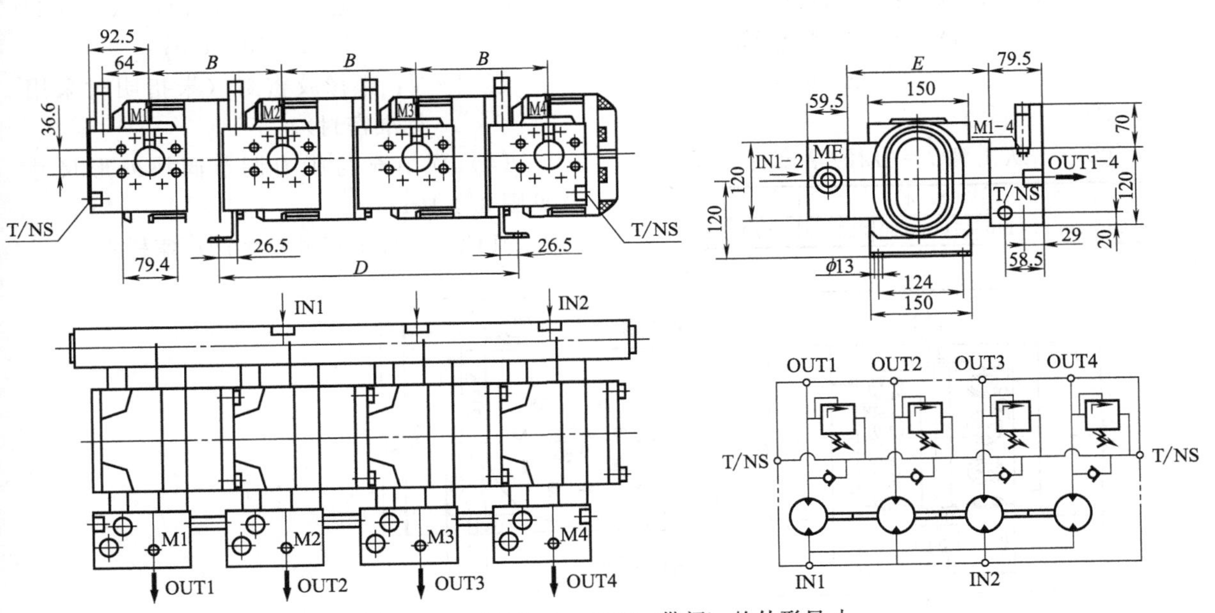

图 3.4-98 FDRC4…4WV（带阀）的外形尺寸

表 3.4-41 铸铁同步马达系列 4 的主要尺寸

型号	排量 /(mL/r)	IN1-2/OUT1-4 带阀	T/NS	M1-M4	*A*	*B*	*C*	*D*	*E*
FDRC. 4090	88. 7	SAE11/2″6000psi	G3/4″	G1/4″	667. 5	167	101	381	162
FDRC. 4110	105. 4	SAE11/2″6000psi	G3/4″	G1/4″	683. 5	171	105	389	192
FDRC. 4130	127. 5	SAE11/2″6000psi	G3/4″	G1/4″	711. 5	178	112	403	192
FDRC. 4150	149. 7	SAE11/2″6000psi	G3/4″	G1/4″	747. 5	187	121	421	210

5.3.3 HGM 系列柱塞同步马达

（1）型号意义

HGM ※※D21※※

①②③④ ⑤⑥

①——分流器；

②——每片排量（20，27，34，50 … 3479）；

③——分流片数（2，3，4，5，6，7，8）；

④——进出油口；

⑤——可选阀（VB 或 VBJ）；

⑥——可选密封（01 氟橡胶）。

（2）外形尺寸（见图 3.4-99）

其他型号外形尺寸见生产厂家样本。

5.3.4 AVS 系列同步液压缸（罗茨系列）

（1）AVS 系列同步液压缸型号意义

AVS ※ ※ ※ ※HP ※

①② ③ ④ ⑤ ⑥

①——型号；

②——从 1 到 7＝缸径/活塞杆直径；

1	2	3	4	5	6	7
50/22	80/40	140/45	180/60	220/80	280/90	320/110

③——分流数（2～16）；

④——行程，mm；

⑤——V：氟橡胶密封（未指明时为标准密封）；

⑥——HPxxx 最大工作压力超过 25MPa 时请指出阀的压力。

（2）AVS 系列同步液压缸外形尺寸（见图 3.4-100）

（3）预填充与压力调节阀块型号意义

GF-SFVB※ - ※※ V

① ② ③④ ⑤

①——型号 GF-SFVB；

②——1～3＝结构：1 标准结构，2 标准结构＋截止阀，3 标准结构＋截止阀＋方向阀；

③——X＝分流数；

④——最大流量（l/min），50：50l/min，150：150l/min；

⑤——V：氟橡胶密封（未指明时采用标准密封）。

（4）预填充与压力调节阀块外形尺寸（见图 3.4-101）

其他型号外形尺寸见生产厂家样本。

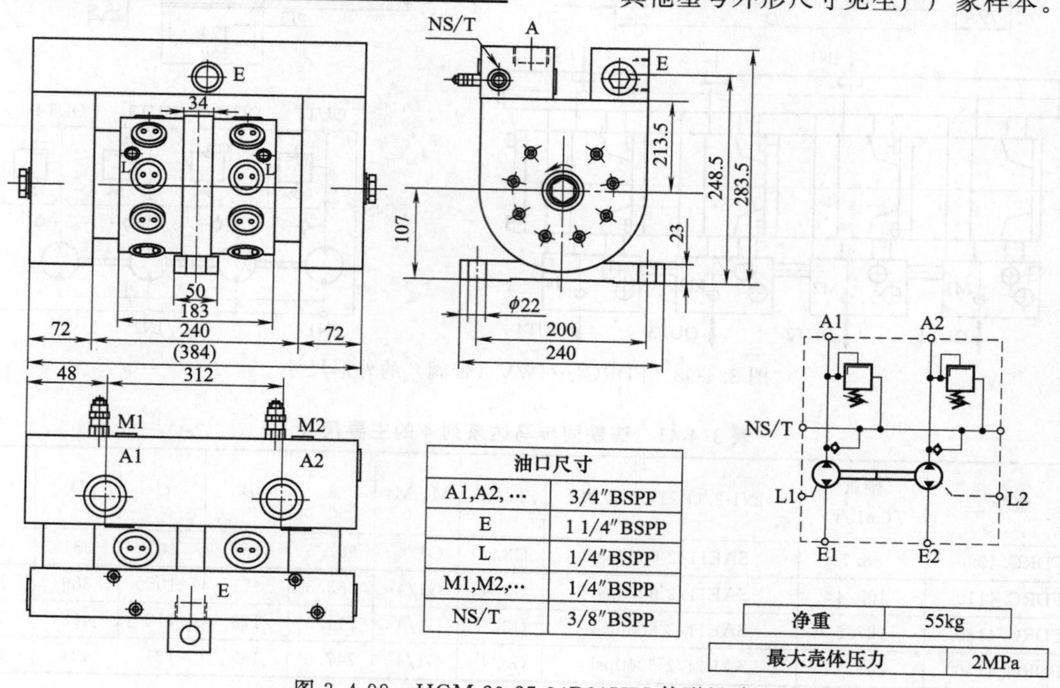

油口尺寸	
A1,A2,…	3/4″BSPP
E	1 1/4″BSPP
L	1/4″BSPP
M1,M2,…	1/4″BSPP
NS/T	3/8″BSPP

净重	55kg
最大壳体压力	2MPa

图 3.4-99 HGM 20-27-34D21VBJ 外形尺寸

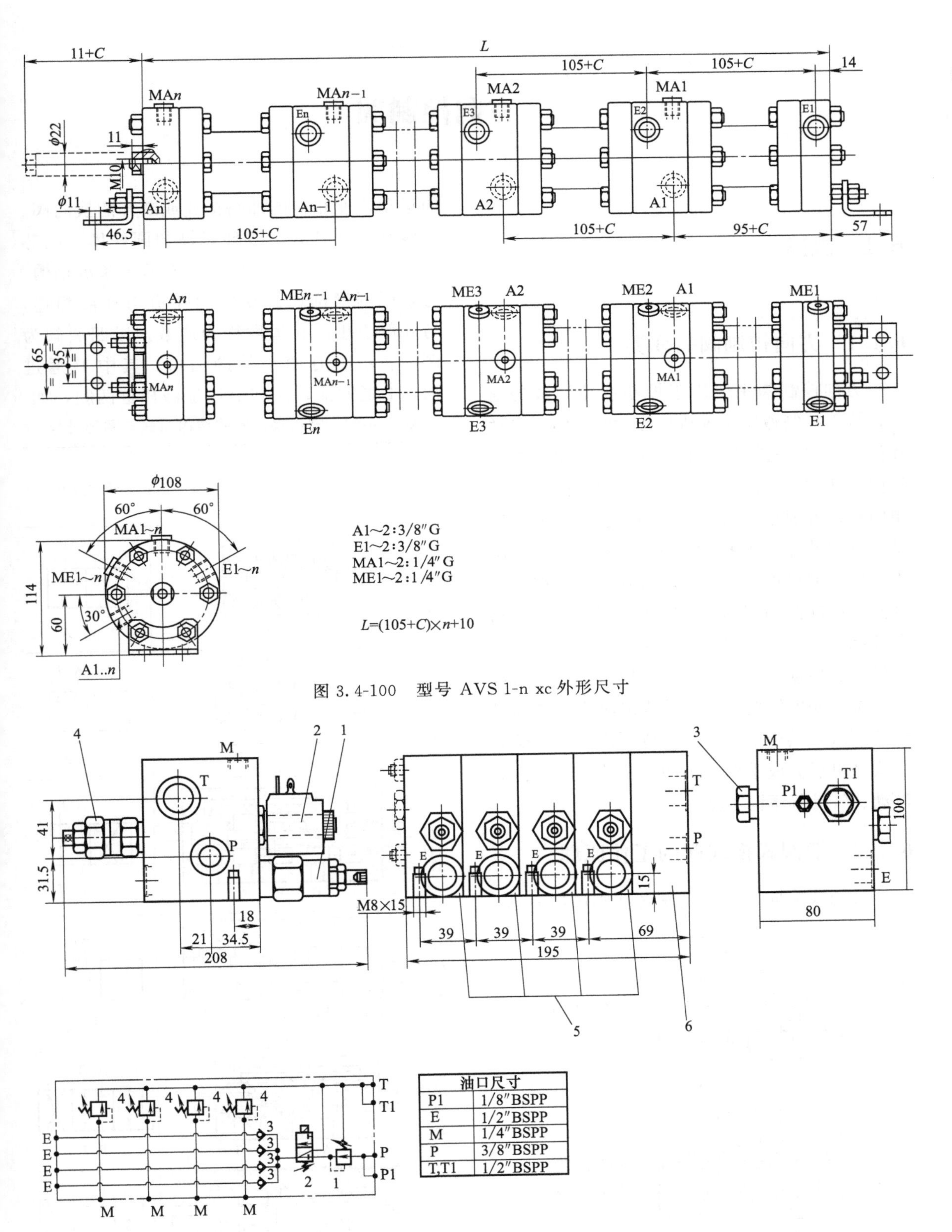

图 3.4-100 型号 AVS 1-n xc 外形尺寸

油口尺寸	
P1	1/8″BSPP
E	1/2″BSPP
M	1/4″BSPP
P	3/8″BSPP
T,T1	1/2″BSPP

图 3.4-101 预填充与压力调节阀块（GF-SFVB3-4-50）外形尺寸

1—减压阀；2—二位三通电磁阀；3—单向阀；4—安全阀；5—中间联阀块；6—进油联阀块

6　方向控制阀

6.1　概述

6.1.1　方向控制阀的分类

方向控制阀主要用于控制油路油液的通断，从而控制液压系统执行元件的换向、启动和停止。方向控制阀按其用途可分为单向阀和换向阀两类。单向阀可分为普通单向阀和液控单向阀。普通单向阀只允许油液往一个方向流动，反向截止。液控单向阀在外控油液作用下，反方向也可流动。结构形式主要是锥阀和球阀。换向阀利用阀芯与阀体的相对运动使阀所控制的油口接通或断开，从而控制执行元件的换向、启动、停止等动作。换向阀有很多种类，按照阀的结构方式，分为滑阀式、转阀式和球阀式，其中最主要的是滑阀式。按照操纵方式又可以分成手动、机动、电动、液动、电液动、气动等不同类型。

6.1.2　滑阀式换向阀的工作原理

滑阀式换向阀是控制阀芯在阀体内做轴向运动，使相应的油路接通或断开的换向阀。滑阀是一个具有多段环形槽的圆柱体，阀芯有若干个台肩，而阀体孔内有若干条沉割槽。每条沉割槽都通过相应的孔道与外部相连，与外部连接的孔道数称为通数。以四通阀为例，表示它有四个外接油口，其中 P 通进油，T 通回油，A 和 B 则通液压缸两腔，如

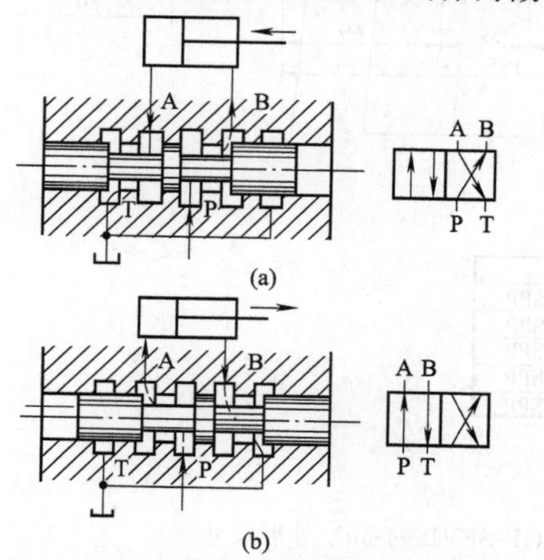

图 3.4-102　滑阀式换向阀的换向原理

表 3.4-42　常用换向阀的结构原理与图形符号

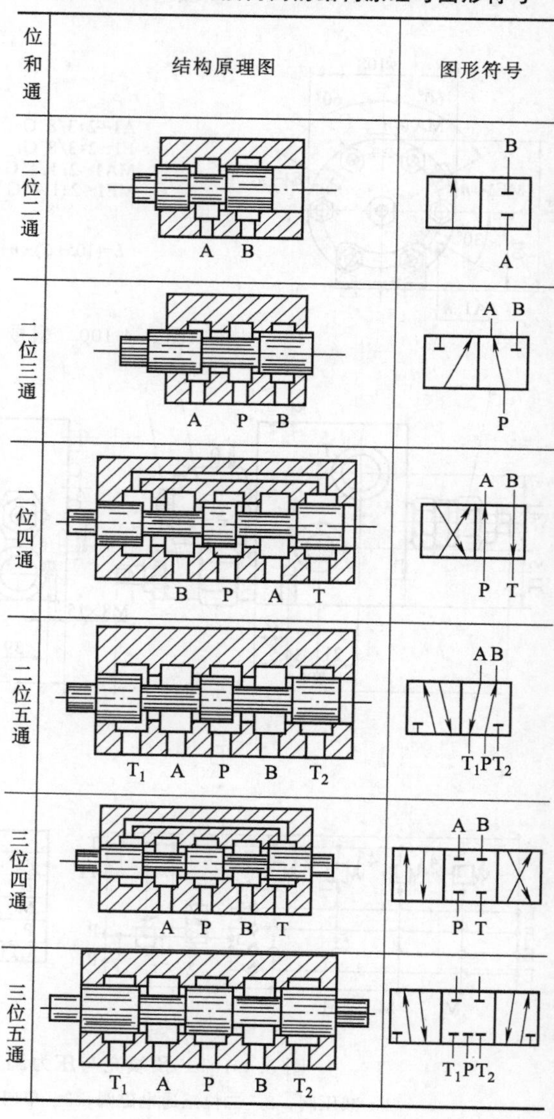

位和通	结构原理图	图形符号
二位二通	A B	B A
二位三通	A P B	A B P
二位四通	B P A T	A B P T
二位五通	T_1 A P B T_2	AB T_1PT_2
三位四通	A P B T	A B P T
三位五通	T_1 A P B T_2	T_1PT_2

图 3.4-102（a）所示。当阀芯处于图示位置时，通过阀芯上的环形槽使 P 与 B、T 与 A 相通，液压缸活塞向左运动。当阀芯向右移动处于图 3.4-102（b）所示位置时，P 与 A、B 与 T 相通，液压缸活塞向右运动。

表 3.4-43　三位换向阀的中位机能

机能代号	中间位置的符号		中间位置的性能特点
	三位四通	三位五通	
O	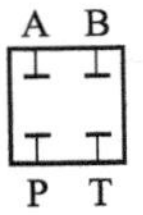 A B P T	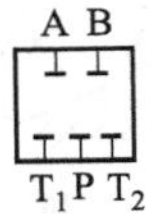 A B T_1 P T_2	各油口全关闭，系统保持压力，缸密封
H	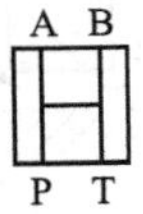 A B P T	 A B T_1 P T_2	各油口 A、B、P、T 全部连通，泵卸荷，缸两腔连通
Y	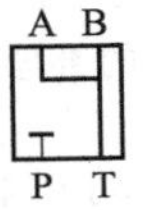 A B P T	 A B T_1 P T_2	A、B、T 连通，P 口保持压力，缸两腔连通
J	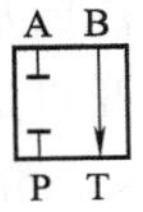 A B P T	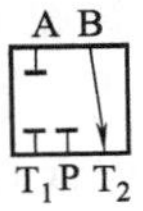 A B T_1 P T_2	P 口保持压力，缸 A 口封闭，B 口与回油 T 接通
C	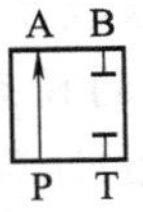 A B P T	 A B T_1 P T_2	缸 A 口通压力油，B 口与回油 T 不通
P	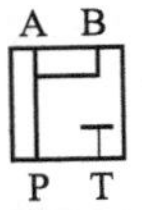 A B P T	 A B T_1 P T_2	P 口与 A、B 口都连通，回油口封闭
K	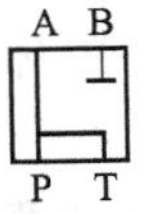 A B P T	 A B T_1 P T_2	P 、A、T 口连通，泵卸荷，缸 B 封闭
X	 A B P T	 A B T_1 P T_2	A、B、P、T 口半开启接通，P 口保持一定压力
M	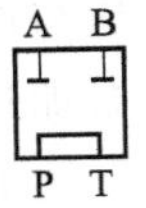 A B P T	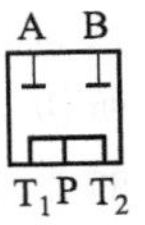 A B T_1 P T_2	P 、T 口连通，泵卸荷，缸 A、B 都封闭
U	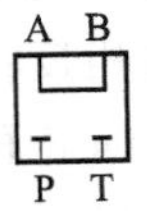 A B P T	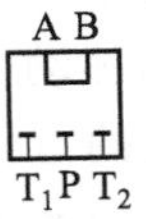 A B T_1 P T_2	A、B 口接通，P、T 口封闭，缸两腔连通。P 口保持压力

6.1.3　换向阀的工作位置数和通路数

换向阀的功能主要由它控制的通路数和阀的工作位置来决定。表 3.4-42 给出了几种滑阀式换向阀的结构原理图和表示阀的工作位置数、通路数和在各个位置上油口连通关系的图形符号。

6.1.4　换向阀的中位机能

换向阀处于不同工作位置，其各油口的连通情况也不同，这种不同的连通方式所体现的换向阀的各种控制功能，叫滑阀机能。特别是三位换向阀的中位机能，在选用时必须注意。表 3.4-43 为三位换向阀的中位机能和它们的应用场合。

在分析和选择阀的中位机能时，通常考虑以下几点。

① 系统保压　当 P 口被堵塞时，系统保压，液压泵能用于多缸系统。当 P 口与 T 口接通不太通畅时（如 X 型），系统能保持一定的压力供控制油路使用。

② 系统卸荷　P 口与 T 口接通通畅时，系统卸荷。

③ 换向平稳性和精度　当通液压缸的 A、B 两口堵塞时，换向过程易产生冲击，换向不平稳，但换向精度高。反之，A、B 两口都通 T 口时，换向过程中工作部件不易制动，换向精度低，但液压冲击小。

④ 启动平稳性　阀在中位时，液压缸某腔如通油箱，则启动时因该腔内无油液起缓冲作用，启动不太平稳。

⑤ 液压缸“浮动”和在任意位置上的停止　阀在中位，当 A、B 两口互通时，卧式液压缸呈“浮动”状态，可用其他机构移动工作台，调整其位置。当 A、B 两口堵住或与 P 口连接（在非差动情况下），则可使液压缸在任意位置停下来。

6.1.5　滑阀的液压卡紧现象

对于所有换向阀来说，都存在着换向可

靠性问题，尤其是电磁换向阀。为了使换向可靠，必须保证电磁推力大于弹簧力与阀芯摩擦力之和，方能可靠换向，而弹簧力必须大于阀芯摩擦阻力，才能保证可靠复位，由此可见，阀芯的摩擦阻力对换向阀的换向可靠性影响很大。阀芯的摩擦阻力主要是由液压卡紧力引起的。由于阀芯与阀套的制造和安装误差，阀芯出现锥度，阀芯与阀套存在同轴度误差，阀芯周围方向出现不平衡的径向力，阀芯偏向一边。当阀芯与阀套间的油膜被挤破，出现金属间的干摩擦时，这个径向不平衡力达到某饱和值，造成移动阀芯十分费力，这种现象叫液压卡紧现象。滑阀的液压卡紧现象是一个共性问题，不只是换向阀上有，其他液压阀也普遍存在。这就是各种液压阀的滑阀阀芯上都开有环形槽，制造精度和配合精度都要求很严格的缘故。

6.1.6 滑阀上的液动力

液流通过换向阀时，作用在阀芯上的液流力有稳态液动力和瞬态液动力。

稳态液动力是滑阀移动完毕，开口固定之后，液流通过滑阀流道因油液动量变化而产生的作用在阀芯上的力，这个力总是促使阀口关闭，使滑阀的工作趋于稳定。

稳态液动力在轴向的分量 F_{bs} (N) 为

$$F_{bs}=2C_d C_v w\sqrt{C_r^2+x_v^2}\cos\theta\Delta p \tag{3.4-11}$$

式中 x_v——阀口开度，m；

C_r——阀芯与阀套间的径向间隙，m；

w——阀口周围通油长度，即面积梯度，m；

Δp——阀口前后压差，Pa；

C_d——阀口的流量系数；

C_v——阀口的速度系数；

θ——流束轴线与阀芯线间的夹角。

稳态液动力加大了阀芯移动换向的操纵力。补偿或消除这种稳态液动力的具体方法有：采用特制的阀腔［见图 3.4-103（a）］，阀套上开斜小孔［见图 3.4-103（b）］，使流入和流出阀腔的液体的动量互相抵消，从而减小轴向液动力；或者改变阀芯某些区段的颈部尺寸，使液流流过阀芯时有较大的压降［见图 3.4-103（c）］，以便在阀芯两端面上产生不平衡液压力，抵消轴向液动力。但应注意不要过补偿，因为过补偿意味着稳态液动力变成了开启力，这对滑阀稳定性是不利的。

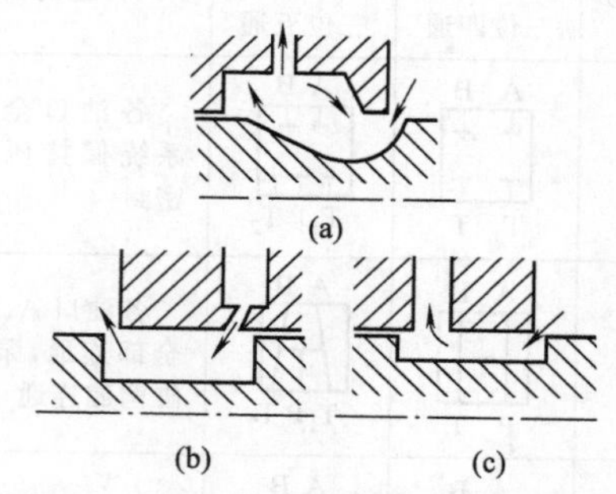

图 3.4-103 稳态液动力的补偿方法

瞬态液动力是滑阀在移动过程中，开口大小发生变化时，阀腔中液流因加速或减速而作用在滑阀上的力。它与开口量的变化率有关，与阀口的开度本身无关。滑阀不动时，只有稳态液动力存在，瞬态液动力则消失。图 3.4-104 为作用在滑阀上的瞬态液动力的情况。瞬态液动力 F_{bt} (N) 的计算公式为

$$F_{bt}=LC_d w\sqrt{2\rho\Delta p}\frac{dx_v}{dt}=K_i\frac{dx_v}{dt} \tag{3.4-12}$$

式中 L——滑阀进油口中心到回油口中心之间的长度，常称为阻尼长度，m；

ρ——流经滑阀的油液密度，kg/m；

K_i——瞬态液动力系数。

由上式可见，瞬态液动力与阀芯移动速度成正比，这相当于一个阻尼力，其大小也与阻尼长度有关。其方向总是与阀腔内液流加速度方向相反，所以可根据加速度方向确定液动力方向。一般常采用下述原则来判定瞬态液动力的方向；油液流出阀口，瞬态液动力的方向与阀芯移动方向相反；油液流入阀口，瞬态液动力的方向与阀芯移动方向相同。如果瞬态液动力的方向与阀芯运动方向

相反，则阻尼长度为正；如果瞬态液动力的方向与阀芯移动方向相同，则阻尼长度为负。

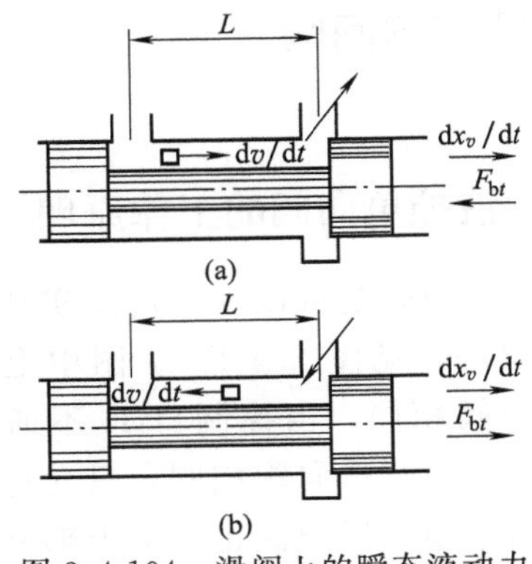

图 3.4-104　滑阀上的瞬态液动力

6.2　单向阀

6.2.1　单向阀的工作原理

普通单向阀一般称为单向阀，结构简图见图 3.4-105。压力油从 P_1 腔进入时，克服弹簧力推动阀芯，使油路接通，压力油从 P_2 腔流出，称为正向流动。当压力油从 P_2 腔进入时，油液压力和弹簧力将阀芯紧压在阀座上，油液不能通过，称为反向截止。

要使阀芯开启，液压力必须克服弹簧力 F_k、摩擦力 F_f 和阀芯重力 G，即

$$(p_1-p_2)A>F_k+F_f+G \tag{3.4-13}$$

式中　p_1——进油腔 1 的油液压力，Pa；

p_2——进油腔 2 的油液压力，Pa；

F_k——弹簧力，N；

F_f——阀芯与阀座的摩擦力，N；

G——阀芯重力，N；

A——阀座口面积，m^2。

单向阀的开启压力 p_k 一般都设计得较小，大约在 0.03～0.05MPa，这是为了尽可能降低油流通过时的压力损失。但当单向阀作为背压阀使用时，可将弹簧设计得较硬，使开启压力增高，以使系统回油保持一定的背压。可以根据实际使用需要更换弹簧，以改变其开启压力。

单向阀按阀芯结构分为球阀和锥阀。图 3.4-105（a）为球阀式单向阀。球阀结构简单，制造方便。但由于钢球有圆度误差，而且没有导向，密封性差，一般在小流量场合使用。图 3.4-105（b）为锥阀式单向阀，其特点是当油液正向通过时，阻力可以设计得较小，而且密封性较好。但工艺要求严格，阀体孔与阀座孔必须有较高的同轴度，且阀芯锥面必须进行精磨加工。在高压大流量场合下一般都使用锥阀式结构。

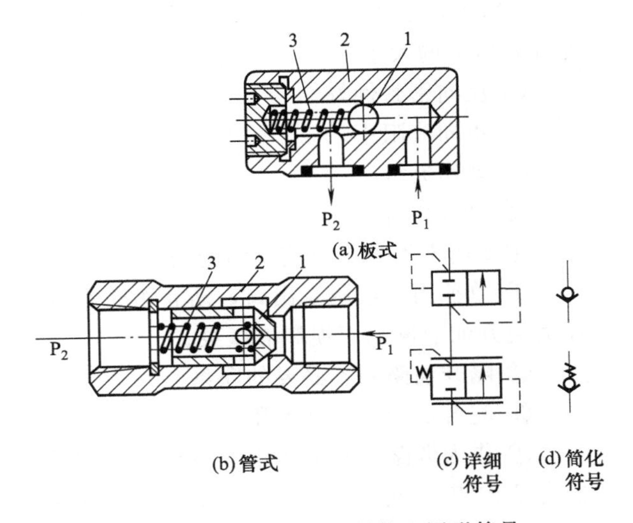

图 3.4-105　单向阀的结构和图形符号

1—阀芯；2—阀体；3—弹簧

单向阀按进出口油流的方向可分为直通式和直角式。直通式单向阀的进出口在同一轴线上（即管式结构），结构简单，体积小，但容易产生自振和噪声，而且装于系统更换弹簧很不方便。直角式单向阀的进出口油液方向成直角布置，见图 3.4-106，其阀芯中间容积是半封闭状态，阀芯上的径向孔对阀芯振动有阻尼作用，更换阀芯弹簧时，不用将阀从系统拆下，性能良好。

6.2.2　应用单向阀须注意的问题

（1）单向阀性能要求

① 正向最小开启压力 $p_k=(F_k+F_f+G)/A$，国产单向阀的开启压力有 0.04MPa

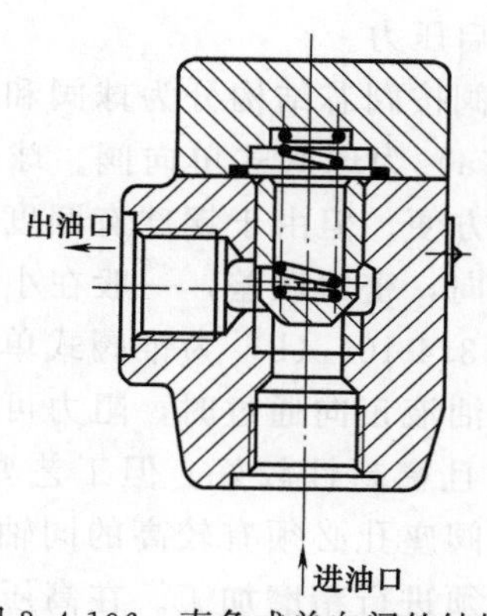

图 3.4-106 直角式单向阀的结构

和 0.4MPa，通过更换弹簧，改变刚度来改变开启压力的大小。

② 反向密封性好。

③ 正向流阻小。

④ 动作灵敏。

(2) 单向阀典型应用

主要用于不允许液流反向的场合。

① 单独用于液压泵出口，防止由于系统压力突升油液倒流而损坏液压泵。

② 隔开油路间不必要的联系。

③ 配合蓄能器实现保压。

④ 作为旁路与其他阀组成复合阀。常见的有单向节流阀、单向顺序阀、单向调速阀等。

⑤ 采用较硬弹簧作背压阀。电液换向阀中位时使系统卸荷，单向阀保持进口侧油路的压力不低于它的开启压力，以保证控制油路有足够压力使换向阀换向。

(3) 单向阀的常见故障

① 当油液反向进入时，阀芯不能将油液严格封闭而产生泄漏，特别是 p_2 较低时更为严重。应检查阀芯与阀座的接触是否紧密，阀座孔与阀芯是否满足同轴度要求。或当阀座压入阀体孔时有没有压歪，如不符合要求，则需将阀芯与阀座重新研配。

② 单向阀不灵，阀芯有卡阻现象，应检查阀座孔与阀芯的加工精度，并应检查弹簧是否断裂或过分弯曲。应该注意的是，无论是直角型还是直通型单向阀，都不允许阀芯锥面向上安装。

6.3 液控单向阀

6.3.1 液控单向阀的工作原理

液控单向阀是可以根据需要实现逆向流动的单向阀，见图 3.4-107。图中上半部与一般单向阀相同，当控制口 K 不通压力油时，阀的作用与单向阀相同，只允许油液向一个方向流动，反向截止。下半部有一控制活塞 1，控制口 K 通以一定压力的油液，推动控制活塞并通过推杆 2 抬起锥阀阀芯 3，使阀保持开启状态，油液就可以由 P_2 流到 P_1，即反向流动。

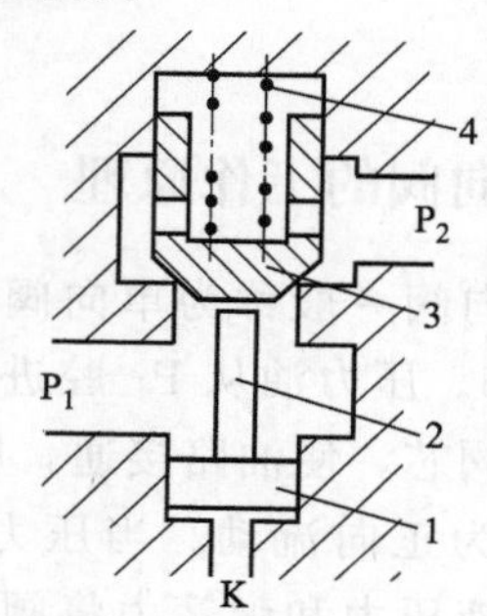

图 3.4-107 液控单向阀工作原理

1—控制活塞；2—推杆；3—锥阀芯；4—弹簧

要使阀芯反向开启必须满足

$$(p_K-p_1)A_K-F_{f2}>(p_2-p_1)A+F_k+F_{f1}+G \qquad (3.4\text{-}14)$$

即：

$$p_K>(p_2-p_1)\frac{A}{A_K}+p_1+\frac{F_k+F_{f1}+F_{f2}+G}{A_K} \qquad (3.4\text{-}15)$$

式中 p_K——阀反向开启时的控制油压力，Pa；

p_1——进油腔 1 的油液压力，MPa；

p_2——进油腔 2 的油液压力，MPa；

A_K——控制活塞面积，m^2；

F_{f1}——锥阀芯的摩擦阻力，N；

F_{f2}——控制活塞的摩擦阻力，N；

F_k——弹簧力，N；

G——阀芯重力，N；

A——阀座口面积，m^2。

由上式可以看出，液控单向阀反向开启压力主要取决于进油腔压力 p_2 和锥阀活塞与控制活塞面积比 A/A_K，同时也与出口压力 p_1 有关。

图 3.4-108 是内泄式液控单向阀，它的控制活塞上腔与 P_1 腔相通，所以叫内泄式。它的结构简单，制造方便。但由于结构限制，控制活塞面积 A_K 不能比阀芯面积大很多，因此反向开启的控制压力 p_K 较大。当 $p_1=0$ 时，$p_K\approx(0.4\sim0.5)p_2$。若 $p_1\neq0$ 时，p_K 将会更大一些，所以这种阀只用于低压场合。

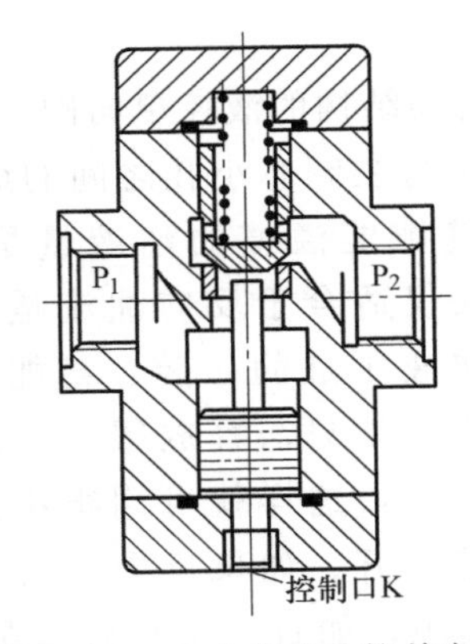

图 3.4-108 内泄式液控单向阀

为了减少出油腔压力 p_1 对开启控制压力 p_K 的影响，出现了图 3.4-109 所示的外泄式液控单向阀，在控制活塞的上腔增加了外泄口，与油箱连通，减少了 P_1 腔压力在控制活塞上的作用面积。此时式（3.4-15）改写为（忽略摩擦力和重力）

$$p_K>(p_2-p_1)\frac{A}{A_K}+p_1\frac{A_1}{A_K}+\frac{F_K}{A_K} \tag{3.4-16}$$

式中 A_1——P_1 腔压力作用在控制活塞上的活塞杆面积，m^2。

A_1/A_K 越小，p_1 对 p_K 的影响就越小。

在高压系统中，上述两种结构所需的反

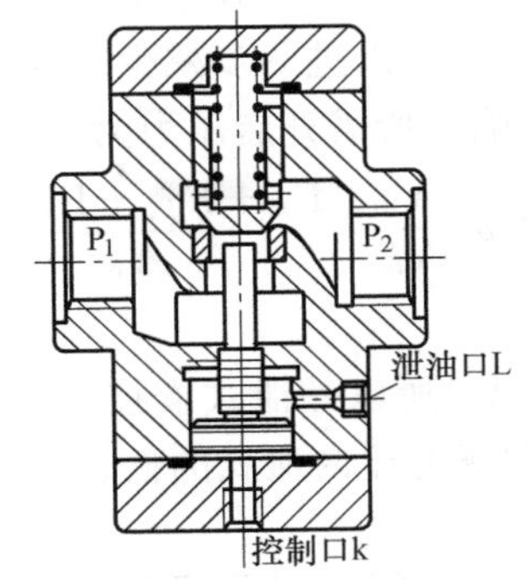

图 3.4-109 外泄式液控单向阀的结构

向开启控制压力均很高，为此应采用带卸荷阀芯的液控单向阀，它也有内泄式和外泄式两种结构。图 3.4-110 为内泄式带卸荷阀芯的液控单向阀。它在锥阀 3（主阀）内部增加了一个卸荷阀芯 6，在控制活塞顶起锥阀之前先顶起卸荷阀芯 6，使锥阀上部的油液通过卸荷阀上铣去的缺口与下腔压力油相通，阀上部的油液通过泄油口到下腔，上腔压力有所下降，上下腔压力差 p_2-p_1 减小，此时控制活塞便可将锥阀顶起，油液从 P_2 腔流向 P_1 腔，卸荷阀芯顶开后，$p_2-p_1\approx0$，所以式（3.4-16）就变成

$$p_K>p_1+\frac{F_k+F_{f1}+F_{f2}+G}{A_K} \tag{3.4-17}$$

即开启压力大大减少，这是高压液控单向阀常采用的一种结构。

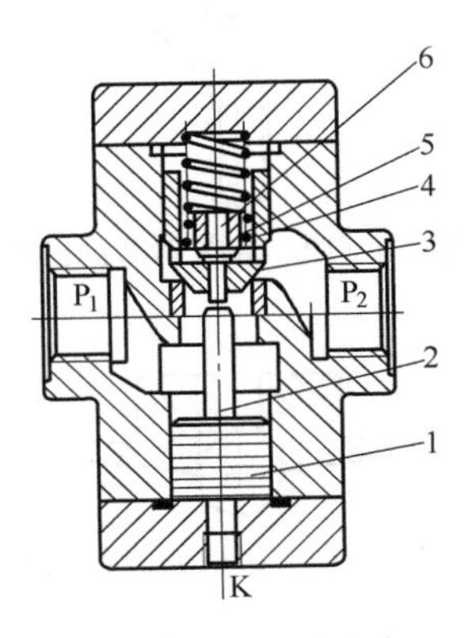

图 3.4-110 内泄式带卸荷阀芯的液控单向阀的结构

1—控制活塞；2—推杆；3—锥阀；4—弹簧座；5—弹簧；6—卸荷阀芯

图 3.4-111 为外泄式带卸荷阀芯的液控单向阀，该阀可以进一步减少出油口压力 p_1 对 p_K 的影响，所需开启压力为

$$p_K > p_1 \frac{A_1}{A_K} + \frac{F_k + F_{f1} + F_{f2} + G}{A_K} \quad (3.4\text{-}18)$$

因为 $A_1 < A_K$ 所以外泄式液控单向阀所需反向开启控制压力比内泄式的低。

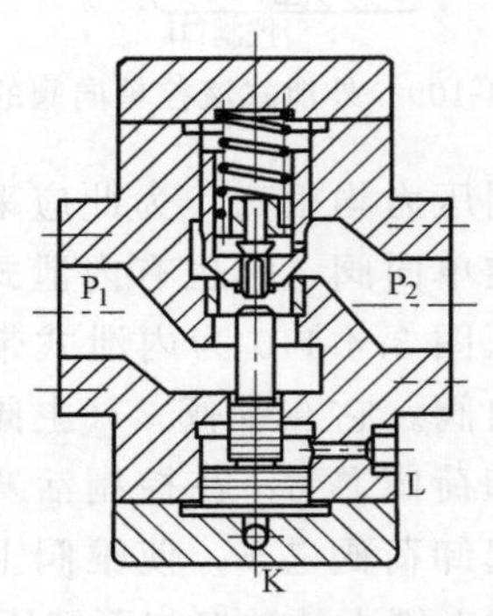

图 3.4-111　外泄式带卸荷阀芯的液控单向阀的结构

图 3.4-112 为卸荷阀芯的结构图。由于它的结构比较复杂，加工也困难，尤其是通径较小时结构更小，加工更困难，因此近年来国内外都采用钢球代替卸荷阀芯，封闭主阀下端的小孔来达到同样的目的（见图3.4-113和图3.4-114）。

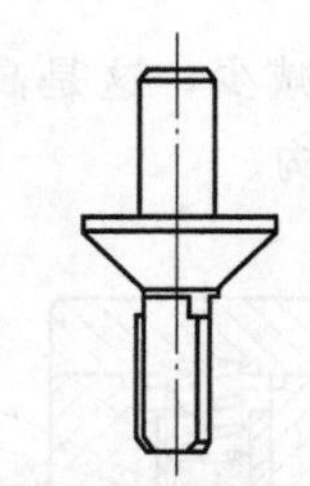
图 3.4-112　卸荷阀芯的结构

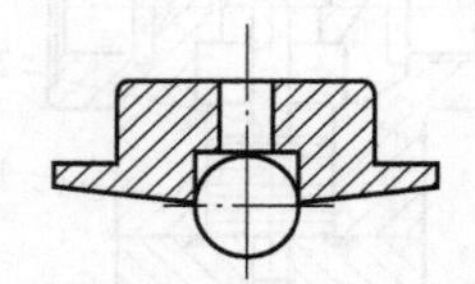
图 3.4-113　钢球密封的结构

它是将一个钢球压入弹簧座内，利用钢球的圆球面将阀芯小孔封闭。这种结构大大简化了工艺，解决了卸荷阀芯加工困难的问

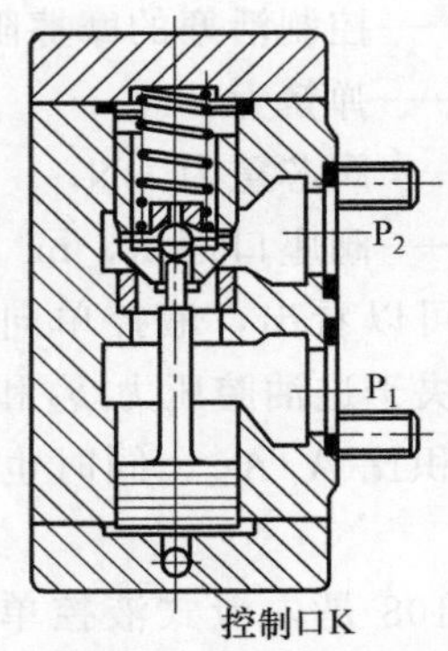

图 3.4-114　钢球式卸荷阀芯液控单向阀的结构

题。但是，这种结构的控制活塞的顶端应加长一小段，伸入阀芯小孔内，由于这个阀芯孔较小，控制活塞端部伸入的一段较细，因而容易发生弯曲甚至断裂。另外，对阀体上端阀芯孔和下端控制活塞孔的同轴度的要求也提高了。

带卸荷阀结构的液控单向阀，由于卸荷阀芯开启时与主阀芯小孔之间的缝隙较小，通过这个缝隙能溢掉的油液量是有限的，所以，它仅仅适合于反向油流是一个封闭的场合，如液压缸的一腔、蓄能器等。封闭容腔的压力油只需释放很少一点流量便可将压力卸掉，这样就可用很小的控制压力将主阀芯打开。如果反向油流是一个连续供油的油源，如直接来自液压泵的供油，由于连续供油的流量很大，这么大的流量强迫它从很小的缝隙通过，油流必然获得很高的流速，同时造成很大的压力损失，而反向油流的压力仍然降不下来。所以虽然卸荷阀芯打开了，但仍有很高的反向油流压力压在主阀芯上，因而仅能打开卸荷阀芯，却打不开主阀芯，使反向油流的压力降不到零，油流也就不能全部通过。在这种情况下，要使反向连续供油全部反向通过，必须大大提高控制压力，将主阀芯打开到一定开度才行。

图 3.4-115 是将两个液控单向阀布置在同一个阀体内，称为双液控单向阀，也叫液压锁。其工作原理是：当液压系统一条通路

的油被从 A 腔进入时，依靠油液压力自动将左边的阀芯推开，使 A 腔的油流到 A_1。同时，将中间的控制活塞向右推，将右边的阀芯顶开，使 B 腔与 B_1 腔相沟通，把原来封闭在 B_1 腔通路上的油液通过 B 腔排出。总之就是当一个油腔是正向进油时，另一个油腔就是反向出油，反之亦然。

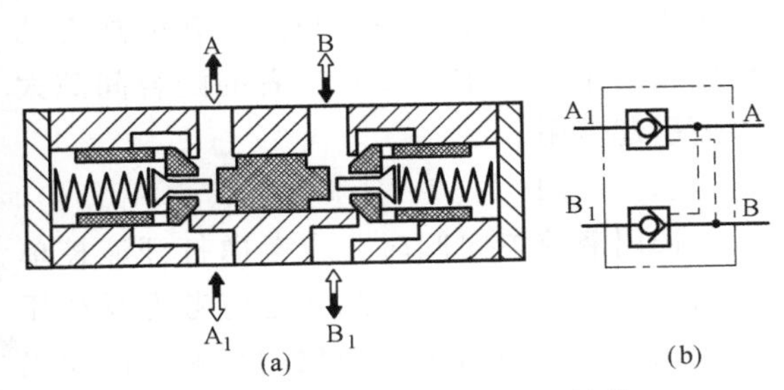

图 3.4-115　双液控单向阀的结构

6.3.2　应用液控单向阀须注意的问题

（1）主要性能要求

① 最小正向开启压力要小。最小正向开启压力与单向阀相同，为 0.03～0.05MPa。

② 反向密封性好。

③ 压力损失小。

④ 反向开启最小控制压力一般为：不带卸荷阀芯 $p_K=0.4\sim0.5p_2$，带卸荷阀芯 $p_K=0.05p_2$

（2）典型应用

液控单向阀在液压系统中的应用范围很广，主要利用液控单向阀锥阀良好的密封性。如图 3.4-116 的锁紧回路，锁紧的可靠性及锁定位置的精度，仅仅受液压缸本身内泄漏的影响。图 3.4-117 的平衡限速，可保证将活塞锁定在任何位置，并可防止由于换向阀的内部泄漏引起带有负载的活塞杆下落。

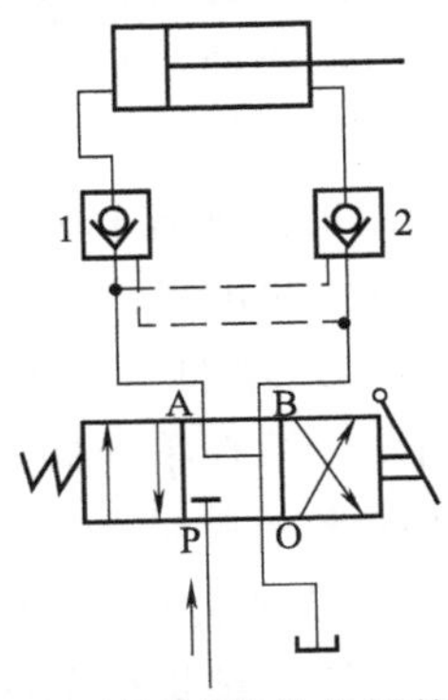

图 3.4-116　利用液控单向阀的锁紧回路

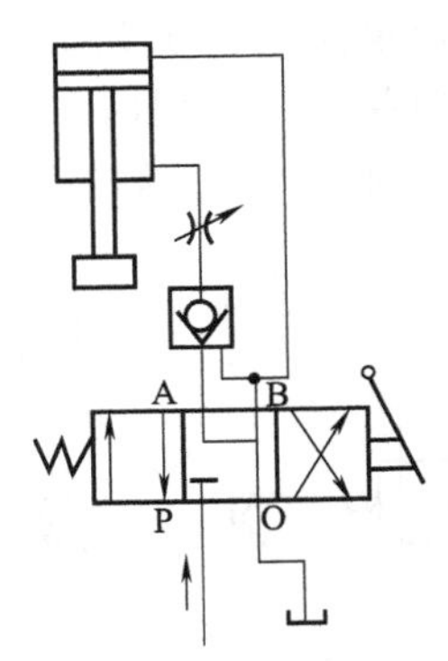

图 3.4-117　平衡限速回路

在液压缸活塞夹紧工件或顶起重物过程中，由于停电等突然事故而使液压泵供电中断时，可采用液控单向阀，打开蓄能器回路，以保持其压力，见图 3.4-118。当二位四通电磁阀处于左位时，液压泵输出的压力油正向通过液控单向阀 1 和 2，向液压缸和蓄能器同时供油，以夹紧工件或顶起重物。当突然停电液压泵停止供油时，液控单向阀 1 关闭，而液控单向阀 2 仍靠液压缸 A 腔的压力油打开，沟通蓄能器，液压缸靠蓄能器内的压力油保持压力。这种场合的液控单向阀，必须带卸荷阀芯，并且是外泄式的结构。否则，由于这里液控单向阀反向出油腔油流的背压就是液压缸 A 腔的压力，因此压力较高而有可能打不开液控单向阀。

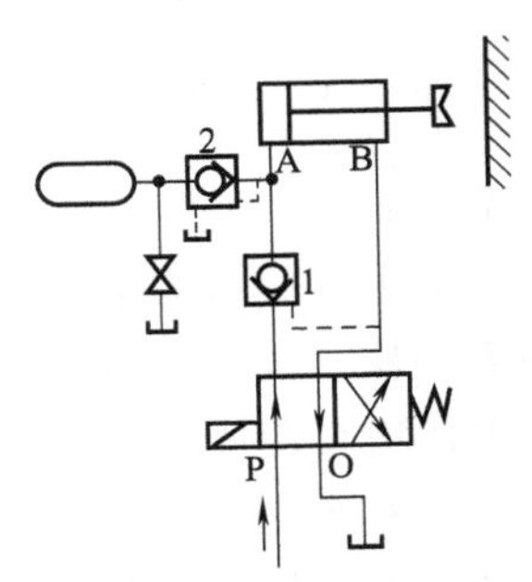

图 3.4-118　利用液控单向阀的保压回路

在蓄能器回路里，可以采用液控单向阀，

利用蓄能器本身的压力将液控单向阀打开，使蓄能器向系统供油。这种场合应选择带卸荷阀芯的并且是外泄式结构的液控单向阀，见图 3.4-119。当二位四通电磁换向阀处于右位时，液控单向阀处于关闭状态；当电磁铁通电使换向阀处于左位时，蓄能器内的压力油将液控单向阀打开，同时向系统供油。

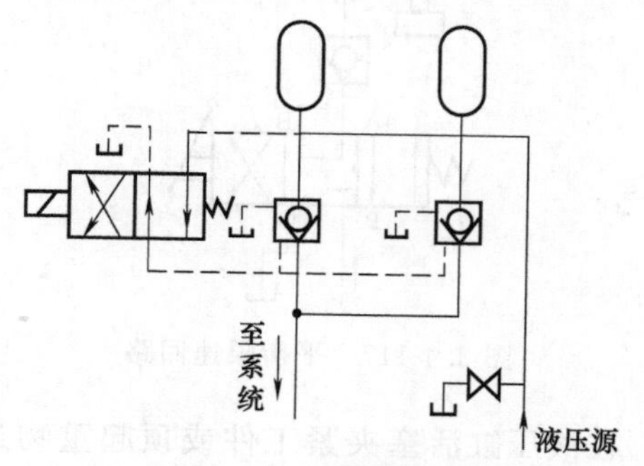

图 3.4-119　蓄能器供油回路

液控单向阀也可作充液阀，如图3.4-120所示。活塞等以自重空程下行时，液压缸上腔产生部分真空，液控单向阀正向导通从充液箱吸油。活塞回程时，依靠液压缸下腔油路压力打开液控单向阀，使液压缸的上腔通过它向充液油箱排油。因为充液时通过的流量很大，所以充液阀一般需要自行设计。

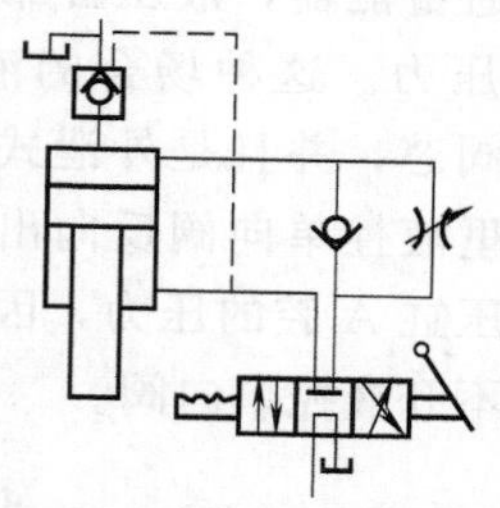

图 3.4-120　液控单向阀作充液阀

（3）常见故障

液控单向阀由于阀座安装时的缺陷，或者阀座孔与安装阀芯的阀体孔加工时同轴度误差超过要求，均会使阀芯锥面和阀座接触处产生缝隙，不能严格密封，尤其是带卸荷阀芯式的结构，更容易发生泄漏。这时需要将阀芯锥面与阀座孔重新研配，或者将阀座卸出重新安装。用钢球作卸荷阀芯的液控单向阀，有时会发生控制活塞端部小杆顶不到钢球而打不开阀的现象，这时需检查阀体上下二孔（阀芯孔与控制活塞孔）的同轴度是否符合要求，或者控制活塞端部是否有弯曲现象，如果阀芯打开后不能回复到初始封油位置，则需检查阀芯在阀体孔内是否卡住，弹簧是否断裂或者过分弯曲，而使阀芯产生卡阻现象。也可能是阀芯与阀体孔的加工几何精度达不到要求，或者二者的配合间隙太小而引起卡阻。

（4）选用

选用液控单向阀时，应考虑打开液控单向阀所需的控制压力。此外还应考虑系统压力变化对控制油路压力变化的影响，以免出现误开启。在油流反向出口无背压的油路中可选用内泄式；否则需用外泄式，以降低控制油的压力，而外泄式的泄油口必须无压回油，否则会抵消一部分控制压力。

（5）其他应注意的问题

① 液控单向阀回路设计应确保反向油流有足够的控制压力，以保证阀芯的开启。如图 3.4-121 所示，如果没有节流阀，则当三位四通换向阀换向到右边通路时，液压泵向液压缸上腔供油，同时打开液控单向阀，液压缸活塞受负载重力的作用迅速下降，造成由于液压泵向液压缸上腔供油不足而使压力降低，即液控单向阀的控制压力降低，使液控单向阀有可能关闭，活塞停止下降。随后，在流量继续补充的情形下，压力再升高，控制油再将液控单向阀打开。这样由于液控单向阀的开开闭闭，使液压缸活塞的下降断断续续，从而产生低频振荡。

② 前面介绍的内泄式和外泄式液控单向阀，分别使用在反向出口腔油流背压较低或较高的场合，以降低控制压力。如图 3.4-121 (a)所示，液控单向阀装在单向节流阀的后部，反向出油腔油流直接接回油箱，背压很小，可采用内泄式结构。图 3.4-121 (b) 中的液控单向阀安装在单向节流阀的前部，反向出油腔通过单向节流阀回油箱，背

压很高，采用外泄式结构为宜。

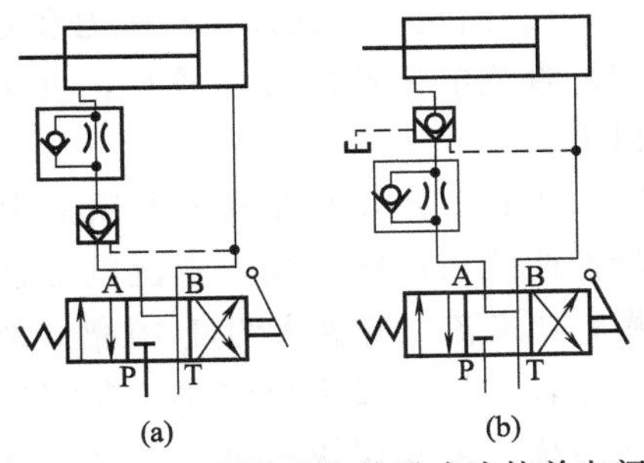

图 3.4-121 内泄式和外泄式液控单向阀的不同使用场合

③ 当液控单向阀从控制活塞将阀芯打开，使反向油液通过，到卸掉控制油，控制活塞返回，使阀芯重新关闭的过程中，控制活塞容腔中的油要从控制油口排出，如果控制油路回油背压较高，排油不通畅，则控制活塞不能迅速返回，阀芯的关闭速度也要受到影响，这对需要快速切断反向油流的系统来说是不能满足要求的。为此，可以采用外泄式结构的液控单向阀，如图 3.4-122 所示，将压力油引入外泄口，强迫控制活塞迅速返回。

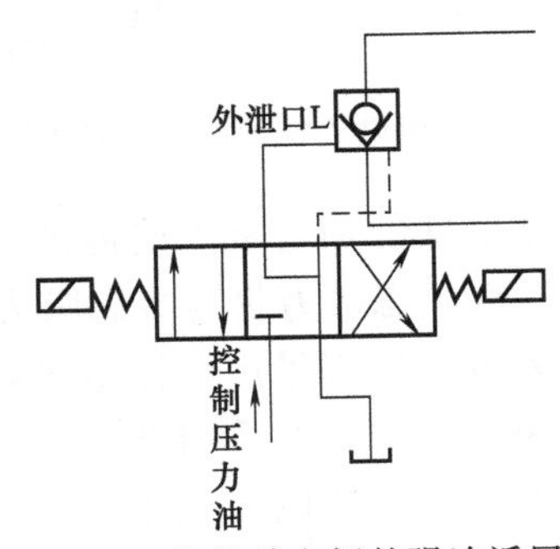

图 3.4-122 液控单向阀的强迫返回回路

6.4 电磁换向阀

电磁换向阀也叫电磁阀，是液压控制系统和电器控制系统之间的转换元件。它利用通电电磁铁的吸力推动滑阀阀芯移动，改变油流的通断，来实现执行元件的换向、启动、停止。

6.4.1 电磁铁

电磁铁是电磁换向阀重要的部件之一，电磁铁品种规格和工作特性的选择，电磁铁与阀互相配合的特性的设计，对电磁换向阀的结构和工作性能有极大的影响。下面分别介绍交、直流电磁铁和干式、湿式电磁铁的区别，以便正确选用。

(1) 交流电磁铁

图 3.4-123 为交流湿式电磁铁的结构。交流电磁铁具有恒磁链特性，启动电流大于正常吸持电流的 4～10 倍（见图 3.4-124）。当衔铁因故被卡住，或阀的复位弹簧刚度设计过大，与电磁铁的吸力特性配合不当，推杆配合不正确，以及阀芯由于各种原因产生卡阻或工作电源电压过低等原因使衔铁不能正常吸合时，都会因电流过大，使励磁线圈温升过高而烧毁。另外，交流电磁铁的操作频率不能过高（30 次/分左右），过高的操作频率，也会因线圈过热而烧毁。

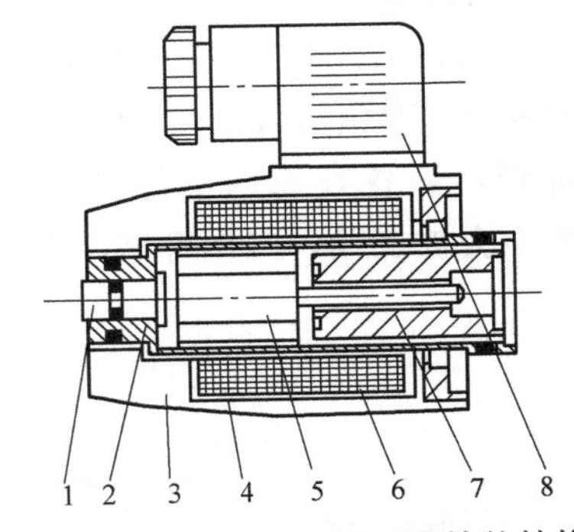

图 3.4-123 交流湿式电磁铁的结构

1—手动推杆；2—导磁套；3—塑性外壳；4—磁轭；5—衔铁；6—线圈；7—挡铁；8—插头组件

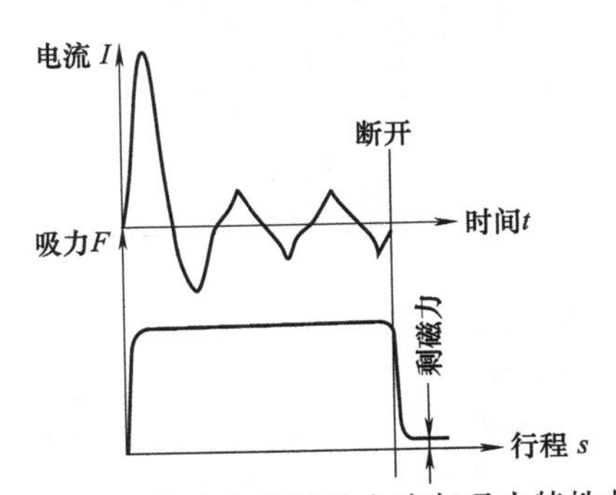

图 3.4-124 交流电磁铁的电流与吸力特性曲线

交流电磁铁吸合时快，释放时间也短，能适用于要求快速切换的场合。但冲击力较大，使阀芯换向时容易产生液压冲击，造成执行机构工作的不稳定性和系统管路的振动。因此，电磁铁的推力不宜超过阀的总反力太多，否则会影响衔铁的机械寿命。一般交流电磁铁的寿命较短（50万～60万次，国际先进水平可达1千万次）。

交流电磁铁工作时噪声较大，特别是当衔铁和铁芯的吸合面有脏物时更为明显。它的额定吸力受温度变化的影响较小，一般热态吸力为冷态吸力的90%～95%。

交流电磁铁吸力随衔铁与铁芯吸合行程的变化递增较快，即吸力—行程特性曲线比较陡，这对帮助阀芯在换向过程中克服各种阻力和液流力的影响有利。但气隙随工作次数的增加而变小，使剩磁力增大，这对阀芯依靠弹簧力复位时又是一个不利的因素。而且剩磁力的大小与电源被切断时的电压有关。

（2）直流电磁铁

图3.4-125为干式直流电磁铁结构图，直流电磁铁具有恒电流特性，当衔铁像交流电磁铁那样，因各种原因不能正常吸合时，励磁线圈不会被烧毁，工作可靠，操作频率较高，一般可允许120次/分，甚至可达240次/分以上。而且频率的提高对吸力和温升没有影响。直流电磁铁的寿命较长，可达数千万次以上。

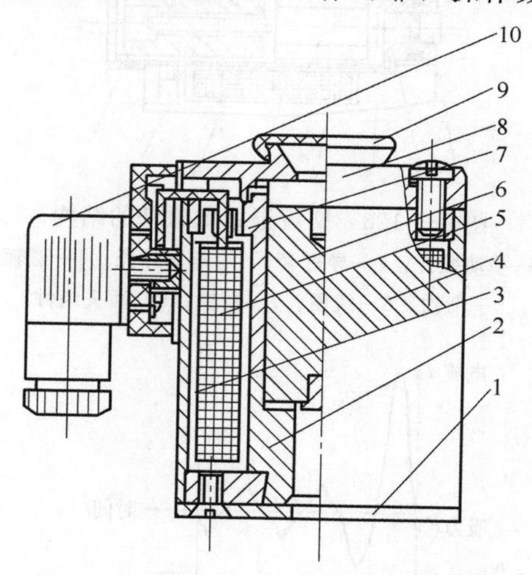

图3.4-125 干式直流电磁铁基本结构

1—连接板；2—挡板；3—线圈护箔；4—外壳；5—线圈；6—衔铁；7—内套；8—后盖；9—防尘套；10—插头组件

图3.4-126所示为直流电磁铁的电流与吸力特性曲线，由图可见，直流电磁铁吸合动作慢，比交流电磁铁大约慢10倍。故阀的换向动作较平稳，噪声也较小，在需要快速切换的系统，可采用快速励磁回路，并设法采用微型继电器，以缩短线圈励磁时间，提高换向速度。由于吸合慢，冲击力小，与阀的总的反力相配合时，应具有较大的余量，它对帮助阀芯在换向过程中克服各种阻力的影响作用较差。另外，还存在涡流，释放时间也较长，比交流电磁铁要长10倍左右。

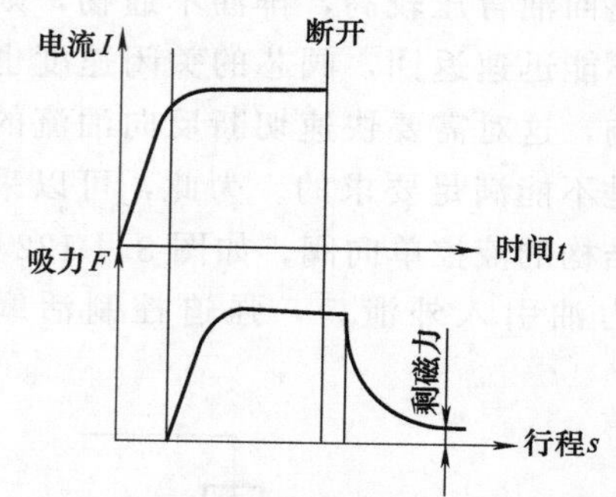

图3.4-126 直流电磁铁的电流与吸力特性曲线

直流电磁铁的额定吸力受温度变化的影响较大，一般热态吸力仅为冷态吸力的75%左右。直流电磁铁因采用直流电源，没有无功损耗，用电较省，如采用低电压工作，较为安全，在潮湿的环境中工作，击穿的危险性较小。又由于线圈不会过热烧毁，外壳的结构比交流型简单，一般不需加置散热肋。直流电磁铁起始段行程的吸力递增较慢，即随衔铁行程变化的曲线较平坦；它的气隙容易控制，剩磁力比较稳定。

在电器控制系统中，继电器因电磁铁通断电时产生火花而影响到寿命。可在直流电磁铁上加二极管来减弱继电器断开时的火花。另外，直流电磁铁在断电的瞬间，冲击电压可高达600～800V，这将影响配有电子控制设备或电子计算机控制系统的正常工作。在普通液压机械中，直流电磁铁也因工作可靠，不易烧毁的特殊优点而得到普遍应用。表3.4-44为交直流电磁铁的直观对比。

表 3.4-44 交直流电磁铁的比较

交流电磁铁	直流电磁铁
不需特殊电源	需专门的直流电源或整流装置
电感性负载，温升时吸力变化较小	电阻性负载，温升时吸力下降较大
通电后立即产生额定吸力	滞后约0.5s才达到额定吸力
断电后吸力很快消失	滞后约0.1s吸力才消失
铁芯材料用硅钢片，货源充分	铁芯材料用工业纯铁，货源少
多数为冲压件，适合批量生产	机加工量大，精度要求高
滑阀卡住时，线圈会因电流过大而烧毁	滑阀卡住时，不会烧毁线圈
体积较大，工作可靠性差，寿命较短	体积小，工作可靠，寿命长

(3) 干式、湿式电磁铁的对比

干式电磁铁与阀体能分开，更换电磁铁方便，不允许油液进入电磁铁内部，因此推动阀芯的推杆处要求可靠密封。密封处摩擦阻力较大，影响换向可靠性，也易产生泄漏。湿式电磁铁与干式型相比，最大的区别是压力油可以进入电磁铁内部，衔铁在油液中工作。

图3.4-127是湿式直流电磁铁的一种结构，除有干式直流电磁铁的基本特点外，它与阀配合组成的直流湿式电磁阀还具有如下主要特点。

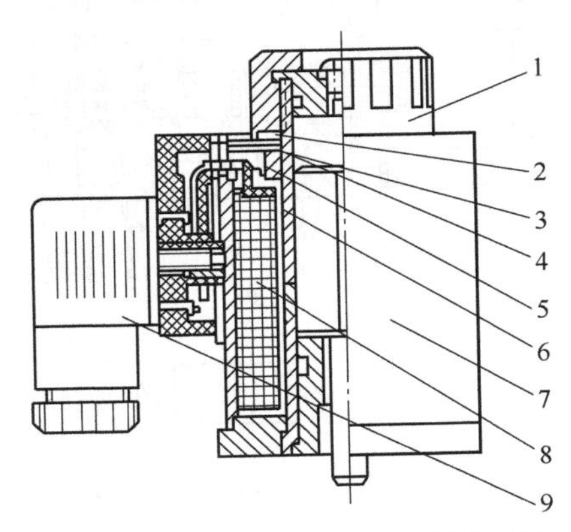

图 3.4-127 湿式直流电磁铁的结构

1—紧固螺母；2—密封圈；3—弹簧；4—衔铁组；5—上轭；6—导磁芯组件；7—外套组件；8—线圈；9—插头组件

① 电磁铁与阀的安装结合面靠O形密封圈固定密封。取消了干式型结构推杆处的O形圈座结构，电磁阀T腔部分的液压油可进入电磁铁内部，不存在推杆与O形密封圈的滑动摩擦副，从根本上解决了干式型阀从推杆处容易产生外泄漏的问题。

② 电磁铁的运动部件在油液中工作，由于油液的润滑作用和阻尼作用，减缓了衔铁对阀体的撞击，动作平稳，噪声小，并减小了运动副的磨损，大大延长了电磁铁的寿命。经试验，其寿命比干式直流型更长。这一点与干式交流电磁铁相比是最为特殊的优点。

③ 湿式电磁铁无需克服干式型结构推杆处O形密封圈的摩擦阻力，这样就可充分利用电磁铁的有限推力，提高滑阀切换的可靠性。

④ 随着电磁铁的反复吸合、释放动作，将油液循环压入和排除电磁铁内，带走了线圈发出的一部分热量，改善了电磁铁的散热效能，可使电磁铁发挥更大的效率。

⑤ 电磁阀的阀芯与阀体连成一体，并取消了O形圈座等零件，取消了阀芯推杆连接部分的T形槽结构，简化了电磁阀的结构，改进了工艺，提高了生产效率。

⑥ 湿式电磁铁的主要缺点是结构较干式型复杂，价格较高。另外，由于油液的阻尼作用，动作较慢，在需要快速切换的场合，应在电气控制线路中采取措施，以加快动作时间。

6.4.2 电磁阀的典型结构和特点

电磁阀的规格和品种较多，按电磁铁的结构形式分，有交流型，直流型，本机整流型；按工作电源规格分，有交流110V，220V，380V；直流12V，24V，36V，110V等；按电磁铁的衔铁是否浸入油液分，有湿式型和干式型两种；按工作位置数和油口通路数分，有二位二通到三位五通等。

图3.4-128是干式二位二通电磁阀结构图。常态时P与A不通，电磁铁6通电时，

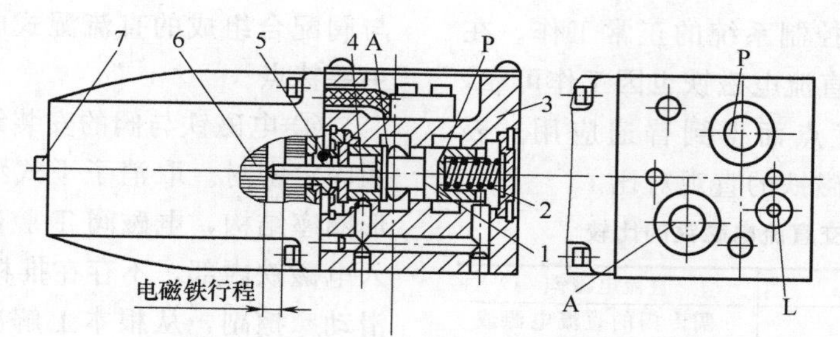

图 3.4-128　干式二位二通电磁阀结构

1—阀芯；2—弹簧；3—阀体；4—推杆；5—密封圈；6—电磁铁；7—手动推杆

电磁铁铁芯通过推杆 4 克服弹簧 2 的预紧力，推动阀芯 1，使阀芯 1 换位，P 与 A 接通。电磁铁断电时，阀芯在弹簧的作用下回复到初始位置，此时 P 腔与 A 断开。二位二通阀主要用于控制油路的通断。电磁铁顶部的手动推杆 7 是为了检查电磁铁是否动作以及电气发生故障时手动操纵而设置的。图中的 L 口是泄漏油口，阀体与阀芯之间的缝隙泄漏的油液通过此油口回油箱。

图 3.4-129 是干式二位三通电磁阀结构图及图形符号。电磁铁通电时，电磁铁的推力通过推杆推动滑阀阀芯，克服弹簧力，一直将滑阀阀芯推到靠紧垫板，此时 P 腔与 B 腔相通，A 腔封闭。当电磁铁断电时，即常态时，阀芯在弹簧力的作用下回到初始位置，此时 P 与 A 相通，B 腔封闭。这种结构的二位三通阀也可作为二位二通阀使用。如果 B 口堵住，即变成二位二通常开型机能。当电磁铁不通电时，P 与 A 通，电磁铁通电时，P 与 A 不通。反之，如果 A 口封闭，则变成常闭型机能的二位二通阀。即电磁铁通电时 P 腔与 B 腔相通，断电时（即常态）P 腔与 B 腔不通。

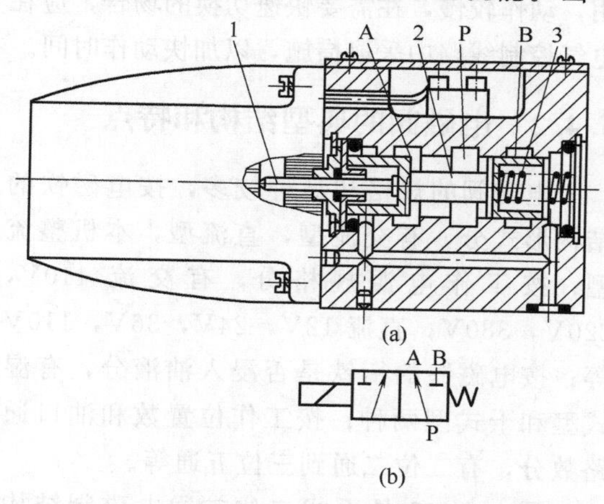

图 3.4-129　干式二位三通电磁阀结构和图形符号

1—推杆；2—阀芯；3—复位弹簧

图 3.4-130 是一种干式二位四通单电磁铁弹簧复位式电磁换向阀结构图。两端的对中弹簧使阀芯保持在初始位置，阀芯的两个台肩上各铣有通油沟槽。当电磁铁不通电时，进油腔 P 与一个工作腔 A 沟通，另一个工作腔 B 与回油腔 T 相沟通。当电磁铁吸合时，阀芯换向使 P 腔与 B 腔沟通，A 腔与 T 腔沟通。当电磁铁断电时，依靠右端的复位弹簧将阀芯推回到初始位置，左边的弹簧仅仅在电磁铁不工作时，使阀芯保持在初始位置并

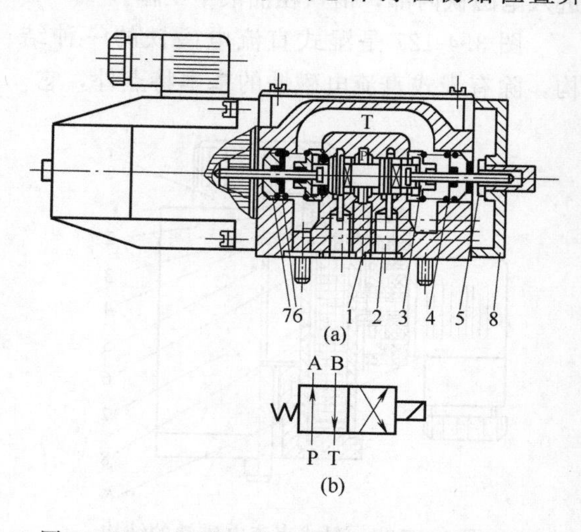

图 3.4-130　干式二位四通单电磁铁弹簧复位式电磁换向阀结构和图形符号

1—A 口；2—B 口；3—弹簧座；4—弹簧；5—推杆；6—挡板；7—O 形圈座；8—后盖板

支承O形圈座，在阀的换向和复位期间不起作用。

图3.4-131为二位四通交流湿式单电磁铁弹簧复位式电磁换向阀结构图。左端装有湿式交流型电磁铁，其工作原理与图3.4-130的阀基本相同。它的最大特点是电磁铁为湿式交流型，两端回油腔的油液可以进入电磁铁内部，电磁铁与阀体之间利用O形密封圈靠径向压紧密封，解决了干式交流型结构两端T腔压力油可能从推杆处的外泄漏。

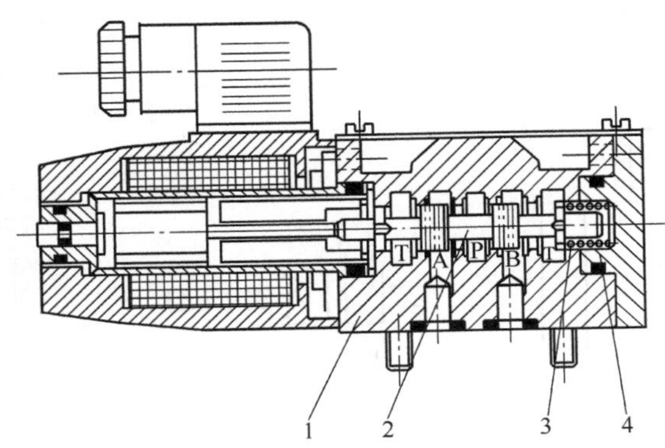

图3.4-131　二位四通交流湿式单电磁铁弹簧复位式电磁换向阀结构

1—阀体；2—阀芯；3—弹簧；4—后盖

图3.4-132是一种二位四通干式双电磁铁无复位弹簧式电磁换向阀的结构和图形符号。这种换向阀的技术规格和主要零件与上述单电磁铁二位四通型换向阀基本相同，只是右边多装了一个电磁铁。当左边的电磁铁通电时，阀芯换向，使P腔与B腔相通，A腔与T腔相通。当电磁铁断电时，由于两端弹簧刚度很小，不能起到使阀芯复位的作用，要依靠右端电磁铁的通电吸合，才能将阀芯推回到初始位置，使P腔与A腔沟通，B腔与T腔沟通。两端弹簧仅起到支承O形圈座的作用，所以不叫复位弹簧。当两端电磁铁都处于断电情况时，阀芯因没有弹簧定位而无固定位置。因此，任何情况下，都应保证有一个电磁铁是常通电的，这样不至于发生误动作。这种电磁阀因无需克服复位弹簧的反力，而可以充分利用电磁铁的推力去克服由其他因素产生的各种阻力，以使阀的换向动作更为可靠。图3.4-133是二位四通湿式双电磁铁无复位弹簧式电磁换向阀的结构图。

图3.4-134为一种二位四通双电磁铁钢珠定位式电磁换向阀的结构和图形符号。这种形式换向阀的技术规格与上述相同。它的工作特点是当两端电磁铁都不工作时，阀芯靠左边两个钢珠定位在初始位置上。当左边电磁铁通电吸合时，将阀芯与定位钢珠一起向右推动，直到钢珠卡入在定位套的右边槽中，完成换向动作。当电磁铁断电时，由于钢珠定位的作用，阀芯仍处于换向位置，要靠右边电磁铁通电吸合，将阀芯与钢珠一起向左推动，直到钢珠卡入原来的定位槽中，才能完成复位动作。当电磁铁断电时，由于钢珠定位作用，阀芯仍保持在断电前位置。这样就保证当电磁铁的供电因故中断时，阀芯都能保持在电磁铁通电工作时的位置，不至

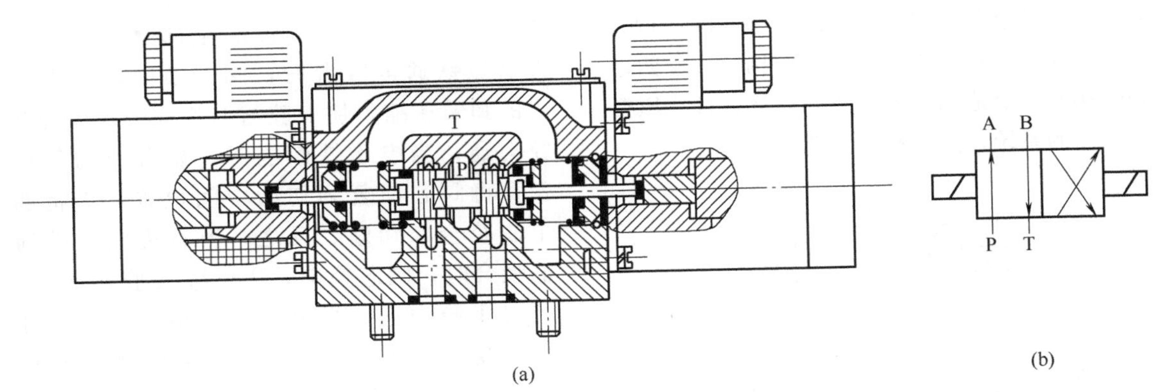

图3.4-132　二位四通干式双电磁铁无复位弹簧式电磁换向阀的结构和图形符号

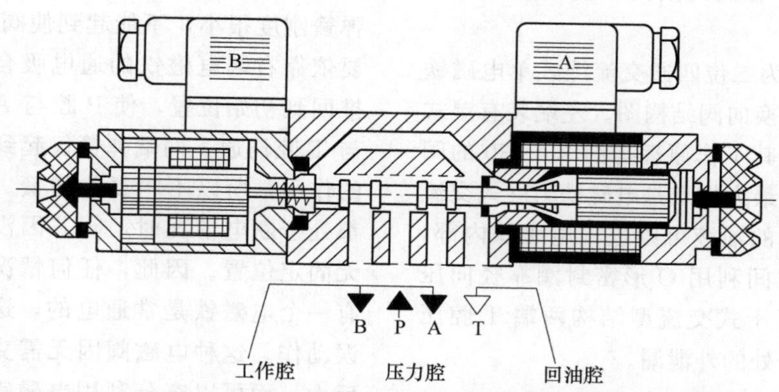

图 3.4-133 二位四通湿式双电磁铁无复位弹簧式电磁换向阀的结构

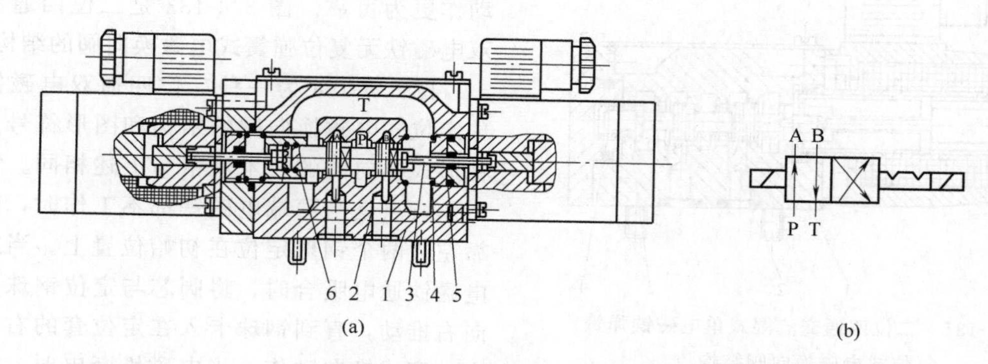

图 3.4-134 二位四通双电磁铁钢珠定位式电磁换向阀的结构和图形符号

1—阀体；2—阀芯；3—推杆；4—弹簧；5—弹簧座；6—定位套

于造成整个液压系统工作的失灵或故障，也可避免电磁铁长期通电。两端的弹簧仅仅起到支承O形圈座定位套的作用。

二位型的电磁换向阀，除上述的二位二通、二位三通、二位四通型外，尚有二位五通型的结构。它是将两端的两个回油腔（T腔）分别作为独立的回油腔使用，在阀内不沟通，即成为 T_1 和 T_2，工作原理与结构与二位四通阀的相同，能适用于有两条回油管路且背压要求不同的系统，图形符号见图 3.4-135。

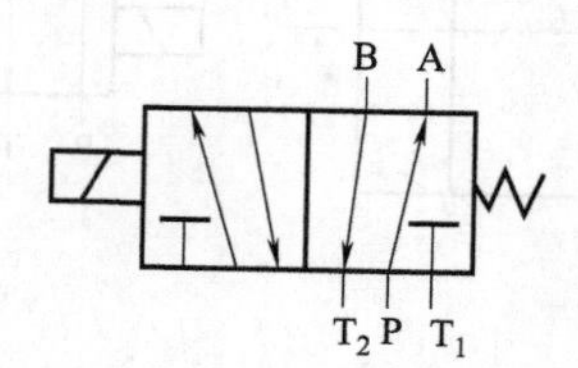

图 3.4-135 二位五通电磁阀的图形符号

图 3.4-136 是一种三位四通干式弹簧对中型电磁换向阀的结构图。阀芯有三个工作位置，它所控制的油腔有四个，即进油腔P，工作腔A和B，回油腔T。图中所示是O型滑阀中位机能的结构。当两边电磁铁不通电时，阀芯靠两边复位弹簧保持在初始中间位置，四个油腔全部封闭。当左边电磁铁通电吸合时，阀芯换向，并将右边的弹簧压缩，使P腔与B沟通，A腔与T腔沟通；当电磁铁断电时，靠右边的复位弹簧将阀芯回复到初始中间位置，仍将四个油腔全部切断。反之，当右边电磁铁通电吸合时，阀芯换向，P腔与A腔沟通，B腔与T腔沟通，当电磁铁断电时，依靠左边的复位弹簧将阀芯回复到初始中间位置，将四个油腔又全部切断。

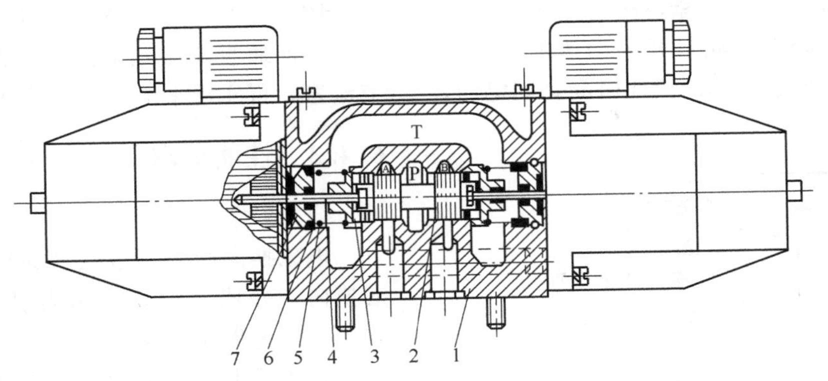

图 3.4-136　三位四通弹簧对中型电磁换向阀的结构

1—阀体；2—阀芯；3—弹簧座；4—推杆；5—弹簧；6—挡板；7—O 形圈座

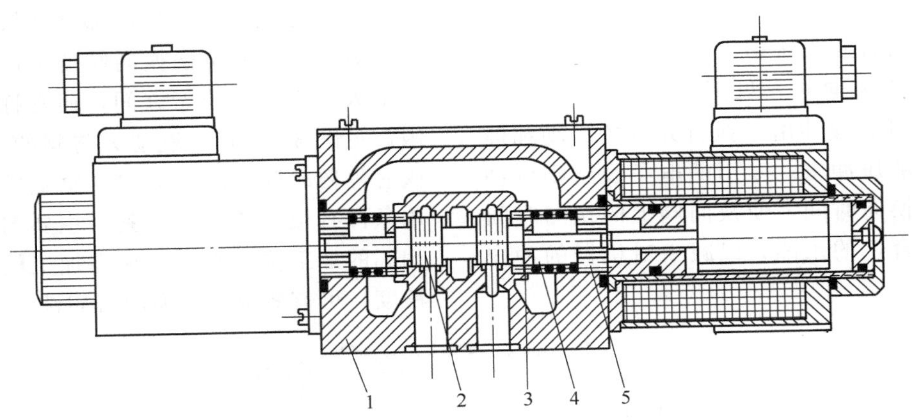

图 3.4-137　三位四通弹簧对中型电磁换向阀的结构

1—阀体；2—阀芯；3—弹簧座；4—弹簧；5—挡块

图 3.4-137 是另一种三位四通弹簧对中型电磁换向阀的结构图。技术规格与图 3.4-136所示阀相同，工作原理也相同，所不同的是配装的电磁铁是湿式直流型，阀芯与推杆连成一个整体，简化了零件结构。两端 T 腔的回油可以进入电磁铁内，取消了两端推杆处的动密封结构，大大减小了阀芯运动时 O 形密封圈处的摩擦阻力，提高了滑阀换向工作的可靠性。电磁铁与阀体之间利用 O 形密封圈靠两平面压紧密封，避免了干式型结构两端 T 腔压力油从推杆处向外泄漏。

目前，国外生产的电磁换向阀大都采用螺纹连接式电磁铁，如图 3.4-138 所示。这种电磁铁的铁芯套管是密封系统的一部分，甚至在压力下不使用工具便可更换电磁铁线圈。因此，这种螺纹连接电磁铁式电磁换向阀具有结构简单，不漏油，可承受背压压力高，防水，防尘等优点。

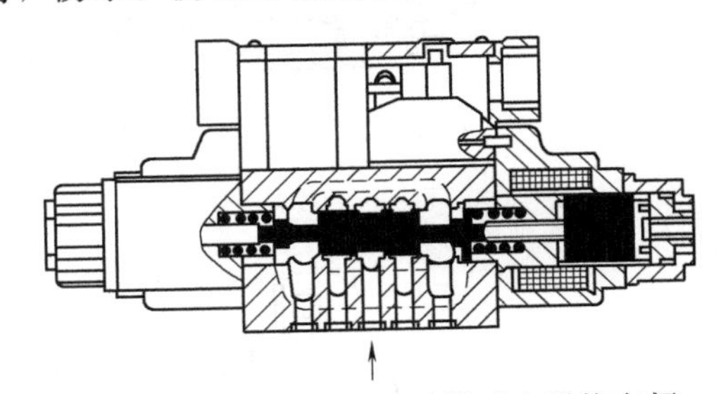

图 3.4-138　螺纹连接电磁铁式电磁换向阀

图 3.4-139 为低冲击的电磁换向阀的部分结构。弹簧座 2 的一部分伸到挡板 3 的孔中，两者之间有不大的间隙。当电磁铁推动阀芯右移时，挡板孔中的油被弹簧挤出，且

必须通过两者之间的间隙，从而延缓了阀芯移动的速度，降低了阀口开关的速度，减小了换向冲击。但这种阀的换向时间是固定的，不可调节。

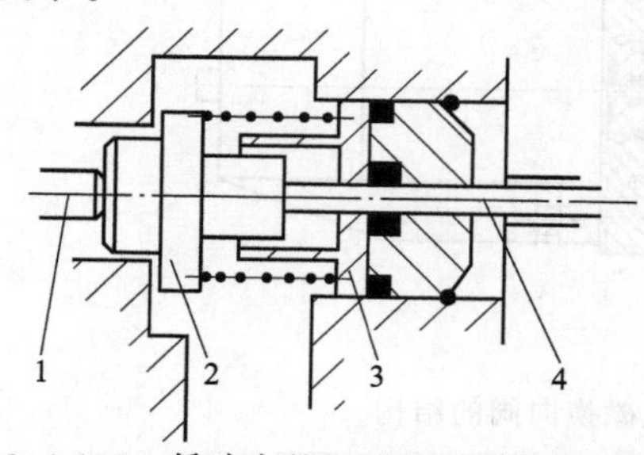

图 3.4-139　低冲击的电磁换向阀的部分结构
1—阀芯；2—弹簧座；3—挡板；4—推杆

日本油研公司研制出一种时间可调的无冲击型电磁换向阀，见图 3.4-140。特殊的阀芯形式可以缓冲由于执行元件的启动和停止引起的液压冲击。专用的电子线路则可调节阀芯的换向时间，使换向阀上的换向时间设定到最合适的水准，以减少对机器的冲击和振动。

图 3.4-141 是威格仕设计的 DG4V-5 型的三位四通直流湿式电磁阀，带有速度控制节流塞，可实现平滑、可变的阀响应速度。

6.4.3　性能要求

（1）工作可靠性

电磁换向阀依靠电磁铁通电吸合推动阀芯换向，并依靠弹簧作用力复位进行工作。电磁铁通电能迅速吸合，断电后弹簧能迅速复位，表示电磁阀的动作可靠性高。影响这一指标的因素主要有液压卡紧力和液动力。液动力与工作时通过的压力及流量有关。提高工作压力或增加流量，都会使换向或复位更困难。所以在电磁换向阀的最高工作压力和最大允许通过流量之间，通常称为换向极限，见图 3.4-142。液动力与阀的滑阀机能、阀芯停留时间、转换方式、电磁铁电压及使用条件有很大关系。卡紧力主要与阀体孔和阀芯的加工精度有关，提高加工精度和配合精度，可有效地提高换向可靠性。

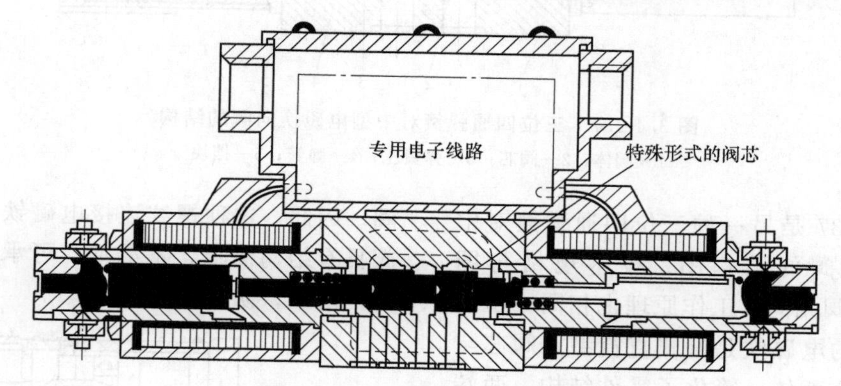

图 3.4-140　无冲击型电磁换向阀

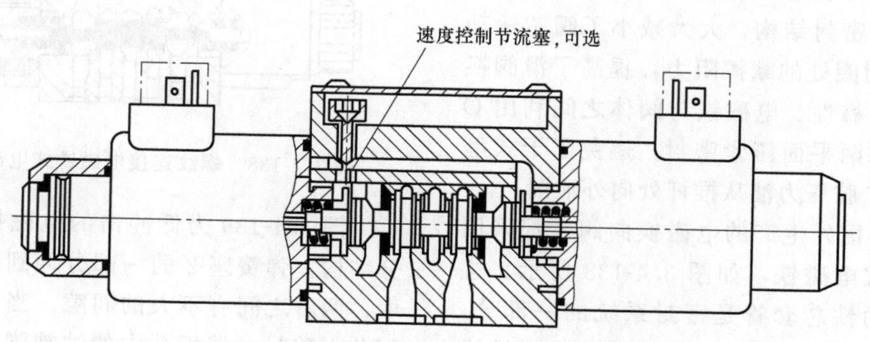

图 3.4-141　威格仕设计的 DG4V-5 型的三位四通直流湿式电磁阀

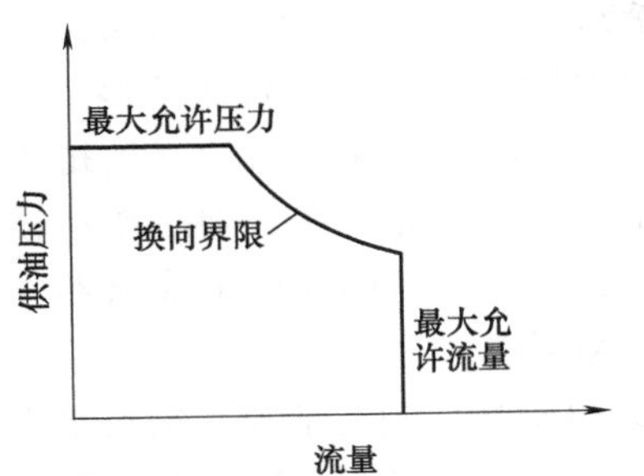

图 3.4-142　电磁阀的换向极限

(2) 压力损失

电磁换向阀由于电磁铁额定行程的限制，阀芯换向的行程比较短，阀腔的开口度比较小，一般只有 1.5～2mm。这么小的开口在通过一定流量时，必定会产生较大的压力降。另外，由于电磁阀的结构比较小，内部各处油流沟通处的通流截面也比较小，同样会产生较大的压力降。为此，在阀腔的开度受电磁铁行程限制不能加大时，可采用增大回油通道，用铸造方法生产非圆截面的流道，改进进油腔 P 和工作腔 A、B 的形状等措施，以设法降低压力损失。

(3) 泄漏量

电磁换向阀因为换向行程较短，阀芯台肩与阀体孔的封油长度也就比较短，所以必定造成高压腔向低压腔的泄漏。过大的泄漏量不但造成能量损失，同时影响到执行机构的正常工作和运动速度，因此泄漏量是衡量电磁阀性能的一个重要指标。

(4) 换向时间和复位时间

电磁阀的换向时间是指电磁铁从通电到阀芯换向终止的时间。复位时间是指电磁铁从断电到阀芯回复到初始位置的时间。一般交流电磁铁的换向时间较短，约为 0.03～0.1s，但换向冲击较大，直流电磁铁的换向时间较长，约为 0.1～0.3s，换向冲击较小。交直流电磁铁的复位时间基本一样，都比换向时间长，电磁阀的换向时间和复位时间与阀的滑阀机能有关。

(5) 换向频率

电磁换向阀的换向频率是指在单位时间内的换向次数。换向频率在很大程度上取决于电磁铁本身的特性。对于双电磁铁型的换向阀，阀的换向频率是单只电磁铁允许最高频率的两倍。目前，电磁换向阀的最高工作频率可选 15000 次/h。

(6) 工作寿命

电磁换向阀的工作寿命很大程度上取决于电磁铁的工作寿命。干式电磁铁的使用寿命较短，为几十万次到几百万次。长的可达 2000 万次。湿式电磁铁的使用寿命较长，一般为几千万次，有的高达几亿次。直流电磁铁的使用寿命总比交流电磁铁的要长得多。对于换向阀本身来说，其工作寿命极限是指某些主要性能超过了一定的标准并且不能正常使用。例如当内泄漏量超过规定的指标后，即可认为该阀的寿命已结束。对于干式电磁换向阀，推杆处动密封的 O 形密封圈，会因长期工作造成磨损引起外泄漏。如有明显外泄漏，应更换 O 形密封圈。复位对中弹簧的寿命也是影响电磁阀工作寿命的主要因素，在设计时应加以注意。

6.4.4　电磁换向阀的应用

① 直接对一条或多条油路进行通断控制。

② 用电磁换向阀的卸荷回路。电磁换向阀可与溢流阀组合进行电控卸荷，如图 3.4-143 (a)所示，可采用较小通径的二位二通电磁阀。图 3.4-143 (b) 所示是二位二通电磁阀旁接在主油路上进行卸荷，要采用足够大通径的电磁阀。图 3.4-143 (c) 是采用 M 型滑阀机能的电磁换向阀的卸荷回路，当电磁阀处于中位时，进油腔 P 与回油腔 T 相沟通，液压泵通过电磁阀直接卸荷。

③ 利用滑阀机能实现差动回路。图 3.4-144 (a)是采用 P 型滑阀机能的电磁换向阀实现的差动回路。图 3.4-144 (b) 是采用 OP 型滑阀机能的电磁换向阀，当右阀位工作时，也可实现差动连接。

④ 用作先导控制阀，例如构成电液动换

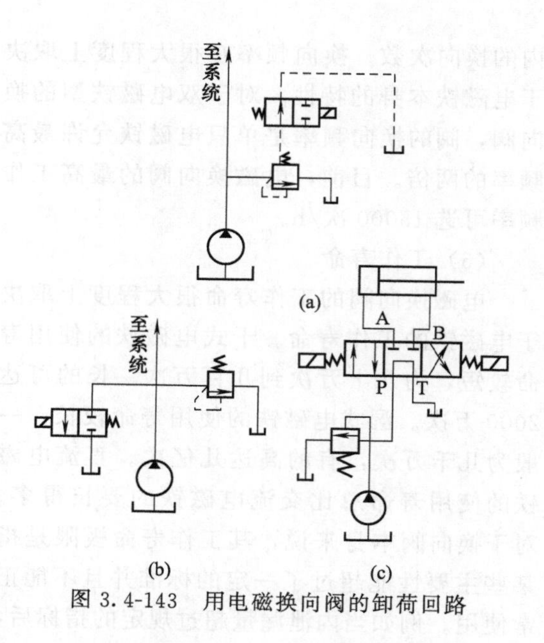

图 3.4-143　用电磁换向阀的卸荷回路

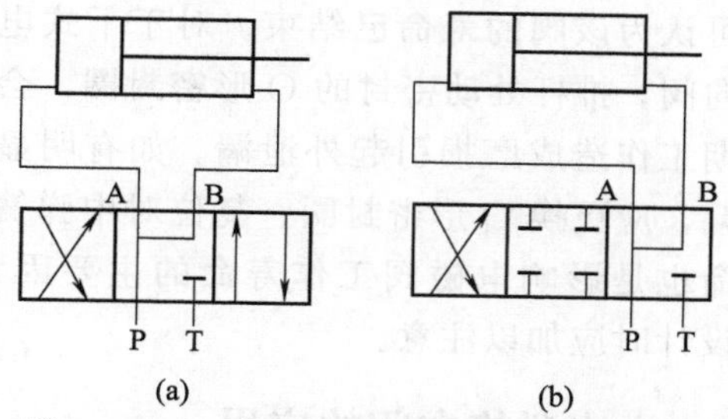

图 3.4-144　利用滑阀机能实现的差动回路

向阀。二通插装阀的启闭通常也是靠电磁换向阀来操纵。

⑤ 与其他阀构成复合阀，如电磁溢流阀、电动节流阀等。

6.4.5　常见故障

（1）电磁铁通电阀芯不换向，或电磁铁断电阀芯不复位

① 电磁铁的电源电压不符合使用要求。如电源电压太低，则电磁铁推力不足，不能推动阀芯换向。

② 阀芯卡住。如果电磁换向阀的各项性能指标都符合要求，而在使用中出现上述故障时，主要检查使用条件是否超过规定的指标，如工作压力、通过的流量、油温以及油液的过滤精度等。再检查复位弹簧是否折断或卡住。对于板式连接的电磁换向阀，应检查安装底板表面的平面度，以及安装螺钉是否拧得太紧，以至引起阀体变形。另外，阀芯磨削加工时的毛刺、飞边，被挤入径向平衡槽中未清除干净，在长期工作中被油液冲出，也会挤入径向间隙中卡住阀芯。这时应拆开仔细清洗。

③ 电磁换向阀的轴线必须按水平方向安装，如垂直方向安装，受阀芯、衔铁等零件重力的影响，将造成换向或复位的不正常。

（2）电磁铁烧毁

① 电源电压比电磁铁规定的使用电压过高而引起线圈过热。

② 推杆伸出长度过长，与电磁铁的行程配合不当，电磁铁衔铁不能吸合，使电流过大，线圈过热。当第一个电磁铁因其他原因烧毁后，使用者自行更换时更容易出现这种情况。由于电磁铁的衔铁与铁芯的吸合面到阀体安装表面的距离误差较大，与原来电磁铁相配合的推杆的伸出长度就不一定能完全适合更换后的电磁铁。如更换后的电磁铁的安装距离比原来的短，则与阀装配后，由于推杆过长，将有可能使衔铁不能吸合而产生噪声、抖动甚至烧毁。如果更换后的电磁铁的安装距离比原来的长，则与阀装配后，由于推杆显得短了，在工作时阀芯的换向行程比规定的行程要小，阀的开度也变小，使压力损失增大，油液容易发热，甚至影响执行机构的运动速度。因此，使用者自行更换电磁铁时，必须认真测量推杆的伸出长度与电磁铁的配合是否合适，决不能随意更改。

以上各项引起电磁铁烧毁的原因主要出现在交流型的电磁铁，直流电磁铁一般不至于因故障而烧毁。

③ 换向频率过高，线圈过热。

（3）干式电磁换向阀推杆处外泄漏油

① 一般电磁阀两端的油腔是泄油腔或回油腔，应检查该腔压力是否过高。如果在系统中多个电磁阀的泄油或回油管道串接在一起造成背压过高，则应将它们分别单独接回油箱。

② 推杆处的动密封O形密封圈磨损过

大，应更换。

（4）板式连接电磁换向阀与底板的接合面处渗油

① 安装底板表面应磨削加工，同时应有平面度要求，并不得凸起。

② 安装螺钉拧得太紧。

③ 螺钉材料不符合要求，强度不够。目前许多板式连接电磁换向阀的安装螺钉均采用合金钢螺钉，如果原螺钉断裂或丢失，随意更换一般碳钢螺钉，会因受油压作用引起拉伸变形，造成接合面的渗漏。

④ 电磁换向阀底面O形密封圈老化变质，不起密封作用，应更换。

（5）湿式电磁铁吸合释放过于缓慢

电磁铁后端有个密封螺钉，在初次安装时，后腔存有空气。当油液进入衔铁腔内时，如后腔空气释放不掉，将受压缩而形成阻尼，使动作缓慢。应在初次使用时，拧开密封螺钉，释放空气，当油液充满后，再拧紧密封。

（6）长期使用后运动速度变慢

推杆因长期撞击磨损变短，或衔铁与推杆接触点磨损，使阀芯换向行程不足，油腔开口变小，通过流量减少。应更换推杆或电磁铁。

（7）油液实际沟通方向与符号标志的方向不符

这是使用中很可能出现的问题。我国有关部门制定颁布了液压元件的图形符号标准，但是许多产品由于结构的特殊性，实际通路情况与图形符号的标准不符合，因此在设计或安装电磁阀的油路系统时，就不能单纯按照标准的液压图形符号，而应该根据产品的实际通路情况来决定。如果已经造成差错，对于三位阀可以采用调换电器线路的解决方法。对于二位阀，可以将电磁阀及有关零件掉头安装的方法解决。如仍无法更正，只得调换管路位置，或者采用增加过渡通路板的方法弥补。

6.4.6 电磁换向阀的选用

选用电磁换向阀时，应考虑如下几个问题。

① 电磁阀中的电磁铁，有直流式、交流式、自整流式，而结构上有干式和湿式之分。各种电磁铁的吸力特性、励磁电流、最高切换频率、机械强度、冲击电压、吸合冲击、换向时间等特性不同，必须选用合适的电磁铁。特殊的电磁铁有安全防爆式、耐压防爆式。而高湿度环境使用时要进行热处理，高温环境使用时要注意绝缘性。

② 检查电磁阀的滑阀机能是否符合要求。电磁阀有很多滑阀机能，出厂时还有正装和反装的区别，所以在使用时一定要检查滑阀机能是否与要求一致。换向阀的中位滑阀机能关系到执行机构停止状态下的安全性，必须考虑内泄漏和背压情况，从回路上充分论证。另外，最大流量值随滑阀机能的不同会有很大变化，应予注意。

③ 注意电磁阀的切换时间及过渡位置机能。换向阀的阀芯形状影响阀芯开口面积，阀芯位移的变化规律、阀的切换时间及过渡位置时执行机构的动作情况，必须认真选择。换向阀的切换时间，受电磁阀中电磁铁的类型和阀的结构、电液换向阀中控制压力和控制流量的影响。用节流阀控制流量，可以调整电液换向阀的切换时间。有些回路里，如在行走设备的液压系统中，用换向阀切换流动方向并调节流量。选用这类换向阀时要注意其节流特性，即不同的阀芯位移下流量与压降的关系。

④ 换向阀使用时的压力、流量不要超过制造厂样本上的额定压力、额定流量，否则液压卡紧现象和液动力影响往往引起动作不良。尤其在液压缸回路中，活塞杆外伸和内缩时回油流量是不同的。内缩时回油流量比泵的输出流量还大，流量放大倍数等于缸两腔活塞面积之比，要特别注意。另外还要注意的是，四通阀堵住A口或B口只用一侧流动时，额定流量显著减小。压力损失对液压系统的回路效率有很大影响，所以确定阀的通径时不仅考虑换向阀本身，而且要综合考虑回路中所有阀的压力损失、油路块的内部阻力、管路阻力等。

⑤ 回油口T的压力不能超过允许值。因为T口的工作压力受到限制，当四通电磁阀堵住一个或两个油口，当作三通阀或二通电磁阀使用时，若系统压力值超过该电磁换向阀所允许的背压值，则T口不能堵住。

⑥ 双电磁铁电磁阀的两个电磁铁不能同时通电，对交流电磁铁，两电磁铁同时通电，可造成线圈发热而烧坏；对于直流电磁铁，则由于阀芯位置不固定，引起系统误动作。因此，在设计电磁阀的电控系统时，应使两个电磁铁通断电有互锁关系。

6.5 电液换向阀

如要增大通过电磁换向阀的流量，为克服稳态液动力、径向卡紧力、运动摩擦力以及复位弹簧的反力等，必须增大电磁铁的推力。如果在通过很大流量时，又要保证压力损失不致过大，就必须增大阀芯的直径，这样需要克服的各种阻力就更大。在这种情况下，如果再靠电磁铁直接推动阀芯换向，必然要将电磁铁做得很大。为此，可采用压力油来推动阀芯换向，来实现对大流量换向的控制，这就是液动换向阀。用来推动阀芯换向的油液流量不必很大，可采用普通小规格的电磁换向阀作为先导控制阀，与液动换向阀安装在一起，实现以小流量的电磁换向阀来控制大通径的液动换向阀的换向，这就是电液换向阀。

6.5.1 电液换向阀的工作原理

图3.4-145为弹簧对中式液动换向阀的工作原理图和图形符号。滑阀机能为二位四通O型。阀体内铸造有四个通油容腔，进油腔P腔，工作腔A、B腔，回油腔T腔。K′、K″为控制油口。当两控制油口都没有控制油压力时，阀芯靠两端的对中弹簧保持在中间位置。当控制油口K′、K″通控制压力油时，压力油通过控制流道进入左端或右端弹簧腔，克服对中弹簧力和各种阻力，使阀芯移动，实现换向。当控制压力油消失时，阀芯在弹簧力的作用下，回到中间位置。液动换向阀就是这样依靠外部提供的压力油推动阀芯移动来实现换向的。液动换向阀的先导阀可以是机动换向阀、手动换向阀或电磁换向阀。后者就构成电液换向阀。

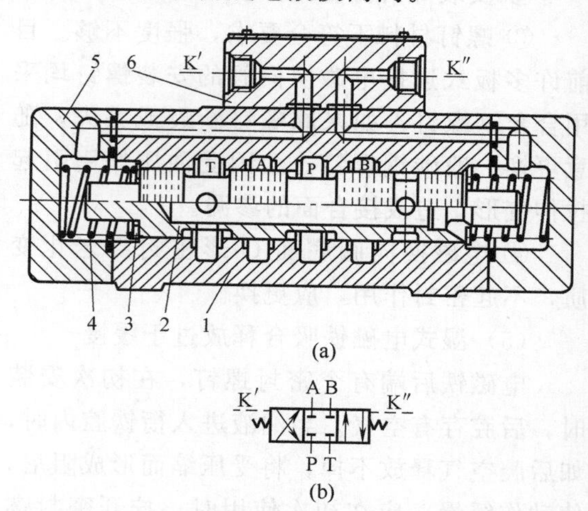

图3.4-145 液动换向阀的工作原理图和图形符号
1—阀体；2—阀芯；3—挡圈；4—弹簧；5—端盖；6—盖板

电液换向阀的工作原理如图3.4-146所示。当先导电磁阀两边电磁铁都不通电时，阀芯处于中间位置。当左边的电磁铁通电时，先导阀处于左位，先导阀的P口与B口相通，A口与T口相通，控制压力油从B口进入K″腔，作用在主阀芯的右边弹簧腔，推动阀芯向左移动，主阀的P口与A口相通，B口与T口相通。当左边电磁铁断电时，先导阀芯处于中位，主阀芯也由弹簧对中而回到中位。右边电磁铁通电时，情况与上述类似。电液换向阀就是这样，先依靠先导阀上的电磁铁的通电吸合，推动电磁阀阀芯的换向，改变控制油的方向，再推动液动阀阀芯换向。此时应注意先导阀的中位机能应为Y型。

6.5.2 典型结构和特点

液动换向阀与电液换向阀同样有二位二通、二位三通、二位四通、二位五通、三位四通、三位五通等通路形式，以及弹簧对中、

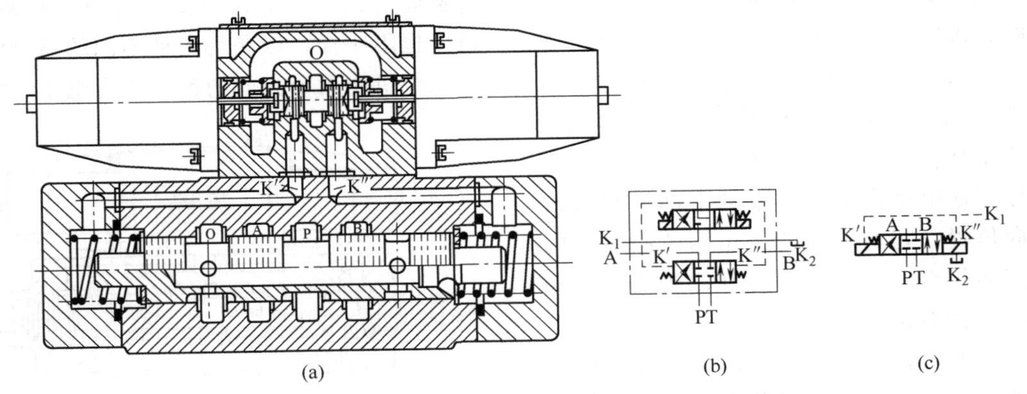

图 3.4-146 电液换向阀的工作原理和图形符号

弹簧复位等结构。它比电磁换向阀还增加了行程调节和液压对中等形式。

图 3.4-147 为二位三通板式连接型电液动换向阀的结构和图形符号。它由阀体 1、阀芯 2、端盖 3 及二位四通型先导电磁阀，O 形密封圈等主要零件组成。特点是主阀芯部分没有弹簧，阀芯在阀孔内处于浮动状态，完全靠先导电磁阀的通路特征来决定主阀芯的换向工作位置。

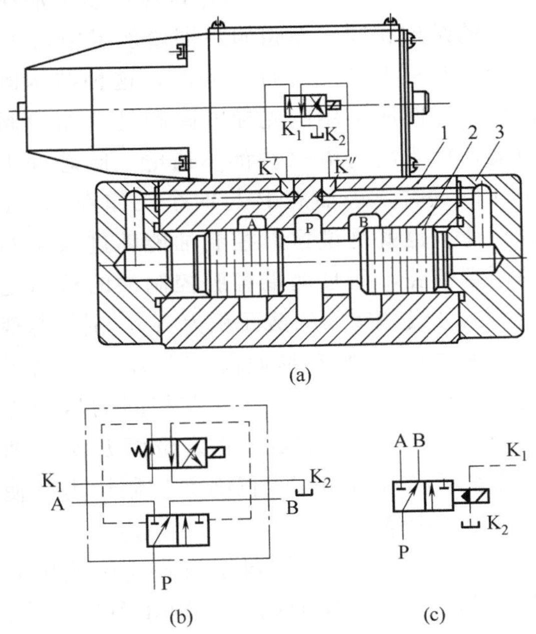

图 3.4-147 二位三通电液动换向阀的结构和图形符号

1—阀体；2—阀芯；3—端盖

图 3.4-148 是二位四通板式连接弹簧复位型液动换向阀的结构和图形符号。阀芯依靠右端弹簧维持在左端初始工作位置；使 P 腔与 A 腔沟通，B 腔与 T 腔相通。当 K″口引入控制油时，阀芯仍处于左端初始工作位置；当 K′口引入控制油时，压力油将阀芯推向右端工作位置，使 P 口与 B 口相通，A 口与 T 口相通。当 K′口控制油取消时，阀芯又依靠弹簧力回复到左端初始位置。这种结构的液动换向阀的特点是，当阀不工作时，阀芯总是依靠弹簧力使其保持在一个固定的初始工作位置，因此，也可叫弹簧偏置型结构。同类型的电液动换向阀，只是在该液动换向阀上部安装一个二位四通型的电磁换向阀作

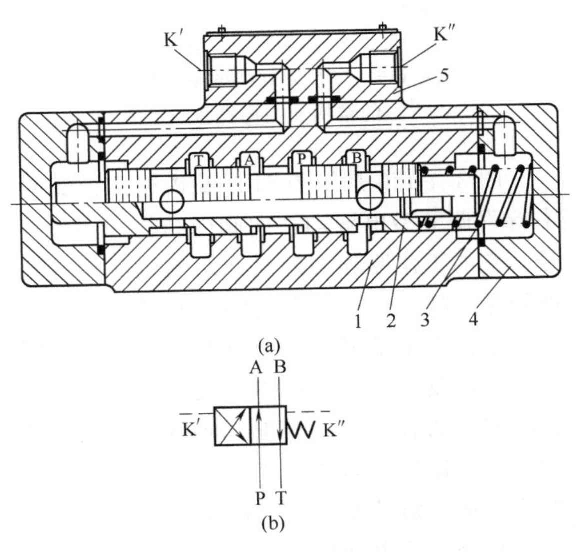

图 3.4-148 二位四通液动换向阀的结构和图形符号

1—阀体；2—阀芯；3—弹簧；4—端盖；5—盖板

为先导阀，如图 3.4-149 所示，当电磁铁不通电时，电磁阀的进油腔 P 与两个工作腔 A 或 B 总是保持有一个相通，也就是使主阀的两个控制油口总有一个保持有控制压力油，使阀芯始终保持在某一初始工作位置。当电磁先导阀通电换向后，再推动下部主阀芯改变换向位置。它与前述的二位四通阀不同的是，液动阀当两端都没有控制油进入时，阀芯依靠弹簧力始终保持在左端位置。而电液换向阀则不然，它可根据采用的先导电磁换向阀滑阀机能的不同，以及调换安装位置等措施，改变主阀芯初始所处的位置是在右端还是在左端。这样，在使用中就更灵活了。

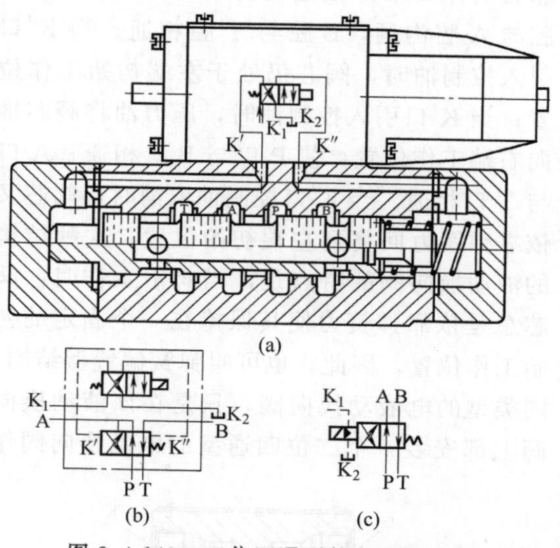

图 3.4-149　二位四通型的电液换向阀的结构和图形符号

图 3.4-150 是三位四通板式连接弹簧对中行程调节型电液动换向阀的结构和图形符号。它的工作原理与前述介绍的电液换向阀的完全一样，特点是左右两端阀盖处各增加了一个行程调节机构，通过调节两端调节螺钉，可以改变阀芯的行程，从而减小阀芯换向时控制的各油腔的开度，使通过的流量减少，起到比较粗略的节流调节作用，对某些需要调速，但精度要求不高的系统，采用这种行程调节型电液换向阀是比较方便的。通过两端调节螺钉的调整，还可以使阀芯左右的换向行程不一样，使换向后的左右两腔开口度也不一样，以获得两种不同的通过流量，使执行机构两个方向的运动速度也不一样。

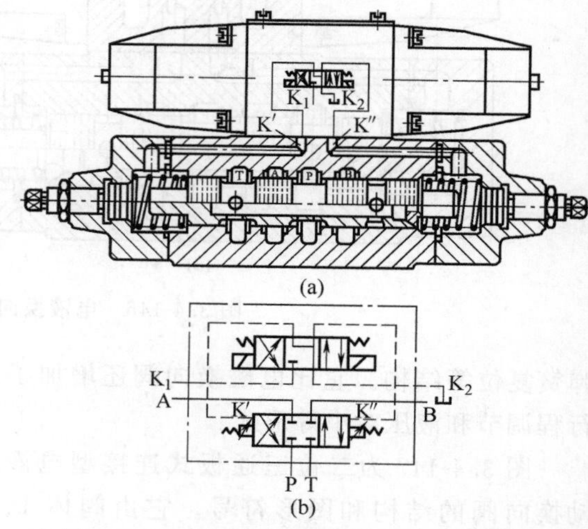

图 3.4-150　三位四通行程调节型电液换向用的结构和图形符号

图 3.4-151 是三位四通板式连接液压对中型电液换向阀的结构和图形符号。它的特点是阀的右端部分与不用弹簧对中型电液换向阀的结构相同，而阀的左端增加了中盖 1、缸套 2 和柱塞 3 等零件。同时，这种结构的电液换向阀所采用的先导电磁阀是 P 型滑阀机能，即当两边电磁铁都不通电，阀芯处于中间位置时，进油腔 P 与两个工作腔 A、B 都相通。也就是说这时控制油能够进入主阀的两端容腔，而且两端容腔控制油的压力是相等的。设柱塞 3 的截面积为 A_1，主阀芯截面积为 A_2，缸套环形截面积为 A_3，一般做成 $A_3=A_2=2A_1$。因此，在相同的压力作用下，缸套及阀芯都定位在定位面 D 处。两个弹簧不起对中作用，仅在无控制压力时使阀芯处于中位。

图 3.4-152 是三位四通板式连接液压对中调节型电液动换向阀的结构和图形符号。它通过调节两端的调节螺钉，可使阀芯向两边换向的行程不一样，以获得各油腔不同的开口，起到粗略的节流调节作用。

图 3.4-153 是带双阻尼调节阀的液动换

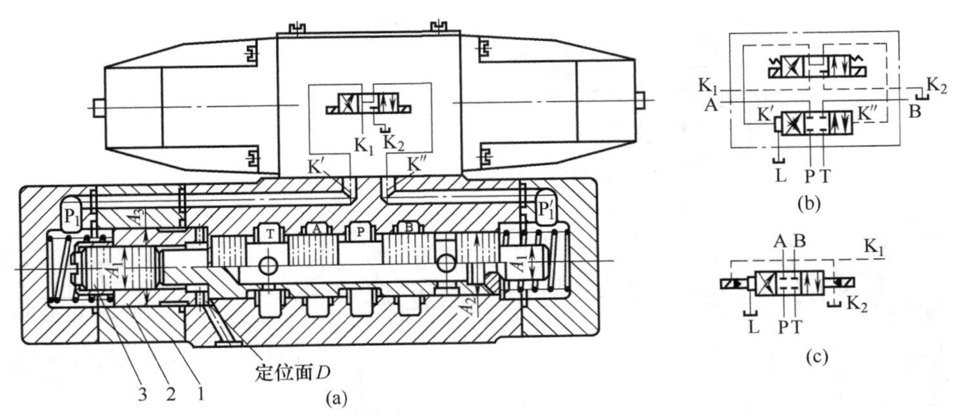

(b)

(c)

图 3.4-151 三位四通板式连接液压对中型电液动换向阀的结构和图形符号

1—中盖；2—缸套；3—柱塞

向阀的结构和图形符号。外部供给的控制油，通过双阻尼调节阀进入控制容腔，调节阻尼开口的大小，可改变进入的控制油流量，以改变阀芯换向的速度。液动换向阀两端还有行程调节机构，可调节阀芯的行程以改变各油腔开口的大小，使通过的流量得到控制。

图 3.4-154 是带双阻尼调节阀的电液动换向阀的结构和图形符号，先导电磁换向阀换向至左右两边工作位置时，P 腔进入 A 腔或进入 B 腔的控制油，都先经过双阻尼调节阀进入液动换向阀的两个控制油口，调节阻尼阀的开口大小，可改变进入两控制油口的流量。达到控制液动阀阀芯换向速度的目的。双阻尼器叠加在导阀与主阀之间。

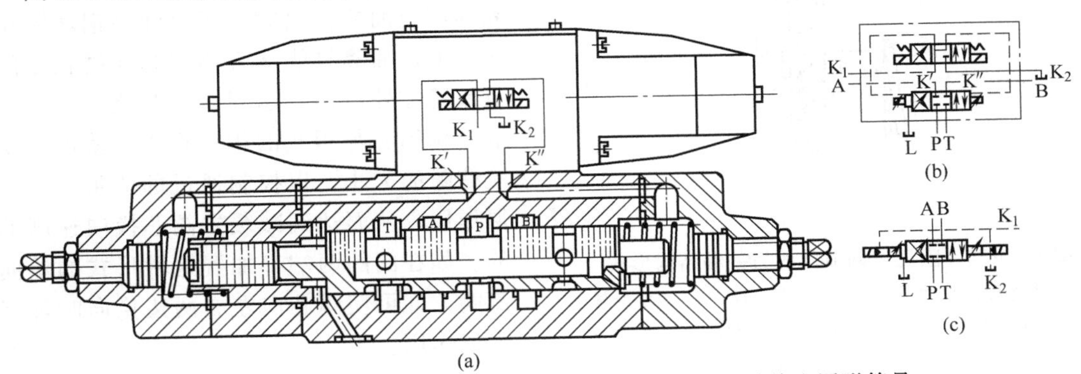

(b)

(c)

图 3.4-152 三位四通液压对中调节型电液动换向阀的结构和图形符号

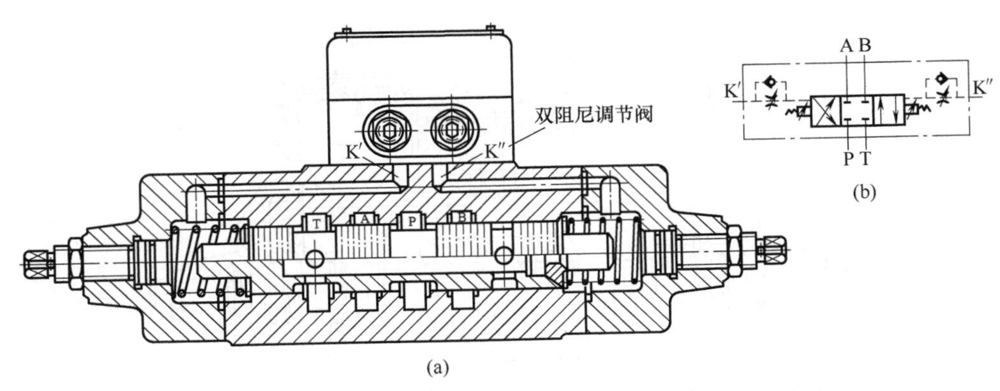

(b)

图 3.4-153 带双阻尼调节阀的液动换向阀的结构和图形符号

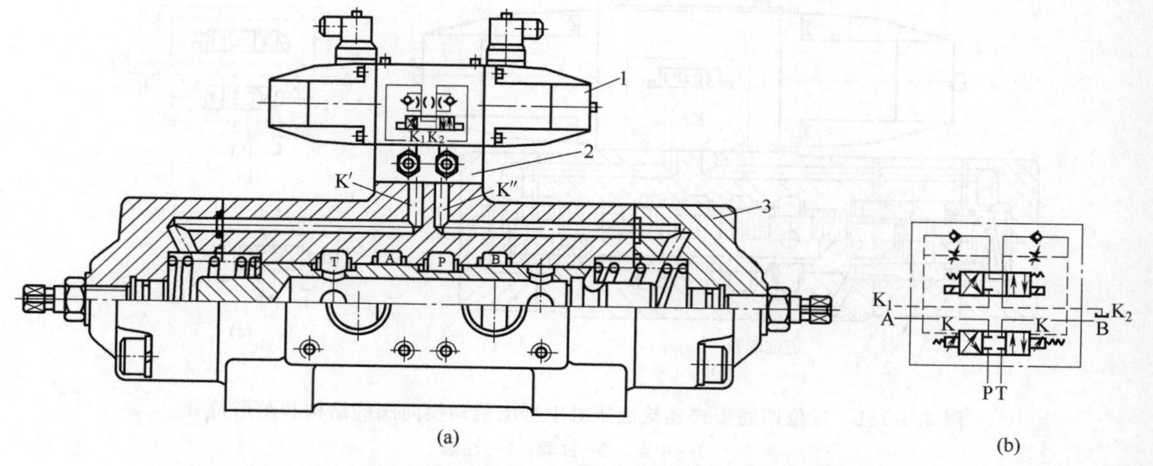

图 3.4-154　带双阻尼调节阀的电液动换向阀的结构和图形符号

1—先导阀；2—双阻尼调节阀；3—主阀

加设阻尼器的另一种形式是在两端阀盖上加盖一个小型的单向节流阀，见图 3.4-155，中间可调阀芯 2 与阀孔之间的相对开口可通过上部螺纹调节，并用螺母 1 锁定。当控制油进入时，压力油从下部将钢珠 8 顶开后，从中间可调节阀芯的径向孔及节流缝隙同时进入控制容腔，推动主阀芯换向。当控制容腔的压力油要排出时，压力油将钢珠紧压在阀座上，油液只能从可调阀芯与阀孔之间的节流缝隙处流出，达到回油节流的目的。调节可调阀芯与阀孔的相对距离，就可改变节流缝隙的大小，以控制通过的流量，起到阻尼作用，从而达到减缓主阀芯换向速度的目的。如在阀的两端都加置这种形式的单向节流阀，即可使阀芯向左右两边换向时都起到阻尼作用。

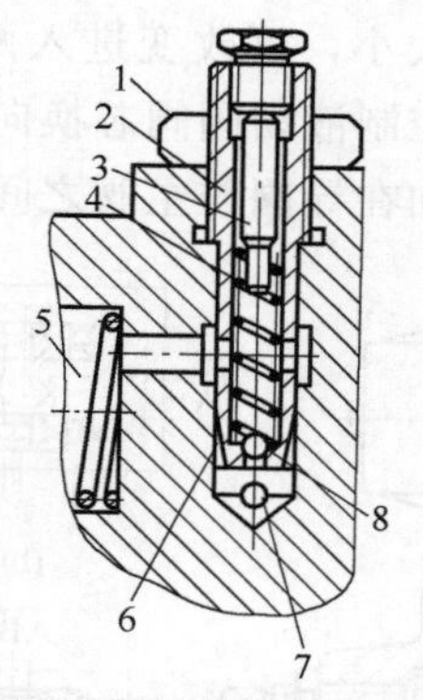

图 3.4-155　阻尼可调节阀的另一种结构形式

1—锁紧螺母；2—可调阀芯；3—调节杆；4—压紧弹簧；5—控制容腔；6—可调节缝隙；7—控制油口；8—钢珠

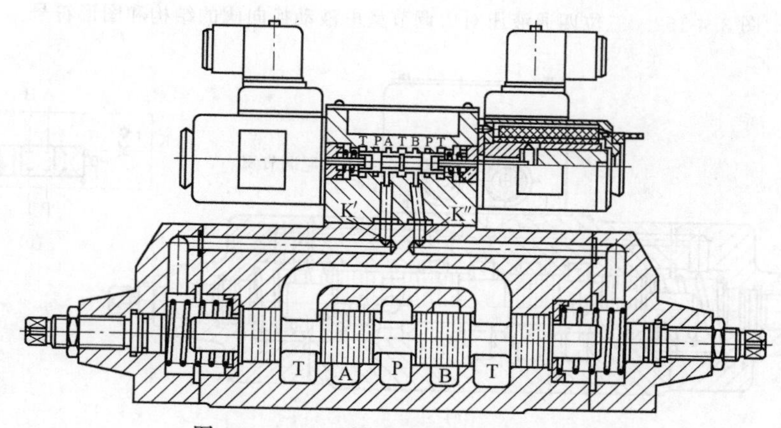

图 3.4-156　五槽式电液换向阀的结构

图 3.4-156 是五槽式直流型电液换向阀的结构图。它在阀体内铸造有五个通油流道，即一个进油腔 P，两个工作油腔 A、B，两个分别布置在两侧互相沟通的回油腔 T，它与外部回油管道相连接的回油腔只有一个。这种结构的特点是当阀芯换向，B 腔与 T 腔相通或 A 腔与 T 腔相通时，回油不必像前述四槽式结构那样，要通过阀芯中间的轴向孔道回到左边的 T 腔，而可以直接通过阀体内两端互相沟通的 T 腔引出。这样，阀芯就不必加工台肩之间的径向孔和中间的轴向孔，简化了加工工艺，同时可增大回油腔道的通流面积。

6.5.3 电液换向阀的先导控制方式和回油方式

电液换向阀的先导油供油方式有内部供油和外部供油方式，简称为内控、外控方式。对应的先导油回油方式也有内泄和外泄两种。

① 外部油先导控制方式　外部油控制方式是指供给先导电磁阀的油源是由另外一个控制油路系统供给的，或在同一个液压系统中，通过一个分支管路作为控制油路供给的。前者可单独设置一台辅助液压泵作为控制油源使用，后者可通过减压阀等，从系统主油路中分出一支减压回路。外部控制形式的特点是，由于电液换向阀阀芯换向的最小控制压力一般都设计得比较小，多数在 1MPa 以下，因此控制油压力不必太高，可选用低压液压泵。它的缺点是要增加一套辅助控制系统。

② 内部油先导控制方式　主油路系统的压力油进入电液换向阀进油腔后，再分出一部分作为控制油，并通过阀体内部的孔道直接与上部先导阀的进油腔相沟通。特点是不需要辅助控制系统，省去了控制油管，简化了整个系统的布置。缺点是因为控制压力就是进入该阀的主油路系统的油液压力，当系统工作压力较高时，这部分高压流量的损耗是应该加以考虑的，尤其是在电液换向阀使用较多，整个高压流量的分配受到限制的情况下，更应该考虑这种控制方式所造成的能量损失。内部控制方式一般是在系统中电液动换向阀使用数目较少，而且总的高压流量有剩余的情况下，为简化系统的布置而选择采用。

另外要注意的是，对于阀芯初始位置为使液压泵卸荷的电液换向阀，如 H 型，M 型，K 型，X 型，由于液压泵处于卸荷状态，系统压力为零，无法控制主阀芯换向。因此，当采用内部油控制方式而主阀中位卸荷时，必须在回油管路上加设背压阀，使系统保持有一定的压力。背压力至少应大于电液动换向阀主阀的最小控制压力。也可在电液换向阀的进油口 P 中装预压阀。它实际上是一个有较大开启压力的插入式单向阀。当电液换向阀处于中间位置时，油流先经过预压阀，然后经电液换向阀内流道由 T 口回油箱，从而在预压阀前建立所需的控制压力。

设计电液换向阀一般都考虑了内部油控制形式和外部油控制形式在结构上的互换性，更换的方法则根据电液换向阀的结构特点而有所不同。图 3.4-157 采用改变电磁先导阀安装位置的方法来实现两种控制形式的转换示意图。在电磁先导阀的底面上与进油腔 P 并列加工有一盲孔，当是内部油控制形式时，电磁先导阀的进油腔 P 与主阀的 P 腔相沟通；利用盲孔将外部控制油的进油孔封住(这时也没有外部控制油进入)。如将电磁先导阀的四个安装螺钉拆下后旋转 180°重新安装，则盲孔转到与主阀 P 腔孔相对的位置，并将该孔封闭，使主阀 P 腔的油不能进入电磁先导阀。而电磁先导阀的 P 腔孔则与外部控制油相沟通，外部控制油就进入电磁先导阀，实现了外部油控制形式。这种方式需要注意的是，由于电磁先导阀改变了安装方向，使原来电磁阀上的 A 腔与 B 腔与控制油 K″口和 K′口相对应的状况，改变为 A 腔与 B 腔是与 K″口和 K′口相对应。这样，当电磁先导阀上原来的电磁铁通电吸合工作时，主阀两边换向位置的通路情况就与原来相反了。

对于三位四通型电液换向阀，这种情况可采用改变电磁铁通电顺序的方法纠正解决；但对于二位四通单电磁铁型的电液换向阀，就必须将电磁先导阀的电磁铁以及有关零件拆下调换到另外一端安装才能纠正。

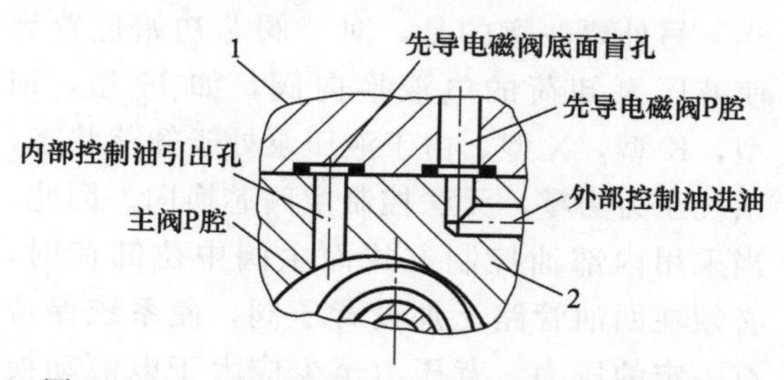

图 3.4-157　通过改变电磁先导阀安装位置实现控制方式的转换

1—先导电磁阀；2—主阀

图 3.4-158 是采用工艺螺塞的方法实现内部油控制和外部油控制形式转换的示意图，它的方法是电磁先导阀的 P 腔始终与主阀的 P 腔相对应沟通，同时在与主阀的 P 腔沟通的通路上加了一个螺塞 1。当采用内部油控制形式时把该螺塞卸去，主阀 P 腔的部分油液通过该孔直接进入电磁先导阀作为控制油（这时还应用螺塞 2 将外部控制油的进油口堵住，用螺塞 1 堵住内部控制油，同时将原来堵住外部控制油口的螺塞卸去任意一个，外部控制油则通过其中一个孔道进入电磁先导阀）。

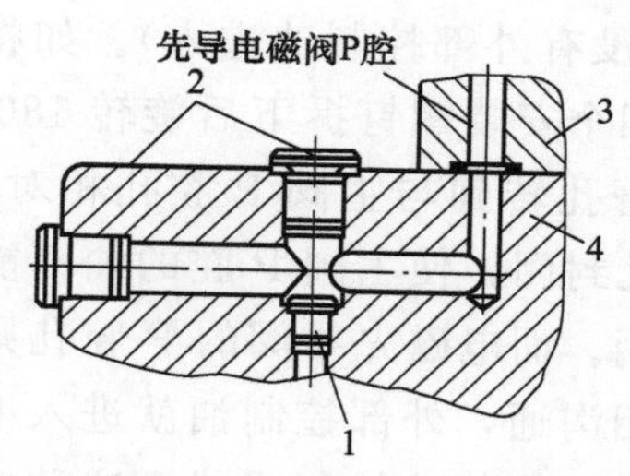

图 3.4-158　采用工艺螺塞实现控制方式转换

1,2—螺塞；3—先导电磁阀阀体；4—主阀阀体

③ 先导控制油回油方式　控制油回油有内部和外部回油两种方式。控制油内部回油指先导控制油通过内部通道与液动阀的主油路回油腔相通，并与主油路回油一起返回油箱。图 3.4-159 是控制油内部回油的结构示意图。这种形式的特点是省略了控制油回油管路，使系统简化，但是受主油路回油背压的影响。由于电磁先导阀的回油背压受到一定的限制，因此，当采用内部回油形式时，主油路回油背压必须小于电磁先导阀的允许背压值，否则电磁先导阀的正常工作将受到影响。

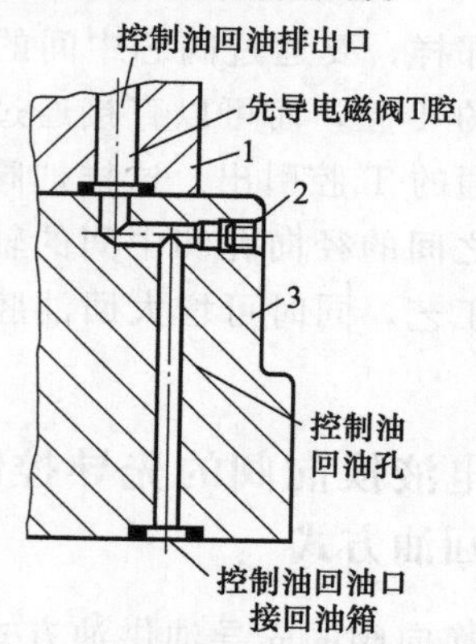

图 3.4-159　控制油内部回油的结构

1—先导电磁阀体；2—工艺堵；3—主阀阀体

控制油外部回油是指从电液换向阀两端控制腔排出的油，经过先导电磁阀的回油腔单独直接回油箱（螺纹连接或者法兰连接电液换向阀一般均采用这种方式）。也可以通过下部液动阀上专门加工的回油孔接回油箱（板式连接型一般都采用这种方式），图 3.4-160是板式连接型电液换向阀控制油外部回油的结构示意图。这种形式的特点是控制

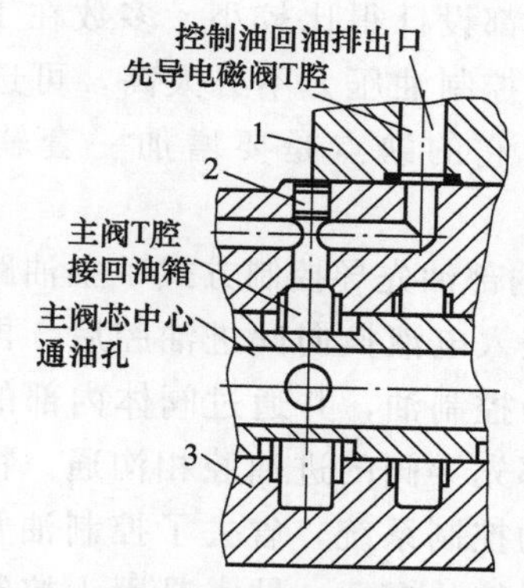

图 3.4-160　控制油外部回油的结构

1—先导电磁阀体；2—工艺堵；3—主阀阀体

油回油背压不受主阀回油背压的影响。它可

直接接回油箱，也可与背压不大于电磁先导阀允许背压的主油管路相连，一起接回油箱。使用较为灵活，其缺点是多了一根回油管路，这对电液换向阀使用较多的复杂系统，增加了管道的布置。

6.5.4 电液换向阀的主要性能要求

① 换向可靠性　液动换向阀的换向可靠性完全取决于控制压力的大小和复位弹簧的刚度。电液换向阀的换向可靠性基本取决于电磁先导阀的换向可靠性。电液换向阀在工作过程中所要克服的径向卡紧力，稳态液动力及其他摩擦阻力较大，在这种情况下，为使阀芯能可靠地换向和复位，可以适当提高控制压力，也可增强复位弹簧的刚度。这两个参数在设计中较容易实现，主要还是电磁先导阀的动作可靠性起着决定性的作用。

② 压力损失　油流通过各油腔的压力损失是通过流量的函数。增大电液换向阀的流量所造成的稳态液动力的增加，可以采用提高控制压力和加强复位弹簧刚度的办法加以克服，但将造成较大的压力损失和油液发热。因此，流量不能增加太大。

③ 内泄漏量　液动换向阀和电液换向阀的内泄漏量与电磁换向阀的内泄漏量定义是完全相同的，但它所指的是主阀部分的内泄漏量。

④ 换向和复位时间　液动换向阀的换向和复位时间，受控制油流的大小、控制压力的高低以及控制油回油背压的影响。因此，在一般情况下，并不作为主要的考核指标，使用时也可以调整控制条件以改变换向和复位时间。

⑤ 液压冲击　液动换向阀和电液换向阀，由于口径都比较大，控制的流量也较大，在工作压力较高的情况下，当阀芯换向而使高压油腔迅速切换的时候，液压冲击压力可达工作压力的百分之五十甚至一倍以上。所以应设法采取措施减少液压冲击压力值。

减少冲击压力的方法，可以对液动换向阀和电液换向阀加装阻尼调节阀，以减慢换向速度。对液压系统也可采用适当措施，如加灵敏度高的小型安全阀、减压阀等，或适当加大管路直径、缩短导管长度、采用软管等。目前，尚没有一种最好的方法能完全消除液压冲击现象，只能通过各种措施减少到尽可能小的范围内。

电液换向阀与液动换向阀主要用于流量较大（超过60L/min）的场合，一般用于高压大流量的系统。其功能和应用与电磁换向阀相同。

6.6 其他类型的方向阀

6.6.1 手动换向阀

操纵滑阀换向的方法除了用电磁铁和液压油来推动外，还可利用手动杠杆的作用来进行控制，这就是手动换向阀。手动换向阀一般都是借用液动换向阀或电磁换向阀的阀体进行改制，再在两端装上手柄操纵机构和定位机构。手动换向阀有二位、三位、二通、三通、四通等。也有各种滑阀机能。

（1）典型结构和工作原理

手动换向阀按其操纵阀芯换向后的定位方式分，有钢珠定位式和弹簧复位式两种。钢球定位式是当操纵手柄外力取消后，阀芯依靠钢球定位保持在换向位置。弹簧复位式是当操纵手柄外力取消后，弹簧使阀芯自动回复到初始位置。图 3.4-161 是三位四通钢珠定位式手动换向阀的结构和图形符号。当手柄处于初始中间位置时，后盖 7 中的钢珠卡在定位套的中间一挡沟槽里，使阀芯 2 保持在初始中间位置。进油腔 P、两个工作腔 A 和 B，以及回油腔 T 都不沟通。当把手柄向左推时，依靠定位套沟槽斜面将钢珠推开并滑入左边定位槽中，阀芯定位在右边换向位置，使 P 腔与 B 腔相沟通，A 腔与 T 腔相

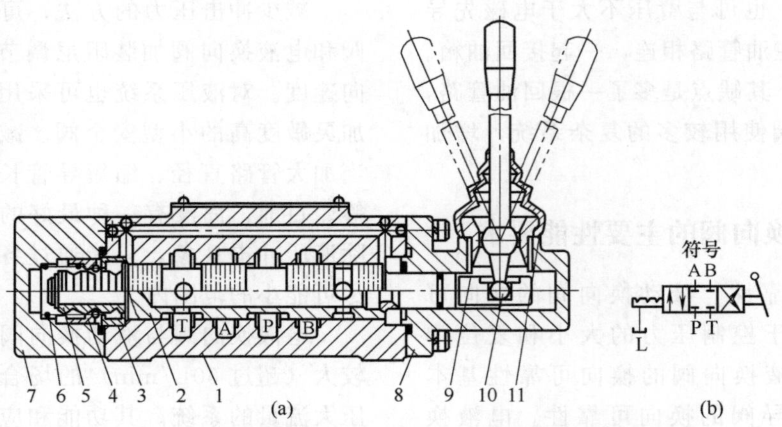

图 3.4-161 钢珠定位式手动换向阀的结构和图形符号

1—阀体；2—阀芯；3—球座；4—护球圈；5—定位套；6—弹簧；7—后盖；8—前盖；9—螺套；10—手柄；11—防尘套

沟通。当把手柄从初始中间位置向右方向拉时，钢珠进入定位套上的右边定位槽中，使阀芯定位在左边换向工作位置，使P腔与A腔相沟通，B腔与T腔相沟通。

将图 3.4-161 的三位四通手动换向阀的阀芯定位套改成两个定位槽，就可以变成钢球定位式二位四通手动换向阀，如图 3.4-162 所示。

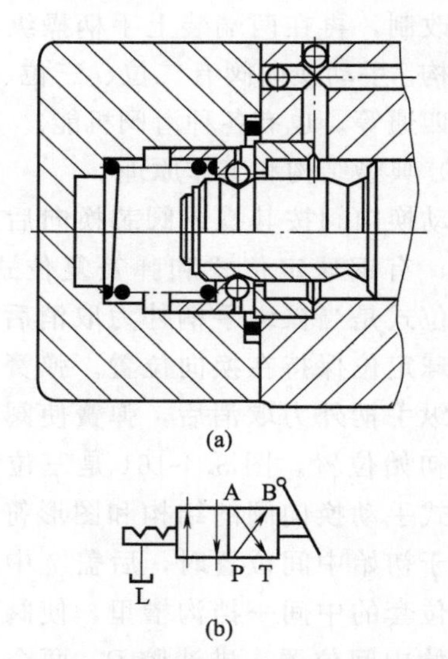

图 3.4-162 二位四通钢球定位式手动换向阀的定位机构和阀的图形符号

图 3.4-163 是三位四通弹簧自动复位式手动换向阀的部分结构图和阀的符号。它只要将阀芯后部的定位套换上两个相同的弹簧座，并取消球和护球圈就可以了。复位弹簧安置在两个弹簧座的中间，使阀芯保持在初始中间位置。当把手柄往左推时，阀芯带动左端弹簧座压缩弹簧，并靠右端弹簧座限位，阀芯即处于右边换向工作位置。当操纵手柄的外力去除后，复位弹簧把阀芯推回到初始中间位置。当手柄往右拉时，阀芯台肩端面推动右端弹簧座使弹簧压缩，并靠右端弹簧座限位，使阀芯处于左边换向工作位置。

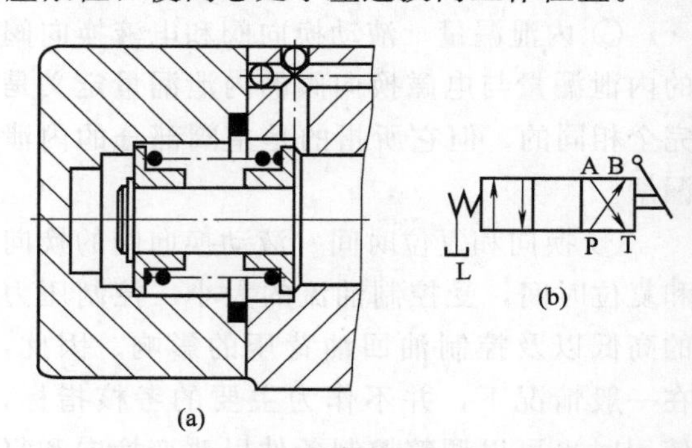

图 3.4-163 三位四通弹簧自动复位式手动换向阀的部分结构图和阀的符号

将图 3.4-163 三位四通弹簧自动复位式的两个弹簧座改成图 3.4-164 所示结构，就成为二位四通弹簧自动复位式手动换向阀结构。

弹簧自动复位式结构的特点是操纵手柄的外力必须始终保持，才能使阀芯维持在换向工作位置。外力一去除，阀芯立即依靠弹簧力回复到初始位置。利用这一点，在使用中可通过操纵手柄的控制，使阀芯行程根据需要任意变动，而使各油腔的开口度灵活改变。这样可根据执行机构的需要，通过改变开口量的大小来调节速度。这一点比钢球定位式更为方便。

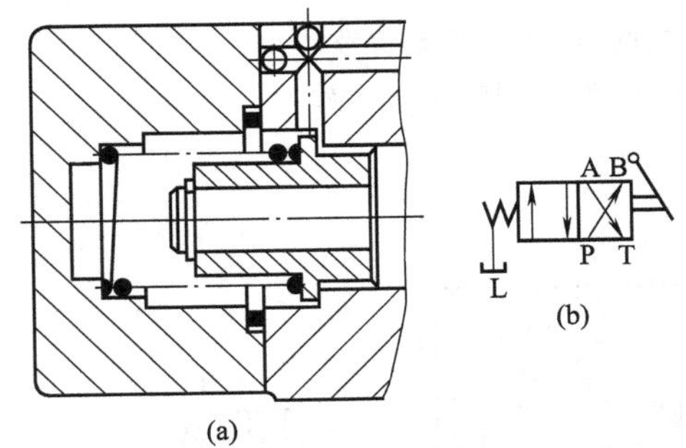

图 3.4-164 二位四通弹簧自动复位式手动换向阀的定位结构和阀的符号

手动换向阀手柄操纵部分的结构有多种形式，图 3.4-165 是杠杆结构。杠杆结构比较简单，前盖与阀体安装螺钉孔的相对位置精度容易保证，但支架部分在手柄长期搬动后容易松动。

图 3.4-166 是力士乐公司生产的采用旋钮操纵的换向滑阀。控制阀芯是由调节旋钮来操纵的（转动角度 2×90°）。由此而产生的转动借助于灵活的滚珠螺旋装置转变为轴向运动并直接作用在控制阀芯上，控制阀芯便运动到所要求的末端位置，并打开要求的

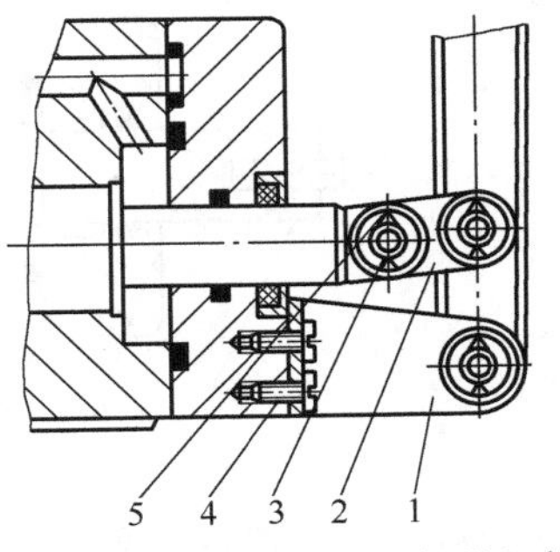

图 3.4-165 杠杆式手柄操纵机构

1—支架；2—连接座；3—圆柱销；4—螺钉；5—开口销

油口。旋钮前面有一刻度盘可以观察阀芯 3 的实际切换位置。所有操作位置均借助定位装置定位。

（2）主要性能要求

① 换向可靠性。手动换向阀靠手柄操纵阀芯换向，比电磁换向阀、电液换向阀和液动换向阀的工作更为简便可靠，稳态液动力和径向卡紧力的影响容易克服。必须注意的是，后盖部分容腔中的泄漏油必须单独引出，接回油箱，不允许有背压。否则，将由于泄漏油的积聚，而自行推动阀芯移动，产生误动作，甚至发生故障。

② 压力损失小。

③ 泄漏量小。

（3）应用和注意事项

手动换向阀在系统中的应用以及容易发生的故障，与液动换向阀和电液换向阀基本

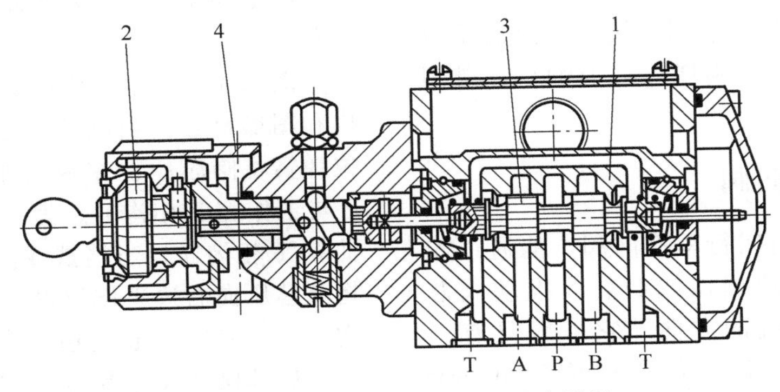

图 3.4-166 采用旋钮操纵的换向滑阀

1—阀体；2—调节件；3—控制阀芯；4—调节旋钮

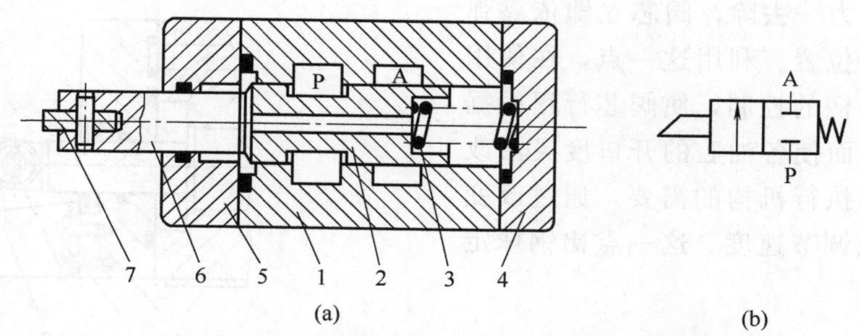

图 3.4-167　二位二通常闭型机动换向阀的结构和图形符号

1—阀体；2—阀芯；3—弹簧；4—前盖；5—后盖；6—顶杆；7—滚轮

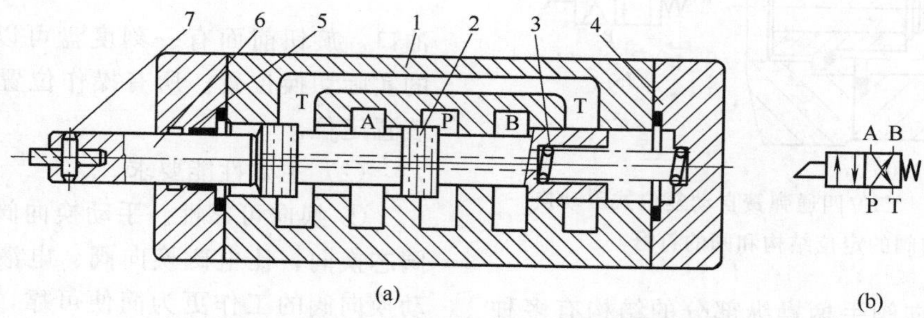

图 3.4-168　二位四通机动换向阀的结构和图形符号

1—阀体；2—阀芯；3—弹簧；4—前盖；5—后盖；6—顶杆；7—滚轮

相同。它操作简单，工作可靠，能在没有电力供应的场合使用，在工程机械中得到广泛的应用。但在复杂的系统中，尤其在各执行元件的动作需要联动、互锁或工作节拍需要严格控制的场合，就不宜采用手动换向阀，使用时应注意以下两点。

① 即使螺纹连接的阀，亦应用螺钉固定在加工过的安装面上，不允许用管道悬空支撑阀门。

② 外泄油口应直接回油箱。外泄油压力增大，操作力增大，则堵住外泄油口，滑阀不能工作。

6.6.2　机动换向阀

机动换向阀也叫行程换向阀，能通过安装在执行机构上的挡铁或凸轮，推动阀芯移动，来改变油流的方向。它一般只有二位型的工作方式，即初始工作位置和一个换向工作位置。同时，当挡铁或凸轮脱开阀芯端部的滚轮后，阀芯都是靠弹簧自动将其复位。它也有二通、三通、四通、五通等结构。

图 3.4-167 是二位二通常闭型机动换向阀的结构和图形符号。当阀芯处于图示位置时，复位弹簧将阀芯压在左端初始工作位置，进油腔 P 与工作腔 A 处于封闭状态。当挡块或凸轮接触滚轮并将阀芯压向右边工作位置时，P 腔与 A 腔沟通，挡块或凸轮脱开滚轮后，阀芯则依靠复位弹簧回复到初始工作位置。

图 3.4-168 是二位四通机动换向阀的结构和图形符号。当阀芯处于图示位置时，复位弹簧将阀芯压在左端工作位置，使进油腔 P 与工作腔 B 相沟通，另一个工作腔 A 与回油腔 T 相沟通。当挡铁或凸轮接触滚轮，并将阀芯压向右边工作位置时，使 P 腔与 A 腔沟通，B 腔与 T 腔沟通。当挡块或凸轮脱开滚轮后，阀芯又依靠复位弹簧回复到初始工作位置。

图 3.4-169、图 3.4-170 是威格士二位四

通机动换向阀的结构图，图 3.4-169 中采用滚轮凸轮操作方式，图 3.4-170 中采用顶杆操作方式。

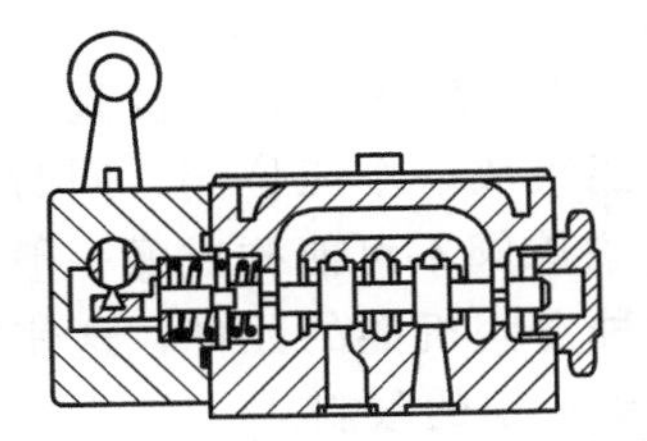
图 3.4-169 滚轮凸轮式机动换向阀的结构

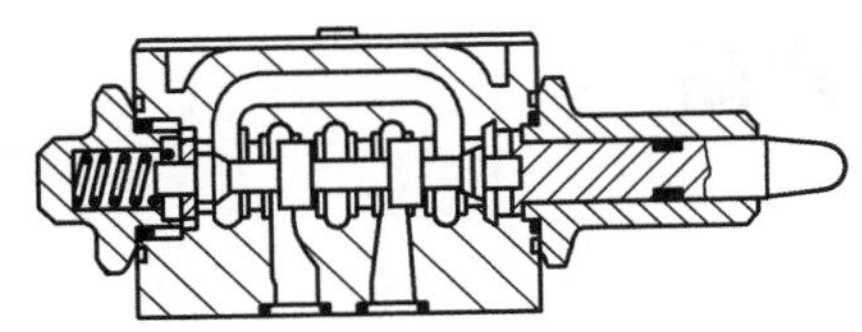
图 3.4-170 顶杆机动换向阀的结构

由于用行程开关与电磁阀或电液换向阀配合可以很方便地实现行程控制（换向），代替机动换向阀即行程换向阀，且机动换向阀配管困难，不易改变控制位置，因此目前国内较少生产机动换向阀。

6.6.3 电磁球阀

电磁球阀也叫提动式电磁换向阀，由电磁铁和换向阀组成。电磁铁推力通过杠杆连接得到放大，电磁铁推杆位移使阀芯换向。其密封形式采用标准的钢球件作为阀座芯，钢球与阀座接触密封。电磁球阀在液压系统中大多作为先导控制阀使用，在小流量液压系统中可作为其他执行机构的方向控制。

（1）典型结构和工作原理

图 3.4-171 是常开式二位三通电磁球阀。当电磁铁断电时，弹簧 3 的推力作用在复位杆 4 上，将钢球 6 压在左阀座 8 上，P 腔与 A 腔沟通，A 腔与 T 腔断开。当电磁铁通电时，电磁铁的推力通过杠杆 13、钢球 12 和推杆 16 作用在钢球 6 上并压在右阀座 5 上，A 腔与 T 腔沟通，P 腔封闭。

图 3.4-172 为常闭式二位三通电磁球阀的结构和图形符号。在初始位置时（电磁铁断电时）P 腔与 A 腔是互相封闭的，A 腔与 T 腔相通；当电磁铁通电时，P 腔与 A 腔相通，T 腔封闭。

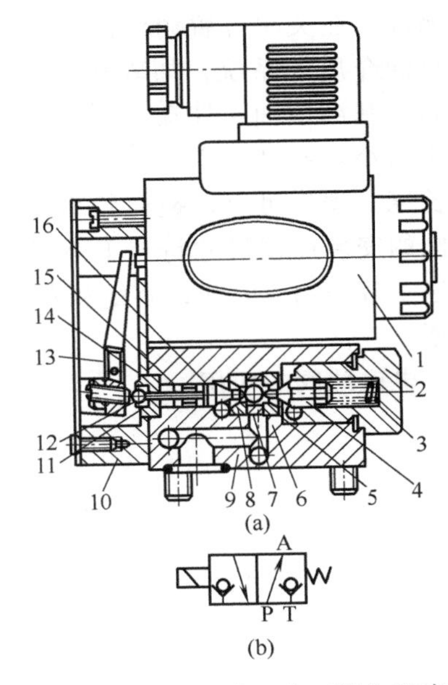

图 3.4-171 常开式二位三通电磁球阀

1—电磁铁；2—导向螺母；3—弹簧；4—复位杆；5—右阀座；6,12—钢球；7—隔环；8—左阀座；9—阀体；10—杠杆盒；11—定位球套；13—杠杆；14—衬套；15—Y 形密封圈；16—推杆

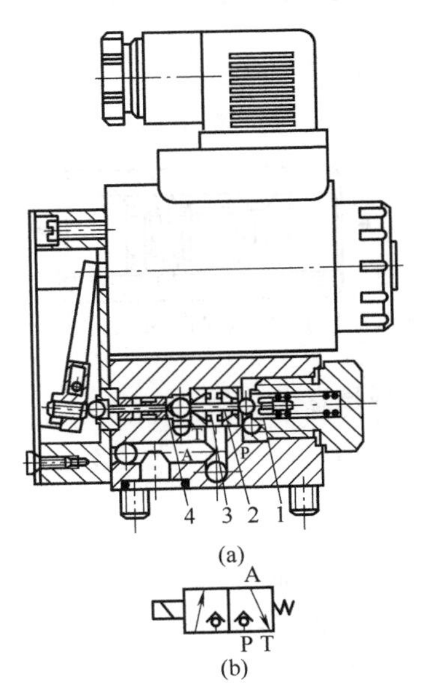

图 3.4-172 常闭式二位三通电磁球阀

1—复位杆；2—中间推杆；3—隔环；4—推杆

（2）电磁球阀的优点

电磁球阀在关闭位置内泄漏为零，适用于非矿物油介质的系统，如乳化液、水—乙二醇、高水基液压油、气动控制系统等；受液流作用力小，不易产生径向卡紧力；无轴向密封长度，动作可靠，换向频率较之滑阀式高；阀的安装连接尺寸符合 DIN 24340 标准；快速一致的响应时间；装配和安装简单，维修方便。

(3) 电磁球阀的应用

电磁球阀的应用与电磁换向阀基本相同，在小流量系统中控制系统的换向和起停，在大流量系统中作为先导阀用。在保压系统中，电磁球阀具有显著的优势。

目前，电磁球阀只有二位阀，需要两个二位阀才能组成一个三位阀，同时，两个二位三通电磁球阀不可能构成像一般电磁换向阀那样多种滑阀机能的元件，这使电磁球阀的应用受到一定的限制。

7　方向控制阀产品

7.1　单向阀

7.1.1　S型单向阀（力士乐系列）（见图 3.4-173 和图 3.4-174）

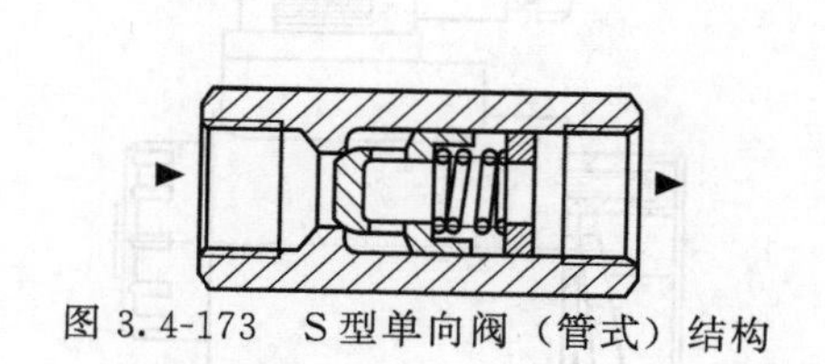

图 3.4-173　S型单向阀（管式）结构

图 3.4-174　S型单向阀（板式）结构

(1) 型号意义

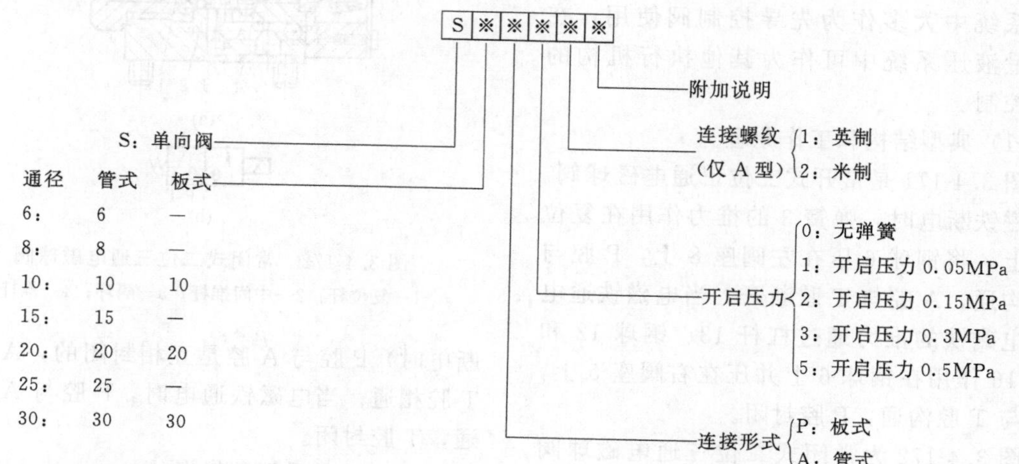

(2) 技术规格（见表 3.4-45）

表 3.4-45 S 型单向阀技术规格

规格/mm	6	8	10	15	20	25	30
流量(流速=6m/s)/(L/min)	10	18	30	65	115	175	260
液压介质	矿物油和磷酸酯液						
介质温度范围/℃	−30～+80						
介质黏度/(m^2/s)	$(2.8\sim380)\times10^{-6}$						
工作压力/MPa	至 31.5						

(3) 外形尺寸（见表 3.4-46 和表 3.4-47）

表 3.4-46 S 型单向阀（管式）外形尺寸

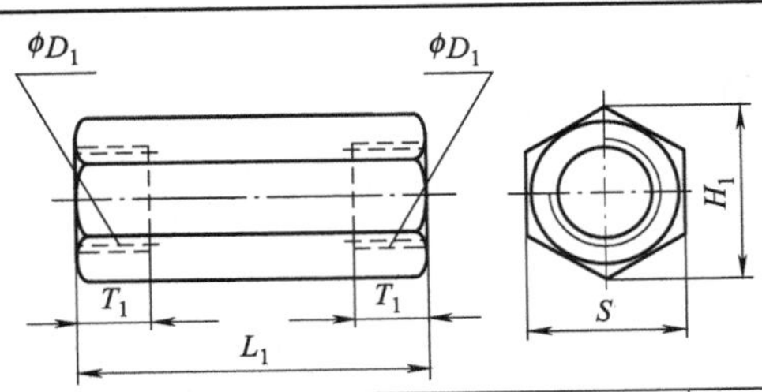

尺寸/mm		6	8	10	15	20	25	30
D_1	英制	G1/4	G3/8	G1/2	G3/4	G1	G1 1/4	G1 1/2
	公制	M14×1.5	M18×1.5	M22×1.5	M27×2	M33×2	M42×2	M48×2
H_1		22	28	34.5	41.5	53	69	75
L_1		58	58	72	85	98	120	132
T_1		12	12	14	16	18	20	22
S		19	24	30	36	46	60	65
质量/kg		0.1	0.2	0.3	0.5	1	2	2.5

表 3.4-47 S 型单向阀（板式）外形尺寸

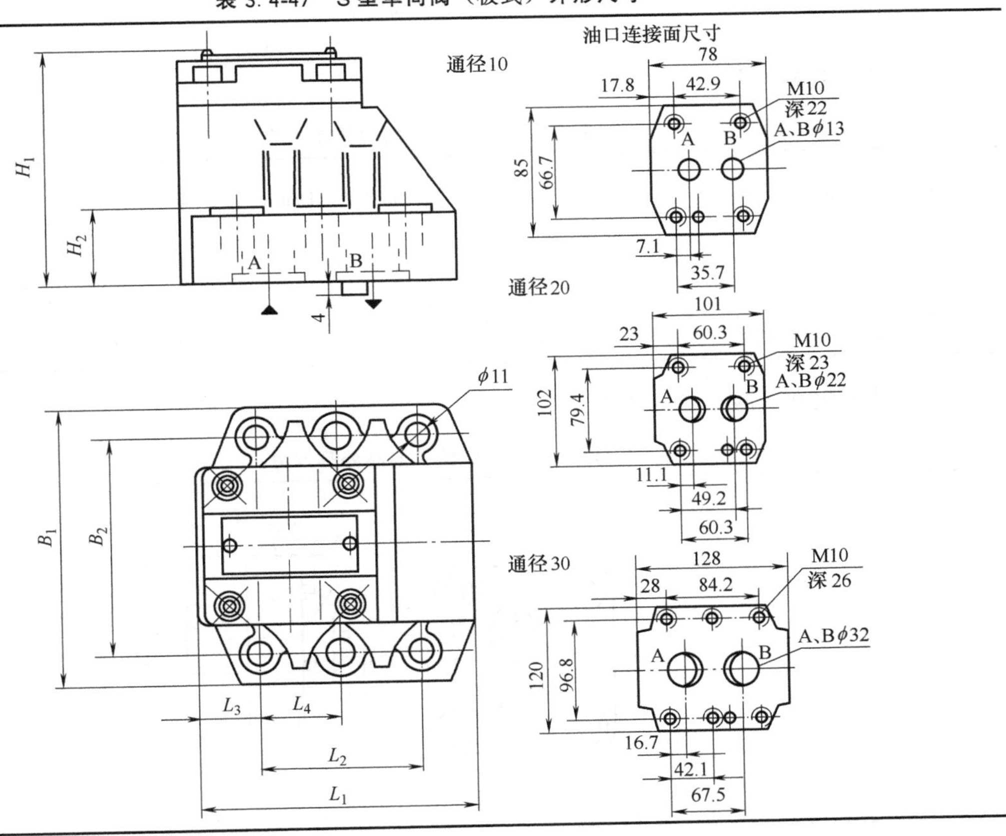

续表

通径/mm	尺寸/mm								
	B_1	B_2	L_1	L_2	L_3	L_4	H_1	H_2	阀固定螺钉(GB 70—85)
10	85	66.7	78	42.9	17.8	—	66	21	4×M10
20	102	79.4	101	60.3	23	—	93.5	31.5	4×M10
30	120	96.8	128	84.2	28	42.1	160.5	46	4×M10

7.1.2 C型单向阀（威格士系列）

（1）型号意义

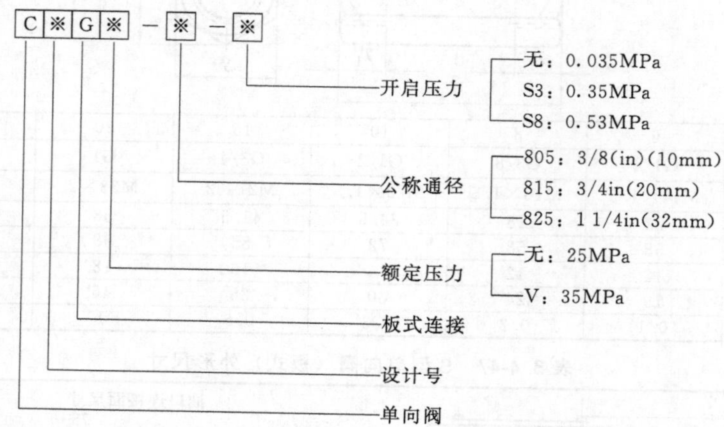

（2）技术规格（见表 3.4-48）

表 3.4-48 C型单向阀技术规格

型　号	通径		最高压力/MPa	公称流量/(L/min)	开启压力/MPa	质量/kg
	/in	/mm				
C2G-805-※	3/8	10	31.5	40	无:0.035	1.5
C5G-815-※	3/4	20	35.0	80	S3:0.35	3.0
C5G-825-※	1 1/2	32	35.0	380	S8:0.53	6.2

（3）外形尺寸（见表 3.4-49）

表 3.4-49 C型单向阀外形尺寸

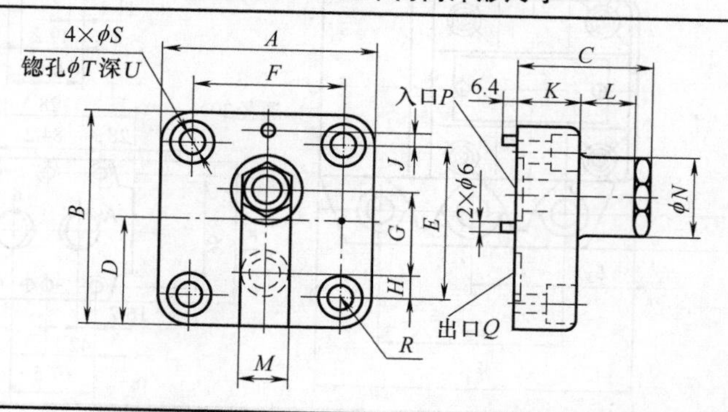

续表

型号	尺寸/mm									
	A	*B*	*C*	*D*	*E*	*F*	*G*	*H*	*J*	*K*
C2G-805	70	85	70	42.5	65	50	88	18.5	—	35
C5G-815	97	113	76	56.5	21	65	46	12.7	8.7	38
C5G-825	127	127	110	63.5	92	92	50.8	20.6	9.5	58

型号	尺寸/mm								
	L	*M*	*N*	*P*	*Q*	*R*	*S*	*T*	*U*
C2G-805	29	34	42.5	16	16	10	8.7	14	8
C5G-815	30	42	51	19.0	22.2	16	17	26	16
C5G-825	42	48	66.5	28.6	35.0	17.5	21	32	—

(4) 安装底板(见图 3.4-175 和表 3.4-50)

C※GM-8※※-※
- ※:安装螺纹 — R:公制;B:英制
- 8※※:公称通径 — 805:3/8in;815:3/4in;825:1 1/4in
- C※GM:C※G-8※※ 型阀用底板

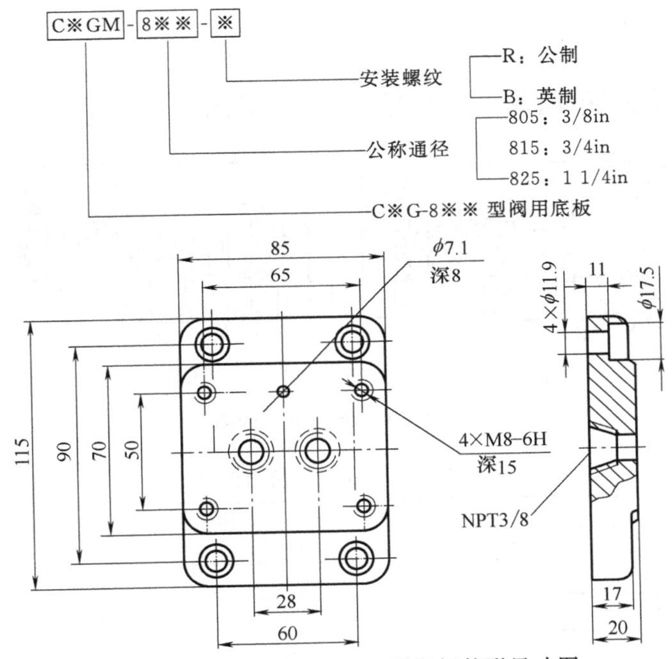

图 3.4-175 C2GM-805-※型底板外形尺寸图

表 3.4-50 C5GM-8※※-※型底板外形尺寸

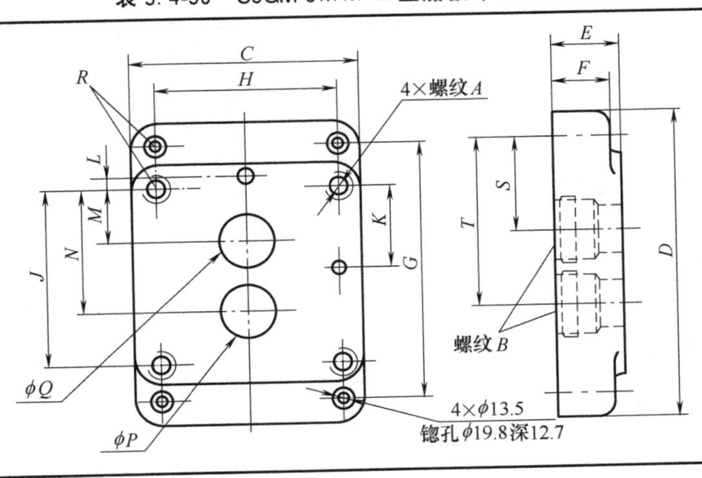

续表

底板	尺寸/mm								
	A	B	C	D	E	F	G	H	J
C5GM-815-R	M16-6H	NPT3/4	97	171.5	25.4	22.4	139.7	65	81
C5GM-825-R	M20-6H	NPT1 1/4	127	187.5	141.3	22.5	152.4	92	92
底板	尺寸/mm								
	K	L	M	N	P	Q	R	S	T
C5GM-815-R	40.5	8.7	22.2	68.3	22.2	22.2	16	51.6	97.7
C5GM-825-R	16	9.5	20.6	71.4	35	28.6	17.5	47.7	104.8

7.2 液控单向阀

7.2.1 SV/SL 型液控单向阀（力士乐系列）（见图 3.4-176 和表 3.4-51）

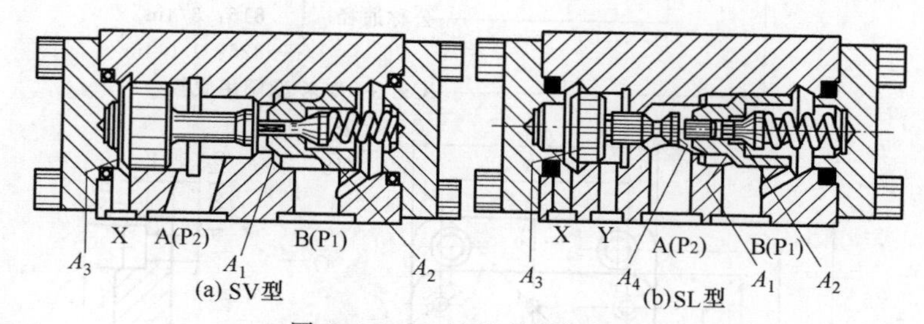

图 3.4-176 液控单向阀结构

表 3.4-51 压力作用面面积

阀型号	面积/cm²			
	A_1	A_2	A_3	A_4
SV10,SL10	1.13	0.28	3.15	0.50
SV15,SV20,SL15,SL20	3.14	0.78	9.62	1.13
SV25,SV30,SL25,SL30	5.30	1.33	15.9	1.54

（1）型号意义

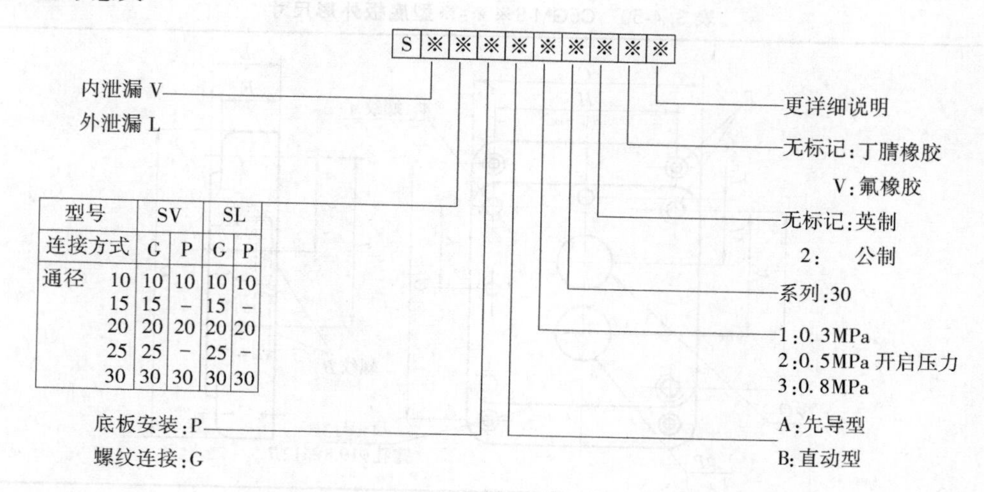

（2）技术规格（见表 3.4-52）

表 3.4-52　SV/SL 型液控单向阀技术规格

<table>
<tr><td>阀形式</td><td>SV10</td><td>SL10</td><td>SV15&20</td><td>SL15&20</td><td>SV25&30</td><td>SL25&30</td></tr>
<tr><td>X 口控制容积/cm³</td><td colspan="2">2.2</td><td colspan="2">8.7</td><td colspan="2">17.5</td></tr>
<tr><td>Y 口控制容积/cm³</td><td>—</td><td>1.9</td><td>—</td><td>7.7</td><td>—</td><td>15.8</td></tr>
<tr><td>液流方向</td><td colspan="6">A 至 B 自由流通，B 至 A 自由流通（先导控制时）</td></tr>
<tr><td>工作压力/MPa</td><td colspan="6">至 31.5</td></tr>
<tr><td>控制压力/MPa</td><td colspan="6">0.5～31.5</td></tr>
<tr><td>液压油</td><td colspan="6">矿物油；磷酸酯液</td></tr>
<tr><td>油温范围/℃</td><td colspan="6">−30～+70</td></tr>
<tr><td>黏度范围/(mm²/s)</td><td colspan="6">2.8～380</td></tr>
<tr><td rowspan="2">质量/kg</td><td>SV/SL10</td><td>SV15&20</td><td>SL15&20</td><td>SV/SL25</td><td colspan="2">SV/SL30</td></tr>
<tr><td>2.5</td><td>4.0</td><td>4.5</td><td colspan="3">8.0</td></tr>
</table>

（3）外形尺寸（见表 3.4-53）

表 3.4-53　SV/SL 型液控单向阀外形尺寸（螺纹连接）

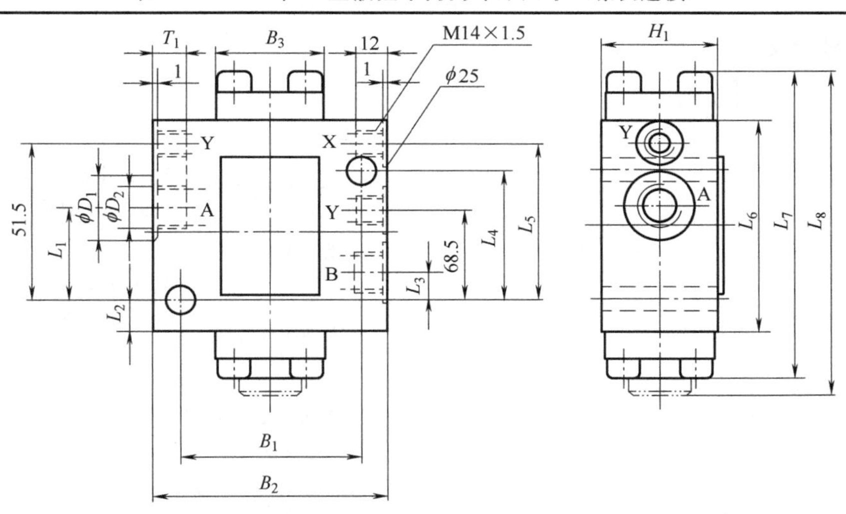

<table>
<tr><td colspan="2" rowspan="2">阀型号</td><td colspan="15">尺寸/mm</td></tr>
<tr><td>B_1</td><td>B_2</td><td>B_3</td><td>D_1</td><td>D_2</td><td>H_1</td><td>L_1</td><td>L_2</td><td>L_3</td><td>L_4</td><td>L_5</td><td>L_6</td><td>L_7</td><td>L_8</td><td>T_1</td></tr>
<tr><td rowspan="5">SV</td><td>10</td><td>66.5</td><td>85</td><td>40</td><td>34</td><td>M22×1.5</td><td>42</td><td>27.5</td><td>18.5</td><td>10.5</td><td>33.5</td><td>49</td><td>80</td><td>116</td><td>116</td><td>14</td></tr>
<tr><td>15</td><td>79.5</td><td>100</td><td>55</td><td>42</td><td>M27×1.5</td><td>57</td><td>36.7</td><td>17.3</td><td>13.3</td><td>50.5</td><td>67.5</td><td>95</td><td>135</td><td>146</td><td>16</td></tr>
<tr><td>20</td><td>79.5</td><td>100</td><td>55</td><td>47</td><td>M33×1.5</td><td>57</td><td>36.7</td><td>17.3</td><td>13.3</td><td>50.5</td><td>67.5</td><td>95</td><td>135</td><td>146</td><td>18</td></tr>
<tr><td>25</td><td>97</td><td>120</td><td>70</td><td>58</td><td>M42×1.5</td><td>75</td><td>54.5</td><td>15.5</td><td>20.5</td><td>73.5</td><td>89.5</td><td>115</td><td>173</td><td>179</td><td>20</td></tr>
<tr><td>30</td><td>97</td><td>120</td><td>70</td><td>65</td><td>M48×1.5</td><td>75</td><td>54.5</td><td>15.5</td><td>20.5</td><td>73.5</td><td>89.5</td><td>115</td><td>173</td><td>179</td><td>22</td></tr>
<tr><td rowspan="5">SL</td><td>10</td><td>66.5</td><td>85</td><td>40</td><td>34</td><td>M22×1.5</td><td>42</td><td>22.5</td><td>18.5</td><td>10.5</td><td>33.5</td><td>49</td><td>80</td><td>116</td><td>116</td><td>14</td></tr>
<tr><td>15</td><td>79.5</td><td>100</td><td>55</td><td>42</td><td>M27×1.5</td><td>57</td><td>30.5</td><td>17.5</td><td>13</td><td>50.5</td><td>72.5</td><td>100</td><td>140</td><td>151</td><td>16</td></tr>
<tr><td>20</td><td>79.5</td><td>100</td><td>55</td><td>47</td><td>M33×1.5</td><td>57</td><td>30.5</td><td>17.5</td><td>13</td><td>50.5</td><td>72.5</td><td>100</td><td>140</td><td>151</td><td>18</td></tr>
<tr><td>25</td><td>97</td><td>120</td><td>70</td><td>58</td><td>M42×1.5</td><td>75</td><td>54.5</td><td>15.5</td><td>20.5</td><td>84</td><td>99.5</td><td>125</td><td>183</td><td>189</td><td>20</td></tr>
<tr><td>30</td><td>97</td><td>120</td><td>70</td><td>65</td><td>M48×1.5</td><td>75</td><td>54.5</td><td>15.5</td><td>20.5</td><td>84</td><td>99.5</td><td>125</td><td>183</td><td>189</td><td>22</td></tr>
</table>

注：1. 尺寸 L_7 只适用于开启压力 1 和 2 的阀。

2. 尺寸 L_8 只适用于开启压力 3 的阀。

（4）连接底板（见表 3.4-54）

表 3.4-54　SV/SL 型液控单向阀连接底板型号

通径/mm	10	20	30
底板	G460/1	G412/1	G414/1
型号	G461/1	G413/1	G415/1

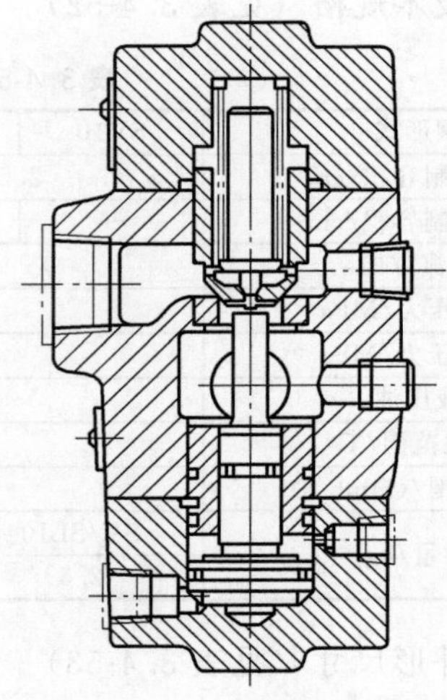

图 3.4-177　4C 型液控单向阀结构

7.2.2　4C 型液控单向阀（威格士系列）（见图 3.4-177）

（1）型号意义

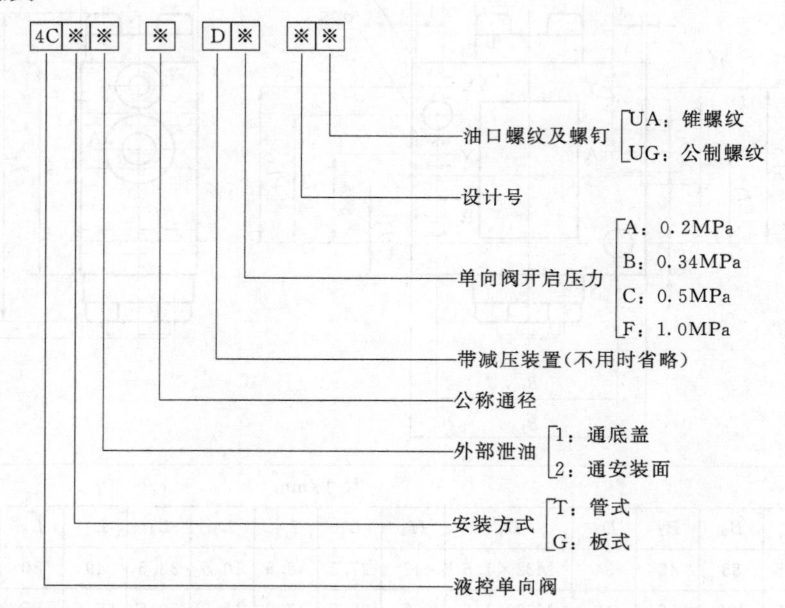

（2）技术规格（见表 3.4-55）

表 3.4-55　4C 型液控单向阀技术规格

型号	通径/in	额定流量/(L/min)	最高工作压力/MPa	单向阀开启压力/MPa
4C※-03-※	3/8	45	21	A:0.2 B:0.34 C:0.5 F:1.0
4C※※-06-※	3/4	114		
4C※1-10-※	1 1/4	284		

（3）外形尺寸（见表 3.4-56 和图 3.4-178）

表 3.4-56 4CT※型液控单向阀外形尺寸

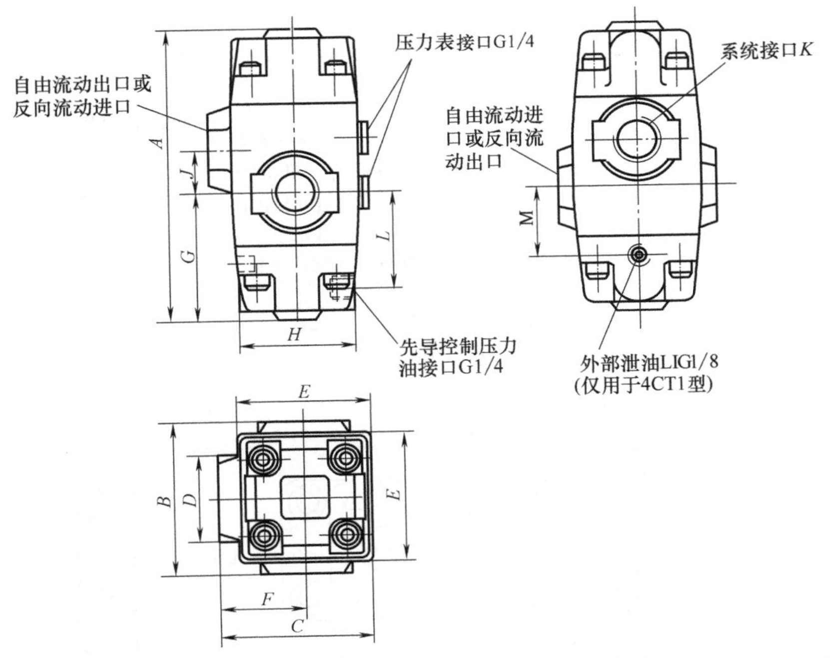

型号	尺寸/mm												质量/kg
	A	B	C	D	E	F	G	H	J	K	L	M	
4CT-03	122.2	70	70	35	60	39.6	53.1	57.2	23.1	G3/8	42.2	—	2.7
4CT1-06	177.8	95.3	88.6	50.8	75	50.8	77.7	70.1	26.9	G3/4	57.2	42.7	5.7
4CT1-10	203.2	117.4	118	86.4	99	68.3	93.5	95.3	28.7	G1 1/4	80	54.6	11.9

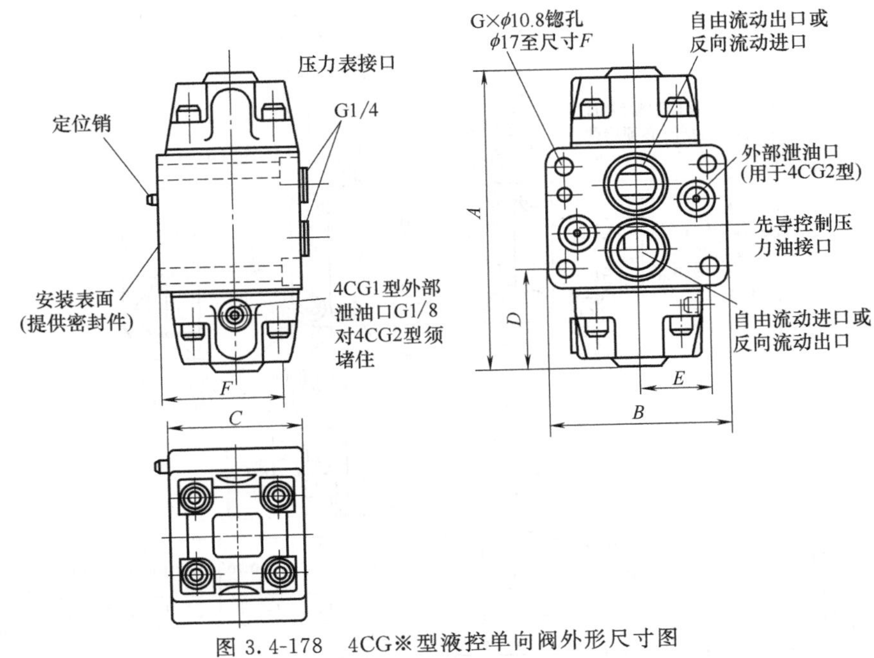

图 3.4-178 4CG※型液控单向阀外形尺寸图

（4）安装底板（见图 3.4-179 和表 3.4-57、表 3.4-58）

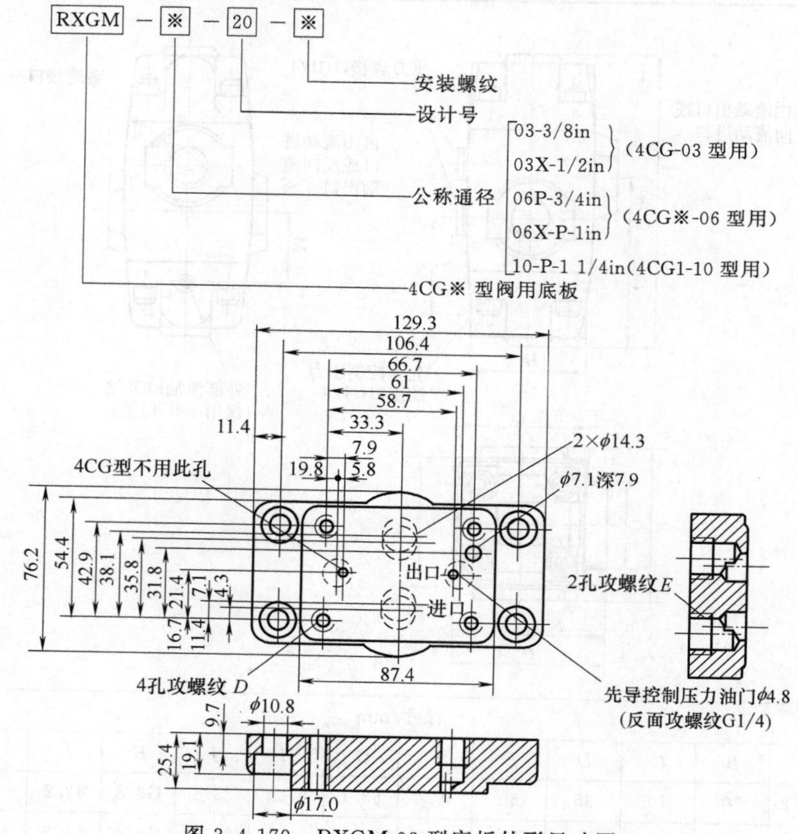

图 3.4-179 RXGM-03 型底板外形尺寸图

表 3.4-57 RXGM-06 型底板外形尺寸

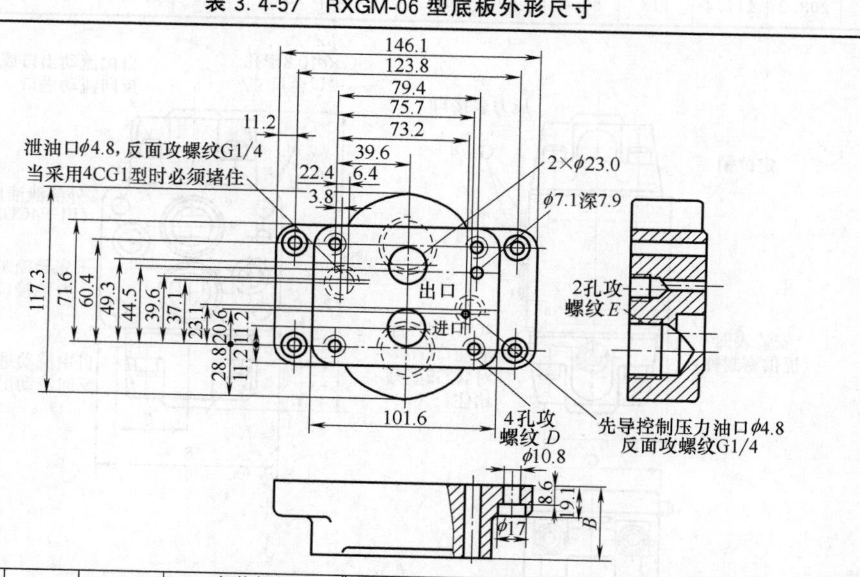

型号	E/mm	D/mm	安装螺钉 (GB/T 70.1—2008)	型号	E/mm	B/mm	D/mm	安装螺钉 (GB/T 70.1—2008)
RXGM-03-20-C	G3/8	M10-6H	M10 长 70	RXGM-06-20-C	G3/4	35.1	M10-6H	M10 长 80
RXGM-03X-20-C	G1/2	M10-6H		RXGM-06X-20-C	G1	41.1	M10-6H	

表 3.4-58 RXGM-10 型底板外形尺寸

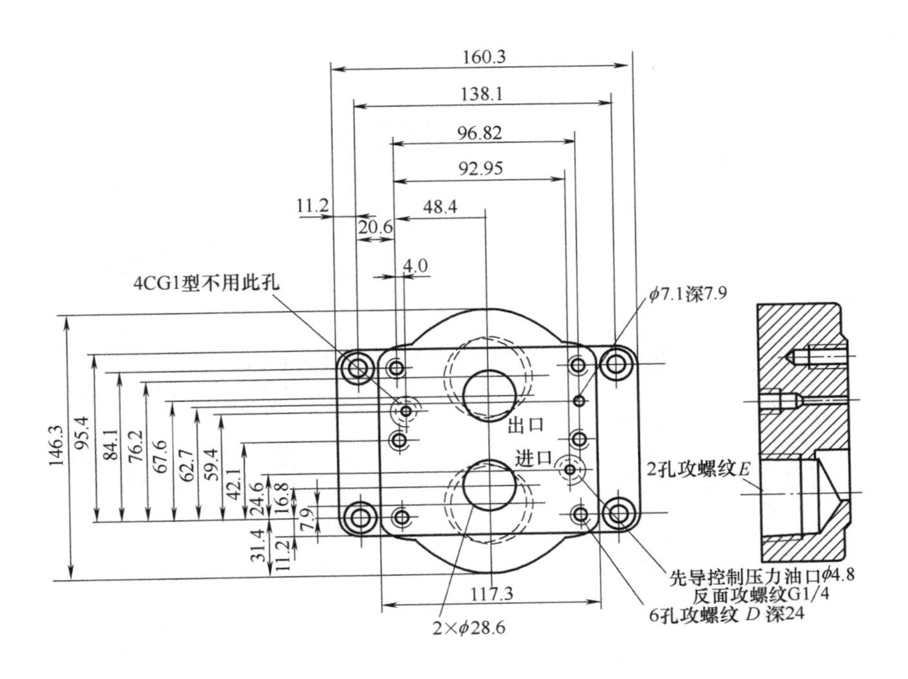

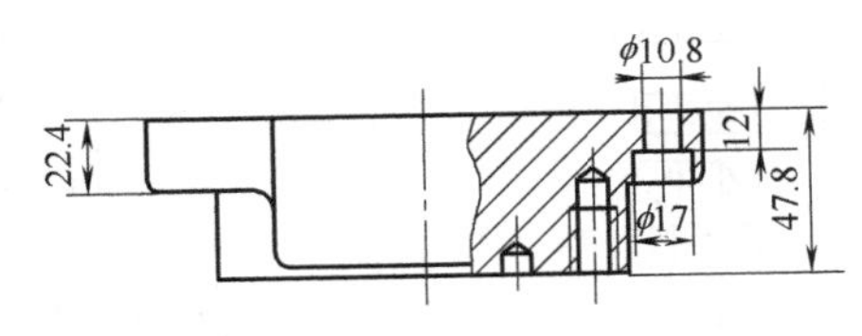

型　　号	E/mm	D/mm	安装螺钉(GB 70—85)
E-RXGM-10-P-20-C	G1 1/4	M10-6H	M10 长 110

7.3 电磁换向阀

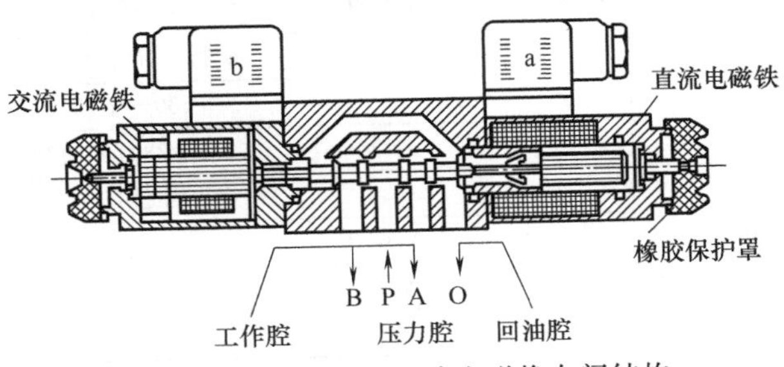

图 3.4-180 WE5 型湿式电磁换向阀结构

7.3.1 WE5 型湿式电磁换向阀（力士乐系列）（见图 3.4-180）

（1）型号意义

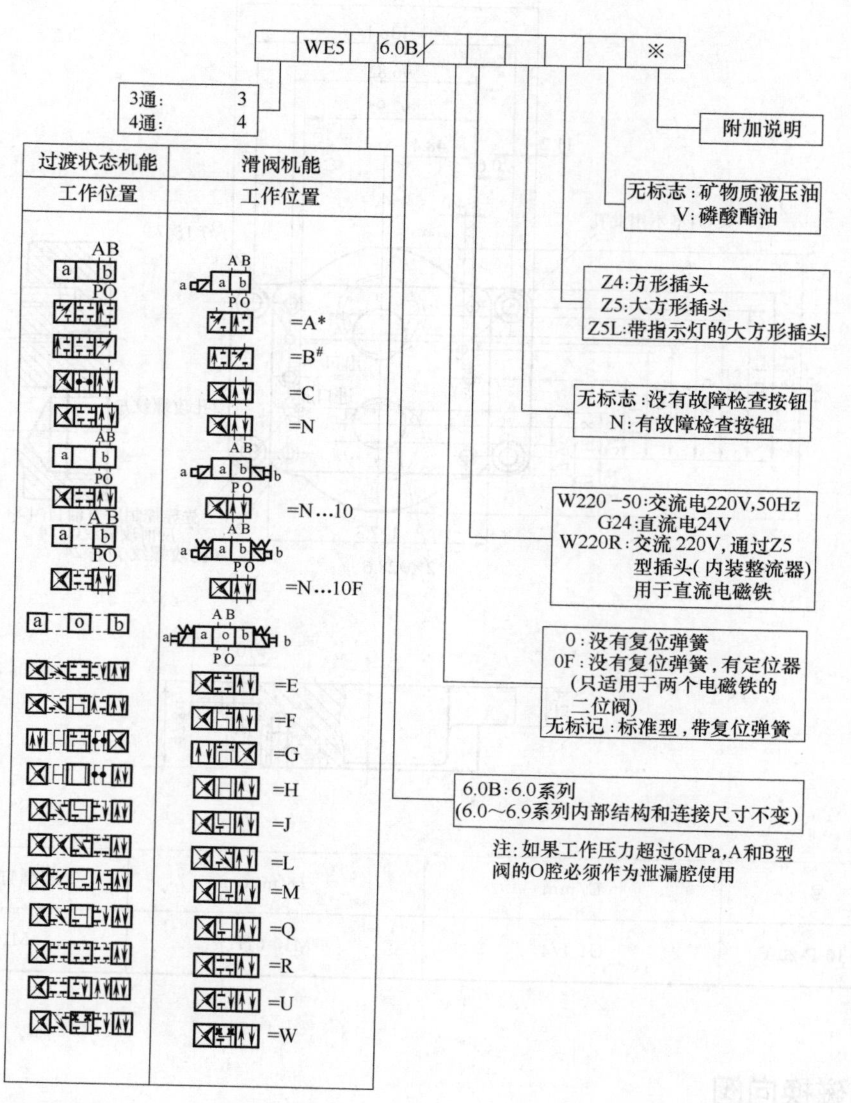

（2）技术规格（见表 3.4-59）

表 3.4-59 WE5 型湿式电磁换向阀技术规格

项目		
介　质	矿物油,磷酸酯液	
介质温度/℃	－30～＋70	
介质黏度/(m^2/s)	$(2.8\sim380)\times10^{-6}$	
最大允许的工作压力/MPa	连接口	
	A、B、P	O
	至 25	至 6
过流截面(0 位,即中间位置)	W 型	Q 型
	额定截面积的 3%	额定截面积的 6%

续表

质量/kg	阀	底板 G115/1		底板 G96/1
	约 1.4	约 0.7		约 0.5
交流电压/V	110,220(50Hz)			
直流电压/V	12,24,110			
电压类别	直流电压		交流电压	
消耗功率/W	26		—	
停留时功率/VA	—		46	
启动时功率/VA	—		130	
运转时间	连续			
接通时间/ms	40		25	
断开时间/ms	30		20	
最大许可的环境温度	+50℃			
最大许可的线圈温度	+150℃			
最大许可的开关频率/(次/h)	15000		7200	
保护装置类型 DIN40050	IP65			

(3) 外形尺寸(见图 3.4-181)

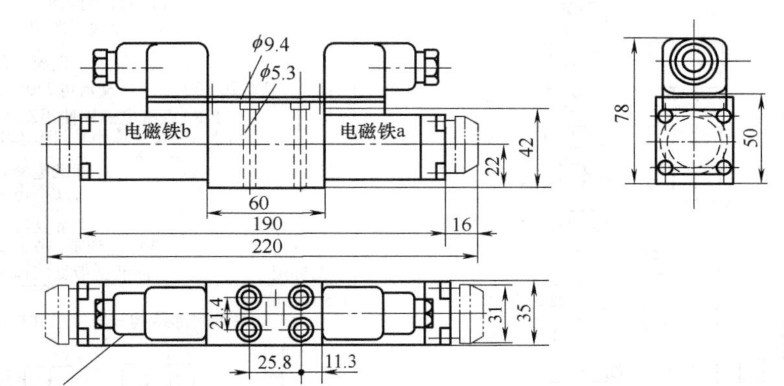

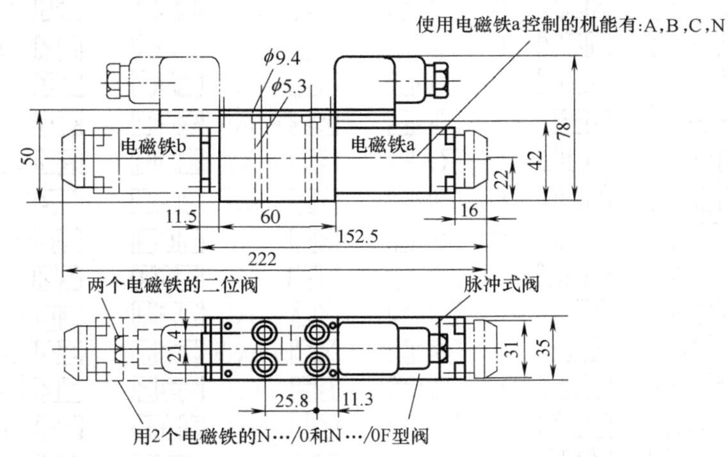

图 3.4-181 WE5 型电磁换向阀外形及连接尺寸

连接底板:G115/01、G96/01

7.3.2 WE6 型电磁换向阀（力士乐系列）（见图 3.4-182）

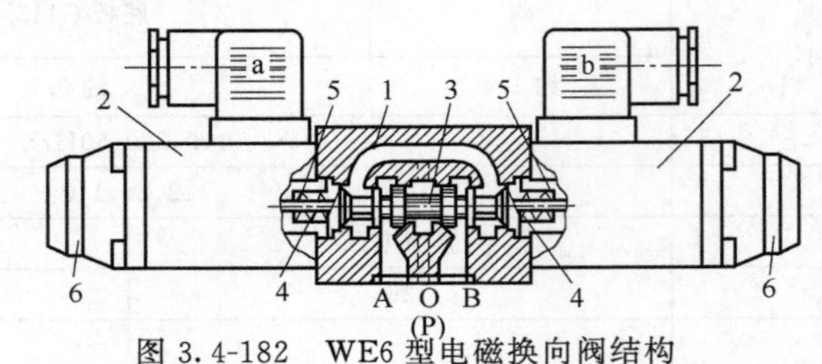

图 3.4-182 WE6 型电磁换向阀结构

1—阀体；2—电磁铁；3—阀芯；4—弹簧；5—推杆；6—应急手按钮

（1）型号意义

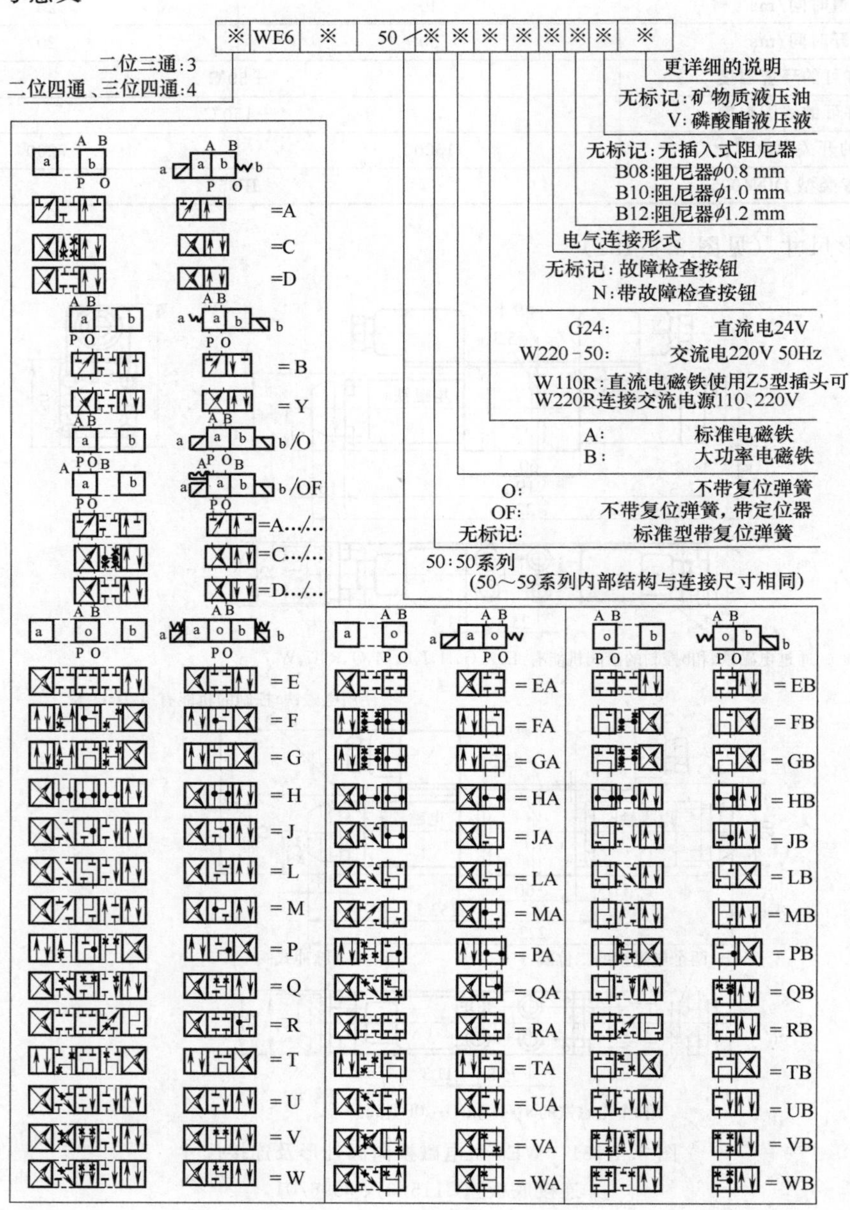

（2）技术规格（见表 3.4-60 和表 3.4-61）

表 3.4-60 WE6 型湿式电磁换向阀技术规格（液压部分）

电磁铁		标准电磁铁 A	大功率电磁铁 B
工作压力/MPa	A、B、P 腔	31.5	35
	O 腔	16（直流）；10（交流）	16
流量/(L/min)		60	80（直流）；60（交流）
流量截面（中位时）		Q 型机能为额定截面积的 6%，W 型机能为额定截面积的 3%	
介质		矿物油，磷酸酯液	
介质温度/℃		－30～＋70	
介质黏度/(m^2/s)		$(2.8～380)\times10^{-6}$	
质量/kg	单电磁铁	1.2	1.35
	双电磁铁	1.6	1.9

注：如工作压力超过 O 腔压力时，A 和 B 型阀的 O 腔必须作泄油口使用。

表 3.4-61 WE6 型湿式电磁换向阀技术规格（电气部分）

电　磁　铁	标准电磁铁 A		大功率电磁铁 B	
	直流	交流	直流	交流
适用电压/V	12、24、110	110V、220V(50Hz)	12、24、110	110V、220V(50Hz)
消耗功率/W	26	—	30	—
吸合功率/VA	—	46	—	35
接通功率/VA	—	130	—	220
工作状态	连续	连续	连续	连续
接通时间/ms	20～45	10～25	20～45	10～20
断开时间/ms	10～25	10～25	10～25	15～40
环境温度/℃	＋50			
线圈温度/℃	＋150			
切换频率/(次/h)	15000	7200	15000	7200
保护装置	—	符合 DIN40050　IP65		—

（3）外形尺寸（见图 3.4-183 和图 3.4-184）

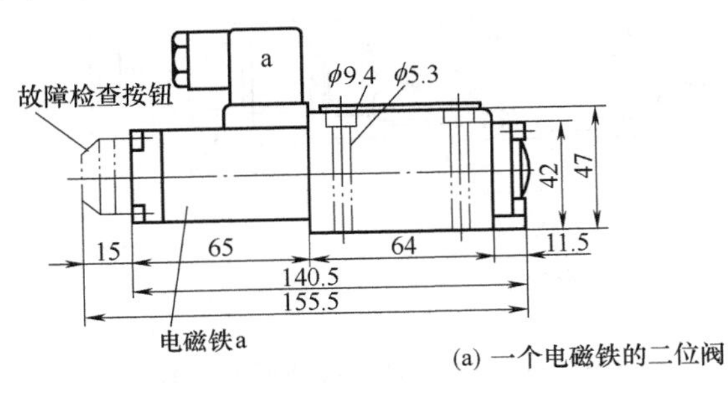

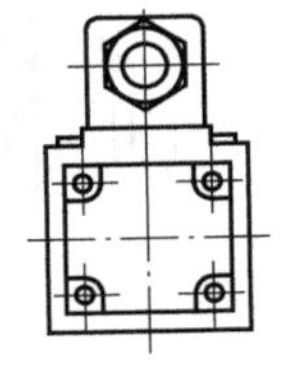

(a) 一个电磁铁的二位阀

图 3.4-183

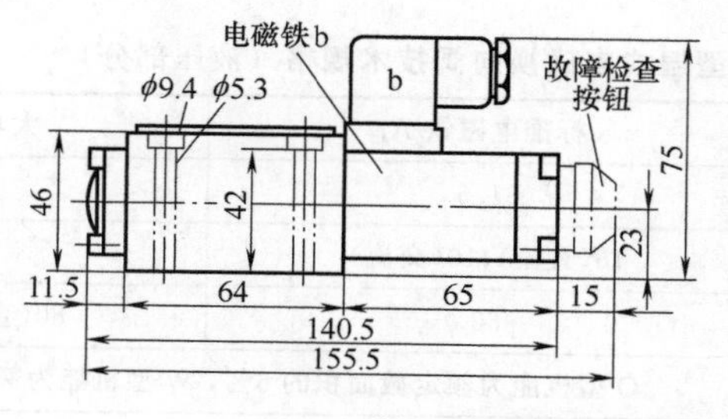

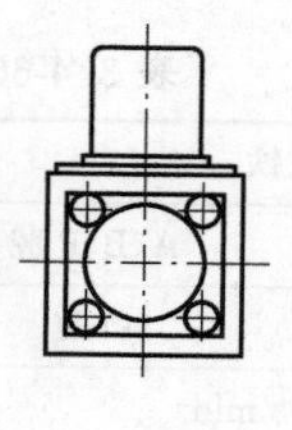

(b) 一个电磁铁的二位阀

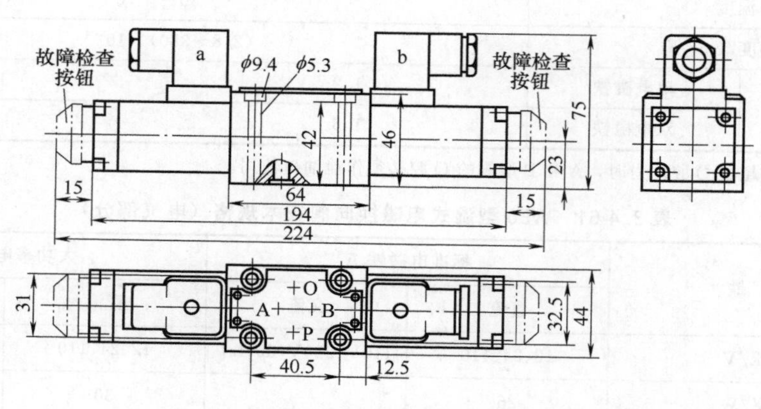

(c) 用两个电磁铁的二位阀(或三位阀)

图 3.4-183 WE6…50/…型电磁换向阀外形尺寸图

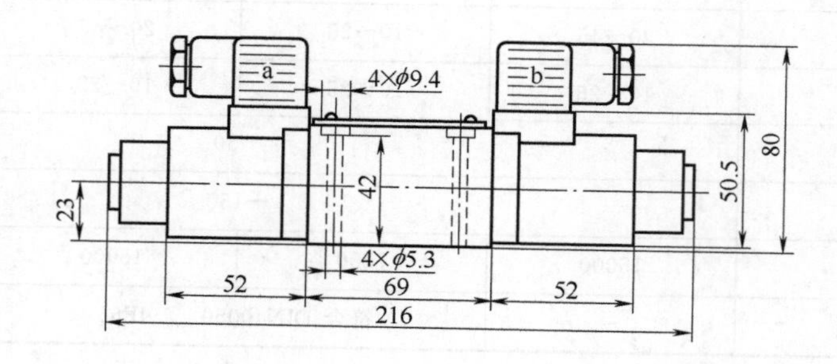

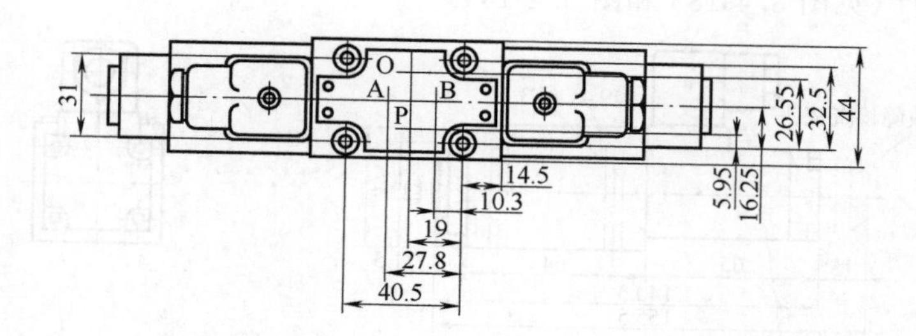

图 3.4-184 WE6…60/…型电磁换向阀外形尺寸图

连接底板：G341/01、G342/01、G502/01

7.3.3 WE10 型电磁换向阀（力士乐系列）（见图 3.4-185）

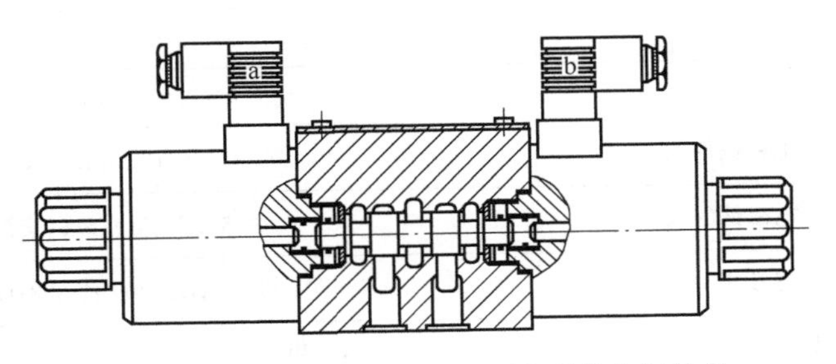

图 3.4-185 WE10…31B/A…型电磁换向阀结构

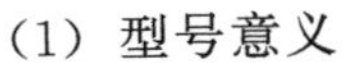

(1) 型号意义

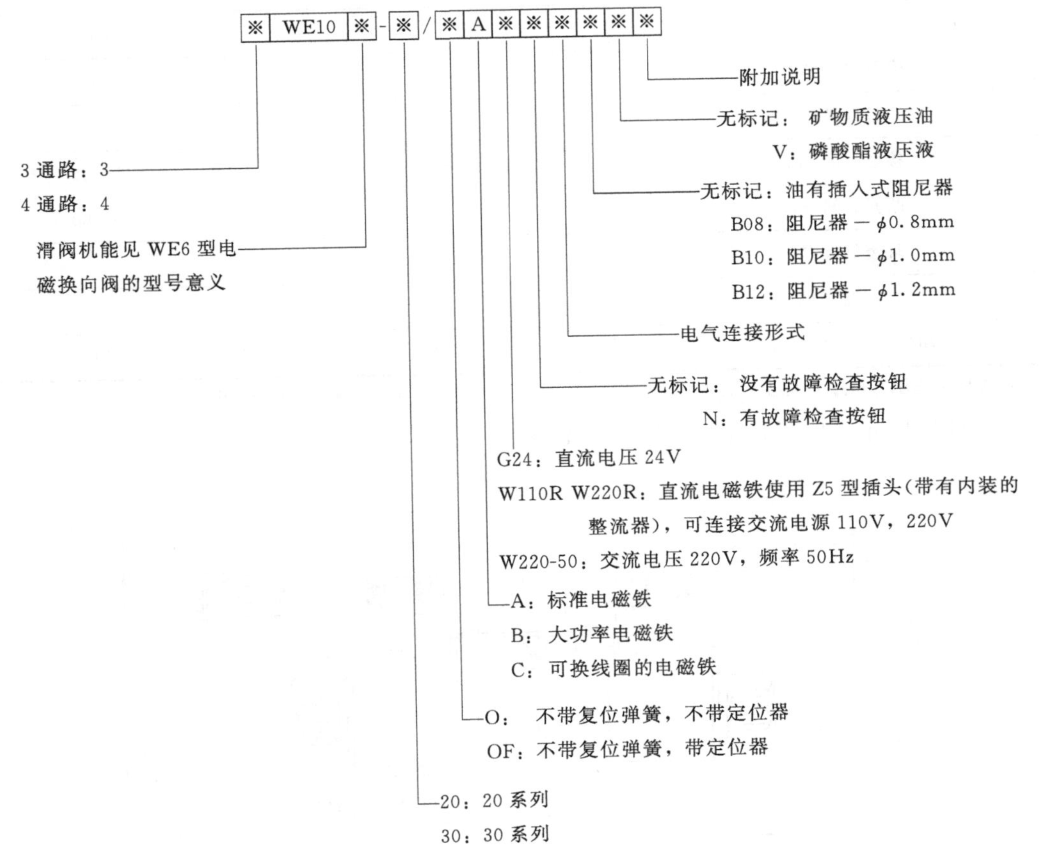

(2) 技术规格（见表 3.4-62）

表 3.4-62 WE10 型湿式电磁换向阀技术规格

项目		
工作压力(A、B、P 腔)/MPa	31.5	
工作压力(O 腔)/MPa	16(直流)；10(交流)	
流量/(L/min)	最大 100	
过流截面(中位时)	Q 型机能	W 型机能
	额定截面积的 6%	额定截面积的 3%

续表

项目		直流电	交流电
介质		矿物油，磷酸酯液	
介质温度/℃		－30～＋70	
介质黏度/(m^2/s)		$(2.8\sim380)\times10^{-6}$	
质量/kg	1个电磁铁的阀	4.7(直流)；4.2(交流)	
	2个电磁铁的阀	6.6(直流)；5.6(交流)	
	连接板	G66/01 约 2.3；G67/01 约 2.3；G534/01 约 2.5	
供电		直流电	交流电
供电电压/V		12、24、42、64、96、110、180、195、220	42、127、220(50Hz)、220(60Hz)
消耗功率/W		35	—
吸合功率/VA		—	65
接通功率/VA		—	480
运行状态		连续	
接通时间/ms		50～60	15～25
断开时间/ms		50～70	40～60
环境温度/℃		＋50	
线圈温度/℃		＋150	
动作频率(次/小时)		15000	7200

注：如果工作压力超过O腔所允许的压力，则A和B型机能阀的O腔必须作泄油腔使用。

(3) 外形尺寸（见图 3.4-186 和图 3.4-187）

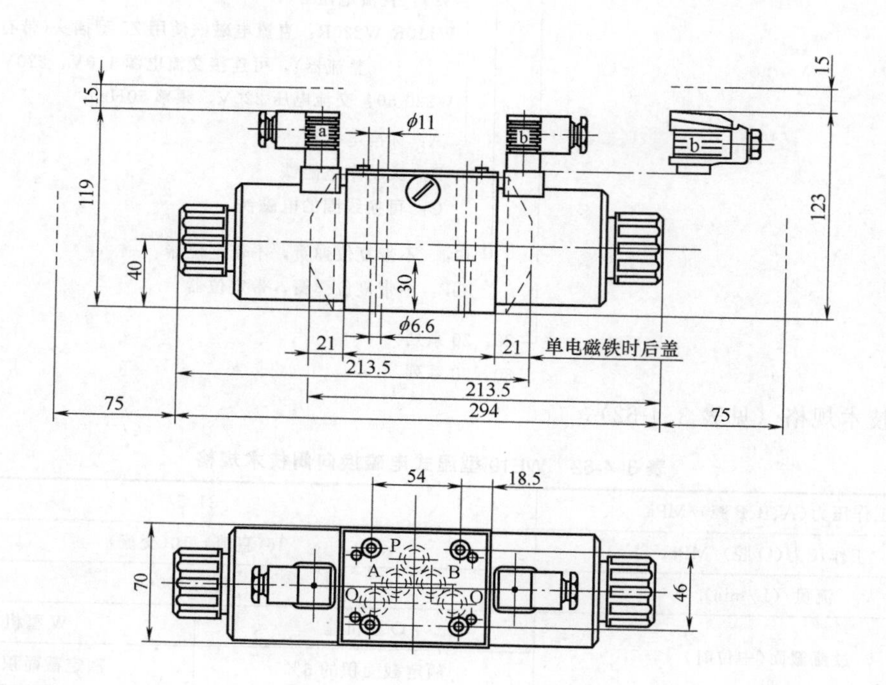

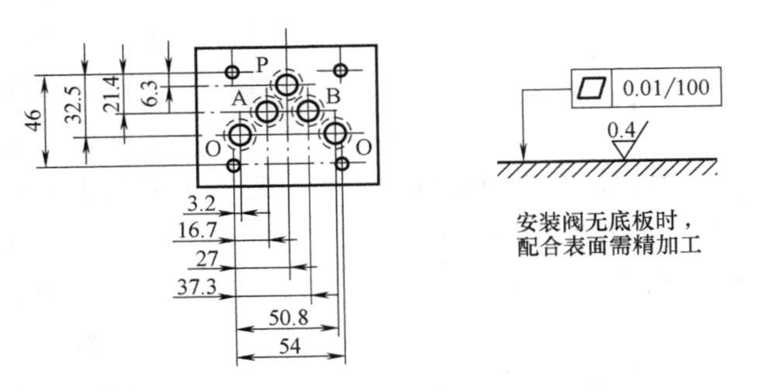

图 3.4-186 WE10※20 型电磁换向阀外形尺寸

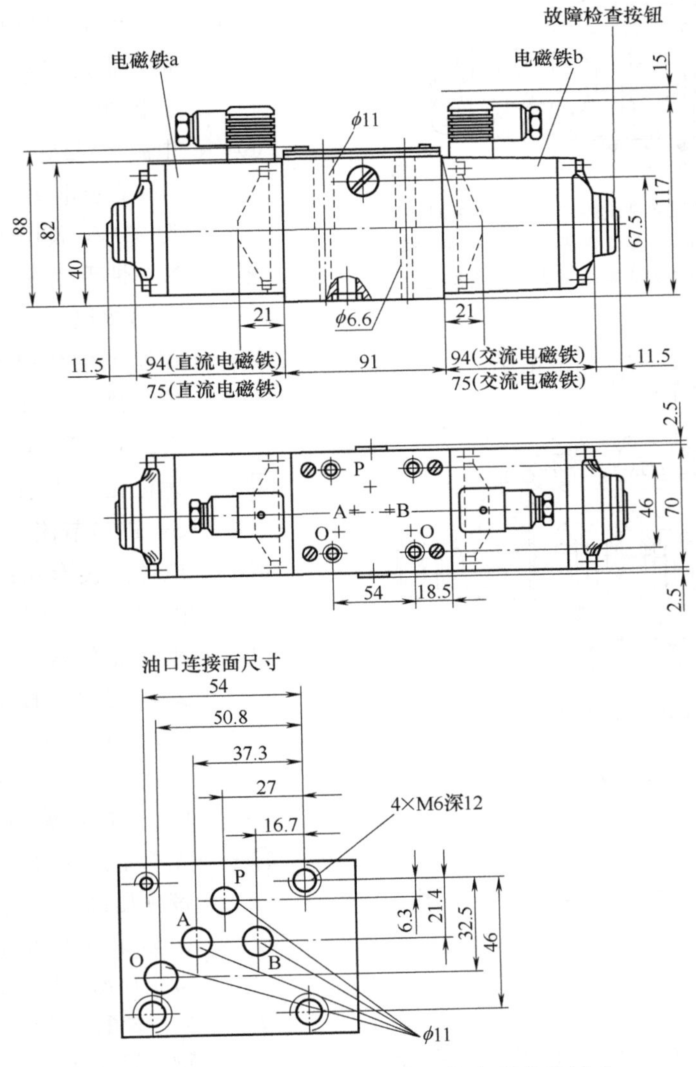

图 3.4-187 WE10※30 型电磁换向阀外形尺寸

连接底板：G66/01、G67/01、G534/01

7.4 电液换向阀

7.4.1 WEH（WH）型电液换向阀（液控换向阀）（力士乐系列）（见图 3.4-188 和图 3.4-189）

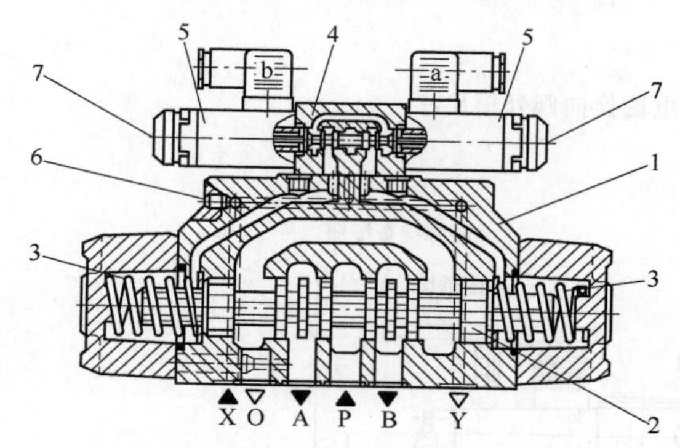

图 3.4-188　WEH 型电液换向阀结构（弹簧对中）

1—主阀体；2—主阀芯；3—复位弹簧；4—先导电磁阀；5—电磁铁；6—控制油进油道；7—故障检查按钮

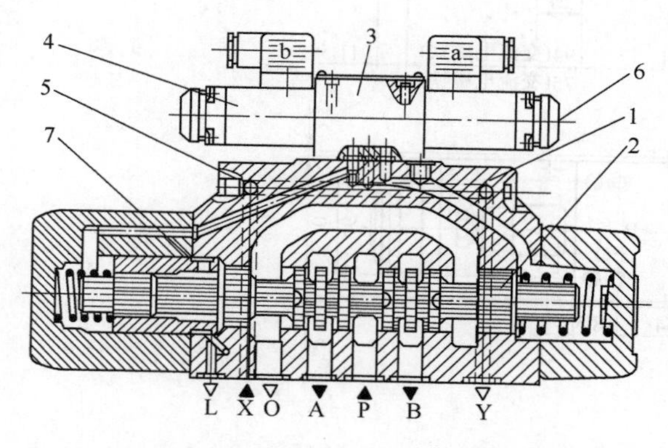

图 3.4-189　WEH 型电液换向阀结构（液压对中）

1—主阀体；2—主阀芯；3—先导电磁阀；4—电磁铁；5—控制油进油道；6—故障检查按钮；7—定位套

（1）型号意义

※ W※H ※ ※ ※　50/※6A ※ ※ ※

①　②　③④⑤　⑥　⑦　⑧⑨⑩

※ ※/※ ※ ※ ※ ※ ※

⑪⑫⑬⑭⑮⑯⑰⑱

①——工作压力：H—35MPa，无标记—28MPa；

②——基本类型：WEH—电液阀，WH—液控阀；

③——通径：10、16、25、32；

④——主阀弹簧复位或对中：无标记，主阀液压复位或对中：H；

⑤——滑阀机能符号；

⑥——系列号：20—30 系列（NG 10），50—50 系列（NG 16、25、32），压力级：8—2～8MPa，16—8～16MPa，31.5—16～31.5MPa；

⑦——导阀是双电磁铁二位阀，主阀是液压复位时，导阀的复位形式：O—无复位弹簧，OF—无复位弹簧，带定位器（O、OF 不适用于 Y 机能）；

⑧——电源—W220-50 交流电源 220V50Hz，G24 直流电源 24V，W220-R 本整电源 220V，使用 Z5 插头；

⑨——N—带手动按钮，无标记—不带手动按钮；

⑩——控制油的供排形式：无标记—外控外排，E—内控外排，T—外控内排，ET—内控内排；

⑪——无标记—没有换向时间调节器，S—进口节流，S_2—出口节流；

⑫——电器连接形式；

⑬——附加装置说明；

⑭——阻尼器代号：无标记—不带插入式阻尼器，B08—阻尼器孔径为 $\phi 0.8$mm，B10—阻尼器孔径为 $\phi 1.0$mm，B12—阻尼器 $\phi 1.2$mm，B15—阻尼器 $\phi 1.5$mm；

⑮——无标记—不带预压阀，P0.45—带预压阀，开启压力 0.45MPa；

⑯——无标记—不带定比减压阀，D1：带定比减压阀（减压比 1∶0.66）；

⑰——V—磷酸酯液压液，无标记—矿物质液压油；

⑱——附加说明。

（2）外形尺寸（见图 3.4-190～图 3.4-193）

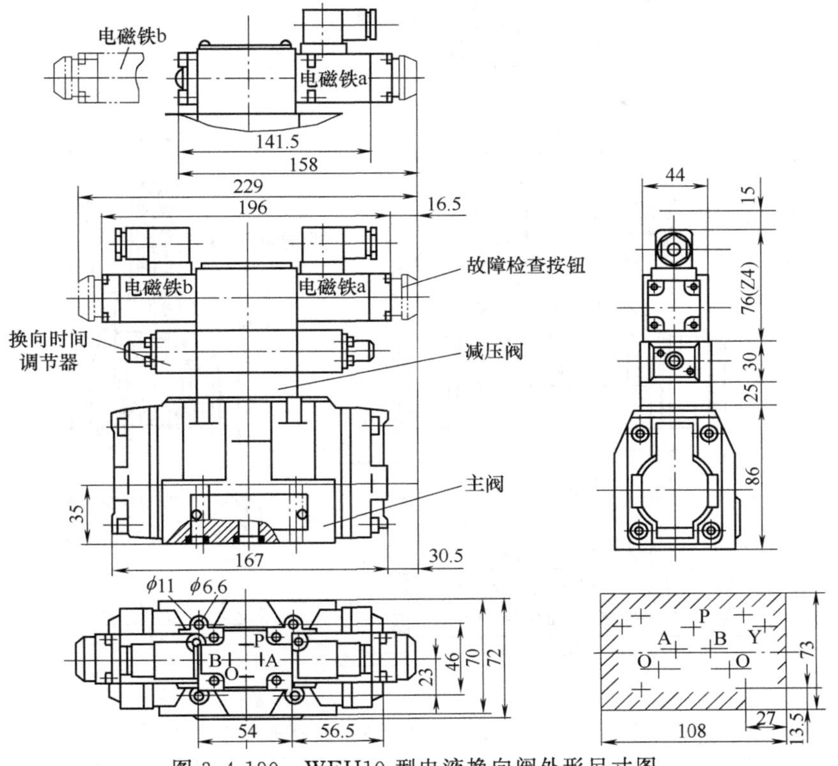

图 3.4-190 WEH10-型电液换向阀外形尺寸图

连接板：G535/01（G3/4）、G535/01（G3/4）、G536/01（G1）

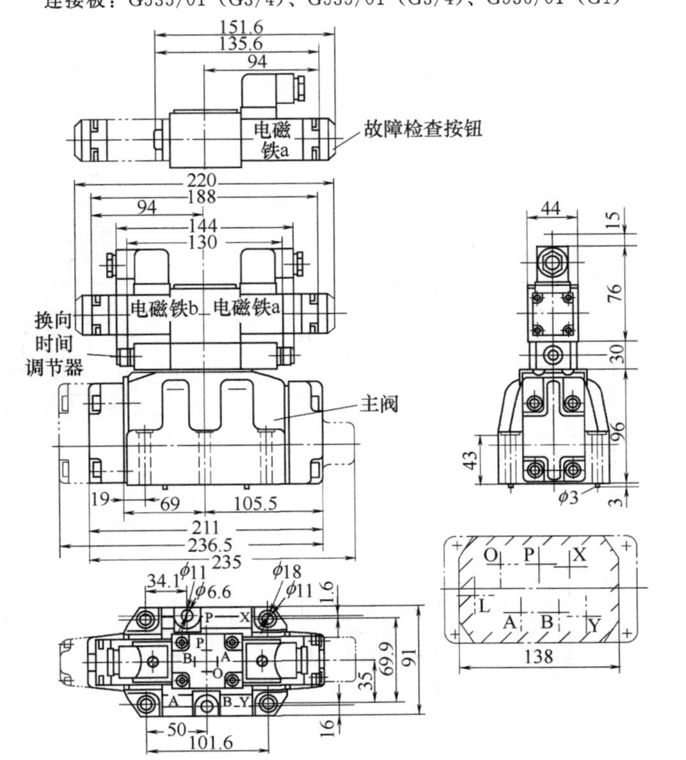

图 3.4-191 WEH16-型电液换向阀外形尺寸图

连接板：G172/01（G3/4）、G172/02（M27×2）、G174/01（G1）、G174/02（M33×2）

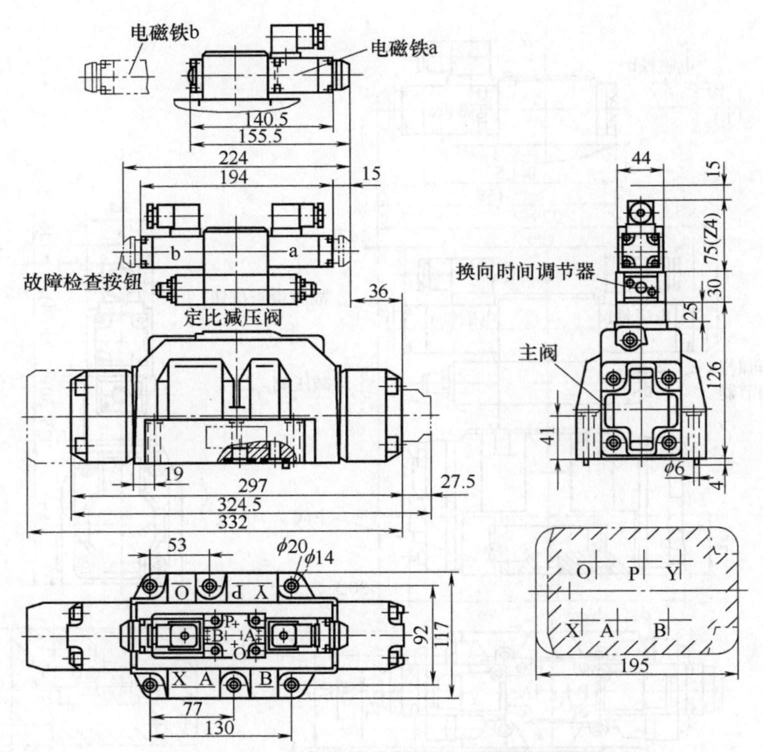

图 3.4-192　WEH25-型电液换向阀外形尺寸图

连接板：G151/01（G1）、G153/01（G1）、G154/01（G1 1/4）、G156/01（G1 1/2）

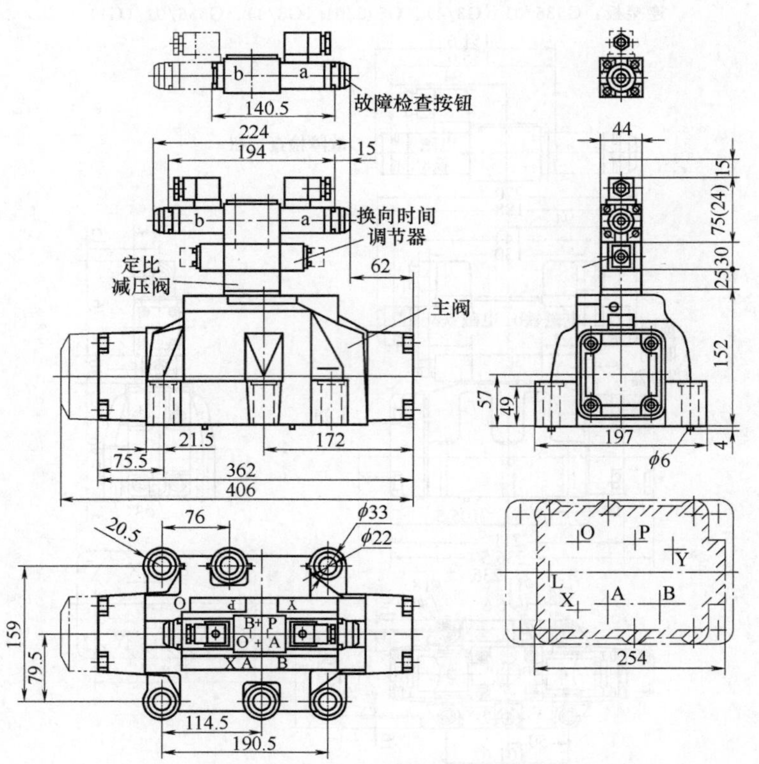

图 3.4-193　WEH32-型电液换向阀外形尺寸

连接板：G157/01（G1）、G157/02（M48×2）、G158/10

7.4.2 DG5S4-10型电液换向阀（威格士系列）（见图3.4-194）

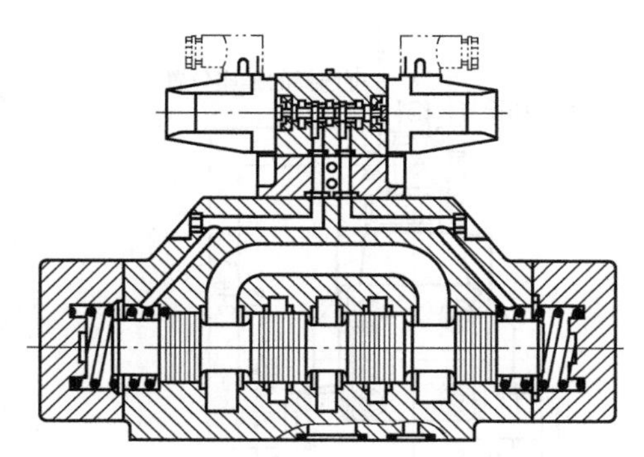
图3.4-194 DG5S4-10※C型电液换向阀结构图

(1) 型号意义

F3-DG5S4-10 ※ ※ ※-X-※- E-T- ※-
① ② ③ ④ ⑤⑥ ⑦ ⑧⑨ ⑩
M ※-※-51UG-LH-S300
⑪ ⑫ ⑬ ⑭ ⑮ ⑯

①——专用密封：使用磷酸酯液压油时用的密封，不用时省略；

②——电磁先导式：4通滑阀板式连接换向阀，连接面CETOPRP35H尺寸10；

③——滑阀形式：0、1、2、3、4、6、8、9、33；

④——滑阀弹簧配置：A—弹簧偏置（一端至另一端），B—单电磁铁弹簧对中，C—弹簧对中，D—压力对中，N—无弹簧定位；

⑤——压力对中要求的先导压力：A—1.4～7MPa，B—7～14MPa，无标记—14～21MPa；

⑥——快速响应（不能用于压力对中型，标准低冲击型省略）；

⑦——滑阀控制代号（不需要时省略）：1—两端行程调节，2—两端先导节流调节，3—两端行程和先导节流调节，7—仅A端行程调节，8—仅B端行程调节。
当导阀是双电磁铁二位阀，主阀是液压复位时，导阀的复位形式：O—无复位弹簧，OF—无复位弹簧，带定位器（O、OF不适用于Y机能）；

⑧——外部先导压力（内部先导压力省略）；

⑨——内部先导泄油（外部先导泄油和压力对中时省略）；

⑩——压力口单向阀（压力对中型不适用）：K—0.035MPa，R—0.35MPa，不用时可省略；

⑪——无标记—没有换向时间调节器，S—进口节流，S_2—出口节流；

⑫——电器连接形式：J—M20螺纹接线盒，U—插头连接D1N43650；

⑬——电磁铁线圈符号：B—交流110V、50Hz，D—交流220V、50Hz，G—直流12V，H—直流24V；

⑭——设计号；

⑮——供DG5S4-10※A型选用，LH—电磁铁在阀的B口端；

⑯——先导阀的背压21MPa。

(2) 技术规格（见表3.4-63）

表3.4-63 DG5S4-10型电液换向阀技术规格

型号			最大流量(在21MPa时)/(L/min)	最大工作压力/MPa
基本型号	滑阀形式	控制		
DG5S4-10-※※-M-51	0、2、6、9	A/N	950①	21
	0、4、8	C	950	
	2、3、6、33	C	950①	
	9	C	320②	
	0、2、3、4、6、8、9、33	D	950	

① 随系统流量增加、最小先导压力随之增加，在较大的流量下，需要较高的先导压力。
② DG5G4-109C型在14MPa时最大流量值475L/min，在7MPa时最大流量值570L/min。

（3）外形尺寸（见图 3.4-195～图 3.4-201）

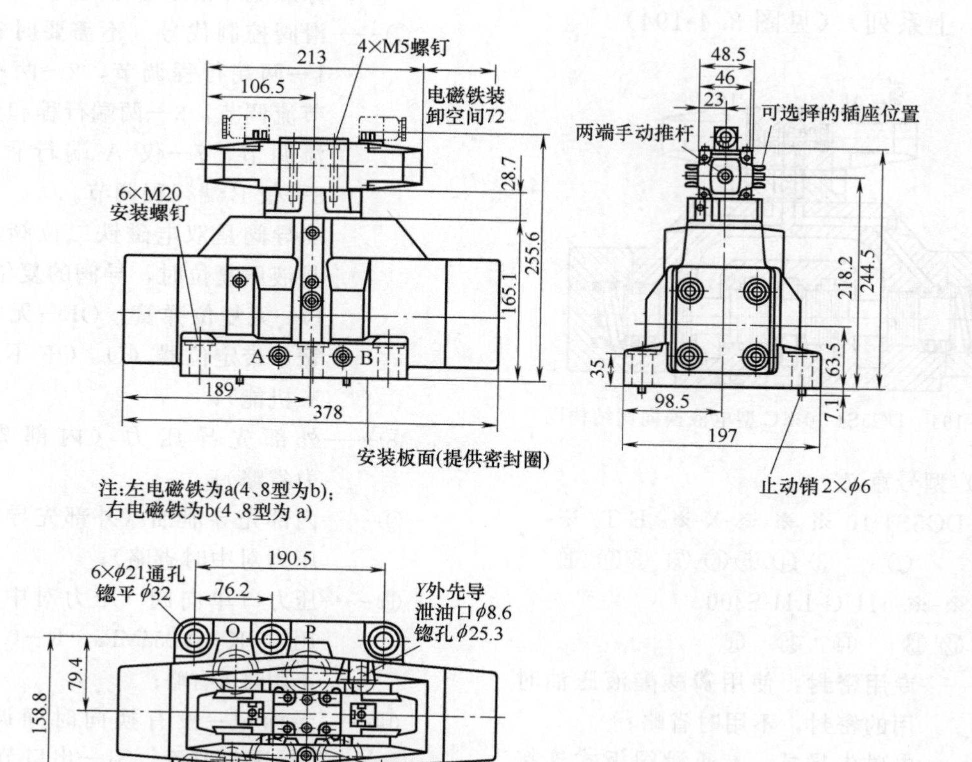

图 3.4-195　DG5S4-10※C-(※)-(E)-(T)-M-U 型电液换向阀外形尺寸图

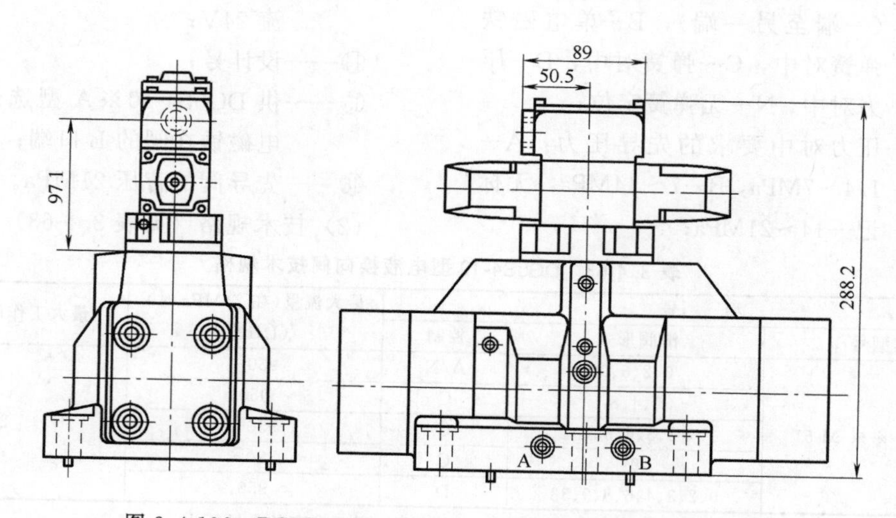

图 3.4-196　DG5S4-10※C--M-J(L) 型电液换向阀外形尺寸图

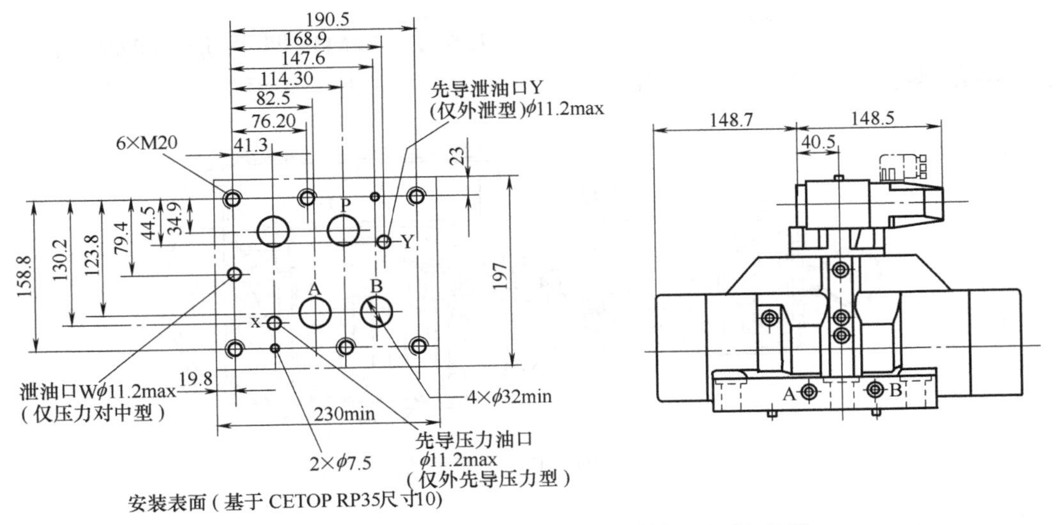

图 3.4-197 DG5S4-10※A-M-51UG 型和 DG5S4-10※B-M-51UG 电液换向阀外形尺寸图

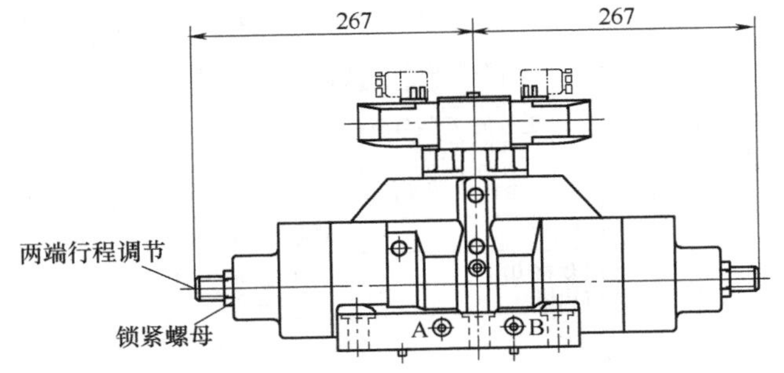

图 3.4-198 DG5S4-10※C-1-M-51UG 型电液换向阀外形尺寸图

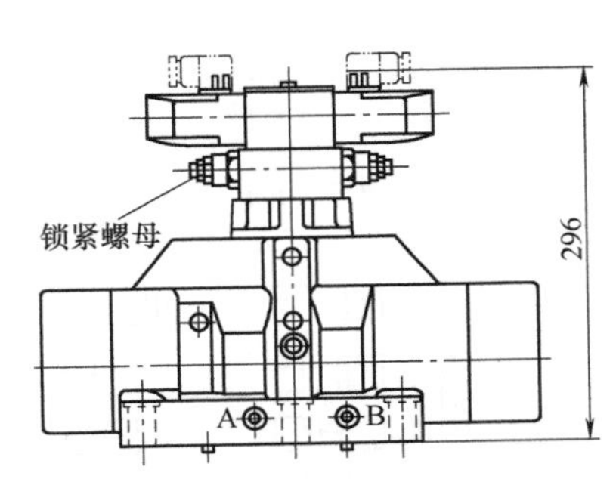

图 3.4-199 DG5S4-10※C-2-M-51UG 型电液换向阀外形尺寸图

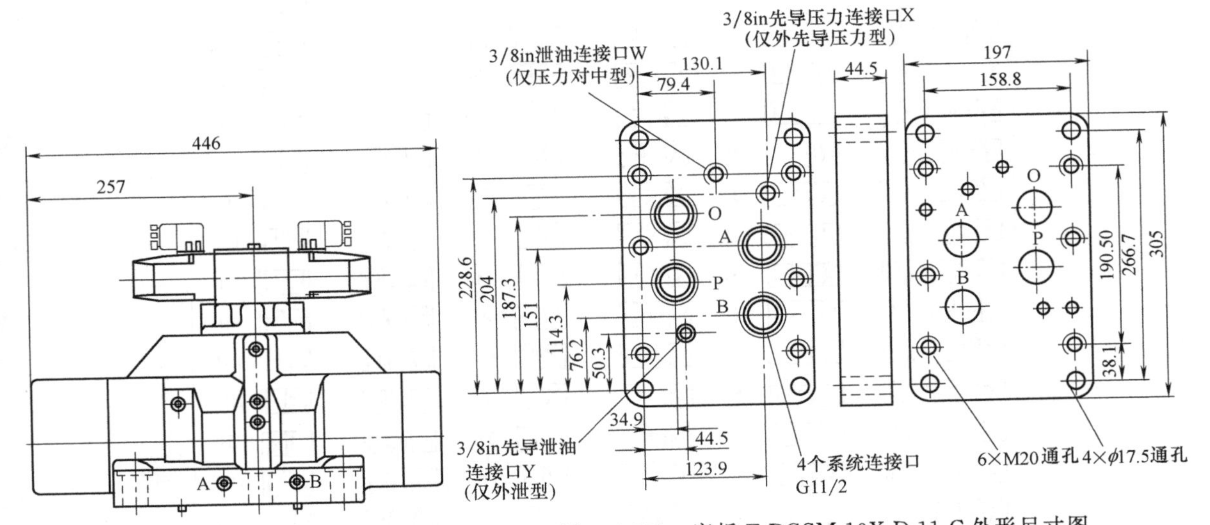

图 3.4-200 DG5S4-10D-M-51UG 型电液换向阀外形尺寸图

图 3.4-201 底板 E-DGSM-10X-D-11-C 外形尺寸图

7.5 手动换向阀和行程换向阀

7.5.1 WMD型手动换向阀（旋钮式）（力士乐系列）（见图3.4-202）

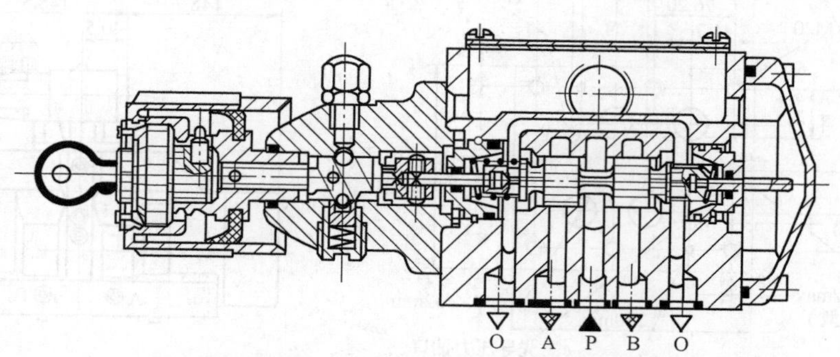

图3.4-202 WMDA6E50/F型手动换向阀结构

（1）型号意义

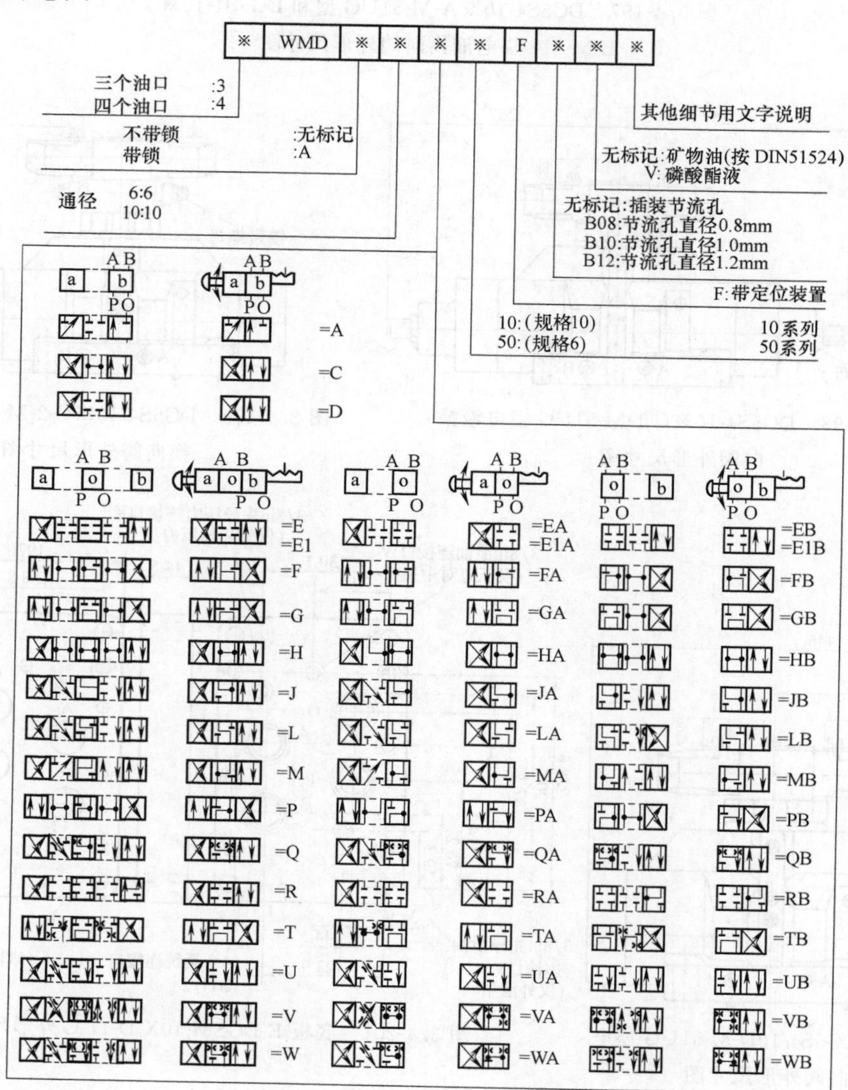

（2）技术规格（见表 3.4-64）

表 3.4-64 WMD 型手动换向阀技术规格

通径/mm	6	10
流量/(L/min)	60	100
质量/kg	约 1.4	约 3.5
操纵力/N	15～20	30
工作压力(油口 A、B、P)/MPa	31.5	
压力(油口 O)/MPa	16.0	15.0
	对于 A 型阀芯，如工作压力超过最高回油压力，O 必须作泄油口	
阀开口面积(阀位于中位)	Q 型阀芯	W 型阀芯
	公称截面的 6%	公称截面的 3%
液压油	矿物油；磷酸酯液	
油温度范围/℃	−30～+70	
介质黏度/(mm²/s)	2.8～380	

（3）外形尺寸（见图 3.4-203 和图 3.4-204）

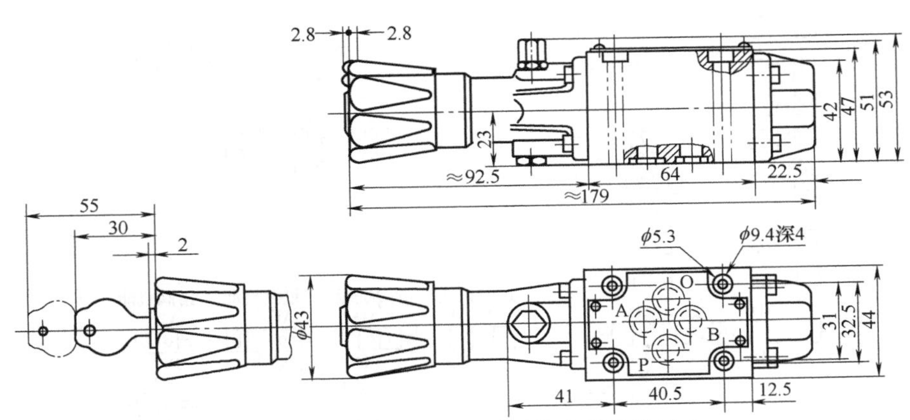

图 3.4-203 WMD※6 型手动换向阀外形尺寸

连接板：G341/01、G342/01、G502/01

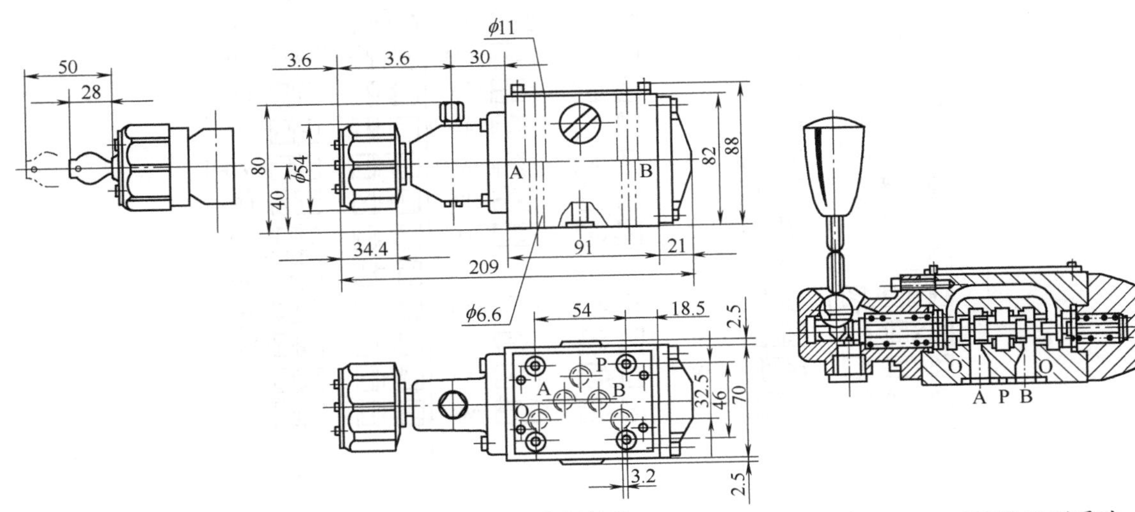

图 3.4-204 WMDA6E50/F 型手动换向阀结构

连接板：G66/01、G67/01、G534/01

图 3.4-205 WMM6 型手动换向阀结构

7.5.2 WMM型手动换向阀（手柄式）（力士乐系列）（见图 3.4-205）

（1）型号意义

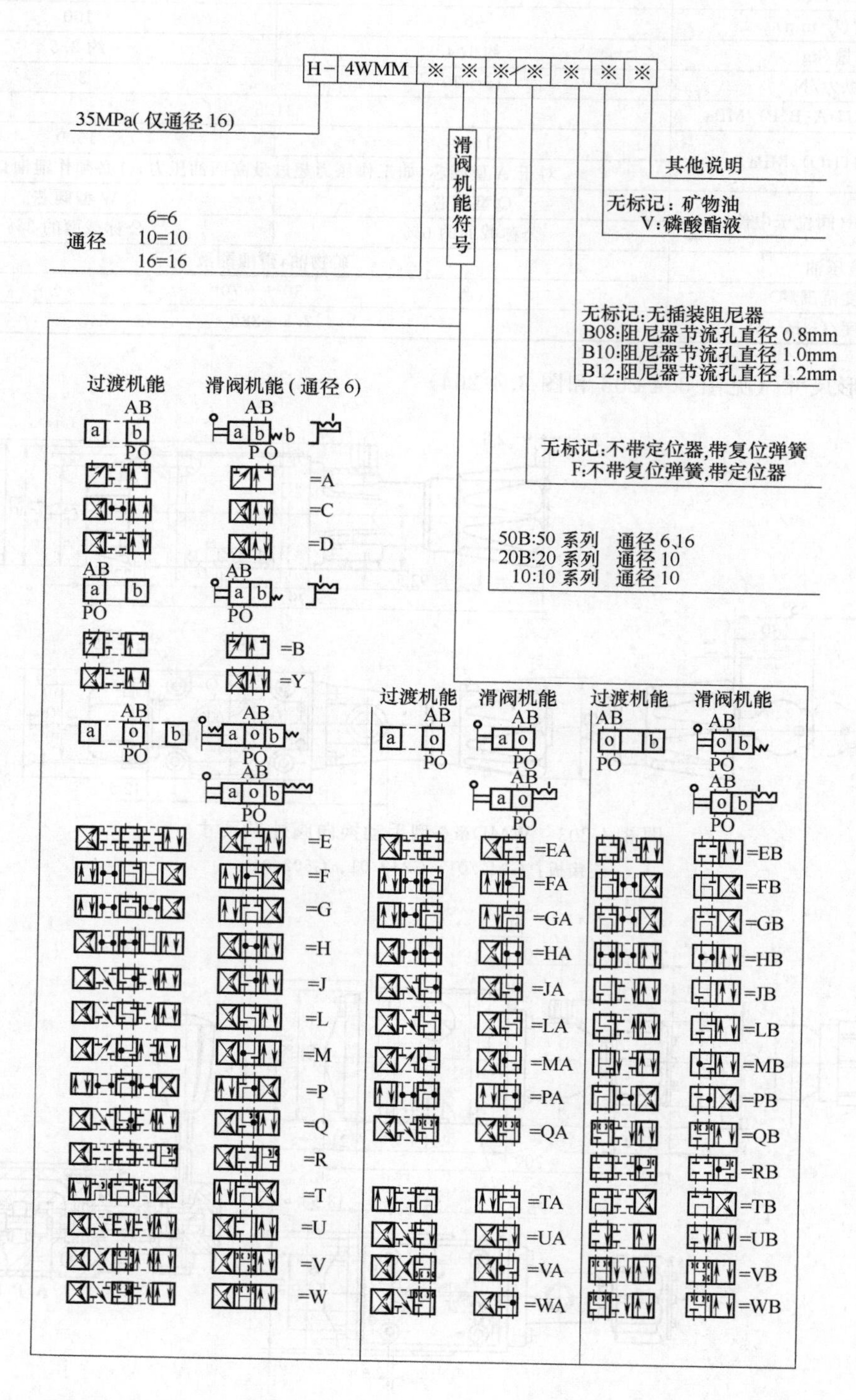

（2）技术规格（见表 3.4-65）

表 3.4-65 WMM 型手动换向阀技术规格

通径/mm		6	10	16
流量/(L/min)		至 60	至 100	至 300
工作压力/MPa	A、B、P 腔	31.5		35
	O 腔	16	15	25
流动截面积(在中位时)		Q 型阀芯为公称截面积的 6% W 型阀芯为公称截面积的 3%		Q、V 型机能为公称截面积的 16% W 型机能为公称截面积的 3%
介质		矿物油，磷酸酯液		
介质黏度/(m^2/s)		$(2.8\sim380)\times10^{-6}$		
介质温度/℃		$-30\sim+70$		
操纵力/N		无回油压力时:20 回油压力 15MPa 时:32	带定位装置时:16～23 带复位弹簧时:20～27	约 75
阀质量/kg		1.4	4.0	8

(3) 外形尺寸（见图 3.4-206～图 3.4-208 和表 3.4-66）

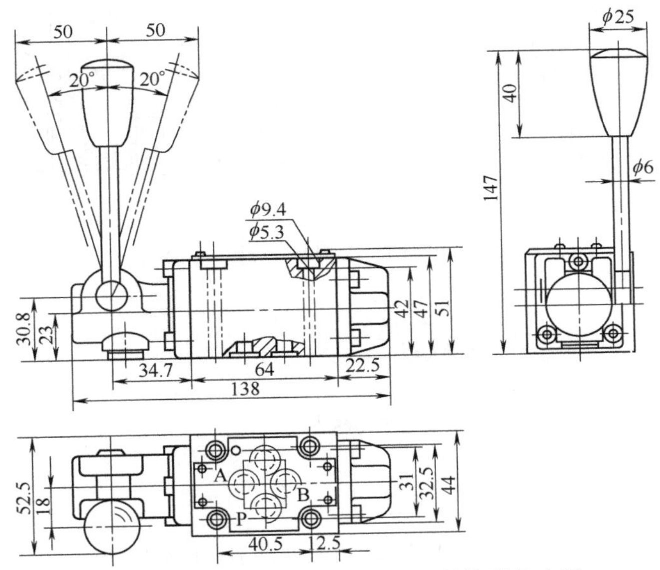

图 3.4-206 WMM6 型手动换向阀外形尺寸图

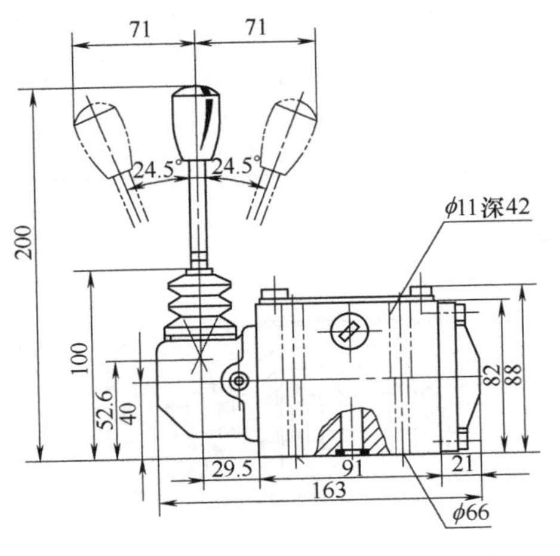

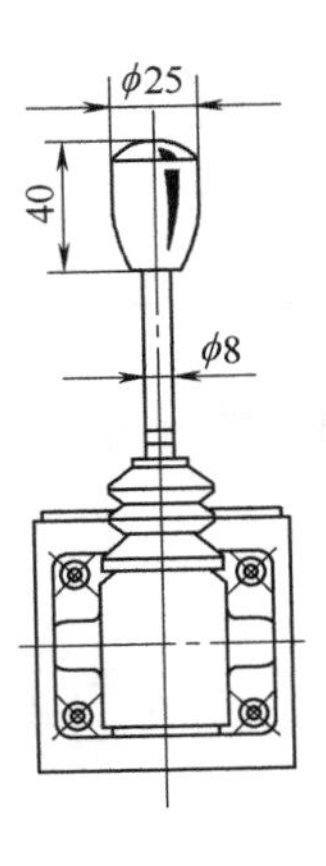

图 3.4-207

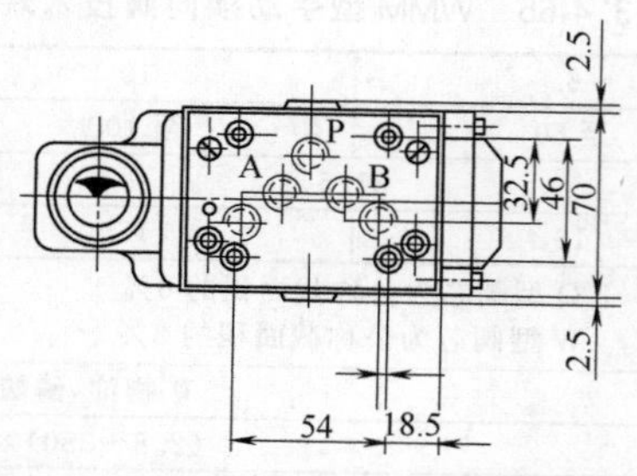

图 3.4-207 WMM10 型手动换向阀外形尺寸图

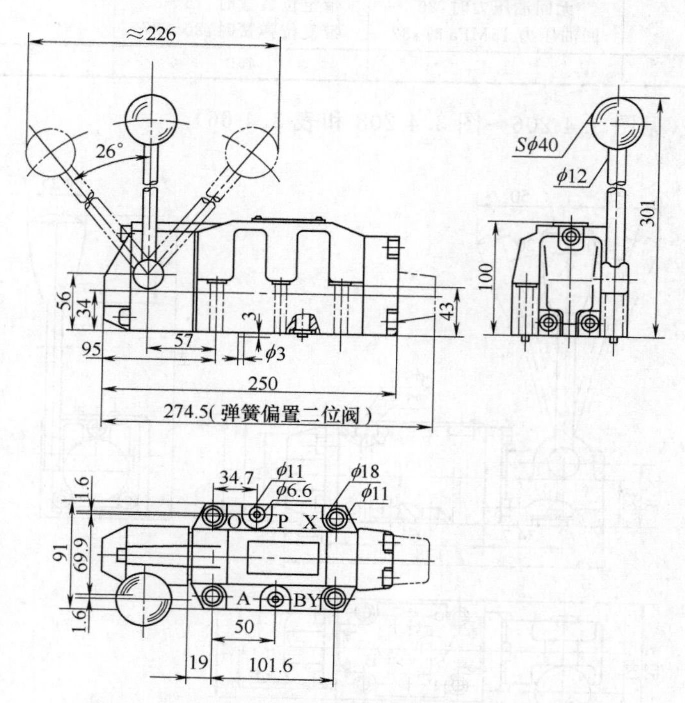

图 3.4-208 WMM16 型手动换向阀外形尺寸图

表 3.4-66 WMM 型手动换向阀连接底板

通径/mm	6	10	16
底板 型号	G34/01 G342/01 G502/01	G66/01 G67/01 G534/01	G172/01,G174/02 G172/02,G174/08 G174/01

7.5.3 WMR/U 型行程（滚轮）换向阀（见图 3.4-209）

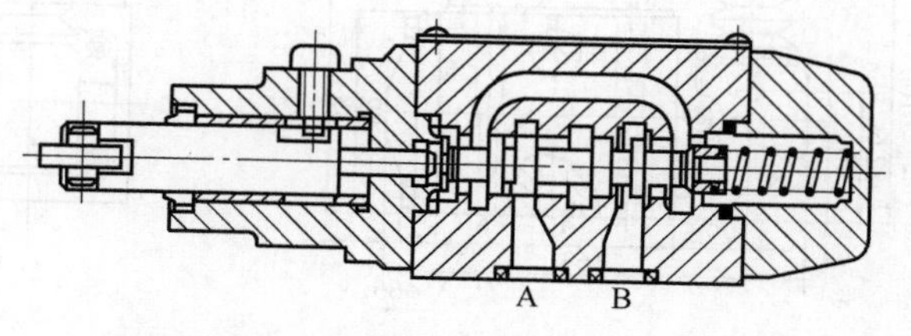

图 3.4-209 WMR6 型行程换向阀结构

(1) 型号意义

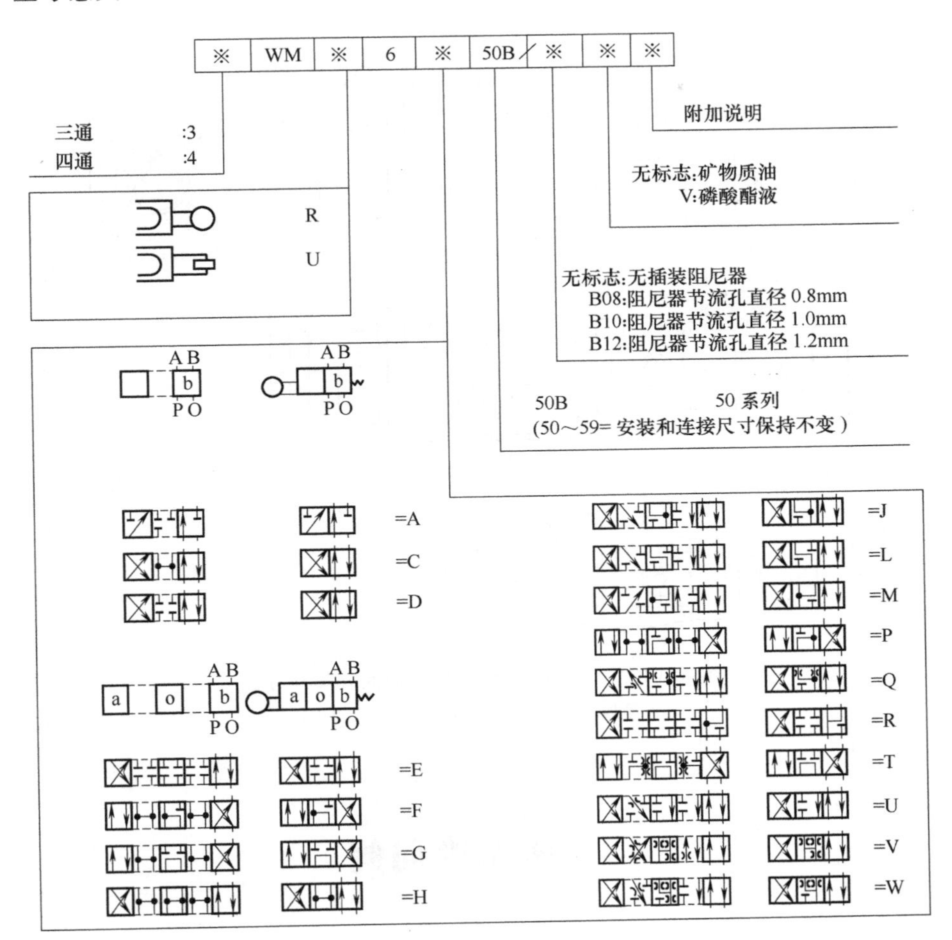

(2) 技术规格(见表 3.4-67)

表 3.4-67 WMR/U 型行程(滚轮)换向阀技术规格

额定压力	(油口 A、B、P)/MPa	31.5		
	(油口 O)①/MPa	6		
流量/(L/min)		60		
流动截面(在中位时)	Q 型阀芯	公称截面的 6%		
	W 型阀芯	公称截面的 3%		
液压介质		矿物油,磷酸酯液		
介质温度/℃		−30～+70		
介质黏度/(mm^2/s)		2.8～380		
质量/kg		约 1.4		
实际工作压力(油口 A、B、P)/MPa		10.0	20.0	31.5
滚轮推杆上的操纵力/N	有回油压力时	约 100	约 112	约 121
	无回油压力时	约 184	约 196	约 205

① 对于滑阀机能 A 和 B,若压力超过最高回油压力,油口 O 必须用作泄油口。

（3）外形尺寸（见图 3.4-210）

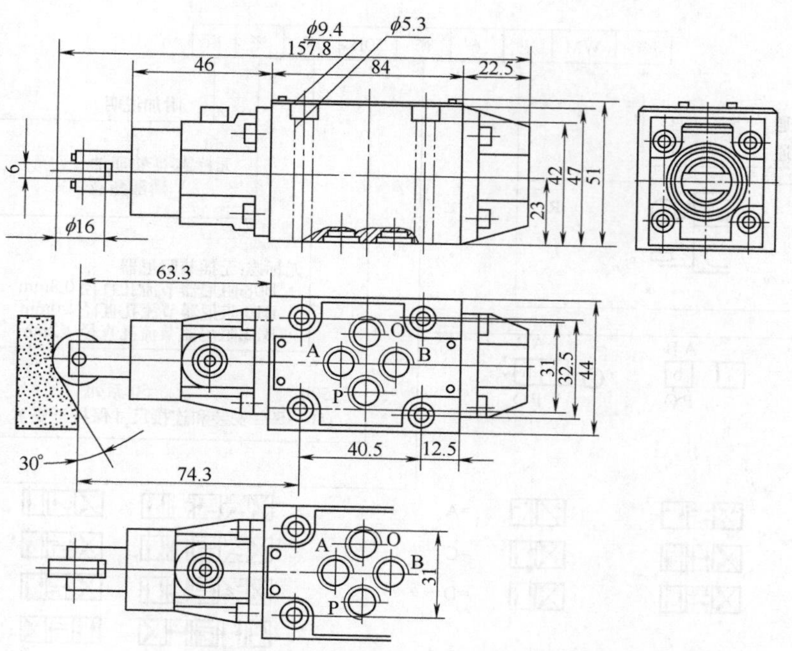

图 3.4-210　WM※6 型行程换向阀外形尺寸图

连接板：G341/01、G342/01、G502/01

8　多路换向阀

8.1　多路换向阀的分类及功能

多路换向阀是由两个以上手动换向阀为主体，并可根据不同的工作要求加上安全阀、单向阀、补油阀等辅助装置构成的多路组合阀。多路换向阀具有结构紧凑、通用性强、流量特性好、一阀多能、不易泄漏以及制造简单等特点，常用于起重运输机械、工程机械及其他行走机械的操纵机构。

多路换向阀分类
- 按阀体结构形式分
  - 分片式多路换向阀
  - 整体式多路换向阀
- 按滑阀的连通方式分
  - 并联油路多路换向阀
  - 串联油路多路换向阀
  - 串并联油路多路换向阀
  - 复合油路多路换向阀

8.2　多路换向阀的工作原理及典型结构

8.2.1　多路换向阀的油路形式和工作原理

由于应用对象的要求不同，多路换向阀的油路结构也有多种形式。

（1）并联油路多路换向阀

如图 3.4-211 所示，多路换向阀内的各单阀之间的进油路并联。滑阀可各自独立操作，系统压力由最小负载的机构决定，当同时操作两个或两个以上滑阀时，负载轻的工

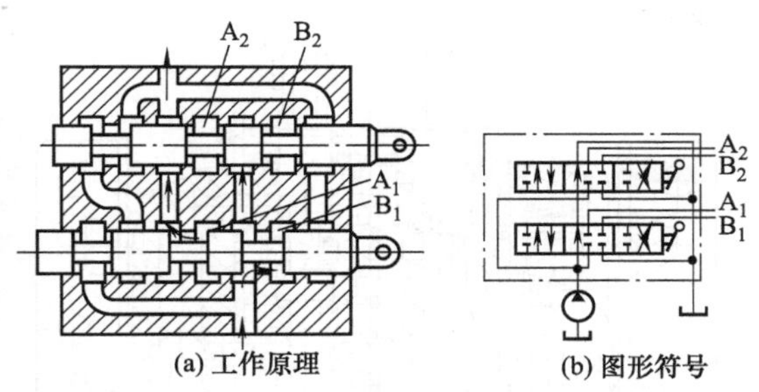

图 3.4-211　并联油路多路换向阀

A_1，B_1—分别通第一个执行元件的进出油口；

A_2，B_2—分别通第二个执行元件的进出油口

作机构先动作，此时分配到各执行元件的油液仅是泵流量的一部分。

（2）串联油路多路换向阀

如图 3.4-212 所示，多路换向阀的各单阀之间的进油路串联，即上游滑阀工作油液的回油口与下游滑阀工作油液的进油口连接。当同时操作两个或两个以上滑阀时，则相应的机构同步动作。工作时，液压泵出口压力等于各工作机构压力之和。

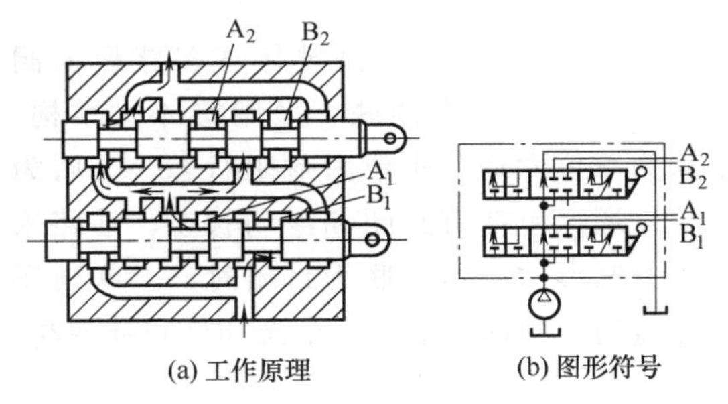

图 3.4-212　串联油路多路换向阀

A_1，B_1—通第一个执行元件的进出油口；

A_2，B_2—通第二个执行元件的进出油口

（3）串并联油路多路换向阀

如图 3.4-213 所示，多路换向阀的各单阀间的进油路串联，回油路则与总回油路连接。上游滑阀不在中位时，下游滑阀的进油口被切断，因此多路换向阀中总是只有一个滑阀工作，实现了滑阀之间的互锁功能。但上游滑阀在微调范围内操作时，下游滑阀尚能控制该工作机构的动作。

（4）复合油路多路换向阀

由上述的几种基本油路中的任意两种或

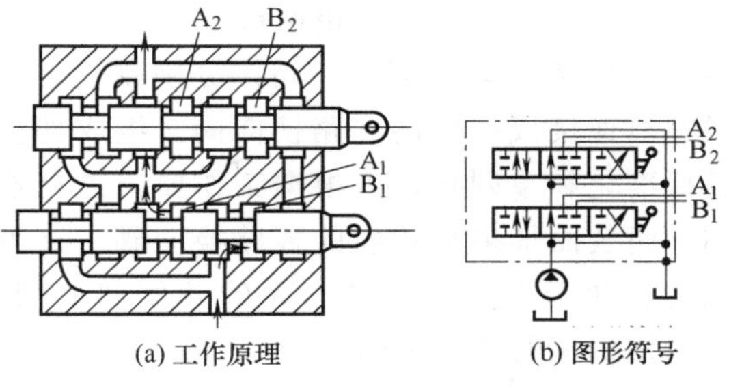

图 3.4-213　串并联油路多路换向阀

A_1，B_1—通第一个执行元件的进出油口；

A_2，B_2—通第二个执行元件的进出油口

三种油路组成的多路换向阀，称为复合油路多路换向阀。

8.2.2　多路换向阀的滑阀机能

对应于各种操纵机构的不同使用要求，多路换向阀可选用多种滑阀机能。对于并联和串并联油路，有 O、A、Y、OY 四种机能，对于串联油路，有 M、K、H、MH 四种机能，如图 3.4-214 所示。

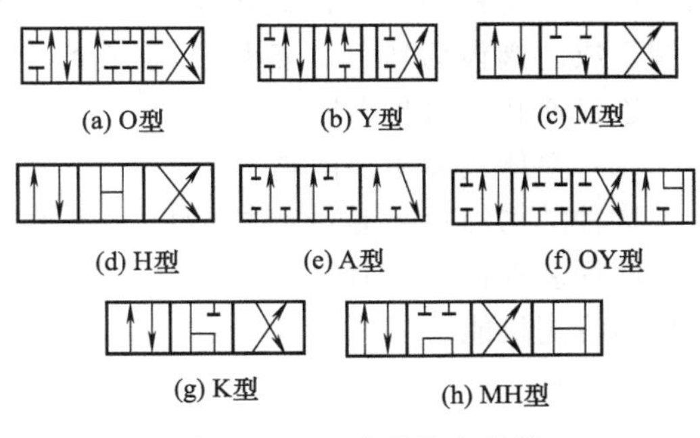

图 3.4-214　多路换向机能

上述八种机能中，以 O 型、M 型应用最广；A 型应用在叉车上；OY 型和 MH 型用于铲土运输机械，作为浮动用；K 型用于起重机的提升机构，当制动器失灵，液压马达要反转时，使液压马达的低压腔与滑阀的回油腔相通，补偿液压马达的内泄漏；Y 型和 H 型多用于液压马达回路，因为中位时液压马达两腔都通回油，马达可以自由转动。

8.2.3　多路换向阀的典型结构

（1）分片式多路换向阀

分片式多路换向阀指组成多路换向阀的各滑阀或其他有关辅件的阀体分别制造，再经螺栓连接成一体的多路换向阀。组成件多已标准化和系列化，可根据工作要求进行选用、组装而得多种功能的多路换向阀。这种结构有利于少量或单件产品的开发和使用，如专用机械的操纵机构等。

分片式多路换向阀的缺点是阀体加工面多，外形尺寸大，质量大，外泄漏的机会多，还可能会因为装配变形的原因，使阀芯容易卡死。它的优点是阀体的铸造工艺较整体式结构简单，因此产品品质比较容易保证。且如果一片阀体加工不合格，其他片照样可以使用。用坏了的单元也容易更换和修理。至于分片式多路换向阀的阀体，可以是铸造阀体或机加工阀体。前者主要因为铸造工艺方面的原因，质量不易保证，但与后者相比，其过流压力损失小，加工量小，外形尺寸紧凑。

图 3.4-215 是 ZFS 型分片式多路换向阀的结构图。这种多路换向阀由两联三位六通滑阀组成。阀体为铸件，各片之间有金属隔板，连接通孔用密封圈密封。

(2) 整体式多路换向阀

这种结构的特点是滑阀机能以及各种阀类元件均装在同一阀体内。具有固定的滑阀数目和滑阀机能。

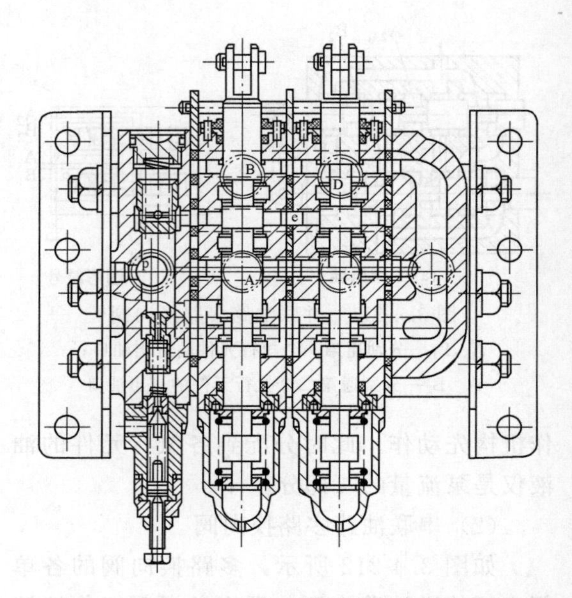

图 3.4-215 ZFS 型分片式多路换向阀的结构

整体式多路换向阀结构紧凑，密封性能好，重量轻和压力损失较小，但加工及铸造工艺较分片式复杂，适用于较为简单和大批量生产的设备使用。

图 3.4-216 为 DF 型整体式多路换向阀的结构。这种阀有两联，采用整体式结构。下联为三位六通，中位为封闭状态，上联为四位六通，包括有封闭和浮动状态，油路采用串并联形式。当下联为封闭时，上联与压力油接通。阀内还设有安全阀和过载补油阀。

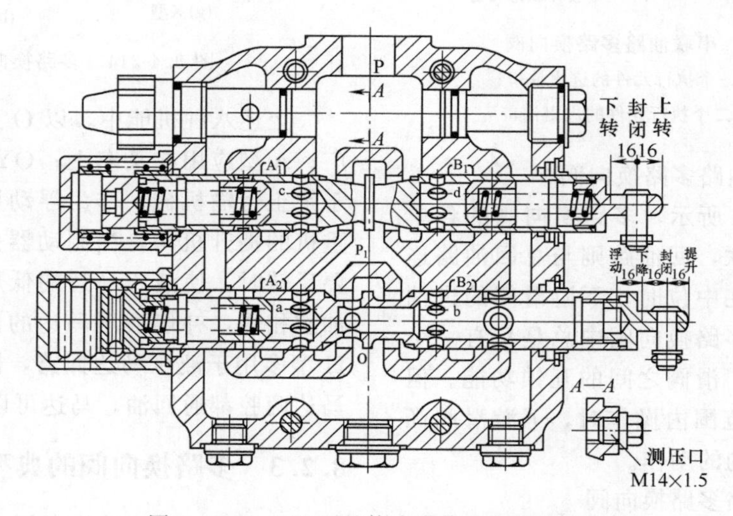

图 3.4-216 DF 型整体式多路换向阀的结构

8.2.4 多路换向阀的补油装置

多路换向阀主要有主溢流阀、过载溢流阀、过载补油阀、补油阀等辅助元件，这些元件大多采用尺寸较小的插装式结构。

图 3.4-217 为先导控制过载补油阀。工作腔压力油通过顶杆的阻尼小孔作用于先导阀芯，当压力大于调定值时，先导阀芯开启，顶杆与先导阀芯之间形成间隙阻尼，压差使提动阀芯开启，起溢流作用；而当系统因外力作用而产生负压时，回油腔的背压使起单向阀作用的提动阀芯开启，向工作腔补油。

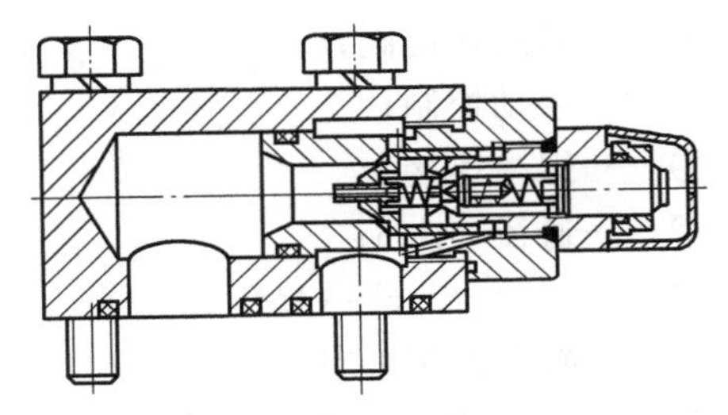

图 3.4-217 先导控制过载补油阀

对于中小流量的多路换向阀（流量为 63L/min 左右）的主溢流阀和过载补油阀，也可采用直动式结构，如图 3.4-218 所示。

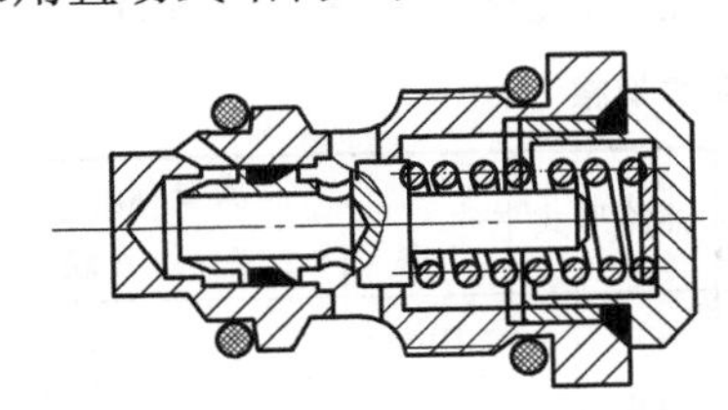

图 3.4-218 直动式补油阀

若一工作油口腔内仅需在某工况时补油，则可设置独立的补油阀或钢球结构。图 3.4-219为锥阀式补油阀和钢球结构。

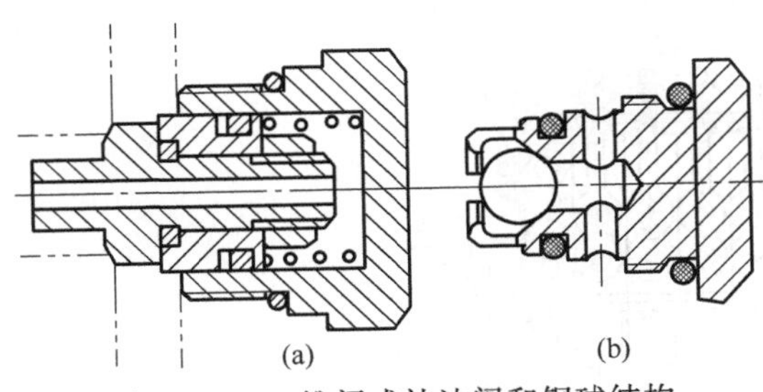

图 3.4-219 锥阀式补油阀和钢球结构

系统的主溢流阀和过载溢流阀调定压力一般比实际使用压力大 1.5MPa 以上，主溢流阀开启过程中的峰值压力不超过调定压力的 10%，初始压力与全开压力比不小于 90%。

系统的主溢流阀和过载溢流阀调定压力应相差 1.5MPa 以上，避免两阀之间在初始至全开压力范围重叠，否则容易产生共振。

8.3 多路换向阀的性能

图 3.4-220 所示曲线为额定流量 65L/min 的多路换向阀，当滑阀处于中间位置，通过不同流量及不同通路数时，其进回油路间的压力损失曲线。

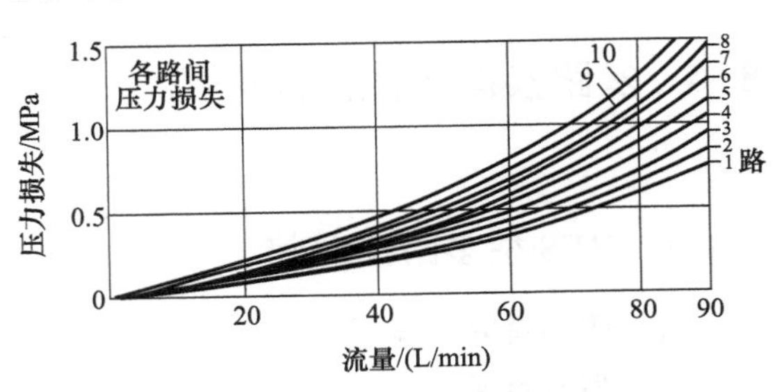

图 3.4-220 压力损失曲线（1）

图 3.4-221 为该多路换向阀在工作位置时，进油口 P 至工作油口 A、B 至回油口 T 的压力损失曲线。

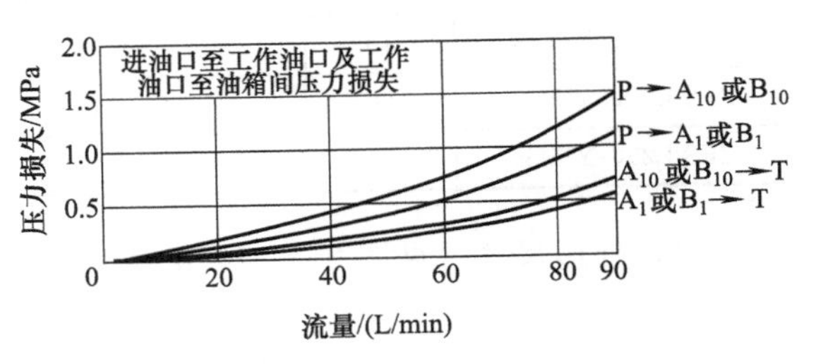

图 3.4-221 压力损失曲线（2）

图 3.4-222 为滑阀的微调特性曲线，图中 P 为进油口，A、B 为工作油口，T 为通油箱的回油口。压力微调特性是在工作油口堵死（或负载顶死的工况下），多路换向阀通过额定流量移动滑阀过程中的压力变化曲线。流量微调特性是在工作油口的负载为最大工

作压力的75%情况下，移动滑阀时的流量变化情况。曲线的坐标值以压力、流量和位移量的百分数表示。若随行程变化，压力和流量的变化率越小，则该阀的微调特性越好，使用时工作负载的动作越平稳。

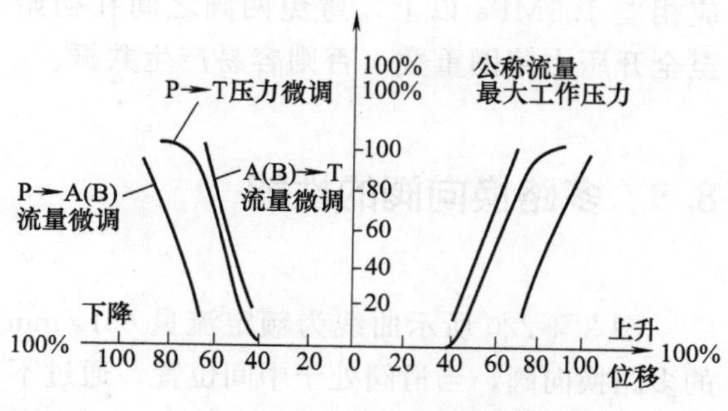

图 3.4-222　微调特性曲线

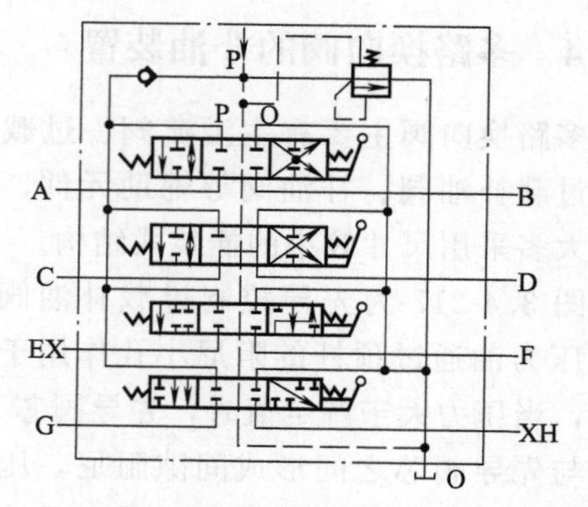

图 3.4-223　ZFS型多路换向阀图形符号

8.4 多路换向阀的产品介绍

8.4.1 ZFS 型多路换向阀

（1）图形符号（见图 3.4-223）

（2）型号意义

ZF S- L ※ C-Y ※-※

①②③④ ⑤⑥⑦⑧

①——多路换向阀；

②——手动控制；

③——螺纹连接；

④——通径，mm；

⑤——压力—3.5～14MPa；

⑥——附溢流阀单向阀组；

⑦——定位方式：T—弹簧复位；W—弹跳定位；

⑧——滑阀机能：O—中间封闭，Y—ABO 连通，A—AB 升降用，B—BB 升降用。

（3）技术规格（见表 3.4-68）

表 3.4-68　ZFS 型多路换向阀技术规格

型号	通径/mm	流量/(L/min)	压力/MPa	滑阀机能	油路形式	质量/kg			
						1联	2联	3联	4联
ZFS-L10C-Y※-※	10	30	14	O、Y、A、B	并联	10.5	13.5	16.5	19.5
ZFS-L20C-Y※-※	20	75	14			24	31.0	38	45
ZFS-L25C-Y※-※	25	130	10.5			42	53.0	64	75

（4）外形尺寸（见图 3.4-224 和表 3.4-69）

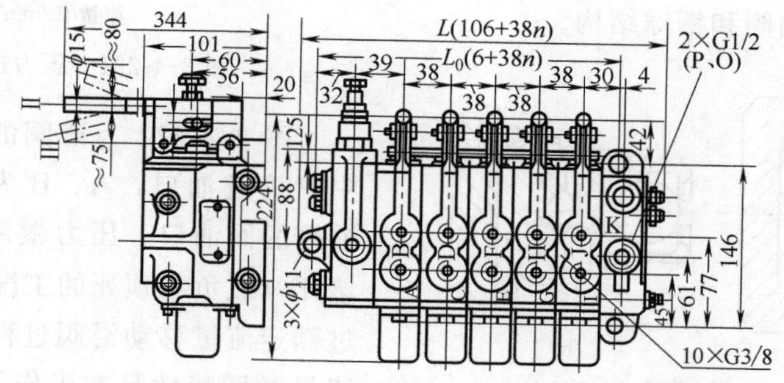

图 3.4-224　ZFS-L10-Y※-※型多路换向阀外形尺寸图

表 3.4-69　ZFS-L20C-Y※-※、ZFS-L25C-Y※-※型多路换向阀外形尺寸

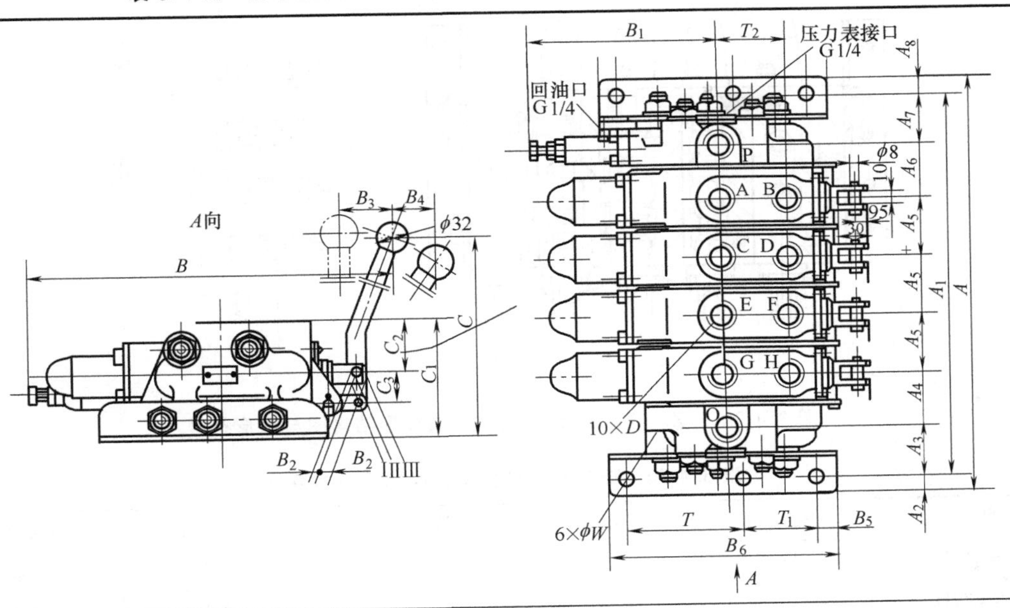

型　　号	联数	尺寸/mm											
		A	A_1	A_2	A_3	A_4	A_5	A_6	A_7	A_8	B	B_1	B_2
ZFS-L20C-Y	1	236	204	16	48	54	57.5	54	48	16	371.5	184.5	9.5
	2	293.5	261.5										
	3	351	319										
	4	408.5	376.5										
ZFS-L25C-Y	1	235	241	22	58	62.5	62.5	62.5	58	22	437	188	12
	2	347.5	303.5										
	3	410	366										
	4	472.5	428.5										

型　　号	联数	尺寸/mm											
		B_3	B_4	B_5	B_6	C	C_1	C_2	C_3	D	T	T_1	T_2	W
ZFS-L20C-Y	1	78	73	18	213	275	121	54	30	Rc3/4	110	67	60	15
	2													
	3													
	4													
ZFS-L25C-Y	1	107	100	25	275	391	140	60	40	M33	100	125	70	18
	2													
	3													
	4													

8.4.2　ZFS-※※H 型多路换向阀（见图 3.4-225）

（1）型号意义

ZFS-※ ※ H-※ ※-※ Y

① 　② ③ ④ ⑤ ⑥ ⑦ ⑧

①——多路换向阀；

②——L—螺纹连接，B—板式连接；

③——通径，mm；

④——压力级别；

⑤——阀的联数；

⑥——定位方式：T—弹簧复位，W—弹跳定位；

⑦——溢流阀数；

⑧——溢流阀。

（2）技术规格（见表 3.4-70）

（3）外形尺寸（见图 3.4-226～图 3.4-228）

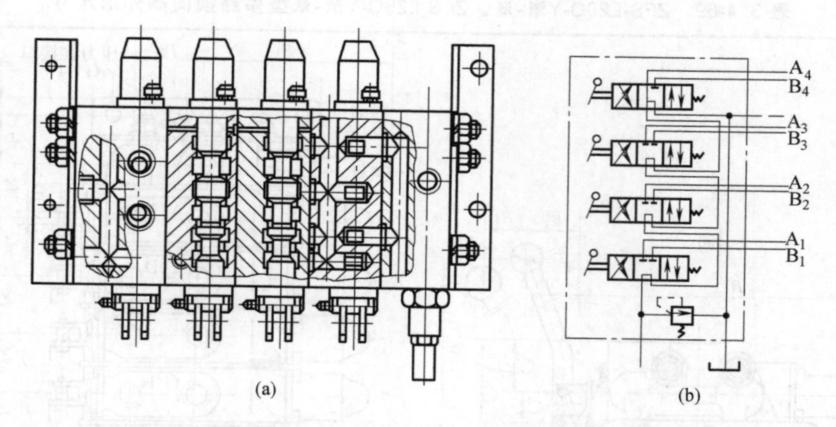

图 3.4-225 ZFS-L20H-型多路换向阀外形结构图与图形符号

表 3.4-70 ZFS-※※H 型多路换向阀技术规格

型号	通径/mm	压力/MPa	流量/(L/min)	滑阀机能	油路形式
ZFS-L15H	15	20	63	M、K	串联
ZFS-L20H	20	20	100	M、K	并联

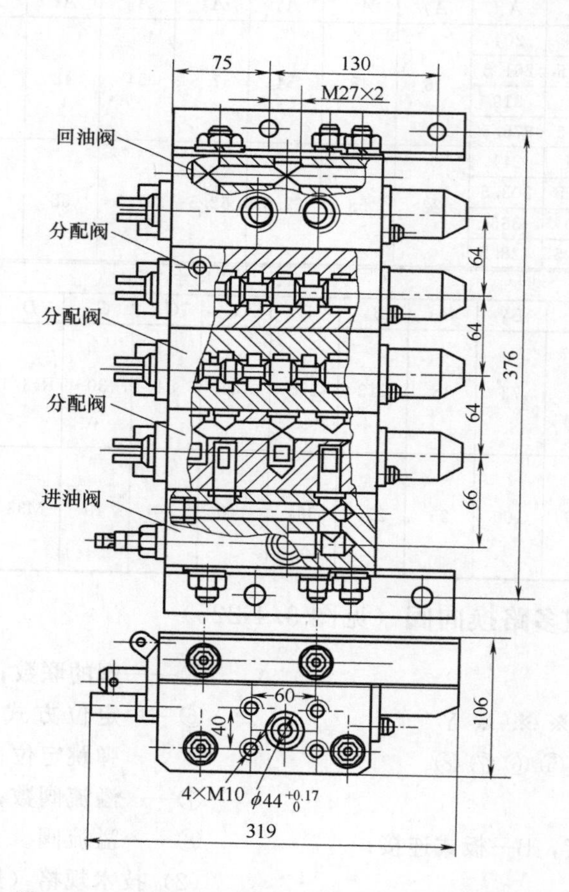

图 3.4-226 ZFS-L15H-3T 型多路换向阀外形尺寸图

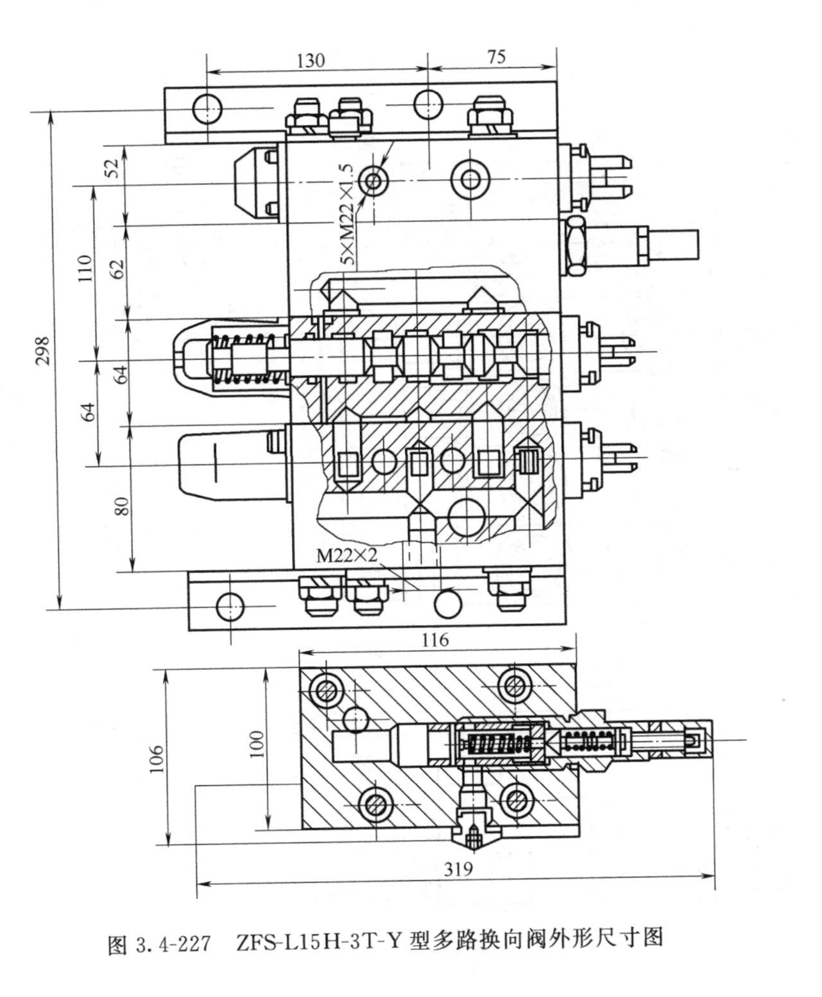

图 3.4-227　ZFS-L15H-3T-Y 型多路换向阀外形尺寸图

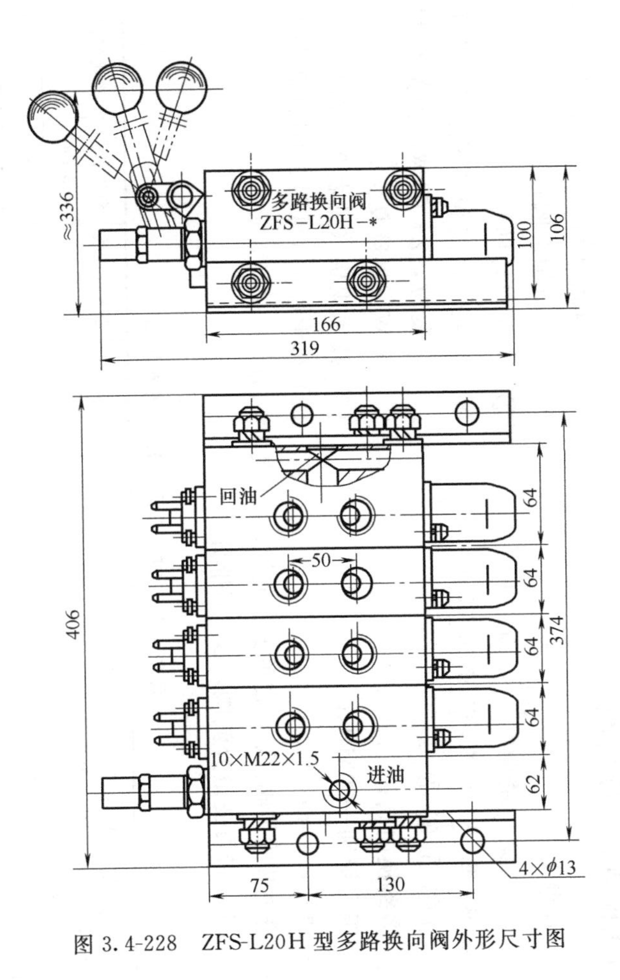

图 3.4-228　ZFS-L20H 型多路换向阀外形尺寸图

8.4.3 CDB型多路换向阀

(1) 型号意义

第一联　　　　第二联

CDB-F ※ ※-※ ※ ※ ※/※ ※ ※ ※…

① ② ③ ④ ⑤ ⑥ ⑦ ⑧

①——多路换向阀；

②——压力级别—20MPa；

③——通径，mm；

④——进油片附加阀：U—带单稳分流阀，Ub—带可变量分流阀，D—不带分流阀；

⑤——滑阀机能：A、O、O_2、Q；

⑥——B口辅助阀；

⑦——A口辅助阀；

⑧——复位、定位方式：T—三位弹簧复位，Z—钢球、弹簧组和复位，W—钢球复位。

(2) 技术规格（见表3.4-71）

(3) 外形尺寸（见图3.4-229和表3.4-72～表3.4-74）

表3.4-71　CDB-F型多路阀技术规格

型号	通径/mm	额定流量/(L/min)	额定压力/MPa	工作安全阀调压范围/MPa	分流安全阀调压范围/MPa	分流口流量/(L/min)	允许背压/MPa	过载阀调压范围/MPa
CDB-F15	15	80	20	8～20	4～10	11～16	1.5	8～20
CDB-F20	20	160	20	8～20	5～16	23～31	1.5	8～20

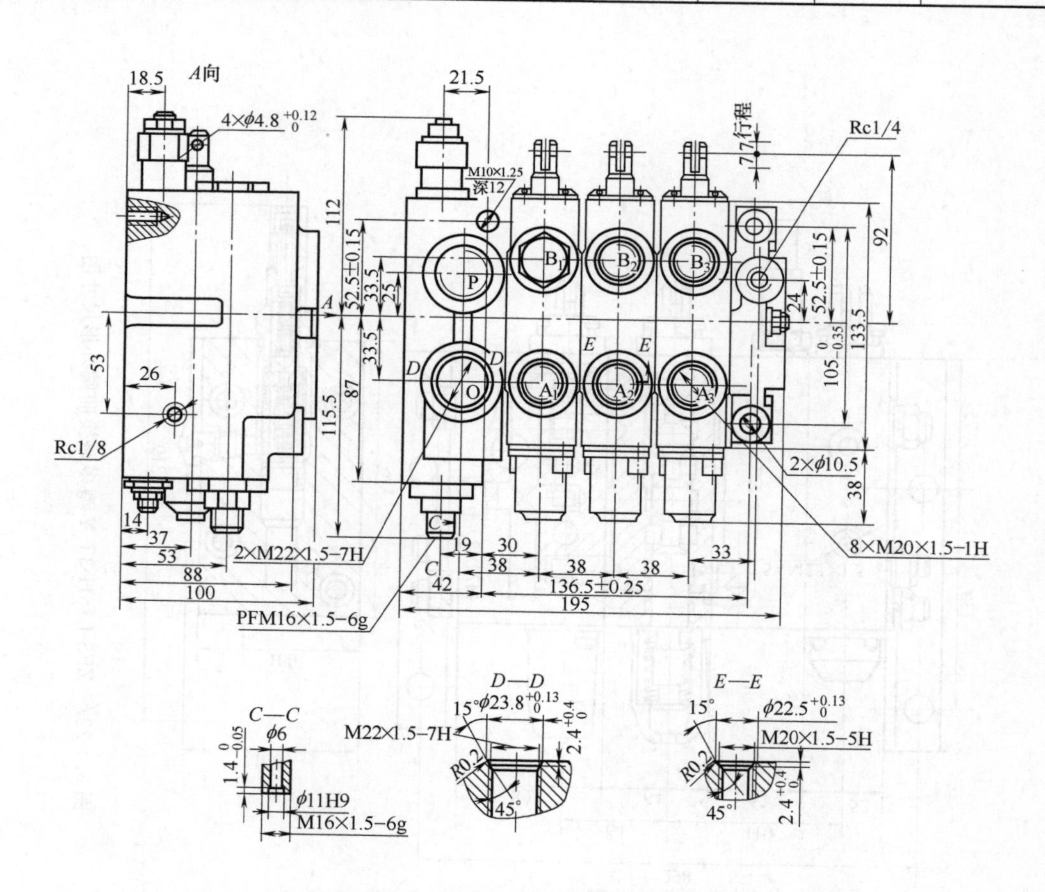

图3.4-229　CDB-F15U型多路阀外形尺寸图

表 3.4-72 CDB-F15D 型多路阀外形尺寸

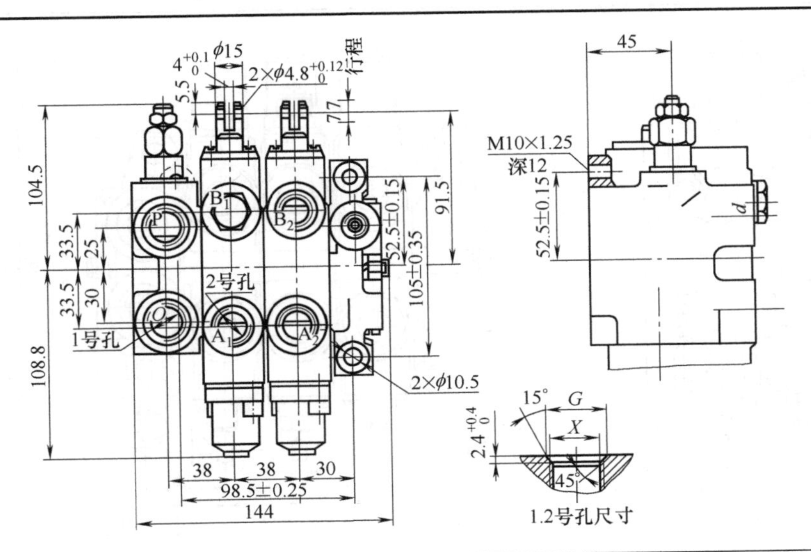

孔口	尺寸/mm	
	X	G
1(P、O 口)	M22×1.5	$\phi23.8^{+0.13}_{0}$
2(A、B 口)	M20×1.5	$\phi22.5^{+0.13}_{0}$

表 3.4-73 CDB-F20U 型多路阀外形尺寸

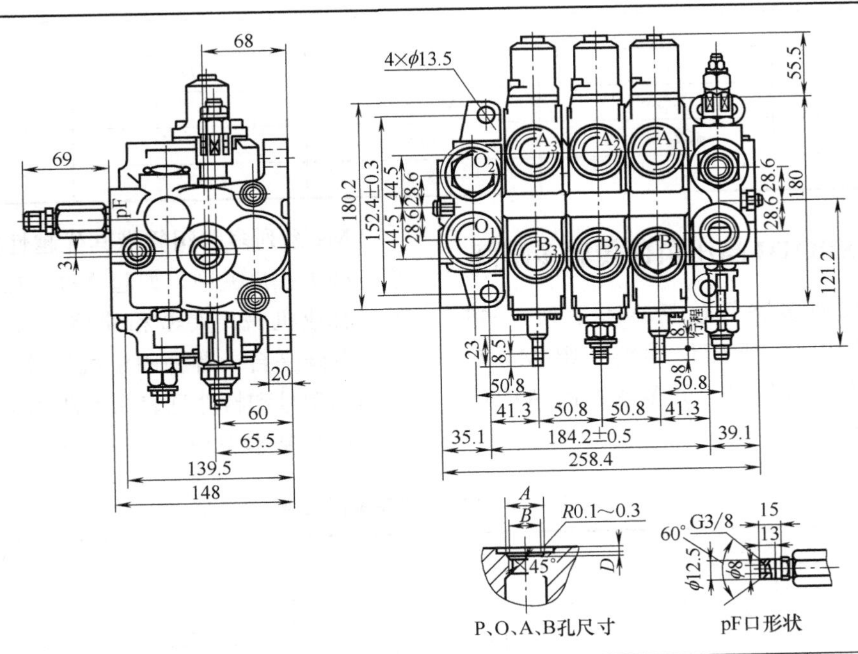

孔口	尺寸/mm			α/(°)
	A	B	D	
A、B	$\phi32.33^{+0.13}_{0}$	M30×2	$3.3^{+0.38}_{0}$	15
O	$\phi32.51^{+0.13}_{0}$	M33×2	$3.3^{+0.38}_{0}$	15
P	$\phi30.2^{+0.1}_{0}$	G3/4″	$3.3^{+0.4}_{0}$	15

表 3.4-74　CDB-F20D 型多路阀外形尺寸

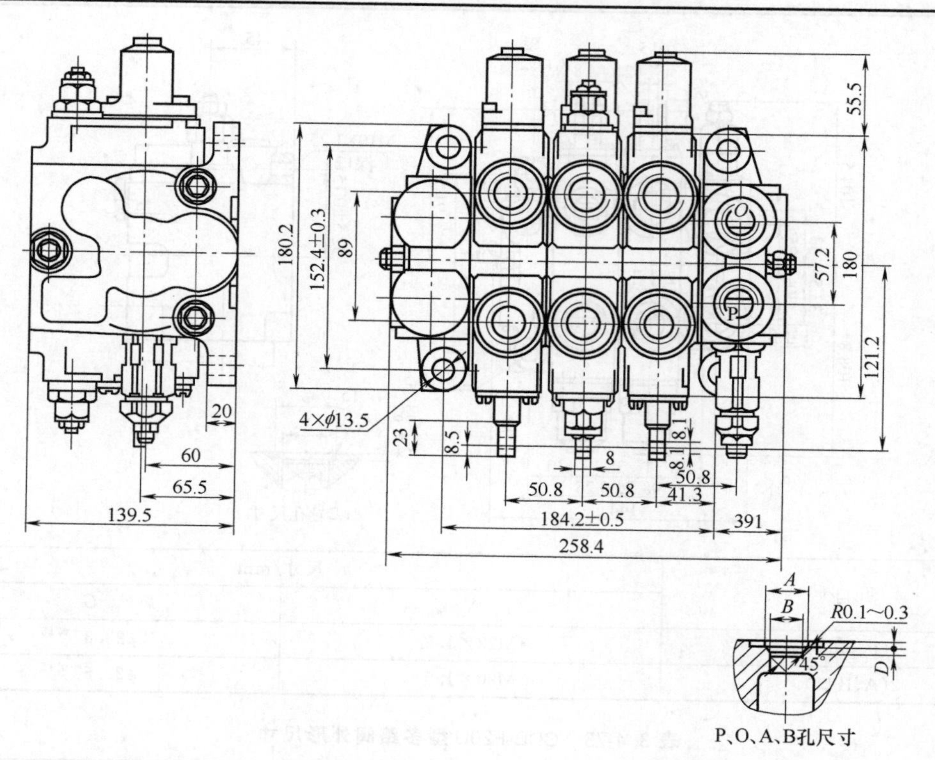

P、O、A、B孔尺寸

孔口	尺寸/mm			α/(°)
	A	B	D	
A_1B_1	$\phi32.33^{+0.13}_{0}$	M30×2	$3.3^{+0.38}_{0}$	15
O	$\phi32.5^{+0.13}_{0}$	M33×2	$3.3^{+0.38}_{0}$	15
P	$\phi32.33^{+0.13}_{0}$	G3/4″	$3.3^{+0.38}_{0}$	15

8.4.4 REXROTH 高压负荷传感多路阀

力士乐系列多路阀包括 M4 系列、M6 系列、M7 系列等，下面仅详细介绍 M4 系列高压负荷传感多路阀。更多系列产品请见厂商产品样本。

M4 系列多路阀凭借其优越性能广泛应用于各种工程机械中，如起重机、钻机、建筑机械、林业机械、大型和伸缩式叉车、市政车辆、升降平台，各种固定机械等。M4 系列多路阀的型号和特性见表 3.4-75 和表 3.4-76。

(1) 基本类型

表 3.4-75　M4 系列多路阀类型

类型			M4×12	M4×15	M4×22
公称尺寸			12	15	22
设备系列			2X	2X	1X
公称压力/MPa	泵侧		35	35	35
	执行机构侧		42	42	42
最大流量/(L/min)	泵侧	中间进油联	200	300	400
		侧面进油联	150	200	600
	执行机构侧		130	200	400

（2）M4 系列多路阀特性

表 3.4-76　M4 系列多路阀特性

项　　目		特　　性
系统		可实现与负载压力无关的流量控制。包括： 开芯式，用于定量泵；闭芯式，用于变量泵
结构		采用片式结构，包括： 进油联、尾联和多个换向阀联：M4×12 最多 10 联，带中间进油联最多 20 联；M4×15 最多 9 联，带中间进油联最多 18 联，其中带伺服操作最多 6 联；M4×22 最多 8 联
操作方式		多种操作方式，包括： 机械式，液压式，电液式（开关式、比例式），伺服液压式（M4×15），带集成电子元件（EPM2）的电液式（M4×15），带集成电子装置（OBE）的电液式（M4×12）
流量控制		可带负载压力补偿、高重复精度、滞环低，并可通过行程限制器进行调节
溢流功能	进油联	大规格先导式溢流阀
	换向阀联/执行器油口	带补油功能的溢流阀
	LS 溢流功能	每个执行器油口均可调节； 每个执行器油口均可进行外部压力设定； 每个片联均可电比例控制（M4×12，M4×15）

（3）结构、组成部分和机能符号

以 M4×12 为例。图 3.4-230（a）为其结构示意图，图 3.4-230（b）为其油路原理。M4 系列多路阀是一种依据负荷传感原理制成的比例换向多路阀。主阀芯 2 决定供给执行器油口（A 或 B）的流量方向和大小。减压阀 9 控制主阀芯 2 的位置，减压阀的电流强度决定了弹簧腔 8 中先导压力的大小，从而决定主阀芯的行程（P→A、P→B）。压力补偿器 3 保持主阀芯 2 的压差恒定，从而保持流至执行器的流量恒定。执行器或泵压力的变化由压力补偿阀 3 补偿，即使在负载变化的情况下，执行器的流量也能保持恒定。最大流量可通过行程限制器 6 以机械的方式单独调节。每一执行器油口的 LS 压力均可通过内部使用 LS 溢流阀 4 或外部使用 LS 油口 MA、MB 来调节。带补油功能的溢流阀 5 防止执行器油口 A 和 B 的压力达到峰值。最高负载压力的信号通过 LS 管路和内置梭阀 7 发送到泵。

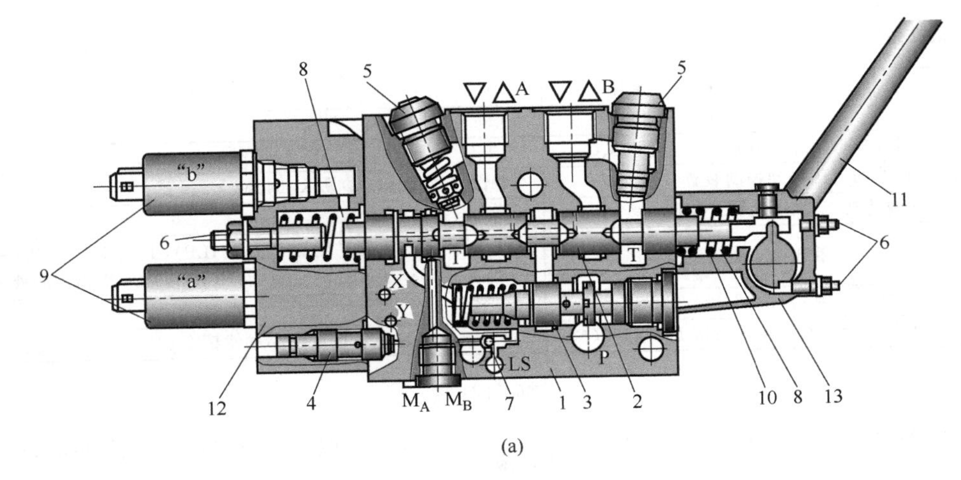

(a)

图 3.4-230

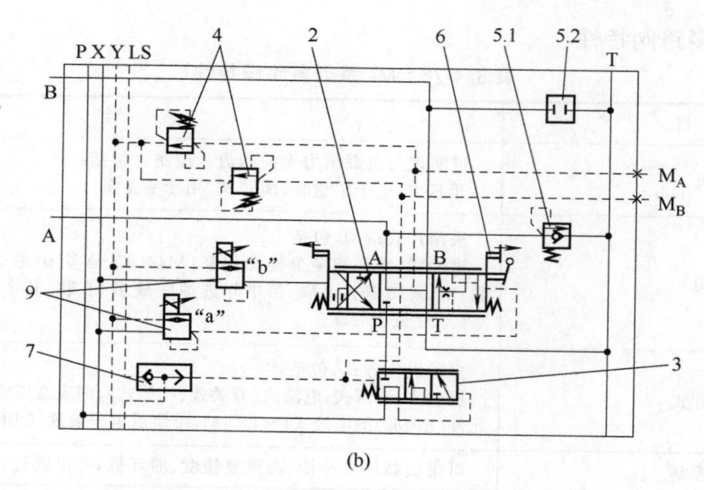

(b)

图 3.4-230 多路阀 M4×12 结构组成

1—阀体；2—主阀芯；3—压力补偿阀；4—LS 溢流阀；5.1—带补油功能的溢流阀；5.2—螺塞；6—行程限制器；7—LS 梭阀；8—弹簧腔；9—减压阀（先导控制阀）；10—压缩弹簧；11—手柄；12—A 盖；13—B 盖；P—泵油口；A，B—执行器油口；T—油箱油口；X—控制油源油口；Y—控制油泄油口；LS—负荷传感（LS）油口；M_A，M_B—外部 LS 油口

（4）技术参数（见表 3.4-77）

（5）型号意义

型号包括短型号、进油联型号、换向阀联型号、尾联型号、附加信息等部分，其中换向阀联型号又由各联型号组合而成。

表 3.4-77 多路阀 M4×12 技术参数

油口最高流量 $q_{v,max}$ /(L/min)	P	带中间进油联为 200
		带侧向进油联为 150
	A,B	130
公称压力 p_{nom}/MPa		35
油口最高工作压力 p/MPa	P	35
	A/B	42
	LS	33
	T	3
	Y	无压回油箱
油口最高先导压力/MPa	X	3.5
	a,b	3.5
先导压力范围/MPa	液压	0.85～2.25
	电液	0.65～1.72
多路阀所需的控制压差 Δp/MPa	型号 S、C	1.8
推荐的液压先导控制装置		特性曲线 TH6…参见 RC64552
LS 溢流功能(调节范围)/MPa		5～14.9；15～33
液压油		按 DIN 51524 的矿物油(HL,HLP)，其他液压油请咨询，如按 VDMA 24568 的 HEES(合成酯)和 RC 90221 中指定的液压油
黏度范围 ν/(mm²/s)		10～380
液压油的允许污染等级清洁度等级按 ISO 4406(c)		20/18/15 级，推荐使用最小过滤精度 $\beta 10 \geqslant 75$ 的过滤器

换向阀联

短型号 □　进油联 □　第 1 联 □　●●●　最后 1 联 □　尾联 □　附加信息 □

① 短型号

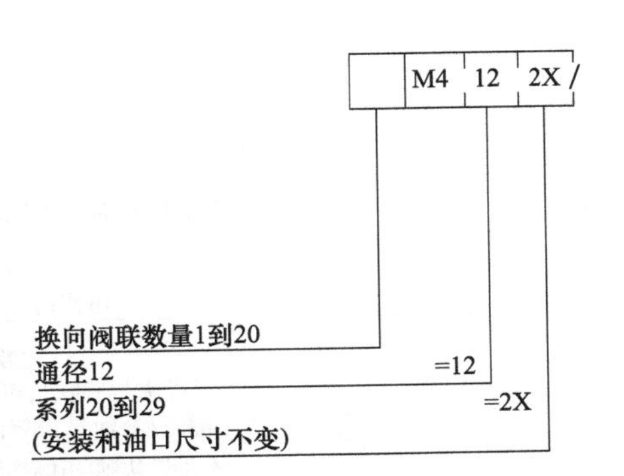

② 进油联

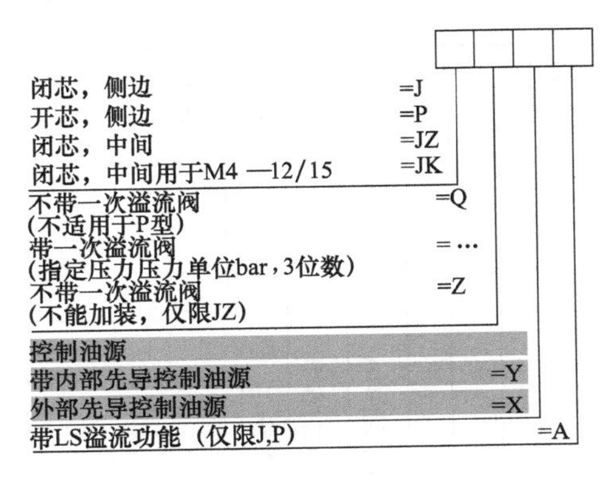

③ 换向阀联

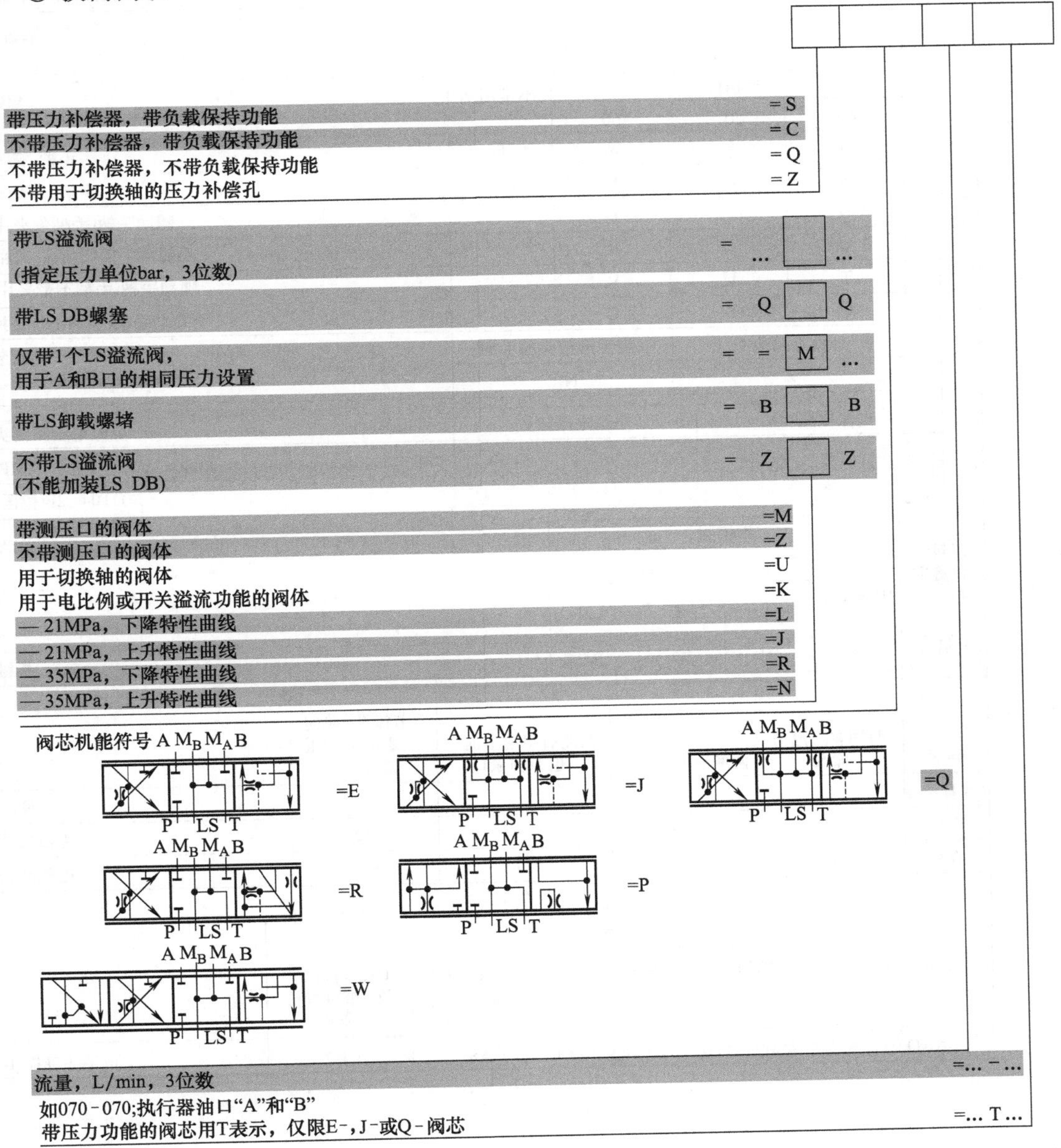

*

其他细节请用文字说明

-011= SO号

单作用，二位

执行器油口A* 执行器油口B*

A... = 二次阀

溢流/补油阀，可调

H... = 溢流/补油阀，不可调

Z... = 不带二次闸(不能加装)

Q... = 螺塞(能加装二次阀

端盖B

标准盖

手柄位置 60°	手柄位置 0°	手柄位置 -60°	不带用柄	封装
K	L	M	R	手柄，随动
N	O	P	X	手柄，不随动
B	F	D		随动手柄(手柄带夹片)
G	H	J		不随动手柄(手柄带夹片)
T	U	V		随动手柄(手柄不带夹片)
Q	S	C		不随动手柄(手柄不带夹片)

舌形接头	带舌形接头的手柄	非封装
Z	N	

电源电压24V	电源电压12V	电源电压和插头
1	3	Junior Timer型2插脚(AMP)
8	9	DT04-2P(德国)

密封，弹簧定心	不密封 弹簧定心	不密封 定位位置 1	不密封 定位位置 2	不密封 定位位置 1,2	端盖 A
M	A	B1	B2	B4	机械

标准	两侧有阻尼节流孔	两侧有测量口	两侧有阻尼节流口，也有测量口	节流孔+单向阀，用于液压越权	
H					液压
W2		W6		G2	电液比例
W4	W5	W8	W7	G4	电液开关

模拟接口	数字OBE CAN-BR协议	数字OBE CANopen 协议	数字OBE CAN-BR协议，带位置传感器	数字OBE CANopen协议，带位置传感器	
AAQ	CAQ	CBQ	CAS	CBS	电子先导模块

④ 尾联、附加信息

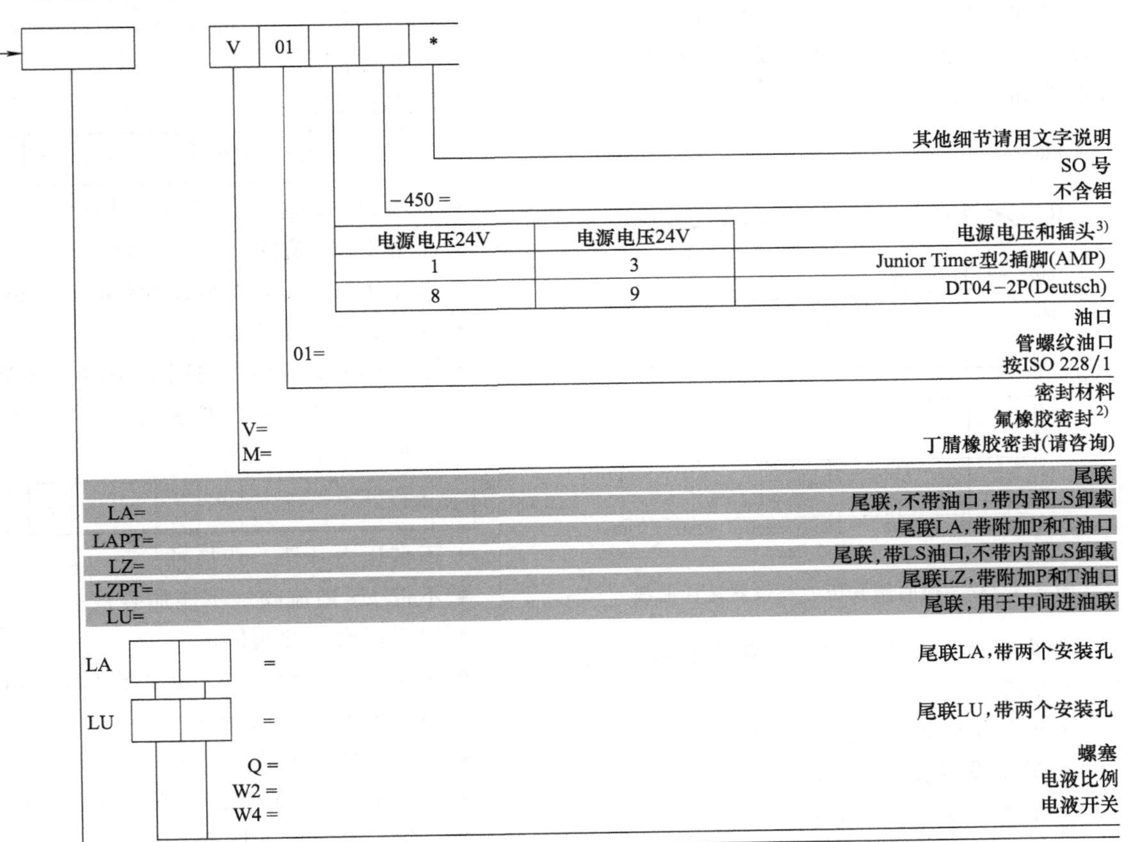

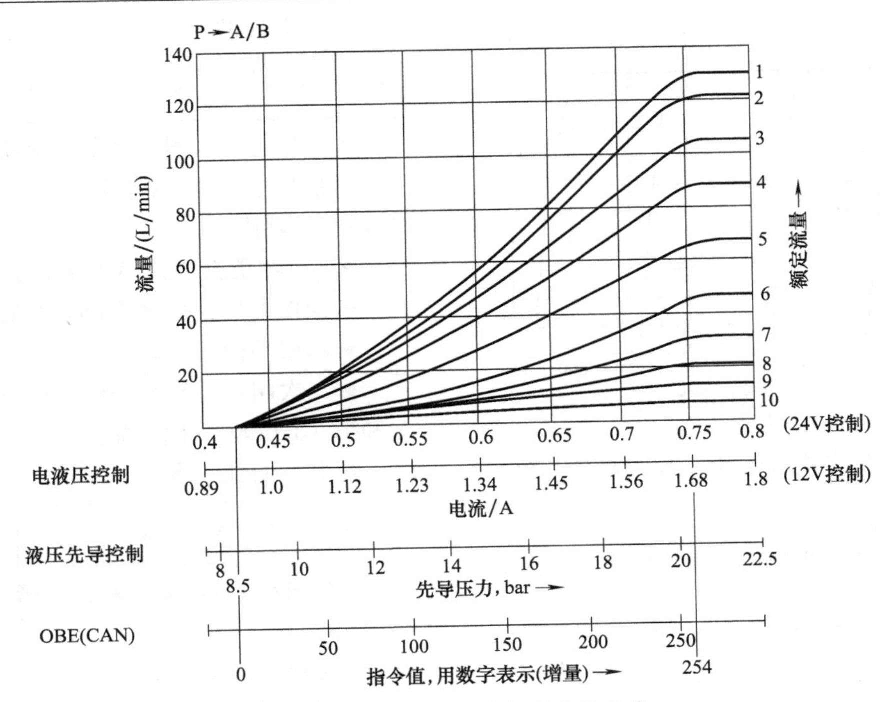

图 3.4-231 换向阀联主阀芯特性曲线

（6）特性曲线

换向阀联主阀芯特性曲线（对称阀芯）如图 3.4-231 所示。换向阀联压力补偿器特性曲线如图 3.4-232 所示。

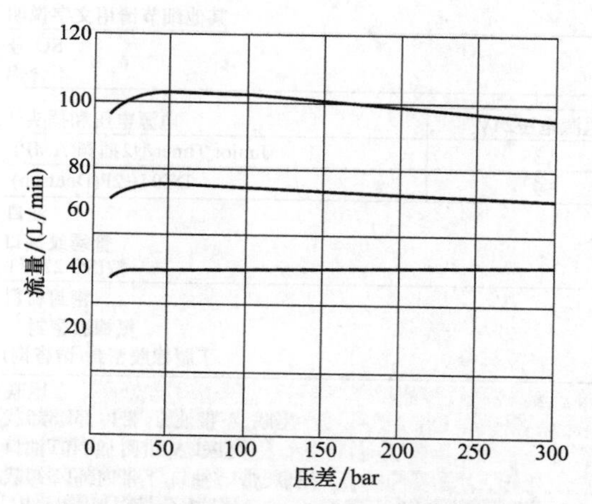

图 3.4-232　换向阀联压力补偿器特性曲线

换向阀联 LS 溢流功能特性曲线如图 3.4-233 所示。

◆ 通过 LS 溢流功能降低执行器的流量。

◆ 最小设定值：50bar。

◆ 最大设定值：330bar。

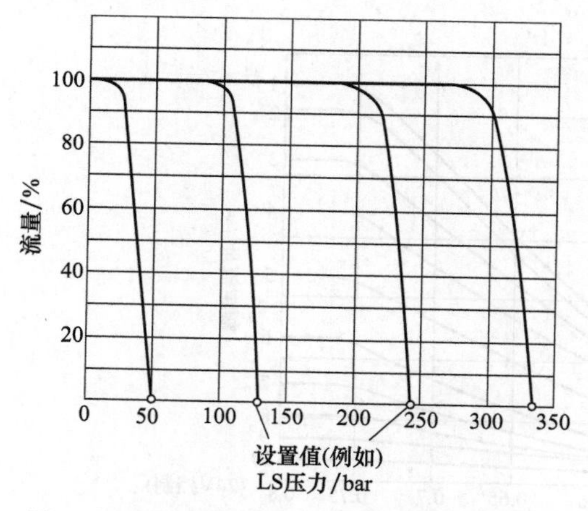

图 3.4-233　换向阀联 LS 溢流功能特性曲线

（7）示例

带侧向进油联和切换轴的闭芯式多路阀

进油联：

3	M4	12	2X	J250Y

◆ 3 联多路阀。

◆ 变量泵 q_{vmax}=150L/min。

◆ 闭芯，带轴向一次溢流阀，设在 250bar，内部先导控制油源。

第一联阀芯：

S	ZZZ	J	100-100	W2	1	—	Z	Z

◆ 带压力补偿器，带负载保持功能。

◆ 不带 LS 溢流阀（不能加载）。

◆ 阀芯机能符号 J，A 和 B 的流量 100L/min。

◆ 操作类型：电液比例。

◆ 带 Junior Timer 型 2 插脚（AMP）24V。

◆ 不带二次阀（不能加装）。

第二联阀芯：

Z	ZUZ	J	065-090	W4	1	—	Z	Z

◆ 不带压力补偿，切换轴。

◆ 不带 LS 溢流阀（不能加装）。

◆ 用于切换轴的阀体。

◆ 阀芯机能符号 J，C 处流量 65L/min，内部执行器的流量 90L/min。

◆ 操作类型：电液压开关式。

◆ 带 Junior Timer 型 2 插脚（AMP）24V。

◆ 不带二次阀（不加改装）。

第三联阀芯：

S	180 MQ	J	085-085	CAQ	K	H350	H350

◆ 带压力补偿器，带负载保持功能。

◆ 带 LS 溢流阀，用于执行器油口 A（180bar），执行油口 B 堵住。

◆ 阀芯机能符号 J，A 和 B 口流量 85L/min。

◆ 操作类型：数字式 OBE-CAN-BR 协议。

◆ 越权手柄（随动）。

◆ 二次阀：溢流阀/补油阀，执行器油口 A 和 B（350bar，不能调节）。

尾联，附加信息：

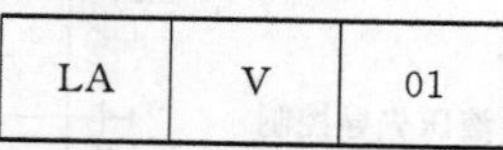

LA	V	01

◆ 带内部 LS 卸载，氟橡胶密封，管螺纹油口。

原理图如图 3.4-234 所示。

元件尺寸如图 3.4-235 所示。

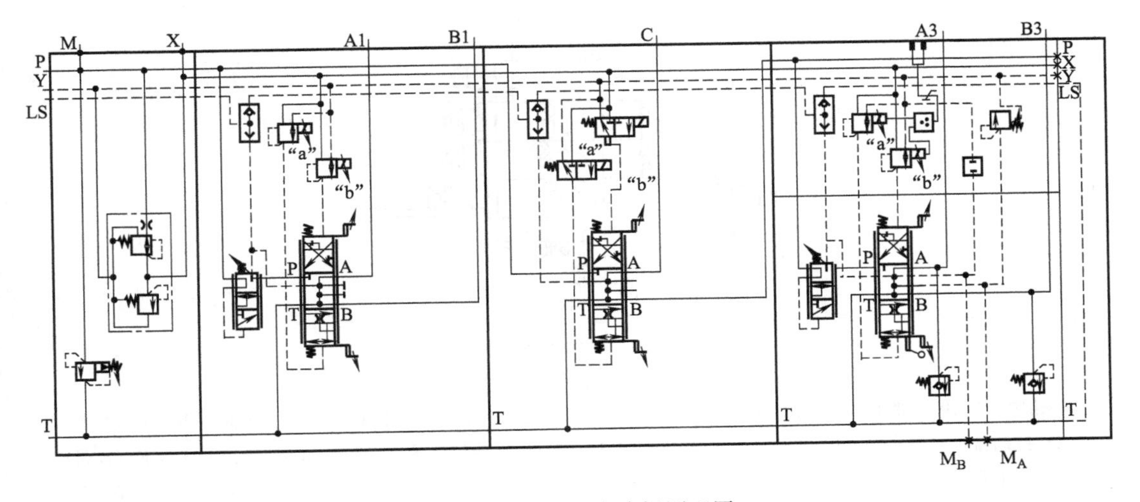

图 3.4-234 示例多路阀原理图

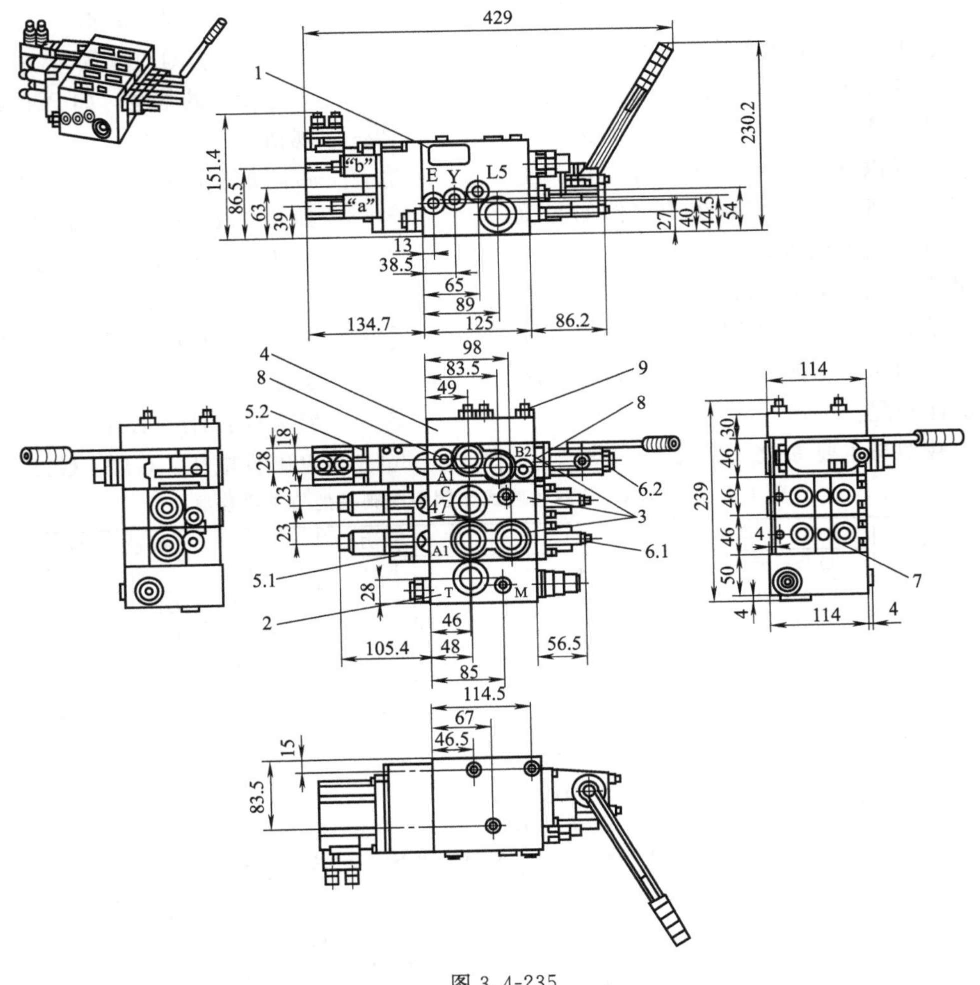

图 3.4-235

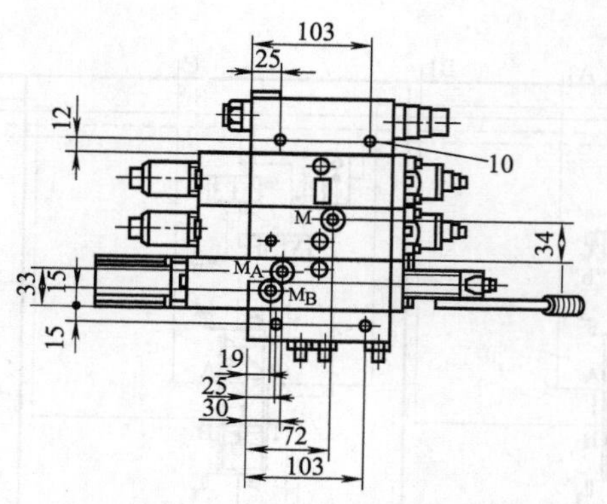

图 3.4-235 示例多路阀尺寸图

1—铭牌；2—进油联 J… Y“闭芯式”；3—换向阀联；4—尾联 LA；5.1—控制盖板 W（A 阀）用于电液操作；5.2—控制盖板 CAO（A 阀）带电子先导模块（EPM）；6.1—标准控制盖板（B 阀）；6.2—控制盖板 K（B 阀）；7—行程限制器；8—二次阀；9—拉杆螺钉，拧紧扭矩 $MT=(40\pm2)$ N·m；10—安装螺纹 4×M10；深 15

8.4.5 HAWE 负载敏感式比例多路阀

PSL 和 PSV 型比例多路阀分别适用于定量泵系统和变量泵系统的液压执行元件的无级速度调节，调节机能与系统负载无关。多个执行元件可以同时且独立地进行工作。主要应用于行走机械的液压系统中（例如起重机械、钻机、工程机械等）。

通过选择执行元件 A、B 口的各个不同的最大流量，以及选择使用各种不同的附加机能的阀（例如：卸荷），可以保证各个控制回路的最佳匹配。

（1）基型与主要参数（见表 3.4-78）

（2）多路阀阀块的型号意义

※-※-※ ※-※-※

① ② ③ ④ ⑤ ⑥

①——带连接块的基型，如 PSL 41/380；

②——规格：3、5；

③——带附加机能和操纵方式的多路阀，如 32 H 63/40 A280 B350/EA、32 L 16/10 A300 F1/EA、A2 H 40/40 C200/EA；

④——装有附加机能的阀块，如/3AN120 BN200；

⑤——终端板：E1、E2；

⑥——电磁铁电压：G12、G24。

表 3.4-78 HAWE 负载敏感式比例多路阀基型与主要参数

基型与规格	流量/(L/min)		工作压力	螺纹接口	
	Q 执行元件	Q 泵	p_{max}/bar	P 和 R	A 和 B
PSL…－3	3…120	200	420	G1/2,G3/4,G1	G1/2,G3/4
PSV…－3	3…120	200	420	G1/2,G3/4,G1	G1/2,G3/4
PSL…－5	16…210	250	400	G1,G1 1/4	G1
PSV…－5	16…210	250	400	G1,G1 1/4	G1

选型示例：

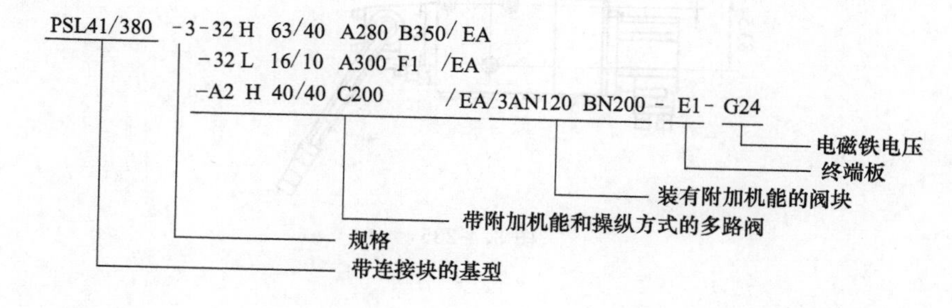

（3）连接块形式（见表 3.4-79）

表 3.4-79　连接块形式

基　型	简　介	油路符号
PSL	定量泵系统用的装有三通调节阀和限压阀的连接块	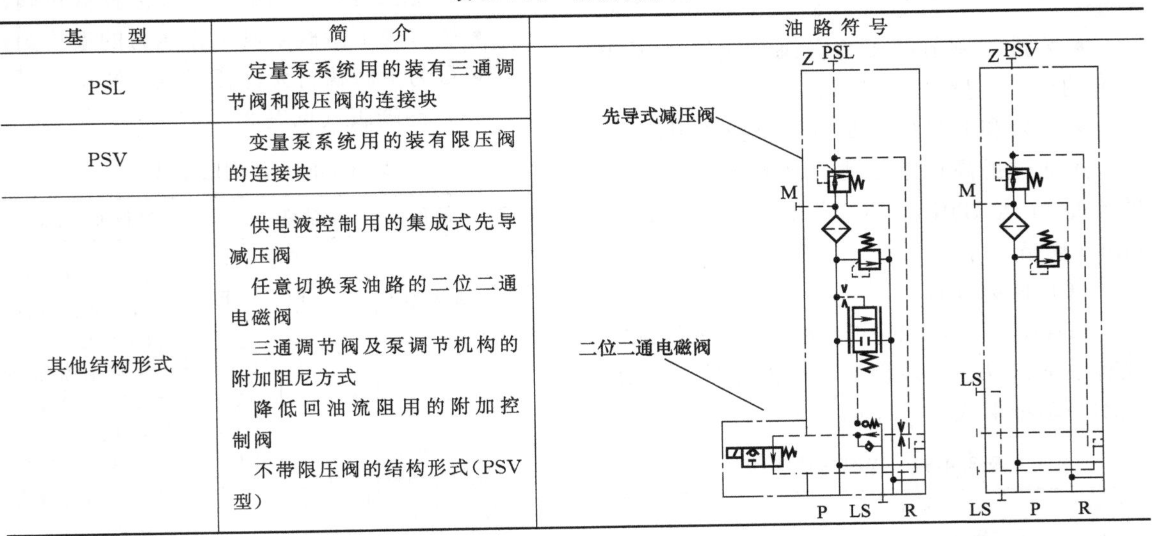
PSV	变量泵系统用的装有限压阀的连接块	
其他结构形式	供电液控制用的集成式先导减压阀 任意切换泵油路的二位二通电磁阀 三通调节阀及泵调节机构的附加阻尼方式 降低回油流阻用的附加控制阀 不带限压阀的结构形式(PSV 型)	

（4）机能符号（见表 3.4-80）

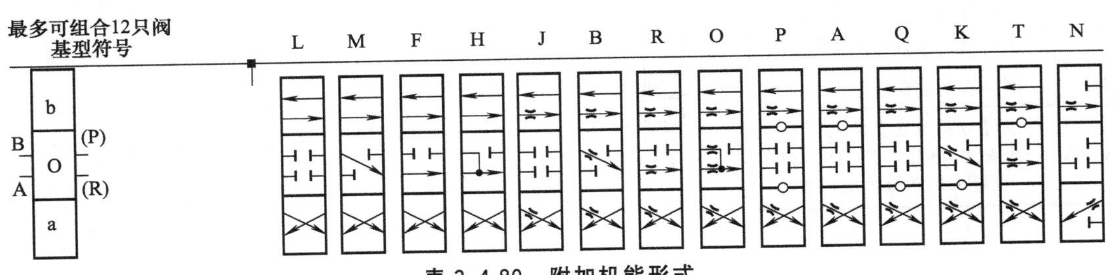

表 3.4-80　附加机能形式

多路阀的附加机能	叠加附加机能的阀块	其他结构形式(单只滑阀)
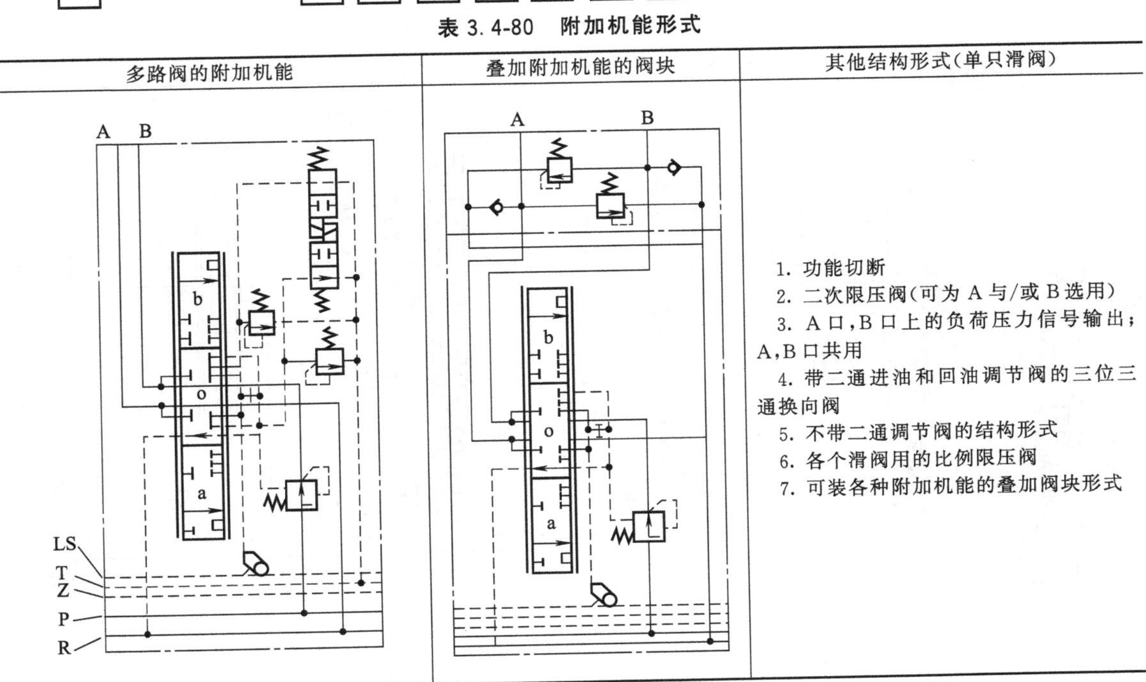		1. 功能切断 2. 二次限压阀(可为 A 与/或 B 选用) 3. A 口,B 口上的负荷压力信号输出;A,B 口共用 4. 带二通进油和回油调节阀的三位三通换向阀 5. 不带二通调节阀的结构形式 6. 各个滑阀用的比例限压阀 7. 可装各种附加机能的叠加阀块形式

注：P、A、Q、K 和 T 机能为正遮盖，规格 5 无 P、A、Q、K 和 N 机能。

（5）最大流量参数

规格 3	3	6	10	16	25	40	63	80		
规格 5				16	25	40	63	80	120	160

◆装进油调节阀要符合执行元件 A 及 B 口上的最大流量（L/min）；

◆A 口和 B 口的流量可以单独选用；

◆通过提高调节压力，执行元件接口侧的流量可达 120L/min（规格 3）和 210L/min（规格 5）。

（6）操纵方式

HAWE 负载敏感式比例多路阀的操纵方式有手动操纵、电液操纵、压力操纵、液动、气动等多种形式，具体见表 3.4-81。

表 3.4-81 操纵方式类型

基型	简介	符号(实例)
A	手动操纵	
C	卡槽定位(无极)	
E	电液操纵	
EA	也可以与手动复合操纵	
H,P	液动和气动操纵	
HA,PA	也可与手动复合操纵 电磁铁电压 12V DC,24V DC 也可采用防爆型电磁铁	

（7）中间连接块说明

◆下游执行元件用的电控或液控截止阀；

◆装有为下游阀限制工作压力的溢流阀；

◆可为下游执行元件任意减少流量。

（8）终端版（见表 3.4-82）

表 3.4-82 终端版基型

基型	简介	油路符号	其他机构形式
E1	标准型终端板	E1 E2 Y LS T Z P R T T	1. 带有内泄漏回油形式的终端板(无 T 接口) 2. 带有附加 P 接口和/或 R 接口的终端板 3. 规格 5 连接规格 3 的过渡连接板
E2	LS 控制油路用的附加 Y-进口		

（9）订货实例

PSL 41/350-3	-32J	25/16 A300F1	/EA
	-42O	80/63 C250	/EA
	-42J	63/63 A100 B120 F3	/EA
	-31L	40/16	/A-E2-G24

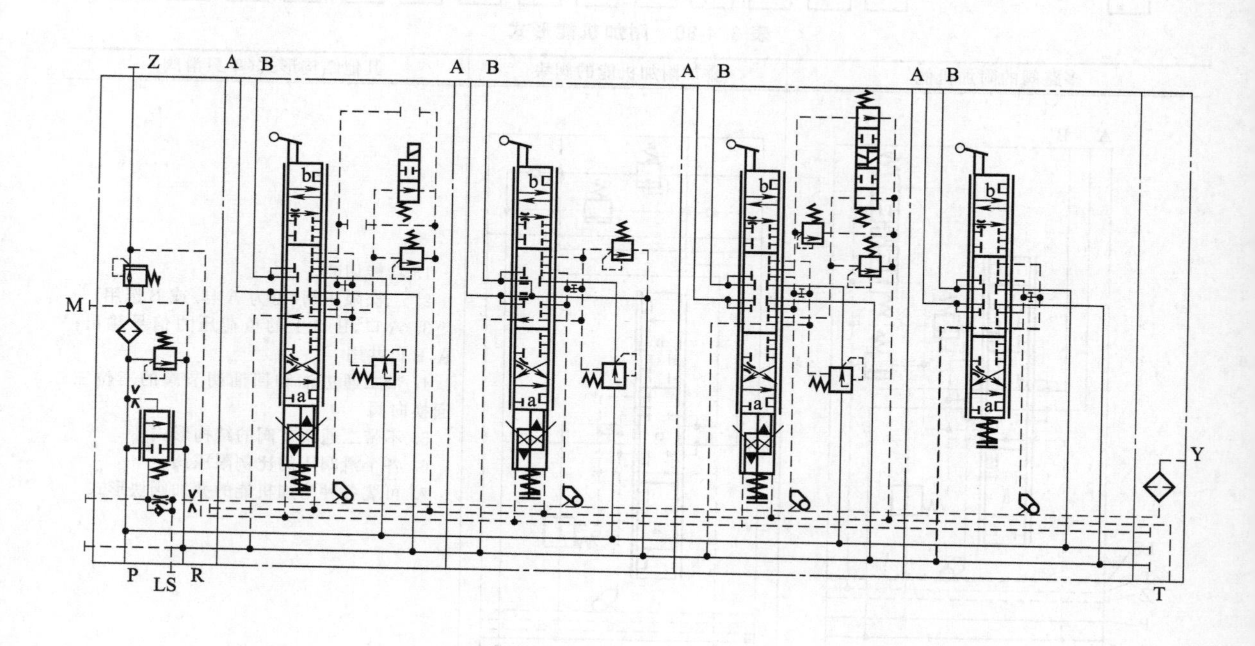

图 3.4-236 实例回路图

实例说明：

定量泵系统用的 PSL 型多路阀连接块：

◆ 螺纹规格的代号（4，G3/4）；

◆ 先导减压阀的代号（1）；

◆ 限压阀调定压力的代号（350bar）。

规格：

◆ 代号（3）

实例

多路阀部分：(以第一联为例)

◆ 执行元件接口规格的代号，（此处为 3，G½）

◆ 多路阀种类的代号（此处为 2）

◆ 机能符号（此处为 J）

◆ A 口和 B 口的最大流量标记（为 25/16L/min）

◆ 附加机能的代号（A300，A 接口上次级限压阀，调定压力 300bar，A 接口卸荷机能为 F1）

◆ 操纵方式标记（为 EA）

终端版：

◆ 终端版代号（此处为 E2）

◆ 电磁铁电压 24V DC（此处为 G24）

实例回路图见图 3.4-236。

(10) 外形尺寸

HAWE 负载敏感式比例多路阀的外形尺寸见图 3.4-237 和表 3.4-83。

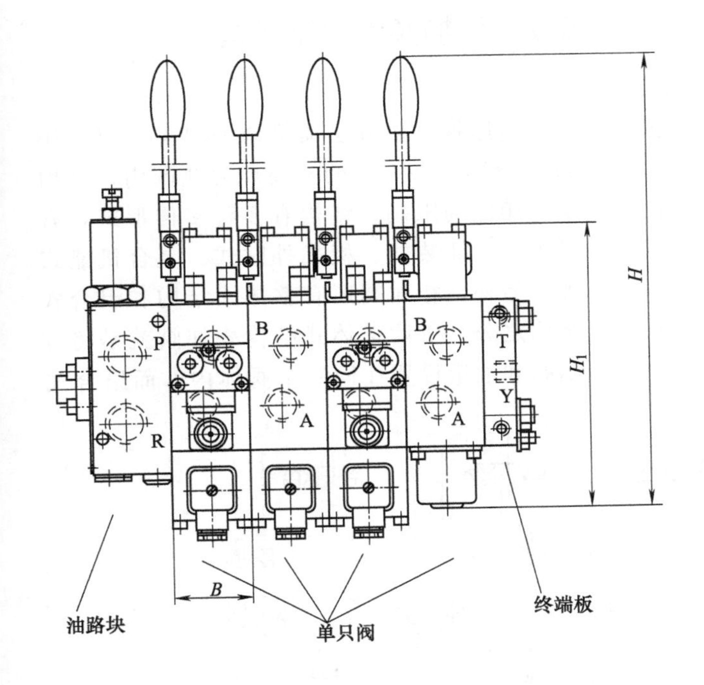

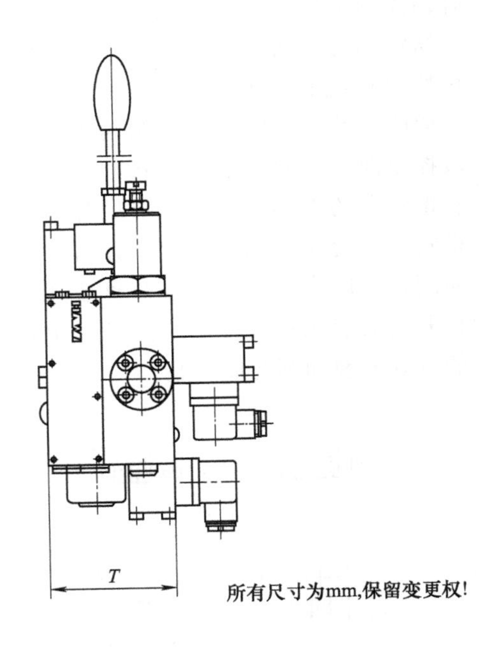

图 3.4-237 多路阀外形尺寸示意图

表 3.4-83 多路阀各基型的外形尺寸

基　型	H	H_1	B	T	质量/kg
PSL...-3-	约 364	约 195	50	80	3.3...4.1
PSV...-3-	约 364	约 195	50	80	3.3...4.1
PSL...-5-	约 400	约 224	62.5	100	3.7...4.5
PSV...-5-	约 400	约 224	62.5	100	3.7...4.5

9 叠 加 阀

9.1 概述

叠加阀是指可直接利用阀体本身的叠加而不需要另外的油道连接元件而组成液压系统的特定结构的液压阀的总称。叠加阀安装在板式换向阀和底板之间，每个叠加阀除了具有某种控制阀的功能外，还起着油道作用。叠加阀的工作原理与一般阀的基本相同，但在结构和连接方式上有其特点而自成体系。按控制功能叠加阀可分为压力阀、流量阀、方向阀三类，其中方向控制阀中只有叠加式液控单向阀。同一通径的各种叠加阀的油口和螺钉孔的大小、位置、数量都与相匹配的板式主换向阀相同，因此，针对一个板式换向阀，可以按一定次序和数目叠加而组成各种典型的液压系统。通常控制一个执行元件的系统的叠加阀叠成一叠。

图 3.4-238 为典型的使用叠加阀的液压系统，在回路Ⅰ中，5、6、7、8 为叠加阀，最上层为主换向阀 4，底部为与执行元件连接用的底板 9。各种叠加阀的安装表面尺寸和高度尺寸都由 ISO 7790 和 ISO 4401 等标准规定，使叠加阀组成的系统具有很强的组合性。目前生产的叠加阀的主要通径系列为 6、10、16、20、32。

9.2 叠加阀的典型结构

叠加阀连接方法须符合 ISO 4401 和 GB 2514 标准。在一定的安装尺寸范围内，结构受到相应的限制。结构有多种多样形式，有滑阀式、插装式、板式外贴式、复合机能式等。另外，叠加阀还有整体式结构和组合式结构之分。所谓整体式结构叠加阀就是将控制阀和油道设置在同一个阀体内，而组合式

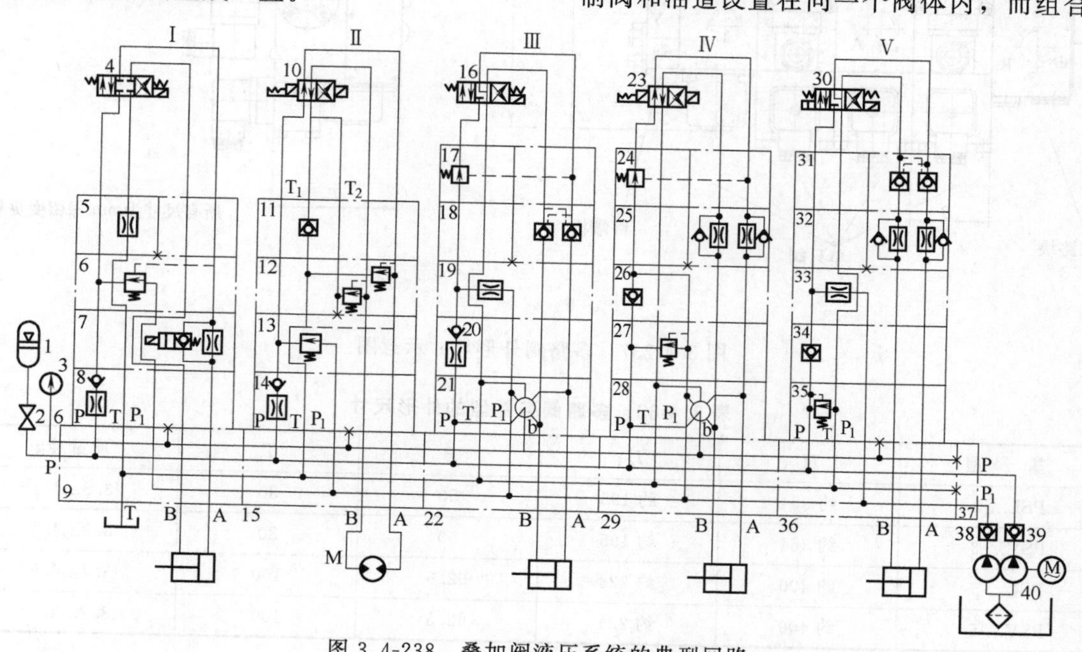

图 3.4-238 叠加阀液压系统的典型回路

结构则是将控制阀做成板式连接件，而阀体则只作成油道体，再把控制阀安装在阀体上。一般较大通径的叠加阀多采用整体式结构，小通径叠加阀多采用组合式结构。

9.2.1 滑阀式

滑阀结构简单，使用寿命长，阀芯上有几个串联阀口，与阀体上的阀口配合完成控制功能，这种结构容易实现多机能控制功能。但它的缺点是体积较大，受液压夹紧力和液动力影响较大，一般用于直动型或中低压场合。

9.2.2 插装式

从叠加阀结构变化趋势看，新的叠加阀更多地采用螺纹插装组件结构，如图 3.4-239 所示为力士乐公司的 2DR10VP-3X/YM 先导式减压阀，螺纹插装组件结构的突出优点是内阻力小，流量大；动态性能好，响应速度快。在所有结构之中，插装结构最紧凑、基本结构参数可以系列化，微型化，适应数控精密加工规范管理。螺纹插装组件维修更换方便，根据功能需要，还可以应用到油路块场合，组件供应较方便。

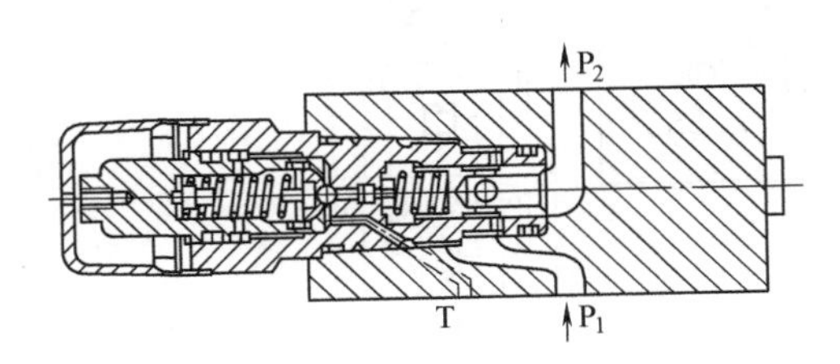

图 3.4-239 力士乐公司的 2DR10VP-3X/YM 先导式减压阀

9.2.3 叠加阀的安装

在多位置底板与换向阀之间可组成各种十分紧凑的液压回路；叠加形式有：垂直叠加、水平叠加、塔式叠加等。安装叠加阀时，选用的螺栓长度等于穿过换向阀和叠加阀的长度加上底板块螺纹深度和螺母的把合长度。而威格士公司 $\phi 10$ 通径系列叠加阀安装的方式别具特色，如图 3.4-240 所示，它是采用组合元件，将叠加阀逐个进行连接。可以准确保证阀与阀之间把合力。

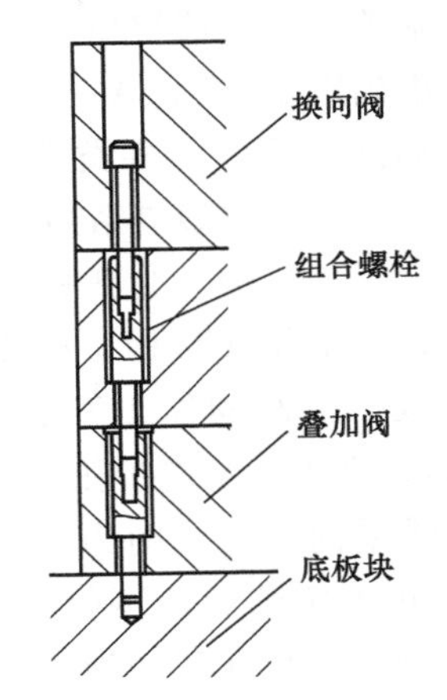

图 3.4-240 威格士组合元件

叠加阀连接螺栓对安全性和泄漏性有一定要求，根据使用压力和螺栓的长度不同选用不同的螺栓材料。螺母为如图 3.4-241 所示的形式。

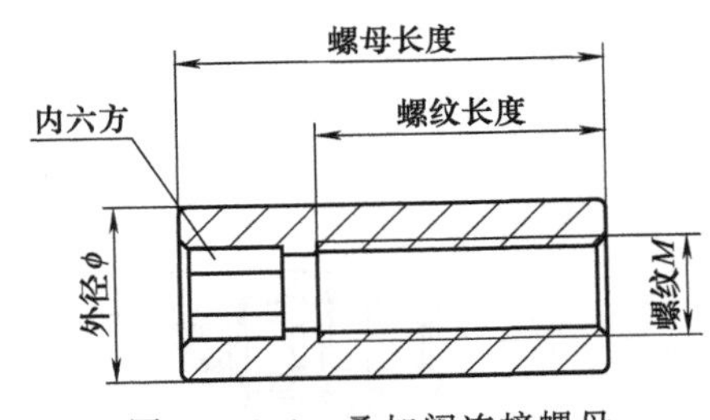

图 3.4-241 叠加阀连接螺母

叠加阀阀体采用铸铁材质（一般为 HT300），特别应用场合可以采用钢、铝或不锈钢材质。$\phi 6$、$\phi 10$ 通径系列产品大部分是加工通道，阀体油道大量采用斜孔加工。$\phi 16$ 通径以上系列品种，一般采用内部铸造油道，阀体外形一次铸造成形。

9.3 叠加阀的功能及应用

9.3.1 单功能叠加阀

一个单功能叠加阀只具有一种普通液压

阀的功能，如压力控制阀（包括溢流阀、减压阀、顺序阀），流量控制阀（包括节流阀、单向节流阀、调速阀、单向调速阀等），方向控制阀（包括单向阀、液控单向阀等），阀体按照通径标准确定 P、T、A、B 及一些外接油口的位置和连接尺寸，各类阀据其控制特点可有多种组合，构成型谱系列。

图 3.4-242（a）为 Y1 型叠加式先导溢流阀。这个阀为整体式结构，由先导阀和主阀两部分组成，主阀阀体上开有通油孔 A、B、T 和外接油孔 P，及连接孔等，阀芯为带阻尼的锥阀式单向阀（该图为中间的机能），当 A 口油压达到定值时，可打开先导阀芯，少量 A 口油液经阻尼孔和先导阀芯流向出口 T，由于主阀芯的小孔的阻尼作用，使主阀芯受到向左的推力而打开，A 口油液经主阀口溢流。对主阀体略作改动即有如图 3.4-242（b）所示的其他几种不同的调压功能。

图 3.4-243 为 2YA 型叠加液控单向阀，为双阀芯结构，工作原理同普通双向液压锁基本一致。

9.3.2 复合功能叠加阀

复合功能叠加阀是在一个液压阀芯中实现两种以上控制机能的液压阀，这种元件结构紧凑，可大大简化专用液压系统。

图 3.4-244 为顺序节流阀，该阀由顺序阀和节流阀复合而成，具有顺序阀和节流阀的功能。顺序阀和节流阀共用一个阀芯，将三角槽形的节流口开设在顺序阀阀芯的控制边上，控制口 A 的油压通过阀芯的小孔作用于右端阀芯，压力大于顺序阀的调定压力时阀芯左移，节流口打开，反之节流口关闭。节流口的开度由调节杆限定。此阀可用于多回路集中供油的液压系统中，以解决各执行元件工作时的压力干扰问题。如图 3.4-238

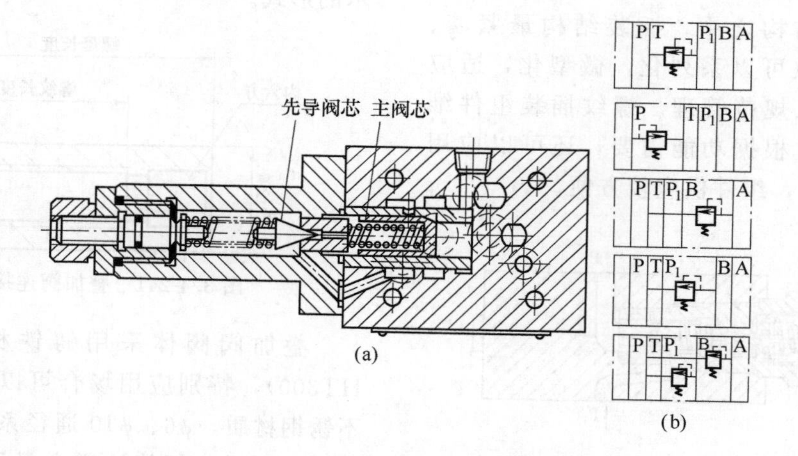

图 3.4-242　Y1 型叠加式先导溢流阀及功能符号

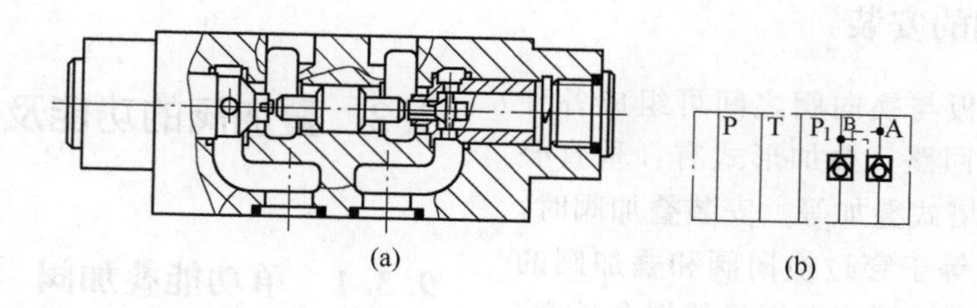

图 3.4-243　2YA 型叠加液控单向阀

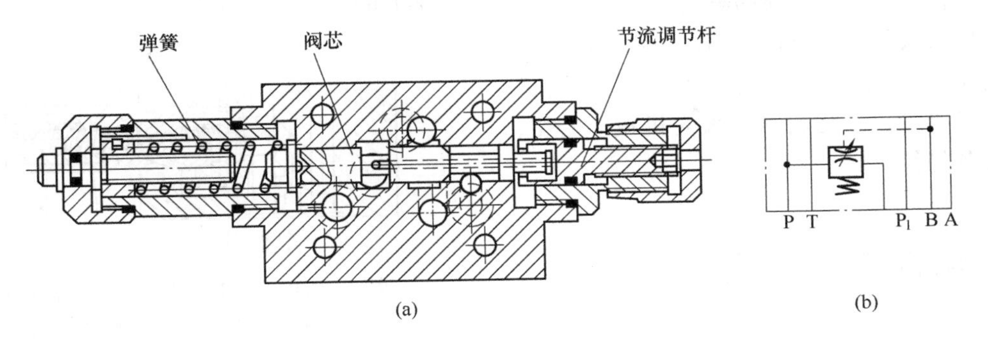

图 3.4-244 顺序节流阀及功能符号

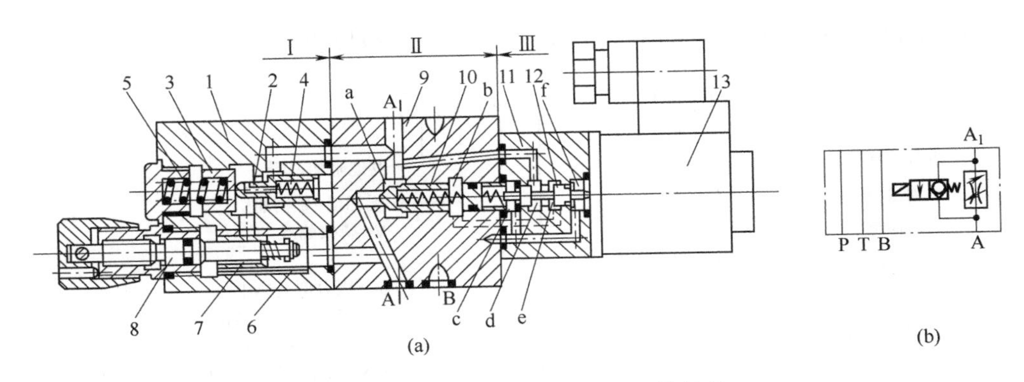

图 3.4-245 电动单向调速阀及功能符号

1—阀体；2—减压阀；3—平衡阀；4,5—弹簧；6—节流阀套；7—节流阀芯；8—节流阀调节杆；9—阀体；10—锥阀等；11—先导阀体；12—先导阀；13—直流湿式电磁铁

所示的液压系统，多个执行元件采用集中供油方式，当任意一个工作机构的液压缸，由工作进给转变为快退时，会引起供油系统压力的突然降低而造成工作机构的进给力不足。如果采用顺序节流阀（如图 3.4-238 回路 I 中的 6），则当液压缸由工作进给转为快退时，在换向阀 4 转换的瞬间，而 P 与 B 油路接通之前，由于 A 油路压力降低，使顺序节流阀的节流口提前迅速关闭，保持高压油源 P_1 压力不变，从而不影响其他液压缸的正常工作。

图 3.4-245 为叠加式电动单向调速阀。阀为组合式结构，由三部分组成。Ⅰ是板式连接的调速阀，Ⅱ是叠加阀的主体部分，Ⅲ是板式结构先导阀。电磁铁通电时，先导阀 12 向左移动，将 d 腔与 e 腔切断，接通 e 腔与 f 腔，锥阀弹簧腔 b 的油经 e 腔、f 腔与叠加阀回油路 T 接通而卸荷。此时锥阀 10 在 a 腔压力油作用下被打开，压力油流经锥阀到 A，电磁铁断电时，先导阀复位，A_1 油路的压力油经 d、e 到 b 腔，将锥阀关闭，此时由 A_1 进入的压力油只能经调速阀部分到 A，实现调速，反向流动时，A 口压力油可打开锥阀流回 A_1。

9.3.3 叠加阀的应用

由叠加阀组成的液压系统，结构紧凑，体积小，重量轻，占地面积小；叠加阀安装简便，装配周期短，系统有变动需增减元件时，重新组装较为方便；使用叠加阀，元件间无管连接，消除了因管接头等引起的漏油、振动和噪声；使用叠加阀系统配置简单，元件规格统一，外形整齐美观，维护保养容易；采用我国叠加阀组成的集中供油系统节电效果显著。但由于规定尺寸的限制，由叠加阀组成的回路形式较少，通径较小，一般适用于工作压力小于 20MPa，流量小于 200L/min 的机床、轻工机械、工程机械、煤炭机械、船舶、冶金设备等行业。

9.4 叠加阀产品介绍

9.4.1 力士乐系列叠加阀

（1）ZDB/Z2DB 型叠加式溢流阀（40 系列）（见图 3.4-246）

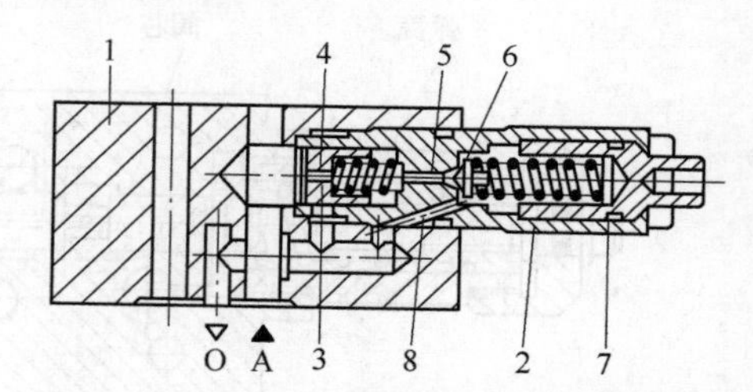

图 3.4-246 ZDB 型叠加式溢流阀结构
1—阀体；2—插入式溢流阀；3—阀芯；4,5—节流孔；6—锥阀；7—弹簧；8—孔道

① 型号意义

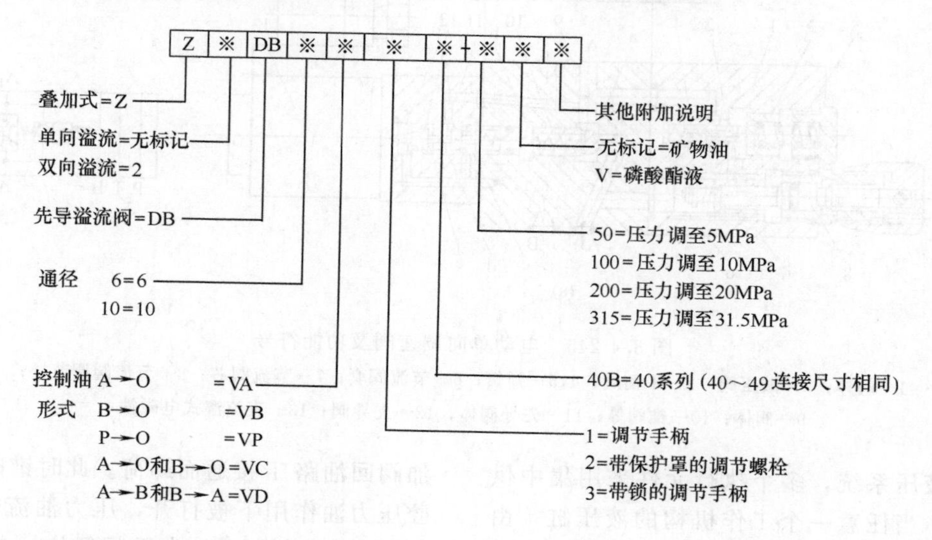

② 图形符号（见图 3.4-247）

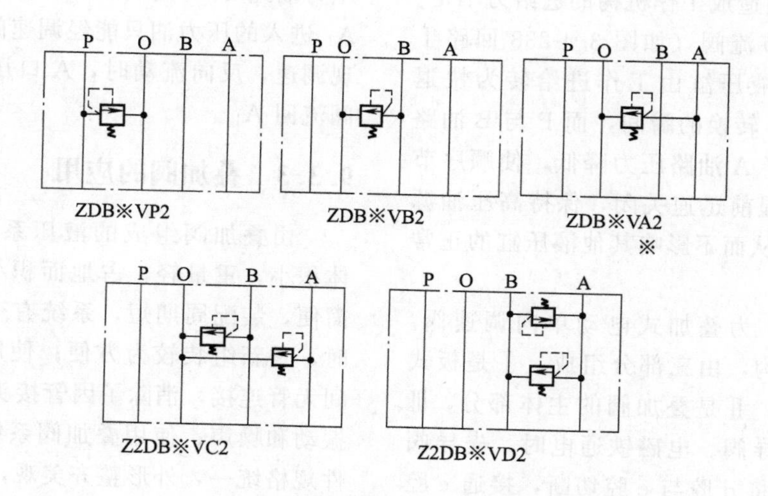

图 3.4-247 ZDB 型叠加式溢流阀图形符号

③ 技术规格（见表 3.4-84）

表 3.4-84 ZDB/Z2DB 型叠加式溢流阀技术规格

型号	通径/mm	流量/(L/min)	工作压力/MPa	调压范围/MPa	质量/kg	
					ZDB	Z2DB
ZDB6※ Z2DB6※	6	60	31.5	5 10 20 31.5	1.0	1.2
ZDB10※ Z2DB10※	10	100			2.4	2.6

注：外形尺寸见产品样本。

(2) ZDR 型叠加式直动减压阀（见图 3.4-248）

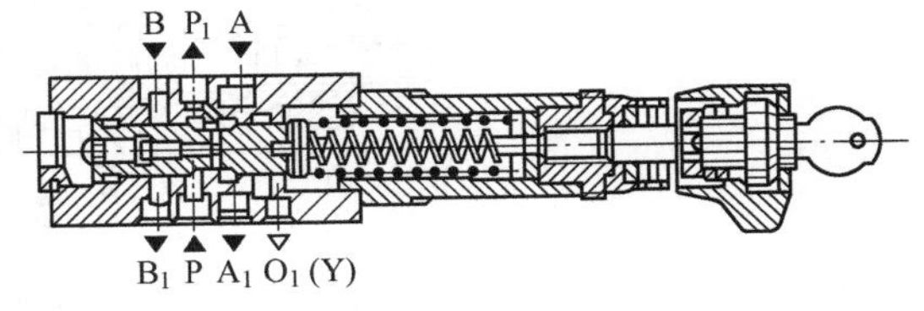

图 3.4-248 ZDR10DP…40/…YM 型叠加式直动减压阀结构

① 型号意义

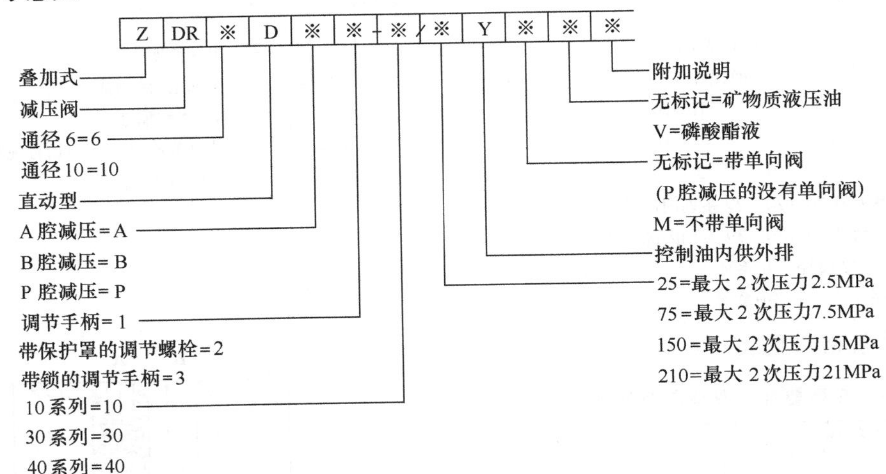

② 图形符号（见图 3.4-249）

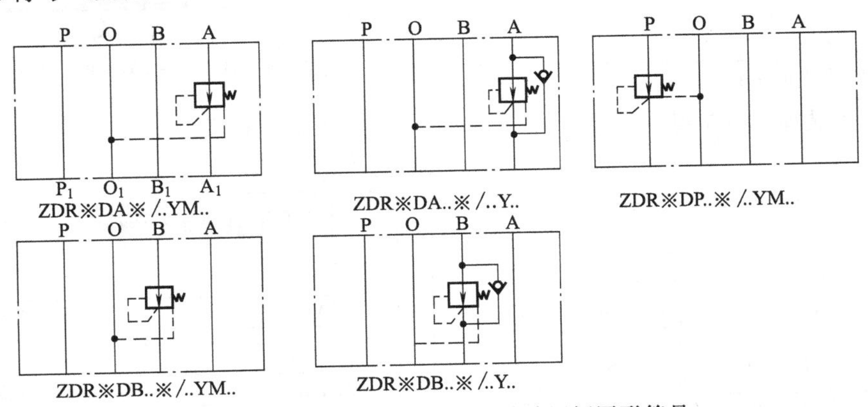

图 3.4-249 ZDR 型叠加式直动减压阀图形符号

③ 技术规格（见表 3.4-85）

表 3.4-85 ZDR 型叠加式直动减压阀技术规格

型号	通径/mm	流量/(L/min)	进口压力/MPa	二次压力/MPa	背压	质量/kg
ZDR6	6	30	31.5	至 21	至 6	1.2
ZDR10	10	50	31.5	至 21(DA 和 DP 型) 至 7.5(DB 型)	至 15	2.8

注：外形尺寸见产品样本。

(3) Z2FS型叠加式双单向节流阀（见图3.4-250）

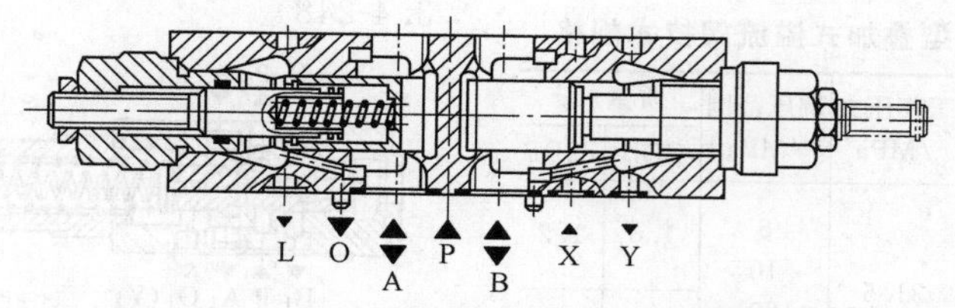

图3.4-250　Z2FS型叠加式双单向节流阀结构

① 型号意义

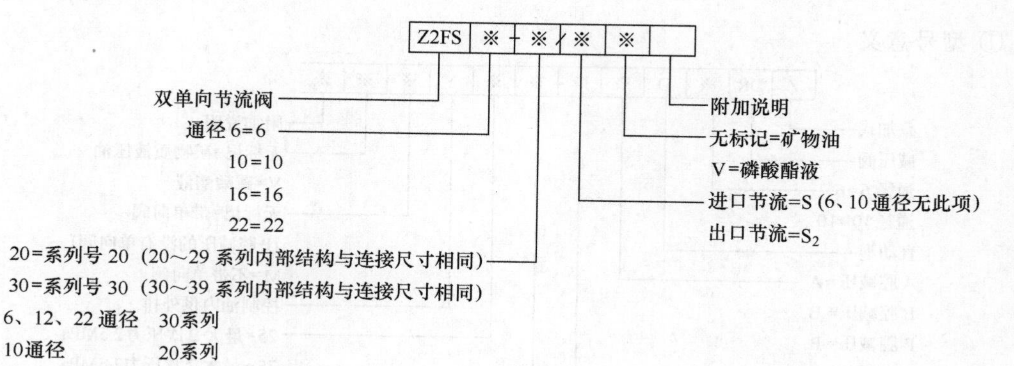

② 技术规格（见表3.4-86）

表3.4-86　Z2FS型叠加式双单向节流阀技术规格

型号	通径/mm	流量/(L/min)	工作压力/MPa
Z2FS6	6	80	31.5
Z2FS10	10	160	31.5
Z2FS16	16	250	35
Z2FS22	22	350	35

注：外形尺寸见产品样本。

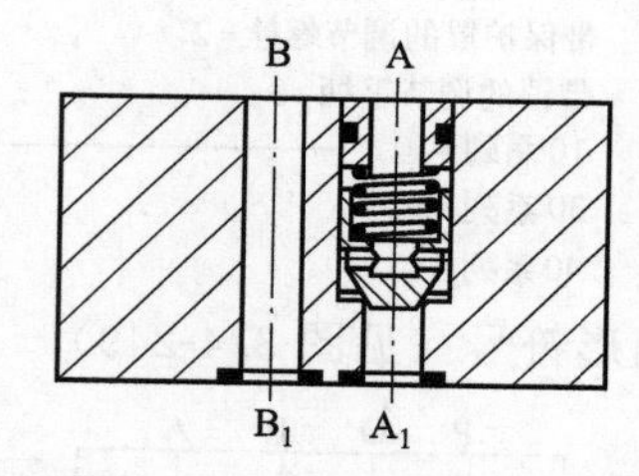

图3.4-251　Z1S型叠加式单向阀结构

(4) Z1S型叠加式单向阀（见图3.4-251）

① 型号意义

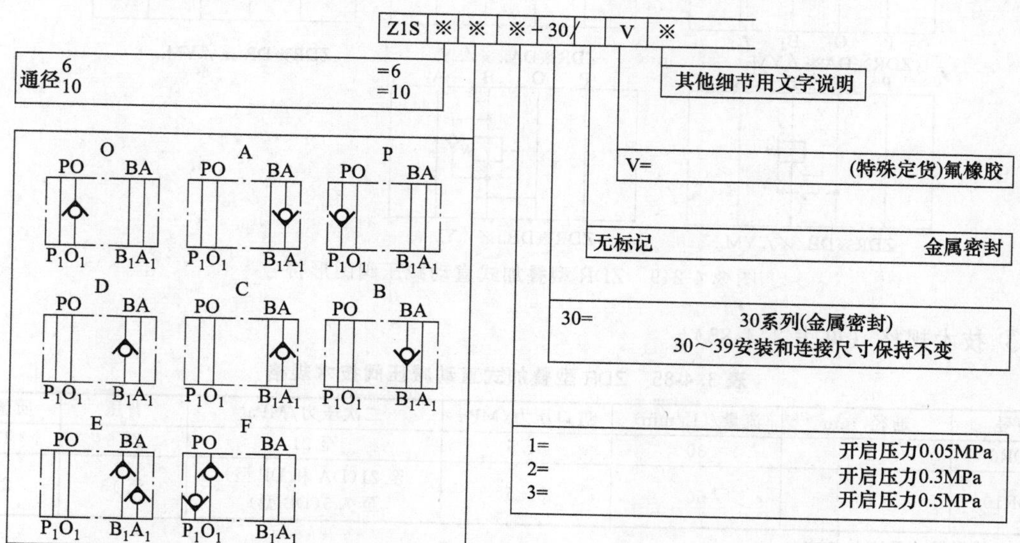

② 技术规格（见表 3.4-87）

表 3.4-87　Z1S 型叠加式单向阀技术规格

型号	流量/(L/min)	流速/(m/s)	工作压力/MPa	开启压力/MPa	质量/kg
Z1S6	40	>6	31.5	0.05,0.3,0.5	0.8
Z1S10	100	>4	31.5		2.3

注：外形尺寸见产品样本。

（5）DDJ 型叠加式单向截止阀

① 型号意义

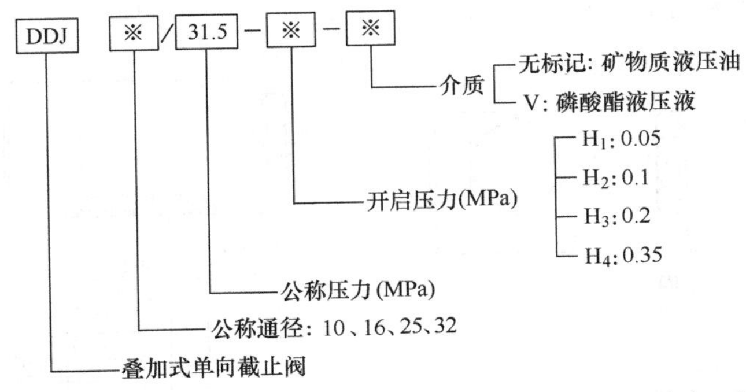

② 技术规格（见表 3.4-88）

表 3.4-88　DDJ 型叠加式单向截止阀技术规格

型号		DDJ10	DDJ16	DDJ25	DDJ32
公称通径/mm		10	16	25	32
公称压力/MPa		31.5			
公称流量/(L/min)	单向阀	63	200	360	500
	截止阀	100	250	400	630
介质		矿物质液压油、磷酸酯液压液			
油流方向		$P—P_1$、$O_1—O$			
单向阀开启压力/MPa		H_1:0.05　H_2:0.1　H_3:0.2　H_4:0.35			
质量/kg		3.36	8.12	14.23	41.9

注：外形尺寸见产品样本。

（6）Z2S 型叠加式液控单向阀（见图 3.4-252）

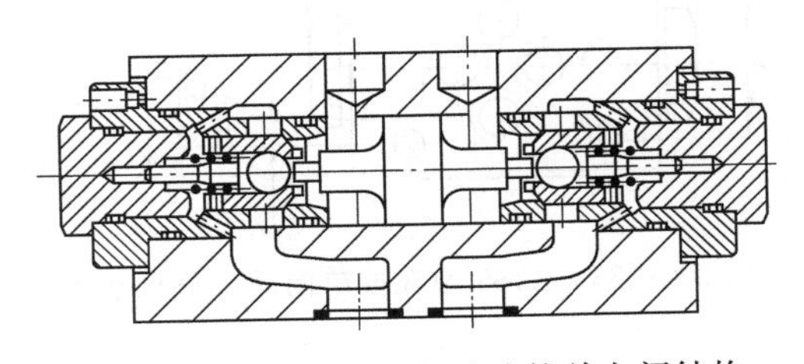

图 3.4-252　Z2S 型叠加式液控单向阀结构

① 型号意义

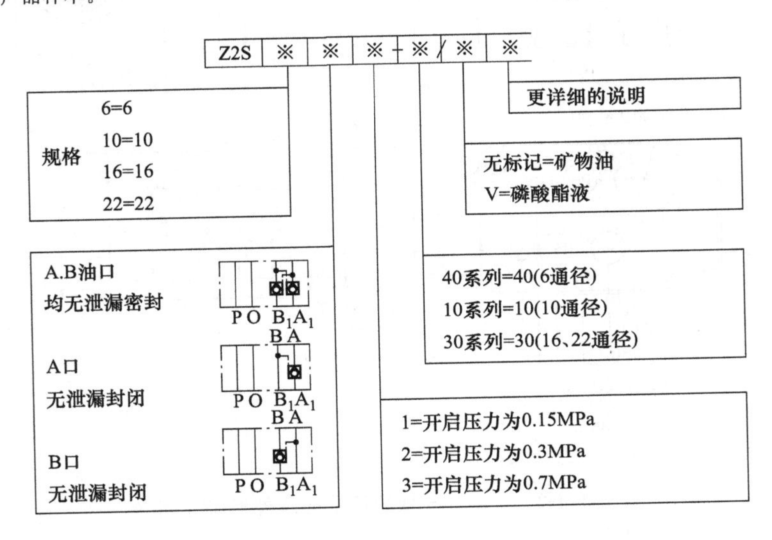

② 技术规格（见表 3.4-89）

表 3.4-89　Z2S 型叠加式液控单向阀技术规格

型号	通径/mm	流量/(L/min)	工作压力/MPa	开启压力/MPa	流动方向	面积比	质量/kg
Z2S6	6	50	31.5	0.15、0.3、0.7	由 A 至 A_1 或 B 至 B_1 经单向阀自由流通，先导操纵由 B_1 至 B 或由 A_1 至 A	$A_1/A_2=1/2.97$	0.8
Z2S10	10	80	31.5			$A_1/A_2=1//2.86$、$A_3/A_2=1/11.45$	2
Z2S16	16	200	31.5			—	11.7
Z2S22	22	400	31.5			—	11.7

③ 外形尺寸（见图 3.4-253～图 3.4-256）

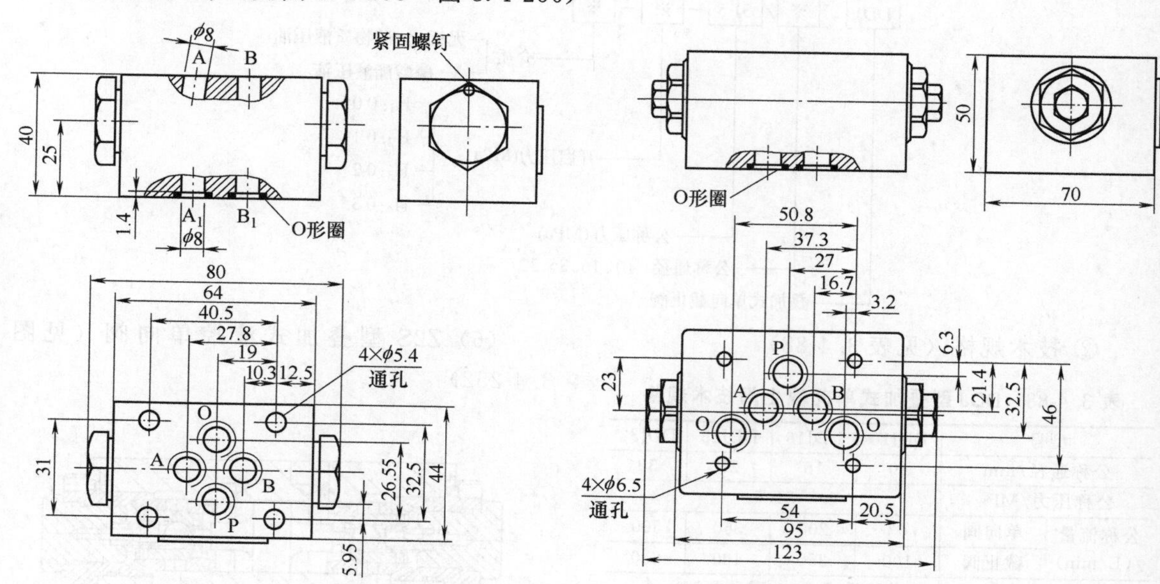

图 3.4-253　Z2S6 型液控单向阀外形尺寸图

图 3.4-254　Z2S10 型液控单向阀外形尺寸图

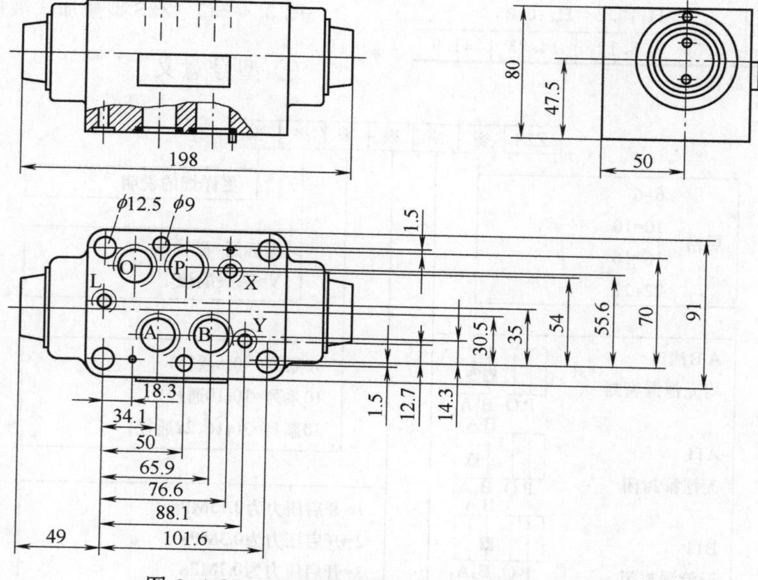

图 3.4-255　Z2S16 型液控单向阀外形尺寸图

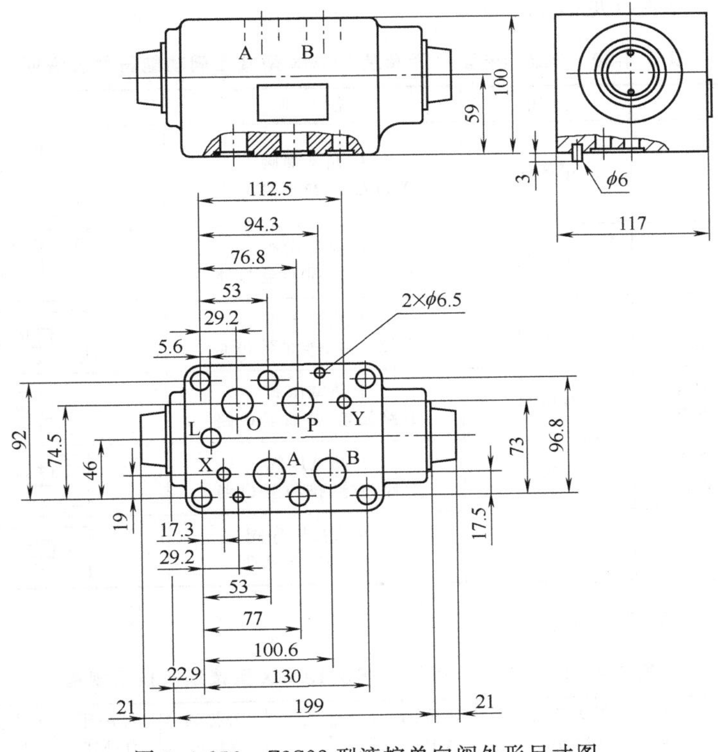

图 3.4-256 Z2S22 型液控单向阀外形尺寸图

9.4.2 威格士系列叠加阀产品

(1) DGMR※型平衡阀及 DGMX 型减压阀

① 型号意义

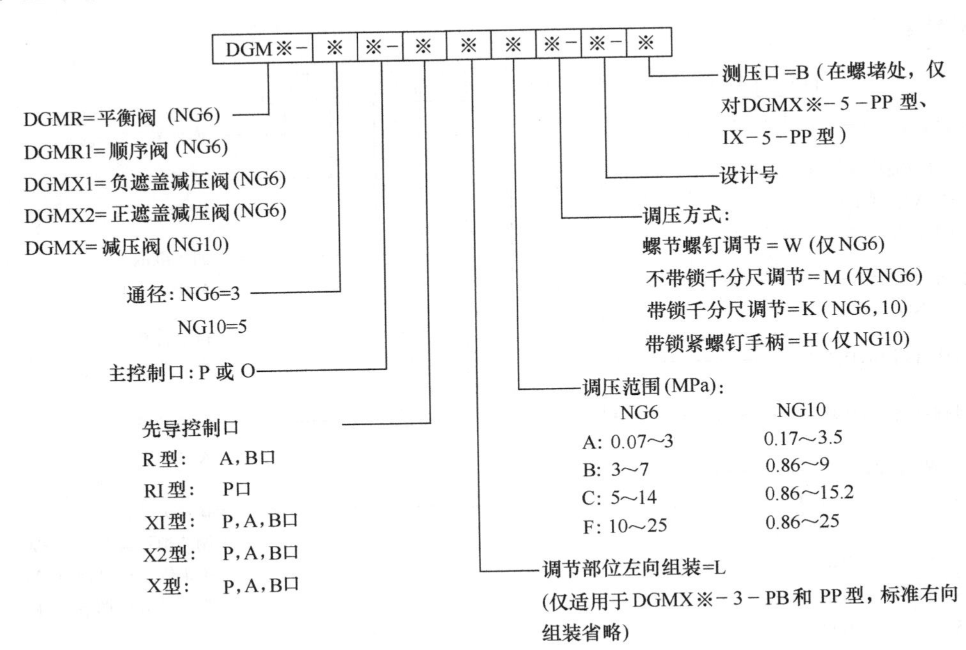

② 功能符号及说明（见表 3.4-90）

表 3.4-90　DGMR※型平衡阀及 DGMX 型减压阀功能符号及说明

型　号	作用	说　明	功能符号
DGMR-3-TA-※※	平衡阀	O 路平衡阀 A 路先导，排油至 O 路	
DGMR-3-TB-※※	平衡阀	O 路平衡阀 B 路先导，排油至 O 路	
DGMX※-3-PA-※※ DGMX※-5-PA-※※	减压阀	P 路减压阀 A 路先导，排油至 O 路	
DGMX※-3-PB(L)-※※ DGMX※-5-PB(L)-※※	减压阀	P 路减压阀 B 路先导，排油至 O 路	
DGMX※-3-PP(L)-※※ DGMX※-5-PP(L)-※※	减压阀	P 路减压阀 P 路先导，排油至 O 路	
DGMR1-3-PP-※※	顺序阀	P 路直接顺序阀 向 O 路反向流动	

③ 技术规格（见表 3.4-91）

表 3.4-91　DGMR※型平衡阀及 DGMX 型减压阀技术规格

型号	公称通径/in	最高压力/MPa	最大流量/(L/min)	调压范围/MPa	型号	公称通径/in	最高压力/MPa	最大流量/(L/min)	调压范围/MPa
DGMR-3 DGMX-3 DGMR1-3	6	25	38	A:0.07～3 B:3～7 C:5～14 F:10～25	DGMX-5	10	25	76	A:0.17～3.5 B:0.86～9 C:0.86～15.2 F:0.86～25

注：外形尺寸见产品样本。

（2）DGMC※型溢流阀

① 型号意义

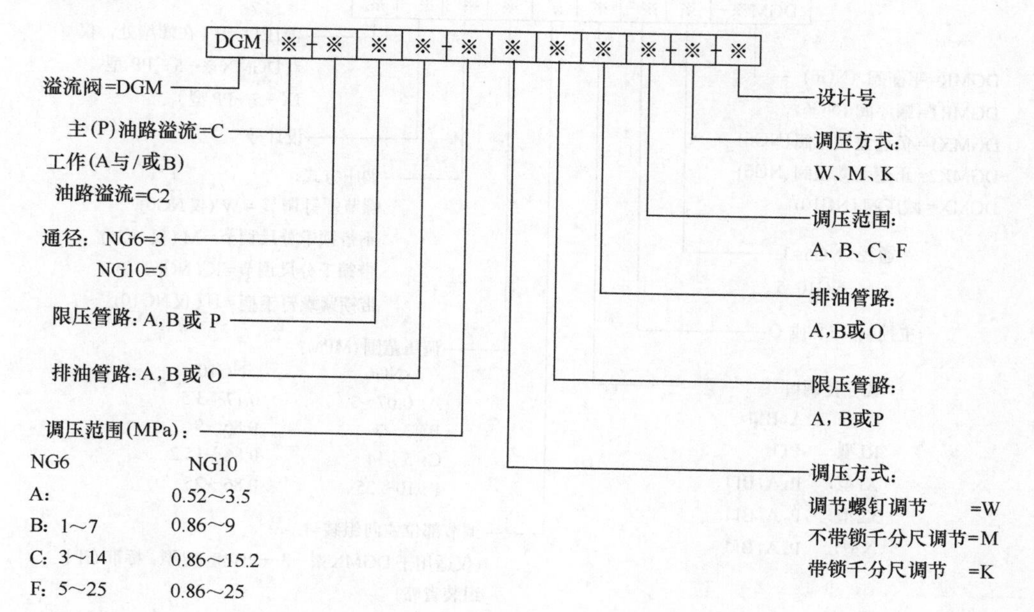

② 功能符号及说明（见表 3.4-92）

表 3.4-92　DGMC※型溢流阀功能符号及说明

型　　号	作用	说　　明	功能符号
DGMC-3-PT DGMC-5-PT	主油路溢流	P 路溢流至 O 路	
DGMC2-3-AB DGMC2-5-AB	工作油路溢流	A 路溢流至 B 路	
DGMC2-3-BA DGMC2-5-BA	工作油路溢流	B 路溢流至 A 路	
DGMC2-3-AB-※※-BA-※※ DGMC2-5-AB-※※-BA-※※	工作油路溢流	B 路溢流至 A 路 A 路溢流至 B 路	

③ 技术规格（见表 3.4-93）

表 3.4-93　DGMC 型叠加式直动减压阀技术规格

型号	公称通径/mm	最高压力/MPa	最大流量/(L/min)	调压范围/MPa
DGMC-3 DGMC2-3	6	25	38	B:1～7 C:3～14 F:5～25
DGMC-5 DGMC2-5	10	25	76	A:0.52～3.5 B:0.86～9 C:0.86～15.2 F:0.86～25

注：外形尺寸见产品样本。

(3) DGMX-7 型减压阀

① 型号意义

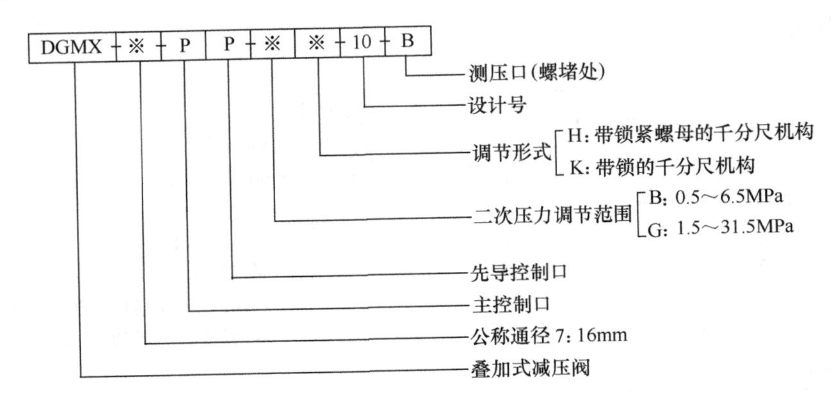

② 技术规格（见表 3.4-94）

表 3.4-94　DGMX-7 型减压阀技术规格

型号	公称通径/mm	最高压力/MPa	最大流量/(L/min)	调压范围/MPa
DGMX-7	16	31.5	160	B:0.5～6.5 G:1.5～31.5

注：外形尺寸见产品样本。

(4) DGMC-7 型溢流阀

① 型号意义

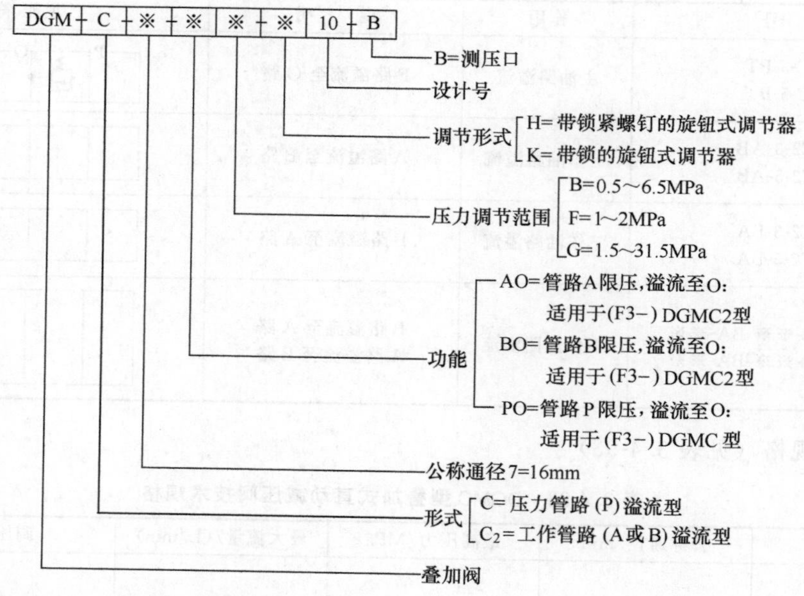

② 技术规格(见表 3.4-95)

表 3.4-95 DGMC-7 型溢流阀技术规格

型号	公称通径/mm	最高压力/MPa	最大流量/(L/min)	调压范围/MPa
DGMC-7 DGMC2-7	16	31.5	200	B:0.5～6.5 F:1～21 G:1.5～31.5

注:外形尺寸见产品样本。

(5) DGMDC 型直动式单向阀

① 型号意义

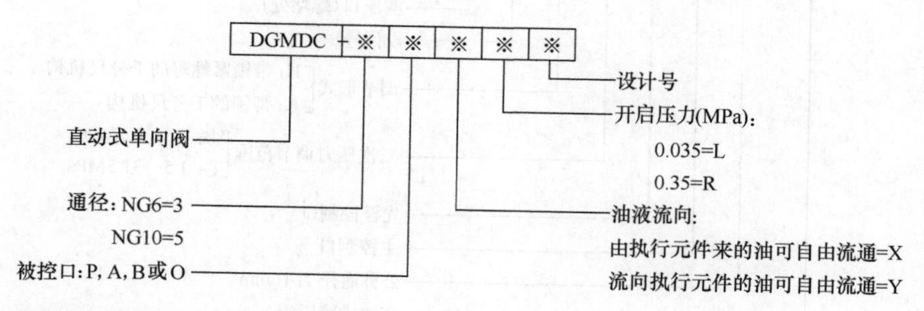

② 功能符号及说明(见表 3.4-96)

表 3.4-96 DGMDC 型直动式单向阀功能符号及说明

型 号	作用	说明	功能符号
DGMDC-3-BX※-20	直动式单向阀	B 口自由流出	P O B A

续表

型　　号	作用	说明	功能符号
DGMDC-3-BY※-20	直动式单向阀	B口自由流出	
DGMDC-3-AX※-20		A口自由流出	
DGMDC-3-AY※-20		A口自由流出	
DGMDC-3-PY※-20 DGMDC-5-PY※-10		P口自由流出	
DGMDC-3-TX※-20 DGMDC-5-TX※-10		O口自由流出	

③ 技术规格（见图3.4-97）

表3.4-97　DGMDC型叠加式直动减压阀技术规格

型　　号	公称通径/mm	最高压力/MPa	最大流量/(L/min)	开启压力/MPa
DGMDC-3	6	31.5	38	L:0.035 R:0.35
DGMDC-5	10	31.5	86	

注：外形尺寸见产品样本。

(6) DGMPC型液控单向阀

① 型号意义

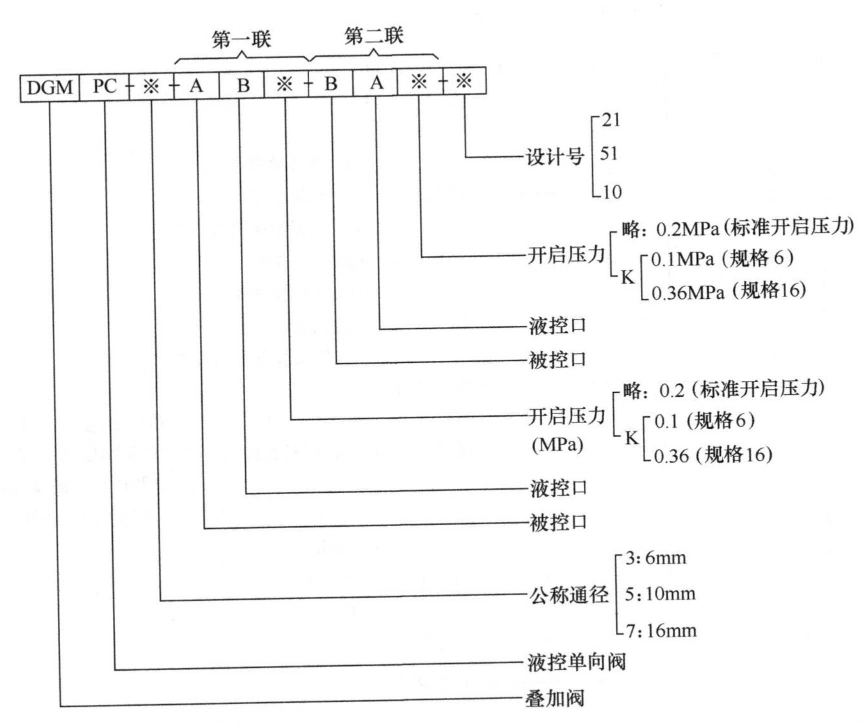

② 功能符号及说明（见表3.4-98）

表 3.4-98 DGMPC 型液控单向阀功能符号及说明

型号	作用	说明	功能符号
DGMPC-3-ABK-BAK-21 DGMPC-5-AB-51 DGMPC-7-AB※-BA※-10	双液控	A 路单向,B 路控制 B 路单向,A 路控制	P O B A
DGMPC-3-BAK-21 DGMPC-5-B-51 DGMPC-7-BA※-10	单液控	B 路单向,A 路控制	
DGMPC-3-ABK-21 DGMPC-5-A-51 DGMPC-7-AB※-10	单液控	A 路单向,B 路控制	
DGMPC-5-DA-DB-51	双液控	A 路单向,B 路控制 B 路单向,A 路控制	

③ 技术规格（见表 3.4-99）

表 3.4-99 DGMPC 型液控单向阀技术规格

型　　号	公称通径/mm	最高压力/MPa	最大流量/(L/min)	开启压力/MPa
DGMPC-3	6	31.5	38	K:0.1
DGMPC-5	10		86	K:0.2
DGMPC-7	16		180	K:0.36

注：外形尺寸见产品样本。

(7) DGMFN 型节流阀

① 型号意义

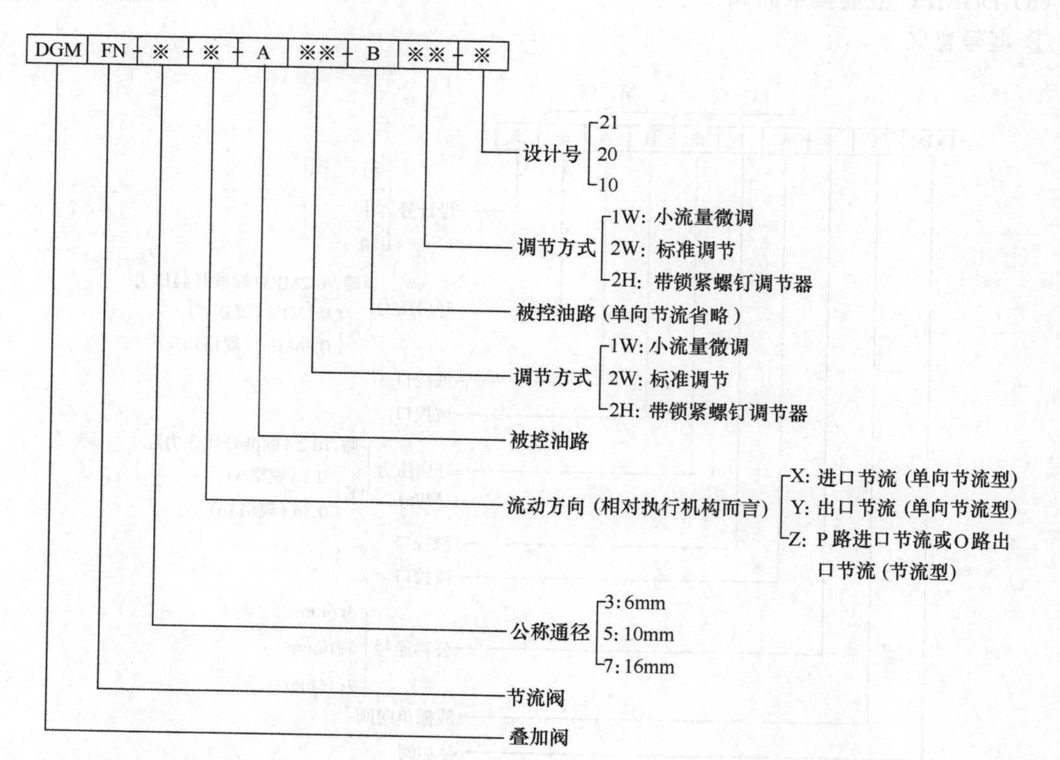

② 技术规格（见表 3.4-100）

表 3.4-100　DGMFN 型节流阀技术规格

型　　号	公称通径/mm	最高压力/MPa	最大流量/(L/min)
DGMFN-3	6	31.5	38
DGMFN-5	10		86
DGMFN-7	16		180

③ 外形尺寸（见表 3.4-101、表 3.4-102 和图 3.4-257）

表 3.4-101　DGMFN-3 型节流阀外形尺寸

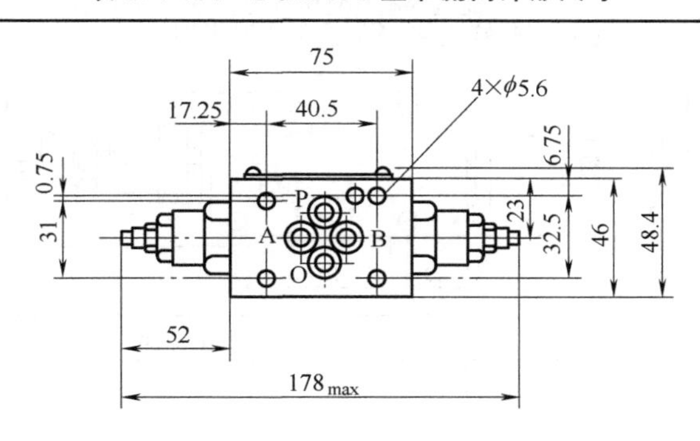

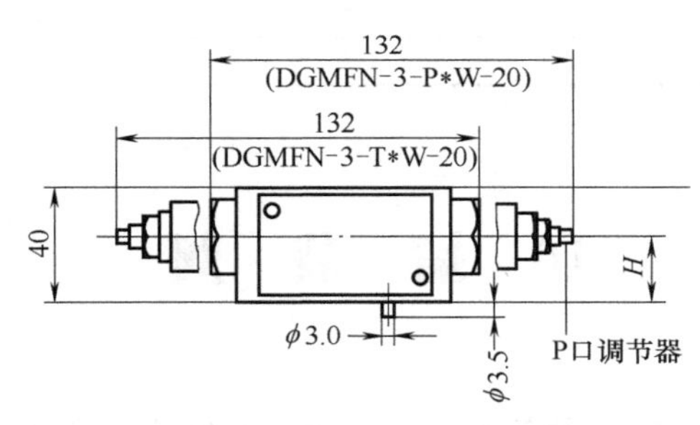

型　　号	DGMFN-3-X	DGMFN-3Y	DGMFN-3Z
尺寸 H/mm	16.6	23.4	20.0

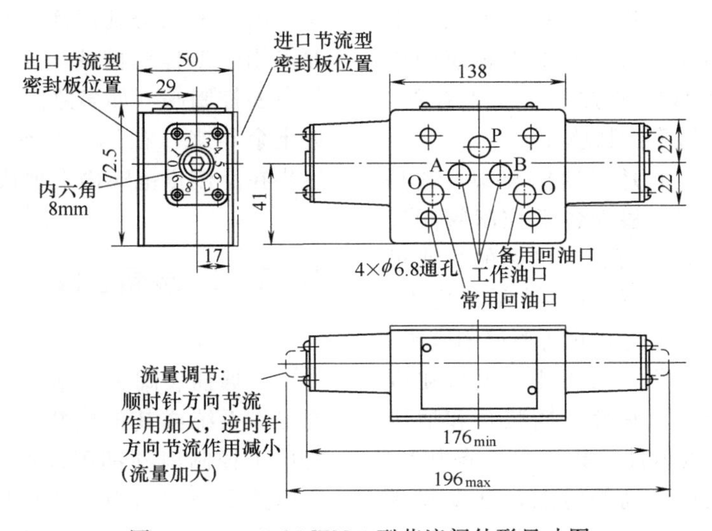

图 3.4-257　DGMFN-5 型节流阀外形尺寸图

表 3.4-102 DGMFN-7-Y 型节流阀外形尺寸

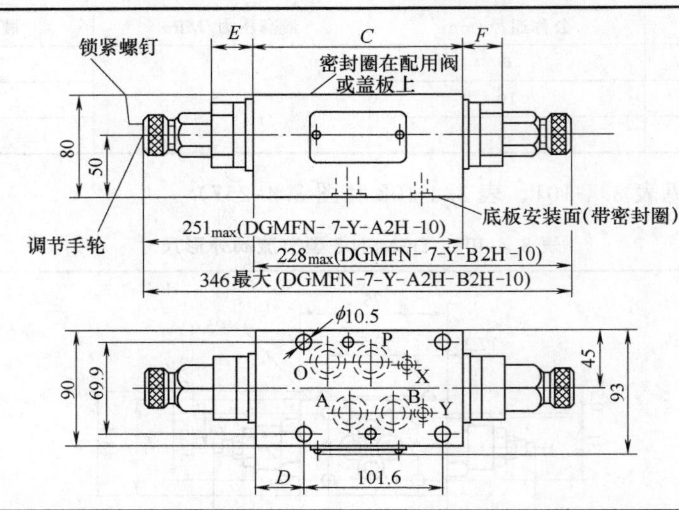

型　　号	尺寸/mm			
	C	D	E	F
DGMFN-7-Y-A2H	155	37	29	20
DGMFN-7-Y-B2H	132	14	20	29
DGMFN-7-Y-A2H-B2H	155	37	29	29

10 插 装 阀

插装阀是近年来发展起来的一种新型液压元件，又称为逻辑阀。插装阀的基本核心元件是插装元件，是一种液控型、单控制口、装于油路主级中的液阻单元。将一个或若干个插装元件进行不同组合，并配以相应的先导控制级，可以组成方向控制、压力控制、流量控制或复合控制等控制单元。

插装阀的主流产品是二通插装阀，它是在 20 世纪 70 年代初，根据各类控制阀阀口在功能上都可视作固定的、或可调的、或可控液阻的原理上发展起来的一类覆盖压力、流量、方向以及比例控制等的新型控制阀类。它的基本构件为标准化、通用化、模块化程度很高的插装式阀芯、阀套、插装孔和适应各种控制功能的盖板组件，具有通流能力大、密封性好、自动化程度高等特点，已发展成为高压、大流量领域的主导控制阀品种。三通插装阀具有压力油口、负载油口和回油箱油口，可以独立控制一个负载腔。但是由于结构的通用化、模块化程度远不及二通插装阀，因此未能得到广泛应用。螺纹式插装阀原多用于工程机械液压系统，而且往往作为其主要控制阀（如多路阀）的附件形式出现，近十余年来，在二通插装阀技术的影响下，逐步在小流量范畴内发展成独立体系。

10.1 二通插装阀

二通插装阀为单液阻的两个主油口连接到工作系统或其他插装阀，并且二通插装阀的单个控制组件都可以按照液阻理论做成一个单独受控的阻力，这种机构成为单个控制阻力。这些“单个控制阻力”由主级和先导级组成，根据先导控制信号独立进行控制。这些控制信号可以是开关式的，也可以是位置调节、流量调节和压力调节等连续信号。根据对每一个排油腔的控制主要是对它的进油和回油的阻力控制的基本准则，可以对一个排油腔分别设置一个输入阻力和一个输出阻力。

二通插装控制技术具有以下优点。

① 通过组合插件与阀盖，可构成方向、流量以及压力等多种控制功能。

② 流动阻尼小，通流能力大，特别适用于大流量的场合。最大通径可达 200～250mm，通过的流量可达 10000L/min。

③ 由于绝大部分是锥阀式结构，因此内部泄漏非常小，无卡死现象。

④ 动作速度快。它靠锥面密封和切断油路，阀芯稍一抬起，油路马上接通。

⑤ 抗污染能力强，工作可靠。

⑥ 结构简单，易于实现元件和系统的标准化、系列化、通用化，并简化系统。

10.1.1 二通插装阀的工作原理

(1) 二通插装阀的基本结构与原理

如图 3.4-258 所示为插装阀的基本组成，通常由先导阀 1、控制盖板 2、逻辑阀单元 3 和插装阀体 4 四部分组成。插装阀单元（又称主阀组件）为插装式结构，由阀芯、阀套、弹簧和密封件等组成，它插装在插装阀体 4 中，通过它的开启、关闭动作和开启量的大小来控制主油路的液流方向、压力和流量。控制盖板 2 用来固定和密封逻辑阀单元，盖板可以内嵌具有各种控制机能的微型先导控制元件，如节流螺塞、梭阀、单向阀、流量控制器等；安装先导控制阀、位移传感器、行程开关等电器附件；建立或改变控制油路与主阀控制腔的连接关系。先导阀 1 安装在控制盖板上，是用来控制逻辑阀单元的工作状态的小通径液压阀。先导控制阀也可以安装在阀体上。插装阀体 4 用来安装插装件、控制盖板和其他控制阀，连接主油路和控制

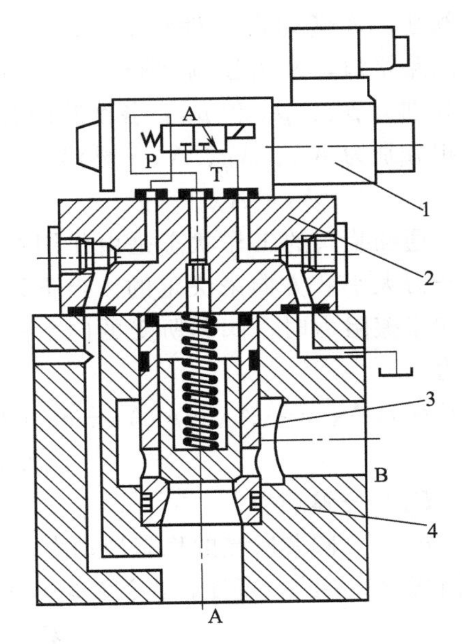

图 3.4-258 盖板式二通插装阀结构图

1—先导控制阀；2—控制盖板；3—插入元件；4—插装阀体

油路。由于逻辑阀主要采用集成式连接形式，一般没有独立的阀体，在一个阀体中往往插装有多个逻辑阀，所以也称为集成块体。

如图 3.4-259 所示的插装阀插装件由阀

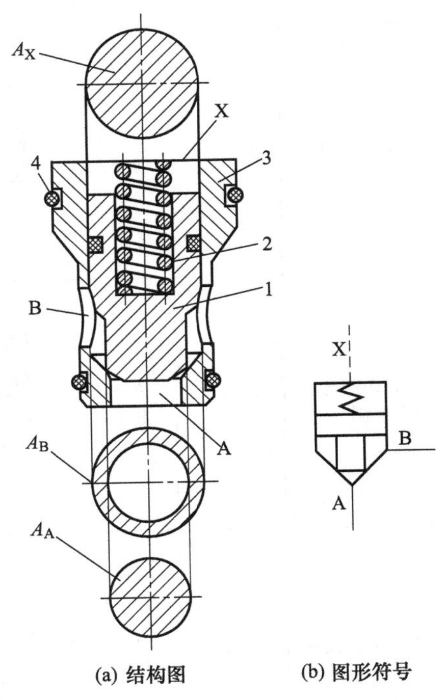

图 3.4-259 插装件基本结构形式

1—阀芯；2—弹簧；3—阀套；4—密封件

芯、阀套、弹簧和密封件组成。图中 A、B 为主油路接口，X 为控制油腔，三者的油液压力分别为 p_A、p_B 和 p_X，各油腔的有效作用面积分别为 A_A、A_B、A_X，显然

$$A_X = A_A + A_B \tag{3.4-19}$$

二通插装阀的工作状态是由作用在阀芯上的合力大小和方向来决定的。当不计阀芯自重和摩擦阻力时，阀芯所受的向下的合力 $\sum F$ 为

$$\sum F = p_X A_X - p_A A_A - p_B A_B + F_1 + F_2 \tag{3.4-20}$$

式中 F_1——弹簧力；

F_2——阀芯所受的稳态液动力。

由式（3.4-20）可知，当 $\sum F > 0$ 时，阀口关闭。即

$$p_X > \frac{p_A A_A + p_B A_B - F_1 - F_2}{A_X} \tag{3.4-21}$$

当 $\sum F < 0$ 时，阀口开启。即

$$p_X < \frac{p_A A_A + p_B A_B - F_1 - F_2}{A_X} \tag{3.4-22}$$

可见，插装阀的工作原理是依靠控制腔（X腔）的压力大小来启闭的。控制油腔压力大时，阀口关闭；压力小时，阀口开启。

（2）插装元件

表 3.4-103 为典型的插装件。

表 3.4-103 典型的插装件

插装件类型	面积比	流向	机能符号	剖面图	用途
A 型基本插装件	1∶1.2	A→B	X B A	X B A	方向控制
B 型基本插装件	1∶1.5	A→B B→A	X B A	X B A	方向控制
B 型插装件阀芯带密封圈	1∶1.5	A→B B→A	X B A	X B A	方向控制。阀芯带密封件，适用于水-乙二醇乳化液
B 型带缓冲头插装件	1∶1.5	A→B B→A	X B A	X B A	要求换向冲击力小的方向控制，流通阻力较 B 型基本插装件大

续表

插装件类型	面积比	流向	机能符号	剖面图	用途
B型节流插装件	1∶1.5	A→B B→A	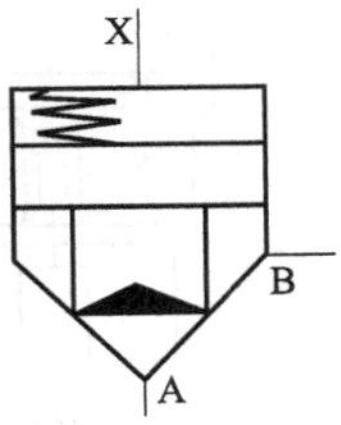	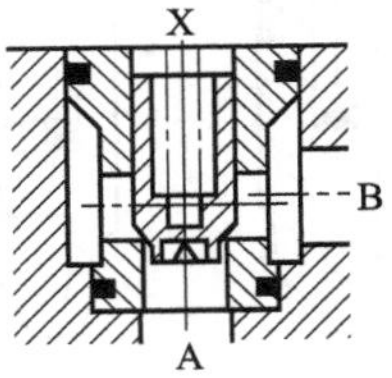	与节流控制盖板合用，可构成节流阀；与方向控制盖板合用，用于对换向瞬时有特殊要求的场合
E型阀芯内钻孔使BX腔相通插装件	1∶2	A→B	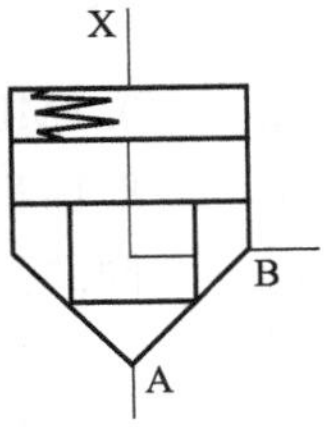	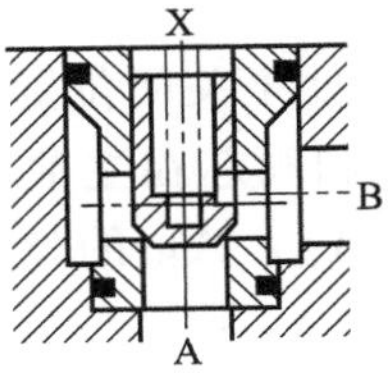	单向阀
C型带阻尼孔插装件	1∶1	A→B	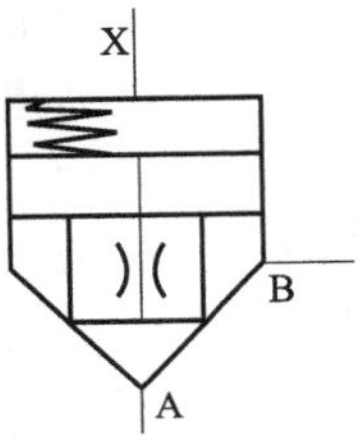	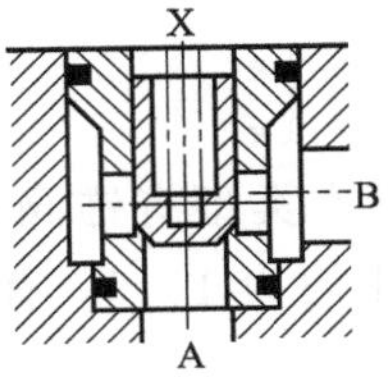	用于B口有背压工况，防止B口压力反向打开主阀
D型基本插装件	1∶1.07	A→B	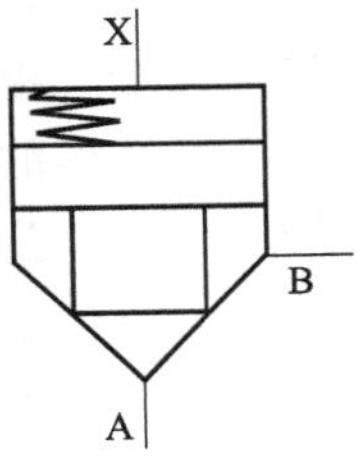	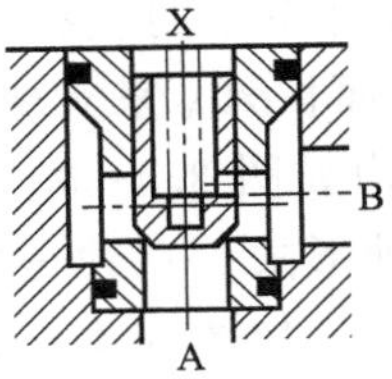	仅用于方向和压力控制
D型带阻尼孔插装件	1∶1.07	A→B	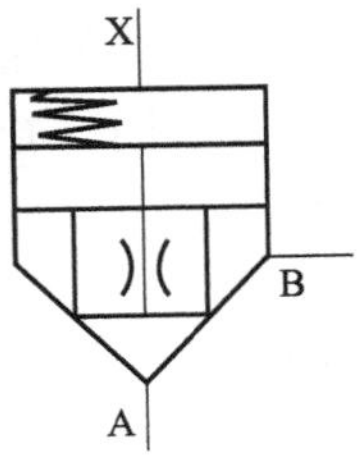	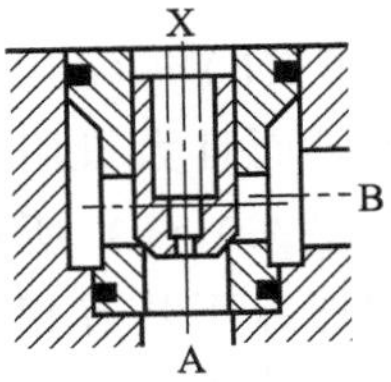	压力控制
常开口滑阀型插装件	1∶1	A→B	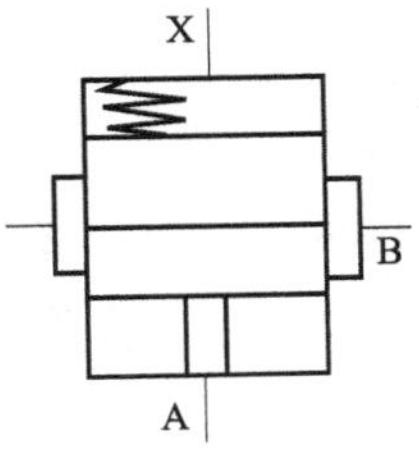	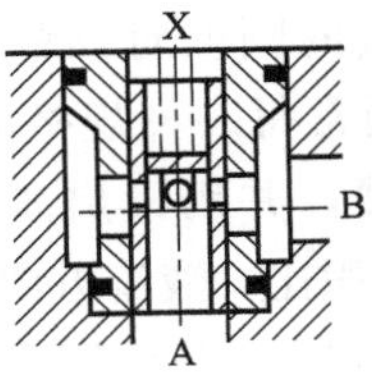	A、B口常开，可用作减压阀；与节流插装件串联可构成调速阀

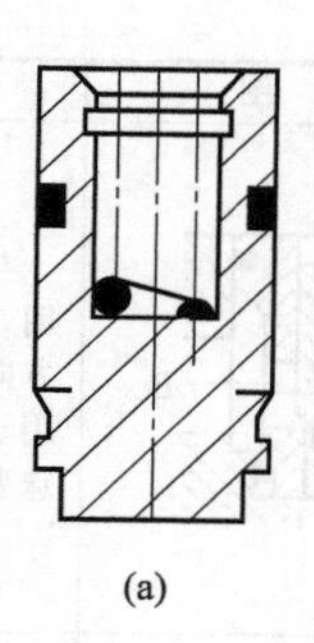
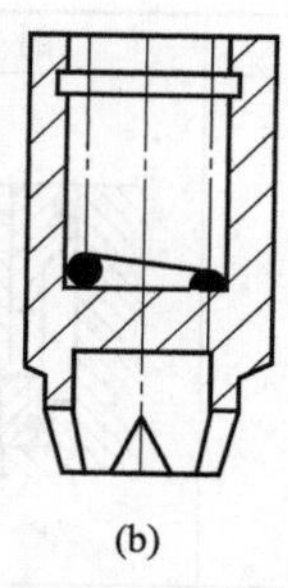
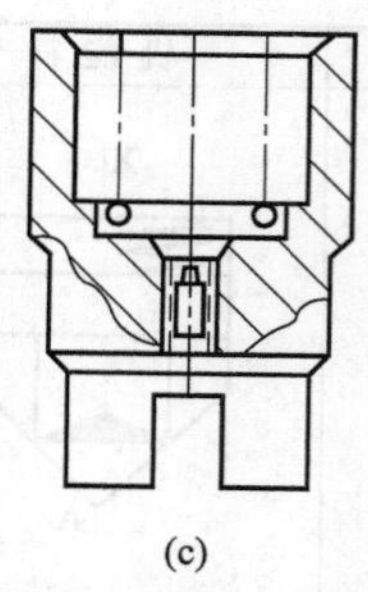
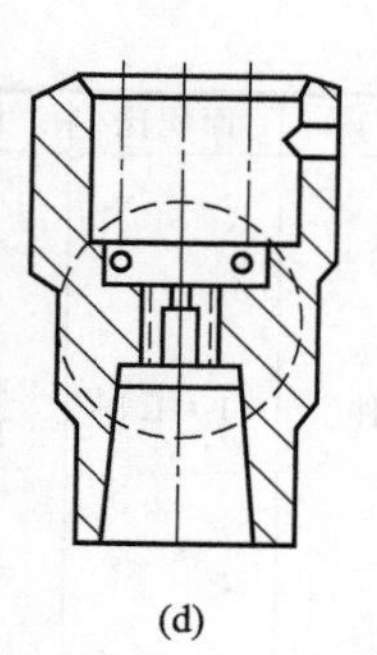

(a) (b) (c) (d)

图 3.4-260 插装阀阀芯的尾部结构

面积比是指阀芯处于关闭位置时阀芯控制油腔作用面积 A_X 和阀芯在主油口 A 和 B 处的液压作用面积 A_A、A_B 的比值：A_A/A_X、A_B/A_X（注意：$A_X=A_A+A_B$）。它们表示了三个面积之间数值上的关系，通常定义的面积比为

$$\alpha=\frac{A_A}{A_X} \tag{3.4-23}$$

插装阀的阀芯基本类型有锥阀和滑阀两大类，滑阀的面积比均为 1∶1，而锥阀中，按面积比大体分为 A（1∶1.2）、B（1∶1.5）、C（1∶1.0）、D（1∶1.07）、E（1∶2.0）等类型。不同面积比的获得一般保持 A_X 不变，通过改变面积 A_A 来实现。

阀芯的尾部结构如图 3.4-260 所示，阀芯的尾部主要有两种形式：一种是尾部不带窗口，但带有缓冲头，如图 3.4-260（a）所示，主要用于方向控制中阀芯开关的缓冲；另一种是尾部有缓冲头，并且带有不同形状的窗口，如图 3.4-260（b）～（d）所示，不仅具有前一种的功能，而且大量用于流量控制中检测流量。图 3.4-260（c）所示的带矩形窗口的结构在一定压差下具有相当线性的压差-流量增益曲线。不带缓冲头的阀芯，具有高速换向功能。

插装元件中弹簧的刚度对阀的动态和稳态特性均有影响。通常每一种规格的插装阀，配备不同刚度的弹簧，并用开启压力进行区别。开启压力还与面积比、液流方向有关，一般以面积比为 1∶1.5 时的开启压力表示，例如开启压力为 0MPa（无弹簧）、0.05MPa、0.1MPa、0.2MPa、0.3MPa、0.4MPa 等。一般面积比 1∶1.07 与 1∶1.5 的插装阀配备相同的弹簧。

（3）控制盖板

控制盖板的作用是为插装元件提供盖板座以形成密封空间，安装先导元件和沟通油液通道。控制盖板主要由盖板体、先导控制元件、节流螺塞等构成。按控制功能的不同，分为方向控制，压力控制和流量控制三大类。有的盖板具有两种以上控制功能，则称为复合盖板。

盖板体通过密封件安装在插装元件的头端，根据嵌装的先导元件的要求有方形的和矩形的，通常公称通径在 63mm 以下采用矩形，公称通径大于 80mm 时常采用圆形。

常用先导控制元件介绍如下。

① 梭阀元件　如图 3.4-261 所示，梭阀元件可用于对两种不同的压力进行选择，C 口的输出压力与 A 口和 B 口中压力较大者相同。有时它也称压力选择阀。

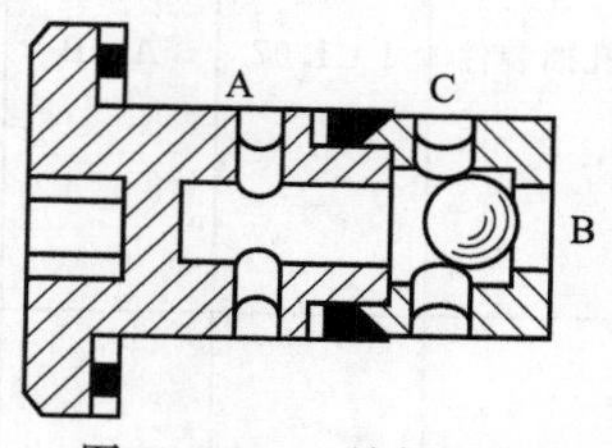

图 3.4-261　梭阀元件

② 液控单向元件　如图 3.4-262 所示。工作原理与普通的液控单向阀相同。

③ 先导压力控制元件　如图 3.4-263 所示，可配合中心开孔的主阀组件使用，组成

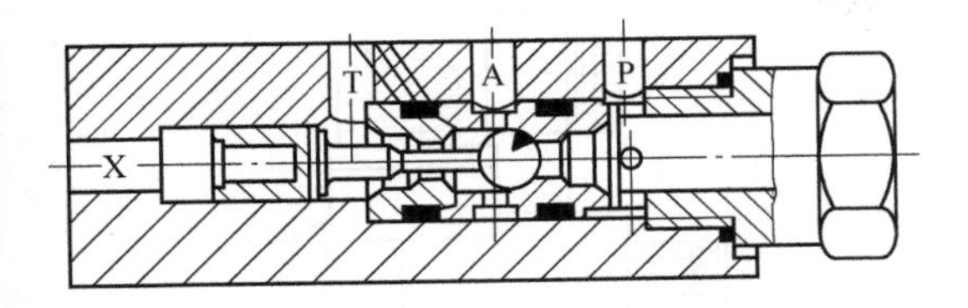

图 3.4-262　液控单向元件

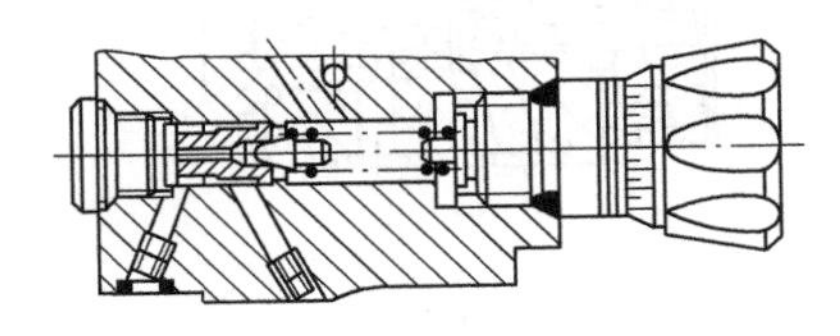

图 3.4-263　先导压力控制元件

插装式溢流阀、减压阀和其他压力控制阀。

④ 微流量调节器　如图 3.4-264 所示，其工作原理是利用阀芯 3 和小孔 4 构成的变节流孔和弹簧 2 的调节作用，保证流经定节流孔 1 的压差为恒值，因此是一个流量稳定器，作用是使减压阀组件的入口取得的控制流量不受干扰而保持恒定。

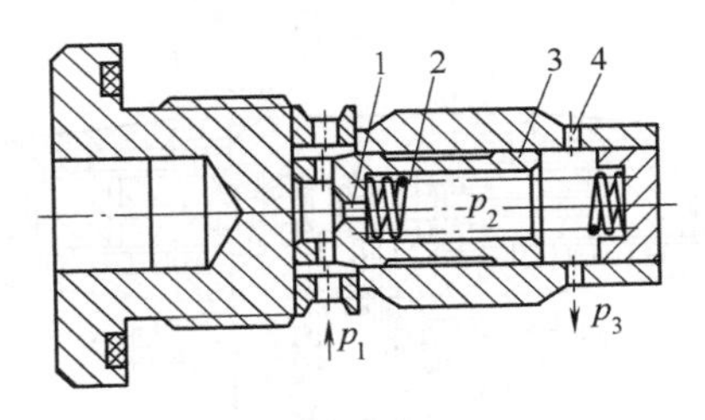

图 3.4-264　微流量调节器

1—节流孔；2—弹簧；3—阀芯；4—小孔

⑤ 行程调节器　如图 3.4-265 所示，行程调节器嵌于流量控制盖板，可通过调节阀芯的行程来控制流量。

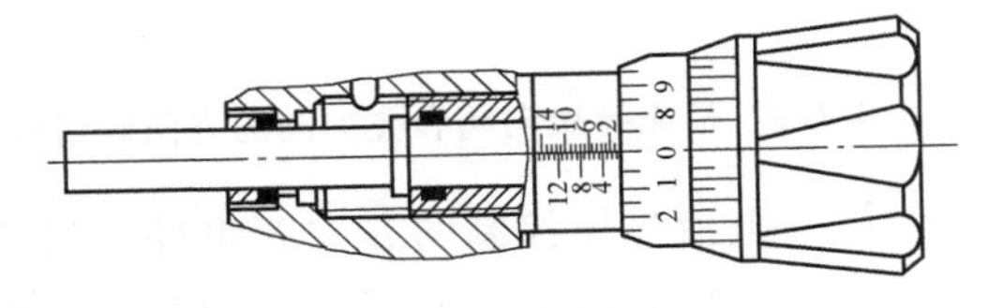

图 3.4-265　行程调节器

⑥ 节流螺塞　如图 3.4-266 所示，作为固定节流器嵌于控制盖板中，用于产生阻尼，

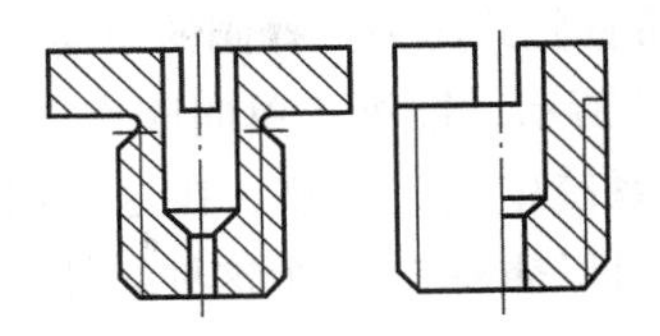

图 3.4-266　节流螺塞

形成特定的控制特性，或用于改善控制特性。

10.1.2　插装阀的典型组件

(1) 方向控制组件

① 基本型单向阀组件　如图 3.4-267 所示，二通插装阀本身即为单向阀，控制盖板内设有节流螺塞，以影响阀芯的开关时间，插装阀常用锥形阀芯。这种单向阀流通面积大，具有良好的流量—压降特性，最大工作压力为 31.5MPa，最大流量为 1100L/min。

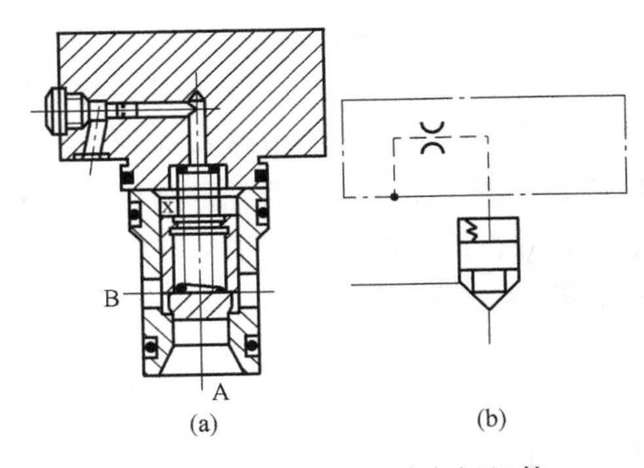

图 3.4-267　基本型单向阀组件

② 带球式压力选择阀（梭阀）的单向阀组件　如图 3.4-268 所示，该阀的控制盖板设置了梭阀组件，因此可自动选择较高的压力进入 A 口，实现多个信号对阀芯的控制。

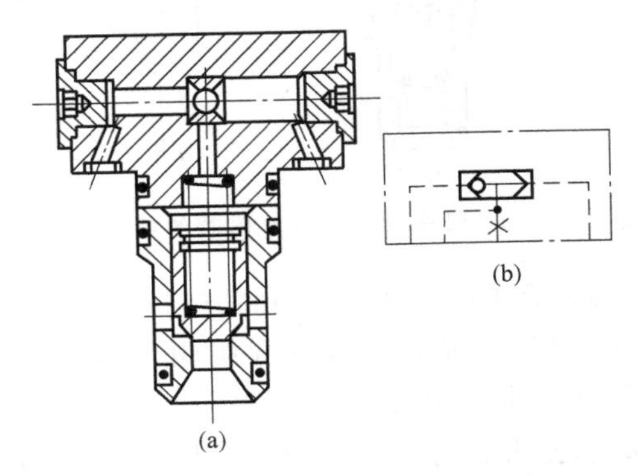

图 3.4-268　带球式压力选择阀（梭阀）的单向阀组件

③ 带锥阀式压力选择阀的单向阀组件　如图 3.4-269 所示。锥阀式单向阀密封性能较好，在高水基系统中更为可靠。在这种组件的控制盖板中，可以插装 1～4 个这种组件。

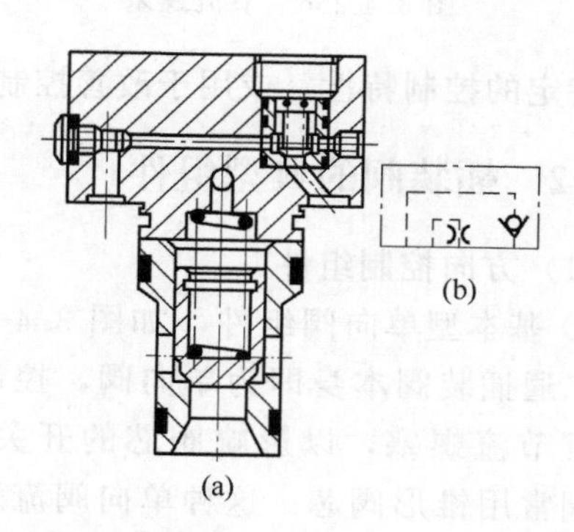

图 3.4-269　带锥阀式压力选择阀的单向阀组件

④ 带滑阀式先导电磁阀的单向阀组件　如图 3.4-270 所示，先导阀可以是板式连接的先导电磁阀、含小型插装阀的电液换向阀、手动换向阀或叠加阀。控制盖板为先导阀提供油道和安装面，并在油道设置了多个节流螺塞以改善主阀芯的启闭性能，有的盖板还带有压力选择阀。

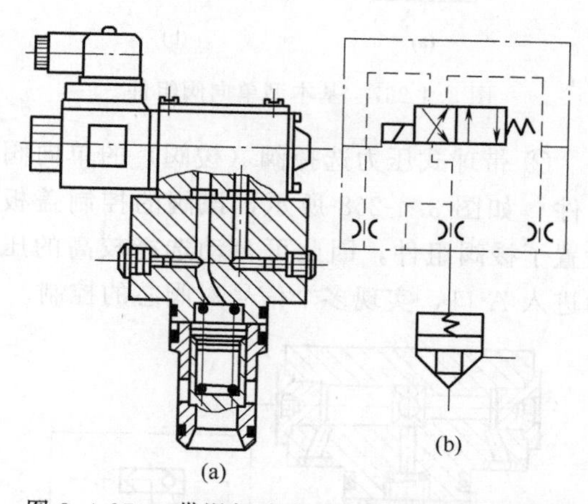

图 3.4-270　带滑阀式先导电磁阀的单向阀组件

⑤ 带球式电磁先导阀的方向阀组件　如图 3.4-271 所示，这种先导阀阀芯的密封性能及响应速度均较好，特别适合于高压系统和高水基介质系统。当电磁阀左位工作时，可以做到 A 到 T 无泄漏。

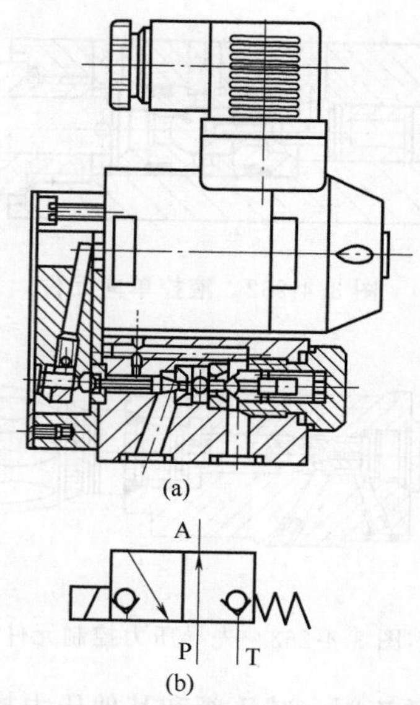

图 3.4-271　带球式电磁先导阀的方向阀组件

⑥ 带先导换向阀和叠加阀的方向阀组件　如图 3.4-272 所示，盖板安装面应符合 ISO 4401 的规定，这种阀兼有叠加阀的特性，很容易改变或更换控制阀。

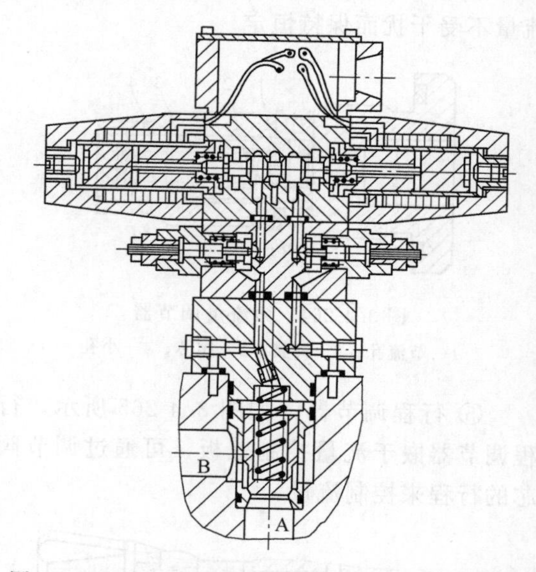

图 3.4-272　带先导换向阀和叠加阀的方向阀组件

⑦ 带电液先导控制的方向阀组件　当主阀通径大于 ϕ63mm，并要求快速启动时，可采用电液阀作为先导控制阀，构成三级控制方向阀组件（见图 3.4-273）。

⑧ 带阀芯位置指示的方向阀组件　如图

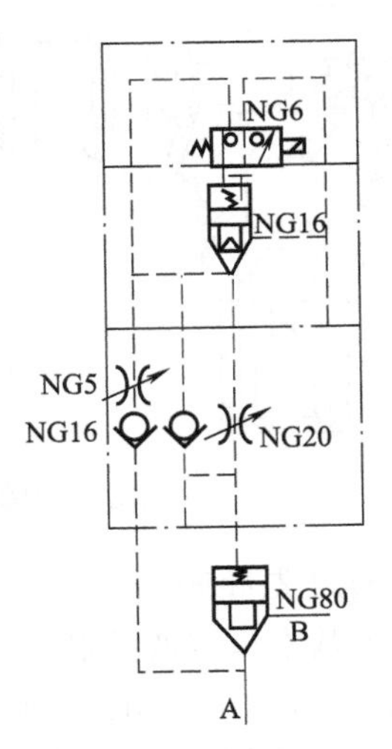

图 3.4-273 带电液先导控制的方向阀组件

3.4-274 所示，这种组件中安装检测阀芯位置的接近开关，可用于对系统的安全控制或标志阀所处的工作状态。

(2) 压力控制组件

① 基本型溢流阀组件 如图 3.4-275 所示。由带先导调压阀的控制盖板和锥阀式插装阀组成，调压阀调定主阀芯的开启压力。与传统溢流阀的区别在于多了两个节流螺塞，以改善主阀的控制特性。选用不同面积比的主阀芯，会影响溢流阀的特性。

② 带先导电磁阀的溢流阀组件 如图 3.4-276 所示，在基本型溢流阀组件的盖板上安装先导电磁阀和叠加式溢流阀。通过控制二通插装阀控制腔与油箱通断状态，实现阀的二级调压和卸荷功能。

③ 顺序阀组件 二通插装阀式顺序阀组件和溢流阀组件结构相同，但油口 B 接工作腔而不回油箱。先导阀泄油需单独接油箱。如图 3.4-277 所示。

④ 平衡阀组件（见图 3.4-278）。

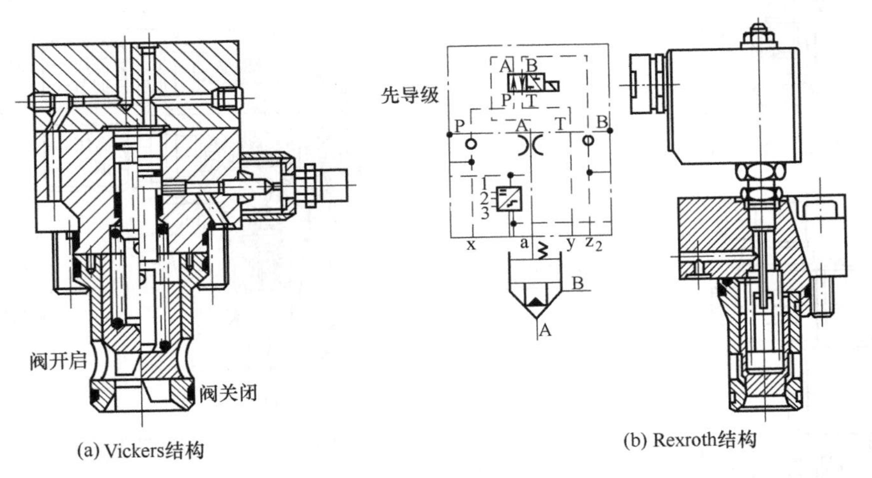

图 3.4-274 带阀芯位置指示的方向阀组件

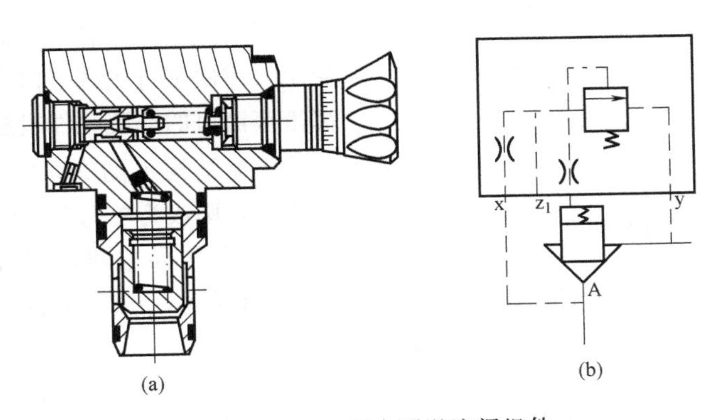

图 3.4-275 基本型溢流阀组件

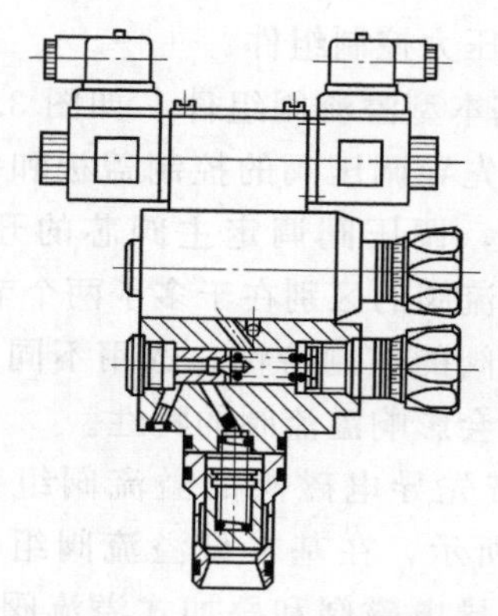

图 3.4-276　带先导电磁阀的溢流阀组件

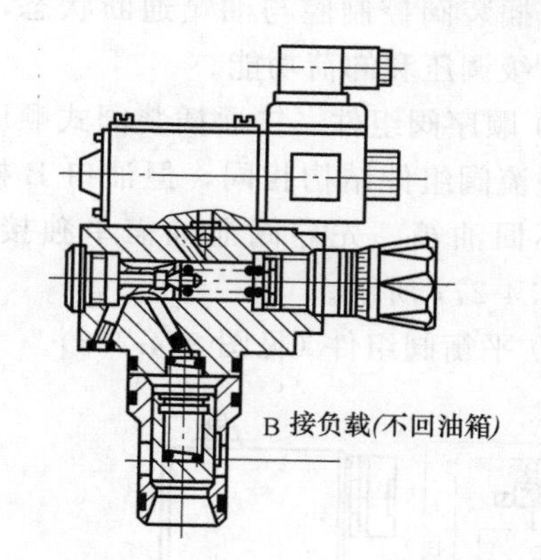

图 3.4-277　顺序阀组件

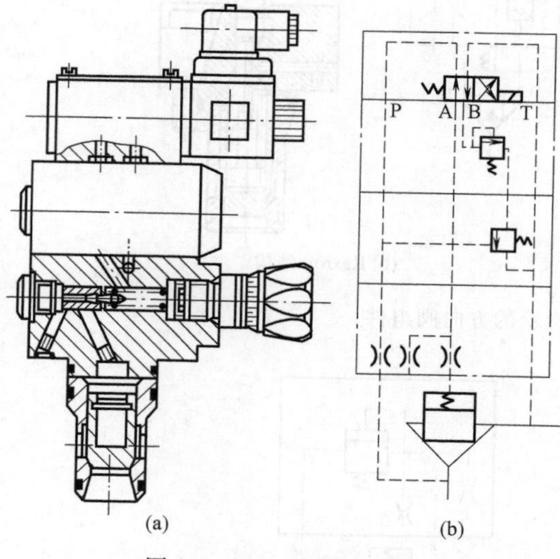

图 3.4-278　平衡阀组件

⑤ 基本型减压阀组件　如图 3.4-279 所示，由滑阀式插装阀芯和先导调压元件及微流量调节器组成，控制油液由上游取得，经微流量调节器时，由于一个起限流作用的浮

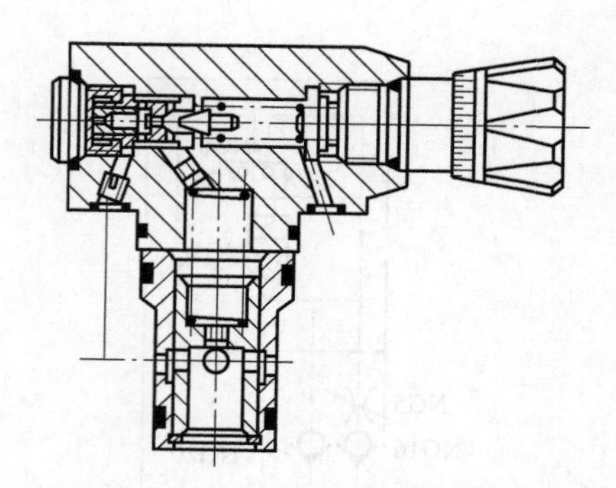

图 3.4-279　基本型减压阀组件

动阀芯而使通过先导阀的流量恒定，为主阀芯上端提供了基本恒定的控制压力。

⑥ 带先导电磁阀的减压阀组件　如图 3.4-280所示，这种阀可由电磁阀进行高低压选择。

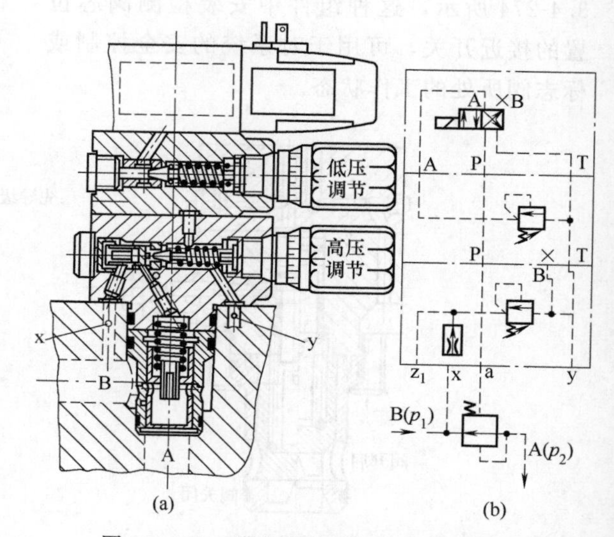

图 3.4-280　带先导电磁阀的减压阀组件

(3) 流量控制组件

① 二通插装阀流量控制组件　如图 3.4-281 所示，它由带行程调节器的控制盖板和阀芯尾部带节流口的插装元件组成。主阀芯尾部节流口的常见结构见图 3.4-282。若把控制腔与 B 口连接，则成为单向节流阀。

② 带先导电磁阀的节流阀组件　如图 3.4-283所示，由节流阀和先导电磁阀串联而成。

③ 二通调速阀组件　节流阀对流量的控制效果易受到外负载的影响，即速度刚度小。

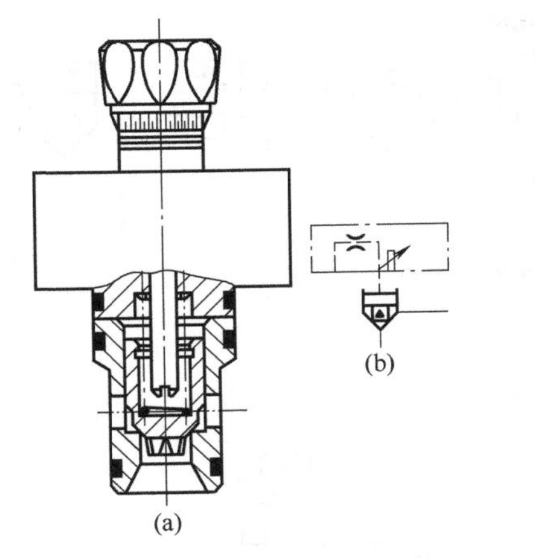

图 3.4-281 流量控制组件

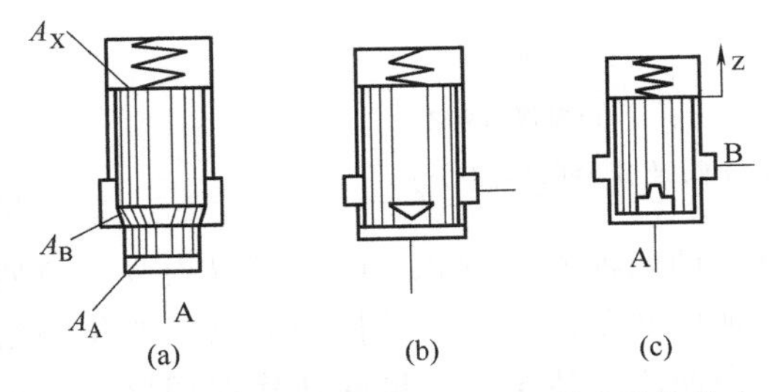

图 3.4-282 主阀芯尾部节流口的常见结构

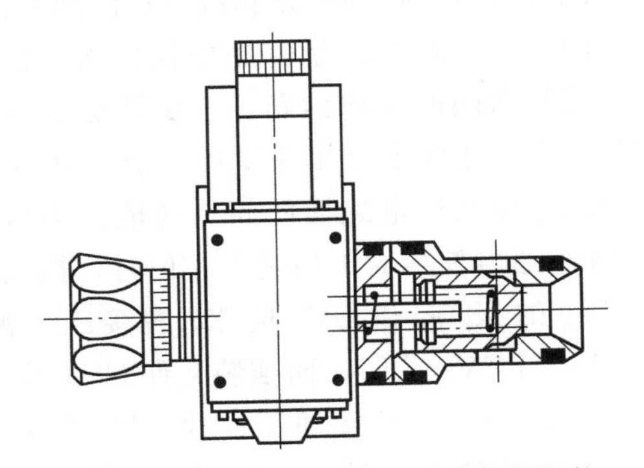

图 3.4-283 带先导电磁阀的节流阀组件

为提高速度刚度，可用节流阀与压力补偿器组成的调速阀。图 3.4-284 为二通调速阀组件的结构图，它由节流阀与压力补偿器串联而成，若 p_2 上升时，将使补偿器阀芯右移，减少补偿器的节流作用，使 p_A 上升，结果减少节流阀前后压差的变化而稳定流量。

④ 三通调速阀组件 如图3.4-285 所示，三通调速阀由节流阀与压力补偿器并联，压力补偿器实质为一定差溢流阀。此压差即节流阀前后的压差。该阀一般装在进油路上，

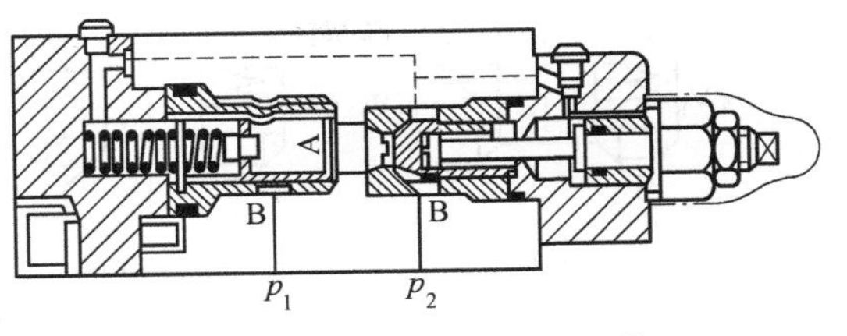

图 3.4-284 二通调速阀组件

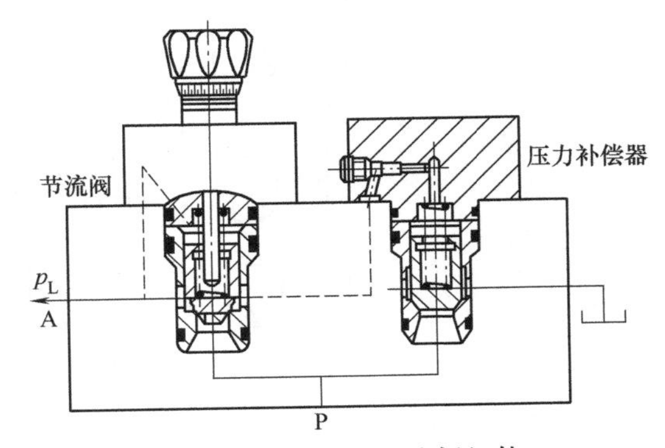

图 3.4-285 三通调速阀组件

由于入口压力将随负载变化，故能量损失较二通调速阀小。

10.1.3 插装阀的基本回路

将插装元件与不同的控制盖板、各种先导控制阀进行组合，即可构成方向插装阀、压力插装阀、流量插装阀，方向、压力、流量复合插装阀，以及由这些阀组成的插装阀回路或系统。

(1) 三通换向插装阀及其换向回路

三通换向插装阀的功率级需要两个插装元件 CV_1、CV_2，按照油口连接方式的不同，可得到图 3.4-286 所示的四种组合方式。由此可构成二位三通插装换向阀换向回路、三位三通插装换向阀换向回路和四位三通插装换向阀换向回路等。

如图 3.4-287 所示，二位三通插装换向阀Ⅰ由图 3.4-287 所示的三通阀组合元件以及二位四通电磁换向导阀 1 构成。导阀 1 通电切换至右位时，使插装元件 CV_1 的 X_1 腔接油箱，故 CV_1 开启，而插装元件 CV_2 的 X_2 腔接压力油，故 CV_2 关闭，油源的压力油经 CV_1 从 A 进入单作用液压缸 2 的无杆

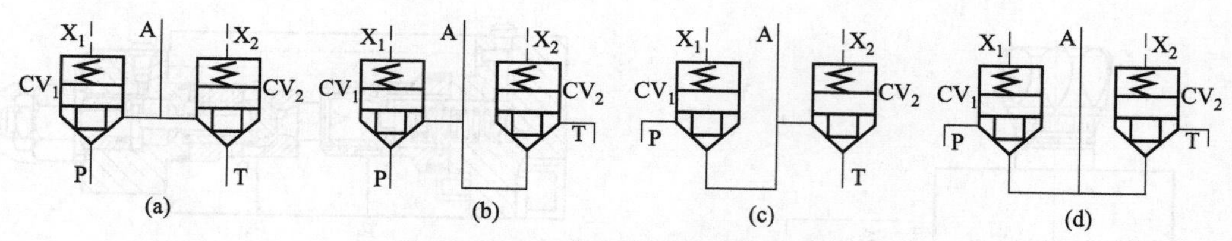

图 3.4-286　三通阀的四种组合方式

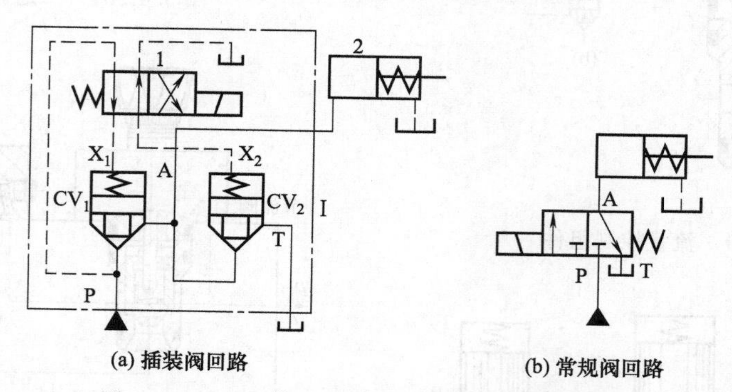

图 3.4-287　二位三通插装换向阀及其换向回路

腔，实现伸出运动；当导阀 1 的电磁铁断电复至图示左位时，使插装元件 CV_1 的 X_1 腔接压力油，故 CV_1 关闭，而插装元件 CV_2 的 X_2 腔接油箱，故 CV_2 开启，缸 2 在有杆腔弹簧作用下复位，无杆腔的油液经插装元件 CV_2 从 T 口流回油箱，从而实现了液压缸的换向。

(2) 四通插装换向阀及其换向回路

四通插装换向阀由两个三通回路组合而成，所以一个四通插装换向阀的功率级需要四个插装元件 CV_1、CV_2、CV_3、CV_4。四个插装元件控制与执行器相通的两个油口 A、B，可组合为 10 种连接方式。图 3.4-288 为其中的四种连接方式，由此可以构成二位四通换向回路、三位四通换向回路、四位四通换向回路，甚至十二位四通换向回路，还可以构成各种压力控制回路和流量控制回路。

图 3.4-289 所示为 O 型中位机能三位四通插装换向阀的换向回路。三位四通插装换向阀Ⅰ由四通阀组合元件以及一个 K 型中位机能的三位四通电磁换向阀 1 构成。当电磁铁 1YA 通电使导阀 1 切换至左位时，插装元件 CV_1 的 X_1 腔和 CV_3 的 X_3 腔接压力油，故 CV_1 与 CV_3 关闭，而插装元件 CV_2 的 X_2 腔和 CV_4 的 X_4 腔接油箱，故 CV_2 与 CV_4 开启，油源的压力油经 CV_2 从 A 进入单杆

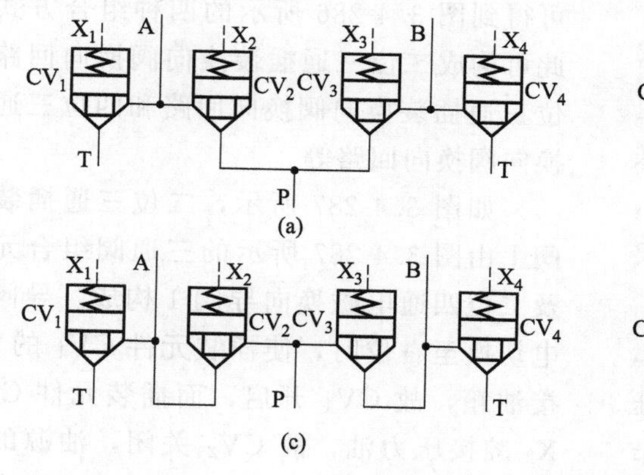

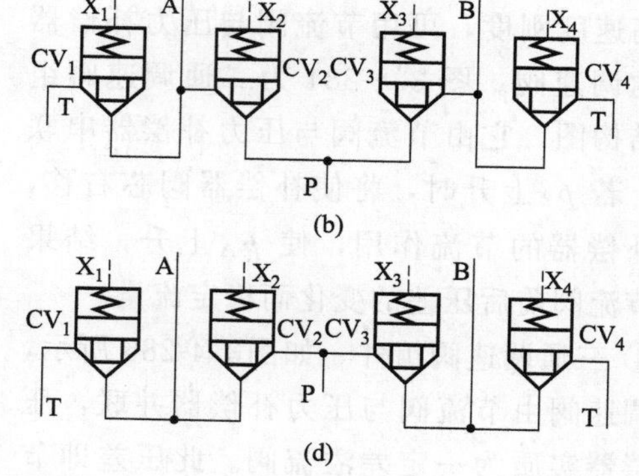

图 3.4-288　四通阀的四种连接方式

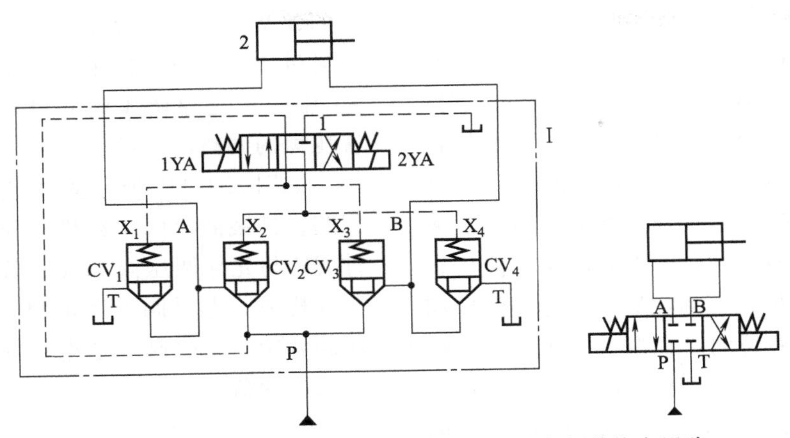

图 3.4-289 O 型中位机能三位四通插装换向阀的换向回路

液压缸 2 的无杆腔，有杆腔经 B、CV_4 向油箱排油，液压缸向右运动；当电磁铁 2YA 通电使导阀 1 切换至右位时，插装元件 CV_1 的 X_1 腔和 CV_3 的 X_3 腔接油箱，故 CV_1 与 CV_3 开启，而插装元件 CV_2 的 X_2 腔和 CV_4 的 X_4 腔接压力油，故 CV_2 与 CV_4 关闭，油源的压力油经 CV_3 从 B 进入液压缸 2 的有杆腔，无杆腔经 A、CV_1 向油箱排油，液压缸向左运动。从而实现了液压缸的换向。当电磁铁 1YA 和 2YA 均断电使导阀处于图示中位时，四个插装元件的 X 腔同时接压力油，所以 CV_1、CV_2、CV_3、CV_4 均关闭，缸 2 停留在任意位置，而油源保持压力。

图 3.4-290 为四位四通插装换向阀的换向回路。四位四通插装换向阀 I 由四通阀组合元件以及两个二位四通电磁换向导阀 1、2 构成。当电磁铁 1YA 通电使导阀 1 切换至右位，电磁铁 2YA 断电处于图示左位时，插装元件 CV_1 的 X_1 腔和 CV_3 的 X_3 腔接压力油，故 CV_1 与 CV_3 关闭，而插装元件 CV_2 的 X_2 腔和 CV_4 的 X_4 腔接油箱，故 CV_2 与 CV_4 开启，油源的压力油经 CV_2 从 A 进入单杆液压缸 3 的无杆腔，有杆腔经 B、CV_4 向油箱排油，液压缸向右运动；当电磁铁 1YA 断电使导阀 1 复至左位，电磁铁 2YA 通电切换至右位时，插装元件 CV_1 的 X_1 腔和 CV_3 的 X_3 腔接油箱，故 CV_1 与 CV_3 开启，而插装元件 CV_2 的 X_2 腔和 CV_4 的 X_4 腔接压力油，故 CV_2 与 CV_4 关闭，油源的压力油经 CV_3 从 B 进入单杆液压缸 3 的有杆腔，无杆腔经

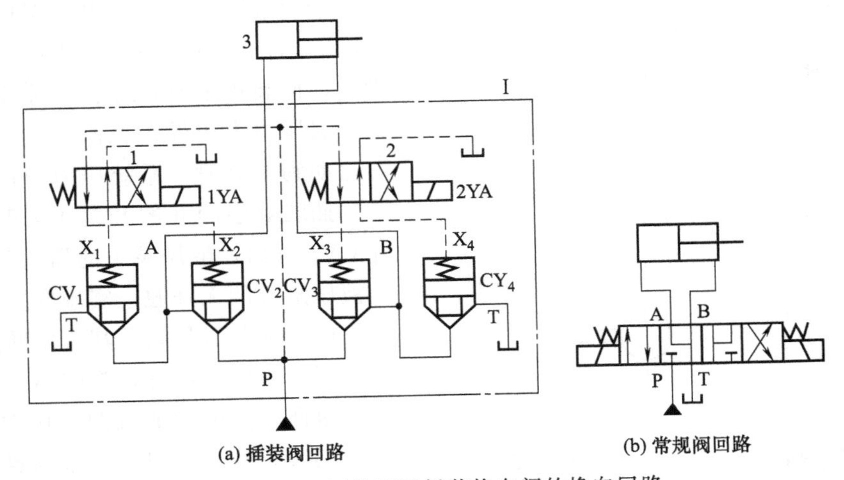

图 3.4-290 四位四通插装换向阀的换向回路

A、CV_1 向油箱排油，液压缸向左运动，从而实现了液压缸的换向。当电磁铁 1YA 和 2YA 均断电使导阀 1、2 均处于图示左位时，插装元件 CV_1 的 X_1 腔和 CV_4 的 X_4 腔均接油箱，CV_1 和 CV_4 均开启，而插装元件 CV_2 的 X_2 腔和 CV_3 的 X_3 腔接压力油，故 CV_2 与 CV_3 关闭，A、B 均通油箱，液压缸浮动；当电磁铁 1YA 和 2YA 均通电使导阀 1、2 均切换至右位时，插装元件 CV_1 的 X_1 腔和 CV_4 的 X_4 腔均接压力油，CV_1 和 CV_4 均关闭，而插装元件 CV_2 的 X_2 腔和 CV_3 的 X_3 腔接油箱，故 CV_2 与 CV_3 开启，P、A、B 均互通，压力油同时进入液压缸的无杆腔和有杆腔，实现差动快速前进。

(3) 插装溢流阀及其应用回路

如图 3.4-291 所示为插装溢流阀的调压回路。插装溢流阀（相当于先导式溢流阀）Ⅰ由阀芯带阻尼孔的压力控制插装元件 CV 和先导调压阀 2 构成。当液压泵 1 输出的系统压力即 A 腔压力小于先导调压阀 2 的设定压力时，先导调压阀关闭，由于 A 腔压力 p_A 与 X 腔压力 p_X 相等，此时插装元件 CV 关闭，A、B 腔不通。当 A 腔压力上升到先导调压阀 2 的设定值时，先导调压阀开启，A 腔就有一部分油液经 CV 的阻尼孔和阀芯 X 腔，再经先导调压阀流回油箱。由于流经阻尼孔的油液产生压差，故主阀芯 X 腔压力小于 A 腔压力，当 A 腔与 X 腔的压差大于 X 腔的弹簧力时，主阀芯开启，则 A 腔的压力油通过 B 腔溢回油箱，溢流过程中，压力 p_A 维持在先导调压阀的设定压力附近。系统压力的调整可通过调节先导调压阀来实现。

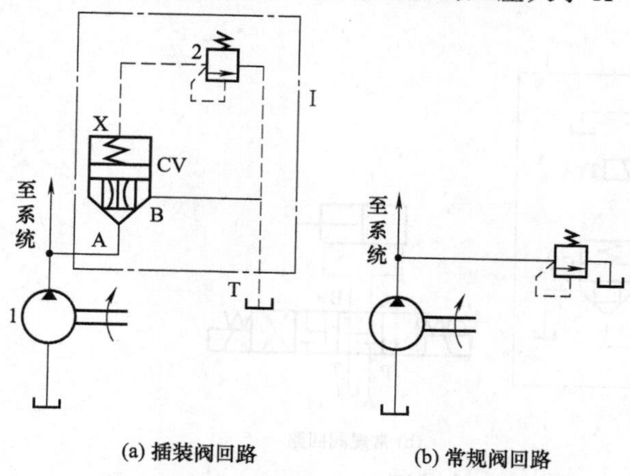

(a) 插装阀回路　　(b) 常规阀回路

图 3.4-291　插装溢流阀的调压回路

如图 3.4-292 所示为插装溢流阀的卸荷回路。插装溢流阀Ⅰ组件由压力控制插装元件 CV 与先导调压阀 2 及二位二通电磁换向阀 3 构成。电磁阀 3 断电时，系统压力由调压阀调定；电磁阀 3 通电切换至右位时，液压泵 1 卸荷。

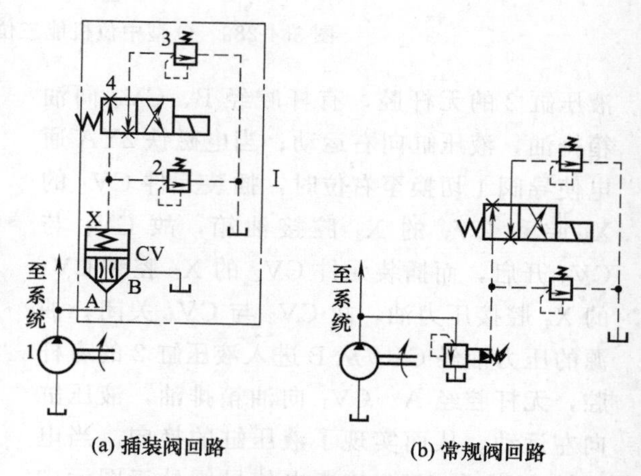

(a) 插装阀回路　　(b) 常规阀回路

图 3.4-292　插装溢流阀的卸荷回路

(4) 插装顺序阀及其应用回路

如图 3.4-293 所示调压回路中的插装溢流阀的 B 腔接二次压力油路，而先导调压阀单独接回油箱，则可构成插装顺序阀，并将其用于双缸顺序动作控制。图中液压缸 4 先于缸 5 动作，系统最大压力由插装溢流阀Ⅰ设定，插装顺序阀Ⅱ用于控制双缸动作顺序，其开启压力由先导调压阀 3 设定。当缸 4 向右运动到端点时，系统压力升高，当压力升高到插装顺序阀Ⅱ的开启压力时，其插装元件 CV_2 开启，液压泵 1 的压力油经 A、B 进入液压缸 5 的无杆腔，实现向左的伸出运动。

(5) 插装流量阀及其应用回路

图 3.4-294 为插装单向节流阀的回油节流调速回路。单向节流阀Ⅰ由单向插装元件 CV_1 与带行程调节机构的节流插装元件 CV_2 组合而成。当二位四通电磁换向阀 1 断电处于

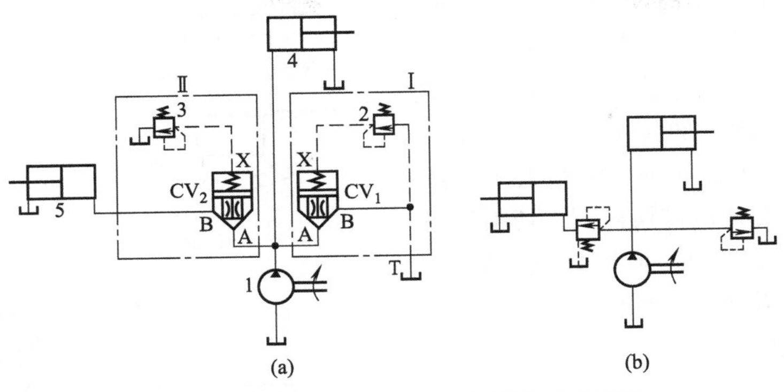

图 3.4-293 插装顺序阀及双缸顺序动作回路

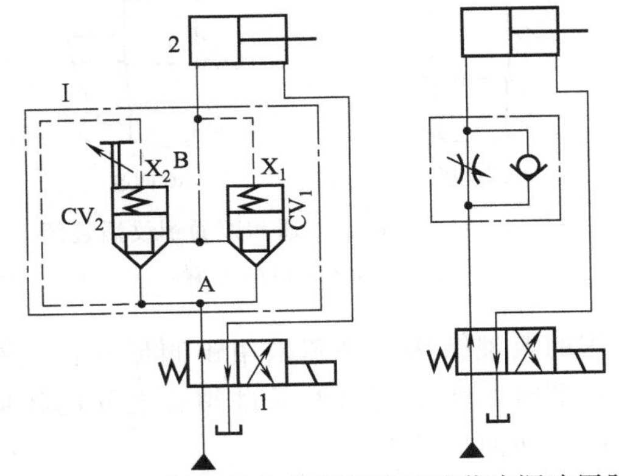

图 3.4-294 插装单向节流阀的回油节流调速回路

图示左位时，因 A 腔压力 p_A 大于 B 腔压力 p_B，CV_2 关闭，CV_1 开启，压力油经单向阀 CV_1 和 A 口进入液压缸 2 的无杆腔，有杆腔经阀 1 向油箱排油，液压缸向右运动；当阀 1 通电切换至右位时，压力油经阀 1 进入液压缸的有杆腔，此时，B 腔压力 p_B 大于 A 腔压力 p_A、故 CV_2 开启，CV_1 关闭，液压缸无杆腔油液经单向阀 B、CV_2 和 A 口排回油箱，液压缸向左运动，其速度通过节流阀 CV_2 的行程调节机构调节。

（6）插装阀复合控制回路

图 3.4-295 为一个插装阀的方向、压力、流量复合控制回路。阀芯带阻尼孔的插装元件 CV_1 及 CV_2 分别与先导调压阀 1 及 4 组成溢流阀，用于液压缸 3 的双向调压。插装元件 CV_2 与 CV_3 的阀芯不带阻尼孔，CV_2 带有行程调节机构，可调节阀口开度，实现液压缸后退时的进口节流调速。四个插装元件 CV_1～CV_4 用一个三位四通电磁换向阀 2 进行集中控制。当电磁铁 1YA 和 2YA 均断电使阀 2 处于图示中位时，CV_1～CV_4 全部关闭，液压缸被锁紧，锁紧力分别由调压阀 1 和 4 的设定压力限制；当电磁铁 2YA 通电

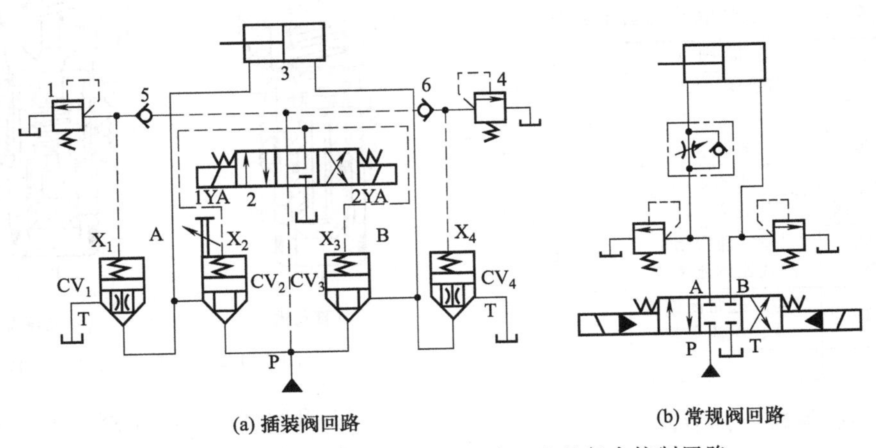

图 3.4-295 插装阀的方向、压力、流量复合控制回路

使换向阀 2 切换至右位时，CV_1 和 CV_3 开启，压力油经 CV_3 进入液压缸的无杆腔，而有杆腔回油，液压缸左行前进，当系统工作压力达到先导调压阀 4 的设定值时，阀 4 开启溢流，限制了液压缸前进时的最大工作压力；当电磁铁 1YA 通电使换向阀 2 切换至左位时，CV_2 和 CV_4 开启，液压缸右行后退，退回速度由 CV_2 调节，后退时的最大压力由先导调压阀 1 限制。

10.2 螺纹插装阀

10.2.1 螺纹插装阀的工作原理

（1）螺纹插装阀的基本类型

螺纹插装阀是指安装形式为螺纹旋入式的一种液压控制元件。螺纹插装阀具有体积小、结构紧凑、应用灵活、使用方便、价格低等一系列优点。

螺纹插装阀可实现几乎所有压力、流量、方向类型的阀类功能。表 3.4-104 为螺纹插装阀的基本类型。螺纹插装阀及其对应的腔孔有二通、三通、三通短型或四通功能，如图 3.4-296 所示。这些功能指的是阀及阀的腔孔有两个油口、三个油口及四个油口。三个油口中若有一个用作控制油口，则为三通短型。

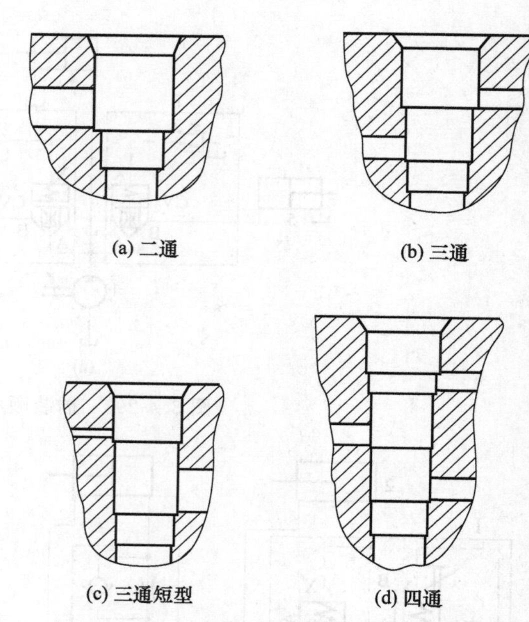

图 3.4-296 二通、三通和四通螺纹插装阀阀体功能油口的布置

表 3.4-104 螺纹插装阀的基本类型

压力阀类	流量阀类	方向阀类
直动式溢流阀	节流阀(针阀)	二通方向控制阀
先导式溢流阀	定流量阀	三通方向控制阀
先导式比例溢流阀	二通调速阀	四通方向控制阀
直动式三通减压阀	三通调速阀	单向阀
先导式三通减压阀	分流集流阀	液控单向阀
三通型先导式比例减压阀	二位二通常闭滑阀式比例流量阀	梭阀
直动顺序阀	二位二通常闭锥阀式比例流量阀	
外控卸荷阀		

（2）压力控制螺纹插装阀

① 溢流阀 图 3.4-297（a）为直动式溢流阀的典型结构。阀芯采用锥阀形式，当阀芯运动时，弹簧腔油液通过阀芯上开的径向小孔与回油口 T 连通。

图 3.4-297（b）为先导式溢流阀的典型结构。其主阀采用滑阀结构，先导阀为球阀。该阀在原理上属于传统的系统压力间接检测式。

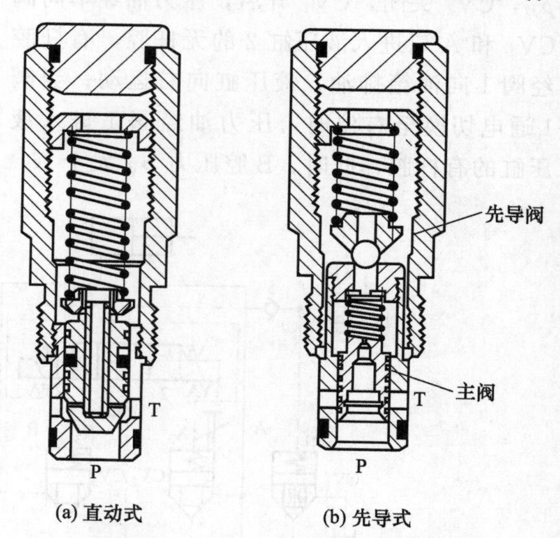

图 3.4-297 螺纹式插装溢流阀

② 滑阀型三通减压阀 图 3.4-298（a）、（b）分别为直动式和先导式滑阀型三通减压

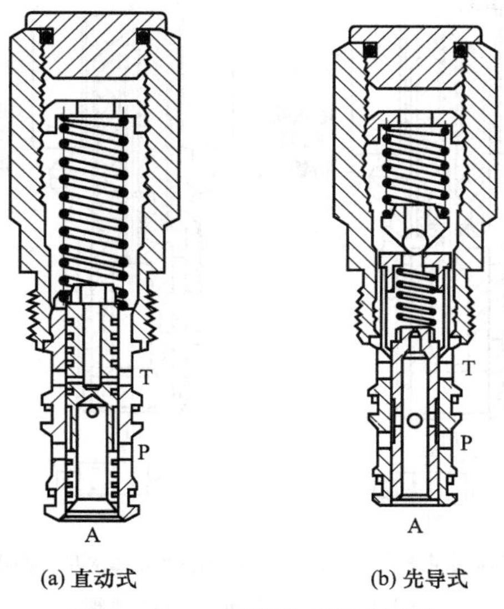

图 3.4-298 滑阀型三通减压阀

阀的典型结构。其工作原理与传统的三通减压阀相同，可以实现 P→A 或 A→T 方向的流通。通过主阀芯的下部面积，实现阀输出压力（二次压力）的内部反馈，以保持输出压力始终与输入信号相对应。当二次压力油口进油时，实现 A 口至 T 口的溢流功能。

③ 顺序阀 图 3.4-299 为直动式顺序阀的典型结构。当一次压力油口（P 口）压力未达到阀的设定值时，一次压力油口被封闭，而顺序油口通油箱。当 P 口压力达到阀的设定值时，阀芯上移，实现压力油从 P 口至顺序油口基本无节流的流动。

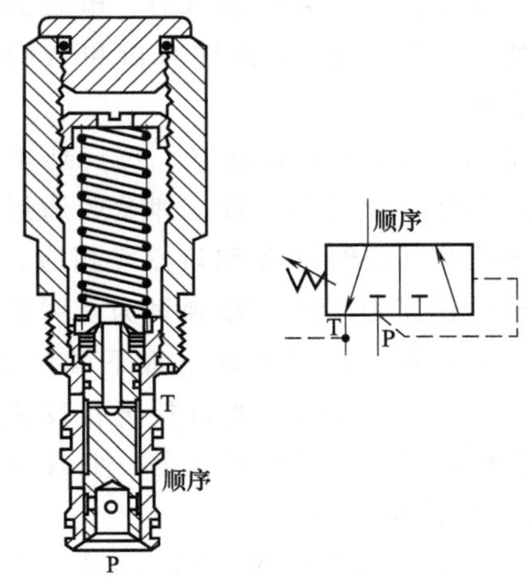

图 3.4-299 滑阀型直动式顺序阀

④ 卸荷阀 图 3.4-300 为滑阀型外部控制卸荷阀的典型结构。当作用在阀芯下端控制油的压力未达到弹簧的设定压力值时，P 口与 T 口间封闭；反之，阀芯上移，P 口与 T 口接通，P 口压力通过 T 口卸荷。

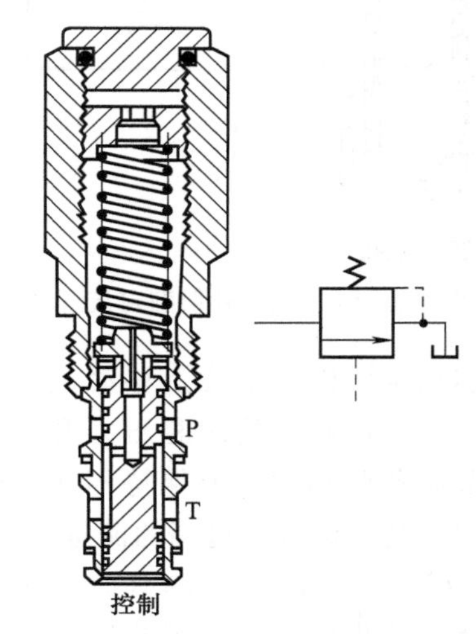

图 3.4-300 滑阀型外部控制卸荷阀

(3) 流量控制螺纹插装阀

① 针阀 图 3.4-301 所示的针阀为可变节流器型的流量控制阀。这种阀没有压力补偿功能，沿两个方向都能节流。

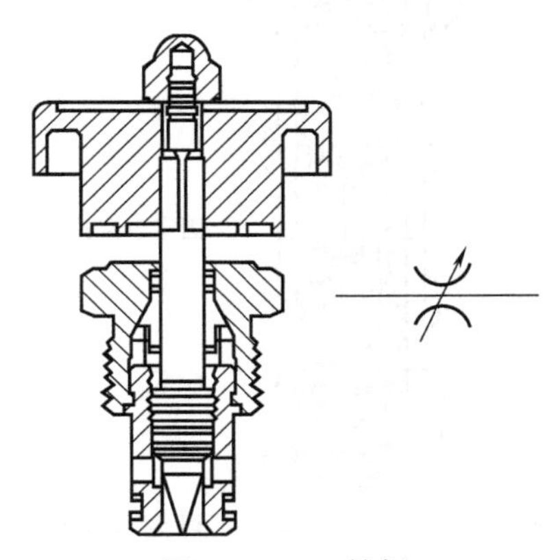

图 3.4-301 针阀

② 压力补偿型流量调节阀 图 3.4-302 所示为压力补偿型定流量阀，提供恒定的流量，不受系统压力或负载压力变化的影响。它相当于以进油的控制节流口为固定液阻，以可移动式阀芯与阀套构成的径向可变节流孔所组成的 B 型液压半桥。当系统压力升高

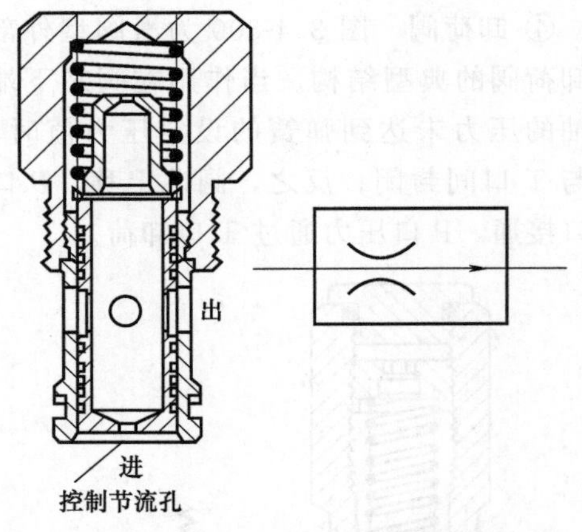

图 3.4-302　压力补偿型定流量阀

时，阀芯在压力作用下往上移动，减小了可变液阻的过流面积，使阀腔压力升高，从而使控制节流孔两端的压差保持不变，进而在系统压力升高时保持通过阀的流量不变。

③ 分流集流阀　图 3.4-303 为压力补偿的不可调分流集流阀。该阀能按规定的比例分流或集流，不受系统负载或油源压力变化的影响。

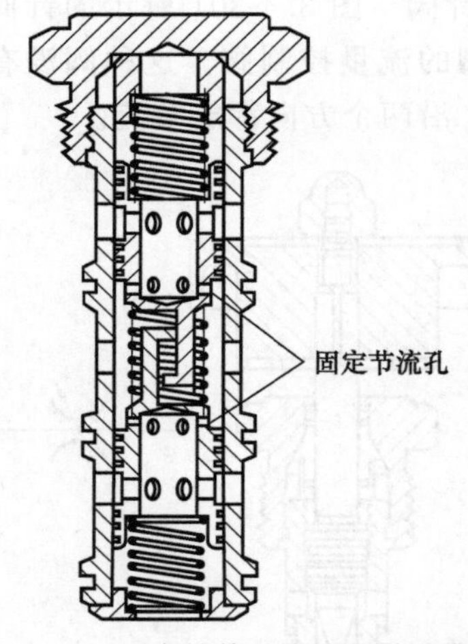

图 3.4-303　压力补偿的不可调分流集流阀

(4) 方向控制螺纹插装阀

① 二通方向控制阀　图 3.4-304 (a)、(b) 中当电磁铁通电时，通过推动滑阀式阀芯，分别使阀口打开和关闭，从而实现电磁常闭二通阀和电磁常开二通阀的功能。

② 三通方向控制阀　图 3.4-305 为二位三通电磁滑阀，当电磁铁不通电时，弹簧将

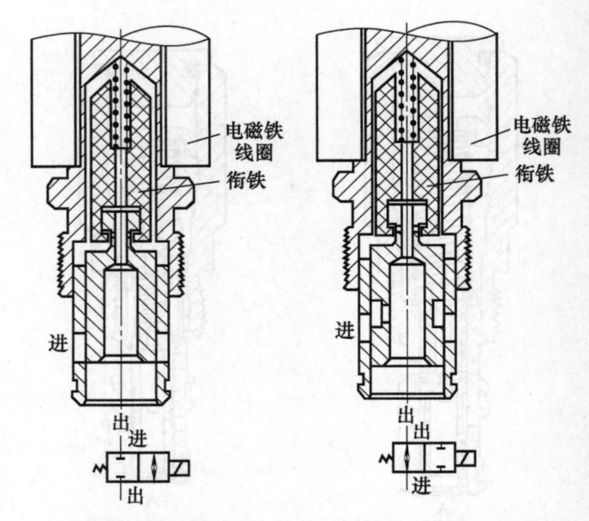

图 3.4-304　二通方向控制阀

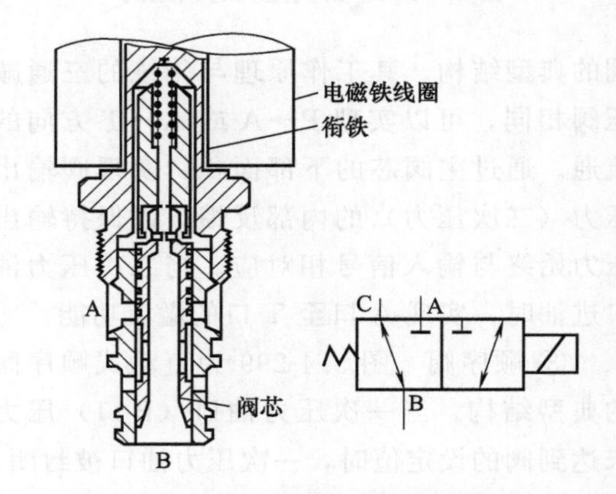

图 3.4-305　二位三通电磁滑阀

阀芯推到下端位置，B 口与 C 口之间可以双向自由流通。当电磁铁通电时，电磁力使阀芯上移，C 口封闭，而允许 B 口和 A 口之间自由流通。

图 3.4-306 为弹簧复位二位三通液控滑阀，阀芯有两个工作位置。弹簧腔通过阀芯上的小孔及沉割槽与 A 油口始终相通。当控制油压的作用力不能克服弹簧力及弹簧腔液压作用力之和时，阀芯处于最下端位置，C 口封闭，A、B 之间的油口接通；反之，则阀芯上移，阀的工作位置切换，使 A 油口封闭，B、C 油口接通。

③ 四通方向控制阀　图 3.4-307 为二位四通电磁滑阀，与三通滑阀式方向控制阀

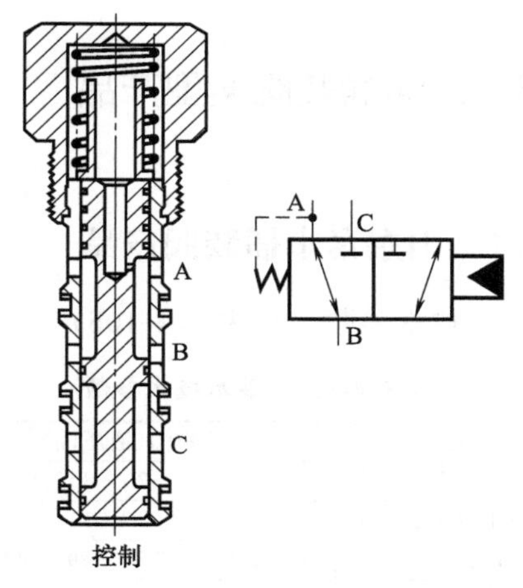

图 3.4-306 弹簧复位二位三通液控滑阀

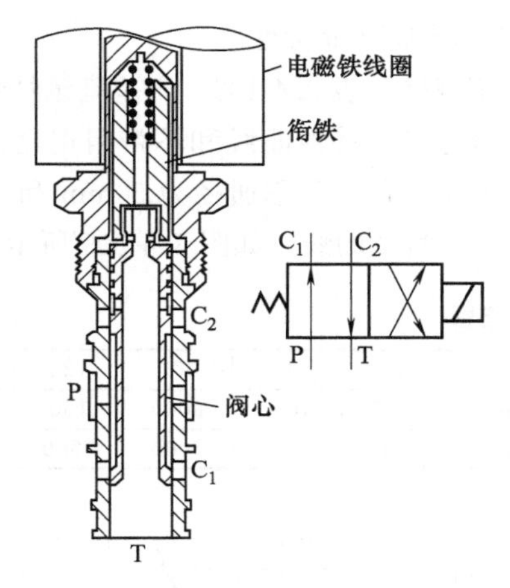

图 3.4-307 二位四通电磁滑阀

（图 3.4-305、图 3.4-306）相比，阀套侧面由三通时的两个油口增加到三个油口。

④ 单向阀与液控单向阀 图 3.4-308 (a) 所示的单向阀可通过更换不同的弹簧来改变单向阀的开启压力。图 3.4-308 (b) 所示的液控单向阀中，控制活塞的面积一般为座阀面积的 4 倍。当控制油的作用力能克服弹簧力及弹簧腔的液压作用力之和时，油液可以从 C 向 V 反向流动。

10.2.2 螺纹插装阀的基本应用

液压元件将向微型化、高压力、大流量、高速度、高性能、高质量、高可靠性、系统成套方向发展；向低能耗、低噪声、低振动、

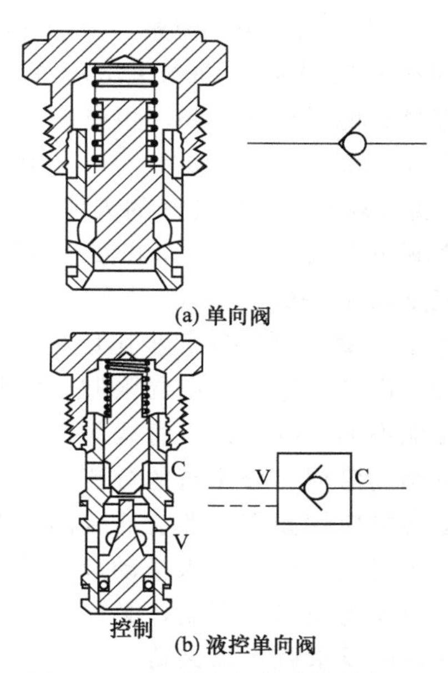

(a) 单向阀

(b) 液控单向阀

图 3.4-308 单向阀与液控单向阀

无泄漏、耐久用，以及污染控制、应用水基介质等适应绿色环保要求的方向发展；开发高集成化高功率密度、智能化、人性化、机电一体化，以及轻小型、微型液压元件。液压元件/系统将呈现多极发展的态势。

螺纹插装阀的最大特点是应用灵活。它可以单独装入与其配用的阀块或阀体，成为管式或板式阀；它也可以装入液压马达、液压泵体，或液压缸接口处，作为控制阀；它也可以装入带标准接口的阀块，成为叠加阀、多路阀；它也可以装入二通插装阀的控制盖板，作为先导控制；最后，由于螺纹插装阀具有加工方便、拆装方便、结构紧凑、便于大批量生产等一系列的优点，现在已经被广泛应用在农机、废物处理设备、起重机、拆卸设备、钻井设备、铲车、公路建设设备、消防车、林业机械、扫路车、挖掘机、多用途车、轮船、机械手、油井、矿井、金属切削、金属成形、塑料成形、造纸、纺织、包装设备及动力单元、试验台等设备中。

但是目前螺纹插装阀还存在以下不足。

① 螺纹插装阀各厂家目前标准尚不统一，互换性差，使其应用受到一定影响。

② 只能适用于中小流量。由于螺纹强度和紧固扭矩的限制（500N·m），螺纹插装阀的直径只能做到48mm，相应于二通插装阀通径16、25；流量400L/min、500L/min左右，再大就是二通插装阀的天地了。三通、四通滑阀由于电磁线圈功率和液动力的限制，最大流量仅30～60L/min。

③ 由于螺纹插装阀起步比传统板式、管式阀晚，而且受体积和布局限制，由此早期某些性能不如传统板式、管式阀。具体表现如溢流阀的滞回、分流阀的分流精度、流量阀的动态响应性能等。螺纹插装阀早期的发展是由于行走机械的需求推动起来的，它们因为受空间与质量的限制，必须用螺纹插装阀，对性能要求就不那么苛求。随着螺纹插装阀的蓬勃发展，现在一些公司的产品已达到与传统阀相近或相同的水平，也被用于固定设备的液压系统中。

10.3 二通插装阀典型产品

10.3.1 山东泰丰插装阀产品

（1）技术参数（见表3.4-105）

表3.4-105 基本技术参数

介质	矿物油（液压油）①
温度范围/℃	－20～80
黏度范围/(mm^2/s)	2.8～500
清洁度	至少达到20/18/15级(ISO 4406)
推荐过滤器	$\beta 10 \geqslant 75$

① 其他介质的应用请询问泰丰公司。

（2）压差流量特性

常用规格见表3.4-106。压差流量特性曲线分为带阻尼尾部特性曲线和不带阻尼尾部特性曲线，下面仅介绍公称通径为50mm和160mm的压差流量特性曲线，如图3.4-309所示。

表3.4-106 通径和流量范围

公称通径/mm		16	25	32	40	50	63	80	100	125	160
流量范围/(L/min)	$\Delta p \leqslant 0.5$MPa	240	550	870	1600	2000	3000	4600	8000	11500	18500
	$\Delta p \leqslant 0.2$MPa	150	320	500	900	1200	2000	3000	5000	7500	12000

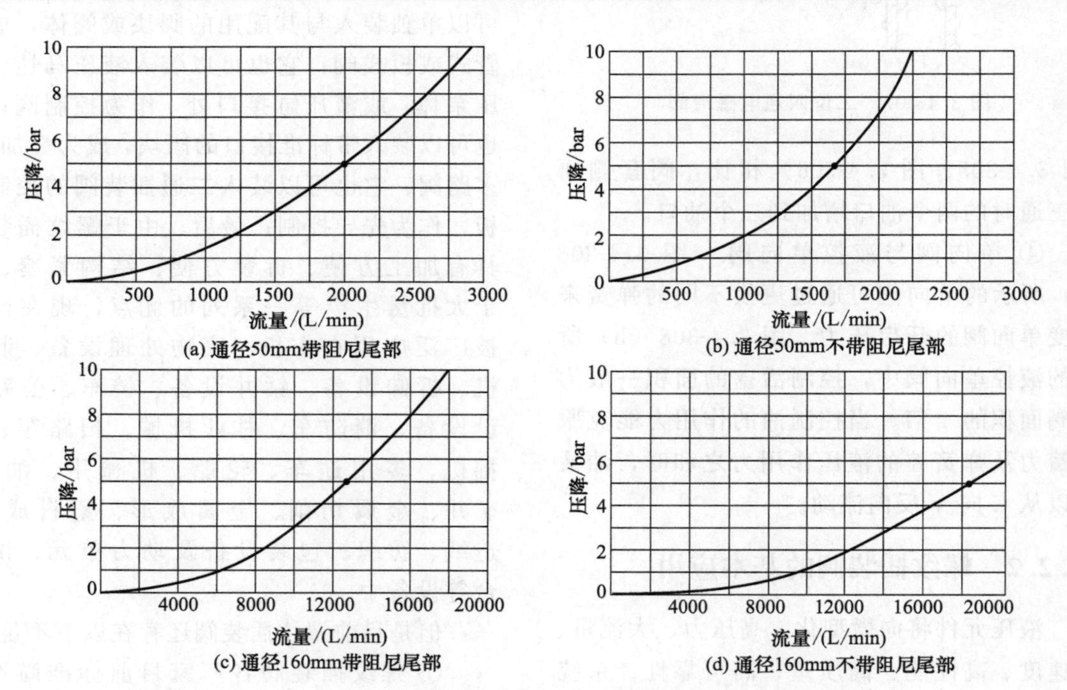

图3.4-309 通径50mm和160mm泰丰插装阀的压差流量特性曲线

表 3.4-107 盖板六角螺钉

公称通径/mm	16	25	32	40	50	63	80	100	125	160
数量	4	4	4	4	4	4	8	8	8	12
规格	M8	M12	M16	M20	M20	M30	M24	M30	M36	M42
紧固扭矩/N·m	30	110	250	500	500	1800	900	1800	3100	5000

表 3.4-108 盖板密封组件

公称通径/mm	16	25	32	40	50
密封圈尺寸 ϕ/mm×mm	7.65×1.78	9.19×2.62	10.77×2.62	12.37×2.62	12.37×2.62
公称通径/mm	63	80	100	125	160
密封圈尺寸 ϕ/mm×mm	18.72×2.62	26.57×3.53	34.52×3.53	40.87×3.53	53.35×5.33

表 3.4-109 盖板螺塞和节流阻尼

公称通径/mm	16	25 32 40 50	63 80 100 125 160
公制螺塞	M10×1	M14×1.5	M18×1.5
美制螺塞(SAE)	#2、#4	#6	#8
节流阻尼	M5	M6	M10

表 3.4-110 阻尼孔孔径及压差

公称通径/mm	16	25	32	40	50	63	80	100
通用阻尼孔孔径/mm	0.8	1.0	1.2	1.5	1.8	2.0	2.0	2.5

(3) 安装与密封件(见表 3.4-107～表 3.4-109)

盖板中的可选品种适用对于先导阀安装螺栓螺纹孔、压力表油口及阻尼孔/堵头的米制或英制的地区性偏好。一般来说 TLFA 型盖板有用于先导阀安装螺栓和阻尼孔的米制或英制螺纹，也可带有米制或英制的压力表油口。

阻尼孔在二通插装阀的使用中具有重要的作用。常用阻尼孔孔径及压差见表 3.4-110。通过改变阻尼孔的尺寸、增设或去掉阻尼孔，可以精细调整插装阀以实现想要的机器操作。

所有密封件均为丁腈橡胶。水-乙二醇、油包水乳化液及石油基油液可与这种标准密封件配合使用。如果客户对密封件有特殊要求，请在订购时注明。

(4) 二通插装阀-方向控制功能

方向控制功能插件订货型号如下。

TLC 016 B 40 E S -7X V
① ② ③ ④ ⑤ ⑥ ⑦ ⑧

① 插件代号：TLC-插装阀插件。

② 公称通径：按 ISO 7368 (DIN 24324)。

016—DG16；
025—DG25；
032—DG32；
040—DG40；
050—DG50；
063—DG63；
080—DG80；
100—DG100；
125—DG125；
160—DG160。

③ 功能符号：A— 1.5∶1；
AA—2∶1；
B—1.1∶1；
BB—1∶1；
AB—1.2∶1。

④ 开启压力/bar：05—0.5；
10—1.0；
20—2.0；
30—3.0；
40—4.0。

⑤ 阀芯形式：E—普通型；
D—带缓冲头；
F—带节流窗口；

X—带侧孔。

注：F 型为 4X 系列。

⑥ 阀芯密封：无标记—不带柔性密封；

S—带柔性密封。

⑦ 设计系列：7X—系列 70～79；

连接尺寸不变。

⑧ 密封件材料：无标记—丁腈橡胶；

V—氟橡胶。

方向控制功能插件功能符号见表 3.4-111。

表 3.4-111　方向控制功能插件功能符号

普通型	$A_C:A_A=1.5:1$ A　E C B A	$A_C:A_A=1.2:1$ B　E C B A
带侧孔	$A_C:A_A=1.2:1$ A　X C B A	
带缓冲头	$A_C:A_A=1.5:1$ A　D C B A	$A_C:A_A=1.1:1$ B　D C B A
带节流窗口	$A_C:A_A=1.5:1$ A　F C B A	
带柔性密封	$A_C:A_A=2:1$ AA　ES C B A	$A_C:A_A=1:1$ BB　ES C B A

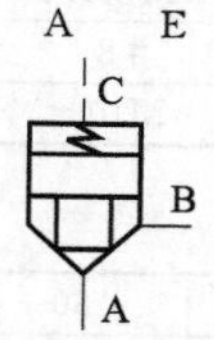

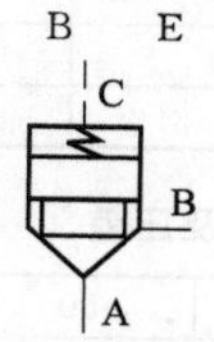

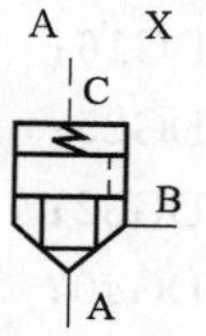

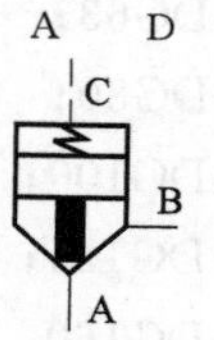

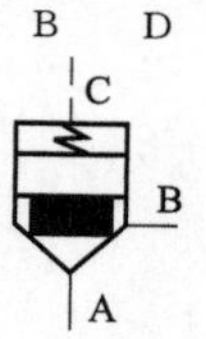

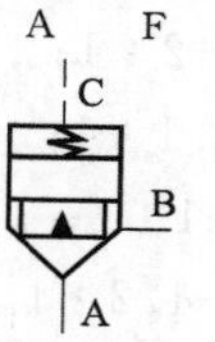

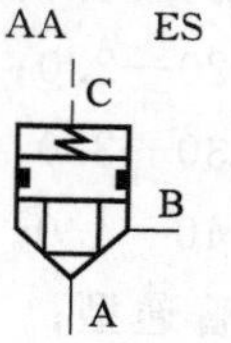

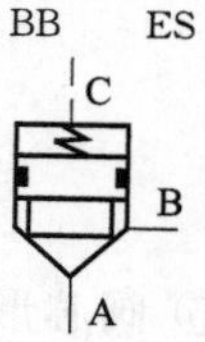

方向控制功能控制盖板订货型号如下。

TLFA　016　KWA　—7X　SM　/　*　*　V

①　②　③　④　⑤　⑥　⑦　⑧

① 盖板代号：TLFA—插装阀盖板（按 ISO 7368）。

② 公称通径：

016—DG16；063—DG63；

025—DG25；080—DG80；

032—DG32；100—DG100；

040—DG40；125—DG125；

050—DG50；160—DG160。

③ 功能符号：

D—仅含遥控口，不带控制阀；

G*—带梭阀；

TGD8—带液控单向阀；

H*—带行程限制机构；

H* W*—带行程限制机构和电磁阀安装面；

GW*—带梭阀和电磁阀安装面；

KW*—带梭阀和电磁阀安装面；

WE*—带电磁阀安装面；

E—带阀芯位置监测；

EWA—带阀芯位置监测和电磁阀安装面；

EWB—带阀芯位置监测和电磁阀安装面。

④ 设计系列：

7X—安装螺栓及先导电磁阀安装螺纹为米制；

6X—安装螺栓及先导电磁阀安装螺纹为英制。

⑤ 堵头和阻尼孔螺纹：无—米制螺纹用于堵头和阻尼孔；

SM—SAE 用于堵头，米制螺纹用于阻尼孔；

SN—SAE 用于堵头，NPT 螺纹用于阻尼孔。

⑥ 阻尼孔尺寸：无标记—标准阻尼尺寸。

⑦ 压力范围：最大压力 350bar。

⑧ 密封件材料：无标记—丁腈橡胶；

V—氟橡胶。

方向控制功能控制盖板基本图形符号见表 3.4-112。

表 3.4-112 方向控制功能控制盖板基本图形符号

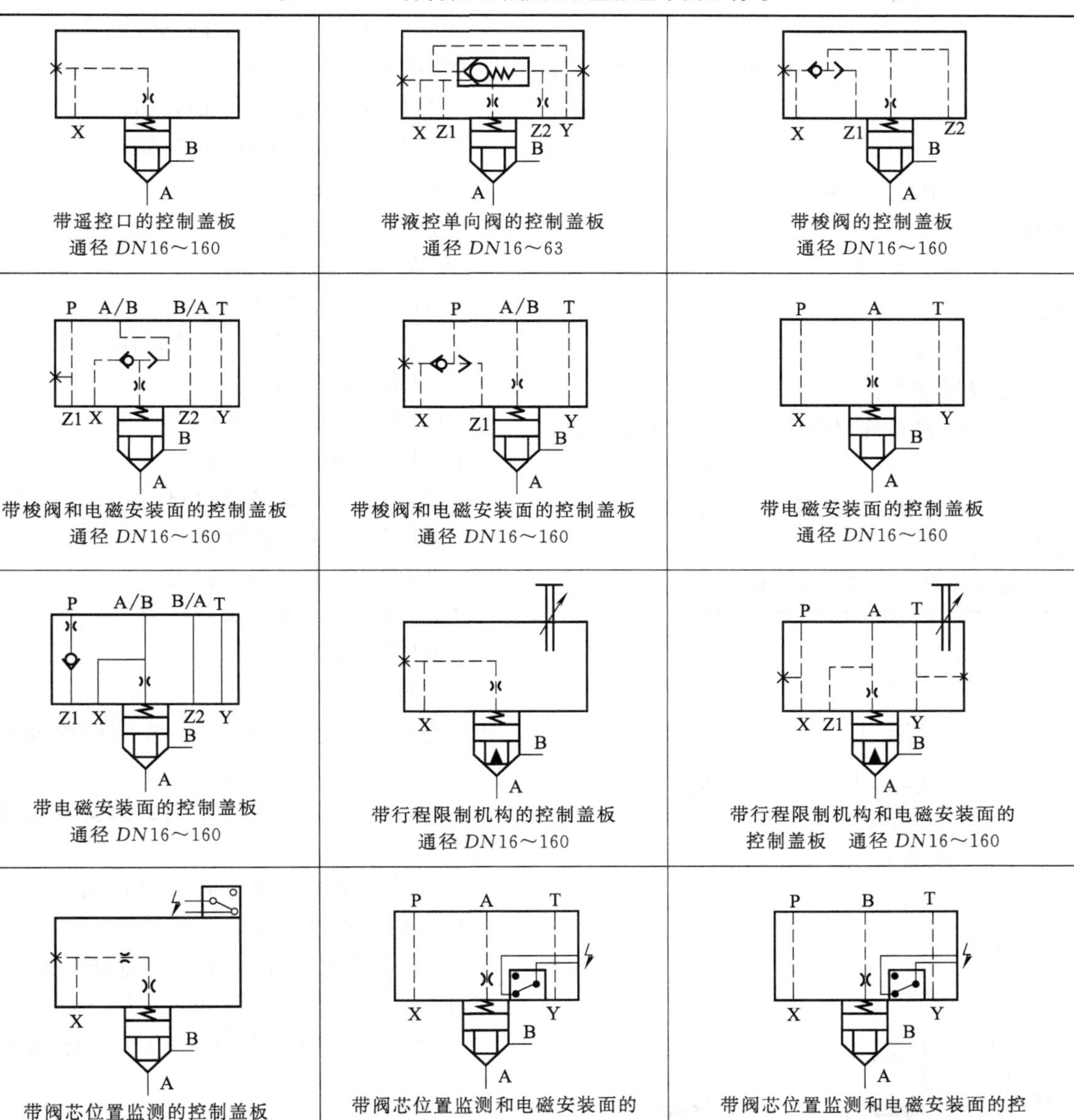

(5) 二通插装阀-压力控制功能

压力控制功能插件订货型号如下。

TLC 016 DB 20 E S -7X V

① ② ③ ④ ⑤ ⑥ ⑦ ⑧

①——插件代号：TLC—插装阀插件。

②——公称通径：按 ISO 7368 (DIN 24324)。

016—DG16；050—DG50；

025—DG25；063—DG63；

032—DG32；080—DG80；

040—DG40；100—DG100。

③——功能符号：DB—溢流功能；

DR—减压功能；

DZ—顺序功能。

④——开启压力/bar：10—1.0；40—4.0；

20—2.0；50—5.0；

30—3.0。

⑤——阀芯形式：A—座阀带节流器；

E—座阀不带节流器；

B—座式滑阀带节流器；

D—座式滑阀不带节流器。

⑥——阀芯密封：无标记—不带柔性密封；

S—带柔性密封。

⑦——设计系列：7X—系列 70～79；连接尺寸不变。

⑧——密封件材料：无标记—丁腈橡胶；

V—氟橡胶。

压力控制功能插件功能型号见表 3.4-113。

表 3.4-113 压力控制功能插件功能型号

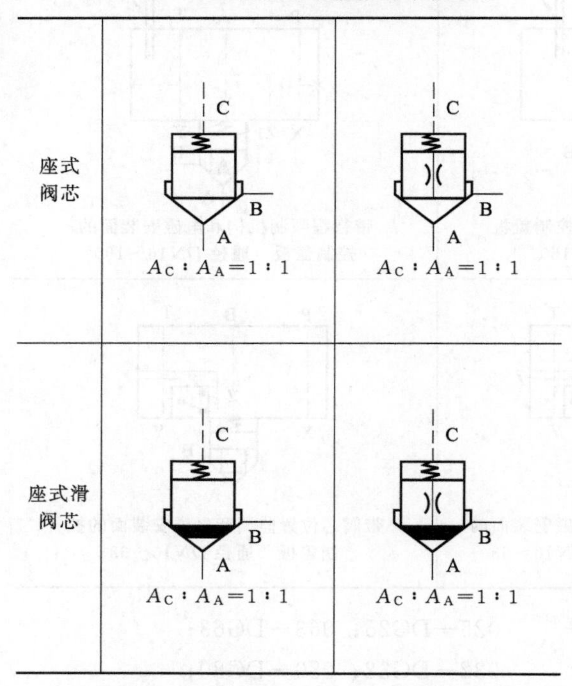

压力控制功能控制盖板订货型号如下。

TLFA 016 DBU-7X SM / 025 M5 V

① ② ③ ④ ⑤ ⑥ ⑦ ⑧

①——盖板代号：TLFA—插装阀盖板，按 ISO 7368。

②——公称通径：按 ISO 7368（DIN 24324）。

016—DG16；063—DG63；

025—DG25；080—DG80；

032—DG32；100—DG100；

040—DG40；125—DG125；

050—DG40；160—DG160。

③——功能符号：

DB*—溢流阀；

DBW*—电磁溢流阀；

DBS—带电磁球阀；

DBU2*—双级调压电磁溢流阀；

DR—减压阀；

DRW—电磁减压阀；

DZW*—电磁顺序阀；

DBR*—溢流阀带单向阀；

DBU—电磁溢流阀；

DBZ—双级调压溢流阀；

DBEM—比例溢流阀；

DREV—比例减压阀；

DZ—顺序阀。

④——设计系列：7X—安装螺栓及先导电磁阀安装螺纹为米制；

6X—安装螺栓及先导电磁阀安装螺纹为英制。

⑤——堵头和阻尼孔螺纹：无—米制螺纹用于堵头和阻尼孔；

SM—SAE 用于堵头，米制螺纹用于阻尼孔；

SN—SAE 用于堵头，NPT 螺纹用于阻尼孔。

⑥——调压范围/bar：025—3～25；200—120～200；

050—5～50；315—165～315；

100—10～100；350—180～350。

⑦——阻尼孔尺寸：无标记—标准阻尼尺寸。

⑧——密封件材料：无标记—丁腈橡胶；

V—氟橡胶。

压力控制功能控制盖板基本图形符号见表 3.4-114。

表 3.4-114 压力控制功能控制盖板基本图形符号

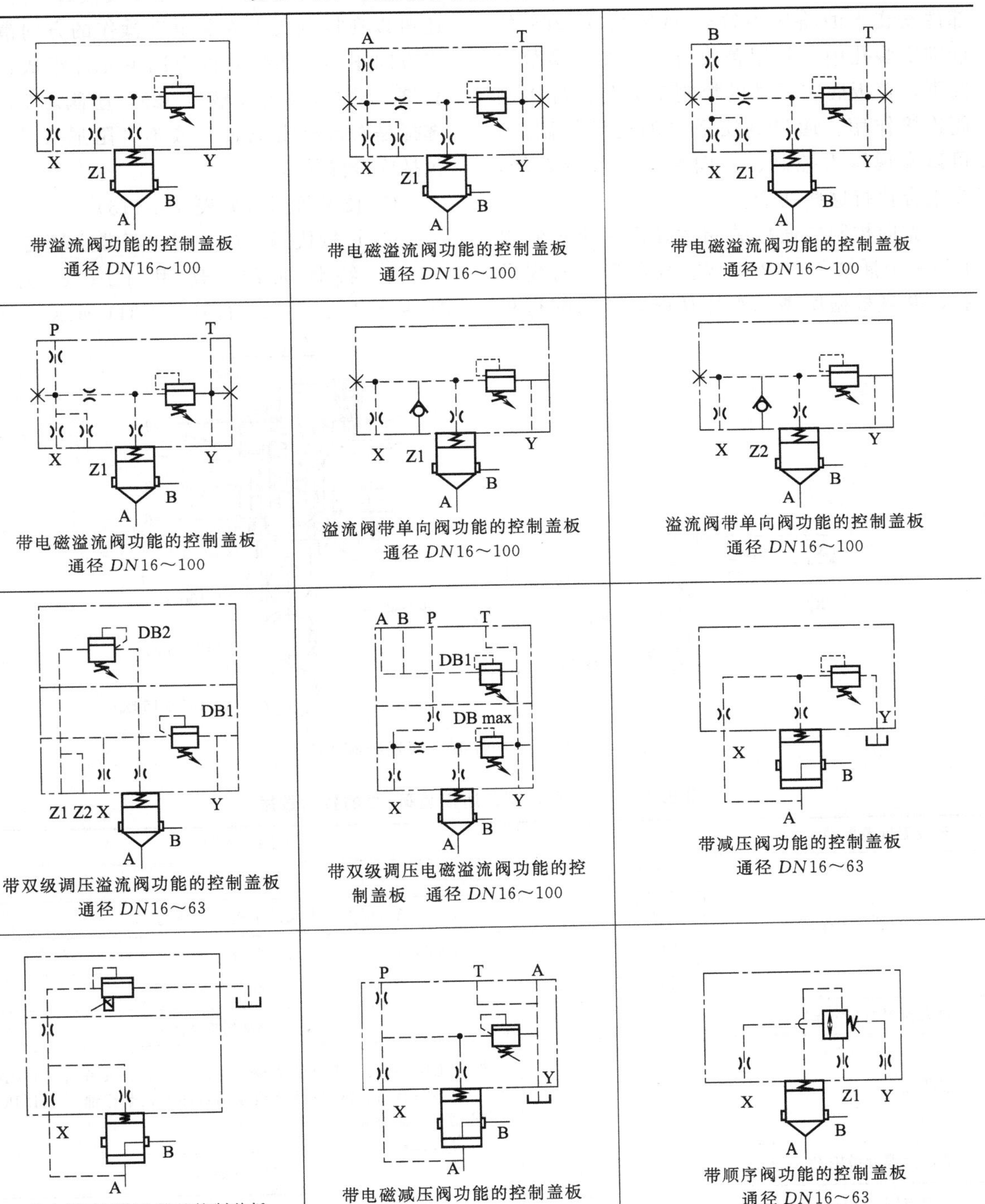

带溢流阀功能的控制盖板 通径 DN16～100

带电磁溢流阀功能的控制盖板 通径 DN16～100

带电磁溢流阀功能的控制盖板 通径 DN16～100

带电磁溢流阀功能的控制盖板 通径 DN16～100

溢流阀带单向阀功能的控制盖板 通径 DN16～100

溢流阀带单向阀功能的控制盖板 通径 DN16～100

带双级调压溢流阀功能的控制盖板 通径 DN16～63

带双级调压电磁溢流阀功能的控制盖板 通径 DN16～100

带减压阀功能的控制盖板 通径 DN16～63

带比例减压阀功能的控制盖板 通径 DN16～63

带电磁减压阀功能的控制盖板 通径 DN16～63

带顺序阀功能的控制盖板 通径 DN16～63

10.3.2 力士乐系列插装阀产品

(1) 方向控制二通插装阀

方向控制二通插装阀 LC 和 控制盖板 LFA，规格 16～160；组件系列：2X、6X、7X；最大工作压力 42MPa，最大流量 25000L/min。

如图3.4-310所示，油口A和B的功率部件安装于油路块中符合DIN ISO 7368的标准安装孔中，并用盖板封严。在大多数情况下，盖板插装元件的控制部分与先导控制阀连接作用。通过利用适当的先导控制阀，可以实现压力控制、方向控制或节流功能，或组合执行这些功能。

方向控制二通插装阀主要由一个控制盖1和一个插装元件2组成。控制盖配有先导孔，并且根据所需的整体功能，可选配行程限位器、液压控制的方向座阀或梭阀。此外，还可以在控制盖上安装电动操作的方向滑阀或方向座阀。插装元件由以下元件组成：衬套3，环4（最大规格为32），座阀芯5，可选择是否带有阻尼头6或不带阻尼头7，还包括闭合弹簧8。

① 技术数据（见表3.4-115）

② 订货代码：插装阀（不带控制盖）

③ 特性曲线：使用HLP46测量，∇油=(40±5)℃。如图3.4-311所示。

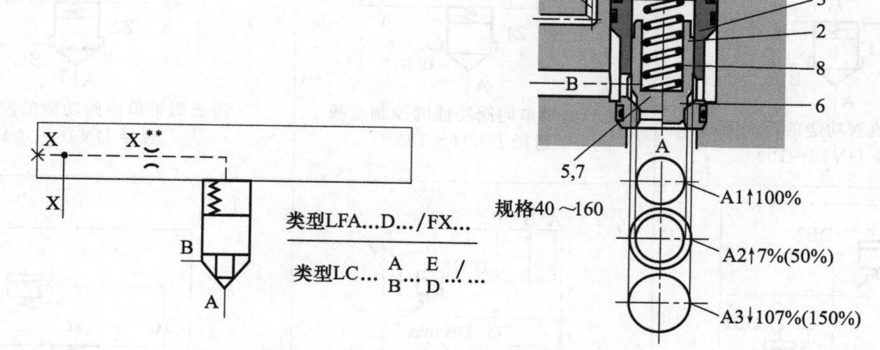

图3.4-310　方向控制二通插装阀LC

表3.4-115　方向控制二通插装阀LC的技术数据

环境温度范围/℃		−20～+70
最大工作压力	—不带方向阀/MPa	42
	—油口A,B,X,Z1,Z2	315,350,420(根据附带阀的最大工作压力)
	—油口Y	与附带阀的最大油箱压力相对应
	—阀芯位置受监控	400
最大流量/(L/min)		25000(视规格而定)
液压油		符合DIN 51524规定的矿物油(HL,HLP)①；符合VDMA 24568规定的可快速生物降解液压油；HETG(菜籽油)①；HEPG(聚乙醇)②；其他液压油备询
液压油温度范围/℃		−20～+80
黏度范围/(mm^2/s)		2.8～500
液压油最大允许污染度—符合ISO 4406(c)规定的清洁度等级		等级20/18/15③

① 适用于NBR和FKM密封件。

② 仅适用于FKM密封件。

③ 在液压系统中必须遵循规定的组件清洁度等级。有效的过滤可防止发生故障，同时还可增加组件的使用寿命。

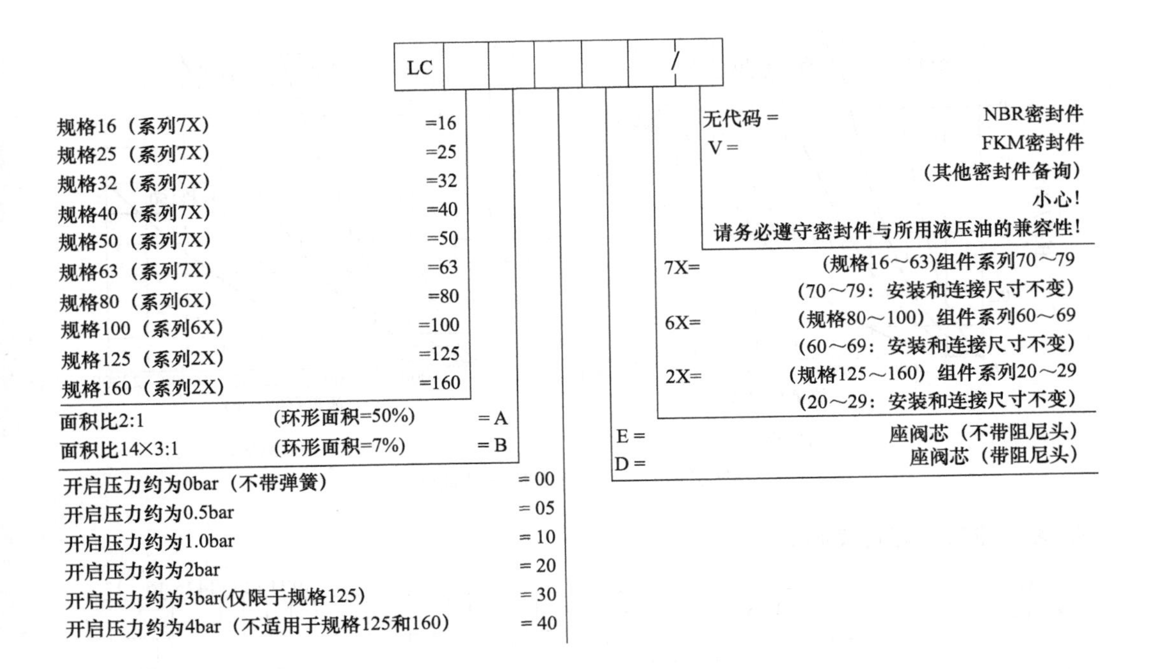
LC
/
规格16（系列7X） =16
规格25（系列7X） =25
规格32（系列7X） =32
规格40（系列7X） =40
规格50（系列7X） =50
规格63（系列7X） =63
规格80（系列6X） =80
规格100（系列6X） =100
规格125（系列2X） =125
规格160（系列2X） =160
面积比2:1 (环形面积=50%) =A
面积比14×3:1 (环形面积=7%) =B
开启压力约为0bar（不带弹簧） =00
开启压力约为0.5bar =05
开启压力约为1.0bar =10
开启压力约为2bar =20
开启压力约为3bar(仅限于规格125) =30
开启压力约为4bar（不适用于规格125和160） =40
无代码＝ NBR密封件
V＝ FKM密封件
（其他密封件备询）
小心！
请务必遵守密封件与所用液压油的兼容性！
7X= (规格16～63)组件系列70～79
（70～79：安装和连接尺寸不变）
6X= （规格80～100）组件系列60～69
（60～69：安装和连接尺寸不变）
2X= （规格125～160）组件系列20～29
（20～29：安装和连接尺寸不变）
E＝ 座阀芯（不带阻尼头）
D＝ 座阀芯（带阻尼头）

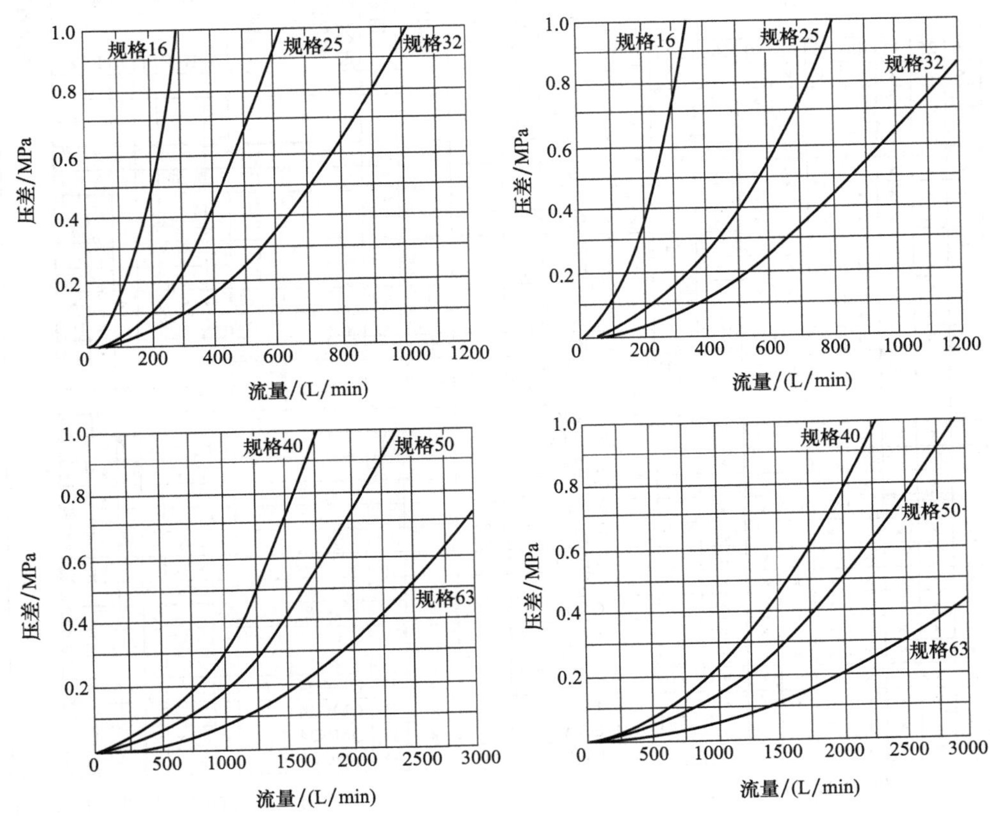
压差/MPa
流量/(L/min)
规格16
规格25
规格32
规格40
规格50
规格63
0
0.2
0.4
0.6
0.8
1.0
200
400
600
800
1000
1200
500
1000
1500
2000
2500
3000

图 3.4-311

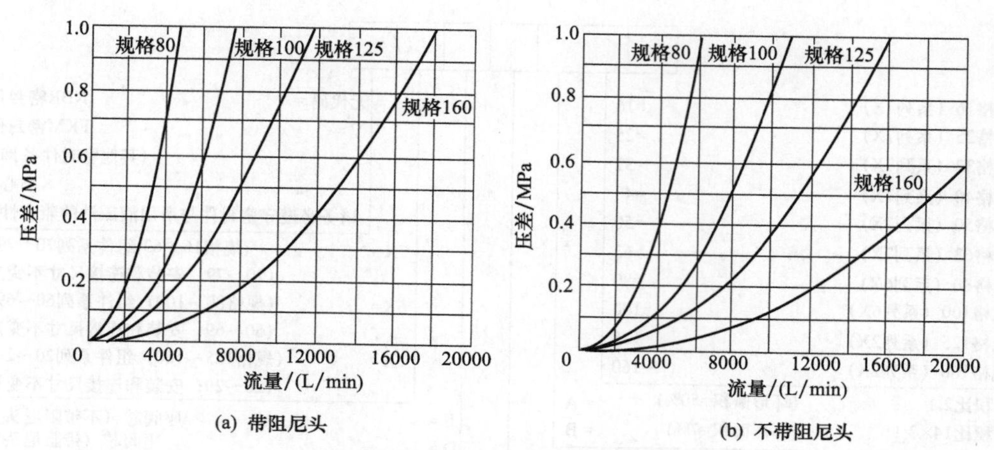

图 3.4-311 压差流量特性曲线

④ 关于控制盖订货代码的一般说明

×=有货

•=备询

1	2	3	4	5	6	7	8	9	10	11	12	13	14	15	16	17
LFA			–[1]	/[2]	[3]	[4]										

规格 16	25	32	40	50	63	80	100	125	160	类型	组件系列	面积比	开启压力	阻尼	闭合位置的电气监控元件	遥控口	通道中的节流器[5] A	B	P	T	X	F	Z1	密封材料
×	×	×	×	×	×						7X													
						×	×				6X													
								×	×		2X													
×	×	×	×	×	×	×	×	×	×	D						F					×			
×	×	×	×							H1						F					×			
×	×	×	×	×	×	×	×	×	×	H2						F					×			
×	×	×	×							H3						F					×			
×	×	×	×	×	×	×	×			H4						F					×			
×	×	×	×	×	×	×	×			G											×		×	
	×	×	×	×	×	×	×			R												×		
	×	×	×	×	×					RF												×		
						×	×			R2												×		
×	×	×	×	×	×	×	×	•	•	WEA							×		×	×				
×	×	×	×	×	×	×	×	•	•	WEB								×	×	×				
×	×	×	×	×	×					WEMA									×	×		×		
						×	×			WEM8									×	×		×		
×	×	×	×	×	×					WEMB									×	×		×		
						×	×			WEB8									×	×		×		
×	×	×	×	×	×					WECA							×	×	×	×				
						×	×			WEC9							×	×	×	×				
×	×	×	×	×	×	×	×			GWA							×		×	×				
×	×	×	×	×	×	×	×			GWB								×	×	×				
×	×	×	×	×	×	×	×			KWA							×							
×	×	×	×	×	×	×	×			KWB								×						
×	×	×	×	×	×	•	•	•	•	E		×	×	D	QMG24	F					×			
×	×	×	×	×	×	•	•			EH2		×	×	D	QMG24	F					×			
×	×	×	×	×	×					EWA		×	×	D	QMG24		×		×	×				
×	×	×	×	×	×					EWB		×	×	D	QMG24			×	×	×				

a. 7X＝组件系列 70～79；

6X＝组件系列 60～69；

2X＝组件系列 20～29（安装和连接尺寸不变）。

b. CA＝2∶1（面积比 A_1∶A_2）；

CB＝14.3∶1（面积比 A_1∶A_2）；

CD＝0%。

对于带有闭合位置（包括位置开关）电

气监控元件的控制盖，类型名称包含控制盖和插装阀的型号。

c. 10＝1.0bar 开启压力；

20＝2.0bar 开启压力；

40＝4.0bar 开启压力。

d. D＝带阻尼头的插件座阀芯。

e. 采购订单上的节流器订购以及符号与油路图表示方式。

控制盖订货代码的一般说明如表 3.4-116 所示。控制盖板类型见表 3.4-117。

表 3.4-116 控制盖订货代码的一般说明

节流器符号		订货代码中的符号	
A**		A**	
此节流器采用拧入式节流器设计。如果要安装喷嘴，则必须在类型名称中写明相应代码字母和节流器直径(单位为 1/10mm)。例如，A12＝通道 A 中的 ϕ1.2mm 节流器			
节流器符号		订货代码中的符号	
ϕ1.2			
此节流器设计为钻孔式安装；无需在型号名称中填写内容(节流器直径/mm)			
节流器符号		订货代码中的符号	
Z12			
此节流器采用螺纹式节流器设计。其为标准节流器，无需在类型名称中为其填写内容[节流器直径/(1/10mm)]			

表 3.4-117 控制盖板类型

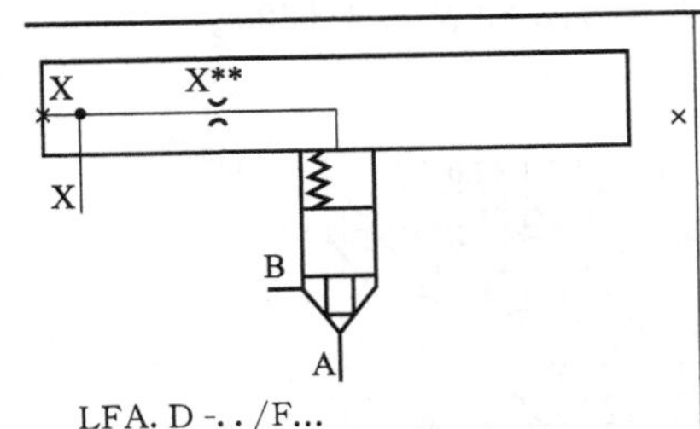

LFA. D -. . /F...
带遥控口的控制盖规格 16～160

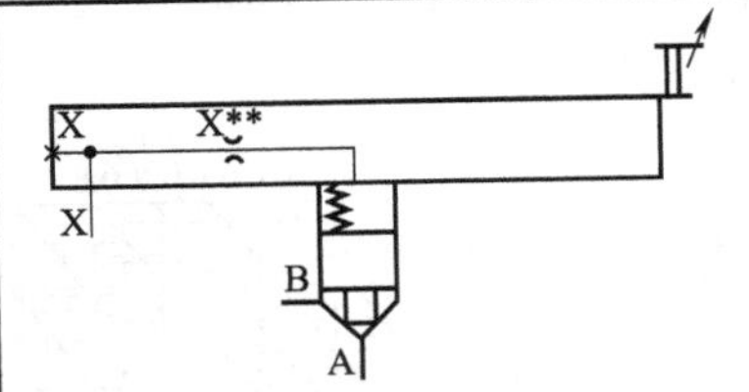

LFA. H-. . /F...
带行程限位器、遥控口的控制盖规格 16～160

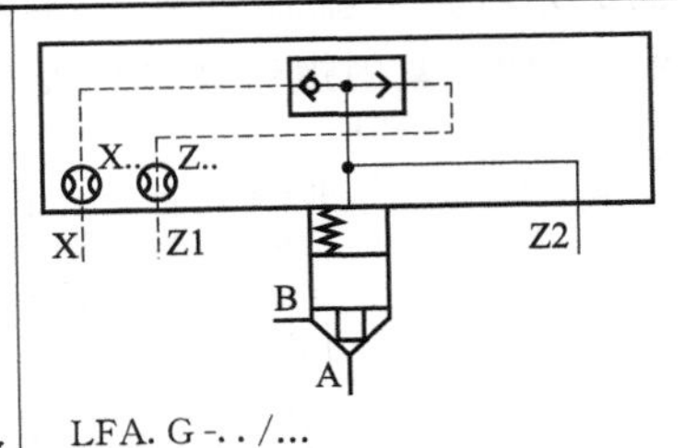

LFA. G -. . /...
带集成梭阀的控制盖规格 16～160

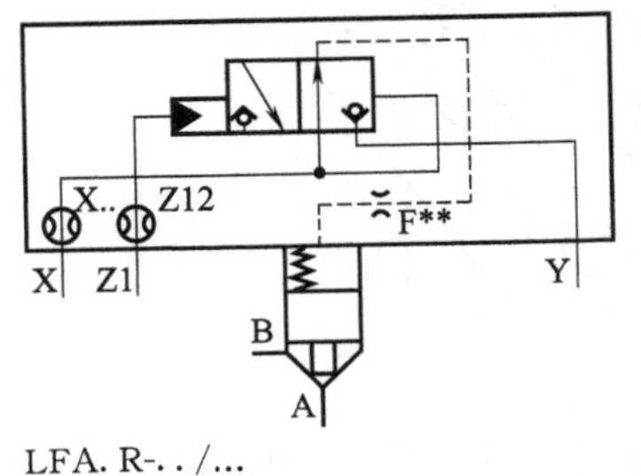

LFA. R-. . /...
带集成先导式先导控制阀(方向座阀)的控制盖
规格 25～100

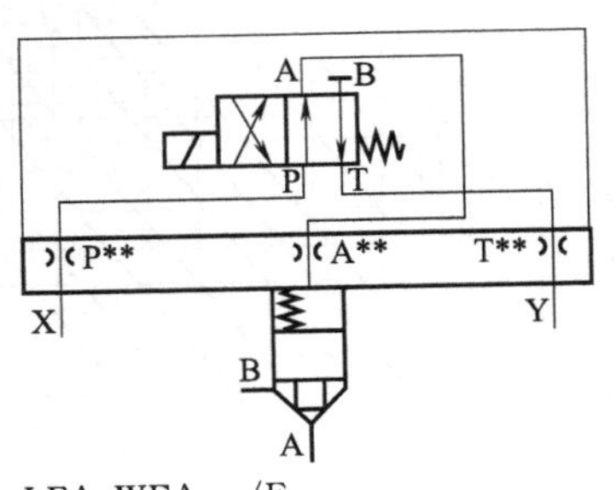

LFA. WEA-. . /F...
用于安装方向滑阀或座阀的控制盖
规格 16～160

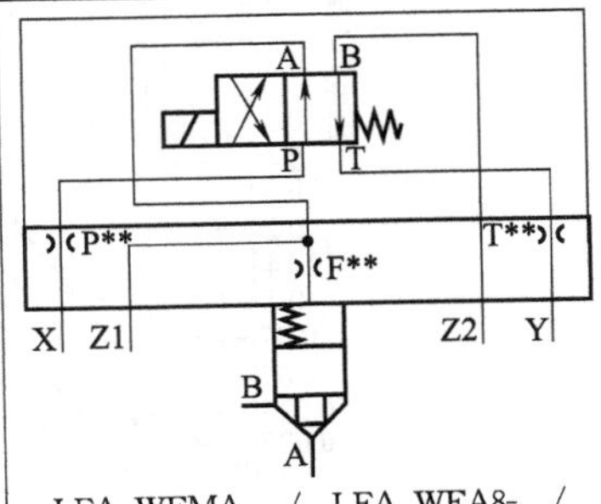

LFA. WEMA-. . /...LFA. WEA8-. . /...
用于安装方向滑阀或座阀的控制盖，带可用于操作第二个阀的先导油口
规格 16～100

续表

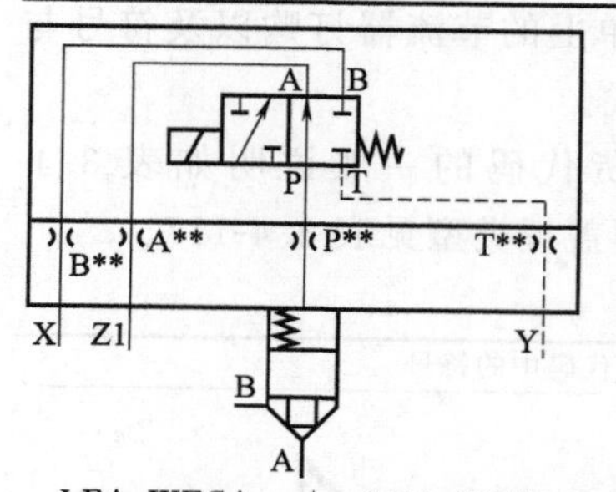 LFA. WECA-. . /...;LFA. WEA9-. . /... 用于将方向滑阀作为单向阀油路安装的控制盖 规格 16～100	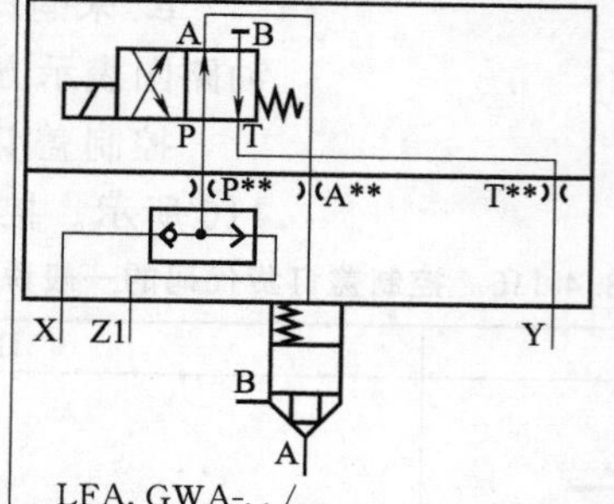 LFA. GWA-. . /... 用于安装方向滑阀与座阀的控制盖，带集成梭阀 规格 16～100	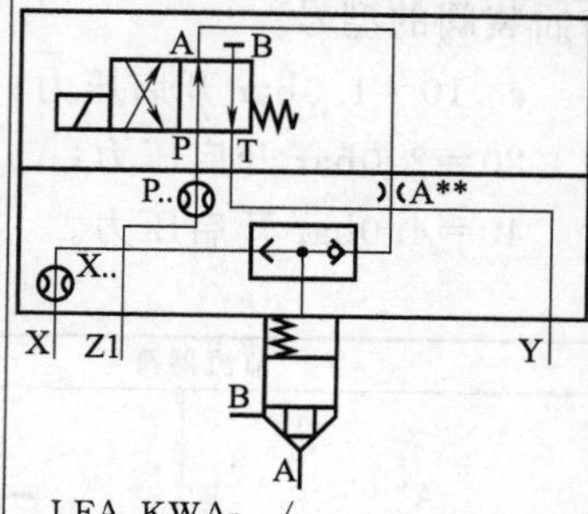 LFA. KWA-. . /... 用于安装方向滑阀或座阀的控制盖，带作为单向阀油路的集成梭阀 规格 16～100
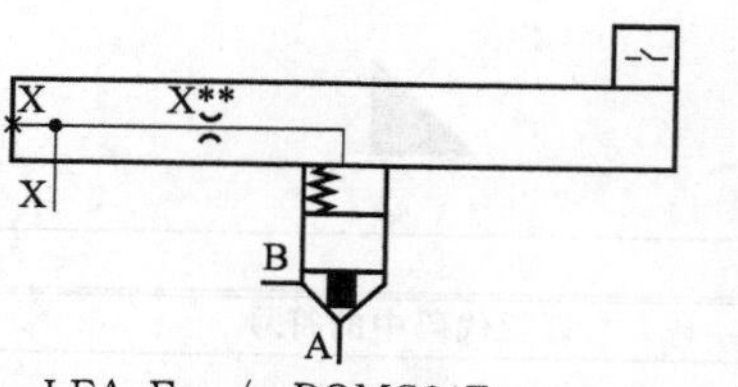 LFA. E-. . /...DQMG24F... 带闭合位置电气监控元件的控制盖，包含插件 规格 16～160	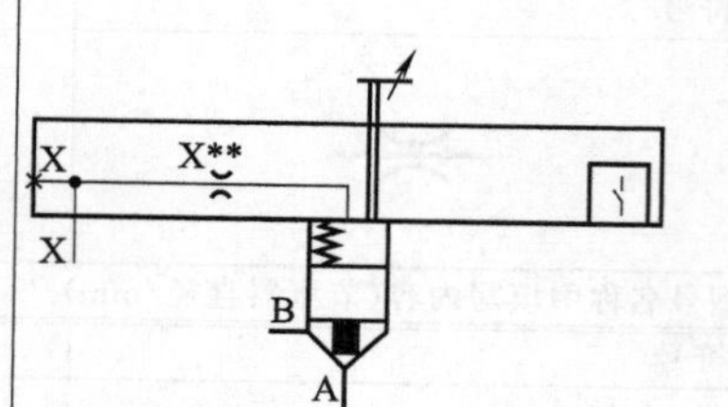 LFA. EH2-. . /...DQMG24F... 带闭合位置电气监控元件和行程限位器的控制盖，包含插件 规格 16～100	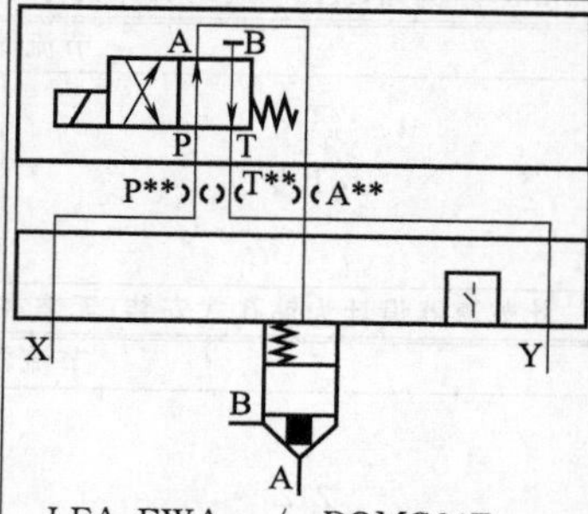 LFA. EWA-. . /...DQMG24F... 带闭合位置电气监控元件的控制盖，用于安装方向滑阀或座阀，包含插件 规格 16～63

用于节流器选择的特性曲线如图 3.4-312 所示。节流器和螺堵的材料编号见表 3.4.118。紧固螺钉规格见表 3.4-119。

⑤ 安装孔和连接尺寸（尺寸单位为 mm）（见图 3.4-313 和表 3.4-120）。

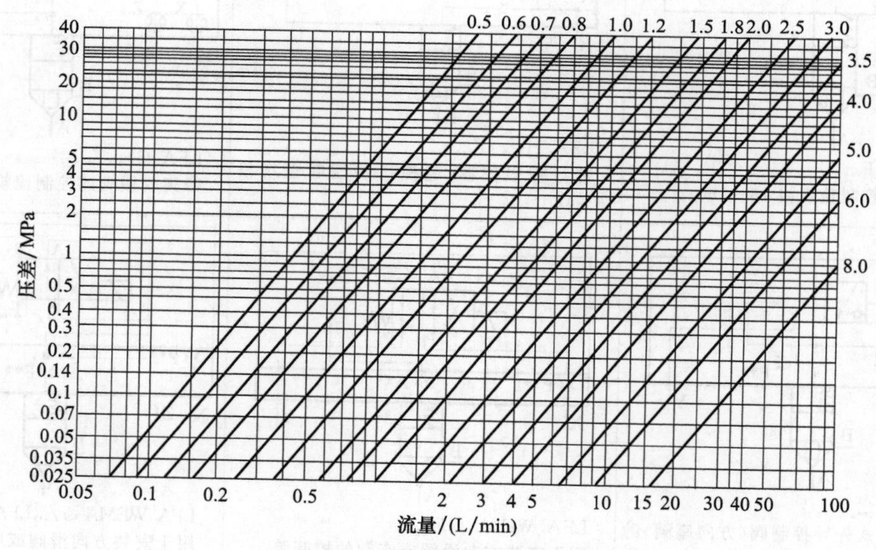

图 3.4-312 节流器选择的特性曲线

注：节流器（节流器直径视螺纹尺寸而定）ϕ/mm。

表 3.4-118 节流器和螺堵的材料编号

螺纹	节流器 ϕ/mm
M6 牙	0.5～3
M8×1 牙	0.5～4
G3/8	0.8～6
G1/2	1.0～8

表 3.4-119 紧固螺钉（包含在供货范围内）

规格①	控制盖类型	数量	尺寸	紧固扭矩 M_T/N·m③
16	WE.,GW.	4	M8×45	32
	WEM		M8×70	
	E		M8×60	
	EH2		M8×80	
	EW		M8×85	
	②		M8×40	
25	E	4	M12×60	110
	EH2,EW.		M12×90	
	②		M12×50	
32	H1,H2,E	4	M16×80	270
	H3,H4		M16×70	
	EH2,EW.		M16×110	
	②		M16×60	
40	E,EW	4	M20×120	520
	EH2		M20×200	
	H1,H2		M20×110	
	②		M20×70	
50	H2,H4	4	M20×120	520
	E,EW		M20×130	
	EH2		M20×210	
	②		M20×80	
63	H2,H4	4	M30×150	1800
	E,EW		M30×180	
	EH2		M30×250	
	②		M30×100	
80	H2,H4	8	M24×120	900
	②		M24×100	
100	D,WE	8	M30×120	1800
	②		M30×140	
125	所有控制盖均有货	8	M36×160	3100
160	所有控制盖均有货	12	M42×220	5000

① 符合 ISO 4762-10.9 的内六角螺钉。
② 其他可供购买的标准控制盖。
③ 通过总摩擦系数 $\mu=0.14$ 计算；对于其他表面，必须加以调整。

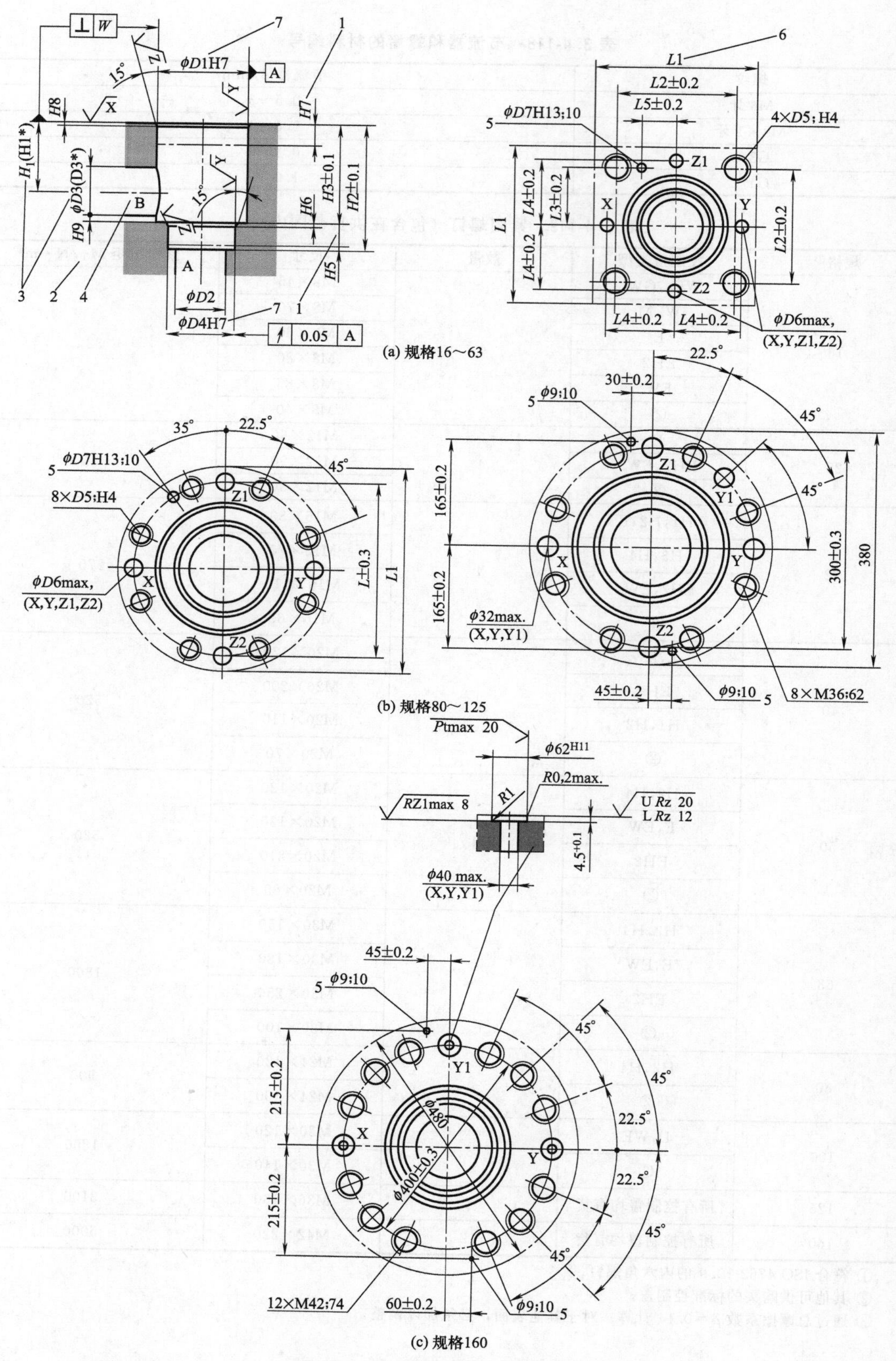

图 3.4-313 安装孔和连接尺寸

表 3.4-120　安装孔和连接尺寸

规格	16	25	32	40	50	63	80	100	125	160
$\phi D1$	32	45	60	75	90	120	145	180	225	300
$\phi D2$	16	25	32	40	50	63	80	100	150	200
$\phi D3$	16	25	32	40	50	63	80	100	125	200
($\phi D3^*$)	25	32	40	50	63	80	100	125	150	250
$\phi D4$	25	34	45	55	68	90	110	135	200	270
$\phi D5$	M8	M12	M16	M20	M20	M30	M24	M30	—	—
$\phi D6$	4	6	8	10	10	12	16	20	—	—
$\phi D7$	4	6	6	6	8	8	10	10	—	—
$H1$	34	44	52	64	72	95	130	155	192	268
($H1^*$)	29.5	40.5	48	59	65.5	86.5	120	142	180	243
$H2$	56	72	85	105	122	155	205	245	$300^{+0.15}$	$425^{+0.15}$
$H3$	43	58	70	87	100	130	$175^{\pm0.2}$	$210^{\pm0.2}$	$257^{\pm0.5}$	$370^{\pm0.5}$
$H4$	20	25	35	45	45	65	50	63	—	—
$H5$	11	12	13	15	17	20	25	29	31	45
$H6$	2	2.5	2.5	3	3	4	5	5	$7^{\pm0.5}$	$8^{\pm0.5}$
$H7$	20	30	30	30	35	40	40	50	40	50
$H8$	2	2.5	2.5	3	4	4	5	5	$5.5^{\pm0.2}$	$5.5^{\pm0.2}$
$H9$	0.5	1	1.5	2.5	2.5	3	4.5	4.5	2	2
$L1$	65/80	85	102	125	140	180	250	300	—	—
$L2$	46	58	70	85	100	125	200	245	—	—
$L3$	23	29	35	42.5	50	62.5	—	—	—	—
$L4$	25	33	41	50	58	75	—	—	—	—
$L5$	10.5	16	17	23	30	38	—	—	—	—
W	0.05	0.05	0.1	0.1	0.1	0.2	0.2	0.2	0.2	0.2

(2) 压力控制二通插装阀

压力控制二通插装阀，通径 16～100，组件系列 6X、7X，最大工作压力 42MPa，最大流量 7000L/min。

① 功能说明、图形符号　二通插装压力阀是先导式锥阀或滑阀，如图 3.4-314 所示。其主阀组件结构为插装阀 1，插入符合 DIN 7368 的标准插孔，并用控制盖板封闭。手动或电液比例控制的先导阀 3 被集成于控制盖板 2 中，或作为先导阀安装在控制盖 2 上，其安装面按 DIN 24 340 (2)。根据插装阀和控制盖板的组合可实现不同的压力阀功能。

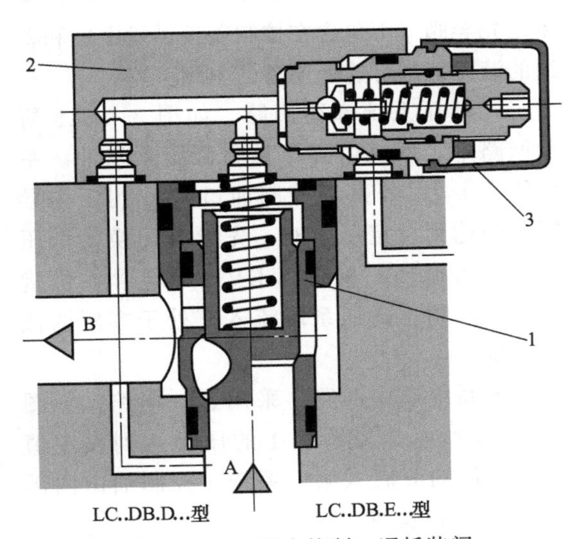

图 3.4-314　压力控制二通插装阀

a. 溢流阀功能。如图 3.4-315 所示，控制盖板 LFA... DB.. 型，插装阀 LC... DR... 型。

具有溢流阀功能的插装阀 (LC.. DB.. 型) 是一个面积比为 1∶1 的座阀 (在 B 口没有有效面积)。作用于 A 口的压力经提供控制油的节流孔进入主阀弹簧腔，在压力低于先导阀设定的压力时，主阀芯上的液压力平衡，而弹簧力使主阀保持关闭状态。当压

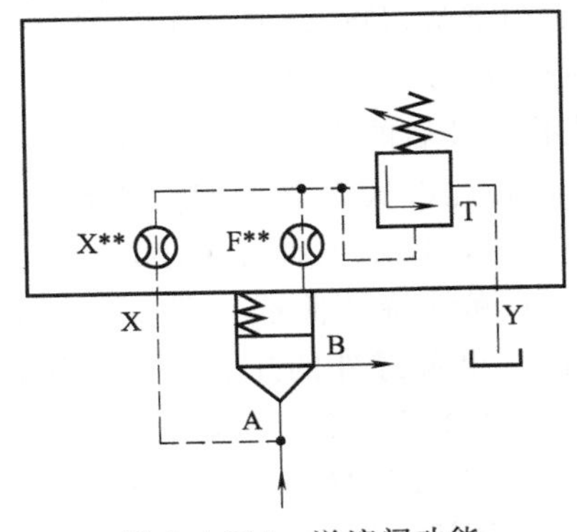

图 3.4-315　溢流阀功能

力达到设定值时，主阀芯打开并根据压力-流量特性限制 A 口的压力。

b. 减压阀功能。

• 常开型（见图 3.4-316）：控制盖板 LFA... DB... 型，插装阀 LC... DR... 型。

具有减压阀功能的插装阀是一个面积比为1∶1的阀座（在 B 口没有有效面积）。采用与用于溢流阀功能相同的控制盖板作为先导阀（LFA..D..型）。

作用于 A 口的压力经控制油的节流孔进入主阀弹簧腔。当压力低于性能极限和先导阀设定的压力时，主阀芯上的液压力平衡，而弹簧力使主阀保持开启状态，因此，油液可自由地从 B 口流入 A 口。当达到设定压力时，主阀芯关闭，并根据压力-流量特性降低 A 口压力。

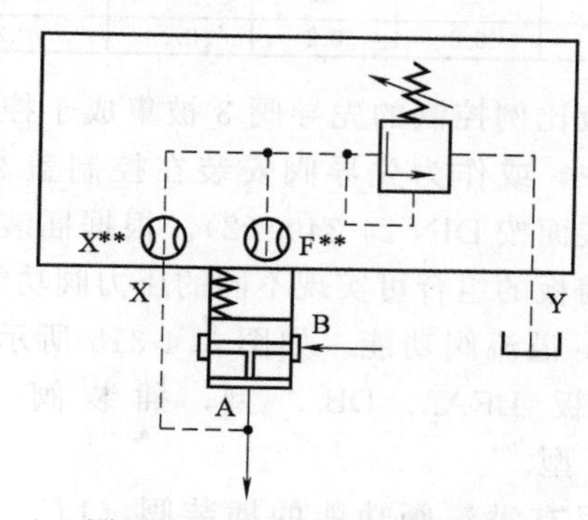

图 3.4-316　常开型减压功能

• 常闭型（见图 3.4-317）：控制盖板 LFA. DR.. 型，插装阀 LC..DB40D.. 型。

为了带开启特性的减压功能，由一个插装溢流阀（LC..DB..40D..型）和一个带减压阀（LFA..DR... 型）作为先导阀的控制盖板构成。从 A 口提供的先导控制油经进油节流孔和开启的先导减压阀流入 B 口。主阀芯开启，允许从 A 至 B 自由流动。当达到设定压力时，控制主阀芯关小，B 口压力根据"压力-流量特性曲线"降低。若减压侧（即 B 口）出现意外的压力升高，则通过先导减压阀的第三个通口的溢流而加予稳定。通过安装一个方向阀可获得附加的隔离功能（LFA... DRW..型）。

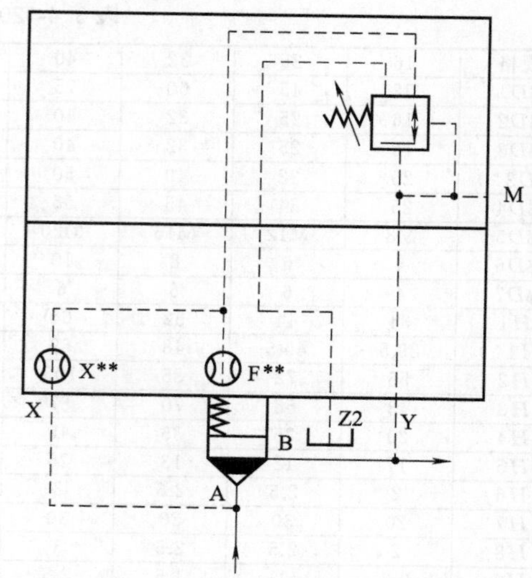

图 3.4-317　常闭型减压功能

c. 顺序阀功能。

控制盖板 LFA..DZ... 型，插装阀 LC..DB... 型。

这一功能使第二个系统与压力相关的动作得以实现。通过集成于控制盖板内的先导阀来设定所需的动作压力。先到控制油可由外部（控制油口 X）或由内部（从油口 A 经控制油口 X 或 Z2）提供。先导控制油的弹簧腔经油口 Y 或 Z1 以零压泄油至油箱。当达到先导阀弹簧设定的压力时，先导阀切换，使主阀弹簧腔卸荷至油箱。主阀开启，从 A 口至 B 口的通道打开。在 LFA..DZW..型阀中，通过电驱动先导阀（不包含在控制盖板供货中）和普通的液压控制可选择要求的主阀位置。

• 低压系统卸荷回路。如图 3.4-318 所示回路中，系统由高压泵和低压泵供油。系统压力 p_S 由外部经控制油口 X 作用于先导阀，当达到设定压力时，先导阀切换使低压侧零压力循环。单向阀 RV（不包含在供货清单中）制止高压系统流入正处于零压的低压系统。

• 系统顺序回路。采用这一回路，如图 3.4-319 所示，当系统 1 的压力达到设定值时，允许油液流入第二系统。控制油由内部从主阀 A 口提供。

② 插装元件型号说明（不带控制盖）

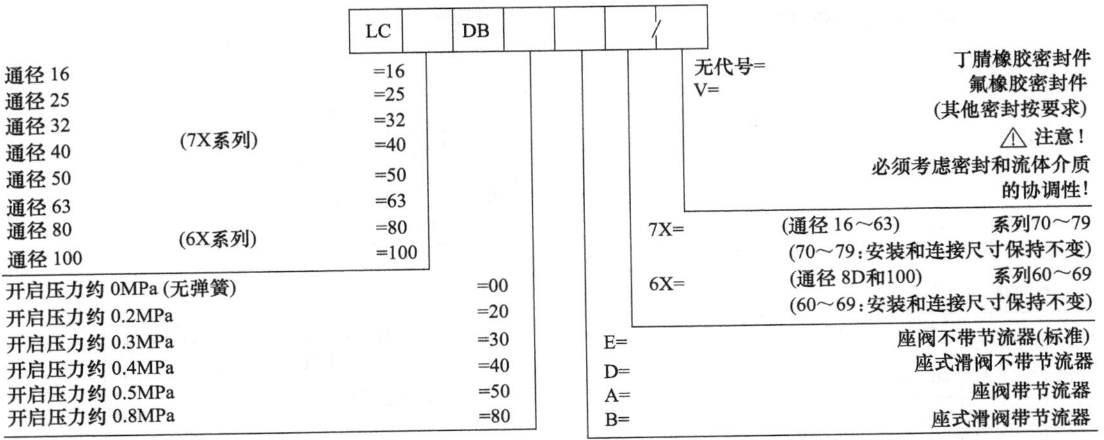

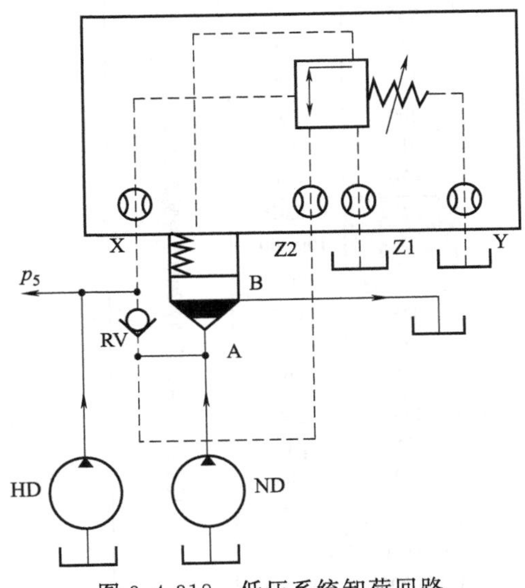

图 3.4-318　低压系统卸荷回路

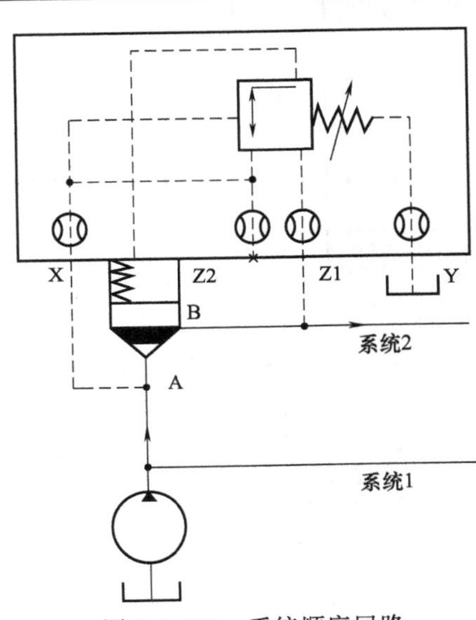

图 3.4-319　系统顺序回路

③ 图形符号（见表 3.4-121）

表 3.4-121　插装阀图形符号

座阀不带节流器	座阀带节流器	座式滑阀不带节流器	座式滑阀带节流器
B A	B A	B A	B A

④ 技术参数（见表 3.4-122）

表 3.4-122　插装阀技术参数

压力介质	矿物油(HL,HLP)按 DIN 51524[1] 可生物分解压力介质按 VDMA24568、HETG(菜籽油)[1]、HEPG(聚乙二醇)[2]、HEES(合成酯)[2]							
压力介质温度范围℃	－30～＋80(对于丁腈橡胶密封) －20～＋80(对于氟橡胶密封)							
黏度范围/(mm^2/s)	2.8～380							
油液污染度	油液最高允许污染等级按 ISO 4406(C)							
规格/mm	16	25	32	40	50	63	80	100
插装座阀 E、A 最大流量/(L/min)	250	400	600	1000	1600	2500	4500	7000
插装座阀 D、B 最大流量/(L/min)	175	300	450	700	1400	1750	3200	4900

① 适用于腈橡胶和氟橡胶密封。
② 仅适用于氟橡胶密封。

⑤ 控制盖板型号说明

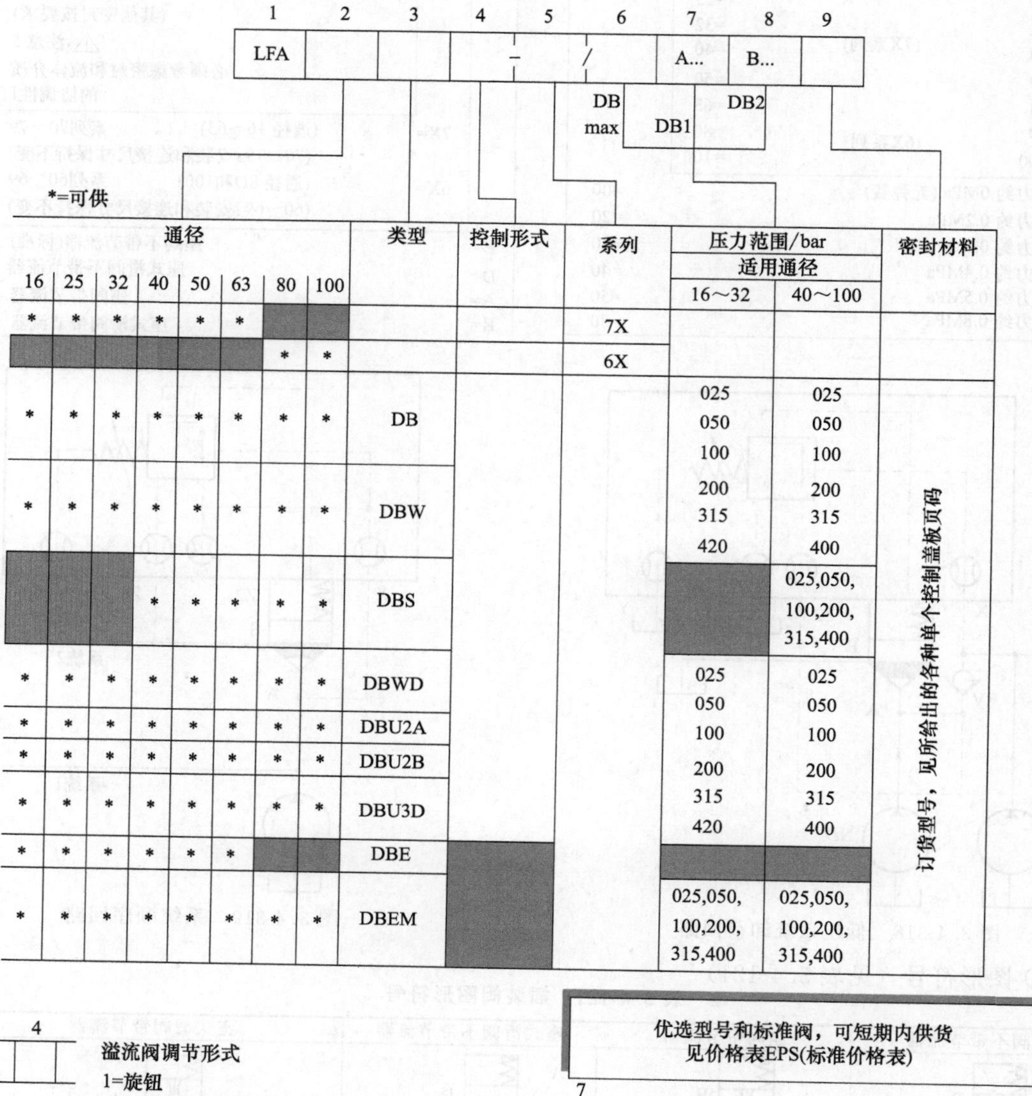

通径 16	25	32	40	50	63	80	100	类型	控制形式	系列	压力范围/bar 适用通径 16～32	40～100	密封材料
*	*	*	*	*	*					7X			订货型号，见所给出的各种单个控制盖板页码
						*	*			6X			
*	*	*	*	*	*	*	*	DB			025 050 100 200 315 420	025 050 100 200 315 400	
*	*	*	*	*	*	*	*	DBW					
			*	*	*	*	*	DBS				025,050, 100,200, 315,400	
*	*	*	*	*	*	*	*	DBWD			025 050 100 200 315 420	025 050 100 200 315 400	
*	*	*	*	*	*	*	*	DBU2A					
*	*	*	*	*	*	*	*	DBU2B					
*	*	*	*	*	*	*	*	DBU3D					
*	*	*	*	*	*			DBE					
*	*	*	*	*	*	*	*	DBEM			025,050, 100,200, 315,400	025,050, 100,200, 315,400	

优选型号和标准阀，可短期内供货
见价格表EPS(标准价格表)

4 溢流阀调节形式
1=旋钮
2=带护罩的六角套筒
3=带锁，有刻度旋钮
(H–型锁，按自动化工业标准)
4=不带锁，有刻度旋钮

5 系列
7X=系列70～79；
6X=系列60～69
(安装和连接尺寸保持不变)

6 压力等级
取决于规格和先导阀允许的工作压力
其他细节见控制盖板订货型号

7 A... 压力参数用于DB1，仅DBU2和DBU3D需要

8 B... 压力参数用于DB2，仅DBU3D需要
DBU3D订货例：
.../315* A 100 B 200 (DB max. DB1/DB2)
*DBmax.总是优先

控制盖板一般装有经测试的最佳节流器，因此型号编码中不需要详细资料。偏离控制条件则需要规格匹配的节流器。节流器系螺钉形式。

节流器在主阀图形符号中如右所示 

⑥ 控制盖板主要类型和功能（见表 3.4-123）

表 3.4-123 控制盖板主要类型和功能

<table>
<tr>
<td>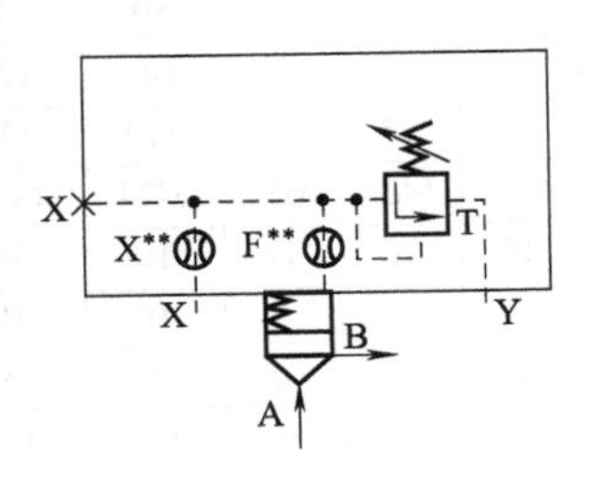

手动压力调节控制盖板
LFA..DB.../.. 通径 16～100</td>
<td>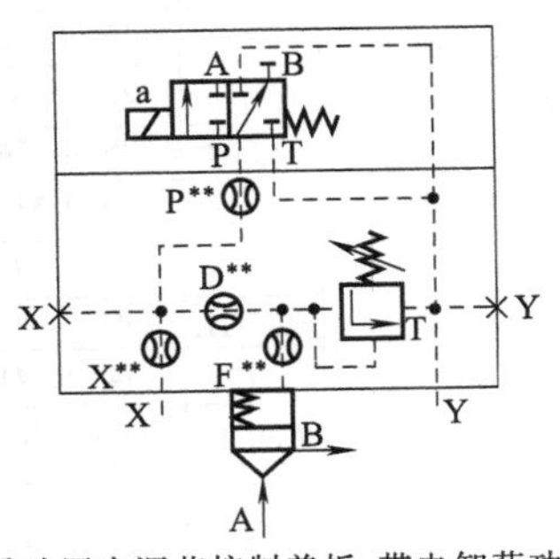

手动压力调节控制盖板，带电卸荷功能
LFA..DBW.-../.. 通径 16～32</td>
<td>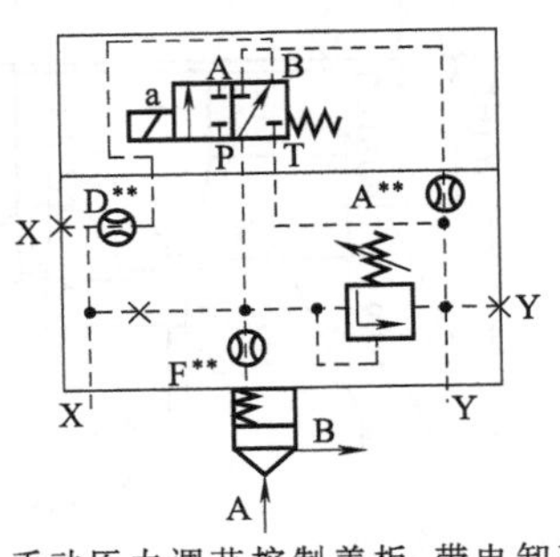

手动压力调节控制盖板，带电卸荷功能
LFA..DBW.-../.. 通径 16～100</td>
</tr>
<tr>
<td>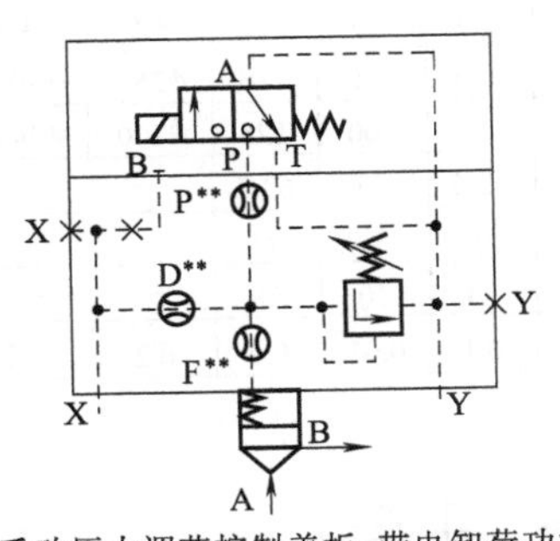

手动压力调节控制盖板，带电卸荷功能
LFA..DBS.-../.. 通径 40～100</td>
<td>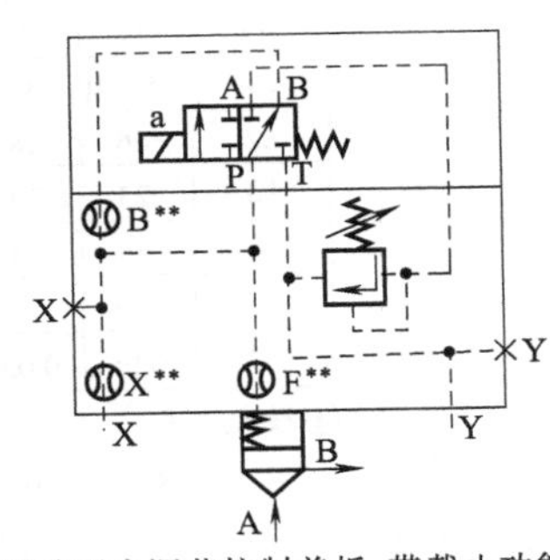

手动压力调节控制盖板，带截止功能
LFA..DBWD.-../.. 通径 16～100</td>
<td>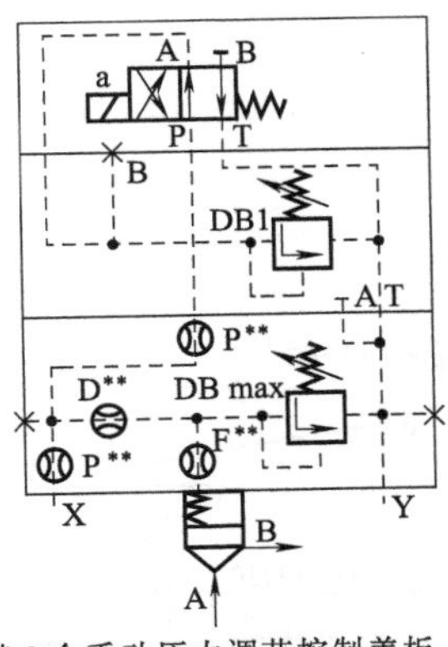

带 2 个手动压力调节控制盖板，通过电控选择
LFA..DBU2A.-../.. 通径16～100</td>
</tr>
<tr>
<td>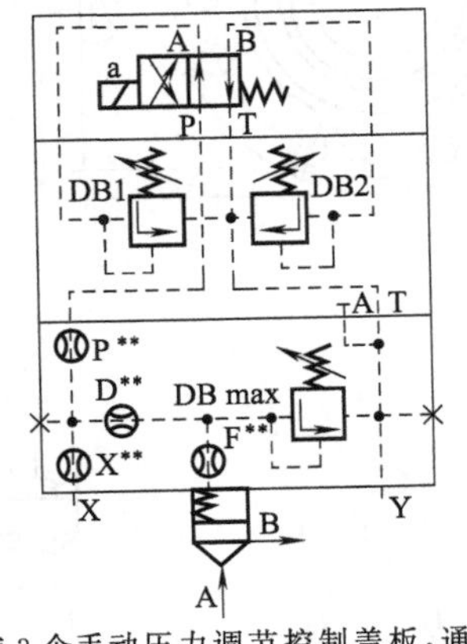

带 3 个手动压力调节控制盖板，通过电控选择
LFA..DBU3D.-../.. 通径 16～63</td>
<td>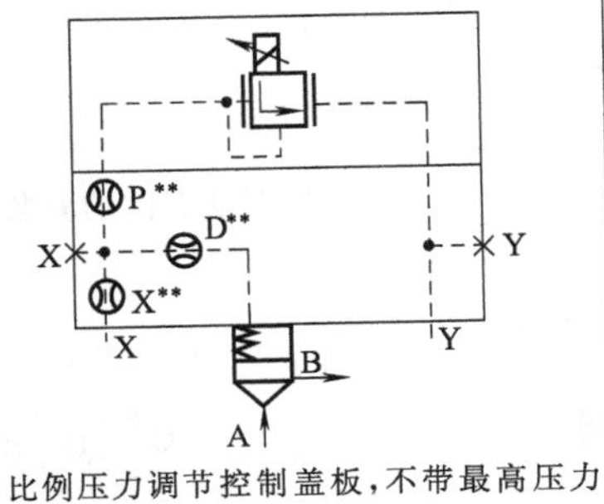

比例压力调节控制盖板，不带最高压力限制
LFA..DBE.-../.. 通径 16～63</td>
<td>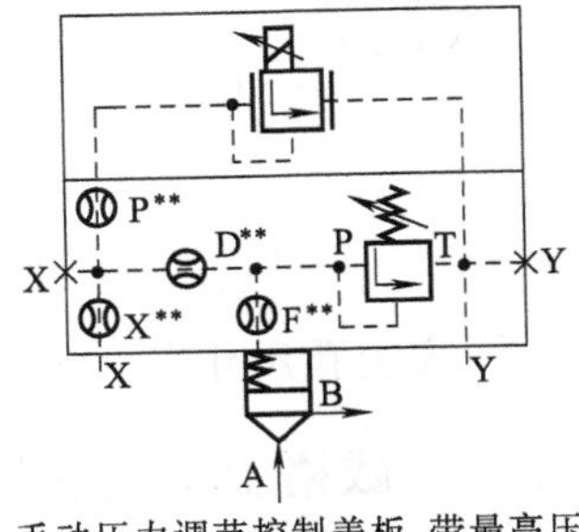

手动压力调节控制盖板，带最高压力限制
LFA..DBEM.-../.. 通径 16～100</td>
</tr>
</table>

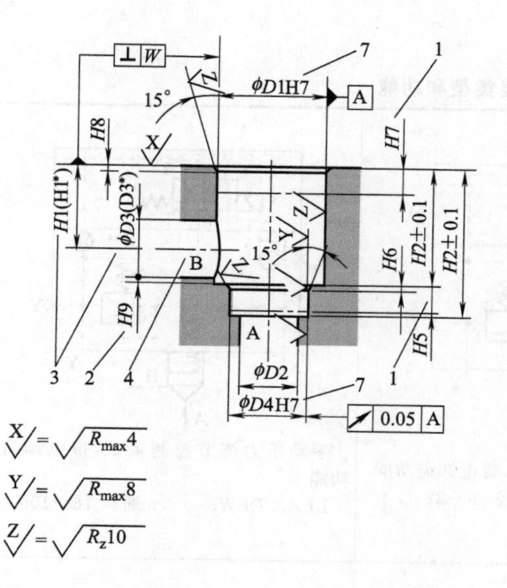

$\overset{X}{\surd} = \sqrt{R_{max}4}$

$\overset{Y}{\surd} = \sqrt{R_{max}8}$

$\overset{Z}{\surd} = \sqrt{R_z 10}$

通径	16	25	32	40	50	63	80	100
$\phi D1$H7	32	45	60	75	90	120	145	180
$\phi D2$	16	25	32	40	50	63	80	100
$\phi D3$	16	25	32	40	50	63	80	100
($\phi D3^*$)	25	32	40	50	63	80	100	125
$\phi D4$H7	25	34	45	55	68	90	110	135
$\phi D5$	M8	M12	M16	M20	M20	M30	M24	M30
$\phi D6$①	4	6	8	10	10	12	16	20
$\phi D7$H13	4	6	6	6	8	8	10	10
$H1$	34	44	52	64	72	95	130	155
($H1^*$)	29.5	40.5	48	59	65.5	86.5	120	142
$H2$	56	72	85	105	122	155	205	245
$H3$	43	58	70	87	100	130	175±0.2	210±0.2
$H4$	20	25	35	45	45	65	50	63
$H5$	11	12	13	15	17	20	25	29
$H6$	2	2.5	2.5	3	3	5	5	5
$H7$	20	30	30	30	35	40	40	50
$H8$	2	2.5	2.5	3	4	4	5	5
$H9$	0.5	1	1.5	2.5	2.5	3	4.5	4.5
$L1$	65/80	85	102	125	140	180	ϕ250	ϕ300
$L2$	46	58	70	85	100	125	ϕ200	ϕ245
$L3$	23	29	35	42.5	50	62.5	—	—
$L4$	25	33	41	50	58	75	—	—
$L5$	10.5	16	17	23	30	38	—	—
W	0.05	0.05	0.1	0.1	0.01	0.2	0.2	0.2

①最大尺寸。

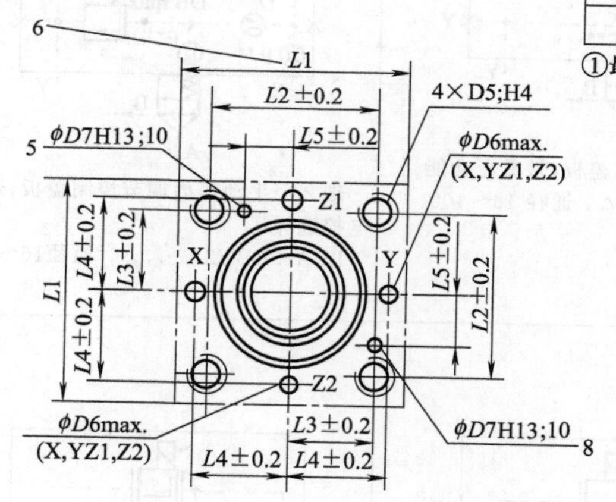

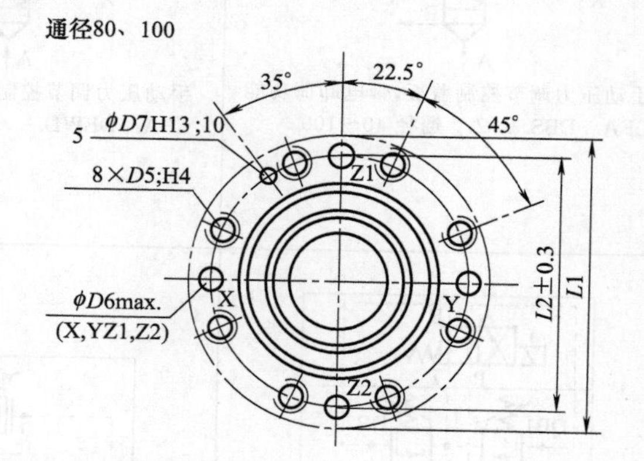

图 3.4-320　压力控制插装阀的安装孔尺寸

⑦ 安装孔尺寸（见图 3.4-320）

10.3.3　威格士系列插装阀

（1）控制盖板及插装件

① 技术规格（见表 3.4-124）

② 图形符号（见图 3.4-321）

③ 开启压力（见表 3.4-125）

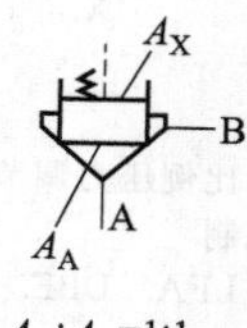

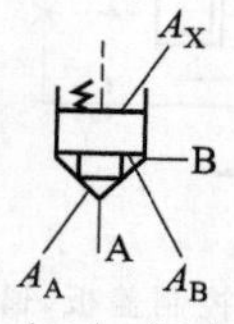

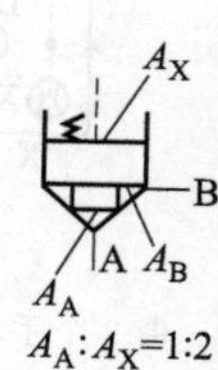

图 3.4-321　插装件图形符号

表 3.4-124 技术规格

公称通径/mm	16	25	32	40	50	63	80
最大流量/(L/min)	200	450	800	1100	1700	2800	4500
最高压力/MPa	35						
温度范围/℃	环境：－20～＋70；矿物油：－10～＋70；含水液体：－10～＋54						
黏度范围/(mm^2/s)	500～5(推荐 54～13)						
过滤精度/μm	25(绝对)						

表 3.4-125 开启压力

压力级	$A_A:A_X$	A→B 开启压力/MPa	B→A 开启压力/MPa
	1:1	0.20	—
L	1:1.1	0.03	0.34
M	1:1.1	0.14	1.70
H	1:1.1	0.27	3.40
L	1:2	0.05	0.05
M	1:2	0.25	0.25
H	1:2	0.50	0.50

④ 插装件型号意义

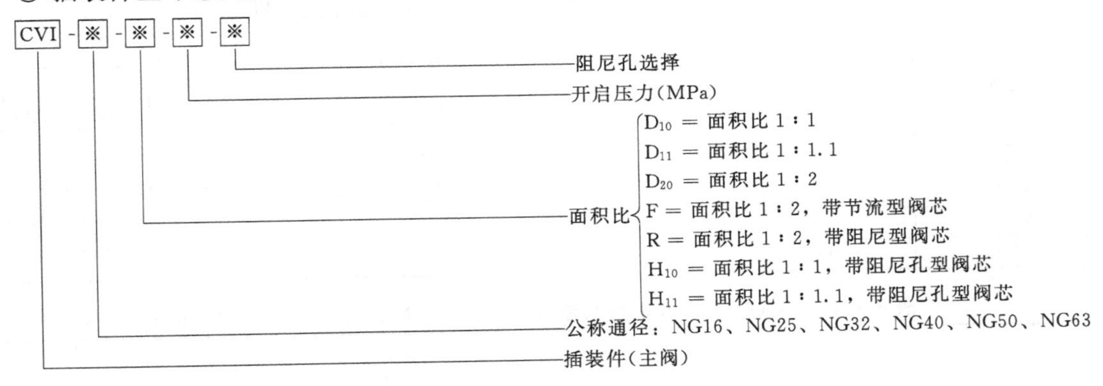

⑤ 控制盖板型号意义

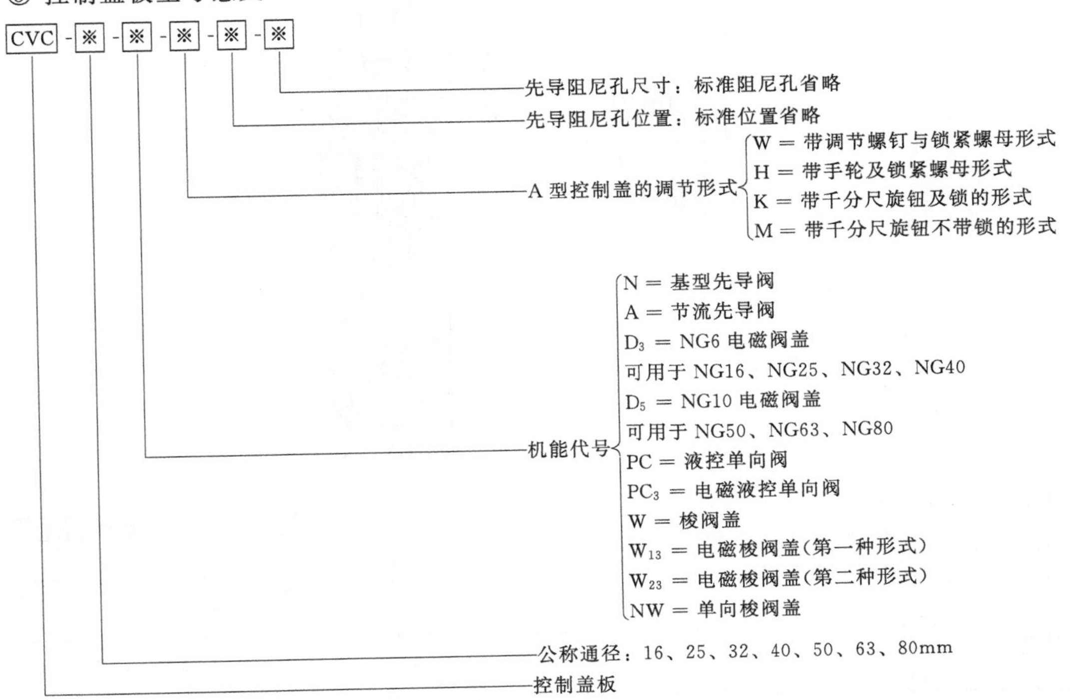

⑥ 外形尺寸（见表 3.4-126～表 3.4-129）

表 3.4-126　控制盖板外形尺寸

CVC-※※-N
（规格：16、25、40、50、63）

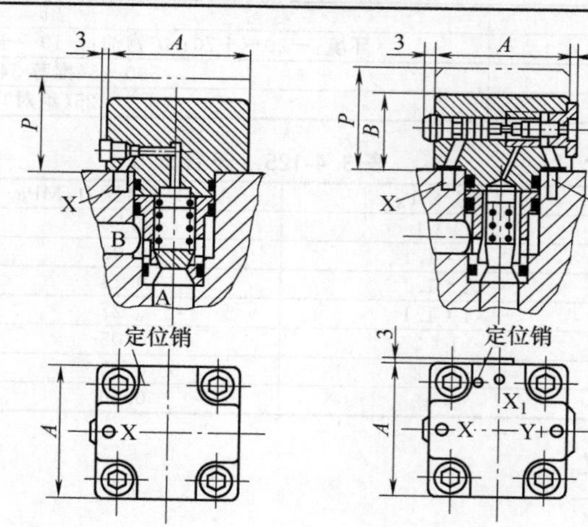

CVC-※※-PC
CVC-※※-PC₃
（规格：16、25、40）

规格	尺寸/mm				
	A	B	C	P	阻尼孔直径
NG16	65	35	10.0	44	1.0
NG25	85	42	4.5	53	1.2
NG40	125	61	3.0	76	1.4
NG50	140	70	—	88	1.6
NG63	180	86	—	106	1.6

表 3.4-127　CVC-※※-A 型控制盖板外形尺寸（NG16、25、40、50、63）

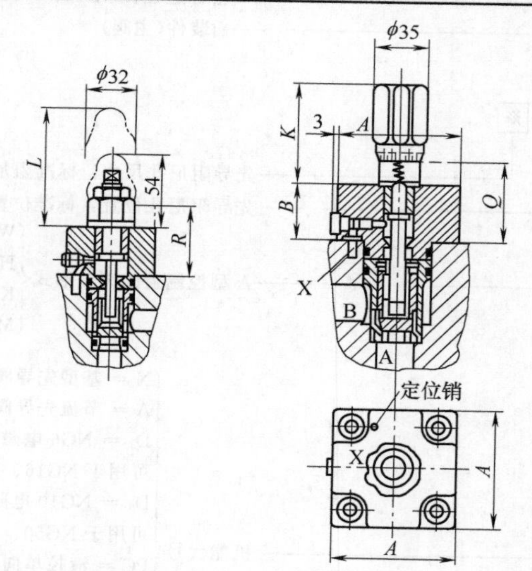

规格	尺寸/mm						
	A	B	K_{max}	L	Q	R	阻尼孔直径
NG16	65	35	74.5	91	137	110	1.0
NG25	85	42	74.5	98	144	131.5	1.2
NG40	125	61	—	—	—	—	1.4
NG50	140	70	—	—	—	—	1.6
NG63	180	86	—	—	—	—	1.8

表 3.4-128 CVC-※※-D₃A-W 型控制盖板外形尺寸（NG16、25、40、50、63）

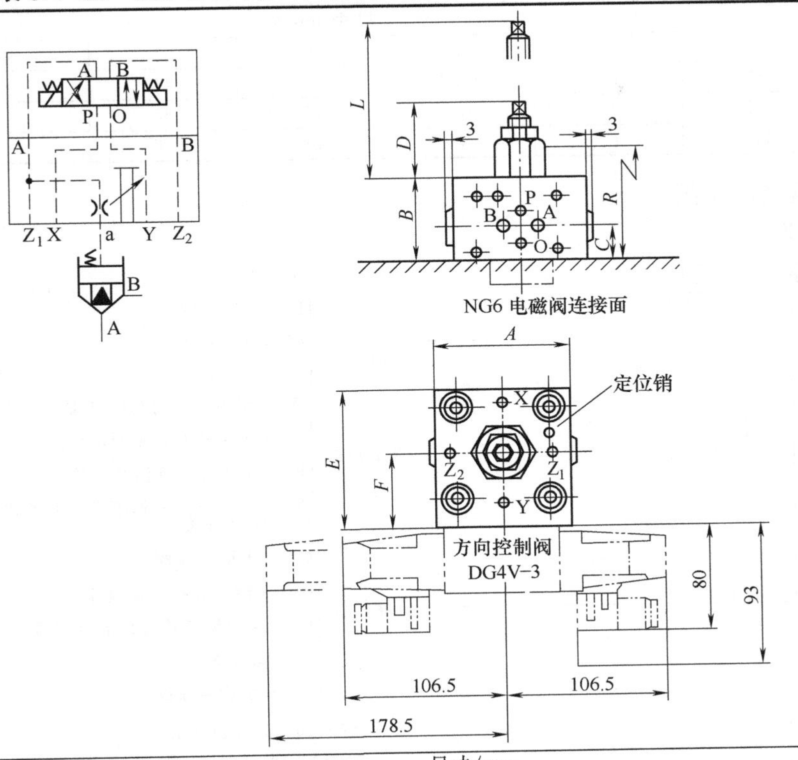

规格	尺寸/mm								
	A	B	C	D_{max}	E	F	L	R	阻尼孔直径
NG16	80	54	28	46	80	47.5	98	123	1.0
NG25	85	54	28	49	95	52.5	114	139	1.2
NG40	125	60	28	43	125	62.5	137	165	1.4
NG50	140	70	—	57	140	70	—	—	1.6
NG63	180	88	—	66	180	90	—	—	1.8

表 3.4-129 梭阀控制盖板外形尺寸

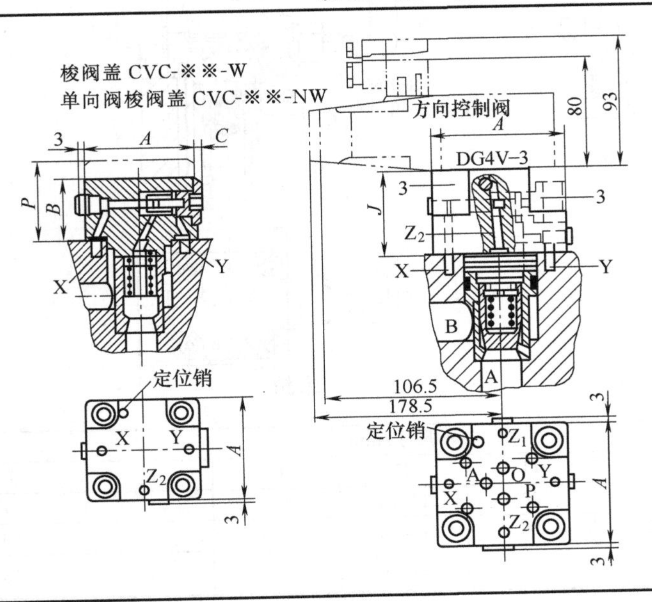

电磁梭阀盖（K 型）CVC-※※-W_{13}
（L 型）CVC-※※-W_{23}

续表

规格	尺寸/mm					
	A	*B*	*C*	*J*	*P*	阻尼孔直径
NG16	65	35	10.0	—	44	1.0
NG25	85	42	4.5	57	53	1.2
NG40	125	61	3.0	58	76	1.4

（2）溢流阀及减压阀

① 型号意义

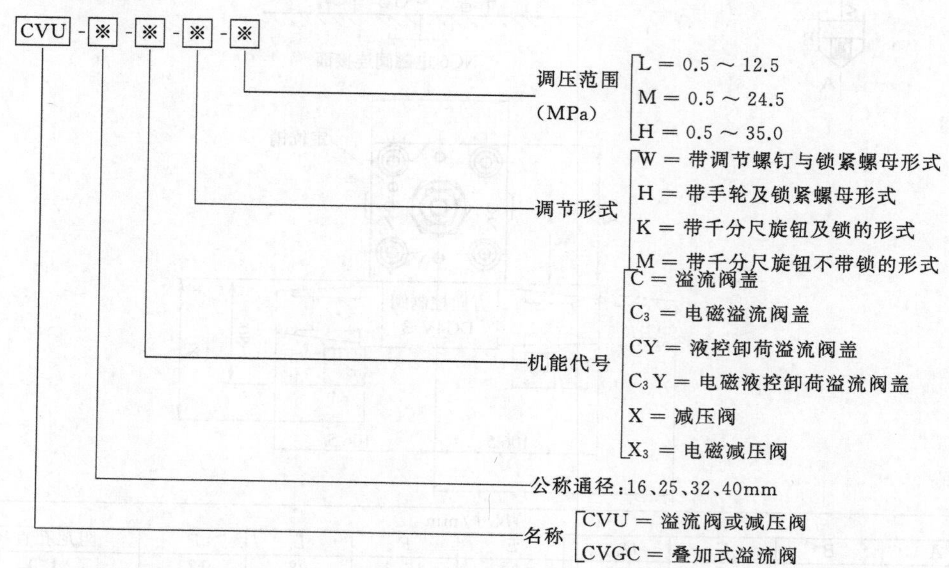

② 外形尺寸（见表 3.4-130～表 3.4-133 和图 3.4-322）

表 3.4-130　溢流阀盖（CVU-※※-C-※-※）、液控卸荷溢流阀盖（CVU-※※-CY-※-※）外形尺寸

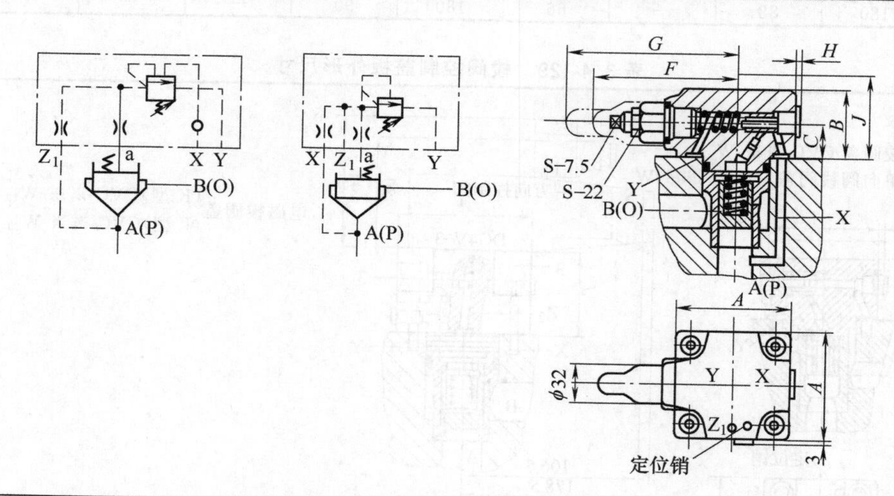

公称通径	尺寸/mm						
	A	*B*	*C*	*F*	*G*	*H*	*J*
NG16	65	46	26	114.5	155	4	57
NG25	85	51	26	105.0	146	4	66
NG40	125	61	34	116.0	157	3	76

表 3.4-131 电磁溢流阀盖（CVU-※※-C_3-※-※）、电磁液控卸荷溢流阀盖（CVU-※※-C_3Y）外形尺寸

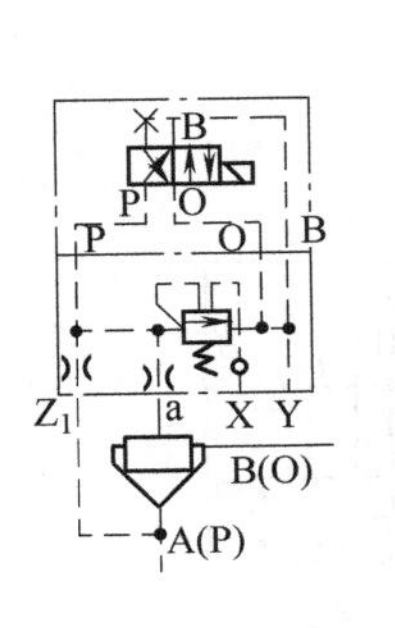

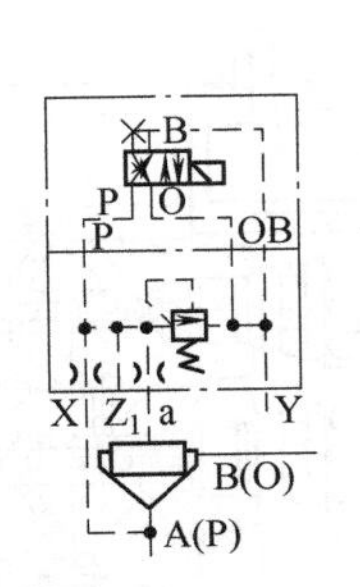

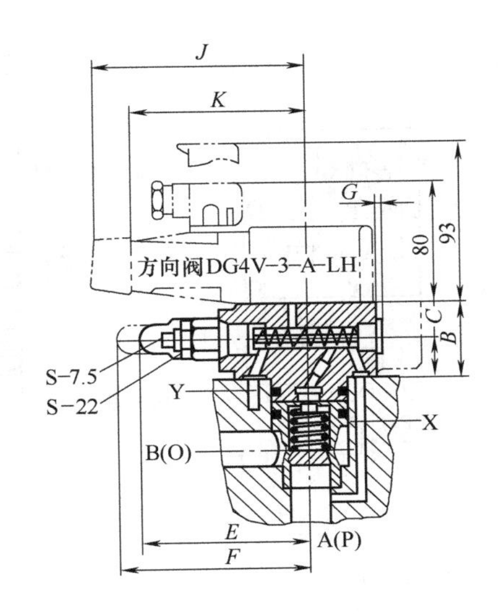

公称通径	尺寸/mm						
	B	C	E	F	G	J	K
NG16	48	26	107	148	—	167.5	95.5
NG25	48	26	105	146	4	178.5	106.5
NG40	58	34	116	157	3	178.5	106.5

表 3.4-132 叠加式减压阀 CVU-※※-X-※-※外形尺寸

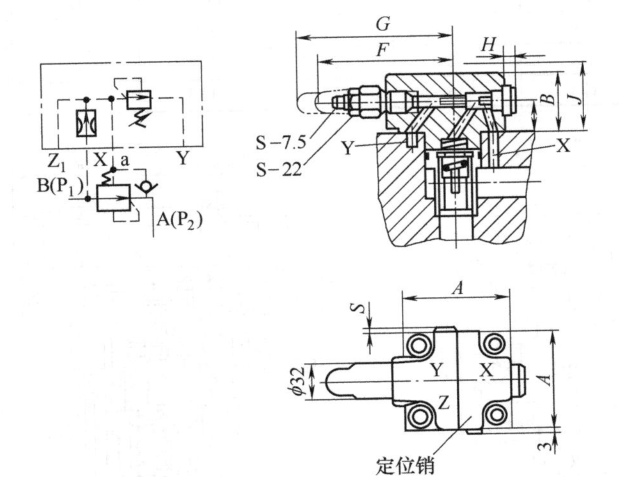

公称通径	尺寸/mm							
	A	B	C	F	G	H	J	S
NG16	65	46	26	114.5	155	10	57	—
NG25	85	51	26	105	146	10	66	—
NG40	125	61	34	116	157	3	76	3

表 3.4-133　叠加式电磁减压阀 CVU-※※-X_1-※-※外形尺寸

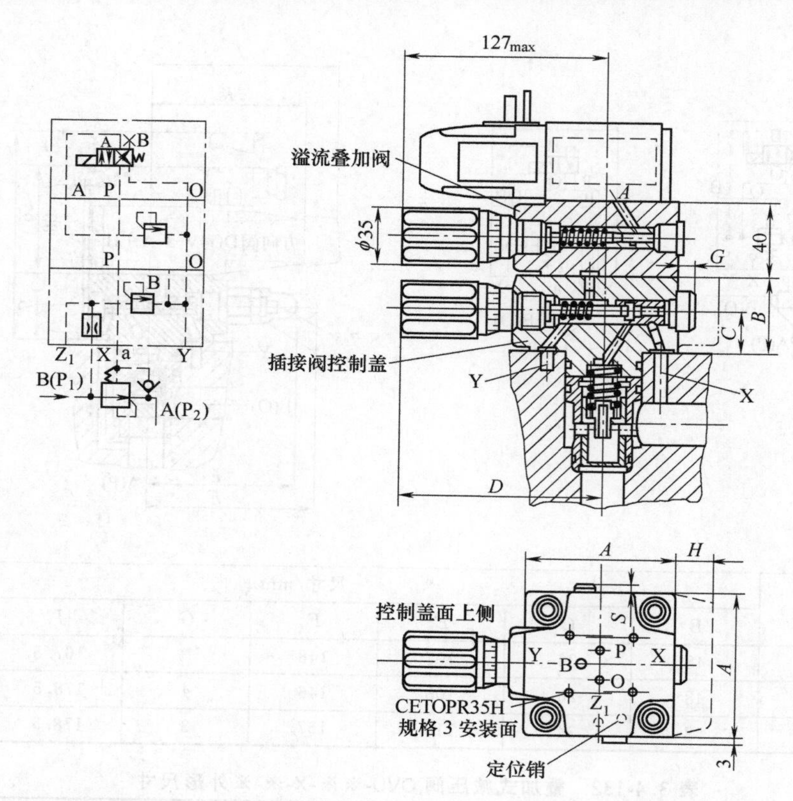

公称通径	尺寸/mm						
	A	B	C	D_{max}	G	H	S
NG16	65	48	26	129	—	21	—
NG25	85	48	26	127	10	—	—
NG40	125	58	34	138	3	—	3

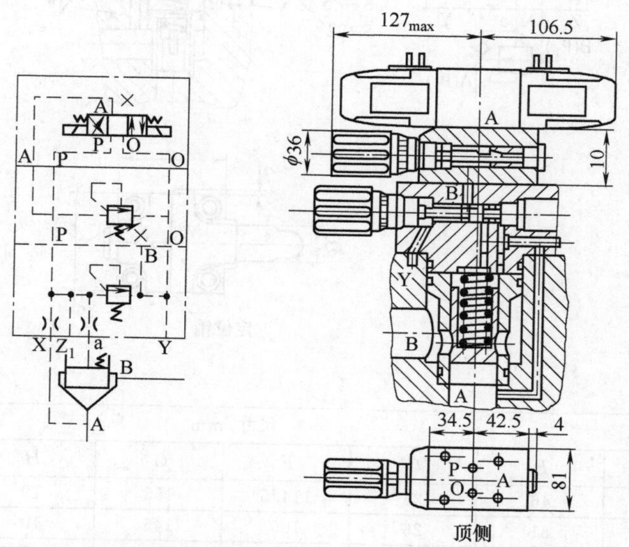

图 3.4-322　叠加式溢流阀 CVGC-3-※-※--※外形尺寸图

（3）电位监测方向阀

① 型号意义

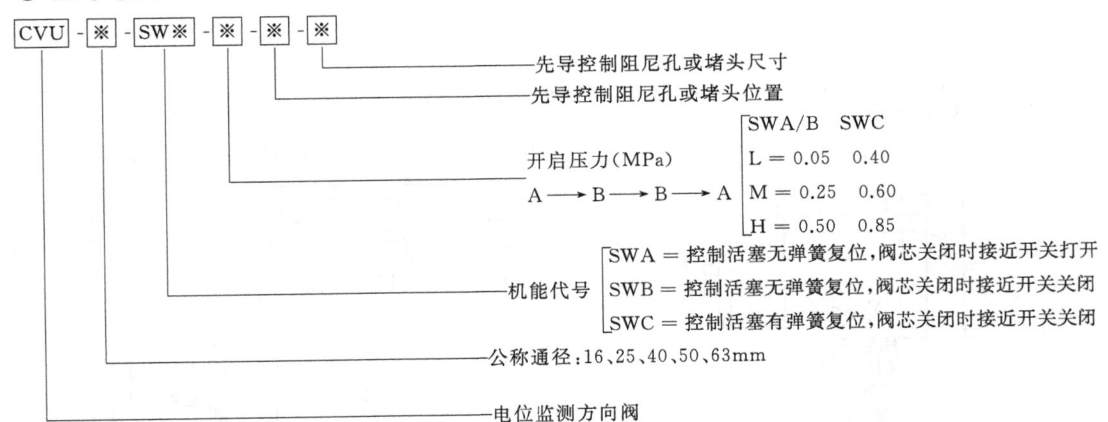

② 机能符号（见图 3.4-323）

③ 外形尺寸

CVU-16-SWC 型电位监测阀外形尺寸见图 3.4-324，CVU-25-63 型电位监测阀外形尺寸见表 3.4-134，另外，威格士二通插装阀插件安装孔尺寸见表 3.4-135。

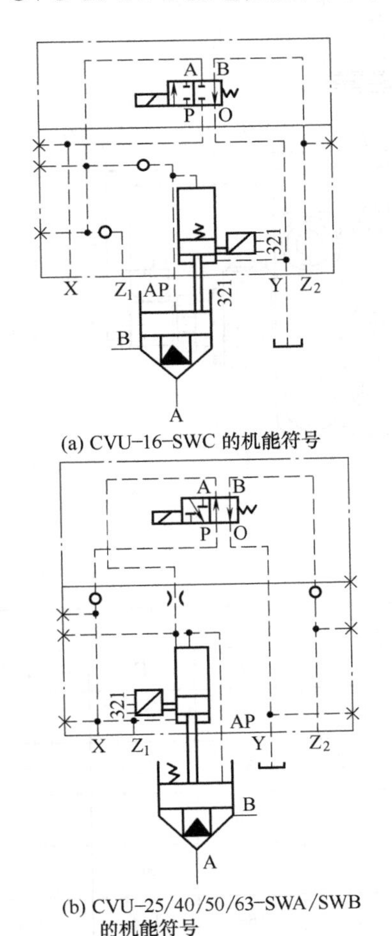

(a) CVU-16-SWC 的机能符号

(b) CVU-25/40/50/63-SWA/SWB 的机能符号

图 3.4-323 电位监测方向阀的机能符号

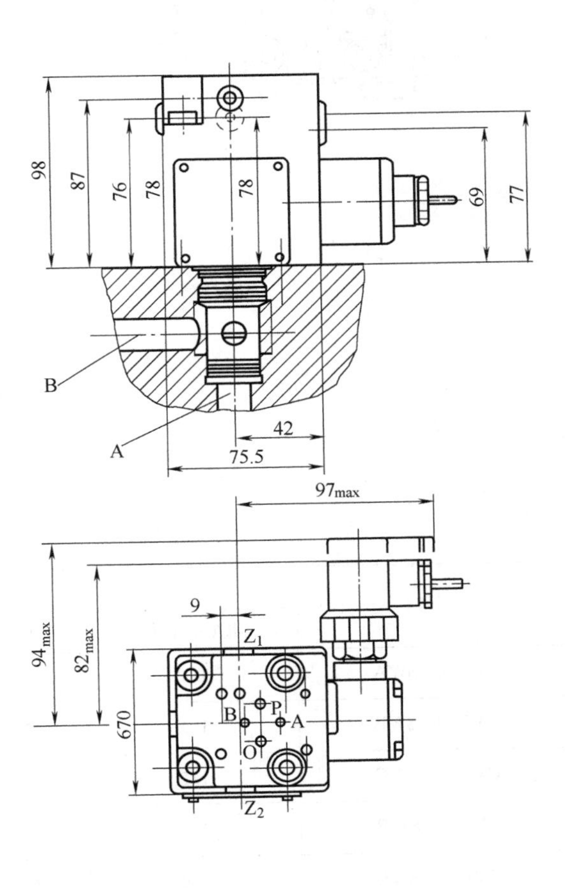

图 3.4-324 CVU-16-SWC 型电位监测阀外形尺寸图

表 3.4-134 CVU-25-63 型电位监测阀外形尺寸

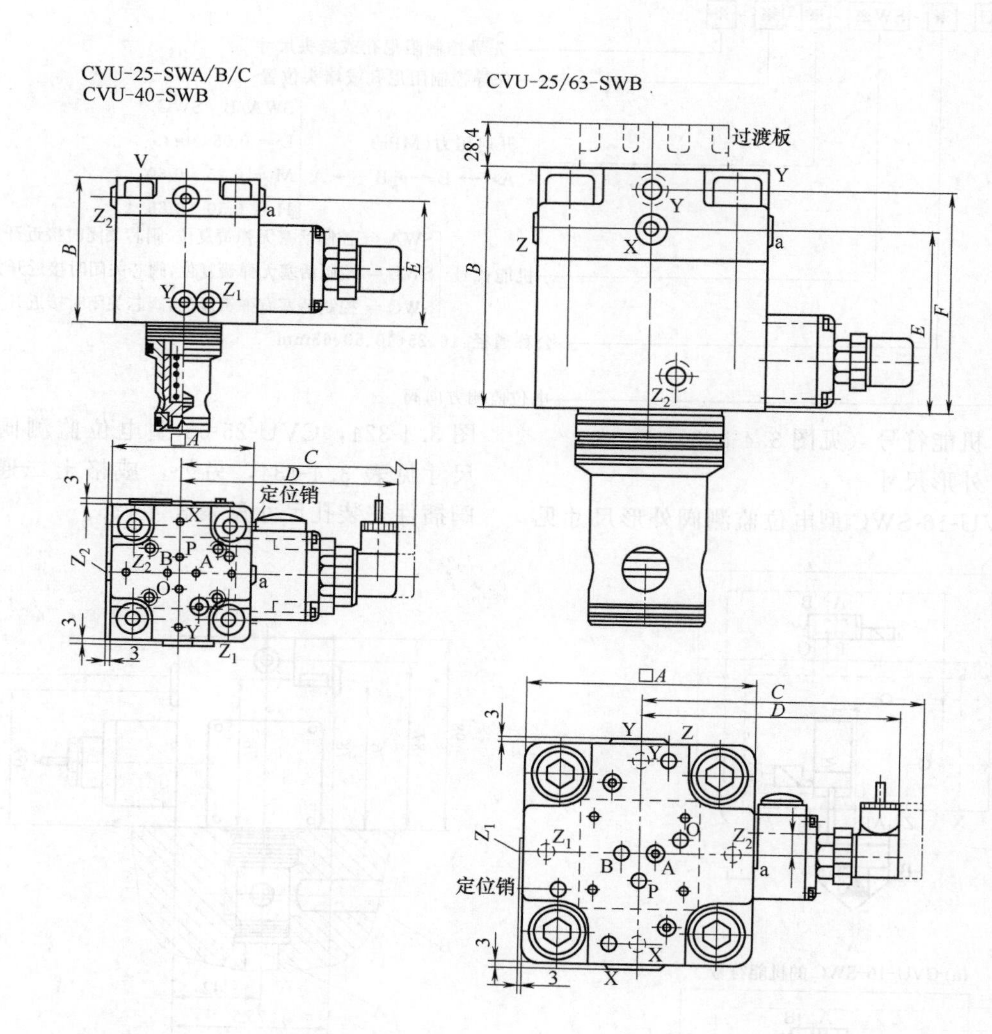

型号	尺寸/mm						
	阻尼孔直径	*A*	*B*	*C*	*D*	*E*	*F*
CVU-25-SWA	1.2	85	92	149	138	79	—
CVU-25-SWB	1.2	85	92	149	138	79	—
CVU-25-SWC	1.2	85	117	149	138	79	—
CVU-40-SWB	1.4	125	100	172	160	80	
CVU-50-SWB	1.6	140	142	180	168	104	129
CVU-63-SWB	1.8	180	165	200	188	113	141

表 3.4-135 二通插装阀插件安装孔尺寸（符合 DIN24342 的阀孔尺寸）

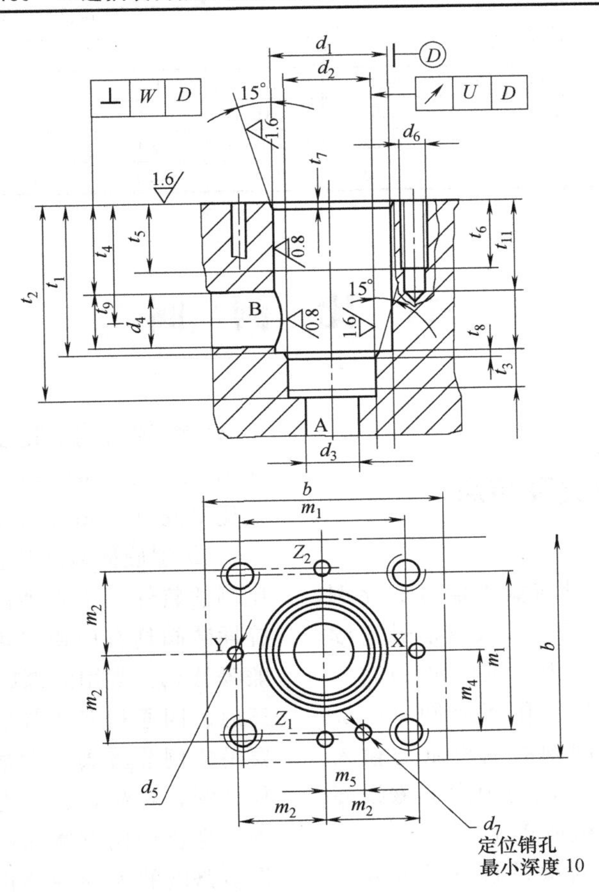

尺寸/mm	公差	规格					
		16	25	32	40	50	63
b	—	65	85	102	125	140	180
d_1	H7	32	45	60	75	90	120
d_2	H7	25	34	45	55	68	90
d_3	—	16	25	32	40	50	63
d_4	min	16	25	32	40	50	63
	max	25	32	40	50	63	80
d_5	max	4	6	8	10	10	12
d_6	—	M8	M12	M16	M20	M20	M30
d_7	H13	4	6	6	6	8	8
m_1	±0.2	46	58	70	85	100	125
m_2	±0.2	25	33	41	50	58	75
m_4	±0.2	23	29	35	42.5	50	62.5
m_5	±0.2	10.5	16	17	23	30	38
t_1	+0.1 0	43	58	70	87	100	130
t_2	+0.1 0	56	72	85	105	122	155
t_3	—	11	12	13	15	17	20
t_4	至 d_4 min	34	44	52	64	72	95
	至 d_4 max	29.5	40.5	48	59	65.5	86.5
t_5	—	20	30	30	30	35	40
t_6	—	20	25	35	45	45	65
t_7	—	2	2.5	2.5	3	4	4
t_8	—	2	2.5	2.5	3	3	4

续表

尺寸/mm	公差	规格					
		16	25	32	40	50	63
t_9 校核尺寸	min	0.5	1.0	1.5	2.5	2.5	3
t_{11}	max	25	31	42	53	53	75
U	—	0.03	0.03	0.03	0.05	0.05	0.05
W	—	0.05	0.05	0.1	0.1	0.1	0.2

11 比 例 阀

11.1 比例阀的分类及特点

比例阀是一种输出量与输入信号成比例的液压阀。它可以按给定的输入电信号连续地按比例地控制液流的压力、流量和方向。

比例控制阀主要用于开环控制（open loop control）；比例控制阀的输出量与输入信号成比例关系，且比例控制阀内电磁线圈所产生的磁力大小与电流成正比。

比例控制阀按被控对象进行分类可分为压力控制阀、流量控制及方向控制阀三类。

① 压力控制阀　包括溢流阀、减压阀，分别有直动和先导两种结构形式，可连续地或按比例地远程控制其输出油液压力。

② 流量控制阀　有比例调速阀和比例溢流流量控制阀，节流口的开度可由输入信号的电压大小决定。

③ 方向控制阀　有直动式和先导式两种结构，直动式阀有带位移传感器和不带位移传感器两类。由于使用了比例电磁铁，阀芯不仅可以换位，而且换位的行程可以连续地或按比例地变化。因而连通油口间的通流面积也可以连续或按比例地变化。所以比例换向阀不仅能够控制执行元件的方向，而且能够控制其速度。因为这个原因比例阀中的比例换向阀应用也最为普遍。

以结构形式划分电液比例阀主要有两类：一类是螺旋插装式比例阀（screwing cartridge proportional valve），另一类是滑阀式比例阀（spool proportional valve）。

① 螺旋插装式比例阀是通过螺纹将电磁比例插装件固定在油路集成块上的元件，螺旋插装阀具有应用灵活、节省管路和成本低廉等特点。常用的螺旋插装式比例阀有二通、三通、四通和多通等形式，二通式比例阀主要是比例节流阀，它常与其他元件一起构成复合阀，对流量、压力进行控制；三通式比例阀主要是比例减压阀，它主要是对液动操作多路阀的先导油路进行操作。利用三通式比例减压阀可以代替传统的手动先导减压阀，它比手动的先导阀具有更大的灵活性和更高的控制精度。根据不同的输入信号，减压阀使输出具有不同的压力或流量进而实现对比例方向阀阀芯的位移进行比例控制。

② 滑阀式比例阀是能实现方向与流量调节的复合阀。电液滑阀式比例阀是比较理想的电液转换控制元件，它不仅保留了手动多路阀的基本功能，还增加了位置电反馈的比例伺服操作和负载传感等先进的控制手段。

比例阀的特点如下。

① 利用电信号便于实现远距离控制或遥控。将阀布置在最合适的位置，提高主机的设计柔性。

② 能把电的快速灵活等优点与液压传动功率大等特点结合起来。

③ 能按比例控制液流的流量、压力，从

而对执行器件实现方向、速度和力的连续控制，并易实现自动无级调速。还能防止压力或速度变化及换向时的冲击现象。

④ 可明显地简化液压系统，实现复杂程序控制，降低费用，提高了可靠性，可在电控制器中预设斜坡函数，实现精确而无冲击的加速或减速，不但改善了控制过程品质，还可缩短工作循环时间，减少了元件的使用量。

⑤ 利用反馈提高控制精度或实现特定的控制目标。

⑥ 普通比例阀制造简便，价格比伺服阀低廉，但比普通液压阀高。由于在输入信号与比例阀之间需设置直流比例放大器，相应增加了投资费用。

⑦ 使用条件、保养和维护与普通液压阀相同，抗污染性能好。

⑧ 具有优良的静态性能和适当的动态性能，动态性能虽比伺服阀低，但已经可以满足一般工业控制的要求。主要用于开环系统，也可组成闭环系统。

近来，由于电子技术的发展，人们越来越多地采用内装的差动变压器（LVDT）等位移传感器构成阀芯位置的检测，实现阀芯位移闭环控制。这种由电磁比例阀、位置反馈传感器、驱动放大器和其他电子电路组成的高度集成的比例阀，具有一定的校正功能，可以有效地克服一般比例阀的缺点，使控制精度得到较大提高。

为了节约能量、降低油温和提高控制精度，同时也使同步动作的几个执行元件在运动时互不干扰，现在较先进的机械都采用了负载传感与压力补偿技术。负载传感与压力补偿是一个很相似的概念，都是利用负载变化引起的压力变化去调节泵或阀的压力与流量以适应系统的工作需求。负载传感对定量泵系统来讲是将负载压力通过负载感应油路引至运程调压的溢流阀上，当负载较小时，溢流阀调定压力也较小；负载较大，调定压力也较大，但也始终存在一定的溢流损失。对于变量泵系统是将负载传感油路引入到泵的变量机构，使泵的输出压力随负载压力的升高而升高（始终为较小的固定压差），使泵的输出流量与系统的实际需要流量相等，无溢流损失，实现了节能。

压力补偿是为了提高阀的控制性能而采取的一种保证措施。将阀口后的负载压力引入压力补偿阀，压力补偿阀对阀口前的压力进行调整使阀口前后的压差为常值，这样根据节流口的流量调节性流经阀口的流量大小就只与该阀口的开度有关，而不受负载压力的影响。

11.2 比例阀的结构及工作原理

电液比例阀是一种按输入的电气信号连续地、按比例地对油液的压力、流量或方向进行远距离控制的阀。与手动调节的普通液压阀相比，电液比例控制阀能够提高液压系统参数的控制水平；与电液伺服阀相比，电液比例控制阀在某些性能方面稍差一些，但它结构简单、成本低，所以它广泛应用于要求对液压参数进行连续控制或程序控制，但对控制精度和动态特性要求不太高的液压系统中。

电液比例控制阀的构成，从原理上讲相当于在普通液压阀上，装上一个比例电磁铁以代替原有的控制（驱动）部分。根据用途和工作特点的不同，电液比例控制阀可以分为电液比例压力阀、电液比例流量阀和电液比例方向阀三大类。下面对三类比例阀作简要介绍。

（1）比例电磁铁

比例电磁铁是一种直流电磁铁，与普通换向阀用电磁铁的不同之处主要在于，比例电磁铁的输出推力与输入的线圈电流基本成比例。这一特性使比例电磁铁可作为液压阀中的信号给定元件。

普通电磁换向阀所用的电磁铁只要求有吸合和断开两个位置，并且为了增加吸力，在吸合时磁路中几乎没有气隙。而比例电磁铁则要求吸力（或位移）和输入电流成比例，并在衔铁的全部工作位置上，磁路中保持一定的气隙。

比例电磁铁的类型按照工作原理主要分为如下几类。

① 力控制型　这类电磁铁的行程短，只有1.5mm，输出力与输入电流成正比，常用在比例阀的先导控制级上；在力控制型比例电磁铁中，用改变电流 I 来调节电磁力，并不要求电磁铁的动铁有明显的位移。借助于电放大器的电流反馈，即使电磁铁的阻抗有变化，电磁铁的电流及电磁力也能维持不变。见图 3.4-325。

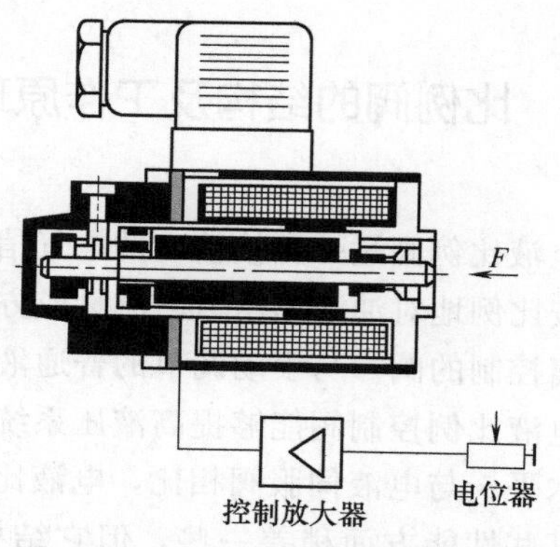

图 3.4-325　力控制型比例电磁铁

② 行程控制型　由力控制型加负载弹簧共同组成，电磁铁输出的力通过弹簧转换成输出位移，输出位移与输入电流成正比，工作行程达 3mm，线性好，可以用在直控式比例阀上。

③ 位置调节型　位置调节型比例电磁铁，对电磁铁动铁的位置进行闭环控制。只要作用在电磁铁的力在其允许的运行范围内，动铁的位置就与承载力无关。由于采用了电反馈，滞环和重复误差很小。衔铁的位置由传感器检测后，发出一个阀内反馈信号，在阀内进行比较后重新调节衔铁的位置。阀内形成闭环控制，精度高，衔铁的位置与力无关，精度高的比例阀如德国的博世、意大利的阿托斯等都采用这种结构。见图 3.4-326。

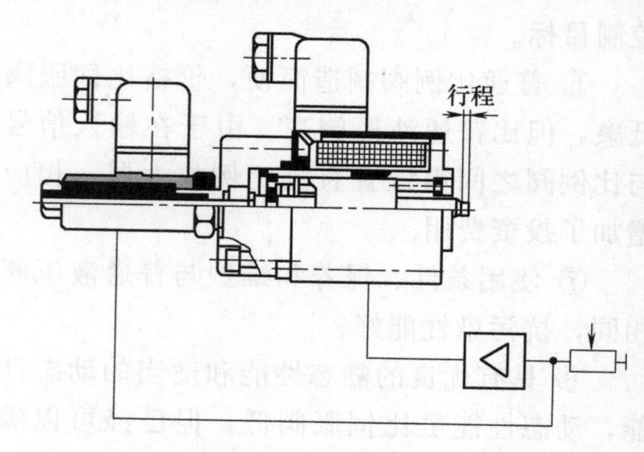

图 3.4-326　位置调节型比例电磁铁

（2）电液比例溢流阀

① 直动型比例溢流阀　比例溢流阀能用电遥控进行压力调节。如图 3.4-327 所示的比例溢流阀，是锥阀型直动式比例溢流阀，它能和输入信号成比例地调节压力，像手动调节溢流阀一样，比例溢流阀与液压系统主油路并联旁路安装。

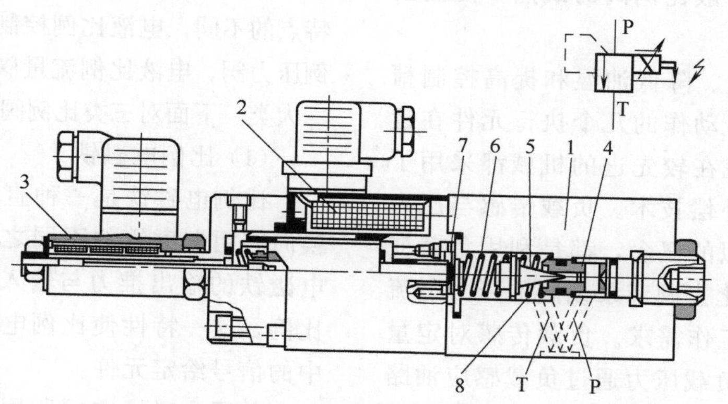

图 3.4-327　直动型比例溢流阀

1—阀体；2—比例电磁铁；3—位移传感器；4—阀芯；5—锥阀；6—压缩弹簧；7—弹簧座；8—弹簧

这种阀的核心是带电感式位移传感器3的位置调节型比例电磁铁2。电磁铁的动铁，通过弹簧座7对压缩弹簧6施加和电输入信号成比例的预紧力，此力将锥阀5压在阀座上，或改变阀座与锥阀间的开度（通流面积）。

在无输入信号或0V输入信号时，弹簧8将锥阀稍微抬离阀座，以便提供最低压力p_{min}。当阀处于垂直安装位置时，此弹簧力补偿电磁铁的重力。动铁的位置，由电感式位移传感器检测，并作为输给控制器的实际位移信号。控制器将此实际信号与输入信号进行比较，并对可能有的动铁位置误差进行校正。因而，动铁位置和设定压力有关。由于动铁行程的电闭环控制，电磁铁摩擦力的影响被消除。也就是说，由这种摩擦力引起的误差其根源是在控制回路的闭环内，是能够被补偿的（被控值）偏差。用此原理，可达到滞环<1%，重复精度<0.5%。

从图3.4-328所示比例溢流阀的流量特性曲线可以看到，阀的运行还与其流量有关。其原因是由于动铁配置了位置闭环调节，随着流量的增加锥阀不断移动离开阀座而开大阀口，而位置闭环调节则要维持动铁位置不变。由此，当流量增加时，弹簧的压缩力不断提高。也就是说，在指令电压值不变的情况下，随着流量的增大，由于弹簧力增加而使设定压力随之升高。

② 先导型比例溢流阀　先导型比例溢流阀见图3.4-329，由比例电磁铁（湿式直流电磁铁）进行先导控制；比例电磁铁将电流成比例地转变为力。电流的增加产生较大的电磁力，此电磁力在整个控制行程内保持不变。比例溢流阀由比例电磁铁1，壳体2，阀插件3和先导控制锥阀8组成。系统限定压力的调整，取决于比例电磁铁1的输入信号。流道P中的系统压力，直接作用在活塞4上，同时通过配有小孔的先导流道6，作用在活塞的弹簧侧。

系统压力通过另一小孔7，作用在先导锥阀8上，和比例电磁铁1的力相平衡。当系统压力达到电磁力所决定的数值时，先导控制锥阀移动而离开阀座，因而限制了弹簧腔9的压力。这种形式的阀，先导控制油可通过A（Y）口引出，或通过内部流道流回油箱。先导油路6中的小孔5，在活塞4上形成了一个压差。此压差使活塞4向左移动，从而打开了P⟶T的通道。在最小先导流量时（相当于0输入信号值），可获得最小设定压力。

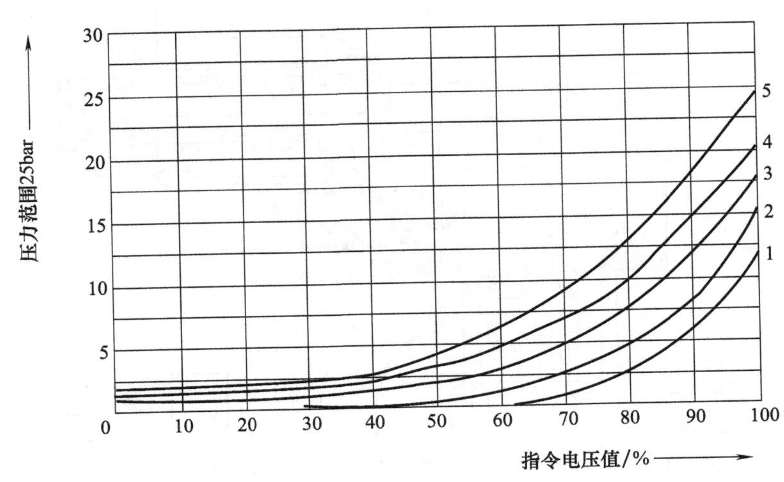

图3.4-328　设定压力和输入信号电压之间的关系

1—流量=2L/min；2—流量=4L/min；

3—流量=6L/min；4—流量=8L/min；

5—流量=10L/min

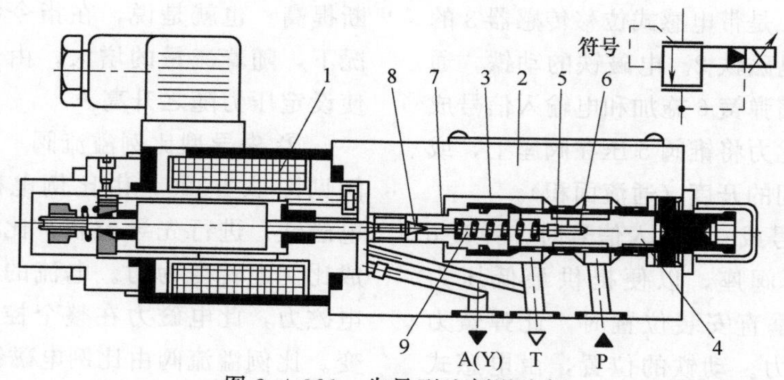

图 3.4-329　先导型比例溢流阀

1—比例电磁铁；2—壳体；3—阀插件；4—活塞；5,7—小孔；
6—先导流道；8—先导锥阀；9—弹簧腔

另一种先导比例溢流阀的结构见图 3.4-330，该阀下部与普通溢流阀的主阀相同，上部则为比例先导压力阀。该阀还附有一个手动调整的安全阀（先导阀）9，用以限制比例溢流阀的最高压力，以避免因电子仪器发生故障使得控制电流过大，压力超过系统允许的最大压力。比例电磁铁的推杆向先导阀芯施加推力，该推力作为先导级压力负反馈的指令信号。随着输入电信号强度的变化，比例电磁铁的电磁力将随之变化，从而改变指令力 $F_{指}$ 的大小，使锥阀的开启压力随输入信号的变化而变化。若输入信号连续地、按比例地或按一定程序变化，则比例溢流阀所调节的系统压力也连续地、按比例地或按一定的程序进行变化。因此比例溢流阀多用于系统的多级调压或实现连续的压力控制。直动型比例溢流阀作先导阀与其他普通的压力阀的主阀相配，便可组成先导型比例溢流阀、比例顺序阀和比例减压阀。图 3.4-331 为先导型比例溢流阀的工作原理简图。

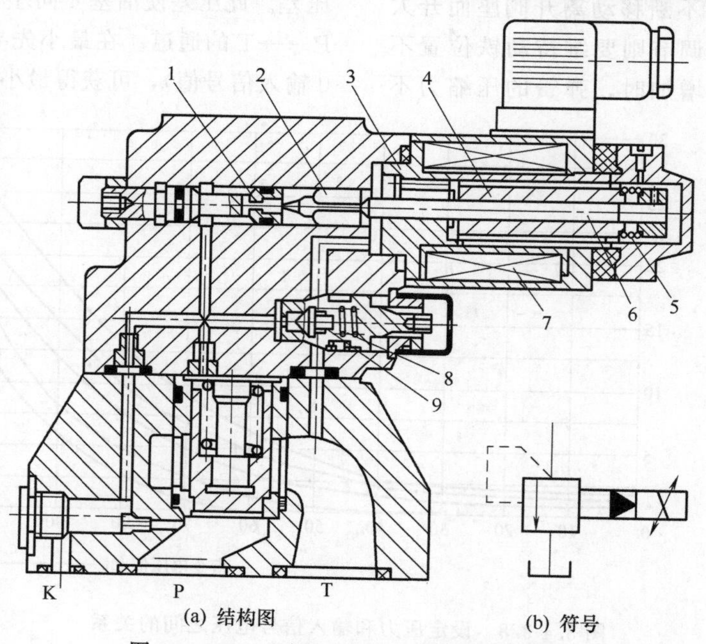

(a) 结构图　　(b) 符号

图 3.4-330　比例溢流阀的结构及图形符号

1—阀座；2—先导锥阀；3—轭铁；4—衔铁；5,8—弹簧；
6—推杆；7—线圈；9—先导阀

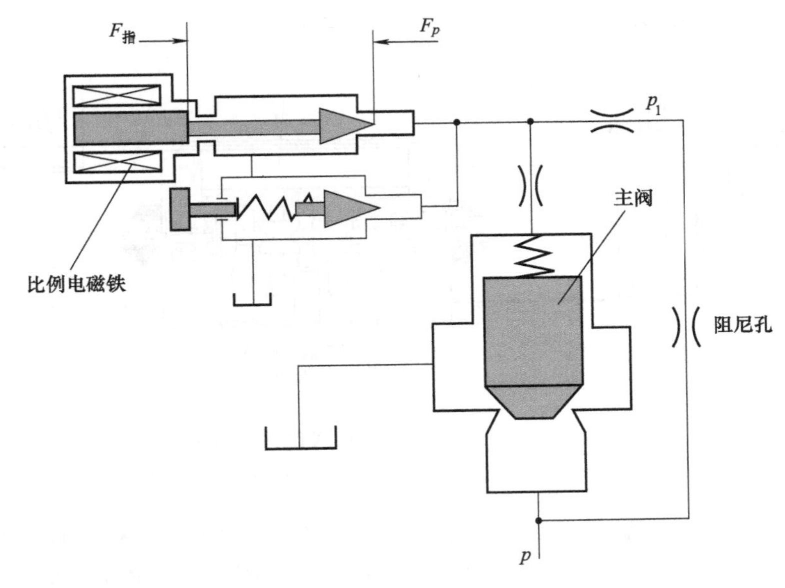

图 3.4-331 先导型比例溢流阀的工作原理简图

(3) 比例方向阀

用比例电磁铁取代电磁换向阀中的普通电磁铁，便构成直动型比例方向阀，如图3.4-332所示。由于使用了比例电磁铁，阀芯不仅可以换位，而且换位的行程可以连续地或按比例地变化，因而连通油口间的通流面积也可以连续地或按比例地变化，所以比例方向阀不仅能控制执行元件的运动方向，而且能控制其速度。

电磁铁失电时，复位弹簧2和5将控制滑阀3维持在中间位置。当电磁铁B得电(即负的指令电压加于控制电路)后，控制滑阀3向左移动，则P口和A口、B口和T口接通。其结果是横断面呈节流槽形式的阀口通路打开，并形成对输入信号的渐进的流量特性。

部分比例电磁铁前端还附有位移传感器(或称差动变压器)，这种比例电磁铁称为行程控制比例电磁铁。位移传感器能准确地测定电磁铁的行程，并向放大器发出电反馈信号。电放大器将输入信号和反馈信号加以比较后，再向电磁铁发出纠正信号以补偿误差，因此阀芯位置的控制更加精确。见图3.4-333。

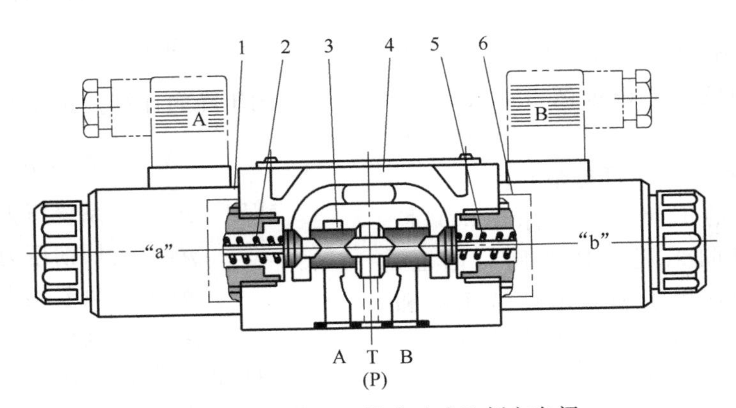

图 3.4-332 无电反馈直动式比例方向阀

1,6—电磁铁；2,5—复位弹簧；3—控制滑阀；4—阀体

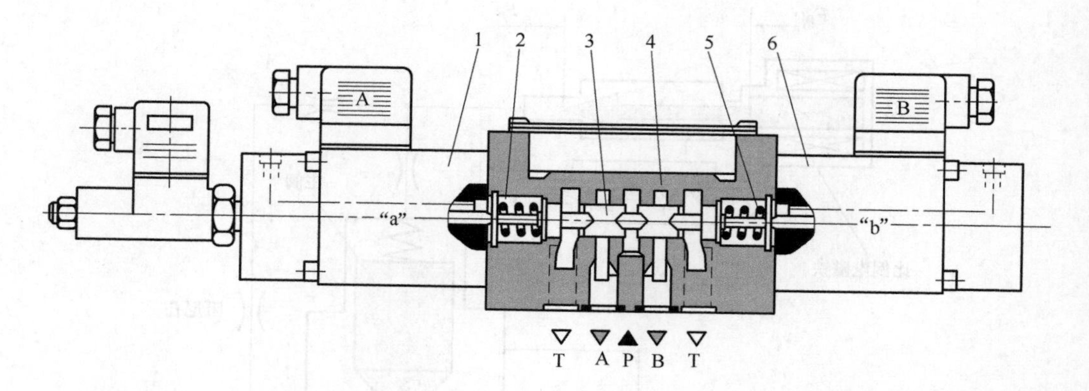

图 3.4-333 带电反馈直动式比例方向阀

1，6—电磁铁；2，5—复位弹簧；3—控制阀芯；4—阀体

图 3.4-334 表示了在油温 $t=50℃$，油液的运动黏度 $\nu=41mm^2/s$ 时，不同阀压降情况下的流量特性曲线，从不同的特性曲线可以看到，阀压降的变化，也能引起流量的变化，阀的压降是进口（P→A）与出口（B→T）两个阀口压降之和。

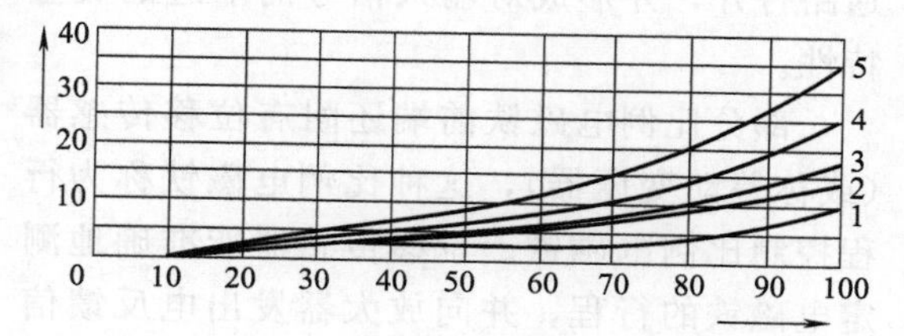

图 3.4-334 流量/输入信号特性曲线

在阀的压降为 10bar 时，名义流量为 10L/min

1—$p_V=10bar$ 恒定；2—$p_V=20bar$ 恒定；

3—$p_V=30bar$ 恒定；4—$p_V=50bar$ 恒定；

5—$p_V=100bar$ 恒定

可以看到，压力 p_S、p_L 和 p_T 的变化要引起阀压降的变化，根据图 3.4-335，这要引起流量的变化。在实践中，系统压力和回油压力的变化往往是不可忽略的。

集成在阀内的 E 型（力士乐结构）控制滑阀，进出口间采用同样的阀口断面。这种形式的滑阀，用于和双出杆液压缸和液压马达，或其进出口流量相等的执行元件连接。对于单出杆液压缸，此控制滑阀不适用，因为进出口阀口处的流量及压降不相等。

在这种场合可采用 E1 和 E2 型控制滑阀，此时阀口的断面比例是 2∶1。

用比例方向阀，能简单地控制执行元件（液压缸、液压马达）运行的速度和方向。这里，可以得到可变的节流控制，即对应每一个预选的指令值，比例方向阀有相应的阀口开度。设定的输入信号对应的油液流量，不仅取决于阀口开度，而且还和阀压降有关。

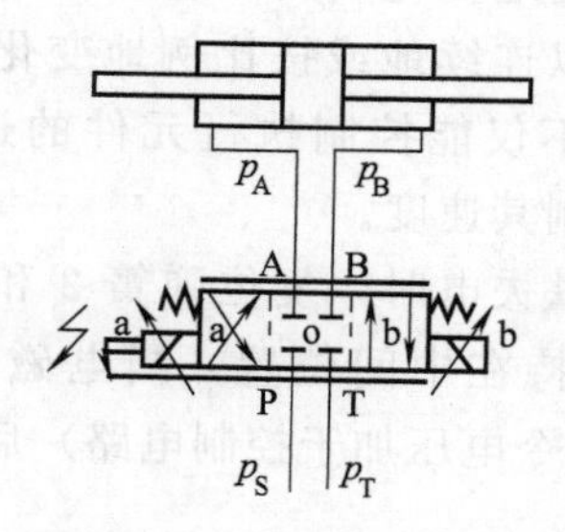

图 3.4-335 阀压降计算

阀压降的计算公式如下。

$$\Delta p_V=p_S\pm p_L-p_T \quad (3.4\text{-}24)$$

式中 p_S——系统压力；

p_T——回油压力；

p_L——负载压力，$p_L=p_A-p_B$；

Δp_V——阀压降。

假如液压执行元件承受变化的负载，而要将速度保持在狭小的公差范围内，则要采取适当的元件对此进行补偿。

在各流量阀中使用的压力补偿器，能消除负载压力和系统压力变化对流量恒定的影响。压力补偿器和比例阀的控制部位（控制阀口），组成了流量控制阀，它能不受压力影响地调节流量。

（4）电液比例调速阀

液压比例控制技术中另一个重要元件，是二通比例流量阀，见图 3.4-336。它主要用来控制速度和转速。这意味着，例如，液压缸能在任何干扰因素（不同的负载）下，以恒速伸出。图 3.4-336 表示的二通比例流量阀，它能根据给定的电指令值控制流量，而不受压力和油液黏度变化的影响。因而，液压缸能以恒速伸出，不受任何干扰因素（不同的负载）的影响。

常用的控制方式，是将所需要的指令值（输入信号）通过控制电路加到比例电磁铁 2 上，并使其动铁移动一定的距离，此距离正比于指令值。电感式位移传感器 1 检测动铁 6 的位置，并将其作为实际值。所测得的实际值和指令值的任何偏差，由闭环控制校正。节流口 3 和动铁位置一起变化，这就得到一定的阀口开度。压力补偿器 4 维持节流口两端的压力差恒定，使通过的流量和负载变化无关。节流口的形状，对油液的黏—温特性，进而对流量阀与油液温度的依赖关系有影响。好的设计，有可能使流量对温度和黏度的依赖关系，在很大程度上被减弱。

100％指令值时的流量即最大流量。最大流量及整个特性曲线形状，与节流口的形状和大小有关。单向阀 5 使 B→A 为自由流动。在比例电磁铁无信号时，节流孔口关闭。当电缆断裂或油源故障时，阀 A→B 的通路关闭。

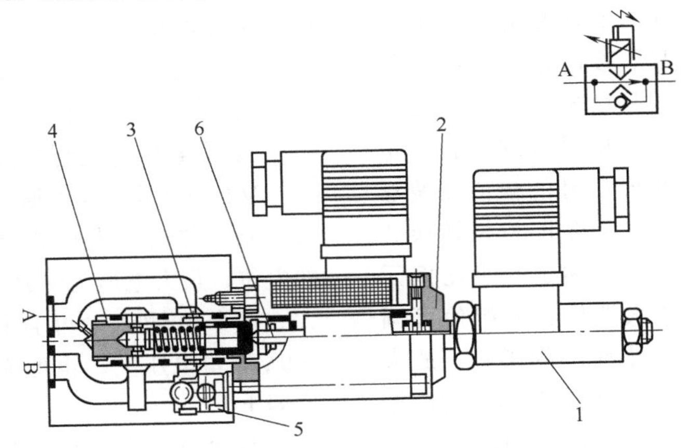

图 3.4-336　二通比例流量阀

1—电感式位移传感器；2—比例电磁铁；3—节流口；4—压力补偿器；5—单向阀；6—动铁

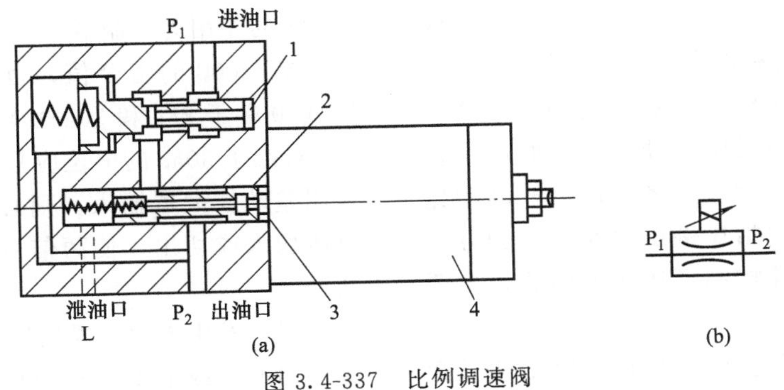

图 3.4-337　比例调速阀

1—定差减压阀；2—节流阀阀芯；3—推杆；4—比例电磁铁

图 3.4-337 为另一种结构的比例流量阀，图中的节流阀芯由比例电磁铁的推杆操纵，输入的电信号不同，则电磁力不同，推杆受力不同，与阀芯左端弹簧力平衡后，便有不同的节流口开度。由于定差减压阀已保证了节流口前后压差为定值，所以一定的输入电流就对应一定的输出流量，不同的输入信号变化，就对应着不同的输出流量变化。

11.3 比例阀用放大器

比例阀与放大器配套使用，放大器采用电流负反馈，设置斜坡信号发生器、阶跃函数发生器、PID 调节器、反向器等，控制升压、降压时间或运动加速度及减速度。断电时，能使阀芯处于安全位置。

对比例放大器的基本要求是能及时地产生正确有效的控制信号。及时地产生控制信号意味着除了有产生信号的装置外，还必须有正确无误的逻辑控制与信号处理装置。正确有效的控制信号意味着信号的幅值和波形都应该满足比例阀的要求，与电-机械转换装置（比例电磁铁）相匹配。为了减小比例元件零位死区的影响，放大器应具有幅值可调的初始电流功能；为减小滞环的影响，放大器的输出电流中应含有一定频率和幅值的颤振电流；为减小系统启动和制动时的冲击，对阶跃输入信号应能自动生成可调的斜坡输入信号。同时，由于控制系统中用于处理的电信号为弱电信号，而比例电磁铁的控制功率相对较高，所以必须用功率放大器进行放大。

根据比例电磁铁的特点，比例放大器大致可分为两类：不带电反馈的和带阀芯位移电反馈的比例放大器。前者配用力控制型比例电磁铁，主要包括比例压力阀和比例方向阀；后者配用位移控制型比例电磁铁，主要有比例流量阀等。

不带电反馈的比例压力阀常用的比例放大器有 VT2000、VT3000、VT2010、VT2013，这几种比例放大器的功能类似，区别在于初始段电流情况不一样，需根据具体的比例压力阀来选用，而且仅适用于比例电磁铁阻抗为 19.5Ω 的比例压力阀。对于电磁铁阻抗为 5.4Ω 的比例压力阀，需用 VT-VSPA1-1 比例放大器。

11.3.1 VT2000 比例放大器——比例压力阀用的放大器

如图 3.4-338 所示为 VT2000 比例放大器的结构框图，它主要由差动放大器 1、斜坡函数发生器 2、电流调节器 3、振荡器 4、脉宽调制输出级 5、电压单元 6 和解调器 7 等组成，图中 8 为比例电磁铁。

用方框图来解释比例放大器的功能。电源电压加到端子 24ac（＋）和 18ac（0V）上。电源电压在放大板上进行稳压处理，并由此平稳的电压（6）产生一个稳定的±9V 的电压，此稳定的±9V 的电压用于：

① 供给外部或内部指令值电位器；

② 供给内部运行的放大器。

VT2000 放大器，通过指令值输入 12ac 进行控制。此输入电压相当于测量零点（M0）的电位，最大电压为＋9V（端子 10ac）。

指令值输入，可直接连接到电源 6 的＋9V测量电压上，也可连接到外部指令值电位器上。

假如指令值输入直接连接到测量电压上，则输入电压的值，因而电磁铁的电流，可由电位器 R2 来决定，如用外部指令值电位器，则 R2 的作用为限制器。

VT2000 的指令值，也能通过差动放大器（70 端子 28c 和 30ac）输入，此时，端子 28c 对端子 30ac 的电位应是 0～＋10V。如果采用差动放大器输入，则必须仔细地将指令电压切入或切出，使两信号线与输入连接或断开。

斜坡发生器 2，根据阶跃输入信号产生缓慢的上升或下降的输出信号。输出信号的斜率，可由电位器 R3（对向上斜坡）和 R4

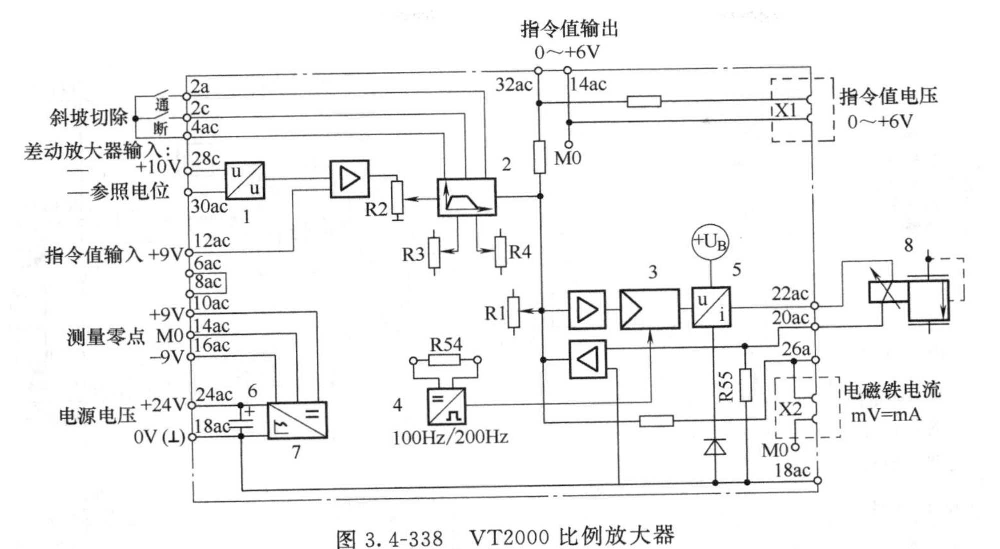

图 3.4-338 VT2000 比例放大器

1—差动放大器；2—斜坡函数发生器；3—电流调节器；4—振荡器；5—脉宽调制输出级；6—电压单元；7—解调器；8—比例电磁铁

(对向下斜坡）进行调节。规定的最大斜坡时间为 5s，只能在整个电压范围为＋9V 时才能达到。假如小的指令值阶跃加到斜坡发生器的输入，则斜坡时间会相应缩短。

在电流调节器 3 上，斜坡发生器 2 的输出信号和电位器 R1 的值相加，借助于振荡器 4 的调节，产生导通输出级的大功率晶体管的脉宽信号，此脉冲电流作用在电磁铁上，就像一恒定电流叠加了颤振信号。

电流调节器 3 的输出信号输到输出级 5，输出级 5 控制电磁铁输出级 8，其最大电流为 800mA。通过电磁铁的电流，可在测量插座 X2 处测得，斜坡发生器的输出，可在测量插座 X1 处测得。

外部控制：

① 通过电位器遥控及用继电器激活；

② 通过差动放大器的输入进行遥控；

③ 斜坡切除（Ramp off）用于上升和下降。

11.3.2 VT3000 比例放大器——无阀芯位置反馈比例方向阀用的放大器

如图 3.4-339 所示，用方框图来解释比例放大器的功能。电源电压加到端子 32ac（＋）和 26ac（0V），加到比例放大器上，电源电压在放大板上进行稳压处理，并由此平稳的电压产生一个稳定的±9V 电压。此稳定的±9V 的电压用于：

① 供给外部或内部指令值电位器；

② 供给内部运行的放大器。

VT3000 放大器有 4 个对于 M0 单位的指令值输入，和一个差动放大器输入（端子 16a 和 16c）。为了设定指令值电压，四个端子 12a，8a，10a 和 10c，必须连接到稳定的＋9V 电压（端子 20c）或－9V（端子 26ac）。此四个指令值输入，可直接连到电源单元 8 的±9V 电压上，也可连到外部指令值电位器上。假如四个指令值输入直接连到±9V 电压上，四个不同的指令值可由电位器 R1～R4 来设定。当使用外部指令值电位器时，内部电位器 R1～R4 的作用为限制器。指令值通过继电器触头 k1～k4 来取值。

假如指令值电压不是由内部电路而是由外部电路来提供，则必须利用差动放大器输入。如果采用差动放大器（2）输入，则必须仔细将指令电压切入或切出，使两信号线与

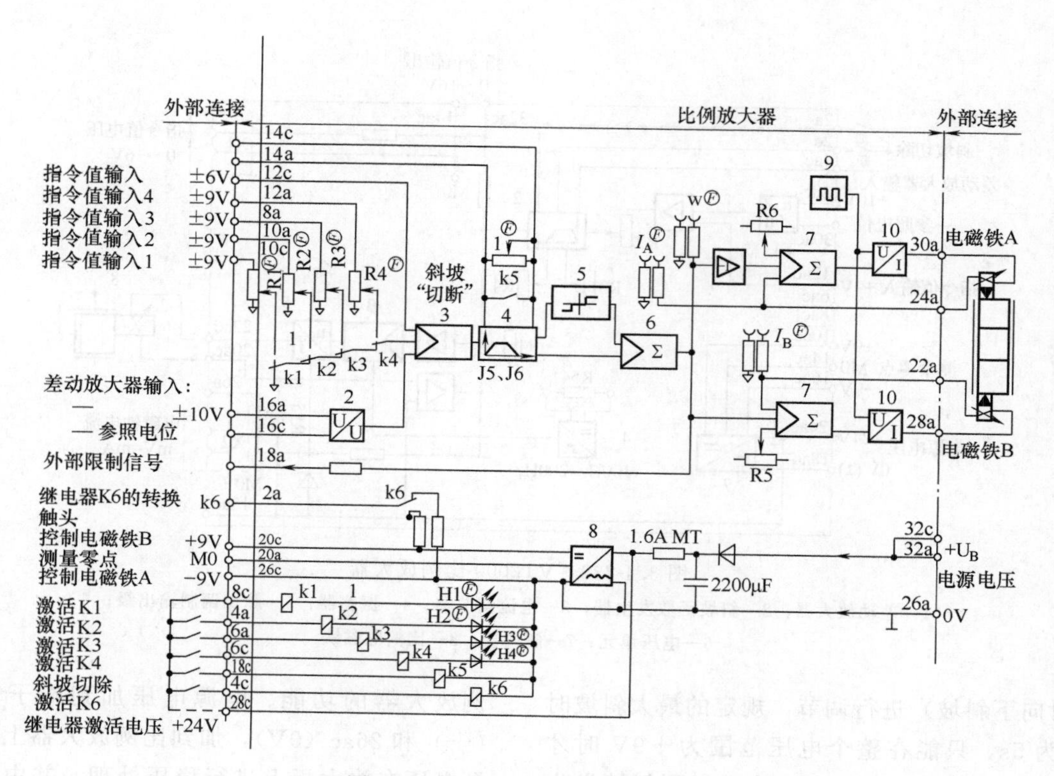

图 3.4-339 VT3000 比例放大器

1—赋值；2—差分放大器；3—内辅助电源；4—斜坡信号发生器；5—阶跃信号发生器；6—加法器；7—双平衡电路；8—电流调节器；9—脉冲信号发生器；10—功率放大器

输入连接或断开，斜坡发生器（4），根据阶跃的上升输入信号产生缓慢上升的输出信号。输出信号的上升时间（斜率），可由电位器R8进行调节。规定的最大斜坡时间（1s或5s），只能在全电压范围（为0～±6V，在指令值测量插脚处测得）时达到。

在输入端±9V的指令值电压，在指令值测量插脚处产生±6V的电压。假如小于±9V的指令值输到斜坡发生器（4）的输入端，则最大斜坡时间会缩短。

斜坡发生器（4）的输出信号，输到加法器（6）和阶跃函数发生器（5）。阶跃函数发生器（5）在其输出端产生一阶跃函数，并和斜坡发生器（4）的输出信号在加法器（6）中相加。此阶跃函数用于使滑阀快速通过比例方向阀的正遮盖区域。

此快速跳跃只在指令值电压高于100mV时才起作用。如果指令值电压增高到高于此值，此阶跃函数发生器（5）输出一个恒定的信号。

加法器（6）的输出信号输出到电流调节器（8）的两个输出级，振荡器（9）和功率放大器（10）。对放大器输入端正的指令电压，电磁铁B的输出级受控制，对放大器输入端的负的指令值电压，电磁铁A的输出级受控制。

差动放大器的输入从0～±10V。为了达到放大器和外部控制电路高阻抗的隔离，需要这样的输入。

继电器k6可用于给出电压的摆动，即通过继电器触头k6，可将电压从−9V转换到+9V。当输出端2a连接到某一指令值输入端时，通过动作相关的电磁铁和电磁铁k6（触头4c）能使方向相反。

为动作电磁铁k5，斜坡发生器应被跨接，即不让其起作用。

电磁铁的动作电压必须从28c获取，并通过无反冲电位触头输到电磁铁的输入端8c，4a，6a和6c。

11.3.3 VT5005 比例放大器——带阀芯位置反馈比例方向阀用的放大器（见图 3.4-340）

（1）指令值预选

进行指令值预选以获得可变电压的最简单的方法，是将输出端 30a（k6 的转换触头）连到一个或几个指令值输入（14c，14a，20a，20c）上。见图 3.4-341。

4 个指令值输入处的电压为 9V，可用电压分配器 P1 到 P4 将指令值电压调节到所需

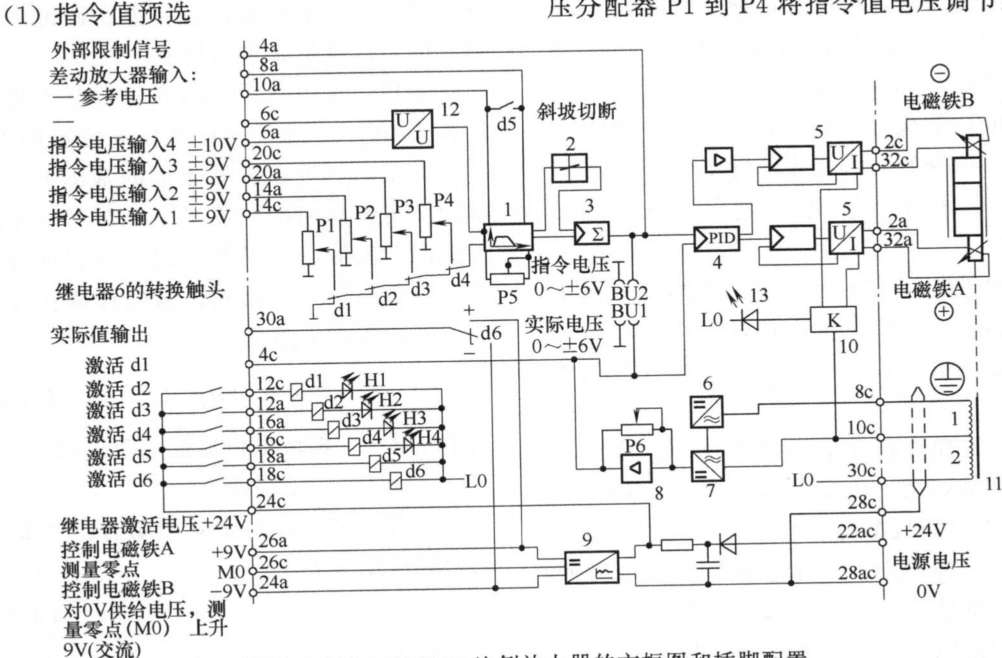

图 3.4-340 VT5005 比例放大器的方框图和插脚配置

1—斜坡发生器；2—阶跃函数发生器；3—加法器；4—PID 控制器；5—输出级；6—振荡器；7—解调器；8—匹配放大器；9—电源单元；10—断线检测；11—位移传感器；12—差动放大器；13—断线指示辉光二极管；P_1～P_4—指令值；P5—斜坡时间；P6—增益；H1～H4—指令值激活的辉光二极管；d1～d6—继电器的激活

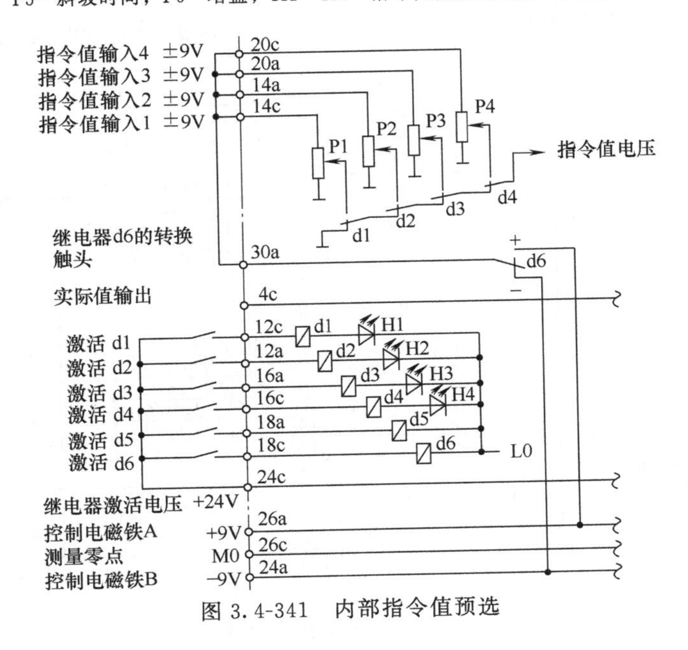

图 3.4-341 内部指令值预选

的负指令值，并能由继电器 k1～k4 来启动（继电器的激活的 d1～d4）。转换触头 k1～k4 的串联，确保每一次只能预选一个指令电压（指令值输入 20c 具有最高的优先权）。辉光二极管 H1 到 H4 指示哪一个继电器动作。

指令值输入的极性（正指令值电压），能用转换触头 k6 转换，和继电器 k1～k4 不同，继电器 k6 的状态没有显示，所需转换的指令值电压的极性，也可以是负的。更好的办法是，指令值电压能从正值连续变为负值。这可用外部指令值电位器来达到。见图 3.4-342。

＋9V(26a) 和－9V(24a) 的电压加到电压分配器上，因而它能提供从－9～＋9V 的连续变化的电压，此电压可作为指令值的输入信号。

为了避免在指令值阶跃变化时液压系统的冲击（例如指令值输入从某一值变到另一值），放大电路板配有斜坡发生器 1。在设定时间内，它将从上一个指令值开始，到现时要加的指令值进行积分。故斜坡发生器是将新的指令值电压加于平滑。参见图 3.4-343。

通常，积分时间（斜坡时间）能在 0.03～5s 之间变化。此变化可用调节多圈电位器 P5（放大器面板上的斜坡时间按钮）来达到。如果需要，通过继电器 K5（激活 d5）或将触头 8a 和 10a 跨接的方法，来切除斜坡发生器。用匹配的 VT5005 比例放大器进行斜坡时间的调节。

简要说明：用于设定斜坡时间的匹配器，使 VT5005 比例放大器有可能精确地调节斜坡时间，以满足要求的数值。

原理：在 VT5005 比例放大器连接器的插脚 6a 和 10a 处，测量斜坡电位器的电阻。在此电阻和斜坡积分器阻值的基础上，能精确地决定斜坡时间。反过来，对于一定的斜坡时间，斜坡电位器的电阻，也能进行计算和设定。采用下列公式，精确计算在给定斜坡时间应有的电阻值。

$$R=100t+2.7 \tag{3.4-25}$$

式中 R——斜坡电位器的电阻，kΩ；

t——斜坡时间。

一般，对于大多数应用场合，下面的简化公式就足够了：

$$R=100t \tag{3.4-26}$$

对于很小的斜坡时间（0.03～0.1s），此简化公式还不够精确。在此情况下，请采用精确公式。注意！此关系式仅能用于调节 0.03～5s 的 VT5005 比例放大器。

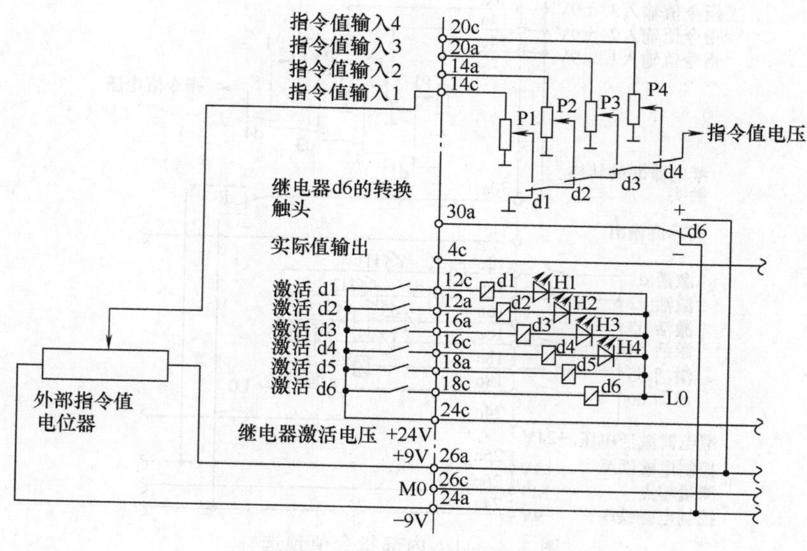

图 3.4-342　外部指令值预选

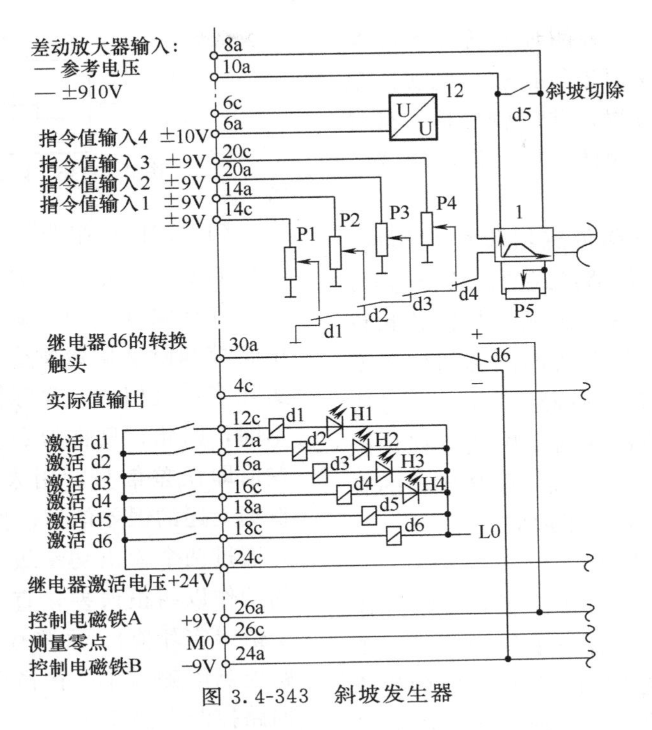

图 3.4-343 斜坡发生器

操作方法如下。

① 利用相应的公式，决定所需斜坡时间必要的电阻。

② 切断电源，小心地将 VT5005 比例放大器从机架上取下。

③ 将数字万用表转换到电阻测量挡（量程为 2000kΩ），并和运行板（8a，10a）连接。

④ 用斜坡电位器设定所算得的电阻值（对于小的电阻值，用最合适的量程）。

⑤ 合上电源，继续工作。

（2）实际值的采集

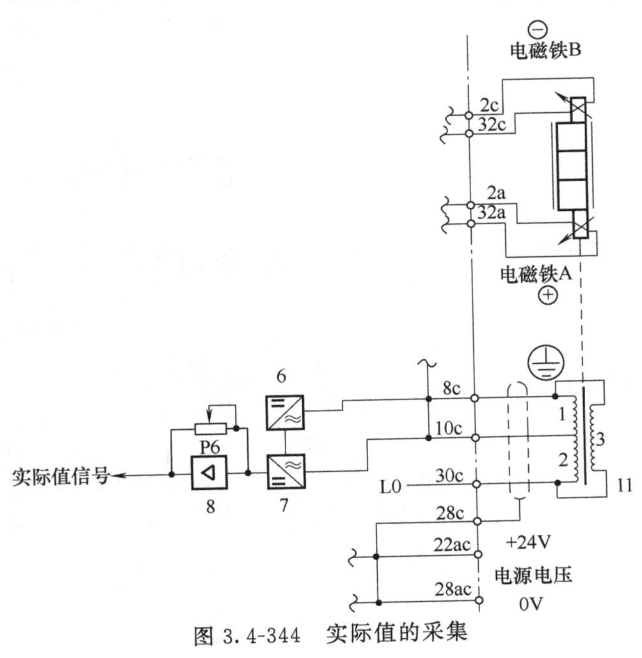

图 3.4-344 实际值的采集

如图 3.4-344 所示。闭环系统需要将实际点信号值和电指令值进行比较。此实际值必须正比于阀芯的行程，并应较好地、信号无损失地被检测到，为此，可采用电感式位移传感器 11。

在此类阀中，位移传感器集成在阀内。其工作原理是差动变压器形式的位移传感器。它由三个线圈和一个铁芯组成，其铁芯和移动的阀芯连在一起。根据滑阀阀芯的位置变化，能在固定不动的线圈绕组 1 和 2 上感应出变化的电压，振荡器 6 向电感式位移传感器 11 提供交流电压，解调器 7 使传感器的有效信号和实际值 8 的形式相适应。

(3) 阶跃函数发生器

从设计的角度出发，在控制阀口打开让油液流过之前，滑阀应有一定的行程（遮盖量）。假如在遮盖量范围内，滑阀阀芯的位移精确地跟随指令值的变化，则在过了遮盖量之后的行程中，控制变量（阀口轴向开度）就不会跟随指令值呈比例地变化（阀口轴向开度等于阀芯位移减去固定的遮盖量）。

此情况可由阶跃函数发生器来弥补，阶跃函数发生器产生的阶跃信号，叠加到指令值上，能使滑阀阀芯迅速地越过中位的遮盖量。见图 3.4-345。

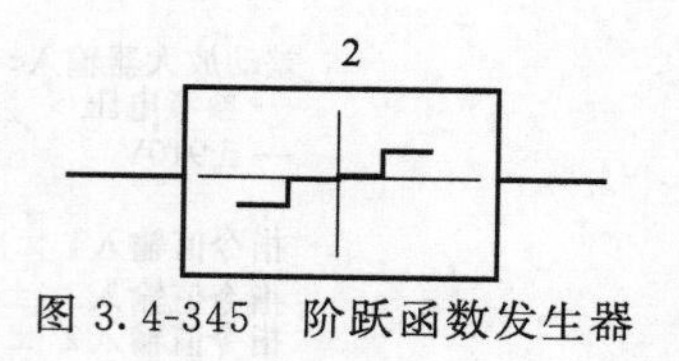

图 3.4-345　阶跃函数发生器

(4) PID 控制器

如图 3.4-346 所示。PID 控制器（比例一积分一微分作用）是一个电子回路，它把用斜坡和阶跃函数发生器校正过的指令值和实际信号值相加，实际值和指令值的正负号不同，因此，只将指令值和实际值的绝对值差值即误差信号，用来作为控制器的信号。根据上述的误差信号，控制器得出控制信号，并通过两个输出功率级 5 中的一个，去控制阀动作以纠正误差，直至误差信号为 0（指令值=实际值）。在指令信号为正时，电子回路控制电磁铁 B；在指令信号为负时，电子回路控制电磁铁 A。

(5) 电缆断裂检测

监控电感式位移传感器 11 的电源电缆，在此电缆断裂时，它使两个电磁铁（A 和 B）均失电，同时在放大器面板上的 LED13（辉光二极管）发出信号，以示有电缆断裂。

下面给出比例放大器接线图的实例，见图 3.4-347～图 3.4-350。

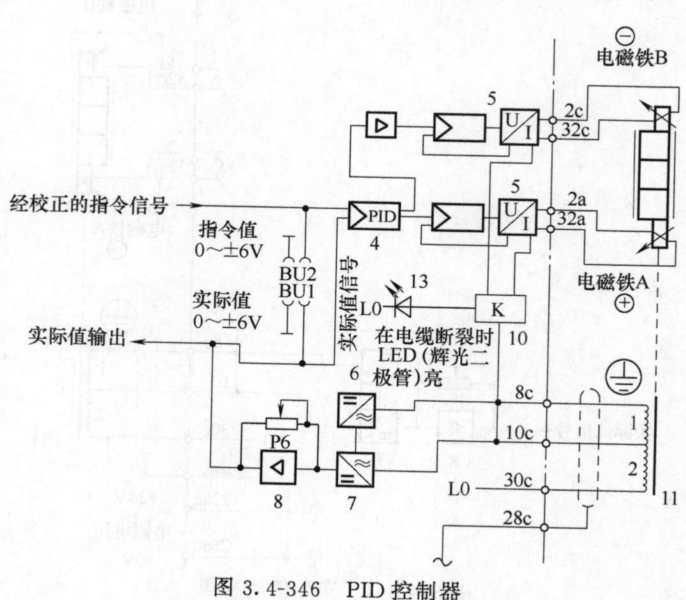

图 3.4-346　PID 控制器

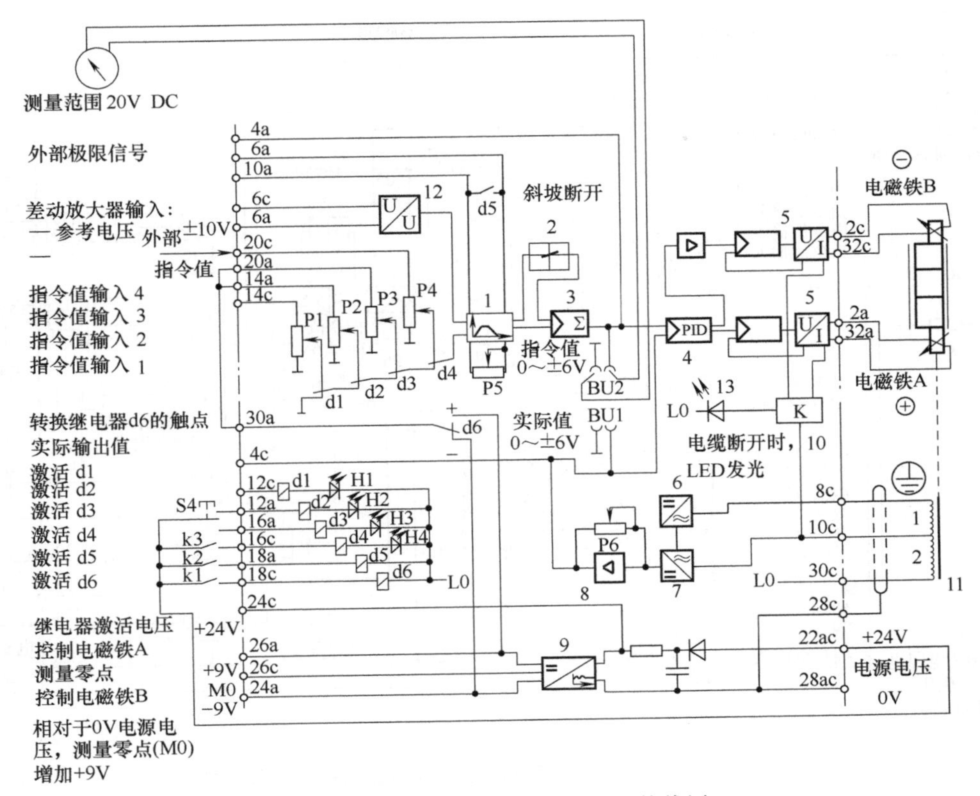

图 3.4-347 VT5005型比例放大器接线图

1—斜坡发生器；2—阶跃函数发生器；3—加法器；4—PID控制器；5—输出状态；6—振荡器；7—解调器；8—匹配放大器；9—电源；10—电缆断裂检测；11—位移传感器；12—差动放大器；13—电缆断裂LED；P1～P4—指令值；P5—斜坡时间；P6—增益；H1～H4—对应于指令值启动的LED；d1～d6—继电器激活

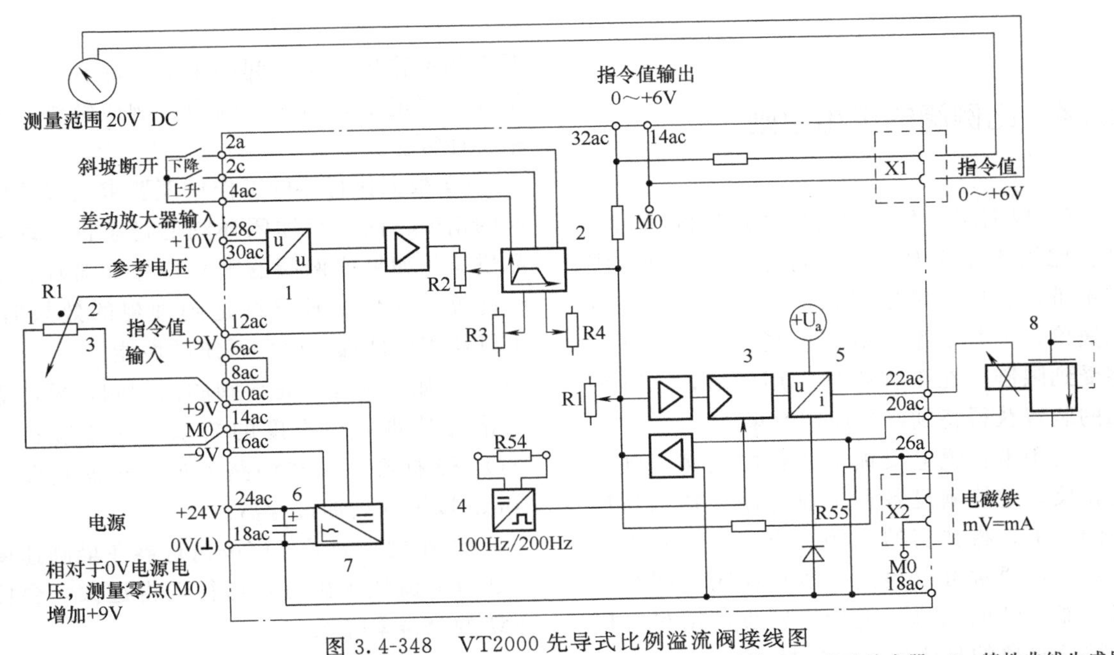

图 3.4-348 VT2000先导式比例溢流阀接线图

1—斜坡发生器；2—电流调节器；3—输出状态；4—振荡器；5—电源；6—电磁铁；7—差动放大器；8—特性曲线生成器
R1—最大电流；R2—偏置电流；R3—斜坡时间“上升”；R4—斜坡时间“下降”

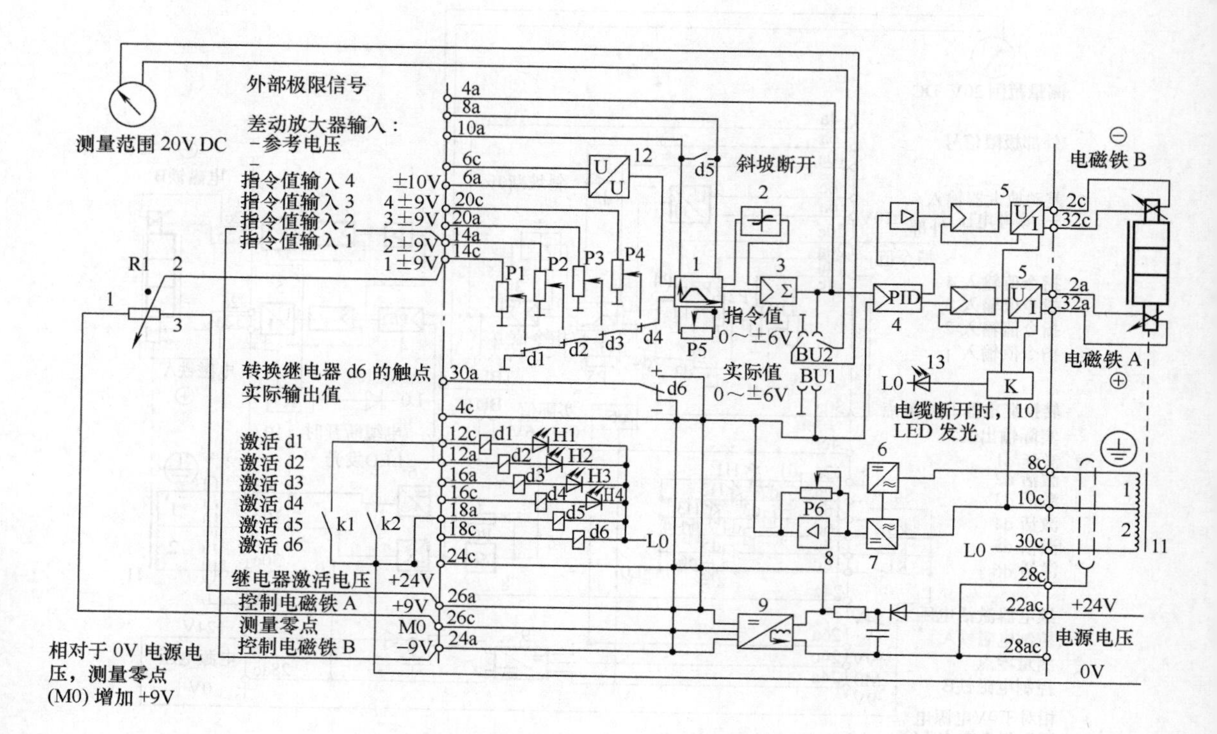

图 3.4-349　VT5005 三位四通比例阀控制液压缸接线图

1—斜坡发生器；2—阶跃函数发生器；3—加法器；4—PID 控制器；5—输出状态；6—振荡器；7—解调器；8—匹配放大器；9—电源；10—电缆断裂检测；11—位移传感器；12—差动放大器；13—电缆断裂 LED；P1～P4—指令值；P5—斜坡时间；P6—增益；H1～H4—对应于指令值启动的 LED；d1～d6—继电器激活

11.4　比例阀的选用原则

① 根据用途和被控对象选择比例阀的类型。比例阀可分为两种不同的基本类型，配用不带位置电反馈电磁铁的比例阀，其特点是廉价，但其功率参数、重复精度、滞环等将受到限制。在工程机械应用领域，这种牢靠的装置获得特别好的应用效果。

配用带位置电反馈电磁铁的比例阀则与此相反，它能满足各种工业应用中特别高精度的要求。将精密的比例阀应用于开环控制回路时，通常可以得到一般只在闭环调节回路才能达到的效果。但价格较贵，用户可根据被控对象的具体要求来选择。

② 正确了解比例阀的动、静态指标，主要有额定输出流量、起始电流、滞环、重复精度、额定压力损失、温漂、响应特性、频率特性等。

③ 根据执行器的工作精度要求选择比例阀的精度，内含反馈闭环阀的稳态性、动态品质等。如果比例阀的固有特性如滞环、非线性等无法使被控系统达到理想的效果时，可以使用软件程序改善系统的性能。

④ 如果选择带先导阀的比例阀，要注意先导阀对油液污染度的要求。一般应符合 ISO 185 标准，并在油路上加装过滤精度为 10μm 以下的进油过滤器。

⑤ 比例阀的通径应按执行器在最高速度时通过的流量来确定，通径选得过大，会使系统的分辨率降低。

⑥ 比例阀必须使用与之配套的放大器，阀与放大器的距离应尽可能的短。

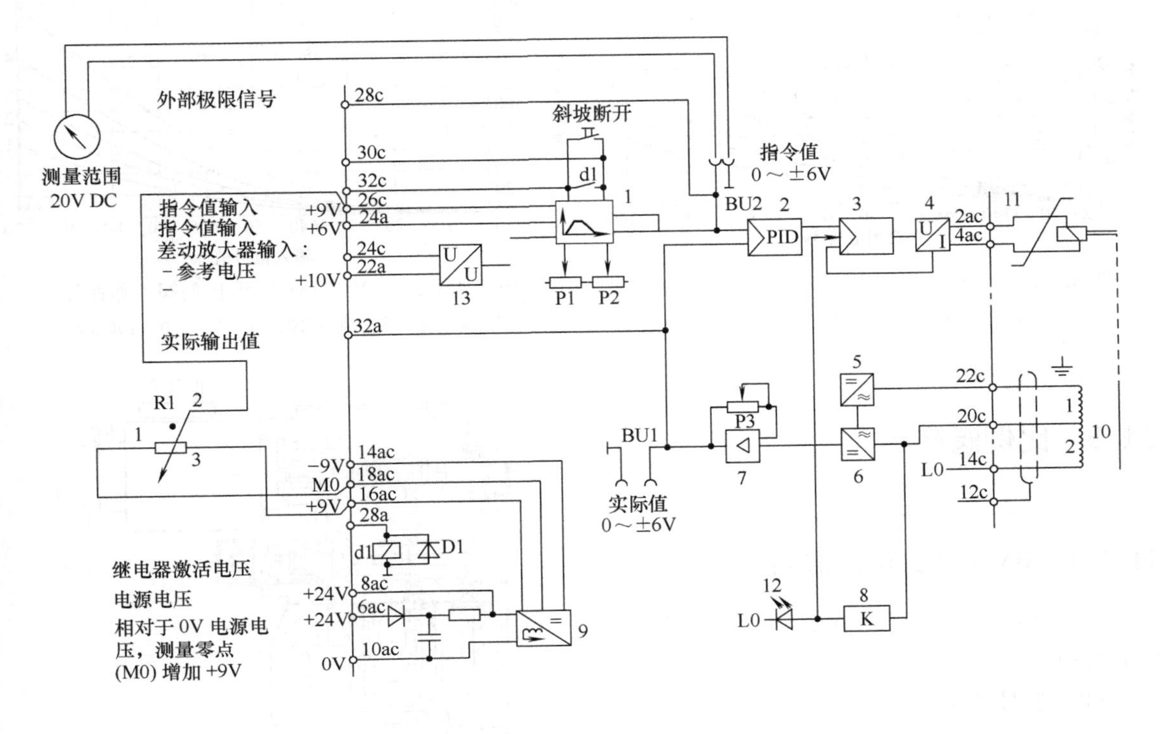

图 3.4-350 VT5010 速度控制接线图

1—斜坡发生器；2—PID 控制器；3—电流调节器；4—功率放大器；5—振荡器；6—解调器；7—限制放大器；8—电缆断裂检测；9—电源；10—感应式位移传感器；11—电磁铁；12—电缆断裂 LED；13—差动放大器；P1—斜坡时间“上升”；P2—斜坡时间“下降”；P3—增益；d1—继电器激活

在选择比例阀时，有些设计者往往像选择普通换向阀那样选择，通常不能获得满意的结果。例如某液压设备的工作数据为供油压力 120bar，工进时负载压力 110bar，快进时负载压力 70bar；工进时所需流量范围 5～20L/min，快进时所需流量范围 60～150L/min。若按普通换向阀那样选择，则应选择公称流量为 150L/min 的比例阀，即选择 4WRE16E150 型比例方向阀，其工作曲线如图 3.4-351 所示。对于本例，快进工况时，阀压降为 50bar，当流量为 150L/min 时仅利用了额定电流的 67%，当流量为 60L/min 时仅利用了额定电流的 48%，调节范围仅达额定电流的 19%；工进工况时，阀压降为 10bar，当流量为 20L/min 时利用了额定电流 47%，当流量为 5L/min 时利用了额定电流 37%，调节范围也只达到总调节范围的 10%。在这种情况下假定阀的滞环为 3% 额定电流，对应于调节范围为 10%，则其滞环相当于 30%，显然很难用如此差的分辨率来进行控制。

为了能够充分利用比例方向阀阀芯的最大位移，对不同公称流量的阀应准确确定其相应的节流断面面积。正确的选择原则是：最大流量尽量接近对应于 100% 的额定电流。

按此原则可选用公称流量 64L/min（阀压降 10bar）的比例方向阀。其工作曲线如图 3.4-352 所示。快进工况时，额定电流在 66%～98% 范围内，调节范围达 32%；工进工况时，额定电流在 36%～63% 范围内，调节范围达 27%。可见调节范围增大，分辨率较高。故重复精度造成的误差也相应减少。

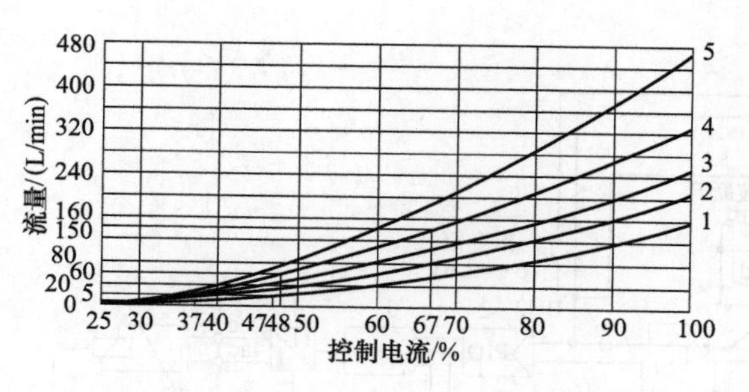

图 3.4-351　4WRE16E150 型比例阀工作曲线

1～5—阀压降分别为 10、20、30、50、100bar

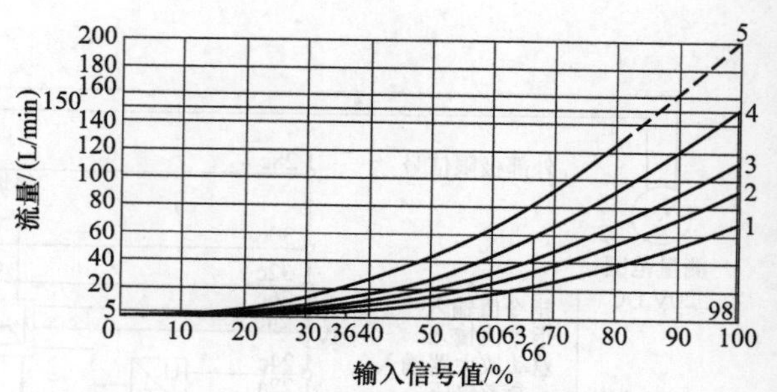

图 3.4-352　4WRE16E64 型比例阀工作曲线

1～5—阀压降分别为 10、20、30、50、100bar

11.5　比例阀产品

11.5.1　BY※型比例溢流阀

（1）BY※型比例溢流阀结构图（见图 3.4-353）

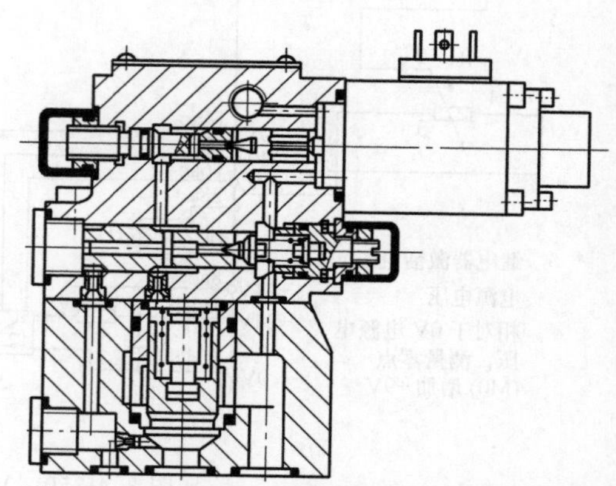

图 3.4-353　BYM-E10B 型比例溢流阀结构图

（2）型号意义

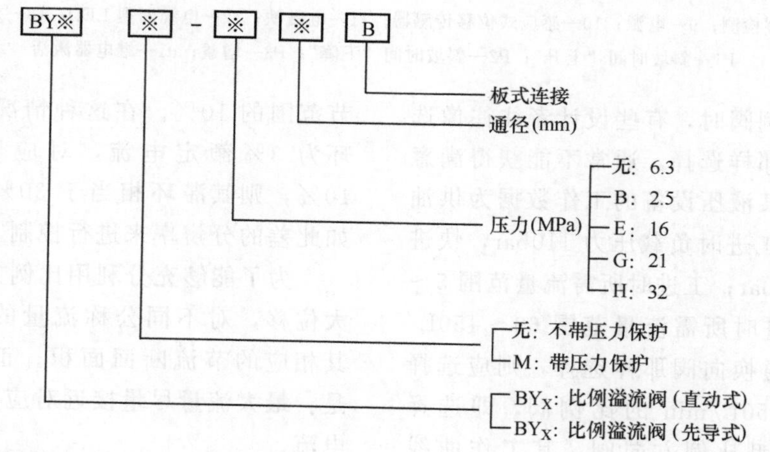

（3）技术规格（见表 3.4-136）

表 3.4-136　BY※型比例溢流阀技术规格

型号	通径/mm	流量/(L/min)	压力/MPa	线性度误差/%	滞环/%	重复精度/%	频率特性(-3dB)/Hz	放大器		控制电流/mA		线圈电阻/Ω
								直流	交流	最大	最小	
BY_X-※4	4	0.7～3	无—6.3	5	<5	1	8	MD-1型	BM-1型	800	200	19.5
BY※-※10	10	85	B—2.5									
BY※-※20	20	160	E—16 G—21									
BY※-※32	32	300	H—32									

(4) 外形尺寸（见图 3.4-354 和表 3.4-137）

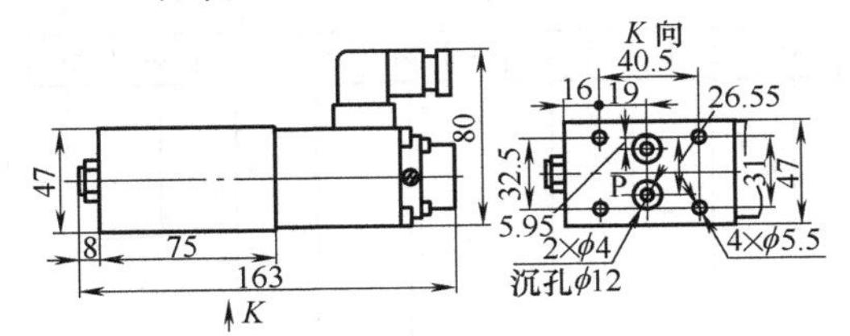

BY$_X$型比例压力先导阀外形尺寸图

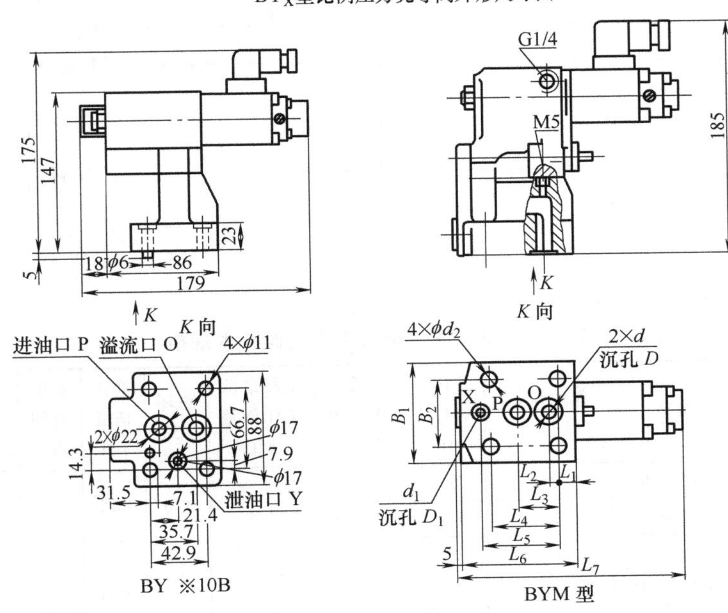

图 3.4-354 BY※型比例溢流阀外形尺寸图

表 3.4-137 BY※型比例溢流阀外形尺寸 /mm

型号	B_1	B_2	L_1	L_2	L_3	L_4	L_5	L_6	L_7	d	D	d_1	D_1	d_2
BYM-※10B	78	53.8	13.2	6.3	31.7	53.8	53.8	90	181	ϕ12	ϕ22	ϕ5	ϕ12	ϕ14
BYM-※20B	100	70	16	11.1	55.6	66.7	90.5	117	193	ϕ20	ϕ28	ϕ5	ϕ12	ϕ18
BYM-※32B	115	82.6	17.5	12.7	76.2	88.9	120.7	148	205	ϕ32	ϕ40	ϕ5	ϕ12	ϕ20

11.5.2 4B※型比例方向阀

(1) 4B※型比例方向阀结构示意图（见图 3.4-355）

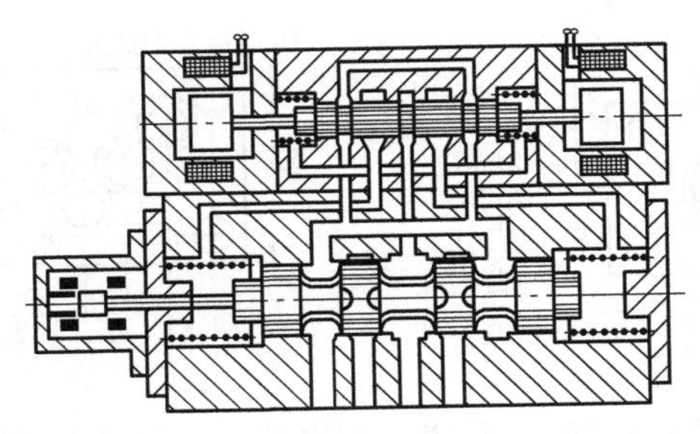

图 3.4-355 4BDY 型电反馈先导式比例方向阀结构示意图

(2) 型号意义

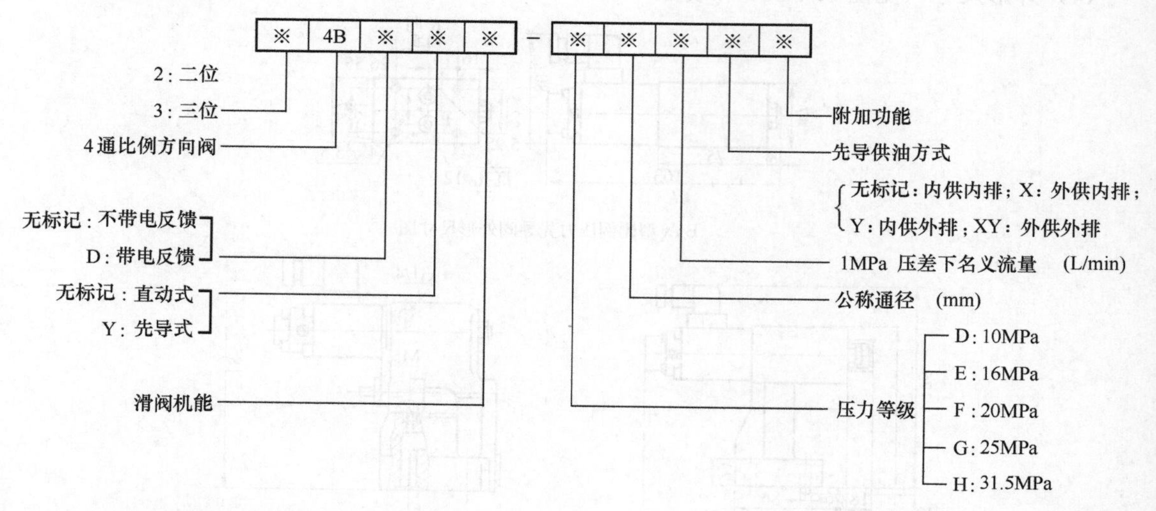

(3) 技术规格 (见表 3.4-138)

表 3.4-138 4B※型比例方向阀技术规格

名称	型号	额定流量/(L/min)	公称通径/mm	主阀最高工作压力/MPa	主阀最低工作压差/MPa	滞环/%	重复精度/%	响应时间/ms	频宽(−3dB)/Hz	质量/kg
直动式比例方向阀	34B-※6	16	6	31.5	1.0	<5	<2	<100	<10	2.5
	34B-※10	32	10							7.5
先导式比例方向阀	34BY-※10	85	10			<6	<3			7.8
	34BY-※16	150	16		1.3					12.2
	34BY-※25	250	25							18.2
电反馈直动式方向阀	34BD-※6	16	6		1.0	<1	<1		<15	2.7
	34BD-※10	32	10							7.7
电反馈先导式方向阀	34BDY-※10	80	10						<10	8.0
	34BDY-※16	150	16		1.3			<150		11.0

(4) 外形尺寸 (见图 3.4-356～图 3.4-359 和表 3.4-139～表 3.4-142)

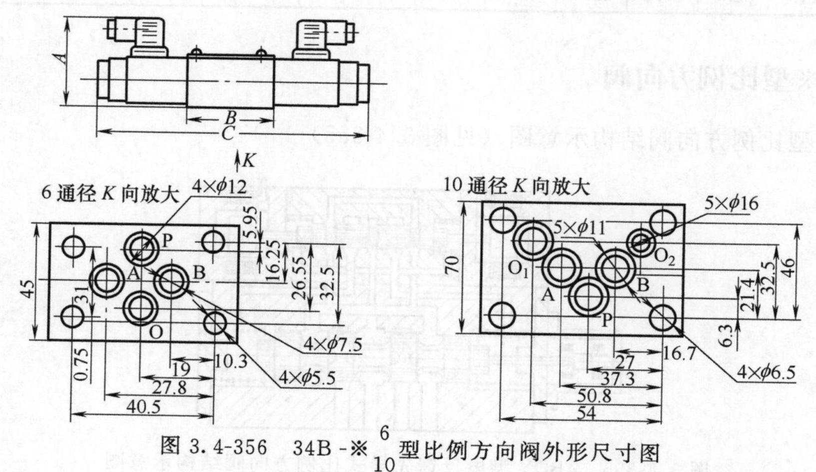

图 3.4-356 34B-※ 6/10 型比例方向阀外形尺寸图

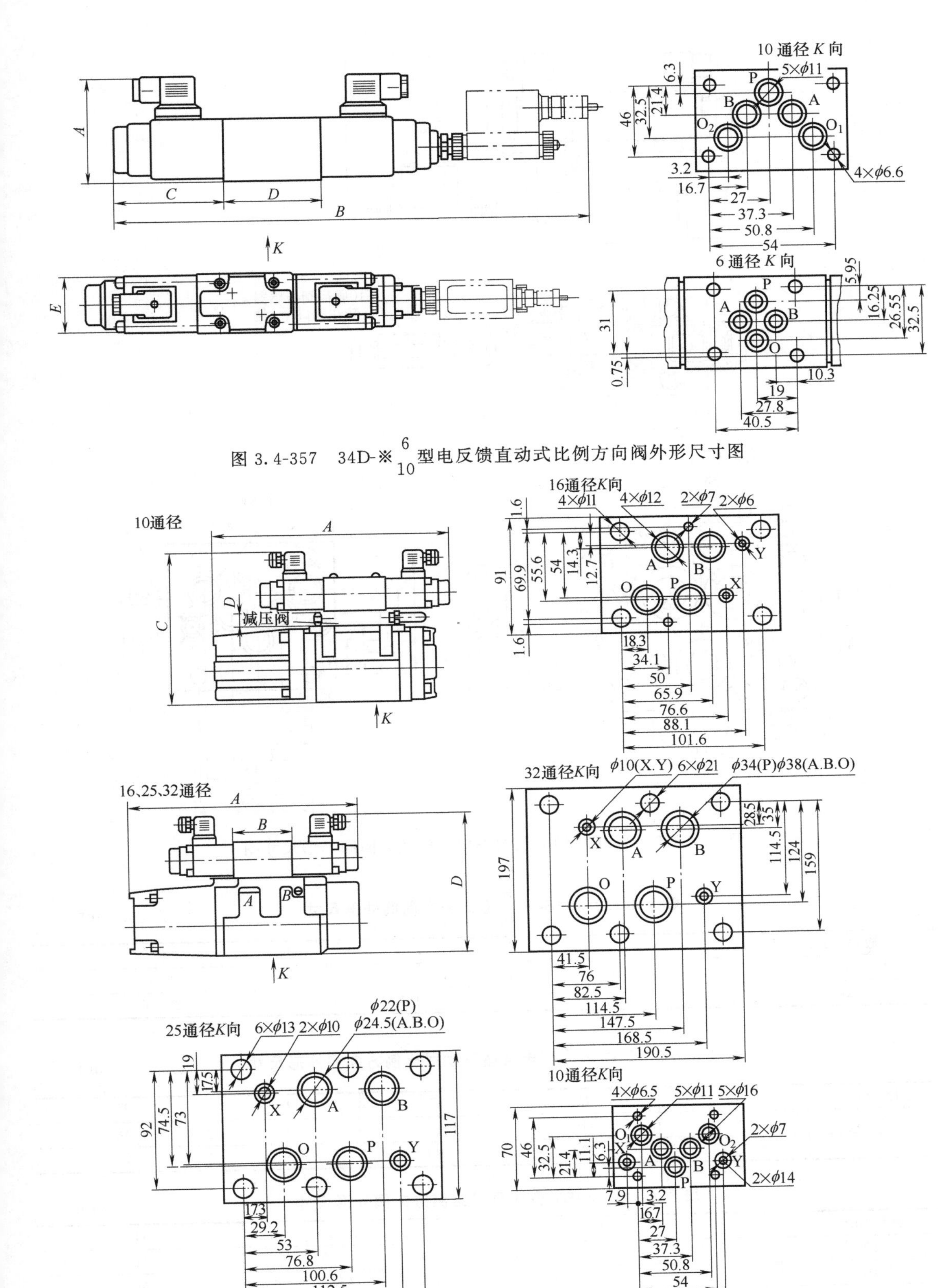

图 3.4-357　34D-※$^{6}_{10}$型电反馈直动式比例方向阀外形尺寸图

图 3.4-358　34BY 型先导式比例方向阀外形尺寸图

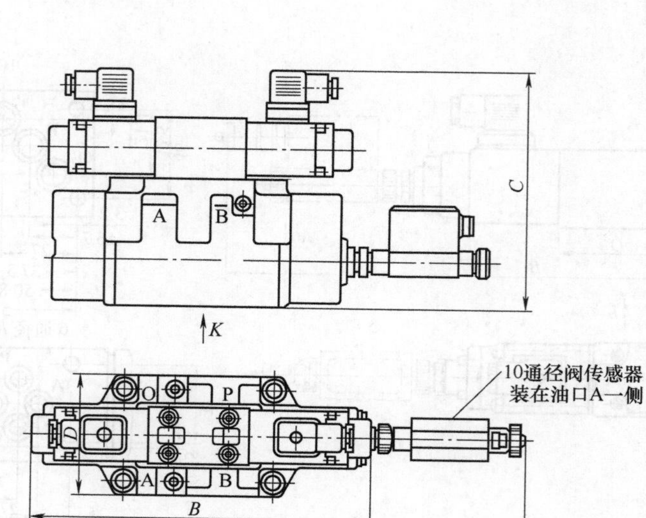

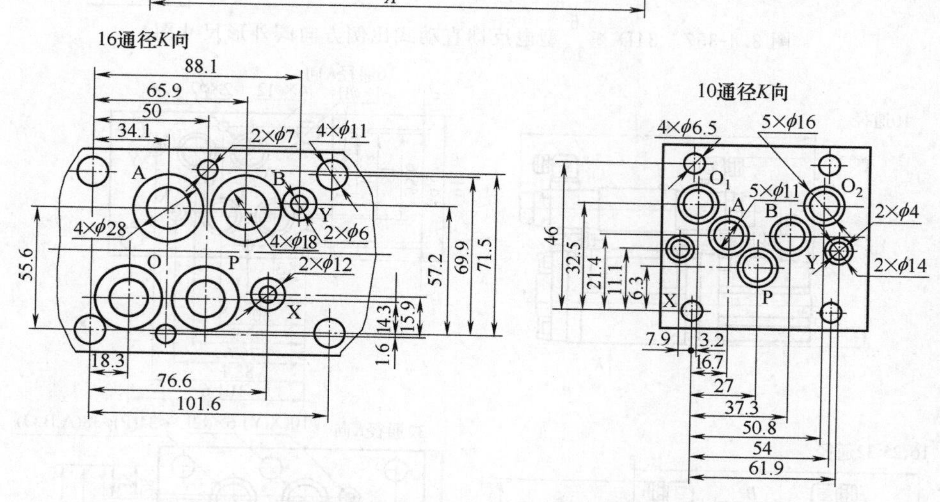

图 3.4-359 34BDY 型电反馈先导式比例方向阀外形尺寸图

表 3.4-139 34B-※$\frac{6}{10}$型比例方向阀外形尺寸

/mm

通径/mm	A	B	C
6	80	64	218
10	114	108.6	284.6

表 3.4-140 34D-※$\frac{6}{10}$型电反馈直动式比例方向阀外形尺寸

/mm

通径/mm	A	B	C	D	E
6	80	315	77	64	46
10	114	382	89	108	70

表 3.4-141 34BY 型先导式比例方向阀外形尺寸

/mm

通径/mm	A	B	C	D
10	244	70	213	40
16	273	91	185	40
25	358	117	216	40
32	384	197	242	40

表 3.4-142　34BDY 型电反馈先导式比例方向阀外形尺寸　/mm

通径/mm	*A*	*B*	*C*	*D*
10	252	170	174	70
16	295	214	187	90

11.5.3　KTGI 型比例节流阀

（1）结构简图（见图 3.4-360）

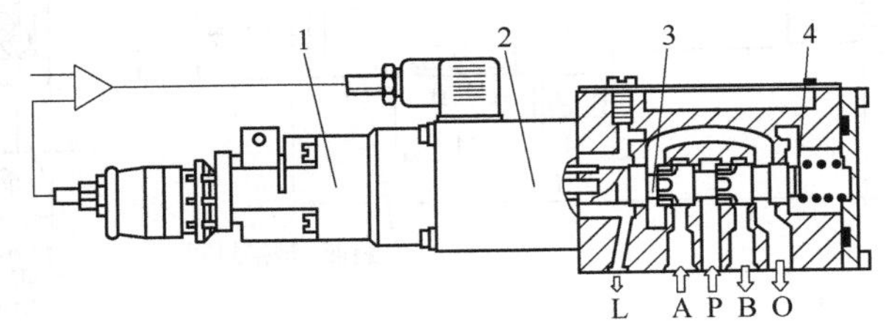

图 3.4-360　KTCI-5A-2S(V) 型比例节流阀结构示意图

1—位置传感器；2—比例电磁铁；3—阀芯；4—复位弹簧

（2）型号意义

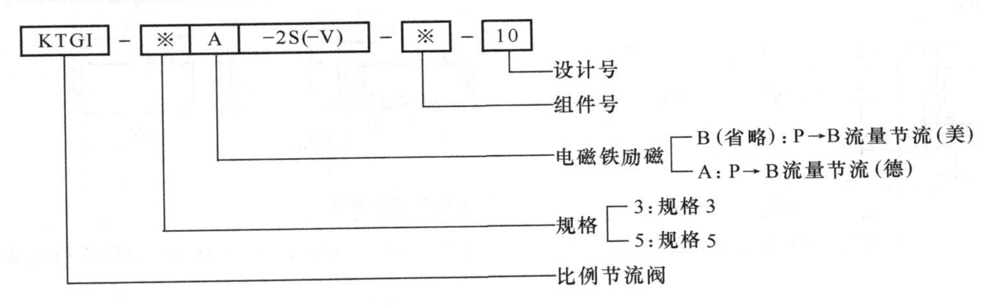

（3）技术规格（见表 3.4-143）

表 3.4-143　KTGI 型比例节流阀技术规格

型号	额定流量 (p=0.8MPa) /(L/min)	压力 /MPa	滞环 /%	重复精度 /%	响应时间 /ms	电磁铁电压 (DC)/V	最大电流 (12VDC) /A	过滤精度 /μm
KTGI-3	10 或 20	31.5	≤1	≤0.5	≤30	12	2.7	25
KTGI-5	40 或 80	31.5					3.7	

（4）外形尺寸（见图 3.4-361～图 3-4-368 和表 3.4-144）

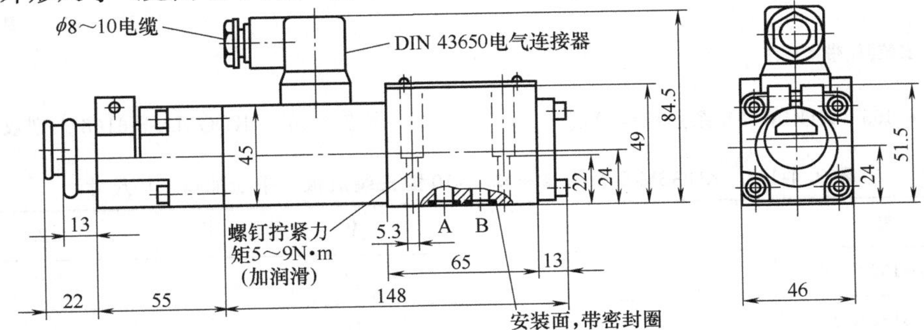

图 3.4-361　KTGI-3A 型比例节流阀外形尺寸图

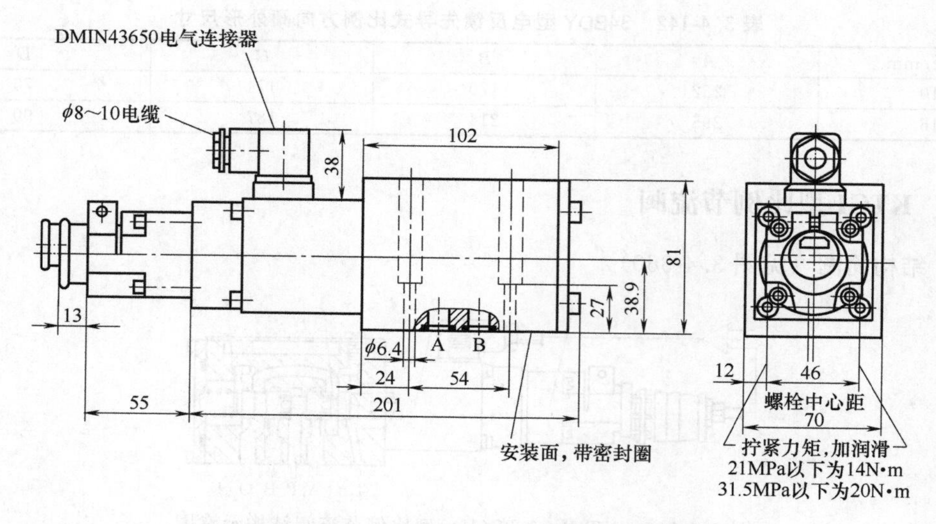

图 3.4-362　KTGI-5A 型比例节流阀外形尺寸图

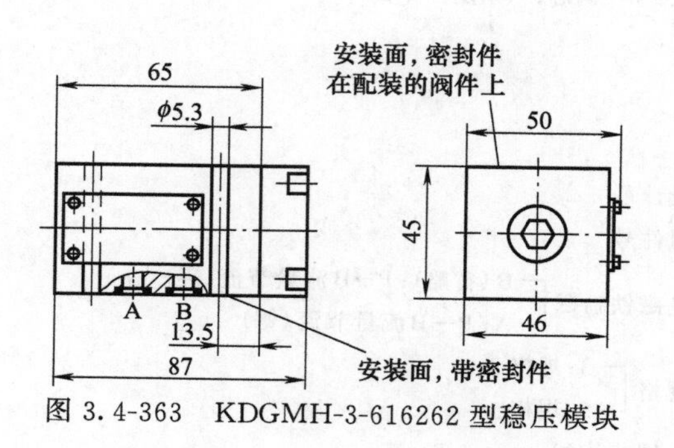

图 3.4-363　KDGMH-3-616262 型稳压模块

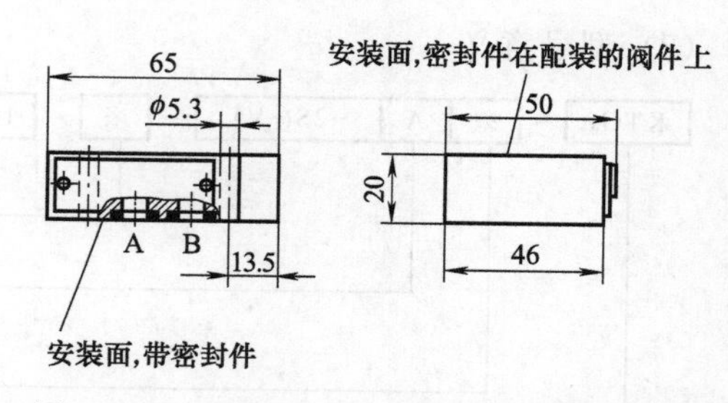

图 3.4-364　KDGMA-3-616265 型双流道模块

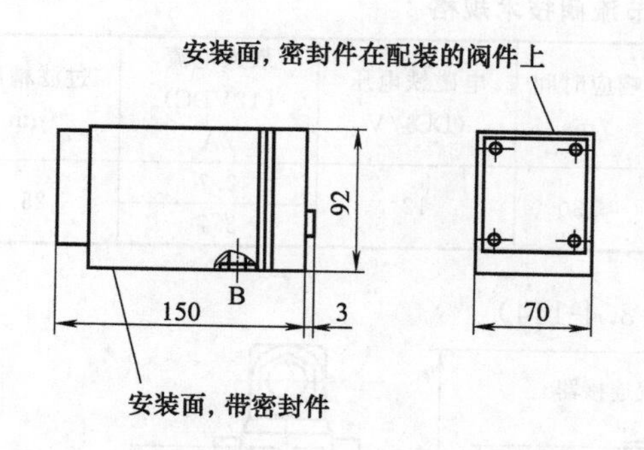

图 3.4-365　KDGMH-5 系列稳压模块

油口A中心线
油口B中心线
安装面，密封件在配装的阀件上
10.5
30
15
24
3
102
108
67
73
安装面，带密封件

图 3.4-366　KDGMA-5-616877 型双流道

表 3.4-144　KDGSM-5-※※※※※※-10 型安装底板（带泄油口 L）尺寸　/mm

型　号	X	Y	φZ
KDGSM-5-615225-10	G1/2	14	30
KDGSM-5-615226-10	G3/4	16	33

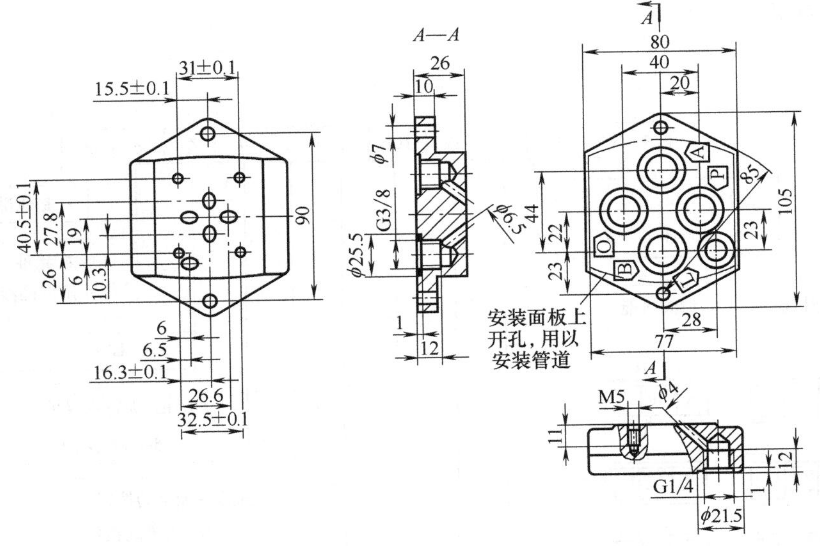

图 3.4-367　KDGSM-3-615228-10 型安装底板（带泄油口 L）

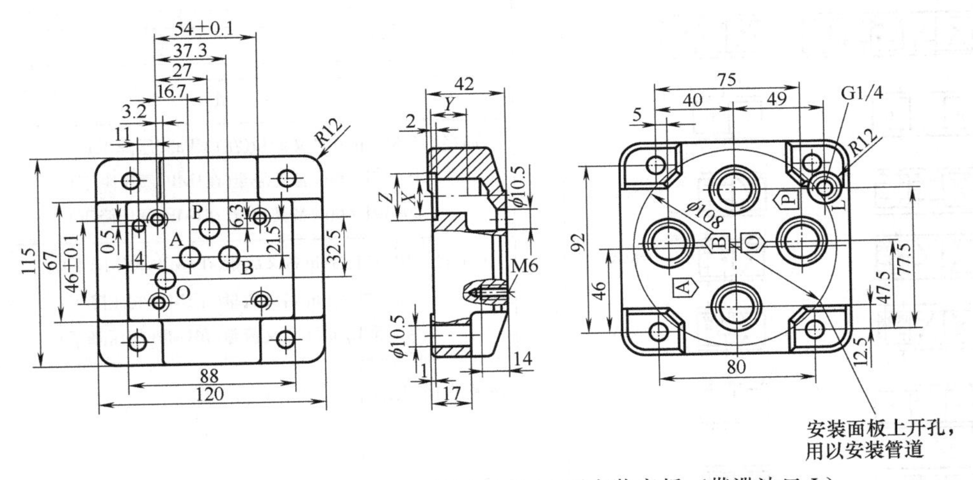

图 3.4-368　KDGSM-5-※※※※※※-10 型安装底板（带泄油口 L）

11.5.4　4WRA 型电磁比例换向阀

（1）4WRA6 型电磁比例换向阀结构图（见图 3.4-369）

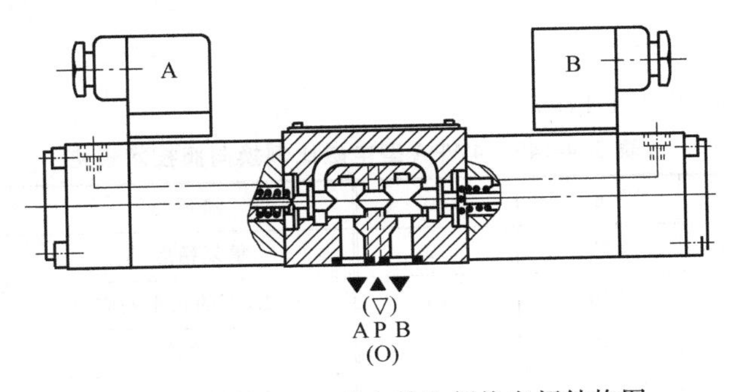

图 3.4-369　4WRA6 型电磁比例换向阀结构图

(2) 型号意义

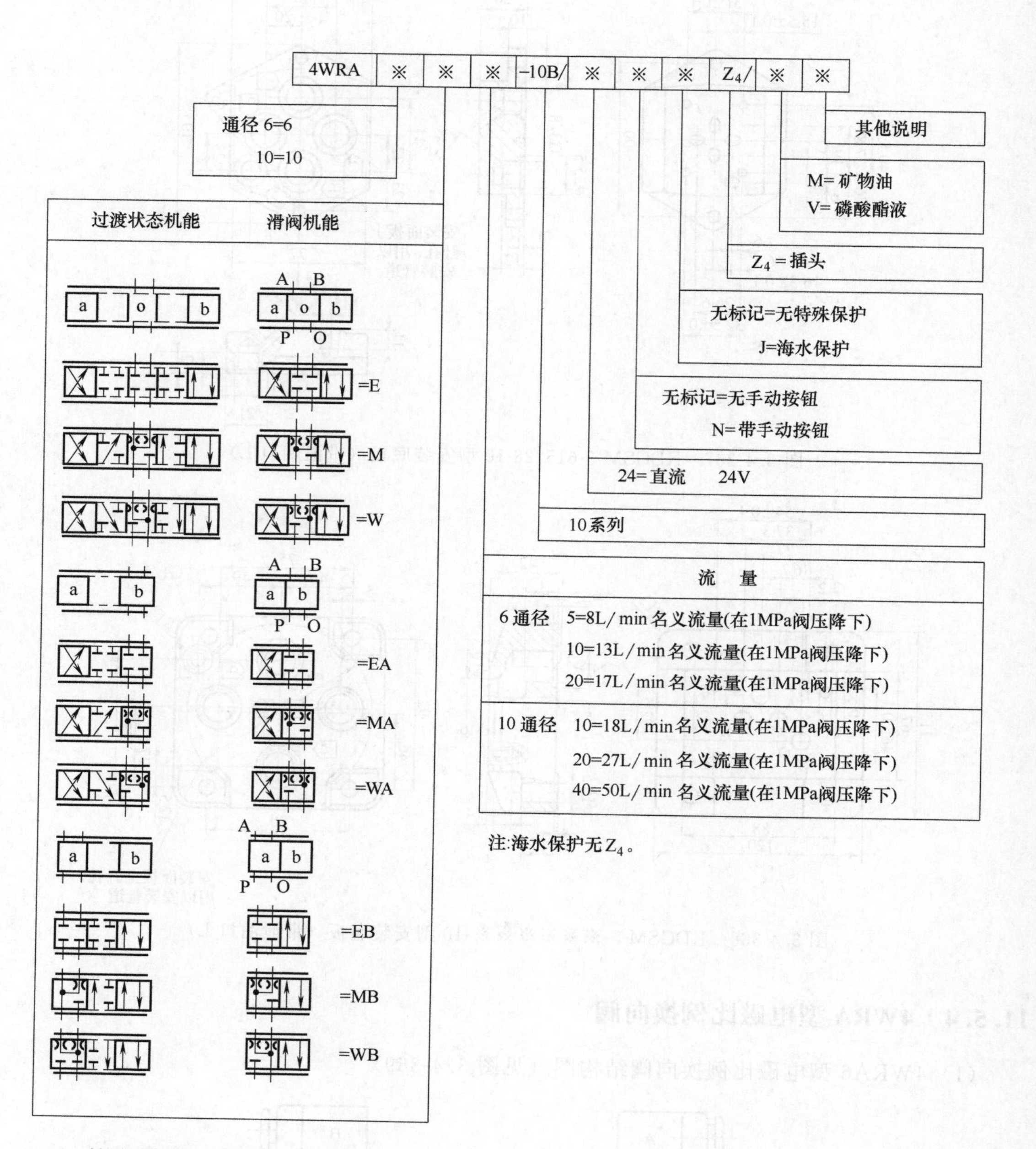

注:海水保护无Z_4。

(3) 技术规格(见表3.4-145)

表3.4-145 4WRA型电磁比例换向阀技术规格

通径/mm		6	10	滞环/%	<6	<5
工作压力/MPa	A、B、P口	32	32	重复精度/%	<3	<2
	O口	16	16	-3dB下的频率响应/Hz	5	3
流量/(L/min)		43	95	介质	矿物油,磷酸酯液	
过滤精度/μm		20		介质黏度/(m²/s)	(2.8~380)×10⁻⁶	

续表

介质温度/℃		−20 ～+70	
质量/kg	二位阀	1.75	5.9
	三位阀	2.5	7.5
电源形式		直流	电流
名义电压/V		24	
单个电磁铁最大电流/A		1.5	
线圈电阻/Ω	(在20℃)冷态值	5.4	10
	最大热态值	8.1	15

环境温度/℃	至+50	
线圈温度/℃	至+150	
绝缘要求	IP65	
配套放大器(24V桥式整流)	VT-3013S30、VT-3017S30	VT-3014S30 VT-3018S30

(4) 特性曲线（见图 3.4-370 和图 3.4-371）

(5) 外形尺寸（见图 3.4-372 和图 3.4-373）

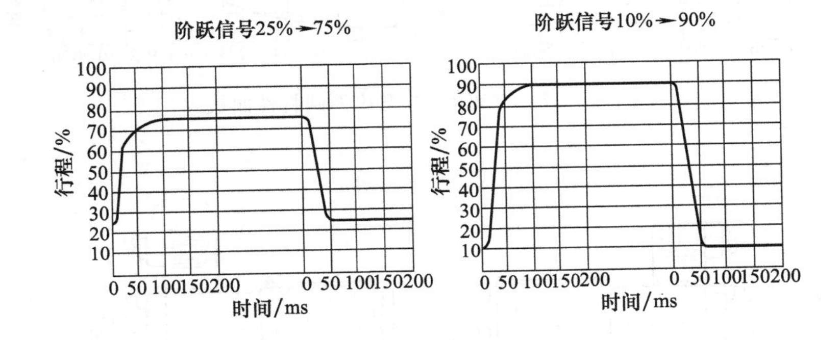

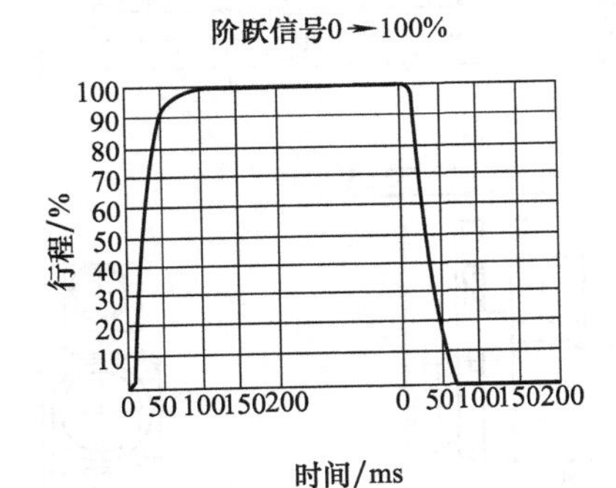

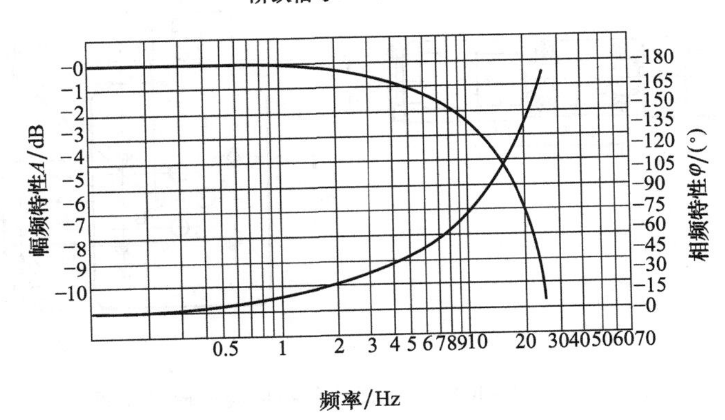

图 3.4-370 4WRA6 型比例阀特性曲线

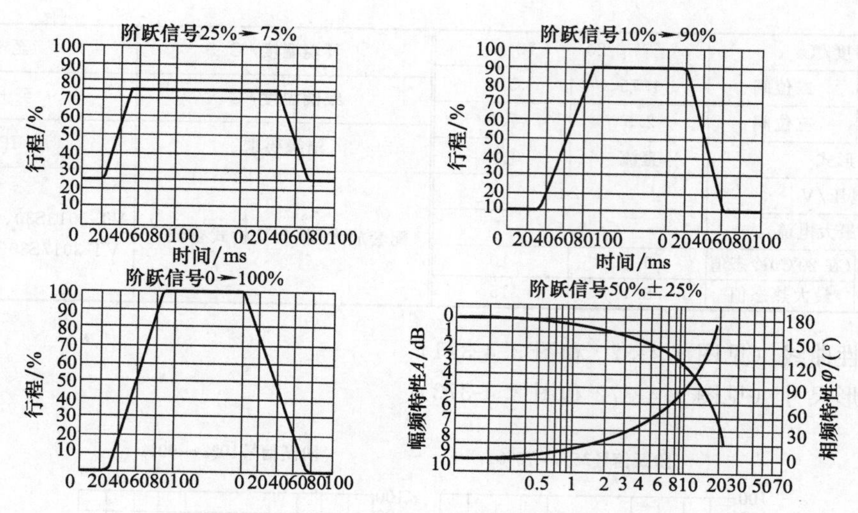

图 3.4-371　4WRA10 型比例阀特性曲线

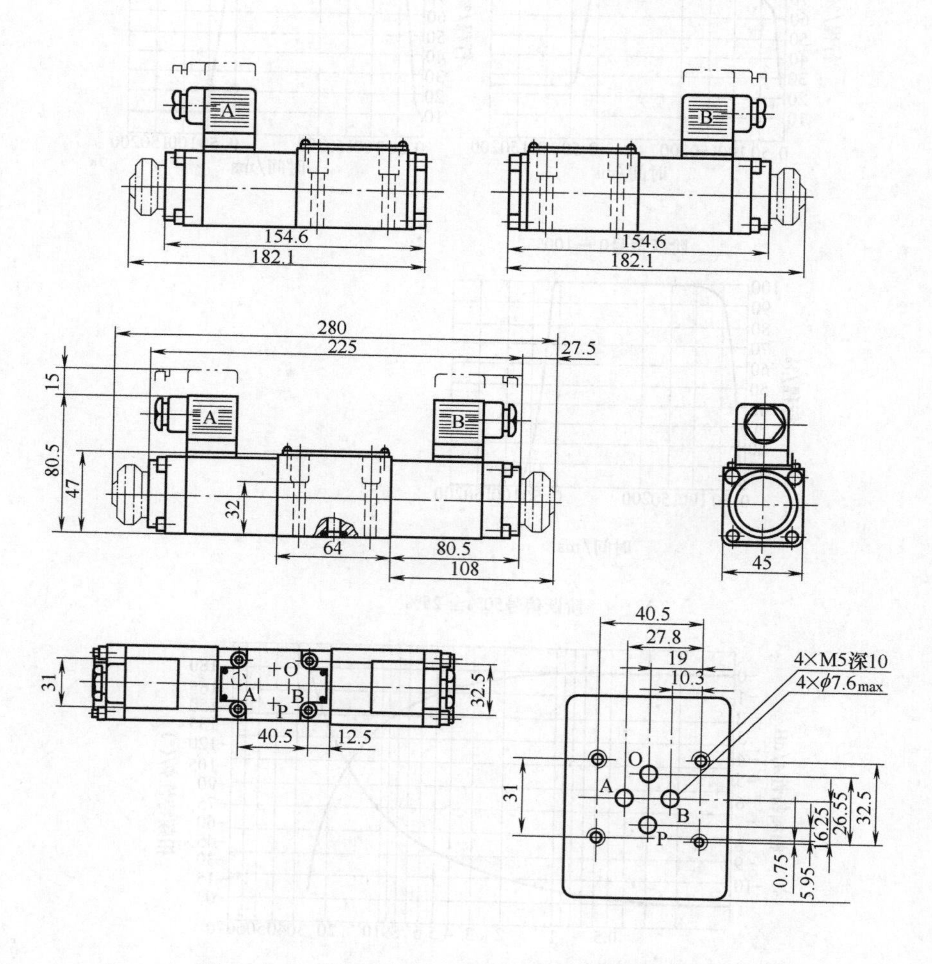

图 3.4-372　4WRA6 型电磁比例换向阀外形尺寸图

连接板：G341/01；G342/01；G502/01

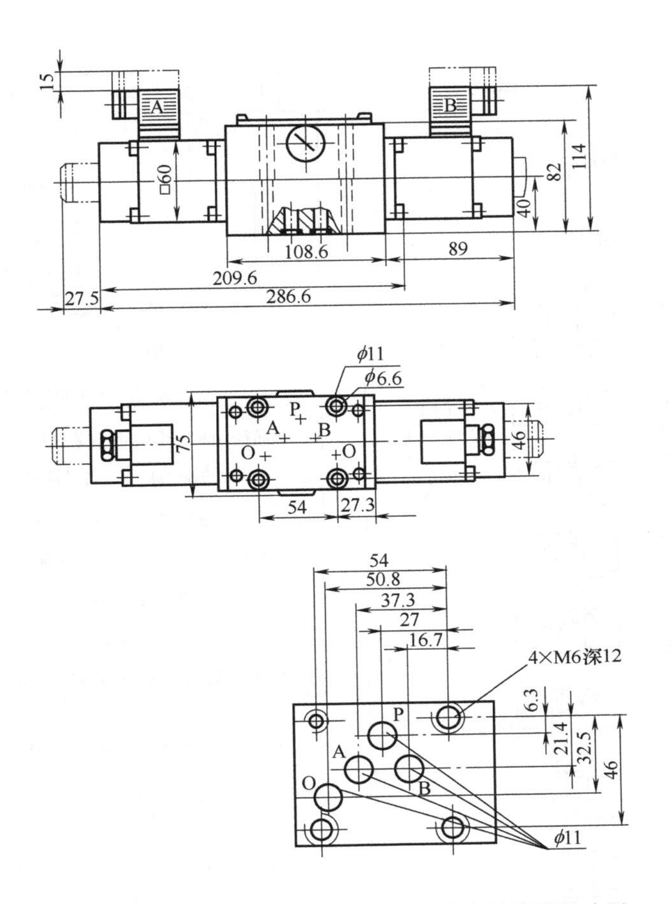

图 3.4-373 4WRA10 型电磁比例换向阀外形尺寸图

连接板：G66/01；G67/01；G534/01（见力士乐系列常规阀部分连接板）

11.5.5 4WRE 型电磁比例换向阀

（1）4WRE 型电磁比例换向阀结构图（见图 3.4-374）

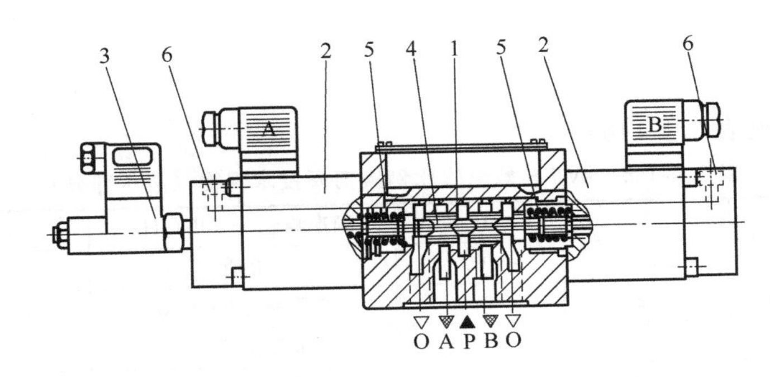

图 3.4-374 4WRE10 型比例换向阀结构图

1—阀体；2—比例电磁铁；3—位置传感器；

4—阀芯；5—复位弹簧；6—放气螺钉

(2) 型号意义

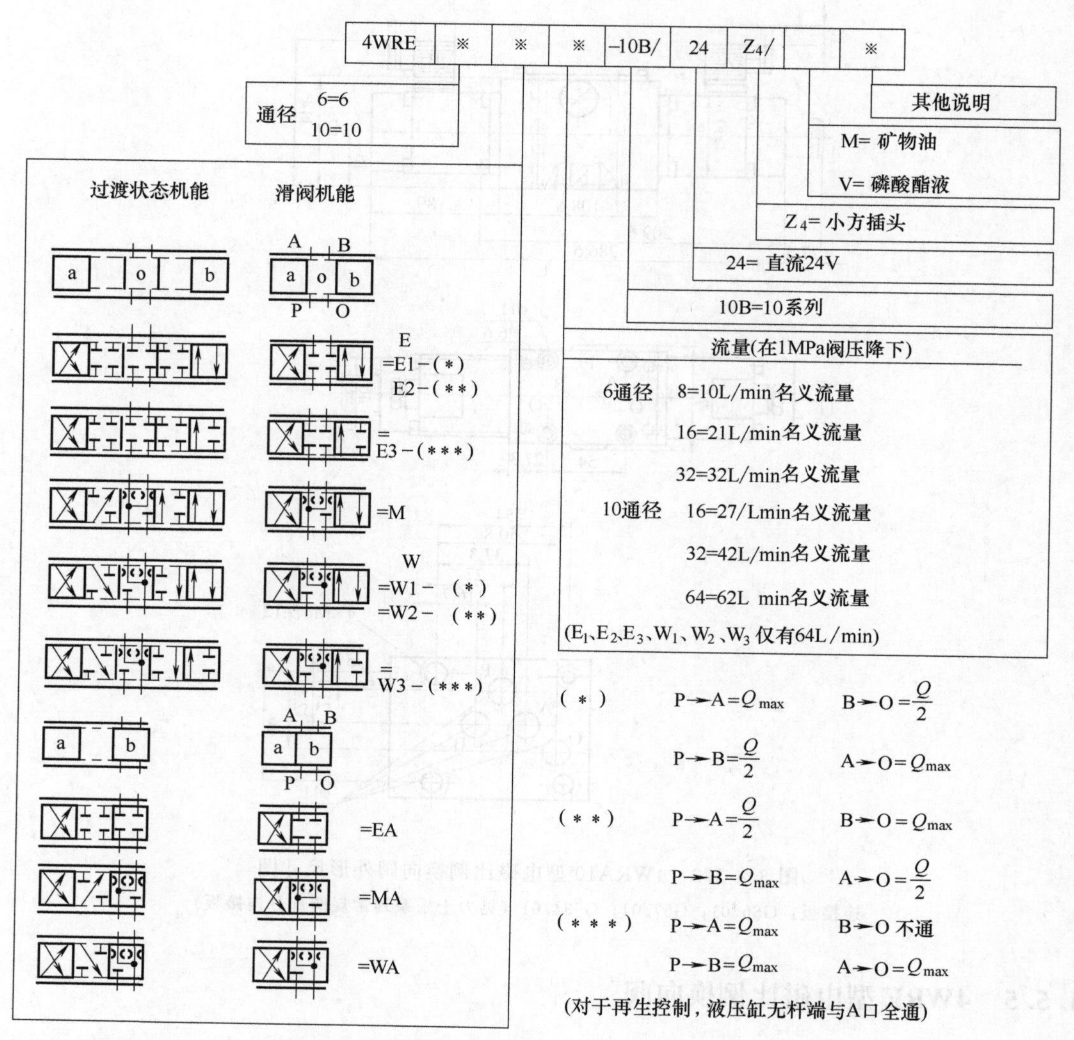

注意：4WRE6…10B/…型无E_1、E_2、E_3、W_1、W_2、W_3机能。

(3) 技术规格

① 液压部分（见表3.4-146）

表3.4-146 4WRE型电磁比例换向阀技术规格（液压部分）

通径/mm		6	10	频率响应(−3dB)/Hz		6	4
最大流量/(L/min)		65	260	介质		矿物油，磷酸酯液	
工作压力/MPa	A、B、C口	32	32	介质黏度/(m^2/s)		$(2.8\sim380)\times10^{-6}$	
	O口	16	<16	介质温度/℃		−20～+70	
滞环/%		<1	<1	过滤精度/μm		20	
重复精度/%		<1	<1	质量/kg	二位阀	1.91	5.65
响应灵敏度/%		≤0.5	≤0.5		三位阀	2.66	7.65

② 电气部分（见表 3.4-147）

表 3.4-147 4WRE 型电磁比例换向阀技术规格（电气部分）

电源形式及电压		直流 24V(或 12V)	
电磁铁最大电流/A		1.5	1.5
线圈电阻/Ω	20℃下冷态值	5.4	10
	最大热态值	8.1	15
工作状态		连续	
线圈温度/℃		+50	
环境温度/℃		+150	
绝缘要求		IP65	
配套放大器	有 2 个斜坡时间	VT-5001S20(二位四通阀用)	VT-5002S20(二位四通阀用)
	有 1 个斜坡时间	VT-5005S10(三位四通阀用)	VT-5005S10(三位四通阀用)

③ 位移传感器（见表 3.4-148）

表 3.4-148 4WRE 型电磁比例换向阀技术规格（位移传感器）

电气测量系统		差动变压器	线圈电阻/Ω	IIR20	56
工作行程/mm		±4.5 直线		IIIR20	112
线性度/%		1	电感/mH		6～8
线圈电阻/Ω	IR20	56	频率/kHz		2.5

（4）外形尺寸（见图 3.4-375 和图 3.4-376）

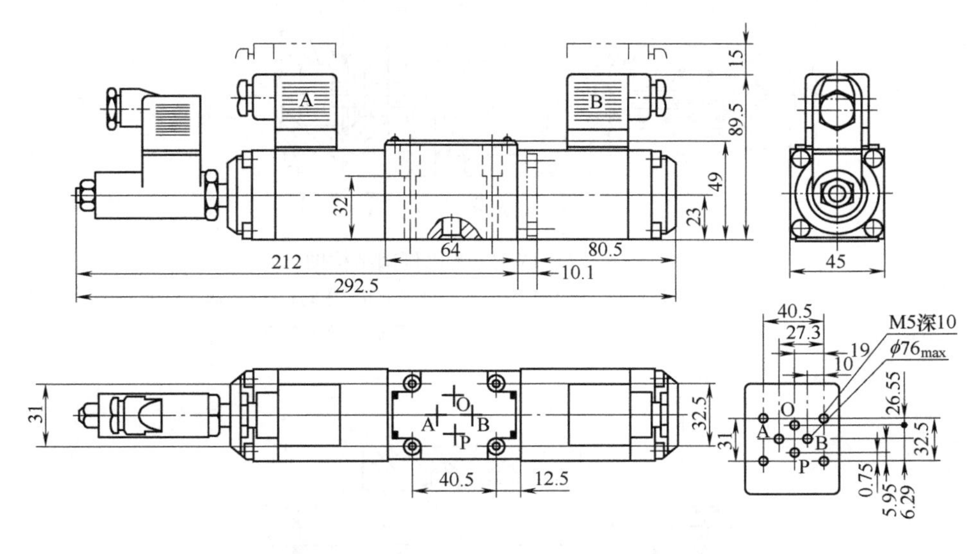

图 3.4-375 4WRE6 型电磁比例换向阀外形尺寸图

连接板：G66/01；G67/01；G534/01

11.5.6 4WRZ、4WRH 型电液比例换向阀

（1）4WRZ、4WRH 型电液比例换向阀结构简图（见图 3.4-377 和图 3.4-378）

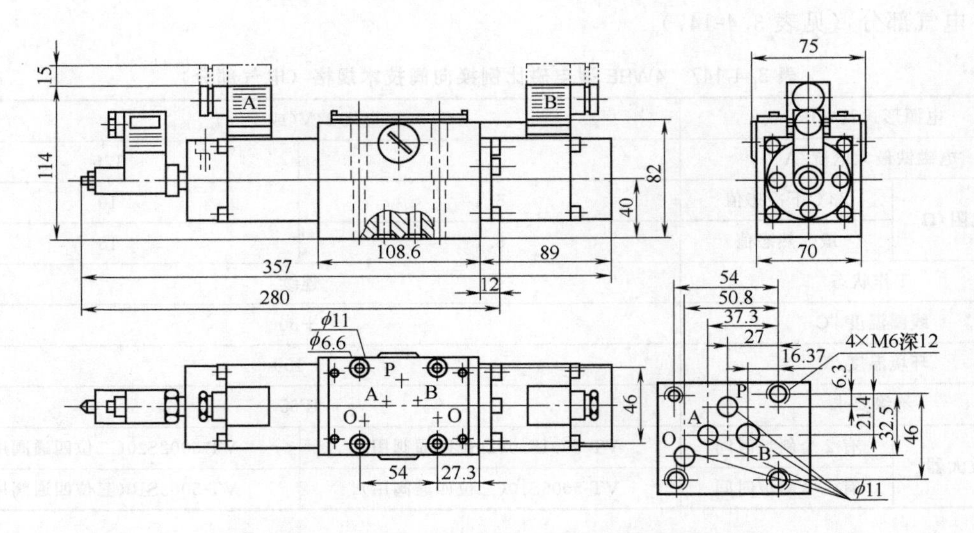

图 3.4-376 4WRE10 型电磁比例换向阀外形尺寸图

连接板：G341/01；G342/01；G502/01（见常规阀力士乐系列连接板尺寸）

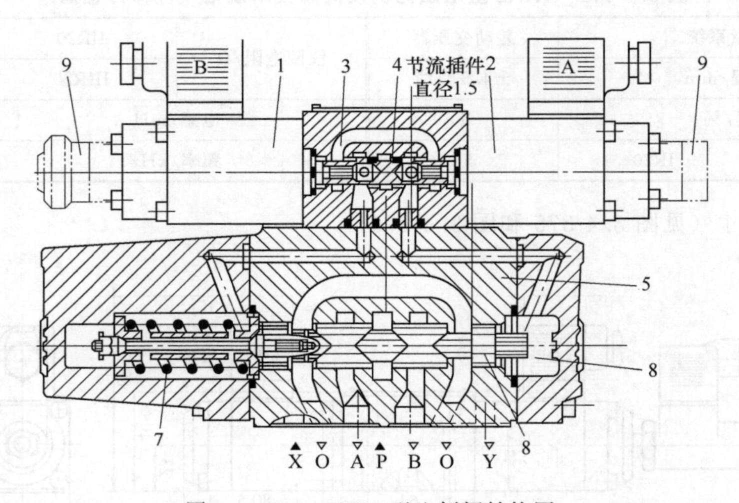

图 3.4-377 4WRZ 型比例阀结构图

1,2—比例电磁铁；3—先导阀；4—先导阀芯；5—主阀；6—主阀芯；

7—复位弹簧；8—先导腔；9—应急手动操作按钮

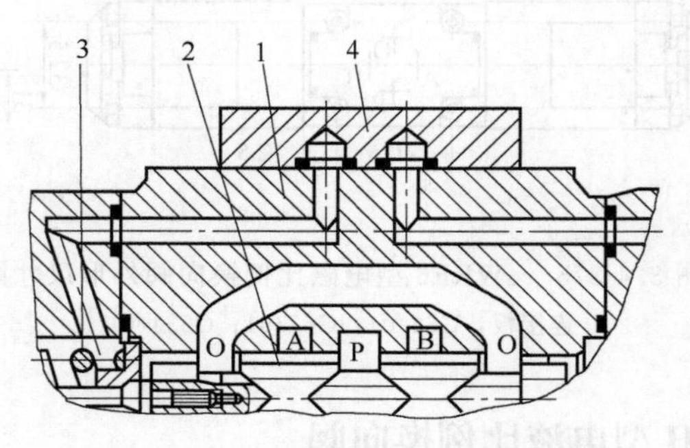

图 3.4-378 4WRH 型比例阀结构图

1—主阀；2—主阀芯；3—复位弹簧；4—盖板

（2）型号意义

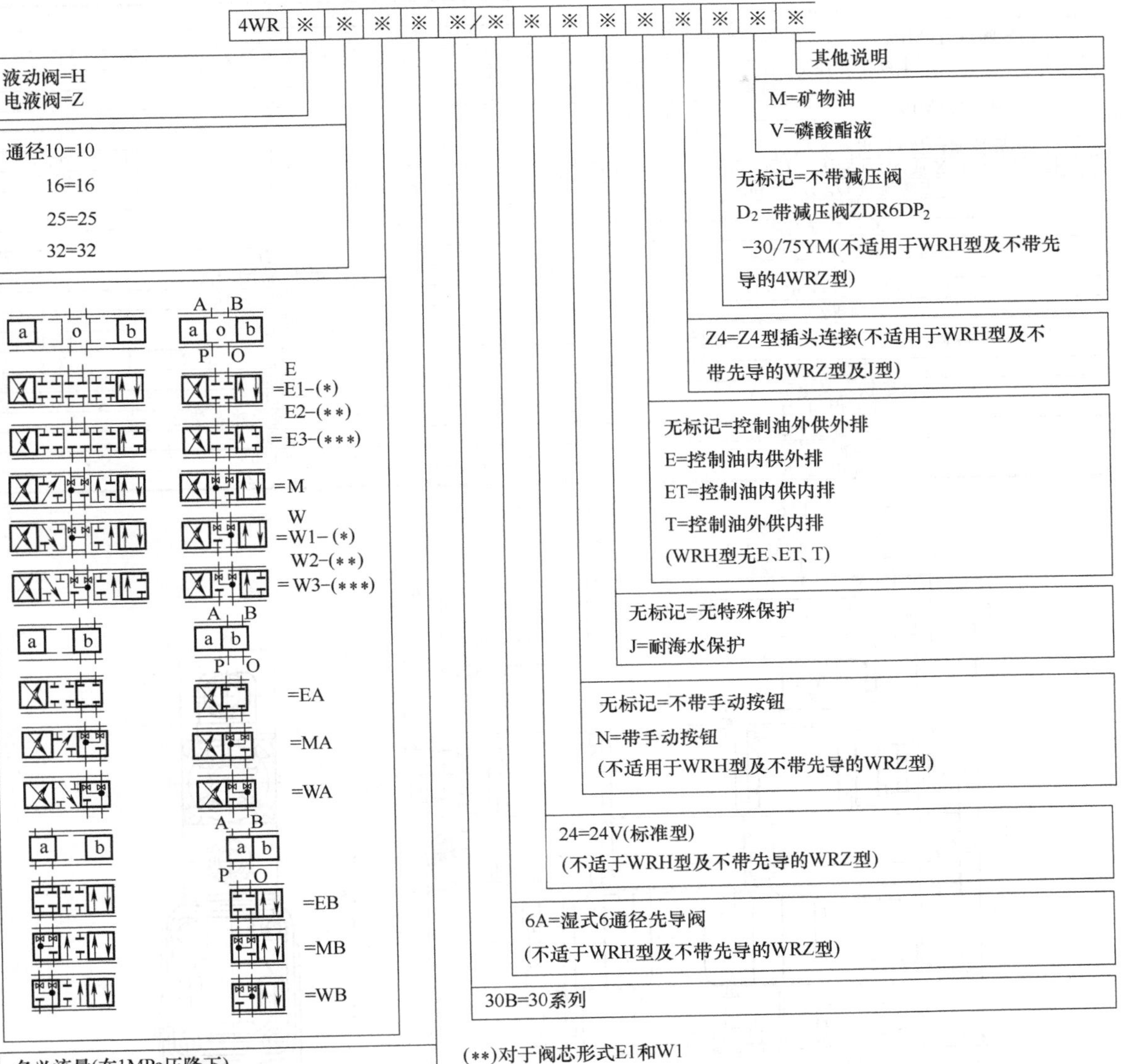

名义流量(在1MPa压降下)

名义流量(在1MPa压降下)
10通径25L/min=25 20L/min=50 85L/min=85 (E1、E2、E3、W1、W2、W3仅有85L/min)
16通径100L/min=100 150L/min=150 (E1、E2、E3、W1、W2、W3仅有150L/min)
25通径270L/min=270 325L/min=325 (E1、E2、E3、W1、W2、W3仅有325L/min)
32通径360L/min=360 520L/min=520 (E1、E2、E3、W1、W2、W3仅有520L/min)

(**)对于阀芯形式E1和W1

$P\rightarrow A=Q_{max}$；$B\rightarrow O=\frac{Q}{2}$；

$P\rightarrow B=\frac{Q}{2}$；　$A\rightarrow O=Q_{max}$；

(**)对于阀芯形式E2和W2

$P\rightarrow A=\frac{Q}{2}$；$B\rightarrow O=Q_{max}$；

$P\rightarrow B=Q_{max}$；$A\rightarrow O=\frac{Q}{2}$；

（＊＊＊）对于阀芯形式E2和W3

$P\rightarrow A=Q_{max}$；$B\rightarrow O$=不通；

$P\rightarrow B/A\rightarrow O=Q_{max}$

对于再生控制，将液压缸无杆端与油口A全通

（3）技术规格（见表 3.4-149）

（4）外形尺寸（见图 3.4-379～图 3.4-382）

表 3.4-149　4WRZ、4WRH 型电液比例换向阀技术规格

通径/mm		10	16	25	32
先导阀压力/MPa	控制油外供	3~10			
	控制油内供	至 10(大于 10 时须加减压阀 ZDR6DP$_2$-30/75YM)			
主阀工作压力/MPa		32	35		
回油压力/MPa	O 腔(控制油外排)	32	25	25	15
	O 腔(控制油内排)	3			
	油口(Y)	3			
先导控制油体积(当阀芯运动 0~100%)/cm^3		1.7	4.6	10	26.5
控制油流量(X 或 Y)/(输入信号 0~100%)(L/min)		3.5	5.5	7	15.9
主阀流量 Q_{max}/(L/min)		270	460	877	1600
滞环/%		6			
重复精度/%		3			
过滤精度/μm		≤20			
介质		矿物油、磷酸酯液			
介质黏度/(m^2/s)		(2.8~380)×10^{-6}			
温度/℃		-20~+70			
质量/kg	二位阀	7.4	12.7	17.5	41.8
	三位阀	7.8	134	18.2	42.2
电源形式		直流			
电磁铁名义电流/A		0.8			
线圈电阻/Ω		20℃下 19.5,最大热态值 28.8			
环境温度/℃		+50			
线圈温度/℃		+150			
先导电流/A		≤0.02			

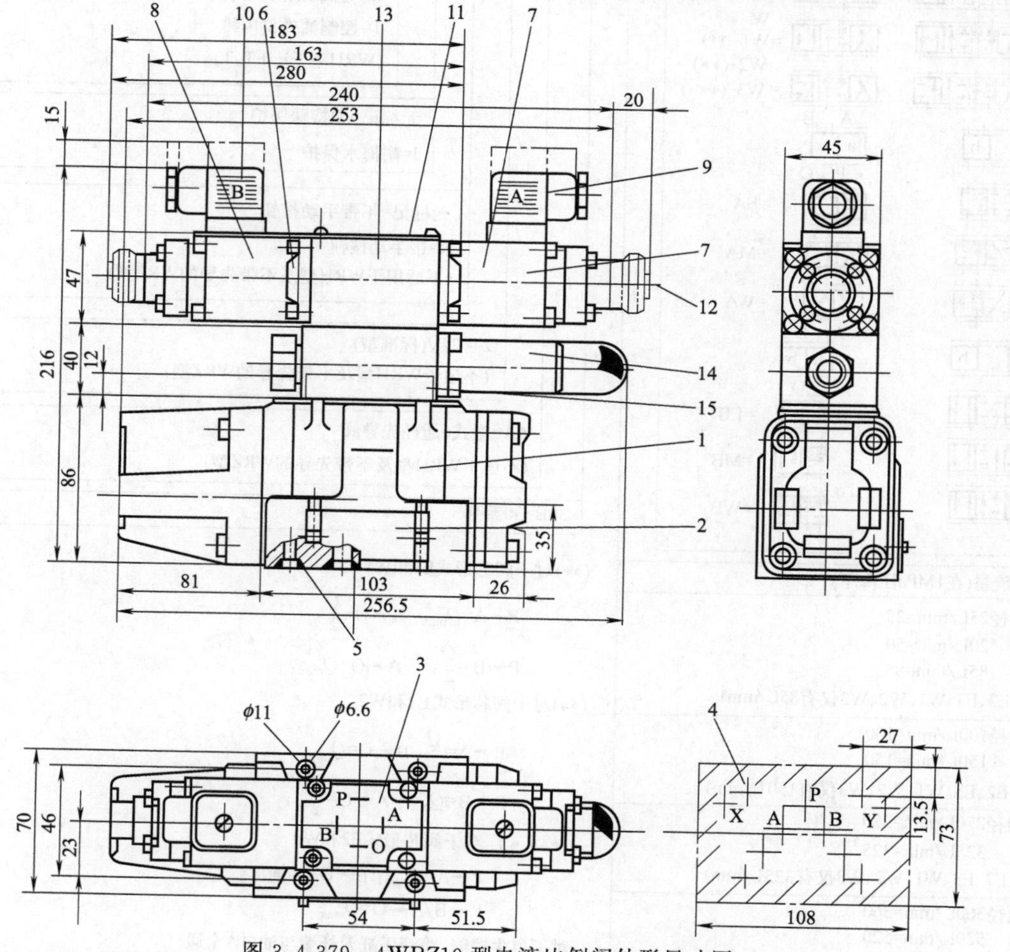

图 3.4-379　4WRZ10 型电液比例阀外形尺寸图

1—主阀；2—整个阀的铭牌；3—先导阀油口的位置；4—带主阀油口位置的机加工阀安装面；5—O 形圈（12×2 用于油口 A、B、P、O，10.82×178 用于 X 和 Y）；6—用于 2 位阀的先导阀（A 型和 B 型）；7—比例电磁铁 A；8—比例电磁铁 B；9—插头（颜色：灰）；10—插头（颜色：黑）；11—先导阀的铭牌；12—手动应急按钮；13—用于 3 位阀的先导阀；14—减压阀 ZDR6DP2-30/75YM；15—连接板（WRH 型）；连接板：G534/01；G535/01；G536/01

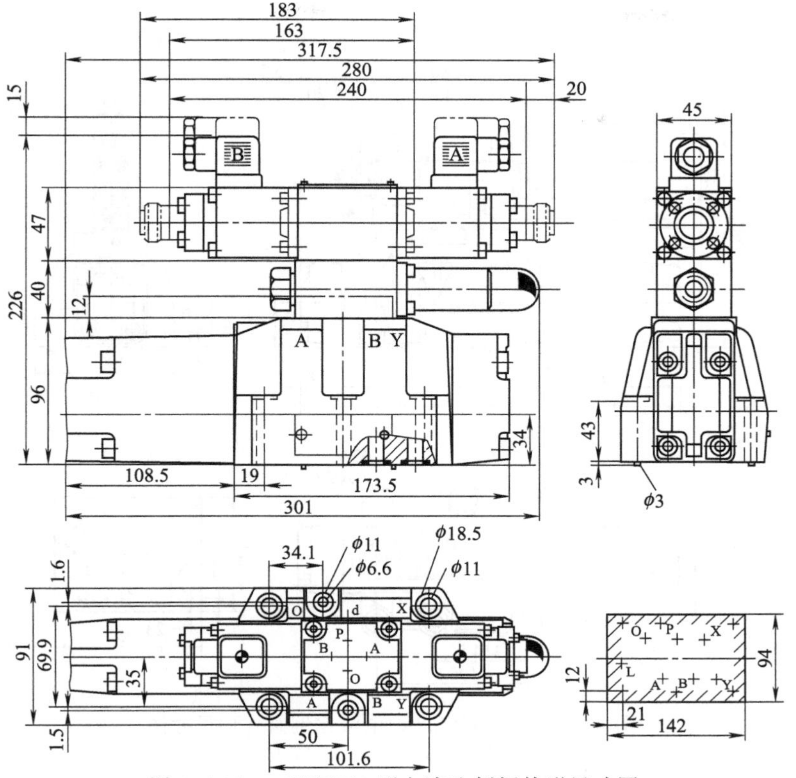

图 3.4-380 4WRZ16 型电液比例阀外形尺寸图

连接板：G172/01；G172/02；G174/01；G174/02；G174/08

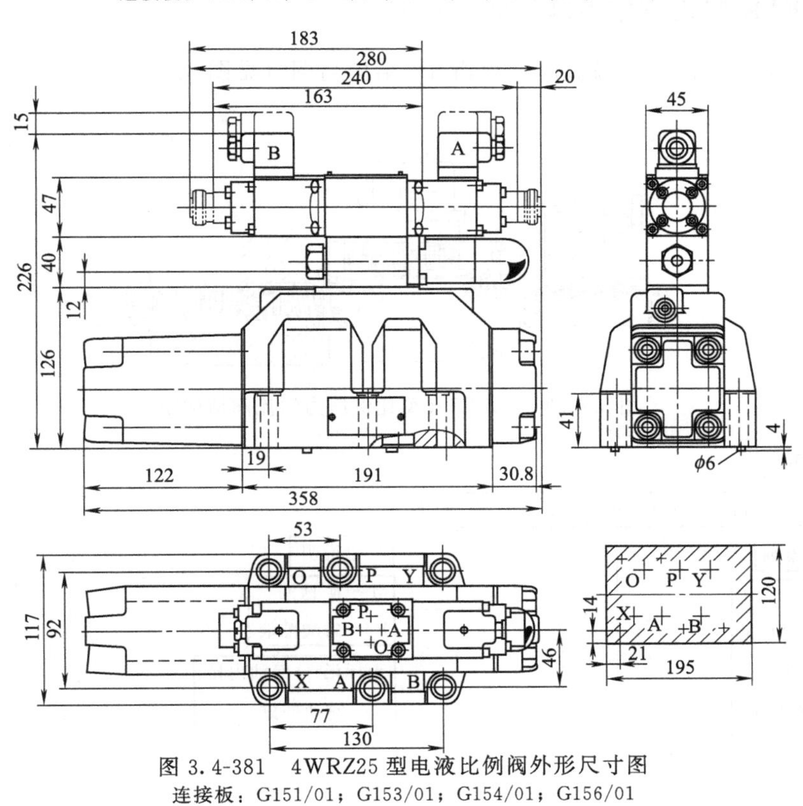

图 3.4-381 4WRZ25 型电液比例阀外形尺寸图

连接板：G151/01；G153/01；G154/01；G156/01

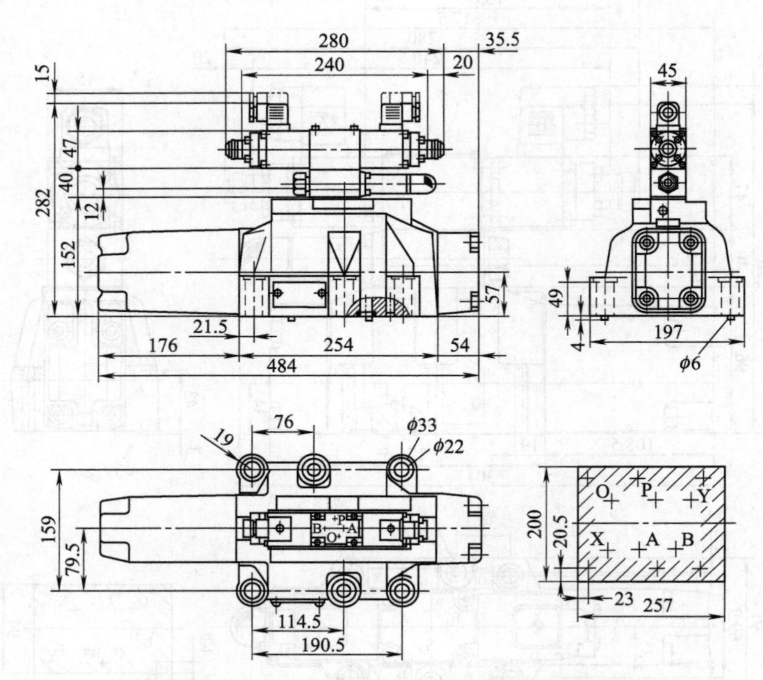

图 3.4-382　4WRZ32 型电液比例阀外形尺寸图
连接板：G157/01；G157/02

11.5.7　DBETR 型比例压力溢流阀（规格 6）

（1）DBETR 型比例压力溢流阀（规格 6）结构简图（见图 3.4-383）

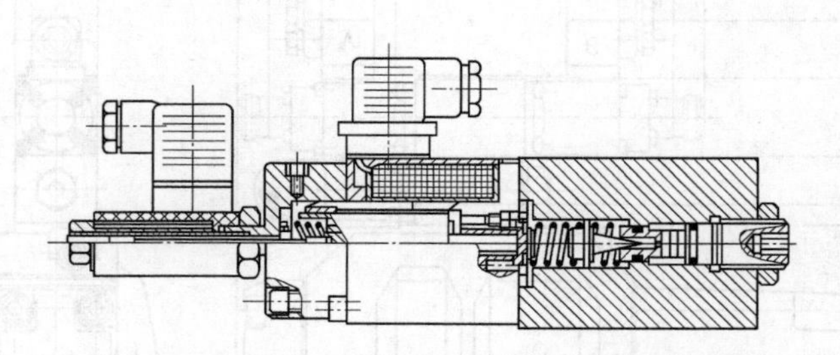

图 3.4-383　DBETR 型比例压力溢流阀结构图

（2）型号意义

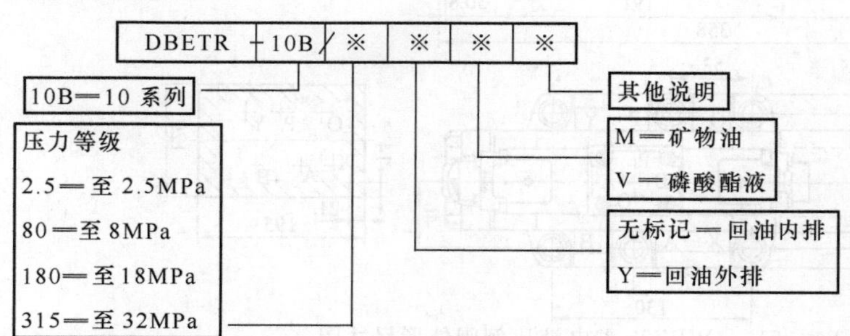

（3）技术规格

① 液压部分（见表 3.4-150）

表 3.4-150　DBETK 型比例压力溢流阀技术规格（液压部分）

最高设定压力/MPa	压力级 25	2.5	最大流量/(L/min)	压力级 315	2
	压力级 80	8			
	压力级 180	18	过滤精度/μm	≤20	
	压力级 315	32	滞环	<1%的最高设定压力	
最低设定压力		见特性曲线	重复精度	<0.5%的最高设定压力	
最高工作压力/MPa	O 口带压力调节	0.2	线性度	18(压力等级在 3～18MPa)	≤1.5%的最高设定压力
	O 口	10		315(压力等级在 6～32MPa)	
	P 口	32			
最大流量/(L/min)	压力级 25	10	介质	矿物油、磷酸酯液	
	压力级 80	3	介质温度/℃	－20～＋70	
	压力级 180	3	质量/kg	4	

② 电气部分（见表 3.4-151）

表 3.4-151　DBETR 型比例压力溢流阀技术规格（电气部分）

电源形式		直流	环境温度/℃		＋50
配套放大器		VT-5003S30 型(与阀配套供应)	配套放大器电源电压 /V	全波整流	24±10%
				整流三相电源	24～35
线圈电阻值/Ω	冷态下(20℃以下)	10	电感(传感器)/mH		6～8
	最大热态值	13.9	振荡频率(传感器)/kHz		2.5

（4）特性曲线（见图 3.4-384）

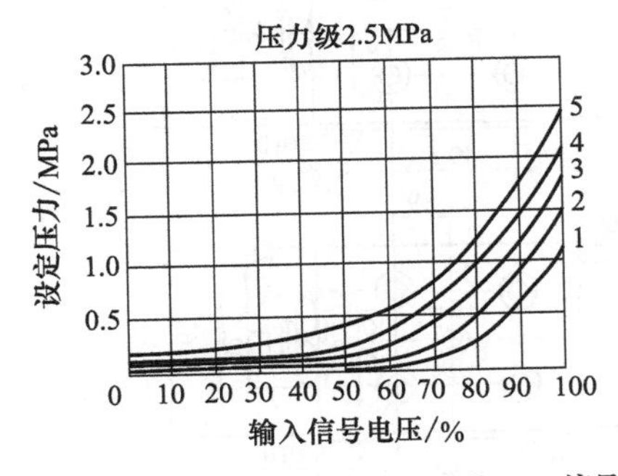

曲线1 — 流量2L/min；曲线4 — 流量8L/min；
曲线2 — 流量4L/min；曲线5 — 流量10L/min；
曲线3 — 流量6L/min；

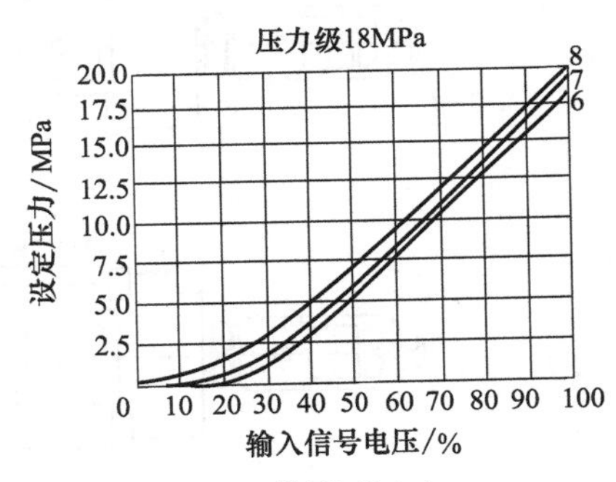

曲线6 — 流量0.5L/min；
曲线7 — 流量1.5L/min；
曲线8 — 流量1.5L/min

图 3.4-384

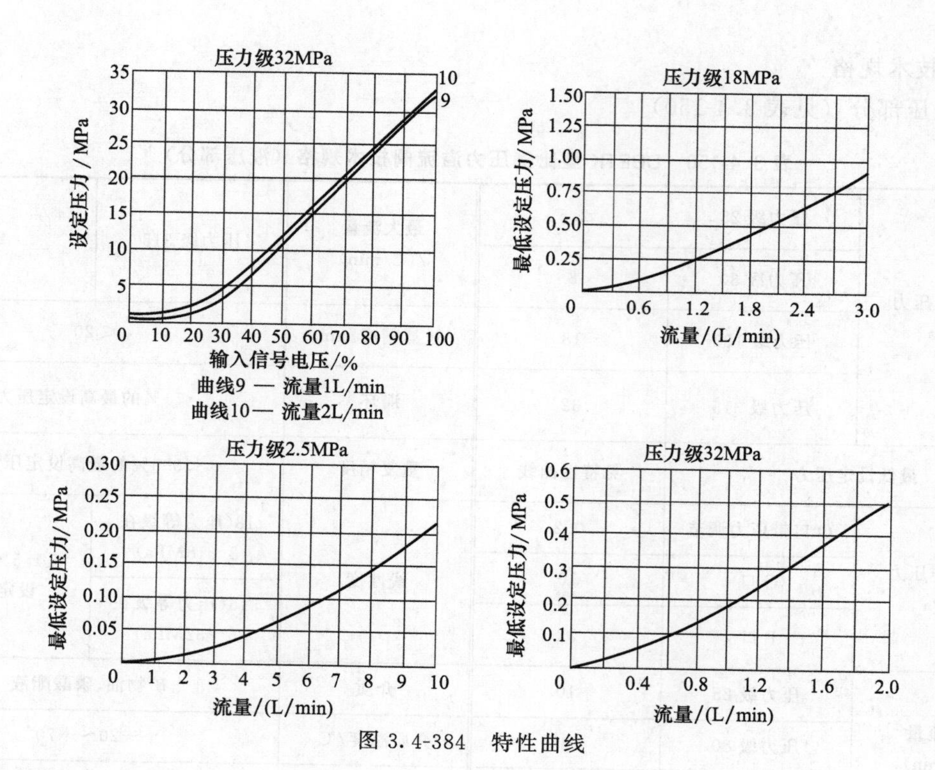

图 3.4-384 特性曲线

(5) 外形尺寸（见图 3.4-385）

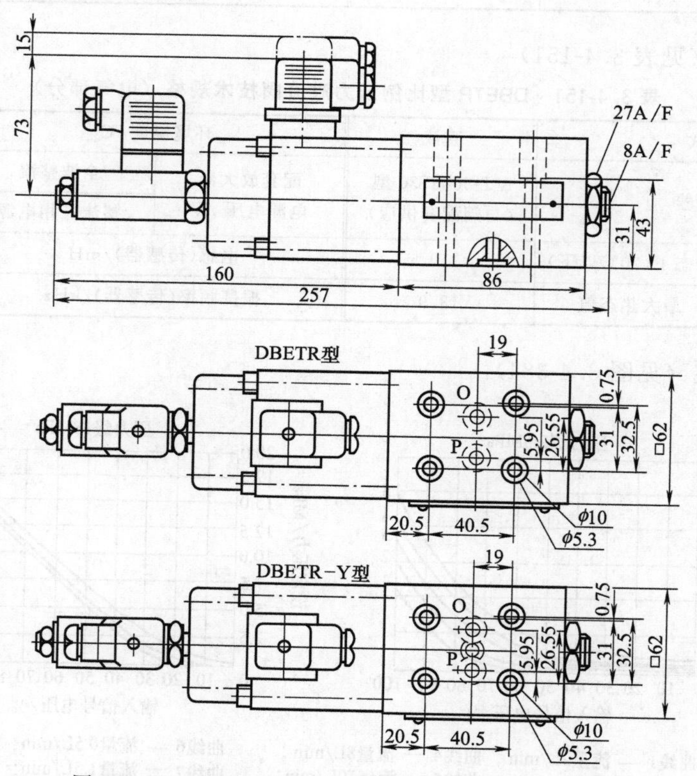

图 3.4-385 DBETR 型比例压力溢流阀外形尺寸图

连接板：G340/01；G341/01；G502/01

11.5.8 DBE/DBEM型比例溢流阀

(1) DBE/DBEM型比例溢流阀结构简图（见图3.4-386）

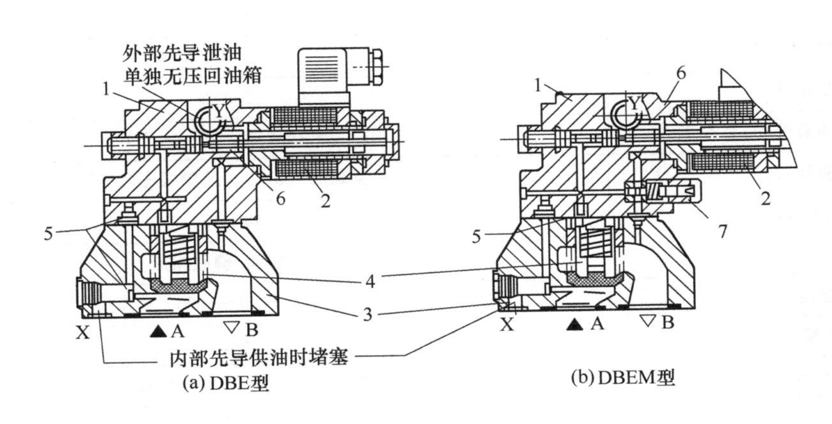

图3.4-386 DBE/DBEM型比例溢流阀结构图

(2) 型号意义

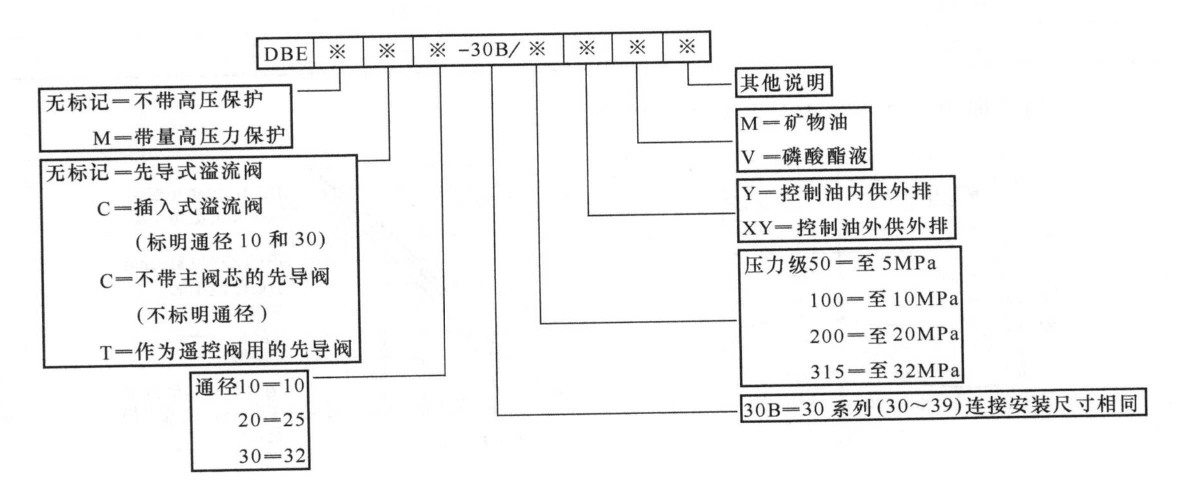

(3) 技术规格（见表3.4-152）

表3.4-152 DBE/DBEM型比例溢流阀技术规格

最高工作压力/MPa	（油口A、B、X)32			
回油压力/MPa	Y口，无压回油箱			
最高设定压力/MPa	5,10,20,32(与压力级相同)			
最低设定压力/MPa	与Q有关，见特性曲线			
最高压力保护装置设定压力范围/MPa	规格5	规格10	规格20	规格32
	1～6	1～17	1～22	1～34
阀的最高压力保护设定在/MPa	规格5	规格10	规格20	规格32
	6～8	12～14	22～24	34～36

续表

最大流量/(L/min)	规格 10	规格 20	规格 30
	200	400	600
先导阀流量/(L/min)	0.7～2		
线性度/%	±3.5		
重复精度/%	>±2		
典型的总变动/%	±2(最高压力 $p_{\max}$ 下)		
滞环/%	有颤振±1.5$p_{\max}$,无颤振±4.5$p_{\max}$		
切换时间/ms	30～150		
介质	矿物油、磷酸酯液		
温度/℃	-20～+70		
过滤精度/μm	≤20		
配套放大器	VT-2000S/K40 与阀配套供应		
电源形式	直流		
最小控制电流/A	0.1		
最大控制电流/A	0.8		
线圈电阻/Ω	20℃下 19.5,最大热态值 28.8		
环境温度/℃	+50		

(4) 特性曲线(见图 3.4-387 和图 3.4-388)

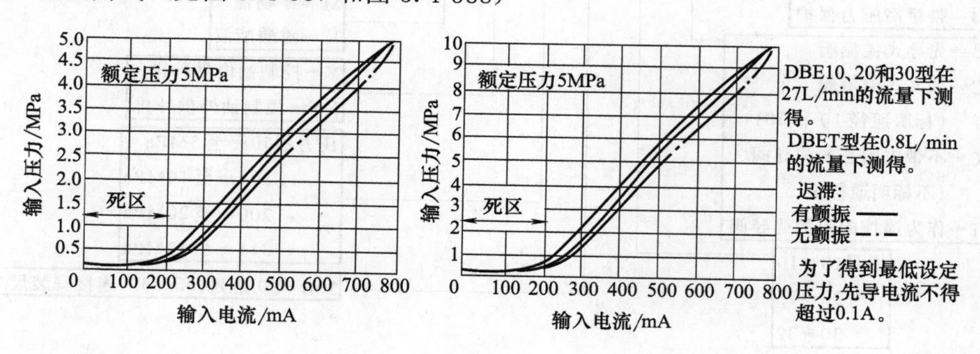

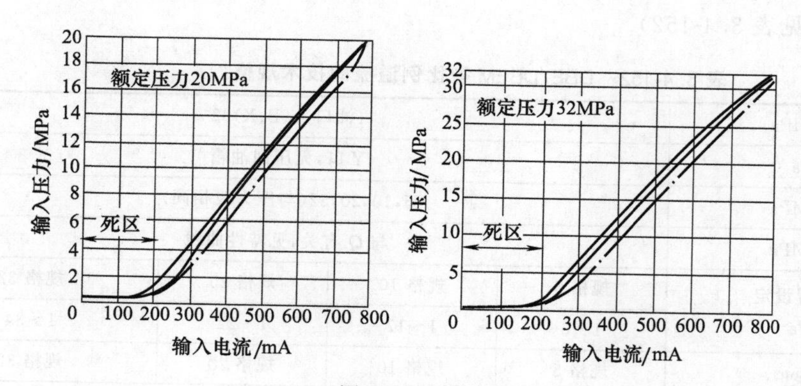

图 3.4-387 特性曲线(1)

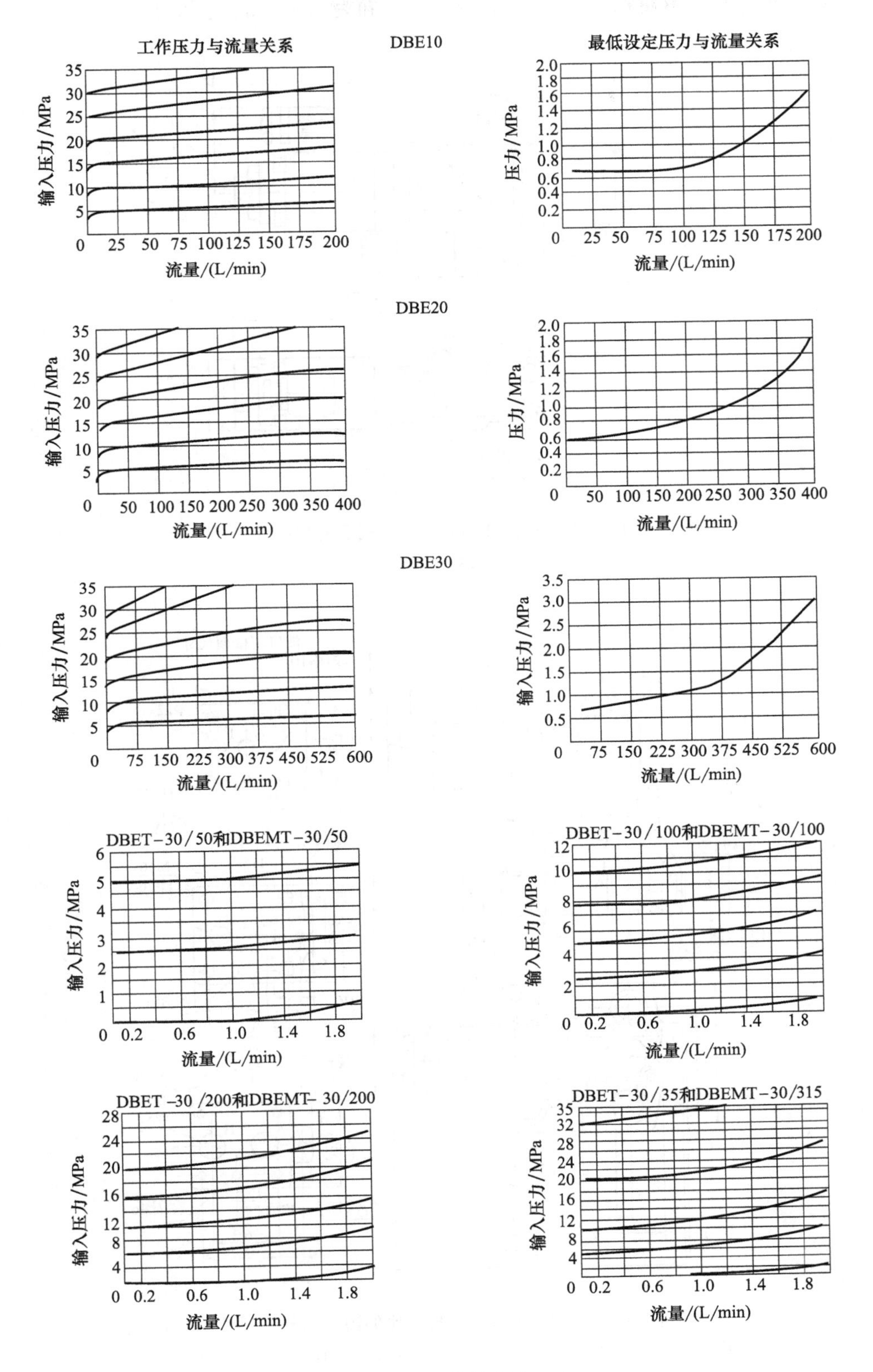

图 3.4-388 特性曲线（2）

（5）外形尺寸（见图 3.4-389～图 3.4-391 和表 3.4-153、表 3.4-154）

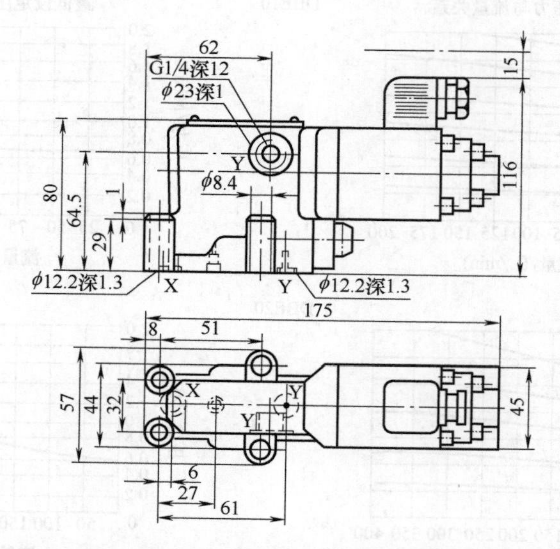

图 3.4-389　DBET/DBEMT 型先导阀及遥控阀外形尺寸图

连接板：G51/01

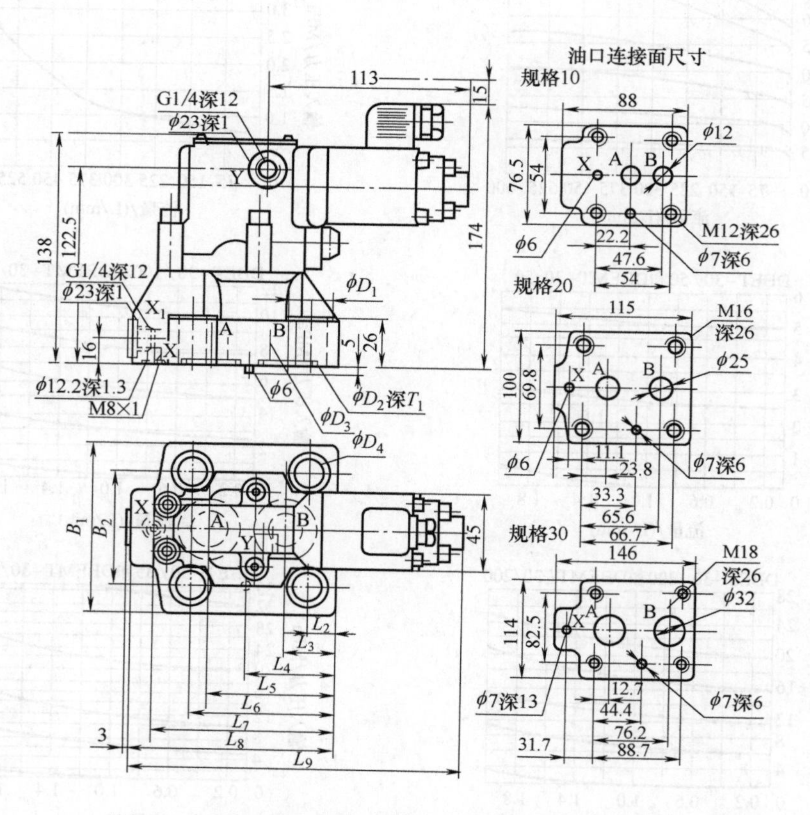

图 3.4-390　DBE/DBEM 型板式比例溢流阀外形尺寸图

连接板：规格 10—G545/01、G565/01；规格 20—G408/01、G409/01；

规格 30—G410/01、G411/01

表 3.4-153 DBE/DBEM 型板式比例溢流阀外形尺寸 /mm

规格	B_1	B_2	ϕD_1	ϕD_2	ϕD_3	ϕD_4	O 形圈(A、B 口)	安装螺钉(单独订购)
10	78	54	18	21.8	12	14	17.12×2.62	M12×50 力矩 84N·m
20	100	70	24	34.8	24	18	28.17×3.53	M16×50 力矩 206N·m
30	115	82.5	28	41	30	20	34.25×2.62	M18×50 力矩 267N·m

规格	L_2	L_3	L_4	L_5	L_6	L_7	L_8	L_9	T_1	质量/kg
10	12.5	18.9	44.3	44.3	66.5	66.5	90	176.5	2	4.1
20	16	27.1	49.4	71.6	82.5	106.5	117	190	2.9	4.5
30	17.5	30.2	61.9	93.7	106.4	138.2	148	200	2.9	6

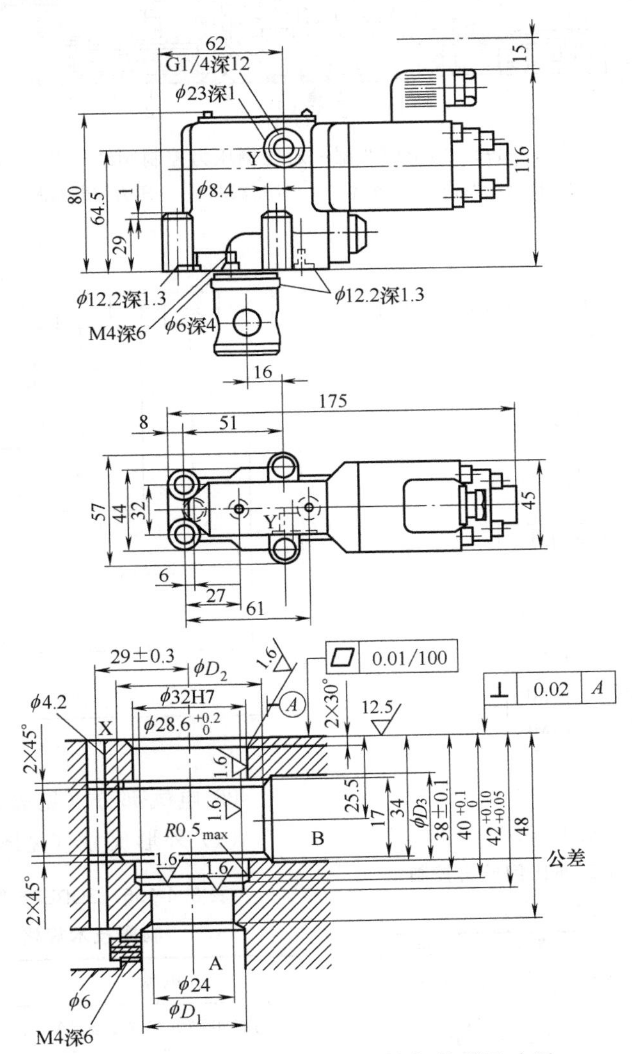

图 3.4-391 插入式比例溢流阀外形尺寸图

表 3.4-154 插入式比例溢流阀外形尺寸

规格	ϕD_1	ϕD_2	ϕD_3	质量/kg
10	10	40	10	1.5
20	25	45	25	
30	32		32	

11.5.9 3DREP6 型三通比例压力控制阀（规格 6）

（1）3DREP6 型三通比例压力控制阀（规格 6）结构简图（见图 3.4-392）

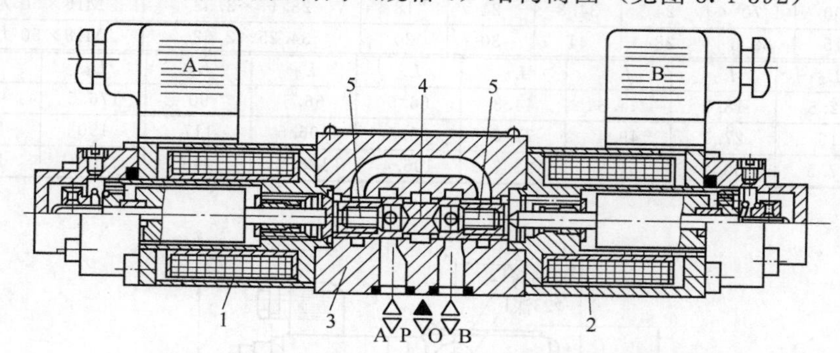

图 3.4-392 3DREP6 型三通比例压力控制阀结构图

1,2—比例电磁铁；3—阀体；4—控制阀芯；5—压力控制阀芯

（2）型号意义

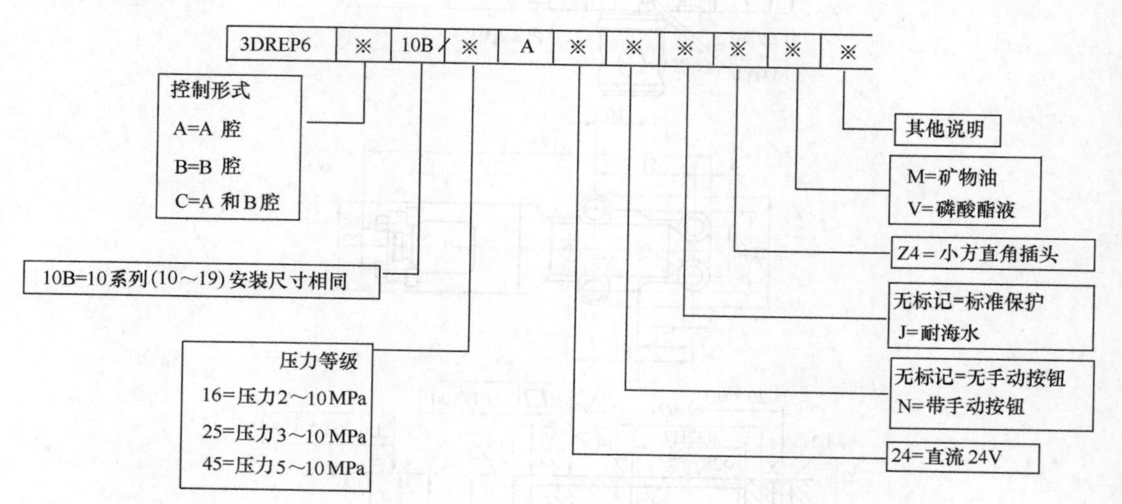

（3）技术规格

① 液压部分（见表 3.4-155）

表 3.4-155 3DREP6 型三通比例压力控制阀技术规格（液压部分）

项目		参数
工作压力/MPa	A、B、P 口	10(若超过 10 则在进口装 ZKR6DP$_2$-30/…型减压阀)
	O 口	3
最大流量/(L/min)		15(Δp=5MPa)
过滤精度/μm		≤20(为保证性能和延长寿命建议≤10)
滞环/%		≤3
重复精度/%		≤1
灵敏度(分辨率)/%		≤1
灵敏度(阀值)/%		≤1
介质		—
介质温度/℃		−20～+70
质量/kg		C 型 2.6，A 和 B 型 1

② 电气部分（见表 3.4-156）

表 3.4-156 3DREP6 型三通比例压力控制阀技术规格（电气部分）

项目		参数
电源		直流 24V
每个电磁铁名义电流/A		0.8
先导电流/A		≤0.02
线圈电阻/Ω	20℃下冷态值	19.5
	最大热态值	28.8
环境温度/℃		至+50
线圈电阻/℃		至+150

（4）外形尺寸（见图 3.4-393）

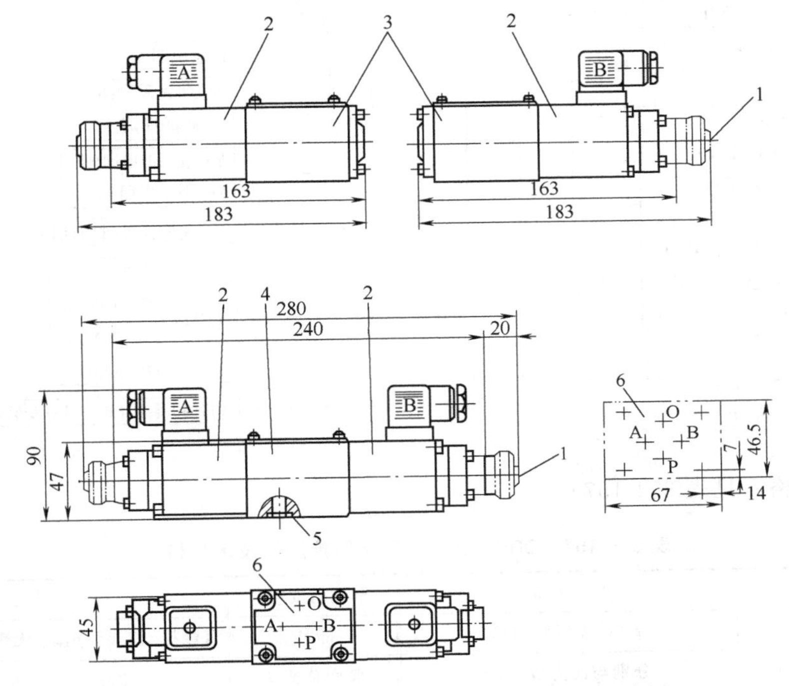

图 3.4-393　3DREP6 型比例压力阀外形尺寸图

1—手动按钮；2—比例电磁铁；3—2 位阀（A、B 型）；4—3 位阀（C 型）；5—O 形圈 9.25×1.78（油口 A，B，P，O）；6—油口连接面尺寸

连接板：G340/01；G341/01；G502/01

11.5.10　DRE、DREM 型比例减压阀

(1) DRE、DREM 型比例减压阀结构图（见图 3.4-394）

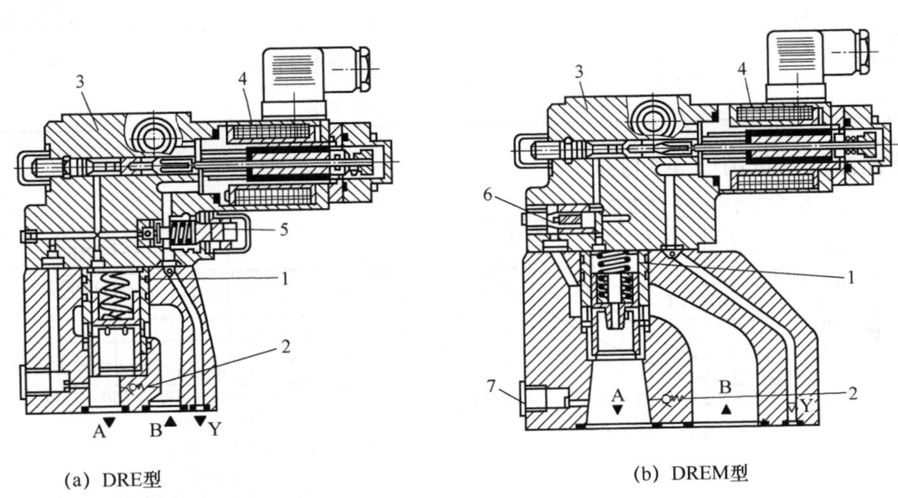

(a) DRE型　　(b) DREM型

图 3.4-394　DRE/DREM 型比例减压阀结构图

1—主阀芯；2—单向阀；3—先导阀；4—电磁铁；5—溢流阀；6—流量稳定器；7—压力表接口

（2）型号意义

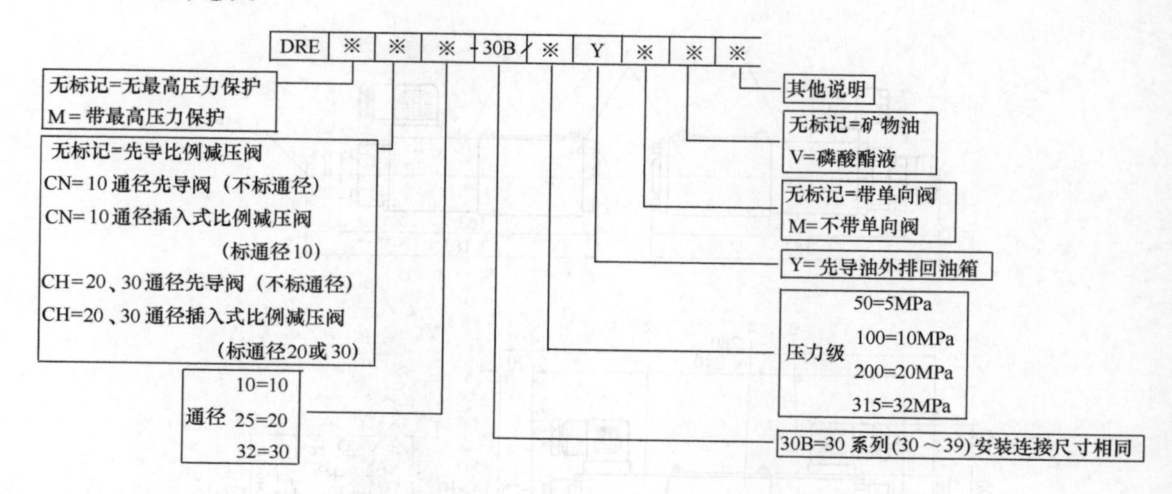

（3）技术规格（见表3.4-157）

表3.4-157　DRE、DREM型比例减压阀技术规格

						项目	参数
最大工作压力/MPa		A、B腔32				重复精度/%	＜±2
		Y口，无压回油箱				滞环	有颤振±2.5%p_{max}、无颤振±4.5%p_{max}
A腔最高设定压力/MPa		分别与压力级相同				典型总变动	±2%p_{max}(见特性曲线)
A腔最低设定压力/MPa		与流量有关(详见特性曲线)				切换时间/ms	100～300
在最高压力保护下的设定压力范围/MPa		压力级/MPa				介质	矿物油、磷酸酯液
		规格5	规格10	规格20	规格31.5	温度/℃	－20～＋70
		1～6	1～12	1～22	1～34	过滤要求/μm	≤20
装配时最高压力保护设定值/MPa		6～8	12～14	22～24	34～36	电源	直流
						最小控制电流/A	0.1
最大流量/(L/min)	规格	10	20		30	最大控制电流/A	0.8
	流量	80	200		300	线圈电阻/Ω	20℃下19.5，最大热态值28.8
先导油		详见特性曲线				最高环境温度	＋50℃
线性度/%		±3.5				绝缘要求	IP65

（4）特性曲线（见图3.4-395）

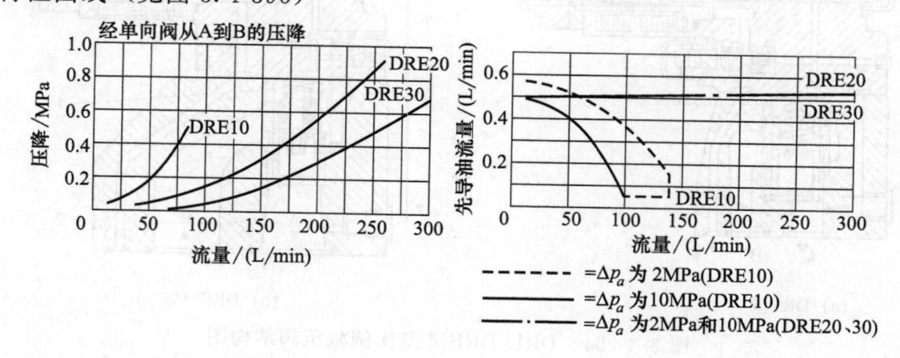

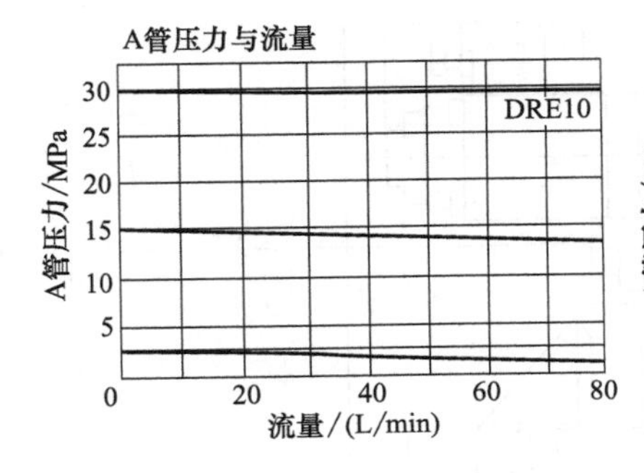

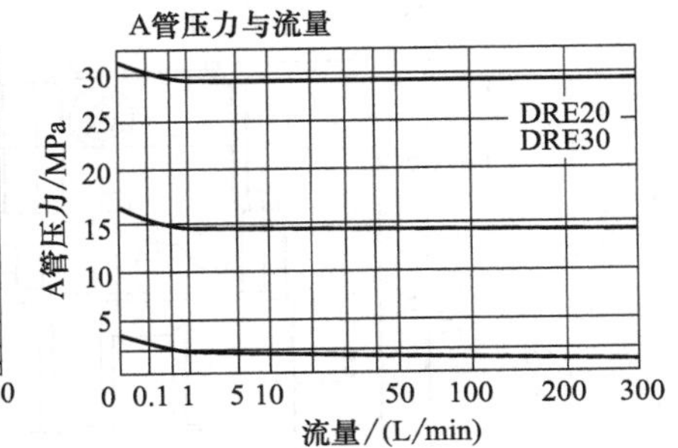

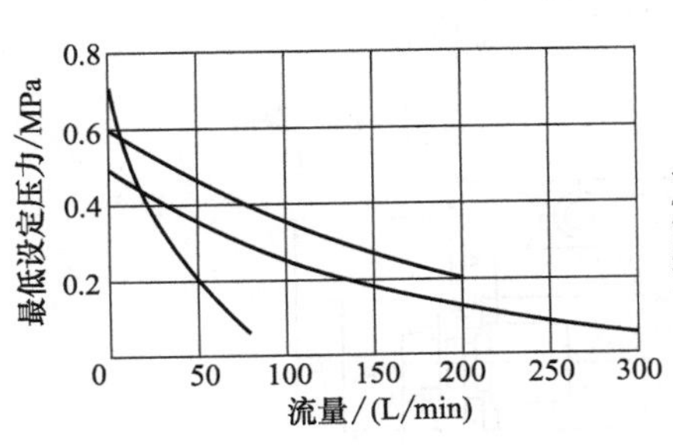

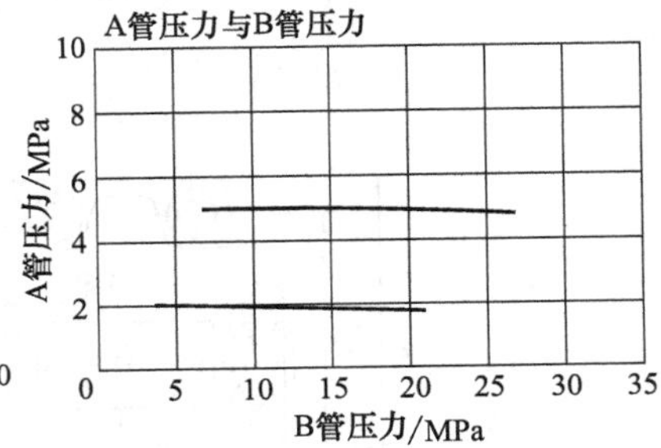

工作曲线-DRE10、20和30型的进口压力/输入电流

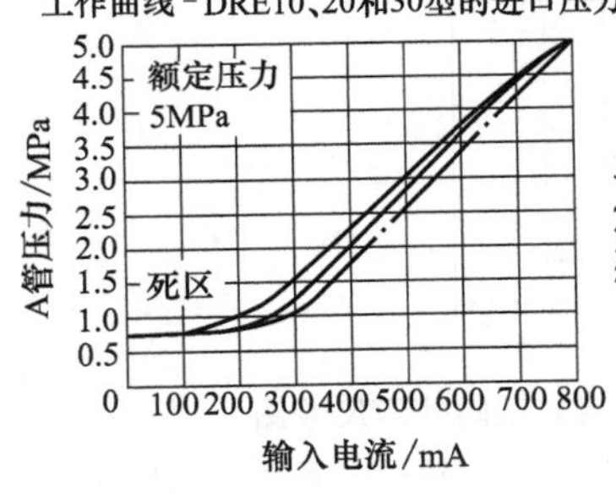

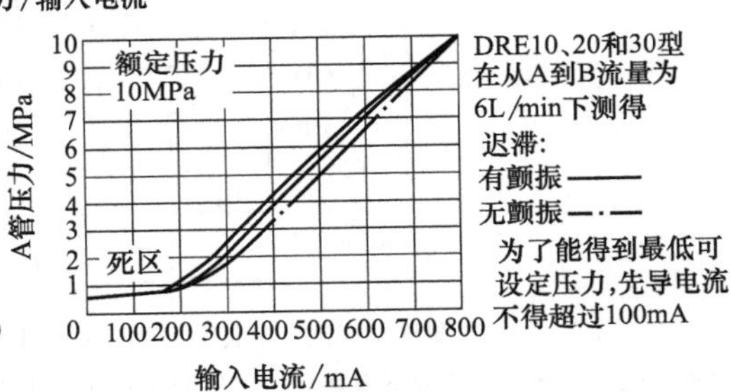

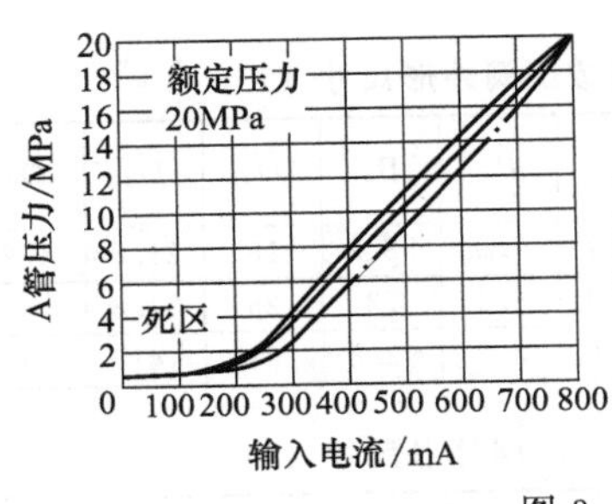

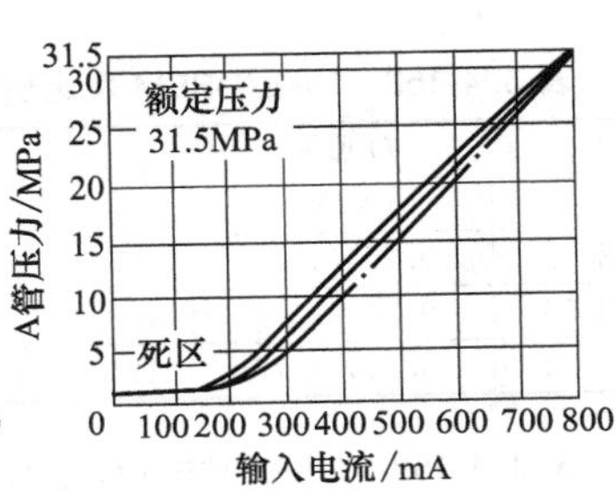

图 3.4-395 特性曲线

(5) 外形尺寸（见图 3.4-396、图 3.4-397 和表 3.4-158～表 3.4-160）

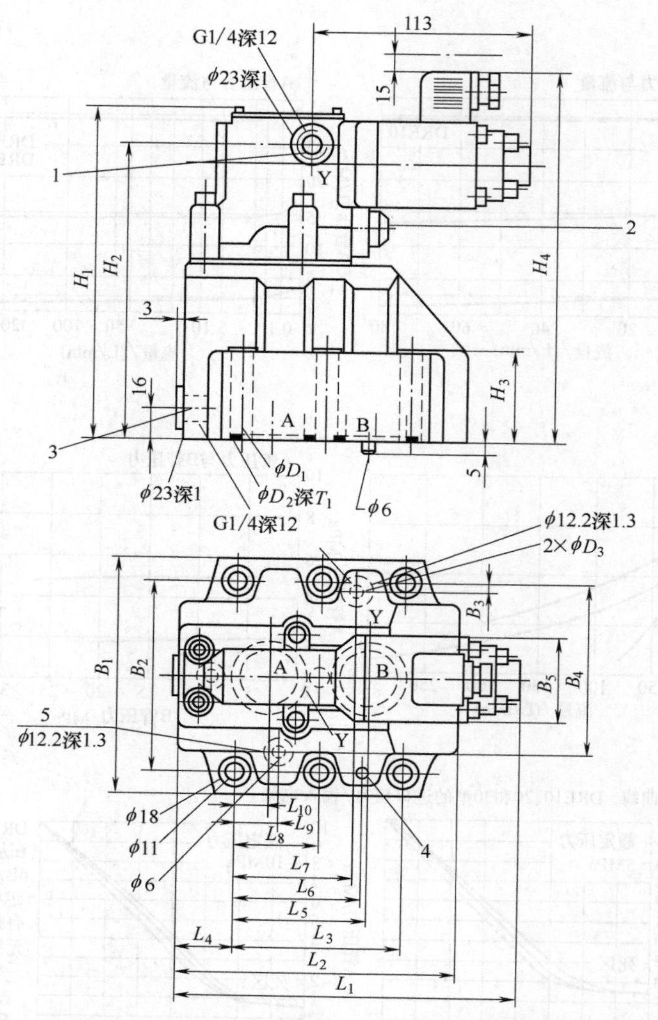

图 3.4-396 DRE/DREM 型比例减压阀外形尺寸图

1—供货时此油口堵死，但取下塞堵后，先导泄油允许从外部无压通油箱；2—最高压力保护装置（溢流阀）；3—油口 X 用于 DRE10 遥控，DRE20 和 DRE30 为压力表连接口；4—定位销；5—盲油口

连接板：G460/01；G461/01；G412/01；G413/01；G414/01；G415/01

表 3.4-158 DRE/DREM 型比例减压阀外形尺寸 (1)

/mm

规格	O形圈 (A、B)	O形圈 (X、Y)	B_1	B_2	B_3	B_4	D_1	D_2	D_3	H_1	H_2
10	17.12×2.62	9.25×1.78	85	66.7	7.9	58.8	15	21.8	4.2	152	136.5
25	28.17×3.53	9.25×1.78	102	79.4	6.4	73	25	34.8	6	162	146.5
32	34.52×3.53	9.25×1.78	120	96.8	3.8	92.8	31	41	6	170	154.5

表 3.4-159 DRE/DREM 型比例减压阀外形尺寸 (2)

/mm

规格	H_3	H_4	L_1	L_2	L_3	L_4	L_5	L_6	L_7	L_8	L_9	L_{10}	T_1	质量/kg
10	28	188	181	96	42.9	35.5	35.8	31.8	21.5	—	21.5	7.2	2	4.5
25	38	198	177	112	60.3	33.5	49.2	44.5	39.7	—	20.6	11.1	2.9	6.3
32	46	206	176.5	140	84.2	28	67.5	62.7	59.5	42.1	24.6	16.7	2.9	8.6

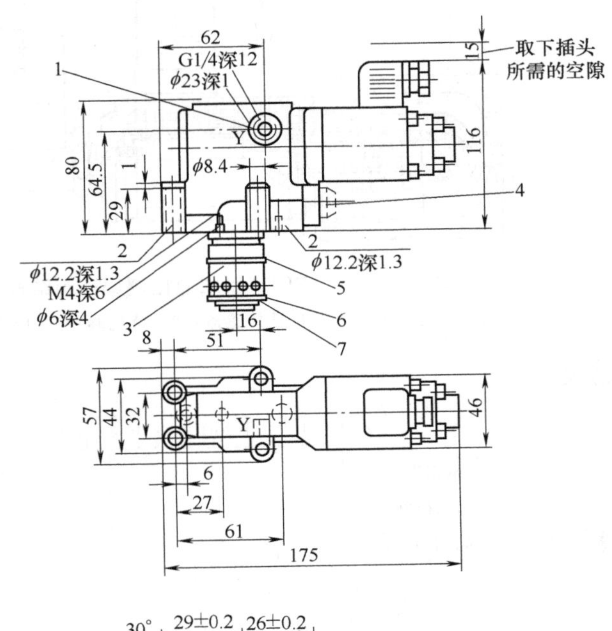

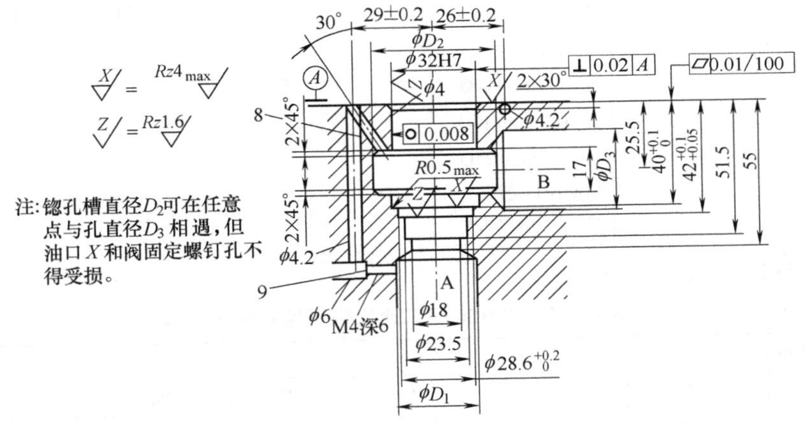

图 3.4-397 插入式比例减压阀外形尺寸图

1—先导泄油始终从外部无压回油箱；2—O 形圈 9.25×1.78；3—主阀芯总成；4—最高压力保护装置；5—O 形圈 27.3×2.4；6—O 形圈 27.3×2.4；7—挡圈 32/28.4×0.8（聚四氟乙烯）；8—DRE CH20 和 DRE CH30 上的先导泄油孔；9—DRE C10 上的节流孔，插装总成包括主阀芯和节流孔

表 3.4-160 DRE/DREM 型插入式比例减压阀外形尺寸

通径	尺寸/mm				力矩/N·m	质量/kg
	D_1	D_2	D_3	阀固定螺钉		
10	10	40	10	4 个 M8×10(GB 70-85-10.9)	20	1.5
25	20	45	20			
32	30	45	30			

11.5.11 ZFRE6 型二通比例调速阀（规格 6）

（1）ZFRE6 型二通比例调速阀（规格 6）结构简图（见图 3.4-398）

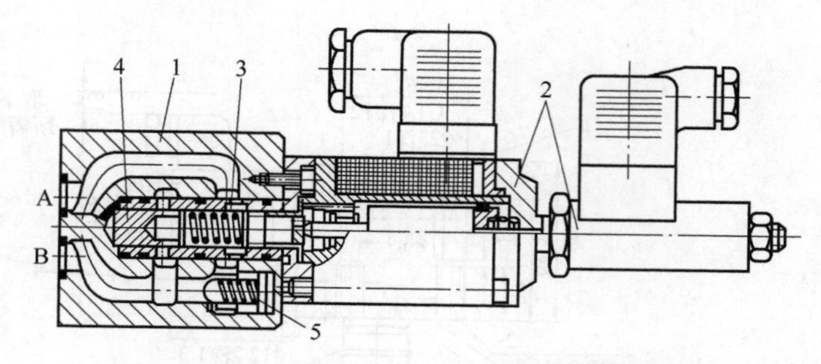

图 3.4-398　ZFRE6 型二通比例调速阀结构简图

1—阀体；2—比例电磁铁和位移传感器；3—节流阀；4—压力阀；5—单向阀

（2）型号意义

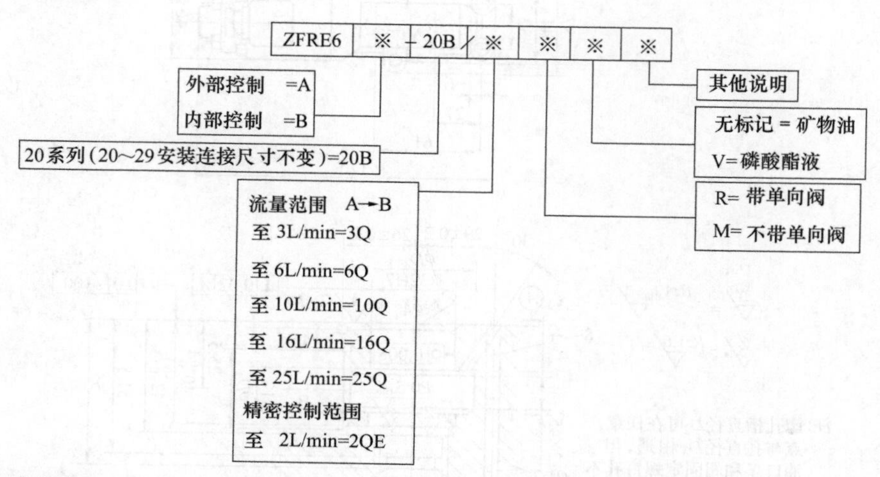

（3）技术规格（见表 3.4-161）

表 3.4-161　ZFRE6 型二通比例调速阀技术规格

最高工作压力/MPa		21(A 腔)					
最大流量/(L/min)	形式	2QE	3Q	6Q	10Q	16Q	25Q
	流量值	25	3	6	10	16	25
最小流量/(L/min)	至 10MPa	0.015	0.015	0.025	0.05	0.07	0.1
	至 21MPa	0.025	0.025	0.025	0.05	0.07	0.1
最大泄漏量/(L/min)	—	Δp(A→B)输入信号为 0%时					
	5MPa	0.004	0.004	0.004	0.006	0.007	0.01
	10MPa	0.005	0.005	0.005	0.008	0.01	0.015
	21MPa	0.007	0.007	0.007	0.012	0.015	0.022
最小压差/MPa		0.6～1					
压降(B→A)		详见特性曲线					
流量调节		详见特性曲线					
流量稳定性		详见特性曲线					
滞环		$<\pm1\%Q_{max}$					
重复精度		$<1\%Q_{max}$					
过滤精度要求		≤20μm					
介质		矿物油、磷酸酯液					
介质温度/℃		－20～＋70					

(4) 特性曲线(见图 3.4-399 和图 3.4-400)

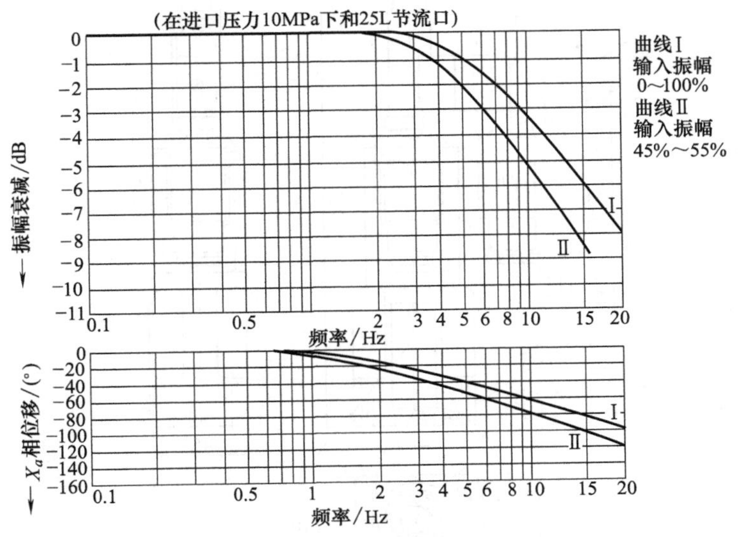

图 3.4-399 频率响应曲线

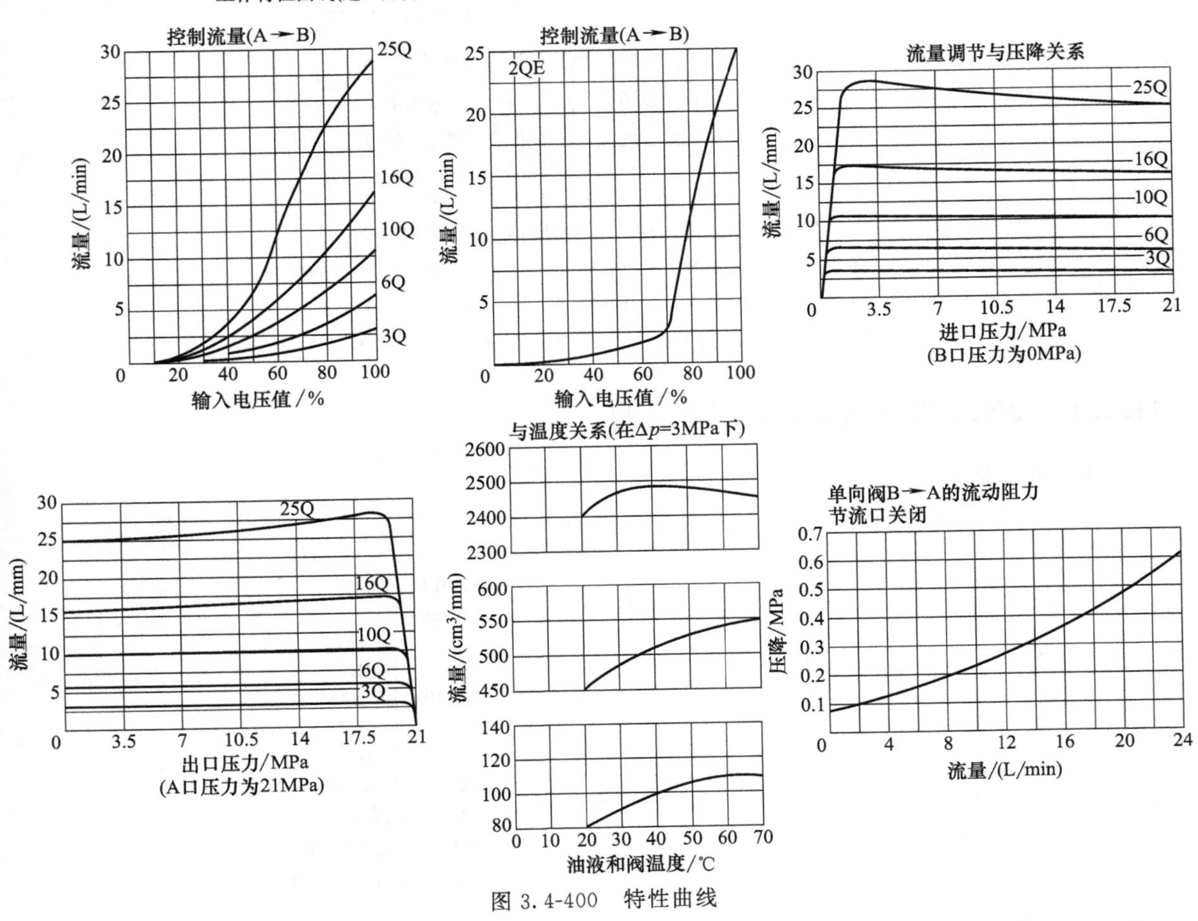

图 3.4-400 特性曲线

（5）外形尺寸（见图 3.4-401）

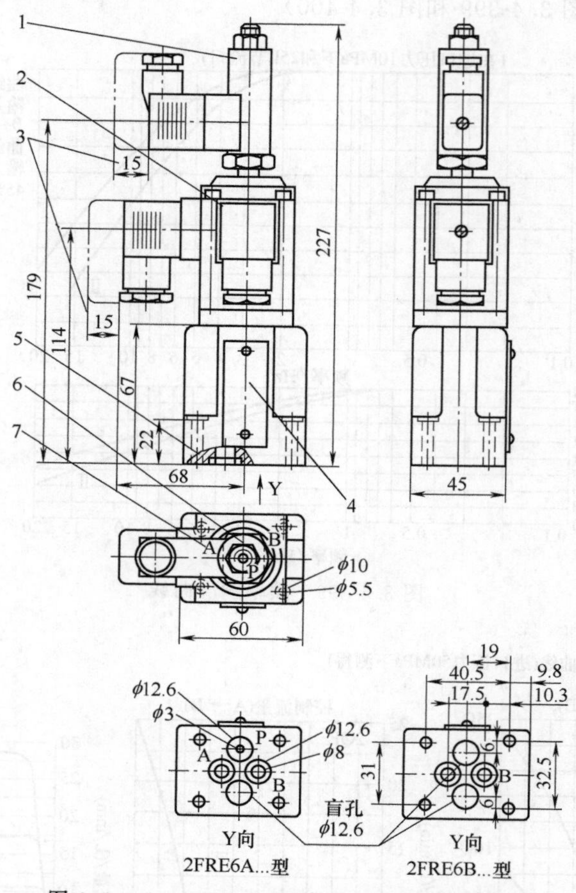

图 3.4-401　ZFRE6 型比例调速阀外形尺寸图

1—传感器；2—电磁铁；3—拔下插头尺寸；4—铭牌；5—O 形圈 9.25×1.78 用于 A、B、P 和盲孔；6—出口 B；7—进口 A

连接板：G341/1（G1/4）、G342/1（G3/8）、G502/1（G1/2）

11.5.12　3BYL 型比例压力-流量复合阀

（1）型号意义

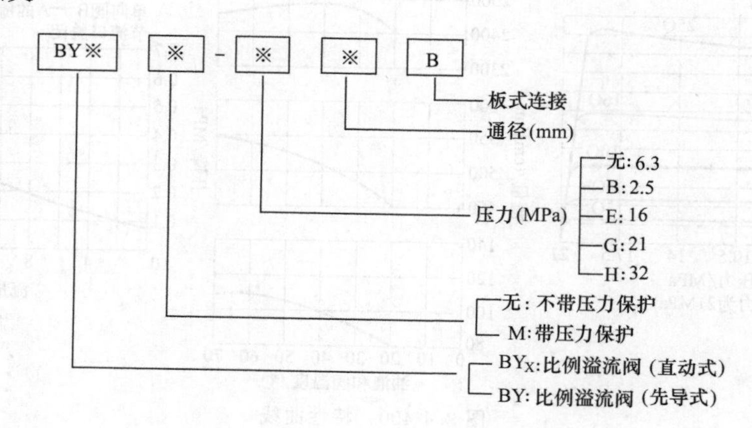

（2）技术规格（见表 3. 4-162）

表 3. 4-162 3BYL 型比例压力-流量复合阀技术规格

项目			3BYL-※63B	3BYL-※125B	3BYL-※250B	3BYL-※500B
最高使用压力/MPa			25	25	25	25
额定流量/(L/min)			63	125	250	500
流量调整范围/(L/min)			1～125	1～125	2.5～250	5～500
流量系统	压差/MPa		≤1	≤1	≤1	≤1
	滞环/%		≤5	≤5	≤5	≤5
	线性度误差/%		≤5	≤5	≤5	≤5
	控制电流/mA		200～700	200～700	200～700	—
压力系统	调压范围/MPa	E	1.3～16	1.3～16	1.4～16	1.5～16
		G	1.3～21	1.3～21	1.4～21	1.5～21
	滞环/%		≤5	≤5	≤5	≤5
	线性度误差/%		≤5	≤5	≤5	≤5
	控制电流/mA		200～800	200～800	200～800	200～800

（3）外形尺寸（见图 3. 4-402、图 3. 4-403 和表 3. 4-163）

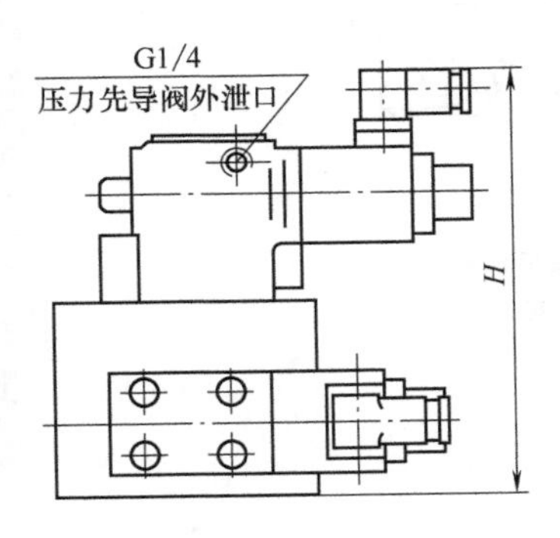

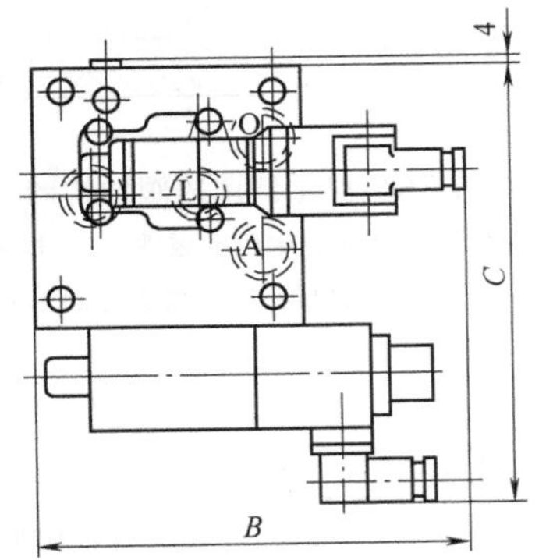

图 3. 4-402 3BYL 型比例压力-流量复合阀外形尺寸图

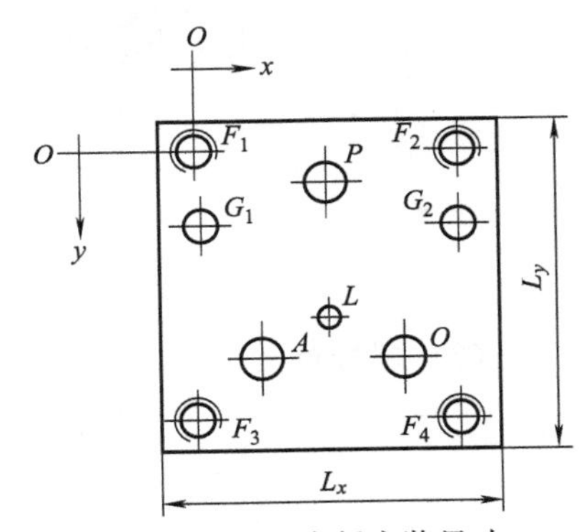

图 3. 4-403 底板安装尺寸

表 3. 4-163 3BYL 型比例压力-流量复合阀外形及底板安装尺寸 /mm

型号	尺寸/mm	P	A	O	L	G_1	G_2	F_1	F_2	F_3	F_4	L_x	L_y	B	C	H
3BYL-※125B	ϕ	22	22	22	16	7×7	7×7	M10×M20	M10×M20	M10×M20	M10×M20	—	—	—	—	—
	x	50.8	23.8	77.8	50.8	−0.8	102.4	0	101.6	101.6	0	125	—	195	—	206
	y	12.7	88.9	88.9	58.7	28.5	28.5	0	0	101.6	101.6	—	130	—	208	—
3BYL-※250B	ϕ	29	29	29	16	17.5×10	17.5×10	M16×M32	M16×M32	M16×M32	M16×M32	—	—	—	—	—
	x	73.1	28.1	118.1	73.1	1.6	144.5	0	146.1	146.1	0	180	—	—	—	—
	y	12.7	107	107	85.7	41.3	41.3	0	0	133.4	133.4	—	174	—	—	—
3BYL-※500B	ϕ	43.5	43.5	43.5	16	20×15	20×15	M20×M40	M20×M40	M20×M40	M20×M40	—	—	—	—	—
	x	98.5	35	162	98.5	−1.6	198.4	0	196.9	196.9	0	244	—	—	—	—
	y	17.5	144.5	144.5	119	55.5	55.5	0	0	177.8	177.8	—	224	—	—	—

11. 5. 13 ZFRE※型二通比例调速阀

（1）ZFRE※型二通比例调速阀结构图（见图 3. 4-404）

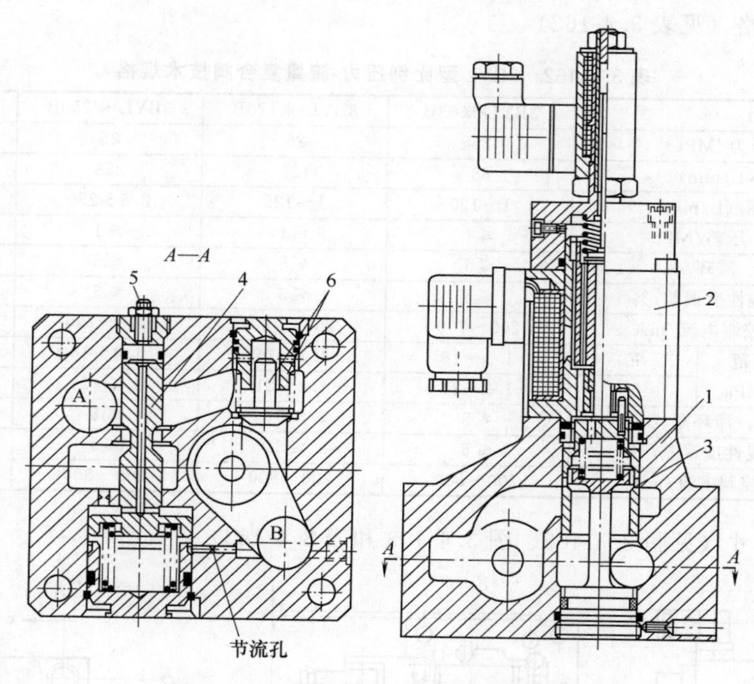

图 3.4-404 ZFRE 型比例调速阀结构图

1—壳体；2—带感应式位移传感器的比例电磁铁；3—检测节流器；4—压力补偿器；5—行程限位器；6—可选择的单向阀

（2）型号意义

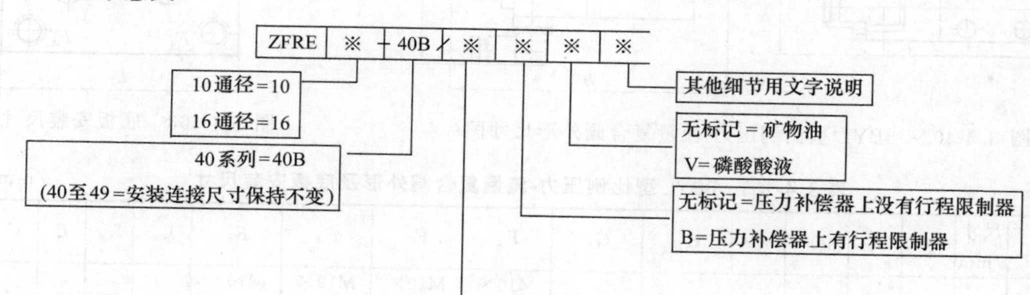

A到B流量			
10通径			16通径
线性	递增	两级递增	线性
至5L/min=5L 至10L/min=10L 至16L/min=16L 至25L/min=25L 至50L/min=50L 至60L/min=60L	至5L/min=5Q 至10L/min=10Q 至16L/min=16Q 至25L/min=25Q	至2L/min=2QE 至5L/min=5QE	至80L/min=80L 至100L/min=100L 至125L/min=125L 至160L/min=160L

（3）技术规格（见表 3.4-164）

表 3.4-164 ZFRE※型二通比例调速阀技术规格

项目											
工作压力/MPa		32									
最小压差/MPa		10 通径						16 通径			
		0.3～0.8						0.6～1			
A 到 B 压差	节流口打开/MPa	0.1	0.12	0.15	0.2	0.3	0.35	0.16	0.19	0.24	0.31
	节流口关闭/MPa	0.17	0.2	0.25	0.3	0.5	0.6	0.3	0.36	0.45	0.6
流量 Q_{max}	线性＋递增/(L/min)	5	10	16	25	50	60	80	100	125	160
	2 级递增/(L/min)	40						—			
过滤精度/μm		≤20									
介质		矿物油、磷酸酯液									
温度/℃		−20～＋70									
滞环/%		＜±1Q_{max}									
重复精度/%		＜1Q_{max}									
质量		10 通径 6kg，16 通径 8.3kg									
电源形式		直流 24V									
电磁铁线圈电阻/Ω		20℃冷态 10，最大热态值 13.9									
最高环境温度/℃		＋50									
最大功率/VA		50									
传感器电阻/Ω		20℃下 Ⅰ—56，Ⅱ—56，Ⅲ—112									
传感器电感/mH		6～8									
传感器振荡频率/kHz		2.5									

（4）外形尺寸（见图 3.4-405 和表 3.4-165）

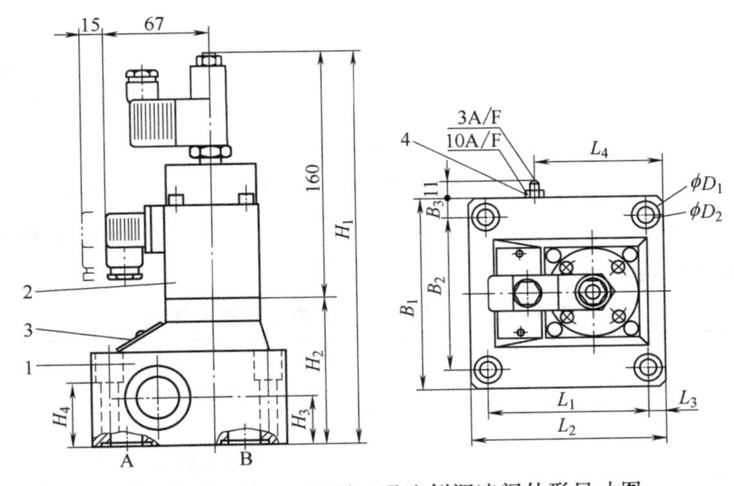

图 3.4-405 ZFRE※型二通比例调速阀外形尺寸图

1—阀体；2—带感应式位移传感器的比例电磁铁；3—标牌；4—压力补偿器的行程限制器；

底板：10 通径 G279/01；G280/01；16 通径 G281/01，G282/01

表 3.4-165 ZFRE※型二通比例调速阀外形尺寸 /mm

通径/mm	B_1	B_2	B_3	ϕD_1	ϕD_2	H_1	H_2	H_3	H_4	L_1	L_2	L_3	L_4
10	95	76	9.5	15	9	245	85	38	48	102.5	82.5	10	68.5
16	123.5	101.5	11	18	11	255.5	95.5	31	51	123.5	101.5	11	81.5

11.5.14 ED型比例遥控溢流阀

(1) ED型比例遥控溢流阀结构简图（见图 3.4-406）

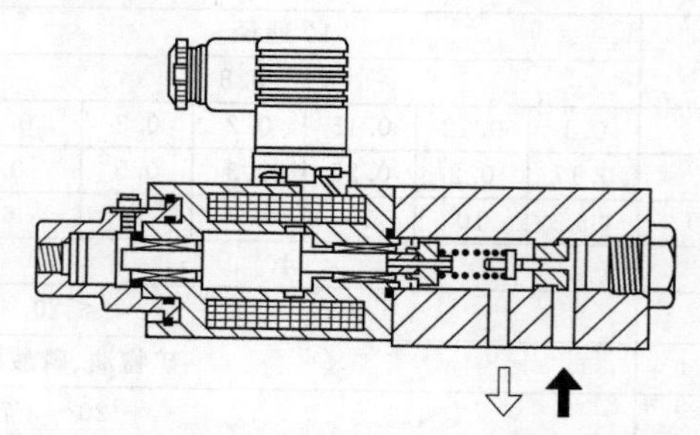

图 3.4-406 ED型比例遥控溢流阀结构简图

(2) 型号意义

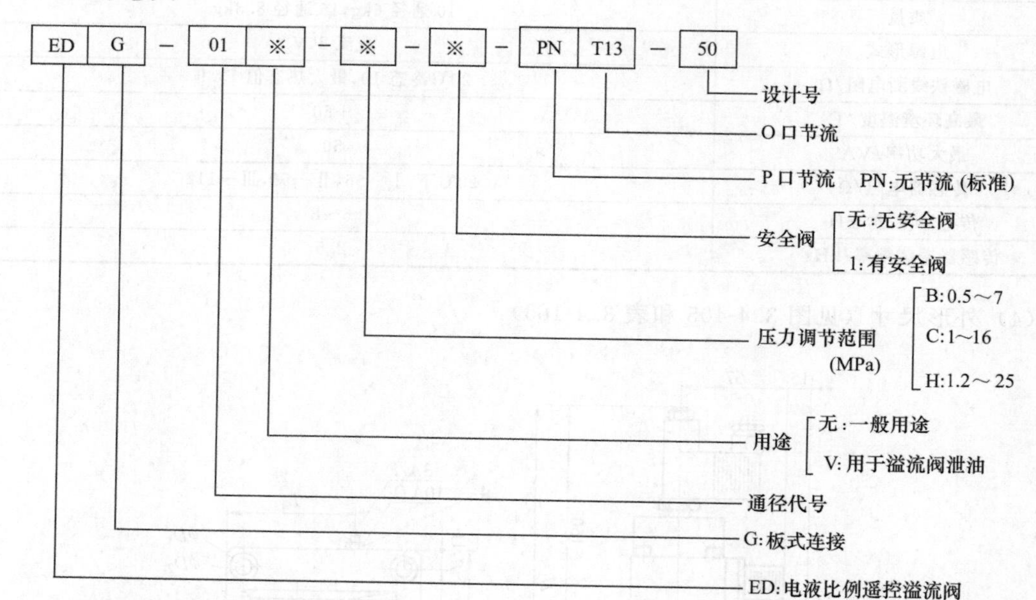

(3) 技术规格（见表 3.4-166）

表 3.4-166 ED型比例遥控溢流阀技术规格

项目	型号:EDG-01※-※-※-P※T※-50	项目	型号:EDG-01※-※-※-P※T※-50
最高使用压力/MPa	25	额定电流/mA	EDG-01※-B:800
最大流量/(L/min)	2		EDG-01※-C:900
最小流量/(L/min)	0.3		EDG-01※-H:950
压力调整范围/MPa	B:0.5～7	线圈电阻/Ω	10
		滞环/%	<3
	C:1～16	重复性/%	1
	H:1.2～25	质量/kg	2

(4) 外形尺寸（见图 3.4-407～图 3.4-409 和表 3.4-167）

11.5.15 EB型比例溢流阀

(1) EB型比例溢流阀结构简图（见图 3.4-410）

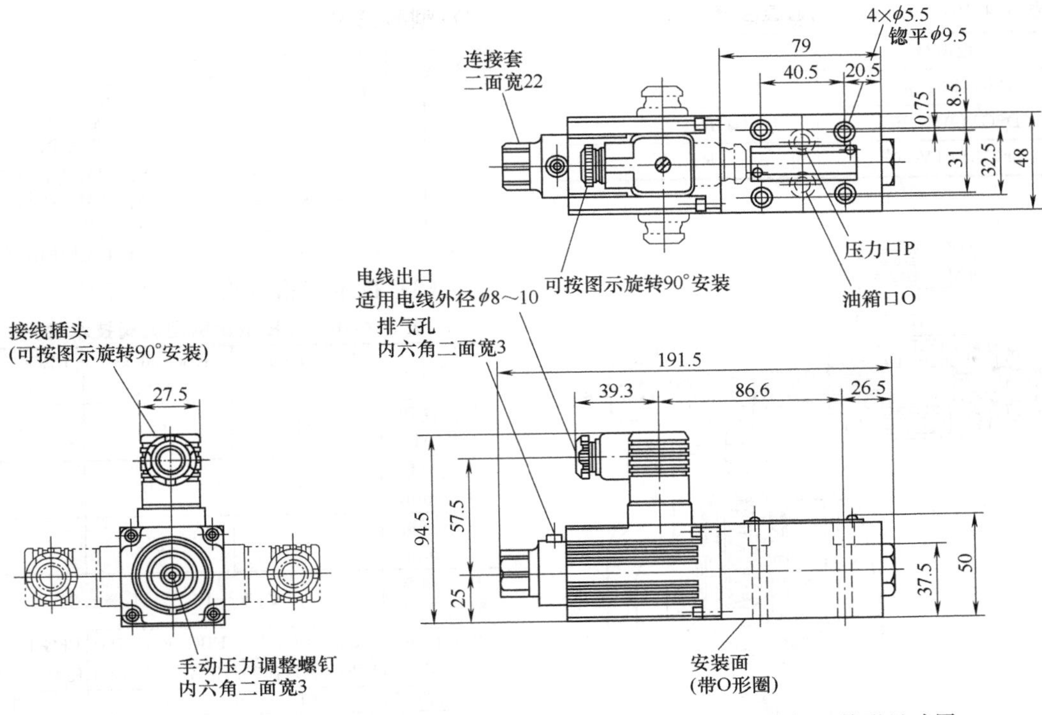

图 3.4-407 EDG-01※-※-P※T※-50 型比例遥控溢流阀（无安全阀）外形尺寸图

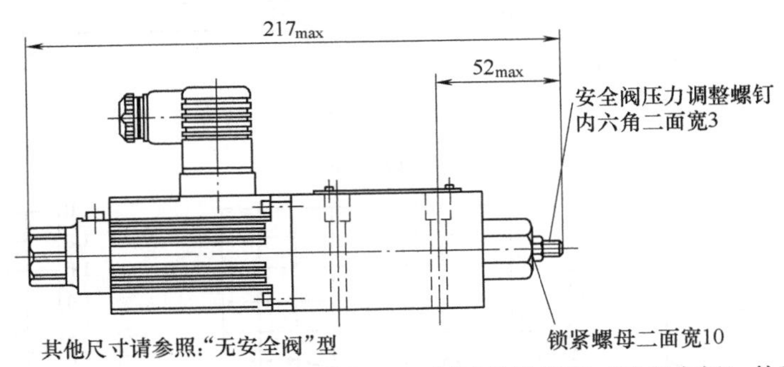

图 3.4-408 EDG-01※-※-1-P※T※-50 型比例遥控溢流阀（带安全阀）外形尺寸图

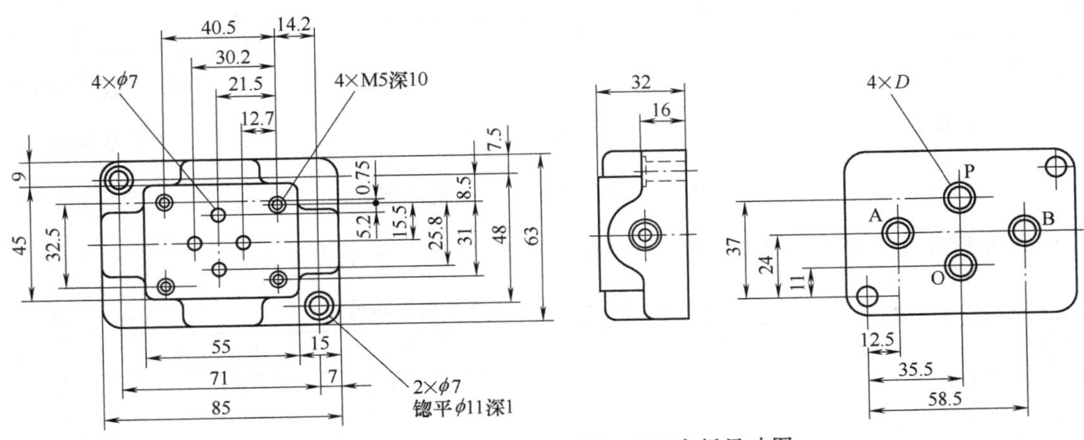

图 3.4-409 DSGM-01、01X、01Y 底板尺寸图

表 3.4-167 ED 型比例遥控溢流阀底板尺寸

底板型号	尺寸 D/mm
DSGM-01-30	Rc 1/8
DSGM-01X-30	Rc 1/4
DSGM-01Y-30	Rc 3/8

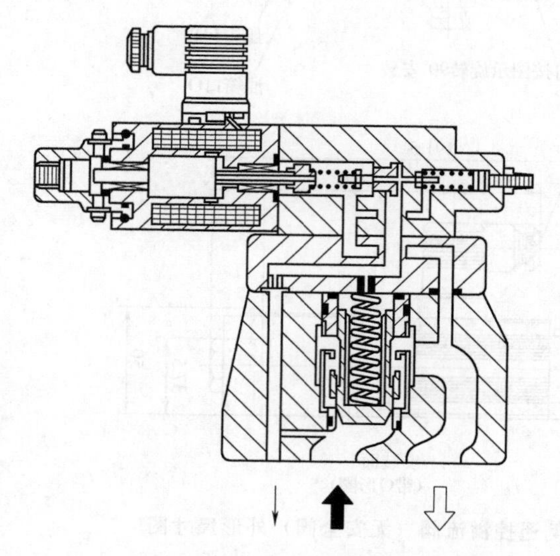

图 3.4-410 EB 型比例溢流阀结构简图

（2）型号意义

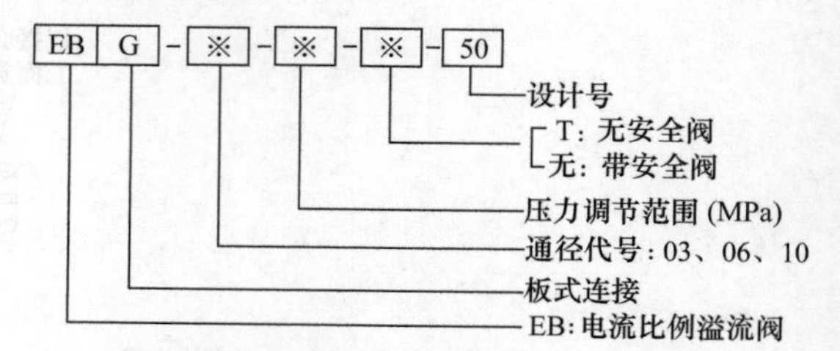

（3）技术规格（见表 3.4-168）

表 3.4-168 EB 型比例溢流阀技术规格

型号	EBG-03-※-※-50	EBG-06-※-※-50	EBG-10-※-※-50
最高使用压力/MPa	25	25	25
最大流量/(L/min)	100	200	400
最小流量/(L/min)	3	3	3
压力调整范围/MPa	C：※～16　H：※～25		
额定电流/mA	EBG-03-C：770	EBG-06-C：750	EBG-10-C：730
	EBG-03-H：820	EBG-06-H：800	EBG-10-H：780
线圈电阻/Ω	10	10	10
滞后/%	<2	<2	<2
重复性/%	1	1	1
质量/kg	5.6	6.3	10

（4）特性曲线（见图 3.4-411）

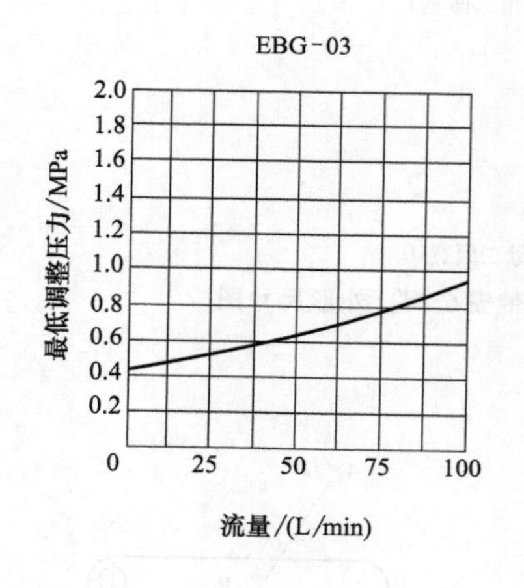

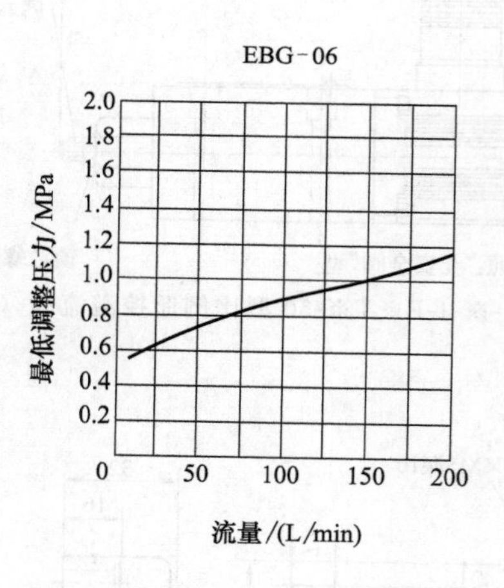

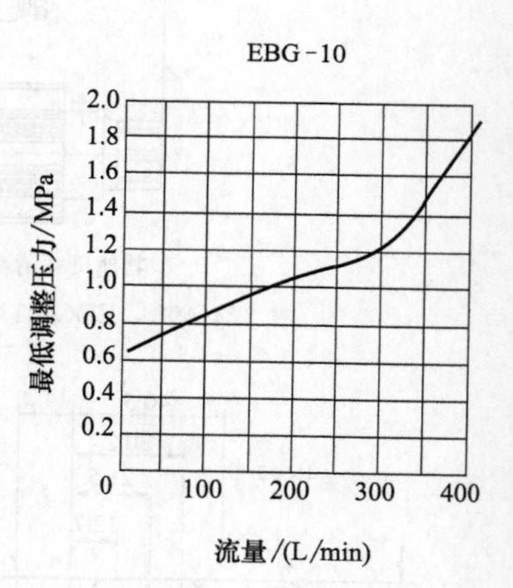

图 3.4-411 最低压力调整特性

（5）外形尺寸（见图 3.4-412～图 3.4-414 和表 3.4-169～表 3.4-171）

表 3.4-169 EBG-$^{03}_{06}$ 型比例溢流阀外形尺寸

/mm

型号	A	B	C	D	E	F	G	H	J	K	L	N	Q
EBG-03	198.5	118.6	53.8	40.2	76	53.8	26.9	11.1	21.5	106	26.1	13.5	21
EBG-06	206.5	120.5	66.7	42.1	98	70	35	14	26	122	36	17.5	26

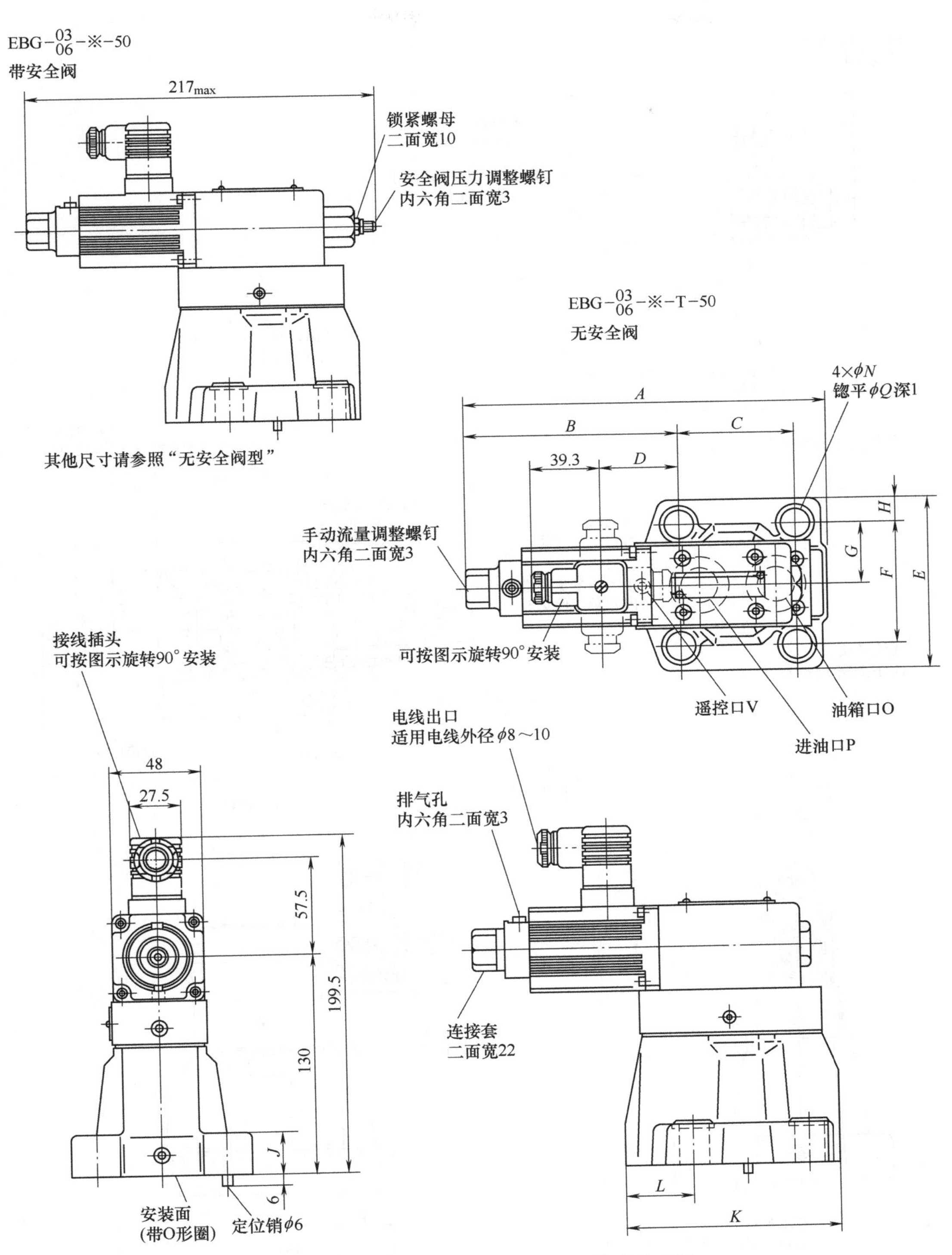

图 3.4-412 EBG-$\frac{03}{06}$型比例溢流阀外形尺寸图

安装面与下列 ISO 标准一致

EBG-03：ISO 6264-AR-06-2-A

EBG-06：ISO 6264-AS-06-2-A

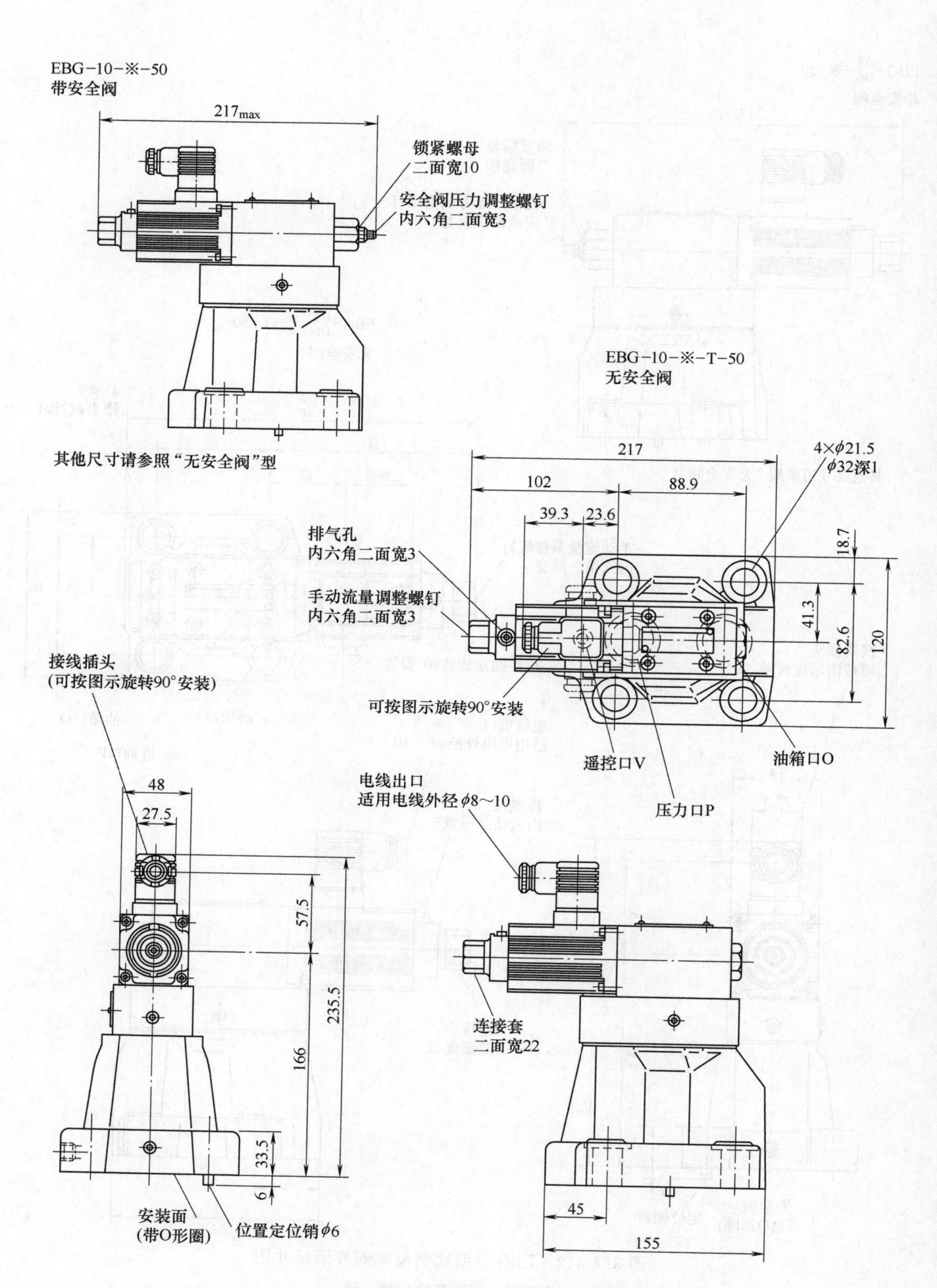

图 3.4-413 EBG-10 型比例溢流阀外形尺寸图

安装面与 ISO 6264-AT-10-2-A 一致

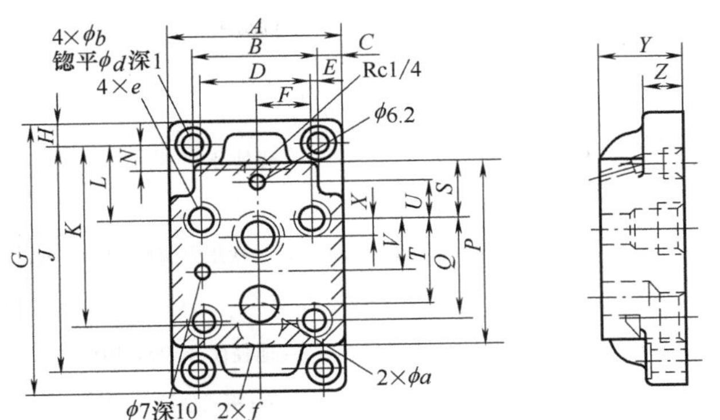

图 3.4-414　底板 BGM-03、03X；BGM-06、06X；BGM-10、10X

表 3.4-170　EB 型比例溢流阀底板尺寸（1）　/mm

型号	A	B	C	D	E	F	G	H	J	K	L	N	P	Q
BGM-03	86	60	13	53.8	3.1	26.9	149	13	123	86	32	26	97	53.8
BGM-03X										95		21		
BGM-06	108	78	15	70	4	35	180	15	150	106.5	51	27.2	121	66.7
BGM-06X										119		18		
BGM-10	126	94	16	82.6	5.7	41.3	227	16	195	138.2	62	30.2	154	88.9
BGM-10X										158		17		

表 3.4-171　EB 型比例溢流阀底板尺寸（2）　/mm

型号	S	T	U	V	X	Y	Z	a	b	d	e	f
BGM-03	19	47.5	0	22.1	22.1	32	20	14.5	11	17.5	M12 深 20	Rc3/8
BGM-03X						40						Rc1/2
BGM-06	37	55.6	23.8	33.4	11.1	40	25	23	13.5	21	M16 深 28	Rc3/4
BGM-06X						50						Rc1
BGM-10	42	76.2	31.8	44.5	12.7	50	32	28	17.5	26	M20 深 28	Rc1 1/4
BGM-10X						63						Rc1 1/2

11.5.16　ERB 型比例溢流减压阀

（1）ERB 型比例溢流减压阀结构简图（见图 3.4-415）

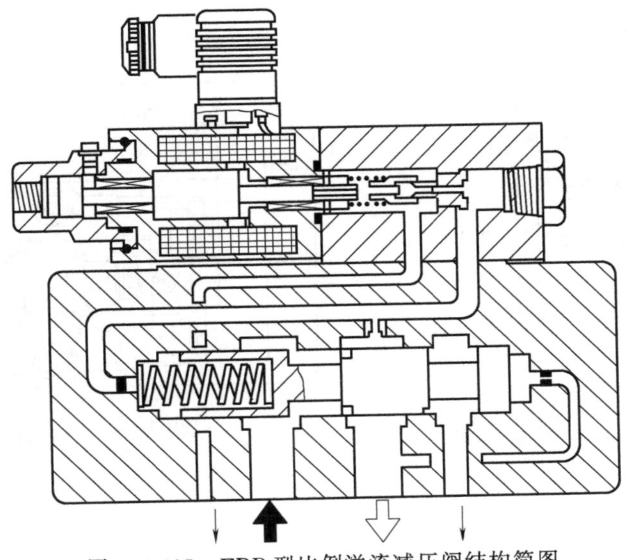

图 3.4-415　ERB 型比例溢流减压阀结构简图

（2）型号意义

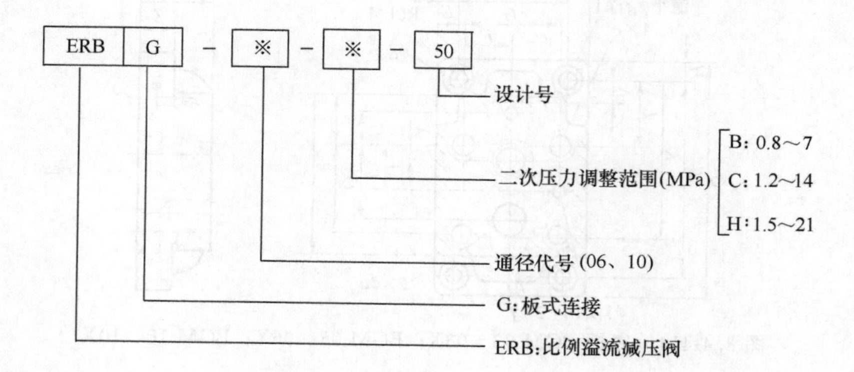

（3）技术规格（见表 3.4-172）

表 3.4-172　ERB 型比例溢流减压阀技术规格

型号	ERBG-06-※-50	ERBG-10-※-50	额定电流/mA	ERBG-06-B:800	ERBG-10-B:800
最高使用压力/MPa	25	25		ERBG-06-C:800	ERBG-10-C:800
最大流量/(L/min)	100	250		ERBG-06-H:950	ERBG-10-H:950
最大溢流流量①/(L/min)	35	15	线圈电阻/Ω	10	10
二次压力调整范围/MPa	B:0.8～7		滞环/%	<3	<3
	C:1.2～14		重复性/%	1	1
	H:1.5～21		质量/kg	12	13.5

① 此值是二次压力口与油箱口的压差为 14MPa 时的值。

（4）外形尺寸（见图 3.4-416 和图 3.4-417）

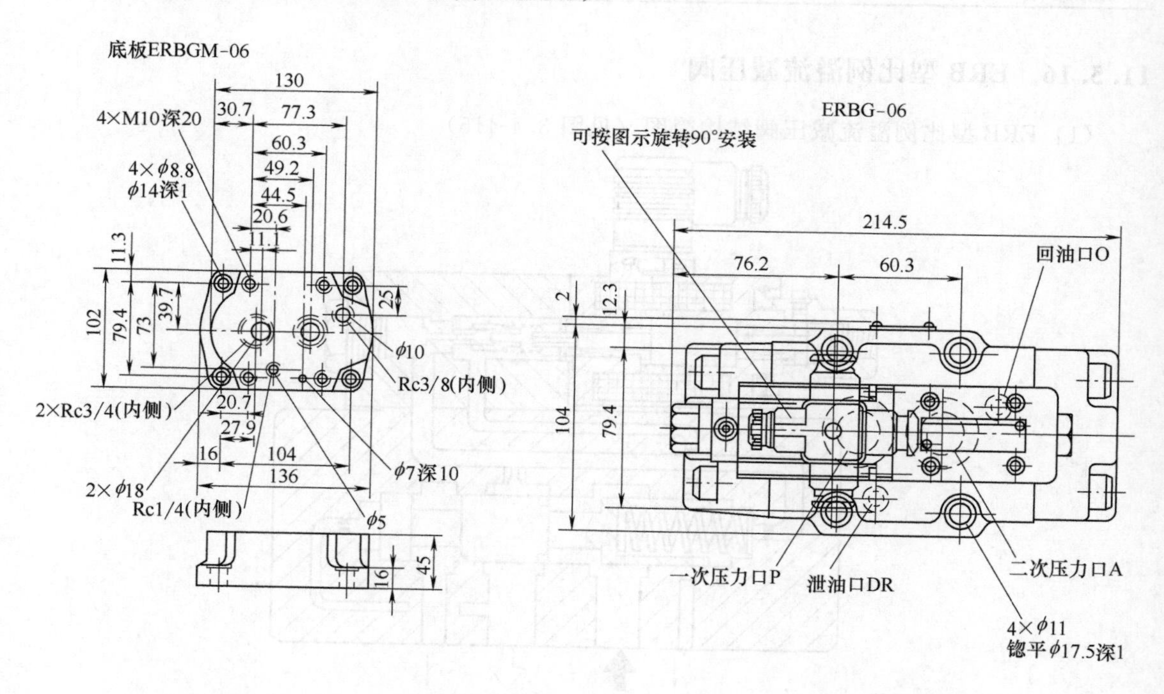

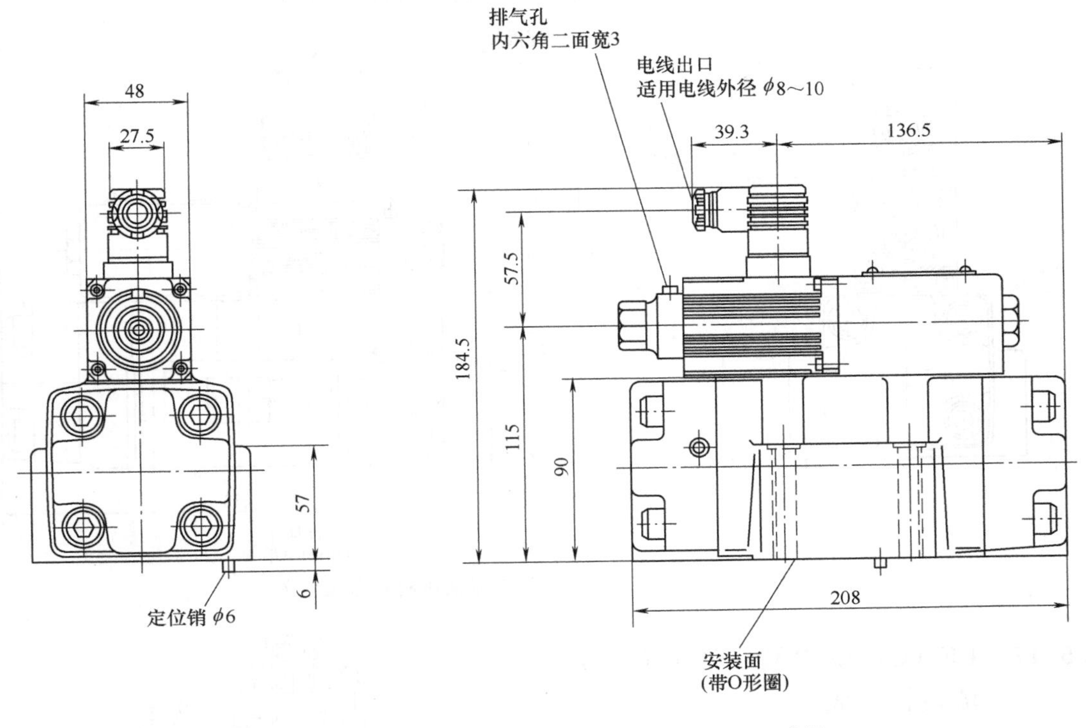

图 3.4-416 ERBG-06 型比例溢流减压阀外形尺寸图

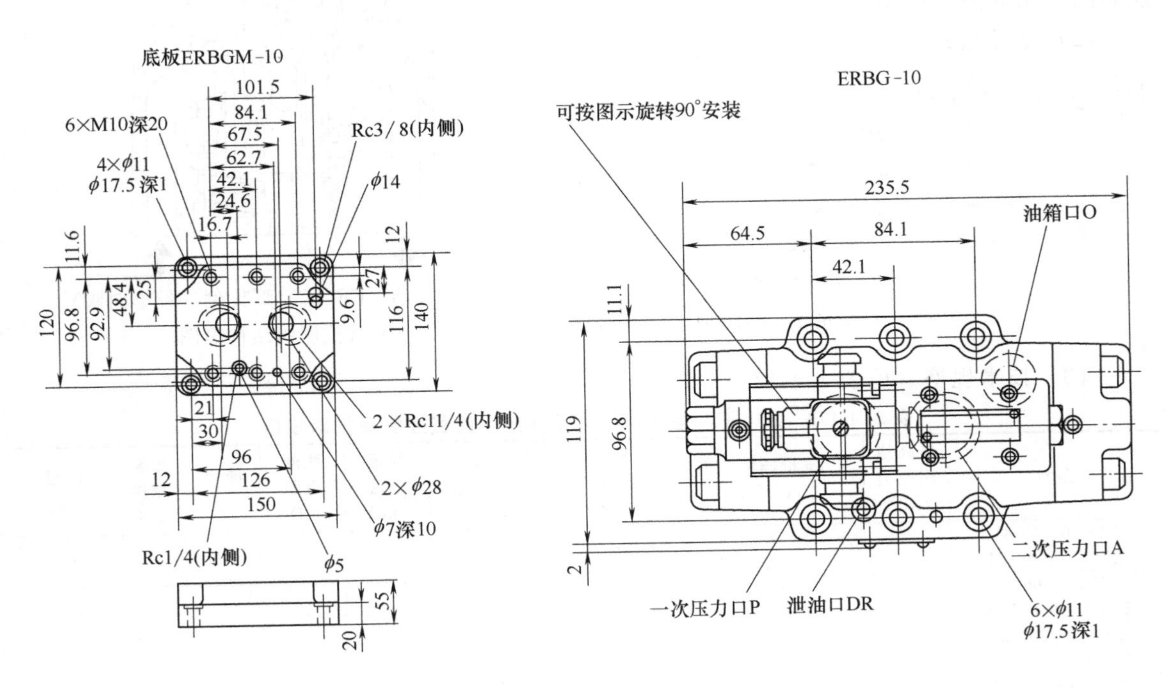

图 3.4-417

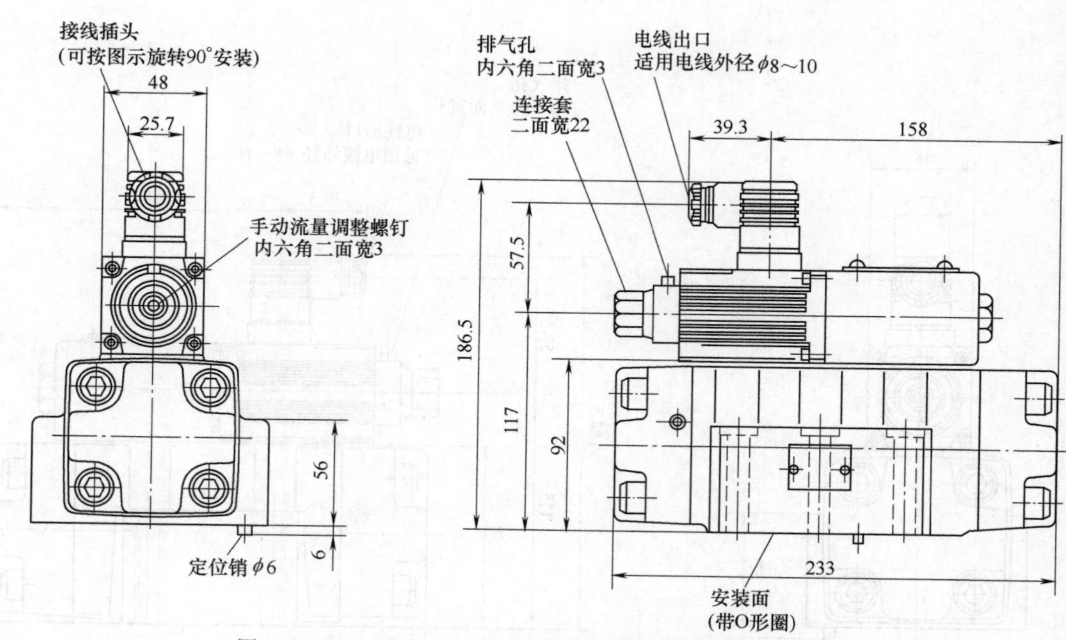

图 3.4-417　ERBG-10 型比例溢流减压阀外形尺寸图

11.5.17　EF (C) 型比例 (带单向阀) 流量控制阀

(1) EF (C) 型比例 (带单向阀) 流量控制阀结构简图 (见图 3.4-418)

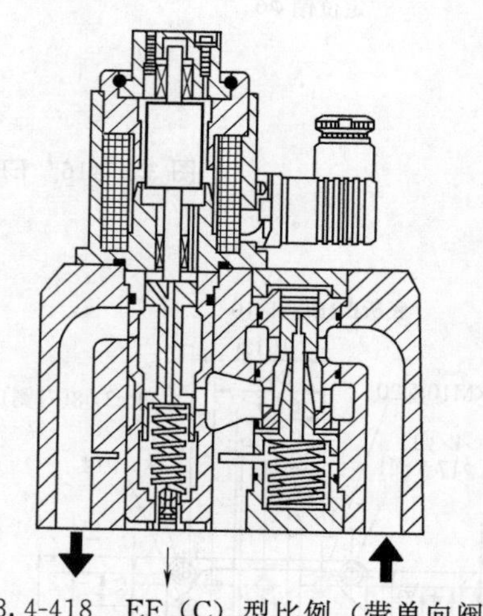

图 3.4-418　EF (C) 型比例 (带单向阀) 流量控制阀结构简图

(2) 型号意义

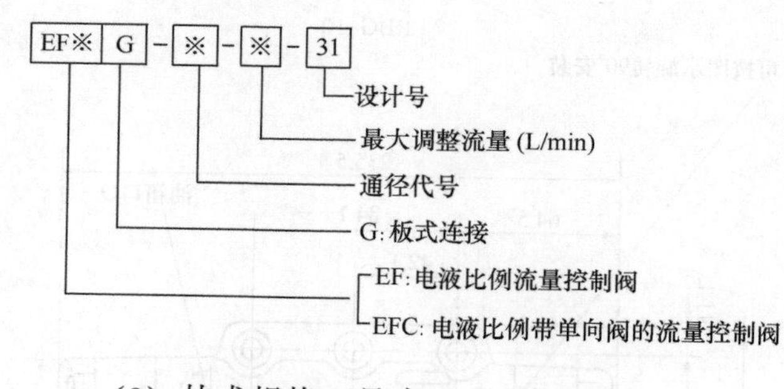

(3) 技术规格 (见表 3.4-173)

表 3.4-173　EF (C) 型比例 (带单向阀) 流量控制阀技术规格

型号	最高使用压力/MPa	流量调整范围/(L/min)	最小工作压力差/MPa	自由流量(仅 EFC)/(L/min)	额定电流/mA	线圈电阻/Ω	滞环/%	重复精度/%	质量/kg
EFG-02-10-31 EFCG-02-30-31	21	10:0.3~10 30:0.3~30	0.6	40	600	45	<5	1	8.2
EFG-03-60-26 EFCG-03-125-26	21	60:2~60 125:2~125	1	130	600	45	<7	1	12.5
EFG-06-250-22 EFCG-06-250-22	21	3~250	1.3	280	600	45	<7	1	25
EFG-10-500-11 EFCG-10-500-11	21	5~500	2	550	700	45	<7	1	51

注：最小工作压力差为可得到良好补偿效果的阀的控制流体入口与出口的最小压力差。

（4）特性曲线（见图 3.4-419）

（5）外形尺寸（见图 3.4-420～图 3.4-425 和表 3.4-174～表 3.4-178）

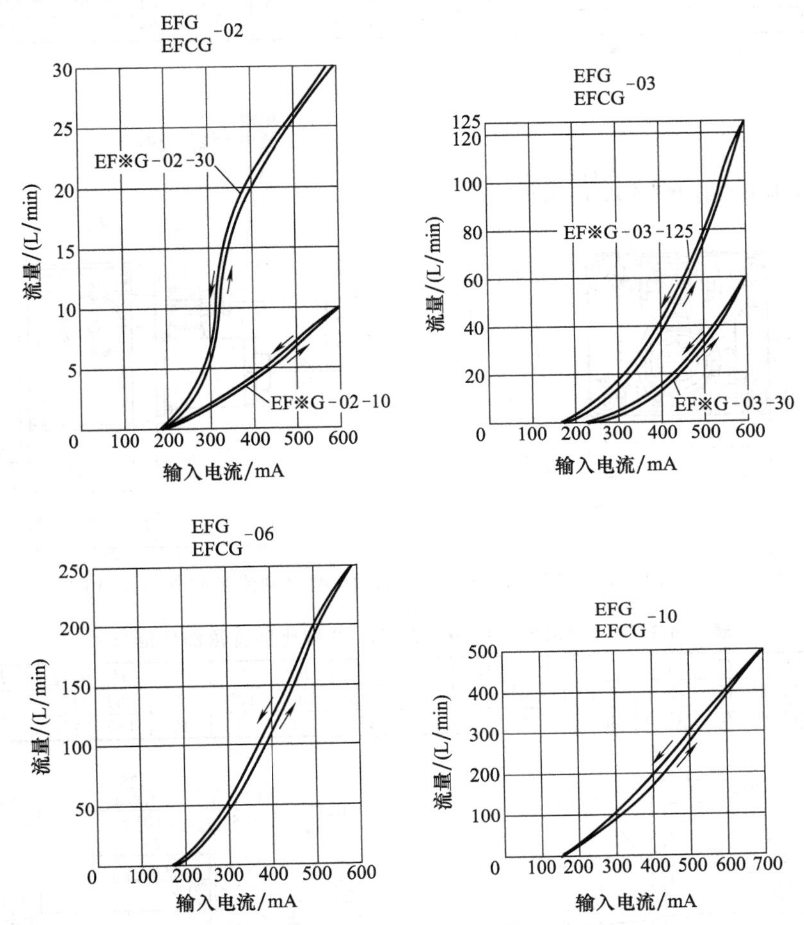

图 3.4-419　输入电流-流量特性曲线

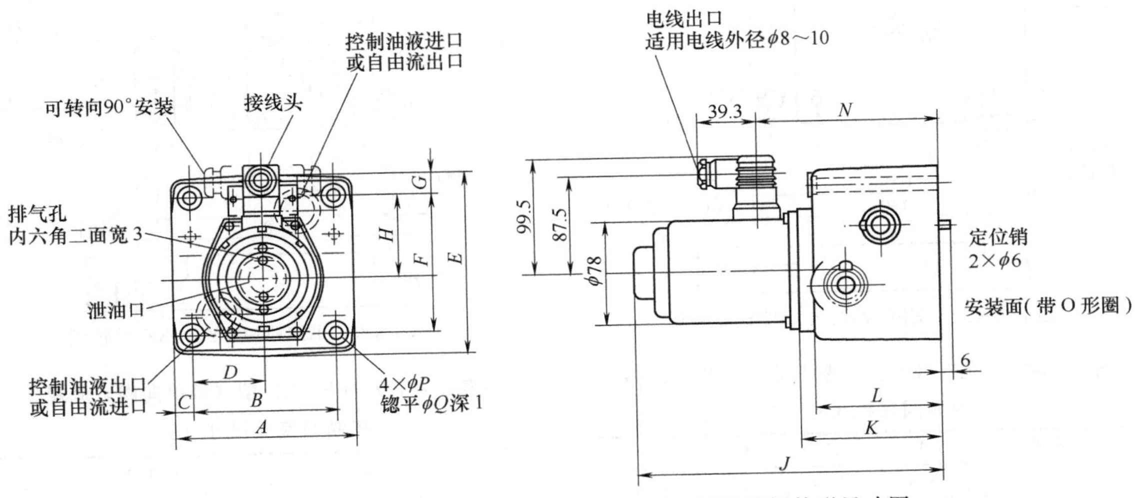

图 3.4-420　EFG-02、03/EFCG-02、03 型比例流量阀外形尺寸图

表 3.4-174　EFG-02、03/EFCG-02、03 型比例流量阀外形尺寸　/mm

型号	A	B	C	D	E	F	G	H	J	K	L	N	P	Q
EF※G-02	96	76.2	9.9	38.1	106	82.6	11.7	46.3	195	81	66	108	8.8	14
EF※G-03	125	101.6	11.7	50.8	130	101.6	14.2	61.8	212	98	85	125	11	17.5

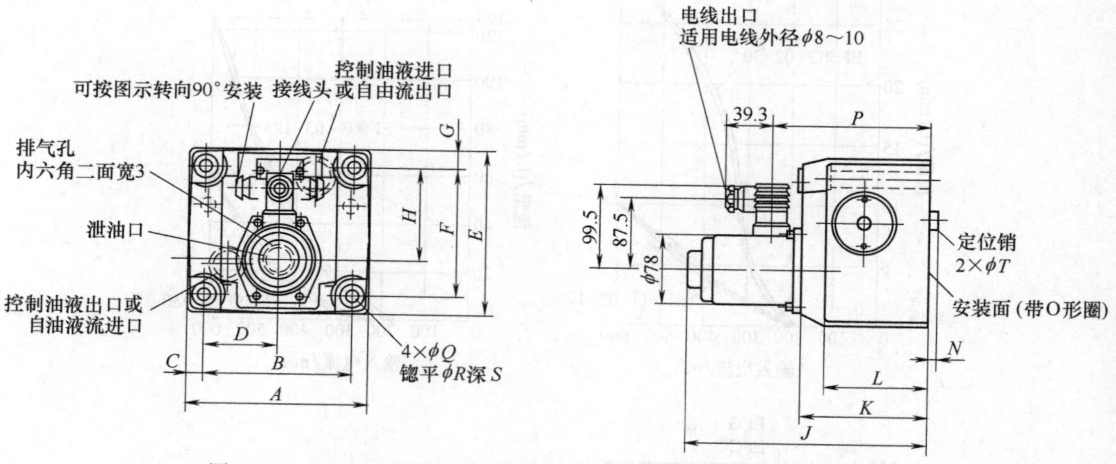

图 3.4-421　EFG-06、10/EFCG-06、10 型比例流量阀外形尺寸图

表 3.4-175　EFG-06、10/EFCG-06、10 型比例流量阀外形尺寸　/mm

型号	A	B	C	D	E	F	G	H	J	K	L	N	P	Q	R	S	T
EF※G-06	180	146.1	17	73.1	174	133.4	20.3	99	244	130	105	7	157	17.5	26	1.5	16
EF※G-10	244	196.9	23.5	98.5	228	177.8	25	144.5	274	160	137	10	187	21.5	32	2	18

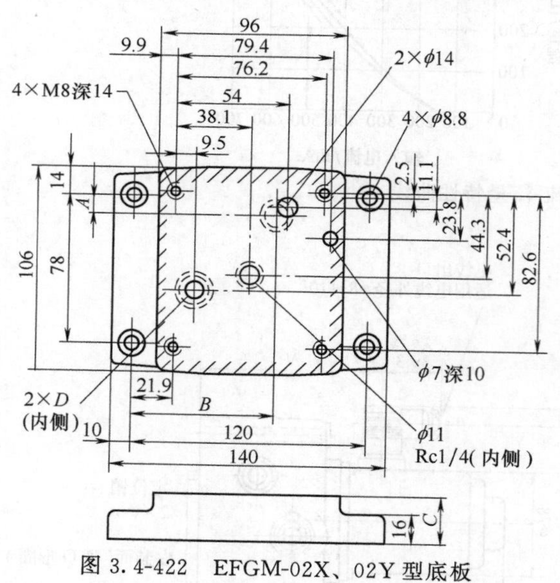

图 3.4-422　EFGM-02X、02Y 型底板

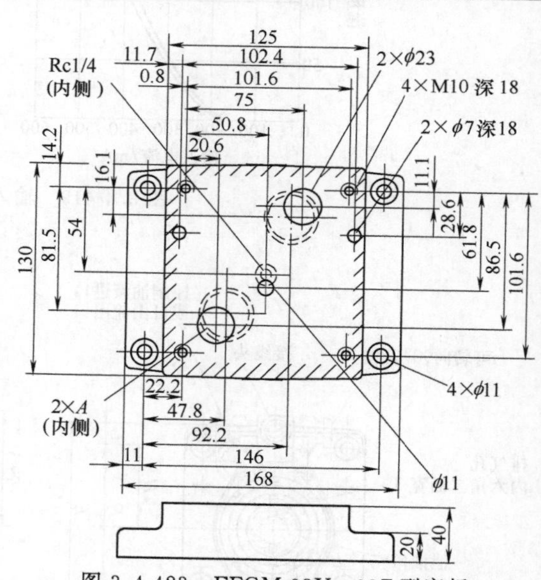

图 3.4-423　EFGM-03Y、03Z 型底板

表 3.4-176　EF（C）型比例（带单向阀）流量控制阀底板尺寸（1）　/mm

底板型号	A	B	C	D
EFGM-02X-20	8.6	75.9	25	Rc3/8
EFGM-02Y-20	11.5	72.9	35	Rc1/2

表 3.4-177　EF（C）型（带单向阀）流量控制阀底板尺寸（2）

底板型号	尺寸 A/mm
EFGM-03Y-20	Rc 3/4
EFGM-03Z-20	Rc 1

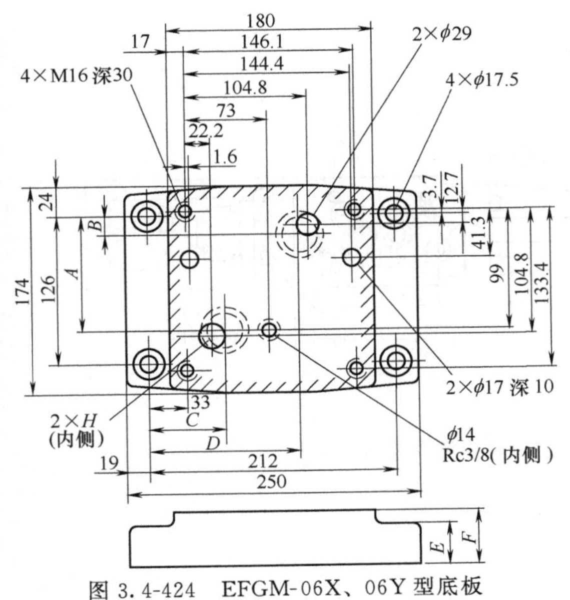

图 3.4-424　EFGM-06X、06Y 型底板

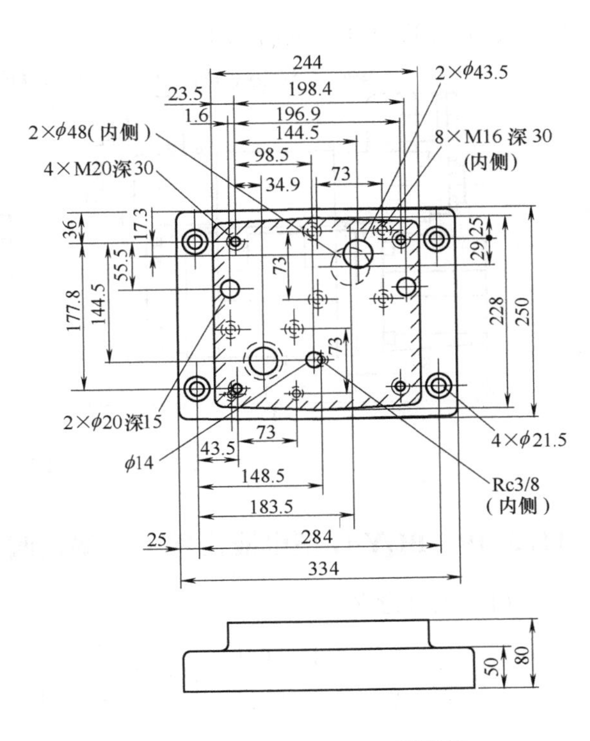

图 3.4-425　EFGM-10Y 型底板

表 3.4-178　EF(C) 型（带单向阀）流量控制阀底板尺寸（3）

底板型号	*A*	*B*	*C*	*D*	*E*	*F*	*H*
EFGM-06X-20	101.1	14.3	55.2	137.8	45	35	*R*c1
EFGM-06Y-20	95.3	19.3	67	132	60	40	*R*c1 1/4

11.5.18　4BEY 型比例方向阀

（1）型号意义

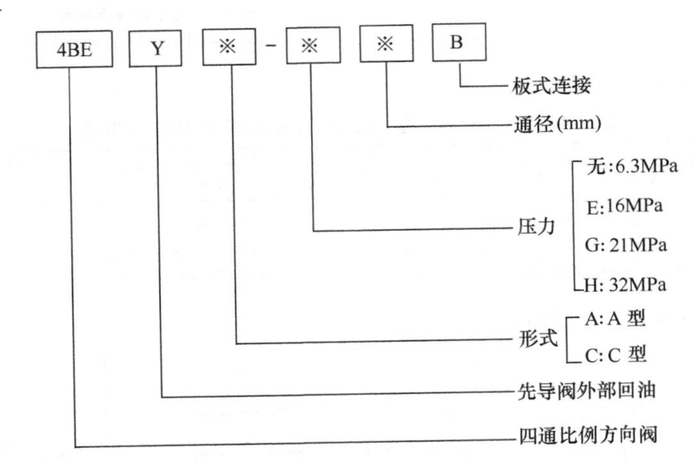

（2）技术规格（见表 3.4-179）

表 3.4-179　4BEY 型比例方向阀技术规格

型号	通径/mm	流量/(L/min)	压差/MPa	滞环/%	对称度/%	重复精度/%	放大器		电流/mA	线圈电阻/Ω	油温/℃
							交流	直流			
4BEY※-※10	10	85	≤1	4	12	1	BM-1 型	MD-1 型	200～800	19.5	-10～+60
4BEY※-※16	16	150									

（3）外形尺寸（见图 3.4-426）

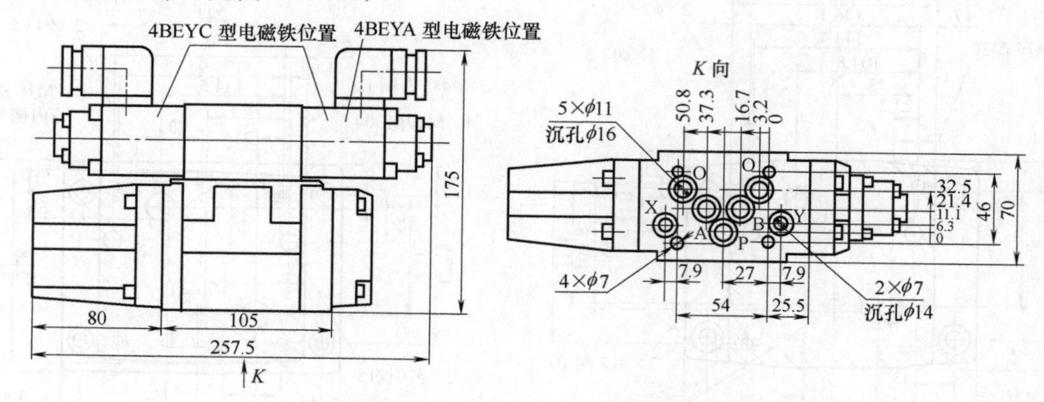

图 3.4-426　4BEY＊-＊10B 型比例方向阀

11.5.19　BQY-G 型电液比例三通调速阀

（1）型号意义

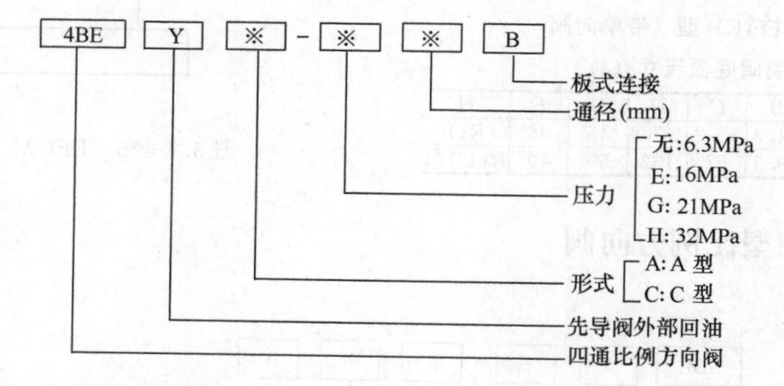

（2）技术规格（见表 3.4-180）

表 3.4-180　BQY-G 型电液比例三通调速阀技术规格

型号	公称通径/mm	工作压力/MPa			工作流量/(L/min)			线性度/%	滞环/%	阶跃响应/s
		额定	最高	最低	额定	最大	最小			
BQY-G16	16	25	31.5	1.5	63	80	6.3	5	3	0.25
BQY-G25	25	25	31.5	1.5	160	200	16	5	3	0.25
BQY-G32	32	25	31.5	1.5	250	320	25	5	3	0.25

（3）特性曲线（见图 3.4-427）

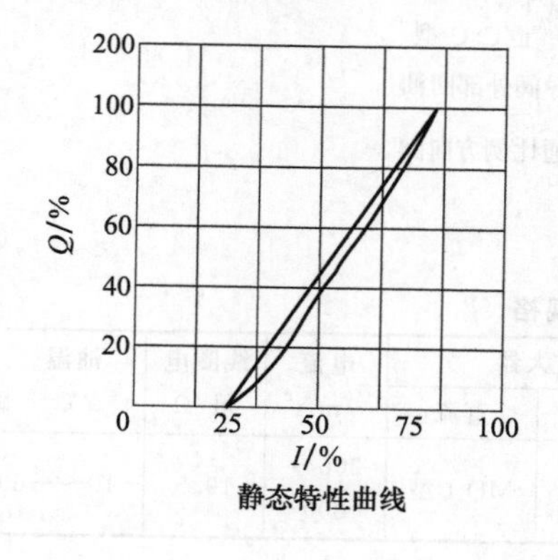

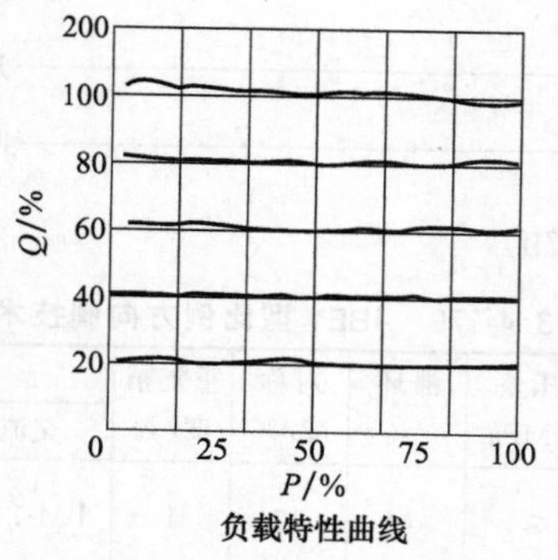

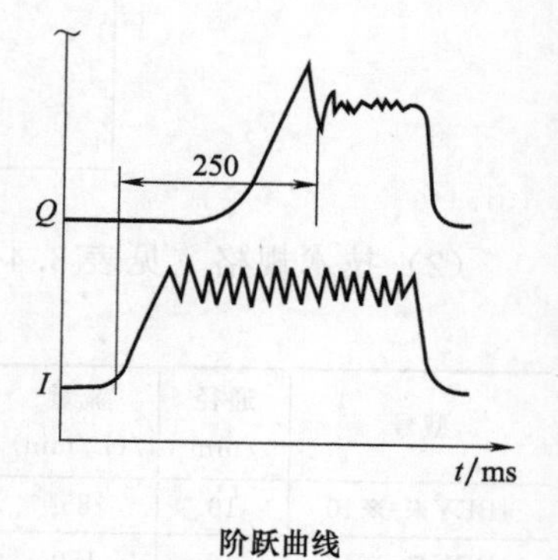

图 3.4-427　特性曲线

(4) 外形尺寸（见图 3.4-428 和表 3.4-181、表 3.4-182）

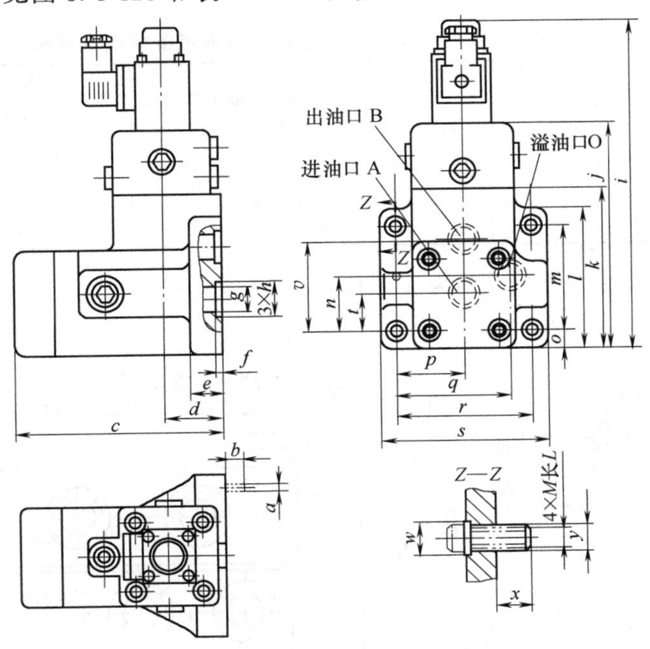

图 3.4-428　BQY 型比例三通调速阀外形尺寸图

表 3.4-181　BQY 型比例三通调速阀外形尺寸（1）　/mm

型号	公称通径/mm	*a*	*b*	*c*	*d*	*e*	*f*	*g*	*h*	*i*	*j*	*k*	*l*	*m*
BQY-G16	16	*ϕ*3	8	136	39.5	20	1.8	*ϕ*16	*ϕ*24	213	145	100.5	88	65
BQY-G25	25	*ϕ*5	8	176	48.5	26	2.4	*ϕ*25	*ϕ*35	245	176	129.5	124.5	93
BQY-G32	32	*ϕ*5	8	208	56	26	2.4	*ϕ*32	*ϕ*40	275	205	158	154	122

表 3.4-182　BQY 型比例三通调速阀外形尺寸（2）　/mm

型号	公称通径/mm	*n*	*o*	*p*	*q*	*r*	*s*	*t*	*v*	*w*	*x*	*y*	*M*×*L*
BQY-G16	16	31	11.5	43	74	86	108	21	55	*ϕ*18	15	*ϕ*11	10×35
BQY-G25	25	41	15	57	92	114	144	26	70	*ϕ*28	21	*ϕ*18	16×50
BQY-G32	32	48	16	67	115	134	166	35	90	*ϕ*28	21	*ϕ*18	16×50

11.5.20　BFS、BFL 型电磁比例方向流量阀

(1) 型号意义

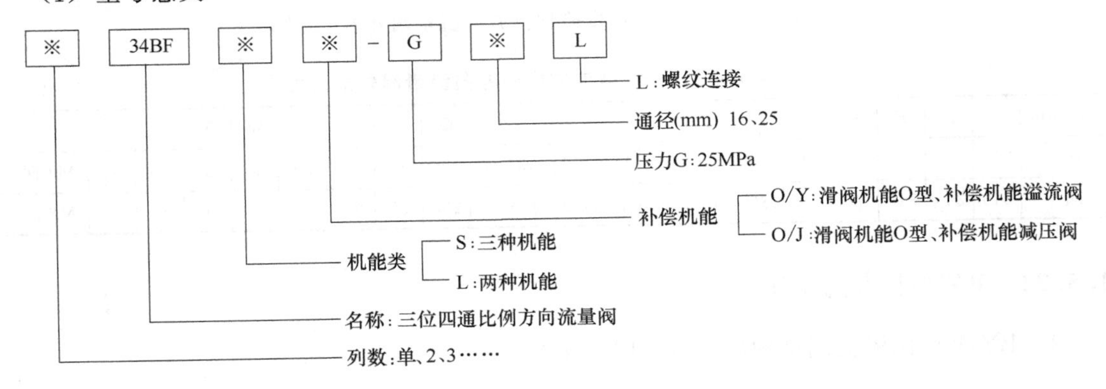

（2）技术规格（见表 3.4-183）

表 3.4-183　BFS、BFL 型电磁比例方向流量阀技术规格

型　号	通径 /mm	压力/MPa		公称流量 /(L/min)	最小稳定流量/(L/min)	滞环 /%	重复精度 /%	线　圈	
		额定	最低					额定电流/mA	直流电阻/Ω
34BFSO/Y-G20L	20	25	1.5	100	10	<7	1	800	18
34BFSO/Y-G16L	16	25	1.5	60	6	<7	1	800	18

（3）外形尺寸（见图 3.4-429 和表 3.4-184）

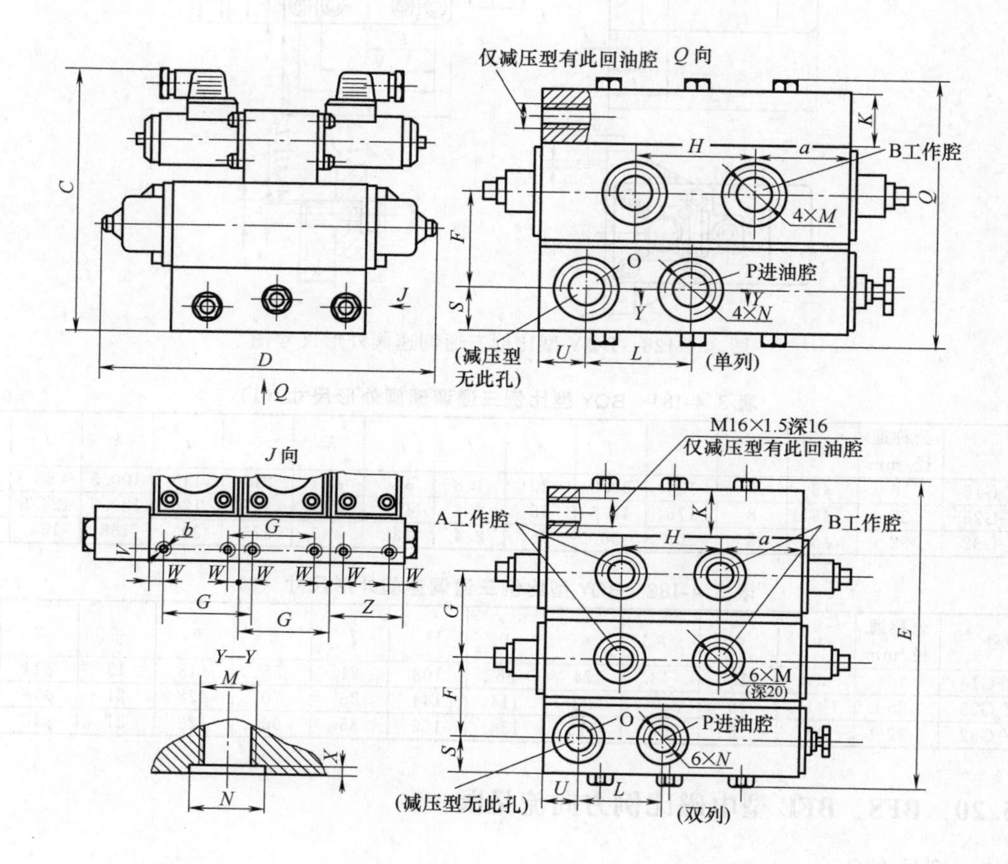

图 3.4-429　$34BF_L^S$ 型电磁比例方向流量阀外形尺寸图

表 3.4-184　$34BF_L^S$ 型电磁比例方向流量阀外形尺寸

/mm

通径/mm	C	D	E	F	G	H	K	L	M	N	Q	S	U	V	W	X	Z	a	b
16	210	275	250	60	60	48	40	30	M27×2	ϕ30.6	190	30	12	35	15	1	60	65	M8 深 12
20	240	365	310	76	82	60	46	60	M33×2	ϕ42.8	230	35	30	10	18	1	70	60	M8 深 12

11.5.21　BY 型比例溢流阀

（1）BY 型比例溢流阀结构简图（见图 3.4-430）

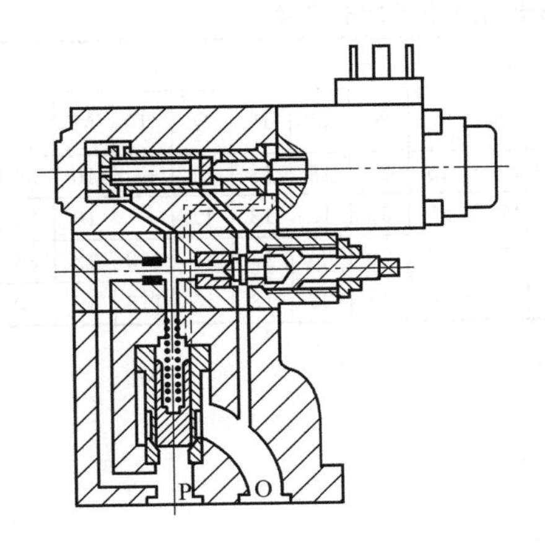

图 3.4-430 BY 型比例溢流阀结构简图

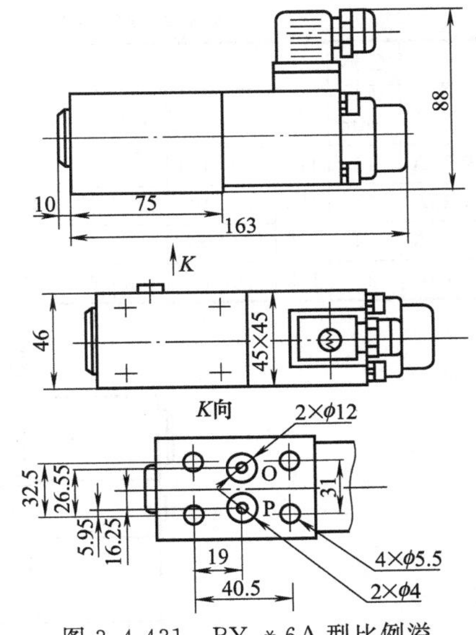

图 3.4-431 BY-＊6A 型比例溢流阀外形尺寸图

(2) 型号意义

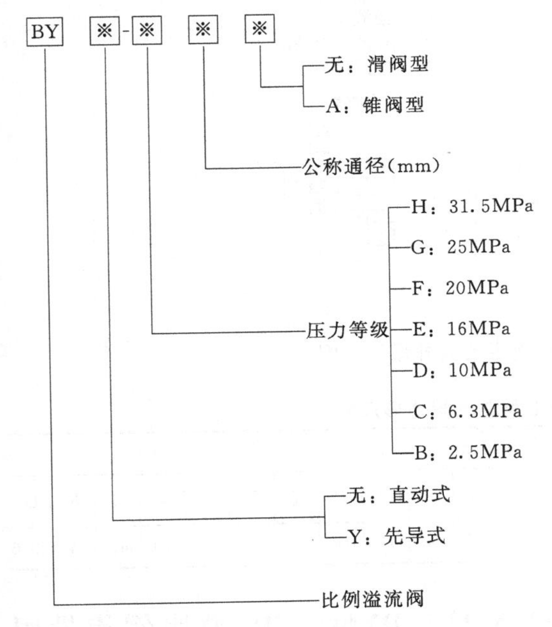

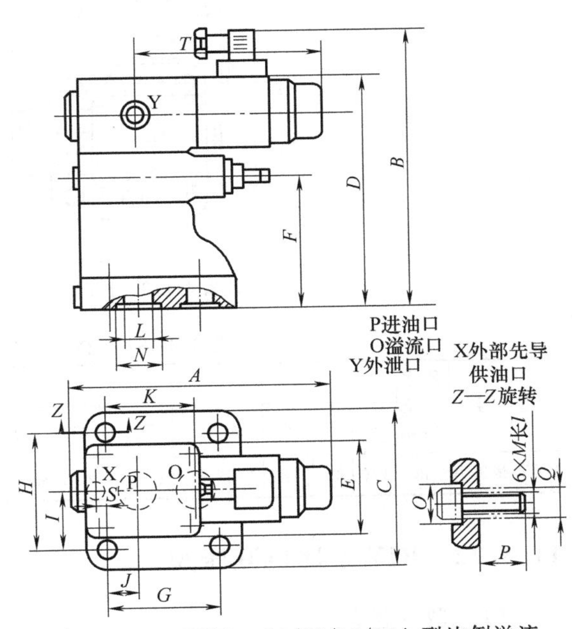

图 3.4-432 BYY-＊10/20/16/25A 型比例溢流阀外形尺寸图

(3) 技术规格（见表 3.4-185）

(4) 外形尺寸（见图 3.4-431～图3.4-433 和表 3.4-186、表 3.4-187）

表 3.4-185 BY 型比例溢流阀技术规格

<table>
<tr><th>型号</th><th>公称通径
/mm</th><th>额定压力
/MPa</th><th>最大/额定流量
/(L/min)</th><th>线性度
/%</th><th>滞环
/%</th><th>重复精度
/%</th><th>卸荷压力
/MPa</th><th>频宽
(3dB)/Hz</th><th>质量
/kg</th></tr>
<tr><td>BY-※6A</td><td>6</td><td rowspan="6">H:31.5
G:25
F:20
E:16
D:10
C:6.3
B:2.5</td><td>6/2</td><td>3</td><td rowspan="6">3</td><td rowspan="6">1</td><td rowspan="6">0.6</td><td>15</td><td>1.9</td></tr>
<tr><td>BYY-※10A</td><td>10</td><td>200/100</td><td rowspan="5">7.5</td><td rowspan="5">6～10</td><td>4.4</td></tr>
<tr><td>BYY-※20A</td><td>20</td><td>400/150</td><td>6.8</td></tr>
<tr><td>BYY-※16A</td><td>16</td><td>150/70</td><td>5.9</td></tr>
<tr><td>BYY-※25A</td><td>25</td><td>200/100</td><td>6.3</td></tr>
<tr><td>BYY-※32A</td><td>32</td><td>450/250</td><td>9</td></tr>
</table>

表 3.4-186　BYY-＊10/20/16/25A 型比例溢流阀外形尺寸

型　号	公称通径/mm	尺寸/mm																			
		A	B	C	D	E	F	G	H	I	J	K	L	N	O	P	Q	T	M	l	S
BYY-※16A	16	170	182	104	143	65	82	60.3	79.4	39.7	11.1	49.2	15	24	18	13	11	—	10	30	—
BYY-※25A	25	170	182	104	143	65	82	60.3	79.4	39.7	11.1	49.2	25	30	18	13	11	—	10	30	—
BYY-※10A	10	180	174	82	138	58	74	54	54	27	22.2	47.6	12	20	20	13	14	113	12	35	0
BYY-※20A	20	195	176	102	140	58	76	66.7	70	35	11.1	55.6	24	35	28	18	18	113	16	40	23.8

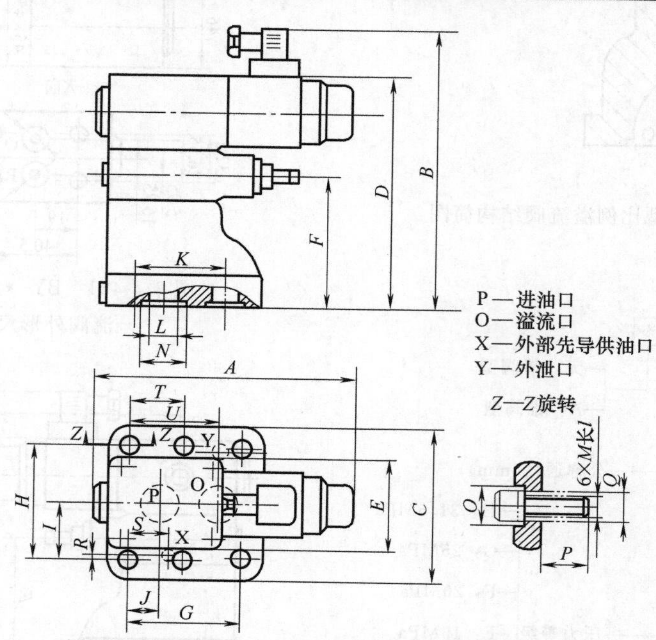

图 3.4-433　BYY-＊32A 型比例溢流阀外形尺寸图

表 3.4-187　BYY-＊32A 型比例溢流阀外形尺寸

型　号	公称通径/mm	尺寸/mm																				
		A	B	C	D	E	F	G	H	I	J	K	L	N	O	P	Q	T	M	l	S	R	U
BYY-※32A	32	170	235	121	183	85	101	84.2	96.8	48.4	16.7	67.5	32	40	18	16	11	42.1	10	40	24.6	4	59.6

11.5.22　BJY 型比例减压阀

（1）型号意义

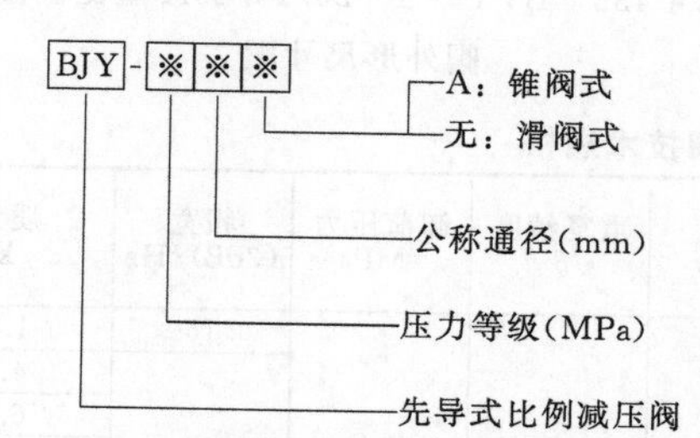

（2）技术规格（见表 3.4-188）

（3）外形尺寸（见图 3.4-434 和表 3.4-189）

11.5.23　DYBQ、BL 型比例流量阀（节流阀）

（1）DYBQ 型比例流量阀（节流阀）结构图（见图 3.4-435）

（2）型号意义

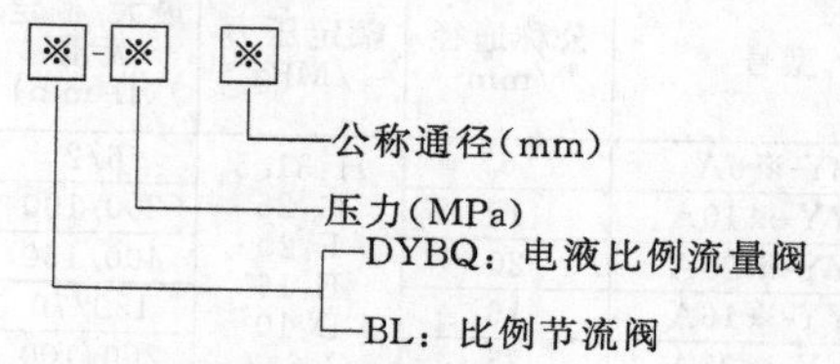

（3）技术规格（见表 3.4-190）

表 3.4-188 BJY 型比例减压阀技术规格

型号	公称通径 /mm	出口额定压力/MPa	额定流量 /(L/min)	线性度 /%	滞环 /%	重复精度 /%	最低控制压力/MPa	频宽(3dB) /Hz	质量 /kg
BJY-※16A	16	G:25 F:20 E:16 D:10	100	8	3	1	0.8	6～10	5.9
BJY-※32A	32		360						9.7

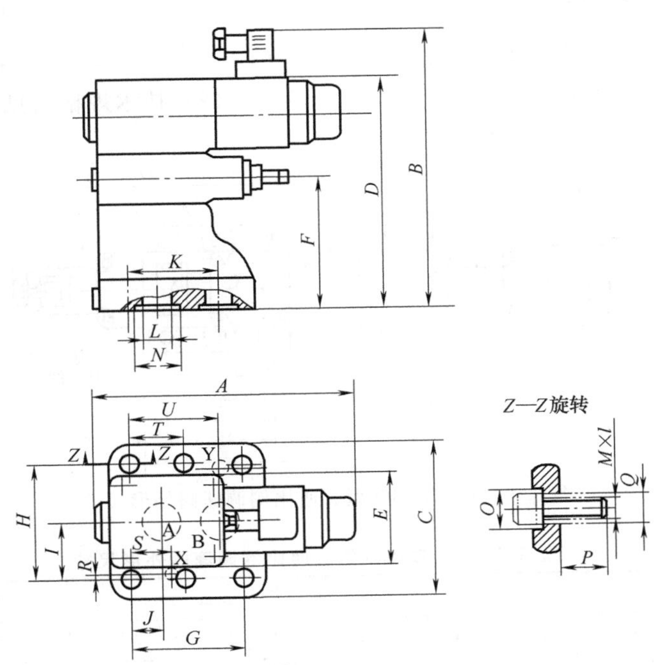

图 3.4-434 BJY-*$^{16}_{32}$A 型比例减压阀外形尺寸图

X—先导油外供口；Y—外泄口；A—出油口；B—进油口

表 3.4-189 BJY-*$^{16}_{32}$A 型比例减压阀外形尺寸

型号	公称通径 /mm	尺寸/mm																			
		A	*B*	*C*	*D*	*E*	*F*	*G*	*H*	*I*	*J*	*K*	*L*	*N*	*O*	*P*	*Q*	*T*	*M*	*R*	*U*	*S*
BYY-※16A	16	170	182	104	143	65	91	60.3	79.4	39.7	11.1	49.2	16	24	18	13	11	—	10	7.3	20.6	—
BYY-※32A	32	170	235	121	183	85	101	84.2	96.8	48.4	16.7	67.5	32	40	18	16	11	42.1	10	4	59.6	24.6

表 3.4-190 DYBQ、BL 型比例流量阀技术规格

型　号	公称通径 /mm	额定流量 /(L/min)	压力等级 /MPa	最低工作压差/MPa	线性度 /%	滞环 /%	重复精度 /%	频宽(−3dB) /Hz	质量 /kg
DYBQ-※16	16	63 30 15	H:31.5 G:25 F:20 E:16 D:10	1	4	3	1	10	6.6
DYBQ-※25	25	200		1.2				8	12.5
DYBQ-※32	32	320							20.3
BL-※16	16	30		1.0					6
BL-※32	32	160		1.2					7.5

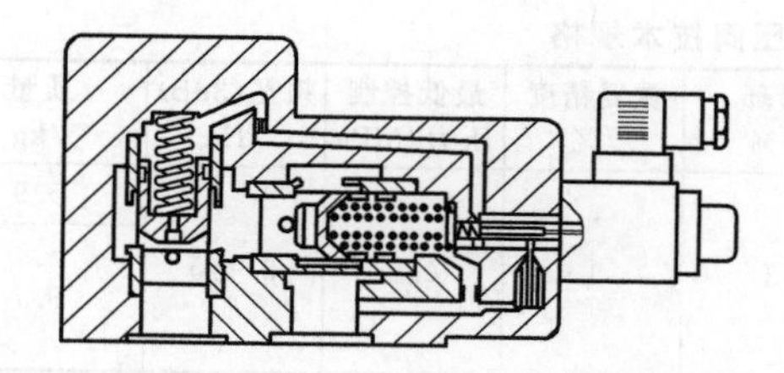

图 3.4-435 DYBQ 型比例流量阀结构图

(4) 外形尺寸（见图 3.4-436、图3.4-437 和表 3.4-191、表 3.4-192）

11.5.24 BPQ 型比例压力流量复合阀

(1) 型号意义

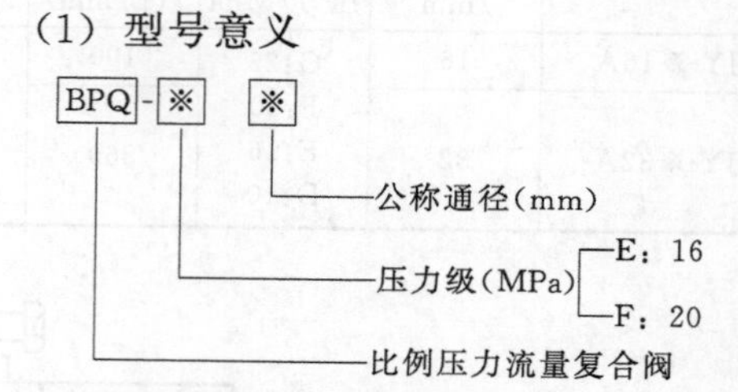

(2) 技术规格（见表 3.4-193）

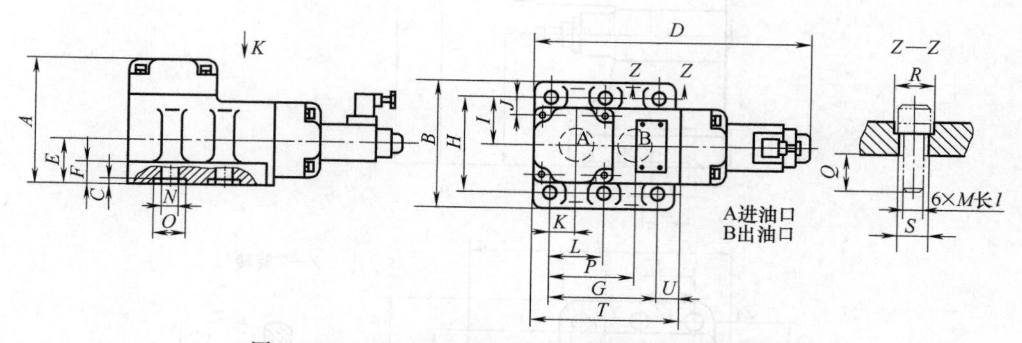

图 3.4-436 DYBQ 型二通比例调速阀外形尺寸图

表 3.4-191 DYBQ 型二通比例调速阀外形尺寸

型号	公称通径/mm	尺寸/mm																				
		A	*B*	*C*	*D*	*E*	*F*	*G*	*H*	*I*	*J*	*K*	*L*	*M*	*l*	*N*	*O*	*P*	*Q*	*R*	*S*	*T*	*U*
DYBQ-※16	16	97	105	18	220	37.5	16	78	87	43.5	20.5	18	39	8	30	ϕ16	ϕ22	60	11.5	15	9	109	15
DYBQ-※25	25	124	130	24	254	48.5	24	104	110	55	26	26	52	12	45	ϕ25	ϕ35	82	18	22	14	144	20
DYBQ-※32（隔爆型）	32	145	166	2.4	288（303）	57	26	134	134	67	32	35	67	16	45	ϕ32	ϕ40	103	18	26	18	171	21

表 3.4-192 BL 型先导式比例节流阀外形尺寸

型 号	公称通径/mm	尺寸/mm															
		A	*B*	*C*	*D*	*E*	*F*	*G*	*H*	*I*	*J*	*K*	*L*	*N*	*M*	*P*	*T*
BL-※16	16	94	198	104	128	65	21.4	60.3	79.4	39.7	11.1	49.2	16	24	4	20	—
BL-※32	32	121.5	202	121	130	85	25.8	84.2	96.8	48.4	16.7	67.5	32	40	6	26	42.1

表 3.4-193 BPQ 型比例压力流量复合阀技术规格

型号	公称通径/mm	最高工作压力/MPa	压力控制				流量控制				流量调节范围/(L/min)	频宽(−3dB)/Hz	质量/kg
			压力调节范围/MPa	额定电流/mA	滞环/%	重复精度/%	额定电流/mA	压差/MPa	滞环/%	重复精度			
BPQ-※16	16	E:16 F:20	1.0～16 1.0～20	810	<3	1	810	0.6	<7	1	1～125	8	15.5

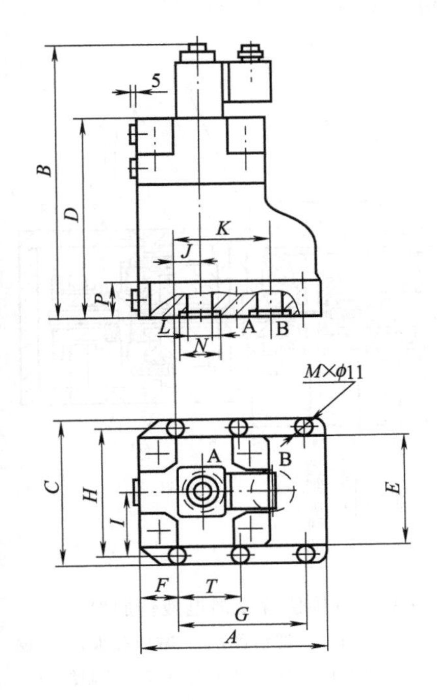

图 3.4-437 BL 型先导式比例节流阀外形尺寸图

(3) 外形尺寸(见图3.4-438)

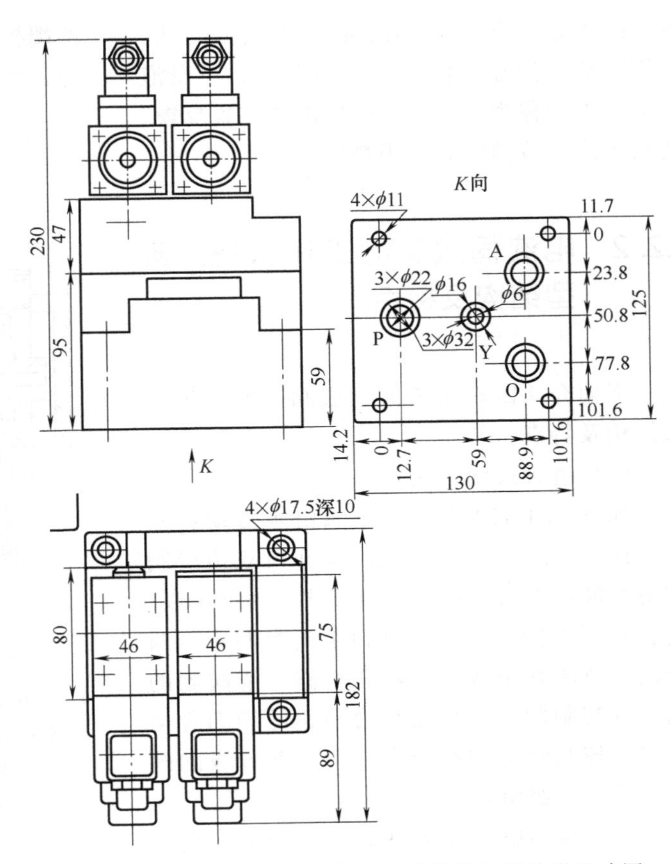

图 3.4-438 BPQ-*16 型比例压力流量复合阀外形尺寸图

12 电液伺服阀

12.1 电液伺服阀分类

电液伺服阀是把微弱的电气信号转变为大功率液压能(流量、压力的液压元件)。它集中了电气和液压的优点。具有快速的动态响应和良好的静态特性,已被广泛应用于电液位置、速度、加速度、力伺服系统中。

电液伺服阀的种类很多,根据它的结构和机能可作如下分类。

① 按液压放大级数,可分为单级伺服阀、两级伺服阀和三级伺服阀,其中两级伺服阀应用较广。

② 按液压前置级的结构形式,可分为单喷嘴挡板式、双喷嘴挡板式、滑阀式、射流管式和偏转板射流式。

③ 按反馈形式可分为位置反馈、流量反馈和压力反馈。

④ 按电—机械转换装置可分为动铁式和动圈式。

⑤ 按输出量形式可分为流量伺服阀和压力控制伺服阀。

⑥ 按输入信号形式可分为连续控制式和脉宽调制式。

在电液伺服阀中,将电信号转变为旋转

或直线运动的部件称为力矩马达或力马达。力矩马达浸泡在油液中的称为湿式，不浸泡在油液中的称为干式。其中以滑阀位置反馈、两级干式电液伺服阀应用最广。

12.2 电液伺服阀的工作原理、典型结构及特点

下面介绍四种主要的伺服阀工作原理典型结构及特点。

（1）滑阀式伺服阀

如图 3.4-439 所示。该阀由永磁动圈式力马达、一对固定节流孔、预开口双边滑阀式前置液压放大器和三通滑阀式功率级组成。前置控制滑阀的两个预开口节流控制边与两个固定节流孔组成一个液压桥路。滑阀副的阀芯（控制阀芯）直接与力马达的动圈骨架相连，控制阀芯在阀套内滑动。前置级的阀套又是功率级滑阀放大器的阀芯。

输入控制电流使力马达动圈产生的电磁力与对中弹簧的弹簧力相平衡，使动圈和前置级（控制级）阀芯（控制阀芯）移动，其位移量与动圈电流成正比。前置级阀芯（控制阀芯）若向右移动，则滑阀右腔控制口面积增大，右腔控制压力降低；左侧控制口面积减小，左腔控制压力升高。该压力差作用在功率级滑阀阀芯（即前置级的阀套）的两端上，使功率级滑阀阀芯（主滑阀）向右移动，也就是前置级滑阀的阀套（主滑阀）向右移动，逐渐减小右侧控制孔的面积，直至停留在某一位置。在此位置上，前置级滑阀副的两个可变节流控制孔的面积相等，功率级滑阀阀芯（主滑阀）两端的压力相等。这种直接反馈的作用，使功率级滑阀阀芯跟随前置级滑阀阀芯运动，功率级滑阀阀芯的位移与动圈输入电流大小成正比。

该阀采用动圈式力马达，结构简单，功率放大系数较大，滞环小，工作行程大；固定节流口尺寸大，不易被污物堵塞；主滑阀两端控制油压作用面积大，从而加大了驱动力，使滑阀不易卡死，工作可靠。

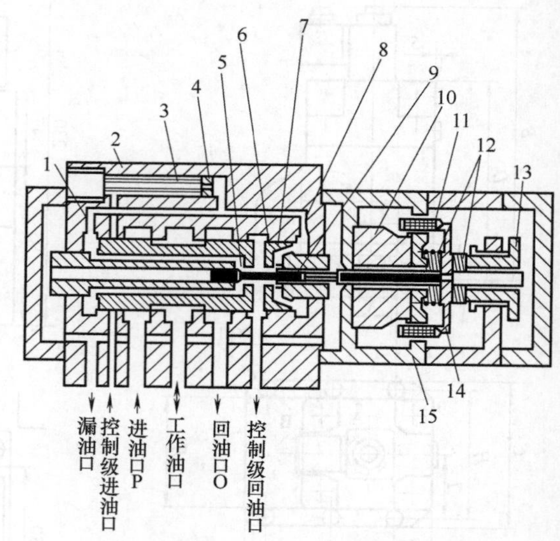

图 3.4-439　直接位置反馈电液伺服阀

1—左节流孔；2—壳体；3—滤油器；4—减压孔板；5—控制级节流边；6—主滑阀（控制级阀套）；7—控制级节流边；8—右节流孔；9—控制阀芯；10—碳钢；11—动圈；12—对中弹簧；13—调节螺钉；14—内导磁体；15—外导磁体

（2）喷嘴挡板式伺服阀

图 3.4-440 中上半部为衔铁式力马达，下半部为喷嘴挡板式和滑阀式液压放大器。衔铁与挡板和弹簧杆连接在一起，由固定在阀体上的弹簧管支承。弹簧杆下端为一球头，嵌放在滑阀的凹槽内，永久磁铁和导磁体形成一个固定磁场。当线圈中没有电流通过时，衔铁和导磁体间的四个气隙中的磁通相等，且方向相同，衔铁与挡板都处于中间位置，因此滑阀没有油输出。当有控制电流流入线圈时，一组对角方向的气隙中的磁通增加，另一组对角方向的气隙中的磁通减小，于是衔铁在磁力作用下克服弹簧管的弹性反作用力而以弹簧管中的某一点为支点偏转 θ 角，并偏转到磁力所产生的转矩与弹簧管的弹性反作用力产生的反转矩平衡时为止。这时滑阀尚未移动，而挡板因随衔铁偏转而发生挠曲，改变了它与两个喷嘴之间的间隙，一个间隙减小，另一个间隙增大。

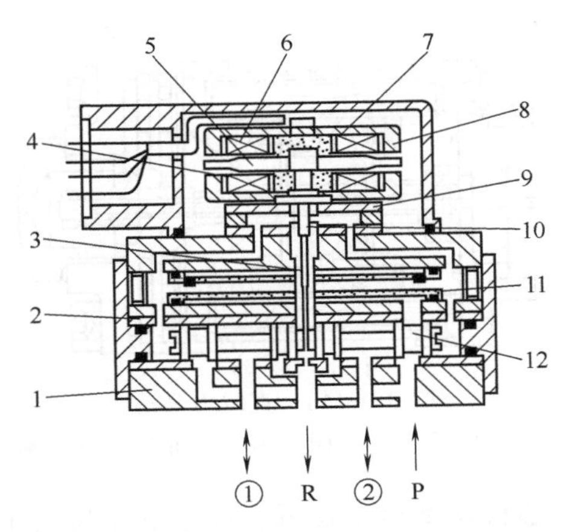

图 3.4-440　喷嘴挡板式力反馈两级电液伺服阀

1—阀体；2—阀套；3—反馈杆；4—弹簧管；5—衔铁；6—线圈；7—磁钢；8—导磁体；9—喷嘴；10—挡板；11—油滤；12—阀芯

通入伺服阀的压力油经滤油器、两个对称的固定节流孔和左右喷嘴流出，通向回油。当挡板挠曲、喷嘴挡板的两个间隙不相等时，两喷嘴后侧的压力 p_a 和 p_b 就不相等，它们作用在滑阀的左右端面上，使滑阀向相应方向移动一段距离，压力油就通过滑阀上的一个阀口输向执行元件，由执行元件回来的油经滑阀上另一个阀口通向回油。滑阀移动时，弹簧杆下端球头跟着移动，在衔铁挡板组件上产生转矩，使衔铁向相应方向偏转，并使挡板在两喷嘴间的偏移量减少，这就是所谓力反馈。反馈作用的结果，是使滑阀两端的压差减小。当滑阀通过弹簧杆作用于挡板的力矩、喷嘴作用于挡板的力矩以及弹簧管反力矩之和等于力矩马达产生的电磁力矩时，滑阀不再移动，并一直使其阀口保持在这一开度上。通入线圈的控制电流越大，使衔铁偏转的转矩、弹簧杆的挠曲变形、滑阀两端的压差以及滑阀的偏移量就越大，伺服阀输出的流量也就越大。由于滑阀的位移，喷嘴与挡板之间的间隙、衔铁转角都依次和输入电流成正比，因此这种阀的输出流量也和输入电流成正比。输入电流反向时，输出流量也反向。

由于力反馈的存在，使得该伺服阀的力矩马达在其零点附近工作，即衔铁偏转角 θ 很小，故线性度好。此外，改变反馈弹簧杆的刚度，就能在相同输入电流时改变滑阀的位移。

该伺服阀结构紧凑，外形尺寸小，响应快。但喷嘴挡板的工作间隙较小，对油液的清洁度要求较高。

(3) 射流管式伺服阀

如图 3.4-441 所示。该阀采用衔铁式力矩马达带动射流管，两个接收孔直接和主阀两端面连接，控制主阀运动。主阀靠一个板簧定位，其位移与主阀两端压力差成比例。这种阀的最小通流尺寸（射流管口尺寸）比喷嘴挡板的工作间隙大 4～10 倍，故对油液的清洁度要求较低。缺点是零位泄漏量大；受油液黏度变化影响显著，低温特性差；力矩马达带动射流管，负载惯量大，响应速度低于喷嘴挡板阀。

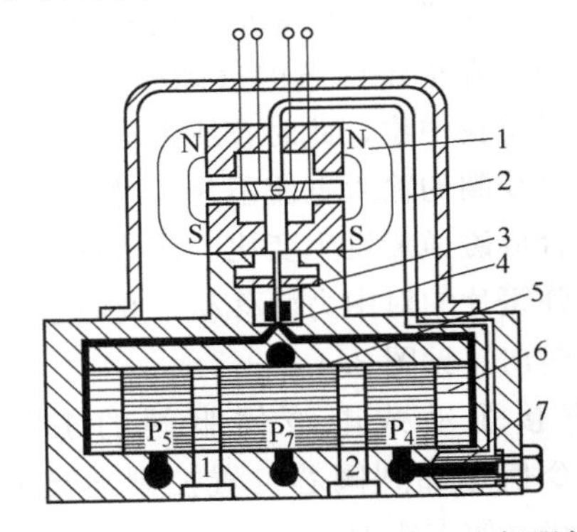

图 3.4-441　射流管式电液伺服阀

1—力矩马达；2—柔性供压管；3—射流管；4—射流接收器；5—反馈弹簧；6—阀芯；7—滤油器

(4) 直接驱动型电液伺服阀

MOOG 公司最近推出了一种直接驱动型电液伺服阀。该阀使用线性力马达。线性力马达是一个永磁差动马达，马达包括线圈、一对高能永磁稀土磁铁、衔铁和对中弹簧。永久磁铁提供了所需的磁力部分。线性力马达有一个中间的自然零位位置，其产生在两个方向上的力和行程正比于电流。

该阀主要由 3 部分组成，即直线力马达、液压阀及放大器组件（见图 3.4-442），其核心部分是直线力马达。直线力马达是由一对永久磁钢，左、右导磁体，中间导磁体，衔铁，控制线圈及弹簧片组成。

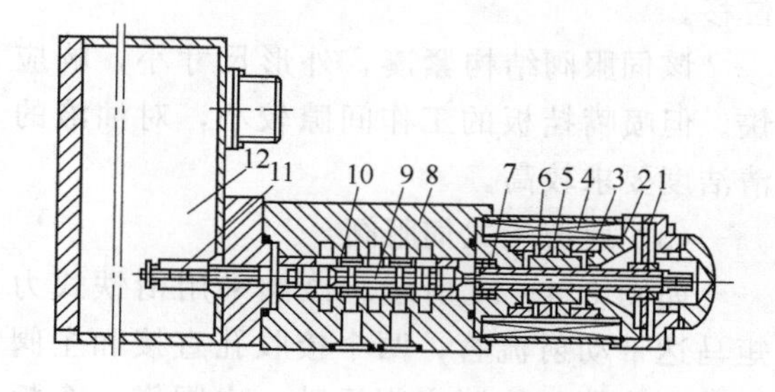

图 3.4-442 直接驱动型电液伺服阀

1—弹簧片；2—右导磁体；3—磁钢；4—控制线圈；5—中间导磁体；6—衔铁；7—左导磁体；8—阀体；9—阀芯；10—阀套；11—位置传感器；12—放大器

① 直线力马达的工作原理 在控制线圈的输入电流为 0 时，左右磁钢各自形成 2 个磁回路，由于一对磁钢的磁感应强度相等，导磁体材料相同，在衔铁两端的气隙磁通量相等，这样衔铁保持在中位，此时直线力马达无力输出。当控制线圈的输入电流不为 0 时，衔铁两端气隙的合成磁通量发生变化，使衔铁失去平衡，克服弹簧片的对中力而移动，此时直线力马达有力输出。见图 3.4-443。

② 直接驱动式电液伺服阀的工作原理 电指令信号加到阀芯位置控制器集成块上，电子线路使直线力马达上产生一个脉宽调制（PWM）电流，振荡器就使阀芯位置传感器（LVDT）励磁，经解调后的阀芯位置信号和指令位置信号进行比较，阀芯位置控制器产生一个电流给直线力马达，力马达驱动阀芯，

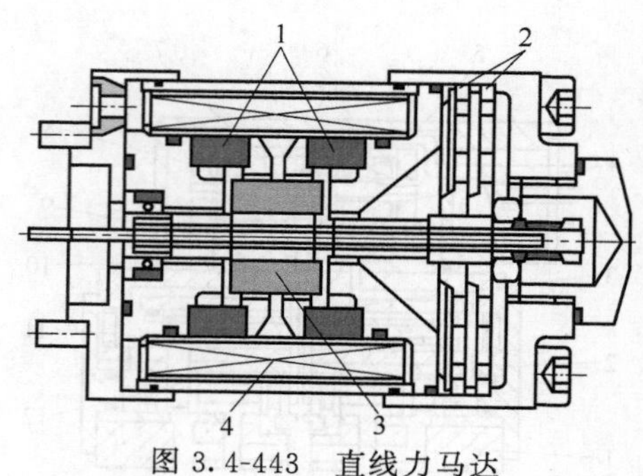

图 3.4-443 直线力马达

1—永久磁铁；2—对中弹簧；3—衔铁；4—线圈

使阀芯移动到指令位置。阀芯的位置与电指令信号成正比。伺服阀的实际流量是阀芯位置与通过节流口的压力降的函数。在没有电流施加于线圈上时，磁铁和弹簧保持衔铁在中位平衡状态，见图 3.4-444（a）。当电流用一个极性加到线圈上时，围绕着磁铁周围的空气气隙的磁通增加，在其他处的气隙磁通减少，见图 3.4-444（b）。

这个失衡的力使衔铁朝着磁通增强的方向移动，若电流的极性改变，则衔铁朝着相反的方向移动。

在向外冲程时，必须克服弹簧产生对中力，加上外力（例如液动力、由于污染产生的摩擦力），在返回时回到中心位置，弹簧力加上马达力提供了滑阀驱动力，使阀减少污染敏感。在弹簧对中位置，线性力马达仅需非常低的电流。

阀套加工有矩形的环形槽连接供油压力（Ps）和回油压力（T）。在零位，滑阀的凸肩刚好盖住 Ps 和 T 的开口，滑阀运动到零位的任一方向时，使油液从 Ps 到控制孔口，并从另一孔口回到油箱 T。

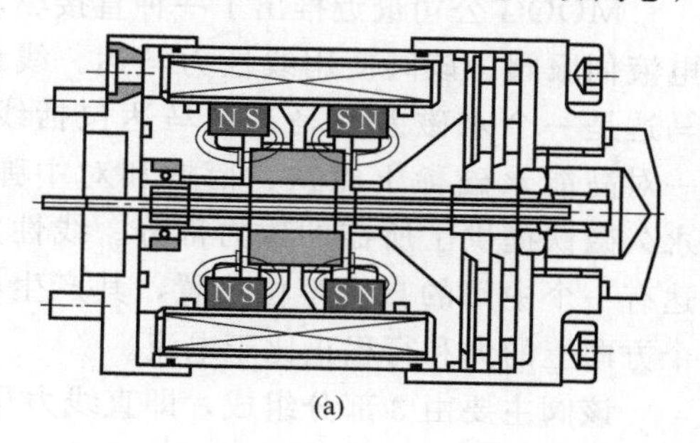

(a)

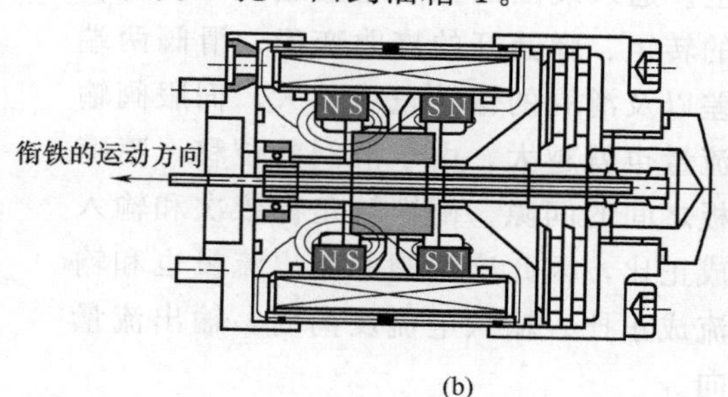

(b)

图 3.4-444 直线力马达的工作原理

电信号正比于所需的阀芯位置，被施加到集成的电路板上，并在马达线圈上产生一个脉宽调制信号（PWM）电流，电流引起衔铁运动然后使阀芯运动。

阀芯移动并打开，压力 p 到一个控制孔口，而另一个控制孔口被打开并回油箱。

位移传感器（LVDT）用机械的方法连接到阀芯上，依靠产生一个正比于阀芯位置的电信号测量阀芯的位置。解调后的阀芯位置信号和指令信号相比较，产生误差信号，并产生电的误差驱动电流到力马达线圈。

滑阀移动到指令位置后，误差信号减少到零。产生的滑阀位置正比于指令信号。

12.3 电液伺服阀的应用及选择

12.3.1 电液伺服阀的应用

电液伺服阀主要应用于以下领域：

① 冶金行业　压下控制、纠偏机构、张力控制、电炉电极自动升降恒功率控制等；

② 轻工机械行业　吹塑和注塑机、造纸机、包装机，三合板制造等；

③ 工程机械　高档挖掘机、推土机、振动式压路机、清洁车等；

④ 一般工业　铣床，磨床，机器人等；

⑤ 汽车工业　主动悬挂，转向控制；

⑥ 电力工业　水轮及汽轮机调速机构，气体、蒸气和水力透平机；

⑦ 军事工业　火炮控制机构、坦克及直升机试车台、潜艇等；

⑧ 材料试验机　伺服万能材料试验机、伺服控制拉力试验机等；

⑨ 航空航天工业　卫星、导弹、火箭、飞机的模拟加载装置等；

⑩ 矿山机械　液压提升机，液压钻机、采煤机、液压支架、掘进机等；

⑪ 林业机械　林业卷扬机、跑车带锯机等；

⑫ 铁路　捣固车、无缝线路铺轨机组龙门吊、摆式列车倾摆机构等；

⑬ 船舶　船舶舵机电液负载模拟器、船舶减摇鳍随动系统、船舶运动模拟器等；

⑭ 其他　游戏机、遥控、地震模拟车等各种模拟机。

电液伺服阀主要用在以下三种伺服系统中。

① 位置伺服系统（图 3.4-445）

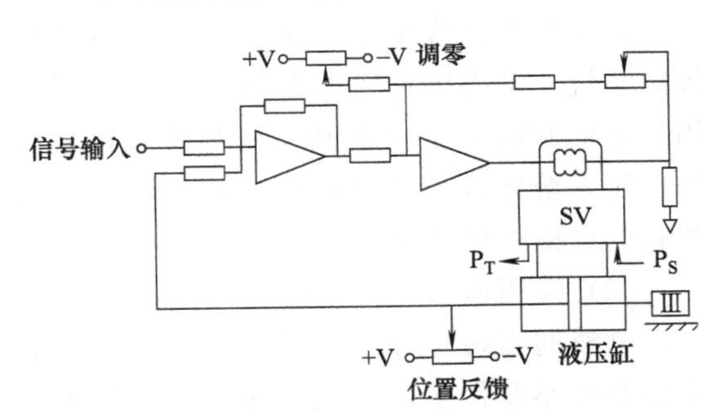

图 3.4-445　电液位置伺服控制系统

② 压力或力伺服控制系统（图 3.4-446）

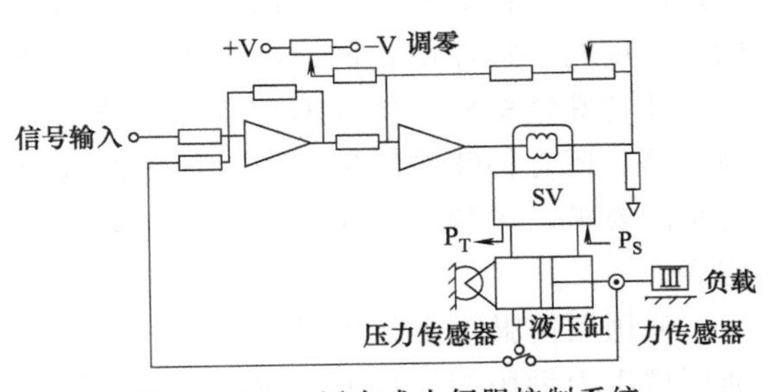

图 3.4-446　压力或力伺服控制系统

③ 速度控制伺服系统（图 3.4-447）

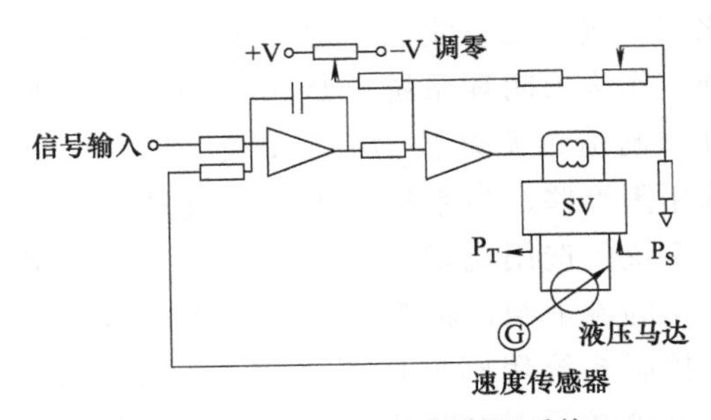

图 3.4-447　速度控制伺服系统

这里没有画出 PID 调节的线路，一般而言，90%的系统只要调节增益即可，不必要进行 PID 调节。

12.3.2 电液伺服阀的选择

在伺服阀选择中常常考虑的因素有：阀的工作性能、规格；工作可靠、性能稳定、一定的抗污染能力；价格合理；工作液、油源；电气性能和放大器；安装结构，外形尺寸等。

（1）按控制精度等要求选用伺服阀

系统控制精度要求比较低时，还有开环控制系统、动态响应不高的场合，都可以选用工业伺服阀甚至比例阀。只有要求比较高的控制系统才选用高性能的电液伺服阀，当然它的价格亦比较高。

（2）按用途选用伺服阀

电液伺服阀有许多种类、许多规格，分类的方法亦非常多，而只有按用途分类的方法选用伺服阀才是最方便的。按用途分：有通用型阀和专用型阀。专用型阀使用在特殊应用的场合，例如高温阀、防爆阀、高响应阀、余度阀、特殊增益阀、特殊重叠阀、特殊尺寸特殊结构阀、特殊输入特殊反馈的伺服阀等。还有特殊的使用环境对伺服阀提出特殊的要求，例如抗冲击、震动、三防、真空等。

通用型伺服阀还分通用型流量伺服阀和通用型压力伺服阀。在力（或压力）控制系统中可以用流量阀，也可以用压力阀。压力伺服阀因其带有压力负反馈，所以压力增益比较平缓、比较线性，适用于开环力控制系统，作为力闭环系统也是比较好的。但因这种阀制造、调试较为复杂，生产也比较少，选用困难些。当系统要求较大流量时，大多数系统仍选用流量控制伺服阀。在力控制系统用的流量阀，希望它的压力增益不要像位置控制系统用阀那样要求较高的压力增益，而希望降低压力增益，尽量减少压力饱和区域，改善控制性能。虽然在系统中可以通过采用电气补偿的方法，或有意增加压力缸的泄漏等方法来提高系统性能和稳定性等，我们在订货时仍需向伺服阀生产厂家提出低压力增益的要求。通用型流量伺服阀是用得最广泛、生产量最大的伺服阀，可以应用在位置、速度、加速度（力）等各种控制系统中。所以应该优先选用通用型伺服阀。我们重点讲讲这种阀的选择和使用。

（3）伺服阀规格的选择

① 首先估计所需作用力的大小，再来决定液压缸的作用面积，满足以最大速度推拉负载的力 F_G。如果系统还可能有不确定的力，那么最好将 F_G 力放大 20%～40%，具体计算如下。

总作用力

$$F_G=F_L+F_A+F_E+F_S \quad (3.4\text{-}27)$$

式中 F_G——全部所需要的力，N；

F_L——由于重力产生的力，N；

F_A——由于加速度产生的力，N；

F_E——由于外干扰产生的力，N；

F_S——由于摩擦产生的力，N。

F_A是惯性力，根据下式计算：

$$a=\frac{V_{max}}{T_a} \quad (3.4\text{-}28)$$

$$M=\frac{W_L+W_P}{g} \quad (3.4\text{-}29)$$

式中 M——质量，kg；

a——加速度，m/s^2；

W_P——活塞重力，N；

V_{max}——最大速度，m/s；

T_a——加速时间，s；

W_L——负载重力，N。

由于加速度产生的力

$$F_A=Ma \quad (3.4\text{-}30)$$

F_L为重力。重力的方向可能是正的，也可能是负的；可以是一个主动的力，也可以是一个阻碍力。取决于负载的方位和运动的方向。计算时必须考虑确保适当的外摩擦因数和被使用的分解的力。

F_S为摩擦力。许多阀被用于某些运动设备，这些运动设备通常利用橡胶密封来分隔不同的压力腔。这些密封和移动部件的摩擦起一个反作用力。摩擦力 F_S 根据液压缸工况、密封机构、材料不同，大小差异很大。实践中设定摩擦力一般取（1%～10%）F_G，除非绝对值是知道的。

$$F_G=0.1F_{max} \quad (3.4\text{-}31)$$

F_E 为外干扰力，由常值的和间歇的干扰源产生，根据实际工况计算，见图 3.4-448。

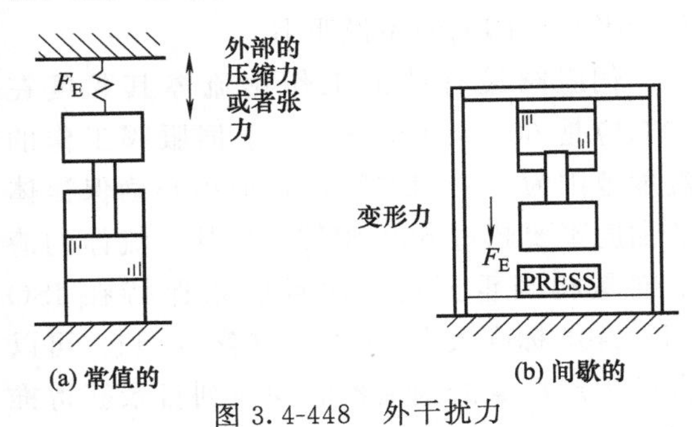

图 3.4-448 外干扰力

液压缸面积 A

$$A=\frac{1.2F_G}{p_S} \quad (3.4\text{-}32)$$

式中，p_S 为供油压力。

参考液压缸的缸杆直径和缸径标准，并选择最接近的以上计算结果的值。

② 确定负载流量 Q_L，负载运动的最大速度为 v_L：

$$Q_L=Av_L \quad (3.4\text{-}33)$$

同时知道负载压力 p_L：

$$p_L=\frac{F_G}{A} \quad (3.4\text{-}34)$$

决定伺服阀供油压力 p_S；

$$p_L=\frac{2p_S}{3} \quad (3.4\text{-}35)$$

$$p_S=\frac{3p_L}{2} \quad (3.4\text{-}36)$$

式中 Q_L——负载流量，m^3/s；

v_L——最大所需负载速度，m/s；

p_L——负载压降，bar。

③ 确定所需伺服阀的流量规格

$$Q_N=Q_L\sqrt{\frac{p_N}{p_S-p_L}} \quad (3.4\text{-}37)$$

p_N 为伺服阀额定供油压力，该压力下，额定电流条件下的空载流量就是伺服阀的额定流量 Q_N。

决定伺服阀的额定流量在 7MPa 下的阀压降。为补偿一些未知因素，建议额定流量选择要大 10%。

如何提出伺服阀动态响应的要求呢？这是选伺服阀最关心的问题。开环控制系统用阀，伺服阀频宽、相频大于 3～4Hz 就够了。

闭环系统算出系统的负载谐振频率，一般选相频大于该频率 3 倍的伺服阀，该系统就可以调出最佳的性能来了。

注：负载谐振频率的计算

$$f_N=\frac{1}{2\pi}\sqrt{\frac{4\beta_e A^2}{V_t m}} \quad (3.4\text{-}38)$$

式中 β_e——为油的弹性模量；

A——液压缸的工作面积；

V_t——液压缸空腔及阀到液压缸的连接管道的容积；

m——负载质量（还应该含其他运动部件及油液的附加质量）。

这里 $f_N=\frac{1}{2\pi}\sqrt{\frac{4\beta_e A^2}{V_t m}}$ 是液压系统的负载谐振频率，不计及机械的结构刚度，如果计及该刚度，综合谐振频率还会低一些，计算如下：

液压负载的谐振

$$f_N=\frac{1}{2\pi}\sqrt{\frac{K_0}{m}} \quad (3.4\text{-}39)$$

式中 $K_0=\frac{4\beta_e A^2}{V_t}=\frac{4\beta_e A}{L_P}$

L_P 是液压缸总行程。如果机械刚度是 K_S，那么综合刚度是液压刚度与机械刚度并联的结果：

$$K_A=\frac{K_0K_S}{K_0+K_S} \quad (3.4\text{-}40)$$

综合谐振频率：$f_N=\frac{1}{2\pi}\sqrt{\frac{K_A}{m}}$

因为 $K_A<K_0$，所以用 $f_N=\frac{1}{2\pi}\sqrt{\frac{4\beta_e A^2}{V_t m}}$ 选伺服阀频宽是偏安全的。建议机械刚度应比液

压刚度高3～10倍。

选择流量大，又要频宽相对比较高，可以选电反馈伺服阀。电反馈伺服阀或伺服比例阀跟机械反馈伺服阀比的优点在于(见表3.4-194)：其他线性度等指标都要好许多。但温度零漂比较大，有的阀用温度补偿来纠偏。它的前途无量，但目前价格还比较贵。

表3.4-194　电反馈阀和机械反馈阀的特点

指标 \ 反馈形式	电反馈阀	机械反馈阀
滞环/%	<0.3	<3
分辨率/%	<0.1	<0.5

可以很容易决定阀的动态响应，依靠测量输入电流和输出流量之间的幅值达到－3dB时的频率。频率响应将随着输入信号幅值、供油压力和流体温度而改变。因此，比较时必须使用一致的数据。推荐的峰峰信号幅值是80%的阀的额定流量。伺服阀和射流管阀将随着供油压力的提高稍微有些改善，通常在高温和低温情况下会降低。直接驱动型的阀的响应与供油压力无关。

根据系统的计算，由流量规格及频响要求来选择伺服阀，但在频率比较高的系统中一般传感器的响应至少要比系统中响应最慢的元件要高3～10倍。用计算得到的阀流量和频率响应，选择伺服阀有相等的或高于额定流量和频率响应能力将是一个可以接受的选择。无论怎样，不去超过伺服阀的流量能力是可取的，因为这将不至于减少系统的精度。

顺便说明一点：一般流量要求比较大，频率比较高时，建议选择三级电反馈伺服阀，这种三级阀，电气线路中有校正环节，这样它的频宽有时可以比装在其上的二级阀还高。

伺服阀和射流管阀一般应工作在恒值的供油压力下，并且需要连续的先导流量用来维持液压桥路的平衡。供油压力应该被设定以至于通过阀口的压力降等于供油压力的三分之一。流量应包括连续的先导流量用来保持液压桥路的平衡。

直接驱动型阀的性能是常数，不管供油压力如何，因此，即使用一个波动的供油压力，在系统中它们的性能也是好的。一般伺服阀能工作在供油压力从1.4到21MPa。可选的阀可工作在0.4～35MPa也是可能的。可参考每台阀的使用说明书。

伺服阀最有效的工作用流体其黏度在40℃应是60～450SUS。由于伺服阀工作的温度范围为－5～135℃，必须小心确保流体的黏度不要超过6000SUS，另外，流体的清洁度是相当重要的，而且应该保持在ISO DIS 4406标准最大16/13，推荐14/11。可以咨询生产厂家的滤油器和阀系列目录获得推荐值。用于阀体结构材料和油的兼容性也应该被考虑，联系制造厂可得到专门的信息。

线性度和对称性影响伺服阀系统精度，对速度控制系统影响最直接，速度控制系统要选线性度好的流量阀，此外选流量规格时，要适当大点避免阀流量的饱和段。线性度、对称性对位置控制的影响最直接，因为系统通常是闭环的，伺服阀工作在零位区域附近，只要系统增益调得合适，非线性度和对称性的影响可减到很小。所以一般伺服阀的线性度指标是<7.5%；对称度<10%是比较宽容的。对位置控制精度影响较大的是伺服阀零位区域的特性，即重叠情况。一般总希望伺服阀功率级滑阀副是零开口的，如果有重叠、有死区，那么在位置控制系统中就会出现磁滞回环现象，这个回环很像齿轮传动中的游隙现象。伺服阀因为力矩马达中磁路剩磁影响，及阀芯阀套间的摩擦力其特性曲线有滞环现象。由磁路影响引起的滞环会随着输入信号减小，回环宽度将缩小，因此这种滞环在大多数伺服系统中都不会出现问题；而由摩擦引起的迟滞是一种游隙，它可能会引起伺服系统的不稳定。

精度要求比较高的系统选阀最好选分辨率好的，分辨率好意味着摩擦影响比较小，也即阀芯阀套间加工质量比较好和前置级压力、流量增益比较高，推动阀芯力比较大。此外液压系统用油比较干净，摩擦影响会大大减小。再一种弥补的方法是用颤振来改善伺服阀的分辨率，高频颤振幅值要正好能有效地消除伺服阀中的游隙（包括结构上的和摩擦引起的游隙），太小不好，太大了会影响系统性能，会使其他液压件过度磨损或疲劳损坏。而且颤振频率要大大超过系统预计的信号频率和系统固有频率，并避免它正好是系统频率的某个整数倍。颤振信号的波形可以是正弦波、三角波，也可以是方波。

对伺服阀压力增益的要求，因系统不同而不同。位置控制系统要求伺服阀的压力增益尽可能高点，那么系统的刚性就比较大，系统负载的变化对控制精度的影响就小。而力控制系统（或压力系统）则希望压力增益不要那么陡，要平坦点，线性好点，便于力控系统的调节。伺服阀的动态特性也是一个很重要的指标。在闭环系统中，为了达到较高控制精度，要求伺服阀的频宽至少是系统频宽的三倍以上。

12.4 电液伺服阀的典型产品

12.4.1 MOOG 公司产品

（1）双喷嘴挡板力反馈电液伺服阀（MOOG）

① 型号意义

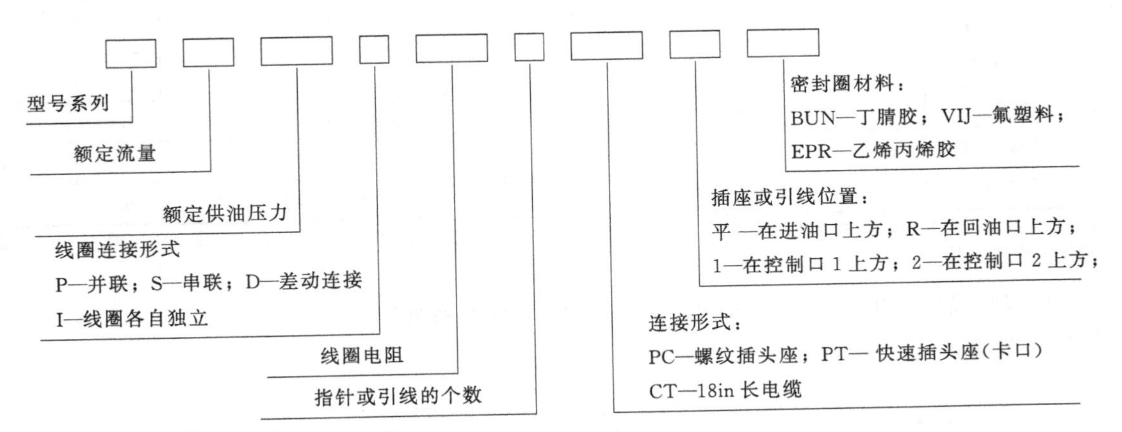

② 技术性能（见表 3.4-195）

表 3.4-195 双喷嘴挡板力反馈电液伺服阀技术性能

型号		MOOG 30	MOOG 31	MOOG 32	MOOG 34	MOOG 35	MOOG 72	MOOG 78	MOOG 73	MOOG 760	MOOG 780	MOOG 62
液压特性	额定流量 Q_n /L·min^{-1}	1.2～12	6.7～26	27～54	49～73	73～170	96,159,230	76,114,151	3.8,9.5,19 38,57		38,45,57	9.5,19,38,57,76
	额定供油压力 p_S /MPa	21					7					
	供油压力范围 /MPa	1～28					1～28	1.4～21	1～28		1.4～21	1.4～14
电气特性	额定电流 I_n /mA	8,10,15,20,30,40,50					8,10,15,20,30,40,50,200				10,20,40,200	30,100
	线圈电阻/Ω	1500,1000,500,200,130,80,40					1500,1000,500,200,130,80,40,22				1000,200,80,22	300,27
	颤振电流/%	20										
	颤振频率/Hz	100～400										

续表

		型号	MOOG 30	MOOG 31	MOOG 32	MOOG 34	MOOG 35	MOOG 72	MOOG 78	MOOG 73	MOOG 760	MOOG 780	MOOG 62
静态特性		滞环/%	<3					<4	<3				<6
		压力增益(1%I_n)p_S/%	>30					>30					>20
		分辨率/%	<0.5					<1.5	<0.5				<2
		非线性度/%	<±7					<±7					
		不对称度/%	<±5					<±10					
		重叠/%	−2.5～2.5					−2.5～2.5					
		零位静耗流量/L·min⁻¹	<0.35+4%Q_n	<0.45+4%Q_n	<0.5+3%Q_n	<0.6+3%Q_n	<0.75+3%Q_n	<2%Q_n	<1+2%Q_n	<1.33		<1.3	<2
		零偏/%	<±2					可外调					
		压力零漂①/%	<±4[供油压力为(60～100)%p_S]					<±2	<±2④				<±3
		温度零漂②/%	<±2③					<±4③	<±2③				<±3③
动态特性	频率响应	幅频宽(−3dB)/Hz	>200		>160	>110	>60	>50	>15	>80	>80	>30	>10
		相频宽(−90°)/Hz	>200		>160	>110	>80	>70	>40	>80	>80	>80	>30
其他		工作介质	MIL-H-5606,MIL-H-6083					石油基液压油(38℃时黏度10～97mm²/s)					
		工作温度/℃	−4～135					−40～135					18～93
		质量/kg	0.19	0.37	0.37	0.50	0.97	3.5	2.86	1.18	1.03	0.9	1.22

① 表示供油压力变化，除注明者外均为（80～110）%p_S；②表示温度变化范围50℃；③表示温度变化范围56℃；④表示供油压力变化7MPa。

（2）双喷嘴挡板电反馈式电液伺服阀（MOOG D76系列）

① 型号意义

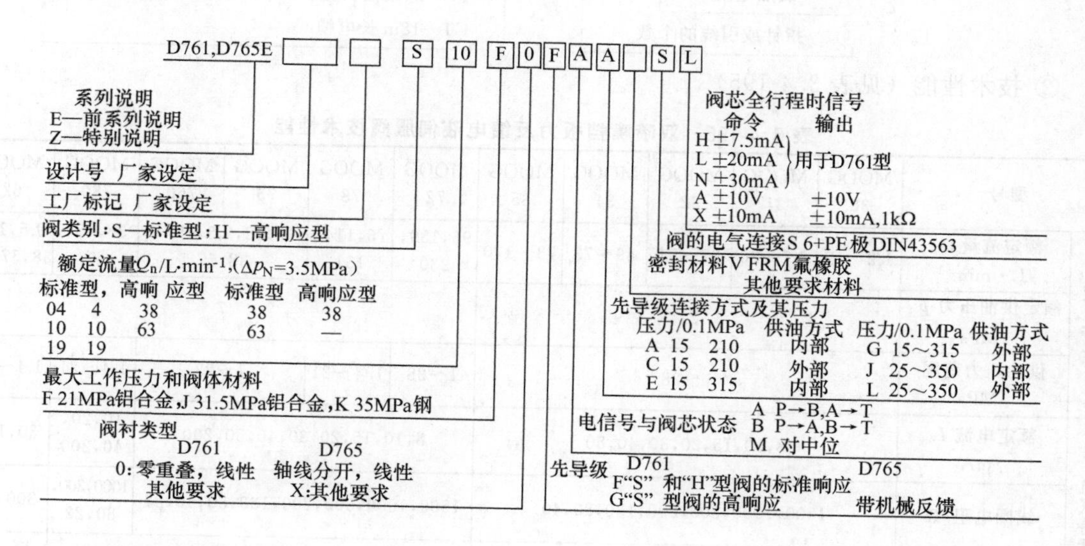

② 技术性能（见表3.4-196）。

表 3.4-196 双喷嘴挡板机械反馈与电反馈式电液伺服阀技术性能

型号		D761(机械反馈)	D765(电反馈)
液压特性	额定流量 $Q_n/L\cdot min^{-1}$ ($\Delta_p=3.5MPa$)	3.8,9.5,19,38,63(标准阀)	4,10,19,38,63(标准阀)
		3.8,9.5,19,38(高响应阀)	4,10,19,38(高响应阀)
	额定供油压力/MPa	21	31.5
	供油压力范围/MPa	31.5	31.5
电气特性	额定电流 I_n/mA	±20~±40(与连接方式有关)	0~±10V, 0~±10mA,
	线圈电阻/Ω	40,80,160(与连接方式有关)	1kΩ
	颤振电流		
	颤振频率/Hz		
静态特性	滞环/%	<3	<0.3
	压力增益(1%I_n)p_S/%		
	分辨率/%	<0.5	<0.1
	非线性度/%		
	不对称度/%		

型号			D761(机械反馈)	D765(电反馈)
静态特性	重叠/%			
	零位静耗流量/L·min⁻¹		1.5~2.3	1.5~2.3
	零偏/%		<2	
	压力零漂/%		<2(70%~100%系统压力)	
	温度零漂/%(ΔT=55K)		<2	<1
动态特性	频率响应据特性曲线获得	幅频宽(-3dB)/Hz	标准阀>37	标准阀>46
			高响应阀>60	高响应阀>95
		相频宽(-90°)/Hz	标准阀>70	标准阀>90
			高响应阀>150	高响应阀>110
其他	工作介质		符合 DIN51524 矿物油	
	工作温度/℃		-20~80	
	质量/kg		1.0	1.1

③ 特性曲线与外形尺寸（见表 3.4-197）

(3) 直动式电反馈伺服阀（MOOG D63 系列）

表 3.4-197 双喷嘴挡板机械反馈与电反馈式电液伺服阀特性曲线与外形尺寸

D761 机械反馈

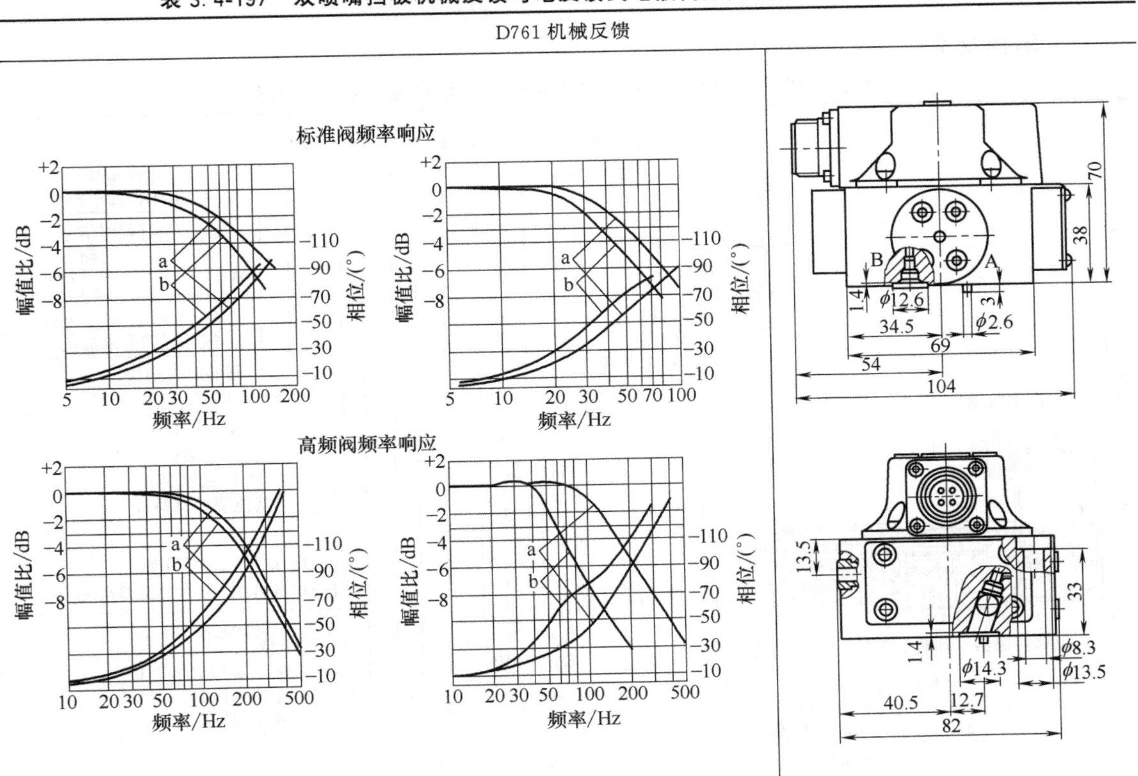

续表

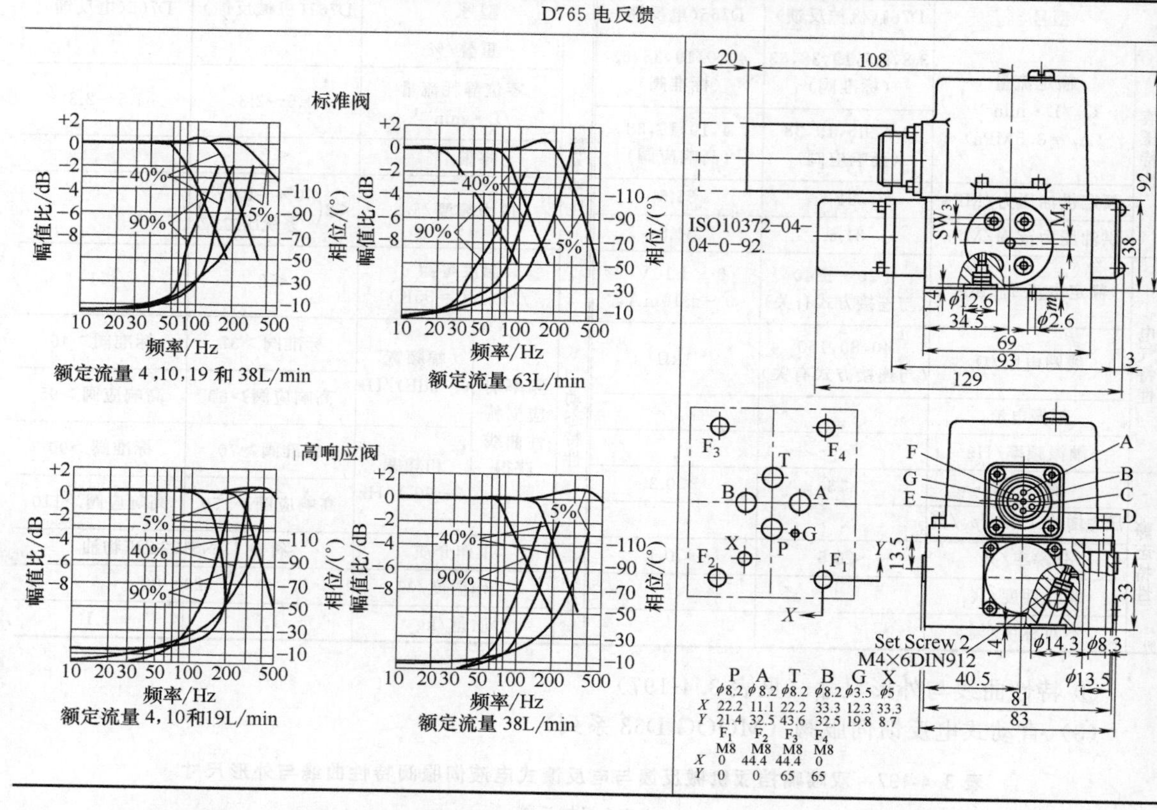

① 结构及型号意义、技术性能（见表 3.4-198）。

表 3.4-198　直动式电反馈伺服阀结构、型号意义和技术性能

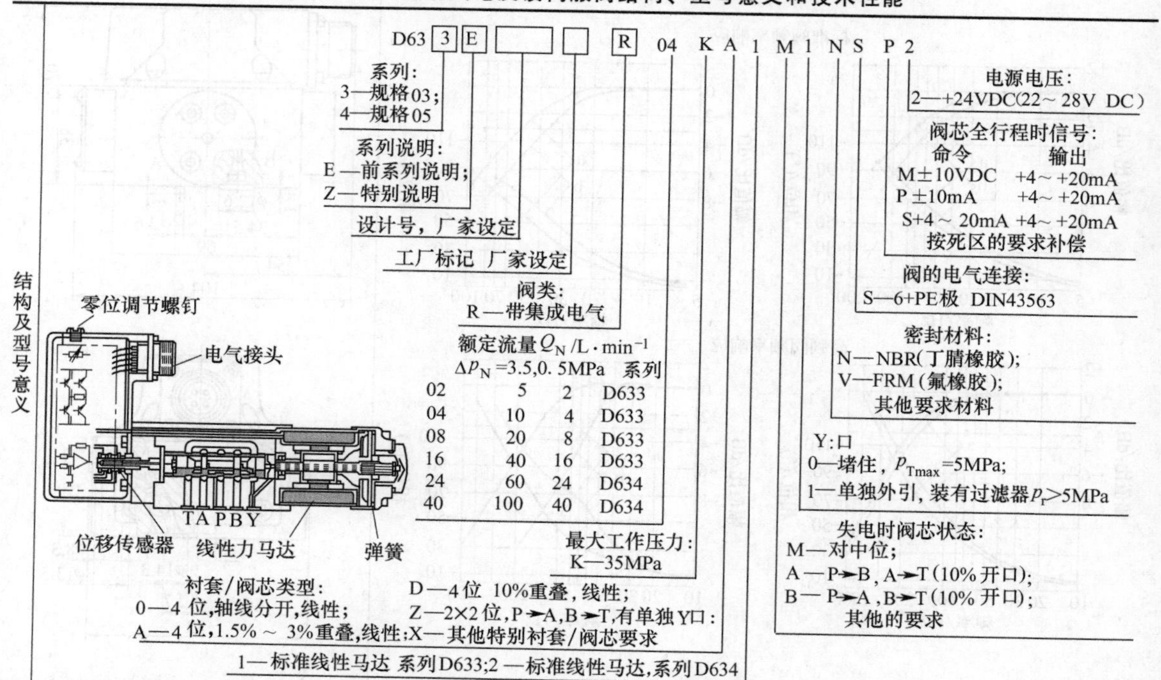

续表

型号			D633	D634
技术性能	液压特性	额定流量 Q_n (Δp=3.5MPa) /L·min^{-1}	5,10,20,40 最大 75	60,100,最大 185
		额定供油压力/MPa	31.5	
		供油压力范围/MPa	～35	
	电气特性	额定电流 I_n/mA	0～±10,4～20	
		线圈电阻/Ω	300～500	
		颤振电流		
		颤振频率/Hz		
	静态特性	滞环/%	<0.2	<0.2
		压力增益(1%I_n)p_S/%		
		分辨率/%	<0.1	<0.1
		非线性度/%		
		不对称度/%		

型号			D633	D634
静态特性	重叠/%			
	零位静耗流量 /L·min^{-1}		0.15,0.3,0.6,1.2	1.2,2.0
	零偏/%			
	压力零漂/%			
	温度零漂(ΔT=55K)/%		<1.5	<1.5
动态特性	频率响应据特性曲线获得	幅频宽(−3dB)/Hz	标准阀>37	标准阀>46
			高响应阀>60	高响应阀>95
		相频宽(−90°)/Hz	标准阀>70	标准阀>90
			高响应阀>150	高响应阀>110
其他	工作介质		符合 DIN51524 矿物油,NAS1638-6 级	
	工作温度/℃		−20～80	
	质量/kg		2.5	6.3

② 特性曲线（见表 3.4-199）。

表 3.4-199 直动式电反馈伺服阀特性曲线

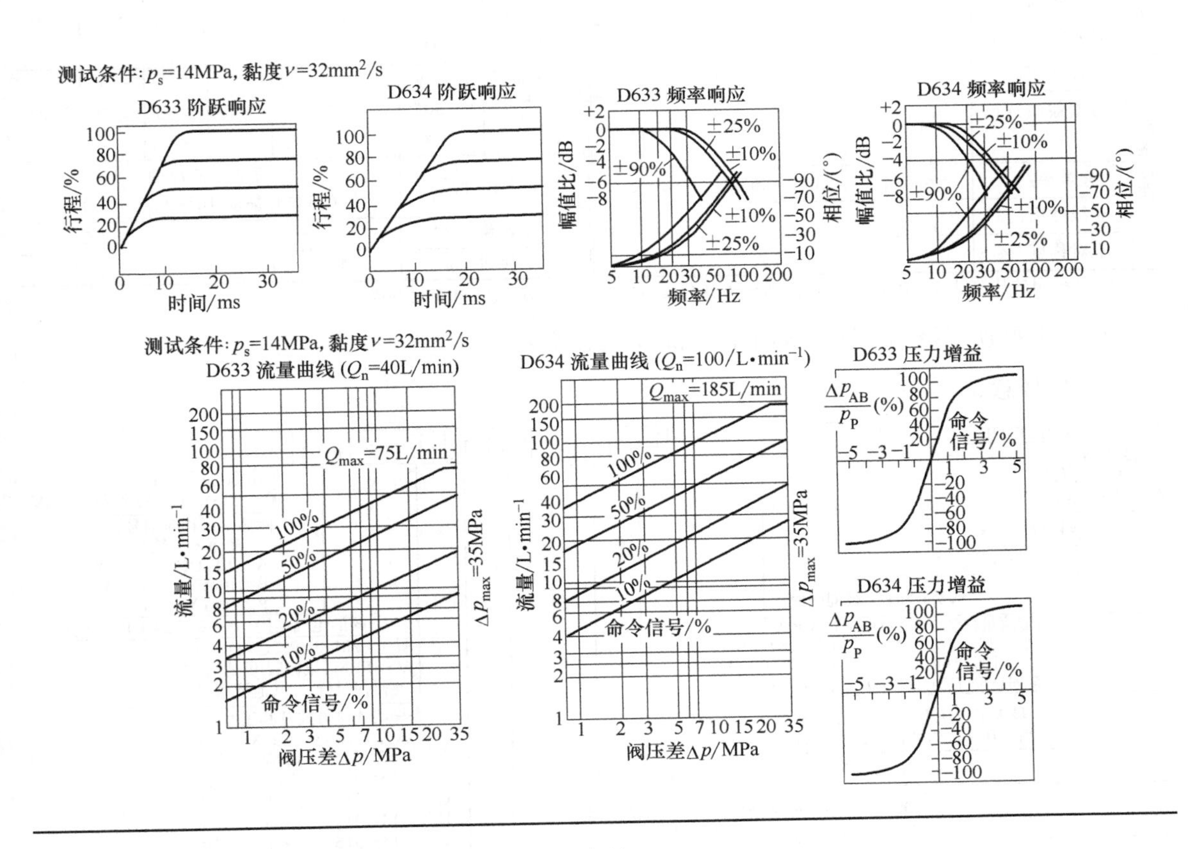

(4) 电反馈三级伺服阀（MOOG DO79 系列）

① 型号意义

DO79×-□ □

前置两级阀安装形式
直接安装在功率级上
A— 进油口单独供油
B— 进、回油口均单独供油
设计序号 12，21，50

—0 表示流量不同
—1 适用 DO79-12 和 DO79-50
—0，标准性能(适用 DO79-21)
—1 高性能

② 技术性能（见表 3.4-200）。

表 3.4-200 电反馈三级伺服阀 DO79 系列技术性能

型号		DO79-120	DO79-121	DO79-210	DO79-211	DO79-500	DO79-501
液压特性	额定流量 Q_n (Δp=3.5MPa) /L·min^{-1}	113	227	756	756	1600	2800
	额定供油压力/MPa	21					
	供油压力范围/MPa	7～35		7～28			
电气特性	额定电流 I_n/mA	40		15	40	40	40
	线圈电阻/Ω	80		200	80	80	80
	颤振电流/%						
	颤振频率/Hz						
静态特性	滞环/%	<1		<1	<0.5	<0.6	
	压力增益(1%I_n) p_S/%	6～8		70～79	20～79	4～12	
	分辨率/%	<0.5		<0.5	<0.25	<0.3	
	非线性度/%						
	不对称度/%	<±5					

型号		DO79-120	DO79-121	DO79-210	DO79-211	DO79-500	DO79-501
静态特性	重叠			±0.03mm		±0.076mm	
	零位静耗流量①/L·min^{-1}	<3	<6	<9.5	<9.5	<64	
	零偏/%	可外调					
	压力零漂②/%	<±2		<±2	<±1	<±1.5	<±0.7
	温度零漂③/%	<±2.5		<±2	<±1	<±1.5	<±0.7
动态特性	频率响应据特性曲线获得 幅频宽(-3dB)/Hz	>90		>50	>60	>48	>28
	频率响应据特性曲线获得 相频宽(-90°)/Hz	>70		>40	>55	>46	>34
其他	工作介质	石油基液压油(38℃时黏度 10～97mm^2/s)					
	工作温度/℃	-20～80				-10～80	
	质量/kg	11		16		54	

① 表示阀的压降为 7MPa；② 表示供油压力变化 3.5MPa；③表示温度每变化 50℃时。

(5) 电反馈三级阀（MOOG D791 和 D792E 系列）

① 型号意义

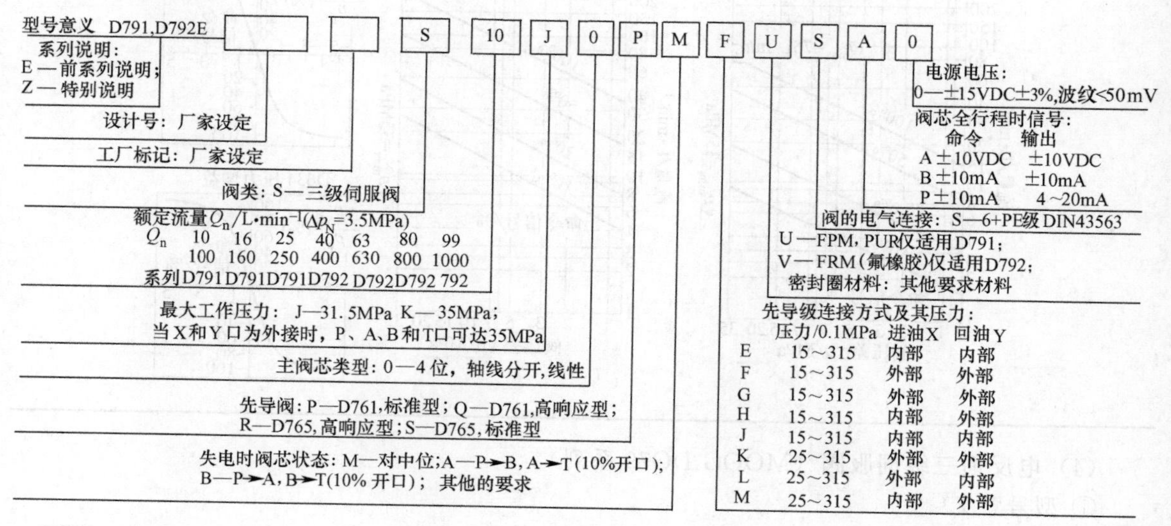

② 技术性能（见表 3.4-201）。

表 3.4-201　电反馈三级阀 D791 和 D792E 系列技术性能

型号		D791	D792
液压特性	额定流量 Q_n（Δp=3.5MPa）/L·min^{-1}	100,160,250	400,630,800,1000
	额定供油压力/MPa	31.5	
	供油压力范围/MPa	~31.5	
电气特性	额定电流 I_n/mA	(0~10)/(4~20)	
	线圈电阻/kΩ	10	
	颤振电流/%		
	颤振频率/Hz		
静态特性	滞环/%	<0.5	
	压力增益(1%I_n)p_S/%		
	分辨率/%	<0.2	
	非线性度/%		
	不对称度/%		

型号			D791			D792			
静态特性	重叠/%								
	零位静耗流量/L·min^{-1}		5	7	10	10	14	14	14
	零偏/%								
	压力零漂/%								
	温度零漂（ΔT=55K）/%		<2						
动态特性	频率响应据特性曲线获得	幅频宽(−3dB)/Hz	>80	>80	>65	>120	>80	>80	
		相频宽(−90°)/Hz	>80	>110	>60	>110	>80	>65	
其他	工作介质		符合 DIN51524 矿物油						
	工作温度/℃		−20~80						
	质量/kg		13			17			

③ 特性曲线（见表 3.4-202）

表 3.4-202　电反馈三级阀 D791 和 D792 系列特性曲线

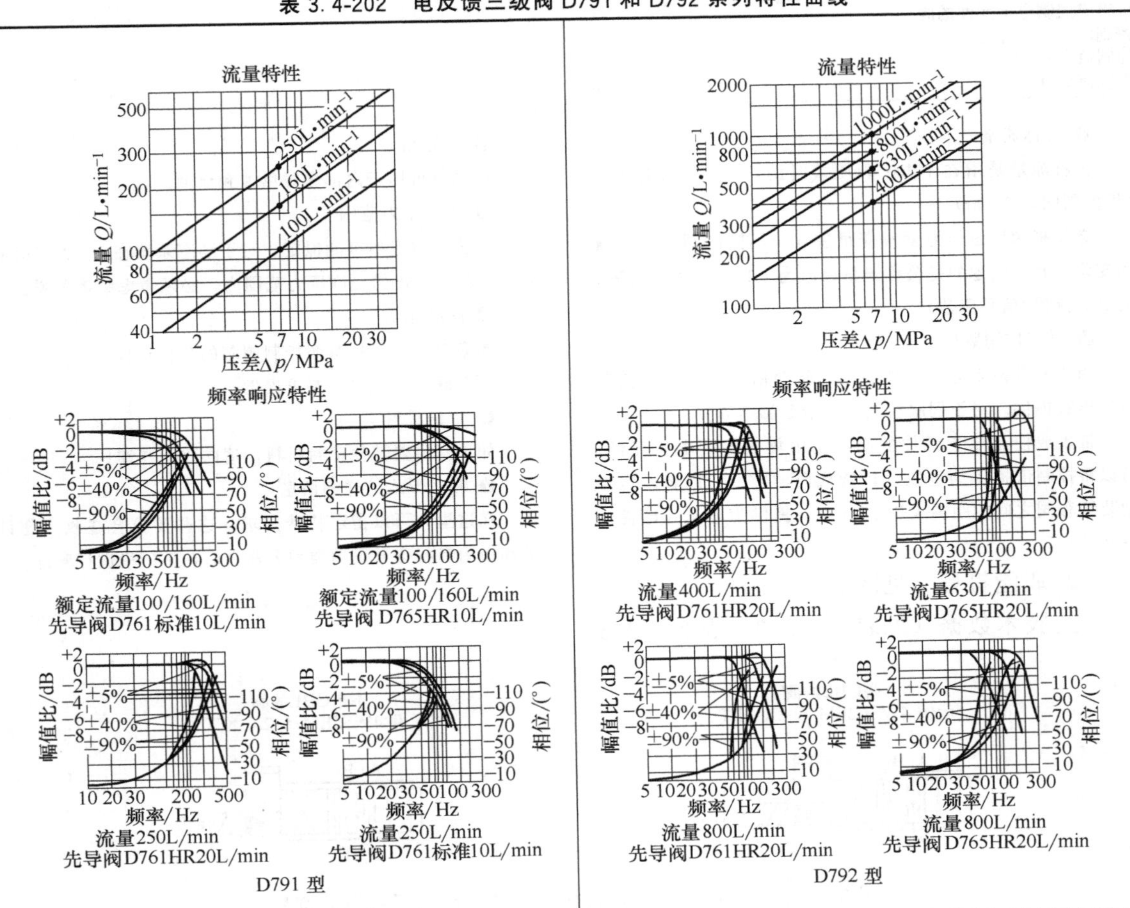

12.4.2 REXROTH 电液伺服阀

(1) 4WS.2E 型带机械反馈的 2 级伺服阀（规格 6，组件系列 2X，最大工作压力 315bar，最大流量 48L/min）

① 型号意义

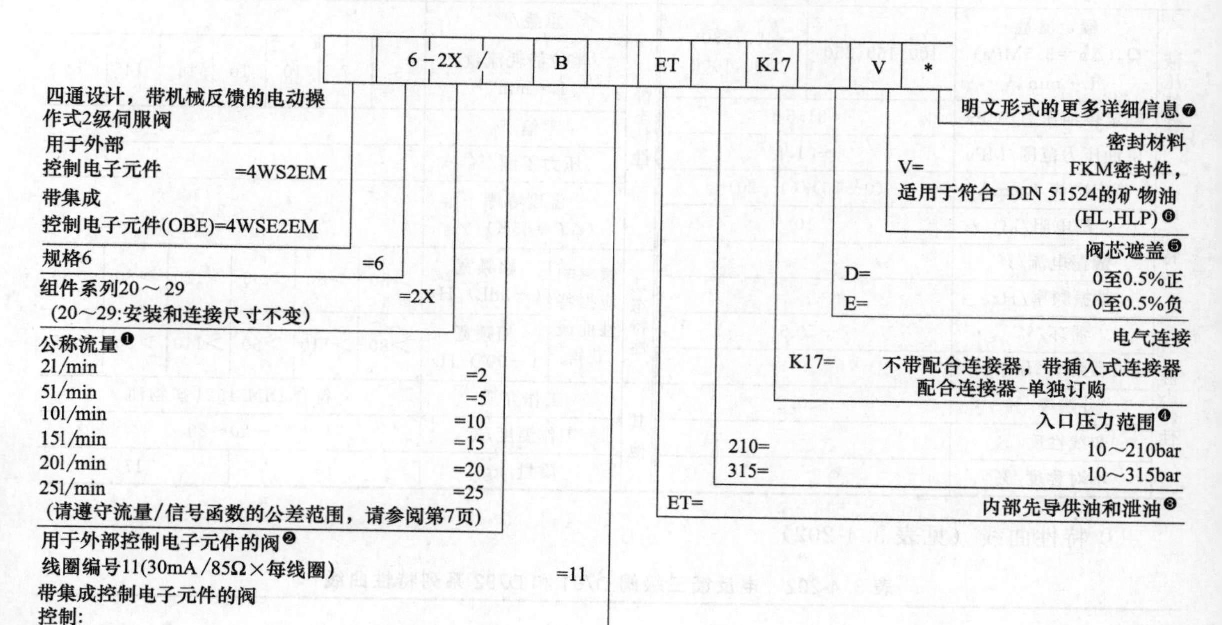

❶ 公称流量

公称流量是指在 70bar 阀压差时的 100% 控制值信号（每控制阀口 35bar）。

必须将阀压差作为参考变量遵守。不同的阀导致流量的变化。必须注意的是公称流量公差为±10%（请参阅第 7 页上的流量/信号函数）。

❷ 电气控制数据

用于外部控制电子元件的阀：驱动信号必须由电流调节输出级提供。对于伺服放大器，请参阅第 6 页。

带集成控制电子元件的阀：使用集成控制电子元件，可以将控制值提供为电压（订货代码“9”），或者，当控制装置和阀之间的距离大于 25m 时，提供为电流（订货代码“8”）。

❸ 先导油

此阀仅可用于内部先导供油和泄油。

❹ 入口压力范围

系统压力应尽可能恒定，对于动态系统在 10 至 210bar 或 10 至 315bar 的允许压力范围内，必须考虑频率关系。

❺ 阀芯遮盖

阀芯遮盖（%）参照控制阀芯的公称行程。

更多阀芯遮盖可应要求提供。

❻ 密封材料

如果您需要其他密封材料，请向我们咨询！

❼ 明文形式的详细信息

在这里，可以指定特殊要求。这些要求会在收到您订单和由附有特殊号码的类型名称之后在工厂里进行验证。

② 职能符号（见图 3.4-449）

③ 技术数据（见表 3.4-203～表 3.4-206）

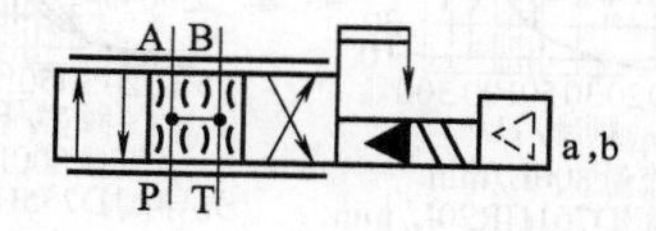

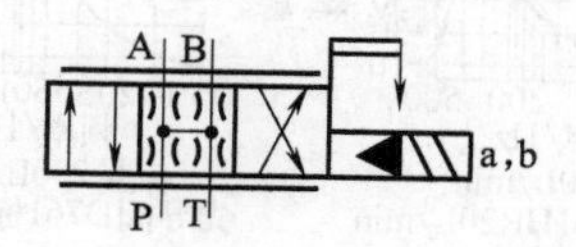

图 3.4-449 4WS.2E 型带机械反馈的 2 级伺服阀职能符号

表 3.4-203　4WS.2E 型带机械反馈的 2 级伺服阀一般技术性能

项目	单位	参数
质量	kg	1.1
油口安装面		ISO 4401-03-02-0-05
安装方向		可选 (确保在系统启动期间，为该阀提供≥10bar 的足够压力)
存储温度范围	℃	−20～+80
环境温度范围	℃	−20～+60，带 OBE 的阀
		−30～+100，不带 OBE 的阀

表 3.4-204　4WS.2E 型带机械反馈的 2 级伺服阀液压技术性能

液压			
工作压力	油口 A,B,P	/bar	10～210 或 10～315
回流压力	油口 T	/bar	压力峰值<100，稳态<10
零流量 $q_{V.L}$① 带不用震荡信号测量的阀芯遮盖 E		/(L/min)	$\sqrt{p_p/70\text{bar}}\cdot(0.4\text{L/min}+0.02\cdot q_{V\text{nom}})$②③
阀压差 $\Delta p=70$bar 时的 公称流量 $q_{V\text{nom}}\pm10\%$		/(L/min)	2;5;10;15;20;25
机械端位置(出现故障时)参考公称行程情况下控制阀芯的最大可能行程		/%	120～170
液压油			符合 DIN 51524 的矿物油(HL,HLP)； 可应要求提供其他液压油
液压油温度范围最好为 40～50		/℃	−30～+80，用于带 OBE 的阀
			−30～+100，用于不带 OBE 的阀
黏度范围		/(mm²/s)	15～380，最好为 30～45
液压油的最大允许污染度——符合 ISO 4406(c)规定的清洁度等级			等级 18/16/13
反馈系统			机械
滞后(震荡优化)		/%	≤1.5
反向死区(震荡优化)		/%	≤0.2
响应灵敏度(震荡优化)		/%	≤0.2
在阀芯行程改变 1%(从液压零点)时的过压/p_F③		/%	≥50
整个工作压力范围的零电位平衡电流		/%	≤3，长周期≤5
在以下项更改情况下的零点漂移	液压油温度(20℃)	/%	≤1
	环境温度(20℃)	/%	≤1
	工作压力(100bar) P_p③ 的 80%～120%	/%	≤2

①$q_{V.L}$=公称流 (L/min)；②$q_{V\text{nom}}$=公称流量 (L/min)；③p_p=工作压力 (bar)。

表 3.4-205　4WS.2E 型带机械反馈的 2 级伺服阀电气技术性能

电气①			
符号 EN 60529 的防护类型			IP 65，已正确安装和锁定配合连接器
信号类型			模拟
每个线圈的公称电流		/mA	30
每个线圈的电阻		/Ω	85
60Hz 和 100% 公称电流时的感应	串联连接	/H	1.0
	并联连接	/H	0.25
外部控制电子元件②			
伺服放大器(单独订购)	欧洲板卡格式 (模拟)		类型 VT-SR2-1X/-60 符合样本 RC 29980
	模块化设计 (模拟)		类型 VT 11021 符合样本 RC 29743

① 在使用非力士乐放大器驱动的情况下，我们建议附加额振信号。
② 阀的线圈仅可以通过并联连接方式连接到这些放大器上。

表 3.4-206　4WS.2E 型带机械反馈的 2 级伺服阀电气连接

电气连接,外部控制电子元件(并联电路的示例)

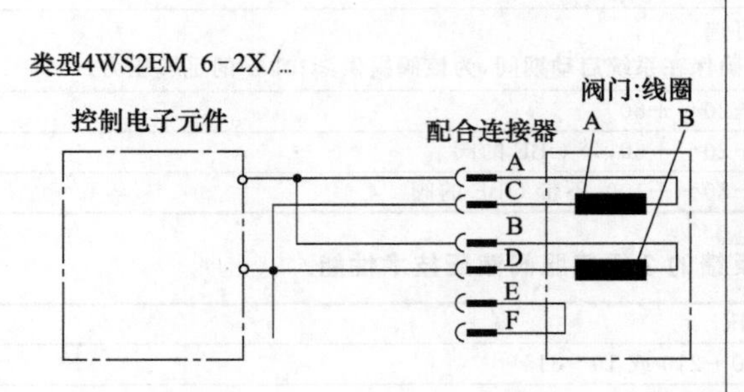

线圈以并联方式连接到配合连接器中或放大器上(见图)。

对于串联连接,必须将触点 B 和 C 连接在一起

桥接器 E-F 可用于插入式连接器正确连接的电气识别或用于电缆断连检测

从 A(+)到 D(−)的电气控制产生了 P→A 和 B→T 的流动方向。反向的电气控制则产生 P→B 和 A→T 的流动方向

电气连接,集成控制电子元件

类型4WSE2EM 6-2X/...

A B C D E F

R_e

震荡信号

	配合连接器的插脚分配	电流控制 控制“8”	电压控制 控制“9”
电源电压(公差±3%,残留波动值<1%)与电流消耗	A	+15V, 最大 150mA	+15V, 最大 150mA
	B	−15V, 最大 150mA	−15V, 最大 150mA
	C	⊥	⊥
控制值	D	±10mA $R_1=1\text{k}\Omega$	±10V $R_1\geqslant 8\text{k}\Omega$
控制值参考	E		$I_i=112\text{mA}$
	F	未分配	

配合连接器连接 D 处的控制值相对于配合连接器连接 E 处的控制值为正,产生 P→A 和 B→T 的流动方向

配合连接器连接 D 处的控制值相对于配合连接器连接 E 处的控制值为负,产生 P→B 和 A→T 的流动方向

④ 特性曲线(使用 HLP32 测量,$\vartheta_{油}=40℃\pm5℃$)(见图 3.4-450～见图 3.4-453)

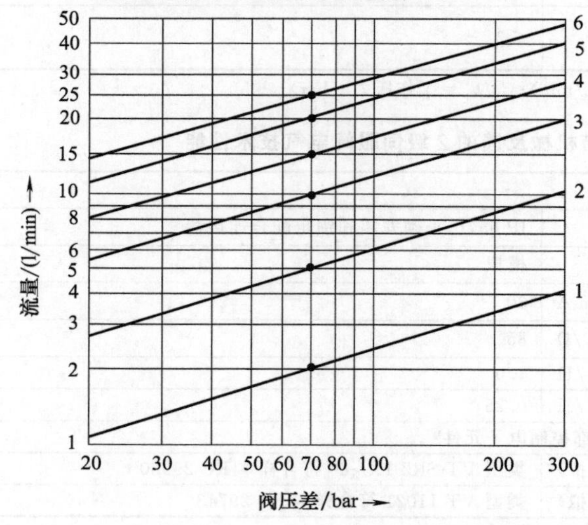

订货代码	公称流量/min	曲线
2	2	1
5	5	2
10	10	3
15	15	4
20	20	5
25	25	6

$\Delta p=$ 阀的压差(入口压力 p_P 减去负载压力 p_L 减去回流压力 p_T)

图 3.4-450　4WS.2E 型带机械反馈的 2 级伺服阀压力流量曲线

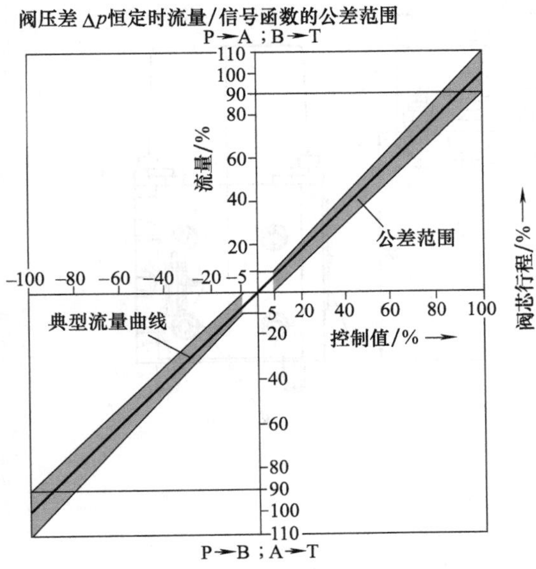

图 3.4-451 阀压差恒定时流量特性曲线公差范围

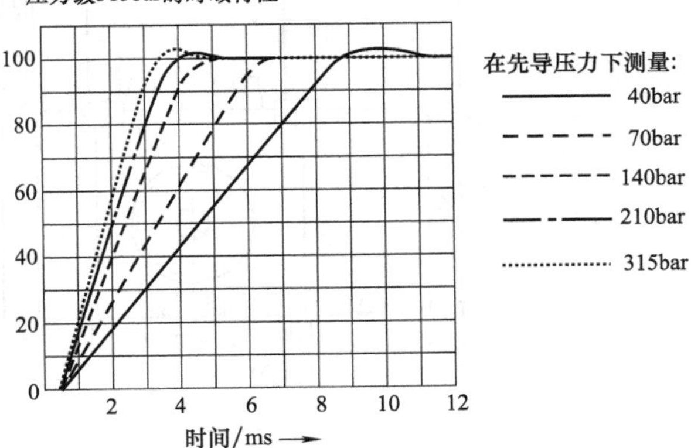

图 3.4-452 4WS.2E 型带机械反馈的 2 级伺服阀阶跃响应曲线

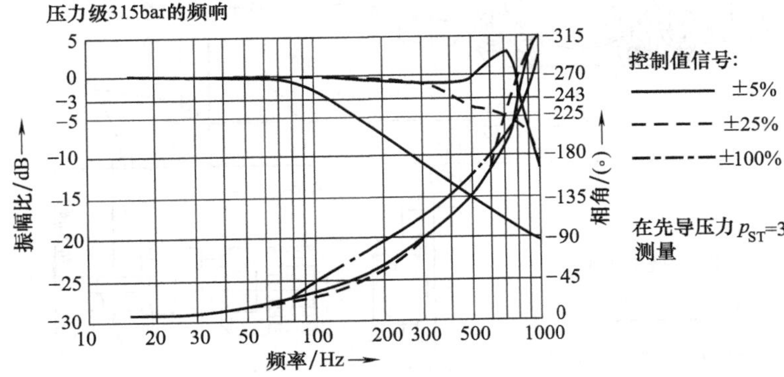

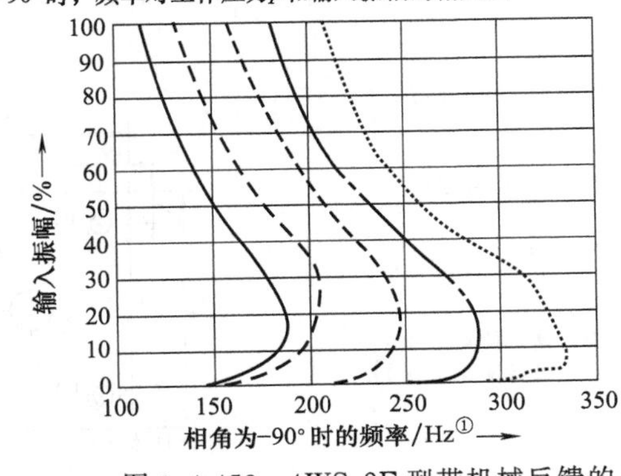

图 3.4-453 4WS.2E 型带机械反馈的 2 级伺服阀频率特性曲线

① 以下 q_{Vnom} 对应的修正系数：25L/min——1.00；20L/min——1.00；15Lmin——0.95；10L/min——0.90；5L/min——0.85；2L/min——0.80。

⑤ 单元尺寸：类型 4WS.2EM 6 和 4WS.E2EM 6（公称尺寸单位：mm）（见图 3.4-454）

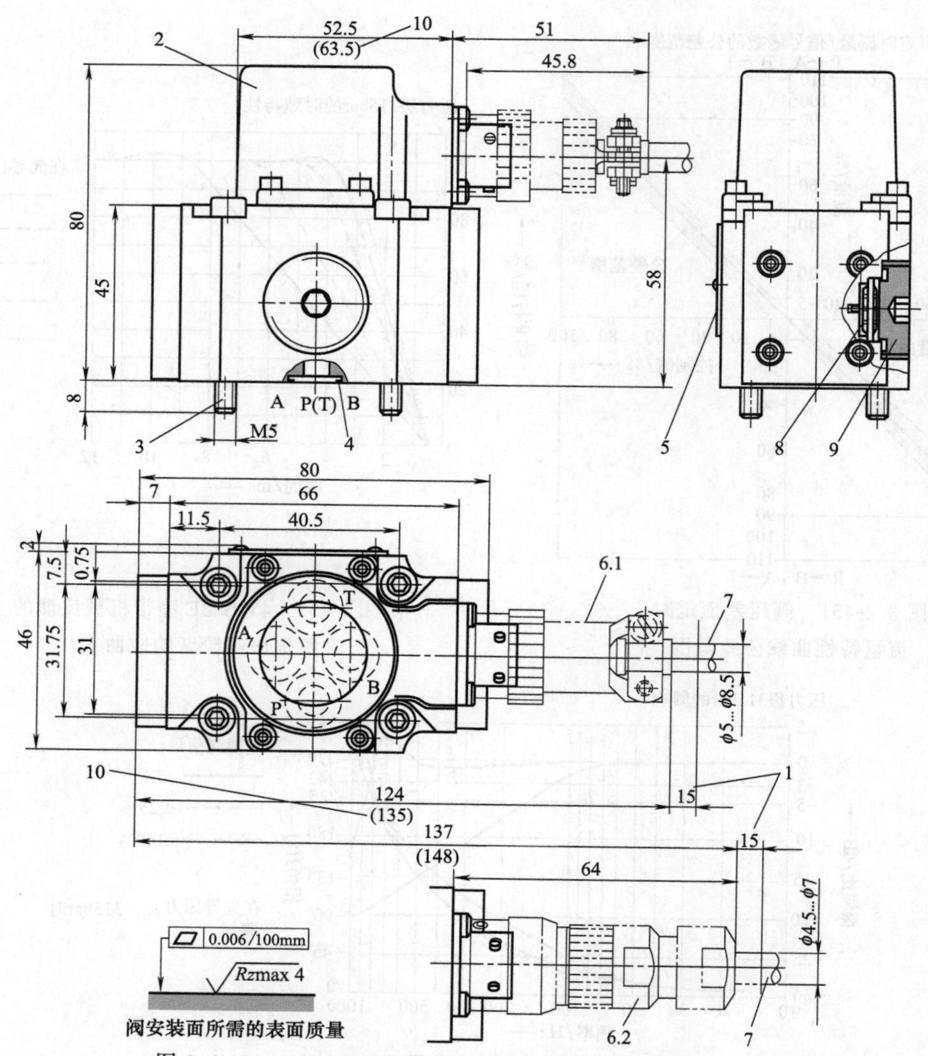

图 3.4-454 4WS.2E 型带机械反馈的 2 级伺服阀外形尺寸

⑥ 外形尺寸的条目说明

1—拆卸配合连接器所需的空间；此外，请考虑连接电缆的弯曲半径；
2—帽；
3—阀安装螺钉（包括在供给范围内）
由于强度原因，只能使用以下阀安装螺钉 4 颗内六角螺钉（4A/F）
ISO 4762-M5×50-10.9-flZn-240h-L
（摩擦系数 0.09-0.4 符合 VDA 235-101）M_T=9.3N·m；
4—P，A，B 和 T 带相同的密封圈；
5—铭牌；
6.1—配合连接器，材料编号 R900005414（单独订购，请参阅第 6 页）；
6.2—配合连接器，材料编号 R901043330（单独订购，请参阅第 6 页）；
7—连接电缆，更多信息在第 6 页；
8—过滤器；
9—螺堵（6A/F）
在更换过滤器后紧固到 M_T=30N·m；
10—带集成控制电子元件（OBE）的阀的尺寸（）
油口安装面符合 ISO 4401-03-02-0-05
偏离标准：
-不提供定位销（G）

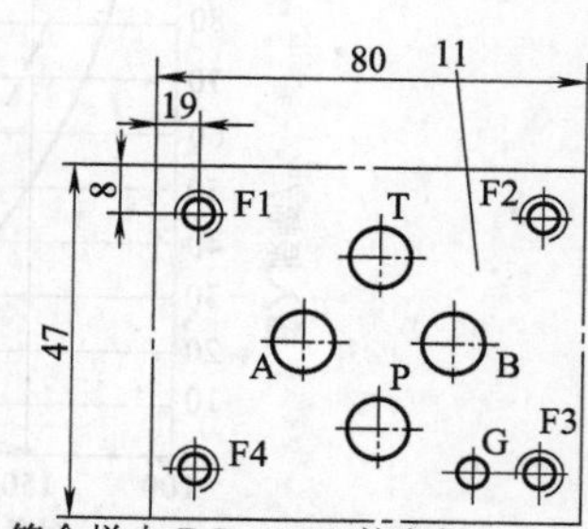

符合样本 RC 45052 的底板
（单独订购）

G 341/01 (G1/4)
G 342/01 (G3/8)
G 502/01 (G1/2)

（2）4WS.2E型带机械反馈或电气反馈的2级伺服阀（规格10，组件系列5X，最大工作压力315bar，最大流量180L/min）

① 型号意义

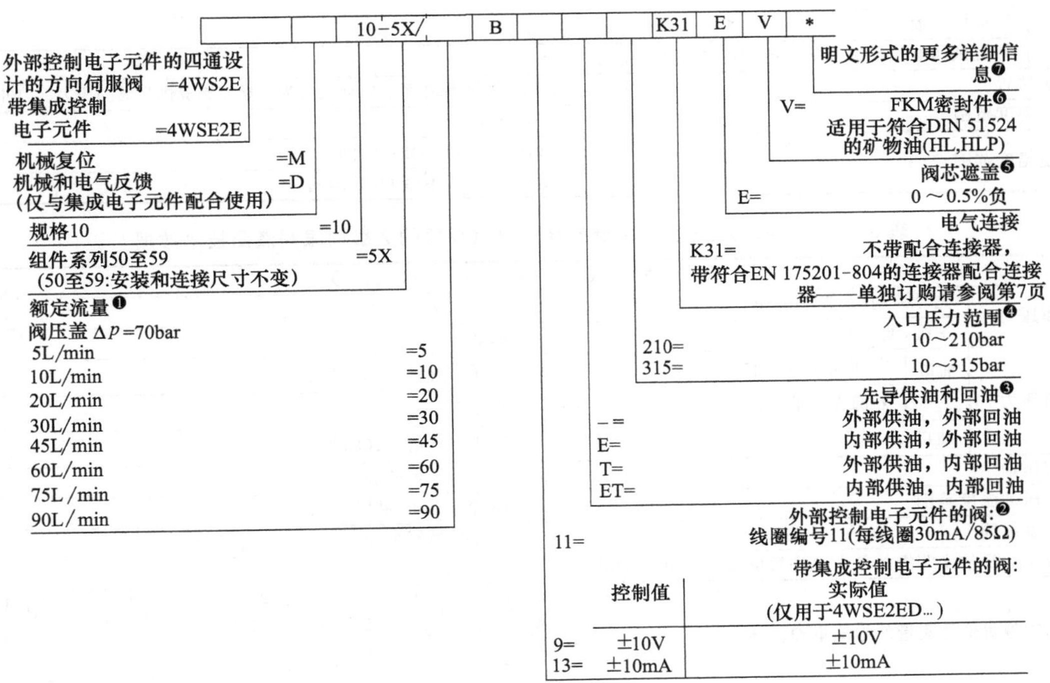

额定流量

❶ 额定流量指阀压差为70bar（35bar/控制边）时的100%控制值信号。必须将阀压差作为参考。其他值都会引起流量变化。必须考虑±10%的可能额定流量公差（请参阅第9页的流量信号函数）。

❷ 电气控制数据

外部控制电子元件的阀：

驱动信号必须由电流控制的输出级形成。有关伺服放大器，请参阅7页。

带集成控制电子元件的阀：

使用集成电子元件，可以将控制值作为电压（订货代码“9”），或者，当控制装置和阀之间的距离较大（>25m）时，作为电流（订货代码“13”）馈入。

❸ 先导油

应小心谨慎，使先导压力尽可能恒定。因此，通过油口X的外部先导控制通常比较危险。为了对动态系统产生正影响，可在X油口而不是P油口以较高压力操作阀。

油口X和Y也在“内部”先导供油的情况下加压。

❹ 入口压力范围

应小心谨慎，使系统压力尽可能恒定。

先导压力范围：10～210bar或10～315bar。

对于动态系统，必须在允许压力范围内遵守频响相关性。

❺ 阀芯遮盖

阀芯遮盖（%）相对于控制阀芯的公称行程。

可应要求提供其它控制阀芯遮盖！

❻ 密封材料

如果需要任何其他密封材料，请与我们联系！

❼ 明文形式的详细信息

在这里，将以明文形式指定特殊要求。收到订单后，由工厂检查这些特殊要求，并且用相关编号修正类型名称。

② 职能符号（见图3.4-455）

带电气和机械反馈的阀，带OBE
(示例:4WSE2ED 10-5X...ET...)

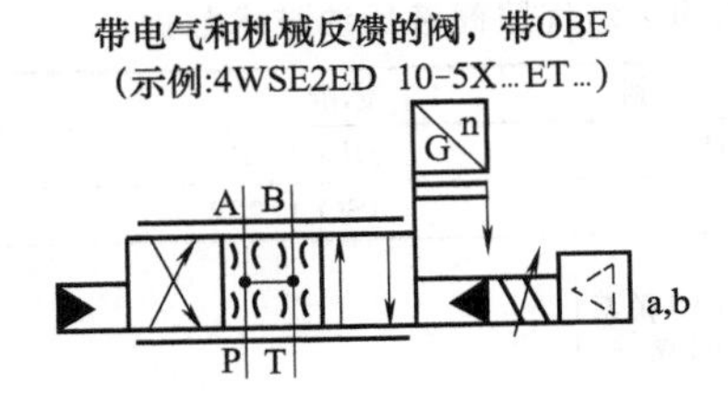

带机械反馈的阀，不带OBE
(示例:4WS2EM 10-5X...ET...)

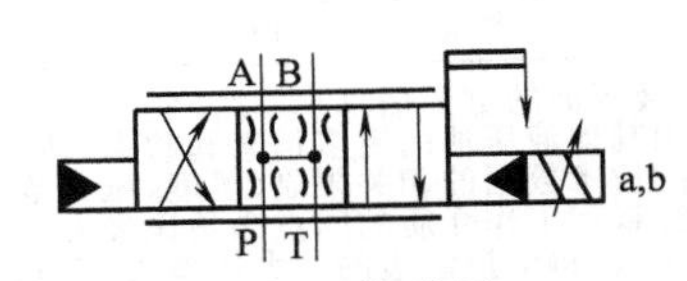

图3.4-455 4WS.2E型带机械反馈或电气反馈的2级伺服阀职能符号

③ 技术数据（见表 3.4-207～表 3.4-211）

表 3.4-207　4WS.2E 型带机械反馈或电气反馈的 2 级伺服阀一般技术数据

一般			
质量	带机械反馈	/kg	3.56
	带机械和电气反馈及集成控制电子元件	/kg	3.65
安装位置			可选，如果确保在系统启动期间为先导控制提供足够的压力(≥10bar)
存储温度范围		/℃	−20～+80
环境温度范围		/℃	−20～+60，带 OBE 的阀
			−30～+100，不带 OBE 的阀

表 3.4-208　4WS.2E 型带机械反馈或电气反馈的 2 级伺服阀液压技术数据

				液压(使用 HLP 32 测量，$\vartheta_{油}$=40℃±5℃)							
工作压力	先导控制级，先导供油		/bar	10～210 或 10～315							
	主阀，油口 P,A,B		/bar	最高 315							
回流压力	油口 T	内部先导油回油	/bar	允许压力峰值<100，静态<10							
		外部先导油回油	/bar	最高 315							
	油口 Y		/bar	允许压力峰值<100，静态<10							
液压油				请参阅第 7 页的表							
液压油温度范围			/℃	−15 至 p_p④80，最好为 40～50							
黏度范围			/(mm²/s)	15～380，最好为 30～45							
液压油清洁度等级的最大允许污染度符合 ISO 4406(c)				等级 18/16/13①							
不用颤振信号测量的零流量 $Q_{V,L}$②			/(L/min)	$\sqrt{\frac{p_p^{④}}{70bar}}\cdot 0.7\frac{l}{min}$	$\sqrt{\frac{p_p^{④}}{70bar}}\cdot 0.9\frac{l}{min}$	$\sqrt{\frac{p_p^{④}}{70bar}}\cdot 1.2\frac{l}{min}$			$\sqrt{\frac{p_p^{④}}{70bar}}\cdot 1.5\frac{l}{min}$		$\sqrt{\frac{p_p^{④}}{70bar}}\cdot 1.7\frac{l}{min}$
额定流量 $Q_{V\ rated}$③，公差±10% 阀压阀 Δp=70bar			/(L/min)	5	10	20	30	45	60	75	90
带有与公称行程相关的机械端位置(出现错误时)的可能的最大控制阀芯行程			/%	120～170				120～150			
阀芯行程改变 1%(从液压零点)时的压力增益			/(p_p的%)④	≥30					≥60		≥80
反馈系统				机械"M"					机械和电气"D"		
滞环(颤振优化)			/%	≤1.5					≤0.8		
反向死区(颤振优化)			/%	≤0.3					≤0.2		
响应灵敏度(颤振优化)			/%	≤0.2					≤0.1		
整个工作压力范围的零点调节流量			/%	≤3，长期≤5					≤2		
下列项更改时的零位漂移	液压油温度		/(%/20℃)	≤1					≤2		
	环境温度		/(%/20℃)	≤1					≤2		
	工作压力 p_p 的 80～120%④		/(%/100bar)	≤2					≤2		
	回流压力 p_p 的 0～10%④		/(%/bar)	≤1					≤1		

①在液压系统中必须遵循规定的组件清洁度等级。有效的过滤可防止发生故障，同时还可增加组件的使用寿命。② $Q_{V.L}$=零流量（L/min）。③ $Q_{V\ rated}$=（整个阀的）额定流量（L/min）。④ p_p=工作压力（bar）。

表 3.4-209　4WS.2E 型带机械反馈或电气反馈的 2 级伺服阀液压油技术数据

液压油		分类	合适的密封材料	标准
矿物油和相关碳氢化合物		HL,HLP	NBR,FKM	DIN 51524
耐火	-含水	HFC	NBR	ISO 12922

☞有关液压油的重要信息！
-有关使用其他液压油的更多信息和数据，请参阅数据表 90220 或与我们联系！
-可能有阀技术数据的相关限制(温度，压力范围，使用寿命，维护时间间隔等)！
-使用的过程和工作介质的闪点必须比最大线圈表面温度高出 40K。
-耐火—含水：每个控制边的最大压差为 175bar，否则，会增加汽蚀！
油箱预载<1bar 或压差>20%。压力峰值不应超过最大工作压力！

表 3.4-210　4WS.2E 型带机械反馈或电气反馈的 2 级伺服阀电气技术数据

电气			
反馈系统		机械“M”	机械和电气“D”
符合 EN 60529 的阀防护等级		IP 65，已安装和锁定配合连接器	
信号类型		模拟	
每个线圈的额定电流　/mA		30	
每个线圈的电阻　/Ω		85	
60Hz 和 100%额定电流时的感应	串联　/H	1.0	
	并联　/H	0.25	

注：在使用非力士乐放大器启动的情况下，我们建议附加振荡信号。

表 3.4-211　4WS.2E 型带机械反馈或电气反馈的 2 级伺服阀电气连接技术数据

电气连接，外部控制电子元件

类型4WS2EM 10-5X…

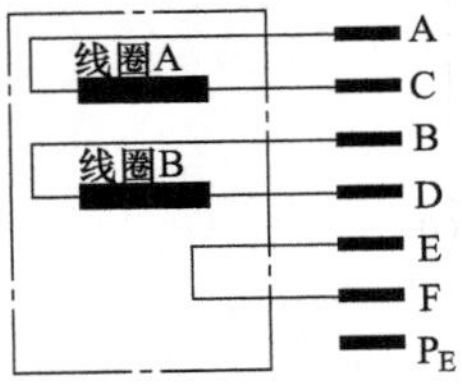

线圈A　线圈B　A　C　B　D　E　F　P_E

电气连接可被设计为并联或串联。出于操作安全和减少线圈感应的原因，我们建议使用并联。

E-F 桥接器可用于插入式连接器正确连接的电气确定和/或用于电缆断连标识

并联：在配合连接器中，将触点 A 与 B 和 C 与 D 连接

串联：在配合连接器中，将触点 B 与 C 连接

从 A(+)到 D(−)的电气控制产生了 P 到 A 和 B 到 T 的流动方向。反向的电气控制则产生 P 到 B 和 A 到 T 的流动方向

E→F＝桥接器

电气连接，集成控制电子元件

类型4WSE2EM 10-5X…

零电位设置　A　B　C　D　E　F　P_E　R_e　颤振信号

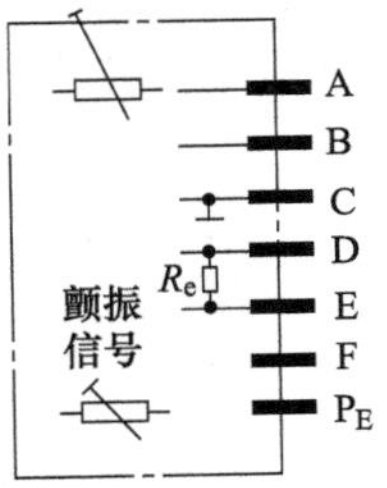

类型4WSE2ED 10-5X…

零电位设置　A　B　C　D　E　F　P_E　R_e　R_i　灵敏度设置　颤振信号设置

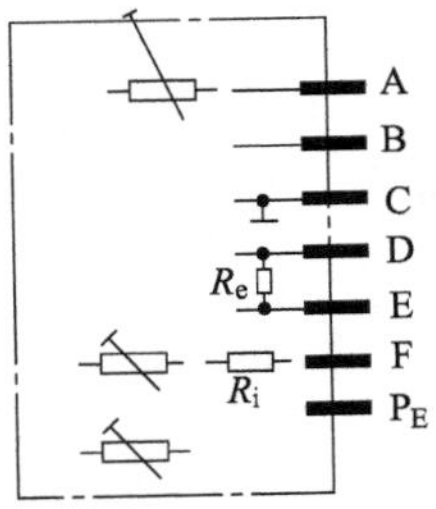

配合连接器分配		电流控制	电压控制
		控制“13”	控制“9”
电源电压	A	+15V	+15V
	B	−15V	−15V
	C	⊥	⊥
控制值	D	±10mA R_e=100Ω	±10V R_e≥50kΩ
	E		
控制阀芯的测量输出	F①	±10mA② 最大负载 1kΩ	+10V 相对于⊥② R_i=4.7kΩ
① 在带机械反馈的阀中，不使用部件 F ② 带公称阀芯行程			
配合连接器油口的电流消耗	A	最大 150mA	最大 150mA
	B		
	D	0～±10mA	≤0.2mA
	E		

注：1. 电源电压：±15V±3%，残留波动值<1%。

2. 控制值：配合连接器油口 D 处的控制值为正（相对于配合连接器油口 E）会导致流体从 P 流向 A 并从 B 流向 T。测量输出 F 具有相对于⊥的正信号。

配合连接器油口 D 处的控制值为负（相对于配合连接器油口 E）会导致流体从 P 流向 B 并从 A 流向 T。

测量输出 F 具有相对于⊥的负信号。

3. 测量输出：电压或电流信号与控制阀芯行程成比例。

④ 特性曲线（用 HLP32 测量，$\vartheta_{油}=40℃\pm5℃$）（见图 3.4-456～图 3.4-469）

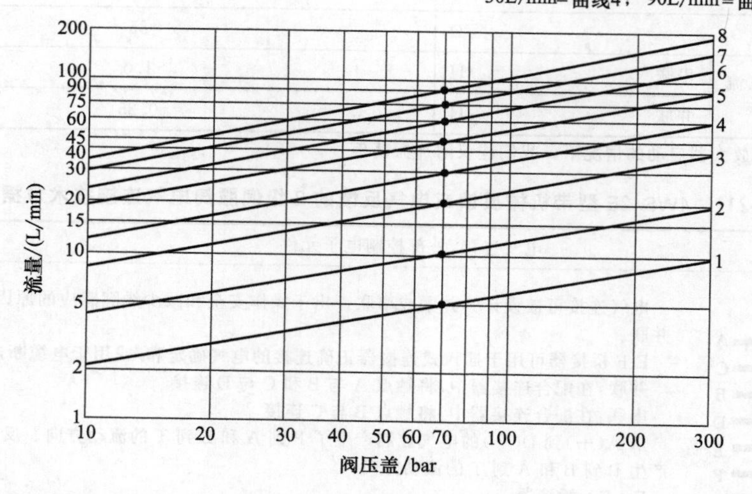

Δp＝阀压差（入口压力 p_P 减支负载压力 p_L 再减去回流压力 p_T）

图 3.4-456 4WS.2E 型带机械反馈或电气反馈的 2 级伺服阀压力流量曲线

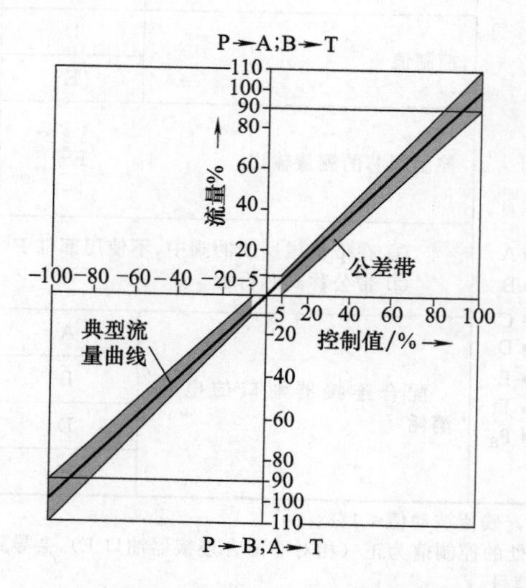

图 3.4-457 4WS.2E 型带机械反馈或电气反馈的
2 级伺服阀流量特性曲线公差带

特性曲线：类型 4WS. 2EM 10 和 4WSE2ED 10（使用 HLP 32 测量，$\vartheta_{油}$＝40℃±5℃）

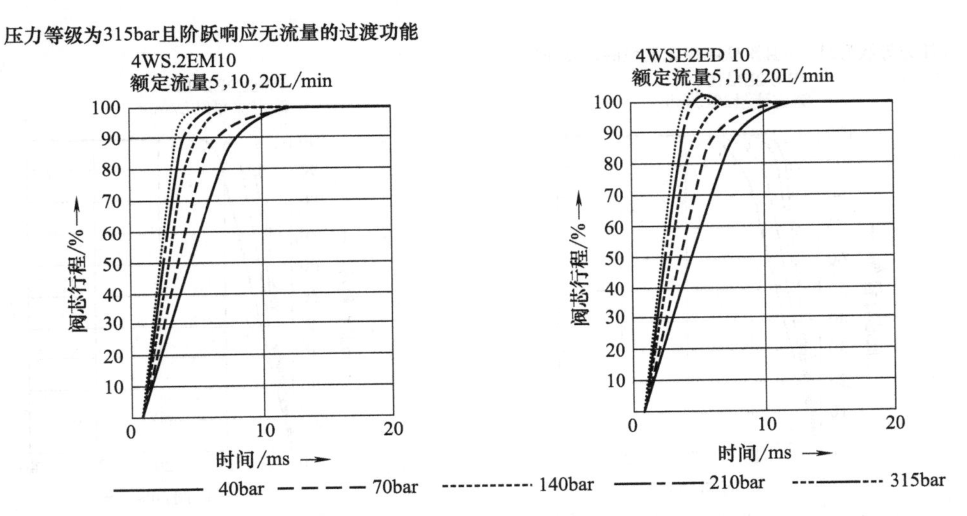

图 3.4-458　4WS. 2E 型带机械反馈或电气反馈的 2 级伺服阀阶跃响应曲线

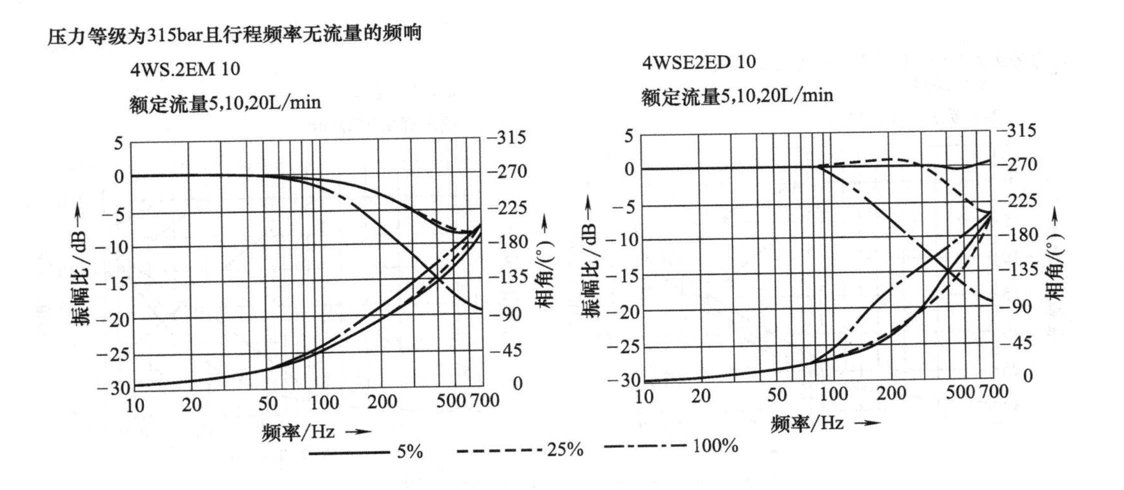

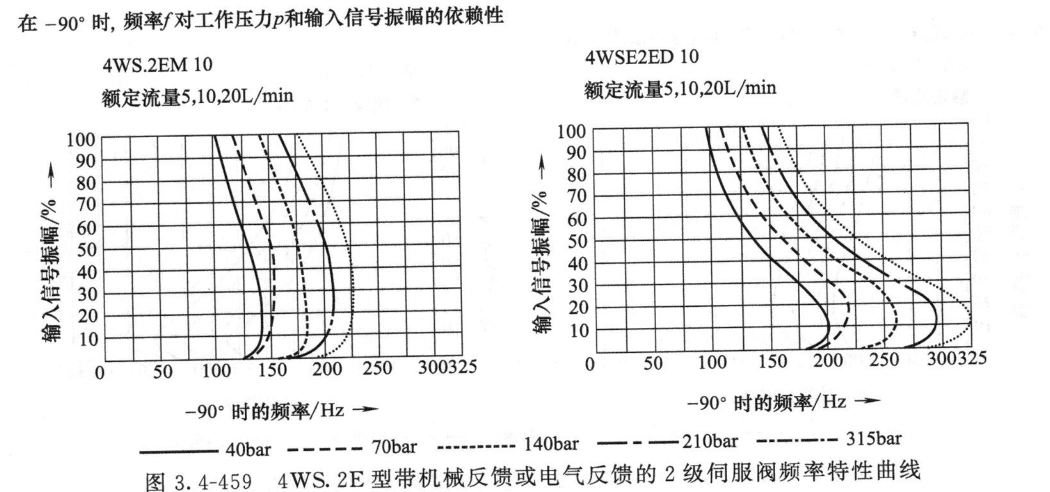

图 3.4-459　4WS. 2E 型带机械反馈或电气反馈的 2 级伺服阀频率特性曲线

特性曲线：类型 4WS. 2EM 10 和 4WSE2ED 10（使用 HLP 32 测量，$\vartheta_{油}=40℃\pm5℃$）

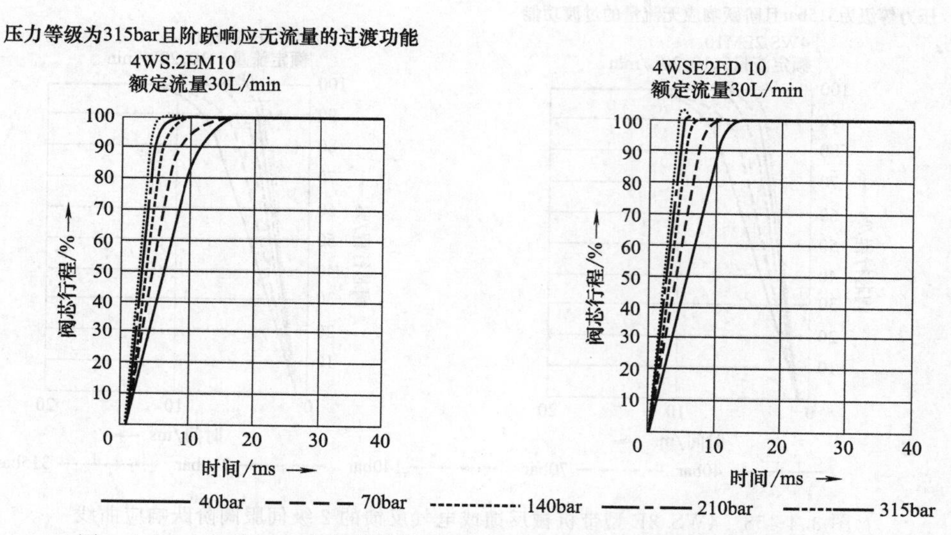

图 3.4-460 4WS. 2E 型带机械反馈或电气反馈的 2 级伺服阀阶跃响应曲线

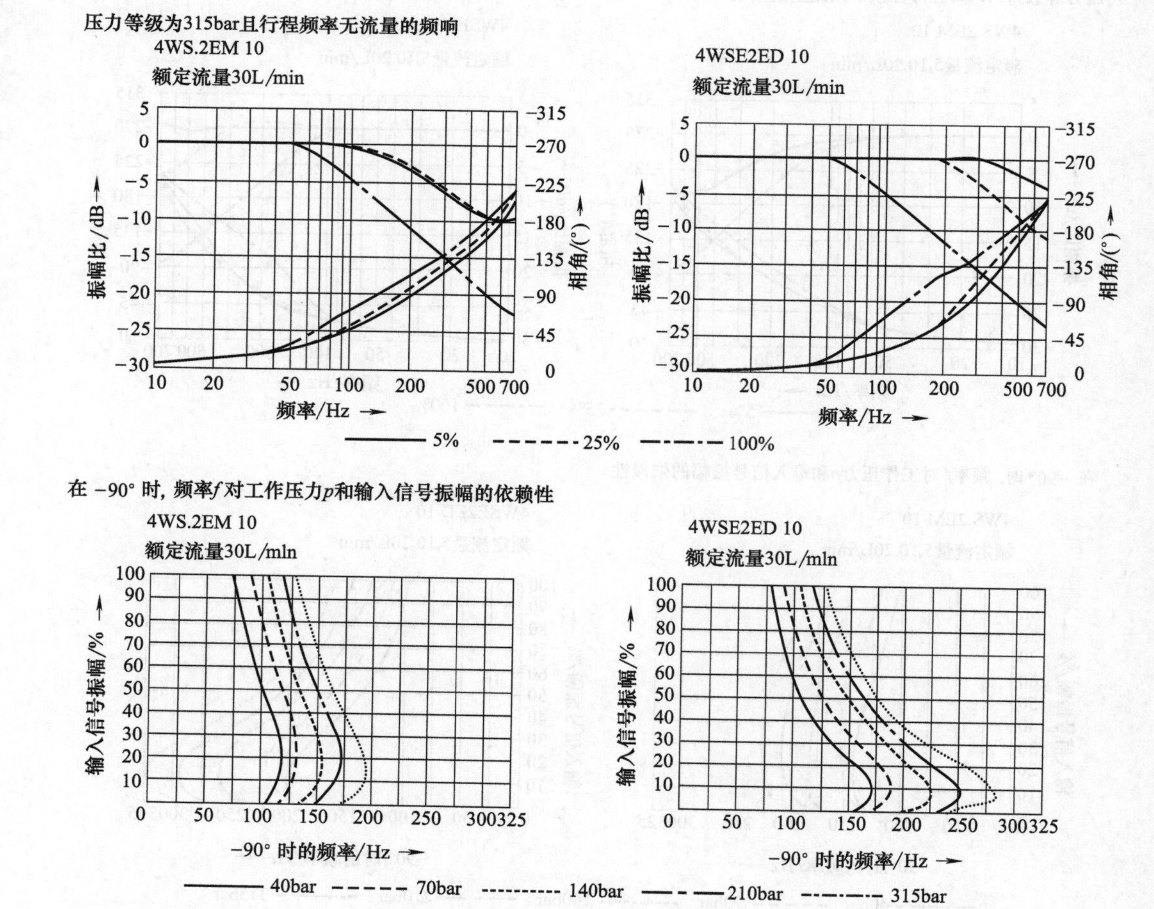

图 3.4-461 4WS. 2E 型带机械反馈或电气反馈的 2 级伺服阀频率特性曲线

特性曲线：类型 4WS. 2EM 10 和 4WSE2ED 10（使用 HLP 32 测量，$\vartheta_{油}=40℃\pm5℃$）

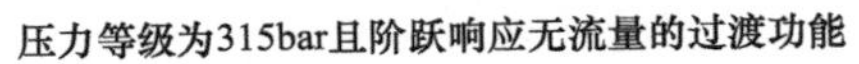

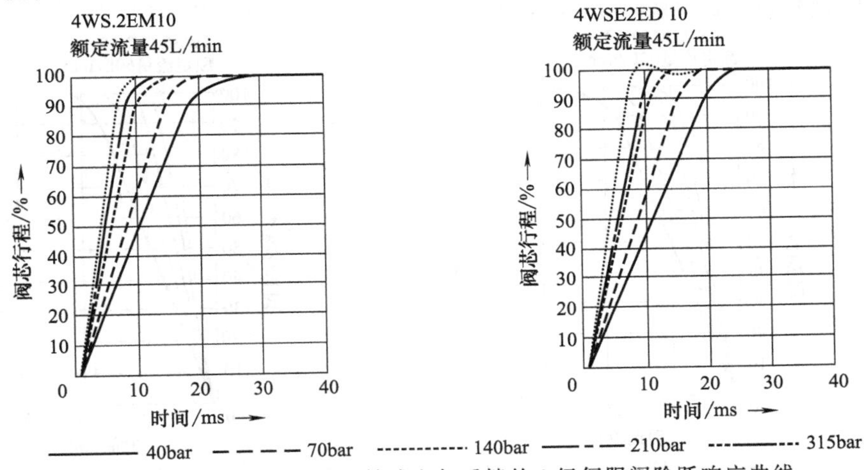

图 3.4-462　4WS. 2E 型带机械反馈或电气反馈的 2 级伺服阀阶跃响应曲线

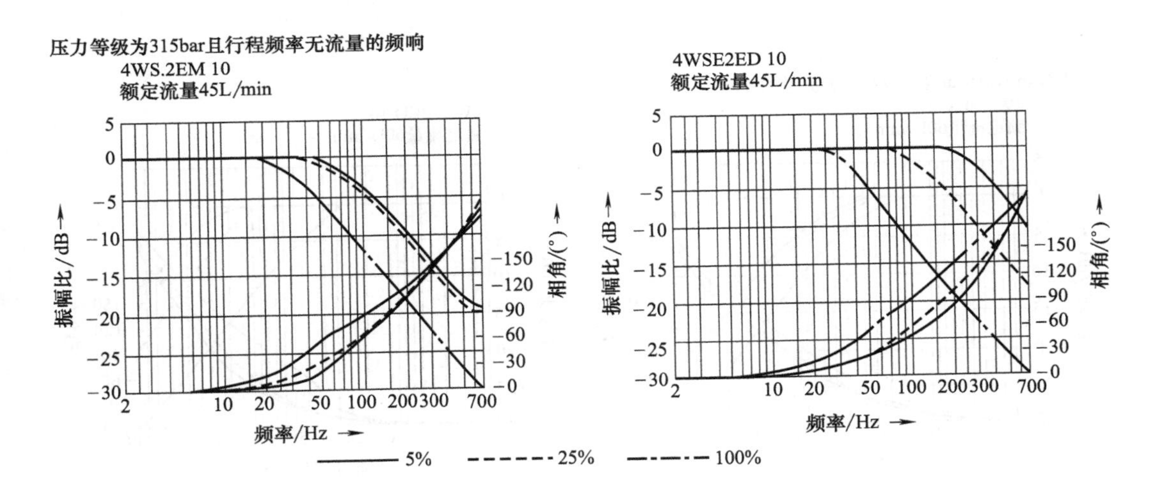

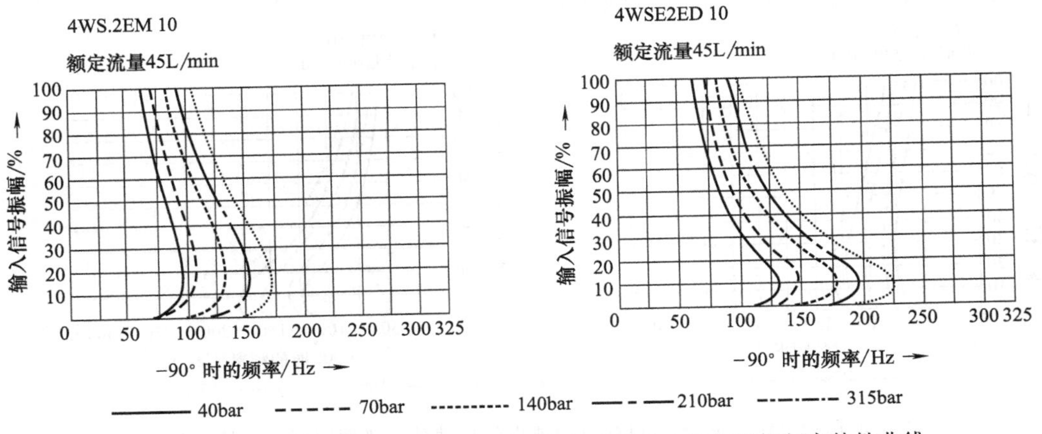

图 3.4-463　4WS. 2E 型带机械反馈或电气反馈的 2 级伺服阀频率特性曲线

特性曲线：类型 4WS. 2EM 10 和 4WSE2ED 10（使用 HLP 32 测量，$\vartheta_{油}=40℃\pm5℃$）

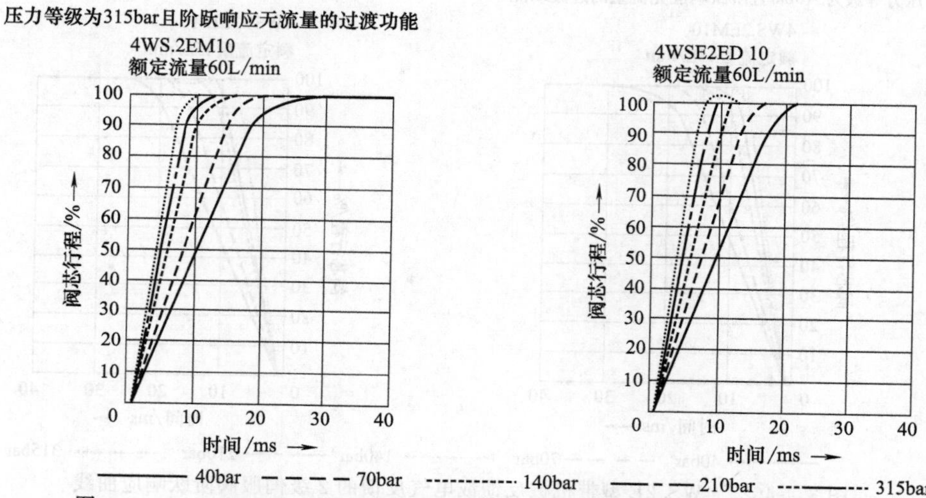

图 3. 4-464　4WS. 2E 型带机械反馈或电气反馈的 2 级伺服阀阶跃响应曲线

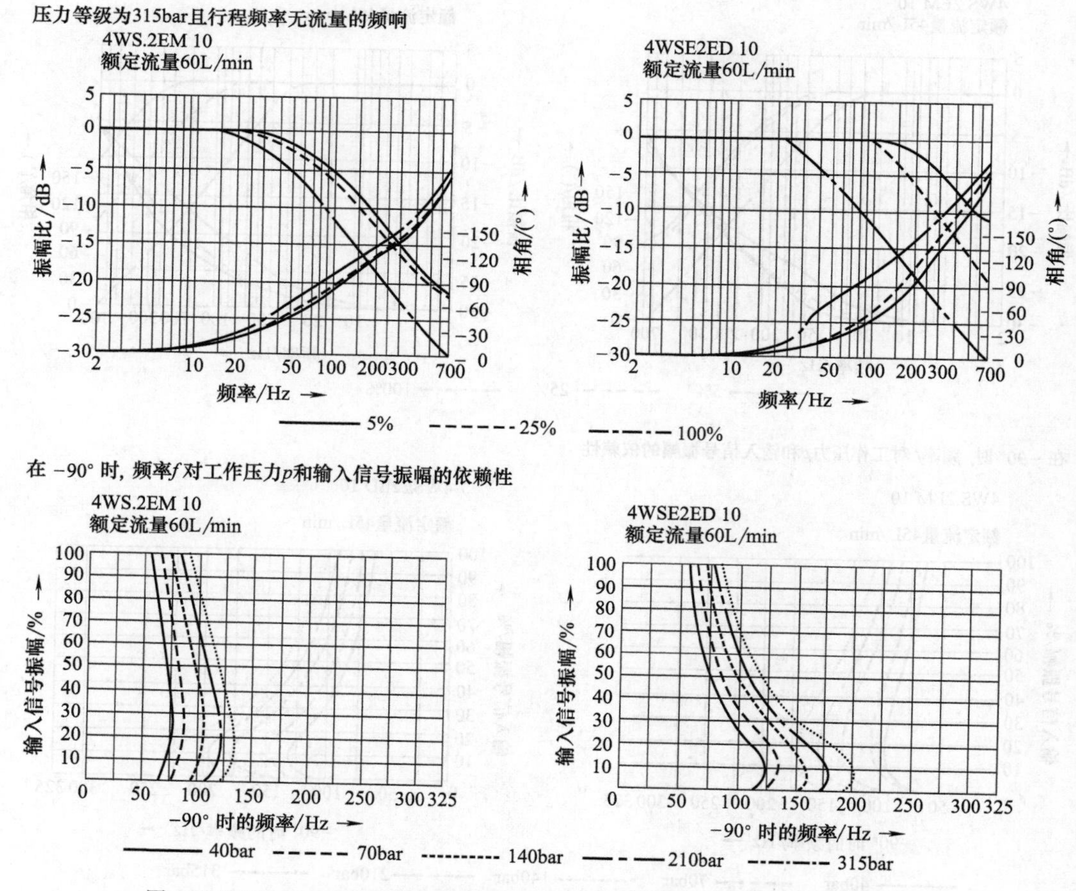

图 3. 4-465　4WS. 2E 型带机械反馈或电气反馈的 2 级伺服阀频率特性曲线

特性曲线：类型 4WS. 2EM 10 和 4WSE2ED 10（使用 HLP 32 测量，$\vartheta_{油}=40℃\pm5℃$）

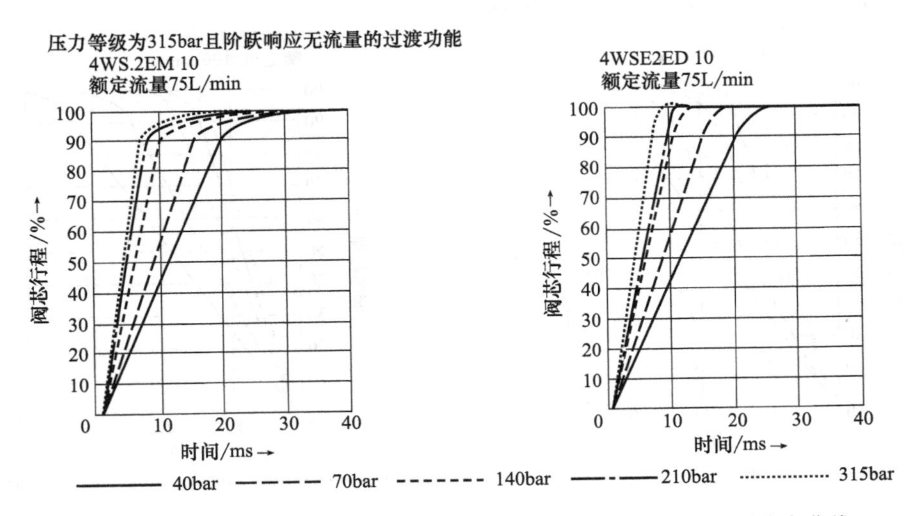

图 3. 4-466　4WS. 2E 型带机械反馈或电气反馈的 2 级伺服阀阶跃响应曲线

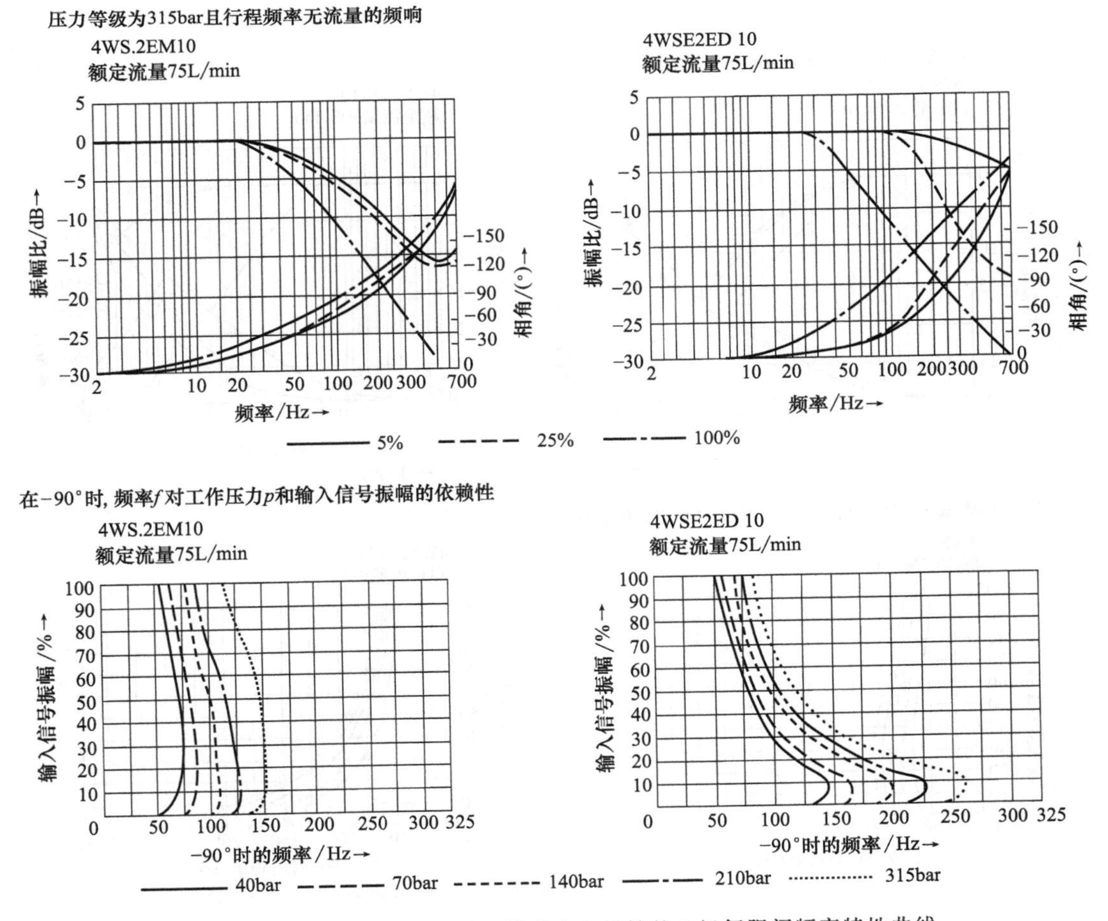

图 3. 4-467　4WS. 2E 型带机械反馈或电气反馈的 2 级伺服阀频率特性曲线

特性曲线：类型 4WS. 2EM 10 和 4WSE2ED 10（使用 HLP 32 测量，$\vartheta_{油}=40℃\pm5℃$）

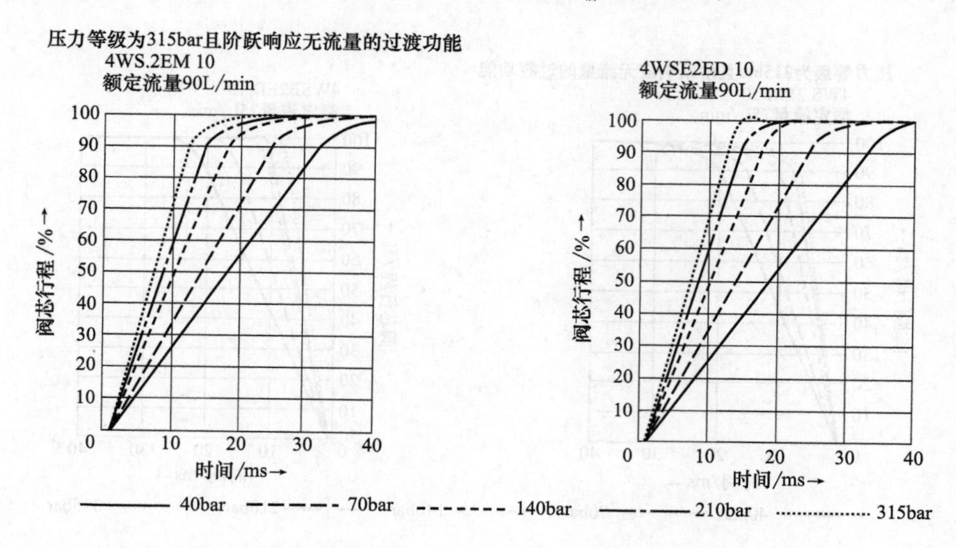

图 3.4-468　4WS. 2E 型带机械反馈或电气反馈的 2 级伺服阀阶跃响应曲线

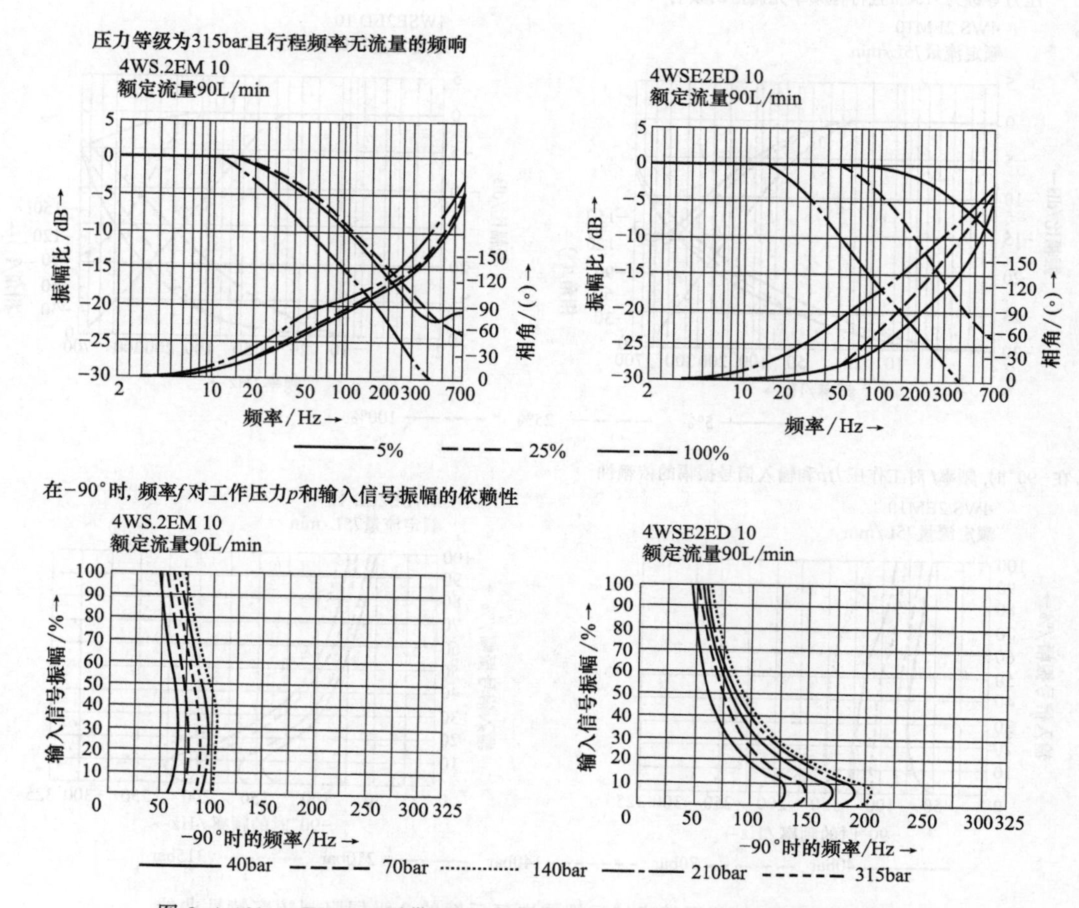

图 3.4-469　4WS. 2E 型带机械反馈或电气反馈的 2 级伺服阀频率特性曲线

⑤ 4WS2EM10 型电液伺服阀外形尺寸（见图 3.4-470）

单元尺寸：类型 4WS2EM 10（尺寸单位：mm）

机械反馈外部控制电子元件，类型 4WS2EM 10-5X/...

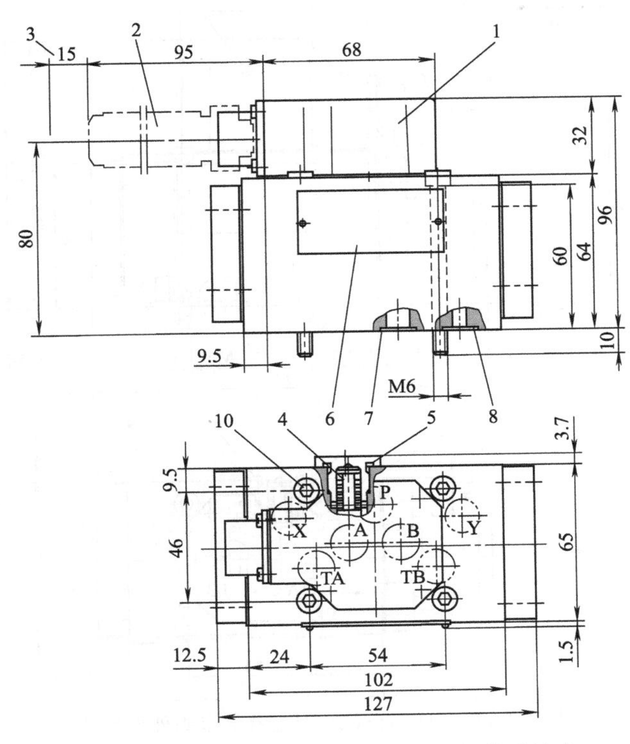

图 3.4-470 4WS2EM10 型电液伺服阀外形尺寸

⑥ 4WS2EM10 型电液伺服阀外形尺寸的条目说明

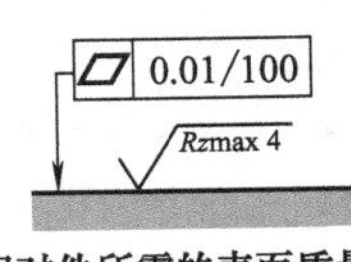

配对件所需的表面质量

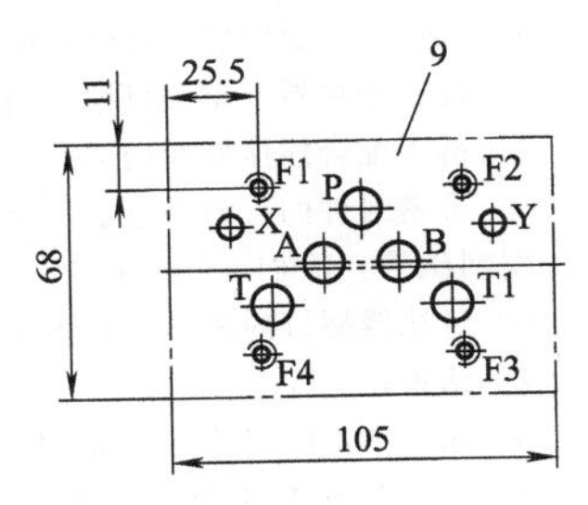

1—帽；

2—配合连接器（单独订购，请参阅第 7 页）；

3—拆下配合连接器所需的空间，还应注意连接电缆 L；

4—带密封件的可替换过滤器元件

材料编号：R961001950；

5—过滤器螺钉的成形密封垫 16×1.5，第 4 项的部件；

6—铭牌；

7—油口 A，B，P，TA 和 TB 带相同的密封圈；

8—油口 X 和 Y 带相同的密封圈

油口 X 和 Y 也在“内部”先导供油的情况下加压 L；

9—经加工的阀安装面，油口安装面符合

ISO 4401-05-05-0-05

油口 T1 可选，并且建议用其以额定流量＞45L/min 的速度减少 B→T 的压降 L；

10—阀安装螺钉

出于稳定性的原因，只能使用以下阀安装螺钉：

4 颗内六角螺钉

ISO 4762-M6×70-10.9-flZn-240h-L

（摩擦系数 0.09-0.14 符合 VDA 235-101）

（包括在交付范围内）

⑦ 4WS2ED10 型电液伺服阀外形尺寸（见图 3.4-471）

单元尺寸：类型 4WS2ED 10（尺寸单位：mm）
电气和机械反馈/集成控制电子元件，类型 4WSE2ED 10-5X/…

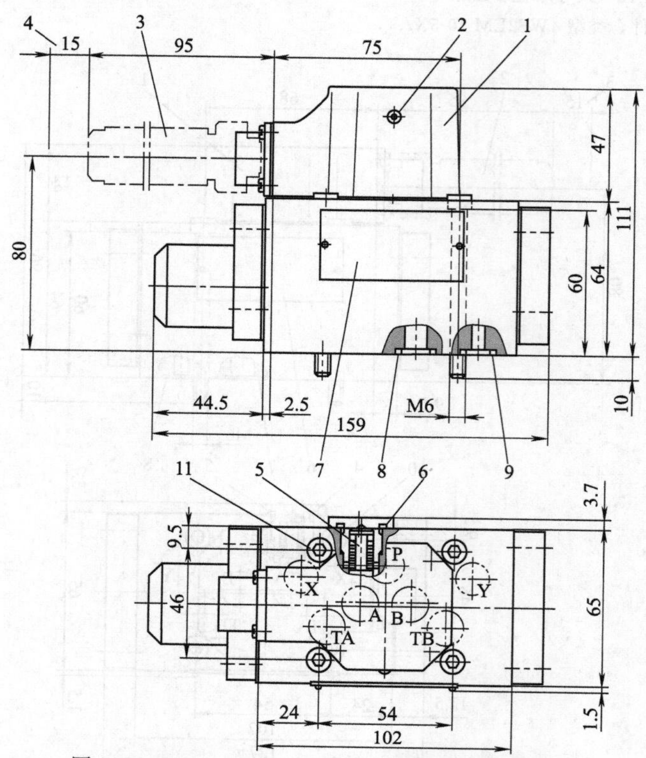

图 3.4-471　4WS2ED10 型电液伺服阀外形尺寸

⑧ 4WS2ED10 型电液伺服阀外形尺寸条目说明

1—带集成控制电子元件的帽；

2—电气零电位设置

拆下 SW2.5 螺钉后，可使用电位计校正零电位；

3—配合连接器（单独订购，请参阅第 7 页）；

4—拆下配合连接器所需的空间，还应注意连接电缆 L；

5—带密封件的可替换过滤器元件

材料编号：R961001950；

6—过滤器螺钉的成形密封垫 16×1.5，第 5 项的部件；

7—铭牌；

8—油口 A，B，P，TA 和 TB 带相同的密封圈；

9—油口 X 和 Y 带相同的密封圈

油口 X 和 Y 也在“内部”先导供油的情况下加压 L；

10—经加工的阀安装面，油口安装面符合

ISO 4401-05-05-0-05

油口 T1 可选，并且建议用其以额定流量＞45L/min 的速度减少 B→T 的压降 L；

11—阀安装螺钉

出于稳定性的原因，只能使用以下阀安装螺钉：

4 颗内六角螺钉

ISO 4762-M6×70-10.9-flZn-240h-L

（摩擦系数 0.09～0.14 符合 VDA 235-101）

（包括在交付范围内）

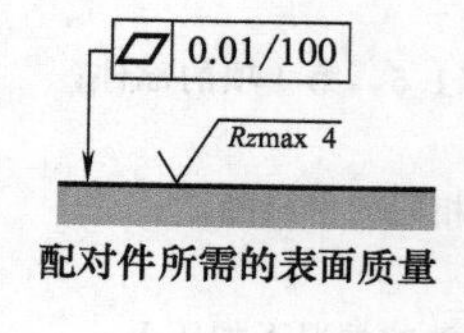

配对件所需的表面质量

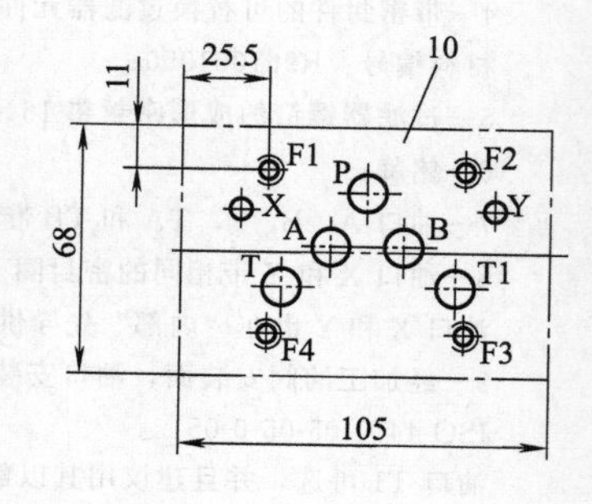

(3) 4WS.2E型带机械反馈或机械与电气反馈的2级伺服阀（规格16，组件系列2X，最大工作压力210/315bar，最大流量320L/min）

① 型号意义

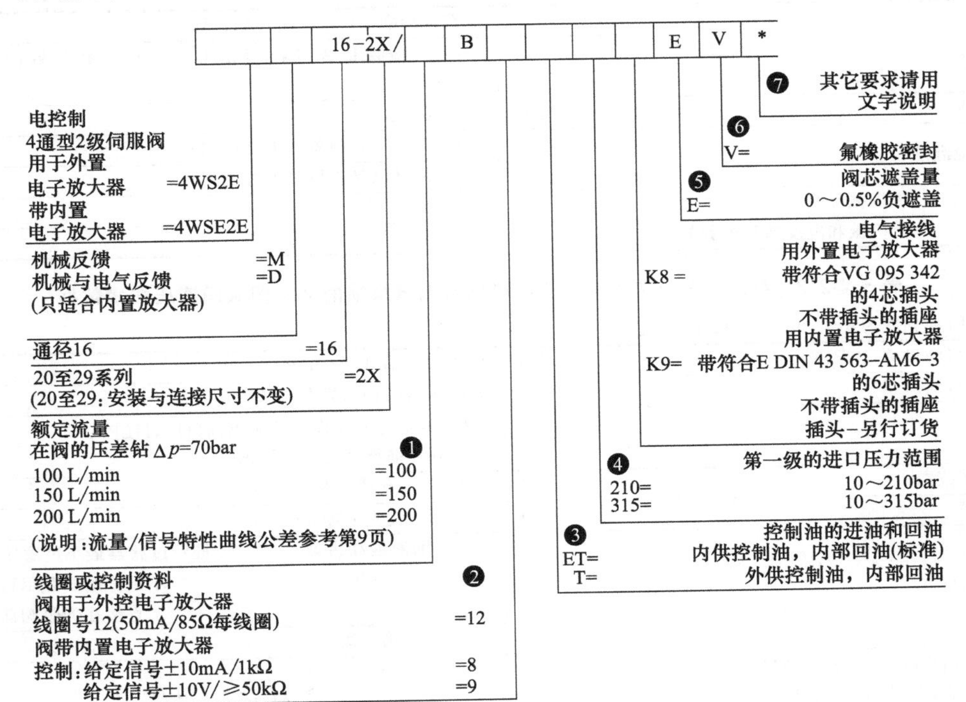

❶ 额定流量

额定流量指在阀压差为70bar（每阀口35bar）时100%控制信号时的值。阀压差是一个参考值，其他值会引起流量的改变。

须注意±10%可能的额定流量公差（参考9页流量输入信号特性）。

❷ 电气控制参数

用外控电子放大器的阀：调节信号只能由电流控制输出级产生。伺服放大器见第7页。

带内置放大器的阀：对于带内置放大器的阀，给定值可以是电压（订货代码“9”）或远距离（控制和阀距离>25m）的电流（订货代码“8”）

❸ 用于先导控制的输入压力

应当注意先导油供油压力尽可能保持稳定。因此，通常通过X口提供外部先导控制是有利的。为了提高动态性能，可以使X口的压力高于P口。

❹ 进口压力范围

系统压力应尽可能保持恒定

先导压力范围：10～210bar或10～315bar。

涉及动态问题，必须注意在容许压力范围内频率的相关性。

❺ 阀芯遮盖量

阀芯的遮盖量与相应的控制阀芯的名义行程的%相关。要求其他的阀芯遮盖量，请向博世力士乐公司咨询！

❻ 密封材料

如果需要不同的密封材料，请向博世力士乐公司咨询！

❼ 其他要求请用文字说明

特殊的要求应以更清楚的文字说明，在接到订单后，这些要求会在工厂里进行检查，阀的代号增加一个辅助的号码。

② 职能符号（见图3.4-472）

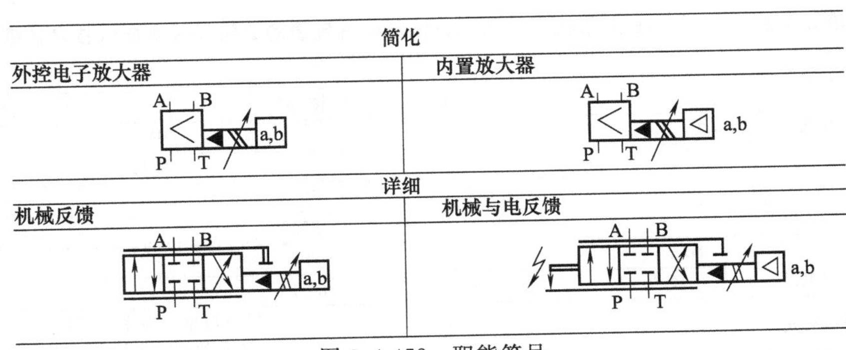

图3.4-472 职能符号

③ 技术参数（见表 3.4-212～表 3.4-214）

表 3.4-212　4WS.2E 型带机械反馈或机械与电气反馈的 2 级伺服阀一般技术数据

项目		单位	数据
孔型			符合标准 DIN 24 340，A16 型
安装位置			任意，应保证先导控制在系统启动时有足够的压力（≥10bar）
储藏温度		/℃	−20～80
使用环境温度		/℃	−30～70（带外置放大器的阀） −20～60（带内置放大器的阀）
质量	带机械反馈	/kg	10.0
	带机械和电反馈与内置放大器	/kg	11.0

表 3.4-213　4WS.2E 型带机械反馈或机械与电气反馈的 2 级伺服阀液压技术数据

液压参数（在黏度为 $\nu=32mm^2/s$ 和 $\vartheta=40$℃时测得）		单位			
工作压力（油口 A，B，P，X）		/bar	10 至 210 或 10 至 315		
回油压力，油口 T		/bar	峰值压力＜100，静态＜10		
液压油			符合 DIN 51 524 标准的矿物油（HL，HLP）；使用其他油液请向我们咨询		
油液温度范围		/℃	−20～80；优先选择 40～50		
黏度范围		/(mm^2/s)	15～380；优先选择 30～45		
油液清洁度			油液最高污染等级	推荐过滤器最小过滤比 $\beta_x\geqslant75$ 不带旁路阀并尽可能直接在伺服阀前	
			第 7 级	$x=5$	
零流量 $q_{V,L}$①（阀芯遮盖量“E”）在不加颤震信号情况下测量		/(L/min)	$\leqslant\sqrt{\frac{p}{70}}\cdot3.5L/min$②		
额定流量 $q_{V\,nom}\pm10\%$③ 在阀压差为 $\Delta p=70bar$④		/(L/min)	100	150	20
压力增益（阀芯遮盖量“E”）在阀芯行程变化 1%（从零开始）		/%对 ρ	≥65	≥80	≥90
控制阀芯行程		/mm	0.6	0.9	1.2
控制阀芯面积		/mm^2	78		
反馈系统			机械（M）	机械与电（D）	
滞环（颤振优化）		/%	≤1.5	≤0.5	
反向误差（颤振优化）		/%	≤0.3	≤0.2	
响应灵敏度（颤振优化）		/%	≤0.2	≤0.1	
零点平衡			≤3	≤2	
零点偏移变化	油液温度	/(%/20°K)	≤1.5	≤1.2	
	环境温度	/(%/20°K)	≤1	≤0.5	
	工作压力	/(%/100bar)	≤2	≤1	
	回油压力 0～10%ρ	/%	≤1	≤0.5	

① $q_{V,L}$＝零流量（L/min）；②ρ＝工作压力（bar）；③$q_{V\,nom}$＝整个阀额定流量（L/min）；④Δp＝阀的压差（bar）。

表 3.4-214　4WS.2E 型带机械反馈或机械与电气反馈的 2 级伺服阀电气技术数据

电气数据		单位		
反馈系统			机械（M）	机械与电（D）
阀保护形式符合标准 EN 60 529			IP65	
信号类型			模拟	
每个线圈额定电流		/mA	50	—
每个线圈电阻		/Ω	85	—
60Hz，100%额定电流时的电感	串联	/H	0.96	—
	并联	/H	0.24	—
推荐的叠加的颤震信号：$f=400Hz$			幅值根据液压系统而定，最大为额定电流的 5%	

④ 带内置放大器的 4WSE2E. 16 阀的端脚接线（见表 3. 4-215）

⑤ 特性曲线（见图 3. 4-473～图 3. 4-483）

表 3. 4-215　带内置放大器的 4WSE2E. 16 阀的端脚接线

内置放大器（R_e，R_1，A～F，零点调整）	引脚		电流控制 控制"8"	电压控制 控制"9"
	电源电压（±3%）	A	+15V	+15V
		B	−15V	−15V
		C	⊥	⊥
	给定值	D	±10mA； R_e=1kΩ	±10V R_e≥50kΩ
		E		
	输出量测量控制阀芯	F①	名义行程相当于约±10V 相对⊥；R_1=1kΩ	
	插座的电流损耗	A	最大 150mA	最大 150mA
		B		
		D	±10mA	≤0.2mA
		E		

① 对带机械反馈连接的阀，不配置 F。

注：1. 电源供电，±15V±3%，纹波<1%，电流最大功耗 100mA。

2. 给定值，加在 D，E 上正的给定输入值会使阀上 P 口到 A 口，B 口到 T 口接通；输出量 F 为正信号相对⊥。加在 D，E 上负的给定输入值会使阀上 P 口到 B 口，A 口到 T 口接通；输出量 F 为负信号相对⊥。

3. 输出量测量，电压信号 U_F 正比于控制控制阀芯行程。

特性曲线（在 HLP 32 及 $\vartheta_{油}$=40℃±5℃时测得）

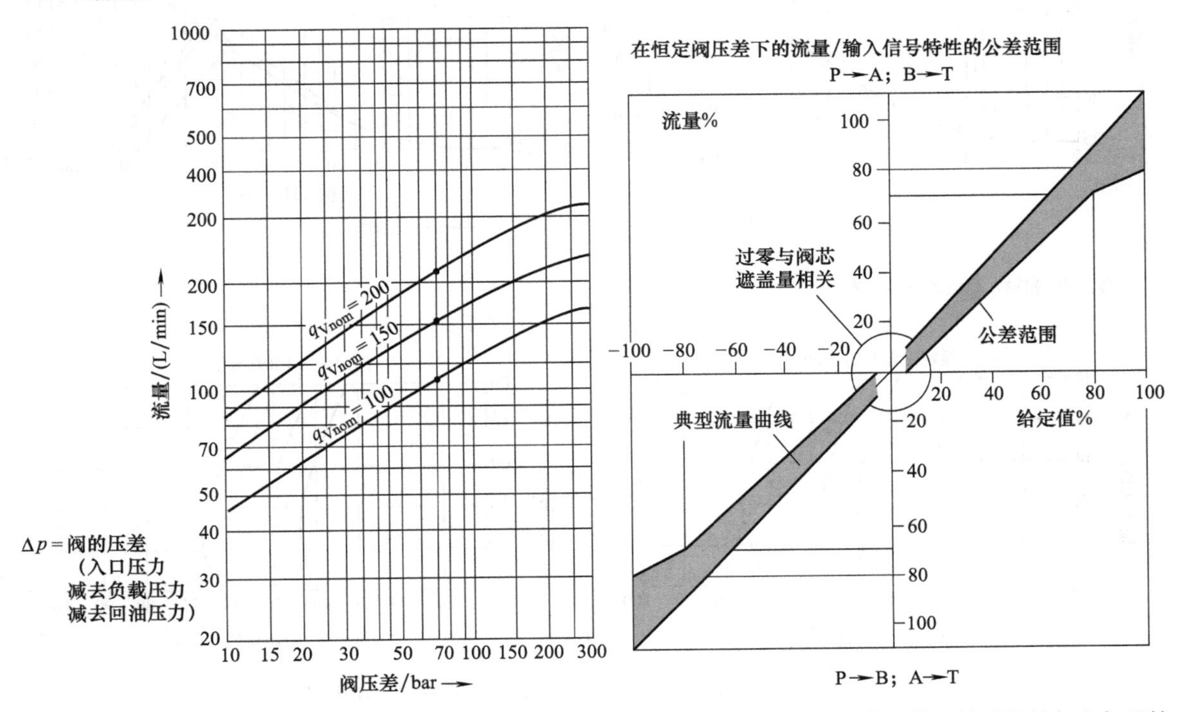

图 3. 4-473　4WS. 2E 型带机械反馈或机械与电气反馈的 2 级伺服阀压力流量曲线

图 3. 4-474　4WS. 2E 型带机械反馈或机械与电气反馈的 2 级伺服阀流量特性的公差范围

特性曲线：型号 4WS. 2EM 16（在 HLP 32 及 $\vartheta_{油}$＝40℃±5℃时测得）

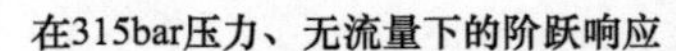

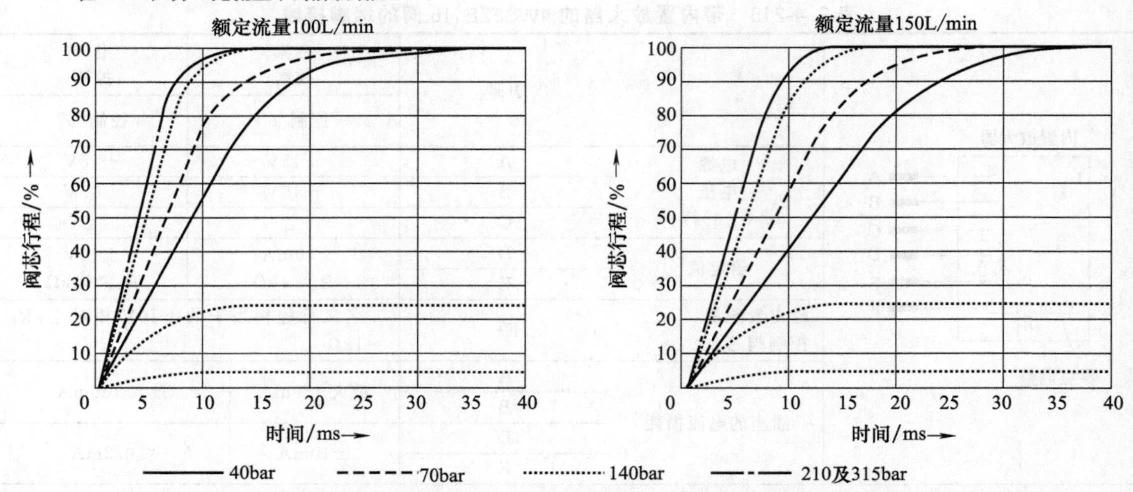

图 3. 4-475　4WS. 2E16 型带机械反馈或机械与电气反馈的 2 级伺服阀阶跃响应曲线

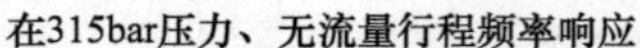

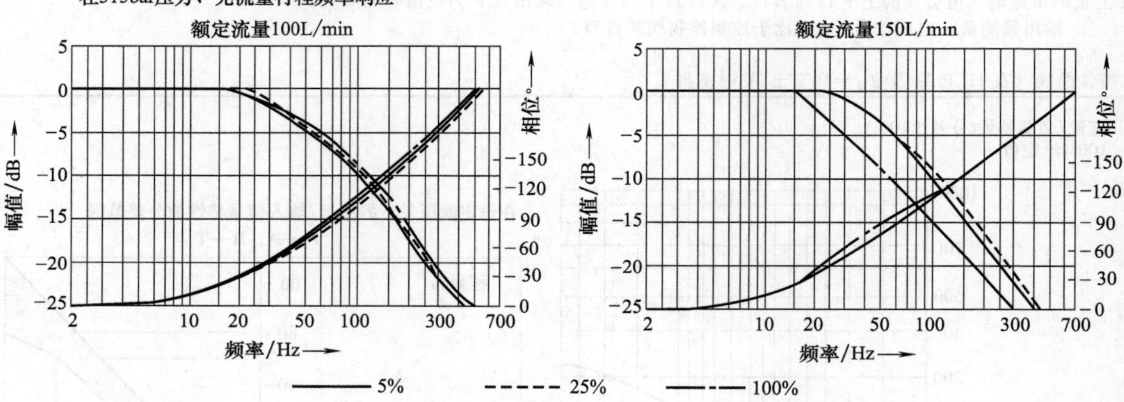

工作压力p和输入幅值的频率关系

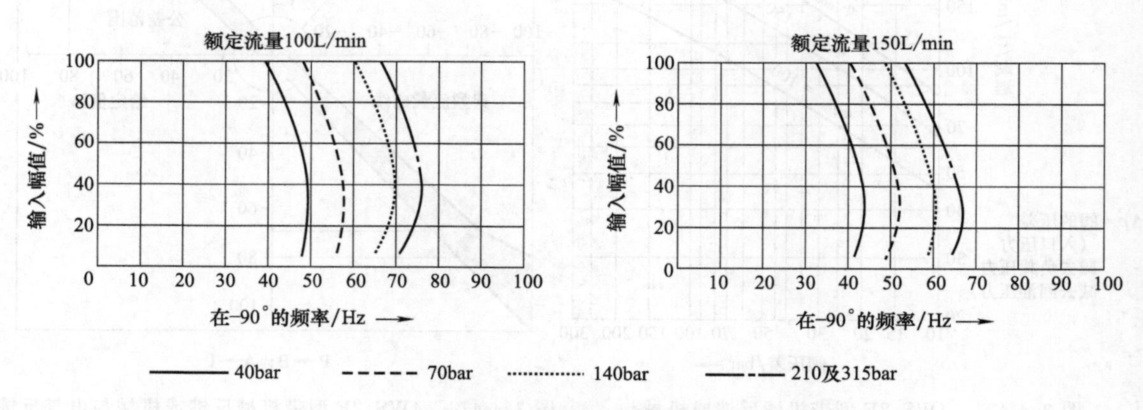

输出信号△无流量阀芯行程

图 3. 4-476　4WS. 2E16 型带机械反馈或机械与电气反馈的 2 级伺服阀频率特性曲线

特性曲线：型号 4WS. 2EM 16（在 HLP 32 及 $\vartheta_{油}$ =40℃±5℃时测得）

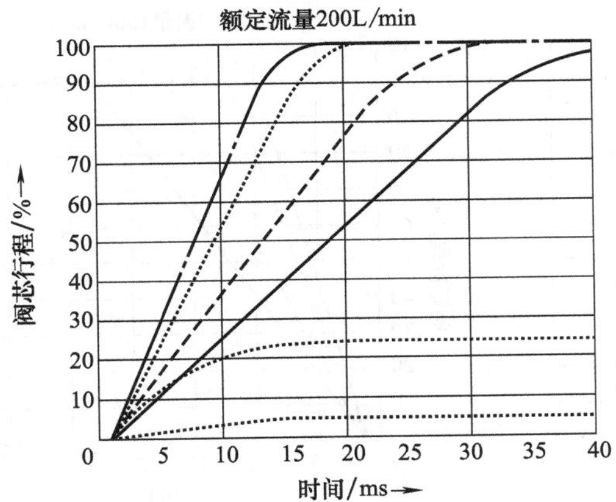

图 3.4-477 4WS. 2EM16 型带机械反馈或机械与电气反馈的 2 级伺服阀阶跃响应曲线

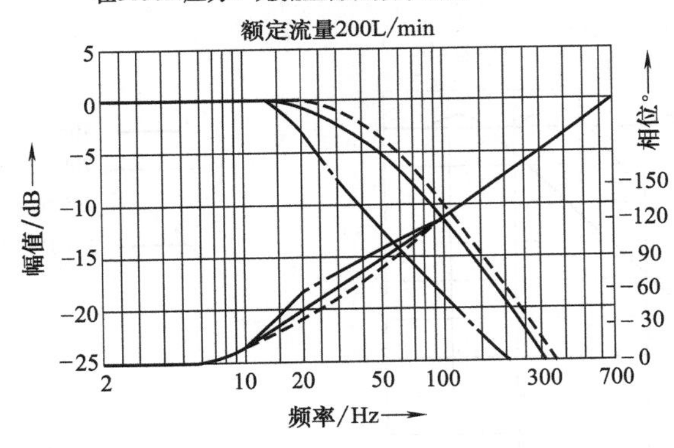

图 3.4-478 4WS. 2EM16 型带机械反馈或机械与电气反馈的 2 级伺服阀频率特性曲线

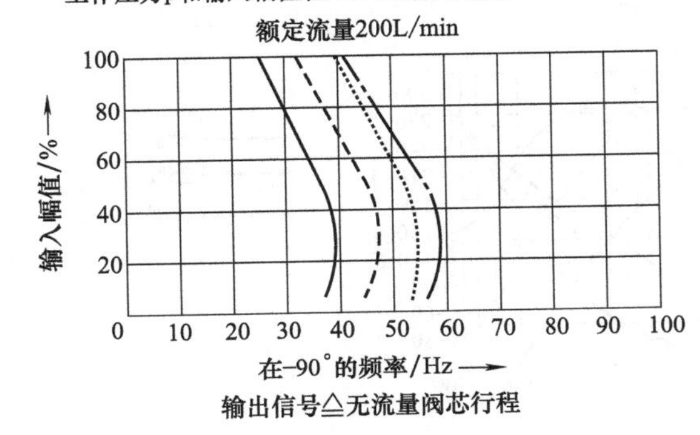

图 3.4-479 4WS. 2EM16 型伺服阀工作压力和输入幅值的频率关系

特性曲线：型号 4WSE2ED 16（在 HLP 32 及 $\vartheta_{油}$＝40℃±5℃时测得）

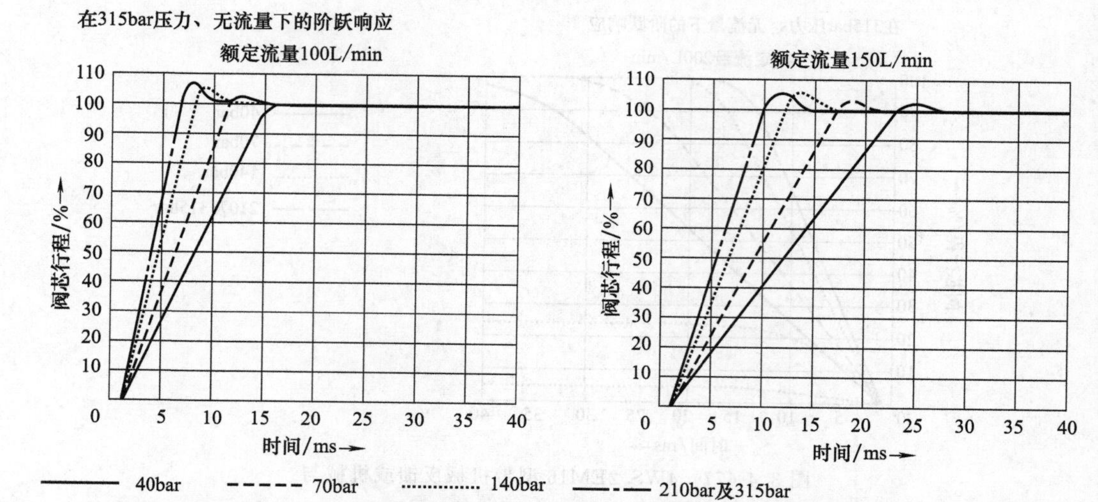

图 3.4-480　4WS.2ED16 型带机械反馈或机械与电气反馈的 2 级伺服阀阶跃响应曲线

特性曲线：型号 4WSE2ED 16（在 HLP 32 及 $\vartheta_{油}$＝40℃±5℃时测得）

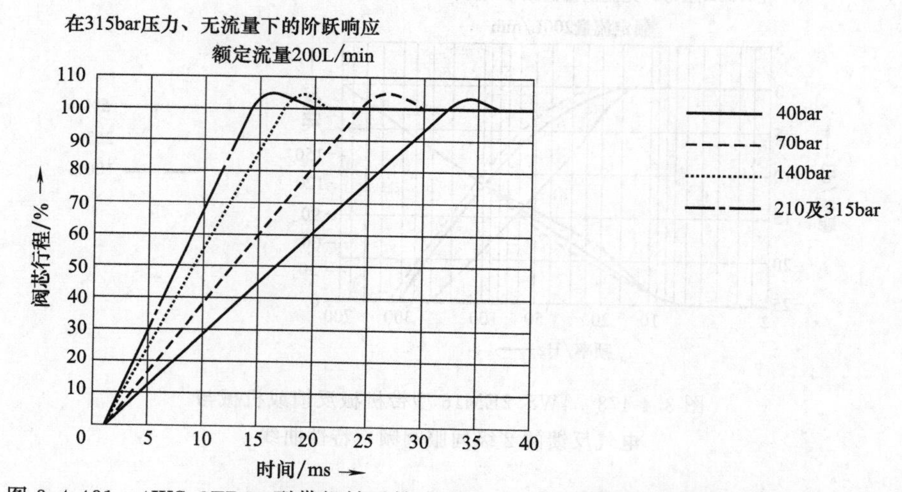

图 3.4-481　4WS.2ED16 型带机械反馈或机械与电气反馈的 2 级伺服阀阶跃响应曲线

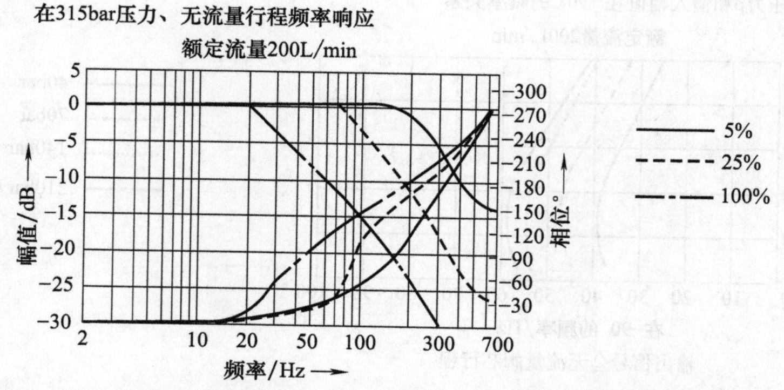

图 3.4-482　4WS.2ED16 型带机械反馈或机械与电气反馈的 2 级伺服阀频率特性曲线

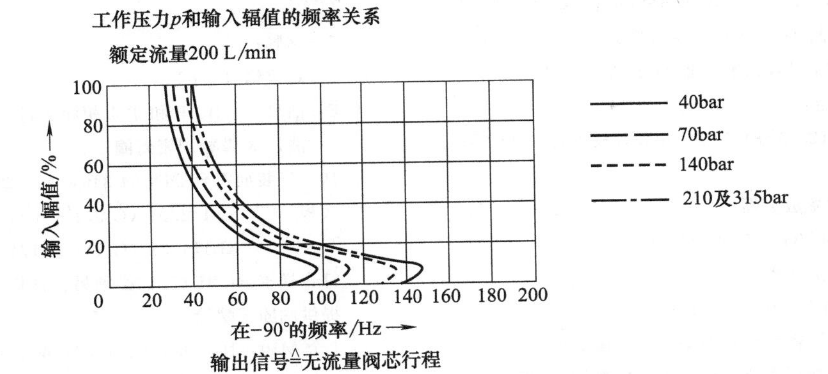

图 3.4-483　4WS.2ED16 伺服阀工作压力和输入幅值的频率关系

⑥ 4WS.2EM16 型 2 级伺服阀外形尺寸（见图 3.4-484）

元件尺寸——型号 4WS.2EM 16（尺寸单位：mm）

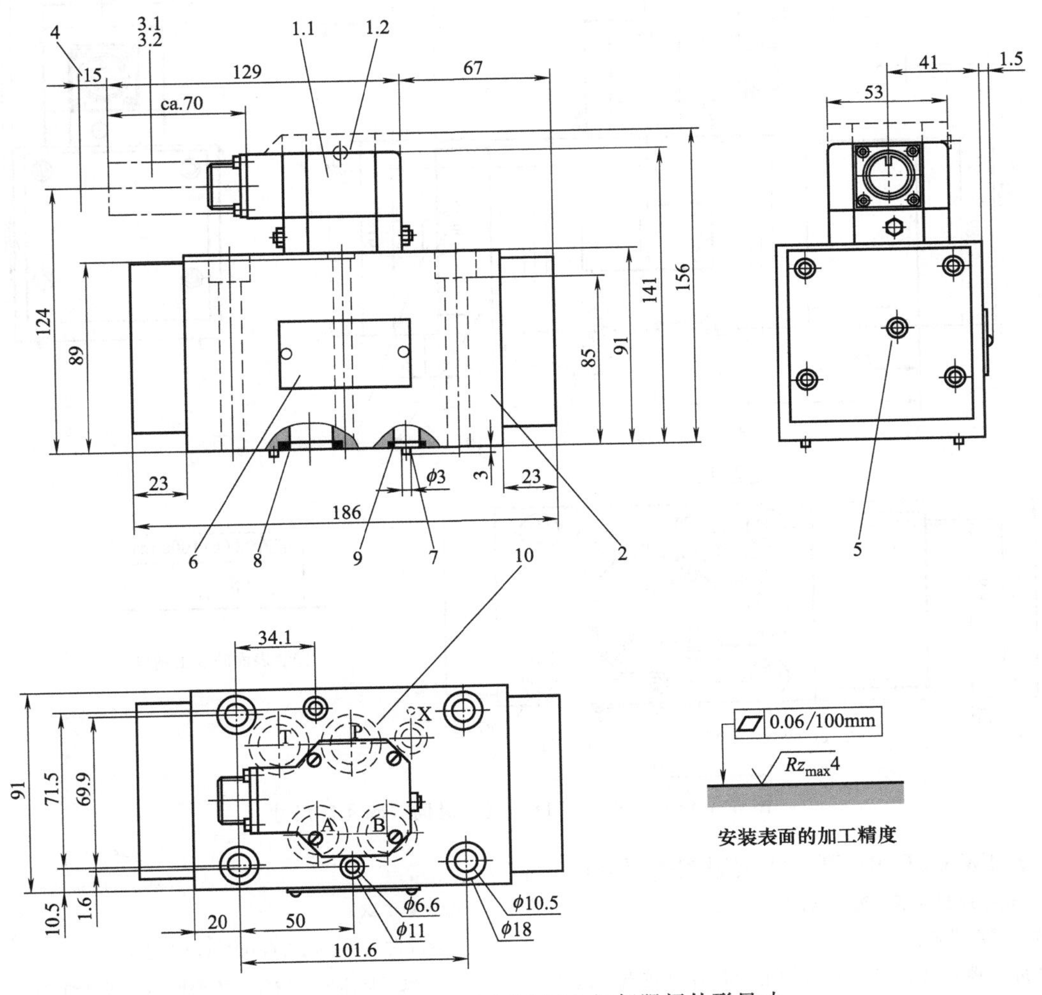

图 3.4-484　4WS.2EM16 型 2 级伺服阀外形尺寸

⑦ 4WS. 2EM16 型 2 级伺服阀条目说明

1. 1—先导控制（第 1 级），不带内置放大器（4WS2EM 16）；

1. 2—先导控制（第 1 级），带内置放大器（4WSE2EM 16）

电气零点设定：

在拆下螺钉（2.5A/F）后插上电位计校正器，调节零点；

2—第 2 级；

3. 1—不带内置放大器：

4 芯插头，与 VG 095 342 相容；

3. 2—带内置放大器

6 芯插头，与 VG 095 342 相容；

4—取下插座所需空间，不要毁坏连接电缆 L；

5—两侧都有液压零位设定之内六角螺丝 5A/F；

6—铭牌；

7—定位销（2 个）；

8—油口 A、B、P 和 T 带相同密封圈；

9—油口 X 带相同密封圈；

10—安装面符合 DIN 24 340，A16 型。

底板 G 172/01（G 3/4）

G 174/01（G 1）；G 174/08（法兰）

符合样本 RC 45 056，必须另行订货。

提供阀固定螺栓

4 个 M10×100 DIN 912-10. 9；M_A＝75N・m

2 个 M6×100 DIN 912-10. 9；M_A＝15. 5N・m

⑧ 4WS. 2ED16 型 2 级伺服阀元件尺寸（见图 3. 4-485）

元件尺寸——型号 4WSE2ED 16（尺寸单位：mm）

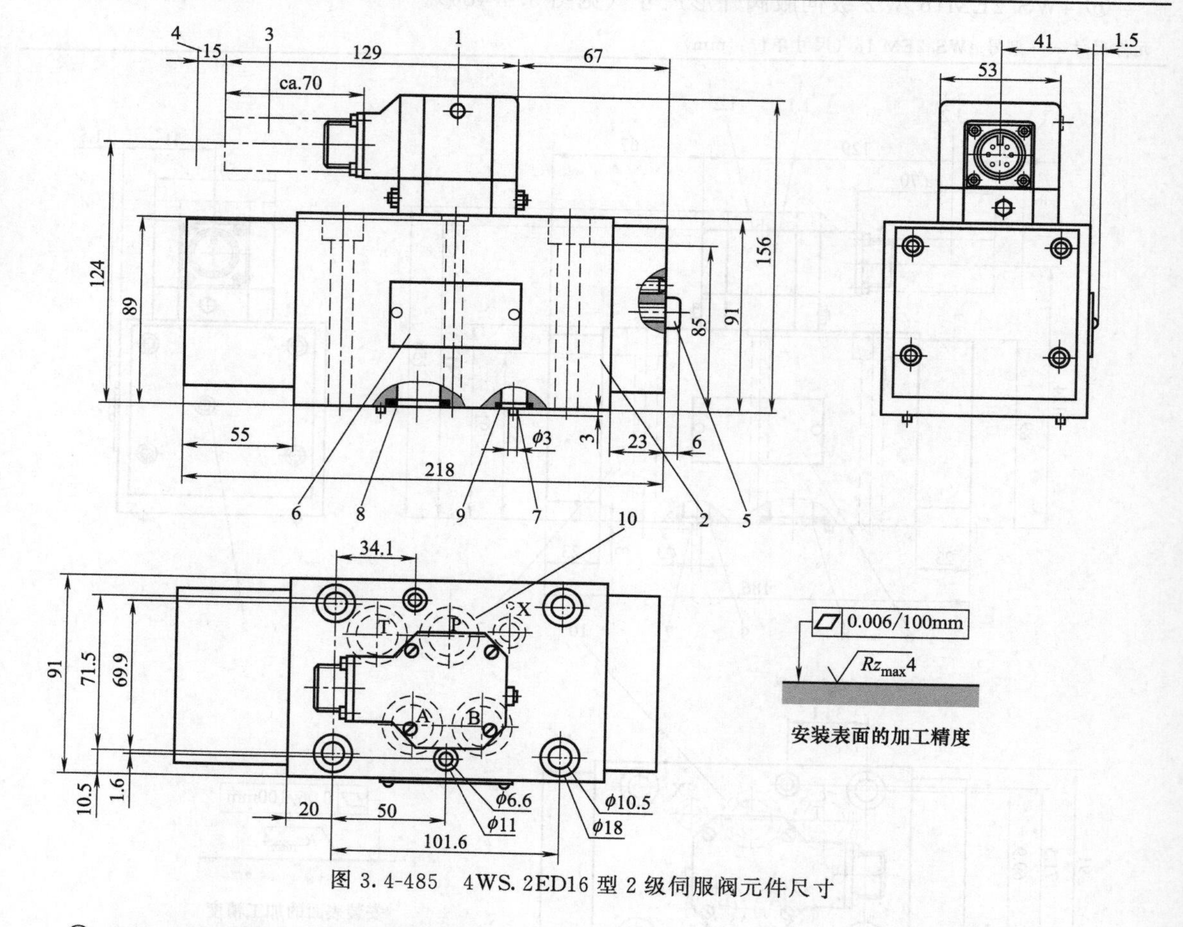

图 3. 4-485　4WS. 2ED16 型 2 级伺服阀元件尺寸

⑨ 4WS. 2ED16 型 2 级伺服阀条目说明

1—先导控制（第 1 级），带内置放大器

电气零点设定：

在拆下螺钉（2. 5A/F）后插上电位计校正器，调节零点；

2—第 2 级；

3—6 芯插头，与 VG 095 342 相容；

4—取下插座所需空间，不要毁坏连接电缆 L；

5—两侧都有液压零位设定

通过两个内六角螺钉 5A/F 和 3A/F；
6—铭牌；
7—定位销（2 个）；
8—油口 A、B、P 和 T 带相同密封圈；
9—油口 X 带相同密封圈；
10—安装面符合 DIN 24 340，A16 型。

底板　　G 172/01（G 34）
　　　　G 174/01（G 1）；G 174/08（法兰）
符合样本 RC 45 056，必须另行订货。
提供阀固定螺栓
4 个 M10×100 DIN 912-10.9；M_A=75N·m
2 个 M6×100 DIN 912-10.9；M_A=15.5N·m

12.4.3　609 所产品

609 所研制的 FF 系列电液伺服阀是一种高性能、双喷挡、力反馈的流量控制阀。产品有 FF101、FF102、FF106、FF106A、FF113、FF118、FF119 和航空产品 FF107A、FF105 等。

FF 系列电液伺服阀已广泛应用于航空、航天、航海、冶金、化工、机械制造、地质勘探、建筑工程、邮电、纺织、印刷以及各种试验设备等领域中，性能达到国际同类产品先进水平。

(1) 结构简图（见图 3.4-486～图 3.4-490）

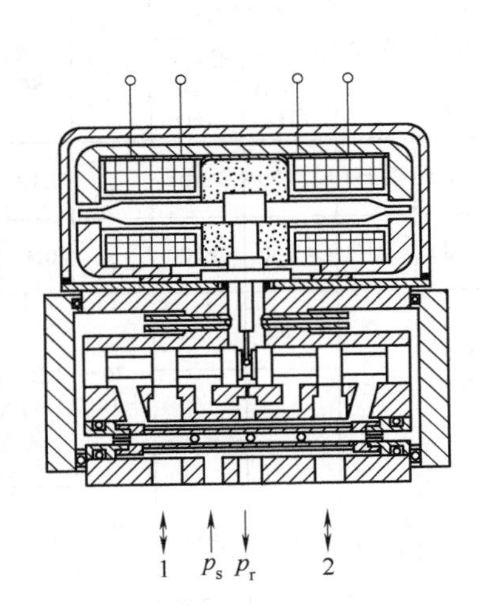

图 3.4-486　FF101 型双喷嘴挡板力反馈两级流量控制伺服阀结构简图

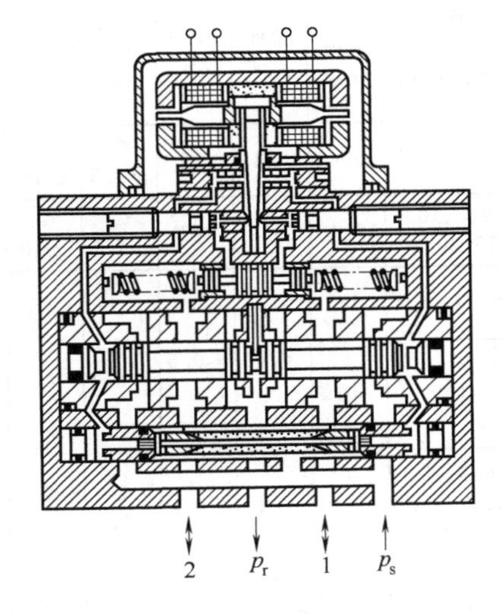

图 3.4-487　FF103 型动压反馈电液伺服阀结构简图

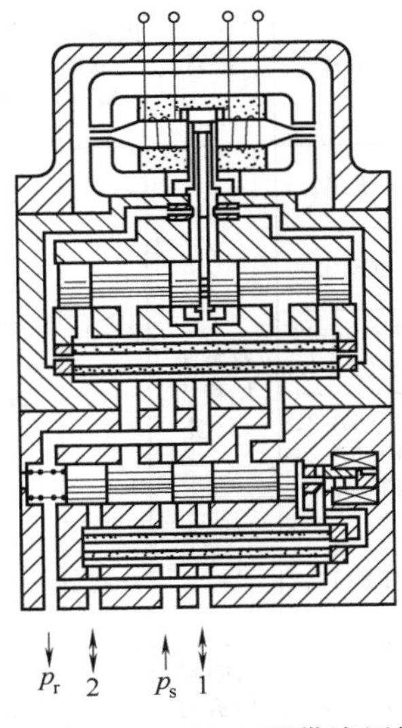

图 3.4-488　FF107 型带液压锁的电液伺服阀结构简图

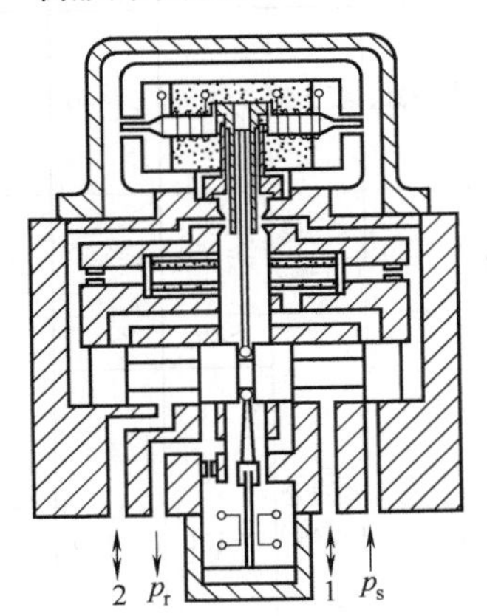

图 3.4-489　FF108 型电反馈电液伺服阀结构简图

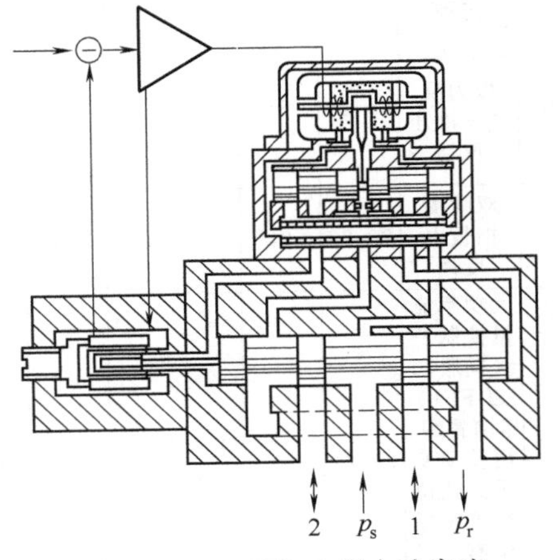

图 3.4-490　FF109 型大功率流量三级伺服阀结构简图

（2）型号意义

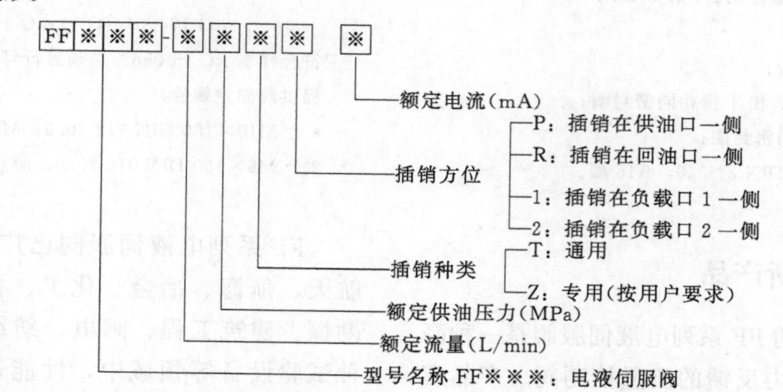

（3）技术规格（见表 3.4-216）

表 3.4-216 FF 系列电液伺服阀技术规格

型号	特点	供油压力范围/MPa	额定供油压力/MPa	额定流量/(L/min)	额定电流/mA	滞环/%	分辨率/%	非线性度/%	不对称度/%	压力增益[%p_s/1%I_n]	零偏/%	频率特性		工作温度/℃	质量/kg
												幅频宽(−3dB)/Hz	相频宽(−90°)/Hz		
FF101	双喷嘴挡板力反馈	2～28	21	1、1.5、2、4、6、8	10、40	≤4	≤1	≤±7.5	≤±10	>30	≤±3	>100	>100	−55～+150	0.19
FF102				2、5、10、15、20、30	10、40	≤4	≤1	≤±7.5	≤±10	>30	≤±3	>100	>100	−55～+150	0.4
FF106-63 FF106A-103				63	15	≤4	≤0.5	≤±7.5	≤±10	>30	≤±3	>50	>50	−30～+100	1.2/1.43
FF106A-218 FF106A-234 FF106-00				100	40							>45	>45		
FF111		2～21		6、3、15、25、30、50、63、100	15、40	≤4	≤0.5	≤±7.5	≤±10	>30	≤±2（可调）	≥6	≥60	−30～+100	1.3
FF113	双喷嘴挡板力反馈	—	21	150	40	—	—	—	—	—	—	≥30	≥40	−30～+100	—
				250	15	—	—	—	—	—	—	≥30	≥30		
				400	40	—	—	—	—	—	—	≥20	≥30		
FF103	双喷嘴挡板动压反馈	2～28	21	2～30	10、40	≤4	≤1	≤±7.5	≤±10	>30	≤±3	>100	>100	−55～+100	1
FF107A	双喷嘴挡板力反馈＋液压反馈	8～28	21	2、5、10、15	10	≤4	≤1	≤±7.5	≤±10	>30	≤±3	>100	>100	−55～+100	1
FF108	双喷嘴挡板电反馈	2～28	21	60、100	10	≤3	≤0.5	≤±5	≤±5	>30	≤±2（可调）	≥250	≥250	+20～+65	1.5
FF109P	大功率流量控制三级伺服阀（以 FF101 作前置级，用差动变压器式位移传感器作第三级滑阀反馈元件）	2～21	21	150、200、300、400	10	≤1	≤0.5	≤±7.5	≤±10	6～50	≤±2（可调）	>70	>70	−20～+80	7.8
FF109G												>150	>100		

(4) 外形尺寸（见图 3.4-491～图 3.4-494）

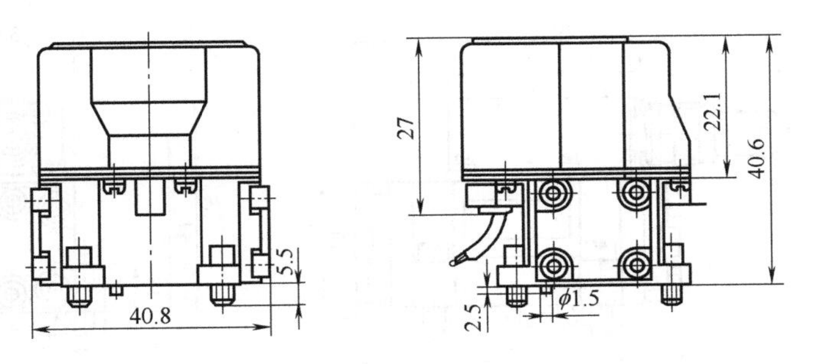

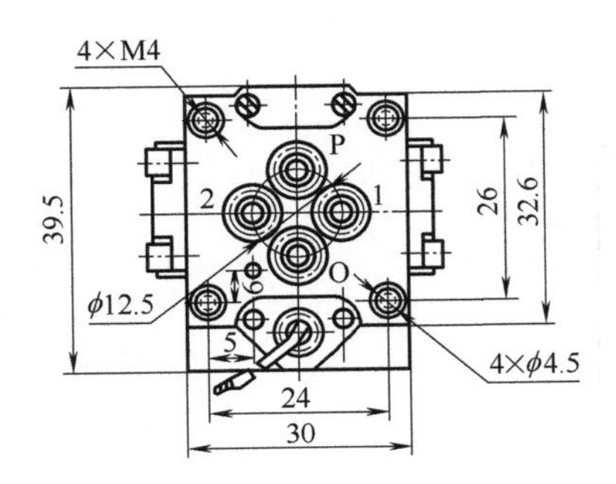

图 3.4-491 FF101 型电液伺服阀外形尺寸图

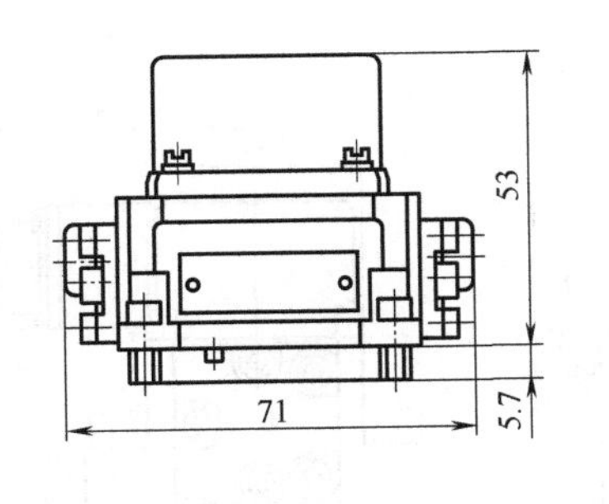

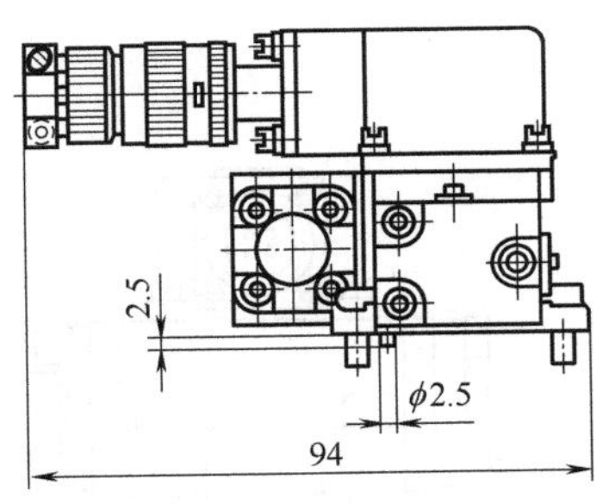

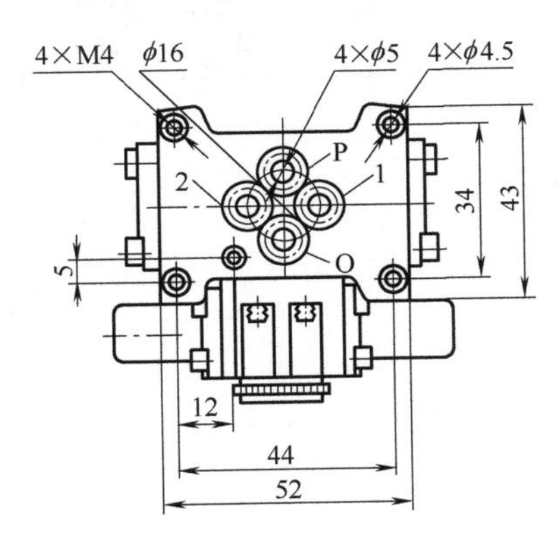

图 3.4-492 FF103 型电液伺服阀外形尺寸图

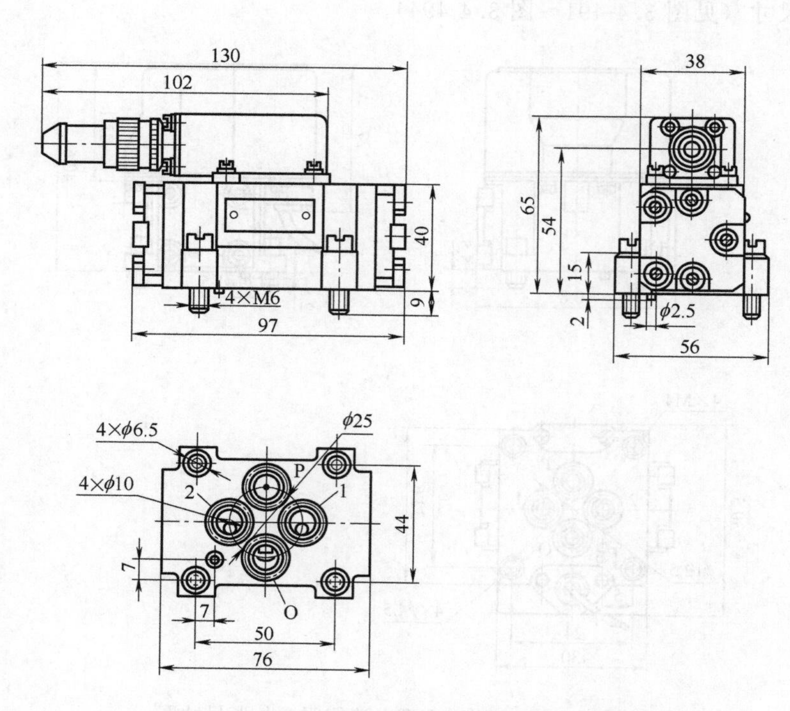

图 3.4-493 FF106 型电液伺服阀外形尺寸图

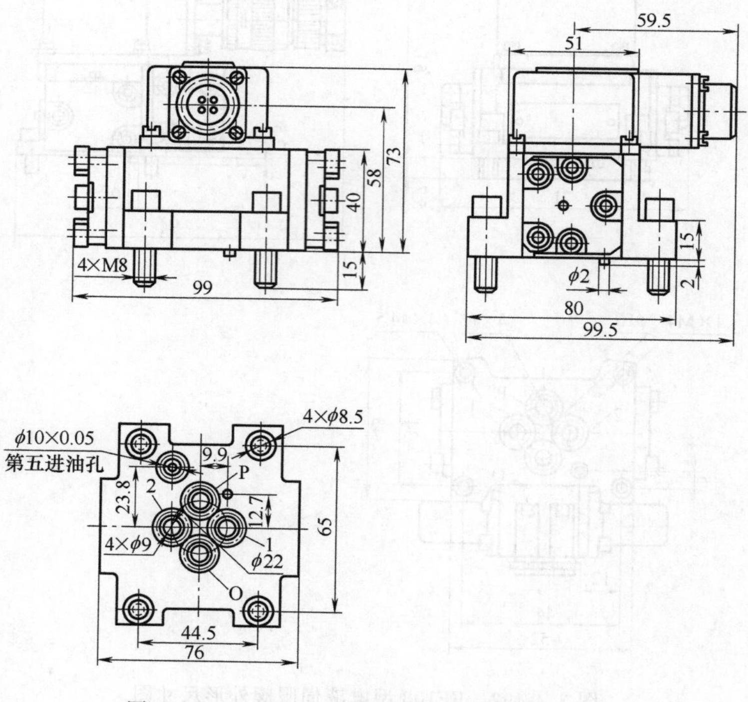

图 3.4-494 FF106A 型电液伺服阀外形尺寸图

12.4.4 CSDY电液伺服阀

CSDY型射流管电液伺服阀具有结构紧凑、体积小、寿命长、抗污染能力强、动态响应快、分辨率优，适用工作压力范围广等优点，已广泛用于航空、航海、冶金、化工、轻纺、塑料加工、石油冶炼、试验机械、电站设备和机器人等领域。其特点如下。

（1）额定电流和线圈电阻（见表3.4-217）

表3.4-217 CSDY型射流管电液伺服阀额定电流和线圈电阻

项目＼序号	1	2	3	4	5	6	7	8	9	10	11
额定电流/mA	8	10	15	16	20	25	30	40	50	64	80
线圈电阻/Ω	1000	650	400	250	160	105	75	40	25	16	10.5

注：1. 其他特殊规格可特殊设计制造；

2. 最大过载电流可以是额定电流的两倍（即 $I_{max}=2I_N$）。

（2）从插座方向看线圈连接方式

线圈排列如图3.4-495所示。表3.4-218给出了线圈的连接方式。

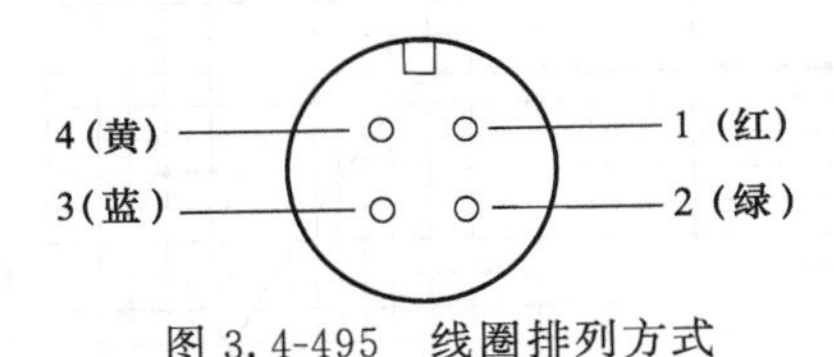

图3.4-495 线圈排列方式

表3.4-218 CSDY型射流管电液伺服阀线圈连接方式

线圈连接方式	单线圈	串 联	并 联	差 动
接线标注号	2、1；4、3	2(1、4)3	2(4)、1(3)	2(1、4)3
外引出线颜色	绿 红 黄 蓝	绿 蓝	绿 红	绿 红 蓝
控制电流的正极性	2＋ 1－ 或 4＋ 3－	2＋ 3－	2＋ 1－	当1＋时，1到2<1到3 当1－时，2到1>3到1

（3）三线圈伺服阀线圈接法与极性

线圈排列如图3.4-496所示。表3.4-219给出了线圈的连接方式。

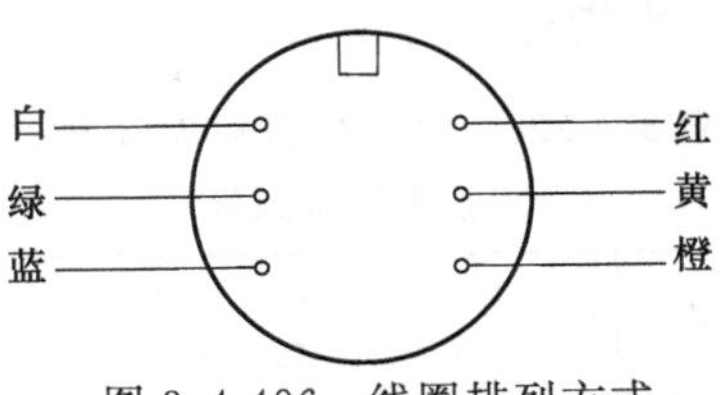

图3.4-496 线圈排列方式

如图极性表示：供油腔通1腔，回油腔通2腔。

表3.4-219 线圈极性

颜色	红	白	黄	绿	橙	蓝
极性	＋	－	＋	－	＋	－

（4）常规技术参数

① 工作压力：1～31.5MPa。

② 环境温度：－30～60℃。

③ 油液温度：－30～90℃。

④ 密封件材料：氟橡胶。

⑤ 工作介质：石油基液压油。

⑥ 系统过滤：选用无旁路的高压过滤器，过滤器尽量靠近伺服阀供油口。

⑦ 过滤精度：名义过滤精度不低于10μ的过滤器。

⑧ 油液清洁度等级：油液的清洁度影响着伺服阀的工作性能，（重复精度、分辨率、滞环等）也极大地影响伺服阀的使用寿命。

⑨ 推荐清洁度等级：伺服阀验收试验时油液污染度等级不劣于GB/T 14039—2002中规定的－/16/13级。常规使用时油液污染度等级不劣于GB/T 14039—2002中规定的－/18/15级。长寿命使用时油液污染度等级不劣于GB/T 14039—2002中规定的－/15/12级。

⑩ 安装要求：可任意安装，安装座表面粗糙度 Ra 不低于0.8，表面不平度不大于0.03mm，安装座表面不应有毛刺，在伺服阀安装前，先装冲洗板，对系统进行一般不少于8h的循环清洁。

（5）射流管型伺服阀的技术指标

① CSDY1 型射流管电液伺服阀技术指标

a. 技术指标（见表 3.4-220）

表 3.4-220　CSDY1 型射流管电液伺服阀技术指标

型　号	CSDY1-2、4、8、10、15、20、30、40（指 21MPa 下的空载流量）
额定电流/mA	±8（或其他规格）
线圈电阻/Ω	(1000±100)(或其他规格)
额定压力/MPa	21
使用压力/MPa	0.5～31.5
滞环	<3%(max<4%)
分辨率	<0.25%
线性度	<7.5%
对称度	<10%
各项零漂	<2%
频率影响	(−3dB)>70Hz (−90°)>90Hz
温度范围/℃	−40～+85
工作油液	2055＃，22＃透平油，YH-10，VG32(ISO 3448)抗磨液压油
系统油滤精度/μm	10～20
使用寿命	10^7 次 或工作时间 5000h
质量/g	<400

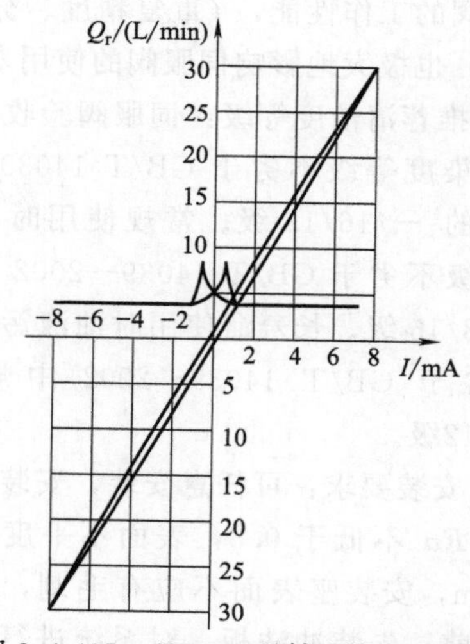

图 3.4-497　CSDY1 型射流管电液伺服阀流量特性和静耗量特性曲线

b. 特性曲线

• 流量特性和静耗量特性（见图 3.4-497）

• 压力增益（见图 3.4-498）

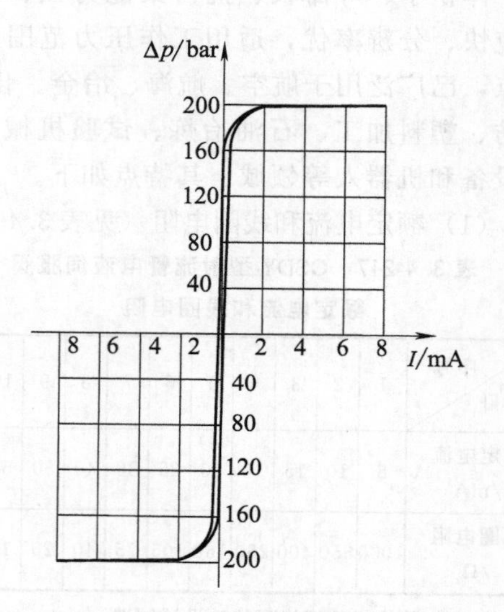

图 3.4-498　CSDY1 型射流管电液伺服阀压力增益特性曲线

• 频率特性（见图 3.4-499）

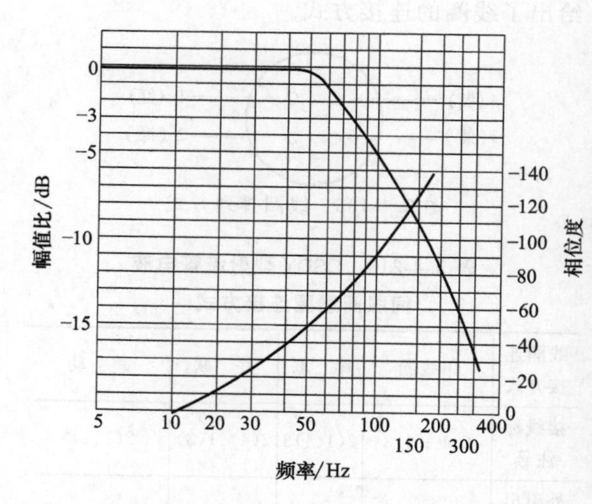

图 3.4-499　CSDY1 型射流管电液伺服阀频率特性曲线

c. CSDY1 外形尺寸

• CSDY1 型阀外形图（见图 3.4-500）

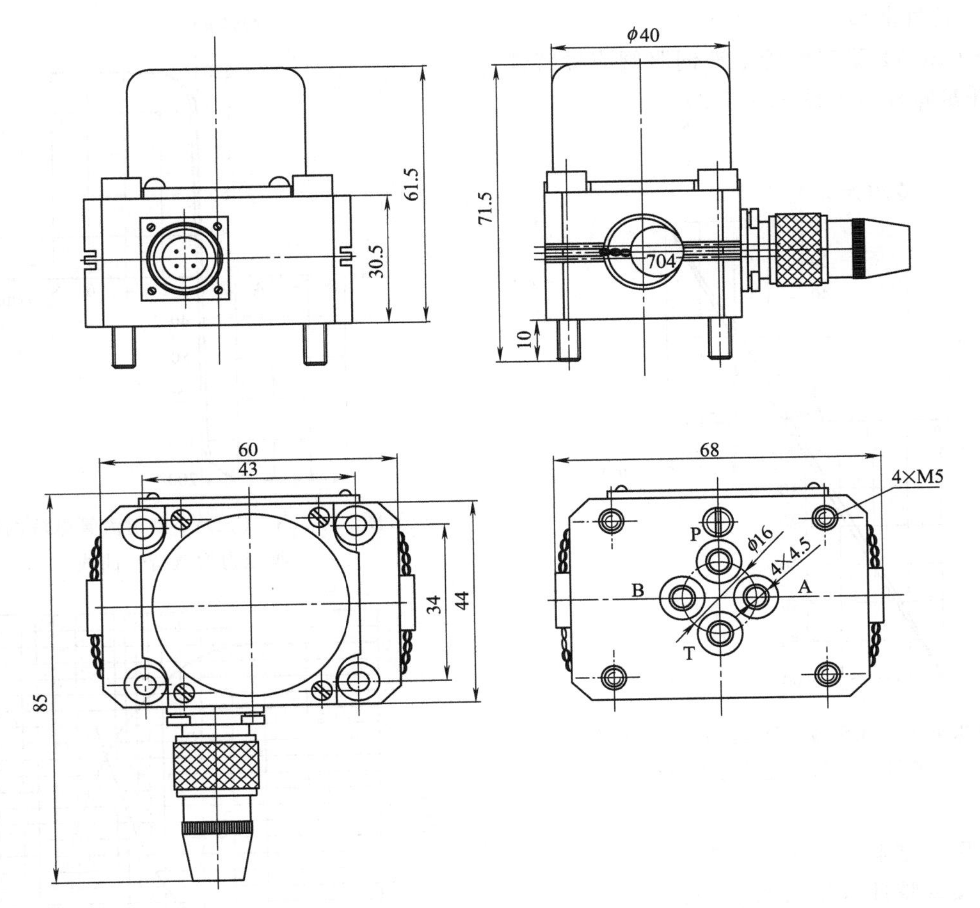

图 3.4-500 CSDY1 伺服阀外形尺寸

• CSDY1 安装底板图（见图 3.4-501）

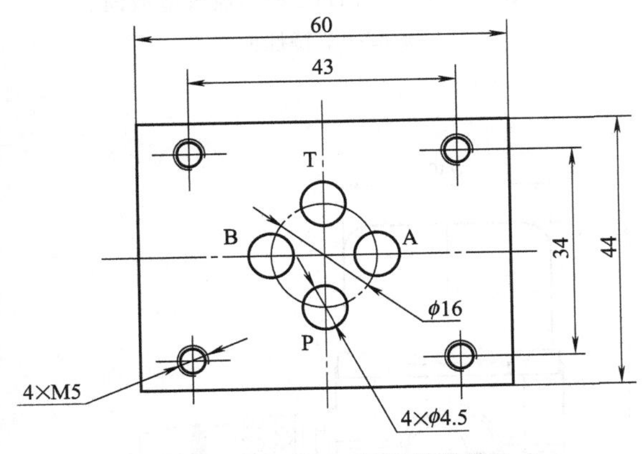

图 3.4-501 CSDY1 伺服阀底板尺寸

② CSDY2 型射流管电液伺服阀技术指标

a. 技术指标（见表 3.4-221）

表 3.4-221 CSDY2 型射流管电液伺服阀技术指标

型号	CSDY2-40、50、60 （指 21MPa 下的空载流量）
额定电流/mA	±8（或其他规格）
线圈电阻/Ω	(10^3±100)（或其他规格）
额定压力/MPa	21
使用压力/MPa	0.5～31.5
滞环	<3%（max<4%）
分辨率	<0.25%
线性度	<7.5%
对称度	<10%
各项零漂	<2%
频率影响	(−3dB)>60Hz (−90°)>80Hz
温度范围/℃	−40～+85
工作油液	2055#，22#透平油，YH-10， VG32(ISO 3448)抗磨液压油
系统油滤精度/μm	10～20
使用寿命	10^7 次 或工作时间 5000h
质量/g	<450

b. 特性曲线

• CSDY2 型射流管电液伺服阀流量特性和静耗量特性（见图 3. 4-502）

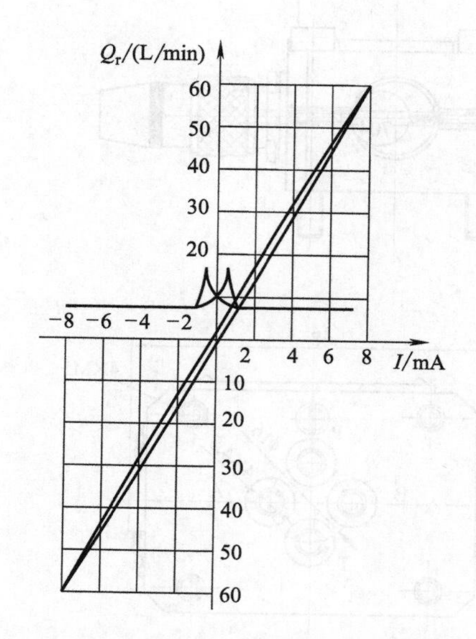

图 3. 4-502　CSDY2 型射流管电液伺服阀流量特性和静耗量特性曲线

• 压力增益（见图 3. 4-503）

• 频率特性（见图 3. 4-504）

c. CSDY2 型射流管电液伺服阀外形尺寸

• CSDY2 型射流管电液伺服阀外形图（见图 3. 4-505）

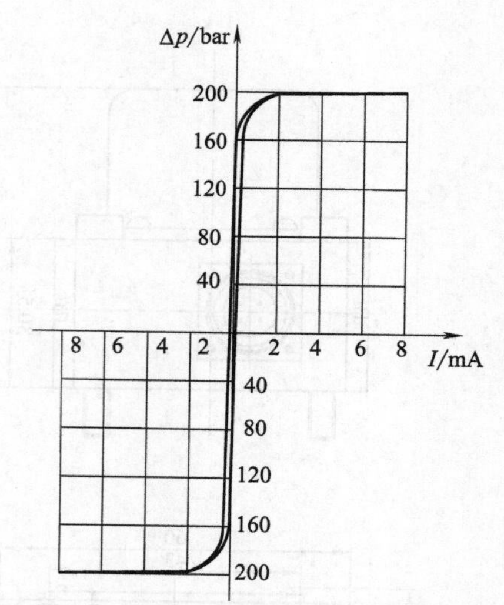

图 3. 4-503　CSDY2 型射流管电液伺服阀压力增益特性曲线

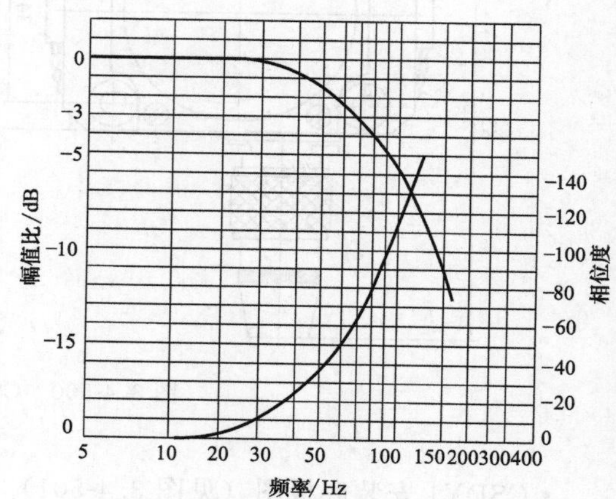

图 3. 4-504　CSDY2 型射流管电液伺服阀频率特性曲线

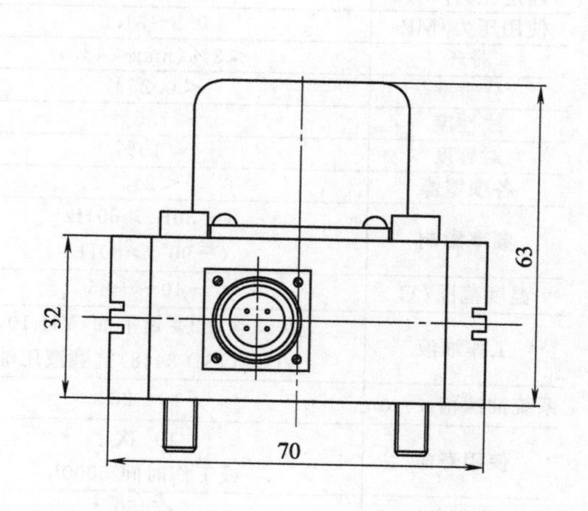

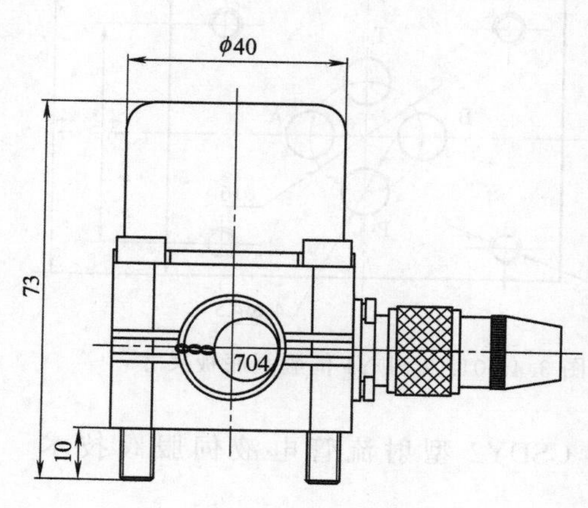

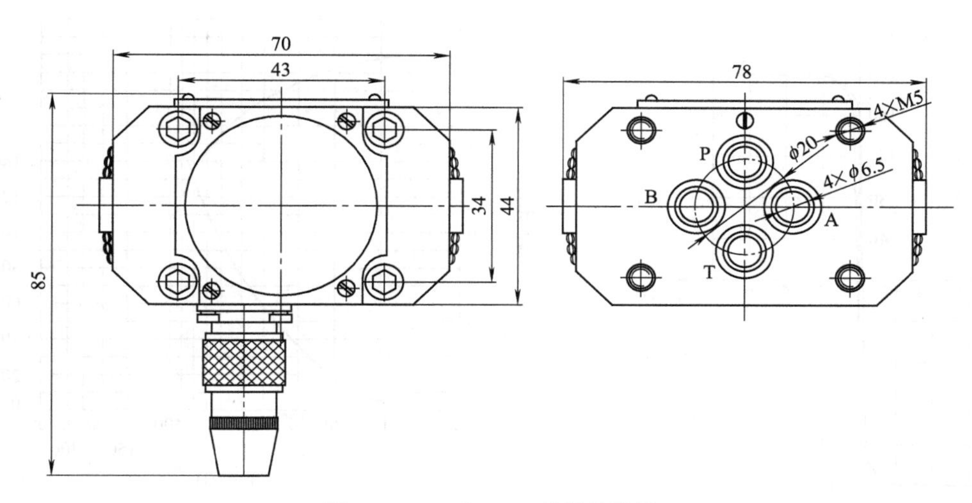

图 3.4-505　CSDY2 型阀外形图

• CSDY2 安装底板图（见图 3.4-506）

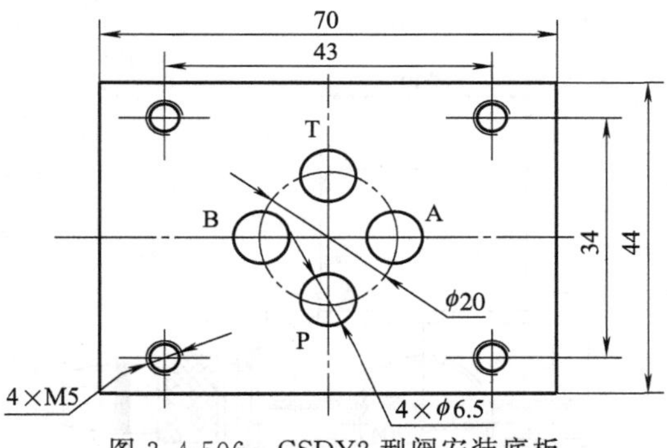

图 3.4-506　CSDY2 型阀安装底板

③ CSDY3 型射流管电液伺服阀

a. 技术指标（见表 3.4-222）

表 3.4-222　CSDY3 型射流管电液伺服阀技术指标

型　号	CSDY3-60、80、100、120、140 （指 21MPa 下的空载流量）
额定电流/mA	±8（或其他规格）
线圈电阻/Ω	(10^3±100)（或其他规格）
额定压力/MPa	21
使用压力/MPa	0.5～31.5
滞环	＜3%(max＜4%)
分辨率	＜0.25%
线性度	＜7.5%
对称度	＜10%
各项零漂	＜2%
频率影响	(−90°)＞50Hz
温度范围/℃	−40～+85
工作油液	2055＃,22＃透平油,YH-10, VG32(ISO 3448)抗磨液压油
系统油滤精度/μm	10～20
使用寿命	10^7 次或工作时间 5000h
质量/g	＜1200

b. CSDY3 型射流管电液伺服阀特性曲线

• 流量特性和静耗量特性（见图 3.4-507）

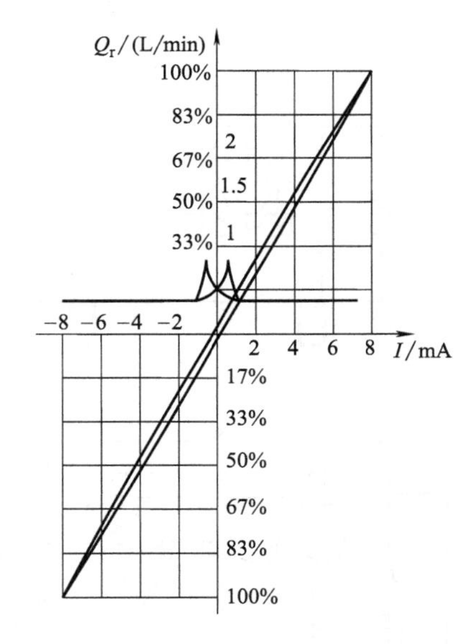

图 3.4-507　CSDY3 型射流管电液伺服阀流量特性和静耗量特性曲线

• 压力增益特性（见图 3.4-508）

• 频率特性（见图 3.4-509）

c. CSDY3 型阀外形尺寸

• CSDY3 型阀外形图（见图 3.4-510）

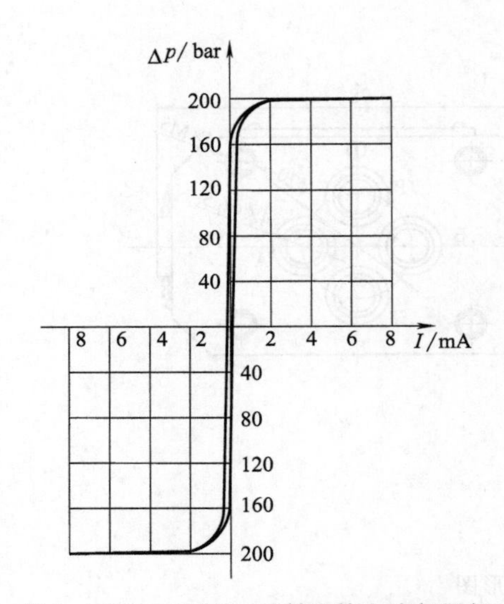

图 3.4-508　CSDY3 型射流管电液伺服阀流量特性和静耗量特性曲线

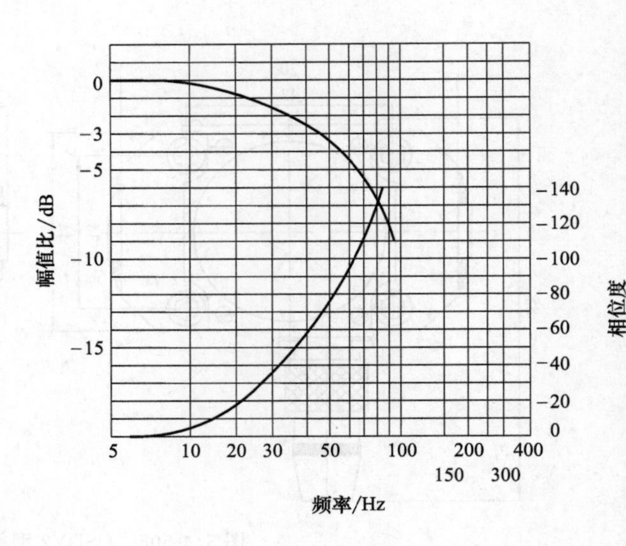

图 3.4-509　CSDY3 型射流管电液伺服阀频率特性曲线

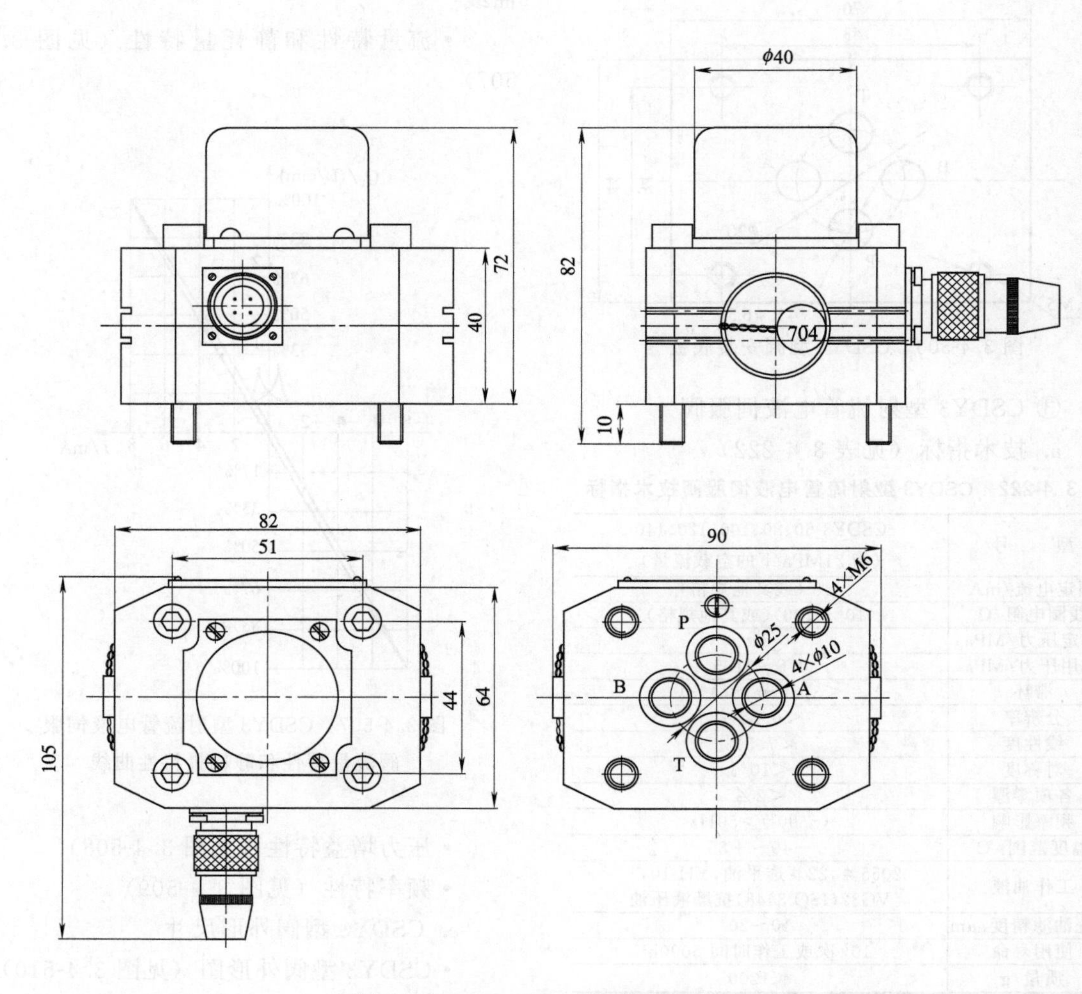

图 3.4-510　CSDY3 型阀外形尺寸图

• CSDY3 安装底板图（见图 3.4-511）

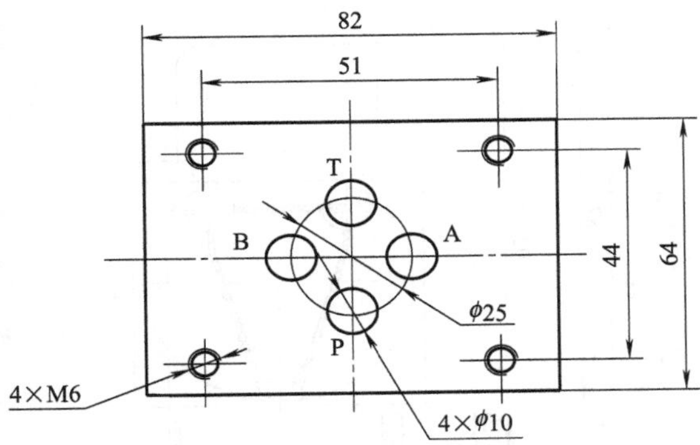

图 3.4-511　CSDY3 型射流管电液伺服阀底板尺寸

④ CSDY4 型射流管电液伺服阀

a. 技术指标（见表 3.4-223）

表 3.4-223　CSDY4 型射流管电液伺服阀技术指标

型　　号	CSDY4-120、140、160、180、200（指 21MPa 下的空载流量）
额定电流/mA	±8（或其他规格）
线圈电阻 Ω	$(10^3 \pm 100)$（或其他规格）
额定压力/MPa	21
使用压力/MPa	0.5～31.5
滞环	<3%（max<4%）
分辨率	<0.25%
线性度	<7.5%
对称度	<10%
各项零漂	<2%
频率影响	(−90°)>40Hz
温度范围/℃	−40～+85
工作油液	2055#，22#透平油，YH-10，VG32（ISO 3448）抗磨液压油
系统油滤精度/μm	10～20
使用寿命	10^7 次或工作时间 5000h
质量 g	<1200

b. 特性曲线

• CSDY4 型射流管电液伺服阀流量特性和静耗量特性（见图 3.4-512）

• 压力增益特性（见图 3.4-513）

• 频率特性（见图 3.4-514）

c. 外形尺寸

• CSDY4 型阀外形图（见图 3.4-515）

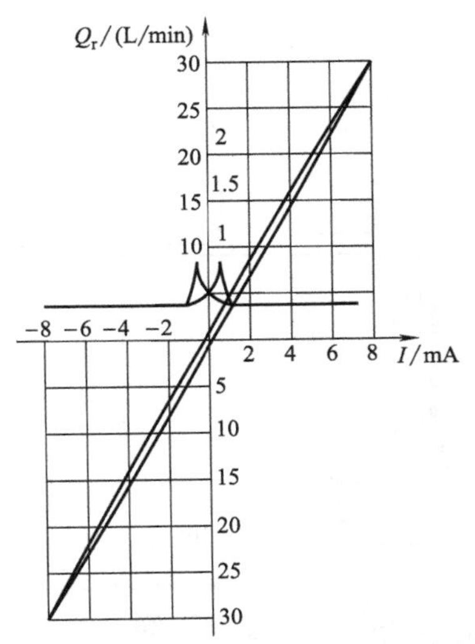

图 3.4-512　CSDY4 型射流管电液伺服阀流量特性和静耗量特性曲线

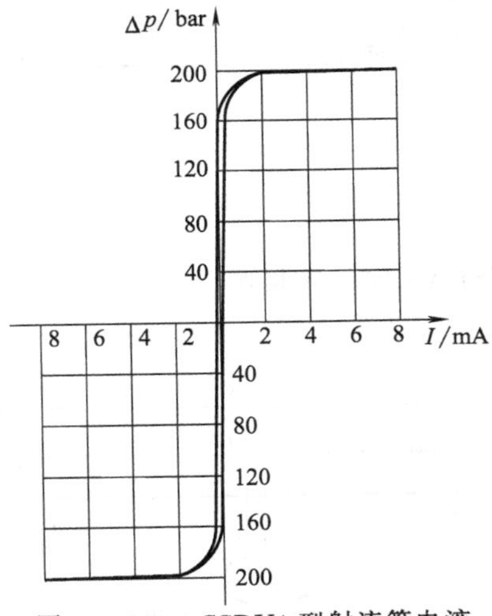

图 3.4-513　CSDY4 型射流管电液伺服阀压力增益特性曲线

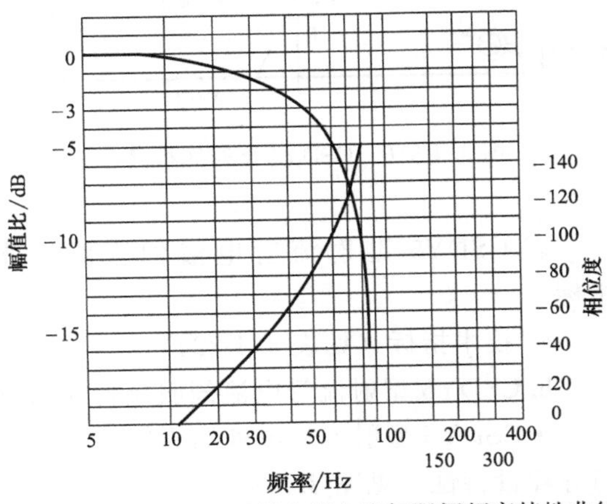

图 3.4-514　CSDY4 型射流管电液伺服阀频率特性曲线

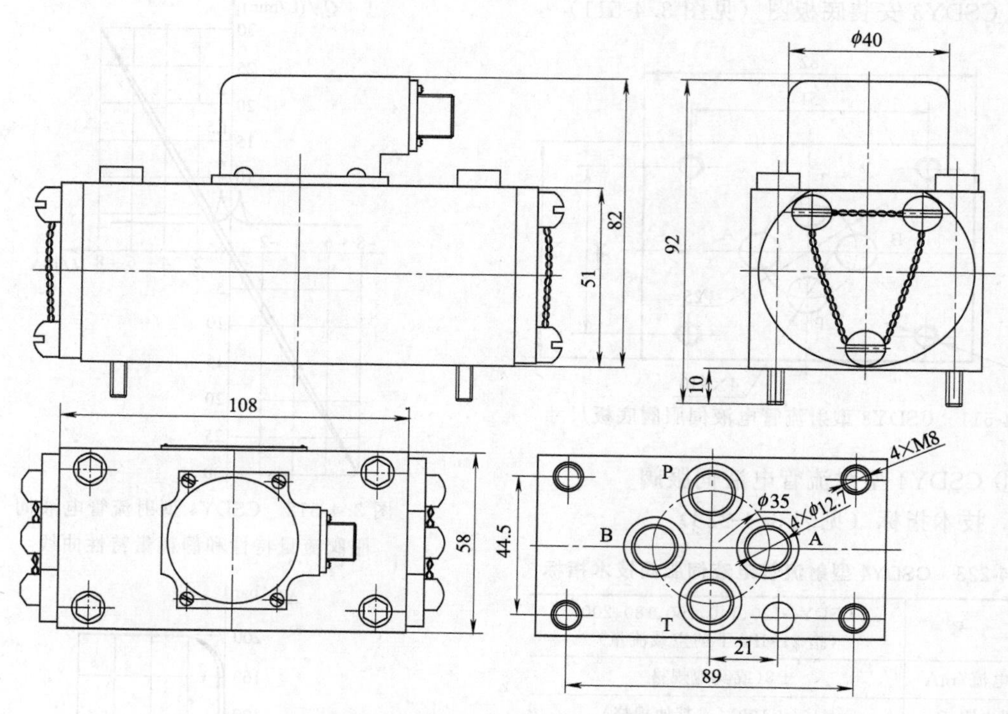

图 3.4-515 CSDY4 型阀外形尺寸

• CSDY4 安装底板图（见图 3.4-516）

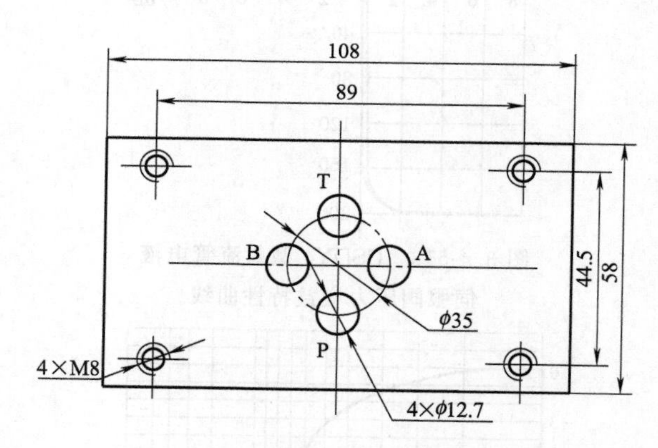

图 3.4-516 CSDY4 型阀底板尺寸

⑤ CSDY5 型射流管电液伺服阀技术指标

a. 技术指标（见表 3.4-224）

b. CSDY5 型射流管电液伺服阀特性曲线

• CSDY5 型射流管电液伺服阀流量特性与静耗量特性（见图 3.4-517）

• 压力增益特性（见图 3.4-518）

表 3.4-224 CSDY5 型射流管电液伺服阀技术指标

型　　号	CSDY5-140、180、200、220 （指 21MPa 下的空载流量）
额定电流/mA	±8（或其他规格）
线圈电阻/Ω	(10^3±100)（或其他规格）
额定压力/MPa	21
使用压力/MPa	0.5～31.5
滞环	＜3%（max＜4%）
分辨率	＜0.25%
线性度	＜7.5%
对称度	＜10%
各项零漂	＜2%
频率影响	(−90°)＞40Hz
温度范围	−40～+85℃
工作油液	2055＃,22＃透平油,YH-10, VG32(ISO 3448)抗磨液压油
系统油滤精度/μm	10～20
使用寿命	10^7 次 或工作时间 5000h
质量/g	＜3000

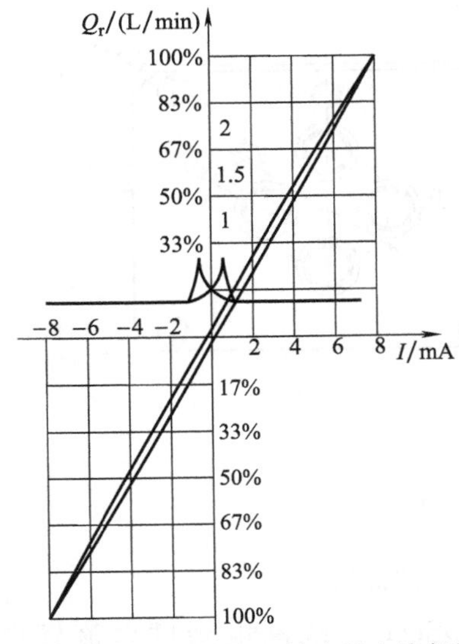

图 3.4-517 CSDY5 型射流管电液伺服阀流量特性与静耗量特性曲线

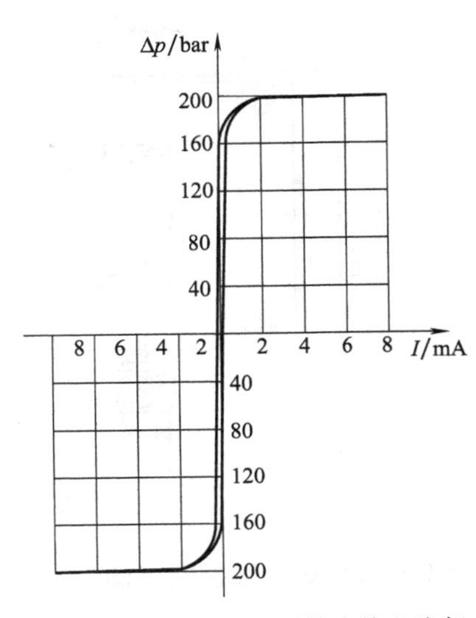

图 3.4-518 CSDY5 型射流管电液伺服阀压力增益特性曲线

• 频率特性（见图 3.4-519）

c. 外形尺寸

• CSDY5 型阀外形图（见图 3.4-520）

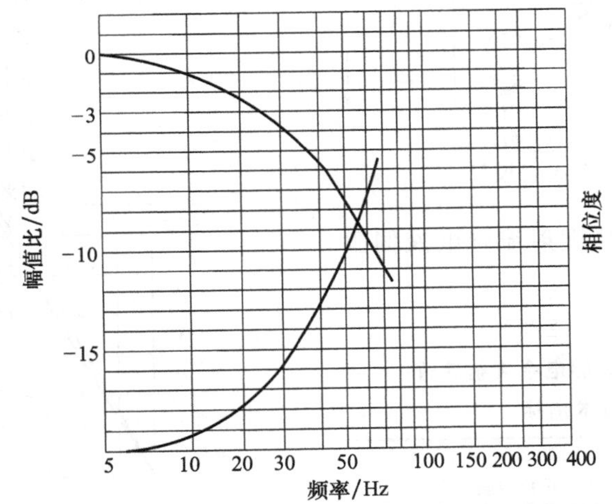

图 3.4-519 CSDY5 型射流管电液伺服阀频率特性曲线

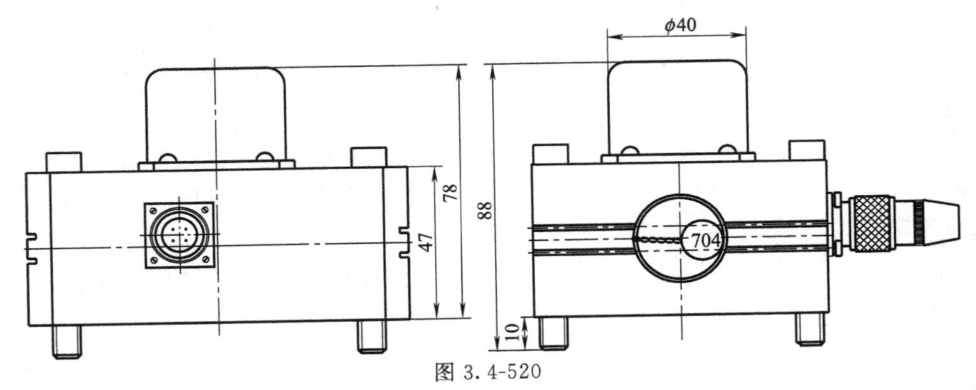

图 3.4-520

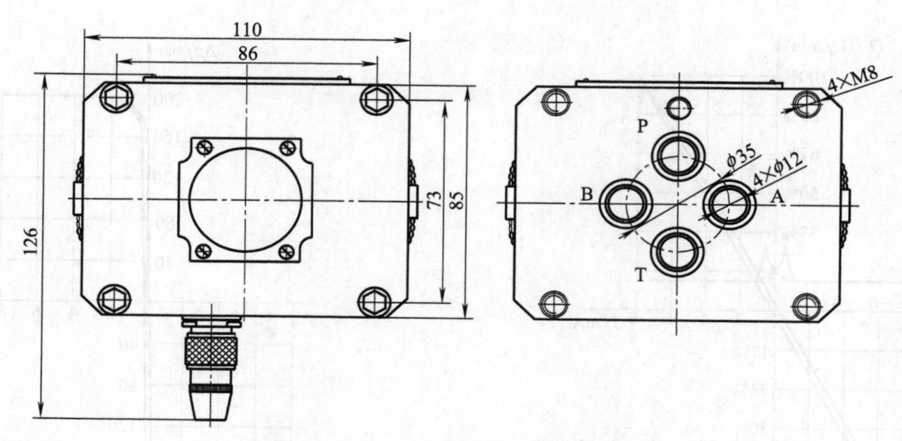

图 3.4-520 CSDY5 型阀外形尺寸

• CSDY5 安装底板图（图 3.4-521）

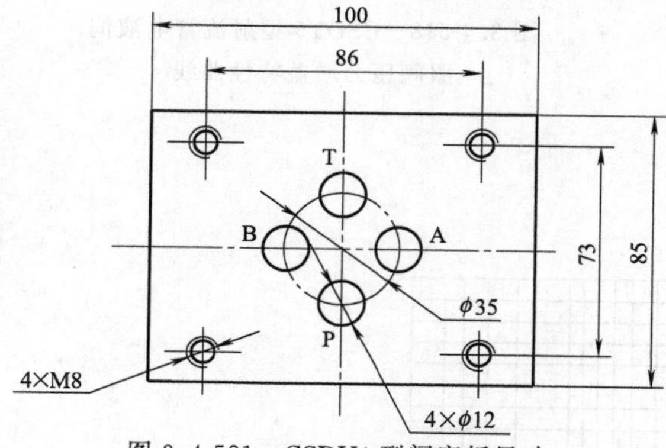

图 3.4-521 CSDY4 型阀底板尺寸

⑥ DSDY 三线圈电余度射流管电液伺服阀技术指标

a. 技术指标（见表 3.4-225）

表 3.4-225 DSDY 三线圈电余度射流管电液伺服阀技术指标

型　号	DSDY-2、4、8、10、15、20、30、40 (指 21MPa 下的空载流量)
额定电流/mA	±8×3(或其他规格)
线圈电阻/Ω	(10^3±100)(或其他规格)
额定压力/MPa	21
使用压力/MPa	0.5～31.5
滞环	<3%(max<4%)
分辨率	<0.25%
线性度	<7.5%
对称度	<10%
各项零漂	<2%
频率影响	(−3dB)>70Hz (−90°)>90Hz
温度范围/℃	−40～+85
工作油液	2055＃,22＃透平油,YH-10,VG32(ISO 3448)抗磨液压
系统油滤精度/μm	10～20
使用寿命	10^7 次或工作时间 5000h
质量/g	<400

b. 特性曲线

• DSDY 三线圈电余度射流管电液伺服阀流量特性与静耗量特性（见图 3.4-522）

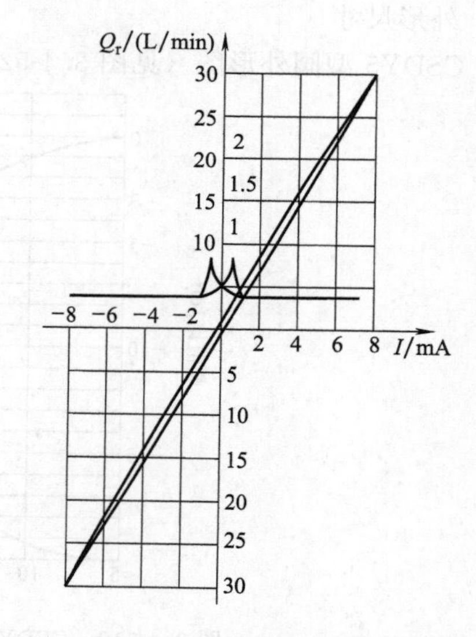

图 3.4-522 DSDY 三线圈电余度射流管电液伺服阀流量特性与静耗量特性曲线

• 压力增益特性（见图 3.4-523）

• 频率特性（见图 3.4-524）

c. 外形尺寸

• DSDY 型三线圈阀外形图（见图 3.4-525）

• DSDY 安装底板图（见图 3.4-526）

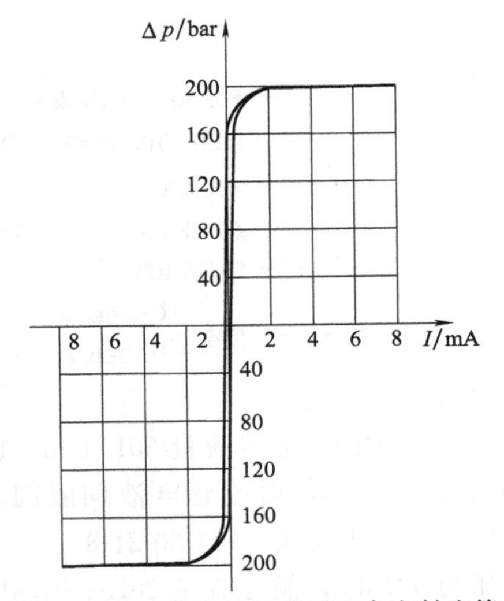

图 3.4-523 DSDY 三线圈电余度射流管电液伺服阀压力增益特性曲线

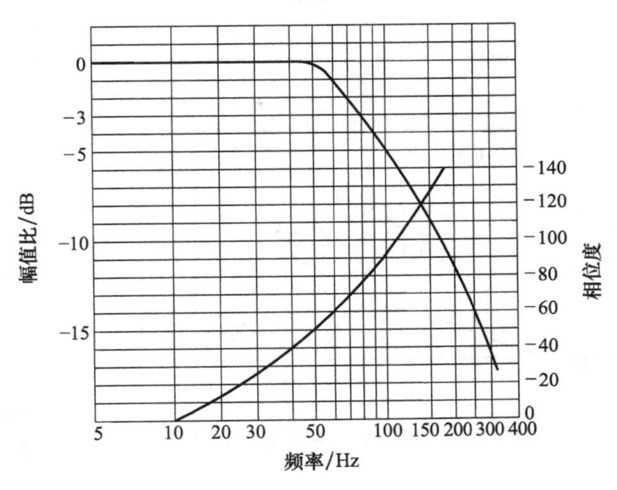

图 3.4-524 DSDY 三线圈电余度射流管电液伺服阀频率特性曲线

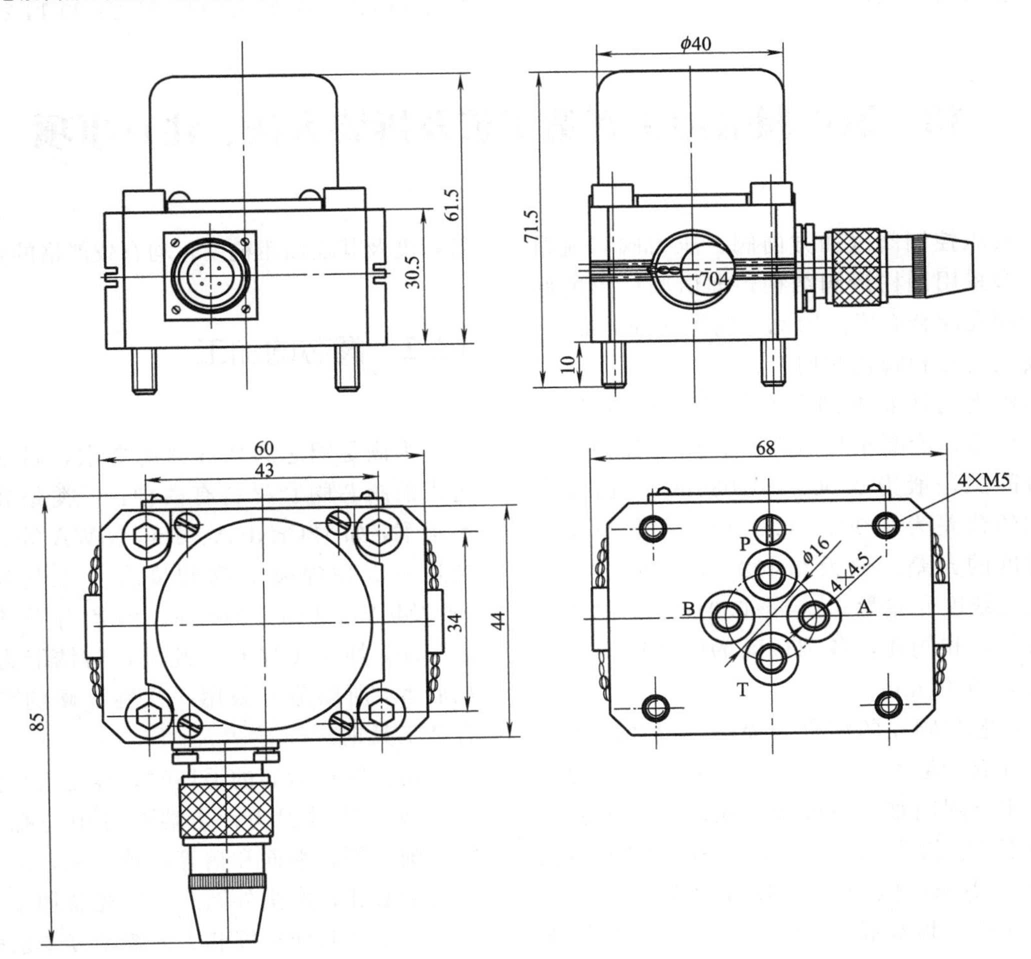

图 3.4-525 DSDY 型三线圈阀外形尺寸

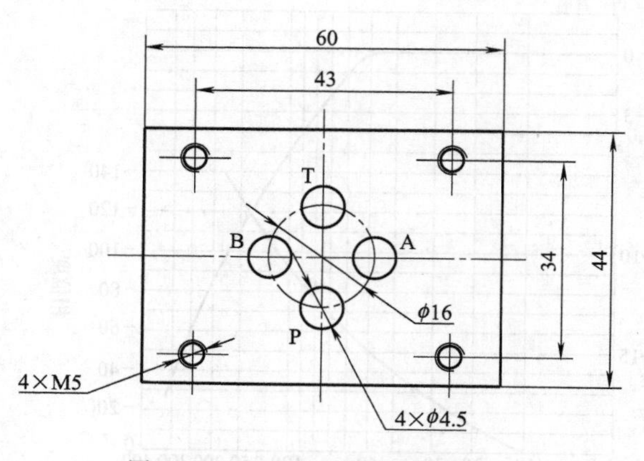

图 3.4-526　DSDY 安装底板尺寸

⑦ CSDY 型射流管伺服阀订货信息

型号及类型说明：

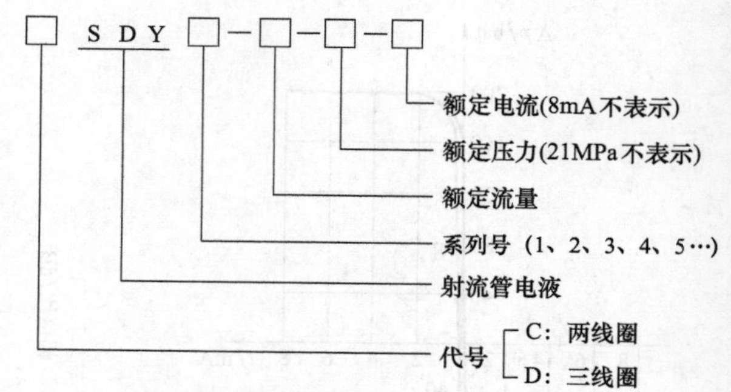

产品型号标记示例：

额定压力 21MPa，额定流量 30L/min，1 系列，额定电流 8mA，射流管电液伺服阀。伺服阀 GB 13854—1992 CSDY1-30-21-8。

额定压力 14MPa，额定流量 20L/min，1 系列，额定电流 20mA，射流管电液伺服阀。伺服阀 GB 13854—1992 CSDY1-20-14-20。

13　液压阀的加工制造工艺及拆装方法、注意事项

液压控制阀（如方向阀、压力阀和流量阀）多采用圆柱滑阀结构，即由圆柱形的阀芯和阀孔配合而成。因此，阀类元件的加工，主要是阀芯和阀孔的加工。

阀类元件要求阀芯在阀孔内移动灵活、工作可靠，泄漏小且寿命长。通常各种滑阀配合间隙一般为 0.005～0.035mm，而配合间隙的公差为 0.005～0.015mm。其圆度和圆柱度的允差一般为 0.002～0.008mm，而母线直线度允差为 0.005～0.01mm。对于台阶式阀芯和阀孔，各圆柱面的同轴度允差为 0.005～0.01mm。

阀芯与阀孔的配合表面，一般要求表面粗糙度 R_a 值为 0.1～0.2μm。通常，考虑孔加工比外圆困难，一般规定阀芯外圆的表面粗糙度 R_a 值为 0.1μm，而阀孔内圆表面则为 R_a0.2μm；但当以珩磨为阀孔终加工工序、并稳定地获得 R_a0.1μm 的表面粗糙度时，也可以规定阀芯外圆加工到 R_a0.2μm。

可见，对阀芯和阀孔的形状精度、相互位置精度及其表面粗糙度，均有较严格的要求。

13.1　阀芯的加工

为满足阀芯的特殊性能要求，目前可以选用的阀芯阀套材料有两种：一类是高强度渗碳钢，如 12CrNi3A、18CrNiWA 等；另一类是一次性淬硬的高硬度合金工具钢，如 Cr12MoV 、9Cr18Mo 等。前者由于增加渗碳工序，加工工序长，此外，防锈能力也不如后者，所以最好采用一次性淬硬的高硬度合金工具钢。

用棒料作阀芯的毛坯时，经正火后加工，其一般工艺过程为：切端面打中心孔、粗、精车削外圆、端面和槽等，钻、铣，热处理，修磨中心孔，磨削外圆，外圆光整加工。

阀芯的几何精度和表面粗糙度要求较严，在车、磨后必须进行最后光整加工，它是保证阀芯质量的关键工序。常用的光整加工方

法有研磨和高光洁度磨削。

（1）粗加工

阀芯外圆 d 应留有足够余量。在长度两端对称留加工余量。粗加工后零件应进行调质处理，使其硬度在25～30HRC之内。

（2）半精加工

阀芯外圆加工。其工艺路线为车—热处理—粗磨—时效—精磨—稳定化处理—配磨或研磨。

一般使用数控机床加工，主轴的跳动量在0.005mm之内。用软三爪（即镶铜的三爪夹头）或弹簧夹头夹紧工件外圆，平端面，打中心孔，车外圆并留适当余量。车环槽，阀芯各凸肩端面和中槽均留有0.05～0.1mm适当余量。

各凸肩的节流工作边要严格保持尖锐，不得倒钝。阀芯两端的顶尖孔是加工过程中的定位基准，加工过程中一定要使顶尖孔具有良好的孔型、高的光洁度和精度。

（3）热处理

半精加工后阀芯进行真空淬火，硬度值为62～66HRC。然后进行稳定化处理，即－70～－80℃冷处理2h和160℃左右低温时效处理4h。

（4）精加工

① 粗磨外圆及凸肩　磨前先修好阀芯中心孔，再进行阀芯外圆和凸肩各端面的加工。阀芯外圆和凸肩尺寸应与阀套中孔的尺寸配作。粗磨后均留有约0.03mm的精磨余量。

粗磨阀芯应注意对磨削用量须适当选取，尽量减少表面变质层，保证阀芯尖角棱边的硬度。

② 稳定性处理　在－70～－80℃冷处理2h，再在160℃低温时效处理20h。用以消除加工造成的材料内应力。

③ 精磨外圆　在高精密磨床上加工。首先精研中心孔，中心孔精度非常重要。由于精磨时的进给量很微小，一般不超过0.01mm，锐边变质情况微小。

精磨后，工件的精度可达IT6～IT8，表面粗糙度 R_a0.63～1.25μm。

最后进行外圆的光整加工。在液压元件的生产中，研磨是常用的光整加工方法之一。除研磨外，外圆表面的光整加工方法还有超精加工、双轮珩磨和高光洁度磨削。它们的共同特点是：采用细粒度磨料、较小的加工余量和切削用量，使切削力和热都很小，并使磨粒运动产生复杂的网纹，从而获得很高的表面质量。此外，还有滚压、抛光等。

在磨削加工中，能使工件表面粗糙度 R_a 值在0.16μm以下的磨削工艺，通称为高光洁度磨削。它包括精密磨削、超精密磨削和镜面磨削。一般以表面粗糙度 R_a 值在0.08～0.16μm之间为精密磨削，R_a 值在0.02～0.04μm之间为超精密磨削，而 R_a 值为0.01μm者乃镜面磨削。与研磨等加工比较，高光洁度磨削具有生产率高、适用范围广，且能提高几何形状精度和位置精度等优点，可用于内、外圆柱面，圆锥面，端面以及平面等的磨削加工。

13.2　阀体的加工

阀体的材料毛坯一般采用锻件或铸件，如灰铸铁和孕育铸铁（如HT20～HT40、HT30～HT54），锻件首先应进行固溶处理，固溶处理即是加热温度为1030～1050℃，油中冷却。固溶处理的目的是一方面消除加工应力，另一方面使材料结晶组织中的碳化物溶解呈奥氏体组织，固溶处理后硬度低，适合一般的机械加工。阀孔内往往置有一些沉割槽。阀体的加工主要是主阀孔的加工。

合理的工艺方案是根据生产纲领、精度要求、毛坯状况、工件材质、长径比、设备条件、工具制造能力供应状况等相关因素制定出来的。目前，液压阀孔加工有下列几种方案：

① 钻—扩—镗—铰—推—研；

② 钻—扩—镗—铰—研；

③ 钻—镗—镗—铰—研（珩）；

④ 扩—镗—镗—铰—研（珩）；

⑤ 钻—刚性镗铰—研（珩）；

⑥ 钻—刚性镗铰—金刚石铰；

⑦ 扩—刚性镗铰—金刚石铰；

⑧ 钻—扩—铰—珩—金刚石铰；

⑨ 钻—扩—镗—铰—刚性镗铰—金刚石铰；

⑩ 扩—镗—镗—铰—金刚石铰。

对于各种不同规格的阀孔加工，在确定方案之前，首先要综合分析各个影响因素，然后采用一个比较合理的工艺路线。下面举例说明。

(1) 扩—镗—镗—铰—研（立珩）

这种加工方案适用范围较广，也是传统使用的加工路线，尤其适用于较大规格的毛坯，阀孔大于 ϕ30mm 的阀体加工采用这种加工方案。扩—镗—镗—铰通常在普通六角车床或加工中心一次完成，扩孔去除余量大，使用双刃扩钻起到找直阀孔的作用，粗、精镗由于加工余量越来越小，起着进一步提高光洁度及直线度的作用，铰孔主要起定尺寸作用。通过上述工序加工，孔的尺寸精度可达到 0.02mm 以上，几何精度达到 0.003～0.005mm，表面粗糙度达到 R_a0.8～0.4μm，这样为最后珩磨奠定了较好的基础，珩磨后的孔精度能完全达到产品要求。切削参数及加工余量的选择见表 3.4-226。

表 3.4-226 切削参数及加工余量的选择

（扩—镗—镗—铰—研）

工序内容	主轴转速 /(r/m)	走刀量 /(mm/r)	切削深度 /mm	切削余量 /mm
扩	500	0.24	2	4
粗镗	500	0.24	1.25	1.25
精镗	500	0.1	0.75	1.5
铰	200	0.2	0.15	0.3
珩磨	80	10	0.01～0.013	0.02～0.04

(2) 扩—刚性镗铰—金刚石铰

上述工艺也属于成熟工艺，阀孔经扩孔后采用刚性镗铰工艺半精加工，然后用金刚石铰刀珩磨。其基本特点是适用于长径比大的孔，稳定性较好，并且刚性镗铰刀前后带导向保证了工件的直线度要求，再加上内冷却排屑，大大改善了加工条件，保证了表面光洁度要求。镗铰后表面粗糙度 R_a1.6～0.8μm，几何精度高于 0.005mm，工件尺寸可达到 6 级精度。金刚石铰是较新的技术，它作为终加工工序对尺寸精度起到了很好的控制作用，对设备要求很低（因为它属于浮动加工）。但对上道工序要求较高，而刚性镗铰就具备这种能力，所以它们的配合使用使加工既经济又实用。切削参数及加工余量的选择见表 3.4-227。

表 3.4-227 切削参数及加工余量的选择

（扩—刚性镗铰—金刚石铰）

工序内容	主轴转速 /(r/m)	走刀量 /(mm/r)	切削深度 /mm	切削余量 /mm
粗镗铰	600	0.2	1.75	3.5
精镗铰	600	0.1	0.6	1.2
金刚石铰	250～400	10～20	0.002～0.005	0.01～0.03

由于刚性镗铰设备属于专机，粗精镗铰工序不能一次完成，内孔切槽在此设备也无法完成，再有回转直径有限，这就制约了它的应用，加工多孔阀体及大规格阀就不适合使用这种工艺路线。

(3) 扩—镗—镗—铰—金刚石铰

在加工中心的加工过程中，精镗工序中采用防振带微调的镗刀杆镗削，加工长径比接近10的孔，圆柱度可控制在 0.005mm 以内。在数控车床上加工小阀体的过程中，第一，把镗铰刀的技术用于普通铰刀，刚柔结合，既提高了产品质量，又延长了刀具的使用寿命；第二，用梯形铰刀替代普通铰刀，从切削受力方面想办法，同样起到了稳定直线度的作用，收到了较好的效果。

随着高科技技术的不断发展，对液压件精度要求越来越高，国外阀体与阀芯配合经常用完全互换而不再是分组装配，这样阀体的加工精度提高了好几个等级，在这种情况下，采用粗精两次珩磨，珩磨技术由原来的浮动改为刚性，珩磨机前后带导向，这不仅是工艺的革新，同时也是数字控制设备的新发展。另外超声珩磨作为孔的终加工工序越来越受到人们的普遍青睐，它不仅操作方便，而且加工精度高，是一种非常值得推广的孔加工方法。下面对上述加工工艺进行详细的说明。

① 粗加工　粗铣外形，其后于平面磨床上磨削外形，保证外形间相互垂直度为0.005mm之内，并应留有足够的精加工量，最后100%进行高倍金相检查，主要检查材料内部缺陷及其表面质量。

② 半精加工　阀体加工主要是孔的加工，对于阀体来说，部分孔直径较小且较深，精度要求也较高，须在精密加工中心上进行加工。为了保证孔的加工质量，开始加工孔时必须是连续孔，即和它贯穿的所有油孔等均暂不加工。

③ 精加工　孔的精加工主要是磨、珩磨、研磨。

用夹具将阀体固定，使用砂轮为60～80粒度中软的微晶刚玉。砂轮的转速为1800r/min，工件的转速为300r/min，每次的切削深度为0.01～0.015mm，磨削的几何精度一般在0.004mm左右，表面粗糙度R_a0.5μm左右。

加工前零件需要温度化处理一次，然后进行珩磨。若采用研磨要使用研具。研磨剂为W10氧化铝和W5氧化铬，分粗、精研磨两次加工。

必须注意的是研磨后要进行及时清洗，清洗干净。集成油路斜孔既小又多是交叉，若进入小孔中的研磨剂不及时清洗掉，固结起来不易清除。即使装前再清洗，往往也不易彻底清除。这样就会在调试中造成油路污染。所以，研磨后必须立即按清洗要求，进行清洗。

阀体中最多的是集成油路连接小孔，其直径一般为ϕ1.5～2mm，并多为斜孔。其中有的是三维空间角度，加工、安装、定位都很困难。由于孔径小、多数又较深，这样加工中往往会使刀具折断，钻孔易偏，经常出现加工不到位的现象。因此，应严格保证钻头刀具的刃磨质量，两切削刃对称。当钻头用钝后，应及时刃磨、更换，不可勉强钻削，以防钻头折断在孔内。若出现这种现象，可用电火花机床将断在孔内的钻头打下来。

加工面和刀具呈倾斜状态，在刀具刚刚接触工件表面时就产生偏移，造成刀具弯曲断裂，所以当尺寸位置对正后，先用小铣刀铣小平面，打中心孔，然后再用钻头钻成。对于斜孔加工的装夹，可采用三向角度卡盘，也可用组合夹具。加工中除刀具正确刃磨外，工作中应及时排屑，并且应充分冷却、润滑。在钻孔开始和快终了时钻头应放慢进给速度，以防内部斜面使钻头折断。

斜孔加工后，清除内部毛刺、锐边，是阀体加工中一个重要问题。毛刺、锐边若不能很好清除，一方面在装配时容易损伤密封圈和划伤其他件的工作面，另一方面毛刺若带到系统中会破坏整个系统的正常工作，危害很大。所以应认真清除，要清除毛刺首先应能看清毛刺。用光学纤维内窥镜，将小灯泡伸到小孔的内部观察毛刺的锐边情况。然后用各种特制的工具去除毛刺，特制工具根据阀体尺寸和形状及结构情况制造，最后再用超声波清洗。

底面的安装孔及通油孔已经标准化了，其中通油孔的断面密封保证密封不漏油，所以表面粗糙度R_a不能高于1.0μm。

底面油孔密封槽的尺寸由O形密封圈的尺寸确定，槽底的表面粗糙度R_a0.8μm，其尺寸精度要很好控制，否则会产生渗、漏现象。

加工用高速钢端面铣刀，分2～3次加工成，铣刀底面端刃应平齐，不应出现锯齿形，为此，刀具底面应研平然后再磨后角，刀具后角一般为7°左右，刀具的转速$n=100$r/min。加工中应充分冷却润滑，用二硫化钼较好。

阀体的加工如采用多功能加工中心，自动连续作业，对于大批量生产是需要的。

13.3 集成块的加工

集成块加工质量的好坏直接影响到系统和设备的工作性能。集成块在设计时应合理布置油道，尽可能节省工艺孔。集成块的选料：高压阀块最好采用35锻钢，一般的阀块采用Q235钢即可。在用气割从板材上裁制阀块材料时，应留有足够的加工余量，最好将阀块的毛坯进行锻造后再加工。

当工作压力＜6.3MPa时，集成块也可以采用铸铁HT20～HT40，推荐相邻孔间距D=5mm；工作压力＞6.3MPa，材料的选择为35钢或45钢材锻件或厚板材，且相邻孔间距D=6～7mm。

加工阀块的材料需要保证内部组织致密，不得有夹层、砂眼等缺陷，必要时应对毛坯探伤。铸铁块和较大的钢材块在加工前应进行时效处理和预处理。

集成块的加工工艺过程如下。

① 下料。一般每边至少留2mm以上加工余量。

② 铣六面。每边留0.2～0.4mm磨量。

③ 磨六面至图纸尺寸。保证两对应面平行度不大于0.03mm，两相邻面垂直度不大于0.05mm。

④ 钳工划线并钻各孔，表面粗糙度R_a 12.5μm。对孔径适宜需要者，可攻螺纹。钻孔遇有相交时应考虑油液流动方向，避免产生涡流和冲击性振动。

⑤ 车工对需镗孔或车螺纹的各孔进行车（镗）加工。阀块的表面粗糙度一定要达到设计要求，尤其是液压阀、法兰、管接头的安装面上不得有划线痕迹和其他缺陷，否则会造成渗漏。

⑥ 阀块的机加工完成后，钳工必须要倒棱、去刺，阀块中所有的流道，尤其是相贯流道的交叉处必须彻底清除毛刺，这与整个液压系统的可靠性息息相关，切不可忽视。清除各孔内铁屑，且一定要清理干净（据统计，液压系统故障的80%以上是由于零件毛刺去除不干净及油液污染所致）。目前，针对不同形状零件和不同材质及部位已有多种不同的去毛刺方法和设备，对集成块主要采用以下两种方法：a. 振动式去毛刺，主要用于精加工前、热处理后对零件进行去刺，除锈，除氧化皮及锐边倒钝的清整处理；b. 柔性毛刷去刺，针对集成块加工中各沟槽、台阶孔、直角棱边出现的毛刺，在精加工后使用毛刷并进行光整，加工效果好，这种特制的毛刷是由尼龙材料和绿色碳化硅、碳化硼磨粒混合压制而成的。

⑦ 焊堵。焊工艺孔并打磨平。可用堵塞堵，堵塞和工艺孔的过盈量在0.02～0.04mm，堵塞和孔均留45°焊接坡口，坡口深3mm，焊接牢固，不得有裂缝，磨平焊碴；当然，也可以用螺塞加组合密封垫堵工艺孔。

⑧ 磨工将各表面磨至表面粗糙度R_a 0.8μm（因此时磨量不大，故在前次磨削时不必留余量）。

⑨ 清洗。清洗是伴随整个加工过程的重要工序，尤其对集成块清洁度要求高的产品，清洗必须跟随每一道机加工工序而进行，才能保证整个元件的清洁度。

这里重点介绍一下装配前的粗洗和精洗。

粗洗：主要是清除附着在零件表面的各种颗粒污染物、腐蚀物、油脂等，常用的粗洗方法有以下5种。

a. 肥皂水或洗涤液浸泡、刷洗、冲洗，可除去灰尘、残留颗粒物、油脂等；

b. 碱洗液浸泡、冲洗，可除去灰尘、油脂、可溶性金属氧化物等；

c. 酸洗液浸泡、冲洗，可除去氧化皮、锈蚀物、有机物及无机物等；

d. 溶剂浸泡、刷洗，可除去油脂、润滑液、有机物等；

e. 机械清洗（钢丝刷刷洗、喷砂、滚筒中翻滚等），清除零件表面黏附的污染物。

精洗：由于集成块表面清洁度要求极高，所以要进行精洗，精洗的清洁程度可达到零件表面残留一个分子层的污染物。常用的精洗方法有以下两种：

a. 蒸气浴洗，将被清洗零件放置在加热的溶剂蒸气中，蒸气在零件表面冷凝从而将污染物洗去；

b. 超声波清洗，它是一种有效的清洗方法，将集成块浸泡在盛有清洁溶剂的超声波槽中，利用超声波清除集成块表面黏附的污染物，集成块经超声波清洗后表面可能残留油渍，需要在蒸气浴池中进一步清洗。

实践表明，两种方法相结合可以使集成块达到很高的清洁度。

⑩ 表面处理。镀铬或镀锌。

⑪ 装配和试验。阀块装配前应再次校对孔道的连通情况是否与原理图相符，校对所有待装的元件及零部件，保证所装配的元件、密封件及其他部件均为合格品。阀块上的螺堵应加厌氧胶助封，使用厌氧胶前必须对结合面清除油垢，加胶拧紧，24h后才能通油。

加工完所有零件后，在清洁的环境进行集成块系统的装配，以防止元器件锈蚀或受环境污染，装配后的集成块进出口用螺堵加组合密封垫进行密封。装配后的产品要进行耐压试验和功能试验，耐压试验试验压力按照国家标准进行，试压时间为5～10min，各接头处不得有泄漏，不允许有其他异常现象，功能试验依据不同的功能要求来进行。

⑫ 液压阀块的调试。液压阀块调试前应先进行10～20min回路冲洗，冲洗时应不断切换阀块上的电磁换向阀，使油流能冲洗到阀块所有通道。若阀块上有比例阀和伺服阀，应先改装冲洗板，以防损坏精密元件。阀块调试包括耐压试验和功能试验。试验时可采用系统本身油源，也可采用专用试验台。

⑬ 耐压试验。液压阀块的试验压力根据系统的工作压力 p_S 来选取，如表3.4-228所示。

耐压试验中应逐级升压，达到试验压力后保压5～10 min，所有连接面不得有渗漏。考虑到组成试验台或液压系统元件为常规元件，故试验压力一般不超过31.5MPa。

表3.4-228 试验压力选取对照表

工作压力 p_S/MPa	≤16	>16～25	>25～31.5
试验压力/MPa	$1.5p_S$	$1.25p_S$ 小于24MPa时按24MPa试验	$1.15p_S$ 小于31.5MPa时按31.5MPa试验

耐压试验中如果发现液压阀与阀块的结合面上有渗漏现象，应查明渗漏原因，针对问题合理处理，不应采用在结合面上加涂密封胶的方法来堵渗漏。耐压试验时，阀块回路中压力阀的调压弹簧应调到最松，节流阀应调到最大。做完耐压试验后，应将阀块上的溢流阀及安全阀调到系统的设定压力。

⑭ 功能试验。阀块上的每一回路的每个阀都应对照液压系统原理图进行功能试验。首先将所试回路的P、T、A、B、X、Y油口连通，其余回路的油口暂时用螺堵或闷盖法兰堵住。一般情况下可接溢流阀加载，假如回路中有比例阀、调速阀、节流阀，则应接液压缸或液压马达做试验。将阀块上P口的压力调到工作压力后，试验回路的动作功能，要求各元件的动作准确可靠。将阀块上的压力阀及压力继电器调到系统设定压力的位置并锁定，对于减压阀要求其在外负荷变化时，超调值应符合标准。阀块上的电磁阀中位机能应正确，换向灵敏，动作可靠，并要多次（5次以上）重复试验。调节阀块上的调速阀、节流阀、比例阀及伺服阀等，观察输出流量应随输入信号改变。调试中遇到故障时，不要急于拆检，要先从原理分析，列出引起故障的各种因素，从主到次逐一检查，并可借助于测压接头检测关键点的实际压力。功能试验后，及时堵住外露的油口，防止脏物侵入。

13.4 液压阀的拆装方法与注意事项

13.4.1 液压阀清洗

拆卸清洗是液压阀维修的第一道工序。对于因液压油污染造成油污沉积，或液压油中的颗粒状杂质导致的液压阀故障，经拆卸清洗一般能够排除故障，恢复液压阀的功能。

常见的清洗工艺包括：①拆卸。虽然液压阀的各零件之间多为螺栓连接，但液压阀设计是面向非拆卸的，如果没有专用设备或专业技术，强行拆卸极可能造成液压阀损坏。因此拆卸前要掌握液压阀的结构和零件间的连接方式，拆卸时记录各零件间的位置关系。②检查清理。检查阀体、阀芯等零件的污垢沉积情况，在不损伤工作表面的前提下，用棉纱、毛刷、非金属刮板清除集中污垢。③粗洗。将阀体、阀芯等零件放在清洗箱的托盘上，加热浸泡，将压缩空气通入清洗槽底部，通过气泡的搅动作用，清洗掉残存污物，有条件的可采用超声波清洗。④精洗。用清洗液高压定位清洗，最后用热风干燥。有条件的企业可以使用现有的清洗剂，个别场合也可以使用有机清洗剂如柴油、汽油。⑤装配。依据液压阀装配示意图或拆卸时记录的零件装配关系装配，装配时要小心，不要碰伤零件。原有的密封材料在拆卸中容易损坏，应在装配时更换。

清洗时应注意以下问题：①对于沉积时间长，粘贴牢固的污垢，清理时不要划伤配合表面。②加热时注意安全。某些无机清洗液有毒性，加热挥发可使人中毒，应当慎重使用；有机清洗液易燃，注意防火。③选择清洗液时，注意其腐蚀性，避免对阀体造成腐蚀。④清洗后的零件要注意保存，避免锈蚀或再次污染。⑤装配好的液压阀要经试验合格后方能投入使用。

13.4.2 拆装阀的一般要求

① 拆装液压阀是一项精细的工作。任何尝试它的人必须承担以后阀能正常工作的责任。

② 不要在车间的地板上或者有灰尘和污垢被吹进阀的部件的地方进行阀的内部维修工作。应选择干净的场地，使用清洁的工作台，确信使用的工具是清洁的，其上没有油脂和灰尘。所有的阀的拆卸和装配应在一个水平安装的位置上，并应该有足够的空间。

③ 卸掉管道内的油压力，防止油喷。

④ 管道拆卸必须预先作好标记，以免装配混淆。

⑤ 在维修工作中，当移除元件时，应确信密封了所有阀体的开口，这样做是为了防止外来的异物进入阀体。

⑥ 拆卸的油管先用清洗油清洗，然后在空气中风干，并将管两端开口处堵上塑料塞子，防止异物进入。管道螺纹及法兰盘上的O形圈等结构，要注意保护，防止划伤。

⑦ 防止异物进入或加工面划伤。

⑧ 细小零件（如密封圈、螺栓），要分类保存（可分别装入塑料袋中），不要丢失或损伤。

⑨ 油箱要用盖板覆盖，防止尘埃进入，排出的油应装入单独的干净桶里。再使用时，要用带过滤器的液压泵一边过滤一边注入油箱。

13.4.3 液压阀拆卸注意事项

经过诊断必须解体修复的元件应该遵循下列要求进行。

① 对元件的结构图必须了解透彻，要熟悉装配关系、拆卸顺序和方法。在拆卸之前，学习研究阀的爆炸图并注意所有零件的方向和位置。为了以后方便装配，在拆卸时小心识别各个零件。阀芯是和阀体是适配的并且必须被装回相同的阀体上。必须用相同的顺序重新装配阀的各个零部件。

② 当不得不夹紧阀体在一个台虎钳上的时候要特别小心。不要损坏部件。假如可能，使用一个装备有铅或铜的钳夹，或者缠绕上一个保护覆盖物的保护元件。

③ 使用压力机移除承受高压的弹簧。

④ 用清洁的矿物油溶剂（或者其他非腐蚀性清洁剂）仔细洗净拆下的零件，而且保持原装配状态，分别安置好，不得丢失和碰伤。用压缩空气吹干零件。不要用废纸和碎布擦拭阀，因为碎布中藏有污物和纤维屑可能进入液压系统并引起故障。

⑤ 不要使用四氯化碳作为清洁剂，因为它可以恶化橡胶密封。

⑥ 当发现表面形状或颜色异常时，要保持原始状态，便于分析故障发生的原因。

⑦ 在清洗和吹干阀之后立即用防锈的液压油涂上阀的各个零件。确信保持零部件的清洁并且免除潮湿直到你重新装配它们。对于长时间保持拆卸状态的零件，应涂防锈油后，装入箱内保管。

⑧ 当拆卸时小心地检查阀的弹簧，当弹簧显示有翘起、弯曲或者包含有破损、断裂的或者生锈的簧圈的迹象时则应更换弹簧。

⑨ 使用弹簧检测仪检查弹簧的长度，压缩到一个指定的长度。

⑩ 拆卸时特别小心避免损坏阀芯或者阀套。即使一个极微小的阀的棱边上或阀套上的缺口都可能毁坏阀。

⑪ 拆下的零件要用放大镜、显微镜等仔细观察磨损、伤痕和锈蚀等情况。仔细检查滑动部位有无卡住，配合部分（如阀芯与阀体、阀芯与阀座等）是否接触不良等。

⑫ 主要零件要测量变形、翘曲、磨损、硬度等；弹簧要检测其弯曲和性能，在阀被拆卸后更换所有的密封圈是一个好主意。密封圈要检测其表面有无破坏、切断伤痕、磨损、硬化及变形等。

⑬ 检测后，根据零件的损伤情况，采用必要的工具（砂纸、锉刀、刮刀、油石等）进行修复。不能修复的可进行配作或更换（如阀芯和密封圈等）。零件经过检测、修复或更换后，需重新组装。

13.4.4 液压阀组装注意事项

组装时，须注意下列几点。

① 确信阀被清洗过了。用煤油冲洗阀的各个部件，将零件上的锈蚀、伤痕、毛刺及附着污物等彻底清洗干净，并用空气吹干它们。然后用含有防锈添加剂的液压油浸泡。这样做将帮助安装并提供初始的润滑，在装配时可以使用凡士林油固定密封圈至它们相应的位置。

② 再一次检查阀的各结合面无毛刺和油漆。

③ 组装前涂上工作油。

④ 当维修一个阀的组件时请更换所有的密封和密封垫片。在安装之前浸泡所有的新的密封圈和密封垫片。这样做将防止密封件的损坏和帮助密封阀的各零件。

⑤ 确信装一个阀的阀芯在与它适配的阀体内。必须用准确的顺序重新安装一个阀的各部件。

⑥ 对滑阀等滑动件，不要强行装入。根据配合要求，要装配到能正常工作为止。

⑦ 确信安装阀时没有变形。变形可能的原因是安装螺栓时和管道法兰时的不平衡的拧紧力，不平的安装表面，不正确的阀的位置，或者当油温升高时不充足的可允许的管道膨胀。任何这些都会导致阀芯约束。因此紧固螺栓时，应按照对角顺序平均拧紧。不要过紧，过紧会使主体变形或密封损坏失效。

⑧ 在拧紧螺栓之后检查阀芯的动作。如果有任何的黏滞和约束，请检查安装螺栓的拧紧力矩。

⑨ 装配完毕，应仔细校核检查有无遗忘零件（如弹簧、密封圈等）。

第五章 液压辅件

1 蓄能器

蓄能器在液压系统中是用来储存、释放能量的装置，其主要用途为：可作为辅助液压源在短时间内提供一定数量的压力油，满足系统对速度、压力的要求，如可实现某支路液压缸的增速、保压、缓冲、吸收液压冲击、降低液压脉动、减少系统驱动功率等。

1.1 蓄能器的种类及特点（见表 3.5-1）

表 3.5-1 蓄能器的种类及特点

种类		结构简图	特点	用途	安装要求
气体加载式	气囊式	气体	油气隔离，油不易氧化，油中不易混入气体，反应灵敏，尺寸小，重量轻；气囊及壳体制造较困难，橡胶气囊要求温度范围－20～70℃	折合型气囊容量大，适于蓄能；波纹型气囊用于吸收冲击	
	活塞式	气体 浮动活塞 油	油气隔离，工作可靠，寿命长，尺寸小，但反应不灵敏，缸体加工和活塞密封性能要求较高 有定型产品	蓄能，吸收脉动	一般充惰性气体（如氮气）。油口应向下垂直安装。管路之间应设置开关（为充气、检查、调节时使用）
	气瓶式	气体 油	容量大，惯性小，反应灵敏，占地小，没有摩擦损失；但气体易混入油内，影响液压系统运行的平稳性，必须经常灌注新气；附属设备多，一次投资大	适用于需大流量中、低压回路的蓄能	

续表

种类	结构简图	特　点	用　途	安装要求
重锤式	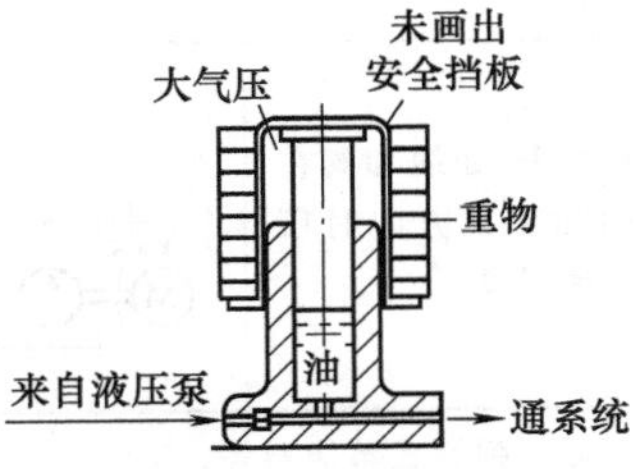	结构简单，压力稳定；体积大，笨重，运动惯性大，反应不灵敏，密封处易漏油，有摩擦损失	仅作蓄能用，在大型固定设备中采用。轧钢设备中仍广泛采用（如轧辊平衡等）	柱塞上升极限位置应设安全装置或信号指示器，应均匀地安置重物
弹簧式	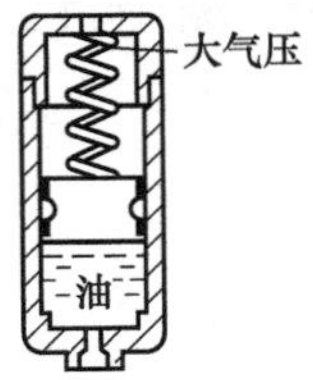	结构简单，容量小，反应较灵敏；不宜用于高压，不适于循环频率较高的场合	仅供小容量及低压 $p\leqslant1\sim12$MPa 系统作蓄能器及缓冲用	应尽量靠近振动源

1.2　蓄能器在系统中的应用（见表 3.5-2）

表 3.5-2　蓄能器在系统中的应用

用　途	系　统　图	用　途	系　统　图
储蓄液压能用			
①对于间歇负荷，能减少液压泵的传动功率 当液压缸需要较多油量时，蓄能器与液压泵同时供油；当液压缸不工作时，液压泵给蓄能器充油，达到一定压力后液压泵停止运转	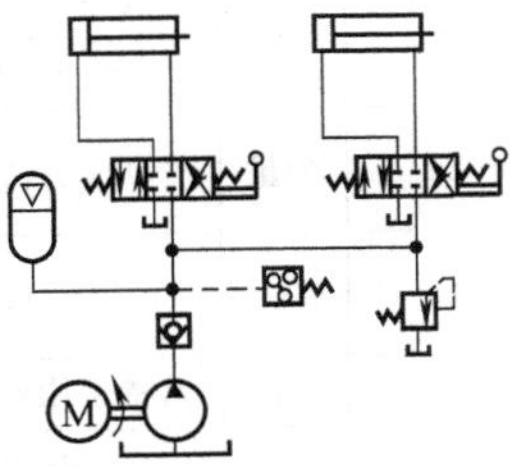	④保持系统压力：补充液压系统的漏油，或用于液压泵长时间停止运转而要保持恒压的设备上	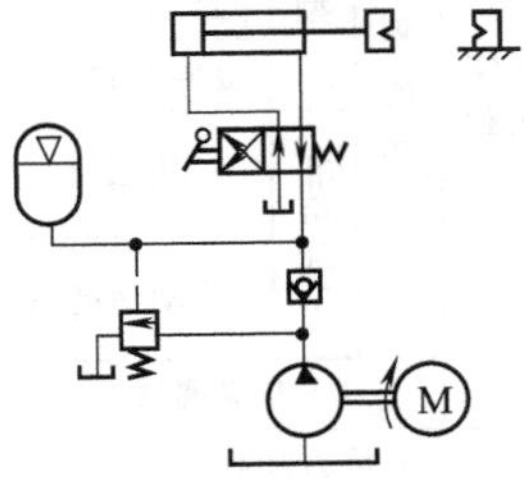
②在瞬间提供大量压力油	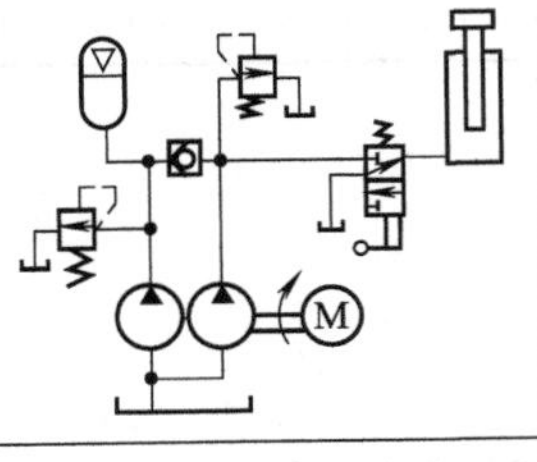	⑤驱动二次回路：机械在由于调整检修等原因而使主回路停止时，可以使用蓄能器的液压能来驱动二次回路	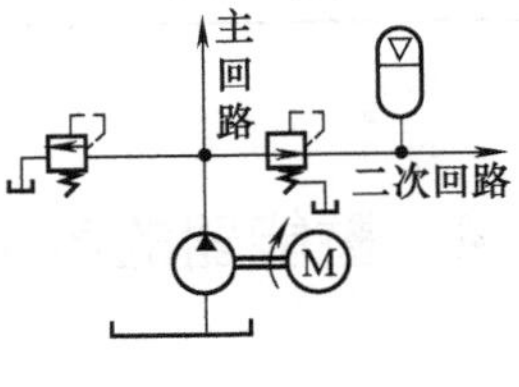
③紧急操作：在液压装置发生故障和停电时，作为紧急的动力源	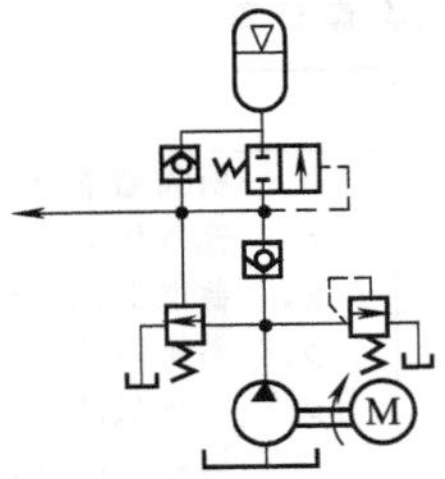	⑥稳定压力：在闭锁回路中，由于油温升高而使液体膨胀，产生高压可使用蓄能器吸收，对容积变化而使油量减少时，也能起补偿作用	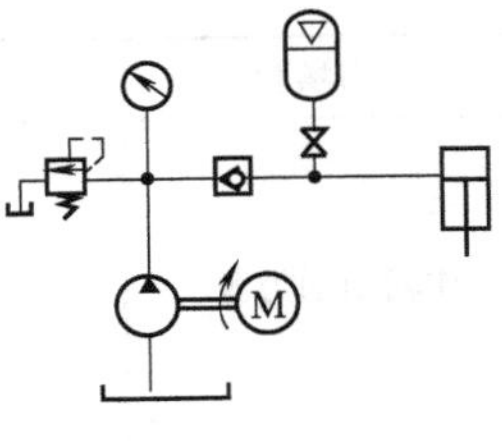

续表

用途	系统图	用途	系统图
缓和冲击及消除脉动用			
①吸收液压泵的压力脉动		②缓和冲击:如缓和阀在迅速关闭和变换方向时所引起的水锤现象	

注：1. 缓和冲击的蓄能器，应选用惯性小的蓄能器，如气囊式蓄能器、弹簧式蓄能器等。

2. 缓和冲击的蓄能器，一般尽可能安装在靠近发生冲击的地方，并垂直安装，油口向下。如实在受位置限制，垂直安装不可能时，再水平安装。

3. 在管路上安装蓄能器，必须用支板或支架将蓄能器固定，以免发生事故。

4. 蓄能器应安装在远离热源的地方。

1.3 各种蓄能器的性能及用途（见表 3.5-3）

表 3.5-3 各种蓄能器的性能及用途

形式				性能						用途		
				响应	噪声	容量的限制	最大压力/MPa	漏气	温度范围/℃	蓄能用	吸收脉动冲击用	传递异性液体用
气体加载式	隔离式	可挠型	气囊式	良好	无	有(480L左右)	35	无	−10～+120	可	可	可
			隔膜式	良好	无	有(0.95～11.4L)	7	无	−10～+70	可	可	可
			直通气囊式	好	无	有	21	无	−10～+70	不可	很好	不可
			金属波纹管式	良好	无	有	21	无	−50～+120	可	可	不可
		非可挠型	活塞式	不太好	有	可做成较大容量	21	小量	−50～+120	可	不太好	可
			差动活塞式	不太好	有	可做成较大容量	45	无	−50～+120	可	不太好	不可
	非隔离式			良好	无	可做成大容量	5	有	无特别限制	可	可	不可
重力加载式				不好	有	可做成较大容量	45	—	−50～+120	可	不好	不可
弹簧加载式				不好	有	有	1.2	—	−50～+120	可	不太好	可

1.4 蓄能器的容量计算（见表 3.5-4）

表 3.5-4 蓄能器的容量计算

应用场合	容积计算公式	说明
作辅助动力源	$V_0=\dfrac{V_x(p_1/p_0)^{\frac{1}{n}}}{1-(p_1/p_2)^{\frac{1}{n}}}$	V_0—所需蓄能器的容积,m^3 p_0—充气压力,Pa,按 $0.9p_1<p_0<0.25p_2$ V_x—蓄能器的工作容积,m^3 p_1—系统最低工作压力,Pa p_2—系统最高工作压力,Pa n—指数,等温时取 $n=1$,绝热时 $n=1.4$

续表

应用场合	容积计算公式	说　　明
吸收泵的脉动	$V_0=\dfrac{AkL(p_1/p_0)^{\frac{1}{n}}\times 10^3}{1-(p_1/p_0)^{\frac{1}{n}}}$	A—缸的有效面积,m^3 L—柱塞行程,m k—与泵的类型有关的系数: 泵的类型　系数 k 单缸单作用　0.60 单缸双作用　0.25 双缸单作用　0.25 双缸双作用　0.15 三缸单作用　0.13 三缸双作用　0.06 p_0—充气压力,按系统工作压力的 60%充气
吸收冲击	$V_0=\dfrac{m}{2}v^2\left(\dfrac{0.4}{p_0}\right)\left[\dfrac{10^3}{\left(\dfrac{p_2}{p_0}\right)^{0.285}-1}\right]$	m—管路中液体的总质量,kg v—管中流速,m/s p_0—充气压力,按系统工作压力的 90%充气

注:1. 充气压力按应用场合选用。

2. 蓄能器工作循环在 3min 以上时,按等温条件计算,其余均按绝热条件计算。

1.5 蓄能器产品

1.5.1 NXQ 型气囊式蓄能器

(1) 型号说明

① 标准型号

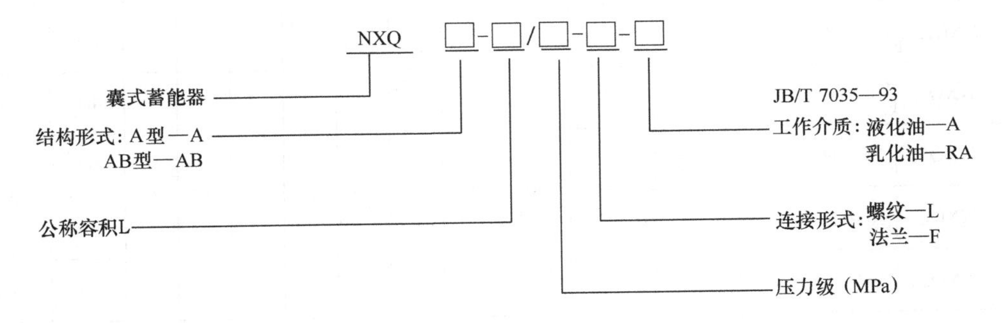

② 奉化液压件厂型号

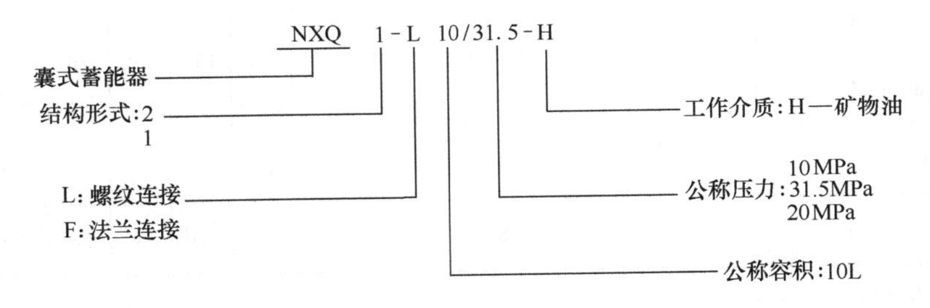

(2) 规格及外形尺寸(见表 3.5-5)

表 3.5-5　NXQ 型气囊式蓄能器规格及外形尺寸

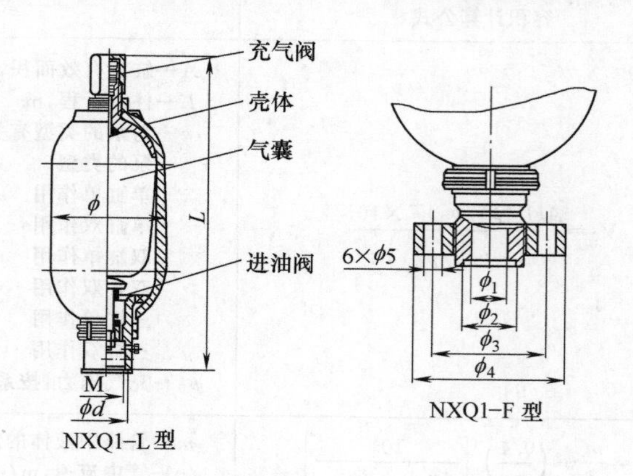

NXQ1-L 型　　NXQ1-F 型

型　号	压力/MPa	容积/L	M	φd	φ1	φ2	φ3	φ4	φ5	L	φ	质量/kg
NXQ1-L0.25/*-H	10，20，31.5	0.25	M22×1.5							260	56	2
NXQ1-L0.4/*-H		0.4	M27×2							260	89	3
NXQ1-L0.63/*-H		0.63								320		3.5
NXQ1-L1/*-H		1								330	114	5.5
NXQ△-$\frac{L}{F}$1.6/*-H		1.6	M42×2	50	42	50	97	130	17	365	152	12.5
NXQ△-$\frac{L}{F}$2.5/*-H		2.5								430		15
NXQ△-$\frac{L}{F}$4/*-H		4								540		18.5
NXQ△-$\frac{L}{F}$6.3/*-H		6.3								710		25.5
NXQ△-$\frac{L}{F}$10/*-H		10	M60×2	70	50	65	125	160	21	650	219	42
NXQ△-$\frac{L}{F}$16/*-H		16								860		57
NXQ△-$\frac{L}{F}$25/*-H		25								1160		77
NXQ△-$\frac{L}{F}$40/*-H		40								1680		113
NXQ△-$\frac{L}{F}$40/*-H		40	M72×2	80	70	80	150	200	26	1050	299	127
NXQ△-$\frac{L}{F}$63/*-H		63								1470		167
NXQ△-$\frac{L}{F}$80/*-H		80								1810		208
NXQ△-$\frac{L}{F}$100/*-H		100								2190		250
NXQ△-$\frac{L}{F}$150/*-H		150	M80×3	90	80	90	170	230	28	2450	351	445

注：1. “△”为结构形式 1、2。

2. 生产厂为奉化奥莱尔液压公司、南京锅炉厂、四平液压件厂。

1.5.2 HXQ 型活塞式蓄能器

(1) 型号说明

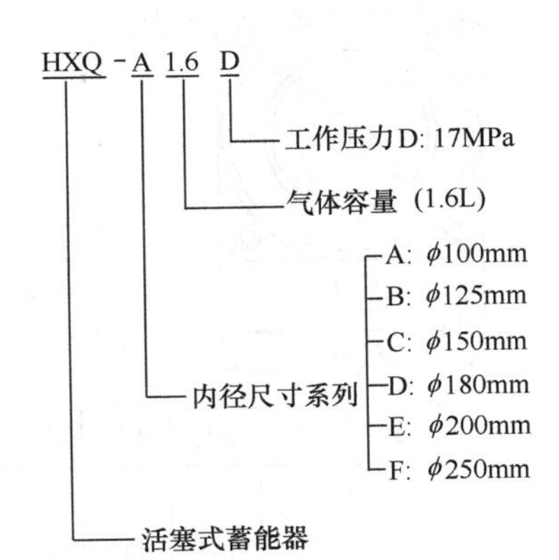

(2) 技术规格(见表 3.5-6)

(3) 外形尺寸(见表 3.5-7)

表 3.5-6 HXQ 型活塞式蓄能器技术规格

型　号	气体容积/L	压力/MPa		质量/kg
		最高工作压力	耐压	
HXQ-A1.0D	1			18
HXQ-A1.6D	1.6			20
HXQ-A2.5D	2.5			24
HXQ-B4.0D	4			42
HXQ-B6.3D	6.3	17.0	25.5	51
HXQ-B10	10			67
HXQ-C16D	16			110
HXQ-C25D	25			147
HXQ-C39D	39			208
HXQ-D16Z	16			149
HXQ-D25Z	25			176
HXQ-D40Z	40			222
HXQ-E40Z	40			279
HXQ-E63Z	63	20	27	358
HXQ-F63Z	63			382
HXQ-F80Z	80			428
HXQ-F100Z	100			483

表 3.5-7 HXQ 型活塞式蓄能器外形尺寸

①管式连接

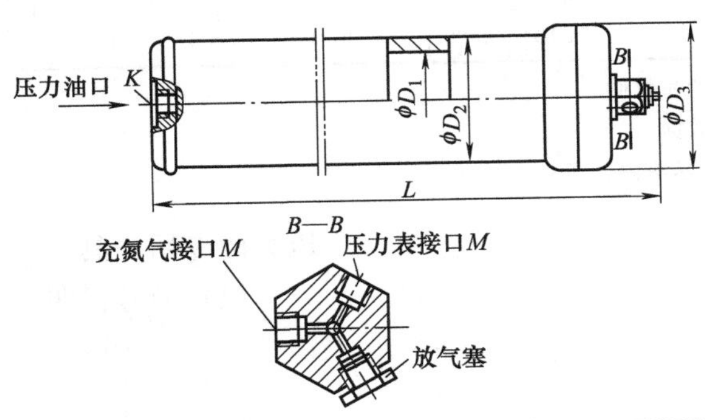

型　号	公称通径/mm	ϕD_1	ϕD_2	ϕD_3	L	K	M
HXQ-A1.0D	20	100	127	145	327① 324②	3/4in① M27×2②	M12×1.25
HXQ-A1.6D					402① 399②		
HXQ-A2.5D		100	127	145	517① 514②	3/4in① M27×2②	
HXQ-B4.0D	25	125		185	557① 562②	1in① M33×2	
HXQ-B6.3D					747① 752②		
HXQ-B10					1057① 1062②		
HXQ-C16D		150	194	220	1177		
HXQ-C25D					1687		
HXQ-C39D					2480		

②法兰连接

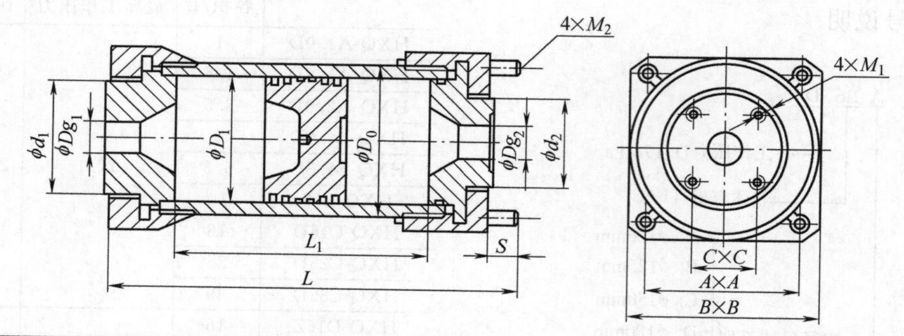

型　号	ϕD_1	ϕD_0	L	L_1	M_1	M_2	S	A	B	C	ϕd_1	ϕd_2	ϕD_{g1}	ϕD_{g2}
HXQ-D16Z	180	212	948	834	M16	M24	28.2	190	260	73	145	140	30	40
HXQ-D25Z			1302	1188										
HXQ-D40Z			1892	1778										
HXQ-E40Z	200	240	1618	1494	M16	M24	33	230	290	73	150	140	50	50
HXQ-E63Z			2350	2226										
HXQ-F63Z	250	292	1668	1544	M20	M30	43	250	340	103	200	160	65	65
HXQ-F80Z			2014	1890									80	80
HXQ-F100Z			2424	2300										

① 为榆次液压有限公司的产品数据。

② 为四平液压件厂的产品数据。

注：四平液压件厂、榆次液压有限公司。

1.6 蓄能器附件

1.6.1 CQJ 型充氮工具

充氮工具是蓄能器进行充气，检验充气压力的专用工具。

（1）型号说明

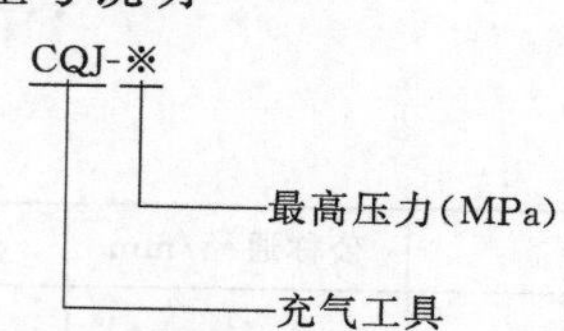

（2）技术规格及外形尺寸（见表 3.5-8）

表 3.5-8　CQJ 型充氮工具技术规格及外形尺寸

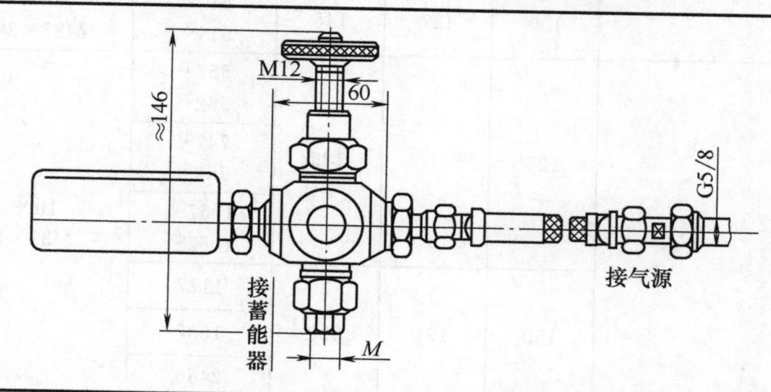

续表

充氮工具型号	公称压力/MPa	与蓄能器连接尺寸 M	配用蓄能器型号	配用压力表		胶管规格	
				刻度范围/MPa	精度等级	内径(mm)×钢丝层数	长度/mm
CQJ-16	10	M14×1.5	NXQ-$\frac{L}{F}$*/10	$p=16$	1.5	$\phi8\times1$	1000～3000
CQJ-25	20		NXQ-$\frac{L}{F}$*/20	$p=25$		$\phi8\times2$	
CQJ-40	31.5		NXQ-$\frac{L}{F}$*/31.5	$p=40$		$\phi8\times3$	

注：生产厂为奉化市中亚液压成套制造有限公司、奉化液压件二厂。

1.6.2 CDZ 型充氮车

充氮车为蓄能器及各种高压容器充装高压氮气的专用增压装置。

(1) 型号说明

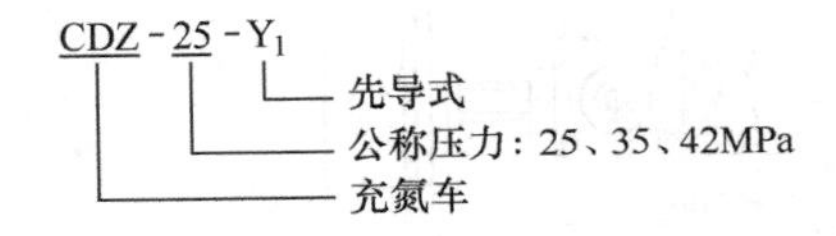

(2) 技术规格（见表 3.5-9）

(3) 外形尺寸（见图 3.5-1）

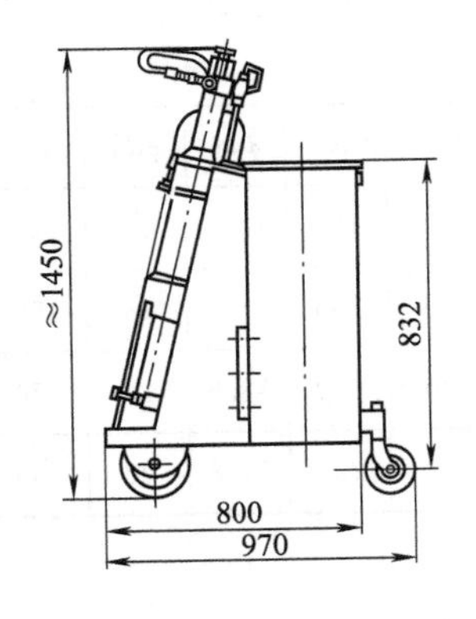

图 3.5-1 充氮车外形尺寸

1.6.3 蓄能器专用阀门

蓄能器专用控制阀门是装接于蓄能器和液压系统之间，用来控制蓄能器油液通断、溢流、泄压等工况的组件。

(1) XJF 型蓄能器截止阀

① 型号说明

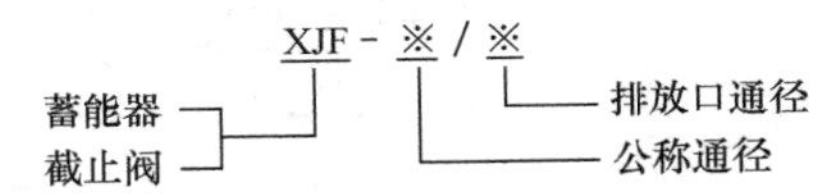

② 液压原理图（见图 3.5-2）

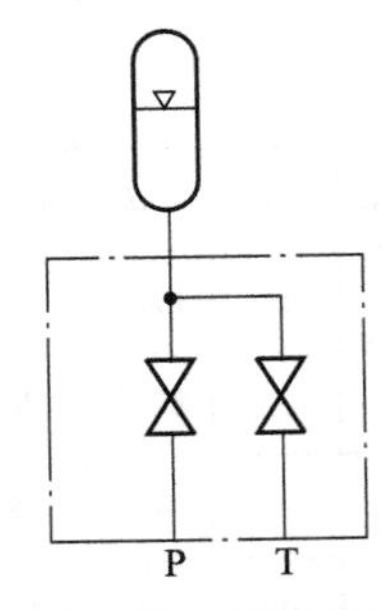

图 3.5-2 截止阀液压原理图

③ 技术规格（见表 3.5-10）

④ 外形尺寸（见表 3.5-11）

表 3.5-9 CDZ 型充氮车技术规格

充氮车型号	允许最低进气压力/MPa	最高输入压力/MPa	液压泵		增压器		质量/kg
			压力/MPa	流量/(L/min)	增压比	增压次数/min	
CDZ-25Y_1	3.0～13.5	25	7	9	1∶4	8	338
CDZ-35Y_1	3.0～13.5	35	7	9	1∶6	8	338
CDZ-42Y_1	3.0～13.5	42	8	14～16	1∶7	7.5	338

注：生产厂为奉化液压件二厂、奉化市中亚液压成套制造有限公司、沈阳六玲过滤器有限公司。

表 3.5-10　XJF 型蓄能器截止阀技术规格

型　号	公称压力 /MPa	公称流量 /(L/min)	公称通径 /mm	排放口通径 /mm	配用蓄能器型号	质量 /kg
XJF-10/10	31.5	40	10	10	NXQ-L1.6～6.3/※-H NXQ-L10～100/※-H	7
XJF-20/10		100	20			
XJF-32/10		160	32			10
XJF-40/10		250	40			13

表 3.5-11　XJF 型蓄能器截止阀外形尺寸

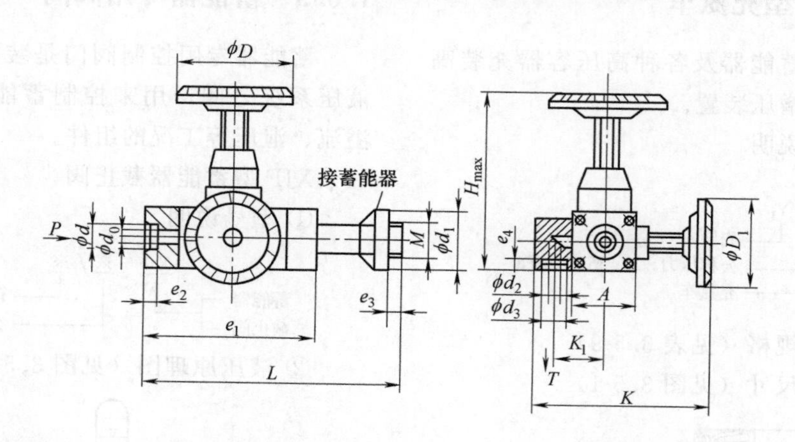

型号	H_{max}	A	ϕd	ϕd_0	e_2	L	M	ϕd_1	ϕD	ϕD_1	K	ϕd_2	ϕd_3	e_1	e_3	e_4
XJF-10/10	170	58	17.8	10	10	236	M42	60	120	80	163	18.5	24	150	15	10
XJF-20/10	170	58	28.5	20	10	236	M42	60	120	80	163	18.5	24	150	15	10
XJF-32/10	225	76	43	32	16	325	M60	80	140	80	190	18.5	24	170	26	10
XJF-40/10	250	92	51	40	18	349	M60	80	160	80	207	17.8	28	190	26	12

注：1. 配用 63～100L 蓄能器，接口可加大到 M72×2。
2. 生产厂为奉化液压件二厂、奉化市中亚液压成套制造有限公司。

(2) AQJ 型蓄能器控制阀组

① 型号说明

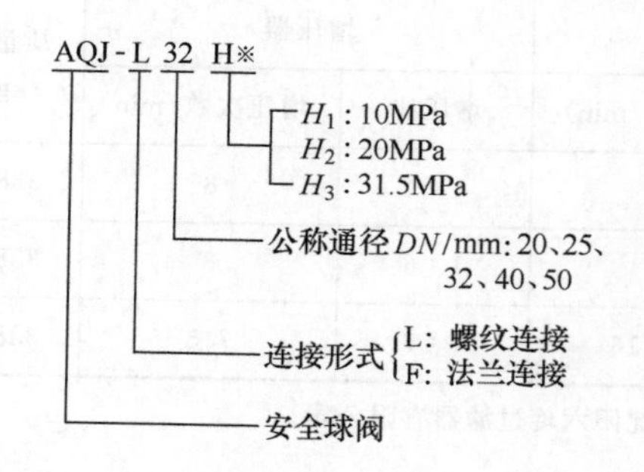

② 液压原理图（见图 3.5-3）

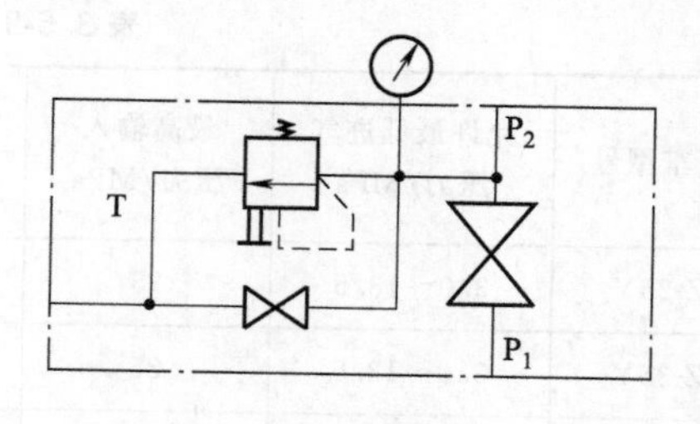

图 3.5-3　液压原理图

③ 规格及外形尺寸（见表 3.5-12）

表 3.5-12　AQJ 型蓄能器控制阀组规格及外形尺寸　　/mm

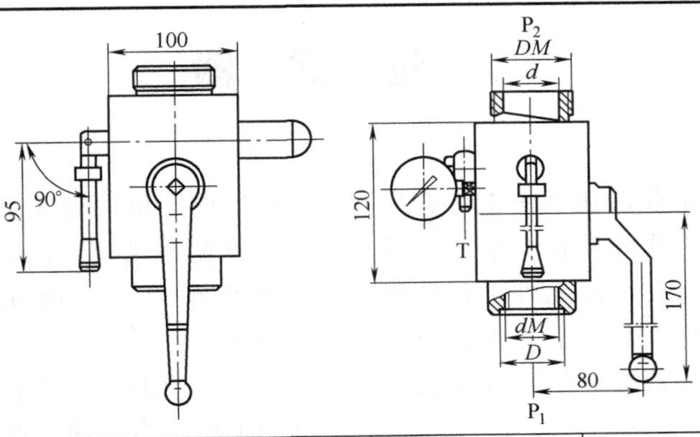

名　称		AQJ-L20H※	AQJ-L25H※	AQJ-L32H※	AQJ-L40H※	AQJ-L50H※
公称压力/MPa		$H_1=10$；$H_2=20$；$H_3=31.5$	$H_1=10$；$H_2=20$；$H_3=31.5$	$H_1=10$；$H_2=20$ $H_3=31.5$	$H_1=10$；$H_2=20$；$H_3=31.5$	$H_1=10$；$H_2=20$；$H_3=31.5$
公称通径 d	mm	20	25	32	40	50
	口径/in	3/4	1	1 1/4	1 1/2	2
连接尺寸	DM	M27×2	M42×2	M60×2	M60×2	M72×2
	dM	M27×2	M33×2	M48×2	M48×2	M60×2
O 形密封圈	D	ϕ35×3.1	ϕ40×3.1	ϕ55×3.1	ϕ55×3.1	ϕ68×3.1
配用蓄能器型号		NXQ_1-L0.25 ～1/※-H	NXQ_1-L1.6 ～6.3/※-H	NXQ_1-L10 ～25/※-H	NXQ_1-L25 ～40/※-H	NXQ_1-L63 ～100/※-H

注：生产厂为奉化市中亚液压成套制造有限公司、奉化液压件二厂。

(3) 专用氮气瓶（非隔离式蓄能器）

氮气瓶与活塞式蓄能器配合使用，可增大蓄能器的有效容积。

① 型号说明

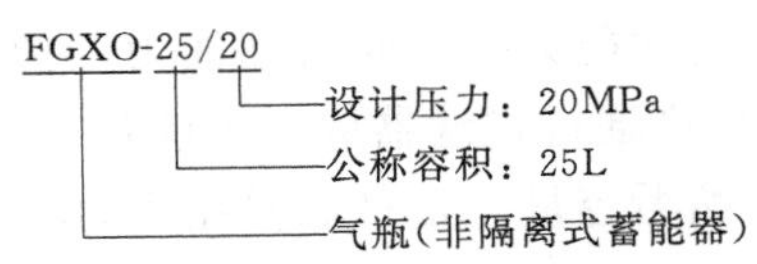

② 规格及外形尺寸（见表 3.5-13）

表 3.5-13　专用氮气瓶规格及外形尺寸

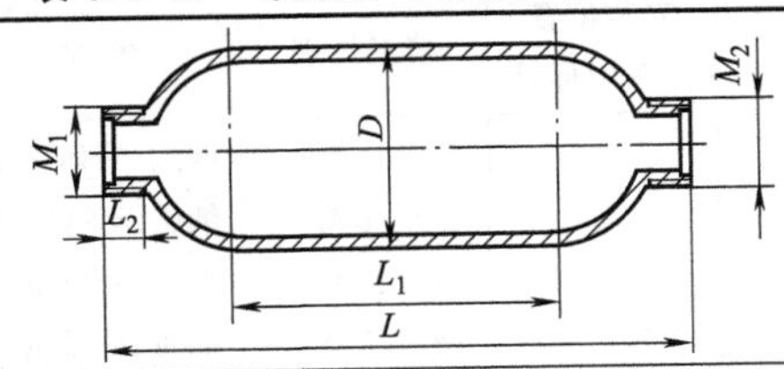

型号	设计压力/MPa	公称容积/L	尺寸/mm					质量/kg
			D	L_1	L	L_2	M_1,M_2	
FGXQ-L10/＊	10 20 31.5	10	ϕ219	215	535	40	M60×2 或 M80×2	34
FGXQ-L16/＊		16		420	740			47
FGXQ-L20/＊		20		555	875			56
FGXQ-L25/＊		25		730	1050			68
FGXQ-L40/＊		40		1240	1560			102
FGXQ-L40/＊		40	ϕ299	600	1050	50	M90×2 或 M100×2	140
FGXQ-L63/＊		63		1030	1480			190
FGXQ-L80/＊		80		1335	1785			245
FGXQ-L100/＊		100		1725	2175			295
FGXQ-L140/＊		140	ϕ351	1780	2280	60	M100×2 或 M115×3	450

注：1. 连接螺纹尺寸如有特殊要求或需要特殊规格，订货时需说明。

2. 生产厂为鞍山市高压容器厂。

2 过 滤 器

过滤器的功能是清除液压系统工作介质中的固体污染物，使工作介质保持清洁，延长器件的使用寿命、保证液压元件工作性能可靠。液压系统故障的75%左右是由介质的污染造成的。因此过滤器对液压系统来说是不可缺少的重要辅件。

2.1 过滤器的主要性能参数

① 过滤精度　也称绝对过滤精度，是指油液通过过滤器时，能够穿过滤芯的球形污染物的最大直径（即过滤介质的最大孔口尺寸数值）(mm)。

② 过滤能力　也叫通油能力，指在一定压差下允许通过过滤器的最大流量。

③ 纳垢容量　是过滤器在压力将达到规定值以前，可以滤出并容纳的污染物数量。过滤器的纳垢容量越大，使用寿命越长。一般来说，过滤面积越大，其纳垢容量也越大。

④ 工作压力　不同结构形式的过滤器允许的工作压力不同，选择过滤器时应考虑允许的最高工作压力。

⑤ 允许压力降　油液经过过滤器时，要产生压力降，其值与油液的流量、黏度和混入油液的杂质数量有关。为了保持滤芯不破坏或系统的压力损失不致过大，要限制过滤器最大允许压力降。过滤器的最大允许压力降取决于滤芯的强度。

2.2 过滤器的名称、用途、安装、类别、形式及效果（见表 3.5-14）

表 3.5-14　过滤器的名称、用途、安装、类别、形式及效果

名称	用　途	安装位置（见图中标号）	精度类别	滤材形式	效　果
吸油过滤器	保护液压泵	3	粗过滤器	网式、线隙式滤芯	特精过滤器：能滤掉 1～5μm 颗粒 精过滤器：能滤掉 5～10μm 颗粒 普通过滤器：能滤掉 10～100μm 颗粒 粗过滤器：能滤掉 100μm 以上铁屑颗粒
高压过滤器	保护泵下游元件不受污染	6	精过滤器	纸质、不锈钢纤维滤芯	
回油过滤器	降低油液污染度	5	精过滤器	纸质、纤维滤芯	
离线过滤器	连续过滤保护清洁度	8	精过滤器	纸质、纤维滤芯	
泄油过滤器	防止污染物进入油箱	4	普通过滤器	网式滤芯	
安全过滤器	保护污染抵抗力低的元件	7	特精过滤器	纸质、纤维滤芯	
空气过滤器	防止污染物随空气侵入	2	普通过滤器	多层叠加式滤芯	
注油过滤器	防止注油时侵入污染物	1	粗过滤器	网式滤芯	
磁性过滤器	清除油液中的铁屑	10	粗过滤器	磁性体	
水过滤器	清除冷却水中的杂质	9	粗过滤器	网式滤芯	

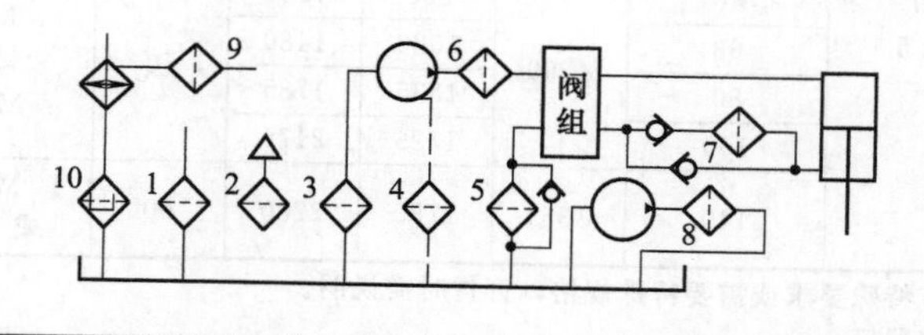

2.3 推荐液压系统的清洁度和过滤精度（见表 3.5-15）

表 3.5-15 推荐液压系统的清洁度和过滤精度

工作类别	系统举例	油液清洁度		要求过滤精度/μm
		ISO 4406	NAS1638	
极关键	高性能伺服阀、航空航天试验室、导弹、飞机控制系统	12/9 13/10	3 4	1 1～3
关键	工业用伺服阀，飞机数控机床、液压舵机、位置控制装置、电液精密液压系统	14/11 15/12	5 6	3 3～5
很重要	比例阀、柱塞泵、注塑机、潜水艇、高压系统	16/13	7	10
重要	叶片泵、齿轮泵，低速马达、液压阀、叠加阀、插装阀、机床、油压机、船舶等中高压工业用液压系统	17/14 18/15	8 9	1～20 20
一般	车辆、土方机械、物料搬运液压系统	19/16	10	20～30
普通保护	重型设备、水压机、低压系统	20/17 21/16	11 12	30 30～40

2.4 过滤器的计算及选择

选择过滤器时应考虑如下几个方面。

① 根据使用的目的（用途）选择过滤器的种类，根据安装位置要求选择过滤器的安装形式。

② 过滤器应具有足够大的通油能力，并且压力损失要小。

③ 过滤精度应满足液压系统或元件所需清洁度要求。

④ 滤芯使用的滤材应满足所使用的工作介质的要求，并且有足够的强度。

⑤ 过滤器的强度及压力损失是选择时需重点考虑的因素，安装过滤器后会对系统造成局部压降或产生背压。

⑥ 滤芯的更换及清洗应方便。

⑦ 应根据系统需要考虑选择合适的滤芯保护附件（如带旁通阀的定压开启装置及滤芯污染情况指示器或信号器等）。

⑧ 结构应尽量简单、紧凑、安装形式合理。

⑨ 价格低廉。

选过滤器的通油能力时，一般应大于实际通过流量的 2 倍以上。过滤器通油能力可按下式计算。

$$q_V=\frac{KA\Delta p\times10^6}{\mu}$$

式中 q_V——过滤器通油能力，m^3/s；

μ——液压油的动力黏度，Pa·s；

A——有效过滤面积，m^2；

Δp——压力差，Pa；

K——滤芯通油能力系数，网式滤芯 $K=0.34$，线隙式滤芯 $K=0.17$，纸质滤芯 $K=\frac{1.04D^2\times10^3}{\delta}$（$D$ 为粒子平均直径，单位为 m；δ 为滤芯的壁厚，单位为 m）。

2.5 过滤器产品

2.5.1 国产过滤器产品

（1）WU 型网式过滤器

网式过滤器一般安装在液压泵吸油管端部，起保护泵的作用，具有结构简单、通油能力大、阻力小、易清洗等优点。缺点是过滤精度低。

① 型号说明

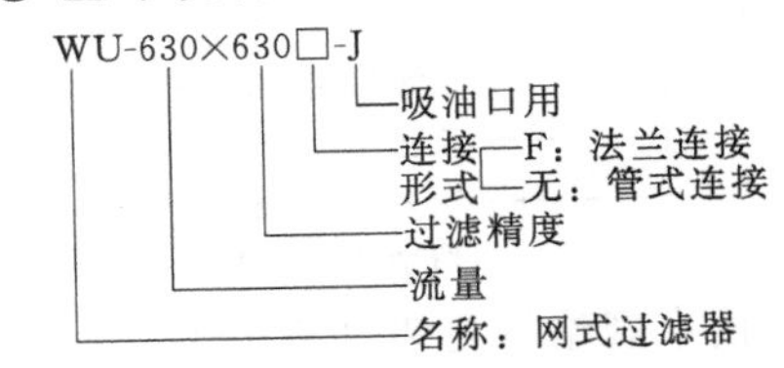

② 技术规格（见表 3.5-16）

表 3.5-16　WU 型网式过滤器技术规格

型　号	过滤精度/μm	压力损失/MPa	流量/(L/min)	通径/mm	连接形式
WU-16×180	180	≤0.01	16	12	螺纹连接
WU-25×180			25	15	
WU-40×180			40	20	
WU-63×180			63	25	
WU-100×180			100	32	
WU-160×180			160	40	
WU-250×180F			250	50	法兰连接
WU-400×180F			400	65	
WU-630×180F			630	80	

③ 外形尺寸（见表 3.5-17）

表 3.5-17　WU 型网式过滤器外形尺寸

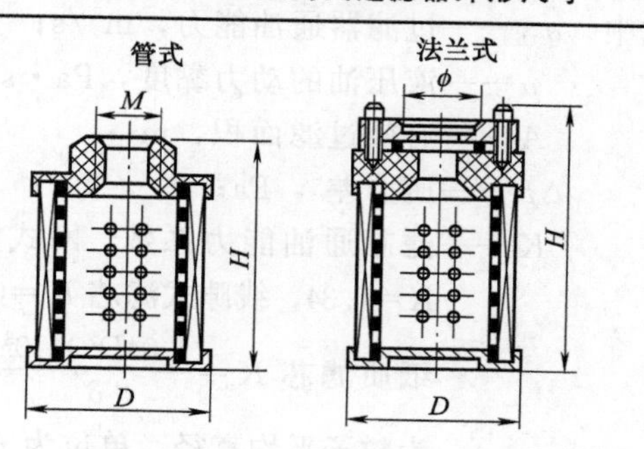

/mm

型　号	M	φ	H	D
WU-16×*-J	M18×1.5	—	84	35
WU-25×*-J	M22×1.5		104	43
WU-40×*-J	M27×2		124	
WU-63×*-J	M33×2		103	70
WU-100×*-J	M42×2		153	
WU-160×*-J	M48×2		200	82
WU-250×*F-J		50	203	88
WU-400×*F-J		65	250	105
WU-630×*F-J		80	302	113

注：生产厂为温州远东液压有限公司、黎明液压有限公司、上海高行液压气动成套总厂。

（2）XU 型线隙式过滤器

① 型号说明

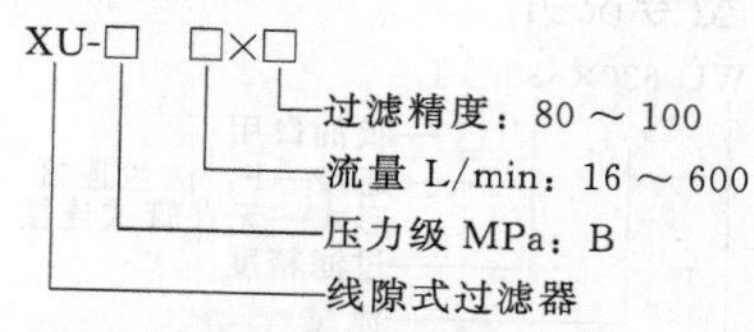

② 技术规格（见表 3.5-18）

表 3.5-18　XU 型线隙式过滤器技术规格

型号	通径/mm	流量/(L/min)	压力/MPa	压降/MPa
XU-B16×100	15	16	2.5	>0.06
XU-B32×100	25	32		
XU-B50×100		50		
XU-B80×100	32	80		
XU-B160×100	40	160		
XU-B200×100		200		
2XU-B32×100	25	32		
2XU-B160×100	50	160		
2XU-B400×100	65	400		
3XU-B48×100	25	48		
3XU-B240×100	50	240		
3XU-B600×100	80	600		

③ 外形尺寸（见表 3.5-19）

表 3.5-19　XU 型线隙式过滤器外形尺寸

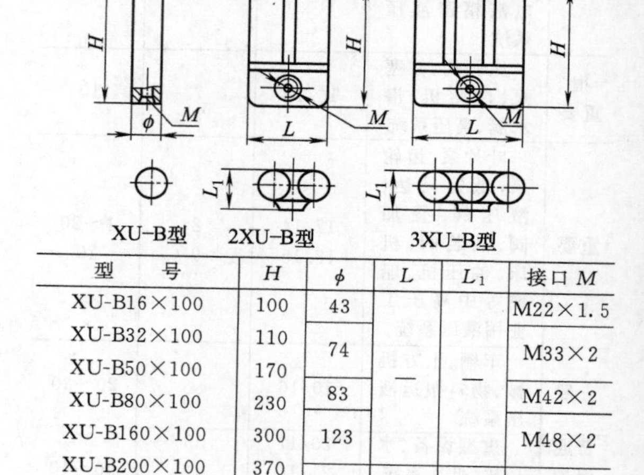

型　号	H	φ	L	L_1	接口 M
XU-B16×100	100	43	—	—	M22×1.5
XU-B32×100	110	74			M33×2
XU-B50×100	170				
XU-B80×100	230	83			M42×2
XU-B160×100	300	123			M48×2
XU-B200×100	370				
2XU-B32×100	151	—	96	66	M33×2
2XU-B160×100	310		170	102	M60×2
2XU-B400×100	466		226	121	M72×2
3XU-B48×100	151		146	66	M33×2
3XU-B240×100	310		260	100	M60×2
3XU-B600×100	484		356	121	M90×2

注：生产厂为温州远东液压有限公司、上海高行液压气动成套总厂、沈阳六玲过滤机器有限公司、黎明液压有限公司。

（3）YLX 型箱上吸油过滤器

① 型号说明

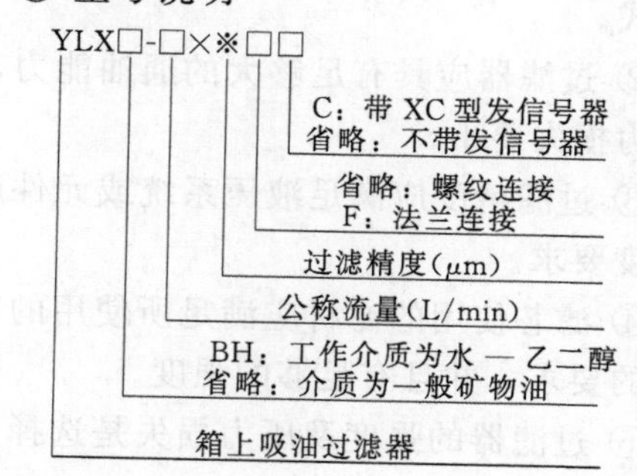

② 液压原理（见图 3.5-4）

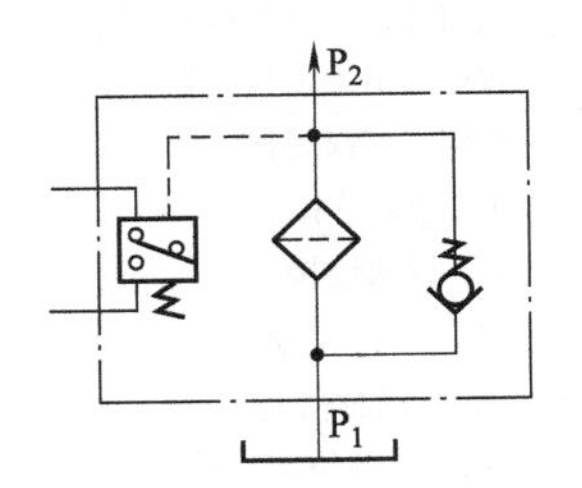

图 3.5-4　液压原理图

③ 技术规格（见表 3.5-20）

④ 外形尺寸（见表 3.5-21）

(4) ZU-H、QU-H 系列高压过滤器

① 型号说明

② 液压原理图（见图 3.5-5）

③ 技术规格（见表 3.5-22）

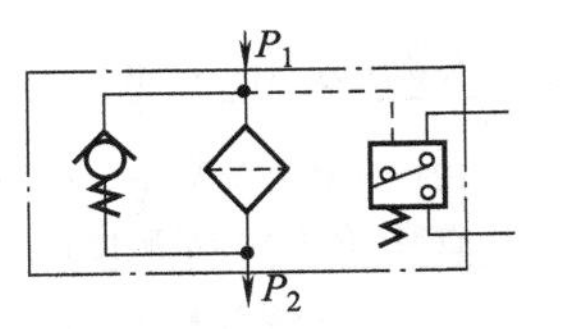

图 3.5-5　液压原理图

表 3.5-20　YLX 型箱上吸油过滤器技术规格

参数 / 型号	通径 /mm	公称流量 /(L/min)	过滤精度 /μm	原始压力损失 /MPa	允许最大压力损失 /MPa	旁通阀开启压力 /MPa	发信号器发信号压力 /MPa	发信号器 电压 /V	发信号器 电流 /A	连接方式	滤芯型号
YLX-25×※	15	25									X-X-25×※
YLX-40×※	20	40						12	2.5		X-X-40×※
YLX-63×※	25	63									X-X-63×※
YLX-100×※	32	100								螺纹	X-X-100×※
YLX-160×※	40	160	80 100 180	≤0.01	0.03	>0.032	0.03	24	2		X-X-160×※
YLX-250×※	50	250									X-X-250×※
YLX-400×※	65	400									X-X-400×※
YLX-630×※	80	630						36	1.5	法兰	X-X-630×※
YLX-800×※	90	800									X-X-800×※

表 3.5-21　YLX 型箱上吸油过滤器外形尺寸　/mm

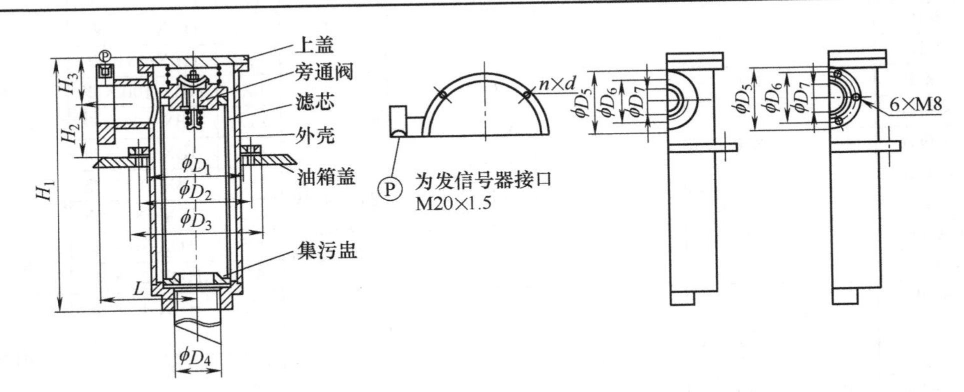

型号	ϕD_1	ϕD_2	ϕD_3	ϕD_4	ϕD_5	ϕD_6	ϕD_7	H_1	H_2	H_3	L	$n \times d$
YLX-25×※	74	95	110	G3/4	55	M22×1.5	19	160	60	58	100	4×ϕ7
YLX-40×※				G3/4	60	M27×2	22	200				
YLX-63×※	95	115	135	G1	70	M33×2	27			62	125	4×ϕ9
YLX-100×※				G11/2	80	M42×2	35	250				
YLX-160×※				G11/2	85	M48×2	41	306		65		
YLX-250×※	120	150	175	G2	100	85	53	277	70	74	140	
YLX-400×※	146	175	200	G11/2	116	100	66	340	80	78	150	
YLX-630×※	165	200	220	G3	130	116	80	380	90	90	160	
YLX-800×※	185	205	225	G4	140	124	93	435	108	130		6×ϕ9

注：生产厂为温州远东有限公司。

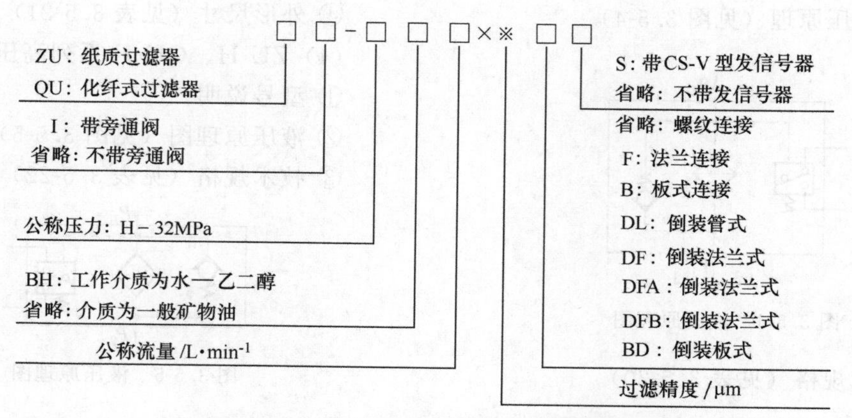

表 3.5-22 ZU-H、QU-H 系列高压过滤器技术规格

型号	通径 /mm	公称流量 /(L/min)	过滤精度/μm	公称压力 /MPa	压力损失/MPa 原始	压力损失/MPa 最大	发信号器功率	质量 /kg	滤芯型号	连接方式
$^{Z}_{Q}$U-H10×※	15	10	1，3，5，10，20，30，40	32	0.08	0.35	DC：24V/48W AC：220V/50W	5.7	HX-10×※#	螺纹
$^{Z}_{Q}$U-H25×※		25						7.0	HX-25×※#	
$^{Z}_{Q}$U-H40×※	20	40			0.1			11.5	HX-40×※#	
$^{Z}_{Q}$U-H63×※		63						13.2	HX-63×※#	
$^{Z}_{Q}$U-H100×※	25	100						15.0	HX-100×※#	
$^{Z}_{Q}$U-H160×※	32	160			0.15			21.4	HX-160×※#	
$^{Z}_{Q}$U-H250×※F	40	250						25.7	HX-250×※#	法兰
$^{Z}_{Q}$U-H400×※F	50	400			0.2			38.0	HX-400×※#	
$^{Z}_{Q}$U-H630×※F	55	630						42.3	HX-630×※#	
$^{Z}_{Q}$U-H10×※B	15	10			0.8			5.7	HBX-10×※	板式
$^{Z}_{Q}$U-H25×※B		25						7.0	HBX-25×※	
$^{Z}_{Q}$U-H40×※B	20	40			0.1			11.5	HBX-40×※	
$^{Z}_{Q}$U-H63×※B		63						13.2	HBX-63×※	
$^{Z}_{Q}$U-H100×※B	25	100						15.0	HBX-100×※	
$^{Z}_{Q}$U-H160×※B	32	160			0.15			21.4	HBX-160×※	
$^{Z}_{Q}$U-H250×※B	40	250						25.7	HBX-250×※	
$^{Z}_{Q}$U-H400×※B	50	400			0.2			38.0	HBX-400×※	
$^{Z}_{Q}$U-H630×※B		630						42.3	HBX-630×※	
$^{Z}_{Q}$U-H10×※DL	15	10			0.08			8.5	HDX-10×※	倒装管式
$^{Z}_{Q}$U-H25×※DL		25						9.9	HDX-25×※	
$^{Z}_{Q}$U-H40×※DL	20	40			0.1			16.4	HDX-40×※	倒装管式
$^{Z}_{Q}$U-H63×※DL		63						18.9	HDX-63×※	
$^{Z}_{Q}$U-H100×※DL	25	100						22.5	HDX-100×※	
$^{Z}_{Q}$U-H160×※DL	32	160			0.15			33.4	HDX-160×※	
$^{Z}_{Q}$U-H10×※DF	15	10			0.08			8.6	HDX-10×※	倒装法兰
$^{Z}_{Q}$U-H25×※DF		25						10.0	HDX-25×※	
$^{Z}_{Q}$U-H40×※DF	20	40			0.1			16.6	HDX-40×※	
$^{Z}_{Q}$U-H63×※DF		63						19.2	HDX-63×※	
$^{Z}_{Q}$U-H100×※DF	25	100						22.9	HDX-100×※	
$^{Z}_{Q}$U-H160×※DF	32	160			0.15			34.0	HDX-160×※	
$^{Z}_{Q}$U-H250×※DF	40	250						41.9	HDX-250×※	
$^{Z}_{Q}$U-H400×※DF	50	400			0.2			57.6	HDX-400×※	
$^{Z}_{Q}$U-H630×※DF	55	630						62.4	HDX-630×※	
$^{Z}_{Q}$U-H10×※DFA	15	10			0.08			8.6	HDX-10×※	倒装法兰式 A 型
$^{Z}_{Q}$U-H25×※DFA		25						10.0	HDX-25×※	

续表

型号	通径/mm	公称流量/(L/min)	过滤精度/μm	公称压力/MPa	压力损失/MPa 原始	压力损失/MPa 最大	发信号器功率	质量/kg	滤芯型号	连接方式
$^{Z}_{Q}$U-H40×※DFA	20	40	1，3，5，10，20，30，40	32	0.1	0.35	DC：24V/48W AC：220V/50W	16.6	HDX-40×※	倒装法兰式A型
$^{Z}_{Q}$U-H63×※DFA		63						19.2	HDX-63×※	
$^{Z}_{Q}$U-H100×※DFA	25	100			0.1			22.9	HDX-100×※	
$^{Z}_{Q}$U-H160×※DFA	32	160			0.15			34.0	HDX-160×※	
$^{Z}_{Q}$U-H250×※DFA	40	250						41.9	HDX-250×※	
$^{Z}_{Q}$U-H400×※DFA	50	400			0.2			57.6	HDX-400×※	
$^{Z}_{Q}$U-H630×※DFA	55	630						62.4	HDX-630×※	
$^{Z}_{Q}$U-H10×※DFB	15	10			0.08			8.6	HDX-10×※	倒装法兰式B型
$^{Z}_{Q}$U-H25×※DFB		25						10.0	HDX-25×※	
$^{Z}_{Q}$U-H40×※DFB	20	40			0.1			16.6	HDX-40×※	
$^{Z}_{Q}$U-H63×※DFB		63						19.2	HDX-63×※	
$^{Z}_{Q}$U-H100×※DFB	25	100						22.9	HDX-100×※	
$^{Z}_{Q}$U-H160×※DFB	32	160			0.15			34.0	HDX-160×※	
$^{Z}_{Q}$U-H250×※DFB	40	250						41.9	HDX-250×※	
$^{Z}_{Q}$U-H400×※DFB	50	400			0.2			57.6	HDX-400×※	
$^{Z}_{Q}$U-H630×※DFB	55	630						62.4	HDX-630×※	
$^{Z}_{Q}$U-H10×※BD	15	10			0.08			8.4	HDX-10×※	倒装板式
$^{Z}_{Q}$U-H25×※BD		25						9.8	HDX-25×※	
$^{Z}_{Q}$U-H40×※BD	20	40			0.1			16.3	HDX-40×※	
$^{Z}_{Q}$U-H63×※BD		63						18.9	HDX-63×※	
$^{Z}_{Q}$U-H100×※BD	25	100						22.5	HDX-100×※	
$^{Z}_{Q}$U-H160×※BD	40	160			0.15			33.6	HDX-160×※	
$^{Z}_{Q}$U-H250×※BD	40	250						41.3	HDX-250×※	
$^{Z}_{Q}$U-H400×※BD	50	400			0.2			57.0	HDX-400×※	
$^{Z}_{Q}$U-H630×※BD	50	630						61.8	HDX-630×※	

④ 外形尺寸（见表3.5-23）

表 3.5-23　ZU-H、QU-H 系列高压过滤器外形尺寸

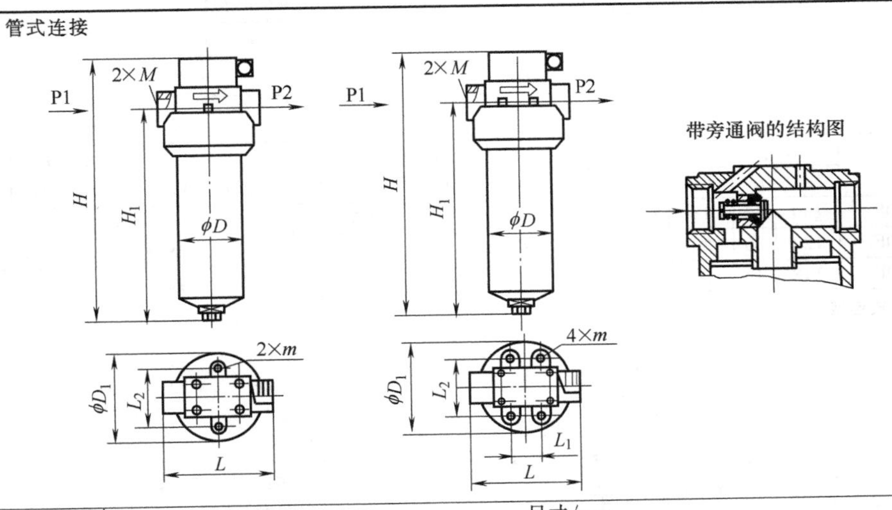

型号	尺寸/mm H	H_1	L	L_1	L_2	ϕD_1	ϕD	m	M
$^{Z}_{Q}$U-H10×※	188	130	118	—	70	88	73	M6	M27×2
$^{Z}_{Q}$U-H25×※	278	220							
$^{Z}_{Q}$U-H40×※	240	179	128	44	86	124	102	M10	M33×2
$^{Z}_{Q}$U-H63×※	308	247							
$^{Z}_{Q}$U-H100×※	379	314							M42×2
$^{Z}_{Q}$U-H160×※	420	347	166	60	100	146	ϕ121		M48×2

法兰连接

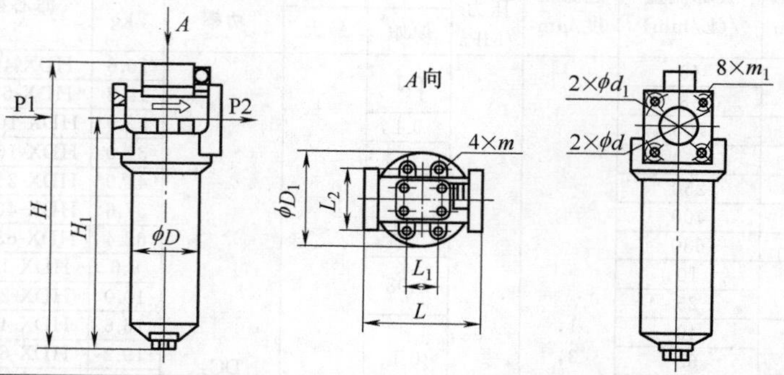

型 号	尺寸/mm										
	H	H_1	L	L_1	L_2	ϕD_1	ϕD	d	d_1	m	m_1
$^{Z}_{Q}$U-H250×※	493	415	166	60	100	146	121	98	40	M10	M16
$^{Z}_{Q}$U-H400×※	530	446	206		123	170	146	118	50	M12	M20
$^{Z}_{Q}$U-H630×※	632	548			128			145	55		

连接法兰尺寸

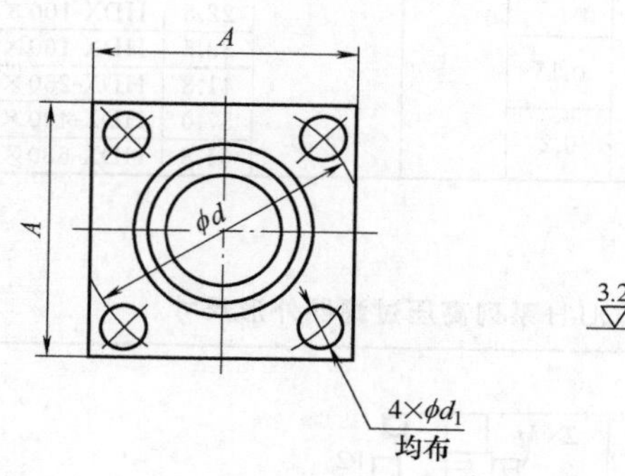

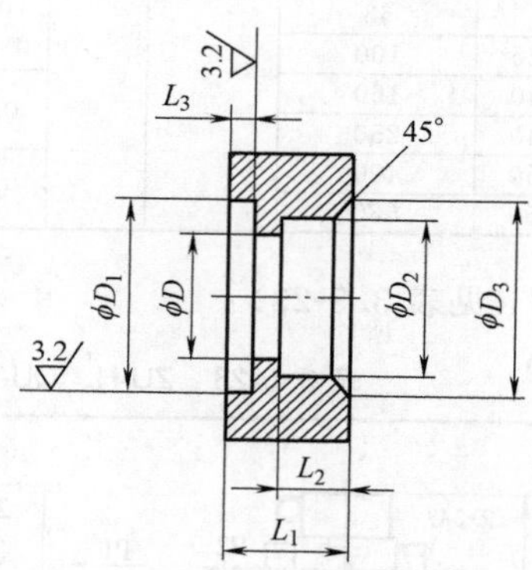

型 号	尺寸/mm													法兰用O形圈	法兰用螺钉
	A	L_1	L_2	L_3		ϕD	ϕD_1		ϕD_2		ϕD_3	ϕd	ϕd_1		
$^{Z}_{Q}$U-H250×DF	100	30	18	2.4	0 −0.1	40	50	+0.2 0	52	+0.2 0	60	98	17	ϕ55×3.1	M16×45
$^{Z}_{Q}$U-H400×DF	123	36	20	4.5		52	73		65		73	118	22	ϕ53×5.7	M20×60
$^{Z}_{Q}$U-H630×DF	142	42	22			55	80		77		85	145		ϕ80×5.7	M20×65

板式连接

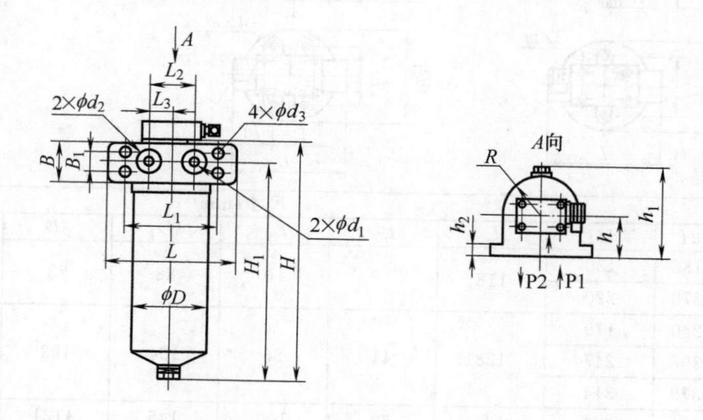

续表

/mm

型　号	H	H_1	R	ϕD	B	B_1	L	L_1	L_2	L_3	h	h_1	h_2	ϕd_1	ϕd_2	ϕd_3
$^{Z}_{Q}$-H10×※B	200	132	46	73	60	30	158	128	40	20	50	110	22	15	24	13
$^{Z}_{Q}$-H25×※B	290	222														
$^{Z}_{Q}$-H40×※B	254	184	62	102	64	32	190	160	50	25	65	138	25	25	32	15
$^{Z}_{Q}$-H63×※B	322	252														
$^{Z}_{Q}$-H100×※B	384	314														
$^{Z}_{Q}$-H160×※B	411	338	73	121	72	40	212	180	60	30	77	164	30	32	40	17
$^{Z}_{Q}$-H250×※B	492	414			80	48							30	40	50	
$^{Z}_{Q}$-H400×※B	539	446	85	146	110	60	275	225	80	40	92	194	40	50	65	26
$^{Z}_{Q}$-H630×※B	639	546														

倒装管式

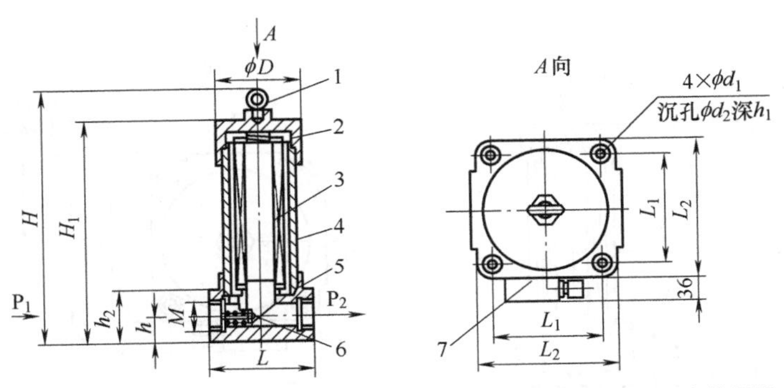

1—吊环螺钉；2—顶盖；3—滤芯；4—壳体；5—滤头；6—旁通阀；7—发信号器

/mm

型　号	H	H_1	L	L_1	L_2	ϕd_1	ϕd_2	h	h_1	h_2	M	ϕD
$^{Z}_{Q}$U-H10×※DL	198	148	130	95	115	9	14	28	12	54	M27×2	92
$^{Z}_{Q}$U-H25×※DL	288	238										
$^{Z}_{Q}$U-H40×※DL	247	197	156	115	145	14	20	35	14	68	M33×2	124
$^{Z}_{Q}$U-H63×※DL	315	265										
$^{Z}_{Q}$U-H100×※DL	377	327									M42×2	
$^{Z}_{Q}$U-H160×※DL	415	365	190	170				47		92	M48×2	146

倒装法兰式

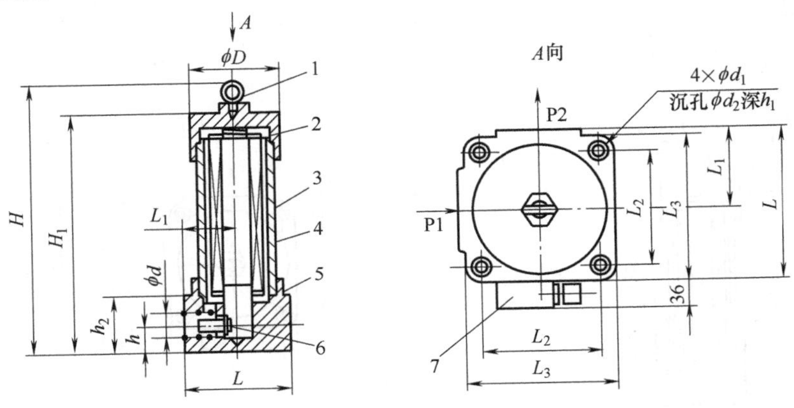

1—吊环螺钉；2—顶盖；3—滤芯；4—壳体；5—滤头；6—旁通阀；7—发信号器

续表

/mm

型号	H	H_1	ϕD	L	L_1	L_2	L_3	ϕd	ϕd_1	ϕd_2	h	h_1	h_2
$^{Z}_{Q}$U-H10×※DF	198	148	92	130	65	95	115	18	9	14	28	12	54
$^{Z}_{Q}$U-H25×※DF	288	238											
$^{Z}_{Q}$U-H40×※DF	247	197	124	156	78	115	145	25	14	20	35	14	68
$^{Z}_{Q}$U-H63×※DF	315	265											
$^{Z}_{Q}$U-H100×※DF	377	327											
$^{Z}_{Q}$U-H160×※DF	415	365	146	190	95	140	170	32			47		92
$^{Z}_{Q}$U-H250×※DF	485	435						40					
$^{Z}_{Q}$U-H400×※DF	532	482	176	240	120	160	200	50	18	26	62	20	122
$^{Z}_{Q}$U-H630×※DF	632	582						55					

倒装法兰式A型

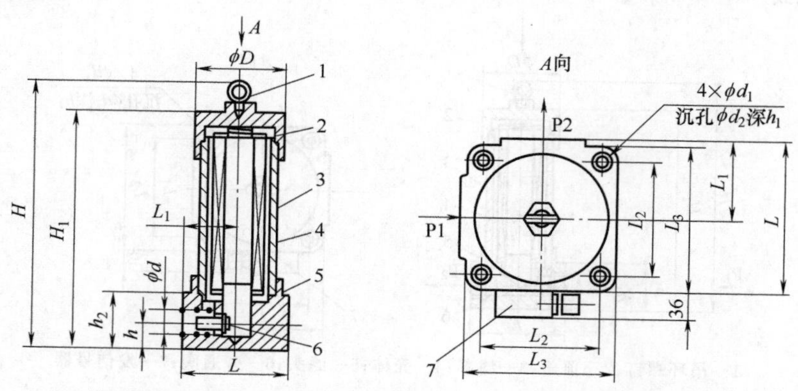

1—吊环螺钉；2—顶盖；3—滤芯；4—壳体；5—滤头；6—旁通阀；7—发信号器

/mm

型号	H	H_1	L	L_1	L_2	L_3	ϕd	ϕd_1	ϕd_2	h	h_1	h_2	ϕD
$^{Z}_{Q}$U-H10×※DFA	198	148	122.5	65	95	115	18	9	14	28	12	54	92
$^{Z}_{Q}$U-H25×※DFA	288	238											
$^{Z}_{Q}$U-H40×※DFA	247	197	150.5	78	115	145	25	14	20	35	14	68	124
$^{Z}_{Q}$U-H63×※DFA	315	265											
$^{Z}_{Q}$U-H100×※DFA	377	327											
$^{Z}_{Q}$U-H160×※DFA	415	365	180	95	140	170	32			47		92	146
$^{Z}_{Q}$U-H250×※DFA	485	435					40						
$^{Z}_{Q}$U-H400×※DFA	532	482	220	120	160	200	50	18	26	62	20	122	176
$^{Z}_{Q}$U-H630×※DFA	632	582					55						

倒装法兰式B型

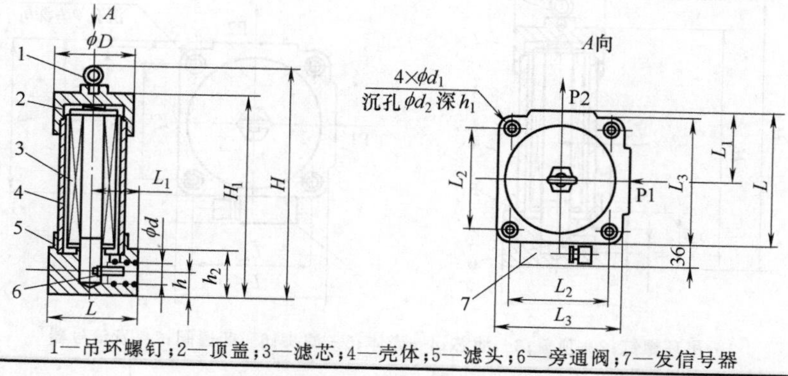

1—吊环螺钉；2—顶盖；3—滤芯；4—壳体；5—滤头；6—旁通阀；7—发信号器

续表

/mm

型　号	H	H_1	L	L_1	L_2	L_3	ϕd	ϕd_1	ϕd_2	h	h_1	h_2	ϕD
$^{Z}_{Q}$U-H10×※DFB	198	148	122.5	65	95	115	18	9	14	28	12	54	92
$^{Z}_{Q}$U-H25×※DFB	288	238											
$^{Z}_{Q}$U-H40×※DFB	247	197	150.5	78	115	145	25	14	20	35	14	68	124
$^{Z}_{Q}$U-H63×※DFB	315	265											
$^{Z}_{Q}$U-H100×※DFB	377	327											
$^{Z}_{Q}$U-H160×※DFB	415	365	180	95	140	170	32			47		92	146
$^{Z}_{Q}$U-H250×※DFB	485	435					40						
$^{Z}_{Q}$U-H400×※DFB	532	482	220	120	160	200	50	18	26	62	20	122	176
$^{Z}_{Q}$U-H630×※DFB	632	582					55						

倒装板式

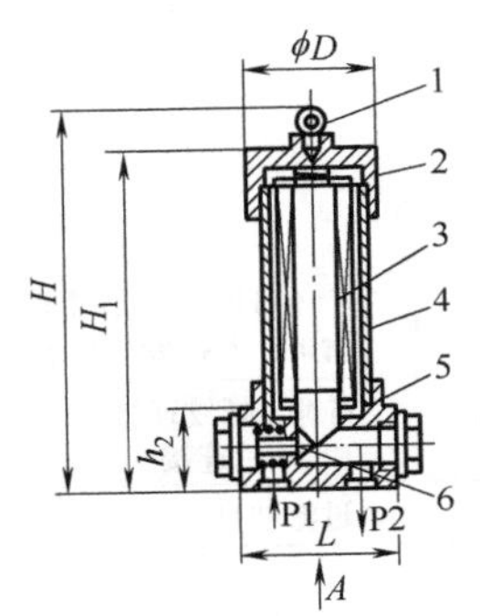

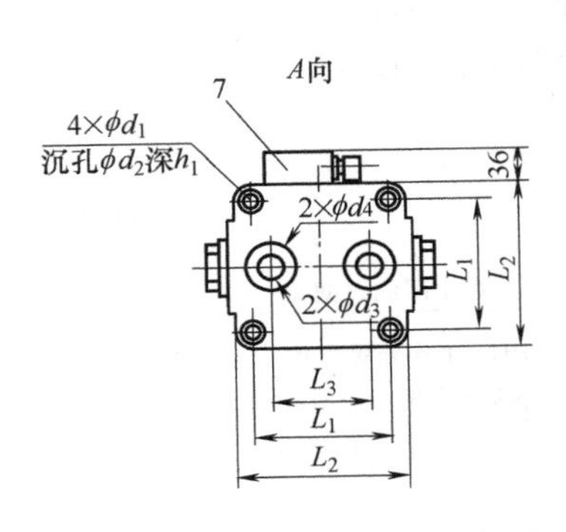

1—吊环螺钉；2—顶盖；3—滤芯；4—壳体；5—滤头；6—旁通阀；7—发信号器

/mm

型　号	H	H_1	ϕD	L	L_1	L_2	L_3	ϕd_1	ϕd_2	ϕd_3	ϕd_4	h_1	h_2
$^{Z}_{Q}$U-H10×※BD	196	146	92	130	90	115	60	11.5	18	15	24	14	50
$^{Z}_{Q}$U-H25×※BD	245	236											
$^{Z}_{Q}$U-H40×※BD	245	195	124	156	115	145	88	16	23	25	38	16	64
$^{Z}_{Q}$U-H63×※BD	313	263											
$^{Z}_{Q}$U-H100×※BD	375	325											
$^{Z}_{Q}$U-H160×※BD	413	363	146	190	135	170	104	18	26	40	50	20	88
$^{Z}_{Q}$U-H250×※BD	483	433											
$^{Z}_{Q}$U-H400×※BD	530	480	176	240	160	200	144	26	38	50	65	26	118
$^{Z}_{Q}$U-H630×※BD	630	580											

DF、DFA、DFB 连接法兰加工尺寸

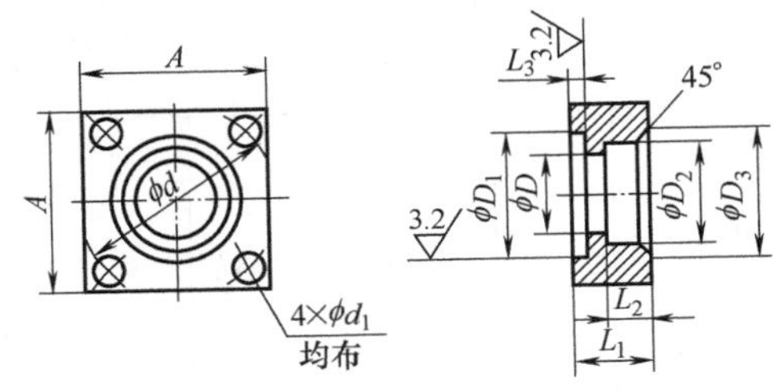

续表

型号	尺寸/mm													法兰用O形圈	法兰用螺钉
	A	L_1	L_2	L_3		ϕD	ϕD_1		ϕD_2		ϕD_3	ϕd	ϕd_1		
$^{Z}_{Q}$U-H10×※D△	52	22	11	2.4	0 −0.1	18	30	0 −0.2	28	+0.2 0	36	50±0.15	9	ϕ30×3.1	M8×40
$^{Z}_{Q}$U-H25×※D△															
$^{Z}_{Q}$U-H40×※D△	66		12			25	40		35			62±0.15	11	ϕ40×3.1	M10×45
$^{Z}_{Q}$U-H63×※D△															
$^{Z}_{Q}$U-H100×※D△															
$^{Z}_{Q}$U-H160×※D△	90	26	16			32	50		43		51	85±0.15	17	ϕ50×3.1	M16×45
$^{Z}_{Q}$U-H250×※D△						40			52		60				
$^{Z}_{Q}$U-H400×※D△	120	36	20	4.5		52	73		65		73	118±0.15	22	ϕ73×5.7	M20×65
$^{Z}_{Q}$U-H630×※D△						55	80		77		85			ϕ80×5.7	

注：1. △为 F、FA、FB。

2. 生产厂为温州远东液压有限公司、黎明液压有限公司。

（5）YLH 型箱上回油过滤器

① 型号说明

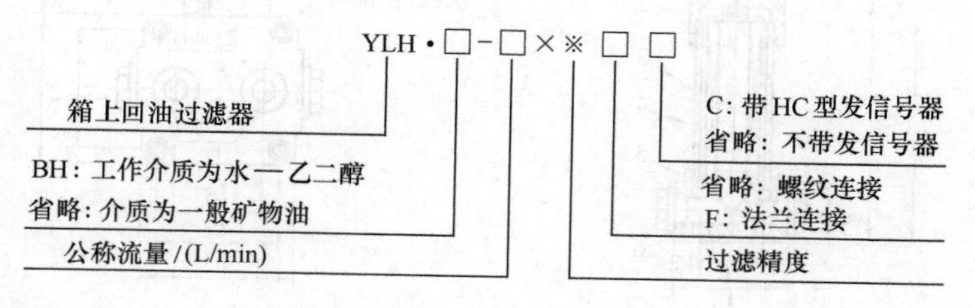

② 符号图及安装示意图（见图 3.5-6、图 3.5-7）

③ 技术规格（见表 3.5-24）

④ 外形尺寸（见表 3.5-25）

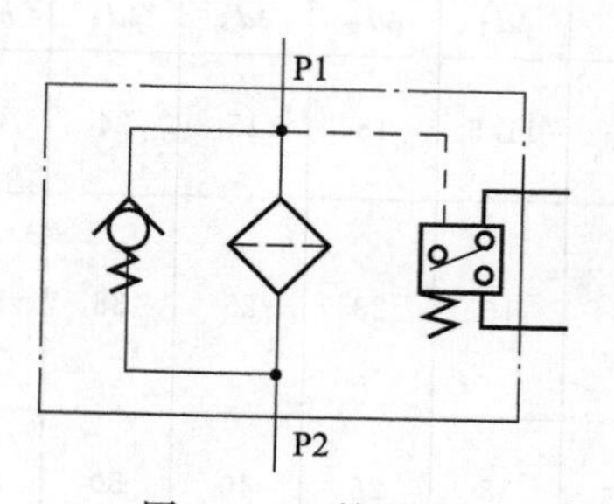

图 3.5-6　符号图

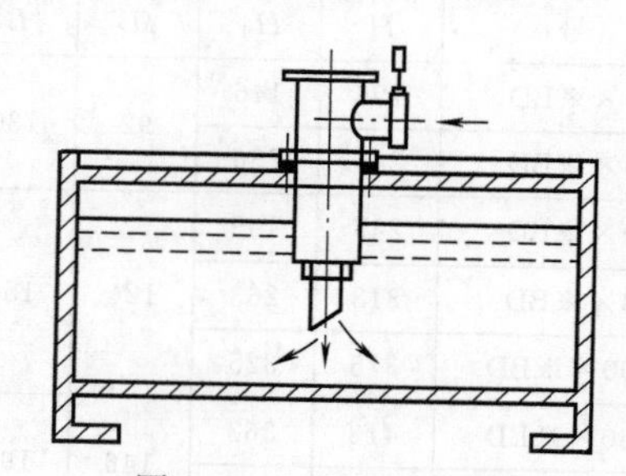

图 3.5-7　安装示意图

表 3.5-24　YLH 型箱上回油过滤器技术规格

型号＼参数	通径/mm	公称流量/L·min^{-1}	过滤精度/μm	公称压力	原始压力损失	允许最大压力损失	旁通阀开启压力	发信号器发信号压力	发信号器功率	连接方式	滤芯型号
				/MPa							
YLH-10×※	10	10	3	1.6	≤0.01	0.35	≥0.37	0.35	DC：24V/48W AC：220V/50W	螺纹	H-X10×※
YLH-25×※	15	25	5								H-X25×※
YLH-63×※	25	63	10								H-X63×※
YLH-100×※	32	100	20								H-X100×※
YLH-160×※	40	160	30								H-X160×※
YLH-250×※	50	250	40							法兰	H-X250×※

续表

型号	通径/mm	公称流量/(L/min)	过滤精度/μm	公称压力	原始压力损失	允许最大压力损失	旁通阀开启压力	发信号器发信号压力	发信号器功率	连接方式	滤芯型号
				/MPa							
YLH-400×※	65	400	3	1.6	≤0.01	0.22	≥0.27	0.22	DC:24V/48W AC:220V/50W	法兰	H-X400×※
YLH-630×※	80	630	5								H-X630×※
YLH-800×※	90	800	10								H-X800×※
YLH-1000×※	100	1000	20								H-X1000×※
YLH-1250×※	110	1250	30								H-X1250×※
YLH-1600×※	125	1600	40								H-X1600×※

表 3.5-25 YLH 型箱上回油过滤器外形尺寸 /mm

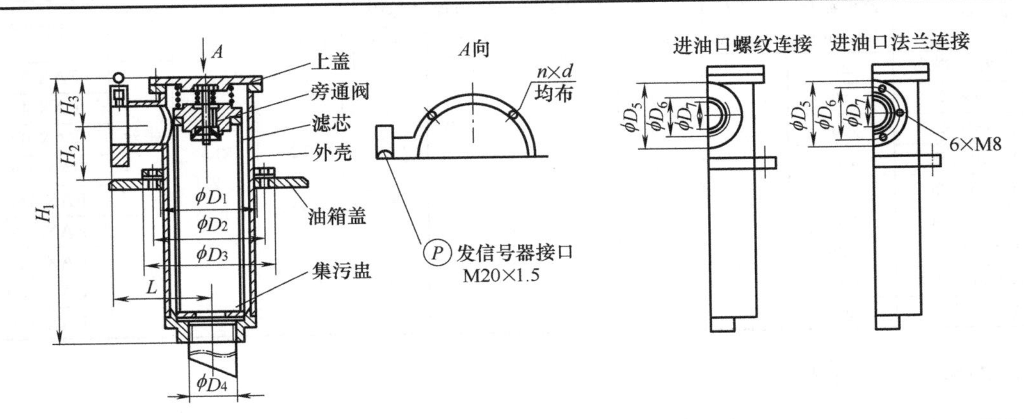

型号	ϕD_1	ϕD_2	ϕD_3	ϕD_4	ϕD_5	ϕD_6	ϕD_7	H_1	H_2	H_3	L	$n\times d$
YLH-10×※	87	115	135	G1/2	55	M18×1.5	15	165	50	50	110	4×φ7
YLH-25×※	112	140	160	G3/4	60	M22×1.5	19	185			120	
YLH-63×※	132	160	180	G1	70	M33×2	27	250	60	65	135	4×φ9
YLH-100×※				G1 1/4	80	M42×2	35	350				
YLH-160×※	150	180	200	G1 1/2	85	M48×2	41	360	65	70	140	
YL H-250×※	164	190	210	G2	100	85	53	490	70	76	160	
YLH-400×※	172	200	220	G2 1/2	116	100	66	628	80	80	165	
YLH-630×※	198	225	245	G3	130	116	80	730	90	90	180	
YLH-800×※	250	270	285					750				6×φ9
YLH-1000×※	250	272	292	M120×2	185	164	125	750	135	130	150	6×φ11.5
YLH-1250×※								900				
YLH-1600×※				M140×2						136		

注：生产厂为温州远东液压有限公司。

(6) RFA 型微型回油过滤器

① 型号说明

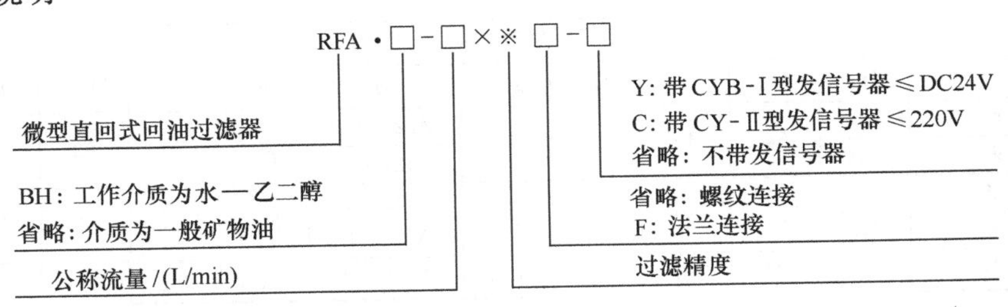

② 符号图及安装示意（见图 3.5-8、图 3.5-9）

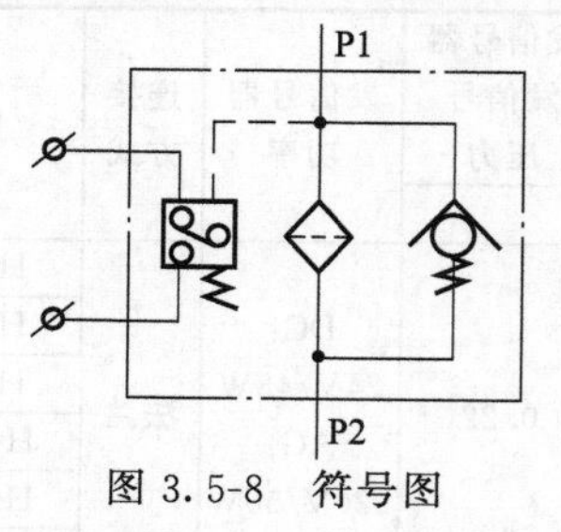

图 3.5-8 符号图

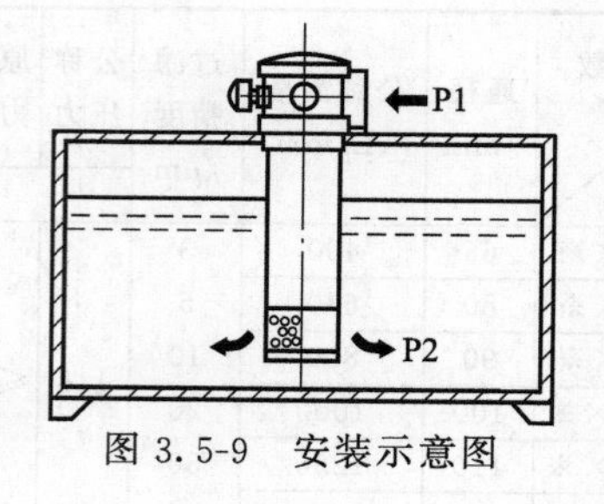

图 3.5-9 安装示意图

③ 技术规格（见表 3.5-26）

表 3.5-26 RFA 型微型回油过滤器技术规格

型号	公称流量/(L/min)	过滤精度/μm	通径/mm	公称压力/MPa	压力损失/MPa 原始	压力损失/MPa 最大	发信号器 电压/V	发信号器 电流/A	连接方式	滤芯型号
RFA-25×※	25	1 3 5 10 20 30	15	1.6	≤0.075	0.35	12 24 36 220	2.5 2 1.5 0.25	螺纹	FAX-25×※
RFA-40×※	40		20							FAX-40×※
RFA-63×※	63		25							FAX-63×※
RFA-100×※	100		32							FAX-100×※
RFA-160×※	160		40							FAX-160×※
RFA-250×※	250		50						法兰	FAX-250×※
RFA-400×※	400		65							FAX-400×※
RFA-630×※	630		80							FAX-630×※
RFA-800×※	800		90							FAX-800×※

④ 外形尺寸（见表 3.5-27）

表 3.5-27 RFA 型微型回油过滤器外形尺寸 /mm

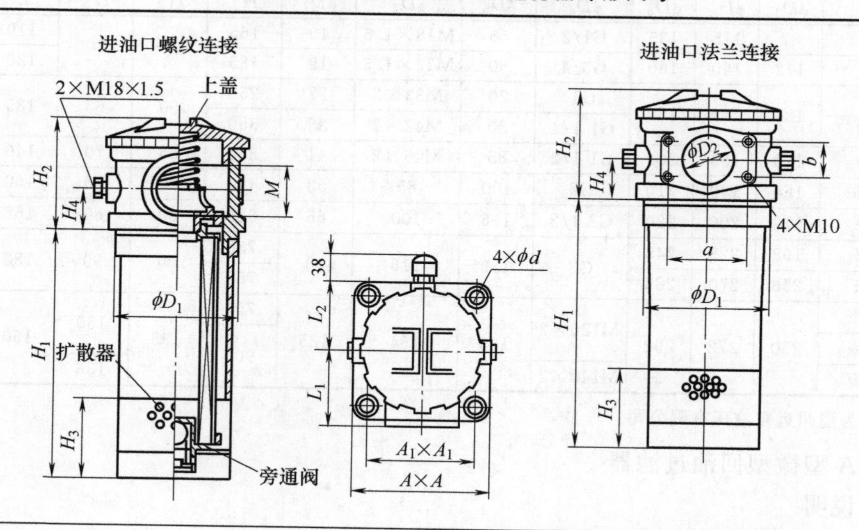

螺纹连接

型号	H_1	H_2	H_3	H_4	ϕD_1	M	A	A_1	L_1	L_2	ϕd
RFA-25×※	127	74	45	25	75	M22×1.5	90	70	53	45	9
RFA-40×※	158					M27×2					
RFA-63×※	185	93	60	33	95	M33×2	100	85	60	53	
RFA-100×※	245					M42×2					
RFA-160×※	322	108	80	40	110	M48×2	125	95	71	61	13

续表

型　号	法兰连接												
	H_1	H_2	H_3	H_4	ϕD_1	ϕD_2	a	b	A	A_1	L_1	L_2	ϕd
RFA-250×※	422	108	80	40	110	50	70	40	125	95	81	61	13
RFA-400×※	467	135	100	55	130	65	90	50	140	110	90	68	
RFA-630×※	494	175	118	70	160	90	120	70	170	140	110	85	
RFA-800×※	606												

注：生产厂为温州远东液压有限公司、黎明液压有限公司、沈阳六玲过滤器有限公司。

(7) SRFA 型双筒箱上回油过滤器

① 型号说明

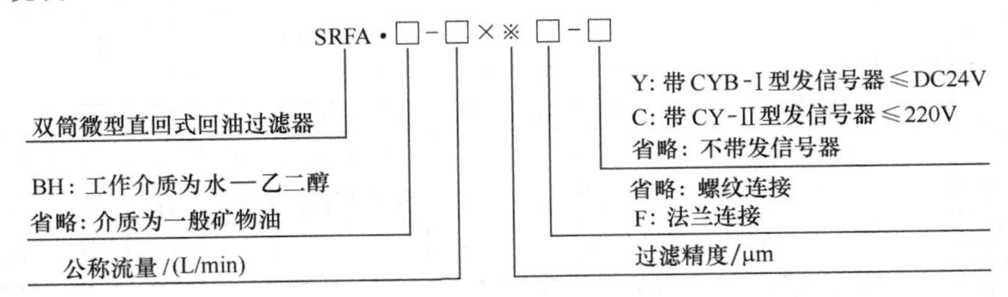

② 符号图（见图 3.5-10）

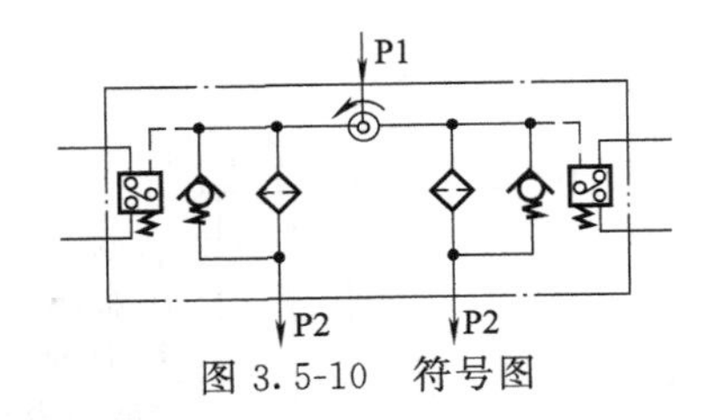

图 3.5-10　符号图

③ 技术规格（见表 3.5-28）

表 3.5-28　SRFA 型双筒箱上回油过滤器技术规格

型　号	公称流量/(L/min)	过滤精度/μm	通径/mm	公称压力/MPa	压力损失/MPa 原始	压力损失/MPa 最大	发信号器 电压/V	发信号器 电流/A	连接方式	滤芯型号
SRFA-25×※	25	1 3 5 10 20 30	20	1.6	≤0.08	0.35	12 24 36 220	2.5 2 1.5 0.25	螺纹	SFAX-25×※
SRFA-40×※	40		20							SFAX-40×※
SRFA-63×※	63		32							SFAX-63×※
SRFA-100×※	100		32							SFAX-100×※
SRFA-160×※	160		50							SFAX-160×※
SRFA-250×※	250		50						法兰	SFAX-250×※
SRFA-400×※	400		65							SFAX-400×※
SRFA-630×※	630		90							SFAX-630×※
SRFA-800×※	800		90							SFAX-800×※

④ 外形尺寸（见表 3.5-29）

表 3.5-29　SRFA 型双筒箱上回油过滤器外形尺寸

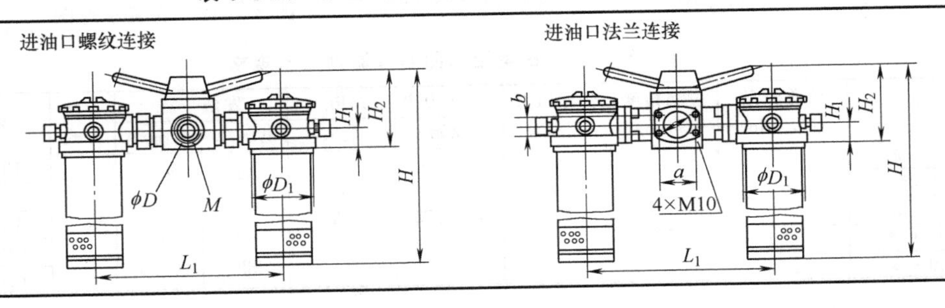

续表

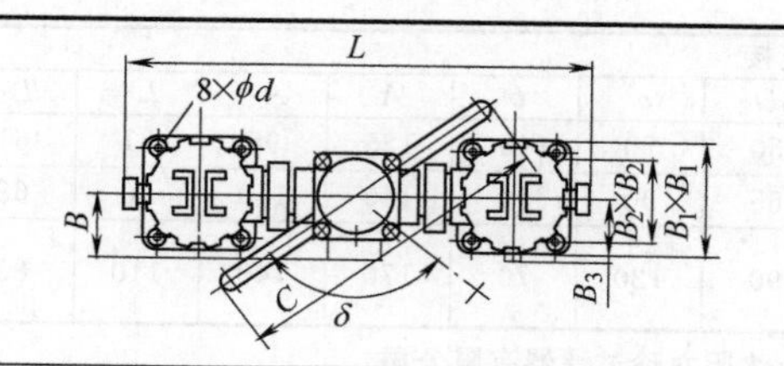

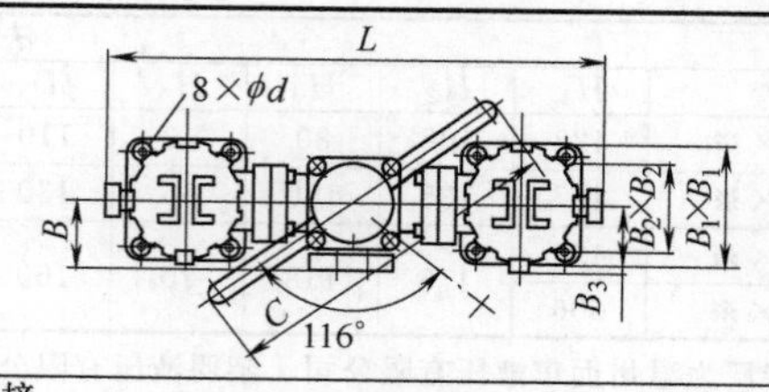

螺纹连接

型号	ϕD	ϕD_1	M	B	B_1	B_2	B_3	ϕd	L	L_1	H	H_1	H_2	C	δ/(°)
SRFA-25×※L	20	75	M27×2	53	90	70	53	9	388	224	249	25	122	265	135
SRFA-40×※L											280				
SRFA-63×※L	32	95	M42×2	6	110	85	61	9	430	250	288	33	138	275	124
SRFA-100×※L											348				

法兰连接

型号	ϕD	ϕD_1	a	b	H	H_1	H_2	B	B_1	B_2	B_3	ϕd	L	L_1	C
SRFA-160×※F	50	110	70	40	482	40	160	81	125	95	67	13	566	320	350
SRFA-250×※F					582										
SRFA-400×※F	65	130	90	50	664	55	497	90	140	110	76	13	580	370	400
SRFA-630×※F	90	160	120	70	743	70	248	115	170	140	93	13	694	450	545
SRFA-800×※F					853										

注：生产厂为温州远东液压有限公司、黎明液压有限公司。

(8) RFB型箱侧回油过滤器

① 型号说明

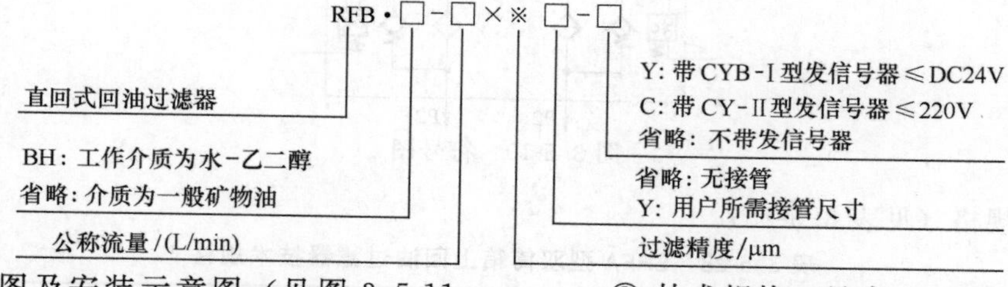

② 符号图及安装示意图（见图3.5-11、图3.5-12）

③ 技术规格（见表3.5-30）

④ 外形尺寸（见表3.5-31）

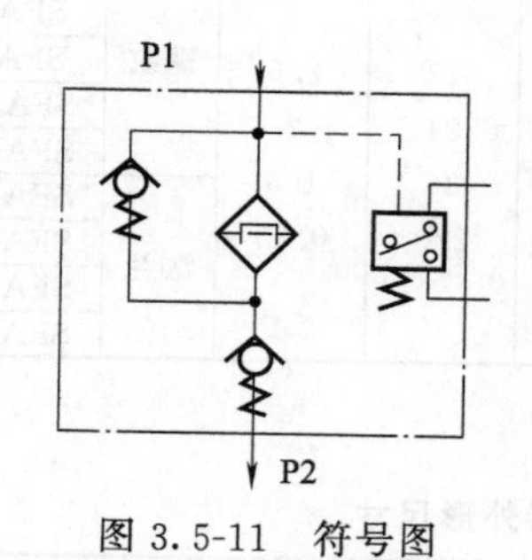

图3.5-11　符号图

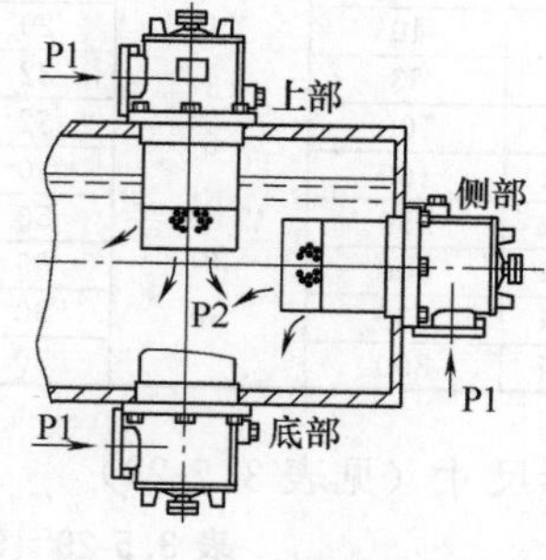

图3.5-12　安装示意图

表3.5-30　RFB型箱侧回油过滤器技术规格

型号	公称流量/(L/min)	过滤精度/μm	公称压力/MPa	压力损失/MPa 原始	压力损失/MPa 最大	发信号器 电压/V	发信号器 电流/A	连接方式	滤芯型号
RFB-25×※	25	1 3	1.6	≤0.075	0.35	12	2.5	法兰	FBX-25×※
RFB-40×※	40	5				24	2		FBX-40×※
RFB-63×※	63	10				36	1.5		FBX-63×※
RFB-100×※	100	20				220	0.25		FBX-100×※
RFB-160×※	160	30							FBX-160×※

续表

型　号	公称流量/(L/min)	过滤精度/μm	公称压力/MPa	压力损失/MPa 原始	压力损失/MPa 最大	发信号器 电压/V	发信号器 电流/A	连接方式	滤芯型号
RFB-250×※	250	1 3 5 10 20 30	1.6	≤0.075	0.35	12 24 36 220	2.5 2 1.5 0.25	法兰	FBX-250×※
RFB-400×※	400								FBX-400×※
RFB-630×※	630								FBX-630×※
RFB-800×※	800								FBX-800×※
RFB-1000×※	1000								FBX-1000×※

表 3.5-31　RFB 型箱侧回油过滤器外形尺寸

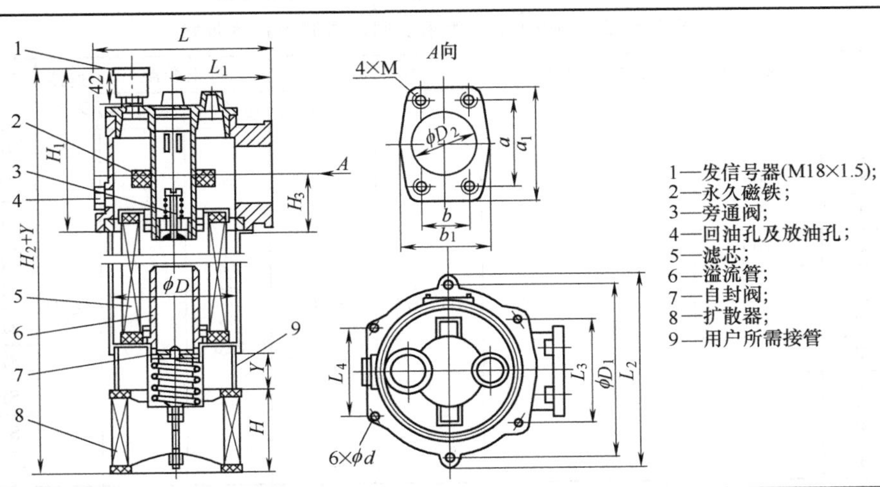

型　号	H	H_1	H_2	H_3	ϕD	ϕD_1	ϕD_2	L	L_1	L_2	L_3	L_4	M	ϕd	a	a_1	b	b_1
RFB-25×※	78	167	348+Y	58	124	150	55	175	96.5	168	90	75	M10	M10	78	102	43	80
RFB-40×※			374+Y															
RFB-63×※			411+Y															
RFB-100×※			473+Y															
RFB-160×※			548+Y															
RFB-250×※	120	210	558+Y	74	186	225	80	250	132	245	132	112	M12	M12	106	140	62	110
RFB-400×※			708+Y															
RFB-630×※			877+Y															
RFB-800×※			948+Y															
RFB-1000×※			1114+Y															

注：生产厂为温州市派克液压机电有限公司、黎明液压有限公司。

(9) SRFB 型双筒箱上回油过滤器

① 型号说明

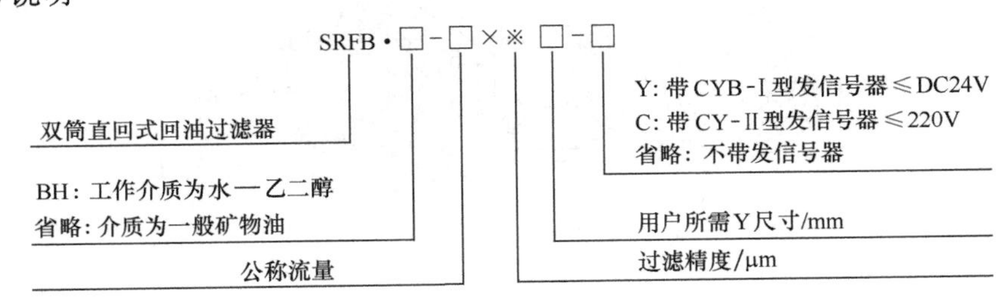

② 符号图（见图 3.5-13）

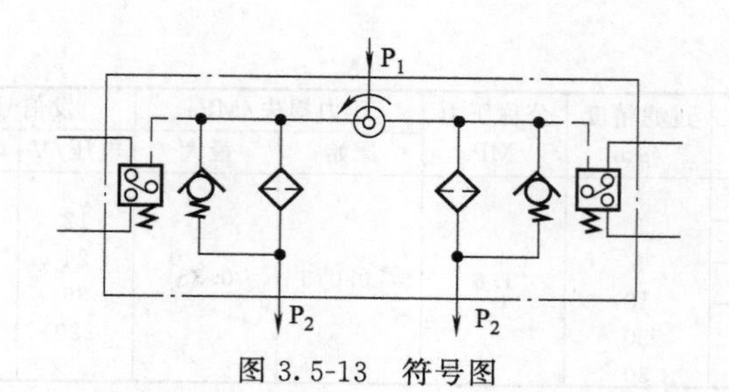

图 3.5-13　符号图

③ 技术规格（见表 3.5-32）

表 3.5-32　SRFB 型双筒箱上回油过滤器技术规格

型　号	公称流量/(L/min)	过滤精度/μm	公称压力/MPa	压力损失/MPa		发信号器		连接方式	滤芯型号
				原始	最大	电压/V	电流/A		
SRFB-25×※	25	1 3 5 10 20 30	1.6	≤0.075	0.35	12 24 36 220	2.5 2 1.5 0.25	法兰	SFBX-25×※
SRFB-40×※	40								SFBX-40×※
SRFB-63×※	63								SFBX-63×※
SRFB-100×※	100								SFBX-100×※
SRFB-160×※	160								SFBX-160×※
SRFB-250×※	250								SFBX-250×※
SRFB-400×※	400								SFBX-400×※
SRFB-630×※	630								SFBX-630×※
SRFB-800×※	800								SFBX-800×※
SRFB-1000×※	1000								SFBX-1000×※

④ 外形尺寸（见表 3.5-33）

表 3.5-33　SRFB 型双筒箱上回油过滤器外形尺寸

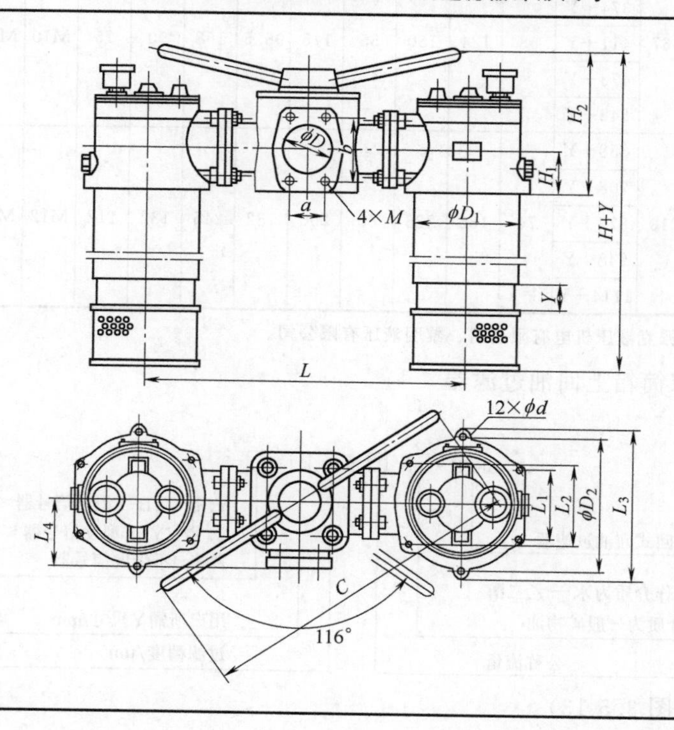

续表

型号	ϕD	ϕD_1	ϕD_2	a	b	M	H	H_1	H_2	L	L_1	L_2	L_3	L_4	ϕd	C
SRFB-25×※	50	124	150	43	78	M10	361	58	178	360	75	90	168	81	7	350
SRFB-40×※							367									
SRFB-63×※							424									
SRFB-100×※							486									
SRFB-160×※							561									
SRFB-250×※	80	186	225	62	106	M12	603	74	252	494	112	132	245	120	9	545
SRFB-400×※							756									
SRFB-630×※							923									
SRFB-800×※							993									
SRFB-1000×※							1160									

注：生产厂为温州远东液压有限公司、黎明液压有限公司。

（10）ZU-A 型油过滤器

① 型号说明

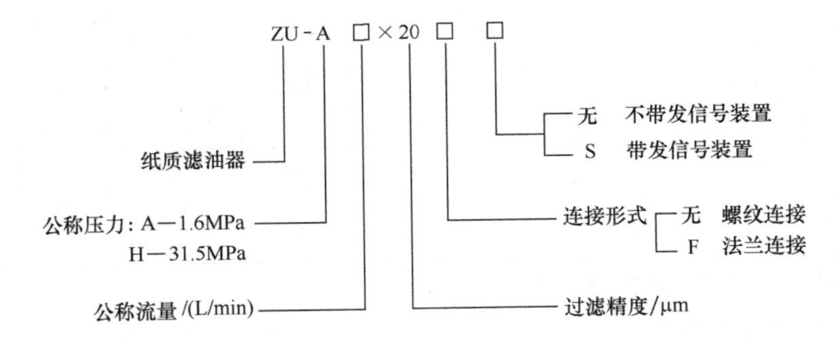

② 技术规格（见表 3.5-34）

③ 外形尺寸（见表 3.5-35）

表 3.5-34 ZU-A 型油过滤器技术规格

型号	通径/mm	公称流量/(L/min)	公称压力/MPa	压降/MPa	型号	通径/mm	公称流量/(L/min)	公称压力/MPa	压降/MPa
ZU-A10×※S	10	10	1.6	≤0.05	ZU-H10×※S	15	10	31.5	0.08
ZU-A25×※S	15	25			ZU-H25×※S		25		
ZU-A40×※S	20	40		≤0.07	ZU-H40×※S	20	40		0.1
ZU-A63×※S	25	63			ZU-H63×※S		63		
ZU-A100×※S	32	100			ZU-H100×※S	25	100		
ZU-A160×※S	40	160		≤0.12	ZU-H160×※S	35	160		0.15
ZU-A250×※FS	50	250			ZU-H250×※FS	38	250		
ZU-A400×※FS	65	400		≤0.15	ZU-H400×※FS	50	400		0.2
ZU-A630×※FS	80	630			ZU-H630×※FS	53	630		

表 3.5-35　ZU-A 型油过滤器外形尺寸

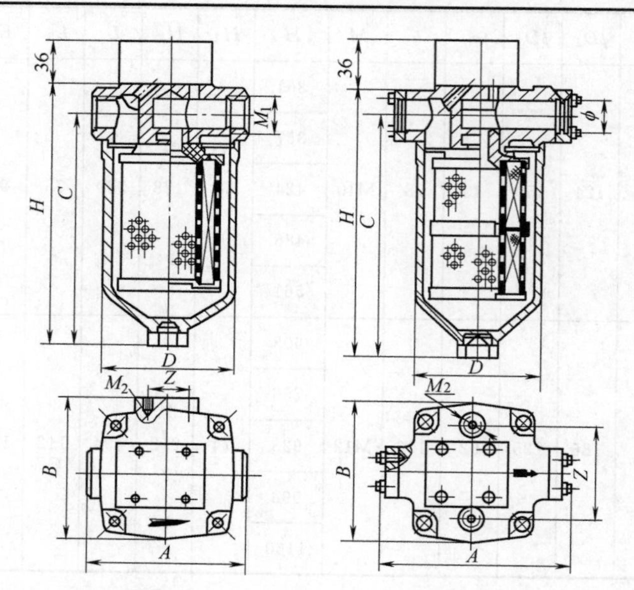

型号	A	B	C	D	H	Z	M_1	M_2	ϕ
ZU-A10×※S	88	86	150	76	202	36	M18×1.5	M6	—
ZU-A25×※S	120	110	182	94	239	30	M22×1.5	M6	—
ZU-A40×※S	120	110	242	96	296	30	M27×2	M6	—
ZU-A63×※S	146	130	254	114	313	55	M33×2	M8	—
ZU-A100×※S	150	130	358	114	406	55	M42×2	M8	—
ZU-A160×※S	170	134	380	134	419	65	M48×2	M8	—
ZU-A250×※FS	226	156	485	156	561	115	—	M10	54
ZU-A400×※FS	238	168	625	168	706	140	—	M12	70
ZU-A630×※FS	264	198	742	198	831	160	—	M12	85

注：生产厂为温州远东液压有限公司、黎明液压有限公司。

(11) LUC 型精密滤油车

① 型号说明

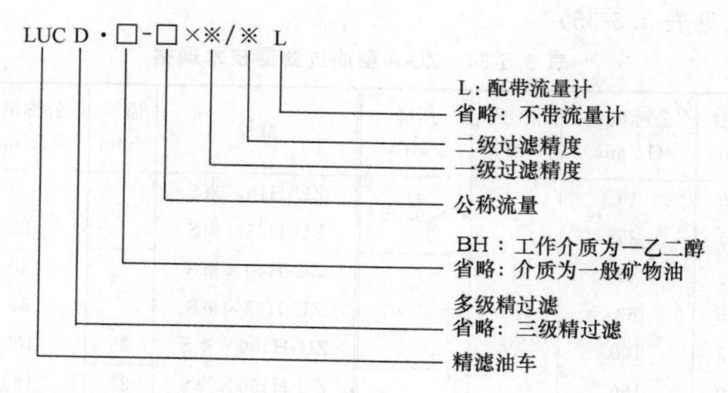

② 油路原理图（见图 3.5-14）

③ 技术规格（见表 3.5-36）

④ 外形尺寸（见表 3.5-37）

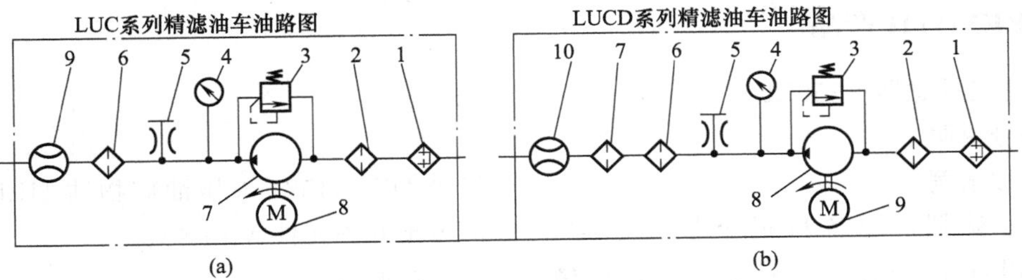

1—磁性过滤器；2—粗过滤器；3—安全阀；4—压力表；5—放气装置；6—精过滤器；7—液压泵；8—电动机；9—流量计

1—磁性过滤器；2—粗过滤器；3—安全阀；4—压力表；5—放气装置；6—一级精过滤器；7—二级精过滤器；8—液压泵；9—电动机；10—流量计

图 3.5-14　油路原理图

表 3.5-36　LUC 型精密滤油车技术规格

参数 型号	公称流量/(L/min)	吸油过滤精度/μm	精过滤精度/μm		原始压力损失/MPa	电压及功率		安全阀开启压力/MPa	磁铁吸力/N	质量/kg
			一级过滤	二级过滤		电压/V	功率/kW			
LUC-16×※	16		3				0.38			24
LUC-40×※	40		5				0.75			35
LUC-63×※	63	100	10	—	≤0.01	380	1.10	>0.4		43
LUC-100×※	100		20				1.50			45
LUC-125×※	125		40						2	47
LUCD-16×※/※	16						0.38			26
LUCD-40×※/※	40		20	3			0.75			37
LUCD-63×※/※	63	100	30	5	≤0.01	380	1.10	>0.4		45
LUCD-100×※/※	100		40	10			1.50			48
LUCD-125×※/※	125									49

表 3.5-37　LUC 型精密滤油车外形尺寸

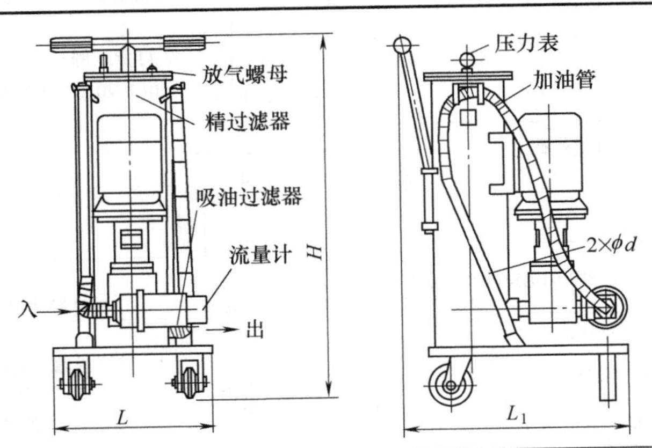

型　号	尺寸/mm			
	H	L	L_1	d(通径)
LUC-16×※	830		640	25
LUC-40×※	900			
LUC-63×※		400	720	32
LUC-100×※	920			
LUC-125×※				

型号	尺寸/mm			
	H	L	L_1	d(通径)
LUCD-16×※/※	830		640	25
LUCD-40×※/※	900			
LUCD-63×※/※		400	720	32
LUCD-100×※/※	920			
LUCD-125×※/※				

注：生产厂为温州远东液压有限公司、沈阳六玲过滤器有限公司。

2.5.2 REXOTH 产品

（1）管式过滤器（350LE）

① 型号说明

② 订货示例

管式过滤器，配备目视维护指示器，p_{nom}=350bar［5079psi］，带旁通阀，规格0100，带过滤器滤芯（10μm），以及带1个符合DIN 51524液压油矿物油HLP转换点的电子开关元件M12×1。

过滤器：

350LEN0100-H10XLA00-V5，0-M-R4

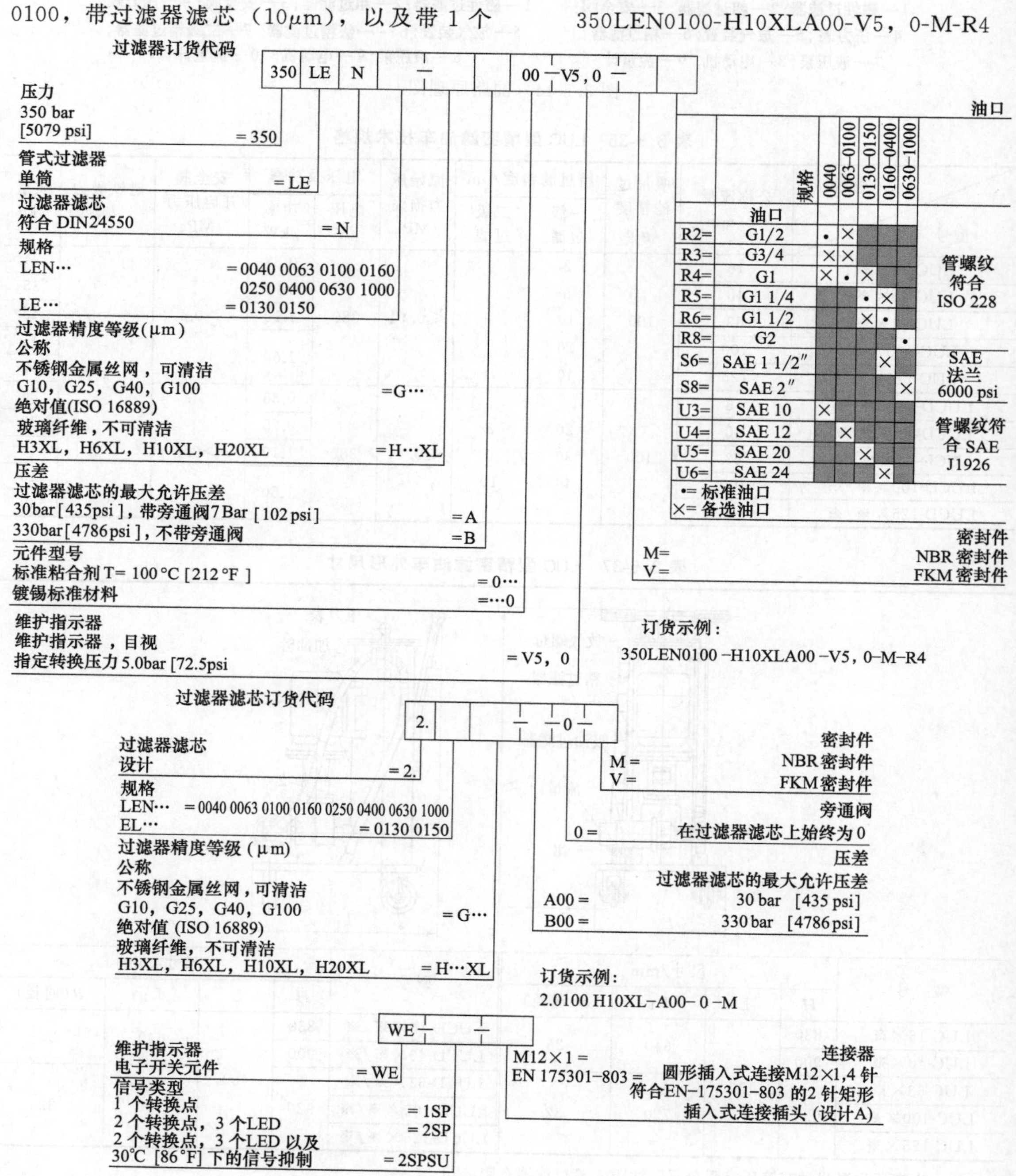

维护指示器：

WE-1SP-M12×1

③ 结构原理（见图 3.5-15）

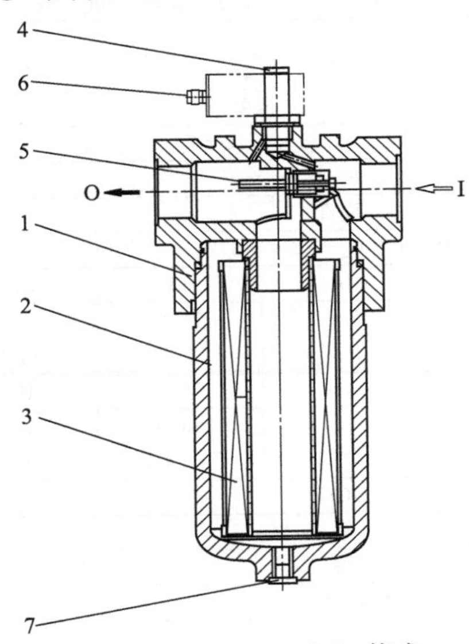

图 3.5-15　350LE（N）管式过滤器的结构原理

350LE（N）管式过滤器适合直接安装到压力管路中。其基本构成为过滤器头 1，拧入式滤杯 2，过滤器滤芯 3 以及目视维护指示器 4。对于带有低压差过滤器滤芯的过滤器（允许压差类型 A），还配有一个旁通阀 5。通过油口 I，液压油到达进行清洁的过滤器滤芯 3。灰尘颗粒物被滤芯过滤后，停留在滤杯 2 和过滤器滤芯 3 中。经过过滤的液压油通过油口 O 进入液压油路中。过滤器壳体和所有连接元件设计为可安全吸收压力峰值。如由于加速流体冲击导致大流量控制阀突然打开的情况下可能会出现的压力峰值。对于规格 0160，标准设备包括一个放油塞 7；对于规格 1000，滤杯由两部分组成。一般而言，过滤器配有目视维护指示器 4，其结构尺寸见图 3.5-16。电子维护指示器通过电子开关元件连接 1 个或 2 个转换点 6（必须单独订购）。电子开关元件附在目视维护指示器上并通过锁紧环固定。

④ 技术数据（见表 3.5-38）

压差指示器 配有开关元件M12×1

压差指示器 配态开关元件EN -175301-803

图 3.5-16　目视维护指示器的结构尺寸

1—目视维护指示器，最大紧固扭矩 $MA_{最大}$=50N·m［36.88lb-ft］；
2—电子维护指示器的带有锁紧环的开关元件（可 360°旋转）；圆形插入式连接 M12×1，4 针；
3—电子维护指示器的带有锁紧环的开关元件（可 360°旋转）；矩形插入式连接 EN175301-803；
4—带三个 LED 的壳体，24V=绿色：正常，黄色：转换点 75%，红色：转换点 100%；
5—红色按钮；6—锁紧环 DIN 471-16×1；7—铭牌

表 3.5-38　350LE (N) 过滤器技术数据

一般	
最大工作压力/bar[psi]	350[5079]
液压油温度范围/℃[°F]	−10～+100[+14～+212](短时−30[−22])
符合 ISO 10771 的疲劳强度(最大工作压力下)负载循环数	>106
旁通阀的开启压力/bar[psi]	7±0.5[100±7]
维护指示器的压力测量类型	压差
维护指示器的响应压力/bar[psi]	5±0.5[72±7]

液压						
安装位置		垂直				
环境温度范围/℃[°F]		−30～+100[−22～+212]				
质量	规格	0040	0063	0100	0130	0150
	kg [lb]	4.4 [9.73]	5.0 [11.1]	5.9 [13]	10.5 [23.21]	11.2 [24.76]
	规格	0160	0250	0400	0630	1000
	kg [lb]	17.2 [30.02]	19.5 [43.11]	23 [50.84]	45.0 [99.47]	93.0 [205.58]
材料	过滤器头	GGG				
	滤杯	钢				
	目视维护指示器	铜				
	电子开关元件	塑料 PA6				

电气(电子开关元件)					
电气连接		圆形插入式连接 M12×1,4 针			标准连接 EN 175301-803
型号		1SP-M12×1	2SP-M12×1	2SP-M12×1	1SP-EN175301-803
接触负载,直流电压	$A_{最大}$	1			
电压范围/$V_{最大}$		150(交流/直流)	10～30(直流)		250(交流)/200(直流)
带电阻负载的最大切换功率/W		20			70
切换类型	75%信号	—	常开触点		—
	100%信号	转换	常闭触点		常闭触点
	2SPSU			信号切换在 30℃[86°F],回油切换在 20℃[68°F]	
通过电子开关元件 2SP..中的 LED 显示			正常(LED 绿色) 75%转换点(LED 黄色) 100%转换点(LED 红色)		
符合 EN 60529 的防护等级			IP 67		IP 65
环境温度范围/℃[°F]		−25～+85[−13～+185]			
对于 24V 以上的直流电压,为保护切换触点元件切换时,将不会出现火花					
质量(电子开关元件): 带圆形插入式连接 M12×1/kg[lb]		0.1[0.22]			

过滤器滤芯			
玻璃纤维 H..XL		基于无机纤维的一次性滤芯	
		过滤比符合 ISO 16889,Δp 高达 5bar[72.5psi]	可实现符合 ISO 4406 [SAE-AS 4059]的油清洁度
H20XL		β20(c)≥200	19/16/12-22/17/14
H10XL		β10(c)≥200	17/14/10-21/16/13
H6XL		β6(c)≥200	15/12/10-19/14/11
H3XL		β5(c)≥200	13/10/8-17/13/10
允许的压差	A/bar[psi]	30[435]	
	B/bar[psi]	330[4785]	

续表

液压油的密封材料			
矿物油			订货代码
矿物油	HLP	符合 DIN51524	M
耐火液压油			订货代码
乳状液	HFA-E	符合 DIN 24320	M
合成水溶液	HFA-S	符合 DIN 24320	M
水溶液	HFC	符合 VDMA24317	M
磷酸酯	HFC	符合 VDMA24317	V
有机酯	HFD-R	符合 VDMA24317	V
可快速生物降解的液压油			订货代码
甘油三酸酯	HETG	符合 VDMA24568	M
合成酯	HEES	符合 VDMA24568	V
聚乙醇	HEPG	符合 VDMA24568	V

⑤ 外形及安装尺寸（见表 3.5-39）

⑥ 维护指示器　维护指示器包括目视维护指示器 1 和电子开关元件 2、3。如有需要，开关元件可增加切换功率。

⑦ 安装调试和维护（参见图 3.5-15）

a. 过滤器安装。使用铭牌信息验证运行的最高压力。拔掉过滤器入口和出口中的保护塞。将过滤器头 1 旋入紧固装置，考虑流动方向（方向箭头）和滤芯的维修高度，确保各组件在无应力作用下进行组装。壳体必须接地。安装过滤器时，最好让滤杯 2 朝下。必须以便于查看的方式安置维护指示器。

b. 电子维护指示器的连接。一般而言，过滤器配有目视维护指示器 4。电子维护指示器可通过开关元件 6 与 1 个或 2 个转换点连接，附在目视维护指示器上并通过锁紧环固定。

表 3.5-39　350LE (N) 过滤器外形及安装尺寸

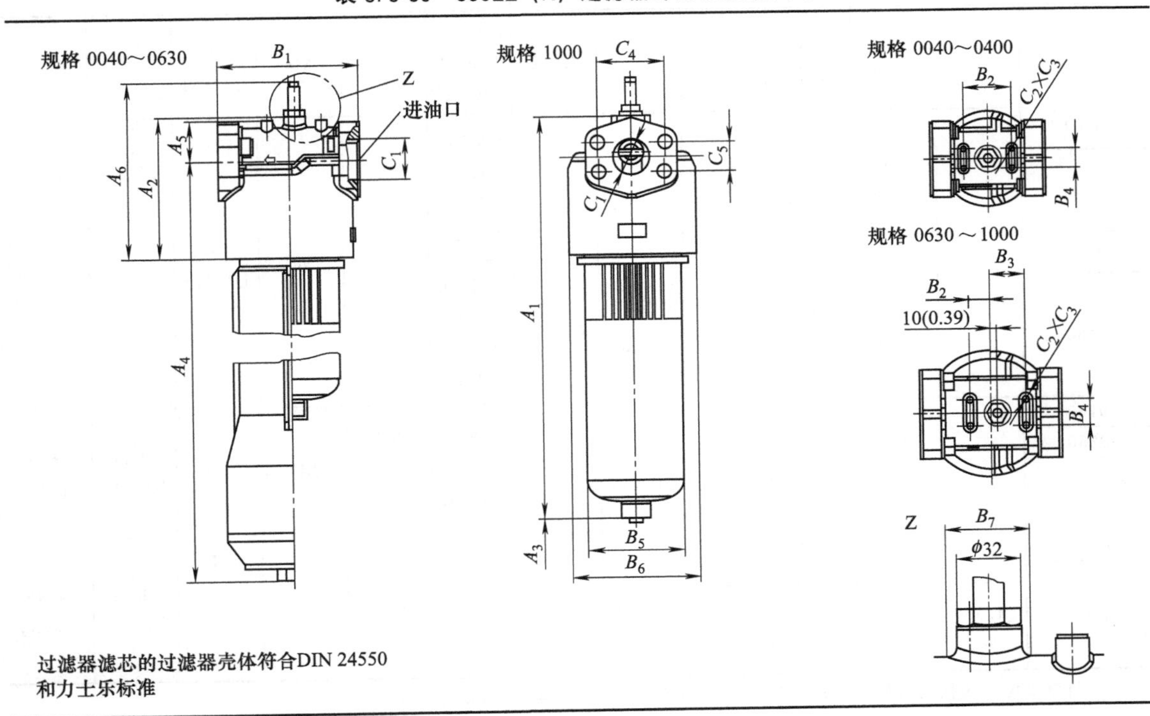

过滤器滤芯的过滤器壳体符合DIN 24550和力士乐标准

续表

型号 350LE(N)	含量 [美国加仑]	A_1	A_2	$A_3$①	A_4	A_5	A_6	$B_1$②	B_2
0040	0.25 [0.07]	203 [7.99]	115 [4.53]	80 [3.15]	158 [6.22]	25 [0.98]	167 [6.57]	92 [3.62]	65 [2.56]
0063	0.35 [0.09]	266 [10.47]			211 [8.70]				
0100	0.52 [0.14]	356 [14.02]			311 [12.24]				
0130	0.9 [0.24]	328 [12.91]	150 [5.91]		273 [10.75]	40 [1.57]	202 [7.95]	132 [5.20]	80 [3.15]
0150	1.1 [0.29]	364 [14.33]			324 [12.76]				
0160	1.3 [0.34]	322 [12.68]	170 [6.69]	140 [5.51]	262 [10.31]				
0250	1.9 [0.50]	412 [16.22]			352 [13.86]	50 [1.97]	222 [8.74]	164 [6.46]	70 [2.76]
0400	3.0 [0.79]	562 [22.13]			502 [19.76]				
0630	4.5 [1.19]	605 [23.82]	210 [8.27]	160 [6.30]	540 [21.26]	60 [2.36]	262 [10.31]	204 [8.03]	30 [1.18]
1000	6.5 [1.72]	843 [33.19]		650 [25.59]	778 [30.63]				

型号 350LE(N)	B_3	B_4	ϕB_5	ϕB_6	ϕB_7	标准 (ISO)	C_1 U… (SAE J1926)	SAE 法兰	C_2	C_3	C_4	C_5
0040	—	30 [1.18]	64 [2.52]	85 [3.35]	47 [1.85]	G1/2	SAE 10 7/8-14 UNF-2B	—	M6	8 [0.32]	—	—
0063	—	30 [1.18]	64 [2.52]	85 [3.35]	47 [1.85]	G1	SAE 12 0100 1 1/16-12 UN-2B	—	M6	8 [0.32]	—	—
0100												
0130	—	30 [1.18]	92 [3.62]	118 [4.65]	47 [1.85]	G11/4	SAE 20 0150 1 5/8-12 UN-2B					
0150												
0160	—	30 [1.18]	114 [4.49]	140 [5.51]	32 [1.26]	G11/2	SAE 24 17/8-12 UN-2B	SAE 1 1/2″ 6000psi	M6	12 [0.47]	79.38 [3.13]	36.5 [1.44]
0250												
0400												
0630	50 [1.97]	40 [1.57]	140 [5.51]	185 [7.28]	32 [1.26]	G 2		SAE 2″ 6000 psi	M6		96.82 [3.81]	44.45 [1.75]
1000			190 [7.48]									

① 过滤器滤芯更换的维修高度；②针对 SAE 法兰，尺寸 B_1 减少 4mm [0.16in]。

c. 过滤器滤芯的更换或清洗周期。在系统初始启动后，就需要更换过滤器滤芯。低温启动时，目视维护指示器 4 的红色按钮会弹出，并通过开关元件输出电气信号。只能在达到工作温度后再次按下红色按钮。如果按钮立即再次弹起，或在工作温度下仍未发出电气信号，则必须在轮班结束时分别更换或清洗过滤器滤芯。过滤器滤芯最多使用 6 个月就要进行更换或清洗。

d. 滤芯更换。关闭系统，在压力卸载的状态下，卸下过滤器。按逆时针方向旋转，旋下滤杯 2。用适当的介质清洁过滤器壳体。轻轻转动，从过滤器头的套筒中取出过滤器滤芯 3。检查滤杯中密封圈的位置和损坏情况。如有必要，更换这些部件。更换过滤器

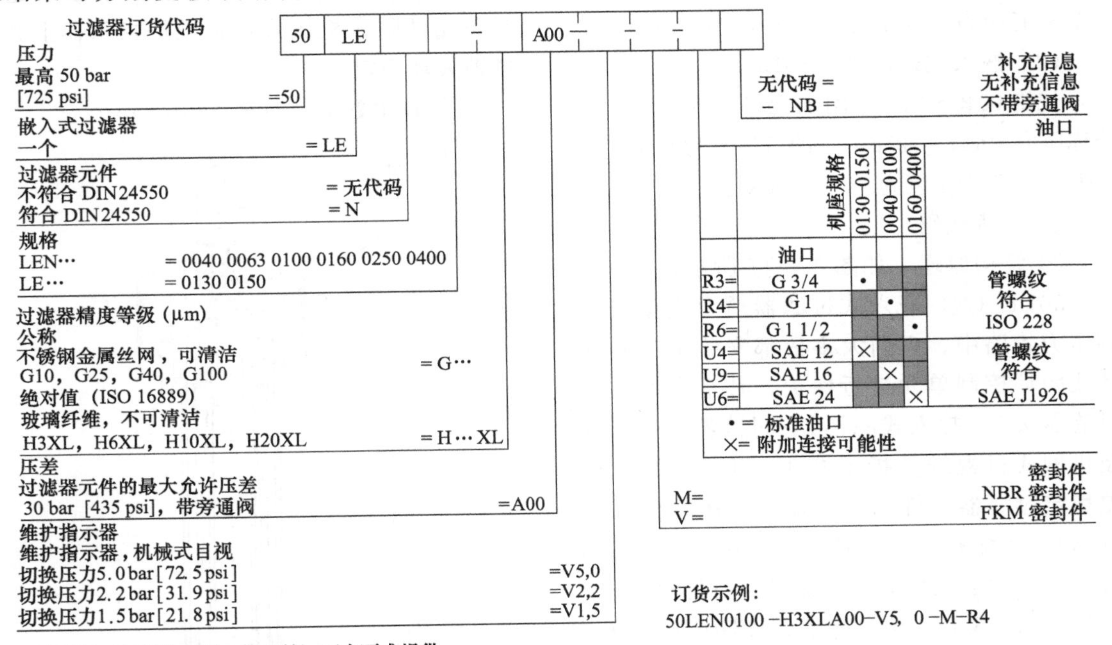

更多型号（过滤器材料，接口等）可应要求提供。

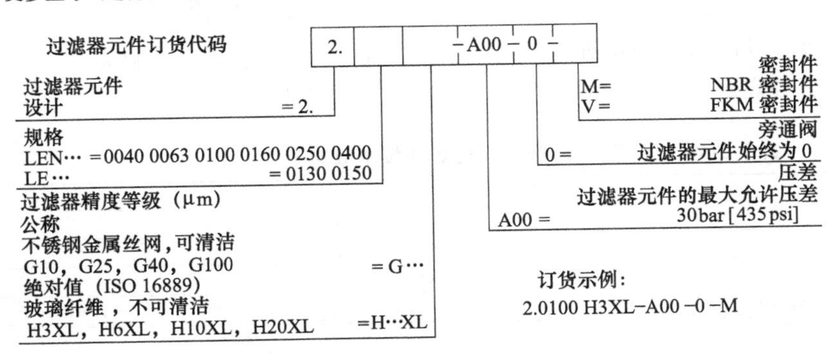

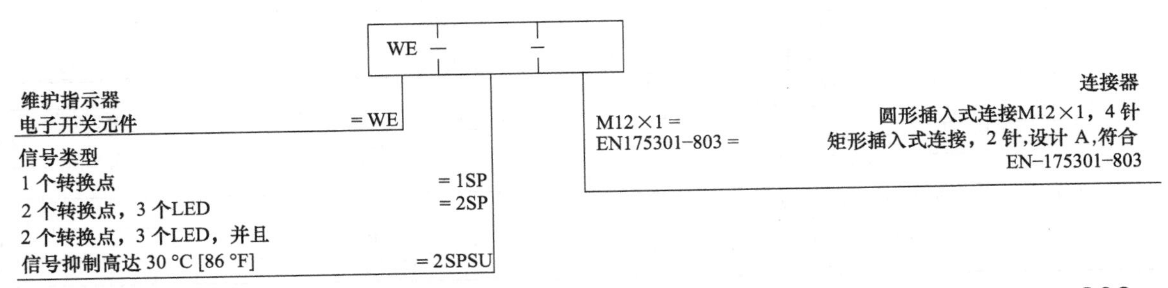

滤芯 H... XL，清洗过滤器滤芯 G...。清洗过程的效率取决于更换过滤器滤芯之前的污染类型和压差。如果更换过滤器滤芯之后的压差超过全新过滤器滤芯值的150%，则还需更换滤芯 G...。检查替换滤芯的类型名称或物料号是否与过滤器铭牌上的类型名称/物料号相对应。再次轻轻转动套筒上已替换或已清洗的过滤器滤芯，最后进行安装，旋入滤杯直至不能动为止（扭矩 50N·m+10N·m）。

（2）嵌入式过滤器（50LE）

规格 0040～0400；附加规格：0130，0150；公称压力 50bar［725psi］，油口最大为 G 1 1/2；SAE 24，工作温度为 −10～100℃。

① 订货代码

② 结构原理　如图 3.5-17 所示。

50LE（N）嵌入式过滤器适合直接安装到压力管路中。它们大多数都安装了上游开环或闭环控制单元进行保护。其基本构成为过滤器头 1，拧入式滤杯 2，过滤器元件 3 以及机械式目视维护指示器 4。对于带有低压差稳定过滤器元件的过滤器（=压差代码字母 A），还配有一个旁通阀 5。安装的弹簧 6 可防止过滤器元件 3 发生振动。拆卸过程中，弹簧 6 的接触压力将过滤器元件保持在滤杯 2 中。通过油口 I，液压油到达进行清洁的过滤器元件 3。灰尘颗粒物被滤芯过滤后，停留在滤杯 2 和过滤器元件 3 中。经过过滤的液压油通过油口 O 进入液压油路中。过滤器壳体和所有连接元件设计为可安全吸收压力峰值。例如，由于加速流体冲击导致大控制阀突然打开的情况下，可能会出现压力峰值。对于规格 0160，标准设备包括一个泄油孔塞 7。一般而言，过滤器配有机械式目视维护指示器 4。电子维护指示器通过电子开关元件连接 1 个或 2 个转换点（必须单独订购）。电子开关元件附在机械式目视维护指示器上并通过锁紧环固定。

③ 技术数据（见表 3.5-40）

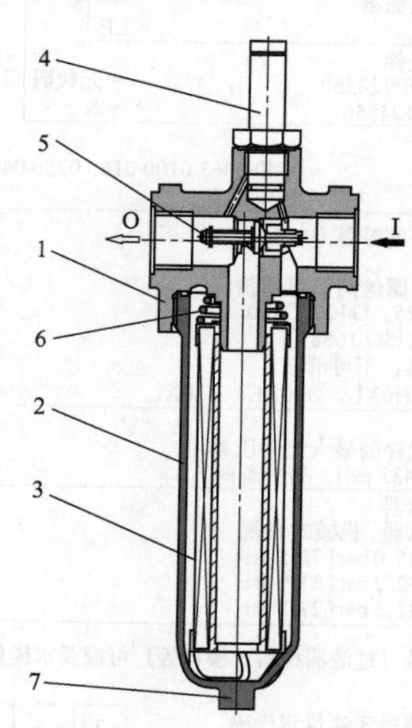

图 3.5-17　50LE（N）嵌入式过滤器的结构原理

表 3.5-40　50LE（N）嵌入式过滤器技术数据

			一般			
安装位置			垂直			
环境温度范围/℃[℉]			−30～+100[−22～+212]			
质量	规格		0040	0063	0100	0130
	/kg[lb]		1.05[2.3]	1.1[2.4]	1.2[2.6]	1.91[4.2]
	规格		0150	0160	0250	0400
	/kg[lb]		2.06[4.5]	3.1[6.8]	3.3[7.3]	3.8[8.4]
体积	规格		0040	0063	0100	0130
	/L[美国加仑]		0.27[0.07]	0.39[0.1]	0.58[0.15]	0.89[0.23]
	规格		0150	0160	0250	0400
	/L[美国加仑]		1.1[0.29]	1.31[0.35]	1.89[0.50]	2.84[0.75]
材料	过滤器头		铝			
	滤杯		铝			
	目视维护指示器	V1.5,V2.2	铝			
		V5.0	铜			
	电子开关元件		塑料 PA6			

续表

液压		
最大工作压力/bar[psi]	50[725]	
液压油温度范围/℃[°F]	−10～+100[+14～+212]	
介质的最低传导率/(Ps/m)	300	
符合 ISO 10771 的疲劳强度负载循环数(最大工作压力下)	$>10^2$	
维护指示器的压力测量类型	压差	
分配:维护指示器的响应压力/旁通阀的开启压力/bar[psi]	维护指示器的响应压力	旁通阀的开启压力
	1.5 ± 0.2[21.8 ± 2.9]	2.5 ± 0.25[36.3 ± 3.6]
	2.2 ± 0.3[31.9 ± 4.4]	3.5 ± 0.35[50.8 ± 5.1]
	5.0 ± 0.5[72.5 ± 7.3]	7.0 ± 0.5[101.5 ± 7.3]

电气(电子开关元件)					
电气连接		圆形插入式连接 M12×1,4 针			标准连接 EN175301-803
型号		1SP-M12×1	2SP-M12×1	2SP-M12×1	1SP-EN175301-803
接触负载,直流电压 A_{max}		1			
电压范围 V_{max}		150(交流/直流)	10～30(直流)		250(交流)/200(直流)
带电阻负载的切换功率(最大)/W		20			70
切换类型	75%信号	—	常开触点		—
	100%信号	转换	常闭触点		常闭触点
	2SPSU			信号互连在 30℃[86°F] 回油切换在 20℃[68°F]	
通过电子开关元件 2SP 中的 LED 显示...			备用(LED 绿色) 75%转换点(LED 黄色) 100%转换点(LED 红色)		
符合 EN 60529 的防护等级		IP 67			IP 65
环境温度范围/℃[°F]		−25～+85[−13～+185]			
对于 24V 以上的直流电压,为保护切换触点元件切换时,将不会出现火花					
质量(电子开关元件): —带圆形插入式连接 M12×1/kg[lb]		0.1[0.22]			

滤器元件		
玻璃纤维纸 H..XL	基于无机纤维的一次性元件	
	过滤比符合 ISO 16889,Δp 可达 5bar[72.5psi]	可以实现符合 ISO 4406 的油清洁度[SAE-AS 4059]
H20XL	β20(c)≥200	19/16/12-22/17/14
H10XL	β10(c)≥200	17/14/10-21/16/13
H6XL	β6(c)≥200	15/12/10-19/14/11
H3XL	β5(c)≥200	13/10/8-17/13/10
允许的压差 A/bar[psi]	30[435]	
B/bar[psi]	330[4785]	

液压油的密封材料			
矿物油			订货代码
矿物油	HLP	符合 DIN 51524	M
耐火液压油			订货代码
乳状液	HFA-E	符合 DIN 24320	M
合成水溶液	HFA-S	符合 DIN 24320	M
水溶液	HFC	符合 VDMA 24317	M
磷酸酯	HFD-R	符合 VDMA 24317	V

有机脂 HFD-U 符合 VDMA 24317		V
可快速生物降解的液压油		订货代码
甘油三酸酯(菜籽油)HETG 符合 VDMA 24568		M
合成脂 HEES 符合 VDMA 24568		V
聚乙醇 HEPG 符合 VDMA 24568		V

④ 外形及安装尺寸（见表 3.5-41）

表 3.5-41 50LE (N) 嵌入式过滤器外形及安装尺寸

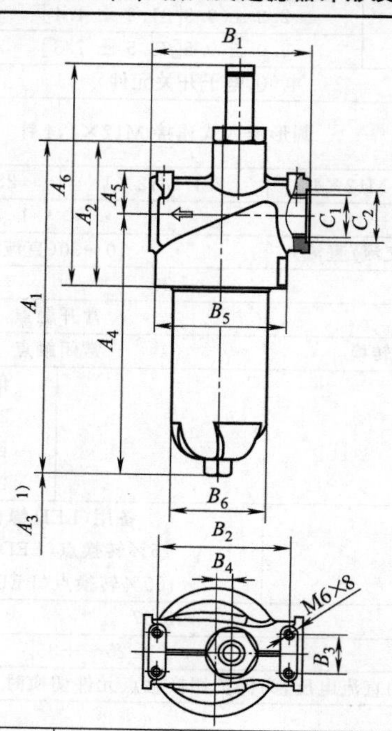

类型 50 LE(N)	A_1	A_2	A_3	A_4	A_5	A_6	B_1	B_2	B_3
0040	209[8.23]	87[3.43]	80[3.15]	164[6.46]	24[0.94]	139[5.47]	92[3.62]	65[2.56]	20[0.79]
0063	269[10.59]			224[8.82]					
0100	359[14.13]			314[12.36]					
0130	299[11.77]	98[3.86]	140[5.51]	251[9.88]	30[1.18]	150[5.91]	122[4.80]	90[3.54]	20[0.79]
0150	350[13.78]			302[11.89]					
0160	310[12.20]	122[4.80]	140[5.51]	255[10.04]	35[1.38]	174[6.85]	142[5.59]	110[4.33]	30[1.18]
0250	400[15.75]			345[13.58]					
0400	550[21.65]			495[19.49]					

类型 50 LE(N)	B_4	ϕB_5	ϕB_6	C_1 连接		ϕC_2	
				标准	U…(SAE J1926)	标准	U…(SAE J1926)
0040	10[0.39]	75[2.95]	58[2.28]	G 3/4	SAE 12 11/16-12 UN-2B	33[1.30]	41[1.61]
0063							
0100							
0130	14[0.55]	105[4.13]	82[3.23]	G 1	SAE 16 15/16-12 UN-2B	41[1.61]	49[1.93]
0150							
0160	20[0.79]	125[4.92]	102[4.02]	G 1 1/2	SAE 24 17/8-12 UN-2B	56[2.20]	65[2.56]
0250							
0400							

⑤ 维护指示器　如图 3.5-18 所示，产品包括机械式目视维护指示器 1 和电子开关元件 2、3。带安装的开关元件 M12×1。如有需要，开关元件可增加切换功率。

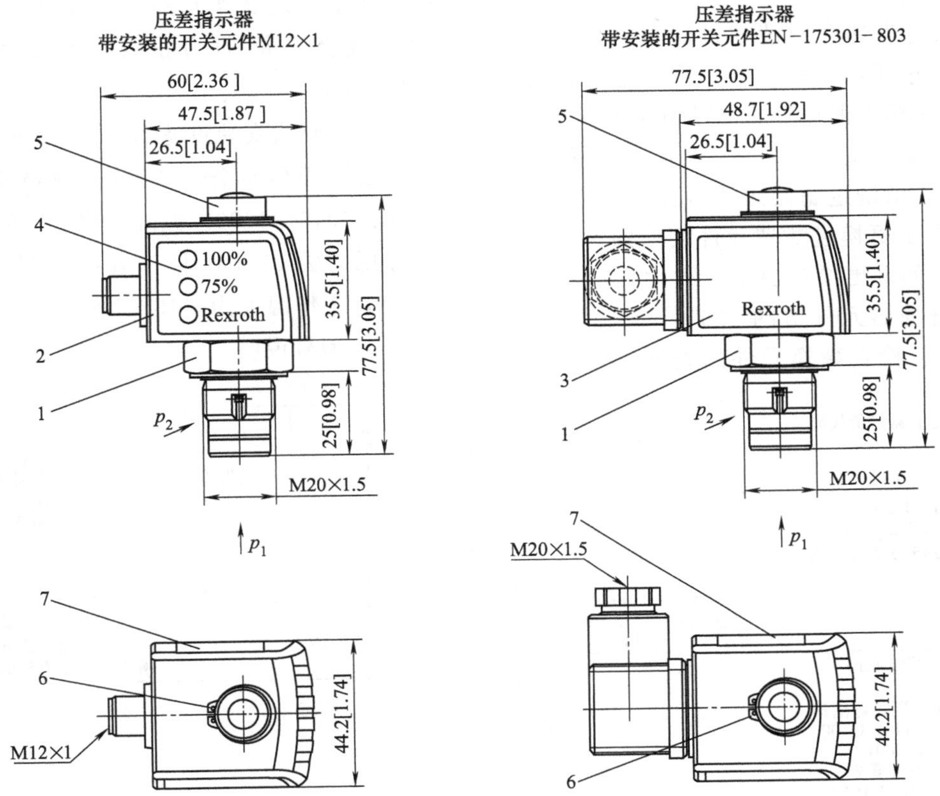

压差指示器
带安装的开关元件M12×1
60[2.36]
47.5[1.87]
26.5[1.04]
100%
75%
Rexroth
35.5[1.40]
77.5[3.05]
25[0.98]
M20×1.5
p_2
p_1
44.2[1.74]
M12×1

压差指示器
带安装的开关元件EN-175301-803
77.5[3.05]
48.7[1.92]
26.5[1.04]
Rexroth
35.5[1.40]
77.5[3.05]
25[0.98]
M20×1.5
p_2
p_1
M20×1.5
44.2[1.74]

图 3.5-18　目视维护指示器的结构尺寸

1—机械式目视维护指示器，最大紧固扭矩 MA_{max}=50N·m [36.88lb-ft]；
2—带电子维护指示器锁紧环的开关元件（可 360°旋转），圆形插入式连接 M12×1，4 针；
3—带电子维护指示器锁紧环的开关元件（可 360°旋转），矩形插入式连接 EN175301-803；
4—带三个 LED 的阀体，24V=绿色：备用，黄色：转换点 75%，红色：转换点 100%；
5—双稳态目视指示器；6—锁紧环 DIN 471-16×1；7—铭牌

⑥ 安装调试和维护

a. 过滤器安装。使用铭牌信息验证工作的最高压力。拔掉过滤器入口和出口中的堵塞器。将过滤器头 1 旋入紧固装置，考虑流动方向（方向箭头）和元件的维修高度，确保各组件在无拉应力作用下进行组装。壳体必须接地。安装过滤器时，最好让滤杯 2 朝下。必须以便于查看的方式安置维护指示器。

b. 电子维护指示器的连接。一般而言，过滤器配有机械式目视维护指示器 4。电子维护指示器可通过开关元件 6 与 1 个或 2 个转换点连接，附在机械式目视维护指示器上并通过锁紧环固定。

c. 过滤器滤芯更换或清洗周期。在系统初始启动后，就需要更换过滤器件。低温启动时，目视维护指示器 4 的红色按钮会弹出，并通过开关元件输出电气信号。只能在达到工作温度后再次按红色按钮。如果按钮立即再次弹起，或在工作温度下仍未发出电气信号，则必须在轮班结束时分别更换或清洗过滤器元件。过滤器元件最多使用 6 个月就要进行更换或清洗。

d. 滤芯更换与清洗。关闭系统，在压力侧卸下过滤器。按逆时针方向旋转，旋下滤杯2。用适当的介质清洁过滤器壳体。轻轻转动，从过滤器头的套管中取出过滤器元件3，检查滤杯中密封圈的位置和损坏情况。如有必要，更换这些部件。更换过滤器元件H... XL，清洗过滤器元件G...。清洗过程的效率取决于更换过滤器元件之前的污染类型和压差。如果更换过滤器元件之后的压差超过全新过滤器元件值的150%，则还需更换G…元件。检查替换元件的类型、名称或材料编号是否与过滤器铭牌上的类型、名称/材料编号相对应。再次轻轻转动套管上已替换或已清洗的过滤器元件，进行安装。再旋入滤杯直至不能动为止（扭矩50N·m+10N·m）。

(3) 阀块安装过滤器（350PSF）

适用于侧面法兰安装，规格符合DIN 4550：0040～1000。额外规格：0130、0150；公称压力为350bar［5079psi］，最大接口尺寸38，工作温度为－10～100℃。

① 型号说明

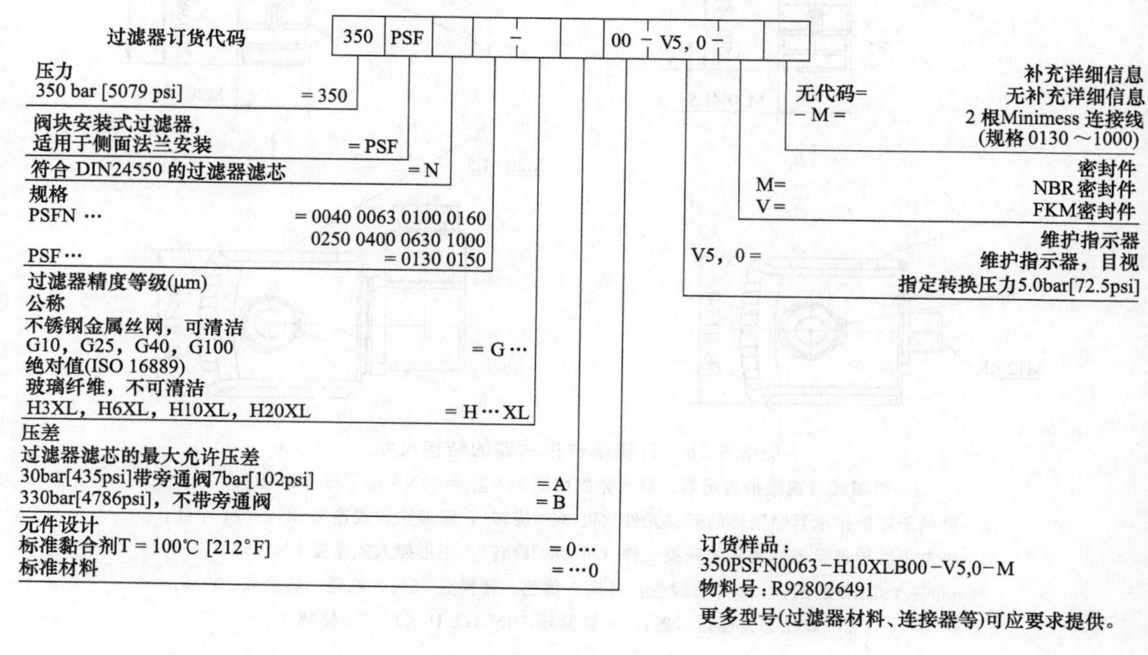

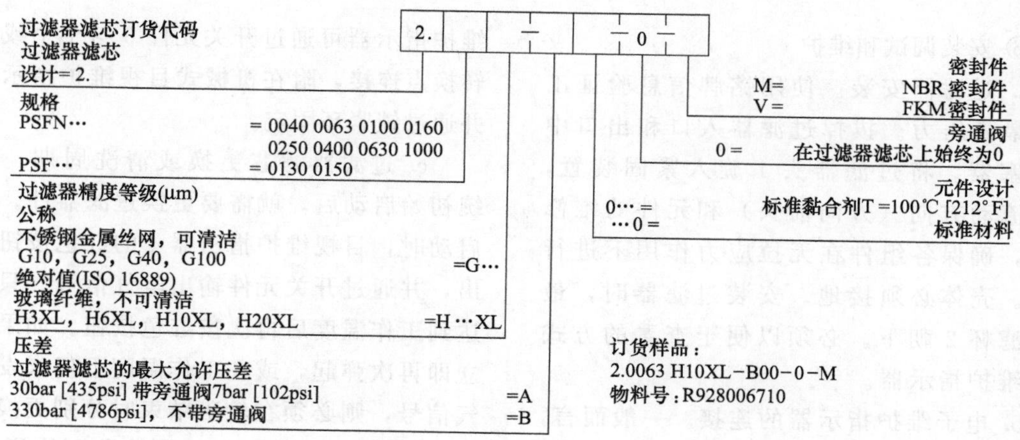

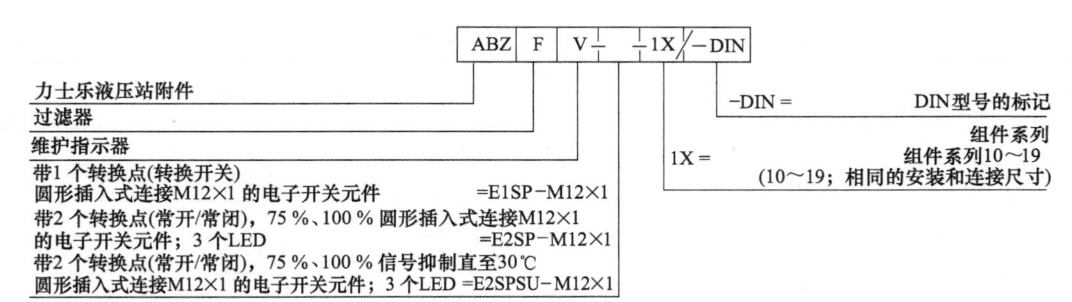

② 订货示例：阀块安装式过滤器，带机械式目视维护指示器，p_{nom}＝350bar［5079psi］，不带旁通阀，规格 0063，过滤器滤芯 10μm，以及带 1 个符合 DIN 51524 规定的矿物液压油 HLP 转换点的电子开关元件 M12×1。

过滤器：

350PSFN0063-H10XLB00-V5，0-M

维护指示器：

ABZFV-E1SP-M12X1-1X/-DIN

③ 结构原理 如图 3.5-19 所示。阀块安装式过滤器适用于直接安装在泵体或阀块安装面上。其基本构成为过滤器头 1、拧入式滤杯 2、过滤器滤芯 3，以及目视维护指示器 4。对于带有低压差过滤器滤芯的过滤器（允许压差类型 A），还配有一个旁通阀 5。通过油口 I，液压油到达进行清洁的过滤器滤芯 3，污染颗粒物被滤芯过滤后，停留在滤杯 2 和过滤器滤芯 3 中。经过过滤的液压油通过油口 O 进入液压油路中。过滤器壳体和所有连接元件设计为可安全吸收压力峰值，如由于加速，流体的重量导致大流量控制阀突然打开的情况下，可能会出现的压力峰值。对于规格 0160，标准设备包括一个卸油孔螺塞 7。对于规格 1000，滤杯由两部分组成。一般而言，过滤器配有目视维护指示器 4。

④ 技术数据（见表 3.5-42）

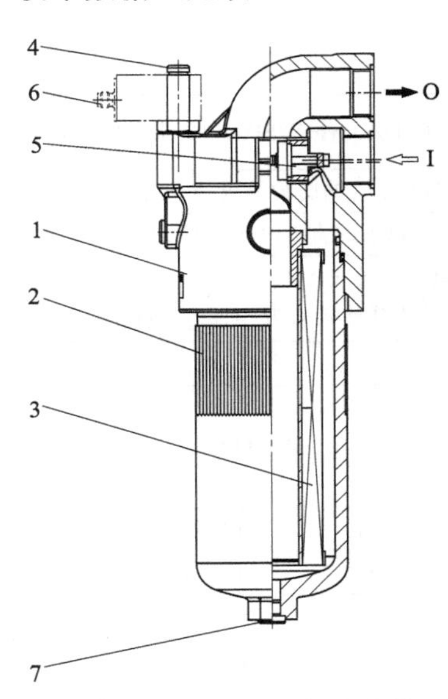

图 3.5-19 350PSF 阀块安装过滤器的结构原理

表 3.5-42 350PSF 阀块安装过滤器技术参数

一般						
安装位置		侧面				
环境温度范围/℃[℉]		−30～+100[−22～+212]				
质量	规格	0040	0063	0100	0130	0150
	/kg[lbs]	5.5[12.1]	6.2[13.6]	7.0[15.4]	13.0[28.6]	13.9[30.6]
	规格	0160	0250	0400	0630	1000
	kg[lbs]	18.5[40.7]	20.5[45.1]	24.5[53.9]	41.2[90.6]	87.0[191.4]
材料	过滤器头	GGG				
	滤杯	钢				
	目视维护指示器	铜				
	电子开关元件	塑料 PA6				
液压						
最大工作压力/bar[psi]		350[5079]				
液压油温度范围/℃[℉]		−10～+100[+14～+212](短时−30[−22])				
符合 ISO 10771 的疲劳强度 负载循环数		>10^6,带最大工作压力				
旁通阀的开启压力/bar[psi]		7±0.5[100±7]				
维护指示器的压力测量类型		压差				

液压			
维护指示器的响应压力/bar[psi]		5±0.5[72±7]	
电气(电子开关元件)			
电气连接		圆形插入式连接插头 M12×1,4 针	
接触负载,直流电压 A		最大 1	
电压范围	E1SP-M12×1 V DC/AC	最大 150	
	E2SP V DC	10～30	
带电阻负载的最大切换功率		20VA;20W;(70 VA)	
切换类型	E1SP-M12×1	转换开关	
	E2SP-M12×1	75%响应压力的常开触点 100%响应压力的常闭触点	
	E2SPSU-M12×1	75%响应压力的常开触点 100%响应压力的常闭触点 30℃[86°F]时的信号互连 20℃[68°F]时的回油切换	
通过电子开关元件 E2SP...中的 LED 显示		正常(LED 绿色);75%转换点(LED 黄色);100%转换点(LED 红色)	
符合 EN 60529 的防护等级		IP 65	
对于 24V 以上的直流电压,为保护切换触点将熄灭火花			
质量(电子开关元件): 带圆形插入式连接插头 M12×1/kg[lbs]		0.1[0.22]	
过滤器滤芯			
玻璃纤维 H..XL		基于无机纤维的一次性滤芯	
		符合 ISO 16889 的过滤比 Δp 高达 5bar[72.5psi]	可以实现符合 ISO 4406 [SAE-AS 4059]的油清洁度
H20XL		β_{20}(c)≥200	19/16/12-22/17/14
H10XL		β_{10}(c)≥200	17/14/10-21/16/13
H6XL		β_{6}(c)≥200	15/12/10-19/14/11
H3XL		β_{5}(c)≥200	13/10/8-17/13/10
允许的压差	A/bar[psi]	30[435]	
	B/bar[psi]	330[4786]	
液压油的密封材料			
矿物油		订货代码	
矿物油	HLP 符合 DIN 51524 的规定	M	
耐火液压油		订货代码	
乳状液	HFA-E 符合 DIN 24320 的规定	M	
合成水溶液	HFA-S 符合 DIN 24320 的规定	M	
水溶液	HFC 符合 VDMA 24317 的规定	M	
磷酸酯	HFD-R 符合 VDMA 24317 的规定	V	
有机脂	HFD-U 符合 VDMA 24317 的规定	V	
可快速生物降解的液压油		订货代码	
甘油三酸酯(菜籽油)	HETG 符合 VDMA 24568 的规定	M	
合成脂	HEES 符合 VDMA 24568 的规定	V	
聚乙醇	HEPG 符合 VDMA 24568 的规定	V	

⑤ 外形及安装尺寸（见表 3.5-43 和表 3.5-44）

表 3.5-43 350PSF 过滤器外形尺寸（规格 040～100）

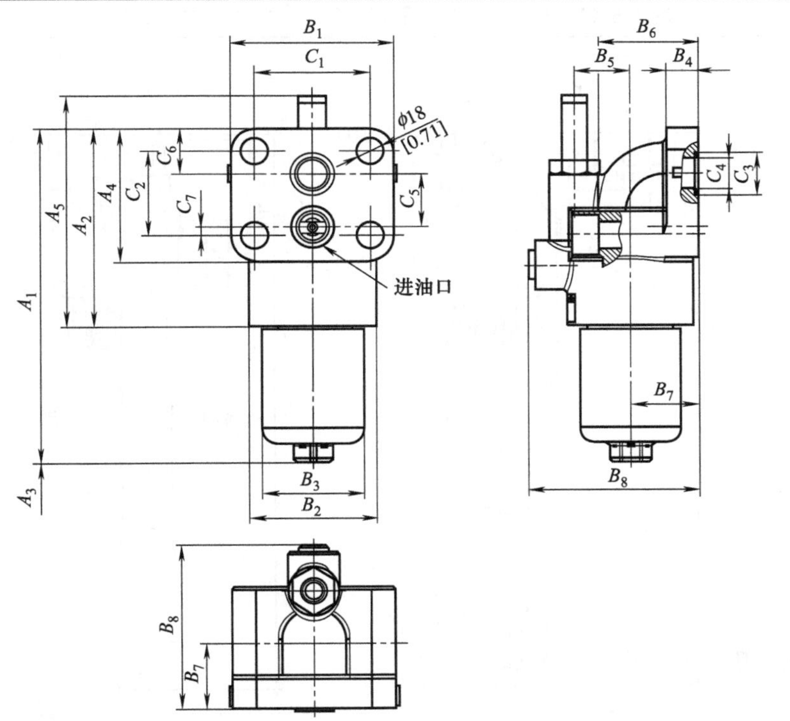

型号 350 PSF(N)	含量(L) [美国加仑]	A_1	A_2	$A_3$①	A_4	A_5	B_1	ϕB_2	ϕB_3	B_4
0040	0.3 [0.08]	218 [8.58]	130 [5.12]	120 [4.72]	85 [3.35]	152 [5.98]	102 [4.02]	80 [3.15]	64 [2.52]	20 [0.79]
0063	0.45 [0.12]	281 [11.06]								
0100	0.65 [0.17]	371 [14.61]								

型号 350PSF(N)	B_5	B_6	B_7	B_8	C_1	C_2	ϕC_3	ϕC_4	C_5	C_6	C_7
0040	35 [1.38]	63 [2.48]	43 [1.69]	107 [4.21]	72 [2.83]	55 [2.17]	27.5 [1.08]	20 [0.79]	35 [1.38]	30 [1.18]	5 [0.20]
0063											
0100											

① 过滤器滤芯更换的维修高度。

⑥ 维护指示器　如图 3.5-20 所示，维护指示器包括目视维护指示器 1 和电子开关元件 2。圆形插入式连接 6 为 M12×1。如有需要，开关元件可增加切换功率。

⑦ 安装调试和维护

a. 安装过程。使用铭牌信息验证工作压力。取出过滤器进口和出口中的保护塞，将过滤器安装于控制块，无应力，考虑流动方向（方向箭头）和过滤器滤芯的维修高度。安装过滤器时，最好让滤杯 2 朝下。必须以便于查看的方式安置维护指示器。

b. 电子维护指示器的连接。一般而言，过滤器配有目视维护指示器 4。电子维护指示器可通过开关元件 6 与 1 个或 2 个转换点连接，附在目视维护指示器上并通过锁紧环固定。

c. 过滤器滤芯更换或清洗周期。低温启动时，目视维护指示器 4 的红色按钮会弹出，并通过开关元件 6 输出电子信号。只能在达到工作温度后再次按下红色按钮。如果按钮立即再次弹起，或在工作温度下仍未发出信号，则必须在轮班结束时更换或清洗过滤器滤芯。

表 3.5-44　350PSF 过滤器外形尺寸（规格 0130～1000）

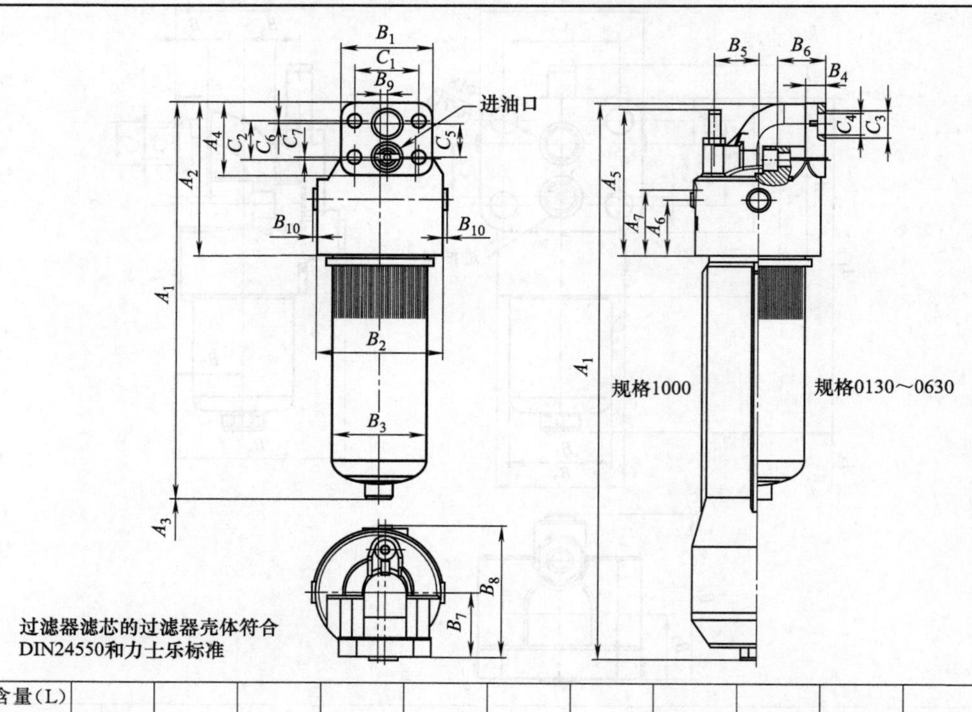

过滤器滤芯的过滤器壳体符合
DIN24550和力士乐标准

<table>
<tr><th>型号
350PSF
(N)</th><th>含量(L)
[美国
加仑]</th><th>A_1</th><th>A_2</th><th>$A_3$①</th><th>A_4</th><th>A_5</th><th>A_6</th><th>A_7</th><th>B_1</th><th>ϕB_2</th><th>ϕB_3</th><th>B_4</th><th>B_5</th></tr>
<tr><td>0130</td><td>0.9
[0.24]</td><td>366
[14.41]</td><td rowspan="2">188
[7.40]</td><td rowspan="5">120
[4.72]</td><td rowspan="7">110
[4.33]</td><td rowspan="2">172
[6.77]</td><td rowspan="2">55
[2.17]</td><td rowspan="2">—</td><td rowspan="7">135
[5.31]</td><td rowspan="2">118
[4.65]</td><td rowspan="2">92
[3.62]</td><td rowspan="2">20
[0.79]</td><td rowspan="5">70
[2.76]</td></tr>
<tr><td>0150</td><td>1.1
[0.29]</td><td>417
[16.42]</td></tr>
<tr><td>0160</td><td>1.65
[0.44]</td><td>355
[13.98]</td><td rowspan="3">203
[7.99]</td><td rowspan="3">194
[7.64]</td><td rowspan="3">64
[2.52]</td><td rowspan="3">80
[3.15]</td><td rowspan="3">140
[5.51]</td><td rowspan="3">114
[4.49]</td><td rowspan="5">28
[1.10]</td></tr>
<tr><td>0250</td><td>2.1
[0.55]</td><td>445
[17.52]</td></tr>
<tr><td>0400</td><td>3.2
[0.85]</td><td>595
[23.43]</td></tr>
<tr><td>0630</td><td>4.4
[1.16]</td><td>626
[24.65]</td><td rowspan="2">231
[9.09]</td><td>160
[6.30]</td><td rowspan="2">222
[8.74]</td><td rowspan="2">85
[3.35]</td><td rowspan="2">100
[3.94]</td><td rowspan="2">185
[7.28]</td><td>140
[5.51]</td><td rowspan="2">95
[3.74]</td></tr>
<tr><td>1000</td><td>6.3
[1.66]</td><td>864
[34.02]</td><td>555
[21.85]</td><td>190[2]
[7.48]</td></tr>
</table>

<table>
<tr><th>型号
350PSF
(N)</th><th>B_6</th><th>B_7</th><th>B_8</th><th>B_9</th><th>B_{10}</th><th>C_1</th><th>C_2</th><th>ϕC_3</th><th>ϕC_4</th><th>C_5</th><th>C_6</th><th>C_7</th></tr>
<tr><td>0130
0150</td><td>55
[2.17]</td><td>60
[2.36]</td><td>134
[5.28]</td><td>—</td><td>16
[0.63]</td><td rowspan="3">95
[3.74]</td><td rowspan="3">59
[2.32]</td><td>40
[1.57]</td><td>32
[1.26]</td><td rowspan="3">52
[2.05]</td><td rowspan="3">31
[1.22]</td><td rowspan="3">2
[0.08]</td></tr>
<tr><td>0160
0250
0400</td><td>68
[2.68]</td><td>78
[3.07]</td><td>162
[6.38]</td><td>5
[0.20]</td><td>15
[0.59]</td><td rowspan="2">45
[1.77]</td><td rowspan="2">38
[1.50]</td></tr>
<tr><td>0630
1000</td><td>70
[2.76]</td><td>98
[3.86]</td><td>197
[7.76]</td><td>10
[0.39]</td><td>5
[0.20]</td></tr>
</table>

① 过滤器滤芯更换的维修高度。

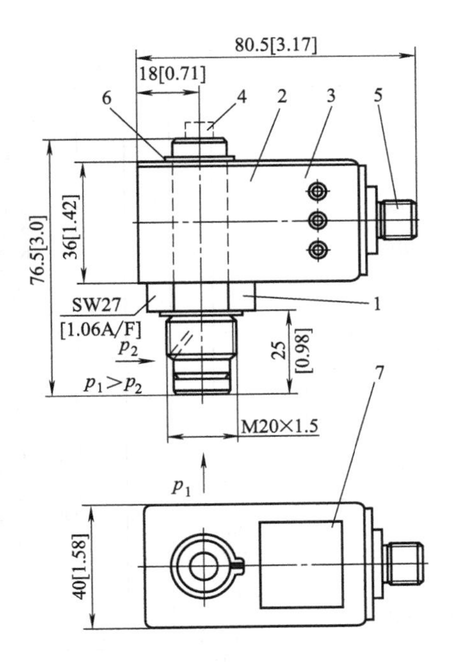

图 3.5-20 目视维护指示器的结构尺寸

1—目视维护指示器，最大紧固扭矩 $MA_{最大}$ =50N·m [36.88lb-ft]；
2—电子维护指示器的带有锁紧环的开关元件（可 360°旋转），圆形插入式连接
M12×1，4 针或矩形插入式连接 DIN EN 175201-804；
3—带三个 LED 的壳体，24V=绿色：正常，黄色：转换点 75%，红色：转换点 100%；
4—红色按钮；5—圆形连接器 M12×1，4 针；6—锁紧环；7—铭牌

d. 滤芯更换过程。关闭系统，在压力卸载的状态下，卸下过滤器。按逆时针方向旋转，旋下滤杯 2 或底座（规格 1000）。用适当的介质清洁过滤器壳体。轻轻转动，从过滤器头的中间套筒中取出过滤器滤芯 3。检查滤杯中密封环和支撑环的位置和损坏情况。如有必要，更换这些部件。更换过滤器滤芯 H... XL 和 P...，清洗过滤器滤芯 G...。清洗效率取决于更换过滤器滤芯之前的污染程度和压差。如果更换过滤器滤芯之后的压差超过更换过滤器滤芯之前的 50%，则还需更换滤芯 G... 。检查替换滤芯的类型、名称或物料号是否与过滤器铭牌上的类型、名称/物料号相对应。再次轻轻转动套筒上已替换或已清洗的过滤器滤芯，进行安装。旋入滤杯或底座直至不能动为止。然后，旋松滤杯大约 1/8 或 1/2 圈，使滤杯不会由于压力波动被卡住，在维修作业时能够轻松旋松。

(4) 油箱安装回油过滤器（10TEN）

油箱安装回油过滤器用于在工作液箱上安装。可将固体材料与回流至油箱的流体分隔开。过滤器精度等级：3～100μm。默认情况下，过滤器配有旁通阀。

规格符合 DIN 24550：0040～1000。附加规格：2000、2500，公称压力为 10bar [145psi]，最大接口尺寸：G1 1/2，SAE 4″，SAE 24。

① 型号说明

a. 规格为 0040～0100 的过滤器订货代码。

b. 规格为 0160～0630 的过滤器订货代码。

c. 规格为 1000～2500 的过滤器订货代码。

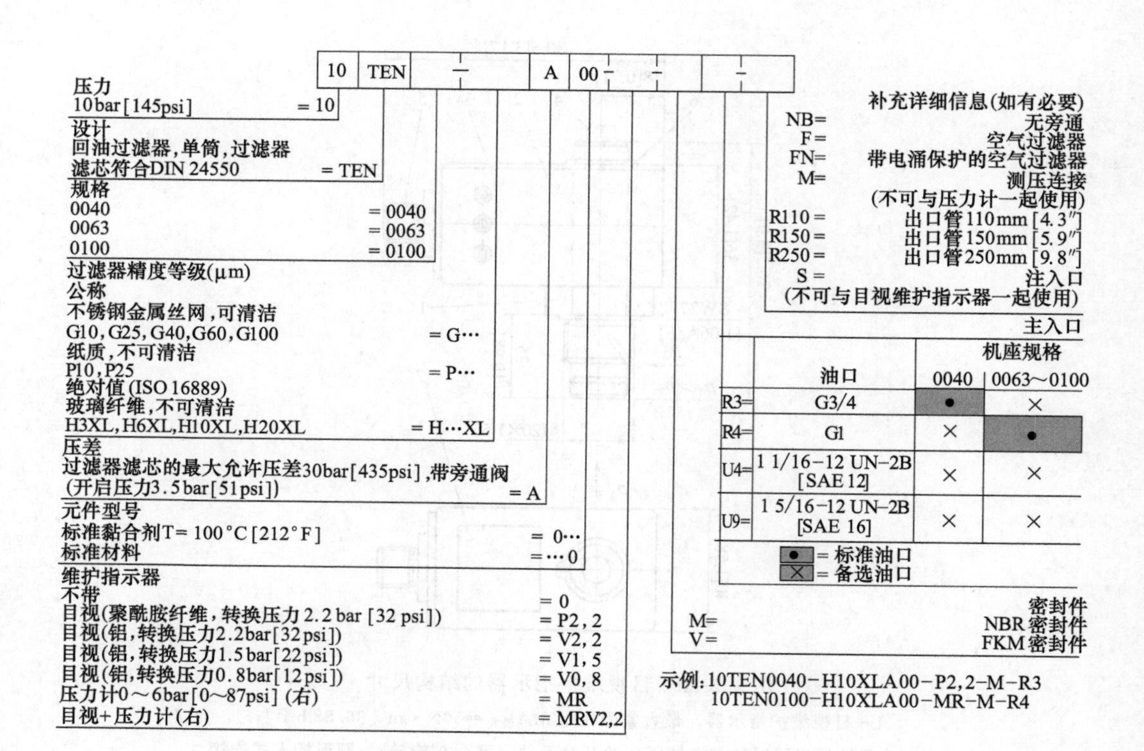
10
TEN
A
00
压力
10bar[145psi] =10
设计
回油过滤器，单筒，过滤器
滤芯符合DIN 24550 =TEN
规格
0040 =0040
0063 =0063
0100 =0100
过滤器精度等级(μm)
公称
不锈钢金属丝网，可清洁
G10，G25，G40，G60，G100 =G…
纸质，不可清洁
P10，P25 =P…
绝对值(ISO 16889)
玻璃纤维，不可清洁
H3XL，H6XL，H10XL，H20XL =H…XL
压差
过滤器滤芯的最大允许压差30bar[435psi]，带旁通阀
(开启压力3.5bar[51psi]) =A
元件型号
标准黏合剂T=100°C[212°F] =0…
标准材料 =…0
维护指示器
不带 =0
目视(聚酰胺纤维，转换压力2.2 bar [32 psi]) =P2，2
目视(铝，转换压力2.2bar[32psi]) =V2，2
目视(铝，转换压力1.5bar[22psi]) =V1，5
目视(铝，转换压力0.8bar[12psi]) =V0，8
压力计0～6bar[0～87psi] (右) =MR
目视+压力计(右) =MRV2,2
补充详细信息(如有必要)
NB= 无旁通
F= 空气过滤器
FN= 带电涌保护的空气过滤器
M= 测压连接
(不可与压力计一起使用)
R110= 出口管110mm[4.3″]
R150= 出口管150mm[5.9″]
R250= 出口管250mm[9.8″]
S= 注入口
(不可与目视维护指示器一起使用)
主入口
机座规格
油口
0040
0063～0100
R3= G3/4 ● ×
R4= G1 × ●
U4= 1 1/16-12 UN-2B [SAE 12] × ×
U9= 1 5/16-12 UN-2B [SAE 16] × ×
●=标准油口
×=备选油口
密封件
M= NBR密封件
V= FKM密封件
示例：10TEN0040-H10XLA00-P2，2-M-R3
10TEN0100-H10XLA00-MR-M-R4

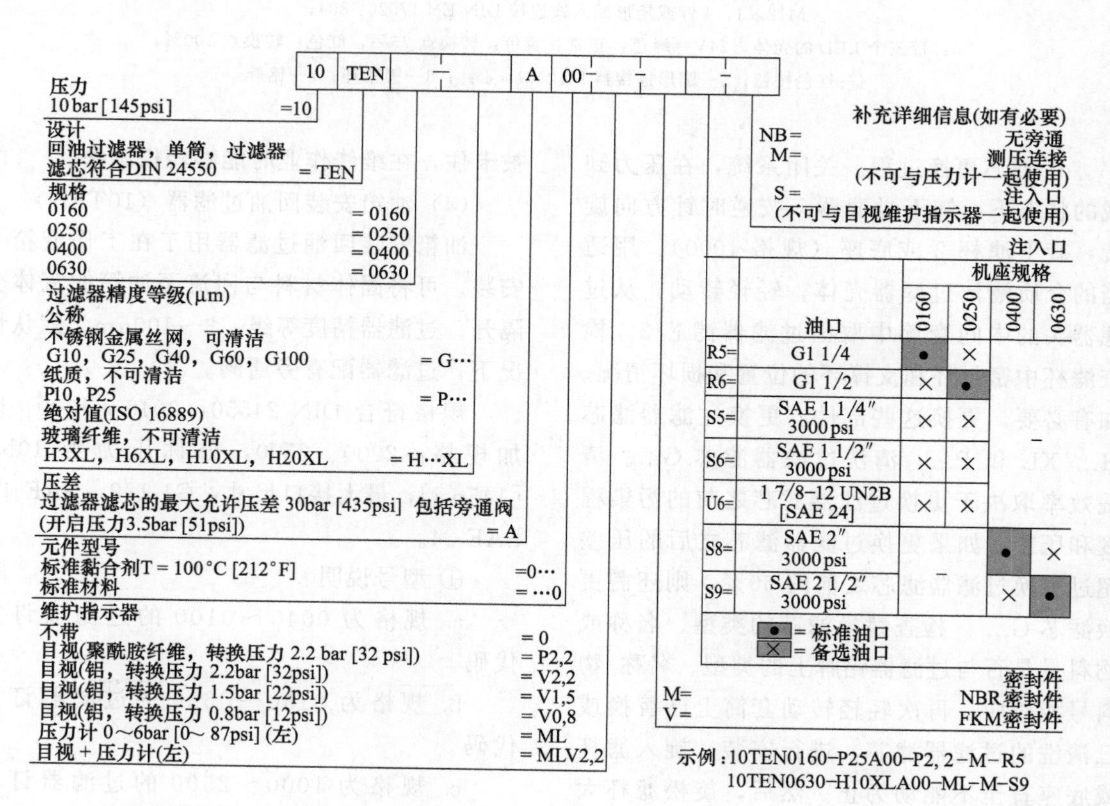
10
TEN
A
00
压力
10bar[145psi] =10
设计
回油过滤器，单筒，过滤器
滤芯符合DIN 24550 =TEN
规格
0160 =0160
0250 =0250
0400 =0400
0630 =0630
过滤器精度等级(μm)
公称
不锈钢金属丝网，可清洁
G10，G25，G40，G60，G100 =G…
纸质，不可清洁
P10，P25 =P…
绝对值(ISO 16889)
玻璃纤维，不可清洁
H3XL，H6XL，H10XL，H20XL =H…XL
压差
过滤器滤芯的最大允许压差 30bar [435psi] 包括旁通阀
(开启压力3.5bar [51psi]) =A
元件型号
标准黏合剂T=100°C [212°F] =0…
标准材料 =…0
维护指示器
不带 =0
目视(聚酰胺纤维，转换压力 2.2 bar [32 psi]) =P2,2
目视(铝，转换压力 2.2bar [32psi]) =V2,2
目视(铝，转换压力 1.5bar [22psi]) =V1,5
目视(铝，转换压力 0.8bar [12psi]) =V0,8
压力计 0～6bar [0～87psi] (左) =ML
目视+压力计(左) =MLV2,2
补充详细信息(如有必要)
NB= 无旁通
M= 测压连接
(不可与压力计一起使用)
S= 注入口
(不可与目视维护指示器一起使用)
注入口
机座规格
油口
0160
0250
0400
0630
R5= G1 1/4 ● ×
R6= G1 1/2 × ●
S5= SAE 1 1/4″ 3000psi × × –
S6= SAE 1 1/2″ 3000psi × ×
U6= 1 7/8-12 UN2B [SAE 24] × ×
S8= SAE 2″ 3000psi – ● ×
S9= SAE 2 1/2″ 3000psi × ●
●=标准油口
×=备选油口
密封件
M= NBR密封件
V= FKM密封件
示例：10TEN0160-P25A00-P2，2-M-R5
10TEN0630-H10XLA00-ML-M-S9

d. 过滤器滤芯的订货代码。

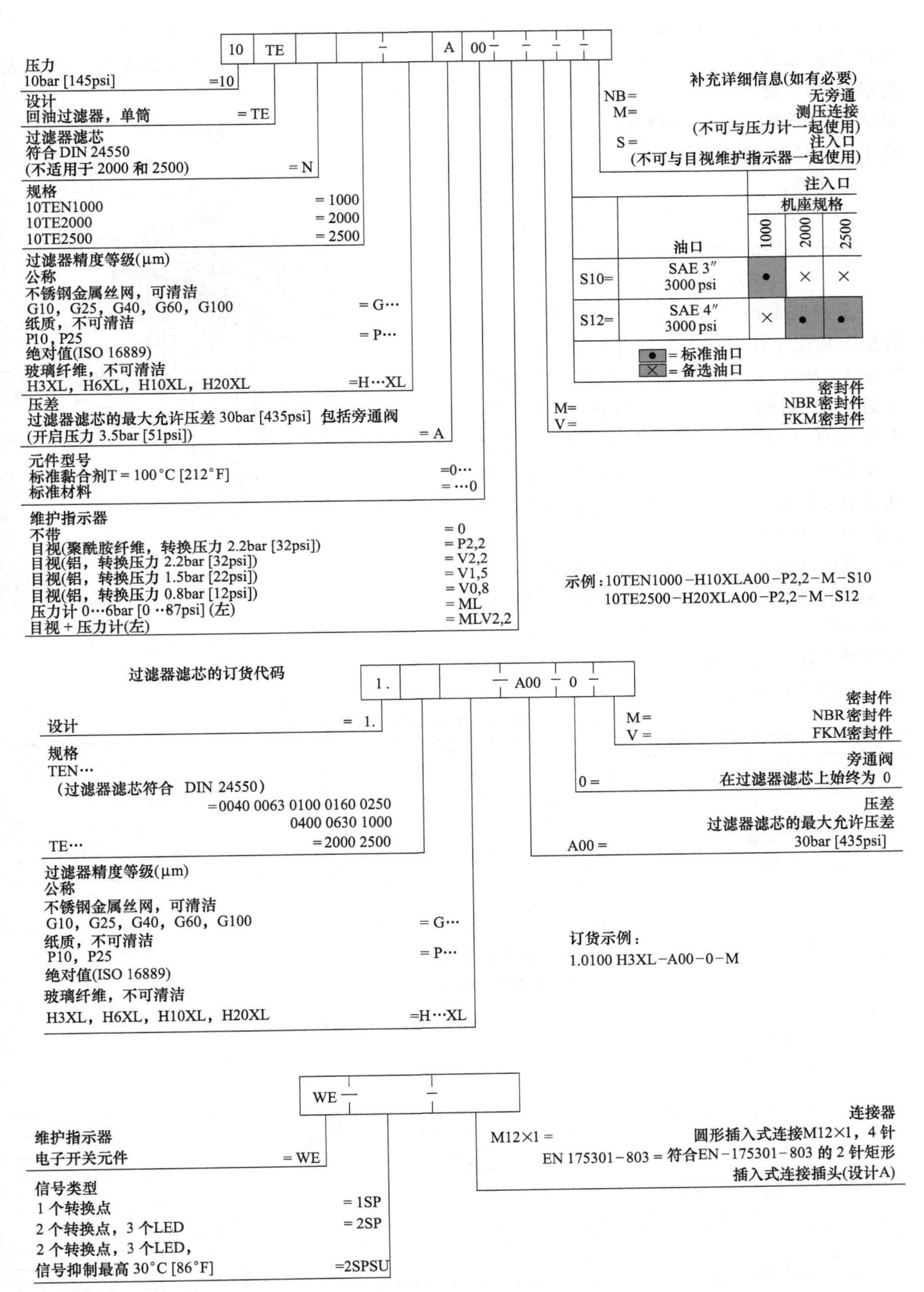
10 TE – A 00 – – – –
压力
10bar [145psi] =10
设计
回油过滤器，单筒 = TE
过滤器滤芯
符合 DIN 24550
(不适用于 2000 和 2500) = N
规格
10TEN1000 = 1000
10TE2000 = 2000
10TE2500 = 2500
过滤器精度等级(μm)
公称
不锈钢金属丝网，可清洁
G10，G25，G40，G60，G100 = G…
纸质，不可清洁
P10，P25 = P…
绝对值(ISO 16889)
玻璃纤维，不可清洁
H3XL，H6XL，H10XL，H20XL =H…XL
压差
过滤器滤芯的最大允许压差 30bar [435psi] 包括旁通阀
(开启压力 3.5bar [51psi]) = A
元件型号
标准黏合剂T = 100°C [212°F] =0…
标准材料 = …0
维护指示器
不带 = 0
目视(聚酰胺纤维，转换压力 2.2bar [32psi]) = P2,2
目视(铝，转换压力 2.2bar [32psi]) = V2,2
目视(铝，转换压力 1.5bar [22psi]) = V1,5
目视(铝，转换压力 0.8bar [12psi]) = V0,8
压力计 0…6bar [0…87psi] (左) = ML
目视 + 压力计(左) = MLV2,2
补充详细信息(如有必要)
NB = 无旁通
M = 测压连接
(不可与压力计一起使用)
S = 注入口
(不可与目视维护指示器一起使用)
注入口
机座规格
油口
1000
2000
2500
S10= SAE 3″ 3000 psi ● × ×
S12= SAE 4″ 3000 psi × ● ●
● = 标准油口
× = 备选油口
密封件
M= NBR密封件
V= FKM密封件
示例：10TEN1000–H10XLA00–P2,2–M–S10
10TE2500–H20XLA00–P2,2–M–S12
过滤器滤芯的订货代码
1. – A00 – 0 –
设计 = 1.
规格
TEN…
(过滤器滤芯符合 DIN 24550)
=0040 0063 0100 0160 0250
0400 0630 1000
TE… =2000 2500
过滤器精度等级(μm)
公称
不锈钢金属丝网，可清洁
G10，G25，G40，G60，G100 = G…
纸质，不可清洁
P10，P25 = P…
绝对值(ISO 16889)
玻璃纤维，不可清洁
H3XL，H6XL，H10XL，H20XL =H…XL
密封件
M = NBR密封件
V = FKM密封件
旁通阀
0 = 在过滤器滤芯上始终为 0
压差
过滤器滤芯的最大允许压差
A00 = 30bar [435psi]
订货示例：
1.0100 H3XL–A00–0–M
WE – –
维护指示器
电子开关元件 = WE
信号类型
1 个转换点 = 1SP
2 个转换点，3 个LED = 2SP
2 个转换点，3 个LED，
信号抑制最高 30°C [86°F] =2SPSU
连接器
M12×1 = 圆形插入式连接M12×1，4 针
EN 175301–803 = 符合EN–175301–803 的 2 针矩形
插入式连接插头(设计A)

② 订货示例　油箱安装回油过滤器，带目视维护指示器，$p_{公称}=10$bar［145psi］，规格 0100，过滤器元件 10μm，带 1 个开关量的电子开关。元件 M12×1，液压油为符合 DIN 51524 的矿物油 HLP。

过滤器：

10TEN0100-H10XLA00-P2，2-M-R4

电子维护指示器：

WE-1SP-M12×1

③ 结构原理　油箱安装回油过滤器用于直接安装在工作液箱上。其基本构成为过滤器头 1、滤杯 2、盖 3、过滤器滤芯 4，以及旁通阀 5。过滤器可配置不同的维护指示器，图 3.5-21 示意的目视维护指示器 6，与电子开关元件 7 相连接。根据过滤器的规格，可使用更多额外的功能（如空气过滤器 8，电涌保护 9 或长度不等的回油管 10）。操作期间，液压油通过油口 I 到达过滤器壳体，此处流经过滤器滤芯 4，流动方向为由外向内，并根据过滤器精度等级进行过滤。过滤出的灰尘颗粒存入过滤器滤芯。过滤后的液压油通过出油口 O 进入油箱。

④ 技术数据（见表 3.5-45）

⑤ 外形及安装尺寸（见表 3.5-46～表 3.5-49）

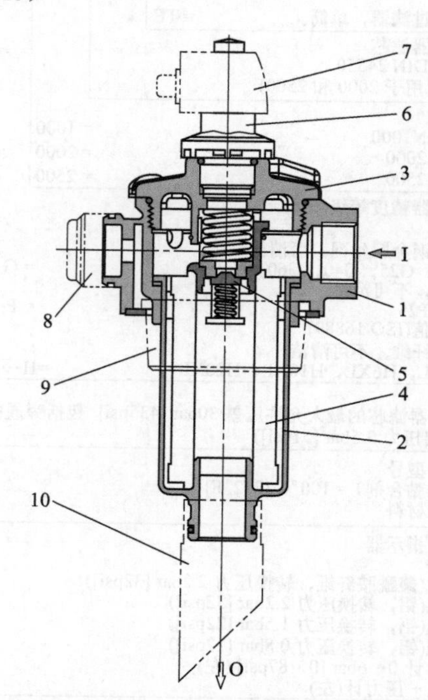

图 3.5-21　10TEN 油箱安装回油过滤器的结构原理

表 3.5-45　10TEN 油箱安装回油过滤器技术参数

一般							
安装位置			垂直				
环境温度范围/℃［°F］			−10...+100［14...+212］（立即到 −30［−22］）				
规格			0040	0063	0100	0160	0250
质量/kg［lb］			1.4［3.09］	1.6［3.53］	1.8［3.97］	4.5［9.92］	5.0［11.03］
规格			0400	0630	1000	2000	2500
质量/kg［lb］			8.0［17.64］	10.0［22.05］	18［39.7］	21.5［47.42］	27［59.55］
材料	过滤器盖		碳纤维加强塑料（规格 0040～0100） 铝（规格 0160～2500）				
	过滤器头		铝				
	滤杯		碳纤维加强塑料（规格 0040～0630） 镀层钢（规格 1000～2500）				
	目视维护指示器	（P2,2）	塑料 PA6				
		（V...）	铝				
	电子开关元件		塑料 PA6				
	压力计		塑料				
液压							
最大工作压力/bar［psi］			10［145］				
液压油温度范围/℃［°F］			−10...+100［+14...+212］				
介质的最低传导率/Ps/m			300				
符合 ISO 10771 的疲劳强度负载循环数			$>10^5$，最大工作压力下				
旁通阀的开启压力/bar［psi］			3.5±0.35［50.7±5］				
维护指示器的压力测量类型			背压				

续表

项目				
P2,2 维护指示器的响应压力/bar[psi]	2.2(+0.45/−0.25)[31.9(+6.4/−3.6)]			
V...维护指示器的响应压力/bar[psi]	2.2±0.25[31.9±3.6],1.5±0.2[21.8±2.9],0.8±0.15[11.6±2.2]			
电气(电子开关元件)				
电气连接型号	圆形插入式连接 M12×1,4 针			标准连接 EN 175301-803
	1SP-M12×1	2SP-M12×1	2SP-M12×1	1SP-EN175301-803
接触负载,(最大)直流电压/A	1			
(最大)电压范围/V	150(AC/DC)	10～30(DC)		250(AC)/200(DC)
带电阻负载的最大切换功率/W	20			70
切换类型 75%信号	—	常开触点		—
切换类型 100%信号	转换	常闭触点		常闭触点
切换类型 2SPSU			在30℃[86°F]信号切换,在20℃[68°F]回油切换	
通过电子开关元件 2SP 中的 LED 显示...		正常(LED 绿色) 75%转换点(LED 黄色) 100%转换点(LED 红色)		
防护等级符合 EN 60529	IP 67			IP 65
环境温度范围/℃[°F]	−25...+85[−13...+185]			

过滤器滤芯			
玻璃纤维 H..XL		基于无机纤维的一次性滤芯	
		过滤比,符合 ISO 16889,最高可达 Δp=5bar[72.5psi]	可以实现符合 ISO 4406 的油清洁度(SAE-AS 4059)
颗粒分离	H20XL	β20(c)≥200	19/16/12...22/17/14
	H10XL	β≥200	17/14/10...21/16/13
	H6XL	β6(c)≥200	15/12/10...19/14/11
	H3XL	β≥200	13/10/8...17/13/10
允许的压差/bar[psi]		30[435]	

规格	0040	0063	0100	0160	0250	0400	0630	1000	2000	2500
质量/kg[lb]	0.20[0.44]	0.30[0.66]	0.35[0.77]	0.8[1.76]	1.1[2.42]	2.0[4.41]	2.3[5.07]	3.0[6.62]	3.5[7.72]	5.0[11.03]

液压油的密封材料	
矿物油	订货代码
矿物油 HLP 符合 DIN 51524	M
耐火液压油	订货代码
乳状液 HFA-E 符合 DIN 24320	M
合成水溶液 HFA-S 符合 DIN 24320	M
水溶液 HFC 符合 VDMA 24317	M
磷酸酯 HFD-R 符合 VDMA 24317	V
有机脂 HFD-U 符合 VDMA 24317	V
可快速生物降解的液压油	订货代码
甘油三酸酯(菜籽油) HETG 符合 VDMA 24568	M
合成脂 HEES 符合 VDMA 24568	V
聚乙醇 HEPG 符合 VDMA 24568	V

表 3.5-46　10TEN 油箱安装回油过滤器外形尺寸（规格 040～100）

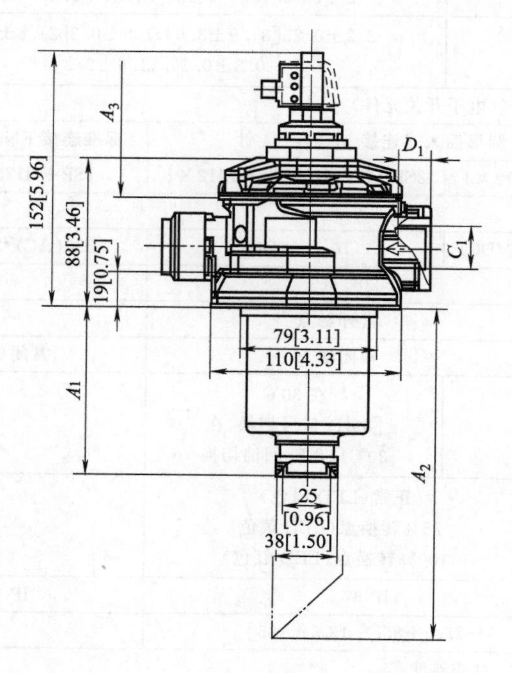

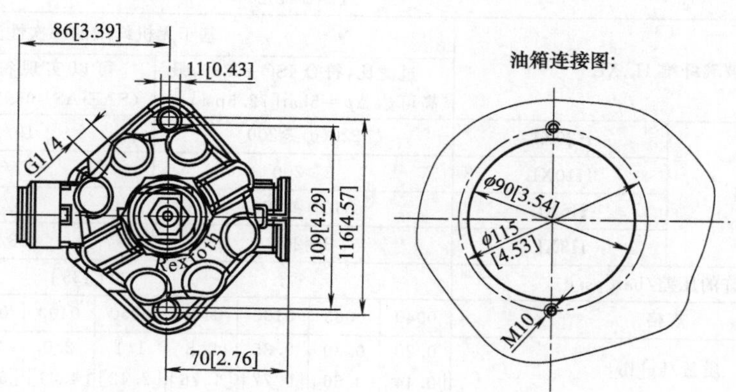

型号 10 TEN	含量[加仑]	A_1	$A_2$①	$A_3$②	C_1 标准 管螺纹符合 ISO 228	C_1 可选 管螺纹符合 SAE J1926	D_1
0040	0.6[0.16]	103[4.06]	230[9.06]	100[3.94]	G3/4	SAE 12 1 1/16-12 UN-2B	16[0.63]
0063	0.8[0.21]	163[6.42]	290[11.42]	160[6.30]	G1	SAE 16 1 5/16-12 UN-2B	18[0.71]
0100	1.2[0.32]	253[9.96]	380[14.96]	250[9.84]			

①出口管 150mm [5.9″]；②过滤器滤芯的维修高度。

表 3.5-47　10TEN 油箱安装回油过滤器外形尺寸（规格 0160～0250）

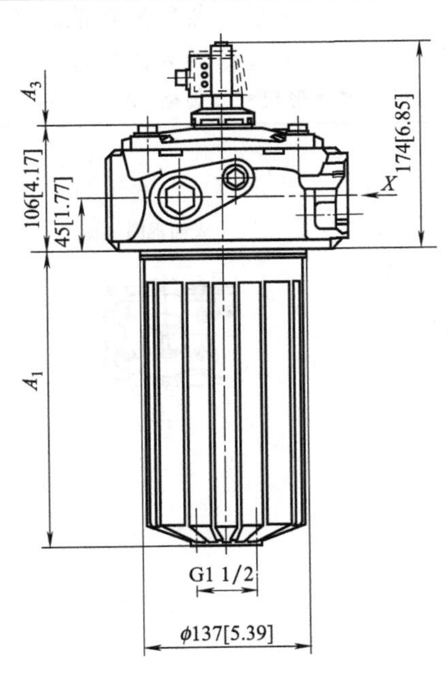

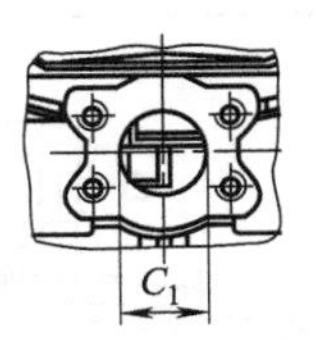

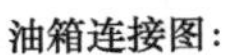

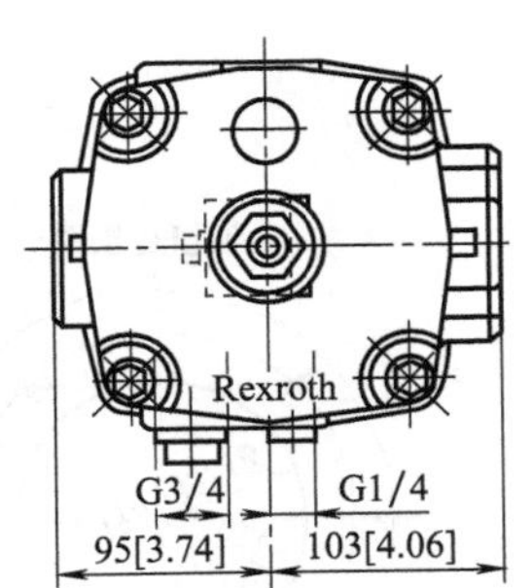

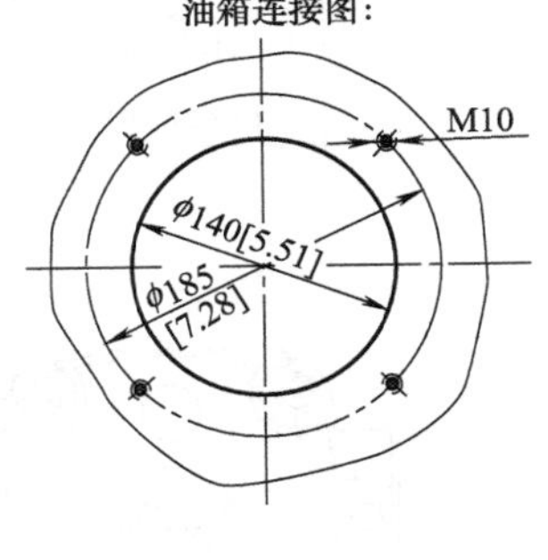

型号 10TEN	含量[加仑]	A_1	$A_3$①	C_1			
				标准	可选		
				管螺纹符合 ISO 228	管螺纹符合 ISO 228	SAE 法兰符合 ISO 6162	管螺纹符合 SAE J1926
0160	3.5[0.92]	160[6.30]	160[6.30]	G1 1/4	G1 1/2	SAE 1 1/4″ 3000psi/	SAE 24 1 7/8-12 UN-2B
0250	4.5[1.19]	250[9.84]	260[10.24]	G1 1/2	G1 1/4	SAE 1 1/2″ 3000psi/	

① 过滤器滤芯更换的维修高度。

⑥ 维护指示器　图 3.5-22 所示包括目视维护指示器 1 和电子开关元件 2、3。如有需要，开关元件可增加切换功率。如果使用信号抑制最高 30℃的电子开关元件（WE-2SPSU-M12X1，R928028411），必须确保使用铝制目视维护指示器。在过滤器类型代码中，这些维护指示器被称为“V2，2”，“V1，5”或“V0，8”。温度控制的信号处理不可与由聚酰胺纤维制成的目视维护指示器配合使用。

⑦ 安装调试和维护

a. 过滤器安装。安装过滤器时，请确保：

•可提供移除过滤器滤芯和滤杯所需的维修高度；

•在油箱上安装过滤器的安装开口不宜过大，以确保有效的密封；

•过滤器装配在油箱盖上，无应力；

•过滤器壳体接地。

表 3.5-48　10TEN 油箱安装回油过滤器外形尺寸（规格 0040～0630）

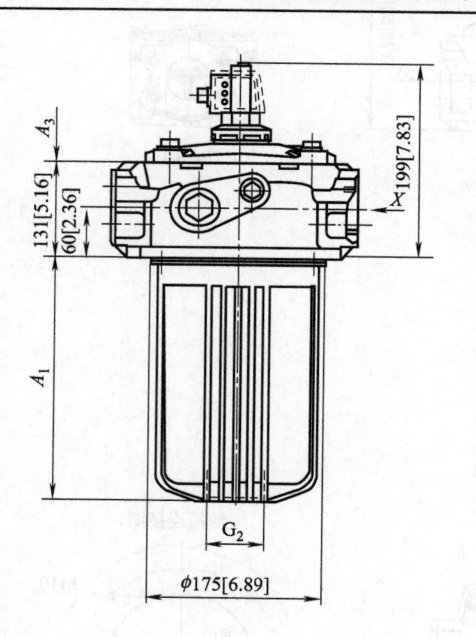

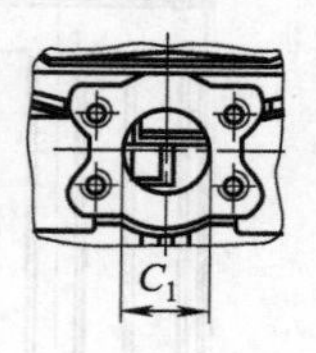

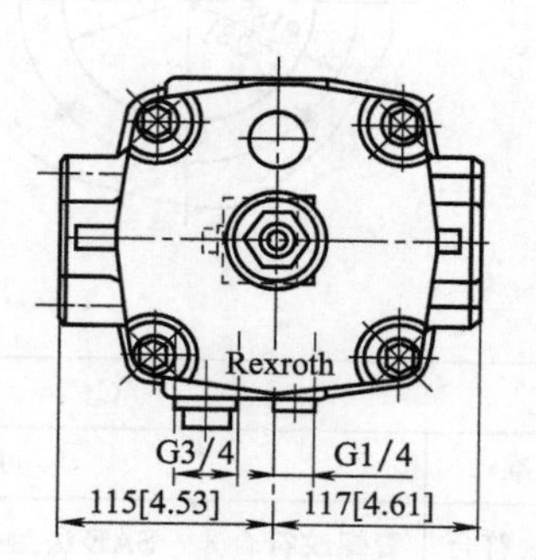

规格	含量 [加仑]	A_1	$A_3$①	C_1	
				标准	可选
				SAE 法兰符合 ISO 6162	SAE 法兰符合 ISO 6162
0400	7[1.85]	255[10.04]	250[9.84]	SAE 2″ 3000psi	SAE 2 1/2″ 3000psi
0630	10[2.64]	405[15.94]	400[15.75]	SAE 2 1/2″ 3000psi	SAE 2″ 3000psi

① 过滤器滤芯更换的维修高度。

该过滤器设计为配有分为两部分的壳体。滤杯朝下安装在油箱内。建议将排泄管道约500mm [5.91in] 的长度固定到支架上，以避免流体流入油箱引起的振荡。请确保在进行维护工作时，将滤杯与排放管道一起从过滤器头拉出。

b. 电子维护指示器的连接。电子维护指示器通过电气开关元件与 1 个或 2 个转换点连接，附在目视维护指示器上并通过锁紧环固定。

表 3.5-49　10TEN 油箱安装回油过滤器外形尺寸（规格 1000～2500）

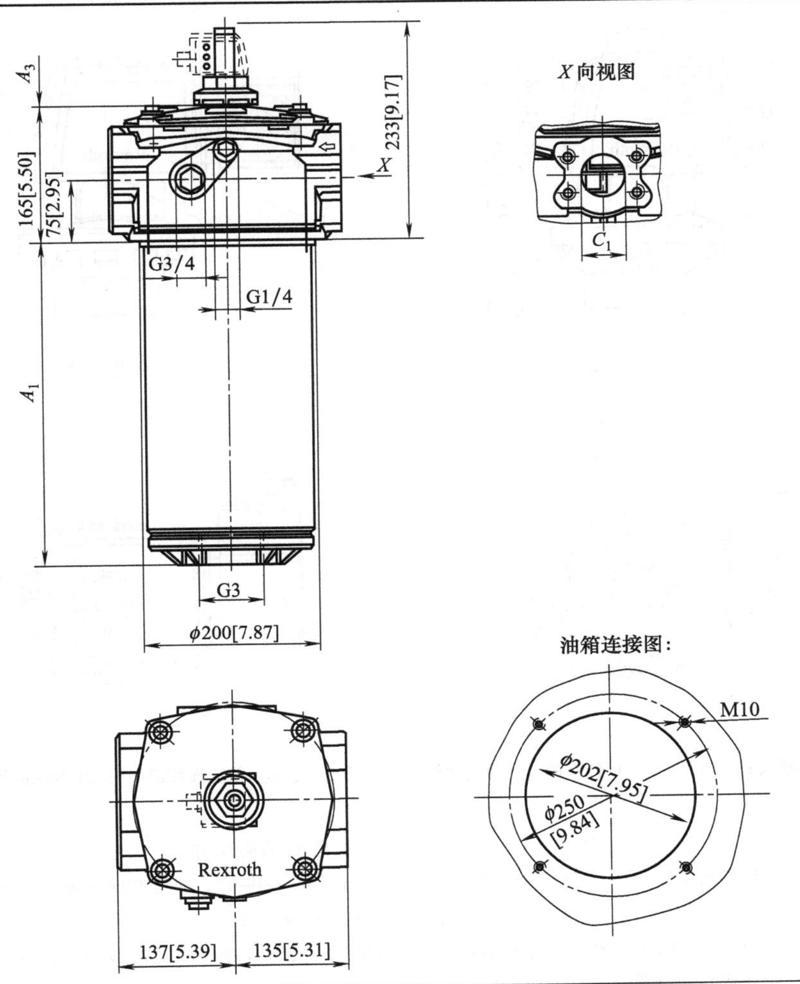

规格	含量[加仑]	A_1	$A_3$①	C_1 标准 SAE 法兰符合 ISO 6162	C_1 可选 SAE 法兰符合 ISO 6162
1000	15[3.96]	391[15.39]	530[20.87]	SAE 3″ 3000psi	SAE 4″ 3000psi
2000	25[6.60]	749[29.49]	880[34.65]	SAE 4″ 3000psi	SAE 3″ 3000psi
2500	32[8.45]	983[38.70]	1130[44.49]		

① 过滤器滤芯更换的维修高度。

c. 过滤器滤芯更换或清洗周期。在系统初始启动后，就需要更换过滤器滤芯。低温启动时，目视维护指示器的红色按钮可能会弹出，并通过开关元件输出电气信号。只能在达到工作温度后再次按下红色按钮。如果按钮立即再次弹起，或在工作温度下仍未发出电气信号，则必须在轮班结束时分别更换或清洗过滤器滤芯。最多 6 个月就应更换或清洗过滤器滤芯。

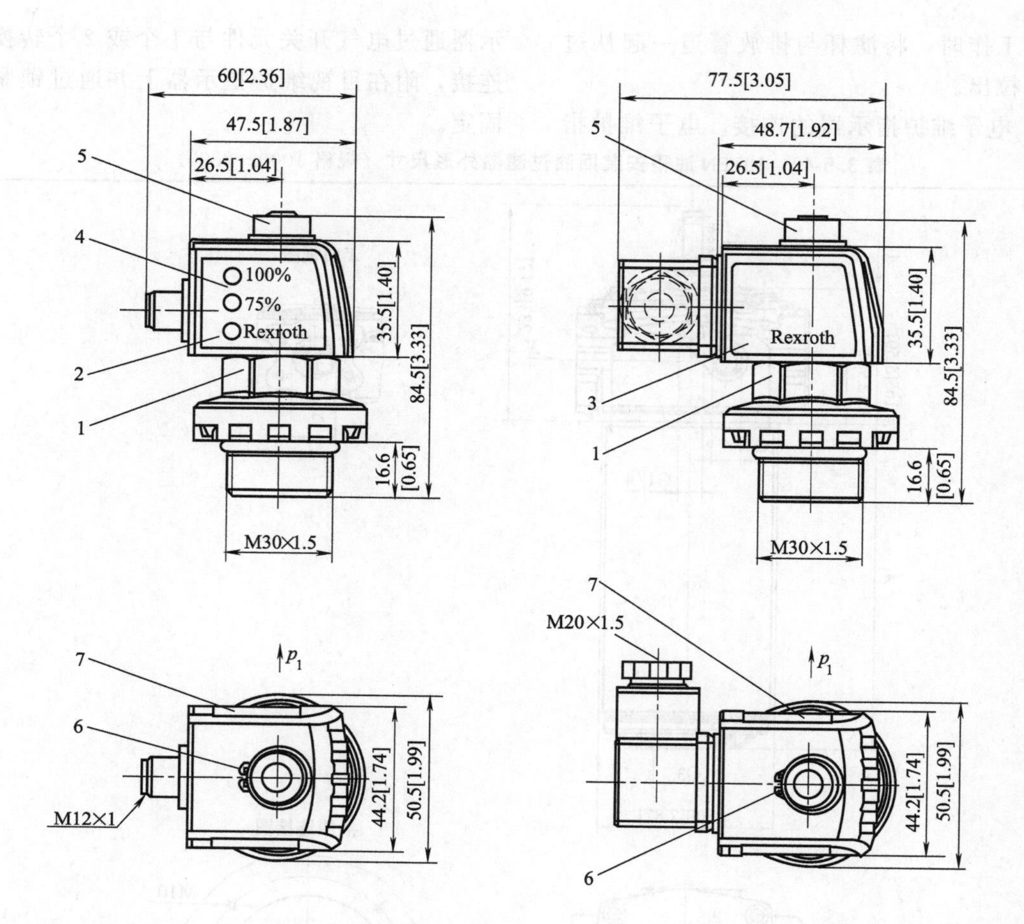

(a) 带圆形插入式连接M12×1（4针）的电子开关元件

(b) 带矩形插入式连接EN 175301-803的电子开关元件

图 3.5-22 目视维护指示器的结构尺寸

1—机械式目视维护指示器，最大紧固扭矩 $MA_{最大}$=50N·m［36.88lb-ft］，使用 PA6.6 制造的背压指示器的紧固扭矩 $MA_{最大}$=35Nm［25.82lb-ft］；
2—电子维护指示器的带有锁紧环的开关元件（可 360°旋转），插入式连接 M12×1，4 针；
3—电子维护指示器的带有锁紧环的开关元件（可 360°旋转），插入式连接 EN 175301-803；
4—带三个 LED 灯，24V=绿色：正常，黄色：转换点 75%，红色：转换点 100%；
5—红色按钮；6—锁紧环 DIN 471-16×1，物料号 R900003923；7—铭牌

d. 滤芯更换。关闭系统，在压力卸载的状态下，卸下过滤器。移除过滤器盖上的螺钉，松开过滤器盖并将其向上抬起。轻轻转动滤杯上靠下套筒的过滤器滤芯，将其移除。检查过滤器盖和滤杯上密封环的损坏程度。如果需要，请进行更换。更换过滤器滤芯，清洗由金属丝网制成的过滤器滤芯。清洗过程的效率取决于更换过滤器滤芯之前的污染类型和压差。如果更换过滤器滤芯之后的压差超过全新过滤器滤芯值的 150%，则还需更换滤芯 G…。检查替换滤芯的类型、名称或物料号是否与过滤器铭牌上的类型、名称/物料号相对应。轻轻转动套筒上新的或清洗过的过滤器滤芯，再次将其安装上。按相反的顺序重新装配过滤器。

（5）双筒过滤器（16FD）

钢焊接结构的双筒过滤器外壳，通过四个截止阀互相连接作为开关设备。该连接是垂直对齐的。带有排放的过滤器盖和带有泄油孔螺钉的过滤器外壳，因双筒过滤设计，系统可连续运行。配备了目视维护指示器。电子维护指示器通过带1个或2个开关点的电子开关元件进行连接，电子开关元件必须单独订购。电子开关元件与目视维护指示器连接并且通过锁紧环进行固定。配备了排放阀，用于在调试过程中对过滤器进行排液以及安全地降低工作压力。

公称尺寸2500～7500，公称压力16bar，最大接口尺寸 $DN300$，工作温度−10～+90℃。

① 型号说明

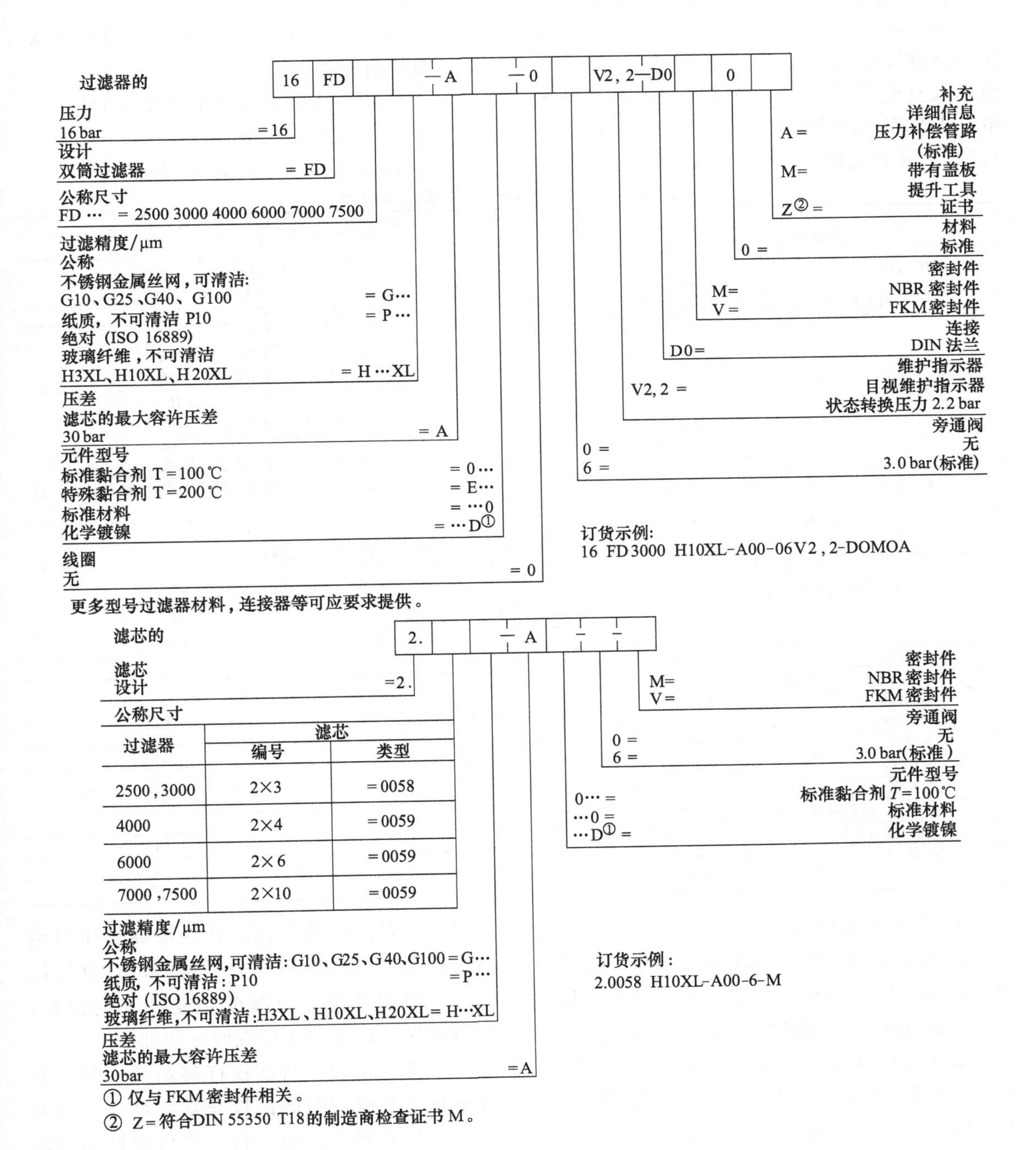

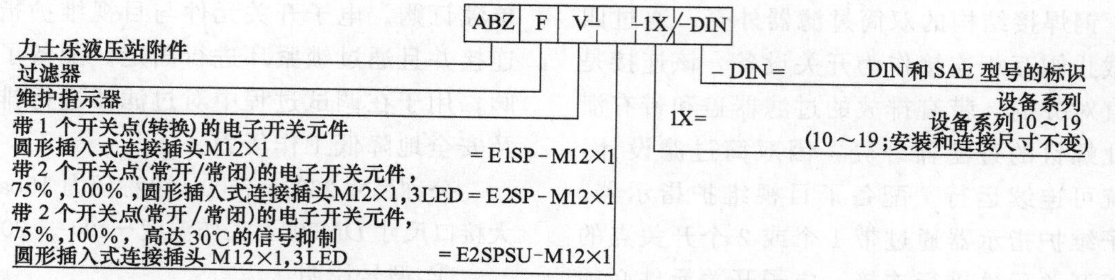

② 订货示例　带目视维护指示器的压力过滤器（用于 p_{nom} = 16bar［230psi］）带旁通阀，公称尺寸 3000，带过滤精度为 10μm 的滤芯以及电子开关元件 M12×1，电子开关带有 1 个用于压力液矿物油 HLP（符合 DIN 51524）的开关点。

过滤器：

16FD 3000 H10XL-A00-06V2，2-D0M0A

维护指示器：

ABZFV-E1SP-M12X1-1X/-DIN

③ 技术数据（见表 3.5-50）

④ 设备尺寸（见表 3.5-51）

表 3.5-50　16FD 双筒过滤器技术参数

电气连接		圆形插入式连接插头 M12×1，4 针	
接触负载，直流电压/A		最大 1	
电压范围	E1SP-M12×1V(直流/交流)/V	最大 150	
	E2SP(直流)/V	10～30	
用电阻性负载测定的最大切换能量		20VA；20W；(70VA)	
开关类型	E1SP-M12×1	转换	
	E2SP-M12×1	在响应压力为 75% 时常开，在响应压力为 100% 时常闭	
	E2SPSU-M12×1	在响应压力为 75% 时常开，在响应压力为 100% 时常闭 在 30℃［86 ℉］时信号转换，在 20℃［68 ℉］时复位转换	
通过电子开关元件 E2SP…中的 LED 进行显示		正常（绿色 LED），75% 开关点（黄色 LED），100% 开关点（红色 LED）	
符合 EN 60529 的防护类型		IP 65	
在直流电压大于 24V 时，会提供一个火花抑制装置来保护开关触点			
质量(电子开关元件) 带圆形插入式连接插头 M12×1/kg［lb］		0.1［0.22］	
液压油的密封材料和表面涂层			
液压油		密封材料	元件型号
矿物油	HLP 符合 DIN 51524	M	…0
耐火液压流体			
乳状液	HFA-E 符合 DIN 24320	M	…0
合成水溶液	HFA-S 符合 DIN 24320	M	…D
水溶液	HFC 符合 VDMA 24317	M	…D
磷酸酯	HFD-R 符合 VDMA 24317	V	…D
有机脂	HFD-U 符合 VDMA 24317	V	…D
可快速生物降解的液压流体			
甘油三酸酯(菜籽油)	HETG 符合 VDMA 24568	M	…D
合成脂	HEES 符合 VDMA 24568	V	…D
聚乙醇	HEPG 符合 VDMA 24568	V	…D

⑤ 安装与维护注意事项

a. 安装流程。通过铭牌信息验证工作压力；将过滤器安装到管路中，进行此操作时，请考虑流动方向和滤芯的拆卸空间高度。

b. 特别注意。容器有压力，只能在系统减压之后装配和拆卸过滤器，在过滤器开启时保持压力平衡阀处于关闭状态，在过滤器开启时不要操作转换阀，在过滤器受压时请勿更换维护指示器和压力平衡阀，只有使用力士乐原装备件方可享受功能和安全担保，只能由受过培训的人员维修过滤器。

c. 调试流程。将切换杆移动到中间位置以填充过滤器的两侧；打开系统泵；压力补偿处于打开状态；通过打开排放螺钉为过滤

表 3.5-51 16FD 双筒过滤器尺寸

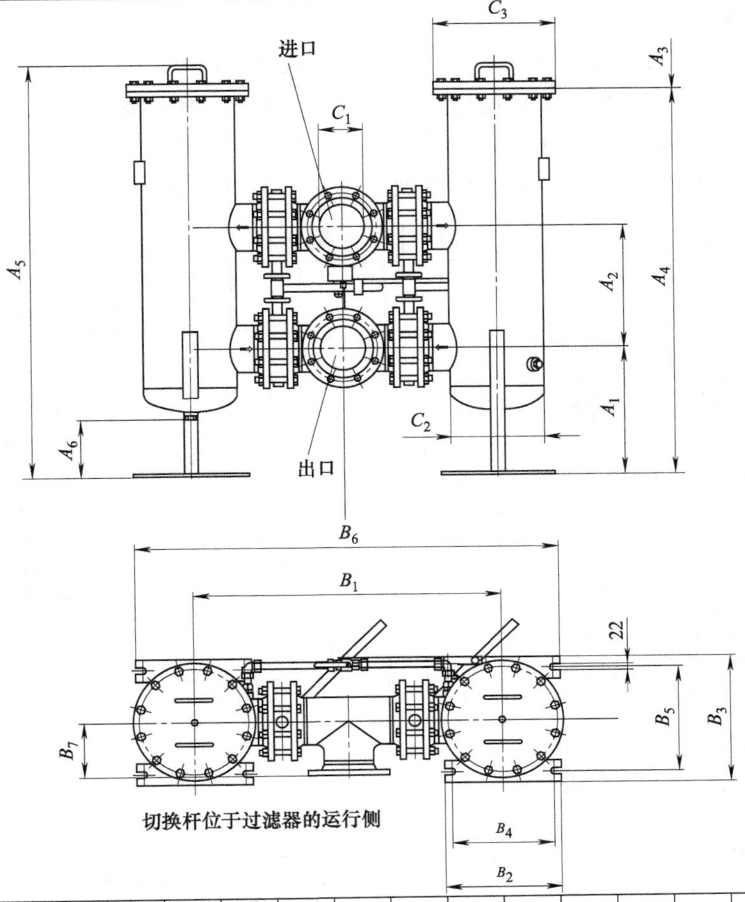

切换杆位于过滤器的运行侧

型号 16FD	容量 /L	质量 /kg	A_1	A_2	A_3	A_4	A_5	A_6	B_1	B_2	B_3	B_4	B_5	B_6	B_7	C_1	C_2	C_3
2500	2×64	285	500	435	860	1295	1385	257	972	400	403	350	323	1372	180	DN 125	ϕ273	ϕ375
3000	2×70	325	500	435	860	1295	1385	257	1010	400	403	350	323	1410	199	DN 150	ϕ273	ϕ375
4000	2×99	420	450	435	990	1375	1465	197	1060	400	454	350	374	1460	199	DN 150	ϕ323.9	ϕ420
6000	2×178	505	500	480	990	1640	1730	212	1202	400	486	350	406	1602	241	DN 200	ϕ355.6	ϕ445
7000	2×395	995	500	585	990	1675	1841	150	1450	400	639	350	559	1850	287	DN 250	ϕ508	ϕ645
7500	2×412	1210	500	635	990	1705	1870	114	1642	400	639	350	559	2042	333	DN 300	ϕ508	ϕ645

器排气，在气体排出后将其关闭；关闭压力补偿；将过滤器切换到其工作位置。

d. 维护流程。如果在工作温度下，维护指示器的红色按钮弹起和/或电子维护指示器的红色指示灯亮起，则说明滤芯堵塞，并且需要分别进行更换或清洗。

e. 滤芯更换流程。打开压力平衡管路。将切换杆切换到清洁滤筒侧。关闭压力平衡管路。对于已停止使用的过滤器，通过打开排放螺钉来降低其工作压力。移开过滤器盖。旋开过滤器外壳上的堵头并将过滤器排空。在过滤器外壳中，通过轻轻地旋转将滤芯从较低的套筒上取下。检查过滤器外壳的清洁度并在必要时进行清洁。更换滤芯 H…XL 和 P10。清洗过滤器滤芯 G…。将洁净的或新的滤芯安装到过滤器外壳中。检查密封件，并在出现损坏或磨损时进行更换。重新盖上过滤器盖。打开压力平衡管路。通过打开排放螺钉为过滤器排气，在气体排出后将其关闭。关闭压力平衡管路。

(6) 管式过滤器（FLEN，FLE）

用于管式安装的过滤器，尤其适用于脱机过滤，具有超大过滤面积，采用3D计算机辅助流动优化设计，压降低，过滤材料使用效率高。FLEN，符合DIN 24550的公称尺寸：0160～1000。FLE，符合BRFS的公称尺寸：0045，0055，0120～0270。公称压力40bar，最大接口尺寸SAE 4″，工作温度－10～＋100℃。

① 型号说明

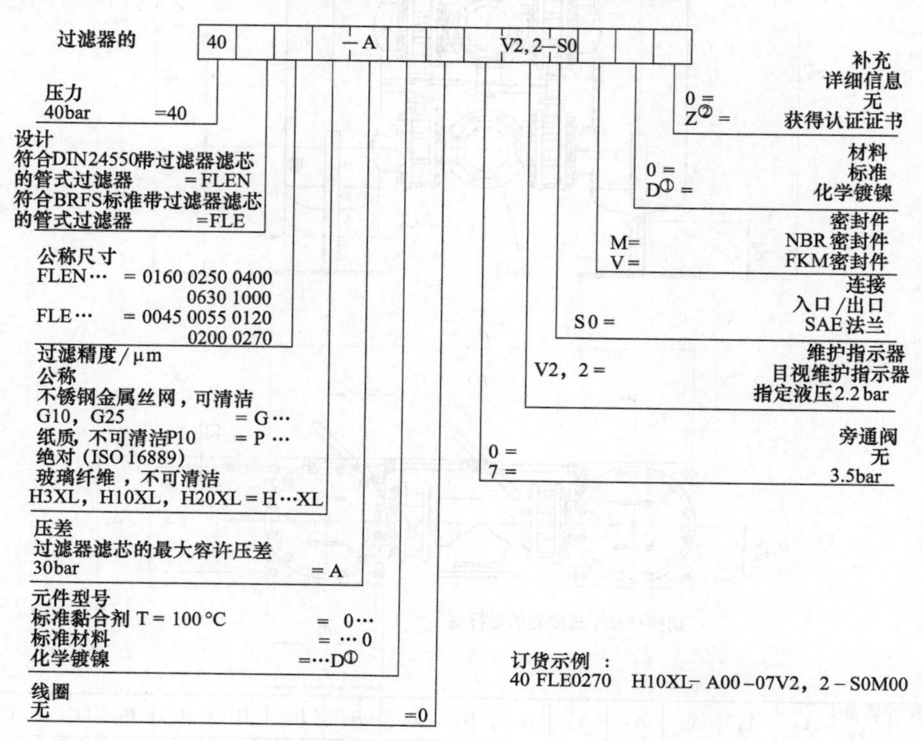

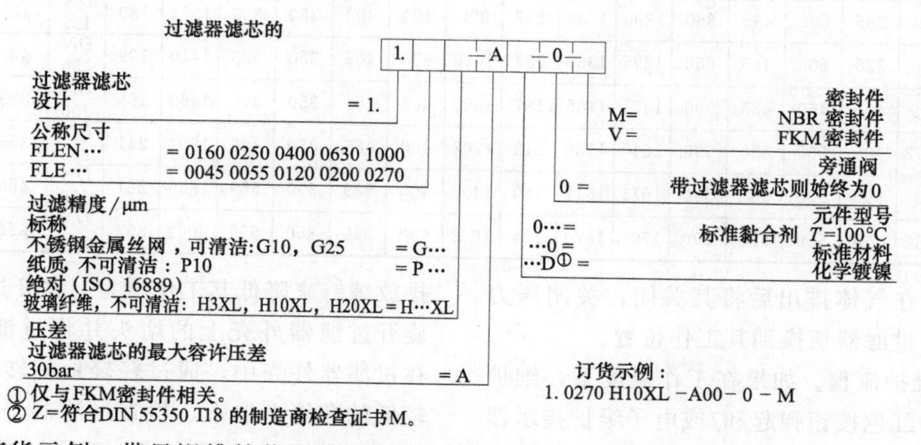

①仅与FKM密封件相关。
② Z=符合DIN 55350 T18 的制造商检查证书M。

② 订货示例　带目视维护指示器的压力过滤器（用于 p_{nom} ＝40bar［580psi］）带旁通阀，公称尺寸270，带过滤精度为10μm的过滤器滤芯以及电子开关元件M12×1，电子开关带有1个用于压力液矿物油HLP（符合DIN 51524）的开关点。

过滤器：

40FLE0270H10XL-A00-07V2，2-S0M00

维护指示器：

ABZFV-E1SP-M12X1-1X/-DIN

③ 技术数据（见表 3.5-52）

表 3.5-52 FLEN、FLE 管式过滤器技术参数

电气连接		圆形插入式连接器 M12×1,4 针
接触负载,正向电压/A		最大 1
电压范围	E1SP-M12×1(直流/交流)/V	最大 150
	E2SP(直流)/V	10～30
用电阻性负载测定的最大开断容量		20VA;20W;(70VA)
开关类型		转换
	E1SP-M12×1	在响应压力为 75%时常开 在响应压力为 100%时常闭
	E2SP-M12×1	在响应压力为 75%时常开 在响应压力为 100%时常闭
	E2SPSU-M12×1	在 30℃[86°F]时信号转换, 在 20℃[68°F]时信号转换
通过电子开关元件 E2SP 中的 LED 进行显示…		正常(绿色 LED);75%开关点(黄色 LED);100%开关点(红色 LED)
符合 EN 60529 的防护类型		IP 65
在正向电压大于 24V 时,会提供一个火花抑制装置来保护开关触点		
质量(电子开关元件) 带圆形插入式连接器 M12×1/kg[lb]		0.1[0.22]

④ 外形尺寸（见表 3.5-53 和表 3.5-54）

表 3.5-53 40 FLEN 0160～0630，40 FLE 0045、0055、0120 外形尺寸

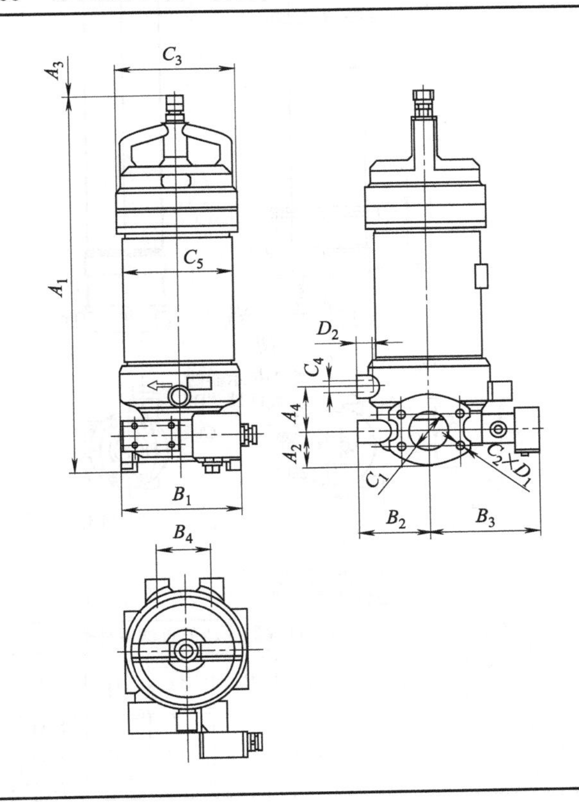

符合 DIN 24550 的用于过滤器滤芯的过滤器外壳																	
型号 40FLEN.	体积 /L	质量 /kg①	A_1	A_2	$A_3$②	A_4	B_1	B_2	B_3	B_4	C_1	C_2	C_3	C_4	C_5	D_1	D_2
0160	1.4	12.0	411	49.5	160	60	160	95	143	70	SAE 2″ 3000psi DN50	M12	ϕ158	M16	ϕ140	21	22
0250	2.7	13.2	501		250												
0400	4.0	19.5	543	61.5	400	70	195	105	155	90	SAE 3″ 3000psi DN80	M16	ϕ188	M16	ϕ170	21	20
0630	7.1	21.9	693														

符合 BRFS 标准的用于过滤器滤芯的过滤器外壳																	
型号 40FLE.	体积 /L	质量 /kg①	A_1	A_2	$A_3$②	A_4	B_1	B_2	B_3	B_4	C_1	C_2	C_3	C_4	C_5	D_1	D_2
0045	4.8	19.0	663	49.5	400	60	160	95	143	70	SAE 2″ 3000psi DN50	M12	ϕ158	M16	ϕ140	21	22
0055	6.8	23.0	831		568												
0120	14	27.4	1050	61.5	750	70	195	105	155	90	SAE 3″ 3000psi DN80	M16	ϕ188	M16	ϕ170	21	20

① 质量包含标准过滤器滤芯和维护指示器；②用于过滤器元件更换的拆卸空间尺寸。

表 3.5-54　40 FLEN 1000，40 FLE 0200～0270 外形尺寸

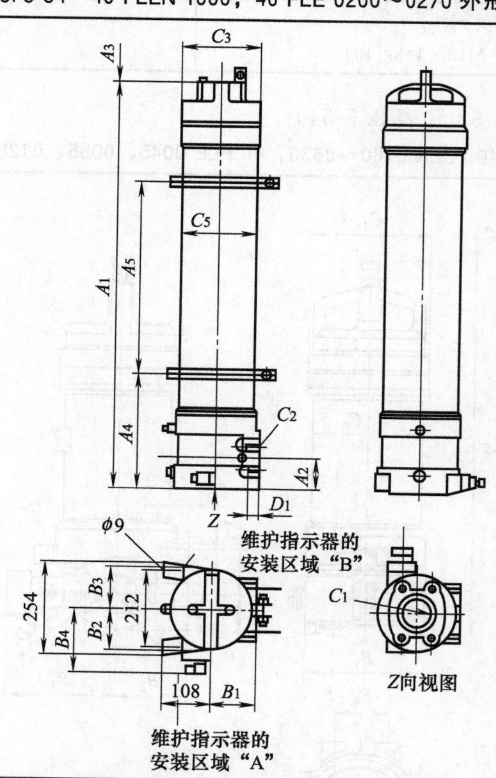

符合 DIN 24550 的用于过滤器滤芯的过滤器外壳																
型号 40FLEN..	体积 /L	质量 /kg①	A_1	A_2	$A_3$②	A_4	A_5	B_1	B_2	B_3	B_4	C_1	C_2	C_3	C_5	D_1
1000	12	50	553	90		260	65	118	113	113	183	SAE 4″ 3000psi DN100	M16	ϕ188	ϕ200	26

续表

符合BRFS标准的用于过滤器滤芯的过滤器外壳																
型号 40FLEN..	体积 /L	质量 /kg①	A_1	A_2	$A_3$②	A_4	A_5	B_1	B_2	B_3	B_4	C_1	C_2	C_3	C_5	D_1
0200 0270	22 28	60 70	911 1145	90	758 992	320	310 540	118	113	113	183	SAE 4″ 3000psi DN100	M16	ϕ188	ϕ200	26

① 质量包含标准过滤器滤芯和维护指示器；②用于过滤器元件更换的拆卸空间尺寸。

⑤ 安装与维护注意事项

a. 安装流程。通过铭牌信息验证工作压力。在考虑流动方向和过滤器滤芯的拆卸空间高度的情况下，将过滤器外壳用螺钉固定到紧固设备。从过滤器入口和出口上卸下保护塞。将过滤器安装到管道工程中，确保安装后无应力。

b. 特别注意。只能在系统卸压之后装配和拆卸过滤器；在拆卸过滤器时，请注意过滤器入口和过滤器出口分别与管路断开；只能在过滤杯不受压时拆卸过滤杯；在过滤器受压时请勿更换维护指示器。

c. 调试流程。打开系统泵；通过打开排放螺钉/排放阀为过滤器排气，在气体排出后进行关闭。

d. 维护流程。如果维护指示器的红色按钮弹起和/或红色指示灯亮起，则说明过滤器滤芯堵塞，并且需要分别进行更换或清洗。

e. 过滤器滤芯更换流程。关闭工作泵；旋开排放螺钉并且进行减压；旋开泄油孔螺钉并且从过滤器外壳中排放污染的油；旋松过滤器上部/过滤器盖，并且通过轻轻旋转过滤器滤芯将之轻轻拉出，然后把它从过滤器外壳中卸下；再次旋紧泄油孔螺钉；更换过滤器滤芯 H... XL，P...，清洗过滤器滤芯 G...。清洗效率取决于污染类型以及更换过滤器元件之前的压差值；如果更换过滤器滤芯之后的压差高出更换过滤器滤芯之前的50%，则也需要更换滤芯 G…；将洁净或新的过滤器滤芯安装到过滤器外壳中，并通过轻柔的旋转运动，将之推至套筒上。在此之前向过滤器滤芯密封圈涂抹一些润滑油；在安装过程中，要小心确保过滤器滤芯不会因为接触壁炉管的上缘而受损；检查壁炉管中密封圈位置 7 是否有损坏或磨损，并在必要时进行更换。通过用手顺时针旋转过滤器头部来安装过滤器头部，一直旋转至最后一个螺纹，然后再回转1/4 圈。(请勿使用任何工具)

3 热交换器

冷却器的用途是当液压系统工作时，因液压泵、液压马达等的容积和机械损失，控制元件及管路的压力损失和液体摩擦损失等消耗的能量，几乎全部转化为热量。大部分热量使油液及元件的温度升高。如果油温过高，则油液黏度下降，元件内泄漏就会增加，导致磨损加快、密封老化等，将严重影响液压系统的正常工作。一般液压介质正常使用温度范围为 15～65℃。

在设计液压系统时，考虑油箱的散热面积，是一种控制油温过高的有效措施。但是，某些液压装置由于受结构限制，油箱不能很大；一些液压系统全日工作，有些重要的液压装置还要求能自动控制油液温度。所以必须采用冷却器来强制冷却控制油液的温度，使之适合系统工作的要求。

3.1 冷却器的种类及特点（见表3.5-55）

表 3.5-55 冷却器的种类及特点

种类		特点	冷却效果
水冷却式	列管式：固定折板式，浮头式，双重管式，U形管式，立式、卧式等	冷却水从管内流过，油从列管间流过，中间折板使油折流，并采用双程或四程流动方式，强化冷却效果	散热效果好，散热系数可达350～580W/(m²·℃)
水冷却式	波纹板式：人字波纹式，斜波纹式等	利用板式文字或斜波纹结构叠加排列形成的接触斑点，使液流在流速不高的情况下形成紊流，提高散热效果	散热效果好，散热系数可达230～815W/(m²·℃)
风冷却式	风冷式：间接式、固定式及浮动式或支撑式和悬挂式等	用风冷却油，结构简单、体积小、重量轻、热阻小、换热面积大、使用、安装方便	散热效率高，散热系数可达116～175W/(m²·℃)
制冷式	机械制冷式：箱式、柜式	利用氟利昂制冷原理把液压油中的热量吸收、排出	冷却效果好，冷却温度控制方便

3.2 冷却器的选择及计算

在选择冷却器时应首先要求冷却器安全可靠、有足够的散热面积、压力损失小、散热效率高、体积小、重量轻等。然后根据使用场合，作业环境情况选择冷却器类型。如使用现场是否有冷却水源，液压站是否随行走机械一起运动，当存在以上情况时，应优先选择风冷式，而后机械制冷式。

（1）水冷式冷却器的冷却面积计算

$$A=\frac{N_h-N_{hd}}{K\Delta T_{av}} \qquad (3.5\text{-}1)$$

式中 A——冷却器的冷却面积，m²；

N_h——液压系统发热量，W；

N_{hd}——液压系统散热量，W；

K——散热系数，见表3.5-54；

ΔT_{av}——平均温度，℃。

$$\Delta T_{av}=\frac{(T_1+T_2)-(t_1+t_2)}{2} \qquad (3.5\text{-}2)$$

式中 T_1、T_2——进口和出口油温，℃；

t_1、t_2——进口和出口水温，℃。

系统发热量和散热量的估算：

$$N_h=N_P(1-\eta_c) \qquad (3.5\text{-}3)$$

式中 N_P——输入泵的功率，W；

η_c——系统的总效率。合理、高效的系统为70%～80%，一般系统仅达到50%～60%。

$$N_{hd}=K_1A\Delta t \qquad (3.5\text{-}4)$$

式中 A——油箱散热面积，m²；

Δt——油温与环境温度之差，℃；

K_1——油箱散热系数，W/m²·℃，取值范围见表3.5-56。

表 3.5-56 油箱散热系数

油箱散热情况	散热系数 K_1/[W/(m²·℃)]
整体式油箱，通风差	11～28
单体式油箱，通风较好	29～57
上置式油箱，通风好	58～74
强制通风的油箱	142～341

冷却水用量 Q_t（单位：m³/s）的计算：

$$Q_t=\frac{C\rho(T_1-T_2)}{C_s\rho_s(t_2-t_1)}Q \qquad (3.5\text{-}5)$$

式中 C——油的比热容，J/kg·℃，一般 C=2010J/kg·℃；

C_s——水的比热容，J/kg·℃，一般 C_s=1J/kg·℃；

ρ——油的密度，kg/m³，一般 ρ=900kg/m³；

ρ_s——水的密度，kg/m³，一般 ρ_s=1000kg/m³；

Q——油液的流量，m³/s。

（2）风冷式冷却器的面积计算

$$A=\frac{N_h-N_{hd}}{K\Delta T_{av}}\alpha \qquad (3.5\text{-}6)$$

式中 N_h——液压系统发热量，W；

N_{hd}——液压系统散热量，W；

α——污垢系数，一般 α=1.5；

K——散热系数，见表3.5-70；

ΔT_{av}——平均温差，℃。

$$\Delta T_{av}=\frac{(T_1+T_2)-(t'_1+t'_2)}{2} \qquad (3.5\text{-}7)$$

式中 t'_1、t'_2——进口、出口温度，℃。

$$t'_2=t'_1+\frac{N_P}{Q_P\rho_P C_P}$$

式中　Q_P——空气流量，m^3/s。

$$Q_P=\frac{N_h}{C_P\rho_P}\qquad(3.5\text{-}8)$$

ρ_P——空气密度，kg/m^3，一般 $\rho_P=1.4kg/m^3$；

C_P——空气比热容，J/kg·℃，一般 $C_P=1005J/kg·℃$。

3.3　冷却器产品

3.3.1　水介质冷却器产品介绍

（1）LQ※型列管式冷却器

① 型号说明

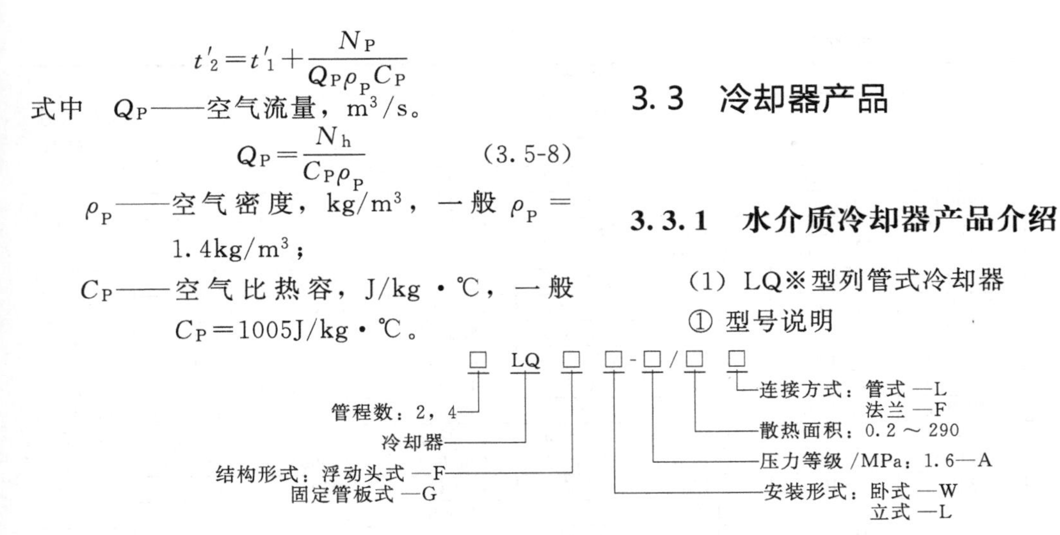

② 技术规格（见表 3.5-57）

表 3.5-57　LQ※型列管式冷却器技术规格

型号	散热面积 /m^2	散热系数 /W·$(m^2·K)^{-1}$	设计温度 /℃	介质压力 /MPa	冷却介质压力/MPa	油侧压降 /MPa	介质黏度 /$mm^2·s^{-1}$
2LQFW 2LQFL 2LQF$_6$L	0.5～16	348～407	100	1.6	0.8	<0.1	10～326
2LQF$_1$W	19～290		120	1.0	0.5		
2LQF$_4$W	0.5～14	290～638	100	1.6	0.8		—
2LQFW	0.22～11.45	348～407	120		1.0		10～326
2LQF$_2$W	0.2～4.25		100	1.0	0.5		
2LQF$_3$W	1.3～5.3	523～580	80	1.6	0.4	<0.1	10～50

③ 冷却器的选用（见表 3.5-58）

表 3.5-58　LQ※型列管式冷却器选用表

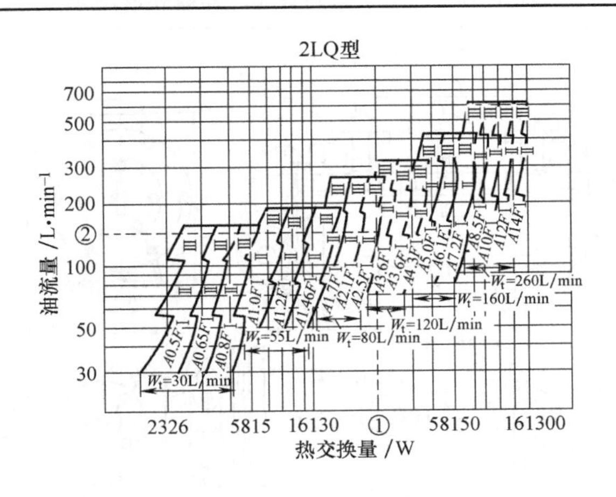

选定要领：

［例］　横轴①热交换量为 23260W，纵轴②油的流量 150L/min 的交点

选定油冷却器为 A2.5F

条件：油出口温度 $T_2\leqslant50$℃，冷却水入口温度 $t_1\leqslant28$℃

W_t 为最低水流量

续表

油流量 /L·min⁻¹	4LQF₃型 热量 Q /W							油侧压力降/MPa
58	15002.7	18142.8	21515.5	24771.5	27912	31168.4	33727	≤0.1
	(12900)	(15600)	(18500)	(21300)	(24000)	(26800)	(29000)	
66	17096.1	20934	24423	28377.2	31982.5	35471.5	38379	
	(14700)	(18000)	(21000)	(24400)	(27500)	(30500)	(33000)	
75	19189.5	23260	27563.1	31749.9	35820.4	40123.5	43496.2	
	(16500)	(20000)	(23700)	(27300)	(30800)	(34500)	(37400)	
83	20817.7	26051.2	29772.8	34308.5	38960.5	43612.5	48364.5	
	(17900)	(22400)	(25600)	(29500)	(33500)	(37500)	(41500)	
92	22445.9	28493.5	32564	36634.5	41868	47101.5	51753.5	0.11～0.15
	(19300)	(24500)	(28000)	(31500)	(36000)	(40500)	(44500)	
100	24539.4	29075	34308.5	40123.5	45822.2	51172	56405.5	
	(21100)	(25000)	(29500)	(34500)	(39400)	(44000)	(48500)	
108	25353.4	31401	36053	42216.9	48264.5	54079.5	59894.5	
	(21800)	(27000)	(31000)	(36300)	(41500)	(46500)	(51500)	
116	27330.5	31982.5	38960.5	45357	50590.5	58150	64546.5	
	(23500)	(27500)	(33500)	(39000)	(43500)	(50000)	(55500)	
125	27912	33145.5	41868	47101.5	52916.5	61057.5	68035.5	0.15～0.20
	(24000)	(28500)	(36000)	(40500)	(45500)	(52500)	(58500)	
132	28493.5	33727	42449.5	48846	56405.5	63965	70943	
	(24500)	(29000)	(36500)	(42000)	(48500)	(55000)	(61000)	
150	29656.5	36634.5	44775.5	53498	61639	69780	76758	
	(25500)	(31500)	(38500)	(46000)	(53000)	(60000)	(66000)	
166	31401	40705	47683	56987	66291	75595	84899	≤0.1
	(27000)	(35000)	(41000)	(49000)	(57000)	(65000)	(73000)	
184	34890	41868	51172	58150	68617	80247	89551	0.11～0.15
	(30000)	(36000)	(44000)	(50000)	(59000)	(69000)	(77000)	
200	37216	44194	53198	63965	75595	87225	97692	
	(32000)	(38000)	(46000)	(55000)	(65000)	(75000)	(84000)	
换热面积/m²	1.3	1.7	2.1	2.6	3.4	4.2	5.3	

注：括号内数值单位为 kcal/h。

④ 外形尺寸（见表 3.5-59）

表 3.5-59 LQ※型列管式冷却器外形尺寸

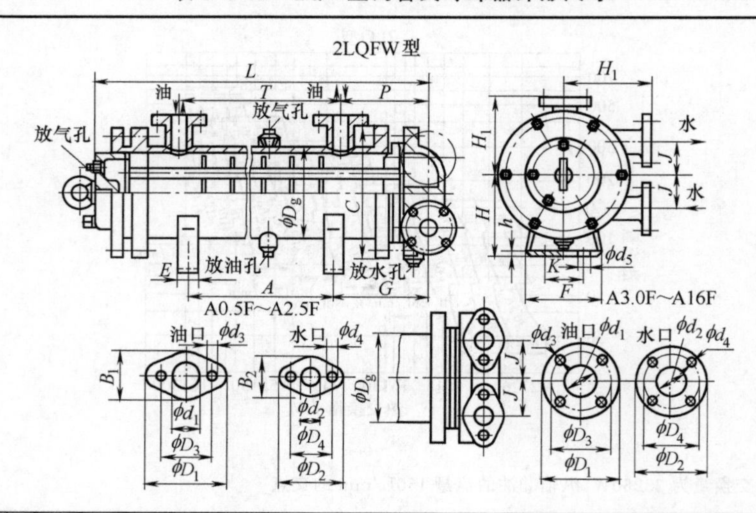

型号	A0.5F	A0.65F	A0.8F	A1.0F	A1.2F	A1.46F	A1.7F	A2.1F	A2.5F	A3.0F	A3.6F	A4.3F	A5.0F	A6.0F	A7.2F	A8.5F	A10F	A12F	A14F	A16F
散热面积/m²	0.5	0.65	0.8	1.0	1.2	1.46	1.7	2.1	2.5	3.0	3.6	4.3	5.0	6.0	7.2	8.5	10	12	14	16

续表

底部尺寸	A	345	470	595	440	565	690	460	610	760	540	665	815	540	690	865	575	700	875		
	K	90			104			120			140			170			230				
	h	5															6				
	E	40			45			50			55			60			65				
	F	140			160			180			210			250			320				
	ϕd_5	11			14												18				
筒部尺寸	ϕD_g	114			150			186			219			245			325				
	H	115			140			165			200			240			280				
	J	42			47			52			85			95			105				
	H_1	95			115			140			200			240			280				
	L	545	670	790	680	805	930	740	890	1040	870	995	1145	920	1070	1245	1000	1125	1300		1547
	G	100			115			140			175			205			220				
	P	93			105			120			170			190			210				
	T	357	482	607	460	585	710	500	650	800	565	690	840	570	720	895	590	715	890		1038
	C	186			220			270			308			340			406				
法兰尺寸		椭圆法兰									圆形法兰										
油口	ϕd_1	25			32			40			50			65			80				
	ϕD_1	90			100			118			160			180			195				
	B_1	64			72			85			—										
	ϕD_3	65			75			90			125			145			160				
	ϕd_3	11						14			18						8×ϕ18				
水口	ϕd_2	20			25			32			40			50			65				
	ϕD_2	80			90			100			145			160			180				
	B_2	45			64			72			—										
	ϕD_4	55			65			75			110			125			145				
	ϕd_4	11									18										
质量/kg		30	33	36	47	51	54	60	70	76	110	119	130	145	161	176	215	231	250	260	270

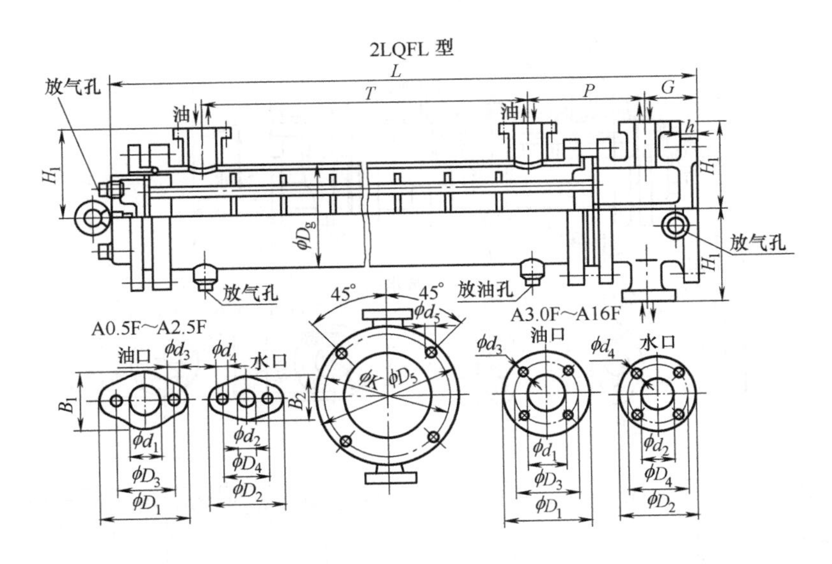

续表

<table>
<tr><td colspan="2">型号</td><td>A0.5F</td><td>A0.65F</td><td>A0.8F</td><td>A1.0F</td><td>A1.2F</td><td>A1.46F</td><td>A1.7F</td><td>A2.1F</td><td>A2.5F</td><td>A3.0F</td><td>A3.6F</td><td>A4.3F</td><td>A5.0F</td><td>A6.0F</td><td>A7.2F</td><td>A8.5F</td><td>A10F</td><td>A12F</td><td>A14F</td><td>A16F</td></tr>
<tr><td colspan="2">散热面积/m^2</td><td>0.5</td><td>0.65</td><td>0.8</td><td>1.0</td><td>1.2</td><td>1.46</td><td>1.7</td><td>2.1</td><td>2.5</td><td>3.0</td><td>3.6</td><td>4.3</td><td>5.0</td><td>6.0</td><td>7.2</td><td>8.5</td><td>10</td><td>12</td><td>14</td><td>16</td></tr>
<tr><td rowspan="5">底部尺寸</td><td>D_5</td><td colspan="3">186</td><td colspan="3">220</td><td colspan="3">270</td><td colspan="3">308</td><td colspan="3">340</td><td colspan="5">406</td></tr>
<tr><td>K</td><td colspan="3">164</td><td colspan="3">190</td><td colspan="3">240</td><td colspan="3">278</td><td colspan="3">310</td><td colspan="5">366</td></tr>
<tr><td>h</td><td colspan="6">16</td><td colspan="9">18</td><td colspan="5">20</td></tr>
<tr><td>G</td><td colspan="3">75</td><td colspan="3">80</td><td colspan="3">85</td><td colspan="3">90</td><td colspan="3">95</td><td colspan="5">100</td></tr>
<tr><td>ϕd_5</td><td colspan="3">12</td><td colspan="12">15</td><td colspan="5">18</td></tr>
<tr><td rowspan="5">筒部尺寸</td><td>ϕD_g</td><td colspan="3">114</td><td colspan="3">150</td><td colspan="3">186</td><td colspan="3">219</td><td colspan="3">245</td><td colspan="5">325</td></tr>
<tr><td>L</td><td>620</td><td>745</td><td>870</td><td>760</td><td>886</td><td>1010</td><td>825</td><td>975</td><td>1125</td><td>960</td><td>1085</td><td>1235</td><td>1015</td><td>1165</td><td>1340</td><td>1100</td><td>1225</td><td>1400</td><td colspan="2">1547</td></tr>
<tr><td>H_1</td><td colspan="3">95</td><td colspan="3">115</td><td colspan="3">140</td><td colspan="3">200</td><td colspan="3">240</td><td colspan="5">280</td></tr>
<tr><td>P</td><td colspan="3">93</td><td colspan="3">105</td><td colspan="3">120</td><td colspan="3">170</td><td colspan="3">190</td><td colspan="5">210</td></tr>
<tr><td>T</td><td>357</td><td>482</td><td>607</td><td>460</td><td>585</td><td>710</td><td>500</td><td>650</td><td>800</td><td>565</td><td>690</td><td>840</td><td>570</td><td>720</td><td>895</td><td>590</td><td>715</td><td>890</td><td colspan="2">1038</td></tr>
<tr><td colspan="2">法兰尺寸</td><td colspan="9">椭圆法兰</td><td colspan="11">圆形法兰</td></tr>
<tr><td rowspan="5">油口</td><td>ϕd_1</td><td colspan="3">25</td><td colspan="3">32</td><td colspan="3">40</td><td colspan="3">50</td><td colspan="3">65</td><td colspan="5">80</td></tr>
<tr><td>ϕD_1</td><td colspan="3">90</td><td colspan="3">100</td><td colspan="3">118</td><td colspan="3">160</td><td colspan="3">180</td><td colspan="5">195</td></tr>
<tr><td>B_1</td><td colspan="3">64</td><td colspan="3">72</td><td colspan="3">85</td><td colspan="11">—</td></tr>
<tr><td>ϕD_3</td><td colspan="3">65</td><td colspan="3">75</td><td colspan="3">90</td><td colspan="3">125</td><td colspan="3">145</td><td colspan="5">160</td></tr>
<tr><td>ϕd_3</td><td colspan="6">11</td><td colspan="3">14</td><td colspan="6">18</td><td colspan="5">8×ϕ18</td></tr>
<tr><td colspan="2">法兰尺寸</td><td colspan="9">椭圆法兰</td><td colspan="11">圆形法兰</td></tr>
<tr><td rowspan="5">水口</td><td>ϕd_2</td><td colspan="3">20</td><td colspan="3">25</td><td colspan="3">32</td><td colspan="3">40</td><td colspan="3">50</td><td colspan="5">65</td></tr>
<tr><td>ϕD_2</td><td colspan="3">80</td><td colspan="3">90</td><td colspan="3">100</td><td colspan="3">145</td><td colspan="3">160</td><td colspan="5">180</td></tr>
<tr><td>B_2</td><td colspan="3">45</td><td colspan="3">64</td><td colspan="3">72</td><td colspan="11">—</td></tr>
<tr><td>ϕD_4</td><td colspan="3">55</td><td colspan="3">65</td><td colspan="3">75</td><td colspan="3">110</td><td colspan="3">125</td><td colspan="5">145</td></tr>
<tr><td>ϕd_4</td><td colspan="9">11</td><td colspan="11">18</td></tr>
<tr><td colspan="2">质量/kg</td><td>35</td><td>38</td><td>41</td><td>51</td><td>55</td><td>58</td><td>68</td><td>77</td><td>84</td><td>118</td><td>126</td><td>137</td><td>148</td><td>163</td><td>179</td><td>227</td><td>243</td><td>265</td><td>275</td><td>285</td></tr>
</table>

2LQF$_6$W型

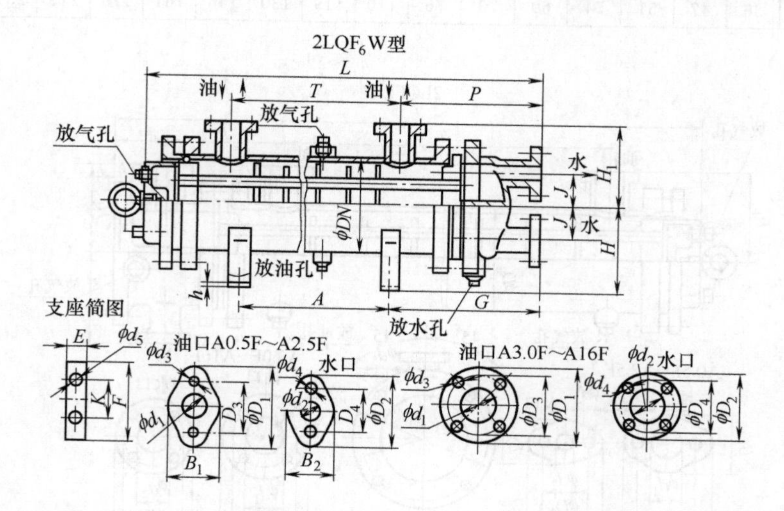

型号	A0.5F	A0.65F	A0.8F	A1.0F	A1.2F	A1.46F	A1.7F	A2.1F	A2.5F	A3.0F	A3.6F	A4.3F	A5.0F	A6.0F	A7.2F	A8.5F	A10F	A12F	A14F	A16F
散热面积/m^2	0.5	0.65	0.8	1.0	1.2	1.46	1.7	2.1	2.5	3.0	3.6	4.3	5.0	6.0	7.2	8.5	10	12	14	16

续表

底部尺寸	A	345	470	595	440	565	690	460	610	760	540	665	815	540	690	865	575	700	875		
	K	90			104			120			140			170			230				
	h	5															6				
	E	40			45			50			55			60			65				
	F	140			160			180			210			250			320				
	ϕd_5	11			14												18				
筒部尺寸	ϕDN	114			150			186			219			245			325				
	H	115			140			165			200			240			280				
	J	42			47			52			85			95			105				
	H_1	95			115			140			200			240			280				
	L	614	739	859	762	887	1012	846	996	1146	965	1090	1240	1022	1172	1348	1112	1237	1412		1547
	G	169			197			246			270			307			332				
	P	162			190			226			265			292			322				
	T	357	482	607	460	585	710	500	650	800	565	690	840	570	720	895	590	715	890		1038
法兰尺寸		椭圆法兰									圆形法兰										
油口	ϕd_1	25			32			40			50			65			80				
	ϕD_1	90			100			118			160			180			195				
	B_1	64			72			85			—										
	ϕD_3	65			75			90			125			145			160				
	ϕd_3	11						14			18						8×ϕ18				
法兰尺寸		椭圆法兰									圆形法兰										
水口	ϕd_2	20			25			32			40			50			65				
	ϕD_2	80			90			100			145			160			180				
	B_2	45			64			72			—										
	ϕD_4	55			65			75			110			125			145				
	ϕd_4	11									18										
质量/kg		30	33	36	47	51	54	60	70	76	110	119	130	145	161	176	215	231	250	260	270

$2LQF_1W$型

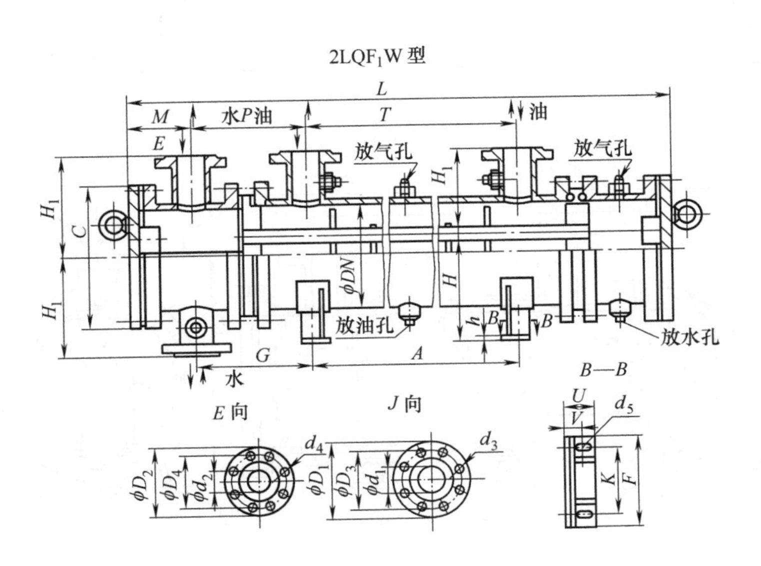

续表

<table>
<tr><td>型号</td><td>10/19F</td><td>10/25F</td><td>10/29F</td><td>10/36F</td><td>10/45F</td><td>10/55F</td><td>10/68F</td><td>10/77F</td><td>10/100F</td><td>10/135F</td><td>10/176F</td><td>10/244F</td><td>10/290F</td></tr>
<tr><td>散热面积/m²</td><td>19</td><td>25</td><td>29</td><td>36</td><td>45</td><td>55</td><td>68</td><td>77</td><td>100</td><td>135</td><td>176</td><td>244</td><td>290</td></tr>
<tr><td>ϕDN</td><td>273</td><td>325</td><td>345</td><td>390</td><td>426</td><td>465</td><td>500</td><td>550</td><td>650</td><td>730</td><td>650</td><td colspan="2">730</td></tr>
<tr><td>C</td><td>360</td><td>415</td><td>445</td><td>495</td><td>550</td><td>600</td><td>655</td><td>705</td><td>805</td><td>905</td><td>805</td><td colspan="2">908</td></tr>
<tr><td>H_1</td><td>248</td><td>280</td><td>298</td><td>324</td><td>350</td><td>375</td><td>405</td><td>432</td><td>490</td><td>540</td><td>489</td><td colspan="2">540</td></tr>
<tr><td>H</td><td>190</td><td>216</td><td>268</td><td>292</td><td>305</td><td>330</td><td>348</td><td>380</td><td>432</td><td>482</td><td>435</td><td colspan="2">485</td></tr>
<tr><td>V</td><td colspan="2">35</td><td colspan="3">50</td><td colspan="3">70</td><td colspan="5">100</td></tr>
<tr><td>U</td><td colspan="2">60</td><td colspan="3">85</td><td colspan="3">100</td><td colspan="5">125</td></tr>
<tr><td>F</td><td>200</td><td>230</td><td>250</td><td>270</td><td>300</td><td>325</td><td colspan="2">400</td><td>435</td><td>480</td><td>430</td><td>480</td><td></td></tr>
<tr><td>d_5</td><td>4×16×22</td><td colspan="2">4×16×32</td><td colspan="4">4×19×32</td><td colspan="6">4×ϕ22</td></tr>
<tr><td>h</td><td colspan="5">10</td><td colspan="8">14</td></tr>
<tr><td>ϕd_1</td><td colspan="4">150</td><td colspan="2">200</td><td colspan="7">250</td></tr>
<tr><td>ϕD_1</td><td colspan="4">280</td><td colspan="2">335</td><td colspan="7">405</td></tr>
<tr><td>ϕD_3</td><td colspan="4">240</td><td colspan="2">295</td><td colspan="7">355</td></tr>
<tr><td>d_3</td><td colspan="4">8×ϕ23</td><td colspan="2">12×ϕ23</td><td colspan="7">12×ϕ25</td></tr>
<tr><td>ϕd_2</td><td colspan="2">80</td><td colspan="2">100</td><td colspan="4">150</td><td colspan="5">200</td></tr>
<tr><td>ϕD_2</td><td colspan="2">95</td><td colspan="2">215</td><td colspan="4">280</td><td colspan="5">335</td></tr>
<tr><td>ϕD_4</td><td colspan="2">160</td><td colspan="2">180</td><td colspan="4">240</td><td colspan="5">295</td></tr>
<tr><td>d_4</td><td colspan="4">8×ϕ18</td><td colspan="9">8×ϕ23</td></tr>
<tr><td>M</td><td>140</td><td>145</td><td>160</td><td>165</td><td>190</td><td>195</td><td>200</td><td>205</td><td>240</td><td>255</td><td>201</td><td colspan="2">611</td></tr>
<tr><td>P</td><td>290</td><td>292</td><td>310</td><td>320</td><td>345</td><td>385</td><td>390</td><td>395</td><td>458</td><td>475</td><td>381</td><td colspan="2">404</td></tr>
<tr><td>K</td><td>140</td><td>165</td><td>190</td><td>215</td><td>240</td><td>265</td><td colspan="2">345</td><td>380</td><td>432</td><td>382</td><td colspan="2">432</td></tr>
<tr><td>T</td><td colspan="3">2690</td><td colspan="2">2680</td><td>2615</td><td>2600</td><td>2595</td><td>2525</td><td>2510</td><td>4705</td><td>4993</td><td>5905</td></tr>
<tr><td>L</td><td>3460</td><td>3470</td><td>3510</td><td>3520</td><td>3580</td><td>3630</td><td>3640</td><td>3655</td><td>2730</td><td>3770</td><td>5709</td><td>6022</td><td>1059</td></tr>
<tr><td>A</td><td colspan="2">2690</td><td>2670</td><td>2640</td><td>2670</td><td colspan="3">2590</td><td>2690</td><td>2620</td><td>4700</td><td>4800</td><td>5800</td></tr>
<tr><td>G</td><td colspan="2">240</td><td>280</td><td>285</td><td>310</td><td>345</td><td>350</td><td>355</td><td>360</td><td>375</td><td>425</td><td colspan="2">450</td></tr>
<tr><td>质量/kg</td><td>430</td><td>551</td><td>624</td><td>811</td><td>912</td><td>1108</td><td>1362</td><td>1584</td><td>2267</td><td>3170</td><td>5200</td><td colspan="2">5900</td></tr>
</table>

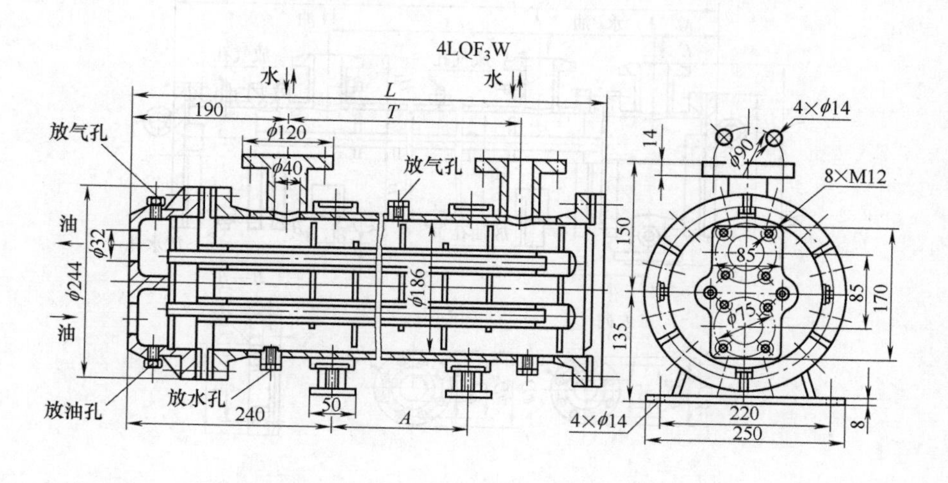

续表

型号	换热面积/m²	L	T	A	质量/kg	容积	
						管内/L	管间/L
4LQF₃W-A1.3F	1.3	490	205	≤105	49	4.8	3.8
4LQF₃W-A1.7F	1.7	575	290	≤190	53	5.6	4.8
4LQF₃W-A2.1F	2.1	675	390	≤290	59	6.5	6
4LQF₃W-A2.6F	2.6	805	520	≤420	66	7.7	7.6
4LQF₃W-A3.4F	3.4	975	690	≤590	75	9.3	9.7
4LQF₃W-A4.2F	4.2	1175	890	≤790	86	11.1	12.1
4LQF₃W-A5.3F	5.3	1425	1140	≤1040	99	13.4	15.1

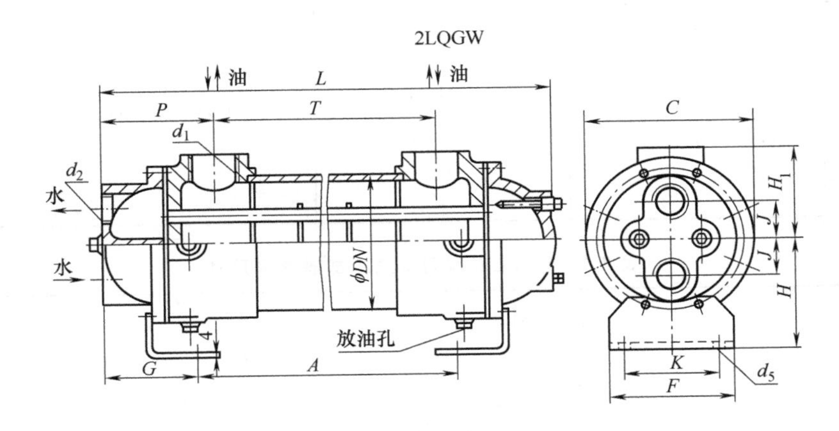

型号	A0.22L	A0.4L	A0.66L	A1.03L	A1.36L	A0.86L	A1.46L	A2.02L	A2.91L	A2.11L	A3.18L	A4.22L	A5.27L	A3.82L	A5.76L	A7.65L	A9.55L	A11.45L
ϕDN	80					130				155				206				
C	106					165				190				250				
L	273	433	683	993	1293	470	720	1030	1330	731	1041	1341	1646	777	1087	1387	1692	1997
T	152	312	562	872	1172	287	537	847	1147	521	831	1131	1436	483	793	1093	1398	1703
P	65					94				109				154				
H_1	62					92				108				143				
G	45					76				96				135				
A	183	343	593	903	1203	323	573	883	1183	546	856	1156	1461	520	830	1130	1435	1740
H	65					89				105				137				
F	80					130				150				210				
K	60					106				125				180				
d_5	10×10					12×18								16×22				
d_2	M33×2(1in)					M48×2(1 1/2in)				M64×3(2in)				M80×3(2 1/2in)				
d_1	M33×2(1in)					M48×2(1 1/2in)				M64×3(2in)				M100×3(3in)				
J	25					38				40				59				
散热面积/m²	0.22	0.4	0.66	1.03	1.36	0.86	1.46	2.02	2.91	2.11	3.18	4.22	5.27	3.82	5.76	7.65	9.55	11.45
质量/kg	5.4	6.4	7.7	9.4	11.1	21	25	29.5	34		43	52	61	68	84	100	115	131

注：生产厂为营口液压机械厂、营口市船舶辅机厂、福建江南冷却器厂。

(2) GL※型列管式冷却器

① 型号说明

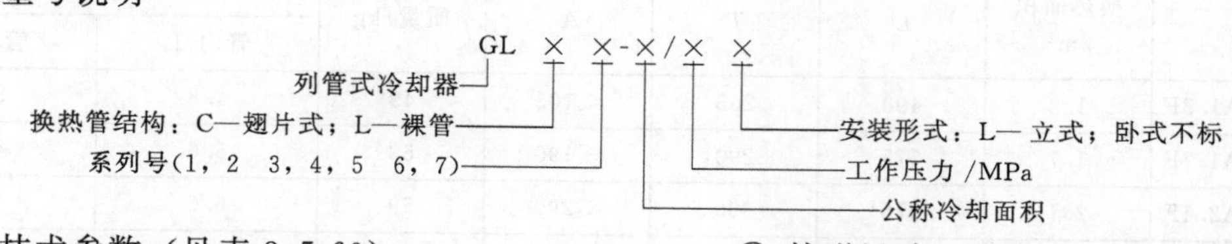

② 技术参数（见表 3.5-60） ③ 外形尺寸（见表 3.5-61）

表 3.5-60 GL※型列管式冷却器技术参数

<table>
<tr><th rowspan="2">冷却面积/m²</th><th rowspan="2">工作压力/MPa</th><th rowspan="2">工作温度/℃</th><th colspan="2">压力降/MPa</th><th rowspan="2">油水流量比</th><th rowspan="2">介质黏度/mm²·s⁻¹</th><th rowspan="2">散热系数/W·(m²·K)⁻¹</th></tr>
<tr><th>油侧</th><th>水侧</th></tr>
<tr><td>0.4～1.2</td><td rowspan="6">0.63
1.0
1.6</td><td rowspan="6">≤100</td><td rowspan="6">≤0.1</td><td rowspan="6">≤0.05</td><td rowspan="6">1∶1左右</td><td rowspan="6">20～50</td><td rowspan="6">≥350</td></tr>
<tr><td>1.3～3.5</td></tr>
<tr><td>4～11</td></tr>
<tr><td>13～27</td></tr>
<tr><td>30～54</td></tr>
<tr><td>55～90</td></tr>
</table>

表 3.5-61 GL※型列管式冷却器外形尺寸

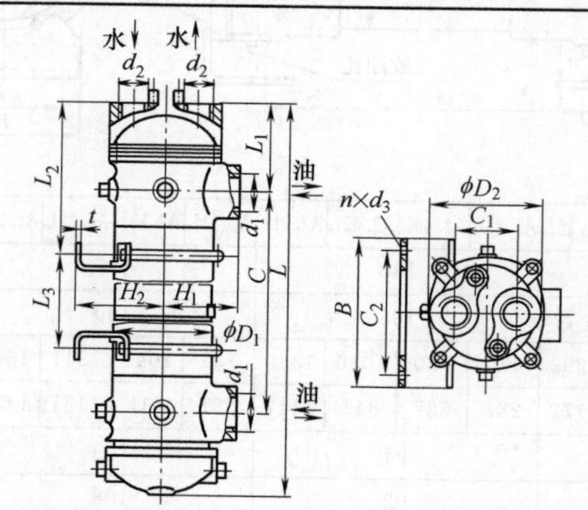

<table>
<tr><th>型号</th><th>L</th><th>C</th><th>L₁</th><th>H₁</th><th>H₂</th><th>ϕD₁</th><th>ϕD₂</th><th>C₁</th><th>C₂</th><th>B</th><th>L₂</th><th>L₃</th><th>t</th><th>n×d₃</th><th>d₁</th><th>d₂</th><th>质量/kg</th></tr>
<tr><td>GLC1-0.4</td><td>370</td><td>240</td><td rowspan="5">67</td><td rowspan="5">60</td><td rowspan="5">68</td><td rowspan="5">78</td><td rowspan="5">92</td><td rowspan="5">52</td><td rowspan="5">102</td><td rowspan="5">132</td><td rowspan="5">115</td><td>145</td><td rowspan="5">2</td><td rowspan="5">4×
ϕ11</td><td rowspan="5">G1</td><td rowspan="5">G3/4</td><td>8</td></tr>
<tr><td>GLC1-0.6</td><td>540</td><td>405</td><td>310</td><td>10</td></tr>
<tr><td>GLC1-0.8</td><td>660</td><td>532</td><td>435</td><td>12</td></tr>
<tr><td>GLC1-1</td><td>810</td><td>665</td><td>570</td><td>13</td></tr>
<tr><td>GLC1-1.2</td><td>940</td><td>805</td><td>715</td><td>15</td></tr>
<tr><td>GLC1-1.3</td><td>556</td><td>375</td><td rowspan="6">98</td><td rowspan="6">85</td><td rowspan="6">93</td><td rowspan="6">120</td><td rowspan="6">137</td><td rowspan="6">78</td><td rowspan="6">145</td><td rowspan="6">175</td><td rowspan="6">172</td><td>225</td><td rowspan="6">2</td><td rowspan="6">4×
ϕ11</td><td rowspan="6">G1</td><td rowspan="6">G1</td><td>19</td></tr>
<tr><td>GLC2-1.7</td><td>690</td><td>500</td><td>350</td><td>21</td></tr>
<tr><td>GLC2-2.1</td><td>820</td><td>635</td><td>485</td><td>25</td></tr>
<tr><td>GLC2-2.6</td><td>960</td><td>775</td><td>630</td><td>29</td></tr>
<tr><td>GLC2-3</td><td>1110</td><td>925</td><td>780</td><td>32</td></tr>
<tr><td>GLC2-3.5</td><td>1270</td><td>1085</td><td>935</td><td>36</td></tr>
</table>

续表

型号	L	C	L_1	H_1	H_2	ϕD_1	ϕD_2	C_1	C_2	B	L_2	L_3	t	$n\times d_3$	d_1	d_2	质量/kg
GLC3-4	840	570	152	125	158	168	238	110	170	320	245	380	10	4×ϕ15	G 1 1/2	G 1 1/4	74
GLC3-5	990	720										530					77
GLC3-6	1140	870										680					85
GLC3-7	1310	1040										850					90
GLC3-8	1470	1200										1010			G2	G 1 1/2	96
GLC3-8	1630	1360										1170					105
GLC3-10	1800	1530										1340					110
GLC3-11	1980	1710										1520					118
GLC4-13	1340	985	197	160	208	219	305	140	320	270	318	745	12	4×ϕ19	G2	G2	152
GLC4-15	1500	1145										905					164
GLC4-17	1660	1305	197	160	208	219	305	140	320	270	318	1065	12	4×ϕ19	G2	G2	175
GLC4-19	1830	1475										1235					188
GLC4-21	2010	1655										1415					200
GLC4-23	2180	1825										1585					213
GLC4-25	2360	2005															225
GLC4-27	2530	2175										1935					238
GLC5-30	1932	1570	202	200	234	273	355	180	280	320	327	1320	12	4×ϕ23	G2	G 2 1/2	
GLC5-34	2152	1790										1540					
GLC5-37	2322	1960										1710					
GLC5-41	2542	2180										1930					
GLC5-44	2712	2530										2100					
GLC5-47	2872	2510										2260					
GLC5-51	3092	2730										2480					
GLC5-54	3262	2900										2650					
GLC6-55	2272	1860	227	230	284	325	410	200	300	390	362	1590	12	4×ϕ23	G 2 1/2	G3	
GLC6-60	2452	2040										1770					
GLC6-65	2632	2220										1950					
GLC6-70	2812	2400										2160					
GLC6-75	2992	2580										2310					
GLC6-80	3172	2760										2490					
GLC6-85	3352	2940										2670					
GLC6-90	3532	3120										2850					

注：生产厂为姜堰市三联热交换设备厂、江苏威力换热设备有限公司。

（3）BR 型板式冷却器

① 型号说明

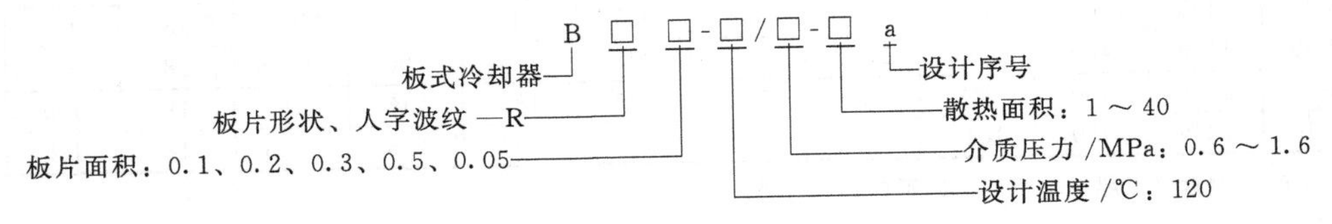

② 技术规格（见表 3.5-62）

表 3.5-62　BR 型板式冷却器技术规格

散热面积 /m²	介质压力 /MPa	设计温度 /℃	板片面积 /m²	板片形状	散热面积 /m²	介质压力 /MPa	设计温度 /℃	板片面积 /m²	板片形状
1	1.6 1	120	0.1	人字形波纹形	21	1.6	120	0.2	人字形
2					24				
3					10	1.6 1 0.6		0.3	
5					12				
7					14				
10					17				
4	1.6		0.2		20				
6					24				
10					27				
13					30				
15				人字形	35				
18					40				

③ 外形尺寸（见表 3.5-63）

表 3.5-63　BR 型板式冷却器外形尺寸

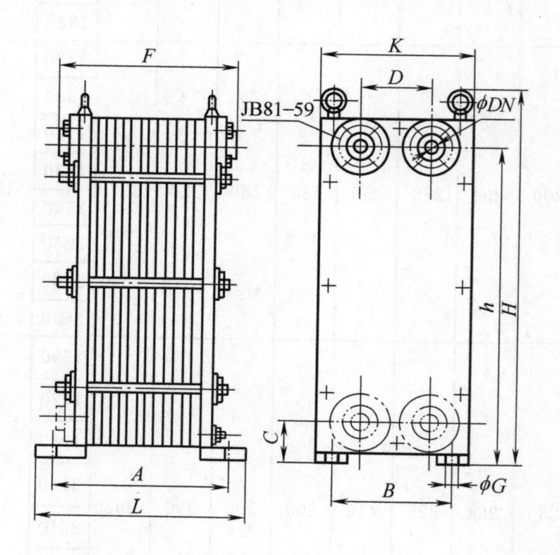

型号	H	K	L	F	A	B	C	D	h	φG	φDN	质量
BR0.1-2	768.5	315	260	238	230	250	190.5	142	636.5	18	50	160
BR0.1-4	768.5	315	344	346	332	250	190.5	142	636.5	18	50	192
BR0.1-5	768.5	315	386	390	380	250	190.5	142	636.5	18	50	208
BR0.1-6	768.5	315	428	441	433	250	190.5	142	636.5	18	50	223
BR0.1-8	768.5	315	512	543	535	250	190.5	142	636.5	18	50	255
BR0.1-10	768.5	315	596	648	640	250	190.5	142	636.5	18	50	286
BR0.2-15	1143	400	692	692	542	335	180	190	960.5	18	65	568
BR0.2-20	1143	400	827	827	677	335	180	190	960.5	18	65	658
BR0.2-25	1143	400	952	952	802	335	180	190	960.5	18	65	742
BR0.2-30	1143	400	1087	1087	937	335	180	190	960.5	18	65	833
BR0.3-35	1386	480	932	952	772	400	183	218	1163	18	100	1205
BR0.3-40	1386	480	1014	1034	854	400	183	218	1163	18	100	1262

注：生产厂为营口市船舶辅机厂、四平四环冷却器厂。

3.3.2 风冷式油冷却器产品介绍

(1) YLF风冷式油冷却器

① 型号说明

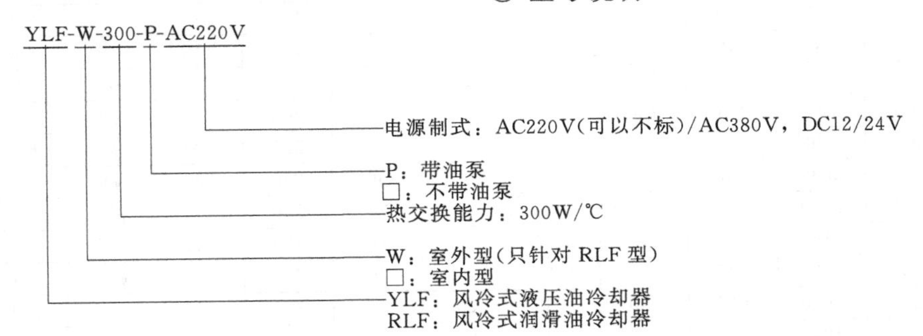

② 技术参数（见表3.5-64）

表3.5-64 YLF风冷式油冷却器规格及技术参数

型号	冷却能力/(W/℃)	最大流量/(L/min)	电源电压/V	电机功率/W	工作压力/MPa	适用油温/℃	噪声(A)/dB	接口尺寸
YLF50	50	20	220	38	2.0	10～130	60	内螺纹G1/2 *
YLF100	100	40	220	65	2.0	10～130	70	内螺纹G3/4 *
YLF150	150	60	220	65	2.0	10～130	70	内螺纹G1 *
YLF200	200	80	220	80	2.0	10～130	60	内螺纹G1 *
YLF250	250	100	220	80	2.0	10～130	60	内螺纹G1 *
YLF300	300	120	220	80	2.0	10～130	60	内螺纹G1 1/4 *
YLF400	400	160	220	150	2.0	10～130	62	内螺纹G1 1/2 *
YLF600	600	250	220	180	2.0	10～130	68	内螺纹G2 *
YLF900	900	300	220	250	2.0	10～130	70	内螺纹G2 *
YLF1200	200	350	220	390	2.0	10～130	70	法兰DN65
YLF1500	1500	400	220	480	2.0	10～130	73	法兰DN65
YLF2000	2000	450	220	480	2.0	10～130	73	法兰DN65
YLF2500	2500	500	220	700	2.0	10～130	75	法兰DN80
YLF3000	3000	550	220	820	2.0	10～130	75	法兰DN80

③ 外形尺寸（见表3.5-65）

表3.5-65 YLF风冷式油冷却器外形尺寸

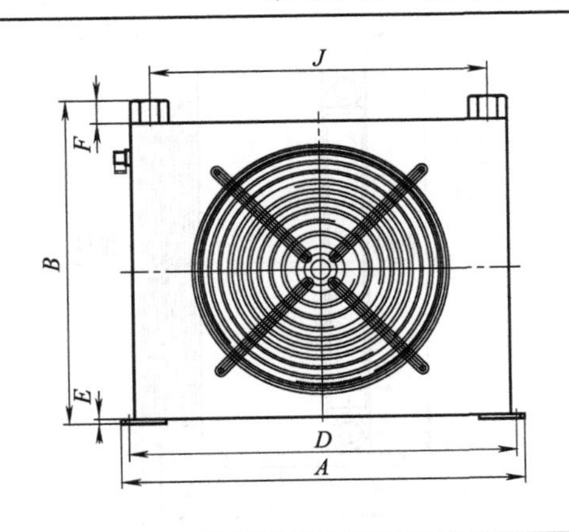

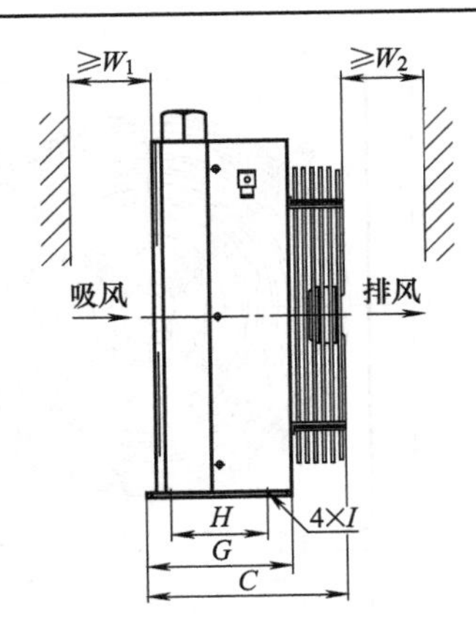

型号	A	B	C	D	E	F	G	H	I	J	W_1	W_2
YLF50	270	249	115	250	4	35	125	95	$\phi 7$	201	100	200
YLF100	310	269	150	290	4	35	150	120	$\phi 7$	235	150	250
YLF150	360	319	150	340	4	35	150	120	$\phi 7$	285	150	250

续表

型号	A	B	C	D	E	F	G	H	I	J	W_1	W_2
YLF200	420	369	235	395	4	40	175	145	ϕ9	330	160	300
YLF250	480	419	255	455	4	40	175	145	ϕ9	390	180	350
YLF300	520	449	255	495	4	40	175	145	ϕ9	430	180	350
YLF400	580	494	280	555	4	50	200	170	ϕ9	470	200	400
YLF600	720	544	310	695	4	50	220	190	ϕ9	605	225	450
YLF900	930	687	340	900	4	50	250	220	ϕ9	800	250	500
YLF1200	1020	751	340	995	20	70	250	190	ϕ12	880	225	450
YLF1500	1160	834	370	1135	20	70	280	220	ϕ12	1020	225	450
YLF2000	1400	787	380	1365	20	70	290	230	ϕ12	1240	250	500
YLF2500	1670	817	390	1635	20	70	300	240	ϕ12	1495	300	550
YLF3000	1870	935	395	1835	20	70	305	245	ϕ12	1695	300	550

生产厂：无锡沃尔德。

(2) RLF室内型风冷式润滑油冷却器

① 规格参数（见表3.5-66）

表3.5-66 RLF室内型风冷式润滑油冷却器规格及技术参数

型号	冷却能力/(W/℃)	最大流量/(L/min)	电源电压/V	电机功率/W	工作压力/MPa	最高油温/℃	噪声(A)/dB	接口尺寸
RLF100	100	70	220	150	2.0	130	62	内螺纹G1 *
RLF135	135	75	220	150	2.0	130	62	内螺纹G1 *
RLF150	150	80	220	195	2.0	130	68	内螺纹G1 *
RLF300	300	170	220	240	2.0	130	70	内螺纹G1 *
RLF400	400	200	220	380	2.0	130	70	内螺纹G1 1/4 *
RLF600	600	250	220	550	2.0	130	76	内螺纹G1 1/2 *
RLF900	900	280	220	710	2.0	130	76	内螺纹G1 1/2 *
RLF1200	1200	320	220	780	2.0	130	77	内螺纹G1 1/2 *
RLF1500	1500	380	220	1600	2.0	130	84	内螺纹G2 *
RLF2000	2000	470	220	1600	2.0	130	88	内螺纹G2 *

② 外形参数（见表3.5-67）

表3.5-67 RLF室内型风冷式润滑油冷却器外形参数表

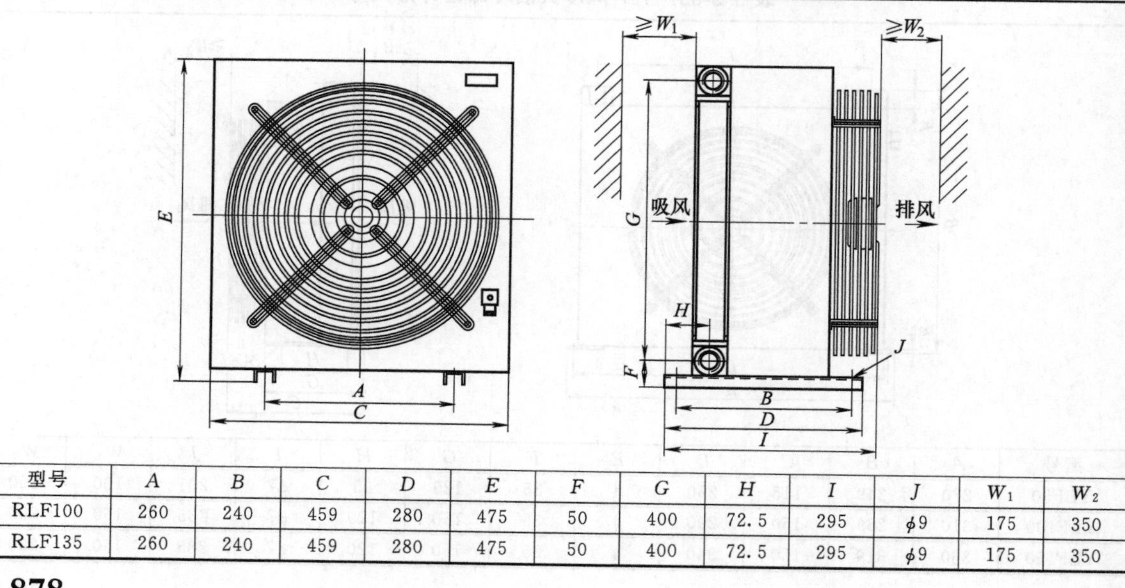

型号	A	B	C	D	E	F	G	H	I	J	W_1	W_2
RLF100	260	240	459	280	475	50	400	72.5	295	ϕ9	175	350
RLF135	260	240	459	280	475	50	400	72.5	295	ϕ9	175	350

续表

型号	A	B	C	D	E	F	G	H	I	J	W_1	W_2
RLF150	280	260	479	300	525	50	450	72.5	325	ϕ9	200	400
RLF300	340	290	538	330	575	50	500	80	350	ϕ9	225	450
RLF400	370	350	579	390	645	55	560	85	410	ϕ9	250	500
RLF600	400	390	638	430	745	60	650	95	460	ϕ9	275	550
RLF900	520	430	771	470	865	60	770	95	500	ϕ9	300	600
RLF1200	520	455	836	495	915	60	820	97.5	525	ϕ9	315	630
RLF1500	600	530	912	580	1050	80	930	111.5	654	ϕ13	355	710
RLF2000	620	560	945	610	1100	80	980	125	681	ϕ13	400	800

生产厂：无锡沃尔德。

(3) RLFW 室外型风冷式润滑油冷却器

① 规格参数（见表 3.5-68）

表 3.5-68 RLFW 室外型风冷式润滑油冷却器规格及技术参数

型号	冷却能力/(W/℃)	最大流量/(L/min)	电源电压/V	电机功率/W	工作压力/MPa	最高油温/℃	噪声(A)/dB	接口尺寸
RLFW100	100	70	220V	120	2.0	130	78	内螺纹 G1 *
RLFW135	135	75	220V	130	2.0	130	80	内螺纹 G1 *
RLFW150	150	80	220V	250	2.0	130	80	内螺纹 G1 *
RLFW300	300	170	220V	370	2.0	130	79	内螺纹 G1 *
RLFW400	400	200	220V	550	2.0	130	80	内螺纹 G1 1/4 *
RLFW600	600	250	220V	550	2.0	130	79	内螺纹 G1 1/2 *
RLFW900	900	280	220V	1100	2.0	130	85	内螺纹 G1 1/2 *
RLFW1200	1200	320	220V	1500	2.0	130	87	内螺纹 G1 1/2 *
RLFW1500	1500	380	220V	2200	2.0	130	88	内螺纹 G2 *
RLFW2000	2000	470	220V	2200	2.0	130	88	内螺纹 G2 *

② 外形参数（见表 3.5-69）

表 3.5-69 RLFW 室外型风冷式润滑油冷却器外形参数表

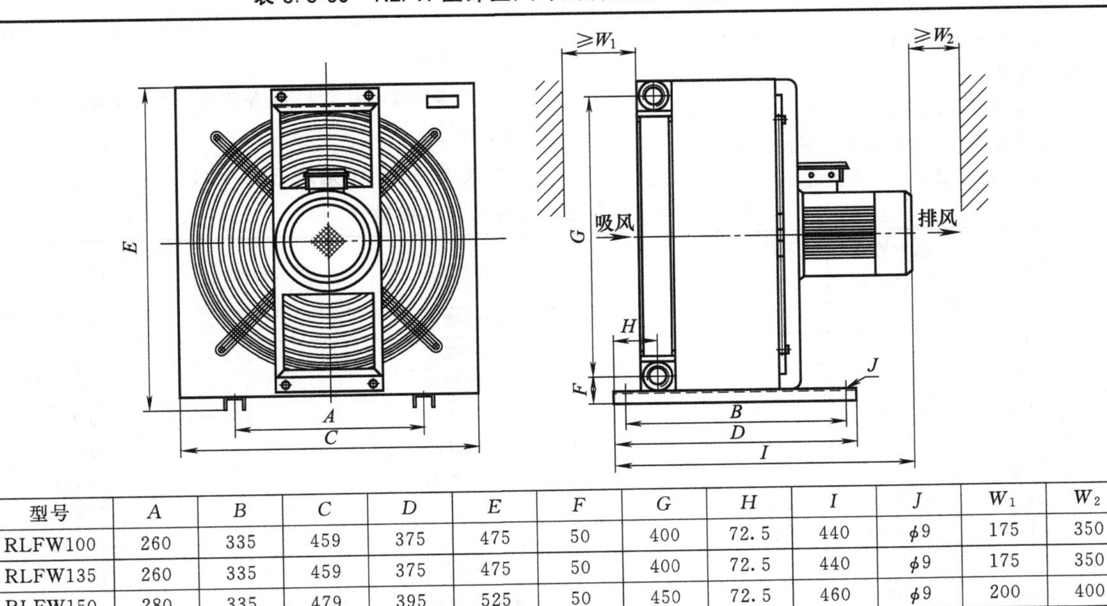

型号	A	B	C	D	E	F	G	H	I	J	W_1	W_2
RLFW100	260	335	459	375	475	50	400	72.5	440	ϕ9	175	350
RLFW135	260	335	459	375	475	50	400	72.5	440	ϕ9	175	350
RLFW150	280	335	479	395	525	50	450	72.5	460	ϕ9	200	400
RLFW300	340	380	538	420	575	50	500	80	485	ϕ9	225	450
RLFW400	370	425	579	465	645	55	560	85	579	ϕ9	250	500

续表

型号	A	B	C	D	E	F	G	H	I	J	W_1	W_2
RLFW600	400	465	638	505	745	60	650	95	619	$\phi 9$	275	550
RLFW900	520	505	771	545	865	60	770	95	684	$\phi 9$	300	600
RLFW1200	520	540	836	580	915	60	820	97.5	734	$\phi 9$	315	630
RLFW1500	600	620	912	670	1050	80	930	111.5	817	$\phi 13$	355	710
RLFW2000	620	650	945	700	1100	80	980	125	844	$\phi 13$	400	800

生产厂：无锡沃尔德。

3.3.3 油冷机组产品介绍

（1）YLD型油冷却机

■选型说明

① 型号说明

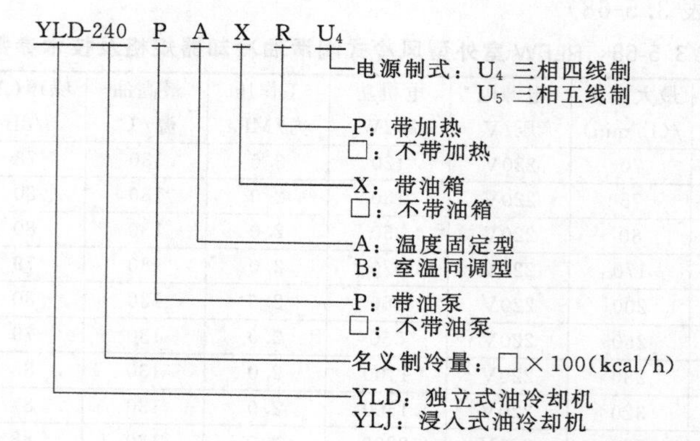

■备注

1. 制冷能力是指环境温度35℃，进口油温40℃，使用32#液压油条件下的制冷量；

2. 制冷量随环境温度、进油温度、油黏度及油泵流量的变化而变化；

3. 本系列机组有温度固定A型和室温同调B型两种机型，谨供选择；

4. 本系列机组有冷热两用功能的R机型可供选择；

5. 本产品内部不含滤油器，请在安装使用时在进油口处配置100目滤油器，不建议在出口处加装滤油器；

6. 进油口真空油压请维持在0.05MPa以下，出口配管阻力请维持在0.3MPa以下；

7. 本装置禁止使用水及水溶性液体、易燃性液体、腐蚀性液体；

8. 本公司产品不断改进，具体结构尺寸与以上参数可能有所区别；

9. 参数表内为常见的规格型号，本公司可接受客户特殊订货。

② 技术参数（见表3.5-70）

表3.5-70 YLD型油冷却机技术参数表

型号	制冷能力/(kcal/h)	输入功率(无油泵)/kW	输入功率(含油泵)/kW	接管形式	接口尺寸	外配管内径
YLD15	1500	0.8	1.2	管式内螺纹	G1/2＊×1/2＊	$DN15$
YLD25	2500	1.0	1.4	管式内螺纹	G1/2＊×1/2＊	$DN15$
YLD35	3500	1.5	2.2	管式内螺纹	G3/4＊×3/4＊	$DN20$
YLD45	4500	1.9	2.7	管式内螺纹	G3/4＊×3/4＊	$DN20$
YLD60	6000	3.0	4.0	管式内螺纹	G1＊×1＊	$DN25$
YLD80	8000	3.5	5.0	管式内螺纹	G1＊×1＊	$DN25$
YLD120	12000	4.5	6.0	管式内螺纹	G1＊×1＊	$DN25$
YLD150	15000	6.0	8.5	管式内螺纹	G1/4＊×1/4＊	$DN32$
YLD180	18000	7.0	9.5	管式内螺纹	G1/4＊×1/4＊	$DN32$
YLD240	24000	10	13	管式内螺纹	G1/2＊×1/2＊	$DN40$
YLD300	30000	12	15	管式内螺纹	G2＊×G2＊	$DN50$
YLD400	40000	15	19	法兰	$DN65\times65$	$DN65$

续表

型号	制冷能力/(kcal/h)	输入功率(无油泵)/kW	输入功率(含油泵)/kW	接管形式	接口尺寸	外配管内径
YLD500	50000	19	24.5	法兰	*DN*80×80	*DN*80
YLD600	60000	23	28.5	法兰	*DN*80×80	*DN*80
YLD800	80000	30	37.5	法兰	*DN*100×100	*DN*100
YLD1000	100000	43	54	法兰	*DN*125×125	*DN*125
YLD120	12000	49	60	法兰	*DN*125×125	*DN*125

③ 外形尺寸（见表 3.5-71～表 3.5-73）

表 3.5-71 YLD15-45 型油冷却机外形尺寸

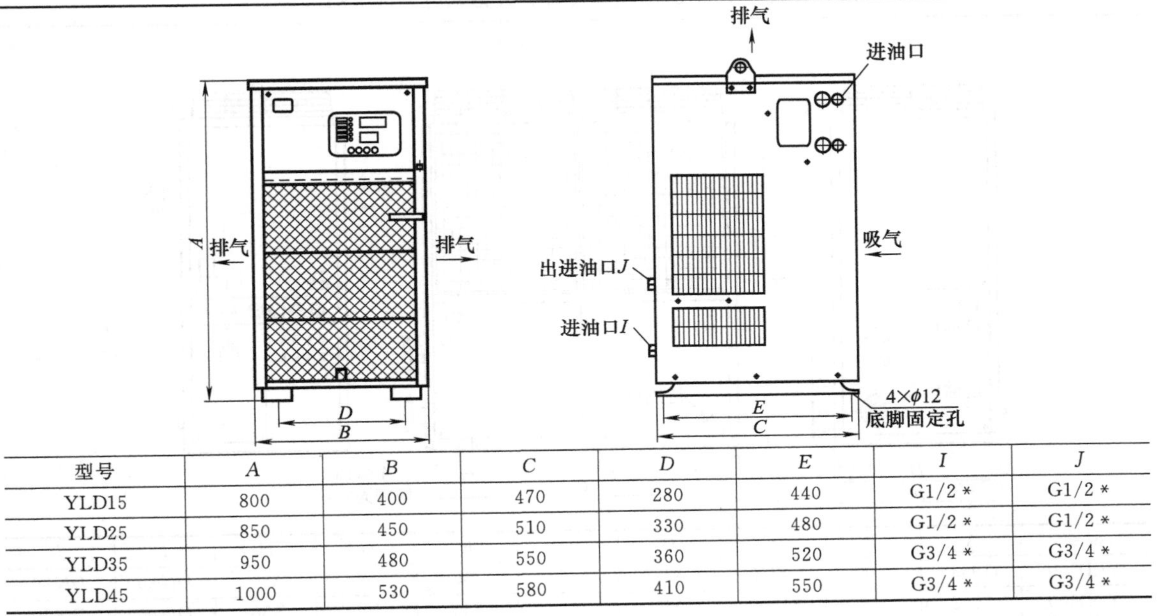

型号	*A*	*B*	*C*	*D*	*E*	*I*	*J*
YLD15	800	400	470	280	440	G1/2 *	G1/2 *
YLD25	850	450	510	330	480	G1/2 *	G1/2 *
YLD35	950	480	550	360	520	G3/4 *	G3/4 *
YLD45	1000	530	580	410	550	G3/4 *	G3/4 *

注：以上为不含油箱的尺寸。

表 3.5-72 YLD60-400 型油冷却机外形尺寸

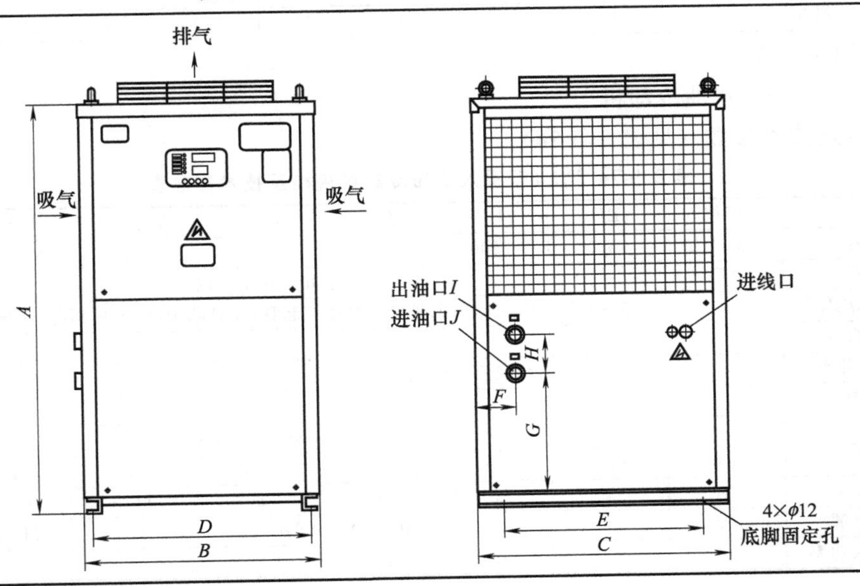

续表

型号	*A*	*B*	*C*	*D*	*E*	*F*	*G*	*H*	*I*	*J*
YLD60	1150	620	650	570	490	120	260	120	G1 *	G1 *
YLD80	1250	700	750	650	59	120	360	120	G1 *	G1 *
YLD120	1250	400	750	650	590	120	360	120	G1 *	G1 *
YLD150	1450	800	900	750	740	120	410	120	G1 1/4 *	G1 1/4 *
YLD180	1450	800	900	750	740	120	410	120	G1 1/4 *	G1 1/4 *
YLD240	1600	850	1000	800	840	120	450	120	G1 1/2 *	G1 1/2 *
YLD300	1700	880	1000	830	840	120	450	120	G2 *	G2 *
YLD400	1800	1000	1200	950	1040	170	340	230	*DN*65	*DN*65

表 3.5-73　YLD15-45 型油冷却机外形尺寸（500～1200）

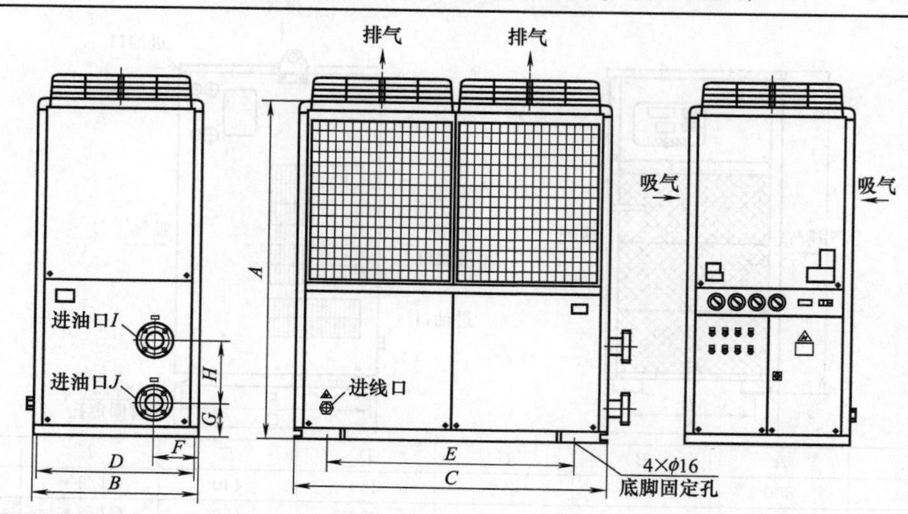

型号	*A*	*B*	*C*	*D*	*E*	*F*	*G*	*H*	*I*	*J*
YLD500	1963	900	1700	860	1460	250	200	350	*DN*80	*DN*80
YLD600	2063	1000	1900	960	1660	250	200	350	*DN*80	*DN*80
YLD800	2113	1000	2000	960	1640	250	200	350	*DN*100	*DN*100
YLD1000	2280	1100	2200	1060	1840	550	230	380	*DN*125	*DN*125
YLD1200	2180	1100	2800	1060	2000	550	230	380	*DN*125	*DN*125

生产厂：无锡沃尔德。

（2）YLJ 型浸入式油冷却机

① 规格及技术参数（见表 3.5-74）

表 3.5-74　YLJ 型浸入式油冷却机规格及技术参数表

型号		单位	YLJ15	YLJ25	YLJ35	YLJ45	YLJ60	YLJ80	YLJ120
制冷能力		/(kacl/h)	1500	2500	3500	4500	6000	8000	12000
温控范围		/℃	30～40℃可调						
使用条件	环境要求	/℃	5～43℃，通风良好，无粉尘及腐蚀性起雾，无日晒雨淋，无热辐射，无振动						
	油温	/℃	15～50						
	油种类		水、水溶性切削液、切削油、研磨油						
	油黏度	/cSt	0.5～40						
总电源		/V	3PH/AC380V±10%/50HZ						
总功率		/kW	0.8	1.0	1.5	2.0	2.5	3.4	4.7
总电流		/A	4	5	6	8	11	6	9
压缩机	电源	/V	1PH/AC220V/50Hz					3PH/AC380V/50Hz	
	输入功率	/kW	0.7	1.1	1.3	1.8	2.3	3.1	4.4

续表

型号		单位	YLJ15	YLJ25	YLJ35	YLJ45	YLJ60	YLJ80	YLJ120
外形尺寸	宽	/mm	400	450	480	560	600	650	700
	厚	/mm	160	500	550	580	620	700	750
	高	/mm	960	1010	1100	1180	1330	1350	1450
质量		/kg	50	55	65	80	90	100	120
制冷剂		R22							
保护装置		冷媒高低压保护，过载、短路、延时保护，电源缺相、逆相、过压、欠压保护							

② 外形参数表（见表 3.5-75）

表 3.5-75 YLJ 型浸入式油冷却机外形参数表

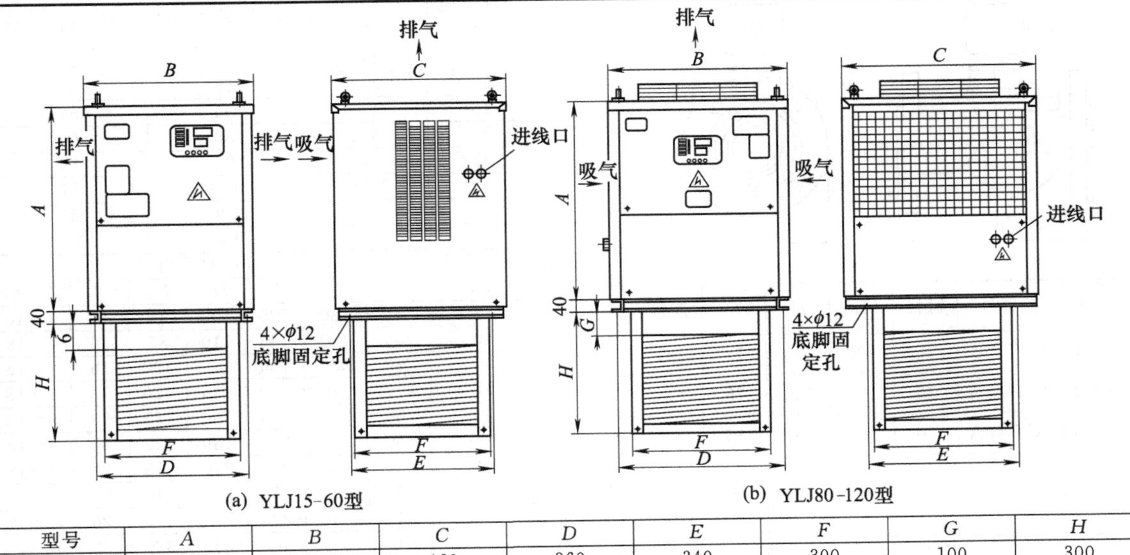

(a) YLJ15-60型　　(b) YLJ80-120型

型号	A	B	C	D	E	F	G	H
YLJ15	620	400	460	360	340	300	100	300
YLJ25	620	450	500	410	380	350	100	350
YLJ35	680	480	550	440	430	380	100	380
YLJ45	720	560	580	520	460	450	100	420
YLJ60	810	600	620	560	500	490	100	480
YLJ80	810	650	700	610	580	540	100	500
YLJ120	810	700	750	660	630	580	100	600

生产厂：无锡沃尔德。

3.4 电磁水阀

电磁水阀是用来控制冷却器内介质的通入或断开的。通常采用常闭型电磁阀，即电磁阀通电时，阀门开启。

（1）型号说明

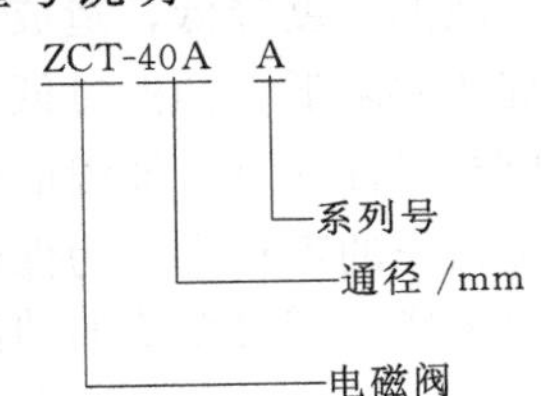

（2）技术参数（见表 3.5-76）

（3）外形尺寸（见表 3.5-77）

表 3.5-76 ZCT-40A 型电磁水阀技术参数

型号		通径 /mm	额定电压 /V	工作介质	压力范围 /MPa	介质温度 /℃
原型号	新型号					
DF1-1	ZCT-15A	15	AC:220、110、36、24 DC:220、24	油、水空气	0.1～0.8 0.1～1.6	<65
DF1-2	ZCT-25A	25				
DF1-3	ZCT-40A	40				
DF1-4	ZCT-50A	50				
DF1-5	ZCT-80A	80				

表 3.5-77　ZCT-40A 型电磁水阀外形尺寸

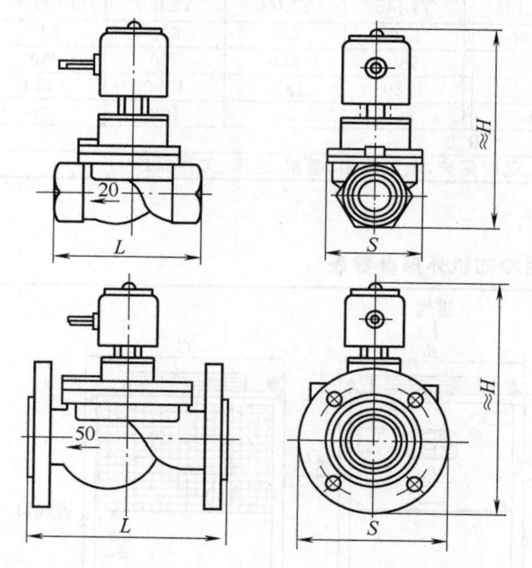

原型号	新型号	通径	L	H	S	连接方式
DF1-1	ZCT-15A	15	100	130	75	G1/2
DF1-2	ZCT-25A	25	120	140	75	G1
DF1-3	ZCT-40A	40	150	160	85	G1 1/2
DF1-4	ZCT-50A	50	200	210	140	法兰四孔 $\phi13,\phi110$
DF1-5	ZCT-80A	80	250	260	185	法兰四孔 $\phi17,\phi150$

注：生产厂为天津市天源电磁阀有限责任公司。

表 3.5-78　GL 型冷却水过滤器外形及连接尺寸

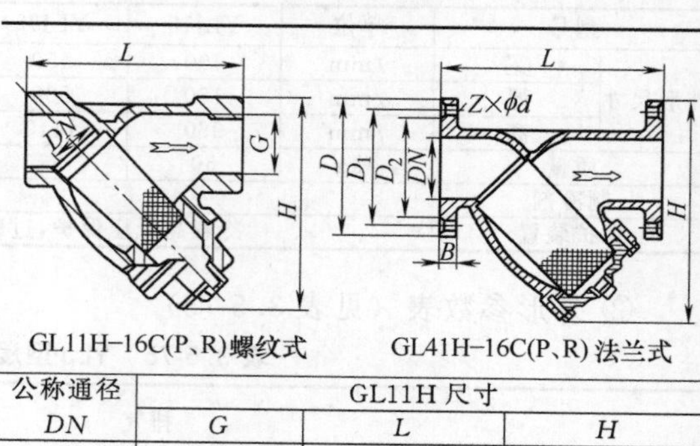

GL11H-16C(P、R)螺纹式　　GL41H-16C(P、R)法兰式

公称通径 DN	GL11H 尺寸 G	L	H
10	1/4	65	51
12	3/8	65	51
15	1/2	65	51
20	3/4	80	60
25	1	90	72
32	1 1/4	105	77
40	1 1/2	120	87
50	2	140	103

公称通径 DN	GL41H 尺寸 L	H	D	D_1	D_2	B	$Z\times\phi d$
32	180	180	135	100	78	16	4～18
40	200	190	145	110	85	16	4～18
50	220	220	160	125	100	16	4～18
65	270	270	180	145	120	18	4～18
80	300	300	195	160	135	20	8～18
100	350	335	215	180	155	20	8～18
125	390	400	245	210	185	22	8～18
150	440	450	280	240	210	24	8～23
200	540	550	335	295	165	26	12～23
250	640	640	405	355	320	30	12～25
300	720	740	460	410	375	30	12～25
350	780	820	520	470	435	34	16～25
400	865	920	580	525	485	36	16～30
450	960	1050	640	585	545	40	20～30
500	1040	1200	705	650	608	44	20～34

3.5　GL 型冷却水过滤器

（1）用途

GL 型（Y 型）过滤器（除垢器）是用于冷却器冷却管道上的一种除垢产品。在工程安装时可能会有石块、砂子、机械杂物等进入，使管道和设备遭到堵塞和磨损性破坏，所以在水质不好的管道和设备前必须安装过滤器。

（2）型号及性能规范

① 螺纹式：GL11H-16C（P、R）。

② 法兰式：GL41H-16C（P、R）。

（3）外形尺寸及连接尺寸（见表3.5-78）

3.6　加热器

3.6.1　油的加热及加热器的发热能力

液压系统中的油温，一般应控制在 30～50℃范围内。最高不应高于 70℃，最低不应低于 15℃。油温过高，将使油液迅速老化变质，同时使油液的黏度降低，造成元件内泄漏量增加，系统效率降低；油温过低，使油液黏度过大，造成泵吸油困难。油温的过高或过低都会引发系统工作的不正常，为保证油液能在正常的范围内工作，需对系统的油液温度进行必要的控制，即采用加热或冷却方式。

油液的加热可采用电加热或蒸气加热等方式，为避免油液过热变质，一般加热管表面温度不允许超过 120℃，电加热管表面功率密度不允许超过 $3W/m^2$。加热器发热能力可按下式估算。

$$N \geqslant \frac{C\rho V \Delta Q}{T} \tag{3.5-9}$$

式中 N——加热器发热能力，W；

C——油的比热，取 $C=1608\sim2094$J/(kg·℃)；

ρ——油的密度。取 $\rho=900\text{kg/m}^3$；

V——油箱内油液的体积，m^3；

ΔQ——油加热后温度，℃；

T——加热时间，s。

3.6.2 电加热器的计算

电加热器的功率：

$$P=N/\eta \tag{3.5-10}$$

式中，η 为热效率，取 $\eta=0.6\sim0.8$。

液压系统中装设电加热器后，可以较方便地实现液压系统油温的自动控制。

3.6.3 电加热产品（GYY 型电加热器）

（1）型号说明

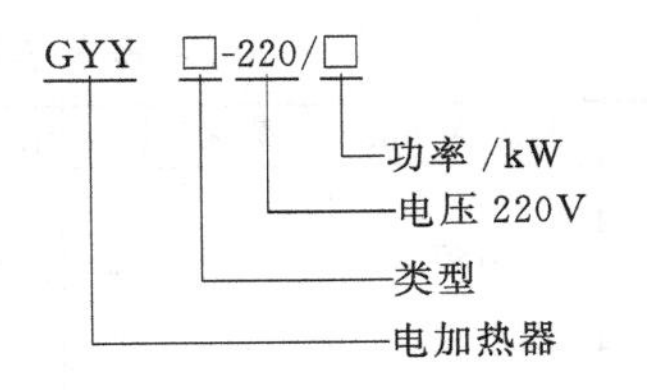

（2）技术规格及外形尺寸（见表 3.5-79）

表 3.5-79 GYY 型电加热器技术规格及外形尺寸

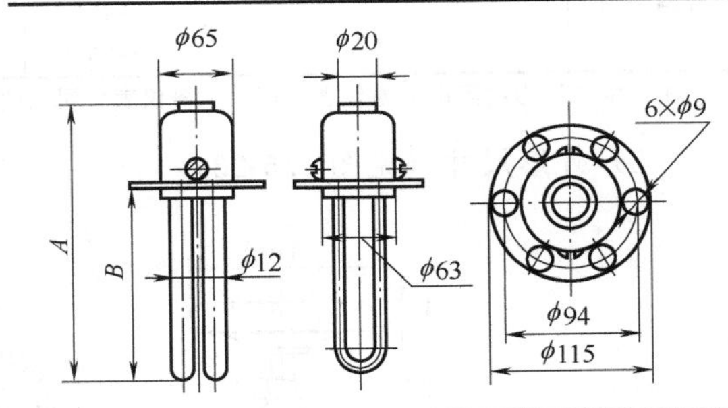

型号	功率/kW	A/mm	浸入油中长度 B/mm	电压/V
GYY2-220/1	1	307	230	
GYY2-220/2	2	507	430	
GYY2-220/3	3	707	630	
GYY2-220/4	4	922	845	220
GYY4-220/5	5	697	620	
GYY4-220/6	6	807	730	
GYY4-220/8	8	1007	930	

注：生产厂为无锡四季电加热器有限公司、无锡市东杰电热电器厂。

4 温 度 计

4.1 WS※型双金属温度计

（1）型号说明

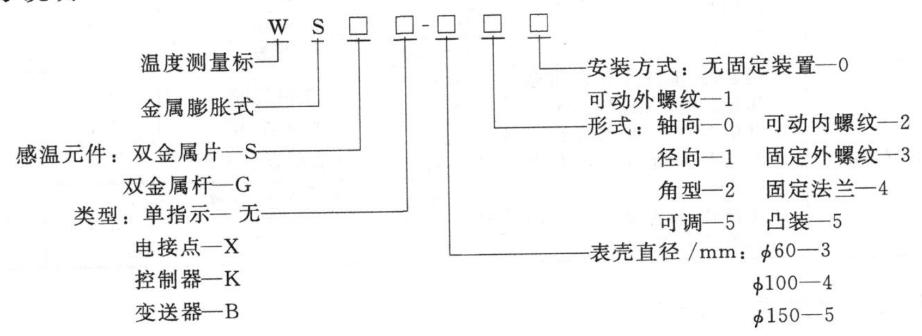

（2）技术规格（见表 3.5-80）

表 3.5-80　WS※型双金属温度计技术规格

型号	表直径/mm	精度等级	温度范围/℃	分度值/℃	保护管直径 d/mm	插入长度/mm	安装螺纹/mm
轴定向	ϕ60	1.5	−80～40 −40～80 −40～160	2 2 5	ϕ6 ϕ8	75～300 75～500	M16×1.5
轴定向 径定向 135°角型 可调角型	ϕ100 ϕ150		0～100 0～150 0～200 0～300 0～400 0～500	2 2 5 5 5 10	ϕ8 ϕ10 ϕ12 ϕ16	75～500 75～1000 75～1000 75～2000	M27×2

注：生产厂为沈阳市测温仪表二厂、上海仪表公司、沈阳东联热工仪表厂。

（3）外形尺寸（见图 3.5-23）

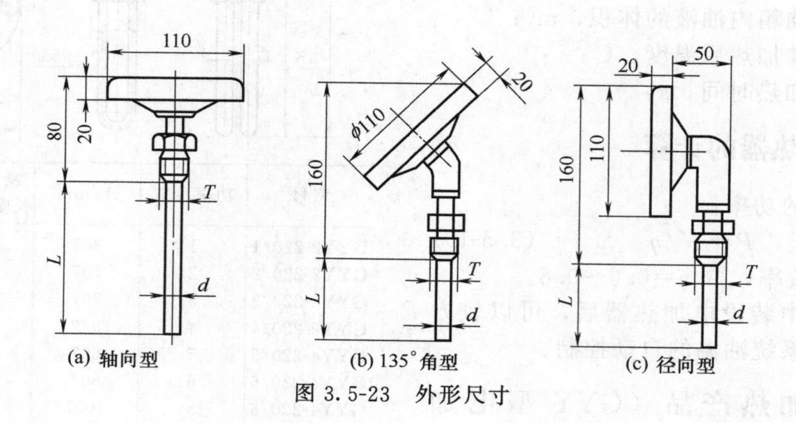

图 3.5-23　外形尺寸

4.2　WTZ 型温度计

（1）型号及技术规格（见表 3.5-81）

表 3.5-81　WTZ 型温度计型号及技术规格

名称		型号	用　　途	测温范围/℃	灌充介质	温包耐压/MPa	表面直径/mm	质量
蒸气式指示温度计	一般	WTZ-280	利用灌充在密闭系统内流体的温度与压力间的变化，测量 20m 以内工业设备上的气体、液体和蒸气的表面温度。表面为不均匀的刻度	−20～60 0～50 0～100	氯甲烷或氟里昂 12	1.6	100 125 150	1.8
				20～120	氯甲烷或氯乙烷			
				60～160	氯乙烷或乙醚	6.4		
				100～200	甲酮			
				150～250	甲苯			
	电接点	WTZ-288	同上，并能在工作温度达到和超过给定值时，自动发出电信号。也可用来作为温度调节系统内的电路接触开关 交流电压为 24～380V，功率小于 10VA	−20～60 0～50 0～100	氯甲烷或氟里昂 12	1.6	150	2.5
				20～120	氯甲烷或氯乙烷			
				60～160	氯乙烷或乙醚	6.4		
				100～200	甲酮			
				150～250	甲苯			

（2）外形尺寸（见表 3.5-82）

表 3.5-82 WTZ 型温度计外形尺寸 /mm

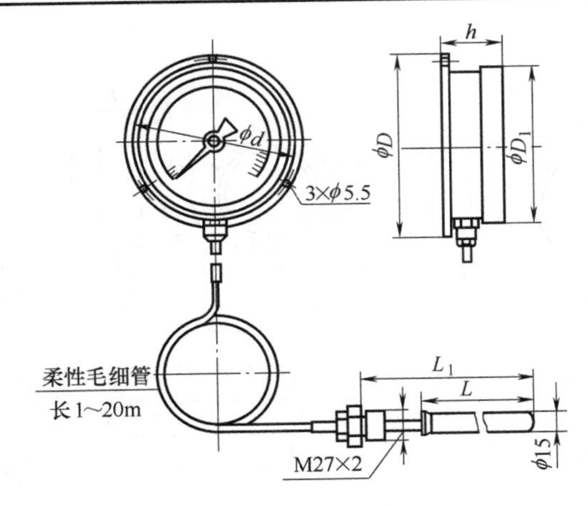

表面直径	ϕD	ϕD1	ϕd	h	毛细管长度			
					≤12000		>12000~20000	
					L	L_1	L	L_1
ϕ100	130	118	120	50	150	250	230	340
ϕ125	145	134	135	50				
ϕ150	172	157	160	50				
电接点 ϕ150	175	146	160	98				

注：生产厂为宏达仪器仪表厂。

5 压力仪表

5.1 Y系列压力表

(1) 型号说明

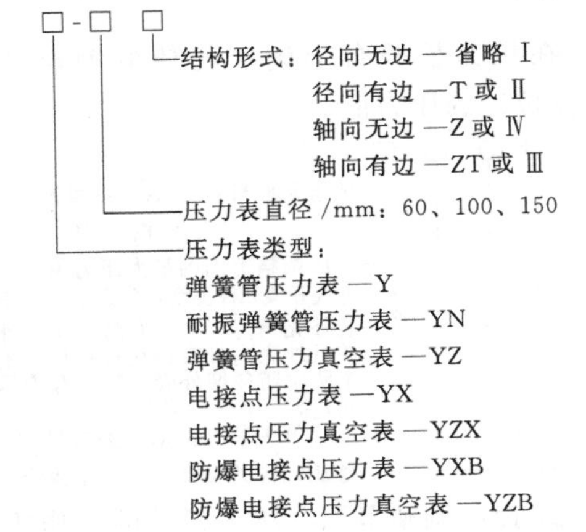

(2) 技术规格（见表 3.5-83）

表 3.5-83 Y 系列压力表技术规格

种类	型号	测量范围/MPa
弹簧管压力表	Y-60，Y-100，Y-150，Y-200	0~0.1，0~0.16，0~0.25，0~0.4，0~0.6，0~1，0~1.6，0~2.5，0~4，0~6，0~10，0~16，0~25，0~40，0~60
耐振压力表	YN-60，YN-100，YN-150	
电接点压力表	YX-100，YX-150	
弹簧管压力真空表	YZ-60，YZ-100，YZ-150，YZ-200	−0.1~0.06，−0.1~0.15，−0.1~0.3，−0.1~0.5，−0.1~0.9，−0.1~1.5，−0.1~2.4

(3) 外形尺寸（见表 3.5-84）

表 3.5-84 Y 系列压力表外形尺寸

Y-＊＊, YN-＊＊, YZ-＊＊

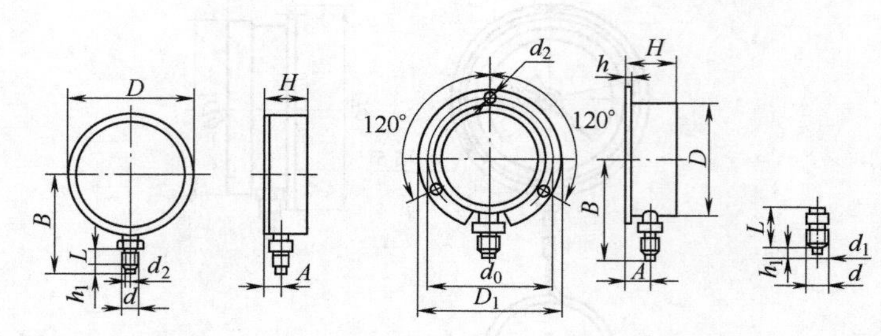

表直径	D	D_1	d_0	A	B	H	h	h_1	L	d	d_1	d_2
60	ϕ60	—	—	14	59.5	37	—	3	14	M14×1.5	ϕ5	—
100	ϕ100	ϕ130	ϕ118	20	93	48	6	5	20	M20×1.5	ϕ6	3×ϕ5.5
150	ϕ150	ϕ180	ϕ165	20	121	51	6	5	20	M20×1.5	ϕ6	3×ϕ5.5
YN60	ϕ64	—	—	11	57	30	2	2	14	M14×1.5	ϕ5	—
YN100	ϕ105	120×120		16.5	98.5	44.5	3	4	20	M20×1.5	ϕ6	4×ϕ6
YN150	ϕ156	ϕ175	ϕ62	20	122	50	3	4	20	M20×1.5	ϕ6	3×ϕ6.5

压力表直径 ϕ	D	d_0	d_1	C	L	M
60	60	72	4.5	0	14	M14×1.5
100	100	118	5.5	32	20	M20×1.5
150	150	165	5.5	53	20	M20×1.5

YX-＊＊、YZX-＊＊、YXB-＊＊

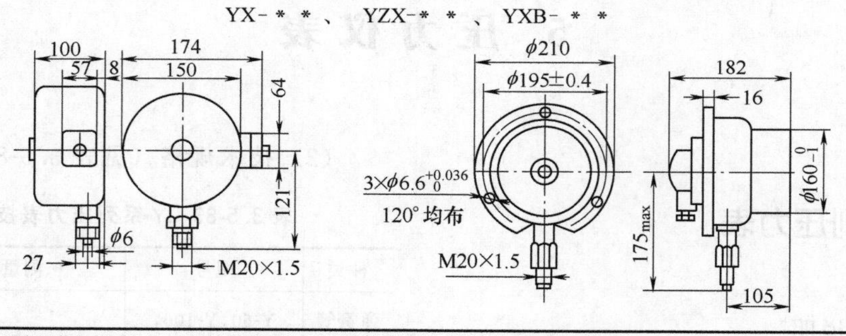

注：生产厂为无锡雪浪仪表厂、沈阳仪表厂、宜昌仪表厂、西仪股份有限公司。

5.2 BT 型压力开关（压力继电器）

(1) 型号说明

(2) 名词术语

① 压力开关　能够自动感受压力变化，当压力达到预定压力值时，将电路进行通断转换的仪表。

② 压力预定值 p_0　根据压力控制要求，预先在压力校验台上调定的使电触点动作（或复位）的压力值。

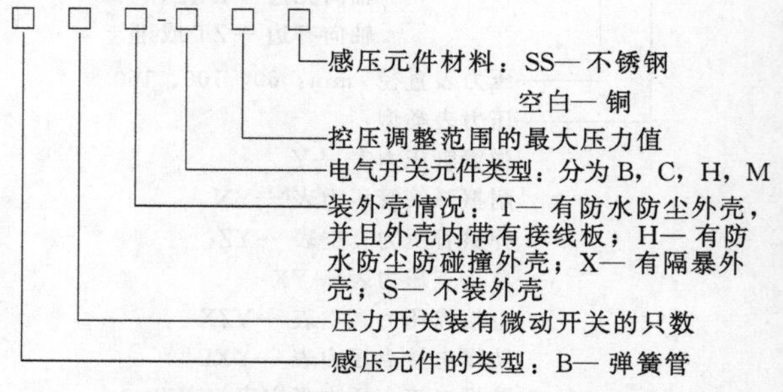

③ 控压调整范围　压力开关的工作压力

值范围。最大压力值为 p_{max}，最小压力值为 p_{min}。在该范围内，其弹性元件的弹性特性是线性的，压力开关能正常工作。

④ 感压精度　在控压调整范围内，误差的最大值与控压范围最大压力值 p_{max} 之比（用百分比表示）。

⑤ 压力差动值 Δp　压力开关触点的动作压力值与复位压力值之差。

⑥ 升压调整范围　用升压调整法，压力开关所能达到的控压调整范围。

⑦ 降压调整范围　用降压调整法，压力开关所能达到的控压调整范围。

⑧ 压力控制区　在实际使用中，升压调整的第一组电触点的动作压力值与降压调整的第二组电触点的复位压力值之间的压力范围。一般情况下，最小工作压力区大于或等于压力差动值，最大工作压力区等于控压调整范围的 2/5，当只用一组电触点时，压力控制区即压力差动值。

（3）电气参数（见表 3.5-85）

表 3.5-85　BT 型压力开关的电气参数

额定电压/V		额定控制容量	
交流	380、220	交流	100VA
直流	220、110、24	直流	10W

（4）技术规格及压力参数（见表 3.5-86）

表 3.5-86　BT 型压力开关的技术规格及压力参数　/MPa

型号①	控压调整范围				各类电器开关压力差动值 Δp			
	降 p_{min}	降 p_{max}	升 p_{min}	升 p_{max}	B	C	H	M
B2T-□124SS	4.14	120.21	7.93	124	2.52～10.48	7.32～15.78	0.99～1.70	1.90～3.79
B2T-□83SS	4.14	79.21	7.93	83	2.52～10.48	7.32～15.78	0.99～1.70	1.90～3.79
B2T-□45SS	2.34	44.21	3.03	45	0.52～2.08	1.48～3.13	0.20～0.36	0.37～0.79
B2T-□33SS	1.65	32.41	2.24	33	0.41～1.56	1.12～2.35	0.15～0.28	0.28～0.59
B2T-□22SS	1.10	21.73	1.37	22	0.35～1.18	0.91～1.97	0.11～0.27	0.13～0.54
B2T-□22	1.10	21.79	1.31	22	0.29～1.01	0.77～1.54	0.10～0.21	0.18～0.41
B2T-□8SS	0.345	7.81	0.53	8	0.14～0.45	0.35～0.69	0.05～0.10	0.08～0.19
B2T-□8	0.345	7.86	0.48	8	0.19～0.66	0.50～1.00	0.07～0.14	0.12～0.27
B2T-□4	0.200	3.85	0.35	4	0.06～0.11	0.10～0.15	0.03～0.07	0.04～0.10
B2T-□1	0.005	0.97	0.034	1	0.06～0.16	0.06～0.28	0.02～0.04	0.04～0.13

① 型号中□为填写电器开关类别 B、C…的位置。SS—不锈钢。

（5）外形尺寸（见图 3.5-24）

（6）电气接线

BT 型压力开关引线采用红、蓝、黄三色导线。红色导线接常闭（CB），蓝色导线接常开（CK），黄色导线接中心触点（C），见图 3.5-25。

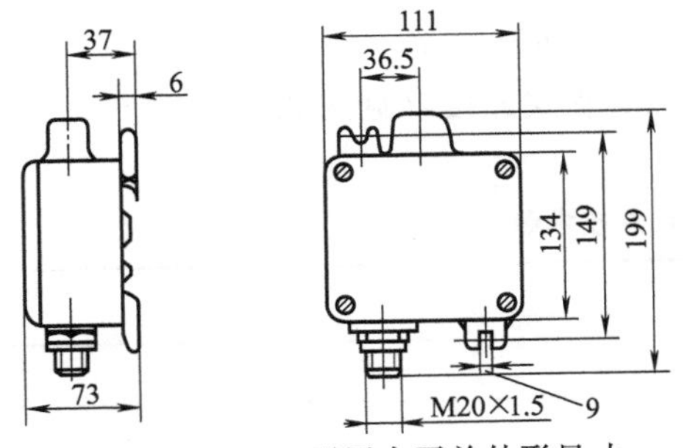

图 3.5-24　BT 型压力开关外形尺寸

BT 型压力开关带有两个微动开关，其六根引线分别接在外壳内部所装的六联线板上，接线顺序如图 3.5-26 所示。图中脚标 1 表示外开关，2 表示内开关。

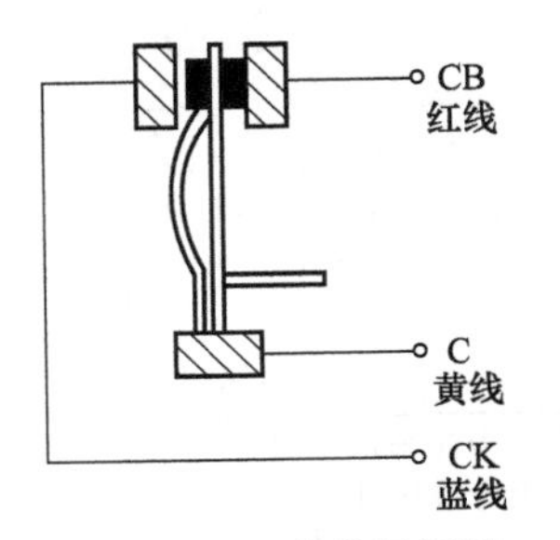

图 3.5-25　引线标记图

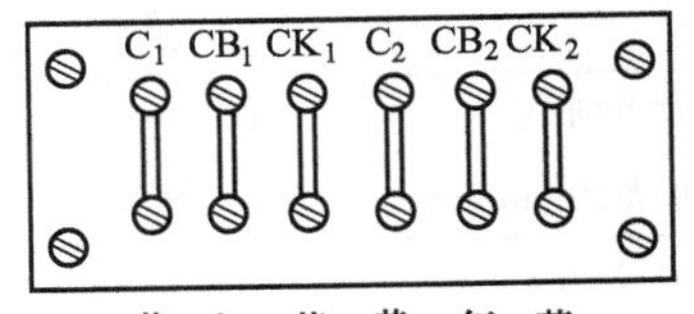

图 3.5-26　接线板示意图

5.3 压力表开关

5.3.1 KF型压力表开关

（1）型号说明

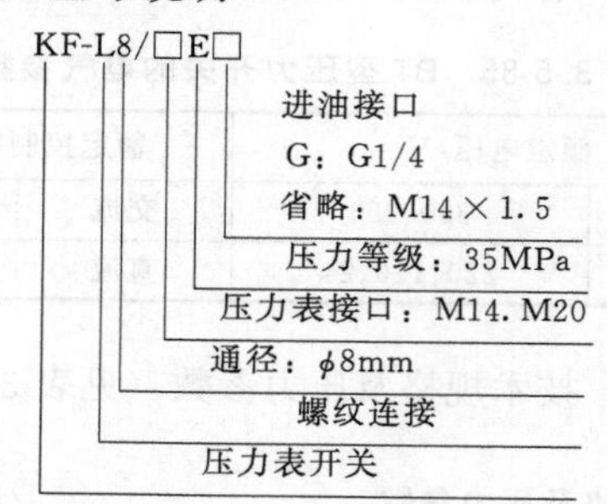

（2）技术参数及外形尺寸（见表3.5-87）

表3.5-87 KF型压力表开关技术参数及外形尺寸

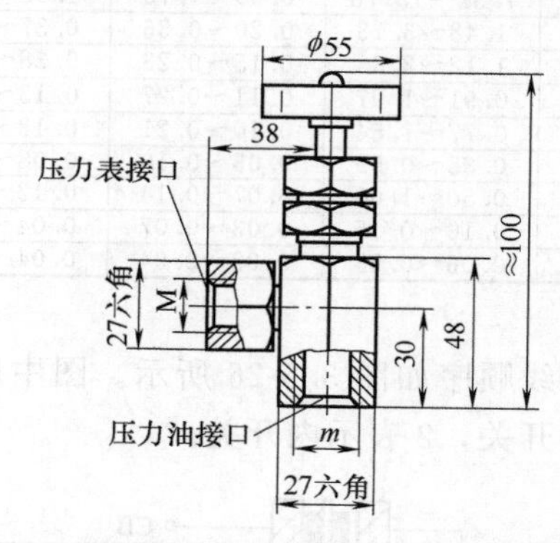

型号	通径/mm	压力/MPa	压力表接口螺纹 M	进油口接口螺纹 m
KF-L8/14E	8	35	M14×1.5	M14×1.5 (G1/4)
KF-L8/20E			M20×1.5	

注：生产厂为沈阳液压件制造有限公司、温州远东液压有限公司、上海液压件二厂。

5.3.2 AF6E型压力表开关

（1）型号说明

（2）技术参数（见表3.5-88）

（3）外形连接尺寸（见图3.5-27）

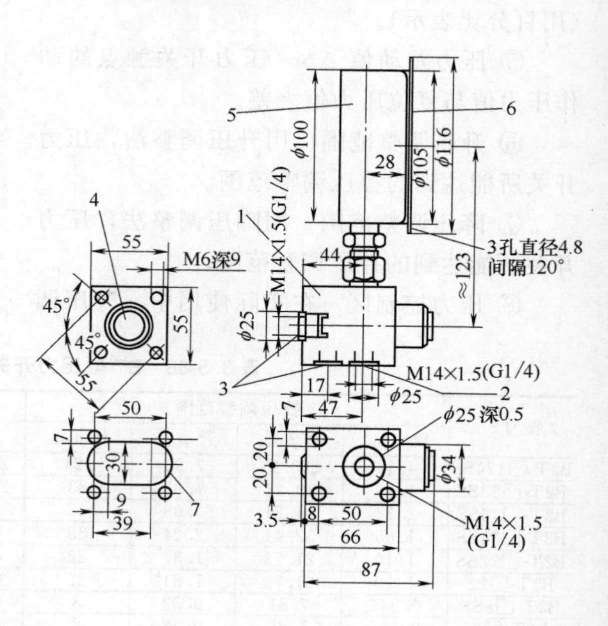

图3.5-27 AF6E型压力表开关外形连接尺寸

1—压力表开关；2—压力油口；3—回油口；4—按钮；5—Y-100型压力表；6—固定板；7—底板安装开口

5.3.3 MS型六点压力表开关

（1）型号说明

（2）技术参数（见表3.5-89）

（3）外形尺寸

① 管式连接（见图3.5-28）

表3.5-88 AF6E型压力表开关技术参数

项目	参数
液压介质	矿物质液压油，磷酸酯液压液
介质温度范围/℃	−20～+70
介质黏度范围/$mm^2 \cdot s^{-1}$	2.8～380
工作压力/MPa	至31.5
压力表指示范围/MPa	0.63，10.0，16.0，25.0和40.0（指示范围应超过最大工作压力约30%）

注：生产厂为沈阳液压件制造有限公司、上海立新液压件厂、北京华德液压销售公司。

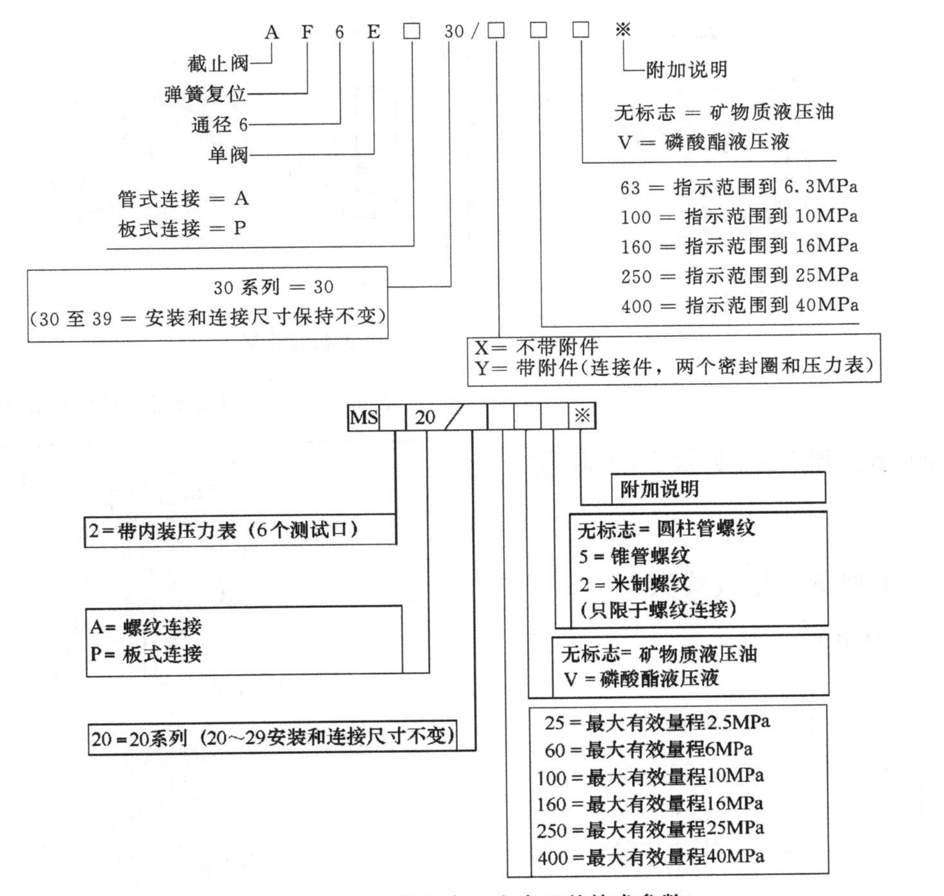

表 3.5-89 MS 型六点压力表开关技术参数

形式	MS2	图形符号	1 2 3 T 4 5 6
最高允许工作压力/MPa	31.5		
回油口最高允许背压/MPa	1		
压力表螺纹管接头	G1/4 Z1/4 M14×1.5		

注：生产厂为沈阳液压件制造有限公司、上海立新液压件厂、北京华德液压销售公司。

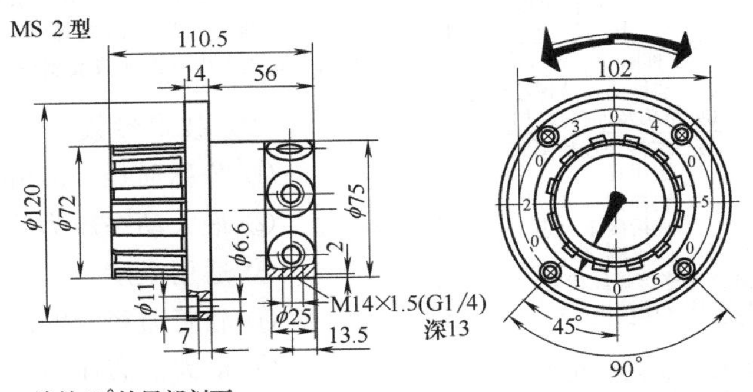

图 3.5-28 MS 型六点压力表开关管式连接图

② 板式连接（见图 3.5-29）

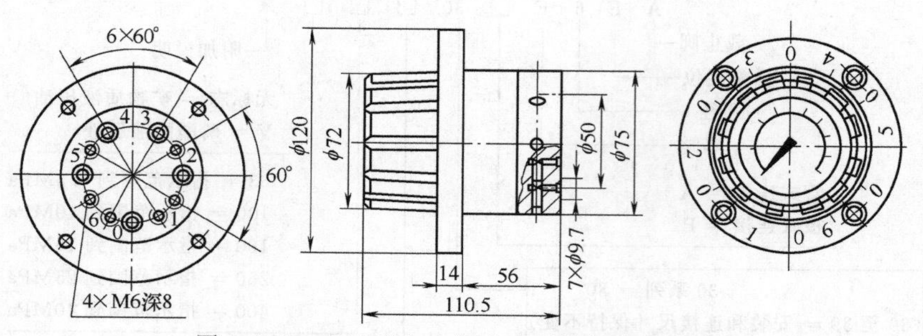

图 3.5-29 MS 型六点压力表开关板式连接图

5.4 测压、排气接头及测压软管

5.4.1 PT 型测压排气接头

（1）型号说明

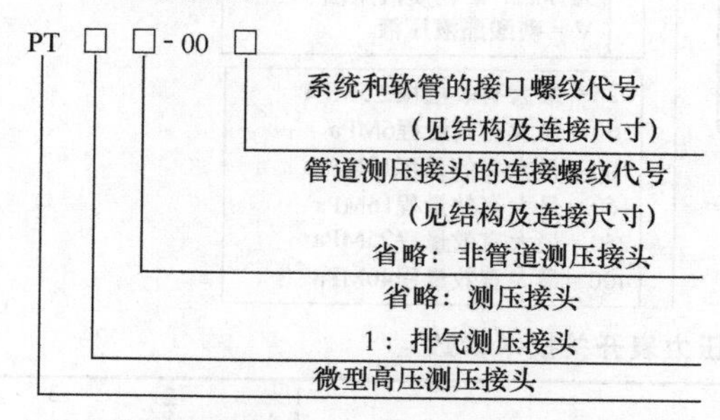

（2）规格及外形尺寸（见表 3.5-90）

5.4.2 HF 型测压软管

（1）型号说明

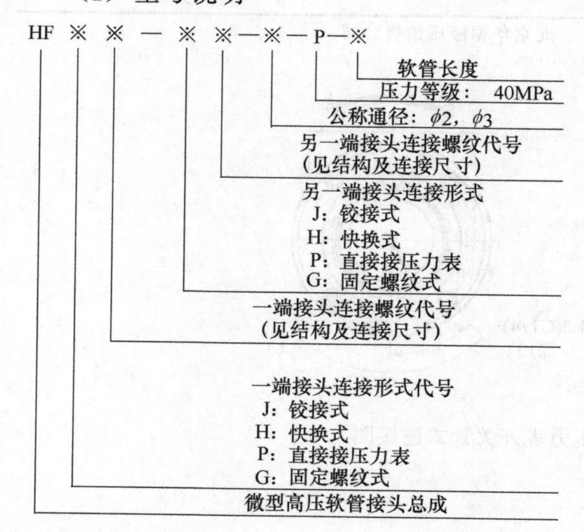

表 3.5-90 PT 型测压排气接头规格及外形尺寸

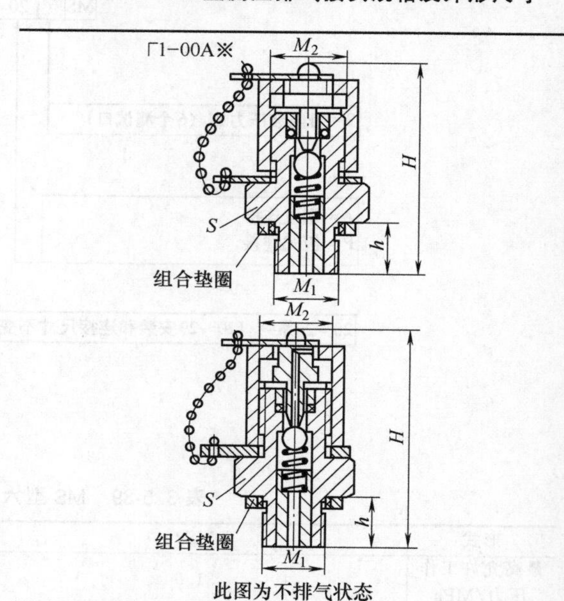

此图为不排气状态

代号		M_1	M_2	h	H	S
PT PT_1	—00	M10×1	M12×1.25	12	46	17
	$-00A_1$	M10×1	M16	12	42	19
	$-00A_2$	M14×1.5	M16	12	46	19

注：1. 额定工作压力为 40MPa。

2. 生产厂为上海液压件一厂、温州远东液压有限公司、奉化市中亚液压成套制造有限公司。

（2）技术参数

① 公称通径：3.0mm。

② 最大动态压力：40MPa。

③ 适用温度：−70～260℃。

④ 软管通径：2.9mm。

⑤ 最大静态压力：64MPa。

⑥ 化学性能：耐酸性溶剂。

⑦ 软管外径：6.0mm。

⑧ 最小爆破压力：160MPa。

表 3.5-91 HF 型测压软管外形尺寸 /mm

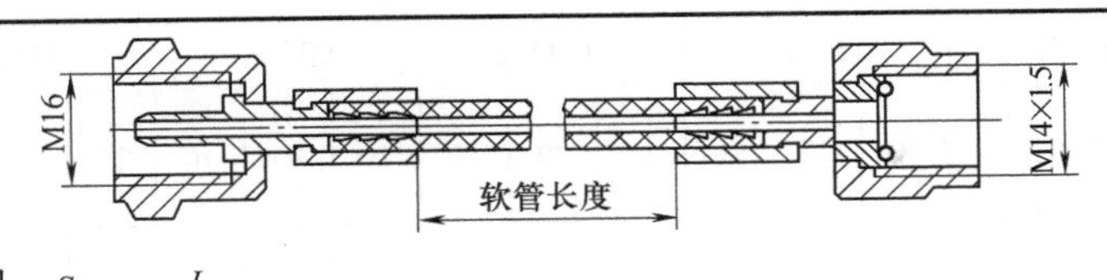

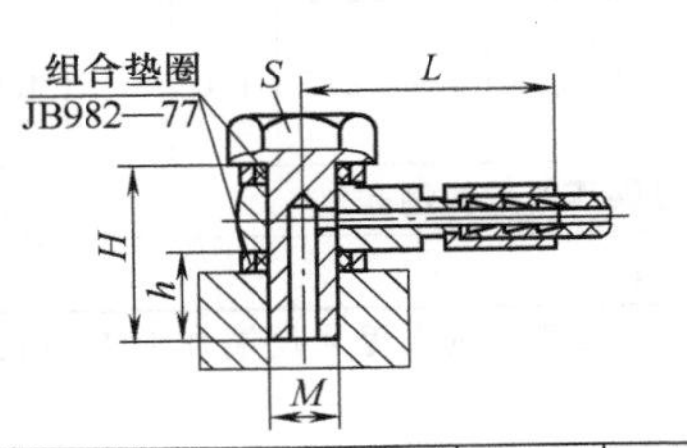

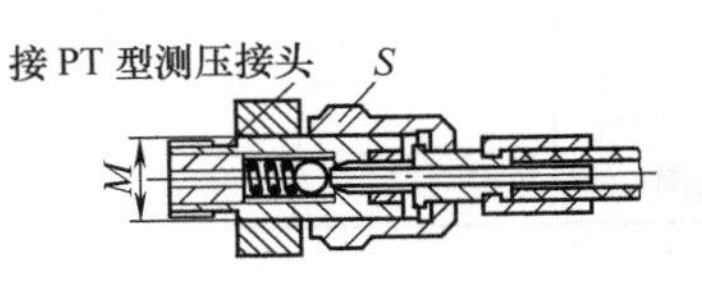

连接形式	代号	M	S	L	H	h
J 铰接式	1	M10×1	17	32	28	8
	2	M14×1.5	19	41	30	12

连接形式	代号	M	S
H 快换式	1	M12×1.25	17
	2	M16	19
	3	M14×1.5	17
	4	M16×1.5	19

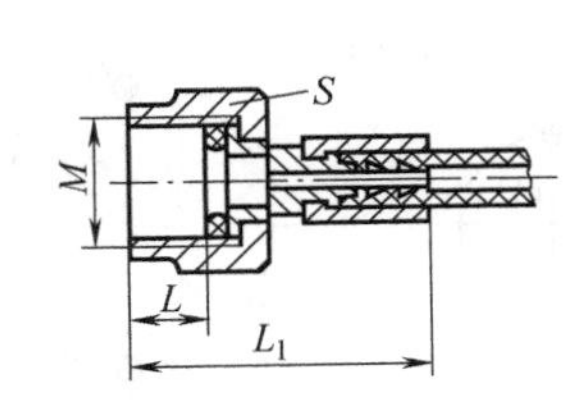

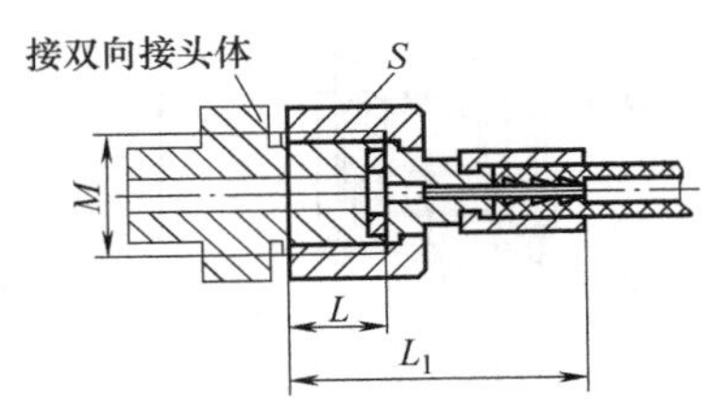

连接形式	代号	M	L	L_1	S
P 直接接 压力表式	1	M14×1.5	10	34	17
	2	M20×1.5	18	42	24
	3	G1/4	10	34	17

连接形式	代号	M	L	L_1	S
G 固定螺 纹式	1	M12×1.25	8	31	17
	2	M14×1.5	10	33	17
	3	M16×1.5	10	33	19

注：生产厂为上海液压件一厂、温州远东液压有限公司、奉化市中亚液压成套制造有限公司。

⑨ 环境适应性：耐臭氧和紫外线无吸湿性。

⑩ 质量：23g/m。

⑪ 最小弯曲半径：30mm。

⑫ 安全系数：静载荷时为 4，动载荷时为 2.5。

(3) 外形尺寸（见表 3.5-91）

6 空气过滤器

6.1 国产空气滤清器

6.1.1 QUQ 型空气过滤器

(1) 型号说明

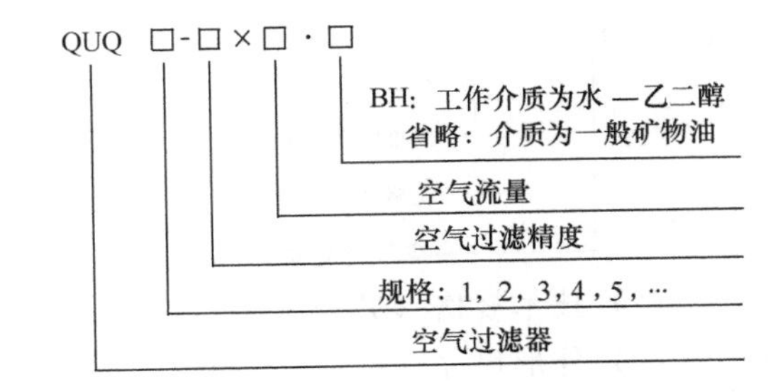

表 3.5-92 QUQ 型空气过滤器技术规格

型号	QUQ_1			QUQ_2			$QUQ_{2.5}$			QUQ_3			QUQ_4			QUQ_5		
空气过滤精度/μm	10	20	40	10	20	40	10	20	40	10	20	40	10	20	40	10	20	40
空气流量 /$m^3 \cdot min^{-1}$	0.25	0.4	1.0	0.63	1.0	2.5	1.0	2.0	3.0	1.0	2.5	4.0	2.5	4.0	6.3	4.0	6.3	10
油过滤网孔/mm	0.5(可根据用户要求提供其他过滤网孔)																	
温度适用范围/℃	−20～+100																	

注：表中空气流量是空气阻力 $\Delta p=0.02$MPa。若用于工作介质为水-乙二醇，则在型号尾端加 BH。例：QUQ_3-10×0.63BH。

（2）技术规格（见表 3.5-92）

（3）外形尺寸（见表 3.5-93）

表 3.5-93 QUQ 型空气过滤器外形尺寸

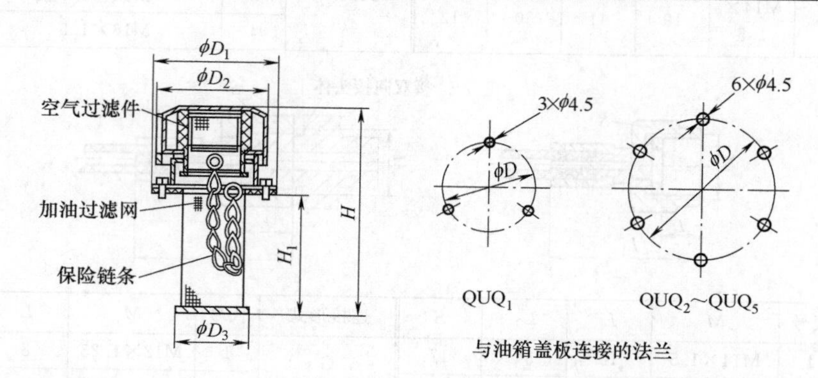

与油箱盖板连接的法兰

型号	ϕD	ϕD_1	ϕD_2	ϕD_3	H	H_1	螺栓规格 GB 30—1976
QUQ_1	41.3	50	44	28	134	82	3×M4×12
QUQ_2	73	83	76	48	159	96	6×M4×12
$QUQ_{2.5}$	110	123	113	76	239	150	6×M4×16
QUQ_3	145	160	150	95	320	195	6×M4×16
QUQ_4	250	280	256	153	379	254	6×M10×20
QUQ_5	280	320	295	197	395	270	6×M12×20

注：生产厂为温州远东液压有限公司、黎明液压有限公司、沈阳六玲过滤机器有限公司。

6.1.2 EF 型空气过滤器

（1）型号说明

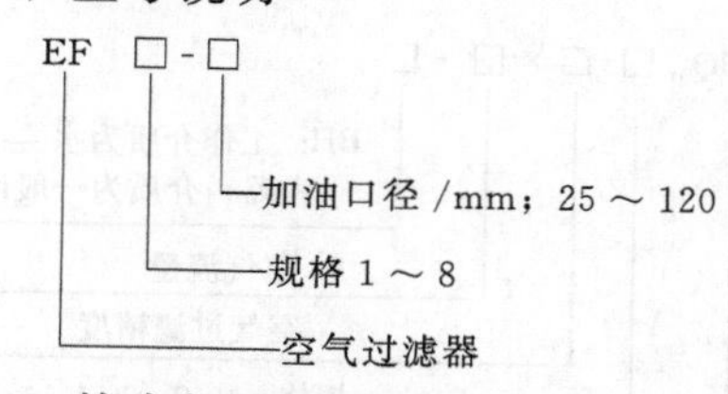

（2）技术规格（见表 3.5-94）

（3）外形尺寸（见表 3.5-95）

表 3.5-94 EF 型空气过滤器技术规格

规格	空气过滤精度/mm	加油流量	空气流量
		/$L \cdot min^{-1}$	
EF_1-25	0.279	9	66
EF_2-32	0.279	14	105
EF_3-40	0.279	21	170
EF_4-50	0.105	32	265
EF_5-65	0.105	47	450
EF_6-80	0.105	70	675
EF_7-100	0.105	110	1055
EF_8-120	0.105	160	1512

注：1. 若使用工作介质为水-乙二醇，则在型号尾端加·BH。例：EF_3-40·BH。

2. 表中所列空气流量是 15m/s 空气流速时的值。

表 3.5-95 EF 型空气过滤器外形尺寸

/mm

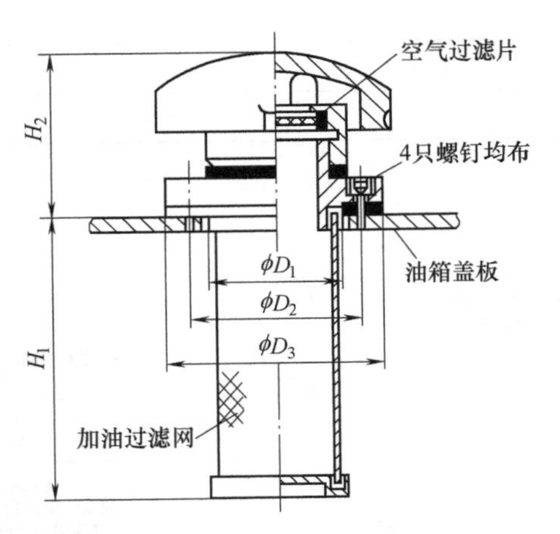

规格	H_1	H_2	ϕD_1	ϕD_2	ϕD_3	螺纹尺寸	质量/kg
EF_1-25	79	45	39	51	63	M4×10	0.4
EF_2-32	103	48	47	59	71		0.5
EF_3-40	121	53	55	66.5	79	M5×12	0.6
EF_4-50	154	58	66	82	96	M6×14	0.9
EF_5-65	188	68	81	102	120	M8×16	1.5
EF_6-80	224	78	96	120	140	M8×16	1.8
EF_7-100	333	88	118	140	160	M8×20	2.1
EF_8-120	471	98	138	160	180		2.5

注：生产厂为温州远东液压有限公司、黎明液压有限公司、沈阳六玲过滤机器有限公司。

6.1.3 PFB 型增压空气过滤器

（1）型号说明

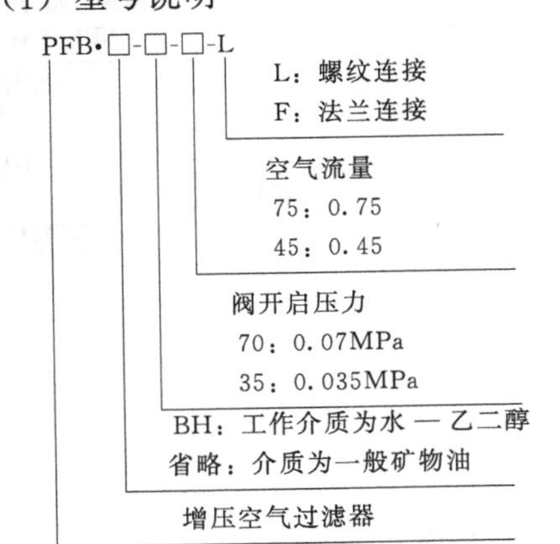

（2）技术参数（见表 3.5-96）

（3）外形尺寸（见图 3.5-30）

表 3.5-96 PFB 型增压空气过滤器技术参数

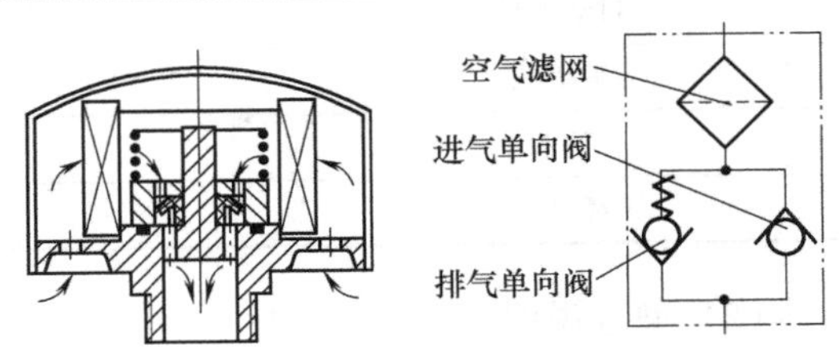

型号	空气流量 /L·min^{-1}	空气过滤精度 /μm	阀开启压力 / MPa	连接方式	质量 /kg
PFB-35-75F	0.75	40	0.035	法兰	0.27
PFB-70-75F			0.070		
PFB-35-45F	0.45	10	0.035		
PFB-70-45F			0.070		
PFB-35-75L	0.75	40	0.035	螺纹 G3/4	0.20
PFB-70-75L			0.070		
PFB-35-45L	0.45	10	0.035		
PFB-70-45L			0.070		

注：生产厂为温州远东液压有限公司、黎明液压有限公司。

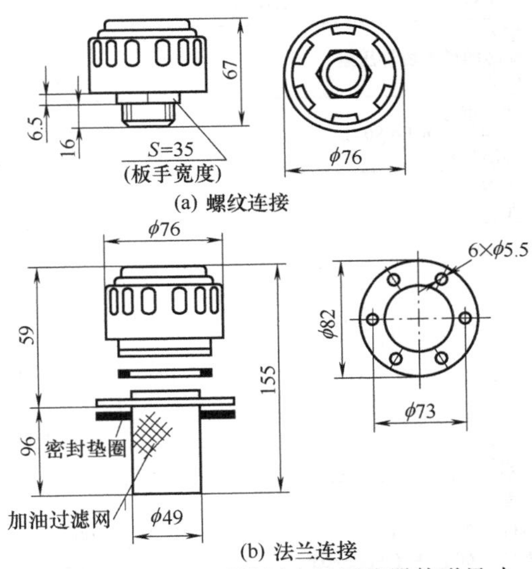

图 3.5-30 PFB 型增压空气过滤器外形尺寸

6.2 REXROTH TLF 型空气过滤器

对工业系统进气进行过滤和除湿。内部可更换滤芯，可拆卸过滤器外壳。滤芯 H10XL 使用玻璃纤维时过滤精度最高达 10μm，而滤芯 P…过滤精度最高达 25μm。

（1）维护时间间隔（见表 3.5-97）

表 3.5-97　空气过滤器（TLFⅠ）维护时间间隔

过滤器用途	环境条件平均含尘量/(mg/m³)	维护时间间隔/h
一般机械工程	9～25	4000
重工业	50～80	3000
工程机械液压	30～100	3000

（2）型号说明

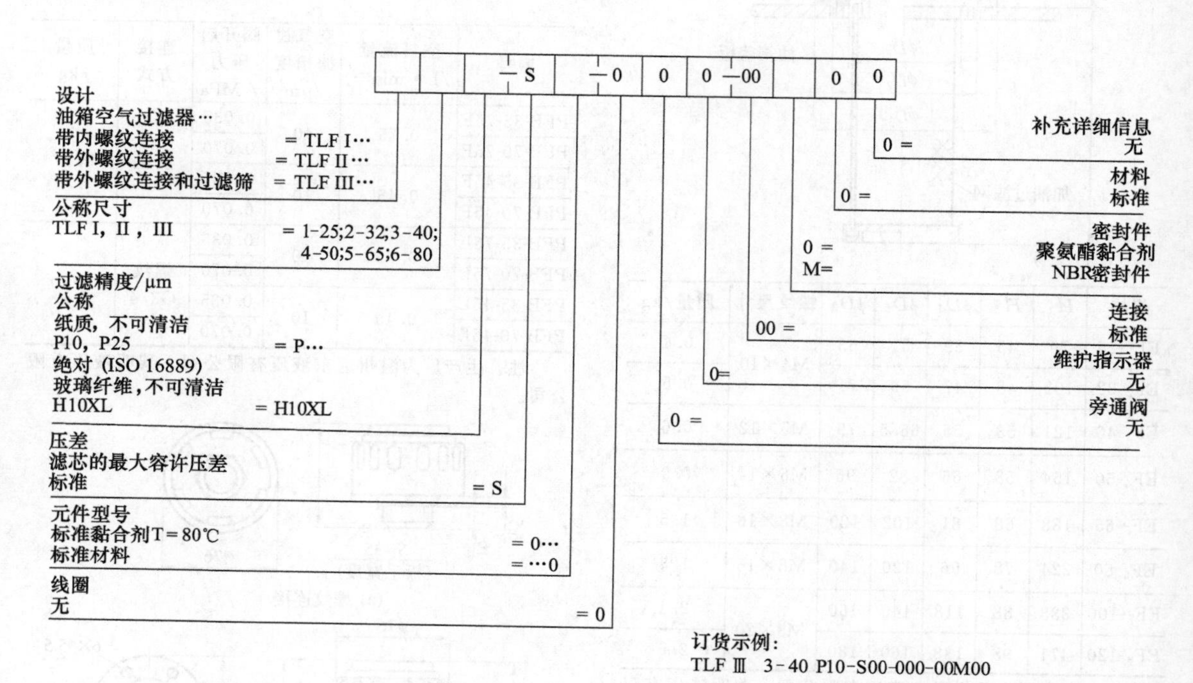

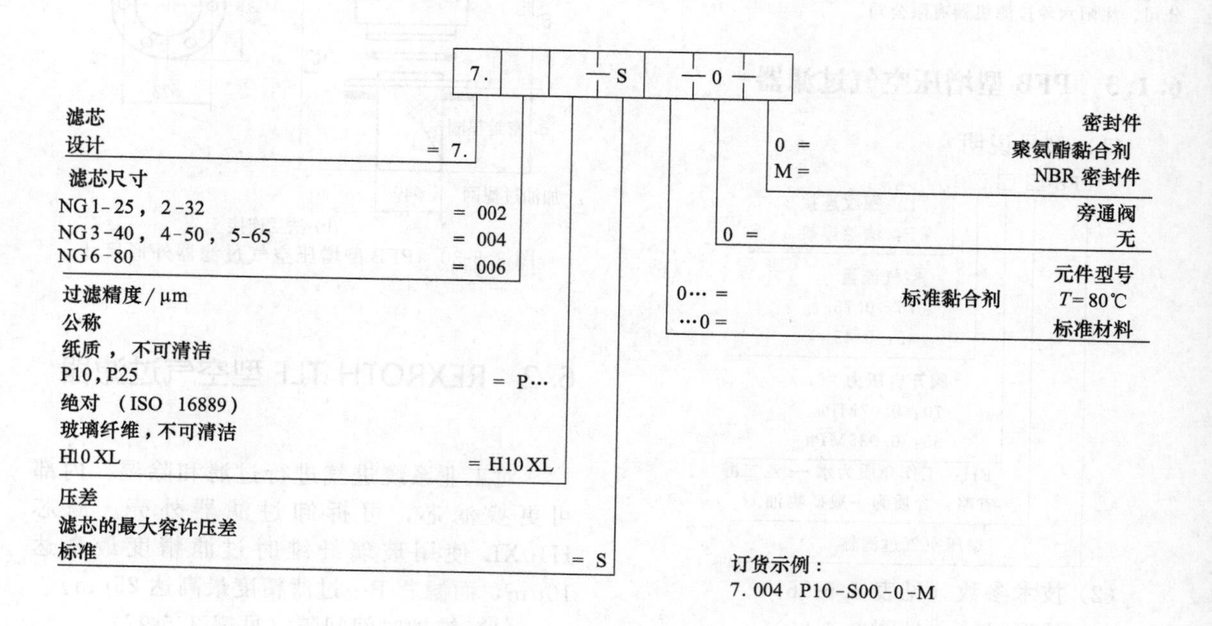

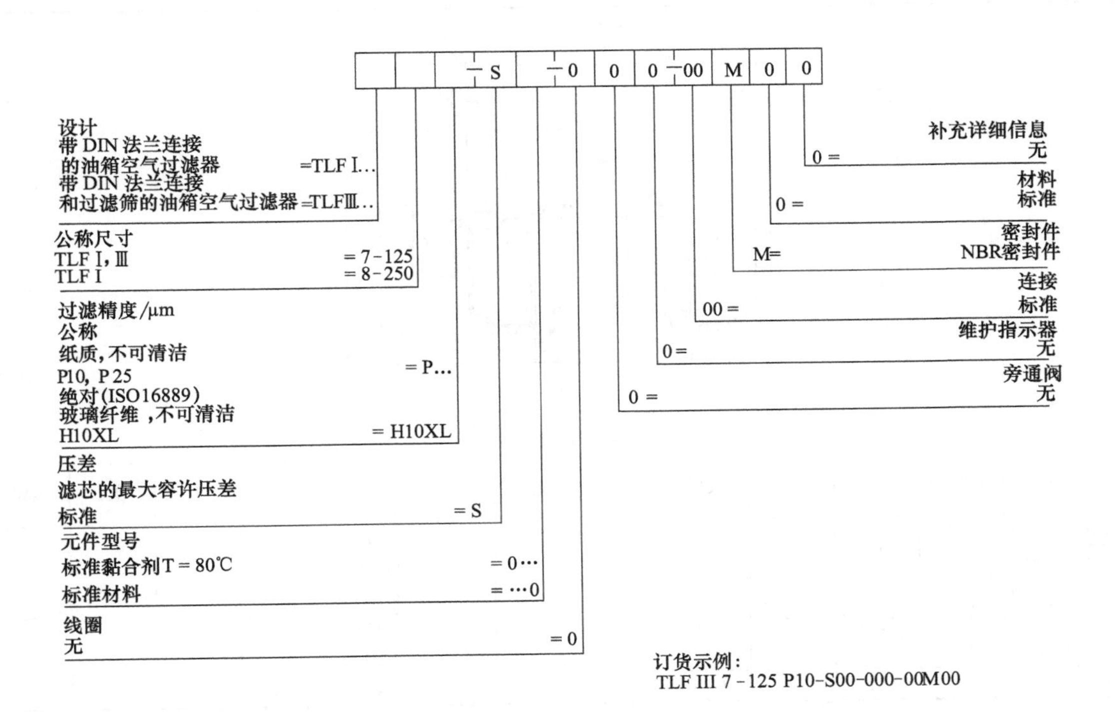

—S
—0
0
0—00
M
0
0
设计
带DIN法兰连接
的油箱空气过滤器 =TLF Ⅰ…
带DIN法兰连接
和过滤筛的油箱空气过滤器 =TLFⅢ…
公称尺寸
TLF Ⅰ,Ⅲ =7-125
TLF Ⅰ =8-250
过滤精度/μm
公称
纸质，不可清洁
P10，P25 =P…
绝对(ISO16889)
玻璃纤维，不可清洁
H10XL =H10XL
压差
滤芯的最大容许压差
标准 =S
元件型号
标准黏合剂T=80℃ =0…
标准材料 =…0
线圈
无 =0
补充详细信息
0= 无
材料
0= 标准
密封件
M= NBR密封件
连接
00= 标准
维护指示器
0= 无
旁通阀
0= 无
订货示例：
TLF Ⅲ 7-125 P10-S00-000-00M00

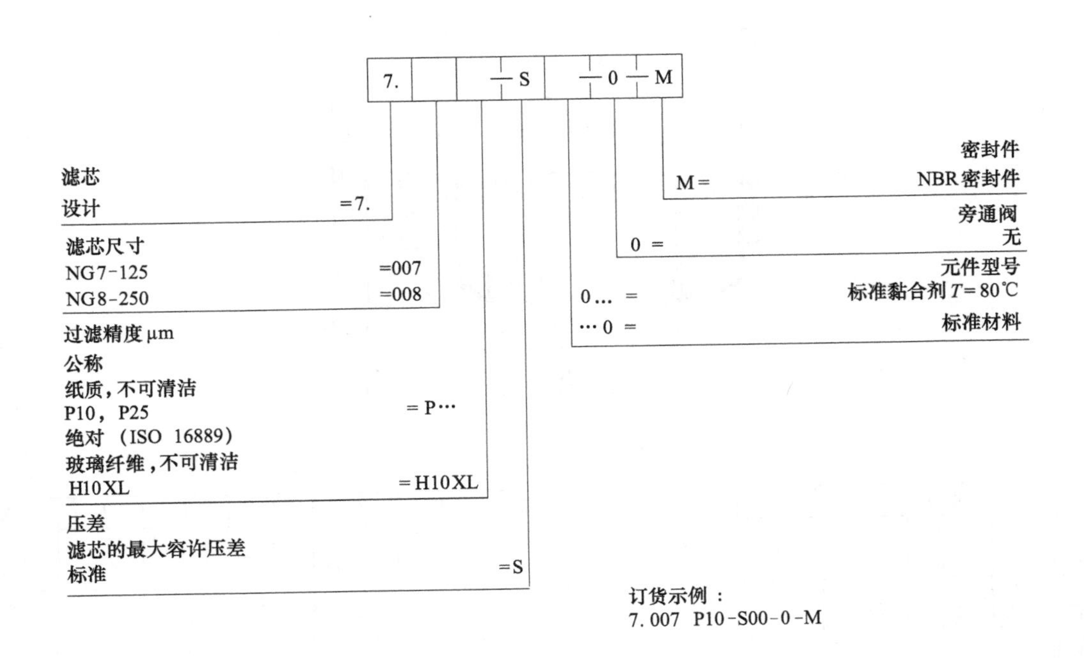

7.
—S
—0—M
滤芯
设计 =7.
滤芯尺寸
NG7-125 =007
NG8-250 =008
过滤精度μm
公称
纸质，不可清洁
P10，P25 =P…
绝对（ISO 16889）
玻璃纤维，不可清洁
H10XL =H10XL
压差
滤芯的最大容许压差
标准 =S
密封件
M= NBR密封件
旁通阀
0 = 无
元件型号
0… = 标准黏合剂T=80℃
…0 = 标准材料
订货示例：
7.007 P10-S00-0-M

（3）外形尺寸（见表3.5-98～表3.5-100和图3.5-31、图3.5-32）

表 3.5-98 空气过滤器（TLF Ⅰ）外形尺寸

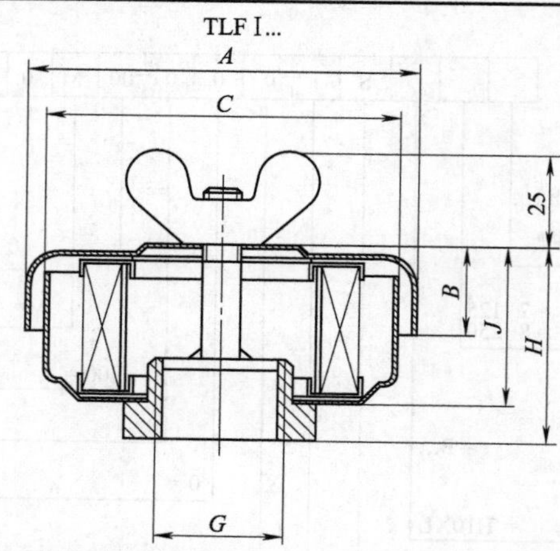

大小	质量/kg	A	B	C	D	E	F	G	H	J	K	SW
TLF Ⅰ 1-25	0.5	ϕ104	24	ϕ92	—	—	—	G1	53	43	—	—
TLF Ⅰ 2-32	0.6							G1 1/4	63			
TLF Ⅰ 3-40	2.1	ϕ177	46	ϕ162				G1 1/2	90	80		
TLF Ⅰ 4-50	2.1							G2				
TLF Ⅰ 5-65	2.1							G21/2				
TLF Ⅰ 6-80	2.4	ϕ210	45	ϕ190				G3	88	78		

表 3.5-99 空气过滤器（TLF Ⅱ）外形尺寸

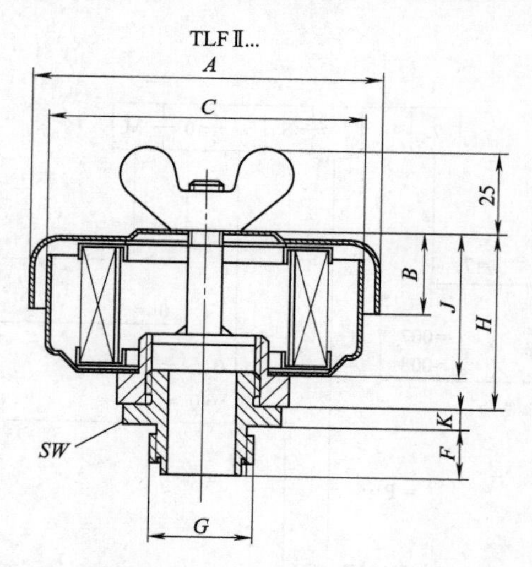

大小	质量/kg	A	B	C	D	E	F	G	H	J	K	SW
TLF Ⅰ 1-25	0.5	ϕ104	24	ϕ92	—	—	—	G1	53	43	—	—
TLF Ⅰ 2-32	0.6							G1 1/4	63			
TLF Ⅱ 1-25	0.6	ϕ104	24	ϕ92	—	—	25	G1	53	43	6	46
TLF Ⅱ 2-32	0.7							G1 1/4	63			55
TLF Ⅱ 3-40	2.3	ϕ177	46	ϕ162			26	G1 1/2	90	80	7	60
TLF Ⅱ 4-50	2.3							G1 1/2				75
TLF Ⅱ 5-65	2.3						28	G2 1/2			8	90
TLF Ⅱ 6-80	2.7	ϕ210	45	ϕ190			30	G3	88	78	9	105

表 3.5-100 空气过滤器（TLF Ⅲ）外形尺寸

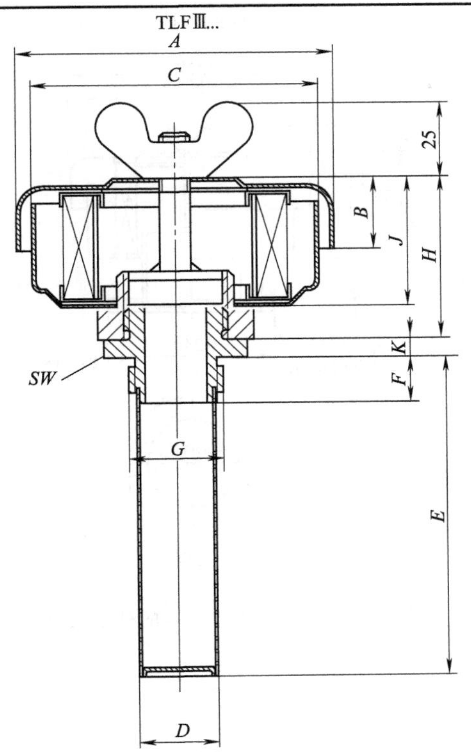

带注油套和
过滤筛的设计

大小	质量/kg	A	B	C	D	E	F	G	H	J	K	SW
TLF Ⅰ 1-25	0.5	φ104	24	φ92	—	—	—	G1	53	43	—	—
TLF Ⅰ 2-32	0.6							G1 1/4	63			
TLF Ⅰ 3-40	2.1	φ177	46	φ162				G1 1/2	90	80		
TLF Ⅰ 4-50	2.1							G2				
TLF Ⅰ 5-65	2.1							G2 1/2				
TLF Ⅰ 6-80	2.4	φ210	45	φ190				G3	88	78		
TLF Ⅱ 1-25	0.6	φ104	24	φ92	—	—	25	G1	53	43	6	46
TLF Ⅱ 2-32	0.7							G1 1/4	63			55
TLF Ⅱ 3-40	2.3	φ177	46	φ162			26	G1 1/2	90	80	7	60
TLF Ⅱ 4-50	2.3							G1 1/2				75
TLF Ⅱ 5-65	2.3						28	G2 1/2			8	90
TLF Ⅱ 6-80	2.7	φ210	45	φ190			30	G3	88	78	9	105
TLF Ⅲ 1-25	0.7	φ104	24	φ92	φ28	107	25	G1	53	43	6	46
TLF Ⅲ 2-32	0.8				φ34	131		G1 1/4	63			55
TLF Ⅲ 3-40	2.5	φ177	46	φ162	φ42	155	26	G1 1/2	90	80	7	60
TLF Ⅲ 4-50	2.5				φ53	185		G2				75
TLF Ⅲ 5-65	2.5				φ67	217	28	G2 1/2			8	90
TLF Ⅲ 6-80	2.8	φ210	45	φ190	φ82	254	30	G3	88	9	9	105

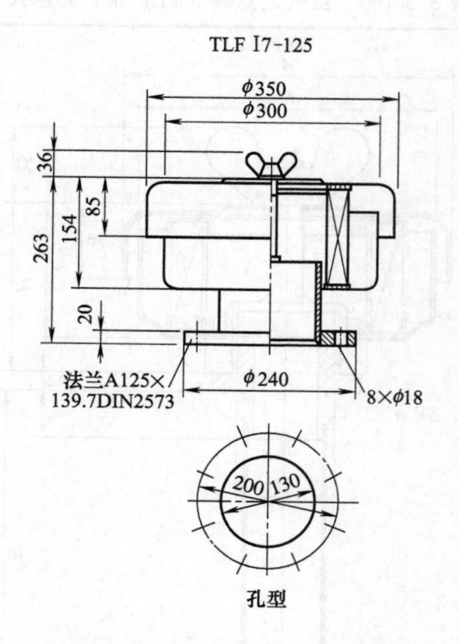

图 3.5-31 TLF Ⅰ 7-125 的外形尺寸

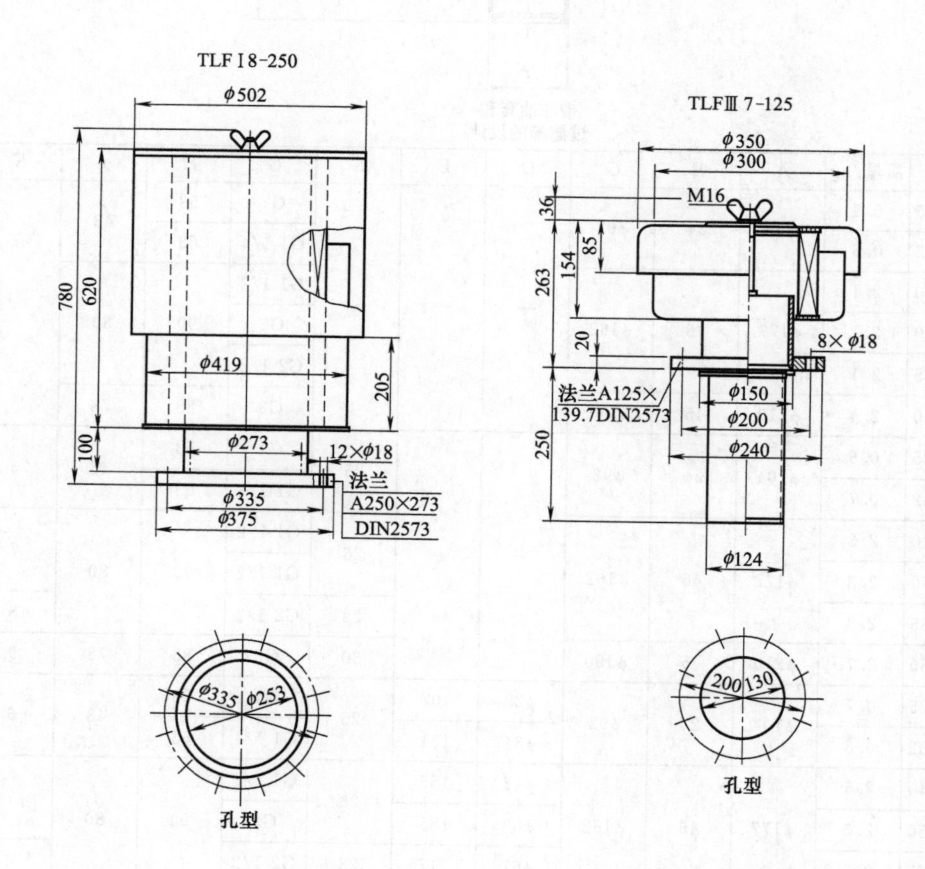

图 3.5-32 TLF Ⅰ 8-250、TLF Ⅲ 7-125 外形尺寸

7 液位仪表

7.1 YWZ型液位计

(1) 型号说明

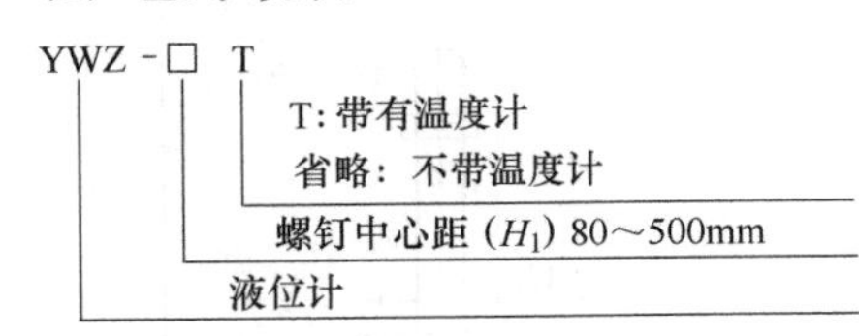

(2) 技术参数

① 工作温度：−20～100℃。

② 工作压力：0.1～0.15MPa。

③ 外形尺寸（见表3.5-101）。

表3.5-101 YWZ型液位计外形尺寸 /mm

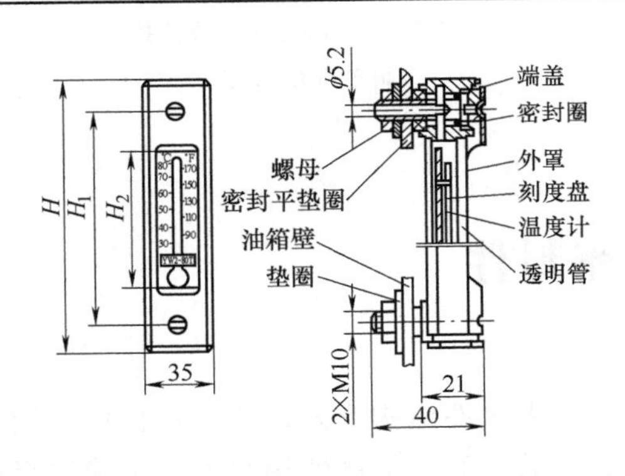

型号	H	H_1	H_2
YWZ-80T	107	80	42
YWZ-100T	127	100	60
YWZ-125T	152	125	88
YWZ-127T	154	127	90
YWZ-150T	177	150	100
YWZ-160T	487	160	110
YWZ-200T	227	200	150
YWZ-250T	277	250	200
YWZ-300T	327	300	250
YWZ-350T	377	350	300
YWZ-400T	427	400	350
YWZ-450T	477	450	400
YWZ-500T	527	500	450

注：生产厂为温州远东液压有限公司、黎明液压有限公司。

7.2 CYW型液位液温计

(1) 型号说明

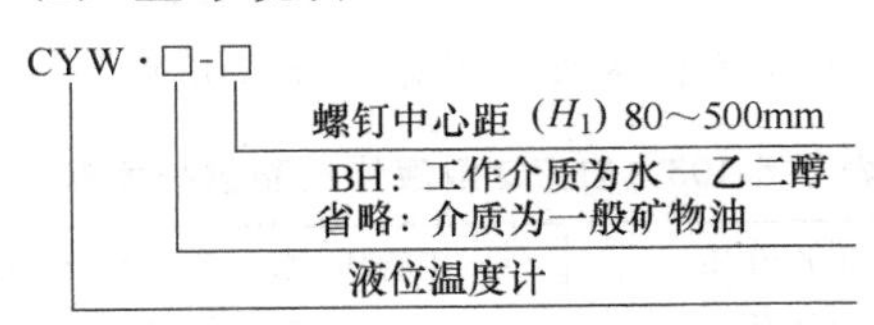

(2) 技术参数

① 测量温度范围：0～100℃。

② 测量温度分度值：1℃/格。

③ 测量精度：2.5级。

④ 工作压力：0.15MPa。

(3) 外形尺寸（见表3.5-102）

表3.5-102 CYW型液位液温计外形尺寸 /mm

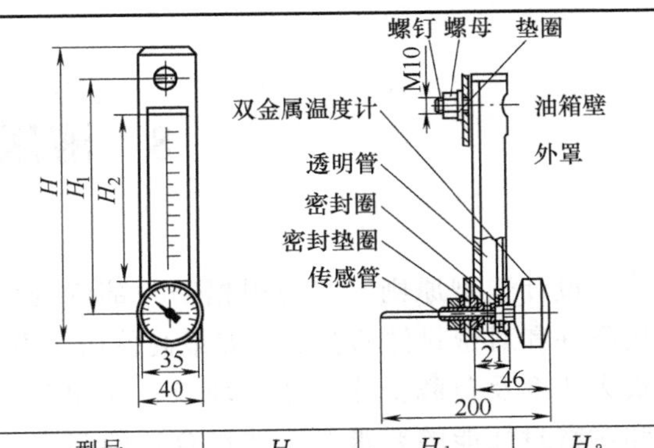

型号	H	H_1	H_2
CYW-80	107	80	42
CYW-100	127	100	60
CYW-125	152	125	88
CYW-127	154	127	90
CYW-150	177	150	100
CYW-160	187	160	110
CYW-200	227	200	150
CYW-250	277	250	200
CYW-300	327	300	250
CYW-350	377	350	300
CYW-400	427	400	350
CYW-450	477	450	400
CYW-500	527	500	450

注：生产厂为温州远东液压有限公司、黎明液压有限公司。

7.3 YKZQ 型液位控制器

（1）型号说明

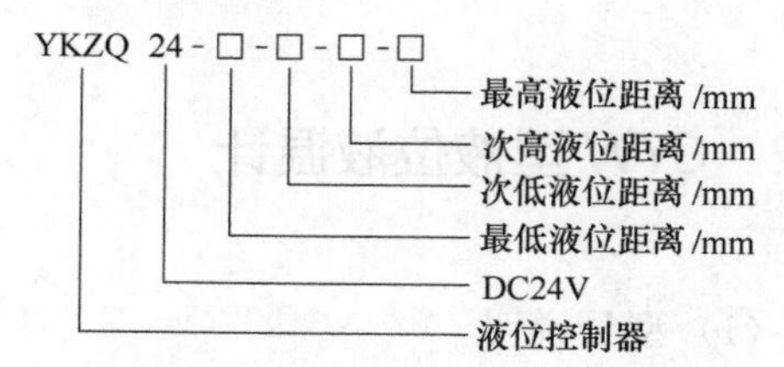

（2）技术参数（见表 3.5-103）

表 3.5-103 YKZQ 型液位控制器技术参数

工作介质	水、矿物质，水—乙二醇、乳化液
介质压力	小于 0.3MPa
介质黏度范围	$10\sim100mm^2/s$
介质温度	－20～100℃
动作时间	1.7ms
触点容量	24V～0.3A
安装位置	垂直安装
继电器接线标识	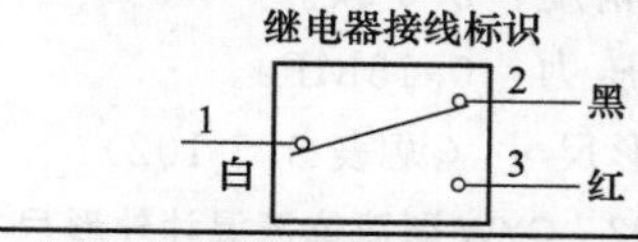

注：生产厂为温州远东液压有限公司、黎明液压有限公司。

（3）外形尺寸（见图 3.5-33）

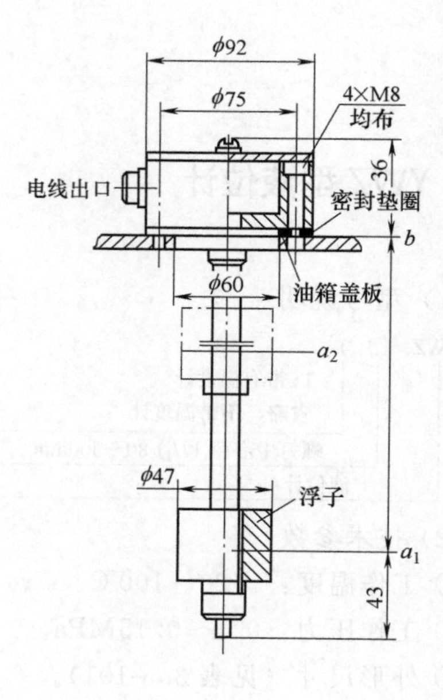

图 3.5-33 YKZQ 型液位控制器外形尺寸

8 液压常用密封件

设计选型原则：首先根据密封部件的使用条件和对密封件的要求，如最高使用压力、最大速度及负载变化，作业环境、使用寿命和对密封性能的要求等，选择合适的与之相匹配的密封件结构形式，然后再根据所用工作介质的种类和最高使用温度，正确选择密封件的材料（可参考表 3.5-104 进行选择）。

表 3.5-104 常用密封材料与工作介质的适应性和使用温度

密封材料	石油基液压油和矿物基润滑脂	抗燃烧性液压油			使用温度范围/℃	
		水—油乳化液	水—乙二醇基	磷酸酯基	静密封	动密封
丁腈橡胶(NBR)	○	○	○	×	－40～100	－40～80
聚氨酯橡胶(U)	○	△	×	×	－30～80	－20～60
氟橡胶(FPM)	○	○	○	○	－30～150	－30～100
硅橡胶(Q)	○	○	×	△	－60～260	－50～260
聚四氟乙烯(PTFE)	○	○	○	○	－100～260	－100～260

注：○—好，△—不太好，×—不好。

8.1 O形橡胶密封圈

适用于装在各种液压设备上，具有结构简单、密封性能好、寿命长、摩擦阻力较小、成本低的特性，既可作为静密封，也可作为动密封使用。在一般情况下静密封可靠使用压力可达35MPa，动密封可靠使用压力可达10MPa，当合理采用密封挡圈或其他组合形式时，可靠使用压力将能成倍提高。通用O形橡胶密封圈的形式、尺寸见表3.5-105。

表3.5-105 通用O形橡胶密封圈的形式、尺寸及公差

（摘自GB 3452.1—2005） /mm

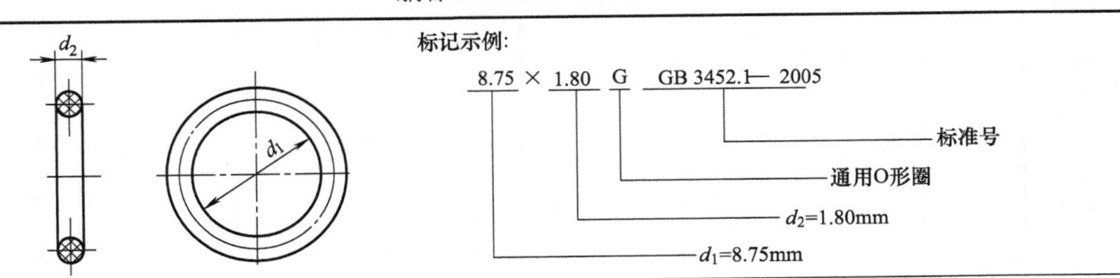

d_1 公称内径	d_1 极限偏差 ±	d_2 1.80±0.08	d_2 2.65±0.09	d_2 3.55±0.10
1.80	0.13	※		
2.00		※		
2.24		※		
2.50		※		
2.80		※		
3.15		※		
3.55		※		
3.75		※		
4.00		※		
4.50		※		
4.87		※		
5.00		※		
5.15		※		
5.30		※		
5.60		※		
6.00		※		
6.30	0.14	※		
6.70		※		
6.90		※		
7.10		※	※	
7.50		※	※	
8.00		※	※	
8.50		※	※	
8.75		※	※	
9.00		※	※	
9.50		※	※	

d_1 公称内径	d_1 极限偏差 ±	d_2 1.80±0.08	d_2 2.65±0.09	d_2 3.55±0.10	d_2 5.30±0.13
10.0	0.17	※	※		
10.6		※	※		
11.2		※	※		
11.8		※	※		

d_1 公称内径	d_1 极限偏差 ±	d_2 1.80±0.08	d_2 2.65±0.09	d_2 3.55±0.10	d_2 5.30±0.13
12.5	0.17	※	※		
13.2		※	※		
14.0		※	※		
15.0		※	※		
16.0		※	※		
17.0		※	※		
18.0		※	※	※	
19.0	0.22	※	※	※	
20.0		※	※	※	
21.2		※	※	※	
22.4		※	※	※	
23.6		※	※	※	
25.0		※	※	※	
25.8		※	※	※	
26.5		※	※	※	
28.0		※	※	※	
30.0		※	※	※	
31.5	0.30	※	※	※	
32.5		※	※	※	
33.5		※	※	※	
34.5		※	※	※	
35.5		※	※	※	

d_1 公称内径	d_1 极限偏差 ±	d_2 1.80±0.08	d_2 2.65±0.09	d_2 3.55±0.10	d_2 5.30±0.13	d_2 7.00±0.15
36.5	0.30	※	※			
37.5		※	※	※		
38.7		※	※	※		
40.0		※	※	※		
41.2		※	※	※		
42.5		※	※	※		
43.7		※	※	※	※	

续表

d_1 公称内径	d_1 极限偏差 ±	d_2 1.80±0.08	2.65±0.09	3.55±0.10	5.30±0.13	7.00±0.15
45.0	0.30	※	※	※	※	
46.2		※	※	※	※	
47.5		※	※	※	※	
48.7		※	※	※	※	
50.0		※	※	※	※	
				※	※	
51.5	0.45		※	※	※	
53.0			※	※	※	
54.5			※	※	※	
56.0			※	※	※	
58.0			※	※	※	
60.0			※	※	※	
61.5			※	※	※	
63.0			※	※	※	
65.0			※	※	※	
67.0			※	※	※	
69.0			※	※	※	
71.0			※	※	※	
73.0			※	※	※	
75.0			※	※	※	
77.0			※	※	※	
80.0			※	※	※	
82.5	0.65					
85.0			※	※	※	
87.5			※	※	※	
90.0				※	※	
92.5			※	※	※	
95.0				※	※	
97.5			※	※	※	
100				※	※	
103			※	※	※	
106				※	※	
109			※	※	※	※
112				※	※	※
115			※	※	※	※
118				※	※	※
122	0.90			※	※	※
125			※	※	※	※
128				※	※	※
132			※	※	※	※
136				※	※	※
140			※	※	※	※
145				※	※	※
150			※	※	※	※
155				※	※	※
160			※	※	※	※
165				※	※	※
170			※	※	※	※
175				※	※	※
180			※	※	※	※

d_1 公称内径	d_1 极限偏差 ±	d_2 1.80±0.08	2.65±0.09	3.55±0.10	5.30±0.13	7.00±0.15
185	1.20			※	※	※
190				※	※	※
195				※	※	※
200				※	※	※
206						※
212					※	※
218						※
224					※	※
230						※
236					※	※
243						※
250					※	※
258	1.60					※
265					※	※
272						
280					※	
290						
300					※	※
307						※
315					※	※
325	2.10					※
335					※	※
345						※
355					※	

d_1 公称内径	d_1 极限偏差 ±	d_2 3.55±0.10	5.30±0.13	7.00±0.15
365	2.10			※
375			※	※
387				※
400			※	※
412	2.60			※
425				※
437				※
450				※
462				※
475				※
487				
500				
515	3.20			※
530				※
545				※
560				※
580				※
600				※
516				※
630				※
650	3.80			※
670				※

注：※表示优先采用。

O形橡胶密封圈所用沟槽的形式及尺寸见表3.5-106，表3.5-107为O形密封圈沟槽尺寸公差。表3.5-108为O形密封圈的沟槽表面粗糙度。表3.5-109为密封挡圈形式、尺寸及材料。

表3.5-106 O形密封形式及沟槽尺寸（摘自GB 3452.2—2005）

径向密封		径向密封	
活塞密封沟槽	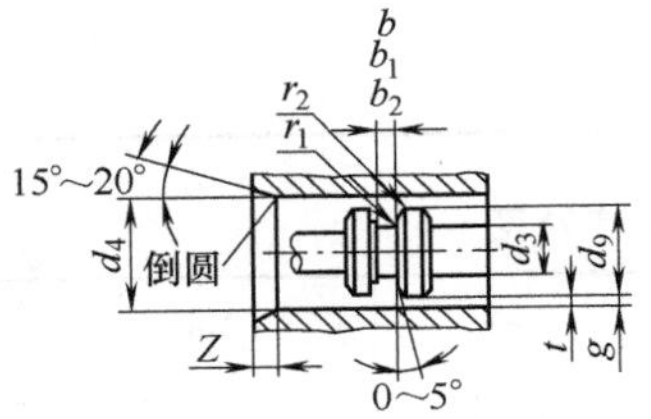	带挡圈的沟槽	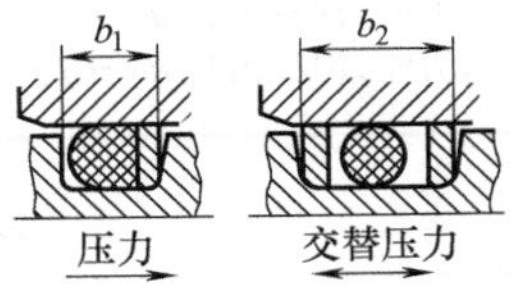 压力　交替压力
		轴向密封	
活塞杆密封沟槽	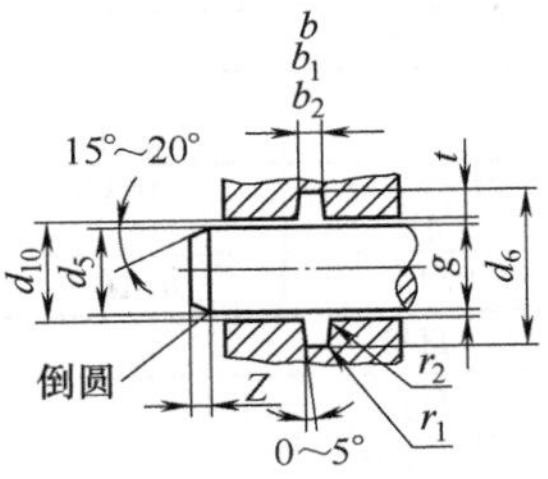	受内部压力的沟槽	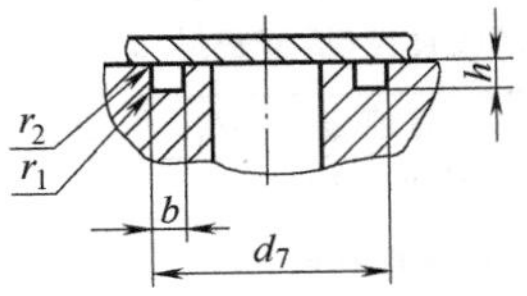
		受外部压力的沟槽	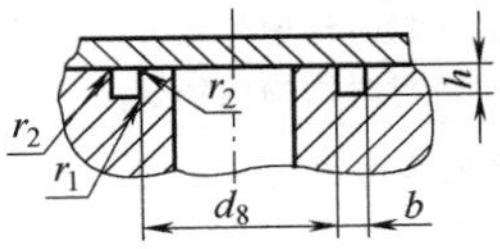

O形圈密封沟槽尺寸（摘自GB 3452.3—2005）　/mm

径向密封沟槽尺寸								
O形圈截面直径 d_2				1.80	2.65	3.55	5.30	7.00
	沟槽宽度	气动动密封		2.2	3.4	4.6	6.9	9.3
		液压动密封或静密封	b	2.4	3.6	4.8	7.1	9.5
			b_1	3.8	5.0	6.2	9.0	12.3
			b_2	5.2	6.4	7.6	10.9	15.1
	沟槽深度 t	活塞密封（计算 d_3 用）	液压动密封	1.35	2.10	2.85	4.35	5.85
			气动动密封	1.40	2.15	2.95	4.5	6.1
			静密封	1.32	2.0	2.9	4.31	5.85
		活塞杆密封（计算 d_6 用）	液压动密封	1.35	2.10	2.85	4.35	5.85
			气动动密封	1.4	2.15	2.95	4.5	6.1
			静密封	1.32	2.0	2.9	4.31	5.85
	最小导角长度 Z_{min}			1.1	1.5	1.8	2.7	3.6
	沟槽底圆角半径 r_1			0.2～0.4		0.4～0.8		0.8～1.2
	沟槽棱圆角半径 r_2			0.1～0.3				

续表

轴向密封沟槽尺寸	O形圈截面直径 d_2	1.80	2.65	3.55	5.30	7.00
	沟槽宽度 b	2.6	3.8	5.0	7.3	9.7
	沟槽深度 h	1.28	1.97	2.75	4.24	5.72
	沟槽底圆角半径 r_1	0.2～0.4		0.4～0.8		0.8～1.2
	沟槽棱圆角半径 r_2	0.1～0.3				
	受内部压力时，沟槽外径 $d_7=d_1+2d_2$ 受外部压力时，沟槽内径 $d_8=d_1$					

表 3.5-107　O形密封圈沟槽尺寸公差

/mm

	O形圈截面直径 d_2 / 沟槽尺寸	1.80	2.65	3.55	5.30	7.00
沟槽尺寸公差	缸内径 d_4	$^{+0.06}_{0}$	$^{+0.07}_{0}$	$^{+0.02}_{0}$	$^{+0.08}_{0}$	$^{+0.11}_{0}$
	沟槽槽底直径(活塞密封) d_3	$^{0}_{-0.04}$	$^{0}_{-0.05}$	$^{0}_{-0.06}$	$^{0}_{-0.07}$	$^{0}_{-0.09}$
	总公差值 d_4+d_3	0.10	0.12	0.14	0.16	0.20
	活塞直径 d_0	F7				
	活塞杆直径 d_5	$^{-0.01}_{-0.05}$	$^{-0.02}_{-0.07}$	$^{-0.03}_{-0.09}$	$^{-0.03}_{-0.10}$	$^{-0.03}_{-013}$
	沟槽槽底直径(活塞杆密封) d_6	$^{+0.06}_{0}$	$^{+0.07}_{0}$	$^{+0.08}_{0}$	$^{+0.09}_{0}$	$^{+0.011}_{0}$
	总公差值 d_5+d_6	0.10	0.12	0.14	0.16	0.20
	轴向密封时沟槽外径 d_7	H11				
	轴向密封时沟槽内径 d_8	H11				
	O形圈沟槽宽度 b、b_1、b_2	$^{+0.25}_{0}$				
	轴向密封时沟槽深度 h	$^{+0.10}_{0}$				

表 3.5-108　密封沟槽的表面粗糙度

/mm

表面	应用情况	应力状况	表面粗糙度 R_a	表面粗糙度 R_{amax}
沟槽的底面和侧面	静密封	无交变，无脉冲	3.2 (1.6)	12.5 (6.3)
		交变或脉冲	1.6	6.3
	动密封		1.6(0.8)	6.3 (3.2)

表面	应用场合	应力状态	表面粗糙度 R_a	表面粗糙度 R_{amax}
配合表面	静密封	无交变，无脉冲	1.6 (0.8)	6.3 (3.2)
		交变或脉冲	0.8	3.2
	动密封		0.4	1.6
导角表面			3.2	12.5

注：括号内的数字为要求精度较高的场合应用。

表 3.5-109　密封挡圈形式、尺寸及材料

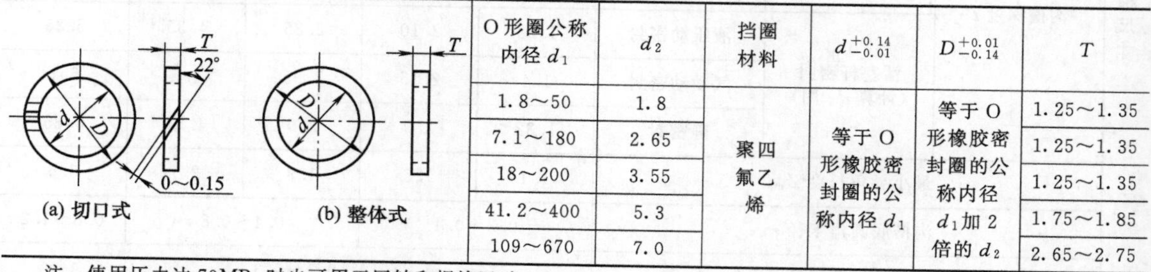

(a) 切口式　(b) 整体式

O形圈公称内径 d_1	d_2	挡圈材料	$d^{+0.14}_{-0.01}$	$D^{+0.01}_{-0.14}$	T
1.8～50	1.8	聚四氟乙烯	等于O形橡胶密封圈的公称内径 d_1	等于O形橡胶密封圈的公称内径 d_1 加2倍的 d_2	1.25～1.35
7.1～180	2.65				1.25～1.35
18～200	3.55				1.25～1.35
41.2～400	5.3				1.75～1.85
109～670	7.0				2.65～2.75

注：使用压力达 70MPa 时也可用于回转和螺旋运动。

8.2 组合密封垫圈（JB 982—1977）

组合密封垫圈适用于工作压力小于40MPa，工作温度低于80℃范围内的管接头及螺塞连接处的密封。组合密封垫圈的规格尺寸见表3.5-110。

8.3 液压缸活塞及活塞杆用高低唇 Y_X 形橡胶密封圈

Y形密封圈中的 Y_X 形高低唇密封圈是液压缸中最为常用的一种。此种密封圈通常采用聚氨酯橡胶材料制成，具有耐磨、使用寿命长的特性，适用于工作压力小于31.5MPa，运动速度小于0.5m/s，工作温度在－40～80℃，工作介质为矿物油的环境中使用。

（1）标注实例

① 孔用，公称外径 $D=50$mm，材质为聚氨酯-4的孔用 Y_X 形密封圈：Y_X 形密封圈 D50 聚氨酯-4，JB/ZQ 4264—86。

② 轴用，公称内径 $d=50$mm，材质为聚氨酯-3的轴用 Y_X 形密封圈：Y_X 形密封圈 d50 聚氨酯-3，JB/ZQ 4265—86。

（2）孔用 Y_X 形密封圈尺寸（摘自JB/ZQ 4264—1986）（见表3.5-111）

（3）孔用 Y_X 形密封圈沟槽形式与尺寸（见表3.5-112）

表3.5-110　组合密封垫圈规格尺寸（摘自JB 982—1977）

公称直径	d_1		d_2		D		$h\pm0.1$	孔 d_2 允许偏差	适用螺纹尺寸
	尺寸	公差	尺寸	公差	尺寸	公差			
8	8.4	±0.12	10	+0.24	14	−0.24	2.7	0.1	M8
10	10.4		12		16				M10(G1/8″)
12	12.4		14		18				M12
14	14.4		16		20	−0.28			M14(G1/4″)
16	16.4		18		22				M16
18	18.4		20	+0.28	25				M18(G3/8″)
20	20.5	±0.14	23		28				M20
22	22.5		25		30				M22(G1/2″)
24	24.5		27		32	−0.34		0.15	M24
27	27.5		30		35				M27(G3/4″)
30	30.5		33	+0.34	38				M30
33	33.5	±0.17	36		42				M33(G1″)
36	36.5		40		46		2.9		M36
39	39.6		43		50				M39
42	42.6		46		53	−0.40			M42(G1 1/4″)
45	45.6		49		56				M45
48	48.7		52	+0.40	60				M48
52	52.7	0.20	56		66				M52
60	60.7		64		75				M60(G2″)

表 3.5-111　孔用 Y_X 形密封圈尺寸

标记示例

公称外径 D=50mm，材质为聚氨酯-4 的孔用 Y_X 形密封圈

$D50Y_X$ 形密封圈：D50 聚氨酯-4JB/ZQ 4264—1986

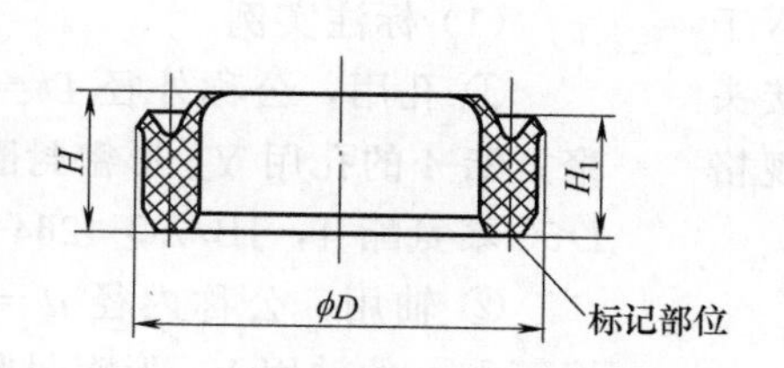

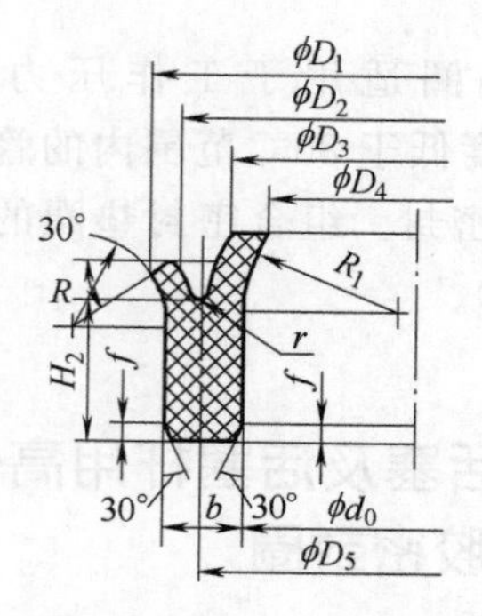

公称外径 D	ϕd_0	b	ϕD_1	ϕD_2	ϕD_3	ϕD_4	ϕD_5	H	H_1	H_2	R	R_1	r	f
32	23.8	4	33.9	32	25.2	22	28.1	10	9	6	6	15	0.5	1.0
40	31.8		41.9	40	33.2	30	36.1							
50	41.8		51.9	50	43.2	40	46.1							
60	47.7	6	62.6	59.4	50.3	45.3	54.2	14	12.5	8.5	8	22	0.7	1.5
80	67.7		82.6	79.4	70.3	65.3	74.2							
100	87.7		102.6	99.4	90.3	85.3	94.2							
110	97.7	6	112.6	109.4	100.3	95.3	104.2	14	12.5	8.5	9	22	0.7	1.5
125	112.7		127.6	124.4	115.3	110.3	119.2							
160	147.7		162.6	159.4	150.3	145.3	154.2							
180	163.6	8	183.6	179.4	166.8	160.3	172.3	18	16	10.5	10	26	1	2
200	183.6		203.6	199.5	186.8	180.3	192.3							
250	233.6		253.6	249.5	236.8	230.3	242.3							
320	295.5	12	325.2	318.7	300.7	290.7	308.4	24	22	14	14	32	1.5	2.5
400	375.5		405.2	398.7	380.7	370.7	388.4							
500	475.5		505.2	498.7	480.7	470.7	488.4							

表 3.5-112　孔用 Y_X 形密封圈沟槽形式与尺寸

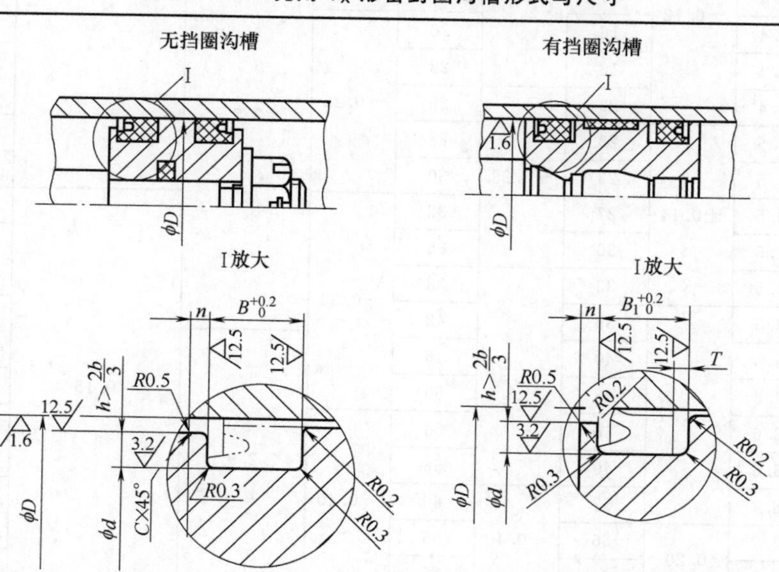

续表

孔用 Y_X 形密封圈外径 ϕD	ϕd①	B	B_1	n	b②	C	孔用 Y_X 形密封圈外径 ϕD	ϕd①	B	B_1	n	b②	C
32 40 50	24 32 42	12	13.5	4	4	0.5	180 200 250	164 184 234	20	22.5	6	8	1.5
60 80 100 110 125 160	48 68 88 98 113 148	16	18	5	6	1	320 400 500	296 376 476	26.5	30	7	12	2

① 沟槽 d_1 的公差推荐按 h9 或 h10 选取。
② b 为孔用 Y_X 形密封圈截面厚度。
注：T 为挡圈厚度尺寸。

(4) 孔用 Y_X 形密封圈挡圈形式与尺寸（见表 3.5-113）

(5) 轴用 Y_X 形密封圈尺寸（摘自 JB/ZQ 4265—1986）（见表 3.5-114）

(6) 轴用 Y_X 形密封圈沟槽尺寸（见表 3.5-115）

(7) 最大密封间隙 c 的取值（见表 3.5-116）

(8) 轴用 Y_X 形密封圈挡圈形式与尺寸（见表 3.5-117）

表 3.5-113 孔用 Y_X 形密封圈挡圈形式与尺寸

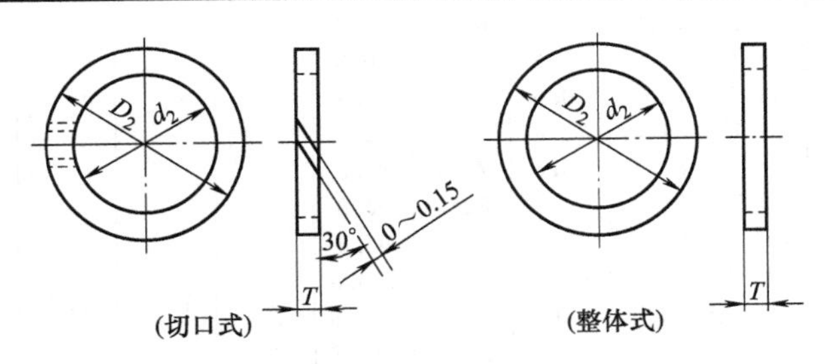

(切口式)　　(整体式)

孔用 Y_X 形密封圈公称外径 D	挡圈 D_2 基本尺寸	挡圈 D_2 极限偏差	挡圈 d_2 基本尺寸	挡圈 d_2 基本尺寸	挡圈 T 基本尺寸	挡圈 T 基本尺寸
32	32	−0.032 −0.100	24	+0.045 0	1.5	±0.1
40 50	40 50		32 42	+0.050 0		
60 80	60 80	−0.040 −0.120	48			
			68	+0.06 0	2	±0.15
100 110	100 100	−0.050 −0.140	88 98	+0.07 0		
125	125	−0.060 −0.165	113			

孔用 Y_X 形密封圈公称外径 D	挡圈 D_2 基本尺寸	挡圈 D_2 极限偏差	挡圈 d_2 基本尺寸	挡圈 d_2 基本尺寸	挡圈 T 基本尺寸	挡圈 T 基本尺寸
160	160	−0.060 −0.165	148	+0.08 0	2	±0.15
180	180		164		2.5	
200 250	200 250	−0.075 −0.195	184 234	+0.09 0		±0.20
320	320	−0.090 −0.225	296	+0.10 0	3	
400	400	−0.105 −0.225	376	+0.12 0		

表 3.5-114　轴用 Y_X 形密封圈尺寸

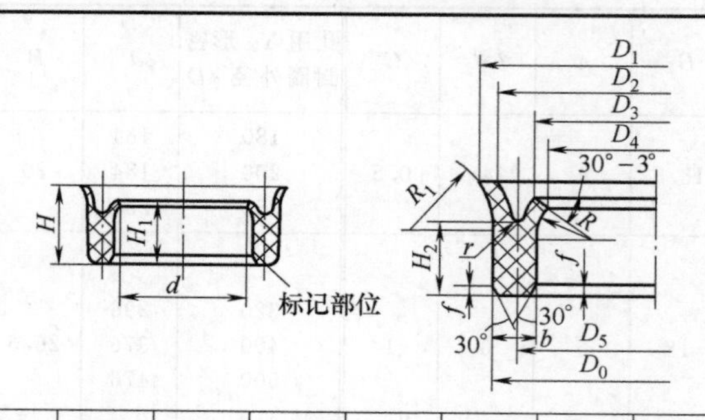

公称内径 d	D_0	b	D_1	D_2	D_3	D_4	D_5	H	H_1	H_2	R	R_1	r	f
22	28.2	3	29.4	27.3	22.1	20.7	25	8	7	4.6	5	14	0.3	0.7
25	31.2		32.4	30.3	25.1	23.7	28							
28	34.2		35.4	33.3	28.1	26.7	31							
30	38.2	4	40	36.3	30	28.1	33.9	10	9	6	6	15	0.5	1
32	40.2		42	38.8	32	30.1	35.9							
35	43.2		45	41.8	35	33.1	38.9							
36	44.2		46	42.8	36	34.1	39.9							
40	48.2		50	46.8	40	38.1	43.9							
45	53.2		55	51.8	45	43.1	48.9							
50	58.2		60	56.8	50	48.1	53.9							
55	63.2		65	61.8	55	53.1	58.9							
56	64.2		66	62.8	56	54.1	59.9							
60	72.3	6	74.7	69.7	60.6	57.4	65.8	14	12.5	8.5	8	22	0.7	1.5
63	75.3		77.7	72.7	63.6	60.4	68.8							
65	77.3		79.7	74.7	65.6	62.4	70.8							
70	82.3		84.7	79.7	70.6	67.4	75.8							
75	87.3		89.7	84.7	75.6	75.4	80.8							
80	92.3		94.7	89.7	80.6	77.4	85.8							
85	97.3		99.7	94.7	85.6	82.4	90.8							
90	102.3		104.7	99.7	90.6	87.4	95.8							
95	107.3		109.7	104.7	95.6	92.4	100.8							
100	112.3		114.7	109.7	100.6	97.4	105.8							
105	117.3		119.7	114.7	105.6	102.4	110.8							
110	122.3		124.7	119.7	110.6	107.4	115.8							
120	132.3		134.7	129.7	120.6	117.4	125.8							
125	137.3		139.7	134.7	125.6	122.7	130.8							
130	142.3		144.7	139.7	130.6	127.4	135.8							
140	152.3		154.7	149.7	140.6	137.4	145.8							
150	162.3		164.7	159.7	150.6	147.4	155.8							
160	172.3		174.7	169.7	160.6	157.4	165.8							
170	186.4	8	189.7	183.2	170.5	166.4	177.7	18	16	10.5	10	26	1	2
180	196.4		199.7	193.2	180.5	176.4	187.7							
190	200.4		209.7	203.2	190.5	186.4	197.7							
200	216.4		219.7	213.2	200.5	196.4	207.7							
220	236.4		239.7	233.2	220.5	216.4	227.7							
250	266.4		269.7	263.2	250.5	246.4	257.7							
280	296.4		299.7	293.2	280.5	276.4	287.7							
300	316.4		319.7	313.2	300.5	296.4	307.7							
320	344.5	12	349.3	339.3	321.3	314.8	331.6	21	22	14	14	32	1.5	2.5
340	364.5		369.3	359.3	341.3	334.8	351.6							
360	384.5		389.3	379.3	361.3	354.8	371.6							
380	404.5		409.3	399.3	381.3	374.8	391.6							
400	424.5		429.3	419.3	401.3	394.8	411.6							

表 3.5-115 轴用 Y_X 形密封圈沟槽尺寸

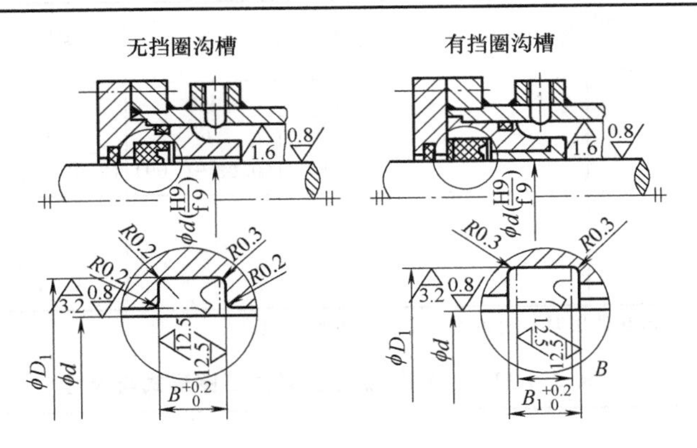

轴用 Y_X 形密封圈公称内径 d	D_1	B	B_1	轴用 Y_X 形密封圈公称内径 d	D_1	B	B_1	轴用 Y_X 形密封圈公称内径 d	D_1	B	B_1
22	28	9	10.5	70	82	16	18	170	186	20	22.5
25	31			75	87			180	196		
28	34			80	92			190	206		
30	38	12	13.5	85	97			200	216		
32	40			90	102			220	236		
35	43			95	107			250	266		
36	44			100	112			280	296		
40	48			105	117			300	316		
45	53			110	122			320	344	26.5	30
50	58			120	132			340	364		
55	63			125	137			360	384		
56	64			130	142			380	404		
60	72	16	18	140	152			400	424		
63	75			150	162						
65	77			160	172						

注：1. 沟槽 D_1 的公差推荐按 H9 或 H10 选取。

2. 轴与孔的公差配合可按间隙值 c 选取。

表 3.5-116 最大密封间隙 c 的取值

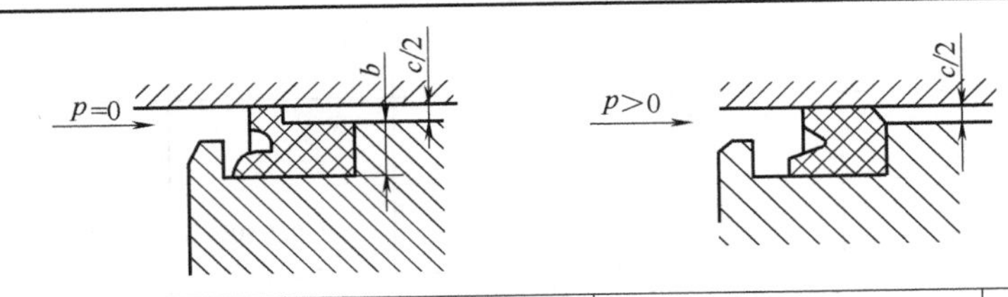

邵氏硬度 Hs	60～70		>70～80		>80～90	
公称配合(间隙 c)/mm / 工作压力/MPa	3、4、6	8、12	3、4、6	8、12	3、4、6	8、12
0～2.5	$\frac{H9}{d9}$ (0.06～0.18)	$\frac{H9}{d9}$ (0.18～0.30)	$\frac{H10}{d10}$ (0.09～0.24)	$\frac{H10}{d10}$ (0.24～0.45)	$\frac{H10}{d10}$ (0.10～0.28)	$\frac{H10}{d10}$ (0.28～0.52)
>2.5～8	$\frac{H8}{f8}$ (0.03～0.09)	$\frac{H8}{f8}$ (0.09～0.15)	$\frac{H9}{f9}$ (0.05～0.12)	$\frac{H9}{f9}$ (0.12～0.20)	$\frac{H9}{d9}$ (0.06～0.18)	$\frac{H9}{d9}$ (0.18～0.31)

续表

工作压力/MPa \ 公称配合(间隙 c)/mm	3、4、6	8、12	3、4、6	8、12	3、4、6	8、12
>8～16	—	—	$\frac{H8}{f8}$ (0.03～0.09)	$\frac{H8}{f8}$ (0.08～0.15)	$\frac{H8}{d8}$ (0.04～0.12)	$\frac{H8}{d8}$ (0.09～0.18)
>16～31.5	—	—	—	—	$\frac{H8}{d7}$ (0.03～0.08)	$\frac{H8}{d7}$ (0.08～0.12)

注：括号中的密封间隙 c 值在选用时，密封圈直径小的取最小值。

表 3.5-117 轴用 Y_X 形密封圈挡圈形式与尺寸 /mm

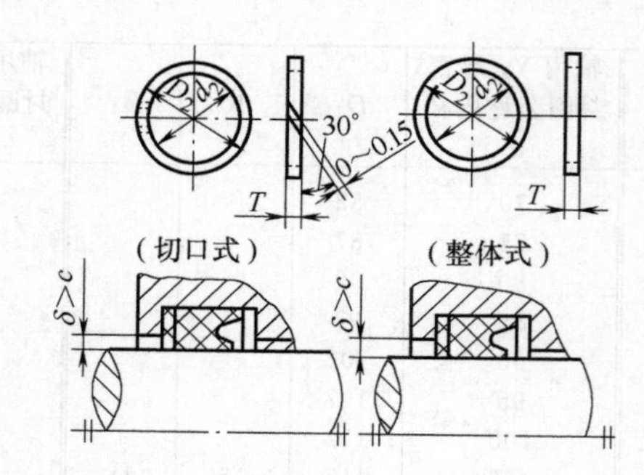

轴用 Y_X 形密封圈公称内径 d	挡圈 d_2 基本尺寸	挡圈 d_2 极限偏差	挡圈 D_2 基本尺寸	挡圈 D_2 极限偏差	挡圈 T 基本尺寸	挡圈 T 极限偏差
22	22	+0.045 0	28	−0.025 −0.085	1.5	±0.1
25	25		31	−0.032 −0.100		
28	28		34			
30	30		38			
32	32	+0.050 0	40			
35	35		43			
36	36		44			
40	40		48			
45	45	+0.05 0	53	−0.040 −0.120	1.5	±0.1
50	50		58			
55	55	+0.060 0	63			
56	56		64			
60	60		72		2	±0.15
63	63		75			
65	65		77			
70	70		82	−0.050 0.140		
75	75		87			
80	80		92			
85	85	+0.070 0	97			
90	90		102			
95	95		107			
100	100		112			
105	105		117			

续表

轴用 Y_X 形密封圈公称内径 d	挡圈					
	d_2		D_2		T	
	基本尺寸	极限偏差	基本尺寸	极限偏差	基本尺寸	极限偏差
110	110	+0.07 0	122	−0.060 −0.165	2	±0.15
120	120		132			
125	125	+0.08 0	137			
130	130		142			
140	140		152			
150	150		162	−0.060 −0.165		
160	160		172			±0.15
170	170		186	−0.075 −0.195	2.5	
180	180		196			
190	190	+0.09 0	206			
200	200		216			
220	220		236			
250	250		266	−0.090 −0.225		
280	280	+0.10 0	296			
300	300		316			
320	320		344			
340	340		364	−0.105 −0.225		
360	360		384			
380	380	+0.12 0	404			
400	400		424			

注：生产厂为沈阳皮革装具厂、上海机用皮件厂。

8.4 液压缸活塞杆及活塞用脚形滑环式组合密封

脚形滑环式组合密封系脚形滑环与O形橡胶密封圈组合使用。适用于液压往复运动密封。按液压缸工作条件不同，可采用不同材质的O形密封圈及滑环。规格及适用条件见表3.5-118。

(1) 型号说明

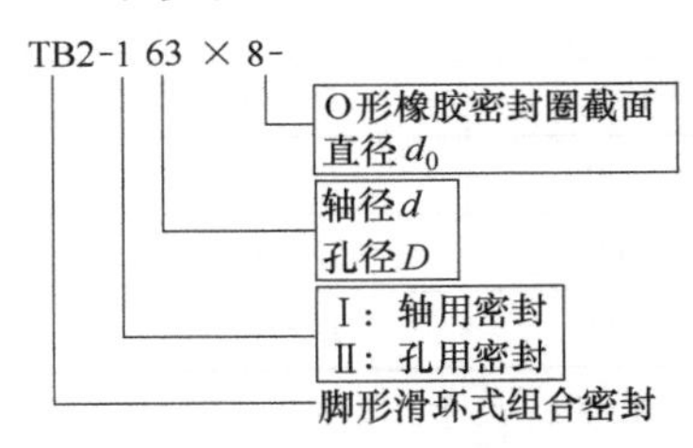

(2) 活塞杆（轴）用脚形滑环式组合密封尺寸（TB 2-1）（见表3.5-119）

表3.5-118 规格及适用条件

规格范围 D/mm	适用条件			
	压力/MPa	温度/℃	速度/m·s^{-1}	介质
20～500	0～100	−55～250	6	空气、氢、氧、氮、水、水一乙二醇、矿物油、酸、碱等

表3.5-119 活塞杆用组合密封尺寸

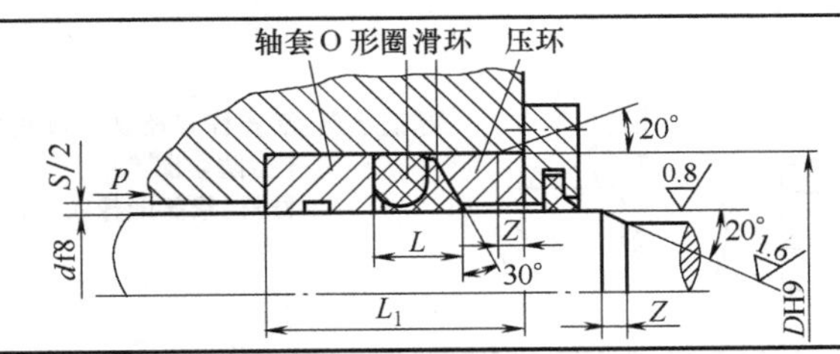

续表

d	D	L	d_0	S	Z
10～50	d+10	8.2	5.3	0.2	3
28～95	d +15	12.8	8.0		4
56～140	d +20	16.8	10.6		5
100～200	d +25	20.5	13.0	0.4	7
160～280	d +30	25.5	16.0		7
320～420	d +40	33.0	21.0		10

注：图中 L_1 尺寸由用户按单组或多组密封自定。

（3）活塞（孔）用脚形滑环式组合密封尺寸（TB2-Ⅱ）（见表 3.5-120）

表 3.5-120 活塞用组合密封尺寸

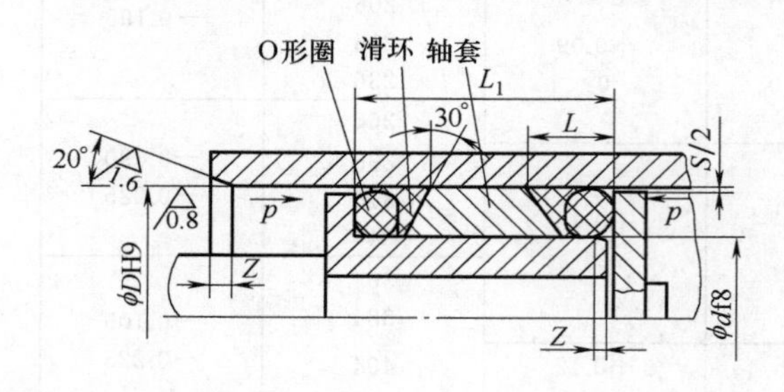

D	d	L	d_0	S	Z
20～63	D−10	8.2	5.3	0.2	3
50～100	D−15	12.8	8.0		4
70～180	D−20	16.8	10.6		5
125～250	D−25	20.5	13.0	0.4	7
200～360	D−30	25.5	16.0		7
400～500	D−40	33.0	21.0		10

注：1. 图中 L_1 尺寸由用户自定。

2. 生产厂为徐州同宝特种橡塑密封制品厂。

8.5 轴用 J 型防尘圈

适用于活塞杆或阀杆等外露处防尘用的无骨架防尘圈。规格尺寸见表 3.5-121。

表 3.5-121 规格尺寸

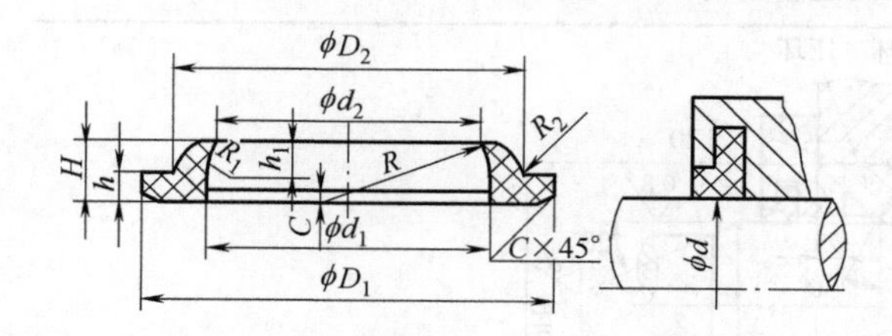

标记示例：活塞杆直径 d＝50 用的 J 型防尘圈：

J 型防尘圈 50

材料：聚氨酯橡胶

续表

ϕd	ϕd_1	ϕd_2	ϕD_1	d_1、d_2、D_1 允差	ϕD_2	C	H		h		h_1	R	R_1	R_2
							公差	允差	公差	允差				
18	18.6	16.2	31.8	±0.4	24	1	6	−0.3	3	−0.2	3.8	15	4.5	1.5
20	21	17	43	±0.5	30	1.5	10	−0.5	5	−0.3	6.4	25	7	2.5
25	26	22	48		35									
30	31	27	53		40									
40	41	37	63		50									
50	51	47	73	±0.6	60									
55	56	52	78		65									
60	61	57	83		70									
70	71	67	93		80									
80	81	77	103		90									
90	91.5	85.5	124.5	±0.8	105	2.3	15	−0.7	7.5	−0.5	9.4	37.5	11	3.5
100	101.5	95.5	134.5		115									
110	111.5	105.5	144.5		125									
120	121.5	115.5	154.5		135									
140	141.5	135.5	174.5	±1	155									
160	161.5	155.5	194.5		175									
180	181.5	175.5	214.5		195									
200	201.5	195.5	234.5	±1.2	215									

9 阀　门

9.1 高压球阀

9.1.1 YJZQ 型高压球阀

本阀适用于液压系统压力管路上，作启闭用。

适用介质：液压油、水-乙二醇。

工作温度：−20～65℃

(1) 型号说明

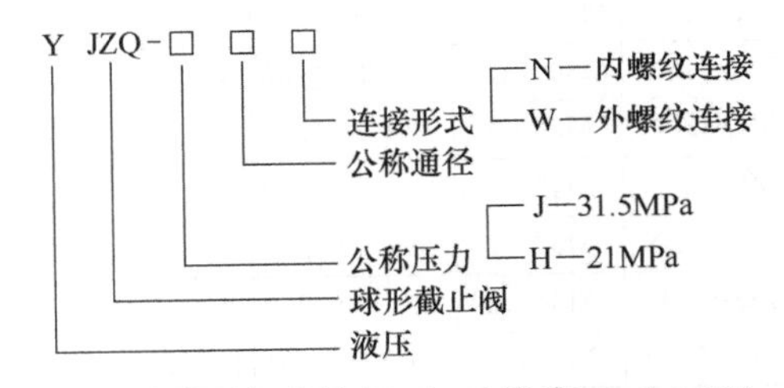

(2) 内螺纹连接尺寸（见表 3.5-122）

表 3.5-122　YJZQ 型高压球阀连接尺寸　/mm

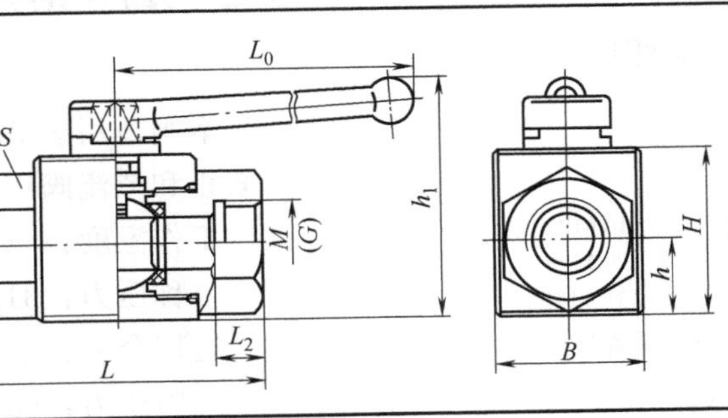

续表

型号	M	G	尺寸							
			B	H	h	h_1	L	L_2	S	L_0
YJZQ-J10N	M18×1.5	3/8	32	36	18	72	78	14	27	120
YJZQ-J15N	M22×1.5	1/2	35	40	19	87	86	16	30	120
YJZQ-J20N	M27×2	3/4	48	55	25	96	108	18	41	160
YJZQ-J25N	M33×2	1	58	65	30	116	116	20	50	160
YJZQ-J32N	M42×2	1 1/4	76	84	38	141	136	22	60	200
YJZQ-H40N	M48×2	1 1/2	88	98	45	165	148	24	75	250
YJZQ-H50N	M64×2	2	98	110	52	180	180	26	85	300

（3）外螺纹连接尺寸（见表 3.5-123）

表 3.5-123　YJZQ 型高压球阀外形尺寸

/mm

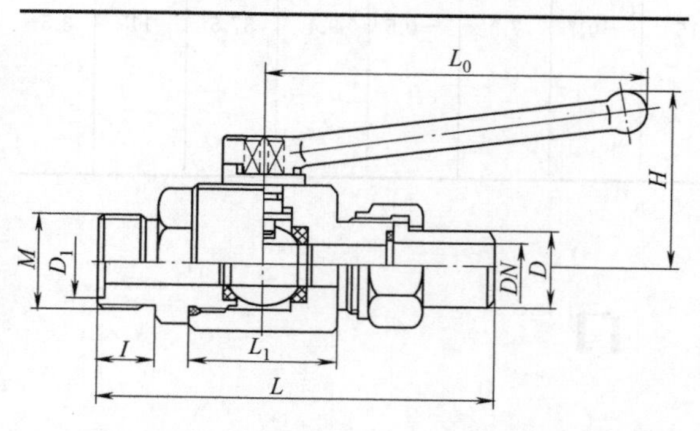

型号	M	尺寸						
		D	D_1	L	L_1	H	I	L_0
YJZQ-J10N	M27×1.5	18	20	154	42	58	16	120
YJZQ-J15N	M30×1.5	22	22	166	48	68	18	120
YJZQ-J20N	M36×2	18	28	174	60	72	18	160
YJZQ-J25N	M42×2	34	35	212	64	86	20	160
YJZQ-J32N	M52×2	42	40	230	76	103	22	200
YJZQ-H40N	M64×2	50	50	250	84	120	24	250
YJZQ-H50N	M72×2	64	60	294	108	128	26	300

注：生产厂为江苏阜宁液压件有限公司、奉化市中亚液压成套制造有限公司。

9.1.2　Q21N 型外螺纹球阀

（1）型号说明

```
Q21N - □
  │    └ 压力级 ┬100: 10 MPa
  │             ├200: 20 MPa
  │             └315: 31.5 MPa
  └外螺纹球阀（配蓄能器用）
```

（2）外形尺寸（见表 3.5-124）

表 3.5-124　Q21N 型外螺纹球阀外形尺寸

/mm

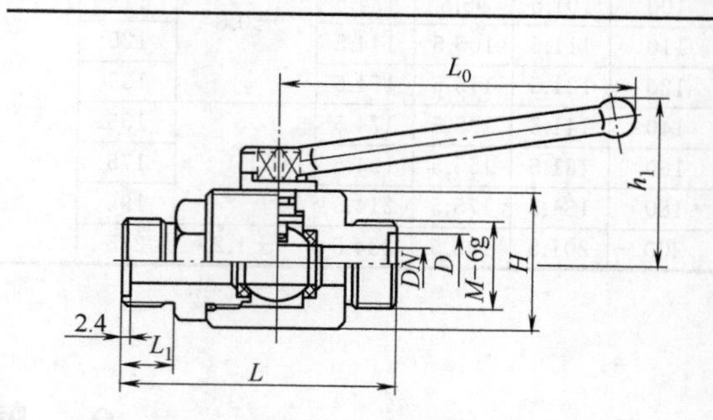

公称通径 DN	M	H	L_1	L	D	h_1	L_0	配蓄能器用
25	M42×2	70	22	112	35	86	160	NXQ-L1.6-6.3/※-H
32	M52×2	85	24	135	40	103	200	NXQ-L10-40/※-H
40	M62×2	100	26	155	50	120	250	NXQ-L40-100/※-H
50	M72×2	110	28	180	60	128	300	NXQ-L40-150/※-H

注：生产厂为奉化市中亚液压成套制造有限公司、奉化液压件二厂。

9.2　JZFS 系列高压截压阀

本阀适用于液压系统压力等各种管路上、作截止和节流阀用。

工作温度：−20～65℃。

公称压力：31.5MPa。

适用介质：液压油、水-乙二醇。

试验压力：48MPa。

（1）型号说明

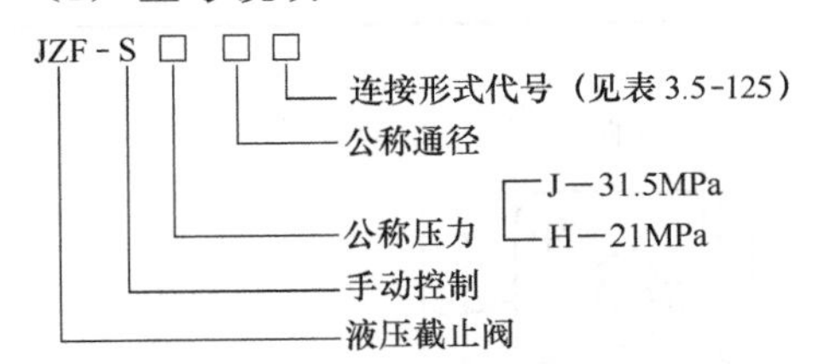

（2）垂直板式截止阀（见表 3.5-126）

（3）水平板式截止阀（见表 3.5-127）

（4）板式、法兰截止阀（见表 3.5-128）

（5）法兰、板式截止阀（见表 3.5-129）

（6）直通式内螺纹截止阀（见表 3.5-130）

（7）直角式内螺纹截止阀（见表 3.5-131）

（8）焊接法兰式截止阀（见表 3.5-132）

表 3.5-125 连接形式代号

连接形式	代号	连接形式	代号
垂直板式	BⅠ	直通普通螺纹	LTM
水平板式	BⅡ	直角普通螺纹	LJM
板式法兰	BF	焊接法兰	FH
法兰板式	FB		

表 3.5-126 垂直板式截止阀外形尺寸 /mm

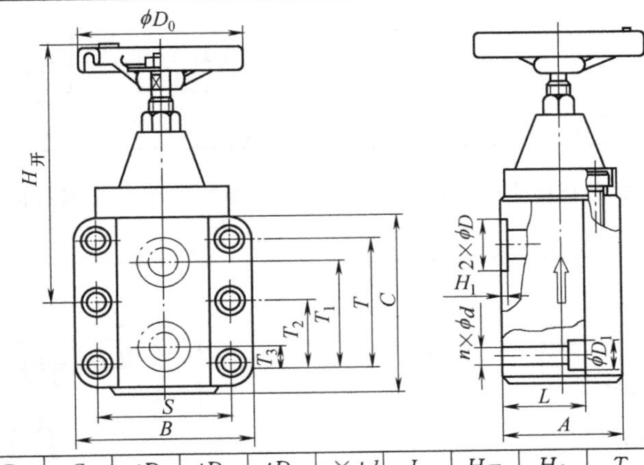

型号	A	B	C	ϕD	ϕD_0	ϕD_1	$n\times\phi d$	L	$H_开$	H_1	T	T_1	T_2	T_3	S
JZFS-J10BⅠ	65	90	86	22	100	17	4×11	40	170	1.8	42.9	35.7	—	7.1	66.7
JZFS-J20BⅠ	72	105	103	32	120	17	4×11	48	190	2.4	60.3	49.2	—	11.1	79.4
JZFS-J32BⅠ	82	120	120	40	140	17	6×11	55	215	2.4	84.1	67.5	42.1	16.7	96.8

表 3.5-127 水平板式截止阀外形尺寸 /mm

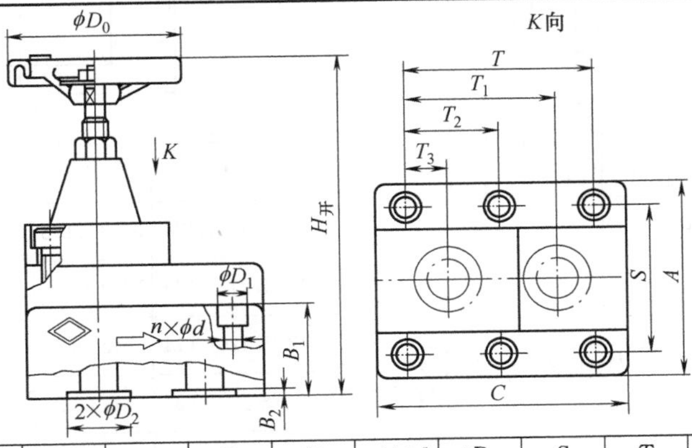

型号	A	B_1	B_2	C	ϕD_0	ϕD_1	$n\times\phi d$	ϕD_2	S	T	T_1	T_2	T_3	$H_开$
JZFS-J10BⅡ	90	30	1.8	77	100	17	4×11	22	66.7	42.9	35.7	—	7.1	158
JZFS-J20BⅡ	105	36	2.4	100	120	17	4×11	32	79.4	60.3	49.2	—	11.1	182
JZFS-J32BⅡ	120	45	2.4	122	140	17	6×11	40	96.8	67.5	67.5	42.1	16.7	204

表 3.5-128　板式、法兰截止阀外形尺寸　/mm

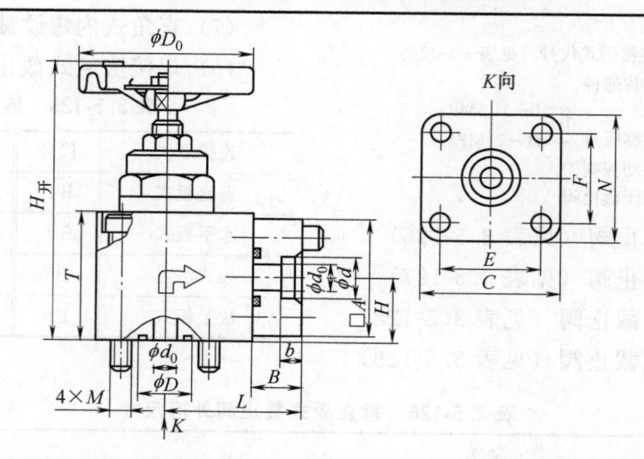

型号	$H_开$	ϕD_0	b	B	L	H	C	N	E	F	T	ϕd_0	ϕd	ϕD	M	A
JZFS-J10BF	154	80	9	20	64	30	64	60	48	42	55	10	18.5	22	8	50×50
JZFS-J20BF	205	120	12	22	80	43	80	80	56	56	76	18	28.5	35	12	65×65
JZFS-J32BF	246	140	16	28	100	56	100	100	73	73	100	30	43	45	16	85×85

表 3.5-129　法兰、板式截止阀外形尺寸　/mm

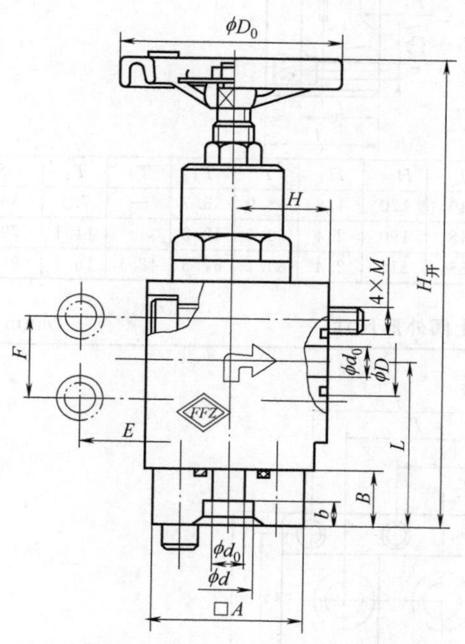

型号	L	B	b	H	E	F	ϕd
JZFS-J10FB	54	20	9	32	50	20	18.5
JZFS-J20FB	67	22	12	45	65	35	28.5
JZFS-J32FB	87	28	16	60	92	42	43

型号	ϕd_0	ϕD	M	$H_开$	ϕD_0	A
JZFS-J10FB	10	22	8	176	80	50×50
JZFS-J20FB	18	35	12	225	120	65×65
JZFS-J32FB	30	45	16	281	140	85×85

表 3.5-130　直通式内螺纹截止阀外形尺寸　/mm

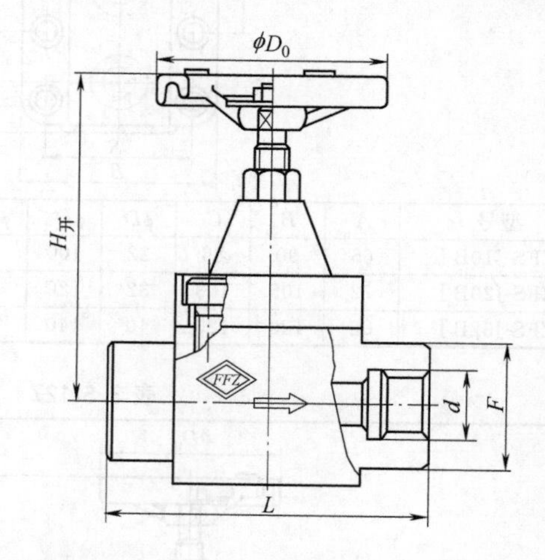

型号	d	L	F	$H_开$	ϕD_0
JZFS-J10LTM	M18×1.5	80	36	122	80
JZFS-J15LTM	M22×1.5	100	40	130	80
JZFS-J20LTM	M27×2	115	50	158	100
JZFS-J25LTM	M33×2	135	58	178	140
JZFS-J32LTM	M42×2	145	68	202	140
JZFS-H40LTM	M48×2	155	76	226	160
JZFS-H50LTM	M64×2	190	90	250	180

表 3.5-131　直角式内螺纹截止阀外形尺寸

/mm

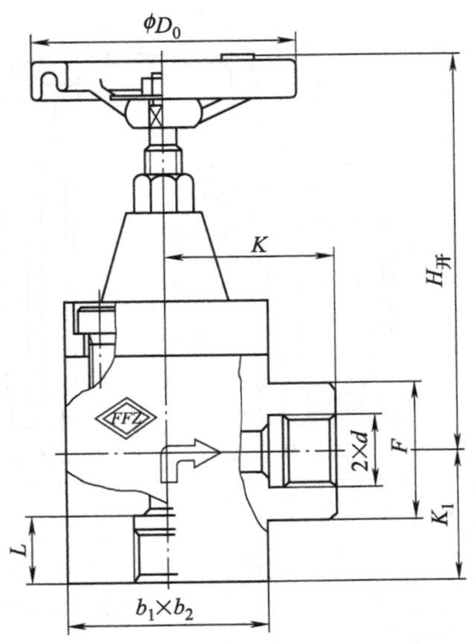

型号	d	$b_1 \times b_2$	F	K	K_1	L	$H_{开}$	ϕD_0
JZFS-J10LJM	M18×1.5	50×50	36	40	37	18	122	80
JZFS-J15LJM	M22×1.5	55×60	40	45	45	18	130	100
JZFS-J20LJM	M27×2	60×65	50	50	50	20	158	140
JZFS-J25LJM	M33×2	65×75	58	55	60	22	178	140
JZFS-J32LJM	M42×2	75×85	68	60	65	24	202	140
JZFS-J40LJM	M48×2	85×90	76	70	75	26	226	160

表 3.5-132　焊接法兰式截止阀外形尺寸

/mm

型号	L	L_1	B	b	ϕd
JZFS-J10FH	110	70	20	9	18.5
JZFS-J15FH	120	80	20	11	22.5
JZFS-J20FH	130	86	22	12	28.5
JZFS-J25FH	160	110	25	14	35
JZFS-J32FH	180	124	28	16	43
JZFS-H40FH	200	140	30	16	52
JZFS-H50FH	214	150	32	18	65.5
JZFS-H65FH	260	180	40	22	78
JZFS-H80FH	330	240	45	25	91

型号	ϕd_0	$H_{开}$	ϕD_0	A
JZFS-J10FH	12	122	ϕ80	50×50
JZFS-J15FH	15	130	ϕ80	55×55
JZFS-J20FH	18	158	ϕ100	65×65
JZFS-J25FH	24	178	ϕ140	75×75
JZFS-J32FH	30	202	ϕ140	85×85
JZFS-H40FH	38	226	ϕ160	90×90
JZFS-H50FH	48	250	ϕ180	100×100
JZFS-H65FH	60	275	ϕ220	130×130
JZFS-H80FH	70	312	ϕ280	150×150

注：生产厂为江苏阜宁液压件有限公司、烟台液压机械厂、奉化液压件二厂。

9.3　DD71X型开闭发信器蝶阀

（1）用途及性能规范

本阀适用于液压系统、化工、石油等管路上，起启闭作用。适用于以下介质：水—乙二醇、水、油品等。

开闭发信器，当蝶阀未全部打开时接近开关不动作，从而向管路提供开启保护。

电器参数：红、蓝，300mAMAX

接近开关：JM18-Y8AK

AC90V-250V。

（2）外形尺寸（见表 3.5-133）

表 3.5-133 DD71X 型开闭发信器蝶阀外形尺寸

/mm

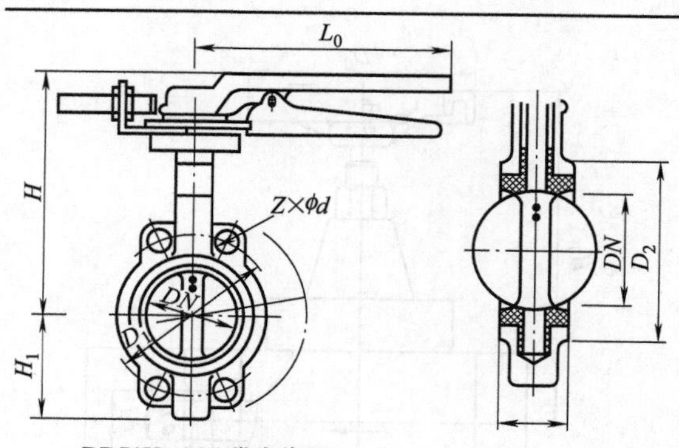

DD71X-16C(带发信器)

DN	L	H	H_1	D_2	D_1	$Z\times\phi d$	L_0
50	43	140	72	100	125	4～18	240
65	46	152	80	120	145	4～18	240
80	46	158	86	127	160	4～18	240
100	52	175	100	156	180	4～18	240
125	56	190	113	190	210	4～18	345
150	56	205	131	212	240	4～23	345
200	60	221	150	268	295	4～23	345

9.4 D71X-16 型对夹式手动蝶阀

(1) 技术参数

公称通径：DN50～150。

公称压力：$pN\leqslant1.6$MPa。

使用温度：正常−30～150℃，瞬时可达205℃。

适用介质：水、油、气、酸、碱、盐等。

(2) 规格及外形尺寸（见表 3.5-134）

表 3.5-134 D71X-16 型对夹式手动蝶阀规格及外形尺寸 /mm

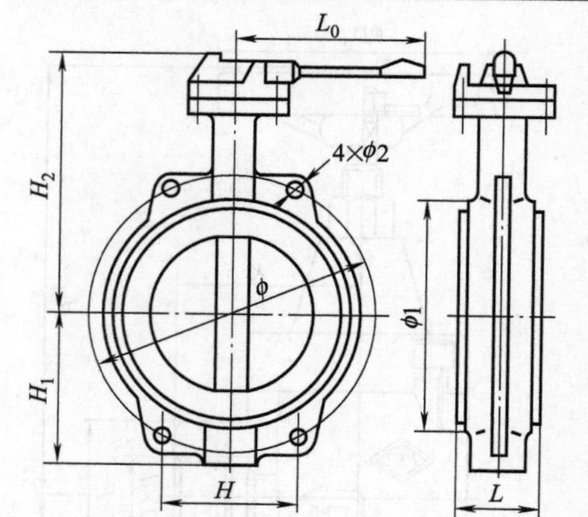

规格 DN	H	H_1	H_2	ϕ	ϕ_1	ϕ_2	L_0	L	质量/kg
40	—	69	90	110	84	20	202	36	3.4
50	88.4	80	181	125	93	20	225	43	4.2
65	102.5	89	190	145	111	20	225	46	4.8
80	61.2	95	197	160	127	20	225	46	5.2
100	68.9	114	209	180	153	20	379	52	6.5
125	89.4	127	222	210	180	20	379	56	8
150	91.8	139	234	240	207	25	379	56	10

注：1. 平焊钢法兰按 JB 81—59 选取。
2. 生产厂为沈阳市蝶阀厂、天津塘沽阀门厂。

9.5 Q11F-16 型低压内螺纹直通式球阀

(1) 型号

Q11F-16

(2) 外形尺寸（见表 3.5-135）

表 3.5-135 Q11F-16 型低压内螺纹直通式球阀外形尺寸 /mm

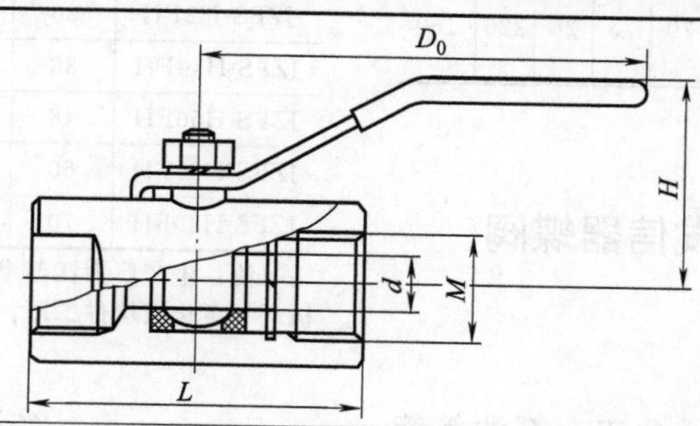

公称通径 DN	尺寸 d	M/in	H	L	D_0	公称通径 DN	尺寸 d	M/in	H	L	D_0
10	6.5	3/8	58	60	105	32	22	1 1/4	75	95	140
15	9.5	1/2	58	65	105	40	26	1 1/2	86	110	180
20	12.5	3/4	62	75	120	50	33	2	98	130	200
25	17	1	68	80	120						

注：生产厂为上海阀门厂、沈阳阀门厂、天津塘沽阀门厂。

10 E型减振器

（1）技术数据（见表 3.5-136）

表 3.5-136 E型减振器技术数据

产品型号	额定负载/kg			Z 向额定负载下静变形/mm		动刚度/(kg/cm)			阻尼比	产品质量/kg
	Z	Y	X	公称	允差	Z	Y	X		
E10	10	10	5	0.6	±0.3	330	500	350	0.08～0.12	0.16
E15	15	15	10	0.7		450	660	430		0.22
E25	25	25	10	0.9		750	880	690		0.22
E40	40	40	15	0.7		1300	1100	740		0.40
E60	60	60	25	0.7		1600	1400	900		0.65
E85	85	85	35	0.6		2000	1900	1000		1.10
E120	120	110	50	0.9		2500	2100	1100		1.40
E160	160	150	70	0.6		5500	2800	1400		1.80
E220	220	190	80	0.6		7000	3500	1500		2.20
E300	300	210	90	0.6		11000	5500	2260		2.50
E400	400	260	100	0.7		13000	6200	2400		3.10

注：Z、Y、X 分别表示坐标系中三个方向。

（2）型号及外形尺寸（见表 3.5-137）

表 3.5-137 E型减振器型号及外形尺寸

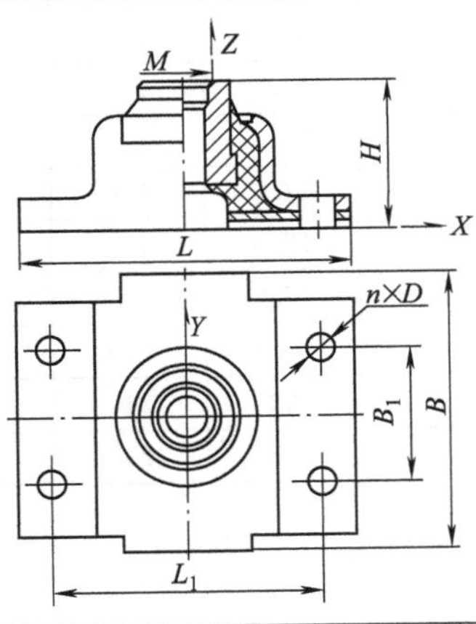

产品型号	M	L	L_1	H	B	B_1	n	D	产品型号	M	L	L_1	H	B	B_1	n	D
E10	M8	70	54	40	35		2	$\phi7$	E120	M16	140	112	65	85		2	$\phi13$
E15	M8	70	54	40	40		2	$\phi7$	E160	M18	145	115	60	108		2	$\phi13$
E25	M8	70	54	40	40		2	$\phi7$	E220	M22	150	120	60	118		2	$\phi15$
E40	M10	85	68	46	55		2	$\phi9$	E300	M24	155	125	65	125	60	4	$\phi15$
E60	M12	100	80	50	65		2	$\phi9$	E400	M27	175	140	65	130	65	4	$\phi17$
E85	M14	120	100	60	70		2	$\phi11$									

注：生产厂为无锡中策减振器有限公司、上海松江橡胶制品厂。

11 KXT型可曲挠橡胶接管

（1）型号说明

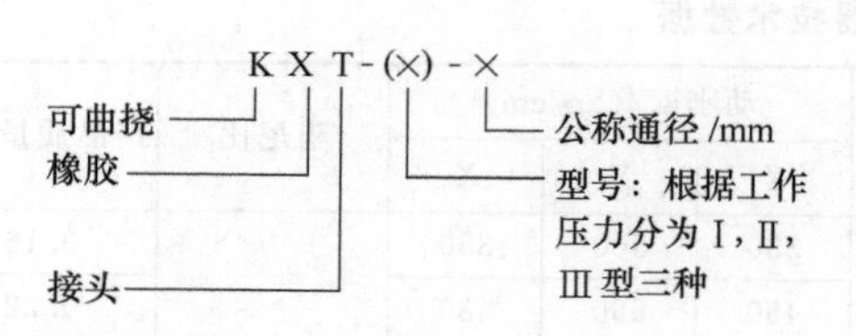

（2）技术条件（见表3.5-138）

（3）技术参数及外形尺寸（见表3.5-139）

表3.5-138 KXT型可曲挠橡胶接管技术条件

项目 \ 型号	KXT-(Ⅰ)	KXT-(Ⅱ)	KXT-(Ⅲ)
工作压力/MPa	2.0	1.2	0.8
爆破压力/MPa	6.0	3.5	2.4
真空度/kPa	100	86.7	53.3
适用温度/℃	－20～＋115		
适用介质	空气、压缩空气、水、海水、弱酸（耐油场合需注明）		
接头两端可任意偏转，便于自由调节轴向或横向位移			

注：DN200～300KXT-(1)型工作压力为1.5MPa，爆破压力为4.5MPa。

表3.5-139 KXT型可曲挠橡胶接管技术参数及外形尺寸

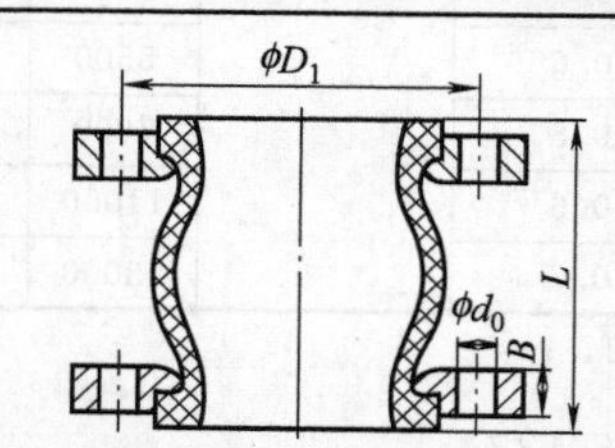

公称通径DN /mm	公称通径DN /in	长度L/mm	法兰厚度B/mm	螺栓数n	螺栓孔直径d_0/mm	螺栓孔中心圆直径D_1/mm	轴向位移/mm 伸长	轴向位移/mm 压缩	横向位移/mm	偏转角度/(°)
32	(1 1/4)	95	16	4	17.5	100	6	9	9	15
40	(1 1/2)	95	18	4	17.5	110	6	10	9	15
50	(2)	105	18	4	17.5	125	7	10	10	15
65	(2 1/2)	115	20	4	17.5	145	7	13	11	15
80	(3)	135	20	8	17.5	160	8	15	12	15
100	(4)	150	22	8	17.5	180	10	19	13	15
125	(5)	165	24	8	17.5	210	12	19	13	15
150	(6)	180	24	8	22	240	12	20	14	15
200	(8)	190	24	8	22	295	16	25	22	15

注：生产厂为上海松江橡胶制品厂。

12 NL型内齿形弹性联轴器

（1）型号说明

（2）主要规格、性能及尺寸（见表3.5-140）

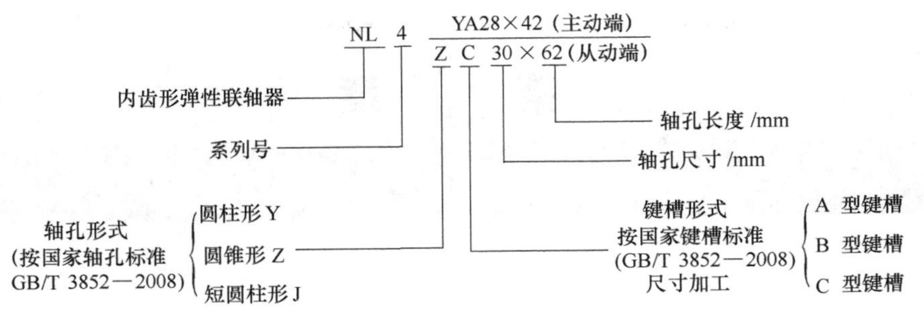

表 3.5-140 NL 型内齿形弹性联轴器主要规格、性能及尺寸

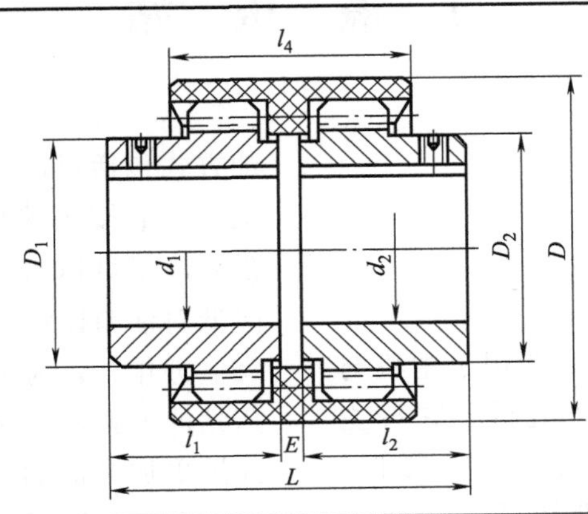

型号	公称力矩 /N·m	许用转速 /r·min^{-1}	主要尺寸/mm							最大尺寸偏差			惯性力矩 /kg·cm^2	质量 /kg
			轴孔直径 d_1,d_2	轴孔长度 l_1,l_2	L	D	D_1、D_2	E	l_4	轴向 /mm	径向 /mm	角度 α /(°)		
NL1	40	6000	6 8 10 12 14	16 20 25 32	37 45 55 69	40	26	4	34	2	±0.3	1	0.25	0.175
NL2	100	6000	10 12 14 24 16 18 20 22	25 32 42 52	57 71 91 111	52	36	4	40	2	±0.4	1	0.92	0.316
NL3	160	6000	20 22 24 25 28	52 62	113 133	66	44	4	46	2	±0.4	1	3.10	9.739
NL4	250	6000	28 30 32 35 38	62 82	129 169	83	58	4	48	2	±0.4	1	8.69	1.22
NL5	315	5000	32 35 38 40 42	82 112	169 229	93	68	4	50	3	±0.4	2	14.28	1.49
NL6	400	5000	40 42 45 48	112	230	100	68	4	52	3	±0.4	2	18.34	1.81
NL7	630	3600	45 48 50 55	112	229	115	80	4	60	3	±0.6	2	56.5	3.05
NL8	1250	3600	48 50 55 60 63 65	112 142	229 289	140	96	4	72	3	±0.6	2	98.55	5.18
NL9	2000	2000	60 63 65 70 71 75 80	142 172	295 351	175	124	6	93	4	±0.7	2	370.5	11.5
NL10	3150	1800	70 71 75 80 85 90 95 100	142 172 212	292 352 432	220	157	8	110	4	±0.7	2	1156.8	23.2

注：1. 订货时，弹性体外套材料需用文字注明，未注明，供货时按尼龙弹性套发货。
2. 生产厂为江苏江阴联轴器铸件有限公司。

第六章 液压站、油箱、管路及管件

1 液 压 站

1.1 概述

液压站又称液压泵站，主要用于主机与液压装置可分离的各种液压机械。它按主机要求供油，并控制液压油的流动方向、压力和流量，用户只需将液压站与主机上的执行机构（液压缸或液压马达）用油管相连，即可实现各种规定的动作和工作循环。

液压站通常由泵装置、液压阀组、油箱、电气盒等部分组合而成。其中泵装置包括电机和液压泵，它是液压站的动力源，将机械能转化为液压油的压力能。液压阀组由液压阀及集成块组装而成，它对液压油实行方向、压力、流量调节。油箱是用钢板焊成的半封闭容器，上面装有滤油网、空气滤清器等，它用来储存、冷却及过滤油液。电气盒是液压站与工厂配电系统和电气控制系统的接口，可以只设置外接引线的端子板，也可以配套全套的控制电器。

传统的液压站一般采用开式的油箱，液压泵可布置在油箱的旁边、上面以及油箱内部液面以下，从而形成旁置式、上置卧式、上置立式液压站。液压站的冷却方式可分为自然冷却和强制冷却。自然冷却不用附加的冷却设备，依靠空气自然对流和油箱进行热交换。一般要求油箱的体积足够大。强制冷却方式包括风冷、水冷、冷媒制冷等多种形式。一般按照液压站的工作要求合理选用，强制冷却可以有效地控制油液温度，并可以降低对油箱体积的要求。

近年来，为了适应现场设备的要求，液压站的形式不断地丰富和发展，出现了很多配置更加灵活的形式，如微型液压站、液压动力单元、液压柜等，促进了液压系统的分散化、集成化、功能化。

1.2 液压站的结构形式

1.2.1 旁置式液压站

将泵装置卧式安装在油箱旁单独的基础上，称为旁置式，可装备备用泵，主要用于油箱容量大于250L，电机功率7.5kW以上的中大型液压系统。电机泵组件安装可靠，振动和噪声较小。油箱可以采用矩形油箱，也可以采用圆罐形油箱。典型结构形式如图3.6-1所示。

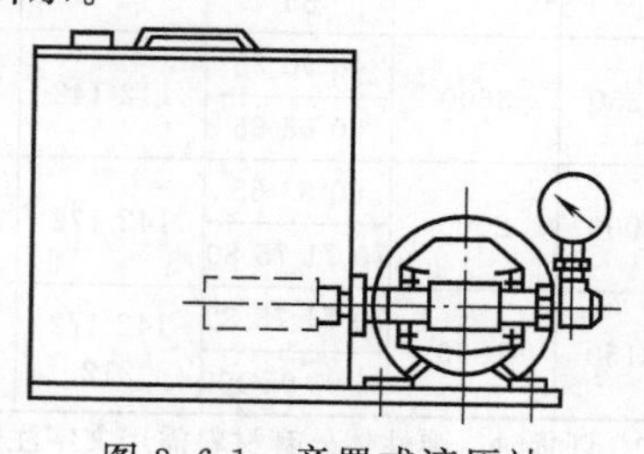

图3.6-1 旁置式液压站

1.2.2 上置卧式液压站（见图 3.6-2）

将泵装置卧式安装在油箱盖板上称为上置卧式液压站，主要用于变量泵系统，以便于流量调节。

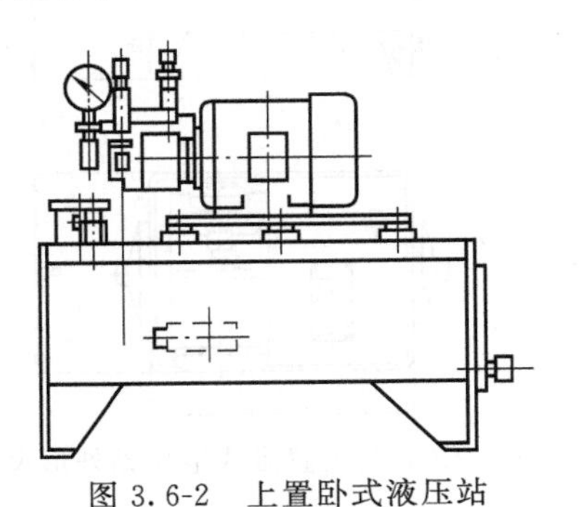

图 3.6-2 上置卧式液压站

1.2.3 上置立式液压站（见图 3.6-3）

将泵装置立式安装在油箱盖板上称为上置立式液压站。这种形式结构紧凑，泄漏小，并能节省空间，主要用于定量泵系统。

1.2.4 下置式液压站（见图 3.6-4）

将泵安装在油箱中液面以下，称为下置式液压站，可以改善液压泵的吸油条件。油箱可以采用矩形油箱，也可以采用圆罐形油箱。

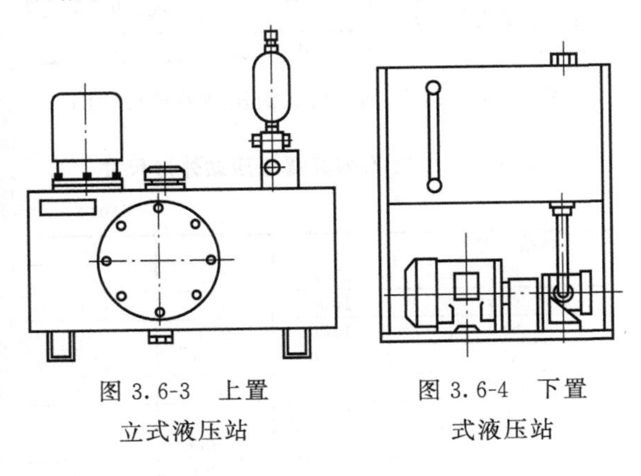

图 3.6-3 上置立式液压站　　图 3.6-4 下置式液压站

1.2.5 液压动力单元（见图 3.6-5 和图 3.6-6）

液压动力单元是一种集成设计的超微型液压泵站。它的设计以联结阀块为中心，一端安装电机，另一端安装液压泵和圆筒形油箱，侧面安装阀组和其他附件。有立式、卧式两种安装方式，操纵及维护方便，可用于小型油压机、搬运车、小型升降台等。

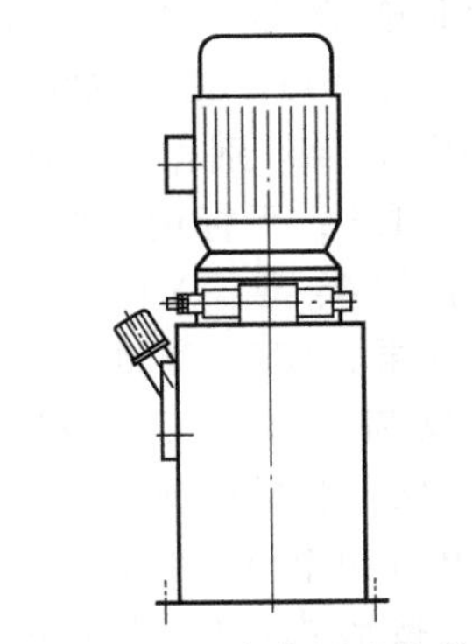

图 3.6-5 立式液压动力单元

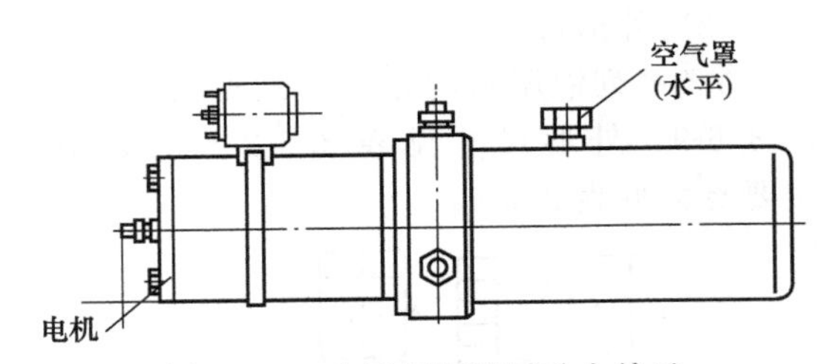

图 3.6-6 水平安装液压动力单元

1.3 典型液压站产品

1.3.1 YZ 系列液压站

YZ 系列液压站，油箱容量为 25～6300L，共 18 种规格。选用不同的泵，得到各种不同的流量和压力级。外形结构有上置式（分立式及卧式）和非上置式。YZ 系列液压站生产厂有：上海高行液压件厂、长沙液压件厂、南京液压件三厂等。油箱的容量规格见表 3.6-1。

表 3.6-1 油箱容量规格　/L

25	40	63	100	160	250	400	630	800
1000	1250	1600	2000	2500	3200	4000	5000	6300

(1) 型号意义

YZ-※ ※ ※-※-※ ※

① ② ③ ④ ⑤ ⑥

①——结构形式：L—上置立式；W—上置卧室；X—下置式；P—旁置式；F—分体式。

②——油箱容量（L）：25、40、63、100、160、250、400、630、800。

③——压力级别：E—16MPa；G—21MPa；H—31.5；无标记—63MPa。

④——泵的类型：Y1—单级叶片泵；Y2—双联叶片泵；BY—变量叶片泵；

C1—单级齿轮泵；C2—双联齿轮泵；Z—柱塞泵；BZ—变量柱塞泵。

⑤——电机功率（kW）。

⑥——连接形式：J—集成块式；G—螺纹连接；无标记—板式连接。

(2) 外形尺寸

YZ系列液压站的布置形式见图 3.6-7～图 3.6-9，外形尺寸见表 3.6-2～表 3.6-4，主要参数见表 3.6-5。

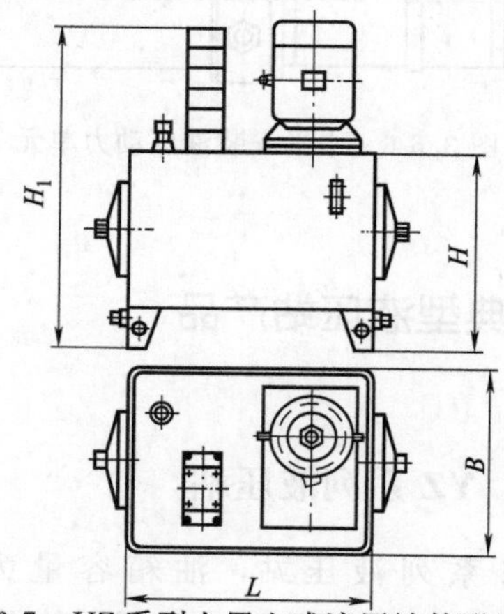

图 3.6-7 YZ系列上置立式液压站外形尺寸图

表 3.6-2 YZ系列上置立式液压站外形尺寸

/mm

油箱容量/L	L	B	H
25	—	—	—
40	—	—	—
63	—	—	—
100	700	500	520
160	800	600	600
250	900	700	700
400	1000	800	850
630	1200	900	930
800	1300	1000	970

注：H_1 根据集成块多少而定。

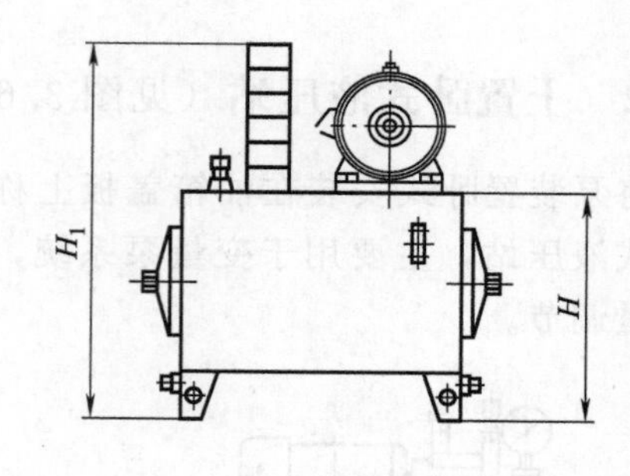

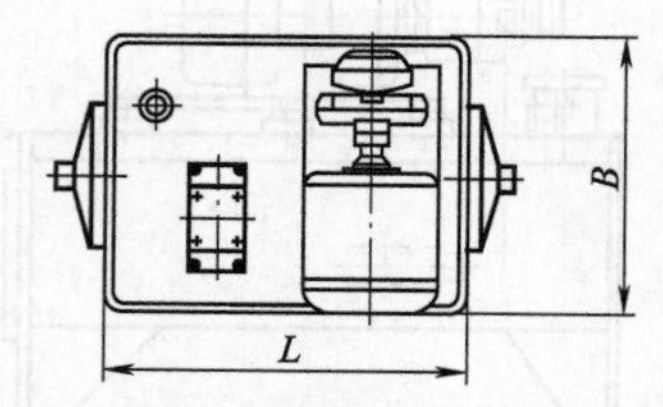

图 3.6-8 YZ系列上置卧式液压站外形尺寸图

表 3.6-3 YZ系列上置卧式液压站外形尺寸

/mm

油箱容量/L	L	H	B
100	700	500	520
160	800	600	600
250	900	700	700
400	1000	800	850

注：H_1 根据集成块多少而定。

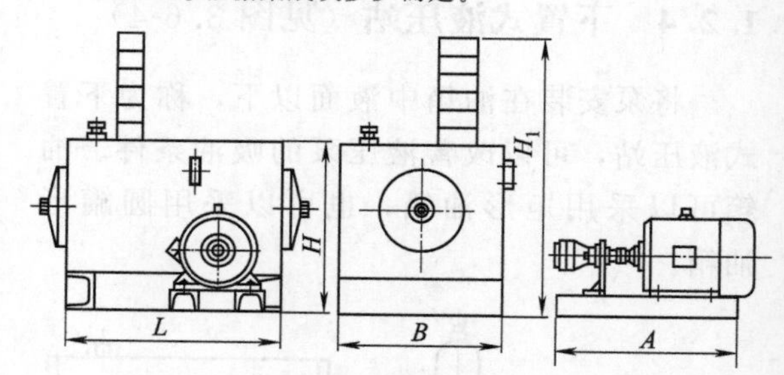

图 3.6-9 YZ系列旁置式液压站外形尺寸图

表 3.6-4 YZ系列旁置液压站外形尺寸

/mm

油箱容量/L	L	B	H
250	900	700	700
400	1000	800	850
630	1200	900	930
800	1300	1000	970
1000	1400	1100	1080
1250	1400	1100	1180
1600	1600	1200	1180
2000	1800	1300	1300
2500	2000	1400	1300
3200	2200	1500	1400
4000	2500	1500	1500
5000	2500	1800	1500
6300	2800	1800	1600

注：H_1 根据集成块多少而定；A 依电机泵而定。

表 3.6-5 YZ 系列液压站主要参数

油箱容量/L	泵站形式	电机功率/kW	液压泵压力/MPa	型号
25	上置立式	0.55	6.3	YZ-L25-Y1-0.55
40	上置立式	0.55		YZ-L40-YI-0.55
		0.75		YZ-L40-Y1-0.75
60	上置立式	0.75		YZ-L63-YI-0.75
		1.1		YZ-L63-Y1-1.1
		1.5		YZ-L63-Y1-1.5
100	上置立式	1.1		YZ-L100-Y2-1.1
		1.5		YZ-L100-Y1-1.5
		1.5		YZ-L100-Y2-1.5
		2.2		YZ-L100-Y2-2.2
	上置卧式	2.2		YZ-W100-BY-2.2
160	上置立式	1.1		YZ-L160-Y1-1.1
		1.5		YZ-L160-Y1-1.5
		2.2		YZ-L160-Y1-2.2
		2.2		YZ-L160-Y2-2.2
		3		YZ-L160-Y2-3
	上置卧式	2.2		YZ-W160-BY-2.2
		3		YZ-W160-BY-3
250	上置立式	1.5		YZ-L250-Y1-1.5
		2.2		YZ-L250-Y1-2.2
		3		YZ-L250-Y1-3
		3		YZ-L250-Y2-3
		4		YZ-L250-Y2-4
	上置卧式	3		YZ-W250-BY-3
		4		YZ-W250-BY-4
	旁置式	13	32	YZ-X250H-Z-13
			21	YZ-X250G-Z-13
			16	YZ-X250E-C1-13
	下置式	13	32	YZ-X250H-Z-13
			21	YZ-X250G-Z-13
			16	YZ-X250E-C1-13
400	上置立式	2.2	6.3	YZ-L400-Y1-2.2
		3		YZ-L400-Y1-3
		4		YZ-L400-Y1-4
		4		YZ-L400-Y2-4
		5.5		YZ-L400-Y2-5.5
	上置卧式	4	6.3	YZ-W400-BY-4
		5.5		YZ-W400-BY-5.5
	旁置式	18.5	32	YZ-P400H-BZ-18.5
			20	YZ-P400G-Z-18.5
			16	YZ-P400E-C1-18.5
	下置式	18.5	32	YZ-X400H-BZ-18.5
			20	YZ-X400G-Z-18.5
			16	YZ-X400E-C1-18.5
630	上置立式	5.5	6.3	YZ-L630-Y1-5.5
		7.5		YZ-L630-Y1-7.5
	旁置式 下置式 分体式	30	32	YZ-P/X/F630H-Z30
			20	YZ-P/X/F630G-Z30
			16	YZ-P/X/F630E-C30
800	上置立式	7.5	6.3	YZ-L800-YI-7.5
		11		YZ-L800-YI-11
	旁置式 下置式 分体式	40	32	YZ-P/X/F800H-Z40
			20	YZ-P/X/F800G-Z40
			16	YZ-P/X/F800E-C40
1000	旁置式 下置式 分体式	7.5	6.3	YZ-P/X/F1000-Y1-7.5
		11		YZ-P/X/F1000-Y1-11
		13		YZ-P/X/F1000-Y1-13
		30×2	32	YZ-P/X/F1000H-Z60
			20	YZ-P/X/F1000G-Z60
			16	YZ-P/X/F1000E-C60
1250	旁置式 下置式 分体式	11	6.3	YZB1250-D11
		13		YZB1250-D13
		15		YZB1250-D15
		30+40	32	YZB1250H-Z(30+40)
			20	YZB1250F-Z(30+40)
			16	YZB1250E-Z(30+40)
1600	旁置式	13	6.3	YZ-P/X/F1600-Y1-13
		15		YZ-P/X/F1600-Y1-15
		18.5		YZ-P/X/F1600-Y1-18.5
		40×2	32	YZ-P/X/F1600H-Z40×2
			20	YZ-P/X/F1600G-Z40×2
			16	YZ-P/X/F1600E-Z40×2
2000	旁置式 下置式 分体式	15	6.3	YZ-P/X/F2000-Y1-15
		18.5		YZ-P/X/F2000-Y1-18.5
		22		YZ-P/X/F2000-Y1-22
		40×3	32	YZ-P/X/F2000H-Z40×3
			20	YZ-P/X/F2000H-Z40×3
			16	YZ-P/X/F2000C-Z40×3
2500	旁置式 下置式 分体式	18.5	6.3	YZ-P/X/F2500-Y1-18.5
		22		YZ-P/X/F2500-Y1-22
		13×2		YZ-P/X/F2500-Y1-26
		40×4	32	YZ-P/X/F2500H-Z40×4

1.3.2 ROEMHELD液压站

ROEMHELD液压站压力为20～50MPa，流量为36～60L/min，油箱储油量V=27L、40L和63L。其外形结构与液压系统图如图3.6-10～图3.6-13所示，技术规格见表3.6-6～表3.6-10。

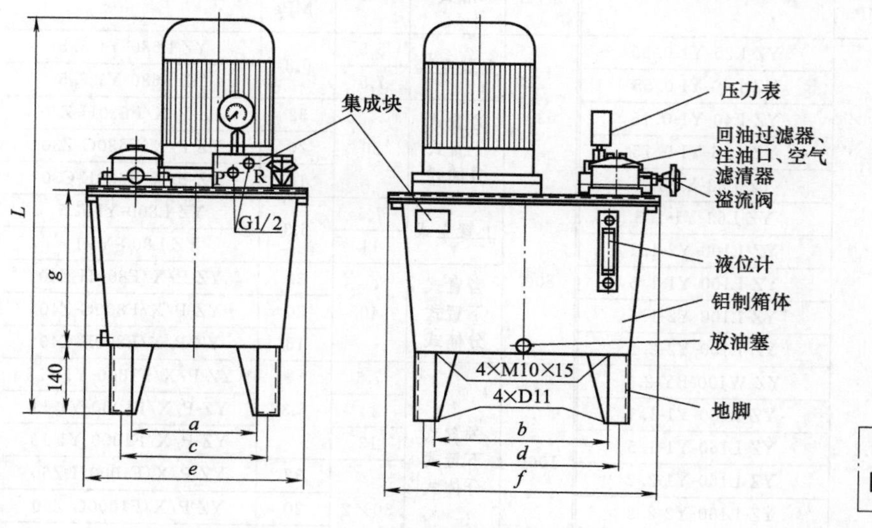

图3.6-10 ROEMHELD液压站

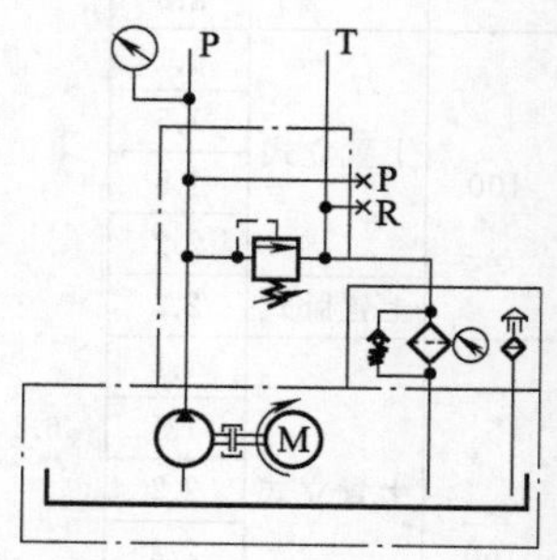

图3.6-11 ROEMHELD液压站系统图（带齿轮泵）

表3.6-6 ROEMHELD液压站主要参数

设计	最大工作压力/bar	安装/固定位置	接口	旋转方向（从上往下看）	工作电压/电源	绝缘等级	容积效率/%
齿轮泵	200	底脚安装/上方	G1/4和G1/2	顺时针	230/400V/三相交流	IP54	85～95
柱塞泵	500			任意方向			
组合泵	80/500			逆时针			

表3.6-7 ROEMHELD系列液压站主要尺寸

容积/L	a	b	c	d	e	f	g	L
27	176	326	216	366	341	491	285	见表3.6-8
40	241	341	281	381	424	525	315	
63	282.5	422.5	322.5	462.5	474	615	365	

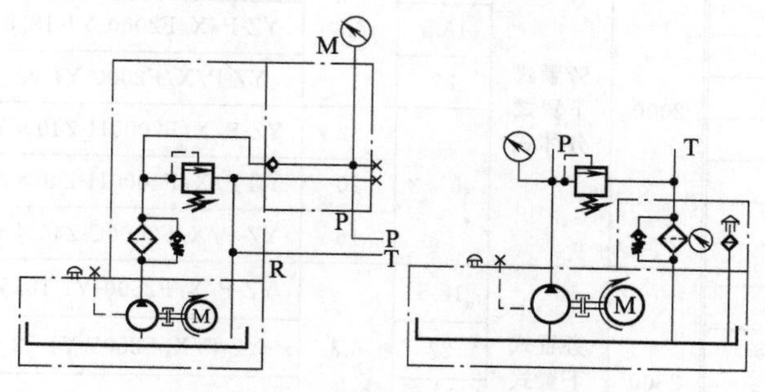

图3.6-12 ROEMHELD液压站系统图（带柱塞泵）

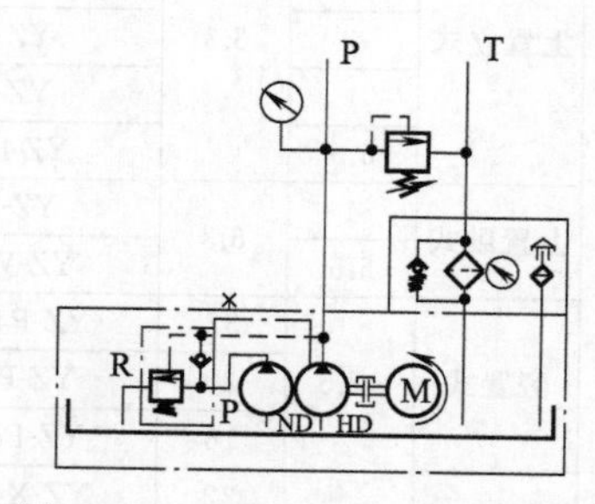

图3.6-13 ROEMHELD液压站系统图（带泵组合）

表 3.6-8 ROEMHELD 液压站选型表（带齿轮泵，旋向：顺时针）

流量 /(L/min)	工作压力 /MPa	额定功率 /kW	高度 L/mm			质量/kg			型号		
			27L	40L	63L	27L	40L	63L	27L	40L	63L
4.5	60	0.75	683	—	—	34	—	—	8140-120	—	—
	135	1.5	725	758	—	37	48	—	8144-120	8144-140	—
	200	2.2	759	792	842	44	55	59	8145-120	8145-140	8145-160
6.2	45	0.75	683	—	—	34	—	—	8152-120	—	—
	100	1.5	725	758	—	37	48	—	8154-120	8154-140	—
	160	2.2	759	792	842	44	55	59	8155-120	8155-140	8155-160
8.8	45	0.75	683	716	—	35	46	—	8156-120	8156-140	8156-160
	90	1.5	725	758	808	38	49	55	8157-120	8157-140	8157-160
	130	2.2	760	793	843	45	56	60	8158-120	8158-140	8158-160
	175	3.0	—	793	843	—	60	64	—	8159-140	8159-160
12	50	1.5	725	758	808	38	49	55	8164-120	8164-140	8164-160
	80	2.2	760	793	843	45	56	60	8165-120	8165-140	8165-160
	115	3.0	—	793	843	—	60	64	—	8166-140	8166-160
	160	4.0	—	809	859	—	68	72	—	8167-140	8167-160
	200	5.5	—	858	908	—	77	82	—	8168-140	8168-160
16	40	1.5	725	758	808	39	50	56	8174-120	8174-140	8174-160
	60	2.2	760	793	843	46	57	61	8175-120	8175-140	8175-160
	85	3.0	—	793	843	—	61	65	—	8176-140	8176-160
	115	4.0	—	809	859	—	69	73	—	8177-140	8177-160
	165	5.5	—	858	908	—	78	83	—	8188-140	8188-160
24	40	2.2	760	793	843	46	57	61	8185-120	8185-140	8185-160
	55	3.0	—	793	843	—	61	65	—	8186-140	8186-160
	80	4.0	—	809	859	—	69	73	—	8187-140	8187-160
	100	5.5	—	858	908	—	78	83	—	8188-140	8188-160
	150	7.5	—	—	946	—	—	105	—	8189-140	8189-160

表 3.6-9 ROEMHELD 液压站选型表（带柱塞泵，旋向：任意）

流量 /(L/min)	工作压力 /MPa	额定功率 /kW	高度 L/mm			质量/kg			型号		
			27L	40L	63L	27L	40L	63L	27L	40L	63L
6.0	315	4.0	—	805	855	—	71	75	—	8267-140	8267-160
8.4	315	5.5	—	861	911	—	79	83	—	8268-140	8268-160
12	315	7.5	—	899	949	—	104	108	—	8269-140	8269-160
3.6	350	2.2	756	789	—	46	57	—	8275-120	8275-140	—
4.2	350	3.0	756	789	—	53	64	—	8276-120	8276-140	—
6.0	350	4.0	—	805	855	—	71	75	—	8277-140	8277-160
8.4	350	5.5	—	861	911	—	79	83	—	8278-140	8278-160
12	350	7.5	—	899	949	—	104	108	—	8279-140	8279-160
1.5	500	1.1	698	731	—	36	47	—	8223-120	8223-140	—
2.6	350	1.5	731	764	—	39	50	—	8254-120	8254-140	—
2.6	500	2.2	756	789	—	48	59	—	8255-120	8255-140	—
3.7	500	3.0	756	789	839	53	64	68	8256-120	8256-140	8256-160
5.3	350	3.0	756	789	839	62	67.4	71	8252-120	8252-140	8252-160
5.3	500	4.0	—	805	855	—	75	79	—	8255-140	8255-160
7.4	350	4.0	—	805	844	—	77	81	—	8253-140	8253-160
7.4	500	5.5	—	861	911	—	84	88	—	8258-140	8258-160

表 3.6-10 ROEMHELD 液压站选型表（带柱塞泵和齿轮泵，旋向：逆时针）

流量/(L/min)	工作压力/MPa	额定功率/kW	高度 L/mm			质量/kg			型号		
			27L	40L	63L	27L	40L	63L	27L	40L	63L
9.0/1.5	90/500	1.5	731	764	—	42	53	—	8280-120	8280-140	—
12.3/1.5	90/500	1.5	731	764	—	42	53	—	8281-120	8281-140	—
16/1.5	90/500	1.5	731	764	—	43	54	—	8282-120	8282-140	—
9.0/2.6	80/500	2.2	756	789	—	52	63	—	8283-120	8283-140	—
12.3/2.6	80/500	2.2	756	789	—	52	63	—	8284-120	8284-140	—
16/2.6	80/500	2.2	756	789	—	53	64	—	8285-120	8285-140	—
9.0/3.7	80/500	3.0	756	789	839	60	70	74	8286-120	8286-140	8286-160
12.3/3.7	80/500	3.0	756	789	839	60	70	74	8287-120	8287-140	8287-160
9.0/5.3	80/500	4.0	—	805	855	—	78	84	—	8288-140	8288-160
12.3/7.4	80/500	4.0	—	805	855	—	78	84	—	8289-140	8289-160
9.0/2.6	80/500	5.5	—	861	911	—	85	89	—	8290-140	8290-160

1.3.3 UP 系列液压动力单元

UP系列液压动力单元最高额定压力为21MPa；系统流量范围0.22～22L/min；有交流单相22V、三相380V，直流24V和12V四种电源多种规格的电机；有6种标准回路和可以自由扩展的多种回路；有卧式、立式、挂式三种安装方式；油箱容积3～30L；增压器最高输出压力为200MPa。

（1）型号规格与选型方法

UP※ ×※ ※ ※ ※ ※ ※ ※ ※

① ② ③ ④ ⑤ ⑥ ⑦ ⑧ ⑨

①——UP系列；

②——额定压力，MPa，见表3.6-11；

③——额定流量，L/min；

④——电机电源；

⑤——液压回路，见图3.6-14；

⑥——方向阀操纵方式；

⑦——油箱安装方式及容积：安装方式—L、W、G，油箱容积见表3.6-12；

⑧——压力表：B—带压力表，空白—不带压力表；

⑨——增压器：Z—普通增压器（可达80MPa），ZT—高压增压器（可达200MPa）。

（2）外形尺寸（见图3.6-15和图3.6-16）

表 3.6-11 UP 系列液压动力包专用齿轮泵

排量/mL	0.16	0.24	0.45	0.56	0.75	0.92	1.1	1.6	2.1	2.6	3.2	3.7	4.2	4.8	5.8	7.9
额定压力/MPa	17						21				20		18		17	15
峰值压力/MPa	20						25				24		22		21	19

表 3.6-12 UP 系列液压动力包油箱规格

立式挂式						卧式挂式				
容积/L	12	16	20	25	30	容积/L	3	5	7.5	10
B/mm	200	230	260	290	320	B/mm	220	220	320	420
质量/kg	6	16	28	42	58	质量/kg	1	1.5	2	2.5

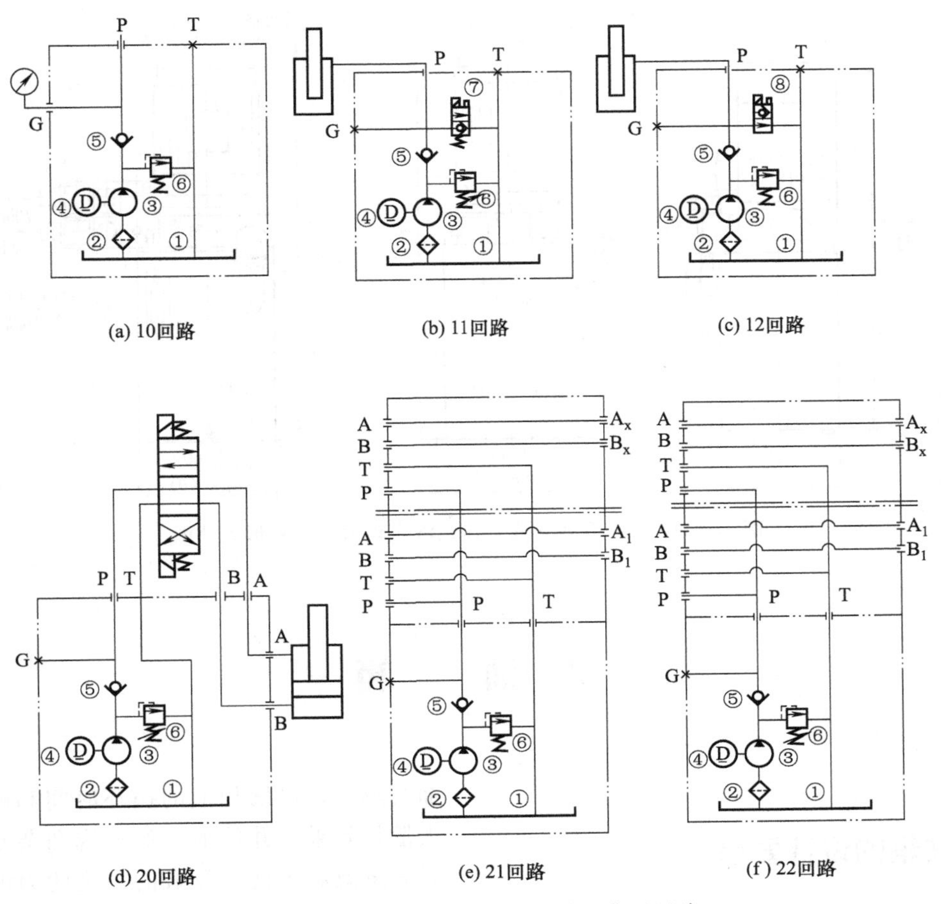

图 3.6-14 UP 系列液压动力单元典型回路

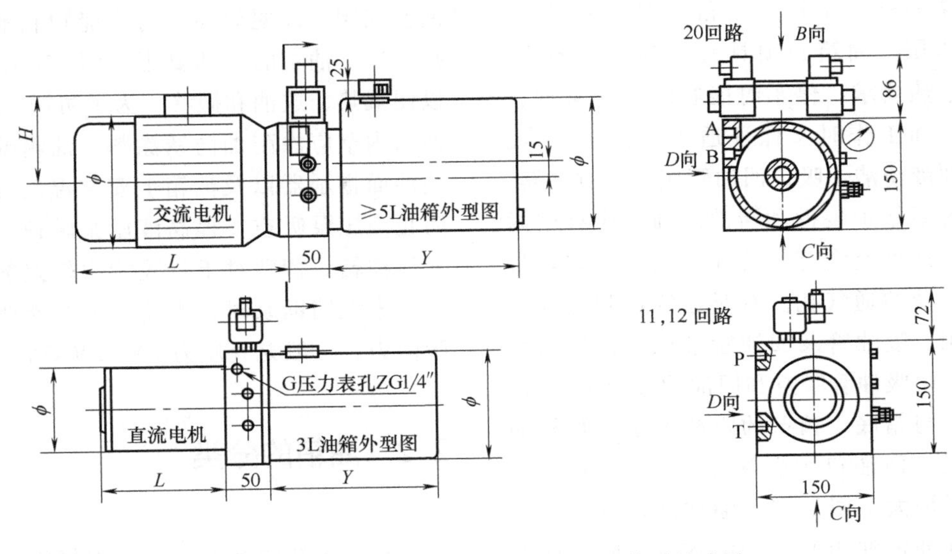

图 3.6-15 UP 系列卧式液压动力单元外形尺寸图

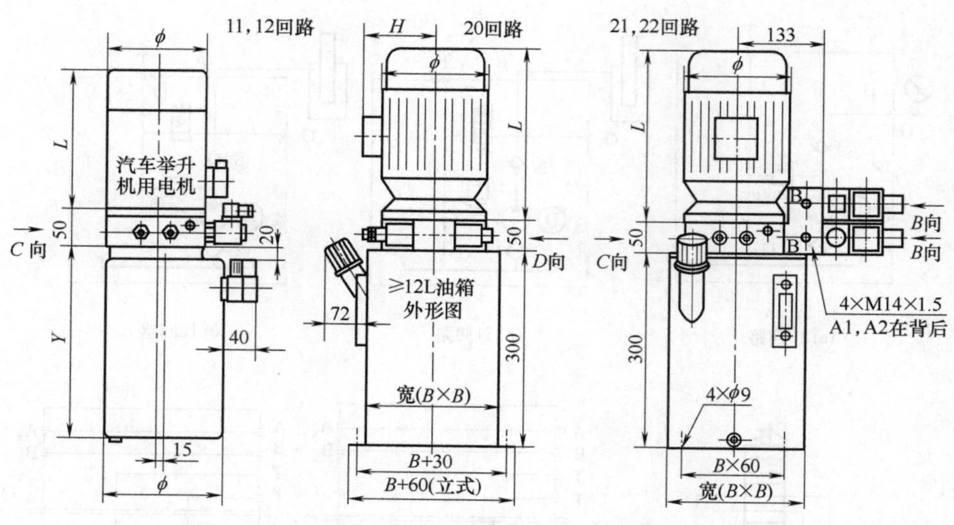

图 3.6-16　UP系列立式、挂式液压动力单元外形尺寸图

2　油　箱

2.1　油箱的设计要点

油箱是液压系统中不可缺少的元件之一，它除了储油外，还起散热和分离油中泡沫、杂质等作用。油箱必须具有足够大的容积，以满足散热要求，停车时能容纳液压系统所有油液，而工作时又保证适当的油位要求。为保持油液清洁，吸、回油管应设置过滤器，安装位置要便于装拆和清洗。油箱应有密封的顶盖，顶盖上设有带滤油器的注油口，带空气过滤器的通气孔。有时通气口和注油口可以兼用。吸油管及回油管应插入最低油面以下，以防吸油管吸空和回油冲溅产生气泡。管口一般与箱底，箱壁的距离不小于管径的三倍。吸、回油口须斜切45°角，并面向箱壁，这样增大了回油和吸油截面，可有效地防止回油冲击油箱底部的沉淀物。吸、回油管距离应尽量远，中间设置隔板，将吸、回油管隔开，以增加油的循环时间和距离，增大散热效果，并使油中的气泡和杂质有较长时间分离和沉淀。隔板的高度约为油面高度的2/3，另还根据需要在隔板上安装过滤网。为便于放油，箱底应倾斜。在最低处装设放油塞或阀。以便放油和污物能顺利地从放油孔流出。油箱的底部要距地面150mm以上，以便散热、放油和搬移。为了防锈、防凝水，油箱内壁应涂耐油防锈涂料。油箱壁上需安装油面指示器以及油箱上安装温度计等。为防止液压泵吸空，提高液压泵转速，可设计充压油箱。特别对于自吸能力较差的液压泵而又未设辅助泵时，用充压油箱能改善其自吸能力。一般充气压为70～100kPa。

2.2　油箱的分类

与液压站的类型一致，根据液压泵与油箱相对安装位置可分为上置式、下置式和旁置式三种油箱。另外，油箱还可分为开式油箱和闭式油箱。开式油箱应用最广泛，为了减少油液的污染，在油箱盖上设置空气过滤器，使大气与油箱内的空气经过过滤器相通。图 3.6-17 为开式油箱示意图。

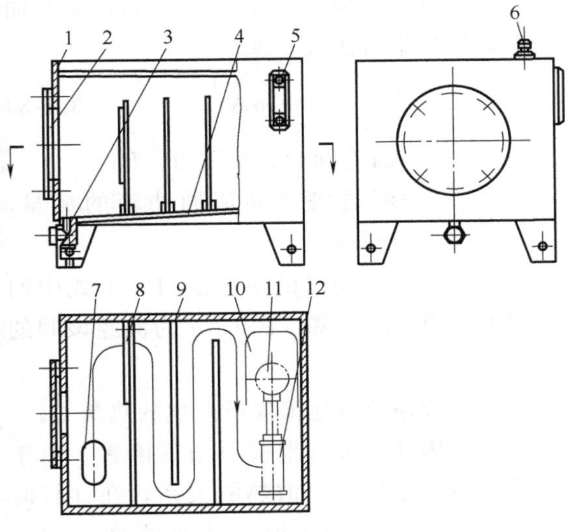

图 3.6-17　开式油箱

1—油箱体；2—清洗孔法兰；3—放油孔；4—油箱底；5—液位计；6—空气过滤器；7—回油口；8—滤气网；9—隔板；10—液压泵安装台；11—液压泵吸油口；12—过滤器

闭式油箱是指箱内液面不与大气连接，而将通气孔与具有一定压力的惰性气体相通。闭式油箱又分为隔离式和充气式两种。隔离式油箱分为带折叠器的和带挠性隔离器的两种结构，工作原理见图 3.6-18。当液压泵工作时，将有压气体通入折叠器或挠性隔离器中，通过它们的体积变化，在油箱内液面与外界空气完全隔绝的情况下，保持油箱内液体的压力为一个大气压。一般折叠器或挠性隔离器的体积要比液压泵的最大流量大 25% 以上。为保证油箱内液体的压力，可装设低压报警器或自动停机装置。

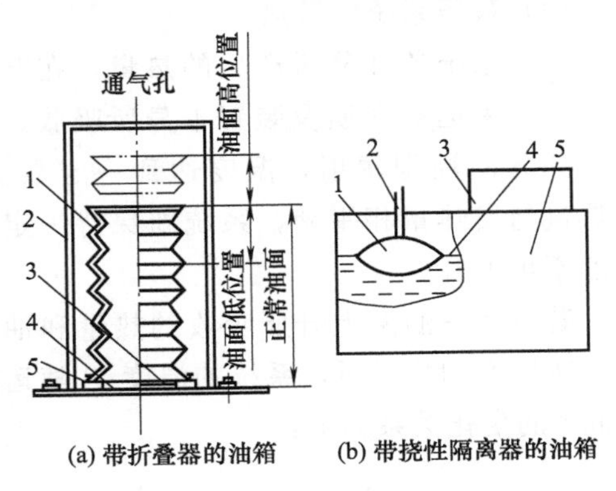

(a) 带折叠器的油箱　(b) 带挠性隔离器的油箱

1—折叠器；2—保护筒；3—油箱隔板；4—油箱；5—密封垫

1—挠性隔离器；2—进出气口；3—液压泵装置；4—液面；5—油箱

图 3.6-18　隔离式油箱

充气油箱又称充压油箱，工作原理见图 3.6-19，通入经过滤清的压缩空气，使箱内压力高于大气压。充气工具一般是小型空压机，压力为 0.7～0.8MPa，充气油箱的压力不宜过高，以免油液中溶入过量的空气，一般以 0.05～0.07MPa 为最佳选用值。为防止箱内压力过高或过低，充气油箱要设置安全阀、电接点压力表和报警器。这种油箱一般用于水下作业的液压设备。

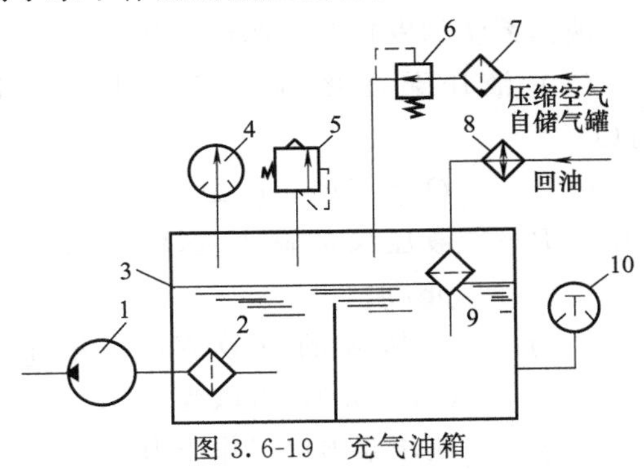

图 3.6-19　充气油箱

1—液压泵；2—粗过滤器；3—充气油箱；4—电接点压力表；5—安全阀；6—减压阀；7—空气过滤器；8—冷却器；9—精过滤器；10—电接点温度计

2.3　油箱容积的计算

2.3.1　根据不同的用途确定油箱容量

油箱容量的确定是设计油箱的关键。油箱容积一般为液压泵流量的 3～8 倍，对行走机械，或安装位置受到限制、冷却效果较好的液压设备，油箱容积可选小值；而对固定设备，以及空间面积不受限制的设备，则可选偏大容量。如冶金机械的液压系统的油箱通常是液压泵流量的7～10倍，锻压机械的液压系统的油箱则是液压泵流量的6～12倍。

2.3.2 根据允许温升确定油箱容量

油箱中的油液温度一般推荐在30～50℃，最高不应超过75℃，最低不应低于15℃。对工具机及其他固定装置，工作温度可允许在40～55℃；对行走机械，如装载车辆、工程机械的油箱，最高工作温度允许达到75℃，在特殊情况下允许达到85℃；对于高压系统，为减少泄漏，工作温度不应超过50℃。建议当温度超过65℃时就应采用冷却装置对油液进行冷却。

根据允许温升，油箱容积大小可以从热平衡的角度计算出油箱容积。

液压系统的发热及散热计算如下：

（1）液压泵功率损失所产生的热量 Q_1(J)

$$Q_1=P(1-\eta)\Delta t \quad (3.6\text{-}1)$$

式中　P——液压泵的输入功率，W，$P=pq/\eta$；

η——液压泵的总效率，一般 $\eta=0.7\sim0.9$，常取为0.8；

p——液压泵出口工作压力，Pa；

q——液压泵的实际流量，m^3/s；

Δt——工作时间，s。

如果一个工作循环中有几个工序，可根据各个工序的发热量，求出总平均发热量 Q_{1m}(J)

$$Q_{1m}=\frac{1}{T}\sum P_i(1-\eta)t_i\Delta t \quad (3.6\text{-}2)$$

式中　T——工作循环周期，s；

t——工序的工作时间，s；

i——工作的次序。

液压执行件（液压缸或马达）的发热量，也可按照上面两公式计算，此时式中

P——液动机的输入功率，W，$P=pq$；

η——液压执行件的总效率；

p——液压执行件的压力差，MPa；

q——液压执行件的入口流量，m^3/s。

（2）阀内损失所产生的热量 Q_2(J)

其中以泵的全部流量流经溢流阀返回油箱时，发热量为最大，即

$$Q_2=pq\Delta q \quad (3.6\text{-}3)$$

式中　p——溢流阀的调整压力，Pa；

q——经过溢流阀流回油箱的流量，m^3/s。

如计算其他阀口的发热量时，上式中的 p 应为该阀的压力降（Pa）；q 为流经该阀的流量（m^3/s）。

（3）管路及其他损失所产生的热量 Q_3

此项热量，包括很多复杂的因素，由于其值较小，加上管路散热的关系，在计算时常予以忽略。一般可取全部能量的0.03～0.05倍，即 $Q_3=(0.03\sim0.05)P$。

也可根据各部分的压力降 p 及流量 q 代入式（3.6-3）中求得。在考虑此项发热量时，必须相应考虑管路的散热。

系统总散热量 Q 为上述各项发热之和，即

$$Q=Q_1+Q_2+Q_3+\cdots \quad (3.6\text{-}4)$$

（4）液压系统的散热

液压系统各部分所产生的热量，在开始时一部分由运动介质及装置本身所吸收，较少一部分向周围辐射，温度达到一定数值，散热量与发热量相平衡，系统即保持一定的温度不再上升。

若只考虑油温上升所吸收的热量和油箱本身所散发的热量时，系统的温度 T 随运转时间 t 的变化关系如下：

$$T=T_0+\frac{Q}{kA}\left[1-\exp\left(\frac{-kA}{cm}t\right)\right] \quad (3.6\text{-}5)$$

式中　T——油液温度，K；

T_0——环境温度，K；

A——油箱的散热面积，m^2；

c——油罐的比热容，J/(kg·K)；矿物油一般可取 $c=1675 \sim 2093$J/(kg·K)；

m——油箱中油液的质量，kg；

t——运转的时间，s；

k——油箱的传热系数，W/(m^2·K)。

k 值的一些实际数据如下：

周围通风很差时 $k=8 \sim 9$；

周围通风良好时 $k=15$；

用风扇冷却时 $k=23$；

用循环水强制冷却时 $k=110 \sim 174$。

当 $t \to \infty$ 时，系统的平衡温度为

$$T_{max}=T_0+\frac{Q}{kA} \quad (3.6\text{-}6)$$

（5）油箱容积计算

环境温度为 T_0 时，最高允许温度为 T_y 的油箱的最小散热面 A_{min} 为

$$A_{min}=\frac{Q}{k(T_y-T_0)} \quad (3.6\text{-}7)$$

如油箱尺寸的高、宽、长之比 1：1：1 至 1：2：3，油面高度选油箱高度的 0.8，油箱靠自然冷却使系统保持在允许温度以下时，则油箱散热面积可用近似公式计算：

$$A=6.66\sqrt[3]{V^2} \quad (3.6\text{-}8)$$

式中 V——油箱的有效体积，m^3；

A——油箱的散热面积，m^2。

当 $k=15$W/(m^2·K) 时，令 $A=A_{min}$，将式（3.6-8）代入式（3.6-7），得油箱自然散热时的最小容积

$$V_{min}=10^{-3}\sqrt{\left(\frac{Q}{T_y-T}\right)^3} \quad (3.6\text{-}9)$$

上述关于油箱容量、功率、温升的计算公式，清楚地显示了三者之间的相互关系。用这些计算公式列出油箱容量、功率和温升的关系，如图 3.6-20 所示。若已知油箱的允许温升和供油系统的功率，即可从图表中查出油箱所需的容积。反之若已知油箱的容积和功率亦可查出油箱的温升。如图表中已知

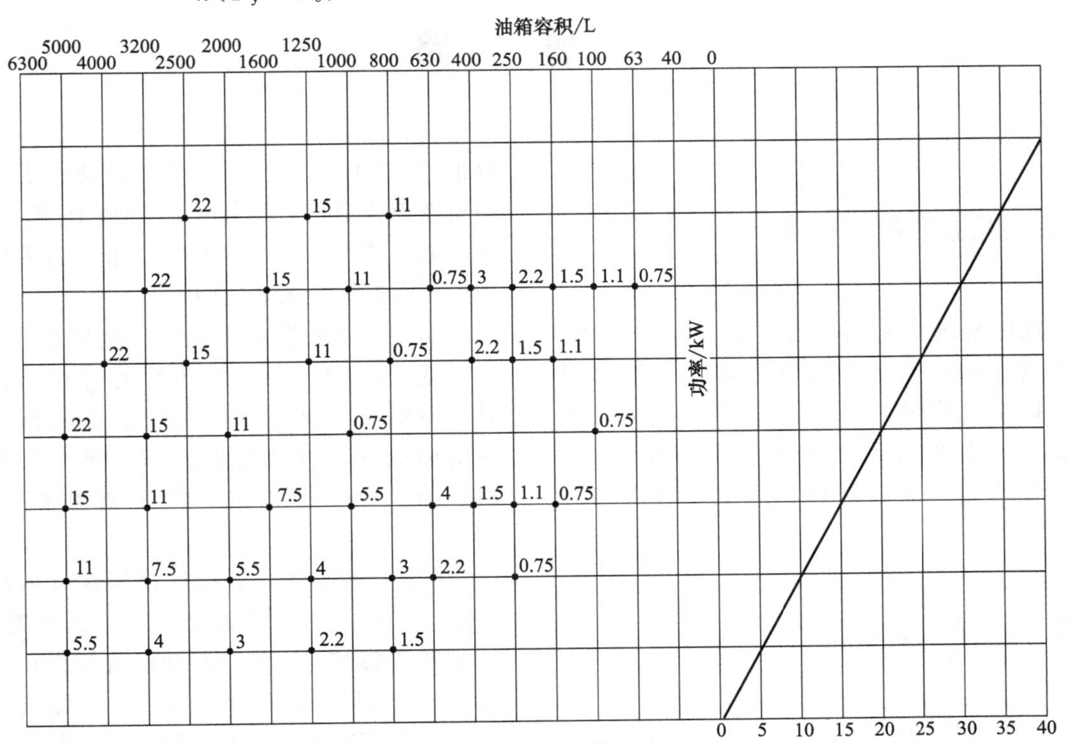

图 3.6-20 油箱容量、功率和温升的关系

容积为1000L，供油系统功率为11kW，即从图表中查出油箱的允许温升为30℃。

2.4 油箱内的油温控制

为了保证液压系统的正常工作，必须将工作介质的温度控制在一定范围内，油箱的温度控制常采用与电接点温度计相配合的温度控制器。当温度低于要求的最低值时，电接点温度计通过继电器电路通电，加热器开始工作，当温度升到调定值时，加热电路断电，加热器停止工作。同理，当温度高于要求的最高值时，使冷却器电路通电，冷却器开始工作；当油温降至调定值时，冷却器电路断电，冷却器停止工作。油温控制的范围可通过电接点温度计进行调节。

2.5 油箱内壁的处理

油箱大都采用钢板焊接而成，油箱内壁处理的目的是清除焊接后产生的鳞和铁锈。对于一般使用要求的油箱，只要光整加工后即可使用。但当工作介质为水包油乳化液或是水—乙二醇等会使油箱内壁锈蚀的介质时，应在油箱内壁涂一层与工作介质相容的塑料薄膜或耐油清漆。油箱内壁在涂料之前采用以下几种方法进行处理。

① 喷丸　使用喷丸方法是为了清除油箱内部焊接飞溅的焊渣、铁锈。

② 喷砂　喷砂是用砂子代替铁丸。喷砂处理后必须彻底清除砂子。

③ 酸洗法　喷砂处理不能彻底清除焊接飞溅的熔渣，容易生锈。所以必须使用酸洗处理。

油箱内壁一般不要涂刷油漆，以免油漆剥落而使过滤器堵塞。如要刷油漆应采用良好的不易剥落的耐油油漆。

3 管　路

3.1 液压管路的种类

液压系统中常用的管道有钢管、铜管、尼龙管、塑料管和橡胶软管等。油管材料的选择是根据液压系统各部位的压力、工作要求和各部件间的位置关系等确定的。具体管路的种类、材料和使用场合可见表3.6-13。

3.2 硬管（金属管）

液压系统用的钢管，通常为无缝钢管。有精密无缝钢管（GB 3639—83）和普通无缝钢管（YB 231—70）。卡套式管接头须采用精密无缝钢管。材料用10钢或15钢，中、高压或大通径（>80）采用15钢。这些钢管均要求在退火状态下使用。

铜管有紫铜管和黄铜管。紫铜管用于压力较低（$p\leqslant6.5\sim10$MPa）的管路，装配时可按需要来弯曲，但抗振能力较低，且易使油氧化，价格昂贵；黄铜管可承受较高压力（$p\leqslant25$MPa），但不如紫铜管易弯曲。

在液压系统中，管路连接螺纹有米制细牙螺纹、55°非密封管螺纹、55°密封管螺纹、60°圆锥管螺纹，以及米制圆锥管螺纹。螺纹的形式根据回路公称压力确定。公称压力≤16～31.5MPa的中、高压系统，采用55°非密封管螺纹或米制细牙螺纹。正确选用金属管路，

表 3.6-13 各种管路的特点和适用场合

种类		特点和适用场合
硬管	钢管	耐高压，变形小，耐油性、抗腐蚀性比较好，价格较低，装配时不易弯曲，装配后能长久地保持原形。常在拆装方便处用作压力管道。中、高压系统常用冷拔无缝钢管，低压系统、吸油和回油管路允许用有缝钢管
	紫铜管	易弯曲成形，安装方便，其内壁光滑，摩擦阻力小，但耐压低（6.5～10MPa），抗冲击和振动能力弱，易使油液氧化，且铜管价格较贵，所以尽量不用或少用。通常只限于用作仪表等的小直径油管
软管	塑料管	耐油，价格低，装配方便，但耐压能力低，长期使用会老化。一般只作回油管路或泄漏油管路（低于0.5MPa）
	尼龙管	乳白色、半透明，可观察油液流动情况，加热后可任意弯曲和扩口，冷却后定形。常用于中、低压系统
	橡胶软管	具有可挠性、吸振性和消声性，但价格高，寿命短。常用于有相对运动的部件的连接。橡胶软管有高压和低压两种，高压管用加有钢丝的耐油橡胶制成，钢丝有交叉编织和缠绕两种，一般有1～4层，钢丝层数越多，耐压越高；低压橡胶软管是由加有帆布的耐油橡胶制成，用于回油管路

必须对管道参数进行计算。

（1）管内油液的推荐流速

对吸油管，可取 $v \leqslant 1 \sim 2\text{m/s}$（一般取1m/s以下）。对压油管道，可取 $v \leqslant 2.5\text{m/s}$（压力高时取大值，压力低时取小值；管路较长时取小值，管路较短时取大值；油液黏度大时取小值）。

对短管道及局部收缩处，可取 $v \leqslant 5 \sim 7\text{m/s}$；对回油管道，可取 $v \leqslant 1.5 \sim 2.5\text{m/s}$。

（2）管子内径的计算

$$d \leqslant 1.13\sqrt{\frac{q}{v}} \tag{3.6-10}$$

式中 d——管子内径，m；

q——油液的流量，m^3/s；

v——管内油液的流速，按规定的推荐流速选取，m/s。

（3）管子壁厚的计算

$$\delta \geqslant \frac{pd}{2[\sigma]} \tag{3.6-11}$$

式中 δ——金属管壁厚度，m；

d——管子内径，m；

p——工作压力，Pa；

$[\sigma]$——许用应力，Pa，对于钢管，$[\sigma]=\frac{\sigma_b}{n}$（$\sigma_b$ 为抗拉强度，Pa；n 为安全系数，当 p 在7～17.5MPa之间时，取 $n=6$；当 $p>17.5$MPa时，取 $n=4$；对于铜管，取 $[\sigma] \leqslant 25$MPa）。

（4）钢管的通径、外径及推荐流量（见表3.6-14）

表 3.6-14 钢管公称通径、外径、壁厚、连接螺纹及推荐流量表

公称通径 DN /mm	钢管外径 /mm	管接头连接螺纹	公称压力 p_N/MPa					推荐流量 /(L/min)
			≤2.5	≤8	≤16	≤25	≤31.5	
			管路壁厚/mm					
3	6		1	1	1	1	1.4	0.63
4	8		1	1	1	1.4	1.4	2.5
5;6	10	M10×1	1	1	1	1.6	1.6	6.3
8	14	M14×1.5	1	1	1.6	2	2	25
10;12	18	M18×1.5	1	1.6	1.6	2	2.5	40
15	22	M22×1.5	1.6	1.6	2	2.5	3	63
20	28	M27×2	1.6	2	2.5	3.5	4	100
25	34	M33×2	2	2	3	4.5	5	160
32	42	M42×2	2	2.5	4	5	6	250
40	50	M48×2	2.5	3	4.5	5.5	7	400
50	63	M60×2	3	3.5	5	6.5	8.5	630
65	75		3.5	4	6	8	10	1000
80	90		4	5	7	10	12	1250
100	120		5	6	8.5			2500

注：压力管道推荐用10号、15号、20号冷拔无缝钢管（YB 231—70）；对卡套式管接头用管，采用高精度冷拔钢管；焊接式接头用管，采用普通级精度的钢管。

(5) 紫铜管（扩口管）的外径及壁厚（见表 3.6-15）

表 3.6-15 紫铜管（扩口管）的外径及壁厚（GB 1527—79） /mm

管子外径	6	8	10	12	14	18	22	28
壁厚 δ	0.75	1	1	1	1	1.5	2	2

(6) 冷拔或冷轧精密无缝钢管（摘自 GB 3639—83）

① 钢管的分类及代号　按钢管的交货状态分为冷加工/硬（Y），冷加工/软（R）和消除应力退火（T）三类，见表 3.6-16。

表 3.6-16 钢管的分类

类　别	说　　明	代号
冷加工/硬（冷拔或冷轧状态）	钢管在最终冷加工后不进行热处理，仅有很小的可加工（冷）性，其冷加工范围不能给予保证	Y
冷加工/软（轻微冷加工）	钢管经最后热处理后，进行轻微的冷加工，可在一定程度上进行冷变形，如弯曲、胀管	R
消除应力退火	钢管在最终冷加工后，在 A_1 点以下进行退火，以消除冷加工应力	T

② 钢管的化学成分及力学性能　钢管用 10、20、35、45 钢制造，其化学成分应符合 GB 699—65《优质碳素结构钢钢号和一般技术条件》的规定，其他牌号优质碳素结构或合金钢的供货，由双方在订货时商定。钢管的力学性能应符合表 3.6-17 的规定。

表 3.6-17 钢管的力学性质

牌号	交货状态					
	冷加工/硬(Y)		冷加工/软(R)		消除应力退火(T)	
	抗拉强度 σ_b /(N/mm²)	伸长率 /%	抗拉强度 σ_b /(N/mm²)	伸长率 /%	抗拉强度 σ_b /(N/mm²)	伸长率 /%
	不小于					
10	412	6	373	10	333	12
20	510	5	451	8	432	10
30	588	4	549	6	520	8
40	647	4	628	5	608	7

(7) 钢管弯管的最小曲率半径（见表 3.6-18）

表 3.6-18 推荐钢管弯管的最小曲率半径

管子外径 D_0	10	14	18	22	28	34	42	50	63
最小弯管半径	50	70	75	75	90	100	130	150	190

注：1. 管子应以套管的一端大于管子外径 1/2 以外的距离处开始弯管。

2. 外径≤14mm，可用手工工具弯管；较粗的钢管，宜用专门的弯管机械进行弯管。

3.3 胶管

胶管安装连接方便，适用于连接两个相对运动部件之间的管道，或弯曲形状复杂的地方。胶管分高压和低压两种。高压胶管是钢丝编织或钢丝缠绕为骨架的胶皮管，用于压力油路。低压胶管是麻线或棉纱编织体为骨架的胶管，用于压力较低的回路或气动管路中。

① 胶管内径的计算　胶管内径与流量、流速的关系可按下式进行计算：

$$A=\frac{1}{6}\times\frac{q}{v} \qquad (3.6\text{-}12)$$

式中 A——胶管的通流截面积，m²；

q——管内流量，L/mm；

v——管内流速，m/s，通常胶管的允许流速 $v\leqslant 6$m/s。

根据上式制成图表见图 3.6-21，从图表中选择相应的胶管内径 d。

图示以虚线为例，例如 $q=30$L/min，流速取 $v=4$m/s。则胶管内径 d 应选用 13mm 最适宜。

② 钢丝编织胶管　钢丝编织胶管由内胶层、钢丝编织层、中间胶层和外腔层组成（亦可增设辅助织物层）。一般钢丝编织层有 1～3 层，层数越多，管径越小，胶管的耐压力越高。图 3.6-22 为二层钢丝编织胶管的结构示意图。

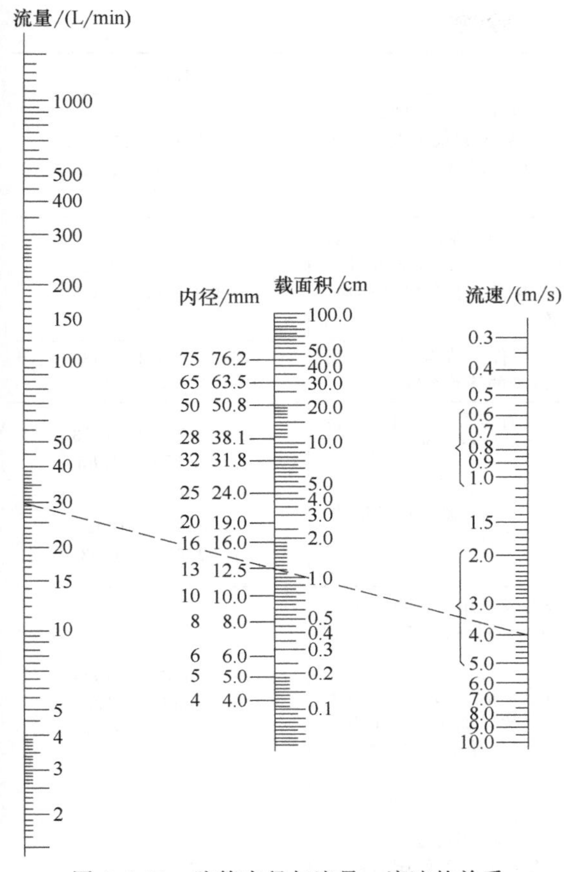

图 3.6-21 胶管内径与流量、流速的关系

③ 钢丝缠绕胶管 钢丝缠绕胶管是由内胶层、钢丝缠绕层、中间胶层和外胶层组成(亦可增设辅助织物层)。钢丝缠绕层有两层、四层和六层，层数越多，管径越小，胶管的耐压力越高。此种胶管除耐压力高外，还具有管体柔软、脉冲性能好的优点。图 3.6-23 为四层钢丝缠绕腔管的结构示意图。

图 3.6-22 二层钢丝编织胶管的结构

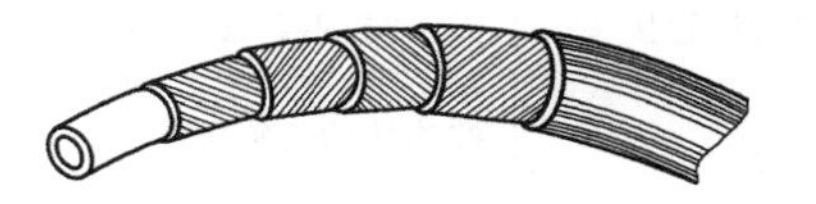

图 3.6-23 四层钢丝缠绕胶管的结构

4 管 接 头

管接头是油管与油管、油管与液压元件中间的连接件，它应满足连接牢固，密封可靠，外形尺寸小，通流能力大，装配方便，工艺性能好等要求，特别是管接头的密封性能是影响系统外泄漏的重要原因。在液压系统中，外径大于 50mm 的金属管一般采用法兰连接；对于小直径的油管用管接头连接。

4.1 管接头的类型和应用

管接头按照所连接管路的形式分为硬管接头、软管接头、快换管接头和旋转管接头。见表 3.6-19。

按管接头和管道的连接方式分，有扩口式管接头，卡套式管接头和焊接式管接头三种系列应用较普遍，其基本型有七种：端直通管接头、直通管接头、端直角管接头、直角管接头、端三通管接头、三通管接头和四通管接头。凡带端字的都是用于管端与机件间的连接，其余则用于管件间的连接。另外对应于专门应用场合，有下列八种特殊型管接头。

(1) 端直通长管接头

主要用于螺孔间距过小的地方，它与端直通管接头交错安装。

表 3.6-19　管接头的类型

类　型	特　点	标准号
焊接式管接头	利用接管与管子焊接。接头体和接管之间用O形密封圈端面密封。结构简单，易制造，密封性好，对管子尺寸精度要求不高。要求焊接质量高，装拆不便。工作压力可达31.5MPa，工作温度－25～80℃，适用于以油为介质的管路系统	JB/T 966—2005、JB/T 1003—2005
卡套式管接头	利用卡套变形卡住管子并进行密封，结构先进，性能良好，重量轻，体积小，使用方便，广泛应用于液压系统中。工作压力可达31.5MPa，要求管子尺寸精度高，需用冷拔钢管。卡套精度亦高。适用于油、气及一般腐蚀性介质的管路系统	GB/T 3733—2008、GB/T 3765—2008
扩口管接头	利用管子端部扩口进行密封，不需其他密封件。结构简单，适用于薄壁管件连接，且以油、气为介质的压力较低的管路系统	GB/T 5625.1—1985、GB/T 5653—1985
承插焊管件	将需要长度的管子插入管接头直至管子端面与管接头内端面接触，将管子与管接头焊接成一体，可省去接管，但要求管子尺寸严格，适用于油、气为介质的管路系统	GB/T 3733.1—1983、GB/T 3765—1983
锥密封焊接式管接头	接管一端为外锥表面加O形密封圈与接头体的内锥表面相配，用螺纹拧紧。工作压力可达16～31.5MPa，工作温度－25～80℃，适用于以油为介质的管路系统	JB/T 6381—1992、JB/T 6385—1992
扣压式软管接头	可与扩口式、卡套式、焊接式或快换接头连接使用。工作压力与软管结构及直径有关。适用于油、水、气为介质的管路系统，介质温度：油为－40～100℃	
三瓣式软管接头	装配时不需剥去胶管的外胶管，靠接头外套对胶管的预压缩量来补偿。胶管的预压缩量在31%～50%范围内能保证在工作压力下无渗漏，不会拔脱、外胶层不断裂。可与焊接式管接头、快换接头连接使用，适用于油、水、气为介质的管路系统，其工作压力、介质温度按连接的胶管限定	GB/T 9065.1—1988、GB/T 9065.3—1988、JB/T 8727—2004
两端开闭式快换管接头	管子拆开后，可自行密封，管道内液体不会流失，因此适用于经常拆卸的场合。结构比较复杂，局部阻力损失较大。工作压力可达31.5MPa，工作温度－25～80℃，适用于以油、气为介质的管路系统	
两端开放式快换管接头	适用于油、气为介质的管路系统，其工作压力、介质温度按连接的胶管限定	GB/T 8606—2003
旋转管接头	液压旋转接头用于向旋转设备之上的液压执行机构输送液压介质	

（2）分管管接头

用于在大直径的管子上焊接这种管接头，引出一根小直径的管子。

（3）隔壁管接头

主要用于管路较多，成排布置的场合，可以把管子固定在支架上，或用于密封容器内外的管路连接。

（4）变径管接头

用来连接外径不同的管子。

（5）对接管接头

这种管接头拆卸时，将螺母松开后，管子连同锥体环平移拆下，解决了其他卡套式管接头拆卸时必须轴向移动管子的难题。

（6）组合管接头

因卡套式管接头采用米制细牙螺纹，对端直角、端三通管接头来说较难满足方向要求，若选用组合管接头与端直通管接头连接会给复杂的管路系统安装带来方便，同时也能满足任意方向的要求。

（7）铰接管接头

可使管道在一个平面内按任意方向安装。它比组合管接头紧凑，但结构较复杂。

（8）压力表管接头

专用于连接管道中的压力表。

除了硬管连接管接头，还有用于软管与油管或软管与元件之间的连接的软管接头，用于需要经常拆装的快换管接头，以及有相对转动的管路连接的旋转管接头等。

4.2 焊接式管接头规格

4.2.1 焊接式端直通管接头和焊接式端直通长管接头

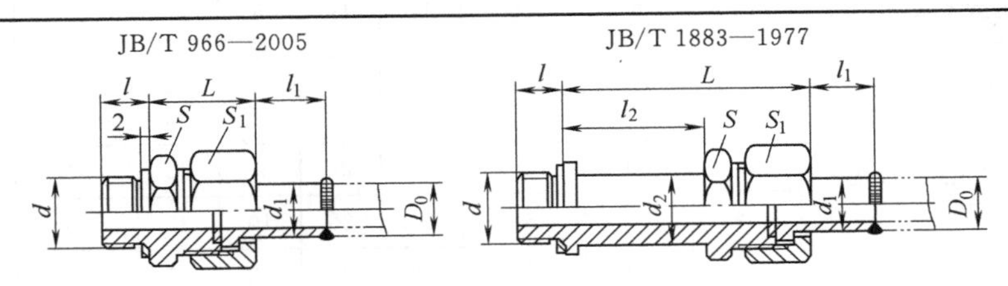

标记示例

管子外径 D_0 为 18，螺纹 M22×1.5 的焊接式端直通管接头：管接头 18/M22×1.5 JB/T 966—2005

/mm

管子外径 D_0	公称通径 DN	d	d_1	d_2	l	l_1	l_2	L	L'	扳手尺寸		O形圈	垫圈	质量/kg	
										S	S_1			JB 996	JB 1883
6	3	M10×1	7.5	10	8	14	32	22	54	14	14	8×1.9	10	0.039	0.052
10	6	M10×1	11	10	8	16.5	35	24.5	59.5	17	19	11×1.9	10	0.060	0.082
10	6	M14×1.5	11	14	12	16.5	35	25.5	60.5	19	19	11×1.9	14	0.071	0.103
14	8	M14×1.5	16	14	12	19	43	29	72	22	27	16×2.4	14	0.143	0.210
14	8	M18×1.5	16	19	12	19	43	29	72	24	27	16×2.4	18	0.155	0.235
18	10	M18×1.5	19	19	12	21	45	33	78	27	32	20×2.4	18	0.199	0.325
18	10	M22×1.5	19	24	14	21	45	33	78	30	32	20×2.4	22	0.236	0.356
22	15	M22×1.5	22	24	14	21	48	34	82	30	36	24×2.4	22	0.270	0.436
22	15	M27×2	22	28	16	21	48	35	83	36	36	24×2.4	27	0.320	0.480
28	20	M27×2	28	28	16	24	54	37	91	36	41	30×3.1	27	0.390	0.620
28	20	M33×2	28	34	16	24	54	39	93	41	41	30×3.1	33	0.450	0.640
34	25	M33×2	34	34	16	26	65	46	111	46	50	35×3.1	33	0.600	1.000
34	25	M42×2	34	44	18	26	65	48	113	55	55	35×3.1	42	0.850	1.224
42	32	M42×2	42	44	18	28	72	50	122	55	60	40×3.1	62	1.060	1.624
42	32	M48×2	42	50	20	28	72	52	124	60	60	40×3.1	48	1.170	1.170
50	40	M48×2	50	50	20	30	78	56	134	65	70	45×3.1	48	1.670	1.670

4.2.2 焊接式直通管接头

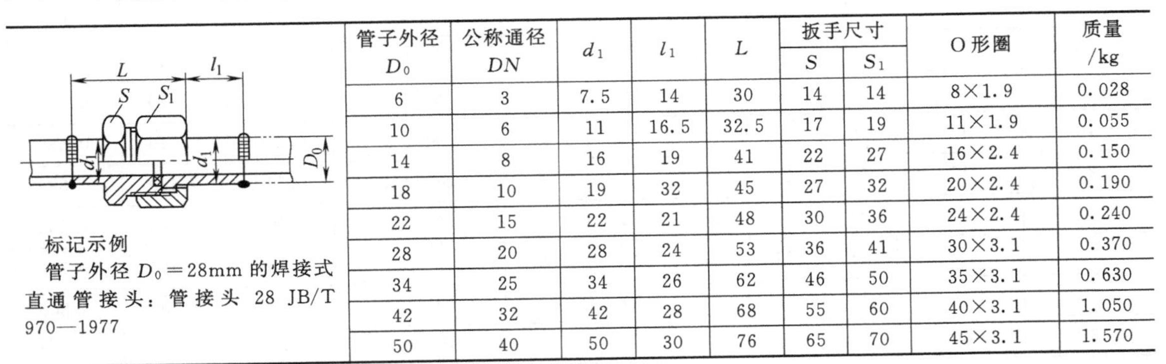

管子外径 D_0	公称通径 DN	d_1	l_1	L	扳手尺寸		O形圈	质量/kg
					S	S_1		
6	3	7.5	14	30	14	14	8×1.9	0.028
10	6	11	16.5	32.5	17	19	11×1.9	0.055
14	8	16	19	41	22	27	16×2.4	0.150
18	10	19	32	45	27	32	20×2.4	0.190
22	15	22	21	48	30	36	24×2.4	0.240
28	20	28	24	53	36	41	30×3.1	0.370
34	25	34	26	62	46	50	35×3.1	0.630
42	32	42	28	68	55	60	40×3.1	1.050
50	40	50	30	76	65	70	45×3.1	1.570

标记示例

管子外径 D_0=28mm 的焊接式直通管接头：管接头 28 JB/T 970—1977

注：应用无缝钢管的材料为 15 钢、20 钢，精度为普通级。

4.2.3 焊接式分管管接头

管子外径 D_0	公称通径 DN	$d\left(\frac{H12}{h12}\right)$	d_1	l_1	l_2	L	扳手尺寸 S_1	O形圈	质量/kg
6	3	7	7.5	14	3	20	14	8×1.9	0.021
10	6	11	11	16.5	4	21.5	19	11×1.9	0.046
14	8	16	16	19	5	27	27	16×2.4	0.120
18	10	19	19	21	7	29	32	20×2.4	0.160
22	15	22	22	21	8	30	36	24×2.4	0.210
28	20	28	28	24	9	32	41	30×3.1	0.280
34	25	34	34	26	10	37	50	35×3.1	0.470
42	32	42	42	28	12	39	60	40×3.1	0.670
50	40	50	50	30	15	43	70	45×3.1	1.050

标记示例

管子外径 D_0=28mm 的焊接式分管管接头：管接头 28

注：应用无缝钢管的材料为 15 钢、20 钢，精度为普通级。

4.2.4 焊接式直角管接头、焊接式三通管接头、焊接式四通管接头

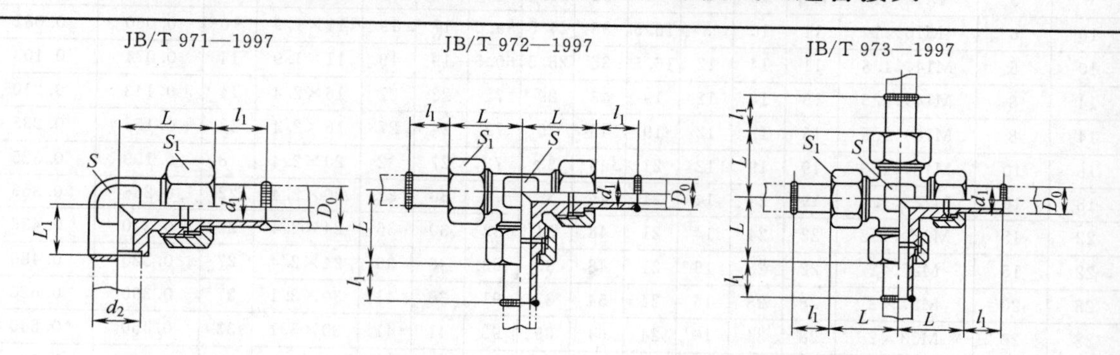

标记示例

管子外径 D_0=28mm 的焊接式直通管接头：管接头 28 JB/T 971—1977

/mm

管子外径 D_0	公称通径 DN	d_1	l_1	L	扳手尺寸 S	扳手尺寸 S_1	O形圈	质量/kg JB 971	质量/kg JB 972	质量/kg JB 973
6	3	7.5	14	24	10	14	8×1.9	0.032	0.064	0.087
10	6	11	16.5	28.5	14	19	11×1.9	0.068	0.145	0.190
14	8	16	19	35	19	27	16×2.4	0.160	0.370	0.500
18	10	19	21	39	24	32	20×2.4	0.250	0.510	0.680
22	15	22	21	43	27	36	24×2.4	0.310	0.650	0.880
28	20	28	24	48	32	41	30×3.1	0.470	0.920	1.250
34	25	34	26	57	41	50	35×3.1	0.760	1.530	2.180
42	32	42	28	64	50	60	40×3.1	1.220	2.400	3.800
50	40	50	30	74	60	70	45×3.1	2.050	3.700	5.300

注：应用无缝钢管的材料为 15 钢、20 钢，精度为普通级。

4.2.5 焊接式隔壁直通管接头和焊接式隔壁直角管接头

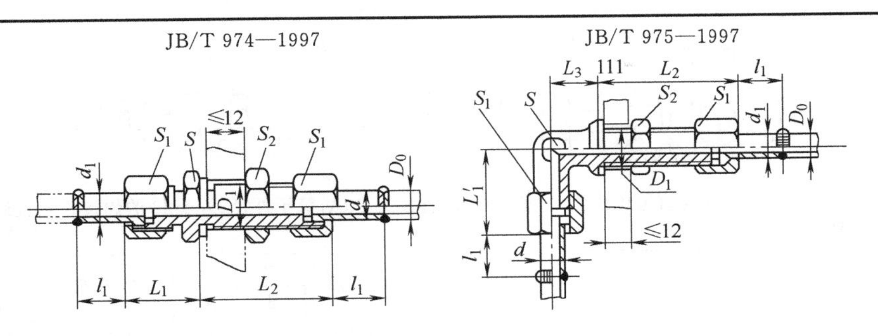

标记示例

管子外径 D_0=28mm 的焊接式隔壁直通管接头：管接头 28 JB/T 974—1977

/mm

管子外径 D_0	公称通径 DN	d_1	D_1	l_1	L_1	L_1'	L_2	L_3	扳手尺寸			O 形圈	质量/kg	
									S	S_1	S_2		JB 974	JB 975
6	3	7.5	12	14	22	26	41	15	17(10)	14	17	8×1.9	0.077	0.096
10	6	11	16	16.5	25.5	30.5	44.5	18	22(14)	19	22	11×1.9	0.158	0.183
14	8	16	22	19	29	38	49	23	27(15)	27	30	16×2.4	0.344	0.366
18	10	19	27	21	33	42	51	25	32(24)	32	36	20×2.4	0.505	0.53
22	18	22	30	21	35	46	55	28	36(27)	36	41	24×2.4	0.600	0.67
28	20	28	36	24	39	51	57	32	41(32)	41	50	30×3.1	0.950	1.02
34	25	34	42	26	46	61	62	38	50(41)	50	55	35×3.1	1.680	1.97
42	32	42	52	28	48	68	68	44	60(50)	60	65	40×3.1	2.03	2.53
50	40	50	60	30	54	78	74	52	70(60)	70	75	45×3.1	3.34	2.84

注：1. 对于隔壁部无密封要求时 JB/T 1002—1977 可省略。

2. 应用无缝钢管的材料为 15 钢、20 钢，精度为普通级。

3. 括号中的值是 JB/T 975—1977 的 S。

4. 隔壁管接头主要用于管路过多成排的布置，可以把管子固定在支架上，或用于密封容器外的管路连接。用这种管接头，管子通过箱壁时，既能保持箱内密封，又能使管接头得到固定。

4.2.6 焊接式铰接管接头

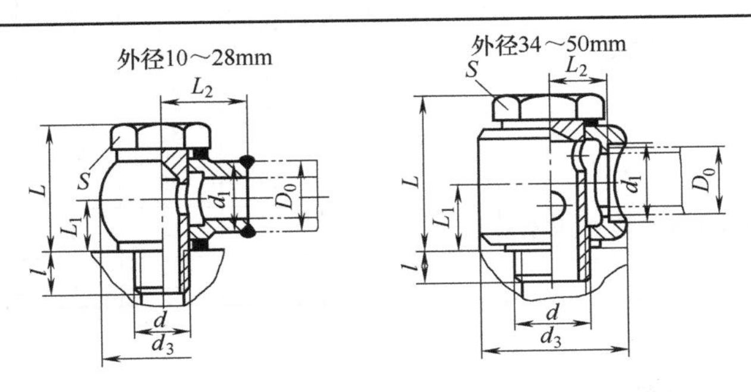

标记示例

管子外径 D_0=28mm 的焊接式铰接管接头：管接头 28 JB/T 978—1977

/mm

管子外径 D_0	公称通径 DN	d	d_1	d_3	l	L	L_1	L_2	扳手尺寸 S	垫圈	质量/kg
10	6	M10×1	11	22	8	23	8.5	15	17	10	0.059
14	8	M14×1.5	16	28	10	29	11	20	19	14	0.103
18	10	M18×1.5	19	36	12	34	13	25	24	18	0.190
22	15	M22×1.5	22	46	14	43	17	30	30	22	0.342
28	20	M27×2	28	56	15	50	20	35	36	27	0.660
34	25	M33×2	34.8	64	16	66	27	24	41	33	1.320
42	32	M42×2	42.8	78	17	82	34	30	55	42	2.140
50	40	M48×2	50.8	90	19	94	38	33	60	48	3.330

注：应用无缝钢管的材料为 15 钢、20 钢，精度为普通级。

4.2.7 焊接式端直通锥螺纹管接头和焊接式端直通锥螺纹长管接头

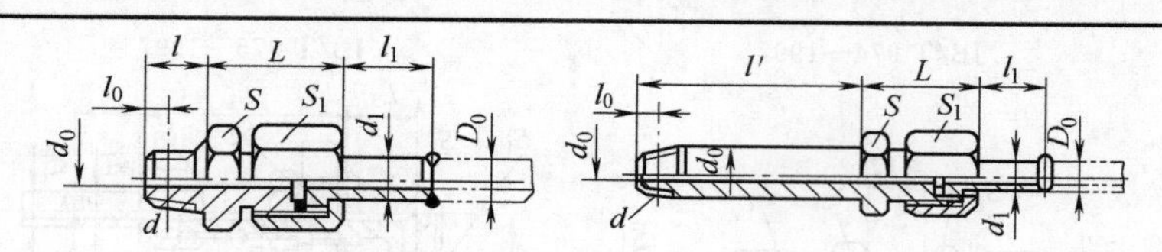

标记示例

管子外径 D_0＝28mm 的焊接式端直通锥螺纹 A 型管接头：管接头 28A；管子外径 D_0＝28 的焊接式端直通锥螺纹 B 型长管接头：管接头 28B

管子外径 D_0	公称通径 DN	d	d_0	d_1	l	l'	l_0	l_1	L	扳手尺寸		O 形圈	质量/kg	
										S	S_1		A 型	B 型
10	6	Z1/8	6	11	9	40	4.572	16.5	24.5	16	21	11×1.9	0.060	0.094
14	8	Z1/4	8	16	14	50	5.080	19	29	21	27	16×2.4	0.140	0.180
18	10	Z3/8	12	19	14	55	6.096	21	33	27	34	20×2.4	0.200	0.280
22	15	Z1/2	15	22	19	65	8.128	21	34	30	36	24×2.4	0.250	0.400
28	20	Z3/4	20	28	19	65	8.611	24	37	36	41	30×3.1	0.400	0.580
34	25	Z1	25	34	24	85	10.160	26	46	46	50	35×3.1	0.780	1.100
42	32	Z1 1/4	32	42	24	85	10.668	28	50	55	60	40×3.1	1.200	1.400
50	40	Z1 1/2	36	50	26	95	10.668	30	56	65	70	45×3.1	1.550	2.406

注：1. 公称压力可用至 20MPa。

2. 应用无缝钢管的材料为 15 钢、20 钢，精度为普通级。

4.2.8 直角焊接接管

/mm

管子外径 D_0	d_0	d_3	L	r	C	质量/kg
6	3	9	9			0.008
10	6	12	12	2	2	0.016
14	10	16	15			0.035
18	12	20	19	2.5	2.5	0.060
22	15	24	21		3	0.090
28	20	31	25	3	4	0.150
34	25	36	30			0.250
42	32	44	35	4	5	0.400
50	36	52	40			0.690

标记示例

管子外径 D_0＝28mm 的直角焊接接管：接管 28 JB/T 979—1977

注：材料 20 钢。

4.2.9 焊接式管接头接管

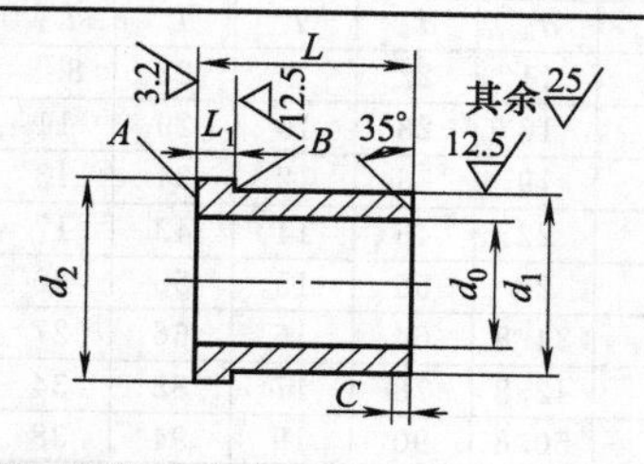

标记示例

管子外径 D_0＝28mm 的焊接式管接头接管：接管 28 JB/T 2099—1977

续表

管子外径 D_0	d_0	d_1		d_2		L	$L_{1\,0}^{+0.20}$	C	质量/kg
		尺寸	极限偏差	尺寸	极限偏差				
6	3	7.5	−0.10 −0.30	10	0 −0.36	20	3.5	1	0.0058
10	6	11	−0.12 −0.36	14	0 −0.43	24	4.5	1.5	0.0143
14	10	16		20	0 −0.52	28	5		0.0425
18	12	19	−0.14 −0.42	24.5		32	6		0.0521
22	15	22		27.5					0.0600
28	20	28		33	0 −0.62	35		2.5	0.095
34	25	34	−0.17 −0.50	39		38		3	0.136
42	32	42		49		40		4	0.206
50	36	50		57		44	7	5	0.354

注：材料为 20 钢。

4.3 卡套式管接头规格

4.3.1 卡套式端直通管接头和接头体、卡套式端直通长管接头

(1) 卡套式端直通管接头和接头体

GB/T 3733—2008

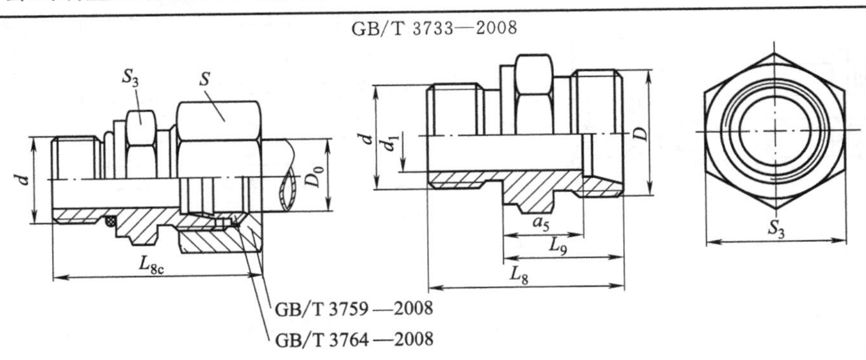

标记示例

接头系列为 L，管子外径为 10mm，普通螺纹（M）F 型柱端，表面镀锌处理的钢制卡套式端直通管接头标记为：管接头 GB/T 3733—L10

标记示例

接头系列为 L，管子外径为 10mm，普通螺纹（M）F 型柱端，表面镀锌处理的钢制卡套式端直通管接头体标记为：接头体 GB/T 3733—L10

/mm

系列	最大工作压力/MPa	管子外径 D_0	D	d	d_1（参考）	L_9（参考）	$L_8 \pm 0.3$	L_{8c} ≈	S	S_3	a_5（参考）
L	25	6	M12×1.5	M10×1	4	16.5	25	33	14	14	9.5
		8	M14×1.5	M12×1.5	6	17	28	36	17	17	10
		10	M16×1.5	M14×1.5	7	18	29	37	19	19	11
		12	M18×1.5	M16×1.5	9	19.5	31	39	22	22	12.5
		(14)	M20×1.5	M18×1.5	10	19.5	32	40	24	24	12.5
		15	M22×1.5	M18×1.5	11	20.5	33	41	27	24	13.5
		(16)	M24×1.5	M20×1.5	12	21	33.5	42.5	30	27	13.5

续表

系列	最大工作压力/MPa	管子外径 D_0	D	d	d_1 (参考)	L_9 (参考)	$L_8\pm0.3$	L_{8c} ≈	S	S_3	a_5 (参考)
L	16	18	M26×1.5	M22×1.5	14	22	35	44	32	27	14.5
		22	M30×2	M27×2	18	24	40	49	36	32	16.5
	10	28	M36×2	M33×2	23	25	41	50	41	41	17.5
		35	M45×2	M42×2	30	28	44	55	50	50	17.5
		42	M52×2	M48×2	36	30	47.5	59.5	60	55	19
S	63	6	M14×1.5	M12×1.5	4	20	31	39	17	17	13
		8	M16×1.5	M14×1.5	5	22	33	41	19	19	15
		10	M18×1.5	M16×1.5	7	22.5	35	44	22	22	15
		12	M20×1.5	M18×1.5	8	24.5	38.5	47.5	24	24	17
		(14)	M22×1.5	M20×1.5	9	25.5	39.5	48.5	27	27	18
	40	16	M24×1.5	M22×1.5	12	27	42	52	30	27	18.5
		20	M30×2	M27×2	15	31	49.5	60.5	36	32	20.5
		25	M36×2	M33×2	20	35	53.5	65.5	46	41	23
	25	30	M42×2	M42×2	25	37	56	69	50	50	23.5
		38	M52×2	M48×2	32	41.5	63	78	60	55	25.5

注：尽可能不采用括号内的规格，另有带E、B、A型柱端的卡套式端直通管接头和接头体尺寸，请参阅GB/T 3733—2008。

（2）卡套式端直通长管接头和接头体

摘自GB/T 3735—2008

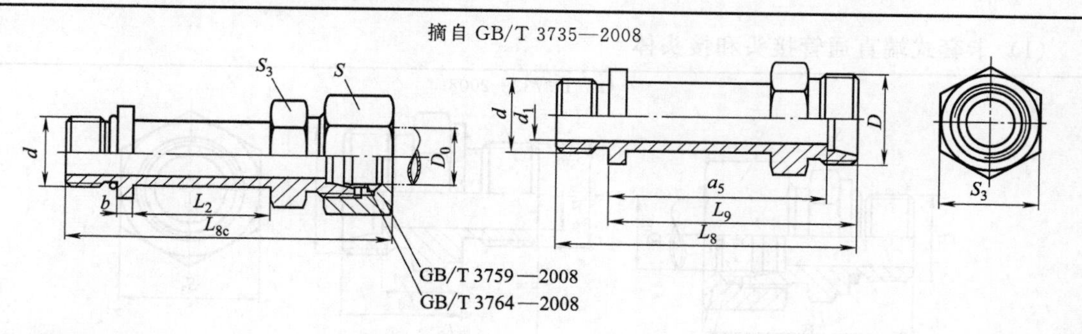

标记示例

接头系列为L，管子外径为10mm，普通螺纹(M)F型柱端，表面镀锌处理的钢制卡套式端直通长管接头标记为：管接头 GB/T 3735—L10

标记示例

接头系列为L，管子外径为10mm，普通螺纹(M)F型柱端，表面镀锌处理的钢制卡套式端直通长管接头体标记为：接头体 GB/T 3735—L10

/mm

系列	最大工作压力/MPa	管子外径 D_0	D	d	d_1 (参考)	L_2	$L_{80}\pm0.3$	$L_8\pm0.3$	L_9 (参考)	b	S	S_3	a_5 (参考)
L	25	6	M12×1.5	M10×1	4	25	59.4	51.4	42.9	3	14	14	35.9
		8	M14×1.5	M12×1.5	6	27	64.5	56.5	45.5	4	17	17	38.5
		10	M16×1.5	M14×1.5	7	29	67.5	59.5	48.5		19	19	41.5
		12	M18×1.5	M16×1.5	9	30	70.5	62.5	51		22	22	44
		(14)	M20×1.5	M18×1.5	10	31	72.5	64.5	52		24	24	45
		15	M22×1.5	M18×1.5	11	32	74.5	66.5	54		27	24	47
		(16)	M24×1.5	M20×1.5	12	32	76	67	54.5		30	27	47

续表

系列	最大工作压力/MPa	管子外径 D_0	D	d	d_1（参考）	L_2	$L_{80}\pm0.3$	$L_8\pm0.3$	L_9（参考）	b	S	S_3	a_5（参考）
L	16	18	M26×1.5	M22×1.5	14	33	78.5	69.5	56.5	4	32	27	49
		22	M30×2	M27×2	18	38	89.5	80.5	64.5	5	36	32	57
	10	28	M36×2	M33×2	23	41	93	84	68		41	41	60.5
		35	M45×2	M42×2	30	45	102	91	75		50	50	64.5
		42	M52×2	M48×2	36	46	107.5	95.5	78		60	33	67
S	63	6	M14×1.5	M12×1.5	4	29	69.5	61.5	50.5	4	17	17	43.5
		8	M16×1.5	M14×1.5	5	31	73.5	65.5	54.5		19	19	47.5
		10	M18×1.5	M16×1.5	7	32	77.5	68.5	56		22	22	48.5
		12	M20×1.5	M18×1.5	8	33	82	73	59		24	24	51.5
		(14)	M22×1.5	M20×1.5	9	33	83	74	60		27	27	52.5
	40	16	M24×1.5	M22×1.5	12	36	9.5	79.5	64.5	5	30	27	56
		20	M30×2	M27×2	15	37	100	89	70.5		36	32	60
		25	M36×2	M33×2	20	44	111.5	99.5	81		46	41	69
	25	30	M42×2	M42×2	25	45	116	103	84		50	50	70.5
		38	M52×2	M48×2	32	46	126	111	89.5		60	55	73.5

注：尽可能不采用括号内的规格，另有带 E、B、A 型柱端的卡套式端直通长管接头和接头体尺寸，请参阅 GB/T 3735—2008。

4.3.2 卡套式锥密封组合弯通管接头

GB/T 3754—2008

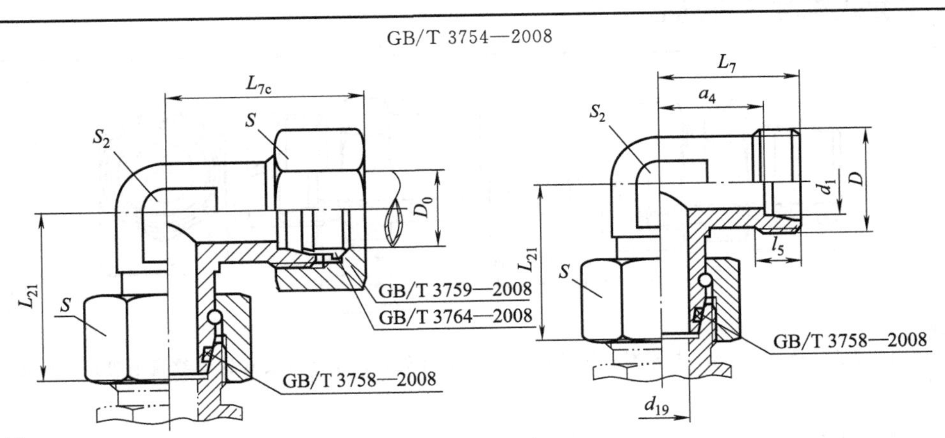

标记示例

接头系列为 L，管子外径 D_0＝10mm，表面镀锌处理的钢制锥密封组合弯通管接头标记为：管接头 GB/T 3754—2008 L10

标记示例

接头系列为 L，管子外径 D_0＝10mm，表面镀锌处理的钢制锥密封组合弯通接头体标记为：接头体 GB/T 3754—2008 L10

/mm

系列	最大工作压力/MPa	管子外径 D_0	D	d_1 参考	d_{19} min	L_7 ±0.3	L_{7c} ≈	L_{21} ±0.3	a_4 参考	l_5 min	S	S_2 锻制 min	S_2 机械加工 max
L	25	6	M12×1.5	4	2.5	19	27	26	12	7	14	12	—
		8	M14×1.5	6	4	21	29	27.5	14	7	17	12	14
		10	M16×1.5	8	6	22	30	29	15	8	19	14	17
		12	M18×1.5	10	8	24	32	29.5	17	8	22	17	19
		(14)	M20×1.5	11	9	25	33	31.5	18	8	24	19	—
		15	M22×1.5	12	10	28	36	32.5	21	9	27	19	—
		(16)	M24×1.5	14	12	30	39	33.5	22.5	9	30	22	—

续表

系列	最大工作压力/MPa	管子外径 D_0	D	d_1 参考	d_{19} min	L_7 ±0.3	L_{7c} ≈	L_{21} ±0.3	a_4 参考	l_5 min	S	S_2 锻制 min	S_2 机械加工 max
L	16	18	M26×1.5	15	13	31	40	35.5	23.5	9	32	24	—
		22	M30×2	19	17	35	44	38.5	27.5	10	36	27	—
	10	28	M36×2	24	22	38	47	41.5	30.5	10	41①	36	—
		35	M45×2	30	28	45	56	51	34.5	12	50	41	—
		42	M52×2	36	34	51	63	56	40	12	60	50	—
S	63	6	M14×1.5	4	2.5	23	31	27	16	9	17	12	14
		8	M16×1.5	5	4	24	32	27.5	17	9	19	14	17
		10	M18×1.5	7	6	25	34	30	17.5	9	22	17	19
		12	M20×1.5	8	8	26	35	31	18.5	9	24	17	22
		(14)	M22×1.5	9	9	29	38	34	21.5	10	27	22	—
	40	16	M24×1.5	12	11	33	43	36.5	24.5	11	30	24	—
		20	M30×2	16	14	37	48	44.5	26.5	12	36	27	—
		25	M36×2	20	18	45	57	50	33	14	46	36	—
	25	30	M42×2	25	23	49	62	55	35.5	16	50	41	—
		38	M52×2	32	30	57	72	63	41	18	60	50	—

① 可为 46mm。

注：尽可能不采用括号内的规格。

4.3.3 卡套式锥螺纹直通管接头

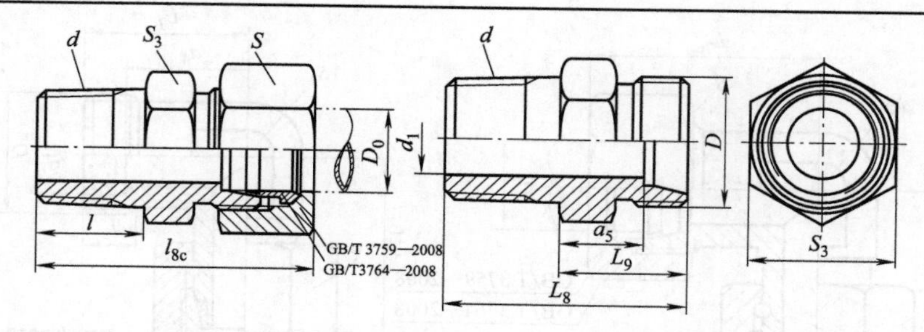

标记示例

接头系列为 L，管子外径为 10mm，55°密封管螺纹（R），表面镀锌处理的钢制卡套式锥螺纹直通管接头标记为：管接头 GB/T 3734 L10/R1/4

标记示例

接头系列为 L，管子外径为 10mm，55°密封管螺纹（R），表面镀锌处理的钢制卡套式锥螺纹直通接头体标记为：接头体 GB/T 3734 L10/R1/4

/mm

系列	最大工作压力/MPa	管子外径 D_0	D	d		d_1（参考）	l	L_9（参考）	L_8 ≈	L_{8c}≈	S	S_3	a_5（参考）
LL	10	4	M8×1	R1/8	NPT1/8	3	8.5	12	20.5	26.5	10	14	8
		5	M10×1	R1/8	NPT1/8	3	8.5	12	20.5	26.5	12	14	6.5
		6	M10×1	R1/8	NPT1/8	4	8.5	12	20.5	26.5	12	14	6.5
		8	M12×1	R1/8	NPT1/8	4.5	8.5	13	21.5	27.5	14	14	7.5
L	25	6	M12×1.5	R1/8	NPT1/8	4	8.5	14	22.5	30.5	14	14	7
		8	M14×1.5	R1/4	NPT1/4	6	12.5	15	27.5	35.5	17	19	8
		10	M16×1.5	R1/4	NPT1/4	7	12.5	16	28.5	36.5	19	19	9
		12	M18×1.5	R3/8	NPT3/8	9	13	17.5	30.5	38.5	22	22	10.5
		(14)	M20×1.5	R1/2	NPT1/2	11	17	17	34	42	24	27	10
		15	M22×1.5	R1/2	NPT1/2	11	17	18	35	43	27	27	11
		(16)	M24×1.5	R1/2	NPT1/2	12	17	18.5	35.5	44.5	30	27	11

续表

系列	最大工作压力/MPa	管子外径 D_0	D	d		d_1（参考）	l	L_9（参考）	L_8 ≈	L_{8c}≈	S	S_3	a_5（参考）
LL	16	18	M26×1.5	R1/2	NPT1/2	14	17	19	36	45	32	27	11.5
		22	M30×2	R3/4	NPT3/4	18	18	21	39	48	36	32	13.5
	10	28	M36×2	R1	NPT1	23	21.5	22	43.5	52.5	41	41	14.5
		35	M45×2	R1 1/4	NPT11/4	30	24	25	49	60	50	50	14.5
		42	M52×2	R1 1/2	NPT11/2	36	24	27	51	63	60	55	16
S	40	6	M14×1.5	R1/4	NPT1/4	4	12.5	18	30.5	38.5	17	19	11
		8	M16×1.5	R1/4	NPT1/4	5	12.5	20	32.5	40.5	19	19	13
		10	M18×1.5	R3/8	NPT3/8	7	13	20.5	33.5	42.5	22	22	13
		12	M20×1.5	R3/8	NPT3/8	8	13	22	35	44	24	22	14.5
		(14)	M22×1.5	R1/2	NPT1/2	10	17	23	40	49	27	27	15.5
		16	M24×1.5	R1/2	NPT1/2	12	17	24	41	51	30	27	15.5
		20	M30×2	R3/4	NPT3/4	15	18	28	46	57	36	32	17.5
	25	25	M36×2	R1	NPT1	20	21.5	32	53.5	65.5	46	41	20
	16	30	M42×2	R1 1/4	NPT11/4	25	24	34	58	71	50	50	20.5
		38	M52×2	R1 1/2	NPT11/2	32	24	39	63	78	60	55	23

4.3.4 卡套式锥密封组合三通管接头

GB/T 3755—2008

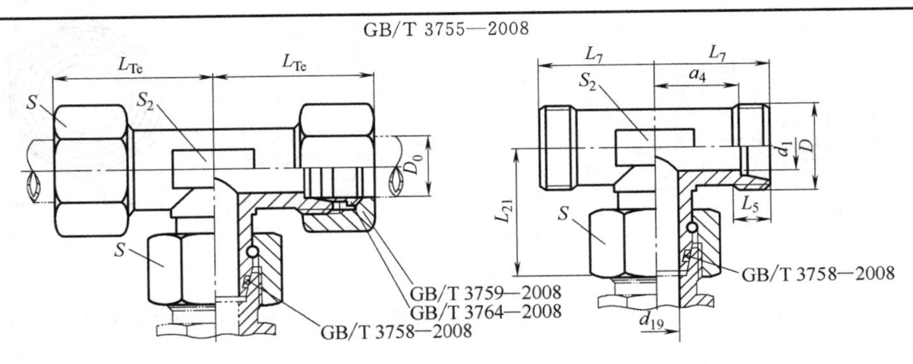

标记示例

接头系列为 L，管子外径 D_0=10mm，表面镀锌处理的钢制卡套式锥密封组合三通管接头标记为：管接头 GB/T 3755—2008　L10

标记示例

接头系列为 L，管子外径 D_0=10mm，表面镀锌处理的钢制卡套式锥密封组合三通接头体标记为：接头 GB/T 3755—2008 L10

系列	最大工作压力/MPa	管子外径 /D_0	D	d_1 参考	d_{19} min	L_7 ±0.3	L_{7c} ≈	L_{21} ±0.3	a_4 参考	l_5 min	S	S_2 锻制 min	S_2 机械加工 max
L	25	6	M12×1.5	4	2.5	19	27	26	12	7	14	12	—
		8	M14×1.5	6	4	21	29	27.5	14	7	17	12	14
		10	M16×1.5	8	6	22	30	29	15	8	19	14	17
		12	M18×1.5	10	8	24	32	29.5	17	8	22	17	19
		(14)	M20×1.5	11	9	25	33	31.5	18	8	24	19	—
		15	M22×1.5	12	10	28	36	32.5	21	9	27	19	—
		(16)	M24×1.5	14	12	30	39	33.5	22.5	9	30	22	—
	16	18	M26×1.5	15	13	31	40	35.5	23.5	9	32	24	—
		22	M30×2	19	17	35	44	38.5	27.5	10	36	27	—
	10	28	M36×2	24	22	38	47	41.5	30.5	10	41①	36	—
		35	M45×2	30	28	45	56	51	34.5	12	50	41	—
		42	M52×2	36	34	51	63	56	40	12	60	50	—

续表

系列	最大工作压力/MPa	管子外径/D_0	D	d_1 参考	d_{19} min	L_7 ±0.3	L_{7c} ≈	L_{21} ±0.3	a_4 参考	l_5 min	S	S_2 锻制 min	S_2 机械加工 max
S	63	6	M14×1.5	4	2.5	23	31	27	16	9	17	12	14
		8	M16×1.5	5	4	24	32	27.5	17	9	19	14	17
		10	M18×1.5	7	6	25	34	30	17.5	9	22	17	19
		12	M20×1.5	8	8	26	35	31	18.5	9	24	17	22
		(14)	M22×1.5	9	9	29	38	34	21.5	10	27	22	—
	40	16	M24×1.5	12	11	33	43	36.5	24.5	11	30	24	—
		20	M30×2	16	14	37	48	44.5	26.5	12	36	27	—
		25	M36×2	20	18	45	57	50	33	14	46	36	—
	25	30	M42×2	25	23	49	62	55	35.5	16	50	41	—
		38	M52×2	32	30	57	72	63	41	18	60	50	—

注：尽可能不采用括号内的规格。

4.3.5 卡套式直通管接头

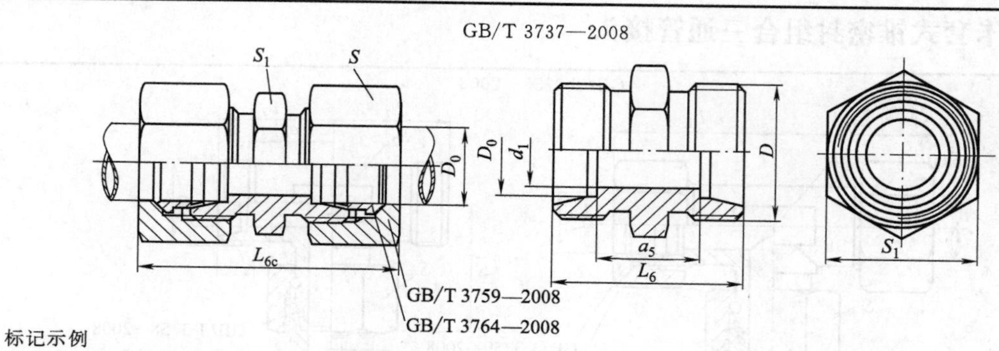

标记示例

接头系列为 L，管子外径 D_0＝10mm，表面镀锌处理的钢制卡套式直通管接头标记为：管接头 GB/T 3737　L10

标记示例

接头系列为 L，管子外径 D_0＝10mm，表面镀锌处理的钢制卡套式直通管接头体标记为：接头体 GB/T3737　L10

/mm

系列	最大工作压力/MPa	管子外径 D_0	D	d_1（参考）	L_6±0.3	L_{6c} ≈	S	S_1	a_5（参考）
LL	10	4	M8×1	3	20	32	10	9	12
		5	M10×1	3.5	20	32	12	11	9
		6	M10×1	4.5	20	32	12	11	9
		8	M12×1	6	23	35	14	12	12
L	25	6	M12×1.5	4	24	40	14	12	10
		8	M14×1.5	6	25	41	17	14	11
		10	M16×1.5	8	27	43	19	17	13
		12	M18×1.5	10	28	44	22	19	14
		(14)	M20×1.5	11	28	44	24	22	14
		15	M22×1.5	12	30	46	27	24	16
	16	(16)	M24×1.5	14	31	49	30	27	16
		18	M26×1.5	15	31	49	32	27	16
		22	M30×2	19	35	53	36	32	20
	10	28	M36×2	24	36	54	41	41	21
		35	M45×2	30	41	63	50	46	20
		42	M52×2	36	43	67	60	55	21

续表

系列	最大工作压力/MPa	管子外径 D_0	D	d_1（参考）	$L_6\pm0.3$	$L_{6c}\approx$	S	S_1	a_5（参考）
S	63	6	M14×1.5	4	30	46	17	14	16
		8	M16×1.5	5	32	48	19	17	18
		10	M18×1.5	7	32	50	22	19	17
		12	M20×1.5	8	34	52	24	22	19
		(14)	M22×1.5	9	36	54	27	24	21
	40	16	M24×1.5	12	38	58	30	27	21
		20	M30×2	16	44	66	36	32	23
		25	M36×2	20	50	74	46	41	26
		30	M42×2	25	54	80	50	46	27
		38	M52×2	32	61	91	60	55	29

4.3.6 卡套式可调向端弯通管接头

GB/T 3738—2008

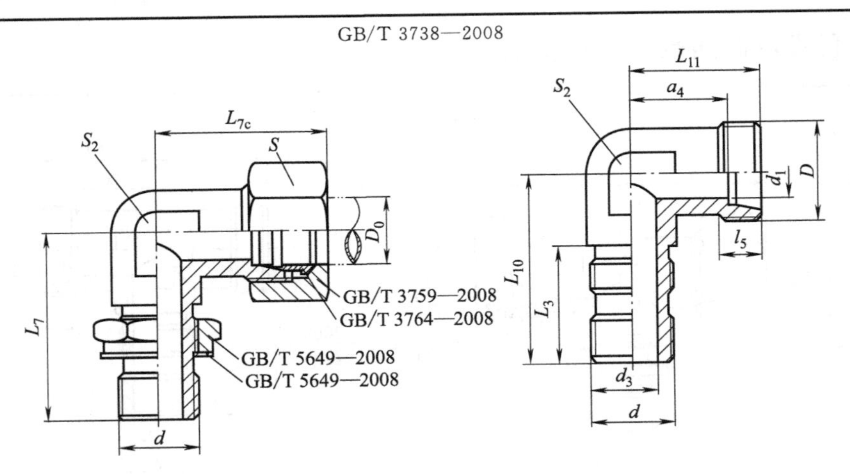

标记示例

接头系列为 L，管子外径为 10mm，普通螺纹（M）可调向螺纹柱端，表面镀锌处理的钢制卡套式可调向端弯通管接头标记为：管接头 GB/T 3738 L10

标记示例

接头系列为 L，管子外径为 10mm，普通螺纹（M）可调向螺纹柱端，表面镀锌处理的钢制卡套式可调向端弯通接头体标记为：接头体 GB/T 3738 L10

/mm

系列	最大工作压力/MPa	管子外径 D_0	D	d	d_1（参考）	d_3（参考）	$L_{3\min}$	$L_7\pm0.3$	$L_{7c}\pm0.3$	$L_{10}\pm1$	L_{11}（参考）	$l_{5\min}$	a_4（参考）	S	S_2 锻制 min	S_2 机械加工 max
L	25	6	M12×1.5	M10×1	4	4	16	19	27	25	16.4	7	12	14	12	12
		8	M14×1.5	M12×1.5	6	6	20	21	29	31	19.9	7	14	17	12	14
		10	M16×1.5	M14×1.5	8	7	20	22	30	31	19.9	8	15	19	14	17
		12	M18×1.5	M16×1.5	10	9	20.5	24	32	33.5	21.9	8	17	22	17	19
		(14)	M20×1.5	M18×1.5	11	10	21.5	25	33	35.5	22.9	8	18	24	19	
		15	M22×1.5	M18×1.5	12	11	21.5	28	36	37.5	24.9	9	21	27	19	
		(16)	M24×1.5	M20×1.5	14	12	21.5	30	39	40.5	27.8	9	22.5	30	22	
	16	18	M26×1.5	M22×1.5	15	14	22.5	31	40	41.5	28.8	9	23.5	32	24	
		22	M30×2	M27×2	19	18	27.5	35	44	48.5	32.8	10	27.5	36	27	
	10	28	M36×2	M33×2	24	23	27.5	38	47	51.5	35.8	10	30.5	41	36	
		35	M45×2	M42×2	30	30	27.5	45	56	56.5	40.8	12	34.5	50	41	
		42	M52×2	M48×2	36	36	29	51	63	64	46.8	12	40	60	50	

续表

系列	最大工作压力/MPa	管子外径 D_0	D	d	d_1（参考）	d_3（参考）	L_{3min}	L_7 ±0.3	L_{7c} ±0.3	L_{10} ±1	L_{11}（参考）	l_{5min}	a_4（参考）	S	S_2 锻制 min	S_2 机械加工 max
S	63	6	M14×1.5	M12×1.5	4	4	21	23	31	32	20.9	9	16	17	12	14
		8	M16×1.5	M14×1.5	5	5	21	24	32	33	21.9	9	17	19	14	17
		10	M18×1.5	M16×1.5	7	7	23	25	34	36	23.4	9	17.5	22	17	19
		12	M20×1.5	M18×1.5	8	8	26	26	35	40	25.9	9	18.5	24	17	22
		(14)	M22×1.5	M20×1.5	9	9	26	29	38	43.5	28.8	10	21.5	27	22	
	40	16	M24×1.5	M22×1.5	12	12	27.5	33	43	46.5	31.8	11	24.5	30	24	
		20	M30×2	M27×2	16	15	33.5	37	48	54.5	36.3	12	26.5	36	27	
		25	M36×2	M33×2	20	20	33.5	45	57	60.5	42.3	14	33	46	36	
	25	30	M42×2	M42×2	25	25	34.5	49	62	63.5	44.8	16	35.5	50	41	
		38	M52×2	M48×2	32	32	38	57	72	73	51.8	18	41	60	50	

注：尽可能不采用括号内的规格。

4.3.7 卡套式可调向端三通管接头

GB/T 3741—2008

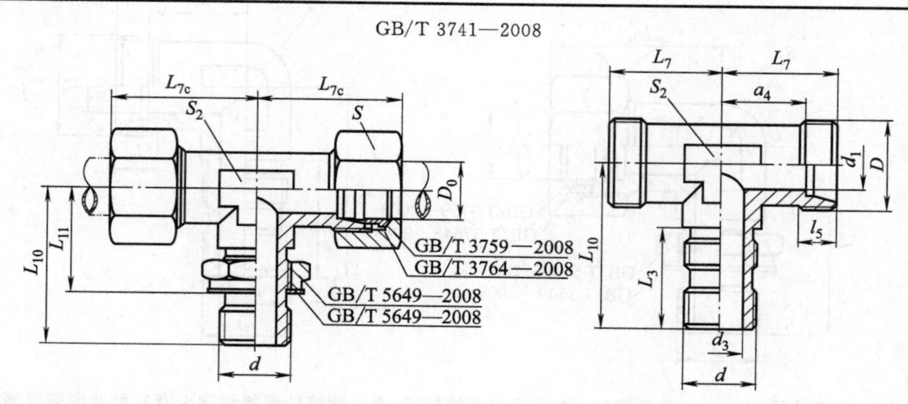

标记示例

接头系列为 L，管子外径为 10mm，普通螺纹(M)可调向螺纹柱端，表面镀锌处理的钢制卡套式可调向端三通管接头标记为：管接头 GB/T 3741　L10

标记示例

接头系列为 L，管子外径为 10mm，普通螺纹(M)可调向螺纹柱端，表面镀锌处理的钢制卡套式可调向端三通接头体标记为：接头体 GB/T 3741　L10

/mm

系列	最大工作压力/MPa	管子外径 D_0	D	d	d_1（参考）	d_3（参考）	L_{3min}	L_7 ±0.3	L_{7c} ≈	L_{10} ±1	L_{11}（参考）	l_{5min}	a_4（参考）	S	S_2 锻制 min	S_2 机械加工 max
L	25	6	M12×1.5	M10×1	4	4	16	19	27	25	16.4	7	12	14	12	12
		8	M14×1.5	M12×1.5	6	6	20	21	29	31	19.9	7	14	17	12	14
		10	M16×1.5	M14×1.5	8	7	20	22	30	31	19.9	8	15	19	14	17
		12	M18×1.5	M16×1.5	10	9	20.5	24	32	33.5	21.9	8	17	22	17	19
		(14)	M20×1.5	M18×1.5	11	10	21.5	25	33	35.5	22.9	8	18	24	19	
		15	M22×1.5	M18×1.5	12	11	21.5	28	36	37.5	24.9	9	21	27	19	
		(16)	M24×1.5	M20×1.5	14	12	21.5	30	39	40.5	27.8	9	22.5	30	22	
	16	18	M26×1.5	M22×1.5	15	14	22.5	31	40	41.5	28.8	9	23.5	32	24	
		22	M30×2	M27×2	19	18	27.5	35	44	48.5	32.8	10	27.5	36	27	
	10	28	M36×2	M33×2	24	23	27.5	38	47	51.5	35.8	10	30.5	41	36	
		35	M45×2	M42×2	30	30	27.5	45	56	56.5	40.8	12	34.5	50	41	
		42	M52×2	M48×2	36	36	29	51	63	64	46.8	12	40	60	50	

续表

系列	最大工作压力/MPa	管子外径 D_0	D	d	d_1（参考）	d_3（参考）	L_{3min}	L_7 ±0.3	L_{7c} ≈	L_{10} ±1	L_{11}（参考）	l_{5min}	a_4（参考）	S	S_2 锻制 min	S_2 机械加工 max
S	63	6	M14×1.5	M12×1.5	4	4	21	23	31	32	20.9	9	16	17	12	14
		8	M16×1.5	M14×1.5	5	5	21	24	32	33	21.9	9	17	19	14	17
		10	M18×1.5	M16×1.5	7	7	23	25	34	36	23.4	9	17.5	22	17	19
		12	M20×1.5	M18×1.5	8	8	26	26	35	40	25.9	9	18.5	24	17	22
		(14)	M22×1.5	M20×1.5	9	9	26	29	38	43.5	28.8	10	21.5	27	22	
	40	16	M24×1.5	M22×1.5	12	12	27.5	33	43	46.5	31.8	11	24.5	30	24	
		20	M30×2	M27×2	16	15	33.5	37	48	54.5	36.3	12	26.5	36	27	
		25	M36×2	M33×2	20	20	33.5	45	57	60.5	42.3	14	33	46	36	
	25	30	M42×2	M42×2	25	25	34.5	49	62	63.5	44.8	16	35.5	50	41	
		38	M52×2	M48×2	32	32	38	57	72	73	51.8	18	41	60	50	

4.3.8 卡套式锥螺纹弯通管接头

GB/T 3739—2008

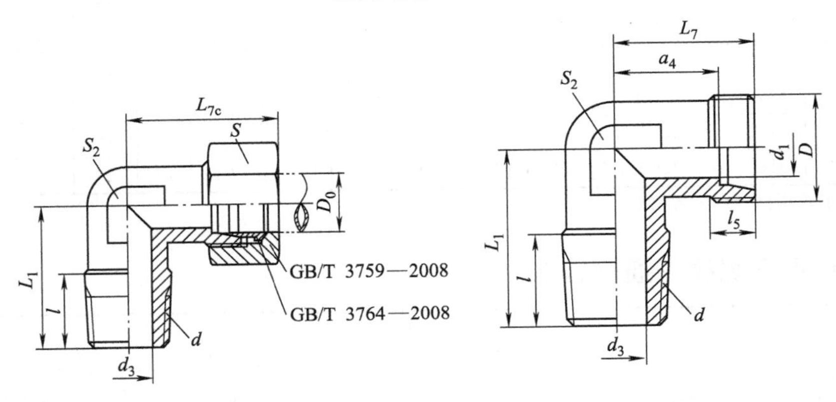

标记示例

接头系列为 L，管子外径为 10mm，普通螺纹（M）可调向螺纹柱端，表面镀锌处理的钢制卡套式锥螺纹弯通管接头标记为：管接头 GB/T 3739　L10

标记示例

接头系列为 L，管子外径为 10mm，普通螺纹（M）可调向螺纹柱端，表面镀锌处理的钢制卡套式锥螺纹弯通接头体标记为：接头体 GB/T 3739　L10

/mm

系列	工作压力/MPa	管子外径 D_0	D	d		d_1（参考）	d_3	L_1	L_7 ±0.3	L_{7c} ≈	l	l_{5min}	a_4（参考）	S	S_2 锻制 min	S_2 机械加工 max
LL	10	4	M8×1	R1/8	NPT1/8	3	3	15.5	15	21	8.5	6	11	10	9	6
		5	M10×1	R1/8	NPT1/8	3.5	3	15.5	15	21	8.5	6	9.5	12	9	6
		6	M10×1	R1/8	NPT1/8	4.5	4	15.5	15	21	8.5	6	9.5	12	9	6
		8	M12×1	R1/8	NPT1/8	6	4.5	16.5	17	23	8.5	7	11.5	14	12	7
	25	6	M12×1.5	R1/8	NPT1/8	4	4	17.5	19	27	8.5	7	12	14	12	7
		8	M14×1.5	R1/4	NPT1/4	6	6	23.5	21	29	12.5	7	14	17	12	7
		10	M16×1.5	R1/4	NPT1/4	8	6	23.5	22	30	12.5	8	15	19	14	8
		12	M18×1.5	R3/8	NPT3/8	10	9	26	24	32	13	8	17	22	17	8
		(14)	M20×1.5	R1/2	NPT1/2	11	11	31	25	33	17	8	18	24	19	8

系列	工作压力/MPa	管子外径 D_0	D	d		d_1（参考）	d_3	L_1	L_7 ±0.3	L_{7c} ≈	l	l_{5min}	a_4（参考）	S	S_2	
															锻制 min	机械加工 max
L	16	15	M22×1.5	R1/2	NPT1/2	12	11	33	28	36	17	9	21	27	19	9
		(16)	M24×1.5	R1/2	NPT1/2	14	12	35	30	39	17	9	22.5	30	22	9
		18	M26×1.5	R1/2	NPT1/2	15	14	36	31	40	17	9	23.5	32	24	9
		22	M30×2	R3/4	NPT3/4	19	18	39	35	44	18	10	27.5	36	27	10
	10	28	M36×2	R1	NPT1	24	23	45.5	38	47	21.5	10	30.5	41	36	10
		35	M45×2	R1 1/4	NPT1 1/4	30	30	53	45	56	24	12	34.5	50	41	12
		42	M52×2	R1 1/2	NPT1 1/2	36	36	59	51	63	24	12	40	60	50	12
S	40	6	M14×1.5	R1/4	NPT1/4	4	4	23.5	23	31	12.5	9	16	17	12	9
		8	M16×1.5	R1/4	NPT1/4	5	5	24.5	24	32	12.5	9	17	19	14	9
		10	M18×1.5	R3/8	NPT3/8	7	7	26	25	34	13	9	17.5	22	17	9
		12	M20×1.5	R3/8	NPT3/8	8	8	27	26	35	13	9	18.5	24	17	9
		(14)	M22×1.5	1/2	NPT1/2	9	10	33	29	38	17	10	21.5	27	22	10
		16	M24×1.5	R1/2	NPT1/2	12	12	36	33	43	17	11	24.5	30	24	11
	25	20	M30×2	R3/4	NPT3/4	16	15	39	37	48	18	12	26.5	36	27	12
		25	M36×2	R1	NPT1	20	20	48.5	45	57	21.5	14	33	46	36	14
		30	M42×2	R1 1/4	NPT1 1/4	25	25	53	49	62	24	16	35.5	50	41	
	16	38	M52×2	R1 1/2	NPT1 1/2	32	32	59	57	72	24	18	41	60	50	

注：尽可能不采用括号内的规格。

4.3.9 卡套式锥螺纹三通管接头

GB/T 3742—2008

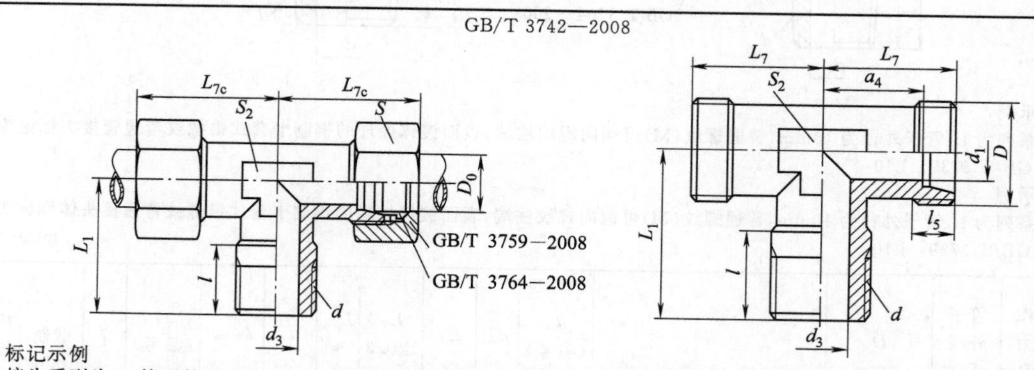

标记示例

接头系列为L，管子外径为10mm，55°密封管螺纹(R)，表面镀锌处理的钢制卡套式锥螺纹弯通管接头标记为：管接头 GB/T 3742 L10

标记示例

接头系列为L，管子外径为10mm，55°密封管螺纹(R)，表面镀锌处理的钢制卡套式锥螺纹弯通接头体标记为：接头体 GB/T 3742 L10

/mm

系列	工作压力/MPa	管子外径 D_0	D	d		d_1（参考）	d_3	L_1	L_7 ±0.3	L_{7c} ≈	l	l_{5min}	a_4（参考）	S	S_2	
															锻制 min	机械加工 max
LL	10	4	M8×1	R1/8	NPT1/8	3	3	15.5	15	21	8.5	6	11	10	9	6
		5	M10×1	R1/8	NPT1/8	3.5	3	15.5	15	21	8.5	6	9.5	12	9	6
		6	M10×1	R1/8	NPT1/8	4.5	4	15.5	15	21	8.5	6	9.5	12	9	6
		8	M12×1	R1/8	NPT1/8	6	4.5	16.5	17	23	8.5	7	11.5	14	12	7

续表

系列	工作压力/MPa	管子外径 D_0	D	d		d_1（参考）	d_3	L_1	L_7 ±0.3	L_{7c} ≈	l	l_{5min}	a_4（参考）	S	S_2 锻制 min	S_2 机械加工 max
L	25	6	M12×1.5	R1/8	NPT1/8	4	4	17.5	19	27	8.5	7	12	14	12	7
		8	M14×1.5	R1/4	NPT1/4	6	6	23.5	21	29	12.5	7	14	17	12	7
		10	M16×1.5	R1/4	NPT1/4	8	6	23.5	22	30	12.5	8	15	19	14	8
		12	M18×1.5	R3/8	NPT3/8	10	9	26	24	32	13	8	17	22	17	8
		(14)	M20×1.5	R1/2	NPT1/2	11	11	31	25	33	17	8	18	24	19	8
		15	M22×1.5	R1/2	NPT1/2	12	11	33	28	36	17	9	21	27	19	9
		(16)	M24×1.5	R1/2	NPT1/2	14	12	35	30	39	17	9	22.5	30	22	9
	16	18	M26×1.5	R1/2	NPT1/2	15	14	36	31	40	17	9	23.5	32	24	9
		22	M30×2	R3/4	NPT3/4	19	18	39	35	44	18	10	27.5	36	27	10
	10	28	M36×2	R1	NPT1	24	23	45.5	38	47	21.5	10	30.5	41	36	10
		35	M45×2	R1 1/4	NPT1 1/4	30	30	53	45	56	24	12	34.5	50	41	12
		42	M52×2	R1 1/2	NPT1 1/2	36	36	59	51	63	24	12	40	60	50	12
S	40	6	M14×1.5	R1/4	NPT1/4	4	4	23.5	23	31	12.5	9	16	17	12	9
		8	M16×1.5	R1/4	NPT1/4	5	5	24.5	24	32	12.5	9	17	19	14	9
		10	M18×1.5	R3/8	NPT3/8	7	7	26	25	34	13	9	17.5	22	17	9
		12	M20×1.5	R3/8	NPT3/8	8	8	27	26	35	13	9	18.5	24	17	9
		(14)	M22×1.5	R1/2	NPT1/2	9	10	33	29	38	17	10	21.5	27	22	10
	25	16	M24×1.5	R1/2	NPT1/2	12	12	36	33	43	17	11	24.5	30	24	11
		20	M30×2	R3/4	NPT3/4	16	15	39	37	48	18	12	26.5	36	27	12
		25	M36×2	R1	NPT1	20	20	48.5	45	57	21.5	14	33	46	36	14
	16	30	M42×2	R1 1/4	NPT1 1/4	25	25	53	49	62	24	16	35.5	50	41	
		38	M52×2	R1 1/2	NPT1 1/2	32	32	59	57	72	24	18	41	60	50	

注：尽可能不采用括号内的规格。

4.3.10 卡套式直角管接头

GB/T 3740—2008

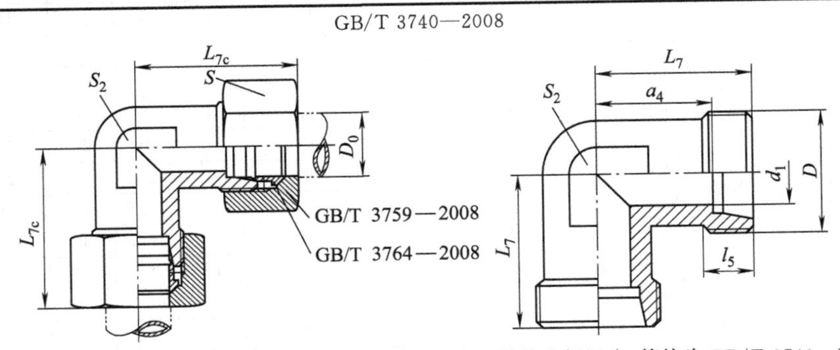

标记示例

接头系列为 L，管子外径为 10mm，表面镀锌处理的钢制卡套式弯通管接头标记为：管接头 GB/T 3740　L10

接头系列为 L，管子外径为 10mm，表面镀锌处理的钢制卡套式弯通接头体标记为：接头体 GB/T 3740　L10

GB/T 3745—2008

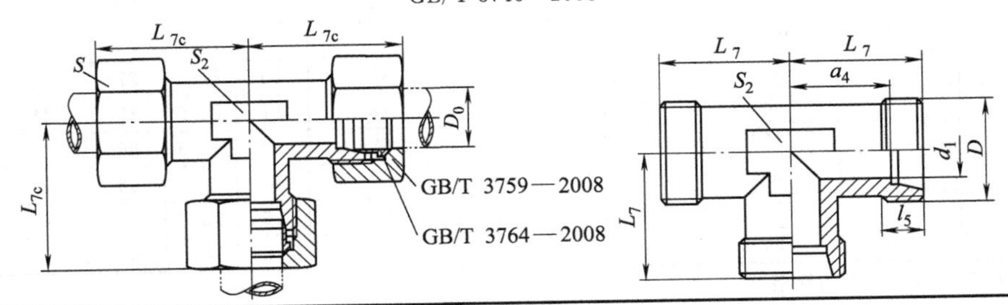

GB/T 3746—2008

标记示例

接头系列为 L，管子外径为 10mm，表面镀锌处理的钢制卡套式三通管接头标记为：管接头 GB/T 3745　L10

标记示例

接头系列为 L，管子外径为 10mm，表面镀锌处理的钢制卡套式三通接头体标记为：接头体 GB/T 3745　L10

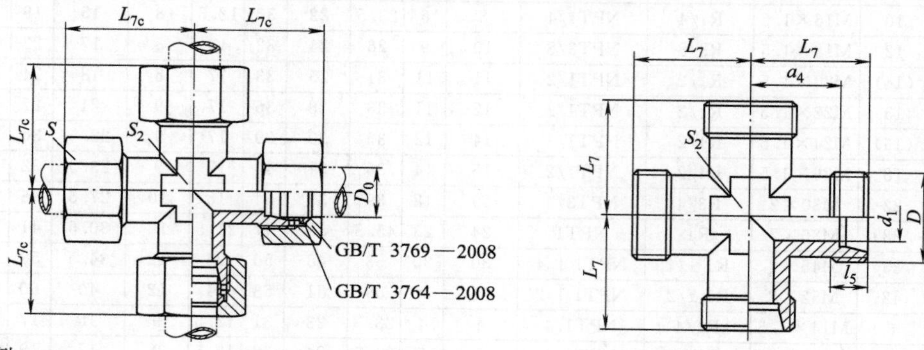

标记示例

接头系列为 L，管子外径为 10mm，表面镀锌处理的钢制卡套式四通管接头标记为：管接头 GB/T 3746　L10

标记示例

接头系列为 L，管子外径为 10mm，表面镀锌处理的钢制卡套式四通接头体标记为：接头体 GB/T 3746　L10

/mm

系列	工作压力 /MPa	管子外径 D_0	D	d_1 (参考)	L_7	L_{7c} ±0.3	l_5	a_4	S ≈	S_2 锻制 min	S_2 机械加工 max
LL	10	4	M8×1	3	15	21	6	11	10	9	9
		5	M10×1	3.5	15	21	6	9.5	12	9	11
		6	M10×1	4.5	15	21	6	9.5	12	9	11
		8	M12×1	6	17	23	7	11.5	14	12	12
L	25	6	M12×1.5	4	19	27	7	12	14	12	12
		8	M14×1.5	6	21	29	7	14	17	12	14
		10	M16×1.5	8	22	30	8	15	17	14	17
		12	M18×1.5	10	24	32	8	17	22	17	19
		(14)	M20×1.5	11	25	33	8	18	24	19	
		15	M22×1.5	12	28	36	9	21	27	19	
		(16)	M24×1.5	14	30	39	9	22.5	30	22	
	16	18	M26×1.5	15	31	40	9	23.5	32	24	
		22	M30×2	19	35	44	10	27.5	36	27	
	10	28	M36×2	24	38	47	10	30.5	41	36	
		35	M45×2	30	45	56	12	34.5	50	41	
		42	M52×2	36	51	63	12	40	60	50	
S	63	6	M14×1.5	4	23	31	9	16	17	12	14
		8	M16×1.5	5	24	32	9	17	19	14	17
		10	M18×1.5	7	25	34	9	17.5	22	17	19
		12	M20×1.5	8	26	35	9	18.5	24	17	22
		(14)	M22×1.5	9	29	38	10	21.5	27	22	
	40	16	M24×1.5	12	33	43	11	24.5	30	24	
		20	M30×2	16	37	48	12	26.5	36	27	
		25	M36×2	20	45	57	14	33	46	36	
	25	30	M42×2	25	49	62	16	35.5	50	41	
		38	M52×2	32	57	72	18	41	60	50	

注：尽可能不采用括号内的规格。

4.3.11 卡套式过板直通管接头

GB/T 3748—2008

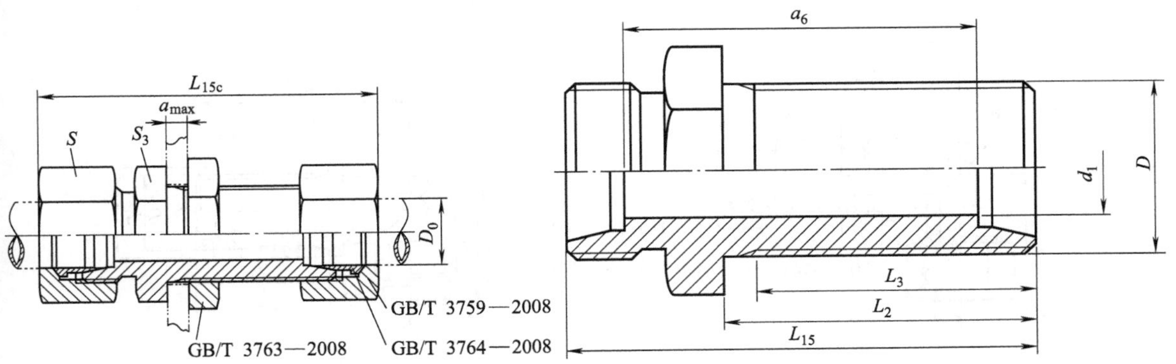

标记示例

接头系列为 L，管子外径为 10mm，表面镀锌处理的钢制卡套式过板直通管接头标记为：管接头 GB/T 3748 L10

接头系列为 L，管子外径为 10mm，表面镀锌处理的钢制卡套式过板直通接头体标记为：接头体 GB/T 3748 L10

/mm

系列	最大工作压力/MPa	管子外径 D_0	D	d_1（参考）	$L_2\pm0.2$	$L_3\pm0.2$	$L_{15}\pm0.3$	$L_{15c}\approx$	S	S_3	a_6（参考）
L	25	6	M12×1.5	4	34	30	48	64	14	17	34
		8	M14×1.5	6	34	30	49	65	17	19	35
		10	M16×1.5	8	35	31	51	67	19	22	37
		12	M18×1.5	10	36	32	53	69	22	24	39
		(14)	M20×1.5	11	37	33	54	70	24	27	40
		15	M22×1.5	12	38	34	56	72	27	27	42
		(16)	M24×1.5	14	38	34	57	75	30	30	42
	16	18	M26×1.5	15	40	36	59	77	32	32	44
		22	M30×2	19	42	37	63	81	36	36	48
	10	28	M36×2	24	43	38	65	83	41	41	50
		35	M45×2	30	47	42	72	94	50	50	51
		42	M52×2	36	47	42	74	98	60	60	52
S	63	6	M14×1.5	4	36	32	54	70	17	19	40
		8	M16×1.5	5	36	32	56	72	19	22	42
		10	M18×1.5	7	37	33	57	75	22	24	42
		12	M20×1.5	8	38	34	60	78	24	27	45
		(14)	M22×1.5	9	39	35	62	80	27	27	47
	40	16	M24×1.5	12	40	36	64	84	30	32	47
		20	M30×2	16	44	39	72	94	36	41	51
		25	M36×2	20	47	42	79	103	46	46	55
	25	30	M42×2	25	51	46	85	111	50	50	58
		38	M52×2	32	53	48	92	122	60	65	60

注：尽可能不采用括号内的规格。

4.3.12 卡套式隔壁直角管接头

GB/T 3749—2008

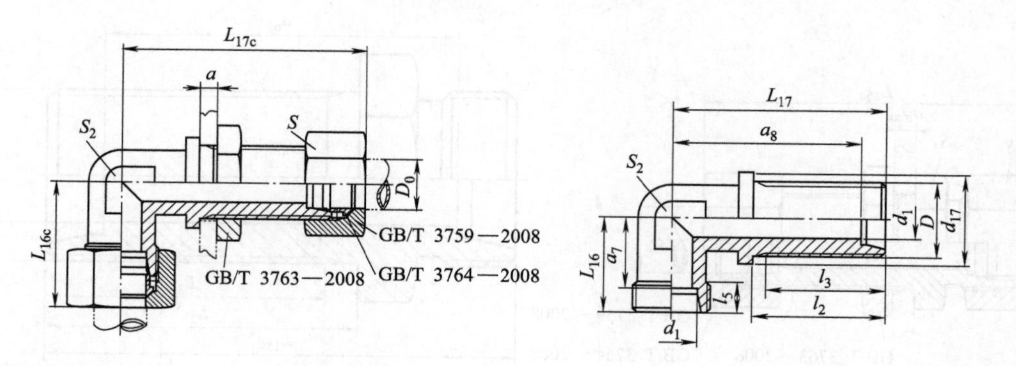

标记示例

接头系列为 L，管子外径为 10mm，表面镀锌处理的钢制卡套式过板弯通管接头标记为：管接头 GB/T 3749 L10

接头系列为 L，管子外径为 10mm，表面镀锌处理的钢制卡套式过板弯通接头体标记为：接头体 GB/T 3749 L10

/mm

系列	最大工作压力/MPa	管子外径 D_0	D	d_1（参考）	d_{17} ±0.2	l_2 ±0.2	$l_{3\min}$	$l_{5\min}$	L_{16} ±0.3	L_{16c} ≈	L_{17} ±0.3	L_{17c} ≈	a_7（参考）	a_8（参考）	S	S_2
L	25	6	M12×1.5	4	17	34	30	7	19	27	48	56	12	41	14	12
		8	M14×1.5	6	19	34	30	7	21	29	51	59	14	44	17	12
		10	M16×1.5	8	22	35	31	8	22	30	53	61	15	46	19	14
		12	M18×1.5	10	24	36	32	8	24	32	56	64	17	49	22	17
		(14)	M20×1.5	11	27	37	33	8	25	33	57	65	18	50	24	19
		15	M22×1.5	12	27	38	34	9	28	36	61	69	21	54	27	19
		(16)	M24×1.5	14	30	38	34	9	30	39	62	71	22.5	54.5	30	22
	16	18	M26×1.5	15	32	40	36	9	31	40	64	73	23.5	56.5	32	24
		22	M30×2	19	36	42	37	10	35	44	72	81	27.5	64.5	36	27
	10	28	M36×2	24	42	43	38	10	38	47	77	86	30.5	69.5	41	36
		35	M45×2	30	50	47	42	12	45	56	86	97	34.5	75.5	50	41
		42	M52×2	36	60	47	42	12	51	63	90	102	40	79	60	50
S	63	6	M14×1.5	4	19	36	32	9	23	31	53	61	16	46	17	12
		8	M16×1.5	5	22	36	32	9	24	32	54	62	17	47	19	14
		10	M18×1.5	7	24	37	33	9	25	34	57	66	17.5	49.5	22	17
		12	M20×1.5	8	27	38	34	9	26	35	59	68	18.5	51.5	24	17
		(14)	M22×1.5	9	27	39	35	10	29	38	62	71	21.5	54.5	27	22
	40	16	M24×1.5	12	30	40	36	11	33	43	64	74	24.5	55.5	30	24
		20	M30×2	16	36	44	39	12	37	48	74	85	26.5	63.5	36	27
		25	M36×2	20	42	47	42	14	45	57	81	93	33	69	46	36
	25	30	M42×2	25	50	51	46	16	49	62	90	103	35.5	76.5	50	41
		38	M52×2	32	60	53	48	18	57	72	96	111	41	80	60	50

注：尽可能不采用括号内的规格。

4.3.13 卡套式铰接管接头

GB/T 3750—2008

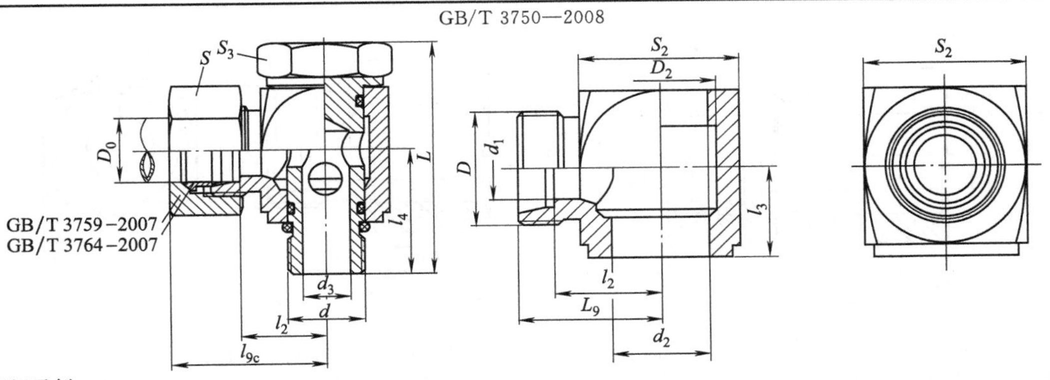

标记示例

接头系列为 L，管子外径为 10mm，普通 F(M)型柱端，表面镀锌处理的钢制卡套式铰接管接头标记为：管接头 GB/T 3750 L10

接头系列为 L，管子外径为 10mm，普通 F(M)型柱端，表面镀锌处理的钢制卡套式铰接接头体标记为：接头体 GB/T 3750 L10

/mm

系列	最大工作压力/MPa	管子外径 D	D	D_2	d	d_1	d_2 公称尺寸	d_2 极限偏差	d_3	l_2	l_3	l_4	L	L_9	L_{9c}	S	S_2	S_3
L	25	6	M12×1.5	12.7	M10×1	4	10	$^{+0.022}_{0}$	4	11.5	10	18.5	33.5	18.5	26.5	14	17	14
		8	M14×1.5	14.2	M12×1.5	6	12	$^{+0.027}_{0}$	6	12.5	11.5	22.5	39	19.5	27.5	17	19	17
		10	M16×1.5	16.5	M14×1.5	8	14		7	15	13	24	42	22	30	19	22	19
		12	M18×1.5	20.3	M16×1.5	10	16		9	17.5	15.5	27	49	24.5	32.5	22	27	22
		(14)	M20×1.5	22.6	M18×1.5	11	18		10	19	17.5	30	53.5	26	34	24	30	24
		15	M22×1.5	22.6	M18×1.5	12	18		11	20	17.5	30	53.5	27	35	27	30	24
		(16)	M24×1.5	24.1	M20×1.5	14	20	$^{+0.033}_{0}$	12	20.5	18.5	31	56	28	37	30	32	27
	16	18	M26×1.5	30	M22×1.5	15	22		14	22.5	21	34	62	30	39	32	36	27
		22	M30×2	34	M26×1.5	19	26		18	27	23.5	39.5	70	34.5	43.5	36	41	32
	10	28	M36×2	41	M33×2	24	33	$^{+0.039}_{0}$	23	29.5	26	42	76	37	46	41	46	41
		35	M45×2	19	M42×2	30	42		30	33	30.5	46.5	86	43.5	54.5	50	55	50
		42	M52×2	62	M48×2	36	48		36	40	38	55.5	104.5	51	63	60	70	55
S	40	6	M14×1.5	14	M12×1.5	4	12	$^{+0.027}_{0}$	4	16	13	24	43	23	31	17	22	17
		8	M16×1.5	15.3	M14×1.5	5	14		5	17	14	25	47	24	32	19	24	19
		10	M18×1.5	17.2	M16×1.5	7	16		7	18	15.5	28	52	25.5	34.5	22	27	22
		12	M20×1.5	19.1	M18×1.5	8	18		8	19.5	17.5	31.5	59	27	36	24	30	24
		(14)	M22×1.5	23	M20×1.5	9	20	$^{+0.033}_{0}$	9	23.5	20.5	34.5	65	31	40	27	36	27
		16	M24×1.5	23	M22×1.5	12	22		12	23.5	21	36	67	32	42	30	36	27
		20	M30×2	29	M27×2	16	27		15	28.5	26	44.5	82.5	39	50	36	46	32
	25	25	M36×2	37.6	M33×2	20	33	$^{+0.039}_{0}$	20	31	28	46.5	88.5	43	55	46	50	41
	16	30	M42×2	50	M42×2	25	42		25	36.5	33	52	99	50	63	50	60	50
		38	M52×2	58.4	M48×2	32	48		32	41	38	59.5	114	57	72	60	70	55

注：尽可能不采用括号内的规格。

4.3.14 卡套式压力表管接头

GB/T 3751—2008

标记示例

接头系列为 L，管子外径为 8mm，表面镀锌处理的钢制卡套式压力表管接头标记为：管接头 GB/T 3751 L8

接头系列为 L，管子外径为 8mm，表面镀锌处理的钢制卡套式压力表接头体标记为：接头体 GB/T 3751 L8

/mm

系列	最大工作压力/MPa	管子外径 D_0	D		d_k				d_1	S_k	S	l_{30}	l_{30c}	l_{31}	l_{32max}
L	250	6	M12×1.5	M10×1	G1/8	Rp1/8	Rc1/8	NPT1/8	4.5	14	14	22	30	10	1.5
		8	M14×1.5	M14×1.5	G1/4	Rp1/4	Rc1/4	NPT1/4	6	19	17	28	36	15	2.2
		14	M20×1.5	M20×1.5	G1/2	Rp1/2	Rc1/2	NPT1/2	11	27	24	33	41	18	2.2
S	630	6	M14×1.5	M14×1.5	G1/4	Rp1/4	Rc1/4	NPT1/4	5.5	24(19①)	17	32	40	15	2.2
		12	M20×1.5	M20×1.5	G1/2	Rp1/2	Rc1/2	NPT1/2	8	36(27①)	24	38	47	18	2.2

① 适用于连接圆柱螺纹的压力表。

注：尽可能不采用括号内的规格。

4.3.15 卡套式组合弯通管接头

GB/T 3752—2008

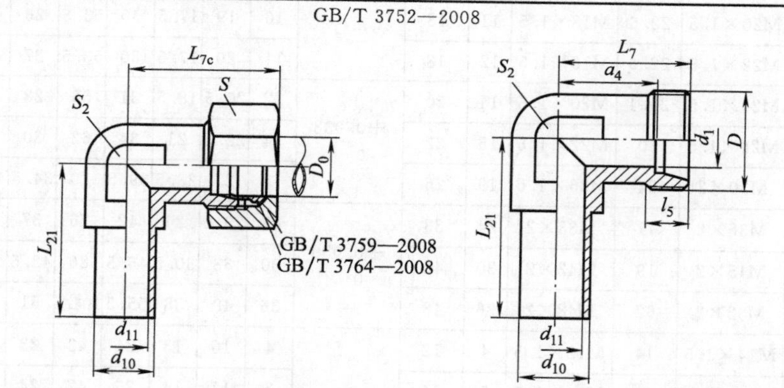

标记示例

接头系列为 L，管子外径为 10mm，表面镀锌处理的钢制卡套式组合弯通管接头标记为：管接头 GB/T 3752 L10

接头系列为 L，管子外径为 10mm，表面镀锌处理的钢制卡套式组合弯通接头体标记为：接头体 GB/T 3752 L10

/mm

系列	最大工作压力/MPa	管子外径 D_0	D	d_1（参考）	d_{10} ±0.3	d_{11} +0.20 −0.05	l_{5min}	L_7 ±0.3	L_{7c} ≈	L_{21} ±0.5	a_4（参考）	S	S_2 锻制 min	S_2 机械加工 max
L	25	6	M12×1.5	4	6	3	7	19	27	26	12	14	12	
		8	M14×1.5	6	8	5	7	21	29	27.5	14	17	12	14
		10	M16×1.5	8	10	7	8	22	30	29	15	19	14	17
		12	M18×1.5	10	12	8	8	24	32	29.5	17	22	17	19
		(14)	M20×1.5	11	14	10	8	25	33	31.5	18	24	19	—
		15	M22×1.5	12	15	10	9	28	36	32.5	21	27	19	—
		(16)	M24×1.5	14	16	11	9	30	39	33.5	22.5	30	22	—

续表

系列	最大工作压力/MPa	管子外径 D_0	D	d_1（参考）	d_{10} ±0.3	d_{11} +0.20 −0.05	l_{5min}	L_7 ±0.3	L_{7c} ≈	L_{21} ±0.5	a_4（参考）	S	S_2 锻制 min	S_2 机械加工 max
L	16	18	M26×1.5	15	18	13	9	31	40	35.5	23.5	32	24	—
		22	M30×2	19	22	17	10	35	44	38.5	27.5	36	27	—
	10	28	M36×2	24	28	23	10	38	47	41.5	30.5	41	36	—
		35	M45×2	30	35	29	12	45	56	51	34.5	50	41	—
		42	M52×2	36	42	36	12	51	63	56	40	60	50	—
S	63	6	M14×1.5	4	6	2.5	9	23	31	27	16	17	12	14
		8	M16×1.5	5	8	4	9	24	32	27.5	17	19	14	17
		10	M18×1.5	7	10	5	9	25	34	30	17.5	22	17	19
		12	M20×1.5	8	12	6	9	26	35	31	18.5	24	17	22
		（14）	M22×1.5	9	14	7	10	29	38	34	21.5	27	22	—
	40	16	M24×1.5	12	16	10	11	33	43	36.5	24.5	30	24	—
		20	M30×2	16	20	12	12	37	48	44.5	26.5	36	27	—
		25	M36×2	20	25	16	14	45	57	50	33	46	36	—
	25	30	M42×2	25	30	22	16	49	62	55	35.5	50	41	—
		38	M52×2	32	38	28	18	57	72	63	41	60	50	—

注：尽可能不采用括号内的规格。

4.3.16 卡套式焊接管接头

GB/T 3747—2008

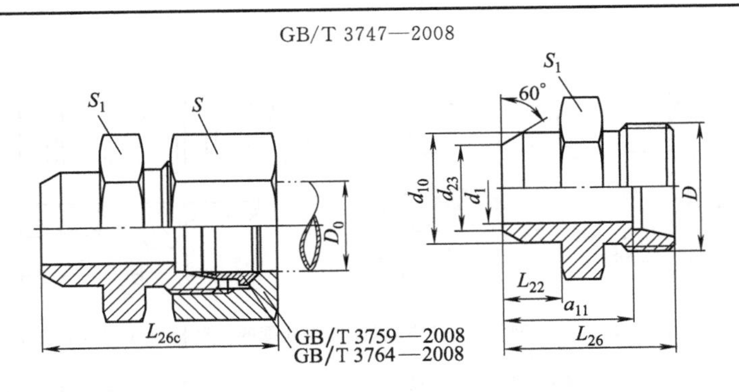

标记示例

接头系列为 L，管子外径为 10mm，表面氧化处理的钢制卡套式焊接管接头标记为：管接头 GB/T 3747　L10・O

接头系列为 L，管子外径为 10mm，表面氧化处理的钢制卡套式焊接接头体标记为：接头体 GB/T 3747　L10・O

/mm

系列	最大工作压力/MPa	管子外径 D_0	D	d_1（参考）	d_{10} ±0.2	d_{23} ±0.2	L_{22} ±0.2	L_{26} ±0.3	L_{26c} ≈	S	S_1	a_{11}（参考）
L	25	6	M12×1.5	4	10	6	7	21	29	14	12	14
		8	M14×1.5	6	12	8	8	23	31	17	14	16
		10	M16×1.5	8	14	10	8	24	32	19	17	17
		12	M18×1.5	10	16	12	8	25	33	22	19	18
		（14）	M20×1.5	11	18	14	8	25	33	24	22	18
		15	M22×1.5	12	19	15	10	28	36	27	24	21
		（16）	M24×1.5	14	20	16	10	29	38	30	27	21.5
	16	18	M26×1.5	15	22	18	10	29	38	32	27	21.5
		22	M30×2	19	27	22	12	33	42	36	32	25.5
	10	28	M36×2	24	32	28	12	34	43	41	41	26.5
		35	M45×2	30	40	35	14	39	50	50	46	28.5
		42	M52×2	36	46	42	16	43	55	60	55	32

续表

系列	最大工作压力/MPa	管子外径 D_0	D	d_1（参考）	d_{10} ±0.2	d_{23} ±0.2	L_{22} ±0.2	L_{26} ±0.3	L_{26c} ≈	S	S_1	a_{11}（参考）
S	63	6	M14×1.5	4	11	6	7	25	33	17	14	18
		8	M16×1.5	5	13	8	8	28	36	19	17	21
		10	M18×1.5	7	15	10	8	28	37	22	19	20.5
		12	M20×1.5	8	17	12	10	32	41	24	22	24.5
		(14)	M22×1.5	9	19	14	10	33	42	27	24	25.5
	40	16	M24×1.5	12	21	16	10	34	44	30	27	25.5
		20	M30×2	16	26	20	12	40	51	36	32	29.5
		25	M36×2	20	31	24	12	44	56	46	41	32
	25	30	M42×2	25	36	29	14	48	61	50	46	34.5
		38	M52×2	32	44	36	16	55	70	60	55	39

注：尽可能不采用括号内的规格。

4.4 扩口式管接头规格

4.4.1 扩口式端直通管接头

GB/T 5625—2008

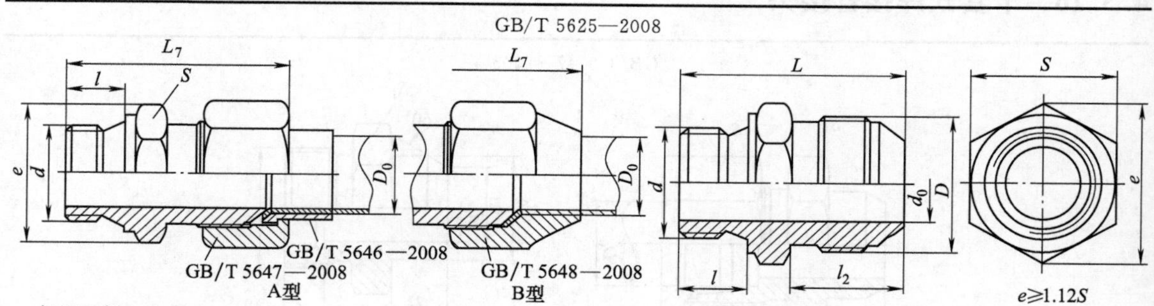

标记示例

扩口形式 A，管子外径为 10mm，普通螺纹 M(A)型柱端，表面镀锌处理的钢制扩口式端直通管接头标记为：管接头 GB/T 5625　A10/M14×1.5

扩口形式 A，管子外径为 10mm，普通螺纹 M(A)型柱端，表面镀锌处理的钢制扩口式端直通接头体标记为：接头体 GB/T 5656　A10/M14×1.5

/mm

管子外径 D_0	d_0	d①（普通螺纹）	d①（管螺纹）	D	L_7≈ A型	L_7≈ B型	l	l_2	L	S
4	3	M10×1	G1/8	M10×1	31.5	36	8	12.5	26.5	14
5	3.5									
6	4			M12×1.5	35.5	40		16	30	
8	6	M12×1.5	G1/4	M14×1.5	44	52	12	18	37	17
10	8	M14×1.5		M16×1.5	45	54		19	38	19
12	10	M16×1.5	G3/8	M18×1.5	45.5	57			39	22
14	12②	M18×1.5		M22×1.5		61		19.5	39.5	24
16	14	M22×1.5	G1/2	M24×1.5	49	65	14	20	43	30
18	15			M27×1.5		69		20.5	43.5	
20	17	M27×2	G3/4	M30×2	58.5	—	16	26	52	34
22	19			M33×2	59.5	—			56	
25	22	M33×2	G1	M36×2	64	—	18			41
28	24			M39×2	66.5	—		27.5	58.5	
32	27	M42×2	G1 1/4	M42×2	71	—	20	28.5	62.5	50
34	30			M45×2	71.5	—				

① 优先选用普通螺纹。

② 采用 55°非密封的管螺纹时尺寸为 10mm。

4.4.2 扩口式锥螺纹直通管接头

GB/T 5626—2008

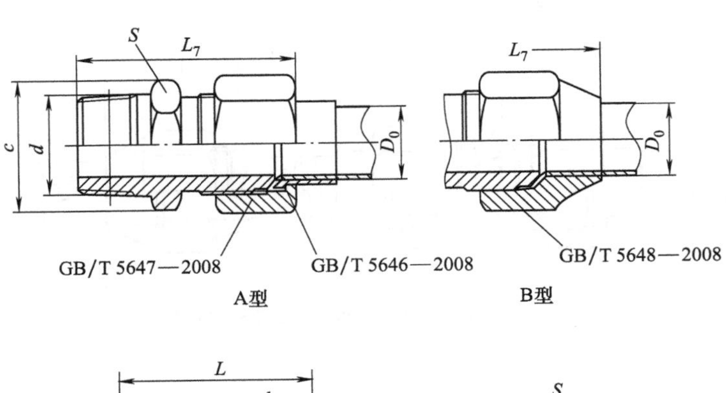

A型　　B型

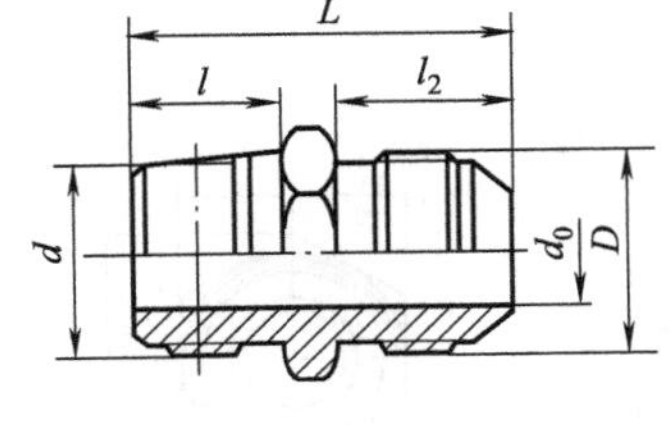

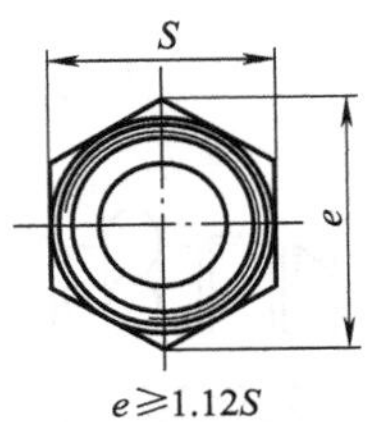

$e \geqslant 1.12S$

标记示例

扩口形式A，管子外径为10mm，55°密封管螺纹(R)，表面镀锌处理的钢制扩口式锥螺纹直通管接头标记为：管接头 GB/T 5626　A10/R1/4

扩口形式A，管子外径为10mm，55°密封管螺纹(R)，表面镀锌处理的钢制扩口式锥螺纹直通接头体标记为：接头体 GB/T 5626　A10/R1/4

/mm

管子外径 D_0	d_0	d①		D	L_7≈		l	l_2	L	S
					A型	B型				
4	3	R1/8	NPT1/8	M10×1	31.5	36	8.5	12.5	26.5	12
5	3.5									
6	4			M12×1.5	36	40.5		16	30	14
8	6	R1/4	NPT1/4	M14×1.5	42.5	50.5	12.5	18	36	17
10	8			M16×1.5	43.5	52.5		19	37	19
12	10	R3/8	NPT3/8	M18×1.5	45	56.5	13		38.5	22
14				M22×1.5		60.5		19.5	39	24
16	14	R1/2	NPT1/2	M24×1.5	50.5	67	17	20	44.5	27
18	15			M27×1.5		71		20.5	45	30
20	17	R3/4	NPT3/4	M30×2	58.5		18	26	52	32
22	19			M33×2	59.5					34
25	22	R1	NPT1	M36×2	65.5		21.5		57.5	41
28	24			M39×2	68			27.5	60	
32	27	R1 1/4	NPT 1/4	M42×2	73		24	28.5	64.5	46
34	30			M45×2						

① 优先选用55°密封管螺纹。

4.4.3 扩口式直通管接头

GB/T 5628—2008

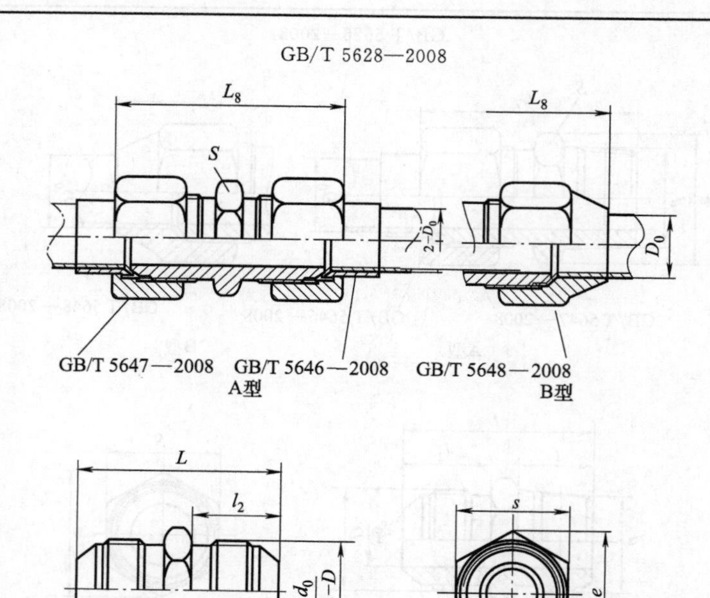

标记示例

扩口形式 A,管子外径为 10mm,表面镀锌处理的钢制扩口式直通管接头标记为:管接头 GB/T 5628 A10

扩口形式 A,管子外径为 10mm,表面镀锌处理的钢制扩口式直通接头体标记为:接头体 GB/T 5628 A10

/mm

管子外径 D_0	d_0	D	$L_8 \approx$		l_2	L	S
			A 型	B 型			
4	3	M10×1	40	49	12.5	30	12
5	3.5						
6	4	M12×1.5	47.5	57.5	16	37	14
8	6	M14×1.5	55.5	71	18	42	17
10	8	M16×1.5	57.5	75.5	19	44	19
12	10	M18×1.5	58	81		45	22
14	12	M22×1.5		89	19.5	46	24
16	14	M24×1.5	60	92	20	48	27
18	15	M27×1.5		100	20.5	49	30
20	17	M30×2	75.5	—	26	62	32
22	19	M33×2	76.5	—			34
25	22	M36×2	78	—			
28	24	M39×2	83.5	—	27.5	67	41
32	27	M42×2	86	—	28.5	69	46
34	30	M45×2		—			

4.4.4 扩口式锥螺纹弯通管接头

GB/T 5629—2008

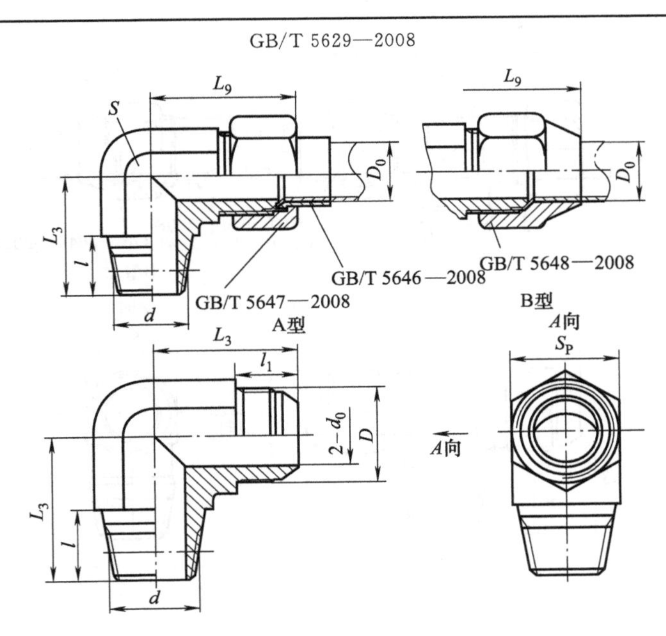

标记示例

扩口形式 A，管子外径为 10mm，55°密封管螺纹(R)，表面镀锌处理的钢制扩口式锥螺纹弯通管接头标记为：管接头 GB/T 5629 A10

扩口形式 A，管子外径为 10mm，55°密封管螺纹(R)，表面镀锌处理的钢制扩口式锥螺纹弯通接头体标记为：接头体 GB/T 5629 A10

/mm

管子外径 D_0	d_0	d①		D	$L_9\approx$		l	L_3	d_4	l_1	S	
					A 型	B 型					S_F	S_P
4	3	R1/8	NPT1/8	M10×1	25.5	30	8.5	20.5	8	9.5	8	10
5	3.5											
6	4			M12×1.5	39.5	34.5		24	10	12	10	12
8	6	R1/4	NPT1/4	M14×1.5	35.5	43	12.5	28.5	11	13.5	12	14
10	8			M16×1.5	37.5	46.5		30.5	13	14.5	14	17
12	10	R3/8	NPT3/8	M18×1.5	38	49.5	13	31.5	15		17	19
14				M22×1.5	39.5	55		34	19	15	19	22
16	14	R1/2	NPT1/2	M24×1.5	41.5	57.5	17	35.5	21	15.5	22	24
18	15			M27×1.5	43	63		37.5	24	16	24	27
20	17	R3/4	NPT3/4	M30×2	50		18	43	27	20	27	30
22	19			M33×2	53			45.5	30		30	34
25	22	R1	NPT1	M36×2	55		21.5	47	33		34	36
28	24			M39×2	58.5			50	36	21.5	36	41
32	27	R1 1/4	NPT 1/4	M42×2	61		24	52.5	39	22.5	41	46
34	30			M45×2	62.5			54	42		46	

① 优先选用 55°密封管螺纹。

4.4.5 扩口式锥螺纹三通管接头

GB/T 5635—2008

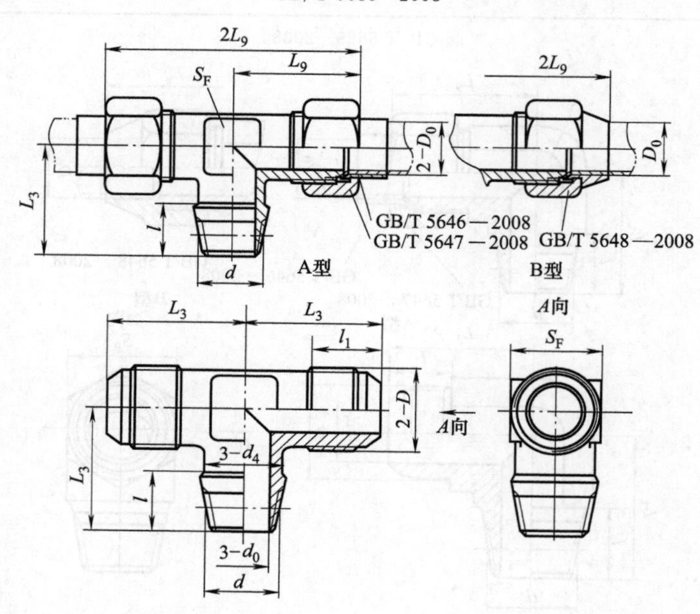

标记示例

扩口形式 A，管子外径为 10mm，55°密封管螺纹(R)，表面镀锌处理的钢制扩口式锥螺纹三弯通管接头标记为：管接头 GB/T 5635 A10

扩口形式 A，管子外径为 10mm，55°密封管螺纹(R)，表面镀锌处理的钢制扩口式锥螺纹三弯通接头体标记为：接头体 GB/T 5635 A10

/mm

管子外径 D_0	d_0	d①		D	L_9≈		l	L_3	d_4	l_1	S	
					A型	B型					S_F	S_P
4	3	R1/8	NPT1/8	M10×1	25.5	30	8.5	20.5	8	9.5	8	10
5	3.5											
6	4			M12×1.5	39.5	34.5		24	10	12	10	12
8	6	R1/4	NPT1/4	M14×1.5	35.5	43	12.5	28.5	11	13.5	12	14
10	8			M16×1.5	37.5	46.5		30.5	13	14.5	14	17
12	10	R3/8	NPT3/8	M18×1.5	38	49.5	13	31.5	15		17	19
14				M22×1.5	39.5	55		34	19	15	19	22
16	14	R1/2	NPT1/2	M24×1.5	41.5	57.5	17	35.5	21	15.5	22	24
18	15			M27×1.5	43	63		37.5	24	16	24	27
20	17	R3/4	NPT3/4	M30×2	50	—	18	43	27	20	27	30
22	19			M33×2	53	—		45.5	30		30	34
25	22	R1	NPT1	M36×2	55	—	21.5	47	33		34	36
28	24			M39×2	58.5	—		50	36	21.5	36	41
32	27	R1 1/4	NPT 1/4	M42×2	61	—	24	52.5	39	22.5	41	46
34	30			M45×2	62.5	—		54	42		46	

① 优先选用 55°密封管螺纹。

4.4.6 扩口式直角管接头、扩口式三通管接头、扩口式四通管接头

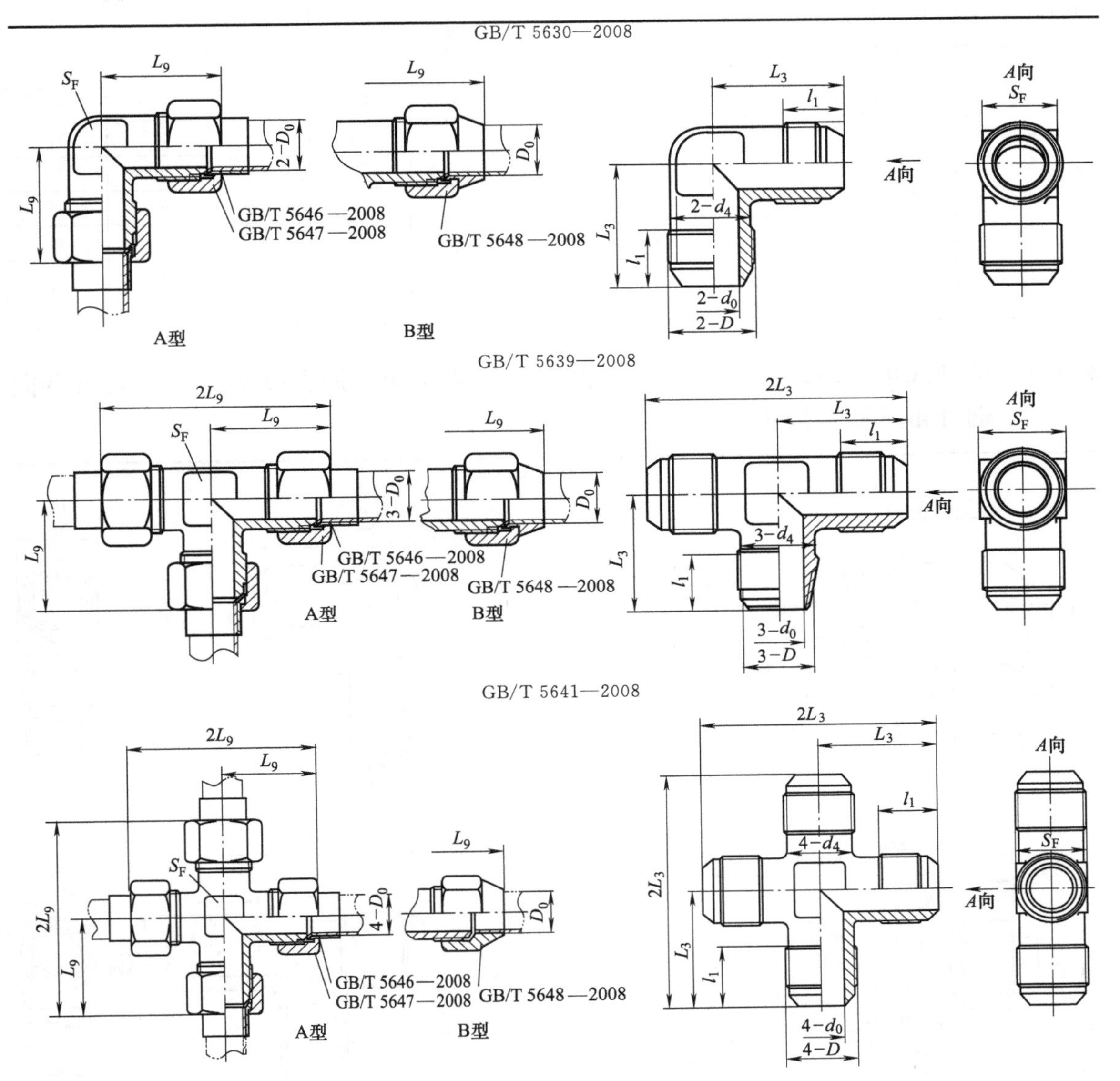

标记示例

扩口形式 A，管子外径为 10mm，表面镀锌处理的钢制扩口式弯通管接头标记为：管接头 GB/T 5630 A10

扩口形式 A，管子外径为 10mm，表面镀锌处理的钢制扩口式弯通接头体标记为：接头体 GB/T 5630 A10

/mm

管子外径 D_0	d_0	D	d_4	L_9≈		L_3	l_1	S	
				A 型	B 型			S_F	S_P
4	3	M10×1	8	25.5	30	20.5	9.5	8	10
5	3.5								
6	4	M12×1.5	10	29.5	34.5	24	12	10	12
8	6	M14×1.5	11	35.5	43	28.5	13.5	12	14
10	8	M16×1.5	13	37.5	46.5	30.5	14.5	14	17
12	10	M18×1.5	15	38	49.5	31.5		17	19
14	12	M22×1.5	19	39.5	55	34	15	19	22

续表

管子外径 D_0	d_0	D	d_4	$L_9 \approx$		L_3	l_1	S	
				A 型	B 型			S_F	S_P
16	14	M24×1.5	21	41.5	57.5	35.5	15.5	22	24
18	15	M27×1.5	24	43	63	37.5	16	24	27
20	17	M30×2	27	50	—	43		27	30
22	19	M33×2	30	53	—	45.5	20	30	34
25	22	M36×2	33	55	—	47		34	36
28	24	M39×2	36	58.5	—	50	21.5	36	41
32	27	M42×2	39	61	—	52.5	22.5	41	46
34	30	M45×2	42	62.5	—	54		46	

4.4.7 扩口式可调向端直角管接头、扩口式可调向端三通管接头、扩口式可调向端直角三通管接头

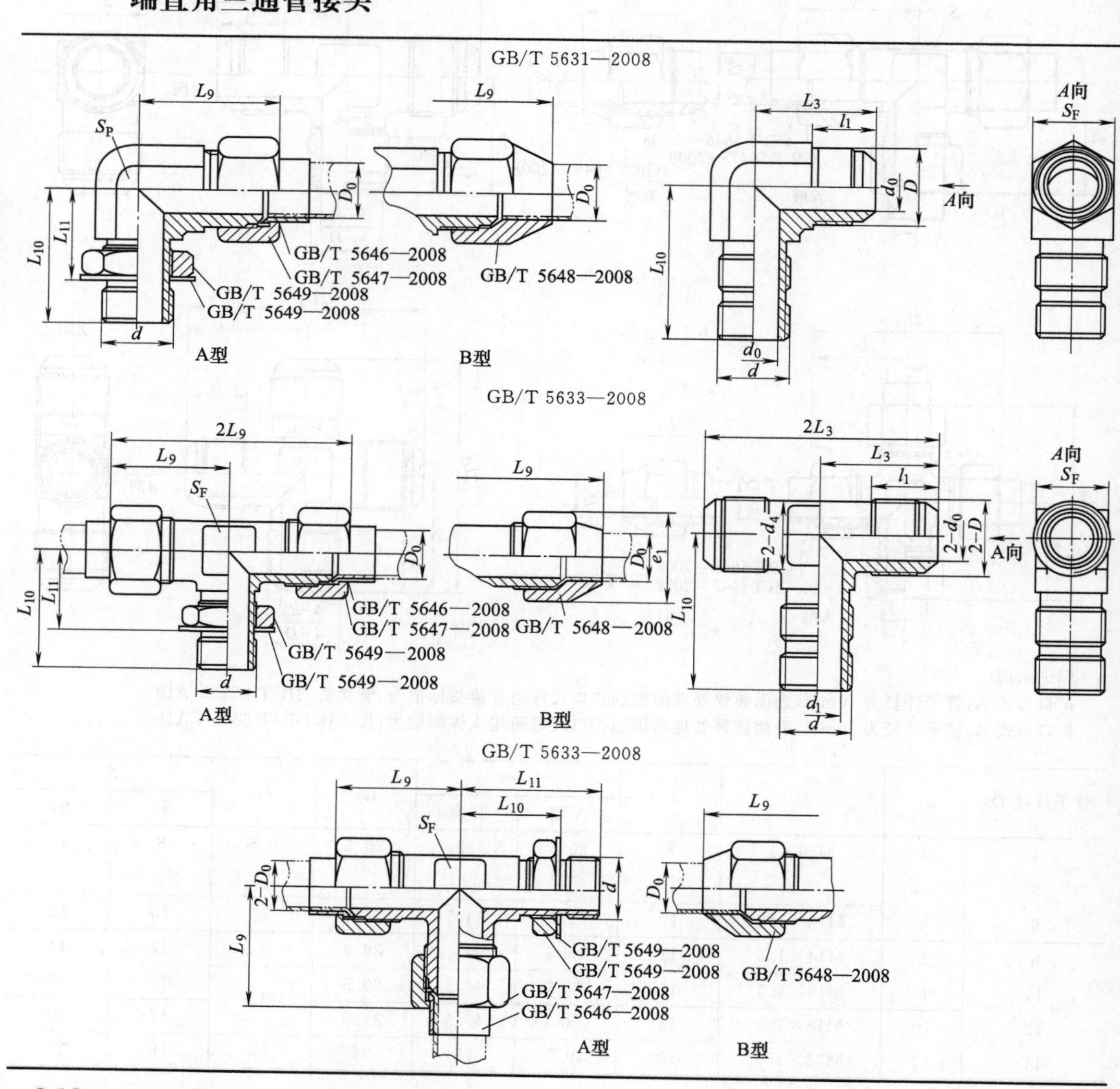

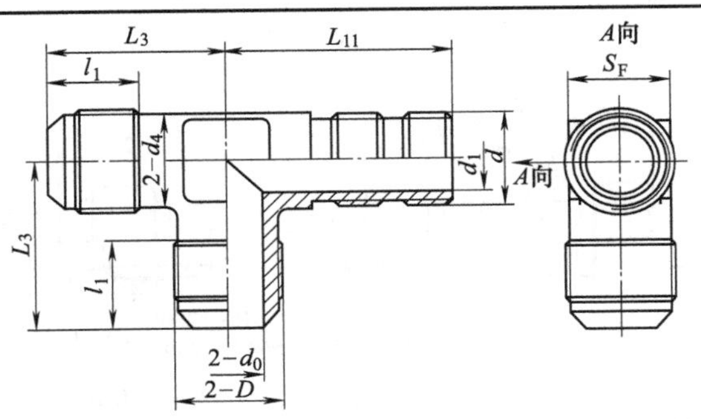

标记示例

扩口形式A，管子外径为10mm，普通螺纹（M）可调向螺纹型柱端，表面镀锌处理的钢制扩口式可调向端弯通管接头标记为：管接头 GB/T 5631 A10

扩口形式A，管子外径为10mm，普通螺纹（M）可调向螺纹型柱端，表面镀锌处理的钢制扩口式可调向端弯通接头体标记为：接头体 GB/T 5631 A10

/mm

管子外径 D_0	d_0	D	d	d_1		d_4	l_1	L_3	$L_{10}\pm1$	L_{11}（参考）	$L_9\approx$		S	
				基本尺寸	极限偏差						A型	B型	S_F	S_P
4	3	M10×1	M10×1	4.5	±0.1	8	9.5	20.5	25	16.4	25.5	30	8	10
5	3.5													
6	4	M1×1.5				10	12	24			29.5	34.5	10	12
8	6	M1×1.5	M12×1.5	6		11	13.5	28.5	31	19.9	35.5	43	12	14
10	8	M1×1.5	M14×1.5	7.5	±0.2	13	14.5	30.5	31	19.9	37.5	46.5	14	17
12	10	M1×1.5	M16×1.5	9		15		31.5	33.5	21.9	38	49.5	17	19
14	12	M2×1.5	M18×1.5	11		19	15	34	37.5	24.9	39.5	55	19	22
16	14	M2×1.5	M22×1.5	14		21	15.5	35.5	41.5	28.8	41.5	57.5	22	24
18	15	M2×1.5				24	16	37.5			43	63	24	27
20	17	M30×2	M27×2	18		27	20	43	48.5	32.8	50		27	30
22	19	M33×2				30		45.5			53		30	34
25	22	M36×2	M33×2	23		33		47	51.5	35.8	55		34	36
28	24	M39×2				36	21.5	50			58.5		36	41
32	27	M42×2	M42×2	30		39	22.5	52.5	56.5	40.8	61		41	46
34	30	M45×2				42		54			62.5		46	

4.4.8 扩口式组合直角三通管接头、扩口式组合三通管接头

GB/T 5634—2008

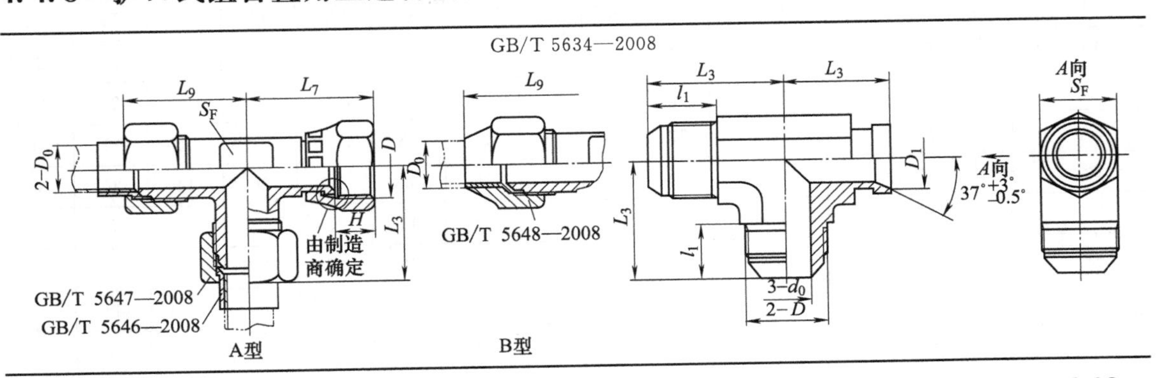

GB/T 5634—2008

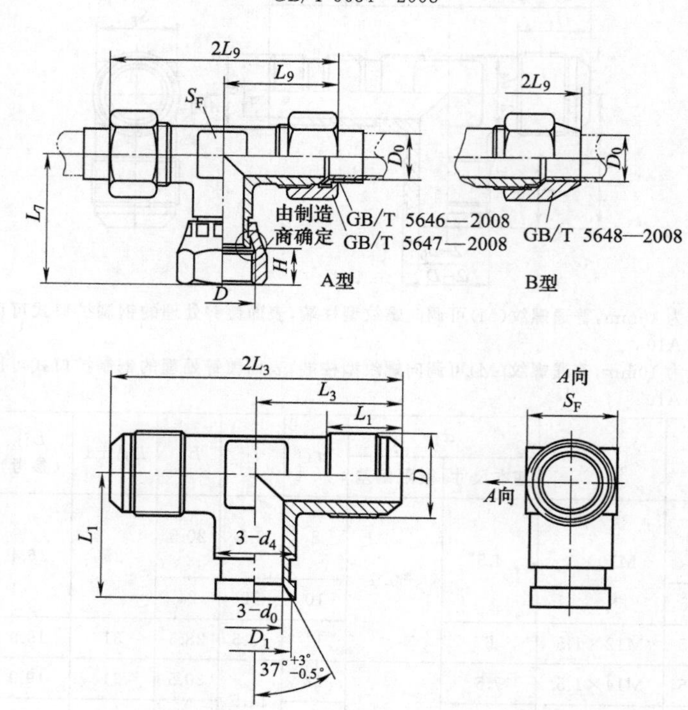

标记示例

扩口形式A,管子外径为10mm,表面镀锌处理的钢制扩口式组合弯通三通管接头标记为:管接头 GB/T 5634A10

扩口形式A,管子外径为10mm,表面镀锌处理的钢制扩口式组合弯通三通接头体标记为:接头体 GB/T 5634A10

/mm

管子外径 D_0	d_0	D	D_1 ±0.13	d_4	L_9≈ A型	L_9≈ B型	L_1	L_3	L_7	l_1	H	S S_F	S S_P
4	3	M10×1	7.2	8	25.5	30	14	20.5	24.5	9.5	7.5	8	10
5	3.5						16.5						
6	4	M12×1.5	8.7	10	29.5	34.5	18.5	24	28.5	12	9.5	10	12
8	6	M14×1.5	10.4	11	35.5	43	22.5	28.5	33.5	13.5	10.5	12	14
10	8	M16×1.5	12.4	13	37.5	46.5	23.5	30.5		14.5		14	17
12	10	M18×1.5	14.4	15	38	49.5	24.5	31.5	36.5			17	19
14	12	M22×1.5	17.4	19	39.5	55	26.5	34	38.5	15		19	22
16	14	M24×1.5	19.9	21	41.5	57.5	27.5	35.5	40	15.5	11	22	24
18	15	M27×1.5	22.9	24	43	63	29	37.5	41.5	16		24	27
20	17	M30×2	24.9	27	50	—	31.5	43	47.5	20	13.5	27	30
22	19	M33×2	27.9	30	53	—	36	45.5	51		14	30	34
25	22	M36×2	30.9	33	55	—	38	47	53		14.5	34	36
28	24	M39×2	33.9	36	58.5	—	40	50	56	21.5	15	36	41
32	27	M42×2	36.9	39	61	—	42.5	52.5	58.5	22.5	15.5	41	46
34	30	M45×2	39.9	42	62.5	—	44	54	60.5		16	46	

4.4.9 扩口式焊接管接头

GB/T 5642—2008

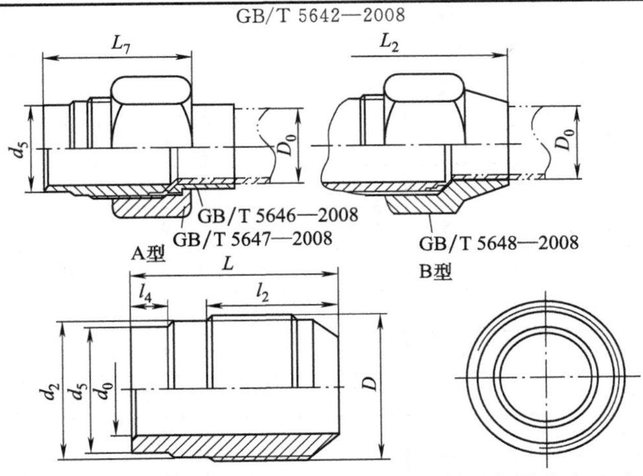

标记示例

扩口形式 A,管子外径为 10mm,表面氧化处理的钢制扩口式焊接管接头标记为:管接头 GB/T 5642 A10・O

扩口形式 A,管子外径为 10mm,表面氧化处理的钢制扩口式焊接接头体标记为:接头体 GB/T 5642 A10・O

/mm

管子外径 D_0	d_0	D	d_2	d_5	$L_7\approx$		l_2	l_4	L
					A 型	B 型			
4	3	M10×1	8.5	6	23	27.5	9.5	3	18
5	3.5			7					
6	4	M12×1.5	10	8	27	31.5	12		20.5
8	6	M14×1.5	11.5	10	29	37	13.5		22.5
10	8	M16×1.5	13.6	12	30	41.5	14.5		23.5
12	10	M18×1.5	15.5	15					
14	12	M22×1.5	19.5	18		45.5	15		24
16	14	M24×1.5	21.5	20	30.5	46.5	15.5		24.5
18	15	M27×1.5	24.5	22	31.5	51.5	16	4	26
20	17	M30×2	27	25	36.5	—	20		30
22	19	M33×2	30	28	37.5	—			
25	22	M36×2	33	31	38	—			
28	24	M39×2	36	34	40	—	21.5		31.5
32	27	M42×2	39	37	41	—	22.5		32.5
34	30	M45×2	42	40		—			

4.4.10 扩口式隔壁直通管接头、扩口式隔壁直角管接头

GB/T 5643—2008

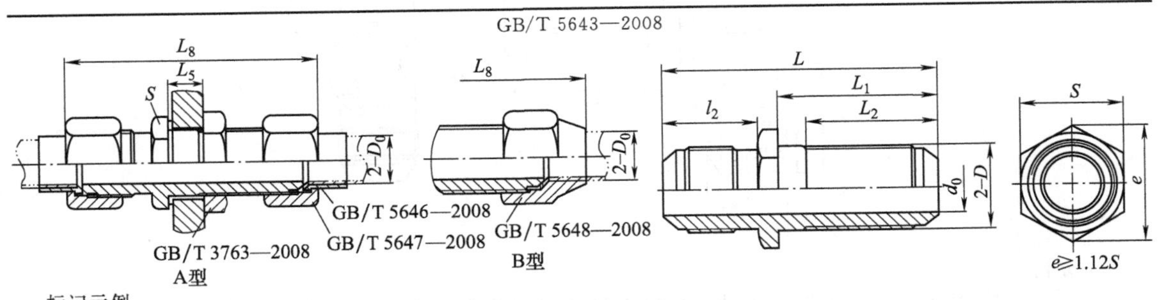

标记示例

扩口形式 A,管子外径为 10mm,表面镀锌处理的钢制扩口式过板直通管接头标记为:管接头 GB/T 5643 A10

扩口形式 A,管子外径为 10mm,表面镀锌处理的钢制扩口式过板直通接头体标记为:接头体 GB/T 5643 A10

/mm

续表

管子外径 D_0	d_0	D	L_8≈		l_2	L	L_1	L_2	L_{5max}	S
			A型	B型						
4	3	M10×1	61.5	70.5	12.5	51.5	34	31	20.5	14
5	3.5									
6	4	M12×1.5	71	80	16	60	38	34		
8	6	M14×1.5	77.5	93	18	64	40	35.5	21.5	17
10	8	M16×1.5	79.5	97.5	19	66	41	36.5		19
12	10	M18×1.5	81	105		68	43	38.5	23.5	22
14	12	M22×1.5		112	19.5	69.5	44	39.5	24.5	27
16	14	M24×1.5	85	117	20	73	45	40.5	25	30
18	15	M27×1.5	87.5	127.5	20.5	76.5	48	43.5	28	32
20	17	M30×2	101.5			88	53	47	28.5	36
22	19	M33×2	105		26	90	55	49	29.5	41
25	22	M36×2	109			93	56	50	30	
28	24	M39×2	114		17.5	97.5	58	52	30.5	46
32	27	M42×2	117.5			100.5	59	53		
34	30	M45×2	120		28.5	102.5	60	54	31	50

GB/T 5644—2008

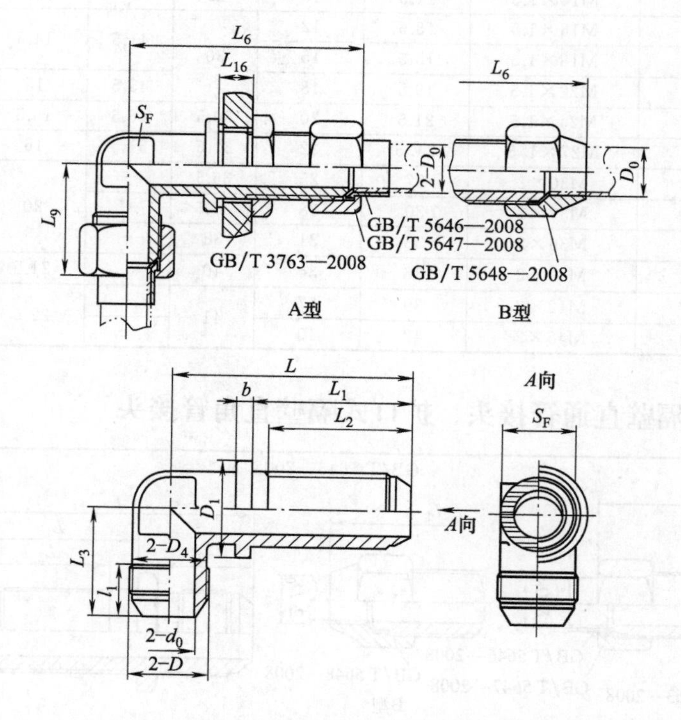

标记示例

扩口形式 A,管子外径为 10mm,表面镀锌处理的钢制扩口式过板弯通管接头标记为:管接头 GB/T 5644 A10

扩口形式 A,管子外径为 10mm,表面镀锌处理的钢制扩口式过板弯通接头体标记为:接头体 GB/T 5644 A10

续表

<table>
<tr><th rowspan="2">管子外径 D_0</th><th rowspan="2">d_0</th><th rowspan="2">D</th><th rowspan="2">d_4</th><th colspan="2">$l_6\approx$</th><th colspan="2">$L_9\approx$</th><th rowspan="2">l_1</th><th rowspan="2">L</th><th rowspan="2">L_1</th><th rowspan="2">L_2</th><th rowspan="2">L_3</th><th rowspan="2">L_{16max}</th><th rowspan="2">D_1</th><th rowspan="2">b</th><th colspan="2">S</th></tr>
<tr><th>A 型</th><th>B 型</th><th>A 型</th><th>B 型</th><th>S_F</th><th>S_P</th></tr>
<tr><td>4</td><td>3</td><td rowspan="2">M10×1</td><td rowspan="2">8</td><td rowspan="2">56</td><td></td><td rowspan="2">25.5</td><td rowspan="2">30</td><td rowspan="2">9.5</td><td rowspan="2">46</td><td rowspan="2">34</td><td rowspan="2">31</td><td rowspan="2">20.5</td><td rowspan="2">20.5</td><td rowspan="2">14</td><td rowspan="3">3</td><td rowspan="2">8</td><td rowspan="2">10</td></tr>
<tr><td>5</td><td>3.5</td><td>60.5</td></tr>
<tr><td>6</td><td>4</td><td>M12×1.5</td><td>10</td><td>63.5</td><td>68.5</td><td>29.5</td><td>34.5</td><td>12</td><td>52</td><td>38</td><td>34</td><td>24</td><td rowspan="3">21.5</td><td>17</td><td>10</td><td>12</td></tr>
<tr><td>8</td><td>6</td><td>M14×1.5</td><td>11</td><td>69.5</td><td>77</td><td>35.5</td><td>43</td><td>13.5</td><td>56</td><td>40</td><td>35.5</td><td>28.5</td><td>19</td><td rowspan="6">4</td><td>12</td><td>14</td></tr>
<tr><td>10</td><td>8</td><td>M16×1.5</td><td>13</td><td>71.5</td><td>80.5</td><td>37.5</td><td>46.5</td><td rowspan="2">14.5</td><td>58</td><td>41</td><td>36.5</td><td>30.5</td><td>21</td><td>14</td><td>17</td></tr>
<tr><td>12</td><td>10</td><td>M18×1.5</td><td>15</td><td>75</td><td>86.5</td><td>38</td><td>49.5</td><td>62</td><td>43</td><td>38.5</td><td>31.5</td><td>23.5</td><td>23</td><td>17</td><td>19</td></tr>
<tr><td>14</td><td>12</td><td>M22×1.5</td><td>19</td><td>75.5</td><td>91</td><td>39.5</td><td>55</td><td>15</td><td>64</td><td>44</td><td>39.5</td><td>34</td><td>24.5</td><td>27</td><td>19</td><td>22</td></tr>
<tr><td>16</td><td>14</td><td>M24×1.5</td><td>21</td><td>73</td><td>95</td><td>41.5</td><td>57.5</td><td>15.5</td><td>67</td><td>45</td><td>40.5</td><td>35.5</td><td>25</td><td>29</td><td>22</td><td>24</td></tr>
<tr><td>18</td><td>15</td><td>M27×1.5</td><td>24</td><td>83</td><td>103</td><td>43</td><td>63</td><td>16</td><td>72</td><td>48</td><td>43.5</td><td>37.5</td><td>28</td><td>32</td><td>24</td><td>27</td></tr>
<tr><td>20</td><td>17</td><td>M30×2</td><td>27</td><td>84.5</td><td>—</td><td>50</td><td>—</td><td rowspan="3">20</td><td>78</td><td>53</td><td>47</td><td>43</td><td>28.5</td><td>35</td><td rowspan="6">5</td><td>27</td><td>30</td></tr>
<tr><td>22</td><td>19</td><td>M33×2</td><td>30</td><td>96.5</td><td>—</td><td>53</td><td>—</td><td>82</td><td>55</td><td>49</td><td>45.5</td><td>29.5</td><td>39</td><td>30</td><td>34</td></tr>
<tr><td>25</td><td>22</td><td>M36×2</td><td>33</td><td>102</td><td>—</td><td>55</td><td>—</td><td>86</td><td>56</td><td>50</td><td>47</td><td>30</td><td>42</td><td>34</td><td>36</td></tr>
<tr><td>28</td><td>24</td><td>M39×2</td><td>36</td><td>105</td><td>—</td><td>58.5</td><td>—</td><td>21.5</td><td>88</td><td>58</td><td>52</td><td>50</td><td rowspan="2">30.5</td><td>45</td><td>36</td><td>41</td></tr>
<tr><td>32</td><td>27</td><td>M42×2</td><td>39</td><td>112</td><td>—</td><td>61</td><td>—</td><td rowspan="2">22.5</td><td>95</td><td>59</td><td>53</td><td>52.5</td><td>48</td><td>41</td><td rowspan="2">46</td></tr>
<tr><td>34</td><td>30</td><td>M45×2</td><td>42</td><td>113.5</td><td>—</td><td>62.5</td><td>—</td><td>96</td><td>60</td><td>54</td><td>54</td><td>31</td><td>51</td><td>46</td></tr>
</table>

4.4.11 扩口式组合直角管接头

GB/T 5632—2008

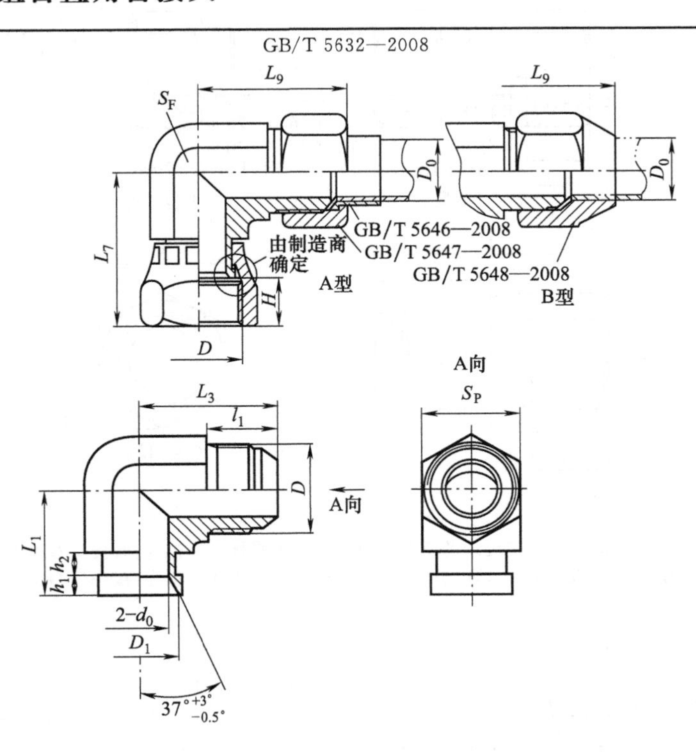

标记示例

扩口形式 A,管子外径为 10mm,表面镀锌处理的钢制扩口式组合弯通管接头标记为:管接头 GB/T 5632　A10

扩口形式 A,管子外径为 10mm,表面镀锌处理的钢制扩口式组合弯通接头体标记为:接头体 GB/T5632　A10

续表

管子外径 D_0	d_0	D	D_1 ±0.13	d_4	L_9≈ A型	L_9≈ B型	L_1	L_3	L_7	l_1	H	S S_F	S S_P
4	3	M10×1	7.2	8	25.5	30	14	20.5	24.5	9.5	7.5	8	10
5	3.5						16.5						
6	4	M12×1.5	8.7	10	29.5	34.5	18.5	24	28.5	12	9.5	10	12
8	6	M14×1.5	10.4	11	35.5	43	22.5	28.5	33.5	13.5	10.5	12	14
10	8	M16×1.5	12.4	13	37.5	46.5	23.5	30.5		14.5		14	17
12	10	M18×1.5	14.4	15	38	49.5	24.5	31.5	36.5			17	19
14	12	M22×1.5	17.4	19	39.5	55	26.5	34	38.5	15		19	22
16	14	M24×1.5	19.9	21	41.5	57.5	27.5	35.5	40	15.5	11	22	24
18	15	M27×1.5	22.9	24	43	63	29	37.5	41.5	16		24	27
20	17	M30×2	24.9	27	50	—	31.5	43	47.5	20	13.5	27	30
22	19	M33×2	27.9	30	53	—	36	45.5	51		14	30	34
25	22	M36×2	30.9	33	55	—	38	47	53		14.5	34	36
28	24	M39×2	33.9	36	58.5	—	40	50	56	21.5	15	36	41
32	27	M42×2	36.9	39	61	—	42.5	52.5	58.5	22.5	15.5	41	46
34	30	M45×2	39.9	42	62.5	—	44	54	60.5		16	46	

4.4.12 扩口式压力表管接头

GB/T 5645—2008

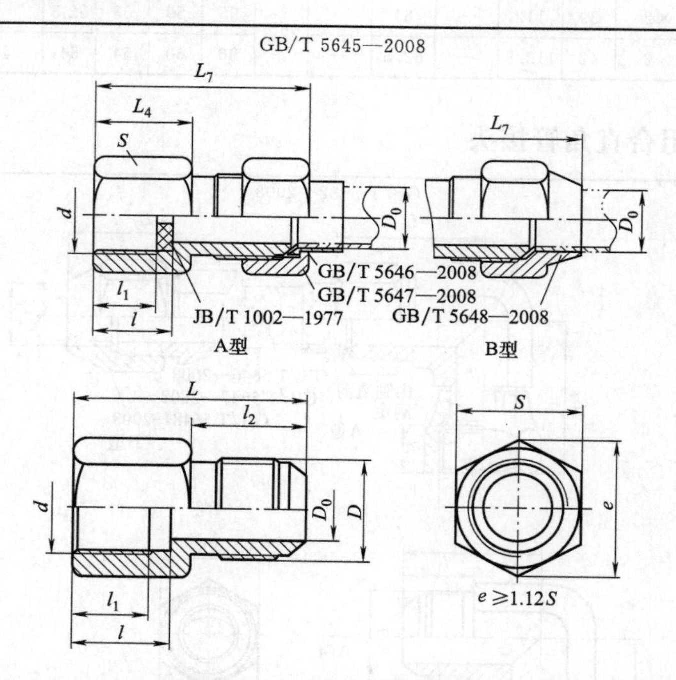

标记示例

扩口形式 A,管子外径为 10mm,表面镀锌处理的钢制扩口式压力表管接头标记为:管接头 GB/T 5645 A10

扩口形式 A,管子外径为 10mm,表面镀锌处理的钢制扩口式压力表接头体标记为:接头体 GB/T 5645 A10

/mm

管子外径 D_0	d_0	d		D	l	l_1	L_2	L	L_4	L_7≈ A型	L_7≈ B型	S
6	4	M10×1	G1/8	M12×1.5	10.5	5.5	16	30.5	14.5	36	41	14
		M14×1.5	G1/4		13.5	8.5		33.5	17.5	39	44	17
14	12	M20×1.5	G1/2	M22×1.5	19	12	19.5	40	24	45.5	50	24
								43.5		49.5	65	

4.5 锥密封焊接式方接头

4.5.1 锥密封焊接式直通管接头

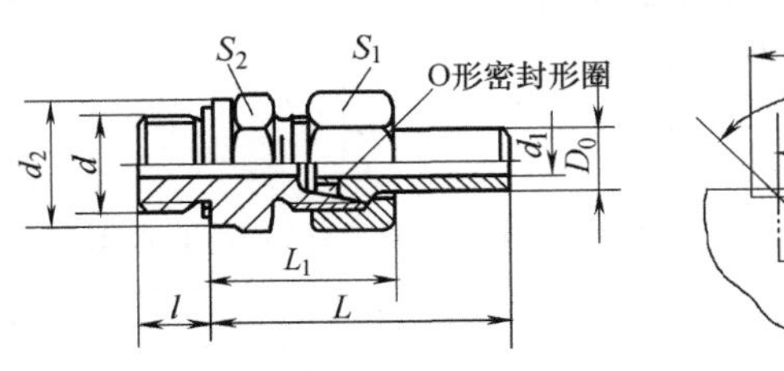

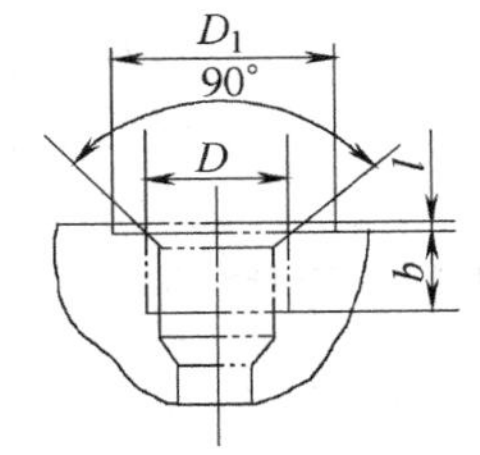

标记示例

管子外径 D_0=20mm 的锥密封焊接式直通管接头：管接头 20 JB/T 6381.1—2007

/mm

管子外径 D_0	$d(D)$	d_1	d_2	l	L_1	L	S_1	S_2	密封圈		质量 /kg	螺孔	
									垫圈	O形密封圈			
8	M12×1.5	4	18	12	28	48	21	18	12	7.5×1.8	0.11	19	15
10	M14×1.5	6	21	12	29	49	24	21	14	9×1.8	0.13	22	15
12	M16×1.5	7	24	12	30	51	24	24	16	11.2×1.8	0.15	25	15
14	M18×1.5	8	27	14	36	59	27	27	18	11.8×2.65	0.18	28	17
16	M22×1.5	10	30	14	39	62	30	30	22	14×2.65	0.24	31	17
20	M27×2	13	36	16	43	68	36	36	27	18×2.65	0.47	37	19
25	M33×2	17	41	18	48	78	46	46	33	23.6×2.65	0.95	47	21
30	M42×2	20	55	20	52	83	50	55	42	28×2.65	1.18	56	23
38	M48×2	26	60	22	56	92	60	60	48	36.5×2.65	1.26	61	25

4.5.2 锥密封焊接式直通圆柱管螺纹管接头

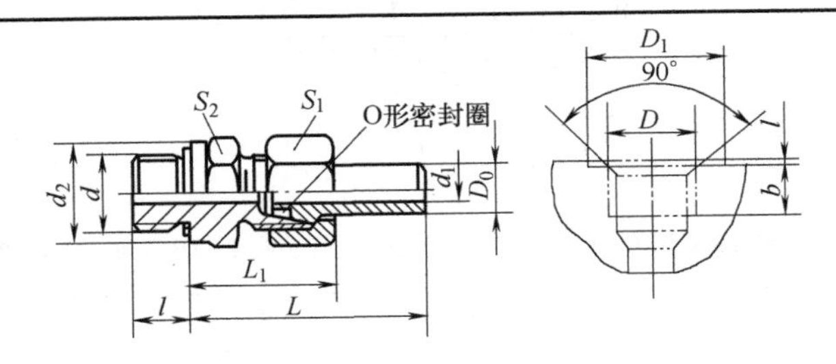

标记示例

管子外径 D_0=20mm 的锥密封焊接式直通 55°非密封管螺纹管接头：管接头 20 JB/T 6381.2—2007

/mm

管子外径 D_0	$d(D)$	d_1	d_2	l	L_1	L	S_1	S_2	O形密封圈		质量 /kg	螺孔	
									端面	锥面			
10	G1/4A	6	24	12	29	49	24	24	16×2.65G	9×1.8G	0.13	25	15
12	G3/8A	7	27	12	30	51	24	27	18×2.65G	11.2×1.8G	0.16	28	15
14	G3/8A	8	27	14	36	59	27	27	18×2.65G	11.8×2.65G	0.18	28	17
16	G1/2A	10	34	14	39	62	30	34	23.6×2.65G	14×2.65G	0.24	35	17
20	G3/4A	13	41	16	43	68	36	41	30×2.65G	18×2.65G	0.47	42	19
25	G1A	17	46	18	48	78	46	46	34.5×2.65G	23.6×2.65G	0.95	47	21
30	G1 1/4A	20	55	20	52	83	50	55	43.7×2.65G	28×2.65G	1.18	56	23
38	G1 1/2A	26	60	22	56	92	60	60	50×2.65G	36.5×2.65G	1.26	61	25

4.5.3 锥密封焊接式直通圆锥管螺纹管接头

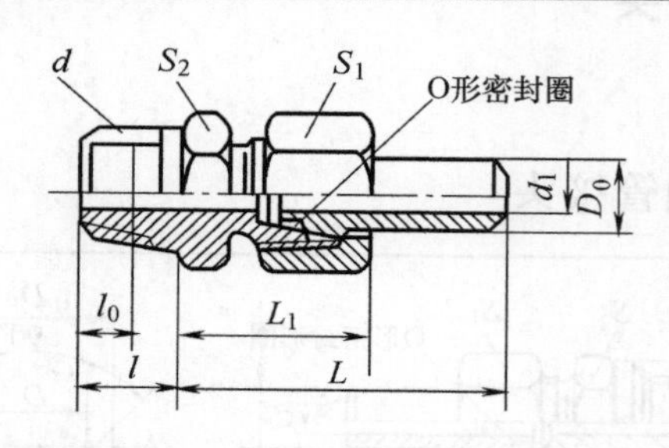

标记示例

管子外径 D_0=20mm 的锥密封焊接式直通 55°密封管螺纹管接头：管接头 20 JB/T 6381.3—2007

/mm

管子外径 D_0	d	l_0	l	d_1	L_1	L	S_1	S_2	O形密封圈	质量/kg
8	R1/8	4	14	4	27	47	21	18	7.5×1.8G	0.1
10	R1/4	6	18	6	28	48	24	21	9×1.8G	0.11
12	R3/8	6.4	22	7	29	50	24	24	11.2×1.8G	0.15
14	R3/8	6.4	22	8	35	58	27	24	11.8×2.65G	0.22
16	R1/2	8.2	25	10	37	60	30	27	14×2.65G	0.22
20	R3/4	9.5	28	13	41	66	36	34	18×2.65G	0.45
25	R1	10.4	32	17	46	76	46	41	23.6×2.65G	0.91
30	R1 1/4	12.7	35	20	50	81	50	46	28×2.65G	1.15
38	R1 1/2	12.7	38	26	54	90	60	55	36.5×2.65G	1.51

4.5.4 锥密封焊接式直通锥螺纹管接头

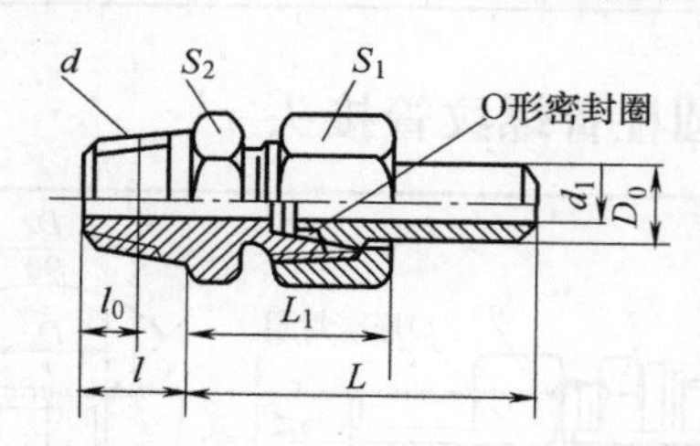

标记示例

管子外径 D_0=20mm 的锥密封焊接式直通 60°密封管螺纹管接头：管接头 20 JB/T 6381.4—2007

/mm

管子外径 D_0	d	d_1	l_0	l	L_1	L	S_1	S_2	O形密封圈	质量/kg
8	Z1/8	4	4.57	9	27	47	21	18	7.5×1.8G	0.1
10	Z1/4	6	5.08	14	28	48	24	21	9×1.8G	0.11
12	Z3/8	7	6.09	14	29	50	24	24	11.2×1.8G	0.15
14	Z3/8	8	6.09	14	35	58	27	24	11.8×2.65G	0.18
16	Z1/2	10	8.12	19	37	60	30	27	14×2.65G	0.22
20	Z3/4	13	8.61	19	41	66	36	34	18×2.65G	0.45
25	Z1	17	10.16	24	46	76	46	41	23.6×2.65G	0.91
30	Z1 1/4	20	10.66	24	50	81	50	46	28×2.65G	1.15
38	Z1 1/2	26	10.66	26	54	90	60	55	36.5×2.65G	1.51

4.5.5 锥密封焊接式90°弯管接头

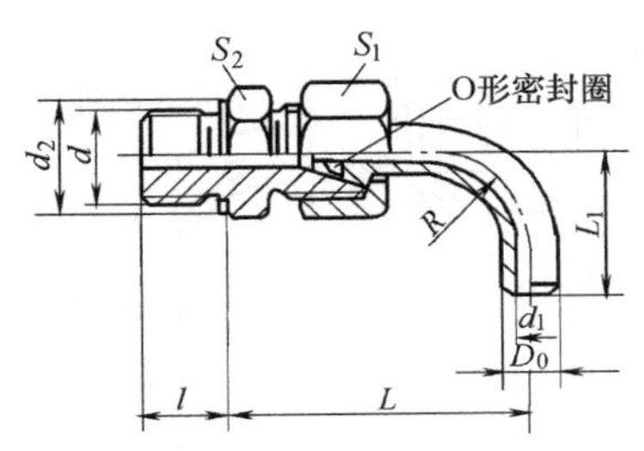

标记示例

管子外径 D_0=20mm 的锥密封焊接式直通锥螺纹管接头：管接头 20 JB/T 6382.1—2007

/mm

管子外径 D_0	d	d_1	d_2	l	L	L_1	S_1	S_2	R	密封圈		质量 /kg
										垫圈	O形密封圈	
8	M12×1.5	4	18	12	68	56	21	18	20	12	7.5×1.8G	0.12
10	M14×1.5	6	21	12	72	56	24	21	20	14	9×1.8G	0.13
12	M16×1.5	7	24	12	81	58	24	24	24	16	11.2×1.8G	0.16
14	M18×1.5	8	27	14	83	58	27	27	28	18	11.8×2.65G	0.2
16	M22×1.5	10	30	14	90	60	30	30	32	22	14×2.65G	0.26
20	M27×2	13	36	16	112	70	36	36	45	27	18×2.65G	0.6
25	M33×2	17	41	18	118	110	46	46	58	33	23.6×2.65G	0.84
30	M42×2	20	55	20	152	130	50	55	72	42	28×2.65G	1.32
38	M48×2	26	60	22	182	140	60	60	90	48	36.5×2.65G	1.85

4.5.6 锥密封焊接式圆柱管螺纹90°弯管接头

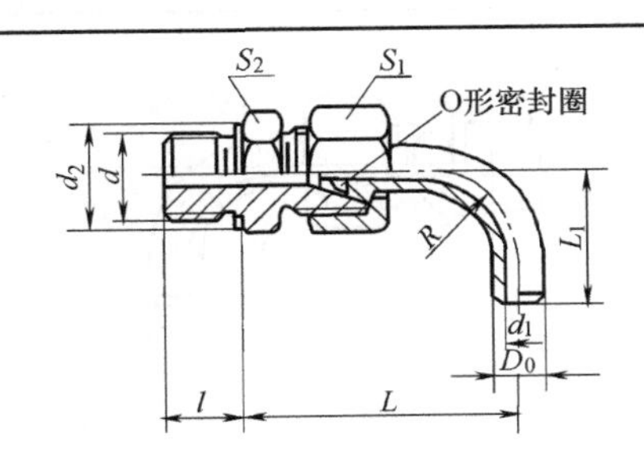

标记示例

管子外径 D_0=20mm 的锥密封焊接式圆柱管螺纹 90°弯管接头：管接头 20 JB/T 6382.2—2007

/mm

管子外径 D_0	d	d_1	d_2	l	L_1	L	S_1	S_2	R	O形密封圈		质量 /kg
										端面	锥面	
10	G1/4A	6	24	12	56	72	24	24	20	16×2.65G	9×1.8G	0.13
12	G3/8A	7	27	12	58	81	24	27	24	18×2.65G	11.2×1.8G	0.16
14	G3/8A	8	27	14	58	83	27	27	28	18×2.65G	11.8×2.65G	0.2
16	G1/2A	10	34	14	60	90	30	34	32	23.6×2.65G	14×2.65G	0.26
20	G3/4A	13	41	16	70	112	36	41	45	30×2.65G	18×2.65G	0.6
25	G1A	17	46	18	110	118	46	46	58	34.5×2.65G	23.6×2.65G	0.84
30	G1 1/4A	20	55	20	130	152	50	55	72	43.7×2.65G	28×2.65G	1.32
38	G1 1/2A	26	60	22	140	182	60	60	90	50×2.65G	36.5×2.65G	1.85

4.5.7 锥密封焊接式 50°密封圆锥管螺纹 90°弯管接头

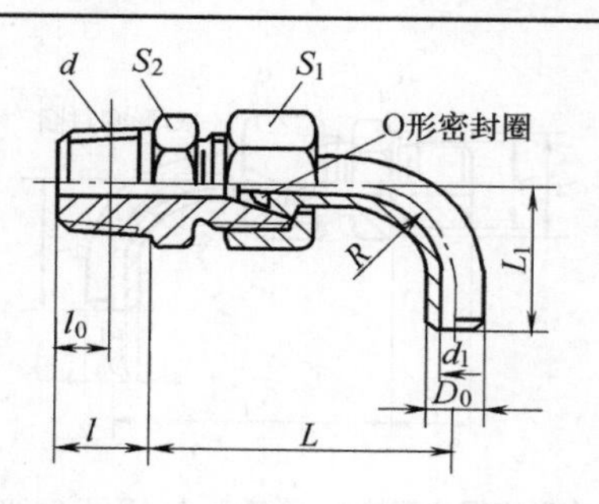

标记示例

管子外径 D_0=20mm 的锥密封焊接式 50°密封圆锥管螺纹 90°弯管接头：管接头 20 JB/T 6382.3—2007

/mm

管子外径 D_0	d	d_1	l_0	l	L	L_1	S_1	S_2	R	O形密封圈	质量/kg
8	R1/8	4	4	14	67	56	21	18	20	7.5×1.8G	0.12
10	R1/4	6	6	18	71	56	24	21	20	9×1.8G	0.13
12	R3/8	7	6.4	22	80	58	24	24	24	11.2×1.8G	0.16
14	R3/8	8	6.4	22	82	58	27	24	28	11.8×2.65G	0.19
16	R1/2	10	8.2	25	89	60	30	27	32	14×2.65G	0.24
20	R3/4	13	9.5	28	110	70	36	34	45	18×2.65G	0.58
25	R1	17	10.4	32	116	110	46	41	58	23.6×2.65G	1.09
30	R1 1/4	20	12.7	35	150	130	50	46	72	28×2.65G	1.32
38	R1 1/2	26	12.7	38	180	140	60	55	90	36.5×2.65G	1.78

4.5.8 锥密封焊接式 60°密封圆锥管螺纹 90°弯管接头

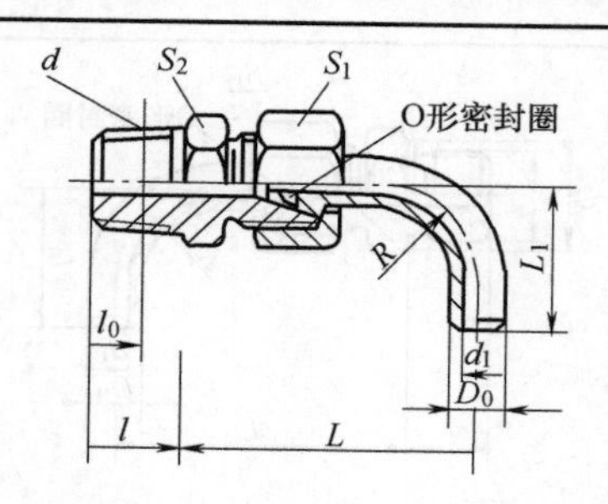

标记示例

管子外径 D_0=20mm 的锥密封焊接式 60°密封圆锥管螺纹 90°弯管接头：管接头 20 JB/T 6382.4—2007

/mm

管子外径 D_0	d	d_1	l_0	l	L_1	L	S_1	S_2	R	O形密封圈	质量/kg
8	R1/8	4	4.57	9	56	67	21	18	20	7.5×1.8G	0.12
10	R1/4	6	5.08	14	56	71	24	21	20	9×1.8G	0.13
12	R3/8	7	6.09	14	58	80	24	24	24	11.2×1.8G	0.16
14	R3/8	8	6.09	14	58	82	27	24	28	11.8×2.65G	0.19
16	R1/2	10	8.12	19	60	89	30	27	32	14×2.65G	0.25
20	R3/4	13	8.61	19	70	110	36	34	45	18×2.65G	0.58
25	R1	17	10.16	24	110	116	46	41	58	23.6×2.65G	1.09
30	R1 1/4	20	10.66	24	130	150	50	46	72	28×2.65G	1.32
38	R1 1/2	26	10.66	26	140	180	60	55	90	36.5×2.65G	1.78

4.5.9 锥密封焊接式直角管接头

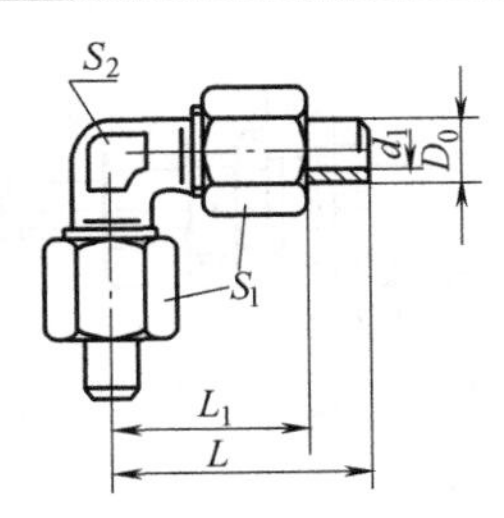

标记示例

管子外径 D_0=20mm 的锥密封焊接式直角管接头：管接头 20 JB/T 6383.2—2007

/mm

管子外径 D_0	d_1	L_1	L	S_1	S_2	O形密封圈	质量/kg
9	4	34	54	21	16	7.5×0.16G	0.16
10	6	40	60	24	16	9×1.8G	0.19
12	7	41	62	24	18	11.2×1.8G	0.22
14	8	45	68	27	21	11.8×2.65G	0.24
16	10	47	70	30	24	14×2.65G	0.34
20	13	55	80	36	27	18×2.65G	0.59
25	17	62	92	46	34	23.6×2.65G	1.05
30	20	68	99	50	36	28×2.65G	1.3
38	26	74	110	60	46	36.5×2.65G	1.82

4.5.10 锥密封焊接式三通管接头

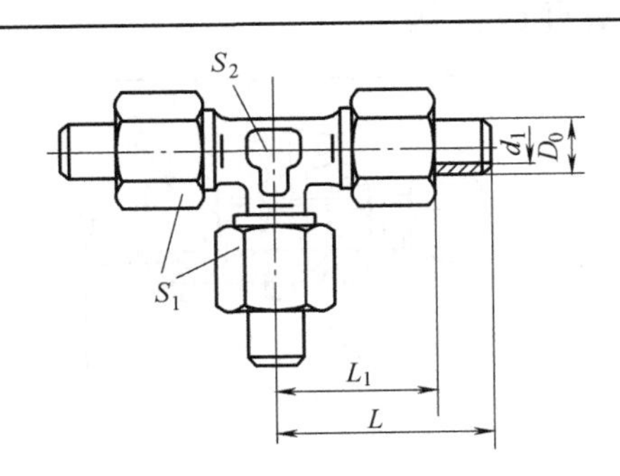

标记示例

管子外径 D_0=20mm 的锥密封焊接式三通管接头：管接头 20 JB/T 6383.3—2007

/mm

管子外径 D_0	d_1	L_1	L	S_1	S_2	O形密封圈	质量/kg
9	4	34	54	21	16	7.5×0.16G	0.23
10	6	40	60	24	16	9×1.8G	0.29
12	7	41	62	24	18	11.2×1.8G	0.32
14	8	45	68	27	21	11.8×2.65G	0.36
16	10	47	70	30	24	14×2.65G	0.49
20	13	55	80	36	27	18×2.65G	0.82
25	17	62	92	46	34	23.6×2.65G	1.51
30	20	68	99	50	36	28×2.65G	1.82
38	26	74	110	60	46	36.5×2.65G	2.66

4.5.11 锥密封焊接式隔壁直角管接头

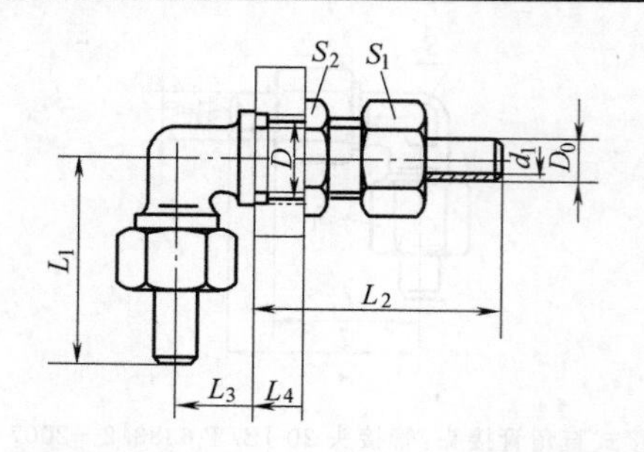

标记示例

管子外径 D_0=20mm 的锥密封焊接式隔壁直角管接头:管接头 20 JB/T 6384.1—2007

/mm

管子外径 D_0	d_1	L_1	L_2	L_3	L_4	D	S_1	S_2	O形密封圈	质量/kg
8	4	54	70	17	≈20	17	21	24	7.5×1.8G	0.28
10	6	60	72	19	≈20	19	24	27	9×1.8G	0.3
12	7	62	75	19	≈20	21	24	30	11.2×1.8G	0.37
14	8	68	84	22	≈22	23	27	30	11.8×2.65G	0.53
16	10	70	85	23	≈22	25	30	36	14×2.65G	0.53
20	13	80	91	27	≈22	31	36	41	18×2.68G	0.5
25	17	92	100	31	≈22	37	46	50	23.6×2.65G	1.38
30	20	99	107	39	≈22	43	50	55	28×2.65G	1.86
38	26	110	116	43	≈22	53	60	65	36.5×2.65G	2.67

4.5.12 锥密封焊接式隔壁直通管接头

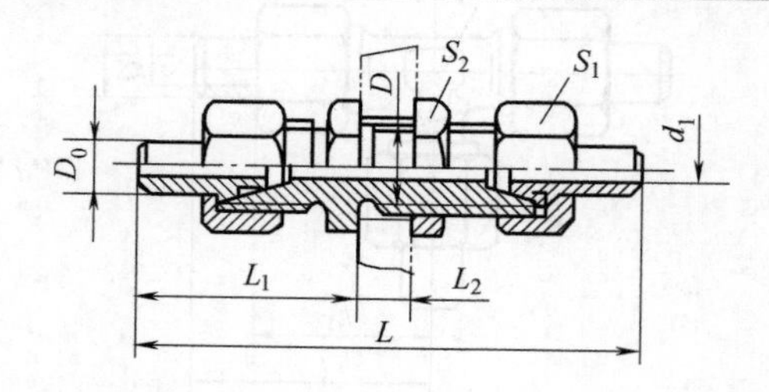

标记示例

管子外径 D_0=20mm 的锥密封焊接式隔壁直通管接头:管接头 20 JB/T 6384.2—2007

/mm

管子外径 D_0	d_1	L_1	L_2	L	D	S_1	S_2	O形密封圈	质量/kg
8	4	47	≈20	117	17	21	24	7.5×1.8G	0.27
10	6	48	≈20	120	19	24	27	9×1.8G	0.31
12	7	50	≈20	125	21	24	30	11.2×1.8G	0.26
14	8	58	≈22	142	23	27	30	11.8×2.65G	0.44
16	10	60	≈22	145	25	30	36	14×2.65G	0.62
20	13	66	≈22	157	31	36	41	18×2.65G	0.85
25	17	76	≈22	176	37	46	50	23.6×2.65G	1.33
30	20	81	≈22	188	43	60	55	28×2.65G	1.75
38	26	90	≈22	206	63	60	65	36.5×2.63G	2.35

4.5.13 锥密封焊接式压力表管接头

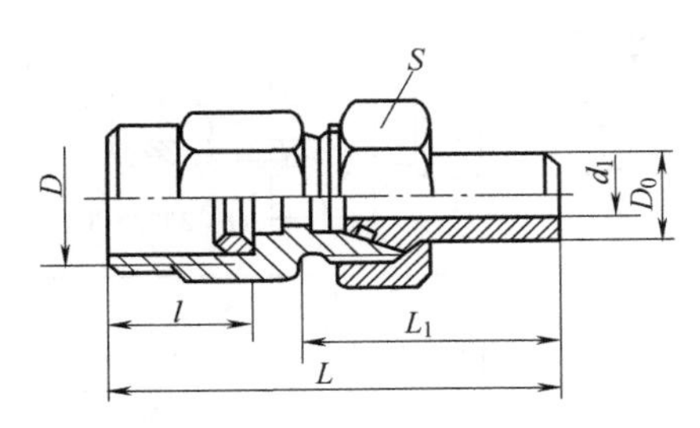

标记示例

管子外径 D_0＝20mm 的锥密封焊接式压力表管接头：管接头 12-M20×1.5 JB/T 6385—2007

/mm

管子外径 D_0	D	d_1	l	L_0	L	S	O形密封圈	质量/kg
8	M10×1	4	12	40	62	21	7.5×1.8	0.1
	M14×1.5		20		70			0.12
	M20×1.5		26		80			0.14
12		7		42	82	24	11.2×1.8	0.18

4.6 液压软管接头

4.6.1 扩口式软管接头

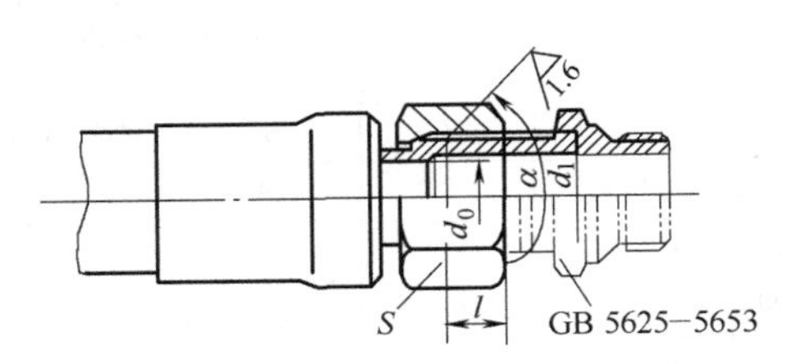

软管内径	d_0(参数)	d_1	l	S	α	扩口式管接头 d_0
5	3.5	M12×1.4	8	16	74°±0.5°	4
6.3	4	M14×1.5	9	18		6
8	6	M16×1.5	10	21		8
10	7.5	M18×1.5		24		10
12.5	10	M22×1.5	11	27		12
16	13	M27×1.5		32		15
19	15	M33×2	14	41		19
22	18.5	M36×2				22
25	21	M39×2		46		24
31.5	27	M45×2	15	55		30

4.6.2 卡套式软管接头

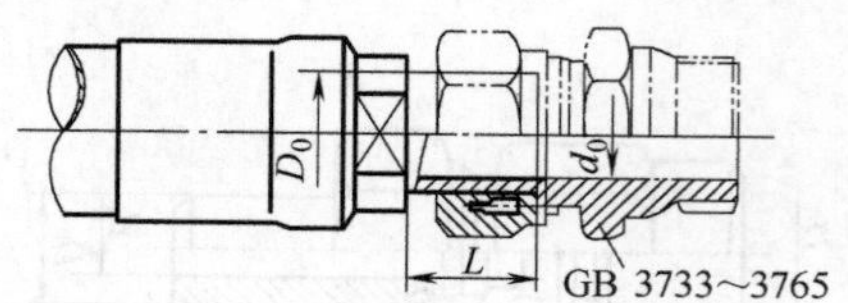

/mm

软管内径	d_0(参数)	D_0 公称尺寸	D_0 极限偏差	L_{min}	卡套式管接头 d_0
5	3.5	6	±0.060	28	4
6.3	4	8	±0.075	28	6
8	6	10		30	8
10	7.5	12	±0.090	30	10
12.5	10	14		32	12
16	13	18		31	5
19	15	22	±0.105	36	19
22	18.5	25		38	22
25	21	28		38	24
31.5	27	34	±0.125	41	30
38	33	42		42	36

4.6.3 焊接式或快换式软管接头

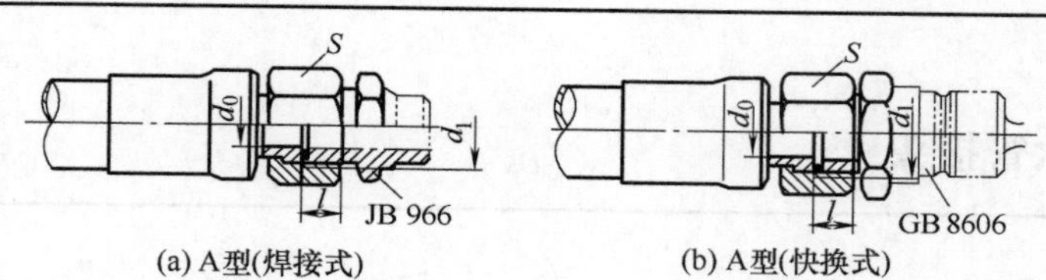

(a) A型(焊接式)　　(b) A型(快换式)

/mm

软管内径	d_0(参考)	d_1	l	S	焊接式管接头 d_0	快换接头公称通径
5	3.5	M12×1.25	8	16	3	—
6.3	4	M14×1.5	8.5	18	—	6.3
8	6	M16×1.5		21	6	—
10	7.5	M18×1.5		24	—	10
12.5	10	M22×1.5	10	27	10	—
		M27×1.5①		34	—	12.5
16	13	M27×1.5		34	12	—
19	15	M30×1.5	11	36	15	20
22	18.5	M36×2	13	41	20	—
25	21	M39×2		46	—	2.5
31.5	27	M42×2	15	50	25	—
		M52×2①		60	—	31.5
38	33	M52×2	17	60	32	—
		M60×2①		70	—	40
51	45	M60×2②	23	75	—	—

① 为与液压快换接头连接使用的螺纹尺寸。

② 为焊接式管接头标准中所缺少的螺纹，由使用者自行配制或协商定货。

续表

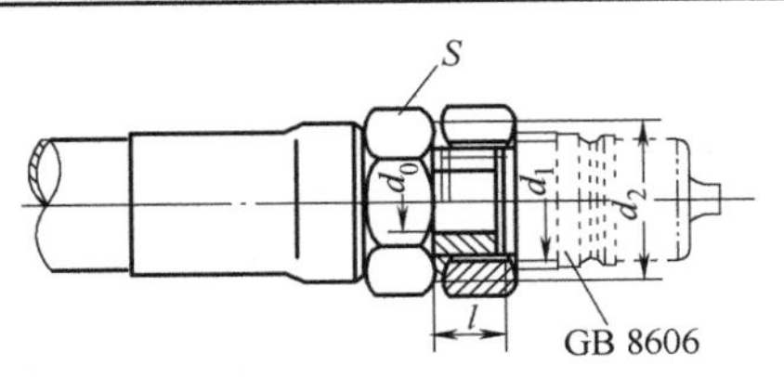

(c) B型(快换式)

/mm

软管内径	d_0(参考)	d_1	d_2	l	S	快换接头公称通径
6.3	4	M12×1.5	18	10	18	6.3
10	7.5	M18×1.5	24	12	24	10
12.5	10	M22×1.5	30	14	30	12.5
19	15	M27×2	34	17	34	20
25	21	M33×2	41	17	41	25
31.5	27	M42×2	50	17.5	50	31.5
38	33	M50×2	60	19.5	60	40
51	45	M60×2	70	23	70	50

4.7 快换接头

快换接头用于需要经常更换、转接的场合，可以直接插拔。

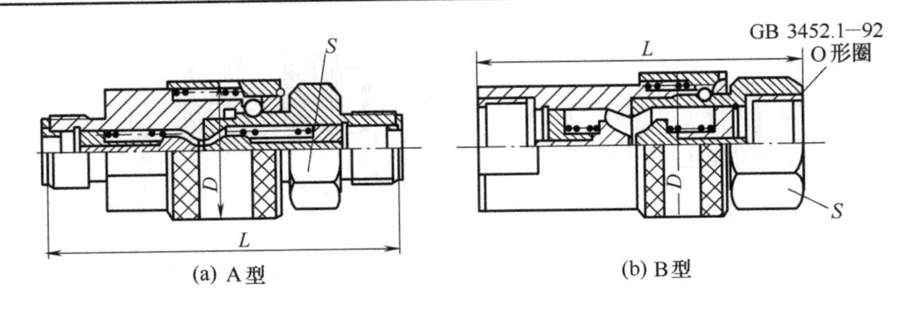

(a) A型　　(b) B型

标记示例

公称通径 6.3，A 型螺纹连接形式：快换接头 A6.3 GB/T 8606—2003

公称通径 6.3，B 型螺纹连接形式：快换接头 B6.3 GB/T 8606—2003

/mm

公称通径	连接形式			最大工作压力/MPa	最低爆破压力/MPa	L	D	S	质量/kg
	A 型	B 型	O 形圈						
6.3	M14×1.5	M12×1.5	12.5×1.8	31.5	126	78	29	21	0.3
10	M18×1.5	M18×1.5	18×1.8	31.5	126	80	31	24	0.3
12.5	M27×1.5	M22×1.5	25×1.8	25	100	100	38	34	0.5
20	M30×1.5	M27×2	28×1.8	25	100	110	46	36	0.8
25	M39×2	M33×2	33.5×2.65	20	80	128	53	46	1.4
31.5	M52×2	M42×2	42.5×2.65	20	80	160	68	60	2.8
40	M60×2	M50×2	50×2.65	16	64	190	81	70	4.8
50	—	M60×2	60×2.65	10	40	204	97	80	7

4.8 旋转接头

4.8.1 旋转接头（Ⅰ）

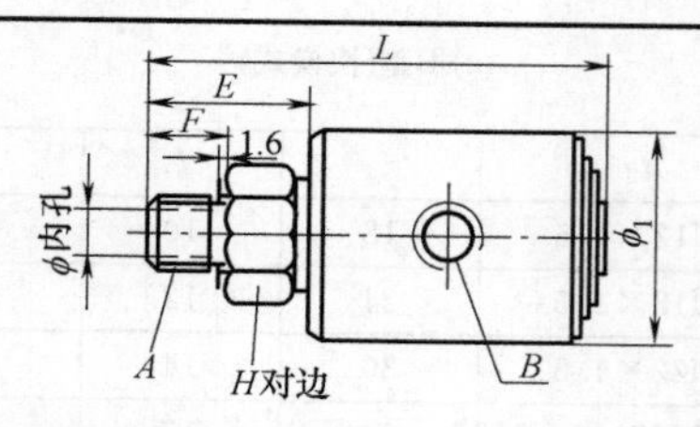

技术参数：p_{max}（空气）=1.03MPa；p_{max}（油压）=20.59MPa，t_{max}=120℃；n_{max}=250r/min　/mm

B	型号空气、液压用	A 安装尺寸	ϕ_1	L	E	F	ϕ	H
Rc1/4	2801-997-000	R3/8RH	38	82.5	28.5	15.8	10	22.2
Rc1/4	2801-997-200	G3/8RH	38	82.5	28.5	15.8	8	22.2
Rc1/2	2801-997-410	M16×2RH	70	119	41	22	8	35
Rc1/2	2801-997-410	M16×2RH	70	119	41	22	15.8	35
Rc1/2	281-997-030	R3/4RH	70	116	38	19	15.8	35
Rc1/2	281-997-030	R3/4RH	70	116	38	19	15.8	35

4.8.2 旋转接头（Ⅱ）

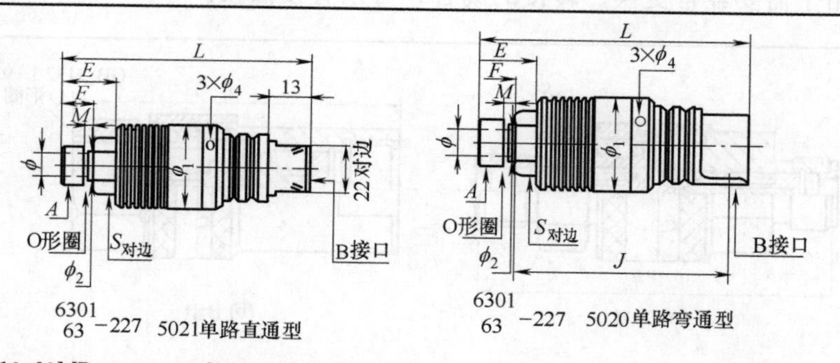

技术参数：p_{max}=10.29MPa；t_{max}=70℃；n_{max}=15000r/min　/mm

B	型号	安装尺寸 A	ϕ_1	L	E	F	内孔 ϕ	$S_{对边}$	ϕ_2	J	M	ϕ_4
Rc1/4	6301-227-5020	M16×1.5LH	53	130	26	16	5	24	17.993	100	5	Rc1/8
Rc1/4	6301-227-5021	M16×1.5LH	53	124	26	16	5	24	17.993	—	5	Rc1/8
Rc3/8	6301-227-5021	M16×1.5LH	53	124	26	16	9	24	17.988	—	5	Rc1/8
Rc3/8	63-227-5020	M16×1.5LH	53	130	26	16	9	24	17.988	100	5	Rc1/8

4.9 螺塞

螺塞、堵头用于封闭阀块上的工艺孔。

4.9.1 外六角螺塞

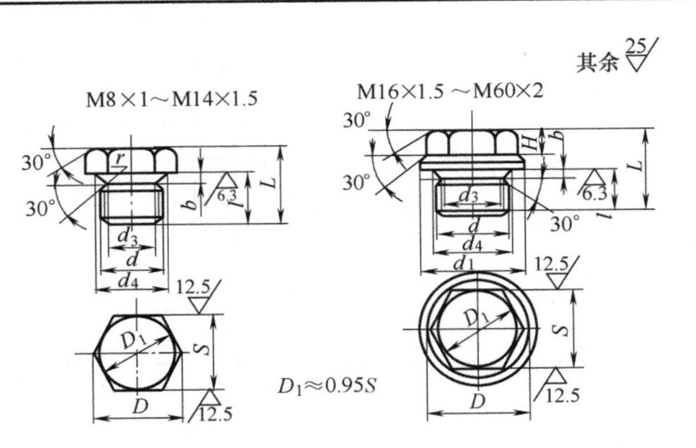

标记示例

螺纹直径 d=18mm、螺距 P=1.5mm 的外六角螺塞：螺塞 M18×1.5 JB/T 1000—77

/mm

d	d_1	d_3	d_4	b	H	l	L	r	D	S 基本尺寸	S 极限偏差
M8×1	—	6.4	8.3	2	—	8	13	1	16.2	16	0 −0.24
M10×1	—	8.4	10.3	2	—	8	14	1	19.6	18	
M12×1.5	—	9.7	12.3	3	—	12	19	1.5	21.9	18	0 −0.28
M14×1.5	—	11.7	14.3	3	—	12	19	1.5	21.9	18	
M16×1.5	22	13.7	16.3	3	—	12	22	1.5	21.9	18	
M18×1.5	25	15.7	18.3	3	7	12	22	1.5	21.9	18	
M22×1.5	30	19.7	22.3	3	7	14	25	1.5	21.9	18	
M27×2	35	24	27.3	3.5	8	16	29	2	25.4	21	
M33×2	42	30	33.3	3.5	10	18	34	2	31.2	27	
M42×2	53	39	42.3	3.5	14	20	41	2	41.6	36	0 −0.34
M48×2	60	45	48.3	3.5	14	22	43	2	47.3	41	
M60×2	74	57	60.3	3.5	18	26	51	2	57.7	50	

4.9.2 内六角螺塞

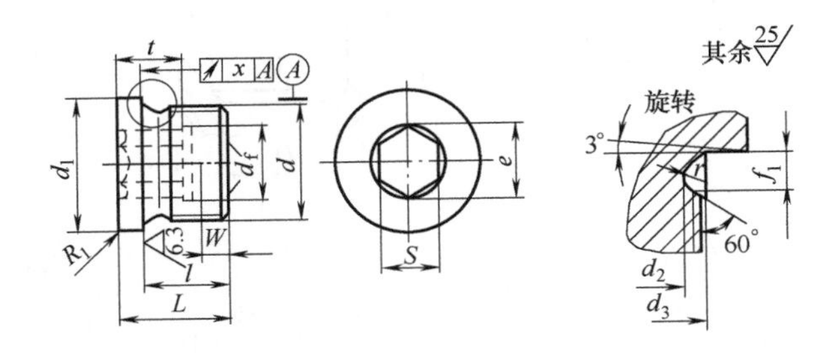

标记示例

d=M20×1.5 的内六角螺塞：螺塞 M20×1.5 JB/ZQ 4444—86

续表

d 米制螺纹		d_1 h14	$d_{2\,-0.2}^{\;\;0}$	$d_{3\,-0.3}^{\;\;0}$	e ≥	l ±0.2	L ≈	S D12	t ≥	W ≥	$f_{1\,0}^{\,+0.3}$	x	质量(1000件)/kg
M8×1	—	14	6.4	8.3	4.6	8	11	4	3.5	3	2	0.1	6.4
M10×1	—	14	8.3	10	5.7	8	11	5	5	3	2	0.1	6.34
M12×1.5	—	17	9.7	12.3	6.9	12	15	5.5	7	3	3	0.1	11.3
—	—	18	11.2	13.4	6.9	12	15	5.5	7	3	3	0.1	14.6
M14×1.5	—	19	11.7	14.3	6.9	12	15	5.5	7	3	3	0.1	16
M16×1.5	—	21	13.7	16.3	9.2	12	15	8	7.5	3	3	0.1	19
—	—	22	14.7	17	9.2	12	15	8	7.5	3	3	0.1	21.4
M18×1.5	—	23	15.7	18.3	9.2	12	16	8	7.5	3	3	0.1	28.3
M20×1.5	—	25	17.7	20.3	11.4	14	18	10	7.5	4	3	0.1	37.5
—	—	26	18.4	21.3	11.4	14	18	10	7.5	4	4	0.1	40.8
M22×1.5	—	27	19.7	22.3	11.4	14	18	10	7.5	4	3	0.1	47.5
M24×1.5	—	29	21.7	24.3	13.7	14	18	11	7.5	4	3	0.1	53.5
M26×1.5	—	31	23.7	26.3	13.7	16	20	11	9	4	3	0.1	68.7
—	M27×2	32	23.9	27	13.7	16	20	11	9	4	4	0.2	73.5
M30×1.5	M30×2	36	27.7	30.3	19.4	16	20	16	9	4	4	0.2	84
—	M33×2	39	29.9	33.3	19.4	16	21	16	9	4	4	0.2	111
M36×1.5	M36×2	42	33	36.3	21.7	16	21	18	10.5	4	4	0.2	134
M38×1.5	—	44	35	38.3	21.7	16	21	18	10.5	4	4	0.2	149
—	M39×2	46	36	39.3	21.7	16	21	18	10.5	4	4	0.2	163
M42×1.5	M42×2	49	39	42.3	25.2	16	21	21	10.5	4	4	0.2	187
M45×1.5	M45×2	52	42	45.3	25.2	16	21	21	10.5	4	4	0.2	215
M48×1.5	M48×2	55	45	48.1	27.4	16	21	24	10.5	4	4	0.2	246
M52×1.5	M52×2	60	49	52.3	27.4	16	21	24	10.5	4	4	0.2	302
—	—	62	50.4	54	36.6	20	25	32	14	4	5	0.2	320
—	M56×2	64	53	56.3	36.6	20	25	32	14	4	4	0.2	386
—	M60×2	68	56.3	60.3	36.6	20	25	32	14	4	4	0.2	445
—	M64×2	72	61	64.3	36.6	20	25	32	14	4	4	0.2	530

注：1. d 由制造厂确定；2. 材料 35 钢。

4.9.3 液压气动用球胀式堵头安装尺寸

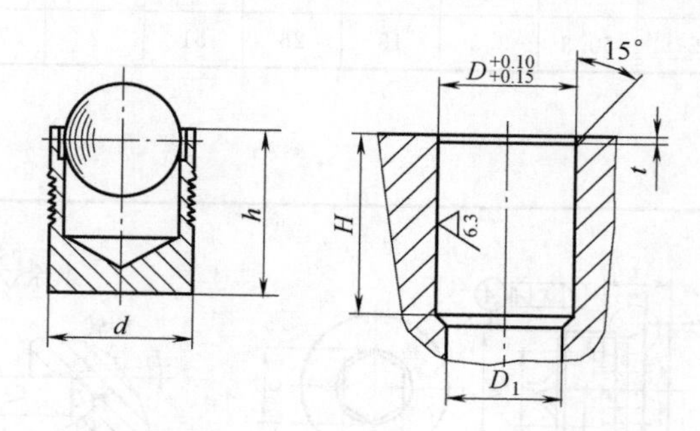

/mm

d	4	5	6	7	8	9	10	12	14	15	16	18	20	22
h	4	5.5	6.5	7.5	8.5	10	11	13	15	16	17	19	21.5	23.5
D	4	5	6	7	8	9	10	12	14	15	16	18	20	22
H	≥5	≥6.5	≥7.5	≥8.5	≥9.5	≥11	≥12	≥14	≥16	≥17	≥18	≥20	≥22.5	≥24.5
D_1	≤3	≤4	≤5	≤6	≤7	≤8	≤9	≤10.5	≤12.5	≤13.5	≤14.5	≤16.5	≤18	≤20
t	0.3	0.3	0.3	0.3	0.3	0.3	0.5	0.5	0.5	0.5	0.5	0.5	0.5	0.5

4.10 法兰

对于较大管径的管道连接，需要用到法兰连接保证可靠密封。

4.10.1 直通法兰

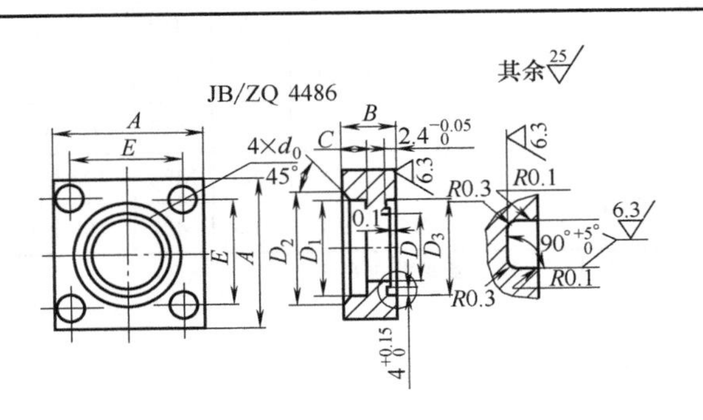

标记示例

公称通径 DN 为 20mm 的直通法兰：直通法兰 20 JB/ZQ 4486—86

/mm

公称通径 DN	钢管 $D_0 \times S$	A	B	C	D	D_1	D_2	D_3	d_0	E	法兰用螺钉	O 形圈 JB/ZQ 4224
10	18×2	55	22	9	12	18.5	28	30	11	36±0.4	M10	30×3.1
15	22×3	55	22	11	16	22.5	32	30	11	40±0.4	M10	30×3.1
20	28×4	55	22	12	20	28.5	38	35	11	40±0.4	M10	35×3.1
25	34×5	75	28	14	24	35	45	40	13	56±0.4	M12	40×3.1
32	42×6	75	28	16	30	43	55	45	13	56±0.4	M12	45×3.1
40	50×6	100	36	18	38	52	63	55	18	73±0.4	M16	55×3.1
50	63×7①	100	36	20	48	65.5	75	65	18	73±0.4	M16	65×3.1
65	76×8	140	45	22	60	78	95	75	24	103±0.4	M22	75×3.1
80	89×10	140	45	25	70	91	108	90	24	103±0.4	M22	90×3.1

① 中间法兰为 63.5×7。

注：1. 法兰配用的螺钉按 GB 3098.1—2000，强度级为 8.8。

2. 材料 20 钢。

4.10.2 中间法兰

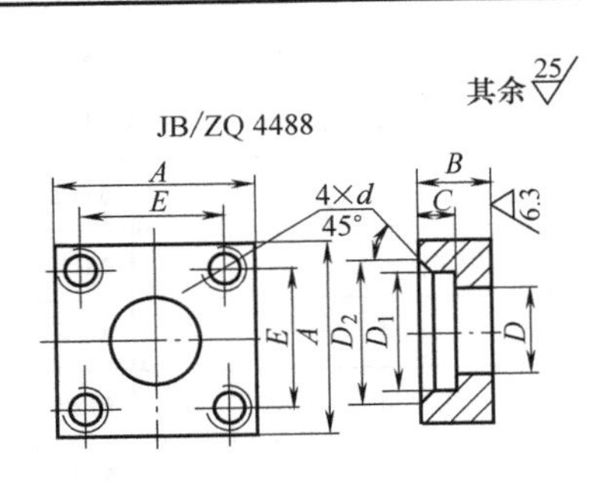

标记示例

公称通径 DN 为 20mm 的中间法兰：中间法兰 20 JB/ZQ 4488—1986

/mm

续表

公称通径 DN	钢管 $D_0 \times S$	A	B	C	D	D_1	D_2	d	E	法兰用螺钉	O形圈 JB/ZQ 4224
10	18×2	55	22	9	12	18.5	28	M10	36±0.4	M10	30×3.1
15	22×3	55	22	11	16	22.5	32	M10	40±0.4	M10	30×3.1
20	28×4	55	22	12	20	28.5	38	M10	40±0.4	M10	35×3.1
25	34×5	75	28	14	24	35	45	M12	56±0.4	M12	40×3.1
32	42×6	75	28	16	30	43	55	M12	56±0.4	M12	45×3.1
40	50×6	100	36	18	38	52	63	M16	73±0.4	M16	55×3.1
50	63.5×7	100	36	20	48	65.5	75	M16	73±0.4	M16	65×3.1
65	76×8	140	45	22	60	78	95	M22	103±0.4	M22	75×3.1
80	89×10	140	45	25	70	91	108	M22	103±0.4	M22	90×3.1

注：1. 法兰配用的螺钉按 GB 3098.1—2000，强度级为 8.8；
2. 材料 20 钢。

4.10.3 法兰盖

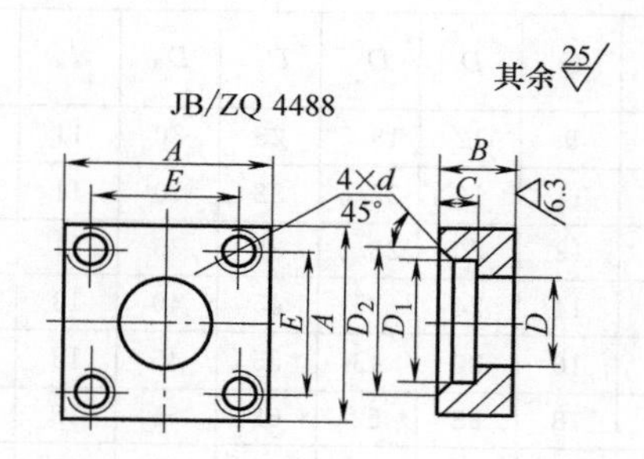

标记示例

公称通径 DN 为 20mm 的法兰盖：法兰盖 20 JB/ZQ 4489—1986

/mm

公称通径 DN	钢管 $D_0 \times S$	A	B	C	D	D_1	D_2	d	E	法兰用螺钉	O形圈 JB/ZQ 4224
10	18×2	55	22	9	12	18.5	28	M10	36±0.4	M10	30×3.1
15	22×3	55	22	11	16	22.5	32	M10	40±0.4	M10	30×3.1
20	28×4	55	22	12	20	28.5	38	M10	40±0.4	M10	35×3.1
25	34×5	75	28	14	24	35	45	M12	56±0.4	M12	40×3.1
32	42×6	75	28	16	30	43	55	M12	56±0.4	M12	45×3.1
40	50×6	100	36	18	38	52	63	M16	73±0.4	M16	55×3.1
50	63.5×7	100	36	20	48	65.5	75	M16	73±0.4	M16	65×3.1
65	76×8	140	45	22	60	78	95	M22	103±0.4	M22	75×3.1
80	89×10	140	45	25	70	91	108	M22	103±0.4	M22	90×3.1

注：1. 法兰配用的螺钉按 GB 3098.1—2000，强度级为 8.8；
2. 材料 20 钢。

4.10.4 直角法兰

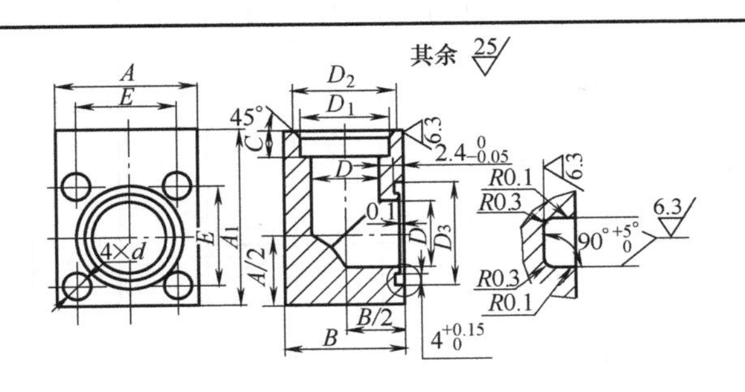

标记示例

公称通径 DN 为 20mm 的直角法兰：直角法兰 20 JB/ZQ 4487—86

/mm

公称通径 DN	钢管 $D_0 \times S$	A	A_1	B	C	D	D_1	D_2	D_3	d	E	法兰用螺钉	O 形圈 JB/ZQ 4224	质量 /kg
15	22×3	55	70	45	11	16	22.5	32	30	11	40±0.4	M10	30×3.1	1.12
20	28×4	55	70	45	12	20	28.5	38	35	11	40±0.4	M10	35×3.1	1.08
25	34×5	75	92	65	14	24	35	45	40	13	56±0.4	M12	40×3.1	2.35
32	42×6	75	92	65	16	30	43	55	45	13	56±0.4	M12	45×3.1	2.1
40	50×6	100	125	85	18	38	52	63	55	18	73±0.4	M16	55×3.1	6.75
50	63×7	100	125	85	20	48	65.5	75	65	18	73±0.4	M16	65×3.1	6.1
65	76×8	140	170	120	22	60	78	95	75	24	103±0.4	M22	75×3.1	18
80	89×10	140	170	120	25	70	91	108	90	24	103±0.4	M22	90×3.1	17

注：1. 法兰配用的螺钉按 GB 3098.1—2000，强度级为 8.8；

2. 材料 20 钢。

4.11 管夹

管夹用于将液压管路固定到支架上。

4.11.1 塑料管夹（B 型）尺寸

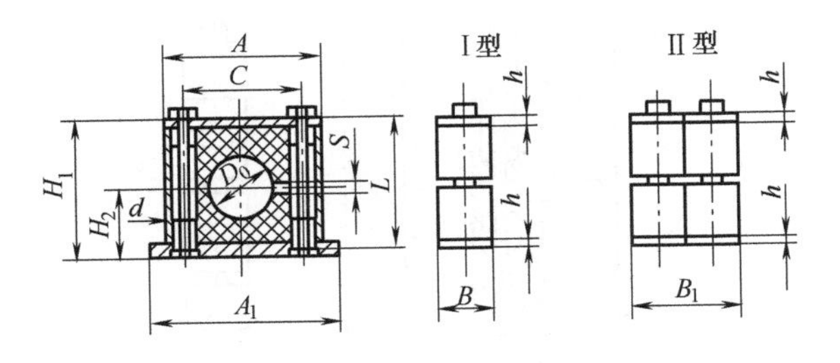

标记示例

塑料管夹 B(Ⅰ) 28 JB/ZQ 4408—1984

/mm

续表

<table>
<tr><th rowspan="2">形式</th><th rowspan="2">管子外径
D_0</th><th rowspan="2">A</th><th rowspan="2">A_1</th><th rowspan="2">B</th><th rowspan="2">B_1</th><th rowspan="2">C</th><th rowspan="2">H_1</th><th rowspan="2">H_2</th><th rowspan="2">h</th><th rowspan="2">S</th><th colspan="2">螺纹</th><th colspan="2">质量/kg</th></tr>
<tr><th>d</th><th>L</th><th>Ⅰ型</th><th>Ⅱ型</th></tr>
<tr><td rowspan="13">Ⅰ</td><td>10</td><td rowspan="4">55</td><td rowspan="4">73</td><td rowspan="13">30</td><td rowspan="13">60</td><td rowspan="4">33</td><td rowspan="4">48</td><td rowspan="4">21</td><td rowspan="13">8</td><td rowspan="13">2</td><td rowspan="13">M10</td><td rowspan="4">45</td><td rowspan="4">0.3</td><td rowspan="4">0.6</td></tr>
<tr><td>12</td></tr>
<tr><td>14</td></tr>
<tr><td>16</td></tr>
<tr><td>18</td><td rowspan="5">70</td><td rowspan="5">85</td><td rowspan="5">45</td><td rowspan="5">64</td><td rowspan="5">32</td><td rowspan="5">60</td><td rowspan="5">0.4</td><td rowspan="5">0.8</td></tr>
<tr><td>20</td></tr>
<tr><td>22</td></tr>
<tr><td>25</td></tr>
<tr><td>28</td></tr>
<tr><td>32</td><td rowspan="4">84</td><td rowspan="4">100</td><td rowspan="4">60</td><td rowspan="4">76</td><td rowspan="4">38</td><td rowspan="4">70</td><td rowspan="4">0.5</td><td rowspan="4">1.0</td></tr>
<tr><td>34</td></tr>
<tr><td>40</td></tr>
<tr><td>42</td></tr>
<tr><td rowspan="15">Ⅱ</td><td>48</td><td rowspan="5">115</td><td rowspan="5">150</td><td rowspan="5">45</td><td rowspan="5">90</td><td rowspan="5">90</td><td rowspan="5">110</td><td rowspan="5">55</td><td rowspan="7">10</td><td rowspan="5">3</td><td rowspan="5">M12</td><td rowspan="5">100</td><td rowspan="5">1.8</td><td rowspan="5">3.6</td></tr>
<tr><td>50</td></tr>
<tr><td>57</td></tr>
<tr><td>60</td></tr>
<tr><td>63.5</td></tr>
<tr><td>76</td><td rowspan="2">152</td><td rowspan="2">200</td><td rowspan="2">60</td><td rowspan="2">120</td><td rowspan="2">122</td><td rowspan="2">140</td><td rowspan="2">70</td><td rowspan="2">3.5</td><td rowspan="2">M16</td><td rowspan="2">130</td><td rowspan="2">2.5</td><td rowspan="2">5.0</td></tr>
<tr><td>89</td></tr>
<tr><td>102</td><td rowspan="4">205</td><td rowspan="4">270</td><td rowspan="4">80</td><td rowspan="4">160</td><td rowspan="4">168</td><td rowspan="4">200</td><td rowspan="4">100</td><td rowspan="8">15</td><td rowspan="8">4.5</td><td rowspan="4">M20</td><td rowspan="4">190</td><td rowspan="4">5.5</td><td rowspan="4">11</td></tr>
<tr><td>108</td></tr>
<tr><td>111</td></tr>
<tr><td>127</td></tr>
<tr><td>133</td><td rowspan="4">250</td><td rowspan="4">310</td><td rowspan="4">90</td><td rowspan="4">180</td><td rowspan="4">205</td><td rowspan="4">230</td><td rowspan="4">130</td><td rowspan="4">M24</td><td rowspan="4">220</td><td rowspan="4">8</td><td rowspan="4">16</td></tr>
<tr><td>140</td></tr>
<tr><td>159</td></tr>
<tr><td>168</td></tr>
</table>

注：适用于压力≤31.5MPa 和有一定振动的管路。

4.11.2 塑料管夹（B系列Ⅰ型）组合安装尺寸

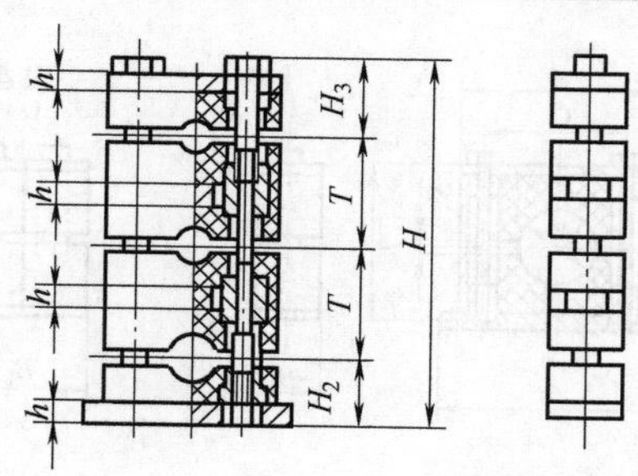

标记示例

塑料管夹 B(Ⅰ)22×3-28×2 JB/ZQ 4408—1984

/mm

续表

管子外径 D_0	10	12	14	16	18	20	22	25	28	32	34	40	42	48	50	57	60
H_3	31				39					45				63			
H_2	24.6				33.6					38.6				55.5			
T	40				56					68				100			

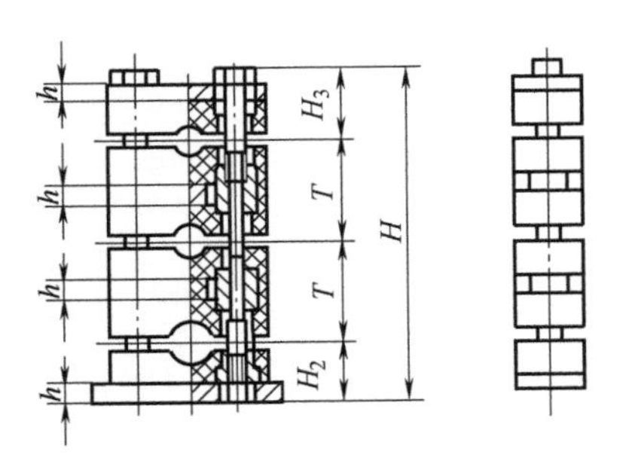

标记示例

塑料管夹 B(Ⅰ)22×3-28×2 JB/ZQ 4408—1984

/mm

管子外径 D_0	63.5	76	89	102	108	114	127	133	140	159	168
H_3	63	80		113				130			
H_2	55.5	70		100.5				115			
T	100	130		185				215			

注：同一外形尺寸的 B 系列Ⅰ型管夹，可叠加成组安装，但最多至 5 层。

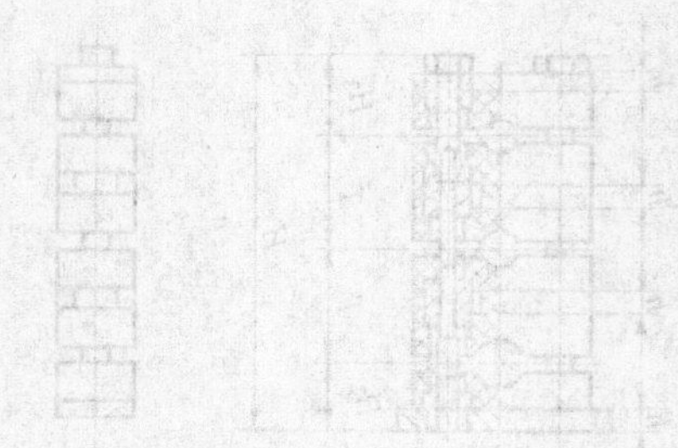

第四篇

液压系统

第一章

液压系统设计

1 液压系统设计的内容和步骤

进行液压系统设计时，要明确技术要求，紧紧抓住满足技术要求的功能和性能这两个关键因素，同时还要充分考虑可靠性、安全性及经济性诸因素。图 4.1-1 所示是目前常规设计方法的一般设计流程，在实际设计中是变化的。对于简单的液压系统，可以简化设计程序，对于重大工程中的大型复杂系统，在初步设计基础上，应增加局部系统实验或利用计算机仿真试验，反复改进，充分论证才能确定设计方案。

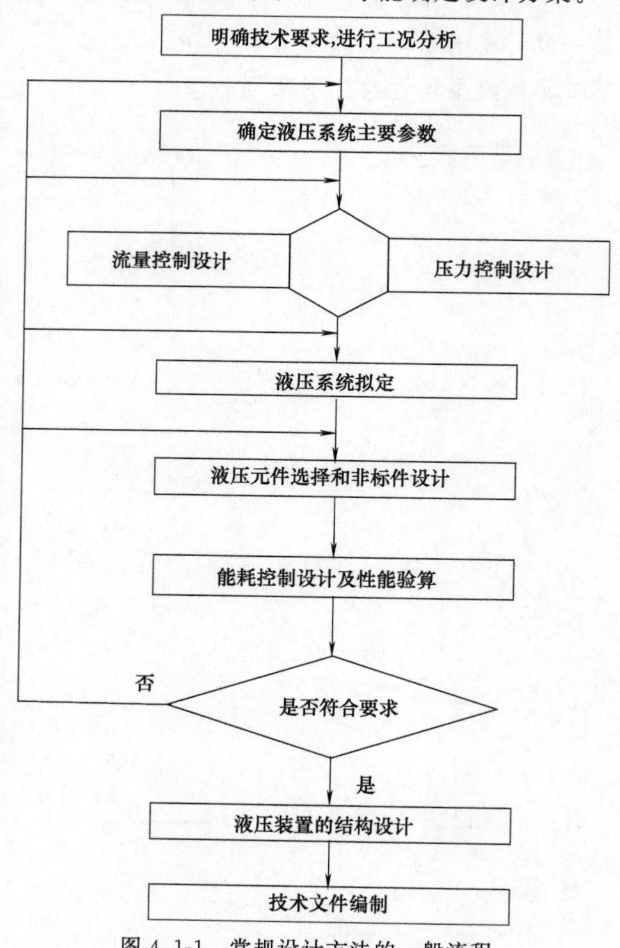

图 4.1-1 常规设计方法的一般流程

2 明确技术要求

技术要求是工程设计的依据。在制定基本方案并进一步着手液压系统各部分设计之前，必须把技术要求以及与该设计内容有关的其他方面了解清楚。

① 主机的概况：用途、性能、工艺流程、作业环境、总体布局等；

② 液压系统要完成哪些动作，动作顺序及彼此联锁关系如何；

③ 液压驱动机构的运动形式，运动速度；

④ 各动作机构的载荷大小及其性质；

⑤ 对调速范围、运动平稳性、转换精度等性能方面的要求；

⑥ 自动化程度、操作控制方式的要求；

⑦ 对防尘、防爆、防寒、噪声、安全可靠性的要求；

⑧ 对效率、成本等方面的要求。

3 确定液压系统的主要参数

通过工况分析，可以看出液压执行元件在工作过程中速度和载荷变化情况，为确定系统及各执行元件的参数提供依据。

液压系统的主要参数是压力和流量，它们是设计液压系统、选择液压元件的主要依据。压力决定于外载荷，流量取决于液压执行元件的运动速度和结构尺寸。

3.1 初选系统工作压力

压力的选择要根据载荷大小和设备类型而定，还要考虑执行元件的装配空间、经济条件及元件供应情况等的限制。在载荷一定的情况下，工作压力低，势必要加大执行元件的结构尺寸，对某些设备来说，尺寸要受到限制，从材料消耗角度看也不经济；反之，压力选得太高，对泵、缸、阀等元件的材质、密封、制造精度也要求很高，必然要提高设备成本。一般来说，对于固定的、尺寸不太受限的设备，压力可以选低一些；行走机械、重载设备压力要选得高一些。具体选择可参考表 4.1-1 和表 4.1-2。

表 4.1-1 按载荷选择工作压力

载荷/kN	<5	5～10	10～20	20～30	30～40	>50
工作压力/MPa	<0.8～1	1.5～2	2.5～3	3～4	4～5	≥5

表 4.1-2 各种机械常用的系统工作压力

机械类型	机床				农业机械 小型工程机械 建筑机械 液压凿岩机	液压机 大中型挖掘机 重型机械 起重运输机械
	磨床	组合机床	龙门刨床	拉床		
工作压力/MPa	<0.8～2	3～5	2～8	8～10	10～18	20～30

3.2 计算液压缸尺寸或液压马达排量

(1) 计算液压缸的尺寸

液压缸有关设计参数见图 4.1-2。图 (a) 为液压缸活塞杆工作在受压状态，图 (b) 为活塞杆工作在受拉状态。

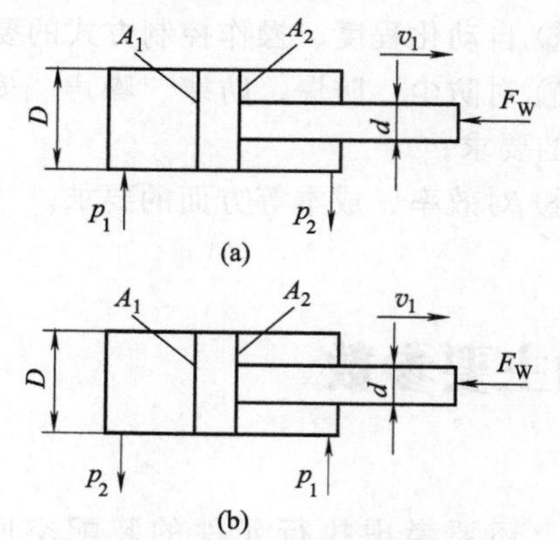

图 4.1-2 液压缸主要设计参数

活塞杆受压时，

$$F=\frac{F_W}{\eta_m}=p_1A_1-p_2A_2 \quad (4.1\text{-}1)$$

活塞杆受拉时，

$$F=\frac{F_W}{\eta_m}=p_1A_2-p_2A_1 \quad (4.1\text{-}2)$$

式中 F——活塞杆所受到的有效外负载力；

$A_1=\frac{\pi}{4}D^2$——无杆腔活塞有效作用面积，m^2；

$A_2=\frac{\pi}{4}(D^2-d^2)$——有杆腔活塞有效作用面积，$m^2$；

p_1——液压缸工作腔压力，Pa；

p_2——液压缸回油腔压力，Pa，即背压力，其值根据回路的具体情况而定，初算时可参照表 4.1-3 取值，差动连接时要另行考虑；

D——活塞直径，m；

d——活塞杆直径，m。

表 4.1-3 执行元件背压力

系统类型	背压力/MPa
简单系统或轻载节流调速系统	0.2～0.5
回油路带调速阀的系统	0.4～0.6
回油路设置有背压阀的系统	0.5～1.5
用补油泵的闭式回路	0.8～1.5
回油路较复杂的工程机械	1.2～3
回油路较短，且直接回油箱	可忽略不计

一般情况下，液压缸在受压状态下工作，其活塞面积为

$$A_1=\frac{F+p_2A_2}{p_1} \quad (4.1\text{-}3)$$

运用式 (4.1-3) 须事先确定 A_1 与 A_2 的关系，或是活塞杆径 d 与活塞直径 D 的关系，令杆径比 $\varphi=d/D$，其比值可按表 4.1-4 和表 4.1-5 选取。

$$D=\sqrt{\frac{4F}{\pi[p_1-p_2(1-\varphi^2)]}} \quad (4.1\text{-}4)$$

采用差动连接时，往返速度之比 $v_1/v_2=(D^2-d^2)/d^2$。如果要求往返速度相同，应取 $d=0.71D$。

对行程与活塞杆直径比 $L/d>10$ 的受压柱塞或活塞杆，还要做压杆稳定性验算。

当工作速度很低时，还需按最低速度要求验算液压缸尺寸

$$A\geqslant\frac{q_{v\min}}{v_{\min}}$$

式中 A——液压缸有效工作面积，m^2；

$q_{v\min}$——系统最小稳定流量，m^3/s，在节流调速中取决于回路中所设调速阀或节流阀的最小稳定流量，容积调速中决定于变量泵的最小稳定流量；

$v_{\min}$——运动机构要求的最小工作速度，m/s。

如果液压缸的有效工作面积 A 不能满足最低稳定速度的要求，则应按最低稳定速度

确定液压缸的结构尺寸。

另外，如果执行元件安装尺寸受到限制，液压缸的缸径及活塞杆的直径需事先确定时，可按载荷的要求和液压缸的结构尺寸来确定系统的工作压力。

液压缸直径 D 和活塞杆直径 d 的计算值要按国标规定的液压缸的有关标准进行圆整。如与标准液压缸参数相近，最好选用国产标准液压缸，免于自行设计加工。常用液压缸内径及活塞杆直径见表 4.1-6 和表 4.1-7。

表 4.1-4　按工作压力选取 d/D

工作压力/MPa	≤5.0	5.0～7.0	≥7.0
d/D	0.5～0.55	0.62～0.70	0.7

表 4.1-5　按速比要求选取 d/D

v_2/v_1	1.15	1.25	1.33	1.46	1.61	2
d/D	0.3	0.4	0.5	0.55	0.62	0.71

注：v_1—无杆腔进油时活塞运动速度；v_2—有杆腔进油时活塞运动速度。

表 4.1-6　常用液压缸内径 D　/mm

40	50	63	80	90	100	110
125	140	160	180	200	220	250

表 4.1-7　活塞杆直径 d　/mm

速比	缸径						
	40	50	63	80	90	100	110
1.46	22	28	35	45	50	55	63
2	—	—	45	50	60	70	80
速比	缸径						
	125	140	160	180	200	220	250
1.46	70	80	90	100	110	125	140
2	90	100	110	125	140	—	—

(2) 计算液压马达的排量

液压马达的排量为

$$V=\frac{2\pi T}{\Delta p}$$

式中　T——液压马达的载荷转矩，N·m；

Δp——液压马达的进出口压差，Pa，$\Delta p=p_1-p_2$。

液压马达的排量也应满足最低转速要求

$$V\geqslant\frac{q_{v\min}}{n_{\min}}$$

式中　$q_{v\min}$——通过液压马达的最小流量；

$n_{\min}$——液压马达工作时的最低转速。

3.3　作出液压缸或马达工况图

工况图包括压力循环图、流量循环图和功率循环图。它们是调整系统参数、选择液压泵、阀等元件的依据。

① 压力循环图——p-t 图　通过最后确定的液压缸或马达的结构尺寸，再根据实际载荷的大小，求出液压缸或马达在其动作循环各阶段的工作压力，然后把它们绘制成p-t图。

② 流量循环图——q_v-t 图　根据已确定的液压缸有效工作面积或液压马达的排量，结合其运动速度算出它在工作循环中每一阶段的实际流量，把它绘制成 q_v-t 图。若系统中有多个液压缸或马达同时工作，要把各自的流量图叠加起来绘出总的流量循环图。

③ 功率循环图——P-t 图　绘出压力循环图和总流量循环图后，根据 $P=pq_v$，即可绘出系统的功率循环图。

4　拟定液压系统原理图

① 整机的液压系统图由控制回路及液压源组合而成。各回路相互组合时要去掉重复多余的元件，力求系统结构简单。注意各元件间的联锁关系，避免误动作发生。要尽量减少能量损失环节，提高系统的工作效率。

② 为便于液压系统的维护和监测，在系统中的主要路段要安装必要的检测元件（如压力表、温度计等）。

③ 大型设备的关键部位，要附设备用件，以便意外事件发生时能迅速更换，保证主机连续工作。

④ 各液压元件尽量采用国产标准件，在图中要按国家标准规定的液压元件职能符号的常态位置绘制。对于自行设计的非标准元件可用结构原理图绘制。

⑤ 系统图中应注明各液压执行元件的名称和动作，注明各液压元件的序号以及各电磁铁的代号，并附有电磁铁、行程阀及其他控制元件的动作表。

5　液压元件的选择

5.1　液压执行元件的选择

液压执行元件是液压系统的输出部分，必须满足机器设备的运动功能、性能的要求及结构、安装上的限制。根据所要求的负载运动形态，选用不同的液压执行元件配置。根据液压执行元件的种类和负载质量、位移量、速度、加速度、摩擦力等，经过基本计算，确定所需的压力、流量。压力可根据受压面积与负载力求出。

5.2　液压泵的选择

（1）确定液压泵的最大工作压力 p_P

$$p_P \geqslant p_1 + \sum \Delta p \qquad (4.1\text{-}5)$$

式中　p_P——液压泵的最大工作压力；

p_1——液压缸或液压马达最大工作压力；

$\sum \Delta p$——从液压泵出口到液压缸或液压马达入口之间总的管路损失。$\sum \Delta p$ 的准确计算要待元件选定并绘出管路图时才能进行，初算时可按经验数据选取：管路简单、流速不大的，取 $\sum \Delta p=(0.2\sim0.5)$MPa；管路复杂，进口有调速阀的，取 $\sum \Delta p=(0.5\sim1.5)$MPa。

（2）确定液压泵的流量 $q_{v\max}$

多液压缸或液压马达同时工作时，液压泵的输出流量应为

$$q_{v\max} \geqslant K \sum q_{v\max} \qquad (4.1\text{-}6)$$

式中　K——系统泄漏系数，一般取 $K=1.1\sim1.3$；

$\sum q_{v\max}$——同时动作的液压缸或液压马达的最大总流量，可从 q_v-t 图上查得。对于在工作过程中用节流调速的系统，还需加上溢流阀的最小溢流量，一般取 $0.5\times10^{-4}\,\mathrm{m^3/s}$。

系统使用蓄能器作辅助动力源时

$$q_{vP} \geqslant \sum_{i=1}^{z} \frac{KV_i}{T_t} \qquad (4.1\text{-}7)$$

式中　K——系统泄漏系数，一般取 $K=1.2$；

T_t——液压设备工作周期，s；

V_i——每一个液压缸或液压马达在工作周期中的总耗油量，$\mathrm{m^3}$；

z——液压缸或液压马达的个数。

（3）选择液压泵的规格

根据以上求得的 p_P 和 q_{vP} 值，以及按系统选取的液压泵的形式，从产品样本或本手册中选择相应的液压泵。为使液压泵有一定的压力储备，所选泵的额定压力一般要比最大工作压力大 25%～60%。

（4）确定液压泵的驱动功率 P

在工作循环中，如果液压泵的压力和流量比较恒定，即 p-t 图、q_v-t 图变化较平缓，则

$$P=\frac{p_{\mathrm{P}}q_{v\mathrm{P}}}{\eta_{\mathrm{P}}} \tag{4.1-8}$$

式中 p_{P}——液压泵的最大工作压力，Pa；

$q_{v\mathrm{P}}$——液压泵的流量，$\mathrm{m^3/s}$；

η_{P}——液压泵的总效率，参考表4.1-8选择。

表 4.1-8 液压泵的总效率

液压泵类型	齿轮泵	螺杆泵	叶片泵	柱塞泵
总效率	0.6～0.7	0.65～0.80	0.60～0.75	0.80～0.85

限压式变量叶片泵的驱动功率，可按流量特性曲线拐点处的流量、压力值计算。一般情况下，可取 $p_{\mathrm{P}}=0.8p_{\mathrm{Pmax}}$，$q_{v\mathrm{P}}=q_{v\mathrm{N}}$，则

$$P=\frac{0.8p_{\mathrm{Pmax}}q_{v\mathrm{N}}}{\eta_{\mathrm{P}}} \tag{4.1-9}$$

式中 p_{Pmax}——液压泵的最大工作压力，Pa；

$q_{v\mathrm{N}}$——液压泵的额定流量，$\mathrm{m^3/s}$。

在工作循环中，如果液压泵的流量和压力变化较大，即 q_v-t、p-t 曲线起伏变化较大，则需分别计算出各个动作阶段内所需功率，驱动功率取其平均功率

$$P_{\mathrm{PC}}=\sqrt{\frac{P_1^2t_1+P_2^2t_2+\cdots+P_n^2t_n}{t_1+t_2+\cdots+t_n}} \tag{4.1-10}$$

式中 t_1，t_2，…，t_n——一个循环中每一动作阶段内所需的时间，s；

P_1，P_2，…，P_n——一个循环中每一动作阶段内所需的功率，W。

按平均功率选出电动机功率后，还要验算一下每一阶段内电动机超载量是否都在允许范围内。电动机允许的短时间超载量一般为25%。

5.3 液压控制阀的选择

选定液压控制阀时，要考虑的因素有压力、流量、工作方式、连接方式、节流特性、控制特性、稳定性、油口尺寸、外形尺寸、质量等，但价格、寿命、维修性等也需考虑。阀的容量要参考制造厂样本上的最大流量及压力损失值来确定。样本上没有给出压力损失曲线时，可用额定流量时的压力损失，按下式估算其他流量下的压力损失。

$$\Delta p=\Delta p_{\mathrm{r}}(q_v/q_{v\mathrm{r}})^2 \tag{4.1-11}$$

式中 Δp——流量为 q_v 时的压力损失；

Δp_{r}——额定流量 $q_{v\mathrm{r}}$ 时的压力损失。

另外，如果黏度变化时，要乘以表4.1-9中给出的系数。

表 4.1-9 黏度修正系数

运动黏度/($\mathrm{mm^2/s}$)	14	32	43	54	65	76	87
系数	0.93	1.11	1.19	1.26	1.32	1.27	1.41

阀的连接方式如果为板式连接，则更换阀时不用拆卸油管。另外，板式连接的阀可以装在油路块或集成块上，使液压装置的整体设计合理化。控制回路有时要用很多控制阀，可考虑采用插装式、叠加式控制阀。集成化有配管少、漏油少、结构紧凑的优点。

5.4 蓄能器的选择

根据蓄能器在液压系统中的功用，确定其类型和主要参数。

① 液压执行元件短时间快速运动，由蓄能器来补充供油，其有效工作容积为

$$\Delta V=\sum_{i=1}^{z}A_il_iK-q_{v\mathrm{P}}t \tag{4.1-12}$$

式中 A_i——液压缸的有效作用面积，$\mathrm{m^2}$；

l_i——液压缸的工作行程，m；

z——液压缸的个数；

K——油液泄漏系数，一般取 $K=1.2$；

$q_{v\mathrm{P}}$——液压泵流量，$\mathrm{m^3/s}$；

t——动作时间，s。

② 作应急能源，其有效工作容积为

$$\Delta V=\sum_{i=1}^{z}A_i l_i K \qquad (4.1\text{-}13)$$

式中 $\sum_{i=1}^{z}A_i l_i K$——要求应急动作液压缸总的工作容积，$\mathrm{m^3}$。

有效工作容积算出后，根据有关蓄能器的相应计算公式，求出蓄能器的容积，再根据其他性能要求，即可确定所需蓄能器。

5.5 管路的选择

(1) 管道内径计算

$$d=\sqrt{\frac{4q_v}{\pi v}} \qquad (4.1\text{-}14)$$

式中 q_v——通过管道内的流量，$\mathrm{m^3/s}$；

v——管内允许流速，m/s，见表4.1-10。

表 4.1-10 允许流速推荐值

管道	推荐流速/(m/s)
液压泵吸油管道	0.5～1.5，一般常取1以下
液压系统压油管道	3～6，压力高，管道短，黏度小取大值
液压系统回油管道	1.5～2.6

计算出内径 d 后，按标准系列选取相应的管子。

(2) 管道壁厚 δ 的计算

$$\delta=\frac{pd}{2[\sigma]} \qquad (4.1\text{-}15)$$

式中 p——管道内最高工作压力，Pa；

d——管道内径，m；

$[\sigma]$——管道材料的许用应力，Pa，$[\sigma]=\frac{\sigma_b}{n}$；

σ_b——管道材料的抗拉强度，Pa；

n——安全系数，对钢管来说，$p<7$ MPa 时，取 $n=8$；$p<17.5$ MPa 时，取 $n=6$；$p>17.5$ MPa 时，取 $n=4$。

5.6 确定油箱容量

初始设计时，先按经验公式4.1-16确定油箱的容量，待系统确定后，再按散热的要求进行校核。

油箱容量的经验公式为

$$V=aq_v \qquad (4.1\text{-}16)$$

式中 q_v——液压泵每分钟排出压力油的容积，$\mathrm{m^3/min}$；

a——经验系数，见表4.1-11。

表 4.1-11 经验系数 a

系统类型	行走机械	低压系统	中压系统	锻压机械	冶金机械
a	1～2	2～4	5～7	6～12	10

在确定油箱尺寸时，一方面要满足系统供油的要求，还要保证执行元件全部排油时，油箱不能溢出，以及系统中最大可能充满油时，油箱的油位不低于最低限度。

5.7 过滤器的选择

根据液压系统的需要，确定过滤器的类型、过滤精度和尺寸大小。

过滤器的类型是指它在系统中的位置，即吸油过滤器、压油过滤器、回油过滤器、离线过滤器及通气过滤器。

过滤器的过滤精度是指过滤介质的最大孔口尺寸数值。对于不同的液压系统，有不同的过滤精度要求，可根据表4.1-12进行过滤精度的选择。

选择过滤器的通油能力时，一般应大于实际通过流量的2倍以上。过滤器通油能力可按下式计算。

表 4.1-12 推荐液压系统的过滤精度

工作类别	极关键	关键	很重要	重要	一般	普通保护
系统举例	高性能伺服阀、航空航天实验室、导弹、飞船控制系统	工业用伺服阀、飞机、数控机床、液压舵机、位置控制装置、电液精密液压系统	比例阀、柱塞泵、注塑机、潜水艇、高压系统	叶片泵、齿轮泵、低速马达、液压阀、叠加阀、插装阀、机床、油压机、船舶等中高压工业用液压系统	车辆、土方机械、物料搬运液压系统	重型设备、水压机、低压系统
要求过滤精度/μm	1～3	3～5	10	10～20	20～30	30～40

$$q_v=\frac{KA\Delta p\times10^{-6}}{\mu}$$

式中 q_v——过滤器通油能力，m^3/s；

μ——液压油的动力黏度，Pa·s；

A——有效过滤面积，m^2；

Δp——压力差，Pa；

K——滤芯通油能力系数，网式滤芯 $K=0.34$；线隙式滤芯 $K=0.006$；烧结式滤芯 $K=\frac{1.04D^2\times10^3}{\delta}$（$D$ 为粒子平均直径，单位为 m；δ 为滤芯的壁厚，单位为 m）。

5.8 液压油的选择

油液在液压系统中实现润滑与传递动力双重功能，必须根据使用环境和目的慎重选择。油液的正确选择保证了系统元件的工作与寿命。系统中工作最繁重的元件是泵、液压缸以及马达，针对泵、液压缸以及马达选择的油液也适用于阀。

6 液压系统性能验算

液压系统初步设计是在某些估计参数情况下进行的。当各回路形式、液压元件及连接管路等完全确定后，针对实际情况对所设计的系统进行各项性能分析。对一般液压传动系统来说，主要是进一步确切地计算液压回路各段压力损失、容积损失及系统效率、压力冲击和发热温升等。根据分析计算发现问题，对某些不合理的设计要进行重新调整，或采取其他必要的措施。

6.1 系统压力损失计算

压力损失包括管路的沿程损失 Δp_1、管路的局部压力损失 Δp_2 和阀类元件的局部损失 Δp_3，总的压力损失为

$$\Delta p=\Delta p_1+\Delta p_2+\Delta p_3 \quad (4.1\text{-}17)$$

$$\Delta p_1=\lambda\frac{l}{d}\times\frac{v^2}{2}\rho \quad (4.1\text{-}18)$$

$$\Delta p_2=\zeta\frac{v^2}{2}\rho \quad (4.1\text{-}19)$$

式中 l——管道的长度，m；

d——管道内径，m；

v——液流平均速度，m/s；

ρ——液压油密度，kg/m^3；

λ——沿程阻力系数；

ζ——局部阻力系数。

λ、ζ 的具体值可参考有关内容。

$$\Delta p_3=\Delta p_N\left(\frac{q_v}{q_{vN}}\right)^2 \quad (4.1\text{-}20)$$

式中 q_{vN}——阀的额定流量，m^3/s；

q_v——通过阀的实际流量，m^3/s；

Δp_N——阀的额定压力损失（可从产品样本中查到），Pa。

对于泵到执行元件间的压力损失，如果计算出的 Δp 比选泵时估计的管路损失大得多时，应该重新调整泵及其他有关元件的规格尺寸等参数。

系统的调整压力

$$p_T \geqslant p_1+\Delta p \quad (4.1\text{-}21)$$

式中 p_T——液压泵的工作压力或支路的调整压力。

6.2 系统效率计算

液压系统的效率指液压执行器的输出功率对液压泵的输出功率之比，即

$$\eta=\frac{P_A}{p_P q_{vP}} \quad (4.1\text{-}22)$$

式中 η——液压系统的效率；

P_A——液压执行器输出功率；

p_P——液压泵的输出压力；

q_{vP}——液压泵的输出流量。

液压传动的总效率是指液压执行器的输出功率对液压泵的输入功率（即液压泵轴功率）之比，即

$$\eta_t=\frac{P_A}{P_P} \quad (4.1\text{-}23)$$

式中 η_t——液压传动的总效率；

P_P——液压泵轴功率。

6.3 系统发热计算

液压系统工作时，除执行元件驱动外载荷输出有效功率外，其余功率损失全部转化为热量，使油温升高。液压系统的功率损失主要有以下几种形式。

（1）液压泵的功率损失

$$P_{h1}=\frac{1}{T_t}\sum_{i=1}^{z}P_{ri}(1-\eta_{Pi})t_i \quad (4.1\text{-}24)$$

式中 T_t——工作循环周期，s；

z——投入工作液压泵的台数；

P_{ri}——第 i 台液压泵的输入功率，W；

η_{Pi}——第 i 台液压泵的总效率；

t_i——第 i 台液压泵工作时间，s。

（2）液压执行元件的功率损失

$$P_{h2}=\frac{1}{T_t}\sum_{j=1}^{M}P_{rj}(1-\eta_j)t_j \quad (4.1\text{-}25)$$

式中 M——液压执行元件的数量；

P_{rj}——液压执行元件的输入功率，W；

η_j——液压执行元件的效率；

t_j——第 j 个执行元件工作时间，s。

（3）溢流阀的功率损失

$$P_{h3}=p_y q_{vy} \quad (4.1\text{-}26)$$

式中 p_y——溢流阀的调整压力，Pa；

q_{vy}——经溢流阀流回油箱的流量，m^3/s。

（4）油液流经阀或管路的功率损失

$$P_{h4}=\Delta p q_v \quad (4.1\text{-}27)$$

式中 Δp——通过阀或管路的压力损失，Pa；

q_v——通过阀或管路的流量，m^3/s。

由以上各种损失构成了整个系统的功率损失，即液压系统的发热功率

$$P_{hr}=P_{h1}+P_{h2}+P_{h3}+P_{h4} \quad (4.1\text{-}28)$$

式（4.1-28）适用于回路比较简单的液压系统，对于复杂系统，由于功率损失的环节太多，一一计算较麻烦，通常用下式计算液压系统的发热功率

$$P_{hr}=P_r-P_c \quad (4.1\text{-}29)$$

式中 P_r——液压系统的总输入功率；

P_c——液压系统输出的有效功率。

$$P_r=\frac{1}{T_t}\sum_{i=1}^{z}\frac{p_i q_{vi} t_i}{\eta_{Pi}} \quad (4.1\text{-}30)$$

$$P_c=\frac{1}{T_t}\left(\sum_{i=1}^{n}F_{Wi}s_i+\sum_{j=1}^{m}T_{Wj}\omega_j t_j\right) \quad (4.1\text{-}31)$$

式中 T_t——工作周期，s；

z、n、m——分别为液压泵、液压缸、液压马达的数量；

p_i、q_{vi}、η_{Pi}——第 i 台泵的实际输出压力、流量、效率；

t_i——第 i 台泵工作时间，s；

T_{Wj}、ω_j、t_j——液压马达的外载转矩，N·m，转速，rad/s，工作时间，s；

F_{Wi}、s_i——液压缸外载荷及驱动此载荷的行程，N·m。

6.4 热交换器的选择

液压系统的散热渠道主要是油箱表面，但如果系统外接管路较长，在计算散热功率 P_{hc} 时，也应考虑管路表面散热。

$$P_{hc}=(K_1A_1+K_2A_2)\Delta T \quad (4.1\text{-}32)$$

式中 K_1——油箱散热系数，见表 4.1-13；

K_2——管路散热系数，见表 4.1-14；

A_1、A_2——分别为油箱、管道的散热面积，m^2；

ΔT——油温与环境温度之差，℃。

表 4.1-13 油箱散热系数 K_1

/[W/(m²·℃)]

冷却条件	K_1
通风条件很差	8～9
通风条件良好	15～17
用风扇冷却	23
循环水强制冷却	110～170

表 4.1-14 管道散热系数 K_2

/[W/(m²·℃)]

风速 /m·s⁻¹	管道外径/m		
	0.01	0.05	0.1
0	8	6	5
1	25	14	10
5	69	40	23

若系统达到热平衡，则 $P_{hr}=P_{hc}$，油温不再升高，此时，最大温差

$$\Delta T=\frac{P_{hr}}{K_1A_1+K_2A_2} \quad (4.1\text{-}33)$$

环境温度为 T_0，则油温 $T=T_0+\Delta T$。如果计算出的油温超过该液压设备允许的最高油温（各种机械允许油温见表 4.1-15），就要设法增大散热面积，如果油箱的散热面积不能加大，或加大一些也无济于事时，则需要装设冷却器。

表 4.1-15 各种机械允许油温 /℃

液压设备类型	正常工作温度	最高允许温度
数控机床	30～50	55～70
一般机床	30～55	55～70
机车车辆	40～60	70～80
船舶	30～60	80～90
冶金机械、液压机	40～70	60～90
工程机械、矿山机械	50～80	70～90

冷却器的散热面积为

$$A=\frac{P_{hr}-P_{hc}}{K\Delta t_m} \quad (4.1\text{-}34)$$

式中 P_{hr}——液压系统的发热功率；

P_{hc}——液压系统的散热功率；

K——冷却器的散热系数，见液压辅助元件有关冷却器的散热系数；

Δt_m——平均温升，℃；

$$\Delta t_m=\frac{T_1+T_2}{2}-\frac{t_1+t_2}{2}$$

T_1、T_2——液压油入口和出口温度；

t_1、t_2——冷却水或风的入口和出口温度。

7 液压装置结构设计

7.1 液压装置结构概述

液压装置设计是液压系统功能原理设计的延续和结构实现，也可以说是整个液压系统设计过程的归宿。

7.2 液压装置结构设计

(1) 总体配置形式

液压装置按其总体配置分为分散配置型和集中配置型两种主要结构类型，而集中配置型即为通常所说的液压站。

① 集中配置　是将动力源、控制调节装置等集中组成独立于主机的液压动力站，与主机之间靠管道和电气控制线路连接。有利于消除动力源振动以及温升对主机的影响，装配、维修方便，但增大占地面积。主要用于本身结构较紧凑的固定式液压设备。

② 分散配置　是将动力源、控制调节装置等合理布局、分散安装在主机本体上。这种配置主要适用于工程机械、起重运输机械等行走式液压设备上，如液压泵安装在发动机附近、操纵机构汇总在驾驶台，阀类控制元件为了便于检测、观察和维修，相对集中安装在主机设计预留部位。虽然结构紧凑，但布管、安装、维修均较复杂，且振动、温升等因素均会对主机产生不利影响。

(2) 元件配置方式

通过弯头、二通、三通、四通等附件经由管道把各个元件连接起来，但难以保证在使用中不松、不漏。为减少纯管式连接，提供如下元件配置方式。

① 板式配置　把标准元件与其底板固定在同一块平板上，背面再用接头和管道连接起来。这种配置方式只是便于元件合理布置，缩短管长，但未避免管道连接的麻烦。只在教学用演示板或少元件连接时局部应用。

② 无管板式配置　采用分体或整体加工形成的通油沟槽或孔道替代管道连接。分体结构加工后需用黏合剂胶合和螺钉夹固才能应用。不易察觉由于黏合剂失效或遭压力冲击造成油路间串油而破坏系统正常工作。

整体结构是通过钻孔或精密铸造孔道连接，只要铸造质量保证，工作十分可靠，故应用较多，但工艺性较差。

③ 箱式配置　与无管板式配置差别只是缩小面积、增加了厚度，有利于改善孔道加工工艺，并增加了三个安装面。图 4.1-3 所示为只用了一个主安装面的箱式配置。

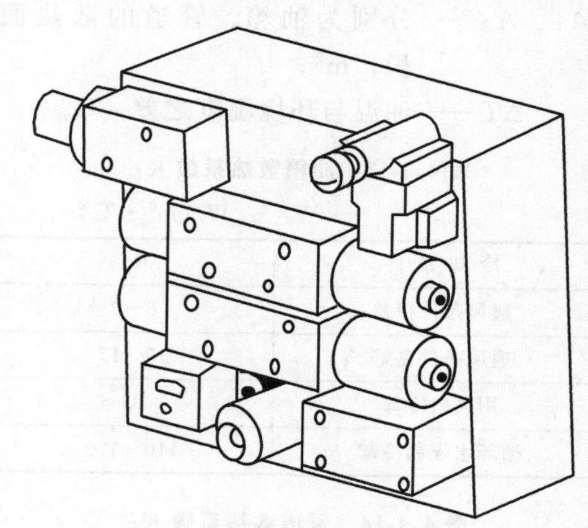

图 4.1-3　液压元件的箱式配置

④ 集成块式配置　它是按组成液压系统的各种基本回路，设计成通用化的长方形集成块，上下面作为块与块间的叠加结合面，除背面留作进出管连接用外，其余三个面均可固定标准元件用。根据需要，数个集成块

经螺栓连接就可构成一个液压系统。这种配置方式具有一定程度的通用性和灵活性，如图 4.1-4 所示。

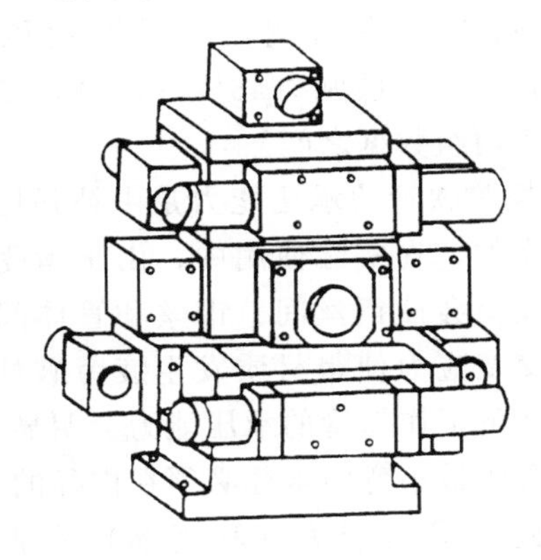

图 4.1-4　液压元件的集成块式配置

⑤ 叠加阀式配置　如图 4.1-5 所示，它是集成块式配置基础上发展形成的。用阀体自身兼作叠加连接用，即取消了起过渡连接作用的集成块，仅保留与外界进出油管连接用的底座块。不仅省去了连接块，使结构更加紧凑，而且还缩短了流道，系统的修改、增减元件较方便。缺点是现有品种较完整的管式和板式标准元件皆不能用，必须为此发展一种自成系列的叠加式元件。

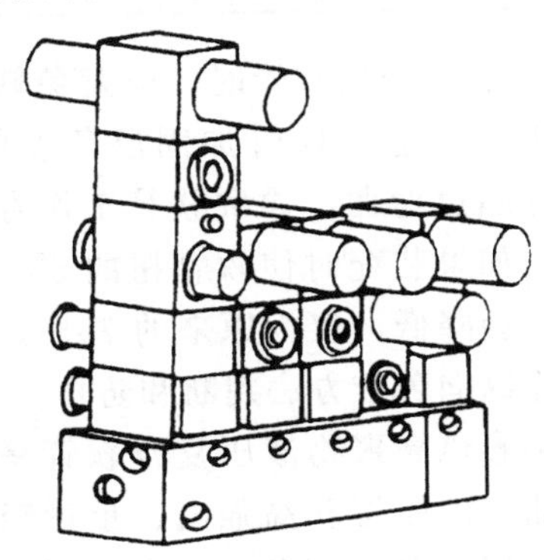

图 4.1-5　液压元件的叠加阀式配置

上述五种配置方式反映了一个不断改进的过程。设计时应根据阀的数量、额定流量、加工条件、批量等因素合理选用。

(3) 配管要点

配管是用管道和各种接头，把系统组成所需的元、器、辅件有序地连接起来，构成一个完整的液压装置。

① 材质品种及选择　按材质划分有金属、塑料和橡胶三类，金属硬管又有热轧钢管、冷拔钢管、不锈钢管、铜管等品种。其中热轧钢管、冷拔钢管和橡胶软管是液压系统中常用的品种。

a. 冷拔钢管有较理想的内部质量和外观，且柔韧性好，能弯曲成各种形状，有利于少用接头，用于液压系统配管最为广泛。一般按其外径及壁厚规格选用。

b. 热轧钢管是按公称尺寸和管壁厚度形成规格系列的。公称尺寸是指钢管与接头连接螺纹的尺寸。热轧钢管柔性差，但比冷拔管便宜，常在大口径长直配管中选用。

c. 在腐蚀性大的环境下，或有严格清洁度控制要求的场合，宜选用成本较高的不锈钢管。

d. 铜管由于易弯曲，曾在如磨床等中低压系统中应用，但铜易促进石油基介质氧化，又为重要有色金属，故液压系统中不推荐采用。

e. 塑料管用材品种较多，常见的有聚乙烯、聚氯乙烯、聚丙烯和尼龙等。它具有价廉、柔性好、透明、能着色等特点，在气动系统中应用很普遍，在液压低压系统或如回油等低压管道中应用较多。

f. 橡胶管是用耐油橡胶或人工合成橡胶与单层或多层金属丝编织网专门制成的耐压橡胶软管。按通流量要求及耐压级别选用。它是运动部件之间常用的系统连接方式的选择。

② 弯曲半径及用料计算　硬管弯曲半径受限于弯管工艺及质量要求。当弯曲半径 R 与管径 d 之比超过 2 以后，增大 R 对降低弯曲部位的局部压力损失并不明显，仅在 2×10^{-4} MPa 以内，在工艺可能和满足质量要求的前提下，尽可能采用结构紧凑的较小弯曲半径。

对于内径小于 100mm 的冷轧钢管，最小弯管半径可在 $R\geqslant(2.2\sim5)d$ 范围内选择，中等管内径取小值，细或粗管径时取大值。R 及弯曲角度选定以后，用料长度即可由下

式算出

$$L=A+B-2R\tan\frac{\phi}{2}+\pi R\frac{\phi}{180^{\circ}}$$

(4.1-35)

式中 L——落料长度；

A、B——两端至弯曲点的中心线长度；

R——弯管曲率半径；

ϕ——弯曲角度，(°)，如图 4.1-6（a）所示。

当 $\phi=90^{\circ}$时，$L=A+B-0.43R$。

当管道需进行多次弯曲时，两次弯曲间的最小距离 l［见图 4.1-6（b）］根据弯管机结构确定。通常当管径 d_0 在 6～48 mm 范围时，l 值在 60～280mm 之间变化。

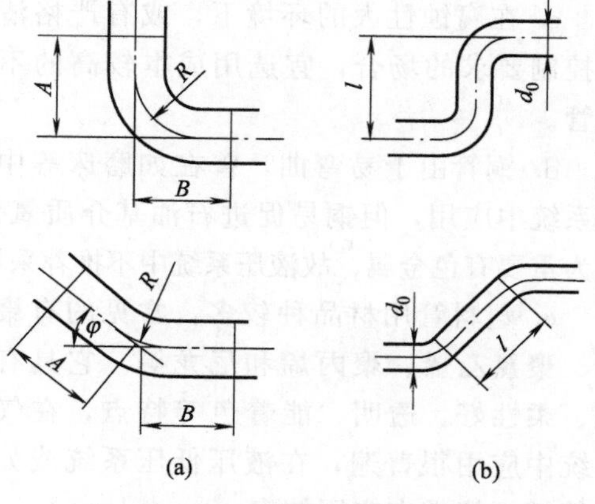

图 4.1-6　配管工艺尺寸

通用弯管机的弯曲半径多为 $6d$ 以上的规格，不符合液压系统布管要求，需要进行改造。按 $R\geqslant 2.2\sim 5d$ 改造后的弯管机可以达到如下技术指标，能够满足一般液压设备配管需要。

圆度：<15%；

弯曲部分最小壁厚：90%公称壁厚；

弯曲角度偏差：±1.5mm/s；

弯曲加工尺寸误差：±5mm。

③ 配用软管要点　不能因软管对长度和形状有较强的适应性而轻视其配管设计。

a. 软管在工作压力变动下，有－4%～＋2%的伸缩变化，在配管长度上绝对要防止裕度不足造成直管拉紧而难于伸缩，或者接头处急剧弯曲现象。

b. 为防止接头连接不牢，根据管径及钢丝层数等要素，合理控制胶管的压缩量。以扣压式软管接头为例，单层钢丝压缩率40%～43%，三层则>46%～50%，二层时可控制于两组数据之间。

c. 橡胶软管的承压能力是由补强层（钢丝）承受的，在实际使用中，由于承受反复弯曲运动，会使钢丝间、钢丝和管体间相互摩擦，交变应力使得材质发生疲劳破坏。故弯曲状态下工作软管的承压能力会明显下降。规定软管的最小弯曲半径必须在内径的 12 倍以上，此时受压能力（利用率）才能达到95%左右，否则寿命会相应缩短，直接影响到整个液压系统及设备的安全可靠性。表 4.1-16 所列弯曲管承载利用率随弯曲半径减小而降低的数据，可供配管时参考。一旦安装空间确定，切忌用过长管道致使弯曲半径减小。采用 90°的角度接头，是改善软管承受弯曲力的常用办法。

表 4.1-16　弯曲管的承载利用率

弯曲半径	$2d$	$3d$	$4d$	$5d$	$6d$	$7d$	$8d$	$10d$	$20d$
利用率/%	73	81	85	88	90	91	93	94	96

d. 在装配橡胶软管时，应避免软管的扭曲。由于它会造成软管加固层角度的变更，其危害性超过弯曲，导致软管工作寿命大幅度降低。如果装配时使软管扭曲 5°，则其工作寿命将会降低，仅为原来的 70%。可用软管表面涂纵向色带方法判断和防止。

新型彩色高聚物液压复合软管是由强度高、耐油的内胶层和高强度、重量轻的聚酯纤维增强层及各种颜色、光亮、耐老化、耐磨的外胶层组成。具有承压能力高（达207MPa）、弯曲半径小、耐高低温等优点。

(4) 密封设计

① 静密封装置　主要是 O 形橡胶密封圈、聚四氟乙烯生料带等品种。后者用于管接头螺纹装配时缠绕填充防漏。O 形橡胶圈使用时注意以下几点。

表 4.1-17 O形密封圈压缩率

形式 \ K/% \ d/mm	1.80	2.65	3.55	5.30	7.00
活塞密封	15.1～27.7	14.2～26.3	14.5～25.2	13.5～23.8	13.1～21.4
活塞杆密封	12.0～25.0	11.5～22.3	11.0～23.3	10.5～20.8	10.0～18.5
轴向密封	20.0～31.9	19.0～28.1	17.5～24.7	16.8～21.8	15.0～20.0

表 4.1-18 O形密封圈允许密封间隙 /mm

工作压力/MPa \ d/mm \ 邵氏硬度	60～70		70～80		80～90	
	1.80,2.65 3.55	5.30 7.00	1.80,2.65 3.55	5.30 7.00	1.80,2.65 3.55	5.30 7.00
<2.5	0.14～0.18	0.20～0.25	0.18～0.20	0.22～0.25	0.20～0.25	0.22～0.25
2.5～8.0	0.08～0.12	0.10～0.15	0.10～0.15	0.13～0.20	0.14～0.18	0.20～0.23
8.0～10.0	—	—	0.06～0.08	0.08～0.11	0.08～0.11	0.10～0.13
10.0～32.0	—	—	—	—	0.04～0.07	0.07～0.09

a. O形橡胶圈应符合GB/T 3452.1—1992的要求。表面缺陷必须符合GB/T 3452.2—1987的要求。O形圈沟槽的形式、尺寸与公差应符合GB/T 3452.3—1988。

b. 合理控制压缩率 K 值，K 值过小，密封性不好，过大易产生过大的永久变形，降低寿命。推荐值见表4.1-17。压力低时取小值，压力高时取大值。

c. 为防止橡胶圈被压力挤出而损坏，在未使用挡圈保护时，应按表4.1-18根据胶质硬度和工作压力范围控制密封间隙。

密封垫属静密封范畴，液压技术中多用金属垫或复合式密封垫，橡胶、纸质或纸质涂胶等非金属密封垫仅在供水等低压工况中应用。

金属垫多由纯铜，纯铝、低碳钢等软金属制成，硬度在32～45HB。靠螺纹连接产生的轴向夹紧力使垫圈材料发生塑性变形，填充补偿结合面的凹凸不平或缝隙，达到密封的目的。金属垫弹性差，不宜多次重复使用。

组合密封垫是由稍厚的耐油橡胶垫和起支承作用的金属外环组合而成，依靠橡胶的弹性变形起密封作用，无需较大的轴向压紧力就能实现良好密封。但密封面偶件的表面粗糙度应达到：$R_a \leqslant 6.3\sim1.6\mu m$；$R_z \leqslant 2.5\sim6.3\mu m$ 的要求。可按JB/T 982选用。

密封锁紧垫是兼有密封和锁紧双重作用的组合垫。用结构钢基体外环和丁腈或氯橡胶内环组成，工作压力可达40MPa。将尼龙填料注塑在螺母端面也能达到同样效果。

密封胶是一种高分子材料构成的流态密封垫料，它在外力作用下可流填于接合面微观凸凹不平处及间隙中，是一种使用方便的密封手段，能达到绝对防漏的效果，且具备防松锁固作用。

密封胶可分为橡胶型和树脂型、有溶剂型和无溶剂型。按使用工况划分，有耐热型、耐寒型、耐压型、耐油型、耐化学品型等。

在需拆卸、有剥离要求地方应选干态可剥离型密封胶；有较高的附着性及耐压性要求的，可选干态不可剥离型密封胶，但耐振和耐冲击性、拆卸性较差；在抗振、抗冲击高要求场合，应选用能长期保持黏弹性，不固化，耐压和便于拆卸的半干型密封胶；需经常拆装或需紧急维修的部位，宜用不干型密封胶，清除较易。

表 4.1-19 丁腈橡胶唇形密封许用最大间隙

/mm

公称直径/mm		至 50	50～125	125～200	200～250	250～300	300～400
压力/MPa	＜3.5	0.15	0.20	0.25	0.30	0.36	0.40
	3.5～21	0.13	0.15	0.20	0.25	0.30	0.36

表 4.1-20 夹织物、聚氨酯胶圈许用间隙

/mm

公称直径/mm		至 75	75～200	200～250	250～300	300～400	400～600
压力/MPa	＜3.5	0.30	0.36	0.41	0.46	0.51	0.56
	3.5～21	0.20	0.25	0.30	0.36	0.41	0.46
	＞21	0.15	0.20	0.25	0.30	0.36	0.41

表 4.1-21 旋转运动唇形密封轴间过盈

/mm

轴径(d_0)	唇口直径			允许偏心量
	低速型	高速型	无簧型	
＜30	$(d_0-1)\pm0.3$		$(d_0-1.5)\pm0.3$	0.2
30～80	$(d_0-1)\pm0.5$	$d_0-1.0$	$(d_0-1.5)\pm0.5$	0.4
80～180	$(d_0-1)-1.0$	$d_0{}^{-0.5}_{-1.5}$	$(d_0-1.5)-1.0$	0.6
＞180	$(d_0-1)-1.5$	$d_0{}^{-1.0}_{-1.5}$	$(d_0-1.5)-1.0$	0.7

② 动密封装置 动密封装置分为往复运动密封和旋转运动密封。区别于静密封的是单纯靠密封圈本身实现绝对无泄漏，难度较大，往往需在结构上采取多重措施。但是，注意密封部位的工艺质量和控制间隙或配合过盈量，则是密封有效性的关键所在。

a. 密封配合部位的工艺要求：

轴类直径公差一般为 h9 或 f9；表面粗糙度 R_a控制在 0.25～0.5μm 范围内。

轴的偏心跳动量控制在 0.15mm 以内。

表面硬度要求 30～40 HRC，当使用聚四氟乙烯密封圈时，要求达到 50～60HRC。

轴端和轴肩部位应倒角并修圆棱边。

b. 往复运动唇形密封允许最大密封间隙见表 4.1-19（适用于丁腈橡胶圈）及表 4.1-20（适用于夹织物或聚氨酯胶圈）。

c. 旋转运动唇形密封的轴间过盈量推荐值见表 4.1-21。

③ 螺栓、螺钉 液压件或阀块装配连接中使用的螺栓和螺钉，由于承受极大的张力，一旦产生塑性变形就会破坏密封性。必须采用由冷锻制造工艺生产的高强度螺栓和螺钉，其力学性能应达到螺纹紧固件分级中的 8.8、10.9、12.9 三个等级。32MPa 时应用最高级，螺母亦应选 12 级。材料推荐选用 35CrMo、30CrMnSi 或 Q420 合金结构钢，同一材料通过不同工艺措施，可得到不同的性能等级，螺母材料一般较配合螺栓略软。

④ 堵头 液压元件或流道连接块体上常有些工艺孔或多余通口需要堵塞，螺堵是最常用的标准件。由于在不长的螺堵上螺纹不多，形成了较难密封的薄弱环节，甚至在高压试验中脱扣冲出，产生事故。

采用液压管螺纹是保证螺堵可靠密封的基本要求，它具备气密效果，即与一般螺纹不同，螺扣接合不是仅仅依靠螺纹的侧面，而是在牙侧啮合以前，牙根和牙顶首先啮合，不但密封效果可靠，而且确保结合更为牢固。

采用球胀式堵头如图 4.1-7 所示，它由钢球 1 和球堵壳体 2 组成。用于压力≤32MPa情况下，十分安全可靠。

对于压力＞32MPa 的工况下，建议在装配中采用拧断式双头高压密封螺堵。

高压密封螺堵优于通常锥形螺堵、带垫螺堵、焊接销堵、球胀式堵头，如图 4.1-8 所示。螺堵制成双头，中央为拧紧用工艺性六角头，拧紧后，自动在薄弱颈部 d_4 处断脱而弃之。由于它与工件孔间主要是借助不同

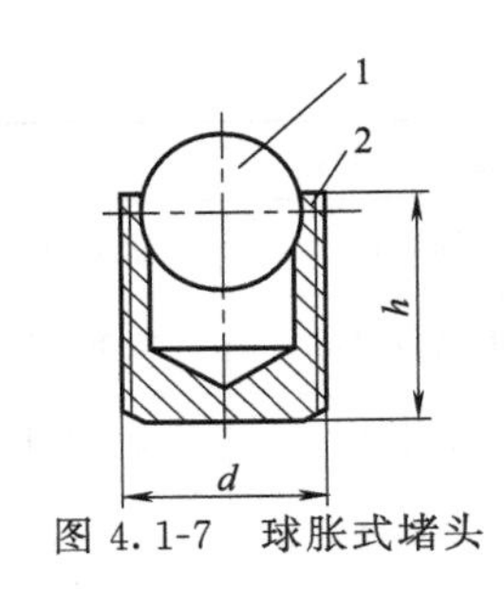

图 4.1-7 球胀式堵头

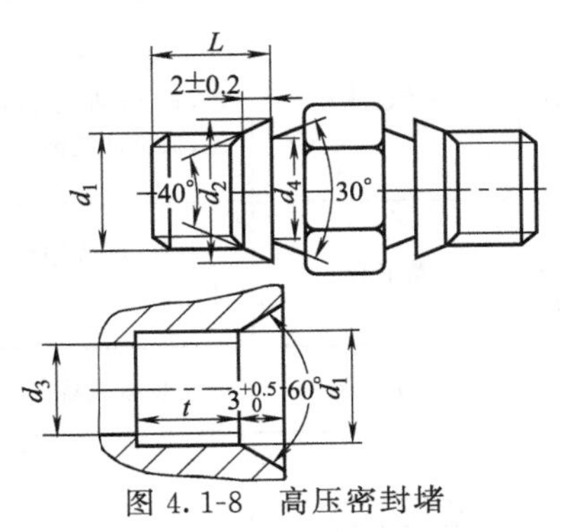

图 4.1-8 高压密封堵

锥角的斜面棱边密封，故耐压可高达50MPa。若配合使用密封胶。密封更加可靠。

⑤ 治漏综合措施 泄漏往往是在使用一段时间之后发生的，这是因为：

a. 再好的动密封及其配合部位都会磨损；

b. 油温过高或介质的不相容性导致的橡胶等密封材料的老化变质；

c. 液压冲击和振动使接点松动和密封破坏。

消除活塞杆和驱动轴动密封上的侧向载荷；用防尘圈、防护罩和橡胶套保护密封等措施可以减少动密封的磨损。

选用与介质相容性好的密封材料，严格控制系统油温是防止密封材料老化和变质，延长使用寿命的重要措施。

为了减少冲击和振动可以采取，如选用灵敏性好的压力控制阀、采用减振支架、加设缓冲蓄能器，减少管式接头用量等措施。

8 液压泵站设计

8.1 液压泵站概述

液压泵站是多种元、附件组合而成的整体，是为一个或几个系统存放一定清洁度的工作介质，并输出一定压力、流量的液体动力，兼作整体式液压站安放液压控制装置基座的整体装置。液压泵站是整个液压系统或液压站的一个重要部件，其设计质量的优劣对液压设备性能关系很大。

8.2 液压泵站设计

8.2.1 液压泵站的组成及分类

液压泵站一般由液压泵组、油箱组件、控温组件、过滤器组件和蓄能器组件五个相对独立的部分组成，见表 4.1-22。尽管这五个部分相对独立，但设计者在液压泵站装置设计中，除了根据机器设备的工况特点和使用的具体要求合理进行取舍外，经常需要将它们进行适当的组合，合理构成一个部件。例如，油箱上常需将控温组件中的油温计、过滤器组件作为油箱附件而组合在一起构成液压油箱等。

液压泵站根据液压泵组布置方式，分为上置式液压泵站和非上置式液压泵站。

① 上置式液压泵站 泵组布置在油箱之上的上置式液压泵站（见图 4.1-9），当电动机卧式安装，液压泵置于油箱之上时，称为卧式液压泵站［图 4.1-9（a）］；当电动机立式安装，液压泵置于油箱内时，称为立式液压泵站［图 4.1-9（b）］。上置式液压泵站占地面积小，结构紧凑，液压泵置于油箱内的

表 4.1-22 液压泵站的组成

组成部分	包含元器件	作用
液压泵组	液压泵	将原动机的机械能转换为液压能
	原动机(电动机或内燃机)	驱动液压泵
	联轴器	连接原动机和液压泵
	传动底座	安装和固定液压机及原动机
油箱组件	油箱	储存油液、散发油液热量、逸出空气、分离水分、沉淀杂质和安装元件
	液位计	显示和观测液面高度
	空气过滤器	注油、过滤空气
	放油塞	清洗油箱或更换油液时放油
控温组件	油温计	显示、观测油液温度
	温度传感器	检测并控制油温
	加热器	油液加热
	冷却器	油液冷却
过滤器组件	各类过滤器	分离油液中的固体颗粒,防止堵塞小截面流道,保持油液清洁度等
蓄能器组件	蓄能器	蓄能、吸收液压脉动和冲击
	支撑台架	安装蓄能器

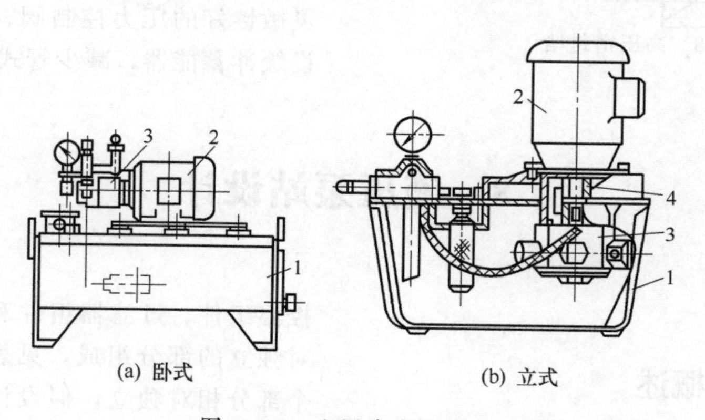

(a) 卧式 (b) 立式

图 4.1-9 上置式液压泵站

1—油箱；2—电动机；3—液压泵；4—联轴器

表 4.1-23 液压泵的吸油高度 /mm

液压泵	螺杆泵	齿轮泵	叶片泵	柱塞泵
吸油高度	500～1000	300～400	≤500	≤500

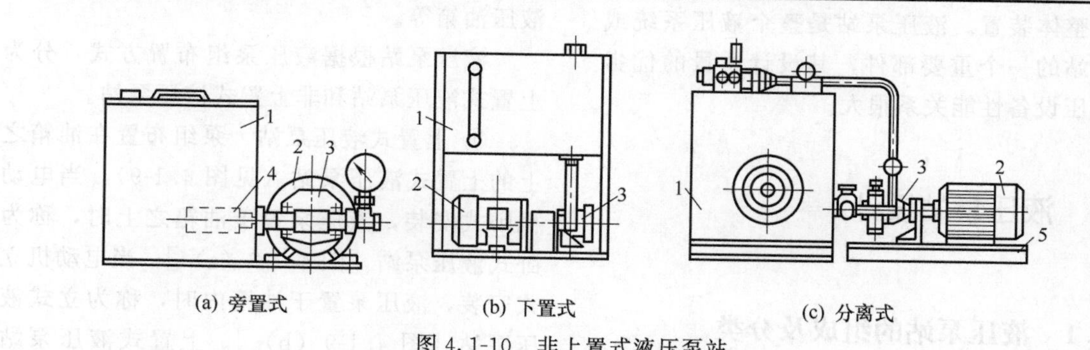

(a) 旁置式 (b) 下置式 (c) 分离式

图 4.1-10 非上置式液压泵站

1—油箱；2—电动机；3—液压泵；4—过滤器；5—底座

表 4.1-24 上置式与非上置式液压泵站的综合比较

项目	上置立式	上置卧式	非上置式
振动	较大		小
占地面积	小		较大
清洗油箱	较麻烦		容易
漏油收集	方便	需另设滴油盘	需另设滴油盘
液压泵工作条件	泵浸在油中，工作条件好	一般	好
液压泵安装要求	泵与电动机有同轴度要求	泵与电动机有同轴度要求；需考虑液压泵的吸油高度；吸油管与泵的连接处密封要求严格	泵与电动机有同轴度要求；吸油管与泵的连接处密封要求严格
应用	中小型液压站	中小型液压站	较大型液压站

立式安装噪声低且便于收集漏油。在中、小功率液压站中被广泛采用，油箱容量可达1000L。液压泵可以是定量型或变量型（恒功率式、恒压式、恒流量式、限压式及压力切断式等）。当采用卧式液压泵站时，由于液压泵置于油箱之上，必须注意各类液压泵的吸油高度，以防液压泵进油口处产生过大的真空度，造成吸空或气穴现象，各类液压泵的吸油高度见表 4.1-23。

② 非上置式液压泵站　将泵组布置在底座或地基上的非上置式液压泵站，如果泵组安装在与油箱一体的公用底座上，则称为整体型液压泵站，它又可分为旁置式、下置式两种［图 4.1-10（a）、（b）］；将泵组单独安装在地基上的则称为分离型液压泵站［见图 4.1-10（c）］。非上置式液压泵站由于液压泵置于油箱液面以下，故能有效改善液压泵的吸入性能。这种动力源装置的液压泵可以是定量型或变量型（恒功率式、恒压式、恒流量式、限压式及压力切断式等），并且具有高度低，便于维护的优点，但占地面积大。因此，适用于泵的吸入允许高度受限制，传动功率较大，而使用空间不受限制以及开机率低，使用时又要求很快投入运行的场合。

上置式与非上置式液压泵站的综合比较见表 4.1-24。

8.2.2 油箱及其设计

在本章 5.6 节中初步确定了油箱的容积，在 6.4 节中利用最大温差 ΔT 验算了油箱的散热面积是否满足要求。当系统的发热量求出之后，可根据散热的要求确定油箱的容量。

由式（4.1-33）可得油箱的散热面积为

$$A_1=\frac{\frac{P_{hr}}{\Delta T}-K_2A_2}{K_1} \qquad (4.1\text{-}36)$$

式中　K_1——油箱散热系数，见表 4.1-13；

K_2——管路散热系数，见表 4.1-14；

A_1、A_2——分别为油箱、管道的散热面积，m^2；

P_{hr}——液压系统的发热功率；

ΔT——油温与环境温度之差，℃。

如不考虑管路的散热，式（4.1-36）可简化为

$$A_1=\frac{P_{hr}}{\Delta TK_1}$$

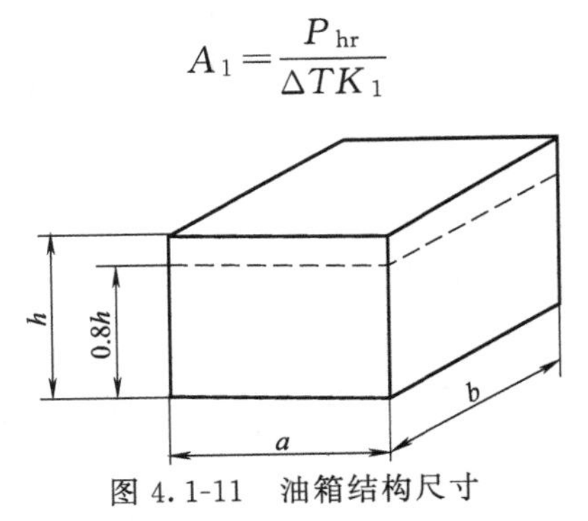

图 4.1-11　油箱结构尺寸

油箱主要设计参数如图 4.1-11 所示。一般油面的高度为油箱高 h 的 0.8 倍，与油直接接触的表面算全散热面，与油不直接接触的表面算半散热面，图示油箱的有效容积 V 和散热面积 A_1 分别为

$$V=0.8abh$$

$$A_1 = 1.8h(a+b) + 1.5ab$$

若A_1求出，再根据结构要求确定a、b、h的比例关系，即可确定油箱的主要结构尺寸。

8.2.3 液压泵组的结构设计

液压泵组是指液压泵及驱动泵的原动机（固定设备上的电动机和行走设备上的内燃机）和联轴器及传动底座组件，各部分的作用见表 4.1-22。液压泵组的结构设计要点如下。

(1) 布置方式

可根据主机的结构布局、工况特点、使用要求及安装空间的大小，按照前面的方法合理确定液压泵组的布置方式。

(2) 连接和安装方式

① 轴间连接方式　确定液压泵与原动机的轴间连接和安装方式首先要考虑的问题是：液压泵轴的径向和轴向负载的消除或防止。

a. 直接驱动型连接。

• 联轴器。由于泵轴在结构上一般不能承受额外的径向和轴向载荷，所以液压泵最好由原动机经联轴器直接驱动。并且使泵轴与驱动轴之间严格对中，轴线的同轴度误差不大于 0.08 mm。

原动机与液压泵之间的联轴器宜采用带非金属弹性元件的挠性联轴器，例如 GB/T 5272—1985 中规定的梅花形弹性联轴器以及 GB 10614.1—1989 中规定的芯型弹性联轴器和 GB/T 5844.1—1986 中规定的轮胎式联轴器。其中梅花形弹性联轴器具有弹性、耐磨性、缓冲性及耐油性较高，制造容易、维护方便等优点，应用较多。上述各种联轴器的标准请查阅机械设计手册。

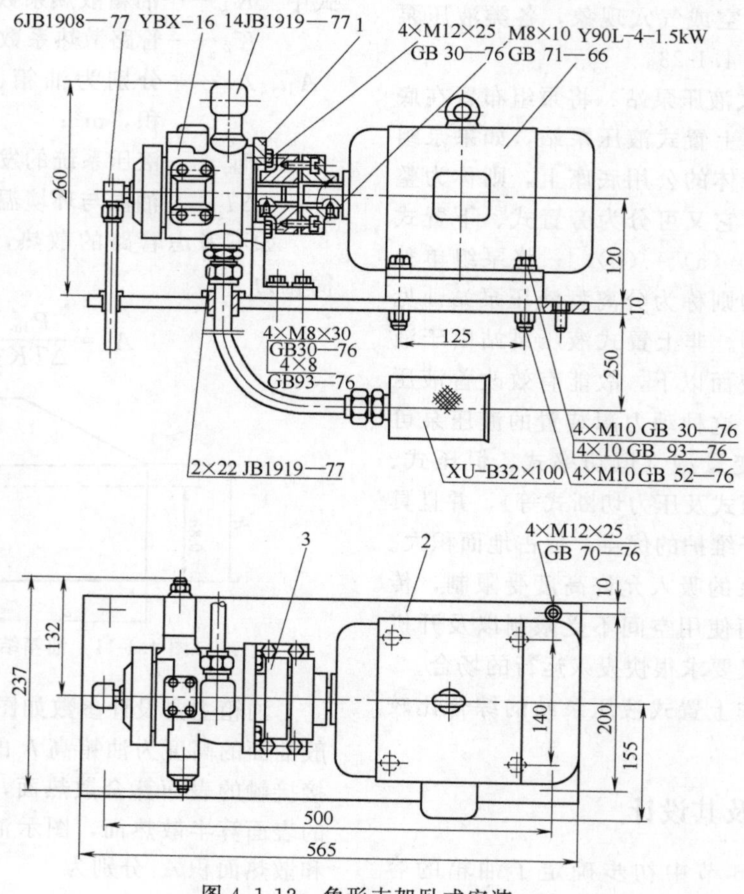

图 4.1-12　角形支架卧式安装

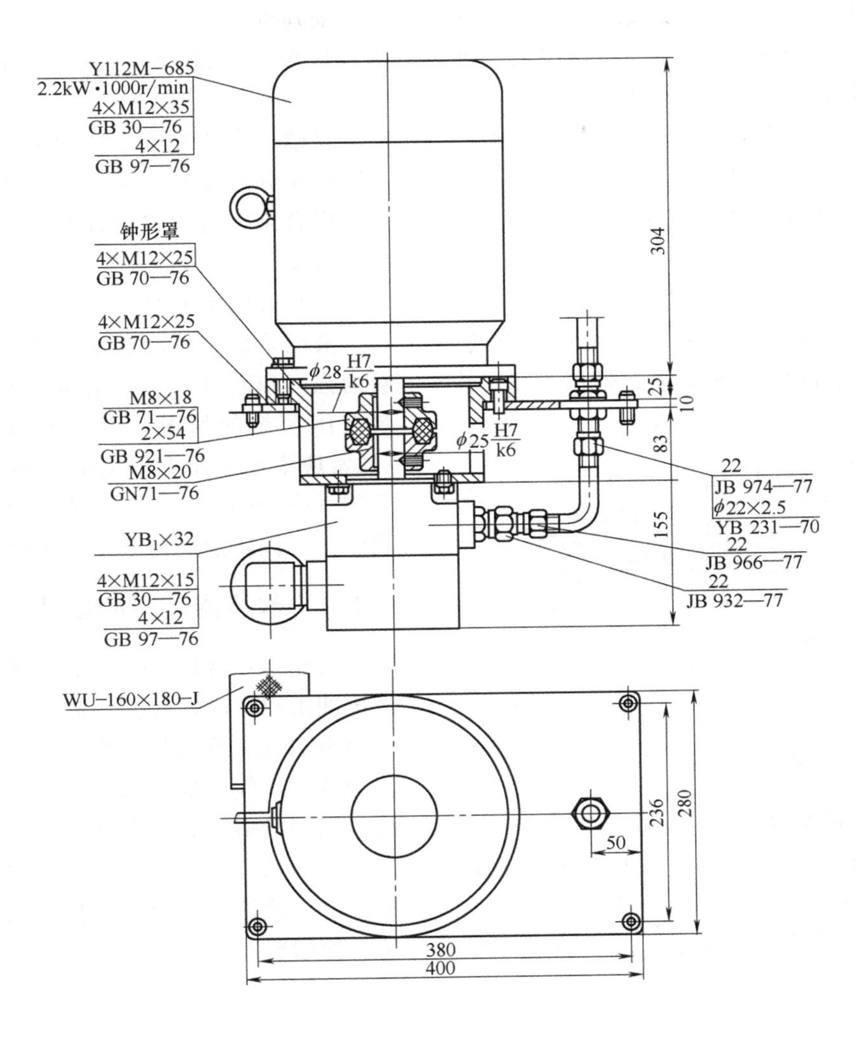

图 4.1-13 钟形罩立式安装

• 花键连接。除了采用挠性联轴器外，原动机与液压泵之间还可采用特殊的轴端带花键连接孔的原动机，将泵的花键轴直接插入原动机轴端。此种连接方式在省去联轴器的同时，还可以保证两轴间的同轴度。液压泵的轴伸尺寸系列应按国家标准 GB/T 2353.1—1994 和 GB/T 2353.2—1993 的规定。

b. 间接驱动连接。如果液压泵不能经联轴器由原动机直接驱动，而需要通过齿轮传动、链传动或带传动间接驱动时，液压泵轴所受的径向载荷不得超过泵制造厂的规定值，否则带动泵轴的齿轮、链轮或带轮应架在另外设置的轴承上。此种连接方式也应满足规定的同轴度要求。

② 安装方式 液压泵组的安装，通常有以下几种常用的方式。

a. 角形支架卧式安装。如图 4.1-12 所示，YBX-16 型液压泵直接装在角形支架 1 的止口里，依靠角形支架的底面与基座 2 相连接，再通过挠性联轴器 3 与带底座的卧式电动机（Y90L-4-1）相连。液压泵与电动机的同轴度需通过在电动机底座下和角形支架下加装的调整垫片来实现。

b. 钟形罩立式安装。如图 4.1-13 所示，通过 YB_1-32 型液压泵上的轴端法兰实现泵与钟形罩（也称钟形法兰）的连接，钟形罩再与带法兰的立式电动机（Y112M-685）连接，依靠钟形罩上的止口保证液压泵与电动机的同轴度。此种方式安装和拆卸均较方便。

c. 脚架钟形罩卧式安装。如图 4.1-14 所示，此种安装方式与钟形罩立式安装类同，不同之处在于这里的钟形罩自带脚架 2，并采用卧式安装。

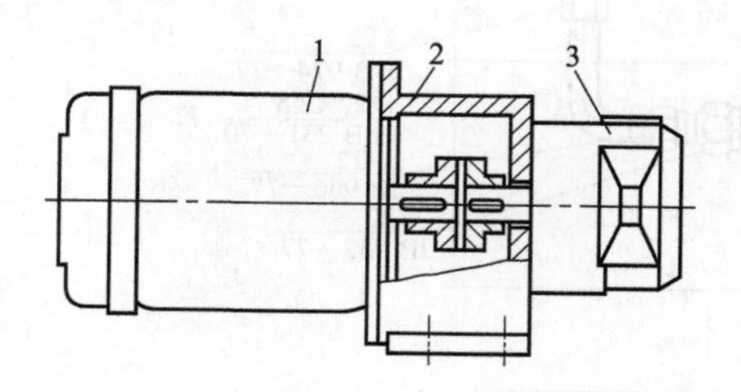

图 4.1-14　脚架钟形罩卧式安装
1—电动机；2—脚架；3—液压泵

d. 支架钟形罩卧式安装。如图 4.1-15 所示，电动机（Y132M-4）与液压泵通过钟形罩连接起来，钟形罩再与支架相连，最后通过支架将液压泵与电动机一并安装在基座上。液压泵与电动机的同轴度由钟形罩上的止口保证。此种方式加工和安装都比较方便。

目前，有的液压元件制造厂还提供已经把液压泵和电动机组装成一体的产品，简称电机组合泵，给用户设计和使用液压装置提供了方便。

(3) 液压泵组的传动底座

液压泵组的传动底座在结构上应具有足够的强度和刚度，特别是对于油箱箱顶上安装液压泵组的情况，箱顶要有足够的厚度（通常应不小于箱壁厚度的 4 倍）。还应考虑安装、检修的方便性，要在合适的部位设置滴油盘，以防油液污染工作场地。

8.2.4　蓄能器装置的设计

蓄能器在液压系统中，具有蓄能、吸收液压冲击和脉动、减振、平衡、保压等用途，在弹簧加载、重力加载和气体加载三种类型蓄能器中，气体加载型可挠式中的皮囊式蓄能器应用最多。各类蓄能器的详细分类、特点及适用场合，选择方法及其注意事项见前面章节。此处主要介绍蓄能器装置设计、安装及使用要点。

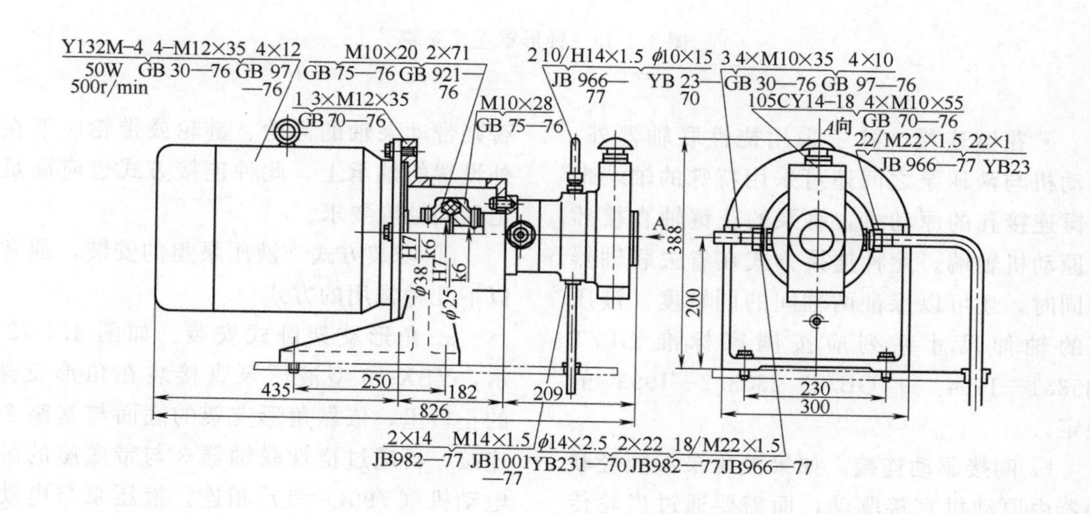

图 4.1-15　支架钟形罩卧式安装

(1) 蓄能器装置的设计与安装

对于使用单个蓄能器的中小型液压系统，可将蓄能器通过托架安装在紧靠脉动或冲击源处，或直接搭载安装在油箱箱顶或油箱侧壁上。对于使用多个蓄能器的大型液压系统，应设计安装蓄能器的专门支架，用以支撑蓄能器；同时，还应使用卡箍将蓄能器固定。支架上两相邻蓄能器的安装位置要留有足够的间隔距离，以便于蓄能器及其附件（提升阀及密封件等）的安装和维护。蓄能器间的管路连接应有良好的密封。

蓄能器装置应安装在便于检查、维修的位置，并远离热源。用于降低噪声、吸收脉动和液压冲击的蓄能器，应尽可能靠近振动源。蓄能器的铭牌应置于醒目的位置。非隔离式蓄能器及皮囊式蓄能器应油口向下、充气阀朝上竖直安放。蓄能器与液压泵之间应装设单向阀，防止液压泵卸荷或停止工作时蓄能器中的压力油倒灌。蓄能器与系统之间应装设截止阀，供充气、检查、维修蓄能器时或长时间停机时使用。各蓄能器应牢固地固定在支架上，蓄能器支架应牢固地固定在地基上，以防蓄能器从固定部位脱开而发生飞起伤人事故。

(2) 蓄能器使用注意事项

① 不能在蓄能器上进行焊接、铆焊及机械加工。蓄能器绝对禁止充氧气，以免引起爆炸。不能在充液状态下拆卸蓄能器。

② 非隔离式蓄能器不能放空油液，以免气体进入管路中。使用压力不宜过高，防止过多气体溶入油液中。

检查充气压力的方法：将压力表装在蓄能器的油口附近，用液压泵向蓄能器注满油液，然后，使泵停止，使压力油通过与蓄能器相接的阀慢慢从蓄能器中流出。在排油过程中观察压力表。压力表指针会慢慢下降。当达到充气压力时，蓄能器的提升阀关闭，压力表指针迅速下降到零，压力迅速下降前的压力即为充气压力。也可利用充气工具直接检查充气压力，但由于每次检查都要放掉一点气体，故不适用于容量很小的蓄能器。

9 液压集成块设计

9.1 集成块设计概述

尽管目前已有多种集成块系列及其单元回路，但是现代液压系统日趋复杂，导致系列集成块有时不能满足用户的使用和设计要求，工程实际中仍有不少回路集成块需自行设计。

由于集成块的孔系结构复杂，设计者经验的多寡对于设计的成败及质量的优劣有很大影响。对于经验缺乏的设计者来说，在设计中，建议设计者研究和参考现有通用集成块系列的结构及特点，以便于加快设计进程，减少设计失误，提高设计工作效率。

9.2 液压集成块设计要点

(1) 确定公用油道孔的数目

集成块体的公用油道孔，有二孔、三孔、四孔、五孔等多种设计方案，应用较广的为二孔式和三孔式，其结构及特点见表4.1-25。

(2) 制作液压元件样板

为了在集成块四周面上实现液压阀的合理布置及正确安排其通油孔（这些孔将与公用油道孔相连），可按照液压阀的轮廓尺寸及

表 4.1-25 二孔式和三孔式集成块的结构及特点

公用油道孔	结构简图	特点
二孔式	螺栓孔 P O 螺栓孔	在集成块上分别设置压力油孔P和回油孔O各一个,用四个螺栓孔与块组连接螺栓间的环形孔来作为泄漏油通道 优点:结构简单,公用通道少,便于布置元件;泄漏油道孔的通流面积大,泄漏油的压力损失小 缺点:在基块上需将四个螺栓孔相互钻通,所以需堵塞的工艺孔较多,加工麻烦,为防止油液外漏,集成块间相互叠积面的粗糙度要求较高,一般应小于R_a0.8μm
三孔式	螺栓孔 L P O 螺栓孔	在集成块上分别设置压力油孔P、回油孔O和泄油孔L共三个公用孔道 优点:结构简单,公用油道孔数较少 缺点:因泄漏油孔L要与各元件的泄漏油口相通,故其连通孔道一般细(ϕ5~6mm)而长,加工较困难,且工艺孔较多

油口位置预先制作元件样板,放在集成块各有关视图上,安排合适的位置。对于简单回路则不必制作样板,直接摆放布置即可。

(3) 确定孔道直径及通油孔间壁厚

集成块上的孔道可分为三类:第一类是通油孔道,其中包括贯通上下面的公用孔道,安装液压阀的三个侧面上直接与阀的油口相通的孔道,另一侧面安装管接头的孔道,不直接与阀的油口相通的中间孔道即工艺孔四种;第二类是连接孔,其中包括固定液压阀的定位销孔和螺钉孔(螺孔),成摞连接各集成块的螺栓孔(光孔);第三类是质量在30kg以上的集成块的起吊螺钉孔。

① 通油孔道的直径 与阀的油口相通孔道的直径,应与液压阀的油口直径相同。与管接头相连接的孔道,其直径d一般应按通过的流量和允许流速,用式(4.1-37)计算,但孔口需按管接头螺纹小径钻孔并攻螺纹。

$$d=\sqrt{\frac{4q}{\pi v}} \tag{4.1-37}$$

式中 q——通过的最大流量,m^3/s;

v——孔道中允许流速(取值见表4.1-26);

d——孔道内径,m。

表 4.1-26 孔道中的允许流速

油液流经孔道	吸油孔道	高压孔道	回油孔道
允许流速/$m\cdot s^{-1}$	0.5~1.5	2.5~5	1.5~2.5
说明	高压孔道:压力高时取最大值,反之取小值;孔道长的取小值,反之取大值;油液黏度大时取小值		

工艺孔应用螺塞或球胀堵堵死。

公用孔道中,压力油孔和回油孔的直径可以类比同压力等级的系列集成块中的孔道直径确定,也可通过式(4.1-37)计算得到;泄油孔的直径一般由经验确定,例如对于低、中压系统,当$q=25L/min$时;可取ϕ6mm,当$q=63L/min$时,可取ϕ10mm。

② 连接孔的直径 固定液压阀的定位销孔的直径和螺钉孔(螺孔)的直径,应与所选定的液压阀的定位销直径及配合要求与螺钉孔的螺纹直径相同。

连接集成块组的螺栓规格可类比相同压力等级的系列集成块的连接螺栓确定,也可以通过强度计算得到。单个螺栓的螺纹小径d的计算公式为

$$d\geqslant\sqrt{\frac{4P}{\pi N[\sigma]}} \tag{4.1-38}$$

式中 P——块体内部最大受压面上的推力,N;

N——螺栓个数；

$[\sigma]$——单个螺栓的材料许用应力，Pa。

螺栓直径确定后，其螺栓孔（光孔）的直径也就随之而定，系列集成块的螺栓直径为M8～M12，其相应的连接孔直径为ϕ9～12mm。

③ 起吊螺钉孔的直径　单个集成块质量在30kg以上时，应按质量和强度确定螺钉孔的直径。

④ 油孔间的壁厚及其校核　通油孔间的最小壁厚的推荐值不小于5mm。当系统压力高于6.3MPa时，或孔间壁厚较小时，应进行强度校核，以防止系统在使用中被击穿。孔间壁厚δ可按式（4.1-39）进行校核。但考虑到集成块上的孔大多细而长，钻孔加工时可能会偏斜，实际壁厚应在计算基础上适当取大一些。

$$\delta=\frac{pdn}{2\sigma_b} \tag{4.1-39}$$

式中　δ——压力油孔间壁厚，m；

p——孔道内最高工作压力，MPa；

d——压力油孔道直径［其计算方法见式（4.1-37）］，m；

n——安全系数（钢件取值见表4.1-27）；

σ_b——集成块材料抗拉强度，MPa。

表4.1-27　安全系数（钢件）

孔道内最高工作压力/MPa	<7	7～17.5	17.5
安全系数	8	6	4

（4）中间块外形尺寸的确定

中间块用来安装液压阀，其高度H取决于所安装元件的高度。H通常应大于所安装的液压阀的高度。在确定中间块的长度和宽度尺寸时，在已确定公用油道孔基础上，应首先确定公用油道孔在块间结合面上的位置。如果集成块组中有部分采用标准系列通道块，则自行设计的公用油道孔位置应与标准通道块上的孔一致。中间块的长度和宽度尺寸均应大于安放元件的尺寸，以便于设计集成块内的通油孔道时调整元件的位置。一般长度方向的调整尺寸为40～50mm，宽度方向为20～30mm。调整尺寸留得较大，孔道布置方便，但将加大块的外形尺寸和质量；反之，则结构紧凑、体积小、重量轻，但孔道布置困难。最后确定的中间块长度和宽度应与标准系列块的一致。

应当指出的是，现在有些液压系统产品中，一个集成块上安装的元件不止三个，有时一块上所装的元件数量达到5～8个及以上，其目的无非是减少整个液压控制装置所用油路块的数量。如果采用这种集成块，通常每块上的元件不宜多于8个，块在三个尺度方向的最大尺寸不宜大于500mm。否则，集成块的体积和质量较大，块内孔系复杂，给设计和制造带来诸多不便。

（5）布置集成块上的液压元件

在确定了集成块中公用油道孔的数目、直径及在块间连接面中的位置与集成块的外形尺寸后，即可逐块布置液压元件了。液压元件在通道块上的安装位置合理与否，直接影响集成块体内孔道结构的复杂程度、加工工艺性的好坏及压力损失的大小。元件安放位置不仅与典型单元回路的合理性有关，还要受到元件结构、操纵调整的方便性等因素的影响。即使单元回路完全合理，若元件位置不当，也难于设计好集成块体。因此，它往往与设计者的经验多寡、细心程度有很大关系。

① 中间块　中间块的侧面安装各种液压控制元件。当需与执行装置连接时，三个侧面安装元件，一个侧面安装管接头。注意事项如下。

a. 应给安装液压阀、管接头、传感器及其他元件的各面留有足够的空间。

b. 集成块体上要设置足够的测压点，以便调试时和工作中使用。

c. 需经常调节的控制阀，如各种压力阀和流量阀等应安放在便于调节和观察的位置，应避免相邻侧面的元件发生干涉。

d. 应使与各元件相通的油孔尽量安排在

同一水平面内，并在公用通油孔道的直径范围内，以减少中间连接孔（工艺孔）、深孔和斜孔的数量。互不相通的孔间应保持一定壁厚，以防工作时击穿。

e. 集成块的工艺孔均应封堵，封堵有螺塞、焊接和球胀三种方式，如图 4.1-16 所示。螺塞封堵是将螺塞旋入螺纹孔口内，多用于可能需要打开或改接测压等元件的工艺孔的封堵，螺塞应按有关标准制造。焊接封堵是将短圆柱周边牢固焊接在封堵处，对于直径小于 5mm 的工艺孔可以省略圆柱而直接焊接封堵，多用于靠近集成块边壁的交叉孔的封堵。球胀封堵是将钢球以足够的过盈压入孔中，多用于直径小于 10mm 工艺孔的封堵，制造球胀式堵头及封堵孔的材料及尺寸应符合 ZB J22 007—1988 标准的规定。封堵用螺塞、圆柱和钢球均不得凸出集成块的壁面，焊接封堵后应将焊接处磨平。封堵后的密封质量以不漏油为准。

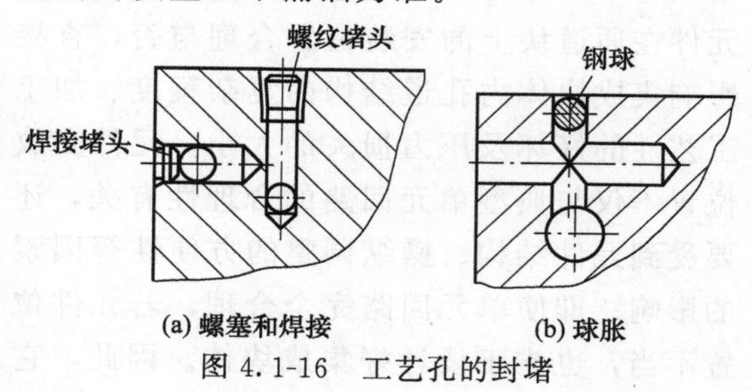

图 4.1-16 工艺孔的封堵

f. 在集成块间的叠积面上（块的上面），公用油道孔出口处要安装 O 形密封圈，以实现块间的密封。应在公用油道孔出口处按选用的 O 形密封圈的规格加工出沉孔，O 形圈沟槽尺寸应满足相关标准（GB 3542.3—1998）的规定。

② 基块（底板） 基块的作用是将集成块组件固定在油箱顶盖或专用底座上，并将公用通油孔道通过管接头与液压泵和油箱相连接，有时需在基块侧面上安装压力表开关。设计时要留有安装法兰、压力表开关和管接头等的足够空间。当液压泵出油口经单向阀进入主油路时，可采用管式单向阀，并将其装在基块外。

③ 顶块（盖板） 顶块的作用是封闭公用通油孔道，并在其侧面安装压力表开关以便测压，有时也可在顶块上安装一些控制阀，以减少中间块数量。

④ 过渡板 为了改变阀的通油口位置或为了在集成块上追加、安装较多的元件，可按需要在集成块上采用过渡板。过渡板的高度应比集成块高度至少小 2mm，其宽度可大于集成块，但不应与相邻两侧元件相干涉。

⑤ 集成块专用控制阀 为了充分利用集成块空间，减少过渡板，可采用嵌入式和叠加式两种集成块专用阀，前者将油路上串接的元件，如单向阀、背压阀等直接嵌入集成块内；后者通常将叠加阀叠积在集成块与换向阀之间。

(6) 集成块油路的压力损失

油液在流经集成块孔系后要产生一定的压力损失，其数值是反映块式集成装置设计质量与水平的重要标志之一。显然，集成块中的工艺孔愈少，附加的压力损失愈小。

集成块组的压力损失，是指贯通全部集成块的进油、回油孔道的压力损失。在孔道布置一定后，压力损失随流量增加而增加。经过一个集成块的压力损失 Δp（包括孔道的沿程压力损失 $\sum \Delta p_{\lambda}$、局部压力损失 $\sum \Delta p_{\zeta}$ 和阀类元件的局部压力损失 $\sum \Delta p_{v}$ 三部分），可借助有关公式逐孔、逐段详细算出后叠加。通常，经过一个块的压力损失值约为 0.01MPa。

对于采用系列集成块的系统，也可以通过有关图线查得不同流量下经过集成块组的进油、回油通道的压力损失。

(7) 绘制集成块加工图

① 加工图的内容 为了便于读图、加工和安装，通常集成块的加工图应包括四个侧面视图及顶面视图、各层孔道剖面图与该集成块的单元回路图，并将块上各孔编号列表，并注明孔的直径、深度及与之相通的孔号，

当然，加工图还应包括集成块所用材料及加工技术要求等。

在绘制集成块的四个侧面和顶面视图时，往往是以集成块的底边和任一邻边为坐标，定出各元件基准线的坐标，然后绘制各油孔和连接液压阀的螺钉孔及块间连接螺栓孔，以基准线为坐标标注各尺寸。

目前在有些液压企业，所设计的集成块加工图、各层孔道的剖视图，常略去不画，而只用编号列表来说明各种孔道的直径、深度及与之相通的孔号，并用绝对坐标标注各孔的位置尺寸等，以减少绘图工作量。但为了避免出现设计失误，最后必须通过人工或计算机对各孔的所有尺寸及孔间阻、通情况进行仔细校验。

② 集成块的材料和主要技术要求　制造集成块的材料因液压系统压力高低和主机类型不同而异，可以参照表 4.1-28 选取。通常，对于固定机械、低压系统的集成块，宜选用 HT250 或球墨铸铁；高压系统的集成块宜选用 20 钢和 35 钢锻件。对于有质量限制要求的行走机械等设备的液压系统，其集成块可采用铝合金锻件，但要注意强度设计。

表 4.1-28　集成块的常用材料

种类	工作压力 /MPa	厚度 /mm	工艺性	焊接性	相对成本
热轧钢板	约 35	<160	一般	一般	100
碳钢锻件	约 35	>160	一般	一般	150
灰口铸铁	约 14	—	好	不可	200
球墨铸铁	约 35	—	一般	不可	210
铝合金锻件	约 21	—	好	不可	1000

集成块的毛坯不得有砂眼、气孔、缩松和夹层等缺陷，必要时需对其进行探伤检查。毛坯在切削加工前应进行时效处理或退火处理，以消除内应力。

集成块各部位的粗糙度要求不同：集成块各表面和安装嵌入式液压阀的孔的粗糙度不大于 $R_a0.8\mu m$，末端管接头的密封面和 O 形圈沟槽的粗糙度不大于 $R_a3.2\mu m$，一般通油孔道的粗糙度不大于 $R_a12.5\mu m$。块间结合面不得有明显划痕。

形位公差要求为：块间结合面的平行度公差一般为 0.03mm，其余四个侧面与结合面的垂直度公差为 0.1mm。为了美观，机械加工后的铸铁和钢质集成块表面可镀锌。

图 4.1-17 所示为不画各层孔道剖面图的集成块加工图。

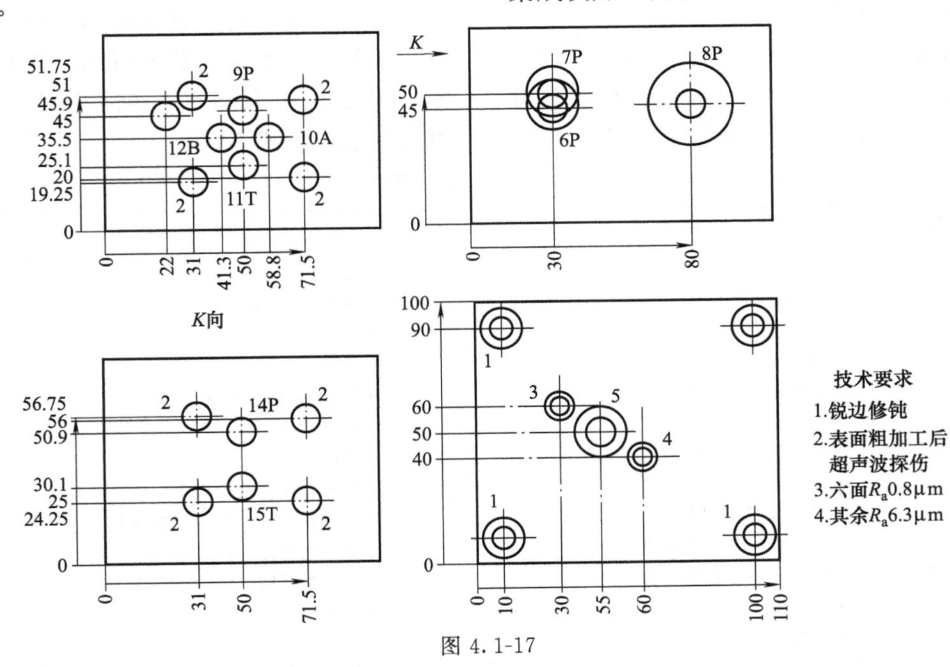

图 4.1-17

孔号	孔径	孔深	攻深	相交孔号	孔口加工
15	ϕ6	55	—	5、11	
14	ϕ6	30	—	7	
13	ϕ6	80	—	6、8	口攻 Z1/8″,工艺孔
12	ϕ6	60	—	4	
11	ϕ6	55	—	5、15	
10	ϕ6	80	—	3	
9	ϕ6	30	—	8	
8	ϕ6	50	—	9、13	
7	ϕ6	50	—	14、3	
6	ϕ6	22	—	13	口攻 M22×1.5 深 18
5	ϕ10	31	—	11、15	口攻 Z1/4″
4	ϕ6	50	—	12	底面孔口攻 Z3/8″
3	ϕ6	65	—	10、7	口攻 M14×1.5 深 15
2	M5	16	—		口攻 M14×1.5 深 15
1	ϕ7	通孔	10		口扩 ϕ12 深 20

图 4.1-17 不画各层孔道剖面图的集成块加工图

10 全面审核及编写技术文件

在完成了设计之后，交付制造部门之前，要对所涉及的液压装置及其各部分，从功能上及结构上进行全面审核，找出失误之处并予以纠正。审核要点见表 4.1-29。

技术文件包括图样和技术文档，经以上各设计步骤，设计方案及系统草图经反复修改、完善被确认无误后，应绘制正式设计图。包括：

液压系统图（一般按停车状态绘出）；

非标元件、辅件的装配图和零件图；

各液压装置的布置装配图，一般由几张装配图组成，管路安装图可由简化示意图表示，但必须注明各元件、辅件的型号、规格、数量和连接方式等。

表 4.1-29 审核要点

对　象	功能方面	结构、形式方面
总体	•电动机容量 •安全、保护的考虑 •溢流量是否过大(节能问题) •耐压能力 •元件规格是否与装置适应 •启动、停止的联锁 •是否在合适部位设置了放气阀 •泄油管是否单独回油箱 •是否设置了下限监控仪表 •管路拆装是否方便 •软管弯曲半径是否合理 •泵与电动机安装座的刚度 •密封材料的相容性	•是否符合有关法规 •注意事项标记 •使用说明书内容 •维修工具 •运输、搬运的准备 •管路支撑 •泵的隔振措施 •回油管伸到液面以下 •回油管与吸油管用隔板隔开 •留出更换滤芯的空间 •通气器结构 •取样口 •油箱姿势对液面的影响

续表

对　象	功能方面	结构、形式方面
液压泵	• 旋转方向 • 转速 • 变量方式 • 吸油阻力 • 吸油管气密性 • 泄油管从最高点引出 • 停止时防止反转 • 低转速下的补油泵流量	• 吸油管单向阀 • 轴上载荷 • 联轴器 • 管子安装 • 泄油管取样能力
液压马达	• 转速 • 超越负载的制动措施 • 阻力负载的启动裕量 • 爬行问题 • 外界机械制动作用 • 泄油管从最高点引出	• 轴上载荷 • 管子安装 • 泄油管取样能力
液压缸	• 纵弯强度 • 面积差的影响 • 缓冲 • 管路摇动问题 • 速度范围 • 释压措施	• 活塞杆上侧向力 • 活塞杆防尘措施 • 安装座强度
溢流阀	• 额定流量 • 溢流管阻力 • 设定压力 • 控制管、泄放管口径	• 更换零件的空间 • 调压方便 • 调压时能看到压力表
电磁阀	• 额定流量 • 滑阀机能 • 线圈过热问题	• 更换阀芯的空间 • 线圈电压、暂载率 • 手动操作

对复杂、自动化程度高的液压设备，还应绘制液压执行元件的工作循环图和电气控制装置的动作程序表等。

技术文档应尽量完整，应附上作为设计依据和衡量设计质量优劣的设计任务书，方案的论证说明书和图样必要的说明书。其主要内容为设计计算书、调试使用说明书、标准件、通用件和易损备件汇总表等。

第二章 典型设计及应用实例

1 液压系统设计计算实例

1.1 机床液压系统设计实例

讨论满足下列条件的平面磨床工作台驱动回路。

(1) 条件

① 启动、停止为手动操作，往复运动的换向由液压实现；

② 工作台速度为 50～150mm/s，两方向的速度大致相同；

③ 工作台的行程为 150～900mm；

④ 工作台的质量为 450kg，其摩擦因数为 0.2；

⑤ 达到最高速度的加速时间为 0.5s；

⑥ 工作压力最好为 2MPa 左右。

(2) 实例分析

驱动工作台所需要的力为摩擦力与惯性力之和，摩擦力等于重力乘以摩擦因数，重力等于质量乘以重力加速度。惯性力等于质量乘以加速度，加速度等于最高速度除以加速时间。于是，当速度为 150mm/s 时

$$F = mg\mu + m\frac{v}{t}$$

$$= 450\times9.81\times0.2 + 450\times\frac{0.15}{0.5}$$

$$= 1017.9\ (\text{N})$$

令液压缸无杆端与有杆端的面积比为 2∶1，令外伸时回路为差动回路，则缸的受压面积 A_0 为

$$A_0 = \frac{F}{p} = \frac{1017.9}{2\times10^6} = 5.09\times10^{-4}\ (\text{m}^2)$$

选用缸内径 40mm，活塞杆直径 28mm，行程 1000mm 的液压缸。无杆腔面积 A_1 和有杆腔面积 A_2 分别为

$$A_1 = \frac{\pi D^2}{4} = \frac{3.1416\times0.04^2}{4} = 1.26\times10^{-3}\ (\text{m}^2)$$

$$A_2 = \frac{\pi(D^2-d^2)}{4} = \frac{3.1416\times(0.04^2-0.028^2)}{4}$$

$$= 6.41\times10^{-4}\ (\text{m}^2)$$

活塞杆外伸时的工作压力 p_a 和所需要流量 q_a 分别为

$$p_a = \frac{F}{A_1-A_2} = \frac{1017.9}{12.6\times10^{-4}-6.41\times10^{-4}}$$

$$= 1.64\ (\text{MPa})$$

$$q_a = v(A_1-A_2)$$

$$= 0.15\times(12.6\times10^{-4}-6.41\times10^{-4})$$

$$= 9.29\times10^{-5}\ (\text{m}^3/\text{s})$$

$$= 5.57\ (\text{L/min})$$

活塞内缩时的 p_b 和 q_b 分别为

$$p_b = \frac{F}{A_2} = \frac{1017.9}{6.41\times10^{-4}} = 1.59\ (\text{MPa})$$

$$q_b = vA_2 = 0.15\times6.4\times10^{-4}$$

$$= 9.6\times10^{-5}\ (\text{m}^3/\text{s})$$

$$= 5.76\ (\text{L/min})$$

假定活塞外伸时吸油管路的压力损失 $\Delta p_1 = 0.2$MPa，溢流阀的调压差值 $\Delta p_2 = 0.22$MPa，则溢流阀的设定压力 p 为

$$p = p_a + \Delta p_1 + \Delta p_2$$

$$=1.64+0.2+0.22=2.06\ (\mathrm{MPa})$$

如果泵的输出流量留有10%的余量，则

$$q=q_b\times1.1=5.76\times1.1=6.34\ (\mathrm{L/min})$$

如令泵的总效率 $\eta_P=0.7$，则泵的输入功率 P_r 为

$$P_r=\frac{pQ}{\eta_P}=\frac{2.06\times10^6\times6.34\times10^{-3}}{60\times0.7}=310.96\ (\mathrm{W})$$

接下来讨论发热量 H 与温升 $\Delta\theta_0$。假定图4.2-1所示的磨床工作台工作循环，求连续运行1h的发热量及油液温升。

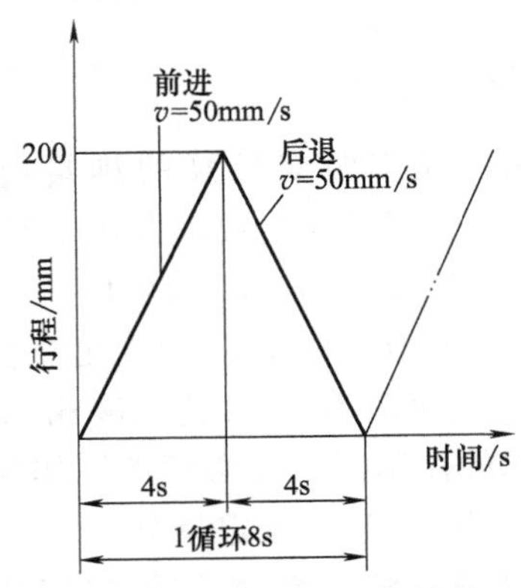

图4.2-1 工作台工作循环

泵的效率引起的发热量 H_1 为

$$H_1=P_r(1-\eta_P)=310.96\times(1-0.7)$$
$$=93.29\ (\mathrm{W})$$

当速度为50mm/s时，活塞杆外伸所需要的流量 q_a 为

$$q_a=v(A_1-A_2)$$
$$=0.05\times(12.6\times10^{-4}-6.41\times10^{-4})$$
$$=3.1\times10^{-5}\ (\mathrm{m^3/s})$$
$$=1.86\ (\mathrm{L/min})$$

则溢流阀的发热量 H_2 为

$$H_2=pq_a=\frac{2.06\times10^6\times(6.34-1.86)\times10^{-3}}{60}$$
$$=153.81\ (\mathrm{W})$$

综上所述，系统的总发热量 H 为

$$H=H_1+H_2=93.29+153.81=247.1\ (\mathrm{W})$$

于是，假定油箱散热系数 $K=11.63\ \mathrm{W/(m^2\cdot ℃)}$，40L油箱的散热面积 $A=0.9\mathrm{m^2}$，则油液温升 $\Delta\theta$ 为

$$\Delta\theta=\frac{H}{KA}=\frac{247.1}{11.63\times0.9}=23.6\ (℃)$$

磨床工作台驱动回路见图4.2-2。

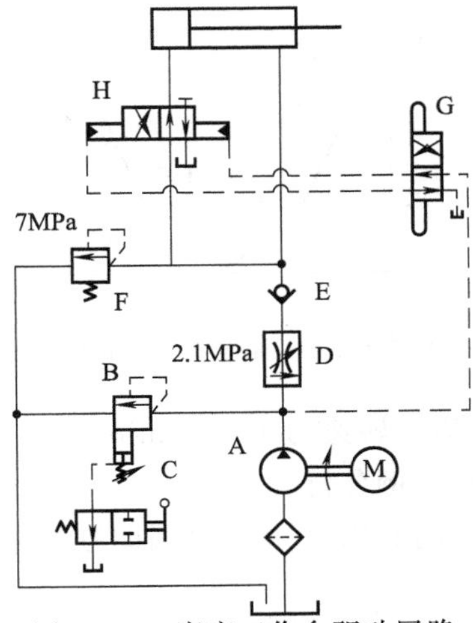

图4.2-2 磨床工作台驱动回路

手动换向阀一换向，溢流阀B即负载工作，泵A的输出流量通过调速阀D引向液压缸的两侧，缸杆外伸前进。此回路称为差动回路。

前进到规定位置时，凸轮操纵阀G使液动换向阀H切换，缸杆内缩后退。

调速阀D实现进口节流控制，多余流量从溢流阀B溢流。

1.2 油压机液压系统设计实例

讨论满足下列条件的600t油压机的回路。

（1）条件

① 主缸内径630mm，行程500mm；

② 两个辅助缸内径180mm，活塞杆直径125mm，行程500mm，其无杆侧不加压，连通油箱；

③ 自重为9t；

④ 工作压力为21MPa；

⑤ 循环（参见图4.2-3）如下：

高速下降、高速上升

$$v_1=v_3=110\mathrm{mm/s}$$

加压下降

输出力 $F=3\mathrm{MN}$ 时，$v_2=9.3\mathrm{mm/s}$

输出力 $F=6\mathrm{MN}$ 时，$v_2=4.7\mathrm{mm/s}$

⑥ 主泵为双向变量泵，电动机功率为

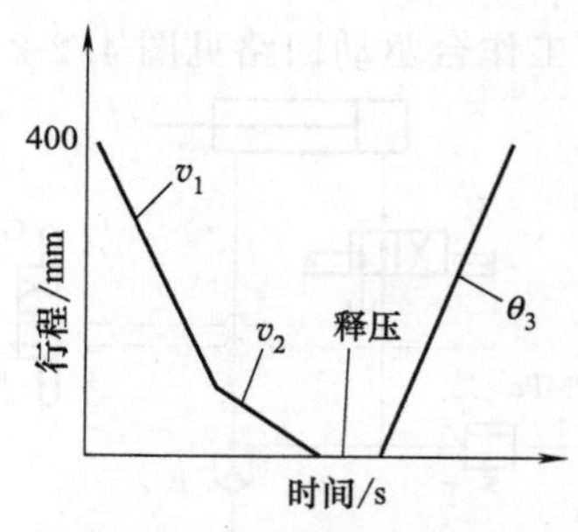

图 4.2-3　油压机工作循环

37kW，转速为 1450r/min。

(2) 实例分析

主缸的面积 A 及两个辅助缸的面积 B 分别为

$$A=\frac{\pi D_1{}^2}{4}=\frac{3.14\times 63^2}{4}=3117\ (\text{cm}^2)$$

$$B=\frac{\pi(D_2{}^2-d_2{}^2)}{4}\times 2$$

$$=\frac{3.14\times(18^2-12.5^2)}{4}\times 2$$

$$=264\ (\text{cm}^2)$$

高速下降时注入主缸的流量 q_1 和从辅助缸流出的流量 q_2 分别为

$$q_1=Av_1=2057\ (\text{L/min})$$

$$q_2=Bv_1=174\ (\text{L/min})$$

通过充液阀 G 的流量为 $q_1-q_2=1883$ (L/min)。

加压下降时的 q_1、q_2 为

$$q_1=88\sim174\ (\text{L/min})$$

$$q_2=7.5\sim15\ (\text{L/min})$$

上升时从主缸流出的流量 q_3 和流入辅助缸的流量 q_4 分别为

$$q_3=2057\ (\text{L/min})$$

$$q_4=174\ (\text{L/min})$$

经充液阀流回油箱的流量为 1883L/min。

此处假设 $\alpha=$(惯性力＋摩擦力)$/B=$ 1MPa，则上升时的压力 p_a 为

$$p_a=\frac{mg}{B}+\alpha=\frac{9000\times 9.81}{0.0264}+1\times 10^6$$

$$=4.4\ (\text{MPa})$$

假设 $\Delta p=$调压差值＋余量$=1.62+1=2.6$ (MPa)，则平衡阀 E 的设定压力 p_R 为

$$p_R=p_a+\Delta p=4.4+2.6=7\ (\text{MPa})$$

根据加压时的输出力 $F=3\sim6$MN，所需压力 p_b 为

$$p_b=\frac{F}{A}=19.2\ (\text{MPa})\ (v_2=4.7\text{mm/s})$$

$$p_b=9.6\text{MPa}\ (v_2=9.3\text{mm/s})$$

主溢流阀设定压力为 $p_R=21$MPa。

由于 $n_P=1450$r/min，$\eta_V=0.95$，因此主泵排量为

$$Q=\frac{174}{1.45\times 0.95}=126\ (\text{mL/r})$$

因此，双流向变量泵的排量应不小于 126mL/r，但下降方向带压力补偿控制装置。

油压机液压回路见图 4.2-4。

为了控制双流向泵 A 的输出流量，伺服压力 p_s、控制压力 p_i 以及充液阀 G 和平衡阀 E 动作的控制压力是必要的。作为它们的动力源，图中使用双联定量泵。

① 高速下降　泵 A 切换成使柱塞下降时，从辅助缸流出的液压油经过已经卸荷的平衡阀 E 流入泵 A 吸油回路，流进主缸的液压油仅靠泵的输出流量是不够的，所以经过充液阀从油箱补充。下降速度取决于辅助缸面积 B 和泵的吸入流量，自重靠泵支承同时下降。

② 加压下降　在接触工件之前根据行程开关的信号进入加压下降状态。自重由平衡阀支承同时下降。加压速度取决于泵的输出流量和主缸面积 A，但接触工件而进入加工状态时，泵的压力补偿控制装置工作，所以速度随负载而变化。此时，泵吸入量的不足部分通过单向阀 H 从油箱补充。

③ 释压、上升　根据压力继电器 I 的信号进入释压过程。节流阀 D 用来调节释压速度。释压结束后进入上升行程，靠上限行程开关使缸停止。上升时油液的流动方向与高速下降时相反。

注意，如果在释压过程中输入上升指令，能产生冲击。

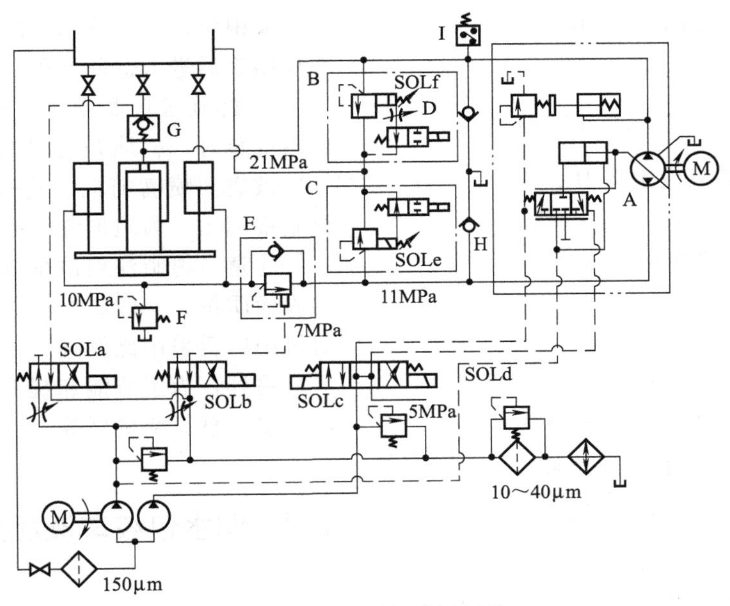

图 4.2-4 油压机液压回路

如果存在下降开始时平衡阀 E 的响应迟钝、高速下降时的急停及加压下降时的平衡阀故障等，辅助缸的有杆腔会产生高压，所以设置安全阀 F。另外，如果阀 E 响应迟钝，则缸开始动作时可能失速。

有时为了进一步确保安全，增设防止下落的液控单向阀。

1.3 注塑机液压系统设计实例

讨论满足下列条件的 50t 注塑机的回路。

(1) 条件

① 合模缸内径 $D_1=224\text{mm}$，活塞杆直径 $D_2=190\text{mm}$，快进缸直径 $D_3=100\text{mm}$，行程 400mm，合模力 $F=500\text{kN}$，高速顶出速度 $v_1=125\text{mm/s}$，低速顶出速度 $v_2=25\text{mm/s}$，内缩速度 $v_3=80\text{mm/s}$；

② 注射缸内径 100mm，活塞杆直径 80mm，顶出力 $F=30\sim100\text{kN}$，顶出速度 $v_4=0\sim125\text{mm/s}$；

③ 令各执行器单独动作，压力为 14～15MPa；

④ 其他执行器省略。

(2) 实例分析

合模缸的各部分面积 A_1、A_2、A_3 为

$$A_1=315.5\text{cm}^2$$

$$A_2=78.5\text{cm}^2$$

$$A_3=110.6\text{cm}^2$$

根据合模力 $F=500\text{kN}$，可得出所需压力 p_a 为

$$p_a=\frac{F}{A_1+A_2}=12.7\ (\text{MPa})$$

根据合模缸的速度 v_1、v_2、v_3，可得出所需流量分别为

$$q_1=v_1A_2=58.9\text{L/min}$$

$$q_2=v_2(A_1+A_2)=59.1\text{L/min}$$

$$q_3=v_3A_3=53.1\text{L/min}$$

注射缸无杆侧面积 A 为

$$A=78.5\text{cm}^2$$

根据注射缸顶出力 $F=30\sim100\text{kN}$ 可得所需压力为

$$p_b=3.8\sim12.7\text{MPa}$$

另外，根据顶出速度 $v_4=0\sim125\text{mm/s}$ 可得所需流量 q_4 为

$$q_4=0\sim58.9\text{L/min}$$

取 10%的余量，则泵的输出流量 q 为

$$q=59\times1.1=64.9\ (\text{L/min})$$

取 $n=1450\text{r/min}$，$\eta_V=0.95$，则泵的排量 Q 为：

$$Q=n\frac{q}{\eta_V}=47.1\ (\text{mL/r})$$

取溢流阀的最高设定压力 p 为

$$p=12.7+\Delta p=15\ (\text{MPa})$$

令 $\eta_P=0.8$，则泵的输入功率 P_r 为

$$P_r=\frac{15\times64.9}{60\times0.8}=20.3\ (\text{kW})$$

因此，选用 22kW 的电动机。

注塑机液压回路见图 4.2-5。

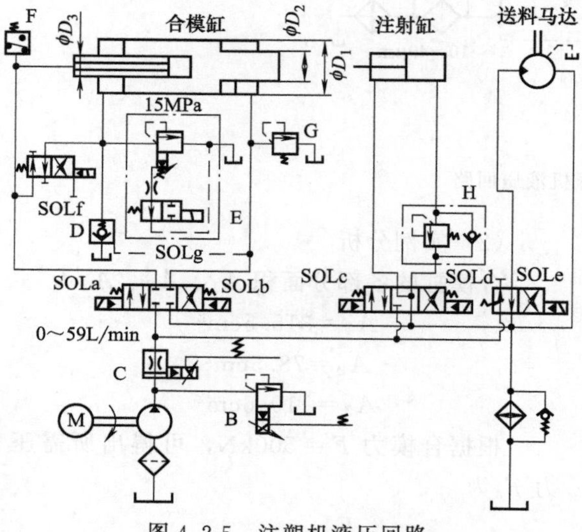

图 4.2-5　注塑机液压回路

用比例电磁式溢流阀 B 和比例电磁式调速阀 C 来控制各行程的压力和流量。

① 合模缸高速顶出　SOLa 通电，进入高速顶出行程。此时液压油从油箱经过充液阀 D 引入液压缸 A_1 腔。

② 合模缸低速顶出　根据行程开关的信号使 SOLf 和 SOLg 通电，进入低速顶出行程。接触模具后主管路压力升高，压力继电器 F 动作，使 SOLa 断电，换向阀复中位。此时合模缸 A_1、A_2 腔内保持 15MPa 左右的压力。

③ 注射缸推出　SOLd 通电时注射缸动作，向模具内注射液态树脂。注射完毕后树脂固化到一定程度之前保压。保压时间由定时器设定。

④ 释压、合模缸退回　保压完毕后，换向阀复中位，同时 SOLg 断电，合模缸释压。释压结束后进入退回行程。

⑤ 螺旋送料器驱动　SOLe 通电螺旋送料器旋转时，树脂被送进加热筒，一边熔化一边被送到喷嘴前端。此时注射缸被熔化的树脂推回去。为施加背压而设置平衡阀 H。

注意，树脂注射缸的速度误差影响制品的表面质量，一般应在±5%以内。为此，注射机中广泛采用比例阀。

另外，为了节能和提高性能而使用蓄能器、多联泵、变量泵等。

1.4　钢水包绞车液压系统设计实例

讨论满足下列条件的钢水包绞车的回路。

(1) 条件

① 滚筒直径 $D_1=450\text{mm}$，钢丝绳直径 $d=18\text{mm}$；

② 钢水包质量 1t，负载质量 2t；

③ 下放时无载状态下的速度 $v_2=50\text{m/min}$，卷扬时负载 3t 状态下的速度 $v_1=25\text{m/min}$；

④ 一根钢丝绳，卷两层；

⑤ 液压马达是双速变量马达，液压泵是定量泵；

⑥ 滚筒制动器的送闸压力为 1.5MPa，主压力取为 21MPa。

(2) 实例分析

卷绕两层后的有效直径 D 为

$$D\approx D_1+3d=450+3\times18=504\ (\text{mm})$$

卷扬时的钢丝绳张力 F_1 及辊筒轴力矩 T_1 为

$$F_1=(m_1+m_2)g$$

$$=(1000+2000)\times9.8=29.4\ (\text{kN})$$

$$T_1=\frac{F_1D}{2\eta_m}=\frac{29.4\times504}{2\times0.97}=7643\ (\text{N}\cdot\text{m})$$

式中　$\eta_m=0.97$ 是液压泵的机械效率。另外，根据卷扬速度 $v_1=25\text{m/min}$，滚筒轴转速 n_1 为

$$n_1=\frac{2v_1}{D}=504=99.2\ (\text{rad/min})$$

$=15.8\ (\text{r/min})$

下放时的钢丝绳 F_2 及辊筒轴力矩 T_2 为

$$F_2=m_1g=9.8\ (\text{kN})$$

$$T_2=\frac{F_2D\eta_m}{2}=\frac{9.8\times504\times0.97}{2}$$

$$=2400\ (\text{N}\cdot\text{m})$$

另外，根据下放速度 $v_2=50\text{m/min}$，滚筒轴转速为 $n_2=31.6\text{m/min}$。

令双速变量马达的排量为

$$Q_1=2.8\text{L/r}$$

$$Q_2=1.4\text{L/r}$$

卷扬时（Q_1）所需压力 p_a 和流量 q_a 为

$$p_a=\frac{2\pi T_1}{Q_1\eta_M}=\frac{2\pi\times7643}{0.0028\times0.92}$$

$$=18.6\ (\text{MPa})$$

$$q_a=\frac{Q_1n_1}{\eta_V}=\frac{0.0028\times15.8}{0.95}$$

$$=46.6\ (\text{L/min})$$

式中 $\eta_M=0.92$ 是液压马达的机械效率，$\eta_V=0.95$ 是液压马达的容积效率。

下放时（Q_2）的制动压力 p_b 和流量 q_b 为

$$p_b=\frac{2\pi T_2\eta_M}{Q_2}=\frac{2\pi\times2400\times0.92}{0.0014}$$

$$=9.9\ (\text{MPa})$$

$$q_b=q_2n_2\eta_V$$

$$=0.0014\times31.16\times0.95$$

$$=42\ (\text{L/min})$$

综上所述，溢流阀的设定压力 $p=21\text{MPa}$，泵的排量≥$34\text{cm}^3/\text{r}$，电动机的功率为22kW，转速为1450r/min。

钢水包绞车液压回路见图4.2-6。

双速马达的排量切换由电磁阀E实现，利用马达自己的压力作控制压力。为防止下放时失速，使用外控式平衡阀。另外，为了保证滚筒制动器的松闸压力而设置了顺序阀C，设定成2MPa。

① 卷扬 SOLb和SOLc通电，电液换向阀及电磁阀换向。滚筒制动器松闸后，液压马达（$q_1=2.8\text{L/r}$）沿卷扬方向旋转。

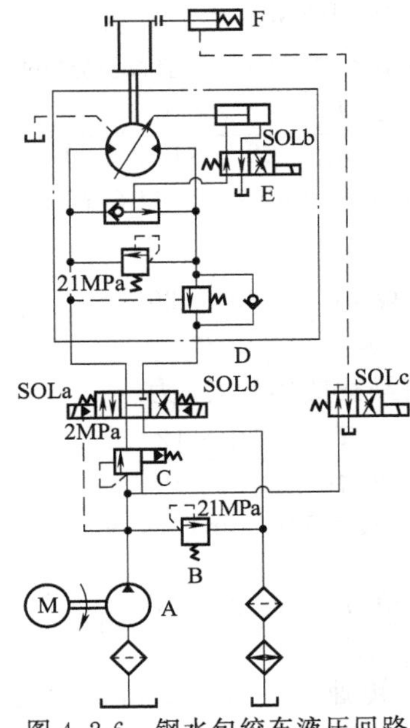

图4.2-6 钢水包绞车液压回路

② 下放 SOLa、SOLc和SOLd通电，负载由平衡阀支承的同时快速下放。此时液压马达的排量 $q_2=1.4\text{L/r}$。

由于使用双速马达，泵的容量和阀的通径都可以选得小些。

注意，如果滚筒制动器松闸时间过早，开始下放时，负载要少许下落。

1.5 挖掘机液压系统设计实例

讨论满足下列条件的挖掘机回路。

（1）条件

① 与左右履带链轮直接连接的行走马达的输出扭矩 $T_t=30\text{kN}\cdot\text{m}$，转速 $n_t=0\sim20\text{r/min}$；

② 回转马达的输出扭矩 $T_s=12\text{kN}\cdot\text{m}$，转速 $n_s=50\text{r/min}$；

③ 发动机功率为 $L_o=100$ 马力，转速为 $n=2000\text{r/min}$；

④ 使用两台变量泵；

⑤ 用手动操作来控制各个执行器；

⑥ 压力为25MPa左右。

(2) 实例分析

如令 $p_a = 22.5\text{MPa}$，则行走马达的排量 Q_t 为

$$Q_t = \frac{2\pi T_t}{p_a \eta_m} = \frac{2\pi \times 30}{22.5 \times 0.9} = 9308\ (\text{mL/r})$$

根据 $n_t = 20\text{r/min}$，每台行走马达所需流量 q_t 为

$$q_t = \frac{Q_t n_t}{\eta_V} = \frac{9.308 \times 20}{0.95} = 196\ (\text{L/min})$$

回转马达的排量 Q_s 为

$$Q_s = \frac{2\pi T_s}{p_a \eta_m} = \frac{2\pi \times 12}{22.5 \times 0.9} = 3723\text{m}\ (\text{L/r})$$

根据 $n_s = 50\text{r/min}$，回转马达所需流量 q_s 为

$$q_s = \frac{Q_s n_s}{\eta_V} = \frac{3.732 \times 50}{0.95} = 196\ (\text{L/min})$$

根据转速 $n = 2000\text{r/min}$ 和容积效率 $\eta_V = 0.95$，泵的排量 Q 为

$$Q = \frac{q}{n\eta_V} = \frac{196}{2000 \times 0.95} = 103\ (\text{mL/r})$$

令溢流阀的设定压力为 $p = 22.5 + \Delta p = 25\text{MPa}$，令泵的总效率为 $\eta_P = 0.85$，泵的拐点功率为

$$P = \frac{pq}{\eta_P} = \frac{25 \times 196}{0.85} = 131\ (\text{马力})$$

每台泵的输入功率为 100 马力/2＝50 马力，所以为了防止发动机堵转而使用带压力补偿装置的变量泵。

挖掘机液压回路见图 4.2-7。

液压挖掘机有左右行走马达、回转马达、动臂缸、斗柄缸、翻斗缸六个执行器，用六联多路换向阀来控制它们。由于采用并联回路，所以不用说单独操作，就连同时操作也是可能的。在这种情况下，负载轻的液压缸动作快，所以适当调节各个阀芯的开度才能实现同时动作。

① 行走马达中装有制动阀和机械制动器。制动阀由防止坡道上失速的平衡阀和防止停止时冲击的交叉溢流阀组成。机械制动器的扭矩为行走马达输出扭矩的 60%左右，松闸用的控制压力由梭阀进行高压选择。

② 回转马达中装有交叉溢流阀和防止回转制动时的汽蚀用的单向阀。回转体的平衡由换向阀的出口节流控制来实现。

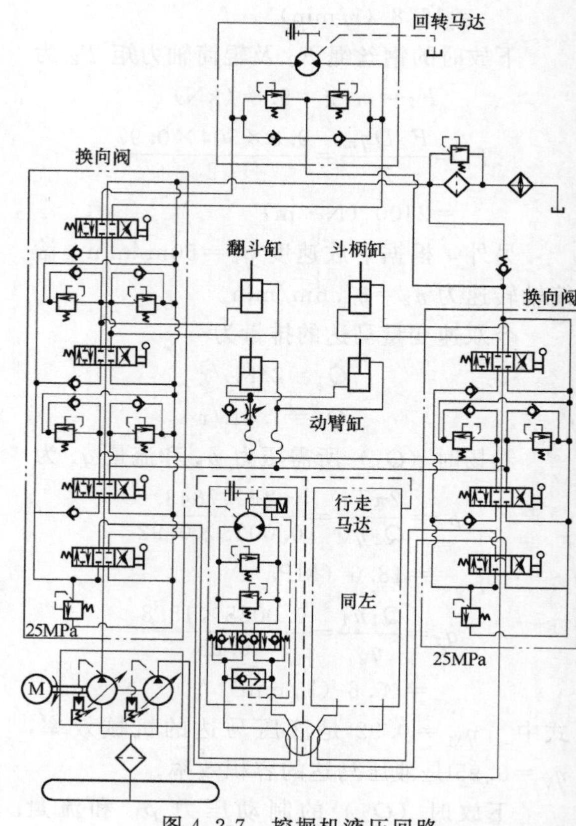

图 4.2-7　挖掘机液压回路

③ 动臂回路一般采用两台泵合流回路。

④ 在动臂、斗柄、翻斗用换向阀的油口之间装有带防汽蚀单向阀的溢流阀。另外，平衡作用由单向节流阀或者由换向阀的出口节流控制来实现。

⑤ 在动臂、斗柄、翻斗及回转用换向阀中装有保持用单向阀，防止同时操作时的逆流。

此外，用遥控阀来控制六个换向阀及变量泵的挖掘机多起来。已开发出有效利用发动机输出功率的泵控制系统。有的挖掘机采用回转优先回路，在斗柄和回转同时操作时使回转优先，以便同时操作能平稳进行。

由于车辆质量的限制，油箱容量不可能加大。一般来说，泵输出流量为 50L/min 的挖掘机，油箱容量约为 250L。

管内流速一般取成 7～10m/s。

2 液压系统应用实例

2.1 开放式造型线的插装阀液压系统

（1）造型线功能结构

开放式造型生产线是铸造生产中一种常用的布线形式。各线之间的铸型转移，多采用电动过渡车及液压缸驱动完成。图 4.2-8 所示为造型线的结构布局形式。工艺流程要求将 A 线砂型转至 B 线或者 C 线，需液压缸推动全线载砂型小车移动一个小车距，使与缓冲液压缸接触的第一节小车移至电动过渡车上，平移到 B 线或 C 线，组成 AB、AC 循环，完成砂型过渡。并要求推进过程中缓冲液压缸被动后退，且具有一定背压，以克服推进时产生的惯性运动，使小车稳移至过渡车上，以免碰撞引起砂型损坏。因造型线两端工作距离较远，所以设置两个液压泵站（简称泵站），各控制三个液压缸的动作，以避免一个泵站因管路压力损失较大而增加动力损耗。液压缸的动作则通过无触点开关由微机集中控制。

（2）液压控制系统及其工作原理

图 4.2-9 所示为 1 号泵站采用插装阀的液压控制系统原理图（2 号泵站与此相同）。系统的油源为变量液压泵 4，其最高压力由溢流阀 1 设定并由压力表及其开关 5 观测，二位四通电磁换向阀 V_1 控制液压泵的卸荷。系统的执行器为 A 线的缓冲液压缸 A_H 和 B、C 线的推进液压缸 B_T、C_T。液压缸 A_H、B_T、C_T 的进退动作方向由三位四通电磁换向阀 V_2～V_4 控制，滑阀的 P 型中位机能可保证控制回路关闭主阀进出油路。主油路插装阀的回油腔装有流量调节控制盖板，以控制液压缸排油腔的流量。

阀 V_5 和 V_6 为缸 A_H 的缓冲控制阀。缸 A_H 被动后退时，为防止活塞杆腔排空，活塞腔的油液可经缓冲腔控制回路补充到活塞杆腔，多余油液通过调节流量机能插装阀返回油箱。溢流阀 2 用以调节缓冲回路压力。因缓冲回路与主油路并联，为防止相互影响，利用梭阀 7 作为缓冲回路主阀的控制元件，保证主油路工作时缓冲油路处在关闭状态。利用阀 V_5 和 V_6，溢流阀 2 可单独设定缓冲回路的保护压力，使各系统能够独立工作，互不影响。系统工作时，只要三位四通电磁换向阀 V_2～V_4 中任一个通电，阀 V_1 将通电，关闭卸荷回路，使系统建立压力。否则为卸荷状态，使液压泵低压卸荷。

（3）技术特点

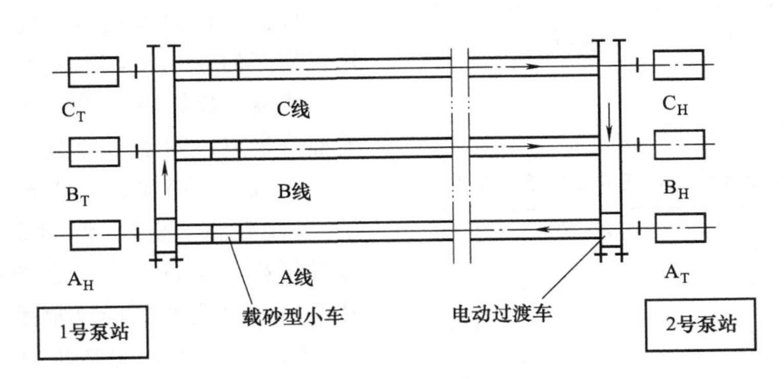

图 4.2-8 造型生产线布局

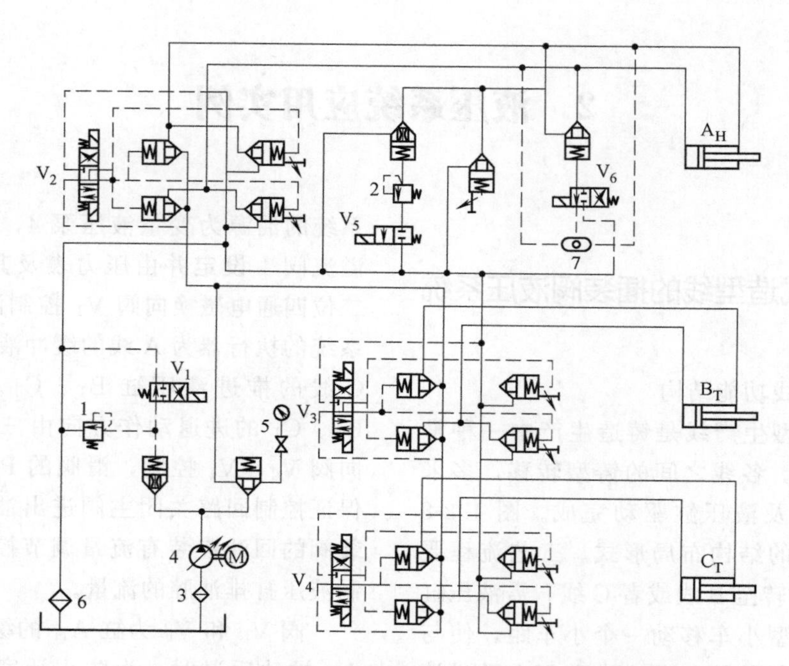

图 4.2-9 开放式造型线的插装阀液压控制系统原理图

1,2—溢流阀；3,6—过滤器；4—变量液压泵；5—压力表及其开关；7—梭阀

① 该造型线液压系统采用单定量泵供油、插装阀控制，结构简单、性能可靠、流动阻力小、通过能力大、泄漏少、动作速度快、冲击小、噪声低、控制方便灵活、易于集成，虽使用在较恶劣的铸造生产环境中，但效果良好。

② 可利用较小的控制阀控制大流量主回路工作，控制电流小，有利于系统的程序控制。

③ 系统设有卸荷回路，有利于减小等待期间的无功损耗和油液发热。

④ 通过梭阀和缓冲阀，可单独设定缓冲回路的保护压力，多执行器间能够独立工作，互不干扰。

(4) 技术参数（见表 4.2-1）

表 4.2-1 生产线及其液压系统的主要技术参数

项　目		参　数	单位
生产线	小车节数	36×2+2=110	节
	小车节距	1500	mm
	小车台面有效尺寸	1200×900	
液压系统	工作压力	2	MPa

2.2 液态模锻液压机系统

(1) 主机的功能结构

液态模锻是一种少切削或无切削的精密成型新工艺，它是把液态金属直接浇入金属模内，然后在一定时间内以一定的压力作用于熔融或半熔融的金属液上，使之成型，并在此压力下结晶和塑性流动，从而获得所需毛坯或零件。此工艺具有产品质量优良、节能、环保及价廉等优点。现介绍用于摩托车轮毂生产的3150kN液态模锻液压机。

该液态模锻液压机由主机及控制机构两大部分组成，图 4.2-10 所示为该机结构示意图。主机由上横梁、工作台、滑块（活动横梁）、立柱（4根）、调整螺母、锁紧螺母、打料机构、主液压缸、顶出液压缸等组成，机器精度由调整螺母及紧固于上横梁上端的锁紧螺母来调整。滑块依靠4根立柱导向实现上下运动。打料机构由打料杆、导套、弹

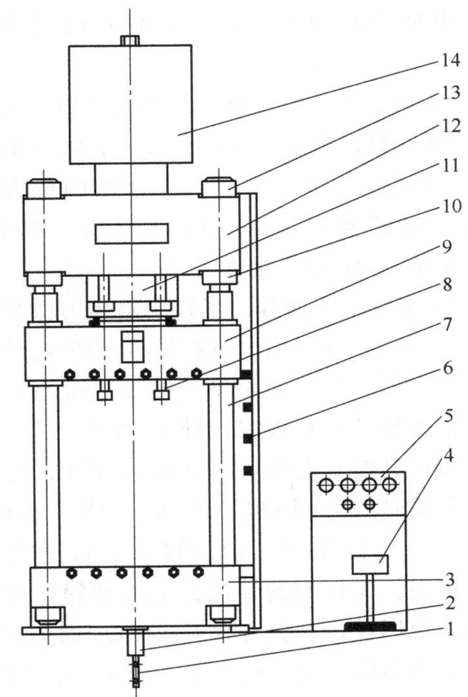

图 4.2-10　液态模锻液压机结构示意图

1—顶出缸控制机构；2—顶出液压缸；3—工作台；4—按钮站；5—液压站；6—滑块控制机构；7—立柱；8—打料机构；9—滑块；10—调整螺母；11—主液压缸；12—上横梁；13—锁紧螺母；14—充液系统

簧等组成，打料杆打料后靠弹簧力自动复位，打料最大行程 160mm。

主缸 11 安装在上横梁 12 的中心孔内，主缸尾部装有充液阀，充液阀用于主缸上腔的充液、排油和保压。顶出缸 2 安装在工作台内，并在工作台中心大孔镶套铣槽，加防转连杆防转。

控制机构包括液压站及电气控制系统。

(2) 液压系统及其工作原理

图 4.2-11 所示为该机的液压系统原理图。系统的油源为三个变量液压泵 40、41、42，执行器为主液压缸 34 和顶出液压缸 35，系统采用多个插装阀控制，远程调压溢流阀 2、5 和溢流阀 7 及其相接的二位四通电磁换向阀和二位二通电磁换向阀分别用于设定泵 40、41 和 42 的压力及泵的卸荷控制。带释压阀芯的液控单向阀 32 用于主缸 34 快速下行时从高架油箱 33 充液，插装阀 18 用于调节主缸的快速下行速度，溢流阀 20 作背压阀使用；单向节流阀 26 用于顶出缸 35 的进油节流调速；主缸带动滑块保压的发信装置为

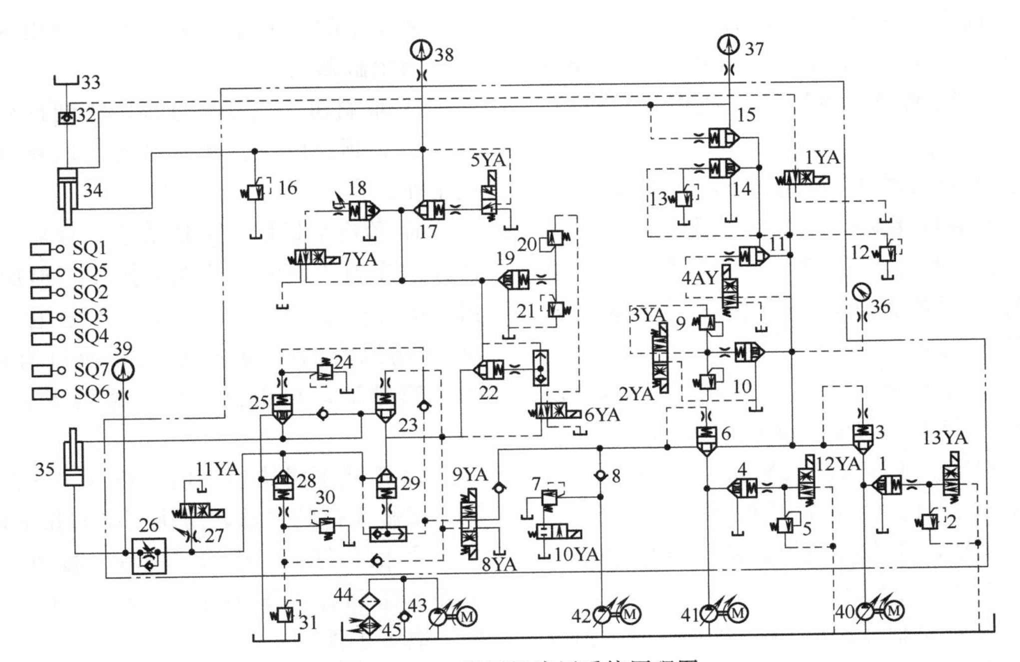

图 4.2-11　液压机液压系统原理图

1,3,4,6,11,14,15,17～19,22,23,25,28,29—插装阀；2,5,7,9,10,12,13,16,20,21,24,30,31—溢流阀；8—单向阀；26,27—调速阀；32—液控单向阀；33—高架油箱；34—主液压缸；35—顶出液压缸；36～39—电接点压力表；40～42—变量液压泵；43—定量液压泵；44—过滤器；45—冷却器

电接点压力表37，顶出缸的保压发信装置为电接点压力表39，保压时间由电控系统的时间继电器控制，主缸释压通过阀32实现（释压时间由时间继电器控制），顶出缸通过节流阀27释压（释压时间通过节流阀27的开度调节）。主缸和顶出缸行程上布置有多个行程开关（SQ1～SQ7），与各电接点压力表配合，控制电磁换向阀的通断电，可以完成的工作循环及各工况的工作原理介绍如下。

① 主缸（滑块）快速下行　按压“下行”按钮，电磁铁2YA、4YA、5YA、7YA、12YA、13YA通电，泵40、41的压力油经阀11、15进入主缸无杆腔，阀17、18开启，主缸34及滑块在自重作用下快速下行，主缸无杆腔形成负压，吸开充液阀32，高架油箱向主缸无杆腔充液，主缸有杆腔的油液经阀17、18排回油箱。主缸的快速下行速度由插装阀18的开度决定。

② 主缸（滑块）慢速下行加压　当主缸及滑块快下碰到行程开关SQ2时，电磁铁7YA断电，阀18关闭，主缸及滑块在液压泵40、41供入主缸无杆腔的压力油作用下慢速下行并开始压制，主缸有杆腔的油液经阀17、19排回油箱。回油背压值由溢流阀20设定。

③ 主缸（滑块）保压延时　当主缸上腔压力升高到电接点压力表37上限的设定值时发信，使电磁铁全部断电，液压泵卸荷，主缸无杆腔开始保压，同时保压延时继电器SQ3开始计时。

④ 顶出缸顶出　当主缸保压3～5s（由可编程序控制器PLC设定时间），电磁铁2YA、8YA、10YA、12YA、13YA通电，液压泵40、41、42同时经阀29向顶出缸35无杆腔供油，顶出缸顶出，顶出速度由单向节流阀26的开度决定。

⑤ 顶出缸保压延时　当顶出压力达到电接点压力表39的上限设定值时发信，使电磁铁12YA、13YA断电，液压泵40、41卸荷，泵42继续供油，实现持续开泵保压，保压延时继电器SQ4开始计时并对保压时间进行控制。

⑥ 顶出缸释压　顶出缸保压完毕，时间继电器SQ4发信，电磁铁2YA、8YA、10YA断电，11YA通电，无杆腔的压力油经节流阀27排回油箱，顶出缸释压。释压时间由节流阀27的开度决定。

⑦ 主缸释压回程　当顶出缸压力泄到电接点压力表39的下限时发信，使电磁铁1YA、3YA、5YA、6YA、12YA通电，控制油液先推开充液阀32的释压阀芯，主缸释压，待压力泄至电接点压力表37下限后延时3s，电磁铁3YA断电，2YA、13YA通电，液压泵40、41的压力油经阀22、17进入主缸有杆腔，无杆腔的油流回充液油箱，主缸带动滑块回程，碰到行程开关SQ5时（SQ5为半自动回程设定，SQ5距上限位SQ1应大于190mm才不至于过早打料），SQ5发信，回程停止。

⑧ 顶出缸顶出　滑块回程停止后，电磁铁2YA、8YA、10YA、12YA、13YA通电，液压泵的压力油经阀29进入顶出缸无杆腔，顶出缸顶出。

⑨ 取料饼　当顶出过程中碰到行程开关SQ7时，顶出停止。此时可进行取料饼、清模工作。

⑩ 顶出缸退回　取饼清模结束后，将工作方式旋到“调整”位置，按压“退回”按钮，电磁铁2YA、9YA、12YA通电，液压泵41的压力油经阀23进入顶出缸有杆腔，无杆腔排油，顶出缸退回，碰到SQ6退回停止。

⑪ 滑块下降钩扣下模　按压“下行”按钮，主缸无杆腔进油，滑块下降勾扣下模。

⑫ 回程打料　按压“回程”按钮，滑块回程，碰到开关SQ1回程停止，打料杆打料，取下工件。

至此，一个工作循环结束。

（3）技术特点

① 本机工作压力、快速下行速度、滑块

行程、顶出力、顶出速度和顶出行程均可根据工艺需要进行调整，并且主缸和顶出缸均具有保压功能，保压时间可调，从而保证了制品质量，提高了成品率。

② 本机具有自动打料机构、顶出缸活塞杆防转机构、独立的油液冷却过滤装置和顶出活塞冷却装置。

③ 本机液压系统为插装阀系统，电气控制采用 PLC 控制技术，对成型周期中的每个阶段均能进行程序控制。可实现调整和半自动两种操作方式。液压系统中，顶出缸采用 10YCY14-1B 柱塞泵开泵保压，保证了保压精度及制件成型质量。

④ 液压系统采用多泵组合供油，有利于节能和减少系统发热。

⑤ 系统设有离线过滤冷却回路（定量泵 43、过滤器 44 和冷却器 45），可以控制系统的总污染度，提高了系统的安全可靠性。

(4) 技术参数（见表 4.2-2）

表 4.2-2 液态模锻液压机主要技术参数

项　　目		参　数	单　位
工作台有效尺寸		1260×1160	mm
开口高度		1450	
电动机总功率		49.5	kW
液压系统最高压力		25	MPa
公称出力	滑块	3150	kN
	顶出	1000	
行程	滑块	800	mm
	顶出	300	
滑块速度	空载下行	200	mm/s
	压制	8～30	
	回程	150	
顶出速度	顶出	20～80	
	退回	112	

2.3 大功率闪光焊机液压系统

(1) 主机功能结构

大功率闪光焊机用于汽车拖车轴及钢轨的对焊。该机采用液压传动来实现工件的夹持与送进控制；采用三相次级整流式的主电路，保证闪光过程的稳定并降低焊机容量和使三相电网负载平衡；采用以工控机为主体的微机控制系统控制焊接过程（包括焊接参数控制、记录及显示，焊接参数和曲线的记录）。

该机采用预热闪光焊的工艺，其流程为：焊前准备→闪平阶段→预热阶段→闪光阶段→顶锻阶段→热处理→焊接结束。其中闪光阶段和顶锻阶段最重要。

闪光阶段主要用于加热工件。在闪光过程中，动夹具的位移 S 与时间 t 的关系曲线（闪光曲线）$S=S(t)$ 对焊接质量的影响极大。为此，需要在闪光阶段对闪光曲线进行闭环控制，即通过不断地采集位移信号与给定的位移曲线相比较，从而控制动夹具的运动，使工件的位移曲线与给定的位移曲线相一致。工艺试验确定的车轴轴头的闪光焊的闪光曲线形如 $S=at^2/2$（a 为动夹具的加速度）。实际使用的闪光曲线如图 4.2-12 所示，预热阶段结束后，在闪光初期采用较小的送进速度 v_1，在闪光过程中通过加速最后达到所需的末速 v_2，中间加速过程的加速度为 a。为了实现上述动夹具的变速送进，液压系统采用电液比例方向控制阀（三位四通阀），通过微机给定一个输入信号，控制流过阀的液压油液的流量，从而达到控制闪光过程中工件送进速度的目的；通过改变给定信号的极性，改变工件运动的方向。

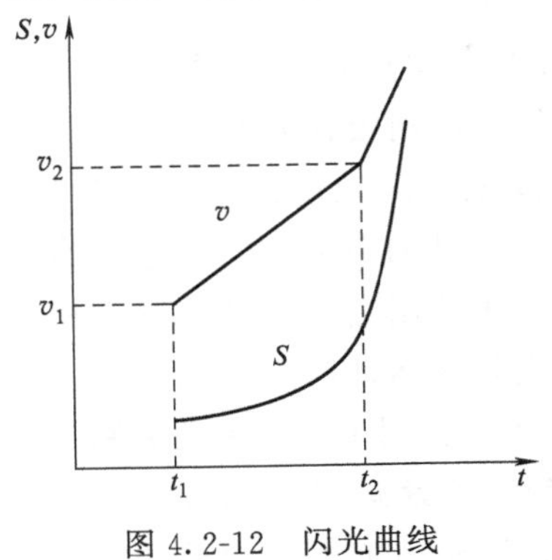

图 4.2-12 闪光曲线

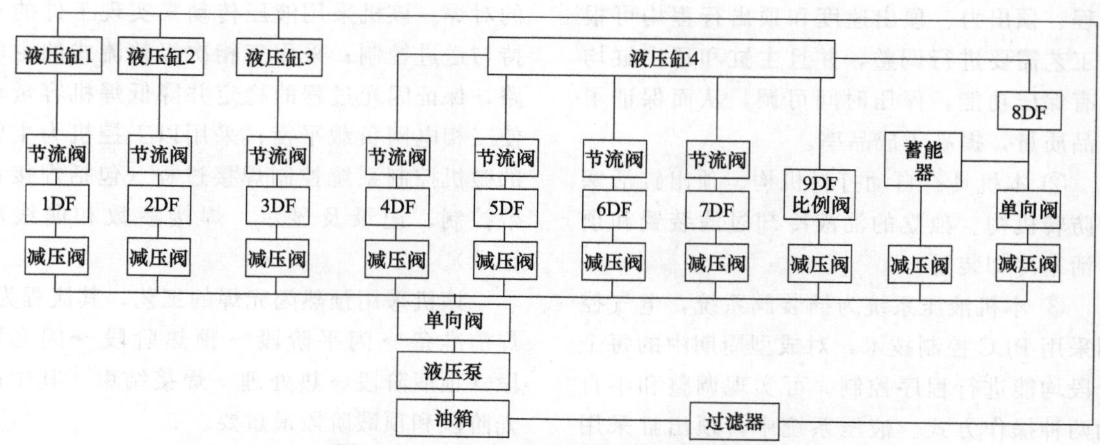

图 4.2-13　闪光焊机的液压系统原理框图

闪光过程结束后，应立即进入顶锻。为了防止氧化和有利于排除液体金属，必须尽可能减少封闭间隙的时间，因此要求瞬间有一个比闪光速度高出十几倍甚至几十倍的较大的顶锻速度。在一定范围内，顶锻速度越高，焊接接头的质量就越好；为了使接头产生塑性变形，还必须有足够的顶锻压力，所以对设备的要求很高。为了同时满足顶锻速度和压力的要求，该焊机采用了气囊式蓄能器（容量为 10L）。在蓄能器阀门未打开时，蓄能器内进行的是充压过程；在顶锻阶段开始时刻，蓄能器阀门打开，释放蓄能器中储备的液压油，使液压缸中流量达到最大，从而获得最大的顶锻速度和顶锻压力。蓄能器在储存能量的同时，还具有吸收和减少系统压力脉动的作用。

（2）液压系统及其工作原理

该闪光焊机的液压系统原理框图如图 4.2-13 所示。系统的执行器是 4 个液压缸，缸 1 用于带动挡板的升降，由电磁换向阀 1DF 控制，而挡板在升起时是置于被焊工件的尾端以抵抗闪光焊最后顶锻时的顶锻力；缸 2 为定夹具的夹紧缸，由电磁换向阀 2DF 控制，用于控制定夹具的夹紧与松开，以在焊接时夹紧不运动的工件；缸 3 由电磁换向阀 3DF 控制，用于动夹具的夹紧与松开，以在焊接时夹紧运动的工件；电磁换向阀 1DF、2DF 和 3DF 用于焊前调整，通过手动控制。液压缸 4 用于控制焊接全过程中不同阶段动夹具的运动方向与运动速度，其控制最为复杂和重要，是控制焊接质量的关键。缸 4 由 4DF～9DF 共 6 个电磁阀控制：4DF 用于焊接过程中闪平送进；5DF 用于预热送进；6DF 用于闪平和预热的后退；9DF 为比例阀，在闪光烧化过程中控制动夹具的匀速及加速送进，该阀可以同时控制液压油液的流向与流量；8DF 用于顶锻送进；7DF 用于动件返回（在焊接结束后使动夹具自动回到焊接起始位置）。

（3）焊接过程的微机控制

图 4.2-14 所示为焊接过程的微机控制原理框图，其主要功能是在焊接过程中根据工艺要求，在不同的时刻控制液压系统各液压阀的通断，从而实现焊接全过程所要求的工艺曲线。

在控制系统中，采用 I/O 输出继电器的常开触点控制闪平、预热及顶锻阶段电磁阀

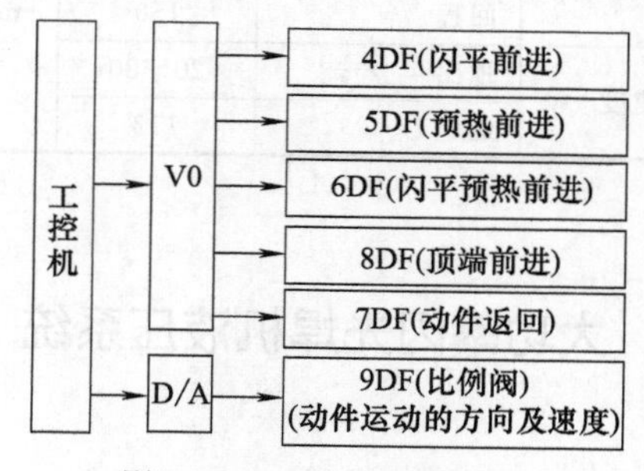

图 4.2-14　焊接过程微机控制原理框图

的动作，从而控制这些阶段中工件的送进与后退。由于计算机的输出信号为弱信号，而需要控制的电磁阀中却是 220V 的强电信号，因此在两者之间，采用固态继电器作为中间驱动。这样既能克服强电对弱电的干扰，又能可靠地控制电磁阀动作。在液压系统的控制过程中，位移控制方式非常重要。在闪平、闪光和顶锻阶段，都是通过位移量的检测实现过程的转换。特别是闪光阶段，通过控制位移量来实现闪光速度从初速不断加速至末速。由于系统要求的位移量较大（达几十毫米），且要求较高的线性度和精度，所以采用差动变压器式位移传感器（LDVT），以利用其行程长、线性度好、精度高及无摩擦测量机械寿命长等优点。

（4）技术特点

① 该机的液压系统为电液比例控制系统，用以实现机器的预热和闪光焊的全过程高精度位置控制；工控机闭环控制电液比例阀的运动，保证了闪光过程的精度和稳定。

② 采用三相次级整流式的主电路，保证闪光过程的稳定并降低焊机容量和使三相电网负载平衡；采用以工控机为主体的微机控制系统控制焊接过程，可实现焊接参数控制、记录及显示，焊接参数和曲线的记录等。

（5）技术参数（见表 4.2-3）

表 4.2-3　闪光焊机的部分技术参数

项　　目	参　数	单　位
焊接功率	500	kW
焊接面积	7000	mm^2
夹持力	400	kN
顶锻力		
顶锻速度	65	mm/s
电液比例方向控制阀(三位四通阀)	4WRE6E16-1X 型	

2.4　曲轴感应淬火机床液压系统

（1）主机功能结构

本机床为高频感应淬火机床，主要用于四型摩托车曲轴的表面感应淬火。针对设备原液压系统工进速度的稳定性和可控性差及继电接触式电控系统可靠性差、故障率高的缺陷，改进设计了液压系统，并将继电接触式电控系统改为可编程序控制器（PLC）的电控系统。

（2）液压系统及其工作原理

图 4.2-15 所示为该机床的液压系统原理图。系统的油源为限压式单向变量液压泵 3；执行器为用于驱动淬火工件的进给和旋转的液压缸 12 和双向定量液压马达 13。液压缸 12 及工件的升降和液压马达 13 的旋转方向变换分别由三位四通电磁换向阀 10 和 9 控制。工件的升降运动采用回油节流调速方式，由电液比例调速阀 7 和精密调速阀 14 控制液压缸 12 的升降速度，液压马达 13 带动工件的旋转运动由节流阀 6 进行进油节流调速。液控单向阀 11 用于锁定立置液压缸 12 的位置。

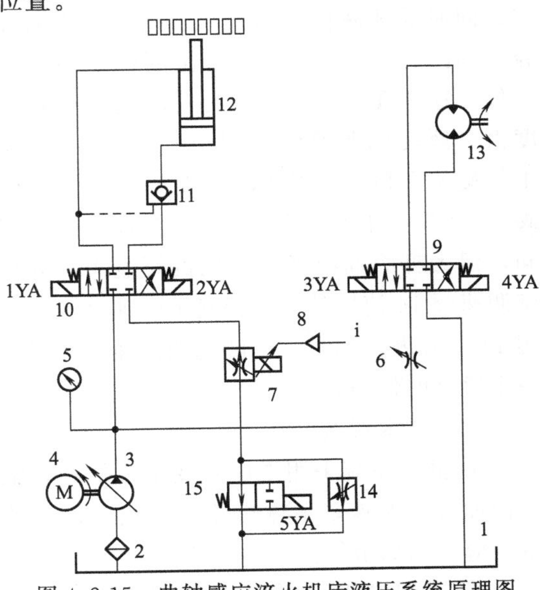

图 4.2-15　曲轴感应淬火机床液压系统原理图

1—油箱；2—过滤器；3—限压式变量液压泵；4—电动机；5—压力表；6—节流阀；7—电液比例调速阀；8—比例控制器；9,10—三位四通电磁换向阀；11—液控单向阀；12—液压缸；13—双向定量液压马达；14—精密调速阀；15—二位二通电磁换向阀

表 4.2-4　曲轴感应淬火机床及其液压系统的部分技术参数

项目			参数	单位
可加工工件	长度		21～71	mm
	直径		14～25	
	硬度		18～65	HRC
	淬硬深度		0.7～2.7	mm
液压系统	限压式变量液压泵最大流量		35	L/min
	液压缸	缸筒内径	63	mm
		活塞杆直径	45	
		最大下降速度	382	mm/s
		进给速度	3～30	
		最大上升速度	187	
	液压马达	转速	10～300	r/min
	电液比例调速阀（YA-BQ-G16 型）	额定流量	63	L/min
		最小稳定流量	6.3	
		最大流量	1.2	
		流量稳定范围	±0.024	

液压缸 12 带动工件快速下降时，电磁铁 1YA 通电使换向阀 10 切换至左位，液压泵 3 的压力油经阀 10 进入液压缸 12 的有杆腔，同时导通液控单向阀 11，缸 12 的无杆腔回油经阀 11、10 及电液比例调速阀 7 和二位二通电磁换向阀 15 流入油箱，下降速度由电液比例调速阀控制；液压缸 12 带动工件慢速下降时，电磁铁 5YA 通电使换向阀 15 切换至右位，液压缸的进油路与上相同，但无杆腔油液经电液比例调速阀 7 和精密调速阀 14 流回油箱，慢速下降速度取决于阀 14 的开度。此时，电液比例调速阀 7 仅起一个通路的作用。

（3）技术特点

① 液压系统采用限压式变量泵供油，配以回油节流调速，泵输出流量与负载需求流量适应，因而节能。

② 采用电液比例调速阀和 PLC 控制，可以远距离、连续按比例地控制液压系统的速度，并且可以减少或避免速度转换的冲击；简化了系统结构，减少了元件数量，拓宽了调速范围并扩大了加工程序；提高了机床的自动化程度。

（4）技术参数（见表 4.2-4）

2.5　农用车发动机连杆销压装机液压系统

（1）主机功能结构

机器零件的装配过程中，常常具有轴套类零件的压装工序。压装工序常常安排在装配流水线之间。为了适应装配流水线高速、高效的工序节拍，通常要求压装液压机具有高速（一般可达 10m/min）、轻压装力（一般在 10～50kN）和节能可靠的性能，而普通液压机虽具有通用性，但其速度和效率往往不能满足要求。本液压机主要用于农用车发动机装配流水线连杆销的压装工作，通过采用定量泵供油的增速缸液压系统，达到了上述要求，在生产中取得了满意的效果。

（2）液压系统及其工作原理

图 4.2-16 所示为连杆销压装液压机液压系统的原理图。系统的执行器为增速液压缸 13，该缸由大缸（活塞缸）和小缸（柱塞缸）复合而成（柱塞与大缸的缸盖固接），大缸的活塞杆兼作小缸的缸筒，从而形成三个作用

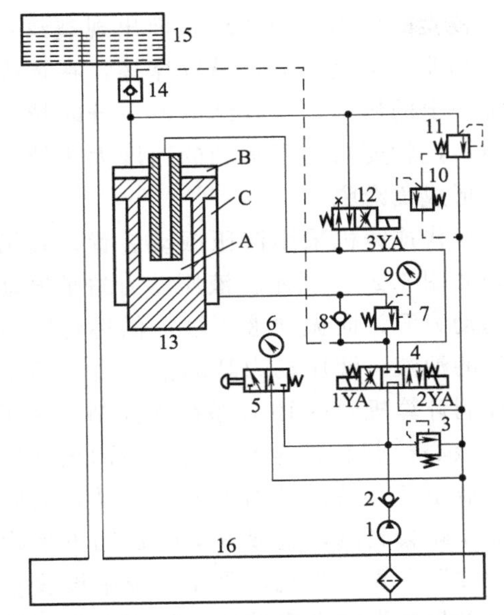

图 4.2-16 压装液压机液压系统原理图

1—定量液压泵；2,8—单向阀；3—溢流阀；4—三位四通电磁换向阀；5—二位三通手动换向阀；6,9—压力表；7—背压溢流阀；10—远程调压溢流阀；11—先导式溢流阀；12—二位四通电磁换向阀；13—增速液压缸；14—液控单向阀；15—副油箱；16—主油箱

面积不同的油腔 A、B 和 C。在同样输入流量情况下，通过改变增速缸的工作腔，即可使增速缸及其驱动的工作机构（压头）得到不同的工作速度，所以系统采用定量液压泵 1 供油。溢流阀 3 用以限定系统的最高工作压力，起安全保护作用。

液压系统完成的工作循环如图 4.2-17 所示。液压缸带动压头的下行和上升由三位四通电磁换向阀 4 控制，液压泵还可通过阀 4 的 M 型中位机能实现卸荷；系统采用开泵保压方式（保压压力可由先导式溢流阀 11 遥控

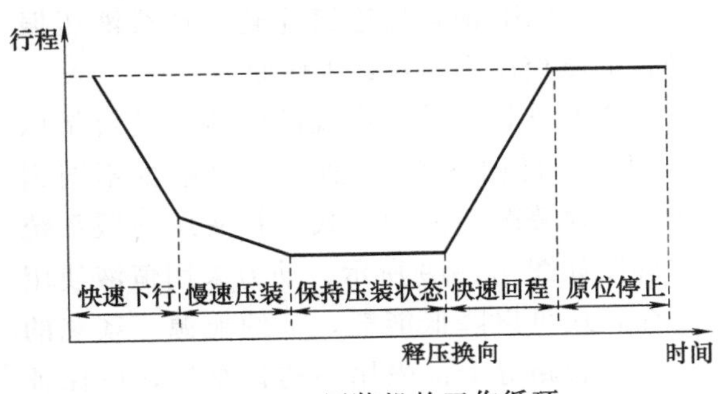

图 4.2-17 压装机的工作循环

口连接的溢流阀 10 作远程调压）；释压通过带卸载阀芯的液控单向阀 14 实现；溢流阀 7 起背压作用。液压泵的供油压力可通过压力表开关 5 由压力表 6 观测，缸的背压力通过压力表 9 观测。

系统在各工况的油液流动路线如下。

① 快速下行（接近工件） 电磁铁 1YA 通电使换向阀 4 切换至左位，液压泵 1 的压力油经换向阀 4 进入增速缸 13 的 A 腔，由于此腔面积较小，所以活塞杆带动压头快速下行，接近工件，同时缸上方设置的副油箱 15 通过液控单向阀 14 向缸的 B 腔充液；缸 C 腔的油液克服溢流阀 7 的背压经阀 4 排回油箱。

② 慢速压装 当压头接近工件时，电磁铁 1YA、3YA 通电，换向阀 12 切换至右位，增速缸的 A、B 腔连通，液压泵的压力油同时进入缸的 A 腔和 B 腔，由于 A、B 腔的面积之和即为此时缸的有效作用面积（实质为缸的活塞面积，该面积最大），所以活塞杆带动压头慢速下行，对零件进行压装。缸 C 腔的回油与快速下行时相同。

③ 保压 当工件压到位后，液压泵继续向缸的 A 腔和 B 腔供油，系统保压，使工件保持压装状态，保压值由溢流阀 9 和 11 设定，保压过程中，缸中多余油液经阀 11 高压溢流回主油箱。

④ 释压和快速回程（上行） 保压结束后，电磁铁 1YA、3YA 断电，2YA 通电，阀 4 和阀 12 分别切换至右位和左位，液压泵 1 的压力油打开液控单向阀 14 对缸的保压腔释压，达到一定压力值后液压泵的压力油经阀 4 和阀 8 进入缸的 C 腔，带动压头快速上行，A 腔的油液直接经阀 4 排回主油箱 16，B 腔的油液经先导打开的液控单向阀 14 返回副油箱 15，多余的油液经副油箱的溢流腔流回主油箱。

⑤ 停止 压头返回原位后，电磁铁 2YA 断电，阀 4 复至中位，增速缸停止，液压泵卸荷，完成一个工作循环。

(3) 技术特点

① 采用增速缸带动压头工作，快速进退速度相同；采用定量泵油源，液压泵的流量按慢进速度确定（此流量也是缸的快进流量），与采用普通液压缸的系统相比，大大减小了液压泵的流量规格（见表 4.2-34）和驱动功率。三个油腔的面积按负载和快慢速比确定（增速缸的活塞直径按压装力和所选的液压系统压力确定；柱塞直径按快慢速比确定；活塞杆直径按快慢速进流量相同确定）。

② 取消了节流元件，系统运行时无过剩流量，故提高了容积效率；液压泵的工作压力始终跟随负载压力变化，且缸快速升、降时管路流速没有增大，除保压阶段，压力损失较小（忽略管路损失）。所以降低了系统运行中无功损耗和发热，收到了节能效果。

③ 快慢速变化通过增速缸在升降循环中的有效作用面积的变换获得，加上背压阀的作用，故速度转换时冲击和振动较小，工作平稳性较高。

（4）技术参数（见表 4.2-5）

表 4.2-5　连杆销压装液压机液压系统技术参数

<table>
<tr><th colspan="3">项　目</th><th>参数</th><th>单位</th></tr>
<tr><td rowspan="3">主机</td><td colspan="2">压装力</td><td>40</td><td>kN</td></tr>
<tr><td colspan="2">快速升、降速度</td><td>7.2</td><td rowspan="2">m/min</td></tr>
<tr><td colspan="2">压装速度</td><td>1.5</td></tr>
<tr><td rowspan="5">液压系统</td><td colspan="2">工作压力</td><td>7</td><td>MPa</td></tr>
<tr><td colspan="2">最大流量</td><td>9.6(普通缸时为 45.8)</td><td>L/min</td></tr>
<tr><td rowspan="3">液压缸</td><td>活塞直径</td><td>90</td><td rowspan="3">mm</td></tr>
<tr><td>活塞缸直径</td><td>80</td></tr>
<tr><td>柱塞直径</td><td>40</td></tr>
</table>

2.6 板坯连铸机液压振动台系统

（1）功能结构

在连铸技术中，只有采用了结晶器振动装置，连铸才能成功。结晶器振动的目的是防止拉坯时坯壳与结晶器黏结，同时获得良好的铸坯表面。因而结晶器向上运动时，减少新生的坯壳与铜壁产生黏着，以防止坯壳受到较大的应力，使铸坯表面出现裂纹；而当结晶器向下运动时，借助摩擦，在坯壳上施加一定的压力，压合结晶器上升时拉出的裂痕，这就要求向下运动的速度大于拉坯速度，形成负滑脱。

现代连铸机采用液压振动装置，其结构原理如图 4.2-18 所示。液压动力站是振动装置的动力源，向振动液压缸提供稳定压力和流量的油液。液压动力站的信号由主站室内的控制计算机通过 PLC 系统来控制。液压振动的核心控制装置为灵敏度极高的振动伺服阀，液压动力站提供动力如有波动，伺服阀的动作就会失真，造成振动时运动不平稳和振动波形失真。为此，要在系统中设置蓄能器以吸收各类波动和冲击，保证整个系统的压力稳定。正弦和非正弦曲线振动靠振动伺服阀控制，而振动伺服阀的控制信号来自曲线生成器，主控室的计算机通过 PLC 控制曲线生成器设定振动曲线（同时也设定振幅和频率）。曲线生成器通过液压缸传来的压力信号和位置反馈信号来修正振幅和频率。经过修正的振动曲线信号转换成电信号来控制伺服阀。只要改变曲线生成器即可改变振动波形、振幅和频率。曲线生成器输入信号的波形、振幅和频率可在线任意设定，设定好的振动曲线信号传给伺服阀，伺服阀即可控制振动液压缸按设定参数振动。在软件编程中，同时还设置多种报警和保护措施以避免重大事故的发生。这种在线任意调整振动波形、振幅和频率是由直流电机驱动的传统机械式振动装置所不能实现的。

（2）CSP 薄板坯连铸连轧生产线液压振动台伺服控制系统及其工作原理

CSP 连铸连轧生产线的液压振动台是珠江钢厂从德国 SMS 引进的，可根据不同钢种、浇速等改变振动方式。其液压伺服系统原理图如图 4.2-19 所示，动力采用恒液使用寿命，还可以降低能耗，节约能源。系统的油箱、管路等全部采用不锈钢材质，以保证油源的清洁。系统的核心是三级控制电液伺

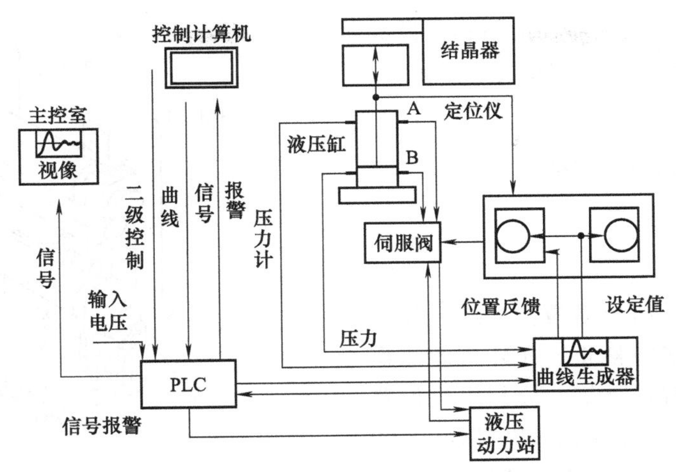

图 4.2-18 液压振动机构组成及控制原理

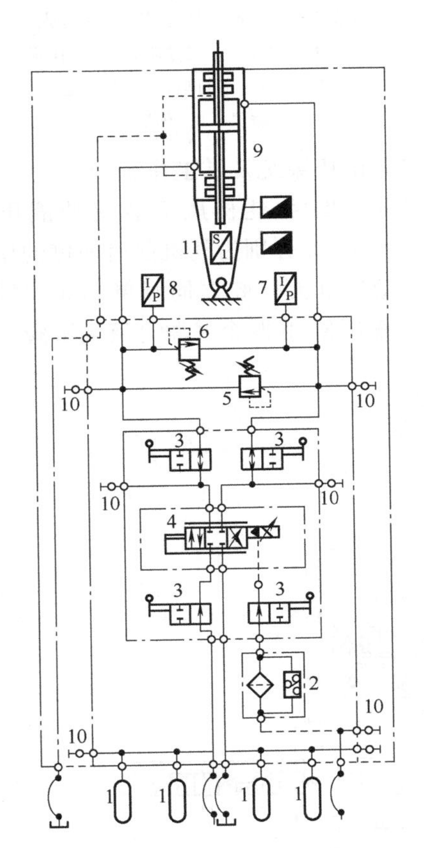

图 4.2-19 振动台液压伺服控制系统原理图
1—蓄能器；2—过滤器；3—二位二通手动换向阀；
4—三级控制电液伺服阀；5，6—溢流阀；
7，8—压力传感器；9—振动伺服液压缸；
10—测压接头；11—位移传感器

服阀 4，用于控制双作用对称振动伺服液压缸 9 的运动方向与速度。伺服阀的进、出油口回路上接有四个二位二通手动换向阀 3，用于在维修时将伺服阀与油路隔离。进回油路上各设有两个小型蓄能器 1，用于进一步吸收流量脉动，同时提高伺服液压缸开始动作时的响应速度。溢流阀 5 和阀 6 是起安全阀作用的。在回路中，还装有压力传感器 7 及位移传感器 11，用于实现反馈控制。过滤器 2 的过滤精度达 3 μm：保证了伺服阀对油源清洁度的要求。并设置了多个测压接头，以便于故障的查找。

（3）技术特点

与机械振动相比，板坯连铸机的液压振动装置有一系列优点。

① 振动力由两点传入结晶器，传力均匀。

② 在高频振动时运动平稳，高频和低频振动时不失真，振动导向准确度高。

③ 结构紧凑简单，传递环节少，与结晶器对中调整方便，维护也方便。

④ 采用高可靠性和高抗干扰能力的 PLC 控制，可长期保证稳定的振动波形。

⑤ 可精确连续改变振动曲线（波形、振幅和频率），并可在线设定振动波形等，增加了连铸机可浇铸的钢种。

⑥ 改善铸坯表面与结晶器铜壁的接触状态，提高铸坯表面质量并减少黏结漏钢。

（4）技术参数

该装置可实现最大铸速 6m/min；最大振幅 10mm；最大振动频率 450 次/min。

2.7 轧机液压压下系统

（1）功能结构

为了控制板材纵向板厚精度，进行轧辊的高精度定位和快响应修正。在轧机的操作侧和驱动侧二处设置压下缸，分别组成位置伺服系统。根据需要，两压下缸可以同时并行动作，也可以一上一下进行调平动作等。

轧机液压伺服系统包括液压压下装置、弯辊、窜辊、带材纠偏等。与其他应用领域的元件相比，要求高压、大流量、快响应、高可靠性。其中以液压压下装置的各项要求最为苛刻。

图 4.2-20 表示液压压下装置的构成。压下缸设在轧机机架的下部，与控制压下缸内油量的伺服阀和测定压下缸柱塞位移的磁尺等组成位置伺服系统。

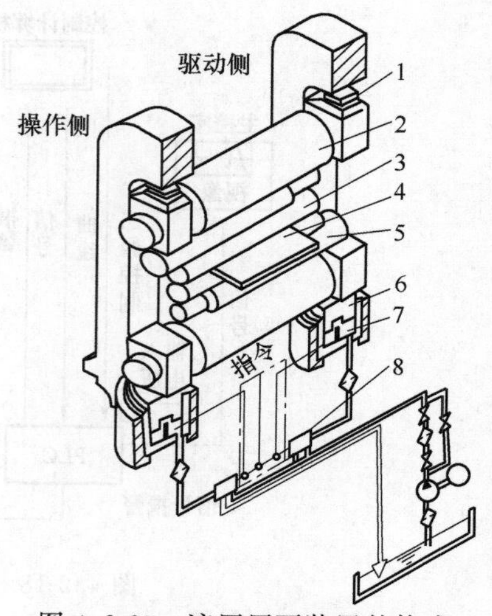

图 4.2-20 液压压下装置的构成

1—载荷传感器；2—支撑辊；3—工作辊；4—板材；5—中间辊；6—压下缸；7—磁尺；8—伺服阀

（2）液压系统及其工作原理

图 4.2-21 为轧机压下装置的液压系统图。图中 1、2 分别为轧机前后两侧的压下液压缸。液压缸无杠腔靠伺服单元 3 控制。每个压下液压缸由两个并联电液伺服阀采用下

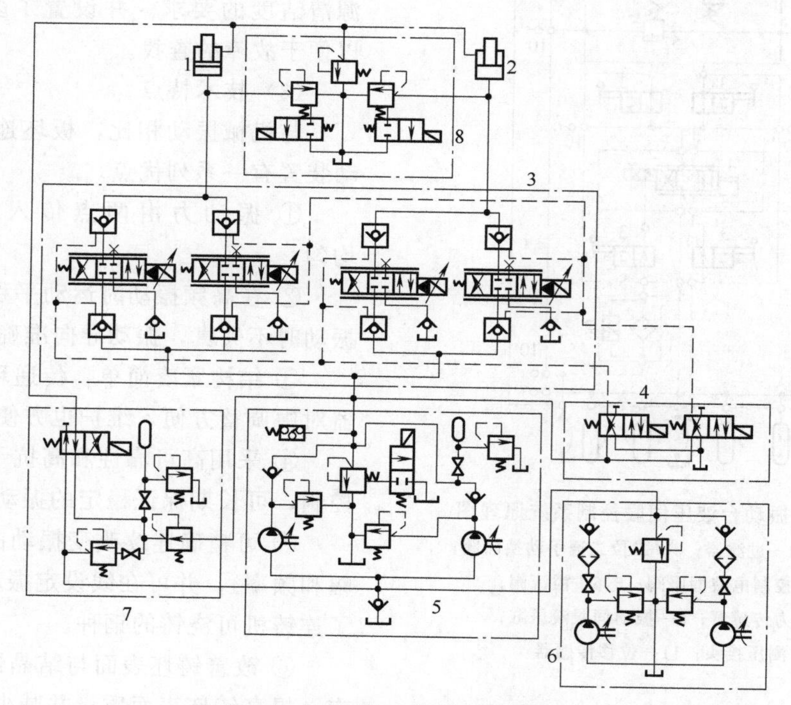

图 4.2-21 轧机压下装置的液压系统

1,2—压下液压缸；3—伺服单元；4—转换油路单元；5—高压油源单元；6—低压油源单元；7—回程油路单元；8—保护单元

述方式进行控制：在一个电液伺服阀的控制电路中加入Δ%的死区，另一则无死区；这样，当控制信号小于死区范围时只有一台伺服阀工作，系统的增益较小容易稳定；当控制信号大于死区范围时两台伺服阀同时工作，系统增益较大有利于快速调节。转换油路单元4可对四个电液伺服阀前后的八个液控单向阀进行操纵，可使电液伺服阀从系统中切除或投入。电液伺服阀由高压油源单元5供油，单元中的蓄能器用以减少供油压力的波动。高压油源单元在正常工作情况下由低压油源单元6供油，在单元中有精过滤器。由于高压液压泵吸入的是加压后的精滤油，这样就提高了工作可靠性和寿命。压下液压缸有杆腔是由回程油路单元7供油，正常工作时由低压油路单元6直接供油，轧机的辊缝开启时经减压后供给较高压力的液压油。8为保护单元，对压下液压缸的有杆腔和无杆腔进行过载保护。

（3）技术特点

① 压下柱塞采用铰接方式，有效防止由于压下柱塞的偏心、倾斜而引起损伤或误动作。

② 由于采用电液伺服技术，使液压压下动态响应速度得以大幅度提高，厚度控制所需的时间大大缩短，正由于液压压下具有快速响应的特点，所以它在厚度控制过程中对提高成品带钢的精度具有重要的现实意义。

（4）技术参数（见表4.2-6）

表4.2-6 轧机液压压下系统技术参数

项目		参数	单位
压下缸定位精度		±1	μm
响应	频率响应(90°相位移)	20～30	Hz
	阶跃响应(63%飞升)	10～20	ms

2.8 人造板热压机液压系统

（1）主机功能结构

热压机是胶合板、刨花板等人造板的关键压制设备，其工作循环一般为：快进→加压→保压→快退→原位停留。采用液压传动的热压机的特点为：快进需要的流量很大，加压时需要的流量很小，保压时的流量仅为泄漏量。本热压机液压系统采用了三腔复合液压缸传动方式，以较小流量规格的液压泵即可满足主机的工况要求。

（2）液压系统及其工作原理

图4.2-22所示为该液压系统的原理图，其执行器为驱动压板11的复合液压缸10，该缸由一个柱塞缸和一个活塞缸复合而成，其三个工作腔A、B、C的面积分别为A_1、A_2、A_3。三系统的油源为压力补偿式变量液压泵1，系统的最高压力由溢流阀3设定。三位四通电磁换向阀4用于控制缸10的升降。液控单向阀8作充液阀，用于缸快速上升时从高架油箱9向缸的C腔补油；顺序阀5用于液压缸快慢速的油路换接，压

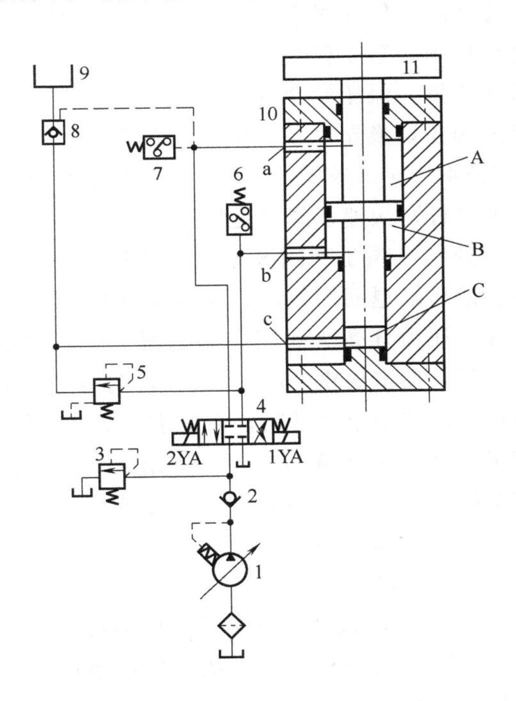

图4.2-22 热压机液压系统原理图

1—压力补偿式变量泵；2—单向阀；3—溢流阀；4—三位四通电磁换向阀；5—顺序阀；6,7—压力继电器；8—液控单向阀（充液阀）；9—高架油箱；10—三腔复合液压缸；11—压板

力继电器 6、7 用于系统保压和等待的计时发信。

系统的工作原理如下。

电磁铁 1YA 通电使换向阀 4 切换至右位时，液压泵 1 的压力油经单向阀 2、换向阀 4 和缸 10 的 b 口进入 B 腔，由于工作面积 A_2 较小，活塞（杆）驱动压板 11 快速上升，缸 10 的 C 腔产生负压，通过液控单向阀 8 从高架油箱 9 自缸 10 的 c 口补油，缸 10 的 A 腔通过 a 口经阀 4 向油箱排油。当压板接触工件后，负载增加使系统压力开始上升，当压力升高到顺序阀 5 的设定值时，液压泵的压力油进入 B 腔的同时，经阀 5 从 c 口进入缸的 C 腔，并关闭阀 8，这时液压缸的工作面积转换为 A_2+A_3，缸的速度变慢而推力增大，给工件加压。加压过程中，系统压力继续升高，当压力达到压力继电器 6 的设定值时发信，保压开始并由电控系统中的时间继电器计时。保压过程中，由于变量泵的压力补偿作用，泵 1 仅输出用于补充泄漏的高压微小流量。保压结束时，电磁铁 2YA 通电，换向阀 4 切换至左位，液压泵的压力油经阀 2、阀 4 从 a 口进入缸 10 的 A 腔并导通阀 8，活塞（杆）快速下降（退回），而 B、C 腔的油液分别经阀 4 和阀 8 排回主油箱和高架油箱。液压缸退回原位后，液压泵继续向 A 腔供油，压力升高达到压力继电器 7 的设定值时发信，使电磁铁 2YA 断电，换向阀 4 复至中位，时间继电器计时，系统进入等待阶段，变量泵高压小流量卸荷。等待结束后，时间继电器发信又使换向阀 4 切换至右位，从而进入下一工作循环。

（3）技术特点

① 该热压机液压系统采用压力补偿式变量泵供油，三腔复合缸为执行器，泵的最大流量按活塞缸的上下腔面积 A_1 及 A_2 确定，最高压力按面积 A_2+A_3（亦即活塞缸的面积）确定。

② 工作中通过液压缸工作腔面积的变化实现快慢速转换（实质是容积调速），转换平稳；减小了液压泵的流量规格及液压阀的通径规格，并避免了使用流量阀及其带来的节流损失和溢流损失，降低了系统的功率消耗，具有显著的节能效果。

③ 系统的保压和等待均由压力继电器发信、时间继电器计时实现，其间，液压泵均为高压小流量卸荷状态，降低了能量损失和发热。

2.9 飞机多执行器液压系统

（1）主机功能结构

飞机是民用或军用的空中运输设备，液压执行器很多。为了提高载运量，要求其液压系统元件少并使系统能量得到充分利用，通常用 1～2 台液压泵作为多执行器系统的油源，以实现各执行器的特定功能，并保证不会因液压系统原因影响飞机的工作稳定性和飞行安全。

（2）液压系统及其工作原理

图 4.2-23 所示为某飞机液压系统简化原理图，油源为两台并联变量轴向柱塞泵 1，供油压力由溢流阀 2 设定；蓄能器 5 用于吸收液压脉动和执行器进油路压力冲击。系统有起落架收放液压缸 7、副翼助力器 8 及舵机 9、平尾助力器 10 及舵机 11 等多个执行器。传统系统的多执行器复合工作时，油源供油量就会不足致使执行器工作速度降低，运动时间延长；油源压力低，使助力器输出力太小，不足以满足操纵系统的要求；回油管路部分出现压力冲击和高频压力振荡，影响导管和附件的使用寿命和系统的正常工作等问题。而起落架收放部分是导致上述问题的主要因素。

改进后的液压系统是在原系统的起落架部分增设控制工作顺序的优先阀 12（应为高压、大流量和高精度的先导式顺序阀），即把它放在三位四通电磁换向阀 6 之前，即可解决多执行器液压系统复合工作时的干扰问题，

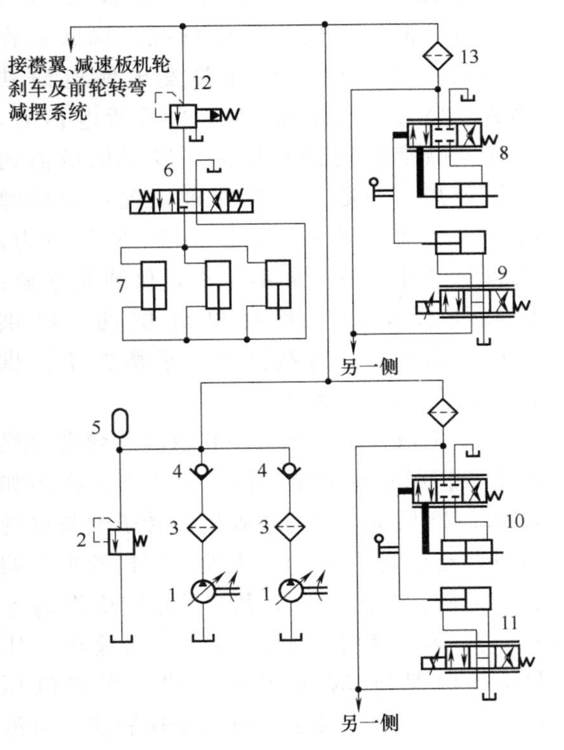

图 4.2-23 飞机液压系统简化原理图

1—轴向变量柱塞泵；2—溢流阀；3,13—过滤器；4—单向阀；5—蓄能器；6—三位四通电磁换向阀；7—液压缸；8—副翼助力器；9—副翼舵机；10—平尾助力器；11—平尾舵机；12—优先阀

使系统工作更趋合理。当起落架部分进行收放工作时，电磁阀 6 通电，使液压泵的压力油经过滤器 3、单向阀 4、优先阀 12 和换向阀 6 进入液压缸 7，活塞杆驱动起落架实现收或放的功能。如果系统供油压力低于优先阀 12 的开启压力，则优先阀 12 自动关闭油路，切断了系统到起落架部分的供油，保证给副翼助力器 8 及舵机 9、平尾助力器 10 及舵机 11 和其他执行器有充足的能源。当飞行操纵和其他执行器功能完成后，系统供油压力回升，供油压力大于优先阀 12 控制的开启压力时，优先阀又接通油源与起落架收放部分的油路。

优先阀的工作原理与传统的先导式溢流阀相似，所不同的是：阀的出口不接油箱，而接起落架执行器收放部分，所以泄漏油口必须外泄（即单独接回油箱）。

(3) 技术特点

① 为了抑制起落架收放部分对多执行器液压系统的影响，给飞机操纵以优先权。即在起落架收放部分前面加一个优先阀，使优先级低的执行器停止工作，确保优先级高的执行器获得所需的流量，以解决液压系统存在的问题，改善飞机的操纵品质并降低出现的回油冲击。

② 加装优先阀的飞机多执行器液压系统稳定性好、响应快、效率高、抗干扰能力强、回油压力冲击小。

(4) 技术参数

图 4.2-23 所示系统在加拿大生产的 CRJ-200 和 CRJ-700 型第三代支线飞机中应用，其参数为：系统最高工作压力为 20.685MPa；优先阀的最低开启压力为 15.169MPa。

2.10 地空导弹发射装置

(1) 主机功能结构

该地对空导弹发射装置为四联装置，左右配置在双联载弹发射梁上。发射梁的俯仰运动由液压控制系统驱动。其功能为：根据火控计算机的指令，使发射梁在俯仰方向精确地自动跟踪瞄准飞行目标；根据载弹情况的不同，自动平衡负载的不平衡力矩，在俯仰方向进行手动操纵。发射装置的液压控制系统，由左右双联载弹发射梁的俯仰电液伺服系统、变载液压自动平衡系统及手摇泵操纵系统等组成。

图 4.2-24 所示为双联载弹发射梁的机构及其受力关系示意图。由于发射梁的耳轴 O 远离梁和导弹重心 O_1，从而带来了很大的负载不平衡力矩，最大可达4.4kN·m。另外，单发导弹重达 1.2kN，这样随载弹情况的不同，其不平衡力矩值差别也很大。故采用弹簧平衡机 3 平衡和液压平衡缸 1 的自动平衡

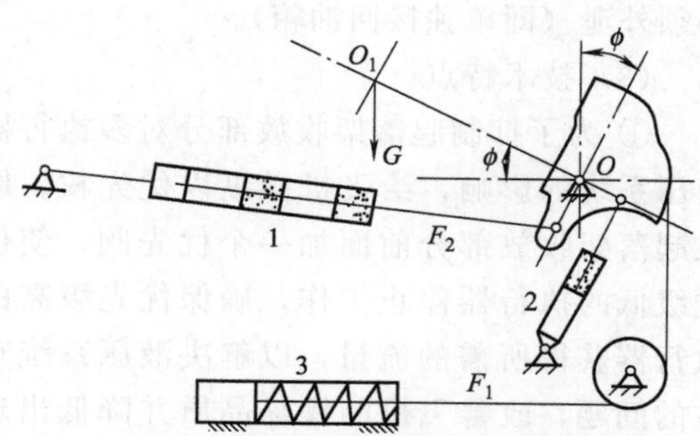

图 4.2-24　双联载弹发射梁的机构及其受力关系示意图

1—液压平衡缸；2—伺服液压缸；3—弹簧平衡机；O—耳轴；O_1—导弹和载弹发射梁中心

的共同作用，用以平衡负载的不平衡力矩。

(2) 液压系统及其工作原理

① 液压自动平衡系统　图 4.2-25 所示为液压自动平衡系统原理图，双缸串联式左右变载自动平衡缸 12、13 分别采用两组三位四通电磁换向阀和二位二通电磁换向阀（8、9 和 10、11）进行控制。左右缸由同一油源（定量泵 1）供油，泵 1 的压力由溢流阀 7 设定，二位四通液动换向阀 5 作旁通阀，用于液压泵的空载启动。

工作时，旁通阀 5 使电动机空载启动，待电动机带动泵 1 启动后电磁铁 7YA 通电使换向阀 6 切换至右位，油路升压到溢流阀的调定值。根据不同的载弹情况，双联载弹发射梁上相应的行程开关发出使电磁铁 1YA、2YA、4YA 和 5YA 的通断电信号，对各电磁换向阀进行操纵，以提供所需的平衡力矩。一般有下列四种工况：发导弹时，两平衡缸供油，提供 7650 N 的拉力；仅载上弹时，平衡缸不工作，仅弹簧平衡；仅载下弹时，平衡缸单缸供油，提供 3825N 拉力；没有载弹时，平衡缸单缸供油，提供 3825N 推力。

② 电液伺服系统　左右双联载弹发射梁的电液伺服系统完全相同，其原理方框图如图 4.2-26 所示。旋变接收机的转子轴与梁的耳轴相连，转角为 ϕ_o，火控计算机给出的俯仰方向随指令角为 ϕ_i，其与耳轴转角差 $\Delta\phi=\phi_i-\phi_o$ 为误差角。旋变接收机的输出电压 $U_{\Delta\phi}$ 与误差角 $\Delta\phi$ 成正比，即为误差电压 $U_{\Delta\phi}$。$U_{\Delta\phi}$ 经放大器进行放大变换后输出直流电流 i_c 来控制电液伺服阀工作，驱动伺服缸的活塞带动耳轴向减少 $\Delta\phi$ 的方向转动，最终使 $\Delta\phi=0$，伺服系统达到协调。为保证系统的动态精度，改善系统的动态性能，采用复合控制，速度加速度反馈及伺服缸压力反馈等校正措施。

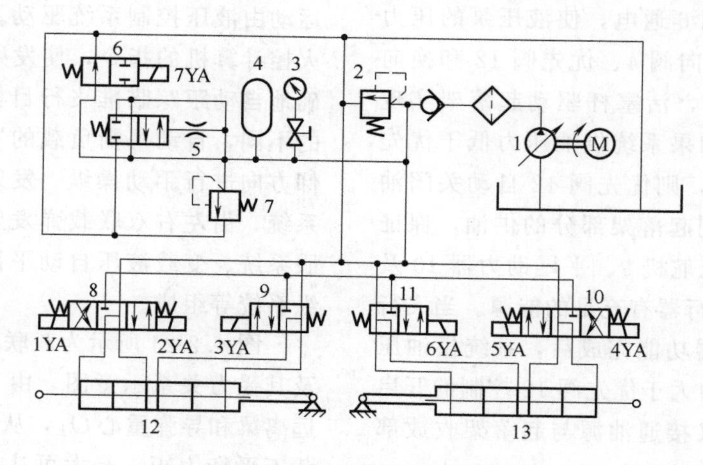

图 4.2-25　液压自动平衡系统原理图

1—变量液压泵；2,7—溢流阀；3—压力表及其开关；4—蓄能器；5—二位四通液动旁通换向阀；6—二位二通电磁换向阀；8,10—三位四通电磁换向阀；9,11—二位四通电磁换向阀；12,13—左、右平衡液压缸

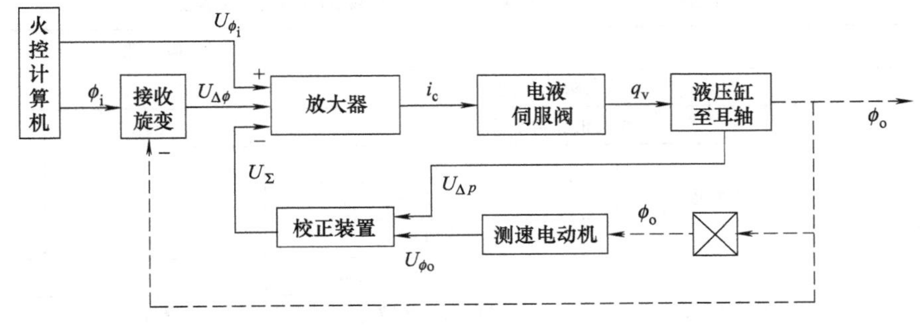

图 4.2-26 电液伺服系统原理方框图

图 4.2-27 所示为电液伺服装置的液压回路原理图。左右电液伺服装置合用液压泵 1 供油，两个液压缸 10 和 11 采用电液伺服阀 6 和 7 控制。系统压力由溢流阀 5 设定。与图 4.2-25 所示系统类似，此系统也设有用于控制液压泵空载启动的液动旁通换向阀 4。系统工作时，旁通阀 4 保证电动机空载启动，之后电磁铁 1YA 通电使二位二通电磁换向阀 3 切换至右位，使油路升压到要求值。电磁铁 2YA 通电，换向阀 16 切换至右位，反向导通液控单向阀 17，使液压泵的压力油通向左、右伺服阀 7 和 6；同时电磁铁 3YA、4YA 通电使换向阀 8 和 9 切换至右位，伺服阀即可根据要求驱动伺服缸 12 和 13 工作。

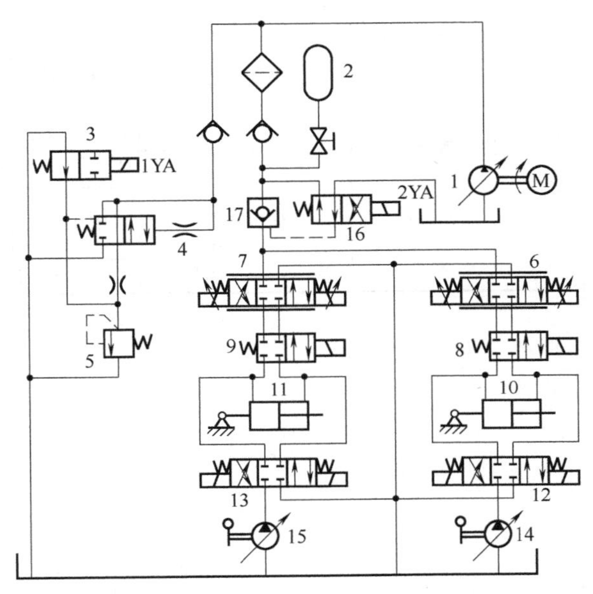

图 4.2-27 电液伺服装置的液压回路原理图

1—变量液压泵；2—蓄能器；3—二位二通电磁换向阀；4—二位四通液动旁通换向阀；5—溢流阀；6,7—电液伺服阀；8,9—二位四通电磁换向阀（O 型机能）；10,11—伺服液压缸；12,13—三位四通电磁换向阀；14,15—手摇液压泵；16—二位四通电磁换向阀；17—液控单向阀

图 4.2-27 所示系统中，备有手摇液压泵 14 和 15 及三位四通电磁换向阀 12 和 13。在断电时，二位四通电磁换向阀 8 和 9 使伺服阀 6、7 与伺服缸 10、11 间的油路切断。用手控三位四通换向阀接通手摇泵到伺服缸的供油和排油回路，摇动手摇泵即可驱动伺服缸活塞按要求的方向带动耳轴转动，实现对载弹发射梁的手动操纵。

（3）技术特点

① 变载液压自动平衡系统有效解决了不同载弹情况下不平衡力矩的平衡问题，改善了伺服系统的负载条件，同时也为系统提供了有利的外液压阻尼作用。

② 伺服系统的多项反馈校正措施中，压力反馈作用最为重要。

③ 伺服系统还采用了Ⅰ型、Ⅱ型变结构方案，即小误差范围系统为Ⅱ型，以提高动态精度；大误差范围系统为Ⅰ型，以提高运动平稳性。

④ 变载液压自动平衡系统和伺服系统的油源均通过设置旁通阀实现液压泵的空载启动，通过二位二通电磁换向阀实现系统升压；伺服系统设有备用手动泵，便于断电或故障时实现对载弹发射梁的手动操纵。

（4）技术参数（见表 4.2-7）

表 4.2-7　导弹发射装置及其液压系统的主要技术参数

项目				参数	单位
发射装置	最大跟踪角速度			40	(°)/s
	最大跟踪角加速度			35	(°)/s^2
	工作精度	静态误差		3	mrad
		等速跟踪误差		6	
		正弦跟踪误差		8	
	动态特性	800mrad 失调协调时间		≤4	s
		允许震荡次数		≤2	次
		最大超调		≤30%	
	工作范围			−5～+80	(°)
液压系统	平衡系统	油源压力		77	MPa
		液压泵	驱动电机功率	2.2	kW
			驱动电机转速	1420	r/min
		液压缸有效作用面积		5	cm^2
	伺服系统	油源压力		128	MPa
		液压泵	驱动电机功率	2.2	kW
			驱动电机转速	1420	r/min
		液压缸有效作用面积		17.58	cm^2

第五篇

液压系统安装、调试及故障处理

第一章
液压系统的安装

1 概述

近年来，液压技术在各个领域中得到了广泛应用，液压系统已经成为主机设备中最关键的部分之一。但是，由于设计、制造、安装、使用和维护等过程中存在的不足和缺陷，影响了液压系统的正常运行。因此，液压系统的使用和维护人员，了解一些液压系统的工作原理以及液压系统的设计、制造、安装、使用方面的知识，才能保证液压系统正常运行并充分发挥其技术的优势。

2 对液压系统安装方面的要求

各种液压元件的安装方法和具体要求，在产品说明书中都有详细的说明，在安装时必须加以注意。以下仅是液压元件在安装时一般应注意的事项。

① 安装前元件应进行质量检查，若确认元件被污染需要进行拆洗，并进行测试，应符合《液压元件通用技术条件》（GB/T 7935）的规定，合格后安装。

② 安装前应对各种自动控制仪表（如压力计、电接触压力计、压力继电器、液位计、温度计等）进行校验。这对以后调试工作极为重要，以避免不准确而造成事故。

现在对各个具体元件的安装要求分别介绍如下。

2.1 液压泵装置的安装要求

① 液压泵与原动机之间的联轴器的形式及安装要求必须符合制造厂的规定。

② 外露的旋转轴、联轴器必须安装防护罩。

③ 液压泵与原动机的安装底座必须有足够的刚性，以保证运转时始终同轴。

④ 液压泵的进油管路应该短而直，避免拐弯增多，断面突变。在规定的油液黏度范围内，必须使泵的进油压力和其他条件符合泵制造厂的规定值。

⑤ 液压泵的进油管路密封必须可靠，不得吸入空气。

⑥ 高压、大流量的液压泵装置推荐采用：

a. 泵进油口设置橡胶弹性补偿接管；

b. 泵出油口连接高压软管；

c. 泵装置底座设置弹性减振垫。

2.2 液压油箱的安装要求

① 油箱应该仔细清洗，用压缩空气干燥

后，再用煤油检查焊缝质量。

② 油箱底部应高于安装面 150mm 以上，以便搬移、放油和散热。

③ 必须有足够的支撑面积，以便在装配和安装时用垫片和楔块等进行调整。

2.3 液压阀的安装要求

① 阀的安装方式应符合制造厂的规定。

② 板式阀或插装阀必须有正确的定向措施。

③ 为了保证安全，阀的安装必须考虑重力、冲击、振动对阀内主要零件的影响。

④ 阀用连接螺钉的性能等级必须符合制造厂的要求，不得随意代替。

⑤ 应注意进油口与回油口的方位，某些阀如将进油口与回油口装反，会造成事故。有些阀件为了安装方便，往往开有相同作用的两个孔，安装后不用的一个要堵死。

⑥ 为了避免空气渗入阀内，连接处应保证密封良好。用法兰安装的阀件，螺钉不能拧得太紧，因为有时过紧反而会造成密封不良。必须拧紧时，原来的密封件或材料如不能满足密封，应更换密封件的形式或材料。

⑦ 方向控制阀的安装，一般应使轴线安装在水平位置上。

⑧ 一般调整的阀件，顺时针方向旋转时，增加流量、压力，逆时针方向旋转时，则减少流量、压力。

2.4 液压辅件的安装要求

(1) 热交换器

① 安装在油箱上的热交换器的位置必须低于油箱低极限液面位置，加热器的表面耗散功率不得低于 0.7 W/cm^2；

② 使用热交换器时，应有液压油（液）和冷却（或加热）介质的测温点；

③ 采用空气冷却器时，应防止进排气通路被遮蔽或堵塞。

(2) 滤油器

为了指示滤油器何时需要清洗和更换滤芯，必须装有污染指示器或设有测试装置。

(3) 蓄能器

① 蓄能器（包括气体加载式蓄能器）充气气体种类和安装必须符合制造厂的规定；

② 蓄能器的安装位置必须远离热源；

③ 蓄能器在卸压前不得拆卸，禁止在蓄能器上进行焊接、铆接或机加工。

(4) 密封件

① 密封件的材料必须与它相接触的介质相容；

② 密封件的使用压力、温度以及密封件的安装应符合有关标准规定；

③ 随机附带的密封件，在制造厂规定的贮存条件下，贮存一年内可以使用。

2.5 液压执行元件的安装要求

(1) 液压缸

① 液压缸的安装必须符合设计图样和（或）制造厂的规定；

② 安装液压缸时，如果结构允许，进出油口的位置应在上面，应装成使其能自动放气或装有方便的放气阀；

③ 液压缸的安装应牢固可靠，为了防止热膨胀的影响，在行程大和工作条件热的场合下，缸的一端必须保持浮动；

④ 配管连接不得松弛；

⑤ 液压缸的安装面和活塞杆的滑动面，应保持足够的平行度和垂直度；

⑥ 密封圈不要装得太紧，特别是 U 形密封圈不可装得过紧。

（2）液压马达

① 液压马达与被驱动装置之间的联轴器形式及安装要求应符合制造厂的规定；

② 外露的旋转轴和联轴器必须有防护罩。

（3）安装底座

液压执行元件的安装底座必须具有足够的刚性，保证执行机构正常工作。

3 液压系统的安装

3.1 安装前的准备工作

（1）技术资料的准备与熟悉

检查液压系统原理图、电气原理图、管道布置图，液压元件、辅件、管道清单和有关元件样本等，图纸和资料是否齐全，工程技术人员应认真阅读，并熟悉具体内容和技术要求。

（2）物资准备

按照液压系统图和液压件清单，核对液压件的数量，确认所有液压元件的质量状况。切不可使用已有破损和有缺陷的液压元件。要严格检查压力表的质量，查明压力表校验日期。对校验时间过长的压力表要重新进行校验，确保准确可靠。

（3）质量检查

液压元件的技术性能是否符合要求，管件质量是否合格，将关系到液压系统工作可靠性和运行的稳定性。要使液压系统运行时少出故障，不漏油，液压系统的安装人员一定要把好质量关。

液压元件在运输或库存过程中极易被污染和锈蚀，库存时间过长会使液压元件中密封件老化而丧失密封性，有些液压元件由于加工及装配质量不良使性能不可靠。所以对液压元件必须进行严格的质量检查。

（4）液压元件的拆洗与测试

液压元件在运输或库存期间易侵入污染物和锈蚀。新的液压元件内部也有可能残留污物。这些元件必须拆洗、清除污物。确认未被污染的液压元件可不拆洗。但需进行性能检测，质量检验。若性能、质量有问题要与生产厂联系解决。具备技术条件的单位，可以自行拆洗检查后，重新组装测试，以确保液压元件使用可靠。

3.2 液压设备的就位

① 液压设备应根据平面布置图对号吊装就位，大型成套液压设备，应由内向外进行吊装。

② 根据平面布置图测量调整设备安装中心线及标高点，可通过调整安装螺栓旁的垫板将设备调平找正，达到图样要求。

③ 由于设备基础相关尺寸存在误差，需在设备就位后进行微调。应保证泵吸油管处于水平、正直对接状态。

④ 油箱放油口及各装置集油盘放污口位置，应在设备微调时给予考虑，应是设备水平状态时的最低点。

⑤ 应对安装好的设备做适当防护，防止现场脏物污染系统。

⑥ 设备就位调整完成后，一般需对设备底座下面进行混凝土浇灌，即二次灌浆。

3.3 液压配管

（1）管材准备

液压系统管道的管材，管径和壁厚必须符合图样要求，所选用的无缝钢管内壁必须光洁、无锈蚀、无氧化皮、无夹皮等缺陷。若发现下列情况不能使用：管子内外壁已经严重腐蚀；管体划痕深度为壁厚的10%以上；管体表面凹入达管径的20%以上；管断面壁厚不均、椭圆度比较显著等。

中、高压系统配管一般采用无缝钢管，因其具有强度高、价格低、易于实现无泄漏连接等优点，在液压系统中被广泛使用。普通液压系统常采用冷拔低碳钢10、15、20号无缝管，此钢号配管时能可靠地与各种标准管件焊接。液压伺服系统及航空液压系统常采用普通不锈钢管，具有耐腐蚀，内、外表面光洁，尺寸精确，但价格较高。低压系统也可采用紫铜管、铝管、尼龙管等管材，因其易弯曲给配管带来了方便，也被一部分低压系统所采用。

(2) 管子加工

管子的加工包括切割、打坡口、弯管等内容。

① 管子的切割　管子的切割原则上采用机械方法切割，如切割机、锯床或专用机床等，严禁用手工电焊、氧气切割方法，无条件时允许用手工锯切割。切割后的管子端面与轴面中心线应尽量保持垂直，误差控制在90°±5°之间。切割后需将锐边倒钝，并清除铁屑。

② 管子的弯曲　管子的弯曲加工最好在机械或者液压弯管机上进行。用弯管机在冷状态下弯管，可以避免产生氧化皮而影响管子质量。如无冷弯设备，也可采用热弯曲方法，热弯时容易产生变形、管壁减薄及产生氧化皮等现象。热弯前需将管内注实干燥河沙，用木塞封闭管口，用气焊或者高频感应加热法对需弯曲部位加热，加热长度取决于管径和弯曲角度。直径为28mm的管子弯成30°、45°、60°和90°时，加热长度分别为60mm、100mm、120mm和160mm；弯曲直径为34mm、42mm的管子，加热长度需比上述尺寸分别增加25～35mm。弯管后的管子需进行清砂并采用化学酸洗方法处理，消除氧化皮。弯曲管子应考虑弯曲半径。当弯曲半径过小时，会导致管路应力集中、降低管路强度。表5.1-1给出了钢管的最小弯曲半径。

表5.1-1　钢管最小弯曲半径　/mm

钢管外径 D	最小弯曲半径 R	
	冷弯	热弯
14	70	35
18	100	50
22	135	65
28	150	75
34	200	100
42	250	130
50	300	150
63	360	180
76	450	230
89	540	270
102	700	350

(3) 管路的敷设

管路敷设前，应认真熟悉配管图，明确各管路排列顺序、间距与走向，在现场对照配管图，确定阀门、接头、法兰及管夹的位置并划线、定位，管夹一般固定在预埋件上，管夹之间距离应适当，过小会造成浪费，过大将会发生振动。推荐的管夹间距离见表5.1-2。管路、管沟的敷设参考图5.1-1。

表5.1-2　推荐管夹间距离　/mm

管子外径 D	14	18	22	28	34	42	50	63
管夹间最大距离 L	450	500	600	700	800	850	900	1000

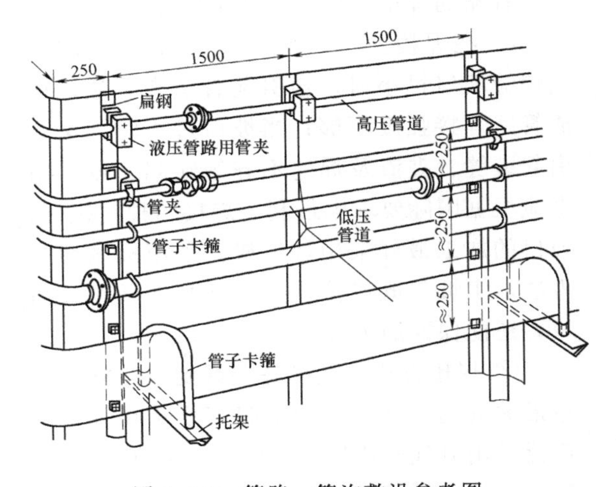

图5.1-1　管路、管沟敷设参考图

管路敷设一般遵循的原则如下。

① 大口径的管子或靠近配管支架里侧的管子，应考虑优先敷设。

② 管子尽量成水平或垂直两种排列，注意整齐一致，避免管路交叉。

③ 管路敷设位置或管夹安装位置应便于管子的连接和检修，管路应靠近设备，便于固定管夹。

④ 敷设一组管线时，在转弯处一般采用90°及45°两种方式。

⑤ 两条平行或交叉管的管壁之间，必须保持一定距离。当管径≤42mm时，最小管壁距离应≥35mm；当管径≤75mm时，最小管壁距离应≥45mm；当管径≤127mm时，最小管壁距离应≥55mm。

⑥ 管子规格不允许小于图样要求。

⑦ 整个管线要求尽量短，转弯处少，平滑过渡，减少上下弯曲，保证管路的伸缩变形，管路的长度应能保证接头及辅件的自由拆装，又不影响其他管路。

⑧ 管路不允许在有弧度部分内连接或安装法兰。法兰及接头焊接时，须与管子中心线垂直。

⑨ 管路应在最高点设置排气装置。

⑩ 管路敷设后，不应对支撑及固定部位施加除重力之外的力。

(4) 管路的焊接

管路的焊接一般分为三步进行。

① 在焊接前，必须对管子端部开坡口，当焊缝坡口过小时，会引起管壁未焊透，造成管路焊接强度不够；当坡口过大时，又会引起裂缝、夹渣及焊缝不齐等缺陷。坡口角度应根据国际要求中最利于焊接的种类执行。坡口的加工最好采用坡口机，采用机械切削方法加工坡口既经济，效率又高，操作又简单，还能保证加工质量。

② 焊接方法的选择是关系到管路施工质量最关键的一环，必须引起高度重视。目前广泛采用氧气一乙炔焰焊接、手工电弧焊接、氩气保护电弧焊接三种，其中最适合液压管路焊接的方法是氩弧焊接，它具有焊口质量好、焊缝表面光滑、美观，没有焊渣，焊口不氧化，焊接效率高等优点。另两种焊接方法易造成焊渣进入管内，或在焊口内壁产生大量氧化铁皮，难以清除。实践证明：一旦造成上述后果，无论如何处理，也很难达到系统清洁度指标。所以不要轻易采用。如遇到工期短、氩弧焊工少时，也可考虑采用氩弧焊焊第一层（打底），第二层开始用电焊的方法，这样既保证了质量，又可提高施工效率。

③ 管路焊接后要进行焊缝质量检查。检查项目包括：焊缝周围有无裂纹、夹杂物、气孔及过大咬肉、飞溅等现象；焊道是否整齐、有无错位、内外表面是否突起、外表面在加工过程中有无损伤或削弱管壁强度的部位等。对高压或超高压管路，可对焊缝采用射线检查或超声波检查，提高管路焊接检查的可靠性。

3.4 管道的处理

管路安装完成后要对管道进行酸洗处理。酸洗的目的是通过化学作用将金属管内的氧化物及油污去除，使金属表面光滑，保证管道内壁的清洁。酸洗管道是保证液压系统可靠性的一个关键环节，必须加以重视。管道酸洗除锈法有两种：槽式酸洗法和循环酸洗法。使用槽式酸洗法时，管路一般应进行二次安装，即将一次安装好的管路拆下来，置入酸洗槽，酸洗操作完毕并合格后，再进行二次安装。而循环酸洗可在一次安装好的管路中进行，需注意的是循环酸洗仅限于管道，其他液压元件必须从管路上断开或拆除。液压站或阀站内的管道，宜采用槽式酸洗法；液压站或阀站至液压缸、液压马达的管道，可采用循环酸洗法。具体要求应按《机械设备安装工程及验收通用规范》(GB 5023)、《重型机械液压系统通用技术条件》(JB/T 6996) 等有关规范进行。

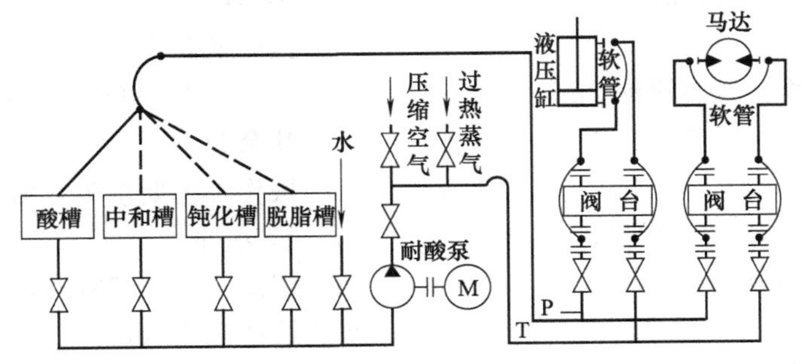

图 5.1-2 循环酸洗示意图

3.4.1 管道酸洗

管道酸洗方法目前在施工中均采用槽式酸洗法和管内循环酸洗法两种。

① 槽式酸洗法 就是将安装好的管路拆下来，分解后放入酸洗槽内浸泡，处理合格后再将其进行二次安装。此方法较适合管径较大的短管、直管、容易拆卸、管路施工量小的场合，如泵站、阀站等液压装置内的配管及现场配管量小的液压系统，均可采用槽式酸洗法。

② 管内循环酸洗法 在安装好的液压管路中，将液压元器件断开或拆除，用软管、接管、冲洗盖板连接，构成冲洗回路。用酸泵将酸液打入回路中进行循环酸洗。该酸洗方法是近年来较为先进的施工技术，具有酸洗速度快、效果好、工序简单、操作方便等优点，减少了对人体及环境的污染，降低了劳动强度，缩短了管路安装工期，解决了长管路及复杂管路酸洗难的问题，对槽式酸洗法易发生装配时的二次污染问题，从根本上得到了解决。该方法已在大型液压系统管路施工中得到广泛采用。其循环酸洗回路见图 5.1-2。

3.4.2 管路酸洗工艺

有无科学、合理的工艺流程，酸洗配方和严格的操作规程，是管道酸洗效果好坏的关键，目前国内外酸洗工艺较多，必须慎重选择。管道酸洗配方及工艺不合理会造成管内壁氧化物不能彻底除静、管壁过腐蚀、管道内壁再次腐蚀及管内残留化学反应沉淀物等现象的发生。为便于使用，现将实践中筛选出的一组酸洗效果较好的管道酸洗工艺介绍如下。

(1) 槽式酸洗工艺流程及配方

① 脱脂

脱脂液配方为：

$$\omega(NaOH)=9\%\sim10\%;$$
$$\omega(Na_3PO_4)=3\%;$$
$$\omega(NaHCO_3)=1.3\%;$$
$$\omega(Na_2SO_3)=2\%;$$

其余为水。

操作工艺要求为：温度 70～80℃，浸泡 4h。

② 水冲

压力为 0.8MPa 的洁净水冲干净。

③ 酸洗

酸洗配方为：

$$\omega(HCl)=13\%\sim14\%;$$
$$\omega[(CH_2)_6N_4]=1\%;$$

其余为水。

操作工艺要求为：常温浸泡 1.5～2h。

④ 水洗

用压力为 0.8MPa 的洁净水冲干净。

⑤ 二次酸洗

酸洗液配方同上。

操作工艺要求为：常温浸泡 5min。

⑥ 中和

中和液配方为：

NH_4OH 稀释至 pH 值在 10～11 的溶液。

操作工艺要求为：常温浸泡 2min。

⑦ 钝化

钝化液配方为：

$\omega(NaN_2)=8\%\sim10\%$；

$\omega(NH_4OH)=2\%$；

其余为水。

操作工艺要求为：常温浸泡 5min。

⑧ 水冲

用压力为 0.8MPa 的净化水冲净为止。

⑨ 快速干燥

用蒸气、过热蒸气或热风吹干。

⑩ 封管口

用塑料管堵或多层塑料布捆扎牢固。

按以上方法处理的管子，管内清洁、管壁光亮，可保持两个月左右不锈蚀；若保存好，还可以延长时间。

(2) 循环酸洗工艺流程及配方

① 试漏

用压力为 1MPa 压缩空气充入试漏。

② 脱脂

脱脂液配方与槽式酸洗工艺中脱脂液配方相同。

操作工艺要求为：温度 40～50℃ 连续循环 3h。

③ 气顶

用压力为 0.8MPa 压缩空气将脂液顶出。

④ 水冲

用压力为 0.8MPa 的洁净水冲出残液。

⑤ 酸洗

酸洗配方为：

$\omega(HCl)=9\%\sim11\%$；

$\omega[(CH_2)_6N_4]=1\%$；

其余为水。

操作工艺要求为：常温断续循环 50min。

⑥ 中和

中和液配方为：

NH_4OH 稀释至 pH 值在 9～10 的溶液。

操作工艺要求为：常温连续循环 25min。

⑦ 钝化

钝化液配方为：

$\omega(NaNO_2)=10\%\sim14\%$；

其余为水。

操作工艺要求为：常温断续循环 30min。

⑧ 水冲

用压力为 0.8MPa，温度为 60℃ 的净化水连续冲洗 10min。

⑨ 快速干燥

用过热蒸气吹干。

⑩ 涂油

用液压泵注入液压油。

循环酸洗注意事项：

a. 使用一台酸泵输送几种介质，因此操作时应特别注意，不能将几种介质混淆（其中包括水），否则会造成介质浓度降低，甚至造成介质报废；

b. 循环酸洗应严格遵守工艺流程、统一指挥，当前一种介质完全排出或用另一种介质顶出时，应及时准备停泵，将回路末端软管从前一种介质槽中移出，放入下一工序的介质槽内，然后启动酸泵，开始计时。

3.5 管路的循环冲洗

管路用油进行循环冲洗，是管路施工中又一重要环节。管路循环冲洗必须在管路酸洗和二次安装完毕后的较短时间内进行。其目的是为了清除管内在酸洗及安装过程中以及液压元件在制造过程中遗落的机械杂质或其他微粒，达到液压系统正常运行时所需要的清洁度，保证主机设备的可靠运行，延长系统中液压元件的使用寿命。

3.5.1 循环冲洗的方式

冲洗方式较常见的主要有（泵）站内循环冲洗、（泵）站外循环冲洗、管线外循环冲洗等。

① 站内循环冲洗　一般指液压泵站在制

造厂加工完成后所需要进行的循环冲洗。

② 站外循环冲洗　一般指液压泵站到主机间的管线所需进行的循环冲洗。

③ 管线外循环冲洗　一般指将液压系统的某些管路或者集成块，拿到另一处组成回路，进行循环冲洗。冲洗合格后，再装回系统中。

为便于施工，通常采用站外循环冲洗方式。也可根据实际情况将后两种冲洗方式混合使用，达到提高冲洗效果、缩短冲洗周期的目的。

3.5.2　冲洗回路的选定

泵外循环冲洗回路可分为两种类型。一种是串联式冲洗回路（见图 5.1-3），其优点是回路连接简单、方便检查、效果可靠；缺点是回路长度较长。另一种为并联式冲洗回路（见图 5.1-4）。其优点是循环冲洗距离较短、管路口径相近、容易掌握、效果较好；缺点是回路连接烦琐，不易检查确定每一条管路的冲洗效果，冲洗泵源较大。为克服并联式冲洗回路的缺点，也可在原回路的基础上将其变为串联式冲洗回路，方法见图 5.1-5。但要求串联的管径相近，否则将影响冲洗效果。

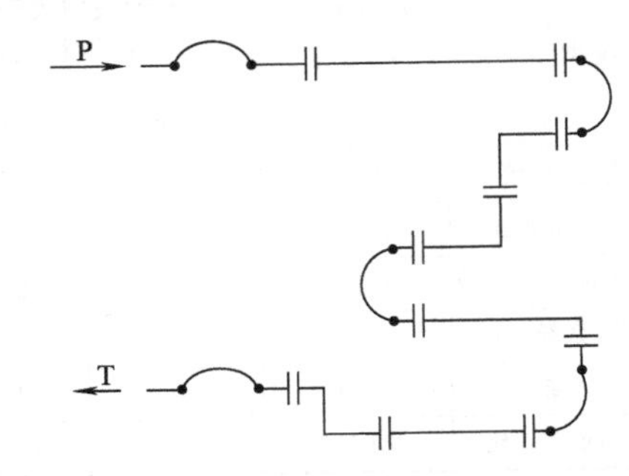

图 5.1-3　串联式冲洗回路

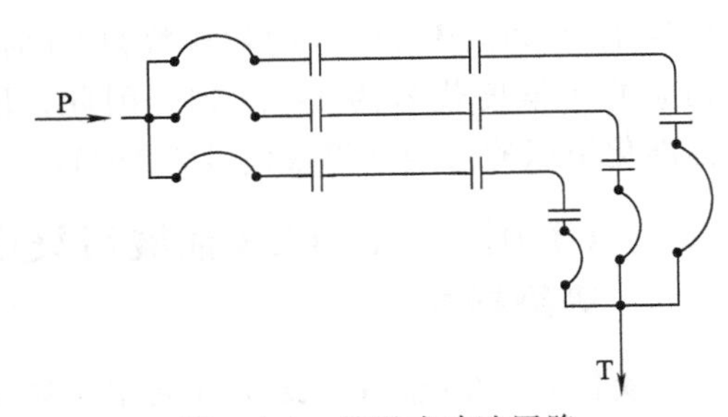

图 5.1-4　并联式冲洗回路

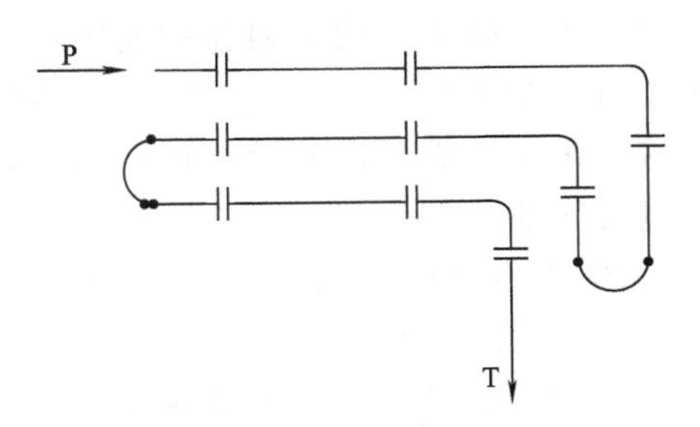

图 5.1-5　并联式冲洗回路基础上的串联式冲洗回路

3.5.3　循环冲洗主要工艺流程及参数

① 冲洗流量　视管径大小、回路形式进行计算，保证管路中油流成紊流状态，管内油流的流速应在 3m/s 以上。

② 冲洗压力　冲洗时，压力为 0.3～0.5MPa，每间隔 2h 升压一次，压力升到 1.5～2MPa，运行 15～30min，再恢复低压冲洗状态，从而加强冲洗效果。

③ 冲洗温度　用加热器将油箱内油温加热至 40～60℃，冬季施工油温可提高到 80℃，通过提高冲洗温度能够缩短循环冲洗时间。

④ 振动　为彻底清除黏附在管壁上的氧化皮、焊渣和杂质，在冲洗过程中每间隔3～4h 用木锤、铜锤、橡皮锤或使用振动器沿管线从头至尾进行一次敲打振动。重点敲打焊口、法兰、变径、弯头及三通等部位。敲打时要环绕管壁四周均匀敲打，不得伤害管子外表面。振动器的频率为 50～60Hz，振幅为 1.5～3mm 为宜。

⑤ 充气　为了进一步加强冲洗效果，可向管内冲入 0.4～0.5MPa 的压缩空气，造成管内冲洗油的紊流状态，充分搅起杂质，增强冲洗效果。每班可充气两次，每次 8～10min。空气压缩机出口处要装有精度较高的过滤器。

3.5.4　循环冲洗注意事项

① 冲洗工作应在管路酸洗后 2～3 星期

内尽快进行，防止造成管内新的腐蚀，影响施工质量。冲洗合格后应立即注入合格的工作油液，每3天需要启动设备进行循环，以防止管道腐蚀。

② 循环冲洗要连续进行，要三班连续作业，无特殊原因不得停止。

③ 冲洗回路组成后，冲洗泵源应接在管径较粗一端的回路上，从总回油路向压力油管方向冲洗，使管内杂物能够顺利冲出。

④ 自制的冲洗油箱应清洁并尽量密封，并设有空气过滤装置，油箱容量应大于液压泵流量的5倍。向油箱注油时应采用滤油小车对油液进行过滤。

⑤ 冲洗管路的油液在回油箱之前需进行过滤，大规格管路式回油过滤器的滤芯精度可在不同冲洗阶段根据油液清洁情况进行更换，可在100μm，50μm，20μm，10μm，5μm 等滤芯规格中选择。

⑥ 冲洗用油一般选择黏度较低的10号机械油。如管道处理较好，一般普通液压系统，也可使用工作油进行循环冲洗。对于使用磷酸酯、水-乙二醇、乳化液等工作介质的系统，选择冲洗油要慎重，必须证明冲洗油与工作油不发生化学反应后方可使用。实践证明：采用乳化液为介质的系统，可用10号机械油进行冲洗。禁止使用煤油之类对管路有害的油品作冲洗液。

⑦ 冲洗取样应在回路过滤器上游取样检查。取样时间：冲洗开始阶段，杂质较多，可6～8 h一次；当油的清洁度等级接近要求时可每2～4h取样一次。

3.6 各类液压系统清洁度指标

液压系统工作介质的清洁度或污染度达到什么等级时可以使用，有统一的标准。

3.6.1 ISO 4406 油液污染度等级标准

工作介质中含有杂质颗粒数越少，清洁度就越高，液压系统工作越可靠。因此控制液压介质内污染颗粒的大小和数量是衡量系统清洁度的一种方法（见表5.1-3）。根据该标准ISO还规定了不同类型液压系统应达到的污染度等级（见表5.1-4）。如果杂质微粒在显微镜下计数的数值介于两个相邻密集度之间，则污染度代号应取大值。

表 5.1-3 ISO 4406 油液污染度等级标准（摘录）

密集度（微粒尺寸 5～15μm）/（微粒数/mL）	污染度代号	密集度（微粒尺寸 5～15μm）/（微粒数/mL）	污染度代号
40000	22	80	13
20000	21	40	12
10000	20	20	11
5000	19	10	10
2500	18	5	9
1300	17	2.5	8
840	16	1.3	7
320	15	0.64	6
160	14	0.32	5

表 5.1-4 液压系统应有的污染度等级

系统类型	污染度等级指标（5μm/15μm）	每毫升油液中大于给定尺寸的颗粒数目	
		5μm	15μm
污垢敏感系统	13/9	80	5
伺服和高压系统	15/11	320	20
一般机器的液压系统	16/13	640	80
中压系统	18/14	2500	160
低压系统	19/15	5000	320
大余隙低压系统	21/17	20000	1300

例：如果每mL油液中有大于5μm的颗粒数为4000和大于15μm的颗粒数为90时，则相应的污染度代号为19和14。因此，国际标准化组织的污染度等级代号为19/14。

3.6.2 （美国）NAS 1638 油液污染度等级标准

（美国）NAS油液等级标准采用颗粒计数法，已经被较多国家推荐使用，它对油液内污染颗粒的大小规定得更加详细，如表5.1-5所示。

表 5.1-5 NAS 1638 污染度等级

（100 mL 油中允许粒子数）（摘录）

NAS 等级	不同粒子直径(μm)允许的个数				
	5～15	15～25	25～50	50～100	>100
1	500	89	16	3	1
2	1000	178	32	6	1
3	2000	356	63	11	2
4	4000	712	126	22	4
5	8000	1425	253	45	8
6	16000	2850	506	90	16
7	32000	5700	1012	180	32
8	64000	11400	2025	360	64
9	128000	22800	4050	720	128
10	256000	45600	8100	1440	256
11	512000	91200	16200	2880	512
12	1024000	182400	32400	5760	1024
13	2048000	364800	64800	11520	2050

NAS 1638 等级标准限定了各类液压系统油液允许的污染度等级（见表 5.1-6），目前国外制造出厂的液压系统，开始使用时的油液污染等级都控制在 NAS7 级以上，当使用后降到 NAS9 级时，液压系统一般不会出现故障。当污染度等级降到 NAS10～11 级时，液压系统会偶尔出现故障。当油液的污染度等级降到 NAS12 级以上时，则会经常出现故障，此时必须对液压油进行循环过滤。

表 5.1-6 液压系统油液允许污染度等级

NAS 1638 计数法等级 / 液压系统类型	3	4	5	6	7	8	9	10	11	12	13
精密电液伺服系统	←	—	—	—							
伺服系统（应装有10μm以下过滤器）			←	—	—	—					
电液比例系统					←	—	—	—			
高压液压系统						←	—	—	—		
中压液压系统							←	—	—	—	
普通机床液压系统								←	—	—	—

第二章 液压系统的调试与维护

1 液压系统调试

液压设备安装、循环冲洗合格后，都要对液压系统进行必要的调整试车，使其在满足各项技术参数的前提下，按实际生产工艺要求进行必要的调整，达到在重负荷情况下也能运转正常。

1.1 液压系统调试前的准备工作

① 需调试的液压系统必须在循环冲洗合格后，方可进入调试状态。

② 液压驱动的主机设备全部安装完毕，运动部件状态良好并经检查合格后，进入调试状态。

③ 控制液压系统的电气设备及线路全部安装完毕并检查合格。

④ 熟悉调试所需要的技术文件，如液压原理图、管路安装图、系统使用说明书、系统调试说明书等。根据以上技术文件，检查管路连接是否正确、可靠，选用的油液是否符合技术文件的要求，油箱内油位是否达到规定高度，根据原理图、装配图认定各液压元器件的位置。

⑤ 清除主机及液压设备周围的杂物，调试现场应有必要明显的安全设施和标志，并由专人负责管理。

⑥ 参加调试人员应分工明确，统一指挥，对操作者进行必要的培训，必要时配备对讲机，方便联络。

1.2 液压系统调试步骤

1.2.1 调试前的检查

① 根据系统原理图、装配图及配管图检查连接是否正确，并确认每个液压缸由哪个支路的电磁换向阀操纵。

② 电磁换向阀分别进行空载换向，确认电气动作是否正确、灵活，符合动作顺序要求。

③ 将泵吸油管、回油管路上的截止阀开启，泵出口溢流阀及系统中安全阀的调压手轮全部松开；将减压阀置于最低压力位置。

④ 流量控制阀置于小开口位置。

⑤ 按照使用说明书要求，向蓄能器内充氮。

1.2.2 启动液压泵

① 用手盘动电动机和液压泵之间的联轴器，确认无干涉并转动灵活。

② 点动电动机，判定电动机转向是否与液压泵转向标志一致，确认后连续点动几次，无异常情况后按下电动机启动按钮，液压泵开始工作。

1.2.3 系统排气

启动液压泵后，将系统压力调到1.0MPa左右，分别控制电磁阀换向，使油液分别循环到各支路中，拧动管道上设置的排气阀，将管道中的气体排出；当油液连续溢出时，关闭排气阀。液压缸排气时可将液压缸活塞杆伸出侧的排气阀打开，电磁阀动作，活塞杆运动，将空气挤出，升到上止点时，关闭排气阀。打开另一侧的排气阀，使液压缸下行，排出无杆腔中的空气，重复上述排气方法，直到将液压缸中的空气排净为止。

1.2.4 系统耐压试验

系统耐压试验主要指现场管路的耐压试验，液压设备的耐压试验应在制造厂进行。对于液压管路，耐压试验的压力应为最高工作压力的1.5倍。工作压力≥21MPa的高压系统，耐压试验的压力应为最高工作压力的1.25倍。如果系统自身液压泵可以达到耐压值时，可不必使用电动试压泵。升压过程中应逐渐分段进行，不可一次达到峰值，每升高一级时，应保持几分钟，并观察管路是否正常。试压过程中严禁操纵换向阀。

1.2.5 空载调试

试压结束后，将系统压力恢复到准备调试状态，然后按照调试说明书中规定的内容，分别对系统的压力、流量、速度、行程进行调整与设定，可逐个支路按先手动后电动的顺序进行，其中还包括压力继电器和行程开关的设定。手动调整结束后，应在设备机、电、液单独无负载试车完毕后，开始进行空载联动试车。

1.2.6 负载试车

设备开始运行后，应逐渐加大负载，如情况正常，才能进行最大负载试车。最大负载试车成功后，应及时检查系统的工作情况是否正常，对压力、噪声、振动、速度、温升、液位等进行全面检查，并根据试车要求作出记录。

1.3 液压系统的验收

液压系统试车过程中，应根据设计内容对所有设计值进行检验，根据实际记录结果判定液压系统的运行状况，由设计、用户、制造厂、安装单位进行交工验收，并在有关文件上签字。

2 液压设备的维护

2.1 油液清洁度的控制

油液的污染是导致液压系统出现故障的主要原因，它造成的元件故障占系统总故障率的70%～80%。它给设备造成的危害是严重的。因此，液压系统的污染控制愈来愈受到人们的关注和重视。实践证明：提高系统的油液清洁度是提高系统工作可靠性的重要途径，必须认真做好。

2.1.1 污染物的来源与危害

液压系统中的污染物，指在油液中对系统可靠性和元件寿命有害的各种物质。主要有以下几类：固体颗粒、水、空气、化学物质、微生物和能量污染物等。不同的污染物会给系统造成不同程度的危害（见表5.2-1）。

表 5.2-1 污染物的种类、来源与危害

种类		来源	危害
固体	切屑、焊渣、型砂	制造过程残留	加速磨损、降低性能，缩短寿命，堵塞阀内阻尼孔，卡住运动件引起失效，划伤表面引起的泄漏甚至使系统压力大幅下降。漆状沉淀膜会使运动件动作不灵活
	尘埃和机械杂质	从外界侵入	
	磨屑、铁锈、油液氧化和分解产生的沉淀物	工作中生成	
水		通过凝结从油箱侵入，冷却器漏水	腐蚀金属表面，加速油液氧化变质，与添加剂作用产生胶质引起阀芯黏滞和过滤器堵塞
空气		经油箱或低压区泄漏部位侵入	降低油液体积弹性模量，使系统响应缓慢和失去刚度，引起汽蚀促使油液氧化变质，降低润滑性
化学污染物	溶剂、表面活性化合物、油液气化和分解产物	制造过程残留，维修时侵入，工作中生成	与水反应形成酸类物质腐蚀金属表面，并将附着于金属表面的污染物洗涤到油液中
微生物		易在含水液压油中生存并繁殖	引起油液变质劣化，降低油液润滑性，加速腐蚀
能量污染	热能、静电、磁场、放射性物质	由系统或环境引起	黏度降低，泄漏增加，加速油液分解变质，引起火灾

2.1.2 控制污染物的措施

针对各类污染物的来源采取相应的措施是很有必要的，对系统残留的污染物主要以预防为主。生成的污染物主要靠滤油过程加以清除。详细控制污染的措施见表 5.2-2。

表 5.2-2 控制污染的措施

污染来源	控制措施
残留污染物	①液压元件制造过程中要加强各工序之间的清洗、去毛刺，装配液压元件前要认真清洗零件。加强出厂试验和包装环节的污染控制，保证元件出厂时的清洁度并防止在运输和储存中被污染 ②装配液压系统之前对油箱、管路、接头等彻底清洗，未能及时装配的管子要加护盖密封 ③在清洁的环境中要用清洁的方法装配系统 ④在试车之前要冲洗系统。暂时拆掉的精密元件及伺服阀用冲洗盖板代之。与系统连接之前要保证管路及执行元件内部清洁
侵入污染物	①从油桶向油箱注油或从中放油时都要经过过滤装置过滤 ②保证油桶或油箱的有效密封 ③从油桶取油之前要清除桶盖周围的污染物 ④加入油箱的油液要按规定过滤。加油所用器具要进行清洗 ⑤与大气相通的油箱必须装有空气过滤器，通气量要与机器的工作环境和系统流量相适应。要保证过滤器安装正确和固定紧密。污染严重的环境可考虑采用加压式油箱或呼吸袋 ⑥防止空气进入系统，尤其是经泵吸油管进入系统。在负压区或泵吸油管的接口处应保证气密性。所有管端必须低于油箱最低液面。泵吸油管应该足够低，以防止在低液面时空气经旋涡进入泵 ⑦防止冷却器或其他水源的水漏进系统 ⑧维修时应严格执行清洁操作规程
生成污染物	①要在系统的适当部位设置具有一定过滤精度和一定纳污容量的过滤器，并在使用中经常检查与维护，及时清洗或更换滤芯 ②使液压系统远离或隔离高温热源。设计时应使油温保持在最佳值，需要时设置冷却器 ③发现系统污染度超过规定时，要查明原因，及时消除 ④单靠系统在线过滤器无法净化污染严重的油液时，可使用便捷式过滤装置进行系统外循环过滤 ⑤定期取油样分析，以确定污染物的种类，针对污染物确定需要对哪些因素加以控制 ⑥定期清洗油箱，要彻底清理掉油箱中所有残留的污染物

2.1.3 油液的过滤

在防止污染物侵入油液的基础上，对系统残留和生成的污染物进行强制性清除很重要。而对油液进行过滤是清除油液中污染物最有效的方法。过滤器可根据系统和元件的要求，分别安装在系统不同位置上，如泵吸油管、压力油管、回油管、伺服阀的进油口及系统循环冷却支路上。控制油液中颗粒污染物的数量，是确保系统性能可靠、工作稳定，延长使用寿命最有效的措施，选择过滤器时，需要考虑以下几个方面的问题。

① 过滤精度应保证系统油液能达到所需的污染度等级。

② 油液通过过滤器所引起的压力损失应尽可能小。

③ 过滤器应具有一定纳污容量，防止频繁更换滤芯。

2.2 液压系统泄漏的控制

液压系统泄漏的原因是错综复杂的，主要与振动、温升、压差、间隙和设计、制造、安装及维护不当有关。泄漏可分为外泄漏和内泄漏两种。外泄漏是指油液从元器件或管件接口内部向外部泄漏；内泄漏是指元器件由于间隙、磨损等原因有少量油液从高压腔流到低压腔。外泄漏会造成油液浪费，污染环境，危及人身安全或造成火灾。内泄漏能够引起系统性能不稳定，如使压力、流量不正常，严重时会造成停产事故。为控制泄漏量，国家对制造元件厂家生产的各类元件颁布了元件出厂试验标准，标准中对元件的内泄漏量作出了详细规定。控制外泄漏，常以提高几何精度、降低表面粗糙度和合理的设计、正确使用密封件来防止和解决漏油问题。液压系统外泄漏的主要部位及原因可归纳为以下几种。

① 管接头和油塞在液压系统中使用较多，在漏油事故中所占的比例也很高，可达到30%～40%。管接头漏油大多数发生在与其他零件连接处，如集成块、阀底板、管式元件等与管接头连接部位上。当管接头采用公制螺纹连接，螺孔中心线不垂直密封平面，即螺孔的几何精度和加工尺寸精度不符合要求时，会造成组合垫圈密封不严而泄漏。当管接头采用锥管螺纹连接时，由于锥管螺纹与螺堵之间不能完全密封，如螺纹孔加工尺寸、加工精度超差，极易产生漏油。以上两种情况一旦发生很难根治，只能够借助液态密封胶或聚四氟乙烯生料带进行填充密封。管接头组件螺母处漏油，一般都与加工质量有关，如密封槽加工超差，加工精度不够，密封部位的磕碰、划伤都可造成泄漏。必须经过认真处理，消除存在的问题，才能达到密封效果。

② 元件接合面的泄漏也是常见的，如板式阀、叠加阀、阀盖板、方法兰等均属此类密封形式。接合面间的漏油主要是由几方面原因所造成：与O形圈接触的安装平面加工粗糙、有磕碰、划伤现象；O形圈沟槽直径、深度超差，造成密封圈压缩量不足；沟槽底平面粗糙度低、同一底平面上各沟槽深浅不一致、安装螺钉长、强度不够或者孔位超差，都会造成密封面不严，产生漏油。解决办法：针对以上问题分别进行处理，如对O形圈沟槽进行补充加工，严格控制深度尺寸，降低沟槽底平面及安装平面的粗糙度、提高光洁度，消除密封面不严的现象。

③ 轴向滑动表面的漏油，是较难解决的。造成液压缸漏油的原因较多，如活塞杆表面黏附粉尘泥水、密封沟槽尺寸超差、表面的磕碰、划伤、加工粗糙、密封件的低温硬化、偏载等原因都会造成密封损伤、失效引起漏油。解决的办法可从设计、制造、使用几方面进行，如选耐粉尘、耐磨、耐低温性能好的密封件并保证密封沟槽的尺寸及精度，正确选择滑动表面的粗糙度，设置防尘伸缩套，尽量不要使液压缸承受偏载，经常

擦除活塞杆上的粉尘，注意避免磕碰、划伤，搞好液压油的清洁度管理。

④ 泵、马达旋转轴处的漏油主要由油封内径过盈量太小，油封座尺寸超差，转速过高，油温高，背压大，轴表面粗糙度差，轴的偏心量大，密封件与介质的相容性差及不合理的安装等因素造成。解决方法可从设计、制造、使用几方面进行预防，控制泄漏的产生。如设计中考虑合适的油封内径过盈量，保证油封座尺寸精度，装配时油封座可注入密封胶。设计时可根据泵的转速、油温及介质，选用合适的密封材料加工的油封，提高与油封接触表面的粗糙度及装配质量等。

⑤ 油温发热往往会造成液压系统较严重的泄漏现象，它可使油液黏度下降或变质，使内泄漏增大；温度继续增高，会造成密封材料受热后膨胀增大了摩擦力，使磨损加快，使轴向转动或滑动部位很快产生泄漏。密封部位中的O形圈也由于温度高、加大了膨胀和变形造成热老化，冷却后已不能恢复原状，使密封圈失去弹性，因压缩量不足而失效，逐渐产生渗漏。因此，控制温升，对液压系统尤为重要。造成温升的原因较多，如机械摩擦引起的温升，压力及容积损失引起的温升，散热条件差引起的温升等。为了减少温升发热所引起的泄漏，首先应从液压系统优化设计的角度出发，设计出传动效率高的节能回路，提高液压件的加工和装配质量，减少内泄漏造成的能量损失。采用黏—温特性好的工作介质，减少内泄漏。隔绝外界热源对系统的影响，加大油箱的散热面积，必要时设计冷却器，使系统油温严格控制在25～50℃。

液压系统防漏与治漏的主要措施如下。

① 尽量减少油路管接头及法兰的数量，在设计中广泛采用叠加阀、插装阀、板式阀，采用集成块组合形式，减少管路泄漏点，是防漏的有效措施之一。

② 将液压系统中的液压阀台安装在执行元件较近的地方，可以大大缩短液压管路的总长度，从而减少管接头的数量。

③ 液压冲击和机械振动直接或间接地影响系统，造成管路接头松动，产生泄漏。液压冲击往往是由于快速换向所造成的。因此在工况允许的情况下，尽量延长换向时间，即阀芯上设有缓冲槽、缓冲锥体结构或在阀内装有延长换向时间的控制阀。液压系统应远离外界振源，管路应合理设置管夹，泵源可采用减振器，高压胶管、补偿接管或装上脉动吸收器来消除压力脉动，减少振动。

④ 定期检查、定期维护、及时处理是防止泄漏、减少故障的基本保障。

2.3 液压系统噪声的控制

噪声是公害，它不仅使人感到烦躁，也使大脑产生疲劳，降低工作效率，还会因未及时听清报警信号而造成工伤事故。液压系统产生的噪声对系统本身的工作性能影响较大，它往往与振动同时发生，会造成较严重的压力振摆，导致系统无法正常工作，降低元件的使用寿命。液压系统产生噪声的因素较多，如冲击噪声、压力脉动噪声、气穴噪声、元件噪声等。在液压系统噪声中，70%左右是由液压泵引起的。液压泵输出功率越大，转速越高或泵内的空气量吸入越多，噪声就越大；液压换向冲击产生的噪声也往往会引起管路振动及油箱的共鸣。采取如下措施可降低液压系统的噪声。

① 设计中选用低噪声泵及元件，降低泵的转速。

② 采用上置式油箱、改善泵吸油阻力，排除系统空气，设置泄压回路，延长阀的换向时间，使换向阀芯带缓冲锥度或切槽，采用滤波器，加大管径，设置蓄能器等。

③ 采用立式电动机将液压泵侵入油液中，泵进出口采用橡胶软管，泵组下设置减振器，管路中使用管夹，采用隔声、吸声等

措施控制噪声的传播。

2.4 液压系统的检查和维护

在液压设备中，很多设备会受到不同程度的外界伤害，如风吹、雨淋、烟尘、高热等。为了充分保障和发挥这些设备的工作效能，减少故障，延长使用寿命，必须加强设备的定期检查和维护，使设备始终保持在良好的工作状态下。液压系统检查和维护要点见表 5.2-3。

表 5.2-3 液压系统检查和维护要点

检查项目	检查方法（测量仪器名称）	周期/(次数/期间)	检查时		保养基准	维修基准	备注
			运转	停止			
泵的响声	耳听或用噪声计测量	1/季	+		通常系统压力为7MPa时，噪声≤75dB(A)；14MPa时噪声≤90dB(A)	当噪声较大时，修理或更换	与工作油（混入空气、水等）、过滤器堵塞及溢流阀振动有关
泵吸油阻力	真空表（装在泵吸入管处）	1/年	+		正常运转时，吸油真空度要在127kPa以下	当阻力较大时，检查过滤器和工作油	与工作油黏度、过滤器堵塞、吸油高度及吸油管内径等有关
泵体温度	点温计（贴在泵体上）	1/季	+		比油温高5～7℃	温度急剧上升时，要检修	与工作油黏度、过滤器堵塞及调节压力、环境温度等有关
泵出口压力	压力表	1/季	+		保持规定的压力	当压力剧烈变化或不能保持时要修理	注意压力表的共振
马达动作情况	目视、压力表、转速表	1/季	+		动作要平稳	动作不良时要修理	
马达异常情况	耳听	1/季	+		不能够有异常声音	多因定子环，叶片及弹簧破损或磨损引起，更换零件	若压力或流量超过额定值，也会产生异常声音
液压缸动作状况	按设计要求，检查动作的平稳性	1/季	+		按设计要求	动作不良由密封老化、卡死等引起的，修理	与泵和溢流阀调节压力也有关
液压缸外泄漏	目视、手摸	1/季	+		活塞杆处及整个外部均不能有泄漏	安装不良（不同心）引起泄漏时，应进行调查，并换密封	
液压缸内泄漏	打开回油管观测内泄漏情况	1/季	+		根据液压缸工作状态确定	若密封老化引起内泄漏，换密封	
过滤器杂质附着情况	取出观察	1/季		+	表面不能有杂质，不能有损坏	当附着的杂质较多时，需要更换滤芯或工作液	
压力表的压力测量	用标准表测量	1/年	+		误差不应超过±1.5%	误差大或损坏时需更换	
温度计的温度测量	用标准表测量	1/年		+	误差不应超过±1.5%	误差大或损坏时需更换	
蓄能器的充气压力	用带压力表的充气装置测量	1/年		+	应保持所规定的压力	如设定压力不足时需充气	当液体压力为0时，进行测量

续表

检查项目	检查方法（测量仪器名称）	周期/（次数/期间）	检查时		保养基准	维修基准	备　注
			运转	停止			
油箱的液位	目视液位计	1/季		+	应保持所规定的液位		
油液的一般特性	目视色泽、闻其气味	1/季		+	应符合标准油液特性	若油变白浊,可对冷却器进行修理并换油,冲洗系统	
油液中的污染状况	用专用仪器测定	1/季	+		应符合规定的清洁度指标	超标时过滤油液	
压力阀设定值动作状况	检查设定位置或观察执行机构的速度	1/季	+		根据型号来检查动作的可靠性	根据检查情况更换或修理	当流量超过额定值时,会产生动作不良
方向阀换向状况	换向时看执行机构动作情况	1/季	+		方向阀动作可靠,外部不允许漏油	漏油时更换密封圈	
流量阀的流量调整	检查设定位置或观察执行机构的速度	1/年	+		按设计说明书设定	动作不良时修理	
电器元件的绝缘	用500V兆欧表测量	1/年		+	与地线之间的绝缘电阻在10M以上		
电器元件的电压测量	用电压表测量工作时的最低和最高电压	1/季	+		在额定电压的允许范围内(±15%)	电压变化大时,检查电气设备	电压过高或过低,会烧坏电气元件
液压装置漏油	目视、手摸	1/季	+		不允许漏油(尤其管接头部分)	修理(更换密封件)	管接头接合面接合要可靠
橡胶软管外部损失	目视、手摸	1/季	+		不能损失	有损失时,更换	

2.5 检修液压系统时的注意事项

① 系统工作时应停机，未泄压时或未切断控制电源时，禁止对系统进行检修，防止发生人身伤亡事故。

② 检修现场一定要保持清洁，拆除元件或者松动管件前应清除其外表面污物，检修过程中要及时用清洁的护盖把所有暴露的通道口封好，防止污染物浸入系统，不允许在检修现场进行打磨、施工及焊接作业。

③ 检修或更换元器件时必须保持清洁，不得有砂粒、污垢、焊渣等，可以先漂洗一下，再进行安装。

④ 更换密封件时，不允许用锐利的工具，注意不得碰伤密封件或工作表面。

⑤ 拆卸、分解液压元件时应注意零部件拆卸时的方向和顺序并妥善保存，不得丢失，不要将其精加工表面碰伤。元件装配时，各零部件必须清洗干净。

⑥ 安装元件时，拧紧力要均匀适当，防止造成阀体变形、阀芯卡死或接合部位泄漏。

⑦ 更换或补充工作液时，必须将新油通过高精度滤油车过滤后注入油箱。工作液牌号必须符合要求。为确保液压系统正常运转，需定期更换液压油。更换油（液）的期限，应根据油（液）品种、工作环境和运行工况不同而不同。一般来说，在连续运转、高温、高湿、灰尘多的地方，需要缩短换油的周期。表 5.2-4 给出的更换周期仅供换油前储备油品时参考，具体更换时间应按使用过程中检

表 5.2-4 液压介质的更换周期

介质种类	普通液压油	专用液压油	全损耗系统用油
更换周期/月	12～18	＞12	6

介质种类	汽轮机油	水包油乳化液	油包水乳化液	磷酸酯液压液
更换周期/月	12	2～3	12～18	＞12

测到的数据来决定。

⑧ 不允许在蓄能器壳体上进行焊接和加工，维修不当极易造成严重事故。如发现问题应及时送回制造厂修理。

⑨ 检修完成后，需要对检修部位进行确认。无误后，按液压系统调试一节内容进行调整，并观察检修部位，确认正常后，方可投入运行。

第三章

液压系统的故障处理

1 液压系统常见故障的诊断及消除方法

1.1 常见故障的诊断方法

液压设备是由机械、液压、电气等装置组合而成的，故出现的故障也是多种多样的。某一种故障现象可能由许多因素造成的，因此分析液压故障必须能看懂液压系统原理图，对原理图中各个元件的作用有一个大体的了解，然后根据故障现象进行分析、判断，针对许多因素引起的故障原因需要逐一分析，抓住主要矛盾，才能较好地解决和排除故障。液压系统中工作液在元件和管路中流动情况，外界是很难了解到的，所以给分析、诊断带来了较多的困难，因此要求人们具备较强分析判断故障的能力。在机械、液压、电气诸多复杂的关系中找出故障原因和部位并及时、准确加以排除。一般来说液压系统发生故障的80%是由于液压油（液）污染造成液压元件动作失灵产生的，分析诊断时需要着重考虑。

1.1.1 简易故障诊断方法

简易故障诊断方法是目前采用最普遍的方法，它是靠维修人员个人的经验，利用简单仪表根据液压系统出现的故障，客观地采用问、看、听、摸、闻等方法了解系统的工作情况，进行分析、诊断、确定产生故障的原因和部位，具体做法如下。

① 询问设备操作者，了解设备运行状况。其中包括：液压系统工作是否正常；液压泵有无异常现象；液压油检测清洁度的时间及结果；滤芯清洗和更换情况；发生故障前是否对液压元件进行了调节；是否更换过密封元件；故障前后液压系统出现过哪些不正常现象；过去该系统出现过什么故障，是如何排除的等，需要逐一进行了解。

② 看液压系统工作的实际状况，观察系统压力、速度、油液、泄漏、振动等是否存在问题。

③ 听液压系统的声音，如冲击声、泵的噪声及异常声，判断液压系统工作是否正常。

④ 根据温升、振动、爬行及连接处的松紧程度判定运动部件工作状态是否正常。

总之，简易诊断方法只是一个简易的定性分析，对快速判断和排除故障，具有较广泛的实用性。

1.1.2 液压系统原理图分析法

根据液压系统原理图分析液压传动系统出现的故障，找出故障产生的部位及原因，并提出排除故障的方法。液压系统图分析法是目前工程技术人员应用最为普遍的方法，它要求人们对液压知识具有一定基础，并能看懂液压系统图，掌握各图形符号所代表的元件，对元件的原理、结构及性能也应有一定的了解。有了这样的基础，结合动作循环表对照分析、判断故障就很容易了。所以认真学习液压基础知识，掌握液压原理图是故障诊断与排除最有力的助手，也是其他故障分析法的基础，必须认真掌握。

1.1.3 其他分析法

液压系统发生故障时，往往不能立即找出故障发生的部位和根源。为了避免盲目性，人们必须根据液压系统原理图进行逻辑分析或采用因果分析等方法逐一排除，最后找出发生故障的部位，这就是用逻辑分析来查找故障的方法。为了便于应用，故障诊断专家设计了逻辑流程图或其他图表对故障进行逻辑判断，为故障诊断提供了方便。

1.2 系统压力不正常的消除方法（见表 5.3-1）

表 5.3-1 系统压力不正常的消除方法

故障现象及原因		消除方法
没有压力	液压泵吸不进油液	油箱加油、换过滤器等
	油液全部从溢流阀溢回油箱	调整溢流阀
	液压泵装配不当，泵不工作	修理或更换
	泵的定向控制装置位置错误	检查控制装置线路
	液压泵损坏	更换或修理
	泵的驱动装置扭断	更换、整理联轴器
压力不足	溢流阀损坏	修理或更换
	减压阀或溢流阀设定值过低	重新设定
	集成通道块设计有误	重新设定
	减压阀损坏	修理或更换
	泵、马达或缸损坏、内泄大	修理或更换
	泵转速过低	检查原动机及控制
	油箱液面低	加油至标定高度
压力不稳定	油中混有空气	堵塞、加油、排气
	溢流阀磨损、弹簧刚性差	修理或更换
	油液污染、堵塞阀阻尼孔	清洗、换油
	蓄能器或充气阀失效	修理或更换
	泵、马达或缸磨损	修理或更换
压力过高	减压阀、溢流阀或卸荷阀设定值不对	重新设定
	泵变量机构不工作	修理或更换
	减压阀、溢流阀或卸荷阀堵塞或损坏	清洗或更换

1.3 系统流量不正常的消除方法（见表 5.3-2）

表 5.3-2 系统流量不正常的消除方法

故障现象及原因		消除方法
没有流量	①参考表 5.3-1 没有压力时的分析 ②换向阀的电磁铁松动、线圈短路 ③油液被污染，阀芯卡住 ④M、H 型机能滑阀未换向	更换或修理 冲洗、换油
流量过小	①流量控制装置调整太低 ②溢流阀或卸荷阀压力调得太低 ③旁路控制阀关闭不严 ④泵的容积效率下降 ⑤系统内泄漏严重 ⑥变量泵正常调节无效 ⑦管路沿程损失太大 ⑧泵、阀、楔及其他元件磨损	调高 调高 更换阀、查控制线路 更换泵、排气 紧连接、换密封 修理或更换 增大管径、提高压力 更换或修理
流量过大	①流量控制装置调整过高 ②变量泵正常调节无效 ③检查泵的型号和电动机转数是否正确	调低 修理或更换

1.4 系统噪声、振动大的消除方法（见表 5.3-3）

表 5.3-3 系统噪声、振动大的消除方法

故障现象及原因			消除方法
泵噪声、振动大	泵内产生气穴	油液温度太低或黏度太高	加热油液或更换
		吸入油管太长、太细、弯头太多	更改管道设计
		进油过滤器过小或堵塞	更换或清洗
		泵离液面太高	更改泵安装位置
		辅助泵故障	修理或更换
		泵转速太快	减小到合理转速
	油液中有气泡	油液选用不合适	更换油液
		油箱中回油管在液面上	管伸到液面下
		油箱液面太低	油加至规定范围
		进油管接头进入空气	更换或紧固接头
		泵轴油封损坏	更换油封
		系统排气不好	重新排气
	泵磨损或损坏 泵与原动机同轴度低		更换或修理 系统调整
液压马达噪声大	管接头密封件不良 液压马达磨损或损坏 液压马达与工作机同轴度低		换密封件 更换或修理 重新调整
液压缸振动大	空气进入液压缸		很好地排出空气 液压缸活塞、密封衬垫涂上二硫化钼润滑脂
溢流阀尖叫	压力调整过低或与其他阀太近 锥阀、阀座磨损		重新调节、组装或更换 更换或修理
管道噪声大	油液剧烈流动		①加粗管道，使流速控制在允许范围内 ②少用弯头多的管子，采用曲率小的弯管 ③采用胶管 ④油流紊乱处不采用直角弯头或三通 ⑤采用消声器、蓄能器等
管道振动大	管道长、固定不良 溢流阀、卸荷阀、液控单向阀、平衡阀、方向阀等工作不良引起的管道振动和噪声		增加管夹，加防振垫并安装压板 适当处装上节流阀，改为外泄式，对回路进行改造，增设管夹
油箱振动	油箱结构不良		增后箱板，在侧板、底板上增设筋板，改变回油管末端的形状或位置
	泵安装在油箱上		泵和电动机单独装在油箱外底座上，并用软管与油箱连接
	没有防振措施		在油箱脚下、泵的底座下增加防振垫

1.5 液压系统冲击大的消除方法（见表 5.3-4）

表 5.3-4 液压系统冲击大的消除方法

故障现象及原因		消除方法
换向时产生冲击	换向时瞬间关闭、开启，造成动能或势能相互转换时产生的液压冲击	①延长换向时间 ②设计带缓冲的阀芯 ③加粗管径、缩短管路 ④降低电液换向的控制压力 ⑤在控制管路或回油管路上增设节流阀 ⑥采用带先导卸荷功能的元件 ⑦采用电气控制方法，使得两个以上的阀不能同时换向

续表

故障现象及原因		消除方法
液压缸在运动中突然被制动所产生的液压冲击	液压缸运动时，具有很大的动量和惯性，突然被制动，会引起较大的压力增值产生液压冲击	①液压缸进出口处分别设置反应快、灵敏度高的小型安全阀 ②在满足驱动力时尽量减少系统工作压力，或适当提高系统背压 ③液压缸附近安装囊式蓄能器
液压缸到达终点时产生的液压冲击	液压缸运动时产生的动量和惯性与缸体发生碰撞，引起的冲击	①在液压缸两端设缓冲装置 ②液压缸进出油口处设置反应快、灵敏度高的小型溢流阀 ③设置行程(开关)阀

1.6 执行机构运动不正常的消除方法（见表 5.3-5）

表 5.3-5 执行机构运动不正常的消除方法

故障现象及原因		消除方法
系统压力正常执行元件无动作	电磁阀中电磁铁有故障	排除或更换
	限位或顺序装置(机械式、电气式或液动式)不工作或调得不对	调整、修复或更换
	机械故障	排除
	没有指令信号	查找、修复
	放大器不工作或调得不好	调整、修复或更换
	阀不工作	调整、修复或更换
	缸或马达损坏	修复或更换
	液控单向阀的外控油路有问题，减压阀、顺序阀的压力过低或过高	修理排除 重新调整
	机械式、电气式或液动式限位或顺序装置不工作或调得不好	调整、修复或更换
执行元件动作太慢	泵输出流量不足或系统泄漏太大	检查、修复或更换
	油液黏度太高或太低	检查、调整或更换
	阀的控制压力不够或阀内阻尼孔堵塞	清洗、调整
	外负载过大	检查、调整
	放大器失灵或调得不对	调整、修复或更换
	阀芯卡死	清洗、过滤或换油
	缸或马达磨损严重	修理或更换
动作不规则	压力不正常	见表 5.3-1
	油中混有空气	加油、排气
	指令信号不稳定	查找、修复
	放大器失灵或调得不对	调整、修复或更换
	传感器反馈失灵	修理或更换
	阀芯卡死	清洗、滤油
	缸或马达磨损或损坏	修理或更换
机构爬行	液压缸和管道中有空气	排除系统中空气
	系统压力过低或不稳	调整、修理压力阀
	滑动部件阻力太大	修理、加润滑油
	液压缸与滑动部件安装不良，如机架刚度不够、紧固螺栓松动等	调整、加固

1.7 系统油温过高的消除方法（见表 5.3-6）

表 5.3-6　系统油温过高的消除方法

故障现象及原因		消除方法
油液温度过高	①系统压力过高	在满足工作条件要求下，尽量调低至合适的压力
	②卸荷回路动作不良，当系统不需要压力油时，而油仍在溢流阀的设定压力下溢回油箱	改进卸荷回路设计；检查电控回路及相应各阀动作；调低卸荷压力；高压小流量、低压大流量时，采用变量泵
	③油液冷却不足：a. 冷却水供应失灵或风扇失灵；b. 冷却水管道中有沉淀或水垢；c. 油箱的散热面积不足	a. 检查冷却水系统、更换、修理电磁水阀，更换、修理风扇；b. 清洗、修理或更换冷却器；c. 改装冷却系统或加大油箱容量
	④泵、马达、阀、缸及其他元件磨损	更换已磨损的元件
	⑤蓄能器容量不足或有故障	换大蓄能器，修理蓄能器
	⑥油液脏或供油不足	清洗或更换滤油器；加油至规定油位
	⑦油液黏度不合适	更换合适黏度的油液
	⑧油液的阻力过大，如管道的内径和需要的流量不相适应或者由于阀规格过小，能量损失太大	装置适宜尺寸的管道和阀
	⑨附近有热源影响，辐射热大	采用隔热材料反射板或变更布置场所；设置通风、冷却装置等，选用合适的工作油液
液压泵过热	①油液温度过高	见"油液温度过高"故障排除
	②溢流阀或卸荷阀压力调得太高	调整至合适压力
	③油液黏度过低或过高	选择适合本系统黏度的油
	④过载	检查支承与密封状况，检查超出设计要求的载荷
	⑤泵磨损或损坏	修理或更换
	⑥有气穴现象	见表 5.3-3
	⑦油液中有空气	见表 5.3-3
液压马达过热	①油液温度过高	见"油液温度过高"故障诊断
	②过载	检查支承与密封状况，检查超出设计要求的载荷
	③马达磨损或损坏	修理或更换
	④溢流阀、卸荷阀压力调得太高	调至正确压力

2　液压件常见故障及处理

由于液压泵、缸、阀等元件的类型、品种相当多，故障分析时，应首选熟悉和掌握元件的结构、特性和工作原理，应加强现场观测、分析研究、做到及时、有效排除液压故障。下面仅介绍主要液压元件的常见、共性故障分析及排除方法供参考。

2.1 液压泵常见故障及处理（见表 5.3-7）

表 5.3-7 液压泵常见故障及处理

故障现象		原因分析	消除方法
1. 泵不输出	(1)泵不转	①电动机轴未转动； a. 未接通电源； b. 电气线路及元件故障	检查电气并排除故障
		②电动机发热跳闸； a. 溢流阀调压过高，或阀芯卡死堵塞超荷后闷泵； b. 电动机驱动功率不足； c. 泵出口单向阀反转或阀芯卡死而闷泵； d. 电动机故障	调节溢流阀压力值、检修阀 加大电动机功率 检修单向阀 检修或更换电动机
		③泵轴或电动机轴上无连接键： a. 折断； b. 漏装	更换键 补装键
		④泵内部滑动副卡死 a. 配合间隙太小 b. 零件精度差，装配质量差，齿轮与轴同轴度偏差太大；柱塞头部卡死；叶片垂直度差；转子摆差太大，转子槽有伤口或叶片有伤痕受力后断裂而卡死	拆开检修，按要求选配间隙 更换零件，重新装配，使配合间隙达到要求
	(2)泵反转	电动机转向不对： a. 电气线路接错； b. 泵体上旋向箭头错误	纠正电气线路 纠正泵体上旋向箭头
	(3)泵轴仍可转动	泵轴内部折断： a. 轴质量差； b. 泵内滑动副卡死	检查原因，更换新轴 处理见本表 1(1)④
	(4)泵不吸油	①油箱油位过低	加油至油位线
		②吸油过滤器堵塞	清洗滤芯或更换
		③泵吸油管上阀门未打开	检查打开阀门
		④泵或吸油管密封不严	检查和紧固接头、泵盖螺钉，在泵盖结合处和接头处涂上油脂，或先向泵吸油口灌油
		⑤泵吸油高度超标准且吸油管细长、弯曲太多	降低吸油高度，更换管子，减少弯头
		⑥吸油过滤器过滤精度太高，或通油面积太小	选择合适的过滤精度，加大过滤器规格
		⑦油的黏度太高	检查油的黏度，更换适宜的油液，冬季要检查加热器的效果
		⑧叶片泵叶片未伸出，或卡死	拆开清洗，合理选配间隙，检查油质，过滤或更换油液
		⑨叶片泵变量机构动作不灵，使偏心量为零	更换或调整变量机构
		⑩柱塞泵变量机构失灵，如加工精度差，装配不良，配合间隙太小，泵内部摩擦阻力太大，伺服活塞、变量活塞及弹簧芯轴卡死，通向变量机构的个别油管有堵塞以及油液太脏，油温太高，使零件变形等	拆开检查，装配或更换零件，合理选配间隙；过滤或更换油液；检查冷却器效果；检查油箱内的油位并加至油位线
		⑪柱塞泵缸体与配油盘之间不密封（如柱塞泵中心弹簧折断）	更换弹簧
		⑫叶片泵配油盘与泵体之间不密封	拆开清洁，重新装配

续表

故障现象	原因分析		消除方法
2. 泵噪声大	(1)吸空现象严重	①吸油过滤器有部分堵塞,吸油阻力大	清洗或更换过滤器
		②吸油管距油面较近	适当加长、调整吸油管长度或位置
		③吸油位置太高或油箱液位太低	降低泵的安装高度或提高液位高度
		④泵和吸油管口密封不严	检查连接处和结合面的密封,并紧固
		⑤油的黏度过高	检查油质,按要求选用油的黏度
		⑥泵的转速太高(使用不当)	控制在最高转速以下
		⑦吸油过滤器通过面积太小	更换通油面积大的过滤器
		⑧非自吸泵的辅助泵供油不足或有故障	修理或更换辅助泵
		⑨油箱上空气过滤器堵塞	清洗或更换空气过滤器
		⑩泵轴油封失效	更换
	(2)吸入气泡	①油液中溶解一定量的空气,在工作过程中又生成的气泡	在油箱内增设隔板,将回油经过隔板消泡后再吸入,油液中加消泡剂
		②回油涡流强烈生成泡沫	吸油管与回油管要隔开一定距离,回油管口要插入油面以下
		③管道内或泵壳内存有空气	进行空载运转,排除空气
		④吸油管浸入油面的深度不够	加长吸油管,往油箱中注油使其液面升高
	(3)液压泵运转不良	①泵内轴承磨损严重或破损	拆开清洗,更换
		②泵内部零件破损或磨损:	
		a. 定子环内表面磨损严重;	更换定子圈
		b. 齿轮精度低,摆差大	研配修复或更换
	(4)泵的结构因素	①困油严重产生较大的流量脉动和阻力脉动:	
		a. 卸荷槽设计不佳;	改进设计,提高卸荷能力
		b. 加工精度差;	提高加工精度
		②变量泵变量机构工作不良(间隙过小,加工精度差,油液太脏等)	拆开清洗,修理,重新装配达到性能要求,过滤或更换油液
		③双极叶片泵的压力分配阀工作不正常(间隙过小,加工精度差,油液太脏等)	拆开清洗,修理,重新装配达到性能要求,过滤或更换油液
	(5)泵安装不良	①泵轴与电动机轴同轴度差	重新安装达到技术要求,同轴度一般达到0.1mm以内
		②联轴器安装不良,同轴度差并有松动	重新安装达到技术要求,并用顶丝紧固联轴器
3. 泵出油量不足	(1)容积效率低	①泵内滑动零件磨损严重:	拆开清洗,修理和更换:
		a. 叶片泵配油盘端面磨损严重	研磨配油盘端面
		b. 齿轮端面与侧板磨损严重	研磨修理或更换
		c. 齿轮泵因轴承损坏使泵体孔磨损严重	更换轴承并修理
		d. 柱塞泵柱塞与缸体孔磨损严重	更换柱塞并配研到要求间隙,清洗后重新装配
		e. 柱塞泵配油盘与缸体端面磨损严重	研磨两端面达到要求,清洗后再重新装配
		②泵装配不良:	
		a. 定子与转子、柱塞与缸体、齿轮与泵体、齿轮与侧板之间的间隙太大;	重新装配,按技术要求选配间隙
		b. 叶片泵、齿轮泵泵盖上螺钉拧紧力矩不均或有松动;	重新拧紧螺钉并达到受力均匀
		c. 叶片和转子反装	纠正方向重新装配
		③油的黏度过低(如用错油或油温过高)	更换油液,检查油温过高原因,提出降温措施

续表

故障现象		原因分析	消除方法
3. 泵出油量不足	(2)泵有吸气现象	参见本表2中(1)和(2)	参见本表2中(1)和(2)
	(3)泵内部机构工作不良	参见本表2(4)	参见本表2(4)
	(4)供油量不足	非自吸泵的辅助泵供油量不足或有故障	修理或更换辅助泵
4. 压力不足或压力升不高	(1)漏油严重	参见本表3(1)	参见本表3(1)
	(2)驱动机构功率过小	①电动机输出功率过小： a. 设计不合理； b. 电动机有故障 ②机械驱动机构输出功率过小	核算电动机功率，若不足应更换 检查电动机并排除故障 核算驱动功率并更换驱动机构
	(3)泵排量选得过大或压力调得过高	造成驱动机构或电动机功率不足	重新计算匹配压力，流量和功率，使之合理
5. 压力不稳定，流量不稳定	(1)泵有吸气	参见本表2中(1)和(2)	参见本表2中(1)和(2)
	(2)油液过脏	个别叶片在转子槽内卡住或伸出困难	过滤或更换油液
	(3)泵装配不良	①个别叶片在转子槽内间隙过大，造成高压油向低压腔流动 ②个别叶片在转子槽内间隙过小，造成卡住或伸出困难 ③个别柱塞与缸体孔配合间隙过大，造成漏油量大	拆开清洗，修配或更换叶片，合理选配间隙 修配，使叶片运动灵活 修配后使间隙达到要求
	(4)泵的结构因素	参见本表2(4)	参见本表2(4)
	(5)供油量波动	非自吸泵的辅助泵有故障	修理或更换辅助泵
6. 异常发热	(1)装配不良	①间隙选配不当(如柱塞与缸体、叶片与转子槽、定子与转子、齿轮与侧板等配合间隙过小，造成滑动部位过热烧伤) ②装配质量差，传动部分同轴度未达到技术要求，运转时有别劲现象 ③轴承质量差，或装配时被打坏，或安装未清洗干净，造成运转时别劲 ④经过轴承的润滑油排油口不畅通： a. 回油口螺塞未打开(未接管子)； b. 安装时油道未清洗干净，从而有脏物堵住； c. 安装时回油管弯头太多或有压扁现象	拆开清洗，测量间隙，重新配研达到规定间隙 拆开清洗，重新装配，达到技术要求 拆开检查，更换轴承，重新装配 安装好回油管 清洗管道 更换管子，减少弯头
	(2)油液质量差	①油液的黏—温特性差，黏度变化大 ②油中含有大量水分造成润滑不良 ③油液污染严重	按规定选用液压油 更换合适的油液，清洗油箱内部 更换油液
	(3)管路故障	①泄油管压扁或堵死 ②泄油管径太细，不能满足排油要求 ③吸油管径细，吸油阻力大	清洗或更换 更改设计，更换管子 加粗管径、减少弯头、降低吸油阻力

续表

故障现象		原因分析	消除方法
6. 异常发热	(4)受外界条件影响	外界热源高,散热条件差	消除外界影响,增设隔热措施
	(5)内部泄漏大,容积效率过低而发热	参见本表3(1)	参见本表3(1)
7. 轴封漏油	(1)安装不良	①密封件唇口装反 ②骨架弹簧脱落: a. 轴的倒角不适当,密封唇口翻开,使弹簧脱落; b. 装轴时不小心,使弹簧脱落 ③密封唇部粘有异物 ④密封唇部通过花键轴时被拉伤 ⑤油封装斜了: a. 沟槽内径尺寸太小 b. 沟槽倒角过小 ⑥装配时造成油封严重变形 ⑦密封唇部翻卷: a. 轴倒角太小; b. 轴倒角处太粗糙	拆下重新安装,拆装时不要损坏唇部。若有变形或损伤应更换 按加工图样要求重新加工 重新安装 取下清洗,重新装配 更换后重新安装 检查沟槽尺寸,按规定重新加工 按规定重新加工 检查沟槽尺寸及倒角 检查轴倒角尺寸和粗糙度,可用砂布打磨倒角处,装配时在轴倒角处涂上油脂
	(2)轴和沟槽加工不良	①轴加工错误: a. 轴颈不适宜,使油封唇口部位磨损,发热; b. 轴倒角不合要求,使油封唇口拉伤,弹簧脱落; c. 轴颈外表有车削或磨削痕迹; d. 轴颈表面粗糙使油封唇边磨损加快; ②沟槽加工错误: a. 沟槽尺寸过小,使油封装斜; b. 沟槽尺寸过大,油从外周漏出; c. 沟槽表面有划伤或其他缺陷,油从外周漏出	检查尺寸,换油。油封处的公差常用h8 重新加工轴的倒角 重新修磨,消除磨削痕迹 重新加工达到图样要求 更换泵盖,修配沟槽达到配合要求
	(3)油封本身有缺陷	油封质量不好,不耐油或对液压油相容性差,变质、老化、失效造成漏油	更换相适应的油封橡胶件
	(4)容积效率过低	参见本表3(1)	参见本表3(1)
	(5)泄油孔被堵	泄油孔被堵后,泄油压力增加,造成密封唇口变形太大,接触面积增加,摩擦产生热老化,使油封失效,引起漏油	清洗油孔,更换油封
	(6)外接泄油管径过细或管道过长	泄油困难,泄油压力增加	适当增大管径或缩短泄油管长度
	(7)未接泄油管	泄油管未打开或未接泄油管	打开螺塞接上泄油管

2.2 液压马达常见故障及处理（见表 5.3-8）

表 5.3-8　液压马达常见故障及处理

故障现象	原因分析		消除方法
1. 转速低、转矩小	(1)液压泵供油量不足	①电动机转速不够 ②吸油过滤器滤网堵塞 ③油箱中油量不足或吸油管径过小造成吸油困难 ④密封不严，有泄漏，空气侵入内部 ⑤油的黏度过大 ⑥液压泵轴向及径向间隙过大，内泄增大	找出原因，进行调整 清洗或更换滤芯 加足油量、适当加大管径，使吸油通畅 拧紧有关接头，防止泄漏或空气侵入 选择黏度小的油液 适当修复液压系统
	(2)液压泵输出油压不足	①液压泵效率太低 ②溢流阀调整压力过低或发生故障 ③油管阻力过大(管道过长或过细) ④油的黏度较小，内部泄漏较大	检查液压泵故障，并加以排除 检查溢流阀故障，排除后重新调高压力 更换孔径较大的管道或尽量减少长度 检查内泄漏部位的密封情况，更换油液或密封
	(3)液压马达泄漏	①液压马达结合面没有拧紧或密封不好，有泄漏 ②液压马达内部零件磨损，泄漏严重	拧紧结合面，检查密封情况或更换密封圈 检查其他损失部位，并修磨或更换零件
	(4)液压马达损坏	配油盘的支承弹簧疲劳，泄漏严重	检查、更换支承弹簧
2. 泄漏	(1)内部泄漏	①配油盘磨损严重 ②轴向间隙过大 ③配油盘与缸体端面磨损，轴向间隙过大 ④弹簧疲劳 ⑤柱塞与缸体磨损严重	检查配油盘接触面，并加以修复 检查并将轴向间隙调至规定范围 修磨缸体及配油盘端面 更换弹簧 研磨缸体孔、重配柱塞
	(2)外部泄漏	①轴端密封损坏，磨损 ②盖板处的密封圈损坏 ③结合面有污物或螺栓未拧紧 ④管接头密封不严	更换密封圈并查明磨损原因 更换密封圈 检查、清除并拧紧螺栓 拧紧管接头
3. 噪声	①密封不严，有空气浸入内部 ②液压油被污染，有气泡混入 ③联轴器不同心 ④液压油黏度过大 ⑤液压马达的径向尺寸严重磨损 ⑥叶片已磨损 ⑦叶片与定子接触不良，有冲撞现象 ⑧定子磨损		检查有关部位的密封，紧固各连接处 更换清洁的液压油 校正同心 更换黏度较小的油液 磨损缸孔，重配柱塞 尽可能修复或更换 进行修整 进行修复或更换。如因弹簧过硬造成磨损加剧，则应更换刚度较小的弹簧

2.3 液压缸常见故障及处理（见表 5.3-9）

表 5.3-9 液压缸常见故障及处理

故障现象		原因分析	消除方法
1. 活塞杆不能运动	(1)压力不足	①油液未进入液压缸：	
		a. 换向阀未换向；	检查换向阀未换向的原因并排除
		b. 系统未供油	检查液压泵和主要液压阀的故障原因并排除
		②虽有油，但是没有压力：	
		a. 系统有故障，主要是泵或溢流阀有故障；	检查泵或溢流阀的故障原因并排除
		b. 内部泄漏严重，活塞与活塞杆松落，密封件损坏严重	紧固活塞与活塞杆并更换密封件
		③压力达不到规定值：	
		a. 密封件老化、失效，密封圈唇口装反或有破损；	更换密封件，并正确安装
		b. 活塞环损坏；	更换活塞环
		c. 系统调定压力过低；	重新调整压力，直至达到要求值
		d. 压力调节阀有故障；	检查原因并排除
		e. 通过调速阀的流量过低，液压缸内泄漏量增大时，流量不足，从而造成了压力不足	调速阀的通过流量必须大于液压缸的内泄漏流量
	(2)压力已达到要求但仍不动作	①液压缸结构上的问题：	
		a. 活塞端面与缸筒端面紧粘在一起，工作面积不足，故不能启动；	端面上要加一条通油槽，使工作液体迅速流向活塞的工作端面
		b. 具有缓冲装置的缸筒上单向阀回路被活塞堵住	缸筒的进出油口位置应与活塞端面错开
		②活塞杆移动“别劲”：	
		a. 缸筒与活塞，导向套与活塞杆配合间隙过小；	检查配合间隙，并配研到规定值
		b. 活塞杆与夹布胶木导向套之间的配合间隙过小；	检查配合间隙，修刮导向套孔，达到要求的配合间隙
		c. 液压缸装配不良（如活塞杆、活塞和缸盖之间同轴度差，液压缸与工作台平行度差）	重新装配和安装，不合格零件应更换
		③液压回路引起的原因，主要是液压缸背压腔油液未与油箱相通，回油路上的调速阀节流口调节过小或连通回油的换向阀未动作	检查原因并消除
2. 速度达不到规定值	(1)内泄漏严重	①密封件破损严重	更换密封件
		②油的黏度太低	更换适宜黏度的液压油
		③油温过高	检查原因并排除
	(2)外卸荷过大	①设计错误，选用压力过低	核算后更换元件，调大工作压力
		②工艺和使用错误，造成外载比预定值大	按设备规定值使用
	(3)活塞移动时“别劲”	①加工精度差，缸筒孔锥度和圆度超差：	检查零件尺寸，更换无法修复的零件：
		a. 活塞杆与活塞不同轴；	校正两者同轴度；
		b. 活塞杆全长或局部弯曲；	校直活塞杆；
		c. 液压缸内孔直线性不良（鼓形锥度等）；	镗磨修复，重配活塞；
		d. 缸内腐蚀、拉毛	轻微者修去腐蚀和毛刺，严重者必须镗磨
		②装配质量差：	严格按装配工艺装配：
		a. 活塞、活塞杆与缸盖之间同轴度差	按要求重新装配
		b. 液压缸与工作台平行度差	按要求重新装配
		c. 活塞杆与导向套配合间隙过小	检查配合间隙，修刮导向套孔，达到要求的配合间隙
		③液压缸端盖密封圈压得太紧或过松	调整密封圈，使它不紧不松，保证活塞杆能来回用手平稳地拉动而无泄漏
		④双活塞杆两端螺母拧得太紧，使其同轴度不良	螺母不宜拧得太紧，一般用手旋紧即可，可保持活塞杆处于自然状态

续表

故障现象		原因分析	消除方法
2. 速度达不到规定值	(4)脏物进入滑动部位	①油液过脏 ②防尘圈破损 ③装配时未清洗干净或带入脏物	过滤或更换油液 更换防尘圈 拆开清洗,装配时要注意清洁
	(5)活塞在端部行程时速度急剧下降	①缓冲调节阀的节流口调节过小,在进入缓冲行程时,活塞可能停止或速度急剧下降 ②固定式缓冲装置中节流孔直径过小 ③缸盖上固定式缓冲节流环与缓冲柱塞之间间隙过小	缓冲节流阀的开口度要调节适宜,并能起到缓冲作用 适当加大节流孔直径 适当加大间隙
	(6)活塞移动到中途发现速度变慢或停止	①缸筒内径加工精度差,表面粗糙,使内泄量增大 ②缸壁胀大,当活塞通过增大部位时,内泄漏量增大	修复或更换缸筒 更换缸筒
3. 液压缸产生爬行	(1)液压缸活塞杆运动"别劲"	参见本表2(3)	参见本表2(3)
	(2)缸内进入空气	①新液压缸,修理后的液压缸或设备停机时间过长的缸,缸内有气或液压缸管道中排气未排净 ②缸内部形成负压,从外部吸入空气 ③从缸到换向阀之间管道的容积比液压缸容积大得多,液压缸工作时,这段管道上油液未排完,所以空气很难排净 ④泵吸入空气(参见液压泵故障) ⑤油液中混入空气(参见液压泵故障)	空载大行程往复运动,直到把空气排完 先用油脂封住结合面和接头处,若吸空情况有好转,则可把紧固螺钉和接头拧紧 可在靠近液压缸的管道中取高处加排气阀。拧开排气阀,活塞在全行程情况下运动多次,把气排完后再把排气阀关闭 参见液压泵故障的消除对策 参见液压泵故障的消除对策
4. 缓冲装置故障	(1)缓冲作用过度	①缓冲调节阀的节流口开口过小 ②缓冲柱塞"别劲"(如柱塞头与缓冲环间隙太小,活塞倾斜或偏心) ③在柱塞头部与缓冲环之间有脏物 ④固定式缓冲装置柱塞头与衬套之间间隙太小	将节流口调节到合适位置并紧固 拆开清洗,适当加大间隙,不合格的零件应更换 修去毛刺和清洗干净 适当加大间隙
	(2)缓冲作用失灵	①缓冲调节阀处于全开状态 ②惯性能量过大 ③缓冲调节阀不能调节 ④单向阀处于全开状态或单向阀阀座封闭不严 ⑤活塞上密封件破损,当缓冲腔压力升高时,工作液体从此腔向工作压力一侧倒流,故活塞不减速 ⑥柱塞头或衬套内表面上有伤痕 ⑦镶在缸盖上的缓冲环脱落 ⑧缓冲柱塞锥面长度和角度不适宜	调节到合适位置并紧固 应设计合适的缓冲机构 修复或更换 检查尺寸,更换锥阀芯或钢球,更换弹簧,并配研修复 更换密封件 修复或更换 更换新缓冲环 修正
	(3)缓冲行程段出现"爬行"	①加工不良,如缸盖,活塞端面的垂直度不合要求,在全长上活塞与缸筒间隙不均匀,缸盖与缸筒不同心;缸筒内径与缸盖中心线偏差大,活塞与螺母端面垂直度不合要求造成活塞杆挠曲等 ②装配不良,如缓冲柱塞与缓冲环相配合的孔有偏心或倾斜等	对每个零件均仔细检查,不合格的零件不准使用 重新装配确保质量

续表

故障现象		原因分析	消除方法
5. 有外泄漏	(1)装配不良	①液压缸装配时端面装偏,活塞杆与缸筒不同心,使活塞杆伸出困难,加速密封件磨损	拆开检查,重新装配
		②液压缸与工作台导轨面平行度差,使活塞伸出困难,加速密封件磨损	拆开检查,重新装配,并更换密封件
		③密封件安装差错,如密封件划伤、切断,密封唇装反,唇口破损或轴倒角尺寸不对,密封件装错或漏装	更换并重新安装密封件
		④密封压盖未装好: a. 压盖安装有偏差; b. 紧固螺钉受力不匀; c. 紧固螺钉过长,使压盖不能压紧	 重新安装 重新安装,拧紧螺钉,使其受力均匀 按螺孔深度合理选配螺钉长度
	(2)密封件质量问题	①保管期太长,密封件自然老化失效 ②保管不良,变形或损坏 ③胶料性能差,不耐油或胶料与油液相容性差 ④制品质量差,尺寸不对,公差不符合要求	更换
	(3)活塞杆和沟槽加工质量差	①活塞杆表面粗糙,活塞杆头部倒角不符合要求或未倒角	表面粗糙度应为 $R_a0.2\ \mu m$,并按要求倒角
		②沟槽尺寸及精度不符合要求: a. 设计图纸有错误; b. 沟槽尺寸加工不符合标准; c. 沟槽精度差,毛刺多	 按有关标准设计沟槽 检查尺寸,并修正到要求尺寸 修正并去毛刺
	(4)油的黏度过低	①用错了油品 ②油液中混有其他牌号的油液	更换适宜的油液
	(5)油温过高	①液压缸进油口阻力太大 ②周围环境温度太高 ③泵或冷却器等有故障	检查进油口是否畅通 采取隔热措施 检查原因并排除
	(6)高频振动	①紧固螺钉松动 ②管接头松动 ③安装位置产生移动	应定期紧固螺钉 应定期紧固接头 应定期紧固安装螺钉
	(7)活塞杆拉伤	①防尘圈老化、失效,侵入砂粒切屑等脏物	清洗、更换防尘圈,修复活塞杆表面拉伤处
		②导向套与活塞杆之间的配合太紧,使活动表面产生过热,造成活塞杆表面铬层脱落而拉伤	检查清洗,用刮刀修复导向套内径,达到配合间隙

2.4 压力阀常见故障及处理

2.4.1 溢流阀常见故障及处理（见表 5.3-10）

表 5.3-10 溢流阀常见故障及处理

故障现象	原因分析		消除方法
1. 调不上压力	(1)主阀故障	①主阀芯阻尼孔堵塞(装配时主阀芯未清洗干净,油液过脏) ②主阀芯在开启位置卡死(如零件精度低,装配质量差,油液过脏) ③主阀芯复位弹簧折断或弯曲,使主阀芯不能复位	清洗阻尼孔使之畅通;过滤或更换油液 拆开检修,重新装配;阀盖紧固,螺钉拧紧力要均匀;过滤或更换油液 更换弹簧
	(2)先导阀故障	①调压弹簧折断 ②调压弹簧未装 ③锥阀或钢球未装 ④锥阀损坏	更换弹簧 补装 补装 更换
	(3)远程口电磁阀故障或远程口未加螺堵	①电磁阀未通电(常开) ②滑阀卡死 ③电磁铁线圈烧毁或铁芯卡死 ④电气线路故障	检查电气线路、接通电源 检修、更换 更换 检修
	(4)装错	进出油口安装错误	纠正
	(5)液压泵故障	①滑动副之间间隙过大(如齿轮泵、柱塞泵) ②叶片泵的多数叶片在转子槽内卡死 ③叶片和转子方向装反	修配间隙到适宜值 清洗,装配间隙达到适宜值 纠正方向
2. 压力调不高	(1)主阀故障(若主阀为锥阀)	①主阀芯锥面封闭性差: a. 主阀芯锥面磨损或不圆; b. 阀座锥面磨损或不圆; c. 锥面处有脏物粘住; d. 主阀芯锥面与阀座锥面不同轴; e. 主阀芯工作有卡滞现象,阀芯不能与阀座严密结合 ②主阀压盖处有泄漏(如密封垫损坏,装配不良,压盖螺钉有松动等)	检查主阀芯锥面及与锥面结合的阀座: 更换并配研; 更换并配研; 更换并配研; 修配使之结合良好; 修配使之结合良好 拆开检查,更换密封垫,重新装配,并确保螺钉拧紧力均匀
	(2)先导阀故障	①调压弹簧弯曲,或太弱,或长度过短 ②锥阀与阀座结合处封闭性差(如锥阀与阀座磨损,锥阀接触面不圆,接触面太宽进入脏物或被胶质粘住)	更换弹簧 检修、更换、清洗,使之达到要求
3. 压力突然升高	(1)主阀故障	主阀芯动作不灵敏,在关闭状态突然卡死(如零件加工精度低,装配质量差,油液过脏等)	检修,更换零件,过滤或更换油液
	(2)先导阀故障	①先导阀阀芯与阀座结合面突然粘住,脱不开 ②调压弹簧弯曲造成卡滞	清洗修配或更换油液 更换弹簧

续表

故障现象		原因分析	消除方法
4. 压力突然下降	(1)主阀故障	①主阀芯阻尼孔突然被堵死	清洗，过滤或更换油液
		②主阀芯工作不灵敏，在关闭状态突然卡死（如零件加工精度低，装配质量差，油液过脏等）	检修、更换零件，过滤或更换油液
		③主阀盖处密封垫突然破损	更换密封件
	(2)先导阀故障	①先导阀阀芯突然破裂	更换阀芯
		②调压弹簧突然折断	更换弹簧
	(3)远控口电磁阀故障	电磁铁突然断电，使溢流阀卸荷	检查电气故障并消除
5. 压力波动不稳定	(1)主阀故障	①主阀芯动作不灵活，有时有卡住现象	检修、更换零件，压盖螺钉拧紧力应均匀
		②主阀芯阻尼孔有时堵有时通	拆开清洗，检查油质，更换油液
		③主阀芯锥面与阀座锥面接触不良，磨损不均匀	修配或更换零件
		④阻尼孔径太大，造成阻尼作用差	适当缩小阻尼孔径
		⑤滑阀变形或拉毛	更换或修研滑阀
	(2)先导阀故障	①调压弹簧弯曲	更换弹簧
		②锥阀与阀座接触不良，磨损不均匀	修配或更换零件
		③调节压力的螺钉由于锁紧螺母松动而使压力变动	调压后应把锁紧螺母锁紧
		④钢球与阀座密合不良	检查钢球圆度，更换钢球，研磨阀座
6. 振动与噪声	(1)主阀故障	主阀芯在工作时径向力不平衡，导致性能不稳定： a. 阀体与主阀芯几何精度差，棱边有毛刺；	检查零件精度，对不符合要求的零件应更换，并把棱边毛刺去掉
		b. 阀体内黏附有污物，使配合间隙增大或不均匀	检修或更换零件
	(2)先导阀故障	①锥阀与阀座接触不良，圆周面的圆度不好，粗糙度数值大，造成调压弹簧受力不平衡，使锥阀振荡加剧，产生尖叫声	把封油面圆度误差控制在 0.005～0.01mm 以内
		②调压弹簧轴心线与端面不够垂直，这样针阀会倾斜，造成接触不均匀	提高锥阀精度，粗糙度应达 $R_a 0.4\ \mu m$
		③调压弹簧在定位杆上偏向一侧	更换弹簧
		④装配时阀座装偏	提高装配质量
		⑤调压弹簧侧向弯曲	更换弹簧
	(3)系统存在空气	泵吸入空气或系统存在空气	排除空气
	(4)阀使用不当	通过流量超过允许值	在额定流量范围内使用
	(5)回油不畅	回油管路阻力过高，或回油过滤器堵塞，或回油管贴近油箱底面	适当增大管径，减少弯头，回油管口应离油箱底部二倍管径以上，更换滤芯
	(6)远控口管径选择不当	溢流阀远控口至电磁阀之间的管子通径不宜过大，过大会引起振动	一般管径取 6mm 较适宜
7. 泄漏严重	①锥阀或钢球与阀座的接触不良		锥阀或钢球磨损时更换新的锥阀或钢球
	②滑阀与阀体配合间隙过大		检查阀芯与阀体间隙
	③管接头没拧紧		拧紧连接螺钉
	④密封破坏		检查更换密封

2.4.2 减压阀常见故障及处理（见表 5.3-11）

表 5.3-11 减压阀常见故障及处理

故障现象	原因分析		消除方法
1. 无二次压力	(1)主阀故障	主阀芯在全闭位置卡死(如零件精度低)；主阀弹簧折断，弯曲变形；阻尼孔堵塞	修理、更换零件和弹簧，过滤或更换油液
	(2)无油液	未向减压阀供油	检查油路，消除故障
2. 不起减压作用	(1)使用错误	泄油口不通： a. 螺栓未拧开； b. 泄油管路细长，弯头多，阻力太大； c. 泄油管与主回路管道相连，回油背压太大； d. 泄油管道堵塞、不通	将螺塞拧开 更换符合要求的管子 泄漏管必须与回油管分开，单独流回油箱 清洗泄油管道
	(2)主阀故障	主阀芯在全开位置时卡死(如零件精度低，油液过脏等)	修理、更换零件，检查油质，更换油液
	(3)锥阀故障	调压弹簧太硬，弯曲并卡住不动或弹簧太软	更换弹簧
3. 二次压力不稳定	主阀故障	①主阀芯与阀体几何精度差，工作时不灵敏 ②主阀弹簧太弱，变形或将主阀芯卡住，使阀芯移动困难 ③阻尼小孔时堵时通	检修，使其动作灵活 更换弹簧 清洗阻尼小孔
4. 二次压力升不高	(1)外泄漏	①顶盖结合面漏油，其原因如下：密封件老化失效，螺钉松动或拧紧力不均 ②各螺堵处有漏油	更换密封件，紧固螺钉，并保证力矩均匀 紧固并消除外漏
	(2)锥阀故障	①锥阀与阀座接触不良 ②调压弹簧太弱	修理或更换 更换

2.4.3 顺序阀常见故障及处理（见表 5.3-12）

表 5.3-12 顺序阀常见故障及处理

故障现象	原因分析	消除方法
1. 始终出油，顺序阀不能作用	①阀芯在打开位置上卡死(如几何精度差，间隙太小；弹簧弯曲，断裂；油液太脏) ②单向阀在打开位置上卡死(如几何精度差，间隙太小；弹簧弯曲，断裂；油液太脏) ③单向阀密封不良(如几何精度差) ④调压弹簧断裂 ⑤调压弹簧未装 ⑥未装锥阀或钢球	修理，使配合间隙达到要求，并使阀芯移动灵活；检查油质，若不符合要求，应过滤或更换；更换弹簧 修理，使配合间隙达到要求，并使单向阀移动灵活；检查油质，若不符合要求，应过滤或更换；更换弹簧 修理，使单向阀的密封良好 更换弹簧 补装弹簧 补装
2. 始终不出油，顺序阀不能作用	①阀芯在关闭位置上卡死(如几何精度差，弹簧弯曲，油脏) ②控制油液流动不畅通(如阻尼小孔堵死，或远控管道被压扁堵死) ③远控压力不足，或下端盖结合处漏油严重 ④通向调压阀油路上阻尼孔被堵死 ⑤泄油管道中背压太高，使滑阀不能移动 ⑥调节弹簧太硬，或压力调得太高	修理，使滑阀移动灵活，更换弹簧；过滤或更换油液 清洗或更换管道，过滤或更换油液 提高控制压力，拧紧端盖螺钉并使之受力均匀 清洗 泄油管道不能接在回油管道上，应单独接回油箱 更换弹簧，适当调整压力
3. 调定压力值不符合要求	①调压弹簧调整不当 ②调压弹簧侧向变形，最高压力调不上去 ③滑阀卡死，移动困难	重新调整弹簧所需要的压力 更换弹簧 检查滑阀的配合间隙，修配，使滑阀移动灵活；过滤或更换油液
4. 振动与噪声	①回油阻力(背压)太高 ②油温过高	降低回油阻力 控制油温在规定范围内
5. 单向顺序阀反向不能回油	单向阀卡死打不开	检修单向阀

2.5 流量阀常见故障及处理（见表 5.3-13）

表 5.3-13 流量阀常见故障及处理

故障现象	原因分析		消除方法
1. 调整节流阀手柄无流量变化	(1)压力补偿阀不动作	压力补偿阀芯在关闭位置上卡死： a. 阀芯与阀套几何精度差，间隙太小； b. 弹簧侧向弯曲，变形而使阀芯卡住； c. 弹簧太弱	检查精度，修配间隙达到要求，移动灵活 更换弹簧 更换弹簧
	(2)节流阀故障	①油液太脏，使节流口堵死 ②手柄与节流阀芯装配位置不合适 ③节流阀阀芯上连接键失落或未装键 ④节流阀阀芯因配合间隙过小或变形而卡死 ⑤调节杆螺纹被脏物堵住，造成调节不良	检查油质，过滤油液 检查原因，重新装配 更换键或补装键 清洗，修配间隙或更换零件 拆开清洗
	(3)系统未供油	换向阀阀芯未换向	检查原因并消除
2. 执行元件运动速度不稳定（流量不稳定）	(1)压力补偿阀故障	①压力补偿阀阀芯动作不灵敏： a. 阀芯有卡死现象； b. 补偿阀的阻尼小孔时堵时通； c. 弹簧侧向弯曲、变形，或弹簧端面与弹簧轴线不垂直 ②压力补偿阀阀芯在全开位置上卡死： a. 补偿阀阻尼小孔堵死； b. 阀芯与阀套几何精度差，配合间隙太小； c. 弹簧侧向弯曲、变形而使阀芯卡住	检查压力补偿阀芯及相应阻尼孔、弹簧： 修配，达到移动灵活； 清洗阻尼孔，若油液过脏应更换； 更换弹簧 检查压力补偿阀芯及相应阻尼孔、弹簧： 清洗阻尼孔，若油液过脏，应更换； 修理达到移动灵活 更换弹簧
	(2)节流阀故障	①节流口处积有污物，造成时堵时通 ②简式节流阀外载荷变化会引起流量变化	拆开清洗，检查油质，若油质不合格应更换 对外载荷变化大的或要求执行元件运动速度非常平稳的系统，应改用调速阀
	(3)油液品质劣化	①油温过高，造成通过节流口流量变化 ②带有温度补偿的流量控制阀的补偿杆敏感性差，已经损坏 ③油液过脏，堵死节流口或阻尼孔	检查温升原因，降低油温，并控制在要求范围内 选用对温度敏感性强的材料做补偿杆，坏的应更换 清洗，检查油质，不合格的应更换
	(4)单向阀故障	在带单向阀的流量控制阀中，单向阀的密封性不好	研磨单向阀，提高密封性
	(5)管路振动	①系统中有空气 ②由于管路振动使调定的位置发生变化	应将空气排净 调整后用锁紧装置锁住
	(6)泄漏	内泄和外泄使流量不稳定，造成执行元件工作速度不均匀	消除泄漏，或更换元件

2.6 方向阀常见故障及处理

2.6.1 电（液、磁）换向阀常见故障及处理（见表5.3-14）

表5.3-14 电（液、磁）换向阀常见故障及处理

故障现象	原因分析		消除方法
1. 主阀芯不运动	(1)电磁铁故障	①电磁铁线圈烧坏 ②电磁铁推动力不足或漏磁 ③电气线路出故障 ④电磁铁未加上控制信号 ⑤电磁铁铁芯卡死	检查原因，进行修理或更换 检查原因，进行修理或更换 消除故障 检查后加上控制信号 检查或更换
	(2)先导电磁阀故障	①阀芯与阀体孔卡死（如零件几何精度差，阀芯与阀孔配合过紧，油液过脏） ②弹簧侧弯，使滑阀卡死	修理配合间隙达到要求，使阀芯移动灵活；过滤或更换油液 更换弹簧
	(3)主阀芯卡死	①阀芯与阀体几何精度差 ②阀芯与阀孔配合太紧 ③阀芯表面有毛刺	修理配研间隙达到要求 修理配研间隙达到要求 去毛刺，清洗干净
	(4)液控油路故障	①控制油路无油： a. 控制油路电磁阀未换向； b. 控制油路被堵塞 ②控制油路压力不足： a. 阀端盖处漏油； b. 滑阀排油腔一端节流阀调节得过小或被堵死	 检查原因并消除 检查清洗，并使控制油路畅通 拧紧端盖螺钉 清洗节流阀并调整适宜
	(5)油液变质或油温过高	①油液过脏使阀芯卡死 ②油温过高，使零件产生热变形，而产生卡死现象 ③油温过高，油液中产生胶质，黏住阀芯而卡死 ④油液黏度太高，使阀芯移动困难而卡住	过滤或更换 检查油温过高原因并消除 清洗，消除油温过高 更换适宜的油液
	(6)安装不良	阀体变形： a. 安装螺钉拧紧力矩不均匀 b. 阀体上连接的管子“别劲”	 重新紧固螺钉，并使之受力均匀 重新更换
	(7)复位弹簧不符合要求	①弹簧力过大 ②弹簧侧弯变形，致使阀芯卡死 ③弹簧断裂不能复位	更换适宜的弹簧
2. 阀芯换向后通过的流量不足	阀开口量不足	①电磁阀中推杆过短 ②阀芯与阀体几何精度差，间隙过小，移动时有卡死现象，故不到位 ③弹簧太弱，推力不足，使阀芯行程不到位	更换适宜长度的推杆 配研达到要求 更换适宜的弹簧
3. 压力降过大	阀参数选择不当	实际通过流量大于额定流量	应在额定范围内使用
4. 液控换向阀阀芯换向速度不易调节	可调装置故障	①单向阀密闭性差 ②节流阀加工精度差，不能调节最小流量 ③排油腔阀盖处漏油 ④针形节流阀调节性能差	修理或更换 修理或更换 更换密封件，拧紧螺钉 改用三角槽节流阀

续表

故障现象	原因分析		消除方法
5. 电磁铁过热或线圈烧坏	(1)电磁铁故障	①线圈绝缘不好 ②电磁铁铁芯不合适，吸不住 ③电压太低或不稳定	更换 更换 电压的变化值应在额定电压的10%以内
	(2)负荷变化	①换向压力超过规定 ②换向流量超过规定 ③回油口背压过高	降低压力 更换规格合适的电液换向阀 调整背压使其在规定值
	(3)装配不良	电磁铁铁芯与阀芯轴线同轴度不良	重新装配，保证有良好的同轴度
6. 电磁铁吸力不够，有响声	装配不良	①推杆过长 ②电磁铁铁芯接触面不平或接触不良 ③滑阀卡住或摩擦力过大 ④电磁铁不能压到底	修磨推杆到适宜长度 消除故障，重新装配达到要求 修研或调配滑阀 校正电磁铁高度
7. 冲击与振动	(1)换向冲击	①大通径电磁换向阀，因电磁铁规格大，吸合速度快而产生冲击 ②液动换向阀，因控制流量过大，阀芯移动速度太快而产生冲击 ③单向节流阀中的单向阀钢球漏装或钢球破碎，不起阻尼作用	需要采用大通径换向阀时，应优先选用电液动换向阀 调小节流阀节流口，减慢阀芯移动速度 检修单向节流阀
	(2)振动	固定电磁铁的螺钉松动	紧固螺钉，并加防松垫圈

2.6.2 多路换向阀常见故障及处理（见表5.3-15）

表5.3-15 多路换向阀常见故障及处理

故障现象	原因分析	消除方法
1. 压力波动及噪声	①溢流阀弹簧侧弯或太软 ②溢流阀阻尼孔堵塞 ③单向阀关闭不严 ④锥阀与阀座接触不良	更换弹簧 清洗，使通道畅通 修理或更换 调整或更换
2. 阀杆动作不灵活	①复位弹簧和限位弹簧损坏 ②轴用弹性挡圈损坏 ③防尘密封圈过紧	更换损坏的弹簧 更换弹性挡圈 更换防尘密封圈
3. 泄漏	①锥阀与阀座接触不良 ②双头螺钉未紧固	调整或更换 按规定紧固

2.6.3 液控单向阀常见故障及处理（见表5.3-16）

表5.3-16 液控单向阀常见故障及处理

故障现象	原因分析		消除方法
1. 反方向不密封，有泄漏	单向阀不密封	①单向阀在全开位置上卡死： a. 阀芯与阀孔配合过紧； b. 弹簧侧弯、变形、太弱 ②单向阀锥面与阀座锥面接触不均匀： a. 阀芯锥面与阀座同轴度差 b. 阀芯外径与锥面不同心； c. 阀座外径与锥面不同心； d. 油液过脏	 修配，使阀芯移动灵活 更换弹簧 检修或更换 检修或更换 检修或更换 过滤油液或更换

续表

故障现象	原因分析		消除方法
2. 反向打不开	单向阀打不开	①控制压力过低 ②控制管路接头漏油严重或管路弯曲，被压扁使油不畅通 ③控制阀芯卡死(如加工精度低，油液过脏) ④控制阀端盖处漏油 ⑤单向阀卡死(如弹簧弯曲，单向阀加工精度低，油液过脏)	通过控制压力，使之达到要求值 紧固接头，消除漏油或更换管子 清洗，修配，使阀芯移动灵活 紧固端盖螺钉，并保证拧紧力矩均匀 清洗，修配，使阀芯移动灵活；更换弹簧；过滤或更换油液

2.6.4 压力继电器（压力开关）常见故障及处理（见表 5.3-17）

表 5.3-17 压力继电器（压力开关）常见故障及处理

故障现象	原因分析	消除方法
1. 无输出信号	①微动开关损坏 ②电气线路故障 ③阀芯卡死或阻尼孔堵死 ④进油管道弯曲、变形，使油液流动不畅通 ⑤调节弹簧太硬或压力调得过高 ⑥与微动开关相接的触头未调整好 ⑦弹簧和顶杆装配不良，有卡滞现象	更换微动开关 检查原因，排除故障 清洗，修配，达到要求 更换管子，使油液流动畅通 更换适宜的弹簧或按要求调节压力值 精心调整，使触头接触良好 重新装配，使动作灵敏
2. 灵敏度太差	①顶杆柱销处摩擦力过大，或者钢球与柱塞接触处摩擦力过大 ②装配不良，动作不灵活或“别劲” ③微动开关接触行程太长 ④调整螺钉、顶杆等调节不当 ⑤钢球不圆 ⑥阀芯移动不灵活 ⑦安装不当，如不平和倾斜安装	重新装配，使动作灵敏 重新装配，使动作灵敏 合理调整位置 合理调整螺钉和顶杆位置 更换钢球 清洗、修理，达到灵活 改为垂直或水平安装
3. 发信号太快	①进油口阻尼孔大 ②膜片破裂 ③系统冲击压力太大 ④电气系统设计有误	阻尼孔适当改小，或在控制管路上增设阻尼管(蛇形管) 更换膜片 在控制管路上增设阻尼管，以减弱冲击压力 按工艺要求设计电气系统

第六篇

检测与测试

第一章

流体参数的测量

1 流速测量

1.1 流速测量概述

流速测量对于研究流场的运动规律来说有着重要的意义。由于流体本身物态和流动规律的特殊性，流速测量与固体运动速度的测量相比要困难得多。目前测量流速的方法基本上有以下三种。

① 在流场中加入微小的固体颗粒，通过测量固体颗粒的运动速度来求出流速。

② 流体的流动可带走热量，通过测量流场中发热体上热量散失的多少来测量流速。

③ 利用流体的运动方程，将流速变换成其他物理量进行测量。

为了对流体流动状况的全貌有一个大概的了解，可以采用流场可视化技术。在需要对流场进行定量分析，或要对流场中某一点的流速进行测量的场合，可以在流场中放置测速探头，如毕托静压管、热线风速计和激光流速计。值得注意的是，这些测速探头都有一定的体积，因而要真正测量某一“点”的流速是不可能的。

1.2 毕托静压管

毕托静压管亦简称毕托管，其测量流体流速的原理见图 6.1-1。为了测量流场中某一点处的流速，将毕托管顶端的小孔 M 对准该点，并使毕托管头部的轴线与流动方向平行。这时，由于插入了毕托管，M 点的流速被滞止为零，压力由原来的静压 p 上升为总压 p_0。经过精心设计，可以使得当流体从 M 点沿流线流至 N 点后，其压力恢复到 p 值，因而 N 点的流速为 v，即未插入毕托管时 M 点的流速。根据理想不可压缩流体的伯努利方程，有

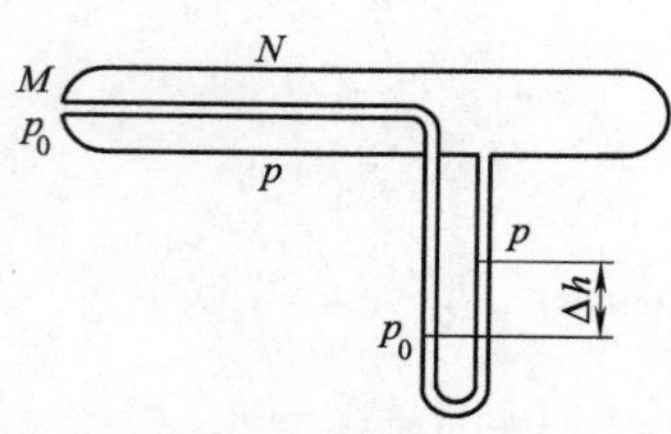

图 6.1-1 毕托静压管原理

$$\frac{1}{2}\rho v^2+p=p_0 \qquad (6.1\text{-}1)$$

其中，ρ 为非压缩性流体的密度，$\rho v^2/2$ 为流体的动压。可以看出，流体全压与静压之差等于流体的动压，由此得

$$v=\sqrt{\frac{2(p_0-p)}{\rho}} \qquad (6.1\text{-}2)$$

上式是理想情况下毕托管的测速原理，通过微差压计测出差压 p_0-p，便可求得流体的流速。实际上，由于流体黏性以及毕托管设计和制造上的各种因素的影响，毕托管测得的差压并不等于动压，因此引入标定系数 α，将式（6.1-2）改写成

$$v=\alpha\sqrt{\frac{2(p_0-p)}{\rho}} \quad (6.1\text{-}3)$$

一支好的毕托管，其标定系数 α 应当很接近 1，多数情况下是 $\alpha>1$。为求出毕托管的标定系数 α，要用一已知流速的标准流场对其进行标定，标定毕托管的方法主要有旋臂机、声速喷嘴、风洞和船池。大量研究指出，只要按标准的设计和工艺制造毕托管并在规定的条件下使用，毕托管的标定系数差别很小。

除了标定之外，在精确测量场合下，还要对影响毕托管测量结果的各种因素进行修正，如流体压缩性、流体黏性、毕托管管柄堵塞、横向流速梯度、紊流、压头损失、安装偏斜等。

1.3　热线、热膜风速计

热线或热膜风速计是在流场中放置细金属丝或金属薄膜，并对其通电加热，利用它的冷却率与流体流速的函数关系来测量流速的仪器，它由探头和放大电路两部分组成。探头有热线式和热膜式两种，它们的结构形式多种多样，图 6.1-2 为其中的一种。热线或热膜风速计的工作原理是相同的，热线式适用于气体，热膜式适用于液体。

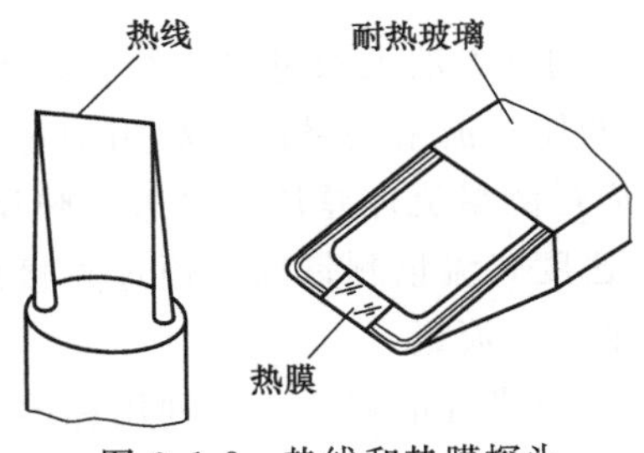

图 6.1-2　热线和热膜探头

热线上散失的热流量与流体流速之间的关系可用下式表示

$$\Phi=A+B\sqrt{v} \quad (6.1\text{-}4)$$

式中　A、B——常数；

v——流速；

Φ——热线上散失的热流量。

设电流为 i，热线电阻为 R，则 $\Phi=i^2R$，因而有

$$i^2R=A+B\sqrt{v} \quad (6.1\text{-}5)$$

可以看出，当加热电流保持恒定时，线温（或线阻）和流速之间建立了确定的函数关系，利用这个关系测量流速的方法称之为恒流法。当线温（或线阻）保持恒定时，线电流和流速之间建立了确定的函数关系，利用这个关系测量流速的方法称之为恒温法。图 6.1-3 给出了恒温式热线风速计的电路原理图。

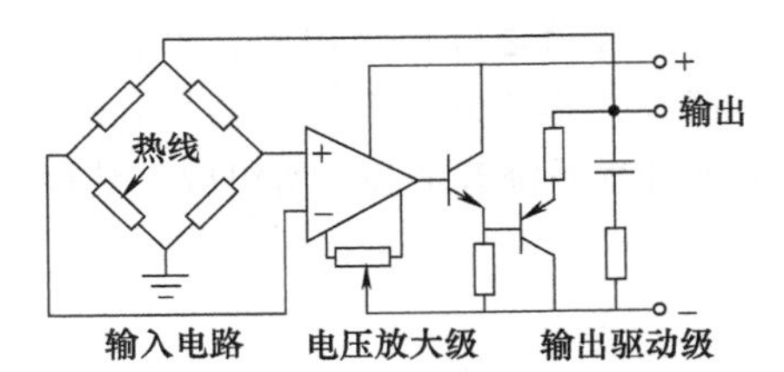

图 6.1-3　恒温式热线风速计电路原理

恒温式热线风速计的频率响应很宽，一般有数千赫兹，有的可达 1MHz。而恒流式热线风速计由于存在热惯性，其频率响应特性要比恒温式热线风速计差。

1.4　激光流速计

光线碰到移动物体后产生的散射光，其频率与光源频率之间会有差异，这种频率变化称为多普勒频移（Doppler shift）。以激光作为光源，利用多普勒频移来测量流体或固体速度的装置称为激光多普勒测速计（简称 LDV）。由于它大多用在流动测量方面，习惯上又称它为激光多普勒风速计（简称 LDA），也称作激光流速计（简称 LV）。

激光流速计利用流场中运动微粒散射光的多普勒频移来获得速度信息，由于流体分子的散射光很弱，为了得到足够的光强，必须在流体中散播适当尺寸和浓度的微粒作为示踪粒子。因此，它实际上测得的是微粒的运动速度。

图 6.1-4 为激光流速计的工作原理图，透明管子内为被测流场。激光通过透明管子进入光电倍增管，流场中的微粒在 A 点产生的散射光也射入光电倍增管，使光混频，两光线的多普勒总频移量为

$$f_D = \frac{2\sin\theta}{\lambda} v_x \qquad (6.1\text{-}6)$$

式中 f_D——多普勒频移；

λ——流场介质中的激光波长；

v_x——x 轴方向的粒子速度；

θ——透过光与散射光之间的夹角。

一台激光流速计通常由激光器、入射光学单元、接收光学单元、多普勒信号处理器、计算机数据处理系统五个部分所组成。其特点是：

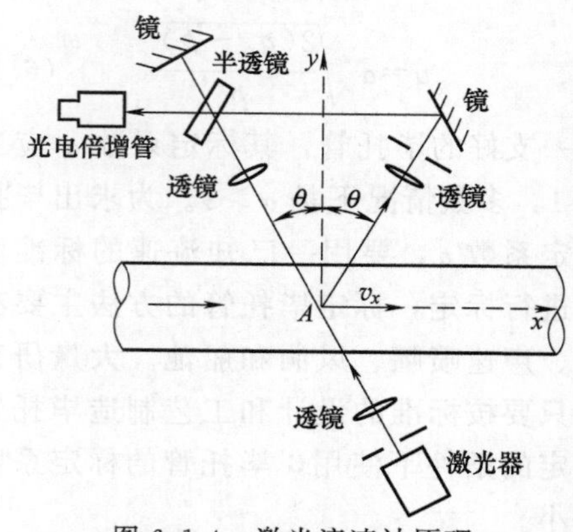

图 6.1-4 激光流速计原理

① 非接触测量；
② 无须在流场中设置物体，对流场无干扰；
③ 空间分辨率高；
④ 快速动态响应；
⑤ 流场中需要存在适当的散射微粒；
⑥ 测量区域必须透光。

2 流量测量

2.1 流量测量概述

流量是指单位时间内通过管道或某一截面的流体体积或质量，前者称为体积流量 q_V，后者称为质量流量 q_m。体积流量 q_V、质量流量 q_m、流体密度 ρ、流道截面积 A、流速 v、平均流速 $\bar{v}$ 之间的关系为

$$q_m = \rho q_V \qquad (6.1\text{-}7)$$

$$q_V = \int_A v \mathrm{d}A = \bar{v} A \qquad (6.1\text{-}8)$$

在生产和科研中，有时需要测量在某一段时间内流过的流体总量，称为累积流量，与之相对应，q_V 和 q_m 又称为瞬时流量。

如果流动状态为定常流动，则相应的流量称为稳态流量，即流量值不随时间变化。反之，处于非定常流动状态流体的流量称为动态流量，动态流量表示流量值会随时间而变化。

2.1.1 流量测量方法及常用流量计的分类

流量测量方法大致可以归纳为以下几类。

① 差压式流量测量法　利用伯努利方程原理，通过测量流体差压信号来反映流量。

② 速度式流量测量法　通过直接测量流体流速来得出流量。

③ 容积式流量测量法　利用标准小容积来连续测量流量。

④ 质量流量测量法　以测量流体质量流量为目的。

为了适应工业生产和科研工作中的各种用途，目前已发展出了 100 多种流量计，其中最常用的几种见表 6.1-1。

表 6.1-1 常用流量计类型及特性

类别		工作原理	仪表名称		可测流体种类	适用管径/mm	测量精度/%	安装要求、特点
体积流量计	差压式流量计	流体流过管道中的阻力件时产生的压力差与流量之间有确定关系，通过测量差压值求得流量	节流式	孔板	液、气、蒸气	50～1000	±1～2	需直管段，压损大
				喷嘴		50～500		需直管段，压损中等
				文丘利管		100～1200		需直管段，压损小
			均速管		液、气、蒸气	25～9000	±1	需直管段，压损小
			转子流量计		液、气	4～150	±2	垂直安装
			靶式流量计		液、气、蒸气	15～200	±1～4	需直管段
			弯管流量计		液、气		±0.5～5	需直管段，无压损
	容积式流量计	直接对仪表排出的定量流体计数确定流量	椭圆齿轮流量计		液	10～400	±0.2～0.5	无直管段要求，需装过滤器，压损中等
			腰轮流量计		液、气			
			刮板流量计		液		±0.2	无直管段要求，压损小
	速度式流量计	通过测量管道截面上流体平均流速来测量流量	涡轮流量计		液、气	4～600	±0.1～0.5	需直管段，装过滤器
			涡街流量计		液、气	150～1000	±0.5～1	需直管段
			电磁流量计		导电液体	6～2000	±0.5～1.5	直管段要求不高，无压损
			超声波流量计		液	＞10	±1	需直管段，无压损
质量流量计	直接式	直接检测与质量流量成比例的量来测量质量流量	热式质量流量计		气		±1	
			冲量式质量流量计		固体粉料		±0.2～2	
			科氏质量流量计		液、气		±0.15	
	间接式	同时测体积流量和流体密度来计算质量流量	体积流量计密度补偿		液、气		±0.5	
			温度、压力补偿					

2.1.2 流量测量必须注意的问题

（1）流体的性质

流量、流速测量要涉及一系列反映流体属性和流动状态的物理参数，常用的有流体的密度、黏度、比热容、等熵指数、体积压缩系数等。这些物理参数都与温度、压力密切相关，流量测量装置的设计与校验，都是在一定的温度和压力条件下进行的，如果测量时的实际工况条件超出了规定的范围，则需作相应的修正。

（2）流动的状态

流体的流动状态可分为层流与紊流，通常用雷诺数判别。一般雷诺数的值在 2300 以下时为层流，大于 2300 时为紊流。这两种流动状态下的流体运动规律、流速的分布等是截然不同的，因此在流量和流速测量时最好能知道流体处于哪一种流动状态。

流动状态还有定常流动与非定常流动之分。要严格区分定常流动与非定常流动比较困难，在流动变化缓慢的情况下，可以当作定常流动来处理。一般的流量和流速测量是以定常流动为对象来考虑的，当遇到非定常流动测量时，应采用动态流量测量方法。

（3）流量计与流速计的校正

流量计或流速计是将被测流量或流速变换成为其他物理量来进行测量的，因此在实际应用时必须加以校正。校正的方法主要有：

① 用更高精度的流量计作为基准流量计来标定被校正流量计；

② 用标准体积管或称重法来标定被校正流量计。

2.2 稳态流量的测量

2.2.1 容积式流量计

容积式流量计是把被测流体用一个精密的计量容积进行连续计量后排送出去的流量

计，属于直接测量型流量计，常用作累积体积流量计，也可测量瞬时流量。根据标准容器的形状及连续测量方式的不同，容积式流量计可分为椭圆齿轮流量计、罗茨流量计、齿轮马达流量计、刮板流量计、转筒流量计、旋转活塞流量计和往复活塞流量计等。

（1）椭圆齿轮流量计

图 6.1-5 是椭圆齿轮流量计的原理图，在流量计的壳体中装有两个椭圆形的齿轮，壳体内壁和齿轮之间的空间构成计量容积 V，由于进口压力 p_1 高而出口压力 p_2 低，所产生的转矩使得齿轮按图示方向旋转，此时计量容积中的流体被排出。齿轮每转一圈，共有 4 个计量容积的流体排出，因此只要测量齿轮的旋转次数，就可测得累积流量。

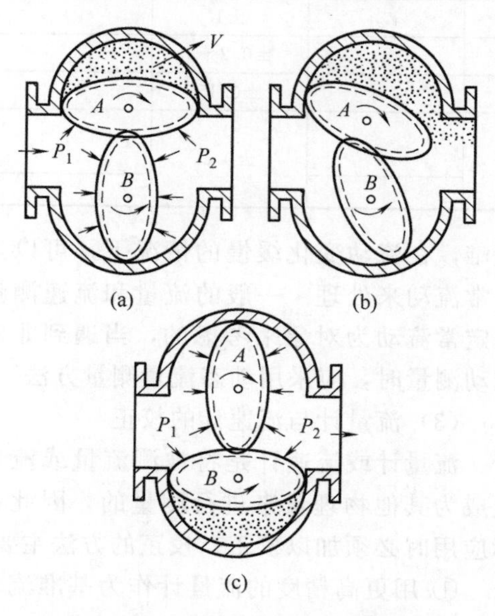

图 6.1-5　椭圆齿轮流量计原理

（2）罗茨流量计

罗茨流量计的工作原理见图 6.1-6。转子 1 和壳体 4 构成计量容积 2，转子是一对互为共轭曲线的罗茨轮。与罗茨轮同轴，装有驱动齿轮 3。被测流体通过流量计时，进、出口之间的压差推动转子旋转。转子之间用驱动齿轮相互驱动。与椭圆齿轮流量计一样，转子每转一圈，共有 4 个计量容积的流体排出。

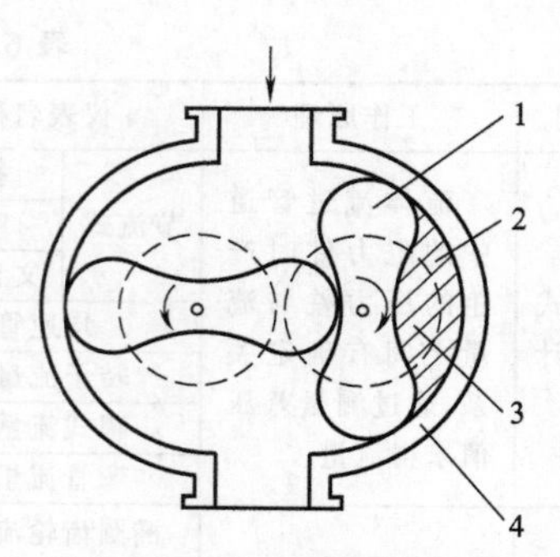

图 6.1-6　罗茨流量计原理

1—罗茨轮（转子）；2—计量容积；

3—驱动齿轮；4—机壳

（3）齿轮马达流量计

齿轮马达流量计的工作原理（见图 6.1-7）与液压马达相同。相邻两齿和两侧板之间的空间构成计量容积。在侧板上装有电脉冲发信探头，当齿轮在进出口压差的作用下转动时，经过探头的齿便会发出一个电脉冲。累计脉冲的个数可以测量累积流量，测量脉冲的频率可以得到瞬时流量。齿轮马达流量计的计量容积一般以每齿排量来定义。

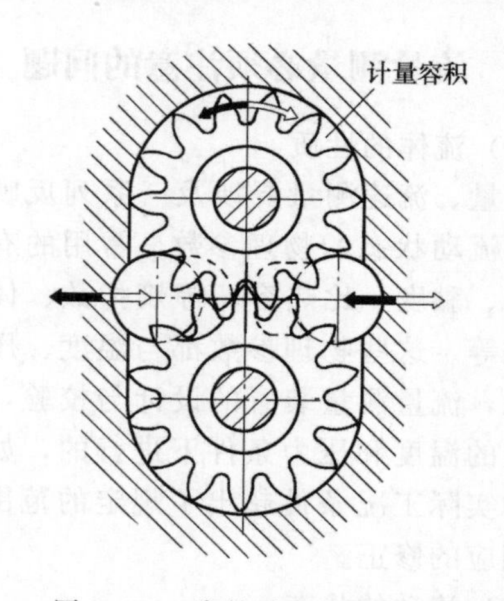

图 6.1-7　齿轮马达流量计原理

从理论上讲，容积式流量计的测量精度不会随流体的种类、黏度、密度等属性而变化，也不会受流动状态的影响。因此，通过校正以后可以得到非常高的测量精度。从结构上看，被测流体中的固体颗粒会损伤这类流量计并使其无法工作，所以必须加装过滤器来清除杂物。

2.2.2 差压式流量计

差压式流量计是一种使用历史较悠久，实验数据较完善的流量测量装置，它是以被测流体流经节流装置所产生的静压差来测量流量大小的一种流量计。根据伯努利定理及流量连续性方程，有

$$q_V=\frac{\pi}{4}d^2\alpha\varepsilon\sqrt{\frac{2\Delta p}{\rho}} \qquad (6.1\text{-}9)$$

式中 q_V——体积流量（节流装置上游状态）；

d——节流装置的最小直径；

α——流量系数；

ε——气体膨胀修正系数，液体时为 1.0；

ρ——流体密度（节流装置上游状态）；

Δp——节流装置前后压差。

由式（6.1-9）可知，如已知节流装置的形式、流体的种类和流动状态，则 d、ρ 就可确定。由于 α、ε 可从有关标准中求得，所以测量出压差 Δp 后，根据式（6.1-9）便可计算体积流量。

最常用的节流装置有孔板、喷嘴、文丘利管三种。图 6.1-8～图 6.1-10 分别为这三种节流装置的形状。长期大量的试验表明，几何相似的节流装置在流体动力学相似的条件下，流量系数 α 值是相等的。因此，只要节流装置在结构、尺寸公差、取压方式、管道条件、流体条件等方面符合一定的标准，便可直接使用给出的 α、ε 值，这类节流装置称为标准节流装置。除此之外，为满足一些特定的使用要求，也可采用非标准的节流装置。

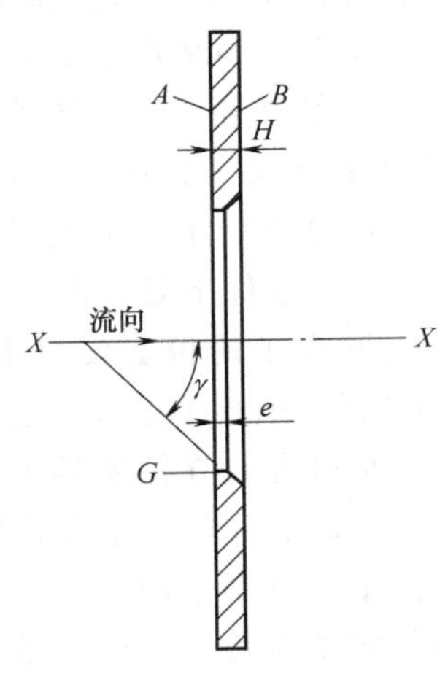

图 6.1-8 标准孔板

A—上游平面；B—下游平面；G—上游边缘；γ—倾斜角；e—孔口宽度；H—板厚

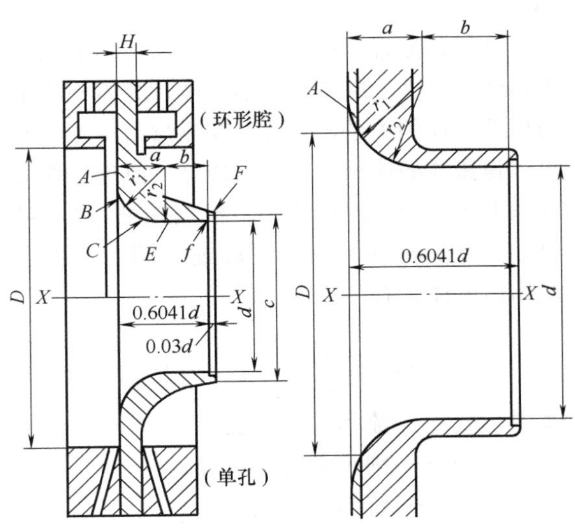

图 6.1-9 ISA1932 喷嘴

A—平面部分；B、C—喷嘴入口圆弧部分；E—圆筒部分；F—保护缘部分；d—节流部分的孔径；H—厚度；D—管路直径

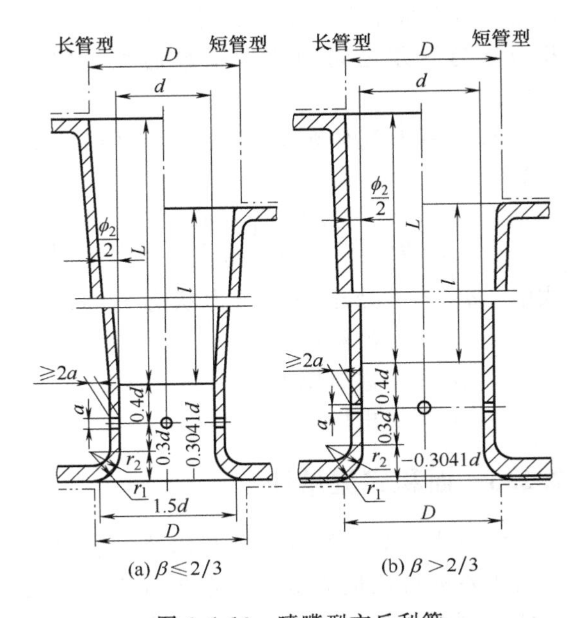

图 6.1-10 喷嘴型文丘利管

用节流装置测量流量时，取压点位置不同，Δp 值也不同。标准节流装置规定的标准取压方式有径距取压、法兰取压和角接取压。另外，式（6.1-9）中的流量系数 α、气体膨胀修正系数 ε 随节流装置的种类、取压方式、管径等而不同。有关细节请参考有关的国际标准和国家标准（ISO 5167、GB 2624—81）。

从工作原理看层流流量计也可归入差压式流量计中。处于层流状态的流体，其体积流量与压差成比例关系，因此只要测量出压差，便可求得流体的体积流量。利用这一原理工作的流量计称为层流流量计。根据哈根-泊肃叶（Hagen-Poiseuille）法则，对细长圆管中的非压缩性流体，有

$$q_V=\frac{\pi d^4}{128\mu l}(p_1-p_2) \qquad (6.1\text{-}10)$$

式中 q_V——流体的体积流量；

d——细长圆管的直径；

μ——流体的黏度；

l——细长管的长度；

p_1、p_2——进、出口压力。

图 6.1-11 是层流流量计的原理图。单根细长管用于微小流量测量，为了测量较大的流量，可以采用多根细长管并联的结构。体积流量与压差之间的比例系数通过标定后确定。

如果用于气体流量的测量，可用下式计算

$$q_{V1}=\frac{\pi d^4(p_1^2-p_2^2)}{128\mu l p_1} \qquad (6.1\text{-}11)$$

式中 q_{V1}——处于进口压力状态下的体积流量；

p_1——进口压力；

p_2——出口压力。

2.2.3 面积式流量计

面积式流量计的原理是利用节流装置产生的压差进行流量测量的。它与节流式流量计的区别在于保持压差不变而改变流道截面

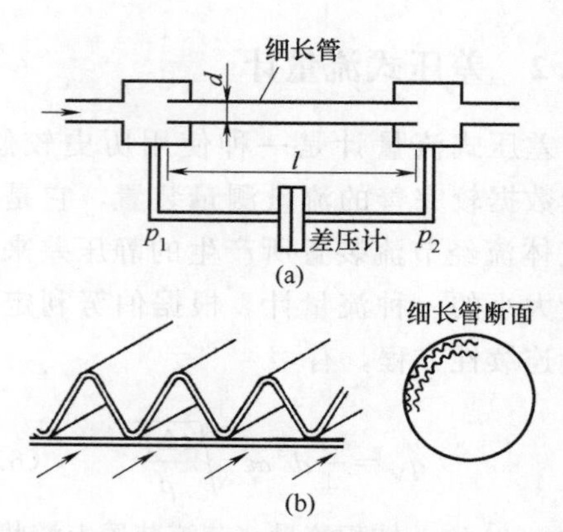

图 6.1-11 层流流量计原理

积，根据该截面积的大小来测量流量。面积式流量计的流量由下式求得

$$q_V=CA\sqrt{\frac{2gV_f(\rho_f-\rho_0)}{A_f\rho_0}} \qquad (6.1\text{-}12)$$

式中 q_V——体积流量；

C——出流系数；

A——通流面积；

A_f——浮子最大横截面积；

V_f——可动部分（浮子）的体积；

ρ_f——浮子材料的密度；

ρ_0——流体的密度；

g——重力加速度。

在式（6.1-12）中，如果出流系数 C 在一定范围内保持不变，则流量与通流面积成比例。

面积流量计有多种结构形式，如转子流量计、活塞式面积流量计等。转子流量计由一锥形管和浮子组成（见图 6.1-12）。当一定流量的流体由锥形管下端流入时，浮子在满足式（6.1-12）条件下处于相应的平衡位置，从外部读取浮子的位置便可求得流量。图 6.1-13 为活塞式面积流量计，它的出口面积随活塞位置而变化，在活塞的上部或下部添加重块，可以调节可动部分的重力。

面积式流量计可用于液体或气体的流量测量，特别是转子流量计，由于结构简单而被广泛采用。由式（6.1-12）可知，转子流量计的流量刻度基本成线性变化，甚至在雷诺数很低的范围内，出流系数也是一定的。

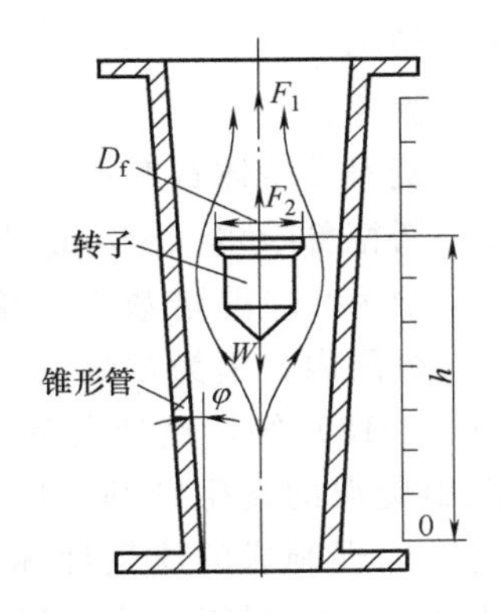

图 6.1-12　转子流量计

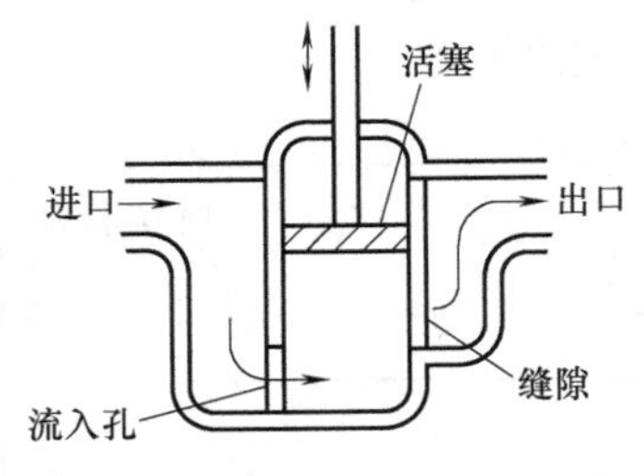

图 6.1-13　活塞式面积流量计

2.2.4　涡轮流量计

涡轮流量计是将涡轮置于被测流体中，利用流体流动的动压使涡轮转动，涡轮的旋转速度与平均流速大致成正比。因此，由涡轮的转速可以求得瞬时流量，由涡轮转数的累计值可求得累积流量。涡轮流量计的原理见图 6.1-14。

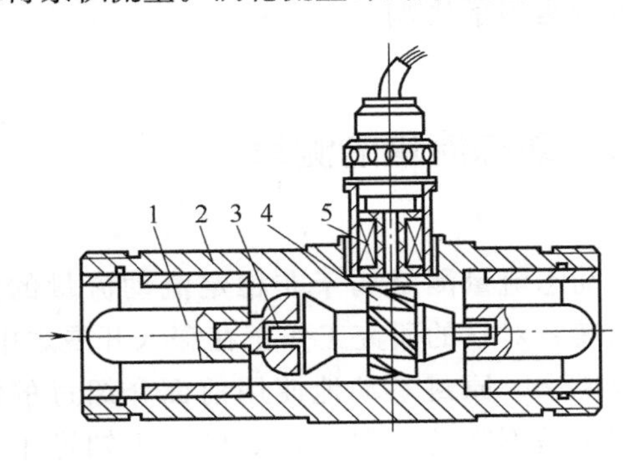

图 6.1-14　涡轮流量计

1—导流器；2—外壳；3—轴承；4—涡轮；5—磁电转换器

涡轮的旋转可以由机械传动方式直接传给指示部分，也可采用非接触磁电式传感器测出。前一种方式一般只能指示累积流量，而后一种方法输出的是电脉冲信号，通过流量计仪表便可根据脉冲信号的频率和累计值来测量瞬时流量和累积流量。

这种流量计常用在汽油、轻油等烃类油的流量测量中，也可用于水、蒸气等流体。其特点是可用小型流量计测得大流量，但其测量精度受流体黏度的影响较大。

2.2.5　电磁流量计

电磁流量计是根据法拉第电磁感应定律制成的一种测量导电液体体积流量的仪表，其原理图如图 6.1-15 所示。根据法拉第定律，导电流体所产生的感应电动势为

$$E=DB\bar{v} \tag{6.1-13}$$

式中　E——感生电压；

D——测量管内径；

B——磁感应强度；

$\bar{v}$——流体的平均流速。

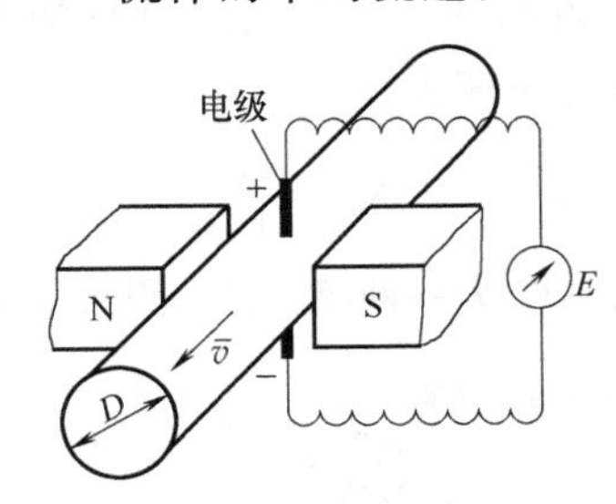

图 6.1-15　电磁流量计

由于流体的平均流速与体积流量成比例，所以只要测出感生电压，便可得到流量。

2.2.6　超声波流量计

超声波在流体中的传播速度会随被测流体的流速而变化。如图 6.1-16 所示，在被测流体内放置两对超声波发送器和接收器，则顺流方向与逆流方向超声波的传播时间分别为

$$t_1=\frac{L}{c+v} \tag{6.1-14}$$

$$t_2=\frac{L}{c-v} \tag{6.1-15}$$

式中　L——发送器到接收器之间的距离；

c——声速；

v——流速。

顺流和逆流情况下超声波传播的时间差为

$$\Delta t=t_2-t_1\approx\frac{2Lv}{c^2} \tag{6.1-16}$$

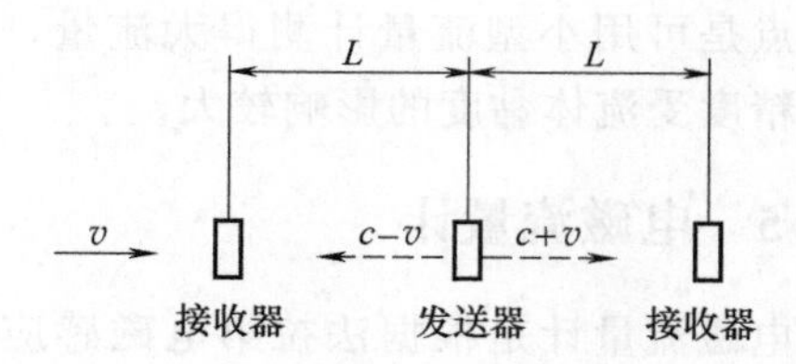

图 6.1-16　超声波流量计测量原理

在 L 已知、c 为常数的条件下，时差 Δt 与流速成正比，测得时差即可求出流速，进而求得流量大小。这种测量方法称为时差法。

由于声速会随温度而变化，给测量带来误差。在工业测量中多采用不受温度影响的频差法。频差法是测量顺流和逆流情况下超声脉冲的频率差 Δf 来反映流量的大小，其比例常数与声速无关。

$$\Delta f=\frac{2v}{L} \tag{6.1-17}$$

图 6.1-17 为一种超声波流量计的示意图。

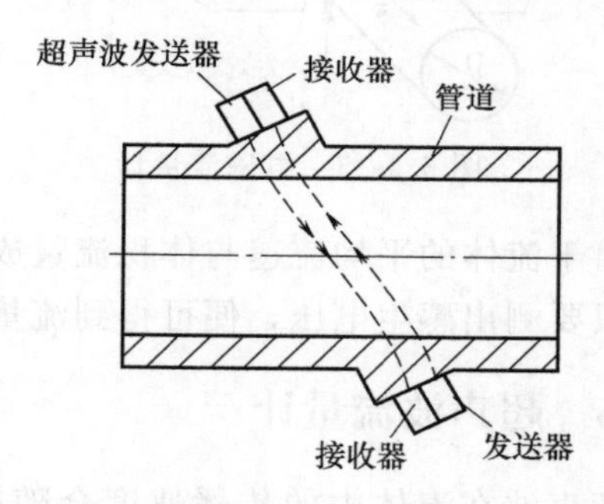

图 6.1-17　超声波流量计

2.2.7　旋涡流量计

在流动的流体中放入一个非流线形的对称形状的物体，则在其下游会出现很有规律的旋涡列，称为卡门旋涡列，也称卡门涡街。图 6.1-18 中，当涡街稳定时，涡街发生频率（单侧）和流速之间有如下关系

$$f=S_t\frac{v}{d} \tag{6.1-18}$$

式中　f——频率；

v——流速；

d——旋涡发生体宽度；

S_t——斯德鲁哈尔（Strouhal）数，量纲为 1，雷诺数在 102.5～105 范围内，S_t为常数。

由式（6.1-18）知，流速与频率成正比例，只要测出旋涡的发生频率，便可测得流量。利用这一原理制成的流量计称为旋涡流量计或涡街流量计。涡街频率可以通过检测流场内局部速度或压力的变化来获得，如利用热线、超声波等。

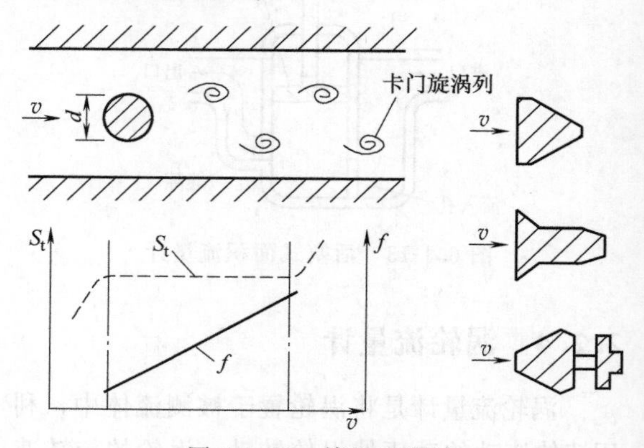

图 6.1-18　旋涡流量计

旋涡流量计可用于气体或液体的流量测量，并且不受流体温度、压力、密度、成分、黏度等参数的影响。

2.3　动态流量的测量

动态流量测量属于非稳定流动流量的测量范畴，对它的研究工作正在深入开展之中。一般说来，原封不动地使用前面介绍过的测量方法是不行的。但是，如果已经知道了非定常流动的动态响应特性，则只要对测量值进行适当的修正就行了。或者，选用动态响应比较快的流量计和流速计对动态流量进行测量，在一定的频段内也是可行的。目前，为了测量动态流量，常采用的方法有差压流量计、热线和热膜流速计、电磁流量计等。

3 压力测量

压力是流体技术领域中的一个重要物理参数。作用于流体中某点的压力 p 可表示为

$$p=\lim_{\Delta A\to 0}\frac{\Delta F}{\Delta A} \qquad (6.1\text{-}19)$$

式中 ΔF——作用于该点的法向表面力；

ΔA——围绕该点的微小面积。

如前所述，测量压力时，常根据不同情况，将其区分为绝对压力、表压力和负压力（真空度）。其间关系见图 6.1-19。

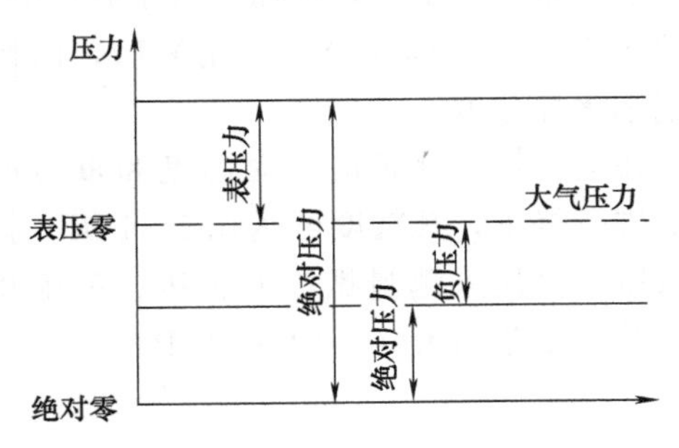

图 6.1-19 绝对压力、表压力和负压力的关系

例如，压力管路中常用表压力表示，而吸油管路中常用负压力（或真空度）来表示。

压力一般不能直接显示，测量时必须将其变换为其他物理量，例如位移（或角位移）、力、各种电参数等。根据转换方式的不同，常用的测量方法可大致分为以下几种。

① 液柱平衡法 由密度已知的液体的液柱高度形成的压力，平衡被测压力的方法，常用高度或高度差确定被测压力值。如 U 形管压力计、单管压力计、倾斜管微压计和补偿式微压计等。

② 重力平衡法 由作用在已知面积上的重力产生的压力来平衡被测压力的方法，被测压力可用重力和已知面积确定。如活塞式压力计（重锤式压力计）等。

③ 弹性变形法 敏感元件受被测压力的作用产生弹性变形及弹性力用以平衡被测压力的方法。常用弹性元件上某点的应变或位移的数值来确定被测压力值。而位移的测定可通过机械机构将其放大，带动指针直接指示被测压力的高低（如弹簧管压力计），或通过机/电转换装置把位移量的变化变换为电参数的变化值（如电阻、电感和电容等），再由电测系统测量并指示或记录被测压力值。例如，各种电参数型压力变送器、应变式压力传感器等。

④ 力—电转换法 利用某些物质受力作用时，其电学性质发生变化的特性来测量压力的方法。例如，利用石英晶体压电效应的压电式压力传感器、利用半导体压阻效应的压阻式压力传感器等。

3.1 液柱压力计

这种压力计具有结构简单、使用方便、准确度高、价格低廉等优点，但其测量范围受到限制。一般只能测量 $1\times10^{-6}\sim0.3$MPa 的压力，而且仅限于静态压力的测量。用汞作工作介质时，还存在环境污染问题。

液柱式压力计种类很多，常见的形式有 U 形管式和斜管式。

（1）U 形管式液柱压力计

U 形管式液柱压力计的原理见图6.1-20。它主要由两条内径相同、互相平行而彼此连通的呈 U 字形的玻璃管或金属管和安装在支承板上的刻度标尺组成。U 形管中充以液体介质，刻度标尺的零点在标尺的中间位置，当两管都与大气相通时，两管中的液体自由表面应对准标尺零刻度线。

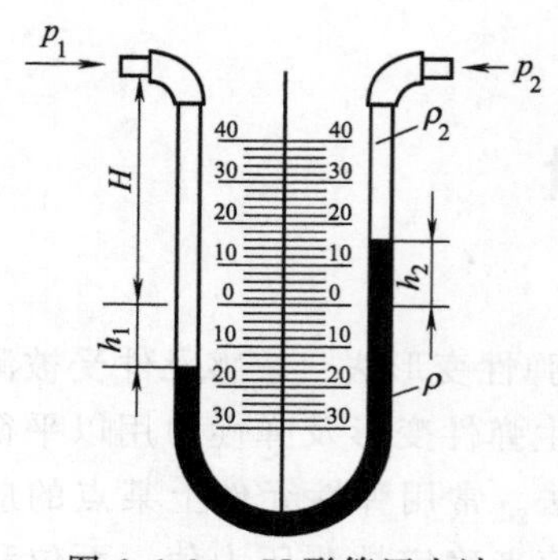

图 6.1-20　U 形管压力计

若左侧管通入压力为 p_1 的流体，右侧管压力为 p_2，且 $p_1>p_2$，则在 p_1 和 p_2 作用下，两管工作液体的高度差为 h。根据液体静力平衡原理有

$$p_1=p_2+\rho gh=p_2+\rho g(h_1+h_2) \tag{6.1-20}$$

式中　ρ——工作介质密度；

g——测试场所的重力加速度；

p_1、p_2——分别为通入两侧流体的绝对压力。

如果 p_2 为大气压力，则 p_1 为被测的表压力。所以，被测表压力（或负压力）和工作介质的密度、重力加速度及高度差有关。密度随温度、重力加速度和使用地点而变化，因此为保证测量精度，应进行温度和重力加速度的修正。液柱高度差 h 的误差主要来源于刻度尺误差、读数误差和零位误差。

U 形管的测量范围，以水为工作介质时为 $0\sim\pm7.8\times10^3$ Pa；以汞为工作介质时一般为 $0\sim\pm1.07\times10^5$ Pa。

这种压力计需两边读数，自然要出现两次读数误差，为避免这一麻烦，可选用单管压力计，这是 U 形管压力计的一种变型。

（2）斜管式微压计

在测量微小的流体压力时，为提高测量精度，减小 U 形管和单管压力计在读数中的误差，常采用倾斜式微压计，其原理如图 6.1-21 所示。

这是单管压力计的变型，不同的是其测量管与水平面成一倾斜角度。设其与水平面

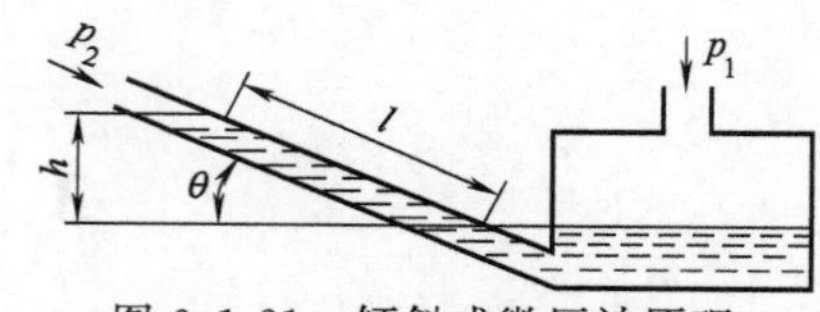

图 6.1-21　倾斜式微压计原理

的夹角为 θ，一般 θ 不得小于 15°，以防管内液体自由表面拉得太长而影响读数精度。

根据图 6.1-21，可以导出下式

$$p_1-p_2=\rho gl\sin\theta \tag{6.1-21}$$

式中　ρ——工作介质密度；

g——测试场所的重力加速度；

p_1、p_2——容器和倾斜管中的压力。

从上面公式可以看出，被测压差或表压力与 l 呈线性关系。由于刻度长度被放大了，提高了测量的灵敏度，从而实现了微压测量。这种微压计的工作介质常采用酒精，而标尺按毫米水柱分度。

在进行精密测量时，对温度和重力加速度要进行修正，其精度可达 0.5～1 级。斜管式微压计可用来测量微小的正压、负压和差压，其测量范围为 $0\sim\pm2\times10^3$ Pa。

3.2　弹性式压力计

利用弹性变形进行压力测量的仪表称弹性式压力计，其压力敏感部分称弹性敏感元件。弹性敏感元件直接感受被测压力，并将其转换为位移或应变输出给显示装置、传感器、变送器或其他变换元件。

弹性式压力计具有结构简单、体积小、维护方便、安全可靠和价格便宜等特点。它的测压范围较宽，通常可测 0～1000MPa 的压力。

利用弹性敏感元件测量压力的原理框图见图 6.1-22。

由图 6.1-22 可见，测量弹性元件位移或应变的方式可分为机械和电气两种。机械式是把位移通过机械机构放大后，直接带动指针旋转，用指针的角位移指示压力的大小，这就是一般的弹性式压力计。电气式是通过机械—电

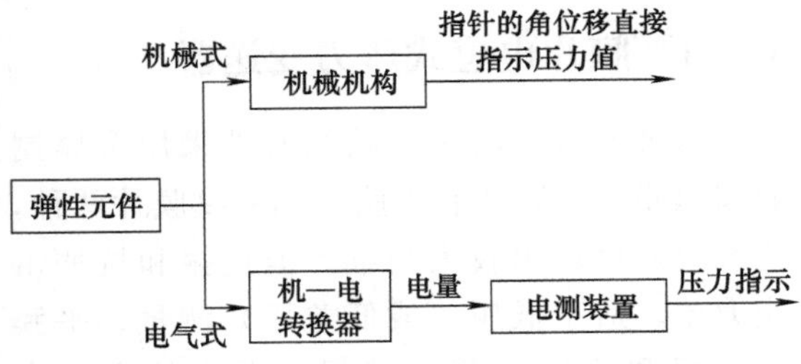

图 6.1-22 弹性元件测量压力的原理框图

变换单元把弹性元件的位移或应变转换为电量的变化，再由电测装置加以测量、指示和记录，这就是各种变送器和应变式压力传感器。

弹性式压力仪表的种类很多，根据所用弹性敏感元件的结构形式的不同，可分为弹簧管式、波纹管式、膜片式（平膜、波纹膜和挠性膜等）、膜盒式及弹性梁、柱和筒等。其中，梁、柱及筒等主要用于应变式压力传感器。

波登管式压力计又称弹簧管式压力计，简称压力表。其压力敏感元件是一端固定、另一端封闭并可自由移动的单圈弹簧管，其形状如图 6.1-23 所示。

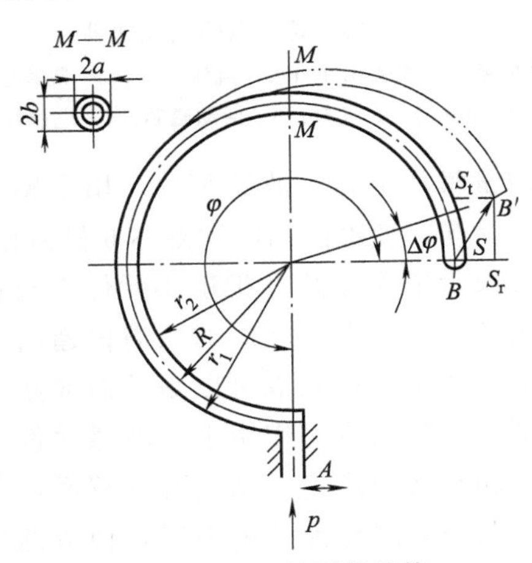

图 6.1-23 单圈弹簧管

如图 6.1-23 所示，被测流体由固定端 A 口流入管中，管的椭圆形截面在被测流体压力 p 的作用下趋向圆形，引起圆弧形管子产生向外挺直的扩张变形，其封闭的自由端由 B 移到 B'，弹簧管中心角 φ 的变化量为 $\Delta\varphi$。若管子壁厚为 h，椭圆长轴半径为 a，短轴半径为 b，并设 $h/b<0.6\sim0.7$，中心角 $\varphi=270°$，则中心角变化的相对值 $\Delta\varphi/\varphi$ 与被测压力 p 的关系为

$$\frac{\Delta\varphi}{\varphi}=p\,\frac{1-\nu^2}{E}\times\frac{R^2}{bh}\left[1-\left(\frac{a}{b}\right)^2\right]\frac{c_1}{c_1+\lambda} \tag{6.1-22}$$

式中 $\lambda=\dfrac{Rh}{a^2}$；

E——弹簧管的弹性模量；

ν——弹簧管的泊松比；

R——弹簧管的曲率半径；

λ——和弹簧管结构有关的系数；

c_1、c_2——和 a/b 有关的系数。

自由端的总位移

$$S=\frac{\Delta\varphi}{\varphi}R\sqrt{(1-\cos\varphi)^2+(\varphi-\sin\varphi)^2} \tag{6.1-23}$$

由此可见，B 端总位移 S 与 $\Delta\varphi/\varphi$ 成正比。所以，只要测出点 B 的总位移 S，再将其转化为指针的角位移，即可指示出被测压力 p 的大小。

这种压力计的结构简图见图 6.1-24。

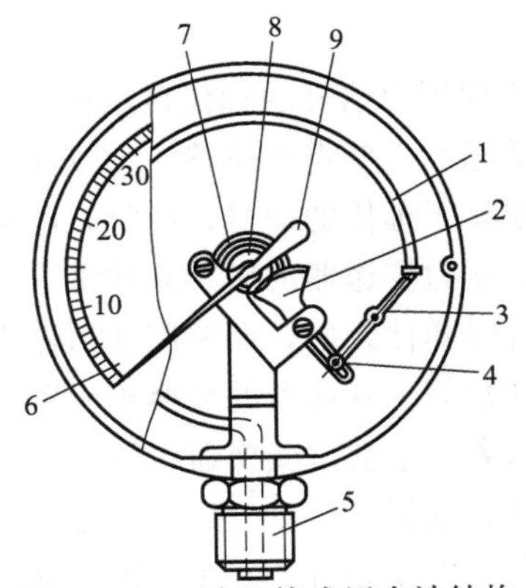

图 6.1-24 波登管式压力计结构

1—弹簧管；2—扇形齿轮；3—拉杆；4—调节螺钉；5—接头；6—表盘；7—游丝；8—中心齿轮；9—指针

被测流体由接头 5 引入，在流体压力的作用下，弹簧管 1 的自由端 B 向右上方移动而产生弹性变形，通过拉杆 3 使扇形齿轮 2 逆时针偏转，与其啮合的中心齿轮 8 顺时针旋转，固定在 8 上的指针也顺时针转动，从而在表盘 6 的刻度尺上指示出相应于被测压力 p 的值。由于 S 和 p 成正比，故刻度是线

性的。游丝 7 用以消除齿轮间的齿侧间隙，以提高传动精度。调节螺钉 4 的作用是改变机械传动放大系数，以调节压力表的量程。

波登管式压力表主要用于静态压力的测量。在流体系统中存在压力脉动、压力冲击或机械振动时，可在测压点与压力表之间加装缓冲器或阻尼器，或在表盘内注入阻尼油，以抑制指针的摆动。

弹簧管式压力计的弹性敏感元件的截面形状、尺寸和材料取决于测压范围和工作介质的性质。弹簧管的常用材料有锡磷青铜（QSn4-0.25），允许测压范围为 0.06～16MPa；铬钒钢（50CrVA），允许测压范围为 16～60MPa；不锈钢（1Cr18Ni9Ti），允许测压范围为 0.1～6MPa。

这种压力计的精度分 0.5、1.0、1.5、2.0、2.5、4 六个等级。

3.3 压力变送器

为实现压力信号的远传显示或记录，通常将压力敏感元件获得的位移、力或应变信号变换为其他易于远传的信号，例如，电信号和气信号等。压力变送器的敏感元件常采用弹簧管和波纹管等弹性元件，而差压变送器则多采用膜片和膜盒等。变送器的变换单元可分为电气和气动两类。电动型变换器将敏感元件输出的位移转换为电信号，放大后远传至显示或记录装置或其他电动单元。位移/电转换的方式很多，例如，电阻式、电感式、电容式和霍尔式等。气动型变换器是将敏感元件的输出位移变换为气压信号（例如，0.02～0.1MPa），再送到显示单元或其他气动单元。气动变送器主要应用在不宜采用电信号的场合。

压力变送器和差压变送器主要用于测量静态压力和差压，也可以测量变化缓慢的信号，其动态响应较低，约为几赫兹。

根据弹性元件和变换器的不同组合，可以有多种形式的压力和差压变送器。

3.3.1 膜片电感式压力变送器

这种变送器的压力敏感元件采用金属制的圆形膜片。膜片有平膜片和波纹膜片两种，波纹膜片可输出较大位移，但抗振和抗冲击能力差，适于低压（或低差压）测量；平膜片抗振和抗冲击能力较强，适于较高压力（或高差压）的测量。

电感式压力变送器的原理如图 6.1-25 所示。

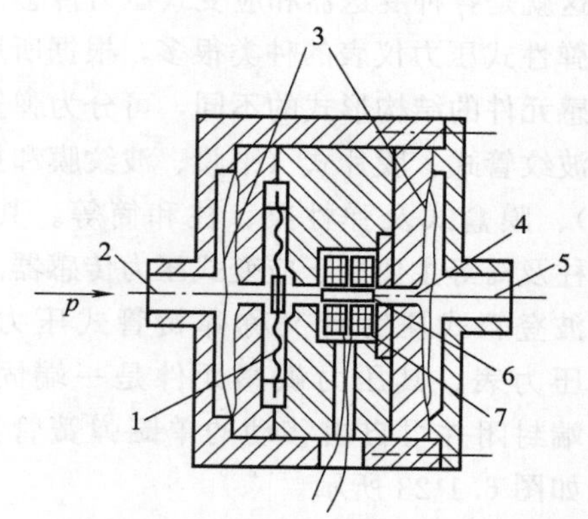

图 6.1-25 膜片电感式变送器

1—测量膜片（敏感元件）；2—流体入口；3—隔离膜片；4—填充液；5—大气口；6—活动磁芯；7—电感线圈

测量膜片 1 为一波纹膜片，用来感受被测压力，与可变电感的活动磁芯 6 机械相连，两个波纹形隔离膜片 3 把敏感元件 1 与被测流体隔开，两隔离片之间的压力传递由中间填充液 4 实现，填充液可以是硅油或氟化碳润滑剂。在被测压力作用下，敏感元件 1 变形，带动与其相连的活动磁芯 6 移动，从而改变了两个电感线圈 7 的电感，使电感电桥有电压输出，其值与被测压力有确定的关系。电路中加补偿环节可减少非线性和温度变化对测试精度的影响。此变送器的两个隔离片背后，各有一个与膜片波纹形状相似的挡块，以限制膜片行程，可起过压保护作用。

膜片式压力变送器的测压范围从 0～0.8MPa 到 0～2.5MPa；膜片式差压变送器的测压范围从 0～8×10^{-4} MPa 到 0～2.5MPa。最大静压力为 20MPa 或 50MPa。

这种变送器（压力或差压）的测量精度为±0.25%；非线性≤±0.2%。

压力变送器的压力敏感元件除各种膜片外，还可以用测压弹簧管，以实现较高压力的测量与变送。弹簧管式元件的位移/电变换单元可以是电感式，也可以是差动变压器式。

3.3.2 电容式压力变送器

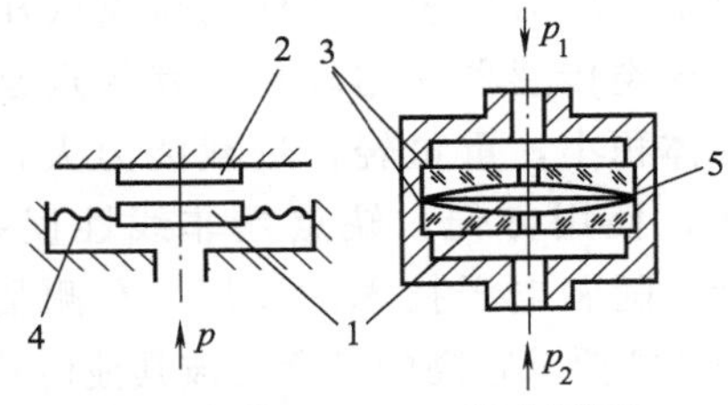

图 6.1-26 电容式压力变送器原理

1—感应极板；2,3—固定极板；4—弹簧膜片；5—绝缘垫片

电容式压力变送器的原理见图 6.1-26(a)。当被测压力 p 作用于弹簧膜片 4 和感应极板 1 时，使固定极板 2 和感应极板 1 的距离产生变化，从而引起两极板间电容量 C 的变化。电容的变化量 ΔC 与两极板间位移变化量 $\Delta\delta$ 之间的关系如下

$$\Delta C=\frac{\varepsilon S}{\delta-\Delta\delta}-\frac{\varepsilon S}{\delta}=C\ \frac{\Delta\delta/\delta}{1-\Delta\delta/\delta} \tag{6.1-24}$$

式中 S——极板的有效面积；

ε——极板间的介电常数；

δ——极板间的距离。

当 $\Delta\delta/\delta\ll 1$ 时，有近似线性关系

$$\Delta C=C\ \frac{\Delta\delta}{\delta} \tag{6.1-25}$$

从上式可知，测得 ΔC 反过来可以求得 $\Delta\delta$。由于被测压力 p 与 $\Delta\delta$ 成正比，所以 p 可以通过 ΔC 测得。

为了提高变送器的灵敏度和改善其输出特性，常采用差动形式［见图 6.1-26(b)］，即将可动极板置于两固定极板之间。当压力变化时，一侧电容增大，另一侧电容减小。因此，其灵敏度可提高一倍而非线性可大大降低。

电容式压力变送器的测量线路常采用交流电桥、双 T 网络、调频等电路来实现。其中调频电路灵敏度高，可测出 0.01μm 级的极板位移变化量，但振荡频率受温度和电缆电容影响大，稳定性不高。

3.3.3 气动式压力变送器

当被测压力值必须远距离指示，但又不允许使用电信号传递的情况下，可以将被测信号变换成气压信号，以气压信号来传输被测压力值，这种变送装置称为气动式压力变送器。

这种变送器由压力敏感部分和气动变换部分组成。压力敏感元件感受被测压力，并将其转换为位移和力，气动变换部分再将力转换成 $(0.2\sim1.0)\times10^5$ Pa 的气压信号，送至有关气动单元仪表以实现压力的显示和调节。

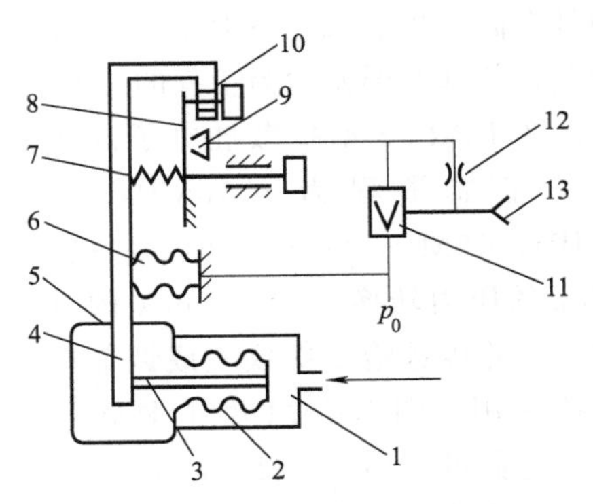

图 6.1-27 气动式压力变送器原理图

1—压力室；2—测量波纹管；3—推杆；4—主杠杆；5—支点膜片；6—反馈波纹管；7—调零弹簧；8—挡板；9—喷嘴；10—顶针；11—放大器；12—恒流气阻；13—气源

气动压力变送器的气压变换部分基本相同，压力敏感部分有波纹管式、弹簧管式、膜片式和双波纹管真空补偿式等多种形式，其测压范围与对应的弹性元件的测压范围相同。图 6.1-27 为波纹管式气动压力变送器的原理图。当被测流体进入压力室 1 时，波纹

管2产生一轴向推力，通过推杆3作用在主杠杆4上，以膜片5为支点产生的力矩使杠杆4顺时针转动，固定在主杠杆4上端的顶针架10亦随着转动，于是，挡板8与喷嘴9之间的间隙变小，使喷嘴9的背压上升，放大器11的输出压力p_0增加，此压力还反馈到波纹管6上，使其对主杠杆产生逆时针力矩，反馈力矩使挡板有离开喷嘴的趋势，因此，这是一个负反馈。当主杠杆4上的力矩平衡时，它就稳定在一个新的平衡位置上，喷嘴与挡板之间的间隙也随即稳定。这样，放大器11就输出了与被测压力成比例的气压信号。

气动压力变送器的气源压力为1.4×10^5Pa，由气动减压阀调定。

3.3.4 压力变送器的发展

随着生产过程自动化的发展，对压力变送器的要求愈来愈高，各种新型扩散硅电子压力和差压变送器，适应了这一发展要求。它们具有高精度、高可靠性、小型和重量轻等特点，其基本误差约为量程的±0.2%。例如，国产EPR-75型扩散硅电子式压力变送器，其基准量程为0.16MPa，0.5MPa，2.5MPa，10MPa和50MPa。它把0.16～50MPa的压力转换成4～20mA的直流电信号输出，并传送给二次仪表或调节单元作检测或控制用。EDR-75M型扩散硅电子式微差压变送器可以检测$0.1\sim 0.6\times 10^3$Pa的微差压，并将其转换成4～20mA的直流信号，再传送给二次仪表。

3.4 压力传感器

压力变送器虽然能把压力和差压信号变换为电信号或气信号进行远距离传送、显示、记录和控制，但其动态响应差，只适用于静态压力或变化较缓慢的压力的测量。对变化迅速的动态压力（如脉动压力、冲击压力等）的测量，则应采用动态性能好的压力—电变换器，即压力传感器。

常见的压力传感器有电阻式、应变式、电感式、电容式、压阻式、压电式、压磁式、数字石英式和谐振式（振筒式、石英谐振式和振梁式等）等多种形式。

3.4.1 电阻式压力传感器

电阻式压力传感器又称电位器式压力传感器。这类传感器应用较早，其优点是结构简单，体积小，重量轻，过载能力大，输出信号大，使用方便；缺点是非线性误差大，频响低。随着电子技术的发展，在测量精度和动态性能要求较高的场合已被其他传感器所取代，但在动态响应性能要求不高的一些液压系统中还有着广泛的应用。这类传感器的工作原理如图6.1-28（a）所示。传感器的压力敏感元件是膜片4（或弹簧管），当膜片上有压力作用时，膜片中心产生位移，通过杠杆1、电刷3和电位器2，将压力转换成电压或百分比电阻信号。图6.1-28（b）是电路接线图。电位器的制作材料很多，常用的有锰铜丝、铂丝、镍铬铝铜丝及合成膜电阻等。

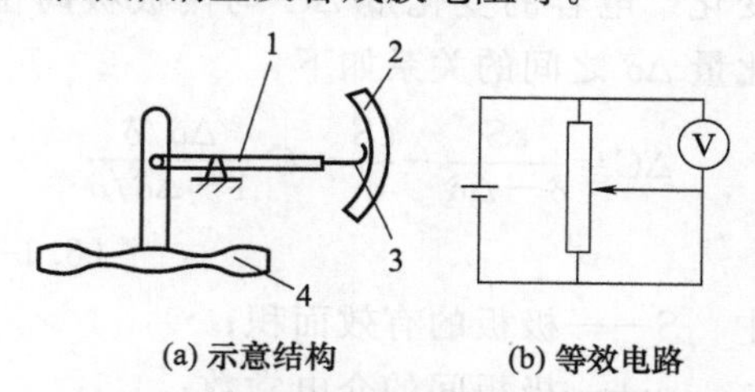

图6.1-28 电位器式压力传感器原理

1—杠杆；2—电位器；3—电刷；4—膜片

电阻式压力传感器的测压范围为$-0.013\times 10^5\sim 0$Pa和$0\sim 6\times 10^7$Pa；输出的总电阻约为300Ω或1000Ω±10%；工作温度为−55～100℃。

3.4.2 应变式压力传感器

应变式压力传感器由压力敏感元件和电阻应变片组成。前者把被测压力转换为敏感元件的应变量，后者则是把应变量变换为电阻的变化，再通过电桥把阻值的变化变换为电压输出。其原理框图见图 6.1-29。

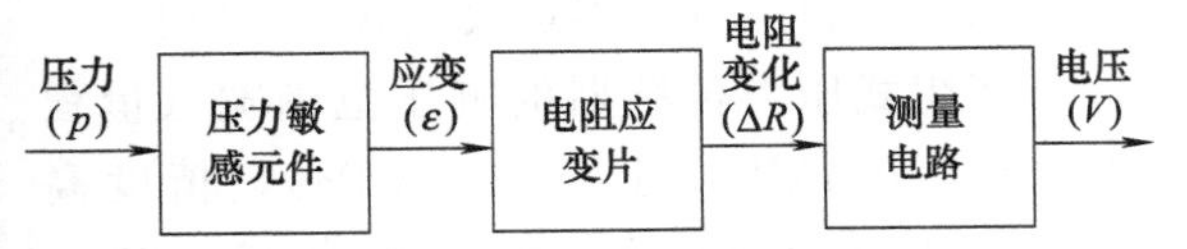

图 6.1-29 应变式压力传感器原理框图

压力敏感元件有膜片式、溅射薄膜式、应变筒式、应变梁式和组合式等多种形式。电阻应变片的类型很多，按其敏感栅可分为箔式应变片、丝式应变片和半导体应变片三大类。按敏感栅形状则可分为单轴式（单轴单栅和单轴多栅）和多轴式应变栅。

电阻应变片的应变与电阻变化的关系为

$$K=\frac{\Delta R/R}{\varepsilon}=1+2\mu+\frac{\Delta\rho/\rho}{\Delta l/l} \quad (6.1\text{-}26)$$

式中 K——应变片灵敏系数；

R、ΔR——应变片电阻值和电阻变化量；

ε——应变片的轴向应变；

μ——应变片材料的泊松比；

ρ、$\Delta\rho$——应变片电阻率和电阻率变化量；

l、Δl——应变片轴向长度和长度变化量。

式（6.1-26）为“应变效应”的表达式。应变片的灵敏系数取决于两个因素，一是$(1+2\mu)$，它代表形变所起的作用；二是$\frac{\Delta\rho/\rho}{\Delta l/l}$，它是由材料电阻率随应变变化而引起的，称为“压阻效应”。对金属应变片来说，$\Delta\rho$ 几乎为零，其灵敏系数主要与泊松比有关，而半导体应变片的灵敏系数则主要由压阻效应的大小来决定。一般来讲，半导体应变片的灵敏系数要比金属应变片的大几十倍。

应变片的测量电路可采用直流电桥、交流电桥或专门的电阻应变仪。目前应变片电桥大都采用交流电桥。

图 6.1-30 和图 6.1-31 分别给出了圆形平膜片式压力传感器和应变筒式压力传感器的工作原理简图。为了提高灵敏度并实现温度补偿，常采用全桥应变片布置。在要求较高的场合，还要对桥臂电阻进行温度特性修正。

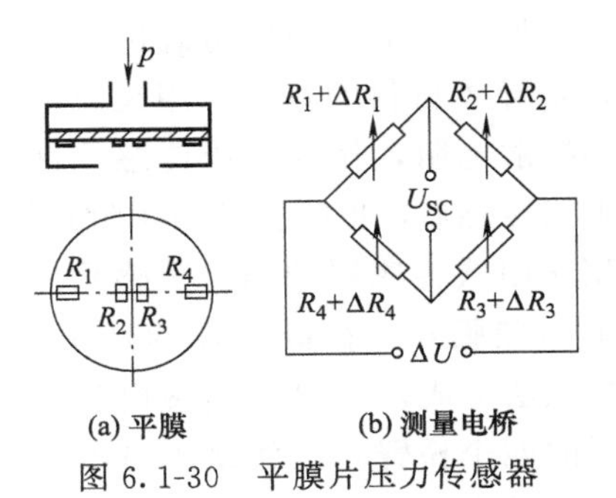

图 6.1-30 平膜片压力传感器

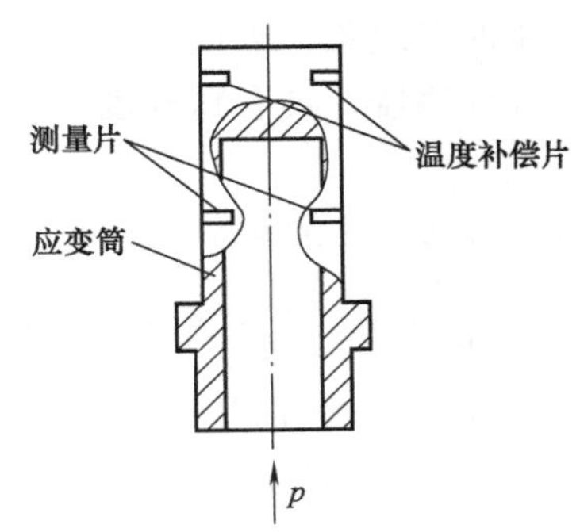

图 6.1-31 应变筒式压力传感器

平膜片式压力传感器的优点是结构简单，体积小，重量轻；缺点是受外界干扰因素大，且输出信号小。这种传感器一般可测 10^5～10^6 Pa 的压力。

应变筒式压力传感器一般用来测量 10MPa 以上的较高压力。其主要特点是：结构简单、固有频率高，有时可达 30kHz。

应变式压力传感器应用十分普遍，既可用于静态压力的测量，亦可用于高频瞬态压力的测量。应变式压力传感器的测量范围宽，精度高，动态特性好。最大的测压量程可达 0～1000MPa，固有频率可达 120kHz，测量误差为满量程的 0.1%～0.5%。

3.4.3 压阻式压力传感器

压阻式压力传感器又称为压敏电阻固体压力传感器。它是利用固体的压阻效应制成的。所谓压阻效应即半导体材料在某一方向承受压力时，电阻率发生显著变化的现象。这种传感器有两种类型，一类是利用半导体材料的体电阻做成粘贴式的应变片，作为测量敏感元件，称粘贴型压阻式传感器；另一类是在半导体材料的基片上用集成电路工艺制成的扩散电阻，作为测量传感元件，称固态压阻式传感器，也叫扩散型压阻式传感器。扩散型压阻式传感器的压力敏感元件是一块N型单晶硅膜片，在硅膜片的选定位置上，采用扩散法形成四个P型压敏电阻，它们构成电桥的四个桥臂，这就使压力敏感元件和机电变换器组合为一个整体，消除了两体结构的蠕变和迟滞现象，因此，由扩散硅膜片组成的压力传感器，具有精确度高、体积小的优点。

单晶硅的电阻变化率为

$$\frac{\Delta R}{R}=\pi_{/\!/}\sigma_{/\!/}+\pi_{\perp}\sigma_{\perp} \quad (6.1\text{-}27)$$

式中 $\pi_{/\!/}$、$\pi_{\perp}$——纵向压阻系数和横向压阻系数，它们的值与晶向有关；

$\sigma_{/\!/}$、$\sigma_{\perp}$——纵向应力和横向应力。

由于膜片表面应力与被测压力 p 呈线性关系，故可通过对选定部位的应力测量来确定被测压力 p 的大小。

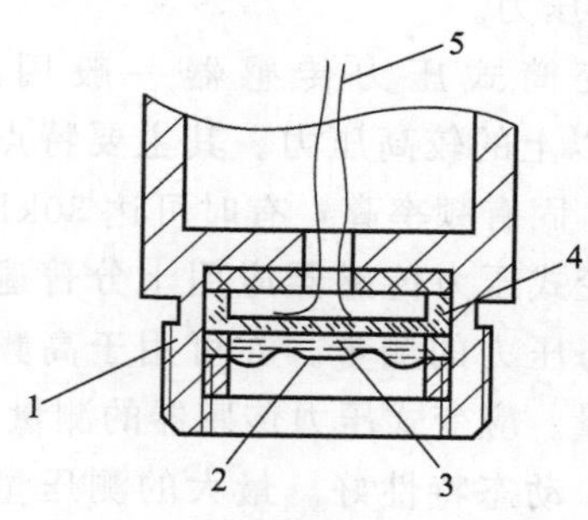

图 6.1-32 压阻式压力传感器结构示意

1—壳体；2—钢膜片；3—硅油；4—硅膜片；5—引出线

图 6.1-32 为一种压敏电阻固体压力传感器的示意结构。被测压力 p 作用在钢膜片上，通过硅油把压力传给硅膜片，使压敏电阻变化并通过电桥将信号输出，以测定压力的大小。用钢膜片把被测流体和硅膜片隔开，目的是保护硅片，使其性能稳定。由于钢膜片的高弹性和硅油的不可压缩性，可保证被测压力直接传到硅膜片上，钢膜片和硅油对压力传感器的灵敏度、线性和迟滞等性能不产生影响，只影响其零点效应和频率特性。

压阻式压力传感器的测压范围宽（量程从 0～0.014MPa 到 0～140MPa），精度高［±（0.05～0.3）%］、固有频率高（50～400kHz）、动特性好。因此，在生产和科研中被广泛使用。

压阻式压力传感器重量轻，易于实现小型化和微型化，耐冲击、抗振动能力强。如有的传感器自重仅 0.08g，可抗 1000g（峰值）的振动。

3.4.4 压电式压力传感器

压电式压力传感器是利用晶体的正向压电效应工作的。如果压电晶体在外载荷的作用下产生机械变形，则在其极化面上会产生电荷。所产生的电荷量 q 与外部施加的力 F 成正比，即

$$q=K_qF \quad (6.1\text{-}28)$$

式中 K_q——压电常数。

压电晶体中间为绝缘体，两边为电极，可看作是一个电容器，设其电容量为 C_0，则两极板间的开路电压 U_0 为

$$U_0=\frac{q}{C_0}=\frac{K_q}{C_0}F=K_UF \quad (6.1\text{-}29)$$

式中 K_U——压电晶体的力—电压灵敏系数。

压电效应是一种静电效应，压电元件受力所产生的电荷很微弱，内阻很大，在有外负载时，电荷会因放电而损耗，导致电压 U_0 趋近于零，给压电信号（特别是缓变信号）的测量带来困难。为此，传感器的输出信号必须由低噪声电缆引入高输入阻抗的电荷放大器，电荷放大器是具有深度电容负反馈的高增益放大器，其等效电路见图 6.1-33（b）。

图 6.1-33（a）表示一种压电式压力传感器的原理结构。被测压力作用在膜片上，并传给压电晶体，晶体受沿极化方向的力作用后，产生厚度方向的压缩形变，按压电效应而产生

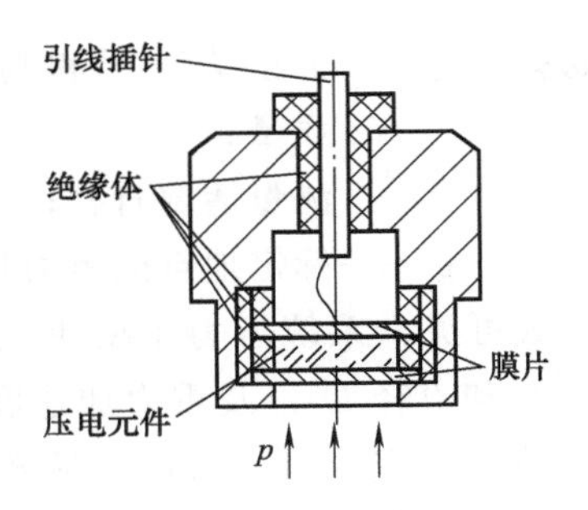

(a) 压电式压力传感器

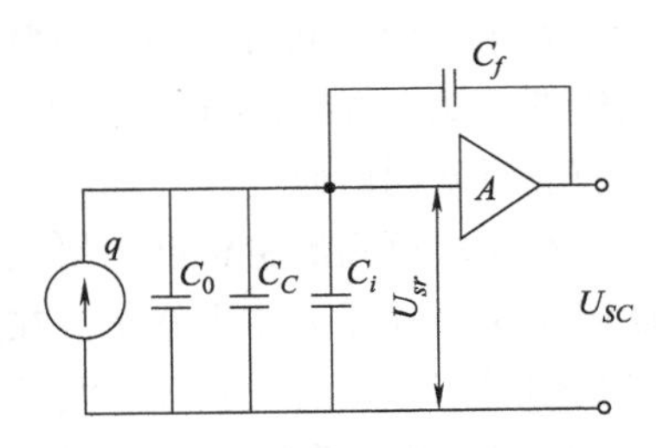

(b) 电荷放大器等效电路

图 6.1-33　压电式压力传感器及电荷放大器等效电路

电荷 q，由两极板收集并引向测量电路。

压电式压力传感器结构简单，性能优良，测压范围宽（10^2Pa～6×10^2MPa），工作频带宽（0.01Hz～200kHz），耐温度冲击和加速度冲击能力强（可达 20000g），能在高温环境下工作，体积小、重量轻。因此，得到了广泛的应用。这种传感器主要用于动态压力测量（有时亦可测准静态压力）。

3.4.5　集成一体化压力传感器

随着机电一体化技术的发展，压力传感器也出现了集成化的趋向，不仅结构紧凑，体积小，使用方便，而且改善了性能。集成一体化的方式有以下几种。

① 把测量线路（包括放大器）和传感器装成一体，形成内装放大器式的结构。这类压力传感器在使用时，只需提供标准直流电源，在输出端便能得到与被测压力成比例的标准电压或电流信号。目前已出现一种超小型集成电压放大器，装入压电式压力传感器中，从而避免了电缆分布电容对测量精度的影响。

② 将压力敏感元件和机械—电转换器集成在一起，即利用压阻效应原理。在硅基底上用集成电路工艺，扩散出一组应变电桥，当压力通过弹性体引起变形时，桥臂电阻的阻值发生变化，原电桥平衡状态被破坏，输出与被测压力成正比的信号，可测各种液体、气体的微压力信号。

③ 压力传感器的智能化。一般将硅敏感元件技术与微处理器计算能力结合在一起的传感器称 Smart 传感器，或称 Intelligent 传感器。其原理框图见图 6.1-34。这种传感器除具有传统传感器的功能外，还具有自补偿、自诊断、双向数字通信、远程控制和量程设定、信息存储、记忆和数字滤波等多项功能。其综合精度一般优于 0.1%，有的可优于 0.05%，重复性为 0.005%，可输出模拟信号和数字信号。从发展前景看，Smart 传感器将走向全数字化。

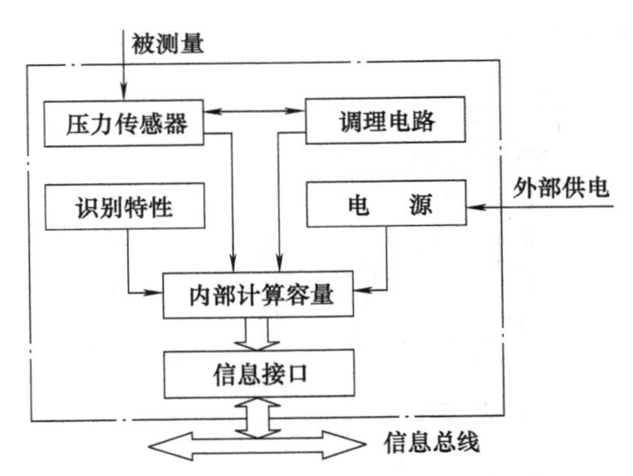

图 6.1-34　Smart 传感器原理框图

3.5　压力测试仪表的标定

各种压力仪表在使用前都必须标定，以确定各项技术指标，从而保证压力值的精确测量。使用过程中也要定期检验，以观测这些指标（包括测量精度）是否有变化。

压力仪表的标定可分为静态标定和动态标定。对于没有动态性能要求的压力仪表，如各种压力计、压力变送器等，只需进行静态标定；而对有动态要求的压力传感器则需动态标定。

3.5.1 静态标定和重锤式压力计

静态标定就是在静态压力下，确定仪表的各项技术指标，如示值的准确度、线性度、重复性和滞后等。静态标定的具体方法可分为直接标定和比较标定两种。直接标定法又称重量法，就是由标准压力发生器直接给被标定的压力仪表输入标准压力，从而确定有关的静态指标。比较标定法则是在压力发送器上将被测仪表同精度更高（例如高一级）的仪表，在一定压力条件下进行比较，以此确定被标仪表的静态指标（例如，刻度精度等）。为避免高一级精度仪表受损或降低精度，一般其测压上限应不超过高一级精度仪表量程的 2/3。重量法常用来校验 0.5 级以上的标准表，而比较法常用来校验精度为 1 级以下的压力表。

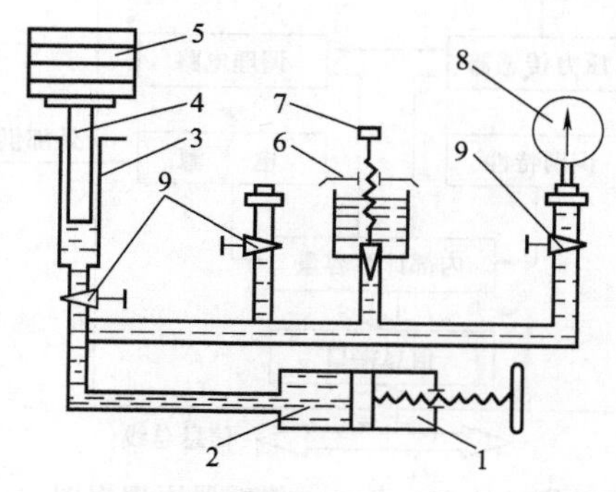

图 6.1-35 活塞式（重锤式）压力计示意图

1—压力缸；2—油液；3—测量缸体；4—测量活塞；5—砝码；6—盛油杯；7—进油阀；8—被校压力表；9—阀门

采用重量法标定时，常采用重锤式压力计（又称活塞式压力计）作为压力的基准器，即标准压力发生器。图 6.1-35 为其结构示意图。它主要由一组标准砝码和配有小直径活塞的精密液压缸组成。摇动手轮移动压力缸 1 的活塞，推动油液举起测量活塞 4 及砝码 5。此时，平衡砝码和测量活塞重力所需的压力 p 为

$$p=\frac{4g(m_1+m_2)}{\pi D^2} \tag{6.1-30}$$

式中 m_1、m_2——分别为砝码和测量活塞质量；

D——测量活塞直径；

g——标定地点的重力加速度。

由上式可见，系统压力主要决定于质量（m_1+m_2）和直径 D 以及重力加速度 g，这是三个能精确测定的量，所以，活塞式压力计具有较高的精度。

校验过程中，活塞和缸体间轴向摩擦力和空气对砝码的浮力都能减少有效重力，所以，测量时，应使活塞同砝码一起转动，以减少轴向摩擦力。在要求更高测量精度的情况下，还必须对砝码所受空气浮力作出修正。在对各种因素的影响作适当修正后，其综合测量精度可达±0.01%。目前，活塞式压力计可分为 0.02、0.05、0.2 和 0.5 四个精度等级。

3.5.2 压力传感器的动态标定

压力传感器的动态标定方法分稳态标定和瞬态标定两种。

(1) 稳态标定法

稳态标定是一种频域法，通常采用正弦压力源作激励信号，测定传感器对正弦输入的稳态响应，以获得表征其动态特性的频率特性。

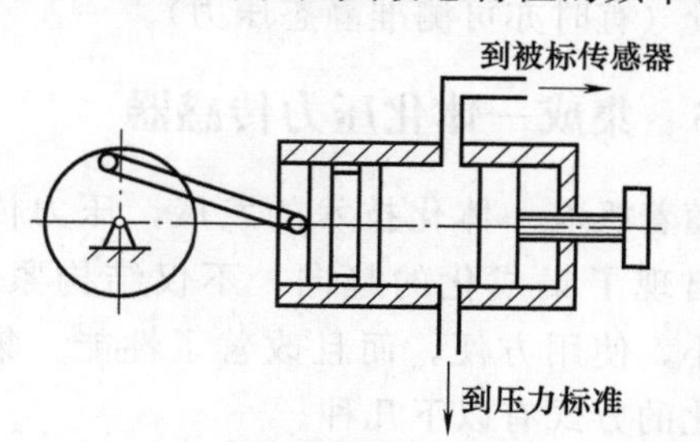

(a) 活塞缸正弦压力发生器

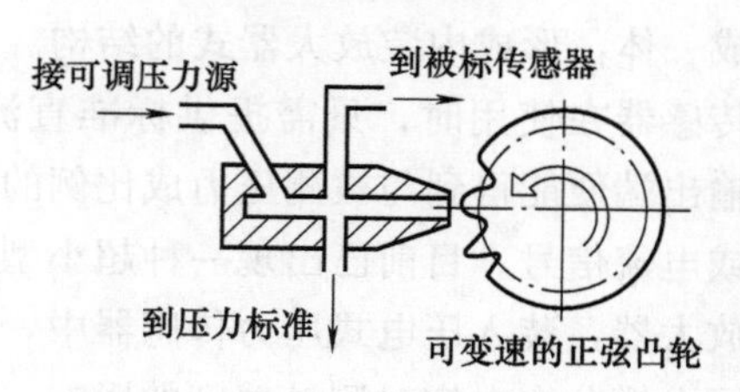

(b) 凸轮喷嘴正弦压力发生器

图 6.1-36 正弦压力信号发生器

正弦压力信号或由偏心旋转轮和往复运动活塞产生，或由旋转凸轮机构和喷嘴产生，示意简图见图 6.1-36。图 6.1-36（a）中的活塞往复运动行程是固定的，活塞缸体的容积可通过手轮调节，正弦压力幅值随被调容积而改变，频率则和偏心轮转速有关，输出压力幅值为 6.3MPa 时，频率可达 100Hz。

凸轮喷嘴正弦压力源的喷嘴流阻是随旋转凸轮表面形状的变化而变化的，正弦表面凸轮装置的输出为正弦压力信号，频率决定于凸轮转速和凸轮齿数。其输出压力幅值为 6.9×10^{-6}MPa 时，频率可达 3000Hz。

用上述方法测定传感器动特性时，受压力幅值和频率的限制。其他常见的正弦压力信号发生器还有谐振式正弦压力发生器、惯性活塞正弦压力发生器和进气口调制正弦压力发生器等。这些发生器所产生的压力幅值和频率也不高。对要求较高压力范围和较高频响的压力传感器，可采用瞬态标定法。

(2) 瞬态标定法

瞬态标定通常采用阶跃压力信号作激励源，测定传感器对阶跃压力输入的响应，以获得时域内的阶跃响应曲线。阶跃压力信号可由合适的阶跃信号发生器产生。

对固有频率不高的压力传感器，可采用快速阀门阶跃压力发生器，其校验压力可达 350MPa，产生 1.4MPa 的压力阶跃，阶跃下降时间为 10^{-4}s。有时亦可采用落锤式压力发生器。对高频响应压力传感器的瞬态标定，可采用激波管装置。

激波管可产生理想的阶跃压力，上升时间很短，仅 $10^{-8}\sim10^{-9}$s；设备简单，使用方便。一般采用氢气、氮气或氦气为工作介质，可提高阶跃压力值。

传感器受到激波的正向阶跃压力作用后（有时可达 4MPa），产生响应信号。由测得的响应曲线，即可确定传感器的动态特性指标。

3.5.3 压力仪表的选用和安装

压力仪表的正确选用和安装是仪表正常运行和获得准确测量数据的重要保证。

(1) 压力仪表的选用

选用压力仪表时应注意的问题主要包括：压力测量范围（量程范围）、测量精确度、压力变化情况（静态、慢变、速变和冲击等）、使用场合（有无振动、湿度和温度的高低、气氛有无爆炸性及可燃性等）、工作介质（有无腐蚀性、易燃性等）、是否有远传功能（指示、记录、调节和报警等），以及对附加装置的要求等。

① 量程　在被测压力较稳定的情况下，最大压力值不超过仪表满量程的 3/4。在被测压力波动较大的场合，最大压力值不应超过满量程的 2/3。为提高示值精度，被测压力最小值应不低于全量程的 1/3。测量差压时，还应考虑传感器的耐压能力。对各种传感器一般工作压力应选在传感器满量程的 2/3。

② 测量压力的类型　要按被测压力是绝对压力、表压还是差压这三种类型选择相应的测量仪表。

③ 压力的变化情况　要根据被测压力是静压力、缓变压力还是动态压力来选择仪表。测量动态压力时，要考虑其频宽的要求。

④ 测量精度　所选压力表的精度等级，应保证测量最小压力值时，能达到系统所要求的测量精度。精度等级的选择可按下式计算

$$\text{精度等级}=\frac{p_{min}\delta}{p_{max}}\times100 \quad (6.1\text{-}31)$$

式中　p_{min}、p_{max}——最小被测压力和仪表测量上限；

δ——被测压力所要求的真值百分误差。

例如，某液压系统要求测量的压力为 12MPa，$p_{min}=5$MPa，真值的百分误差 δ 不大于 $\pm1.5\%$，系统工作压力稳定，波动小。则压力表量程为 $12\times\frac{4}{3}=16$MPa，由于压力波动小，可近似选 15MPa 的压力表。其精度

等级为 $\frac{5}{15} \times 1.5\% \times 100 = 0.5$。最后选15MPa，0.5级的压力表。传感器精度按系统分配给它的允许误差选。

⑤ 温度附加误差 一般压力仪表应在介质和环境温度为－40～＋80℃范围内使用。当使用环境温度超过20±5℃时，除仪表本身基本允许误差外，还要考虑温度的附加误差。例如，一只1.5级的0～6.0 MPa的压力表，设其每度温度附加误差为0.04%/℃，使用环境温度为38℃，则其温度附加误差 Δp_t 为 $\Delta p_t=$ [(38－25)×0.04%×6]MPa＝0.031MPa；压力表允许的基本误差 $\Delta=\pm(1.5\%\times 6)=\pm 0.09$MPa；在38℃时，仪表的示值总误差为 $\sum\Delta=\pm(0.09+0.031)$MPa＝±0.12MPa。

(2) 压力仪表的安装

安装和使用压力测试仪表时，要注意以下几个问题。

① 取压口的位置和形状。应根据具体管路布置，正确选择合适的测压点。在静态压力测量时，测压点要能真实反映管路的静压力，尽量避免流动介质动压力的影响。因此，测点应尽量远离局部阻力区，以避免涡流的影响。取压孔轴线应与流体流线垂直，取油管和主油管要垂直连接。接口处内壁应平齐光滑，管口不应突出于主油管内壁，更不应成斜口。取压孔在主油管圆周方向的位置应合理。在介质为液体时，取压孔应开在斜下方（不是最底部），以免气体进入而产生气塞，或污物流入而堵塞，在介质为气体时，取压孔应开在上方以避免水塞。取压口处机械振动不应超过5g，否则应采取减振措施。被测介质为液体时，为提高测试精度，尽量使压力表所处位置和取压点位置在同一水平高度。

在动态压力测量时，取压孔位置的选择，要考虑容腔效应对动特性测量的影响。例如，对A、B和C级试验台，压力传感器的测压点都有明确的规定。

② 引压管路。引压管路是由导管及其附件所组成。由于被测压力的变化，导致测压仪表测量容腔或多或少的变化，引起引压介质的流动，造成能量损失，从而影响了测压系统的动特性，引起测压的迟延及脉动等，其特性直接和引压管长度、直径和其敷设情况有关。在一般工业测量中，引压管长不得超过60m，高温测量时长度不得小于3m，引压管直径一般在7～28mm。对流体传动与控制系统，引压管不宜过长，一般不超过20m。

③ 压力表和取压口之间应安装开关阀，对有压力冲击和压力脉动的场合，还要设阻尼小孔或采取其他阻尼措施，以防压力表弹性元件的损坏。

④ 采用压力变送器或压力传感器时，首先要接通电源预热，稳定后开始工作，连接电缆、传感器和记录仪表要统一接地，电缆要尽量短，以减少干扰。

⑤ 零位补偿措施。对传感器而言，要求被测压力为零时，电信号输出亦应为零，但实际上往往不为零，这时可采用零位补偿措施，如放大器调零、电位补偿法、附加分流法和对地平衡法等。

⑥ 测量高频变化压力时，压力传感器和被测对象之间不要装附加连接管路和隔离介质，要直接装在要求的测压点上，并与压力腔内壁平齐，防止降低测量系统的动态响应，引入过大的动态测量误差。

⑦ 测量差压时，两个取压孔口应在同一水平面上，以避免产生固定的系统误差。

4 温度测量

温度是衡量物体冷热程度的物理量，是物体分子热运动平均动能的标志。而温标是衡量温度高低的标尺，是表示温度数值的一套规则。用来测温的物体，其物理性质应是温度的单值连续函数，同时具有良好的重复性，便于实现精确测量。温度测量中用到的温标是温度的数值表示。它规定了温度的读数起点（零点）和测温的基本单位。各种温度计的刻度由温标确定。温标种类很多，如摄氏温标（℃）、华氏温标（℉）、热力学温标（K）和国际实用温标（IPTS-68）。

温度测量中常用到的物理性质有物体的热膨胀、热电阻变化、不同导体接触的热电效应、热辐射、谐振频率变化、激光及射流等。

测温仪表按其作用原理可分为接触式和非接触式两类。接触式有膨胀式温度计（－200～＋500℃）、压力式温度计（－40～＋400℃）、电阻温度计（－200～＋500℃）和热电偶（0～1600℃）；非接触式有全辐射高温计、光学高温计和红外测温仪（600～6000℃）。下面介绍几种常用测温仪表。

4.1 接触式温度测量

4.1.1 玻璃温度计

玻璃温度计是一种液体膨胀接触式温度计。所用液体多为液态水银或酒精。水银为玻璃的“不湿润”介质，且热传导率高，时间滞后小，故常用于精密测量中，其测温范围一般为－35～360℃。用硬质玻璃并封入惰性气体，测量上限可达650℃；采用石英玻璃，上限可达750℃。水银温度计结构见图6.1-37。这种温度计根据用途可分为工业用、实验室用和标准水银温度计等。

工业用温度计一般做成内标尺式，其基本允许误差不超过标尺的一个分格。实验室用温度计一般是棒状的，具有较高的精确度和灵敏度。其测量范围有两种，一种是－30～＋350℃，八支一组，一种是－30～

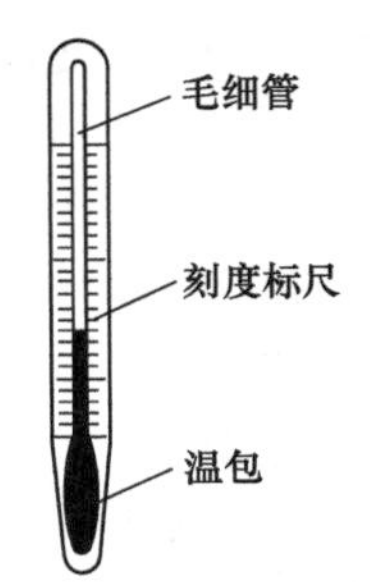

图 6.1-37 玻璃温度计结构

＋300℃，四支一组。基本允许误差根据温度范围和标尺最小分度值，大约为±0.2～±5℃。标准水银温度计分为一等和二等两种，其分度值为0.05～0.1℃，一般用来校验其他温度计，亦可用于实验室的精密测量。精密温度计都要标明“全浸”还是“半浸”，标有“浸线”的温度计，测量时必须到“浸线”为止。

4.1.2 电阻温度计

电阻式温度计是利用金属导体（或半导体）的电阻随温度而变化的性质来测量温度的。一般，金属导体有正的电阻温度系数，电阻率随温度上升而增大，在一定温度范围内，导体的电阻与温度 t 的关系为

$$R_t=R_0(1+\alpha t+\beta t^2) \qquad (6.1\text{-}32)$$

式中 R_t、R_0——分别为温度 t℃和0℃时的阻值；

α、β——与材料性质和温度范围有关的系数。

由上式可知，只要测出导体电阻，即可确定温度数值。为提高测温灵敏度和稳定性，电阻材料应具有高电阻率、高电阻温度系数和小热容量，而且应具有稳定的物理和化学性质。常用的电阻材料是铂丝和铜丝，用它们制成的电阻体称铂电阻和铜电阻。用铂丝做的热电阻见图6.1-38。铂电阻测温精度高，线性好，稳定性高。在国际实用温标中，规定铂电阻温度计为－259.34～＋630.74℃范围内的基准器。铂电阻随温度变化的规律与温度范围有关，可表示为

$$R_t = R_0[1 + At + Bt^2 + C(t-100)t^3] \quad (6.1\text{-}33)$$

式中 A、B——常数；

C——在$-190\sim0$℃范围内为常数，在$0\sim630.74$℃范围内等于零。

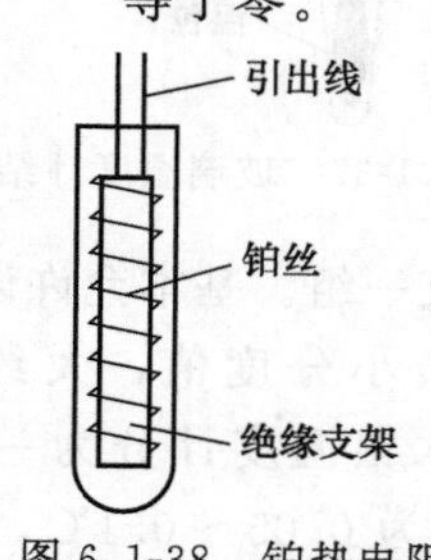

图 6.1-38 铂热电阻

铂的纯度以$\frac{R_{100}}{R_0}$表示，R_{100}和R_0分别为铂在水的沸点和冰点时的电阻值。基准铂电阻$\frac{R_{100}}{R_0}\geqslant1.3926$；工业铂电阻$\geqslant1.391$。我国常用的工业铂电阻，$BA_1$ 分度号 $R_0=46.00\Omega$，BA_2 分度号 $R_0=100\Omega$，标准和实验室用铂电阻 $R_0=10\Omega$ 或 30Ω，铜电阻 $R_0=53.00\Omega$。铜电阻在$-50\sim+150$℃范围内，电阻与温度呈线性关系，但其电阻率小，体积大，热惰性大。

热电阻引出线有二线、三线和四线等几种方式，见图 6.1-39。二线式由于引出线接于电桥一个臂上，不能补偿温度或电流引起导线电阻变化所带来的附加测量误差。三线式则避免了这一问题。标准和实验室用铂电阻，当采用电位差计测量电阻时，常用四线式接法。

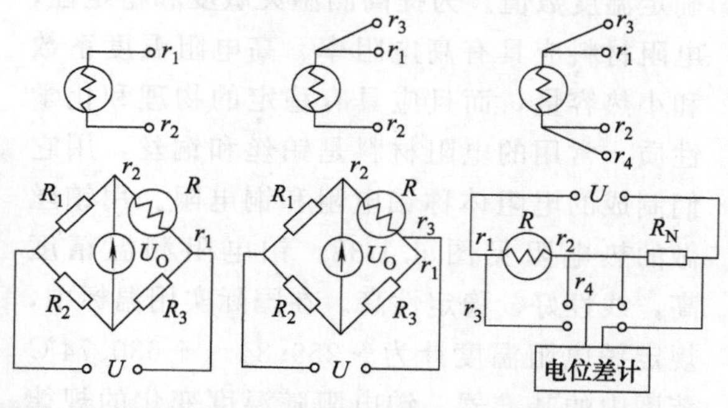

图 6.1-39 热电阻引出线方式

电阻式温度计在常温下测量精度高，但响应速度慢。目前有一种微型铂电阻，体积很小，响应速度快，适合于要求动特性好的场合使用，如测管道温度。

4.1.3 热电偶温度计

把两根不同材料的金属导体接合在一起，在接点处将产生接合电动势，称珀尔贴电势。一根均质金属导体上存在温度梯度，也会产生电动势，称汤姆逊电势。若把两根材料不同的金属导线 A 与 B 两端接起来，成为一个闭合回路，一端连接点处温度为 T，另一端为 T_0，且 $T>T_0$，则回路中电势为上述两种电势之和，可表示为

$$E_{AB}(T,T_0)=\frac{k}{e}(T-T_0)\ln\frac{n_A}{n_B}+\int_{T_0}^{T}(\sigma_A-\sigma_B)\mathrm{d}T \quad (6.1\text{-}34)$$

式中 k——波尔兹曼常数，$k=1.38\times10^{-23}$；

T、T_0——分别为两端接点处的热力学温度；

n_A、n_B——导体 A 和 B 的自由电子密度；

σ_A、σ_B——导体 A 和 B 的汤姆逊系数；

e——自由电子电荷量。

上式右面第一项为两接点珀尔贴电势之差，第二项为导体 A 与 B 中汤姆逊电势之差。所以，对选定的金属导线 A 与 B，如令一端接点处温度 T_0 保持恒定（称参考端或冷端），则回路热电势 $E_{AB}(T, T_0)$ 就只与另一端接点处温度 T 有关。这样，只要测量 $E_{AB}(T, T_0)$ 的数值，就可确定温度 T。这就是热电偶测温原理。

温度测量时，参考端（冷端）的温度必须保持恒定，才能通过测输出电势，来确定工作端的温度 T。为节省贵金属，普通热电偶不可能做得很长，因此，冷端离热源很近，

很难维持温度不变，因而测得的电势自然包含冷端温度变化的影响。为解决这一问题，常用连接补偿导线的办法。这种补偿导线制成多股软线，其热电特性在0～100℃范围内与相连的热电偶相同，用它将工作端和参考端相连，可将冷端移到0℃处或恒温处，以保证测温的准确性。

保证热电偶冷端温度恒定的方法很多，主要有两类，一是恒温法，一是修正法。恒温法是用冰点槽或电热调温箱等创造一个恒温的小环境，冷端置于其中，以保证恒定的冷端温度。修正法是采用实时测量、实时修正的方法，自动完成修正过程，以保持冷端温度为恒定，如冷端温度补偿器等。图6.1-40为一种带补偿导线的冰点槽。冰点槽是充满碎冰和蒸馏水均匀混合物的隔热容器。冷端置于其中，以实现恒温。为防止短路和改善传热条件，电极（冷端）应分别插入注有变压器油的试管中，然后再置入冰点槽里。这种方法常用于实验室中。

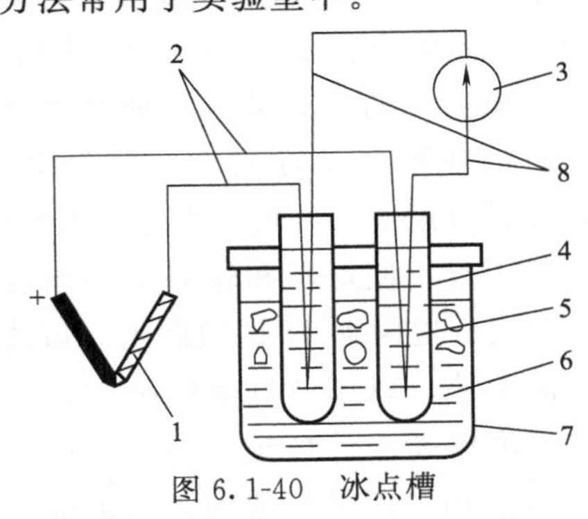

图 6.1-40　冰点槽

1—热电偶；2—补偿导线；3—显示仪表；4—试管；5—变压器油；6—冰水混合物；7—容器；8—普通导线

用毫伏计指示温度时，要考虑和热电偶及补偿导线的阻抗匹配问题。用自动平衡电子电位差计指示温度时，仪表本身有温度自动补偿装置，只需直接与仪表相连即可。

常用热电偶材料多为合金配合金或合金对纯金属，工业上常见的有铂铑-铂、镍硅、镍铬-考铜等。常用热电偶材料及其技术参数，补偿导线的材料及热电特性可参阅有关手册和资料。

热电偶式温度计结构简单，敏感元件体积小、热容量小，温度响应快、灵敏度高、稳定性好，测温范围广。测温范围可从4K到3000K，是测温中应用最广泛的一种。薄膜热电偶和套管热电偶等有较快的温度响应，前者时间常数为10ms～1s，而后者达毫秒级。

4.1.4　双金属温度计

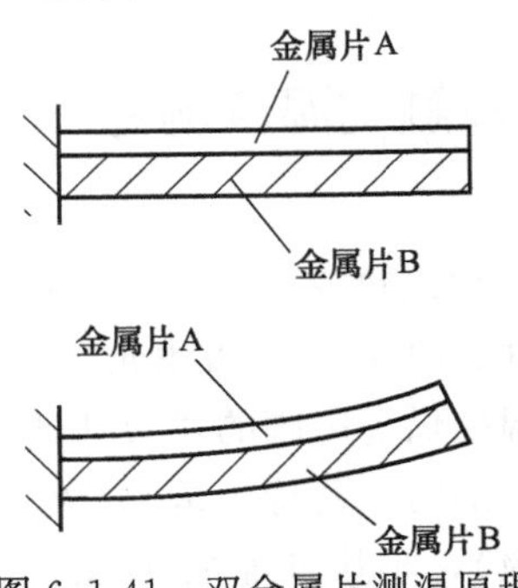

图 6.1-41　双金属片测温原理

双金属温度计是利用不同线胀系数的双金属元件来测量温度的仪表。其工作原理如图6.1-41所示。线胀系数不同的两个金属片被叠焊在一起，并将其一端固定，另一端为自由端。当温度升高时，线胀系数较大的金属片B（主动层）必然要向线胀系数较小的金属片A（被动层）弯曲变形，温度愈高，弯曲变形愈大。根据弯曲变形的程度，可表示温度的高低。在一定的温度范围内，双金属片的偏转角β与温度t的关系成线性。温度范围的大小由组合层材料的线胀性能所决定。偏转角β可表示为

$$\beta=\frac{3}{2}\times\frac{l(\alpha_2-\alpha_1)}{\delta}(t-t_0) \tag{6.1-35}$$

式中　l、δ——分别为双金属片的长度与厚度；

α_1、α_2——为被动层与主动层的线胀系数；

t_0——双金属温度计测量下限温度。

依上式，当其他参数确定后，β与被测温度t之间存在线性关系。

为使双金属片的弯曲变形显著，应尽量

增加双金属片长度。为此，常将双金属片制成平螺纹形或直螺旋形。

双金属片温度计具有无汞害，使用维护方便、坚固耐用等优点，在许多场合可替代工业用玻璃液体温度计，其工作范围一般在−50～500℃，应用日趋广泛，但多数情况下用于温度控制开关。其缺点是测量精度不高。

4.2 非接触式温度测量

这是一种以热辐射为基础的测温方法。它把探测元件、电子技术和滤光技术结合起来，为辐射测温提供了广阔的发展基础，现已广泛应用于很多部门。其特点是：灵敏度高、反应快（微秒级），不影响被测对象的温度分布，测温范围广，从−70℃到100000℃（据报道）。

4.2.1 光学高温计

这是一种利用受热物体的单色辐射强度随温度升高而增强的原理制成的测温仪表。它的测温范围为700～3200℃，广泛用于冶金、陶瓷等工业部门。下面介绍它的工作原理。由传热学可知，在波长较短，温度低于3000K的可见光范围内，可用维恩简化公式代替普朗克公式。根据维恩公式，黑体亮度$L_{0\lambda}$和灰体亮度L_{λ}（灰体是实际物体又称物理物体）的表达式为

$$L_{0\lambda}=CE_{0\lambda}=CC_1\lambda^{-5}e^{-\frac{C_2}{\lambda T_S}} \quad (6.1\text{-}36)$$

$$L_{\lambda}=CE_{\lambda}=C\varepsilon_{\lambda}\lambda^{-5}e^{-\frac{C_2}{\lambda T_S}} \quad (6.1\text{-}37)$$

式中 $E_{0\lambda}$、E_{λ}——波长为λ时的黑体和灰体的辐射强度（单色辐射强度）；

C_1、C_2——普朗克第一和第二辐射常数，$C_1=3.743\times10^{-16}\mu m$，$C_2=1.4337\times10^{4}\mu m$；

T_S、C——分别为黑体温度和亮度对辐射强度的比例常数；

ε_{λ}——灰体的单色发射率（单色辐射系数），对特定灰体为常数，$\lambda=0.65\mu m$时的ε_{λ}值可由有关资料中查出。

由上式可见，物体单色发射亮度与温度、波长有关。只要波长选定（例如$\lambda=0.65\mu m$），辐射亮度就只是温度的单值函数了。测定亮度即可算出温度。但各种物体的单色发射率是不同的。因此，即使亮度相同，其温度也是不相同的。为解决此问题，常用黑体亮度刻度。测温时，测出的亮度不代表被测物体的真实温度，而是与该亮度相对应的黑体温度，称被测物体的亮度温度，然后再适当修正以求出被测物体的真实温度。其关系为

$$\frac{1}{T}=\frac{1}{T_S}+\frac{\lambda}{C_2}\ln\varepsilon_{\lambda} \quad (6.1\text{-}38)$$

式中 T、λ——被测物体真实温度与波长；

T_S——被测物体亮度温度。

由于$0<\varepsilon_{\lambda}<1$，故$T>T_S$。为计算方便，工程上常将上式转换为$T=T_S+\Delta t$的形式，$\Delta t$可由修正曲线族中查出（可参阅有关资料）。光学高温计的原理见图6.1-42。图中，物镜2可前后移动，把辐射源（即被测物体）的像聚焦于灯泡5的灯丝平面上，测量者通过目镜6和红色滤光片7观察灯丝，调节6的距离，使灯丝和辐射源的像清晰可见，调节滑线电阻器11的电阻值，可改变流过灯丝的电流，以调节灯泡的亮度，使被测物体的亮度同高温计灯丝的亮度，在红色滤光片和人的相对视见函数的光谱范围内处于平衡，此时被测物体与高温计灯丝在红色波长下有相同的亮度温度。而灯丝电流在灯丝电阻上的电压降由指示仪表10显示。此电压值对应一定的温度值，其间关系可用高一级标准仪器标定。亦可将毫安表串于灯丝电路，读出毫安—温度特性，或将灯丝电阻接于平衡电桥中，得出电阻—温度关系。

4.2.2 辐射式高温计

它又称全辐射高温计，是根据物体的热辐射效应来测量物体温度的。其理论基础是

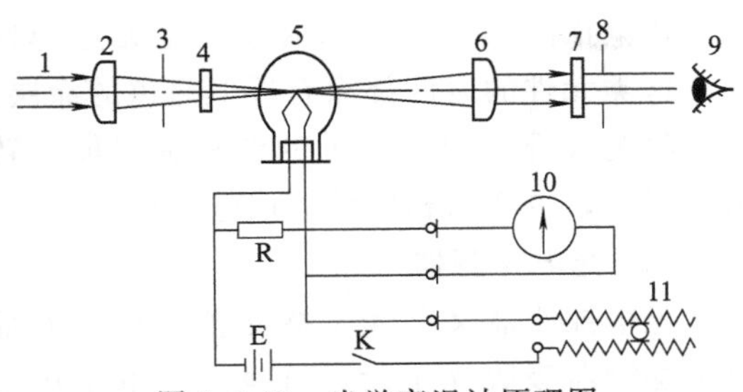

图 6.1-42 光学高温计原理图

1—被测物辐射光；2—物镜；3—光阑；4—吸收玻璃；5—灯泡；6—目镜；7—红色滤光片；8—目镜光阑；9—人眼；10—指示仪表；11—滑线电阻器；R—示值调整电阻；E—电源；K—开关

斯蒂芬—波尔兹曼全辐射定律。对于灰体，全辐射强度 E_T与温度 T 的关系为

$$E_T=\varepsilon_T\sigma T^4 \quad (6.1\text{-}39)$$

式中 σ、ε_T——分别为波尔兹曼常数和灰体发射率，$\varepsilon_T=\dfrac{E_T}{E_{OT_P}}$，$\sigma=5.7713\times10^{-8}\mathrm{W\cdot m^{-2}\cdot K^{-4}}$；

E_{OT_P}——黑体在温度 T_P 时的全辐射系数。

$$E_{OT_P}=\sigma T_P^4 \quad (6.1\text{-}40)$$

根据上述理论建立的全辐射温度计，其结构示意见图 6.1-43。物体的全辐射能由物镜 1 聚焦后经光阑 2 使焦点落在装有热电堆的铂箔上。热电堆由热电对组成。热电对根据测温起点的不同，分别由 16 对或 8 对直径为 0.05～0.07mm 的镍铬-考铜热电偶串联而成。每对热电偶的热端焊在靶心铂箔上。冷端由考铜箔串联起来，夹在云母片中，铂箔

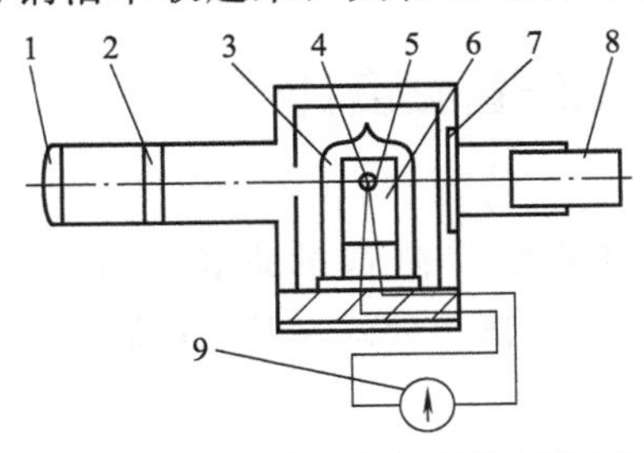

图 6.1-43 辐射高温计结构示意图

1—物镜；2—光阑；3—玻璃泡；4—热电堆；5—铂箔；6—云母片；7—灰色滤光片；8—目镜；9—二次仪表

涂成黑色以增加吸收系数。当辐射能被聚焦到铂箔上时，热电偶热端感受热量，热电堆将其转换为热电势输送到二次仪表，以显示或记录被测物体的温度。

全辐射高温计和光学高温计一样，也是把黑体作为被测对象进行刻度的。对应于被测物体温度 T 所测得的全辐射强度 E_T，实际是黑体温度 T_P 时的全辐射强度 E_{OT_P}，即 $E_P=E_{OT_P}$，T_P 被称为被测物体的辐射温度。被测物体真实温度 T 和辐射温度 T_P 之间的关系为

$$T=T_P\sqrt[4]{\frac{1}{\varepsilon_P}} \quad (6.1\text{-}41)$$

由上式看出，可从被测得的温度 T_P 和被测物体发射率 ε_P（可查表得出）求出被测物体的真实温度 T。辐射高温计的测温范围从 400～1000℃ 到 1100～2000℃。这种温度计比光学高温计测量误差大。但可不用手动操作，使用方便，应用广泛。

4.2.3 红外辐射温度计

红外辐射温度计是部分辐射温度测量的主要仪表。其特点是测温范围宽（－170～3200℃），测温精度高（可分辨 0.01℃ 温差），反应速度快（毫秒级），测量距离范围宽，从几厘米到卫星远距测量。为避免大气对某些波长红外辐射线强烈吸收的现象，在选择波段时，应避开易被吸收的那些红外波长。通常把选定的一些波段称为“红外大气窗口”，常用的红外大气窗口从 0.95～1.05μm 到 8～13μm，共七个波段。红外线是人眼不可见的辐射光，因此常要用红外敏感元件，对被测物体的红外辐射强度进行测量以确定被测物体的温度。

图 6.1-44 为一种红外辐射测温计的结构原理图。光学系统可以是透射式的，也可以是反射式的。透射式光学系统的透镜应采用能透过相应波段辐射线的材料。反射式光学系统多采用凹面玻璃反射镜，其表面镀金、镍、铝或铬等对红外线反射率很高的材料。

红外探测器是感受被测物体红外辐射能

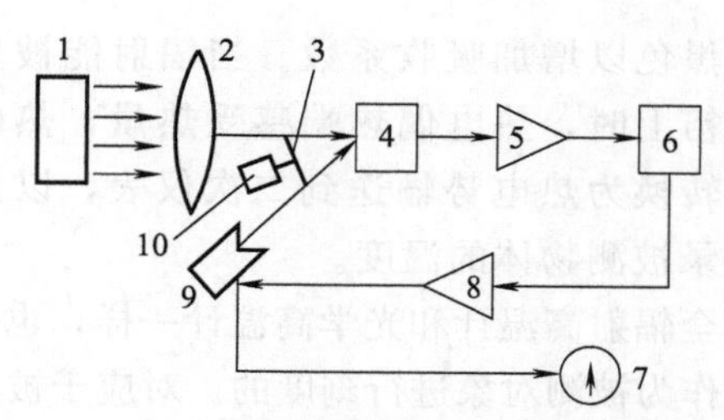

图 6.1-44　红外辐射温度计原理框图

1—被测目标；2—光学系统；3—调制盘；4—红外探测器；5—放大器；6—相敏整流；7—指示器；8—控制放大器；9—参考源；10—电动机

并将其转换为电信号的器件。它可分为热电探测器和光电探测器两大类。

(1) 热电探测器

热电探测器又称热敏探测器，它是利用探测器接受红外辐射能后，把辐射能变为热能，从而引起探测器自身温度变化的原理，将温度的变化转化为探测元件电学性能的变化，从而产生电信号输出。常用的热探测器有热敏电阻型、热释电型、热电偶型和气动型等。热电探测器对红外辐射波长是无选择性的。这类元件的表面都涂有近似黑色的涂层，能吸收绝大部分照在其上的红外辐射能，转为热能后，再变为相应的电信号输出。

(2) 光电探测器

光电探测器又称光子探测器。在红外辐射下探测器吸收光子后，自身发生电子运动状态的变化，从而引发几种电学效应，统称为光子效应或光电效应。常用的有光电效应型探测元件（如光电二极管、光电倍增管等）、光电导型探测元件（如 PnSn、PnSe、InSb 等，又称光敏电阻）、光生伏特效应型探测元件（又称光电池，如 Si、Ge、InAs、InPb 等）和光电磁效应探测元件等。光敏电阻的探测率远高于热敏电阻探测率，其响应时间为微秒级。热敏电阻等热敏探测器对各种红外波长的辐射线基本具有相同的响应率，而光电探测器探测的频率有一波长限 λ_c。

各种温度仪表的校验可见有关资料。

5　黏度测量

5.1　基本概念

流体在管道中流动时，其各层的速度是不同的，越靠近管壁速度越小，这是由于流体内摩擦力引起的。流体在外力作用下运动，相邻流层沿界面产生摩擦阻力的性质称黏性。黏性的大小可用黏度来度量。黏度表示流体反抗流动变形的能力，它是流体的固有特性。黏度有动力黏度和运动黏度之分。

① 动力黏度 μ（又称绝对黏度、黏性动力系数），它是产生单位切向速度所需的切向力。可表示为

$$\mu=\frac{F}{S\,\mathrm{d}v/\mathrm{d}y} \qquad (6.1\text{-}42)$$

式中　F、S——分别为流层内摩擦力和面积；

$\mathrm{d}v/\mathrm{d}y$——垂直于摩擦面的速度梯度。

② 运动黏度 ν（黏性运动系数），它是流体在同一温度下的动力黏度与该液体密度 ρ 的比值（$\nu=\mu/\rho$）。

5.2　毛细管黏度计

毛细管黏度测量的理论基础是泊肃叶（Poiseuille）修正公式。其运动黏度 ν 的简化公式为

$$\nu=ct-\frac{B}{t} \qquad (6.1\text{-}43)$$

$$B=\frac{mV}{8\pi(l+nR)}$$

$$c=\frac{\pi R^4 gh}{8(l+nR)V}$$

式中 t——被测流体流动时间；

B、c——黏度计常数；

R、l——毛细管半径和长度；

g、h——重力加速度和液柱有效平均高度；

m——动能修正系数，与管端形状及流动的雷诺数 Re 有关；

V——测试球的体积；

n——管端修正系数，当 $l\gg nR$ 时，$n\approx 0$。

实际使用时，c 和 B 可预先用校正黏度计的黏度已知的标准试液求出。对普通的黏度测量，B 可忽略，上式可简化为 $\upsilon=ct$。

玻璃毛细管黏度计形式很多，如芬式黏度计、乌式黏度计、逆流黏度计等。皮托型细管黏度计的典型结构如图 6.1-45 所示。这种黏度计结构简单，使用方便，测量精度高，可作为标准黏度计使用。测量时，将被测液体注入黏度计中，被测液体通过毛细管向下流动，测定流过一定体积的流动时间 t，即可根据上式计算运动黏度 γ，如已知被测流体的密度 ρ，亦可换算出动力黏度 μ。

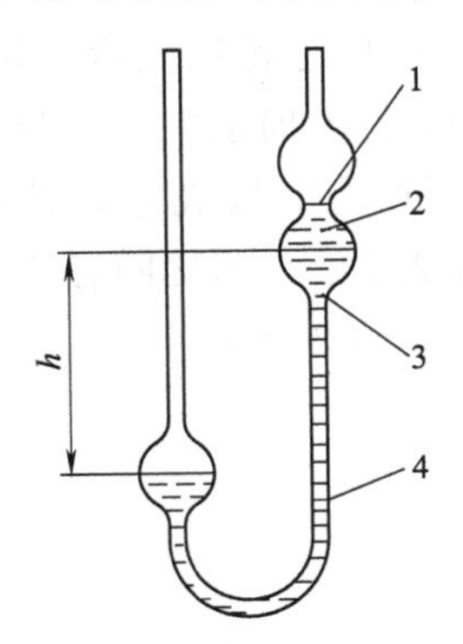

图 6.1-45 皮托型细管黏度计

1—标线；2—测试球；3—标线；4—细管

5.3 旋转黏度计

当物体（如圆筒、圆锥、圆盘和球体等）在液体中旋转，或不动的物体放入盛液体的旋转容器中时，都会受到液体黏性力矩的作用。液体黏性愈大，黏性力矩也愈大，需要与之平衡的外力矩也愈大。通过测量这些力矩或弹性轴的扭转角即可评定被测液体黏度的大小。图 6.1-46 所示为一种旋转式黏度计。图中，同步电动机 5 通过弹性轴 3 以某一确定的转速 n 带动圆筒 2 转动。测量时，使圆筒在被测液体中旋转，受到与被测液体黏度成正比的黏性力矩作用，使弹性轴产生扭转。测量弹性轴扭转角便可由下式确定液体的动力黏度 μ：

$$\mu=K_S\frac{\theta}{n} \tag{6.1-44}$$

式中 θ、n——弹性轴扭转角和圆筒转速；

K_S——黏度计系数，其值可预先用校正黏度计的黏度已知的标准试液确定。

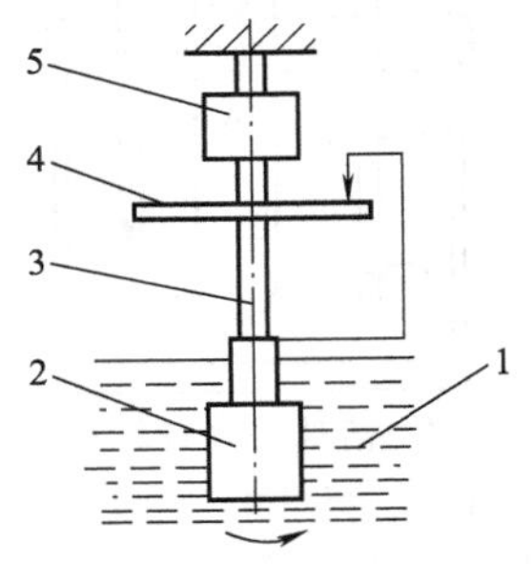

图 6.1-46 旋转式黏度计

1—被测液体；2—圆筒；3—弹性轴；4—扭角测量标尺；5—同步电动机

旋转黏度计的测量范围为 0～100Pa·s，测量精确度为±(2～5)%。

5.4 落体式黏度计

落体黏度计又称落球黏度计，它是根据斯托克斯定律工作的。当若干固体小球在黏性流体中下落时受到流体黏性阻力的作用，黏性愈大，阻力愈大，速度愈慢。如测定小球在流体中的落下速度，即可确定流体的黏度，这就是落球黏度计的工作原理。落球黏度计的测量精度仅次于毛细管黏度计，应用较为广泛。

小球在液体中下落时受到重力、黏性阻力

和浮力等三种力的作用，当球落下一段距离达到匀速时，作用在球上的三力平衡，从而有

$$\mu = k(\rho - \rho_0)t \qquad (6.1\text{-}45)$$

$$k = \frac{2gr^2}{9l}$$

式中 ρ、ρ_0——分别为球的密度和液体的密度；

k——球常数；

t、l——球下落时间和下落距离；

r、g——球的半径和重力加速度。

上式亦可用于相对测量。球常数可由标准液体求得，亦可通过计算确定。如果球常数 k 和液体密度 ρ_0 已知，则只要测定球在液体中的下落时间及球密度 ρ，就可求得黏度值。

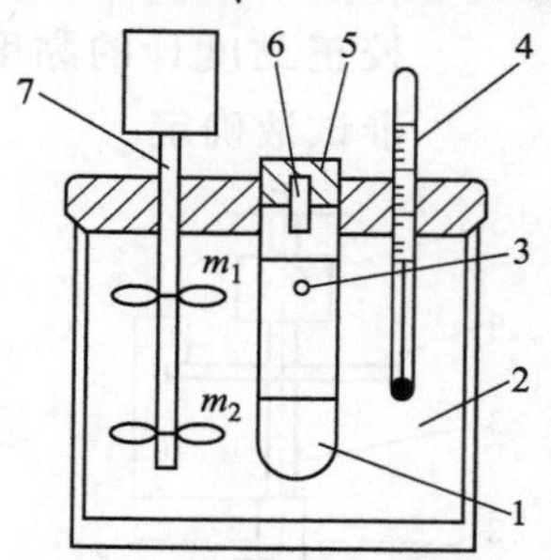

图 6.1-47 落球黏度计结构示意图

1—玻璃测定管；2—恒温槽；3—小球；4—温度计；5—软木塞；6—小玻璃管；7—搅拌器

落球黏度计的结构示意见图 6.1-47。把装好试液的管子垂直安装在恒温槽中，经恒温后，小球在待试液中落下，测定经刻度 m_1 至 m_2 所需的时间 t，按上式计算测定结果（试液密度 ρ 另行测定）。

5.5 振动黏度计

当固体在流体（液体或气体）中振动时，将受到流体黏性阻力的影响而衰减，黏度大，衰减快；黏度小，衰减慢。根据衰减快慢程度或衰减时间来比较黏度的大小。振动黏度计就是根据这一原理设计的。

超声黏度计是振动黏度计的一种形式。用一脉冲电流激励侵入液体中的振动片，由于振动片的磁致伸缩效应，产生了随时间而衰减的机械振动，利用液体对振动片的阻尼来反映黏度值。由于振动频率极高，故称为超声黏度计。

5.6 恩氏黏度计

恩氏黏度是试样在某一温度时从恩氏黏度计流出 200mL 所需的时间与蒸馏水在 20℃时流出相同体积所需的时间（即黏度计的水值）之比。在实验过程中，试样流出应成为连续的线状。温度 T 时的恩氏黏度，用符号 E_T 表示，试样在温度 T 时从黏度计流出 200mL 所需的时间（秒）用 J_t 表示，黏度计的水值（秒）用 K_{20} 表示。三者之间有如下关系

$$E_T = J_t / K_{20} \qquad (6.1\text{-}46)$$

6 密度测量

6.1 基本概念

密度是物质的一个重要物理概念，它被定义为单位体积内物质质量的含量，其表达式为

$$\rho = \frac{m}{V} \qquad (6.1\text{-}47)$$

式中，ρ、m、V 分别表示物质的密度、质量和体积。

物体质量不随外界条件变化，但体积是与外界压力、温度等条件有关的，因而密度随外界条件而变化。因温度的影响较大，故

常在 ρ 的右下脚注明测定时的温度，例如 ρ_{20} 表示该物质在 20℃下的密度。我国采用 20℃时的密度为液压油的标准密度，以 ρ_{20} 表示。

在流体传动与控制技术中，密度计量的主要对象是液体和气体。固体密度可通过质量测定和体积测定来确定。流体密度的计量由不同等级的测量仪器实现，这些仪器按精度可分为基准、一等、二等和工业密度计等。

6.2 液体密度的测量

6.2.1 比重瓶法

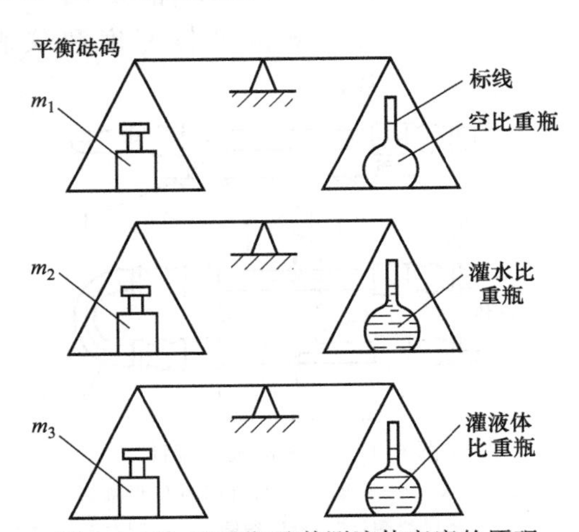

图 6.1-48 比重瓶及其测液体密度的原理

比重瓶法首先由蒸馏水确定比重瓶的体积，然后测定同体积被试液体质量，再计算出试液的密度。用比重瓶法测液体密度的步骤见图 6.1-48。其简化计算公式为

$$\rho_t=\frac{(m_3-m_1)(1-\frac{\rho'}{\Delta})}{V}+\rho' \quad (6.1\text{-}48)$$

$$\rho'=\frac{\rho_1+\rho_3}{2}$$

式中 ρ_t——温度为 t 时，被测液体密度；

m_1——密度为 ρ_1 的空气中，称量比重瓶所用砝码的质量；

m_3——密度为 ρ_3 的空气中，称量温度为 t 充满试液的比重瓶时的砝码质量；

Δ、ρ'——砝码密度和空气平均密度；

V——蒸馏水温度为 t 时，比重瓶体积。

当用蒸馏水预先测出体积 V 后，试液密度 ρ_t 可通过测 m_1 和 m_3 及 ρ' 确定。

6.2.2 浮子式密度计

这种方法的原理是基于浮力定律，即通过浸在液体中的浮子位移或浮力变化，转换为各种电的或机械检测信号，来检定液体密度的方法。采用这种方法可进行在线测量，实现生产过程的自动检测和控制。按浮子浸入液体中的情况可分为漂浮浮子法和全浸浮子法。

漂浮浮子法是浮子部分浸入并垂直漂浮在被测液体中，测量时，液体密度的变化由干管的高度变化来决定。高度变化 Δh 和密度变化 $\Delta\rho$ 呈线性。测出 Δh 即可得知 $\Delta\rho$。图 6.1-49 表示一种远传电感式漂浮浮子式密度计。如图 6.1-49 所示，浮子 1 漂浮于被测液体中，被测液体从入口到出口的流速要适当。过大会对浮子产生冲击力，过小液体位置变化慢，都会对测试结果产生影响。浮子下端连一个铁芯 4，它随浮子一起在差动变压器线圈 5 中升降。变压器是一种测量微小位移量的变送器，它将铁芯位移的变化（同步于液体密度的变化）转化为二次线圈中电信号的变化，经放大器 6 放大后送到二次仪表 7，从而得到液体密度变化的过程。

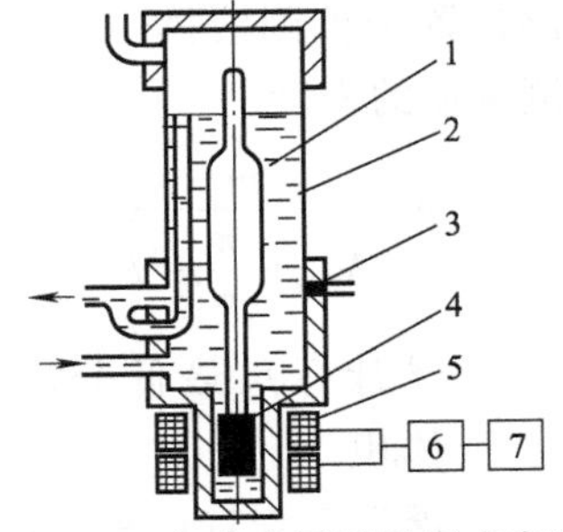

图 6.1-49 电感式漂浮浮子式密度计

1—浮子；2—测量容器；3—温度计；4—铁芯；5—线圈；6—放大器；7—二次仪表

全浸浮子法的原理与漂浮浮子法相同，但浮子全浸于被测液体中。

6.2.3 浮计（浮标）测量法

浮计又称浮标，主要用来测量液体的密度或浓度。浮计可分为固定质量和固定体积两种。固定质量浮计浸没于液体中深度因被测液体密度的不同而异；固定体积浮计浸没于液体中的深度始终不变。由于后者测量范围受限制，因此，目前使用的浮计多为固定质量式浮计。固定质量浮计可分为以密度分度的密度浮计和以浓度分度的糖量计、硫酸计、酒精计等。图 6.1-50 为一种常见的玻璃密度浮计。这种浮计由压载室、驱体和干管

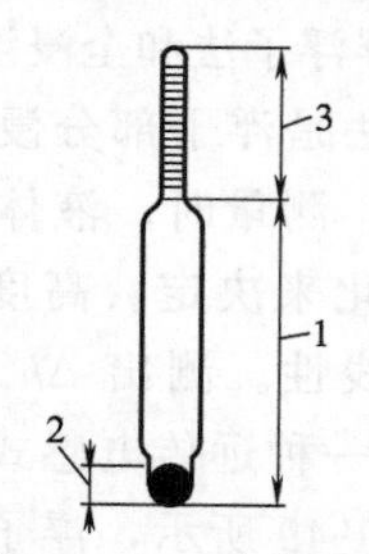

图 6.1-50　玻璃浮计

1—玻璃驱体；2—压载室；3—干管

三部分组成。压载室填有重物如水银、细粒铅丸等，并用胶将其封在驱体下端压载室中，目的是使浮计重心下降，能垂直漂浮在液体中。干管内部粘贴有刻度标尺。有的浮计还装有温度计，用来测温。浮计是根据阿基米德原理制造的，即浮计在液体中平衡时，它所排出液体的重力等于浮计自身的重力。测量时，将浮计置于被测液体中，当处于平衡状态时被测液体的密度

$$\rho=\frac{m}{V_0+\frac{\pi}{4}d^2 l} \qquad (6.1\text{-}49)$$

式中　V_0——浮计标尺最低分度线以下的体积；

d、m——浮计干管直径和浮计质量；

l——浮计标尺最低分度线至液面距离。

由上式可知，浮计标尺上部对应小密度值，下部对应大密度值。密度与浸深成反比。

6.2.4 振动式密度计

当流体流经一定形状的弹性元件——振动子时，振动子的共振频率会随流体的密度不同而不同，测出振动子的频率，即可求出该液体的密度，这就是振动式密度计的工作原理。图 6.1-51 所示为一种振动式密度计，图示系统的固有频率同管内流动液体的密度之间关系为

$$\rho=\rho_0\left[\left(\frac{f_0}{f}\right)^2-1\right] \qquad (6.1\text{-}50)$$

式中　f_0——充填一个大气压空气时的频率；

f——充填被测液体时的频率；

ρ、ρ_0——管内被测液体密度和仪表常数。

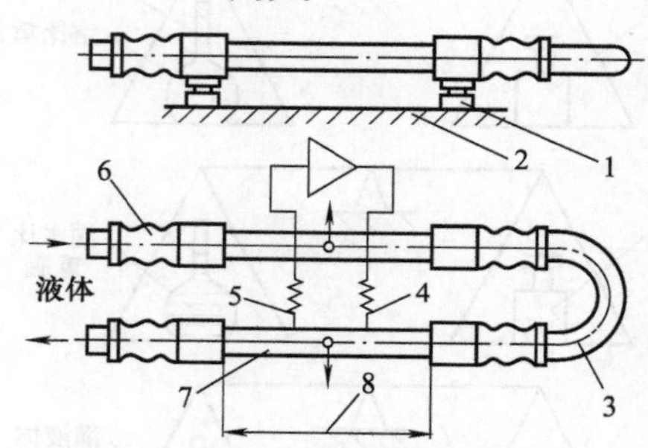

图 6.1-51　振动式密度计

1—支承；2—底座；3—可拆卸的 U 形接头；4—激励线圈；5—检测线圈；6—柔性接头；7—谐振管；8—谐振管有效长度

工作时，激励线圈使管子处于谐振状态，检测线圈输出同频率的电脉冲信号，由数字式仪表显示，亦可记录。国产 SM 型振动式密度计，其密度测量范围为 1.2～10^4 kg/m^3，测量精度为±1kg/m^3。

6.3 气体密度的测量

气体具有较大的可压缩性，其体积随状态量温度和压力而变。为表示气体密度常给出标准状态下的标准密度值。国际 IGU 组织规定压力标准值为 p_n = 101325Pa；温度标准值为 T_n =

273.15K (0℃)，个别也有用288.15K (15℃)。

标准状态下单一成分气体密度值可从有关表中查出，混合气体在标准状态下的密度可以换算出来。利用标准状态下的密度，亦可用有关公式计算出另一种状态下的实际气体的密度。

气体密度的测量方法及仪器很多，下面介绍用天平测量气体密度的方法。

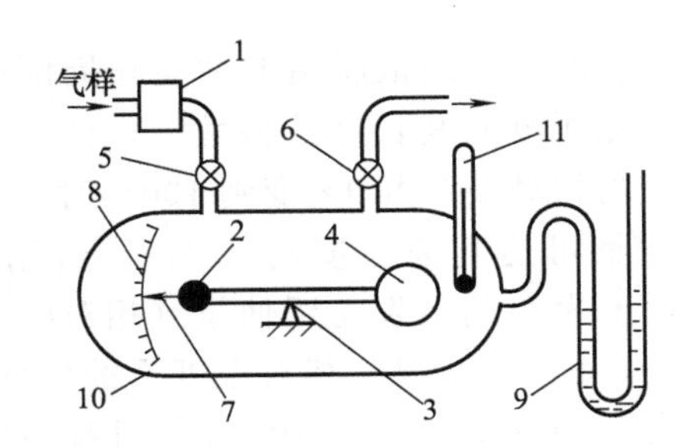

图 6.1-52 气体密度天平

1—干燥器；2—平衡重物；3—天平横梁支点；4—玻璃浮球；5—进气控制阀；6—出气控制阀；7—指针；8—标尺；9—U形压力计；10—测量容器；11—温度计

气体密度天平是一种根据阿基米德浮力原理，利用天平平衡来测量天平内浮球所受浮力从而得到气体密度的方法。图 6.1-52 所示为一种气体密度天平。测量时，先将参比干燥空气通过进气阀 5 引入测量容器 10，使天平指针 7 处于平衡位置上，读出温度计 11 和压力计 9 的温度 T_a 和压力 p_a。然后将容器 10 中空气排净，再充入被测气体，使天平再度平衡并读出这时的温度 T_g 和压力 p_g，则被测气体密度 ρ_g 可用下式计算

$$\rho_g=\rho_a\frac{T_a}{T_g}\cdot\frac{p_g}{p_a} \tag{6.1-51}$$

式中 ρ_a——参比干空气在热力学温度 T_a 和绝对压力 p_a 时的密度，为已知量；

T_g、p_g——被测气体的热力学温度和绝对压力。

这种气体密度天平多供实验室测量气体密度用。这种装置还可附加气动或电动变送器以及温度、压力传感器进行自动测量。

7 湿度测量

7.1 基本概念

气体、液体和固体材料的湿度测量，在科学和工农业的许多部门有重要意义。但液体和固体湿度与气体湿度的测量方法根本不同。有关液体和固体材料湿度的测量可参阅专门文献。下面只介绍气体湿度的测量方法。

气体湿度是气体中水蒸气含量多少的量度。空气湿度的常用表示方法有绝对湿度、相对湿度和含湿量三种。

① 绝对湿度定义为单位体积的湿空气（或其他气体）在标准状态下（0℃，101.325kPa）所含水蒸气的质量，单位为 g/m^3。

② 相对湿度定义为空气中水蒸气分压力 p_n 与同温度下饱和水蒸气压力 p_0 的比值，以百分比表示，是量纲为 1 的量。空气的相对湿度是干球温度、湿球温度、风速和大气压力的函数。

③ 含湿量定义为 1kg 空气中的水蒸气含量，单位为 g/kg。

下面介绍湿度的几种测量方法。

7.2 几种测量湿度的仪器

7.2.1 干湿计

这种装置由两支大小形状完全相同的温

度表组成。两支表放在同一环境中（如百叶箱内），其中一支用于测量大气温度 t，称干球温度表（或干球），另一支球部包扎着经常用蒸馏水润湿的纱布，称湿球温度表（或湿球），所指示的温度称湿球温度 t_W。湿球表面这层水在空气中水蒸气未饱和时，不断在蒸发，而蒸发所需的热量是直接取自于球部和流经球部周围的空气，结果湿球温度低于干球温度。蒸发的快慢与空气湿度有关。这样，就可以利用干湿球温差和空气湿度的关系来测定湿度。图 6.1-53 是一种干湿计的示

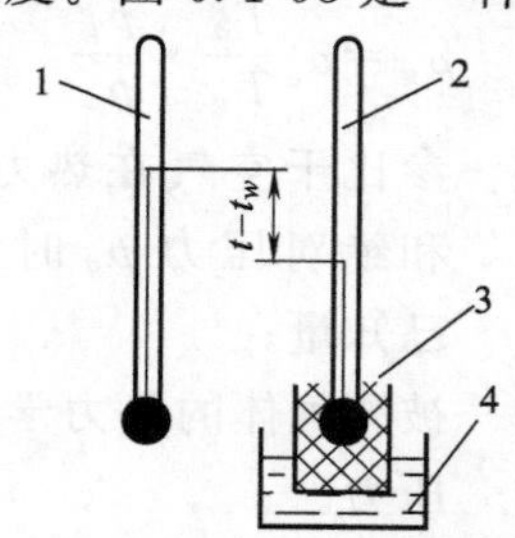

图 6.1-53　干湿球温度计

1—干球温度计；2—湿球温度计；3—纱布；4—水杯

意图。两支温度表装在同一支架上，安装时要求温度计的球部离开水杯上沿至少 2～3cm，以防杯的上沿妨碍空气的自由流动，并使两球部周围不会有湿度增高的空气。为保证蒸馏水的清洁，水杯应有不锈钢杯盖。在测得干湿球温度后，即可求得相对湿度

$$\varphi=\left(\frac{p_{bs}}{p_b}-Ap\frac{t-t_W}{p_b}\right)\times 100\% \tag{6.1-52}$$

式中　φ——相对湿度；

p_{bs}——湿球温度 t_W 时，饱和水蒸气压力，可根据 t_W 按有关公式计算；

p_b——干球温度 t 时，饱和水蒸气压力，亦可根据 t 算出；

p——实测点的大气压力；

A——与风速有关的系数，可按有关经验公式计算（在百叶箱内假定风速为 0.8m/s，则 $A=0.0007947$）。

利用这种方法在冰点以上测量时，湿度测量误差一般为 1%～2%，低于冰点温度使用时，测量误差很大。采用这种方法亦可根据干湿球测量数据及实验点气压算出绝对湿度。根据测得数据也能通过查表得出湿度值。

通风干湿计适于野外测量，其作用原理和百叶箱中测量原理一样，不同的是它利用机械装置通风，使流经湿球球部空气速度恒定，以提高测试精度。通风器有发条式、电动式两种。

7.2.2　毛发湿度计

毛发湿度计是依脱脂毛发能随周围空气湿度变化而改变其长度的特性工作的。实验表明，当相对湿度由 0%变到 100%时，毛发总延伸量可达其原长度的 2.5%。若用 ΔL 表示长度为 L 的毛发总延伸量（相对湿度从 0～100%），Δl 为某一相对湿度下的延伸量，则毛发延伸率 $\Delta l/\Delta L\times 100\%$ 和相对湿度的关系如表 6.1-2 所示。表 6.1-2 表明，气体的相对湿度与毛发相对延伸量 $\Delta l/\Delta L$ 的关系，近似对数曲线。

表 6.1-2　气体相对湿度与毛发相对延伸率的关系

相对湿度/%	0	10	20	30	40	50
毛发延伸率 $(\Delta l/\Delta L)$/%	0	20.0	38.8	52.8	63.7	72.2
相对湿度/%	60	70	80	90	100	
毛发延伸率 $(\Delta l/\Delta L)$/%	79.2	85.2	90.5	95.4	100	

毛发湿度计的工作示意如图 6.1-54 所示，毛发 2 上端固定在调节螺钉 1 上，下端与弧钩 3 相连，弧钩和指针 5 固定在同一轴 4 上，弧钩并与小锤 6 连接。小锤使毛发拉紧。刻度盘 7 表示相对湿度百分数，刻度是对数关系，湿度小时，间距大；湿度大时，间距小。当空气的相对湿度变大时，毛发伸长，小锤下压，轴 4 带动指针 5 右摆；反之，相对湿度变小，则指针左摆（逆时针）。毛发湿度计的示度，可用调整螺钉 1 进行。

7.3　湿度传感器

水分子具有较大的偶极性，易于吸附在固体表面并渗入其内部，这就是水分子的亲

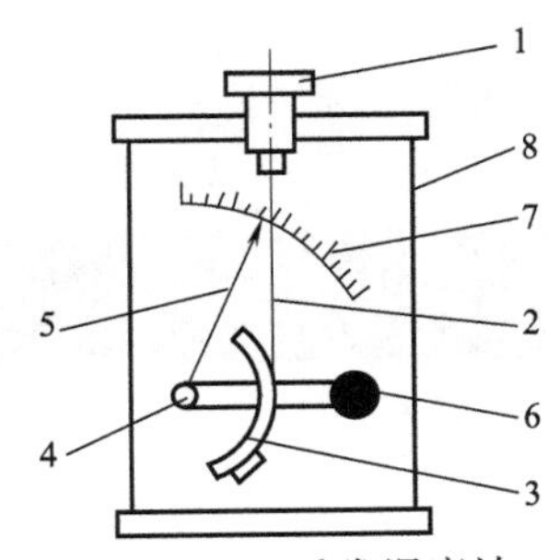

图 6.1-54　毛发湿度计

1—调整螺钉；2—毛发；3—弧钩；4—转动轴；5—指针；6—小锤；7—刻度盘；8—支架

和力特性，利用此性质制成的湿度传感器被称为水分子亲和力型传感器；与水分子亲和力无关的传感器被称为非水分子亲和力型传感器。

水分子亲和力型传感器有尺寸变化湿敏元件型、电解质湿敏元件型、高分子材料湿敏元件型、金属氧化物膜湿敏元件型和硒膜、水晶振子湿敏元件型；非水分子亲和力型有热敏电阻式、红外线吸收式、微波式和超声波式湿度传感器等。其他还有 CFT 湿敏元件型等。

当前使用最广泛的是水分子亲和力型传感器。但水分子亲和力型湿度传感器响应速度慢，可靠性差。所以，开发非水分子亲和力型湿度传感器是该领域的发展方向之一。

7.3.1　电解湿度传感器（吸湿膜片法）

由于盐类的水溶液在一定的浓度下具有一定的电阻，在相对湿度较大时，盐类吸收水分较多，浓度变小，其电阻也变小，所以根据电阻的变化，即可测定相对湿度值。常用的吸湿盐传感器为含有 3%氯化锂的混合液（体积分数），涂在毛玻璃片上，如图 6.1-55 所示。玻璃片长 101.6mm，宽 14.4mm，边上镀锡狭条作为电极，相对湿度是由其电阻大小决定的。

吸湿盐的湿度片具有很高的灵敏性，其

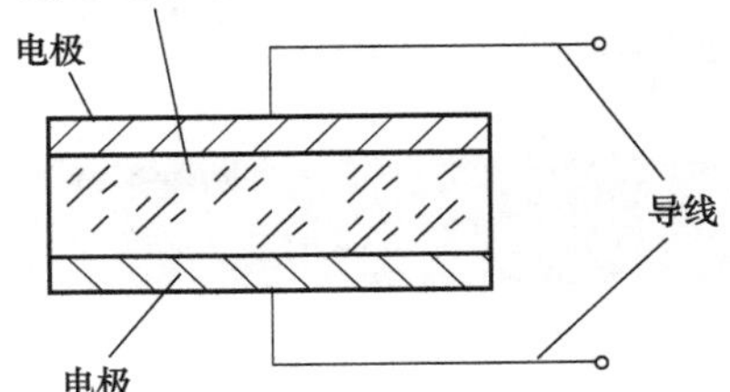

图 6.1-55　电解质湿度传感器示意图

缺点是示度不稳定，而且易受温度的影响，为消除这种误差可通过修正曲线进行温度修正。

这种传感器检测精度为±5%，优点是不破坏环境状态。

7.3.2　电容式湿敏元件

这是一种高分子薄膜电容式湿敏元件。其原理如图 6.1-56（a）所示，其特性曲线如图 6.1-56（b）所示。

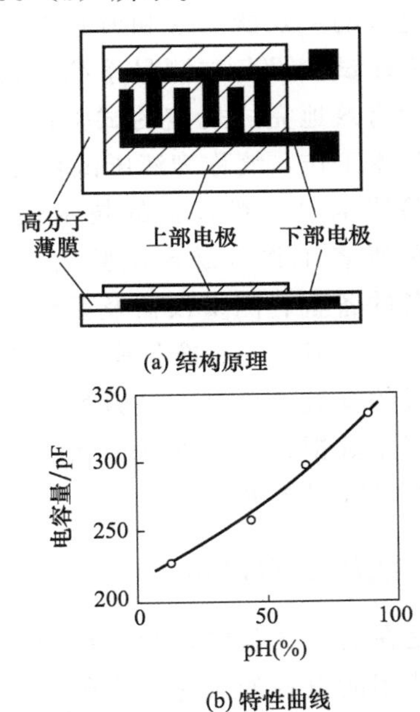

图 6.1-56　电容式湿敏元件原理图

当高分子介质吸湿后，电容发生变化，高分子薄膜被做得很薄，元件能迅速吸湿和脱湿。因此，这种传感器的特点是滞后小，响应速度快，能进行连续的测量和记录。

第二章 液压试验

1 概 述

1.1 有关液压试验技术的一些概念

1.1.1 液压试验技术

通过人的主观能动性和所具有的技术水平，将液压试验设备与测量系统有机地结合起来，为有效地完成规定的试验任务服务的一整套技术工作，统称为液压试验技术。

试验技术中一般包括的技术性工作有：试验前的准备工作（制定试验大纲和计划、试验设备的备置、测量仪器及系统的选择和标定、试验环境条件的准备等）；试验油路及测量装置的安装、调试；试验数据的获取和记录、试验数据处理、误差分析；试验的结论和编写试验报告等。

1.1.2 液压试验设备

它是在液压试验中，为达到一定的试验目的所使用的设备的总称。主要包括有三部分：试验对象、基本设备和辅助设备。

试验对象　它可以是实际应用的液压元件和系统、新研制的样机；也可以是为某项试验目的而专门设计的试验装置。试验对象俗称为被试件。

基本设备　它是进行液压试验必备的主要设备。包括液压源、试验台和油箱等。

辅助设备　是为完成一定的试验任务所需的一些附加设备。如加载装置、冷却和加热装置、过滤设备、环境模拟设备和安全保护装置等。

1.1.3 液压试验设计

在接受某项试验任务后，为了使试验任务能在最佳的条件下，高效率、低成本地圆满完成，事先要对整个试验工作进行规划和设计，这就是“试验设计”。它包括的内容有：制定试验工作计划；拟定试验大纲；测量仪器的选择与标定。

试验大纲是具体指导试验工作进行的文件。它是根据试验任务书的要求、国家或部颁的试验标准及试验技术条件、具体实验室的实际情况来拟定的。试验大纲应包括以下内容。

① 试验的目的及意义。

② 试验的具体内容及要求。

③ 试验的具体实施方案（包括油路、电路设计，测试方法及测量精度。如果试验对象需要设计的话，应提出工作原理及设计方案等）。

④ 提出试验条件的要求。如试验要求的油源压力、流量的范围、稳压程度、油温允许的变化范围、工作油液的性能指标、环境模拟的要求等。

根据试验大纲规定的测试方案及精度要求来选择适用的参数传感器及测试仪器。选择时主要考虑的因素有三个。

① 量程范围　要保证被测量的变化范围一定要在仪器的量程之内。

② 精度　仪器精度级别的选取应根据试验大纲规定的误差大小来定；或是根据试验结果总误差的要求，按误差分配原则来设计的。

③ 快速响应　若要求进行动态测量，在选择测量仪器时，要求它具有快速响应能力。主要的指标之一就是仪器本身的固有频率或它的工作频率范围。总的来说，在测量仪器的选择上应持科学、严肃、慎重的态度。

测量仪器的校准和传感器的标定工作，是试验前的一项重要的准备工作。所谓仪器的校准是在规定的使用条件下，用标准量或高精度档次仪器的量值与被校仪器的量值进行比较，以判定后者的精度是否符合要求，或作出校正曲线的工作。这只是就仪器本身作出合格与否的鉴定，以保证它所测的量值的可靠性。而传感器的标定必须是在试验工作条件下，对它进行静态或动态标定，作出标定曲线。由于校准和标定工作都涉及标准仪器或标准量值的精度选取问题。这就要根据微小误差准则来进行设计，使选定的标准仪器的误差对标定结果总误差的影响小到可以忽略的程度。

对传感器、测量仪器进行标定和校准的一般原则如下。

① 在试验准备阶段，按“试验设计”而选取的测量仪器或传感器，都要在与试验工作条件相同的情况下进行校准或标定，作出校准或标定曲线，以确保试验数据的可靠性。当试验周期较长或在恶劣环境下工作时，在试验的间隙中应对它们多次进行校准和现场标定。

② 高级、精密仪器除按规定的条件保存、运输、使用外，还必须定期送国家计量单位检验。

③ 长期运转使用的仪器，在正常情况下建议一年内至少进行一次校检。

④ 在试验进行期间，对所测得的数据产生怀疑时，应及时重新对仪器进行校检。一般在试验完成后，也还要对它们进行校核。

1.1.4　液压试验工作环境的要求和条件

① 温度和湿度　室温宜保持在20℃左右，湿度宜在80%以下。

② 防尘　液压试验室应要求密封以防尘，要求高的试验应在密封净化间里进行。

③ 空调和通风　由于试验间是密封的，故室内的水蒸气、人呼出的二氧化碳气、液压油蒸发的废气等都将使室内湿度增加、空气污染，将直接严重影响工作人员的健康和仪器、设备的正常工作。所以要求强制通风或安装空调；但一定要监控室内的空气质量，否则将适得其反。

④“文明生产”制度　实际是为保障液压试验能正常进行所必须规定的一些规章制度。

⑤ 安全、防护措施的配备　这些设施包括防火、防爆、保障人身安全的设施，及仪器设备的安全设施。如消防器材的配备、安全罩、液压油路的超压保护、电路的失压保护和不间断措施等。应通过各种尽可能办到的措施，以保障人身和国家财产的安全。

⑥ 特殊的环境试验要求　在液压试验中，由于有些产品要根据其使用的特殊环境条件，要求在实验室条件下再现和模拟这些条件。如高、低温试验，盐雾环境试验，淋雨试验，道路模拟试验，振动及大加速度试验等。测试产品在这些条件下性能的变化和承受能力。

1.1.5　试验报告的撰写

试验报告是试验工作成果的反映，是最后的表达形式。撰写试验报告的能力是试验工作者的一项基本功。试验报告一般应包括的内容如下。

① 试验项目。

② 试验油路及测试线路。应包括油路及测试工作原理说明；组成试验油路各元件的选择和简单计算；传感器、测量仪器的选择，包括型号、精度级别以及校准、标定方法和特性曲线等。

③ 试验装置及试验方法简介。

④ 试验条件说明。包括工作油液牌号、黏度、试验油温、室温、过滤精度等。

⑤ 试验所测得的数据。包括数据表格、特性曲线、试验照片、记录曲线等。

⑥ 试验结果分析。包括试验数据误差分析；由试验得出的结论；试验中存在的问题和改进意见等。

1.1.6 液压试验的分类

一般有两种分类方法，按试验内容分和按试验的性质分。

(1) 按试验内容分

① 性能试验　旨在获得被试对象的静态和动态性能参数（或指标）。如液压泵的排量、容积效率；溢流阀的压力—流量特性(启闭特性)；电液伺服阀或电液伺服系统的频率特性等。

② 寿命试验（或耐久性试验）　目的在于考核被试对象在额定工况下，规定连续工作的时间之后的性能，是产品工作寿命的极限。在此时间之内，产品的性能应得以保证。这项试验只对批量产品进行抽试。

③ 环境试验　目的在于考核被试对象对环境变化的适应能力。主要是根据产品具体的使用场合而提出的，如高温、低温，盐雾，真空，振动，大加速度和耐污染等。

④ 耐压试验　为了保证产品的安全、可靠性；并考核某些零件在高压下的强度和密封件的密封性能等需要进行此项试验。

(2) 按试验的性质分

① 科研性试验　为某些科学研究的目的而专门进行的一些试验项目。

② 型式试验　主要是对产品进行全面性能的测试和考核。目的在于对产品的鉴定和新产品的定型。对于型式试验要进行的试验项目，我国在试验方法标准中有专门的规定。

③ 出厂试验　主要是针对已定型并且有一定批量的产品，为了保证其使用性能，选出几项有代表性的性能指标作为合格的标准，在出厂之前必须进行试验考核。出厂试验的项目，在试验标准中有明确规定。

1.1.7 试验标准

为了统一液压元件的质量标准和适应日益发展的国际、国内的技术交流和贸易的需要而制定各种试验标准。对于液压元件的试验来说有：ISO 国际标准、国家标准局颁布的国家标准（GB）和各部颁布的部颁标准（如 JB、HB 等），另外还有企业自行制定的企业标准等。

一般液压元件的试验方法标准中都包括以下基本内容。

① 技术术语和符号的说明和规定。

② 试验条件的规定，包括试验用油液的黏度、油温及清洁度等级等。

③ 试验项目和试验方法，包括试验回路、将有关液压元件和系统需要考核的性能定为试验项目，并规定试验内容和为获得这些性能指标的详细试验方法等；还分别指明型式试验和出厂试验应做的试验项目。

④ 参数测试点的配置和测量精确度等级的规定。为了便于比较和正确地测试各有关参数，标准中规定了测量点的位置，如液压阀试验标准中规定上游测压点要求距阀 $10d$（d 为管径）处等。根据试验的不同要求，将测量的精确度分为 A、B、C 三个等级，如表 6.2-1 所示。

表 6.2-1　测量精确度等级

测量参量	测量精确度等级		
	A	B	C
压力(表压力 $p\geqslant0.2$MPa)/%	±0.5	±1.5	±2.5
流量/%	±0.5	±1.5	±2.5
转矩/%	±0.5	±1.0	±2.0
转速/%	±0.5	±1.0	±2.0
温度/℃	±0.5	±1.0	±2.0

⑤ 稳态工况时参数的允许变动范围。

⑥ 数据处理和结果表达的要求。包括提供该项试验要用的计算公式、供参考的特性曲线形状，对试验报告的格式和内容的要求，报告中应注明的事项以及由试验曲线上如何求取性能指标的方法等。

1.2 液压试验设备

1.2.1 液压源

液压源是能提供符合要求的压力值、流量值的清洁液压油的装置。就液压试验而言，它是主要的基本设备之一，其性能和适应性直接关系到液压试验的质量和范围。

(1) 液压源的种类

根据液压源输出的特征量不同分为恒压源和恒流源两种。

一般液压源由动力装置、液压泵、参数调节装置（包括压力阀、恒流阀以及恒压调节机构等）和过滤器、热交换器、油箱等辅助装置所组成。两种液压源的主要不同点在于调节装置的作用。

① 恒压源　恒压源就是在充分供给不同输出流量的条件下，保证其输出压力为常值。图 6.2-1 所示为最简单的恒压源油路。它主要由定量泵和溢流阀组成。其恒压原理是由溢流阀的稳压特性保证的。压力变化范围就是它的调压偏差。

若采用这种恒压源油路的话，当试验系统要求提供的流量变化范围较大时，必然引起溢流阀的工作点变动，导致油源输出压力的变化。输出流量越多，则通过溢流阀的流量越少，输出压力则会越低，这是溢流阀特性所决定的，由于油源压力变化，势必影响被试对象特性的变化。所以在试验过程中，要求油源压力尽量保持不变或在允许的变化范围内。比如在电液比例方向阀和伺服阀的试验中就要求恒压源供油。

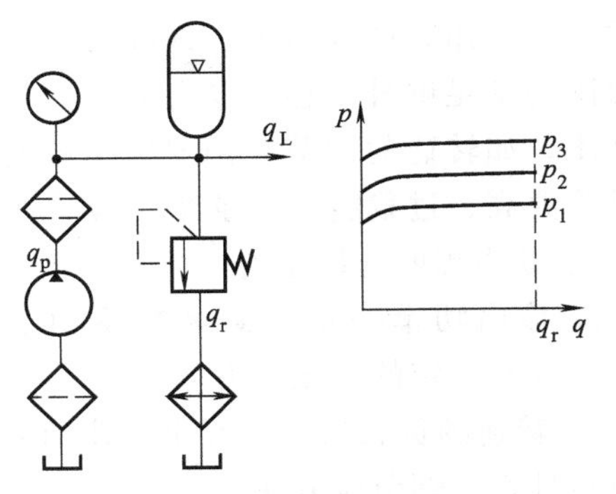

图 6.2-1　恒压源油路图

② 恒流源　恒流源则是以输出恒值流量作为特征量的。最简单的恒流源油路方案就是定量泵和安全阀配合，如图 6.2-2 所示。

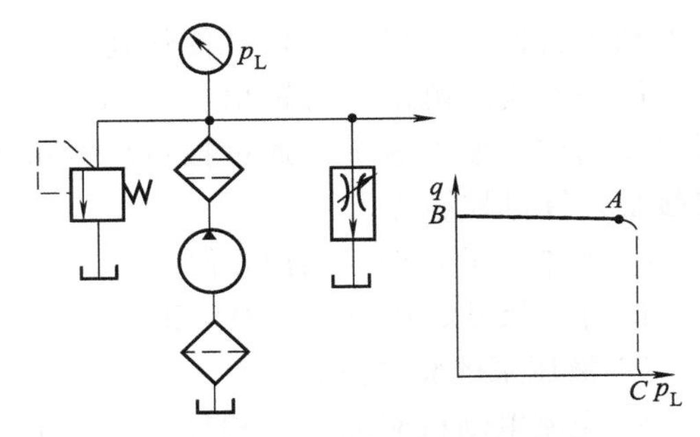

图 6.2-2　恒流源油路图

对液压源的要求主要是其输出压力和流量必须满足液压试验的要求，即容量要足够。一般要求液压源的参数为被试对象的最大要求值的 1.5 倍，且性能稳定。除此之外，对液压源的要求还有：

① 确保提供的油液清洁度应符合要求；

② 参数调节要方便，适应性要广；

③ 油路方案要简单、实用、先进，且具有一定的安全保护措施和节能措施；

④ 结构要紧凑、体积小、噪声低等。

(2) 液压泵的动力源及驱动方式

液压泵在液压系统及试验系统中主要是作为油源泵使用的。它本身还要求由其他的动力源来驱动。对作为油源泵而言，它对驱动装置的要求。一般只要具有足够的功率和稳定的转速匹配即可。而在液压试验系统中，液压泵还有两个主要的作用：一是作为加载装置，一是作为试验对象。这样它对其驱动装置除功率足够外，还需要有许多其他方面的要求，如转速的调节范围要宽、转速的保持精度要高、过载能力要强等。

① 动力源的选择原则

a. 输出功率一定要满足被驱动泵的要求，并具有一定的过载能力。

b. 转速随负载的变化要小，即动力源的机械特性好。调节应方便。

c. 噪声小、使用可靠、寿命长。

d. 对自动化试验的适应性强。由于今后对试验过程的自动化要求愈来愈强，因而动力装置必须适应这方面的要求。如能够采用闭环控制回路来进行恒速控制；动力装置本身的动态特性好，对控制信号能快速作出响应；能在较宽的范围内对输出功率和转速进行自动地或方便地调节，通过接口装置可直接接受计算机控制等。

e. 成本要低、保养维护方便。

f. 外形尺寸、质量和占地面积要小。

② 液压泵的驱动方式

a. 交流电动机驱动。三相异步电动机直接驱动液压泵供油，是最简单的形式。且三相异步机具有一定刚度的机械特性、启动容易、价格便宜，是常用的动力装置。另外，常用的液压泵的转速也是按四极或六极电机转速设计的。

可变速交流电动机驱动或交流电动机通过离合器、变速箱来驱动，此方案也简单、易行。但都只能是有级变速，且调速范围窄，只适用于较低级的调速应用场合。现在已有通过变频调速装置来控制交流电动机实现无级调速。

b. 柴油机或内燃机驱动。这种方式不易实现无级变速、转速不易稳定、振动和噪声较大、还会排放大量的废气等。故它只适宜于较大功率的场合及野外工作的液压设备上。

c. 可控硅整流调速装置控制直流电动机驱动。这种方式可达到无级变速、调节方便、调速范围较宽的目的。但线路复杂、价格昂贵、需要一定的维护条件和占地面积。

总的来说，不论交流电动机还是直流电动机都是常用的动力源。在不要求变速的情况下，交流电动机的优点突出，是公认的优良的动力装置。在要求无级变速、调速范围宽，并有一定稳速精度要求的情况下，多采用直流电动机为动力装置。而直流电动机需要一定功率的直流电源供电。一般直流电源的获得有两种办法：一是由专用的交—直流发电机组供电；另一是由可控硅整流调速装置供电，如图 6.2-3 所示。

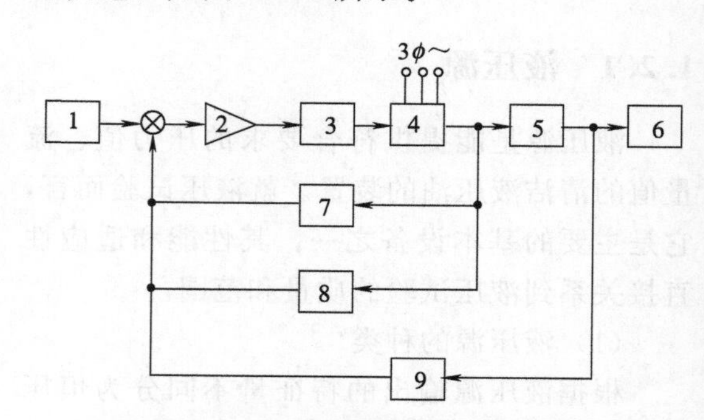

图 6.2-3　可控硅整流调速装置控制直流电动机系统原理框图

1—给定器；2—放大器；3—移相脉冲触发器；4—可控硅整流装置；5—直流电动机；6—负载；7—RC 微分反馈网络；8—电压、电流反馈；9—测速发电机反馈

虽然目前在很多应用方面，可控硅整流调速装置取代了直流发电机组，但直流发电机供电仍有可取之处，所以在两者之间作出选择时，需持慎重态度。两者的优、缺点比较如下。

发电机组具有比可控硅装置较强的过载能力。在电网和直流电动机之间，机组能起到隔离作用，使直流系统受电网电压、频率变化及干扰信号的影响小；反过来，直流系统中突然的变化过程对电网的影响也较小。直流发电机输出的电流波形平稳，而可控硅装置的动态响应快、噪声低、没有机械旋转部分、振动小。输出电流波形脉动大，这将直接影响直流电动机的输出扭矩的平稳性。这两种设备占地面积和成本都差不多。可控硅设备为了解决和电网之间的相互影响而需要增加一些设备，如隔离变压器等。为了使输出波形平滑，需要采用大型的平波电抗器滤波；为了稳速精度的提高而需要采用闭环速度调节系统等，这样势必造成费用提高和维护困难。

关于紧急停车保护问题。在试验过程中不可避免的会出现由于试验对象的偶然故障，因而造成突然的机械制动情况，导致动力源过载、测试设备及试验对象的损坏等。如果不采取紧急停车保护措施，势必整个直流电动机转动部分的全部惯量将加到试验系统的薄弱环节上，造成机件损坏，如转矩传感器的核心零件——扭力轴扭断或产生永久变形；试验对象严重损坏等。为此，在发电机组供电场合下，通过电流调节器使发电机励磁截止，输出电枢电压突降；进而使直流电动机电枢反电势短路，形成能耗制动，吸收部分惯量，造成紧急刹车保护。而在可控硅整流设备供电情况下，虽然当突然机械制动时，负载突增，通过电流保护线路可使可控硅的触发断开。但电动机转子得不到制动，因而它的全部惯量仍加到试验系统的薄弱环节上，造成永久性损坏。所以要增加一些保护措施，如转矩传感器超载保护装置等。

目前通过交流变频装置来控制交流电动机实现无级调速这一技术，已受到工程界的重视。在中、小功率的驱动电机上已获得满意的应用效果。

1.2.2 试验台、油箱及试验辅助装置

（1）试验台

按用途的广度，试验台习惯上分为专用试验台和通用试验台。专用试验台大都只能在其上进行试验对象的一项或几项试验。故它适宜于具有一定批量的工厂使用，如液压缸密封强度试验台、液压泵寿命试验台、液压阀出厂试验台等。所谓通用试验台，实际上其通用性也是相对的，只不过使用范围更广些，能进行更多的试验项目而已，如能对不同形式的、中等功率的液压泵进行试验的液压泵性能试验台、液压阀性能试验台等。

试验台主要包括以下组成部分。

① 台面。

② 仪表安装板。

③ 电控台。

④ 试验台本身的油路系统，包括液压源供油管路系统、试验回油管路系统、台面回油系统等。这部分还应包括各种操纵手柄，如远程调压手柄、压力表开关手柄等。

对试验台的基本要求有以下几个方面。

① 要求试验台架必须具有一定的刚度。否则由于试验过程中的振动和冲击等将引起整个试验台的振动、加载时试验台架变形等。这些都可能影响被试对象的特性，仪器、仪表的测量精度，情况严重时将使试验无法进行。

② 被试对象在试验台面上要装卸方便。如采用标准接头、快速接头、软管连接等。

③ 参数调节方便、控制灵活、服务范围广阔；自动化适应性强。

④ 结构简单、布局合理。

⑤ 自带照明设备，保证工作环境明亮、读数清晰。

⑥ 经济、实惠，造型美观。

由于在试验过程中，油和油雾对电器元件的侵蚀，将使其绝缘性能下降和绝缘材料老化变质，因而导致元件的使用寿命缩短，进而造成控制失灵和误动作等事故。为了可靠地工作，实践证明在设计和装配试验台时，应尽量使电器元件和液压元件分开安装，把电控柜和试验台分开配置。对于各种不同功率的液压元件试验，试验台、液压源、电控台的配置方法有：对于小功率液压元件试验，可把液压源安装在试验台后或台下，因为小功率的液压泵和电机运转时噪声和振动都较小。但为了不使液压源的振动传到试验台上，还是要求液压源与试验台架不要刚性连接为好。如可采用增设防振垫和软管连接等措施。对于中等功率的液压试验，要求把液压源与

试验台分置。在保证连接管道尽量短的前提下，最好把它们分别安置在两间房间内。这样既保证了隔音，又保证液压源的振动传不到台架上。当然也需要采取相应的消除压力脉动和减振措施。为了结构的紧凑性和维修、安装的方便性，可将大部分设备，如油箱、过滤器、调压装置、冷却器、电机启动设备等相对集中在油源间内；试验台和测试仪器在试验间内；在试验台旁设置独立的电控台。对于大功率的液压试验，由于被试对象比较笨重，动力驱动装置也较庞大，故试验台面就是在地面上铺设大型的带有T型槽的铸铁地板。这样可使液压源和试验台同时安装在试验间内；为了隔音和防振，可以将试验控制台、测试仪器等安装在与试验间用墙壁隔开的控制间内。但在墙上要开观察窗时，必须密封严实。

(2) 油箱

在液压试验设备中，油箱的主要作用是作为液压源的一部分，用于贮存油液以保证充分供给液压泵的需要，并接受试验后的回输油液。由于回输油液中夹带着空气泡、污物等，故油箱必须通过其自身的结构设计尽量使空气逸出，污物充分沉淀或过滤掉。另外，通过其箱体壁还可使回油带入的热量发散，起到部分散热作用。有关油箱的更为详细的资料，请参阅本手册辅件中的油箱部分。

(3) 油箱与液压泵、试验台的布置

油源泵必须从油箱中吸入油液，油箱与泵的相互位置应保证泵吸油充分，而首要条件是要保证吸油管短而粗，其中的流速应限制在0.5m/s以下。若泵的自吸能力强，油箱可以安装在泵的下面，此时应注意泵的进油口超出液面的高度应小于该泵规定的吸油高度。如果以油箱盖作为液压泵—电机组的安装板时，除上述吸油高度问题外，主要应考虑油箱体的刚度问题以及机组与油箱之间的减振问题。因为此时油箱相当于一个“共鸣箱”，将使噪声增大。作为试验室用的固定式油箱和泵站，一般使油箱底面高出泵的进油口1m左右，以保证泵工作时吸油绝对充分，还可省去压力供油泵。

由于油箱位置的升高，它与试验台之间就难以实现无压回油。作为试验装置的主回油油液是通过管道强制回流，只不过使回油管压力稍增加一点而已。而通常像试验台台面的油液、泵壳的外漏油液等都只能依靠高度差来自然流动回油的。今油箱位置提高，这部分油液就不能回流，必须在试验台下或较低处增设小油箱来收集这部分回油，然后再由附设的回油泵抽回主油箱。值得注意的是自然回流的回油管，其管口一定要在液面之上，否则一方面会造成回油困难；另一方面在停止回油时，由于虹吸现象可能使油箱的油液倒流，造成严重的漏油事故。

台面回油主要是在试验过程中，因安装或拆卸管路而流到台面的油液、被试对象的外漏口（L口）流出的油液、遥控调压阀的回油油液等汇集而成。因为台面是试验的工作场所，经常暴露在外面，不可避免地有工具上带来的污物、空气中的尘土、破碎的密封带、棉丝等杂质混在台面回油油液中，如果让其直接流回油箱当然是极不合适的。所以也需要通过台面下的集油油箱先过滤和沉淀。当收集到一定数量的油液后，由回油泵抽出，再经精滤油器过滤后送回主油箱。为了避免人员监控的疏忽而造成油满溢出事故，一般要根据集油箱液面的高度来控制回油泵驱动电机的启停。当液面升到预定高度时，使回油泵工作；当液面降到最低限时，使泵自动停止。如图6.2-4所示，液面高度的感测是依靠浮球。当浮球在最高液面位置时，通过杠杆使微动开关1的常开触点闭合，控制液压泵电机启动；由于液压泵工作，箱中液面下降，浮球随着下降，当液面回落到最低液面时，杠杆使微动开关2的常闭触点断开，使电机断电，液压泵停止工作。图6.2-5所示为控制电路简图。

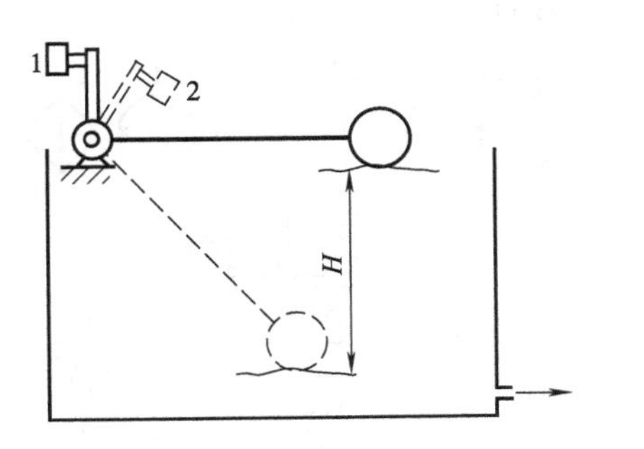

图 6.2-4 用液面高度控制回油泵启停的原理图

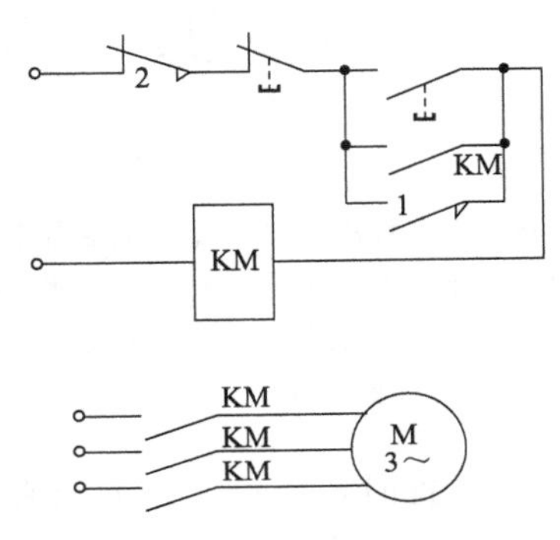

图 6.2-5 控制回油泵启停的电路图

(4) 试验辅助装置

① 油温的控制 油温的控制是液压试验技术中的一个重要环节，主要因为油温直接影响油的黏度，而油的黏度变化其影响面是很广的。它直接影响被试对象的性能指标，如容积效率、系统的阻尼、流量计的量程及测试精度等。所以在试验条件中，油温是作为一个重要参数而规定的。规定试验用油的品种、黏度变化范围，都是以油温变化范围作为限制条件。故试验过程中应严格控制油温在所规定的范围之内。根据油温的控制精度要求不同，可以采取不同的控制方法，总的来说不外乎是冷却和加热。一般最容易实现的是油箱油温控制。

为了要达到油温自动控制的目的，就必须对影响油温的一些因素加以控制，这些因素归纳起来有：

a. 控制冷却水（或制冷剂）的通断时间或流量；

b. 控制通过热交换器油液的流量；

c. 控制电加热器电源的通断时间、电源电压的大小，或控制热水、蒸气的流量。

根据要求控制的温度范围大小（或控制精度），可以采取不同的控制方案。概括起来，油温控制方案有两种：继电式控制和连续式控制。

所谓继电式控制就是基于对被控因素实施通断控制的方法。一般采用电接点温度计作为油温的检测元件。它可以预先由人工调定所需要控制的温度变化范围，如试验要求油温保持在 (50±5)℃范围，就将其下限调到45℃、上限调到 55℃处。当油温降至 45℃时，其下限触点闭合；当升至 55℃时，上限触点闭合。在正常工作范围内时，上、下限触点均处于断开位置。若用电磁水阀控制冷却水的通断，用电加热器来加热油液的话，通过电接点温度计就可实现油温的继电式控制，如图 6.2-6 所示。当油温在下限以下时，下限触点常闭。一旦“自动”开关闭合或手动启动按钮 SB1 按下，则接触器 KM 线圈通电，触点 KM 闭合，加热器通电，油温升高。当油温超过下限，下限触点断开，接触器 KM 失电，切断加热器电源，停止加热。由于试验过程中油温继续升高，达到上限值时，上限触点闭合，使继电器 KA 线圈通电，从而使水阀线圈通电，冷却水进入冷却器，热油开始被冷却，油温逐渐下降。当降到上限值以下时，上限触点虽断开，由于保持触点 KA 的作用，KA 线圈仍处于通电状态，冷却器仍在一直工作，直到油温降到下限值时，加热器重新投入工作，由于在冷却线路中串联的常闭触点 KM 断开，冷却停止。到此完成了一次加热、冷却的工作循环。此方案简单、易行，所采用的元件也比较少和便宜。但由于其工作原理是继电式的，在系统的热惯性的作用下，油温在控制点附近有较大的摆动。

所谓连续式控制就是根据自动控制原理对一个或多个与油温有关的因素进行调节控制。例如，根据要求油温的控制精度，对冷却水的流量和加热器的电压进行控制来保

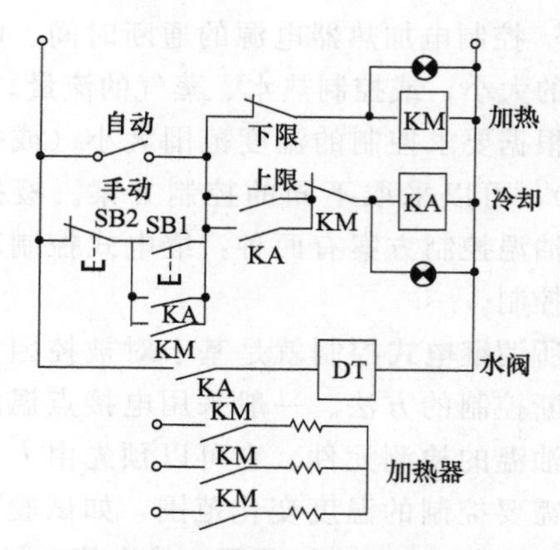

图 6.2-6　通过电接点温度计实现油温继电控制的原理图

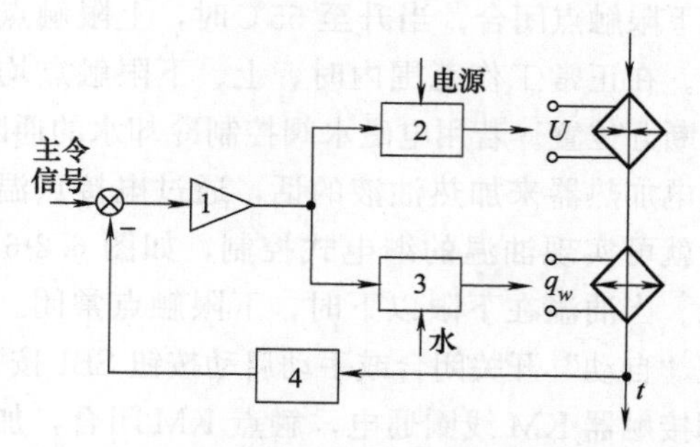

图 6.2-7　连续式油温自动控制原理

证，如图 6.2-7 所示。由人工设定主令信号，它与温度传感器检测的反馈信号进行比较，形成误差信号，经电放大器 1 放大后驱动两种执行器：一为比例式水阀 3，它控制着进入冷却器的水流量 q_w；一为电压调节器 2（如可控硅整流器），它控制着电加热器的电源电压 U。由于加热器和冷却器的综合作用，使通过它们的油液获得要求的温度。实际上这是一个完整的闭环控制系统，结构比较复杂、价格也较高，但其控制精度可达±0.5℃以上。

下面介绍一种具有较高温度控制精度的油温控制系统方案，图 6.2-8 所示为其简单工作原理。该系统主要由下列部件组成。

a. 冷油箱 6 和热油箱 7。油箱中的油温 t 低于要求的油温 t_1 的叫冷油箱 6；t 高于 t_1 的叫热油箱 7。这种状态的保持是分别由一套冷却系统和一套加热系统来完成的。

b. 比例调节混合阀 4。该阀是用来使冷、热油箱中的油通过此阀进行混合。当其主阀

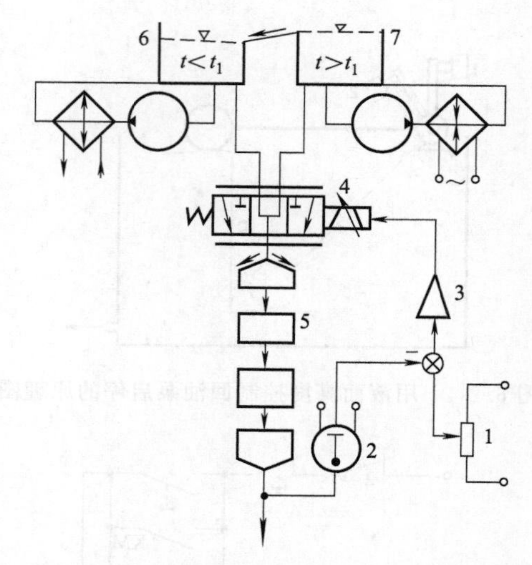

图 6.2-8　具有较高控制精度的油温控制系统

1—主令电位计；2—温度传感器；3—比例放大器；4—比例调节混合阀；5—混流装置；6—冷油箱；7—热油箱

芯处于中立位置时，由冷、热油箱来的油液按同样流量混合。线圈通入不同极性和大小的输入信号，冷、热油可按不同的比例混合。

c. 混流装置 5。由混合阀流出的冷、热油混合流再经过此装置多次分流和汇合，使它们得到充分混合。以获得所要求温度的油液提供使用。

d. 混合阀控制系统。混合阀是由一套闭环控制系统控制的。该系统由主令电位计 1、温度传感器 2、比例放大器 3、比例混合阀和温控油液所组成。主令电位计的输出电压信号是由人根据所要求控制的温度值预先调定的。当由温度传感器测得的实际油温与设定值不符时，比较后得到误差信号，经放大器放大后驱动比例调节混合阀。若实际油温高于设定值时，使冷油流量加大，热油流量减少；反之亦然。

此系统对油温控制的精度取决于冷、热油箱保持高于或低于给定值温度的稳定性，混流装置对冷、热油的混合均匀程度，温度传感器对实际油温变化的敏感程度等。

如果此系统所提供的液压油是直接输往液压泵进油口的话，那么混合阀和混流装置

的内部通道面积必须足够大，以保证沿程损失小，并确保吸油管中的压力不能低于0.3kPa。整个系统虽然比较复杂，但对油温的控制精度可达±0.2℃以上。

② 液压试验系统用液压油的污染控制　液压系统和元件发生故障的重要原因之一就是工作油液被污染。因此任何液压设备，特别是含有精密液压控制元件如电液伺服阀、精密流量控制阀等液压设备，在各种使用工况下，都必须注意工作油液的污染防治问题。由于液压试验系统是用来考核各种被试对象的性能的，因此除了考核液压元件或系统对污染的灵敏度外，都必须首先要保证给它提供尽可能干净的工作油液，以保证不会因提供的油液不符合清洁度要求而影响测试性能。一般液压试验用液压源提供的油液过滤精度为3～10μm，油液清洁度等级：ISO 4406标准中的13/10～17/14，相当于NAS 1638标准中的4～8级。控制油液不受污染的办法主要有在系统中设置不同规格的滤油器，以及采取各种预防污物进入试验系统的措施。

2　液压泵的试验

2.1　试验回路

2.1.1　定量泵或单向变量泵的开式和闭式试验油路

如图6.2-9所示，图（a）为开式油路。所谓开式油路就是被试泵直接从油箱中吸油，而通过试验系统后的回油又直接返回油箱，不参加工作循环。这样油液在油箱中可得到充分沉淀和逸散气泡，油温也可以比较稳定。但此油路只适应于具有一定自吸能力的泵的试验，油路简单。图（b）为闭式油路。其特点是试验后的回油不是返回油箱而是直接馈入被试泵入口。因此，被试泵所需油液不是直接从油箱中吸油，而是试验后回输的油液。由于试验时中间环节的损耗，回油流量不能满足被试泵的需求，此部分差值流量由供油泵提供。由于试验后的回油状态是油温高、含有一定的脏物，不能满足试验对油液的要求。所以要求先经过过滤器和冷却器，以保证油液的清洁度和油温符合试验要求后再供给被试泵。被试泵入口压力由低压溢流

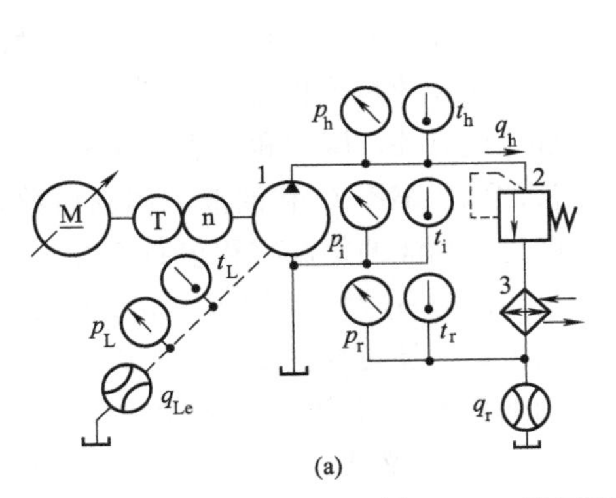

(a)

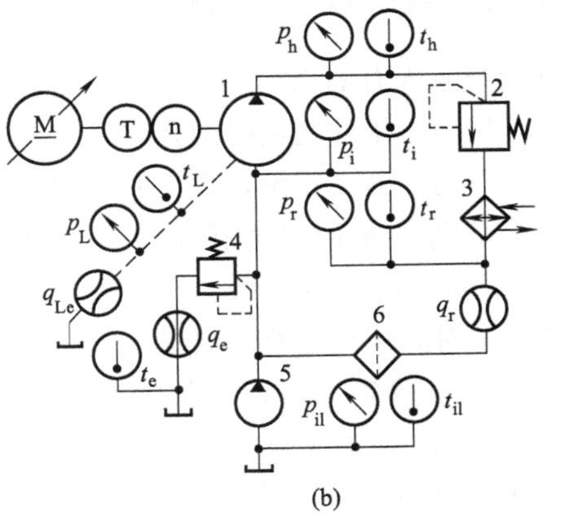

(b)

图6.2-9　液压泵性能试验油路图

1—被试泵；2—加载溢流阀；3—冷却器；4—低压溢流阀；5—供油泵；6—回油滤油器

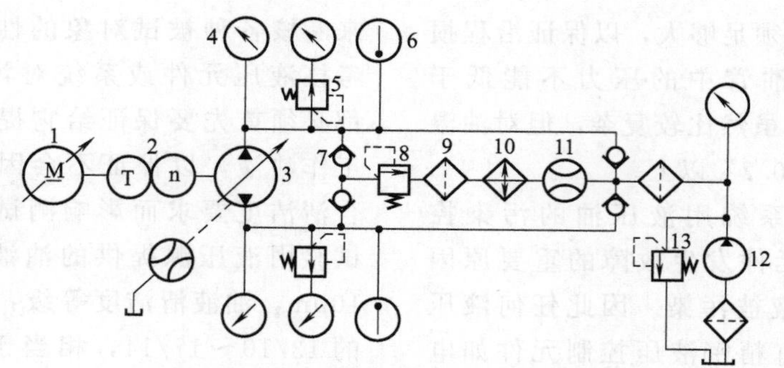

图 6.2-10 双向变量泵试验油路图

1—可调速直流电动机；2—转矩、转速仪；3—被试泵；4—压力表；5—超压切断阀；
6—温度计；7—单向阀×4；8—加载阀；9—过滤器；10—冷却器；
11—流量计；12—供油泵；13—低压溢流阀

阀调节。

2.1.2 双向变量泵的试验油路

图 6.2-10 所示为双向变量泵试验油路图。此油路属于闭式油路。当变量机构过零改变方向时，泵的进、出口互相易换。为了不改接外部油路，采用了由四个单向阀组成的“整流油路”。在变量机构过零变向时，供油泵通过“整流油路”自动改变供油方向。为了保护主油路中的低量程压力表，在表前应串联超压切断阀。流量在回油路中测量。

2.2 试验方法与特性曲线

2.2.1 泵的空载排量 V_{Pk} 的测定

泵的排量是泵固有的结构参数。它可由公式计算获得，但由于零件制造时的公差等因素的影响，计算出的为名义排量，真正的排量应由试验来测定，每台泵的具体排量值是不同的。国标 GB 7936—87《液压泵、马达空载排量测定方法》中对如何测定有所规定。

首先规定了空载条件，即泵的输出压力不超过 5% 的额定压力或 0.5MPa 的工况。这就意味着要求泵出口的后续油路阻力要尽量小，目的在于保证空载条件，进而认为此时泵的漏损流量最小，使测出的排量数据可靠。具体的测定方法是在不同的转速 n 下测出空载工况下的流量 q

$$V_{Pk}=q/n \qquad (6.2\text{-}1)$$

所有的液压泵其输出流量都是脉动的，这是泵的固有特性。当脉动流量通过固定液阻时将要产生压力脉动，这就要引起输入转矩的脉动，也就要引起泵轴转速 n 的脉动。为了获得准确的空载排量值，在测定流量 q 和转速 n 时，一定要求是同一时刻的对应值，就是 q 与 n 要同时测量。

2.2.2 流量的测量

根据液压泵性能试验的工作原理，要求测量的流量是在一定压力工况下的容积流量 q_{V_h}，应该在泵出口和加载阀之间测量。在具体的试验时，由于找不到高压流量计，很多单位都将低压流量计安装在回油管道中测量。此为低压下的回油流量 q_r。也就是说 q_r 能否代表 q_{V_h} 呢？因为测量的是体积流量，而油液的体积与压力和温度有关，压力和温度对体积的影响可由油液的可压缩率 C 和油液的体胀系数 α 来表征。C 是与油液的等温容积模数 β 互为倒数的。泵输出压力 p_h 大于回油压力 p_r；温度 $t_h>t_r$，因为流量计是安装在冷却器之后。可见所测出的回油流量 q_r 不能代表泵输出口高压下的流量 q_{V_h}，因而必须进行修正。由于压缩性的影响，低压处油的体积要膨大；由于温度的影响，温度较低的回油路中油的体积要缩小。故有

$$q_{Vh}=q_r[1-C(p_h-p_r)+\alpha(t_h-t_r)] \qquad (6.2\text{-}2)$$

一般认为油液在大气压下约含10%的空气量，此时可取$\beta\approx700$MPa。对于石油基油液，体胀系数$\alpha=0.5\times10^{-3}$(℉)$^{-1}$=0.9×10^{-3}(℃)$^{-1}$。

2.2.3 输入转矩的测量

由于泵轴输入转矩对压力的误差和压力的变化很敏感，所以要求转矩值和泵输出压力值同时测量以减小压力波动的影响。

被试泵的总效率是泵输出的液压功率$q(p_h-p_i)$与输入的机械功率（$T_P n$）之比。而其中流量q与压力和泵轴转速n有关，转矩与泵进、出口压差有关，所以为了获得合理的、真实的总效率，要求此四个参数也必须是在同一时刻测量的值。而测量仪器对被测参数进行同步采样是可以做到的。

2.2.4 恒压变量泵静特性曲线的自动连续描绘的试验方案

图6.2-11（a）所示为此试验方案的油路图及测试原理图。加载阀采用比例溢流阀，可以通过电信号来连续改变其节流口的大小，使被试泵输出压力p达到连续可调。此电信号由超低频信号发生器6提供超低频的三角波信号。频率为0.01～0.02Hz；振幅由被试泵最大试验压力而定。泵出口压力由压力表3a监控，并由压力传感器3b测量，其输出电压U_p代表所测压力。泵的输出流量q由流量传感器测量，其输出电压U_q代表所测流量。将U_p输往X-Y记录仪的X轴作为自变量，U_q输往Y轴作为因变量。在三角波信号的激励下，系统工作一个工作循环，X-Y记录仪记录笔就自动连续描绘出恒压变量泵的流量—压力特性曲线，即恒压静特性，如图6.2-11（b）所示。

2.2.5 液压泵性能试验的CAT

因为试验方法标准中要求在不同的泵轴转速和出口压力下测量与效率有关的数据，然后绘制性能曲线和等效率特性曲线图。这就要求试验的点数要足够多，还要绘制很多中间的过渡曲线，才能绘出比较连续的等效率、等功率曲线，既费时又费力。目前计算机已广泛进入液压试验领域，现已研制成功了各种CAT系统。通过CAT的软、硬件系统，只要在压力和转速的规定范围内，均匀分布20～30试验点，在试验工作完成的同时，计算机就可驱动绘图机自动绘出（或在显示器上画出）试验标准要求的特性曲线、等效率曲线，并打印出试验数据、误差分析数据等。图6.2-12所示为由CAT系统所得的曲线图。图（a）为等效率曲线图；图（b）为被试泵的特性曲线。

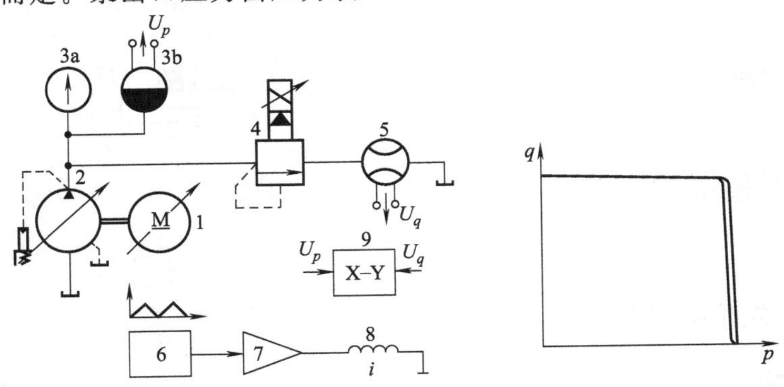

图6.2-11 恒压变量泵静特性试验油路及测试原理图

1—可调速直流电动机；2—被试泵；3a—压力表；3b—压力传感器；4—加载比例阀；5—流量传感器；6—超低频信号发生器；7—比例控制器；8—比例电磁铁线图；9—X-Y记录仪

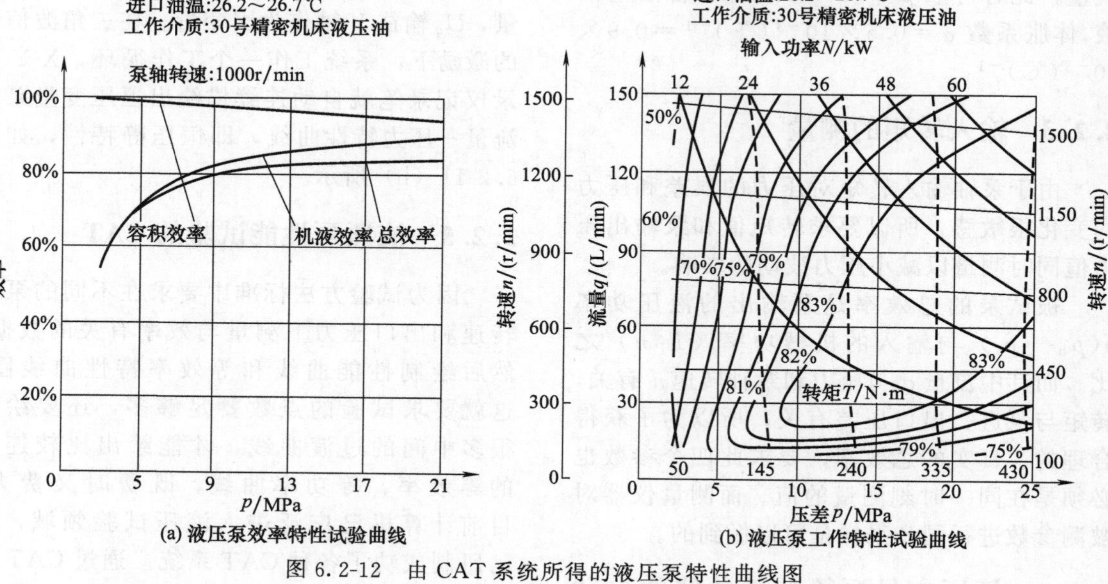

图 6.2-12 由 CAT 系统所得的液压泵特性曲线图

3 低速大扭矩液压马达的试验

3.1 试验回路

试验回路原理图见图 6.2-13。

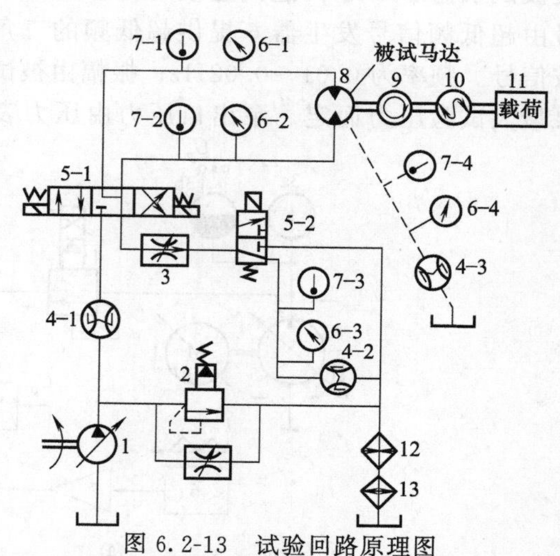

图 6.2-13 试验回路原理图

1—液压泵；2—溢流阀；3—调速阀；4-1～4-3—流量计；5-1，5-2—换向阀；6-1～6-4—压力计；7-1～7-4—温度计；8—被试马达；9—转速仪；10—转矩仪；11—负载；12—加热器；13—冷却器

3.2 试验项目和试验方法

3.2.1 气密性检查和跑合

气密性检查和跑合应在元件试验前进行。

① 气密性检查 在被试马达内腔充满 0.16MPa 的干净气体，浸没在防锈液中停留 1min 以上。

② 跑合 在额定转速或试验转速下，从

空载压力开始，逐级加载、分级跑合，跑合时间和压力分级需要确定，其中额定压力下的跑合时间不得少于 2min。

3.2.2 型式试验

型式试验项目和方法按表 6.2-2 规定。

表 6.2-2 型式试验项目和方法

序号	试验项目	试验方法	备注
1	排量验证试验	按 GB 7936 规定进行	
2	效率试验	①在最大排量工况下： a. 在额定转速、额定压力的 25%下，待运转稳定后测量流量等一组数据，然后逐级加载，按上述方法分别测量从额定压力 25%至额定压力间 6 个以上等分的试验压力点的各组数据； b. 在最高转速和约为额定转速的 85%、70%、55%、40%、25%时，分别测量上述各试验压力点的各组数据； c. 反向试验方法和正向试验方法相同 ②双速或多速变量马达，除低速(最大排量)外，其余几级速度仅要求测量在额定压力的 100%、50%各级的容积效率和输出扭矩 ③马达进口油温在 20～35℃和 70～80℃条件下，分别测量在额定转速、最大排量时，从空载压力至额定压力范围内 7 个以上等分压力点的容积效率 ④绘制等效率特性曲线(图 6.2-14)和综合性能曲线(图 6.2-15) ⑤绘制油温为 20～35℃和 70～80℃时的效率曲线	绘制安全阀瞬态响应曲线
3	启动扭矩试验	采用恒扭矩启动方法或恒压力启动方法，在最大排量工况下，以不同的恒定扭矩或恒定压力值，分别测量马达输出轴不同的相位角以及正反方向在额定压力的 25%、75%、100%和规定背压条件下的启动压力或扭矩，计算启动效率	
4	低速性能试验	在最大排量、额定压力和规定背压的条件下，以逐级降速和升速的方法分别重复测量正、反方向不爬行的最低稳定转速 按上述方法分别测量从额定压力的 50%至额定压力之间 4 个等分压力点的最低转速 各试验压力点在正、反转向各试验 5 次以上	
5	噪声试验	在最大排量、额定转速和规定背压条件下，分别测量 3 个常用压力级(包括额定压力)的噪声值 按上述方法分别测量最高转速、额定转速的 70%各工况下的噪声值	①背景噪声应比被试马达实测噪声低 10dB(A)以上，否则应进行修正 ②本项目为考察项目
6	低温试验	被试马达温度和进口油温低于－20℃以下，在空载压力工况下，从低速至额定转速分别进行启动试验 5 次以上 油液黏度根据设计要求	可在工业性试验中进行
7	高温试验	在额定工况下，进口油温 90℃以上时，连续运转 1h 以上 油液黏度根据设计要求	
8	超速试验	在最大排量、最高转速或额定转速 125%(选其中高者)工况下，分别以空载压力和额定压力做连续运转试验 15min	
9	连续超载试验	在额定转速、最大排量的工况下，以最高压力或额定压力的 125%(选其中高者)做连续运转试验 试验时，进口油温为 30～60℃，连续运转 10h 以上	
10	连续换向试验	在额定工况下，以 1/12Hz(一个往复为一次)以上的频率做正、反转换向试验 单向运转马达允许以频率 1/6～1/2Hz 的冲击试验代替，冲击波形见图 6.2-16 规定	
11	连续满载试验	在额定工况下，进口油温为 30～60℃时做连续运转	
12	效率检查	完成上述规定项目试验后，测量额定工况下的容积效率、总效率	
13	外渗漏检查	将被试马达擦干净，如有个别部位不能一次擦干净，运转后产生“假”渗漏现象，允许再次擦干净 ①静密封：将干净的吸水纸压贴于静密封部位，然后取下，纸上如有油迹即为渗油 ②动密封：在动密封部位下放置白纸，规定时间内纸上如有油滴即为漏油	

3.2.3 出厂试验

出厂试验项目和方法按表 6.2-3 规定。

表 6.2-3 出厂试验项目和方法

序号	试验项目	试验方法	备注
1	空载排量验证试验	在最大排量、额定转速、空载压力工况下，测量排量值	
2	容积效率试验	在额定转速、额定压力下，测算容积效率	
3	超载试验	在最大排量、额定转速工况下，以最高压力或额定压力的 125%（选其中高者）运转 1min 以上	
4	外渗漏检查	在上述试验全过程中，检查各部位的渗漏情况	

3.3 数据处理

容积效率

$$\eta_V=\frac{V_{1,i}}{V_{1,e}}=\frac{q_{V1,i}/n_i}{q_{V1,e}/n_e}=\frac{(q_{V2,i}+q_{Vd,i})/n_i}{(q_{V2,e}+q_{Vd,e})/n_e}\times 100\% \qquad (6.2\text{-}3)$$

总效率

$$\eta_t=\frac{2\pi n_e T_2}{p_{1,e}\times q_{V1,e}-p_{2,e}\times q_{V2,e}}\times 100\% \qquad (6.2\text{-}4)$$

输入液压功率

$$P_{1,n}=\frac{q_{V1,e}\times p_{1,e}}{60}\ (\text{kW}) \qquad (6.2\text{-}5)$$

输出机械功率

$$P_{2,m}=\frac{2\pi n_e T_2}{60000}\ (\text{kW}) \qquad (6.2\text{-}6)$$

恒扭矩启动效率

$$\eta_0=\frac{\Delta p_{i,mi}}{\Delta p_e}\times 100\% \qquad (6.2\text{-}7)$$

恒压力启动效率

$$\eta_0=\frac{T_e}{T_i}\times 100\% \qquad (6.2\text{-}8)$$

最小恒扭矩启动效率

$$\eta_0=\frac{\Delta p_{i,mi}}{\Delta p_{e,\max}}\times 100\% \qquad (6.2\text{-}9)$$

最小恒压力启动效率

$$\eta_0=\frac{T_{e,\min}}{T_{i,mi}}\times 100\% \qquad (6.2\text{-}10)$$

式中 $V_{1,e}$——试验压力时的输入排量，mL/r；

$V_{1,i}$——空载压力时的输入排量，mL/r；

$q_{V1,i}$——空载压力时的输入流量，L/min；

$q_{V2,i}$——空载压力时的输出流量，L/min；

$q_{V1,e}$——试验压力时的输入流量，L/min；

$q_{V2,e}$——试验压力时的输出流量，L/min；

$q_{Vd,i}$——空载压力时的泄漏流量，L/min；

$q_{Vd,e}$——试验压力时的泄漏流量，L/min；

n_i——空载压力时的转速，r/min；

n_e——试验压力时的转速，r/min；

$p_{2,e}$——输出试验压力（即背压），MPa；

$p_{1,e}$——输入试验压力，MPa；

T_2——输出扭矩，N·m；

$$\Delta p_{i,mi}=\frac{2\pi}{V_i}\times T_e,\text{MPa};$$

T_e——对应某一给定的压力值所测得的扭矩值，N·m；

Δp_e——相应的压差值，MPa；

$$T_i=(V_1\times p_{1,e})/2\pi,\text{N}\cdot\text{m};$$

$\Delta p_{e,\max}$——对应某一给定的扭矩值所测得的最大压差值，MPa；

$T_{e,\min}$——对应某一给定的压力值所测得的最小扭矩值，N·m；

$$T_{i,mi}=\frac{1}{2\pi}\times V_i\times p_e,\text{N}\cdot\text{m};$$

p_e——试验时施加的压力差，$p_e=p_{1,e}-p_{2,e}$，MPa。

3.4 记录表和特性曲线

等效特性曲线见图 6.2-14。

综合特性曲线见图 6.2-15。

冲击循环波形见图 6.2-16。

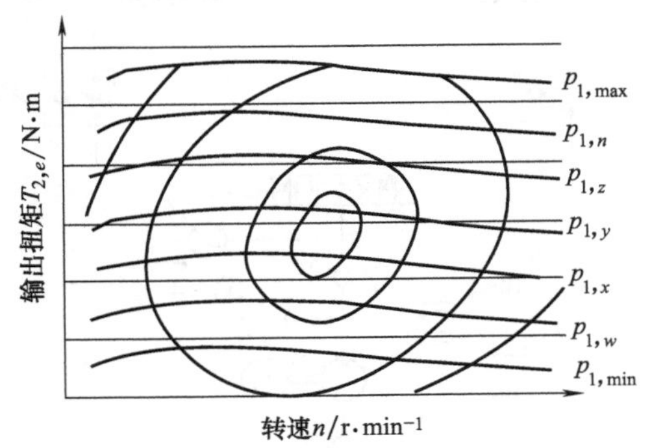

图 6.2-14 等效特性曲线

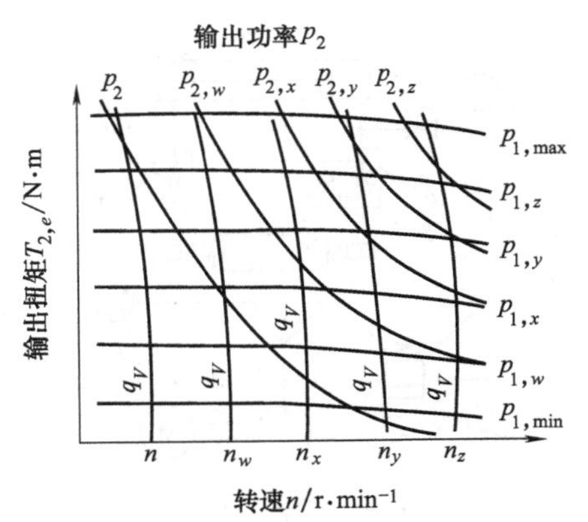

图 6.2-15 综合特性曲线

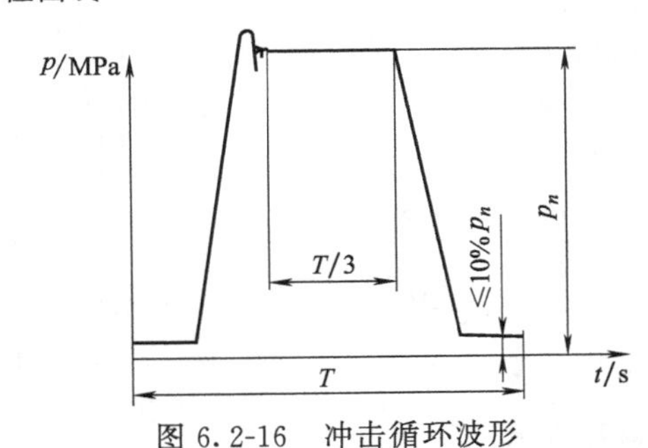

图 6.2-16 冲击循环波形

4 液压缸的试验

4.1 试验装置和试验条件

4.1.1 试验装置

① 液压缸试验装置见图 6.2-17 和图 6.2-18。试验装置的液压系统原理图见图 6.2-19～图 6.2-21。

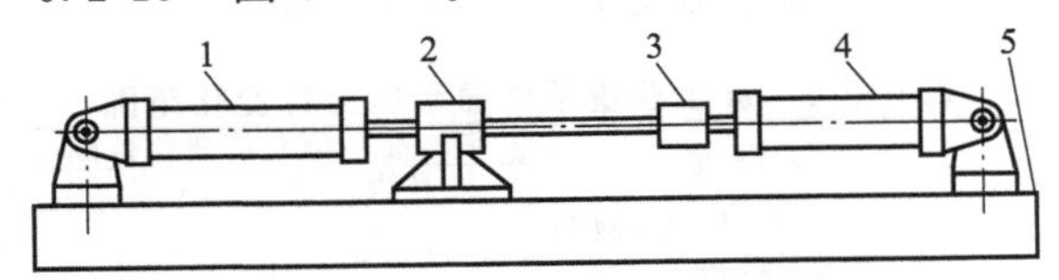

图 6.2-17 加载缸水平加载试验装置

1—加载缸；2—轴承支座；3—接头；4—被试缸；5—试验台架

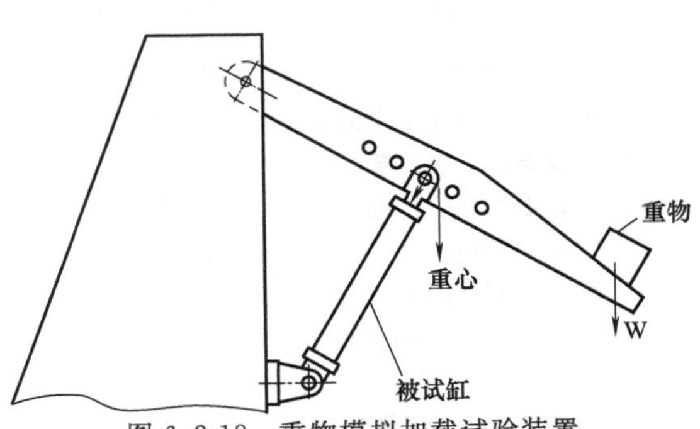

图 6.2-18 重物模拟加载试验装置

② 测量准确度 采用 B、C 两级。测量系统的允许系统误差应符合表 6.2-4 的规定。

4.1.2 试验用油

(1) 黏度

油液在 40℃ 时的运动黏度应为 29～74mm²/s。(注：特殊要求除外。)

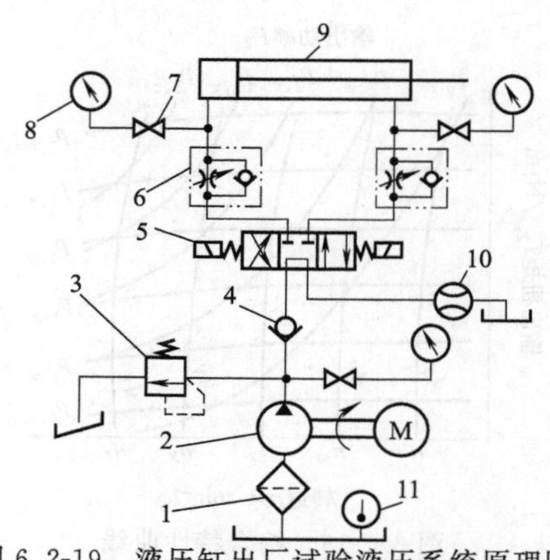

图 6.2-19　液压缸出厂试验液压系统原理图

1—过滤器；2—液压泵；3—溢流阀；4—单向阀；5—电磁换向阀；6—单向节流阀；7—压力表开关；8—压力表；9—被试缸；10—流量计；11—温度计

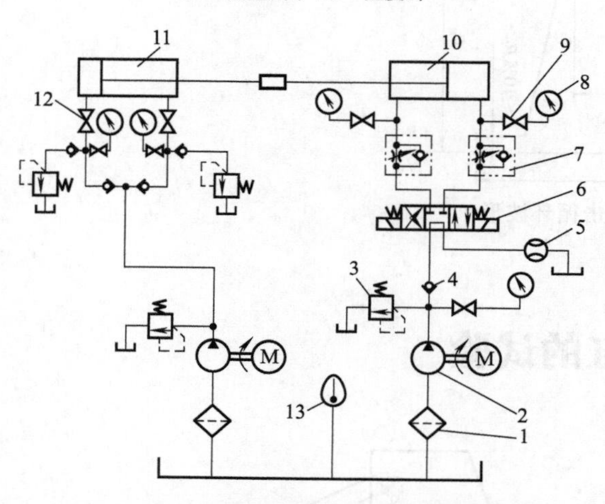

图 6.2-20　液压缸型式试验液压系统原理图

1—过滤器；2—液压泵；3—溢流阀；4—单向阀；5—流量计；6—电磁换向阀；7—单向节流阀；8—压力表；9—压力表开关；10—被试缸；11—加载缸；12—截止阀；13—温度计

表 6.2-4　测量系统允许系统误差

测量参量		测量系统的允许系统误差	
		B级	C级
压力	在小于 0.2MPa 表压时/kPa	±3.0	±5.0
	在等于或大于 0.2MPa 表压时/%	±1.5	±2.5
温度/℃		±1.0	±2.0
力/%		±1.0	±1.5
流量/%		±1.5	±2.5

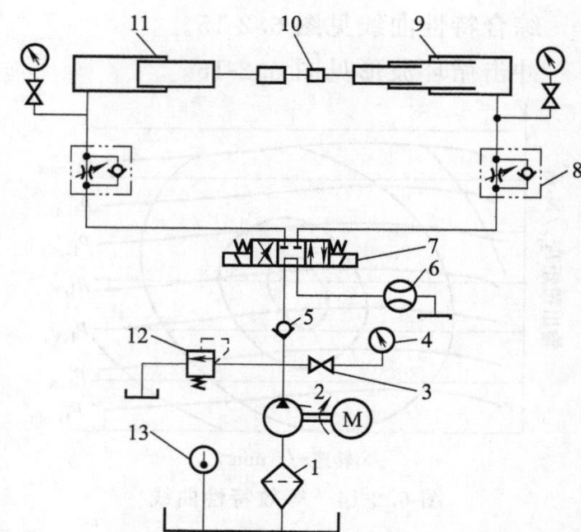

图 6.2-21　多级液压缸试验台液压系统原理图

1—过滤器；2—液压泵；3—压力表开关；4—压力表；5—单向阀；6—流量计；7—电磁换向阀；8—单向节流阀；9—被试缸；10—测力计；11—加载缸；12—溢流阀；13—温度计

（2）温度

除特殊规定外，型式试验应在 50℃±2℃下进行；出厂试验应在 50℃±4℃下进行。出厂试验允许降低温度，应在 15～45℃范围下进行，但检查指标应根据温度变化进行调整，保证在 50℃±4℃时能达到产品标准规定的性能指标。

（3）污染度等级

试验系统油液的固体颗粒污染度等级不得高于 GB/T 14039 规定的—19/15 或/19/15。

（4）相容性

试验用油液应与被试液压缸的密封件材料相容。

4.1.3　稳态工况

试验中，各被控参量平均显示值在表 6.2-5 规定的范围内变化时为稳态工况。应在稳态工况下测量并记录各个参量。

表 6.2-5　被控参量平均显示值允许变化范围

被控参量		平均显示值允许变化范围	
		B级	C级
压力	在小于 0.2MPa 表压时/kPa	±3.0	±5.0
	在等于或大于 0.2MPa 表压时/%	±1.5	±2.5
温度/℃		±2.0	±4.0
流量/%		±1.5	±2.5

4.2 试验项目和试验方法

4.2.1 试运行

调整试验系统压力，使被试液压缸在无负载工况下启动，并全行程往复运动数次，完全排除液压缸内的空气。

4.2.2 启动压力特性试验

试运转后，在无负载工况下，调整溢流阀，使无杆腔（双活塞杆液压缸，两腔均可）压力逐渐升高，至液压缸启动时，记录下的启动压力即为最低启动压力。

4.2.3 耐压试验

使被试液压缸活塞分别停在行程的两端（单作用液压缸处于行程极限位置），分别向工作腔施加 1.5 倍的公称压力，型式试验保压 2min；出厂试验保压 10s。

4.2.4 耐久性试验

在额定压力下，使被试液压缸以设计要求的最高速度连续运行，速度误差为±10%。一次连续运行 8h 以上。在试验期间，被试液压缸的零件均不得进行调整。记录累计行程。

4.2.5 泄漏试验

（1）内泄漏

使被试液压缸工作腔进油，加压至额定压力或用户指定压力，测定经活塞泄漏至未加压腔的泄漏量。

（2）外泄漏

进行 4.2.2、4.2.3、4.2.4、4.2.5（1）规定的试验时，检测活塞杆密封处的泄漏量；检查缸体各静密封处、结合面处和可调节机构处是否有渗漏现象。

（3）低压下的泄漏试验

当液压缸内径大于 32mm 时，在最低压力为 0.5MPa（5bar）下；当液压缸内径小于等于 32mm 时，在 1MPa（10bar）压力下，使液压缸全行程往复运动 3 次以上，每次在行程端部停留至少 10s。

在试验过程中进行下列检测：

① 检查运动过程中液压缸是否振动或爬行；

② 观察活塞杆密封处是否有油液泄漏，当试验结束时，出现在活塞杆上的油膜应不足以形成油滴或油环；

③ 检查所有静密封处是否有油液泄漏；

④ 检查液压缸安装的节流和（或）缓冲元件是否有油液泄漏；

⑤ 如果液压缸是焊接结构，应检查焊缝处是否有油液泄漏。

4.2.6 缓冲试验

将被试液压缸工作腔的缓冲阀全部松开，调节试验压力为公称压力的 50%，以设计的最高速度运行，检测当运行至缓冲阀全部关闭时的缓冲效果。

4.2.7 负载效率试验

将测力计安装在被试液压缸的活塞杆上，使被试液压缸保持匀速运动，按下式计算出在不同压力下的负载效率，并绘制负载效率特性曲线，如图 6.2-22 所示。

$$\eta=\frac{W}{pA}\times 100\% \tag{6.2-11}$$

式中　W——实际输出力，N。

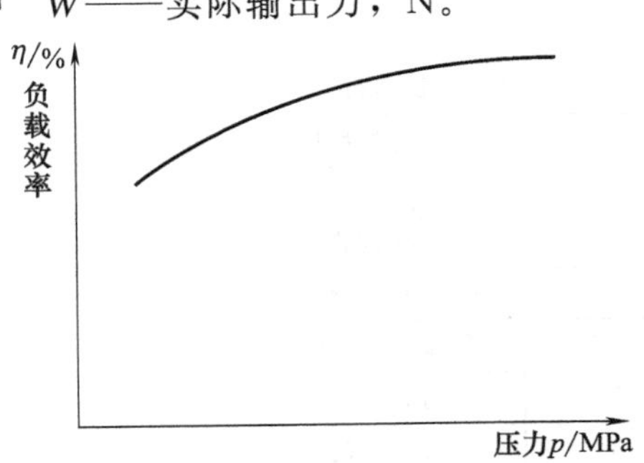

图 6.2-22　负载效率特性曲线

4.2.8 高温试验

在额定压力下，向被试液压缸输入90℃的工作油液，全行程往复运行1h。

4.2.9 行程检验

使被试液压缸的活塞或柱塞分别停在行程两端极限位置，测量其行程长度。

4.2.10 型式试验

型式试验应包括下列项目：

① 试运转（见4.2.1）；

② 启动压力特性试验（见4.2.2）；

③ 耐压试验（见4.2.3）；

④ 泄漏试验（见4.2.5）；

⑤ 缓冲试验（见4.2.6）；

⑥ 负载效率试验（见4.2.7）；

⑦ 高温试验（当对产品有此要求时）（见4.2.8）；

⑧ 耐久性试验（见4.2.4）；

⑨ 行程检验（见4.2.9）。

4.2.11 出厂试验

出厂试验应包括下列项目：

① 试运转（见4.2.1）；

② 启动压力特性试验（见4.2.2）；

③ 耐压试验（见4.2.3）；

④ 泄漏试验（见4.2.5）；

⑤ 缓冲试验（见4.2.6）；

⑥ 行程检验（见4.2.9）。

4.3 试验报告

试验过程应详细记录试验数据。在试验后应填写完整的试验报告，试验报告的格式参照表6.2-6。

表6.2-6 液压缸试验报告格式

试验类别		试验室名称		试验日期	
试验用油类型		油液污染度		操作人员	

被试液压缸特征	类型	
	缸径/mm	
	最大行程/mm	
	活塞杆直径/mm	
	油口及其连接尺寸/mm	
	安装方式	
	缓冲装置	
	密封件材料	
	制造商名称	
	出厂日期	

序号	试验项目	产品指标值	试验测量值			结果报告	备注
			被试产品编号				
			001	002	003		
1	试运行						
2	启动压力特性试验						
3	耐压试验						
4	缓冲试验						
5	泄漏试验						
6	负载效率试验						
7	高温试验						
8	耐久性试验						
9	行程检验						

5 溢流阀的试验

5.1 试验回路

溢流阀出厂试验回路原理图见图 6.2-23。

溢流阀型式试验回路原理图见图 6.2-24。

5.2 试验方法

5.2.1 试验装置

① 溢流阀出厂试验应具有符合图 6.2-23 所示试验回路的试验台。

② 溢流阀型式试验应具有符合图 6.2-24 所示试验回路的试验台。

③ 油源的流量及压力

油源的流量应能调节，并应大于被试阀的试验流量。

油源的压力应能短时间超过被试阀公称压力的 20%～30%。

④ 允许在给定的基本回路中增设调节压力、流量或保证试验系统安全工作的元件，但不应影响到被试阀的性能。

⑤ 与被试阀连接的管道和管接头的内径应与被试阀的实际通径相一致。

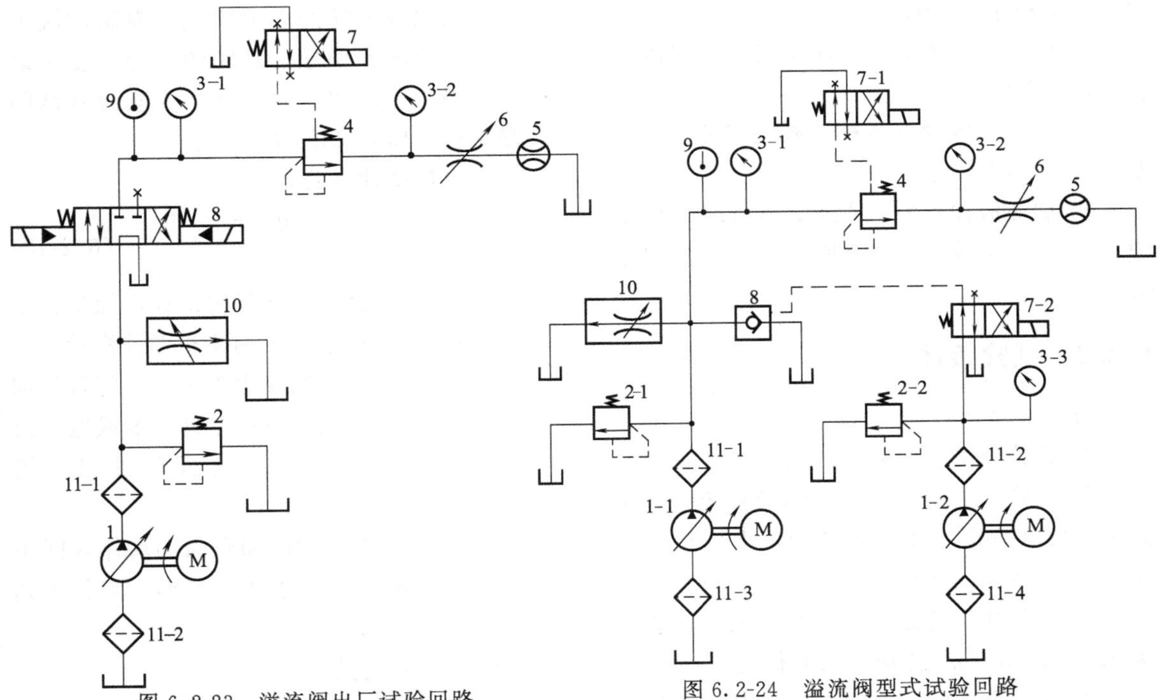

图 6.2-23 溢流阀出厂试验回路

1—液压泵；2—溢流阀；3-1,3-2—压力表；4—被试阀；5—流量计；6—节流阀；7—电磁换向阀；8—电液换向阀；9—温度计；10—调速阀；11-1,11-2—过滤器

图 6.2-24 溢流阀型式试验回路

1-1,1-2—液压泵；2-1,2-2—溢流阀；3-1～3-3—压力表（瞬态试验时，压力表 3-1 处还应接入压力传感器）；4—被试阀；5—流量计；6—节流阀；7-1,7-2—电磁换向阀；8—液控单向阀；9—温度计；10—调速阀；11-1～11-4—过滤器

⑥ 测压点位置

a. 进口测压点应设置在扰动源（如阀、弯头等）的下游和被试阀的上游之间，与扰动源的距离应不小于 10d（d 为管道内径），与被试阀的距离应不小于 5d；

b. 出口测压点应设置在被试阀下游不小于 10d 处；

c. 按 C 级精度测试时，允许测压点的位置与上述要求不符，但应给出相应修正值。

⑦ 测压孔

a. 测压孔直径应不小于 1mm，不大于 6mm；

b. 测压孔长度应不小于测压孔直径的 2 倍；

c. 测压孔轴线与管道轴线垂直，管道内表面与测压孔交角处应保持锐边，不得有毛刺；

d. 测压点与测量仪表之间的连接管道的内径应不小于 3mm；

e. 测压点与测试仪表连接时，应排除连接管道中的空气。

⑧ 测温点应设置在被试阀进口测压点上游不大于 15d 处。

⑨ 抽液取样点宜按照 GB/T 17489 的规定，在试验回路中设置油液取样点及提取液样。

5.2.2 试验条件

（1）试验介质

① 试验介质为一般液压油。

② 试验介质的温度：除明确规定外，型式试验应在 50℃±2℃下进行，出厂试验应在 50℃±4℃下进行。

③ 试验介质的黏度：40℃时的运动黏度为 42～74mm²/s（特殊要求另行规定）。

④ 试验介质的清洁度：试验系统油液的固体颗粒污染等级不应高于 GB/T 14039—2002 规定的等级－/19/16。

（2）稳态工况

被控参量平均显示值的变化范围符合表 6.2-7 规定时为稳态工况，应在稳态工况下记录试验参数的测量值。

表 6.2-7　被控参量平均显示值允许变化范围

测量参量	各测量准确度等级对应的被控参量平均显示值允许变化范围		
	A	B	C
压力/%	±0.5	±1.5	±2.5
流量/%	±0.5	±1.5	±2.5
温度/℃	±1.0	±2.0	±4.0
黏度/%	±5	±10	±15

（3）瞬态工况

① 被试阀和试验回路相关部分所组成油腔的表观容积刚度，应保证被试阀进口压力变化率在 600～800MPa/s 范围内。

注：进口压力变化率系指进口压力从最终稳态压力值与起始稳态压力值之差的 10%上升到 90%的压力变化量与相应时间之比。

② 阶跃加载阀与被试阀之间的相对位置，可用控制其间的压力梯度、限制油液可压缩性的影响来确定。其间的压力梯度可以计算获得。算得的压力梯度至少应为被试阀实测的进口压力梯度的 10 倍。

压力梯度计算公式

$$\frac{\mathrm{d}p}{\mathrm{d}t}=\frac{q_{\mathrm{VS}}K_{\mathrm{S}}}{V} \tag{6.2-12}$$

式中　q_{VS}——被试阀 4 设定的稳态流量；

K_{S}——油液的等熵体积弹性模量；

V——试验回路中被试阀 4 与阶跃加载阀（液控单向阀 8 或电磁换向阀 7-1）之间的油路连通容积。

③ 试验回路中阶跃加载阀的动作时间不应超过被试阀 4 响应时间的 10%，最长不超过 10ms。

（4）试验流量

① 当规定的被试阀额定流量小于或等于 200L/min 时，试验流量即为额定流量。

② 当规定的被试阀额定流量大于 200L/min 时，允许试验流量为 200L/min。但必须经工况考核，被试阀的性能指标以满

足工况要求为依据。

③ 出厂试验允许降流量进行，但应对性能指标给出相应修正值。

(5) 测量准确度等级

测量准确度等级分A、B、C三级，型式试验不应低于B级，出厂试验不应低于C级。各等级所对应的测量系统的允许系统误差应符合表6.2-8的规定。

(6) 被试阀的电磁铁

出厂试验时，凡指明本条者，被试阀电磁铁的工作电压应为其额定电压的85%。

型式试验时，应在电磁铁的额定电压下，对电磁铁进行连续励磁至其规定的最高稳定温度，之后将电磁铁的电压降至其额定电压的85%，再对被试阀进行试验。

表6.2-8 测量系统的允许系统误差

测量参量	各测量准确度等级对应的测量系统的允许误差		
	A	B	C
压力(表压力小于0.2MPa)/kPa	±2.0	±6.0	±10.0
压力(表压力不小于0.2MPa)/%	±0.5	±1.5	±2.5
流量/%	±0.5	±1.5	±2.5
温度/℃	±0.5	±1.0	±2.0

5.2.3 试验项目与试验方法

(1) 出厂试验

溢流阀的出厂试验项目与试验方法按表6.2-9的规定。

(2) 型式试验

溢流阀的型式试验项目与试验方法按表6.2-10的规定。

表6.2-9 溢流阀的出厂试验项目与试验方法

序号	试验项目	试验方法	试验类型	备注
1	耐压性	各泄油口与油箱连通 以每秒2%的速率对各承压油口施加1.5倍的该油口最高工作压力，达到后保压5min	抽试	
2	调压范围及压力稳定性	调节溢流阀2，使系统压力为被试阀4调压范围上限值的115%(仅起安全阀作用)。并使通过被试阀4的流量为试验流量。分别进行下列试验： ①调节被试阀4的调压手轮从全松至全紧，再从全紧至全松，通过压力表3-1观察压力变化范围，反复试验不少于三次 ②调节被试阀4至调压范围上限值，由表3-1测量1min内的压力振摆值 ③调节被试阀4至调压范围上限值，由表3-1测量1min内的压力偏移值	必试	
3	内泄漏量	调节被试阀4和溢流阀2，使被试阀4至调压范围的上限值，并使通过被试阀4的流量为试验流量 调节溢流阀2，使系统压力下降至被试阀4调压范围上限值的75%，30s后在被试阀4的溢流口测量内泄漏量	必试	
4	卸荷压力	使通过被试阀4的流量为试验流量，然后将电磁换向阀7换向，由压力表3-1和3-2测量被试阀4两端的压力，其压差即为卸荷压力	抽试	仅对外控式溢流阀
		使通过被试阀4的流量为试验流量，然后将被试阀4的电磁铁通电(或断电)，由压力表3-1和3-2测量被试阀4两端的压力，其压差即为卸荷压力		仅对电磁溢流阀
5	压力损失	调节被试阀4的调压手轮至全松位置，并使通过被试阀4的流量为试验流量。由压力表3-1和表3-2测量被试阀4两端的压力，其压差即为压力损失	抽试	
6	稳态压力—流量特性	调节溢流阀2，使系统压力为被试阀4调压范围上限值的115%(仅起安全阀作用)。调节被试阀4至调压范围上限值，并使通过被试阀4的流量为试验流量。分别进行下列试验： ①调节溢流阀2，使系统逐渐降压，当压力降至相应于被试阀4闭合率下的闭合压力时，测量通过被试阀4的溢流量 ②调节溢流阀2，从被试阀不溢流开始，使系统逐渐升压，当压力升至相应于被试阀4开启率下的开启压力时，测量通过被试阀4的溢流量	必试	
7	动作可靠性	调节溢流阀2，使系统压力为被试阀4调压范围上限值的130%(仅起安全阀作用)，并使通过被试阀4的流量为试验流量。然后将被试阀4调至调压范围上限值，在5.2.2(6)规定的条件下，将电磁铁通电(或断电)，由压力表3-1观察被试阀4的卸荷(或建压)情况。反复试验不少于三次	必试	仅对电磁溢流阀
8	密封性	①背压密封性：调节节流阀6，使被试阀4的溢流口保持0.5MPa(或根据产品要求)的背压值。调节被试阀4的调压手轮至全松 ②动密封性：在被试阀4调节螺钉及电磁铁推杆处下方放置干净白纸(允许将白纸放入盛器内)，试验全过程中，白纸上不应有油滴 ③静密封性：试验结束后，在各静密封处压贴干净吸水纸，不应有油滴	抽试	在型式试验时，背压密封性试验应在耐久性试验前进行

表 6.2-10　溢流阀的型式试验项目与试验方法

序号	试验项目	试验方法	备注
1	稳态特性	按出厂试验项目与试验方法中的规定试验全部项目： ①在调压范围及压力稳定性试验时，应在整个调压范围测量压力振摆值，并在压力振摆值最大点测试3min内的压力偏移值 ②在内泄漏量试验时，将被试阀4的进口压力由调压范围上限值的75％逐渐下降至零，其间设定几个测量点（设定的测量点数应足以描绘出曲线），逐点测量被试阀4的内泄漏量，并绘制进口压力—内泄漏量曲线（见图6.2-25） ③在卸荷压力试验时，将通过被试阀4的流量由零逐渐增大至试验流量，其间设定几个测量点（设定的测量点数应足以描绘出曲线），逐点测量被试阀4的卸荷压力，并绘制进口流量—卸荷压力曲线（见图6.2-26） ④在压力损失试验时，将通过被试阀4的流量由零逐渐增大至试验流量，其间设定几个测量点（设定的测量点数应足以描绘出曲线），逐点测量被试阀4的压力损失，并绘制进口流量—压力损失曲线（见图6.2-27） ⑤在稳态压力—流量特性试验时，将被试阀4分别调定在调压范围下限值（当调压值范围下限值低于1.5MPa时，则调定在1.5MPa）、中间值和上限值，通过被试阀4的流量均为试验流量。然后改变系统压力，逐点测量被试阀4进口压力和相应压力下通过被试阀4的流量，并绘制等压力特性曲线（见图6.2-28）	
2	调节力矩	调节溢流阀2-1，使系统压力为被试阀4调压范围上限值的115％（仅起安全阀作用）。并使通过被试阀4的流量为试验流量。调节节流阀6，使被试阀4的溢流口保持0.5MPa的背压值。然后调节被试阀4，使进口压力由调压范围下限值至上限值，再由上限值至下限值间变化，其间设定几个测量点（设定的测量点数应足以描绘出曲线），测量被试阀4调节过程中的调节力矩，并绘制调节压力—调节力矩曲线（见图6.2-29）	
3	瞬态特性	测试系统方框图见图6.2-30。试验方法如下： 调节溢流阀2-1，使系统压力为被试阀4调压范围上限值的130％（仅起安全阀作用）。调节被试阀4至调压范围上限值，关闭调速阀10，并调节变量液压泵1-1，使通过被试阀4的流量为试验流量（在整个试验过程中，溢流阀2-1不得有油液通过），分别进行下列试验： ①流量阶跃变化时进口压力响应特性试验：启动液压泵1-2，调节溢流阀2-2，使控制压力满足液控单向阀8动作时间不应超过被试阀4响应时间的10％、最长不超过10ms的要求。当电磁换向阀7-2处在原始位置时，被试阀4的进口压力（瞬态试验起始压力）不得超过20％的调压范围上限值。然后，将电磁换向阀7-2换向至右边位置，并将液控单向阀8由开至关，使被试阀4的进口产生一个压力阶跃，由记录仪记录被试阀4进口压力的瞬时恢复时间和压力超调率（见图6.2-31） ②建压、卸荷特性试验：在10ms时间内使系统油路换向，由记录仪记录换向过程中被试阀4进口压力的建压时间、卸荷时间和压力超调率（见图6.2-32）	
4	噪声	调节被试阀4至调压范围上限值，并使通过被试阀4的流量为试验流量。用噪声测量仪在距离被试阀4半径为1m的近似球面上，测量6个均匀分布位置的噪声值	
5	耐久性	调节被试阀4至调压范围上限值，并使通过被试阀4的流量为试验流量。将系统油路以（1/3～2/3）Hz的频率连续换向，记录被试阀4的动作次数，在达到耐久性指标所规定的动作次数后，检查被试阀4的主要零件和性能	电磁溢流阀应操作自带的电磁换向阀换向

5.3 特性曲线

5.3.1 进口压力—内泄漏量曲线（见图 6.2-25）

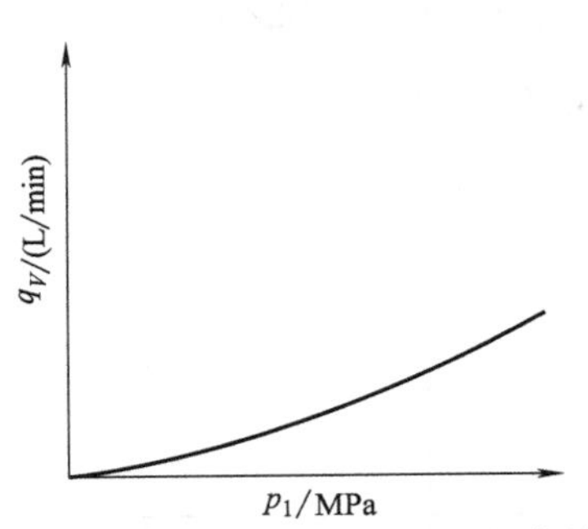

图 6.2-25 进口压力—内泄漏量曲线

5.3.2 流量—卸荷压力曲线（见图 6.2-26）

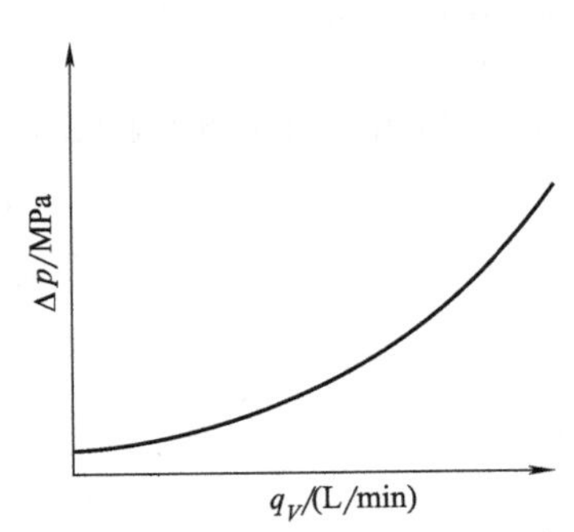

图 6.2-26 流量—卸荷压力曲线

5.3.3 流量—压力损失曲线（见图 6.2-27）

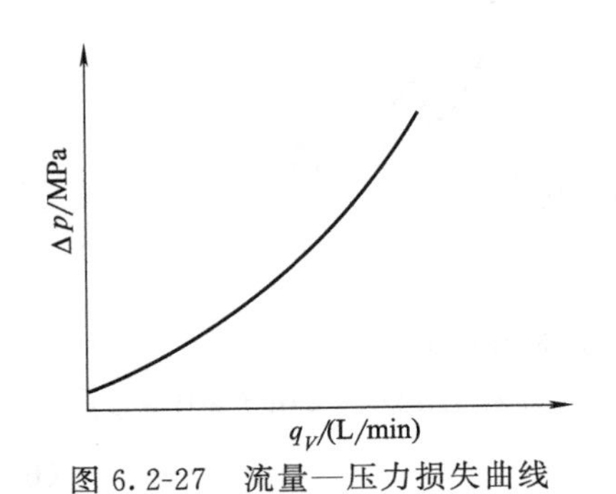

图 6.2-27 流量—压力损失曲线

5.3.4 等压力特性曲线（见图 6.2-28）

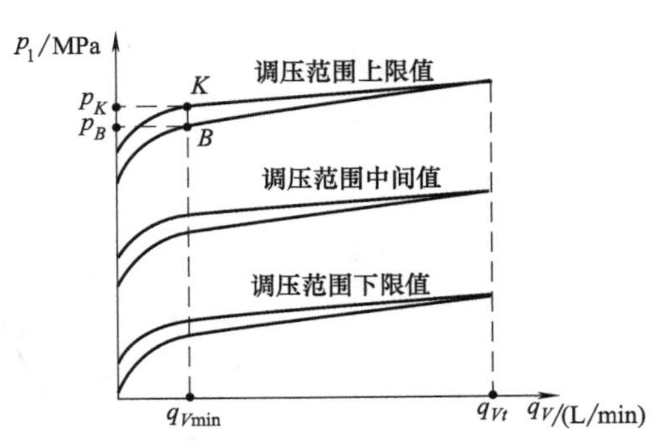

图 6.2-28 等压力特性曲线

注：1. 图中 q_{Vt} 为试验流量，$q_{V\min}$ 为被试阀 4 在开启、闭合过程中规定的最小溢流量设定值。

2. 图中 K 为被试阀 4 开启点、B 为被试阀 4 闭合点。

3. 图中 p_K 为被试阀 4 开启压力、p_B 为被试阀 4 闭合压力。

4. 开启率 $\overline{p}_K$ 为

$$\overline{p}_K=\frac{p_K}{p_D}\times 100\% \qquad (6.2\text{-}13)$$

闭合率 $\overline{p}_B$ 为

$$\overline{p}_B=\frac{p_B}{p_D}\times 100\% \qquad (6.2\text{-}14)$$

5.3.5 调节压力—调节力矩曲线（见图 6.2-29）

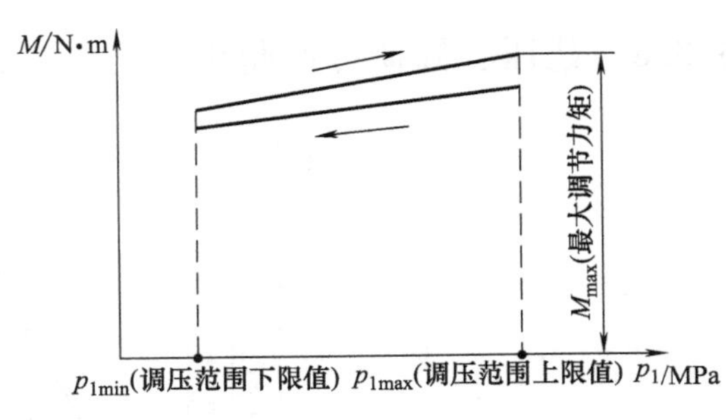

图 6.2-29 调节压力—调节力矩曲线

5.3.6 测试系统方框图（见图 6.2-30）

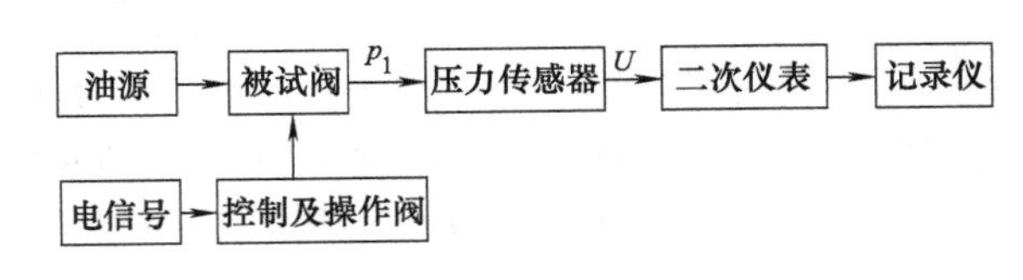

图 6.2-30 测试系统方框图

5.3.7 流量阶跃变化时被试阀 4 的进口压力响应曲线（见图 6.2-31）

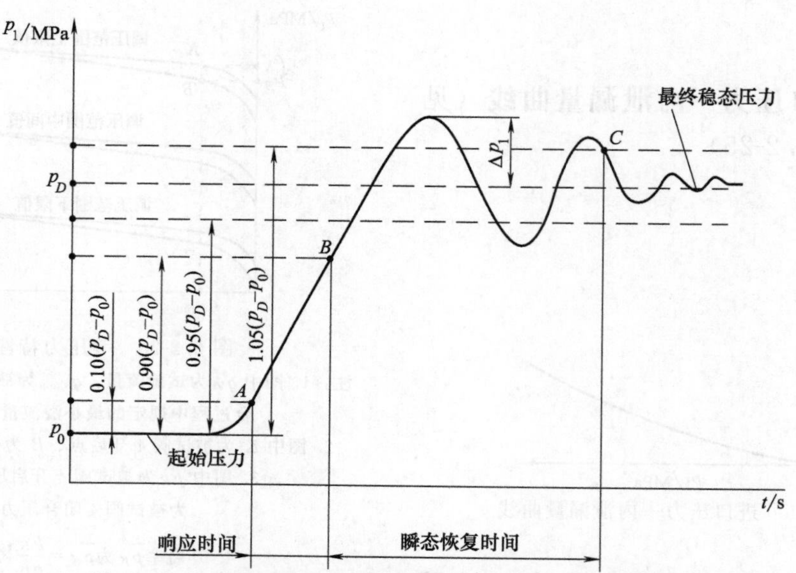

图 6.2-31 流量阶跃变化时被试阀 4 的进口压力响应曲线

注：1. 图中 p_0 为起始压力、p_D 为调定压力（此处为被试阀 4 的调压范围上限值）。

2. 图中 C 点处的后一个波形应落在图中给定的限制线内，否则 C 点应后移，直至满足要求为止；C 点为被试阀 4 瞬态恢复过程的最终时刻。

3. 图中 Δp_1 为压力超调量。应计算出压力超调量 Δp_1 相对于稳定压力 p_D 的百分比，即压力超调率 $\Delta \overline{p_1}$

$$\Delta \overline{p_1}=\frac{\Delta p_1}{p_D}\times 100\% \tag{6.2-15}$$

5.3.8 建压、卸荷特性曲线（见图 6.2-32）

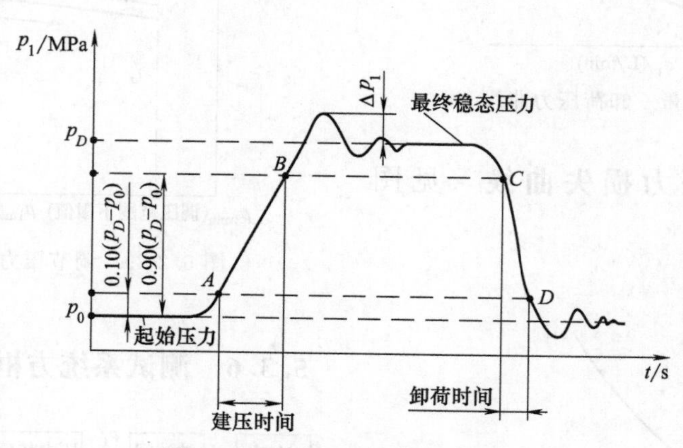

图 6.2-32 建压、卸荷特性曲线

注：1. 图中 p_0 为起始压力、p_D 为调定压力（此处为被试阀 4 的调压范围上限值）。

2. 图中 Δp_1 为压力超调量。应计算出压力超调量 Δp_1 相对于稳定压力 p_D 的百分比，即压力超调率 $\Delta \overline{p_1}$

$$\Delta \overline{p_1}=\frac{\Delta p_1}{p_D}\times 100\% \tag{6.2-16}$$

6 单向阀和液控单向阀的试验

6.1 试验回路

直接作用式单向阀试验回路见图6.2-33。

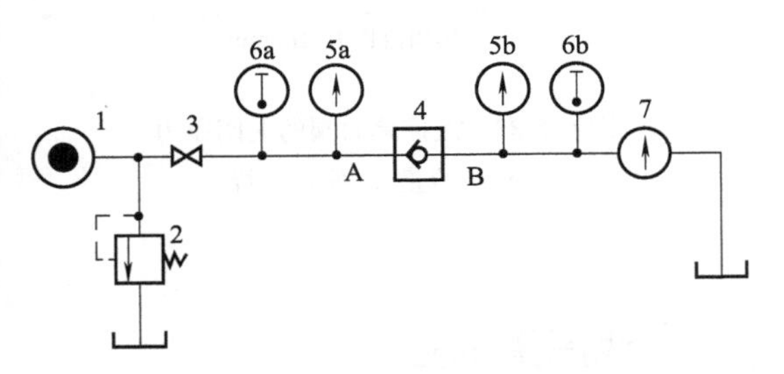

图 6.2-33 直接作用式单向阀试验回路

1—液压源；2—溢流阀；3—截止阀；4—被试阀；5—压力计；6—温度计；7—流量计

液控单向阀试验回路见图 6.2-34。

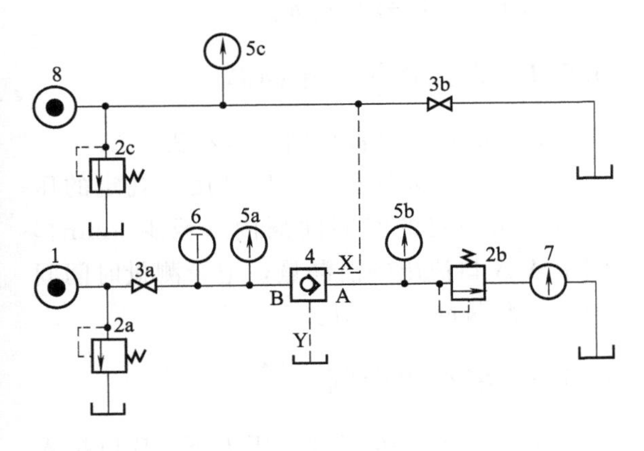

图 6.2-34 液控单向阀试验回路

1—液压源；2—溢流阀；3—截止阀；4—被试阀；5—压力计；6—温度计；7—流量计；8—控制油源

当流动方向从A口到B口时，在控制油口X上施加或不施加压力的情况下进行试验。当流动方向从B口到A口时，则在控制油口上施加控制压力进行试验。

6.2 稳态压差—流量特性试验

按GB 8107的有关规定进行试验，并绘制稳态压差—流量特性曲线，见图 6.2-35。

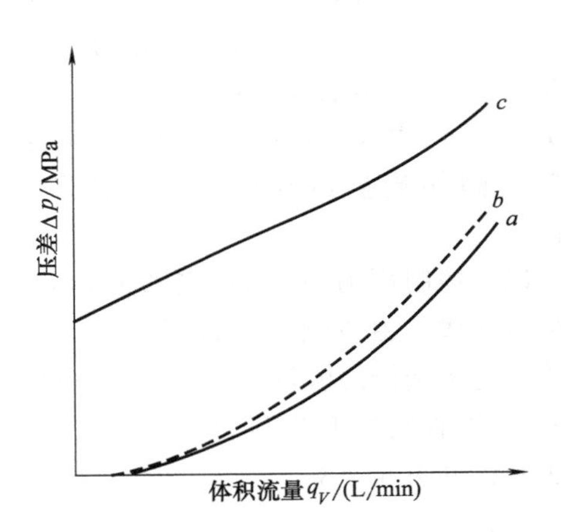

图 6.2-35 稳态压差—流量特性曲线

a：A—B；b：B—A；c：A—B ($p_X=0$)

6.3 直接作用式单向阀的最小开启压力 p_{0min} 试验

本试验目的是确定被试阀的最小开启压力 p_{0min}。

在被试阀4的压力为大气压时，使A口压力 p_A 由零逐渐升高，直到 p_B 有油液流出为止。记录此时的压力值，重复试验几次。由试验的数据来确定阀的最小开启压

力 $p_{0\min}$。

6.4 液控单向阀控制压力 p_X试验

6.4.1 试验目的

本试验是为了测试使液控单向阀反向开启并保持全开所必须的最小控制压力 p_X。

测试液控单向阀在规定的压力 p_A、p_B 和流量 q_V 的范围内，使阀关闭的最大控制压力 p_{XC}。

6.4.2 测试方法

当液控单向阀反向未开启前，在规定的 p_B 范围内保持 p_B 为某一定值（$p_{B\max}$、$0.75p_{B\max}$、$0.5p_{B\max}$、$0.25p_{B\max}$、$p_{B\min}$），控制压力 p_X 由零逐渐增加，直到反向通过液控单向阀的流量达到所选择的流量 q_V 值为止。

记录控制压力 p_X 和对应的流量 q_V，重复试验几次。由所记录的数据来确定使阀开启并通过所选择的流量 q_V 值时的最小控制压力 p_X。绘制阀的开启压力 p_{XC}—流量 q_V 关系曲线，见图 6.2-36。

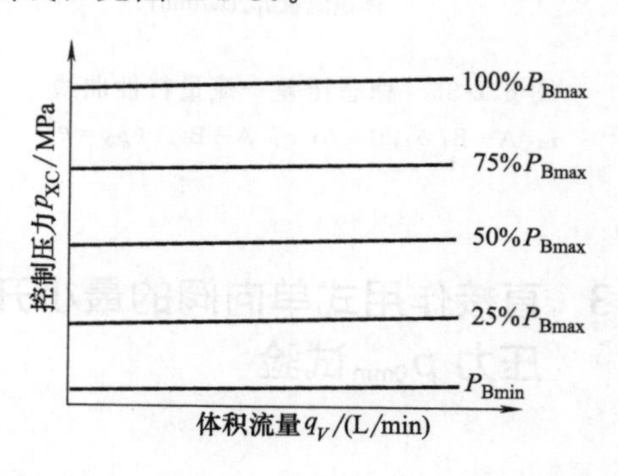

图 6.2-36 液控单向阀的开启压力 p_{XC}—流量 q_V 关系曲线

在控制油口 X 上施加控制压力 p_X，保证被试阀处于全开状态，使 p_A 值处于尽可能低的条件下，选择某一流量 q_V 通过被试阀，逐渐降低 p_X 值，直到单向阀完全关闭为止。

记录控制压力 p_X 和流量 q_V，重复试验几次。由记录的数据来确定使阀关闭的最大控制压力 $p_{XC\max}$。绘制液控单向阀关闭压力 p_{XC}—流量 q_V 关系曲线，见图 6.2-37。

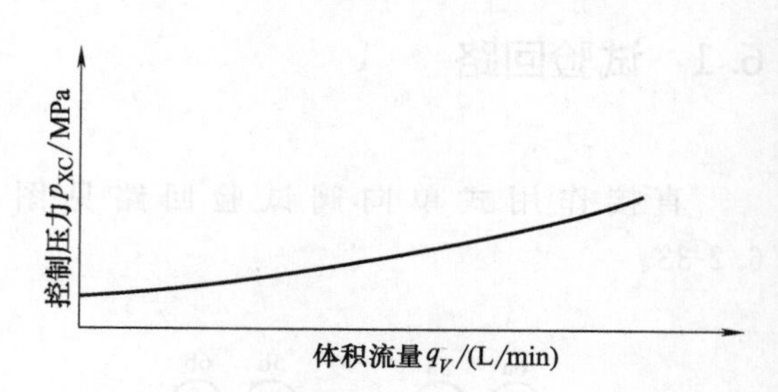

图 6.2-37 液控单向阀的关闭压力 p_{XC}—流量 q_V 关系曲线

6.5 泄漏量试验

泄漏量试验的测量时间至少应持续 5min。

试验报告中应注明试验时的油液温度、油液的类型、牌号和黏度。

6.5.1 直接作用式单向阀

试验时，应将被试阀反向安装。

A 口处于大气压下，B 口接入规定的压力值。在一定的时间间隔内（至少 5min），测量从 A 口流出的泄漏量，记录测量时间间隔值、泄漏量及 p_B 值。

6.5.2 液控单向阀

A 口和 X 口处于大气压力下，B 口接入规定的压力值。在一定的时间间隔内（至少 5min），测量从 A 口流出的泄漏量。记录测量的时间间隔值、泄漏量及 p_B 值。

此方法也适合测量从泄漏口 Y 流出的泄漏量。

7 电磁换向阀的试验

7.1 试验回路（见图 6.2-38）

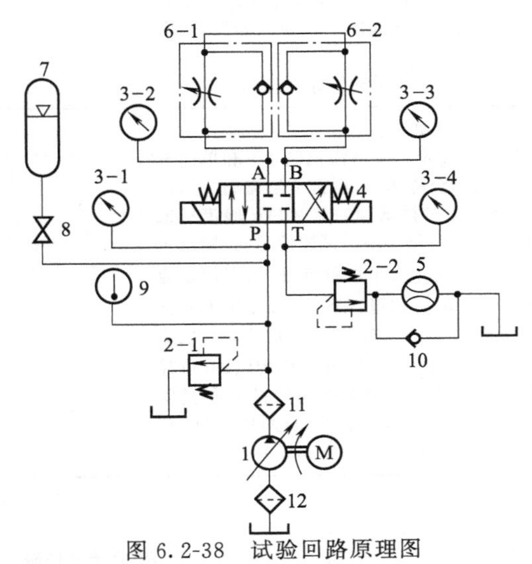

图 6.2-38 试验回路原理图

1—液压泵；2-1,2-2—溢流阀；3-1～3-4—压力表（对瞬态试验若用压力法，压力表 3-2、3-3 处还应接入压力传感器）；4—被试阀；5—流量计；6-1,6-2—单向节流阀；7—蓄能器；8—截止阀；9—温度计；10—单向阀；11—精过滤器；12—粗过滤器

7.2 试验方法

型式试验项目与试验方法按表 6.2-11 的规定。

7.3 特性曲线

7.3.1 流量—压力损失曲线（见图 6.2-39）

7.3.2 压力—内泄漏量曲线（见图 6.2-40）

7.3.3 工作范围图（见图 6.2-41）

7.3.4 测试系统方框图（见图 6.2-42）

7.3.5 阀芯位移—时间瞬态响应曲线（见图 6.2-43）

表 6.2-11 电磁换向阀的型式试验项目与试验方法

序号	试验项目	试验方法	备注
1	稳态试验	①试验全部项目，并按以下方法试验和绘制特性曲线图： a. 在压力损失试验时，将被试阀的阀芯置于各通油位置，使通过被试阀的流量从零逐渐增大到试验流量，其间设定几个测量点(设定的测量点数应足以描出流量—压力损失曲线)。分别用压力表 3-1、3-2、3-3、3-4 测量各设定点的压力 绘出图 6.2-39 所示的流量—压力损失曲线 b. 在内泄漏量试验时，将被试阀的阀芯置于规定的测量位置，使被试阀 P 油口压力从零逐渐增高到公称压力，其间设定几个测量点(设定的测量点数应足以描出压力—内泄漏量曲线)，分别测量各设定点的内漏量。绘出图 6.2-40 所示的压力—内泄漏量曲线	

续表

序号	试验项目	试验方法	备注
1	稳态试验	②工作范围试验： 使被试阀的电磁铁满足5.2.2(6)的规定。将被试阀的阀芯置于某通油位置，完全打开单向节流阀6-1(或6-2)和溢流阀2-2，使压力表3-2(或3-3)的指示压力为最低负载压力。然后，使通过被试阀的流量从零逐渐增大到大于额定流量的某一最大设定流量(此最大设定流量各制造厂可根据本厂的产品水平情况自定)，其间设定几个流量点，记录各流量点所对应的压力表3-1的指示压力，绘出图6.2-41所示的曲线*OD*。调节溢流阀2-1和单向节流阀6-1(或6-2)，使压力表3-1的指示压力为被试阀的公称压力。逐渐增大通过被试阀的流量，被试阀应均能换向和复位(对中)。当流量增大到某一值被试阀不能换向和复位为止；按此试验法，直到最大设定流量。根据上述试验中记录的数据，绘出图6.2-41所示的曲线*ABC*；曲线*ABCDO*所包区域为被试阀能正常换向和复位(对中)的工作范围，曲线*BC*为转换域 重复上述试验不少于三次，绘出图6.2-41所示的工作范围图	
2	瞬态试验： a. 换向时间试验； b. 复位(对中)时间试验	测试系统方框图见图6.2-42。试验方法如下： 使被试阀4的电磁铁满足5.2.2(6)的规定。调节溢流阀2-1和单向节流阀6-1(或6-2)，使被试阀P油口压力为公称压力，再调节溢流阀2-2，使被试阀T油口压力为规定背压值，并使通过被试阀的流量为试验流量或为图6.2-41中*B*点流量q_{VB}的80%(当80%q_{VB}小于试验流量时，则规定通过被试阀的流量作为试验流量；当80%q_{VB}大于试验流量时，则规定通过被试阀的流量分别为试验流量和80%q_{VB}，这里：把试验流量作为考核流量。80%q_{VB}作为体现水平的流量)。然后，将被试阀4的电磁铁在额定电压下通电和断电，使被试阀换向和复位(对中)。通过位移传感器(位移法)或压力传感器3-2、3-3(压力法)用记录仪记录被试阀的换向和复位(对中)情况，得出被试阀的换向时间、换向滞后时间、复位(对中)时间和复位(对中)滞后时间。瞬态响应曲线见图6.2-43和图6.2-44	

7.3.6 出口压力—时间瞬态响应曲线（见图6.2-44）

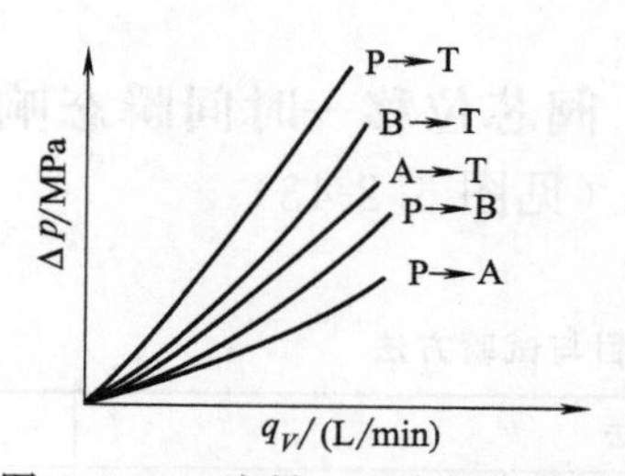

图6.2-39 流量—压力损失曲线

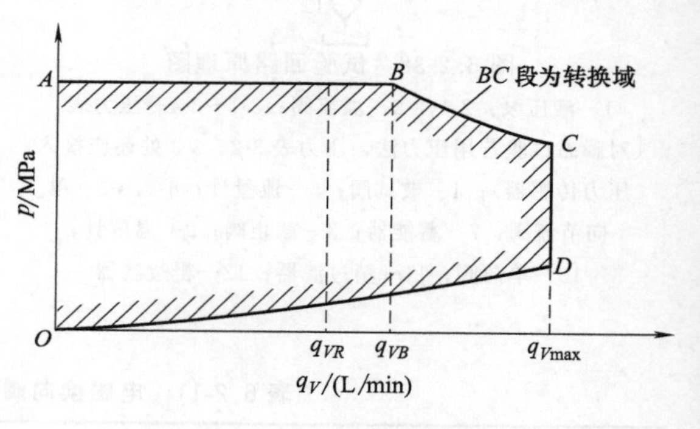

图6.2-41 工作范围图

q_{VR}—额定流量；q_{VB}—转换域*B*点时的流量；$q_{V\max}$—最大设定流量

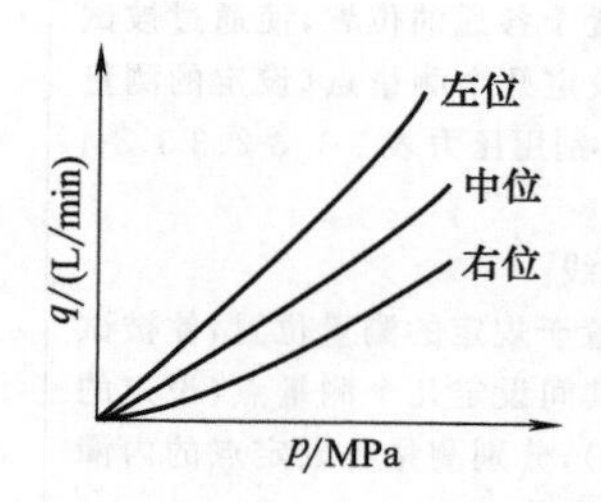

图6.2-40 压力—内泄漏量曲线

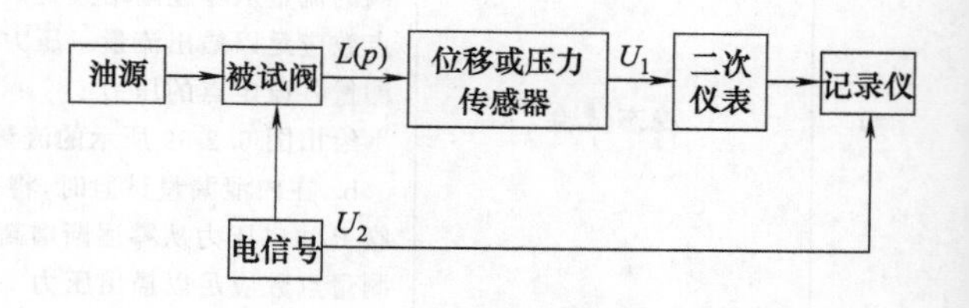

图6.2-42 测试系统方框图

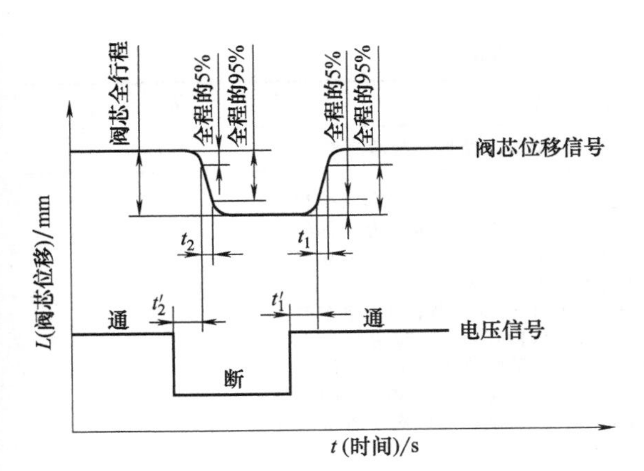

图 6.2-43　阀芯位移—时间瞬态响应曲线
t_1—换向时间；t_1'—换向滞后时间；t_2—复位（对中）时间；t_2'—复位（对中）滞后时间

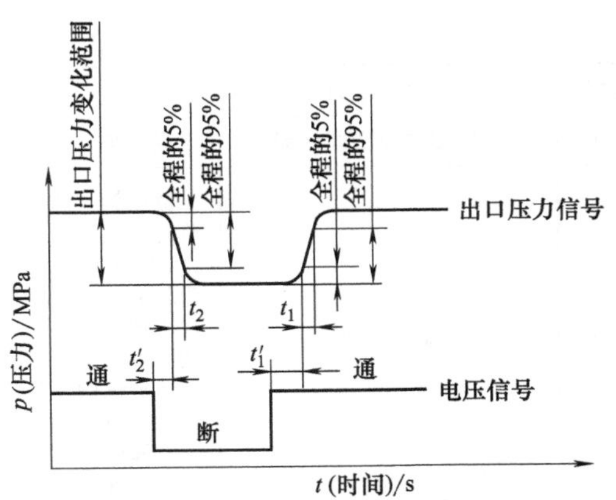

图 6.2-44　出口压力—时间瞬态响应曲线
t_1—换向时间；t_1'—换向滞后时间；t_2—复位（对中）时间；t_2'—复位（对中）滞后时间

8　多路换向阀的试验

8.1　试验回路

液压多路换向阀的试验回路原理图见图 6.2-45。

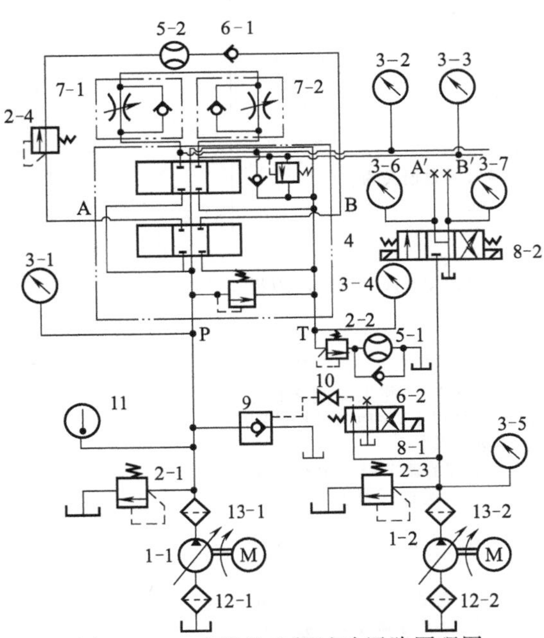

图 6.2-45　多路换向阀试验回路原理图
1-1,1-2—液压泵；2-1～2-4—溢流阀；3-1～3-7—压力表（对瞬态试验，压力表 3-1 处应接入压力传感器）；4—被试多路阀；5-1,5-2—流量计；6-1,6-2—单向阀；7-1,7-2—单向节流阀；8-1,8-2—电磁换向阀；9—阶跃加载阀；10—截止阀；11—温度计；12-1,12-2—粗过滤器；13-1,13-2—精过滤器
注：试验液动多路阀时，两端的控制油口分别与电磁换向阀 8—2 的 A′、B′ 油口连通

8.2　试验项目和试验方法

8.2.1　耐压试验

① 多路阀试验前，应进行耐压试验。

② 耐压试验时，对各承压油口施加耐压试验压力。耐压试验压力为该油口最高工作压力的 1.5 倍。

试验压力以每秒 2%耐压试验压力的速率递增，至耐压试验压力时，保压 5min，不得有外渗漏及零件损坏等现象。

③ 耐压试验时各泄油口与油箱连通。

8.2.2　出厂试验

出厂试验项目和方法按表 6.2-12 规定。其中换向位置内泄漏、压力损失及补油阀和过载阀补油性能三项为抽试项目。

8.2.3　型式试验

型式试验项目和方法按表 6.2-13 规定。

表 6.2-12　出厂试验项目与方法

序号	试验项目		试验方法	备注
1	油路形式与滑阀机能		观察被试阀 4 各油口通油情况，检查油路形式与滑阀机能	
2	换向性能		被试阀 4 的安全阀及各过载阀均关闭，调节溢流阀 2-1 和单向节流阀 7-1(7-2)，使被试阀 4 的 P 油口的压力为公称压力，再调节溢流阀 2-2，使被试阀 4 的 T 油口无背压或为规定背压值，并使通过被试阀 4 的流量为公称流量 当被试阀 4 为手动多路阀时，在上述试验条件下，操作被试阀 4 各手柄，连续动作 10 次以上，检查复位定位情况 当被试阀 4 为液动型多路阀时，调节溢流阀 2-3，使控制压力为被试阀 4 所需的控制压力，然后将电磁换向阀 8-2 的电磁铁通电和断电，连续动作 10 次以上，试验被试阀 4 各滑阀换向和复位情况	
3	内泄漏	中立位置内泄漏	被试阀 4 的各滑阀处于中立位置，A、B 油口进油，并由溢流阀 2-1 加压至公称压力，除 T 油口外，其余各油口堵住。由 T 油口测量泄漏量	在测量内泄漏量前，应先将被试阀 4 各滑阀动作 3 次以上，停留 30s 后再测量内泄漏量
		换向位置内泄漏	被试阀的安全阀、过载阀全部关闭，A、B 油口堵住，被试阀 4 的 P 油口进油。调节溢流阀 2-1，使 P 油口压力为被试阀 4 的公称压力，并使滑阀处于各换向位置，由 T 油口测量泄漏量	
4	压力损失		被试阀的安全阀关闭，A、B 油口连通。将被试阀 4 的滑阀置于各通油位置，并使通过被试阀 4 的流量为公称流量。分别由压力表 3-1、3-2、3-3、3-4(如用多接点压力表最好)测量 P、A、B、T 各油口压力 p_P、p_A、p_B、p_T，计算压力损失 ①当油流方向为 P→T 时，压力损失为 $\Delta p_{P\rightarrow T}=p_P-p_T$ ②油流方向为 P→A、B→T 时，压力损失为 $\Delta p_{P\rightarrow A}+\Delta p_{B\rightarrow T}$ 其中：$\Delta p_{P\rightarrow A}=p_P-p_A$； $\Delta p_{B\rightarrow T}=p_B-p_T$ ③当油流方向为 P→B、A→T 时，压力损失为 $\Delta p_{P\rightarrow B}+\Delta p_{A\rightarrow T}$ 其中：$\Delta p_{P\rightarrow B}=p_P-p_B$ $\Delta p_{A\rightarrow T}=p_A-p_T$ ④对于 A(B)型滑阀，当油流方向为 P→A(B)时，压力损失为 $\Delta p_{P\rightarrow A(B)}=p_P-p_{A(B)}$	
5	安全阀性能		A、B 油口堵住，被试阀 4 置于换向位置，将溢流阀 2-1 的压力调至比安全阀的公称压力高 15%以上，并使通过被试阀 4 的流量为公称流量，分别进行下列试验： ①调压范围与压力稳定性：将安全阀的调节螺钉由全松至全紧，再由全紧至全松，反复试验 3 次，通过压力表 3-1 观察压力上升与下降情况 ②调节被试阀 4 的安全阀至公称压力，由压力表 3-1 测量压力振摆值 ③测量开启压力和闭合压力下的溢流量：调节被试安全阀至公称压力，并使通过安全阀的流量为公称流量，分别测量开启压力和闭合压力下的溢流量： a. 调节溢流阀 2-1，使系统逐渐降压，当压力降至规定的闭合压力值时，在 T 油口测量 1min 内的溢流量； b. 调节溢流阀 2-1，从被试安全阀不溢流开始使系统逐渐升压，当压力升至规定的开启压力值时，在 T 油口测量 1min 内的溢流量 ④调定安全阀压力：按用户所需压力调整安全阀压力，然后拧紧锁紧螺母	

续表

序号	试验项目		试验方法	备注
6	其他辅助阀性能	过载阀密封性能	被试滑阀处于中立位置，被试过载阀关闭，从A(B)油口进油，调节溢流阀2-1，使系统压力升至公称压力，并使通过多路阀的流量为试验流量。滑阀动作3次，停留30s后，由T油口测量内泄漏量	泄漏量包括中立位置内泄漏和过载阀泄漏量两部分
		过载阀其他性能	被试阀的安全阀关闭，溢流阀2-1的压力调至比过载阀的工作压力高15%以上，并使被试过载阀通以试验流量。试验方法同第5项试验中的①、②、④	
		补油阀的密封性能	被试滑阀处于中立位置，从A(B)油口进油，调节溢流阀2-1，使系统压力升至公称压力，并使通过多路阀的流量为试验流量，滑阀动作3次，停留30s后，由T油口测量内泄漏量	泄漏量包括中立位置内泄漏量和补油阀泄漏量两部分
		补油阀和过载阀补油性能	被试滑阀置于中立位置，T油口进油通以试验流量，由压力表3-4、3-2(或3-3)测量p_T、p_A(或p_B)的压力，得出开始补油时的开启压力$p=p_T-p_A$(或p_B)	
7	背压试验		各滑阀置于中立位置，调节溢流阀2-2，使被试阀4的回油口保持2.0MPa的背压值，滑阀反复换向5次后保压3min	

表6.2-13 型式试验项目与方法

序号	试验项目	试验方法	备注
1	稳态试验	按出厂试验项目及试验方法中的规定试验全部项目： ①在压力损失试验时，将被试阀4的滑阀置于各通油位置，使通过被试阀4的流量从零逐渐增大到120%公称流量，其间设定几个测量点(设定的测量点数应足以描绘出压力损失曲线)，分别用压力表3-1、3-2、3-3、3-4(最好用多接点压力表)测量各设定点的压力，计算压力损失 ②在内泄漏量试验时，将被试阀4的滑阀置于规定的测量位置，使被试阀4的相应油口进油，压力由零逐渐增大到公称压力，其间设定几个测量点(设定的测量点数应足以描绘出内泄漏曲线)，分别测量设定点的内泄漏量 ③在安全阀等压力特性试验时，应将被试阀4的安全阀调至公称压力，并使通过安全阀的流量为公称流量，然后改变系统压力，逐点测量安全阀进口压力p和相应压力下通过安全阀的流量q_V，设定的测量点数应足以描绘出等压力特性曲线	绘制如下特性曲线： ①压力损失曲线； ②内泄漏量曲线； ③安全阀等压力特性曲线
2	瞬态试验	关闭溢流阀2-1，被试阀4的A、B油口堵住(如A、B油口带过载阀，需将过载阀关闭)，将滑阀置于换向位置，调节被试阀4的安全阀至公称压力，并使通过被试阀4的流量为公称流量。启动液压泵1-2，调节溢流阀2-3，达到控制压力能使阶跃加载阀9快速动作。电磁换向阀8-1置于原始位置(截止阀10全开)，使被试阀4进口压力下降到起始压力(被试阀进口处的起始压力值不得大于最终稳态压力值的20%)，然后迅速将电磁换向阀换向到右边位置，阶跃加载阀即迅速关闭，从而使被试阀4的进口处产生一个满足瞬态条件的压力梯度 用压力传感器、记录仪记录被试阀4进口处的压力变化过程	绘制安全阀瞬态响应曲线
3	操纵力(矩)试验	被试阀4通以公称流量，连接A、B油口，调节溢流阀2-1和单向节流阀7-1(或7-2)，使系统压力为被试阀公称压力的75%，调压溢流阀2-2，使被试阀4的T腔无背压或为规定背压值，操纵滑阀换向，自中立位置先后推、拉换向至设计最大行程，用测力计测量被试阀4换向时的最大操纵力(矩) 注：对于A(B)型滑阀，在A(B)油口接加载溢流阀，按同样方法测量操纵力(矩)	

续表

<table>
<tr><th>序号</th><th colspan="2">试验项目</th><th>试验方法</th><th>备　注</th></tr>
<tr><td rowspan="4">4</td><td rowspan="4">微动特性试验</td><td colspan="2">将被试阀4的安全阀调至公称压力，过载阀全部关闭，分别进行下列试验：</td><td rowspan="2">将测得的行程与压力分别表示成占滑阀全行程与公称压力的百分数，绘制压力微动特性曲线</td></tr>
<tr><td>P→T压力微动特性</td><td>①被试阀4的A、B油口堵住，P口进油，并通以公称流量，滑阀由中立位置缓慢移动到各换向位置(要有以微小增量移动滑阀的措施以及测量微小增量的方法)，测出随行程变化时，P油口相应的压力值</td></tr>
<tr><td>P→A(B)流量微动特性</td><td>②被试阀4的进油口P通以公称流量，滑阀由中立位置缓慢移动到各换向位置(要有以微小增量移动滑阀的措施以及测量微小增量的方法)，同时保持A(B)油口加载溢流阀2-4的负荷为公称压力的75%，测出随行程变化时通过A(B)油口加载溢流阀2-4的相应流量值</td><td rowspan="2">将测得的行程与流量分别表示成占滑阀全行程与公称流量的百分数，绘制流量微动特性曲线</td></tr>
<tr><td>A(B)→T流量微动特性</td><td>③被试阀4的A(B)油口进油并通以公称流量，调节溢流阀2-1，使系统压力为公称压力的75%，滑阀由中立位置缓慢移动到各换向位置(要有以微小增量移动滑阀的措施以及测量微小增量的方法)，测出随行程变化时的相应流量值</td></tr>
<tr><td>5</td><td colspan="2">高温试验</td><td>被试阀4通以公称流量，将被试阀4的安全阀调至公称压力，调节溢流阀2-1和单向节流阀7-1(7-2)，使被试阀4的P油口压力为公称压力，调节溢流阀2-2，使被试阀4的T油口无背压或为规定背压值，在80℃±5℃油温下，使滑阀以20～40次/分的频率连续换向和安全阀连续动作0.5h</td><td></td></tr>
<tr><td>6</td><td colspan="2">耐久试验</td><td>调节被试阀4的安全阀至公称压力，并使通过被试阀4的流量为试验流量。将被试阀4以20～40次/分的频率连续换向。在试验过程中，记录被试阀的换向次数与安全阀动作次数，并在达到寿命指标所规定的换向次数后，检查被试阀4的主要零件
注：耐久性试验流量规定公称流量小于100L/min的多路阀按公称流量试验，公称流量大于或等于100L/min的多路阀按100L/min试验</td><td></td></tr>
</table>

8.3 特性曲线

液压多路换向阀的特性曲线见图6.2-46～图6.2-50。

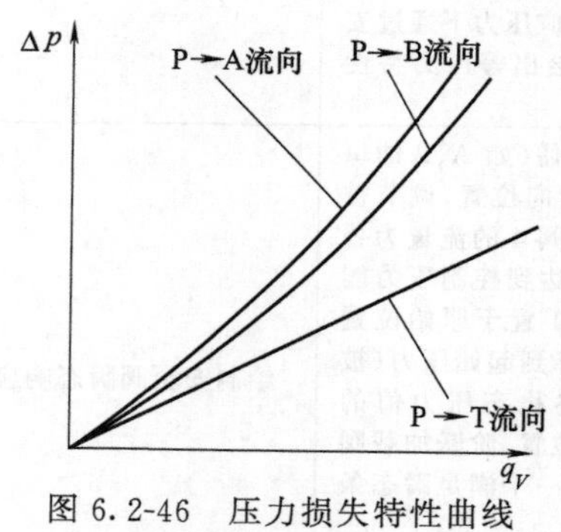

图6.2-46　压力损失特性曲线

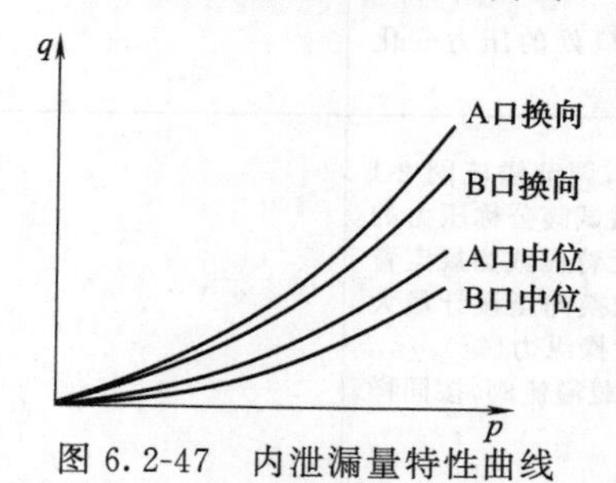

图6.2-47　内泄漏量特性曲线

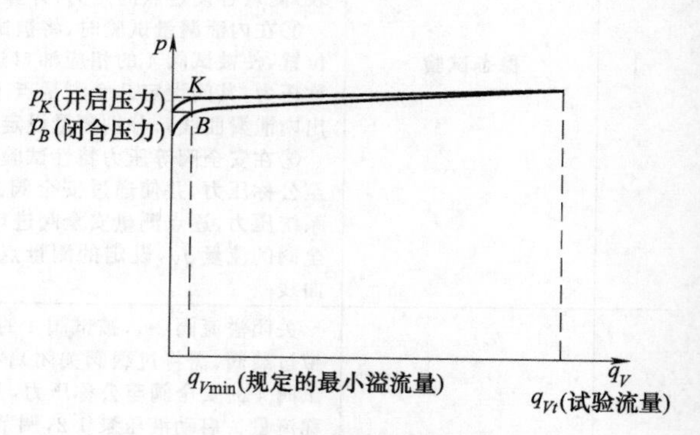

图6.2-48　等压力特性曲线

注：1. 图中q_{Vt}为试验流量，$q_{V\min}$为被试阀4的安全阀在开启、闭合过程中规定的最小溢流量设定值。

2. 图中K点为被试阀4的安全阀开启点，B点为被试阀的安全阀闭合点。

3. 图中p_K为被试阀4的安全阀的开启压力，p_B为被试阀4的安全阀的闭合压力。

4. 开启率$\overline{p}_K$和闭合率$\overline{p}_B$分别为：

$$\overline{p}_K=\frac{p_K}{p_D}\times 100\% \tag{6.2-17}$$

$$\overline{p}_B=\frac{p_B}{p_D}\times 100\% \tag{6.2-18}$$

式中　p_D——被试阀4的安全阀进口调定压力，此处指被试阀4的公称压力。

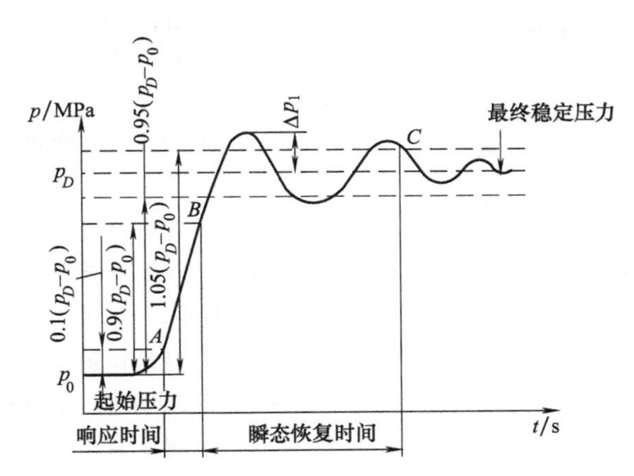

图 6.2-49 安全阀瞬态响应特性曲线

注：1. p_0 为起始压力，p_D 为调定压力（此处为被试阀 4 的安全阀的公称压力）。

2. A、B 点间的压力变化率即为压力梯度，应保证被试阀进口压力变化率在 600～800MPa/s 范围内。

3. 图中 C 点处的后一个波形应落在图中给定的限制线内，否则 C 点应后移，直至满足要求为止；C 点为被试阀 4 的安全阀瞬态恢复过程的最终时刻。

4. Δp_1 为压力超调量。应计算出压力超调量 Δp_1 相对于稳态调定压力 p_D 的百分比，即压力超调率 $\Delta\overline{p_1}$。

$$\Delta\overline{p_1}=\frac{\Delta p_1}{p_D}\times 100\% \tag{6.2-19}$$

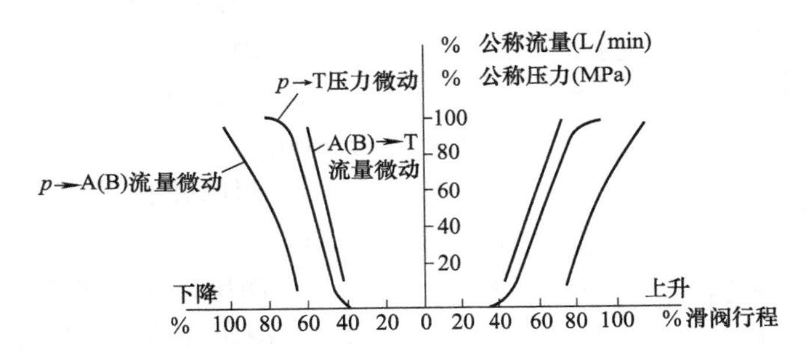

图 6.2-50 微动特性曲线

9 调速阀的试验

9.1 试验回路

调速阀出厂试验回路原理图见图 6.2-51。

型式试验回路原理图见图 6.2-52。

9.2 试验方法

9.2.1 试验装置

① 出厂试验应具有符合图 6.2-51 所示

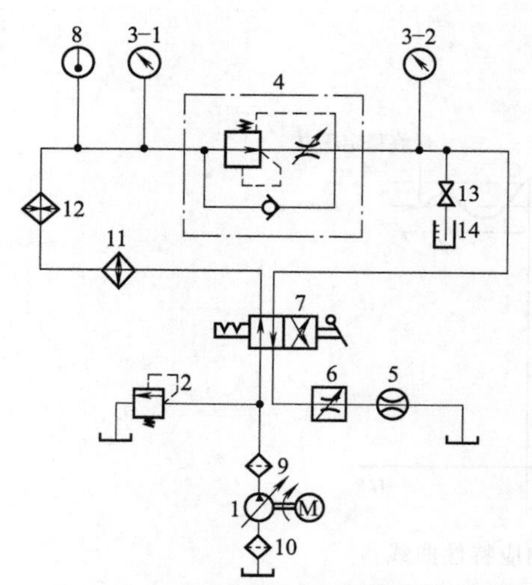

图 6.2-51　调速阀出厂试验回路原理图

1—液压泵；2—溢流阀；3-1,3-2—压力表；4—被试阀；5—流量计；6—节流阀；7—手动换向阀；8—温度计；9—精过滤器；10—粗过滤器；11—冷却器；12—管路加热器；13—截止阀；14—量杯

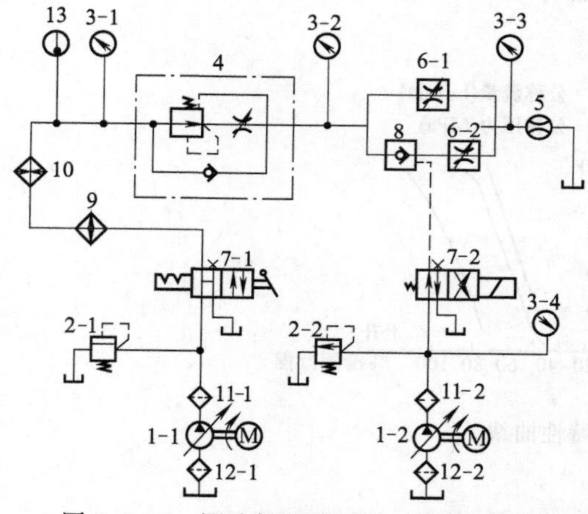

图 6.2-52　调速阀型式试验回路原理图

1-1,1-2—液压泵；2-1,2-2—溢流阀；3-1～3-4—压力表（对瞬态试验，压力表 3-2、3-3 处还应接入压力传感器）；4—被试阀；5—流量计（对瞬态试验，若用第二种方法——直接法，还应接入流量传感器）；6-1，6-2—节流阀；7-1—手动换向阀；7-2—电磁换向阀；8—液控单向阀；9—冷却器；10—管路加热器；11-1,11-2—精过滤器；12-1,12-2—粗过滤器；13—温度计

试验回路的试验台。

② 型式试验应具有符合图 6.2-52 所示试验回路的试验台。

③ 油源的流量及压力

油源的流量应能调节，并应大于被试阀的试验流量；

油源的压力应能短时间超过被试阀公称压力 20%～30%。

④ 允许在给定的基本试验回路中增设调节压力、流量或保证试验系统安全工作的元件，但不应影响被试阀的性能。

⑤ 与被试阀连接的管道和管接头的内径应和被试阀的实际通径相一致。

⑥ 测压点的位置

a. 进口测压点应设置在扰动源（如阀、弯头）的下游与被试阀的上游之间，与扰动源的距离不小于 $10d$（d 为管道内径），与被试阀的距离不小于 $5d$；

b. 出口测压点的位置应设置在被试阀的下游不小于 $10d$ 处；

c. 按 C 级精度测试时，允许测压点的位置与上述要求不符，但应给出相应修正值。

⑦ 测压孔

a. 测压孔直径应不小于 1mm，不大于 6mm；

b. 测压孔长度应不小于测压孔直径的 2 倍；

c. 测压孔轴线和管道轴线垂直，管道内表面与测压孔的交角应保持锐边，但不得有毛刺；

d. 测压点与测量仪表之间的连接管道内径不小于 3mm；

e. 测压点与测量仪表连接时应排除连接管道中的空气。

⑧ 测温点应设置在被试阀进口测压点上游不大于 $15d$ 处。

⑨ 油液取样点宜按照 GB/T 17489 的规定，在试验回路中设置油液取样点及提取液样。

9.2.2　试验条件

（1）试验介质

① 试验介质为一般液压油。

② 试验介质的温度：除明确规定外，型式试验应在50℃±2℃下进行，出厂试验应在50℃±4℃下进行。

③ 试验介质的黏度：40℃时的油液运动黏度为42～74mm^2/s（特殊要求另行规定）。

④ 试验介质的清洁度：试验系统油液的固体颗粒污染等级不应高于GB/T 14039—2002中规定的等级一/19/16。

（2）稳态工况

① 当被控参量平均显示值的变化范围不超过表6.2-14的规定值时，视为稳态工况。应在稳态工况下记录试验参量的测量值。

表6.2-14　被控参量平均显示值允许变化范围

被控参量	各测量准确度等级对应的被控参量平均显示值允许变化范围		
	A	B	C
压力/%	±0.5	±1.5	±2.5
流量/%	±0.5	±1.5	±2.5
温度/℃	±1.0	±2.0	±4.0
黏度/%	±5	±10	±15

② 型式试验时，试验参量测量读数数目的选择和所取读数的分布情况应能反映被试阀在整个范围内的性能。

③ 为了保证试验结果的重复性，试验参量应在规定的时间间隔测得。

（3）瞬态工况

① 加载阀与被试阀之间的相对位置，可用控制其间的压力梯度，限制油液可压缩性的影响来确定，其间的压力梯度可用公式

$$\frac{dp}{dt}=\frac{q_{VS}K_S}{V} \tag{6.2-20}$$

来估算，式中q_{VS}取测试开始前设定的通过被试阀4的稳态流量，K_S是油液的等熵体积弹性模量，V是图6.2-52中被试阀4与节流阀6-1和6-2之间的油路连通容积。上式估算的压力梯度至少应为被试阀4实测出口压力变化率的10倍。

② 图6.2-52中液控单向阀8的操作时间不得超过被试阀4响应时间的10%，最大不得超过10ms。

（4）试验流量

① 当规定的被试阀额定流量小于或等于200L/min时，试验流量应为额定流量。

② 当规定的被试阀额定流量大于200L/min时，允许试验流量为200L/min，但必须经工况考核，被试阀的性能指标以满足工况要求为依据。

③ 出厂试验允许降流量进行，但应对性能指标给出相应修正值。

（5）测量准确度等级

测量准确度等级分A、B、C三级。型式检验不应低于B级。出厂检验不应低于C级。各等级所对应的测量系统的允许误差应符合表6.2-15的规定。

表6.2-15　测量系统的允许系统误差

测量仪器、仪表的参量	各测量准确度等级对应的测量系统的允许误差		
	A	B	C
压力(表压力小于0.2MPa)/kPa	±2.0	±6.0	±10.0
压力(表压力不小于0.2MPa)/%	±0.5	±1.5	±2.5
流量/%	±0.5	±1.5	±2.5
温度/℃	±0.5	±1.0	±2.0

9.2.3　试验项目与试验方法

（1）出厂试验

出厂试验项目与试验方法按表6.2-16规定。

（2）型式试验

型式试验项目与试验方法按表6.2-17的规定。

表6.2-16　出厂试验项目与试验方法

序号	试验项目	试验方法	试验类型	备　注
1	耐压性	打开节流阀6-1，将被试阀4完全关闭，调节溢流阀2-1，调节压力从最低工作压力开始，以每秒2%的速率递增，直至被试阀最高工作压力的1.5倍。达到后保压5min	抽试	

续表

序号	试验项目	试验方法	试验类型	备注
2	流量调节范围及最小稳定流量	使被试阀 4 进、出口压差为最低工作压力值(对溢流节流阀，须将节流阀 6 完全打开，其进、出口压差不作规定)，并使溢流阀 2 处于溢流工况(仅对调速阀、单向调速阀而言)。调节被试阀 4 的调节手轮从全紧至试验流量对应的刻度指示值，随着开度大小的变化，通过流量计 5 观察流量变化情况，并测量流量调节范围。反复试验不少于三次 将节流阀 6 完全关闭，打开截止阀 13，在被试阀 4 的进、出口压差为最低工作压力值下，调节被试阀 4，使通过被试阀 4 的流量为最小稳定流量。再调节溢流阀 2，使被试阀 4 的进口压力从最低工作压力值至公称压力变化，通过截止阀 13 的流量，观察被试阀 4 的最小稳定流量变化情况，反复试验不少于三次	必试	
3	内泄漏量	将节流阀 6 完全关闭，打开截止阀 13，调节被试阀 4 的调节手轮至全紧位置，再调节溢流阀 2，使被试阀 4 的进口压力为公称压力。然后，调节被试阀 4 的调节手轮，使被试阀 4 开启再完全关闭，30s 后，通过量杯 14，测量被试阀 4 的内泄漏量	必试	
4	外泄漏量	打开被试阀 4 并调节节流阀 6，使被试阀 4 的出口压力为公称压力的 90%，30s 后在被试阀 4 外泄漏口测量外泄漏量	必试	仅对有外泄漏油口的被试阀试验
5	进口压力变化对调节流量的影响	完全打开节流阀 6，调节被试阀 4，使通过被试阀 4 的流量为最小控制流量。调节溢流阀 2，使被试阀 4 的进口压力在最低工作压力到最高工作压力变化(测量点应不少于 3 点)，试验被试阀 4 在进口压力变化时的流量变化率 计算公式如下 $$\Delta\overline{q}_{V1}=\frac{\Delta q_{V1\max}}{q_{VD}}\times100\%/\Delta p_1$$ 式中 $\Delta\overline{q}_{V1}$——在给定的调定流量下，当进口压力变化时的相对流量变化率，单位为%/MPa； $\Delta q_{V1\max}$——当进口压力变化时，给定的调定流量的最大变化值，单位为 L/min； q_{VD}——给定的调定流量，此处为最小控制流量，单位为 L/min； Δp_1——进口压力变化量，单位为 MPa	必试	仅对调速阀、单向调速阀试验
6	出口压力变化对调节流量的影响	调节溢流阀 2 至被试阀 4 的公称压力，并调节被试阀 4，使通过被试阀 4 的流量为最小控制流量。再调节节流阀 6，使被试阀 4 的出口压力在公称压力的 5% 到 90% 变化(测量点应不少于 3 点)，试验被试阀 4 在出口压力变化时的流量变化率 计算公式如下 $$\Delta\overline{q}_{V2}=\frac{\Delta q_{V2\max}}{q_{VD}}\times100\%/\Delta p_2$$ 式中 $\Delta\overline{q}_{V2}$——在给定的调定流量下，当出口压力变化时的相对流量变化率，单位为%/MPa； $\Delta q_{V2\max}$——当出口压力变化时，给定的调定流量的最大变化值，单位为 L/min； q_{VD}——给定的调定流量，此处为最小控制流量，单位为 L/min； Δp_2——出口压力变化量，单位为 MPa	抽试	对溢流节流阀，此项为必试
7	反向压力损失	调节被试阀的调节手轮至全紧位置，将手动换向阀换向到右边位置，使反向通过被试阀 4 的流量为试验流量，用压力表 3-2 和 3-1 测量压力，其压差即为被试阀 4 的反向压力损失	抽试	仅对单向调速阀试验
8	通过节流阀的压力损失	调节被试阀 4 的节流阀调节手轮至全松位置，并使其通过的流量为试验流量。用压力表 3-1 和 3-2 测量压力，其压差即为被试阀 4 的节流阀压力损失	抽试	仅对溢流节流阀试验

续表

序号	试验项目	试验方法	试验类型	备注
9	密封性	先将被试阀擦干净，如有个别部位不能一次擦干净，运转后产生“假”渗漏现象，则允许再次擦干净，检查内容分静密封和动密封两类： ① 静密封　用洁净的吸水纸贴在静密封处，至试验结束时取下，在吸水纸上如有油迹即为渗油； ② 动密封　在动密封处的下方放置白纸，至试验结束，白纸上如有油滴即为滴油	抽试	

表 6.2-17　型式试验项目与试验方法

序号	试验项目	试验方法	备注
1	稳态特性	①按 9.2.3(1)的规定试验全部项目，并按以下方法试验和绘制特性曲线图 a. 在流量调节范围试验时，应试验不同开度(圈数)下的流量调节特性，其间设定几个开度位置(设定的开度位置数应足以描出开度—流量特性曲线)，测量被试阀 4 在不同开度位置时所通过的流量，并绘制开度—流量特性曲线(见图 6.2-53) b. 在内泄漏量试验时，使被试阀 4 的进口压力从零逐渐增高到公称压力，其间设定几个测量点(设定的测量点数应足以描出进口压力—内泄漏量曲线)，逐点测量被试阀 4 的内泄漏量，并绘制进口压力—内泄漏量曲线(见图 6.2-54) c. 在外泄漏量试验时，使被试阀 4 的出口压力从公称压力的 5%逐渐增高到公称压力的 90%，其间设定几个测量点(设定的测量点数应足以描出出口压力—外泄漏量曲线)，逐点测量被试阀 4 的外泄漏量，并绘制出口压力—外泄漏量曲线(见图 6.2-55) d. 在进口压力变化对调节流量影响试验时，把被试阀 4 调到最小稳定流量和试验流量，并分别使被试阀 4 的进口压力从最低工作压力逐渐增高到最高工作压力，其间设定几个测量点(设定的测量点数应足以描出进口压力变化对调节流量影响曲线)，逐点测量通过被试阀 4 的流量，并绘制进口压力变化—调节流量影响曲线(见图 6.2-56) e. 在出口压力变化对调节流量影响试验时，把被试阀 4 调到最小稳定流量和试验流量，并分别使被试阀 4 的出口压力从公称压力的 5%逐渐增高到公称压力的 90%，其间设定几个测量点(设定的测量点数应足以描出出口压力变化对调节流量的影响曲线)，逐点测量通过被试阀 4 的流量，并绘制出口压力变化—调节流量影响曲线(见图 6.2-57) f. 在反向压力损失试验时，使反向通过被试阀 4 的流量从零逐渐增大到试验流量，其间设定几个测量点(设定的测量点数应足以描出流量—反向压力损失曲线)，逐点测量被试阀 4 的反向压力损失，并绘制流量—反向压力损失曲线(见图 6.2-58)	出口压力—外泄漏量曲线(见图 6.2-55)—仅有外泄漏口时绘制此曲线 进口压力变化—调节流量影响曲线(见图 6.2-56)—仅调速阀、单向调速阀绘制此曲线 流量—反向压力损失曲线(如图 6.2-58)—仅单向调速阀绘制此曲线
		②油温变化对调节流量的影响试验 完全打开节流阀 6，在 20℃下调节溢流阀 2，使被试阀 4 的进口压力为 6.3MPa，并使通过被试阀 4 的流量为最小流量的 2 倍和试验流量，分别使被试阀 4 的进口油温从 20℃逐渐提高到 70℃。每升高油温 10℃测一次流量，试验油温变化时的流量变化率 计算公式如下 $\Delta\bar{q}_{Vt}=\frac{\Delta q_{Vt\max}}{q_{VD}}\times 100\%/\Delta t$ 式中　$\Delta\bar{q}_{Vt}$——在给定的调定流量下，当油温变化时的相对流量变化率，单位为%/℃； $\Delta q_{Vt\max}$——当油温变化时，给定的调定流量的最大变化值，单位为 L/min； q_{VD}——给定的调定流量，此处为最小控制流量的 2 倍和试验流量，单位为 L/min； Δt——油温变化量，单位为℃ 并绘制油温变化—调节流量影响曲线(见图 6.2-59)	仅对温度补偿调速阀和温度补偿单向调速阀以及温度补偿溢流节流阀试验
		③调节力矩试验 调节溢流阀 2 和节流阀 6，使通过被试阀 4 的出口压力为公称压力的 90%，使通过被试阀 4 的流量为试验流量。然后，再调节被试阀 4，使通过被试阀 4 的流量从试验流量逐渐减小到最小稳定流量，再从最小稳定流量逐渐增大到试验流量(被试阀 4 调节过程中，出口压力允许变化)，其间设定几个测量点(设定的测量点数应足以描出流量—调节力矩特性曲线)，用力矩测量计测量被试阀 4 调节过程中的调节力矩，并绘制流量—调节力矩特性曲线(见图 6.2-60)	

续表

序号	试验项目	试验方法	备注
2	瞬态特性	测试系统方框图见图 6.2-61,试验方法如下: 将手动换向阀 7-1 换向至右边位置,调节溢流阀 2-1,使被试阀 4 的进口压力为公称压力,并使通过被试阀 4 的流量为试验流量 q_{VS} a. 将电磁换向阀 7-2 换向至右边位置,使液控单向阀 8 反向关闭,调节节流阀 6-1,使 q_{VS} 通过节流阀 6-1 时压差 Δp_1 为被试阀 4 公称压力的 90%,用公式 $$K=q_{VS}/\sqrt{\Delta p_1} \quad (1)$$ 求出节流阀 6-1 的计算系数 K。Δp_1 为压力表 3-2 和 3-3 的读数差 b. 将电磁换向阀 7-2 换向到左边位置,使液控单向阀 8 反向开启,调节节流阀 6-2,使 q_{VS} 通过节流阀 6-1 和 6-2 并联油路时的压差 Δp_2 为被试阀 4 公称压力的 10%,Δp_2 仍为压力表 3-2 和 3-3 的读数差。可以把计算流量 $$q_{V1}=K\sqrt{\Delta p_2} \quad (2)$$ 作为被试阀 4 在瞬态过程中的起始流量,即作为被试阀 4 瞬态响应时间的起始时刻 c. 将电磁换向阀 7-2 换向到右边位置,使液控单向阀 8 由开至关,造成一个压力阶跃 用以下两种方法中的一种进行瞬态试验: 第一种方法—间接法 此法用压力传感器 3-2 和 3-3 测出节流阀 6-1 的瞬时压差 Δp 用公式 $$q_V=K\sqrt{\Delta p} \quad (3)$$ 求出通过被试阀 4 的瞬时流量 q_V。按上述公式,利用记录下的 $\Delta p-t$ 曲线,可逐点对应地计算出瞬时流量 q_V,从而描出图 6.2-62 所示的 q_V-t 曲线并从该图中计算出被试阀 4 的响应时间、瞬态恢复时间和流量超调率 第二种方法—直接法 此法用压力传感器 3-2 和 3-3 测出节流阀 6-1 的瞬时压差 Δp,并用流量传感器 5 测出通过被试阀 4 的瞬时流量,由于节流阀 6-1 的瞬时压差与被试阀 4 的瞬时流量可近似认为是同相位的,所以可用压力传感器来校核流量传感器相位的准确性。从记录的 $\Delta p-t$ 曲线和 q_V-t 曲线(图 6.2-62 所示),可计算出被试阀 4 的响应时间、瞬态恢复时间和流量超调率	推荐使用第二种方法——直接法

9.3 特性曲线

9.3.1 开度—流量特性曲线(见图 6.2-53)

9.3.2 进口压力—内泄漏量曲线(见图 6.2-54)

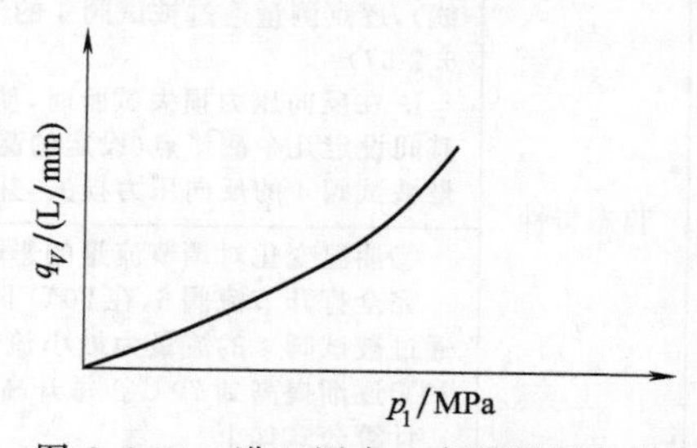

图 6.2-54 进口压力—内泄漏量曲线

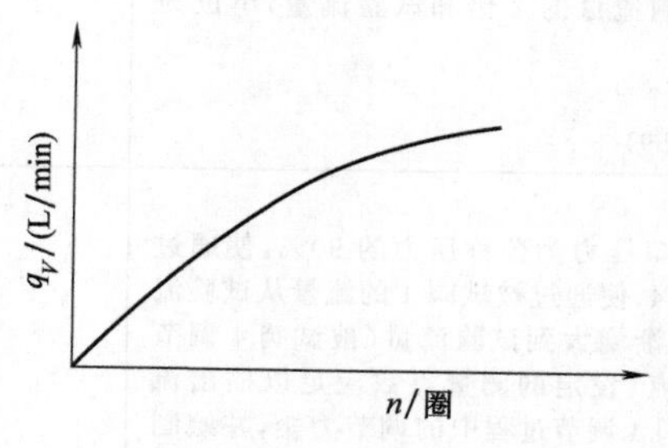

图 6.2-53 开度—流量特性曲线

9.3.3 出口压力—外泄漏量曲线(见图 6.2-55)

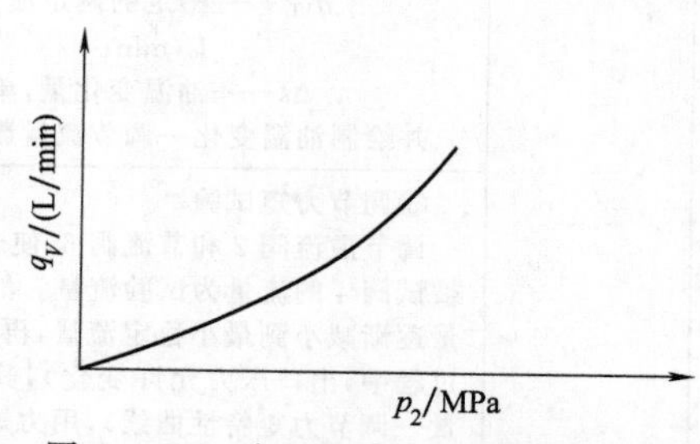

图 6.2-55 出口压力—外泄漏量曲线

9.3.4 进口压力变化—调节流量影响曲线（见图 6.2-56）

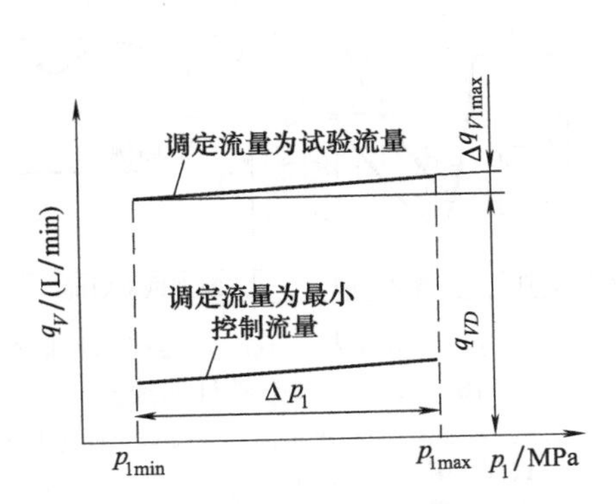

图 6.2-56 进口压力变化—调节流量影响曲线

9.3.5 出口压力变化—调节流量影响曲线（见图 6.2-57）

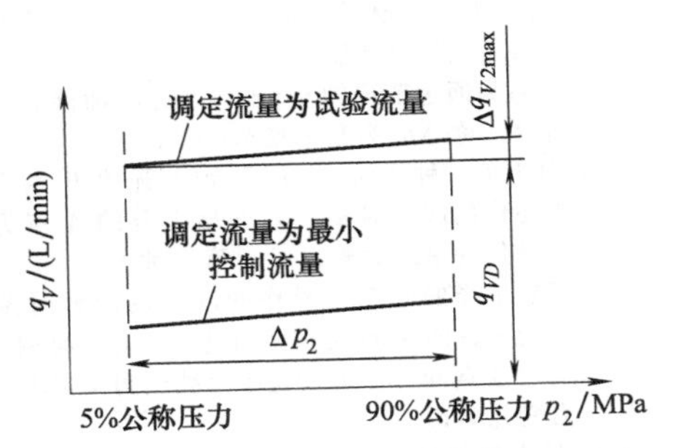

图 6.2-57 出口压力变化—调节流量影响曲线

9.3.6 流量—反向压力损失曲线（见图 6.2-58）

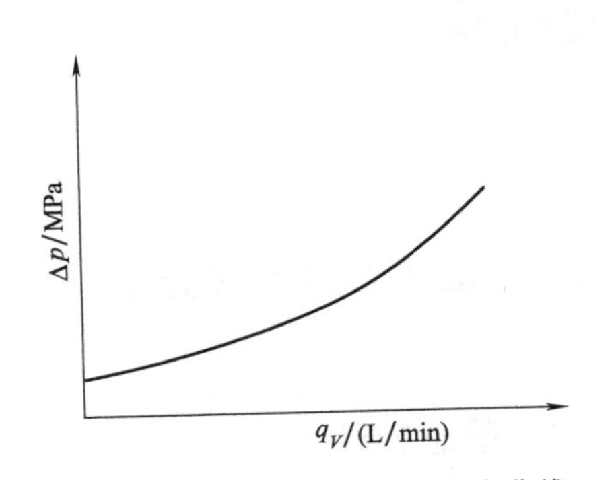

图 6.2-58 流量—反向压力损失曲线

9.3.7 油温变化—调节流量影响曲线（见图 6.2-59）

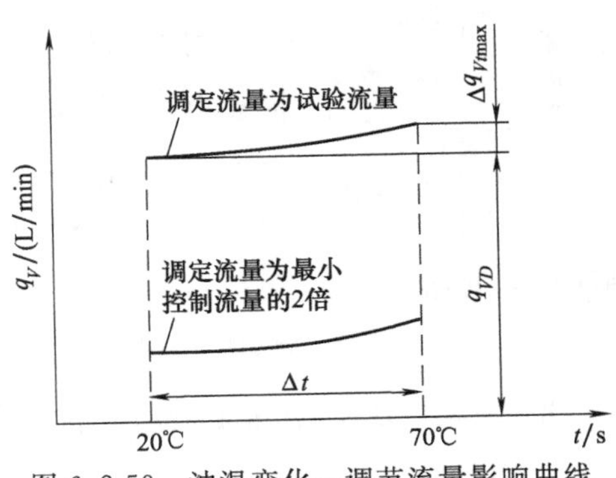

图 6.2-59 油温变化—调节流量影响曲线

9.3.8 流量—调节力矩特性曲线（见图 6.2-60）

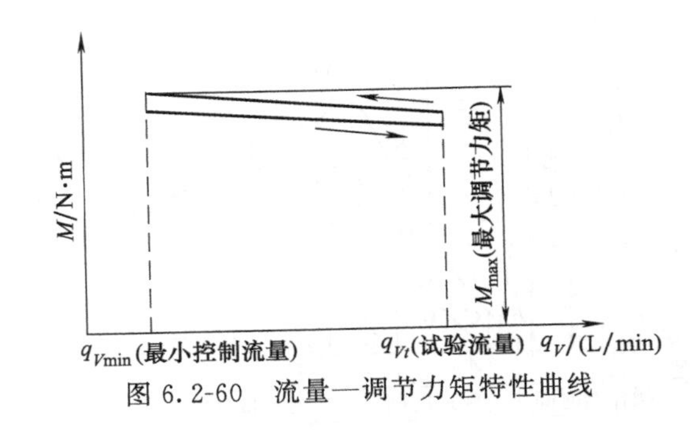

图 6.2-60 流量—调节力矩特性曲线

9.3.9 瞬态特性曲线

（1）瞬态特性测试系统方框图（见图 6.2-61）

（2）瞬态特性曲线（见图 6.2-62）

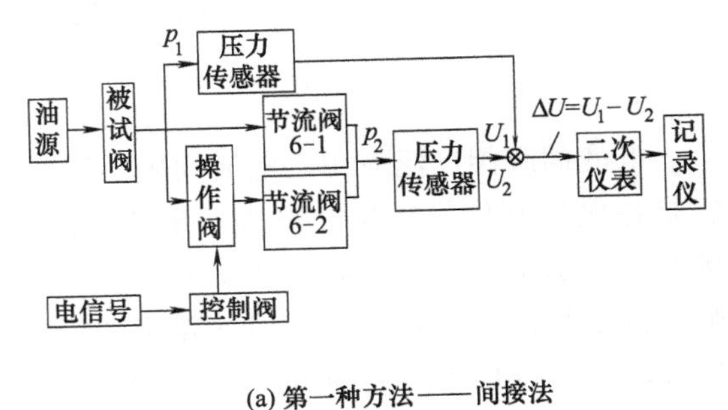

图 6.2-61

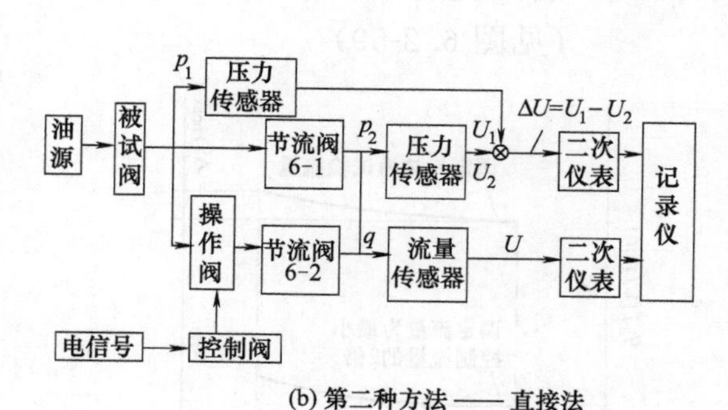

(b) 第二种方法 —— 直接法

图 6.2-61 瞬态特性测试系统方框图

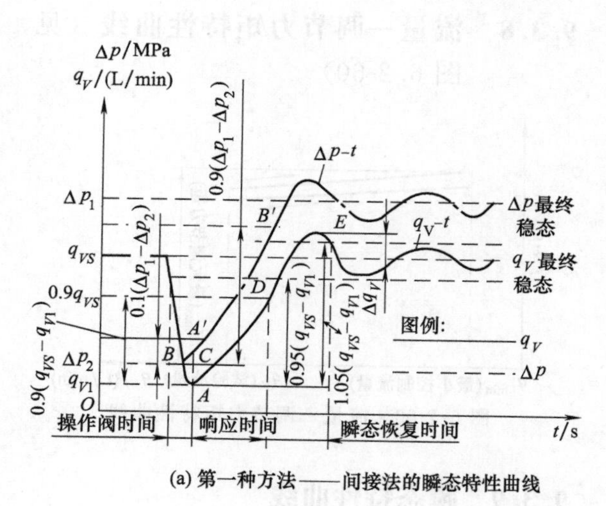

(a) 第一种方法——间接法的瞬态特性曲线

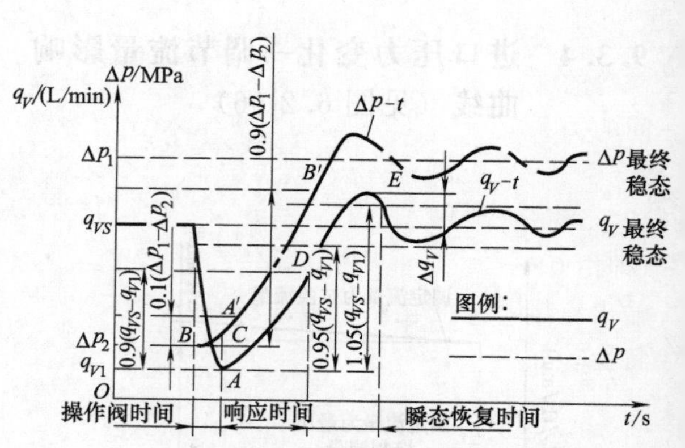

(b)第二种方法——直接法的瞬态特性曲线

图 6.2-62 瞬态特性曲线

注：1. q_{V1}为按式（2）求得的计算流量，此流量作为被试阀 4 瞬间响应的起始时刻，称 q_{V1}为起始流量；

2. q_{VS}为调定的稳态流量，此流量在试验方法中规定为被试阀 4 的试验流量；

3. Δq_V为流量超调量。应计算出流量超调量 Δq_V相对于稳态流量 Δq_{VS} 的百分比，即流量超调率 Δq_V。

$$\Delta q_V=\frac{\Delta q_V}{\Delta q_{VS}}\times 100\% \qquad (6.2\text{-}21)$$

4. Δp_1为 Δq_{VS}通过节流阀 6-1 时调定的压差，称为 Δp_1最终稳态压差；

5. Δp_2为通过节流阀 6-1 和 6-2 并联油路时调定的压差，称 Δp_2为起始稳态压差；

6. 对于第一种方法，Δp_1开始上升的 B 点为操作阀动作的起始时刻，q_V开始上升的 A 点为操作阀动作的最终时刻；对于第二种方法，q_V由 q_{V1}开始下降的时刻为操作阀动作的起始时刻，q_V开始上升的 A 点为操作阀动作的最终时刻；

7. A、B 点间的压力变化率为被试阀 4 实测出口压力变化率；

8. E 点处的后一个波形应落在给定的限制线内，否则 E 点应后移，直至满足要求为止。E 点为被试阀 4 瞬态恢复过程的最终时刻。

10 电液伺服阀试验

电液伺服阀广泛应用于电液伺服系统中，它是将电控制信号转换成液压功率信号的关键元件，系统的品质直接受着该阀性能的影响。为了掌握它的特性参数和影响其性能的各种因素，以便更好地利用它，必须对它进行充分的试验。电液伺服阀的特性包括静态特性和动态特性。

10.1 静态特性的测试方法

10.1.1 静态特性

（1）空载流量特性

在负载压力差 Δp_L 为零和供油压力 p_S 为常数的情况下，输入电流 i 与输出流量 q 之间的关系

$$\pm q=f(\pm i)_{\Delta p_L=0} \qquad (6.2\text{-}22)$$

当被试阀输入电流 i 变化一个工作循环（即由 $0\to+i_{max}\to0\to-i_{max}\to0$），对应测出输出流量 q 的变化。所得曲线即为空载流量特性，如图 6.2-63 所示。

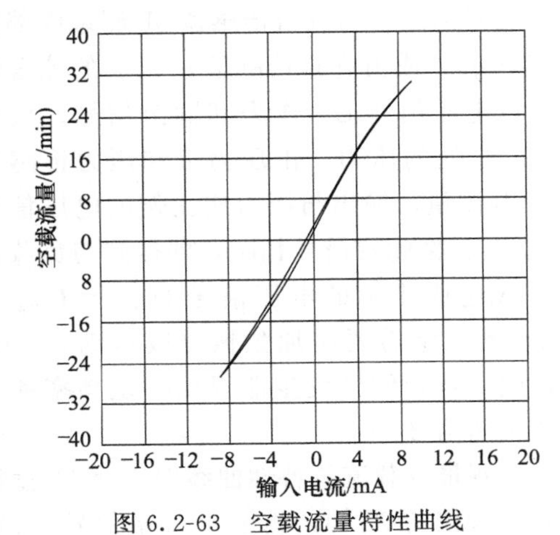

图 6.2-63 空载流量特性曲线

（2）负载流量特性

在输入电流 i 和供油压力 p_S 为常数的情况下，输出流量 q 随负载压力差 Δp_L 的变化关系。

$$\pm q=f(\pm\Delta p_L)_{i=\text{常数}} \qquad (6.2\text{-}23)$$

负载压力差 Δp_L 的变化范围是从零变到 p_S，在此范围内测出对应的输出流量 q 值。改变输入电流 i 为不同的常数，可得到一簇曲线，即为负载流量特性曲线，如图 6.2-64 所示。

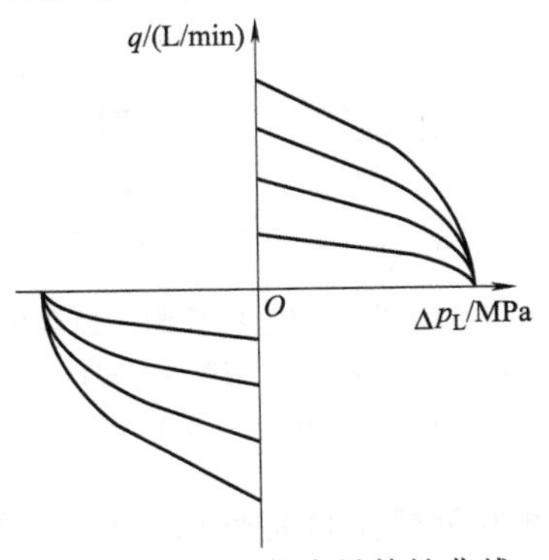

图 6.2-64 负载流量特性曲线

（3）压力增益特性

压力增益特性又称为堵死负载特性。在负载口（或称：控制口；A、B 口）堵死即负载为无穷大或输出流量 q 等于零和供油压力 p_S 为常数的情况下，负载压力差 Δp_L 与输入电流 i 的关系。

$$\pm\Delta p_L=f(\pm i)_{q=0} \qquad (6.2\text{-}24)$$

当输入电流 i 变化一个工作循环，对应测出两控制口之间的压力差值 Δp_L，所得曲线即是压力增益特性。如图 6.2-65 所示。

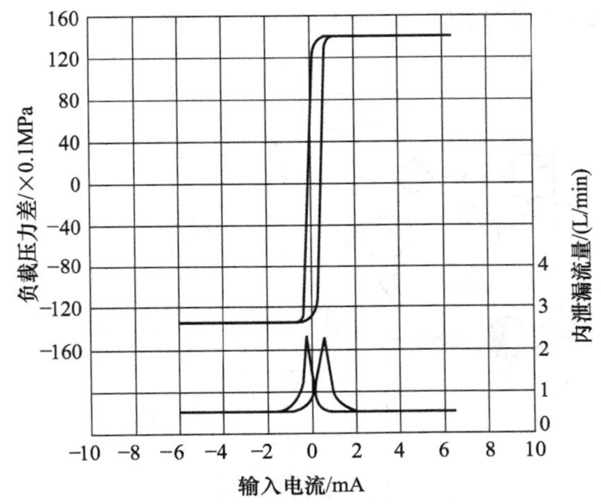

图 6.2-65 压力增益特性和内部泄漏特性曲线

（4）内部泄漏特性

在电液伺服阀输出流量 q 等于零和供油压力 p_S 为常数的情况下，其回油口（O 口或 R 口）流出的流量 q_r 与输入电流 i 的关系。

$$q_r=f(\pm i)_{q=0} \qquad (6.2\text{-}25)$$

将被试阀负载口堵死，当输入电流由 $-i_{max}\to+i_{max}$ 变化时，由阀回油口测流出的流量 q_r 的变化，所得曲线即为内部泄漏特性。如图 6.2-65 所示。

（5）其他的特性

电液伺服阀除上述特性外，还应包括有：伺服阀的分辨力，零位随工作油温度、供油压力、回油压力和加速度等变化而漂移的特性；另外还应考核抗污染能力、耐久性试验、压力脉冲试验、环境试验和耐压试验等。

10.1.2　静态特性的测试方法及油路

综合上述电液伺服阀的静态特性可知，在试验中应该测量的参数有：输入电流 i、输出流量 q、内部泄漏流量 q_r、供油压力 p_S、回油压力 p_r、负载腔（A、B 口或控制口）压力 p_A 和 p_B、负载压力差 $\Delta p_L = p_A - p_B$、油液温度等。静态特性的试验方法可分为手动逐点描迹法和自动连续描迹法，今以连续法为例说明电液伺服阀静态特性试验油路及测试方法。图 6.2-66 所示为试验油路及测试原理图。

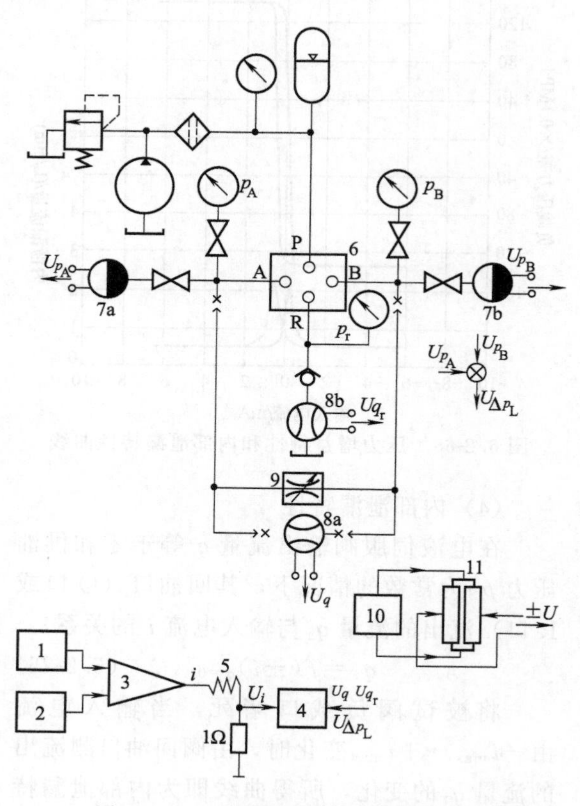

图 6.2-66　电液伺服阀静态特性试验油路及测试原理图

1—超低频信号发生器；2—音频信号发生器；3—伺服放大器；4—X-Y 记录仪；5—阀线圈；6—被试阀；7—压力传感器；8—流量传感器；9—加载阀；10—稳压电源；11—信号电位计

为了实现特性曲线的连续绘制，输入信号是由超低频信号发生器产生的三角波信号，频率为 0.01～0.02Hz，通过具有电流负反馈的伺服放大器，以电流信号输往伺服阀线圈。由与阀线圈串联的 1Ω 精密电阻上取出电压信号 U_i，U_i 与通过阀线圈的电流 i 成比例。将它输往 X-Y 记录仪的 X 轴，作为自变量。被试伺服阀的输出流量 q 是由串联在被试阀负载口 A、B 之间的流量传感器 8a 检测的，输出与流量成正比的电压信号 U_q。由安装在被试阀回油路上的流量传感器 8b 测量内部泄漏流量 q_r，或由它直接测量 q 和 q_r 的综合流量，以电压信号 U_{q_r} 作为其输出信号。负载口 A、B 处的压力，由压力表和压力传感器 7a、7b 测量，输出与压力成比例的电压信号 U_{p_A}、U_{p_B} 将此两信号相减，即得到与负载压力差 Δp_L 成比例的电压信号 $U_{\Delta p_L} = U_{p_A} - U_{p_B}$。若试验需要增加颤振（或抖动）信号时，则由音频信号发生器提供一定频率和振幅的正弦信号。

当测量空载流量特性曲线时，将 U_i 输往 X-Y 记录仪的 X 轴，将输出流量信号 U_q 输往 Y 轴。此时 A、B 口之间的加载节流阀关闭。流量全部通过流量传感器。由于流量传感器所引起的压力损失较小，此时可认为是空载状况。随着超低频信号发生器产生的三角波工作一个周期，对应阀线圈中电流 i 变化一个工作循环，此时输出流量也变化一个工作循环。因而在 X-Y 记录仪的纸平面上就连续绘出了空载流量特性曲线图形。其测试原理框图如图 6.2-67 所示。

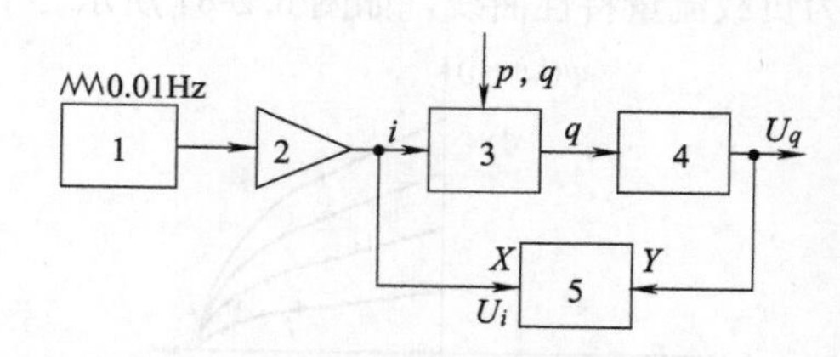

图 6.2-67　空载流量特性测试原理框图

1—超低频信号发生器；2—伺服放大器；3—被试阀；4—流量传感器；5—X-Y 记录仪

当测量负载流量特性时，因为要求输入电流为不同的常值电流。只要采用图 6.2-66

所示由两电位计组成的桥式电路11，它由稳压电源10提供稳定的直流桥压。其滑臂在两个方向上的运动，就可输出正、负电压($\pm U$)，将它输往伺服放大器3，在阀线圈中就可获得不同的恒定电流值。此时试验油路中，在A、B口之间去掉流量传感器，串入加载节流阀（若有高压正反向流量计的话，也可将流量计串入此油路中）。改变加载节流阀阀口大小，即可获得相应变化的负载压差Δp_L值。Δp_L的测量是由压力传感器分别测出U_{pA}和U_{pB}，将此两信号相减即为$U_{\Delta p_L}$，并把它输往X-Y记录仪的X轴。输出的负载流量由串在回油路中的流量传感器测出，输出与流量成比例的电压信号U_q，并输往X-Y记录仪的Y轴。随着Δp_L由零增加到p_S值的变化，笔尖在纸面上绘出了负载流量特性。改变输入电流i值的大小，在正、负电流下可画出一簇曲线。其测试原理框图如图6.2-68所示。

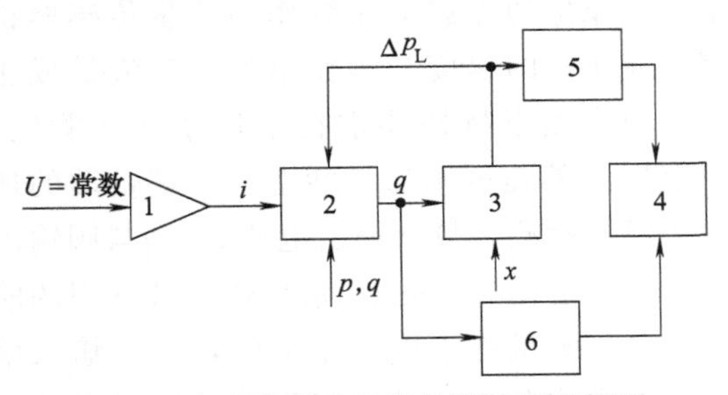

图6.2-68 负载流量特性测试原理框图
1—伺服放大器；2—被试阀；3—加载节流阀；4—X-Y记录仪；5—压力传感器；6—流量传感器

当测量压力增益特性时，要求在输出流量为零的条件下，此时只要将被试阀A、B口堵死即可。A、B口压力差Δp_L仍由两压力传感器测出然后相减，或用压差传感器测出。被试阀的输入信号仍与空载流量特性试验时一样。必要时也可叠加颤振信号。U_i输往记录仪的X轴，$U_{\Delta p_L}$输往Y轴。随着三角波变化一个周期，即得到压力增益特性曲线。其测试原理框图如图6.2-69所示。

当测量内部泄漏特性时，也是在输出流量等于零的条件下，即将被试阀A、B口堵死。在回油口串接流量传感器，测量泄漏流量q_r，流量传感器输出的电信号U_{q_r}输往记录仪的Y轴；X轴的输入为阀电流信号U_i。当电流由$-i_{max}$变化到$+i_{max}$的过程中，记录仪笔尖所描绘的曲线即为内部泄漏特性曲线。其测试原理框图如图6.2-70所示。

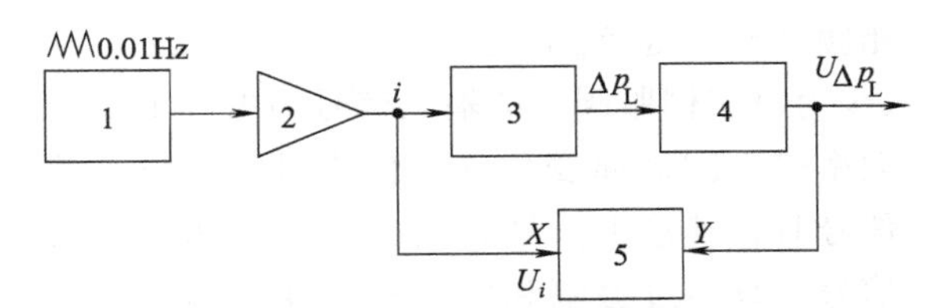

图6.2-69 压力增益特性测试原理框图
1—超低频信号发生器；2—伺服放大器；3—被试阀；4—压力传感器；5—X-Y记录仪

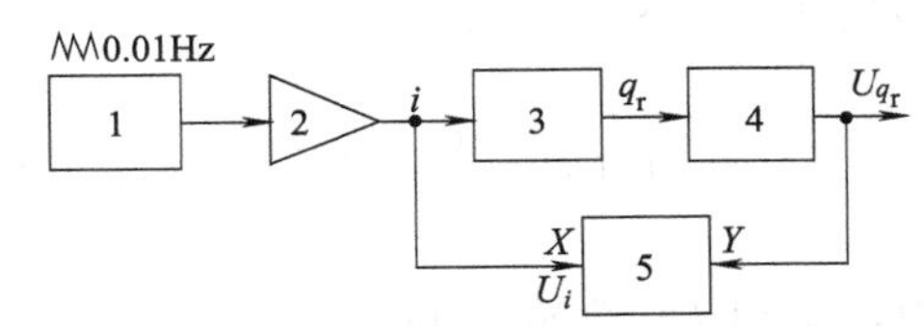

图6.2-70 内部泄漏特性测试原理框图
1—超低频信号发生器；2—伺服放大器；3—被试阀；4—流量传感器；5—X-Y记录仪

10.2 动态特性测试方法

电液伺服阀的动态特性通常用它的频率特性（或称频率响应特性）或阶跃响应特性来表示。现只着重介绍频率特性的试验测试方法。

10.2.1 频率特性试验测试法的理论基础

因为元件或系统的频率特性等于输出信号的傅立叶变换与输入信号的傅立叶变换之比：

$$H(f)=Y(f)/X(f) \tag{6.2-26}$$

用复数极坐标形式可表示为

$$H(f)=H(f)e^{-j\varphi(f)} \tag{6.2-27}$$

式中，$|H(f)|$称为幅频特性，$\varphi(f)$称为相频特性。也就是说，当被试系统或元件(今为电液伺服阀)的输入信号为振幅不变而频率按不同规律变化（线性或对数）的正弦信号时，其输出信号必然也是同频率的正弦信号，只不过振幅和相位有所变化而已。输出与输入信号的振幅比随频率的变化就是幅频特性；两者之间的相位差随频率的变化就是相频特性。这就是传统的试验方法求取被试对象频率特性的理论基础。

对于随机信号而言，由于它不是周期信号，所以不能表示为傅立叶级数，也不能直接对它进行傅立叶变换而得频谱；只能通过其时域统计量相关函数的傅立叶变换来得到其频域特性。由谱分析理论可知，系统或元件的频率特性为

$$H(f)=\frac{G_{xy}(f)}{G_x(f)} \tag{6.2-28}$$

式中，$G_{xy}(f)$为输入和输出信号的互功率谱密度函数；$G_x(f)$为输入信号的自功率谱密度函数。可见当被试对象在随机信号的激励下，只要能求出输入信号的自功率谱密度函数和输入、输出信号之间的互功率谱密度函数，就可求得被试对象的频率特性。这就是用谱分析法（或称统计法）求取被试对象频率特性的理论基础。

10.2.2 电液伺服阀的频率特性的试验油路及方法

(1) 频域法测试

用古典频域法测试电液伺服阀频率特性的试验油路及测试方法如图 6.2-71 所示。

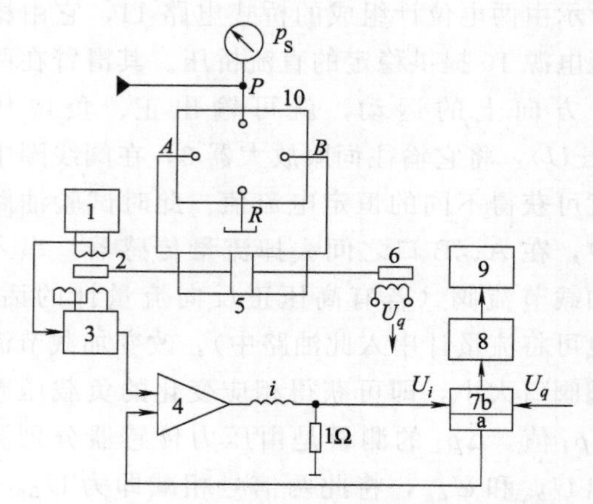

图 6.2-71 古典频域法测试电液伺服阀频率特性的试验油路及测试原理图

1—音频信号发生器；2—位移传感器；3—调制—解调器；4—伺服放大器；5—无载液压缸；6—速度传感器；7—频率响应分析仪（a—信号发生器；b—相关器）；8—记录仪驱动器；9—记录仪；10—被测阀

被试阀要求输入的正弦信号是由超低频信号发生器或频率响应分析仪中的信号发生器提供。要求提供频率按线性或对数扫描，振幅保持常值的标准正弦波信号。此信号经伺服放大器转换成阀线圈中正弦变化的电流信号。由与阀线圈串联的 1Ω 精密电阻上取 U_i 信号作为输入信号。输出流量则由小质量、低摩擦的无载液压缸作为流量传感器检测。液压缸的速度与阀输出的空载流量成正比，因为频率特性要求在空载条件下测定。而液压缸的速度则通过活塞杆一端带动的速度传感器检测，故其输出电压 U_q 是与阀输出流量 q 成正比的。此 U_q 信号作为被试阀的输出信号。测量在不同频率下的输出、输入信号的振幅比和相角差，即为被试伺服阀的幅频特性和相频特性。

将此输入信号 U_i 和输出信号 U_q 同时输往频率响应分析仪中的相关器 7b，通过记录仪驱动器带动 X-Y 记录仪，即可绘出对数幅、相频率特性。图 6.2-72 所示为实测的某电液伺服阀的频率特性曲线。

(2) 谱分析法（或称统计法）测试

由于用古典频域法测试电液伺服阀频率特性时，必须使被试阀脱离实际的工况，而处于专门的试验工况下来进行测试，人们称这种状态为“离线”（Off line）状态。在测试过程中还要求在不同频率的正弦信号激励下，只有输入和输出均达到稳态后才能测试

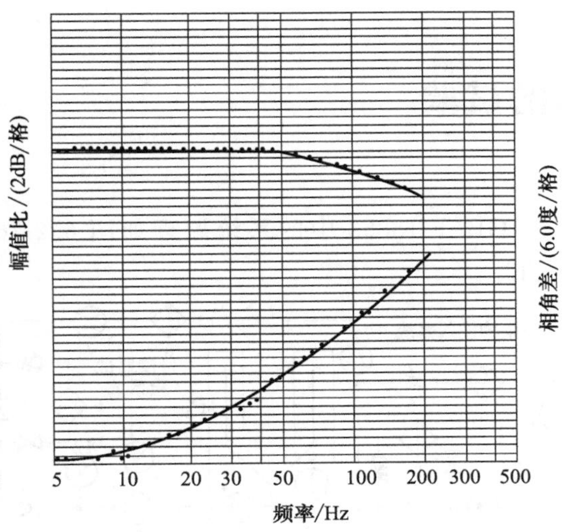

图 6.2-72 实测的电液伺服阀频率特性曲线

其振幅比和相角差。因此，当试验的频率范围较宽时，完成一次频率特性的测试时间就较长，使试验效率下降。人们往往希望被试阀是处于正常工作状态下进行测试，即所谓“在线”（On line）状态。这就要求在测试过程中不能影响被试阀所处系统的正常工作。对于连续、长期工作的工艺流程中的元件和系统来说，在线获得当前的性能对故障诊断和预测工作无疑都是极为重要的。

应用谱分析法测试就可以实现“在线”测试，在被试阀或系统在正常工作信号激励的基础上，叠加伪随机信号，信号的幅度以不影响正常工作而又能使测试的信号足以完成各种运算，以获得正确的被试阀频率特性为标准。图 6.2-73 所示为其试验油路及测试原理图。

这种试验油路只是为了说明谱分析法的应用的方案之一。由超低频信号发生器 9 产生正弦信号以模拟正常工作的信号，输往伺服放大器。另外由信号处理仪 7 中的信号发生器输出伪随机信号（PRBS）也输往伺服放大器，两者叠加作为输入的试验激励信号。试验的目的在于测试被试阀输入电流点到输出流量点之间的频率特性，所以由与阀线圈串联的采样电阻上取出 U_i 作为输入信号，由

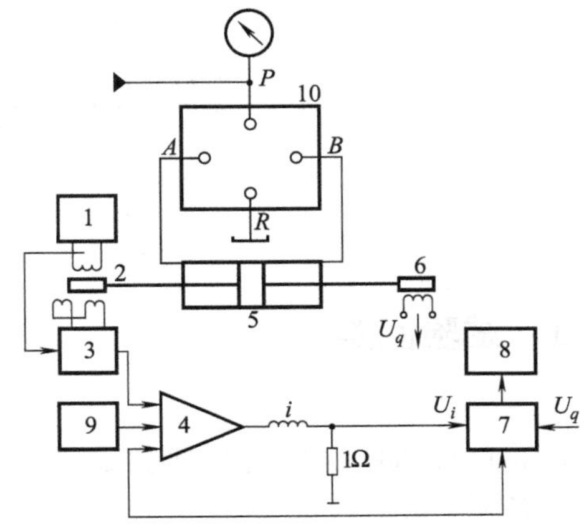

图 6.2-73 谱分析法测试电液伺服阀频率特性的试验油路及测试原理图

1—载波源；2—位移传感器；3—解调器；4—伺服放大器；5—无载液压缸；6—速度传感器；7—信号处理仪；8—绘图仪；9—信号发生器；10—被试阀

无载液压缸杆带动的速度传感器检测出的 U_q 作为输出信号。将此两信号同时输往信号处理仪，经相关运算和 FFT 等分别求出两信号的互功率谱密度函数 $G_{xy}(f)$ 和输入信号的自功率谱密度函数 $G_x(f)$，再求它们的比值即为被试阀的频率特性。最后由绘图仪绘出对数幅、相频率特性曲线。图 6.2-74 所示为由谱分析法实测的某电液伺服阀的频率特性曲线。

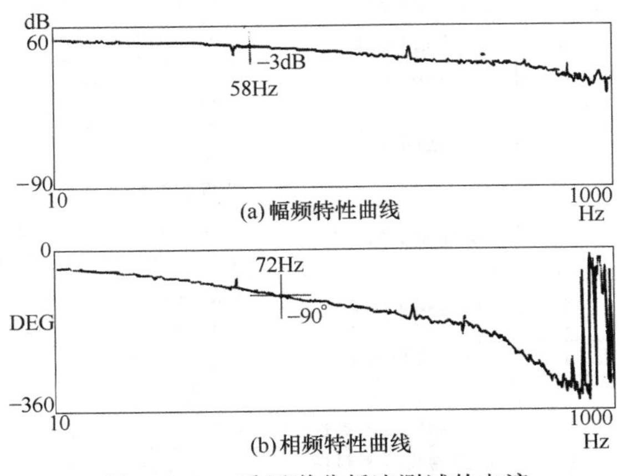

图 6.2-74 采用谱分析法测试的电液伺服阀频率特性曲线

11 过滤器的试验

11.1 试验回路

GB/T 17486 中的试验回路原理如图 6.2-75 所示。

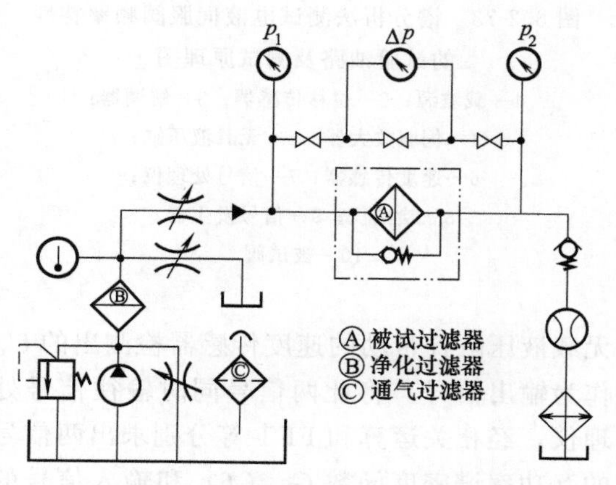

图 6.2-75 适合于测量压降和流量的试验回路原理图

GB/T 18853 中的系统原理如图 6.2-76 所示。

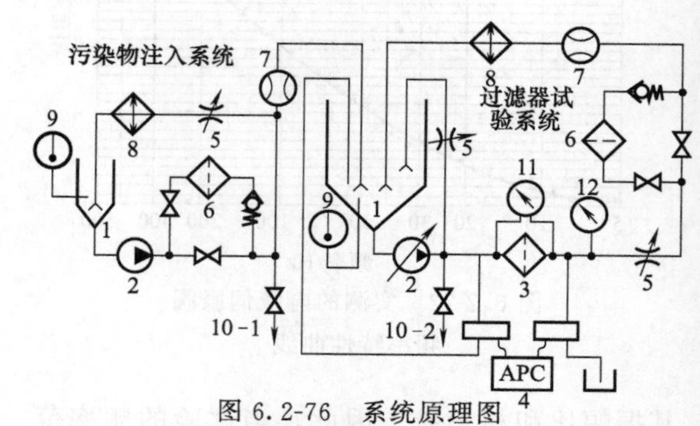

图 6.2-76 系统原理图

1—油箱；2—泵；3—被试过滤器；4—颗粒计数系统；5—调节阀；6—净化过滤器；7—流量计；8—热交换器；9—温度传感器；10-1，10-2—取样阀；11—压降指示器；12—压力表

11.2 试验方法

各种试验按表 6.2-18 执行。

表 6.2-18 试验方法

序号	试验项目	试验方法
1	过滤精度	过滤精度试验应按照 GB/T 18853 的规定进行
2	纳垢容量	纳垢容量试验应按照 GB/T 18853 的规定进行
3	发信号压降	试验装置应符合 GB/T 17486 的规定，安装被试的发信号器，用专用堵塞代替滤芯，用试验液向过滤器进口缓慢加压，直至发信号器工作为止
4	旁通阀开启压降	①试验装置应符合 GB/T 17486 的规定。将旁通阀安装在专用的试验夹具中，使旁通阀进口与试验液压泵相接，旁通阀出口通大气，用试验液压泵加压，当压力达到产品文件规定开启压降的 80%时为止，保压 3min ②按过滤精度试验的方法继续加压，当压力达到产品文件规定的开启压降时为止
5	旁通阀关闭压降	按照 4 中②的试验方法，当旁通阀开启后，以每次 7kPa 的压力值逐步降压，直至降到不低于规定压力的 65%的压降为止
6	旁通阀压降流量	试验装置应符合 GB/T 17486 的规定。用专用堵塞代替滤芯，启动液压泵，调整试验流量，当流量达到过滤器额定流量时，测量旁通阀的压降
7	过滤器初始压降	试验应按照 GB/T 17486 的规定进行，反向压力损失
8	相容性	过滤器在 135℃的油液中浸泡 72h，此后检查
9	过滤器低压密封性	将过滤器内腔充满试验油液。堵住过滤器出口，向进口加压至 15kPa，保持 3min
10	过滤器高压密封性	按 9 的试验方法向过滤器进口加压，至 1.5 倍的公称压力时止，保持 2min
11	过滤器爆破压力	按 9 的试验方法向过滤器进口加压，至 3 倍的公称压力时止，保持 1min
12	过滤器压降流量特性	过滤器压降流量特性试验应按照 GB/T 17486 的规定进行

12 蓄能器的试验

本节中的蓄能器为隔离式蓄能器。

12.1 试验回路（见图 6.2-77）

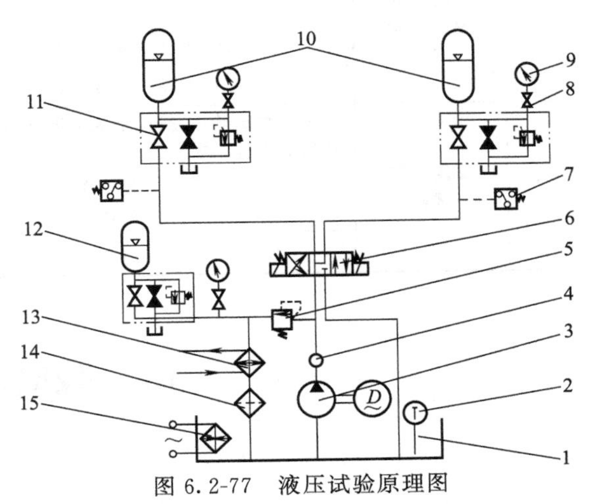

图 6.2-77 液压试验原理图

1—油箱；2—温度计；3—泵装置；4—单向阀；5—溢流阀；6—电磁换向阀；7—压力继电器；8—压力表开关；9—压力表；10—被试蓄能器；11—蓄能器阀组；12—蓄能器；13—冷却器；14—过滤器；15—电加热器

12.2 试验方法

① 型式试验项目和方法应符合表 6.2-19 的规定。

② 出厂试验项目和方法应符合表 6.2-20 的规定。

表 6.2-19 型式试验项目和方法

<table>
<tr><th>序号</th><th>试验项目</th><th colspan="8">试验方法</th></tr>
<tr><td>1</td><td>气密性试验</td><td colspan="8">将蓄能器油口通大气，从充气阀向蓄能器室内充入 0.85 倍公称压力的氮气，在环境温度下记录压力表数值，保压 12h 后检查是否漏气</td></tr>
<tr><td rowspan="4">2</td><td rowspan="4">密封性和耐压试验</td><td colspan="8">将蓄能器安装在试验系统中，按以下规定进行试验，在保压时间内检查密封处的漏气、渗油现象</td></tr>
<tr><td colspan="4">类型</td><td>公称压力/MPa</td><td>充气压力/MPa</td><td>试验压力/MPa</td><td>保压时间/min</td></tr>
<tr><td colspan="4">囊式蓄能器 B 型隔膜式蓄能器</td><td>p</td><td>$0.35p$</td><td>$1.25p$</td><td>10</td></tr>
<tr><td colspan="4">A、C 型隔膜式蓄能器</td><td>p</td><td>$0.35p$</td><td>$1.5p$</td><td>10</td></tr>
<tr><td rowspan="5">3</td><td rowspan="5">反复动作试验</td><td colspan="8">将蓄能器安装在试验系统中，按以下规定进行试验，在第 1、2 阶段结束后和第 3 阶段每动作 2 万次后，应用充气工具测量充气压力值，并经常检查密封处渗油现象</td></tr>
<tr><td>试验阶段</td><td>公称压力/MPa</td><td>反复动作次数</td><td colspan="2">充气压力/MPa</td><td>动作压力/MPa</td><td>油温/℃</td><td>充放频率/(L/min)</td></tr>
<tr><td>1</td><td>p</td><td>≥1000</td><td>$0.35p$</td><td rowspan="3">+5%</td><td>$(0.5\sim1)p$</td><td>70～80</td><td>3～12</td></tr>
<tr><td>2</td><td>p</td><td>≥500</td><td>$0.17p$</td><td>$(0.1\sim1)p$</td><td>5～70</td><td>3～8</td></tr>
<tr><td>3</td><td>p</td><td>≥10000</td><td>$0.35p$</td><td>$(0.5\sim1)p$</td><td>5～70</td><td>3～12</td></tr>
<tr><td>4</td><td>漏气检查</td><td colspan="8">反复动作试验后，给囊式蓄能器的胶囊或隔膜式蓄能器的气室充入 0.85 倍公称压力的氮气，浸入水中，保压不少于 1h 后检查是否漏气</td></tr>
<tr><td>5</td><td>渗油检查</td><td colspan="8">漏气检查后，放掉蓄能器胶囊中的气体，拆去充气阀，从油口施加压力为公称压力的压力油，保压不少于 1h，观察充气阀座处是否渗油</td></tr>
<tr><td>6</td><td>解体检查</td><td colspan="8">上述试验后，解体蓄能器，检查各零件</td></tr>
<tr><td>7</td><td>内部清洁度检查</td><td colspan="8">按 JB/T 7858 规定进行</td></tr>
</table>

表 6.2-20 出厂试验项目和方法

<table>
<tr><th>序号</th><th>试验项目</th><th colspan="6">试验方法</th></tr>
<tr><td rowspan="4">1</td><td rowspan="4">密封性和耐压试验</td><td colspan="6">将蓄能器安装在试验系统中，按以下规定进行试验，在保压时间内检查密封处的漏气、渗油现象</td></tr>
<tr><td colspan="2">类型</td><td>公称压力/MPa</td><td>充气压力/MPa</td><td>试验压力/MPa</td><td>保压时间/min</td></tr>
<tr><td colspan="2">囊式蓄能器 B 型隔膜式蓄能器</td><td>p</td><td>$0.35p$</td><td>$1.25p$</td><td>3</td></tr>
<tr><td colspan="2">A、C 型隔膜式蓄能器</td><td>p</td><td>$0.35p$</td><td>$1.5p$</td><td>3</td></tr>
<tr><td rowspan="3">2</td><td rowspan="3">反复动作试验</td><td colspan="6">密封性试验后，按以下规定进行动作试验。动作试验过程中检查密封处的漏气、渗油现象和进油阀有无卡死现象</td></tr>
<tr><td>公称压力/MPa</td><td>反复动作次数</td><td>充气压力/MPa</td><td>动作压力/MPa</td><td>油温/℃</td><td>充放频率/(L/min)</td></tr>
<tr><td>p</td><td>≥60</td><td>$0.35p$</td><td>$(0.5\sim1)p$</td><td>5～70</td><td>3～12</td></tr>
</table>

13 胶管总成的试验

13.1 耐压试验

软管总成以 1.5 倍的工作压力进行静压试验，至少保压 60s，不得有泄漏和破裂等异常现象。

13.2 长度变化试验

① 取一根未使用过的软管总成，接头之间自由尺寸不小于 300mm，通过管内升压试验测量其伸长或缩短的变化率。

② 试验方法。

a. 将软管内升压至工作压力，保压 30s，然后泄压。

b. 至少在泄压后 30s，在两接头中间一点，向两边各相距 125mm 处作两个准确的标记，其长度为 L_0。

c. 重新加压至工作压力，保压 30s。

d. 在保压状态下，测量软管两个标记之间的长度 L_1。

e. 测量后按下列公式进行计算。

$$V_L=\frac{L_1-L_0}{L_0}\times100\% \tag{6.2-29}$$

③ 长度变化百分率应符合有关标准的规定值。

13.3 爆破试验

将一根装好接头不超过 30 天且未经使用的软管总成，匀速升压做静压爆破试验，在规定最小爆破压力下不得出现泄漏和破裂现象。

注：本试验为破坏性试验，试验后试件报废。

13.4 低温弯曲试验

① 取一根软管总成，平直地在 −40℃±3℃温度下放置 24h。

② 在 −40℃温度下，将被试件放在直径为软管的最小弯曲半径的 2 倍的芯轴上，于 8～12s 的时间内匀速地弯曲一次。

③ 软管公称内径小于或等于 22mm 时在芯轴上弯曲 180°，内径大于 22mm 时在芯轴上弯曲 90°。

④ 弯曲后将试件恢复至室温，目测表面不应有龟裂，并按13.1的规定进行耐压试验，此时不应有表面龟裂或渗漏。

注：本试验为破坏性试验，试验后试件报废。

13.5 脉冲试验

① 取4根装好接头不超过30天且未经使用的软管总成。

② 以0.5Hz或1.25Hz（30周期/分和75周期/分）之间的频率向软管内施加脉冲压力油。

③ 要求油液压力循环在图6.2-78所示的斜线面积之内并尽可能接近图中所示的曲线，压力上升速率应在100～350MPa/s之间。

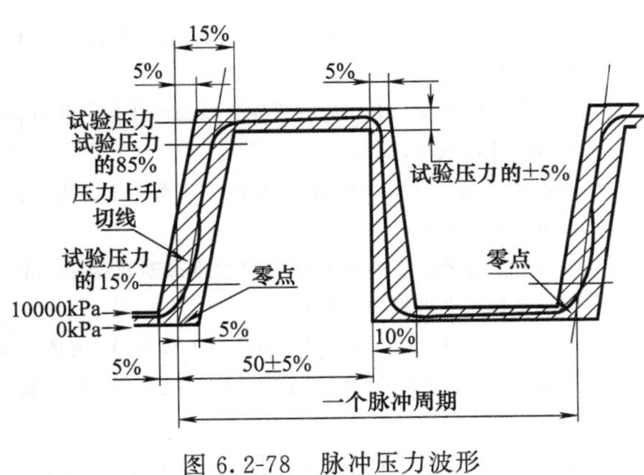

图6.2-78 脉冲压力波形

④ 在试验期间，要求进入软管总成的压力油油温保持在93℃±3℃。试验可以间歇进行。

⑤ 试验工作介质采用一般液压油，要求黏度在100℃时为4.0～9.0mm²/s，在40℃时为32.0～76.0mm²/s。

⑥ 按脉冲试验安装要求（如图6.2-79所示），根据各类软管的最小弯曲半径，被试软管自由长度应符合如下要求：

弯曲形式	自由长度
90°	$0.5\pi r+2d$
180°	$\pi r+2d$

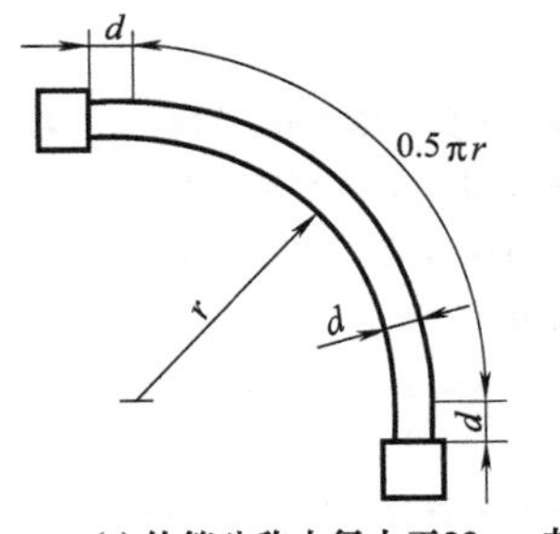

(a) 软管公称内径大于22mm者

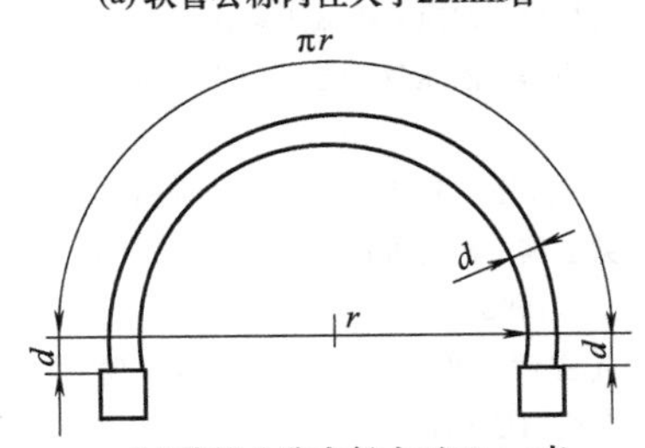

(b) 软管公称内径小于22mm者

图6.2-79 软管脉冲试验装置图

d—软管公称外径；r—软管最小弯曲半径

⑦ 软管公称内径在小于或等于22mm时弯曲应为180°，公称内径大于22mm时弯曲应为90°。

⑧ 根据各种软管要求，脉冲试验压力为工作压力的125%或133%。

⑨ 脉冲试验的次数应达到软管有关标准的规定值。

注：本试验为破坏性试验，试验后试件报废。

13.6 泄漏试验

① 取一根装好接头不超过30天且未经使用的软管总成，在规定最小爆破压力的70%时，保压5～5.5min。

② 减少压力到0。

③ 重复用最小爆破压力的70%，再保压5～5.5min。

④ 在保压过程中接头处不得有泄漏或其他异常现象。

注：本试验为正常的破坏性试验，试验后试件报废。

参考文献

[1] 中国机械设计大典，第五卷，机械控制系统设计（含液压气动部分），南昌：江西科学技术出版社，2002

[2] 机械设计手册编委会. 机械设计手册. 第四卷. 北京：机械工业出版社，2000

[3] 机械设计手册编委会. 机械设计手册（新版第4卷）：北京：机械工业出版社，2005

[4] 机械设计手册编委会. 机械设计手册（单行本）：液压传动与控制. 北京：机械工业出版社，2007

[5] 路甬祥主编. 液压气动技术手册. 北京：机械工业出版社. 2005

[6] 雷天觉. 液压工程手册. 北京：机械工业出版社，1990

[7] 雷天觉主编. 新编液压工程手册. 北京：北京理工大学出版社，1998

[8] 成大先主编. 机械设计手册：第5卷. 第4版. 北京：化学工业出版社，2002

[9] 成大先主编. 机械设计手册. 第五版. 北京：化学工业出版社，2008

[10] 液压与气动设备维修问答，中国机械工程学会设备维修分会《机械设备维修问答丛书》编委会，北京：机械工业出版社，2002

[11] 刘新德主编. 袖珍液压气动手册. 第2版. 北京：机械工业出版社，2004

[12] 章宏甲，黄宜. 液压传动. 北京：机械工业出版社，1992

[13] 重型机械标准编写委员会编. 重型机械标准. 第四卷. 北京：中国标准出版社，1998

[14] 宋学义. 袖珍液压气动手册. 北京：机械工业出版社，1998

[15] 李玉林. 主编液压元件与系统设计. 北京：北京航空航天大学出版社，1991

[16] 官忠范主编. 液压传动系统. 北京：机械工业出版社，1983

[17] 张利平主编. 现代液压技术应用220例，北京：化学工业出版社，2004

[18] 张利平编著. 液压传动系统设计. 北京：化学工业出版社，2005

[19] 张利平编著. 液压控制系统及设计. 北京：化学工业出版社，2007

[20] 刘延俊编著. 液压元件使用指南. 北京：化学工业出版社，2008

[21] 李天元主编. 简明机械工程师手册. 昆明：云南科技出版社，1988

[22] 杜国森等编著. 液压元件产品样本. 北京：机械工业出版社，2000

[23] 曾祥荣等编著. 液压传动，北京：国防工业出版社，1980

[24] 张仁杰主编. 液压缸的设计制造和维修. 北京：机械工业出版社，1989

[25] 林建亚，何存兴. 液压元件. 北京：机械工业出版社，1988

[26] 徐灏主编. 机械设计手册. 第二版. 北京：机械工业出版社，2001

[27] 卢长耿. 液压控制系统的分析与设计. 北京：煤炭工业出版社，1991

[28] 李洪仁. 液压控制系统. 北京：国防工业出版社，1981

[29] H. E. 梅里特. 液压控制系统. 北京：科学技术出版社，1976

[30] 顾瑞龙. 控制理论及电液控制系统. 北京：机械工业出版社，1984

[31] 刘长年. 液压伺服系统的分析与设计. 北京：科学出版社，1985

[32] 吴根茂等编著. 实用电液比例技术. 杭州：浙江大学出版社，2006

[33] 王守城，段俊勇. 液压元件及选用. 北京：化学工业出版社，2007

[34] 虞和济，韩庆大，李沈等. 设备故障诊断工程. 北京：冶金工业出版社，2001

[35] 周恩涛主编. 液压系统设计元器件选型手册. 北京：机械工业出版社，2007

[36] A. H 海恩著，流体动力系统的故障诊断及排出. 北京：机械工业出版社，2000

[37] ［美］海恩（Hehn，A. H.）著. 易孟林等译. 流体动力系统的故障诊断及排除. 北京：机械工业出版社，2000

[38] 黎启柏主编，液压元件手册，北京：冶金工业出版社，机械工业出版社，2000

[39] 谭尹耕. 液压实验设备与测试技术. 北京：北京理工大学出版社，1997. 2

[40] 液压传动教程. 第二册. 比例与伺服技术. REXROTH，RC00303、10，1987

[41] 工业液压元件（第二册）. 伺服及比例阀和配件，电器配件，RC00115-02/08. 04

[42] 通用比例阀及放大器. REXROTH，RC00150，2000

[43] 电液比例控制阀，BOSCH，（NG6，10）

[44] 用于液压比例伺服系统的元件电子控制器及附件. RC 29003/4. 87

[45] 电液比例技术与电液闭环比例技术的理论与应用，BOSCH，1997

[46] 先导式比例阀. BOSCH，NG10～NG5（13），2000

[47] 工业用液压技术手册. 第三版. VICKERS. 1996

[48] Electrohydraulic Valve. A Technical Look MOOG

[49] Proportional Eletrohydraulic Controls. ATOS，KF96-0/E

[50] 国家质量技术监督局发布. 中华人民共和国国家标准，液压气动图形符号 GB/T 786. 1—93. 北京：中国标准出版社，1993

[51] 中华人民共和国国家质量监督检验检疫总局发布. 中华人民共和国国家标准，流体传动系统及元件，公称压力系列 GB/T 2346—2003. 北京：中国标准出版社，2004

[52] 国家标准总局发布. 中华人民共和国国家标准，液压泵及马达公称排量系列 GB 2347—52. 北京：技术标准出版社，1981

[53] 中华人民共和国国家质量监督检验检疫总局，中国国家标准化委员会发布. 中华人民共和国国家标准化指导性技术文件，液压系统总成　清洁度检验 GB/Z 20423—2006/ISO/TS 16431：2002. 北京：中国标准出版社

[54] 国家质量技术监督局发布. 中华人民共和国国家标准，液压气动系统及元件，缸内径及活塞杆外径 GB/T 2348—93. 北京：中国标准出版社，1993

[55] 中华人民共和国国家质量监督检验检疫总局发布. 中华人民共和国国家标准，液压传动　隔离式充气蓄能器压力和容积范围及特征量 GB/T 2352—2003/ISO 5596：1999. 北京：中国标准出版社，2004

[56] 中华人民共和国国家质量监督检验检疫总局，中国国家标准化委员会发布. 中华人民共和国国家标准，液压缸活塞和活塞杆动密封沟槽尺寸和公差 GB/T 2879—2005/ISO 5597：1987. 北京：中国标准出版社，2005

[57] 中华人民共和国国家质量监督检验检疫总局，中国国家标准化委员会发布. 中华人民共和国国家标准，液压气动用 O 形橡胶密封圈，第一部分：尺寸系列及公差 GB/T 2879—2005/ISO 5597：1987. 北京：中国标准出版社，2005

[58] 中华人民共和国国家质量监督检验检疫总局，中国国家标准化委员会发布. 中华人民共和国国家标准，液压气动用 O 形橡胶密封圈，沟槽尺寸 GB/T 3452. 3—2005. 北京：中国标准出版社，2005

[59] 中华人民共和国国家质量监督检验检疫总局发布. 中华人民共和国国家标准，液压气动管接头及其相关元件公称压力系列 GB/T 7937—2002. 北京：中国标准出版社，2002

[60] 中华人民共和国国家质量监督检验检疫总局，中国国家标准化委员会发布. 中华人民共和国国家标准，液压元件　通用技术条件 GB/T 7935—2005. 北京：中国标准出版社，2005

[61] 中华人民共和国国家质量监督检验检疫总局发布. 中华人民共和国国家标准，液压传动油液固体颗粒污染等级代号 GB/T 14039—2002. 北京：中国标准出版社，2002

[62] 国家质量技术监督局发布. 中华人民共和国国家标准，液压控制阀　油口、地板、控制装置和电磁铁的标识 GB/T 17490—1998. 北京：中国标准出版社，1998

[63] 中华人民共和国国家质量监督检验检疫总局，中国国家标准化委员会发布. 中华人民共和国国家标准，液压过滤器技术条件 GB/T 20079—2006. 北京：中国标准出版社，2006

[64] 中华人民共和国国家质量监督检验检疫总局，中国国家标准化委员会发布. 中华人民共和国国家标准，液压滤芯技术条件 GB/T 20080—2006. 北京：中国标准出版社，2006

[65] 国家标准总局发布. 中华人民共和国国家标准，液压气动系列及元件—缸活塞行程系列 GB 2349—80. 北京：技术标准出版社，1981

[66] 中华人民共和国国家质量监督检验检疫总局发布. 中华人民共和国国家标准，液压系统通用技术条件 GB/T 3766—2001. 北京：中国标准出版社，2006

[67] 国家质量技术监督局发布. 中华人民共和国国家标准，流体传动系统及元件　术语 GB/T 17446—1998. 北京：中国标准出版社，1999

[68] 姜万录，雷亚飞，张齐生，李刚，牛慧峰. 基于 RBFNN 建模的动态流量软测量方法研究. 仪器仪表学报，2008，29 (9)：1888-1893

[69] 姜万录，孙红梅，牛慧峰，王益群. 相关法虚拟动态流量计的研制及试验研究. 传感技术学报，2007，20 (1)：228-232

[70] 姜万录，牛慧峰，赵春艳，张齐生. 电液比例阀 CAT 系统中的恒压降控制方法. 机床与液压，2006，(6)：129-131

[71] 姜万录，牛慧峰，赵春艳，闫立彬. 基于虚拟仪器的电液比例方向阀静动态特性综合 CAT 系统. 传感技术学报，2005，18 (4)：845-849.

[72] 姜万录，杨超，牛慧峰. 液压泵/马达测试技术概况. 机床与液压，2005，(8)：1-3，69

[73] 姜万录，孙红梅，高明. 基于超声检测的动态流量测试技术研究. 机床与液压，2004，(10)：227-229

[74] 姜万录，张建成. 电液伺服阀动态特性测试及其小波消噪处理. 传感技术学报，2002，15 (3)：243-247

[75] 姜万录，王燕山，王益群，宋玉荣. 电液伺服阀性能测试试验台的改造. 机床与液压，2002，(2)：151，146

[76] 姜万录，王燕山，王益群，郭明杰，张建成. 电液伺服阀综合性能 VICAT 系统. 机床与液压，2002，(1)：143-144

[77] 姜万录，王益群，王燕山，张建成. 伺服阀性能测试中差压测量的新方法. 机床与液压，2001，(6)：131，79
[78] 钟映春，谭湘强，扬宜民. 微流体力学几个问题的探讨. 广东工业大学学报，2001，18 (3)：46-48
[79] 姜成山，杨宜民，章云. 微流体力学中边界条件的探讨. 机床与液压，2001，(2)：25-26，24.
[80] 张颖，王蔚，田丽. 微流动的尺寸效应. MEMS 器件与技术，2008，45 (1)：34-37
[81] 严鲁涛，袁松，梅刘强. 无阀微泵的结构设计及实验研究. 压电与声光，2009，31 (3)：384-385，391
[82] 许忠心斌，杨世鹏，刘国林. 微泵的研究现状与进展. 液压与气动，2013，(6)：7-12
[83] 赵安，种银保. 基于 MEMS 的微泵研究现状与进展. 医疗卫生装备，2010，31 (2)：46-49
[84] 肖丽君，陈翔，汪鹏. 微流体系统中微阀的研究现状. MEMS 器件与技术，2009，46 (2)：91-98
[85] 冯炎颖，周兆英，叶雄英. 微流体驱动与控制技术研究进展. 力学进展，2002，32 (1)：1-16
[86] 沙菁契，侯丽雅，章维一. 微流体系统驱动技术的研究进展. MEMS 器件与技术，2006，(12)：586-591